NR. 2
REFERAT 0001–2983
SEITE 1–288

1964
15. JANUAR

CHEMISCHES ZENTRALBLATT

1830 gegründet
1897—1945 von der Deutschen Chemischen Gesellschaft fortgeführt

Herausgegeben im Auftrage
der Deutschen Akademie der Wissenschaften zu Berlin,
der Chemischen Gesellschaft in der DDR,
der Akademie der Wissenschaften zu Göttingen
und der Gesellschaft Deutscher Chemiker
von Prof. Dr. HEINRICH BERTSCH und Prof. Dr. Dr. h. c. WILHELM KLEMM

Chefredakteure
Dr. EUGEN KLEVER und Prof. Dr.-Ing. EBERHARD LEIBNITZ

135. JAHRGANG
1964

AKADEMIE-VERLAG GMBH · BERLIN · BERLIN · VERLAG CHEMIE GMBH · WEINHEIM · BERGSTRASSE

Inhalt

CHEMISCHES ZENTRALBLATT

1830 gegründet
1897—1945 von der Deutschen Chemischen Gesellschaft fortgeführt

Herausgegeben im Auftrage
der Deutschen Akademie der Wissenschaften zu Berlin,
der Chemischen Gesellschaft in der DDR,
der Akademie der Wissenschaften zu Göttingen
und der Gesellschaft Deutscher Chemiker
von Prof. Dr. HEINRICH BERTSCH und Prof. Dr. Dr. h. c. WILHELM KLEMM

Chefredakteure
Dr. EUGEN KLEVER und Prof. Dr.-Ing. EBERHARD LEIBNITZ

135. JAHRGANG
1964

Originaltitel und transliterierte Titel für die im Chemischen Zentralblatt benutzten deutschen Abkürzungen der Zeitschriften in kyrillischer Schrift

AKADEMIE-VERLAG GMBH · BERLIN · VERLAG CHEMIE GMBH · WEINHEIM · BERGSTRASSE

CHEMISCHES ZENTRALBLATT

Originaltitel und transliterierte Titel für die im Chemischen Zentralblatt benutzten deutschen Abkürzungen der Zeitschriften in kyrillischer Schrift

Zitiertitel	Originaltitel	Transliterierter Titel
Ackerbau [UdSSR]	Земледелие	Zemledelie
Agrobiologie [UdSSR]	Агробиология	Agrobiologija
Annu. Inst. chim.-technol. [Sofia]	Годишник на Химико-Технологическия Институт [София]	Godišnik na Chimiko-Technologičeskija Institut [Sofija]
Annu. Inst. minier géol. [Sofia]	Годишник на Минно-Геоложкия Институт [София]	Godišnik na Minno-Geoložkija Institut [Sofija]
Antibiotika [UdSSR]	Антибиотики	Antibiotiki
Apothekenwesen [UdSSR]	Аптечное Дело	Aptečnoe Delo
Arch. Pathol. [UdSSR]	Архив Патологии	Archiv Patologii
Aserbaidshan. chem. J.	Азербайджанский Химический Журнал	Azerbajdžanskij Chimičeskij Žurnal
Astronom. J. [UdSSR]	Астрономический Журнал	Astronomičeskij Žurnal
Atomenergie [UdSSR]	Атомная Энергия	Atomnaja Ėnergija
Automat. Schweissen [UdSSR]	Автоматическая Сварка	Avtomatičeskaja Svarka
Baumaterialien [UdSSR]	Строительные Материалы	Stroitel'nye Materialy
Baumwoll-Wirtsch. [UdSSR]	Хлопководство	Chlopkovodstvo
Ber. Akad. Wiss. ArmenSSR	Доклады Академии Наук Армянской ССР	Doklady Akademii Nauk Armjanskoj SSR
Ber. Akad. Wiss. AserbaidshanSSR	Доклады Академии Наук Азербайджанской ССР	Doklady Akademii Nauk Azerbajdžanskoj SSR
Ber. Akad. Wiss. BelorussSSR	Доклады Академии Наук Белорусской ССР	Doklady Akademii Nauk Belorusskoj SSR
Ber. Akad. Wiss. UdSSR	Доклады Академии Наук СССР	Doklady Akademii Nauk SSSR
Ber. Akad. Wiss. UkrainSSR	Доповіді Академії Наук Української РСР	Dopovidi Akademiï Nauk Ukraïns'koï RSR
Ber. chem. Ges. Belgrad	Гласник Хемиског Друштва Београд	Glasnik Chemiskog Društva Beograd
Bergbau-J. [UdSSR]	Горный Журнал	Gornyj Žurnal
Bergbau u. Metallurgie [Sofia]	Минно Дело и Металургия [София]	Minno Delo i Metalurgija [Sofija]
Beton u. Eisenbeton [UdSSR]	Бетон и Железобетон	Beton i Železobeton
Betriebs-Lab. [UdSSR]	Заводская Лаборатория	Zavodskaja Laboratorija
Biochemie [UdSSR]	Биохимия	Biochimija
Biophysik [UdSSR]	Биофизика	Biofizika
Bodenkunde [UdSSR]	Почвоведение	Počvovedenie
Bot. J. [UdSSR]	Ботанический Журнал	Botaničeskij Žurnal
Brot- u. Konditorei-Ind. [UdSSR]	Хлебопекарная и Кондитерская Промышленность	Chlebopekarnaja i Konditerskaja Promyšlennost'
Bücherverz. d. Jahres [UdSSR]	Книжная Летопись	Knižnaja Letopis
Bull. exp. Biol. Med. [UdSSR]	Бюллетень Экспериментальной Биологии и Медицины	Bjulleten' Ėksperimental'noj Biologii i Mediciny
Bull. Inst. centr. Cult. Plantes, Acad. Sci. Bulg.	Известия на Централния Научноизследователски Институт по Растениевъдство. Българска Академия на Науките	Izvestija na Centralnija Naučnoizsledovatelski Institut po Rastenievŭdstvo. Bŭlgarska Akademija na Naukite
Bull. Inst. Geol. „Strašimir Dimitrov", Bulg. Acad. Sci.	Известия на Геологическия Институт „Страшимир Димитров". Българска Академия на Науките	Izvestija na Geologičeskija Institut „Strašimir Dimitrov". Bŭlgarska Akademija na Naukite
Bull. Inst. Méd. éxp., Acad. Sci. Bulg.	Известия на Института по Експериментална Медицина. Българска Академия на Науките	Izvestija na Instituta po Eksperimentalna Medicina. Bŭlgarska Akademija na Naukite
Bull. Inst. Microbiol., Acad. Sci. Bulg.	Известия на Микробиологическия Институт. Българска Академия на Науките	Izvestija na Mikrobiologičeskija Institut. Bŭlgarska Akademija na Naukite
Bull. Inst. Pédol., Acad. Sci. Bulg.	Известия на Почвения Институт. Българска Академия на Науките	Izvestija na Počvenija Institut. Bŭlgarska Akademija na Naukite
Bull. Inst. Physiol., Acad. Sci. Bulg.	Известия на Института по Физиология. Българска Академия на Науките	Izvestija na Instituta po Fiziologija. Bŭlgarska Akademija na Naukite
Bull. Inst. Physique Rech. atom., Acad. bulg. Sci.	Известия на Физическия Институт с АНЕБ. Българска Академия на Науките	Izvestija na Fizičeskija Institut c ANEB. Bŭlgarska Akademija na Naukite
Bull. Lab. centr. Helminthol., Acad. Sci. Bulg.	Известия на Централната Хелминтологична Лаборатория. Българска Академия на Науките	Izvestija na Centralnata Chelmintologična Laboratorija. Bŭlgarska Akademija na Naukite

Zitiertitel	Originaltitel	Transliterierter Titel
Bull. Methodi Popoff Inst. Biol., bulg. Acad. Sci.	Известия на Института по Биология „Методи Попов“. Българска Академия на Науките	Izvestija na Instituta po Biologija „Metodi Popov“. Bŭlgarska Akademija na Naukite
Bull. Moskauer Ges. Naturforscher, geol. Abt.	Бюллетень Московского Общества Испытателей Природы, Отдел Геологический	Bjulleten' Moskovskogo Obščestva Ispytatelej Prirody, Otdel Geologičeskij
Cardiologie [UdSSR]	Кардиология	Kardiologija
Chemiefasern [UdSSR]	Химические Волокна	Chimičeskie Volokna
Chemiemaschinenbau [UdSSR]	Химическое Машиностроение	Chimičeskoe Mašinostroenie
Chem. Ind. [UdSSR]	Химическая Промышленность	Chimičeskaja Promyšlennost'
Chem. Technol. Brennstoffe Öle [UdSSR]	Химия и Технология Топлив и Масел	Chimija i Technologija Topliv i Masel
C. R. Acad. bulg. Sci.	Доклады Болгарской Академии Наук	Doklady Bolgarskoj Akademii Nauk
Cytologie [UdSSR]	Цитология	Citologija
Elektrizität [UdSSR]	Электричество	Ėlektričestvo
Erdöl- u. Gasind. [UdSSR]	Нефтяная и Газовая Промышленность	Neftjanaja i Gazovaja Promyšlennost'
Erdöl-Wirtsch. [UdSSR]	Нефтяное Хозяйство	Neftjanoe Chozjajstvo
Erdöl-Wirtsch. Aserbaidshan	Азербайджанское Нефтяное Хозяйство	Azerbajdžanskoe Neftjanoe Chozjajstvo
Erforsch. Schutz Bodenschätze [UdSSR]	Разведка и Охрана Недр	Razvedka i Ochrana Nedr
Festkörperphysik [UdSSR]	Физика Твердого Тела	Fizika Tverdogo Tela
Feuerfeste Mater. [UdSSR]	Огнеупоры	Ogneupory
Fischerei-Wirtsch. [UdSSR]	Рыбное Хозяйство	Rybnoe Chozjajstvo
Flachs u. Hanf [UdSSR]	Лён и Конопля	Len i Konoplja
Fleisch-Ind. UdSSR	Мясная Индустрия СССР	Mjasnaja Industrija SSSR
Forst-Ind. [UdSSR]	Лесная Промышленность	Lesnaja Promyšlennost'
Fortschr. d. Chem. [UdSSR]	Успехи Химии	Uspechi Chimii
Fortschr. gegenwärt. Biol. [UdSSR]	Успехи Современной Биологии	Uspechi Sovremennoj Biologii
Fortschr. physik. Wiss. [UdSSR]	Успехи Физических Наук	Uspechi Fizičeskich Nauk
Fragen d. Ernähr. [UdSSR]	Вопросы Питания	Voprosy Pitanija
Fragen d. Virusforsch. [UdSSR]	Вопросы Вирусологии	Voprosy Virusologii
Fragen med. Chem. [UdSSR]	Вопросы Медицинской Химии	Voprosy Medicinskoj Chimii
Gas-Ind. [UdSSR]	Газовая Промышленность	Gazovaja Promyšlennost'
Geburtshilfe u. Gynäkol. [UdSSR]	Акушерство и Гинекология	Akušerstvo i Ginekologija
Geochemie [UdSSR]	Геохимия	Geochimija
Geol. d. Erzlagerstätten [UdSSR]	Геология Рудных Месторождений	Geologija Rudnych Mestoroždenij
Geol. Erdöls Gases [UdSSR]	Геология Нефти и Газа	Geologija Nefti i Gaza
Geol. J. [UkrainSSR]	Геологічний Журнал	Geologičnyj Žurnal
Geol. u. Geophysik [UdSSR]	Геология и Геофизика	Geologija i Geofizika
Giesserei-Betr. [UdSSR]	Литейное Производство	Litejnoe Proizvodstvo
Glas u. Keram. [UdSSR]	Стекло и Керамика	Steklo i Keramika
Hochmolekulare Verbind. [UdSSR]	Высокомолекулярные Соединения	Vysokomolekuljarnye Soedinenija
Hochschulnachr. [Swerdlowsk], Bergbau-J.	Известия Высших Учебных Заведений [Свердловск], Горный Журнал	Izvestija Vysšich Učebnych Zavedenij [Sverdlovsk], Gornyj Žurnal
Hochschulnachr. [Iwanowo], Chem. u. chem. Technol.	Известия Высших Учебных Заведений [Иваново], Химия и Химическая Технология	Izvestija Vysšich Učebnych Zavedenij [Ivanovo], Chimija i Chimičeskaja Technologija
Hochschulnachr. [Moskau] Eisenmetallurgie	Известия Высших Учебных Заведений [Москва], Черная Металлургия	Izvestija Vysšich Učebnych Zavedenij [Moskva], Černaja Metallurgija
Hochschulnachr. [Baku], Erdöl Gas	Известия Высших Учебных Заведений [Баку], Нефт и Газ	Izvestija Vysšich Učebnych Zavedenij [Baku], Neft i Gaz
Hochschulnachr. [Moskau], Geol. Schürf.	Известия Высших Учебных Заведений [Москва], Геология и Разведка	Izvestija Vysšich Učebnych Zavedenij [Moskva], Geologija i Razvedka
Hochschulnachr. [Krasnodar], Nahrungsmittel-Technol.	Известия Высших Учебных Заведений [Краснодар], Пищевая Технология	Izvestija Vysšich Učebnych Zavedenij [Krasnodar], Piščevaja Technologija
Hochschulnachr. [Ordshonikidse], Nichteisenmetallurgie	Известия Высших Учебных Заведений [Орджоникидзе], Цветная Металлургия	Izvestija Vysšich Učebnych Zavedenij [Ordžonikidze], Cvetnaja Metallurgija
Hochschulnachr. [Tomsk], Physik	Известия Высших Учебных Заведений [Томск], Физика	Izvestija Vysšich Učebnych Zavedenij [Tomsk], Fizika
Hochschulnachr. [Iwanowo], Technol. Textil-Ind.	Известия Высших Учебных Заведений [Иваново], Технология Текстильной Промышленности	Izvestija Vysšich Učebnych Zavedenij [Ivanovo], Technologija Tekstil'noj Promyšlennosti
Holzverarb. Ind. [UdSSR]	Деревообрабатывающая Промышленность	Derevoobrabatyvajuščaja Promyšlennost'
Hüttenwes. u. Erzbergbau [UdSSR]	Металлургическая и Горнорудная Промышленность	Metallurgičeskaja i Gornorudnaja Promyšlennost'
Hydrolysen- u. holzchem. Ind. [UdSSR]	Гидролизная и Лесохимическая Промышленность	Gidroliznaja i Lesochimičeskaja Promyšlennost'
Hygiene [Sofia]	Хигиена [София]	Chigiena [Sofija]
Hyg. u. Sanitätswes. [UdSSR]	Гигиена и Санитария	Gigiena i Sanitarija
J. allg. Biol. [UdSSR]	Журнал Общей Биологии	Žurnal Obščej Biologii
J. allg. Chem. [UdSSR]	Журнал Общей Химии	Žurnal Obščej Chimii
J. analyt. Chem. [UdSSR]	Журнал Аналитической Химии	Žurnal Analitičeskoj Chimii
J. angew. Chem. [UdSSR]	Журнал Прикладной Химии	Žurnal Prikladnoj Chimii
J. anorg. Chem. [UdSSR]	Журнал Неорганической Химии	Žurnal Neorganičeskoj Chimii

Zitiertitel	Originaltitel	Transliterierter Titel
J. chem. Allunions-Mendelejew-Ges. [UdSSR]	Журнал Всесоюзного Химического Общества им. Д. И. Менделеева	Žurnal Vsesojuznogo Chimičeskogo Obščestva im. D. I. Mendeleeva
J. exp. theoret. Physik [UdSSR]	Журнал Экспериментальной и Теоретической Физики	Žurnal Ėksperimental'noj i Teoretičeskoj Fiziki
J. Mikrobiol., Epidemiol. Immunobiol. [UdSSR]	Журнал Микробиологии, Эпидемиологии и Иммунобиологии	Žurnal Mikrobiologii, Ėpidemiologii i Immunobiologii
J. physik. Chem. [UdSSR]	Журнал Физической Химии	Žurnal Fizičeskoj Chimii
J. Strukturchem. [UdSSR]	Журнал Структурной Химии	Žurnal Strukturnoj Chimii
J. techn. Physik [UdSSR]	Журнал Технической Физики	Žurnal Techničeskoj Fiziki
J. wiss. angew. Photogr. Kinematogr. [UdSSR]	Журнал Научной и Прикладной Фотографии и Кинематографии	Žurnal Naučnoj i Prikladnoj Fotografii i Kinematografii
Kälte-Techn. [UdSSR]	Холодильная Техника	Cholodil'naja Technika
Kasan. med. J.	Казанский Медицинский Журнал	Kazanskij Medicinskij Žurnal
Kautschuk u. Gummi [UdSSR]	Каучук и Резина	Kaučuk i Rezina
Kinetik u. Katalyse [UdSSR]	Кинетика и Катализ	Kinetika i Kataliz
Kohle [UdSSR]	Уголь	Ugol'
Koks u. Chem. [UdSSR]	Кокс и Химия	Koks i Chimija
Kolloid-J. [UdSSR]	Коллоидный Журнал	Kolloidnyj Žurnal
Konserven- u. Dörrgemüse-Ind. [UdSSR]	Консервная и Овощесушильная Промышленность	Konservnaja i Ovoščesušil'naja Promyšlennost'
Kristallographie [UdSSR]	Кристаллография	Kristallografija
Laboratoriumswesen [UdSSR]	Лабораторное Дело	Laboratornoe Delo
Lacke Farben Anwend. [UdSSR]	Лакокрасочные Материалы и их Применение	Lakokrasočnye Materialy i ich Primenenie
Leder, Schuhe [Sofia]	Кожи, Обувки [София]	Koži, Obuvki [Sofija]
Leder- u. Schuhwaren-Ind. [UdSSR]	Кожевенно-Обувная Промышленность	Koževenno-Obuvnaja Promyšlennost'
Lichttechnik [UdSSR]	Светотехника	Svetotechnika
Maschinenbau [Sofia]	Машиностроение [София]	Mašinostroenie [Sofija]
Med. Ind. UdSSR	Медицинская Промышленность СССР	Medicinskaja Promyšlennost' SSSR
Med. J. Usbek.	Медицинский Журнал Узбекистана	Medicinskij Žurnal Uzbekistana
Med. Parasitol. parasit. Krankh. [UdSSR]	Медицинская Паразитология и Паразитарные Болезни	Medicinskaja Parazitologija i Parazitarnye Bolezni
Med. Radiol [UdSSR]	Медицинская Радиология	Medicinskaja Radiologija
Messtechnik [UdSSR]	Измерительная Техника	Izmeritel'naja Technika
Metallkunde Wärmebehandl. Metallen [UdSSR]	Металловедение и Термическая Обработка Металлов	Metallovedenie i Termičeskaja Obrabotka Metallov
Metallphysik u. Metallkunde [UdSSR]	Физика Металлов и Металловедение	Fizika Metallov i Metallovedenie
Mikrobiol. J. [UkrainSSR]	Микробіологічний Журнал	Mykrobiologičnyj Žurnal
Mikrobiologie [UdSSR]	Микробиология	Mikrobiologija
Milch-Ind. [UdSSR]	Молочная Промышленность	Moločnaja Promyšlennost'
Mitt. Akad. Wiss. GrusinSSR	Сообщения Академии Наук Грузинской ССР	Soobščenija Akademii Nauk Gruzinskoj SSR
Mitt. Inst. allg. anorg. Chem., bulg. Akad. Wiss.	Известия на Института по Обща и Неорганична Химия. Българска Академия на Науките	Izvestija na Instituta po Obšta i Neorganična Chimija. Bŭlgarska Akademija na Naukite
Nachr. Abt. biol. med. Wiss., bulg. Akad. Wiss.	Известия на Отделението за Биологически и Медицински Науки. Българска Академия на Науките	Izvestija na Otdelenieto za Biologičeski i Medicinski Nauki. Bŭlgarska Akademija na Naukite
Nachr. Akad. Wiss. ArmenSSR	Известия Академии Наук Армянской ССР	Izvestija Akademii Nauk Armjanskoj SSR
... biol.Wiss.	... Биологические Науки	... Biologičeskie Nauki
... chem. Wiss.	... Химические Науки	... Chimičeskie Nauki
... geol. geogr. Wiss.	... Геологические и Географические Науки	... Geologičeskie i Geografičeskie Nauki
... Ser. physik.-math. Wiss.	... Серия Физико-Математических Наук	... Serija Fiziko-Matematičeskich Nauk
... Ser. techn. Wiss.	... Серия Технических Наук	... Serija Techničeskich Nauk
Nachr. Akad. Wiss. AserbaidshanSSR	Известия Академии Наук Азербайджанской ССР	Izvestija Akademii Nauk Azerbajdžanskoj SSR
... Ser. biol. med. Wiss.	... Серия Биологических и Медицинских Наук	... Serija Biologičeskich i Medicinskich Nauk
... Ser. geol.-geogr. Wiss. Erdöl	... Серия Геолого-Географических Наук и Нефти	... Serija Geologo-Geografičeskich Nauk i Nefti
... Ser. physik.-math. techn. Wiss.	... Серия Физико-Математических и Технических Наук	... Serija Fiziko-Matematičeskich i Techničeskich Nauk
Nachr. Akad. Wiss. BelorussSSR	Известия Академии Наук Белорусской ССР	Izvestija Akademii Nauk Belorusskoj SSR
... Ser. biol. Wiss.	... Серия Биологических Наук	... Serija Biologičeskich Nauk
... Ser. physik.-techn. Wiss.	... Серия Физико-Технических Наук	... Serija Fiziko-Techničeskich Nauk
Nachr. Akad. Wiss. EstnSSR, biol. Ser.	Известия Академии Наук Эстонской ССР, Серия Биологическая	Izvestija Akademii Nauk Ėstonskoj SSR, Serija Biologičeskaja
Nachr. Akad. Wiss. KasachSSR	Вестник Академии Наук Казахской ССР	Vestnik Akademii Nauk Kazachskoj SSR
Nachr. Akad. Wiss. KasachSSR, geol. Ser.	Известия Академии Наук Казахской ССР, Серия Геологическая	Izvestija Akademii Nauk Kazachskoj SSR, Serija Geologičeskaja

Zitiertitel	Originaltitel	Transliterierter Titel
Nachr. Akad. Wiss. LettSSR	Известия Академии Наук Латвийской ССР	Izvestija Akademii Nauk Latvijskoj SSR
Nachr. Akad. Wiss. TurkmenSSR	Известия Академии Наук Туркменской ССР	Izvestija Akademii Nauk Turkmenskoj SSR
... Ser. biol. Wiss.	... Серия Биологических Наук	... Serija Biologičeskich Nauk
... Ser. physik.-techn., chem. geol. Wiss.	... Серия Физико-Технических, Химических и Геологических Наук	...Serija Fiziko-Techničeskich, Chimičeskich i Geologičeskich Nauk
Nachr. Akad. Wiss. UdSSR	Известия Академии Наук СССР	Izvestija Akademii Nauk SSSR
... Abt. chem. Wiss.	... Отделение Химических Наук	... Otdelenie Chimičeskich Nauk
... Abt. techn. Wiss., Energet. Transport	... Отделение Технических Наук. Энергетика и Транспорт	... Otdelenie Techničeskich Nauk. Ėnergetika i Transport
... Abt. techn. Wiss., Mechan. Maschinenbau	... Отделение Технических Наук. Механика и Машиностроение	... Otdelenie Techničeskich Nauk. Mechanika i Mašinostroenie
... Abt. techn. Wiss., Metallurgie Bergbau	... Отделение Технических Наук. Металлургия и Горное Дело	... Otdelenie Techničeskich Nauk. Metallurgija i Gornoe Delo
... biol. Ser.	... Серия Биологическая	... Serija Biologičeskaja
... geol. Ser.	... Серия Геологическая	... Serija Geologičeskaja
... geophysik. Ser.	... Серия Геофизическая	... Serija Geofizičeskaja
... physik. Ser.	... Серия Физическая	... Serija Fizičeskaja
Nachr. Akad. Wiss. UsbekSSR	Известия Академии Наук УзССР	Izvestija Akademii Nauk UzSSR
.... Ser. physik.-math. Wiss.	... Серия Физико-Математических Наук	... Serija Fiziko-Matematičeskich Nauk
... Ser. techn. Wiss.	... Серия Технических Наук	... Serija Techničeskich Nauk
Nachr. Dermatol. Venerol. [UdSSR]	Вестник Дерматологии и Венерологии	Vestnik Dermatologii i Venerologii
Nachr. landwirtsch. Timirjasew-Akad. [UdSSR]	Известия Тимирязевской Сельскохозяйственной Академии	Izvestija Timirjazevskoj Sel'skochozjajstvennoj Akademii
Nachr. Landwirtsch.-Wiss. [UdSSR]	Вестник Сельскохозяйственной Науки	Vestnik Sel'skochozjajstvennoj Nauki
Nachr. Leningrader Univ.	Вестник Ленинградского Университета	Vestnik Leningradskogo Universiteta
... Ser. Biol.	... Серия Биологии	... Serija Biologii
... Ser. Geol. Geogr.	... Серия Геологии и Географии	... Serija Geologii i Geografii
... Ser. Math., Mechan. Astronom.	... Серия Математики, Механики и Астрономии	... Serija Matematiki, Mechaniki i Astronomii
... Ser. Physik Chem.	... Серия Физики и Химии	... Serija Fiziki i Chimii
Nachr. Maschinenbau [UdSSR]	Вестник Машиностроения	Vestnik Mašinostroenija
Nachr. Moskauer Univ.	Вестник Московского Университета	Vestnik Moskovskogo Universiteta
... Ser. II	... Серия II Химия	... Serija II Chimija
... Ser. III	... Серия III Физика, Астрономия	... Serija III Fizika, Astronomija
... Ser. IV	... Серия IV Геология	... Serija IV Geologija
... Ser. VI	... Серия VI Биология	... Serija VI Biologija
Nachr. Röntgenol. Radiol. [UdSSR]	Вестник Рентгенологии и Радиологии	Vestnik Rentgenologii i Radiologii
Nachr. sibir. Abt. Akad. Wiss. UdSSR	Известия Сибирского Отделения Академии Наук СССР	Izvestija Sibirskogo Otdelenija Akademii Nauk SSSR
... Ser. biol.-med. Wiss.	... Серия Биолого-Медицинских Наук	... Serija Biologo-Medicinskich Nauk
... Ser. chem. Wiss.	... Серия Химических Наук	... Serija Chimičeskich Nauk
Neue Bücher [UdSSR]	Новые Книги	Novye Knigi
Nichteisenmetalle [UdSSR]	Цветные Металлы	Cvetnye Metally
Öl- u. Fett-Ind. [UdSSR]	Маслобойно-Жировая Промышленность	Maslobojno-Žirovaja Promyšlennost'
Optik u. Spektroskopie [UdSSR]	Оптика и Спектроскопия	Optika i Spektroskopija
Org. Zwischenprodukte Farbstoffe, Samml. Aufsätzen [UdSSR]	Органические Полупродукты и Красители. Сборник Статей	Organičeskie Poluprodukty i Krasiteli. Sbornik Statej
Papier-Ind. [UdSSR]	Бумажная Промышленность	Bumažnaja Promyšlennost'
Papier- u. Holzverarb.-Ind. [UdSSR]	Бумажная и Деревообрабатывающая Промышленность	Bumažnaja i Derevoobrabatyvajuščaja Promyšlennost'
Pathol. Physiol. exp. Therap. [UdSSR]	Патологическая Физиология и Экспериментальная Терапия	Patologičeskaja Fiziologija i Ėksperimental'naja Terapija
Pawlow-J. höhere Nerventätigkeit [UdSSR]	Журнал Высшей Нервной Деятельности имени И. П. Павлова	Žurnal Vysšej Nervnoj Dejatel'nosti imeni I. P. Pavlova
Petrochemie [UdSSR]	Нефтехимия	Neftechimija
Pflanzenphysiologie [UdSSR]	Физиология Растений	Fiziologija Rastenij
Pflanzenschutz [UdSSR]	Защита Растений от Вредителей и Болезней	Zaščita Rastenij ot Vreditelej i Boleznej
Pharmakol. u. Toxikol. [UdSSR]	Фармакология и Токсикология	Farmakologija i Toksikologija
Pharmazie [Sofia]	Фармация [София]	Farmacija [Sofija]
Pharmaz. J. [UkrainSSR]	Фармацевтичний Журнал	Farmacevtyčnyj Žurnal
Physiol. J. [UkrainSSR]	Фізіологічний Журнал	Fiziologičnyj Žurnal
Plast. Massen [UdSSR]	Пластические Массы	Plastičeskie Massy
Probleme Endokrinol. Hormontherap. [UdSSR]	Проблемы Эндокринологии и Гормонотерапии	Problemy Ėndokrinologii i Gormonoterapii
Probleme Hämatol. Blutübertrag. [UdSSR]	Проблемы Гематологии и Переливания Крови	Problemy Gematologii i Perelivanija Krovi
Pulvermetallurgie [UdSSR]	Порошковая Металлургия	Poroškovaja Metallurgija
Radiobiologie [UdSSR]	Радиобиология	Radiobiologija
Radiochemie [UdSSR]	Радиохимия	Radiochimija

Zitiertitel	Originaltitel	Transliterierter Titel
Referate-Journal	Реферативный Журнал	Referativnyj Žurnal
... Chemie [UdSSR]	... Химия	... Chimija
... Physik [UdSSR]	... Физика	... Fizika
Rev. bulg. geol. Soc. [Sofia]	Списание на Българското Геологическо Дружество [София]	Spisanie na Bulgarskoto Geologičesko Družestvo [Sofija]
Schr. mineralog. Allunions-Ges. [UdSSR]	Записки Всесоюзного Минералогического Общества	Zapiski Vsesojuznogo Mineralogičeskogo Obščestva
Schweisstechn. Fertig. [UdSSR]	Сварочное Производство	Svaročnoe Proizvodstvo
Serb. Akad. Wiss., Monogr. math.-naturwiss. Kl.	Српска Академија Наука. Посебна Издања Одељења Природно-Математичких Наука	Srpska Akademija Nauka. Posebna Izdanja Odeljenja Prirodno-Matematičkich Nauka
Sowjet-Geol.	Советская Геология	Sovetskaja Geologija
Spiritus-Ind. [UdSSR]	Спиртовая Промышленность	Spirtovaja Promyšlennost'
Ssetschenow-J. Physiol. UdSSR	Физиологический Журнал СССР имени И. М. Сеченова	Fiziologičeskij Žurnal SSSR imeni I. M. Sečenova
Stahl [UdSSR]	Сталь	Stal'
Tabak [UdSSR]	Табак	Tabak
Technik [Sofia]	Техника [София]	Technika [Sofija]
Textil-Ind. [Sofia]	Текстилна Промишленост [София]	Tekstilna Promišlenost [Sofija]
Textil-Ind. [UdSSR]	Текстильная Промышленность	Tekstil'naja Promyšlennost'
Tierzucht [UdSSR]	Животноводство	Životnovodstvo
Torf-Ind. [UdSSR]	Торфяная Промышленность	Torfjanaja Promyšlennost'
Ukrain. biochem. J.	Український Біохімічний Журнал	Ukraïns'kyj Biochimičnyj Žurnal
Ukrain. bot. J.	Український Ботанічний Журнал	Ukraïns'kyj Botaničnyj Žurnal
Ukrain. chem. J.	Украинский Химический Журнал	Ukrainskij Chimičeskij Žurnal
Ukrain. physik. J.	Український Фізичний Журнал	Ukraïns'kyj Fizyčnyj Žurnal
Usbek. biol. J.	Узбекский Биологический Журнал	Uzbekskij Biologičeskij Žurnal
Usbek. chem. J.	Узбекский Химический Журнал	Uzbekskij Chimičeskij Žurnal
Usbek. geol. J.	Узбекский Геологический Журнал	Uzbekskij Geologičeskij Žurnal
Versuchsgeräte u. Versuchstechn. [UdSSR]	Приборы и Техника Эксперимента	Pribory i Technika Ėksperimenta
Wasserversorg. sanit. Techn. [UdSSR]	Водоснабжение и Санитарная Техника	Vodosnabženie i Sanitarnaja Technika
Weinbereit. Weinbau UdSSR	Виноделие и Виноградарство СССР	Vinodelie i Vinogradarstvo SSSR
Wiss. Hochschulber. [Moskau], biol. Wiss.	Научные Доклады Высшей Школы [Москва], Биологические Науки	Naučnye Doklady Vysšej Školy [Moskva], Biologičeskie Nauki
Zement [UdSSR]	Цемент	Cement
Zucker-Ind. [UdSSR]	Сахарная Промышленность	Sacharnaja Promyšlennost'

Stand vom 1. 11. 1963

Beilage zu: Chemisches Zentralblatt 1964, Heft 2.

Herausgeber: Prof. Dr. Heinrich Bertsch, Berlin, u. Prof. Dr. Dr. h. c. Wilhelm Klemm, Münster.
Chefredakteure und verantwortlich für den Inhalt: Dr. Eugen Klever, 1 Berlin 30, Geisbergstraße 39, Fernsprecher: 249541
und Prof. Dr.-Ing. Eberhard Leibnitz, Berlin N 4, Schiffbauerdamm 19, Fernsprecher: 425571.

Verlag: Akademie-Verlag GmbH, Berlin W 8, Leipziger Str. 3–4 (Fernsprecher: 220441, Telex-Nr. 011773, Postscheckkonto Berlin 35021), und Verlag Chemie, GmbH, Weinheim/Bergstr. (Fernsprecher: Weinheim 3635 [Sammelnummer]; Fernschreiber: 0465516 chemieverlwhn; Postscheckkonten: Frankfurt/M. 145314 u. Berlin[West] 7430). Bestellnummer: 1007/135. Das Chemische Zentralblatt erscheint wöchentlich. Preis des Jahrganges einschl. Autoren-, Patent-, Sach- u. Formelregister: DM 1800,– ; einseitig bedruckte Ausgabe: DM 2200,–. Abgabe der Zeitschrift nur mit sämtlichen Registern. Abbestellungen nur bis spätestens 6 Wochen vor Ablauf des Kalenderjahres.

Satz u. Druck: VEB „Maxim Gorki", Altenburg u. VEB Leipziger Druckhaus, Leipzig, III/18/203. VIII. 63.
Veröffentlicht unter der Lizenznummer 1273 des Presseamtes beim Vorsitzenden des Ministerrates.
Printed in Germany.

Namenregister

Ein vollständiger oder gekürzter Abdruck der Referate ist ohne Genehmigung der Redaktion und des Verlages verboten!

Patentregister

Amerikanische Patente (A.P.)

Nr.	Referat
2934558	2878
2970045	2917
2978507	2886
2978508	2887
2978509	2900
2981616	2863
2981618	2877
2982210	2893
2983099	2911
2984557	2898
2984558	2918
2985526	2906
2985606	2950
2985683	2884
2988436	2858
2988438	2916
2990336	2593
2991298	2710
2992190	2395
2996393	1856
2996544	2882
2999028	2944
3000862	2432
3005784	2949
3005785	2949
3008850	2954
3010922	2945
3011902*	2967
3011944	1585
3012913	2951
3012995	2340
3014051	1573
3015558	2077
3017300	2897
3017301	2908
3017353	2105
3017363	2712
3017436	2142
3018201	2875
3018259	2337
3019101	2082
3019114	2336
3019267	2191
3020154	2083
3020170	2962
3020172	2966
3020180	2907
3020181	2859
3020196	2742
3020197	2742
3020237	2711
3020314	2126
3020315	2181
3021211	2074
3021303	2454
3021353	2881
3022182	1857
3022237	2127
3022276*	2526
3022294	2198
3022299	2327
3022326	2328
3022357*	2203
3023094	2901
3023168	2713
3023236	2161
3024119	1863
3024143	2904
3024144	2904
3024258	2123
3024278	2166
3024283	2153
3024362*	2975
3025158	2073
3025174	1854
3025281	2421
3025282	2421
3025283	2421
3026198	2075
3026199	3078
3026200	2088
3026221	2869
3026274	2417
3027358*	2541
3027395	2164
3027403	2879
3027411	2143
3028229	2899
3028234	2089
3028273	2874
3028331	2826
3028374*	2543
3028418	2197
3028432	2913
3028644	2091
3029229*	2535
3029252	2148
3029285	2886
3029288	2145
3030243	2895
3030289	2912
3030333	2413
3030407	2914
3030413	2173
3030417	2915
3031299	2081
3031318	1852
3031334	2770
3031424	2438
3031490	2160
3031508	2146
3031509	2163
3032428	1858
3032429	1851
3032510*	2487
3032540*	2550
3032560	2190
3032589	2182
3033891	2165
3034200	2090
3034922*	2745
3035069	2838
3035928	1859
3035950	2902
3036041*	2565
3036090	2196
3036099	2150
3036104	2159
3036117	2178
3036132	2162
3036909*	2108
3036924	2963
3037007*	2513
3037040*	2491
3037042	2157
3037049	2179
3037875	2329
3037950	2338
3038010	2880
3038017	2129
3038939	2883
3038940	2171
3038941	2144
3038942	2421
3039868*	1016
3039954	2834
3040014	2409
3040100	2172
3040101	2167
3040102	2168
3040108	2405
3040110	2185
3041272	2128
3041323	2423
3042540	2252
3042660*	2480
3042705	2174
3042717	2177
3042724	2188
3042727	2130
3042728	2132
3043823	2406
3043825*	2516
3043856*	2682
3043869	2175
3043870	2176
3043872	2151
3044888	2774
3044924	2744
3044949*	2846
3044996	2433
3045037	2839
3045045	2189
3045056	2836
3046184	2741
3046264	2411
3047410	1853
3047522	2430
3047636	2408
3048571*	2518
3048575*	2521
3049407*	2224
3049522*	2485
3049528*	2534
3049560*	2218
3051754*	2225
3052713*	2219
3055912*	2234
3056796*	2237
3057916*	2213
3059032*	2545
3060142*	2781
3060211*	2212
3061652*	2205
3062863*	2536

Australische Patente (Aust.P.)

Nr.	Referat
231347	1574
232306	2956
233671	2592
233784	2323
233865	1582
233873	1584
234226	2319
234402	2891
234485	2892
234494	1576
234900	1583
234960	1563
235029	2324
235126	1586
236180	2414
236636*	2973
236669*	2555
237125*	2217
237173*	2778
237177*	2222
237196*	2227
237230*	2780
237235*	2220
237288*	2202
237291*	2776
237560*	2239
237565*	2223
238057*	2348
238058*	2847
238089*	2206
238091*	2842

Belgische Patente (Belg.P.)

Nr.	Referat
561161	2983
571940*	2110
571958	2866
572009	2096
572356*	2107
572500*	2116

Canadische Patente (Can.P.)

Nr.	Referat
569665*	2680
569763	1575
570919	2894
623714	2848
633721*	2226
633729*	2843
634200	2335
634497	2322
635602*	2976
635748	2404

Deutsche Auslegeschriften (D.A.S.)

Nr.	Referat
1109174	1567
1109685	1561
1119520	2468
1120143	2472
1120146	2469
1120147	2473
1121325	2465
1123471	2949
1130178	2463
1130677	2676
1130680	2671
1132275	2961
1132335	2455
1132726*	2544
1133551	2459
1133888	2458
1134510	2477
1134829	2460
1134832	2421
1135117	2960
1136104	2471
1136108	2461
1136486	2447
1136487	2462
1136895	2673
1137039	2478
1137213	2457
1137215	2444
1137297	2672
1137301	2476
1137551	2453
1137552	2475
1138536	2474
1138539	2450
1138540	2446
1138541	2454
1138542	2452
1138922	2456
1138929	2443
1138931	2448
1138932	2451
1138933	2470
1138936	2449
1139271	2464
1140058	2678
1140059	2678a
1140347	2466
1140348	2467
1140592	2065
1140707	2442
1141417*	1865
1141572	2864
1142062*	2111
1142261	2100
1142442	2066
1142444	2080
1142445	2084
1142673	2321
1142704	2071
1143030	2072
1143335	2086
1143373*	2112
1143425	2872
1143508	1939
1143513	1945
1143529	2069
1144256	1933
1144258	1937
1144264	1941
1144531	1946
1144564	2092
1144565*	2114
1144637	2873
1144638	2876
1144991*	2115
1145073	2861
1145162	1938
1145528	2860
1145615	1943
1146882	1942
1146883	1944
1147159	2865
1147238	2386
1147244	2965
1147344*	2349
1148222*	2777
1149162*	2517
1149168*	2552
1149346	2187
1149348*	2567a
1149356	2195
1149364	2154
1149478	2825
1149479	2837
1149532*	2559
1149603	2743
1149698	2131
1149701	2772
1149703	2138
1149704	2139
1149705	2140
1149706	2147
1149707	2152
1149708	2149
1149710	1936
1149711	2133
1149716	2824
1149721	2155
1149730*	2974
1149904	2420
1149905	2416
1149907	2445
1149935	1934
1149936	1940
1149940	1935
1150043	2768
1150051	2125
1150058	2831
1150060	2192
1150063	2193
1150064	2180
1150065	2124
1150095	2156
1150206*	2558
1150270	2675
1150371	2135
1150372	2137
1150373	2136
1150392	2158
1150397	1932
1150484	2840
1150566	2674
1150775	2122
1150816*	2505
1150817*	2531
1151123*	2506
1151380*	2515

Deutsche Patente München (D.B.P.)

Nr.	Referat
975931	2909
975983	2910
976026*	2113
976039	2099
976070	2093

Deutsche Patente (D.P.[DDR])

Nr.	Referat
24505*	2530
24724	2677

Englische Patente (E.P.)

Nr.	Referat
387932*	2746
853619*	2490
858038	1552
858558	1572
859567	2591
864012	1557
864235	1541
872116	2952
872136	2953
872447	1551
872448	1551
876716*	2972
879883	1566
880726	2843
884072	1550
884145	2427
884258	1542
886563	1856
886931*	2210
888161	2441
888208	2847
888419*	2235
888638	1849
888639	1849
888640	1849
888859	2862
889255*	2346
889571	2094
892086	2429
892149	2097
892741	2896
893290	2104
893417	2678a
893481	2890
893499	2888
893750	2400
893809*	2208
894135	2184
894328	1862
894727	2823
895428	2546
895445	1848
895936	2095
896456	2387
896510*	2537
896725	2342
897331	2890
897584	2134
897625	2439
897657	2903
897722	2169
898312	2419
898410	2407
898627	2437
898757	2194
898930	2397
898943*	2567b
898991	2255
899049	2067
899147	2393
899154	2434
899226*	2493
899231	2835
899382*	2540
899521	2392
899555*	2109
899789	2963
899800	2868
899901	1860
900134	2773
900202	2833
900514	2320
900523*	2511
901040*	2520
901148	2402
901207	2339
901558	2253
901697	2394
901945	2390
902110	2962
902719	2087
902757	2964
903077	2399
903404*	2229
903450	1850
903614	2871
903678	2832
903817	2398
903968*	2238
904263*	2209
904818	1861
904862	2830
904890	2418
904996	2396
905001	2436
905011	2422
905215*	2977
905566	1855
905878	2905
906447*	2553
906515	2068
906770	2186
906859	2828
907325*	2221
907685	2391
908302	2829
908334	2415
908511*	2563
908516*	2958
908773*	2682a
914476*	2260
914766*	2779

Französische Patente (F.P.)

Nr.	Referat
71671*	2350
73554	1555
77186	2326
1153231*	1869
1154271*	1867
1154730*	1868
1155174*	1870
1205441*	2483
1205442*	2484
1205443*	2492
1205444*	2488
1206186*	2353
1206706*	2503
1208279*	2489
1208830*	1864
1209983*	2507
1214372*	2527
1214978*	2481
1215942*	2504
1216044*	2538
1217122*	2968
1217267*	1873
1217291*	2549
1217927*	2548
1221068*	2542
1223133*	2479
1225737	2989
1227215*	2525
1234476*	2524
1239311*	2352
1254298*	2969
1255341	2440
1257373*	2970
1259668	2412
1261078*	2547
1261742*	2486
1267470	2077
1270919	2103
1271854	2070
1274748	2085
1275187	2102
1275794*	2261
1275795*	2261a
1275797*	2261b
1276406*	2262
1277658	2076
1280475*	2231
1282308	2325
1284123	2257
1284262	2332
1293145	2333
1295838*	2263
1301265	2841

Indische Patente (Ind.P.)

Nr.	Referat
58572*	2199
65040	1545
65731	1579
65745	2870
65778	1548
66140	1556
66146	1568

CHEMISCHES ZENTRALBLATT

Nr. 2 · 15. Januar 1964
Referat 0001—2983
Seite 1—288

A. Allgemeine, physikalische und anorganische Chemie

0001 **Zur quantenmechanischen Transporttheorie.** R. Enderlein. (Physica Status solidi [Berlin] 3, 760—66, 1963; Berlin, Humboldt-Univ., Inst. für Theoret. Phys.; dt.) — Es wird gezeigt, daß die Funktionen der von McIrvine u. Overhauser eingeführten SL-Darst. am besten lokalisiert sind. Der Teilchenzahloperator für Elektronen in SL-Zuständen wird im Heisenberg-Bild betrachtet. Die Bewegungsgleichung für den quantenstatist. Mittelwert des Teilchenzahloperators erweist sich bei Vernachlässigung von Effekten, die aus dem „Zerfließen" der SL-Zustände resultieren, u. bei Verw. des Stoßterms in der üblichen Form als ident. mit der Boltzmann-Gleichung. Analoge Ergebnisse werden für den Fall der Phononen abgeleitet. H. Jehne. 10◇

0002 **Lösung der Boltzmann-Gleichung.** Herbert Budd. (C. R. hebd. Séances Acad. Sci. **256**, 615—18, 1963; Paris, E.N.S. Labor. de Phys.; franz.) — Durch ein Iterations-Verf. läßt sich die Gleichung für den allg. Fall lösen. M. Wiedemann. 10◇

A_1. Kernphysik und Kernchemie

0003 **Direkte Messung μ^--mesonischer Molekülbildungsgeschwindigkeiten in flüssigem Wasserstoff.** G. Conforto, S. Focardi, C. Rubbia und E. Zavattini. (Physic. Rev. Letters **9**, 432—34; Erratum: **9**, 525, 1962; Geneva, C.E.R.N.; engl.) — Es wird über Experimente berichtet, bei denen meson. 214-keV-γ-Strahlen vom 2 p–1 s-Übergang aus den Rkk. $(\mu\,p) + Ne \rightarrow (\mu\,Ne) + p$ u. $(\mu\,d) + Ne \rightarrow (\mu\,Ne) + d$, die beim Auflösen von Ne in D-freiem H bzw. in D–H-Mischungen erhalten wurden, auftraten. Aus der Zeitverteilung der γ-Strahlen konnte eine direkte Messung der Bldg.-Geschw. von $(p\,\mu\,p)$- u. $(p\,\mu\,d)$-Moll. durchgeführt werden. Ergebnisse [Prozeß, D_2-Konz. (ppm), zugegebene Ne-Menge, Bruchteil der auf Ne übertragenen μ^- in %, Geschw. der meson. Mol.-Bldg. in $(10^6\,s^{-1})$]: $(\mu\,p) + p \rightarrow (p\,\mu\,p)$, ≤ 8, 28,5, $(5{,}1 \pm 1{,}0)$, $\lambda_{pp} = (2{,}4 \pm 0{,}6)$; ≤ 8, 114, $(14 \pm 2{,}5)$, $\lambda_{pp} = (2{,}04 \pm 0{,}12)$; $(\mu\,d) + p \rightarrow (p\,\mu\,d)$, 4060, 15,75, (17 ± 3), $\lambda_{pd} = (4{,}96 \pm 0{,}35)$; 460, 31,5, (32 ± 5), $\lambda_{pd} = (5{,}46 \pm 0{,}52)$; 10060, 31,5, (32 ± 5), $\lambda_{pd} = (5{,}90 \pm 0{,}60)$. H. Schroeder. 90◇

0004 **Absorptionszeit negativer Pionen in flüssigem Wasserstoff.** E. Bierman, S. Taylor, E. L. Koller, P. Stamer und T. Huetter. (Physics Letters [Amsterdam] **4**, 351—53, 1963; Hoboken, N.J., Stevens Inst. of Technol.; engl.) — Mit 60-MeV-Pionen u. H_2-Blasenkammer wurde die mittlere Zeit zwischen $\beta = 0{,}006$ u. dem Kerneinfang zu $2{,}0 \pm 0{,}6 \cdot 10^{-12}$ s bestimmt. M. Wiedemann. 90◇

0005 **Unelastische Zweizacken-Wechselwirkungen von 18-GeV/c-Pionen in einer Propanblasenkammer.** M. I. Ferrero, C. M. Garelli, A. Marzari Chiesa und M. Vigone. (Nuovo Cimento [10] **27**, 1066—77, 1963; Torino, Univ., Ist. di Fis.; Ist. Naz. di Fis. Nucl.; engl.) — Wechselwrkg. von 18-GeV/c-π^--Mesonen mit Protonen, bei denen nur ein oder zwei Pionen erzeugt werden, wurden untersucht. Auf Grund der Ergebnisse wird angenommen, daß der Einpionenaustausch der überwiegende Prozeß ist. Die Ergebnisse sind im Diagramm dargestellt. H. Schroeder. 90◇

0006 **Gesamtwirkungsquerschnitte negativer Pionen im Impulsbereich 2—5 GeV/c.** Michael J. Longo und Burton J. Moyer. (Physic. Rev. Letters **9**, 466—68, 1962; Berkeley, Calif., Univ. of California, Lawrence Radiat. Labor.; engl.) — Mittels Zähleranordnung wurden die π^--p-Wrkg.-Querschnitte durch Subtraktion der Werte für Polyäthylen u. Graphit ermittelt. Sie nahmen im Bereich 2,0—4,9 GeV/c von 35,7 auf 28,7 mbarn ab. Die Gesamtwrkg.-Querschnitte für negative Pionen sind um ca. 30% höher als die für positive. M. Wiedemann. 90◇

0007 **Elastische Pion–Proton-Beugungsstreuung bei 3, 4 und 5 GeV/c.** C. C. Ting, L. W. Jones und M. L. Perl. (Physic. Rev. Letters **9**, 468—71, 1962; Ann Arbor, Mich., Univ. of Michigan; engl.) — Die differentiellen elast. Wrkg.-Querschnitte negativer Pionen an Protonen bei 3,15, 4,13 u. 4,95 GeV/c u. die der positiven Pionen an Protonen bei 2,92 GeV/c wurden in einer Funkenkammer gemessen. Die Daten im Beugungsbereich wurden zusammengestellt. M. Wiedemann. 90◇

0008 **Elastische Streuung von π^--Mesonen von 7 GeV/c an Protonen.** T. Hofmokl, A. Wróblewski, A. Filipkowski, L. Michejda, S. Otwinowski, R. Sosnowski, E. Fenyves, T. Gémesy, T. Sándor, A. Sebestyén und F. Telbisz. (Nuovo Cimento [10] **28**, 118—22, 1963; Warsaw, Univ. of Warsaw, Inst. for Nucl. Res.; Budapest, Central Res. Inst. of Phys.; engl.) — Messung des differentiellen Querschnitts mit einer Propanblasenkammer. Herbert Weber. 90◇

0009 **Elastische $\pi^- + p$-Streuung und $p + p$-Streuung von 7 bis 20 GeV/c und die Voraussagen der Regge-Pole.** K. J. Foley, S. J. Lindenbaum, W. A. Love, S. Ozaki, J. J. Russell und L. C. L. Yuan. (Physic. Rev. Letters **10**, 376—81, 1963; Upton, N.Y., Brookhaven Nat. Labor.; engl.) — Elast. differentielle Wrkg.-Querschnitte wurden für $p + p$ von 7—20 GeV/c Einfallsimpuls u. für $\pi^- + p$ von 7—17 GeV/c bestimmt. Es wurden ein fl. H_2-Target benutzt u. das gestreute Teilchen mittels Scintillationshodoskop nachgewiesen; das Rückstoßproton mittels zweier Hodoskope. Es lassen sich nicht beide Verss. gleichzeitig mit den Voraussagen der Regge-Poltheorie in Einklang bringen. M. Wiedemann. 90◇

0010 **Endzustands-Wechselwirkungen in der $\pi^- + p \rightarrow K + \overline{K} + N$-Reaktion.** Gideon Alexander, Orin I. Dahl, Laurance Jacobs, George R. Kalbfleisch, Donald H. Miller, Alan Rittenberg, Joseph Schwartz und Gerald A. Smith. (Physic. Rev. Letters **9**, 460—64, 1962; Berkeley, Calif., Univ. of California, Dep. of Phys. and Lawrence Radiat. Labor.; engl.) — Mit negativen Pionen von 1,51—2,25 GeV/c wurden in der 72-in.-Wasserstoffblasenkammer auf 225000 Aufnahmen 158 seltsame Teilchen identifiziert, die vom Typ $K^0\,K^-\,p$ u. $K^0\,\overline{K}^0\,n$ waren. Die Impulsübertragungsverteilung, bezogen auf das Rückstoßnucleon, läßt sich durch die Annahme deuten, daß die meisten $K\overline{K}$-Paare bei peripheren Stößen erzeugt werden. M. Wiedemann. 90◇

0011 **$K\overline{K}$-Resonanzzustand und Reaktion $\pi^- + p \rightarrow K + \overline{K} + N$.** S. Minami und P. L. Okhuysen. (Nuovo Cimento [10] **28**, 215—18, 1963; Baton Rouge, La., Louisiana State Univ., Dep. of Phys. and Astron.; engl.) — Theoret. Unters. unter der Annahme der Existenz eines Resonanzzustandes (Z-Teilchen) im $K\overline{K}$-System. Herbert Weber. 90◇

0012 **Quantenzahlen der 1020-MeV-$K\overline{K}$-Resonanz.** P. Schlein, W. E. Slater, L. T. Smith, D. H. Stork und H. K. Ticho. (Physic. Rev. Letters **10**, 368—71, 1963; Los Angeles, Calif., Univ. of California, Dep. of Phys.; engl.) — $K\overline{K}$-Paare wurden in der H_2-Blasenkammer durch K^- von 1,80 u. 1,95 GeV/c erzeugt nach $K^- + p \rightarrow \Lambda + K^+ + K^-$ u. $K^- + p \rightarrow \Lambda + \overline{K}^0 + \overline{K}^0$. Der Resonanz bei 1,019 GeV werden nach den Messungen die Quantenzahlen $I = 0$, $J^{PG} = 1^{2-}$ zugeordnet. M. Wiedemann. 90◇

0013 **Existenz und Eigenschaften des φ-Mesons.** P. L. Connolly, E. L. Hart, K. W. Lai, G. London, G. C. Moneti, R. R. Rau, N. P. Samios, I. O. Skillicorn, S. S. Yamamoto, M. Goldberg, M. Gundzik, J. Leitner und S. Lichtman. (Physic. Rev. Letters **10**, 371—76, 1963; Upton, N.Y., Brookhaven Nat. Labor.; Syracuse, N.Y., Syracuse Univ.; engl.) — Bei der K^-–p-Wechselwrkg. in der H_2-Blasenkammer bei 2,23 GeV/c wurden die Rkk. $K^- + p \rightarrow \Lambda + K^0 + \overline{K}^0$ u. $K^- + p \rightarrow \Lambda + K^+ + K^-$ untersucht. Hieraus wurden für die Resonanz im $K\overline{K}$-Syst., φ-Meson genannt, folgende Daten ermittelt: $M = 1019 \pm 1$ MeV, $\Gamma = 1^{+2}_{-1}$, Parität $P = -1$, Spin $J = 1$, Isotopenspin $I = 0$, Ladungskonjugation $C = -1$. M. Wiedemann. 90◇

0014 **Strahlungskorrekturen zu den Zerfällen $K \rightarrow e\nu$ und $K \rightarrow \mu\nu$.** N. P. Chang. (Physic. Rev. [2] **129**, 399—402, 1963; New York, N.Y., Columbia Univ., engl.) — Berechnungen für ein Experiment, bei dem Protonenzähler zur Diskriminierung gegen den K_{e3}-Untergrund benutzt werden. Herbert Weber. 90◇

0015 **Untersuchung von 224 τ'^{+}-Zerfällen.** G. Giacomelli, D. Monti, G. Quareni, A. Quareni-Vignudelli, W. Puschel und J. Tietge. (Physics Letters [Amsterdam] **3**, 346—48, 1963; Bologna, Univ., Ist. di Fis., Sez. di Bologna, Ist. Naz. di Fis. Nucl.; München, MPI für Phys. u. Astrophys.; engl.) — Zum Auffinden der Teilchen wurden 20000 K^+-Zerfälle in Ruhe untersucht. Ein Wert von $0{,}299 \pm 0{,}018$ (theoret. 0,303) für das relative Verzweigungsverhältnis $R(\tau')/R(\tau)$ wurde gefunden. H. Schroeder. 90◇

0016 **Vorzeichen der K_1^0–K_2^0-Massendifferenz.** U. Camerini, W. F. Fry und J. Gaidos. (Nuovo Cimento [10] **28**, 1096—1100, 1963; Madison, Wis., Univ. of Madison, Dep. of Phys.; engl.) — Vorschlag einer Meth. zur Best. des Vorzeichens, die weder einen hohen K^0-Fluß noch die Gültigkeit der $\Delta S = \Delta Q$-Regel erfordert. Gerhard Schmidt. 90◇

0017 **Nichtleptonische Zerfälle von Hyperonen.** Suraj N. Gupta. (Physic. Rev. [2] **130**, 1180—81, 1963; Argonne, Ill., Argonne Nat. Labor.; engl.) — Diskussion eines einfachen Modells, bei dem schwache Wechselwrkg. nur durch die Zweibaryonenvertices auftreten. Herbert Weber. 90◇

0018 **Obere Grenze für die nichtleptonische ΔS-2-Zerfallsart von Ξ^-.** Massimiliano Ferro-Luzzi, Margaret H. Alston, Arthur H. Rosenfeld und Stanley G. Wojcicki. (Physic. Rev. [2] **130**, 1568—70, 1963; Berkeley, Calif., Univ. of California, Dep. of Phys. and Lawrence Radiat. Labor.; engl.) — Unter 200 normalen Ξ^--Zerfällen in $\Lambda + \pi^-$ wurde kein Beispiel eines Ξ^--Zerfalls in $n + \pi^-$ gefunden. Herbert Weber. 90◇

0019 **Masse und Zerfallsparameter der Ξ-Teilchen.** H. Schneider. (Physics Letters [Amsterdam] **4**, 360—61, 1963; Genf, C.E.R.N.; engl.) — Bei der Einw. von 1,455-GeV/c-K^- auf eine H_2-Blasenkammer wurden auf 190000 Aufnahmen 62 Fälle von Ξ^--Erzeugung u. 4 von Ξ^0-Erzeugung identifiziert. Die Rkk. $K^- + p \rightarrow K^+ + \Xi^-$ u. $K^- + p \rightarrow K^0 + \Xi^0$ wurden analysiert. Es ergaben sich u. a. folgende Parameter: $M(\Xi^-) = 1321{,}1 \pm 0{,}65$ MeV/c², $M(\Xi^0) = 1325 \pm 5$ MeV/c² u. $\tau(\Xi^-) = 1{,}55 \pm 0{,}31 \cdot 10^{-10}$ s. M. Wiedemann. 90◇

0020 **Ein Spurion-Modell des Ξ-Teilchens.** H. P. Dürr und J. Géhéniau. (Nuovo Cimento [10] **28**, 132—64, 1963; München, MPI für Phys. u. Astrophys.; engl.) Herbert Weber. 90◇

0021 **Über die Klassifikation der Elementarteilchen.** D. D. Iwanenko und D. F. Kurdgelaidse. (J. exp. theoret. Physik [UdSSR] **44**, 587—91, 1963; Moskau, Staatl. Univ.; russ., Auszug: engl.) — Vers. einer Klassifikation der Elementarteilchen auf der Grundlage der nichtlinearen Feldtheorie u. zur Ableitung der Massenspektren der Baryonen, Mesonen u. „Resononen". K. Jaeger. 90◇

0022 **Die Entwicklung der einheitlichen Feldtheorie der Elementarteilchen.** W. Heisenberg. (Naturwissenschaften **50**, 3—7, 1963; München; dt.) — In Form einer Übersicht werden die mathemat. Axiomatik der Quantenfeldtheorie, die Entartung des Grundzustandes u. die seltsamen Teilchen, die Elektrodynamik sowie schwache Wechselwrkg. u. Leptonen behandelt. Gerhard Schmidt. 90◇

0023 **Eine Näherung an die vereinheitlichte Theorie der Elementarteilchen.** Yasuhisa Katayama, Jean Pierre Vigier und Hideki Yukawa. (Progr. theoret. Physics [Kyoto] **29**, 468—70, 1963; Kyoto, Kyoto Univ., Res. Inst. for Fundament. Phys.; Paris, Inst. Henri Poincaré; engl.) Gerhard Schmidt. 90◇

0024 **Die komplexen Räume und die Quaternionen in der Theorie der Leptonen.** Kuo-Hsien Tzou. (Cahiers de Physique **17**, 48—65, 1963; Paris, Inst. Henri Poincaré; franz.) Gerhard Schmidt. 90◇

0025 **Einige Bemerkungen über Symmetrien durch starke und schwache Wechselwirkungen.** K. Venkatesan und T. S. Santhanam. (Nuclear Physics [Amsterdam] **45**, 255 bis 259, 1963; Madras, India, Inst. of Math. Sci.; engl.) — Theoret. Betrachtungen, die K-Wechselwrkg. in die starke Hamilton-Wechselwrkg. einschließen. Gerhard Schmidt. 90◇

0026 **Über die Kopplungskonstanten starker Wechselwirkungen.** Kazu Nakazawa, Masako Bando, Reiji Sugano und Masayuki Uehara. (Progr. theoret. Physics Kyoto] **29**, 590—602, 1963; Kyoto, Kyoto Univ., Dep. of Nucl. Sci.; Osaka, Osaka City Univ., Dep. of Phys.; Sakai, Univ. of Osaka Prefecture, Dep. of Phys.; engl.) — Wiedergabe der Kopplungs-Konst. durch Betrachtungen der Y* u. anderer experimenteller Ergebnisse, die Ξ einschließen. Gerhard Schmidt. 90◇

0027 **Regge-Pole in relativistischen Wellengleichungen.** G. S. Guralnik und C. R. Hagen. (Physic. Rev. [2] **130**, 1259—64, 1963; Cambridge, Mass., Harvard Univ., Lyman Labor.; engl.) — Unterss. von Lsgg. der relativist. Wellengleichung für 3 verschiedene Schemas für die Kopplung eines relativist. Teilchens an eine Quelle vom 1/r-Typ. Herbert Weber. 90◇

0028 **Dispersionsbeziehung für die Regge-Parameter.** Hung Cheng. (Physic. Rev. [2] **130**, 1283—86, 1963; Pasadena, Calif., California Inst. of Technol., Phys. Dep.; engl.) — Für das Beispiel der nichtrelativist. Streuung durch eine Überlagerung von Yukawa-Potentialen wird gezeigt, daß das Crossing von Trajektorien für eine unendliche Zahl von Regge-Trajektorien auftritt. Herbert Weber. 90◇

0029 **Das η-Meson und skalare Bosonenbeiträge zur elastischen Photon–Proton-Streuung.** S. K. Kundu und M. Yonezawa. (Nuclear Physics [Amsterdam] **44**, 499—506, 1963; Canberra, Australian Nat. Univ., Res. School of Phys. Sci.; engl.) — Diskussion der experimentellen Daten mit Beiträgen aus Bosonen. Gerhard Schmidt. 90◇

0030 **Statistische Analyse der Elektron–Proton-Streuung.** M. W. Kirson und J. S. Levinger. (Physic. Rev. [2] **130**, 1549—52, 1963; Ithaca, N.Y., Cornell Univ., Labor. of Nucl. Sci.; engl.) — Bei der Analyse von e–p-Messungen (vgl. Bumiller u. Mitarbeiter, C. **1963**, 4221) wird gefunden, daß die Rosenbluth-Formel innerhalb der experimentellen Ungenauigkeiten im Bereich $7 \leqq q^2 \leqq 25\ F^{-2}$ gültig ist. Herbert Weber. 90◇

0031 **Mögliche Resonanzverstärkung des Zweiphotonenaustausches bei Elektron–Proton-Streuung.** D. Flamm und W. Kummer. (Nuovo Cimento [10] **28**, 33—46, 1963; Geneva, C.E.R.N.; engl.) — Unterss. der Korrekturen zur e–p-Streuung u. p–$\bar{p}$-Vernichtung in ein Elektron–Positron-Paar infolge des Zweiphotonenzwischenzustandes in einer dispersionstheoret. Behandlung in Termen der Compton-Streuamplitude des Protons. Herbert Weber. 90◇

0032 **Messung des Formfaktors des Protons bei Impulsübertragungen $q^2 \leqq 2$ fermi^{-2}.** B. Dudelzak, G. Sauvage und P. Lehmann. (Nuovo Cimento [10] **28**, 18—24, 1963; Orsay, Seine-et-Oise, École Norm. Sup., Labor. de l'Accélérateur Linéaire; engl.) — Vgl. C. **1963**, 16790. — Messungen des Querschnitts der Elektron–Proton-Streuung für $q^2 =$ 0,30, 0,49, 1,00 u. 2,00 fermi^{-2}. Herbert Weber. 90◇

0033 **Schwere Mesonen bei Antinucleonenvernichtung.** H. Pilkuhn. (Ark. Fysik **23**, 411—15, 1963; Stockholm, Univ., Inst. for Theoret. Phys.; engl.) — Abweichungen von der statist. Theorie werden bei der Erzeugung von schweren Mesonen (ω, ϱ, $K^* \cdots$) in der Antinucleonenvernichtung erwartet. Gerhard Schmidt. 90◇

0034 **Störungstheorie der Antinucleonenvernichtung.** H. Pilkuhn. (Ark. Fysik **23**, 471—77, 1963; engl.) — Vgl. vorst. Referat. — Die bisherigen Anwendungen der Modelle niedriger Energie auf die langreichweitigen Teile des Vernichtungsproblems werden nach der kovarianten Störungstheorie diskutiert. Gerhard Schmidt. 90◇

0035 **Energiereiche Nucleon–Nucleon-Streuung.** Ivan J. Muzinich. (Physic. Rev. [2] **130**, 1571—84, 1963; Berkeley, Calif., Univ. of California, Lawrence Radiat. Labor.; engl.) — Diskussion vom Standpunkt der Analytizität im Drehimpuls. Der Beitrag von Regge-Trajektorien zur N–$\bar{N}$-Streuung wurde untersucht. Herbert Weber. 90◇

0036 **Untersuchung der p–p- und n–p-Streuung bei 10 MeV durch Dispersionsbeziehung.** Shih-Hui Hsieh und Setsuko Miyachi. (Progr. theoret. Physics [Kyoto] **29**, 422—38, 1963; Tokyo, Univ. of Tokyo, Dep. of Phys.; Meiji Univ., Dep. of Math.; engl.) — Die Dispersionsbeziehung als Funktion der Impulsübertragung wird zur Berechnung der Nucleon–Nucleon-Streuamplituden als Funktionen des Winkels bei fester Energie in nichtrelativist. Approximation verwendet. Gerhard Schmidt. 90◇

0037 **Polarisation bei elastischer Neutron–Deuteron-Streuung bei 1,0 MeV.** A. F. Behof, G. P. Lietz, S. F. Treviño und S. E. Darden. (Nuclear Physics [Amsterdam] **45**, 253—54, 1963; Notre Dame, Ind., Univ. of Notre Dame,

Dep. of Phys.; engl.) — Bei Neubest. der Polarisation der Neutronen wird bei einem Streuwinkel von 110° ein P_2-Wert von 0,013 ± 0,021 erhalten. Gerhard Schmidt. 90◇

0038 **Obere Grenze für die Streulänge des Neutron-Deuteron-Dubletts. 1. Mitt. Matrixelemente der Hamiltonschen.** L. M. Delves und J. N. Lyness. (Nuclear Physics [Amsterdam] **45**, 296—312, 1963; Kensington, Univ. of New South Wales, Appl. Math. Dep.; engl.) — Die kinet. u. potentiellen Energiematrixelemente werden für Neutron-Deuteron-Streuung im $J = 1/2, \pi = +1$-Zustand angeführt. Gerhard Schmidt. 90◇

0039 **Proton-Deuteron-Wechselwirkung bei 77 MeV.** M. Davison, H. W. K. Hopkins, L. Lyons und D. F. Shaw. (Physics Letters [Amsterdam] **3**, 358, 1963; Oxford, Nucl. Phys. Labor.; engl.) — Mit einer D_2-Blasenkammer erhaltene Ergebnisse von p-d-Wechselwrkg. (2000 Ereignisse) ergaben einen totalen Wrkg.-Querschnitt von 146 ± 7 mbarn u. einen totalen elast. Streuquerschnitt von 55 ± 3 mbarn bei einem Cut-off für Winkel < 10° (c.m.). H. Schroeder. 90◇

0040 **Deuteron-Deuteron-Streuung bei 20—70 MeV.** L. Lyons, J. E. A. Lys und H. W. K. Hopkins. (Physics Letters [Amsterdam] **3**, 359—60, 1963; Oxford, Nucl. Phys. Labor.; engl.) — In einer D_2-Blasenkammer durchgeführte d-d-Rkk. ergaben einen totalen Wrkg.-Querschnitt von 1,03 ± 0,04 barn im Energiebereich von 20—50 MeV (1000 Ereignisse); dieser setzt sich aus folgenden Rkk. zusammen; (Rk., Wrkg.-Querschnitt in mbarn, Verzweigungsverhältnis in %): $d + d \to d + d$ (> 15° Schwerpunkts-Syst.), 540 ± 30, 53%; $\to p + t$, 40 ± 10, 4%; $\to {}^3He + n$, 40 ± 10, 4%; $\to p + n + d$ u. $\to p + n + p + n$, 410 ± 20, 40%. H. Schroeder. 90◇

0041 **Neue Grenze für Isotopenspin-Erhaltung bei starken Wechselwirkungen aus einer experimentellen Grenze für $\sigma(d + d \to {}^4He + \pi^0)$.** John A. Poirier und Morris Pripstein. (Physic. Rev. [2] **130**, 1171—77, 1963; Berkeley, Calif., Univ. of California, Lawrence Radiat. Labor.; engl.) — Nach der starken Rk. $d + d \to {}^4He + \pi^0$, die durch Isotopenspinerhaltung verboten ist, wurde bei $E_d = 460$ MeV gesucht. Eine obere Grenze für den differentiellen Querschnitt der Rk. im Schwerpunkts-Syst. bei einem Schwerpunktswinkel von ca. 90° ergab sich zu $(0{,}097 \pm 0{,}027) \cdot 10^{-33}$ cm²/sr. Es scheint keine π^0-Erzeugung vorzuliegen. Es wird gefolgert, daß der Isotopenspin zu mindestens (99,74 ± 0,08) % bei dieser starken Wechselwrkg. erhalten bleibt. Herbert Weber. 90◇

0042 **Wechselwirkung von Deuteronen mit Atomkernen.** O. F. Nemetz. (Ukrain. physik. J. **8**, 505—22, 1963; Kiew, Physikal. Inst. der Akad. der Wiss. der UkrainSSR; ukrain.) — Übersicht. — 204 Literaturangaben. K. Jaeger. 90◇

0043 **Aufspaltung der Deuteronen während der Streuung an Atomkernen.** Je. Issmatow und I. Je. Kaschuba. (Ukrain. physik. J. **8**, 532—35, 1963; Kiew, Physikal. Inst. der Akad. der Wiss. der UkrainSSR; ukrain., Auszug: engl.) — Behandelt wird die Aufspaltung von Deuteronen durch Atomkerne bei Energien oberhalb der Coulomb-Barriere. Die Wechselwrkg. des Neutrons u. des Protons mit dem Atomkern wird berücksichtigt. Der Aufspaltungsprozeß führt zu einer Verringerung der Querschnitte der elast. Streuung. Die berechneten differentiellen u. vollständigen Querschnitte des Prozesses stimmen qual. mit den experimentellen Werten für ${}^{27}Al$ überein. K. Jaeger. 90◇

0044 **Photozerfall des Deuterons im Bereich mittlerer Energie.** R. M. K. Hämäläinen. (Suomalaisen Tiedeakatemian Toimituksia [Ann. Acad. Sci. fenn.], Ser. A VI **1963**, Nr. 125, 1—36; Helsinki, Univ., Dep. of Nucl. Phys.; engl.) — Wrkg.-Querschnitte wurden bei γ-Energien von 52,3, 77,3 u. 122,4 MeV berechnet; die Ergebnisse zeigen, daß die Approximation langer Wellenlängen in diesem Bereich anwendbar ist. H. Schroeder. 90◇

0045 **Streuung von ³He an ³He.** T. A. Tombrello und A. D. Bacher. (Physic. Rev. [2] **130**, 1108—11, 1963; Pasadena, Calif., California Inst. of Technol.; engl.) — Bei der Unters. der elast. Streuung von ³He an ³He für Beschußenergien zwischen 3 u. 12 MeV wurden Anregungskurven für Schwerpunktsstreuwinkel von 30,6, 54,8, 70,1 u. 90° sowie Winkelverteilungen bei Beschußenergien von 3,03, 5,90, 7,91, 9,92 u. 11,93 MeV erhalten. Herbert Weber. 90◇

0046 **Streuung von ³He an ⁴He.** T. A. Tombrello und P. D. Parker. (Physic. Rev. [2] **130**, 1112—19, 1963; engl.) — Vgl. vorst. Referat. — Doppelt geladene ³He-Ionen wurden an He-Gas gestreut, um angeregte Zustände in ${}^7Be$ bei Anregungsenergien zwischen 3,9 u. 8,4 MeV zu untersuchen. Zusätzlich zum bekannten 7/2⁻-Niveau bei 4,54 MeV wurde das 5/2⁻-Niveau dieses Spin-Bahn-Dubletts mit $l = 3$ ebenfalls beobachtet. Dieser neue Zustand liegt bei einer Anregungsenergie von 6,51 ± 0,04 MeV. Herbert Weber. 90◇

0047 **Restwechselwirkungen im Kernschalenmodell und Paarungsenergien.** Kiyoshi Sasaki. (Progr. theoret. Physics [Kyoto] **29**, 383—96, 1963; Tokyo, Tokyo Metropolitan Univ., Fac. of Sci., Dep. of Phys.; engl.) — Diskussion der Wechselwrkg. nach Berechnung der Matrixelemente von P (j) u. Π (j). Gerhard Schmidt. 95◇

0048 **Volumeneigenschaften der Grundzustands-Kernmaterie.** John C. Reynolds und Robert D. Puff. (Physic. Rev. [2] **130**, 1877—90, 1963; Argonne, Ill., Argonne Nat. Labor., Appl. Math. Div.; Seattle, Wash., Univ. of Washington, Phys. Dep.; engl.) — Vgl. C. **1963**, 20664. — Anwendung der l. c. entwickelten Approximations-Meth. auf ein homogenes Syst. von Kernmaterie unter Verw. eines einfachen trennbaren Potentials. Gerhard Schmidt. 95◇

0049 **Oberflächeneigenschaften der Grundzustands-Kernmaterie.** John C. Reynolds. (Physic. Rev. [2] **130**, 1891 bis 1901, 1963; engl.) — Vgl. vorst. Referat. — Ableitung einer allg. Meth. zur Erweiterung des Vielkörperformalismus von Martin u. Schwinger auf makroskop. inhomogene Systeme. Gerhard Schmidt. 95◇

0050 **Die Oberfläche leichter Kerne.** G. C. Thomas und N. W. Tanner. (Nuclear Physics [Amsterdam] **44**, 647—52, 1963; Oxford, Dep. of Nucl. Phys.; engl.) — Der direkte Strahlungseinfang von Protonen durch ${}^{16}O$, ${}^{20}Ne$ u. ${}^{40}Ca$ wurde in Ausdrücken der Kerndichteverteilung der Endzustände von ${}^{17}F$, ${}^{21}Na$ u. ${}^{41}Sc$ zu erklären versucht. Übereinstimmung mit Messungen des direkten Einfangs konnte unter Verw. eines Saxon-Wood-Potentials mit den Parametern $R_0 = 1{,}3$ Fermi u. $a = 0{,}7$ Fermi (Oberflächendiffusität) erzielt werden. Für den Quadrupolzerfall des ersten angeregten Zustandes von ¹⁷F wurde eine Lebensdauer von 0,19 ± 0,05 ns (Messungen 0,44 ± 0,02 ns) errechnet. H. Schroeder. 95◇

0051 **Über eine mögliche Methode zur Beschreibung der Kernrotationsbewegung.** Yoshiyuki Shono. (Progr. theoret. Physics [Kyoto] **29**, 562—73, 1963; Sapporo, Hokkaido Univ., Dep. of Phys.; engl.) — Beschreibung dieser Bewegung auf der Grundlage eines Syst. mit einem deformierten mittleren Potentialwall. Gerhard Schmidt. 95◇

0052 **Phasenübergang und Niveaudichte von Atomkernen.** Mitsuo Sano und Shuichiro Yamasaki. (Progr. theoret. Physics [Kyoto] **29**, 397—414, 1963; Osaka, Osaka Univ., Dep. of Phys.; engl.) — Der Einfl. der Paarungs-Wechselwrkg. auf das Kernspektrum wird nach der neuen Version der Theorie der Supraleitfähigkeit untersucht. Gerhard Schmidt. 95◇

0053 **Bemerkung zum 1⁻-Zustand im Schwingungsbereich.** M. Sakai. (Physics Letters [Amsterdam] **3**, 338—39, 1963; Tokyo, Tanashi-machi, Kitatamagun, Univ. of Tokyo, Inst. for. Nucl. Study; engl.) — Nach einer Zusammenstellung experimenteller Werte für die Abklingdaten der 1⁻-Zustände von ¹⁴⁴Nd, ¹⁴⁸Sm, ¹⁵²Gd, ¹⁵²Sm, ¹⁵⁶Gd, ¹⁶⁰Dy, ¹⁶⁶Er, ¹⁷²Yb u. einer Energiesystematik der 1⁻- u. ersten 2⁺-Niveaus dieser Nuclide wird der physikal. Charakter der 1⁻-Zustände diskutiert. H. Schroeder. 95◇

0054 **Notiz über 5⁻-Niveaus in g-g-Kernen.** M. K. Ramaswamy. (Current Sci. [Bangalore] **32**, 63—64, 1963; Dharwar, Karnatak Univ., Dep. of Phys.; engl.) — Aus Betrachtungen bekannter Energiewerte von 5⁻-Niveaus von g-g-Kernen im Massenzahlbereich 90—210 zieht Vf. die Folgerungen, daß die Anregungsenergie der Niveaus nur wenig von der Massenzahl abhängt u. für A < 90 kein 5⁻-Niveau bekannt ist. H. Schroeder. 95◇

0055 **Einige Möglichkeiten der Bestimmung des Spins eines „negativen Niveaus“.** J. Rondio und Z. Wilhelmi. (Acta physica polon. **23**, 221—23, 1963; Warsaw, Univ., Dep. of Atom. Nucl. Phys. and Inst. of Nucl. Res.; engl.) — Behandlung des Problems „negativer Resonanzen„ (Neutronenresonanzen einer „negativen„ Energie). Gerhard Schmidt. 95◇

0056 **Theoretische Untersuchung der angeregten Niveaus von ¹²C und der 0⁺-Niveaus von ¹⁶O. Anwendung auf die unelastische Streuung der 155-MeV-Protonen an ¹²C.**

Nicole Vinh Mau. (Ann. Physique [13] **8**, 1—39, 1963; Paris, Fac. des Sci., Labor. Joliot-Curie des Phys. Nucl.; franz.) — Die angeregten Zustände des ^{12}C-Nuclids werden nach einem Modell untersucht, das sich auf einfache Anregungen eines einzelnen Teilchens gründet. Hierbei werden 2 verschiedene Approximationen betrachtet. Die Ergebnisse zeigen, daß die Einführung von Anregungen zweier Teilchen notwendig ist, um das 0$^+$-Niveau bei 6,06 MeV zu beschreiben. — 47 Literaturhinweise. Gerhard Schmidt. 95◇

0057 **Neutron-Proton-Wechselwirkungen in ^{38}Cl und ^{40}K nach dem j-j-Kopplungs-Schalenmodell.** Kiyoshi Sasaki. (Progr. theoret. Physics [Kyoto] **29**, 461—62, 1963; Tokyo, Univ., Fac. of Engng., Dep. of Appl. Phys.; engl.) — Analyse der Wechselwrkg. unter Verw. der experimentellen Daten der tiefliegenden Zustände von ^{38}Cl u. ^{40}K. Gerhard Schmidt. 95◇

0058 **Bemerkung über den Charakter der ersten angeregten Niveaus (2+) von ^{170}Yb, ^{186}Os und ^{188}Os.** J. P. Deutsch, L. Grenacs und P. Lipnik. (Ann. Soc. sci. Bruxelles, Ser. I **77**, 94—97, 1963; Louvain, Univ., Centre de Phys. Nucl.; franz.) — Die Theorie der Erhaltung des Vektorstroms bei schwachen Wechselwrkg. wird auf die vom ersten Grad verbotenen β-Übergänge (1—) → (2+) u. (1—) → (0+) angewandt. Bei ^{170}*Tm*, ^{186}*Re* u. ^{188}Re gibt sie genaue Werte der Kernmatrixelemente. Diese Werte stehen im Einklang mit einer reinen Rotationsanregung der (2+)-Zustände der Tochterkerne ^{170}Yb, ^{186}Os u. ^{188}Os. M. Wiedemann. 95◇

0059 **Interpretation des Schemas der angeregten Niveaus von ^{234}Pa, einem ungerade-ungerade-Kern.** Roger Foucher, Jean Mérinis, Alceu de Pinho und Manuel Valadarés. (J. Physique **24**, 203—05, 1963; Orsay, Labor. Joliot-Curie de Phys. Nucl., Centre de Spectroscopie Nucl. et de Spectroscopie de Masse; franz.) — Die beobachteten angeregten Niveaus von ^{234}Pa werden mit der Theorie verglichen u. teils als Teilchen-, teils als Rotationsniveaus gedeutet. Der ungerade-ungerade-Kern wird als Überlagerung zweier ungerader Kerne aufgefaßt. Auch die Kernisomerie mit dem 69,8-keV-M4-Übergang kann erklärt werden. M. Wiedemann. 95◇

0060 **Monte-Carlo-Berechnung der Resonanzausbeutekurven und Bestimmung der Resonanzenergie.** D. W. Palmer, J. G. Skofronick, D. G. Costello, A. L. Morsell, W. E. Kane und R. G. Herb. (Physic. Rev. [2] **130**, 1153 bis 1162, 1963; Madison, Wis., Univ. of Wisconsin; engl.) — Beschreibung eines Rechenprogramms für reine, kontaminierte u. dünne Targets sowie Vgl. der Ausbeutekurven mit experimentellen Daten für die Rk. ^{27}*Al*(p, γ)^{28}*Si* bei 992 keV u. für die ^{58}*Ni*(p, γ)^{59}*Cu*-Resonanzen bei 1424 u. 1844 keV. Gerhard Schmidt. 103◇

0061 **Winkelverteilung bei der Knock-on-Reaktion.** T. Dazai. (Bull. Tokyo Inst. Technol. **1962**, 29—34; engl.) — Ableitung expliziter Formeln der Winkelverteilung, Winkelkorrelation u. Polarisation bei der Knock-on-Rk. unter Verw. des Formalismus der Born-Approximation der verzerrten Welle. Gerhard Schmidt. 103◇

0062 **Statistische Emission bei Kernreaktionen.** E. Erba, U. Facchini und E. Saetta Menichella. (Ric. sci., Parte II, Sez. A [2] **2**, 154—70, 1962; Milano, Univ. of Milano, Labor. CISE, Ist. di Fis.; engl.) — Zusammenfassung der Folgerungen der Verss. über die totalen Querschnitte für langsame Neutronen im Resonanzbereich von ca. 110 Kernen, über die Energiespektren der Teilchen aus (n, p)-, (n, n')- u. (p, n)-Rkk. für Auftreffenergien zwischen 4 u. 16 MeV (56 Spektren) u. über Querschnitte von (n, p)- u. n, n')-Rkk. bei 14 MeV für mittlere u. schwere Kerne (32 bzw. 33 Kerne). Gerhard Schmidt. 103◇

0063 **(p, n)-Reaktionen bei mittlerer Energie.** G. Albouy, M. Gusakow, N. Poffé, H. Sergolle und L. Valentin. (J. Physique Radium **23**, 1000—02, 1962; Orsay, Labor. Joliot-Curie de Phys. Nucl.; franz.) — Mittels Protonen des Synchrocyclotrons wurden ^{11}*B*, ^{51}*V*(V_2O_5), ^{65}*Cu*, ^{88}*Sr* u. ^{139}*La* bestrahlt u. die Anregungsfunktionen der (p, n)-Rk. zwischen 40 bis 150 MeV durch Messung der γ-Strahlungen erhalten. Die Wrkg.-Querschnitte fielen mit steigender Energie ab. M. Wiedemann. 103◇

0064 **(p, n)-Querschnitte bei 6,75 MeV.** R. M. Humes, G. F. Dell jun., W. D. Ploughe und H. J. Hausman. (Physic. Rev. [2] **130**, 1522—24, 1963; Columbus, Ohio, Ohio State Univ., Dep. of Phys.; engl.) — Die partiellen (p, n)-Rk.-Querschnitte bei 6,75 MeV werden für die Nuclide ^{45}*Sc*, ^{51}*V*, ^{55}*Mn*, ^{63}*Cu*, ^{65}*Cu*, ^{69}*Ga*, ^{71}*Ga*, u. ^{79}*Br* zu 179 ± 9, 480 ± 31, 440 ± 40, 239 ± 13, 566 ± 37, 981 ± 98, 649 ± 69 bzw. 86 ± 5 mbarn gemessen. Die Ergebnisse sollen Informationen über Rk.-Querschnitte für den Vgl. mit Berechnungen nach dem opt. Modell liefern. Gerhard Schmidt. 103◇

0065 **Untersuchung der d-s-Schalenkerne mit (d, ^{3}He)-Reaktionen.** Bibijana Čujec. (Physic. Rev. [2] **128**, 2303—09, 1962; Pittsburgh, Pa., Univ. of Pittsburgh; engl.) — Die Möglichkeit der Kernstruktur-Best. durch (d, ^{3}He)-Rkk. mit 15-MeV-Deuteronen wird untersucht, wobei Querschnitte für Übergänge zu tiefliegenden Niveaus von ^{16}*O*, ^{19}*F*, ^{27}*Al*, ^{31}*P*, ^{32}*S*, ^{35}*Cl*, ^{40}*Ca*, ^{58}*Ni* u. ^{63}*Cu* gemessen werden. Die Grundzustände von ^{16}O, ^{31}P, ^{32}S, ^{35}Cl u. ^{40}Ca werden im wesentlichen durch das Schalenmodell beschrieben. Der erste angeregte Zustand von ^{30}*Si* (E = 2,24 MeV, $J = 2^+$) u. der zweite angeregte Zustand von ^{31}P (E = 2,23 MeV, $J = 5/2^+$) erscheinen als $d_{5/2}$-Lochzustände. Das Verhältnis der spektroskop. Faktoren zeigt, daß der ^{26}Mg-Grundzustand ($J = 0^+$) u. der angeregte Zustand bei 1,83 MeV ($J = 2^+$) Rotationsniveaus einer K = 0-Bande sind. Gerhard Schmidt. 103◇

0066 **Anregung des Grundzustandes und des ersten angeregten Zustandes in der Reaktion ^{6}Li (d, n)^{7}Be.** L. Cranberg, A. Jacquot und H. Liskien. (Nuclear Physics [Amsterdam] **42**, 608—14, 1963; Los Alamos, N.Mex., Los Alamos Scient. Labor.; Geel, Euratom, Central Bur. for Nucl. Measurements; engl.) — Die Winkelverteilungen der dem Grundzustand u. dem ersten angeregten Niveau entsprechenden Neutronen wurden mit der Flugzeit-Meth. eines gepulsten Bündels bei E_d = 2, 2,5 u. 3 MeV gemessen. Ein Vgl. der totalen Wrkg.-Querschnitte dieser Rk. u. der Rk. ^{6}Li(d, p)^{7}Li zeigt innerhalb der experimentellen Fehlergrenzen Übereinstimmung. H. Schroeder. 103◇

0067 **Über die Winkelverteilungen der Neutronenpolarisation aus ^{7}Li(p, n)^{7}Be für E_p = 4,5 MeV.** I. Minzatu, A. Calboreanu, N. Martalogu, R. Dumitrescu und M. Molea. (Physics Letters [Amsterdam] **4**, 357—58, 1963; Bucharest, Inst. for Atom. Phys.; engl.) — Für ^{7}Li(p, n)^{7}Be mit 4,5-MeV-Protonen wurde die Neutronenpolarisation für Winkel von 0—135° gemessen. Sie kann bis zu 40% erreichen. Die Winkelverteilung hat ein Maximum in Vorwärts- u. mindestens eines in Rückwärtsrichtung. Das in Vorwärtsrichtung verschiebt sich mit Änderung der Protonenenergie. M. Wiedemann. 103◇

0068 **Messung des Verzweigungsverhältnisses zwischen Protonen und α-Teilchen für das 20-MeV-Niveau des ^{8}Be.** A. Garin und L. Marquez. (J. Physique Radium **23**, 970—72, 1962; Saclay, C.E.N.; franz.) — Durch die Rk. ^{6}Li + ^{6}Li → α + ^{8}Be* wurde das 20-MeV-Niveau in ^{8}Be erreicht. Das Verzweigungsverhältnis für den Zerfall nach p + ^{7}Li u. zu 2α-Teilchen wurde mittels Kernemulsionen bestimmt, $\Gamma_p : \Gamma_\alpha$ ergab sich zu 1,64. M. Wiedemann. 103◇

0069 **Die Beobachtung von ^{8}Be im Grundzustand.** J. A. Weinman und R. K. Smither. (Nuclear Physics [Amsterdam] **45**, 260—72, 1963; Argonne, Ill., Argonne Nat. Labor.; engl.) — Die Unters. zeigt die Möglichkeit des Nachw. von ^{8}Be im Grundzustand als ein Rk.-Prod. der Rk. ^{9}Be + ^{3}He bei E(^{3}He) ⩽ 2,0 MeV. Die Winkelverteilungen der Rkk. ^{9}Be(^{3}He, α)^{8}Be u. ^{9}Be(^{3}He, p)^{11}*B* bei E(^{3}He) = 2,0 MeV werden wiedergegeben. Gerhard Schmidt. 103◇

0070 **Protoneneinfang durch ^{11}B im Bereich der Riesenresonanz.** J. A. Becker und J. D. Fox. (Nuclear Physics [Amsterdam] **42**, 669—75, 1963; Tallahassee, Fla., Florida State Univ., Dep. of Phys.; engl.) — Die Ausbeute der beim Protoneneinfang durch ^{11}B auftretenden γ-Strahlung von ^{12}C wurde gemessen; γ_0 (Grundzustand) zeigt ein starkes Maximum bei E_p = 7,2 MeV u. fällt zu höheren Energien ab, während γ_1 (erster angeregter Zustand) Maxima bei E_p = 6,75, 8,4, 10,4 u. 11,9 MeV aufweist. H. Schroeder. 103◇

0071 **3,86-MeV-Niveau in ^{17}F.** R. E. Segel, P. P. Singh, R. G. Allas und S. S. Hanna. (Physic. Rev. Letters **10**, 345—47, 1963; Argonne, Ill., Nat. Labor.; engl.) — Rotierende Targets aus Ta_2O_5 wurden mit 10 μA Protonen von 3,4 bis 3,5 MeV beschossen, die Rk. ^{16}*O*(p, γ)^{17}F wurde durch Messung der Strahlung mittels NaJ-Kristall untersucht. Ausbeute u. Winkelverteilung wurden bestimmt. Bei dem 3,86-MeV-Zustand von ^{17}F dürfte es sich demnach um $J^\pi = 5/2^-$ mit sehr kleinen Strahlungs- u. Teilchenbreiten handeln. M. Wiedemann. 103◇

0072 **Untersuchung der Reaktion ^{16}O (d, n)^{17}F.** O. Dietzsch, Y. Hama, E. W. Hamburger und F. C. Zawislak. (Nuclear Physics [Amsterdam] **27**, 103—12, 1961; São Paulo, Brasil, Univ., Dep. de Fis.; engl.) — Obige Rk. wird im Energiebereich von 1,83—2,4 MeV untersucht. Ausbeutekurven wurden in 3 Richtungen aufgenommen u. die Winkelverteilungen bei 7 verschiedenen Energien gemessen. Es wird versucht, die experimentellen Ergebnisse durch eine Strippingtheorie zu erklären. Bei niedrigen Energien stimmen die Berechnungen mit den Vers.-Ergebnissen überein, bei hohen Energien treten große Abweichungen auf. M. Guerlin. 103□

0073 **Betazerfall-Asymmetrie und kernmagnetisches Moment von ^{19}Ne.** Eugene D. Commins und David A. Dobson. (Physic. Rev. Letters **10**, 347—51, 1963; Berkeley, Calif., Univ. of California, Dep. of Phys.; engl.) — Durch Beobachtung der Umkehr der β-Zerfalls-Asymmetrie, wenn polarisierte ^{19}Ne-Kerne eine Resonanz-Reorientierung erleiden, wurde der Asymmetrieparameter A des ^{19}Ne zu $-0{,}057 \pm 0{,}005$ u. das kernmagnet. Moment zu $-1886 \pm 0{,}01$ nm (Kernmagnetonen) bestimmt. Es wurde hierzu ein Strahl von ^{19}Ne im Grundzustand benutzt, der aus einer Quelle bei 77° K austrat u. ein inhomogenes Magnetfeld durchlief. M. Wiedemann. 103◇

0074 **Die Reaktion ^{19}F (p, n)^{19}Ne zwischen 5 und 11 MeV.** J. G. Jenkin, L. G. Earwaker und E. W. Titterton. (Nuclear Physics [Amsterdam] **44**, 453—59, 1963; Canberra, Australian Nat. Univ., Res. School of Phys. Sci.; engl.) — Der Positronenzerfall des ^{19}Ne-Nuclids erfolgt zu 100% zum Grundzustand von ^{19}F, ein Maß für die Neutronenausbeute wird durch Registrierung der Koinzidenzen zwischen den 0,511-MeV-Vernichtungsquanten erhalten. Das F-Target wird durch Vakuumverdampfung von MnF_2 auf eine Au-Folie (3 mg/cm²) erhalten. Der abs. Querschnitt der ^{19}F(p, n)-Rk. ergibt sich zu 27 ± 4 mbarn bei einer Protonenenergie von 5,58 MeV. Die Maxima in der Anregungsfunktion sowie die möglichen Energieniveaus im Compoundkern ^{20}Ne werden angeführt. Gerhard Schmidt. 103◇

0075 **Winkelverteilungen für die Reaktion ^{19}F (d, n)^{20}Ne.** Roger W. Finlay und George E. Owen. (Physic. Rev. [2] **128**, 2309—12, 1962; Baltimore, Md., Johns Hopkins Univ., Dep. of Phys.; engl.) — Die Winkelverteilungen der Neutronen, die Übergängen zum Grundzustand u. ersten angeregten Zustand von 1,63 MeV entsprechen, werden bei Deuteronenenergien von 1,0 u. 1,3 MeV gemessen. Die Neutronen werden unter Verw. eines Stilbeneinkristall-Spektrometers nachgewiesen. Die Winkelverteilungen der Grundzustandsneutronen stimmen mit den Vorhersagen der Strippingtheorie überein, wenn Austauschterme in die Analyse eingebaut werden. Gerhard Schmidt. 103◇

0076 **Die Reaktion ^{23}Na (d, p)^{24}Na und die Kernstruktur von ^{24}Na.** C. Daum. (Nuclear Physics [Amsterdam] **45**, 273—95, 1963; Ann Arbor, Mich., Univ. of Michigan, Harrison M. Randall Labor. of Phys.; engl.) — Bei der Unters. des Niveauschemas von ^{24}Na bis zu ca. 7 MeV werden mehrere neue Niveaus beobachtet. Die Winkelverteilungen werden nach der Born-Approximation der verzerrten Welle analysiert. Für viele der Niveaus werden spektroskop. Daten erhalten. Gerhard Schmidt. 103◇

0077 **Anregungsfunktionen und Winkelverteilungen von α-Teilchen aus dem Protonenbeschuß von ^{26}Mg.** L. G. Lawrence und H. J. Hay. (Nuclear Physics [Amsterdam] **44**, 518—28, 1963; Canberra, Australian Nat. Univ., Res. School of Phys. Sci.; engl.) — Zum Grundzustand u. ersten angeregten Zustand von ^{23}*Na* führende Anregungsfunktionen von α-Teilchen-Gruppen wurden bei Winkeln von 90 u. 135° (Labor.-Syst.) mit $E_p = 6{,}0-9{,}0$ MeV gemessen. Die Funktionen sind verträglich mit einer Reihe von Resonanzen im Compoundkern ^{27}Mg. H. Schroeder. 103◇

0078 **Spin und Parität der 648-keV-Resonanzen in ^{26}Mg (p, γ)^{27}Al.** Rolf Nordhagen. (Nuclear Physics [Amsterdam] **27**, 112—14, 1961; Blindern, Norway, Univ. Oslo, Fys. Inst.; engl.) — Spin u. Parität werden versuchsweise zu $5/2^-$ angenommen. M. Guerlin. 103□

0079 **Das Querschnittsverhältnis ^{27}Al (p, 3pn)$^{24}Na/^{12}C$ (p, pn)^{11}C im GeV-Bereich.** J. B. Cumming, J. Hudis, A. M. Poskanzer und S. Kaufman. (Physic Rev.. [2] **128**, 2392—97, 1962; Upton, N.Y., Brookhaven Nat. Labor., Chem. Dep.; engl.) — Das obige Querschnittsverhältnis wird bei 9 Energien zwischen 0,4 u. 17 GeV gemessen. Aus den gemessenen Verhältnissen u. den bekannten abs. Querschnitten für die Rk. ^{12}C(p, pn)^{11}C wird eine Anregungsfunktion für die Standard-Rk. ^{27}Al(p, 3pn)^{24}Na erhalten. Der Querschnitt bei 3 GeV ergibt sich zu $9{,}1 \pm 0{,}5$ mbarn. Querschnitte relativ zum Querschnitt der letztgenannten Rk. werden auch für die Erzeugung von ^{22}Na, ^{18}*F*, ^{13}*N*, ^{11}C u. ^{7}*Be* aus Al u. für ^{7}Be aus C in diesem Energiebereich erhalten. Diese Querschnitte sind im wesentlichen energieunabhängig zwischen 6 u. 28 GeV. Eine Ausnahme bildet die ^{7}Be-Erzeugung aus Al, die nur wenig zwischen 3 u. 28 GeV zunimmt. Gerhard Schmidt. 103◇

0080 **γ-Strahlung aus der ^{27}Al (p, γ)-Reaktion.** S. Bashkin und T. R. Ophel. (Austral. J. Physics **14**, 335—46, 1961; Canberra, Austral. Nat. Univ., Dep. of Nucl. Phys.; engl.) — Es wurden γ-Spektren u. -Winkelverteilungen bei den 759-, 766-, 773- u. 993-keV-Resonanzen der ^{27}Al(p, γ)-Rk. gemessen. Bei 993 keV wird ein Übergang zum 7,80-MeV-Niveau von ^{28}Si beobachtet. Versuchsweise J^{π}-Zuordnungen zu den Resonanzniveaus 2^- (759 keV), 4^- (766 keV), 1^+ (773 keV) u. 3^+ (993 keV) werden diskutiert. H. Laue. 103□

0081 **Photoneutronenquerschnitte für ^{51}V und ^{59}Co.** S. C. Fultz, R. L. Bramlett, J. T. Caldwell, N. E. Hansen und C. P. Jupiter. (Physic. Rev. [2] **128**, 2345—51, 1962; Livermore, Calif., Univ. of California, Lawrence Radiat. Labor.; engl.) — Die (γ,n)- u. u. (γ,2n)-Querschnitte für ^{59}Co u. ^{51}V werden unter Verw. nahezu monochromat. Photonen aus der Vernichtung schneller Positronen im Flug gemessen. Die integrierten Querschnitte bis zu 28 MeV sind $0{,}447 \pm 0{,}044$ bzw. $0{,}139 \pm 0{,}014$ MeV·barn für Co u. $0{,}451 \pm 0{,}045$ bzw. $0{,}106 \pm 0{,}011$ MeV·barn für V. Die Niveaudichteparameter werden bestimmt. Die Quadrupolmomente, die sich aus den Querschnitten für die Compoundkern-Bldg. ergeben, sind $0{,}94 \pm 0{,}13$ barn für Co u. $0{,}66 \pm 0{,}09$ barn für V. Gerhard Schmidt. 103◇

0082 **Kernanregungsfunktionen und Dicktargetausbeuten: Zn + d und ^{40}Ar (d, α).** David C. Williams und John W. Irvine jun. (Physic. Rev. [2] **130**, 265—71, 1963; Cambridge, Mass., MIT, Dep. of Chem. and Labor. for Nucl. Sci.; engl.) — Vgl. C. **1963**, 18709. — Nach gleicher Meth. wie l. c. werden partielle oder vollständige Anregungsfunktionen bis 15 MeV für die Rkk. ^{40}Ar(d, α)^{38}*Cl*, ^{66}Zn(d, α)^{64}*Cu*, ^{64}Zn(d, αn)^{61}Cu, ^{67}Zn(d, αn)^{64}Cu, ^{64}Zn(d, 2p)^{64}Cu u. ^{67}Zn(d, 2p)^{67}Cu bestimmt. Die Ergebnisse werden mit den Vorhersagen des statist. Modells von Kern-Rkk. verglichen. Anregungsfunktionen werden für die Rkk. ^{64}Cu(d, p)^{65}Zn + ^{64}Zn(d, n)^{65}*Ga* (β^+)^{65}Zn, ^{66}Zn(d, n)^{67}Ga u. ^{66}Zn(d, 2n)^{66}Ga ermittelt. Dicktargetausbeutekurven aus dem Deuteronenbeschuß von metall. Zn werden für ^{61}Cu, ^{64}Cu, ^{67}Cu, ^{65}Zn, ^{66}Ga u. ^{67}Ga wiedergegeben. Gerhard Schmidt. 103◇

0083 **Halbwertszeit und Strahlungen von ^{76}Kr.** I. Dostrovsky und R. W. Stoenner. (Nuclear Physics [Amsterdam] **43**, 348—52, 1963; Upton, N.Y., Brookhaven Nat. Labor., Chem. Dep.; engl.) — Auf Grund period. Mutter-Tochter-Trennungen wurde die Halbwertszeit von ^{76}Kr zu $(14{,}8 \pm 0{,}1)$ h bestimmt. Folgende Energien des γ-Spektrums konnten beobachtet werden: ca. 0,040 (stark), 0,073, 0,104, 0,135, 0,197, 0,267 (stark), 0,316 (stark), 0,360, 0,407 u. 0,452 MeV. H. Schroeder. 103◇

0084 **Zerfall von ^{83}Br.** M. Pasternak und T. Sonnino. (Nuclear Physics [Amsterdam] **45**, 336—40, 1963; Rehovoth, Israel, Soreq Res. Establm.; engl.) — Unter Verw. von Scintillationsspektrometern werden β- u. γ-Strahlen aus dem Zerfall von ^{83}Br zum metastabilen Niveau von ^{83}*Kr* untersucht. Neben einem 0,530-MeV-γ-Strahl, welcher der Emission eines β-Strahls maximaler Energie von $0{,}395 \pm 0{,}030$ MeV folgt, wird ein β-Strahl maximaler Energie von $0{,}925 \pm 0{,}015$ MeV beobachtet. Weitere γ-Strahlen werden nicht gefunden. Die Verzweigungsverhältnisse der beiden β-Gruppen werden zu 0,014 bzw. 0,986 bestimmt. Die Halbwertszeit von ^{83}Br ergibt sich zu $2{,}39 \pm 0{,}03$ Stunden. Gerhard Schmidt. 103◇

0085 **Der Zerfall des 293-Minuten-^{94}Tc.** J. M. Matuszek jun. und T. T. Sugihara. (Nuclear Physics [Amsterdam] **42**, 582—91, 1963; Worcester, Mass., Clark Univ., Jeppson Labor.; engl.) — Mittels der Rkk. ^{93}Nb(α, 3n) u. ^{94}Mo(d, 2n) (^{94}Mo auf 79,6% angereichert) wurde die Bldg. von ^{94}Tc mit $t_{1/2} = (293 \pm 1)$ Min. nachgewiesen, das hauptsächlich durch Elektroneneinfang zu den Niveaus bei (2425 ± 16) u. (1579 ± 7) keV in ^{94}Mo zerfällt. γ-Strahlen mit $E_\gamma = (846 \pm 14)$

(72%), (705 ± 5) (100%) bzw. 874 ± 5) (100%) keV wurden beobachtet. Dem β-Zerfall zum 2425-keV-Niveau folgt eine Kaskade mit 3 γ-Quanten ohne Cross-over-Übergänge. Für ^{94}Tc wird ein Spin 5$^+$ angenommen. Die bekannte 52-Min.-Aktivität wird dem ^{94m}Tc zugeschrieben.
H. Schroeder. 103◇

0086 **Zerfall von ^{119}Te-Isomeren.** J. Kantele und R. W. Fink. (Nuclear Physics [Amsterdam] **43**, 187—203, 1963; Fayetteville, Ark., Univ. of Arkansas, Dep. of Chem.; Milwaukee, Wis., Marquette Univ., Dep. of Phys.; engl.) — Natürliches Sn wurde mit α-Teilchen bestrahlt; die radiochem. abgetrennten Isotope wurden massenspektrometr. aufgetrennt u. mittels Scintillationsspektroskopie untersucht. Die Halbwertszeit von ^{119m}Te wurde zu 4,68 ± 0,5 d bestimmt. Beim Zerfall von ^{119g}Te (16 h) wurde eine γ-Strahlung mit E_γ = 702 ± 10 keV gefunden; ebenso wurden beim Zerfall des 4,6-d-Zustandes folgende γ-Strahlungen beobachtet (Energie in keV, relative Intensität in % [1221 keV = 100%]): 1050 ± 20 (8 ± 2), 1135 ± 15 (10 ± 4) bzw. 1374 ± 10 (2,2 ± 0,5). γ-Strahlungen von 1500, 1760—1780, 1900, 2350 bzw. 2570 keV konnten nicht bestätigt werden. Ein Zerfallsschema wird vorgeschlagen. Die gesamte Zerfallsenergie von ^{119m}Te beträgt 2,6 ± 0,1 MeV. H. Schroeder. 103◇

0087 **Beim β-Zerfall von ^{148}Pm und ^{148m}Pm auftretende Niveaus in ^{148}Sm.** C. V. K. Baba, G. T. Ewan und J. F. Suárez. (Nuclear Physics [Amsterdam] **43**, 264—84, 1963; Copenhagen, Univ., Inst. for Theoret. Phys.; engl.) — Die Zerfallsschemata wurden unter Verw. verschiedener Meßtechniken (β- u. γ-Spektrometrie, Messung von e–γ-, β–γ- u. γ–γ-Koinzidenzen u. γ–γ-Winkelkorrelationen) untersucht. Sichergestellt wurde die Existenz von Niveaus bei 0 (0$^+$), 551 (2$^+$), 1162 (3$^-$), 1181 (4$^+$), 1465 (1$^-$), 1559 (5$^-$), 1908 (6$^+$) 2097 (6$^+$) u. 2196 (6$^+$) keV. Niveaus in ^{148}Pm wurden bei 0 (1$^-$), 62 (2$^-$) u. 138 (6$^-$) keV beobachtet. ^{148}Pm zerfällt zu 93% zu Niveaus von ^{148}Sm u. zu ca. 7% zum Grundzustand von ^{148}Pm.
H. Schroeder. 103◇

0088 **Beim Zerfall von ^{148}Eu auftretende Niveaus in ^{148}Sm.** C. V. K. Baba, G. T. Ewan und J. F. Suárez. (Nuclear Physics [Amsterdam] **43**, 285—302, 1963; engl.) — Vgl. vorst. Referat. — Nachgewiesen wurden Niveaus in ^{148}Sm bei 0 (0$^+$), 521 (2$^+$), 1261 (3$^-$), 1181 (4$^+$), 1595 (5$^-$), 1735 (3,4$^+$), 1896 (3$^-$), 1908 (6$^+$), 2035 (4$^-$), 2097 (6$^+$), 2147 (5$^+$), 2196 (6$^+$), 2215 (5$^+$), 2735 (4,5$^-$) u. 2803 [(4,5)$^-$] keV. Durch Messung der β^+–γ- Koinzidenz wurde eine Positronenverzweigung von (0,13 ± 0,4)% zum 1162- u./oder 1181-keV-Niveau beobachtet. Die gesamte Zerfallsenergie von ^{148}*Eu* beträgt 3110 ± 50 keV.
H. Schroeder. 103◇

0089 **Der Zerfall von ^{176}Ta.** H. Verheul, H. M. W. Booy, J. G. R. Okel und J. Blok. (Nuclear Physics [Amsterdam] **42**, 551—62, 1963; Amsterdam, Vrije Univ., Natuurkund. Labor.; engl.) — γ-Spektrum u. e-γ-Koinzidenzspektrum der von ^{176}Ta emittierten Strahlung wurden gemessen. Durch Kombination der gemessenen Daten mit anderen bekannten Daten u. durch Vgl. mit den Energieschemata der Nachbarkerne konnte ein befriedigendes Niveauschema aufgestellt werden. H. Schroeder. 103◇

0090 **Niveaus niedriger Energie in ^{199}Au.** M. C. Joshi, B. V. Thosar und K. G. Prasad. (Physics Letters [Amsterdam] **4**, 354—57, 1963; Bombay, Tata Inst. of Fundament. Res.; engl.) — Beim Zerfall des ^{199}*Pt* wurden Messungen des γ-Spektrums sowie der β–γ-, γ–β- u. γ–γ-Koinzidenzen durchgeführt. Benutzt wurden ein Anthracen-Scintillationsspektrometer u. ein NaJ(Tl)-Kristall. Für ^{199}Au wurden die Niveaus 74, 320, 540, 737, 790 u. 960 keV angenommen. Diese Niveaus werden mit denen bei ^{193}Au, ^{195}Au, ^{197}Au verglichen.
M. Wiedemann. 103◇

0091 **Zerfallsuntersuchungen an den neutronenarmen Au-Isotopen. 1. Mitt. Ungerade Isotope.** Ingvar Marklund, Erik Karlsson und Kaj Korkman. (Ark. Fysik **22**, 289—306, 1962; Uppsala, Sweden, Inst. of Phys.; engl.) — Bei der Rk. *Pt*(p, xn)Au erzeugte neutronenarme *Au*-Isotope wurden mit Hilfe eines Halbkreis-Betaspektrographen u. dreier doppelfokussierender β-Spektrometer untersucht. Ein Zerfallsschema, welches 14 Niveaus einschließt, wird für den Zerfall ^{191}*Au* → ^{191}Pt (3,0 h) vorgeschlagen. Für ^{191}Pt → ^{191}*Ir* (3d) u. ^{193}Au → ^{193}Pt (17h) wurden Informationen über energiereiche Übergänge (verbesserte Energiewerte) erhalten, welche einige Abänderungen der Zerfallsschemas verursachten. O. Jansen. 103◇

0092 **Messung der longitudinalen Polarisation von Betastrahlen aus RaE (^{210}Bi) und ^{124}Sb mit Hilfe der Møller-Streuung.** D.-M. Harmsen und K. Holm. (Z. Physik **166**, 227—42, 1962; Hamburg, Univ., II. Inst. für Experimentalphys.; dt.) — Die Meth. der Elektron–Elektron-Streuung (Møller) wurde zur Best. der longitudinalen Polarisation von β-Strahlen des 1,17-MeV-Übergangs von RaE u. des 2,31-MeV-Übergangs von ^{124}Sb benutzt. Die Ergebnisse waren P = – (0,77 ± 0,09) v/c für RaE bei der mittleren Energie von 640 keV u. P = – (0,90 ± 0,14) v/c für ^{124}Sb bei einer mittleren Energie von 1550 keV. O. Jansen. 103◇

0093 **Der Zerfall des 1,14-Minuten-Isomers von ^{234}Pa(UX$_2$).** S. Bjørnholm und O. B. Nielsen. (Nuclear Physics [Amsterdam] **42**, 642—59, 1963; Copenhagen, Univ., Inst. for Theoret. Phys.; engl.) — Mittels verschiedener Meßtechniken (β- u. γ-Spektrometrie, e–γ- u. β–γ-Koinzidenzmessungen) wurden Quellen von ^{234}Th(UX$_1$) (im Gleichgewicht mit den Folgeprodd. UX$_2$ u. UZ) untersucht. Die individuellen γ-Spektren u. Zerfalls-Geschw. wurden an radiochem. abgetrennten Proben gemessen. ^{234}Pa (1,14 Min.) zeigt eine Population dreier intrins. angeregter Niveaus von ^{234}U: Ein Niveau mit (K, I, π) = (0, 1$^-$) bei (790 ± 5) keV, einen (0, 0$^+$)-Zustand bei 811 keV u. einen (0, 0$^+$)-Zustand bei 1045 keV. Die relativen Zerfalls-Geschw. von UX$_2$ u. ZU ergaben sich nach drei unabhängigen Meth. zu 100 : (0,13 ± 0,03). H. Schroeder. 103◇

0094 **Die Anwendung chemischer Austauschmethoden für die Isotopentrennung.** J. S. Drury. (Reactor Sci., Technol. **3**, 120—60, 1962; Oak Ridge, Tenn., Oak Ridge Nat. Labor., Chem. Div.; engl.) — Überblick über die Theorie der Trennmeth. von Isotopen bei spezieller Berücksichtigung des Trennfaktors u. der Gleichgewichtszeit. Ausführlich werden behandelt: H–D-Trennung an Hand der Syst. H_2O–H_2S u. H_2–H_2O; ^{6}*Li*–^{7}Li; ^{10}*B*–^{11}B; ^{12}*C*–^{13}C bei NaCN–HCN u. CO_2–HCO_3^-; ^{14}*N*–^{15}N bei NH_3–NH_4^+ u. HNO_3–NO; ^{16}*O*–^{18}O bei H_2O–CO_2; ^{32}S–^{34}S bei SO_2–HSO_3^- u. ^{35}*Cl*–^{37}Cl bei Cl_2–Cl^-. K.-D. Asmus. 104◇

0095 **Trennung stabiler Isotope durch chemische und Ionenaustauschmethoden.** G. M. Panchenkov. (J. Chim. physique Physico-Chim. biol. **60**, 107—14, 1963; Moscow, Univ.; engl.) — Zusammenfassende Darst. einiger Meth. zur Isotopentrennung: Trennung von B-, S- u. O-Isotopen mit Hilfe von Mol.-Verbb., von O-Isotopen in elektr. Entladungen, von Li-Isotopen durch Anwendung von organ. u. anorgan. Ionenaustauschern. Eine Kombination von Chromatographie- u. Elektrophoresetechnik wird vorgetragen. Synthet. Zeolithe werden als wirksame Austauscher bei der Isotopentrennung vorgeschlagen. Ein kontinuierliches Gegenstrom-Verf. für Ionenaustausch wird diskutiert. T. Tamberg. 104◇

0096 **Natürliche Isotope.** 4. Mitt. **Trennung mit Hilfe der Elektrolysenmethode.** Anatol Selecki. (Przemysl chem. **41**, 293—96, 1962; pol.) — 3. vgl. C. **1963**, 12664. — Übersicht über die theoret. u. techn. Grundlagen der elektrolyt. D-Gewinnung. — 70 Literaturangaben. F. Urban. 104◇

0097 **Industrielle Herstellung von tritiumarmem Deuterium.** André Coulon, Léon Stouls und Guy Simonet. (Ind. atom. **6**, Nr. 7/8, 81—93, 1962; Toulouse, Office nat. ind. de l'Azote; franz.) — Zur Gewinnung von wenig durch T u. H verunreinigtem D dient eine näher beschriebene Destillationsanlage. W. Wesly. 104◇

0098 **Ein Hochfluß-Reaktor zur Isotopenproduktion.** Anonym. (Nuclear Power **6**, Nr. 68, 69, 1961; engl.) — Die konstruktiven Merkmale eines therm. 100-MW-Reaktors, der bei einem maximalen Fluß von $5 \cdot 10^{15}$ n/cm$^2 \cdot$s vorwiegend der Isotopenproduktion dienen soll, werden beschrieben. Der Reaktor enthält als Kernbrennstoff ein zu 90% angereichertes U_3O_8 (Gesamtmenge an ^{235}U: 8 kg) in Form eines Zylinders, in dessen Innerem der maximale Fluß zur Erzeugung von Transuranen genutzt werden kann. Als Reflektor wird ein Be-Mantel, als Kühlmittel W. verwendet. Zahlreiche Bestrahlungskanäle u. a. experimentelle Möglichkeiten sind vorgesehen. T. Tamberg. 110◇

0099 **Hochspannungsbeschleunigerröhren unter Verwendung des Prinzips des geneigten Feldes.** R. J. Van de Graaff, P. H. Rose und A. B. Wittkower. (Nature [London] **195**, 1292—93, 1962; Burlington, Mass., High Voltage Engng. Corp.; engl.) — Vff. beschreiben Röhren, die mit geneigten Feldern arbeiten u. dadurch sek. Teilchen schnell entfernen. G. M. Neumann. 112◇

0100 **Allgemeine Beschreibung und Betriebs-Charakteristiken des 88-inch-Cyclotrons in Berkeley.** E. L. Kelly.

(Nuclear Instruments Methods [Amsterdam] **18/19**, 33—40, 1962; Berkeley, Calif., Univ., Lawrence Radiat. Labor.; engl.) — Das 88-in.-Spiralsektor-Cyclotron variabler Energie erzeugt Protonen bis zu 50 MeV oder Deuteronen bis zu 65 MeV oder schwerere Ionen entsprechender Energie, die durch ein elektrostat. Feld ausgeschleust werden. Die austretende Strahlstromstärke ist 100—200 μA. Das 5,5—16,5-MHz-Hochfrequenzfeld erreicht Spitzenspannungen von 70 kV, das Magnetfeld 17 kG. Die Form der Magnetfeldpole (spiralförmiges Feld) wird beschrieben, u. es wird über die ersten Verss. mit 65-MeV-α-Teilchen berichtet. W. Reusse. 112◇

0101 **Die Anwendung von Silicium-Dioden im Cyclotron-Oscillator und zur Magnetspeisung.** W. L. Dexter und B. H. Smith. (Nuclear Instruments Methods [Amsterdam] **18/19**, 613—21, 1962; Berkeley, Calif., Univ. of California, Lawrence Radiat. Labor.; engl.) — An Hand von Schaltbildern wird der Einsatz von Si-Dioden in den Schaltkreisen des 88-in.-Cyclotrons in Berkeley beschrieben, speziell im Speisekreis für den Magneten (hoher Strom, Niederspannung) sowie im Oscillatorkreis (Schwachstrom, Hochspannung). W. Reusse. 112◇

0102 **Verbreiterung des Energiebereiches des Cyclotrons U-120.** J. Teodorescu, M. Makowei und W. Teodoru. (Rev. Physique [Bucarest] **6**, 555—65, 1961; Bukarest, Inst. für Atomphys.; russ.) M. Wiedemann. 112◇

0103 **Vergleich zwischen dem Synchrocyclotron mit veränderbarer Ausgangsenergie und dem sektorfokussierten Cyclotron.** J. Sanada, I. Hayashi und A. Suzuki. (Nuclear Instruments Methods [Amsterdam] **18/19**, 194—96, 1962; Tokyo, Univ., Inst. for Nucl. Study; engl.) — Die Erzeugung von Ionen im Energiebereich von einigen 10 MeV kann mit Hilfe eines Synchrocyclotrons mit veränderbarer Energie oder eines sektorfokussierten Cyclotrons vorgenommen werden. Die in den Gerätetypen liegenden Möglichkeiten der Einstellung verschiedener Ausgangsenergien werden herausgestellt u. krit. miteinander verglichen. W. Reusse. 112◇

0104 **Ferroelektrische Modulatoren.** H. Brückmann. (Nuclear Instruments Methods [Amsterdam] **18/19**, 622—26, 1962; Bonn, Univ., Inst. für Strahlen- u. Kernphys.; engl.) — Beschreibung der Modulation der Hochfrequenzspannung bei dem 190-cm-Synchrocyclotron in Bonn mit Hilfe von BaSrTi-Keramikkondensatoren (DK 10000, Curie-Punkt 16°, Hochfrequenzstrom 40 A bei 12 MHz). W. Reusse. 112◇

0105 **Ein Tetroden-Elektronenstrahlerzeuger mit im Magnetfeld befindlicher Kathode.** Shigeo Kaneda. (Bull. Univ. Osaka Prefect., Ser. A **11**, 149—64, 1962; Osaka, Univ., Dep. of Electric. Engng., Junior Coll. of Engng.; engl.) — Die Elektrodenbündelung in einem Strahlerzeugungs-Syst., das aus einer Glühkathode mit ebener bzw. konkav sphär. Emissionsfläche u. 3 Lochblendenanoden besteht, im homogenen axialen Magnetfeld wird rechner. behandelt. Der Emissionsstrom wird im wesentlichen durch das Potential der ersten Anode u. die Betriebsspannung durch das der dritten bestimmt, während die 2. Anode dazu dient, in jedem Betriebzustand die optimalen Einfallsbedingungen in die Eintrittsöffnung einer Verzögerungsleitung eines Mikrowellengerätes (z. B. einer Wanderfeldröhre) zu verwirklichen. Die aus der Rechnung folgenden zur Erzielung paralleler bzw. konvergenter Bündel erforderlichen Beziehungen zwischen den Betriebsdaten (Verhältnisse der Anodenpotentiale u. der Elektrodenabstände zueinander, Verhältnis der Krümmung der Kathodenoberfläche zum Bohrungsradius der Anoden, Konvergenzwinkel usw.) werden in Kurventafeln wiedergegeben. Der behandelte Strahlenerzeugertyp hat gegenüber älteren Triodentypen den Vorteil, daß Strahlstrom u. Strahlspannung unabhängig voneinander variiert werden können. Verss. bestätigen die Brauchbarkeit des rechner. Entwurfs-Verf., u. Elektronentransmissionsraten werden erreicht, die nur wenig unter 100% liegen. F. Lenz. 112◇

0106 **Schnelle Zählschaltung („scaler") für impulsbetriebene Beschleuniger.** F. Lacoste und J. Leiss. (Nuclear Instruments Methods [Amsterdam] **10**, 189—92, 1961; Orsay, École norm. super., Labor. des Hautes Énergies; engl.) — Für die Unters. der Streuung von schnellen Elektronen eines impulsbetriebenen Linearbeschleunigers (50 Impulse/s, Impulsdauer 10^{-6} s) wird eine Zählschaltung eingesetzt, bei der die Elektronen nach Durchlaufen eines magnet. Spektrometers in einem Čerenkov-Zähler registriert werden. Die standardisierten Impulse werden dann summiert. Die Auflösungszeit der Anlage ist 10^{-8} s. W. Reusse. 112◇

0107 **Ein α-Spektrometer für normale biologische Aktivitätsniveaus.** C. R. Hill. (Health Physics **8**, 91—92, 1962; London, Inst. for Cancer Res., Phys. Dep.; engl.) — Beschreibung eines im wesentlichen aus einem konzentr. Paar zylindr. Elektroden bestehenden Gerätes zur Unters. von α-Aktivitäten bei Konzz. in der Größenordnung von 1 pc pro g oder weniger. Die Eigg. des Zählers (Ar–CH_4-Gemisch, 98 : 2) sowie die Herst. der α-Proben werden mitgeteilt. Gerhard Schmidt. 112◇

0108 **Physik und Technik der massenspektroskopischen Analyse.** 5. Mitt. Hans Voshage. (Kerntechn., Isotopentechn. u. -Chem. **3**, 440—45, 1961; Mainz, MPI für Chem., Otto-Hahn-Inst.; dt.) — 4. vgl. Kerntechn., Isotopentechn. u. -Chem. **3**, [1961], 398; 1. vgl. C. **1963**, 9180. — Im Anschluß an l. c. werden die in der Massenspektroskopie angewendeten Meth. für die Messung der Ionenströme behandelt. Auf die in steigendem Ausmaß benutzte Vorverstärkung sehr kleiner Ionenströme in Photomultipliern wird bes. ausführlich eingegangen. Gerhard Schmidt. 112□

0109 **Massenspektrometer-Registrierapparatur vom Speicherröhrentyp.** Saburo Magari und Kokichi Hotta. (Rev. sci. Instruments **33**, 207—08, 1961; Kyoto, Japan, Univ., Engng. Res. Inst.; engl.) — Es wird über die Aufzeichnung von Massenspektrogrammen berichtet, wobei als trägheitsarmer Ionendetektor ein Scintillator u. zur Darst. ein speichernder Oscillograph (Memotron) verwendet wird. Der Meßaufbau wird kurz erläutert. W. Reusse. 112□

0110 **Anwendung erzeugender Wahrscheinlichkeitsfunktionen auf die Statistik der Kernteilchenzählung und der Impulsspektrometrie.** Lothar Weise. (Z. Instrumentenkunde **71**, 59—66, 1963; Erlangen; dt.) — Erzeugende Wahrscheinlichkeitsfunktionen sind ein Hilfsmittel zur Beschreibung statist. Vorgänge. Bedeutungsvoll ist vor allem ihre Anwendung auf die Statistik von Vervielfachungsprozessen, wie sie beispielsweise in Scintillationszählern u. Proportionalzählrohren ablaufen. Es wird an Hand von ausgewählten Beispielen der prakt. Nutzen des Formalismus für die Statistik der Kernteilchenzählung u. der Impulsspektrometrie aufgewiesen. H. Jehne. 112◇

0111 **Spektroskopie mit Impulsanalysatoren.** K. Fränz. (Atomwirtschaft **5**, 458—60, 1960; Ulm, Telefunken GmbH, Forsch.-Inst.; dt.) — Vgl. C. **1963**, 11502. — Beschreibung der Verw. von NaJ(Tl)-, CsJ(Tl)- oder organ. Kristallen u. plast. Scintillatoren als Sonden für γ-Spektroskopie, von CsJ(Tl)-Kristallen, Frischgitterkammern u. Halbleiterdetektoren für α-Spektroskopie u. von Impulshöhenanalysatoren. W. Wesly. 112◇

0112 **Impulszähler und γ-Dosimetrie.** A. R. Jones. (Health Physics **8**, 1—9, 1962; Chalk River, Ontario, Atom. Energy of Canada Ltd., Radiat. Dosimetry Branch, Biol. and Health Phys. Div.; engl.) — Als Beispiel werden einige Eigg. von Geiger-Müller-Zählern u. Si–p–n-Übergangsdetektoren beschrieben. Gerhard Schmidt. 112◇

0113 **Detektor für schnelle Neutronen.** Arnošt Hynšt und František Koza. (Jaderná Energie **8**, 22—23, 1962; Brno, Voj. akad. A. Zápotockého; tschech.) — Ein β-Fensterzähler wird durch Anordnung von Paraffin vor dem Fenster modifiziert u. dadurch besser für die Zählung schneller Neutronen geeignet. R. K. Müller. 112◇

0114 **Ein Neutronendetektor und Monitor mit großem Meßbereich.** Karl G. A. Porges und Thomas E. Klippert. (Nuclear Sci. Engng. **7**, 147—55, 1960; Chicago, Ill., Armour Res. Foundat., Phys. Div.; engl.) — Es wird ein mit B ausgekleideter Proportional–Neutronen-Zähler mit trompetenförmiger Kathode beschrieben, dessen empfindliche Fläche eine Funktion der angelegten Spannung, der elektr. Verstärkung u. der Impulshöhendiskriminierung ist. Die Empfindlichkeit für γ-Strahlen ist um $6 \cdot 10^3$ kleiner als für Neutronen. E. Schiewer. 112□

0115 **Parameter, die das Auflösungsvermögen eines Proportionalzählers beeinflussen.** A. Williams und R. I. Sara. (Int. J. appl. Radiat. Isotopes **13**, 229—38, 1962; Teddington, Middlesex, Nat. Phys. Labor.; engl.) — Vff. berichten über Messungen der Abhängigkeit der Gasverstärkung eines zylindr. Proportionalzählers von den Radien der Anode u. Kathode, der Anodenspannung u. der Gasdichte. Aus diesen Messungen wurde der Einfl. dieser Parameter auf das Auflösungsvermögen berechnet. Eine theoret. abgeleitete Formel für die Gasverstärkung gibt gute Übereinstimmung mit den experimentellen Ergebnissen. H. Jehne. 112◇

0116 **Ein Proportionalzählrohr zur Prüfung der longitudinalen Verteilung der Radioaktivität in Schrauben oder Drähten.** S. C. Ellis und J. H. Barrett. (J. sci. Instruments **40**, 35—37, 1963; Wantage, Berks., Nat. Chem. Labor., Isotope Appl. Unit, Wantage Res. Labor.; engl.) — Die radioakt. Drähte oder Schrauben werden langsam durch das empfindliche Gebiet des Zählrohres geschoben, wobei eine longitudinale Auflösung im Bereich von ½ mm erhalten wird. H. Schroth. 112◇

0117 **Entwicklungstendenzen bei Scintillationszählern.** F. H. Rinn. (Atomwirtschaft **5**, 465—68, 1960; Karlsruhe, Siemens & Halske AG, Wernerwerk für Meßtechn.; dt.) — Fortschrittsbericht. W. Wesly. 112◇

0118 **Abhängigkeit der Parameter eines Scintillationserzeugers von der Temperatur.** M. N. Nasarowa und N. K. Perejasslowa. (Versuchsgeräte u. Versuchstechn. [UdSSR] **7**, 49—51, 1962; russ.) — Benutzt wurden NaJ(Tl)- u. CsJ(Tl)-Kristalle mit Photomultipliern sowie ^{137}Cs. Bei Erhöhung der Temp. von 20 auf 90⁰ nahm bei NaJ die Amplitude des Impulses ab. CsJ war dagegen im Bereich 20—65⁰ nahezu stabil. M. Wiedemann. 112◇

0119 **NaJ- und CsJ-Wirksamkeiten und Photoanteile für γ-Strahlennachweis.** W. F. Miller und William J. Snow. (Nucleonics [New York] **19**, Nr. 11, 174—75, 1961; Argonne, Ill., Argonne Nat. Labor.; engl.) — Tabellar. Wiedergabe der theoret. Ergebnisse, die nach einer Monte-Carlo-Meth. berechnet worden sind. Gerhard Schmidt. 112◇

0120 **Verwendung einer durch Aufdampfung im Vakuum erhaltenen dünnen CsJ(Tl)-Schicht als Spaltfragmentdetektor.** Ludwik Kowalski und Wilfrid Sébaoun. (J. Physique Radium **23**, 63—64, 1962; Orsay, Fac. des Sci., Labor. Joliot-Curie de Phys. Nucl.; franz.) — Herst. u. Ansprechen von dünnen CsJ(Tl)-Schichten auf Spaltfragmente u. α-Teilchen. Gerhard Schmidt. 112◇

0121 **Absolute Normierung mit einem NaJ(Tl)-Kristall.** 1. Mitt. **Normierung mit einem einzigen Nuclid.** G. A. Brinkman, A. H. W. Aten jun. und J. Th. Veenboer. (Int. J. appl. Radiat. Isotopes **14**, 153—57, 1963; Amsterdam, Inst. für Nuclear Phys. Res.; engl.) — Die abs. Normierung von Radioisotopen, die zwei sich überdeckende γ-Strahlen emittieren, ist mit Hilfe eines NaJ(Tl)-Kristallspektrometers möglich. Die abs. Aktivität (N) eines solchen Radioisotops kann wie folgt ausgedrückt werden: $N = A_1A_2/A_{1\,2} + T$. A_1 u. A_2 sind die Flächen unter den Peaks der Photolinien γ_1 u. γ_2, $A_{1\,2}$ ist die Fläche unter dem gesamten Spektrum. Die Meth. wurde mit ^{60}Co u. ^{46}Sc geprüft. H. Jehne. 112◇

0122 **Temperaturabhängigkeit des Wirkungsgrades flüssiger Scintillatoren.** Shigeo Kobayashi und Sohachiro Hayakawa. (Bull. Tokyo Inst. Technol. **1962**, 97—103; Tokyo, Inst. of Technol.; engl.) — Die Messung der Temp.-Effekte ergibt, daß die Lichtimpulse fl. Scintillatoren merklich mit zunehmender Temp. abnehmen. Gerhard Schmidt. 112◇

0123 **Benutzung des äußeren Standards zur Bestimmung der Wirksamkeit und des Untergrundes von Flüssigkeits-Scintillationszählern.** D. G. Fleischman und W. W. Glasunow. (Versuchsgeräte u. Versuchstechn. [UdSSR] **7**, Nr. 3, 55—58, 1962; Inst. für Evolutionsphysiol. der Akad. der Wiss. der UdSSR; russ.) — Es wird eine Meth. für kleine Aktivität ausgearbeitet, die auf einem Vgl. zwischen dem zu untersuchenden β-Spektrum u. dem Compton-Spektrum einer äußeren γ-Quelle bei fokussierenden geometr. Bedingungen beruht. M. Wiedemann. 112◇

0124 **Neue Scintillationsflüssigkeiten.** Helmut Faissner, Filippo Ferrero, Abdul Ghani und Max Reinharz. (Nucleonics [New York] **21**, Nr. 2, 50—55, 1963; Geneva, CERN; engl.) — Aus einer Anzahl von Benzol-Derivv. u. Cycloparaffinen erwiesen sich Dekalin u. Shellsol A, das hauptsächlich aus den 3 Trimethylbenzolen u. anderen höheren Benzol-Derivv. besteht, als chem. nicht aggressiv gegenüber Plexiglas. Von beiden ist Dekalin vorzuziehen, wenn abs. chem. Resistenz gefordert wird u. die durchschnittliche Lichtweglänge im Registriergerät >1 m ist. In Kombination mit p-Terphenyl u. POPOP hat Shellsol A fast die gleiche Lichtausbeute wie Toluol. K. D. Asmus. 112◇

0125 **Verbesserte Lösungsmittelsysteme für die Messung von Körperflüssigkeiten und Geweben im flüssigen Scintillator.** R. C. Meade und R. A. Stiglitz. (Int. J. appl. Radiat. Isotopes **13**, 11—14, 1962; Milwaukee, Wis., Marquette Univ., Radioisotope Serv. of Wood Veterans Adm. Center and Dep. of Med.; engl.) — Mehrere fl. Scintillator-Syst., welche geeignet sind, Körper-Fll. u. Gewebe in der Lsg. aufzunehmen, wurden miteinander verglichen. Körper-Fll. u. W. werden am besten im Syst. Hyamin–10 X-Methanol–Toluol gemessen. Feuchte Gewebe werden in eine Triton-X-100–Toluol-Mischung eingebracht, wobei annähernd die gleiche Zählausbeute erreicht wird wie bei Toluol. H. Jehne. 112◇

0126 **Biologische Strahlungsdosimetrie mit Hilfe eines Liquid-Scintillationssystems.** E. H. Graul und H. Hundeshagen. (Atompraxis **9**, 49—50, 1963; Marburg/Lahn, Philipps-Univ., Abt. für Strahlenbiolog.- u. Isotopen-Forsch.; dt.) — Für die Beurteilung eines Strahlenschadens ist eine geeignete „biolog.“, Strahlendosimetrie von großer Wichtigkeit. Diese muß aber method. einfach u. trotzdem empfindlich sein. Es wird über Verss. berichtet, mit Hilfe eines Fl.-Scintillationszählers u. eines speziellen Scintillations-Lsg.-Syst. Veränderungen des Quenching-Effektes durch das Serum bestrahlter Tiere festzustellen. Hierbei ergeben sich charaktertist. Unterschiede in der Tritium–Standard–Meßausbeute vor u. nach ^{60}Co-Bestrahlung mit verschiedenen Dosen im DL_{50}-Bereich. H. Jehne. 112◇

0127 **Ein 2π-Flüssigkeitsscintillationszähler zur Bestimmung der Radioaktivität von großen Proben einschließl. Menschen und Tieren.** J. E. Christian, W. V. Kessler und P. L. Ziemer. (Int. J. appl. Radiat. Isotopes **13**, 557 bis 564, 1962; Lafayette, Ind., Purdue Univ., Bionucleon. Dep.; engl.) — Der Entwurf u. die Betriebscharakteristik eines 2π-Großraum–Fl.-Scintillationszählers werden beschrieben. Der Detektorbehälter, der mehr als 90 gal Scintillations-Fl. enthält, ist horizontal aufgestellt u. mit 6-in.-Stahlplatten abgeschirmt. Der Behälter hat einen halbkreisförmigen Zentralschacht von 72 in. Länge u. 20 in. Ø. Sechs Photomultiplier von 16 in. Ø sorgen für eine gute Ausbeute der Lichtsammlung. Ein spezielles Ladesyt. sorgt für eine schnelle u. bequeme Beschickung u. Entladung der Proben. Der Zähler wird allg. zur gleichzeitigen Zählung von ^{137}Cs u. ^{40}K benutzt. Die Zählausbeute für eine ^{137}Cs-Punktquelle beträgt 30,5% bei einer mittleren Untergrundzählrate von 13300 Impulsen/Minute. Für eine 3,32-kg-KCl-Standardquelle ist die Zählausbeute 18,6% bei einer mittleren Untergrundzählrate von 8600 Impulsen/Minute. Der natürliche ^{40}K-Strahlungspegel im Menschen kann mit einem Fehler $<2{,}5\%$ bei einer Zählzeit von 4 Min. bestimmt werden. H. Jehne. 112◇

0128 **Liquid-Scintillationszählung von Lösungen der Carotinoide und Chlorophylle.** E. A. Shneour, S. Aronoff und M. R. Kirk. (Int. J. appl. Radiat. Isotopes **13**, 623—27, 1962; Berkeley, Calif., Univ. of California, Lawrence Radiat. Labor., Bio-Org. Chem. Group; Ames, Iowa, Iowa State Univ., Dep. of Biochem. and Biophys.; engl.) — Bei der Scintillationszählung von Lsgg., die Carotinoide u. Chlorophylle enthalten, kann Löschung durch direktes Bleichen mit Chlor vermieden werden. Dieses einfache Verf. führt zur Wiederherst. des größten Teiles der Zählwirksamkeit für ^3H oder ^{14}C bzw. beide Isotope u. kann zur Trennung der beiden Aktivitäten verwendet werden. H. Jehne. 112◇

0129 **Polyäthylen-Küvetten für Spektrometrie mit flüssigen Scintillatoren.** E. Rapkin und J. A. Gibbs. (Int. J. appl. Radiat. Isotopes **14**, 71—74, 1963; La Grange, Ill., Packard Instrument Co., Inc.; engl.) — Die mittlere opt. Dichte von Polyäthylenküvetten wurde mit der von Glasküvetten verglichen. Die Kunststoffbehälter zeigen einen niedrigeren Leereffekt u. bessere Lichtausbeute. Hingegen sind Glasbehälter besser für die Aufbewahrung u. die Erwärmung der Proben geeignet. H. Jehne. 112◇

0130 **Ein Nomogramm zur Berechnung der Belichtungszeit von Autoradiographien.** W. G. Duncombe. (Int. J. appl. Radiat. Isotopes **10**, 212—13, 1961; Beckenham, Kent, Wellcome Res. Labor.; engl.) — Aus dem Exponentialgesetz des radioakt. Zerfalles wird eine Beziehung abgeleitet, die die Bedingungen dafür angibt, daß bei 2 Autoradiographien zu verschiedenen Zeitpunkten während der Zerfallsperiode die Bilder gleiche Strahlungsdosis erhalten. Die Beziehung ist in Form eines Nomogrammes dargestellt, aus dem die Belichtungszeiten abgelesen werden können. W. Reusse. 112◇

0131 **Untersuchung der Mehrfach-Protonenstreuung nach der photographischen Methode.** A. A. Bednjakow, A. N. Bojarkina, I. A. Ssawenko und A. F. Tulinow. (Versuchsgeräte u. Versuchstechn. [UdSSR] **7**, 35—40, 1962; Forsch.-Inst. für Kernphys.; russ.) — Die Mehrfachstreuung von Protonen niedriger Energie (bis ca. 200 keV) wurde mittels Photoemulsionen, senkrecht zur Achse des Bündels, untersucht. Durch Mikrophotometrie wurde die Verteilung der Schwärzungsdichte über den Radius des Bündels erhalten, die in die Winkelverteilung der Protonen umgewandelt wurde. M. Wiedemann. 112◇

0132 **Die Eichung von Röntgenfilmen, die zum Nachweis von weichen Röntgenstrahlen in der CTR-Apparatur „Sceptre" verwendet werden.** J. G. Mack und N. R. Hansen. (J. photogr. Sci. **10**, 214—16, 1962; Aldermaston, Berks., Aldermaston Court, Assoc. Electr. Ind., Res. Labor.; engl.) — Bei thermonuclearen Unterss. entsteht durch die auf die Innenwand des Entladungsgefäßes aus Cu oder Al auftreffenden Elektronen eine relativ weiche Röntgenstrahlung von 1—8 keV, die man zur Best. der Energie dieser Elektronen benutzen kann. Der Elektronenstrom wird mit Hilfe einer Röntgenlochkamera auf Röntgenfilm abgebildet, indem man ihn durch Al-Folien verschiedener Dicke schwächt u. die Schwärzung des Filmes bestimmt. Daraus läßt sich die Energie der Elektronen berechnen, wenn man die Empfindlichkeit des verwendeten Filmes für den jeweiligen Energiebereich kennt. Die Filmempfindlichkeit wird mittels einer Spezialröntgenröhre bestimmt, bei der sich Energie u. Intensität der Elektronen genau messen lassen u. bei der die Antikathode den prakt. vorkommenden Temp.-Bedingungen angepaßt werden kann, indem man unter Verw. der gleichen Al-Folien beispielsweise auf Ilford Industrial G-Röntgenfilm die entsprechenden Schwärzungskurven aufnimmt. Diese können dann für den Energiebereich von 1,8—8,4 keV direkt in Mikrocoulomb gemäß der Anzahl an auftreffenden Elektronen geeicht werden. W. Günther. 112◇

0133 **Wirkungen thermischer und schneller Neutronen auf Dosimeterfilme.** Robert J. Smith und Ralph F. Benck. (Health Physics **9**, 473—84, 1963; Edgewood Arsenal, Md., U. S. Army Nucl. Defense Labor.; engl.) — Für 8 Dosimeterfilme wurde das Verhältnis der Neutronen- zur γ-Empfindlichkeit untersucht. Für schnelle Neutronen ist es grob gesehen gleich dem reziproken Wert des Verhältnisses des Korndurchmessers der Filme. O. Jansen. 112◇

0134 **Praktische Gesichtspunkte für die Anwendung von Strahlungsmeßgeräten und Taschendosimetern.** L. Distel, G. Drexler und F. Wachsmann. (Atompraxis **9**, 39—44, 1963; Erlangen-Nürnberg, Univ., Inst. für phys. u. med. Strahlenk.; dt.) — Die bei der Strahlenschutzüberwachung zur Messung der Orts- u. Personendosen benutzten Strahlungsmeßgeräte u. Taschendosimeter besitzen — wie alle Meßgeräte — ihren begrenzten Anwendungsbereich u. unvermeidliche Fehler. Die in der Praxis am häufigsten verwendeten Gerätetypen werden bzgl. Genauigkeit der Anzeige, Energieabhängigkeit, Richtungsabhängigkeit u. Verwendung bei verschiedenen Betriebsbedingungen untersucht. Die festgestellten Fehler werden als Richtwerte in Form von Korrekturfaktoren angegeben. H. Jehne. 112◇

0135 **Isothermes Calorimeter zur Reaktorstrahlungsdosimetrie.** B. Radak und V. Marković. (Int. J. appl. Radiat. Isotopes **13**, 287—93, 1962; Vintcha, Yugoslavia, Boris Kidrič Inst., Dep. of Rad. Chem.; engl.) — Ein isothermes Calorimeter zur Reaktordosimetrie auf Thermistorbasis zur Messung der absorbierten Dosisleistung von 10^4 bis $6 \cdot 10^5$ rad/h innerhalb von Bestrahlungsräumen in Reaktoren wurde entworfen. Eine kinet. Meth. zur Best. der Differenzen von Gleichgewicht-Temp. wurde entwickelt u. ihre Anwendbarkeit auf das isotherme Calorimeter erprobt. Die erwartete Meßgenauigkeit von $\pm(2-5)$ % konnte durch Messung am Reaktor bestimmt werden. Meßergebnisse für H_2O, D_2O u. C im Vintcha-Reaktor werden angeführt. H. Jehne. 112◇

0136 **Adiabatisches Mikrocalorimeter mit automatischer Steuerung zur Messung der Radioaktivität.** 1. Mitt. A. Sanielevici und J. Nagl. (Int. J. appl. Radiat. Isotopes **13**, 539—46, 1962; Vienne, Labor. de l'Agence Internat. de l'Énergie Atom.; franz.) — Ein adiabat. Mikrocalorimeter mit einem neuen automat. Überwachungs-Syst. zur Messung der von radioakt. Quellen ausgestrahlten Energie wird beschrieben. Als Beispiel wird die Messung der Radioaktivität einer ^{226}Ra-Nadel (4,08 mc $\pm$ 1%) angegeben. Der unabhängig davon erhaltene Wert aus Vgl. mit einem internationalen Hönigschmidt-Standard ergab 4,12 mc. H. Jehne. 112◇

0137 **Strahlenschutz bei Kernreaktoren.** H. Glubrecht. (Atomkernenergie **2**, 475—81, 1957; Hannover; dt.) — Allg. Bemerkungen über die Aufgaben des Strahlenschutzes, die biolog. Wirksamkeit der Reaktorstrahlung u. ihre spektrale Verteilung, über Strahlenschutzmaterialien u. spezielle Schutzbaustoffe sowie die Herst. von Reaktorabschirmungen. W. Betcke. 112◇

0138 **Verwendung der Reaktoren von Fontenay-Aux-Roses zur Untersuchung von Abschirmungsproblemen.** R. Beauge, J. Blaud, P. Lafore und J. Rastoin. (Atompraxis **9**, 52—58, 1963; Fontenay-Aux-Roses, Comm. à l'Énergie Atom., Centre d'Étud. Nucl.; franz.) — Die Gesichtspunkte für die Auswahl der Vers.-Vorr. werden erläutert, die Vers.-Vorr. an den französ. Forschungsreaktoren werden beschrieben. Gerhard Schmidt. 112◇

0139 **Abschirmeigenschaften verschiedener Betonsorten.** E. Bashandy. (Int. J. appl. Radiat. Isotopes **13**, 87—92, 1962; Cairo, UAR, Atomic Energy Establ.; engl.) — Die Massenabsorptions-Koeff. u. die Energieverteilung von γ-Strahlen von 0,14—1,32 MeV wurden scintillationsspektrometr. an verschiedenen Betonsorten im Hinblick auf deren Abschirmfähigkeit gemessen. H. Jehne. 112◇

A_2. Optisches Verhalten der Materie

0140 **Termberechnung im statistischen elektrostatischen Potentialfeld des Atoms.** T. Tietz. (Ann. Physik [7] **10**, 340—44, 1963; Łódź, Univ., Inst. für theoret. Phys.; dt.) — Nach der Meth. von Rasetti wird das Einelektronenproblem der Schrödinger-Gleichung gelöst u. die Energiewerte u. Eigenfunktionen der tiefsten s-, p-, d- u. f-Zustände sämtlicher Elemente werden analyt. berechnet. Die erhaltenen Eigenwerte stimmen mit den entsprechenden Hartreeschen Werten gut überein. H. Jehne. 114◇

0141 **Zur Begründung der Regel der konsekutiven Auffüllung der $(n + l)$-Gruppen.** W. M. Kletschkowski. (J. exp. theoret. Physik [UdSSR] **41**, 465—66, 1961; Landwirtschaftl. Timirjasew-Akad.; russ., Auszug: engl.) — Es wird gezeigt, daß die Regel theoret. vom Thomas-Fermischen statist. Modell abgeleitet werden kann. I. Zoll. 114◇

0142 **Verhalten des Ladungsaustauschwirkungsquerschnittes bei atomaren Stößen niedriger Energie.** Kazuo Takayanagi. (Sci. Rep. Saitama Univ., Ser. A **4**, 41—47, 1962; Tokyo, Univ., Fac. of Sci., Dep. of Phys.; Urawa, Saitama Univ., Dep. of Phys.; engl.) — Es wird wellenmechan. gezeigt, daß der Wrkg.-Querschnitt für exotherme Ladungsübertragung bei atomaren Stößen sehr geringer Energie nach $A + B^+ \rightarrow A^+ + B + \Delta E$ der relativen Stoß-Geschw. umgekehrt proportional ist. M. Wiedemann. 114◇

0143 **Schwingungsübergang beim Molekülzusammenstoß.** 6. Mitt. **Abhängigkeit des Wirkungsquerschnittes von der zwischenmolekularen Kraft, der übertragenen Energie und der Temperatur.** Kazuo Takayanagi. (Sci. Rep. Saitama Univ., Ser. A **4**, 49—69, 1962; engl.) — Vgl. vorst. Ref.; 5. vgl. Sci. Rep. Saitama Univ., Ser. A **4**, [1961], 15; **4**. vgl. C. **1963**, 11113. — Die Wrkg.-Querschnitte für Schwingungsübergänge bei Mol.-Stößen werden teils analyt., teils graph. als Funktion der Wechselwrkg., der Temp. u. der übertragenen Energie ermittelt. Für die intermol. Kraft wird ein Morse-Potential angenommen. M. Wiedemann. 114◇

0144 **Doppelminimum-Potentiale in Festkörpern mit H-Bindungen.** R. L. Somorjai und D. F. Hornig. (J. chem. Physics **36**, 1980—87, 1962; Princeton, N.J., Princeton Univ., Frick Chem. Labor.; engl.) — Die Eigenwerte der Schwingungsenergie, die Eigenfunktionen u. Absorptionsintensitäten werden für ein einfaches Modell der H-Bindungen für einige symm. u. asymm. Potentiale mit zweifachem Minimum berechnet. Die Resultate werden zur Unters. von Dubletts im IR-Spektrum benutzt. W. Ebeling. 114◇

0145 **Nichtlineare Effekte in Festkörpern.** P. L. Kelley. (J. Physics Chem. Solids **24**, 607—16, 1963; Lexington, Mass., MIT, Lincoln Labor.; engl.) — Der Zweck der Arbeit ist, die Theorie zur Erzeugung von 2. harmon. Oberwellen bei einer Wechselwrkg. von elektromagnet. Wellen mit Bloch-Elektronen in Festkörpern darzustellen. Dabei wird ein einfacher Band—Band-Übergang betrachtet u. die Abhängigkeit der Intensität der 2. harmon. Oberwelle von den Energiebandparametern diskutiert. K. H. Härdtl. 114◇

0146 **Auswertung gewisser Integrale in der Festkörperoptik.** E. Kaczmarek. (Physica Status solidi [Berlin] **2**, 321—24, 1962; Warsaw, Inst. of Theoret. Phys.; engl.) — Es wird der Beitrag von Band—Band-Übergängen zur komplexen DK unter der Annahme axialer Symmetrie des k-Raumes u. unter Berücksichtigung der Lichtdämpfung im Kristall berechnet. H. Jehne. 114◇

0147 **Analyse von Linienprofilen.** 1. Mitt. **Grundlagen und Meßeinrichtungen.** Friedrich Bayer-Helms. (Z. angew. Physik **15**, 330—38, 1963; Braunschweig, Phys. Techn. Bundesanstalt; dt.) — Die Fourier-Reihe der Intensitätsverteilung eines Fabry-Perot-Interferometers für eine Spektrallinie mit einem Voigt-Profil wird durch die Berücksichtigung der Verbreiterung auf Grund der Unvollkommenheiten des Interferometers erweitert. Diese verursachen eine Gangunterschiedsverteilung im Querschnitt des Interferometers, für die näherungsweise eine zweiparametrige Voigt-Funktion ausgesetzt wird. Hierdurch können alle Korrekturen auf die beiden Parameter Doppler- u. Dispersionshalbweite zurückgeführt werden. Besonders wird die „App.-Verbreiterung" durch die Wahl einer geeigneten Konst. zur Charakterisierung der Airy-Verteilung mathemat. exakt durch eine Dispersionshalbweite ausgedrückt. Die Meßeinrichtungen zur Registrierung von Intensitätsverteilungen werden beschrieben, u. es wird ein Beispiel einer Registrierung angegeben. H. Jehne. 114◇

0148 **Verbreiterung der Banden von Chlorwasserstoff und Kohlenmonoxid durch Fremdgase.** Earle K. Plyler und Robert J. Thibault. (J. Res. nat. Bur. Standards, A **66**, 435—38, 1962; engl.) — Vff. untersuchen die Abhängigkeit der Bandenhalbwertsbreite (BHB) von HCl u. CO vom Fremdgasdruck. Es besteht eine lineare Beziehung zwischen BHB u. zugesetzter SO_2 (bei HCl) oder CO_2(CO)-Menge. Für die (1-0)- u. (2-0)-HCl-Banden u. die (2-0)-CO-Bande besteht eine direkte Beziehung zwischen BHB u. der Rotationsquantenzahl J. D. Hoene. 118◇

0149 **Relative Intensitäten von magnetischen Dipolübergängen freier Atome mit J = 1/2 bei beliebigem Magnetfeld.** E. Schnabel. (Z. Physik **173**, 449—54, 1963; Berlin, FU, II. Phys. Inst.; dt.) — Es werden die relativen Linienintensitäten von Übergängen zwischen den Zeeman-Termen eines freien Atoms mit J = 1/2 in einem beliebigen äußeren Magnetfeld berechnet. Das Ergebnis wird an drei Liniendubletts des *Cs*-Atoms im Grundzustand bei Feldern zwischen 600 u. 3000 Gauß experimentell geprüft. Im Rahmen der Meßgenauigkeit stimmen Messung u. Rechnung überein. H. Jehne. 118◇

0150 **Rotations-, Schwingungs- und Elektronen-Energieübertragung bei der Fluorescenz von Stickstoffmonoxid.** H. P. Broida und Tucker Carrington. (J. chem. Physics **38**, 136—47, 1963; Washington, D.C., Nat. Bur. of Stand.; engl.) — Durch die Cd(II)-Linie bei 2144 Å wird beim NO nur der Rotationszustand K' = 13 des Schwingungszustandes $v' = 1$ in den Elektronenzustand $^2\Sigma^+$ angeregt. Bei NO-Partialdrücken von einigen 10^{-6} Torr bis Atmosphärendruck u. Temp. bis 550° K wurde die Energieabgabe der angeregten NO-Moll. durch Zusammenstöße mit Inertgas-Moll. (He, Ar, H_2, N_2, NO u. CO_2) spektrometr. untersucht. Die Übertragung der Rotationsenergie von oder zu angeregten Moll. erfolgt bei jeder Kollision unabhängig vom Fremdgas. Die Schwingungsverteilung stimmt nicht mit der opt. Auswahlregel $\Delta J = \pm 1$ überein. Spinrelaxation ist um eine Größenordnung weniger wahrscheinlich als Rotationsrelaxation. Schwingungs- u. Elektronenenergie werden von angeregten NO-Moll. auf einatomige Gase wesentlich schwerer übertragen als auf NO u. CO_2, N_2 nimmt eine Mittelstellung ein. Es kann auch der Übergang $A\,^2\Sigma + \to \beta\,^2\Pi$ zwischen NO-Moll. erfolgen. Die Schwingungsrelaxation von elektron. angeregtem NO ist mit N_2 10^4mal, mit NO 10^3mal u. mit CO_2 10^2mal wahrscheinlicher als die von NO im Grundzustand. P. Sartori. 118◇

0151 **Die Struktur des (—)-Tris-[oxalato]-kobalt(III).** A. J. McCaffery und S. F. Mason. (Proc. chem. Soc. [London] **1962**, 388—89; Birmingham, Univ., Chem. Dep.; engl.) — Circulardichroismus u. Absorptionsspektren des Komplexes in Lsgg. sowie der Circulardichroismus des Komplexes in einem $NaMgAl(C_2O_4)_3 \cdot 9\,H_2O$-Kristall zeigen, daß neben einer D_3-Struktur eine mit C_3-Symmetrie vorliegt. H. Kuckertz. 118◇

0152 **Fluorescenz von chromdotierten $LaAlO_3$-Einkristallen mit Perowskitstruktur.** Lucienne Couture, François Brunetière, Francis Forrat und Pierre Trévoux. (C. R. hebd. Séances Acad. Sci. **256**, 3046—49, 1963; Marcoussis, Centre de Rech. de la Compagnie Gén. d'Électricité; Bellevue, Labor. Aimé Cotton; franz.) — Bei Anregung zwischen 0,3 u. 0,6 μ zeigen die $LaAlO_3$/Cr-Einkristalle eine starke Fluorescenz im roten Spektralgebiet. Bei 78° K tritt Emission in Form zweier scharfer Linien bei 7336 u. 7339 Å sowie einer etwas breiteren Linie bei 7476 Å auf. Bei Erhöhung der Cr^{3+}-Konz. wächst die Intensität der Linie bei 7476 Å. Deshalb wird die Emission dieser Linie Cr-Ionenpaaren zugeschrieben. Die Abklingzeit der Emission liegt im Millisekundengebiet u. ist als Funktion der Cr-Dotierung (0,1—1%) angegeben. K. H. Härdtl. 118◇

0153 **Ein Kriterium der Excitonenbindung in dichten Elektron-Loch-Systemen. Anwendung auf die in GaAs beobachtete Linienverengung.** R. C. Casella. (J. appl. Physics **34**, 1703—05, 1963; Yorktown Heights, N.Y., Internat. Business Mach. Corp., Thomas J. Watson Res. Center; engl.) — Behandlung der Excitonbindung mit Hilfe der Variationslösungen der Schrödinger-Gleichung nach Hulthén u. Laurikainen u. Anwendung auf frühere Ergebnisse an *GaAs*-Injektionslasern führen zu dem Schluß, daß freie bzw. gebundene Excitonen keine Rolle bei der Rekombination bei starkem äußerem Strom spielen. Ein ähnliches Kriterium wird für niedrige Temp. abgeleitet u. auf Verss. über die spektrale Linienverengung angewendet, die auf Bose-Einstein-Kondens. von Excitonen in *CdS* u. *CdSe* zurückzuführen ist. P. Frenzel. 119◇

0154 **Optische Untersuchungen der scharfen Absorptionslinien in strahlungsverfärbtem LiF.** Wolf von der Osten. (Z. Physik **174**, 423—33, 1963; München, TH, Phys. Inst.; dt.) — Ihrem therm. u. opt. Verh. nach lassen sich in strahlungsverfärbtem LiF zwei Arten scharfer Linien unterscheiden: Äquidistante Liniengruppen u. Einzellinien. Die äquidistanten Linien der Gruppen können durch Röntgenbestrahlung des Kristalls auf- u. durch Temperung oder opt. Bleichen abgebaut werden. Sie werden denselben Farbzentren zugeschrieben wie die ihnen jeweils unterlagerten Störstellenbanden. Die Einzellinien erscheinen in verfärbten Kristallen nach Temperung oder R-Lichtbestrahlung durch Um- oder Zusammenlagerung mehrerer Farbzentren zu einem größeren Farbzentrenassoziat. Gegen opt. Bleichen sind sie sehr stabil. Verunreinigungen als Träger der Linienabsorption werden ausgeschlossen. Es handelt sich bei den scharfen Absorptionslinien offenbar um Elektronenübergänge in Farbzentren, die eine weitgehende Isolierung vom Einfl. der Gitterschwingungen besitzen. Alle in Frage kommenden Zentren sind anisotrop. W. Pump. 119◇

0155 **Bildung von Farbzentren in nichtverformtem und verformtem Natriumchlorid.** R. W. Davidge und P. L. Pratt. (Physica Status solidi [Berlin] **3**, 665—70, 1963; London, Imp. Coll., Metallurg. Dep.; engl.) — Es werden Bldg.-Geschw. von F-Zentren u. Absorptionsspektren nach Bestrahlung mit weichen u. harten Röntgenstrahlen u. nach darauffolgendem Bleichen untersucht. Zwei Verfärbungsstadien werden gefunden. Während des 1. Stadiums werden F-Zentren von Leerstellen gebildet, die vor der Bestrahlung im Kristall vorhanden waren. Bei Einstrahlung mit weichen Röntgenstrahlen wird das 2. Stadium auf die Bldg. von F-Zentren infolge eines Vol.-Mechanismus zurückgeführt, während das 2. Stadium bei Einstrahlung mit harten Röntgenstrahlen, das nur bei deformierten Kristallen von Bedeutung ist, auf die Bldg. von F-Zentren aus Assoziaten von Leerstellen, die durch die Deformation erzeugt wurden, zurückgeführt wird. H. Jehne. 119◇

0156 **Über den Ursprung von F-Zentren in röntgenbestrahlten NaCl-Kristallen.** M. Geudeke und W. G. Burgers. (J. Physics Chem. Solids **24**, 667—69, 2 Tafeln, 1963; Delft, TU, Labor. for Phys. Chem. of the Solid State; engl.) — NaCl-Kristalle werden mit Röntgenstrahlen (50 kV, 20 mA, $3 \cdot 10^4$ r/s) mehrere Std. lang bestrahlt u. dann geätzt, um die Zahl der Versetzungen zu bestimmen. Obwohl die bestrahlten Kristalle stark blau gefärbt wurden, konnte keine Erhöhung der Versetzungsdichte beobachtet werden. Das Experiment spricht gegen die Annahme, daß Versetzungen eine wichtige Rolle bei der Erzeugung von F-Zentren spielen. K. H. Härdtl. 119◇

0157 **Das elektrische Feld in Kristallen: Das Brechungsvermögen von Rutil.** H. C. Bolton, W. Fawcett und I. D. C. Gurney. (Proc. physic. Soc. **80**, 199—208, 1962; Newcastle-upon-Tyne, King's Coll., Phys. Dep.; engl.) — Vff. berechnen die elektr. Feldstärke an den Gitterplätzen

in tetragonalem *Rutil* (I), die durch Dipole auf benachbarten Plätzen verursacht wird. Nach der Methode von Lorentz [1909] wird das Feld in 2 Anteile aufgeteilt, die die Dipol-Wechselwrkg. innerhalb u. außerhalb eines Hohlraumes umfassen; der Einfl. der vorgegebenen Hohlraumgröße auf die Konvergenz der Reihen der diagonalen Feldtensoren wird diskutiert. Mit dem vorgeschlagenen Verf. werden der große Brechungsindex u. die positive Doppelbrechung von I erhalten. Die Deutung des Brechungsindex setzt eine anisotrope Polarisierbarkeit α von O^{2-} voraus, die mit der Kristallstruktur von I verbunden ist; für 5893 Å ist $\alpha_{\|} = 2{,}58 \pm 0{,}05$ u. $\alpha_{\perp} = 1{,}73 \pm 0{,}04$ u. für $\lambda = \infty$ 2,43 ± 0,05 bzw. 1,63±0,04.
Herbert Müller. 119◇

0158 **Die optischen Konstanten von Magnesiumoxid im Infraroten.** H. G. Häfele. (Ann. Physik [7] **10**, 321–26, 1963; Augsburg, Osram-Studienges.; dt.) — Durch Reflexionsmessungen bei zwei verschiedenen Einfallswinkeln sowie Durchlässigkeitsmessungen wurden die opt. Konst. von MgO-Einkristallen im Spektralbereich von 5–33 μm bestimmt. Die schon früher beobachtete Feinstruktur auf der kurzwelligen Seite der Bande konnte durch Messungen bei tiefer Temp. weiter aufgelöst werden. Aus der Analyse der DK ergeben sich neben der Grundschwingung bei 394 cm^{-1} (25,4 μm) noch 15 weitere diskrete Gitterfrequenzen.
H. Jehne. 119◇

0159 **Über die Bestimmung des Brechungsindex im Infrarot mit Hilfe eines registrierenden Spektralphotometers. Brechnungsindex des Siliciums.** B. Dold und V. v. Keussler. (Optik **20**, 237–42, 1963; Freiburg i. Br., Inst. für Elektrowerkstoffe der Fraunhofer-Gesellschaft; dt.) — Es wird auf den Einfl. der durch die Strahlenneigung hervorgerufenen Änderung der effektiven Wellenlänge auf das Meßergebnis hingewiesen. Zur Messung des Brechungsindex im IR mit Hilfe eines registrierenden Spektralphotometers wird eine Meth. angegeben, die keine Änderung des Strahlenganges erfordert. Mit Hilfe dieser Meth. wurde der Brechungsindex des Si im Gebiet 1,357–13,8 μ bestimmt.
W. Pump. 119◇

0160 **Optische Eigenschaften von flüssigem Germanium.** A. Abrahám, J. Tauc und B. Velický. (Physica Status solidi [Berlin] **3**, 767–72, 1963; Prague, Czechoslov. Acad. of Sci., Inst. of Solid State Phys.; engl.) — Das Reflexionsvermögen von fl. Ge wird im Photonenenergiebereich zwischen 3,1 u. 5,4 eV untersucht. Näherungsausdrücke für die opt. Konst. werden mit Hilfe der Kramers-Kronig-Analyse erhalten. Es wird gezeigt, daß die opt. Konst. bis zu Photonenenergien von 2,2 eV gut durch auf freie Träger bezogene Formeln beschrieben werden können. Bei hohen Energien werden Band-Band-Übergänge gefunden. Die erste Absorptionsbande beginnt bei ca. 5 eV, ihr Maximum liegt aber außerhalb der verfügbaren Photonenenergie.
H. Jehne. 119◇

0161 **Spannungsoptische Konstanten von Germanium.** K. J. Schmidt-Tiedemann. (J. appl. Physics **32**, 2058–59, 1961; Hamburg, Philips Res. Labor.; engl.) — Das Eintreten der Doppelbrechung bei Spannungsbeanspruchung von Ge wird durch zwei unabhängige Konst. Q_1 u. Q_2 beschrieben. Die Messungen wurden an rechteckigen Stäben durchgeführt, die senkrecht zur Wachstumsachse aus Einkristallen geschnitten u. opt. orientiert waren. Die Richtungen der einachsigen Spannungen für Q_1 u. Q_2 waren ⟨1 0 0⟩ u. ⟨1 1 1⟩; es wurden Zugspannungen bis zu 200 kg/cm^2 angewendet. Q_1 betrug $0{,}61 \pm 0{,}05$, Q_2 $5{,}7 \pm 0{,}2$ Bogengrad·cm/kg. Mit Hilfe von Q_1 u. Q_2 wurden die spannungsopt. Konst. für die Spannungsrichtungen ⟨1 3 0⟩, ⟨1 1 3⟩, ⟨3 3 1⟩ u. ⟨1 1 0⟩ berechnet u. experimentell nachgeprüft. Die Übereinstimmung lag innerhalb der experimentellen Fehlergrenzen.
C. Gottfried. 119△

0162 **Zur energetischen Auffassung der Airyschen Formeln für eine Metallschicht.** A. Vašíček. (Optik **20**, 225 bis 236, 1963; Brno, Tschechoslowakei, Univ. J. E. Purkyně, Phys. Inst.; dt.) — Zu der Optik einer dünnen Metallschicht muß zwischen den Fresnelschen u. den energet. komplexen Amplituden unterschieden werden. Die energet. komplexen Amplituden werden nach dem Stokes-Prinzip der Reversibilität oder nach der Rayleigh-Meth. bestimmt. Nach Auffassung des Vf. muß man in den Airy-Summenformeln die energet. komplexen Amplituden einsetzen, weil nur diese die vollkommene Energiebilanz an den beiden Grenzflächen der Metallschicht sicherstellen.
W. Pump. 119◇

0163 **Optische Eigenschaften von Nickel und Wolfram und ihre Deutung entsprechend der Drudeschen Formel.** S. Roberts. (Physic. Rev. [2] **114**, 104–15, 1959; Schenectady, N.Y., Gen. Electr. Res. Labor.; engl.) — Real- u. Imaginärteil des Quadrates des komplexen Brechungsindex für Ni bei 88, 298 u. 473° K, für W bei 298, 1100 u. 1600° K im Wellenlängenbereich von 0,365–2,65 μ werden mitgeteilt. Ihre Wellenlängenabhängigkeit stimmt mit der Drudeschen Gleichung für die komplexe DK überein. Die opt. Eigg. entsprechen den Werten der Gleichstromleitfähigkeit. Es wird angenommen, daß mehrere Arten freier Elektronen (in Ni 3, in W 2) existieren, die jede einen bestimmten Betrag zur Leitfähigkeit liefern u. ihre eigene charakterist. Relaxationswellenlänge haben. Die Ergebnisse von W werden an Hand seines spektralen Emissionsvermögen erörtert. Der anomale Skin-Effekt hat im Wellenlängenbereich, für den geringe Temp.-Koeff. gelten, keinen wesentlichen Einfl. auf die opt. Eigenschaften.
P. Frenzel. 119◇

0164 **Eine neue, einfache, polarimetrische Methode zur Bestimmung der optischen Konstanten von Metallen.** C. v. Fragstein und H. Kampermann. (Z. Physik **173**, 39–53, 1963; Köln, Univ., II. Phys. Inst.; Saarbrücken, Univ. des Saarlandes, Inst. für Experimentalphys.; dt.) — Es wird eine neue polarometr. Meth. zur Best. der opt. Konst. der Metalle beschrieben, bei der als polarisationsopt. Hilfsmittel nur zwei normale Polarisationsfilter gebraucht werden. Die Meth. wird an *Cu*, *Ag* u. *Au* geprüft; sie ist unabhängig von Intensitätsschwankungen der Lichtquelle. Die relative Genauigkeit bei der Best. von n u. k beträgt 1–2%, in ungünstigen Fällen, wenn z. B. $n \ll 1$ ist, ca. 5%.
H. Jehne. 119◇

0164a **Reflexion und Interferenz des Lichtes an elektrochemischen Grenzschichten.** Heinrich Nassenstein. (Z. Physik **173**, 85–100, 1963; Leverkusen, Farbenfabrik Bayer Akt.-Ges., Abt. für Angew. Phys.; dt.) — Es wird die Abhängigkeit der reflektierten Intensität vom Einfallswinkel u. vom Brechungsindex der Grenzschicht, der elektr. verändert wird, untersucht; dabei ergibt sich die für die Anwendungen wichtige Möglichkeit, die Kennlinie eines solchen elektroopt. Wandlers durch Variation der Intensitätsverteilung $I(\alpha)$ des einfallenden Lichtes in weiten Grenzen u. experimentell sehr einfach zu verändern.
H. Jehne. 119◇

0165 **Untersuchungen über die Totalreflexion von Zentimeterwellen.** P. Bäumler. (Ann. Physik [7] **10**, 409–17, 1963; München, Univ., I. Phys. Inst.; dt.) — Die bei Totalreflexion elektromagnet. Wellen in einem Prisma aus dielektr. Material (Paraffin; Polychlornaphthalin; Polyvinylchlorid) im dünneren Medium auftretende Oberflächenwelle wird bzgl. ihrer Wellenlänge, Phasen-Geschw. u. Querdämpfung experimentell untersucht. Durch Annäherung eines zweiten Prismas wird der Reflexionsfaktor bei „Totalreflexion an einer dünnen Lamelle" bestimmt, woraus die Dämpfungs-Konst. der inhomogenen Oberflächenwelle folgt. Die Oberflächenwelle erregt in den Gebieten, in denen es zu ihrer Ausbildung bzw. Rückbldg. (Randgebiete des einfallenden Wellenbündels) kommt, Beugungswellen, die das dünnere Medium ausstrahlen. Die Frage, wie weit diese die Totalreflexion stören, d. h. das Problem der Energieströmung über die Grenzfläche bleibt unbeantwortet, da die Oberflächenwelle nicht von störenden Beugungswellen isoliert werden kann.
H. Jehne. 119◇

0166 **Lichtstreuung, Polarisation und Extinktion von Salmiak- und Zigarettenrauch.** F. Volz. (Optik **20**, 293 bis 303, 1963; Weißenau/Ravensburg, Univ. Tübingen, Astronom. Inst.; dt.) — Die Winkelabhängigkeit des Streulichtes u. der Polarisation sowie die Extinktion von NH_4Cl-Nebel u. Zigarettenrauch sehr geringer Konz. wurde in fünf Filterbereichen von 0,38–0,77 μm untersucht. Die Ergebnisse stimmen gut mit der Mie-Theorie überein; allerdings geben die Polarisationsmessungen einen kleineren Radius (0,12 bis 0,17 μm) als Streuung u. Extinktion (0,21 μm). Sehr geringe λ-Abhängigkeit aller drei Komponenten des Streulichtes wurde nach starker Koagulation des Aerosols erhalten. Diese Ergebnisse können durch eine logarithm.-normale Gauss-Verteilung mit 0,35 μm als mittleren Radius beschrieben werden.
W. Pump. 119◇

0167 **Messungen zum Faraday-Effekt an Gadolinium.** Martin Lambeck, Lothar Michel und Matthias Waldschmidt. (Z. angew. Physik **15**, 369–71, 1963; Berlin, TU, I. Phys. Inst.; dt.) — Die Hysteresiskurven von dünnen, aufgedampften Gd-Schichten wurden mit Hilfe des Faraday-

Effektes beobachtet. Bei normaler Magnetisierung wurde der Faraday-Effekt als Funktion der Feldstärke u. der Schichtdicke gemessen u. daraus die Kundt-Konst. zu k = −650000°/cm bestimmt. Gd hat also — im Gegensatz zu Fe — ein negatives Vorzeichen der Faraday-Drehung.
H. Jehne. 119◇

0168 **Die Infrarottransmissionsspektren der Einkristalle vom CdS-Typ.** M. I. Witrichowski. (Ukrain. physik. J. **7**, 445—46, 1962; Kiew, Inst. für Halbleiter der Akad. der Wiss. der UkrainSSR; ukrain.) — Die IR-Transmissionsspektren von *CdS*, $CdS_{0,5} \cdot CdSe_{0,5}$ (I) u. *CdSe* zeigen bei 1—14 μ ungefähr die gleiche Abhängigkeit. Die Gebiete der Eigenabsorption von CdS, I u. CdSe liegen bei 5200, 6400 u. 7200 Å. Im Bereich von 2—14 μ ändert sich der Strahlendurchgang nur wenig. Eine starke Änderung tritt bei 14 μ für CdS u. bei 15 μ für CdSe ein. O. Lebtag. 120△

0169 **Eine Berechnung der Energie-Niveaus der ersten Rotationsbande von ^{20}Ne.** James D. Talman. (Canad. J. Physics **40**, 1730—35, 1962; London, Ontario, Univ. of Western Ontario, Dep. of Math.; engl.) — Berechnung mit Hilfe eines abgeänderten Schalenmodells. Die Übereinstimmung zwischen berechneten u. experimentellen Daten ist befriedigend.
H. Schroeder. 120◇

0170 **Bestimmung von Gitterfrequenzen und Rotationsbarrieren von anorganischen Carbonaten und Nitraten aus der Tieftemperatur-Infrarotspektroskopie.** R. A. Schroeder, C. E. Weir und E. R. Lippincott. (J. Res. nat. Bur. Standards, A **66**, 407—34, 1962; engl.) — Vff. bestimmen die IR-Spektren von Einkristallen anorgan. Nitrate ($NaNO_3$, KNO_3, $RbNO_3$, $CsNO_3$, $TlNO_3$, $AgNO_3$, $Sr(NO_3)_2$, $Ba(NO_3)_2$, $Pb(NO_3)_2$ u. Carbonate (*Magnesit, Calcit, Strontianit, Witherit, Cerussit, Siderit, Rhodochrosit, Aragonit*) bei Raum-Temp. sowie bei den Temp. des fl. N_2 u. fl. He. Die bei Raum-Temp. beobachteten diffusen Banden zwischen 1400 u. 700 cm^{-1} werden bei Abkühlung mit fl. He in eine große Zahl von Banden aufgelöst, die nicht Grundschwingungen oder Kombinationen von Grundschwingungen der Anionen zugeordnet werden können. Sie werden als Addition von Grundschwingungen mit aufeinander folgenden Schwingungen eines freiwerdenden Oscillators gedeutet. Die Freisetzung stellt eine planare Torsionsschwingung des Anions um die trigonale Achse dar. Die Freisetzungsfrequenz hängt von der Kristallstruktur u. der Art der Ionen ab. In den Carbonaten u. Nitraten liegt sie zwischen 15 u. 30 cm^{-1}. Bandengrenzen werden als Rotationsenergiehemmungen gedeutet. Die Barrierenhöhe beträgt ca. 200 cm^{-1}. Sie stimmt für kub. u. Calcitstrukturen mit der theoret. ermittelten gut überein. D. Hoene. 120◇

0171 **Messung der absoluten Intensität für die NO-Grundschwingung bei 5,3 μ.** B. Schurin und S. A. Clough. (J. chem. Physics **38**, 1855—57, 1963; Bedford, Mass., Air Force Cambridge Res. Labor.; engl.) — Die Intensität der Schwingungsrotationsbande der NO-Grundschwingung bei 273° K wurde nach der Wilson-Wells-Penner-Weber-Technik gemessen. Der Wert beträgt 111 ± 7 cm^{-1}/cm · atm.
D. Kunath. 120◇

0172 **Infrarotabsorptionsspektren von LiF und Li_2F_2 in festen Argon-, Krypton- und Xenonmatrizen.** Milton J. Linevsky. (J. chem. Physics **38**, 658—61, 1963; King of Prussia, Pa., Gen. Electr. Co., Space Sci. Labor.; engl.) — Mit der früher (C. **1962**, 2257) beschriebenen Technik werden die IR-Spektren von LiF u. Li_2F_2 in Ar-, Kr- u. Xe-Matrizen bei der Temp. des fl. He bei wechselnden Isotopenverhältnissen (93%, 4% u. 48% ^{7}Li) aufgenommen, graph. u. numer. mitgeteilt u. diskutiert. LiF zeigt in Ar starke Matrixeffekte. Die Zuordnung der Banden des Li_2F_2 gelingt unter der Annahme einer planaren rhomboiden Struktur (V_h).
P. Sartori. 120◇

0173 **Infrarotabsorptionsspektrum von Ammoniumhydrogenphosphat (4000—10000 cm^{-1}) und harmonische Schwingungsfrequenzen der Wasserstoffbrücken.** Michel-Pierre Bernard. (C. R. hebd. Séances Acad. Sci. **256**, 2812—15, 1963; franz.) — Von 0,015—0,5 cm dicken Einkristallen aus $NH_4H_2PO_4$ wird mit Hilfe eines Gitterspektrometers u. Foucault-Polarisators das IR-Absorptionsspektrum bei Raum-Temp. zwischen 4000 u. 10000 cm^{-1} aufgenommen. Im Spektrum werden die nichtpolarisierten Banden $3\nu_3$ bei 9350 (cm^{-1}), $2\nu_3$ bei 6260 u. $\nu_3 + \nu_4$ bei 4675 beobachtet, die Schwingungen der NH_4^+-Tetraeder entsprechen. Zwei Banden, die in Richtung der vierzähligen Achse polarisiert sind, treten bei 7740 u. 4900 cm^{-1} auf. Sie sind einer Resonanz der Valenzübergänge $\nu_0^+ \rightarrow \nu_2^-$ u. $\nu_0^+ \rightarrow \nu_3^-$ der H-Brücken in O—H···O zuzuordnen. Die Kopplung von NH_4^+ mit den H-Brücken wird diskutiert.
Herbert Müller. 120◇

0174 **Untersuchung der Nickelphosphate mit Infrarotabsorptionsspektrographie, Thermogravimetrie und Differentialthermoanalyse.** Micheline Viltange. (C. R. hebd. Séances Acad. Sci. **256**, 2816—19, 1963; Paris, E.N.S.C., Labor. de Rech. microanalyt.; franz.) — Mit einem Zweistrahlspektrometer mit NaCl- u. CsBr-Optik werden zwischen 2,5 u. 30 μ die IR-Absorptionsspektren von $Ni_3(PO_4)_2$, $NH_4NiPO_4 \cdot 6\,H_2O$, $NaNiPO_4 \cdot 3{,}3\,H_2O$, $NiHPO_4$ (I), $Ni_2P_2O_7 \cdot 6\,H_2O$, $(NH_4)_2NiP_2O_7 \cdot 2\,H_2O$, $Na_2[Ni(H_2O)_2P_2O_7]$, $Na_3NiP_3O_{10} \cdot 12\,H_2O$ u. $[Ni(PO_3)_2]_n$ mit n = 3 u. n = 4 aufgenommen u. zugeordnet. Das therm. Verh. der Verbb. (außer I) zwischen 20 u. 1000° wird erläutert. Herbert Müller. 120◇

0175 **Infrarotspektroskopische Untersuchungen an Metallcarbonylverbindungen. 1. Mitt. Exakte Bestimmung der C-O-Valenzschwingungsfrequenzen des Nickeltetracarbonyls, Eisenpentacarbonyls, Chrom-, Molybdän- und Wolframhexacarbonyls und des Kobaltnitrosylcarbonyls im Gaszustand.** Gy. Bor. (Acta chim. Acad. Sci. hung. **34**, 315—21, 1962; Veszprém, Ung. Erdöl- u. Erdgas-Forsch.-Inst.; dt.) — Die IR-aktiven C—O-Valenzschwingungsfrequenzen von $Ni(CO)_4$, $Fe(CO)_5$, $Cr(CO)_6$, $Mo(CO)_6$, $W(CO)_6$ u. $Co(CO)_3NO$ werden im Gaszustand mit einer Genauigkeit von ± 0,1 cm^{-1} (UR 10, LiF-Prisma) gemessen. Die Wellenzahleichung wird durch Mitregistrierung des CO- bzw. DCl-Spektrums durchgeführt. D. Kunath. 120◇

0176 **Intensitätsmessungen an den Carbonylbanden von Eisencarbonylverbindungen, Kobaltcarbonylen, Nickelcarbonyl sowie Chrom-, Molybdän- und Wolframcarbonyl.** K. Noack. (Helv. chim. Acta **45**, 1847—59, 1962; Cologny-Genève, Cyanamid European Res. Inst.; dt.) — Neben den Frequenzen werden vor allem die IR-Intensitäten der Carbonyl-Verbb. $Fe(CO)_5$, $Ni(CO)_4$, $Cr(CO)_6$, $Mo(CO)_6$, $W(CO)_6$, *Cyclohexadieneisentricarbonyl*, *π-Butadieneisentricarbonyl*, *π-2-Methylbutadieneisentricarbonyl*, *Butadiendieisenoktacarbonyl*, *π-Dicyclopentadienyldieisentetracarbonyl*, $Fe(CO)_4J_2$, $Fe(CO)_4Br_2$, $Fe(CO)_4Cl_2$, $(CH_2{=}CH{=}CH_2)Fe(Cl)(CO)_3$, $(CH_3CH{=}CH{=}CH_2)FeCl(CO)_3$, $(CH_2{=}CH{=}CH_2)FeBr(CO)_3$, $(CH_3CH{=}CH{=}CH_2)FeBr(CO)_3$, $(CH_3CH{=}CH{=}CH_2)FeBr(CO)_3$, $Fe_3(CO)_{12}$, $Co_2(CO)_8$, $Co_4(CO)_{12}$ u. $Co(CO)_4^-$ z. T. in Hexan, z. T. in C_2Cl_4 oder auch in beiden Lsgm. bestimmt. Die integrierten Intensitäten pro Carbonylgruppe (spezif. Intensitäten) der Carbonylbanden sind 3—7 mal höher als die von gesätt. Ketonen. Beim $Cr(CO)_6$, $Mo(CO)_6$ u. $W(CO)_6$ sind die Intensitäten stärker als bei den etwa gleich stark absorbierenden $Fe(CO)_5$ u. $Ni(CO)_4$. Die Substitution einer oder zweier CO-Gruppen im $Fe(CO)_5$ durch π-gebundene Kohlenwasserstoffe ändert die spezif. Intensität der verbleibenden CO-Gruppen nicht, die Substitution durch Halogen vermindert sie hingegen beträchtlich. Im Frequenz/Intensitäts-Diagramm liegen die Meßpunkte der Fe-Verbb. auf einer Geraden. Hieraus geht hervor, daß die Einfl., die die Intensitäten erhöhen, in gleichem Maße die Frequenzlage der CO-Banden erniedrigen. Die Intensitäten der Brücken-CO-Gruppen sind geringer als die der endständigen Gruppen. Messungen am $Fe_3(CO)_{12}$ zeigen, daß in diesem Mol. keine CO-Brücken vorhanden sind. Als Struktur für diese Verb. schlagen Vff. daher einen von 3-Fe-Atomen gebildeten Dreiring vor, an dem jedes Fe von 4 CO-Gruppen umgeben ist. Diese Struktur steht mit den Röntgen-Unterss. von Dahl u. Rundle (J. Chem. Phys. **26**, [1957], 1751) im Einklang. Die spezif. Intensität des $Co_2(CO)_8$ liegt in der gleichen Größenordnung wie die des $Fe(CO)_5$ bzw. $Ni(CO)_4$; die endständigen CO-Gruppen des $Co_4(CO)_{12}$ zeigen, falls die Struktur mit 3 CO-Brücken richtig ist, eine wesentlich niedrigere u. die CO-Brücken eine wesentlich höhere Intensität als dies im $Co_2(CO)_8$ der Fall ist. Die spezif. Intensitäten im $Co(CO)_4^-$ sind erwartungsgemäß wesentlich höher als die im isosteren u. isoelektron. $Ni(CO)_4$. H. Kuckertz. 120◇

0177 **Das Infrarotspektrum und die Schwingungszuordnung für $Fe(CO)_5$. Bindungsbetrachtungen.** W. F. Edgell, W. E. Wilson und R. Summitt. (Spectrochim. Acta [London] **19**, 863—72, 1963; West Lafayette, Ind., Purdue Univ., Chem. Dep.; engl.) — Das IR-Spektrum von $Fe(CO)_5$ (I) wurde im Bereich 2—40 μ unter besonderer Berücksichtigung der Reinheit der Substanz u. der Genauigkeit der Frequenz-Best. gemessen. Der Bereich 2—8 μ wurde mit kleinen Gittern untersucht, während für die längeren Wellenlängen Prismen aus KBr, CsBr u. CsJ verwendet wurden. Da zwischen Raman- u. IR-Daten eine schlechte Übereinstimmung besteht, wurden das IR-Spektrum von I in der Gasphase (5 m-Küvette, Partialdruck 25 Torr) sowie die wichtigen Banden im fl. Zustand aufgenommen. Für den Bereich zwischen 300 u. 700 cm^{-1} wurden Tieftemp.-Filme (Temp. des fl. N_2) benutzt. Aus den Ergebnissen läßt sich für I eine trigonale bipyramidale Struktur (Symmetrie D_{3h}) ableiten. Alle Frequenzen können Fundamentalschwingungen zugeordnet werden; der Charakter der Bindungen wird diskutiert. D. Kunath. 120◇

0178 **Kovalente Bindung in Fluorosalzen der Trimethylzinngruppe.** H. C. Clark und R. J. O'Brien. (Proc. chem. Soc. [London] **1963**, 113; Vancouver, Canada, Univ. of British Columbia, Dep. of Chem.; engl.) — Vgl. C. **1963**, 14591. — $[(CH_3)_3Sn]AsF_6$ (I) u. $[(CH_3)_3Sn]SbF_6$ (II) werden aus $[(CH_3)_3Sn]Br$ u. dem entsprechenden Ag-Salz in fl. SO_2 dargestellt u. ihre IR-Spektren untersucht. Die ν_3-Schwingung ist bei I in 2 Banden bei 710 u. 675 cm^{-1} aufgespalten; die Banden der $[(CH_3)_3Sn]$-Gruppe liegen bei 2900—3000 u. 795 cm^{-1}, während zwischen 400 u. 590 keine, jedoch bei 603 cm^{-1} eine Bande gefunden werden; daraus wird geschlossen, daß AsF_6-Gruppen über trans-Fluoratome mit $[(CH_3)_3Sn]$-Gruppen kettenförmig verknüpft sind; Sn hat die KZ 5. In II liegt eine ähnliche kettenförmige Struktur vor, doch scheint die Verknüpfung über cis-Fluoratome der SbF_6-Gruppe zu erfolgen; ν_3 spaltet in 3 Banden bei 675, 656 u. 640 cm^{-1}; eine neue Bande tritt bei 875, ein Dublett bei 472, 454 cm^{-1} auf; die Bande von I bei 603 liegt bei 606 cm^{-1}. F. Huber. 120◇

0179 **Infrarotspektrum von an Eisen chemisorbiertem CO.** George Blyholder. (J. chem. Physics **36**, 2036—39, 1962; engl.) — Mit Welch-Duo-Seal-Pumpenöl überzogene CsBr-Fenster werden auf $< 10^{-6}$ Torr evakuiert u. auf die Ölschicht wird unter einem Druck von 0,25 Torr He in 10 Sek. Fe verdampft. Während das IR-Absorptionsspektrum des Öles durch die Fe-Abscheidung bis auf eine Intensitätschwächung nicht geändert wird, treten nach Adsorption von 5 Torr CO u. erneutem Abpumpen Absorptionsbanden bei 1950 u. 580 cm^{-1} auf, die auf an Fe chemisorbiertes CO zurückzuführen sind. Aus der Schwingungsanalyse von 5 möglichen Adsorptionskomplexen kann entnommen werden, daß das beobachtete Absorptionsspektrum mit der Struktur Fe=C=O beschrieben werden kann; Fe ist ein Teil des Metallgitters. Die Kraft-Konst. sind für Fe–C 4,1 (md/Å) u. C–O 13,9. Aus dem Vgl. der Kraft-Konst. mit denen für Metallcarbonyle u. anderen CO-Verbb. folgt das Vorliegen der angegebenen Doppelbindungen. Die Bindungslänge für Fe–C beträgt 1,67 Å. Herbert Müller. 120□

0180 **Verwendung der Infrarotabsorption zur Untersuchung struktureller Gesichtspunkte von Kaolinit.** R. G. Wolff. (Amer. Mineralogist **48**, 390—99, 1963; Urbana, Ill., Univ. of Illinois, Dep. of Geol.; engl.) — Vf. untersucht die OH-Valenzschwingungen von Kaolinit an orientierten Proben unter verschiedenen Einfallswinkeln (0,15, 30 u. 45°) des Meßstrahles. Es treten 3 Absorptionsbanden auf (in der Reihenfolge abnehmender Intensität): 3704, 3635 u. 3663 cm^{-1}. Ausheizen auf 100 oder 200° ändert werder die Intensität noch die Frequenz der Absorptionsbanden. Mit zunehmendem Einfallswinkel steigt die Intensität der Bande bei 3704 cm^{-1}, die Mehrzahl der „freien OH-Gruppen" ist also senkrecht zur Basisfläche orientiert. Die Banden bei 3663 u. 3635 cm^{-1} werden einer OH-Wechselwrkg. zwischen den Schichten bzw. OH-Gruppen, deren H-Ionen in freie Oktaederplätze zeigen, zugeordnet. D. Hoene. 120◇

0181 **Raman-Spektrum von fester Perchlorsäure und die Natur der festen Phase.** A. J. Dahl, J. C. Trowbridge und R. C. Taylor. (Inorg. Chem. [Washington] **2**, 654—55, 1963; Ann Arbor, Mich., Univ. of Michigan, Dep. of Chem.; engl.) — Das Raman-Spektrum von festem $HClO_4$ wurde bei der Temp. des fl. N_2 mit der Durchstrahl-Meth. von Schrader u. Mitarbeitern (C. **1960**, 3167) durch Anregung mit Hg 4358 Å aufgenommen. Es zeigte sich, daß die feste Phase aus $HClO_4$ besteht u. keine H_3OClO_3- u. Cl_2O_7-Moll. enthält. D. Kunath. 120◇

0182 **Raman-Intensitäten der A_1-Linien von Oxoanionen.** George W. Chantry und Robert A. Plane. (J. chem. Physics **32**, 319—21, 1960; Ithaca, N.Y., Cornell Univ., Dep. of Chem.; engl.) — Vgl. C. **1963**, 7617. — Aus den an wss. Lsgg. der Na-Salze gemessenen Intensitäten der X—Y-Bindung der isoelektron. Reihen CO_3^{2-} u. NO_3^- bzw. PO_4^{3-}, SO_4^{2-} u. ClO_4^- wurde die mittlere Polarisierbarkeit bestimmt. Aus deren Ansteigen innerhalb der letzteren Reihe folgern Vff. im Gegensatz zu Ergebnissen von Yoshino u. Bernstein über die Bindungsanteile in KW-Stoff-Moll., daß ein π-Elektron einen größeren Beitrag zur Polarisierbarkeit liefert als ein σ-Elektron. M. Walther. 120◇

0183 **Berechnung von Apparaturverzerrungen bei der Infrarotspektroskopie mit Hilfe der Funktion von Voigt.** W. N. Ssmirnow. (Nachr. Moskauer Univ., Ser. Math., Mechan., Astronom., Physik, Chem. **14**, Nr. 1, 61—73, 1959; Lehrstuhl für Optik; russ.) Ch. Weiske. 120◇

0184 **Intramolekulare Bewegung des Hydrazins.** Takahiro Kasuya und Takeshi Kojima. (J. physic. Soc. Japan **18**, 364—68, 1963; Tokyo, Inst. of Phys. and Chem. Res., Microwave Phys. Labor.; Toyama, Univ., Fac. of Lit. and Sci.; engl.) — Diskussion des Mikrowellenspektrums von N_2H_4 (ausführliche Mitt. vgl. C. **1963**, 19904). A. Blaschette. 121◇

0185 **Messung der Kernquadrupolrelaxationszeit.** I. A. Ssafin. (Versuchsgeräte u. Versuchstechn. [UdSSR] **7**, Nr. 3, 98—102, 1962; Physik.-techn. Inst. der Akad. der Wiss. der UdSSR, Kasan. Abt.; russ.) — Es wurde eine Impuls-App. konstruiert zur Aufnahme von Kernquadrupolresonanzspektren u. Messung der Relaxationszeit im Bereich 20 bis 150 MHz. Unterss. wurden an ^{63}Cu im Cu_2O-Pulver (Übergänge $\pm 1/2 \longleftrightarrow \pm 3/2$) u. an ^{121}Sb in $SbCl_3$ ($\pm 1/2 \longleftrightarrow \pm 3/3$ u. $\pm 1/2 \longleftrightarrow \pm 5/2$) durchgeführt. M. Wiedemann. 121◇

0186 **Fokussierung von Molekularstrahlen für Maser mit Ring- und Schraubenelektroden.** Gerhard Becker. (Z. angew. Physik **15**, 281—85, 1963; Braunschweig, Phys.-Techn. Bundesanstalt; dt.) — Die Elektroden dürfen sehr kleine Ausmaße haben (z. B. 1 cm lang, 0,1 cm Innendurchmesser). Ihre Eigg. wurden in einem Ammoniakmaser im Vgl. zu 4-Pol- u. 6-Polelektroden ausführlich untersucht. Es wird gezeigt, daß sich ihre Wrkg. gut mit einer opt. Linse der Brennweite f beschreiben läßt. Öffnungsverhältnisse von besser als 1 : 10 wurden gemessen. In bezug auf die Fokussierungsqualität erwiesen sich die neuen Elektroden als überlegen. Die Divergenz der in den diskutierten Fokussierungs-Syst. erzeugten Mol.-Strahlen ist sehr klein. In einem Fall wurde gefunden, daß 50% aller Moll. des Strahles in einem Raumwinkel von $2{,}9 \cdot 10^{-4}$ sterad enthalten sind. Der Strahl ist so schmal, daß Zusammenstöße der Moll. mit der Resonatorinnenwand weitgehend vermieden werden. Hierdurch werden mehrere für Maser als Freuqenzstandards unerwünschte Einfl. ausgeschaltet. Es wurde ein Fokussierungs-Syst. gebaut, das von der Strahlquelle bis zur Blende vor dem Resonator nur 3,6 cm mißt. Dabei war der Fokussierungs-Wrkg.-Grad gegenüber dem größerer Elektroden unvermindert. H. Jehne. 121◇

0187 **Der Molekulargenerator.** Jar. Skála. (Československ. Časopis Fysiku **12**, 673—85, 1962; Brno, Voj. akad. Ant. Zápotockého; tschech.) — Übersicht über die Grundlagen, Ausführungen u. Anwendungen des Mol.-Generators („Maser") als Grundoscillator. R. K. Müller. 121◇

0188 **Der optische Maser.** W. Kaiser. (Physica Status solidi [Berlin] **2**, 1117—45, 1962; Murray Hill, N.J., Bell Telephone Labor.; dt.) — Fortschrittsbericht. — 79 Literaturangaben. A. Blaschette. 121◇

0189 **Einige Informationen über optische Maser (Laser).** Luigi Martinelli. (Atti Fondaz. Giorgio Ronchi Contr. Ist. naz. Ottica **17**, 144—57, 1962; ital.) — Übersicht (theoret. Grundlagen, Einzelheiten der Herst. u. neuere Typen). H. Roschkowski. 121◇

0190 **Laser.** Edgar Lüscher. (Chem. Rdsch. [Solothurn] **16**, 315—17, 1963; Urbana, Ill., Univ. of Illinois, Phys. Dep.; dt.) — Beschreibung der Wirkungsweise von 3-Niveau-, 4-Niveau-, Halbleiter- u. He–Ne-Laser sowie deren Anwendungen. Gerhard Schulze. 121◇

0191 **Optisch wirksame Rubin-Laser-Pumpe.** P. A. Miles und H. E. Edgerton. (J. appl. Physics **32**, 740—41, 1961; Cambridge, Mass., MIT, Dep. of Electr. Engng.; engl.) — Beschreibung einiger opt. Rubin–Laser-Syst., bei denen die Minimalenergie zur Erzeugung eines kohärenten Schwellenimpulses bei 20° zwischen 200 u. 320 Joule variierte. J. M. Spaeth. 121□

0192 **Die Emission von Rubin-Laser im Temperaturbereich von 55—300° K.** H. G. Häfele. (Z. Physik **173**,

533—41, 1963; Augsburg, Osram-Studienges.; dt.) — Der Temp.-Einfl. auf die Emission eines impulsbetriebenen Rubinlasers wurde untersucht, indem der zeitliche Verlauf u. die räumliche Verteilung der Strahlungsleistung bei mehreren Temp. von 55—300°K u. verschiedenen Pumpenenergien beobachtet wurde. Außerdem wurden die Gesamtenergie der Laserblitze u. die Schwellenwerte ermittelt. Mit sinkender Temp. folgen die Einzelimpulse (spikes) immer schneller aufeinander, u. es entsteht ein kontinuierlicher Strahlungsanteil, der bes. zwischen 150 u. 120°K anwächst. Zwischen 120 u. 77°K verschwinden die Impulsspitzen immer mehr, so daß ein ziemlich homogener Intensitätsverlauf entsteht. Bei der Temp. des fl. Stickstoffes werden period. Relaxationsschwingungen beobachtet. Der allmähliche Übergang zur quasikontinuierlichen Emission wird mit der Red. der Fluorescenzlinienbreite u. der Erhöhung der Fluorescenzausbeute in Zusammenhang gebracht. W. Pump. 121◇

0193 **Der Einschwingvorgang und die quasikontinuierliche Emission des $CaWO_4$: Nd^{3+}-Lasers.** Hans-Georg Häfele. (Z. Naturforsch. **18a**, 735—38, 1963; Augsburg, Osram-Studienges.; dt.) — Es wird der Einfl. der Temp. u. der Anregungsenergie auf die Emission eines $CaWO_4$: Nd^{3+}-Lasers im Bereich von 300—20°K untersucht. Bei 20°K u. Anregung mit 3-facher Schwellenenergie klingen die gedämpften Relaxationsschwingungen wesentlich schneller ab als die Pumpstrahlung der Blitzröhre. Dehalb kann der Einschwingvorgang u. der Übergang zur kontinuierlichen Emission auch im Impulsbetrieb untersucht werden. Die Relaxationsschwingungen werden zahlenmäßig analysiert. H. Jehne. 121◇

0194 **Elektronenoscillationsprozesse in den Luminescenzzentren von Ionenkristallen.** Tsch. B. Luschtschik, N. Je. Luschtschik und I. W. Jaek. (Nachr. Akad. Wiss. UdSSR, physik. Ser. **26**, 488—96, 1962; Akad. der Wiss. der EstnSSR, Inst. für Phys. u. Astron.; russ.) — Dem Hg-Atom analoge Ionen (Ga^+, Ge^{2+}, In^+, Sn^{2+}, Sb^{3+}, Tl^+, Pb^{2+}, Bi^{3+}) sind Zentren der Luminescenz in Ionenkristallen, die die Elektronenstruktur der Spektren bestimmen. Näher untersucht werden die Prozesse, die zum Übergang $^1S_0 \rightarrow {}^3P_1$ führen. Spiegelsymmetrie ist nicht anwenbar, da Hg-ähnliche Zentren einen kleinen effektiven Radius haben u. mit lokalen Schwingungen umgebender Ionen in Wechselwrkg. treten. Die Polarisation, nichtstrahlende Übergänge u. die Quantenausbeute solcher Kristalle werden erörtert. Die Quantenausbeute ist von der Frequenz ν unabhängig. Wenn die Zentren statt 2 Elektronenzuständen 3 oder mehr haben, ist die Quantenausbeute nicht mehr konst., sondern zeigt leiterähnliche Abhängigkeit von ν. R. K. Müller. 125◇

0195 **Beziehung zwischen der Abklinggeschwindigkeit und der Luminescenzausbeute bei starker Anregung.** M. W. Fok und Ss. A. Fridman. (Optik u. Spektroskopie [UdSSR] **13**, 869—71, 1962; russ.) — Der Zusatz eines Löschers zu einem Luminophor bewirkt eine Beschleunigung des Abklingens zu Beginn des Nachleuchtens, aber auch eine Verminderung der Anfangshelligkeit des Phosphors, also seiner Luminescenzausbeute. Beide Erscheinungen beruhen auf der Bldg. tiefer Elektronenfallen. Eine Gleichung für die Beziehung zwischen der für ein n-faches Abklingen der Luminescenz erforderlichen Zeit t_n u. n wird angegeben. Bei starker Anregung hängen die Wahrscheinlichkeiten der Freisetzung von Elektronen u. Löchern relativ wenig von der Fallentiefe ab. Die Beziehungen werden an ZnS- u. (Zn, Cd)S-Luminophoren geprüft. R. K. Müller. 125◇

0196 **Abklingzeiten in Prozessen der Tribo- und Kristallluminescenz.** L. M. Beljajew, W. W. Nabatow und Ju. N. Martyschew. (Kristallographie [UdSSR] **7**, 576—80, 1962; Akad. der Wiss. d. UdSSR, Inst. für Kristallographie; russ.) — Beschrieben wird ein App. zur Unters. der Tribo- u. Kristalluminescenz. Bestimmt wurde die Luminescenz von *LiF, NaCl, KCl, CsJ* u. *KJ* (T 1). Für aktivierte Kristalle weicht die Luminescenz beim Zerbrechen von der Luminescenz durch Photobestrahlung ab. Neben dem Leuchten treten elektromagnet. Impulse auf. K. Jaeger. 125◇

0197 **Untersuchung des Einbauprozesses des Manganaktivators in CaS- und SrS-Phosphoren.** A. Gutsze, H. Łożykowski, H. Męczyńska, T. Szczurek und S. Trawiński. (Physica Status solidi [Berlin] **3**, 671—75, 1963; Toruń, Nicholas Copernicus Univ., Dep. of Exper. Phys.; engl.) — Es wird versucht, den Einbau von Mn in CaS u. SrS durch seine Abhängigkeit von der Aktivator-Konz., der Flußmittelzugabe u. der Temperungsatmosphäre zu klären. Die Abhängigkeit der Mn-Konz., die während des Temperns eingebaut wird, von der Konz. vor dem Tempern wird durch EPR untersucht. Es wird gefunden, daß diese Abhängigkeit linear ist bis zu einer krit. Konz. oberhalb der eine Sättigung eintritt. Ferner wird der Einfl. von verschiedenen Flußmitteln ($CaCl_2$, CaF_2, $CaBr_2$, KBr, K_2CO_3, KF, NaF, NaBr, Na_2SO_4) u. der Temperungsatmosphäre (H_2S, Luft) auf den Mn-Einbau untersucht. Es zeigt sich, daß die Natur der Halogene u. die Temperungsatmosphäre diesen Prozeß beeinflussen. H. Jehne. 125◇

0198 **Das Wachstum lumineseierender und elektrolumineseierender ZnS–Cu, Cl-Kristalle.** K. Pátek, M. Skála und L. Součkova. (Czechoslov. J. Physics **12**, 313—24, 1962; Prague, Czechosl. Acad. Sci., Inst. of Phys.; engl.) — Die Einkristalle werden durch Sublimation von amorphem ZnS-Pulver bei 1200° in verschiedenen Atmosphären (H_2S; $H_2S + H_2$; $H_2S + HCl$; Ar + He) hergestellt. Eine reproduzierbare Aktivierung erfolgte durch Cu (CuS) u. Cl ($ZnCl_2$) als Coaktivatoren. Elektro- u. Photoluminescenz werden in Abhängigkeit vom Cu- u. Cl-Geh. untersucht. Es werden 3 Wachstumsphasen unterschieden. Keim-Bldg., Whiskerwachstum u. ein Wachstum in größeren Dimensionen. Die Wachstums-Geschw. (normal u. parallel zur c-Achse) wird visuell u. photograph. gemessen. I. Zoll. 125◇

0199 **Photochemische Reaktionen und Temperaturabhängigkeit der Luminescenz an CdS-Einkristallen.** C. Albers und D. Genzow. (Physica Status solidi [Berlin] **3**, 866 bis 873, 1963; Berlin, Humboldt-Univ., Phys. Inst.; dt.) — Vgl. C. **1963**, **17190**. — CdS-Kristalle zeigen bei Anregung im Grundgitter oder Ausläufer oberhalb Zimmer-Temp. eine charakterist. Abnahme ihres Luminescenz- u. Leitfähigkeitsvermögens. Diese Erscheinung wird photochem. Prozessen zugeschrieben. Es wird ein reaktionskinet. Modell diskutiert, welches eine Deutung der experimentellen Ergebnisse zuläßt. Aus den Meßergebnissen lassen sich Bldg.- u. Zerfallswahrscheinlichkeiten photochem. Rk.-Prodd. bestimmen. W. Pump. 125◇

0200 **Reversible Leuchtzentrenumwandlungen in ZnS–CdS-Phosphoren.** 2. Mitt. J. Knobloch, N. Riehl und R. Sizmann. (Z. Physik **171**, 505—14, 1963; München, TH, Labor. für Techn. Phys.; dt.) — 1. vgl. Z. Physik **163**, [1961], 594. — In Cu-aktivierten (Zn–Cd)S-Mischkristallphosphoren werden die Rk.-Enthalpien der reversiblen Leuchtzentrenumwandlungen bestimmt. Mit abnehmendem ZnS-Geh. X im Phosphor nimmt die Rk.-Enthalpie H ab nach $H (eV) = -0{,}49-0{,}0026 \cdot X$ (Mol-%). Entsprechend der Gleichung wurde für 100%ig. ZnS für $H = -0{,}75$ eV gefunden. Außerdem wurden für ZnS(Cu) die Aktivierungsenthalpien der Leuchtzentrenumwandlung blau ⇌ grün ermittelt. I. Zoll. 125◇

0201 **Bemerkung zur Theorie der Elektroluminescenz in ZnS-Kristallen.** Karel Kuchař. (Czechoslov. J. Physics **9**, 679—84, 1959; Prag, Karlsuniv., Inst. für theoret. Phys.; dt.) — Unter Bezugnahme auf Zahn (Thesis, Univ., Amsterdam 1956), in der ausgeführt worden war, daß elektroluminescierende ZnS-Kristalle mit einer dünnen Halbleiterschicht bedeckt sind, aus der auf Grund des Tunneleffektes Elektronen in den Kristall eindringen können, wird theoret. gezeigt, daß die Elektroluminescenz bei der Rekombination dieser Elektronen mit ionisierten Aktivatorzentren, die zu Beginn eines jeden Cyclus einer angelegten harmon. Spannung entstehen, eintritt. C. Gottfried. 125△

0202 **Die Elektroluminescenz und ihre Anwendungen.** Henryk Łożykowski und Hanna Męczyńska. (Postępy Fizyki **13**, 177—206, 1962; Toruń, Uniw. M. Kopernika, Kat. Fiz. dośw.; pol.) — Übersicht. — 42 Literaturangaben. R. K. Müller. 125◇

0203 **Eigentümlichkeiten der Luminescenz unter Einwirkung eines elektrischen Feldes.** M. W. Fok. (Nachr. Akad. Wiss. UdSSR, physik. Ser. **26**, 463—67, 1962; russ.) — Die Elektroluminescenz von Feststoffen wird mit der durch Funken-, Glimm- u. Bogenentladung verursachten Luminescenz in Gasen verglichen. Die Unterschiede im Mechanismus können auf Unterschiede der Beweglichkeit der positiven Ionen, unbewegliche Ladungen in Fallen im Feststoff, Eindringen freier Ladungsträger in einen Halbleiter durch Tunnelübertragung von Elektronen aus der Valenz- in die Leitfähigkeitszone u. größere Wahrscheinlichkeit nichtstrahlender Prozesse in Halbleitern als in Gasen zurückgeführt werden. R. K. Müller. 125◇

0204 **Einige Charakteristika der Phosphorescenz von Zinkoxid.** Keiji Maeda. (Bull. chem. Soc. Japan **33**, 456—60, 1960; Kawasaki, Japan, Tokyo Shibaura Electr. Co., Matsuda Res. Labor.; engl.) — Luminescenz-, Reflexions- u. Anregungsspektren, die Temp.-Abhängigkeit (—200 bis 400°) der Luminescenzintensität, Zerfallszeiten bei Luminescenz, Abhängigkeit der Luminescenzintensität von der umgebenden Atmosphäre, Oberflächenpotentiale u. Röntgendiagramme von ZnO wurden untersucht. Polykristallines ZnO wurde vor den Verss. bei verschiedenen Temp. (950—1200°) in verschiedenen Atmosphären (Luft, Eigenatmosphäre, H_2, O_2) getempert. Im Anregungsspektrum fällt ein scharfes Maximum bei der Lage der Absorptionskante auf. Die Luminescenzintensität sinkt mit wachsender Temp.; die Intensitäts–Temp.-Kurve zeigt bei 0° einen Wendepunkt. Der Zerfall der Luminescenz ist exponentiell, die Zeit-Konst. beträgt 0,4 μs u. ist damit um eine Größenordnung kleiner, als bisher angenommen wurde. Lange anhaltende Phosphorescenz wird beobachtet, was auf die Existenz tiefer Löcher-Haftstellen deutet. Die Luminescenzintensität sinkt in einer Atmosphäre, deren Partikel OH-Gruppen enthalten. Die experimentellen Ergebnisse werden diskutiert. K. Jaeger. 125◇

0205 **Thermoluminescenz in plastisch verformtem KBr.** R. Fieschi, R. Oggioni und G. Spinolo. (Physica Status solidi [Berlin] **3**, 1207—13, 1963; Milano, Univ., Ist. di Fis., Ist. Naz. di Fis. Nucl.; engl.) — Die Thermoluminescenz wurde an plast. verformten KBr-Kristallen im Temp.-Bereich zwischen 80—350°K für verschiedene Deformationsbeträge untersucht. Die für unverformte Kristalle charakterist. Glowmaxima werden stark vergrößert, aber es entstehen keine neuen Maxima. Eine Temperung bei verschiedenen Temp. vor der Anregung mit Röntgenstrahlen zeigt, daß die vergrößerte Emission nicht durch direktes Anhaften von Trägern an Versetzungen zustande kommt. Die Unters. der Veränderungen im Absorptionsspektrum ergab, daß keine Korrelation zwischen der Verfärbung u. der verstärkten Emission von verformten Proben besteht. W. Pump. 125◇

0206 **Candoluminescenz vom Standpunkt des Wawilow-Wiedemann-Kriteriums und gegenwärtige physikalisch-chemische Anschauungen.** W. A. Ssokolow. (Nachr. Akad. Wiss. UdSSR, physik. Ser. **26**, 514—17, 1962; Tomsk, Polytechn. Inst., Lehrstuhl für Phys.; russ.) — Vgl. C. **1961**, 2878. — Bei candolumineseierenden Substanzen wird auch echte Luminescenz beobachtet. Das Spektrum von CaO beim Erhitzen bis 700° entspricht genau dem Candoluminescenzspektrum, das Spektrum bei $>$700° der Kurve der therm. Emission. Die Energie wird durch Rekombination von Radikalen an der Oberfläche gewonnen. Für die Radikalrekombinationsluminescenz wird ein Elektron–Loch-Mechanismus angenommen. Der Einfl. eines transversalen elektr. Feldes auf die Luminescenz entspricht der Theorie. Die Vorteile der Anwendung des Wawilow-Wiedemann-Kriteriums auf die Candoluminescenz werden erörtert. R. K. Müller. 125◇

0207 **Candoluminescenz von Kristallphosphoren und Elektronentheorie der Katalyse an Halbleitern.** A. N. Gorban. (Nachr. Akad. Wiss. UdSSR, physik. Ser. **26**, 518—19, 1962; Saporoshe, Tschubar-Maschinenbau-Inst.; russ.) — Vgl. C. **1963**, 11510. — Ein adsorbiertes Atom oder Radikal bildet eine Falle, die Elektronen oder Löcher zurückhalten kann. In einer Acceptorfallenbindung können die gefangenen Elektronen frei oder gebunden sein (Valenzelektronen). Eine Donatorfallenbindung kann durch Rekombination eines Elektrons u. eines freien Loches oder durch Lokalisierung eines freien Loches unter Ausstoß eines Elektrons in die Leitfähigkeitszone erhalten werden. So bilden sich durch Rekombination freier Radikale, unabhängig vom Typ der „festen" Bindung, ein freies Elektron u. ein freies Loch, die bei Wanderung im Kristall zur Luminescenz führen können. Diese Beobachtungen erklären das Verh. eines ZnS, CdS–Cu-Phosphors beim Anlegen eines transversalen elektr. Feldes. R. K. Müller. 125◇

0208 **Sonoluminescenz und Blasenschwingung bei Ultraschallkavitation (30 kHz).** H. Kuttruff und K. Plass. (Acustica [Stuttgart] **11**, 224—29, 1961; Göttingen, Univ., Ill., Phys. Inst.; dt.) — Zur Klärung der Frage, in welcher Phase der Bldg. bzw. des Verfalles von Kavitationsblasen Sonoluminescenz auftritt, wird der Ablauf der Kavitation in mit O_2 angereichertem *Äthylenglykol* bei einer Schallfrequenz von 30 kHz u. verschiedenen Schalldrücken in photograph. Einzelaufnahmen festgehalten. Die Kavitationsblasen entstehen an einer Metallfläche von 2 mm Ø, welche die Endfläche eines in die Fl. eintauchenden Mason-Horns darstellt. Es zeigt sich, daß die Sonoluminescenz in dem Augenblick entsteht, in dem die Kavitationsblasen unter der Einw. des Schallfeldes zusammenfallen. W. Betcke. 125◇

A_3. Elektrizität, Magnetismus, Elektrochemie

0209 **Diffusion langsamer Elektronen in Gasen.** L. W. Cochran und D. W. Forester. (Physic. Rev. [2] **126**, 1785 bis 1788, 1962; Oak Ridge, Tenn., Oak Ridge Nat. Labor., Health Phys. Div.; engl.) — Vff. berichten über Unterss. der Diffusion langsamer Elektronen in H_2, N_2, CO_2, CH_4, C_2H_4 u. Cyclopropan in gleichmäßigen elektr. Feldern für den Bereich 0,2—5,0 (V/cm)/Torr. Unter der Annahme einer Energieverteilung der Elektronen nach Maxwell u. nach Druyvestyn berechnen Vff. den Townsend-Energiefaktor u. die mittlere Elektronen-Geschw. als Funktion des Verhältnisses von elektr. Feldstärke zu Gasdruck. G. M. Neumann. 131◇

0210 **Neuordnungsstöße.** 3. Mitt. **Elektronenübertragung von Atomen auf schnelle Protonen.** M. H. Mittleman. (Proc. physic. Soc. **81**, 633—41, 1963; Greenbelt, Md., Goddard Space Flight Centre; London, Univ., Coll.; engl.) — Theoret. werden die Stöße behandelt, wo ein einfallendes schnelles Proton ein Elektron vom Atom übernimmt. Für einen engen Energiebereich, z. B. 100—250 MeV für Ne, lassen sich Voraussagen über den Wrkg.-Querschnitt machen. M. Wiedemann. 131◇

0211 **Bindung von Elektronen niedriger Energie in Mischungen, die Sauerstoff enthalten.** G. S. Hurst und T. E. Bortner. (Physic. Rev. [2] **114**, 116—20, 1959; Oak Ridge, Tenn., Oak Ridge Nat. Labor., Health Phys. Div.; engl.) — Die Anlagerung von Elektronen an O_2 in O_2–N_2- u. O_2–C_2H_4-Gemischen wird in Abhängigkeit vom Druck u. dem elektr. Feld untersucht. Die Einfangwahrscheinlichkeit, ausgedrückt in cm^{-1} (Torr O_2)$^{-1}$, hängt von den Partialdrücken beider Gase im ersteren Gemisch, in letzterem jedoch lediglich vom Partialdruck von C_2H_4 ab. Die Ergebnisse werden unter der Annahme erörtert, daß zunächst die Bldg. von angeregtem O_2^- eintritt, an die sich eine Stabilisierung durch Stoßprozesse anschließt. Wrkg.-Querschnitte für diese Stabilisierung in Ggw. der verschiedenen Moll. werden abgeschätzt. P. Frenzel. 131◇

0212 **Erzeugung eines reinen Wasserstoffplasmas.** B. G. Ssafronow, W. Ss. Woitzenja und I. I. Konowalow. (J. techn. Physik [UdSSR] **32**, 678—81, 1962; Charkow, Akad. der Wiss. der UkrainSSR, Physik.-techn. Inst.; russ.) — Die Möglichkeit der Reinigung eines H-Plasmas von schweren Ionen bei der Bewegung eines Plasmaklumpens im Magnetfeld eines toroidalen Solenoids wird untersucht. Durch die Inhomogenität des Magnetfeldes u. das Vorhandensein einer Zentrifugalkraft tritt eine Trennung verschieden geladener Teilchen ein; die schweren Ionen wandern dabei rascher als die leichten. Das H-Plasma wird massenspektroskop. rein erhalten. Bei den angewandten Dichten ($\sim 10^{10}$ cm^{-3}) läßt sich der Reinigungsprozeß durch ein „Einteilchen"-Plasmamodell beschreiben, ohne Berücksichtigung der kollektiven Erscheinungen der Wechselwrkg. der Teilchen im Klumpen. R. K. Müller. 131◇

0213 **Primärer Ionisationskoeffizient von Helium.** D. Kenneth Davies, F. Llewellyn Jones und C. G. Morgan. (Proc. physic. Soc. **80**, 898—908, 1962; Swansea, Univ. Coll., Dep. of Phys.; engl.) — Vff. berichten über Messungen der Ionisationsströme in spektroskop. reinem He zwischen planparallelen Ag-Elektroden im Bereich $6 \leqslant E/p \leqslant 100$ $V \cdot cm^{-1} \cdot Torr^{-1}$ u. $3 \leqslant p \leqslant 115$ Torr. Es zeigt sich, daß der prim. Ionisations-Koeff. α/p kleiner ist als bisher gefunden wurde u. nur eine Funktion des Verhältnisses E/p darstellt. Die experimentellen Werte stimmen mit theoret. Daten anderer Autoren gut überein. G. M. Neumann. 131◇

0214 **Elektronendichten und Elektronentemperaturen bei Verdichtungsstößen.** W. Fucks, W. L. Bohn, G. Heinrich und P. Platz. (Z. Physik **170**, 409—17, 1962; dt.) — Es wird über die Best. von Elektronendichten u. Elektronen-Temp. bei magnet. erzeugten Verdichtungsstößen hoher Mach-Zahlen in He bei einem Druck von 1 Torr berichtet. Die Berechnung beruht auf der Messung von Profilen der He-II-3203-Å- u. He-I-5876-Å-Linien. R. Worbis. 131◇

0215 **Stoßquerschnitte bei niedriger Energie von H^-- und OH^--Ionen in Sauerstoff.** C. E. Baker, J. M. McGuire und E. E. Muschlitz jun. (J. chem. Physics **37**, 2571 bis 2574, 1962; Gainesville, Fla., Univ. of Florida, Coll. of Engng. and Dep. of Chem.; engl.) — Vff. messen elast. u. unelast. Querschnitte für Stöße von H^-- u. OH^--Ionen in O_2-Gas im Energiebereich 4—350 eV. Bei OH^- beruht die Mehrzahl der unelast. Stöße auf einer Elektronenablösung, bei H^- kann, bes. bei niedrigen Energien, entweder ein Ladungsaustausch oder eine Ion–Mol.-Rk. oder beides vorherrschend sein. Im Energiebereich 4—26 eV beträgt das Wechselwrkg.-Potential aus der elast. Streuung von OH^- im O_2 $V(eV) = -18{,}4/r^{5,34}$ (r in Å). Durch die starke unelast. Streuung von H^- in O_2 kann das Potential in diesem Falle nicht genau bestimmt werden. Die bei den elektronenabziehenden Stößen der negativen Ionen entstehenden Elektronen haben Energien, die die therm. Energie merklich überschreiten. W. Sobieski. 131◇

0216 **Kohärente Wechselwirkung eines Elektronenstrahls mit dem Plasma.** I. F. Chartschenko. (Atomenergie [UdSSR] **14**, Nr. 3, 314—15, 1963; russ.) — Der kohärente Energieverlust eines modulierten Elektronenstrahles beim Durchgang durch ein Plasma wird berechnet u. Übereinstimmung mit experimentellen Daten gefunden. Die Abhängigkeit d E/dx von der Dichte des Plasmas wird für eine Anfangsenergie von 60 keV u. einen Strom von 1 A berechnet. M. Wiedemann. 131◇

0217 **Über die Wechselwirkung von Bündeln mit hoher Stromstärke mit einem Plasma im Magnetfeld großer Stromstärke.** A. K. Beresin, G. P. Beresina, L. I. Bolotin und Ja. B. Fainberg. (Atomenergie [UdSSR] **14**, Nr. 3, 249—56, 1963; russ.) — Die Energieverteilung der Elektronen nach dem Durchgang des Bündels mit bis zu 8,5 A Stromstärke u. bis zu 15 keV Energie durch ein Plasma im Magnetfeld mit 360—1320 Oe wurde untersucht. Der große Energieverlust des Bündels dient vor allem zur Anregung hochfrequenter Schwingungen. M. Wiedemann. 131◇

0218 **Entropie, Enthalpie, freie Enthalpie, Molgewicht und Ionisierungsgrad von Luftplasma.** Kl. K. Neumann. (Ber. Bunsenges. physik. Chem. **67**, 527—32, 1963; Braunschweig, TH, Inst. für Chem. Technol.; dt.) — Im Anschluß an Berechnungen der Gleichgewichts-Zus. von Luftplasmen für verschiedene vorgegebene Gesamtdrücke werden thermodynam. Größen für Luftplasmen berechnet, von denen einige in Diagrammform mitgeteilt werden. Die Diagramme umfassen den Temp.-Bereich 20000—150000° K u. den Druckbereich 10^{-2} bis 10^3 bar. Die Berechnung wurde für den Fall des vollständigen thermodynam. Gleichgewichtes durchgeführt (Strahlungsdruck sowie Enthalpie- u. Entropieanteil der Strahlung denen des schwarzen Körpers entsprechend) u. für den Fall, daß thermodynam. Gleichgewicht zwischen allen Materieteilchen besteht, im Plasmakörper jedoch keine Strahlung eingeschlossen ist. In vielen Fällen lassen sich die Eigg. eines Plasmas zwischen diese beiden Extremfälle einordnen. H. Jehne. 131◇

0219 **Aus einer Carnotmaschine mit thermisch ionisiertem Gas als Arbeitsflüssigkeit erhältliche Energie.** M. H. Dunn und A. Maitland. (J. appl. Physics **33**, 3598—99, 1962; Fossway, Newcastle-upon-Tyne, England, C. A. Parsons & Co. Ltd., Nucl. Res. Centre; engl.) W. Sobieski. 131◇

0220 **Einfluß der Elektrodenbarrieren auf die elektrische Leitfähigkeit eines Cäsiumplasmas.** A. M. Marzinowski, G. Je. Pikuss, B. E. Ssonin und W. G. Jurjew. (J. techn. Physik [UdSSR] **32**, 770—72, 1962; Leningrad, Akad. der Wiss. der UdSSR, Halbleiterinst.; russ.) — Der Widerstand R eines Cs-Plasmas wird in Abhängigkeit vom Elektrodenabstand d untersucht. Bei allen Fällen (Drücke von 0,45 bis 2,0 Torr, Temp. T = 1355—1765° K) nimmt R linear mit d zu. Das Diagramm der spezif. Leitfähigkeit σ in Abhängigkeit von 1/T zeigt einen charakterist. Knick bei höherer Temp., dessen Lage von d u. dem Cs-Dampfdruck P abhängt. Zur Verbesserung des Wrkg.-Grades von Plasmathermoelementen mit W, Mo u. Ta muß P erhöht werden, um die Austrittsarbeit herabzusetzen. R. K. Müller. 131◇

0221 **Diffusionsbestimmte Raumladungsschichten.** Günther Schulz. (Z. Physik **173**, 8—28, 1963; Saarbrücken, Univ. des Saarlandes, Inst. für Experimentalphys.; dt.) — Die Langmuirsche Sondenmeß-Meth. wird auf das Übergangsgebiet zwischen sehr kleinen Drücken u. höheren Drücken (20 bis 50 Torr) ausgedehnt u. zugleich ein allg. Zusammenhang zwischen der ambipolaren Stromleitung im quasineutralen Plasma u. den Ladungs- u. Potentialverhältnissen in einer Plasmagrenzschicht hergestellt. Ferner wird eine differentielle Meß-Meth. beschrieben, die eine rasche Auswertung der Sondencharakteristik gestattet, u. eine systemat. Unters. über das Verh. der freien Elektronen im Zwischengas-Vol. von *Methan–Wasserstoff–Luft*-Flammen mitgeteilt. H. Jehne. 131◇

0222 **Störung einer Niederdruckentladung durch eine Sonde.** Bentley T. Barnes. (J. appl. Physics **33**, 3319 bis 3322, 1962; Cleveland, Ohio, Gen. Electr. Lamp Res. Labor.: engl.) — Der Einfl. einer Sonde in der Achse einer Edelgasentladung wurde mit einer zweiten Sonde an der Wand gemessen. Festgestellt wurde eine Zunahme des Ionenstromes, die von der Art des Edelgases abhängig war. Diese beruht auf einer Erhöhung der elektr. Feldstärke auf der Anodenseite durch die isolierende Umhüllung der Sondenzuführung, die Sonde selbst hat keinen Einfluß. Helmut Seifert. 131◇

0223 **Zeitlich aufgelöste Untersuchung einer Niederdruck-Entladung mit der Schlieren- und der Interferometer-Technik.** P. B. Barber, D. A. Swift und B. A. Tozer. (Brit. J. appl. Physics **14**, 207—11, 1963; Leatherhead, Surrey, Central Electr. Res. Labor.; engl.) — Die im Gefolge eines Ladungsdurchschlages durch Luft bei 0,4—4 Torr in Form von Stoßwellen auftretenden Diskontinuitäten werden mit Hilfe von Mach-Zehnder-Interferometermessungen u. von Schlierenmessungen untersucht. Die Schlierentechnik (die eine das Leuchten der Entladung überkompensierende Lichtquelle erfordert) ist hinsichtlich der Empfindlichkeit überlegen u. wird mit Vorteil dann angewendet, wenn die Temp. der Stoßwellenfront bekannt ist. W. Betcke. 131◇

0224 **Durchschlag einer elektrodenlosen Entladung in gekreuzten elektrischen und magnetischen Feldern.** S. N. Sen und A. K. Ghosh. (Proc. physic. Soc. **80**, 909—16, 1962; Calcutta, Jadavpur Univ., Dep. of Phys.; engl.) — Vff. berichten über Messungen der Durchschlagsspannung (DS) einer elektrodenlosen Entladung in Luft im Bereich $10 \leqslant p \leqslant 300$ (μm Hg) u. bei magnet. Feldstärken $20 \leqslant H \leqslant 200$ Gauß. Es zeigt sich, daß DS in Ggw. eines Magnetfeldes ansteigt, wie auch der Druck, bei dem die DS ein Minimum erreicht, mit steigendem H zunimmt. Die Ergebnisse gehorchen bei niedrigen Drücken u. $H < 50$ Gauß der Beziehung von Blevin u. Haydon; bei höherem H muß aber die Änderung des sek. Townsend-Koeff. berücksichtigt werden. Vff. entwickeln eine neue Beziehung, die im ganzen untersuchten Bereich gültig ist. G. M. Neumann. 131◇

0225 **Glühelektronenstromdurchgang in einem starken Magnetfeld.** Alfred Schock und Charles L. Eisen. (J. appl. Physics **33**, 1—2, 1962; Farmingdale, N.Y., Republic Aviation Corp.; engl.) — Vgl. J. appl. Physics **31**, [1960], 1978. — Vff. beweisen analyt. die Richtigkeit früherer Unterss. (l. c.) des Einfl. eines Magnetfeldes auf Glühkathodendioden. W. Sobieski. 131□

0226 **Über die Temperatur einer durch einen Luftstrom stabilisierten Fackelentladung.** Je. A. Bamberg und Ss. W. Dresswin. (J. techn. Physik [UdSSR] **32**, 772—74, 1 Tafel, 1962; Leningrad, Wologdin-Forsch.-Inst. für Hochfrequenzströme; russ.) — Die Temp. einer durch einen konzentr. Luftstrom stabilisierten Fackelentladung in einem Quarzrohr (1, 2 u. 2 kW) wird nach der Meth. von Ornstein auf Grund der relativen Intensität der Linie des Fe-Spektrums mit geringstem Einfl. der Reabsorption in 20 u. 70 mm Abstand von der Spitze aus Armco-Fe gemessen. An beiden Punkten beträgt die Temp. der Fackel, unabhängig von der Luft-Geschw., ca. 3900° K mit Schwankungen von ± 200° innerhalb der Meßgenauigkeit. Die Unterss. bestätigen das Vorhandensein von 2 Zonen in der Fackelentladung: einer hellen Schnur, in der die Hochfrequenzerhitzung des Gases erfolgt, u. einer diese umgebende Zone, die durch Prozesse der Wärmeübertragung entsteht. R. K. Müller. 131◇

0227 **Massenspektrographische Untersuchung von in einer Funkenquelle gebildeten molekularen Kohlenstoffionen.** William L. Baun, F. Neil Hodgson und Michel Desjardins. (J. chem. Physics **38**, 2787—88, 1963; Wright-Patterson Air Force Base, Ohio, Aeronaut. Syst. Div.; Dayton, Ohio, Monsanto Res. Corp.; Cincinnati, Ohio, Univ. of Cincinnati; engl.) — Vff. bestimmten massenspektrograph. die Größen x von C_x^+, die in einer Funkenquelle (Al-Elektroden) gebildet werden. Zur Unters. gelangten Graphit (I), Diamant (II) u. amorpher Kohlenstoff (III). Während die Häufigkeit bei III bis C_7^+ prakt. kontinuierlich mit größer werdendem x geringer wird, treten bei I bzw. II Maxima bei C_5^+ u. C_7^+ bzw.

C_5^+, C_7^+, C_{10}^+, C_{14}^+ u. C_{18}^+ auf. Als mengenmäßig begünstigte Spezies liegen bei **I, II** u. **III** in der Gasphase vorwiegend C_1^+ bis C_3^+ vor. G. Gattow. 131◇

0228 **Gewinnung von Silicium- und Germaniumionenstrahlen mit Hilfe von Hochfrequenzquellen.** W. F. Koslow, W. Ja. Kolot und Tshei-zsin Ssun. (Versuchsgeräte u. Versuchstechn. [UdSSR] **7**, 116–18, 1962; Charkow, Staatsuniv.; russ.) — Durch hochfrequente Entladungen in den Dämpfen von $SiCl_4$ u. $GeCl_4$ wurden Ionenströme von Si^+ u. Ge^+ bis zu 0,5 μA gewonnen. Die optimalen Bedingungen wurden ausgearbeitet. M. Wiedemann. 131◇

0229 **Dipolmomentbestimmung durch dielektrische Messungen an Lösungen.** Kurt Palm. (Z. Chem. **3**, 1–8, 1963; Med. Akad. Erfurt, Med. Klinik, Phys.-Chem. Labor.; dt.) — In einer krit. Übersicht werden Auswerte-Verf. dargestellt, die bei Dipolmoment-Best. an Dipol-Fll. u. an Lsgg. polarer Moll. in einem unpolaren Lsgm., bes. beim Studium der Wechselwrkg. von Moll. in Fll., zur Anwendung gelangen. Die Grenzen des Anwendungsbereiches der jeweiligen Meth. werden angegeben. — 59 Literaturangaben. H. Jehne. 132◇

0230 **Die Ladungsträger in hochisolierenden Flüssigkeiten und ihr Einfluß auf den Wärmeübergang.** Hermann Senftleben und Peter Schnabel. (Z. Physik **173**, 29–38, 1963; Marl, Kr. Recklinghausen, Chem. Werke Hüls AG.; dt.) — In isolierenden Fll. wie *Cyclohexan* (I), *CCl_4*, *Bzl.*, verringert ein elektr. Feld den Wärmeübergang. Diese Abnahme ist auf die Wrkg. von elektr. Raumladungen zurückzuführen, welche die Wärmekonvektion behindern. Aus dem Relaxations-Verh. dieses Effektes wird geschlossen, daß isolierende Fll. immer solvatisierte Ladungsträger beider Vorzeichen enthalten. Sie entstehen im wesentlichen auf mechan. Wege (z. B. beim Schütteln oder Filtrieren der Fl.) u. haben ihre Ursache wahrscheinlich in der Trennung elektr. Doppelschichten. Es gelang auch, durch γ-Strahlung Ladungsträger zu bilden, die den Feldwärmeübergangseffekt hervorrufen. Geringe Zusätze von Fremdstoffen (z. B. Aceton u. Paraffin-Derivv. im handelsüblichen I) vergrößern den Wärmeübergangseffekt. H. Jehne. 132◇

0231 **Die Abhängigkeit der Dielektrizitätskonstanten von Bariumtitanat-Einkristallen von ihrer Stärke.** P. Coufová und H. Arend. (Czechoslov. J. Physics **12**, 308–12, 1962; Prague, Czechoslov. Acad. of Sci., Inst. of Phys.; engl.) — Vff. untersuchten die Abhängigkeit der DK von $BaTiO_3$-Einkristallen mit C-Domänen von ihrer Stärke u. einer gebildeten Oberflächenschicht. Im Temp.-Bereich von 20–230° war die DK von der Dicke abhängig. Zur Erklärung dieser Abhängigkeit wurde ein Modell eines Dielektrikums mit 2 Oberflächenschichten vorgeschlagen. Die Dicke der Oberflächenschicht betrug 11,5 μ, die DK im inneren Teil des Kristalls 1600 bei 66° u. 2850 bei 200°, die DK der Oberflächenschicht 200 bei 60° u. 1080 bei 200°. C. Gottfried. 132△

0232 **Der Mössbauer-Effekt und die ferroelektrischen Eigenschaften von Ionenkristallen.** Č. Muzikář, V. Janovec und V. Dvořák. (Physica Status solidi [Berlin] **3**, kurze Orig.-Mitt. K9–K12, 1963; Prague, Czechoslov. Acad. of Sci., Inst. of Phys.; Charles Univ., Math.-Phys. Fac.; engl.) — Vff. zeigen, daß das Curie-Weiß-Gesetz der DK ferroelektr. Ionenkristalle von einem anomalen Zweig ($\vec{k} \neq 0$) der opt. Mode abhängt. Dieser anomale Zweig schwächt ferner die Intensität der Mössbauer-Linie, wenn die Temp. zur ferroelektr. Curie-Temp. hin erniedrigt wird. Dabei kann dieser Effekt ferner nur dann beobachtet werden, wenn die Temp. unterhalb der Debye-Temp. liegen. Messungen des Mössbauer-Effekts ferroelektr. Stoffe mit einer geeigneten Lage von Curie- u. Debye-Temp. können daher zur Erklärung der Natur des ferroelektr. Zustandes beitragen. H. Fahlenbrach. 133◇

0233 **Versuche mit Peltier-Übergängen, denen hohe Übergangsströme überlagert werden.** M. Idnurm und K. Landecker. (J. appl. Physics **34**, 1806–10, 1963; Armidale, N.S.W., Australia, Univ. of New England, Dep. of Phys.; engl.) — Werden Übergangsströme an einem Peltier-Übergang angelegt, so ist die sich ergebende Temp. stark abhängig von der Wellenform des Stromes. Bes. wird ein zeitabhängiger Extremwert des Stromes festgestellt, bei dem die Temp. viel niedriger ist als für eine beliebige andere Wellenform: An Bi-Tellurid-Übergängen werden Temp. von < 100°K beobachtet. Erneute Unterss. mit Stromdichten J bis zu ca. 4000 A/cm² ergeben, daß der Temp.-Abfall ΔT monoton mit J zunimmt. In Abhängigkeit vom Wrkg.-Grad des Überganges liegt ΔT im Bereich von 205–120° mit ca. 20° als Bezugstemperatur. P. Frenzel. 133◇

0234 **Thermoelektrische Minoritätsträgerkühlung.** W. Murray Bullis. (J. appl. Physics **34**, 1648–49, 1963; Dallas, Tex., Texas Instrum., Inc.; engl.) — Übersicht über bisherige Theorien u. Ableitung einer Näherungslösung für pnpn-Übergänge. P. Frenzel. 133◇

0235 **Phasenwinkelverteilung bei der Sekundärelektronenemission in Hochfrequenzentladungen mit Mehrstoßprozessen.** A. Miller, H. Bartel Williams und O. Theimer. (J. appl. Physics **34**, 1673–79, 1963; University Park, N.Mex., New Mexico State Univ., Dep. of Phys., Res. Center; engl.) — Maschinelle numer. Berechnung für eine Niederdruckentladung u. Ableitung einer Integralgleichung für die Verteilung nebst numer. Lösung; Berechnung der Elektronenverteilung bzgl. des Verhältnisses Stoß/Emissions-Geschw. in Abhängigkeit von den verschiedenen Vers.-Parametern. P. Frenzel. 134◇

0236 **Energieverteilungen in thermisch ausgelösten Elektronenstrahlen.** Dietrich Hartwig und Kurt Ulmer. (Z. Physik **173**, 294–320, 1963; Karlsruhe, TH, Phys. Inst.; dt.) — In einer Gegenfeldanordnung ähnlich der von Boersch (C. **1950/54**, **4402** S) wird die Energieverteilung in Elektronenstrahlbündeln untersucht, die Beschleunigungsspannungen von 200–1000 V durchlaufen haben. Die beobachtete Energieverbreiterung u. Symmetrisierung der Energieverteilung um die mittlere Energie werden auf Relaxationsvorgänge im Elektronenstrahl zurückgeführt. Ein Elektronenstrahlbündel, das vor Passieren einer Potentialstufe zunächst eine isotrope Verteilung der Relativ-Geschw. in bezug auf die mittlere Geschw. hatte, erhält beim Durchgang durch die Potentialstufe eine stark anisotrope Verteilung der Relativ-Geschw., da die Geschw.-Breite in Richtung der Beschleunigung stark herabgesetzt u. die senkrecht dazu erhöht wird. Im Driftraum hinter der Beschleunigungsstufe tritt durch elektrostat. Wechselwrkg. der Bündelelektronen miteinander Relaxation ein, d. h. eine allmähliche Wiederannäherung an eine isotrope Gleichgewichts-Verteilung. Wenn das Bündel schließlich in das Gegenfeld eintritt, so wird die Geschw.-Verteilung in Feldrichtung wieder auseinandergezogen. Auf Grund derartiger Überlegungen wird geschlossen, daß die Energieverbreiterung proportional zu $j^{1/3}$ sein sollte, während die Theorie von Schiske eine Proportionalität zu $j^{5/9}$ u. die Theorie von Fack eine zu $j^{1/2}$ liefert. Auswertung experimenteller Ergebnisse deutet darauf hin, daß die Proportionalität zu $j^{1/3}$ mit den Beobachtungen am besten übereinstimmt. F. Lenz. 134◇

0237 **Energieverteilung in Elektronenstrahlen aus intermittierend geheizten Elektronenquellen.** Dietrich Hartwig und Kurt Ulmer. (Z. angew. Physik **15**, 309–12, 1963; Karlsruhe, TH, Phys. Inst.; dt.) — Durch unmittelbare Energieanalyse der in den Heizpausen emittierten Glühelektronen können neben raumladungsbedingten Verschiebungen auch Verbreiterungen der Energieverteilungen nachgewiesen werden. Diese rühren vom Abbau der Raumladung vor der Kathode während der Heizpause her u. können sich bei Präzisionsexperimenten störend bemerkbar machen. H. Jehne. 134◇

0238 **Schottky-Elektronen-Emission durch dünne, isolierende Schichten.** P. R. Emtage und W. Tantraporn. (Physic. Rev. Letters **8**, 267–68, 1962; Syracuse, N.Y., Gen. Electr. Co., Electron. Labor.; engl.) — Die Elektronenemission von Metallen mit ca. 100 Å dicken dielektr. Schichten bei hohen Feldstärken wurde in Abhängigkeit von der Temp. u. der Anodenspannung gemessen. Untersucht wurden *Al_2O_3* auf *Al*, *GeO_2* auf Al u. polymerisiertes *Siliconöl* auf *Au*. Als Stromspannungskennlinien wurden wie bei der Schottky-Emission in einem Diagramm log I gegen $\sqrt{V}$ Geraden erhalten. M. Drechsler. 134□

0239 **Elektrischer Widerstand und Elektronenaustrittspotentiale reiner im Ultrahochvakuum aufgedampfter Germaniumfilme.** R. Suhrmann, M. Kruel und G. Wedler. (Z. Physik **173**, 71–77, 1963; Hannover, TH, Inst. für Phys. Chem. u. Elektrochem.; dt.) — Es werden das Widerstands-Temp.-Verh. u. die spektrale lichtelektr. Elektronenausbeute dünner, im Ultrahochvakuum aufgedampfter Ge-Filme in verschiedenen Ordnungs(Temperungs)-Zuständen gemessen. Die Widerstandsmessungen ergeben zwei Acceptorniveaus im Abstand 0.1 u. 0.2 eV von der Valenzbandkante.

Ihnen entsprechen zwei Elektronenaustrittspotentiale von etwa $\Phi_1 = 5{,}0$ u. $\Phi_2 = 5{,}1$ V. Der Einfl. von Schichtdicke, Temperungszustand u. Meß-Temp. auf Austrittspotential u. Mengen-Konst. werden ermittelt. Die zum höheren Austrittspotential Φ_2 gehörende Mengen-Konst. ist bei 77° K größer, bei 273° K kleiner als die zum niedrigeren Austrittspotential Φ_1 gehörende. H. Jehne. 134◇

0240 **Über anomalen Vektoreffekt und Vielquantenanregung bei der Photoemission von Halbleitern.** Heinrich Hora. (Ann. Physik [7] **10**, 243—51, 1963; Böblingen, IBM Labor.; dt.) — Unters. über die Frage, inwieweit bei der lichtelektr. Elektronenanregung in einem Halbleiter ein Mehrquantenprozeß im Gegensatz zu einer einfachen Photon–Elektron-Wechselwrkg. vorliegt. Als experimenteller Hinweis wird die aus Polarisationsmessungen der Photoemission gefundene Erscheinung angesehen, daß beim lichtelektr. Anregungsprozeß in Halbleitern eine zum $\vec{E}$-Vektor der Photonen senkrechte Vorzugsrichtung erhalten wird (wie beim Compton-Effekt) im Gegensatz zu der zu $\vec{E}$ parallelen Vorzugsrichtung beim Röntgenphotoeffekt, welcher durch einfache Photon–Elektron-Wechselwrkg. beschreibbar ist. Zur weiteren Erhärtung dieser Folgerung wird eine genauere reflexionsopt. Umrechnung der früheren Messungen des anomalen Vektoreffektes an Cs_3Sb-Kathoden ausgeführt. H. Jehne. 134◇

0241 **Bemerkungen zur „Meyerschen Geraden" und die maximale Thermokraft bei Halbleitern.** Otto Böttger. (Wiss. Z. Martin-Luther-Univ. Halle-Wittenberg, mat.-naturwiss. R. **10**, 41—45, 1961; II. Phys. Inst.; dt.) — Es wird gezeigt, daß der lineare Zusammenhang zwischen der Ablösearbeit u. der Leitfähigkeit bei Halbleitern, die sog. Meyersche Gerade, durch einen Bereich zwischen zwei nicht ganz genau festlegbaren Geraden ersetzt werden muß. Die obere dieser beiden ergibt sich aus der Elektronen-Konz. für den Entartungszustand unter Zugrundelegung einer mittleren Beweglichkeit von ca. 500 cm^2 V^{-1} s^{-1} u. kann durch extrem hohe Beweglichkeiten überschritten werden (z. B. bei CuSb durch $\mu = 50000$ cm^2 V^{-1} s^{-1}). Die untere Grenzgerade wird unter Berücksichtigung evtl. Störstellenerschöpfung durch den heute erreichbaren minimalen Störstellen-Geh. von 10^{13} cm^{-3} festgelegt. Sie kann erst unterschritten werden, wenn die Möglichkeit bestehen sollte, reinere Kristalle herzustellen. Daraus ergibt sich, daß auch für die Thermokraft in Abhängigkeit von der Leitfähigkeit eine obere Grenzgerade existiert. W. Pump. 135◇

0242 **Über die Abschirmung des Beimischungspotentials durch Leitungselektronen.** N. Takimoto. (J. physic. Soc. Japan **14**, 1142—58, 1959; Tokyo, Univ. of Tokyo, Dep. of Phys.; engl.) — Theoret. Behandlung des „self-consistent"-Beimischungspotentials in einer Ladungswolke von Leitungselektronen unter Verw. der Meth. von Thomas-Fermi bzw. von Nakajima; effektives Beimischungspotential in Metallen für den Fall entarteter Leitungselektronen sowie in Halbleitern für den Fall, daß die Elektronen einer Boltzmann-Verteilung folgen; Einfl. des neuen Potentials auf die spezif. elektr. Leitfähigkeit; Erörterung der Abschirmung der Coulombschen Wechselwrkg. in Metallen nach der Nakajima-Methode. P. Frenzel. 135□

0243 **Über den Effekt der Strominstabilität bei Halbleitern.** L. E. Gurewitsch und W. I. Ioffe. (Festkörperphysik [UdSSR] **4**, 1979—81, 1962; Leningrad, Phys.-techn. Ioffe-Inst. der Akad. der Wiss. der UdSSR; russ.) — Für die Frequenz u. ihre Schwankungen werden Gleichungen abgeleitet. R. K. Müller. 135◇

0244 **Bestimmung der Form der Potentialschwelle in Tunnelübergängen.** John G. Simmons und George J. Unterkofler. (J. appl. Physics **34**, 1828—30, 1963; Paoli, Pa., Burroughs Corp., Burroughs Labor.; engl.) — Einfache graph. Meth. zur Best. der „Höhe" Φ (definiert als rechtwinklige Ersatzform der tatsächlichen Form) u. Dicke s der Potentialschwelle aus der Strom-Spannungs-Charakteristik von Tunnelübergängen im niedrigen Spannungsbereich; Vgl. mit experimentellen Werten an Be/BeO/Au-Übergängen. s liegt im Bereich von 33 Å, $\varnothing$ bei 0,08 eV. Die DK des dünnen BeO-Films entspricht etwa der des kompakten Materials. P. Frenzel. 135◇

0245 **Der Einfluß verschiedener Metalle auf die elektrische Leitfähigkeit von chlordotiertem Selen.** H. Gobrecht, A. Tausend und K. Siemsen. (Z. Naturforsch. **18a**, 745—53, 1963; Berlin, TU, II. Phys. Inst.; dt.) — Zwischen 40 u. 220° wurde der Diffusions-Koeff. des Chlors im mikrokristallinen Se mit Hilfe des Halogeneffektes gemessen. Es ergaben sich Werte zwischen 2 u. $8 \cdot 10^{-7}$ cm^2/s. Eine Best. der Gesamtchlor-Konz. ist durch Zugabe von Tl möglich, das die Leitfähigkeit um viele Zehnerpotenzen erniedrigt, wenn seine Konz. größer als die des Chlors ist. Aus dem Studium der Chlordiffusion im mikrokristallinen Se bei gleichzeitiger Anwesenheit von Metallen lassen sich wichtige Rückschlüsse auf die Wrkg. von Metalldotierungen ziehen. Neben Tl verschlechtern auch Na, K u. As die Leitfähigkeit auf Werte der Größenordnung 10^{-9} $(\Omega \cdot \text{cm})^{-1}$. Von entscheidender Bedeutung ist die Form des Metalls (metall. Salz), in der es dem Se zugesetzt wird. Die genannten Metalle weisen eine starke Tendenz zur Halogenid-Bldg. auf, wodurch dem Se das Halogen entzogen wird, das bekanntlich die Leitfähigkeit stark erhöht. Mit Hilfe dieser Anschauung kann auch der Einfl. des Hg auf das elektr. Verh. des Se verstanden werden. Abschließend wird der Ladungsträgertransport im mikrokristallinen Se bei einer Halogen- bzw. Metalldotierung diskutiert. H. Jehne. 135◇

0246 **Über die elektrischen Eigenschaften von bromiertem Selen mit Thalliumzusatz.** L. Gombay, J. Gyulai, J. Kispeter und J. Lang. (Acta Univ. Szegediensis, Acta physica chem. 8, 30—45, 1962; Szeged, Univ., Inst. für Exp. Phys.; dt.) — Es wurde die Temp.-Abhängigkeit der elektr. Leitfähigkeit u. der Thermokraft von bei 120° getemperten mikrokristallinen Se-Schichten sowie die Temp.-Abhängigkeit der Leitfähigkeit sowie die bei Zimmer-Temp. gemessene Thermokraft von bei 217° getemperten Schichten in Abhängigkeit der Br-, Tl- u. (Br + Tl)-Zusätze untersucht. Br wurde entweder elementar oder als $SeBr_4$ zugegeben. Aus den Meßergebnissen wurde die jeweilige Loch-Konz. u. Beweglichkeit berechnet. Es erscheint wahrscheinlich, daß sich im Fall doppelter Zusätze TlBr bildet u. überwiegend nur die im Überschuß vorhandene Komponente auf die elektr. Eigg. des Se einwirkt. Die Wrkg. des Br-Zusatzes wird in Ggw. einer geringen TlBr-Menge möglicherweise verstärkt. A. Blaschette. 135◇

0247 **Ein Beitrag zur Frage der Ultrarotabsorption freier Ladungsträger in Selen.** F. R. Kessler und E. Sutter. (Z. Physik **173**, 54—70, 1963; Saarbrücken, Univ. des Saarlandes, Inst. für Experimentalphys.; dt.) — Vff. ermitteln mit Hilfe des speziellen Differenzmeß-Verf. den Absorptionsquerschnitt von photoelektr. erzeugten freien Ladungsträgern. Die Messungen wurden an amorphen u. hexagonalem Se (Einkristalle u. polykristalline Proben) durchgeführt u. bringen im wesentlichen das gleiche Ergebnis. Danach verläuft das Absorptionsspektrum bis ca. 5 μm nicht gemäß der „Leitungsabsorption", sondern wird von vier Absorptionsbanden bei 1,9, 2,9, 3,4 u. 4,05 μm beherrscht. Die Absorptionsbanden werden Intrabandübergängen innerhalb des Valenzbandes zugeordnet. Auf diese Weise kann speziell für hexagonal-einkristallines Se quant. eine Feinstruktur des Valenzbandes angegeben werden: Es besteht aus zwei p-Bändern, deren Ränder am Maximum des Valenzbandes einen Abstand von 0,36 eV besitzen u. die aus je drei Zweigen bestehen mit Abständen von 0,05 bzw. 0,28 eV vom jeweiligen Rand aus. An Hand des vorgeschlagenen Bändermodells gelingt es, die Banden des normalen Absorptionsspektrums von hexagonal-einkristallinem Se zu deuten, wobei ebenfalls die bekannten Polarisationsabhängigkeiten in der Absorptionsbande erklärt werden. In dem sich ergebenden Bändermodell treten zwischen Valenz- u. Leitungsband keine Energiezustände auf. H. Jehne. 135◇

0248 **Über die Theorie der Photoleitfähigkeit auf der Grundlage der Veränderlichkeit der Trägerbeweglichkeit.** Sch. M. Kogan. (Festkörperphysik [UdSSR] **4**, 1891—96, 1962; Moskau, Radiotechn. u. elektron. Inst. der Akad. der Wiss. der UdSSR; russ.) — Wird Licht durch freie Ladungsträger absorbiert, so ändert sich ihre Energieverteilung, die zu einer Änderung der Leitfähigkeit führt. Diese Abhängigkeit wird auf der Grundlage der durch die Elektronen-Temp. beschriebenen Energieverteilungen untersucht. Das mit einem Belastungswiderstand erhaltene Ergebnis ist als Strom–Spannungs-Charakteristik des Halbleiters ausgedrückt u. ist unabhängig von der therm. Leitfähigkeit der Ladungsträger. A. Kumm. 135◇

0249 **Raumladungspolarisation in photoleitenden Isolatoren.** E. Harnik und B. Pratt. (J. appl. Physics **34**,

1804—06, 1963; Jerusalem, Israel, Hebrew Univ., Dep. of Phys.; Haifa, Israel, Technion-Israel Inst. of Technol., Dep. of Phys.; engl.) — Quant. Behandlung für den Fall einer willkürlichen Bestrahlungsdichte. P. Frenzel. 135◇

0250 **Stationäre Photoleitung und p–n-Photoeffekt in SiC.** G. Jungk, K. Thiessen und F. Witt. (Physica Status solidi [Berlin] **3**, 735—43, 1963; Dt. Akad. der Wiss. zu Berlin, Phys.-Techn. Inst., Bereich elektron. Halbleiter; dt.) — Es wird über Messungen der Spektralabhängigkeit der Photoleitung von p- u. n-leitenden α-SiC-Einkristallen im Gebiet 0,6—5,5 eV berichtet, u. sie werden mit der spektralen Verteilung des p–n-Photoeffektes an nachträglich angebrachten p–n-Übergängen verglichen. Dabei wird festgestellt, daß sowohl p- als auch n-leitende Kristalle mit zufälligen Verunreinigungen im allg. eine stark ausgeprägte Störstellenphotoleitung aufweisen, die in der Hauptsache durch Anregung von Majoritätsträgern bedingt ist. Die Temp.-Abhängigkeit des Bandabstandes wird aus der Verschiebung der langwelligen Kante der Photoleitung bzw. des p–n-Photoeffektes bestimmt. Es wird über Messungen der Temp.-Abhängigkeit der Leitfähigkeit u. der Photoleitfähigkeit bei 80 bis 800° K berichtet. Die Lebensdauer der Majoritätsträger ist intensitätsabhängig; sie steigt mit wachsender Temp. u. erreicht bei hohen Temp. ein Maximum. H. Jehne. 135◇

0251 **Theorie des Zeeman-Effektes bei der Photoionisation von Beimischungen.** R. F. Wallis und H. J. Bowlden. (Physics Chem. Solids **8**, 318—20, Diskussion S. 336, 1959; Washington, D.C., U. S. Naval Res. Labor.; engl.) C. Gottfried. 135△

0252 **Über die Energien der Photoionisation und der thermischen Ionisation der tiefen Niveaus der Strahlungsdefekte bei Silicium.** W. Ss. Wawilow, G. N. Galkin, W. M. Malowetzkaja und A. F. Plotnikow. (Festkörperphysik [UdSSR] **4**, 1969—70, 1962; Moskau, Akad. der Wiss. der UdSSR, Physik. Lebedew-Inst.; russ.) — Proben von Si vom p-Typ mit einer Störstellen-Konz. von $1\cdot10^{16}$ bis $8\cdot10^{14}$ cm^{-3} werden mit Elektronenströmen von $1\cdot10^{15}$ bis $6\cdot10^{16}$ cm^{-2} mit einer Energie von 1 MeV bestrahlt. Bei 130° wird prakt. eine vollständige Beseitigung der Defekte mit Niveau $E_v + 0{,}21$ eV erzielt. In der Kurve der Temp.-Abhängigkeit der Konz. wird ein Haltepunkt beobachtet, der der Entfernung der Ladungsträger (Löcher) auf dem Donatorniveau $E_v + 0{,}19\ (\pm 0{,}01)$ eV entspricht. Dieser Defekt ist noch bei 200° stabil. Der Kurve des Signals der Photoleitfähigkeit in Abhängigkeit von der Wellenlänge fehlt nach dem Erhitzen der Haltepunkt bei 5,0 μ, der dem aus Messungen des Hall-Effekts gefundenen Niveau $E_v + 0{,}21$ eV entspricht, während der Haltepunkt bei 5,5 μ nicht verschwindet; dieser entspricht offenbar dem Niveau $E_v + 0{,}19$ eV. R. K. Müller. 135◇

0253 **Zustände an der Korngrenze in Silicium und Germanium.** Yasuo Matukura. (Jap. J. appl. Physics **2**, 91—98, 1963; Kawasaki, Nippon Electric Co., Semiconductor Div.; engl.) — Aus Messungen der Photospannung u. aus den Strom–Spannungs-Charakteristiken an Bikristallen aus n- u. p-Si sowie aus Messungen des Hall-Effektes für den Stromfluß entlang der Korngrenze ergibt sich, daß die Korngrenzen in beiden Fällen im n-Zustand vorliegen. Ähnliche Messungen wurden an Bikristallen aus p-Ge durchgeführt. Die Energiezustände der Korngrenzen der Si-Bikristalle liegen oberhalb der Mitte des verbotenen Bandes u. können sowohl Elektronen als auch Löcher aufnehmen, u zwar unabhängig vom O-Gehalt. Im Gegensatz dazu liegen die entsprechenden Energiezustände der Ge-Bikristalle unterhalb der Mitte des verbotenen Bandes, weshalb ausschließlich Elektronen aufgenommen werden. Bei 300° K liegt für die Korngrenze eine pp$^+$p-Struktur vor. D. Noack. 135◇

0254 **Über die Potentialabhängigkeit der Rekombinationsgeschwindigkeit an Germaniumoberflächen.** H. Gobrecht, O. Meinhardt und M. Lerche. (Ber. Bunsenges. physik. Chem. **67**, 486—93, 1963; Berlin, TU, II. Phys. Inst.; dt.) — Es wird das Verh. einer dünnen Ge-Scheibe mit zwei Elektrolytkontakten untersucht. Bes. wird mit Hilfe einer Wechsellicht-Meth. die Potentialabhängigkeit der Oberflächenrekombinations-Geschw. bestimmt. Es ergeben sich zwei Rekombinationszentren, ein kathod. Zentrum, das durch Wasserstoff bewirkt wird, u. ein anod. Zentrum, das durch Hydroxylgruppen verursacht wird. Der Aufbau dieser Zentren kann mit Hilfe von dynam. Strom–Spannungs-Kennlinien verfolgt werden. Bei der Ausbildung der Hydroxylschicht findet eine Extraktion von Defektelektronen statt, während beim Abbau eine Injektion festgestellt werden kann. Die Unterss. wurden in Anwesenheit von N u. O in 0,1n KOH u. 0,1n H_2SO_4 durchgeführt. H. Jehne. 135◇

0255 **Mikrowellen-Hall-Effekt in Germanium und Silicium bei 20 GHz.** G. E. Hambleton und W. W. Gärtner. (Physics Chem. Solids **8**, 329—32, 1959; Fort Monmouth, N.J., U. S. Army Signal Res. and Dev. Labor.; engl.) — Die Hall-Beweglichkeit in Ge- u. Si-Proben vom n- u. p-Typ unter Gleichstrom u. bei 20 GHz bei Temp. von 80 bis ca. 500° K u. magnet. Feldern von 0—10000 Gauß wird gemessen, wobei eine geringe Abnahme der Beweglichkeit mit dem magnet. Feld zu beobachten ist. Si zeigt keine merkliche Abweichung von der Gleichstrombeweglichkeit. Bei Ge, bes. bei p-Ge, scheint die Hall-Beweglichkeit bei Mikrowellenfrequenzen u. tiefen Temp. kleiner zu sein als die Gleichstromwerte. C. Gottfried. 135△

0256 **Elektromagnetophotoneneffekt in Germanium.** Maurice Bernard. (Physics Chem. Solids **8**, 332—36, 1959; Issy-les-Moulineaux, Centre Nat. d'Études des Telecommun., Dep. Phys.; franz.) — Es wird gezeigt, daß in einer Probe von eigenleitendem Ge mit einer Dicke, die wesentlich niedriger ist als die ambipolare Diffusionslänge, gleichzeitig angelegte elektr. u. magnet. Felder eine infrarote Emission durch Rekombinationsübergänge induzieren müssen. Dieser „Elektromagnetophotoneneffekt" wird an einer Ge-Probe mit einer Beimischungs-Konz. von $2-5\cdot10^{12}$ Atomen/cm³ beobachtet. Für die beobachtete Emission scheint Vol.-Rekombination nahe der Fläche der Probe verantwortlich zu sein, wo eine Anhäufung der Träger durch Laplace-Kräfte erfolgt. C. Gottfried. 135△

0257 **Lichtmodulation in Germanium mit Hilfe des Feldeffektes.** B. O. Seraphin und D. A. Orton. (J. appl. Physics **34**, 1743—48, 1963; China Lake, Calif., Michelson Labor., Res. Dep.; engl.) — IR-Strahlung, die wiederholt innerhalb eines Ge-Prismatoids reflektiert wird, kann mit Hilfe eines äußeren Feldes, das die Raumladungsrandschicht an den reflektierenden Oberflächen beeinflußt, moduliert werden. Der Phasenwinkel zwischen Modulationssignal u. Feldspannung ändert sich um π, wenn an Stelle einer n- eine p-leitende Oberfläche vorliegt, bzw. bei Änderung des umgebenden Mediums (Dauer der Einw. von feuchtem O_2). Das Modulationssignal hat im Übergangsbereich n- → p-leitend die doppelte Frequenz der Feldspannung. Die Modulation wird vermutlich durch Absorption freier Ladungsträger in der Raumladungsschicht bewirkt. P. Frenzel. 135◇

0258 **Absorptionserscheinungen in Halbleitern auf Grund magnetischer Quantelung.** B. Lax, L. M. Roth und S. Zwerdling. (Physics Chem. Solids **8**, 311—20, Diskussion: 336, 1959; Lexington, Mass., Lincoln Labor.; engl.) — Durch die Erzeugung von Landau-Niveaus in einem Halbleiter im magnet. Feld bedingte Absorptionserscheinungen werden theoret. behandelt. An *Ge*, *InAs* u. *InSb* wird eine oscillator. Magnetoabsorption der direkten Übergänge, an Ge außerdem eine solche des indirekten Übergangs in Übereinstimmung mit der Theorie beobachtet. Eine 3. Art der Magnetoabsorption, die mit Übergängen zwischen entarteten u. aufgespaltenen Bändern in Zusammenhang steht, enthält oscillator u. nichtoscillator. Komponenten (in Ge u. GaAs). In engem Zusammenhang mit diesen Erscheinungen steht der Zeeman-Effekt von Beimischungen u. Excitonen; durch ihn erhält man einen Einblick in die Bandstruktur der Halbleiter. Endlich können Quanteneffekte bei der Faraday-Rotation u. der Absorption freier Ladungsträger im Magnetfeld eine Rolle spielen. C. Gottfried. 135△

0259 **Magnetooptische Effekte von Beimischungen in Germanium im fernen Infrarot.** W. S. Boyle. (Physics Chem. Solids **8**, 321—23, Diskussion: 336—37, 1959; Murray Hill, N.J., Bell Telephone Labor., Inc.; engl.) — Im Absorptionsspektrum von Ge (dotiert mit $3\cdot10^{15}$ As-Atomen/cm³) im Bereich von 50—200 cm^{-1} wurden 3 Übergänge bei 76,0, 93,6 u. 99,8 cm^{-1} beobachtet. Im magnet. Feld bleibt die Linie bei 76,0 cm^{-1} bis zu Feldern von 23 Kilogauß unverändert, die bei 99,8 cm^{-1} zeigt bei niedrigen Feldern ein symm. Dublett. Unterss. des Einfl. eines magnet. Feldes auf das Photoionisationsspektrum zeigen, daß in Ggw. eines magnet. Feldes die Zustände im Kontinuum des Leitungsbandes in Landausche Subbanden übergehen. Hierbei treten

Schwankungen des Absorptions-Koeff. auf, die sich leicht beobachten lassen, wenn man die Frequenz der einfallenden Strahlung konst. hält u. das Magnetfeld langsam verstärkt. C. Gottfried. 135△

0260 **Der freien Trägern in Indiumantimonid zuzuschreibende infrarote Faraday-Effekt.** T. S. Moss, S. D. Smith und K. W. Taylor. (Physics Chem. Solids **8**, 323–26; Diskussion: 337, 1959; Farnborough, Royal Aircraft Establ.; engl.) — Die Faraday-Drehung der Polarisationsebene wird theoret. behandelt u. in n-InSb gemessen. Sie verläuft linear mit dem magnet. Feld bis zu wenigstens 4000 Gauß. Best. der effektiven Massen werden mit Hilfe des Faraday-Effektes an Proben mit Elektronen-Konz. von $6{,}4 \cdot 10^{17}$ bis $1{,}8 \cdot 10^{15}$ cm^{-3} durchgeführt. Das am wenigsten reine Material war bei Zimmer-Temp. sehr hoch entartet. Für reineres Material wurde die Entartung durch Abkühlen auf 77°K erreicht. Messungen an einem sehr reinen Material mit $2 \cdot 10^{14}$ cm^{-3} bei 77°K zeigte nur eine sehr kleine, freien Trägern zuzuschreibende Drehung. Die gebundenen Trägern zuzuschreibende Drehung war $< 10\,\mu$ so klein, daß sie im Vgl. mit dem Effekt der freien Träger in allen anderen Proben zu vernachlässigen war. C. Gottfried. 135△

0261 **Faraday-Rotation im Mikrowellenbereich: Messung des Leitfähigkeitstensors.** A. M. Portis. (Physics Chem. Solids **8**, 326–29; Diskussion: 337, 1959; Berkeley, Calif., Univ. of California, Dep. of Phys.; engl.) — Die Verw. der Faraday-Drehung im Mikrowellenbereich zur Messung der elektr. Leitfähigkeit σ im Magnetfeld wird theoret. behandelt u. die Beweglichkeit von Phototrägern in *CdS* bestimmt. Bei Belichtung der Probe mit weißem Licht wird eine Zunahme von σ um $1{,}09 \cdot 10^{-4}$ $(\Omega cm)^{-1}$ berechnet. Im magnet. Feld von 8000 Gauß ergab sich für die xy-Komponente die Photoleitfähigkeit $1{,}80 \cdot 10^{-6} \cdot (\Omega cm)^{-1}$. Der Hall-Winkel (Verhältnis dieser beiden Komponenten) entspricht einer Beweglichkeit von 210 $cm^2/V \cdot s$. C. Gottfried. 135△

0262 **Die photomagnetische EMK in p-InSb bei Zimmertemperatur im magnetischen Wechselfeld.** W. F. Solotarew und D. N. Nassledow. (Festkörperphysik [UdSSR] **4**, 1952–56, 1962; Leningrad, Physik. Techn. Inst. der Akad. der Wiss. der UdSSR; russ.) — Vgl. C. **1963**, 21819. — Die photoelektromagnet. Spannung in n-InSb wurde mit einem magnet. Wechselfeld bei konst. Lichtintensität gemessen u. ist 2mal größer als im Gleichfeld. Die photoelektromagnet. Spannung ist die Summe der ungeraden Oberschwingungen. Wechselstrommessungen der photo-, thermo- u. galvanomagnet. Phänomäne, die mit magnet. Wechselfeldern ausgeführt werden, liefern mehr Informationen als Gleichstrommessungen. A. Kumm. 135◇

0263 **Kinetik der Photoleitfähigkeit in SbS_3-Einkristallen.** W. A. Brodowoi. (Festkörperphysik [UdSSR] **4**, 1946–51, 1962; Kiew, Univ.; russ.) — Vgl. C. **1963**, 21060. — Vf. untersucht die Photoleitfähigkeit in SbS_3-Einkristallen bei Zimmertemperatur. Der Abfall kann als Summe von 2 Hyperbelfunktionen dargestellt werden u. wird mit einem Schema erklärt, das 2 Verunreinigungsniveaus enthält. A. Kumm. 135◇

0264 **Zum Einfluß von Wasserstoff auf die Photoleitfähigkeit von CdS-Einkristallen.** M. Asche und F. Ekkart. (Z. Physik **164**, 529–36, 1961; Berlin, Phys.-Techn. Inst. der Dt. Akad. der Wiss.; dt.) — Der Einfl. von Wasserstoff auf die Photoleitfähigkeit von CdS-Einkristallen wurde bei Zimmer-Temp. u. bei 500°K untersucht. Zur Deutung der Ergebnisse wurden ergänzende Messungen der Lebensdauer u. der Beweglichkeit durchgeführt. W. Pump. 135◇

0265 **Einfluß des elektrischen Feldes auf die Leitfähigkeit einer Schattenzone in einem CdS-Einkristall.** W. Thielemann. (Physica Status solidi [Berlin] 3, 615–29, 1963; Leipzig, Karl-Marx-Univ., Phys. Inst.; dt.) — Bewegt sich zwischen den Elektroden eines belichteten CdS-Einkristalles ein schmaler Schattenstreifen in Richtung Kathode–Anode, so ist der Photostrom größer als bei Bewegung des Schattenstreifens mit der gleichen Geschw. in der umgekehrten Richtung. Es wird versucht, diese Erscheinung auf Elektroneninjektion in das Schattengebiet zurückzuführen. Eine befriedigende Deutung ist jedoch erst unter der Annahme möglich, daß auch Löcher injiziert werden u. daß deren Driftlänge in der Größenordnung der Schattenbreite liegt. Die Annahme einer derartigen Driftlänge wird dadurch gestützt, daß die bei zusätzlicher IR-Bestrahlung in einer ruhenden Schattenzone gebildeten Löcher durch das Feld aus der Schattenzone herausgesaugt werden, so daß die tilgende Wrkg. der IR-Strahlung aufgehoben wird. H. Jehne. 135◇

0266 **Untersuchung einiger physikalischer Eigenschaften von GaAs und InAs beim Schmelzen und in flüssiger Phase.** W. M. Glasow und Ss. N. Tschishewskaja. (Festkörperphysik [UdSSR] **4**, 1841–45, 1962; Moskau, Metallurg. Inst.; russ.) — Vff. untersuchen die Viscosität u. Leitfähigkeit von GaAs u. InAs beim Schmelzen u. in fl. Phase, die im Temp.-Bereich 20–30° oberhalb des F. ansteigen u. dann abnehmen. Nach Aufheizen bis zu diesem Temp.-Bereich fallen Viscosität u. Leitfähigkeit nach Zeitfunktionen wahrscheinlich durch die größere Atompackungsdichte u. die beim Zerstören der kovalenten Bindungen auftretende Ablösung von Elektronen. A. Kumm. 135◇

0267 **Das chemische Polieren von Galliumarsenid in Brom–Methanol.** M. V. Sullivan und G. A. Kolb. (J. electrochem. Soc. **110**, 585–87, 1963; Murray Hill, N.J., Bell Telephone Labor., Inc.; engl.) — n- u. p-GaAs wird chem. in Methanol (I)–Br_2 nach Alterung des Poliertuches in 0,05 (Vol.-%) Br_2–I über Nacht unter starkem Rühren poliert (Scheibe ca. 72 U/Min.; Beschickungs-Geschw. 15–20 ml/Min.). Alle Flächen außer den (1 1 1)-Flächen werden nach Läppen oder Feinschleifen mit 0,05% Br_2–I (15–30 Min.), letztere nach mechan. Polieren gleichwertig in I mit 0,0025% Br_2 (15 bis 30 Min.) poliert. Hierbei erfolgt beträchtliche Abrundung der Kanten aller Flächen. Die Oberflächen werden mit Hilfe von Interferenzaufnahmen untersucht. P. Frenzel. 135◇

0268 **Diffusionskoeffizient von Elektronen in InSb.** W. Zawadzki. (Physica Status solidi [Berlin] **3**, 692–96, 1963; Warsaw, Polish Acad. of Sci., Inst. of Phys.; engl.) — Unter Verw. der von Kane erhaltenen Ergebnisse über die Form des Leitungsbandes in InSb wird eine Beziehung zwischen dem Diffusions-Koeff. von Elektronen u. ihrer Beweglichkeit angegeben. Es wird gezeigt, daß die nichtparabol. Form des Bandes bei teilweiser oder starker Entartung des Elektronengases einen großen Einfl. auf diese Beziehung besitzt, während sich für ein vollständig nichtentartetes Elektronengas unabhängig von der Bandstruktur die klass. Einstein-Beziehung ergibt. H. Jehne. 135◇

0269 **Einfluß der Alterung auf Änderungen der elektrischen Eigenschaften des Systems Bi_2Te_3–Bi_2Se_3.** Ladislav Štourač. (Czechoslov. J. Physics **9**, 717–20, 1959; Praha, Ústav tech. fys. Českoslov. akad. věd.; tschech.) — Die Messungen wurden an festen Lsgg. des Syst. Bi_2Te_3–Bi_2Se_3 (80 : 20 Atom-%) mit Cu-Zusatz (n-leitend; σ = 1200 $\Omega^{-1} \cdot cm^{-1}$) bei 30tägigem Altern bei Zimmer-Temp. durchgeführt. — Die Elektronenbeweglichkeit bleibt während der gesamten Zeit konst. (85 $cm^2/V \cdot s$). Bei allen anderen Werten erscheinen die bedeutendsten Änderungen in den ersten 5 Tagen u. dann bleiben alle Werte fast konstant. Die Konz. der freien Elektronen sinkt von 8,5 bis auf $5{,}0 \cdot 10^{19}$ cm^{-3}; die spezif. Leitfähigkeit von fast 1200 auf 700 $\Omega^{-1} \cdot cm^{-1}$. Die thermoelektr. Kraft steigt von 120 auf 140 μV/Grad. — Die ermittelten Änderungen der elektr. Eigg. bei der Alterung können die effektive Stromumwandlung bei Ausnützung des Peltier-Effektes ungünstig beeinflussen. J. Tůmová. 135◇

0270 **Über einige Halbleitereigenschaften von Al_2O_3–Cr_2O_3-Mischoxiden.** Heinrich Bremer, Helmut Stach und Jürgen Scheve. (Z. Chem. **3**, 193–94, 1963; Berlin, Humboldt-Univ., I. Chem. Inst.; Dt. Akad. der Wiss. zu Berlin, Inst. für Anorg. Katalyseforsch.; dt.) — Mischoxide (MO) des Syst. Al_2O_3–Cr_2O_3 wurden über Lsgg. hergestellt: Gemeinsames Eintropfen von 1m NH_3 u. 1m $Al(NO_3)_3$ + $Cr(NO_3)_3$-Lsgg. in H_2O bei 20°, Auswaschen u. Trocknen der Gele (50°, 12 Std.), Entwässerung bei 700° im H_2-Strom. Die Best. der elektr. Leitfähigkeiten erfolgte an Preßlingen zwischen 20 u. 650°. Die untersuchten MO (5–95 Mol-% Cr_2O_3) zeigen mit steigender Temp. bei 350–380° eine Änderung des Leitfähigkeits-Verh., das durch den reversiblen Übergang von p- in n-Leitung gedeutet wird. G. Gattow. 135◇

0271 **Der galvanische Effekt von Silberbromid.** W. Cooper. (J. physic. Chem. **66**, 857–62, 1962; Rochester, N.Y., Eastman Kodak Co., Kodak Res. Labor.; engl.) — Der photoelektr. Effekt vom Syst. AgBr-Kristall/Elektrolyt wurde untersucht: Die anfänglich negativen Potentiale, die den Effekt in den meisten Fällen charakterisieren, sind eine Funktion der Elektrolyt-Konz. u. -Zus., Kristalldicke, Wellenlänge u. -Intensität. Verunreinigungen in den AgBr-Kristallen verursachen große Änderungen in den beobachteten Photopotentialen: Zugabe von Pb^{2+} oder Cd^{2+} ergab fallende Potentiale, S^{2-} eine große Verringerung des Photopotentials, Tl^{+} u. Cu^{+} verhielten sich als vorübergehende Lochacceptoren. In Form einer monomol. Schicht adsorbierte Ag_2S-Moll. verursachten auf reinen u. verunreinigten AgBr-Kristallen bedeutende Abnahmen des Photopotentials. G. Heller. 135□

0272 **Stationäre Zustände eines Elektrons im Feld eines Lochs in einem Ionenkristall.** L'ubomír Hrivnák. (Czechoslov. J. Physics **9**, 685—91, 1959; Bratislava, Komenský Univ., Natural Sci. Fac., Dep. of Phys.; engl.) — Näherungslösung der Schrödinger-Gleichung für S-Zustände eines Elektrons. C. Gottfried. 135△

0273 **Über den Einfluß des Magnetfeldes auf Ionenleitfähigkeit in Halbleitern.** W. B. Fiks. (Festkörperphysik [UdSSR] **4**, 1863—73, 1962; Leningrad, Inst. für Halbleiter der Akad. der Wiss. der UdSSR; russ.) — Vf. untersucht theoret. den „transversalen Elektrotransport" von Ionen aus Verunreinigungen in einem monopolaren Halbleiter, der in der Hall-Effekt-Anordnung auftritt. Die Wrkg. des transversalen elektr. Feldes u. die Impulsübertragung von magnet. abgelenkten Elektronen werden betrachtet. A. Kumm. 135◇

0274 **Veränderung der Konzentration der Stromträger in Wismut durch Selenbeimengungen.** N. Je. Alexejewski und T. I. Kosstina. (J. exp. theoret. Physik [UdSSR] **41**, 1722—24, 1961; Akad. der Wiss. der UdSSR, Inst. für Phys. Probleme; russ., Auszug: engl.) — Aus Messungen der Hall-Konst. ergibt sich, daß ein Se-Atom die Elektronen-Konz. in Bi um $3 \cdot 10^{-2} \pm 10\%$ Elektronen je Atom ändert. I. Zoll. 136◇

0275 **Temperaturabhängigkeit des Hall-Effektes in $MnAu_2$.** W. N. Nowogrudinski und I. G. Fakidow. (J. exp. theoret. Physik [UdSSR] **40**, 76—78, 1961; Akad. der Wiss. der UdSSR, Inst. für Metallphys.; russ.) — Im antiferromagnet. Temp.-Bereich wird bei $MnAu_2$, abgesehen vom gewöhnlichen Hall-Effekt, noch ein zusätzlicher Effekt beobachtet, dessen Auftreten durch die hohe magnet. Suszeptibilität erklärt wird. I. Zoll. 136◇

0276 **Direkte Messung der Elektronenimpulse der metallischen Leitfähigkeit.** M. Ss. Chaikin. (J. exp. theoret. Physik [UdSSR] **41**, 1773—79, 1961; russ., Auszug: engl.) — Durch „Wegschneiden" von Cyclotronresonanzen können direkt Fermi-Impulse von Leitfähigkeitselektronen gemessen werden. Die experimentellen Ergebnisse mit Sn-Einkristallen werden beschrieben u. diskutiert. Der Elektronenimpuls von einem der Fermi-Oberflächenquerschnitte wurde im Winkelbereich von $\pm 26°$ (von der [1 0 0]-Achse in der (1 0 0)-Ebene) mit einer Genauigkeit von ca. 2,5% vermessen. I. Zoll. 136◇

0277 **Ein elektrischer Effekt bei einem wasserstoffhaltigen Palladiumdraht. Untersuchung der Ergebnisse von Hirota und Horiuti.** Genjiro Toda. (J. Res. Inst. Catalysis, Hokkaido Univ. **8**, 1—9, 1960; Sapporo, Japan, Hokkaido Univ., Dep. of Chem.; engl.) — Die Ergebnisse von Hirota u. Horiuti (C. **1939**, **I**, 4158) konnten nicht bestätigt werden. M. Dal Ri. 136◇

0278 **Elektronen in Metallen: Eine kurze Einführung in die Theorie der Fermi-Fläche.** 1. Mitt. **Das Elektronengas.** J. M. Ziman. (Contemporary Physics **3**, 241—56, 1962; Cambridge, King's Coll.; engl.) A. Blaschette. 136◇

0279 **Elektronen in Metallen: Eine kurze Einführung in die Theorie der Fermi-Fläche.** 2. Mitt. **Bänder und Zonen.** J. M. Ziman. (Contemporary Physics **3**, 321—33, 1962; engl.) — 1. vgl. vorst. Referat. A. Blaschette. 136◇

0280 **Elektronen in Metallen: Eine kurze Einführung in die Theorie der Fermi-Fläche.** 3. Mitt. **Dynamik der Bloch-Elektronen und die Berechnung der Bänderstruktur.** J. M. Ziman. (Contemporary Physics **3**, 401—14, 1962; engl.) — 2. vgl. vorst. Referat. A. Blaschette. 136◇

0281 **Untersuchung der Fermi-Oberfläche des Zinns mit dem Größeneffekt.** W. F. Gantmacher. (J. exp. theoret. Physik [UdSSR] **44**, 811—22, 1963; Akad. der Wiss. der UdSSR, Inst. für phys. Probleme; russ., Auszug: engl.) — Mit dem Größeneffekt der bei den Messungen der Abhängigkeit des Oberflächenwiderstandes von der magnet. Feldstärke bei Temp. des fl. He u. bei Frequenzen von 1—5 MHz auftritt, wurde die Fermi-Oberfläche von Sn untersucht. Es werden genaue Daten der maximalen Elektronenbahnen für den Fall angegeben, daß die Richtungen des magnet. Feldes in der (1 0 0)- u. (1 1 0)-Ebene liegen. Die Ergebnisse werden mit dem Modell der fast freien Elektronen verglichen. W. Pump. 137◇

0282 **Der statische Skin-Effekt bei Strömen in einem starken Magnetfeld und der Widerstand von Metallen.** M. Ja. Asbel. (J. exp. theoret. Physik [UdSSR] **44**, 983—98, 1963; russ., Auszug: engl.) — In Ggw. einer gleichen Anzahl von Elektronen n_1 u. Löchern n_2 u. bei polygonalem Querschnitt fließt der Strom nahe den Scheitelpunkten in einer Entfernung von der Größenordnung l (mittlere freie Elektronenweglänge) von ihnen. Diese Stromverteilung führt zu einer linearen Abhängigkeit des magnet. Feldes selbst bei Einkristallen mit geschlossener Fermi-Oberfläche. Die konkreten Ergebnisse hängen von der Konfiguration des Leiters u. der Richtung des magnet. Feldes ab. Die Richtungen starker Anisotropie der Abhängigkeit $\varrho(H)$ werden bestimmt (ϱ = spezif. Widerstand). Die Umwandlung von einer „guten" zu einer „schlechten" Oberfläche führt zu einem schnellen Anwachsen des Widerstandes $\varrho \sim H^2$ bei $n_1 = n_2$ u. zu einem scharfen Abfall des Widerstandes $\varrho \rightarrow$ konst. bei $n_1 \neq n_2$ u. dem angegebenen magnet. Feld. W. Pump. 137◇

0283 **Elektronenresonanz, Kernresonanz — ein neuer Zweig der Spektrometrie.** H. Wirth. (Atomwirtschaft **5**, 461—62, 1960; Weilheim/Obb., Wissensch.-Techn. Werkstätten GmbH; dt.) — Übersicht über Grundzüge, Verff., Geräte u. Anwendung der Elektronen- u. Kernresonanz. W. Wesly. 137◇

0284 **Kerninduktion.** A. Lösche. (Atomkernenergie **2**, 421—29, 1957; Leipzig; dt.) — Übersicht über die theoret. Grundlagen der Kerninduktion (paramagnet. Kernresonanzabsorption) sowie physikal. u. techn. Anwendungen, bes. im Hinblick auf die Kernphysik. W. Betcke. 137◇

0285 **Zur Messung des Verhältnisses der Spinresonanzfrequenz von Protonen und der Cyclotronfrequenz freier Elektronen im gleichen Magnetfeld.** R. Honerjäger und E. Klein. (Z. Physik **169**, 32—44, 1962; Berlin, FU, II. Phys. Inst.; dt.) — Es wird das Verhältnis der Spinresonanzfrequenz $\omega'p$ von Protonen in einer 0,06m Lsg. von $FeCl_3$ in W. u. der Cyclotronfrequenz ω_s von freien Elektronen im gleichen Magnetfeld (ca. 3300 G) gemessen. Die Cyclotronresonanz wird an den Elektronen der Raumladungswolke einer Glühkathode beobachtet; es wird eine bes. schmale Linie mit einer relativen Breite von nur $3 \cdot 10^{-5}$ erhalten. O. Jansen. 137◇

0286 **Die hochaufgelösten Protonenresonanzspektren der n-Propylverbindungen von Cd, Sn, Hg und Pb. Ihre Analyse mit Hilfe der Satellitenlinien.** G. Klose. (Ann. Physik [7] **10**, 391—98, 1963; Leipzig, Karl-Marx-Univ., Phys. Inst.; dt.) — Die Analyse der Spektren (25 MHz) wird mit Hilfe von Satellitenlinien durchgeführt, die auf die indirekten Spin-Spin-Kopplungen zwischen den Metallisotopen mit dem Spin 1/2 u. den Methylenprotonen zurückzuführen sind. Die erhaltenen inneren chem. Verschiebungen ergeben mit den von Cavanaugh u. Dailey für eine Reihe anderer Propyl-Verbb. gefundenen Werten eine annähernd lineare Abhängigkeit von der Elektronegativität der Substituenten. H. Jehne. 137◇

0287 **Einrichtung zur Untersuchung der Protonenrelaxation von Flüssigkeiten in schwachen Magnetfeldern.** A. P. Stepanow. (Versuchsgeräte u. Versuchstechn. [UdSSR] **7**, Nr. 3, 102—06, 1962; Polytechn. Inst. des Ural; russ.) — Zur Messung der Relationszeit von Protonen (>0,1 s) in Fll. geringer Zähigkeit wurde die Meth. des Spinechos in Feldern von 0,5—5 Oe benützt. Zur Verstärkung der Signale wurden die Proben vorher in Magnetfeldern von 50—500 Oe polarisiert. Die longitudinalen Relaxationszeiten entsprachen 50—500 Oe, die transversalen Feldstärken 0,5—5 Oe. M. Wiedemann. 137◇

0288 **Notiz über die magnetische Resonanz des hydratisierten Protons.** Ragnar Grahn. (Ark. Fysik **21**, 81—88, 1962; Stockholm, Royal Inst. of Technol., Div. of Math. Phys.; engl.) — Berechnung der protonenmagnet. Abschirm-Konst. für H_3O^+ nach der Meth. von Stephen u. Fixman. A. Blaschette. 137◇

0289 **Suche nach der Anisotropie der trägen Masse mittels der Technik der freien Präzession.** R. W. P. Drever. (Philos. Mag. [8] **8**, 683—87, 1961; Glasgow, Univ., Dep. of Nat. Philos.; engl.) — Vgl. C. **1962**, 2978. — Eine Li-Lsg.

war von einer Spule umgeben u. die Achse senkrecht zum erdmagnet. Feld gerichtet. Bei einem Feld von 200 Gauß konnte keine Aufspaltung der Resonanz in ein Triplett beobachtet werden. Die Energieniveaus wurden also nicht merklich verschoben. Es ergibt sich für den anisotropen Teil der trägen Masse eines Protons ca. $5 \cdot 10^{-23}$ vom isotropen Anteil. M. Wiedemann. 137◇

0290 **Durch Wasserstoff hervorgerufene Spinrelaxation beim Rubidium.** Richard G. Brewer. (J. chem. Physics **37**, 2504—05, 1962; Los Angeles, Calif., Univ. of California, Dep. of Chem.; engl.) — Vf. berichtet über Messungen der Spinrelaxationszeiten an Rb in Ggw. von H_2 u. D_2. Im Gegensatz zu der Annahme von Carrer kann nachgewiesen werden, daß die Dipolwechselwrkg. zwischen Elektron u. Kern bei Rb in H_2 u. den Edelgasen die Spinrelaxationszeiten wesentlich weniger beeinflussen als die Relaxationseinfangquerschnitte. Diese sind für Rb–H_2 $2{,}2 \cdot 10^{-24}$ u. für Rb–D_2 $4{,}3 \cdot 10^{-24}$ cm² u. stimmen mit Rb-Disorientierungsmessungen in den Edelgasen überein. Die Ergebnisse der Relaxationsmessungen bei der Wechselwrkg. zwischen Rb u. den Edelgasen können durch einen Spin–Orbit-Mechanismus gedeutet werden, bei dem das ungepaarte Elektron während des Zusammenstoßes eine orbitale Bewegung erfährt. D. Noack. 137◇

0291 **Paramagnetische Resonanzuntersuchung über die Erzeugung von NO_2 und NO_2^- in bestrahltem KNO_3.** Henry Zeldes und Ralph Livingston. (J. chem. Physics **37**, 3017—18, 1962; Oak Ridge, Tenn., Oak Ridge Nat. Labor., Chem. Div.; engl.) — Nach der Bestrahlung (B.) von reinen KNO_3-Einkristallen (I) oder KNO_3-Einkristallen, die etwas $K^{15}NO_2$ enthielten (II), mit γ-Strahlung (^{60}Co; $4 \cdot 10^{17}$ eV g^{-1} min^{-1}) bei Raum-Temp. bzw. 77° K wird das paramagnet. Resonanzspektrum untersucht, u. aus der Intensität der NO_2-Linien werden Rückschlüsse auf den Mechanismus der NO_2-Bldg durch die B. gezogen. NO_2 wird nach B. von II bei 77° K u. nach zwei B. von I (1. B. bei Raum-Temp. bzw. 77° K u. Erwärmung auf Raum-Temp.; 2. B. bei 77° K) aus NO_2^- gebildet; es kann sich dabei nicht um „normales Nitrit" handeln, sondern um eine Vorstufe. „Normales Nitrit", wie es bei der B. bei Raum-Temp. entsteht, ist zweifelsfrei kein prim. Prod. der B. bei 77° K. F. Huber. 137◇

0292 **Die paramagnetischen Eigenschaften der Monoboride von V, Cr, Mn, Fe, Co und Ni.** N. Lundquist, H. P. Myers und R. Westin. (Philos. Mag. [8] **7**, 1187—95, 1962; Tystberga, Sweden, Studsvik, AB Atomenergi; engl.) — Die paramagnet. Susceptibilitäten wurden für *VB*, *CrB*, *MnB*, *FeB*, *CoB* u. *NiB* an polykristallinen pulvrigen Proben im Temp.-Bereich 150—800° K gemessen. Nur die ferromagnet. Boride MnB, FeB u. CoB wurden im Bereich oberhalb ihres Curie-Punktes bis 800° K gemessen. Die Feldstärken betrugen 8000, 9900, 11400 u. 12400 Oe. VB u. CrB zeigen bes. hohe Susceptibilitäten. NiB ist nur schwach paramagnet. ($\varkappa = 0{,}04 \cdot 10^{-6}$ e.m.E.), was auf ein vollbesetztes 3d-Band zurückgeführt wird. Die magnet. u. kristallograph. Daten (B in linearen Ketten) werden durch ein 3-Bändermodell gedeutet: Breites, flaches Leitungsband; enges, dichtes 3d-Band u. ein Valenzband, das 2 Elektronen je B aufzunehmen vermag u. auf 2s2p-Orbitals beruhen wird. Mit Ausnahme von CoB u. VB wurde für alle Boride die abs. thermoelektr. Kraft zwischen Zimmer-Temp. u. 300° K gemessen. Diese Ergebnisse zeigen im Verein mit den Ergebnissen der magnet. Messungen die Verwandtschaft der Boride $_z$MeB mit den Metallen $_{z+1}$Me (z = Ordnungszahl). K. Jaeger. 137◇

0293 **Spinwellen in ferromagnetischen Stoffen.** 1. Mitt. **Quantentheorie.** S. Szczeniowski, J. Morkowski und J. Szaniecki. (Physica Status solidi [Berlin] **3**, 537—98, 1963; Poznań, Inst. of Phys. of the Pol. Acad. of Sci., Ferromagnetic Labor.; engl.) — Ausführliche Übersicht. — 180 Literaturangaben. A. Blaschette. 137◇

0294 **Spinwellentheorie für anisotrope kubische Ferromagnetica.** J. Szaniecki. (Physica Status solidi [Berlin] **3**, 630—47, 1963; Poznań, Pol. Acad. of Sci., Inst. of Phys., Ferromagnetic Labor.; engl.) — Anisotrope kub. Ferromagnetika werden nach einer vom Vf. vorgeschlagenen Theorie untersucht. Die Fälle mit pseudodipolarer Wechselwrkg. u. Spinquantenzahl S = 1/2 werden geprüft. Die Freie Einkristallenergie wird als eine Reihe verbundener Leiterdiagramme dargestellt. Die jetzt erzielte Genauigkeit reicht bis zu Gliedern, die nicht über die Potenz 3/2 von T/T_c (T abs. u. T_c Curie-Temp.) sowie das Quadrat der pseudodipolaren Kopplungs-Konst. hinausgehen. Es wird gezeigt, daß die kinemat. Wechselwrkg. außerhalb der vorausgesetzten Genauigkeit bleibt. H. Jehne. 137◇

0295 **Methode zur Messung der Frequenz- und Temperaturabhängigkeiten der Parameter der ferromagnetischen Resonanz.** B. M. Lebed und Ju. M. Jakowlew. (Versuchsgeräte u. Versuchstechn. [UdSSR] **7**, 107—09, 1962; Leningrad, elektrotechn. Inst.; russ.) — Mittels der Resonator-Meth. wurde die Abhängigkeit der ferromagnet. Resonanz von der Temp. u. der Frequenz untersucht. Bestimmt wurde die Abhängigkeit der Linienbreite der Resonanz an Einkristallen von Y-Fe-Granat bei 9253, 2590 u. 1496 MHz im Bereich —200 bis +300°. M. Wiedemann. 137◇

0296 **Eine experimentelle Untersuchung des parallel gepumpten ferromagnetischen Verstärkers.** E. R. Peressini, T. S. Hartwick und M. T. Weiss. (J. appl. Physics **33**, 3292—95, 1962; El Segundo, Calif., Aerospace Corp.; engl.) — Das Prod. Verstärkung–Bandbreite u. die Rauschzahl wurden als Funktion der Pumpleistung gemessen. Es treten Abweichungen von der normalen Theorie des parametr. Verstärkers auf, die sich in einer Linienverbreiterung mit zunehmender Pumpleistung bemerkbar machen. Dies kann durch Pump-Sättigungseffekte erklärt werden. Helmut Seifert. 137◇

0297 **Über die Natur der magnetischen Anisotropie von ferromagnetischen Schmelzen.** A. G. Lissnik. (Ukrain. physik. J. **7**, 443—44, 1962; Kiew, Inst. für Metallphys. der Akad. der Wiss. der UkrainSSR; ukrain.) — An der Ausbildung einer magnet. Anisotropie in der ferromagnet. Schmelze sind alle nichtmagnet. Defekte, wie Poren, Leerstellen, Versetzungen, Fremdeinschlüsse, beteiligt. Dies gilt nur für tiefe Temp., bei welchen die Beweglichkeit der Atome sehr gering ist u. eine Diffusion prakt. fehlt. Bei höherer Temp. sind an der magnet. Anisotropie auch andere Prozesse beteiligt. O. Lebtag. 137△

0298 **Kombinierte Messung der Dicke und der Sättigungsmagnetisierung dünner Schichten.** Joachim Eckardt und Volkmar Zehler. (Z. angew. Physik **15**, 357—59, 1963; Frankfurt/M., AEG Forsch.-Inst.; dt.) — Es wird gezeigt, daß Dicke u. Sättigungsmagnetisierung dünner ferromagnet. Aufdampfschichten gleichzeitig durch die Messung der Schwingungsdauer von Drehschwingungen im Magnetfeld bestimmt werden können. Die erreichbare Genauigkeit beträgt 1%, wenn zur Zeitmessung ein elektron. Zeitmesser verwandt wird, u. wenn die Schwingungsdauer ohne Magnetfeld berücksichtigt wird. Meßergebnisse an NiFe-Schichten mit Zusätzen unmagnet. Metalle (Mo, Ag, Cu) werden mitgeteilt. H. Jehne. 137◇

0299 **Die Koerzitivfeldstärke dünner Eisenschichten.** Wolf Reinicke. (Z. Physik **174**, 35—42, 1963; Hamburg, Univ., I. Phys. Inst.; dt.) — Im Schichtdickenbereich zwischen 25 u. 100 Å wurden Messungen des Hysteresisverlaufs von Einkristalleisenschichten angestellt, indem die Schicht an einem einzelnen Kokonfaden im Magnetfeld aufgehängt u. die Torsionsschwingungsdauer als Funktion der Feldstärke bestimmt wurde. Die Einkristallschichten wurden auf frische, während des Bedampfens geheizte NaCl-Spaltflächen im Vakuum aufgedampft. Zwei Schichten zwischen 25 u. 30 Å zeigten rechteckige Hystereseschleifen, wobei die Koerzitivfeldstärke $3{,}2 \cdot 10^5$ AWdg/m = 4000 Oe betrug. Bei zwei anderen Schichten zwischen 75 u. 100 Å war die Koerzitivfeldstärke kleiner als $1{,}4 \cdot 10^5$ AWdg/m = 1700 Oe. H. Jehne. 137◇

0300 **Über den Magnetismus der Platin–Mangan-Legierungen und ihrer oxidischen Phasen.** Toru Yokoyama und Manfred Wuttig. (Z. Metallkunde **54**, 308—11, 1963; Berlin, Phys.-Techn. Bundesanst.; dt.) — Im Syst. Pt–Mn konnte zusätzlich zu der bekannten ferromagnet. $L1_2$-Überstruktur Pt_3Mn eine zweite, schwächer ferromagnet. Phase mit einem Geh. von ca. 38 Atom-% Mn (Curie-Temp. um 350°, Sättigungsmagnetisierung $B_S \sim 3000$, 10^{-4} Vs/m²) nachgewiesen werden. Die β'- u. γ'-Phase des Syst. ergeben sich im reinen Zustand als paramagnet.; erstere wird jedoch schon durch geringfügige Aufnahme von O ferromagnet., wobei das Maximum der Magnetisierbarkeit ($B_S \sim 350 \cdot 10^{-4}$ Vs pro cm²) bei der Zus. $Pt_2Mn_2O(Fe_4N$-Struktur) auftritt. In der γ'-Phase wurde eine zwischen 60 u. 280° verlaufende Susceptibilitäts- u. Ausdehnungsanomalie nachgewiesen, deren Intensität in der Nähe der Zus. $PtMn_3$ ein Maximum zeigt. H. Jehne. 137◇

0301 **Eine magnetische Nachwirkung bei neutronenbestrahlten Nickeleinkristallen.** Horst Rieger. (Z. Metallkunde **54**, 229—39, 1963; Stuttgart, MPI für Metallforsch., TH, Inst. für theoret. u. angew. Phys.; dt.) — An neutronenbestrahlten Ni-Einkristallen wurde nach Wechselstromentmagnetisierung eine monotone Abnahme der reversiblen Susceptibilität beobachtet. Als Ursache dieser Nachwrkg. kann das therm. aktivierte Kriechen von Bloch-Wänden angenommen werden. Es wurde eine Beziehung abgeleitet, die die Abhängigkeit der Nachwrkg. von Zeit, Temp. u. Meßfeldstärke quant. richtig wiedergibt. Außerdem läßt sich qual. die Abhängigkeit der Nachwrkg. von der Magnetisierung der plast. Verformung u. der Erhöhung in diesem Modell erklären. H. Jehne. 137◇

0302 **Untersuchungen der Domänen in NiO mit Licht und Neutronenstrahlen.** W. L. Roth. (J. appl. Physics **31**, 2000—11, 1960; Schenectady, N.Y., Gen. Electr. Res. Labor.; engl.) — NiO weist zwei Arten der Begrenzung der antiferromagnet. Domänen auf: T (Zwillings-)- u. S- (Spin-Drehungs-) Wände. T-Wände entstehen durch eine Änderung der Anordnung der antiferromagnet. Kopplung, u. S-Wände kommen durch eine Richtungsänderung der einzelnen magnet. Momente zustande. T-Wände sind an dünnen NiO-Einkristallplättchen mit polarisiertem Licht direkt sichtbar, S-Wände nicht. T- u. S-Wände sind in Neutronenbeugungsbildern zu erkennen. Kristalle mit einfach angeordneter T-Struktur lassen sich durch Glühen bei hohen Temp. (> 1200°) erhalten. T-Wände können schon durch geringen mechan. Druck oder durch magnet. Felder verschoben werden; auch S-Wände sind durch magnet. Felder leicht verschiebbar. T- u. S-Wände treten unabhängig voneinander auf. K. Jaeger. 137◇

0303 **Untersuchung der Hystereseschleife von Kobalt-Nickel-Ferriten.** T. I. Bulgakowa und L. Ss. Gusei. (Nachr. Moskauer Univ., Ser. II **17**, Nr. 6, 58—60, 1962; russ.) — Der Einfl. der Zus., der therm. u. der thermomagnet. Behandlung auf die Form der Hystereseschleife von Co-Ni-Ferriten ($Co_xNi_{1-x}Fe_2O_4$) wird untersucht. Nach 1std. Erhitzen auf 900° u. Abkühlung mit 50°/Std. ist die Schleife bei Proben mit x = 0,3—0,6 verzerrt, bei 25 u. 100°/Std. normal. Durch thermomagnet. Behandlung ändert sich die Form der Schleife im Sinne einer induzierten Rechteckigkeit. R. K. Müller. 137◇

0304 **Einfluß der Bestrahlung im Kernreaktor JAF auf die magnetischen Eigenschaften einiger Ferrite, die in automatischen Anlagen verwendet werden.** N. Andreescu und K. Mozok. (Rev. Physique [Bucarest] **7**, 183—91, 1962; Bukarest, Inst. für Atomphys.; russ.) — Ferrite, die aus Fe_2O_3, ZnO u. MnO, MgO oder NiO bestanden, wurden mit $4{,}3\cdot10^{17}$, $1{,}7\cdot10^{18}$ u. $2{,}6\cdot10^{18}$ Neutronen/cm² bestrahlt. Unter den Ferriten befanden sich solche mit einer rechteckigen Hystereseschleife u. solche mit einer hohen magnet. Susceptibilität. Die Form der Hystereseschleife wurde durch die Bestrahlung kaum verändert, die Susceptibilität jedoch verringert. Demnach dürfte die Kornstruktur beeinflußt worden sein. M. Wiedemann. 137◇

0305 **Die Einlagerung von Neodym in gemischten Yttrium-Neodym-Eisengranaten.** G. Goldring, M. Schieber und Z. Vager. (J. appl. Physics **31**, 2057—59, 1960; Rehovoth, Israel, Weizmann Inst. of Sci.; engl.) — Untersucht wurden die Herst.-Möglichkeiten u. die Sättigungsmagnetisierungen von Y-Fe-Granaten, die verschiedene Anteile Nd enthielten. Der Nd-haltigste Granat, der dargestellt werden konnte, entsprach der Zus. $YNd_2Fe_5O_{12}$. Seine Sättigungsmagnetisierung betrug bei Zimmer-Temp. (4,25 ± 0,13) Bohrsche Magnetonen/Formel-Gewicht gegenüber nur (3,55 ± 0,13) von $Y_3Fe_5O_{12}$ oder $Sm_3Fe_5O_{12}$. K. Jaeger. 137◇

0306 **Der de-Haas-van-Alphen-Effekt in Aluminium.** M. G. Priestley. (Philos. Mag. [8] **7**, 1205—10, 1962; Cambridge, U.K., Univ. of Cambridge, Royal Soc. Mond Labor.; engl.) — An Al-Einkristallen bekannter Orientierungen wurde der de-Haas-van-Alphen-Effekt gemessen. Vorläufige Ergebnisse werden mitgeteilt: P = $(2{,}860 \pm 0{,}015)\cdot10^{-7}$ Gauß$^{-1}$. K. Jaeger. 137◇

0307 **Zur Anomalie des Righi-Leduc-Effektes in der Legierungsreihe Ni-Cu.** F. Dannhäuser und K. M. Koch. (Z. Naturforsch. **16a**, 215—16, 1961; Wien, TH Wien, Elektrochem. Inst.; dt.) — Bei geringem Cu-Geh. in Ni-Cu-Legg. ist der Righi-Leduc-Koeff. S zunächst negativ. Mit wachsendem Cu-Geh. verringern sich die abs. Werte für S, bis die Kurve bei 20% Cu durch 0 geht u. positive Werte annimmt (Messungen bei Zimmer-Temp.). Bei 40% Cu liegt der Curie-Punkt der Ni-Cu-Legg. bereits unter Zimmer-Temp., u. der außerordentliche Effekt ist verschwunden. Auch für die magnet. Thermokraftänderung tritt zwischen 10 u. 25% Cu eine Vorzeichenänderung ein. Es scheint wahrscheinlich, daß beide Effekte auf eine Ursache zurückgehen. Genauere Aussagen können jedoch noch nicht gemacht werden. K. Jaeger. 137◇

0308 **Über den „helikoidalen" Antiferromagnetismus des Gadoliniums.** K. P. Below und A. W. Pedko. (J. exp. theoret. Physik [UdSSR] **42**, 87—90, 1962; Moskau, Univ.; russ., Auszug: engl.) — Die Magnetisierung von *Gd* fällt in schwachen Feldern im Temp.-Bereich von $\Theta_1 = 210°$ K bis zum Curie-Punkt $\Theta_2 = 290°$ K stark ab. Auf Grund ähnlicher Erscheinungen bei Dy wird auch bei Gd eine schraubenförmige Spinstruktur in diesem Temp.-Gebiet angenommen. Schwache Felder (bis 15 Oe) können diese Struktur zerstören. I. Zoll. 137◇

0309 **Temperaturabhängigkeit der Magnetostriktion in polykristallinem Gadolinium.** W. D. Corner und F. Hutchinson. (Proc. physic. Soc. **75**, 781—88, 1960; Durham, U.K., Univ. of Durham, Durham Coll., Dep. of Phys.; engl.) — Gemessen wurde die Magnetostriktion u. Magnetisierung eines polykristallinen Gd-Ellipsoides im Temp.-Bereich 78 bis 365° K. Die Ergebnisse zeigen, daß Gd eine große Vol.-Magnetostriktion besitzt, die dem Quadrat der paramagnet. Magnetisierung oberhalb des Curie-Punktes proportional ist. Die Sättigungsmagnetostriktion zeigt bei 150° K ein Maximum u. wird Null bei 233° K. Der Beitrag der Vol.-Magnetostriktion zur therm. Ausdehnung des Gd ist jedoch zu klein, um die Anomalie in dem Gang der therm. Ausdehnung damit erklären zu können. K. Jaeger. 137◇

0310 **Die Frequenzabhängigkeit der Anfangspermeabilität von kohlenstoffhaltigem Si-Eisen zwischen —70 und +180°.** Wilfried Hampe und Dietrich Widmann. (Z. angew. Physik **15**, 360—69, 1963; Stuttgart, TH, Inst. für Nachrichtentechn.; dt.) — An Hand der Ortskurven-Darst. der komplexen Permeabilität u. der zeitlichen Änderung der Anfangspermeabilität (Desakkommodation) kann der Diffusionsvorgang der C-Atome in Si-Eisen quant. verfolgt werden; die Aktivierungsenergie u. die mittlere Sprungweite eines C-Atoms werden sehr genau ermittelt. Die zusätzliche Messung der Sprungfeldstärke gestattet die Berechnung des mittleren Bloch-Wandabstandes u. die Anzahl der im α-Eisen gelösten C-Atome. Bei Zimmer-Temp. werden zwei Desakkommodationsvorgänge beobachtet, deren Zeitkonst. wesentlich größer sind als die der C-Atomdiffusion; bei —80° deutet sich ein weiterer Diffusionsvorgang durch einen Ortskurvenbogen in der Permeabilitätsebene an. H. Jehne. 137◇

0310a **Die magnetische Struktur der geordneten Legierungen des Systems Eisen-Silicium.** Dietrich Meinhardt und Otto Krisement. (Z. Physik **174**, 472—88, 1963; Düsseldorf, MPI für Eisenforsch.; dt.) — Die magnet. Streuung therm. Neutronen wird zur Messung der magnet. Momente der Eisenatome auf verschiedenen Gitterplätzen der Legg. im Bereich von 10—27 Atom-% Si verwendet. Die Herst. von Einkristallproben wird beschrieben u. ein Verf. zur Messung der Mosaikstruktur angegeben, das die Anbringung von Extinktionskorrekturen ermöglicht. Es ergeben sich stark unterschiedliche magnet. Momente der Eisenatome auf den verschiedenen Gitterplätzen, deren Größe nahezu proportional der Anzahl der nächsten Eisennachbarn ist. Ein Einfl. der übernächsten Nachbarn ist aber noch deutlich erkennbar. Die Magnetisierung der Probe senkrecht zur Netzebenennormalen führt zu Meßergebnissen, die durch Polarisationserscheinungen erklärt werden können. W. Pump. 137◇

0311 **Ein röntgenographischer Beitrag zur Deutung der magnetischen Härte von Vicalloy II.** Horst-Guido Müller und Gerhard K. Schmidt. (Z. angew. Physik **15**, 354—57, 1963; Dresden, Hochschule für Verkehrswes., Phys. Inst., dt.) — Es sollte röntgenograph. nachgeprüft werden, ob die Koerzitivfeldstärke bei Vicalloy II oder Koerzit T im wesentlichen auf Spannungsanisotropie beruht. Über Zählrohrgoniometer-Intensitätsregistrierungen von (2 1 1)-Reflexen speziell präparierter Koerzit T- u. Eisendrahtproben ließ sich durch zwei Dehnungsmessungen unter den Winkeln $\psi_1 = 36°$ u. $\psi_2 = 0°$ zur Präp.-Normalen in der Ebene durch Präp.-Normale u. magnet. Vorzugsrichtung (x-Richtung) eine Aussage über die Größe der Eigenspannungskomponente I. Art oder der magnet. gleichwertigen homogenen Eigenspannungskomponente II. Art σ_x machen. Mit Hilfe des Fourier-Reihen-Verf. konnte unter Verw. der Eisendrahtreflexe als Bezugsintensitäten mit großer Genauigkeit gezeigt werden, daß eine reflexverschiebende Eigenspannungskomponente in magnet. Vorzugsrichtung der Koerzit T-α-Phase in der von der Theorie geforderten Größenordnung nicht vorhanden ist. Die magnet. Härte von Vicalloy-Legg. ist demnach nicht durch eine Spannungsanisotropie bedingt.

H. Jehne. 137◇

0312 **Anodische Lösung von Magnesium in oxydierenden Elektrolyten.** B. M. Bulygin, Ss. N. Pobedinski und L. L. Kusmin. (Hochschulnachr. [Iwanowo], Chem. u. chem. Technol. **5**, 120—25, 1962, Iwanowo, chem.-technol. Inst., Lehrstuhl für die Technol. elektrochem. Prozesse; russ.) — Vff. untersuchten das anod. Verh. von Mg in Elektrolyt-Lsgg. mit oxydierenden u. passivierenden Eigenschaften. Bezogen auf die H_2-Elektrode wurden in Elektrolyt-Lsgg. der Konz. 50 g/Liter bei 25° folgende Anfangspotentiale gemessen: NaCl (**I**) —1,45 (nach 5 Min. anod. Polarisation mit 0,1 A/cm² —1,41 V); Na_2SO_4 (**II**) —1,37 (—1,42); $NaClO_3$ (**III**) —1,25 (—1,41); $NaBrO_3$ (**IV**) —1,18 (—1,20); KJO_3 (**V**) —1,17 (—1,08); $Mg(ClO_4)_2$ (**VI**) —1,18, (—1,39); $NaNO_3$ (**VII**) —1,12 (—1,15); $NaNO_2$ (**VIII**) —0,95 (—1,01); Na_2SeO_4 (**IX**) —1,40 (—1,39); $(NH_4)_6Mo_7O_{24}$ (**X**) —0,43: $KMnO_4$ (**XI**) —0,76 (—0,18); K_2CrO_4 (**XII**) —0,38 (—0,34); $K_3Fe(CN)_6$ —1,24 (—0,67); $(NH_4)_2S_2O_8$ —1,65 (—1,64); NaOH (**XIII**) —0,61 (—0,79); Na_3PO_4 (**XIV**) —1,22 (0,95); Na_2CO_3 (**XV**) —1,11 (—1,18); Na_2SiO_3 (**XVI**) —0,98. Der spezif. Metallverbrauch nach 16 Min. lag bei **I** 0,854 (Mg-Ausnutzungsgrad 53,2%); **II** 0,734 (61,8); **III** 0,585 (77,5); **IV** 0,667 (67,0); **V** 0,459 (98,9); **VI** 0,592 (76,5); **VII** 0,498 (91,0); **VIII** 0,485 (93,5); **IX** 0,607 (74,8); **X** 0,487 (92,5); **XII** 0,443 (102,0). In nicht oxydierenden Lsgg. (**I** u. **II**) wird ein stationäres Potential, eine große Gas-Entw. u. niedrige Metallausnutzung festgestellt. Elektrolyte, die eine Oxidschicht auf dem Metall aber mit Mg^{2+}-Ionen lösl. Verbb. bilden (**III, IV, VI, VII, VIII, IX**) führen zu einer Erniedrigung des Elektrodenpotentials im belasteten u. unbelasteten Zustand u. der Gas-Entw. sowie zu einer Erhöhung der Metallausnutzung. Lsgg., die auf der Mg-Oberfläche unlösl. Verbb. bilden (**XII, XI, X, V**) erniedrigen die Gas-Entw. u. führen fast zum theoret. Metallausnutzungsgrad. Elektrolyte, die das Metall von der Lsg. isolieren (durch Bldg. einer Salz- oder Hydroxid-Schicht; **XIII, XIV, XV, XVI**) führen zur anod. O_2-Entwicklung.

E. Winkler. 141◇

0313 **Das elektrochemische Verhalten von auf Quecksilber abgeschiedenen Metallen der Eisengruppe (Co, Ni, Fe).** J. Mindowicz. (Electrochim. Acta [London] **5**, 202—15, 1961; Bruxelles, Belgique, Univ. Libre, Labor. d'Électrochim. et Métallurg.; franz.) — Vf. untersucht die elektrolyt. Metall-Abscheidung aus 0,1 m wss. Lsgg., der Chloride von Fe, Co u. Ni an Hg bei 0,4—40 μA/cm². Mit Hilfe von zwei Potentialsonden wird gezeigt, daß keine Amalgam-Bldg. auftritt u. alle Modelle, die eine Amalgam-Bldg. voraussetzen, zur Beschreibung der Vorgänge ungeeignet sind. Die mit Fe, Co u. Ni bedeckte Hg-Elektrode verhält sich wie eine heterogene Polyelektrode, an der spontane elektrochem. Korrosionsvorgänge stattfinden.

H. Bürger. 141◇

0314 **Der Wirkungsmechanismus von Zusätzen verschiedener Kolloide bei der Elektroabscheidung des Kobalts.** Jn. Ju. Matuliss und A. J. Bodnewass. (Rev. Chim. [Bucarest] **7**, 327—39, 1962; Wilna, Inst. für Chem. u. chem. Technol. der Akad. der Wiss. der LettSSR; russ.) — Vff. untersuchten die Abscheidung von Co bei 20° aus 1n $CoSO_4$-Lsgg. z. T. mit Zusätzen von Pepsin, Stärke, Dextrin, Gummi arabicum, Blutalbumin, Pepton u. Gelatine bei pH 1—6 an Messing-Elektroden. Der pH-Wert des Elektrolyten wurde durch Zugabe von H_2SO_4 bzw. Na_2CO_3 verändert; als Puffer-Lsg. diente z. T. H_3BO_3 (32 g/Liter). Als Anoden wurden mit Co elektrolyt. überzogene Pt-Elektroden eingesetzt. Die innere Spannung der Co-Schichten wurde aus der Krümmung der Kathoden bestimmt. Polarisationsmessungen an Co-Elektroden bei niedrigen Stromdichten in Abhängigkeit vom pH ergaben, daß bei niedrigen pH-Werten der Primärprozeß in der Entladung von H^+-Ionen besteht. In weniger sauren Lsgg., pH 3,5—4,9, stellt sich unverzüglich ein Grenzstrom ein u. das Potential verschiebt sich um ca. 250 mV nach negativeren Werten, wo offensichtlich die Entladung der Co^{2+}-Ionen beginnt. So führt die bei der Abscheidung von Co ablaufende Rk.-Folge zur Bldg. einer feindispersen Schicht von $Co(OH)_2$ in der elektrodennahen Schicht. Die größte Erhöhung der kathod. Polarisation durch die Zusätze erfolgt im Bereich pH 1,5—2,5, in dem die Entladung der Co^{2+}-Ionen die größte Überspannung zeigt. Die geringste Polarisation wird beim Minimum der Co-Abscheidungs-Überspannung bei pH 3,5 beobachtet. Die innere Spannung der Metallschichten verändert sich in Abhängigkeit vom pH parallel zur Elektrodenpolarisation. Bei Zusatz von H_3BO_3 wird der Wrkg.-Bereich der Kolloide bis pH 6 erweitert.

E. Winkler. 141◇

0315 **Mechanismus der elektrolytischen Abscheidung aus wässerigen Lösungen quadratisch-planarer Komplexe.** George W. Watt und James A. Cunningham. (J. electrochem. Soc. **110**, 716—23, 1963; Austin, Tex., Univ. of Texas, Dep. of Chem.; engl.) — Kathod. Stromausbeuten u./oder Kathodenpotentiale nachst. spingepaarter quadrat.-planarer Pt(II)-, Pd(II)- u. Au(III)-Komplexe in wss. Lsg. (luft-, O_2- u. He-gesätt.) werden gemessen: $K_2[PtCl_4]$ (**I**), $K_2[PtBr_4]$ (**II**), $K_2[Pt(NO_2)_4]$, $K_2[Pt(CN)_4]$, $K_2[Pt(SCN)_4]$, $K[PtCl_3(NH_3)]$, $[Pt(NH_3)_4]Cl_2 \cdot H_2O$, $[Pt(NH_3)_4]Br_2 \cdot H_2O$ (**III**; Röntgenbeugungswerte), $[PtCl(NH_3)_3]Cl$, $[PtBr(NH_3)_3]Br$, $[Pt(NO_2)(NH_3)_3]Cl$, *cis*-$[PtCl_2(NH_3)_2]$, *cis*-$[PtBr_2(NH_3)_2]$ (**IV**), *cis*-$[Pt(NO_2)_2(NH_3)_2]$, $K_2[PdCl_4]$, $K_2[Pd(CN)_4] \cdot H_2O$, $K_2[Pd(NO_2)_4]$, $K_2[Pd(SCN)_4]$, $[Pd(NH_3)_4]Br_2$, $[PdBr(dien)]Br$, $[PdJ(dien)]J$ (dien = Diäthylentriamin), $K[AuCl_4]$, $K[AuBr_4]$ u. $K[Au(CN)_4] \cdot 0{,}5\, H_2O$. Gealterte Lsgg. ergeben gleiche Ergebnisse wie frische, so daß Hydrolyseeffekte ausgeschlossen werden können. Die Tendenz zur elektrolyt. Abscheidung hängt von der Bindungsstärke der einzelnen Liganden um das Zentralatom ab. Komplexe mit stärker negativer Gesamtladung neigen zur Abscheidung mit geringeren Stromausbeuten. Die Abscheidung verläuft über den nichtdissoziierten Komplex als Ganzes. Der Einfl. der Konz.-, Kristallisations- u. Aktivierungspolarisation wird erörtert. Glänzende u. festhaftende Ndd. werden im allg. nur bei Stromausbeuten $\leq$ 70% erhalten. Aus O_2-freien 0,01m **I**/0,1m KCl-Lsg. werden bei Stromdichten von 2—8 mA/cm², 25° u. Stromausbeuten von 100% spiegelglänzende Pt-Ndd. abgeschieden.

Versuche: ***Tetramminplatin(II)-bromid***, durch Eindampfen einer Lsg. von 6 g **IV** in 300 ml wss. 28%ig. NH_3 bei 90° bis auf ca. 50 ml, Filtrieren nach einstd. Stehenlassen bei 25° u. Waschen mit Aceton sowie Ae.; weißer Festkörper; 6 g (Ausbeute). — ***Bromotriamminplatin(II)-bromid***, durch Auflösen von 13,22 g **IV** in 500 ml sd. W., Zugabe von 2,64 g KOCN unter Rühren u. nach 2 Min. von 5 ml 48%ig. HBr, 5 Min. langes Erhitzen zum Sieden, Abkühlen auf 0°, Filtrieren, Zugabe von 9 g **II** in W. zum Filtrat, Extrahieren des Nd. mit 300 ml sd. W., Heißfiltrieren unter Entfernung von grünem unlösl. $[Pt(NH_3)_4][PtBr_4]$ u. Auskristallisation von braunem $[PtBr(NH_3)_3][PtBr_4]$ aus dem Filtrat, Umkrist. u. Trocknen vorst. Verb.; 3,05 g; Zugabe zu 1,0 g **III** in 10 ml W. u. 5 Min. langes Erhitzen zum Sieden, Kühlen mit Eis, Filtrieren, Zugabe von 1 ml 48%ig. HBr zum Filtrat; cremefarben; 1,5 g. — ***Kaliumtrichloronitrosylplatinat (II)***, durch 2std. langes Einblasen von NO in eine Lsg. von 1,34 g KCl u. 0,831 g **I** bei 25° unter Gelbgrünfärbung; nicht isoliert; Zugabe von $[Pt(NH_3)_4]Cl_2$ zu einem Teil der Lsg. ergibt einen rotbraunen Nd. von $[Pt(NH_3)_4][PtCl_3(NO)]$.

P. Frenzel. 141◇

0316 **Mechanismus der elektrolytischen Abscheidung von Metallen aus Ammoniaklösungen.** George W. Watt und Joe W. Vaughn. (J. electrochem. Soc. **110**, 723 bis 726, 1963; engl.) — Vgl. vorst. Referat. — Röntgenbeugungswerte von $[Co(NH_3)_5](NO_3)_3$ (**I**), $[Co(NO_2)(NH_3)_5] \cdot (NO_3)_2$ (**II**), **I** + KNO_2, $[Cu(dien)_2]J_2$ (**III**), $[CuJ(dien)]J$ (**IV**), $[Cu(SCN)(dien)]J$ (**V**), $[Cu(SCN)(dien)]SCN$ (**VI**) u. $[Cu(en)_2]J_2$ (**VII**) (dien = Diäthylentriamin; en = Äthylendiamin), Absorptionsspektren im Sichtbaren von **I, II, I** + KNO_2 u. $[Co(NCS)(NH_3)_5](NO_3)_2$ sowie Werte für die kathod. Stromausbeute bei der elektrolyt. Metallabscheidung aus Lsgg. von **III—VII** in fl. NH_3 werden als weiterer unabhängiger Beweis des früher vorgeschlagenen Abscheidungsmechanismus mit anfänglicher Dissoziation des Komplexes u. Ligandenaustausch herangezogen. $X^- = SCN^-$ in $[CuX(dien)]^{n+}$ zeigt einen größeren trans-Effekt als $X^- = J^-$. Aus Lsgg. oktaedr. Cr(III)-, Rh(III)- u. Os(III)-Komplexe, wie $[Cr(NO_2)(NH_3)_5] \cdot (NO_3)_2$, $[Cr(H_2O)(NH_3)_5](NO_3)_3$, $[Cr(SCN)(NH_3)_5](NO_3)_2$ u. $[RhCl(NH_3)_5](NO_3)_2$, in fl. NH_3 erfolgt keine Metallabscheidung (Stromdichten 0,4—1,0 mA/cm²; 2½—4 Std.). Der kathod. Nd. bei der Elektrolyse von $[OsBr(NH_3)_5]Br_2$-Lsg. (scheinbare Stromausbeute 72—76%) enthält, Röntgenbeugungsaufnahmen zufolge, weder Os noch die Ausgangs-Verb.; es wird angenommen, daß ein NH_3-haltiger Komplex mit Os der Oxydationszahl < 3 vorliegt.

Versuche: $[CuJ(dien)]J$ (IV), durch Zugabe von dien zu wss. $CuCl_2 \cdot 2\,H_2O$-Lsg. unter Rühren, Zugabe von wss. KJ-Lsg. sowie von dien u. von festem KJ; grünes Pulver. — $[Cu(dien)_2]J_2$ (III), wie vorst.; blauer Festkörper. — $[Cu(SCN)\cdot(dien)]J$ (V), durch Zugabe von dien zur wss. Lsg. von $CuCl_2 \cdot 2\,H_2O$, Zugabe von verd. HCl sowie von wss. KSCN-Lsg., dien u. konz. wss. KJ-Lsg.; blaugraue, metall. Tafeln. — $[Cu(SCN)(dien)]SCN$ (VI), analog V. — $[Cu(en)_2]J_2$ (VII), aus konz. wss. $[Cu(en)_2]SO_4$-Lsg. u. BaJ_2. P. Frenzel. 141◇

0317 **Theoretische und experimentelle Hilfsmittel zur Aufklärung von elektrochemischen Synthesereaktionen.** K. J. Vetter. (Chemie-Ing. Techn. **35**, 343—52, 1963; Berlin-Dahlem, MPG, Fritz-Haber-Inst.; dt.) — Nach Besprechung der Problematik der Elektrodenkinetik werden die Grundzüge der Theorie der Überspannung diskutiert. Für das Auftreten der Überspannung sind bei Redoxprozessen drei Arten der Hemmung, die der Diffusion, die des Elektronendurchtritts durch die elektrolyt. Doppelschicht u. die einer vor- oder nachgelagerten homogenen oder heterogenen chem. Rk. verantwortlich. Aus der Konz.-Abhängigkeit der Durchtrittsüberspannung bzw. der Austauschstromdichte können anod. u. kathod. elektrochem. Rk.-Ordnungen bestimmt werden. Mit Hilfe dieser Größen kann die Durchtritts-Rk., also der Ladungsübergang an der Phasengrenze ermittelt werden. Aus der Konz.-Abhängigkeit der Rk.-Überspannung bzw. der Rk.-Grenzstromdichten können chem. Rk.-Ordnungen bestimmt werden, die die Erfassung der vor- bzw. nachgelagerten chem. Rkk. erlauben. Für die Messungen der Überspannungsanteile wird die Ermittlung der Stromdichte-Überspannungskurven mit galvanostat. u. potentiostat. stationären Meth. u. Impuls-Meth. behandelt. Die Ermittlung des ohmschen Spannungsabfalls im Elektrolyten wird besprochen. Als weitere Meth. wird die Messung der Elektrodenimpedanz als Funktion der Frequenz diskutiert. Abschließend wird die Ermittlung von Zwischenprodd. mit Hilfe der rotierenden Scheiben- u. Ringelektrode, aus Transitionsmessungen bei Doppelimpulsen u. mit der ESR-Meth. behandelt. H. Jehne. 142◇

0318 **Elektrische Doppelschicht und Elektrodenreaktion.** Shinobu Toshima. (Chem. and chem. Ind. [Kagaku to Kogyo] **16**, 863—73, 1963; Sendai, Tôhoku-Daigaku, Kôgakubu; jap.) — Übersicht über den Zusammenhang zwischen der elektr. Doppelschicht u. der Elektrodenreaktion. — 10 Literaturangaben. E. Maekawa. 142◇

0319 **Wanderung in der diffusen Doppelschicht im Gleichgewichtszustand.** S. K. Rangarajan. (J. electroanalyt. Chem. [Amsterdam] **5**, 350—61, 1963; Karaikudi, India, Central Electrochem. Res. Inst.; engl.) — Diskutiert werden die Bedingungen, unter denen bei Berücksichtigung der Migration in der diffusen Doppelschicht die für den Gleichgewichtszustand abgeleiteten Ausdrücke gelten. Dabei werden eingehend der „Übergang" zum Gleichgewicht, der „trapping in"- u. der dynam. ψ-Effekt sowie das Verh. der Grenzflächen-Konzz. für große Ladungsdichten Φ_0 an der Elektrode untersucht. E. Beyerle. 142◇

0320 **Elektrodenprozesse mit vorgelagerter chemischer Reaktion. Einfluß der diffusen Doppelschicht.** S. K. Rangarajan. (Canad. J. Chem. **41**, 1469—76, 1963; engl.) — Vgl. vorst. Referat. — Der Einfl. der Migration in der diffusen Doppelschicht auf die Grenzflächen-Konzz. des Reaktanten wurde unter der Voraussetzung betrachtet, daß der Elektroden-Rk. $0 + ne \rightleftharpoons R$ eine chem. Rk. $Y + \beta X \rightleftarrows O$ ($Z_x = O$) vorgelagert ist. X ist dabei eine elektroneutrale Substanz. Beim Vgl. der Ergebnisse mit den von Hurwitz u. Matsuda abgeleiteten Gleichungen wird gezeigt, daß jene Lösungen mit der genauen Lösung unter Grenzbedingungen (ν u. $\xi \to \infty$, so daß ν/ξ_0 endlich ist) konvergieren. Die für den dynam. ψ-Effekt formulierten Ausdrücke stimmen mit der Arbeit von Hurwitz überein. E. Beyerle. 142◇

0321 **Impedanzuntersuchungen an löslichen Anoden. Der Einfluß von Reaktionszwischenstufen auf den kapazitiven und induktiven Charakter der Impedanz.** Daniel Schuhmann. (J. Chim. physique Physico-Chim. biol. **60**, 359—67, 1963; Paris, École de Chim. Phys., Labor. de Chim. Phys.; franz.) — Theoret. Betrachtungen zu den Impedanz-Verhältnissen an lösl. Anoden. E. Winkler. 142◇

0322 **Kinetik der elektrochemischen Bildung von Fluor an Kohleelektroden.** J. Bebczuk de Cusminsky und A. J. Arvia. (An. Asoc. quím. argent. **50**, 321—46, 1962; La Plata, Univ. Nac., Fac. de Quím. y Farm.; span. — C. **1963**, 25, 2728.) A. Blaschette. 142◇

0323 **Über die Oxydation von Jodid an graphithaltigen Scheibenelektroden.** W. Geißler und R. Landsberg. (Z. Chem. **1**, 308—09, 1961; Leuna-Merseburg, TH für Chem., Inst. für Phys. Chem.; dt.) — Die Oxydation von J_2 u. J^- wird an einer von den Vff. entwickelten, unter den Vers.-Bedingungen nicht passivierbaren Graphit-Azobenzol-Scheibenelektrode untersucht. Die Stufe $2\,J^- \to J_2$ ist (wie an der Pt-Elektrode) irreversibel. Aus dem Grenzstrom in 0,1n HNO_3 errechnet sich für J^- der Diffusions-Koeff. $D = 2{,}00 \cdot 10^{-5} \pm 0{,}06 \cdot 10^{-5}$ cm²/s (25°). Eine zweite, im pH-Bereich 1—8 auftretende u. auf eine heterogene Rk. 1. Ordnung zurückzuführende Oxydationsstufe des J^- verschiebt sich mit steigendem pH-Wert bei zunehmendem Grenzstrom zu weniger positiven Potentialen u. verschmilzt bei pH 8 mit der 1. Stufe, bei weiterem pH-Anstieg verschiebt sich die Gesamtstufe (bei zwischen pH 9 u. 11 nicht mehr wachsendem Grenzstrom) im gleichen Sinne. Es wird ein Rk.-Mechanismus mit der Bldg. von JOH an der Phasengrenzfläche als geschwindigkeitsbestimmendem Schritt diskutiert. Die heterogene Geschw.-Konst. der Jodhydrolyse wird zu ca. $0{,}18 \cdot 10^{-4}$ cm/s berechnet (in 1n KNO_3). Die bei der J_2-Oxydation bei pH > 8 auftretende weitere Stufe entspricht nach der Größe des Diffusionsgrenzstromes der Oxydation zu JO_3^-. Die Gesamtstufenhöhe ist im $[OH^-]$-Bereich ca. $(3-6) \cdot 10^{-3}$n der OH^--Konz. u. der Wurzel aus der Umdrehungsgeschw. U proportional. Aus den Grenzströmen bei verschiedenem U wird der Diffusions-Koeff. in Abhängigkeit von der Ionenstärke (μ) ermittelt. Der auf $\mu = 0$ extrapolierte Wert ($5{,}3_4 \cdot 10^{-5}$ cm²/s) stimmt gut mit dem aus den Ionenbeweglichkeiten berechneten überein. W. Betcke. 142◇

0324 **Elektrolytaktivität: Ihr Einfluß auf die induzierte Polarisation.** N. B. Keevil jun. und S. H. Ward. (Geophysics **27**, 677—90, 1962; Berkeley, Calif., Univ. of California, Inst. of Engng. Res.; engl.) — Die in der Literatur angegebenen Daten über den Einfl. des Elektrodentyps, der Elektrolytaktivität u. der Temp. auf die induzierte Polarisation sind z. T. widersprechend. Vff. beschreiben eine App., mit der der Einfl. der Elektrolytaktivität auf die induzierte Polarisation an einem Quarz-Monzonitporphyr mit ~ 0,5% Sulfiden, einem Berea-Sandstein u. einem Norenci-Quarzporphyr mit ~ 2% Sulfiden festgestellt wird. Als Elektrolyt wurden 1,0n-, 0,1n-, 0,01n- u. 0,001n-*NaCl*-Lsgg. verwendet. Die Vers.-Ergebnisse sind graph. wiedergegeben. C. Gottfried. 142△

0325 **Untersuchung der Impedanz einer Platinelektrode im System $Cl_2/Cl^-[HClO_4(aq)]$.** J. Llopis und M. Vázquez. (Electrochim. Acta [London] **8**, 163—73, 1963; Madrid, Inst. de Quím. Fís. „Rocasolano"; engl.) — Ein Schaltbild nach Randles wurde als erste Näherung verwendet, um den Wechselstromwiderstand einer Pt-Elektrode im Syst. Cl_2/Cl^- $[HClO_4(aq)]$ zu erklären. In allen Fällen war jedoch der Koeff. der Warburgschen Impedanz viel größer als der theoret. Wert. Diese Tatsache wird mit einer Oberflächenoxydation der Elektrode gedeutet. Die Anpassung des Ersatzschaltbildes kann durch Berücksichtigung der Impedanz verbessert werden, welche durch die Elektronen-Rkk. an den oxydierten Teilen der Oberfläche bedingt ist. Die sich aus den Impedanzmessungen ergebenden Werte der Austauschstromdichte γ_0 zeigen, daß das Syst. Cl_2/Cl^- irreversibler ist als das Syst. Br_2/Br^- unter denselben Vers.-Bedingungen. H. Jehne. 142◇

0326 **Reduktionsströme an der rotierenden Platin-Mikroelektrode bei Systemen, die suspendiertes AgBr enthalten.** J. T. Stock und W. R. Turner. (Chem. and Ind. **1961**, 1710 bis 1711; Storrs, Conn., Univ. of Connecticut, Dep. of Chem.; engl.) — Die Unterss. wurden an einer Pt-Elektrode vom Radialtyp durchgeführt (600 U/min; konst. Potential —0,10 V gegen gesätt. Kalomelelektrode), die in eine Suspension von KBr, $AgNO_3$ u. HNO_3 tauchte. Der AgBr-Red.-Strom steigt zunächst linear mit der Zeit u. dann etwas langsamer an. Suspensionen in $Ba(NO_3)_2$ u. $La(NO_3)_3$ zeigen einen anfänglichen Geschw.-Zuwachs, der um 40 bzw. 150% höher liegt als bei

HNO_3. Eine Wachsumhüllung der Elektrodenrückseite hat keinen Einfluß. Bei Umkehrung der Rotation ist der Stromanstieg klein. Bei nicht gewachsten „Axialelektroden" kommt der gleichmäßige Strom einzig der Red. des gelösten Ag^+ zu. Die Anfangs-Geschw. ist der Rotations-Geschw. direkt proportional u. nimmt mit dem Alter der Suspension ab. Die Zugabe von KBr bewirkt einen zeitweiligen Stromabfall. Bei einem Bromidüberschuß ist nur ein kleiner Red.-Strom vorhanden. Ag^+-Überschuß ist nur von geringem Einfluß. Bei Unterbrechung der Rotation fällt der Strom auf den Wert, der der Red. des gelösten Ag^+ zukommt. Vollständige Zers. findet bei $-0{,}3$ V (gegen gesätt. Kalomelelektrode) statt. Die Zugabe von Gelatine bewirkt eine Abnahme des AgBr-Stromes mit der Zeit. Wie Gelatine wirken Agar–Agar, Polyvinylalkohol, Polyacrylamid, u. andere. K. W. Rowe. 142◇

0327 **Einfluß des Zustandes von Platinanoden auf das Potential der Sauerstoffabscheidung.** T. Erdey-Grúz und I. Vajasdy. (Acta chim. Acad. Sci. hung. **29,** 47–61, 1961; Budapest, L. Eötvös Univ., Lehrst. für Phys. Chem. u. Radiol.; dt. — C. **1961,** 12744.) H. Jehne. 142◇

0328 **Die Erhöhung der Depolarisation an Quecksilberelektroden durch Wechselstrom.** T. Erdey-Grúz und J. Dévay. (Rev. Chim. [Bucarest] **7,** 181–88, 1962; dt.) — Vgl. vorst. Referat. — Die Depolarisation einer mit Gleichstrom polarisierten Hg-Elektrode wird erhöht, wenn Wechselstrom überlagert wird. Diese Wrkg. ist um so größer, je größer die Oberflächenladung des Hg ist, u. verschwindet prakt. an der Stelle des Maximums der Elektrocapillarkurve des Hg. Die Depolarisationserhöhung läßt sich durch Strömungen des Hg u. der Lsg. erklären u. ist in erster Näherung der kinet. Energie der bewegten Lsg.-Schicht proportional. H. Jehne. 142◇

0329 **Über die Differentialkapazität der Quecksilber-Wasserstoff-Elektrode.** Akiya Matsuda. (J. Res. Inst. Catalysis, Hokkaido Univ. **8,** 29–42, 1960; Hokkaido, Univ., Res. Inst. for Catalysis; engl.) — Theoret. Abhandlung. K. Roß. 142◇

0330 **Eine Brückenmethode mit automatischer Zeitmessung zur Bestimmung der Doppelschichtkapazität einer tropfenden Quecksilberelektrode.** G. H. Nancollas und C. A. Vincent. (J. sci. Instruments **40,** 306–09, 1963; Glasgow, Univ., Chem. Dep.; engl.) — Beschrieben wird eine Brückenschaltung zur Best. der Differentialkapazität der elektr. Doppelschicht an einer ideal polarisierten Hg-Tropfelektrode bei verschiedenen Frequenzen. Das Zeitintervall zwischen dem Entstehen des Hg-Tropfens u. dem Gleichgewicht der Brücke wird direkt gemessen, indem Impulse zum Triggern einer elektron. Uhr verwendet werden. Genauigkeit 0,1%. E. Beyerle. 142◇

0331 **Untersuchungen an der vibrierenden Quecksilbertropfelektrode. Einfluß der Frequenz und der Stärke des Wechselfeldes auf den polarographischen Grenzstrom.** R. Narayan. (Electrochim. Acta [London] **7,** 225–32, 1962; Karaikudi, Central Electrochem. Res. Inst.; engl.) — Es werden die Effekte untersucht, die beim Anlegen eines transversalen elektr. Wechselfeldes an eine polarograph. Hg-Tropfelektrode auftreten. Mit zunehmender Frequenz des Wechselfeldes durchläuft der Grenzstrom (für die Red. von Hg^{2+} u. Cd^{2+} untersucht) ein Maximum, während die Tropfzeit bei einer krit. Frequenz (ca. 30 Hz) durch das Auftreten von Scherkräften infolge starker Tropfenvibration einen Minimalwert annimmt. Mit steigender Feldstärke bilden sich polarograph. Maxima aus. Die Effekte werden durch eine auch visuell zu beobachtende elektrophoret. Bewegung der Lsg. im Feld erklärt. E. Moisar. 142◇

0332 **Polarographische Untersuchung der Dissoziationsreaktionsgeschwindigkeit des Nitridotris-[acetato]-zink(II)-Komplexes in ammoniakalischen Ammoniumnitratpufferlösungen.** Mutsuo Kodama und Mitsuo Hashimoto. (Bull. chem. Soc. Japan **35,** 1802–08, 1962; Mito, Ibaraki, Ibaraki Univ., Fac. of Arts and Sci., Dep. of Chem.; engl.) — Der durch die Dissoziation des Nitridotris-[acetato]-Zn(II)-Komplexes hervorgerufene kinet. Strom wurde unter folgenden Vers.-Bedingungen untersucht: Ammoniak–Ammoniumnitrat-Puffer pH 8,3–9,6, Ionenstärke 0,4, großer Überschuß von Ca^{2+}, bezogen auf NTA. Dabei gehorcht die Elektroden-Rk. des Syst. Zink(II)–NTA folgendem Mechanismus: (1) $ZnX^- + 2\,NH_3 \rightleftharpoons [Zn(NH_3)_2]^{2+} + X^{3-}$ (langsam), (2) $[Zn(NH_3)_2]^{2+} + 2\,e + Hg \rightleftharpoons Zn(Hg) + 2\,NH_3$ (schnell). Bei 25° sind unter den angegebenen Bedingungen die Geschw.-Konst. für 1 0,85 $(Mol/Liter)^{-2}\,s^{-1}$ bzw. $2{,}42\cdot10^5$ $(Mol/Liter)^{-1}\,s^{-1}$. Die Aktivierungsenergie ΔH^{+} u. Entropie ΔS^{+} für die langsame Rk. sind 31,1 kcal u. $-25{,}4$ Entropieeinheiten. E. Beyerle. 142◇

0333 **Polarographische und chronopotentiometrische Untersuchungen der Dissoziation von Nitridotris-[acetato]-cadmium(II)-Komplexen.** Nobuyuki Tanaka, Kazuko Ebata, Tomoo Takahari und Tsutomi Kumagai. (Bull. chem. Soc. Japan **35,** 1836–40, 1962; Katahira-cho, Sendai, Tohoku Univ., Fac. of Sci., Dep. of Chem.; engl.) — Die Dissoziation von Nitridotris-[acetato]-Cd(II)-Komplexen (I) wurde auf zwei Wegen untersucht: polarograph. in Ggw. von Acetat u. chronopotentiometr. in Abwesenheit von Acetat. Die Arbeiten von Koryta über den Einfl. von Acetat auf den kinet. Strom konnten dabei bestätigt werden. Die Geschw.-Konst. für die Dissoziation von I ist $k = 3{,}4 + 2{,}5\cdot10^5\,[H^+] + 2\cdot10^8\,[H^+]^2$. E. Beyerle. 142◇

0334 **Polarographie des sechswertigen Molybdäns in Chlorwasserstoffsäure.** G. P. Haight jun. (J. inorg. nuclear Chem. **24,** 673–77, 1962; Oxford, Inorg. Chem. Labor.; Univ. of Kansas, Chem. Dep.; engl.) — Vgl. C. **1963,** 14602. — Lsgg., die HCl in Konzz. $< 1{,}0$m u. Molybdationen in Konzz. $< 10^{-4}$m enthalten, liefern Polarogramme mit einer oder drei Red.-Stufen. Die einzelne Stufe tritt in 0,5–0,7m HCl auf u. entspricht ebenso wie die mittlere der in verdünnterem HCl auftretenden drei Stufen einem reversiblen Zweielektronenübergang gemäß $Mo(VI) + 4\,H^+ + Cl^- + 2e \rightarrow Mo(IV)$. Das Halbstufenpotential dieser Stufe ist: $E_{1/2} = -0{,}080 + 0{,}12\,\log[H^+] + 0{,}035\,\log[Cl^-]$ (SCE). Mo(IV) wird als prim. Red.-Prod. diskutiert. E. Beyerle. 142◇

0335 **Polarographie von Molybdän(VI) in wässerigen schwefelsauren Lösungen.** I. M. Kolthoff und I. Hodara. (J. electroanalyt. Chem. [Amsterdam] **4,** 369–81, 1962; Minneapolis, Minn., Univ. of Minnesota, School of Chem.; engl.) — Die polarograph. Red. des *Molybdations* führt in schwefelsaurer Lsg. über Mo(V) zu Mo(III). Bei höheren H_2SO_4-Konzz. spaltet die erste, der Red. $Mo(VI) \rightarrow Mo(V)$ entsprechende Stufe in eine Doppelstufe auf, die auf das Vorliegen mindestens zweier verschiedener Mo(VI)-Verbb. schließen läßt. Berechnung des Diffusions-Koeff. aus der Höhe des Diffusionsstromes der $Mo(VI) \rightarrow Mo(V)$-Red. in Abhängigkeit von der Säure-Konz. weist auf Polymerisationsvorgänge der Molybdationen hin. Eine analoge Aufspaltung der $Mo(V) \rightarrow Mo(III)$-Stufe tritt bei geringen H_2SO_4-Konzz. auf. E. Moisar. 142◇

0336 **Kathodisches Verhalten des Uranyl-Lactat-Komplexes an der Quecksilbertropfelektrode.** Tsai-Teh Lai und Bi-Cheng Wang. (Analytic. Chem. **35,** 905–08, 1963; Tainan, Taiwan, Cheng Kung Univ., Dep. of Chem. Engng.; engl.) — Vff. untersuchten den Komplex zwischen U u. Milchsäure polarographisch. Die Grenzen der Reversibilität u. der Komplex-Bldg. werden in Abhängigkeit vom pH-Wert u. von der Milchsäure-Konz. angegeben. Die $^1/_8$ u. $^7/_8$ des Diffusionsstromes entsprechenden Potentiale werden zur Ableitung einer Gleichung zur Unters. von mehrkernigen Komplexen herangezogen. Bei der Red. von U(VI) zu U(V) findet eine Dimerisierung des Komplexes statt. Für verschiedene pH-Werte u. Komplexbildner-Konzz. werden die entsprechenden Komplexarten u. Rkk. an der Elektrode vorgeschlagen. P. Kurzmann. 142◇

0337 **Die Reduktionsstufen des Kobaltions in verschiedenen Grundelektrolyten.** D. S. Jain und K. Zutshi. (J. electroanalyt. Chem. [Amsterdam] **5,** 389–92, 1963; Jaipur, India, Univ. of Rajasthan, Dep. of Chem.; engl.) — Mit Hilfe eines manuellen Gleichstrompolarographen wurde die polarograph. Red. von Co^{2+} (10^{-3} m) in 0,1m wss. Lsg. von Na_2SO_4, KBr u. KJ in Ggw. oder Abwesenheit von Sauerstoff u. Gelatine untersucht. Nach Entfernung des Sauerstoffs u. Zusatz von 0,005% Gelatine wurden in allen Fällen irreversible Red.-Stufen festgestellt, deren Halbstufenpotentiale im entsprechenden Sulfat-, Bromid- u. Jodidmedium bei $-1{,}39$, $-1{,}49$ u. $-1{,}5$ V (SCE, 24,5°) lagen. Bei steigender Grundelektrolyt-Konz. verschieben sich die Halbstufenpotentiale zu negativeren Werten, was mit der Bldg. von Koordinations-Verbb. in Zusammenhang gebracht wird. E. Beyerle. 142◇

0338 **Polarographische Untersuchung von Chlorokupfer-(II)-Komplexen in Aceton.** J. Gažo und J. Süss. (Chem. Zvesti **15,** 113–19, 1961; Bratislava, Slowak. TH, Lehrstuhl für anorg. Chem.; tschech.) — Es wurden die Syst. *$Cu(NO_3)_2\cdot 3\,H_2O$-Aceton* u. *$Cu(NO_3)_2\cdot 3\,H_2O$-LiCl-Aceton* (I) polarograph. untersucht. Die Aceton-Lsg. von Cu(II)-Nitrat gibt eine kathod.

Stufe, die den solvatierten Cu(II)-Ionen entspricht. In den Syst. I wurde eine anod. Stufe festgestellt, die dem $[CuCl]^+$-Ion entspricht u. eine weitere Stufe für die nicht eindeutig ermittelt wurde, welchem Bestandteil des Syst. sie zuzuordnen ist. Die Befunde werden im Zusammenhang mit der Frage des gegenseitigen Einflusses der Liganden in den komplexen Cu(II)-Verbb. diskutiert. H. Jehne. 142◇

0339 **Fortschritte auf dem Gebiet der Polarographie und verwandter Methoden.** J. Koryta. (Electrochim. Acta [London] **8**, 471—80, 1963; Prague, Czechoslov. Acad. of Sci., Polarograph. Inst.; engl.) — Die gegenwärtigen Entw.-Tendenzen der Polarographie, oscillograph. Polarographie u. der Polarographie mit rechteckförmiger Wechselspannung (Kalousek-Meth.) werden im Hinblick auf ihre Anwendung bei der Unters. von Elektrodenprozessen behandelt. Im Einzelnen werden Transportvorgänge an der Elektrode, Prozesse, die durch die Geschw. der Elektroden-Rk. oder durch eine chem. Rk. bestimmt sind u. Adsorptionsvorgänge diskutiert. — 72 Literaturangaben. E. Beyerle. 142◇

0340 **Untersuchungen über den Einfluß der Anionen auf die Korrosion durch Messung der Sauerstoffaufnahme.** K. C. Tripathi und K. Schwabe. (Rev. Chim. [Bucurest] **7**, 599—613, 1962; Dresden, TU, Inst. für Elektrochem. u. phys. Chem.; dt.) — Die Korrosions-Geschw. von Fe u. Cr–Ni-Stahl wird manometr. durch die Sauerstoffaufnahme verfolgt. Es zeigt sich eine Abhängigkeit der Sauerstoffaufnahme vom Anion der Säure bei gleicher Konz., die mit früheren Unterss. der Adsorbierbarkeit der Anionen übereinstimmt. Das abweichende Verh. von Cr–Ni-Stahl in H_2SO_4 wird diskutiert. Der Dampfphaseninhibitor *Dicyclohexylammoniumnitrit* fördert im allg. die Sauerstoffaufnahme durch Fe u. Stahl, nur bei Stahl in H_2SO_4 wird eine Hemmung festgestellt, die Sparbeize *Dibenzylsulfoxid* hemmt die Sauerstoffaufnahme in jedem Fall. H. Jehne. 143◇

0341 **Untersuchungen über die geschliffene Chromelektrode.** K. Schwabe, K. Müller und A. Loge. (Electrochim. Acta [London] **8**, 193—206, 1963; dt.) — Vgl. vorst. Referat. — Galvanostat. u. potentiostat. Unterss. an geschliffenen u. nicht geschliffenen Cr-Elektroden stehen in Übereinstimmung mit der Auffassung, daß beim Cr wie beim Ni die Passivierung durch eine gehemmte Durchtritts-Rk. des nackten Metalls u. Bldg. einer O-Chemisorptionsschicht durch die konkurrierende Simultan-Rk. $Cr + OH_2 \rightarrow CrO_{ad} + 2\,H^+ + 2\,e$ hervorgerufen wird. Im transpassiven Bereich folgt der die Geschw. hemmenden Rk. die Umwandlung in CrO_4^{2-}. Die Stromdichte ist in diesem Bereich bei konst. Potential unabhängig von der Säure-Konz. (von 0,1—3 m). Die Tatsache, daß das Cr im Gegensatz zum Ni in HCl (auch beim Schleifen) passiv wird, erklärt sich aus der viel größeren Affinität des Cr zum O u. damit der größeren Stabilität des O-Chemisorptionsfilms gegen Verdrängung durch Cl^-. H. Jehne. 143◇

0342 **Ionenaustauscheigenschaften des Films auf passivem Eisen und Stahl.** G. H. Cartledge und Dieter H. Spahrbier. (J. electrochem. Soc. **110**, 644—50, 1963; Oak Ridge, Tenn., Oak Ridge Nat. Labor., Chem. Div.; engl.) — Untersucht werden die Syst. pulverförmiges *Carbonyleisen* bzw. *Kohlenstoffstahl* (0,1% C)-*Chromat* bzw. *Molybdat*, *Eisendraht*-TcO_4^{2-} (kein Austausch >1%), *Stahl*-^{65}*Zn*, *nichtrostender Stahl*-$K_2Cr_2O_7$-(^{51}*Cr*) bzw. (^{52}*Cr*) (Passivierung an der Luft, dann in $Cr_2O_7^{2-}$-Lsg.). Als Extraktionsmittel dienen Lsgg. von $(NH_4)_2SO_4/NH_4OH$ bzw. K_2SO_4/CO_3^{2-}. Bes. $Cr_2O_7^{2-}$ behält seine Austauscher-Eigg. bei bis zu monomol. Bedeckung, wobei die Monoschicht langsam mit der alkal. oder schwach sauren SO_4^{2-}-Lsg. austauscht. Kinet. Unterss. ergeben eine Geschw.-Gleichung mit einem linearen u. einem exponentiellen Term für das Ausmaß der Verdrängungs-Rk., was durch eine linear mit der ausgetauschten Stoffmenge zunehmenden Aktivierungsenergie gedeutet wird. Ähnlichkeiten mit der Sorption eines Gases an einer Metalloberfläche werden erörtert. P. Frenzel. 143◇

0343 **Korrosion und Passivität von Molybdän–Nickel-Legierungen in Chlorwasserstoffsäure.** H. H. Uhlig, P. Bond und H. Feller. (J. electrochem. Soc. **110**, 650—53, 1963; Cambridge, Mass., MIT, Corrosion Labor.; engl.) — Die Korrosions-Geschw. von Mo–Ni-Legg. mit 3—25% Mo in 10%ig. HCl werden bei 25, 70° u. beim Kp. untersucht u. die Korrosionspotentiale, die krit. Stromdichten für die Passivität, die anod. Polarisation im akt. Potentialbereich u. die H-Überspannung gemessen. Die Legg. korrodieren wie andere passivierte Metalle im anod. Bereich, wobei ihre Korrosionspotentiale jedoch im Gegensatz zu passivierten Cr-Legg. aktiver als die entsprechenden Flade-Potentiale, bei denen die Passivschichten gebildet werden, sind. Der Korrosionswiderstand ergibt sich offensichtlich aus einer trägen anod. Auflösungs-Rk., wie z. B. der langsamen Geschw. der Ionenhydratation. Die chem. Eigg. des Mo werden auf die Legg. mit Ni oder Ni/Fe bei krit. Verhältnissen übertragen, die von der Elektronenkonfiguration der metall. Komponenten abhängig sind. P. Frenzel. 143◇

0344 **Änderungen der Wertigkeit in oxidischen Oberflächenfilmen auf Metallen.** H. S. Isaacs und J. L. Llewelyn Leach. (J. electrochem. Soc. **110**, 680—87, 1963; London, Imp. Coll. of Sci. and Technol., Metallurg. Dep.; engl.) — Oberflächenkapazität C u. spezif. elektr. Leitfähigkeit σ von Oxid/Metall-Elektroden in Elektrolyt-Lsgg. (Carbonat- bzw. Sulfat/Carbonat-Lsg. für U) ändern sich beträchtlich in Ggw. von H_2. Die Erhöhung von C u. σ an *Al*-, *Ta*- u. *Zr*-Elektroden nach kathod. Polarisation ist eher durch eine Änderung von σ des Oxids als durch eine mechan. Beschädigung des Films zu erklären, obwohl sich die Oxidschicht nach wie vor als Dielektrikum verhält u. C nicht den der Doppelschicht entsprechenden Wert übersteigt. Das Verh. von ***Ti***, ***Nb***, *U* u. *V*, deren C-Werte beträchtlich über denen der Doppelschichtkapazität liegen, wird mit Hilfe einer Faradayschen Kapazität erklärt, die sich durch eine Wertigkeitsänderung des Kations im Oxid etwa nach $MO + H^+ + e^- \rightleftharpoons MOH$ infolge Wanderung von Protonen u. Elektronen ergibt. P. Frenzel. 143◇

0345 **Über die Bildung von schlechtleitenden Salzdeckschichten auf Metallanoden.** Jörg Osterwald. (Ber. Bunsenges. physik. Chem. **67**, 509—14, 1963; Berlin, TU, Inst. für Metallhüttenkunde; dt.) — Bei der Bldg. von $AgSO_4$-Deckschichten auf Ag-Anoden in mit $AgSO_4$ gesätt. 1n H_2SO_4 genügt die Bedeckungszeit τ bei zeitlich veränderlicher Stromdichte I der Beziehung $\int_0^\tau I^m\,dt = K$, in der m u. K konst. sind. Die Gültigkeit der Beziehung wird an Verss. mit Vorpolarisation u. bei zeitlich konst. Elektrodenspannung nachgeprüft. Auf vier weitere Syst. (Ag in 1m $K_2C_2O_4$; Ag in 1m K_2CrO_4; Ag in 1m KCN, gesätt. an AgCN; Cu in 1nHCl, gesätt. an CuCl) ist nach den bisherigen Ergebnissen dieselbe Beziehung anwendbar. H. Jehne. 143◇

0346 **Untersuchung der Polarisation von Flußstahl in Kulturen sulfatreduzierender Bakterien.** 3. Mitt. **Halophile Organismen.** G. H. Booth und A. K. Tiller. (Trans. Faraday Soc. **58**, 2510—16, 1962; Teddington, Middlesex, Nat. Chem. Labor.; engl.) — 2. vgl. Trans. Faraday Soc. **58**, [1962], 110. — Polarisationskurven von Flußstahl (C 0,14; Si 0,16; Mn 0,49; S 0,02; P 0,024; Ni 0,09; Cr 0,09; Mo 0,03%) in reinen Kulturen halophiler Stämme sulfatreduzierender Bakterien [*Desulfovibrio desulfuricans*; El Agheila C, Z u. Z 1 (aus Z isoliert); California 43:63 (A)] werden aufgenommen. Die Stämme wurden durch ihre Hydrogenaseaktivität charakterisiert: C, Z 1 u. A sind hydrogenasepositiv, Z hydrogenasenegativ. C, Z u. Z 1 bewirken die Bldg. eines teilweise schützenden Sulfidfilms, A die eines nicht schützenden Films. Im letzteren Falle wird keine anod. Polarisation festgestellt. C u. A rufen kathod. Polarisation hervor, Z 1 wirkt beträchtlich depolarisierend, während Z keine kathod. Polarisation bewirkt. P. Frenzel. 143◇

0347 **Beiträge zum Mechanismus der anaeroben mikrobiologischen Korrosion.** J. Horváth. (Acta chim. Acad. Sci. hung. **25**, 65—78, 1960; Szeged, Univ., Inst. of Gen. and Phys. Chem.; engl.) — Elektrochem. Modell-Verss. werden durchgeführt, um den genauen Mechanismus der durch sulfatreduzierende Bakterien hervorgerufenen anaeroben mikrobiolog. Korrosion von Eisen u. Stahl festzustellen. Aus den Vers.-Ergebnissen geht hervor, daß eine starke anod. u. kathod. Depolarisation für die in Ggw. sulfatreduzierender Bakterien stattfindende rasche Korrosion verantwortlich ist. Die in den Steigungen u. den relativen Lagen der anod. bzw. kathod. Polarisationskurven während der verschiedenen Vers.-Phasen beobachteten Änderungen werden auf Grund der bakteriellen Aktivität u. der Ausfällungsstelle der Korrosions-Prodd. erklärt. Die Zusammenhänge zwischen den Ergebnissen u. prakt. Erfahrungen werden vom Standpunkte der Möglichkeiten der Herabsetzung der anaeroben mikrobiolog. Korrosion behandelt. H. Jehne. 143◇

A_4. Thermodynamik, Thermochemie

0348 **Die klassischen Hypervirialbeziehungen.** Joseph O. Hirschfelder. (Z. physik. Chem. [Frankfurt/M.] [N. F.] **37**, 167—82, 1963; Madison, Wis., Univ. of Wisconsin, Theoret. Chem. Inst.; engl.) — Detaillierte Betrachtung der klass. Hypervirialbeziehungen mit zahlreichen Beispielen für die Berechnung mittlerer Werte von dynam. Korrelationen. A. Blaschette. 146◇

0349 **Zur Quantenstatistik von Molekülen mit innerer Rotation: Wignersche Reihenentwicklung für Zustandssumme und thermodynamische Funktionen eines symmetrischen Rotators.** Günter Vojta. (Ann. Physik [7] **9**, 337—50, 1962; Leipzig, Dtsch. Akad. der Wiss. zu Berlin, Arb.-Stelle für Statist. Phys.; Karl-Marx-Univ., Theoret.-phys. Inst.; dt.) — Ein gehemmter symm. Rotator in einem mehratomigen Mol. wird als Beispiel für ein fast klass. Syst. mit Hilfe der Reihen-Entw. von Wigner bis zum Gliede mit $\hbar''$ untersucht. Es ergeben sich einfache geschlossene Formeln für die Zustandssumme u. daraus für die thermodynam. Funktionen F, U, S u. C des Rotators; in ihnen treten die Bessel-Funktionen J_0 u. J_1 des rein imaginären Arguments $ix = iV_0/2kT$ (V_0 = Höhe des Hemmungspotentials) auf. Die Nullpunktsenergie wird mit einer Störungsrechnung bis zur 3. Ordnung für einen stark anharmon. Torsionsoscillator bestimmt. Damit ist es möglich, den Anteil der Nullpunktsenergie aus der Zustandssumme u. den thermodynam. Funktionen zu eliminieren. Die erhaltenen Formeln sind für die meisten prakt. auftretenden symm. Rotatoren von sehr großer Genauigkeit, wie ein Vgl. mit den Tafeln von Pitzer u. Mitarbeitern ergibt. H. Jehne. 146◇

0350 **Statistische und thermodynamische Beschreibung korrelierter Systeme. 1. Mitt. Allgemeine Betrachtungen.** Andrzej Fuliński. (Acta physica polon. **23**, 93—99, 1963; Kraków, Jagellonian Univ., Dep. of Theoret. Chem.; engl.) — Für zwei in Wechselwrkg. stehende Subsyst. mit schwacher, starker oder vollständiger Korrelation werden allg. Definitionen, Masterequations, statist. Korrelationsfunktionen u. Ausdrücke für observale Größen u. deren Zeitabhängigkeit angegeben. A. Blaschette. 146◇

0351 **Äußere Relaxation.** A. I. Burstein. (Festkörperphysik [UdSSR] **5**, 1243—57, 1963; Nowosibirsk, Akad. der Wiss. der UdSSR, Inst. für chem. Kinetik u. Verbrennung; russ.) — Abgeleitet werden Integral-Differential-Gleichungen, die die Relaxation eines Atoms unter der Einw. willkürlich schwankender äußerer Störungen beschreiben. Angegeben werden die Bedingungen, unter denen diese Gleichungen auf die bekannten Formeln der Übergangstheorie red. werden können. Der mitgeteilte Formalismus wird dazu benutzt, die Wechselwrkg. eines Festkörperatoms mit einer Strahlung u. therm. Gitterschwingungen auf der Grundlage des gyroskop. Modells zu beschreiben. Durch Transformation der Bloch-Gleichungen wird ein Ausdruck erhalten, der die Wechselwrkg. zwischen „weißer" Strahlung u. Materie beschreibt. Es wird gezeigt, daß stationäre Absorption, im Gegensatz zur Absorptionskinetik, immer in Übergangskategorien ausgedrückt werden kann. K. Jaeger. 146◇

0352 **Die Thermodynamik der elektrochemischen Transportvorgänge. 1. Mitt. Grundgleichungen.** István Gyarmati und Géza Schay. (Magyar tudományos Akad., kém. tudományok Osztályának Közleményei [Ung. Akad. Wiss., Ber. Abt. chem. Wiss.] **19**, 459—76, 1963; Budapest, TU, Lehrstuhl für phys. Chem.; ung.) — Es wird ein geschlossenes u. vollständiges Syst. der Grundgleichungen der Onsagerschen irreversiblen Thermodynamik gegeben, welches notwendig u. genügend zur einheitlichen u. exakten Beschreibung der elektrochem. Transportvorgänge ist. Viscose Erscheinungen u. chem. Rkk. wurden nicht berücksichtigt, doch können beide Erscheinungsgruppen auf Grund der angegebenen Prinzipien in die Theorie eingebaut werden. I. Náray-Szabó. 146△

0353 **Das spezifische Gewicht als Funktion der Nucleonenzahl.** J. Benkő. (Acta chim. Acad. Sci. hung. **29**, 149 bis 156, 1961; Budapest, Alkotmány; dt.) — Es werden Formeln angegeben, nach denen eine angenäherte Berechnung des spezif. Gew. von Elementen aus dem Atom-Vol. u. der Ordnungszahl erfolgen kann. H. Schroeder. 148◇

0354 **Eine Methode zur Bestimmung partieller spezifischer Volumen in kleinen Flüssigkeitsmengen.** Joachim Stauff und Gerd Rümmler. (Kolloid-Z. **166**, 152—60, 1959; Frankfurt/M., Johann-Wolfgang-Goethe-Univ., Inst. für Phys. Chem.; dt.) — Das vertikale Glasmeßgefäß der nach dem Schwimmerprinzip von Lamb u. Lee [1913] gebauten App. ist von 2 Wassermänteln umgeben u. ragt unten in ein mit W. gefülltes horizontales Rohr, das mit zwei Glasplatten verschlossen ist u. mittels Lampe u. Mikroskop beobachtet werden kann. Der Glasschwimmer hat ein Vol. von ca. 1,5 cm^3, enthält einen Magneten aus „Oerstit", einen Messingballast u. oben u. unten je eine eingeschmolzene Pt-Öse. Da er geringen Auftrieb hat, stößt er im Ruhezustand oben an einen kon. Verschlußkörper. Als direktes, lineares Maß für die Dichte gilt der Strom einer Magnetspule (Körper aus „Pertinax" um die Wassermäntel, 1200 Windungen, Abgriffe bei 400 u. 800 Windungen), durch deren Feld der Schwimmer nach unten gedrückt wird, bis die an die untere Öse gehängte (zur Änderung des Meßbereichs austauschbare) Pt-Spitze in der Markierung des Okulars steht. Zur Messung werden 10 ml Lsgm. u. 10 ml Lsg. benötigt. Die Empfindlichkeit beträgt ca. $2 \cdot 10^{-6}$ g/cm^3. Die Werte für das partielle spezif. Vol. von Rinderserumalbumin (Konz.-Bereich 0,04—0,65%, 20°), $0{,}733_5$ u. von Chymotrypsinogen (21,6°), 0,720, stimmen mit bekannten Werten überein. R. Junge. 148◇

0355 **Gitterausdehnung und Debye-Temperatur der α-Phasen von AgCd-Legierungen.** Md. A. Quader und B. N. Dey. (Indian J. Physics Proc. Indian Assoc. Cultivat. Sci. **36** (45), 43—54, 1962; engl.) — Es wurden die Gitter-Konst. von α-$Ag_{1-n}Cd_n$ (n = 0,243; 0,293; 0,338) im Bereich 25—522° nach Debye-Scherrer-Aufnahmen bestimmt, die linearen Ausdehnungs-Koeff. der Legg. berechnet u. an ihnen die Grüneisensche Theorie geprüft. Aus den Intensitäten von Linien großer Beugungswinkel bei verschiedenen Temp. wurden für die drei Legg. die Debye-Temp. zu Θ = 183°, 183° u. 178°K ermittelt. R. Uttech. 148◇

0356 **Neue Zustandsgleichungen für Wasserdampf unter Berücksichtigung ihrer Verwendung in elektronischen Rechenanlagen.** F. Mayinger, E. Schmidt und H. Tratz. (Brennstoff. Wärme. Kraft **14**, 261—67, 1962; München, TH; dt.) — Für die Verw. in elektron. Rechenmaschinen werden neue therm. Zustandsgleichungen für Vol., Enthalpie u. Entropie von Wasserdampf entwickelt. Ihr Gültigkeitsbereich erstreckt sich für Temp. über 500° bis zu Drücken von 600 atm, abgesehen von einem Gebiet in der Nähe des krit. Punktes, auf den gesamten Bereich des überhitzten Dampfes mit Entropiewerten s $\geq$ 1,30 kcal/kg·Grad. Die sich im Vgl. zu sowjet., amerikan. u. deutschen Dampftafeln ergebenden Abweichungen bleiben fast ausnahmslos im Bereich der durch Unsicherheiten der Messungen bedingten Toleranzen. I. Köditz. 149

0357 **Die Temperaturabhängigkeit der Relaxationsfrequenz der Rotation beim Wasserstoff.** A. van Itterbeek und H. Zink. (Physica [Utrecht] **29**, 370—77, 1963; Leuven, België, Inst. voor Lage Temp. en Techn. Fys.; engl.) — Aus der Änderung der Schall-Geschw. in H_2 mit der Ultraschallfrequenz u. dem Gasdruck zwischen 77°K u. Raum-Temp. wurde der Temp.-Gang der Relaxationsfrequenz für die Freiheitsgrade der Rotation berechnet. Zwischen 77°K u. 200°K besteht eine schwache Temp.-Abhängigkeit. H. U. Borgstedt. 149◇

0358 **Stoßwelle in einem nichteinatomigen fluiden Medium.** Phrixos Théodoridès. (Helv. physica Acta **31**, 33—42, 1958; College Park, Md., Univ. of Maryland; engl.) — Die Struktur einer normalen Stoßwelle wird unter Verw. von Atomschwingungen, die die intermol. Prozesse in nichteinatomigen Gasen darstellen, analysiert. Ergebnisse der numer. Integration werden für N_2 mitgeteilt. J. M. Spaeth. 149□

0359 **Eine neue Formel für den Sättigungsdampfdruck.** K. A. Putilow und N. I. Melnitschenko. (J. physik. Chem. [UdSSR] **36**, 1611—12, 1962; russ.) — Es wurde eine neue Formel zur Best. des Dampfdruckes hochsiedender Stoffe, für Stoffe mit niedrigen Kp., für normale u. assoziierte Fll. erhalten. Bei nicht sehr großer Assoziation gilt $(\pi - \pi_0) = k[(\tau - \tau_0)^n + \Theta(\tau - \tau_0)^{n/2}(1 - \tau)^{5/2}]$, wobei π = red. Druck; τ — red. Temp.; τ_0-red. Temp. am Tripelpunkt; π_0 = red. Druck am Tripelpunkt. n u. Θ sind Stoff-Konst., deren Best.-Meth. erläutert werden. Für k gilt $k = (1 - \pi_0)/(1 - \tau_0)^n$. H. Matern. 150◇

0360 **Thermodynamische Eigenschaften eines gesättigten polymerisierenden Dampfes. 1. Mitt. Das Flüssigkeit-Dampf-Gleichgewicht von Fluorwasserstoff.** J. W. Armitage, Peter Gray und P. G. Wright. (J. chem. Soc. [London] **1963**, 1796—1806; Leeds, Univ., School of Chem.; Dundee, Queen's Coll., Dep. of Chem.; engl.) — Unter Zugrundelegung eines mobilen Gleichgewichts 6 HF $\rightleftharpoons$ $(HF)_6$ wurden die Temp.-Koeff. der latenten Verdampfungswärme u. der Krümmung der Sättigungsdampfdruckkurve dL/dT bzw. $d\Lambda/dT$ von Fluorwasserstoff berechnet. Der erhaltene Wert für dL/dT stimmt mit experimentellen Werten im Vorzeichen, aber nicht in der Größe überein, da die für die Berechnung erforderlichen Meßwerte nur ungenau bekannt sind. $d\Lambda/dT$ zeigt mit den Meßwerten geringe Übereinstimmung. Eine Verfeinerung der Rechnung u. damit eine Verbesserung der Übereinstimmung mit experimentellen Werten ist möglich durch Berücksichtigung thermodynam. Beziehungen unter Verw. der zweiten Virialkoeffizienten. P. Sartori. 150◇

0361 **Thermodynamische Eigenschaften eines gesättigten polymerisierenden Dampfes.** 2. Mitt. **Latente Wärme und Dampfdrücke eines polymerisierenden Stoffes: Reversible schrittweise Assoziation in der Gasphase.** J. W. Armitage und Peter Gray. (J. chem. Soc. [London] **1963**, 1807 bis 1813; Leeds, Univ., School of Chem.; engl.) — Es wird versucht, den Temp.-Koeff. der latenten Verdampfungswärme dL/dT u. die Krümmung der Dampfdruckkurve unter Annahme einer schrittweisen, vom vorhergehenden Schritt unabhängigen reversiblen Assoziation $A + A_i = A_{i+1}$ zu berechnen. Die Übereinstimmung der berechneten mit experimentellen Werten für Fluorwasserstoff ist nicht gut; im Anhang wird versucht, den Einfl. verschieden starker, voneinander abhängiger Assoziationsgrade zu berücksichtigen. P. Sartori. 150◇

0362 **Über die Bestimmung der Kondensationskoeffizienten nach der Methode von Rossman und Yarwood.** L. P. Firssowa. (J. physik. Chem. [UdSSR] **36**, 1607—09, 1962; Moskau, Lomonossow-Univ.; russ.) — Die Unterschiede der nach verschiedenen Meth. bestimmten Kondensations-(K)-Koeff. werden dadurch erklärt, daß nicht der wirkliche K.-Koeff., sondern eine mittlere Größe berechnet wird. Es werden Formeln zur Best. einer mittleren Größe α_E des K.-Koeff. für eine bestimmte Effusionskammer hergeleitet. Die Formeln sind in allen Fällen anwendbar, wenn eine stationäre Effusions-Geschw. erreichbar ist. H. Matern. 150◇

0363 **Die zweite (niedrigere) kritische Kondensationstemperatur von In, Sn, Pb und Bi.** L. Ss. Palatnik, N. T. Gladkich und M. N. Naboka. (Festkörperphysik [UdSSR] **4**, 202—06, 1962; Charkow, Univ.; russ.) — Es wird eine Unters. der krit. Temp. $\overline{\Theta}_2$ für In, Sn, Pb u. Bi gegeben, die durch Verdampfung im Vakuum kondensiert wurden. Das Verhältnis von $\overline{\Theta}_2$ zu Temp. am F. (°K) wurde für alle untersuchten Metalle zu 1/3 gefunden. Es wird gezeigt, daß im Fall des Bi die 2 Kondens.-Mechanismen: Dampf → Kristall u. Dampf → Fl. gleichzeitig in dem kleinen Temp.-Intervall in der Nachbarschaft von $\overline{\Theta}_1$ u. $\overline{\Theta}_2$ wirksam sind (heterogene Kondens.). K. Huste. 150◇

0364 **Zur Thermodynamik der Phasenumsetzungen in ternären Systemen.** E. Rudy. (Planseeber. Pulvermetallurgie **10**, 32—41, 1962; Reutte, Tirol, Österr., Metallwerk Plansee Akt.-Ges.; dt.) — Aus der Minimumsbedingung der Freien Energie werden Bedingungsgleichungen für das Auftreten von Mehrphasengleichgewichten abgeleitet. Die Meth. wird an einem Syst. des Types Me_1–Me_2–C demonstriert. K. Jaeger. 150◇

0365 **Die Aktivität der Elemente in flüssigen Fe-Mn-C-Schmelzen.** B. P. Burylew. (Hochschulnachr. [Moskau], Eisenmetallurgie **5**, Nr. 4, 14—18, 1962; Sibir. metallurg. Inst.; russ.) — Berechnet werden die Aktivitäten der Bestandteile im Dreistoff-Syst. *Fe–Mn–C* nach den Formeln für echte Lösungen. Die Übereinstimmung der Berechnungsergebnisse mit Vers.-Werten ist zufriedenstellend. Es wird gezeigt, daß die Aktivitäten von Mn u. C mit einer Zunahme von C bzw. von Mn abnehmen. H. Hochstein. 150□

0366 **Statistisch-thermodynamische Untersuchungen über die die Stahlerzeugung betreffenden Grundreaktionen.** 4. Mitt. **Das Oxydations- und Reduktionsgleichgewicht von Magnetit mit Gasphasen.** Sakae Takeuchi und Kazuo Furukawa. (Sci. Rep. Res. Inst. Tôhoku Univ., Ser. A **12**, 120—27, 1960; Res. Inst. for Iron Steel and Other Metals; engl.) — 3. vgl. Sci. Rep. Res. Inst. Tôhoku Univ., Ser. A **12**, [1960], 137. — Fe_3O_4-Kristalle können mehr O enthalten, als der Zus. Fe_3O_4 entspricht. Es kann angenommen werden, daß die Defektelektronen mit Fe^{2+}-Ionen auf Oktaederplätzen unter Bldg. von Fe^{3+} reagieren. Die Verteilungsfunktion der Fe_3O_4-Phase wird berechnet, aus ihr wird die Gleichgewichtsbeziehung zwischen O-Geh. des Fe_3O_4, O_2-Partialdruck der Luft u. Temp. theoret. abgeleitet. W. Wesly. 150◇

0367 **Statistisch-thermodynamische Untersuchungen über die die Stahlerzeugung betreffenden Grundreaktionen.** 5. Mitt. **Das Oxydations- und Reduktionsgleichgewicht von Mn-Wüstit (Fe, Mn)O, mit Gasphasen.** Sakae Takeuchi, Kazuo Furukawa und Kôki Gunji. (Sci. Rep. Res. Inst. Tôhoku Univ., Ser. A **12**, 128—36, 1960; engl.) — 4. vgl. vorst. Referat. — MnO u. FeO bilden Mischkristalle in allen Verhältnissen. Gemäß dem O-Partialdruck der Gasgleichgewichtsphase schwankt der O-Gehalt. Ein Strukturmodell für Mn-Wüstit (I) wird beschrieben, auf Grund dessen die Verteilungsfunktion von I thermodynam. bestimmt wird. Die Gleichgewichtsbeziehung zwischen der Zus. des Festkörpers u. dem O_2-Druck der Gasphase wird berechnet. Das Ergebnis stimmt mit experimentellen Werten überein. W. Wesly. 150◇

0368 **Statistisch-thermodynamische Untersuchungen über die die Stahlerzeugung betreffenden Grundreaktionen.** 6. Mitt. **Über die Konfiguration von geschmolzener FeO-Schlacke und ihre Wechselwirkung mit gasförmigem Sauerstoff.** Sakae Takeuchi und Kazuo Furukawa. (Sci. Rep. Res. Inst. Tôhoku Univ., Ser. A **12**, 137—49, 1960; engl.) — 5. vgl. vorst. Referat. — Ein Modell der Ionenkonfiguration des geschmolzenen Fe–O-Syst. wird entwickelt u. beschrieben. Die Partialdrücke von O_2, das im Gleichgewicht mit einem solchen Modell fl. Schlacke steht, werden statist.-thermodynam. berechnet. Die Ergebnisse stimmen mit experimentellen Werten in weiten Bereichen von Zus., Druck u. Temp. überein. W. Wesly. 150◇

0369 **Über einige Eigenschaften des NbO_2.** F. G. Kussenko und P. W. Geld. (Hochschulnachr. [Ordshonikidse], Nichteisenmetallurgie [UdSSR] **3**, Nr. 4, 102—06, 1960; Uraler Polytechn. Inst.; russ.) — Es wurde die Abhängigkeit der spezif. Wärme C_p von NbO_2 von der Temp. im Bereich zwischen 298—1500°K im adiabat. Calorimeter untersucht. Bis zu 1010°K verläuft C_p linear u. entspricht der Gleichung $C_p = 14{,}681 + 6{,}156 \cdot 10^{-3}T - 2{,}421 \cdot 10^5 T^{-2}$ cal/Grad·Mol (±1%). Bis 1010°K gilt $\Delta H^T_{298} = -5460 + 14{,}681T + 3{,}078 \cdot 10^{-3}T^2 + 2{,}421 \cdot 10^5 T^{-1}$, oberhalb 1080°K gilt $\Delta H^T_{298} = -8060 + 21{,}28\,T$ cal/Grad·Mol (±0,8%). Die Unstetigkeit wird durch eine bei 1040°K verlaufende Phasenumwandlung hervorgerufen, deren Rk.-Wärme 700 kal/Mol beträgt. Einen ähnlichen Verlauf zeigt die Kurve der spezif. Leitfähigkeit. J. Tůmová. 151□

0370 **Fluorbombencalorimetrie.** 5. Mitt. **Die Bildungsenthalpie von Siliciumtetrafluorid und Siliciumdioxid.** Stephen S. Wise, John L. Margrave, Harold M. Feder und Ward N. Hubbard. (J. physic. Chem. **67**, 815—21, 1963; Argonne, Ill., Argonne Nat. Labor.; Madison, Wis., Univ. of Wisconsin; engl.) — 4. vgl. C. **1963**, 6484. — Best. der calor. Daten 1. der Rk. von Si mit F_2 unter Bldg. von gasförmigem SiF_4: $\Delta E^0_f = -385{,}39 \pm 0{,}19$; $\Delta H^0_f = -385{,}98 \pm 0{,}19$; $\Delta G^0_f = -375{,}81 \pm 0{,}24$ kcal/Mol, $\Delta S^0_f = -34{,}1 \pm 0{,}5$ cal·Grad^{-1}Mol^{-1}; 2. der Rk. von Quarzglas mit F_2 unter Bldg. von gasförmigem SiF_4 u. O_2: $\Delta E^0_c = \Delta H^0_c = -170{,}04 \pm 0{,}25$ kcal/Mol; 3. der Rk. von α-Quarz mit F_2 unter Bldg. von gasförmigem SiF_4 u. O_2: $\Delta E^0_c = \Delta H^0_c = -168{,}26 \pm 0{,}28$ kcal/Mol. Die calor. Daten der Rk. Si(f) + O_2(g) → SiO_2 (Glas) bzw. SiO_2 (α-Quarz) ergeben sich hieraus zu $\Delta H^0_f = -215{,}94 \pm 0{,}31$ bzw. $-217{,}72 \pm 0{,}34$; $\Delta G^0_f = -203{,}33 \pm 0{,}34$ bzw. $-204{,}77 \pm 0{,}34$ kcal/Mol; $\Delta S^0_f = -42{,}2 \pm 0{,}4$ bzw. $-43{,}44 \pm 0{,}1$ cal·Grad^{-1}·Mol^{-1}. Die Umwandlungsenthalpie von Quarzglas in α-Quarz beträgt demnach $-1{,}78 \pm 0{,}46$ kcal/Mol. Die Bldg.-Enthalpie von SiO(g) ergibt sich zu $-24{,}04 \pm 0{,}45$ kcal/Mol. P. Sartori. 156◇

0371 **Thermodynamik der Reaktion von AlF_3, Na_3AlF_6 und $NaAlF_4$ mit Wasserdampf.** W. P. Maschowetz und B. F. Judin. (Hochschulnachr. [Ordshonikidse], Nichteisenmetallurgie **5**, Nr. 4, 95—105, 1962; Leningrad, Technolog. Inst., Lehrstuhl für physikal. Chem.; russ.) — Im Temp.-Bereich von 850—1310°K wird die Gleichgewichts-Konst. für die Rk. $^2/_3\,AlF_3 + H_2O \rightleftharpoons {}^1/_3\,Al_2O_3 + 2\,HF$ gemessen. Auf Grund dieser Messungen wird der Wert der Bldg.-Wärme von AlF_3 (fest) zu $-355{,}26 \pm 0{,}50$ kcal/Mol bestimmt. Bei 1100—1320°K wird ferner die Gleichgewichts-Konst. der Rk.: $^2/_3\,Na_3AlF_6 + H_2O \rightleftharpoons {}^1/_3\,Al_2O_3 + 2\,HF +$

2 NaF gemessen. Auf Grund dieser Messungen bestimmt sich die Bldg.-Wärme von Kryolith zu 784,29 ± 0,50 kcal/Mol. Gemessen wird ferner im Temp.-Bereich von 1030—1340° K die Gleichgewichts-Konst. der Rk.: $^2/_3\ NaAlF_4 + H_2O \rightleftharpoons {}^1/_3\ Al_2O_3 + 2\ HF + {}^2/_3\ NaF$. Hieraus werden für fl. $NaAlF_4$ die Bldg.-Wärme zu — 502 ± 2 kcal/Mol u. die Entropie zu 32,5 ± 2,0 cal/Grad · Mol bestimmt. Der Dissoziationsgrad von Kryolith zu $NaAlF_4$ u. NaF bei 1300° K beträgt $\alpha_K = 0,061$. Der Dissoziationsgrad von $NaAlF_4$ zu Kryolith u. AlF_3 bei 1300° K beträgt 0,651. Die Bldg.-Wärme von gasförmigem AlF wird zu — 61,18 ± 0,50 kcal/Mol berechnet. — 25 Literaturangaben. H. Hochstein. 156◇

0372 **Gleichgewichtsdrücke bei der Zersetzung von K_2TiCl_6.** S. N. Flengas und T. R. Ingraham. (Canad. J. Chem. **38**, 813—17, 1960; Ottawa, Ontario, Dep. of Mines and Techn. Surveys, Mines Branch, Extract. Metallurg. Div.; engl.) — Die Gleichgewichtsdrücke P von K_2TiCl_6 gehorchen bei 370—530° der Gleichung $\log_{10}p[\mathrm{cm\ Hg}] = -5{,}774 \cdot 10^3/T + 9{,}120$. Die Rk.-Wärme ΔH der Zerfalls-Rk. $K_2TiCl_{6\,fest} \rightleftharpoons 2\ KCl_{fest} + TiCl_{4\,gasf.}$ beträgt + 26,4 ± 1,3 kcal/Mol. Für die Gleichgewichts-Rk. sind zwischen 350 u. 500° die Werte für K_p, ΔG u. ΔS angegeben. Die Ergebnisse werden unter dem Gesichtspunkt einer elektrolyt. Darst. von Ti diskutiert. W. Pruß. 156◇

0373 **Gasgleichgewichte im System Germanium–Jod.** R. F. Lever. (J. electrochem. Soc. **110**, 775—79, 1963; Yorktown Heights, N.Y., Internat. Business Mach. Corp., Thomas J. Watson Res. Center; engl.) — Zur Best. der Temp.-Abhängigkeit des Gesamtdruckes im geschlossenen Syst. bei konst. Vol. wird die therm. Dissoziation von gasförmigem (g) GeJ_4 (I) u. seine Rk. mit überschüssigem Ge untersucht. Weiterhin werden die Temp.-Abhängigkeiten der Gleichgewichts-Konst. der Rkk. a) $Ge(f) + I(g) \rightleftharpoons 2\ GeJ_2(g)$ (II; f = fest) u. b) $I(g) \rightleftharpoons II(g) + J_2(g)$, die mittleren Rk.-Wärmen ΔH u. Entropieänderungen ΔS im Temp.-Bereich von 600—1200° K ermittelt: Rk. a, (ΔH =) 38,3 ± 1,0 (cal/Mol), (ΔS =) 33,1 ± 0,5 (kcal/Mol · Grad); Rk. b, 36,3 ± 1,0; 44,3 ± 0,5; $Ge(f) + 2\ J_2(g) = I(g)$, 40,3; —21,9; (ΔH_{298} =) —41,1; —21,9; (S_{298} =) 108,6; $Ge(f) + J_2(g) = II(g)$, 2,0; —2,0; +11,2; 80,9. Sublimationswärme bzw. -entropie von II bei 600° K beträgt 32,0 bzw. 39,8. P. Frenzel. 156◇

0374 **Verhalten von Germaniumdisulfid bei hohen Temperaturen.** A. D. Pogorely und N. K. Morosowa. (Hochschulnachr. [Ordshonikidse], Nichteisenmetallurgie [UdSSR] **3**, Nr. 4, 113—21, 1960; Nordkaukas. Bergmetallurg. Inst., Lehrstuhl für allg. Metallurg.; russ.) — GeS_2 wurde durch Umsetzen von $GeCl_4$ mit H_2S in der Dampfphase bei 600 bis 650° in Ar als Trägergas gewonnen. Der unter Ar-Atmosphäre ermittelte Dampfdruck des Prodd. folgt ohne Berücksichtigung der Dissoziation zwischen 500 u. 800° der Gleichung $\lg p(GeS_2) = 9030/T + 43{,}97 \lg T - 139{,}19$. Die Dissoziations-Konst. von $2\ GeS_2 \rightarrow 2\ GeS + S_2$ zwischen 500—700° (in einer Atmosphäre von 90 % Ar u. 10 % H_2) folgt der Gleichung $\lg K(GeS_2) = \lg[p^2(GeS)p(S_2)] = 35470/T + 30{,}10$ (atm · m³). Die Größe der Änderung der Freien Enthalpie für die Rk. $2\ GeS\ (Gas) + S_2 = 2\ GeS\ (krist.)$ entspricht der Formel $\Delta G_T{}^0 = -162{,}0 + 0{,}1377\ T$ kcal. J. Tůmová. 156□

0375 **Die Dissoziationswärmen der Metallchelate von Uran(VI), Thorium(IV) und Scandium(III) mit 8-Hydroxychinolin und substituiertem 8-Hydroxychinolin.** G. R. Horton und W. W. Wendlandt. (J. inorg. nuclear Chem. **25**, 241—45, 1963; Lubbock, Tex., Texas Technol. Coll., Dep. of Chem.; engl.) — Vgl. C. **1964**, 2-0479. — Die Dissoziationswärmen ΔH der Rk. $M(Ox)_n \cdot HOx_{(fest)} \rightarrow M(Ox)_{n(fest)} + HOx_{(gasförmig)}$ ($M = UO_2{}^{2+}$, Th^{4+} u. Sc^{3+}, HOx = 8-Hydroxychinolin oder 2-Methyl-; 5.7-Dichlor-; 5.7-Dibrom-, 5.7-Dijod-, 5-Jod- u. 5-Jod-7-chlor-8-hydroxychinolin werden ermittelt. Diese nehmen für die 8-Hydroxychinolinmetallchelate in der Reihenfolge $UO_2{}^{2+} > Th^{4+} > Sc^{3+}$, für ein gegebenes Metallion, Th^{4+}, in der Reihenfolge $HOxCl_2 > HOx > HOxJCl > HOxBr_2 > HOxJ$ u. für $UO_2{}^{2+}$ gemäß $HOxBr_2 > HOxCl_2 > HOxJ > HOx > HOxCH_3$ ab. Für die reinen Chelatbildner sind die aus den Dissoziationsdrücken errechneten Sublimationswerte ΔH_v zwischen 35 u. 160° (21—31,4 kcal/Mol) u. die Werte für ΔF (4,3—11 kcal), ΔS (35—58 cal/Grad) u. Kp. tabelliert. Für die Metallchelate sind zwischen 110° u. 150° die ΔF-Werte 7,3—13, ΔH = 10,6—27,6 u. ΔS = 9 bis 38. Im Syst. $Sc(Ox)_3 \cdot HOx$ tritt vielleicht im Vakuum keine vollständige Dissoziation ein. Der ΔH-Wert für $UO_2(Ox)_2 \cdot HOx$ von 21,8 stimmt gut mit dem mit DTA erhaltenen Wert von 20 ± 2 überein. G. Heller. 156◇

0376 **Indirekte Berechnung der partiellen Freien Energie von Albit und Orthoklas in Alkalifeldspat.** R. Allmann und E. Hellner. (Norsk geol. Tidsskr. **42**, 349—53, 1962; Kiel, Univ., Miner. Inst.; engl.) — Die partiellen Freien Energien der reinen Alkaliphasen im Mischkristallbereich werden unter Anlehnung an eine von Orville (C. **1963**, 18394) beschriebene Meth. bestimmt. Aus der Gleichung Albit + KCl ⇌ Orthoklas + NaCl folgt die Beziehung F(NaCl) — F(KCl) = F(Albit) — F(Orthoklas) = ΔF(Feldspat). Unter Annahme einer idealen Mischung der Alkalichlorid-Lsg. kann die partielle Freie Energie nach F(x) = F(l) + RTln x berechnet werden (x = Molenbruch; F(l) = Freie Energie der reinen Endglieder). Aus dem Verhältnis K/(K + Na) in Alkalifeldspat u. der koexistierenden Dampfphase (nach Orville) für 600 u. 700° sowie dem errechenbaren ΔF(Chloride) kann die ΔF(Feldspat)-Kurve ermittelt werden. Die für die Berechnung der Freien Energie verwendeten Werte sind angegeben. Ernst Schulte. 156◇

0377 **Emission elektromagnetischer Wellen bei Detonationen.** Bernhard Koch. (C. R. hebd. Séances Acad. Sci. **248**, 2173—75, 1959; Saint-Louis, Haut-Rhin., Labor. de Rech. techn.; franz.) — Vf. empfängt elektromagnet. Wellen von 24,1 MHz, die bei der Detonation von 750 g Sprengstoff (50% Trinitrotoluol u. 50% Hexogen, teilweise mit 10% Al-Pulver) emittiert werden u. zeichnet den zeitlichen Verlauf zusammen mit der Lichtemission oscillograph. auf. Die Signale haben eine durchschnittliche Dauer von 0,5 ms u. eine Leistung von 150 μW, wobei eine mittlere Energieausstrahlung von $(5-10) \cdot 10^{-8}$ J auftritt. Der Ursprung der Wellen scheint auf die bei der Detonation auftretende Ionisierung zurückzugehen. G. Krien. 157◇

0378 **Ein möglicher Mechanismus für die Erzeugung von $O_2^*(^3\Sigma_u^-)$ in Flammen.** Robert J. Fallon, Irwin Tobias, Joseph T. Vanderslice und William G. Maisch. (Canad. J. Chem. **38**, 743—45, 1960; College Park, Md., Univ. of Maryland, Inst. for Mol. Phys.; engl.) — Vff. deuten diese Erzeugung an Hand kürzlich bestimmter Potentialkurven von O_2 (Vanderslice u. Mitarbeiter, C. **1961**, 6413) durch die Rk. $O(^3P) + O(^3P) \rightarrow O_2(^3\Pi_u) \rightarrow O_2^*(^3\Sigma_u^-)$, der nur eine Energie von ca. 1 eV erfordert. Dieser therm. Anregungsprozeß würde auch erklären, warum die beobachteten Schumann-Runge-Banden nur von den tieferen Schwingungsniveaus des B-Zustandes herrühren. Mögliche Quellen für die beobachteten Kontinua werden diskutiert. D. Jörchel. 157◇

0379 **Ein Apparat zur Messung der Wärmeausbreitung in Festkörpern bei hohen Temperaturen.** B. Abeles, G. D. Cody und D. S. Beers. (J. appl. Physics **31**, 1585—92, 1960; Princeton, N.J., RCA Labor.; engl.) — Ein App. zur Messung der Wärmeausbreitung (Wärmeleitfähigkeit/spezif. Wärme) von Festkörpern im Temp.-Bereich von 30 bis 1000° wird beschrieben. Er beruht auf der Messung der Streuung u. der Schwächung eines Wärmestrahles beim Durchgang durch einen Festkörper. Die Theorie der Meth. sowie Meßergebnisse für *Armco-Fe* (30—1025°) u. *Ge* (30 bis 800°) werden mitgeteilt. K. Jaeger. 158◇

0380 **Wärmeleitfähigkeit von Tellureinkristallen im Temperaturbereich 80—650° K.** I. A. Smirnow und Je. W. Schadritschew. (Festkörperphysik [UdSSR] **4**, 1960—63, 1962; Leningrad, Akad. der Wiss. der UdSSR, Halbleiterinst.; russ.) — An 2 Te-Proben aus Einkristallen mit einer Loch-Konz. von ca. $2 \cdot 10^{16}$ cm^{-3} bei 80° K wird die Wärmeleitfähigkeit $\varkappa_r$ in Richtung der c-Achse bis 650° K untersucht. Von ca. 150° K an wird eine zusätzliche Wärmeleitfähigkeit $\Delta\varkappa = \varkappa_{exp.} - \varkappa_r$ festgestellt, deren Gang bei < 400° K durch Photonenwärmeleitfähigkeit zu erklären ist, bei > 500° K durch Wärmeübertragung durch freie Stromträger u. Dämpfe. R. K. Müller. 158◇

0381 **Wärmeleitfähigkeit von verdünnten Indium–Quecksilber-Legierungen.** A. M. Toxen, G. K. Chang und R. E. Jones. (Physic. Rev. [2] **126**, 919—22, 1962; Yorktown Heights, N.Y., IBM Corp., Thomas J. Watson Labor.; engl.) — Von polykristallinen In-Hg-Legg. mit 0,1—2,5 Atom-% Hg wird zwischen 1,4 u. 4° K die Wärmeleitfähigkeit K bestimmt. Im normalen Zustand gilt $1/K_n = A/T + BT^2$; für reines In ist A = 0,034 (cm · Grad²/W) u. B = $1{,}11 \cdot 10^{-3}$ (cm/W · Grad), die Werte steigen für 0,1 (Atom-%) Hg auf A = 0,608 bzw. B = 2,42·10^{-3} u. 0,5 Hg auf A = 2,90 bzw. B = 3,42·10^{-3} an. Ein Anteil für Phononenleitung wird nicht nachgewiesen. Wird die Wärmeleitfähigkeit im supraleitenden Zustand K_s als Funktion von T_c/T (T_c = krit. Temp.) aufgetragen, so wird mit steigendem Hg-Geh. eine immer stärkere Abweichung von der linearen Abhängigkeit beobachtet, die einem Teil der Phononenleitung zugeordnet werden kann. Aus dem Verhältnis der elektron. Anteile K_{es}/K_{en} werden die Temp.- u. Zus.-Abhängigkeit des Energieabstandes nach Bardeen, Cooper u. Schrieffer (C. **1958**, 5576) berechnet u. kleine systemat. Abweichungen der Meßwerte von den theoret. Werten beobachtet. Herbert Müller. 158◇

0382 **Wärmeleitfähigkeit von MgO-, Al_2O_3-, $MgAl_2O_4$- und Fe_3O_4-Kristallen zwischen 3 und 300° K.** Glen A. Slack. (Physic. Rev. [2] **126**, 427—41, 1962; Schenectady, N.Y., Gen. Electr. Res. Labor.; engl.) — An künstlich hergestellten Einkristallen von *MgO* (I), *Fe_3O_4* (II) u. *MgO·3,5 Al_2O_3* (III) sowie an natürlichen Einkristallen von *$MgAl_2O_4$* (IV) u. *$Ti_{0.02}Mg_{0.75}Fe_{0.41}Al_{1.85}O_4$* (V) wird zwischen 3 u. 300° K die Wärmeleitfähigkeit K nach der Meth. des stetigen Wärmeflusses bestimmt; die Meßwerte sind graph. wiedergegeben. Die Temp.-Abhängigkeit von K für I u. *α-Al_2O_3* (Berman, Foster u. Ziman, Proc. Roy. Soc. [London], Ser. A **231**, [1955], 130) kann als Summe von Anteilen für die Phononenstreuung durch Umklapp-Prozesse sowie an Isotopen u. Kristallgrenzen gedeutet werden. Für IV liegt K = f(T) (T = Temp.) zwischen den Werten für I u. Al_2O_3; allerdings sind die K-Werte von IV geringer als erwartet, da bes. bei tiefen Temp. Verunreinigungen durch Übergangsmetalle wirksam werden. Aus den Werten von III u. V folgt, daß K durch Leerstellen geringfügig, durch Ggw. von Fe dagegen erheblich vermindert wird. In II wird die therm. Energie im wesentlichen durch Phononen transportiert, während Magnonen oder Elektronen nur einen geringen Einfl. haben. Werden im magnet. Gitter örtliche Störungen durch Leerstellen oder chem. Verunreinigungen hervorgerufen, so ist eine zusätzliche Phononenstreuung anzunehmen. Herbert Müller. 158◇

0383 **Wärmeleitfähigkeit von Einkristallen und Polykristallen aus Kupfer(I)-oxid.** A. I. Andrijewski, Je. N. Dimarowa und M. M. Pidorja. (Festkörperphysik [UdSSR] **4**, 163—67, 1962; Lwow, Polytechn. Inst.; russ.) — Messungen der Wärmeleitfähigkeit von Ein- u. Polykristallen aus Cu_2O zeigen, daß die zwischenkristallinen Wände einen wesentlichen Beitrag zum Wärmewiderstand geben. Beim Erhitzen eines Einkristalles im Vakuum oder in Luft auf 800° verändern sich die elektr. Leitfähigkeit u. die Träger-Konz. um 2 bis 3 Größenordnungen, aber kaum der therm. Widerstand. Vff. nehmen daher an, daß Stromträger nicht zur Wärmeleitfähigkeit beitragen. K. Huste. 158◇

0384 **Phononenstreuung durch Spins bei tiefen Temperaturen.** I. P. Morton und H. M. Rosenberg. (Physic. Rev. Letters **8**, 200—01, 1962; Oxford, Univ., Clarendon Labor.; engl.) — Zur Unters. von Spins u. Phononen wurde die Abhängigkeit der Wärmeleitfähigkeit von *Ho-Äthylsulfat* gemessen. Beim Anlegen eines Magnetfeldes parallel zur hexagonalen Kristallachse wurde eine bemerkenswerte Änderung des therm. Widerstandes als Funktion des Magnetfeldes gefunden. Die Temp.-Abhängigkeit der Wärmeleitfähigkeit zwischen 2,5 u. 20° K zeigt bei ca. 10° K ein Maximum. H. Schroeder. 158□

0385 **Zur Theorie der Ultraschallabsorption von Metallen im Magnetfeld bei hohen Frequenzen.** J. Mertsching. (Physica Status solidi [Berlin] **1**, 345—51, 1961; Berlin, Phys. Techn. Inst. der Dt. Akad. der Wiss.; dt.) — Die bisherige Theorie der Ultraschallabsorption in Metallen setzt für alle Schallfrequenzen ω eine lokale Mitnahme der Fermi-Fläche durch die Ultraschallwelle voraus („collision-drag"-Effekt). Dieser Effekt ist jedoch nur für den Fall gesichert, daß ω klein gegen die reziproke Relaxationszeit τ^{-1} der Elektronen ist. Falls der Effekt für $\omega\tau > 1$ nicht existiert, erhält man Ergebnisse, die z. T. von der bisherigen Theorie abweichen. W. Pump. 159◇

0386 **Änderung der Schallgeschwindigkeit in Metallen durch ein Magnetfeld.** Sergio Rodriguez. (Physic. Rev. [2] **130**, 1778—83, 1963; Lafayette, Ind., Purdue Univ., Dep. of Phys.; engl.) — In Übereinstimmung mit experimentellen Ergebnissen wird gezeigt, daß bei Zimmer-Temp. u. Ultraschallfrequenzen von einigen MHz die Schall-Geschw. proportional zum Quadrat des Magnetfeldes zunimmt. H. Liepack. 159◇

0387 **Der Einfluß der Schallfrequenz auf seine Absorption durch ein Metall in einem magnetischen Feld.** M. Ss. Swirski. (J. exp. theoret. Physik [UdSSR] **44**, 628—32, 1963; Tschebanski, Päd. Inst.; russ., Auszug: engl.) — Die Riesenquantenoscillationen der Schallabsorption durch ein Metall in einem magnet. Feld bei Änderung der Ultraschallfrequenz werden besprochen. W. Pump. 159◇

0388 **Resonanzabschwächung des Schalles in Metallen in einem Magnetfeld.** G. Akramow. (Festkörperphysik [UdSSR] **5**, 1310—15, 1963; russ.) — Untersucht wird die Wechselwrkg. von Schallwellen mit den Schraubenwellen in einem Metall im magnet. Feld. Es wird gezeigt, daß beide Wellen geschwächt werden, wenn ihre Frequenzen u. Phasen-Geschw. übereinstimmen. K. Jaeger. 159◇

0389 **Elastische Wellen endlicher Amplitude in festen Körpern und die Anharmonizität des Gitters.** A. A. Gedroitz, L. K. Sarembo und W. A. Krassilnikow. (Nachr. Moskauer Univ., Ser. III **17**, Nr. 3, 92—93, 1962; russ.) — Für das Verhältnis γ/β des „mittleren" nichtlinearen Koeff. zum linearen Koeff. im Hookeschen Gesetz werden Gleichungen abgeleitet. Ihre Ergebnisse werden für die Leg. MA-8, Al, W, NaCl, KCl u. LiF mit den experimentellen Werten verglichen. Die Nichtlinearität des Hookeschen Gesetzes ist um so größer, je größer der Wärmeausdehnungs-Koeff. ist. Die Abweichung von der Linearität wird vor allem durch den nichtlinearen Charakter der intrakrist. Wechselwrkg. bestimmt. R. K. Müller. 159◇

0390 **Temperaturabhängigkeit der Ultraschallgeschwindigkeit in Bleisulfideinkristallen zwischen 80 und 640° K.** A. A. Tschudinow. (Festkörperphysik [UdSSR] **5**, 1458—60, 1963; Taganrog, Päd. Inst.; russ.) — Mit Hilfe der Doppeloscillatortechnik wird die Ultraschall-Geschw. in PbS-Einkristallen in Abhängigkeit von der Temp. in [1 0 0] u. [0 1 1] gemessen. Aus den Meßergebnissen werden die Werte der Elastizitäts-Konst. bei Zimmer-Temp. abgeleitet. K. Jaeger. 159◇

0391 **Einfluß des Ultraschallhochfrequenzfeldes auf plastische Pasten.** M. N. Goldstein und E. M. Gutman. (Kolloid-J. [UdSSR] **21**, 272—75, 1959; Dnepropetrowsk, Transporting.-Inst.; russ., Auszug: engl.) — Hochfrequenzultraschallschwingungen verursachen eine Vol.-Ausdehnung hochdisperser Pasten, die in der Bestrahlungszeit linear verläuft. Die Dilatations-Geschw. einer Montmorillonitpaste betrug 0,074 mm/Min. in vertikaler Richtung. In grobkörnigen Sanden verursacht der Ultraschall eine Verdichtung, ebenfalls bei trockenen Pulvern hochdisperser Tone. Mit Erhöhung des Feuchtigkeits-Geh. u. der Schwingungsintensität vergrößert sich die Ausdehnung, ebenso wirken Lsgg. von NaCl, $CaCl_2$ u. $AlCl_3$. Nichtpolare Fll. (W., Methylalkohol, Glycerin, Transformatorenöl) verhindern die Wrkg. des Ultraschalles. J. v. Schroeder. 159◇

0392 **Verbindungsmethoden und eine Verbindungsklammer für Ultraschallmessungen.** Paul F. Sullivan. (J. acoust. Soc. America **34**, 1879—82, 1962; Watertown, Mass., Watertown Arsenal Labor., Nondestructive Testing Branch; engl.) — Die Glycerin- u. die Phenylsalicylat-Meth. zur Herst. einer Verbindung zwischen Probe u. Schallüberträger werden experimentell untersucht. Eine Verbindungsklammer wird entwickelt, deren Anwendung zu einer Verbesserung der Genauigkeit von Schallschwächungsmessungen um eine Größenordnung führt. W. Betcke. 159◇

A_5. Kolloidchemie, Grenzschichtforschung

0393 **Über einige neue Richtungen der kolloidchemischen Forschung.** Erwin Wolfram. (Magyar tudományos Akad., kém. tudományok Osztályának Közleményei [Ung. Akad. Wiss., Ber. Abt. chem. Wiss.] **19**, 321—34, April 1963; ung.) — Übersicht (Fortschritte, wichtigste Unters.-Meth., Ergebnisse u. die weiteren Aufgaben). — 51 Literaturangaben. P. Wamoscher. 160△

0394 **Die Herstellung von Tonsuspensionen bestimmter Ionenzusammensetzung unter Verwendung von Ionenaustauscherharzen.** G. H. Bolt und M. J. Frissel. (Proc. Soil Sci. Soc. America **24**, 172—77, 1960; Wageningen, State Agricult. Univ., Labor. of Soils and Fertilizers; engl.) — Untersucht wurden die folgenden Variablen, die die Wirksamkeit der Behandlung von Tonsuspensionen mit Ionenaustauscherharzen beeinflussen: Konz. des Elektrolyten,

Geschw. der Suspendierung der Harzteilchen, Erschöpfungsgrad des Harzes u. Kontaktzeit. Als Tone fanden dabei *Bentonit* u. *Illit*, als Harze *DOWEX 50* u. *DOWEX 2* Verwendung. Dabei ergab sich, daß der Austausch Ca-Ton → Na-Ton stark durch die Elektrolyt-Konz. beeinflußt wird, die Erschöpfung des Harzes dagegen kaum etwas ausmacht. An Kationen gesätt. Tone lassen sich so vorteilhaft durch ein Kolonnen-Verf. gewinnen, wie am Beispiele der Herst. einer 1%ig. Suspension von Na-Montmorillonit gezeigt werden konnte, deren Rohmaterial ca. 70% Ca-Ionen enthielt. Der Austausch Na-Ton → Ca-Ton erwies sich jedoch als äußerst empfindlich gegenüber dem Erschöpfungszustand des Harzes, so daß die Herst. von großen Mengen an mit 2wertigen Ionen gesätt. Tonen unter Verw. von Austauscherharzen im allg. unzweckmäßig ist. Man fand weiter, daß Rühren der Tone mit Harzen nur in Spezialfällen zweckmäßig ist, z. B. für die Entfernung von $CaCO_3$ u. die Herst. von Tonen mit gemischtem Ionen-Geh.; letzterer Fall wird an der Herst. einer 1%ig. Tonsuspension mit 37% Na-Geh. aus Ca-Montmorillonit (5% Na) durch 12std. Rühren mit einem 4,1 mVal Na-Harz demonstriert. E. Uhlein. 161◇

0395 **Flockungs- und Dispersionsverhalten von Quarz in Gegenwart eines Polyacrylamid-Flockungsmittels.** T. W. Healy. (J. Colloid Sci. **16**, 609—17, 1961; Melbourne, Univ., Mining Dep.; engl.) — An *Quarz* (I) von — 14 + 20 mesh bzw. — 48 + 65 mesh (Tyler) wurde in Ggw. verschiedener Mengen *Separan 2610* (II; Dow; hydrolysiertes *Polyacrylamid*-Copolymeres, Molgew. ~ 10^6) das Strömungspotential von W. (modifizierte Meth. nach Buchanan u. Heymann, Proc. Roy. Soc. [London] **195**, [1948], 150) gemessen. Ferner wurde an wss. Suspensionen von I (95% —400 mesh) konduktometr. die II-Adsorption bei verschiedener Rührgeschw. sowie die Absitzgeschw. bestimmt. Das nach Helmholtz-Smoluchowski berechnete ζ-Potential von I nimmt mit wachsender II-Konz. erst stark u. dann sehr wenig ab. ζ wird nicht Null. Wenn mit W. gewaschen wird, ändert das vorher von Lsgg. mit bis zu 0,1 g/Liter II umströmte I sein ζ-Potential nicht, das ζ des mit stärkeren Lsgg. vorbehandelten I sinkt auf einen konst. Wert (— 16,5 mV). Mit wachsender Rührintensität nehmen die adsorbierte II-Menge u. die mittlere Flockengröße ab. Mit wachsender Rührzeit (konst. Intensität) ändert sich die adsorbierte II-Menge nicht, aber der Flockungsgrad (mittlere Flockengröße) nimmt ab. Der Widerstand der Flocken gegen Redispersion nimmt mit wachsender II-Konz. zu. — Die Ergebnisse lassen sich mit der Annahme einer Brücken-Bldg. zwischen den adsorbierten II-Moll. bei Flokkung erklären. R. Junge. 162◇

0396 **Veränderung der Adsorption der potentialbestimmenden Ionen bei der Koagulation lyophober Sole durch indifferente Elektrolyte.** Ju. M. Glasman, D. N. Strashessko, Je. F. Shelwiss und L. L. Tscherwjatzowa. (Kolloid-J. [UdSSR] **21**, 263—71, 1959; Kiew, Technol. Inst. der Leichtind.; Pissarshewski-Inst. für phys. Chem. der Akad. der Wiss. der UkrainSSR; russ., Auszug: engl.) — Durch Gegenüberstellung der Aktivität der intermicellaren Fl. markierter AgJ-, HgS-, As_2O_3- u. $Fe(OH)_3$-Sole mit der Aktivität der entsprechenden Lsgg. nach der Koagulation durch indifferente Elektrolyte ($NaNO_3$, KNO_3, $Ca(NO_3)_2$, $Ba(NO_3)_2$, $Al(NO_3)_3$, $CeCl_3$, $Th(NO_3)_4$, KCl, $BaCl_2$, K_2SO_4, $K_3[Fe(CN)_6]$ u. $K_4[Fe(CN)_6]$) wurde festgestellt, daß eine ergänzende Adsorption der potentialbestimmenden Ionen J^-, $HgS_2{}^{2-}$, $AsS_2{}^-$, $AsO_2{}^-$ u. FeO^+ stattfindet. Der Koagulationsprozeß der lyophoben Sole durch Elektrolyte berührt nicht nur die äußere Hülle, sondern auch die inneren Teile der Doppelschicht der koll. Teilchen. — Es besteht ein quant. Gegensatz der Vers.-Daten zu den elektrostat. Anschauungen über die Vorgänge in der Doppelschicht. J. v. Schroeder. 163◇

0397 **Chlorierung eines Kieselgels durch Thionylchlorid.** Jan Uytterhoeven und Henri Naveau. (Bull. Soc. chim. France **1962**, 27—29; Héverlé/Louvain, Belgique, I.N.E.A.C. et de Chim. Min., Inst. Agronom., Labor. des Coll.; franz.) — $SOCl_2$ vermag freie OH-Gruppen von „Aerosil" (I) nur unvollständig in Cl-Gruppen überzuführen, wobei der Substitutionsgrad zwischen 15% (20°) u. 45% (100°) schwankt. Somit eignet sich die Rk. mit $SOCl_2$ nicht zur quant. Best. von OH-Gruppen in Kieselgelen. C_6H_5Li bzw. C_6H_5MgBr reagieren mit I bzw. chloriertem I nur teilweise unter Phenylierung. Si—O—Si-Gruppen ließen sich, wenn überhaupt, nur in geringem Maße durch $SOCl_2$ spalten. H. Bürger. 164◇

0398 **Die Bindung in heterogenen Grenzflächen.** B. Steverding. (J. electrochem. Soc. **110**, 712—16, 1963; Redstone Arsenal, Ala., U. S. Army Missile Command, Phys. Sci. Labor.; engl.) — Das isotherme Verdampfungs-Verh. von Metallfilmen auf nichtmetall. Substraten (aufgedampfte *Cu*- u. *Al*-Filme auf hochreinem Al_2O_3; einseitig anodisierte Al-Folie; Syst. Zn/ZnO) wird zur Best. der Grenzflächenbindungsenergien u. der Energiestruktur in der Nähe der Grenzfläche untersucht. Die Meth. erlaubt weiterhin die Messung der Reichweite der Bindungskräfte sowie die Best. ihrer Temp.-Abhängigkeit. In den Syst. Cu/Al_2O_3 u. Zn/ZnO wird im Abstand von ca. 400—500 Å von der Grenzfläche im fl. u. festen Zustand eine Energiestufe beobachtet. P. Frenzel. 166◇

0399 **Die Größe, Gestalt und Beweglichkeit von Ionenzonen bei der Papierelektrophorese. Eine theoretische Analyse.** John T. Edward. (Chem. and Ind. **1958**, 276—78; Montreal, Canada, McGill Univ., Dep. of Chem.; engl.) — Aus dem Kohlrauschschen Gesetz folgt, daß bei der Papierelektrophorese unter Vernachlässigung der Verdampfung die relativen Größen von Konz. C u. Ionenbeweglichkeiten u in feuchtem Papier des Hintergrundelektrolyten B^+X^- u. des zu untersuchenden Elektrolyten A^+X^- folgende Rolle spielen: a) $u_A = u_B$ u. $C_A = C_B$: $C_{A'} = C_A$, die wandernde Zone (wZ) bleibt in Größe u. Gestalt unverändert. b) $u_A = u_B$ u. $C_A > C_B$: $C_{A'} < C_A$, wZ dehnt sich in Stromrichtung aus. c) $u_A = u_B$ u. $C_A < C_B$: wZ zieht sich zusammen. d) $C_A = C_B$, $u_A > u_B$: wZ zieht sich zusammen, die Front wird verschleiert, der Schwanz schärfer. e) $C_A = C_B$ u. $u_A < u_B$: wZ dehnt sich aus, die Front wird schärfer, der Schwanz verschleiert. Die Zonenbeweglichkeit z (Geschw. der beobachtbaren Ionenzone: scheinbarer Potentialgradient) entspricht u nur im Falle a). Bei d) gilt z < u, bei e) z > u. R. Junge. 168◇

0400 **Untersuchungen über Wolframat-Gele.** 2. Mitt. **Permeabilität, Adsorption und Membranpotential von Thoriumwolframatmembranen.** Wahid U. Malik und S. Anwar Ali. (Kolloid-Z. **175**, 139—44, 1961; Aligarh, India, Aligarh Muslim Univ., Chem. Labor.; engl.) — 1. vgl. C. **1962**, 2275. — Die Permeabilität von Elektrolyten durch anorgan. Membranen, die keinen reinen semipermeablen Charakter haben, wurde untersucht. Die Ergebnisse für Th–Wolframat-Membranen zeigen den Einfl. erstens der Wertigkeit u. des Radius des Anions u. zweitens der Anionenadsorption auf die Permeabilität der verschiedenen Elektrolyte (KCl, K_2SO_4, NaCl, Na_2SO_4, Na_2WO_4). Das Membranpotential u. die Ionenpermeabilität wird durch die Beziehung $X = a x^{1/n}$ beschrieben. Diese Gleichung zeigt außer der Tatsache, daß bei steigendem Membranpotential die Permeabilität sinkt, daß die Adsorption unmittelbar mit dem Membranpotential in Beziehung steht. H. Jehne. 170◇

0401 **Physikalische Charakterisierung von osmotischen Membranen aus organischen Polymeren.** Charles E. Reid und James R. Kuppers. (J. appl. Polymer Sci. **2**, 264—72, 1959; Gainesville, Fla., Univ. of Florida, Dep. of Chem.; engl.) — Zur Aufklärung der Semipermeabilität von Membranen aus organ. Polymeren bei Verw. für osmot. Best. wurden die Diffusions-Koeff. (D), Aktivierungsenergien u. Aktivierungsentropien (S_A) für die Diffusion von *W.*, *Methanol* (I) u. N_2 durch Membranen aus *Celluloseacetat* (II; 40% Acetyl) u. *Cellophan* (III) sowie die D für die Diffusion von *W.* durch Membranen aus unbestrahltem u. bestrahltem *Polyäthylen*, *Teflon* u. *Nylon* über einen weiten Bereich von Druckunterschieden bestimmt; ferner wurde die Kompressionsdeformation von Filmen aus II, III oder einem Cu-Komplex des III gemessen. Die Ergebnisse lassen erkennen, daß die Wasser-Moll. beim Transport durch die Membranen aus II u. III unter hohem Druck zwar in stark geordnete Zustände übergeführt werden, doch spricht die S_A für die Diffusion von I durch Filme aus II gegen eine Vernetzung der Kette über H-Brücken; wahrscheinlich ist demnach nur 1 H-Atom des H_2O an H-Brücken zum Polymer beteiligt. Druckabhängige Schwankungen der D- u. S_A-Werte in dem Druckintervall, in dem die II-Membran semipermeabel wird, lassen eine deutliche Umorientierung des Polymers erkennen. Der größere Elastizitätsmodul von feuchten II-Membranen, auf die senkrecht zur Oberfläche ein starker Kompressionsdruck wirkt, läßt auf starke Wechselwrkg. zwischen *W.* u. Polymerkette im Syst. II/*W.* schließen. Durch wiederholtes Komprimieren im feuchten Zustand ließ sich die Kapazität dieser Membranen für gebundenes W.

erhöhen. Feuchte Membranen aus **III** wurden bei der Kompression plast. verformt. Die Vernetzung der Ketten des **III** mit Cu-Ionen verhinderte das plast. Fließen, während gleichzeitig die Semipermeabilität der Membran für NaCl größer wurde. E. Ühlein. 170◇

0402 **Über den Mechanismus der Diffusion in Flüssigkeiten.** R. A. Swalin. (Acta metallurg. [New York] **9,** 379, 1961; Minneapolis, Minn., Univ. of Minnesota, Dep. of Metallurg.; engl.) — Vf. nimmt zu einer von Gordon (Acta metallurg. [New York] **7,** [1959], 681) erhobenen Kritik an der von ihm vertretenen Theorie der Diffusion fl. Metalle (C. **1961, 4623**) Stellung. Im einzelnen werden das Aktivierungs-Vol. für Selbstdiffusion in fl. Hg u. die von der Theorie geforderten Werte D_0 u. Q für Sn besprochen. G. Talsky. 171◇

0403 **Einige Messungen der Zeitabhängigkeit der Viscosität thixotroper Flüssigkeiten.** E. W. Billington. (Proc. physic. Soc. **75,** 40—50, 1960; Brentford, Middlesex, Admiralty Oil Labor.; engl.) — An 4 natürlichen, Wachs enthaltenden Restölen als Modell-Syst. für thixotrope Fll. wurde die Zeitabhängigkeit der Viscosität bei konst. Schergeschw. unter Verw. eines Couette-Viscosimeters im Temp.-Bereich 0—5°, in einem Fall im Temp.-Bereich von 1,7—32° verfolgt. Dazu wurde ein zeitabhängiger „Ertragswert" p_γ eingeführt (d. h. der Grenzwert der angewandten Scherspannung, unterhalb der kein Fließen einsetzt), der den Momentanwert der beobachteten Viscosität bei gegebener Schergeschw. zu einer zeitunabhängigen Restviscosität in Beziehung setzt, die für 2 der Öle im Bereich von 82° bis herab zu der Temp. bestimmt wurde, bei der sich thixotropes Verh. nachweisen ließ. Viscositätsmessungen an einer Suspension von *Ruß* in *Petroleum* bei 21° ergaben $p_\gamma = 5000$ dyn·cm² u. eine Restviscosität von 1300 Poise; die zeitliche Änderung von p_γ zeigte den gleichen Verlauf wie im Falle der wachshaltigen Öle. Für diese Unterss. wurde eine Methodik ausgearbeitet, die die Durchführung von Viscositäts-Best. an homogenen Proben ohne Erschütterung durch unnötige Scherung vor der Messung ermöglicht. E. Ühlein. 172◇

0404 **Über die Umkehrbarkeit des Durchganges durch den Instabilitätsbereich bei der Couette-Strömung.** D. R. Caldwell und R. J. Donnelly. (Proc. Roy. Soc. [London], Ser. A **267,** 197—205, 1962; Chicago, Ill., Univ. of Chicago, Inst. for the Study of Metals and Dep. of Phys.; engl.) — Vff. verwenden ein zylindr. Viscosimeter mit rotierendem Innenzylinder zur Messung des durch strömende Fl. übertragenen Drehmoments im laminaren u. überkrit. Geschw.-Bereich. Bei nahezu gleichen Zylinderradien ist das Moment eine eindeutige Funktion der Reynolds-Zahl der Strömung, sofern sich das Gleichgewicht eingestellt hat. Die krit. Geschw. für den Übergang zu cellularer Strömung ist mit der Geschw., bei der die cellulare Strömung in die laminare Strömung übergeht, identisch. Bei größerem Abstand zwischen den Zylindern wurde eine geringe Hysterese des Drehmoments in der Nähe der krit. Geschw. beobachtet. Einige Beobachtungen, die vermuten lassen, daß die Übergänge bei hydromagnet. u. spiraligen Strömungen zwischen rotierenden Zylindern ebenfalls reversibel sind, werden mitgeteilt. H. Schroeder. 173□

0405 **Energieparameter der Adsorption.** Gert Ehrlich. (J. chem. Physics **36,** 1499, 1962; Schenectady, N.Y., Gen. Electr. Res. Labor.; engl.) — Theoret. wurde die Bedeutung der Energiegrößen der Adsorption untersucht, soweit sich diese aus kinet. u. thermodynam. Messungen ermitteln lassen, wobei besonderes Gewicht auf die Beziehungen zwischen den nach verschiedenen Meth. ermittelten Parametern gelegt wurde. Dazu wurden die Energiegrößen chemisorbierender Syst. analysiert, die durch Calorimetrie, aus den Isothermen, aus Geschw.-Best. u. Messungen im stationären Zustand erhalten worden waren. Es ließ sich zeigen, daß die aus kinet. u. thermodynam. Messungen abgeleiteten Energieparameter dann miteinander vergleichbar sind, wenn die Gleichgewichtseinstellung der adsorbierten Schicht schnell vor der Verdampfung erfolgt (was für die meisten Metalle zutrifft) u. die kinet. Prozesse richtig erkannt sind. E. Ühlein. 176◇

0406 **Apparatur zur Messung relativer Rauhigkeitsfaktoren von Edelmetallen durch Adsorption von radioaktivem Jod.** M. K. Testerman und R. D. Hartman. (J. appl. Physics **34, 1492**—94, 1963; Little Rock, Ark., Univ. of Arkansas, Graduate Inst. of Technol.; Fayetteville, Ark., Univ. of Arkansas, Phys. Dep.; engl.) — Vff. gehen davon aus, daß bei vernachlässigbarer Chemisorption bei konst. Druck, Temp. u. Oberflächenenergie die Adsorptions-Geschw. allein vom Rauhigkeitsfaktor abhängt u. daher bei Adsorption eines radioakt. Gases die spezif. Aktivität der Oberfläche proportional dem Rauhigkeitsfaktor (spezif. Oberfläche) ist. Es wurden erfolgreich Messungen an Au u. Al durchgeführt. Bei Messing versagte die Methode. H. Liepack. 176◇

0407 **Gasreaktionen an fehlgeordneten Kristalloberflächen.** Karl Hauffe und Wolfgang Dörffler. (Rev. Chim. [Bucarest] **7,** 225—47, 1962; Frankfurt/M.; dt.) — Zusammenfassende Erörterung der für die heterogene Katalyse wichtigen Wechselwrkg. von reagierenden Gasen mit fehlgeordneten Kristalloberflächen, bes. der Chemisorption von Gasen an Oxiden sowie die Sorption an photohalbleitenden Oxiden unter Einw. von Licht. A. Blaschette. 176◇

0408 **Adsorptionseigenschaften von Calciummonosilicat.** T. W. Krmojan und G. I. Mikajeljan. (Nachr. Akad. Wiss. ArmenSSR, chem. Wiss. **11,** 307—16, 1958; Wiss. Forsch.-Inst. der ArmenSSR; russ.) — Vff. untersuchen die Adsorption von N_2 u. O_2 (—183°), CO_2 (—27°) u. H_2O (25°) an $CaSiO_3$ zur Berechnung der spezif. Oberfläche (γ). Das aus der CO_2-Isotherme erhaltene γ ist um etwa die Hälfte kleiner als das aus der Adsorption der anderen Gase errechnete. Dies wird darauf zurückgeführt, daß CO_2 als CO_3^{2-} adsorbiert wird. Ferner wird die Adsorption von H_2O an $CaSiO_3$ in Abhängigkeit von der Ausheiztemp. (verschiedene Dehydratationsstufen) untersucht. D. Hoene. 176◇

0409 **Über die Sorption organischer Substanzen an Cyanoferraten(II).** G. B. Sseifer. (J. anorg. Chem. [UdSSR] **7,** 1746—48, 1962; russ.) — Es wurde ein Einfl. der Ionenradien u. der Struktur der Elektronenschalen der Kationen (Ni, Co, Cu, Zn, Mn, Ca) von Hexacyanoferraten(II) auf die Sorption der Dämpfe polarer u. nichtpolarer organ. Fll. festgestellt. Wahrscheinlich findet bei der Sorption der organ. Fll. durch die Hexacyanoferrate nicht nur eine physikal. Adsorption, sondern teilweise auch eine Chemisorption statt. J. v. Schroeder. 176◇

0410 **Sorption hydrolysierter Ionen der Elemente der V. und VI. Gruppe an Kationenaustauschharzen.** A. I. Shukow, W. N. Garejew und W. M. Markowa. (J. anorg. Chem. [UdSSR] **7,** 1724—29, 1962; Uraler polytechn. Inst.; russ.) — Die an Austauschharzen KU-1 u. KU-2 vorgenommenen Eluierungs-Verss. von V(IV), V(V), Bi u. Cr(III) durch neutrale u. angesäuerte 1 n Lsgg. von NH_4NO_3 (**I**) u. NH_4Cl (**II**) zeigen, daß V(IV) nicht vollständig aus KU-1 auswaschbar ist; ebenso ist Bi mit **I** infolge der Sorption als $Bi[(OH)_3Bi]_2^{3+}$ nicht eluierbar. Bi konnte von Cd, Pb u. U(VI) bei Verw. von **I** u. **II** getrennt werden. J. v. Schroeder. 177◇

0411 **Sorption hydrolysierter Ionen der Elemente der VII. und VIII. Gruppe an Kationenaustauschharzen.** A. I. Shukow und W. N. Musgin. (J. anorg. Chem. [UdSSR] **7,** 1730—35, 1962; russ.) — Vgl. vorst. Referat. — Alle untersuchten Ionen Mn^{2+}, Fe^{2+}, Fe^{3+}, Co^{2+} u. Ni^{2+} lassen sich mit Ausnahme von Fe^{3+} leicht aus den Kationenaustauschharzen KU-1 u. KU-2 mit 1 n NH_4Cl auswaschen. Die unvollständige Eluierung von Fe^{3+} hängt mit dessen Sorption als Hydroxokomplex $Fe[(OH)_2Fe]_n^{(3+n)+}$ zusammen, wo n eine Funktion von pH u. der Durchlässigkeit des Harzes ist. Eine Trennung des Th von Fe^{2+} u. Fe^{3+} wurde durchgeführt. J. v. Schroeder. 177◇

0412 **Die Trennung stabiler Isotope an Ionenaustauschersäulen im Makromaßstab.** F. H. Spedding. (J. Chim. physique Physico-Chim. biol. **60,** 89—96, 1963; Iowa, Iowa State Univ., Ames Labor. of the A.E.C.; engl.) — Die Meth. zur Isotopentrennung mit Kationenaustauschern (bereits in C. **1956, 4350** ausführlich beschrieben) wird zusammenfassend abgehandelt. Dabei wird bes. die $^{14}N/^{15}N$-Trennung unter Ausnutzung der Rk. $(^{14}NH_4^+ \cdot aq)_R + (^{15}NH_4OH \cdot aq)_S \rightleftharpoons (^{15}NH_4^+ \cdot aq)_R + (^{14}NH_4OH \cdot aq)_S$ berücksichtigt. Ein elementarer Trenneffekt von 1,0257 wird für diese Rk. angegeben. Theoret. Grundlagen u. die Einfl. von Betriebsgrößen werden diskutiert. 100 g 99,7% ig. ^{15}N wurden dargestellt. T. Tamberg. 177◇

0413 **Zur Bestimmung der Austauschkapazität von Sulfokationiten unter dynamischen Bedingungen.** A. A. Wassiljew. (J. angew. Chem. [UdSSR] **32,** 297—304, 1959; Inst. für hochmol. Verbb. der Akad. der Wiss. der UdSSR;

russ.) — Die bestehenden Meth. zur Best. der Austauschkapazität von Sulfokationiten zeigen infolge Nichtberücksichtigung verschiedener sie beeinflussender Umstände wie Höhe der Kolonne, Größe der Körner u. a. keine Übereinstimmung. Vf. schlägt eine einfache Meth. mit einer 14 Val $CuSO_4$-Lsg. vor. Die erste im Filtrat auftretende Cu-Menge läßt sich mit Kaliumhexacyanoferrat nachweisen.
J. v. Schroeder. 177◇

0414 **Theorie der Dynamik der Ionenaustauschsorption und Chromatographie. 2. Mitt. Nichtgleichgewichtsdynamik der Sorption gleichwertiger Ionen.** W. W. Ratschinski. (Nachr. landwirtsch. Timirjasew-Akad. [UdSSR] **1961**, Nr. 3, 177—94; russ., Auszug: engl.) — 1. vgl. C. **1961**, 18610. — Entw. der theoret. Grundlagen der Dynamik der Ionenaustauschsorption unter Nichtgleichgewichtsbedingungen, wobei bes. eine Theorie der stationären Front u. der Dynamik der Sorption bei linearer Isotherme aufgestellt wird. Angegeben wird ferner eine Formel zur Beurteilung der Sättigungsdauer des Sorbenten am Anfang der Säule, sowie zur Beschreibung der Verteilung des eintretenden Ions.
R. Wittwer. 177◇

0415 **Wasserdampfkonzentration und Tropfenwachstumsgeschwindigkeit des Kondensats in wässerigen Aerosolen.** L. G. Katschurin, L. Je. Alantjewa und Jui-shen Sja. (Nachr. Akad. Wiss. UdSSR, geophysik. Ser. **1961**, 1418—25; Leningrad, Hydrometeorolog. Inst.; russ.) — Thermodynam. Berechnungen ohne Berücksichtigung der Koagulation u. des psychrometr. Effektes. Eine Verallgemeinerung der erhaltenen Resultate auf Aerosole anderer Fll. ist möglich.
M. Hähnert. 180◇

0416 **Gleichungen des Systems von in der Luft suspendierten Wassertropfen.** W. I. Beljajew. (Nachr. Akad. Wiss. UdSSR, geophysik. Ser. **1961**, 1408—17; Akad. der Wiss. der UdSSR, Inst. für angew. Geophys.; russ.) — Aussagen u. Berechnungen allg. Art für Gleichungs-Syst. von Tropfen (Lagrangesche Ableitung). M. Hähnert. 180◇

0417 **Lösung der Gleichung der Koagulation von Wolkentropfen in einem Luftstrom.** A. M. Golowin. (Nachr. Akad. Wiss. UdSSR, geophysik. Ser. **1963**, 783—91; Inst. für Elektrochem. der Akad. der Wiss. der UdSSR; russ.) — Die kinet. Gleichung für die Koagulation von Tropfen in einem Luftstrom (20—25 μ) wird unter bestimmten Bedingungen gelöst. Die Anfangsverteilung beeinflußt die Endform des Größenverteilungsspektrums nicht.
M. Wiedemann. 180◇

0418 **Zur Theorie der Korngrößenverteilung in Aerosolen.** H. Koppe. (Z. Physik **156**, 211—16, 1959; Heidelberg, Univ., Inst. für Theoret. Phys.; dt.) — Unter der Annahme, daß die Kondens.-Keime im Raum rein statist. verteilt sind, wird der dadurch bedingte Anteil der Streuung der Korngrößen von Aerosolen berechnet. Ausgehend von der Diffusionsgleichung für die Moll., in der die Kondens.-Keime als Absorptionserscheinung berücksichtigt sind, ergibt sich für die relative Streuung der Massen der Kolloidteilchen: $\sigma_0/m_0 = 0{,}9\ [(n_0 R_k^3\, 4\pi/3)]^{1/4}$, wobei n_0 = Keimzahl/cm³ ist. Da der Keimradius R_k während der Kondens. erst schnell u. dann sehr langsam wächst, sollte man für R_k den endgültigen Partikelradius einsetzen. Es ergibt sich dann, daß die Streuungen der Aerosolteilchen in bekannten Fällen nur z. T. durch die statist. Verteilung der Keime bedingt sind. R. Junge. 180◇

A₆. Strukturforschung

0419 **Die Herstellung hölzerner Modelle natürlicher Kristalle.** G. G. Brebner und F. E. Tocher. (Mineralog. Mag. J. mineralog. Soc. **33**, 162—68, 1962; Aberdeen, Univ., Dep. of Geol. and Miner.; engl.) — Es wird eine Schnitttechnik beschrieben, die es gestattet, an Hand von ebenen Projektionen eine beliebige Anzahl genau geschnittener hölzerner Modelle herzustellen. J. Heinze. 181◇

0420 **Neue Wege für die Justierung kristallographischer Objekte.** M. Renninger. (Z. Kristallogr., Kristallgeometr., Kristallphysik, Kristallchem. **114**, 468—75, 1960; Marburg/L., Univ., Kristallograph. Inst.; dt.) H. Jehne. 181◇

0421 **Umhüllende Abdrücke von einzelnen Teilchen.** G. Ss. Gritzajenko und A. I. Gorschkow. (Schr. mineralog. Allunions-Ges. [UdSSR] [2] **90**, 266—69, 4 Tafeln, 1961; russ.) — Eine vollständige morpholog. Charakteristik einzelner Teilchen kann elektronenmkr. nach dem Verf. umhüllender Abdrücke erhalten werden. Solche Umhüllungen erhält man während einer Glimmentladung in Benzoldämpfen oder durch Kohlenstoffverdampfung im Vakuum. Es wird empfohlen, das Verf. bes. bei der Unters. von feindispersen Mineralen anzuwenden. W. Kundorf. 181◇

0422 **Elektronische Verstärkung intensitätsschwacher Feldemissionsbilder.** Ch. Kleint, G. Kuschel, H. Seifarth und J. Tilgner. (Exp. Techn. Physik **9**, 22—32, 1961; Leipzig, Karl-Marx-Univ., Phys. Inst.; dt.) — Es wird eine App. beschrieben, die nach der Meth. der Bildpunktausblendung arbeitet, wobei das gesamte von dem Emitter ausgehende Bündel abgelenkt u. über eine Blende geführt wird. Die Bildwiedergabe erfolgt durch Helligkeitssteuerung einer Oscillographenröhre, deren Elektronenstrahl synchron mit dem Emissionsbündel abgelenkt wird. Es wurde ein Verstärkungsfaktor von mindestens 100 gegenüber der normalen Beobachtung erreicht. H. Liepack. 181◇

0423 **Feldemissionsmikroskopie bei geringen Stromdichten mit Superorthikon-Bildverstärkern.** Michael Drechsler. (Z. angew. Physik **13**, 445—50, 1961; Berlin-Dahlem, Fritz-Haber-Inst. der MPG.; dt.) — Vgl. vorst. Referat. — Die Bildverstärkung wurde mit einem handelsüblichen Superorthikon (SO), einem SO, bei dem sich der Feldelektronenemitter direkt vor der Speicherelektrode befindet u. bei längeren Speicherzeiten (empfehlenswert 1—4 Sek.) untersucht. Bei eingebautem SO u. 4 Sek. Speicherzeit lag die untere Grenze der Bilderkennbarkeit bei 10^{-13} A. Die Anwendungsmöglichkeiten werden diskutiert. H. Liepack. 181◇

0424 **Einfluß gestreckter Kristallformen auf die Verteilung der Intensität der Reflexe in Elektronenbeugungsdiagrammen bei Proben mit Blättchenstruktur.** B. B. Swjagin. (Kristallographie [UdSSR] **7**, 958—59, 1962; Allunions Geol. Forsch.-Labor.; russ.) — Diskutiert wird der Einfl. der Dehnung der Kristallite auf die Intensitätsverteilung der Elektronenbeugungsreflexe von Proben mit schichtförmiger Textur. Für die verschiedenen Strukturen u. Zonen treten z. T. erhebliche Intensitätsverschiebungen ein.
K. Jaeger. 181◇

0425 **Anormale Durchlässigkeit für Röntgenstrahlen in elastisch deformierten Kristallen.** P. Penning und D. Polder. (Philips Res. Rep. **16**, 419—40, 1961; engl.) — Die anormale Durchlässigkeit idealer Kristallgitter für Röntgenstrahlen wird durch die dynam. Theorie der Röntgenstrahlinterferenzen erklärt. Diese Theorie wird kurz beschrieben. Für verformte Kristalle läßt sich die Theorie nicht direkt verwenden. Für sich langsam ändernde Gitter-Konst. kann man, wie für die Fortpflanzung des Lichtes in einem Medium mit langsam veränderlicher Brechungszahl, Gleichungen für das Verh. eines Röntgenstrahls im verformten Kristall aufstellen. Als sehr wichtiges Ergebnis findet man, daß der Weg eines dünnen Röntgenstrahls im verformten Kristall gekrümmt ist. Es werden Zahlenwerte angeführt für Kristalle, die durch einen Temp.-Gradienten oder Biegung schwach verformt wurden. Die errechneten Werte stimmen mit den im Experiment gefundenen qual. gut überein.
H. Jehne. 181◇

0426 **Eine einfache Anordnung zur Messung der Mosaikverteilungsbreite von Kristallen.** H. A. Neumann und O. W. B. Schult. (Atomkernenergie **8**, 61—62, 1963; München, TH, Labor. für Techn. Phys.; dt.) — Es werden drei Meth. zur Aufnahme der Reflexionskurve für die Best. der Breite der Mosaikverteilung von Kristallen skizziert (Linien- u. Kontinuumeinkristall-Meth. sowie Doppelkristall-Meth.). Eine aus Intensitätsgründen besonders vorteilhafte Meßanordnung (Doppelkristallspektrometer) wird beschrieben.
H. Jehne. 181◇

0427 **Über Korrekturen der normalen Gleichungen bei der Methode der kleinsten Quadrate zur Verfeinerung von Kristallstrukturen.** W. F. Dworjankin und F. A. Brussenzew. (Kristallographie [UdSSR] **7**, 954—56, 1962; Akad. der Wiss. der UdSSR, Sibir. Abt., Anorg. Chem. Inst.; russ.) — Abgeleitet werden zwei Gleichungen, eine für die Praxis brauchbare Näherung u. eine exakte, nichtlineare, jedoch z. Z. kaum numer. lösbare Gleichung zur Verfeinerung von Kristallstrukturen. K. Jaeger. 181◇

0428 **Graphische Methode zur Lösung der Ungleichungen von Harker-Kasper.** M. A. Porai-Koschitz. (Nachr. Moskauer Univ., Ser. II **17**, Nr. 6, 32—35, 1962; Lehrst. für Phys.; russ.) — Lsg. der Ungleichungen für die Einheitsstrukturamplituden von 4 Reflexen in einer beliebigen zentrosymm. Raumgruppe. Ch. Weiske. 181◇

0429 **Bemerkungen über die Art der Einführung von stereographischer Projektion und Wulffschem Netz.** Robert Rath. (Tschermaks mineralog. petrogr. Mitt. [3] **8**, 417—22, 1963; Hannover, TH, Miner. Inst.; dt.) — Aus der Forderung, eine Darst.-Art zu benutzen, die die Größen der Flächennormalenwinkel nicht ändert, werden stereograph. Projektion u. Wulffsches Netz log. u. einprägsam abgeleitet. J. Heinze 181◇

0430 **Transformationen im direkten und indirekten Gitter.** W. F. de Jong. (Tschermaks mineralog. petrogr. Mitt. [3] **8**, 444—48, 1963; Delft; dt.) — Die mathemat. Ableitungen für die Kantentransformation sowie die Flächentransformationsmatrix werden gegeben. J. Heinze. 181◇

0431 **Strukturen aus Thomson-Kuben und mit ihnen abwechselnden bipyramidalen Netzen mit kubischer oder diamantartiger Symmetrie.** N. L. Smirnowa und N. W. Below. (Kristallographie [UdSSR] **7**, 826—34, 1962; Akad. der Wiss. der UdSSR, Inst. für Kristallograph.; Moskau, Lomonossow-Univ.; russ.) — Die Thomson-Kuben u. die hexagonalen Gitternetzebenen von Bipyramiden, die die Thomson-Kuben bilden, können als Basis sowohl einer Anzahl hochsymm. kub. Strukturen als auch niedriger symm. kub. Strukturen vom Diamanttyp betrachtet werden. K. Jaeger. 181◇

0432 **Grenzgruppen binärer Antisymmetrie.** L. A. Schubalow. (Kristallographie [UdSSR] **7**, 822—25, 1962; Akad. der Wiss. der UdSSR, Inst. für Kristallograph.; russ.) — Abgeleitet werden die Grenzpunktgruppen der bin. Antisymmetrie. Es wird gezeigt, daß die von Samorsajew gefundenen 116 neuen Klassen bin. Symmetrie 60 Serien bilden, die in 25 Grenzgruppen konvergieren. Von diesen sind nur 6 wirklich neu, wenn sie mit den Grenzgruppen der Symmetrie u. der einfachen Antisymmetrie verglichen werden. K. Jaeger. 181◇

0433 **Über die 1651 Schubnikow-Gruppen.** A. M. Samorsajew. (Kristallographie [UdSSR] **7**, 813—21, 1962; Kischinew, Univ.; russ.) — Verglichen werden die Ableitungen der Schubnikow-Antisymmetriegruppen aus den 230 Fedorow-Raumgruppen, wie sie von verschiedenen Autoren durchgeführt werden. K. Jaeger. 181◇

0434 **Über das Friedel-Theorem.** N. W. Below. (Schr. mineralog. Allunions-Ges. [UdSSR] [2] **90**, 257—59, 1961; russ.) — Das Friedel-Theorem u. seine grundlegenden Folgerungen werden mit Hilfe einfacher geometr. Darst. erläutert u. diskutiert. W. Kundorf. 181◇

0435 **Austauschintegrale zwischen Funktionen der K- beziehungsweise L- und O-Schale für gleiche effektive Kernladungen.** G. Klose. (Ann. Physik [7] **9**, 351—66, 1962: Leipzig, Karl-Marx-Univ., Phys. Inst.; dt.) — Es werden eine Reihe von Austauschintegralen zwischen Funktionen der K- bzw. L- u. O-Schale für gleiche effektive Kernladungen nach der Meth. von Sugiura berechnet. Die Formeln werden angegeben u. die Integrale in einem Wertbereich $x = 4{,}0$ (0,5) 7,0 u. für 8,25 u. 8,75 tabelliert. H. Jehne. 182◇

0436 **Überlappungsintegrale, die auch Slatersche Funktionen mit ungeraden effektiven Hauptquantenzahlen enthalten.** F. J. Gilde. (Acta Univ. Szegediensis, Acta physica chem. [N. S.] **7**, 83—87, 1961; Szeged, Univ. Szeged, Inst. für Theoret. Phys.; dt.) — Da bei den Komplexen der Übergangsmetalle die Atomeigenfunktionen 4s bzw. 4p der Metallionen, die meistens durch Slatersche Funktionen mit ungeraden effektiven Hauptquantenzahlen dargestellt sind, eine wichtige Rolle spielen, werden für die Überlappungsintegrale der Typen (4s, 2s), (4s, $2p\sigma$), ($4p\sigma$, 2s), ($4p\sigma$, $2p\sigma$) u. ($4p\pi$, $2p\pi$) für numer. Rechnungen geeignete Formeln angegeben. H. Jehne. 182◇

0437 **Lösung der exakten Wellenfunktion von H_2^+ unter Verwendung von wasserstoffähnlichen Einzentrumfunktionen.** Seth Boorstein und Jerry Goodisman. (J. chem. Physics **39**, 479—85, 1963; Cambridge, Mass., Harvard Univ., Dep. of Chem.; engl.) — Behandlung des Grundzustandes von H_2^+ nach einer Variations-Meth. unter Verw. diskreter, am Mol.-Mittelpunkt lokalisierter Atomzustände des H-Atoms. A. Blaschette. 182◇

0438 **SCF-Wellenfunktionen für die Moleküle N_3^- und NO_2^+.** Enrico Clementi und A. D. McLean. (J. chem. Physics **39**, 323—25, 1963; San José, Calif., IBM Corp., San José Res. Labor.; Chicago, Ill., Univ. of Chicago, Dep. of Phys., Labor. of Mol. Structure and Spectra; engl.) — Zur Berücksichtigung der Bindungspolarisation werden in den Grundansatz Slater-Funktionen vom Typ $3d\pi$ u. $3d\sigma$ einbezogen, so daß der Wert für die Gesamtenergie um 5 eV besser als der einer früheren Berechnung ist. A. Blaschette. 182◇

0439 **Über die Berechnung der Schwingungswellenfunktionen der Systeme OH···O mit Wasserstoffbindungen.** Jack Phillips und Savo Bratož. (C. R. hebd. Séances Acad. Sci. **254**, 1937—39, 1962; franz.) — Beschreibung einer Meth. zur Berechnung der Schwingungswellenfunktionen der linearen Syst. OH···O u. OD···O unter Anwendung des Reid-Potentials. J. M. Spaeth. 182□

0440 **Elektronenaffinitäten einiger Halogenmoleküle und die Charge-Transfer-Frequenz.** Willis B. Person. (J. chem. Physics **38**, 109—16, 1963; Chicago, Ill., Univ., Dep. of Phys., Labor. of Mol. Struct. and Spectroscop.; Iowa City, Iowa, Univ. of Iowa, Dep. of Chem.; engl.) — Es wurde versucht, den Wert der vertikalen Elektronenaffinität $E^v_{J_2}$ von J_2 aus den nach der V.B.-Theorie berechneten Potentialkurven von J_2^- im Grundzustand u. von J_2 im angeregten Zustand $^3\Pi_{0\mu}^+$ abzuleiten. Mit der Dissoziationsenergie $D_e = 0{,}7 \pm 0{,}3$ eV, dem J–J-Abstand $r_e = 3{,}15 \pm 0{,}1$ Å u. $\omega_e = 115 \pm 30$ cm^{-1} ergibt sich $E^v_{J_2} = 1{,}7 \pm 0{,}5$ eV u. ein angeregter Zustand $E^{Ad}_{J_2} = 2{,}4 \pm 0{,}3$ eV. Vf. vermutet, daß der von Biondi u. Fox (C. **1958**, 11143) durch Best. des Elektroneneinfangquerschnitts ermittelte Wert für $E^v_{J_2}$ für einen angeregten Zustand gelten. Analog ergibt sich für $E^v_{Br_2}$ $1{,}2 \pm 0{,}5$; $E^{Ad}_{Br_2}$ $2{,}6 \pm 0{,}3$; $E^v_{Cl_2}$ $1{,}3 \pm 0{,}4$; $E^{Ad}_{Cl_2}$ $2{,}5 \pm 0{,}3$; $E^v_{JCl_2}$ $1{,}7 \pm 0{,}6$; $E^{Ad}_{JCl_2}$ $2{,}7 \pm 0{,}3$ eV. Mit den erhaltenen Werten wird die Gültigkeit der Mullikenschen Gleichung für die Charge-Transfer-Frequenz geprüft. P. Sartori. 182◇

0441 **Gitterenergie eines Ionenkristalls und Elektronegativität der Ionen.** Puy-Puon Jan. (Acta chim. sinica **29**, 143—46, 1963; Ynenau, Univ., Chem. Fak.; chin.) — Die Gitterenergie von nicht typ. Ionen-Verbb. kann nach folgender Gleichung berechnet werden: $U = U_l\,[1 + 0{,}23 \cdot (\varkappa_K - 0{,}35\,\varkappa_A)]$, worin U_l aus der Kapustinski-Formel berechnet wird. $\varkappa_K$, $\varkappa_A$ sind die Elektronegativität des Kations u. Anions des entsprechenden Kristalls. Berechnung der Gitterenergien von Tl X, CdX_2, CoX_2, PbX_2, AgX (X = F, Cl, Br, J), Tl_2Y, CdY, CoY, PbY (Y = O, S, Se), $TlNO_3$, $Tl(OH)_3$, $TlCl_3$, $TlBr_3$, $Cd(NO_3)_2$, $Cd(OH)_2$, $Cd(CN)_2$, $CdSO_4$, $CdCO_3$, $CoSO_4$, $CoCO_3$, $Pb(NO_3)_2$, $Pb(CH_3COO)_2$, $Pb(SCN)_2$, $Pb(OH)_2$, $PbSO_4$, $PbCO_3$, PbF_4, PbO_2, CuCl, CuBr, CuJ. Ch. Weiske. 182◇

0442 **Virialentwicklung der Lösung der Kirkwood-Integralgleichung für die radiale Verteilungsfunktion einer Flüssigkeit.** George Stell. (J. chem. Physics **36**, 1817—21, 1962; New York, N.Y., Univ., Inst. of Math. Sci.; engl.) — Durch Vgl. der Lösungen der Integralgleichungen von Kirkwood, Born-Green, Percus-Yevick mit der exakten Virial-Entw. wird gezeigt, daß vom quadrat. Term in der Dichte an Abweichungen auftreten, die in der obigen Reihenfolge der Gleichungen kleiner werden. W. Ebeling. 186◇

0443 **Eine neue Theorie der Flüssigkeiten: Das Tunnelmodell.** J. A. Barker. (Austral. J. Chem. **13**, 187—93, 1960; Melbourne, C.S.I.R.O., Chem. Res. Labor., Div. of Phys. Chem.; engl.) — Eine Fl. wird aufgefaßt als Syst. von Mol.-Ketten, die sich eindimensional in Tunneln bewegen, deren Wände aus benachbarten Mol.-Ketten gebildet werden. Dem Modell entsprechend wird das Phasenintegral separiert in ein Prod. der exakt berechenbaren Phasenintegrale einer eindimensionalen Fl. u. unabhängiger Schwingungen senkrecht zur Tunnelachse. Die für starre Kugeln berechneten P-V-Isothermen sind in wesentlich besserer Übereinstimmung mit den numer. Rechnungen der „Molekulardynamik" oder der Monte Carlo-Meth. als die Zellentheorie, die SPA-Theorie sowie die Virial-Entw. mit 5 Gliedern; sie enthalten als Grenzfall die Isothermen des idealen Gases. W. Ebeling. 186◇

0444 **Monte Carlo-Berechnungen in der Zellen-Cluster-Theorie der Flüssigkeiten.** Mariana Weissmann und Robert M. Mazo. (J. chem. Physics **37**, 2930—35, 1962; Pasadena, Calif., California Inst. of Technol., Gates and Crellin Labor. of Chem.; engl.) — Die Doppelzellenintegrale der Zellen-Cluster-Theorie werden durch numer. Integration für ein Potential starrer Kugeln u. ein Lennard-Jones-Potential bei 3 Temp. berechnet. Die untersuchten Dichten waren kleiner als die halbe Dichte normaler Flüssigkeiten. In diesem Bereich gibt die Theorie eine schlechtere Übereinstimmung mit dem Experiment als die Einzelzellentheorie. W. Ebeling. 186◇

0445 **Bau und strukturmechanische Eigenschaften anorganischer Gläser.** G. M. Bartenew und A. Ss. Jeremejewa. (Kolloid-J. [UdSSR] **21**, 249—56, 1959; Moskau, Wiss. Forsch.-Inst. für Glas; russ., Auszug: engl.) — Bei hohen Temp. u. geringen Belastungen haben anorgan. Gläser u. Fasern hochelast. Eigenschaften. Der Zähigkeitsmodul der anorgan. Gläser übertrifft den Elastizitätsmodul um 3 Größenordnungen. Die thixotropen Eigg. u. die Veränderlichkeit der Struktur von Mustern gleicher Art weisen auf die Einfl. der Struktur-Bldg. u. der therm. Vorgeschichte hin. Hochelastizität u. Thixotropie verbinden die anorgan. Gläser mit den Eigg. der organ. Gläser u. den thixotropen koll. Systemen. Die Fließschwelle, die die Festigkeit des Raumnetzes bedingt, ist für anorgan. Gläser sehr gering. Daher verhalten sich diese Materialien bei gewöhnlicher Belastung über der Verglasungs-Temp. wie viscose, bei geringen Belastungen wie elast. Stoffe. Die Unterss. wurden an einer Reihe industrieller Gläser durchgeführt, deren chem. Zus. tabellar. angegeben wird. J. v. Schroeder. 186◇

0446 **Mechanische Eigenschaften anorganischer Gläser im anomalen Intervall und ihre Struktur.** G. M. Bartenew und A. Ss. Jeremejewa. (Hochmolekulare Verbind. [UdSSR] **2**, 508—13, April 1960; Moskau, Glasinst.; russ., Auszug: engl.) — Vgl. vorst. Referat. R. K. Müller. 186□

0447 **Einfluß von feinverteiltem Platin auf die Phasentrennung in Natriumphosphatgläsern und deren Konstitution.** M. Krishna Murthy. (J. Amer. ceram. Soc. **44**, 412—17, 1961; Toronto, Ontario, Canada, Ontario Res. Found.; engl.) — Der Einfl. von 0,0038, 0,0076, 0,038 u. 0,15% Pt auf Konstit. u. Phasentrennung in Na-Phosphatglas mit Kettenlängen von 3—9 wurde papierchromatograph. u. elektronenmkr. untersucht. Danach übt Pt offenbar keinen Einfl. auf die Verteilung von Polyphosphaten im Glas aus, obwohl elektronenmkr. Aufnahmen auf eine Phasentrennung hinweisen. W. Pruß. 186◇

0448 **Röntgenographische Untersuchung der radialen Verteilung in amorphen festen Lösungen im System Schwefel-P_4S_{10}.** A. J. Ssoklakow und G. Ss. Shdanow. (Kristallographie [UdSSR] **7**, 882—85, 1962; Ssamoilow-Inst. für Düngemittel u. Insekticide; Moskau, Lomonossow-Univ., russ.) — P bewirkt eine Stabilisierung der Kettenstruktur des S. Die Struktur wird ungeordnet für P-Geh. von 20—25%. Bei höheren P-Geh. bildet sich P_4S_{10} (theoret. P-Geh. 28%). K. Jaeger. 188◇

0449 **Glasumwandlungstemperaturen in amorphem Selen.** Adi Eisenberg. (J. Polymer Sci., Part C **1**, 177—79, 1963; Los Angeles, Calif., Univ. of California, Dep. of Chem.; engl.) — Auf Grund von Literaturdaten werden die Glas-Umwandlungs-Temp. von reinem amorphen Se_8 zu -50^0 u. von reinem polymerem Se zu 100—940/P (P = Polymerisationsgrad) abgeschätzt. O. Fuchs. 188◇

0450 **Untersuchung der amorphen Strukturen von Verbindungen aus Ga, In und Sb mit Se und Te durch Elektronenbeugung.** A. I. Andrijewski, J. D. Nabitowitsch und Ja. W. Woloschtschuk. (Kristallographie [UdSSR] **7**, 865—72, 1962; Lwow, Polytechn. Inst.; russ.) — Mit Hilfe von Elektronenbeugung untersucht wurden die amorphen Strukturen dünner Filme der halbleitenden Verbb. Ga_2Se_3, Ga_2Te_3, In_2Se_3, In_2Te_3, Sb_2Se_3 u. Sb_2Te_3. Diese Verbb. besitzen über den gesamten amorphen Existenzbereich keine konst. Strukturen. Die Strukturen sind temperaturabhängig. Es treten für die $A_2^{III}B_3^{VI}$-Verbb. im amorphen Bereich Nahordnungen auf, die den Ordnungen der Kristallgitter der entsprechenden Verb. gleichen. Diese Analogien konnten für $A_2^VB_3^{VI}$-Verbb. nicht beobachtet werden. K. Jaeger. 188◇

0451 **Zur Änderung der Struktur von amorphem Quarz bei Erhitzung unter Wasserstoff.** I. Je. Balygin. (Kristallographie [UdSSR] **7**, 922—25, 1962; russ.) — Mitgeteilt werden experimentelle Ergebnisse zur Strukturveränderung von Quarzglas nach dem Erhitzen in H_2. Die Kristallisationszentren der α-Quarzphase werden gebildet. Mit den gewonnenen Ergebnissen wurde versucht, den Umwandlungsmechanismus zu erklären. K. Jaeger. 188◇

0452 **Dynamische Elektron-Gitter-Kopplung in gestörten Ionenkristallen.** Harald Stumpf und Max Wagner. (Z. Naturforsch. **15a**, 30—46, 1960; Stuttgart, TH, Inst. für theoret. u. angewandte Phys.; dt.) — Bei der Elektron-Gitter-Wechselwrkg. in Realkristallen muß die stat. u. dynam. Wechselwrkg. unterschieden werden. Stat. bildet sich zunächst eine Kristallkonfiguration unter Mitwrkg. der Elektronen bei einer Gitter-Temp. T = 0 aus. Diesem stat. Gitterzustand überlagern sich sodann Eigenschwingungen des Gitters, die ebenfalls von der Mitwrkg. der Elektronen abhängig sind, was als dynam. Elektron-Gitter-Kopplung bezeichnet wird. Es werden zunächst die allg. Bedingungen für diese dynam. Kopplung formuliert, die aus der Minimalforderung an die Elektronenenergie unter Annahme einer adiabat. Elektron-Gitter-Wechselwrkg. entstehen. Für die Elektronenwellenfunktionen wird dabei ein Variationsansatz verwendet. Die allg. Ergebnisse werden danach auf einen Modellfall übertragen, bei dem man voraussetzt, daß das Schwingungsspektrum des Realkristalls näherungsweise aus einem Spektrum des Idealkristalls sowie zusätzlichen Störschwingungen aufgebaut ist, u. nur wenige, an den Gitterstörungen lokalisierte Elektronen explizit quantenmechan. beschrieben werden müssen, wogegen alle übrigen Elektronen kollektiv mit den Gitterkernen zu Ionen zusammengefaßt sind. Es werden für diesen Fall die Kopplungs-Konst. der dynam. Elektron-Gitter-Kopplung in den Wellenfunktionen u. der Energie berechnet, u. am Beispiel eines Polarons u. eines F-Zentrenelektrons explizit mitsamt den Wellenfunktionen angegeben. H. Jehne. 190◇

0453 **Einfluß von Unvollkommenheiten fester Körper auf die Keimbildungsprozesse.** J. Bénard. (Proc. IVth int. Sympos. Reactivity Solids, Amsterdam **1960**, 362—75, 1961; Paris, Univ., Labor. de Chim. Minérale; franz.) — Zusammenfassender Überblick. C. Gottfried. 190△

0454 **Über die Bildung fehlorientierter zweidimensionaler Keime auf arteigener und fremder Unterlage.** W. Kleber. (Z. physik. Chem. [Leipzig] **216**, 258—62, 1961; Berlin, Humboldt-Univ., Miner.-Petrograph. Inst.; dt.) — Für vereinfachte Modellfälle werden auf kinet. Wege die Bldg.-Arbeiten zweidimensionaler Keime auf arteigener u. fremder Unterlage bestimmt u. das Verhältnis zwischen den Keimbildungshäufigkeiten kohärenter (fehlorientierter) Keime berechnet. Die Konsequenzen der Rechenergebnisse werden bes. im Zusammenhang mit Fragen der orientierten Aufwachsung (Epitaxie) diskutiert. H. Jehne. 190◇

0455 **Zur Bildungskinetik der Wachstumsformen von Kristallen.** A. A. Tschernow. (Kristallographie [UdSSR] **7**, 895—98, 1962; Akad. der Wiss. der UdSSR, Inst. für Kristallograph.; russ.) — Abgeleitet wird eine kinemat. Gleichung für die Wachstumsform eines Kristalles, wobei sowohl die kristallograph. Anisotropie der Wachstums-Geschw., als auch die Ungleichmäßigkeit der Übersättigung entlang der Kristalloberfläche in Rechnung gestellt wird. Nur für kleine Kristalle ist die Übersättigung entlang der Kristalloberfläche konst., so daß die Wachstumsform der Wulffschen Regel folgt. Bei tiefen Temp. ist die Wachstumsform polyedrisch. K. Jaeger. 190◇

0456 **Primäre Gaseinschlüsse in Kristallen.** M. O. Klija und G. G. Lemmlein. (Schr. mineralog. Allunions-Ges. [UdSSR] [2] **90**, 260—65, 1961; russ.) — Die Bldg. prim. Gaseinschlüsse in Kristallen erfolgt beim Kristallwachstum entweder aus der gasförmigen oder fl. Phase durch Einfang von Gasbläschen an der Wachstumsgrenze. Der Vorgang ist der Entstehung von Fl.-Einschlüssen bei der Kristall-Bldg. aus Lsgg. verwandt. Der Bldg.-Mechanismus prim. Gaseinschlüsse bei der Kristallisation von Naphthalin aus der Gasphase wird bes. behandelt. W. Kundorf. 190◇

0457 **Zu den Bildungsverhältnissen von Weitwinkelkorngrenzen.** J. N. Kidin und M. A. Schtremel. (Kristallographie [UdSSR] **7**, 899—902, 1 Tafel, 1962; Moskau, Stahl-Inst.; russ.) — Bei der Kristallisation aus der Schmelze, polymorphen Umwandlungen u. bei Rekristallisationen werden die Korngrenzen durch Verschmelzen von Kleinwinkelversetzungen u. damit gleichzeitigem Anwachsen der Fehlordnung gebildet. Zwei wesentliche Bedingungen der Korngrenzen-Bldg. werden formuliert. K. Jaeger. 190◇

0458 **Kristallisation von Kaliumjodat.** A. P. Kassatkin, T. G. Petrow und Je. B. Treiwuss. (Kristallographie [UdSSR] **7**, 952—54, 1962; Leningrad, Univ.; russ.) — Durch Zusatz von 10—14% der KJO_3-Menge einer schwachen Säure (*Weinsäure, Oxalsäure, HJO_3*) zur wss. KJO_3-Lsg. konnten KJO_3-Kristalle bis zu einer Größe von 20·20 mm gezüchtet werden. Die genauen Züchtungsbedingungen werden mitgeteilt, die erhaltenen Kristalle werden kurz beschrieben (Habitus, opt. Eigg.) K. Jaeger. 190◇

0459 **Untersuchungen an manganhaltigen Einkristallen von Korund.** Rolf Baumgärtel. (Chem. Techn. **13**, 615, 1961; Bitterfeld, VEB Elektrochem. Kombinat; dt.) — Es werden Korundeinkristalle mit verschiedenen Geh. an Mn gezüchtet, wobei der Einfl. der Menge, die Farbe u. der Oxydationsgrad des Mn im Kristall chem. u. mkr. untersucht wurden. F. Rosendahl. 190□

0460 **Über die Einkristallzüchtung von reinem Nickelferrit und Ni-Fe-Mischferriten.** A. Neuhaus und J. Liebertz. (Chemie-Ing.-Techn. **34**, 813—18, 1962; Bonn, Univ., Mineralog.-Petrolog. Inst.; dt.) — Bunsenit, Nickeleisenferrit u. Magnetit wurden als Einkristalle nach der Verneuil-Meth. hergestellt. Wegen der Red. von Fe(III) zu Fe(II) durch die Knallgasflamme war es nicht möglich, nach dieser Meth. stöchiometr. $NiFe_2O_4$-Kristalle zu erhalten. Die Kyropoulos-Meth. erwies sich ebenfalls als ungeeignet, da Ir-Tiegel durch die Schmelze zerstört werden. Aus Flußmittelschmelzen wurden maximal 1,5 cm große oktaedr. Fe(II)-freie $NiFe_2O_4$-Einkristalle erhalten. Aus $NaBO_2/Fe_2O_3$-Schmelzen erhielt man bis zu 1 cm große Hämatiteinkristalle der Kombination $\langle 10\bar{1}1\rangle + \langle 0001\rangle$. B. Schmitt. 190◇

0461 **Freiwillige und erzwungene Wachstumsorientierung bei der Züchtung von Ferriteinkristallen.** Ulrich Rösler und German Elbinger. (Ann. Physik [7] **6**, 236—40, 1960; Dt. Akad. der Wiss. zu Berlin, Inst. für Magnet. Werkstoffe; dt.) — Mit Hilfe von Standard-Laue-Aufnahmen verschiedener Rückstrahlrichtungen wurde eine Best. der Wachstumsorientierung von Einkristallen u. grobkristallinen Proben aus *Ni-*, *Mg-* u. *Mg-Mn-Ferrit* durchgeführt. Diese waren nach der Verneuil-Meth. zunächst ohne, später mit Impfkristall hergestellt worden. Im ersteren Falle konnte keine Bevorzugung irgendeiner Wachstumsrichtung festgestellt werden. Auf die Vorzüge der Verw. von orientiert gezogenen Ferriteinkristallen wird bes. hingewiesen. H. Jehne. 190◇

0462 **Eine Untersuchung der Energiezustände in Erdalkalimetallhydroxiden mit Hilfe der inelastischen Streuung langsamer Neutronen.** George Safford, Velko Brajovic und Henri Boutin. (J. Physics Chem. Solids **24**, 771—77, 1963; Upton, N.Y., Brookhaven Nat. Labor.; engl.) — Langsame Neutronen (5 meV) werden unter 90° an polykristallinen Proben von $Mg(OH)_2$ u. $Ca(OH)_2$ inelast. gestreut. Die Ergebnisse werden auf der Basis eines komplizierten Modells interpretiert. K. H. Härdtl. 190◇

0463 **Die Diffusion von Kohlenstoff in Silicium.** R. C. Newman und J. Wakefield. (Physics Chem. Solids **19**, 230—34, 1961; Aldermaston, Berks., Assoc. Electr. Ind., Res. Labor.; engl.) — Aus Si-Einkristallen mit 10 Versetzungslinien/cm² u. spezif. Widerständen von 100 $\Omega\cdot$cm werden in der (1 1 1)- bzw. (1 0 0)-Richtung 1 mm dicke Plättchen geschnitten, die nach Parallelschleifen bei 10^{-4} Torr mit $Si^{14}C$ überzogen werden; ^{14}C wird aus der therm. Zers. von $Ba^{14}CO_3$ erhalten. Nach dem Diffusionsglühen bei 1070—1400° u. 1 bis 403 Std. werden ca. 10 μ dicke Schichten abgeschliffen u. die Restaktivität der Oberfläche gemessen. Das Diffusionsgesetz ist erfüllt; die Temp.-Abhängigkeit des Diffusions-Koeff. wird mit $D = 0{,}33\cdot\exp[-(2{,}92 \pm 0{,}25)/kT]$ cm²/s beschrieben. Aus den Werten von D u. der Aktivierungsenergie folgt, daß die Diffusion nach einem Substitutionsmechanismus erfolgt. Die Oberflächen-Konz. des C steigt mit der Temp. an u. erreicht bei 1402° $1{,}5\cdot 10^{18}$ Atome/cm³. Herbert Müller. 190□

0464 **Selbstdiffusion von Blei-210 in Einkristallen von Bleiselenid.** Martin S. Seltzer und J. Bruce Wagner jun. (J. chem. Physics **36**, 130—34, 1962; New Haven, Conn., Yale Univ., Hammond Metallurg. Labor.; engl.) — Aus stöchiometr. *PbSe* u. aus mit 0,5 Mol.-% Bi_2Se_3 bzw. Ag_2Se dotiertem PbSe werden nach dem Bridgman-Verf. Einkristalle hergestellt, die nach dem Parallelschleifen (± 0,0001 in.) auf einer Seite mit der Lsg. von $^{210}Pb(NO_3)_2$ imprägniert werden. Die Proben werden unter N_2 bei 400—800° getempert. Nach den Diffusions-Verss. werden dünne Schichten abgeschliffen u. die Restaktivität der Oberfläche gemessen. Das Ficksche Diffusionsgesetz ist erfüllt u. die Temp.-Abhängigkeit des Selbstdiffusions-Koeff. wird für reines PbSe mit $D = 4{,}98\cdot 10^{-6}\exp(-0{,}83/kT)$ (cm²/s), PbSe mit 0,5 Mol.-% Bi_2Se_3 mit $D = 4{,}28\cdot 10^{-2}\exp(-1{,}61/kT)$ u. PbSe mit 0,5 Mol.-% Ag_2Se mit $D = 4{,}41\cdot 10^{-7}\exp(-0{,}55/kT)$ beschrieben. Die Aktivierungsenergie der Diffusion von Se in reinem PbSe beträgt dagegen $E_a = 1{,}2$ eV. Die Diffusion von ^{210}Pb erfolgt offenbar über Zwischengitterplätze, da aus der Abhängigkeit von D von der Dotierung ein bevorzugtes Auftreten von Frenkel-Defekten folgt. Herbert Müller. 190□

0465 **Selbstdiffusion von Sauerstoffionen in Urandioxid.** A. B. Auskern und J. Belle. (J. nuclear Mater. [Amsterdam] **3**, 267—76, 1961; Pittsburgh, Pa., Bettis Atomic Power Labor.; engl.) — Vgl. C. **1963**, 423. — Durch Oxydation von U mit Hochdruckdampf bei 340° u. Red. von UO_3 mit H_2 bei 1725° u. nachfolgendes Tempern im Vakuum bzw. in H_2 bei 700—800° werden Proben von $UO_{2,002}$—$UO_{2,092}$ mit spezif. Oberflächen von 0,1—0,65 m²/g u. Teilchenradien von 0,5 bis 2,65 μ hergestellt. An den Proben wird der ^{18}O-Austausch zwischen den Oxiden u. $C^{18}O_2$ bei 317—780° massenspektrometr. untersucht. Die Meßergebnisse werden mit den von Carman u. Haul (1954) angegebenen Funktionen gedeutet. Für stöchiometr. UO_2 (I) wird die Temp.-Abhängigkeit des Diffusions-Koeff. zwischen 550 u. 780° mit $D = 1{,}2\cdot 10^3\exp\cdot(-65300/RT)$ cm²/s beschrieben; die Aktivierungsenergie der Diffusion E_a liegt dagegen für $UO_{2,004}$—$UO_{2,063}$ zwischen 22 u. 32 kcal/Mol. Die Selbstdiffusion von O in den nichtstöchiometr. Oxiden kann mit einem Zwischengitterplatzmechanismus beschrieben werden. In I erfolgt die Diffusion ebenfalls über Zwischengitterplätze. Da jedoch die Träger des Materiestromes therm. erzeugt werden, ist eine höhere E_a zu erwarten; aus der Bldg.-Energie für Frenkel-Defekte folgt $E_a = 70$ kcal/Mol. E_a fällt dann mit steigendem Geh. von O auf Zwischengitterplätzen ab. Herbert Müller. 190□

0466 **Zur Orientierung des infolge allotroper Umwandlung beim Erhitzen von Diamant gebildeten Graphits.** W. M. Titowa und Ss. I. Futergendler. (Kristallographie [UdSSR] **7**, 926—29, 1 Tafel, 1962; russ.) — Diamant wurde bei ca. 3000° u. 100000 atm graphitisiert. Es bildete sich ein Gemisch aus α- u. β-Graphit. Die Diamantoberfläche zeigte nach der Behandlung Grübchen, wie sie auch an natürlichen Kristallen beobachtet werden (invers parallel zu den Oktaederflächen). Farblose Diamanten färbten sich während der Unterss. gelblich. In [1 1 1] wurde diffuse Röntgenstreuung beobachtet. K. Jaeger. 190◇

0467 **Über die Bildung von Natriumsilicaten im festen Zustand.** J. Arvid Hedvall. (Ark. Kemi **16**, 235—38, 1960; dt.) — Aus Pulvergemischen werden verschiedene Na-Silicate nach $SiO_2 + Na_2CO_3 \rightarrow Na_2SiO_3$ (I) + CO_2 (1050°), $2\,SiO_2 + Na_2CO_3 \rightarrow Na_2Si_2O_5$ (II) + CO_2 (850°) u. $3\,SiO_2 + Na_2CO_3 \rightarrow Na_2Si_3O_7$ (III) + CO_2 (750°) hergestellt; die Prodd. sind nach röntgenograph. Unterss. homogen. Tabletten von **I** bzw. **II** u. SiO_2-Pulver bzw. Quarzplättchen werden zusammengepreßt u. $\leqq$300 Std. lang auf 720° erhitzt. Nach dem Glühen werden die Gew.-Änderungen der Tabletten bestimmt. Unter den Vers.-Bedingungen wird ein Materietransport vom Silicat zum SiO_2 beobachtet u. auf der Oberfläche der Quarzplättchen kann **II** bzw. **III** röntgenograph. identifiziert werden. Nach längeren Zeiten tritt auf der Seite, die der Preßseite gegenüberliegt, eine Bldg. von **II** u. **III** auf, so daß offenbar auch die Gasphase am Materietransport beteiligt ist. Herbert Müller. 190□

0468 **Über die Polymorphie von Tricalciumsilicat.** N. Yannaquis, M. Regourd, Ch. Maziéres und A. Guinier. (Bull. Soc. franç. Minéralog. Cristallogr. **85**, 271—81, 1962; Conserv. Nat. des Arts et Metiers, École Nat. Superieur de Chim; Centre d'Ét. et de Rech. de l'Ind. des Liants hydraul.; franz.) — Mit einer näher beschriebenen Spezialkamera untersuchten Vff. Pulverdiagramme von $3\,CaO\cdot SiO_2$ zwischen Zimmer-Temp. u. 1100°. Hierbei wurden 5 reversible Umwandlungen bei 615, 750, 917, 973 u. 1050° nachgewiesen. Die Umwandlungen konnten durch Mikro-DTA bestätigt werden. Die ersten drei Phasen sind triklin, die weiteren monoklin. C. Gottfried. 190△

0469 **Silicatumwandlungen: Rhodonit-Wollastonit.** L. S. Dent Glasser und F. P. Glasser. (Acta crystallogr. [Copenhagen] **14**, 818—22, 1961; Aberdeen, Scotland, Univ. of Aberdeen, Dep. of Chem.; engl.) — Vff. überführte die durch SiO_3^{2-}-Fünferketten charakterisierte Rhodonitstruktur des natürlichen $CaMn_4(SiO_3)_5$ durch kurzes Erhitzen auf 1150° in die Wollastonitstruktur mit SiO_3^{2-}-Dreierketten. Dabei blieb die äußere Gestalt bewahrt u. gestattete aus der Lage der kristallograph. Achsen vor u. nach der Umwandlung den Nachw., daß das Kation-O-Gerüst auf Kosten der Si-O-Bindungen erhalten bleibt u. bei therm. Umwandlungen von Silicaten eine Wanderung der Si möglich ist. R. Uttech. 190◇

0470 **Zur Gesetzmäßigkeit der Schichtfolge in gemischten Vermiculit-Biotit-Strukturen.** Ju. Ss. Djakonow. (Kristallographie [UdSSR] **7,** 878—81, 1962; Allunions Geol. Inst.; russ.) — Für Hydrobiotite [Minerale mit gemischten Vermiculit (B)- u. Biotitschichten (A)] mit Basisreflexen im Bereich 11,4—12,2 kX werden zwei typ. Schichtsequenzen gefunden: BAAB u. BAB. Sequenzen, bei denen die B-Schichten durch mehr als zwei A-Schichten getrennt sind, sind charakterist. für Basisreflexe $<$ 11,4 kX. Eine Sequenz BB wurde in den untersuchten Hydrobiotiten nicht festgestellt.
K. Jaeger. 190◇

0471 **Einige Einflüsse von ladungskompensierenden Ionen auf bevorzugte Besetzung von Kationenplätzen in komplexen Oxiden.** M. Robbins, S. Lerner und E. Banks. (J. Physic. Chem. Solids **24,** 759—69, 1963; Brooklyn, N.Y., Polytechn. Inst., Dep. of Chem.; engl.) — Durch spektroskop. u. magnet. Messungen werden folgende Probleme untersucht: 1. Die bevorzugte Besetzung von Ni^{2+} u. Co^{2+} in $BaGa_{12}O_{19}$ bei Kompensation der Kationenladung durch La^{3+} auf Ba^{2+}-Plätzen im Vgl. mit F^- auf O_2-Plätzen; 2. die bevorzugte Besetzung von Cu^{2+} im Spinell $CuFe_2O_4$ mit Ladungskompensation durch F^--Ionen; 3. die bevorzugte Besetzung von Ni^{2+} u. Co^{2+} in $Y_3Al_5O_{12}$ u. $Y_3Ga_5O_{12}$ mit Ladungskompensation durch F^--Ionen. Für Fall 1 u. 2 wird gezeigt, daß bei Ladungskompensation durch F^--Ionen die Stabilität der 2wertigen Ionen auf Tetraederplätzen sich erhöht. Für Fall 3 wird eine teilweise Besetzung der Y-Plätze durch die 2wertigen Ionen beobachtet.
K. H. Härdtl. 190◇

0472 **Struktur von $NaBr \cdot 2\,H_2O$.** J. P. Culot, P. Piret und M. van Meerssche. (Bull. Soc. franç. Minéralog. Cristallogr. **85,** 282—89, 1962; Louvain, Univ., Labor. de Chim.-Phys.; franz.) — Drehkristall- u. Weissenberg-Aufnahmen von $NaBr \cdot 2\,H_2O$ ergaben monokline Symmetrie mit a = 6,57 ± 0,03 (Å); b = 10,38 ± 0,05; c = 6,78 ± 0,03; β = 113,5 ± 0,4°; $P\,2_1/c$; D_4^{20} 2,176; Z = 4. Die Struktur wurde mit Hilfe von Patterson- u. Fourier-Synth. bestimmt, die erhaltenen Parameter mit der Meth. der kleinsten Quadrate weiter verfeinert. Die Atomparameter werden angegeben. Die Struktur besteht aus $(NaBr, 2\,H_2O)_n$-Schichten parallel der bc-Ebene, die entlang der a-Achse übereinander angeordnet sind. Jede Schicht besteht aus einer Lage von Na-Ionen zwischen 2 elektronegativen Lagen, die durch die Br-Atome u. die H_2O-Moll. gebildet werden. Das Na hat oktaedr. Koordination u. ist von 4 O u. 2 Br umgeben. Die Schichten sind aus Oktaedern mit gemeinsamem O u. Br zusammengesetzt. In den Richtungen b u. c wird die Struktur durch die Bindungen Na–Br u. Na–O zusammengehalten, wobei jedes elektronegative Atom 2 Oktaedern angehört. In Richtung der a-Achse ist die Kohäsion sehr viel schwächer u. wird nur durch H-Bindungen bestimmt. Angabe der Atomabstände innerhalb u. zwischen den Oktaedern.
C. Gottfried. 195△

0473 **Protonenstruktur von $NaBr \cdot 2\,H_2O$.** Maurice van Meerssche, Jean-Marie Dereppe und Pedro W. Lobo. (Bull. Soc. franç. Minéralog. Cristallogr. **85,** 290—92, 1962; franz.) — Vgl. vorst. Referat. — Zur Vervollständigung der l. c. röntgenograph. bestimmten Struktur von $NaBr \cdot 2\,H_2O$ wurde die Lage der H-Atome durch protonenmagnet. Resonanzmessungen an einem Einkristall bestimmt u. tabellar. angegeben.
C. Gottfried. 195△

0474 **Die Kristallstruktur des Meyerhofferits, $CaB_3O_3 \cdot (OH)_5 \cdot H_2O$.** C. L. Christ und Joan R. Clark. (Z. Kristallogr., Kristallgeometr., Kristallphysik, Kristallchem. **114,** 321—42, 1960; Washington, D.C., U. S. Geol. Survey; engl.) — Meyerhofferit ist triklin, in der Raumgruppe $P\,\bar{1}$ mit a = 6,63, b = 8,35, c = 6,46 Å (sämtlich ± 0,015 Å), α = 90° 46′, β = 101° 59′, γ = 86° 55′ (sämtlich ± 5′), Z = 2; Dichte: berechnet 2,125, gemessen 2,120. Die mit Hilfe der statist. Meth. von Hauptman u. Karle aus 4193 Interferenzen berechneten Strukturfaktorvorzeichen ließen die Aufstellung einer Struktur zu, deren Parameter anschließend durch mehrfache Elektronendichtprojektionen u. mit der Meth. der kleinsten Quadrate verfeinert wurden. Für die endgültige Struktur ist der restliche Diskrepanzfaktor 0,14 aus 2678 Interferenzen mit $|F_{hkl}| > 0$. Meyerhofferit enthält Polyionen $[B_3O_3(OH)_5]$ aus zwei B–O-Tetraedern u. einem B–O-Dreieck, die durch gemeinsame Sauerstoffionen ringförmig verbunden sind. Die Polyioninseln sind miteinander durch Ca–O-Bindungen zu Zickzackstreifen parallel [0 0 1] verknüpft. Diese Streifen wechseln mit H_2O-Mol. ab, mit denen sie über ein Netzwerk von Wasserstoffbindungen zusammenhängen. Die Struktur ist im Einklang mit der beobachteten Spaltbarkeit.
H. Jehne. 195◇

0475 **Anwendung der Hauptman-Karle-Phasenbestimmung auf den Meyerhofferit.** Joan R. Clark und C. L. Christ. (Z. Kristallogr., Kristallgeometr., Kristallphysik, Kristallchem. **114,** 343—54, 1960; engl.) — Vgl. vorst. Referat. — Das Verf. zur Best. der Strukturfaktorvorzeichen für Meyerhofferit wird ausführlich dargelegt. Unter Verw. der Σ_1-, Σ_2- u. Σ_3-Beziehungen nach Hauptman u. Karle war es möglich, 2303 unter insgesamt 2678 Vorzeichen, für die $|F|_{hkl}|_{beob.} > 0$, routinemäßig zu bestimmen. Von den 2303 Vorzeichen erwiesen sich auf Grund der endgültigen Daten der Struktur-Best. nur 55 als falsch.
H. Jehne. 195◇

0476 **Struktur einiger Seltenerdmetalloxide.** A. Fert. (Bull. Soc. franç. Minéralog. Cristallogr. **85,** 267—70, 1962; Saclay, Centre d'Ét. Nucl.; franz.) — Pulver-Präpp. von Y_2O_3, Ho_2O_3, Er_2O_3, Yb_2O_3 u. Mn_2O_3 wurden zur Best. der Atomparameter einer Neutronenbeugungs-Unters. zugeführt. Alle Verbb. krist. kub. innenzentriert mit Tl_2O_3-Struktur in T_h^7—I a 3. Die Atomkoordinaten u. -abstände werden tabellar. angegeben.
C. Gottfried. 195△

0477 **Untersuchung einiger Disilicate und Digermanate.** A. Durif-Varambon und J. Lajzerowicz. (Bull. Soc. franç. Minéralog. Cristallogr. **86,** 88—89, 1963; Grenoble, Labor. d'Électrostatique et de Phys. du Métal; franz.) — Die Gitter-Konst. u. Dichten von $K_2Pb_2Si_2O_7$, $Rb_2Pb_2Si_2O_7$, $Cs_2Pb_2Si_2O_7$, $K_2Pb_2Ge_2O_7$, $Rb_2Pb_2Ge_2O_7$ u. $Cs_2Pb_2Ge_2O_7$ werden angegeben. Für $K_2Pb_2Ge_2O_7$ sind außerdem die indizierten d-Werte angeführt worden.
J. Heinze. 195◇

0478 **Berichtigung zu der Arbeit „Neues zum Raumproblem der Tetrahalogenide der IV. Gruppe".** P. Brand und H. Sackmann. (Z. anorg. allg. Chem. **324,** 112, 1963; dt.) — Berichtigung zu der C. **1963,** 14591 referierten Arbeit.
P. Brand. 195◇

0479 **Röntgen- und differentialthermoanalytische Untersuchungen an den Metallchelaten von Thorium(IV), Uran(VI) und Scandium(III) mit 8-Hydroxychinolin und substituiertem 8-Hydroxychinolin.** G. R. Horton und W. W. Wendlandt. (J. inorg. nuclear Chem. **25,** 247—52, 1963; Lubbock, Texas, Texas Technol. Coll., Dep. of Chem.; engl.) — Vgl. C. **1964,** 2-0375. — Die Gitter-Konst. von nachst. Metallchelaten werden bestimmt (HA = *8-Hydroxychinolin*, HB = *2-Methyl-*, HC = *5.7-Dibrom-* u. HD = *5.7-Dichlor-8-hydroxychinolin*): $ThA_4 \cdot HA$, monoklin; (a =) 10,64 (Å); (b =) 10,92; (c =) 8,40; (β =) 105° 36′; Z = 0,88; (V =) 940 (Å³); ($D_{pykn.}$ =) 1,484 (± 0,003 g/cm³); $UO_2C_2 \cdot HC$, monoklin; 15,80; 6,88; 12,10; 93° 37′; Z = 1,04; 1313; 1,550; $UO_2D_2 \cdot HD$, monoklin; 10,13; 9,94; 8,90; 121° 42′; Z = 0,95; 762; 1,876; ThB_4, triklin; 9,91; 9,13; 7,66; (α =) 88° 52′; (β =) 92° 17′; (γ =) 105° 6′; Z = 0,84; 669; 1,818; $UO_2B_2 \cdot HB$, triklin; 13,83; 11,45; 9,34; 109° 5′; 84° 19′; 107° 39′; Z = 2,01; 1332; 1,870;; UO_2B_2, triklin; 8,91; 7,70; 7,36; 92° 4′; 96° 37′; 89° 15′; Z = 1,09; 501; 2,126; UO_2C_2, triklin; 13,74; 10,10; 7,24; 105° 1′; 100° 38′; 95° 46′; Z = 0,99; 941; 1,525; UO_2D_2, triklin; 11,95; 10,06; 7,07; 103° 3′; 103° 21′; 87°; Z = 1,11; 806; 1,592; *HA*, triklin; 7,23; 6,85; 6,25; 92° 47′; 97° 16′; 91° 31′; Z = 2; 307; $D_{ber.}$ 1,570. DTA-Unterss. in Ar zeigen, daß die solvatisierten Chelate zunächst ihr Solvens verlieren (zwischen 100 u. 310°) u. sich dann zersetzen (zwischen 350 u. 450°), jeweils unter Bldg. endothermer Maxima. Aus diesen Werten werden für die Rk. $UO_2A_2 \cdot HA \rightarrow UO_2A_2 + HA$ die Aktivierungsenergie E_A zu 28 (kcal Mol.⁻¹) u. die Dissoziationsenergie $\varDelta H$ zu 20 ± 2 berechnet.
G. Heller. 195◇

0480 **Zur Kationenlage im Spinell $CuMn_2O_4$.** A. I. Sasslawski, S. W. Karatschenzewa und A. J. Sharinowa. (Kristallographie [UdSSR] **7,** 835—43, 1962; russ.) — Für $CuMn_2O_4$ wurde eine Fourier-Synth. durchgeführt. Unter Beachtung der Wechselbeziehung der Elektronendichten auf Tetraeder- u. Oktaederplätzen wird ein Inversionsgrad von 0,67—1 gefunden.
K. Jaeger. 195◇

0481 **Die Kristallstruktur von $Ag[Ag_7^{II}Ag_4^{III}O_8]NO_3$.** Kung-du Chou. (Scientia sinica **12,** 139—40, 1963; Peking, Chem. Abt. der Univ.; engl.) — Bei der elektrolyt. Oxydation von $AgNO_3$ in saurer Lsg. bilden sich an der Pt-Anode oktaedr. Kristalle von $Ag[Ag_7^{II}Ag_4^{III}O_8]NO_3$. Die bereits von Swonkowa u. Mitarbeiter (vgl. J. phys. Chem. [UdSSR] **22,** 1948] 1284) untersuchte Struktur der kub. mit a = 9,89 Å in O_h^7-Fm3m krist. Verb. wird auf Grund von hk0-Intensitäten nach Fourier-Meth. verfeinert. Jedes Ag-Atom im $[Ag^{II}Ag^{III}_{?}O_8]_n$-Gerüst ist von 4 O-Atomen in rechteckiger Konfiguration koordiniert. In der Gerüststruktur sind 2 verschieden dimensionierte Lücken enthalten, wobei die größeren (kubooktaedr.) von NO_3' u. die kleineren von Ag^+ besetzt sind. Die Verb. besitzt bei Raum-Temp. eine elektr. Leitfähigkeit von ca. $2{,}1 \cdot 10^{-2}\ \Omega^{-1}\,cm^{-1}$ u. verhält sich als Halbleiter vom n-Typ. M. Hähnert. 195◇

0482 **Kristallstruktur von Baotit.** Tschshi-tschshun Pen und Huan-shun Tschshan. (Scientia sinica **12,** 101—19, 1963; Peking, Geol. Inst.; russ.) — Baotit hydrothermaler Entstehung findet sich in Paragenesen mit Galenit, Pyrit, Albit u. Alkaliamphibolen. Die Kristalle sind bisweilen bis zu 8—10 cm groß. Auf Grund von Drehkristall- u. Weißenberg-Aufnahmen gilt a = 19,80 ± 0,06 u. c = 5,90 ± 0,02 Å; C^6_{4h} — I 4_1/a; bezogen auf die Formel $Ba(Ti, Nb, Fe)_2SiO_7$ ist Z = 16. Die Atomparameter werden aus Patterson- u. Fourier-Synth. ermittelt. Kristallchem. Betrachtungen führen zur Annahme einer Überstruktur: a = 19,80 u. c = 23,6 Å. In der Elementarzelle finden sich dann 16 $\{Ba_4 \cdot Ti_6(Nb, Fe)_2O_{16}[Si_4O_{12}]Cl\}$. 2 neue Strukturelemente werden beobachtet: schlauchförmige tetragonale Ringe von Titan-Sauerstoff-Oktaedern $[Ti_4O_{12}]^{?n-}_n$ u. tetragonale Ringe von $[Si_4O_{12}]^{8-}$-Radikalen. Kristallchem. u. mineralog. Betrachtung der Ti, Nb-Silikate. M. Hähnert. 195◇

0483 **Elektronendiffraktometrische Untersuchung der zusätzlichen Intensitätsmaxima im Nephelin.** J. D. C. McConnell. (Mineralog. Mag. J. mineralog. Soc. **33,** 114—25, 1962; Cambridge, Dep. of Miner. and Petrology; engl.) — Elektronen- u. röntgendiffraktometr. Unterss. verschiedener Nepheline zeigten in allen Fällen zusätzliche schwache Intensitätsmaxima. Therm. Behandlung zwischen 190 u. 950° veränderten diese Maxima zu diffusen Flecken u. lassen auf eine Strukturumwandlung schließen. Es wird angenommen, daß der Strukturvorschlag von Hahn u. Buerger [1955] für niedrige Temp. nicht zutrifft. Deren Einheitszelle kann nur als Durchschnittswert der wahren Strukturverhältnisse angesehen werden. Es ist nicht möglich, den Tieftemperaturzustand durch eine Überstruktur zu beschreiben. J. Heinze. 195◇

0484 **Oxide der Tieftemperaturoxydation von Niob und Tantal.** G. Brauer, Horst Müller und G. Kühner. (J. less-common Metals [Amsterdam] **4,** 533—46, 1962; Freiburg, Univ., Chem. Labor.; dt.) — Bei der Oxydation von pulverigem Nb- u. Ta-Metall bei 300—500° mit Luft oder O_2 bei 0,5—40 oder 760 Torr bilden sich Suboxidphasen von metall. Typus mit eigenem Kristallgitter, das mit dem Gitter der reinen Metalle verwandt ist. Bei der Oxydation < 350° bildet sich auf dem Metall zunächst eine Kruste von amorphem Oxid, die Interferenzfarben u. eine zusätzliche Grundschwärzung der Röntgenfilme verursacht. Dieses amorphe Oxid reagiert sek. mit dem Metallkern, sättigt oder übersättigt ihn mit O_2 u. führt zur Bldg. von *Nb_6O*, tetragonal; (a) = $3{,}39_5$ (Å) u. (c) = $3{,}27_6$ oder *Ta_6O*, tetragonal; $3{,}36_3$ u. $3{,}25_4$. Sehr dicke amorphe Oxidkrusten neigen zur Kristallisation unter Bldg. von α-Nb_2O_5 (α-Ta_2O_5). Bei der Oxydation zwischen 400 u. 500° sowie red. Druck entsteht kein amorphes Oberflächenoxid, sondern sogleich mit einheitlich grauer Farbe $Nb_6O \cdot$ (Ta_6O). Beim Erreichen von 450° erleiden diese Phasen weitere Umwandlungen, die für Nb u. Ta etwas verschieden verlaufen. Bei der Bldg. aller dieser Suboxidphasen scheint es sich um Ausscheidungsvorgänge mit Neuordnungsvorgängen von gelösten O-Atomen zu handeln, die vielleicht nach einem martensit. Mechanismus verlaufen. Die Suboxide haben mehr den Charakter von Metall-Legg. als von heteropolaren Oxiden. G. Heller. 196◇

0485 **Zur Darstellung von Germaniumfilmen nach der Jodidmethode.** G. A. Kurow. (Kristallographie [UdSSR] **7,** 957, 1962; Akad. der Wiss. der UdSSR, Inst. für Kristallogr.; russ.) — Untersucht wurde die Bldg. epitakt. Ge-Schichten auf (1 1 1)-Ge-Einkristallsubstraten nach der Jodidmethode. Genaue Vers.-Bedingungen werden mitgeteilt. K. Jaeger. 196◇

0486 **Zur Struktur dünner Filme der Verbindung $TlBiSe_2$.** L. I. Man und Ss. A. Ssemiletow. (Kristallographie [UdSSR] **7,** 844—49, 1962; Akad. der Wiss. der UdSSR, Inst. für Kristallogr.; russ.) — Elektronenbeugungsdiagramme zeigen, daß $TlBiSe_2$ in dünnen, im Vakuum aufgedampften Filmen in einer hexagonalen Modifikation auftritt: D^5_{3d} — R $\bar{3}$ m; a = 4,24 u. c = 22,33 Å. Die 6 Se liegen in 6 (c) mit z = 0,25, die 3 Tl in 3 (a) u. die 3 Bi in 3 (b). Punktaufnahmen zeigten, daß die $TlBiSe_2$-Kristalle mit (1 0 4) parallel zu den Würfelflächen des NaCl-Substrates aufwachsen. K. Jaeger. 196◇

0487 **Bemerkungen über gewisse optische Eigenschaften und die Struktur dünner Silberschichten.** J. P. David. (J. Physique Radium **21,** 157—64, 1960; Alger, Fac. des Sci.; franz.) — Vf. beschreibt zunächst einen neu konstruierten App., mit dem es möglich ist, gleichzeitig in dem für die Aufdampfung benutzten Vakuum die Reflexion dünner metall. Schichten von der Vakuumseite u. der Seite der Unterlage R u. R', die opt. Durchlässigkeit T sowie den Phasenunterschied φ zwischen der Reflexion der Glasunterlage u. der metall. Reflexion zu messen. Untersucht werden diese Größen für Ag-Schichten mit Licht der Wellenlänge 4000—7000 Å, die auf verschiedene Weise hergestellt worden waren. Gemessen werden zuerst die Eigg. einer e mμ dicken Schicht, die auf einmal auf die Quarzunterlage aufgedampft worden war. Bei einem zweiten Vers. wurden die Eigg. während des kontinuierlichen u. langsamen Aufdampfens verfolgt. Bei einem weiteren Vers. wurde die endgültige Dicke der Schicht e mμ durch verschiedene aufeinanderfolgende Bedampfungen erhalten, u. schließlich wurden eine Reihe von Schichten der Dicke e, 2e, 3e, 4e ··· ne hergestellt. Die mit diesen Schichten erhaltenen verschiedenen Meßdaten sind graph. wiedergegeben u. werden an Hand verschiedener Modelle untersucht. C. Gottfried. 196△

0488 **Untersuchung der elektronischen Struktur der Seltenerdmetalle.** Yves-André Rocher. (Advances in Physics **11,** 233—79, 1962; Orsay, Univ. de Paris, Fac. des Sci., Labor. de Phys. des Solides; franz.) — Bei den Seltenerdmetallen führen die Kopplungen zwischen Leitfähigkeitselektronen u. f-Elektronen zu einer indirekten oscillierenden Wechselwrkg. zwischen magnet. Ionen. Diese Wechselwrkg. ist verschieden, je nachdem ob die f-Zustände wirkliche gebundene Zustände besetzen, oder infolge Resonanzen mit den natürlichen Zuständen wirkungsfähige verbreiterte Zustände besetzen, die energet. durch die Wechselbeziehungen zwischen Elektronen wie die gebundenen Zustände getrennt sind. In beiden Fällen tritt ein Term magnet. Energie auf, der mit einer gegebenen Kristallstruktur u. einem gegebenen magnet. Ordnungszustand assoziiert ist. Bei *Ce* konnte Vf. den Einfl. des Terms der magnet. Energie auf den Übergang γ-Ce $\rightleftharpoons$ α-Ce nachweisen. Das magnet. γ-Ce mit einem f-Elektron wandelt sich bei ca. 100° K in nichtmagnet. α-Ce um Wenn man Seltenerdmetalle als Verunreinigungen in Ce einführt, dann wird die Umwandlungs-Temp. um maximal ca. 30° bei Zusatz von 2% Gd erniedrigt. In der magnet. γ-Phase werden die indirekten Wechselwrkg. zwischen magnet. Ionen durch die Ggw. sehr viel größerer magnet. Momente als das Moment des Ce verstärkt; die magnet. Energie nimmt abs. zu u. erniedrigt so die Gesamtenergie der γ-Phase. Die Umwandlungs-Temp. nimmt daher ab, da in der nichtmagnet. α-Phase diese Effekte nicht vorhanden sind. Zusatz von *Th* oder *Pu* andererseits erhöht die Umwandlungs-Temp. $\alpha \rightleftharpoons \gamma$. In diesen festen Lsgg. ist die elektron. Struktur dieser Metalle sehr nahe der des freien Atoms u. diese Atome dürften Träger eines sehr wichtigen magnet. Moments sein. Als sehr wahrscheinlich muß an Hand der Literaturdaten in Ce u. Yb die Existenz von wirkungsfähigen gebundenen 4f-Niveaus angenommen werden. Für *Pu* wird ein ähnlicher Zustand wie für Ce angenommen. C. Gottfried. 197△

0489 **Untersuchung über den Einfluß des Glühens auf die Versetzungen in Germanium.** W. N. Wassilewskaja und L. I. Datzenko. (Ukrain. physik. J. **8,** 569—74, 1963; Kiew, Akad. der Wiss. der UkrainSSR, Halbleiter-Inst.; ukrain., Auszug: engl.) — Mit Hilfe der Ätzmeth. u. der Beobachtung der anomalen Röntgendurchlässigkeit wurde der Einfl. von Hochtemp.-Temperungen (500—800°) auf die Versetzungen in Ge untersucht. Eine geringe Abnahme der Versetzungsdichte wurde beim Tempern festgestellt. In einigen Fällen wurde eine Verdopplung der Versetzungslinie nachgewiesen. Auch wurden punktförmige Störstellen beobachtet, die wahrscheinlich Ansammlungen von Leerstellen sind. K. Jaeger. 197◇

0490 **Die Kristallstruktur von Actiniummetall und Actiniumhydrid.** J. D. Farr, A. L. Giorgi, M. G. Bowman und R. K. Money. (J. inorg. nuclear Chem. **18,** 42—47, 1961; Los Alamos, N.Mex., Univ. of California, Los Alamos Sci. Labor.; engl.) — Aus durch Ionenaustausch von ^{228}Th

u. ^{233}Ra befreitem $^{227}Ac(OH)_3$ wird durch Rk. mit NH_4Cl wasserfreies $AcCl_3$ hergestellt, das direkt in einer röntgenograph. Capillare mit K bzw. H_2 zu einem Gemisch von Ac u. Ac-Hydrid umgesetzt wird. Das Pulverdiagramm wird sofort nach der Herst. mit CuK_α-Strahlung aufgenommen; die schwache β-Strahlung des ^{227}Ac wird vor dem Röntgenfilm mit Ni-Folie absorbiert. Aus dem Vgl. der Beugungsdiagramme mit solchen von nach der gleichen Meth. hergestellten La–KCl-Gemischen folgt, daß das Rk.-Gemisch aus kub.-flächenzentriertem (f.c.c) Ac mit a = 5,311 ± 0,010 Å u. f.c.c Ac-Hydrid mit a = 5,670 ± 0,006 Å sowie KCl besteht. Offenbar entsteht Ac in der bei hoher Temp. beständigen β-Form. Ebenso wie bei La konnte in der benutzten Vers.-Anordnung die $\beta \rightarrow \alpha$-Umwandlung des Ac nicht durchgeführt werden. Herbert Müller. 197□

0491 **Untersuchung der Entstehung kristalliner Strukturen des Urans durch Neutronenbeugung.** J. Laniesse, M. Englander und P. Meriel. (Proc. IVth int. Sympos. Reactivity Solids, Amsterdam **1960**, 700—08, 1961; Saclay, Centre d'Études Nucl.; franz.) — Mit Hilfe der Neutronenbeugung verfolgten Vff. die Kinetik der $\beta \rightarrow \alpha$-Umwandlung eines stranggepreßten U-Stabes sowie die gleiche Umwandlung an einer *U–Cr*-Leg. mit 0,1 Gew.-% Cr. C. Gottfried. 197△

0492 **Unerwartetes Quergleiten in Goldfolien.** D. Kuhlmann-Wilsdorf, R. Maddin und W. Westdorp. (Appl. Physics Letters **1**, 33, 1962; Philadelphia, Pa., Univ. of Pennsylvania; engl.) — Vff. stellen in elektronendurchlässigen, von 900° abgeschreckten u. 1 Std. bei 100° getemperten *Au*-Folien Stapelfehlertetraeder u. Versetzungsspuren fest, die ein starkes Quergleiten zeigen. Die ermittelte niedrige Stapelfehlerenergie von α = 22 erg/cm² stimmt gut mit der von Seeger (vgl. Physica Status solidi [Berlin] **1**, [1961], 669) überein. W. Sobieski. 197◇

0493 **Durch Strom induzierte Bewegung von Markierungen in Golddrähten.** H. B. Huntington und A. R. Grone. (Physics Chem. Solids **20**, 76—87, 1961; Troy, N.Y., Rensselaer Polytechn. Inst.; engl.) — In Au-Drähte wurden mit einer Rasierklinge transversale Kratzer als Markierungen angebracht u. die Drähte mehrere Tage lang mit Stromdichten von ca. 10 A/cm² bei 830—1020° in Ar-Atmosphäre belastet. Es konnte deutlich eine Bewegung der Markierungen beobachtet werden, die in einigen Fällen mehrere μ pro Tag betrug, wobei die Bewegung stets in Richtung der Kathode erfolgte. Die Bewegung der Markierungen scheint proportional der Stromdichte u. der Selbstdiffusions-Konst. zu sein. Anwendungen des Verf. zur indirekten Best. der Aktivierungsenergie der Diffusion sowie der Wechselwrkg. zwischen den Elektronen u. Gitterdefekten werden erörtert. C. Gottfried. 197△

0494 **Über die Bedingungen der diffusionslosen Kristallisation von Legierungen.** W. T. Borissow. (Ber. Akad. Wiss. UdSSR **150**, 294—96, 1963; Inst. für Metallkunde u. Phys. der Metalle, Zentrales Wiss. Bardin-Forsch.-Inst. für Eisenmetallurg.; russ.) — Kinet. Gleichungen von Phasenänderungen (bin. Syst.). Ch. Weiske. 197◇

0495 **Diagramme Zusammensetzung-Hitzebeständigkeit von Legierungen des ternären Systems Titan–Vanadin–Niob.** W. Ss. Wlassow und I. I. Kornilow. (Nachr. Akad. Wiss. UdSSR, Abt. techn. Wiss. **1958**, Nr. 7, 136—39; russ.) — Vgl. C. **1959**, 10152. — Die Vers.-Legg. wurden pulvermetallurg. durch Pressen u. Sintern (1400°/48 Std.) hergestellt; die Zus. entsprachen der Ti-Ecke des Gleichgewichtsdiagramms mit V–Nb-Zusätzen im Verhältnis 3 : 1; 1 : 1 u. 1 : 3, bis zu 50%. Die Proben (4 mm Ø; 45 mm Länge) wurden unter Belastung (15—20 kg/mm²) bis zu 300 Std. lang auf 500—600° erwärmt u. die Biegung bestimmt. Der Vgl. der Diagramme Struktur–Warmfestigkeit–Härte zeigt einen raschen Anstieg der Härte u. Warmfestigkeit im Gebiet der festen α-Lsg. (Ti mit bis 3% Zusatzmetalle) u. einen raschen Abfall im Gebiet des $\alpha + \beta$-Mischkristalls; der Abfall ist um so rascher, je mehr Nb anwesend ist. Im Gebiet der festen β-Lsg. steigen beide Werte bis über die α-Werte an. J. Tůmová. 197◇

0496 **Die metallische Wertigkeit des gelösten Stoffes als ein Index der Phasenstabilisierung in Legierungen auf Zirkoniumbasis.** J. C. Uy und A. A. Burr. (Trans. metallurg. Soc. AIME **224**, 204, 1962; Troy, N.Y., Rennsselaer Polytechn. Inst.; engl.) — Der Einfl. der Pauling-Wertigkeit eines gelösten Stoffes auf die Phasenstabilität von Zr in Primär-Mischkristallen wird angegeben. Hieraus kann entnommen werden, daß ein gelöster Stoff, dessen Pauling-Metall-Wertigkeit niedriger als die des Lsgm. ist, dazu neigt, die allotrope α-Phase zu stabilisieren, während ein gelöster Stoff, dessen Pauling-Valenz höher ist als die des Lsgm., zur Stabilisierung der allotropen β-Phase neigt. Tabellar. Zusammenstellung der Pauling-Valenzen von α-Stabilisatoren (Sb, Ge, Sn, Pb, Al, Y, Gd, Tb, Dy, Ho, Er, Lu, In, Hf, Cd) u. von β-Stabilisatoren (Ti, Th, Zn, V, Nb, Ta, Cu, Ag, Cr, Mo, W, U, Mn, Fe, Co, Ni)). Si hat keinen Einfluß. H. Hochstein. 197◇

0497 **Das Zustandsdiagramm Wolfram–Hafnium.** Bill C. Giessen, Irmgard Rump und Nicholas J. Grant. (Trans. metallurg. Soc. AIME **224**, 60—64, 1962; Cambridge, Mass., MIT; Stuttgart, MPI für Metallkunde; engl.) — Das Syst. W–Hf wurde metallograph. u. röntgenograph. untersucht. Die einzige intermetall. Phase W_2Hf schmilzt peritekt. bei 2650 ± 50°. Ein Eutektikum zwischen W_2Hf u. dem β-Hf-Mischkristall besteht bei 78 Atom-% Hf u. 1930 ± 10°. Der Zusatz von W erniedrigt die Hf-Umwandlung; dort besteht ein Eutektoid bei 93 Atom-% Hf u. 1560°. Die Löslichkeitsgrenzen der Endmischkristalle wurden bestimmt. H. Hochstein. 197◇

0498 **Strukturuntersuchungen an Carbidsulfiden von Titan und Zirkonium.** Heinz Kudielka und Helga Rohde. (Z. Kristallogr., Kristallgeometr., Kristallphysik, Kristallchem. **114**, 447—56, 1960; Düsseldorf, MPI für Eisenforsch.; dt.) — Die Strukturen isotyper Carbidsulfide von Ti u. Zr wurden mit Hilfe von Einkristall- u. Pulveraufnahmen geklärt. Intensitätsberechnungen u. Fourier-Synth. zeigen die geordnete Verteilung von C u. S in den hexagonalen Kristallen der Raumgruppe D_{6h}^4 — P 6_3/m m c, Metall in 4 (f) mit z = 0,099 ± 0,002, S in 2 (d), C in 2 (a). Als Gitter-Konst. wurden für die Ti-Phase (ca. 5% Fe enthaltend) c = 11,18 kX, a = 3,20$_4$ kX, für die Zr-Phase c = 12,0$_9$ kX, a = 3,38$_9$ kX gefunden. Die stabilisierende Wrkg. des C auf die Bldg. tern. Phasen steht mit Beobachtungen an anderen Syst. in Übereinstimmung. Die untersuchte Ti-Phase tritt auch in Stählen auf. H. Jehne. 197◇

0499 **Die Dreistoffsysteme (Titan, Zirkonium, Hafnium)–Aluminium–Silicium.** O. Schob, H. Nowotny und F. Benesovsky. (Planseeber. Pulvermetallurgie **10**, 65—71, 1962; Wien, Univ., Inst. für Phys. Chem. u. Metallwerk Plansee Akt.-Ges., Reutte/Tirol; dt.) — Die Syst. Ti–Al–Si, Zr–Al–Si u. Hf–Al–Si werden auf einem Schnitt, entsprechend einer Homogenisierungs-Temp. von 1200°, untersucht. Ein wesentlicher Teil der vorliegenden Gleichgewichte wird ermittelt. In Ti–Si u. in Hf–Si wurde bei 45 Atom-% Si ein neues Silicid beobachtet, das mit der U-Phase von Zr–Si isotyp ist. K. Jaeger. 197◇

0500 **Untersuchungen in den Systemen: V–B, Nb–B, V–B–Si und Ta–B–Si.** H. Kudielka, H. Nowotny und G. Findeisen. (Mh. Chem. **88**, 1048—55, 1957; dt.) — Vgl. vorst. Referat. — Bei röntgenograph. Unterss. in den Syst. V–B, Nb–B, V–B–Si u. Ta–B–Si wurden metallreiche isotope Phasen der ungefähren Zus. V_2B, Nb_2B u. Ta_2B mit ca. 30 Atom-% B gefunden (die Proben wurden aus in H_2 versprödeten u. pulverisierten Materialien im Heißpreß-Verf. mit nachfolgendem Tempern in Ar bei 1600 bzw. 2000° gewonnen, außerdem wurden einige Schmelzproben untersucht). Einige in der Literatur beschriebene Phasen wurden bestätigt, eine angebliche β'-Phase im Syst. Nb–B dagegen als *NbO* erkannt. Durch Zusatz von 4—20% Ta_2Si zu Ta_2B wird eine krist. Phase Ta_2B–Ta_2Si erhalten; die Löslichkeit der Phasen ineinander ist gering. Im Syst. V–Si–B sind eine T_1^-, eine T_2- u. eine $D8_8$-Phase der Zus. $V_5(Si, B)_3$ miteinander im Gleichgewicht. Eine Pulveraufnahme der T2-Struktur (D_{4h}^{18}) von V_5SiB_2 wurde ausgewertet. Die Gitter-Konst. ergaben sich zu: a = 5,80; c = 10,77 kX. — Bei den Borid-Siliciden der Metalle der Gruppen 4a, 5a u. 6a werden die Stabilitätsbereiche der entsprechenden 3 Phasen miteinander verglichen. W. Betcke. 197◇

0501 **Untersuchungen im System Vanadin–Molybdän–Kohlenstoff.** Erwin Rudy, Elisabeth Rudy und F. Benesovsky. (Planseeber. Pulvermetallurgie **10**, 42—64, 1962; dt.) — Vgl. vorst. Referate — Auf Grund röntgenograph. u. metallograph. Unterss. des tern. Syst. V–Mo–C werden Phasendiagramme bei 1550 u. 1800° sowie der Konodenverlauf mitgeteilt. V u. Mo sowie V_2C u. Mo_2C sind lückenlos mischbar. Der tern. Bereich der kub. B1-Phase reicht bei 1800° bis ca. 70 Mol.-% Mo_2C_2 (a = 4,25 Å), während umgekehrt vom Mo_3C_2 ca. 15 Mol.-% VC_{1-x} in feste Lsg. aufgenommen werden ($a_{Unterzelle}$ = 4,244 Å; a = 3,004 Å; c = 14,57 Å). Bei hohen Temp. läßt sich ein vollständiger Übergang VC–Mo_3C_2 annehmen. Geringste Zusätze an U bzw. Th stabilisieren die kub. B1-Form des Mo_3C_2 bis mindestens 1400°. Unter extremen Abschreckbedingungen konnte α-Mo_3C_2 rein erhalten werden, u. zwar mit a = 4,2810 ± 0,0002 Å u. 40,0—40,8 Atom-% C. Die Zweiphasengleichgewichte (V, Mo)–(V, $Mo)_2C$ u. (V, $Mo)C_{1-x}$(V, $Mo)_2$ werden thermodynam. ausgewertet. Diskutiert werden der Aufbau der Phase Mo_3C_2 u. die Gleichgewichte, die allg. in tern. Me_1–Me_2–C-Syst. auftreten. K. Jaeger. 197◇

0502 **Krypton-Abgabe aus metallischem Uran.** Francis J. Norton und C. W. Tucker jun. (J. nuclear Mater. [Amsterdam] **4**, 350—52, 1960; Schenectady, N.Y., Gen. Electr. Res. Labor.; engl.) — Kr-Ionen wurden mit 40 kV in U-Folien eingeschossen u. anschließend die Gasabgabe mit einem Massenspektrometer verfolgt. Die Gasabgabe beginnt schon unterhalb 250° u. weist verschiedene Geschw.-Maxima auf. Die notwendige Temp. liegt damit wesentlich niedriger als bei *in situ* gebildeten gasförmigen Spaltprodukten. L. Roth. 197◇

0503 **Einfluß des Druckes auf die zu intermetallischen Verbindungen führenden Diffusionsprozesse.** Y. Adda, M. Beyeler, A. Kirianenko und B. Pernot. (Proc. IVth int. Sympos. Reactivity Solids, Amsterdam **1960**, 512—24, 1961; Gif-sur-Yvette, Centre d'Étude de l'Énergie Nucleaire; franz.) — Die Verss. wurden an den Paaren *U–Cu*, *U–Ni* u. *U–Al* durchgeführt. Es wurden einige starke Plättchen der Ausgangskomponenten nach Anlassen im Vakuum erst mechan. u. hierauf elektrolyt. poliert. Die Verschweißung der Paare geschah bei Nichtanwendung von hydrostat. Druck durch kurzes Erhitzen auf eine Temp. < 400° unter einem. Druck von 250 kg/cm², bei den Verss. unter hydrostat. Druck während der Verss. selbst. Nach den Diffusions-Verss. wurden an Schnitten die Diffusionszonen mkr. u. z. T. röntgenograph. untersucht. Bei den Diffusions-Verss. ohne äußeren Druck an den Paaren U–Cu u. U–Ni oder bei einem Druck < 300 kg/cm² an dem Paar U–Al änderte sich die Zus. in der Diffusionszone beim Übergang von einem Metal zum anderen von $UCu_{4.70}$–$UCu_{5.25}$, $UNi_{4.75}$–$UNi_{5.25}$ u. $UAl_{2.2}$–$UAl_{3.8}$. Bei Anwendung eines einachsigen oder hydrostat. Druckes > 500 kg/cm² für U–Cu u. U–Ni oder > 1000 kg/cm² für U–Al war die Zus. der Diffusionszone konst. u. zwar UCu_5 bzw. UNi_5 oder UAl_3. C. Gottfried. 197△

0504 **Einige Beobachtungen an dem System Chrom–Nickel.** R. F. Smart und F. G. Haynes. (J. Inst. Metals **91**, 153—57, 1962; Birmingham, Internat. Nickel Co. (Mond) Ltd.; engl.) — Das Syst. entspricht der einfachen eutekt. Type. Trennung von überschüssigem Cr aus dem Ni-Mischkristall kann durch celluläre Ausscheidung während langsamer Kühlung oder isothermen Alterns auftreten; schnelles Abschrecken verhindert die Ausscheidung. Die Löslichkeitsgrenze von Ni in Cr zeigt eine so deutliche Änderung mit der Temp., daß die Ausscheidung von überschüssigem Ni aus dem Cr-Mischkristall nicht leicht unterdrückt werden kann. Beim normalen Abschrecken werden nadelförmige Strukturen erhalten. Es wird versucht, die unterschiedlichen Auffassungen über das Syst. zu erklären. — 17 Literaturangaben. F. Vier. 197◇

0505 **Kristallographie von Gleichgewichtsphasengrenzschichten in eutektischen Al-$CuAl_2$-Legierungen.** R. W. Kraft. (Trans. metallurg. Soc. AIME **224**, 65—75, 1962; East Hartford, Conn., United Aircraft Corp., Res. Labor.; engl.) — Umfassende Analyse der kristallograph. u. metallograph. Struktur von mehreren lamellaren, eutekt. Al–$CuAl_2$-Körnern, die unter Gleichgewichtsbedingungen erstarrt waren. Eine Gleichgewichts-Grenzschicht zwischen Al u. Θ-Phase kann im allg. durch Zwischenfläche ||{1 1 1}Al|| {2 1 1}Θ < 1 0 1> Al|| < 1 2 0> Θ beschrieben werden. Die Theorie wird im Einzelnen mit einem anderen Zwischenflächen-Modell verglichen, welches für die Widmannstätten-Ausscheidung von $CuAl_2$ in Al bei niedrigen Cu-Geh. charakterist. ist. Eine Erklärung der Struktur der Verb. $CuAl_2$ wird mitgeteilt. — 13 Literaturangaben. H. Hochstein. 197◇

0506 **Einfluß von ternären Elementen auf die eutektoide Umwandlung in Aluminiumbronze.** T. V. Philip und David J. Mack. (Trans. metallurg. Soc. AIME **224**, 34—42, 1962; Philadelphia, Pa., SKF Ind., Inc.; Madison, Wis., Univ. of Wisconsin; engl.) — Die Einfl. des Zusatzes eines dritten Elementes aus der zweiten langen Periode u. aus der Gruppe IIB des Period. Syst. (Ag, Cd, In, Sn, Sb, Be, Zn) auf die eutektoide Umwandlung einer Cu–Al-Leg. (Al-Bronze) wurden durch isotherme Umwandlungs-Verff. untersucht. Die Wertigkeit des dritten Elementes zeigt den ausgeprägtesten Einfl. auf die eutektoide Zersetzung. Mit wenigen Ausnahmen zeigt der Atomgröße-Faktor des dritten Elementes einige Einw. auf die Perlit-Keimbldg. u. das Wachstum. Die Atom-Konz. oder die elektronegative Wertigkeit des dritten Elementes zeigen keinen Einfl. auf die eutektoide Zersetzung. Ein Zusatz des dritten Elementes unterstützt eine Perlit-Zusammenballung. — 16 Literaturangaben. H. Hochstein. 197◇

0507 **Eine Zwischenphasenfamilie mit Struktur vom Si_2Mo-Typ.** M. V. Nevitt und J. W. Downey. (Trans. metallurg. Soc. AIME **224**, 195—96, 1962; Argonne, Ill., Argonne Nat. Labor.; engl.) — Zr_2Cu, Hf_2Cu, Ti_2Pd, Zr_2Pd, Hf_2Pd, Zr_2Ag, Zr_2Au u. Hf_2Au besitzen Si_2Mo-Struktur mit (a =) 3,2204 ± 0,0004; 3,1695 ± 0,0002; 3,090 ± 0,001; 3,306 ± 0,001; 3,251 ± 0,001; 3,2464 ± 0,0003; 3,28; 3,2309 ± 0,0002; (c=) 11,1832 ± 0,0006; 11,1333 ± 0,0004; 10,054 ± 0,008; 10,894 ± 0,004; 11,061 ± 0,002; 12,0037 ± 0,0024; 11,6; 11,6057 ± 0,0008. Angabe der Atomparameter. H. Hochstein. 197◇

0508 **Erstarrungskurven des Systems Gold–Kupfer.** H. E. Bennett. (J. Inst. Metals **91**, 158, 1962; Wembley, Johnson, Mattey & Co.; engl.) — Die Solidus- u. Liquiduskurven im Syst. Au–Cu wurden an 16 Legg. nachgeprüft. Keiner der gefundenen Punkte wich mehr als 1° von der Kurve ab. An Hand eines Kurvenbildes wurden die gefundenen Punkte mit denen früherer Beobachter verglichen. F. Vier. 197◇

0509 **Diffusionskoeffizienten für die Diffusion von Blei, Zinn und Kupfer in Goldeinkristalle in kochender 2n HCl.** Henry Leidheiser jun. (Appl. Physics Letters **1**, 39—40, 1962; Richmond, Va., Virginia Inst. for Sci. Res.; engl.) — Vf. beschreibt die elektrochem. Best. der Diffusion von Pb, Sn u. Cu in Au-Einkristalle bei Darst. der intermetall. Phasen Pb–Au, Sn–Au u. Cu–Au. Dabei wird stark geätztes Au in kochender 2n HCl (die gelöstes Pb, Sn, bzw. Cu enthält) der Polarisation auf das Korrosionspotential des unedleren Metalls unterworfen. Der Diffusions-Koeff. von Pb in Au beträgt $1{,}6 \cdot 10^{-12}$ (cm²/s), von Sn in Au $2{,}5 \cdot 10^{-12}$ u. von Cu in Au ca. 10^{-19}. W. Sobieski. 197◇

0510 **Fermi-Oberfläche von Legierungen.** Hiroshi Sato und Robert S. Toth. (Physic. Rev. Letters **8**, 239—42, 1962; Dearborn, Mich., Ford Motor Co., Sci. Labor.; engl.) — Vff. untersuchen die Fermi-Oberflächen von *Cu-Pd-*, *Cu-Pt-*, *Au-Cd-*, *Ag-Mg-*, *Au-Zn-* u. Cu-Au-Legg. u. vergleichen die Resultate mit theoret. Überlegungen. Danach ist die effektive Größe der Fermi-Oberfläche in der [1 1 0]-Richtung ca. 0,95 der freien Elektronensphäre. Die Kontraktion in der [1 1 0]-Richtung ist größer als es nach Messungen des De Haas-van Alphen-Effekt zu erwarten wäre. Der Befund deckt sich mit Berechnungen verschiedener Autoren. Harro Zimmer. 197◇

0511 **Identifizierung eines neuen Al–Fe-Bestandteiles, $FeAl_6$.** E. H. Hollingsworth, G. R. Frank jun. und R. E. Willett. (Trans. metallurg. Soc. AIME **224**, 188—89, 1962; New Kensington, Pa., Aluminium Co. of America; Waterbury, Conn., Anaconda American Brass Co.; engl.) — Bei der Röntgen-Strukturanalyse einer Al–Fe-Leg. mit 1,98 bis 2,02 (%) Fe, 0,01 Cu, 0,01 Si, 0,01 Mn, bis 0,01 Zn, bis 0,04 Ti, Rest Al im Gußzustand wird als neuer Gefügebestandteil *$FeAl_6$* mit etwa den gleichen Gitterparametern wie die von $MnAl_6$, nämlich a = 6,492, b = 7,437 u. c = 8,788 Å, festgestellt. $FeAl_6$ bleibt während einer anod. Behandlung unverändert. Auch in den am schnellsten abgeschreckten Blöcken gab es Bereiche, die neben $FeAl_6$ vorwiegend aus *$FeAl_3$* bestanden. Bei allen Temp. bis zu 1200° F, bei denen Schmelzen eintrat, war $FeAl_6$ metastabil u. wurde in $FeAl_3$ umgewandelt. Bei höheren Temp. war die Umwandlung innerhalb von wenigen Std. vollständig. Unter 1000° F war nach mehreren Std. nur ein geringer $FeAl_6$-Anteil umgewandelt. Die Umwandlung von $FeAl_6$ zu $FeAl_3$ verlief anscheinend nicht direkt, sondern über die Bldg. eines Zwischenbestandteils, ähnlich in der Struktur (Fe, Cu) (Al, $Cu)_6$. H. Hochstein. 197◇

0512 **Die Löslichkeit von Niobnitrid in γ-Eisen.** Rodney P. Smith. (Trans. metallurg. Soc. AIME **224**, 190—91, 1962;

Monroeville, Pa., U.S. Steel Corp.; engl.) — Die Löslichkeit von Nb-Nitrid im γ-Fe wurde für den Temp.-Bereich von 1191—1336° in einer Anzahl von Fe–Nb-Legg. mit bis zu 0,92% Nb analyt. u. metallograph. bestimmt. Ferner wurde durch Röntgenbeugungsbilder an extrahiertem Nb-Nitrid festgestellt, daß die Zus. des Nitrids zwischen *NbN* u. $NbN_{0,9}$ lag. Ein Löslichkeits-Prod. (% Nb) (% N) kann aus dem Schnitt der Linien durch das Einphasen- u. Zweiphasen-Gebiet bestimmt werden. Es zeigt sich, daß log (% Nb) (% N) = —10230/T + 4,04 beträgt. Das ergibt eine molale Lösungswärme von NbN im γ-Fe von 46800 cal.

H. Hochstein. 197◇

0513 **Die C–Cr–Fe-Liquidusfläche.** N. R. Griffing, W. D. Forgeng und G. W. Healy. (Trans. metallurg. Soc. AIME **224**, 148—59, 1962; Tonawanda, N.Y., Niagara Falls, N.Y., Union Carbide Corp.; engl.) — Die Liquidus-Fläche des Syst. C–Cr–Fe bis zu 1900° wurde aus C-Löslichkeits- u. F.-Messungen, aus metallograph. Beobachtungen u. aus bereits veröffentlichen Angaben ermittelt. Im graphit. Bereich fällt sie steil von der Cr_3C_2–C–Verb. durch das Mischcarbid-Feld zu einem mäanderförmigen eutekt. Tal hin ab; dieses verläuft von der Cr–C- zur Fe–C-Seite. Auf der Seite des Tales mit geringem C-Geh. steigt die Liquidus-Fläche zur Cr-Ecke an. — 14 Literaturangaben. H. Hochstein. 197◇

0514 **Über die entmischende Wirkung von Phosphor und Kohlenstoff im System Eisen–Nickel–Schwefel.** Rudolf Vogel. (Arch. Eisenhüttenwes. **34**, 211—16, 1963; Göttingen, Inst. für Metallphys. der Univ.; dt.) — Vgl. C. **1963**, 22245. — Sowohl P als auch C erzeugen im Syst. Fe–Ni–S eine Mischungslücke im fl. Zustand. Im Vierstoff-Syst. Fe–Ni–S–P werden die Entmischungskurven als Schnitte durch die quatern. Entmischungsfläche für 2, 3 u. 7% P festgestellt. Bei 2 u. 3% P erfährt die Mischungslücke durch Ni eine Aufweitung, deren Höchstwert bei 10% Ni liegt, bei 3% P ist die Wrkg. des Ni geringer u. bei 7% P ist sie verschwunden. Bei diesem P-Geh. reicht die Mischungslücke bis zu 70% Ni. Dagegen lassen sich im Syst. Fe–Ni–S–C nur die Anfänge des im Metallgebiet verlaufenden Astes der Entmischungskurven für 1, 2 u. 3% C ermitteln, weil bei höheren S- u. Ni-Geh. C aus der Schmelze als Graphit ausgeschieden wird. Der Umstand, daß in den beiden Dreistoff-Syst. Fe–S–P u. Fe–S–C auf der Fe-Seite ein ausgedehntes Mischbarkeitsgebiet vorhanden ist, während auf der Sulfidseite die Mischungslücke bis zum FeS reicht, hat zur Folge, daß auch im Vierstoff-Syst. mit Ni der Sulfid-Geh. der metall. fl. Phase bei kleinen P- u. C-Geh. der Proben groß ist u. weit über dem S-Geh. von nur 2,1% des meteor. Phasen-Syst. FeNi/Sulfid liegt. Der Beitrag von P u. C zur Erzielung einer metall. Phase mit weniger als 2% S, die für die Absonderung einer fl. Sulfidphase im meteor. Syst. Fe–Ni–S erforderlich wäre, ist daher nur gering. Auf der Sulfidseite des Syst. Fe–Ni–S ist die entmischende Wrkg. des P sehr günstig. Umgekehrt liegen die Verhältnisse bei Mn u. Cr; geringer S-Geh. der metall., hoher Metall-Geh. der sulfid. Flüssigkeit. Eine nach beiden Seiten ausgeweitete Mischungslücke ist daher von Zusätzen aus Mn u. P u. Cr u. P zu erwarten.

H. Hochstein. 197◇

0515 **Untersuchungen über die Bildung von Ferritbanden mit Hilfe von geschichteten Blechen.** 1. Mitt. Hideo Osawa. (Nippon Kinzoku Gakkai-Si [Japan Inst. Metals] 25, 433—36, 1961; jap., Auszug: engl.) — 2. vgl. C. **1963**, 8847. — Die Bldg. von Ferritbanden in aufeinander geschichteten, aus C- u. legiertem Stahl bestehenden Blechen wird untersucht; sie entstehen durch Seigerung von *P, Sn, Ni, Cr* u. *Mn*. W. Wesly. 197□

0516 **Untersuchung der Zementitstruktur durch Elektronenbeugung.** A. J. Gardin. (Kristallographie [UdSSR] **7**, 854—61, 1 Tafel, 1962; Allunions-Forschungsinst. für App.; russ.) — Aus h k 0-Zonenreflexen wurde eine Projektion auf (0 0 1) konstruiert, wodurch die x- u. y-Koordinaten von Fe u. C bestimmt werden konnten. Die Ergebnisse bestätigen die von anderen Autoren angegebene Fe-Lage. C liegt jedoch nicht, wie von Lipson u. Petch (J. Iron Steel Inst. **142**, [1940], 95) vorgeschlagen, in einem trigonalen Prisma, sondern oktaedr. koordiniert in 0 0 0. K. Jaeger. 197◇

0517 **Änderung des Elastizitätsmoduls von Messingdrähten mit kleinen Zinkgehalten bei der Kaltverformung.** Jun Kuroyanagi. (J. Sci. Hiroshima Univ., Ser. A **25**, 379—83, 1962; Tottori, Tottori Univ., Fac. of Liberal Arts, Dep. of Phys.; engl.) — In Abhängigkeit vom Zn-Geh. erreicht der Elastizitätsmodul angelassener Messingdrähte (0,20—30,14 Gew.-% Zn) ein Maximum bei ca. 2% Zn. Das steht in guter Übereinstimmung mit den von Bradfield u. Pursey erhaltenen Ergebnissen. Mit steigender Kaltwalzung verschiebt sich das Maximum zu niedrigeren Zn-Gehalten.

F. Vier. 200◇

0518 **Bestrahlungsverfestigung von Kupfereinkristallen.** T. H. Blewitt, R. R. Coltman, R. E. Jamison und J. K. Redman. (J. nuclear Mater. [Amsterdam] **4**, 277—98, 1960; Oak Ridge, Tenn., Oak Ridge Nat. Labor., Solid State Div.; engl.) — Die Streckgrenze von Cu nimmt bei Neutronenbestrahlung mit der dritten Wurzel aus dem integrierten Fluß zu u. ist stark temperaturabhängig. Bei Unterss. der Erholungskinetik der Bestrahlungsverfestigung wurde unterhalb 80° K nur wenig oder keine Erholung festgestellt, während ca. 20% der Streckgrenze im Bereich zwischen 80 u. 300° K u. der Rest zwischen 600 u. 800° K ausheilen. Die Ergebnisse werden an Hand verschiedener möglicher Verfestigungsmechanismen diskutiert. L. Roth. 200◇

0519 **Anisotropie der mittleren Versetzungsdichte in plastisch verformten Zinkeinkristallen.** G. A. Saitzew und W. I. Chotkewitsch. (Ukrain. physik. J. **8**, 591—94, 1963; Charkow, Gorki-Univ.; ukrain., Auszug: engl.) — Untersucht wurde unter Benutzung der selektiven Ätzmeth. die „Verteilung der mittleren Versetzungsdichte" V_d in gebogenen (R = 0,5; 1 cm) u. gedehnten (ε = 17; 20, 30 u. 50%) Zn-Einkristallen (99,999%) mit 0,1% Cd-Dotierung in Abhängigkeit vom Winkel φ zwischen der Schliffebene (Probenebene bzw. hexagonale Achse) u. der Angriffsachse (Biegeachse) bzw. -ebene (Ebene der Dehnungsrichtung). V_d nach dem Biegen zeigt Anisotropie, die mit der Krümmung zunimmt, mit einem Maximum bei $\varphi = 90°$ u. einem Minimum bei $\varphi = 0°$. Nach der Dehnung wechseln mit wachsendem ε die Maxima u. Minima der V_d die Plätze: für $\varepsilon = 17$; 20% ist $\varphi = 0°$ für Maxima u. $\varphi = 90°$ für Minima u. für $\varepsilon = 30$; 50% ist $\varphi = 90°$ für Maxima u. $\varphi = 0°$ für Minima. Die Versetzungsdichte ist von der Zeit u. Temp. des Alterungsprozesses der Proben nach der Deformation abhängig. Vff. erhalten eine Kurve mit einem Maximum. K. Jaeger. 200◇

0520 **Dehnungsdeformation von Berylliumeinkristallen in verschiedenen Orientierungen zwischen 25 und 600°.** P. I. Treharne und A. Moore. (J. less-common Metals [Amsterdam] **4**, 275—85, 1962; Aldermaston, Berks., Atomic Weapons Res. Establ.; engl.) — Be-Einkristalle vorbestimmter Orientierung u. von 99,83%ig. Reinheit wurden Scherkräften ausgesetzt, die dabei zwischen 25 u. 600° auftretenden Dehnungsdeformationen wurden beobachtet. Die krit. aufgelöste Schubspannung nimmt für (0 0 0 1)-Gleitflächen mit steigender Temp. von 1500 lbs./sq.in. bei 20° bis auf 750 lbs/sq.in. bei 300° ab; darüber hinaus scheint sie bis 600° von der Temp. unabhängig zu sein. Bei Temp.-Erniedrigung von 300 bis auf —196° nimmt die krit. aufgelöste Schubspannung von 750 lbs./sq.in. um den Faktor 5 zu. Vergleichsweise beträgt für den gleichen Temp.-Bereich bei $(1 0 \bar{1} 0)$-Gleitflächen der Anstieg 1500 bei 300° auf 13000 lbs./sq.in. bei —196°, was einem Faktor von ca. 9 entspricht. Die krit. aufgelöste Schubspannung nimmt bei Zunahme der Reinheit des Be-Einkristalls von 99,0% zu 99,83% für (0 0 0 1)-Gleitflächen um den Faktor ca. 2, für $(1 0 \bar{1} 0)$-Gleitflächen um den Faktor ca. 4 ab. G. Talsky. 200◇

0521 **Die kristallographische Abhängigkeit der Kleinlasthärte in Beryllium.** N. A. Hill und J. W. S. Jones. (J. nuclear Mater. [Amsterdam] **3**, 138—55, 1961; Harwell, Didcot, Berks., AERE, Res. Group Metallurg. Div.; engl.) — Ergebnisse von Kleinlasthärtemessungen an Be werden in ausgeprägtem Maße von der Kristallorientierung u. dem Oberflächenzustand beeinflußt. Durch spanabhebende Bearbeitung wird auf Ein- u. Vielkristallen eine Oberflächenschicht einheitlicher Vickers-Härte von 300 DPN erzeugt. Nach Abätzen einer 0,02 cm dicken Oberflächenschicht tritt die ausgeprägte Orientierungsabhängigkeit auf. So werden an Einkristallen auf der Basisfläche 230, auf einer Prismenfläche 70 DPN festgestellt, während bei stark texturhaltigem Blech je nach Größe des mit der Oberfläche eingeschlossenen Winkels Werte zwischen 300 u. 170 DPN zu finden sind. Diese Unterschiede lassen sich mit dem wirksamen Verformungsmechanismus eines Einkristalls u. mit der vorhandenen Kristallorientierung des Bleches in Zusammenhang bringen. Ähnliche, weniger deutliche Effekte wurden in schwächer texturhaltigen Blechen, Rohren u. Stäben gefunden. Dabei ergaben sich stets die größten Härtewerte, wenn von der Messung die meisten Basisebenen erfaßt wurden. Eine Rotation des Diamantprüfkörpers in der Basisebene von Einkristallen bringt keine Änderung der Härtewerte. Dagegen ergibt sich in den Prismenflächen eine eindeutige Abhängigkeit, die mit der Struktur des Be zu erklären ist. H. Jehne. 200◇

0522 **Innere Reibung der Metalle.** J. D. Fast. (Métaux **1961**, 383—98, 431—52; Eindhoven, Niederlande, N. V. Philips' Gloeilampenfabrieken; franz.) — Zusammenfassender Überblick. — 120 Literaturangaben. F. Vier. 200◇

0523 **Oberflächengefüge von Korund.** 2. Mitt. **Versetzungsgefüge und Bruch von deformierten Einkristallen.** Robert Scheuplein und Peter Gibbs. (J. Amer. ceram. Soc. **45**, 439—52, 1962; Salt Lake City, Utah, Univ.; engl.) — 1. vgl. C. **1961**, 13455. — Die Versetzungsstruktur in plast. deformierten Einkristallen von Korund wurde durch Ätzung u. opt. Verff. untersucht. Die Deformation bewirkt hohe Spannungen in dem Kristall, die beim Ritzen der äußeren Oberfläche den Bruch auslösen. In den deformierten Kristallen wurden inkohärente Baufehler gefunden, die von Versetzungsanordnungen begleitet waren. Diese Bezirke erschienen als diskontinuierliche Bereiche, an deren Seiten die Versetzungen verschieden auf die Ätzung reagierten. F. Reinhart. 200◇

0524 **Mikrohärte der Einkristalle von BeO und anderer Verbindungen mit Wurtzitstruktur.** Carl F. Cline und J. S. Kahn. (J. electrochem. Soc. **110**, 773—75, 1963; Livermore, Calif., Univ. of California, Lawrence Radiat. Labor.; engl.) — Die Mikrohärte (nach Knoop; 100 g) von einkristallinem BeO, *ZnO, AlN, CdS, ZnS* u. *CdSe* wird in Abhängigkeit von der Orientierung gemessen. Das anisotrope Härte-Verh. der Verbb. wird mit der Bindungsenergie in Beziehung gebracht. Auf den Einfl. der FF. u. der Breite der verbotenen Zone wird hingewiesen. Vorläufige UV-Unterss. ergeben, daß BeO eine relativ breite verbotene Zone aufweist. Möglicherweise kann die Orientierungsabhängigkeit der Härte durch die Kristallstruktur erklärt werden. P. Frenzel. 200◇

0525 **Zur Erscheinung innerer konischer Brechung elastischer Wellen.** A. G. Chatkewitsch. (Kristallographie [UdSSR] **7**, 916—21, 1962; Physikal. Inst. der Akad. der Wiss. der BelorussSSR; russ.) — Untersucht wird das Verh. des Energieflußdichtevektors für den Fall, daß die Wellennormale parallel zur akust. Achse des Kristalls liegt. Der Vektor ändert sich mit der Frequenz 2 ω. Die Richtung des Vektors ändert sich nicht bei linearer Polarisation, beschreibt jedoch einen Kegel mit ellipt. Grundfläche bei zirkularer u. ellipt. Polarisation. Für zirkulare Polarisation ist die Kegelgrundfläche normal zur senkrechten Achse des Koordinatensystems. K. Jaeger. 200◇

0526 **Zur Theorie der quasitransversalen elastischen Wellen in Kristallen.** F. I. Fedorow. (Ber. Akad. Wiss. [UdSSR] **149**, 1060—63, 1963; russ.) — Näherungs-Meth. zur Best. der Geschw. u. Versetzung quasitransversaler Wellen in beliebigen Kristallen durch Vgl. mit hinsichtlich der elast. Eigg. ähnlichen hexagonalen Kristallen. Ch. Weiske. 200◇

0527 **Ein dynamisches Meßverfahren großer Genauigkeit zur Bestimmung des Elastizitäts- und des Torsionsmoduls sowie der Dämpfung an kleinen Kreisplatten.** Egon Pfende und Gerhard Horn. (Z. angew. Physik **14**, 382—85, 1962; Aachen, Rhein.-Westfäl. TH, Inst. für Werkstoffe der Elektrotechn.; Aachen, Rhein.-Westfäl. TH, Rechenzentrum; dt.) H. Jehne. 200◇

A₇. Gleichgewichte, Kinetik

0528 **Physikalisch-chemische Analyse von Komplexbildungsgleichgewichten in Lösungen.** A. K. Babko. (J. anorg. Chem. [UdSSR] **7**, 454—62, 1962; russ.) — Zusammenfassender Überblick über die Entw. u. Anwendung verschiedener Meth. zur Unters. von Komplex-Bldg.-Gleichgewichten. G. Engelhardt. 223◇

0529 **Untersuchungen an Zink(II)- und Mangan(II)-Citrat-Komplexen.** Rabindra K. Pattnaik und S. Pani. (J. Indian chem. Soc. **38**, 709—21, 1961; Burla, Samhalpur, Orissa, Utkal Univ. Coll. of Engng., Dep. of Chem.; engl.) — Vff. untersuchten Zn(II)- u. Mn(II)-Citratkomplexe durch pH- u. Leitfähigkeitstitrationen (bei 32—33°). Die Rkk. laufen ab gemäß (C = Komplex): 1. Me^{2+} + Citronensäure $\rightleftharpoons$ C + 2 H^+, 2. C $\rightleftharpoons$ C_1^- + H^+, 3. C_1^- $\rightleftharpoons$ C_2^{2-} + H^+, 4. Me^{2+} + H_2O $\rightleftharpoons$ $MeOH^-$ + H^+. Die Gleichgewichts-Konst. der Teil-Rkk. 1—4 betragen $6{,}36 \cdot 10^{-5}$, $4{,}89 \cdot 10^{-5}$, $2 \cdot 10^{-8}$, $1{,}35 \cdot 10^{-5}$ für Zn- u. $1{,}33 \cdot 10^{-5}$, $1{,}95 \cdot 10^{-5}$, $3{,}07 \cdot 10^{-9}$, $2{,}97 \cdot 10^{-7}$ für Mn-Citrat. W. Pruß. 223◇

0530 **Über die Farbreaktion von Eisen(III) mit Hydroxytoluylsäuren.** S. S. Katiyar und V. B. S. Chauhan. (Indian J. Chem. **1**, 94—95, 1963; Kanpur, Indian Inst. of Techn., Dep. of Chem.; engl.) — Die Rk. zwischen Fe(III) u. Hydroxytoluylsäuren (o-, m- u. p-Kresotinsäure) im pH-Bereich von 2,0—5,0 wurde spektrophotometr. untersucht. Das Verhältnis von Fe(III) : Säure in dem gebildeten Komplex beträgt 1 : 1. Die Stabilitäts-Konst. des Komplexes bei pH 2,9 ändert sich unter dem Einfl. der Stellung der CH_3-Gruppe am Benzolkern. H. Schroth. 223◇

0531 **Nitratgruppe als Ligand in Kupfer(II)-Komplexen in Lösungen.** J. Gažo. (Chem. Zvesti **16**, 439, 1962; Bratislava, Slowak. TH, Lehrstuhl für anorgan. Chem.; slowak.) — Durch photometr. Messungen wurde die Bldg. von Cu(II)-Nitrat-Komplexen in Aceton-Lsgg. nachgewiesen. In diesen Lsgg. existieren mehrkernige Cu(II)-Komplexe mit Nitratgruppen als Brücken, die nicht sehr stabil sind. Cl^--Ionen treten leichter als NO_3^--Ionen in die innere Sphäre des Komplexes ein. Bei bestimmten Verhältnissen von NO_3^- u. Cl^- existieren auch heterogene Komplexe, die in der inneren Sphäre Cl^-- u. NO_3^--Gruppen enthalten. L. Kišová. 223△

0532 **Die Löslichkeiten von Alkalijodiden in Äthanol.** J. D. R. Thomas. (J. inorg. nuclear Chem. **24**, 1477—78, 1962; Cathays Park, Cardiff, Dep. of Chem. and Biol., Welsh Coll. of Adv. Technol.; engl.) — Da in der Literatur für die Löslichkeit verschiedener Alkalijodide in A. unterschiedliche Werte angegeben sind, wurden neue Messungen ausgeführt. Die gesätt. Lsgg. der Jodide wurden erhalten durch Schütteln der Salz-A.-Gemische bei konst. Temp.; die Best. der gelösten Salzmenge erfolgte in Proben der Lsg. durch Verdampfen des Lsgm. u. Auswiegen des Rückstandes. In einigen Fällen wurden die Werte durch jodometr. Titration kontrolliert. Für die Löslichkeit in 100 g A. bei 20° (25°) resultierten nachst. Werte: *KJ* 1,75 (1,90) g; *RbJ* 0,95 (0,98) g; *CsJ* 0,29 (0,331) g. Es wird vermutet, daß die davon abweichenden Löslichkeitsangaben durch Anwesenheit von Feuchtigkeit verursacht wurden. Die Erscheinung der abnehmenden Äthanollöslichkeit in der Reihenfolge LiJ (251 g/100 g A.), NaJ (43 g/100 g A.), CsJ (0,33 g/100 g A.) wird durch Abnahme der Solvatationsenergie mit ansteigender Kationengröße bei nur geringer Gitterenergieänderung erklärt. Außerdem ist die hohe Löslichkeit von LiJ vermutlich teilweise durch Polarisation bedingt. Wahrscheinlich beeinflussen noch andere Erscheinungen, z. B. die Größe des Lsgm.-Mol., die beobachtete Tendenz. F. Jahn. 224◇

0533 **Die Hydrolyse des Grahamsalzes.** Maria Piotrowska und Antoni Swinarski. (Roczniki Chem. [Ann. Soc. chim. Polonorum] **35**, 423—32, 1961; Toruń, Uniw. M. Kopernika, Kat. Chem. nieorg.; pol., Auszug: franz.) — Graham-Salz (I), das nur geringe Mengen Trimeta-, Di- u. Orthophosphat enthielt, wurde in 0,1-, 0,5-, 1-, 5- u. 10%ig. wss. Lsg. bei 20, 60 u. 100° u. bei pH 7 hydrolysiert. Außerdem wurde der Einfl. des pH-Werts bei 1%ig. Lsg. u. 70° untersucht. Die Hydrolyse-Geschw. nimmt mit der Ausgangs-Konz. u. der Temp. zu. Sie ist im sauren Gebiet größer als im alkalischen. In neutraler Lsg. ist sie am kleinsten. Hauptprod. der Rk. ist Trimetaphosphat, das gegen Hydrolyse beständiger ist u. nur sehr langsam in Di- u. schließlich Orthophosphat übergeht. Die unterschiedlichen Ergebnisse der Hydrolysen-Verss. von **I** in der Literatur sind durch die unterschiedliche Zus. von **I** verursacht. F. Urban. 224◇

0534 **Die Extraktion von Lithiumchlorid durch Tri-n-butylphosphat.** D. F. C. Morris und E. L. Short. (J. inorg. nuclear Chem. **25**, 291—301, 1963; London, Brunel Coll., Dep. of Chem.; engl.) — LiCl läßt sich aus wss. Lsgg. mit Tri-n-butylphosphat (**I**) extrahieren u. verhält sich in der organ. Phase auf Grund von Vol.-, Dichte-, Viscositäts- u. Leitfähigkeitsmessungen wie ein assoziierter Elektrolyt mit einer Dissoziations-Konst. von ca. $5 \cdot 10^{-6}$. Bis zu einer Konz. von 0,96m an LiCl in der organ. Phase tritt keine starke Wechselwrkg. zwischen dem Salz u. **I** ein, jedoch scheint für das extrahierte LiCl eine Hydratationszahl von 4 vorzuliegen. Bei höheren Konzz. substituieren I-Moll. die H_2O-Moll. in der Solvatationsschale des extrahierten LiCl; die

Solvatationszahl 4 bleibt bestehen. Die extrem hohe Viscosität in sehr konz. Extrakten läßt Aggregation vermuten. G. Heller. 224◇

0535 **Über das Ausschütteln der Triphenylbleiverbindungen von Anionen.** Rudolf Bock und Hans Deister. (Naturwissenschaften **50**, 496, 1963; Mainz, Univ., Inst. für anorgan. Chem. u. Kernchem.; dt.) — Mit Lsgg. von $(C_6H_5)_3PbOH$ in Chlf. können zahlreiche Anionen (Cl^-, Br^-, J^-, PO_4^{3-}, AsO_4^{3-}, SeO_3^{2-} u. a.) aus neutralen oder schwach sauren wss. Lsgg. ausgeschüttelt werden. A. Blaschette. 224◇

0536 **Untersuchung der Chemie des fünfwertigen Neptuniums.** Yu. A. Zolotov und I. P. Alimarin. (J. inorg. nuclear Chem. **25**, 691—96, 1963; Moscow, Acad. of Sci. of the USSR, V. I. Vernadsky Inst. of Geochem. and Analyt. Chem.; engl.) — Vff. untersuchen die Komplex-Bldg. von Np^{5+} (bzw. NpO_2^+) nach verschiedenen Verfahren. Np(V)-Lsg. wurde durch Red. einer äther. Lsg. von Np(VI) mit 0,1m Hydraziniumnitrat in HNO_3, Extraktion des Np(V) mit 1-Nitroso-2-naphthol bei pH 9 u. Rückextraktion mit 1m $HClO_4$ hergestellt. Die Verteilung von Np(V) zwischen einer 0,05m NH_4ClO_4-Lsg. u. dem Kationenharz CU-2 (NH_4^+-Form) wurde in Ggw. einiger Komplexbildner untersucht. Folgende Komplexe wurden beobachtet (in Klammern die Stabilitäts-Konst.): Oxalat-Lsg. (pH 2—5): $[NpO_2HC_2O_4]$ $(5{,}0\cdot10^2)$; $[NpO_2C_2O_4]^-$ $(1{,}1\cdot10^4)$; $[NpO_2(C_2O_4)_2]^{3-}$ $(2{,}3\cdot10^7)$; Tartrat-Lsg. (pH 3,2—6,2): $[NpO_2HTart]$ $(2{,}3\cdot10^2)$; $[NpO_2\cdot Tart]^-$ $(2{,}1\cdot10^2)$; $[NpO_2Tart_2]^{3-}$ $(2{,}0\cdot10^4)$; $[NpO_2Tart_3]^{5-}$ $(1{,}5\cdot10^6)$; Citrat-Lsg. (pH 4,3—5,3): $[NpO_2Cit]^{2-}$ $(4{,}7\cdot10^3)$; $[NpO_2HCit]$ $(4{,}9\cdot10^3)$. Änderungen des Absorptionsspektrums von Np(V) als Funktion der Komplexbildner-Konz. sprechen für das Auftreten von NpO_2^+-Koordinations-Verbb. mit Trihydroxyglutarsäure, Salicylsäure, 2.3-Dihydroxyterephthalsäure, Essigsäure u. Phthalsäure. Bei konst. Konz. des Komplexbildners ändert sich die Ionenstärke des Komplexes nur wenig mit dem pH-Wert. — Das Extraktions-Verh. einer Reihe von Chelatkomplexen wurde untersucht. Der TTA-Komplex von NpO_2^+ wird von n-Butanol, Isopentanol, n-Hexanol bei pH 7—9 leicht extrahiert. Isobutanol extrahiert quant. in drei aufeinanderfolgenden Extraktionsstufen. Cyclohexanon u. Methyläthylketon extrahieren schlechter als Alkohole, Äthylacetat u. Amylacetat etwa gleich gut wie Ketone. Diisopropyläther, 1.2-Dichloräthan, $CHCl_3$, CCl_4, Bzl. u. Heptan extrahieren NpO_2^+ nicht. Der 1-Nitroso-2-naphtholkomplex wird bei pH 8—11 aus Butanol u. Isopentanol leicht extrahiert. Methyläthylketon, Amylacetat, $CHCl_3$, Ae. u. Bzl. extrahieren weniger leicht. Die Extraktion mit Alkoholen wird durch F^-, PO_4^{3-}, CO_3^{2-}, $C_2O_4^{2-}$, Citrat u. EDTA unterdrückt. Kleine Mengen F^-, CO_3^{2-} u. H_2O_2 zeigen nur geringen, SO_4^{2-}, Cl^- u. NO_3^- keinen Einfluß. Der 8-Hydroxychinolinkomplex u. das Acetylacetonat werden schlechter extrahiert als die vorst. Komplexe, der Kupferronkomplex weist in der Extraktionskurve ein Minimum auf. Die Extraktionskurven für den NpO_2^+–TTA-Komplex als Funktion des pH-Werts für eine Reihe von Extraktionsmitteln sind angegeben. Die beobachtete Komplex-Bldg.-Tendenz wird theoret. unter Heranziehung der Redoxpotentiale Me^{5+}–Me^{6+} u. Me^{4+}–Me^{5+} für Me = U, Np, Pu u. Am zu deuten versucht. Es wird gezeigt, daß die Paare Np u. Am sowie U u. Pu untereinander ähnliches Verh. zeigen. Die folgenden Einfl. scheinen eine Rolle zu spielen: 1. Gerade bzw. ungerade Kernladungszahl bzw. Zahl der Elektronen des untersuchten Ions; 2. Zahl der dem Zentralatom zur Verfügung stehenden 5 f-Elektronen; 3. Anteil von 5 f-Elektronen an kovalenten Me—O-Bindungen bzw. Beeinflussung des Grades des kovalenten Anteils durch Änderung von Z oder der Zahl der 5 f-Elektronen; 4. Art der Verteilung der Ionenladung, die zu einer erhöhten formalen Ladung des Zentralatoms führen kann; 5. Beeinflußbarkeit dieser Ladung durch den kovalenten Anteil der Me—O-Bindung. F. Weigel. 224◇

0537 **Trennung der Transplutoniumelemente von den Seltenerdmetallen durch Flüssig–Flüssig-Extraktion.** R. D. Baybarz und R. E. Leuze. (Nuclear Sci. Engng. **11**, 90—94, 1961; Oak Ridge, Tenn., Oak Ridge Nat. Labor.; engl.) — *Am* u. *Cm* lassen sich von den Seltenerdmetallen durch Extraktion aus einer 10m LiCl-Lsg. mit wechselndem HCl-Geh. (0,5—1,0m) u. einer 0,5m Lsg. von Mono-2-äthylhexylorthophosphorsäure in Xylol nach dem Gegenstrom-Verf. trennen. Am u. Cm bleiben in der LiCl-Lösung. Während Am sich auf diese Weise von allen Seltenerdmetallen abtrennen läßt, bereitet die Trennung des Cm von La Schwierigkeiten. Der Grad der Extraktion hängt von der HCl-Konz., der Konz. der Seltenerdmetalle, des organ. Lsgm. u. der Art der Verdünnung ab. W. Pruß. 224◇

0538 **Einige grundlegende Eigenschaften der Kinetik homogener Gasreaktionen.** 1. Mitt. **Der Begriff der Reaktionsfähigkeit und das Problem des Aufbaues des Übergangskomplexes.** Zoltán Szabó. (Magyar tudományos Akad., kém. Tudományok Osztályának Közleményei [Ung. Akad. Wiss., Ber. Abt. chem. Wiss.] **19**, 291—97, 1963; Szeged, Akad. Forschungsgruppe Rk.-Kinetik; ung.) — Bei chem. Vorgängen ist das phänomenolog. Maß der Rk.-Fähigkeit die Bruttogeschw.-Konst., bei Elementar-Rkk. die elementare Rk.-Geschw.-Konstante. Sowohl der Wert der Aktivierungsenergie als auch die Konst. A der Arrhenius-Gleichung hängen von der Ausbildung des Aktivierungskomplexes ab. Zur Berechnung der Aktivierungsenergie wird eine neue Gleichung vorgeschlagen. I. Náray-Szabó. 225△

0539 **Einige grundlegende Eigenschaften der Kinetik homogener Gasreaktionen.** 2. Mitt. **Das Problem der Klassifizierung homogener Gasreaktionen.** Zoltán Szabó. (Magyar tudományos Akad., kém. Tudományok Osztályának Közleményei [Ung. Akad. Wiss., Ber. Abt. chem. Wiss.] **19**, 299—302, 1963; ung.) — 1. vgl. vorst. Referat. — Die natürliche Klassifizierung kann durch den Aufbau des Übergangskomplexes begründet werden. Drei Gruppen kann man unterscheiden: 1. unimol. Zers. u. Umgruppierung, 2. Transfer-Rkk., 3. Additionsreaktionen. Der Übergangskomplex kann 2, 3, 4 oder 6 Zentren haben. Darauf fußend, wird eine Klassifizierung der homogenen Gas-Rkk. in 3 Tabellen vollständig ausgeführt. I. Náray-Szabó. 225△

0540 **Einige grundlegende Eigenschaften der Kinetik der homogenen Gasreaktionen.** 3. Mitt. **Neue Methode zur Berechnung der Aktivierungsenergie.** Tibor Bérces und Zoltán Szabó. (Magyar tudományos Akad., kem. Tudományok Osztályának Közleményei [Ung. Akad. Wiss., Ber. Abt. chem. Wiss.] **19**, 303—19, 1963; ung.) — 2. vgl. vorst. Referat. — Zur Berechnung der Aktivierungsenergie wurde früher (vgl. Szabó u. Mitarbeiter, Magyar tudományos Akad., kem. Tudományok Osztályának Közleményei [Ung. Akad. Wiss., Ber. Abt. chem. Wiss.] **13**, [1960], 255) ein Rechnungs-Verf. empfohlen. Zur Best. der darin vorkommenden Konst. α werden verschiedene Rk.-Typen aufgestellt u. die Werte von α für diese Rk.-Typen berechnet. Meistens bekommt man mit den so erhaltenen α-Werten Aktivierungsenergien, die mit den experimentellen gut übereinstimmen, doch kommen auch systemat. Abweichungen vor; diese werden eingehend diskutiert. I. Náray-Szabó. 225△

0541 **Emissionsspektroskopie: Untersuchung des Mechanismus der Reaktion zwischen Stickstoffwasserstoffsäure und atomarem Wasserstoff.** Henri Guenebaut und Maurice Latour. (J. Chim. physique Physico-Chim. biol. **59**, 970—79, 1962; Reims, Fac. des Sci., Labor. de Chim. gén. II; franz.) — Untersucht wurden die Rkk. zwischen HN_3, DN_3 u. äquimol. Mischungen von beiden mit H-Atomen durch Vgl. der entsprechenden Intensitäten von NH- u. ND-Radikalen u. durch Best. der Rotationstemperatur. Die erste Stufe der Rk. besteht in einer therm. Zers. des NH_3. Für die Bldg. des NH-Radikals werden 2 Phänomene unterschieden. Für die Emission des Singulett-Syst. ist ein therm. Vorgang u. für die Emission des Triplett-Syst. ist eine relativ schnelle chem. Rk. zwischen H u. dem HN_3-Mol., bei der therm. Energie übertragen wird, verantwortlich. K. Roß. 225◇

0542 **Über ein Paradoxon im Reaktionsverlauf mit Induktionsperiode.** M. G. Surjaraman und Arcot Viswanathan. (Hochschulnachr. [Iwanowo], Chem. chem. Technol. **4**, 409—10, 1961; Tambaran, Südindien, Madras Christian-Coll.; russ.) — Vff. beschreiben den Fall der Beschleunigung einer Rk. bei Verdünnung (Abnahme der Konz. der Reaktanten) an der Oxydation von Fe^{2+} durch J_2 in $KNaC_4H_4O_6$-haltiger Lösung. D. Hoene. 225◇

0543 **Mechanismus einer Oxydation von Cr(II) in Gegenwart von Diphosphat.** J. E. Earley und J. H. Gørbitz. (J. inorg. nuclear Chem. **25**, 306—07, 1963; Washington, D.C., Georgetown Univ., Dep. of Chem.; engl.) — Während der Red. von $[Co(NH_3)_5H_2O]^{3+}$ durch Cr(II) in Ggw. oder Abwesenheit von $H_2P_2O_7^{2-}$ (**I**) u. während der Red. von $[Co\cdot Cl(NH_3)_5]^{2+}$ (**II**) durch Cr(II) in Abwesenheit von **I** bei pH 1 unter N_2 wird kein Cl^- frei. Bei der Red. von **II** in Ggw. von **I** erfolgt schnelle Rk. u. bei Zugabe von Ag^+ tritt Trübung u. langsame Bldg. von AgCl ein. Auf Grund von spektrophotometr. u. Ionenaustauschmessungen wird geschlossen, daß der Hauptweg der letzten Rk. zu einem Prod. führt, in dem Cl^- u. $H_2P_2O_7^{2-}$ an Cr(III) gebunden sind; dieses Prod. gibt dann Cl^- mit merkbarer Geschw. ab. G. Heller. 225◇

0544 **Kinetik und Mechanismus der Aquotisierung des Dioxalatomonoäthylendiaminchrom(III)-Ions.** H. L. Schläfer. (J. inorg. nuclear Chem. **13**, 101—11, 1960; Frankfurt/M., Univ., Inst. für physikal. Chem.; dt.) — Die Rk. (a) $[Cr\ ox_2\ en]^-$ (I) + 2 H_2O → $[Cr\ ox_2\ (H_2O)_2]^-$ (II) + en (ox = Oxalat) wurde in $HClO_4$-Lsg. bei pH 1,1—3,0 untersucht. Mit Hilfe von pH-, spektrophotometr. u. refraktometr. Messungen wird gefunden, daß a in zwei aufeinanderfolgenden Schritten 1. Ordnung unter Beteiligung von H^+ abläuft. Die Aktivierungsenergie des 1. Schrittes beträgt 19,5 ± 3 kcal/Mol; der 2. Schritt entspricht der Einstellung des cis-trans-Gleichgewichts von II. H. Bürger. 225◇

0545 **Die Eisen(II)-Eisen(III)-Redoxreaktion in Gegenwart von Sulfationen.** R. L. S. Willix. (Trans. Faraday Soc. **59**, 1315—24, 1963; Univ. of Western Australia, Dep. of Chem.; engl.) — Die Geschw.-Konst. der Fe(II)-Fe(III)-Redox-Rk. wurden in 0,4m $HClO_4$ in Ggw. von 10^{-4} bis 10^{-1}m SO_4^{2-} bestimmt. Die spezif. Geschw.-Konst. des Teilschritts $Fe^{2+} + {}^{55}FeSO_4^+ \rightarrow {}^{55}Fe^{2+} + FeSO_4^+$ beträgt 90 ± 10 Liter/Mol·s bei 0° u. der Ionenstärke $\mu = 0{,}5$; die Aktivierungsenergie dieses Schritts beträgt 9,0 ± 0,3 (8,3) kcal/Mol, die Aktivierungsentropie —19,0 ± 0,5 (—18,7) cal/Grad·Mol (in Klammern die Werte für $\mu = 1$). Spektralphotometr. u. potentiometr. Messungen des Gleichgewichts $Fe^{3+} + SO_4^{2-} \overset{K_1}{\rightleftharpoons} FeSO_4^+$ ergaben K_1 (25°) = 1,41·10⁴, $\Delta G^0 = -5{,}7 \pm 0{,}1$ kcal/Mol, $\Delta H^0 = +6{,}2 \pm 0{,}3$ kcal/Mol u. $\Delta S^0 = +39 \pm 2$ cal/Grad·Mol; der hohe positive Wert für ΔS^0 wird auf die beim Assoziationsprozeß notwendige Dehydratation zurückgeführt. M. Schenk. 225◇

0546 **Untersuchungen über den Austausch von Carbonatliganden und Wasserstoff in einigen Carbonatoaminkobalt-(III)-Komplexionen: Ein allgemeiner Mechanismus für die Austauschreaktion des Carbonatliganden in wässeriger Lösung.** Gabriel Lapidus und Gordon M. Harris. (J. Amer. chem. Soc. **85**, 1223—28, 1963; Buffalo, N.Y., State Univ. of New York, Dep. of Chem.; engl.) — Vgl. C. **1958**, 9995. — Vff. untersuchten die Kinetik der Carbonataustausch-Rkk. in wss. Lsg. zwischen freien CO_3^{2-}- u. CO_3^{2-}-Liganden von $[Co(pn)_2CO_3]^+$ (pn = *Propylendiamin*). Die bisherigen Unters.-Ergebnisse der analogen Rkk. von $[CoLCO_3]^+$ mit L (Ligandengruppe) = Pentammin, Tetrammin, Äthylendiamin, cis-Diamminäthylendiamin u. Trimethylendiamin wurden neu geordnet. Auf Grund der pH-Abhängigkeit dieser Rkk. wurde geschlossen, daß für alle Rkk. ein doppelter Mechanismus gilt, nämlich der Carbonat-Carbonato-Austausch 2. Ordnung u. die Hydratisierung pseudo-1. Ordnung. Das Geschw.-Gesetz für die Austausch-Rk. hat die Form R (Austausch-Geschw) = $k' \cdot \alpha\, \beta\, a\, b + k'' \alpha\, a$; a u. b sind die Gesamtkonzz des komplexierten u. freien Carbonats, α u. β sind Funktionen der Form $K \cdot [H^+]/(K \cdot [H^+] + 1)$, K = Konst. der Protonierungsgleichgewichte. Das unterschiedliche Rk-Vermögen der einzelnen Komplexe wird wahrscheinlich durch die ster. Verhältnisse bedingt, wobei die intramol. O—H—N-Wasserstoffbindung eine bedeutende Rolle spielt. Dies wird durch Unterss. der Geschw. des H-D-Austausches zwischen Ammin-D-Atomen von $[Co(ND_3)_4CO_3]^+$, $[Co(D_2NCH_2CH_2ND_2)_2X]^+$, X = CO_3, C_2O_4, $[Co(D_2NCH_2CH_2CH_2ND_2)_2]^+$ u. H_2O bewiesen. Bedeutsame Schlußfolgerung ist, daß nur ein protoniertes Ion des komplexierten oder freien CO_3^{2-} mit merklicher Geschw. an den Rkk. teilnimmt.

Versuche: *dl-Carbonato-bis-[propylendiamin]-kobalt(III)-chlorid-2-Wasser,* durch 12std. Hydratisierung von cis-$[Co(pn)_2Cl_2]$Cl u. Titrieren mit Ag_2CO_3. G. Heller. 225◇

0547 **Kinetik der Reduktions- und Abbaureaktionen von Ag(II)-Komplexen in Lösung.** Vincenzo Balzani, Alessandro Bertoluzza, Vittorio Carassiti und Amedeo Malaguti. (Ann. Chimica **32**, 1052—69, 1962; Bologna-Genova, Centro Studi di Chim. appl.; ital.) — Die therm. Red.- u. Abbau-Rkk. von $[Ag(Dipyridyl)_2]^{2+}$ u. $[Ag(Phenanthrolin)_2]^{2+}$ werden in wss. Lsg. systemat. u. quant. untersucht. Diese Ag(II)-Komplexionen, die bei photochem. Red. niedrige Ausbeuten ergeben, reagieren therm. recht schnell. Je nach Lsgm. (W., A. usw.) u. pH-Wert überwiegen Red.- oder Abbaureaktionen. Mit Hilfe der MO-Theorie werden die Bindungen in den Dipyridylkomplexionen u. deren stereochem. Aufbau diskutiert. Für die betrachteten Rkk. werden die wahrscheinlichen Mechanismen angegeben. H. Pförtner. 225◇

0548 **Einige Beobachtungen über die Kinetik und die Mechanismen anorganischer Reaktionen in Lösung.** D. Banerjea. (J. Indian chem. Soc. **38**, 642—48, 1961; Durgapur, West Bengal, Regional Engng. Coll., Dep. of Chem.; engl.) — Für die Geschw. v der stufenweisen Dissoziation der von Co(III) u. Cr(III) mit Biguanid (**I**), n-Hexyl- (**II**) u. Phenylbiguanid (**III**) gebildeten Komplexe gilt v = k [Komplex] $[H^+]$. Die Geschw. nehmen bei gleicher Säure-Konz., Ionenstärke u. Temp. in der Reihenfolge **I** > **II** > **III** der Liganden ab, in der auch deren Basenstärke u. die Stabilität der entsprechenden Komplexe abnehmen. Vor dem Lösen der Bindung des Liganden an das Metallatom findet offenbar erst eine Protonierung des noch komplexgebundenen Liganden statt. In 0,1—1m NaOH-Lsgg. gilt für die Dissoziation des Tris-[biguanid]-chrom(III) v = k′ [Komplex][OH]⁻¹. In alkal. Medium existiert das Komplexkation offenbar als Anhydrobase, die nach einem Protonierungsmechanismus dissoziiert. Die Rk. verläuft in alkal. Medium wesentlich langsamer als im sauren. Tris-[biguanid]-kobalt(III) (**IV**) ist in 0,01—2,0 m NaOH beständig. Die Aktivierungsenergien der einzelnen Rkk. wurden graph. ermittelt. Der Mechanismus der Racemisierung von **IV** (vgl. Ray u. Dutt, J. Indian chem. Soc. **20**, [1943], 81) wird diskutiert. Für die Geschw. der Red. von Re(V) zu Re(IV) durch Sn(II) in salzsaurem Medium gilt v = k″·[Re(V)]·$[Sn]^{0,5}$·[HCl], die Aktivierungsenergie beträgt ca. 10 kcal. Für diese Red. wird ein Atomübertragungsmechanismus vorgeschlagen, an dem zweikerniges $H_2Sn_2Cl_6$ beteiligt sein soll. P. Scharner. 225◇

0549 **Gleichgewicht von Titan(II)- und Titan(III)-chlorid in einer Kaliumchloridschmelze.** Ss. I. Skljarenko und Ss. F. Below. (Hochschulnachr. [Iwanowo], Chem. chem. Technol. **5**, 383—86, 1962; Moskau, Lomonossow-Inst. für die Technol. von Feinchemikalien; russ.) — Das Gleichgewicht der Schmelze KCl, $TiCl_2$, $TiCl_3$ ist infolge der starken Wechselwrkg. von $TiCl_3$ mit der Schmelze nicht ideal, demgegenüber kann die Rk. von $TiCl_2$ mit der Schmelze vernachlässigt werden. Als Maß für die Wechselwrkg. von Ti mit der Schmelze werden der Aktivitäts-Koeff. von $TiCl_3$ in der Schmelze sowie die Gleichgewichts-Konst. der Rk. 2 $TiCl_3$ + Ti ⇌ 3 $TiCl_2$ bestimmt. G. Engelhardt. 225◇

0550 **Die Kinetik der Lösung von Aluminiumoxid, Magnesiumoxid und Siliciumdioxid in Kryolith.** P. M. Schurygin, L. N. Barmin und W. N. Boronenkow. (Hochschulnachr. [Ordshonikidse], Nichteisenmetallurgie **5**, Nr. 4, 106—12, 1962; Uraler Polytechn. Inst., Lehrstuhl für die Theorie metallurg. Prozesse; russ.) — Die Lösungs-Geschw. von Al_2O_3, SiO_2 u. MgO in geschmolzenem Kryolith wurden gemessen. Dabei wurde gefunden, daß die Prozeßkinetik durch Diffusion begrenzt wird. Zusätze von NaCl u. Al_2O_3 zum Kryolith verlangsamt die Auflösung von SiO_2. In einer 50% NaCl enthaltenden Schmelze wird der Auflösungsvorgang durch die Diffusion von O-Ionen begrenzt. Die Diffusions-Koeff. haben die Größenordnung von 10^{-5} cm²/s u. ändern sich gesetzmäßig mit der Zus. der Schmelze. Die Aktivierungsenergie des Auflösungsprozesses in Kryolithschmelze ist gleich 40000 cal/Mol, jedoch die Aktivierungsenergie der Diffusion 13700 cal/Mol. H. Hochstein. 225◇

0551 **Auflösung von Messing in Schwefelsäurelösungen. 2. Mitt. Messing 95/5.** T. J. Kagetsu und W. F. Graydon. (J. electrochem. Soc. **110**, 709—11, 1963; Toronto, Canada, Univ. of Toronto, Dep. of Chem. Engng. and Appl. Chem.; engl.) — 1. vgl. C. **1963**, 11941. — Die Auflösungs-Geschw. rotierender zylindr. Proben aus Messing 95/5 (A) in luftgesätt. verd. H_2SO_4 wird in Abhängigkeit von der Rotations-Geschw., der Säure-Konz., dem Partialdruck von O_2, der Temp., der scheinbaren Oberflächengröße u. dem Vol. der korrodierenden Lsg. untersucht. Die Auflösung von Cu erfolgt wie bei reinem Cu u. Cu aus Messing 85/15 autokatalyt., ein ähnlicher Mechanismus wird vorgeschlagen. Beobachtete Abweichungen stehen mit Änderungen der Messingoberfläche in Beziehung. Die langsamere Auflösungs-Geschw. von Cu aus A bzgl. der von Cu zeigt an, daß Zn über einen Verdrängungsmechanismus in die Lsg. eintritt. Bei längeren Vers.-Zeiten wird die Geschw. der Cu-Auflsg. aus A unabhängig von [Cu(II)]

u. im wesentlichen durch die Diffusion von Sauerstoff zur Grenzfläche Metall/Lsg. bestimmt. P. Frenzel. 225◇

0552 **Die Oxydation von polykristallinem Beryllium in Kohlendioxid.** W. J. van Peer. (Austral. J. Physics **14,** 191—92. 1 Tafel, 1961; Australian Atomic Energy Comm.; engl.) — Das Wachstum u. die Struktur von BeO auf polykristallinem Be wurde gravimetr. sowie durch Elektronen- u. Röntgenbeugung verfolgt. Das Wachstum des Oxids verlief vorzugsweise nach [0 0 1]. Die Oxydation erfolgte mit feuchtem CO_2 bei 700° u. 1 atm nach Be + CO_2 → *BeO* + CO bzw. 2 Be + CO_2 → 2 BeO + C. Das nach 2 Be + C → Be_2C (I) gebildete I konnte nur in Spuren nachgewiesen werden, da es nach I + 2 H_2O → 2 BeO + CH_4 hydrolysiert. K. Jaeger. 225◇

0553 **Kinetische Untersuchung der Hydrierung der Lanthaniden.** R. Viallard. (Proc. IVth int. Sympos. Reactivity Solids, Amsterdam **1960,** 168—77, 1961; Paris, Fac. des Sci., Labor. de Chim. phys.; franz.) — Zusammenfassende Übersicht. — 42 Literaturangaben. C. Gottfried. 225△

0554 **Quantitative Untersuchung der umkehrbaren Gleichgewichte der Streifenbildung auf Silber in schwach schwefelwasserstoffhaltigen Atmosphären.** F. Cabane-Brouty, J. Oudar und J. Benard. (Acta metallurg. [New York] **10,** 901—03, 1962; Paris, Labor. de Chim.; franz.) — Die Streifen-Bldg. auf Ag-Oberflächen in schwach H_2S enthaltender H_2-Atmosphäre wurde bei 700—950° in Abhängigkeit vom Verhältnis $p(H_2S)/p(H_2)$ untersucht u. aus den erhaltenen Werten ein Diagramm für das Gleichgewicht der Chemisorptions-Rk. Ag + H_2S ⇌ Ag–S (chemisorbiert) + H_2 u. der Rk. 2 Ag + H_2S ⇌ Ag_2S + H_2 aufgestellt. Die Freie Energie für beide Rkk. wurde berechnet. Die Differenz betrug je nach der Temp. 6—7,5 kcal. F. Vier. 225◇

0555 **Reaktion einiger Substanzen und Metalle mit festen Kristallhydraten.** W. I. Ssemischin. (J. anorg. Chem. [UdSSR] **8,** 130—34, 1963; Moskau, Inst. chem. Maschinenbau, Labor. allg. Chem.; russ.) — Vgl. J. allg. Chem. [UdSSR] **16,** [1946] 523. — Die Rkk. folgender Hydrate mit Mg, Al, Zn, CaC_2, PCl_3 u. CH_3COCl wurden untersucht: $CoCl_2 \cdot nH_2O$ (n = 6, 4, 2), $MnCl_2 \cdot nH_2O$ (n = 4, 2), $CuCl_2 \cdot nH_2O$ (n = 2, 1), $NiCl_2 \cdot nH_2O$ (n = 6, 1), $CrCl_3 \cdot 6\,H_2O$ (violett u. grün), $CaCl_2 \cdot nH_2O$ (n = 6, 2), $SrCl_2 \cdot nH_2O$ (n = 6, 1), $CoSO_4 \cdot nH_2O$ (n = 6, 4, 1), $MnSO_4 \cdot nH_2O$ (n = 5, 1), $CuSO_4 \cdot nH_2O$ (n = 5, 4, 1), $NiSO_4 \cdot nH_2O$ (n = 7, 6, 4, 2, 1), $FeSO_4 \cdot nH_2O$ (n = 7, 1) u. $MgSO_4 \cdot nH_2O$ (n = 7, 6, 2, 1). Die Umsetzung des Kristallwassers richtet sich nach dem Kation u. Anion des Salzes. Bezogen auf die Anzahl Wasser-Moll. pro Formeleinheit Z ist der prozentuale Anteil an umgesetztem W. bei kleinem Z größer als bei großem. Chem. am aktivsten sind die Chloride u. Sulfate mit Z = 1. Bei den Sulfaten wächst die Reaktivität gegenüber Redox-Rkk. mit abnehmendem Z; die Reaktivität fällt im allg. gegenüber Austausch-Rkk. in der gleichen Richtung. Für den die sauren Eigg. der Kristallhydrate erklärenden Bau der Hexahydrate werden 2 Schemata vorgeschlagen: 1. Paarweise Anordnung der 6 Wasser-Moll. in 3 Zonen u. 2. Anordnung in 3 Zonen, wobei jeweils nur 1 Wasser-Mol. an das Metall, das andere indirekt über H-Brücken gebunden ist. G. Winkhaus. 225◇

0556 **Reaktionen zwischen feuerfesten Oxiden und Graphit.** K. L. Komarek, A. Coucoulas und N. Klinger. (J. electrochem. Soc. **110,** 783—91, 1963; New York, N.Y., New York Univ., Coll. of Engng., Dep. of Metallurg. and Mater. Sci.; engl.) — Mit Hilfe von Messungen des CO-Druckes werden die Rkk. zwischen Al_2O_3 (**I**), *MgO* (**II**), *Spinell* (**III**), *BeO* (**IV**), TiO_2 (**V**) bzw. ThO_2 (**VI**) u. Graphit (**VII**) im Vakuum verfolgt. Die Rkk. lassen sich in diffusionsbestimmte (**I, IV, VI**) u. durch die Phasengrenze bestimmte Rkk. (**II, III, IV, V**) einteilen. Die Aktivierungsenergien betragen: **I**, 316 (kcal); **II**, 59,8; **III**, 59,5; **IV**, 40 $<$ 1700° (parabol. Geschw.-Gesetz), 61,3 $>$ 1700° (linear); **V** 59. Die relativen Reaktivitäten der Oxide gegenüber **VII** nehmen in der Reihenfolge **IV** < **III** < **II** < **VI** < **I** < **V** zu. Für die einem linearen Geschw.-Gesetz gehorchenden Rkk. wird ein Mechanismus vorgeschlagen: Verlauf über die Gasphase durch Dissoziation des Oxids unter Bldg. von atomarem Sauerstoff; geschwindigkeitsbestimmend ist die Desorption von CO von der Oberfläche von **VII**. Spezif. Geschw. der Rkk. von **I—IV** mit **VII** werden mitgeteilt. Rk.-Prodd. sind neben CO: **I** → Al_4C_3; **II** → *Mg*; **III**, *MgO* · 3,3 Al_2O_3 → Mg + Al_4C_3; **IV** → Be_2C (< 1700°) bzw. dampfförmiges *Be* (> 1700°); die Bldg. von *Oxidcarbiden* ist nicht auszuschließen; **V** zersetzt sich vermutlich unter Bldg. von Sauerstoff u. ohne Bldg. von TiC; **VI** gibt vermutlich ThC_2 + *ThC*. P. Frenzel. 225◇

0557 **Photochemische Untersuchungen im Schumann-Ultraviolett Nr. 11. Die photochemische Zersetzung von N_2 und CO im Lichte der Xenon- und Krypton-Resonanzwellenlängen.** W. Groth, W. Pessara und H. J. Rommel. (Z. physik. Chem. [Frankfurt/M.] [N.F.] **32,** 192—211, 1962; Bonn, Univ., Inst. für Phys. Chem.; dt.) — Durch massenspektrometr. Best. von $^{14}N^{15}N$ in $^{14}N_2/^{15}N_2$-Gemischen wird die unter Einw. der Kr-Resonanzwellenlängen (1236 u. 1165 Å) auf N_2 erfolgende, durch Kr sensibilisierte Photodissoziation nachgewiesen. Bei der photochem. Zers. von CO mit den Xe- (1470 u. 1295 Å) u. Kr-Resonanzwellenlängen entstehen in sensibilisierten u. nichtsensibilisierten Verss. CO_2 u. C_3O_2; ihre Bldg. wird nicht auf prim. Dissoziation, sondern auf Rkk. über angeregte Moll. zurückgeführt. Die Quantenausbeuten werden für die einzelnen Resonanzwellenlängen bestimmt. F. Huber. 226◇

0558 **Die Photolyse flüssiger O_2–N_2-Lösungen.** W. B. DeMore und Odell Raper. (Canad. J. Chem. **41,** 808—12, 1963; Pasadena, Calif., California Inst. of Technol., Jet Propulsion Labor.; engl.) — Bei der Bestrahlung von fl. O_2–N_2 mit dem Licht eines Hg-Niederdruckbogens (akt. Strahlungskomponente 1849 u. 2537 Å) entstehen O_3 u. N_2O. Der Mechanismus der N_2O-Bldg. wird durch Best. des Verhältnisses $N_2O:O_3$ als Funktion der Quantendosis untersucht. Danach entsteht kein oder nur sehr wenig N_2O als direktes Folgeprod. der prim. Photolyse von O_2 durch 1849 Å-Strahlung; der Ursprung des N_2O ist vielmehr in der Rk. von N_2 mit O (^1D) zu suchen, welches durch sek. Photolyse von O_3 unter dem Einfl. der 2537-Å-Komponente gebildet wird. A. Blaschette. 226◇

0559 **Photooxydationssysteme mit Jodbeigabe.** Lowell G. Wayne. (Science [Washington] **139,** 251—53, 1963; Los Angeles, Calif., Univ. of Southern California, Allan Hancock Found.; engl.) — Es wird qual. über kinet. Unterss. photochem. Rkk. in Syst. O_3–Olefin–Stickstoffoxide, bei Zugabe von 0,25—1 ppm J_2 berichtet. Zugabe von J_2 steigert die Rk.-Geschw. zwischen O_3 u. NO_2 sowie zwischen Olefinen u. O_3 im Dunkeln. Unter Licht-Einfl. wird durch J_2 die Geschw. der photochem. Oxydation von *NO* (in Ggw. von Olefinen) vermindert. Die maximale Konz. von NO_2 bleibt im Licht unbeeinflußt, wenn auch die Geschw. des NO_2-Verbrauchs nach Erreichung des Maximums in J_2-Ggw. größer ist; der Verbrauch von NO_2 führt im Licht nicht zur Ansammlung von O_3. U. Tausendfreund. 226◇

0560 **Oxydation von Fe^{2+}-Ionen im Ultraschallfeld in Gegenwart von Neon und Argon.** Wiktor Wawrzyczek und Wiesław Wiśniewski. (Naturwissenschaften **50,** 401, 1963; Olsztyn, Polen, Landwirtschaftl. Hochschule, Inst. für allg. Chem.; dt.) — Vgl. C. **1963,** 22633. — Die Beschallung wss. Lsgg. von Fe^{2+} (2—10% ig., pH 1,8) in Ar- bzw. Ne-Atmosphäre (500 kHz, 5 W/cm², 2—10 Min.) bewirkt Oxydation von Fe^{2+} zu Fe^{3+} durch die bei der Beschallung aus dem W. gebildeten Radikale; die Fe^{3+}-Ausbeuten sind proportional der Beschallungsdauer u. prakt. unabhängig von [Fe^{2+}]; sie liegen in Ar-Atmosphäre höher als unter Ne. Wesentliche Rk.-Schritte sind $Fe^{2+} + OH \rightarrow Fe^{3+} + OH^-$ u. $Fe^{2+} + HO_2 + H^+ \rightarrow Fe^{3+} + H_2O_2$, evtl. auch $H_2O_2 + Fe^{2+} \rightarrow Fe^{3+} + OH + OH^-$ sowie auch $OH + HSO_4^- \rightarrow HSO_4 + OH^-$ u. $Fe^{2+} + HSO_4 \rightarrow Fe^{3+} + HSO_4^-$, in günstigen Fällen auch $Fe^{2+} + (H^+)^* \rightarrow Fe^{3+} + \frac{1}{2} H_2$. Zusatz von Aceton unterdrückt die Oxydations-Rk. vermutlich infolge $Fe^{3+} + CH_3 + H_2O \rightarrow Fe^{2+} + CH_3OH + H^+$. M. Schenk. 226◇

0561 **Analyse der Komplexarten, die durch Szillard-Chalmers-Prozeß aus Hexaquochromchlorid $[Cr(H_2O)_6] \cdot Cl_3$ und Tetraquochromchlorid $[Cr(H_2O)_4Cl_2]Cl \cdot 2\,H_2O$ gebildet werden.** Niro Matsuura, Yoshimi Kurimura und Yoshikazu Tsunoda. (Bull. chem. Soc. Japan **35,** 1697—1703, 1962; Tokyo, Meguro-ku, Univ. of Tokyo, Coll. of Gen. Educat.; engl.) — Hexaquo- u. Tetraquochromchlorid werden mit Neutronen bestrahlt u. die durch Rückstoß-Rkk. des ^{51}Cr gebildeten Prodd. durch Ionenaustauschchromatographie getrennt. Es entstehen anion. u. neutrale Cr-Salze sowie Tetraquo-, Pentaquo- u. Hexaquochromkomplexe. B. Schmitt. 226◇

0562 **Vergiftungsgeschwindigkeit eines Hydrierungskatalysators.** Jean-Eugène Germain, Raymond Maurel und Robert Sinn. (C. R. hebd. Séances Acad. Sci.

255, 909—11, 1962; Lille, Fac. des Sci., Labor. de Chim. gén.; franz.) — Die Momentanaktivität eines *Al_2O_3–Ni*-Katalysators (25% Ni) wird durch Messung der Rk.-Wärme (— 50 kcal/Mol) bei der Hydrierung von *Bzl.* in der Gasphase ermittelt (80% H_2; 20% C_6H_6; 155°). In Ggw. von *Thiophen* (bis 30 mg/Liter) ist die Vergiftungs-Geschw. proportional der Thiophenkonzentration. A. Blaschette. 227◇

0563 **Untersuchungen über die katalytische Hydrierung in flüssiger Phase.** Ferenc Nagy. (Magyar tudományos Akad., kém. Tudományok Osztályának Közleményei [Ung. Akad. Wiss., Ber. Abt. chem. Wiss.] **19,** 403—43, 1963; Budapest, Zentralforsch.-Inst. für Chem.; ung.) — Die Unterss. des Vf. u. Mitarbeiter werden zusammenfassend erörtert: Lösung von Gasen in Fll., Diffusion von gelösten Stoffen auf die Oberfläche des Katalysators, Unters. der Kinetik kontaktkatalyt. Hydrierung in Fl.-Phase mit elektrochem. Meth., Einw. des Potentials auf die Geschw. der Hydrierungs-Rkk. u. Unters. der homogenen Aktivatoren des H_2 in Fl.-Phase. — 18 Literaturangaben. I. Náray-Szabó. 227△

A_8. Präparative anorganische Chemie, Komplexverbindungen, Metallorganische Verbindungen

0564 **Polymere Koordinationsverbindungen.** I. Haiduc. (Fortschr. d. Chem. [UdSSR] **30,** 1124—74, 1961; Cluj, Univ., Fac. de Chim.; russ.) — Übersicht über Polymerkomplexe mit Koordinationszahlen von 2—8. — 483 Literaturangaben. Ch. Weiske. 228◇

0565 **Elektrosynthese von Ozon.** 2. Mitt. **Synthese des Ozons aus einem Sauerstoff-Argon-Gemisch.** Ju. W. Filippow und W. P. Wendillo. (J. physik. Chem. [UdSSR] **35,** 624—28, 1961; Moskau, Lomonossow-Univ.; russ., Auszug: engl.) — 1. vgl. J. physik. Chem. [UdSSR] **35,** [1961], 407. — Die Kinetik der O_3-Synth. aus O_2–Ar-Gemischen (4—90% Ar) in einem Ozonisator wurde untersucht. Die Gleichgewichts-O_3-Konz. nimmt linear mit dem Anstieg der Ar-Konz. im Gemisch ab. Damit wird bestätigt, daß die O_3-Bldg. u. -Zers. bei der Entladung eine Rk. 1. Ordnung ist. Unabhängigkeit der kinet. Konst. von der Mischungs-Zus. kann nur unter den Bedingungen der uneinheitlichen Verteilung der Entladungsenergie zwischen den Komponenten erreicht werden. Der Umwandlungsgrad von O_2 zu O_3 ist unabhängig von der Mischungs-Zus.; daher ist anzunehmen, daß das Ar bei O_3-Bldg. u. -Zers. während der Entladung keine akt. Rolle spielt. W. Pump. 239◇

0566 **Elektrosynthese von Ozon.** 3. Mitt. **Einfluß der Elektrodentemperatur des Ozonisators auf die Ozonsynthese.** Ju. W. Filippow und N. I. Kobosew. (J. physik. Chem. [UdSSR] **35,** 2078—82, 1961; russ., Auszug: engl.) — 2. vgl. vorst. Ref.; 4. vgl. C. **1963,** 21102. — Die Messungen (zwischen —40 u. +20° bei Strömungs-Geschw. von 10 bis 125 Liter/Std. O_2) ergaben, daß die Elektroden-Temp. nur einen Einfl. auf den O_3-Zerfall hat, während die O_3-Bldg. prakt. temperaturunabhängig ist. Die Aktivierungsenergie für den O_3-Zerfall beträgt 1800 cal/Mol. I. Zoll. 239◇

0567 **Untersuchungen einiger Bortrialkyle und ihrer monosubstituierten Derivate.** Jean-Pierre Laurent. (Bull. Soc. chim. France **1963,** 558—60; Toulouse, Labor. de Chim. Gén. et Minér.; franz.) — Aus BF_3-Äther u. Grignard-Reagentien werden *Bortrialkyle* (A) dargestellt, aus diesen mit Alkoholen die *Monoalkoxy-Verbb.* (B), welche nach Gerrard in die *Tetraalkyldiboroxide* (C) übergeführt werden. Aus A u. Mercaptanen entstehen *Dialkylmercaptobor-Verbb.*; mit Aminen in Ggw. von Thiolen *Aminobordialkyle*, aus B u. PCl_5 bzw. C u. BCl_3 *Dialkylborchloride*.

Versuche: *Boralkyle*: *Tri-n-propyl-* [Kp./Druck (Torr); n_D^{20}; $D._4^{20}$] 52/13; 1,4140; 0,7220; *Tri-n-butyl-*, 92/14; 1,4158; 0,7220; *Tri-n-pentyl-*, 140/14; 1,4167; 0,7449; *Tri-n-hexyl*, 120/0,4; 1,4200; 0,7612. — *Tetraalkyldiboroxide*: *Tetra-n-propyl-*, 95/13; 1,4165; 0,7748; *Tetra-n-butyl-*, 137/13; 1,4261; 0,7897; *Tetra-n-pentyl-*, 148/15; 1,4372; 0,7923; *Tetra-n-hexyl-*, 52/0,7; 1,4380; 0,8048. — *Alkoxybordialkyle*: *n-Butoxy-di-n-propyl-*, 71/13; 1,4138; 0,7768; *Äthoxy-di-n-butyl-*, 73/14; —; 0,7890; *n-Butoxy-di-n-butyl-*, 104/14; 1,4217; 0,8081; *n-Butoxy-di-n-pentyl-*, 121/15; 1,4224; 0,8207; *n-Butoxy-di-n-hexyl-*, 97/0,4; 1,4328; 0,8215. — *Alkylmercaptobordialkyle*: *Äthylmercaptodi-n-propyl-*, 68/13; 1,4570; 0,8217; *n-Butylmercaptodi-n-propyl-*, 107/13; 1,4600; 0,8291; *n-Butylmercaptodi-n-butyl-*, 68/0,1; 1,4554; 0,8324. — *Aminobordi-n-propyl*, 117/760; 1,4163; 0,7502. — *Bordi-n-butyl-Verbb.*: *Amino-*, 69/20; 1,4269; 0,7689; *Äthylamino-*, 83/13; 1,4289; 0,7692; *n-Butylamino-*, 106/13; —; 0,8038; *Di-n-butylamino-*, 146/14; 1,4422; 0,7996. — *Dialkylborchloride*: *Di-n-butyl-*, 70/13; —; 0,8792; *Di-n-pentyl-*, 99/13; —; 0,8826; *Di-n-hexyl-* 75/0,1, —; 0,9006. H. Bürger. 258◇

0568 **Koordinationsverbindungen des Hydrazins.** 3. Mitt. **Wechselwirkung von Siliciumtetrafluorid mit Hydrazin.** R. C. Aggarwal und M. Onyszchuk. (Canad. J. Chem. **41,** 876—82, 1963; Montreal, Quebec, McGill Univ., Dep. of Chem.; engl.) — 2. vgl. C. **1964,** 2-0588. — SiF_4 u. N_2H_4 reagieren bei 60—70° im Vakuum exotherm zu *$SiF_4(N_2H_4)_2$* (**I**), einer weißen, pulverigen, nicht flüchtigen u. nicht hygroskop. Substanz; andere Additionsverhältnisse als 1:2 wurden nicht beobachtet. **I** ist in allen gebräuchlichen organ. Lsgm. unlösl., sublimiert langsam > 100° u. zersetzt sich > 200° in N_2, NH_3 u. eine weiße Masse. Die Hydrolyse verläuft nach 2 **I** + (2 + x) $H_2O \rightarrow 4\,N_2H_5^+ + SiF_6^{2-} + 2\,F^- + SiO_2 \cdot x\,H_2O$. Rk. mit 55% HF (100—110°) → $(N_2H_5)_2SiF_6$, mit HCl (150°) → SiF_4 + 2 N_2H_5Cl (91,8%), mit Äthylendiamin (24 Std. unter Rückfluß) → SiF_4 $(NH_2C_2H_4NH_2)$ (**II**; quant.), mit BF_3 (180°) → $BF_3 \cdot (N_2H_4)$ (quant.). Bei 150° führt die Rk. von **I** mit NH_3 nur mit 31% zu $SiF_4(NH_3)_2$ (**III**), die reversible Rk. von **III** mit N_2H_4 jedoch mit 75% zu **I**. **I** ist stabiler als **III**. — Die IR-Spektren von **I, II** u. **III** sprechen für das Vorliegen einer cis-oktaedr. Struktur. U. Wannagat. 261◇

0569 **Darstellung von Disilanylchlorid und Disilanylbromid durch Reaktion von Disilan mit Halogenwasserstoff.** M. Abedini, C. H. Van Dyke und A. G. Mac Diarmid. (J. inorg. nuclear Chem. **25,** 307—09, 1963; Philadelphia, Pa., Univ. of Pennsylvania, John Harrison Labor. of Chem.; engl.) — H_3SiSiH_2Cl kann durch 8std. Rk. bei Zimmer-Temp. aus Si_2H_6 u. HCl unter Katalyse eines Oberflächenfilms von Al_2Cl_6 u. fraktionierte Tieftemp.-Dest. rein gewonnen werden, wenn die Ausgangs-Prodd. sehr rein sind. Die analoge Darst. von H_3SiSiH_2Br aus Si_2H_6 u. HBr gelingt schon bei —78° in 6 Minuten. G. Heller. 261◇

0570 **Zur Kenntnis cyclischer Phenylsilane.** E. Hengge, H. Reuter und R. Petzold. (Z. Naturforsch. **18b,** 425—28, 1963; Marburg/Lahn, Univ., Inst. für Anorg. Chem.; dt.) — Die beiden durch Rk. von $(C_6H_5)_2SiCl_2$ mit Na entstehenden Verbb. der Zus. *$[(C_6H_5)_2Si]_4$* (**I**, hexagonale Prismen, F. 335°; **II**, rechtwinklige Prismen, F. 435°) scheinen Stereoisomere zu sein. **I** reagiert mit J_2 zu einem *Dijodid*, das nach Hydrolyse zum Diol, Kondens. zum Siloxan u. anschließende Oxydation in ein krist. *Dioxid* vom F. 221—222° übergeht, das mit dem durch direkte Oxydation von **II** zugänglichen Dioxid ident. ist. Spaltung mit Li u. anschließende Methylierung gibt 2 verschiedene *Dimethyloktaphenyltetrasilane* (**III**, F. 56—58°; **IV**, F. 182—184°), wobei aus **I** ein U-förmiges, aus **II** ein gestrecktes Mol. entsteht. Die aus den Rkk. abgeleitete Struktur sieht für **I** u. **II** einen ebenen Si_4-Ring vor, der die Phenylgruppen entweder doppeltrichterförmig (**I**) oder zur Hälfte um 90° gedreht (**II**, besser abgeschirmt) trägt. H. Bürger. 261◇

0571 **Bildung siliciumorganischer Verbindungen.** 19. Mitt. **Metallorganische Synthese Si-funktioneller Cyclocarbosilane.** G. Fritz und W. Kemmerling. (Z. anorg. allg. Chem. **322,** 34—40, 1963; Münster/Westf., Univ., Anorg.-Chem. Inst.; dt.) — 18. vgl. C. **1963,** 18002. — Ausgehend von $SiCl_2(CH_3)(CH_2Cl)$ (**I**) wurde die Synth. von *1.3-Dibrom-1.3.5.5-tetramethyl-1.3.5-trisilacyclohexan* (**II**) sowie *1.1.3.3.5.5-Hexamethyl-1.3.5-trisilacyclohexan* (**III**) auf folgendem Weg durchgeführt: **I** gibt mit C_6H_5MgBr *$(C_6H_5)_2Si(CH_3)(CH_2Cl)$* (**IV**), aus dem sich nach Rk. mit Mg u. Umsetzung des *$(C_6H_5)_2 \cdot Si(CH_3)(CH_2MgCl)$* (**V**) mit $HgCl_2$ zum krist. *$[(C_6H_5)_2Si(CH_3) \cdot (CH_2)]_2Hg$* (**VI**) mit Hilfe von Li *$(C_6H_5)_2Si(CH_3)CH_2Li$* darstellen läßt, das mit $SiCl(C_6H_5)(CH_3)CH_2Cl$ zu *$C_6H_5[C_6H_5 \cdot (CH_3)SiCH_2]_2Cl$* (**VII**) reagiert. Analog läßt sich über die Mg-, Hg- u. Li-Verb. mit $SiCl(CH_3)_2CH_2Cl$ *$C_6H_5[C_6H_5(CH_3)SiCH_2]_2 \cdot Si(CH_3)_2CH_2Cl$* (**VIII**) darstellen, das nach Bromierung zu *$C_6H_5[(CH_3)BrSiCH_2]_2Si(CH_3)_2CH_2Cl$* (**IX**) durch Mg zu *1-Phenyl-3-brom-1.3.5.5-tetramethyl-1.3.5-trisilacyclohexan* (**X**) cyclisiert wird. Mit Br_2 gibt es **II**, mit CH_3MgBr *$C_6H_5(CH_3) \cdot Si[CH_2Si(CH_3)_2]_2CH_2$* (**XI**), das durch Br_2 in *$Br(CH_3) \cdot Si[CH_2Si(CH_3)_2]_2CH_2$* (**XII**) übergeführt wird, welches mit $CH_3 \cdot MgBr$ zum gaschromatograph. identifizierten **III** reagiert.

Versuche: *Bis-[diphenylmethylsilylmethyl]-quecksilber(II)* (**VI**), F. 63—65°, durch Rk. von Mg mit aus **I** u. $C_6H_5 \cdot MgBr$ dargestelltem **IV** in 12 Std. bei 12—15° zu **V**, Rk. in Ae.

mit aus einem Soxhlet-App. extrahiertem $HgCl_2$ in 72 Std., dann 2 Std. bei 120°; farblose Kristalle; 81% (Ausbeute). — *$(C_6H_5)_2(CH_3)SiCH_2Li$*, aus vorst. Verb. u. Li in abs. Ae. in 2 Tagen; tieforangerote Lsg.; 90%. — *Phenylmethylchlormethylchlorsilan*, $Kp._{12}$ 105—106°, aus I u. C_6H_5MgBr in Ae. durch 6std. Zutropfen, 12std. Rk. bei Raum-Temp. u. 24std. Erhitzen unter Rückfluß. — *2.2.4-Triphenyl-4-chlormethyl-2.4-disilapentan* (VII), $Kp._1$ 185°, durch Rk. vorst. Verb. mit vorvorst. Verb. in Ae. unter Eiskühlung; 57%; gibt mit Mg u. anschließend mit $HgCl_2$ analog VI die Hg-Verb., aus dieser die Li-Verb. von VII, die mit $SiCl(CH_3)_2(CH_2Cl)$ zu nicht isoliertem VIII reagiert. Gibt mit Br_2 u. anschließende Rk. mit Mg in Ae. in 10 Tagen *1-Phenyl-3-brom-1.3.5.5-tetramethyl-1.3.5-trisilacyclohexan* (X), $Kp._1$ 93—95°; daneben II, $Kp._2$ 90—91°, F. $< -20°$ das sich aus vorst. Verb. in Ae. nach Zugabe von Br_2 ebenfalls isolieren ließ. — *1-Phenyl-1.3.3.5.5-pentamethyl-1.3.5-trisilacyclohexan* (XI), Kp. 108—112°, aus 11 g X in 50 ml Ae. durch Zutropfen von CH_3MgBr, 2 Std. langes Erhitzen unter Rückfluß; 6 g; gibt nach Rk. mit Br_2 zu XII u. Methylierung mit CH_3MgBr *1.1.3.3.5.5-Hexamethyl-1.3.5-trisilacyclohexan* (III). H. Bürger. 261◇

0572 **Bildung siliciumorganischer Verbindungen. 20. Mitt. Über eine Umlagerung im Si–C–Si-Gerüst bei der Methylierung von $(Cl_3Si)_2CHCH_3$.** G. Fritz und G. Sonntag. (Z. anorg. allg. Chem. **322**, 41—45, 1963; dt.) — 19. vgl. vorst. Referat. — Gaschromatograph. Unterss. ergeben, daß sich bei der Methylierung von $(Cl_3Si)_2CHCH_3$ mit CH_3MgCl 80% *$[(CH_3)_3Si]_2CHCH_3$* (I) u. ca. 18% des isomeren $(CH_3)_3SiCH_2\cdot CH_2Si(CH_3)_3$ (II) bilden, mit $LiCH_3$ entstehen neben 40% I + II noch vier weitere, nicht isolierte Verbindungen. Die Umlagerung muß im Moment der Methylierung ablaufen, denn I lagert sich weder allein noch in Ggw. der Ausgangs-Verbb. um. H. Bürger. 261◇

0573 **Bildung siliciumorganischer Verbindungen. 21. Mitt. Die Bildung chlorierter Siliciummethylene bei der Pyrolyse der Methylchlorsilane.** G. Fritz und D. Ksinsik. (Z. anorg. allg. Chem. **322**, 46—57, 1963; dt.) — 20. vgl. vorst. Referat. — Vff. untersuchten gaschromatograph. die bei der Pyrolyse von CH_3SiCl_3 (I), $(CH_3)_2SiCl_2$ (II) u. $(CH_3)_3SiCl$ (III) bei 700° entstehenden, bis 200° destillierbaren Substanzen. Es wurden mit Anteilen von 60, 43 u. 32% bei I, II bzw. III nachst. *1.3-Disilapropane* isoliert: (Verb.; $Kp._{750}$; Dipolmoment μ (D); % im Pyrolyse-Prod. von I, II bzw. III, bezogen auf $Cl_3SiCH_2SiCl_3$ = 100%) *1.1.1.3.3.3-Hexamethyl-*, 135,5; 1,04; 0,16; 1,3; 0,02; *1.1.1.3.3-Pentamethyl-3-chlor-*, 155,6; 2,03; 13,6; —; —; *1.1.1.3-Tetramethyl-3.3-dichlor-*, 156,2; 2,30; 13,9; 0,66; —; *1.1.3.3-Tetramethyl-1.3-dichlor-*, 169,2; 1,70; 41,9; —; —; *1.1.1-Trimethyl-3.3.3-trichlor-*, 173,0; 2,28; 141; 23,7; 0,50; *1.1.3-Trimethyl-1.3.3-trichlor-*, 159,0; 2,06; 71,4; 10,7; —; *1.3-Dimethyl-1.1.3.3-tetrachlor-*, 166,3; 1,98; 44,7; 33; 6,8; *1-Methyl-1.1.3.3.3-pentachlor-*; 138,7; 1,90; 0,8; —; 2,5; *1.1.1.3.3.3-Hexachlor-*; 180,6; 2,63; 100; 100; 100. Daneben entstehen *$SiCl_4$*, eine hydrolysierbare Verb., KW-Stoffe (bes. *CH_4*), *H_2* u. hydrolysierbare Si-Verbindungen. Die Bldg. von *$(CH_3)_2ClSiCH_2SiCl_3$* bei der Pyrolyse von III wird angenommen. Für die Gasphasen-Rk. wird ein radikal. Mechanismus vorgeschlagen. C-chlorierte Verbb. sowie HCl wurden nicht gefunden. Die experimentellen Einzelheiten der Auftrennung werden eingehend beschrieben. H. Bürger. 261◇

0574 **Darstellung und Eigenschaften von Bis-[trimethylsilyl]-sulfat und Trimethylsilylchlorosulfat.** Norbert Duffaut, Raymond Calas und Jacques Dunoguès. (Bull. Soc. chim. France **1963**, 512—17, Bordeaux, Fac. des Sci.; franz.) — Verff. zur Darst. von *Bis-[trimethylsilyl]-sulfat* (I) aus H_2SO_4 u. Hexamethyldisiloxan (II), Trimethylchlorsilan oder Phenyltrimethylsilan werden verfeinert. Die vollständige Methanolyse von I gibt II u. $(CH_3)_2SO_4$ (III), die Rk. mit $CH_3\cdot OH$ im Verhältnis 1:1 neben II das von Schmidt u. Schmidbaur (C. **1960**, 9870) dargestellte *Methyl-[trimethylsilyl]-sulfat* (IV). I reagiert mit Triphenylsilanol zu *Bis-[triphenylsilyl]-sulfat* (V), das auch aus Triphenylchlorsilan u. H_2SO_4 dargestellt wurde. Mit Triphenylsilan bzw. Triäthylsilan reagiert I unter Bldg. von SO_2, II u. *$(C_6H_5)_3SiOSi(CH_3)_3$* bzw. *$(C_2H_5)_3\cdot SiOSi(CH_3)_3$*. PCl_5 setzt I zu l. c. beschriebenem *$(CH_3)_3SiOSO_2\cdot Cl$* (VI) um, das mit überschüssigem CH_3OH zu II, III u. HCl, mit 1 Mol CH_3OH zu IV u. HCl reagiert. Triphenylsilanol u. VI bilden II u. IV. Aromat. KW-Stoffe werden von VI in *Arylsulfonsäuretrimethylsilylester* übergeführt, wobei Toluol die p-Verb. bildet. VI u. Triphenylsilanol setzen sich zu II, $(CH_3)_3\cdot SiCl$, HCl, SO_2 u. V, VI u. Triäthylsilanol zu *Bis-[triäthylsilyl]-sulfat* um.

Versuche: *Bis-[trimethylsilyl]-sulfat* (I), $C_6H_{18}O_4SSi_2$, F. 56—58°, $Kp._{18}$ 118°, in 12 Std. durch Rk. von II mit H_2SO_4 in Bzl. oder Cyclohexan am Wasserabscheider; 78% (Ausbeute). — Analog: *Bis-[triäthylsilyl]-sulfat*, $C_{12}H_{30}O_4SSi_2$, $Kp._{15}$ 175°; 80%. — *Methyl-[trimethylsilyl]-sulfat* (IV), $C_4H_{12}O_4SSi$, $Kp._{15}$ 93—94°, n_D^{20} 1,4065, $D._4^{20}$ 1,171, durch Rk. von I mit 1 Mol CH_3OH; 51%; auch aus VI u. CH_3OH; 80%. — *Bis-[triphenylsilyl]-sulfat* (V), $C_{36}H_{30}O_4SSi_2$, F. 134—136° (Bzl.), durch Rk. von I bzw. VI mit Triphenylsilanol; 74% bzw. 96%. — *Si-Trimethyl-Si'-triphenyldisiloxan*, $C_{21}H_{24}OSi_2$, F. 50 bis 51° (Bzl.), durch Zugabe von I zu Lsg. von $(C_6H_5)_3SiH$ in Cyclohexan, 96 Std. langes Rückflußerhitzen; 85%; auch durch Rk. von Triphenylsilanol u. Trimethylchlorsilan in Ae.; 80%. — Analog: *Si-Trimethyl-Si'-triäthyldisiloxan*, $C_9H_{24}OSi_2$, $Kp._{15}$ 71°, n_D^{20} 1,4105, $D._4^{20}$ 0,8105; 80%. — *Trimethylsilylchlorosulfat* (VI), $C_3H_9ClO_3SSi$, $Kp._{16}$ 70°, n_D^{20} 1,4225, $D._4^{20}$ 1,220, durch Zugabe von PCl_5 zu Lsg. von I in Cyclohexan; 73%; auch durch Rk. von Chloroschwefelsäure mit $(CH_3)_3SiCl$; 75%. — *Benzolsulfonsäuretrimethylsilylester*, $Kp._{18}$ 155°, n_D^{20} 1,4938, $D._4^{20}$ 1,41, aus Bzl. u. VI; 75%. — Analog: *Toluolsulfonsäuretrimethylsilylester*, $Kp._{10}$ 164°, n_D^{20} 1,4960, $D._4^{20}$ 1,120; 80%. — *Bis-[triäthylsilyl]-sulfat*, $C_{12}H_{30}O_4SSi$, $Kp._{15}$ 176°, $D._4^{20}$ 1,4440, durch Zutropfen von $(C_2H_5)_3SiH$ in Cyclohexan zu VI, 8std. Rückflußerhitzen; 90%. H. Bürger. 261◇

0575 **Die Ammoniakzerfließlichkeit von Lithiummetall.** Meyer M. Markowitz. (J. inorg. nuclear Chem. **24**, 1475 bis 1477, 1962; Exton, Pa., Foote Mineral Co., Res. and Engng. Centre; engl.) — Li bildet im Gegensatz zu den übrigen Alkalimetallen mit NH_3-Gas schon bei Raum-Temp. u. Atmosphärendruck Lösungen. Der Vorgang wird erklärt durch das unterschiedliche chem. Potential der Lsgm.-Komponente in der Gasphase u. der gesätt. Lösung. Die NH_3-Zerfließlichkeit des Li kann leicht demonstriert werden durch Einw. von NH_3-Gas, wobei sich auf der Metalloberfläche nach kurzer Zeit bronzefarbene, opake Tropfen bilden, die zusammenfließen. Der Vorgang ist exotherm. Eine Erklärung für das abweichende Verh. des Li zeigt die Betrachtung der Dampfdruckkurven: Die Li enthaltenden NH_3-Lsgg. besitzen die niedrigsten NH_3-Dampfdrücke. Zum Beispiel ist der Dampfdruck von NH_3 über einer mit Li gesätt. Lsg. bei 20° nur 97 Torr; die entsprechenden Zahlen für Na sind 3544 u. für K 1584 Torr. Der Dampfdruck von reinem fl. NH_3 bei 20° beträgt 6428 Torr. Die Anwendung der Gleichung von Clausius-Clapeyron führt zu den Beziehungen (p in Torr): Li–NH_3: $\log p = -1894{,}2/T + 8{,}4486$; Na–$NH_3$: $\log p = -1280{,}5/T + 7{,}9166$; K–$NH_3$: $\log p = -1300{,}3/T + 7{,}6347$. Die aus den Gleichungen für 760 Torr berechneten Werte für die gesätt. Lsgg. von Li (+67,0°), Na (−18,9°) u. K (+0,3°) stehen in guter Übereinstimmung mit den von Ruff u. Zedner [1908] ermittelten Werten (Li +63°, Na −19,4°, K −0,2°). F. Jahn. 273◇

0576 **Einige neuere und laufende Untersuchungen an Organolithiumverbindungen und Pseudoorganolithiumverbindungen.** Henry Gilman. (Bull. Soc. chim. France **1963**, 1356—59; Ames, Iowa, Iowa State Univ.; engl.) — Vortrag. — 1,16n Lsgg. von Benzyllithium lassen sich mit 80%ig. Ausbeute durch Zugabe von Benzylalkyläther in Ae. zu Li in THF darstellen. Den Titer einer R_3MeLi (A)-Lsg. (Me = Si, Ge, Sn) bestimmt man am günstigsten durch Säuretitration mit u. ohne Zusatz von Allylbromid u. bestimmt den Geh. an A aus der Differenz. Organo-Li-Verbb. lassen sich analog nach Zusatz eines Polyhalogen-KW-Stoffes (B) bestimmen. Die Einfl. von Temp. u. Art des B werden an Beispielen erläutert. Die Rk.-Fähigkeit von $(C_6H_5)_3SiLi$ (I) gegenüber $(C_6H_5)_3SiCl$ ist größer als die von C_4H_9Li, C_6H_5Li u. $C_6H_5CH_2Li$. Gegenüber I nimmt die Rk.-Fähigkeit in der Reihe $(CH_3O)_3PO$, Äthylbenzoat, Phenyläthylenoxid, Benzophenon, Benzonitril, n-Octylfluorid, Chlorbenzol, Anisol ab. Weiterhin nimmt die Rk.-Fähigkeit von $(Alkyl)_3SiLi$ nach $(Phenyl)_3SiLi$ sowie in $(C_6H_5)_3MeLi$ in der Reihe Me = Si, Ge, Sn, Pb ab. Rkk. der aus Dekaphenylcyclopentasilan dargestellten Dilithium-Verb. mit Phosphaten u. Chlorsilanen werden angeführt, Darst.-Möglichkeiten für Dimethylpolyphenylpolysilane angegeben. Die Bldg. von Hexaphenyldisilan aus I u. Halogenid nimmt in der Reihe Äthylchlorid < -bromid < -jodid < 1.2-Dichlorpropan von 0 auf 93% zu. Schließlich wird die Spaltung von C_6H_5Si-Gruppen durch CH_3Li besprochen. H. Bürger. 273◇

0577 **Quaternäres reziprokes System aus Natrium- und Kaliumfluorid, -bromid und -carbonat.** R. N. Njankowskaja, A. D. Gussewa, I. A. Jarosslawzewa, I. F. Kalinkina und N. W. Masilowa. (J. anorg. Chem. [UdSSR] **8**, 192—201, 1963; Jaroslaw, Uschinski-Inst.; russ.) — Die tern. Syst. *Na||F, Br, CO_3, K||F, Br, CO_3* u. stabile Schnitte des quatern. reziproken Syst. *Na, K||F, Br, CO_3* wurden visuell-polytherm. untersucht. Das Zustandsdiagramm des quatern. Syst. weist infolge Bldg. lückenloser Reihen fester Lsgg. von (Na, K)CO_3 u. (Na, K)Br sowie der Verbb. *KF·K_2·CO_3* nur 5 Kristallfelder auf. G. Winkhaus. 275◇

0578 **Über Doppelnitrite des Cäsiums und eines Erdalkalimetalls.** Adolfo Ferrari, Mario Nardelli und Maria Eleonora Tani. (Gazz. chim. ital. **88**, 1142—46, 1958; Parma, Univ., Ist. di Chim. gen. e di Min.; ital.) — Durch Konzentrieren wss. Lsgg. von $CsNO_2$ u. $Ba(NO_2)_2$ bzw. $CsNO_2$ u. $Ca(NO_2)_2$ werden die entsprechenden Doppelnitrite dargestellt; sie werden röntgenograph. untersucht. Das ebenfalls dargestellte *$CsNO_2·2\,Sr(NO_2)_2·5\,H_2O$* zeigt kein auswertbares Pulverdiagramm. — *$2\,CsNO_2·Ba(NO_2)_2·H_2O$*, rhomb. Kristallnadeln, $D._{19}$ 3,40, durch langsames Konzentrieren einer wss. Lsg. von $CsNO_2$ u. $Ba(NO_2)_2$ (2:1) bei 0°; Kristallabscheidung nach einigen Tagen; a 10,44 ± 0,20 (Å), b 31,28 ± 0,04, c 6,46 ± 0,01; Z = 8; D_{2h}^{16} bzw. C_{2v}^{9}. — *$CsNO_2·Ca(NO_2)_2·3\,H_2O$*, farblose rhomb. Prismen, $D._{22}$ 2,34, durch langsames Konzentrieren einer wss. Lsg. von $CsNO_2$ u. $Ca(NO_2)_2$ (2:5) bei 20° im Vakuum über NaOH; Kristallabscheidung nach einigen Tagen; a 7,04 ± 0,01, b 10,39 ± 0,02, c 6,53 ± 0,03; Z = 2; D_{2h}^{13} bzw. C_{2v}^{7}. G. Piekarski. 277◇

0579 **Schmelzdiagramme in den Systemen $LiClO_4$–$Ca(ClO_4)_2$ und $NaClO_4$–$Ca(ClO_4)_2$.** N. W. Kriwzow und A. A. Sinowjew. (J. anorg. Chem. [UdSSR] 8, 186—91, 1963; Akad. der Wiss. der UdSSR, Kurnakow-Inst. für allg. u. anorg. Chem.; russ.) — Die Schmelzdiagramme der Syst. *$LiClO_4$–$Ca(ClO_4)_2$* (I) u. *$NaClO_4$–$Ca(ClO_4)_2$* (II) wurden durch thermograph. Unterss. erhalten. Beide Syst. sind durch einfache Eutektika gekennzeichnet u. weisen polymorphe Umwandlungen der Komponenten auf. Chem. Verbb. wurden nicht gefunden. In I, reich an $NaClO_4$, treten 2 feste Lsgg. auf. $Ca(ClO_4)_2$ tritt in 3 Modifikationen mit den Umwandlungs-Temp. 342 u. 406° auf. G. Winkhaus. 283◇

0580 **Über die Azotierreaktion von körnigem Calciumcarbid.** 2. Mitt. **Röntgenuntersuchung des reagierenden Systems.** Yasuhiko Abe. (Rev. physic. Chem. Japan **30**, 45—52, 1960; Tokyo, Shin-Etsu Chem. Ind. G. m. b. H., Zentralforsch.-Inst.; dt.) — 1. vgl. C. **1963**, 11568. — In einem näher beschriebenen Röntgengoniometer wird CaC_2 allein oder gemischt mit *CaF_2* (bis 17%) bei hoher Temp. u. atmosphär. Druck der Einw. von N_2 ausgesetzt u. die Rk. röntgenograph. untersucht. Das entstehende $CaCN_2$ ist noch bei 1040° fest, bildet aber schon bei 1010° in Ggw. von CaF_2 eine fl. Phase. W. Wesly. 283◇

0581 **Über die Azotierreaktion von körnigem Calciumcarbid.** 3. Mitt. **Azotierung mit Zuschlägen.** Yasuhiko Abe. (Rev. physic. Chem. Japan **30**, 53—61, 1960; dt.) — 2. vgl. vorst. Referat. — Die Rk. zwischen N_2 u. CaC_2 bei atmosphär. Druck u. verschiedener Temp. wird durch *CaF_2* oder *$CaCl_2$* beschleunigt. Für die Nitrier-Geschw. als Funktion der Temp. u. des Zusatzes an CaF_2 oder $CaCl_2$ werden Gleichungen abgeleitet. Die Geschw. der N_2-Strömung durch geschmolzenes $CaCl_2$ ist viel größer als durch das feste Rk.-Produkt. Die schnelle Strömung wird auch für die fl. Gemische von Rk.-Prod. u. $CaCl_2$ oder CaF_2 angenommen. Die beschleunigende Wrkg. von $CaCl_2$ u. CaF_2 wird deren lösender Wrkg. auf die feste Rk.-Prod.-Schicht zugeschrieben. Für die Konstanz der Auflösungs-Geschw. wird eine Erläuterung gegeben. W. Wesly. 283◇

0582 **Über die Azotierreaktion von körnigem Calciumcarbid.** 4. Mitt. **Eine theoretische Betrachtung der durch den Zuschlag beschleunigten Azotierung.** Yasuhiko Abe. (Rev. physic. Chem. Japan **30**, 62—65, 1960; dt.) — 3. vgl. vorst. Referat. — Für die Beschleunigung der Rk. zwischen N_2 u. CaC_2-Körnern bestimmter Größe durch Zusätze werden unter gewissen Voraussetzungen Gleichungen abgeleitet. Die Ergebnisse werden mit den Vers.-Werten verglichen. Die im Anfangsstadium auftretenden Abweichungen werden zu erklären versucht. W. Wesly. 283◇

0583 **Über die Azotierreaktion von körnigem Calciumcarbid.** 5. Mitt. **Der Reaktionsverlauf bei höheren Reaktionsgraden.** Yasuhiko Abe. (Rev. physic. Chem. Japan **30**, 66—72, 1960; dt.) — 4. vgl. vorst. Referat. — Unterss. über die Rk. von N_2 mit CaC_2-Körnern gleicher Größe in Gemischen mit verschiedenen Mengen *CaF_2* bei 1000° ergeben eine Rk.-Phase, bei der sich der Kornradius linear mit der Zeit vermindert. Diese konst. Abnahme wird als Funktion der CaF_2-Menge u. der Temp. ausgedrückt. Der Mechanismus dieser Phase wird zu deuten versucht. W. Wesly. 283◇

0584 **Organometallische Verbindungen der 2. Hauptgruppe. 4. Mitt. Darstellung und Eigenschaften von Organocalciumhalogeniden.** D. Bryce-Smith und A. G. Skinner. (J. chem. Soc. [London] **1963**, 577—85; Reading, Berks., Univ., Chem. Dep.; engl.) — 3. vgl. C. **1962**, 18761. — *Methylcalciumjodid* u. *-bromid, n-Butylcalciumjodid, Phenylcalciumjodid* (I) u. *-bromid, p-Tolylcalciumjodid* sowie *1-Naphthylcalciumjodid* wurden in guten Ausbeuten dargestellt. *Äthylcalciumchlorid, -bromid* u. *-jodid, n-Butylcalciumchlorid* u. *-bromid, n-Pentylcalciumjodid* u. *Phenylcalciumchlorid* bildeten sich nur in Ausbeuten unter 40%. Die Ausbeuten an Organocalcium-Verbb. wurden durch Hydrolyse bzw. durch Isolierung der Carboxylierungs-Prodd. bestimmt. Ca setzt sich in Ae. oder Tetrahydrofuran (T) mit RJ, RBr, RCl (R = n-Butyl bzw. Phenyl) mit abnehmender Leichtigkeit um, es reagiert nicht mit sek. u. tert. Alkylhalogeniden. Rk. von Ca mit 2-Jodthiophen u. nachfolgende Carboxylierung ergibt nicht Thiophen-2-carbonsäure, sondern *2-Jodthiophen-5-carbonsäure* u. *Thiophen-2.5-dicarbonsäure*. Mg-Spuren erhöhen, Na-Geh. hemmt die Rk.-Freudigkeit des Ca. Für die Verss. wurde Ca durch oberflächliche Amalgamierung aktiviert. Im chem. Verh. ähneln die Organocalcium-Verbb. den Organolithiumverbindungen. Carboxylierung ergibt die entsprechenden Carbonsäuren, in einigen Fällen (n-Butyl- u. n-Pentylcalciumjodid) Ketone u. tert. Alkohole. Bei der Rk. von I mit Benzoylchlorid, Benzophenon u. Benzoesäureäthylester bildet sich Triphenylcarbinol. Halogen–Ca-Austausch wird an der Umsetzung mit 1-Bromnaphthalin zu *1-Naphthylcalciumjodid* studiert. I metalliert Anisol in o-Stellung, nicht dagegen Toluol. Pyridin u. I ergeben je nach Rk.-Bedingungen *2-Phenylpyridin* u. *2.5-* oder *2.6-Diphenylpyridin*. Für einige Organocalcium-Verbb. wurde die Zers.-Geschw. in T bestimmt. Für Methyl- u. Phenylcalciumjodid ist die Rk. 1. Ordnung. Die Formel RCaX entspricht wahrscheinlich nicht der wirklichen Zus. der Verbindungen.

Versuche: ***Methylcalciumbromid***, aus Methylbromid u. Ca in T bei 0° unter Rühren, Zusatz von T, 3std. Rühren bei —35°; 81% (Ausbeute). — ***Methylcalciumjodid***, aus Ca u. einem Teil einer Lsg. von CH_3J in T bei —3° unter N_2, Zugabe der restlichen CH_3J-Lsg. bei —55°, 5std. Rühren; 81%; bei Verw. von Ae. als Lsgm. 37%. — ***Äthylcalciumchlorid***, aus C_2H_5J, C_2H_5Cl u. Ca in T, 5 Std. lang unter Rühren erhitzen; 20%. — ***Äthylcalciumbromid***, analog vorvorst. Verb., Zugabe von C_2H_5Br bei 20° u. —30°; 33%. — ***Äthylcalciumjodid***, C_2H_5J in Ae. unter Rühren u. Erhitzen zu Ca in Ae., 3std. Erhitzen; 39% (bei T als Lsgm. 32%). — ***n-Propylcalciumjodid***, in Ae. wie vorst. Rk.; 25% (Lsgm. T 27%). — ***n-Butylcalciumchlorid***, aus Butylchlorid, C_2H_5J u. Ca in T, 6std. Rühren bei 65°; 22%. — ***n-Butylcalciumbromid***, analog Äthylcalciumbromid; Carboxylierung zu 15% Valeriansäure u. 9% Di-n-butylketon. — ***n-Butylcalciumjodid***, unter Rühren aus Butyljodid u. Ca in sd. Ae.; 63%; Carboxylierung mit gasförmigem CO_2 bei 20—25° zu 10% Valeriansäure, 21% Di-n-butylketon, 16% 5-Butylnonan. — ***n-Pentylcalciumjodid***, in Ae., 6std. Rühren u. Erhitzen; Carboxylierung zu 9% Hexansäure, 15% Di-n-pentylketon u. 21% Decan; T als Lsgm. ergibt 7, 12, 23% genannter Verbindungen. — ***Phenylcalciumchlorid***, aus Chlorbenzol, analog n-Butylcalciumchlorid; Carboxylierung zu sehr wenig Benzoesäure. — ***Phenylcalciumbromid***, aus Brombenzol bei —10° analog Äthylcalciumbromid; Carboxylierung durch CO_2-Gas bei —10 bis —20° zu 43% Benzoesäure u. 2% Benzophenon. — ***Phenylcalciumjodid*** (I), aus Jodbenzol in T bei —30°, 3std. Rühren; Carboxylierung zu 90% Benzoesäure. — ***p-Tolylcalciumjodid***, aus p-Jodtoluol, vgl. vorst. Vers., Carboxylierung zu 46% p-Toluolcarbonsäure. — ***1-Naphthylcalciumjodid***, aus 1-Bromnaphthalin u. I in T bei —30°; Carboxylierung mit einem Ae.–CO_2-Gemisch zu 98% Naphthoesäure. — *Thiophen-2.5-dicarbonsäure*, F. > 400°, durch Rk. von 5 ml einer Lsg. von 10,5 g 2-Jodthiophen (II) in 10 ml T mit 5 g Ca in 20 ml T bei 0°, restliches II unter Rühren bei —35° zutropfen, 2 Std. lang rühren, carboxylieren, Soxhletextraktion mit PAe. u. umkristallisieren des unlösl. Anteiles in W.; 0,8 g; *Dimethylester*, F. 143°. — *5-Jodthiophen-2-carbonsäure*, F. 133°, aus der PAe.-Phase bei vorst. Vers.; 1,2 g; *4-Bromphenacylester*, F. 145°. — *2-Phenylpyridin* (III), Kp.$_{2,5}$ 120—130°, aus I u. Pyridin in T bei —60°, Erwärmen in 40 Std. auf Raum-Temp., Zusatz von Toluol, Dest. bis 95°, 2 Std. Rückfluß, Hydrolyse, Dest.; 41%; *Pikrat*, F. 178°. — *2.5-Diphenylpyridin*, Kp.$_2$ 250—255°, F. 171°, neben III aus vorst. Ansatz; 6%; *Pikrat*, F. 187° (Zers.). — *2.6-Diphenylpyridin*, F. 82°, vorst. Rk. bei —20°, in 5 Std. auf Raum-Temp. erwärmen; 10% (neben 42% III); *Pikrat*, F. 169°; *1.3.5-Trinitrobenzoladdukt*, F. 113°.

H. U. Kibbel. 283◇

0585 **Zur thermischen Dehydratisierung und Zersetzung von Magnesium-, Calcium- und Bariumperchlorat.** L. I. Tschudinowa. (Hochschulnachr. [Iwanowo], Chem. u. chem. Technol. **5**, 357—63, 1962; russ.) — Bei der therm. Dehydratisierung von Mg-, Ca- u. Ba-Perchlorat bei Atmosphärendruck u. im Vakuum werden folgende Kristallhydrate gefunden: $Mg(ClO_4)_2 \cdot 6\,H_2O$, $Mg(ClO_4)_2 \cdot 2\,H_2O$, $Ca(ClO_4)_2 \cdot 4\,H_2O$, $Ba(ClO_4)_2 \cdot 3\,H_2O$ u. $Ba(ClO_4)_2 \cdot H_2O$. Die Unters. der therm. Zers. von $Mg(ClO_4)_2$ (I), $Ca(ClO_4)_2$ (II) u. $Ba(ClO_4)_2$ (III) in Abhängigkeit von der Temp. ergab für I einen Zers.-Bereich von 360—420° unter Cl_2-Bldg., für II von 320—380°, in dem nur Spuren von Cl_2 auftreten, u. für III von 440—465° unter O_2-Bildung. Bei einer Erhöhung der Temp. verstärkt sich die Cl_2-Abgabe. Eine Erklärung für das therm. Verh. der untersuchten Salze wird auf Grund der Ionenstruktur u. einer möglichen Polarisation der O-Ionen durch den Mg^{2+}-, Ca^{2+}- u. Ba^{2+}-Ionen gegeben. G. Engelhardt. 285◇

0586 **Die Darstellung und einige Eigenschaften des Zwischenprodukts, das zur Bildung von rotem Zinkoxid führt.** R. A. Edge. (J. inorg. nuclear Chem. **19**, 370—72, 1961; Rondebosch, South Africa, Univ. of Cape Town, Dep. of Chem.; engl.) — Es wird über die Rk. von ZnO u. NH_4NO_3 im molaren Verhältnis 1 : 2 bei 170—215° berichtet, bei der mit steigender Temp. H_2O u. NH_3 entwickelt werden; das entstehende Prod. scheint im wesentlichen aus $[Zn(NH_3)_2](NO_3)_2$ zu bestehen. Bei dessen langsamer u. rascher Zers. werden anfangs NH_3, H_2O u. NH_4NO_3 entwickelt; die rasche Zers. führt zu explosionsartiger Entw. von NO_2, H_2O, O_2 u. NH_4NO_3 bei 350—360°; bei der bei 240—250° durchgeführten langsamen Zers. entsteht gegen Ende ebenfalls NO_2. Als Zers.-Rückstand hinterbleibt rotes Zinkoxid, das nach langsamer Zers. blasser ist als das ziegelrote Prod. der raschen Zersetzung. F. Huber. 288◇

0587 **Darstellung und Eigenschaften von Aluminiumphosphid.** C. C. Wang, M. Zaheeruddin und Leo H. Spinar. (J. inorg. nuclear Chem. **25**, 326—27, 1963; Fort Collins, Colo., Colorado State Univ., Dep. of Chem.; engl.) — Pulveriges erbsengrünes AlP wurde durch Umsetzung von im Vakuum erhitztem Al u. bei 900—950° sublimiertem Zn_3P_2 in 99%ig. Ausbeute erhalten. AlP unterliegt an der Luft der Hydrolyse unter Bldg. von α-Al_2O_3 u. PH_3. Die Entw. von PH_3 erfolgt in W. u. verd. Laugen langsam, in verd. Säuren explosionsartig. Bei Temp. > 700° reagiert AlP mit O_2 unter Bldg. von orthorhomb. $AlPO_4$. AlP ist therm. stabil bis ca. 1100° in einer inerten Atmosphäre, bei > 1200° zersetzt es sich in P u. Al. Die Kristallstruktur von AlP ist flächenzentriert kub. (Zinkblendetyp), mit $a_0 = 5{,}467 \pm 0{,}002$ Å; $D_{pykn.} = 2{,}40 \pm 0{,}01$ (g/cm³) u. $D_{röntg.} = 2{,}36$. Die interatomaren Abstände sind Al—P 2,367 (A) u. Al—Al 3,870. Calorimetr. wurde die Bldg.-Wärme von AlP bei 25° zu -29 ± 2 kcal/Mol bestimmt. G. Heller. 294◇

0588 **Koordinationsverbindungen des Hydrazins.** 2. Mitt. **Einwirkung von Trimethylborin und Trimethylaluminium auf Hydrazin.** W. G. Paterson und M. Onyszschuk. (Canad. J. Chem. **39**, 2324—29, 1961; Montreal, Quebec, McGill Univ., Dep. of Chem.; engl.) — 1. vgl. C. **1963**, 18002. — Trimethylborin u. wasserfreies Hydrazin bilden im Vakuum bei 25° $2\,(CH_3)_3B \cdot N_2H_4$ (I), das unterhalb —78° stabil ist. Bei höheren Temp. entwickelt sich Trimethylborin unter Bldg. von $(CH_3)_3B \cdot N_2H_4$ (II), F. 42—43°. Überschuß von Trimethylborin wandelt II wieder in I um. Der therm. Abbau von II im Vakuum (16 Std. bei 150—160°) liefert N_2, CH_4, NH_3, Butan, Buten-(1), Buten-(2) u. einen nicht näher untersuchten Bodenkörper. Diboran verdrängt bei 25° aus II das Trimethylborin u. reagiert zum 1.1-Dimethyldiboran. Daneben entstehen H_2, CH_4, u. ein heterogener Bodenkörper. Trimethylaluminium reagiert mit N_2H_4 bei 25° im Vakuum nicht unter Addukt-Bldg., sondern es entsteht neben CH_4 u. H_2 ein schwachbrauner Rückstand, der sich bis 300° nicht wesentlich verändert. Beim Arbeiten in Ae. erhält man neben CH_4 $(CH_3)_2AlNHNHAl(CH_3)_2$; die Verb. ist so zersetzlich, daß Reinigungen oder Analysen noch nicht vorgenommen werden konnten. M. Olivier. 294◇

0589 **Galliumoxidchlorid, GaOCl.** Paul Hagenmuller und Anne-Marie Hardy. (C. R. hebd. Séances Acad. Sci. **256**, 1784—85, 1963; Bordeaux, Fac. des Sci., Serv. de Chim. min.; franz.) — GaOCl (I) wurde im geschlossenen Rohr dargestellt nach (1) $Ga_2O_3 + GaCl_3 \rightarrow 3\,I$ bei 300°, Chloridüberschuß bei 200° entfernen; (2) $3\,GaCl_3 + As_2O_3 \rightarrow 3\,I + 2\,AsCl_3$ bei 300°, überschüssiges $GaCl_3$ u. $AsCl_3$ bei 250° absublimieren; (3) $Ga_2O_3 + CCl_4 \rightarrow 2\,I + COCl_2$ bei 150°, im Vakuum bei 100° reinigen. Der Reinheitsgrad der Rk.-Prodd. beträgt jeweils mindestens 99,5%. Das Debye-Diagramm ergibt orthorhomb. Symmetrie ($a = 5{,}653 \pm 0{,}006$, $b = 8{,}328 \pm 0{,}004$, $c = 5{,}081 \pm 0{,}005$ A), D. (gemessen) 3,32; D. (berechnet) 3,37. I ist weniger stabil als das homologe AlOCl; Beginn der therm. Zers. bei 410° unter Bldg. von ε-Ga_2O_3. I ist stark hygroskop., abweichend vom AlOCl entsteht bei der Hydrolyse mit Wasserdampf zuerst ein Hydrat, das im Vakuum I zurückbildet. Durch Einw. von NH_3 bei 20° u. Atmosphärendruck entstehen β-Ga_2O_3 u. $GaCl_3 \cdot 6\,NH_3$. Das dem $AlO(NH_2)$ entsprechende Oxidamid bildet sich nicht. *GaOBr* wurde auf analoge Weise dargestellt. G. Hédo. 295◇

0590 **Die Reaktion von Galliumdichlorid mit Wasser und Schwefelwasserstoff.** F. M. Brewer, J. R. Chadwick und G. Garton. (J. inorg. nuclear Chem. **25**, 322—24, 1963; Oxford, Inorg. Chem. Labor.; engl.) — Vgl. C. **1963**, 15720. — Aus Lsgg. von Ga_2Cl_4 in Bzl. fällt bei Zugabe von ungetrocknetem Bzl. ein braunes Hydrolyse-Prod. der Zus. $GaCl(OH) \cdot {}^1/_2\,H_2O$ (I) aus. Ist mehr als eine Spur W. anwesend, so red. I das überschüssige W. zu H_2. Wenn I unter 10^{-4} Torr auf ca. 100° erhitzt wird, wird ${}^1/_2$ Mol H_2O unter Bldg. von cremefarbenem $GaCl(OH)$ (II) abgegeben. Beim Einleiten von H_2S in eine Lsg. von Ga_2Cl_4 in Bzl. bildet sich ein weißer Nd. der Zus. $GaCl(SH)$ (III). III ist ein starkes Red.-Mittel, das 2,92 Val J_2 verbraucht. Für I, II u. III wurden keine Lsgm. gefunden. II u. III scheinen ähnliche Strukturen zu besitzen; vermutlich liegen als Kation Ga(I) u. als Anionen $[Ga(III)Cl_2(OH)_2]^-$ bzw. $[Ga(III)Cl_2(SH)_2]^-$ vor. G. Heller. 295◇

0591 **Die Reaktion von HCl und HF mit Ga_2Cl_4.** F. M. Brewer, J. R. Chadwick, G. Garton und D. M. L. Goodgame. (J. inorg. nuclear Chem. **25**, 324—26, 1963; engl.) — Vgl. vorst. Referat. — Vff. isolierten *Tetrachlorogallium(III)-säure* $\cdot 3\,A$ (I) (A = 1.4-Dioxan) u. *Hexafluorogallium(III)-säure* (II) als weiße kristalline Pulver.

Versuche: $GaCl_3 \cdot 2\,A$, durch Einleiten von trockenem HCl in eine Lsg. von $Ga^I[Ga^{III}\,Cl_4]$ in A u. nach der Entw. von H_2 Eindampfen der leichteren Phase im Vakuum; leicht zerfließende Kristalle. — $HGaCl_4 \cdot 3\,A$ (I), F. 123° (Zers.); durch mehrstd. Einleiten von N_2 in die schwerere Phase; zerfließendes weißes Pulver. — $NH_4GaCl_4 \cdot A$ (III), aus I u. NH_4SCN in A. — NH_4GaCl_4, F. 275—85°; durch Erhitzen von III auf 120°. — $GaF_3 \cdot A$ (IV), durch Einleiten von trockenem HF in eine Lsg. von $Ga^I[Ga^{III}\,CCl_4]$; Nd.-Bildung. — GaF_3, durch Erhitzen von IV auf > 300°. — H_3GaF_6, durch Zugabe von Ae. zum Filtrat von IV; dichter weißer Niederschlag. G. Heller. 295◇

0592 **Komplexverbindungen von Indiumtrihalogeniden.** 2. Mitt. **Thioätherkomplexe.** Fred Fairbrother und Neville Flitcroft. (J. less-common Metals [Amsterdam] **4**, 504—11, 1962; Manchester, Univ., Dep. of Chem.; engl.) — 1. vgl. C. **1961**, 8584. — $InCl_3$, $InBr_3$ u. InJ_3 bilden mit $S(CH_3)_2$, $S(C_2H_5)_2$ u. Tetrahydrothiophen stabile 1 : 2-Komplexe, InJ_3 liefert außerdem 1 : 3- u. vermutlich 1 : 1-Komplexe. Die Änderung der Dissoziationsdrücke mit der Temp. für die 1 : 2-Komplexe zeigt, daß die Stärke der In—S-Bindung nicht sehr stark von der Stärke der In—O-Bindung abweicht. Für alle Komplexe werden die Bldg.-Wärmen angegeben ($\Delta H = -4{,}23$ bis $-25{,}6$ kcal/Mol). Die Indiumtrihalogenide sind in den Thioestern etwas weniger lösl. als in den O-Estern. Fast alle Addukte sind sehr hygroskop., wobei sie teilweise hydrolysieren.

Versuche [$S(CH_3)_2$ = A, $S(C_2H_5)_2$ = B, Tetrahydrothiophen = C): $InCl_3 \cdot 2\,A$ (I), F. 68—70°; durch langsames Lösen von $InCl_3$ in A u. Konzentrieren der farblosen Lsg.; weiße Kristalle. — Analog I: $InBr_3 \cdot 2\,A$, F. 87—89°; $InJ_3 \cdot 3\,A$ (II), F. 43°; $InCl_3 \cdot 2\,B$, F. 37—38°; $InBr_3 \cdot 2\,B$, F. 41°; $InJ_3 \cdot 2\,B$ (III), F. 25°, wachsiges Aussehen; $InCl_3 \cdot 2\,C$, F. 112

bis 113°; $InBr_3 \cdot 2\,C$, F. 79°; $InJ_3 \cdot 2\,C$, F. 57° (rot); gelb. — $InJ_3 \cdot 2\,A$, F. 84—86°, durch Entfernung von A aus II. — $InJ_3 \cdot 3\,B$, durch Abkühlen einer gesätt. Lsg. von III auf 17°. — $InJ_3 \cdot B$, durch Dissoziation beim Schmelzen von III. G. Heller. 296◇

0593 **Dioxan-Additionsverbindungen der Perchlorat-hydrate des Yttriums, Lanthans und der Seltenerdmetalle.** G. Vicentini, J. V. Valarelli, M. Perrier und E. Giesbrecht. (J. inorg. nuclear Chem. **24**, 1351—53, 1962; São Paulo, Brazil, Univ., Fac. de Fil., Cienc. e Letras, Dep. de Quím. e Dep. de Mineralog.; engl.) — Die Darst. der Verbb. erfolgt durch Erhitzen der Oxide (Tb_4O_7, Dy_2O_3, Ho_2O_3, Tm_2O_3, Yb_2O_3, Lu_2O_3) mit der äquivalenten Menge 70%ig. $HClO_4$ u. wenigen Tropfen „Perhydrol" auf dem Wasserbad. Nach dem Eindampfen zur Trockne werden die Rückstände mit Dioxan versetzt u. die entstandenen Additions-Verbb. aus heißem Dioxan umkristallisiert. Die Verbb. des Tb, Dy u. Ho sind farblose Platten, die des Tm, Yb u. Lu farblose Nadeln; ihre allg. Formel ist $Me(ClO_4)_3 \cdot 9\,H_2O \cdot 4\,C_4H_8O_2$. Ihre IR-Spektren zeigen alle das unveränderte Dioxanspektrum (Banden bei 875 u. 1122 cm^{-1}), d. h. die Bindung mit Dioxan ist relativ schwach. Die Röntgenpulveraufnahmen deuten auf zwei isomorphe Reihen (Verbb. des Y, La, Ce, Pr, Ne, Sm, Eu, Gd, Tb u. Dy; Verbb. des Ho, Tm, Er, Yb u. Lu). Die Verbb. sind leicht lösl. in W., Methanol, A., Aceton u. Äthylacetat; prakt. unlösl. in Chlf., CCl_4 u. Bzl.; mäßig lösl. in heißem Dioxan. F. Jahn. 303◇

0594 **Über Scandium- und Gadoliniumsilicide.** G. W. Ssamssonow, Ju. B. Paderno und T. Ss. Werchogljadowa. (Ber. Akad. Wiss. UkrainSSR **1963**, 224—26; Inst. für Metallkeramik u. Sonderlegg. der Akad. der Wiss. der Ukrain-SSR; ukrain., Auszug: engl.) — Durch Vakuumschmelzen von 2% Sc_2O_3 u. 98% Si (10^{-3} mm Hg) bei 1100—1900° entsteht bei 1600—1700° ein Prod., das nach der chem. Zus. dem ScSi nahesteht u ein rhomb. Gitter aufweist. Bei 1900° entsteht nach den Ergebnissen der Phasenanalyse eine Verb. der Formel $ScSi_{1,6}$ oder Sc_3Si_5, ähnlich dem U_3Si_5. Beim Verschmelzen von Gd_2O_3 u. Si beginnt die Silicid-Bldg. bei 1200° u. führt bei 1500° zu rhomb. $GdSi_2$, F. 2100°. Das Homogenitätsgebiet von $GdSi_2$ liegt bei 64—66,8 Atom-% Si. Die Elektronenstruktur der Gd- u. Sc-Silicide wird erörtert. O. Lebtag. 310△

0595 **Kristallographische Untersuchung von drei Titanaten mit Spinelltyp.** J.-C. Joubert und A. Durif-Varambon. (Bull. Soc. franç. Minéralog. Cristallogr. **86**, 92, 1963; Grenoble, Inst. Fourier, Labor. d'Électrostatique et de Phys. du Métal; franz.) — Die Verbb. $Ti_3ZnLi_2O_8$, $Ti_3CoLi_2O_8$ u. $Ti_3CdLi_2O_8$ wurden aus Mischungen der Oxide mit Li_2CO_3 durch Rk. bei 1050° (80—100 Std., 950°) erhalten. Die Gitter-Konst., Dichten u. Schmelz-Temp. werden angegeben. Die Verbb. kristallisieren in O^7—$P\,4_1\,32$. Auf die Übereinstimmung mit den Überstrukturen der Spinelle vom Typ A_5LiO_8 wird hingewiesen. J. Heinze. 321◇

0596 **Titan(III)-chlorid.** W. L. Groeneveld, G. P. M. Leger, J. Wolters und R. Waterman. (Inorg. Syntheses **7**, 45—50, 1963; Leiden, Netherlands, Univ.; Delft, TU; engl.) — Beschreibung einer einfachen Glas-App., in der $TiCl_4$-Dampf durch H_2 an einem glühenden W-Draht zu $TiCl_3$ red. werden kann (30—40% Ausbeute; 300—350 g in 8—10 Std.). A. Blaschette. 321◇

0597 **Tetrachloro-bis-[pentafluoranilin]-titan(IV).** V. S. V. Nayar und R. D. Peacock. (Chem. and Ind. **1963**, 613; Edgbaston, Birmingham, Univ., Chem. Dep.; engl.) — Die Rk. von Pentafluoranilin mit $TiCl_4$ in geringem Überschuß führt zur Bldg. von orangefarbenem $TiCl_4(C_6F_5NH_2)_2$, F. 185 bis 190°, im Hochvakuum bei + 25° flüchtig, bei Atmosphärendruck bei 240° sublimierbar ohne Zers., hydrolyseempfindlich. Im Rk.-Rückstand verbleibt u. a. eine rote, glasartige Verb. der wahrscheinlichen Zus. $TiCl_3(C_6F_5NH)$. F. Aubke. 321◇

0598 **Bis-[tris-(acetylacetonato)-titan(IV)]-hexachlorotitanat(IV).** Vera Doron. (Inorg. Syntheses **7**, 50—51, 1963; Dearborn, Mich., Ford Motor Co., Sci. Labor.; engl.) — $[Ti(C_5H_7O_2)_3]_2TiCl_6$, Zers. bei ca. 230°, aus $TiCl_4$ u. Acetylaceton (1 : 4) in sd. Bzl.; rotorangefarbene Kristalle; 90% Ausbeute. A. Blaschette. 321◇

0599 **Titanderivate von Verbindungen mit zweizähnigen Liganden. 4. Mitt. Chloroacetylacetonatotitan-Verbindungen.** D. M. Puri, K. C. Pande und R. C. Mehrotra. (J. less-common Metals [Amsterdam] **4**, 481—86, 1962; Gorakhpur, Univ., Dep. of Chem.; engl.) — 3. vgl. J. less-common Metals [Amsterdam] **4**, [1962], 393; 7. vgl. C. **1963**, 5386. — Die Darst. von *Dichloro-bis-[acetylacetonato]-titan(IV)* (I) aus Acetylaceton (HA) u. $TiCl_4$ oder $TiCl_2(OC_2H_5)_2$ sowie aus $Ti(OC_2H_5)_2A_2$ (II) u. HCl wird beschrieben. I wird durch Rk. mit A. in Ggw. von trockenem NH_3 in II zurückverwandelt. Molgew.-Best. in sd. Bzl., Aceton, CS_2 u. Chlf. sowie die niedrige molare Leitfähigkeit in Nitrobenzol sprechen für die monomere Formulierung von I. Auch $TiCl_3A$ (III) u. Derivv. des Dichlorids mit Alkoholen u. Säuren konnten dargestellt werden. Mit CH_3COOH entstehen aus I u. III beim Kochen äquimolare Gemische von $TiO(CH_3COO)_2$ u. $O[Ti(CH_3COO)_3]_2$. Der mögliche Rk.-Mechanismus dieser Zers.-Rk. wird angegeben.

Versuche: $TiCl_2A_2$ (I), a) aus $TiCl_4$ u. HA (Mol-Verhältnis 1 : 4) in Bzl. (2½ Std., 110°); b) aus $TiCl_2(OC_2H_5)_2$ u. HA in Bzl. (1 Std., 110°); c) aus II u. HCl in Bzl.; rote Kristalle. — $TiCl_2A_2 \cdot C_2H_5OH$, aus 1,35 g I u. A. (5 Std., 100—110°); gelbe Nadeln; 1,53 g (Ausbeute). — $TiCl_2A_2 \cdot C_3H_7OH$, aus 1,98 g I u. Isopropanol (2 Std., 120°); orangefarbene Kristalle; 2,31 g. — $Ti(OC_2H_5)_2A_2$ (II), aus 2 g I in Bzl., A. u. NH_3; hellgelbe Kristalle; 2,6 g. — $Ti(OC_3H_7)_2A_2$, Kp.$_{0,5}$ 123°, aus 6 g I in Bzl., Isopropanol u. NH_3; orangefarbene Fl.; 2,8 g. — $TiCl_3A$ (III), aus 14,9 g $TiCl_4$ u. 7,9 g HA (Mol-Verhältnis 1 : 1) in Bzl. (4 Std., Rückfluß); dunkelrote Plättchen; 7,7 g. — $TiCl_2A(OC_2H_5) \cdot C_2H_5OH$, aus III u. A. (2 Std., Rückfluß); viscose orangefarbene Flüssigkeit. — $TiCl_2A(CH_3COO)$, aus 0,95 g III u. CH_3COOH (1 Std., 120°); hellorangefarbene Kristalle; 0,87 g. — Äquimolares Gemisch aus $TiO(CH_3COO)_2$ u. $O[Ti(CH_3COO)_3]_2$, a) aus 0,67 g III u. CH_3COOH (8 Std., 160°); 0,67 g; b) aus 0,95 g I u. CH_3COOH; (10 Std., Rückfluß); 0,47 g. G. Heller. 321◇

0600 **Zirkonium(IV)-jodid.** Kenneth C. Eberly. (Inorg. Syntheses **7**, 52—54, 1963; Akron, Ohio, Firestone Tire and Rubber Co.; engl.) — Darst. von ZrJ_4 durch Rk. von Zr-Spänen mit J_2-Dampf im evakuierten Einschlußrohr bei 450°; Ausbeute 99,6%; Eigg.: sublimiert bei 431°/760 Torr; F. 499° unter Druck; Sublimationsenthalpie u. -entropie 29,0 bzw. 41,2 kcal/Mol; magnet. Susceptibilität $-0{,}238 \cdot 10^{-6}$ cgs-Einheiten. A. Blaschette. 322◇

0601 **Tetranitratozirkonium(IV) — ein neuer flüchtiger Komplex.** B. O. Field und C. J. Hardy. (Proc. chem. Soc. [London] **1962**, 76—77; Harwell, Berks., A.E R.E.; engl.) — Durch Aufkondensieren von N_2O_5 auf $ZrCl_4$ u. Erwärmen auf 30° bildet sich $Zr(NO_3)_4 \cdot 0{,}4\,N_2O_5 \cdot 0{,}6\,N_2O_4$, das bei 100°/0,01 Torr in 4 Std. zu farblosen Kristallen von $Zr(NO_3)_4$ (I) sublimiert. Das IR-Spektrum schließt NO_3^- aus u. spricht für koordinativ gebundene Nitrato-Gruppen. I ist hygroskop. u. löst sich in W., A., Aceton, Ae. u. Tri-n-butylphosphat; Toluol wird nitriert. Aus N_2O_4 ließ sich I nicht darstellen. H. Bürger. 322◇

0602 **Organogermaniumverbindungen.** 4. Mitt. **Einige Derivate der p-Triäthylgermylbenzolsulfonsäure.** R. W. Bott, C. Eaborn und T. Hashimoto. (J. chem. Soc. [London] **1963**, 3906—07; Leicester, Univ., Dep. of Chem.; engl.) — 3. vgl. C. **1963**, 7293. — SO_3 u. p-Bis-[triäthylgermyl]-benzol geben in CCl_4 *p-Triäthylgermylbenzolsulfonsäuretriäthylgermylester* (I), $C_{18}H_{34}Ge_2O_3S$, F. 41—43°, Kp.$_{0,02}$ 192—194°; feuchtigkeitsempfindlich. Hydrolyse in W. liefert das *Monohydrat der p-Triäthylgermylbenzolsulfonsäure*, F. 65—66,5°; F. des *S-Benzylthiuroniumsalzes*: 147—148°. Neutralisation der wss. Lsg. von I mit 5%ig. NaOH führt zum *Na-p-Triäthylgermylbenzolsulfonat*, ausfällbar mit A., das durch PCl_5 bei 130° in *p-Triäthylgermylbenzolsulfonylchlorid* (II) übergeführt wird, Kp.$_{0,01}$ 131—132°. II reagiert mit fl. NH_3 zum *p-Triäthylgermylbenzolsulfonamid*, F. 106—107°. M. Olivier. 326◇

0603 **Optisch-aktive Organogermaniumverbindungen.** R. W. Bott, C. Eaborn und I. D. Varma. (Chem. and Ind. **1963**, 614; engl.) — Vgl. vorst. Referat. — Opt.-akt. Äthyl-1-naphthylphenylgermanyl-Verb. des Typs R_3Ge^*X werden dargestellt. Bei der Kristallisation von sirupartigem R_3Ge^*OR (R = Menthyl) in Pentan werden bei —70° Kristalle mit F. 77,5—78,5° erhalten; Red. führt zu R_3Ge^*H mit $[\alpha]_D^{20}$ + 7,9 bis + 8,75° in Bzl. In der Pentan-Lsg. verbleibt eine sirupartige Verb., die sich zu einem Hydrid mit $[\alpha]_D^{20}$ —2,8 bis —6,4° reduzieren läßt. Eine Probe dieses Hydrides mit n_D^{25} 1,6332 u. $[\alpha]_D^{20}$ —6,00° ergab bei Kristallisation aus Pentan bei — 70° Kristalle mit F. 28—29,5° u. $[\alpha]_D$ — 5 5°. Das entsprechende R_3Ge^*OR (R = 1-Phenyläthyl) liefert bei der Kristallisation in Pentan bei — 15° Kristalle von F. 66,0—67,5°; Red. führt zu einem Hydrid mit $[\alpha]_D^{20}$ —9,53°, Red. des

nichtkrist. Restes ergab ein Hydrid mit $[\alpha]_D^{20}$ $+2{,}7^0$. Rk. von Cl_2/CCl_4 mit einem Hydrid von $[\alpha]_D^{20}$ $+7{,}0^0$ ergab das entsprechende R_3Ge^*Cl, F. 85—86°, $[\alpha]_D^{20}$ $-1{,}52^0$; nachfolgende Red. mit $LiAlH_4$ ergab ein Hydrid mit $[\alpha]_D^{20}$ $-1{,}32^0$.
F. Aubke. 326◇

0604 **Germanium-, Zinn-, Arsen- und Antimonhydride.** William L. Jolly und John E. Drake. (Inorg. Syntheses **7**, 34—44, 1963; Berkeley, Calif., Univ. of California; engl.) — Ausführliche Beschreibung der Darst. von GeH_4 (Ausbeute 73%), Ge_2H_6 (6,5%), Ge_3H_8 (2,2%), GeH_x (x = ca. 1; 17%), SnH_4 (2,7%), Sn_2H_6, AsH_3 (59%) u. SbH_3 (51%) durch Red. wss. Lsg. von $HGeO_3^-$, $HSnO_2^-$, $As(OH)_4^-$ bzw. $Sb(OH)_4^-$ mit KBH_4. A. Blaschette. 327◇

0605 **Synthese einiger metallorganischer Verbindungen mit Hilfe von Aluminiumtrialkylen.** L. I. Sacharkin und O. Ju. Ochlobysstin. (J. allg. Chem. [UdSSR] **31** (**93**), 3662—65, 1961; russ.) — Al-Triäthyl (I) reagiert mit überschüssigem $ZnCl_2$ bei 100° unter Bldg. von *Zn-Diäthyl* (**II**) u. $AlCl_3$; aus **II** u. überschüssigem $AlCl_3$ wird umgekehrt $AlCl(C_2H_5)_2$ (**III**) erhalten, d. h. der wechselseitige Übergang der Zink- u. Al-Alkyl- u. -Halogen-Verbb. läßt sich zur präparativen Darst. solcher Verbb. ausnutzen. **III** vermag bei 100° ebenfalls $ZnCl_2$ zu alkylieren, während mit $AlCl_2C_2H_5$ unter gleichen Bedingungen kein **II** gebildet wird. Mit $GaCl_3$ liefert Al-Trimethyl (**IV**) glatt *Ga-Trimethyl*. Aus **I** u. $GeCl_4$ wird *Ge-Tetraäthyl* gewonnen; mit BCl_3 bei 0° entsteht $BCl_2 \cdot C_2H_5$. Al-Triisobutyl (**V**) gibt mit $SnCl_4$ bei alkal. Aufarbeitung *Diisobutylzinnoxid*.

Versuche: *Zn-Diäthyl* (II), Kp. 118°, $D._4^{20}$ 1,182, a) durch 3std. Erhitzen von 41 g $ZnCl_2$ mit 22,8 g **I** unter Ar auf 100°; 6,6 g (Ausbeute); b) analog aus 12 g **III** u. 13,6 g $ZnCl_2$; 2 g. — *Ga-Trimethyl*, Kp. 56—60°, durch 2std. Erhitzen von **IV** mit $GaCl_3$ unter Ar auf 80°; 64,5%. — *Ge-Tetraäthyl*, Kp. 162—163°, durch Zutropfen von $GeCl_4$ zu **I** unter N_2 bei 80—90°, 6std. Erhitzen auf 120—130° u. Zers. mit Ae. u. verd. NaOH; $D._4^{20}$ 0,9942, n_D^{20} 1,4485; 72,9%. — *Ge-Tetraisobutyl*, $C_{16}H_{36}Ge$, $Kp._{50}$ 159—160°, analog vorst. Verb. aus **V**; $D._4^{20}$ 0,9364, n_D^{20} 1,4580; 73,1%. —*Isobutylbordichlorid*, $C_4H_9BCl_2$, $Kp._{735}$ 96,2°, durch Zugeben von **V** zu BCl_3 unter N_2 bei $< 2^0$; n_D^{20} 1,4158; 57,5% — *Äthylbordichlorid*, $Kp._{744}$ 50,8, analog; 50%. — *Diisobutylzinnoxid*, $C_8H_{18}OSn$, durch Zugeben von **V** zu $SnCl_4$ unter N_2 bei 85—90°, 2std. Rühren bei 110—115° u. Zers. mit verd. NaOH; 70%.
H.-E. Toussaint. 327◇

0606 **Über die Existenz von Peroxidverbindungen des Bleies.** N. Kolarow und M. Manewa. (Annu. Inst. chim.-technol. [Sofia] **6**, Nr. 2, 41—53, 1 Tafel, 1959; bulg., Auszug: dt. — C. **1963**, 13869.) Ch. Weiske. 328◇

0607 **Das Phasendiagramm des Systems YF_3–PbF_2.** Maso Sato und Shunpei Hukuda. (J. ceram. Assoc. Japan [Yegyo Kyokai Shi] **70**, 343—46, 1962; Tokyo, Tokyo Inst. of Technol., Miner. Labor.; jap., Auszug: engl.) — Mischkristall-Bldg. existiert bei allen Zus.; die Gitter-Konst. u. d-Werte werden angegeben. J. Heinze. 328◇

0608 **Vanadin(III)-fluorid.** B. J. Sturm und C. W. Sheridan. (Inorg. Syntheses **7**, 87—92, 1963; Oak Ridge, Tenn., Oak Ridge Nat. Labor.; engl.) — VF_3, F. 1406 ± 15°, durch Rk. von NH_4HF_2 mit V_2O_3 bei 250° zu $(NH_4)_3VF_6$ (I) u. H_2O u. therm. Zers. von I bei 500° zu VF_3, NH_3 u. HF.
A. Blaschette. 330◇

0609 **Vanadin(III)-sulfat.** Robert T. Claunch und Mark M. Jones. (Inorg. Syntheses **7**, 92—94, 1963; Nashville, Tenn., Vanderbilt Univ.; engl.) — Darst. nach $V_2O_5 + 3\,H_2SO_4 + S \rightarrow V_2(SO_4)_3 + 3\,H_2O + SO_2$ bei 170—200° in 16 Std.; Ausbeute 96%. A. Blaschette. 330◇

0610 **Vanadin(II)-sulfat.** Maksymilian Kranz. (Inorg. Syntheses **7**, 94—96, 1963; Poznań, A. Mickiewicz Univ., Inst. of Appl. Chem.; engl.) — Darst. von krist. $VSO_4 \cdot 7\,H_2O$ durch elektrolyt. Red. einer wss. $VOSO_4$-Lsg.; letztere wird nach $V_2O_5 + SO_2 + H_2SO_4 \rightarrow 2\,VOSO_4 + H_2O$ erhalten.
A. Blaschette. 330◇

0611 **Vanadin(II)-hydroxid.** Maksymilian Kranz. (Inorg. Syntheses **7**, 97—99, 1963; engl.) — Vgl. vorst. Referat. — Darst. von $V(OH)_2$ durch Zufügen einer VSO_4-Lsg. zu wss. NaOH (pH 12) in Ggw. von Stabilisatoren [KSCN oder K-Tellurat(IV)]. A. Blaschette. 330◇

0612 **Die Reaktion von Niob(V)- und Tantal(V)-halogeniden mit aliphatischen Aminen.** P. J. H. Carnell und G. W. A. Fowles. (J. less-common Metals [Amsterdam] **4**, 40—45, 1962; Southampton, Univ., Chem. Dep.; engl.) — Vgl. C. **1960**, 10512. — Die Rkk. von $NbCl_5$ mit prim. u. sek. aliphat. Aminen werden verfolgt u. einige analoge Rkk. mit $NbBr_5$ u. $TaBr_5$ durchgeführt. Mit sek. Aminen wird folgender Rk.-Ablauf beobachtet: $MX_5 + 5\,NHR_2 = MX_3(NR_2)_2 \cdot NHR_2 + 2\,NHR_2 \cdot HX$. Die höheren prim. Amine ergeben Rk.-Prodd. der Zus. $MX_3(NHR)_2 \cdot NH_2R$, mit Äthylamin wird nach einer Rk.-Zeit von ca. 3 Monaten auch eine dritte Nb–Cl-Bindung solvolysiert. Mit Methylamin entsteht ein polymeres, mit Bzl. nicht mehr extrahierbares Prod., nur wenig $[NbCl_2 \cdot (NHMe)_3]_2$ wird mit Chlorbenzol extrahiert. Tert. Amine bilden unlösl., mit Bzl. oder Chlorbenzol nicht extrahierbare Addukte.

Versuche: Die Verss. werden im Vakuum unter Feuchtigkeitsausschluß durchgeführt; die Rk.-Partner werden mehrere Tage mechan. geschüttelt, das überschüssige Amin wird abgezogen u. der Nd. mit Bzl. oder Chlorbenzol extrahiert: $NbCl_5 \cdot 6\,NH_2CH_3$ bzw. $NbCl_5 \cdot 4\,NH_2CH_3$ (nach längerem Abpumpen bei 20 bzw. 100°); $NbCl_3(NHR)_2 \cdot NH_2R$, (R =) *n-Propyl*, orange u. *n-Butyl*; $NbCl_3[N(C_2H_5)_2]_2 \cdot NH(C_2H_5)_2$; $NbBr_5 \cdot 7\,NH_2CH_3$, grünweiß; $NbBr_3[N(CH_3)_2]_2 \cdot NH(CH_3)_2$, braun; $NbBr_5 \cdot 2\,N(CH_3)_3$, hellbraun; $TaCl_3 \cdot [N(C_2H_5)_2]_2 \cdot NH(C_2H_5)_2$; $TaBr_5 \cdot x\,NH_2CH_3$, x zwischen 7 u. 8, hellgelb; $TaBr_3[N(CH_3)_2]_2 \cdot NH(CH_3)_2$. F. Aubke. 332◇

0613 **Das System Bi_2O_3–B_2O_3.** Ernest M. Levin und Clyde L. McDaniel. (J. Amer. ceram. Soc. **45**, 355—60, 1962; Washington, D.C., Nat. Bur. of Stand.; engl.) — Mit hochreinen Gemischen von B_2O_3 u. Bi_2O_3 wurde das Phasengleichgewichtsdiagramm im Erstarrungsbereich der Schmelzen $< 825^0$ aufgenommen. Es existieren 4 kongruent schm. Verbb. niedriger Symmetrie: $2\,Bi_2O_3 \cdot B_2O_3$ (675°), $3\,Bi_2O_3 \cdot 5\,B_2O_3$ (722°), $Bi_2O_3 \cdot 3\,B_2O_3$ (708°) u. $Bi_2O_3 \cdot 4\,B_2O_3$ (715°) u. eine inkongruent bei $\sim 632^0$ schm. kub.-innenzentrierte Phase mit der Zus. $\sim 12\,Bi_2O_3 \cdot B_2O_3$. $Bi_2O_3 \cdot 4\,B_2O_3$ geht bei längerem Verweilen auf 715° unter Verlust von 1 B_2O_3 in ein glasiges Eutektikum mit F. 696° u. mit dem Brechungsindex $\eta = 1{,}743$ über. R. G. Kaiser. 334◇

0614 **Chromylverbindungen.** 2. Mitt. **Zur Darstellung von Chromylfluorid und Chromylazid.** Hans-Ludwig Krauss und Fritz Schwarzbach. (Chem. Ber. **94**, 1205 bis 1207, 1961; München, TH, Anorg. Chem. Inst.; dt.) — 1. vgl. C. **1959**, 2736; 3. vgl. C. **1963**, 5768. — Nach $CrO_3 + SF_4 \rightarrow CrO_2F_2$ (I) $+ SOF_2$ bei 5° mit 62% Ausbeute dargestelltes **I** (F. 30,5°) ist ident. mit **I** aus der Rk. $CrO_2Cl_2 + F_2$. In CCl_4 in Ggw. von P_4O_{10} bildet sich aus CrO_3 u. HN_3 *Chromylazid* (**II**), das jedoch nicht als reines $CrO_2(N_3)_2$ gefaßt werden konnte, da es innermol. Redox-Rkk. eingeht. Lsgg. zeigen Absorptionsmaxima bei 545 nm ($\varepsilon = 3{,}21 \cdot 10^3$) bzw. 459 nm ($3{,}66 \cdot 10^3$). In trockenem Zustand ist das Zers.-Prod. von **II** explosiv.
H. Bürger. 335◇

0615 **Zustandsdiagramme der Systeme Na_2CrO_4–Rb_2CrO_4 und Na_2CrO_4–Cs_2CrO_4.** R. G. Ssamussewa, W. Je. Pljuschtschew und I. F. Poletajew. (J. anorg. Chem. [UdSSR] **8**, 167—71, 1963; Moskau, Lomonossow-Inst. für Technol. der Feinchemikalien; russ.) — Die Zustandsdiagramme der Syst. Na_2CrO_4–Rb_2CrO_4 (I) u. Na_2CrO_4–Cs_2CrO_4 (II) wurden durch DTA erhalten. **I** bildet eine lückenlose Reihe fester Lsgg. mit einem Minimum der Liquiduskurve bei 635° (34 Mol-% Rb_2CrO_4). **II** bildet feste Lsgg. mit einer Mischungslücke auf der Basis Cs_2CrO_4. Die Rkk. in den Syst. sind analog den Rkk. zwischen Na_2SO_4 u. Rb_2SO_4 (Cs_2SO_4).
G. Winkhaus. 335◇

0616 **Synthese und Eigenschaften ferromagnetischer Chromoxide.** T. J. Swoboda, Paul Arthur jun., N. L. Cox, J. N. Ingraham, A. L. Oppegard und M. S. Sadler. (J. appl. Physics, Suppl. zu **32**, Nr. 3, 374—75, 1961; Wilmington, Del., E. I. du Pont de Nemours and Co.; engl.) — Hochreine, ferromagnet. Chromoxide, $\sim CrO_2$, wurden durch Zers. von Cr_2O_3 in Ggw. äquimolarer Mengen W. bei 400—525° u. 500—3000 atm erhalten. Die Oxide kristallisieren im Rutiltyp mit a = 4,41 ± 0,001 u. c = 2,91 ± 0,01 Å. Die spezif. Sättigungsmagnetisierung liegt bei 98—100 e.m.u./g bei Zimmer-Temp., die Curie-Temp. bei ca. 126°. Die Oxide können sowohl polykristallin als auch als Einkristalle erhalten werden. Außerdem können durch Zugabe katalyt. Mengen von Sb_2O_3 oder RuO_2 Eindomäneneinkristalle erhalten werden, die 0,5—1,5 μ lang sind u. ein Verhältnis Länge/Breite von 8 : 1 aufweisen. Preßlinge der magnet. Oxide verhalten sich wie Halbleiter mit Fremdleitung, ihr spezif. elektr. Widerstand liegt bei 10^{-2} bis 10^{-3} $\Omega\cdot$cm, was in Verbindung mit IR-Reflexionsmessungen auf eine verbotene Zone $< 0,25$ eV deutet. K. Jaeger. 335◇

0617 **Tris-[3-bromacetylacetonato]-chrom(III).** James P. Collman. (Inorg. Syntheses **7**, 134—36, 1963; Chapel Hill, N.C., Univ. of North Carolina; engl.) — Darst. von $\{Cr[(CH_3\cdot CO)_2CBr]_3\}$ (I), F. 227—228°, durch Bromierung mit N-Bromsuccinimid nach $\{Cr[(CH_3CO)_2CH]_3\} + 3\,C_4H_4BrON_2 \rightarrow I + 3\,C_4H_5NO_2$ in sd. Chlf.; Ausbeute 70—75%. A. Blaschette. 335◇

0618 **Trichlorotripyridinchrom(III).** James C. Taft und Mark M. Jones. (Inorg. Syntheses **7**, 132—34, 1963; Nashville, Tenn., Vanderbilt Univ.; engl.) — Darst. von $[CrCl_3\cdot(C_5H_5N)_3]$ in ca. 90% ig. Ausbeute aus Pyridin u. wasserfreiem $CrCl_3$. A. Blaschette. 335◇

0619 **Kaliumoktacyanowolframat(IV)-2-Wasser.** Edward A. Heintz. (Inorg. Syntheses **7**, 142—46, 1963; Niagara Falls, N.Y., Union Carbide Metals Co., Metals Res. Labor.; engl.) — Darst. von $K_4W(CN)_8\cdot 2\,H_2O$ (I) durch Rk. von $WO_3\cdot$aq. mit K_2CO_3 in wss. Lsg. zu K_2WO_4, Rk. mit konz. HCl zu $WCl_x^{(6-x)+}$, Red. mit Sn-Folie zu $W_2Cl_9^{3-}$, Fällen von $K_3W_2Cl_9$ (II) durch Zusatz von A., Umwandeln von II in $K_4W(CN)_8$ durch Erhitzen in KCN-Lsg. unter Durchleiten von O_2, endlich Fällen von I durch Eingießen in A.; 29—50% Ausbeute. A. Blaschette. 337◇

0620 **Verbindungen von Wolfram(VI)-oxidtetrachlorid mit Nitroanilinen, Aminobenzoesäuren, Aminophenolen, Ketonen, Amiden und Aniliden.** Sarju Prasad und K. S. R. Krishnaiah. (J. Indian chem. Soc. **38**, 757—59, 1961; Varanasi, Banaras Hindu Univ., Chem. Labor.; engl.) — Aus *$WOCl_4$* in CS_2 entstehen mit überschüssigem *o-, m-* oder *p-Nitroanilin, o-* bzw. *p-Aminobenzoesäure, o-, m-* oder *p-Aminophenol, Aceto-* u. *Benzophenon*, Michlers *Keton, Harnstoff, Acetamid, Benzamid, Acetanilid, p-Aminoacetanilid* bzw. *Benzanilid* farbige Verbb., die in trockener Atmosphäre mäßig stabil, unlösl. in Bzl. u. Ae., lösl. in CS_2, A. u. Aceton sind. Sie hydrolysieren in Ggw. von W. u. zerfallen in Säuren u. Laugen. Aus Elementaranalysen geht hervor, daß 4 Moll. Nitroanilin oder Aminobenzoesäure sich mit einem Mol. $WOCl_4$ verbinden. Bei Anwesenheit einer Aminogruppe gehen somit Nitro- u. Carboxylgruppe keine Rk. mit $WOCl_4$ ein. Bei Aminophenolen wird jedoch von beiden funktionellen Gruppen eine Bindung ausgeübt. Von Ketonen, Amiden u. Aniliden reagieren stets 4 Moll. mit einem Mol $WOCl_4$. W. Pruß. 337◇

0621 **Reaktionen von Wolfram(VI)-oxidtetrachlorid mit organischen Säuren.** Sarju Prasad und K. S. R. Krishnaiah. (J. Indian chem. Soc. **38**, 763—64, 1961; engl.) — Vgl. vorst. Referat. — *$WOCl_4$* reagiert mit 4 Moll. Mono-(*Laurin-, Myristin-, Palmitin-, Stearin-, Benzoe-, Croton-, Zimt-, o-* u. *p-Nitrobenzoesäure*) u. 2 Moll. Dicarbonsäure (*Malon-, Adipin-, Phthal-, Bernstein-, Campher-, Salicyl-* u. *3.5-Dinitrosalicylsäure*). Hydroxysäuren reagieren mit $WOCl_4$ sehr lebhaft, wobei sowohl die Carboxyl- als auch OH-Gruppe beteiligt sind. Die gebildeten Oxowolframate sind farbig, in trocknener Atmosphäre sehr stabil, teilweise lösl. in A. u. Bzl., zersetzen sich in Säuren u. Alkalien u. hydrolysieren beim Kochen in Wasser. In A. u. Bzl. sind die Verbb. teilweise löslich. Darst. der Verbb. durch Zugabe der überschüssigen organ. Säuren in Bzl. zu $WOCl_4$ in CS_2 u. Erhitzen (Wasserbad) bis zum Ende der HCl-Entwicklung. W. Pruß. 337◇

0622 **Hydrogentricarbonylcyclopentadienylchromat(0), -molybdat(0) und -wolframat(0).** E. O. Fischer. (Inorg. Syntheses **7**, 136—39, 1963; Munich, Univ., Inst. for Inorg. Chem.; engl.) — Darst. nach $Me(CO)_6 + M'C_5H_5 \rightarrow Me'[C_5H_5Me(CO)_3]$ (I) $+ 3\,CO$, $I + HCH_3CO_2 \rightarrow H[C_5H_5Me(CO)_3] + Me'CH_3CO_2$ (Me = Cr, Mo, W; Me' = Li, Na oder K); 30 bis 60% Ausbeute. A. Blaschette. 337◇

0623 **Tetracarbonyldimethyldivinylsilanwolfram und verwandte Verbindungen.** T. A. Manuel und F. G. A. Stone. (Chem. and Ind. **1960**, 231—32; Cambridge, Mass., Harvard Univ., Mallinckrodt Chem. Labor.; engl.) — Cr-, Mo- u. W-Hexacarbonyl bilden mit Dipenten *p-Cymolmetalltricarbonyle*. Die W-Verb. reagiert nicht mit Bzl., wohl aber mit Hexamethylbenzol (I) zu *Tricarbonylhexamethylbenzolwolfram*. $C_8H_{12}W(CO)_4$ gibt mit Cycloheptatrien rotes *Tricarbonylcycloheptatrienwolfram*, F. 110°. Die Stabilität von $ArW(CO)_3$-Verbb. (Ar = Aromat) nimmt in den Reihen I–p-Cymol–Cyclooctadien-(1.5)–Hexadien-(1.5) sowie p-Cymol–Dipenten u. Cycloheptatrien–Cycloheptadien-(1.5) ab. $W(CO)_6$ u. $(CH_3)_2Si(CH{=}CH_2)_2$ reagieren in 16 Std. in sd. Äthylcyclohexan zu gelbem *$(CH_3)_2Si(CH{=}CH_2)_2W(CO)_4$*, F. 45° (II). Die analoge Mo-Verb. ist noch luftempfindlicher als **II**. Fe erfordert für Diolefincarbonyle keine konjugierten Doppelbindungen. H. Bürger. 337◇

0624 **Die Reaktion von Kohlenmonoxid mit Uran.** Jean Besson, Guy Féron und Claude Moreau. (C. R. hebd. Séances Acad. Sci. **256**, 1780—83, 1963; Grenoble, Centre d'Études nucl.; franz.) — Bei Unterss. mit der McBainschen Thermowaage bei konst. CO-Drücken u. Temp. (3 bis 230 Torr, 600—850°, Korndurchmesser des U 6—7 μ) konnten (neben freiem C) *UO_2* u. *UC_2* als Rk.-Prodd. röntgenograph. nachgewiesen werden; die Bldg. kleinerer Mengen *UC* wurde verschiedentlich beobachtet, ist jedoch nicht reproduzierbar. Es wird angenommen, daß die Rk. nach $U + CO \rightarrow 1/2\,UO_2 + 1/2\,UC_2$ verläuft, während die Bldg. von freiem C auf der Disproportionierung von CO beruht u. nicht nach $U + 2\,CO \rightarrow UO_2 + 2\,C$ erfolgt. Die Rk.-Geschw. steigt schnell bis zu einem Maximalwert bei 730° u. bleibt dann prakt. konstant. Die Kinetik läßt sich nach der Meth. von Valensi-Carter nicht bestimmen. G. Hédo. 339◇

0625 **Dioxouran(VI)-dichlorid-1-Wasser.** Jack D. Hefley, Daniel M. Mathews und Edward S. Amis. (Inorg. Syntheses **7**, 146—48, 1963; Fayetteville, Ark., Univ. of Arkansas; engl.) — Darst. nach $UO_2(NO_3)_2\cdot 6\,H_2O + 2\,HCl \rightarrow UO_2Cl_2\cdot 6\,H_2O$ (I) $+ 2\,HNO_3$, $I + 5\,SOCl_2 \rightarrow UO_2Cl_2\cdot H_2O + 5\,SO_2 + 10\,HCl$; quant. Ausbeute. A. Blaschette. 339◇

0626 **Untersuchungen am Phasengleichgewicht des Systems Eisenoxid-Y_2O_3-Gd_2O_3.** H. Jerrold van Hook. (J. Amer. ceram. Soc. **45**, 369—73, 1962; Waltham, Mass., Raytheon Co., Res. Div.; engl.) — Im Zusammenhang mit der Entw. ferromagnet. Granattypen wurden die Gleichgewichtsphasen von Y_2O_3 u. Gd_2O_3 mit FeO u. Fe_2O_3 unter O_2, Luft u. O_2–CO_2-Atmosphäre in ihren Kristallisationszonen untersucht. In einem Tetraederdiagramm für das quatern. Syst. FeO–$YFeO_3$–$GdFeO_3$–Fe_2O_3 wurde die Lage der fl. Phase unter den 3 genannten Atmosphären wiedergegeben. R. G. Kaiser. 354◇

0627 **Eine neue Reaktion: Ablösung eines Hydridions von einigen σ-gebundenen Eisen-Alkyl-Komplexen.** M. L. H. Green und P. L. I. Nagy. (Proc. chem. Soc. [London] **1962**, 74; Cambridge, Univ., Chem. Labor.; engl.) — Cyclopentadienylalkyleisendicarbonyle (Alkyl = C_2H_5, n- oder iso-C_3H_7) reagieren mit $(C_6H_5)_3CClO_4$ unter Hydridabspaltung zu π-Alkencyclopentadienyleisendicarbonylkationen, die sich als Hexafluorphosphat, Wolframatosilicat u. Perchlorat fällen lassen. Mit Alkyl = CH_3 erfolgt keine analoge Rk., sondern Bldg. kleiner Mengen $[\pi\text{-}C_5H_5Fe(CO)_2(H_2O)]^+$. H. Bürger. 354◇

0628 **Eisencarbonylkomplexe des Triphenylphosphins, Triphenylarsins und Triphenylstibins.** A. F. Clifford und A. K. Mukherjee. (Inorg. Chem. [Washington] **2**, 151—53, 1963; Lafayette, Ind., Purdue Univ., Dep. of Chem.; engl.) — $[Fe(CO)_4]_3$ (I) reagiert mit Triphenylphosphin (II), -arsin (III) u. -stibin (IV) bei Rückflußerhitzen in THF oder Dioxan unter CO-Abgabe zu *$Fe(CO)_4[(C_6H_5)_3P]$* (V), *$Fe(CO)_3[(C_6H_5)_3P]_2$* (VI), *$Fe(CO)_4[(C_6H_5)_3As]$* (VII), *$Fe(CO)_3[(C_6H_5)_3As]_2$* (VIII), *$Fe(CO)_4\cdot[(C_6H_5)_3Sb]$* (IX), *$Fe(CO)_3[(C_6H_5)_3Sb]_2$* (X). Die entsprechenden Amin- u. Bismutinkomplexe werden nach dieser Meth. nicht erhalten. $Fe(CO)_5$ reagiert nur mit **II** in Cyclohexanol zu einem Gemisch von **V** u. **VI**. **V—X** sind in W. unlösl., in den meisten organ. Lsgm. lösl., gegen Luft, W., Licht beständig. **II** wird durch alkohol. Alkalimetallhydroxid, Na in fl. NH_3, kalte konz. Säuren, 24 std. Erhitzen auf 110° nicht u. nur langsam durch Rückflußerhitzen mit K in Dioxan unter Bldg. von *$(C_6H_5)_2PK$* angegriffen. Die Stabilität von **VI**, **VIII** u. **X** ist größer als von **V**, **VII** u. **IX** u. nimmt in beiden Reihen von **VI** nach **X** bzw. von **V** nach **IX** ab. **VI** reagiert mit Jod in Ae. zu *$[(C_6H_5)_3P]_2Fe(CO)_2J_5$* (XI). Mit $AgNO_3$ ergibt **XI** in wss. Aufschlämmung AgJ. Die IR-Spektren von **V—XI** im Bereich der CO-Valenzschwingungen werden angegeben (Tabelle).

Versuche (unter N_2): *Mono-[triphenylphosphin]-tetracarbonyleisen* (V), F. 201—203° (Zers.), aus 1 g **I** u. 2 g **II** in 100 ml Dioxan oder THF bei 70°, 45 Min. langes Rühren, Abfiltrieren; a) brauner Rückstand, Extraktion mit Bzl.; Absaugen des Bzl. u. Vakuumsublimation bei 180° von **V**; b) Einengen des Filtrates, gelbe Kristalle von **V** u. **VI** durch Zugabe von CH_3OH, Vakuumsublimation von **V**; 0,88 g Ausbeute). — *Bis-[triphenylphosphin]-tricarbonyleisen* (**VI**), F. 272° (Zers.), aus den Sublimationsrückständen von **V**, Extraktion mit Bzl. u. Kristallisation aus PAe.; 1,1 g. — **V** u. **VI** auch aus 2 ml $Fe(CO)_5$ u. 5 g **II** in 100 ml Cyclohexanol durch 1std. Rückflußerhitzen, Verdünnen mit PAe., Kühlen u. Trennen durch Vakuumsublimation; 0,98 g **V** u. 1,2 g **VI**. — *Mono-[triphenylarsin]-tetracarbonyleisen* (**VII**), F. 178° (Zers.), u. *Bis-[triphenylarsin]-tricarbonyleisen* (**VIII**), F. 193—195° (Zers.), durch Rückflußerhitzen von 6 g **III** u. 2 g **I** in 150 ml THF oder Erhitzen auf 80—90° in Dioxan, Filtration, Vakuumsublimation des Rückstandes bei 100° (Entfernung von **III**) u. 160°; 0,402 g **VII** u. 0,575 g **VIII**. — *Mono-[triphenylstibin]-tetracarbonyleisen* (**IX**), F. 136°, u. *Bis-[triphenylstibin]-tricarbonyleisen* (**X**), F. 196° (Zers.), durch 1std. Rückflußerhitzen von 6 g **IV** u. 2 g **I** in THF oder Erhitzen auf 90—95° in Dioxan, Filtrieren, Absaugen des Lsgm., Versetzen des Rückstandes mit A., Trennung von **IX** u. **X** durch fraktionierte Kristallisation aus Bzl. u. Methanol; 1,3 g **X** u. 1,2 g **IX**. — *Bis-[triphenylphosphin]-dicarbonyleisen(III)-pentajodid* (**XI**), F. 121 bis 122° (Zers.), durch Zugabe von 2 g Jod in 100 ml Ae. zu 1 g **VI** in 75 ml Ae.; 1,85 g. H. Seyffert. 354◇

0629 **Ein Hydrogencarbonylbutadienkobaltkomplex.** C. L. Aldridge, H. B. Jonassen und E. Pulkkinen. (Chem. and Ind. **1960**, 374; New Orleans, La., Tulane Univ.; engl.) — $HCo(CO)_4$ u. Butadien bilden einen Komplex der Zus. $C_4H_6 \cdot HCo(CO)_3$ der in 2 isomeren Formen auftritt. Bei 120° u. 9 Std. bildet sich in 78% Ausbeute daraus Form II, für die eine Struktur $(OC)_3Co-CH(CH_3)-CH{=}CH_2$ angenommen wird. II zersetzt sich in 24 Std. bei 80° zu 50% unter Bldg. von Buten-(2) (hauptsächlich trans-Form). H. Bürger. 355◇

0630 **Phosphitkomplexe von Alkyl- und Acylkobaltcarbonylen.** Richard F. Heck. (J. Amer. chem. Soc. **85**, 1220—23, 1963; Wilmington, Del., Hercules Powder Co., Res. Center; engl.) — Vgl. C. **1963, 6148.** — Aus Methyltricarbonyltriphenylphosphinkobalt (**I**) u. Trimethylphosphit (**II**) sowie Trimethylolpropanphosphit (**III**; 1.1.1-Tris-[hydroxymethyl]-propanphosphit) wurden 2 Reihen von Phosphitkomplexen der Alkyl- u. Acyl-Co-Carbonyle dargestellt. Die Beständigkeit dieser Komplexe wächst mit der Substitution der CO- durch Phosphitgruppen. Die Bis- u. Tris-Derivv. sind bei Zimmer-Temp. unter N_2 sehr stabil, unterliegen aber an der Luft der Oxydation. Durch Hydrierung von *Acetyldicarbonyl-bis-[trimethylolpropanphosphit]-kobalt* (**IV**) wurde *Dicarbonyl-bis-[trimethylolpropanphosphit]-kobalthydrid* dargestellt. Die IR-Spektren aller neuen Komplexe unterstützen die vorgeschlagenen Strukturen. Aus den P-kernmagnet. Resonanzspektren läßt sich infolge zu schwacher u. zu breiter Banden nichts aussagen. Zwei mögliche Rk.-Mechanismen (Bldg. koordinativ ungesätt. Zwischenprodd. oder Einlagerung eines koordinierten CO zwischen die Alkylgruppe u. das Metallion) werden diskutiert.

Versuche: *Acetyldicarbonyltriphenylphosphintrimethylphosphitkobalt* (**V**), $C_{25}H_{27}CoO_6P_2$, F. 105—106,5° (Zers.; Ae.); durch Rk. von Natriumtricarbonyltriphenylphosphincobaltat in Tetrahydrofuran (T) u. CH_3J (0°, 1 Std.) Bldg. von **I**, Zugabe von **II** in Ae. (0°, ½ Std.), Einengen, Abfiltrieren u. Fällen mit Pentan; gelbe Prismen. — *Acetyldicarbonyl-bis-[trimethylphosphit]-kobalt* (**VI**), $C_{10}H_{21}CoO_9P_2$, F. 35° (aus Pentan); a) aus der Mutterlauge von **V**; b) aus $NaCo(CO)_4$, CH_3J u. überschüssigem **II** in Ae. (0°, 1 Std.), Zugabe von Pentan u. Erhitzen auf 70°; fast farblose Plättchen. — *Acetyltricarbonyltrimethylphosphitkobalt*, zersetzlich, Nachw. durch IR-Spektrum; aus $NaCo(CO)_4$, **II** u. CH_3J in Ae. unter N_2 (0°, 1 Std.), aus Pentan. — *Methoxyacetyldicarbonyltriphenylphosphintrimethylphosphitkobalt*, $C_{26}H_{29}CoO_7P_2$, F. 98,5—101° (Zers.; aus CH_2Cl_2/Ae.); analog **V** unter Verw. von CH_3OCH_2Cl statt CH_3J. — *Methyldicarbonyl-bis-[trimethylphosphit]-kobalt* (**VII**), $C_9H_{21}CoO_8P_2$, F. ca. 50° (aus Ae.–Pentan); aus 3,13 g **VI** in T u. $NaOCH_3$ in Methanol (N_2, 25°, 12 Std.), Eindampfen, Behandeln mit CH_3J; hellgelbe Plättchen; 1,6 g. — *Acetylcarbonyl-tris-[trimethylphosphit]-kobalt*, $C_{12}H_{30}CoO_{11}P_3$, F. 49 bis 50° (aus Ae.-Pentan); aus 2 g **VII** u. 1 ml **II** in Pentan unter N_2 u. Druck (75°, 15 Min.); gelbe Prismen; 0,5 g. — *Natriumtricarbonyltrimethylolpropanphosphitcobaltat* (**VIII**), aus $Co_2(CO)_8$ u. **III** in Ae. unter N_2, Zugabe von Na-Amalgam u. T. — *Methyltricarbonyltrimethylolpropanphosphitkobalt*, aus **VIII** in T u. CH_3J (0°, ½ Std.); zersetzliche Kristalle. — *Acetyltricarbonyltrimethylolpropanphosphitkobalt*, $C_{11}H_{14}CoO_7P$, durch Rk. von $NaCo(CO)_4$ u. CH_3COCl in Ae. bei 0°, Bldg. von $CH_3COCo(CO)_4$, Zugabe von **III** in Ae. u. Fällen mit Pentan; farblose Plättchen. — *Acetyldicarbonyl-bis-[trimethylolpropanphosphit]-kobalt* (**IV**), $C_{16}H_{25}CoO_9P_2$, F. 185° (Zers.; aus CH_2Cl_2/Ae. oder T/Pentan); aus $CoCH_3CO(CO)_4$ u. überschüssigem **III** (75°, 1 Std.); gelbgrüne Kristalle. — *Methyldicarbonyl-bis-[trimethylolpropanphosphit]-kobalt* (**IX**), $C_{15}H_{25}CoO_8P_2$, F. 185 bis 200° (Zers.; aus CH_2Cl_2–Pentan); aus 1,93 g **IV** u. $NaOC_2H_5$ in T unter N_2, Lösen des Nd. in T, Zugabe von CH_3J; schwachgelbe Prismen; 0,81 g. — *Acetylcarbonyl-tris-[trimethylolpropan phosphit]-kobalt* (**X**), $C_{21}H_{36}ClO_{11}P_3$, Zers.; aus 0,81 g **IX** in CH_2Cl_2 u. **III** in Ae.; farblose Nadeln; 0,65 g. — *Methylcarbonyl-tris-[trimethylolpropanphosphit]-kobalt*, $C_{20}H_{36}CoO_{10}P_3$, F. ca. 185° (Zers.; aus Ae.-CH_2Cl_2); aus 0,6 g **X** u. $NaOC_2H_5$ in T unter N_2, Lösen des Nd. in T u. Zugabe von CH_3J; farbloses Pulver. — *Dicarbonyl-bis-[trimethylolpropanphosphit]-kobalthydrid*, $C_{14}H_{23}CoO_8P_2$, F. 155—160° (Zers.; aus CH_2Cl_2–Pentan); aus **IV** in T unter einem H_2-Druck von 3000 lbs.sq/in. (60°, 12 Std.); gelbbraune Kristalle. — *Natriumtricarbonyl-tris-[p-anisyl]-phosphinkobalt* (**XI**), aus 0,34 g $Co_2(CO)_8$ u. 0,8 g Tris-[p-anisyl]-phosphin in CH_2Cl_2 (0°, 1 Std.), Zugabe von Ae., 1std. Erhitzen auf 100° unter Druck u. Schütteln mit Na-Amalgam unter N_2; braunes Prod.; 0,74 g. — *Acetyltricarbonyl-tris-[p-anisyl]-phosphinkobalt*, $C_{26}H_{24}CoO_7P$, F. 125—126° (Zers.; aus CH_2Cl_2–Pentan); aus **XI** u. CH_3J (0°, 1 Std.); gelbe Prismen. G. Heller. 355◇

0631 **Zweiwertige Nickelkomplexe von 1.10-Phenantrolin und 2.2'-Dipyridyl.** C. M. Harris und E. D. McKenzie. (J. inorg. nuclear Chem. **19**, 372—75, 1961; Broadway, Sydney, Univ. of New South Wales, Dep. of Inorg. Chem.; engl.) — In nichtwss. Lsgm. wie Aceton, CH_3OH u. A. werden Verbb. der Zus. $NiZ_2(Y)_2 \cdot x\text{-}H_2O$ [Y = 1.10-Phenantrolin (= Phen) bzw. 2.2'-Dipyridyl (= Dip); Z = 1wertiges Anion] dargestellt u. ihre Struktur u. ihr Verh. in diesen Lsgm. (L) untersucht. Das magnet. Moment dieser Verbb. (3,0—3,3 BM) spricht für oktaedr. Ligandenanordnung. Leitfähigkeitsmessungen in Nitrobenzol u. Nitromethan lassen Dissoziation nach $[NiZ_2(Y)_2] + L \rightleftharpoons [NiZ(Y)(L)]^+ + Z^-$ vermuten. $[NiX(Dip)_2]ClO_4 \cdot (CH_3)_2CO$ (X = Cl, Br) scheint infolge Halogenbrückenbindungen polymer zu sein; an feuchter Luft werden diese aufgebrochen, es entsteht $[NiX(Dip)_2(H_2O)]ClO_4$. Aus $[Ni(ClO_4)_2(Phen_2)] \cdot 3\,H_2O$ entsteht beim Entwässern durch Ersatz von 1 Wasser-Mol. durch ClO_4^- ein Komplex, der in Nitrobenzol als 1,1wertiger, in Nitromethan als 2,1wertiger Elektrolyt vorliegt. In Lsg. liegt $[Ni(ClO_4)_2(Dip)_2] \cdot 2\,H_2O$ als $[NiClO_4(Dip)_2]^+$ vor. Isomeren der Zus. $NiJ_2(Dip)_2$ u. $Ni(NCS)_2(Dip)_2$ wird dimere Salzstruktur $[Ni(Dip)_3][NiJ_4(Dip)]$ (rot) bzw. die oktaedr. Struktur $[NiJ_2(Dip)_2]$ (hellbraun) zugeschrieben. Beobachtungen an $Ni(NCS)_2(Dip)_2 \cdot (CH_3)_2CO$ lassen eine oktaedr. cis-trans-Isomerie möglich erscheinen. — Dargestellte Verbb.: $Ni(ClO_4)_2(Dip)_2 \cdot 2\,H_2O$; lilafarben. — $Ni(ClO_4)_2(Phen)_2 \cdot 3\,H_2O$; lilafarben. — $Ni(ClO_4)_2(Phen)_2$; lilafarben. — $NiCl_2(Dip)_2$; grün. — $[NiCl(Dip)_2(H_2O)]Cl \cdot 2\,H_2O$; blau. — $[NiCl(Dip)_2(H_2O)]ClO_4 \cdot 0{,}5\,H_2O$; lilablau. — $NiCl_2 \cdot (Phen)_2$; grün. — $[NiCl(Phen)_2(H_2O)]Cl \cdot 3\,H_2O$; blau. — $NiBr_2(Dip)_2$; grün. — $[NiBr(Dip)_2(H_2O)]Br$; blaugrün. — $[NiBr(Dip)_2(H_2O)]ClO_4$; blau. — $[Ni(Dip)_2(H_2O)_2]Br_2$; lilafarben. — $[NiBr_2(phen)_2]$; grün. — $NiBr_2(Phen)_2 \cdot 2{,}5\,H_2O$; grün. — $[NiJ_2(Dip)_2]$; braun. — $[Ni(Dip)_3][NiJ_4(Dip)]$; rot. — $[NiJ(Dip)_2(H_2O)]J$; olivgrün. — $[Ni(Dip)_2(H_2O)_2]J_2$; lilafarben. — $[NiJ_2(Phen)_2]$; braun. — $[NiJ(Phen)_2(H_2O)]J$; olivgrün. — $[Ni(NCS)_2(Dip)_2]$; lilafarben. — $Ni(NCS)_2(Dip)_2$; gelbbraun. — $[Ni(NCS)_2(Phen)_2]$; lilafarben. — $[Ni(Dip)_3][NiCl_4]_2$ (3,46 BM); aus Tris-[dipyridyl]-Ni(II)-Verbb. u. Lsgg. von $NiCl_4^{2-}$ in Aceton; Darst. der folgenden Verbb. analog. — $[Ni(Phen)_3][NiCl_4] \cdot 2\,H_2O$ (3,45). — $[Ni(Dip)_3][NiBr_4]$ (3,46). — $[Ni(Phen)_3][NiBr_4] \cdot 2\,H_2O$ (3,45). — $[Ni(Phen)_3][NiJ_4] \cdot 2\,H_2O$ (3,31). F. Huber. 356◇

0632 **Kernmagnetische Resonanz- und Infrarotspektren sowie Struktur des $[C_4H_4Ag]^+$-Ions und des Dimeren C_8H_8.** M. Avram, H. P. Fritz, H. Keller, Gh. Mateescu, J. F. W. McOmie, N. Sheppard und C. D. Nenitzescu. (Tetrahedron [London] **19**, 187—94, 1963; Bucharest, Chem. Inst. of the Acad. of R.P.R.; München, Univ., Inst. für Anorg. Chem.; Bristol, Univ., Dep. of Org. Chem.; Cambridge, England, Univ., Chem. Labor.; engl.) — KMR-Spektren des $[AgClO_4C_4H_4]_n$ (**I**) zeigen, daß es sich bei dem Komplex um eine monomere Cyclobutadienkoordinations-Verb. handelt. Die IR-Spektren von **I** sowie die der analogen Verbb. mit NO_3^- bzw. BF_4^- legen nahe, daß in den Komplexen $[AgC_4H_4]^+$-

Kationen der Symmetrie C_{2v} oder C_{2h} vorliegen. Das bei der Zers. des $[AgNO_3C_4H_4]$ entstehende C_8H_8 ist wahrscheinlich *cis-Tricyclooctadien-(1.5)*. H. Kuckertz. 359◇

0633 **Destillation von Rutheniumtetroxid mit flüchtigen Säuren.** Yoshio Koda. (J. inorg. nuclear Chem. **25**, 314—15, 1963; Nagoya, Kita-ku, Hirate-machi, Gov. Ind. Res. Inst.; engl.) — Vf. untersuchte die Dest. von RuO_4 unter Zusatz von $KMnO_4$ aus Lsgg. flüchtiger Säuren u. bestimmte die Ausbeuten mit ^{106}Ru. Diese betrugen mit 69.8%ig. HNO_3 98% (Zusatz von H_2SO_4 beeinflußt kaum), mit CH_3COOH 58%, bei Zusatz von H_2SO_4 91% u. H_3PO_4 95%, mit 79.4%ig. CF_3COOH 57%, bei Zusatz von H_3PO_4 97% u. mit H_2SiF_6 unter Zusatz von H_3PO_4 99%. G. Heller. 363◇

0634 **Über die Oxydationsstufe des Rutheniums in Acidonitrosylverbindungen.** O. Je. Swjaginzew und A. Kurbanow. (J. anorg. Chem. [UdSSR] 3, 2662—65, 1958; Kurnakow-Inst. für allg. u. anorgan. Chem. der Akad. der Wiss. der UdSSR; russ.) — Vgl. C. **1960, 14633.** — Vff. untersuchten die mehrstufige Oxydation von Ru in seinen Acidonitrosyl-Verbb. mit Hilfe von $KMnO_4$. Auf Kurven der oxydierenden potentiometr. Titration von $H_2[RuNO(C_2O_4)_2]$, $[RuNO(NO_3)_2]\cdot 3\,H_2O$, sowie $Na[RuNO(CH_3COO)_3]\cdot H_2O$ werden 4 Potentialsprünge festgestellt, die der Oxydation des Ru nach Ru (II) → Ru (III) → Ru (IV) → Ru (VI) → Ru (VIII) entsprechen. Das Endprod. der Oxydation ist RuO_4. A. Babczynski. 363◇

0635 **Derivate von Phthalocyaninatoruthenium(II).** P. C. Krueger und M. E. Kenney. (J inorg. nuclear Chem. **25**, 303—04, 1963; Cleveland, Ohio, Case Inst. of Technol., Dep. of Chem.; engl.) — Im Gegensatz zu Fe u. Mn bildet Ru nur im 2wertigen Zustand einen Phthalocyaninatokomplex (I), der relativ stabil ist u. vermutlich planar-quadrat. Anordnung des 4zähnigen Liganden besitzt. In den Aminaddukten ist Ru wahrscheinlich oktaedr. koordiniert, indem 2 Amine die trans-Positionen besetzen. IR-Spektren von auf 600° erhitztem I lassen auf das Vorliegen einer 2. polymorphen Modifikation schließen. Behandlung von I mit konz. H_2SO_4 ergibt nicht Phthalocyanin. Auch mit Pyridin bildet I ein Addukt.

Versuche: *Phthalocyaninatoruthenium(II)* (I), $C_{32}H_{16}N_8Ru$; aus 1 g $RuCl_3$ u. 9 g o-Cyanbenzamid (2 Std., 270°); blauschwarzes Pulver; 2 g (roh); Extraktion der nachst. Aminaddukte mit Acetonitril u. Trocknen bei 110° ergibt reines Produkt. — *Phthalocyaninatoruthenium(II)-6-Anilin*, $C_{68}H_{58}N_{14}Ru$, aus 1,67 g I u. 5 ml Anilin u. Vakuumtrocknen: 0,58 g (Ausbeute). — *Phthalocyaninatoruthenium(II)-6-o-Toluidin*, $C_{74}H_{70}N_{14}Ru$; aus 2 g I u. 6 ml o-Toluidin; 0,40 g. G. Heller. 363◇

0636 **Trennung von trägerfreiem Rhodium von Rutheniumtargets.** M. H. Kurbatov und C. W. Townley. (J. inorg. nuclear Chem. **18**, 19—23, 1961; Columbus, Ohio, Ohio State Univ.; engl.) — Vff. beschreiben ein Verf. zur Abtrennung von trägerfreiem Rh von Ru, ^{42}K, ^{64}Cu u. ^{65}Zn, bei dem eine 85%ig. Ausbeute erreicht wird. Die Zeit für die Abtrennung u. die Probenvorbereitung zur Messung der β-Aktivität beträgt 10 Stunden. Ru-Metall wird mit einer HCl/HNO_3-Mischung (konz. Lsgg. 40 : 3) in einem zugeschmolzenen Glasrohr bei 200—220° in 2—3 Std. gelöst u. RuO_4 aus $HClO_4$-Lsg. abdestilliert. Das $HClO_4$ in der Rh-Lsg. wird mit HCl entfernt, ^{64}Cu u. ^{65}Zn werden durch Adsorption an Filterpapier (pH 7) entfernt; Rh wird aus der wieder mit $HClO_4$ angesäuerten Lsg. bei pH 7,5 ebenfalls an Filterpapier adsorbiert (der pH-Wert wird durch Titration mit NH_3-Lsg. eingestellt). Die Ablösung des Rh vom Filter erfolgt durch Behandeln mit heißem HCl. H. Schroeder. 364◇

0637 **Darstellung von Zeiseschem Salz und Dichloroäthylenplatin(II).** W. MacNevin, A. Giddings und A. Foris. (Chem. and Ind. **1958**, 557; Columbus, Ohio, Ohio State Univ., McPherson Chem. Labor.; engl.) — Zur Darst. von $K[PtCl_3(C_2H_4)]$ wird in ein 25 mm weites, 25 cm langes Pyrexrohr mit Schliffstopfen u. seitlichem, einspringenden Gaseinlaß eine Lsg. von 1 g Kaliumchloroplatinat(II) in 20 ml HCl (1 Vol. HCl + 9 Vol. W.) gefüllt. Das an 2 Stellen mit Asbestband umwickelte Rohr wird waagerecht (Gaseinlaß oben) in einer Stahlbombe gelagert, mit N_2 u. C_2H_4 gespült u. während der Rk. geschüttelt. Die Rk. ist beendet, wenn die Lsg. gelb ist. Die Lsg. wird eingeengt, über H_2SO_4 u. KOH getrocknet u. die Kristalle mit wenig kaltem W. gewaschen. — Zur Darst. von dimerem Dichloroäthylenplatin(II), $[PtCl_2(C_2H_4)]_2$, wird die gelbe Lsg. bis zur Trockne eingedampft. Nach Aufnehmen mit 95%ig. A. + 1 ml HCl (1,18), Filtrieren u. Einengen im Vakuum bilden sich rosarote Kristalle. Ausbeute ca. 95%. R. Junge. 368◇

A₉. Mineralogische und geologische Chemie

0638 **Der Deuteriumgehalt wasserhaltiger Minerale aus der östlichen Zentral-Sierra-Nevada und dem Yosemite-Nationalpark.** John D. Godfrey. (Geochim. cosmochim. Acta [London] **26**, 1215—45, 1962; Edmonton, Alberta, Canada Res. Council of Alberta; engl.) — Ein Verf. zur Extraktion von H_2 aus natürlichen wasserhaltigen Mineralen wird beschrieben. Die D/H-Verhältnisse, die Wasser- u. F-Geh. für koexistierende *Biotite*, *Hornblenden* u. *Chlorite* im Unters.-Gebiet werden gegeben u. hinsichtlich ihrer Korrelation zur Petrogenese der wichtigsten Gesteinstypen dieses Gebietes diskutiert. Örtliche H-Isotopenfraktionierung u. Gleichgewicht zwischen koexistierenden wasserhaltigen Silicaten wurden festgestellt. J. Heinze. 378◇

0639 **Zur Geochemie des Broms in salinaren Sedimenten. 1. Mitt. Experimentelle Bestimmung der Br-Verteilung in verschiedenen natürlichen Salzsystemen.** Otto Braitsch und Albert Günter Herrmann. (Geochim. cosmochim. Acta [London] **27**, 361—91, 1963; Göttingen, Univ., Sedimentpetrograph. Inst.; engl.) — Es wurde die Br-Verteilung zwischen Lsgg. u. Bodenkörpern (Halit, Sylvin, Carnallit, Bischofit) in Abhängigkeit von Lsg.-Genossen (NaCl, KCl, $MgCl_2$, $CaCl_2$, $MgSO_4$) u. der Temp. untersucht. Die Kristallisations-Temp. betrug meist 25°, gelegentlich auch 55 u. 83°. Die Br-Verteilung wird durch den Verteilungsfaktor b = Gew.-% $Br_{Krist.}$/Gew.-% $Br_{Lsg.}$ angegeben. Bis ca. 1 Gew.-% Br in der Lsg. ist das Verteilungsverhältnis in sämtlichen untersuchten Syst. prakt. konst. u. entspricht damit dem Nernstschen Verteilungsgesetz. Bei höheren Geh. ist der Faktor vom Br-Geh. der Lsg. abhängig. Für die aus stark $MgCl_2$-haltigen Lsgg. krist. Minerale wurden bei 25° folgende b-Werte ermittelt: Halit = 0,073 ± 0,004; Sylvin = 0,73 ± 0,04; Carnallit = 0,52 ± 0,03; Bischofit = 0,66 ± 0,03. Bei paragenet. Kristallisation beträgt das relative Br-Gew.-Verhältnis $1_{Halit} : 10 + 1_{Sylvin} : 7 + 1_{Carnallit} : 9 + 1_{Bischofit}$. In natürlichen Carnallitgesteinen wird häufig das relative Br-Verhältnis $1_{Halit} : 7 + 1_{Carnallit}$ gefunden. Es besagt, daß die Minerale gleichzeitig aus einer Lsg. krist. sind. J. Heinze. 378◇

0640 **Die Verteilung und Isotopenhäufigkeit von Schwefel in rezenten marinen Sedimenten vor Südkalifornien.** I. R. Kaplan, K. O. Emery und S. C. Rittenberg. (Geochim. cosmochim. Acta [London] **27**, 297—331, 1963; Jerusalem, Hebrew Univ., Hadassah Med. School, Labor. for Microbiol. Chem.; Woods Hole, Mass., Woods Hole Oceanographic Inst.; Los Angeles, Calif., Univ. of California, Dep. of Bacteriology; engl.) — Die Geh. an elementarem S, freiem Sulfid, Hydrotroilit, organ. S, Sulfat u. Pyrit wechseln mit der geograph. Lage u. der Tiefe der Sedimente in Bassins vor der Küste Südkaliforniens. Pyrit ist gewöhnlich am häufigsten (bis zu 90%) u. kommt in oxydierender u. red. Umgebung vor. Sulfat-S wird in den Sedimenten aus dem Meerwasser angereichert. Die biolog. Sulfat-Red. ist der bedeutendste Vorgang im S-Cyclus. Das freigewordene Sulfid wandelt sich über Hydrotroilit in Pyrit um. Der aus dem Zerfall organ. Materials freiwerdende S spielt nur eine untergeordnete Rolle. ^{32}S-Anreicherung zwischen 9 u. 62‰ wurde in Pyriten gemessen u. entspricht dem Geh. in alten Sedimenten. Die Geschw. der Sulfat-Red., die Anzahl der sulfatreduzierenden Bakterien, die Menge des zersetzten organ. Materials u. die Erneuerung des W. in den Bassins wird bestimmt. J. Heinze. 378◇

0641 **Über eine Konzentrationserscheinung des Berylliums in einem Granit der Bucht von Morlaix (Finistère).** Lucien Burnol und Louis Chauris. (C. R. hebd. Séances Acad. Sci. **255**, 2487—89, 1962; Bur. de Rech. géol. et min.; Paris, Inst. Cathol., Labor. de Minér.; franz.) A. Blaschette. 378◇

0642 **Die Häufigkeiten von Ruthenium, Osmium und Uran in Proben kosmischer und terrestrischer Herkunft.** George L. Bate und J. R. Huizenga. (Geochim. cosmochim. Acta [London] **27**, 345—60, 1963; Argonne, Ill., Argonne Nat. Labor.; engl.) — In 10 Chondriten wurden mittlere Geh. von $0{,}89\cdot 10^{-6}$ g Ru/g Meteorit u. $0{,}91\cdot 10^{-6}$ g Os/g Meteorit bestimmt. Daraus wurden die kosm. Häufigkeiten (pro 10^6 Si-Atome) von Ru zu 1,3 u. Os zu 0,73 errechnet. Obgleich bedeutende Ru- u. Os-Geh. in der Silicatphase der Meteorite gefunden wurden, sind diese Elemente doch bevorzugt in der Metallphase angereichert. Die ^{184}Os/^{190}Os- u. ^{96}Ru/^{102}Ru-Verhältnisse in terrestr. u. kosm. Proben weisen auf normale Isotopenzusammensetzung. Für einige Proben u. die Standards G-1 u. W-1 werden die U-Geh. berechnet. 2 Achondrite, 1 Tektit u. verschiedene terrestr. Proben besaßen 2—3fach geringere Os- u. Ru-Geh. als die Chondrite. J. Heinze. 378◇

0643 **Ein natürliches Vorkommen von mit ^{234}U angereichertem Uran.** C. R. Hill und J. O. Crookall. (J. geophys. Res. **68,** 2358, 1963; Belmont, Surrey, Royal Cancer Hospital, Inst. of Cancer Res.; engl.) — Eine Wasserprobe aus einem Bohrloch bei Stableford in der Nähe von Wolverhampton (1000 ft. Tiefe) ergab ein ^{234}U/^{238}U-Verhältnis von 2,3 ± 0.1. J. Heinze. 378◇

0644 **Bleiisotopenanalyse.** Anton Lungu. (Rev. Minelor **13,** 168—72, 1962; rum.) — Für Zwecke der Prospektierung u. Suche von U-Lagerstätten werden die radioakt. Zerfalls-Rkk. in den 3 natürlichen Reihen näher diskutiert. Bei Kenntnis des quant. Verhältnisses der Pb-Isotopen kann die Verteilung u. die Menge von U-, Th- u. gemischten Erzen ermittelt werden. Ein Nachteil ist das Fehlen einer spezif. Meth. der Radioisotopenanalyse. R. K. Müller. 378◇

0645 **K-Ar-Alterswerte pelagischer Sedimente des Nordatlantiks.** P. M. Hurley, B. C. Heezen, W. H. Pinson und H. W. Faibairn. (Geochim. cosmochim. Acta [London] **27,** 393—99, 1963; engl.) — Die Altersangaben liegen zwischen 200 u. 400·10^6 Jahren. Das K wurde hauptsächlich in Illiten transportiert. Aus den unterschiedlichen Werten in verschiedenen Regionen lassen sich paläogeograph. Schlüsse ziehen. J. Heinze. 378◇

0646 **Anwendung physikalischer und chemischer Methoden bei geologischen Altersbestimmungen.** E. I. Hamilton, M. H. Dodson und N. J. Snelling. (Int. J. appl. Radiat. Isotopes **13,** 587—610, 1962; Oxford, Univ. Museum, Dep. of Geol. and Miner.; engl.) — Die Alters-Best. von Gesteinen stützt sich auf den Zerfall der langlebigen radioakt. Isotopen ^{40}K, ^{87}Rb, ^{238}U u. ^{232}Th. Zu diesem Zweck sind Analysen mit der Isotopenverdünnungs-Meth. auf einen hohen Stand von Genauigkeit u. Empfindlichkeit gebracht worden. Unsicherheiten in den Werten der Zerfalls-Konst. sind jetzt gleich groß u. sogar geringer als die unvermeidlichen analyt. Fehler der Methode. Veränderungen relativ neuen Ursprungs (Alter von ca. 10^5 Jahren) können mit ^{14}C, ^{230}Th u. ^{231}Pa untersucht werden. Die Lebensgeschichte von Meteoriten folgt aus Unters. der durch kosm. Strahlung gebildeten radioakt. u. stabilen Nuclide. Zählmeth. niedriger Energie sind für diesen Zweck verbessert u. Gasmassenspektrometer höchster Empfindlichkeit gebaut worden. Das Alter der Erde u. der Meteoriten wird auf 4550 Millionen Jahre geschätzt. Die ältesten identifizierbaren Fossile sind ca. 600 Millionen Jahre alt, während die ältesten bekannten Gesteine ein Alter von 3500 Millionen Jahren haben. — 156 Literaturangaben. H. Jehne. 378◇

0647 **Pantelleritische Flüssigkeiten und ihre Einsprenglinge.** I. S. E. Carmichael. (Mineralog. Mag. J. mineralog. Soc. **33,** 86—113, 1962; Imp. Coll. of Sci. and Technol., Dep. of Geol.; engl.) — Die Einsprenglinge in vier porphyrit. Obsidianen von Pantelleria u. das übrige Glas wurden chem. analysiert. Drei neue Analysen von Anorthoklas, zwei von Na-haltigem Ferrohedenbergit, eine von fayalit. Olivin u. zwei von Cossyrit werden zusammen mit den Beschreibungen der opt. Eigg. u. den Beziehungen zwischen Einsprenglingen u. ihren Fll. vorgelegt. Die Ergebnisse werden mit dem experimentellen Befund im Syst. $NaAlSi_3O_8$–$KAlSi_3O_8$–SiO_2–H_2O verglichen. Die Unterschiede werden diskutiert. J. Heinze. 378◇

0648 **Zonenbildung in magmatischen Plagioklasen: Normale und oscillierende Zonen.** Joseph A. Vance. (Amer. J. Sci. **260,** 746—60, 1962; Seattle, Wash., Univ. of Washington, Dep. of Geol.; engl.) — Eine Folge von Kernen u. dünnen normalen Zonen mit höherem Na-Geh. ist charakterist. für einige magmat. Plagioklase bes. in Quarz- u. Granodioriten. Die Entstehung wird als Folge rückläufiger Übersättigung der Schmelze an Anorthit gedeutet. Der unregelmäßige Wechsel in der Zonenfolge kann auf spätere Sättigung der Restschmelze an Flüchtigem zurückgeführt werden. Bldg.-Mechanismus u. Löslichkeits-Druck-Verhältnisse werden erläutert. Die bei der Zonenfolge festgestellte späte Sättigung an verdampfenden Bestandteilen bringt den durchweg niedrigen Wasser-Geh. von granit. Magma hervor. I. Berger. 378◇

0649 **Vorgänge bei der Entstehung und Schwindung von Vermiculit: Lagerstätte Santa Olalla (Huelva).** 3. Mitt. **Genese von Vermiculit.** F. Gonzalez Garcia und G. Garcia Ramos. (An. Edafol. Agrobiol. **20,** 433—47, 1961; Sevilla, Labor. de Quimica Inorgán. de la Fac. de Ciencias; span.) — 2. vgl. C. **1963,** 3159. — An den Stellen, wo die Schicht kambr. Calcits u. Dolomits von dem darunter liegenden Granitmassiv durch spätere Bewegungen durchbrochen wurde, haben sich unter dem Einfl. hydrothermaler Wässer u. des überlagernden silur. Pyroxens durch Kontaktmetamorphose u. Rekristallisation dunkelgrüne Vermiculitablagerungen in Spalten u. Aufbrüchen gebildet. Die Unters.-Ergebnisse u. Rk.-Abläufe zwischen den einzelnen Mineralien werden erörtert. R. G. Kaiser. 378◇

0650 **Zerfallserscheinungen bei Rotnickelkies.** Gerhard Frenzel. (Schweiz. mineralog. petrogr. Mitt. **41,** 395—406, 1961; Heidelberg, Univ., Miner.-petrograph. Inst.; dt.) — Die vorwiegend verwitterungsbedingten Umbildungen von Nickelin erinnern durchaus an analoge Vorgänge bei Magnetkies. In Anbetracht des gleichen Gittertyps bei NiAs u. FeS ist dieser Befund nicht unerwartet, wenn auch andere chem. Voraussetzungen vorliegen. Während bei Pyrrhotin sich Markasit u. a. in Form des sog. Zwischenprod. bildet oder zusammen mit Pyrit in den Birdseye-Strukturen vorkommt, beobachtet Vf. in Rotnickelkies unter ähnlichen Bedingungen eine dem Rammelsbergit strukturell u. chem. sehr nahestehende Komponente (Rammelsbergit*) u. Vaesit. H. Jehne. 378◇

0651 **Die Wanderung der Schwermineralien im Alluvium im Wassernetz des Beckens von Viose.** Fahredin Mullaj. (Bul. Univ. Shtetëror Tiranës, Ser. Shkencat Natyrore [Bull. Inst. Sci. Tirana, Sér. Sci. natur.] **16,** Nr. 3, 103—19, 1962; alb.) — Das Schwermineralkonzentrat aus den Sanden besteht aus 30 Mineralien, von denen Chromit u. Zirkon am häufigsten sind. Es treten weiter auf Gold, Mineralien der Pt-Gruppe, gediegen Cu u. Pb, Zinnober, Pyrit, Cerussit, Hämatit, Magnetit, Hydromagnetit, Rutil, Anatas, Brookit, Ilmenit, Spinell, Sphen Disthen, Turmalin, Apatit, Mineralien der Epidot-, Amphibol-, Pyroxen-, Chlorit- u. Granatgruppe. Eine techn. interessante Anreicherung hat sich nicht gebildet. F. Ensslin. 378◇

0652 **Über die kryptoperthitische Albitausscheidung in Mikroklinperthiten.** K. Soldatos. (Norsk geol. Tidsskr. **42,** 180—92, 1962; Thessaloniki, Univ., Miner.-petrograph. Inst.; dt.) — Vf. definiert Perthit als eine Verwachsung von K-Feldspat u. Na-Feldspat, wobei opt. u. röntgenograph. Orientierungsbeziehungen zwischen beiden festgestellt werden können, die offenbar nicht zufällig sind. Unters.-Ergebnisse über Makro-, Mikro- u. Kryptoperthit werden angegeben. Ernst Schulte. 380◇

0653 **Interessante Ablagerung von Chalcedon.** J. Bányai. (Acta Univ. Szegediensis, Acta mineralog.-petrogr. **15,** 3—6, 1962; Székelyudvarhely-Odorhei; dt.) — Es werden Pseudoversteinerungen aus Chalcedon beschrieben. J. Heinze. 380◇

0654 **Über das Vorkommen von Fluorit und Dickit bei Leszna Górna in der Nähe von Cieszyn.** M. Kamieński. (Bull. Acad. polon. Sci., Sér. Sci. géol. géogr. **10,** 197—202, 1962; Cracow, School of Mining and Metallurgy, Dep. of Non-metallic Mineral Deposits; engl.) — Violettes CaF_2 in geringen Mengen wurde zusammen mit Dickit u. Kaolinit in einem Kalksteinbruch im Karpatenflysch gefunden. Die Minerale sind hydrothermaler Entstehung. J. Heinze. 380◇

0655 **Monokliner K-Feldspat mit trikliner Morphologie.** Julian R. Goldsmith und Fritz Laves. (Norsk geol. Tidsskr. **42,** 215—23, 1962; Univ. of Chicago, Dep. of Geophys. Sci.; Zürich, ETH, Inst. für Kristallogr. u. Petrogr.; engl.) — Viele der veränderten Phenocrysts von K-Feldspat im Lincoln-Porphyr nahe Leadville, Colo., zeigen kleine Abweichungen von der monoklinen Geometrie. Alle Befunde deuten mehr auf eine Verzerrung von normalem monoklinen Feldspat als auf anfängliche trikline Kristallisation hin. Ernst Schulte. 380◇

0656 **Über die Bedeutung einiger textureller und kompositioneller Eigenschaften der Magnetite in titanhaltigen Eisenerzen.** O. Vaasjoki und Aulis Heikkinen. (Bull. Commiss. géol. Finlande **204,** 141—58, 1962; Helsinki, Univ.; Otaniemi, Geol. Surv. of Finland; engl.) — Die texturellen Grundzüge, die Geh. an V u. TiO_2 u. das FeO/Fe_2O_3-Verhältnis der Magnetite lassen die ursprünglichen genet. Charaktere dieser Vork. erkennen. Körnige Aggregate von Magnetit u. Ilmenit in Ti-haltigem Eisenerz magmat. Entstehung bilden sich infolge der Entmischung von ursprünglich hochtemperierten kub. Mischkristallen. Möglicherweise kann das FeO/Fe_2O_3-Verhältnis zur relativen geolog. Temp.-Best. herangezogen werden. J. Heinze. 380◇

0657 **Mordenit und Klinoptilolith in glasigen Tuffen Japans.** Toshio Sudo, Tsutomu Nisiyama, Kenshin Chin und Hisato Hayashi. (J. geol. Soc. Japan **69**, 1—14, 1963; Tokyo, Tokyo Univ. of Educ., Fac. of Sci., Geol. and Miner. Inst.; Kawasaki, Tokyo, Ministry of Labour, Nat. Inst. of Ind. Health; engl., Auszug: jap.) — Mordenit u. Klinoptilolith aus zeolith. Rhyolithtuffen wurden chem., therm., röntgenograph. u. tonmineralog untersucht. Während die Röntgenwerte von Klinoptilolith u. Heulandit gut übereinstimmen, zeigt die DTA deutliche Unterschiede. Das Material von Chita enthält ca. 56% Klinoptilolith, das von Zao ca. 62% Mordenit; der Rest besteht aus glasigem Material bzw. aus Opal. Die beiden Minerale bilden sich durch Entglasung in Abhängigkeit von diagenet. Veränderungen, wobei Si-reiche u. marine Umgebung diesen Vorgang begünstigen. J. Heinze. 380◇

0658 **Perthit-ähnliche Entmischung im System Nephelin–Kalsilit.** Th. G. Sahama. (Norsk geol. Tidsskr. **42**, 168—79, 1962; Univ. of Helsingfors; engl.) — An komplexen Nephelin–Kalsilit-Phenocrysts (in Nyiragongo Lava) wurden vorläufige Unterss. bei hohen Temp. durchgeführt; dabei zeigt sich, daß der Entmischungsprozeß weniger schnell als bei synthet. Material verläuft. Röntgenograph. können die einzelnen Entmischungsstufen an den abgeschreckten Proben verfolgt werden. Ernst Schulte. 380◇

0659 **Beobachtungen über die Natur der Entmischung in Peristerit–Plagioklasen.** P. H. Ribbe. (Norsk geol. Tidsskr. **42**, 138—51, 1962; Cambridge, Cavendish Labor., Crystallographic Labor.; engl.) — Die entmischte Phase in den strukturell inhomogenen Peristerit–Plagioklasen (An_2–An_{17}) besteht aus kleinen Domänen (ca. 0,5 μ), die im Wirt-Feldspat bevorzugt in den Randbezirken verteilt sind. Zur Erklärung dieses Phänomens wird angenommen, daß eine gegenseitige kristallograph. Orientierung der Phasen $An_{2,5}$ u. An_{25} vorliegt. Die Strukturen von Albit u. Oligoklas werden verglichen u. die Phasenbeziehungen diskutiert. Ernst Schulte. 380◇

0660 **Biogener Pyrit in rezenten Sedimenten von Christchurch Harbour, England.** L. G. Love und J. W. Murray. (Amer. J. Sci. **261**, 433—48, 1963; Sheffield, Univ., Dep. of Geol.; London, Imper. Coll. of Sci. and Technol., Dep. of Geol.; engl.) — Die chem. Lsg. mkr. Sulfidkörner aus Sedimenten von Christchurch Harbour, Hampshire, enthüllte organ. Strukturen, die sehr ähnlich denen von fossilen Sedimenten sind. Die Formen der Sulfide u. die Strukturen werden beschrieben. Das Mineral wurde als Pyrit identifiziert. Die pyritbildenden Organismen scheinen saprophil zu sein. J. Heinze. 380◇

0661 **Über die Pseudomorphose von Sepiolith nach Calcit.** M. I. Issmailow. (Ber. Akad. Wiss. UsbekSSR **1958**, Nr. 11, 15—17; russ.) — Die Unterss. werden mit Skarngestein, das an Kalkstein des oberen Devons angelagert ist, mit oberpaläozoischen Intrusionen von Syenit–Diorit-Zus. durchgeführt. Es entspricht dichtem Sepiolith (**I**) u. befindet sich im Vesuvian–Diopsid-Skarn in 40 m Tiefe. Die chem. Analyse stimmt mit den von Aurola (C. **1957**, 10701) gefundenen Werten für Fasersepiolith weitgehend überein. Dichter **I** verdrängt das grobe Korn des Calcits, das nach dem Bldg.-Prozeß von Marmor u. Skarn aus Dolomitkalk entsteht. Die lila-schwachrosa Farbe rührt offenbar von Mn-Beimengungen her, das höhere Spezif. Gew. von 2,24—2,36 wird mit dünnen Calcitverwachsungen erklärt. J. Lehmberg. 380△

0662 **Zinkhaltiger Turmalin aus einem Pegmatit von Muika (Kongo).** J. Jedwab. (Bull. Soc. belge Géol., Paléontol. Hydrol. **71**, 132—35, 1962; franz.) — Der radialstrahlige, blaue Turmalin kommt in Kristallen von mehreren cm Länge u. 10—15 mm Dicke vor u. enthält 2,85% ZnO. Bemerkenswert ist auch, daß er nur $^2/_3$ des theoret. Geh. an B_2O_3 enthält. F. Ensslin. 380◇

0663 **Versuch der Darstellung der Doppeloxide $mX^{2+}O \cdot UO_3 \cdot n\,H_2O$ durch eine allgemeine Formel.** H. Brasseur. (Bull. Soc. franç. Minéralog. Cristallogr. **85**, 242—44, 1962; Liège, Univ., Inst. de Cristallograph.; franz.) — Die von Vf. vorgeschlagene Formel $X^{2+}_m(H_3O)^+_{2-m}U_2O_{6+m}(OH)_{2-m}$ gibt die analyt. ermittelte Zus. von *Schoepit*, *Vandendriesscheit*, *Billietit*, *Fourmarierit*, *Wölsendorfit* u. von einem „Triuranat" $XO \cdot 3\,UO_3 \cdot 5\,H_2O$ (X = Ba, Sr, Ca), im allg. gut wieder. C. Gottfried. 380△

0664 **Die Lagerstätte der Grube Montecristo, El Salvador, und ihr geologischer Rahmen.** Eberhard Müller-Kahle. (Neues Jb. Geol. Paläontol., Abh. **115**, 289—334, 1962; Hannover; dt.) — Die Lagerstätte wurde aus hydrothermalen Rest-Lsgg. des tert. Vulkanismus gebildet, bei dem Andesite gefördert wurden, die durch Autohydratation weiträumig propylitisiert wurden. Die Erze bestehen aus *Elektrum*, *Kupferglanz*, *Argentit*, *Stromeyerit*, *Jalpait*, *Zinkblende*, *Kupferkies*, *Bleiglanz*, *Covellin*, *Rotgültigerz*, *Pyrit*, *Arsenkies*, *Hämatit*, Brauneisen, *Quarz* u. *Kalkspat*. Es kann eine ältere sulfid. Hauptphase von einer jüngeren, niedrigthermalen Paragenese mit gelförmigem Pyrit u. Hämatit unterschieden werden. Die Lagerstätte gehört zur vulkan. Gruppe. F. Ensslin. 380◇

0665 **Nickelhaltige Kupfererze in den ultrabasischen Gesteinen vom südlichen Banat.** Ovidiu Maieru. (Rev. Minelor **13**, 214, 1962; rum.) — In einem Massiv von Nihaltigen ultrabas. Gesteinen findet sich ein Typ von Cu–Ni-Erz mit möglicherweise abbauwürdigem Geh. an Cu, Ni, Co, Cr, V u. Fe, teilweise zusammen mit Magnesit, modifiziertem Serpentin, Garnierit u. Malachit. R. K. Müller. 380◇

0666 **Eine Blei–Zink-Imprägnation in den rhyolithischen Tuffen von La Finosa bei Ghisoni, Korsika.** Pierre Aicard, Henri Azais, Jean Bouladon und Paul Sainfeld. (Bull. Soc. géol. France [7] **4**, 286—97, 1962; Paris, Bur. de Rech. géol. et minière; franz.) — Es werden die Geologie u. Paragenese einer in Frankreich seltenen Lagerstättenart beschrieben. An Mineralen wurden *Zinkblende*, *Bleiglanz*, *Pyrit*, *Bornit* (mit Umwandlungssäumen von *Idait*), *Chalkopyrit*, Ag-haltiger u. Co-haltiger *Tetraedrit*, *Chalkosin*, *Stromeyerit*, *Proustit*, *Polybasit*, *Linneit* u. *Greenockit* gefunden, z. T. werden chem. Analysen angegeben. J. Heinze. 380◇

0667 **Beziehungen zwischen der tektonischen und faziellen Entwicklung des Oberdevons und Unterkarbons sowie zur Genese der Eisenerze vom Lahn–Dill-Typus am NW-Rand des Bergaer Sattels (Thüringisches Schiefergebirge).** Reinhold Gräbe. (Freiberger Forsch.-H., Reihe C **140**, 3—83, 1962; dt.) — Die Faltungen der Sedimente sind kontinuierlich synsedimentär u. mit initialem Magmatismus verknüpft, der Diabas u. Tuffe in den Sattelflanken absetzte. Die Sattel selbst sind nach der Hebung abgetragen. Das Fe der Erze wird durch laterit. Verwitterung oder durch hydrothermale, CO_2-haltige Lsgg. aus den Magmatiten gelöst oder in Form von Krusten als Trümmererz in den Sattelflanken in den Sedimentationsraum eingespült. F. Ensslin. 380◇

0668 **Unterschiedliche Zementation und eisenschüssige Zonen der quarzitischen Schicht im „Grès de May".** Jacques Ponçet. (Bull. Soc. géol. France [7] **4**, 281—85, 1962; Caen, Fac. de Sci., Labor. de Géol.; franz.) — Es wird über eine cycl. Abfolge dreier braunroter, Fe-haltiger, gut geschichteter Bänder in Quarzitbänken des „Grès de May" der paläozoischen Synklinale von May-sur-Orne u. Urville, Calvados berichtet. Als Ursache dafür wird Zirkulation des Oberflächenwassers angenommen. J. Heinze. 380◇

0669 **Das Quarzitgebiet Tiirismaa.** Mauno Lehijärvi. (Bull. Commiss. géol. Finlande **204**, 127—40, 1962; Otaniemi, Geol. Surv. of Finland; engl.) — Der Tiirismaa-Quarzit ist nach Pettijohn ein Orthoquarzit. Die durch Hämatit hervorgerufene rote Farbe deutet auf ein warmes Klima während der Verwitterung des Gesteinsmaterials. Ursprüngliche Sedimentationsstrukturen (Rippeln, Schichtung, Kreuzschichtung) sind erhalten geblieben. Die Hauptrichtung konnte aus der Kreuzschichtung ermittelt werden. Saurer Gneis, der stark tekton. beansprucht ist, überdeckt den Quarzit. Kugelige Bruchstücke von glimmerreichen u. -armen Schichten sowie reinem Quarzit bestehen aus Arkose oder arkosen Quarziten. J. Heinze. 380◇

0670 **Das Rapakiviproblem und die Regeln der Idiomorphie bei Mineralen.** Antti Savolahti. (Bull. Commiss. géol. Finlande **204**, 33—111, 1962; Helsinki, Univ., Inst. of Geol. and Miner.; engl.) — Die Literatur über Rapakivi wurde ausgewertet u. mit neuem Material verglichen. Der Verlauf der Kristallisation u. die Genese der Struktur von

Rapakivi wird diskutiert. Die Gültigkeit der Regeln, die die Idiomorphie u. Art der Kristallisation der Minerale beschreiben, wird überprüft. J. Heinze. 380◇

0671 **Bemerkungen über den Gebrauch der Namen Anorthoklas und „Mikroklin-Anorthoklas" in der Petrographie.** R. Brousse. (Bull. Soc. franç. Minéralog. Cristallogr. **82**, 384—86, 1959; Paris, Fac. des Sci., Labor. de Petrographie; franz.) — Mit dem Namen Anorthoklas oder Mikroklinanorthoklas werden trikline Alkalifeldspate mit kleinem Winkel der opt. Achsen bezeichnet. Mit dem Namen Anorthoklas sollten nur die Hochtemp.-Kalinatronfeldspate bezeichnet werden, deren Na-Geh. anteilmäßig höher ist als $Or_{27}Ab_{63}$. Der Name Mikroklinanorthoklas sollte nicht mehr verwendet werden, da es sich nur um eine Varietät von Kalimikroklin mit kleinem Winkel der opt. Achsen handelt. C. Gottfried. 385△

0672 **Turmalinquarzit-Gerölle in den Collmbergquarziten des Nordsächsischen Sattels.** Klaus Schmidt. (Neues Jb. Geol. Paläontol., Mh. **1961**, 161—69; München; dt.) — Petrograph. Beschreibung von Geröllen, die als Zeugen einer präordoviz. Kontaktmetamorphose des assynt. Magmatismus angesehen werden. Die Funde zeigen, daß diese Gesteine noch im Ordoviz erodiert wurden. H.-J. Bautsch. 385◇

0673 **Alkalipegmatite des Afrikanda-Massivs.** E. A. Bagdassarow. (Schr. mineralog. Allunions-Ges. [UdSSR] [2] **88**, 261—74, 1959; Leningrad, Wiss. Allunionsforschungsinst. für Geolog.; russ.) — Die Alkalipegmatite, bes. die frühen Bldg.-Typen, sind räumlich u. genet. an die Gesteine der ersten Intrusionsetappen des Massivs gebunden. Am häufigsten sind anzutreffen: Erz–Migmatit-Pegmatite, Pyroxen–Schorlomit–Nephelin-Pegmatite u. Pyroxen–Nephelin-Pegmatite. Geochem. Besonderheiten der Pegmatite sind ihre hohen Ti- u. Fe-Geh. u. ihre starke Basizität. Hauptelemente sind: Ca, Mg, Fe, Ti, Al, Si, Na, O, H. M. Hähnert. 385◇

0674 **Thermalenergie der Erdkruste.** I. Mitt. **Einführung.** C. J. Banwell. (New Zealand J. Geol. Geophysics **6**, 52—69, 1963; Wellington, Dep. of Sci. and Ind. Res., Geophys. Div.; engl.) — Berechnung mehrerer Modelle für hydrothermale Systeme. Es wird vermutet, daß das meiste hydrothermale W. aus Oberflächenwasser besteht, das an den magmat. erhitzten Gesteinen aufgeheizt, an Gesteinen adsorbiert oder im Magma in großen Tiefen u. unter hohen Drücken aufgenommen wird. Bei Druckverminderung entweicht es wieder u. mischt sich mit dem Grundwasser. Das Kraftpotential solcher therm. Syst. wird errechnet. Der gesamte Energie-Geh. der Leit- u. Zirkulationszonen hängt von ihrer Größe ab u. schwankt zwischen 10^6 u. 10^8 Megawatt. Jahren. Die genutzten hydrothermalen Syst. von Wairakei, Neu Seeland u. Lardarello, Italien, entnehmen 250—350 Megawatt. Sie reichen also Hunderte von Jahren. F. Ensslin. 393◇

0675 **Die chemischen Änderungen im Kreislauf des Wassers in El Salvador (Zentralamerika).** Bernward Hölting. (Neues Jb. Geol. Paläontol., Abh. **115**, 335—56, 1962; Wiesbaden, Hess. Amt für Bodenforschung; dt.) — Aus den Messungen geht hervor, daß 73% der Nd.-Wässer verdunsten, 27% abfließen, davon 23% oberird. u. 4% unterirdisch. Chem. hat das Meerwasser nur indirekten Einfl. auf das Grundwasser, dadurch, daß Salz landeinwärts geweht u. durch Regen gelöst wird. Die Zufuhr von Sulfaten u. Hydrocarbonaten ist untergeordnet. Die Zufuhr der letzteren erfolgt durch W. vulkan. Ursprungs. Die mit Salz angereicherten W. laufen mit den Flüssen zum Meer ab. F. Ensslin. 393◇

0676 **Grundzüge der Chemostratifizierung rezenter Seeablagerungen des Belorussischen Seegebietes.** K. I. Lukaschew und A. A. Chomitsch. (Ber. Akad. Wiss. Beloruss-SSR **7**, 44—47, 1963; Akad. der Wiss. der BelorussSSR, Inst. für geolog. Wissensch.; russ.) — Darst. der Verteilung von CaO-, SiO_2-, Al_2O_3-, Fe_2O_3- u. MgO-Geh. in Sapropel, Tonen u. Sanden junger Seeablagerungen. H.-J. Bautsch. 393◇

0677 **Die Ausfällung von Ca-haltigen Dolomiten und Mg-haltigen Calciten im Südosten von Südaustralien.** H. Catherine W. Skinner. (Amer. J. Sci. **261**, 449—72, 1963; Bethesda, Md., Nat. Inst. of Health; engl.) — Mg-Calcite u. Ca-Dolomite wurden in simultanen Ausfällungen aus flachen Salinen mit denselben Ionenverhältnissen wie Meereswasser beobachtet. Während der Fällung wurden pH-Werte zwischen 8,9 u. 9,2 u. Salinitäten zwischen 1,57 u. 14,14 in zwei flachen Seen u. einer schmalen, küstenparallelen Meeresbucht festgestellt. Der Gesamtbetrag an ausgefälltem Mg variiert mit der geograph. Lage. Er ist in den Seen am höchsten u. nimmt in der Bucht gegen das offene Meer zu ab. Die Zus. des feinkörnigen Calcites liegt zwischen $(Ca_{0,77}Mg_{0,23})(CO_3)$ u. $(Ca_{0,98}\cdot Mg_{0,02})(CO_3)$, während die Dolomit-Zus. zwischen der von nahezu stöchiometr. Dolomit u. Protodolomit mit 6 Mol-% $CaCO_3$ variiert. Kleine Coelestinmengen werden gleichzeitig mit ausgefällt, jedoch wurde keine Mischkristall-Bldg. festgestellt. Anscheinend wird die gesamte Ausfällung durch die Photo-Synth. der Meerespflanzen kontrolliert. J. Heinze. 393◇

0678 **Mineralogie einiger mariner Schlamme aus der Gegend von Monako.** Hoang Ngoc Can, W. Donoso und G. Sabatier. (Bull. Soc. franç. Minéralog. Cristallogr. **82**, 380—83, 1959; Paris, Sorbonne, Labor. de Géographie Phys. et Labor. de Minér.-Cristallographie; franz.) — Vff. untersuchten 17 verschiedene marine Schlamme verschiedener Tiefen. Zur Unters. gelangte die Fraktion mit Teilchengrößen $< 40\ \mu$, die 95% des Sediments ausmachten. Die Zus. dieser Sedimente erwies sich als sehr gleichförmig u. bestand im Mittel aus 42% *Calcit*, der eine geringe Menge *$MgCO_3$* in fester Lsg. enthält u. 16% *Quarz*. Die Tonfraktion enthielt mehr als 80% dioktaedr. *Illit*, *Chlorit* u. zuweilen etwas *Montmorillonit*. Analysen einiger entkalkter Proben sind angegeben. C. Gottfried. 393△

0679 **Hydrogeochemische Untersuchungen an erzgebirgischen Gruben- und Oberflächenwässern.** F. Leutwein und L. Weise. (Geochim. cosmochim. Acta [London] **26**, 1333—48, 1962; dt.) — Die chem. Zus. von Grubenwässern verschiedener Lagerstätten wurde über einen längeren Zeitraum untersucht. Die Spurenelement-Geh. schwanken in Abhängigkeit von klimat. Faktoren, doch geben die meisten Erzformationen deutlich verschiedene Spurenelementkombinationen im Grubenwasser. Für einige Bezirke können die jährlich wegtransportierten Metallmengen berechnet werden, wobei auch das Ausmaß an iondispers gelösten Stoffen zu in Koll. transportierten bestimmt wird. Weiterhin wird eine hydrogeochem. Unters. über den Gesamtlauf der Mulde gegeben. Lsg., Stofftransport u. Selbstreinigung des W. werden untersucht u. für einzelne Metalle quant. verfolgt. J. Heinze. 393◇

B. Allgemeine und theoretische organische Chemie

0680 **Absorptionsspektren von Fluorxylolen im nahen UV.** M. R. Padhye und T. S. Varadarajan. (Indian J. pure appl. Physics **1**. 170—74, 1963; Bombay, Indian Inst. of Technol.; Univ. of Bombay, Dep. of Chem. Technol.; engl.) — Von nachst. Fluorxylolen *1-Fluor-2.3-* (**I**; Kp. 148°); *1-Fluor-2.6-* (**II**; Kp. 162°); *1-Fluor-2.4-* (**III**; Kp. 143—144°); *1-Fluor-2.5-* (**IV**; Kp. 142°); *1-Fluor-3.4-* (**V**; Kp. 150°, alle aus den entsprechenden Xylidinen dargestellt) wurden die Gasspektren im nahen UV aufgenommen u. bes. bzgl. der Schwingungsfrequenzen des angeregten Zustandes analysiert. Wegen der im Gegensatz zu Bzl. erniedrigten Symmetrie ist der Übergang, der dem beim Bzl. verbotenen B_{2u}–A_{1g} entspricht, in allen Fällen erlaubt. Er gehört zum Typ B_2–A_1 bei Verb. **II** u. zum Typ A′–A′ bei den übrigen Verbindungen. — Die Spektren zeigen alle eine starke Schwingungsfrequenz zwischen 600 u. 700 cm^{-1} u. eine schwächere zwischen 900 u. 1000 cm^{-1}, wie sie auch bei den o- u. m-Isomeren der Xylole u. Fluortoluole gefunden werden. Die niedrigere Frequenzdifferenz entspricht der Atmungsschwingung beim Bzl., die höhere der trigonalen Schwingung. Unter den Isomeren des disubstituierten Bzl. sind nur bei den ortho-Verbb. beide Schwingungstypen angeregt; im vorliegenden Fall ist also bei allen 5 Verbb. der ortho-Charakter vorherrschend. Zwei weitere allen 5 Isomeren gemeinsame Schwingungsfrequenzen liegen bei 1150 bzw. 1230 cm^{-1}. Erstere kann der C—CH_3-Valenzschwingung zugeordnet werden, letztere einer C—F-Valenzschwingung. Beide Schwingungen sind bei den Verbb. **I** u. **II** schwächer als bei den Verbb. **III**—(**V**). D. Grosse. B 118◇

0681 **Absorptionsspektren von N-Methyl- und N-Äthylanilindämpfen im nahen UV.** C. P. D. Dwivedi und D. Sharma. (Indian J. pure appl. Physics **1**, 192—93, **1963**; Gorakhpur, Univ. of Gorakhpur, Dep. of Phys.; engl.) — Die Spektren von *N-Methyl-* u. *N-Äthylanilin* im Gaszustand wurden bei Zimmer-Temp. aufgenommen u. die Schwingungsfrequenzen der Grund- u. angeregten Zustände im Gebiet 3125—2700 Å bzw. 3090—2824 Å zugeordnet. D. Grosse. B 118◇

0682 **Das Fluorescenzspektrum des Naphthalindampfes im Bereich von 3100 Å.** J. M. Hollas. (J. molecular Spectroscopy **9**, 138—69, 1962; Ottawa, Canada, Nat. Res. Council, Div. of Pure Phys.; engl.) — Das Fluorescenzspektrum von *Naphthalin* (I) u. D_8-I wurde bei 3100 Å mit einem hochauflösenden Spektrographen aufgenommen. Drei Hg-Linien im Gebiet von 3125 Å wurden zur Anregung benutzt. Man erhielt die Spektren bei einem Druck von ca. 0,1 Torr, da hier Emission auftritt, bevor viele Mol.-Zusammenstöße stattfinden, u. nach He-Zusatz bei 5 Torr, wobei die Desaktivierung durch Schwingung vor der Emission eintritt. Die Spektren bei 0,1 Torr wurden zur Schwingungszuordnung, die bei 5 Torr, welche Rotationskonturen enthalten, zur Unterstützung der Schwingungszuordnungen herangezogen (ausführliche Zuordnungstabellen u. Deutung der Sequenzintervalle). Aus dem Mechanismus der Fluorescenz wird die Zuordnung des Sequenzintervalls bei 72 cm^{-1} bei beiden I-Spektren abgeleitet. Das Profil der Bandenfolge bei 72 cm^{-1} zeigt übereinstimmend mit der Zuordnung der Banden eine Wahrscheinlichkeit für eine Coriolis-Wechselwirkung. Die Schwingungen, die in anderen Sequenzen enthalten sind, werden aus den Niederdruckspektren ermittelt. Kombinationsbanden wurden bei 516 bzw. 493 cm^{-1} für I bzw. D_8-I bestimmt, die die Existenz der a_g-Schwingungen bestätigen. K. W. Udluft. B 118◇

0683 **Der Einfluß von Alkylgruppen auf die Elektronenspektren von benzolähnlichen Kohlenwasserstoffen.** Edgar Heilbronner und John N. Murrell. (Theoret. chim. Acta [Berlin] **1**, 235—44, 1963; Zürich, ETH, Org. Chem. Labor.; Sheffield, Univ., Dep. of Chem.; engl.) — Unter dem Einfl. von Alkylsubstituenten verschiebt sich die ^1L_a-Bande aromat. KW-Stoffe nach längeren Wellenlängen. Eine statist. Analyse der Daten für Naphthalin, Phenanthren u. 1.2-Benzanthracen deutet darauf hin, daß das einfache Hückelsche Verf. weniger gute Voraussagen dieser Verschiebung liefert, als gewöhnlich angenommen wird. Es läßt sich zeigen, daß die Verw. von Mehrelektronenwellenfunktionen u. die Einbeziehung der Wechselwrkg. zwischen den Konfigurationen ψ_1^{-1} u. ψ_2^{-2} zu einer deutlichen Verbesserung der Voraussagen führt. — Die Lage der ^{1}La-Bande ist tabellar. angegeben für nachst. Naphthaline: *1-, 2-Methyl-, 1.2-, 1.3-, 1.4-, 1.5-, 1.6-, 1.7-1.8-, 2.3-, 2.6-, 2.7-Dimethyl-, 1.2.3-, 1.2.4-, 1.2.5-, 1.2.6-, 1.2.7-, 1.2.8-, 1.3.5-, 1.3.6-, 1.3.7-, 1.3.8-, 1.4.5-, 1.4.6-, 1.6.7-Trimethyl-, 1.2.3.4-, 2.3.6.7-, 1.4.5.8-, 1.4.6.7-, 1.4.5.7-, 1.2.4.6-, 1.2.6.8-, 1.2.5.8-, 1.2.5.6-Tetramethyl-, 1.2.3.4.5-Pentamethyl-, 1.2.3.4.5.8-Hexamethyl-, 1.2.3.4.5.6.7.8-Oktamethyl-*, für nachst. 1.2-Benzanthracene: *1-, 2-, 3-, 4-, 5-, 6-, 7-, 8-, 9-, 10-, 11-, 12-Methyl-, 8.11-, 7.8-, 7.11-, 7.12-Dimethyl-* sowie für nachst. alkylsubstituierte Phenanthrene (angegebene Stellung der nicht näher bezeichneten Alkylsubstituenten): *1-, 2-, 3-, 9-, 1.2-, 1.3, 1.6-, 1.7-, 1.8-. 1.9-, 2.3-, 2.5-, 3.10-, 4.9-, 9.10-, 1.2.6-, 1.2.7-, 1.2.8-, 1.2.9-, 1.3.7-, 1.4.7-, 1.6.7-, 1.6.9-, 1.2.7.8-, 4.5-*. Ch. Zechel. B 118◇

0684 **Über die Absorptionsspektren von Benzopyridocarbazolen im mittleren ultravioletten Bereich.** N. P. Buu-Hoï, Pierre Jacquignon und François Périn. (Bull. Soc. chim. France **1962**, 109—11; Gif-sur-Yvette, Seine-et-Oise, C.N.R.S., Inst. de Chim. des Subst. Natur.; franz.) — Vgl. C. **1962**, 17036. — Die Konstit. der durch Fischer-Synth. aus den Chinolyl-(6)- bzw. -(7)-hydrazonen des *β*-Tetralons dargestellten Verbb. als *3.4-Benzopyrido-[3'.2':5.6]-carbazol* bzw. *3.4-Benzopyrido-[2'.3':5.6]-carbazol* wird durch die Ähnlichkeit ihrer UV-Spektren (in A.) mit denjenigen von *3.4;5.6-Dibenzo-β-carbolin* u. *3.4;5.6-Dibenzocarbazol* bewiesen. Die Spektren von *1.2-Benzopyrido-[3'.2':5.6]-carbazol* (I) bzw. von *1.2-Benzopyrido-[2'.3':5.6]-carbazol* (erhalten aus den entsprechenden Hydrazonen des *α*-Tetralons) ähneln denjenigen von *5.6-Benzopyrido-[2'.3':1.2]-carbazol, 5.6-Benzopyrido-[3'.2':1.2]-carbazol* (II) u. *1.2;5.6-Dibenzocarbazol.* Ferner ähneln sich die UV-Spektren von *1.2-Benzopyrido-[2'.3':7.8]-carbazol* u. dem isosteren *1.2;7.8-Dibenzocarbazol.* Vff. weisen auf mögliche Zusammenhänge zwischen UV-Spektrum u. cancerogenen Eigg. hin, denn die beiden am stärksten cancerogenen Benzopyridocarbazole I u. II weisen auch im UV-Spektrum eine bes. intensive Absorption bei 300—320 mμ auf. J. Rothe. B 118□

0685 **Die optischen Eigenschaften der Phthalocyanine.** Lewis T. Chadderton. (J. Physics Chem. Solids **24**, 751—57, **1963**; Cambridge, England, Cavendish Labor., Phys. and Chem. of Solids; engl.) — Die Absorptionsspektren im sichtbaren Bereich von *metallfreiem Phthalocyanin* u. dessen *Cu-* u. *Pt-Deriv.* werden im Dampfzustand, von aufgedampften Schichten u. von Einkristallen gemessen. Die Ergebnisse zeigen, daß die scharfgetrennten Energieniveaus des freien Mol. bei der Kristallisation in breite, quasikontinuierliche Bänder übergehen. K. H. Härdtl. B 118◇

0686 **Optische Rotationsdispersion.** 5. Mitt. **Rotationsdispersionskurven einiger Dekalone mikrobiologischer Herkunft.** W. Klyne und Wendy Robertson. (Experientia [Basel] **18**, 413—14, 1962; London, Hampstead, Westfield Coll., Dep. of Chem.; engl.) — 3. vgl. Djerassi u. Klyne, C. **1963**, 16877. — Die Rotationsdispersionskurven folgender opt. akt. Dekalon-Derivv. werden gemessen: *(9R)-trans-Dekalon-(1)* [Amplitude a] —40, *(4R)-* —43 u. *(4S)-4-Hydroxy-* —37, *(5R)-* —61 u. *(5S)-5-Hydroxy-(9R)-trans-dekalon-(1)* —50, *(9R)-9-Methyl-trans-dekalon-(1)* +27, *(5R)-5-Hydroxy-(9R)-9-methyl-trans-dekalon-(1)* +8, *(9R)-10-Methyl-trans-dekalon-(1)* —32, *(5R)-* —81 u. *(5S)-5-Hydroxy-(9R)-10-methyl-trans-dekalon-(1)* —72, *(4R)-* —6 u. *(4S)-4-Hydroxy-(9R)-trans-Δ^6-oktalon-(1)* —6, *(9R)-cis-Dekalon-(1)* —14, *(4R)-4-Hydroxy-* —14 u. *(5R)-5-Hydroxy-(9R)-cis-dekalon-(1)* —2. Die a-Werte u. die Amplitudenbeiträge der Substituenten werden zusammen mit der Konformation im Rahmen der Oktantenregel diskutiert. B. Gnauck. B 119◇

0687 **Infrarotspektren von Einkristallen.** 1. Mitt. **Orthorhombisches n-$C_{24}H_{50}$, monoklines n-$C_{36}H_{74}$ und triklines n-$C_{18}H_{38}$ und n-$C_{20}H_{42}$.** R. F. Holland und J. Rud Nielsen. (J. molecular Spectroscopy **8**, 383—405, 1962; Norman, Okla., Univ., Dep. of Phys.; engl.) — 2. vgl. C. **1963**, 21119. — Die IR-Spektren von Einkristallen u. passend geschnittener Teile von Einkristallen nachst. langkettiger n-Paraffin-KW-Stoffe wurden mit polarisiertem Licht aufgenommen. Sie werden als Kurvenzüge u. als Bandentabelle mit Zuordnungen u. Polarisationsdaten angegeben (außer n-Eikosan). Für das orthorhomb. *n-Tetrakosan* (Punktgruppe C_{2h}; Bereich 700—1600 cm^{-1}) wurden Spektren erhalten, bei denen das elektr. Feld der einfallenden Strahlung jeweils in Richtung der kristallograph. Achsen a, b u. c lag. Beim monoklinen *n-Hexatriakontan* (C_{2h}; 700—1500 cm^{-1}) lag das elektr. Feld parallel zur a- u. b-Achse u. senkrecht zur Ebene ab. Spektren von triklinem *n-Octadecan* (C_{2h}; 700—1500 cm^{-1}) wurden erhalten bei elektr. Feld parallel u. senkrecht zu den Gitterebenen u. parallel u. senkrecht zur Kettenachse. Die stärkeren Banden des triklinen *n-Eikosans* (C_{2h}; 700—750 cm^{-1}, 1350—1500 cm^{-1}, 2800—3000 cm^{-1}) wurden aufgezeichnet mit dem elektr. Feld parallel u. senkrecht zu den Gitterebenen. Die so erhaltenen Werte wurden herangezogen, um frühere Interpretationen der IR-Banden zu bestätigen, zu erweitern oder abzuändern. K. W. Udluft. B 120◇

0688 **Infrarotspektren der $\nu(\equiv CH)$- und $\nu(\equiv CD)$-Schwingungen von Alkinen-(1) und 1-Deuteroalkinen-(1). Existenz eines heißen Überganges.** Pham-Van-Huong und Jean Lascombe. (C. R. hebd. Séances Acad. Sci. **254**, 2543—45, 1962; Bordeaux-Talence, Fac. des Sci., Labor. de Spectrosc. infrarouge; franz.) — Die IR-Spektren von *Propin, Butin-(1), Hexin-(1), Heptin-(1)* (I) u. *Octin-(1)* zeigen in CCl_4-Lsg. bei 3300 cm^{-1} eine starke Bande der $\nu(\equiv CH)$, welche im Abstand von 19 cm^{-1} nach den niederen Frequenzen zu von einer schwachen Bande ν_x begleitet wird. Intensitätsverhältnis $I_x/I_{\equiv CH}$ 0,12 bei 298° K. Für $D_{(1)}$-I findet man bei 2600 cm^{-1} ein analoges Spektrum (Frequenzabstand 14 cm^{-1}, $I'_x/I_{\equiv CD}$ 0,18 bei 298° K). Diese Werte sind weitgehend unabhängig vom Lsgm., das Intensitätsverhältnis ändert sich mit der Temp. (z. B. für I 0,30 bei 440° K). Die Spektren aller Alkine-(1) im Gaszustand zeigen eine Hauptbande mit PQR-Struktur u. eine schwache Nebenbande bei niedrigerer Frequenz. Diese Ergebnisse sprechen für einen Übergang vom 1. angeregten Niveau der Deformationsschwingung $\delta(\equiv CH)$ bzw. $\delta(\equiv CD)$ aus, was durch Berechnung der therm. Verteilung bestätigt wurde. W. Penn. B 120◇

0689 **Infrarotspektren von Salpetersäureestern. 3. Mitt. Wasserstoffbindung in teilweise O-nitrierten Polyalkoholen.** T. Urbański und M. Witanowski. (Trans. Faraday Soc. **59**, 1510—12, 1963; Warszawa, Poland, Polish Acad. of Sci., Inst. of Org. Synth.; engl.) — 2. vgl. C. **1963**, 21881. — Die Unters. des ν(OH)-Bereiches im IR-Spektrum von *Äthylenglykolmononitrat, Glycerin-1.2-dinitrat, -1.3-dinitrat* u. *-1-mononitrat* (I) zeigte, daß keine intramol. H-Bindungen zwischen den OH- u. den O-NO_2-Gruppen auftreten. Die O-NO_2-Gruppe scheint sogar die Ausbildung der intramol. H-Bindung zwischen 2 benachbarten OH-Gruppen wie in I zu verhindern. W. Schramm. B 120◇

0690 **Infrarotspektrum und Schwingungspotentialfunktion von Keten und deuterierten Ketenen.** C. Bradley Moore und George C. Pimentel. (J. chem. Physics **38**, 2816—29, 1963; Berkeley, Calif., Univ. of California, Dep. of Chem.; engl.) — In den IR-Spektren von festem *Keten* (u. in Argon) sowie von den deuterierten Verbb. konnte eine neue Bande einer Grundschwingung (CH_2CO [438 cm^{-1}], CD_2CO 371, CHDCO 398) aufgefunden werden. Hieraus u. aus dem Gasspektrum wird das Schwingungsspektrum neu zugeordnet. Die Potentialfunktion der Schwingung, zentrifugale Verzerrungs-Konst., Coriolis-Wechselwrkg.-Konst. u. die thermodynam. Konst. werden berechnet u. tabellar. erfaßt. Die Kraft-Konst. der nichtebenen CH-Spreizschwingungen ist ca. ein Drittel kleiner als die des Äthylens. Aus der Analyse der Rotationsstruktur verschiedener Senkrechtschwingungen werden das Trägheitsmoment A, der CH_2-Winkel (122,3°) u. die CH-Bindungslänge (1,079 Å) abgeschätzt. Die Gas-, Fest- u. Lsg.-Spektren sind abgebildet. D. Groß/Berlin. B 120◇

0691 **Das Reaktionsprodukt von Hexamethylendiamin und Kohlendioxid.** Leon Segal. (Appl. Spectroscopy **17**, 21—22, 1963; New Orleans, La., Plant Fibers Pioneering Res. Labor.; engl.) — Festes *Hexamethylendiamin* (I) im KBr-Preßling reagiert mit atmosphär. CO_2 zum Carbaminat (II) von I (zur Struktur vgl. nachst. l. c.), was durch Elementaranalyse u. Vgl. der IR-Spektren nachgewiesen wurde. Reines II wurde aus I dargestellt unter Luftabschluß (vgl. Katchalski u. Mitarbeiter, C. **1956**, 392), wobei 1 Mol CO_2 schnell mit 1 Mol I reagiert. A. Kumm. B 120◇

0692 **Untersuchung von Estern der Methanphosphonsäure und der Methanthiophosphonsäure durch Infrarotspektrographie.** Jean Quinchon, Maryvonne Le Sech und Eustache Gryszkiewicz-Trochimowski. (Bull. Soc. chim. France **1962**, 169—74; Vert-le-Petit, Seine-et-Oise, Centre d'Étude du Bouchet; franz.) — Vgl. C. **1962**, 12639. — Vff. untersuchten die IR-Spektren folgender (unverd.) Methanphosphonsäuredialkylester (**A**) u. -thiophosphonsäuredialkylester (**B**): *-dimethyl-, -diäthyl-, -di-n-propyl-, -diisopropyl-, -di-n-butyl-, -di-n-amyl-, -diisoamyl-, -dineopentyl-, -di-1.2.2-trimethylpropyl-, -dicyclohexyl-, -di-2.2-dimethyldioxolanyl-(4)-methyl-*, ferner zum Vgl. diejenigen von CH_3POCl_2, CH_3PSCl_2, CH_3PSeCl_2 u. die der *Diäthyl-, Di-n-propyl-* u. *Di-n-butylester* der *Methanselenophosphonsäure*. Für die einzelnen Schwingungsarten ergaben sich folgende Werte (cm^{-1}; 1. Wert **A**, 2. Wert **B**): asymm. ν (CH) 2940 bis 3030; 2930—3015; symm. ν (CH) 2870—2950; 2850 bis 2960; —CH_3-Deformations-, asymm. 1418—1422; 1408 bis 1415; —CH_3-Deformationsschwingung, symm. 1310—1312; 1295—1303; ν (P → O) bzw. ν (P → S) 1240—1251; 573 bis 621; γ (CH_3) 895—935; 900—910; asymm. ν (P—O—C) 1050 bis 1180; 1045—1175; symm. ν (P—O—C) 750—815; 755 bis 801; ν (P—C) 725—785; 720—760. J. Rothe. B 120□

0693 **Über Rotationsisomerien durch konkurrierende innere Wasserstoffbrücken.** Herbert Hoyer. (Z. physik. Chem. [Frankfurt/M.] [N. F.] **36**, 320—28, 1963; Bonn, Univ., Inst. für Phys. Chem.; dt.) — Die IR-Spektren von 2—5 μ von Schiffschen Basen mit innerer Wasserstoffbrückenbindung — *Salicylaldehydanil, 2-Hydroxybenzaldehyd-N-2'-[äthoxyphenyl]-imin, 2-Hydroxy-3-carbomethoxybenzaldehyd-N-cyclohexylimin, 2-Hydroxy-3-carbomethoxybenzaldehyd-N-[2'.4'.6'-trimethylphenyl]-imin, 3-Nitro-* u. *5-Nitrosalicylaldehydanil* sowie *Salicylsäuremethylester* — werden abgebildet u. mit denen der 2-OD-analogen Verbb. verglichen. Die Verdoppelung der OH-Banden bei konkurrierenden inneren Wasserstoffbrücken wird verschiedenen Rotationsisomeren zugeordnet. D. Groß/Berlin. B 120◇

0694 **Beitrag zur Untersuchung des Cyclobutanringes durch Infrarotspektroskopie.** G. Chiurdoglu, Th. Doehaerd und M. Duts. (Bull. Soc. chim. belges **70**, 642—61, 1961; Bruxelles, Univ. Libre, Fac. des Sci. Appl., Serv. de Chim. Organ.; Fac. des Sci., Labor. de Chim. Alicycl.; franz.) — Von folgenden Cyclobutan-Derivv. wurde das IR-Spektrum im Bereich von 900—1000 cm^{-1} im fl. Zustand, in KBr bzw. in CCl_4-Lsg. untersucht: *Cyclobutan, Methyl-, Äthyl-, Isopropyl-, Butyl-* u. *Pentylcyclobutan, Cyclobuten, 1-Methyl-, 3-Methylencyclobuten, Methylen-, Äthyliden-, 1.2-Dimethylen-, Isopropenyl-, Isopropyliden-, 1-Methyl-1-[1-methylpropen-(1)-yl]-, 1.2-Divinyl-, Phenyl-, 1-Methyl-1-phenylcyclobutan, 3-Methylen-1-phenylcyclobuten, Spiro-[3.4]-octan, Spiro-[3.4]-octadien-(1.3), Bicyclo-[2.1.0]-pentan, cis-* u. *trans-Pinan, d-α-* u. *l-β-Pinen, β-Caryophyllen, Chlor-, Brom-, 1-Brom-1-methyl-, Brommethyl-, 1-Brom-1-brommethyl-, cis-1.2-Bis-[brommethyl]-, 1-Brom-2.2.3.3-tetrafluorcyclobutan, Cyclobutanol, Hydroxymethylcyclobutan, 1-Hydroxymethylcyclobutanol, [1-Hydroxy-1-methyläthyl]-cyclobutan, Cyclobutanon, Benzoyl-* u. *trans-1.2-Dibenzoylcyclobutan, Cyclobutan-* u. *1-Phenylcyclobutancarbonsäure, Cyclobutandicarbonsäure-(1.1)* u. *-(1.2) (cis-* u. *trans-Verb.), cis-* u. *trans-3.3-Dimethylcyclobutandicarbonsäure-(1.2), cis-* u. *trans-2-Carboxymethyl-3.3-dimethylcyclobutancarbonsäure, cis-* u. *trans-2-Carboxymethyl-4.4-dimethylcyclobutancarbonsäure, 3-Carboxymethyl-2.2-dimethylcyclobutancarbonsäure, Cyclobutantricarbonsäure-(1.1.2), Carbäthoxy-, 1-Carbäthoxy-1-phenyl-, 1.1-Dicarbäthoxy-, cis-1.2-Dicarbäthoxy-, 1.2-Bis-[carbomethoxymethyl]-3.3-dimethyl-, 1-Carbomethoxy-2-carbomethoxyäthyl-3.3-dimethyl-, 1-Carbäthoxy-3-carbäthoxymethyl-2.2-dimethylcyclobutan, cis-Cyclobutandicarbonsäure-(1.2)-anhydrid, 1-Cyan-1-phenyl-, Dimethylamino-, cis-1-Acetyl-3-carboxymethyl-2.2-dimethyl-, cis-1-Acetyl-3-carbäthoxymethyl-2.2-dimethyl-, 1-Carboxymethyl-3.3-dimethyl-2-[3-oxobutyl]-, 1-Cyan-1.2-dicarbomethoxycyclobutan, 4.4-Dimethyl-3-methylencyclobuten, Oktafluor-, cis-* u. *trans-1.2-Dichlorhexafluorcyclobutan, 3.3-Diäthyl-2.4-dimethylcyclobutanon, 2.4-Dimetyl-, 2.4-Diäthyl-** u. *2.2.4.4-Tetramethylcyclobutandion-(1.3)*, 1.3-Bis-[carboxymethyl]-** u. *1.3-Diphenylcyclobutandicarbonsäure-(2.4), 1.3-Dicarbomethoxy-2.4-bis-[carbomethoxymethyl]-** u. *1.1.3.3-Tetracarbäthoxy-2.4-bis-[carboäthoxymethyl]-cyclobutan*, 2-Carboxymethyl-3-hydroxy-4.4-dimethyl-* u. *2-Carboxymethyl-4.4-dimethyl-3-oxocyclobutancarbonsäure, 1.3-Dicarbomethoxy-2.4-diphenacyl-*, 1.3-Dicarbäthoxy-2.4-diphenyl-*, 1.3-Bis-[2.2-dicarboxyäthylen]-2.4-diphenyl-*, 1.3-Bis-[2-cyan-2-carbomethoxyäthylen]-2.4-diphenyl-* u. *1.3-Bis-[1.2-dibrom-2.2-dicarboxyäthyl]-2.4-diphenylcyclobutan*. Die mit * bezeichneten Verbb. besitzen keine Banden im untersuchten Bereich. Sämtliche Verbb. mit mindestens einer unsubstituierten CH_2-Gruppe im Cyclobutanring weisen im Bereich von 900—950 cm^{-1} 1—2 Absorptionsbanden auf, von denen wenigstens eine der $\gamma_r(CH_2)$-Schwingung zuzuordnen ist. Da jedoch auch viele andere Verbb., die keinen C_4-Ring besitzen, in diesem Gebiet absorbieren, können diese Banden nicht als eindeutiger Nachw. für das Cyclobutyl-Syst. dienen. Auch die zwischen 950 u. 1000 cm^{-1} oft vorhandenen Banden sind zur Charakterisierung von C_4-Ring-Verbb. ungeeignet. B. Gnauck. B 120◇

0695 **Spektroskopische Untersuchungen einiger halogenierter Cyclohexenderivate.** G. Chiurdoglu, R. Ottinger, J. Reisse und A. Toussaint. (Spectrochim. Acta [London] **18**, 215—23, 1962; Bruxelles, Belgique, Univ. Libre, Serv. de Chim. Org., Fac. des Sci. Appl. et Fac. des Sci., Labor. de Chim. Alicycl.; franz.) — Vff. untersuchten die IR- (als fl. Filme) bzw. Raman- (als fl. Filme bzw. Lsgg. in CCl_4, Chlf. u. Cyclohexan) sowie die UV-Spektren (in 95%ig. A.) folgender Verbb.: *Cyclohexen, 1-Chlor-* (**I**), *1-Brom-* (**II**), *1.2-Dichlor-* (**III**) u. *1.2-Dibromcyclohexen* (**IV**). Die IR- u. Raman-Frequenzen sind numer. angegeben; sie werden zugeordnet u. diskutiert. Für die ν(C–Hal) ergeben sich folgende Werte (1. Wert IR-, 2. Wert Raman-Spektrum): **I** 730 [cm^{-1}] 728; **II** 716, 717; **III** 790 (asymm.) bzw. 575 (symm.), 581; **IV** 753 (asymm.) bzw. 538 (symm.), 547. Aus den UV-Daten ergibt sich, daß **IV** bzgl. der Doppelbindung nicht planar ist. Mit Hilfe der Braude-Formel $\cos^2\Theta = \varepsilon/\varepsilon_0$ (ε_0 = Extinktions-Koeff. für das fiktive planare Syst.) wird der Verdrehungswinkel Θ auf 20° geschätzt. J. Rothe. B 120□

0696 **Das Infrarotspektrum von Anthracenkristallen. Die Symmetrie der Grundschwingungen.** L. Colombo. (Croat. chem. Acta **33**, 111—19, 1961; Zagreb, Inst. „Ruder Bošković"; franz.) — Die IR-Spektren von *Anthracen* (**I**, monokline Kristalle, Symmetriegruppe D_{2h}) in Form von Einkristallen, Kristallpulver (in KBr) sowie in

Lsg. (in CS_2 bzw. CCl_4) werden zwischen 3 u. 40 μ aufgenommen. Angegeben sind Spektren u. Bandentabellen. Da die Wechselwrkg. der I-Moll. im Kristall gering sind, kann die Symmetrie der 24 Grundschwingungen bestimmt werden B. Gnauck. B 120◇

0697 **Einfluß der Umgebung auf die Raman- und Infrarotspektren von Chinolin und Tetralin.** Krishna Kumar Deb. (Indian J. Physics Proc. Indian Assoc. Cultivat. Sci. **35 (44)**, 535—49, 1961; Calcutta, Indian Assoc. for the Cultivat. of Sci., Optics Dep.; engl.) — Von *Chinolin* (I) u. *Tetralin* (II) wurden die Raman-Spektren im fl. u. festen Zustand bei —180° u. die IR-Spektren der Fll. u. ihre Lsgg. in CS_2, CCl_4 u. n-Heptan untersucht u. die Hauptschwingungen zugeordnet. I zeigt im festen Zustand bei —180° eine neue Raman-Linie bei 49 cm^{-1}, II unter diesen Bedingungen solche bei 67 u. 92 cm^{-1}. Beim Erstarren der Fll. ändern sich einige auf intramol. Schwingungen zurückzuführende Linien. Diese Änderungen u. das Auftreten der neuen Linien können auf intramol. Kopplung im Kristall bei niedriger Temp. zurückgeführt werden. W. Schramm. B 120◇

0698 **Anwendungen der Mikrowellenspektroskopie in der physikalischen Chemie.** W. Maier. (Ber. Bunsenges. physik. Chem. **67**, 539—53, 1963; Freiburg, Univ., Phys. Inst.; dt.) — Vf. gibt einen zusammenfassenden Bericht über die Anwendungsmöglichkeiten der Mikrowellenspektroskopie auf phys.-chem. Probleme. Dabei handelt es sich fast ausschließlich um Fragen der Mol.-Strukturforschung im weiteren Sinne. Nach einer kurzen Beschreibung der Aufnahme- u. Auswertungs-Verf. werden die verschiedenen Meth. zur Ermittlung der geometr. Mol.-Struktur aus spektroskop. bestimmten Rotations-Konst. besprochen. Weitere Kapitel befassen sich mit den mikrowellenspektroskop. Bestimmungen des Behinderungspotentials der inneren Drehbarkeit, des elektr. Dipolmomentes u. der Konst. der inneren Feldasymmetrie. — 79 Literaturangaben. Ch. Zechel. B 121◇

0699 **Der Einfluß des Lösungsmittels auf die sterische Stabilität von Lithiumreagentien.** David Y. Curtin und William J. Koehl jun. (J. Amer. chem. Soc. **84**, 1967—73, 1962; Urbana, Ill., Univ. of Illinois, Noyes Chem. Labor.; engl.) — Die Bldg. u. die Rkk. von Li-organ. Verbb. verlaufen in KW-Stoff als Lsgm. langsamer als z. B. in Diäthyläther. In diesem Zusammenhang stellen Vff. fest, daß die stereochem. Stabilität von *cis-α-Stilbenyl-Li* (cis-I), *cis-* u. *trans-2-p-Chlorphenyl-1.2-diphenylvinyl-Li* in KW-Stoffen wesentlich größer als in Ae. ist. Die Isomerisierung von cis- u. trans-I wurde durch Tetrahydrofuran noch mehr als durch Ae. gefördert. In Abwesenheit von Ae. kann *sek.-Butyl-Li* hergestellt u. carbonisiert werden unter mindestens 83% Beibehaltung der Konfiguration. Auch hier ist die Racemisierung durch kleine Mengen Ae. stark beschleunigt.

Versuche: *n-Butyl-Li* (II), aus n-Butylbromid u. Li in Ae. unter Ar oder aus n-Butylchlorid u. Li in Pentan oder Hexan unter Rückfluß. — *Bis-[cis-α-stilbenyl]-Hg*, F. 147 bis 149°, aus cis-α-Bromstilben (F. 20—21°) durch Austausch mit Butyl-Li u. Behandlung mit $HgCl_2$ in Ae. bei —55°. — *cis-α-Stilbenyl-Li* (cis-I), aus vorst. Verb. durch Li-Hg-Austausch. — *cis-* u. *trans-2.3-Diphenylacrylsäure*, F. (cis) 175—176°, (trans) 139—140°, aus cis-I durch Carbonisierung; je nach Lsgm. wechselnde Ausbeuten. — *cis-* u. *trans-1.1.2.3-Tetraphenylpropen-(2)-ol*, $C_{27}H_{22}O$, aus cis-I durch Rk. mit Benzophenon; je nach Lsgm. wechselnde Ausbeuten. — *Bis-[1.2.2-Triphenylvinyl]-Hg*, $C_{40}H_{30}Hg$, F. 224—227°, aus 1.2.2-Triphenylvinylbromid u. II in Ae. bei —40°; 58% (Ausbeute). — *1.2.2-Triphenylvinyl-HgCl*, $C_{20}H_{15}ClHg$, F. 200,5 bis 201°, aus vorst. Verb. durch Erhitzen mit $HgCl_2$ in A. am Rückfluß; 78%. — *Bis-[trans-2-p-chlorphenyl-1.2-diphenylvinyl]-Hg*, $C_{40}H_{28}HgCl_2$, F. 235—236°, aus trans-2-p Chlorphenyl-1.2-diphenylvinylbromid (F. 112—113°) u. II in Ae. bei —40°; 30%. Daneben *trans-1-p-Chlorphenyl-1.2-diphenyläthylen*. — *Bis-[cis-2-p-chlorphenyl-1.2-diphenylvinyl]-Hg*, $C_{40}H_{28}HgCl_2$, F. 229—230°, aus cis-2-p-Chlorphenyl-1.2-diphenylvinylbromid (F. 157,5—158,5°) analog vorst. Verb.; 59%. — *cis-* u. *trans-2.3-Diphenyl-3-p-chlorphenylacrylsäure*, aus vorst. u. vorvorst. Hg-Verb. durch Überführung in die Li-Verb. mit II u. deren Carbonisierung; je nach Lsgm. wechselnde Ausbeuten. — *cis-* u. *trans-1-p-Chlorphenyl-1.2-diphenyläthylen*, aus dem wie bei vorst. Verb. erhaltenen Li-Deriv. durch Zers. mit wss. HCl; je nach Lsgm. wechselnden Ausbeuten. — *tert.-Butyl-Li*, aus mit Cu-Pulver oder Graphitstaub eingeriebener Li-Folie u. tert.-Butylchlorid in sd. Pentan unter Ar; 38% (Cu-Pulver) bzw. 14% (Graphitstaub). — *(—)-sek.-Butyl-(±)-sek.-butyl-Hg*, $Kp._{1,8}$ 50—51°, aus opt. akt. sek.-Butyl-HgBr (III) u. sek.-Butyl-Li in Pentan; 11—86° je nach Reaktionsbedingungen. — *2-Methylbuttersäure*, Kp. 45—50°, aus vorst. Verb. durch Umsatz mit dl-2-Octyl-Li u. nachfolgender Carbonisierung; wechselnde Ausbeuten an opt. akt. Verb. je nach Reaktionsbedingungen. Daneben 2-Methylcaprylsäure, Kp. 90—95°, u. gelegentlich Octanol-(2). — *sek.-Butyl-α-naphthyl-Hg*, $C_{14}H_{16}Hg$, F. 42 bis 43°, aus *α-Naphthyl-MgBr* (aus α-Naphthylbromid u. Mg) u. III in Ae.; 39%. S. v. Schieszl. B 123◇

0700 **Depolarisierung der Fluorescenz von Farbstofflösungen durch die thermische Bewegung der Moleküle.** R. Bauer und T. Szszurek. (Acta physica polon. **22**, 29—36, 1962; Torun, Nicholas Copernicus Univ., Phys. Dep.; engl.) — Mit dem Präzisionspolarimeter nach Bauer u. Rozwadowski (C. **1962**, 10207) wird die Anisotropie der Fluorescenzemission von *Uranin* u. ihre Abhängigkeit von der Viscosität der Lsg. in verschiedenen bin. Lsgm. [Glycerin (I) + A., I + CH_3OH, I + W.) untersucht. Selbst bei sehr geringen Wasseranteilen im Lsgm. können Abweichungen von der Theorie von Perrin [1926], die die Depolarisierung der Fluorescenz der Lsgg. auf Grund therm. Rotation der luminescierenden Moll. behandelt, festgestellt werden. Diese Abweichungen werden durch den Einfl. des W. auf die Solvatationshülle des luminescierenden Mol. erklärt. Das Vol. u. die Beschaffenheit der Solvatationsschicht werden untersucht. Die Depolarisierung der Fluorescenz auf Grund der therm. Rotation (Änderung des Vol.der Solvatationsschicht) u. der Torsionsschwingung (Änderung des Torsionsmomentes durch Änderung des Wasser-Geh. in Lsgm.) des luminescierenden Mol. werden diskutiert. H. Schibilla. B 125◇

0701 **Über die elektrische Leitfähigkeit der dünnen Filme organischer Substanzen: Perylen, Coronen und Violanthren.** Hiroo Inokuchi, Haruo Kuroda und Hideo Akamatu. (Bull. chem. Soc. Japan **34**, 749—53, 1961; Tokyo, Hongo, Univ. of Tokyo, Fac. of Sci., Dep. of Chem.; engl.) — Vf. beobachteten bei verschiedenen Typen von Leitfähigkeitszellen für aromat. KW-Stoffe erhebliche Unterschiede in den elektr. Widerstandswerten. Bei sandwich-Zellen (Abb.) ergaben sich in Übereinstimmung mit Messungen an massiven Proben Werte von $10^{18 \text{ bis } 19}$ (Ω·cm) für *Perylen* (I), $10^{17 \text{ bis } 18}$ für *Coronen* (II) u. 10^{14} für *Violanthren* (III). Im Gegensatz dazu lieferten Messungen in der Oberflächenzelle (Abb.) die Werte 10^{13} für I, $10^{12 \text{ bis } 13}$ für II u. 10^9 für III. Die Unterschiede werden auf die texturierte Struktur der aufgedampften Filme u. auf die Anisotropie der Kristalle zurückgeführt. Röntgenograph. u. elektronenmkr. Unterss. ergaben, daß die Kristalle mit ihrer ab-Fläche nach der Filmoberfläche ausgerichtet sind. Ch. Zechel. B 135◇

0702 **Bestimmung des Vorzeichens der Spin-Spin-Kopplungskonstanten zwischen Protonen und ^{13}C.** H. Dreeskamp und E. Sackmann. (Z. physik. Chem. [Frankfurt/M.] [N. F.] **34**, 261—64, 1962; Stuttgart, TH, Labor. für Phys. Chem.; dt.) — Vgl. C. **1962**, 16978. — Da die ^{13}C-Resonanzfrequenz sehr weit von der der Protonen ν_A entfernt ist, läßt sich das Spektrum als Überlagerung zweier Spektren mit 2 neuen effektiven Resonanzfrequenzen $\nu_{A, eff} = \nu_A \pm 1/2 \cdot J_{C-H}$ auffassen. Enthält das Mol. mindestens 2 nicht äquivalente Protonengruppen A u. B u. ist das Verhältnis der Protonenkopplungs-Konst. J_{H-H} groß gegen die Differenz der effektiven Resonanzfrequenzen, so läßt sich durch die charakterist. Abweichung von einem Spektrum 1. Ordnung das relative Vorzeichen der verschiedenen C-H-Kopplungs-Konst. bestimmen. Infolge der Konstanz der Spin-Spin-Kopplung u. der Abhängigkeit der Aufspaltung durch eine chem. Verschiebung von der Magnetfeldstärke ist diese Bedingung bei geeigneter Wahl der Resonanzfrequenz immer zu erfüllen. — Vff. maßen das NMR-Spektrum von *Äthyljodid* (I) unter Ausschluß von O_2. Für das A_2B_3-Spektrum gelten die Werte $J_{H-H} = 7{,}3 \pm 0{,}2$ Hz u. $\nu_A - \nu_B = \Delta\nu_{AB} = 81{,}0 \pm 0{,}3$ Hz bei einer Meßfrequenz von 60 MHz u. Tetramethylsilan (II) als innerem Standard. $^{13}CH_2J-CH_3$-Moll. lieferten die Kopplungs-Konst. $J_{C-H} = 151 \pm 1$ Hz u. $J_{C-C-H} \approx 4$ bis 6 Hz. Für das ^{13}C-Seitenband gilt dann in der Nähe von ν_B: $\Delta\nu_{AB, eff}$ — 8 Hz (gleiche Vorzeichen) oder 3 Hz (ungleiche Vorzeichen). Dem A_2B_3-Spektrum wurde ein Viellinienspektrum mit der Intensität des ^{13}C-Seitenbandes zugeordnet, das sich zwischen den um den Faktor 200 stärkeren Hauptsignalen befand. Durch einen selektiven Lsgm.-Effekt auf die Verschiebung der A- u. B-Protonen wurde $\Delta\nu_{AB}$ variiert. Bei Verdünnung von **I** mit Bzl. ergab sich im Intervall c_B= 3 ... 95 Vol.-% Bzl. der Abstand der Resonanzfrequenzen von **II** zu $\nu_A = (190{,}7 - 0{,}349\, c_B)$ Hz u. $\nu_B = (109{,}7 - 0{,}293\, c_B)$ Hz. Bei steigender Verdünnung von **I** mit Bzl. zeigte sich ein stetiger Übergang des A_2B_3–^{13}C-Seitenbandes in eine einzelne scharfe Linie auf der dem A-Spektrum zugewandten Seite des B-Spektrums. Daraus ergibt sich ein entgegengesetztes Vorzeichen von J_{C-H} u. J_{C-C-H} u. der Wert J_{C-C-H} = $5{,}0 \pm 0{,}5$ Hz. — Für *3-Chlorpropin* (**III**) ergab sich J_{H-H} = $(2{,}53 \pm 0{,}05)$ Hz, $\Delta\nu_{AB} = (92{,}2 \pm 0{,}2)$ Hz. Vff. erwarten für die Moll. $^{13}CH_2Cl-C{\equiv}C-H$ die Werte $J_{C-H} = (157 \pm 0{,}5)$ Hz u. $J_{C-C-C-H} \approx 4$ Hz. Die Verschiebung wurde durch Verdünnung mit Dimethylsulfoxid (**IV**) geändert. Für das Intervall C_{IV} = 0 ... 50 Vol.-% **IV** war $\nu_A = (158{,}3 \pm 0{,}68 \cdot C_{IV})$ Hz u. $\nu_B = (250{,}5 \pm 0{,}12\, C_{IV})$ Hz. Es wurden die Spektren von 2 Proben gemessen, die auf $\nu_B + 1/2 \cdot J_{C-H} = (\nu_A \pm 8)$ Hz eingestellt waren u. Spektren für verschiedene Werte von $J_{C-C-C-H}$ berechnet. Für $J_{C-C-C-H} = (4{,}0 \pm 0{,}4)$ Hz u. gleiche Vorzeichen von J_{C-H} u. $J_{C-C-C-H}$ ergab sich Übereinstimmung zwischen den Meßwerten u. den errechneten.

G. Kemmer. B 137◇

0703 **Spektraluntersuchung der Wechselwirkung zwischen Trimethylamin und 1.3.5-Trinitrobenzol durch kernmagnetische Resonanz.** P. R. Hammond. (Chem. and Ind. **1963**, 737; Cambridge, Univ., Chem. Labor.; engl.) — Das NMR-Spektrum der roten Lsg. von *1.3.5-Trinitrobenzol* (**I**) in *Trimethylamin* zeigte 2 starke u. 1 schwachen peak. Gegenüber den Spektren der reinen Verbb. in Dimethylmalonat waren keine Verschiebungen, Änderungen von τ (bis 0,05), der Feinstruktur (bis 5%) oder Linienbreite zu beobachten. Danach kann a) eine etwa auftretende chem. Rk. nur weniger als 5% **I** verbrauchen; b) hat die Acceptor–Donator-Wechselwrkg. keinen Einfl. auf das NMR-Spektrum u. c) es treten keine großen Konzz. paramagnet. Ionen auf.

W. Schramm. B 137◇

0704 **Magnetische Kernresonanzspektroskopie: Anomale Aufspaltung der Äthylgruppen infolge von molekularer Asymmetrie.** 3. Mitt. George M. Whitesides, Fred Kaplan, K. Nagarajan und John D. Roberts. (Proc. nat. Acad. Sci. USA **48**, 1112—14, 1962; California Inst. of Technol., Gates and Crellin Labor.; engl.) — 2. vgl. J. Amer. chem. Soc. **83**, [1961], 4666. — Es wurden die NMR-Spektren von *Cyclopropylmethylcarbinyläthyläther* (*[1-Cyclopropyläthyl]-äthyläther*, **I**), *$D_{(CH_3)}$-Cyclopropylmethylcarbinylmethyläther* (*$D_{(CH_3)}$-[1-Cyclopropyläthyl]-methyläther*, **II**) u. von *2-Chlor-4-äthyl-3-phenylbuten-(2)-on* (**III**) untersucht. Bei **I** ist das Methylenspektrum vom Typ AB, bei **II** vom Typ A_2 u. bei **III** wieder vom Typ AB. Die magnet. Nichtäquivalenz der Methylenprotonen bei **I** u. **III** ist demnach eine Folge der Molekülkonformation.

G. Klose. B 137△

0705 **Elektronen- und kernmagnetische Wechselwirkung im Triplettzustand von verschiedenen organischen Phosphoren.** Bernard Smaller. (J. chem. Physics **37**, 1578 bis 1579, 1962; engl.) — Vf. bestimmt aus Messungen der paramagnet. Resonanz im Triplettzustand die elektron-kernmagnet. Wechselwrkg. (nachst. ΔH-Werte in Oe) bei *Bzl* 18,1; *Naphthalin* 11,2; *Anthracen* 11,9; *Diphenyl* 12,6; *Terphenyl* 9,1; *Triphenylen* 7,9; *Phenanthren* 12,2; *Chrysen* 10,1; *Coronen* 7,0; *Pyren* 11,5; *3.4-Benzpyren* 10,2; *Fluoren* 13,7; *Benzoesäure* 15,8; *Hydrochinon* 11,5; *Anilin* 45,0; *Diphenylamin* 21,8; *Indol* 16,5; *Chinolin* 14,9; *Carbazol* 11,1. Es existiert ein Einfl. des deuterierten Lsgm. auf Linienbreite u. Lebenszeit. Alle Messungen wurden bei 77° K an festen Lsg. in CH_3OH oder EPA am verbotenen Übergang $\Delta M = \pm 2$ durchgeführt.

K.-H. Birr. B 137◇

0706 **ESR-Untersuchung von einigen Thiazin- und Oxazinfarbstoffradikalen.** F. W. Heineken, M. Bruin und F. Bruin. (J. chem. Physics **37**, 1479—82, 1962; Beirut, Libanon, Amer. Univ. of Beirut, Phys. Dep.; engl.) — Die ESR-Spektren von Semichinonradikalen, die intermediäre Red.-Prodd. von reversibel reduzierbaren Thiazin- u. Oxazinfarbstoffen sind, wurden in saurer u. alkal. Lsg. untersucht. Bei hohen Konzz. wurden in saurer Lsg. 4 Linien, in alkal. Lsg. 3 Linien gefunden. Bei weniger konz. Lsgg. konnten die meisten Spektren zu vielen Hyperfeinstrukturlinien aufgelöst werden. Die Ergebnisse lassen darauf schließen, daß die Seitenketten in 1. Näherung nicht an der Resonanzstabilisierung des freien Semichinonradikals beteiligt sind. Beim Lösen der Farbstoffsalze in wss. Alkali wurden die freien Radikale gefällt. Im Falle von *Meldolablau CI 51175* (*3-Dimethylamino-8.9-benzophenoxazin*) u. *Methylenblau CI 52015* (*3.7-Bis-[dimethylamino]-phenothiazin*) erfolgte die Fällung schon in fast neutraler Lsg.; die Radikale („Libanyl" u. „Aubyl") konnten isoliert werden. Sie sind an der Luft haltbar u. können wie DPPH als Bezugs-Verbb. verwendet werden. Im einzelnen wurden außer den genannten die Semichinonradikale folgender Farbstoffe untersucht: *Capriblau GN*, *CI 51015* (*3-Dimethylamino-7-diäthylamino-8-methylphenoxazin*), *Gallocyanin CI 51030* (*1-Carboxy-2.3-dihydroxy-7-dimethylaminophenoxazin*), *Cölestinblau CI 51050* (*1-Carbamyl-3.4-dihydroxy-7-diäthylaminophenoxazin*), *Nilblau A CI 51180* (*3-Diäthylamino-7-amino-8.9-benzophenoxazin*), *Resazurin* (*3.10-Diketo-7-hydroxyphenoxazin*), *Lauthsches-Violett CI 52000* (*3.7-Diaminophenothiazin*), *Azur A* (*3-Amino-7-dimethylaminophenothiazin*), *Azur B CI 52010* (*3-Methylamino-7-dimethylaminophenothiazin*), *Azur C* (*3-Amino-7-methylaminophenothiazin*), *Methylengrün CI 52020* (*3-Dimethylamino-4-nitro-7-dimethylaminophenothiazin*), *Methylenviolett* (*3-Keto-7-dimethylaminophenothiazin*), *Thioninblau GO*, *CI 52025* (*3-Dimethylamino-7-diäthylaminophenothiazin*) u. *Toluidinblau CI 52040* (*2-Methyl-3-amino-7-dimethylaminophenothiazin*).

W. Schramm. B 137◇

0707 **Die Aciditätsfunktion H_0 in Äthylenglykol und Äthylenglykol–Wasser-Mischungen.** Ch. Kalidas und Santi R. Palit. (J. chem. Soc. [London] **1961**, 3998—4006; Jadavpur, Calcutta, India, Indian Assoc. for the Cultivat. of Sci.; engl.) — H_0-Werte wurden für HCl u. $HClO_4$ bei Anwendung der Indicatoren p- u. o-Nitroanilin u. 4-Chlor-2-nitroanilin bestimmt. Sie können in den untersuchten Medien angewandt werden u. deuten auf eine stärkere Acidität von Äthylenglykol als von A. u. Methanol. Die Geschw. der Hydrolyse von Saccharose, die Depolymerisation von Paraldehyd u. die Jodierung von Aceton in wss. Glykol bei verschiedenen Säure-Konzz. wurde untersucht (Anwendung der Zucker-Hammett-Hypothese).

W. Schramm. B 139◇

0708 **Das elektrische Oberflächenpotential und Oberflächenspannung von m- und p-Isomeren der Hydroxybenzoesäure-Lösungen und die Dissoziationskonstanten.** B. Kamieński. (Bull. Acad. polon. Sci., Sér. Sci. chim., géol. géogr. **7**, 97—100, 1959; Cracow, Pol. Acad. of Sci., Inst. of Phys. Chem., Labor. of Phys. Chem. of Surface Phenomena; engl.) — Vf. untersuchte mit der „dynamic jet"-Meth. Lsgg. von *m-* (**I**) u. *p-Hydroxybenzoesäure* (**II**) in 0,1 n NaCl. Die Dissoziations-Konst. wurde zu $10^{-4,48}$ für **II** u. $10^{-4,06}$ für **I** bestimmt. Die Unterss. zeigten, daß die p-Säure das elektr. Potential der Lsg. schneller u. die Oberflächenspannung in einem geringeren Maße beeinflußt als die m-Säure. Weitere Ergebnisse werden erörtert.

Ch. Zechel. B 139◇

0709 **Elektrochemische Untersuchung der Oxydo-Reduktionseigenschaften von Phenothiazinen in Acetonitril.** Jean-Pierre Billon. (Ann. Chimie [13] **7**, 183—206, 1962; Paris, École Sup. de Phys. et de Chim. Ind., Labor. de Chim. Analyt.; franz.) — *Phenothiazin* (**I**; F. 185°, Bzl.) besitzt in neutralem, ungepuffertem u. in stark saurem Medium ($HClO_4$) in Acetonitril (An) an einer polierten Pt-Elektrode zwei Oxydationshalbstufenpotentiale (0,27 u. 0,77 V). Ähnliche Ergebnisse wurden auch an einer Pt-Großoberflächenelektrode bei kontrolliertem Potential (+ 0,5 V) erhalten, wobei mit fortschreitender Oxydation von **I** eine Orangefärbung der Lsg. auftritt. Die Oxydation verläuft offenbar in zwei Stufen, die als Umwandlung von **I** in ein freies Radikal (R) $C_6H_4(-S-)(-\dot{N}^+H-)C_6H_4$ u. Bldg. des Phenazothioniumsalzes (S) $C_6H_4(-S^+{=})(-N{=})C_6H_4$ gedeutet werden. Die Existenz von R wurde durch Best. der paramagnet. Elektronenresonanz (vgl. C. **1963**, **5413**) nachgewiesen. Während geringe Wassermengen die elektrochem. Eigg. von An nicht verändern, wird das 2. Halbstufenpotential der Oxydation von **I** zu niedrigeren Werten verschoben, d. h. W. erleichtert die Oxydation von R zu S. Es tritt dabei eine grüne Verb. G auf, deren Oxydationsgrad dem von S gleich ist. Im neutralen Medium wird R durch W. zu G u. **I** dismutiert, S liefert mit W. direkt G, das selbst nicht isoliert werden konnte. Bei der Chromatographie wurde *Phenothiazon-(2)* (**II**; F. 165°) sowie eine nicht identifizierte blaue Verb. erhalten. Auch Basen-Einw. (Diphenylguanidin, **III**) auf G ergab **II**, wobei vermutet wird, daß G durch Basen-Einw. zunächst 2-Hydroxyphenothiazin (**VI**) ergibt, das durch Luft-O_2 zu **II** oxydiert wird. Steigender Säurezusatz ($HClO_4$) führt zu einer fortschreitenden Verminderung der 2. Oxydationswelle von **I**. Durch Zugabe von **III** wird die Oxydation von R zu S ebenfalls erleichtert. Durch hydroxylgruppenhaltige Basen wird das in saurem Medium stabile S in *Phenothiazin-9-oxid* (**VII**; F. 250°) umgewandelt. Die Oxydationspotentiale folgender Phenothiazine wurden ferner ermittelt: *3-Methyl-* (F. 188°, Bzl.) 0,24 [V], 0,75, *2-Methyl-* (F. 168°, Bzl.), *2.7-Dimethyl-* (**IV**) 0,17, 0,66, *10-Methyl-* 0,40, 0,97, *2.7.10-Trimethyl-* (**V**; F. 81°) 0,36, 0,91. Auch bei diesen Verbb. bilden sich in Ggw. von W. grüne Verbb., nur bei **IV** erwies sich das 2.7-Dimethylphenazothiazoniumperchlorat gegenüber Wasser-Einw. als stabil. Bei den N-substituierten Phenothiazinen bildet sich aus der R-Stufe nicht ein Phenazothioniumsalz, sondern eine farblose Stufe, die offenbar das protonierte Sulfoxid-Deriv. ist, wie sich auch aus der UV-spektroskop. Unters. ergibt. Für die Oxydation der 10-substituierten Verbb. wird das Schema $C_6H_4(-S-)(-NR-)C_6H_4 \rightleftharpoons C_6H_4(-S-)(-\dot{N}^+R)C_6H_4 \rightleftharpoons C_6H_4(-S^+=)(-N^+R=)C_6H_4 \xrightarrow{+H_2O} [C_6H_4(-S^+=)(N^+R=)C_6H_4, OH^- \rightleftharpoons C_6H_4(-S^+OH)\cdot(-NR-)C_6H_4] + H^+ \underset{\text{Säure}}{\overset{\text{Base}}{\rightleftharpoons}} C_6H_4(-S^+-O^-)(-NR-)C_6H_4 + H^+$ vorgeschlagen. Bei der Oxydation von **V** in neutralem Medium in Ggw. von weniger als 0,002% W. wurde die Bldg einer kleinen Menge einer roten Verb. beobachtet, die als orthochinoides Kation $CH_3C_6H_3(-S^+=)(-N^+CH_3=)C_6H_3CH_3$ angesehen wird. Die Oxydationspotentiale folgender Verbb. wurden schließlich noch ermittelt: 10-[3-Dimethylamino-propyl]-phenothiazine: *unsubstituiert* (*Promazin*) 0,45 [V], *3-Äthoxy-* 0,365, *3-Methoxy-* 0,38, *3-Methyl-* 0,40, *3-Äthyl-* 0,40, *3-Chlor-* (*Largactil*) 0,51, *3-Acetyl-* (*Plegicil*) 0,52, *3-Trifluormethyl-* 0,59, *3-Dimethylaminosulfonyl-* 0,59, *3-Cyan-* 0,60, *3-Nitro-* 0,62, *2-Methoxy-* 0,38 u. *2-Chlor-* 0,495, ferner *3-Methoxy-* (*Nozinan*) 0,38 u. *3-Methylmercapto-10-[3-dimethylamino-2-methylpropyl]-phenothiazin* 0,47; 10-[3-{4-Methyl-piperazinyl-(1)}-propyl]-phenothiazine: *3-Chlor-* (*Tementil*) 0,51, *3-Formyl-* 0,53, *3-Butyryl-* 0,54, *3-Dimethylaminosulfonyl-* (*Majeptil*) 0,605 u. *3-Methylsulfonyl-* 0,61. Beim Auftragen der Potentiale der 3-substituierten Derivv. gegen die Hammettschen σ-Konst. erhält man eine Gerade, aus deren Neigung hervorgeht, daß die Phenothiazin-Derivv. um so leichter oxydiert werden, je stärker der +E-Effekt des Substituenten ist. Dagegen besteht keine Beziehung zwischen der physiolog. Aktivität u. der Redox-Eig. der Phenothiazine. Während **II** in Abwesenheit von H^+ an der Pt-Elektrode in An nicht verändert wird, erfolgt in saurem Medium (0,1 m $HClO_4$) eine 2stufige Red. analog dem S-Kation. Die Halbstufenpotentiale betragen bei einer Konz. von $2 \cdot 10^{-3}$ m 0,13 bzw. 0,51 V. In saurem Medium bei kontrolliertem Kathodenpotential (+0,3 V) beobachtet man die Bldg. eines purpurvioletten freien Radikals. Durch elektrolyt. Red. bei 0,0 V entsteht aus **II** wahrscheinlich das farblose **VI**, umgekehrt läßt sich **VI** zu **II** oxydieren. Durch Säurezugabe zu einer **II**-Lsg. in An tritt eine purpurrote Färbung auf, die nach dem UV-Spektrum auf die Bldg. eines Phenazothioniumkations mit orthochinoider Struktur zurückzuführen ist. Die UV-Maxima einer Reihe von 9-Oxy-phenothiazinen in neutralem u. sauren Medium sowie von **I**-Derivv. (im Grundzustand, als freies Radikal u. im orthochinoiden Zustand) sind angegeben.

Versuche: *10-Methylphenothiazin*, F. 100° (A.), durch 2std. Einw. von Dimethylsulfat auf **I** in sd. Aceton, Eindampfen u. Auskochen mit H_2O. — *2.7-Dimethylphenothiazin* (**IV**), F. 228° (Cyclohexan), durch Erhitzen von 4.4'-Dimethyldiphenylamin mit S u. wenig J_2 auf 220°. — *Phenazthioniumperchlorat*, violettrote Kristalle, Zers. beim Erhitzen, durch Verreiben von **VII** in 65% ig. $HClO_4$, $^1/_4$std. Rühren mit Glaskugeln, Zugabe von Aceton u. 5 Min. lange Einwirkung. — *Perchlorat des freien Radikals von Phenothiazin*, F. ca. 175° (Zers., dunkelgrüne Kristalle, orangefarbene Lsg. in An), durch Verreiben von **I** mit **VII** in 65% ig. $HClO_4$ analog vorst. Salz. B. Gnauck. B 141◇

0710 **Über die polarographische Reduktion einiger 3-substituierter 2-Cyanpropen-(2)-säureäthylester und der entsprechenden Dinitrile und Diester.** Michel Bargain. (C. R. hebd. Séances Acad. Sci. **254**, 130—32, 1962; Rennes, Fac. des Sci., Groupe de Rech. de Physicochim. structurale; franz.) — Vff. untersuchen die polarograph. Red. von Verbb. des Typs $C_6H_5(R)C{=}C(CN)CO_2C_2H_5$ u. $C_6H_5(R)C{=}C(CN)_2$ mit $R = H$, CH_3, C_6H_5, $C_6H_5CH_2$ sowie $C_6H_5(R)C{=}C\cdot(CO_2C_2H_5)_2$ mit $R = H$, C_6H_5 zwischen pH 2 u. 10 (Prideaux-Ward-Puffer mit 30,8% ig. A.) u. vgl. die Halbstufenpotentiale dieser Verbb. mit den UV-Spektren, deren Lsgg. in 95% ig. Äthanol. Die Red. dieser Verbb. entspricht unter den genannten Bedingungen einer Stufe von 2 F. Die Aufspaltung in 2 Stufen ist um so deutlicher, je größer die Resonanzenergie der Verb. ist, d. h. die Trennung der Stufen ist von der Stabilität des freien Radikals $C_6H_5(R)-\dot{C}-CH(Z)Y$ abhängig. H. Gleinig. B 142□

0711 **Polarographische und spektrophotometrische Untersuchung von p-Aminobenzaldehyd.** Wiktor Kemula, Ewa Teresa Bartel und Wiesława Rubaszewska. (Roczniki Chem. [Ann. Soc. chim. Polonorum] **33**, 1117—23, 1959; Warszawa, Polish Acad. of Sci., Inst. of Phys. Chem.; engl.) — Das UV-Spektrum von *p-Aminobenzaldehyd* (**I**) wurde bei verschiedenen pH-Werten in wss., äther. Lsg. (Konz. ca. 10^{-3} m) untersucht u. daraus der mittlere thermodynam. pK_a-Wert 1,717 ± 0,017 bei 20° ermittelt. Die polarograph. Unters. ergab die Halbstufenpotentiale (gegen gesätt. Kalomelelektrode bei 20°): pH 0 1. Stufe 0,81 (V), 2. Stufe —; pH 7 1,30, 1,52; pH 13 —, 1,61. Der hieraus ermittelte pK'-Wert beträgt 7,8. Die Ergebnisse ähneln denen, die bei entsprechender Unters. am p-Dimethylaminobenzaldehyd gefunden wurden (vgl. Roczniki Chem. [Ann. Soc. chim. Polonorum] **31**, [1957], 13). Wegen seiner Neigung zur Polymerisation wurde **I** über sein Acetyl-Deriv. gereinigt, dieses hydrolysiert u. **I** bei pH 7 in Ae. aufgenommen. W. Schramm. B 142◇

0712 **Polarographische kinetische Ströme als Folge der Reaktion von p-Dimethylaminobenzaldehyd mit Protonendonatoren.** Wiktor Kemula, Zbigniew R. Grabowski und Ewa Teresa Bartel. (Roczniki Chem. [Ann. Soc. chim. Polonorum] **33**, 1125—35, 1959; engl.) — Vgl. vorst. Referat. — Die polarograph. kinet. Rekombinationsströme von *p-Dimethylaminobenzaldehyd* in Ggw. verschiedener Protonendonatoren (Phosphat-, Veronal- u. Boratpuffer) wurden analysiert. Die unter Verw. homogener Gleichgewichts-Konst. (HGK) ermittelten Geschw.-Konst. u. Aktivierungsenergien (—2,2 bis 0,0 kcal/Mol) sind unwahrscheinlich. Es wird angenommen, daß HGK-Werte unter diesen Bedingungen nicht gelten u. zur Deutung polarograph. kinet. Daten nicht herangezogen werden dürfen. W. Schramm. B 142◇

0713 **Katalytische Wasserstoffwellen der Äthylenimino-benzochinone. 2. Mitt. Ergebnisse der modernen Polarographie.** H. Wagner und H. Berg. (J. electroanalyt. Chem. [Amsterdam] **2**, 452—66, 1961; Jena, Dt. Akad. der Wiss., Inst. für Mikrobiol. u. exp. Therapie; dt.) — 1. vgl. C. **1963**, 16882. — Die Unters. des polarograph. Verh. von *2.5-Bis-[äthylenimino]-3.6-n-propoxybenzochinon-(1.4)* (**I**; vgl. l. c.), das eine katalyt. Wasserstoffwelle zeigt, wurde durch ergänzende Unterss. an nachst. 1.4-Benzochinonen fortgesetzt: *Tetrakis-[äthylenimino]-*, *3.6-Bis-[äthoxymethoxy]-2.5-bis-[äthylenimino]-*, *3.6-Dichlor-2.5-bis-[äthylenimino]-*, *3-Brom-2.5-bis-[äthylenimino]-*, *2.5-Bis-[äthylenimino]-*, *5.6-Dimethyl-2-äthylenimino-* u. *5-Methyl-2-äthylenimino-*. Alle Verbb. verhielten sich polarograph. ähnlich wie **I**. Ferner wurden die genannten Verbb. durch Wechselstrom-, Rechteckspannungs- u. oscillograph. Polarographie, durch Messung der Strom–Spannungs-Kurve am Einzeltropfen, durch Aufnahme der Spektren (UV, sichtbar, IR) u. durch Durchführung einer elektrolyt. Red. an der großflächigen Hg-Elektrode bei konst. Potentialwerten untersucht. Die Messungen wurden ergänzt durch polarograph. Unters. einiger nicht chinoider Äthylenimin-Verbb. (*Äthylenimin*, *2.4.6-Tris-[äthylenimino]-1.3.5-triazin*, *Tris-[äthylenimino]-phosphinoxid*, *1-Äthylenimino-2-hydroxybuten-(3)* u. *1.4-Bis-[äthylenimino]-1.4-didesoxymesoerythrit*). Folgendes verfeinertes Rk.-Schema wurde aufgestellt: 1. Red. zum Hydrochinon-Deriv. (**II**); 2. Protonisierung des Äthylenimino-N des **II**; 3. Reduktive Spaltung des protonisierten Äthyleniminoringes an einer N—C-Bindung. Die H_2-Abscheidung (vgl. l. c.) wird durch das Ring-N als Substituent eines Chinons bzw. **II** katalysiert; in einer Folge-Rk. tritt demnach reduktive Spaltung des Katalysators ein. E. Moisar. B 142◇

0714 **Polarographische Reduktion von Pyryliumsalzen.** Eugenia Gird und Alexandru T. Balaban. (J. electroanalyt. Chem. [Amsterdam] **4**, 48—50, 1962; Bucharest,

Rumania, Inst. of Atom. Phys.; engl.) — Vff. untersuchten in saurer, gepufferter Lsg. die polarograph. Red. folgender Pyryliumsalze: *2.4.6-Trimethyl-*, *2.6-Dimethyl-4-äthyl-*, *2.6-Diäthyl-4-methyl-*, *2.6-Diisopropyl-4-methyl-*, *2.6-Dimethyl-4-phenyl-* u. *2.4-Dimethyl-6-phenylpyryliumperchlorat*, *2-Methyl-4.6-diphenylpyryliumjodid* sowie das *2.6-Diphenyl-4-methyl-* u. *2.4.6-Triphenylpyryliumtetrachloraluminat*. Es besteht eine annähernd lineare Beziehung zwischen den gemessenen Halbstufenpotentialen u. der Frequenz der längstwelligen UV-Absorptionsbande. E. Moisar. B 142◇

0715 **Über die Polarographie von Cyanocobalamin.** J. W. Collat und S. L. Tackett. (J. electroanalyt. Chem. [Amsterdam] **4**, 59—61, 1962; Columbus, Ohio, Ohio State Univ., Dep. of Chem.; engl.) — Eine bei der Red. von *Cyanocobalamin* (Vitamin B_{12}; I) mit Cr^{2+} in der Lsg. des Rk.-Prod. auftretende früher beschriebene polarograph. anod. Stufe (vgl. Boos u. Mitarbeiter, C. **1950/54**, 3204 S) beruht auf der Oxydation des Hg der Tropfelektrode unter Einfl. der bei der I-Red. frei gewordenen CN^--Ionen. E. Moisar. B 142◇

0716 **Selbstdiffusion von Benzol unter Druck.** Hiroyuki Hiraoka. (Bull. chem. Soc. Japan **32**, 423—24, 1959; Kyoto, Sakyo-ku, Kyoto Univ., Fac. of Sci., Dep. of Chem.; engl.) — Vgl. C. **1961**, 2570. — Vf. ermittelte mit Hilfe von ^{14}C-markiertem Bzl. die Selbstdiffusions-Koeff. von *Bzl.* bei 15, 25, 35 u. 45° u. 250, 500 u. 660 kg/cm² Druck. Die erhaltenen Daten sind tabelliert u. werden im Zusammenhang mit der Theorie von Eyring (vgl. Glasstone, Laidler u. Eyring, The Theorie of Rate Processes, McGraw-Hill Co., New York [1941]) erörtert. Nach Eyring ergibt sich die Zunahme der inneren Energie für den Aktivierungsprozeß zu $\Delta E^{\neq} = 170$ cal/Mol. Ch. Zechel. B 149◇

0717 **Dampf-Flüssigkeits-Gleichgewicht im System n-Butan-Methan-Stickstoff.** L. R. Roberts und John J. McKetta. (J. chem. Engng. Data **8**, 161—63, 1963; Austin, Tex., Univ. of Texas; engl.) — Temp., Druck u. die massenspektrometr. oder gaschromatograph. bestimmte Zus. der Dampf- u. Fl.-Phasen des Syst. *n-Butan-Methan-N_2* werden tabellar. angegeben. Für die Temp. 100, 160, 220 u. 80° F. werden Zweiphasendiagramme der tern. Syst. in Intervallen von 500 p.s.i. ausgehend von 500—3000 p.s.i.a. oder bis zum krit. Druck bestimmt. Die K-Werte werden als Kurvenzüge angegeben, die quant. zeigen, wie sich K = y/x (vgl. Sage u. Mitarbeiter, Ind. Engng. Chem. **32**, [1940], 1085) bei CH_4 u. n-C_4H_{10} ändert, wenn variierende Mengen N_2 den Gemischen der beiden KW-Stoffe zugesetzt werden. K. W. Udluft. B 150◇

0718 **Vorausberechnung isobarer Phasengleichgewichtsdaten eines dem Ansatz von Porter gehorchenden binären Systems.** H. Schuberth. (Mber. dtsch. Akad. Wiss. Berlin **4**, 133—34, 1962; Leipzig, Dt. Akad. der Wiss., Inst. für Verfahrenstechn. der org. Chem., Forschungsgemeinsch.; dt.) — Hat man festgestellt, daß bei einer bestimmten Temp. T_0 das isotherme Dampf-Fl.-Phasengleichgewicht eines bin. Syst. durch einen Porterschen Ansatz wiedergegeben werden kann, so ist es möglich, eine 1. Näherung für die Beschreibung eines in der Nähe von T_0 gelegenen isobaren Dampf-Fl.-Phasengleichgewichtes des Syst. anzugeben, u. zwar mit Hilfe der Temp.-Abhängigkeit des Aktivitätskoeffizienten. Die vom Vf. angegebene Meth. gestattet bei Berücksichtigung der Temp.-Abhängigkeit der Dampfdrucke der reinen Komponenten, die experimentell gefundenen isothermen (t = 30°) u. isobaren (P = 760 Torr) Phasengleichgewichtswerte eines bin. Syst., etwa *$CH_3OH/HCOOCH_3$*, theoret. zu interpretieren. S. v. Schieszl. B 150◇

0719 **Zur Kenntnis des Gleichgewichts Dampf-Flüssigkeit im System Cyclohexanon-Cyclohexanol bei 30, 100 und 300 Torr.** K. Engelmann und H.-J. Bittrich. (J. prakt. Chem. [4] **19**, 106—16, 1962; Leuna-Merseburg, TH für Chem., Inst. für phys. Chem.; dt.) — Es wurde das Gleichgewicht Fl.-Dampf mittels einer Umlauf-App. nach Röck u. Sieg im Syst. *Cyclohexanon* (I)/*Cyclohexanol* gemessen. Die Aktivitäts-Koeff. u. die zusätzlichen freien Mischungsenthalpien wurden in Abhängigkeit von der Konz. bei 30 Torr berechnet. Vff. weisen darauf hin, daß bei Drücken unter 50 Torr die verwendete App. nicht mehr einwandfrei arbeitet, u. daß andererseits bei Drücken zwischen 50 u. 760 Torr die Zers. von I die Unters. erschwert. Bei der Bldg. von Kondens.-Prodd. wird W. abgespaltet, u. zwar mit steigender Temp. beschleunigt. Das Syst. besitzt möglicherweise einen azeotropen Punkt; auf jeden Fall läßt sich reines I durch Rektifikation, wenn überhaupt, nur mit großem Aufwand erhalten. S. v. Schieszl. B 150◇

0720 **Die Strukturen der drei mesomorphen Phasen in dem System Natriumcaprylat-Decanol-Wasser.** Krister Fontell, Per Ekwall, Leo Mandell und Ingvar Danielsson. (Acta chem. scand. **16**, 2294—98, 1962; Åbo, Finland, Åbo Acad., Inst. of Phys. Chem.; engl.) — Das Phasendiagramm des tern. Syst. *Na-Caprylat-Decanol* (I)-*W.* wird bei 20° näher untersucht. Es weist eine Anzahl homogener Phasen auf, die durch 2- u. 3-Phasenbezirke voneinander getrennt sind. Ein Gebiet umfaßt die isotropen, wss. Lsgg., ein zweites die isotropen I-Lösungen. 5 Bezirke entsprechen homogenen mesomorphen Phasen u. ein Gebiet, das jedoch nicht näher untersucht wird, umfaßt Syst. mit Faserstrukturen. Für 3 der homogenen mesomorphen Gebiete werden in Abhängigkeit der Zus. die Braggschen Gitterwerte angegeben. Danach sind die Unterschiede der Packungsdichte in den einzelnen Phasen sehr groß. S. v. Schieszl. B 150◇

0721 **4-Fluortoluol: Chemisch-thermodynamische Eigenschaften, Zuordnung der Schwingungen und innere Rotation.** D. W. Scott, J. F. Messerly, S. S. Todd, I. A. Hossenlopp, D. R. Douslin und J. P. McCullough. (J. chem. Physics **37**, 867—73, 1962; Bartlesville, Okla., U. S. Dep. of Interior, Bartlesville Petrol. Res. Center, Bur. of Mines, Thermodynam. Labor.; engl.) — Aus dem Schwingungsspektrum u. aus calorimetr. Messungen wurden folgende thermodynam. Eigg. von *4-Fluortoluol* (I; *C_7H_7F*), ermittelt: Entropie, Bldg.-Enthalpie, freie Bldg.-Enthalpie u. Gleichgewichts-Konst. der Bldg. sowie Molwärme im idealen Gaszustand zwischen 0 u. 1500° K, z. B. ΔH^0_{298} (gas) = —34,01 kcal/Mol, S^0_{298} (gas) = 81,15 cal/Grad·Mol; Molwärme im festen Zustand zwischen 13° K u. dem Tripelpunkt; Molwärme für die Fl. (Tripelpunkt bis 320° K): $C_p = 62{,}011 - 0{,}35687\,T + 1{,}4432 \cdot 10^{-3}\,T^2 - 1{,}6220 \cdot 10^{-6}\,T^3$ bzw. zwischen 320 u. 360° K: $C_p = 20{,}527 + 0{,}06850\,T$ cal/Grad·Mol; Molwärme des Dampfes (377—500° K); Tripelpunkt 216,49 ± 0,05° K; Schmelzwärme 2235 ± 1 cal/Mol; Entropien u. Enthalpien für den festen u. fl. Zustand (0—390° K); Kp. 116,64° C; Verdampfungswärme (347—390° K): $\Delta H_v = 12959 - 9{,}899\,T - 6{,}294 \cdot 10^{-3}\,T^2$ cal/Mol; 2. Virial-Koeff. $B = -156 - 63{,}8 \exp(1150/T)$ cm³/Mol (347—500° K); Dampfdruck (341 bis 428° K): $\log p = 6{,}99421 - 1374{,}021/(t + 217{,}395)$ mit p in mm Hg u. t in °C. Die innere Rotation ist prakt. nicht behindert. Die Trägheitsmomente der Rotation wurden berechnet. Eine Zuordnung der Schwingungen erfolgt durch Vgl. mit den Spektren von *1.4-Difluor-* u. *1.4-Dimethylbenzol*. B. Krebs. B 156◇

0722 **Chemisch-thermodynamische Eigenschaften und innere Rotation von Methylpyridinen.** 1. Mitt. **2-Methylpyridin.** D. W. Scott, W. N. Hubbard, J. F. Messerly, S. S. Todd, I. A. Hossenlopp, W. D. Good, D. R. Douslin und J. P. McCullough. (J. physic. Chem. **67**, 680—85, 1963; Bartlesville, Okla., U. S. Dep. of Interior, Bur. of Mines, Bartlesville Petrol. Res. Center, Thermodynamic Labor.; engl.) — Durch Analyse der IR- u. Raman-Spektren u. aus calorimetr. Messungen wurden folgende thermodynam. Eigg. von *2-Methylpyridin* (*α-Picolin*) ermittelt: Wärmeinhalte, Entropien, Enthalpiedifferenzen usw. im idealen Gaszustand zwischen 0 u. 1500° K; Molwärme im festen Zustand zwischen 12° K u. dem Tripelpunkt; Molwärme im fl. Zustand zwischen Tripelpunkt u. 370° K: $C_p = 42{,}247 - 0{,}13335\,T + (5{,}4547 \cdot 10^{-4}\,T^2) - (4{,}9479 \cdot 10^{-7}\,T^3)$ cal/Grad·Mol; Molwärme des Dampfes (388—500° K); Tripelpunkt 206,45 ± 0,05° K; Schmelzwärme 2324,1 ± 0,8 cal/Mol; Entropien u. Enthalpien im festen u. fl. Zustand zwischen 0 u. 370° K (S^0_{298} = 52,07 cal/Grad·Mol, ΔH^0_{298} = + 13,50 ± 0,18 kcal/Mol); Verdampfungswärme zwischen 359 u. 403° K: $\Delta H_v = 11213 + 2{,}861\,T - (2{,}290 \cdot 10^{-2}\,T^2)$ cal/Mol; 2. Virial-Koeff. $B = -189 - 39{,}76 \exp(1300/T)$ cm³/Mol (359 bis 500° K); Kp. 129,39° C; Dampfdrücke zwischen 80 u. 168° C: $\log p = 7{,}03202 - 1415{,}494/(t + 211{,}598)$, wobei p in mm u. t in °C gewählt wurde. Die innere Rotation der Methylgruppe ist prakt. nicht gehindert. B. Krebs. B 156◇

0723 **Chemisch-thermodynamische Eigenschaften und innere Rotation von Methylpyridinen.** 2. Mitt. **3-Methylpyridin.** D. W. Scott, W. D. Good, G. B. Guthrie, S. S. Todd, I. A. Hossenlopp, A. G. Osborn und J. P. McCullough. (J. physic. Chem. **67**, 685—89, 1963; engl.) —

1. vgl. vorst. Referat. — *3-Methylpyridin* (*β-Picolin*) wurde thermodynam. in gleicher Weise u. in den gleichen Temp.-Bereichen untersucht wie das im vorst. Ref. beschriebene α-Isomere. Die ermittelten Werte sind: Molwärme im fl. Zustand zwischen 257 u. 388° K: $C_p = 47{,}514 - 0{,}17283\,T + (6{,}4766\cdot10^{-4}\,T^2) - (5{,}8958\cdot10^{-7}\,T^3)$ cal/Grad·Mol; Tripelpunkt 255,01 ± 0,05° K; Schmelzwärme 3389,2 ± 0,1 cal/Mol; Entropie u. Bldg.-Enthalpie $S^0_{98} = 51{,}70$ cal/Grad·Mol u. $\Delta H^0_{298} = +14{,}75 \pm 0{,}14$ kcal/Mol; Verdampfungswärme zwischen 372 u. 417° K: $\Delta H_v = 13264 - 5{,}3443\,T - (1{,}2068\cdot10^{-2}\,T^2)$ cal/Mol; 2. Virial-Koeff. $B = -620 - 21{,}0 \exp(1500/T)$ cm³/Mol zwischen 372 u. 500° K; Kp. 144,14° C; Dampfdrücke zwischen 74 u. 185° C: $\log p = 7{,}05375 - 1484{,}208/(211{,}532 + t)$. Die innere Rotation ist nicht gehindert. B. Krebs. B 156◇

0724 **Verbrennungs- und Bildungswärmen der drei Diazine und ihre Resonanzenergien.** Jan Tjebbes. (Acta chem. scand. **16**, 916—21, 1962; Lund, Sweden, Univ., Thermochem. Labor.; engl.) — Mit der früher beschriebenen (C. **1961**, 5744) Meth. werden die Verbrennungswärmen von *Pyridazin* (I), *Pyrimidin* (II) u. *Pyrazin* (III) bei 25° bestimmt: —566,59 ± 0,22 [kcal/Mol] bzw. —547,88 ± 0,20 bzw. —546,25 ± 0,28. Für die atomaren Bldg.-Wärmen wurde experimentell gefunden: **I** —1051,1 [kcal/Mol], **II** —1070,8 u. **III** —1070,9. Daraus ergeben sich für die Resonanzenergien folgende Werte: 12,3 [kcal/Mol], 8,0 bzw. 8,1. Verwendet man zur Berechnung der Resonanzenergien an Stelle des E_{C-N}-Wertes von Cottrell (72,8 kcal/Mol) den Mittelwert von Skinner (70 kcal/Mol; vgl. Evans u. Mitarbeiter, C. **1959**, 11188), so werden die Resonanzenergien 14, 14 u. 12. Wahrscheinlich ist es jedoch notwendig, die zur Berechnung notwendigen Bindungsenergien von Stoffen herzuleiten, die das Strukturelement C—N=C enthalten. S. v. Schieszl. B 156◇

0725 **Langsame Oxydation von Kohlenwasserstoffen in der Gasphase.** 1. Mitt. **Reaktionen während der Induktionsperiode der Isobutanoxydation.** A. P. Zeelenberg und A. F. Bickel. (J. chem. Soc. [London] **1961**, 4014—19; Amsterdam, Netherlands, Shell Internat. Res. Maatschappig N. V., Koninklijke/Shell-Labor.; engl.) — Die langsame Oxydation von *Isobutan* (I) wurde in einem stat. Syst. bei 260—360°, bei 100—400 mm Hg Druck u. einem I/O_2-Verhältnis von 9:1 bis 1:4 untersucht unter besonderer Berücksichtigung der chem. Änderungen während der Induktionsperiode. Die Hauptprimär-Prodd. waren in der Folge ihrer relativen Häufigkeit: Isobuten, Aceton, Isobutenoxid, Propionaldehyd, Acetaldehyd, Methanol, Propen, Propenoxid, CO_2, Isobutyraldehyd, 3-Methyloxetan, Methacrylaldehyd (Analyse durch Gas-Fl.-Chromatographie). Die Konzz. vieler dieser Primär-Prodd. nahmen nach der Beziehung $\tau = \tau_0 e^{\Phi t}$ zu, für fast alle Prodd. hat der Verzweigungsfaktor Φ annähernd den gleichen Wert. Für die Induktionsperiode kann ein Mechanismus degenerierter Kettenverzweigung mit Kettenwachstums-Rkk. von Isobutyl- u. tert.-Butylradikalen aufgestellt werden. Die Prodd. während der Induktionsperiode entstehen durch intramol. Zers. der Butylperoxyradikale. W. Schramm. B 157◇

0726 **Ultraschallmessungen der Schwingungs-, Rotationsisomeren-, Struktur- und Scherrelaxation in Isobutylbromid.** A. E. Clark und T. A. Litovitz. (J. acoust. Soc. America **32**, 1221—36, 1960; Washington, D.C., Cathol. Univ. of America, Phys. Dep.; engl.) — Mit Hilfe der von Litovitz u. Mitarbeitern (vgl. C. **1950/54**, 1467 S) beschriebenen Impulstechnik wurde für *Isobutylbromid* (I) die longitudinale Schall-Geschw. u. die Absorption von +50 bis —166° gemessen. Messungen der Scherimpendanz wurden mit Hilfe einer von Mason u. Mitarbeitern (vgl. Physic. Rev. [2] **75**, [1949], 936) beschriebenen Meth. durchgeführt. Außerdem wurde die Viscosität von **I** zwischen —80 u. —140° gemessen. Aus den Ergebnissen war ersichtlich, daß die Ultraschallabsorption Beiträge von 4 Relaxationsmechanismen enthält, u. zwar rotationsisomere Relaxation, Schwingungsrelaxation, Struktur- u. Scherrelaxation. Die rotationsisomere Relaxation, die nur eine einzelne Relaxation zeigte, wurde bei Temp. oberhalb —50° gefunden. Der Einfl. dieses Mechanismus auf die Absorption nimmt mit fallender Temp. ab u. ist unterhalb dieser Temp. zu vernachlässigen. Aus den Absorptionsdaten wurde die Aktivierungsenergie des höheren Energiezustandes u. der Energieunterschied zwischen den Zuständen berechnet. Die Absorption infolge des Schwingungsmechanismus war in I meßbar, was auf die Ggw. von Schwingungsrelaxation in einer schwach assoziierten Fl. hinweist. Die mit diesem Mechanismus in Zusammenhang stehende Relaxationszeit betrug $^1/_2$—$^1/_{100}$ von denen, die in nichtassoziierten Fll. beobachtet worden waren. Die Absorptionsmessungen unterhalb —125° zeigten, daß das Verhältnis η_c/η_s kleiner ist als in Fll. mit einem größeren Assoziationsgrad. Aus den Messungen der longitudinalen Geschw. u. der Scherimpedanz wurden die Grenzmoduln sowie die Struktur- u. Scherrelaxationszeiten berechnet. C. Gottfried. B 159△

0727 **1,5—28,5-MHz-Impuls-Apparat zur automatischen Messung der Schallabsorption in Flüssigkeiten und einige Ergebnisse für wässerige und andere Lösungen.** P. D. Edmonds, V. F. Pearce und J. H. Andreae. (Brit. J. appl. Physics **13**, 551—60, 1962; Welwyn, Herts., Imp. Chem. Ind. Ltd., Akers Res. Labor.; engl.) — Es wird eine App. zur Messung der Ultraschallabsorption in Fll. im Bereich 1,5 bis 28,5 MHz beschrieben, die automat. Registrierungen vornimmt, aus denen sich die Absorptions-Koeff. leicht berechnen lassen. Mit den folgenden (wenn nicht bes. bezeichnet: wss.) Lsgg. wurden Messungen durchgeführt: *Butylcellosolve*, *N-Octyl-*, *Triäthyl-*, *Diäthylentri-* (I), *Triäthanol-* u. *Methyldiäthylamin* (II), *Aceton*, *Tetrahydrofuran*, *Pyridin*, *Dioxan*, *Acetonylaceton* (III; in Essigsäure); ferner in einer Hochfrequenz-App. (zwischen 35 u. 185 MHz) **II**, Trinitrobenzol + Diäthylamin (**IV**; in A.), Nicotin, **IV**, N-Methylmorpholin, **I**, **III** u. Methylcellosolve. Die aus den Messungen abgeleiteten Relaxationsdaten für einzelne u. doppelte Relaxationsprozesse sowie die sich ergebenden Parameter sind tabellar. aufgeführt. W. Betcke. B 159◇

0728 **Stabilisierung von Wasser–Öl-Emulsionen durch feste Teilchen.** E. H. Lucassen-Reynders und M. van den Tempel. (J. physic. Chem. **67**, 731—34, 1963; Vlaardingen, Unilever Res. Labor.; engl.) — Emulsionen von W. in Paraffinöl lassen sich durch *Glycerintristearat* (I)-Kristalle in Ggw. geringer Mengen von oberflächenakt. Stoffen stabilisieren. Es können sowohl öl- als auch wasserlösl. oberflächenakt. Stoffe verwendet werden, die in den erforderlichen Konzz. ohne I-Zusatz keine nennenswerte Stabilisierungskraft besitzen. Es wurde festgestellt, daß der Kontaktwinkel des W. sowie des Paraffinöls gegenüber den I-Kristallen durch den Zusatz der oberflächenakt. Stoffe nicht beeinflußt wird. Die größere Stabilisierungskraft in Ggw. von oberflächenakt. Stoffen wird auf die damit zusammenhängende geringere Wechselwrkg. der I-Kristalle zurückgeführt, wodurch den Kristallen die Möglichkeit gegeben ist, die Oberfläche der Wassertröpfchen zu erreichen, bevor diese zu größeren Aggregaten zusammengeflossen sind. Der Einfl. der oberflächenakt. Stoffe auf die Wechselwrkg.-Energie der Kristalle wird durch Viscositätsmessungen verfolgt. D. Noack. B 163◇

0729 **Über Richtungsabhängigkeit und hydrodynamische Instabilität beim Stoffübergang der Na-Alkylsulfate im System Wasser–Isoamylalkohol.** H. Linde und D. Thiessen. (Mber. dtsch. Akad. Wiss. Berlin **4**, 710—15, 1962; Dt. Akad. der Wiss., Inst. für phys. Chem.; dt.) — Vgl. C. **1963**, 10796. — Das Stoffübergangs-Verh. der *Na-Alkylsulfate* mit C_{10}, C_{12} u. C_{14} im Syst. *W.–Isoamylalkohol* wurde untersucht. Die Intensität der freien Grenzflächenkonvektion zeigt keine einfache Abhängigkeit von Kettenlänge u. Konzentration. Die Austausch-Koeff. K_3* als Maß für die freie Grenzflächenkonvektion wachsen mit der Konz. schneller als proportional an, erreichen jedoch im allg. keine quadrat. Abhängigkeit. Es wurde nachgewiesen, daß in den untersuchten Syst. unter der Bedingung erzwungener Konvektion freie Grenzflächenkonvektion nur aus der Phase mit höherer kinemat. Zähigkeit u. kleinerem Diffusions-Koeff. der diffundierenden Substanz auftritt. Auf Verss. (l. c.) mit *Na-Hexadecylsulfat* wird hingewiesen. B. Krebs. B 171◇

0730 **Ermittlung einer Wellenfunktion zur Darstellung der C–H-Bindung.** 1. Mitt. Monique Roux und Jean-Léon Masse. (J. Chim. physique Physico-Chim. biol. **56**, 834—43, 1959; Paris, Centre de Mécan. Ondulatoire Appl.; engl.) — 2. vgl. C. **1962**, 5983. — Vff. untersuchten ein Syst., das von 4 Elektronen des gleichen Spins in dem Feld des C-Kerns u. seiner 1s-Elektronen u. des H-Kerns gebildet wird. C. Gottfried. B 182△

0731 **Genaue und bequeme Näherung für Schwingungsenergieniveausummen.** G. Z. Whitten und B. S. Ravinovitch. (J. chem. Physics **38**, 2466—73, 1963; Seattle, Wash., Univ. of Washington, Dep. of Chem.; engl.) — Vff. berechneten für nachst. Moll. die genauen Summen der Energiedichten der harmon. Schwingungsniveaus bei verschiedenen Energien: *CBr_3Cl, CCl_4, CF_4, CCl_2O, $CHBr_3$, Chlf., CH_2O, CD_2O, CH_3Br, CD_3Br, CH_3Cl, CH_3F, CH_4, CD_4, C_2N_2, C_2H_2, C_2HD, C_2D_2, CH_2CO, $C_2H_2Cl_2$, CH_3NC, CD_3NC, C_2H_4, $O(CH_2)_2$, CD_2CDCD_2, Cyclopropan, D_6-Cyclopropan, C_3O_2, C_4H_2, Cyclobutanon, Cyclobutan, C_5H_5N, Bzl., BBr_3, BCl_3, BF_3, B_2H_6, GeH_4, HN_3, $Ni(CO)_4$, SF_6, SiH_4, $SiCl_3Br$, SiF_4, $SnBr_4$*. Eine verbesserte Näherungs-Meth. vom Typ der „korrespondierenden Schwingungszustände" für vorst. erwähnte Summen bei niederen u. mäßig hohen Energien wird beschrieben; sie liefert auch bei recht niedrigen Energien, $\varepsilon \gtrsim 0{,}1\ \varepsilon_z$, gute Ergebnisse. Die im einzelnen erhaltenen Werte werden diskutiert. Ch. Zechel. B 182◇

0732 **Eine Untersuchung der Wechselwirkung zweier Äthylenmoleküle durch die semiempirische Methode der vollständigen Konfigurationswechselwirkung in π-Elektronennäherung.** J. Koutecký und J. Paldus. (Theoret. chim. Acta [Berlin] **1**, 268—81, 1963; Prague, ČSSR, Czechoslow. Acad. of Sci., Inst. of Phys. Chem.; engl.) — Mit Hilfe halbempir. Meth. der vollständigen Konfigurationswechselwrkg. wurden für ein Syst. von π-Elektronen, bestehend aus zwei *Äthylen* (I)-Moll. mit der Symmetrie D_{2h}, die Eigenwerte der Energie sowie die Oscillatorstärke erlaubter Übergänge berechnet. Der hypsochrome Effekt (vgl. Nesbet, C. **1963**, 17257) tritt in dieser höheren Näherung bei Vernachlässigung der Konjugationseffekte nicht auf. Die Berücksichtigung von Konjugationseffekten ergibt eine Intensitätsschwächung der Bande des langwelligsten erlaubten Überganges. Bei dieser Bande überwiegt der bathochrome Effekt bei kleinem Abstand der I-Moleküle. Transannulare Wechselwrkg. u. die Rolle der Konjugationseffekte im Hypsochromismus spiraliger Polynucleotide werden allg. erörtert. Auf die qual. Ähnlichkeit von *Cyclobutadien*-Spektren, die einerseits nach der halbempir., andererseits nach der theoret. Meth. der vollständigen Konfigurationswechselwrkg. berechnet wurden, wird bes. hingewiesen. Ch. Zechel. B 182◇

0733 **Erratum: Spindichten im freien Cyclohexadienylradikal.** Hanns Fischer. (J. chem. Physics **38**, 1023, **1963**; Darmstadt, Deutsches Kunststoff-Inst.; engl.) — Korrektur der C. **1963**, 11195 abgeleiteten Werte für $\varphi\pi^2$ u. die Spindichten. W. Schramm. B 182◇

0734 **Halbempirische SCF-LCAO-Theorie mit Überlappung.** H. M. Gladney. (Theoret. chim. Acta [Berlin] **1**, 245—56, 1963; Princeton, N.J., Princeton Univ., Dep. of Chem.; engl.) — SCF-Rechnungen unter Einschluß der vollständigen Überlappungsmatrix sind zur Best. der Elektronenspektren von *Bzl.*, *Naphthalin*, *Anthracen* u. *Phenanthren*, unternommen worden. Es werden ähnliche Ergebnisse wie bei Vernachlässigung der differentiellen Überlappung erhalten. Coulomb- u. Überlappungsintegrale sowie Ladungsdichten u. Bindungsordnungen sind tabellar. angegeben. Ch. Zechel. B 182◇

0735 **Self-consistent-field-molecular-orbital-Berechnung für Pyrrol.** J. P. Dahl und Aage E. Hansen. (Theoret. chim. Acta [Berlin] **1**, 199—205, 1963; Copenhagen, Denmark, Univ. of Copenhagen, Chem. Labor. IV, H. C. Ørsted Inst.; engl.) — Nach der halbempir. LCAO-SCF-MO-Meth. wurde die Elektronen-Struktur u. das -Spektrum des *Pyrrols* untersucht. Unter Einschluß der Konfigurationswechselwrkg. wurden niedrigliegende angeregte Singulettniveaus bei 5,98, 6,74, 7,33 u. 8,20 eV über dem Grundzustand errechnet, wobei sich gute Übereinstimmung mit experimentellen Werten (5,88, 6,77 u. 7,21 eV) ergab. Das Dipolmoment des Mol. ergibt sich zu 1,84 D (experimentell 1,80 D). Die (sphär.) Rumpf-Elektron-Integrale für alle 4 Kombinationen von C u. N sind tabelliert. Ch. Zechel. B 182◇

0736 **Der induktive und der mesomere Effekt in substituierten aromatischen Molekülen. 11. Mitt. Über die Dipolmomente von Pyrrol und Nitroindolen.** Henri Lumbroso und Giovanni Pappalardo. (Bull. Soc. chim. France **1961**, 1131—35; Paris, Sorbonne, Labor. de Chim. Gén.; Parme, Ist. di Chim. Farm. e Tossicol.; franz.) — 10. vgl. Barassin u. Lumbroso, Bull. Soc. chim. France **1961**, **492**; 9. vgl. C. **1962**, 1551. — Die Dipolmomente (μ) von *Pyrrol* (Kp. 130°, D_4^{25} 0,965, n_D^{25} 1,5077) wurden bei 25° bestimmt u. nach Halverstadt u. Kumler (J. Amer. chem. Soc. **64**, [1942], 2988) berechnet: in Cyclohexan [μ =] 1,75[D], in CCl_4 1,76, in Bzl. 1,83 u. in Dioxan 2,15 ± 0,02. In Dioxan liegt wahrscheinlich teilweise Assoziation mit den Lsgm. vor. Dies gilt auch für *Indol* (**I**, $Kp._{16}$ 128°): μ = 2,38 ± 0,02 in Dioxan. Die Dipolmomente von *2.3-Dimethylindol* (3,05 ± 0,05), *4-Nitro-* (6,56 ± 0,05), *5-Nitro-* (7,37 ± 0,08), *6-Nitro-* (6,58 ± 0,05), u. *7-Nitro-2.3-dimethylindol* (**II**, 4,00 ± 0,04) zeigen, daß die Wechselwrkg. zwischen NO_2- u. NH-Gruppe klein ist. Demnach stört die NH-Gruppe bes. den Heteroring durch induktiven u. mesomeren Effekt, während der Benzolring wenig beeinflußt wird. **II** weist eine intramol. H-Brücke auf, die NO_2-Gruppe steht in der Ebene der Ringe. Das Moment der π-Elektronen von **I** ist 2,15 D, die Momentrichtung bildet einen Winkel von 43° mit der inneren Bisektrix des C—N—C-Winkels. Gerhard Cleve. B 182◇

0737 **Der induktive und der mesomere Effekt in substituierten aromatischen Molekülen. 12. Mitt. Über die Molekülkonfiguration des Acetanilids und seiner Substitutionsderivate.** Maurice Gomel und Henri Lumbroso. (Bull. Soc. chim. France **1962**, 1196—1203; franz.) — 11. vgl. vorst. Referat. — Die Dipolmomente der folgenden Acetanilide wurden in Bzl. bzw. in Dioxan (Dx.) bei 25° gemessen: *Acetanilid* (**I**) [μ =] 3,60 ± 0,05 [D] in Bzl., 3,88 ± 0,05 in Dx.; *o-Chlor-*, 2,23 ± 0,05 in Bzl.; *m-Chlor-*, 3,86 ± 0,04 in Bzl., 4,19 ± 0,05 in Dx; *p-Chlor-* 4,55 ± 0,05 in Dx.; *2.5-Dichlor-* 3,45 ± 0,05 in Bzl., 4,02 ± 0,05 in Dx.; *2-Methyl-5-chlor-*, 5,04 ± 0,1 in Dx.; *o-Nitro-* 1,66 ± 0,03 in Bzl., 2,21 ± 0,04 in Dx.; *m-Nitro-* 4,95 ± 0,05 in Dx.; *p-Nitro-* 6,64 ± 0,1 in Dx.; *2.4-Dinitro-* 5,71 ± 0,1 in Dx.; *2.6-Dinitro-* 3,66 ± 0,05 in Dx.; *2-Methyl-4-nitro-* 6,91 ± 0,1 in Dx.; *2-Methyl-5-nitro-* 6,81 ± 0,1 in Dx.; *2-Nitro-4-chlor-* 1,72 ± 0,03 in Bzl., 2,25 ± 0,04 in Dx.; *2-Chlor-4-nitro-* 5,08 ± 0,05 in Bzl., 5,39 ± 0,06 in Dx.; *2.6-Dibrom-4-nitro-* 5,33 ± 0,1 in Dx.; *3-Methoxyacetanilid* 3,73 ± 0,04 in Benzol. Die Strukturprobleme werden ausführlich besprochen. **I** hat danach eine nichtebene Struktur, in der die N—H- u. die C=O-Bindung trans-Stellung haben. Der Winkel der beiden Ebenen C_{Ar}- N—C u. N—C—O beträgt 46 ± 5°. Diese Konfiguration liegt auch noch fast unverändert in den m- u. p-Substitutions-Derivv. vor. Die m-Derivv. können bzgl. der N—H- u. C—X-Bindungen (X ist der Substituent) in cis- u. trans-Form vorliegen. Bei den o-substituierten Derivv. stehen N—H u. C—X in cis-Stellung. Zwischen der N—H-Gruppe u. o-Chlor- bzw. o-Nitrosubstitution bilden sich wahrscheinlich H-Brücken. — 51 Literaturangaben. Gerhard Cleve. B 182◇

0738 **Über die intermolekulare Assoziation des Acetanilids und seiner Substitutionsderivate.** Maurice Gomel und Henri Lumbroso. (Bull. Soc. chim. France **1962**, 1203—08; franz.) — Vgl. vorst. Referat. — Die Ergebnisse des vorst. Ref. führten zu einigen Folgerungen: *Acetanilid* bzw. *m-Chloracetanilid* sind in sehr verd. Lsg. in Bzl. z. T. dimerisiert u. bilden eine offene Kette über eine H-Brücke zwischen der NH-Gruppe des einen u. der C=O-Gruppe des zweiten Moleküls. *2-Chlor-*, *2.5-Dichlor-*, *2-Chlor-4-nitro-*, *2-Nitro-* u. *2-Nitro-4-chloracetanilid* sind in Bzl. kaum assoziiert, da sie eine intramol. H-Brücke haben. In Dioxan ist bei allen im vorst. Ref. genannten Verbb. die Komplex-Bldg. mit dem Lsgm. viel stärker als die intermol. Assoziation. Gerhard Cleve. B 182◇

0739 **Physikochemische Eigenschaften von Verbindungen mit aromatischem Charakter. 4. Mitt. Einfluß der Polarität der Lösungsmittel auf die Übergänge N-V und n-π* einiger monoazaaromatischer Derivate.** G. Coppens, C. Gillet, J. Nasielski und E. Vander Donckt. (Spectrochim. Acta [London] **18**, 1441—53, 1962; Bruxelles, Univ. Libre, Fac. des Sci., Serv. de Chim. Org.; franz) — 3. vgl. Fauconnier u. Mitarbeiter, Spectrochim. Acta [London] **18**, [1962], 689. — Die Addition kleiner Mengen (10^{-2}m) von Protonendonatoren (CH_3COOH, C_6H_5OH) zur Hexan-Lsgg. von *Azaaromaten* läßt in den UV-Spektren die n-π*-Banden verschwinden u. bewirkt einen hyperchromen Effekt auf die π-π*-Übergänge. Diese Befunde erlauben eine eindeutige Zuordnung der n-π*-Übergänge in *Pyridin* (270 mμ), *Chinolin* (318), *Isochinolin* (**I**; 312), *Acridin* (360), *1-Azafluoranthen* (416), *1-Aza-* [327 (?)], *4-Aza-* [314 (?)] u. *9-Azaphenanthren* [327 (?)]. Die Ergebnisse stimmen mit denen von LCAO-Berechnungen ausgezeichnet überein; die Intensitäten können qual. interpretiert werden. Der Einfl. von CH_3COOH einerseits, von CCl_3COOH u. CF_3COOH andererseits auf das Spektrum von I läßt auf das Vorhandensein zweier verschiedener Typen von H-Brücken zwischen der Base u. der freien Säure schließen. J. Rothe. B 182◇

0740 **Über den aromatischen Charakter von einigen 10π-Elektronensystemen.** J. P. Dahl und Aage E. Hansen. (Theoret. chim. Acta [Berlin] **1**, 206–08, 1963; Copenhagen, Denmark, Univ. of Copenhagen, Chem. Labor. IV, H.C. Ørsted Inst.; engl.) — Die Elektronenstruktur von *1.4.5-Triazacycloheptadien-(2.6)* wurde nach einer Hückel-MO-Meth. (Ansatz für den Coulomb-Parameter für N $\alpha_N = \alpha + 2{,}0\beta$) u. einer SCF-LCAO-MO-Meth. berechnet. Die Resonanzenergie ist danach 1,34 β, die Bindungsordnung zwischen den benachbarten NH-Bindungen gering (0,09 bzw. 0,17), die cycl. Konjugation wird also unterbrochen. Ähnliche Ergebnisse lassen sich für die Syst. 1-Methyl-1.4.5-triazacycloheptadien-(2.6), 1-Oxa- u. 1-Thia-4.5-diazacycloheptadien-(2.6) erwarten. Diese Berechnungen erklären die experimentellen Ergebnisse der Unterss. von Allinger u. Youngdale (J. Amer. chem. Soc. **84**, [1962], 1020) an Verbb. dieses Typs, die keinen Hinweis auf cycl. Konjugation fanden. W. Schramm. B 182◇

0741 **Der Mechanismus der Elektronenleitung in Peptidketten.** W. Lautsch. (Kolloid-Z. **167**, 144–46, 1959; Berlin, FU, Inst. für Org. Chem.; dt.) — Vf. postuliert zwei Leitungsmechanismen in Peptidketten. Die α-Leitung liegt bei der α-Form von Cyclopeptiden, cycl. Peptiddisulfiden sowie in der α-Helix (vgl. Pauling u. Mitarbeiter, C. **1952**, 537) vor u. verläuft über alternierende u. Triplett-Bindungen. Bei der β-Form erfolgt die Elektronenleitung gleichzeitig in beiden Richtungen entlang der Kette über planare, aus zwei Dreiringen aufgebaute Vierring-Syst. über eine 1-Elektronenbindung. Die Theorie steht nach Ansicht des Vf. mit vielen experimentellen Beobachtungen in guter Übereinstimmung. Winfried Krüger. B 182◇

0742 **Die Wassermoleküle im (+)-Desmethanolaconinonhydrojodidtrihydrat.** Joan R. Clark. (Acta crystallogr. [Copenhagen] **16**, 702–03, 1963; Sydney, Australia, Univ. of Sydney, School of Chem.; engl.) — Vf. diskutiert Zickzackketten aus 3 $H_2O \cdot J$-Gruppierungen in H-Bindungs-Syst. der von Przybylska, C. **1962**, 12610, mitgeteilten Struktur des Mol. von *(+)-Desmethanolaconinon* ($C_{19}H_{17}N \cdot C_2H_5 \cdot (OH)_4O(OCH_3)_3 \cdot HJ \cdot 3\,H_2O$) u. verweist auf ihre allg. Bedeutung. R. Uttech. B 182◇

0743 **Der Einfang von Domänengrenzen durch Versetzungen in ferroelektrischen Glycinsulfatkristallen.** Terutaro Nakamura und Hanako Nakamura. (Jap. J. appl. Physics **1**, 253–59, 1962; Tokyo, Azabu-ryudocho, Tokyo Univ.; Tokyo, Otsuka, Ochanomizu Univ., Dep. of Phys.; engl.) — An *Triglycinsulfat*-$[(NH_2CH_2COOH)_3 \cdot H_2SO_4]$-Kristallen wurden durch Reiben mit feuchtem Filtrierpapier die Versetzungsätzbilder u. die Grenzen der ferroelektr. Gebiete sichtbar gemacht. Im Gegensatz zu dem glatten positiven Ende der Domäne zeigt das negative Ende eine körnige Struktur. Beim Anlegen eines elektr. Feldes von 30 V/cm dehnen sich die Domänenstrukturen nur bis zu den Versetzungslinien der Stufenversetzungen aus. Sehr hohe Felder (350 V/cm) lassen die Grenzen über die Versetzungslinien hinweg wandern. K. Strenge. B 190◇

0744 **Experimentelle Untersuchungen über die Polymorphie organischer Substanzen.** J. Naveau. (Bull. Soc. chim. belges **70**, 662–89, 1961; Bruxelles, Univ. Libre; franz.) — Vf. berichtet über die Unterss. polymorpher Übergänge organ. Substanzen mit dem Polarisationsmikroskop, dessen Beobachtungstisch auf —165° abgekühlt u. auf +200° erwärmt werden konnte. Keine polymorphen Formen konnten für *1-Methylcyclopentanol, Phenol, Cyclopentylcyanid* (**I**), *Trimethylcarbinol* u. *Jodoform* nachgewiesen werden. Für **I** wurde der mkr. F. zu —75 ± 5° bestimmt. Enantiotrope Formen wurden für *Acetonitril* (**II**, F.mkr. —46°), *Glutarsäure* (**III**), *Laurylalkohol* (**IV**), *Chloralhydrat* (**V**), *Dimethyläthylcarbinol* (**VI**) u. *Bernsteinsäuredinitril* (**VII**) gefunden. Für **II** wurde ein schwacher enantiotroper Übergang zwischen —58 u. —59° beobachtet. Für **III** wurden in Übereinstimmung mit Literaturdaten 2 enantiotrope Formen mit einem Gleichgewicht zwischen 60 u. 61° gefunden: Bei **IV** wurde ein enantiotroper Übergang bei 16° beobachtet. Die von Phillips u. Manford (1934) festgestellte monotrope Form wurde nicht bestätigt. Für **V** wurde ein enantiotroper Übergang bei ca. 32° beobachtet. Dieser Übergang von einer nadeligen in eine plättchenähnliche Form erfolgt leicht bei sinkender, sehr schwer bei steigender Temperatur. Er erfolgt nur, wenn Keime der Nadelform vorhanden sind. Für **VI** ergaben die bis —165° durchgeführten Beobachtungen, daß die Verb. zwischen dem F. (—8,6°) u. dem von anderer Seite beobachteten Übergang bei —130° isotrop ist. Kristalle von **VII** erwiesen sich bei gewöhnlicher Temp. als kub., sie blieben isotrop bis zum F. bei 57,2°. Unterhalb —50° beobachtet man einen Phasenübergang, der sich durch die auftretende Doppelbrechung u. eine Vol.-Kontraktion der Kristalle feststellen läßt. Der enantiotrope Übergang liegt bei —41°, was durch therm. Analyse der Syst. *Benzonitril*-**VII**, *Acetonitril*-**VII** u. *Glutarsäuredinitril*-**VII** bestätigt wird. Die Schmelzwärme von **VII** wurde zu 990 cal/Mol. bestimmt. Schließlich wurden noch untersucht *Hydrochinon* (**VIII**), *Dimethyloxalat* (**IX**), *d-Camphersäure* (**X**) u. *Malonsäuredinitril* (**XI**). **VIII** tritt in 2 monotropen Formen auf, einer stabilen Form (F. 172°, hexagonale Nadeln mit rhomboedr. Symmetrie) u. einer instabilen Form (F. 169°, monokline Rhomben). Die Umwandlungs-Geschw. ist bei Raum-Temp. sehr langsam, bei ca. 100° sehr schnell. Auch **IX** tritt in 2 monotropen Formen auf, einer rhomboedr. mit gerader Auslöschung vom F 53,0° (bis —100° stabil) u. einer sphärolith. vom F. 50,8–51°. **X** ist monotrop u. tritt in 3 Formen auf mit den FF. 188,5–189°, 183,5–184,6° u. 181,5°. **XI** erwies sich als dimorph monotrop. Die stabile Form bildet doppelbrechende Kristalle mit schiefer Auslöschung u. hat F. 31,5°. Die instabile Form ist kub. mit F. ca. 30° u. wandelt sich schnell in die stabile Form um. C. Gottfried. B 190△

0745 **Komplexes Ladungsübertragungs-Kristallwachstum an einer Grenzfläche, Lösung-fest.** H. Scott, H. Ur und M. M. Labes. (Nature [London] **197**, 375, 1963; Philadelphia, Pa., Franklin Inst. Labor., Chem. Div.; engl.) — Bei Verss., aus Lsgg. orientierte Kristalle eines Elektronendonators, *1.4-Diaminodurol* (**I**) auf einem Einkristall eines Elektronenacceptors, *p-Chloranil* (**II**), niederzuschlagen, wurde gefunden, daß sich statt dessen Kristalle des 1 : 1-Ladungsübertragungskomplexes gebildet hatten. Wenn man z. B. eine $6{,}8 \cdot 10^{-5}$ mol. Lsg. von **I** in PAe. bei 25° in Berührung mit einem **II**-Kristall brachte, dann wuchsen zuerst kleine Kristalle des Komplexes auf der Oberfläche des Kristalls u. dann aufeinander. War die Amin-Konz. 5–10mal höher, dann wurde nur ein Nd. des amorphen Komplexes erhalten. Ähnliches Kristallwachstum wurde beobachtet, wenn durch Pressen erhaltene Scheiben der beiden Verbb. einige mm von einander entfernt in PAe. legte. Hierbei bildete sich zuerst auf dem **II** ein dichtes Netzwerk von schwach festgehaltenen regellos orientierten Nadeln des Komplexes. C. Gottfried. B 190△

0746 **Physikochemische Untersuchungen an Glucose.** 2. Mitt. Atsushi Watanabe, Hiroshi Okuto, Katsuharu Yasumatsu und Mamoru Terasaki. (Annu. Rep. Takeda Res. Lab. **17**, 23–30, 1958; jap., Auszug: engl.) — Es wird nachgewiesen, daß sich *α-D-Glucose-Hydrat* (**I**) u. wasserfreie *α-D-Glucose* (**II**) sowohl röntgenograph. als auch IR-spektroskop. unterscheiden lassen. Thermogravimetr. wird festgestellt, daß bei 60° die Umwandlung **I** → **II** erfolgt, dabei erfolgt die Kristallumwandlung nicht kontinuierlich. P. Gregorzewski. B 190◇

0747 **Bindungslängen und -winkel im Pentaerythrittetranitrat.** James Trotter. (Acta crystallogr. [Copenhagen] **16**, 698–99, 1963; Vancouver, B.C., Canada, Univ. of Brit. Columbia, Dep. of Chem.; engl.) — Unter Benutzung der von Booth u. Llewellyn, J. chem. Soc. [London] **1947**, 837, angegebenen Strukturfaktoren wurde eine Kleinste-Quadrate-Verfeinerung durchgeführt für *Pentaerythrittetranitrat*; Liste der Atomkoordinaten, Bindungslängen u. -winkel. Die l. c. mitgeteilte anomale Mol.-Gestalt konnte nicht bestätigt werden. R. Uttech. B 195◇

0748 **Die Kristallstruktur des Trimethylsulfoxoniumperchlorats.** C. L. Coulter, P. K. Gantzel und J. D. McCullough. (Acta crystallogr. [Copenhagen] **16**, 676–81, 1963; Los Angeles, Calif., Univ. of California, Dep. of Chem.; engl.) — *Trimethylsulfoxoniumperchlorat* $[(CH_3)_3SO^+ClO_4^-]$ krist. tetragonal, a = 11,66, c = 5,99; $P\bar{4}2_1m$; Z = 4, D. 1,56. Liste der Atomkoordinaten, $S-C_{(1)}$ 1,78 ± 0,01 (Å), $S-C_{(2)}$ 1,76 ± 0,01, S—O 1,45 ± 0,01, $C_{(1)}-S-C_{(1)}$ 105,8 ± 0,7°, $C_{(1)}-S-C_{(2)}$ 105,7 ± 0,5°, $C_{(1)}-S-O$ 112,1 ± 0,5°, $C_{(2)}-S-O$ 114,8 ± 0,6°, Cl—O 1,45 ± 0,01 Å, O—Cl—O 111,5 ± 0,9° u. 108,8 ± 0,9° nach dreidimensionalen

Patterson-, Differenz-Synth. u. Kleinste-Quadrate-Verfeinerung. $[(CH_3)_3SO]^+$ weist m-, mit Annäherung an 3m-, Symmetrie auf. ClO_4^- nimmt zwei kristallograph. verschiedene Lagen mit $\bar{4}$- u. m m 2-Symmetrie ein, die letztere durch eine statist. Verteilung auf den Gitterplätzen.
R. Uttech. B 195◇

0749 **Die Kristallstruktur der Acrylsäure.** Mary Ann Higgs und Ronald L. Sass. (Acta crystallogr. [Copenhagen] **16**, 657—61, 1963; Houston, Tex., Rice Univ., Dep. of Chem.; engl.) — Die Röntgenstrukturanalyse von *Acrylsäure* ($C_3H_4O_2$, F. 12°) ergab bei —115° eine orthorhomb. Zelle, a = 9,966 ± 0,007, b = 11,744 ± 0,013, c = 6,306 ± 0,016 Å; I b a m-D_{2h}^{26}; Z = 8, $D_{berechn.}$ 1,296 g·cm^{-3}, Liste der Atomkoordinaten, Bindungslängen u. -winkel nach Patterson-, Differenz-Synth. u. Kleinste-Quadrate-Verfeinerung auf Grund von Weissenberg-Daten. Die ebenen Mol. sind durch H-Brücken über Symmetriezentren zu Dimeren verknüpft, die auf kristallograph. Spiegelebenen liegen. Der hohe F. wird durch die H-Brücken nicht erklärt. Tabelle der C—OH, C=O, O···O-Abstände u. R—C—OH, R—C—O, O=C—OH-Winkel.
R. Uttech. B 195◇

0750 **Nachprüfung der thermischen Ausdehnung des ferroelektrischen Triglycinsulfates.** Iwao Shibuya und Sadao Hoshino. (Jap. J. appl. Physics **1**, 249—52, 1962; Tokyo, Univ., Inst. Solid State Phys.; engl.) — Verschiedene Werte für den therm. Ausdehnungs-Koeff. des *Triglycinsulfates* (I) wurden von anderen Vff. auf die Einw. von Röntgen-Strahlen während der röntgenograph. Unters. zurückgeführt. Das Temp.-Verh. des Ausdehnungs-Koeff. wurde daher nochmals genau röntgenograph. u. dilatometr. an frischen u. an durch Röntgen-Strahlung vorbehandelten I-Kristallen untersucht. Die Diskrepanzen zwischen den Werten der früheren Autoren konnte durch Analysenfehler erklärt werden.
K. Strenge. B 195◇

0751 **Ein Strukturvorschlag für D- bzw. L-Alanin.** L. Ickert. (Mber. dtsch. Akad. Wiss. Berlin **4**, 557—61, 1962; Berlin, Humboldt-Univ., Inst. für Mineralog.; dt.) — Weissenberg-Aufnahmen ergaben die Gitter-Konst. a_0 12,37 (Å), b_0 6,08 ± 0,01, c_0 5,82 ± 0,01; Raumgruppe P 2_1 2_1 2_1, Z = 4. Unter Benutzung der bekannten Daten für DL-Alanin werden ohne eigentliche Strukturanalyse die Parameter für *D*- u. *L-Alanin* abgeleitet (Übernahme der D- u. L-Netzebenen aus der DL-Struktur, Änderung der Folge gemäß den Vorschriften für die Raumgruppe P 2_1 2_1 2_1). Verschiedene Beobachtungen deuten auf eine eindimensionale Lage (bzw. auch Arten)-Fehlordnung bei allen 3 Alaninen.
W. Schramm. B 195◇

0752 **Strukturuntersuchungen an einigen Derivaten und Analogen von α-Phenyl-α-äthylglutarsäureimid.** Mario Bonamico, Fiorenza Coppola und Giordano Giacomello. (Gazz. chim. ital. **90**, 1607—15, 1960; Roma, Univ., Ist. di Chim. farmaceut.; ital.) — Vgl. C. **1963**, 19181. — Röntgenograph. untersucht wurden wasserfreies *α-Phenyl-α-äthylglutarsäureimid* (I) u. I-*Monohydrat* (II). I kristallisiert aus PAe. in monoklinien, farblosen Prismen mit F. 86—88°. Die Zelldimensionen sind a = 20,40 ± 0,06 (Å); b = 11,39 ± 0,03; c = 20,60 ± 0,06; β = 92° 40′ ± 20′; Raumgruppe ist C_{2h}^4–P 2/c; Z = 16. II erhält man aus wss. A. in farblosen, rhomb. Prismen mit F. 72—82° u. den Zelldimensionen a = 7,53 ± 0,02 (Å); b = 30,50 ± 0,09; c = 10,83 ± 0,03; Raumgruppe ist D_{2h}^{15}— P b c a; Z = 8. Ferner wurden die von Branchini u. Mitarbeitern (vgl. C. **1962**, 455) isolierten opt. Antipoden von I untersucht. Die Kristalle der wasserfreien opt. akt. Formen kristallisieren aus Äthylacetat in farblosen, rhomb. Prismen mit F. 103—104°. Die Zelldimensionen sind a = 6,87 ± 0,02 (Å), b = 25,75 ± 0,07; c = 6,90 ± 0,02; Raumgruppe ist P 2_1 2_1 2_1; Z = 4. Weiter wurden *α′-Brom*-I (III) u. *α′-Jod*-I (IV) untersucht. III kristallisiert aus Aceton in triklinen, farblosen, gestreckten Prismen mit F. 172—174°. Die Zelldimensionen sind a = 9,10 ± 0,03 (Å), b = 11,95 ± 0,03; c = 6,11 ± 0,02; α = 96° 30′ ± 20′; β = 97° 20′ ± 20′; γ = 107° 55′ ± 20′; Raumgruppe ist P $\bar{1}$; Z = 2. IV erhält man aus Aceton in monoklinen, farblosen Prismen mit F. 191—193°. Die Zelldimensionen sind α = 9,04 ± 0,03 (Å), b = 22,88 ± 0,06; c = 6,11 ± 0,02; β = 96° 15′ ± 10′; Raumgruppe ist C_{2h}^5–P 2_1/c; Z = 4. Schließlich wurden noch die Zelldimensionen von anderen Verbb. bestimmt, die eine bemerkenswerte Ähnlichkeit mit I zeigen: *α-Pyridyl-(2)-α-äthylglutarsäuremid* (V) u. *γ-Phenyl-γ-äthylglutaconsäureimid* (VI) sowie *α-Jod*-VI (VII). V kristallisiert aus W. in monoklinen, farblosen, gestreckten Prismen mit F. 82—86°. Die Zelldimensionen sind a = 11,05 ± 0,03 (Å); b = 7,27 ± 0,02; c = 29,15 ± 0,09; β = 94° 50′ ± 20′; Raumgruppe ist C_{2h}^5–P 2_1/c; Z = 8. VI erhält man aus A. in monoklinen, farblosen Prismen mit F. 171°. Die Zelle hat die Abmessungen a = 10,58 ± 0,03 (Å); b = 7,32 ± 0,02; c = 15,16 ± 0,05; β = 92° 5′ ± 20′; Raumgruppe ist C_{2h}^5–P 2_1/c; Z = 4. VII kristallisiert aus Methylalkohol in monoklinen Prismen mit F. 174—176°. Die Zelldimensionen sind a = 8,81 ± 0,03 (Å); b = 22,59 ± 0,06; c = 6,11 ± 0,02; β = 94° 15′ ± 20′; Raumgruppe ist C_{2h}^5 — P 2_1/c; Z = 4. Diskutiert werden strukturelle Ähnlichkeiten zwischen den untersuchten Verbb. u 5-Phenyl-5-äthylbarbitursäure.
C. Gottfried. B 195△

0753 **Die Kristall- und Molekülstruktur des Phenanthrens.** J. Trotter. (Acta crystallogr. [Copenhagen] **16**, 605—08, 1963; Vancouver, Canada, Univ. of Brit. Columbia, Dep. of Chem.; engl.) — *Phenanthren* ($C_{14}H_{10}$) krist. monoklin, a = 8,46 (Å), b = 6,16, c = 9,47, β = 97,7°; P 2_1; Z = 2, Liste der Atomkoordinaten nach Verfeinerung über Kleinste-Quadrate-Meth. u. Differenz-Synth. auf Grund dreidimensionaler Daten. Bis auf geringe Abweichungen vom ebenen Mol.-Bau ist die C_{2v}-Mol-Symmetrie erfüllt u. bis auf zwei Ausnahmen entsprechen die Bindungslängen quantenmechan. Berechnungen; Vgl. gemessener Werte mit denen nach dem Valenzstruktur- u. dem Molekularbahnen-Verf. berechneten Werten.
R. Uttech. B 195◇

0754 **Die Kristallstruktur vom Diolefin des [2.2]-Paracyclophans.** C. L. Coulter und K. N. Trueblood. (Acta crystallogr. [Copenhagen] **16**, 667—76, 1963; Los Angeles, Calif., Univ. of California, Dep. of Chem.; engl.) — Das *Diolefin des [2.2]-Paracyclophans* ($C_{16}H_{12}$) krist. monoklin, a = 6,866, b = 11,636, c = 7,640, β = 116,9 ± 0,1°; P 2_1/c; Z = 2, D. 1,25; Liste der Atomkoordinaten, Bindungslänge u. -winkel nach Patterson-, Fourier-Synth. u. Kleinste-Quadrate-Verfeinerung auf Grund dreidimensionaler Weissenberg-Multifilm-Daten. Die aromat. Ringe sind an den Enden um 14° zu einer Wannenform deformiert. Die α-C-Atome um weitere 15° aus der Ringebene herausgebogen u. die Einfachbindungen außerhalb des aromat. Rings auf 1,51 Å verlängert.
R. Uttech. B 195◇

0755 **Die Kristall- und Molekülstruktur des Natriumtetrazolatmonohydrats.** Gus J. Palenik. (Acta crystallogr. [Copenhagen] **16**, 596—600, 1963; China Lake, Calif., U.S. Naval Ordnance Test Stat., Res. Dep., Chem. Div.; engl.) — $NaHCN_4 \cdot H_2O$ krist. orthorhomb., a = 5,868 ± 0,006, b = 5,624 ± 0,005, c = 6,450 ± 0,007 Å; P m c m; Z = 2, D. 1,74, Liste der Atomkoordinaten, Bindungslängen u. winkel nach dreidimensionalen Patterson-, Fourier-Synth. u. Kleinste-Quadrate-Verfeinerung auf Grund von Zählrohrdaten. HCN_4^- besitzt mm-Symmetrie; C—$N_{(1)}$ 1,329, $N_{(1)}$—$N_{(2)}$ 1,348, $N_{(2)}$—$N_{(2')}$ 1,310 Å. Die HCN_4^- sind durch H_2O über H-Brücken, $O_{(H_2O)}$—H···$N_{(2)}$ 2,898 Å, zu Ketten verknüpft. Schichten dieser Ketten wechseln mit Na^+-Schichten ab.
R. Uttech. B 195◇

0756 **Die Kristallstruktur des α-HMX und eine Verfeinerung der Struktur des β-HMX.** Howard H. Cady, Allen C. Larson und Don T. Cromer. (Acta crystallogr. [Copenhagen] **16**, 617—23, 1963; Los Alamos, N.Mex., Univ. of California, Los Alamos Sci. Labor.; engl.) — Die α-Form von *Oktahydro-1.3.5.7-tetranitro-1.3.5.7-tetrazocin* (*Cyclotetramethylentetranitramin, HMX*) krist. orthorhomb., a = 15,14, b = 23,89, c = 5,913 Å; F d d 2; Z = 8, D. 1,84; Liste der Atomkoordinaten, Bindungslängen u. -winkel nach Patterson-Differenz-Fourier- u. Kleinste-Quadrate-Meth. auf Grund von Zählrohrdaten. Die Moll. besitzen die Gestalt eines Körbchens mit zweizähliger Symmetrie. Es treten kurze Zwischenmol. C···O-Abstände, 3,04 u. 3,20 Å, auf. Vom β-HMX wurden die Atomkoordinaten einer Kleinste-Quadrate-Verfeinerung unterworfen; Darst. der Bindungslängen u. -winkel.
R. Uttech. B 195◇

0757 **Die Kristallstrukturen der Kalium- und Rubidiumdihydratsalze der β-D-Glucuronsäure.** G. E. Gurr. (Acta crystallogr. [Copenhagen] **16**, 690—96, 1963; Adelaide, South Australia, Univ., Physic. Dep.; engl.) — $C_6H_9O_7K \cdot 2\,H_2O$ krist. orthorhomb., a = 5,52 ± 0,01, b = 16,52 ± 0,02, c = 11,27 ± 0,02; P 2_1 2_1 2_1; Z = 4, D. 1,718; Liste der Atomkoordinaten u. Bindungslängen des K- u. des entsprechenden isomorphen *Rb-Salzes* nach der Schweratom-Meth. u. nach der Meth. des isomorphen Ersatzes sowie nach Verfeinerung der K-Verb. durch Differenz-Synth. auf Grund zweidimensionaler Weissenberg-Daten. Die Struktur enthält ein ausgedehntes H-Bindungsnetzwerk u. wird ferner von elektrostat. Kräften zwischen den Kationen u. den elektronegativen O zusammengehalten. Die *β-D-Glucuronsäure* weist die Konformation C1 auf mit allen OH in äquatorialer Stellung. R. Uttech. B 195◇

0758 **Die Struktur des Akuammidins.** Stuart Silvers und A. Tulinsky. (Acta crystallogr. [Copenhagen] **16**, 579 bis 584, 1963; New Haven, Conn., Yale Univ., Sterling Chem. Labor.; engl.) — *Akuammidinmethojodid* (I) krist. orthorhomb., a = 9,86, b = 12,34, c = 18,75 Å; P $2_1 2_1 2_1$; Z = 4; Liste der Atomkoordinaten, Darst. der Bindungslängen u. Winkel nach der Schweratom-Meth. u. Verfeinerung durch Differenz-Synth. auf Grund dreidimensionaler Daten. I ist nach Beugungsdiagrammen u. IR-Absorptionsspektren ident. mit *Rhazinmethojodid* (vgl. Chatterjee u. Mitarbeiter, Chem. and Ind. **1961**, 1014). Das nach chem. Unterss. erwartete Akuammidin-Skelett wird bestätigt. Die CH_3-Gruppe des Äthylidens u. die Methylesterfunktion sind vom quatern. N-Atom abgewandt. Die Struktur unterscheidet sich von der des Macusin-A (vgl. McPhail u. Mitarbeiter, C. **1962**, 8993) nur durch die Vertauschung der CH_2OH- u. CO_2CH_3-Gruppen. In Übereinstimmung mit IR-Werten nimmt die CO_2CH_3-Gruppe zwei Stellungen ein, die um 180° gegeneinander verdreht sind. In a-Richtung werden die Mol. über H-Brücken durch H_2O verknüpft; ∢ $NH_{(Indol)}$—$O_{(H_2O)}$—$HO_{(CH_2OH)}$ 111,0°. R. Uttech. B 195◇

0759 **Kristalldaten vom Pregnandiol und einigen seiner Isomeren.** Barbara Haner und Dorita A. Norton. (Acta crystallogr. [Copenhagen] **16**, 707, 1963; Buffalo, N.Y., Roswell Park Mem. Inst., Biophys. Dep.; engl.) — *5β-Pregnan-3α.20α-diol* krist. orthorhomb., a = 10,225 (Å), b = 24,582, c = 7,438, P $2_1 2_1 2_1$, Z = 4, D. 1,147. *5β-Pregnan-3α.20β-diol* krist. orthorhomb., a = 14,430, b = 23,032, c = 11,887, P $2_1 2_1 2_1$, Z = 8, D. 1,067. *5β-Pregnan-3β.20β-diol* krist. orthorhomb., a = 14,164, b = 20,831, c = 13,145, P $2_1 2_1 2_1$, Z = 8, D. 1,087. *5α-Pregnan-3β.20α-diol* krist. triklin, a = 9,576, b = 12,595, c = 8,339 Å, α = 104,12° β = 92,02°, γ = 106,58°, P_1, Z = 2, D. 1,137. *5α-Pregnan-3β.20β-diol* krist. monoklin, a = 25,539, b = 6,376, c = 12,136, β = 91,39°, C_2, Z = 4, D_{exp} 1,061. R. Uttech. B 195◇

0760 **Ätherate von Schwefeltrioxid.** Ram Chand Paul und Suraj Parkash Narula. (J. sci. ind. Res. [New Delhi], Sect. B **20**, 184—85, 1961; Chandigarh, Panjab Univ., Dep. of Chem.; engl.) — Vff. untersuchten die Bldg. von *Diäthylätheraten* des SO_3. Das Diätherat ließ sich isolieren, die Existenz eines Mono- u. eines Halbätherates kann aus der Kurve Leitfähigkeit/Zus. geschlossen werden. Ch. Zechel. B 223◇

0761 **Stabilitätskonstanten für Jod-Aromaten-Komplexe in Cyclohexan.** W. K. Plucknett und H. L. Richards. (J. chem. Engng. Data **8**, 239—40, 1963; Lexington, Ky., Univ. of Kentucky, Chem. Dep.; engl.) — Zur Unters. des Lsgm.-Einfl. wurden die Stabilitäts-Konst. K_c der Jodkomplexe von *Bzl.* (K_c 0,212 Liter/Mol), *Toluol* (0,293), *Äthylbenzol* (0,263); *o-Xylol* (0,407), *Chlorbenzol* (0,101), *Brombenzol* (0,127), *o-Dichlorbenzol* (0,0257) u. *Diphenyl* (0,357) bei 25° in Cyclohexan (**Ch**). UV-spektroskop. bestimmt u. mit bekannten Werten in n-Hexan (**He**) (van de Stolpe, Thesis, Univ. Amsterdam, 1953) u. CCl_4 (Keefer u. Andrews, J. Amer. chem. Soc. **74**, [1952], 4500) verglichen. In **Ch** sind die Werte allg. etwas größer als in **He** u. beträchtlich größer als in CCl_4. Zur Berechnung von K_c wird eine Gleichung angegeben. Die bei je 6 verschiedenen Konzz. erhaltenen K_c-Werte, die über einen weiten Konz.-Bereich auf 2—3% konst. sind, sind tabellar. zusammengestellt. K. W. Udluft. B 223◇

0762 **Untersuchungen über Elektronenüberführungs-Spektren und zwischenmolekulare Bindung durch intermolekulare Mesomerie.** 27. Mitt. **Über Elektronen-Donator-Acceptor-Wechselwirkung und intermolekulare Mesomerie. Elektronenaustausch-Wechselwirkung von Anionen mit organischen Elektronenacceptoren.** 1. Mitt. G. Briegleb, W. Liptay und R. Fick. (Z. physik. Chem. [Frankfurt/M.] [N. F.] **33**, 181—89, 1962; Würzburg, Univ., Inst. für Phys. Chem.; dt.) — 26. vgl. C. **1963**, 4674. — Bei Elektronen-Donator-Acceptor (EDA)-Komplexen aus Halogenidionen u. anderer Anionen mit organ. Elektronenacceptoren ist die Energie $h \cdot c \cdot \tilde{\nu}_{max}$ einer Elektronenüberführung von Anionen zum Elektronenacceptor stark vom Lsgm. abhängig. Es werden die Wellenzahlen der Extinktionsmaxima, der Elektronenüberführungsbanden, die maximalen Extinktions-Koeff. u. die Bldg.-Konst. von EDA-Komplexen mit *LiBr* als Donator u. *Trinitrobenzol* (I), *Tetracyanäthylen* (II), *Chlor-*, *Brom-* u. *Jodanil* als Acceptor, von I mit *LiJ* u. *Tetraisoamylammoniumjodid* (III), von II mit *2.6-Dichlorbenzylchinoliniumbromid* u. *-jodid*, III, *Ammoniumrhodanid* u. *α-Tricyanmethanid* in verschiedenen Lsgm. bestimmt u. einige energet. Zusammenhänge unter bes. Berücksichtigung der Solvatation diskutiert. H. Schibilla. B 223□

0763 **Elektronenaustausch-Wechselwirkung von Anionen mit organischen Elektronenacceptoren.** 2. Mitt. **Halogenidionen mit symm.-Trinitrobenzol.** 28. Mitt. **über Elektronen-Donator-Acceptor-Wechselwirkung und intermolekulare Mesomerie.** G. Briegleb, W. Liptay und R. Fick. (Z. Elektrochem., Ber. Bunsenges. physik. Chem. **66**, 851—58, 1962; dt.) — 1. bzw. 27. vgl. vorst. Referat. — Die Elektronen-Donator-Acceptor (EDA)-Wechselwrkg. von *LiJ*, *LiBr*, *NH_4SCN* u. *Tetraisoamylammoniumjodid* (I) mit Lsgg. von *symm.-Trinitrobenzol* (II) in Isopropanol (III), Acetonitril (IV), Glykoldimethyläther (V), CCl_4, Chlf., Tetrahydrofuran, CH_2Cl_2, Benzotrifluorid, tert.-Butanol, Aceton u. Dimethylsulfoxid werden untersucht. Das Anion der gebildeten EDA-Komplexe wirkt als Elektronendonator. Die Absorptionsmaxima der Elektronenüberführungsbande der Anion-EDA-Komplexe werden zusammengestellt. Ihre Lage ist in den betrachteten Fällen vom Lsgm. abhängig. Bes. bei I wird diese Abhängigkeit quant. verfolgt. Für den Jodidkomplex liegen die Absorptionsmaxima je nach Lsgm. zwischen 21 u. 26 · 10^3 cm^{-1} für den Bromidkomplex zwischen 27 u. 34 · 10^3 cm^{-1} u. für den Rhodanidkomplex in **IV** bei 28,4 · 10^3 cm^{-1}. Zwischen der DK u. dem Absorptionsmaximum besteht kein einfacher Zusammenhang Die Bldg.-Konst. u. die mol. Extinktions-Koeff. der EDA-Komplexe in **III**, **IV** u. **V** werden bestimmt. Die Bldg.-Konst. des I-Jodidkomplexes ist in allen Lsgm. größer u. die Wellenzahl des Absorptionsmaximums der Elektronenübertragungsbande kleiner als die des I-Bromidkomplexes. Die Bldg.-Enthalpie der I-Halogenidkomplexe ist nahezu 0, die Bldg.-Entropie ist positiv, worin sich ebenfalls der starke Einfl. des Solvatationseffektes äußert. H. Schibilla. B 223◇

0764 **Elektronenaustausch-Wechselwirkung von Anionen mit organischen Elektronenacceptoren.** 3. Mitt. **Bromid-, Jodid- und Rhodanid-Ionen mit Tetracyanäthylen, Chloranil, Bromanil und Jodanil.** 29. Mitt. **über Elektronen-Acceptor-Donator-Wechselwirkung und intermolekulare Mesomerie.** G. Briegleb, W. Liptay und R. Fick. (Z. Elektrochem., Ber. Bunsenges. physik. Chem. **66**, 859—62, 1962; dt.) — 2. bzw. 28. vgl. vorst. Referat. — Bei der Wechselwrkg. von *LiBr* mit *Tetracyanäthylen* (I) oder *Chlor-*, *Brom-* u. *Jodanil* in Lsg. in Glykodimethyläther, Tetrahydrofuran, Aceton, Acetonitril (II) u. Dimethylsulfoxid bilden sich Elektronen-Donator-Acceptor (EDA)-Komplexe mit dem Anion als Elektronendonator. Den Komplexen ist eine charakterist. langwellige Elektronenüberführungsbande zugeordnet, deren Lage vom Lsgm. abhängig ist (vgl. l. c.). Für den Br^--I-Komplex in II wird angegeben: Gleichgewichts-Konst. K = 40 Mol^{-1} · Liter (20°); $\tilde{\nu}_{max}$ = 21,7 · 10^3 cm^{-1}, ε_{max} = 1140 cm^{-1} Mol^{-1}; ΔH = 0, ΔS = 12,7 cal/Mol · Grad. Die Jodidionen reagieren mit I u. den Halogenanilen unter vollständiger Elektronenübertragung. Es entstehen Trijodidionen u. die entsprechenden Radikalionen der Acceptoren. Bei Jodid-I wird bei —40° unmittelbar nach Herst. der Lsg. intermediär ein EDA-Komplex beobachtet, der schnell zu J_3^- u. Tetracyanäthylenid weiter reagiert. Rhodanidionen zeigen mit I in II eine strukturlose Elektronenüberführungsbande bei 20,1 · 10^3 cm^{-1}. Auf die Existenz eines sehr beständigen EDA-Komplexes $[C(CN)_3^-/I]K^+$ ($\tilde{\nu}_{max}$ 21,5 · 10^3 cm^{-1}) wird hingewiesen. Erst im Verlauf von Std. bilden sich daraus Pentacyanpropenid- u. Tricyanvinylationen. H. Schibilla. B 223◇

0765 **Einige Ladungsübertragungssalze des 1.2.3.4.5-Pentacarbomethoxycyclopentadienylanions.** Eugene Le Goff und R. B. LaCount. (J. Amer. chem. Soc. **85**, 1354—55, 1963; Pittsburgh, Pa., Mellon Inst.; engl.) — Vff. beobachteten, daß das *1.2.3.4.5-Pentacarbomethoxycyclopentadienylanion* (I) in einer Reihe organ. Ladungsübertragungssalze als planarer Donator auftritt, wobei die isoelektron. planaren

Kationen *Tropylium* (**II**), *2.4.6-Trimethylpyrylium* (**III**), *Pentaphenylpyrylium* (**IV**), *N-Methylpyridinium* (**V**) u. *N-Methylchinolinium* (**VI**) als Acceptor fungieren. Die Salze [FF. korr. **I/II**, F. 157—159° (im Vakuum); orange. **I/III**, F. 154—155°; gelb. **I/IV**, F. 250—251°; gelb. **I/V**, F. 104 bis 105°; blaßgelb. **I/VI**, F. 106—107°; gelb] sind stabil u. werden aus dem K-Salz von **I** u. dem entsprechenden „ylium"-Salz durch Rühren in einem geeigneten Lsgm. erhalten. Ihre Struktur wurde durch Analyse, IR-, UV- u. NMR-Spektren bewiesen. Auch mit dem *Triphenylcyclopropenylkation* (als Bromid) bildet **I** ein Ladungsübertragungssalz, das jedoch nicht kristallisiert werden konnte. Mit *1.3.5-Trinitrobenzol* (Salz: F. 200—201°; gelb) u. *Trinitrofluorenon* (Salz: F. 199 bis 200°; rot) bildet das K-Salz von **I** Salze; mit *Tetracyanäthylen* wird dagegen nur eine Lsg. eines instabilen blauen Komplexes erhalten. Ch. Zechel. B 223◇

0766 **Über einige Reaktionen von 3-Brombuten-(3)-nitril und 3-Brombuten-(3)-säureäthylester. Darstellung von Butin-(2)-nitril.** Roger Vessière und François Théron. (C. R. hebd. Séances Acad. Sci. **255**, 3424—26, 1962; Clermont-Ferrand, Fac. des Sci., Labor. de Chim. org. IV; franz.) — Vgl. C. **1960**, 12993. — Durch Einw. von $NaOC_2H_5$ (vgl. l. c.) auf 3-Brombuten-(3)-säurenitril (**I**) entsteht *3-Äthoxybuten-(2)-säurenitril* (Kp.$_{17}$ 80—81°; $n_D^{18,5}$ 1,4557; $D._4^{18,5}$ 0,9454) sowie analog aus 3-Brombuten-(3)-säureäthylester (**II**) *3-Äthoxybuten-(2)-säureäthylester* (F. 30 bis 31°). Mit Diäthylamin ergibt **II** *3-Diäthylaminobuten-(2)-säureäthylester.* Die Rkk. verlaufen stereospezif. unter ausschließlicher Bldg. von trans-Isomeren. Beim 5std. Erwärmen (nicht Kochen) von **II** mit 10%ig. wss. Na_2CO_3-Lsg. erhält man 43% *Butadien-(2.3)-säureäthylester* ($C_6H_8O_2$, Kp.$_{15}$ 42—42,5°; $n_D^{18,5}$ 1,4597; $D._4^{18,5}$ 0,9725) u. durch 12std. Einw. von NaOH auf **II** u. Ansäuern 59% *Butadien-(2.3)-säure* ($C_4H_4O_2$, F. 66—67°, PAe.). Beim vorzeitigen Abbruch dieser Rk. können sowohl die Säure als auch der Ester isoliert werden. **I** liefert durch 1std. Rk. mit 8%ig. wss. Na_2CO_3-Lsg. 72% *Butadien-(2.3)-säurenitril* (**IV**, Kp.$_{55}$ 51—51,5°; $n_D^{17,5}$ 1,4649; $D._4^{17,5}$ 0,8813) bzw. mit NaOH (7 Min. in der Kälte) 68% *Butin-(2)-säurenitril* (**III**, F. 16—17°, Kp.$_{735}$ 108—109°, Kp.$_{146}$ 60,5—61°; n_D^{17} 1,4378; $D._4^{17}$ 0,8686). **III** kann auch in ca. 75%ig. Ausbeute durch Isomerisierung von **IV** oder Butin-(3)-säurenitril-**IV**-Gemischen (erhältlich durch Einw. von Cyanid auf Propargylchlorid nach Kurtz, C. **1960**, 14664) mit 2,5%ig. NaOH dargestellt werden. B. Gnauck. B 225◇

0767 **Umlagerung der (—)-Pinolsäure im sauren Milieu.** Marcelle Harispe, Dominique Méa, Alain Horeau und Jean Jacques. (Bull. Soc. chim. France **1962**, 885; Paris, Coll. de France, Labor. de Chim. Org. des Hormones; franz.) — (—)-Pinolsäure (**I**) wird bei 1std. Behandlung mit wss. H_2SO_4 umgelagert in *2.2.4(R)-Trimethyl-3(S)-hydroxycyclopentylessigsäure* [F. 110,5°, $[\alpha]_D$ —61° (c = 3; A.); 80% Ausbeute; *Acetat*, F. 90,5°, aus **I** durch Kochen in H_2SO_4-haltiger $CH_3 \cdot COOH$; $[\alpha]_D$ —60° (c = 4; Ae.)], deren CrO_3-Oxydation in CH_3COOH *2.2.4-trans-Trimethyl-3-oxocyclopentylessigsäure* (F. 82°, $[\alpha]_D$ +39°, zeigt positiven Cotton-Effekt, c = 0,39; Dioxan) ergibt. An Hand der stereochem. Befunde wird ein Umlagerungsmechanismus diskutiert. H.-J. Kötzsch. B 225◇

0768 **Unterschiedliches Verhalten von 2-Propionyl-4-methyl-6-acetylphenol bei der Kostanecki-Robinson-Acylierung und bei der Baker-Venkataraman-Umlagerung.** P. da Re und L. Cimatoribus. (Experientia [Basel] **18**, 67—68, 1962; Milano, Italy, Recordati-Labor. Farmacolog. S.p.A., Res. Dep.; engl.) — 2-Propionyl-4-methyl-6-acetylphenol (**I**) liefert durch Acylierung mit Benzoylchlorid u. Na-Benzoat bei 180—190° *3.6-Dimethyl-8-acetylflavon* ($C_{19} \cdot H_{16}O_3$, F. 222—223,5°), das O-Benzoyloxy-Deriv. von **I** ergibt dagegen bei der Baker-Venkataraman-Umlagerung bei 90° über das gelbe ω-Benzoyl-2-hydroxy-3-propionyl-5-methylacetophenon *6-Methyl-8-propionylflavon* ($C_{19}H_{16}O_3$, F. 138—139°). Die unterschiedlichen Prodd. bei beiden Rkk. werden auf die Bldg. von verschiedenen intermediären β-Diketonen durch die ungleichen Rk.-Temp. zurückgeführt. Die Konstit. der beiden Flavone wird durch alkal. Hydrolyse zu 3-Propionyl- bzw. 3-Acetyl-5-methylsalicylsäure u. Aceto- bzw. Propiophenon nachgewiesen. B. Gnauck. B 225◇

0769 **Schwefel in Amin-Lösungsmitteln.** 3. Mitt. **über Untersuchungen zur Willgerodt-Reaktion.** Robert Earl Davis und Hisham F. Nakshbendi. (J. Amer. chem. Soc. **84**, 2085—90, 1962; Lafayette, Ind., Purdue Univ., Dep. of Chem.; engl.) — Um das Ausmaß der Wechselwrkg. zwischen Amin u. gelöstem S_8 zu bestimmen, werden Farbintensitäten, Farbveränderungen u. Leitfähigkeiten der Lsgg. beobachtet. Im UV-Spektrum von in *Methylpentan* (**I**), *Cyclohexan* u. *n-Hexan* gelöstem S_8 liegen bei 25° Maxima bei 260—280 mμ u. 225 mμ, ein Minimum bei 251 mμ. Eine breite Schulter, die sich bis >300 mμ erstreckt, verursacht die kanariengelbe Farbe. Bei 130°K spaltet das 1. Maximum der **I**-Lsg. in Banden bei 263 u. 278 mμ auf. Für Lsgg. von S_8 in inerten Lsgm. wie *CH_3OH*, *H_2O*, 3,95%ig. *A.*, A., *n-Hexan* u. *Chlf.* ist die aus der Quantentheorie abgeleitete Beziehung (1) $\varepsilon = C(n^3 + 4n + 4/n)$ (ε = Extinktions-Koeff., C = Konst., n-Brechungsindex) erfüllt. Da die Farbe in Amin als Lsgm. jedoch wesentlich intensiver ist, als aus (1) hervorgeht, wird auf starke chem. Beeinflussungen geschlossen. Es ergeben sich 3 Klassen von Aminen: In der ersten (**A**, tert. Amine u. Pyridinbasen) wird das Spektrum zunächst nur wenig verändert. Mit Ausnahme von *Pyridin* (**II**) ändern alle genannten **A**-Lsgg. ihre Farbe nach einer Rk. 1. Ordnung (in Bezug auf die anfängliche Konz. von S_8). Die Stärke der Farbintensivierung durch das Lsgm. steigt in der Richtung *2.6-Lutidin* < **II** < *4-Picolin* < *Triäthylamin* ~ *n-Butylamin* an. Die Lsgg. sind nur schwache Leiter. Vff. nehmen zur Erklärung die Bldg. von Kontaktladungsübertragungskomplexen an: $R_3N + S_8 \xrightarrow{h\cdot\nu} (R_3N^+S_8^-)$, wobei steigende Basizität des Amins, solange keine ster. Behinderungen auftreten, den Elektronenübergang von N nach S erleichtern. Der S_8-Ring wird nicht gesprengt. Die Lsgg. in sek. Aminen (Klasse **B**) wie *Di-n-butylamin* (tieforangegelbe, bei hohen Konzz. orangerotfarbige Lsg.) oder *Morpholin* (grünstichige Lsg.) sind instabil u. verändern ihre Farbe mit der Zeit. Die Lsgg. der prim. Amine (Klasse **C**) zeigen völlig anomale Spektren: Die *Äthylendiamin* (**III**)-Lsg. z. B. ist smaragdgrün. Auch **C**-Lsgg. sind instabil u. ändern schnell die Farbe. Nach dem Durchleiten von feuchter Luft durch die **III**-Lsg. läßt sich Äthylendiammoniumthiosulfat isolieren. Die Leitfähigkeit von S in Lsgg. der Klassen **B** u. **C** entspricht einer Lsg., die gleiche Mengen an Tetra-n-butylammoniumperchlorat bzw. KJ enthält. Mit den Farbänderungen werden auch Leitfähigkeitsänderungen beobachtet. Da die Lsgg. ähnliche Spektren haben wie Polysulfid-Lsgg. in tert. Aminen, nehmen Vff. an, daß sich in Lsgg. der Klassen **B** u. **C** offenkettige Polysulfidionen bilden: $R_2NH + S_8 \rightleftharpoons R_2N^+H{-}S_8^-$; $R_2N^+H{-}S_8^- + R_2NH \xrightleftharpoons{\text{schnell}} R_2N^+H_2 + R_2N{-}S_8^-$. Die S-Lsgg. aller Amine, mit Ausnahme von **II**, entwickeln mit C-ständigem H H_2S: $-CH_2-N< + \frac{1}{4} S_8 \rightarrow -C(S)-N< + H_2S$; diese Rk. läßt sich durch erhöhte Temp. u. Licht beschleunigen. **III** entwickelt pro g-Atom gelöstem Schwefel 0,30 Mol NH_3. Die Lsg.-Wärmen von S_8 in Aminen sind z. T. so groß, daß z. B. beim Lösen von S_8 in **III** das Gemisch siedet. Hierbei entsteht ein widerlich stinkender Rückstand. Aus allen Aminen läßt sich sofort nach dem Auflösen S_8 wieder mit HCl ausfällen. — Vorst. Beobachtung werden hinsichtlich ihrer Bedeutung für den Mechanismus der Willgerodt-Rk. kurz diskutiert. H. Kuckertz. B 225□

0770 **Die Oxydation alkylaromatischer Verbindungen in wässerigem Bromwasserstoff.** J. E. McIntyre und D. A. S. Ravens. (J. chem. Soc. [London] **1961**, 4082—85; Harrogate, Yorkshire, Fibres Div.; Blackley, Manchester, Imp. Chem. Ind. Ltd., Dyestuff Div.; engl.) — H_2O-lösl. Alkylaromaten können bei hohem Druck (30—50 at O_2, gemessen bei Raum-Temp.) u. 180—200° in wss. HBr (0,5—10%; katalyt. Wrkg.) zu den entsprechenden Carbonsäuren oxydiert werden. In Ggw. einer Vanadin-Verb. (Ammoniumvanadat oder V_2O_5) verläuft die Rk. vielfach besser, es gelingt so auch die Oxydation H_2O-unlösl. Verbindungen. Untersuchte Oxydationen: *p-* → Terephthalsäure (**I**), 92% (Ausbeute); *m-* → Isophthalsäure, 97%, *o-Toluylsäure* → Phthalsäure, 86%; *p-Brommethyl-* (**V**) → **I**, 82%; *p-Dibrommethyl-* → **I**, 89%; *p-Formyl-* → **I**, 79%; *p-Hydroxymethylbenzoesäure* → **I**, 91%; *p-Nitrotoluol* → p-Nitrobenzoesäure, 84%; *p-Toluolsulfonsäure* → p-Sulfobenzoesäure, 49%; *γ-Picolin* → Isonicotinsäure, 84%; p-*Isopropylbenzoesäure* (**II**) → **I**, 24%; *p-[1-Hydroxy-1-methyläthyl]-benzoesäure* (**III**) → **I**, 3%; Rkk. in Ggw. einer V-Verb.: **II** → **I**, 82%; **III** → **I**, 56%; *p-Bis-[1-hydroxy-1-methyläthyl]-dibenzyl* → **I**, 44%; *p-Xylol* → **I**, 13%, Bromterephthalsäure, 21%; 2.5-Dibromterephthalsäure, 36%; *p-Cymol* → I, 11%; *p-tert.-Butyltoluol* → —; *p-Diisopropylbenzol* → I, 63%; *Toluol* → p-Brombenzoesäure, 54%; *Äthylbenzol* → Benzoesäure (IV), 40%; *Cumol* → IV, 59%; *Acetophenon* → IV, 58%. Die 4 letzten Verbb. u. *p-tert.-Butylbenzoesäure* gaben bei Oxydation in Abwesenheit von V-Verbb. keine Carbonsäuren bzw. I. — *p-Hydroxymethylbenzoesäure*, F. 179—181°, durch Hydrolyse von 2,0 g V; 1,28 g (Ausbeute). — *2.5-Dibromterephthalsäure*, F. 318° (Aceton bzw. W.), durch 2std. Erhitzen von Xylol, W. u. Br_2 im geschlossenen Gefäß bei 180°. *Dimethylester*, $C_{10}H_8Br_2O_4$, F. 137°. W. Schramm. B 225◇

0771 **Bemerkungen über Darstellung und Eigenschaften des Galanthaminons.** Georges Combes und Jean-Charles Lefebvre. (Bull. Soc. chim. France **1962**, 1805—09; La Plaine-Saint-Denis, Seine, Dép. des Produits Natur. et Serv. de Phys., Centre des Rech. S.I.F.A.-Diamant; franz.) — Vff. untersuchten die Kinetik der MnO_2-Oxydation von *l*-Galanthamin (I) zu *l-Galanthaminon* [II; F. 189—191° (sublimiert oder aus Aceton); *Semicarbazon*, $C_{18}H_{22}N_4O_3$, F. 226 bis 230° (CH_3OH); *Methojodid*, $C_{18}H_{22}JNO_3$, F. 202—204°, Nadeln (W.); $[\alpha]_{5460}$ — 98° (Dimethylformamid)] bei 25° durch Verfolgen des UV-Spektrums u. der opt. Drehung in Abhängigkeit von Zeit, Anfangs-Konz. an I u. vom Lsgm. (im allg. Chlf. mit verschiedenen Mengen an A.). II scheint von Narwedin verschieden zu sein; es racemisiert leicht. J. Rothe. B 225◇

0772 **Über den Struktureinfluß von Cyclohexen-Wasserstoffdonatoren bei Dismutations- und Übertragungsreaktionen.** Pierre Scribe und Robert Pallaud. (C. R. hebd. Séances Acad. Sci. **256**, 1120—21, 1963; Paris, École Nat. Sup. de Chim.; franz.) — Maleinsäure (I) bzw. Zimtsäure werden in Ggw. von 5%ig. Pd/Kohle mit folgenden Cyclohexen-Derivv. in Tetrahydrofuran (Thf.) gekocht, wodurch sich Bernsteinsäure (II) bzw. Dihydrozimtsäure (III) bilden. Folgende Bldg.-Mengen an II (ermittelt durch Titration der nicht umgesetzten I) bzw. an III (Abtrennung der unverbrauchten II als Bisulfitaddukt) werden bestimmt: Mit *Cyclohexen* (IV) 96,3% II (nach 48std. Rk.-Zeit) bzw. 100% III (nach 72 Std.), *1-Methyl-* 75%, 50%, *1-Äthyl-* (V) 34%, 15%, *1-Isopropyl-* 28%, 4%, *1-Butyl-* 24,5%, 2,5%, *1-Cyclohexyl-* (VI) 10%, Spur u. *1-Phenylcyclohexen* (VII) 50%, 34,5%. Ferner wird die Geschw. der Dismutation von IV–VII durch Kochen in Ggw. von 5%ig. Pd/Kohle in Thf. verfolgt. VI erleidet keine Dismutation, die Geschw. der anderen Verbb. fällt in der Folge IV > VII > V. Die Bzl.- u. Cyclohexan-Derivv. wurden gaschromatograph. bestimmt. Offenbar wird bei den H-Übertragungs-Rkk. u. bei den Dismutationen die Rk.-Geschw. durch ster. Wrkg. (Substitution in 1-Stellung) stark vermindert. B. Gnauck. B 225◇

0773 **Die aliphatische elektrophile Substitution.** M. Gielen und J. Nasielski. (Ind. chim. belge **26**, 1393—1404, 1961; franz.) — Vff. geben einen Überblick über eigene Arbeiten u. die anderer Autoren. Besprochen werden die Rkk. organ. Metall-Derivv., bas. Kondens., 1.2-Umlagerungen u. Einbau-Rkk. von Carbenen sowie die Stereochemie dieser Reaktionen. Wie die S_N1-Rkk. so können auch S_E1-Rkk. unter Inversion der Konfiguration oder unter Racemisierung ablaufen. Während bei S_N2-Rkk. Waldensche Umkehrung auftritt, wird die Konfiguration bei S_E2-Rkk. beibehalten. Diese Befunde werden mit Hilfe der Wellenmechanik gedeutet. — 115 Literaturangaben. B. Gnauck. B 225◇

0774 **Untersuchungen über die Solvolysen aliphatischer Halogenide. Aktivierungswärme und -entropie in Wasser-Ameisensäure-Gemischen.** Jean-Jacques Delpuech. (C. R. hebd. Séances Acad. Sci. **256**, 934—36, 1963; Paris, École Normale Sup., Labor. de Chim.; franz.) — Vgl. C. **1963**, 18034. — Wie l. c. verfolgt Vff. die Kinetik der Solvolyse von *Butylbromid* zwischen ca. 60 u. 95,2° in HCOOH mit 0—50 Mol/Liter W. u. in reinem H_2O. Die Aktivierungsenergie beträgt in reiner HCOOH 22,92 kcal/Mol, dieser Wert vermindert sich erheblich bei Geh. über 10 Mol/Liter W. u. wird ab ca. 40 Mol/Liter W. wieder ziemlich konst. u. beträgt in reinem W. 19,69. Die logA-Werte betragen in reiner HCOOH 7,655 bzw. in reinem W. 7,864; bei 25 Mol/Liter W., d. h. der Zus. HCOOH·H_2O tritt ein Maximum auf (log A 8,623). Entsprechend verhalten sich die $\Delta S^{\neq}$-Werte in reiner HCOOH (—23,82 cal/Mol·Grad), Minimum HCOOH·H_2O (—19,40) bzw. in reinem W. (—22,86). Vf. nimmt an, daß ein Wechsel im Rk.-Mechanismus auftritt, d. h. in wss. Medium die Rk. mehr bimol. verläuft. B. Gnauck. B 225◇

0775 **Säurehydrolyse von Polyoxymethylendiisopropyläthern.** Elias Klein, J. K. Smith und R. J. Eckert jun. (J. appl. Polymer Sci. **7**, 383—91, 1963; Mobile, Ala., Courtaulds North America, Inc., Res. Dep.; engl.) — Es wird eine homologe Reihe von *Polyoxymethylendiisopropyläthern* R—$O(CH_2O)_n$—R (R = Isopropyl; n = 1—6) dargestellt u. durch Gas/Fl.-Chromatographie, IR-Spektroskopie, chem. Analyse u. Best. der Mol.-Refr. untersucht. Zur Best. der Geschw.-Konst. der Säurehydrolyse vorst. Verbb. sowie der Anfangsaktivierungsenergie wurden 0,0025—0,005 m Lsgg. der Formale in Dioxan mit gleichen Vol. 1n HCl hydrolysiert. Eine Abhängigkeit der Geschw.-Konst. der Säurehydrolyse von der Kettenlänge n besteht nicht; die Geschw. der Hydrolyse ist also nicht von der übrigbleibenden Zwischengruppe abhängig. Das steht im Gegensatz zu Ergebnissen von Löbering u. Fleischmann [1937] bei der Säurehydrolyse von Polyoxymethylendimethyläthern. Auch die Änderung der Aktivierungsenergie in einer homologen Reihe ist nach den Ergebnissen der Vff. gegenüber der Änderung der Aktivierungsenergie bei Veränderung der Endgruppen zu vernachlässigen. Aus den Unters.-Ergebnissen folgt, daß hydrolyt. Abbau von mit Formaldehyd vernetzter Cellulose keinen Aufschluß über die Kettenlänge der Vernetzungsglieder liefern kann.

Versuche: *Polyoxymethylendiisopropyläther*, durch Kochen von 2 Molen Isopropanol, welche 0,03 Mole H_2SO_4 enthalten, mit 1 Mol Formaldehyd (Paraformaldehyd) bis sich 2 homogene Schichten gebildet haben, Extraktion beider Schichten mit Bzl., Waschen der Extrakte mit W., 10%ig. KOH u. W., Trocknen über $CaCl_2$ u. Destillation des monomeren Formals unter Normaldruck sowie fraktionierte Destillation der übrigen Formale bei 3 mm. — *Monooxymethylendiisopropyläther*, $Kp._{760}$ 117—119°; n_D^{20} 1,3864; $D._4^{20}$ 0,8242. — *Dioxymethylendiisopropyläther*, $Kp._{23}$ 39,5—41°; n_D^{20} 1,3971; $D.^{20}$ 0,8897. — *Trioxymethylendiisopropyläther*, $Kp._3$ 68,2 bis 68,5°; n_D^{20} 1,4035; $D.^{20}$ 0,9348. — *Tetraoxymethylendiisopropyläther*, $Kp._3$ 93,5—94,5°; n_D^{20} 1,4117; $D.^{20}$ 0,9751. — *Pentaoxymethylendiisopropyläther*, $Kp._{3,0}$ 120—123°; n_D^{20} 1,4235; $D.^{20}$ 1,0275. — *Hexaoxymethylendiisopropyläther*, $Kp._{3,7}$ 159—163°; F. 23,5—24,2°; n_D^{26} 1,4467, $D.^{26}$ 1,101. J. Sickfeld. B 225◇

0776 **Aromatische Substitution des Tyrosins bei der sauren Hydrolyse seiner Carbobenzoxyderivate.** B. Iselin. (Helv. chim. Acta **45**, 1510—15, 1962; Basel, Forschungslabor. der CIBA Akt.-Ges., Pharm. Abt.; dt.) — Bei der Hydrolyse von *N-Carbobenzoxy-L-tyrosin* mit 6n HCl (20 Std. bei 115°) u. Auftrennung des Hydrolysats konnten neben Tyrosin (I, ca. 40%) 3 weitere Verbb. papierchromatograph. nachgewiesen werden: Deriv. I (II) (ca. 10%, orange mit Pauly-Reagens), Deriv. II (III) (ca. 3%, gelb mit Pauly-Reagens) u. Deriv. III (IV) (als Gemisch mit II, keine Anfärbung mit Pauly-Reagens, gleich starke Färbung mit Ninhydrin wie I u. II). Hydrolyse von O-Benzyl-L-tyrosin oder Umsetzung von L-I mit 1 Äquivalent Benzylchlorid (V) in 6n HCl unter ident. Bedingungen gibt die gleichen Nebenprodd. in ähnlichen Mengenverhältnissen. Sie entstehen wahrscheinlich durch Einw. von freigesetztem V auf I. I, II u. III wurden auf Grund der verschiedenen Löslichkeiten ihrer Hydrochloride getrennt. Alle 3 Verbb. enthalten eine prim. Amino- u. eine freie Carboxylgruppe, auch die phenol. Hydroxylgruppe ist unsubstituiert. Es wird angenommen, daß im 1. Schritt der Benzylierung von I ein Benzylkation in o-Stellung zur phenol. Hydroxylgruppe unter Bldg. von II angreift. II ist somit 3-Benzyl-L-tyrosin (oder [β-(3-Benzyl-4-hydroxyphenyl)-L-α-alanin]). III u. IV enthalten 2—3 Benzylreste im aromat. Ring.

Versuche: *3-Benzyl-L-tyrosin* (II), $C_{16}H_{17}NO_3$, F. 251 bis 254°, aus 18,1 g L-Tyrosin u. 23 ml V in 500 ml 6n HCl, unter Rühren 17 Std. bei 110° am Rückfluß Kochen, Abdekantieren der überstehenden Lsg., Verrühren des öligen Rückstandes mit 2mal 100 ml 6n HCl, 24 Std. Stehenlassen, Aufnehmen der krist. Fraktion in heißer 1n HCl, Extraktion mit Äthylacetat, Alkalisieren mit 2n $KHCO_3$-Lsg.; $[\alpha]_D^{25}$ + 2,2 ± 0,5° (c = 2,2 in 1n HCl/CH_3OH 1 : 1); 1,40 g (Ausbeute). *Hydrochlorid*, $C_{16}H_{18}ClNO_3$, F. 239—243° (nach Sintern bei 232°). — *Derivat II* (III), F. 230—243° (nach Sintern bei 215°), aus dem bei vorst. Rk. ausgeschiedenem öligen Rückstand durch mehrfache Verteilung zwischen

Äthylacetat u. 6n HCl u. jeweilige Ausfällung durch Neutralisieren der organ. Phase (aus dem Filtrat wird **IV** isoliert); $[\alpha]_D^{25}$ +2,2 ± 0,5° (c = 2,1 in 1n HCl/CH_3OH 1 : 1); 1,93 g. *Dibenzyl-Deriv.*, $C_{23}H_{23}NO_3$; *Tribenzyl-Deriv.*, $C_{30}H_{29}NO_3$; *Hydrochlorid*, F. 174—178°. — *Derivat III* (**IV**), F. 184 bis 190° (nach Sintern bei 175°); $[\alpha]_D^{25}$ +5,3 ± 0,5° (c = 2,1 in 1n HCl/CH_3OH 1 : 1). H. Nürnberger. B 225◇

0777 **Einfluß der Lösungsmittelpolarität auf die Struktur des Übergangszustandes und auf die Konkurrenz zwischen sterischen und induktiven Effekten bei der elektrophilen Substitution am gesättigten Kohlenstoff.** Kurze Mitt. M. Gielen und J. Nasielski. (Recueil Trav. chim. Pays-Bas **82**, 228—30, 1963; Bruxelles, Univ. Libre, Fac. des Sci., Serv. de Chim. Org.; franz.) — Vgl. Bull. Soc. chim. belges **71**, [1962], 601. — Die Relativgeschw. der Rkk. folgender Tetraalkylzinn-Verbb. mit Br_2 in Chlorbenzol betragen: *Tetramethyl-* (**I**) 100, *Tetraäthyl-* (**II**) 1200, *Tetra-n-propyl-* (**III**) 450, *Tetraisopropyl-* (**IV**) 1300; bei der Rk. mit J_2 in Essigsäure (Es.) **I** 100, **II** 37, **III** 4,3, **IV** 0,04; bei der Rk. mit Br_2 in Dimethylformamid **I** 100, **II** 46, **III** 6,1; bei der Rk. mit Br_2 in Es. **I** 100, **II** 84, **III** 12, **IV** 2,5. Die Ergebnisse werden mit Literaturdaten über analoge Rkk. verglichen. In polaren Lsgm. nimmt die Rk.-Geschw. entsprechend den ster. Effekten in der Substituentenfolge $CH_3 > C_2H_5 >$ n-$C_3H_7 >$ iso-C_3H_7 ab, in unpolaren Medien bestimmen die induktiven Effekte diese Folge gemäß $CH_3 < C_2H_5 >$ n-$C_3H_7 \leq$ iso-C_3H_7. Es wird angenommen, daß in polaren Lsgm. die Rkk. über den S_E2-Übergangszustand verlaufen, in unpolaren dagegen der S_F2-Mechanismus (cycl. 4-Zentren-Übergangszustand) auftritt. B. Gnauck. B 225◇

0778 **Einfluß der Ionenstärke auf die Geschwindigkeit der alkalischen Entfärbung von Brillantgrün.** N. A. Ramaiah und Sarvagya S. Katiyar. (J. Indian chem. Soc. **38**, 861 bis 862, 1961; Kanpur, Nat. Sugar Inst., Phys. Chem. Dep.; engl.) — Für die Entfärbung von *Brillantgrün* (*4.4'-Bis-diäthylaminotriphenylmethylsulfat*) in alkal. Lsg. in Ggw. von KNO_3 als Neutralsalz unter Bldg. des Carbinols werden spektralphotometr. die k'-Werte bei 25° gemessen. Die einfache Debye-Hückel-Gleichung gilt nur für kleine Ionenstärken μ. Mit der erweiterten Gleichung ergibt sich im Gesamtbereich von μ = 0—1,4 gute Übereinstimmung (Abb.). Für μ = 0 ist k_0' = 38,90 Liter·Mol⁻¹min⁻¹ u. $z_A z_B$ = —1,2. An der Rk. nehmen wahrscheinlich 2 einfach geladene Ionen mit entgegengesetztem Vorzeichen teil. R. Tümmler. B 225◇

0779 **Vergleich der Anfangs- und Endstufen der Grignard-Reduktions-Reaktion.** Dwaine O. Cowan und Harry S. Mosher. (J. org. Chemistry **28**, 204—06, 1963; Stanford, Calif., Stanford Univ., Dep. of Chem.; engl.) —Methyl-tert.-butylketon (**I**) wurde mit Grignard-Reagens (formuliert als $R_2Mg \cdot MgX_2$; R = Alkyl, X = Halogen) (**II**) bzw. der Dialkyl-Mg-Verb. (**III**) von (+)-1-Chlor-2-methylbutan reduziert. Vff. vermuteten unterschiedliche Stereospezifität der Rk. der ersten (in R_2Mg) u. zweiten Alkylgruppe (im Zwischenprod. RMgOR'). Nach der Rk. von **II** bzw. **III** mit einem halben Äquivalent **I** bzw. Acetaldehyd (**IV**) wird überschüssiges Mg-Reagens mit **IV** bzw. **I** umgesetzt [a) Rk. von **II** mit **I** in Ae., danach mit **IV** versetzt, aufgearbeitet u. Rk.-Prodd. gaschromat. getrennt: 16% Enolisation, 28% Red. zu Methyl-tert.-butylcarbinol, 56% Kondens. zu 2.2.5.6.6-Pentamethylhepten-(4)-on-(3). — b) Zugabe erst von **IV**, dann von **I**: (Ausbeuten in vorst. Reihenfolge) 63, 26, 11%. — c) Zugabe erst von **III**, dann von **IV**: 17, 36, 47%. — d) Zugabe erst von **IV**, dann von **III**: 12, 39, 49%]. Der Anteil asymm. Red. ist bei allen 4 Rkk. etwa gleich. Das deutet für alle Rkk. auf gleiches reduzierendes Reagens hin. Es wird eine relativ schnelle Austausch-Rk. gemäß 2 R'OMgR ⇌ R_2Mg + $(R'O)_2Mg$ angenommen.

Versuche: *Grignard-Verb. von (+)-2-Methylbutylchlorid* (**II**), aus (+)-2-Methyl-1-chlorbutan u. Mg in Ae.; 94% (Ausbeute). — (+)-*Di-2-methylbutyl-Mg* (**III**), aus **II** in Dioxan durch 24std. Rühren, unter N_2 u. Zentrifugieren; 80%. H. U. Kibbel. B 225◇

0780 **Nucleophile Substitutionen in organischen Sulfiten. 9. Mitt. Die alkalische Hydrolyse einiger aromatischer Sulfite.** P. B. D. de la Mare, J. G. Tillett und H. F. van Woerden. (J. chem. Soc. [London] **1962**, 4888—96. London, Regent's Park, Bedford Coll., Chem. Dep.; engl.) — 8. vgl. C. **1963**, 15745. — Die mittleren Geschw.-Konst. [Liter/Mol·min] der alkal. Hydrolyse bei 25° in W. (1%ig. an Dioxan) betragen für folgende Sulfite: *Äthylen-* 0,0080·10⁶ (pH-Bereich 8,58—9,36), *Diphenyl-* 1,3·10⁶ (5,51—7,64), *2.2'-Biphenylen-* ($C_{12}H_8O_3S$, F. 72,5—74°, aus 2.2'-Dihydroxybiphenyl u. $SOCl_2$) 2,9·10⁶ (5,04—7,65), *1.8-Naphthylen-* ($C_{10}H_6O_3S$, F. 102—103°) 16,0·10⁶ (4,33—6,37), *o-Phenylen-* (**I**) (bei 0,4—25°) E* 4,5 kcal/Mol, log B 12,6. Aromat. Sulfite reagieren wesentlich rascher als aliphat.; **I** hydrolysiert auch unter neutralen Bedingungen relativ schnell (E* 15,7, log B 8,94), die Rk. wird durch die gebildeten Bisulfitionen autokatalysiert. Die relative Stabilität der aromat. Sulfite wird auf ihre geringe Löslichkeit in W. bzw. Nichthygroskopizität zurückgeführt. — *1.8-Dihydroxynaphthalin*, F. 140 bis 142° (W. + SO_2), durch 7std. Erhitzen von 8-Aminonaphthalin-1-sulfonsäure mit KOH in W. bei 240°. W. Schramm. B 225◇

0781 **Druckeffekt und Mechanismus bei der Säurekatalyse. 6. Mitt. Hydrolyse von α-D-Glucose-1-phosphat.** A. R. Osborn und E. Whalley. (Canad. J. Chem. **39**, 597—99, 1961; Ottawa, Canada, Nat. Res. Council, Div. of Appl. Chem.; engl.) — 5. vgl. C. **1961**, 15343. — Die Hydrolyse wurde bei 25—35° wenigstens 2m $HClO_4$ bei einem Druck von 1—1500 bar untersucht. In 2m $HClO_4$ wurden die Aktivierungsgrößen E_A = 27,8 kcal/Mol, $\Delta S^{\neq}$ 14,8 cal/Grad·Mol erhalten. Für die Druckabhängigkeit bei 25° ergibt sich $\delta \ln k_1/\delta p$ = 3,2 ± 1,2 cm³/Mol, $\Delta V^{\neq}$ beträgt 4,3 ± ca. 1,6 cm³/Mol. Rückschlüsse auf den Mechanismus. W. Schramm. B 225◇

0782 **Druckeffekt und Mechanismus bei der Säurekatalyse. 7. Mitt. Hydrolyse von Methyl-, Äthyl- und tert.-Butylacetat.** A. R. Osborn und E. Whalley. (Canad. J. Chem. **39**, 1094—1100, 1961; engl.) — 6. vgl. vorst. Referat. — Die Unters. der Kinetik der Hydrolyse bis zu einem Druck von 3 kbar in verd. u. z. T. konz. HCl ergab die Aktivierungs-Vol.: *Methyl-* bei 35° $\Delta V^{\neq}$ —9,1 ± ca. 0,7 (cm³/Mol), *Äthyl-* bei 35° —9,3 ± ca. 0,7, *tert.-Butylacetat* bei 60° 0,0 ± ca. 1,0. Daraus werden Rückschlüsse auf den Mechanismus u. Übergangszustand gezogen. W. Schramm. B 225◇

0783 **Druckeffekt und Mechanismus bei der Säurekatalyse. 8. Mitt. Hydrolyse von Acetamid und Benzamid.** A. R. Osborn, T. C. W. Mak und E. Whalley. (Canad. J. Chem. **39**, 1101—08, 1961; engl.) — 7. vgl. vorst. Referat. — Die Unters. der Kinetik der Hydrolyse bei einem Druck bis zu 3 kbar ergab die Aktivierungs-Vol.: *Acetamid* bei 55°, 0,229m $HClO_4$, $\Delta V^{\neq}$ —9,4 ± ca. 0,5 (cm³/Mol); 3,99m $HClO_4$, —11,3 ± ca. 0,8; *Benzamid* bei 80°, 1,00m $HClO_4$, —12,1 ± ca. 1,0; 4,08m $HClO_4$, —16,0 ± ca. 0,7. Rückschlüsse mit Mechanismus u. Übergangszustand werden gezogen. W. Schramm. B 225◇

0784 **Herstellung von Benzyläther aus Benzylalkohol in der Dampfphase.** M. Bartók. (Acta Univ. Szegediensis, Acta physica chem. [N. S.] **7**, 112—16, 1961; Szeged, Univ., Inst. of Organ. Chem.; engl.) — Benzylalkohol (Kp. 205°; $D._{15}^{15}$ 1,050; n_D^{20} 1,5396) kann unter folgenden Rk.-Bedingungen heterogen katalyt. (γ-Al_2O_3) in einem kontinuierlichen Syst. in der Dampfphase zu *Dibenzyläther* (**I**, $Kp._{16}$ 170°; $D._4^{20}$ 1,043; n_D^{20} 1,5614) dehydratisiert werden: Temp. 200 bis 300°, Vol.-Geschw. 0,05—0,4 h⁻¹. Die Ausbeute an **I** beträgt unter diesen Bedingungen 50—66%. W. Schramm. B 225◇

0785 **Mechanismus der Bildung von cis-Alkenen aus α-Chlorsulfonen.** Norman Neurieter und Frederick G. Bordwell. (J. Amer. chem. Soc. **85**, 1209—10, 1963; Baytown, Tex., Humble Oil and Refining Co., Res. and Dev.; Evanston, Ill., Northwestern Univ., Chem. Dep.; engl.) — Diazoäthan reagiert in Ae. mit SO_2 zu einem Gemisch, aus dem das Episulfon *cis-2.3-Dimethylthiiran-1.1-dioxid* (*cis*-**I**) rein u. *trans*-**I** im Gemisch mit cis-**I** isoliert werden konnte. cis-**I** zersetzt sich beim Erhitzen zu 100% cis-Buten-(2) (cis-**II**). Behandelt man *α-Chloräthyläthylsulfon* (**III**) mit 2n NaOH, 2n KOH, 1m n-C_4H_9ONa in C_4H_9OH, n-C_4H_9Li in Heptan-Hexan u. C_6H_5Li in Bzl., so wird in 74—78%ig. Ausbeute cis-**II** erhalten. Rk. mit 1m tert.-C_4H_9OK in tert.-Butanol jedoch führt zu 81,4% trans-**II**. Analoge Ausbeuteverhältnisse gibt die Rk. von cis-**I** mit alkal. Reagentien. In tert.-C_4H_9OD reagiert cis-**I** mit tert.-C_4H_9OK zu 90% $D_{2(2,3)}$-**II** (19% cis), mit NaOD in D_2O wird cis-**II** (weniger als 5% H—D-Austausch) gebildet. cis-**III** gibt mit NaOD in D_2O 98% $D_{2(2,3)}$-**II** (78% cis). Die Ergebnisse stützen den früher (C. **1952**, 6189) aufgestellten Mechanismus für die Rk. von α-Chlorsulfonen

mit Alkali, bei dem die Bldg. eines Episulfon-Zwischenprod. angenommen wird, das schnell zum Alken u. SO_2 zerfällt. Bei Anwendung der starken Base tert.-C_4H_9OK findet vor dem Zerfall H-Austausch u. Epimerisierung statt, im Gleichgewicht überwiegt dann das trans-Episulfon. Weitere Experimente stützen diese Annahmen: *α-Chlorpropyläthylsulfon* gibt mit 2n KOH 73% cis-Penten-(2) (cis-**IV**), *α-Chloräthylpropylsulfon* 65,7% cis-**IV**. Dagegen geben beide Sulfone mit tert.-C_4H_9OK in tert.-Butanol nur 15,8% Anteil an cis-**IV**.
W. Schramm. B 225◇

0786 **Die Reaktion von Sauerstoffatomen mit Tetrachlorkohlenstoff.** A. Y. M. Ung und H. I. Schiff. (Canad. J. Chem. **40**, 486—94, 1962; Montreal, McGill Univ., Upper Atmosphere Chem. Group; engl.) — Bei der homogenen Rk. zwischen *O-Atomen* u. *CCl_4* bei 4, 10 u. 100° entstehen in Ggw. u. in Abwesenheit von mol. O_2 als einzige Rk.-Prodd. Cl_2, CO, CO_2 u. $COCl_2$. Die Abhängigkeit der Prodd. von der CCl_4-Konz. läßt als Primär-Rk.: $O + CCl_4 \rightarrow COCl_2 + Cl_2$ bzw. $\rightarrow CO + 2\,Cl_2$ vermuten (über den Stoßkomplex [$CCl_4 \cdot O$]), während CO_2 bei Sekundär-Rkk., vielleicht auch durch die wahrscheinlich nicht in einem Schritt ablaufende, in getrennten Verss. überprüfte, schnelle Rk. $COCl_2 + O \rightarrow CO_2 + Cl_2$ entsteht. Erstere Rkk. sind zu langsam, letztere genügend schnell, um alle Atome zu verbrauchen. In Ggw. von O_2 wird ein Kettenmechanismus vermutet, bei dem Cl_2 in atomare Form übergeführt u. bei dem ebenfalls CO_2 gebildet wird: $Cl + CO \rightleftharpoons COCl$; $COCl + Cl_2 \rightarrow COCl_2 + Cl$; $COCl + O_2 \rightarrow CO_2 + ClO$; $COCl + O \rightarrow CO_2 + Cl$; $COCl + Cl \rightarrow CO + Cl_2$. Die Geschw.-Konst. der Primär-Rk. ist von der O-, O_2- u. CCl_4-Konz. unabhängig: $k = 3{,}3 \cdot 10^{-14}\,\exp \cdot (-4500/RT)\ cm^3 \cdot Mol^{-1} \cdot s^{-1}$.
F. Huber. B 225◇

0787 **Die Reaktionen alkylsubstituierter Aminoradikale.** Brian G. Gowenlock und David R. Snelling. (Advances Chem. Ser. **36**, 150—58, 1962; Birmingham, England, Univ., Dep. of Chem.; engl.) — Literaturübersicht über die Möglichkeiten zur Erzeugung alkylsubstituierter Aminoradikale RHN· u. $R_2N\cdot$ ($R = CH_3$, C_2H_5), ihre Rkk. mit anderen Radikalen u. mit Moll., ihre Disproportionierung bzw. Zers. sowie die Thermochemie dieser Vorgänge. Neu untersucht wurde in einem Strömungs-Syst. die therm. Zers. von *Δ^2-Tetramethyltetrazen* (**I**, 195—300°; 4—10 Torr Gesamtdruck; Trägergase: N_2, CO_2, SF_6, CO_2–NO; Rk.-Zeit 0,7—3,0 Sek.; Gefäß aus Borosilicatglas mit Glaswollepackung) u. *Δ^2-Tetraäthyltetrazen* (**II**, 195—250°; 10—30 Torr; CO_2 u. SF_6; 0,7 bis 3,0 Sek.). Die Thermolysen-Prodd. wurden durch Massenspektrometrie u. Gaschromatographie identifiziert. **I** liefert bei 190—250° Tetramethylhydrazin u. N_2, oberhalb 255° Tetramethylmethylendiamin, Trimethylamin, Dimethylamin, N.N'.N''-Trimethylhexahydro-symm.-triazin. Die relativen Mengen der Prodd. sind nicht nur vor der Temp., sondern auch von der Art der Packung des Rk.-Gefäßes abhängig. Die Zers. von **II** ist komplexer; es entstehen N_2, CH_4, C_2H_6, Diäthylamin (**III**), Diäthylmethylamin (**IV**), Äthyläthylidenamin (**V**), Tetraäthylhydrazin (**VI**) sowie zwei weitere Prodd., von denen das eine wahrscheinlich Äthylamin ist. Bei 250° erleidet das $(C_2H_5)_2N$-Radikal prakt. zu je 50% Dimerisierung u. Disproportionierung, so daß die wesentlichen Prodd. **III**, **V** u. **VI** sind. Die bei höheren Temp. einsetzende Bldg. von **IV** ist in jedem Falle von CH_4- u. C_2H_6-Abspaltung begleitet. Beide Radikale, $(CH_3)_2N$ u. $(C_2H_5)_2N$, reagieren mit NO zu den entsprechenden Nitrosaminen. Für $(CH_3)_2N + NO \rightarrow (CH_3)_2NNO$ wird die Geschw.-Konst. bei 250° zu ca. $10^{11}\ cm^3 \cdot Mol^{-1} \cdot s^{-1}$ abgeschätzt. Die Rk.-Mechanismen sind diskutiert. — 36 Literaturangaben.
A. Blaschette. B 225◇

0788 **Die Photochemie von Methylamin.** Joe V. Michael und W. Albert Noyes jun. (J. Amer. chem. Soc. **85**, 1228—33, 1963; Rochester, N.Y., Univ. of Rochester, Dep. of Chem.; engl.) — Bei der photochem. (UV)-Zers. von *Methylamin* (**I**) ergeben sich als Zers.-Prodd.: H_2, N_2, NH_3, Methan, Äthan, Äthylenimin, Dimethylamin, Azomethan u. ein polymeres Prod. der Zus. $(C_2N_2H_3)_x$. Die Quantenausbeuten dieser Prodd. werden in Abhängigkeit der Zeit, der Intensität u. des **I**-Drucks bei Zimmer-Temp. bestimmt. Um Aufschluß über den Zers.-Mechanismus zu erhalten, werden deuteriertes **I** als CH_3ND_2 u. CD_3NH_2 sowie **I** in Ggw. von Radikalfängern (Propylen, O_2 u. NO) gleichfalls einer Photolyse unterworfen. Aus der Prod.-Verteilung zeigt sich, daß der Primärprozeß unter Abspaltung eines H-Atoms verläuft, das mit nicht zersetztem Substrat unter Kombination zu H_2 die Radikale CH_3NH bzw. CH_2NH_2 bildet. Über komplexe Rkk. dieser Radikale, deren Mechanismen nicht eindeutig geklärt werden können, ergeben sich die weiteren Zers.-Produkte.
H.-D. Freyer. B 226◇

0789 **Edelgas-sensibilisierte Radiolyse von Propan.** Jean-H. Futrell und Thomas O. Tiernan. (J. chem. Physics **37**, 1694—99, 1962; Ohio, Wright-Patterson Air Force Base, Office of Aerospace Res., Aeronaut. Res. Labor.; engl.) — Zur Unters. des Edelgas-Einfl. einer radiolyt. Ladungsübertragung werden Mischungen von C_3H_8 u. NO (als Fänger neutraler Radikale) mit Überschuß an Edelgasen (Xe, Kr, Ar u. He) sowie äquimol. Mengen C_3H_8–C_3D_8 in gleichen Edelgasmischungen (Zus. z. B.: 30mm C_3H_8, 2mm NO, 150mm Xe) bei Zimmer-Temp. einer Radiolyse (1 MeV van de Graff-Elektronen) ausgesetzt. Die erhaltenen Ausbeuten werden um den Betrag bei direkter Radiolyse von C_3H_8 (ohne Edelgaszusatz) korrigiert. Die Verss. mit deuteriertem C_3H_8 zeigen, daß Äthan u. Acetylen durch bimol. Rkk., dagegen Methan, Äthylen u. Propylen zum größten Teil durch unimol. Zers. gebildet werden. Es wird angenommen, daß der Primärschritt durch infolge des geringen Ionisationspotentials gebildete Edelgasionen eingeleitet wird, die ihre Ladung auf C_3H_8 übertragen können. Das so angeregte $C_3H_8^+$ dissoziiert, u. über Ionen-Mol.-Rkk. mit H-Übertragung u. Neutralisation werden die einzelnen Zers.-Prodd. gebildet.
H.-D. Freyer. B 226◇

0790 **Bestrahlung des Systems n-Heptan–Wasserstoff in einem Hochtemperaturmeiler.** George H. Miley und Joseph J. Martin. (A. I. Ch. E. Journal **7**, 593—98, 1961; Ann Arbor, Mich., Univ. of Michigan; engl.) — Im Anschluß an Arbeiten von Lucchesi u. Mitarbeitern (vgl. C. **1959**, 15224) wurden Gemische von *n-Heptan* mit 0—5 Mol-% *H_2* 2—8 Min. langer Bestrahlung unter Druck (250 lbs./sq.in.) bei 600—750° F mit schnellen Neutronen (bis 3600 rep./min) unterworfen. Ein für die Verss. gebautes Spezialgerät wird beschrieben. Obwohl die Umwandlung insgesamt niedrig war, wurde die Zers.-Geschw. durch die Strahlung deutlich erhöht, wobei g-Werte bis $>10^3$ gemessen wurden. Die anteilige Prod.-Zus. (CH_4, C_2H_4, C_2H_6, C_3H_6, C_3H_8, C_4H_8, C_4H_{10} u. a.) wurde dagegen durch die Strahlung nicht nennenswert verändert. Die Strahlungsausbeuten erwiesen sich als linear abhängig von der Gesamtstrahlungsdosis von 0—14 krep., jedoch wurde im Bereich des mol. Verhältnisses H_2/C_7H_{16} von 0—0,5 ein Anstieg auf das Doppelte beobachtet.
R. G. Kaiser. B 226◇

0791 **Radiolyseprodukte mit C_8 und größerem Kohlenstoffgehalt aus 2.2.4-Trimethylpentan.** J. A. Knight, R. L. McDaniel und Fred Sicilio. (J. physic. Chem. **67**, 921—23, 1963; Atlanta, Ga., Inst. of Technol., Nucl. Sci. Div.; engl.) — Gaschromatograph. wurden als Prodd. der Röntgenbestrahlung von *2.2.4-Trimethylpentan* nachst. KW-Stoffe mit einem Gesamt-G-Wert von 0,53 gefunden: 2.2-, 2.4-, 2.5-Dimethylhexan, 2.2.3.3-Tetramethylbutan, 2.2.3-Trimethylpentan, 2.2.3.4-, 2.2.4.4-Tetramethylpentan, 2.2.5-, 2.2.4-Trimethylhexan, 2.3.4-Trimethylpentan u./oder 2.3-Dimethylhexan, 2.4.4- u./oder 2.3.5-Trimethylhexan sowie 2 unbekannte; daneben mindestens 24 Substanzen im Bereich C_{11} bis C_{16} mit $G_{gesamt} = 1{,}15$ festgestellt. Von letzteren konnten nur einige identifiziert werden (2.2.4.4.6-, 2.2.4.6.6-Pentamethylheptan, 2.2.4.4.6.8.8-Heptamethylnonan, Triisobutylen, Tetraisobutylen). Zwei ungesätt. Verbb. wurden gefunden: 2.4.4-Trimethylpenten-(1) u. -(2).
W. Knoch. B 226◇

0792 **Strahlenschäden in festen Tetramethylammoniumhalogeniden. Stabile freie Radikale bei tiefen Temperaturen.** A. J. Tench. (J. physic. Chem. **67**, 923—24, 1963; Upton, Long Island, N.Y., Brookhaven Nat. Labor., Dep. of Chem.; engl.) — Die ESR-Spektren ^{60}Co-bestrahlten *Tetramethylammoniumbromids* (**I**), *-jodids* (**II**) u. *-chlorids* (**III**) zeigen bei tiefen Temp. (77° K) bedeutende Feinstruktur. Bei allen konnte das Methylradikal identifiziert werden. Die Linien von **II** u. **III** lassen auf das Radikal $(CH_3)_3\overset{+}{N}CH_2\cdot$ schließen, das aus dem Tetramethylammoniumion durch H-Abspaltung durch Cl- oder Br-Atome entstanden sein kann. Die Methylradikale sind wahrscheinlich durch Zerfall der angeregten Tetramethylammonium-Verbb. entstanden. Während jedoch bei **I** u. **II** auch nach einigen Wochen bei 77° K keine Veränderung des Spektrums eintritt, verschwanden bei **III** die Methylradikale langsam auch bei 77° K.
W. Knoch. B 226◇

0793 **Der Einfluß von Stickstoffoxiden auf die Oxydation von Methan in Gefäßen mit Bleioxidüberzug.** Ellington M. Magee. (J. physic. Chem. **67**, 938—40, 1963; Linden, N.J., Esso Res. and Engng. Co., Central Basic Res. Labor.; engl.) — Das Verhältnis von aus CH_4 entstehendem CH_2O zu zugegebener HNO_3 kann bei Oxydation von CH_4 in Ggw. von HNO_3 in einem mit PbO an der Oberfläche bedeckten Rk.-Raum größer als 1 oder 2 sein; HNO_3 wirkt wahrscheinlich katalytisch. Die Inhibitor-Wrkg. von PbO-Überzügen wird durch Spuren von Stickstoffoxiden rückgängig gemacht. In Anwesenheit von Stickstoffoxiden nimmt die CH_2O-Konz. zu. W. Knoch. B 227◇

C. Präparative organische Chemie, Naturstoffe

0794 **Systematik und Nomenklatur der Lignane.** K. Freudenberg und K. Weinges. (Tetrahedron [London] **15**, 115—28, 1961; Heidelberg; dt.) — Vff. schlagen eine leicht verständliche Systematik u. Nomenklatur für Lignane u. Cyclolignane (Isolignane) vor. In einer Übersicht werden die Formeln von natürlichen Lignanen angegeben.
W. Schicke. 450◇

0795 **Der Einfluß der sterischen Eigenschaften des Substrates auf den stereochemischen Verlauf von Diimid-Reduktionen.** E. E. van Tamelen und R. J. Timmons. (J. Amer. chem. Soc. **84**, 1067—68, 1962; Madison, Wis., Univ., Dep. of Chem.; engl.) — Diimid (aus $N_2H_4 + O_2$ in A. bei 55°) red. substituierte Olefine bevorzugt von der ster. am wenigsten behinderten Seite her, sofern im Substrat große ster. Einfl. wirksam sind. Nachst. Olefine wurden untersucht (in [ ] Mengenverhältnis von *cis-* zu *trans-Form* im *Red.-Prod.*): α-Pinen [99 : 1], β-Pinen [96 : 4], 2.3-Dimethylcyclohexen [24 : 76], 2-Methylmethylencyclohexan [61 : 39], 4-tert.-Butylmethylencyclohexan [49 : 51], Camphen [92 (*endo*) zu 8 (*exo*)]. 2-Norbornen-2.3-dicarbonsäure gab 40% *endo-cis-Norbornan-2.3-dicarbonsäure*. Die Resultate wurden mit dem ster. Verlauf der katalyt. Hydrierung an Pt verglichen.
H. Pracejus. 460◇

0796 **Mikrosynthesen mit Tracerelementen.** 14. Mitt. **Die Synthese von ^{14}C-Methyljodid.** A. R. Ronzio. (Microchem. J. [New York] **4**, 163—66, 1960; Los Alamos, New Mexico, Sci. Labor.; Denver, Colo., Radiol. Res. Inst.; engl.) — 9. vgl. C. **1954**, 1449. — Für die Herst. von ^{14}*C-Methyljodid* (I) aus käuflichem $^{14}CH_3OH$ (II) wird die Meth. von Zeisel verwendet. Wegen der Flüchtigkeit von II besteht die beschriebene App. aus zwei hintereinandergeschalteten Rk.-Gefäßen. Bei Verw. von CO_2 als Trägergas u. Einsatzmengen von 0,1—0,2 g II betragen die Ausbeuten ca. 92% I; bei Verw. von N_2 als Trägergas werden 95—100% I isoliert. H. Gold. 480◇

0797 **Einwirkung von Rhodanjodid auf Olefine.** 2. Mitt. **Untersuchung der Additionsprodukte.** Pierre Mesnard und Claude Raby. (Bull. Soc. Pharmacie Bordeaux **100**, 73—77, 1961; franz.) — 1. vgl. Bull. Soc. Pharmacie Bordeaux **100**, [1961], 31. — Olefine, Diene u. Olefinalkohole, nicht jedoch Olefinaldehyde u. Olefincarbonsäuren addieren JSCN in Ae. an der Doppelbindung. Die erhaltenen *Jodalkylrhodanide* sind meist braune, nicht destillierbare Öle. Der Rk.-Mechanismus wird besprochen.

Versuche: *1-Jod-2-rhodancyclohexan*, $C_7H_{10}JNS$, F. 33°, durch 24std. Stehen von 3 g Cyclohexen u. 900 ml 2n JSCN-Lsg., Waschen mit 2n $Na_2S_2O_3$-Lsg., Trocknen über $CaCl_2$ u. Eindampfen im Vakuum; braune Nadeln; 9 g (Ausbeute). — Analog: *Phenyljodrhodanäthan*, C_9H_8JNS, aus Styrol; 8 g. — *Jodrhodantrimethyläthan*, $C_6H_{10}JNS$, aus Trimethyläthylen; 9,2 g. — *Jodrhodanindan*, $C_{10}H_8JNS$, aus Inden; 7,5 g. — *Jodrhodanpinan*, $C_{11}H_{16}JNS$, aus α-Pinen; 6,3 g. — *Dijoddirhodanhexan*, $C_8H_{10}J_2N_2S_2$, aus Diallyl; 12,4 g. — *Dijoddirhodan-p-menthan*, $C_{12}H_{16}J_2N_2S_2$, aus Limonen; 10,5 g. — *Jodrhodan-Δ⁴-p-menthen*, $C_{11}H_{16}JNS$, aus Terpinolen; 7,1 g. — *Jodrhodanmethylbuten*, C_6H_8JNS, aus Isopren; 9,8 g. — *Jodrhodancyclopenten*, C_6H_6JNS, aus Cyclopentadien; 10,1 g. — *Jodrhodan-Δ¹-p-menthen*, $C_{11}H_{16}JNS$, aus Phellandren; 6,5 g. — *Jodrhodanpropanol-(1)*, C_4H_6JNOS, aus Allylalkohol; braune Kristalle; 11,2 g. — *3-Phenyljodrhodanpropanol-(1)*, $C_{10}H_{10}JNOS$, aus 5 g Zimtalkohol; 10,8 g. — *Jodrhodandimethyloctanol*, $C_{11}H_{20}JNOS$, aus Citronellol; 6,3 g. — *Dijoddirhodan-3.7-dimethyloctanol-(1)*. $C_{12}H_{18}J_2N_2OS_2$, aus Geraniol; 9,4 g. — *Dijoddirhodandimethyloctanol*. $C_{12}H_{18}J_2N_2OS_2$, aus Linalool; 9,5 g. — *Trijodtrirhodan-3.7.11-trimethyldodecanol-(3)*, $C_{18}H_{26}J_3N_3OS_3$, aus 5 g Nerolidol; 16 g. F. Heller. 490◇

0798 **Anlagerung von Bromwasserstoff an 1.1-Dichlorpropen-(2) in Gegenwart von Dibenzoylperoxid.** R. Ch. Freidlina, M. Ja. Chorlina und A. N. Nessmejanow. (Nachr. Akad. Wiss. UdSSR, Abt. chem. Wiss. **1960**, 658—61; Inst. für metallorgan. Verbb. der Akad. der Wiss. der UdSSR; russ.) — Bei der Anlagerung von HBr an 1.1-Dichlorpropen-(2) (I) in Ggw. von Dibenzoylperoxid (II) sowie von Cl_2 an Allylbromid (III) entsteht *1.2-Dichlor-3-brompropan* (IV). Die Dehydrobromierung von **IV** liefert *1.2-Dichlorpropen-(2)* (V). Durch Rk. von **I, IV, V** u. 1.3-Dichlorpropen (VI) mit Thioharnstoff (VII) wurden die entsprechenden *S-Alk(en)ylisothioharnstoffe* dargestellt.

Versuche: *1.2-Dichlor-3-brompropan* (IV), Kp.$_{30}$ 72°, Kp.$_{33}$ 75°, a) durch Sättigen von 35 g I + 0,5 g II bei 60—70° mit HBr; $D._4^{20}$ 1,7488; n_D^{20} 1,5170; 21 g (Ausbeute); b) durch 4—5std. Einleiten von Cl_2 in 39 g **III**, 15 ml konz. HCl u. 15 ml Ae.; 33,7 g. — *S-[2.3-Dichlorpropyl-(1)]-isothiuroniumpikrat*, $C_{10}H_{11}Cl_2N_5O_7S$, F. 151—152°, aus **IV** u. **VII**. — *1.2-Dichlorpropen-(2)* (V), $C_3H_4Cl_2$, Kp. 93—94°, durch tropfenweise Zugabe von 11,3 g KOH in 50 ml Methylcellosolve bei 0° zu 32,3 g **IV**; $D._4^{20}$ 1,2193; n_D^{20} 1,4619; ca. 12 g. — *S-[2-Chlorpropen-(2)-yl-(1)]-isothiuroniumpikrat*, $C_{10}H_{10}ClN_5O_7S$, F. 170,5—171°, aus **V** u. **VII**. — *S-[1-Chlorpropen-(2)-yl-(1)]-isothiuroniumpikrat*, $C_{10}H_{10}ClN_5O_7S$, F. 182° (A.), aus 0,4 g I u. 0,5 g **VII** durch 3std. Erhitzen in 5 ml A. auf dem Wasserbad. — *S-[3-Chlorpropenyl-(1)]-isothiuroniumpikrat*, $C_{10}H_{10}ClN_5O_7S$, F. 195° (A.), aus **VI** u. **VII**.
Helmut Schäfer. 510△

0799 **Die hydroborierenden Eigenschaften von Natriumborhydrid und Essigsäure.** James A. Marshall und William S. Johnson. (J. org. Chemistry **28**, 595—96, 1963; Stanford, Calif., Stanford Univ., Dep. of Chem.; engl.) — Ein wirksames hydroborierendes Reagens (R) ist ein Gemisch aus $NaBH_4$ u. Essigsäure (I), da das entstehende $Na(CH_3 \cdot COOBH_4)$ sofort in *Diboran* (II) u. *Na-Acetat* zerfällt. Mit einem Überschuß an R u. nachfolgende Oxydation mit H_2O_2 gibt Hexen in 75% ig. Ausbeute *n-Hexanol*, das als *α-Naphthylurethan* gaschromatograph. u. IR-spektroskop. identifiziert wird. Hydrierungen sind nur mit solchen Prodd. durchführbar, die keine II-empfindlichen Gruppen tragen. Die schnellen Red. bestimmter Lactone zu *Lactolen* u. der olefin. Bindung von α.β-ungesätt. Ketonen durch $NaBH_4$ sind nun erklärlich. Mehrere Mechanismen werden vorgeschlagen. Durch Red. mit $NaBH_4$ kann nicht umgesetztes bzw. ein Überschuß an $NaBH_4$ durch II zerstört werden.

Versuche: *n-Hexanol*, Kp. 155—162°, durch ³/₄std. Zugabe von 3 g I zu einer Suspension von 1,9 g $NaBH_4$ u. 2,1 g Hexen in 25 ml abs. Tetrahydrofuran, 3std. Rühren unter N_2, Zugabe von 25 ml 10% ig. NaOH-Lsg. u. 10 ml 30% ig. H_2O_2, 1std. Rühren, Verdünnen mit gesätt. NaCl-Lsg., Extrahieren mit Ae. u. Dest.; 1,9 g. *α-Naphthylurethan*, F. 57—59°. J. Gloede. 560△

0800 **Reduktion von Hexachloraceton mit 1-Benzyl-1.4-dihydronicotinsäureamid.** Donald C. Dittmer, Louis J. Steffa, John R. Potoski und Roger A. Fouty. (Tetrahedron Letters [London] **1961**. Nr. 22, 827—29; Philadelphia, Pa., Univ. of Pennsylvania, Dep. of Chem.; engl.) — Die Red. von Hexachloraceton (I) mit 1-Benzyl-1.4-dihydronicotinsäureamid (II) bei 0° u. Hydrolyse der Rk.-Mischung mit verd. HCl liefert *Hexachlorisopropanol* [III, F. 87—87,5°; 24% (Ausbeute)] u. *Nicotinsäureamidchlorbenzylat* (**IV**, F. 232 bis 238°), die Red. in Formamid 53—60% **III** u. in Aceton bzw. Nitromethan leicht **IV**. ¹/₄std. Red. von **I** mit **II** liefert 90% **IV** ohne Bldg. von **III**. Die Red. von Brenztraubensäure (V) mit 5-[2.4-Dinitrophenylmercapto]-1-[2.6-dichlorbenzyl]-1.4-dihydronicotinsäureamid liefert *Milchsäure* (5 bis 7%). Chloral wird ohne Lsgm. bzw. in Chlf. oder Aceton mit **II** zu *2.2.2-Trichloräthanol* (3%) red., Alloxan mit 1-Methyl- bzw. 1-n-Propyl-1.4-dihydronicotinsäureamid in W. bei 0° u. pH 6—11 in wechselnden Mengen schnell reduziert. **V** bzw. Benzoylameisensäure bzw. Benzil werden mit 2.6-Dimethyl-3.5-dicarbäthoxy-1.4-dihydropyridin wenig u. die olefin. Doppelbindung von 1-Phenyl-4.4.4-trifluorbuten-(2)-on-(1) mit 1.2.6-Trimethyl-3.5-dicarbäthoxy-1.4-dihydropyridin in guter Ausbeute reduziert. Roland Gnauck. 560△

0801 **Synthese und Chemie von Pyrophosphatsystemen.** 1. Mitt. Tomasz Modro. (Wiadomości chem. **16**, 537—62, 1962; Łódź, PAN, Zakł. Synt. org.; pol.) — Übersicht über die Meth. der Darst. von Pyrophosphorsäureestern. — 53 Literaturangaben. F. Urban. 590◇

0802 **Zur Kenntnis des N.N'-Di-n-butylschwefelsäurediamids.** R. Sowada. (Z. Chem. **2**, 341—42, 1962; Leuna-Merseburg, TH für Chem., Inst. für anorgan. Chem.; dt.) — Das in der Literatur beschriebene sog. N.N'-Dibutylsulfamid ist *N.N'-Di-n-butylschwefelsäurediamid* (I). Die Synth. u. Eigg. von I werden beschrieben.

Versuche: *N.N'-Di-n-butylschwefelsäurediamid* (I), $C_8H_{20}N_2O_2S$, F. 126—127°, durch Zutropfen von SO_2Cl_2 in PAe. zu n-Butylamin in PAe. bei —20°, Erwärmen auf Raum-Temp. Abtrennen der unteren Schicht, Tropfen in W., 2std. Kochen des Nd. mit A., HCl u. W. u. Gießen in W.; 48,3% Ausbeute. W. Holland. 600◇

0803 **Hexafluoraceton in der Wittig-Reaktion.** W. F. Plachowa und N. P. Gambarjan. (Nachr. Akad. Wiss. UdSSR, Abt. chem. Wiss. **1962**, 681—84; Inst. für metallorgan. Verbb. der Akad. der Wiss. der UdSSR; russ.) — Die Rk. von Hexafluoraceton (I) mit Acetylmethylentriphenylphosphin (II) liefert *Methyl-β.β-bis-[trifluormethyl]-vinylketon* (III). III wird durch Anlagerung von NH_3 in *4.4-Bis-[trifluormethyl]-3-aminobutanon-(2)*, durch Red. in *1.1-Bis-[trifluormethyl]-buten-(1)-ol-(3)* u. dieses durch Dehydratisierung in *1.1-Bis-[trifluormethyl]-butadien-(1.3)* übergeführt.

Versuche: *Methyl-β.β-bis-[trifluormethyl]-vinylketon* (III), $C_6H_4F_6O$, Kp.$_{135}$ 68°, durch Einleiten von 44 g I in 80 g II u. 200 ml Ae.; D.$_4^{20}$ 1,4102; n_D^{20} 1,3330; 61% (Ausbeute). Daneben *Triphenylphosphinoxid*, F. 151—152°; 93%. — *4.4-Bis-[trifluormethyl]-3-benzoylaminobutanon-(2)*, $C_{13}H_{11}F_6NO_2$, F. 119—120° (Dichloräthan), durch Einleiten von NH_3 in 2 g III u. 30 ml abs. Ae. (10 Min.), Eindampfen u. tropfenweise Zugabe von 1,64 g Benzoylchlorid u. 1,17 g Triäthylamin in Ae.; 66%. — *1.1-Bis-[trifluormethyl]-buten-(1)-ol-(3)*, Kp. 125—126° (als Azeotrop mit 19,8% Ae.), durch Kochen von 5 g III mit Al-Isopropylat (1,32 g Al, 40 ml Isopropanol) unter Abdestillieren des W.; 52%. — *1.1-Bis-[trifluormethyl]-butadien-(1.3)*, $C_6H_4F_6$, Kp. 65°, durch Stehenlassen von 7,06 g vorst. Azeotrops mit 15 ml konz. H_2SO_4 (12 Std.) oder von 3,75 g vorst. Azeotrops mit 2 g P_2O_5 (½ Std.); D.$_4^{20}$ 1,3012; n_D^{20} 1,3447; 69,5 bzw. 81,5%. Helmut Schäfer. 710△

0804 **Einige Reaktionen von Hexafluoraceton.** I. L. Knunjanz, N. P. Gambarjan, Zin-jun Tschen und Je. M. Rochlin. (Nachr. Akad. Wiss. UdSSR, Abt. chem. Wiss. **1962**, 684—92; Inst. für metallorgan. Verbb. der Akad. der Wiss. der UdSSR; russ.) — Hexafluoraceton (I) wurde durch Rk. mit N-Phenyltriphenylphosphinimin (II), NH_2OH, HN_3, Diphenyldiazomethan (III), Isopropyl-, Phenyl-, Vinylacetylenyl-MgBr, Methyl- (IV), Dimethylanilin (V) u. Benzoylamidomalonsäuremonoäthylester (VI) in I-*Anil*, *2-Hydroxylamino-*, *2-Azido-2-hydrohexafluorpropanol-(2)*, *1.1-Bis-[trifluormethyl]-2.2-diphenyl-1.2-oxidoäthan*, *2-Hydrohexafluorpropanol-(2)*, *Phenyl-*, *Vinylacetylenyl-* (VII), *p-Methylaminophenyl-* *p-Dimethylaminophenyl-bis-[trifluormethyl]-carbinol* (VIII) bzw. *α-Benzamido-β-hydroxy-β.β-bis-[trifluormethyl]-propionsäure* (IX)-*äthylester* übergeführt. VII wurde zu *1.1-Bis-[trifluormethyl]-penten-(4)-ol-(1)-on-(3)* hydratisiert u. VIII zu *2-Chlor-2-[p-dimethylaminophenyl]-hexafluorpropan* chloriert.

Versuche: *Hexafluoraceton* (I), *Anil*, $C_9H_5F_6N$, Kp.$_{21}$ 48—49°, Kp.$_{120}$ 135—137°, durch Einleiten von 20 g I in 38,7 g II in 185 ml abs. Ae.; D.$_4^{20}$ 1.3782; n_D^{20} 1,415; 65,3% (daneben *Triphenylphosphinoxid*). *Semicarbazon*, F. 160 bis 163° (Zers.). — Hexafluorpropanole-(2): *2-Hydroxylamino-* [*Hydroxylammoniumsalz*, $C_3H_6F_6N_2O_3$, F. 60—63° (Heptan), aus I u. NH_2OH in abs. Ae.; 32,6%]. — *2-Azido-*, $C_3HF_6N_3O$, Kp. 69—70°, aus 60 g I u. 12 g HN_3 in 250 ml *Gemisch mit 22,9% Ae.*, Kp. 85,5—86,7°. — *1.1 Bis [trifluormethyl]-2.2-dimethyl-1.2-oxidoäthan*, $C_6H_6F_6O$, Kp.$_5$ 105 bis 107°, F. 60—60,5° (A.), aus I u. III in Ae. (2 Tage); 38,5%. — Dibutyläther; D.$_4^{20}$ 1,6036; n_D^{20} 1,3310; 74,2%. — *Azeotropes 2-Hydrohexafluorpropanol-(2)*, $C_3H_2F_6O$, Kp. 57—58°, durch Einleiten von 10,2 g I in Isopropyl-MgBr (1,7 g Mg, 9,7 g Isopropylbromid) bei —25°; D.$_4^{20,5}$ 1,4563; n_D^{22} 1,2750; 93,5%. — Bis-[trifluormethyl]-carbinole: *Phenyl-*, Kp.$_{35}$ 72—74°, aus I u. Phenyl-MgBr in Ae. bei —60°; 97%. — *Vinyläthinyl-* (VII), $C_7H_4F_6O$, Kp.$_{77}$ 61—63°, durch Einleiten von 6,4 g Vinylacetylen in Äthyl-MgBr (2,67 g Mg, 12 g Äthylbromid, 90 ml Ae. oder Dibutyläther), dann Einleiten von 16,7 g I unter Kühlung, Dest. u. Trennung des azeotropen Gemisches mit 50%ig. KOH; D.$_4^{20}$ 1,3753; n_D^{21} 1,3672; 68,6%. *Azeotropes Gemisch mit 14,3% Ae.*, Kp.$_{80}$ 59—60°, *mit Dibutyläther*, Kp.$_{65}$ 60—62°. — *p-Methylaminophenyl-*, $C_{10}H_9F_6NO$, Kp.$_{20}$ 135—140°, F. 87—89° (CCl_4, Bzl.), durch 14std. Kochen von 7 ml I-Hydrat mit 7 ml IV; 7 g. — *p-Dimethylaminophenyl-* (VIII), $C_{11}H_{11}F_6NO$, Kp.$_{18}$ 130 bis 133°, F. 75—76° (Heptan, Bzl.), durch 10std. Kochen von 8,5 ml I-Hydrat mit 8,5 ml V; 5,8 g. — *α-Benzamido-β-hydroxy-β.β-bis-[trifluormethyl]-propionsäure* (IX), $C_{12}H_9F_6NO_4$, F. 151—152° (Dichloräthan), durch Verseifung von IX-Äthylester in 5%ig. KOH (24 Std.); 89%. *Äthylester*, $C_{14}H_{13}F_6NO_4$, F. 107—109° (Heptan), durch Einleiten von 13 g I in 5,35 g VI u. 30 ml Pyridin u. 2½std. Stehenlassen; 96%. — *1.1-Bis-[trifluormethyl]-penten-(4)-ol-(1)-on-(3)*, $C_7H_6F_6O_2$, Kp.$_3$ 40 bis 42°, durch Behandeln von 17,5 g VII (als azeotropes Gemisch mit Ae.) mit 30 ml konz. H_2SO_4; D.$_4^{20}$ 1,4564; $n_D^{20,5}$ 1,3625; 24%. *2.4-Dinitrophenylhydrazon*, $C_{13}H_{10}F_6N_4O_5$, F. 131—131,5° (A.). — *2-Chlor-2-[p-dimethylaminophenyl]-hexafluorpropan, Hydrochlorid*, $C_{11}H_{11}Cl_2F_6N$, F. 159—160° (Dichloräthan), aus VIII u. $SOCl_2$ in Ae.; 81,4%. Helmut Schäfer. 710△

0805 **Die Kondensation von Salzen gesättigter Carbonsäuren mit Äthylen in Gegenwart alkalischer Katalysatoren.** Louis Schmerling und W. G. Toekelt. (J. Amer. chem. Soc. **84**, 3694—97, 1962; Des Plaines, Ill., Universal Oil Products Co., Res. and Dev. Labor.; engl.) — Eine Äthylierung findet nur dann statt, wenn die gesätt. Carbonsäure in α-Stellung noch mindestens ein freies H-Atom besitzt. Der Rk.-Mechanismus u. die Ausbeuten der Kondens.-Prodd. unter verschiedenen Rk.-Bedingungen bei Verw. bas. Katalysatoren, wie $NaNH_2$, NaH, Li, Na, K, Butyl-Li u. hochakt. Na, werden diskutiert. Folgende Salze gesätt. Säuren werden umgesetzt: K- (I) u. Na-Acetat (III) zu einem Gemisch aus *K-Di-* u. *-Triäthylacetat*, Na-Propionat (V) zu *α-Äthyl-* (VI) u. *α.α-Diäthylpropionsäure* u. die Na-Salze von Dimethylessig-, Pelargon-, Laurin-, Stearin-, β-Cyclopentylpropion- u. γ-Cyclohexylbuttersäure zu den entsprechenden *α-Mono-* u. *α.α-Diäthylcarbonsäuren* u. *Nitrilen*.

Versuche: *Triäthylessigsäure*, Kp.$_{1,2}$ 81—82°, Kp. 220 bis 221°, F. 39—40°, a) aus 0,31 Mol I u. C_2H_4 im Rotationsautoklaven bei einem Anfangsdruck von 50 at, 4—5std. Erhitzen von 150 auf 250° (Meth. B) in Ggw. von 0,26 Mol $NaNH_2$; 25% (Ausbeute); daneben 22% *Diäthylessigsäure* (II), Kp.$_{12,8}$ 92°; b) nach B in Ggw. von 0,26 Mol $NaNH_2$ in n-Heptan; 14%; daneben 33% II; c) nach B in Ggw. von 0,22 Mol NaH [53,6%ig. Dispersion von NaH in Mineralöl]; 34%; daneben 20% II; d) aus 0,37 Mol III nach B in Ggw. von 0,26 Mol $NaNH_2$; 10%; daneben 9% II; e) aus 0,37 Mol III nach B in Ggw. von 0,26 Mol $NaNH_2$ in n-Heptan; 17%; daneben 9% II; f) aus 0,61 Mol III u. C_2H_4 im auf 180° vorgeheizten Rührautoklaven bei einem Anfangsdruck von 40 at u. steigender Rk.-Temp. auf 200—250° (Meth. T) in Ggw. von 0,26 Mol $NaNH_2$ in Bzl.; 19%; daneben 18% II u. 7% *Buttersäure* (IV); g) nach T in Ggw. von 0,33 Mol NaH in Bzl.; 19%; daneben 9% IV u. höhere Carbonsäuren; h) aus 0,19 Mol $NaCH_2COONa$ nach B in n-Heptan; 25%; i) wie vorst. in Cyclohexan; 25%; k) in Toluol; 15%; daneben 5% *n-Propylbenzol*. — *α.α-Diäthylpropionsäure*, Kp.$_{0,7}$ 64 bis 65°, Kp. 200—202°, a) aus 0,32 Mol V nach B in Ggw. von 0,26 Mol $NaNH_2$; 69%; b) aus 2,60 Mol V nach B in Ggw. von 0,51 Mol $NaNH_2$; 71%; daneben 11% *α-Äthylpropionsäure* (VI), Kp.$_{0,7}$ 50—52°; c) aus 0,52 Mol V nach T in Ggw. von 0,26 Mol $NaNH_2$ in Bzl.; 88%; d) aus 0,52 Mol V nach T in Ggw. von 0,13 Mol $NaNH_2$ in Dekahydronaphthalin; 11%; daneben 21% VI; e) aus 0,52 Mol V nach T in Ggw. von 0,67 Mol NaH in Bzl.; 14%; daneben 5% VI u. 15% höhere Carbonsäuren; f) aus 0,32 Mol V nach B in Ggw. von 0,05 Mol K u. 1 g Anthracen; 44%; daneben 34% VI; g) aus 0,32 Mol V nach B in Ggw. von 0,13 Mol Na u. 0,5 g Anthracen; 7%; daneben 44% VI; h) aus 0,32 Mol V nach B in Ggw. von 0,10 Mol akt. Na (16%ig. Dispersion von Na an Al);

22%; daneben 63% VI; i) aus 0,32 Mol V nach B in Ggw. von 0,10 Mol Na in Bzl.; 60%; daneben 28% VI; k) aus 0,52 Mol V nach T in Ggw. von 0,08 Mol akt. Na u. 1 g Anthracen in Bzl.; 75%; daneben 4% VI u. 5% höhere Carbonsäuren; l) aus 0,32 Mol V nach B in Ggw. von 0,43 Mol Li (Dispersion von 30% Li in 69% Mineralöl u. 1% Ölsäure) in Bzl. mit 5 g Benzylchlorid; 15%; daneben 19% VI; m) aus 0,32 Mol V nach B in Ggw. von 0,05 Mol Butyl-Li (15,5% Li-Butyl in $^2/_3$ Pentan u. $^1/_3$ Heptan) in n-Heptan; 42%; daneben 47% VI. — *α.α-Dimethylbuttersäure*, $Kp._{20}$ 103—104°, aus Na-Dimethylacetat nach B in Ggw. von 0,20 Mol $NaNH_2$; 38%. — *α.α-Diäthylpelargonsäure*, $Kp._1$ 127°, Kp. 285—287°, aus 0,30 Mol Na-Pelargonat nach B in Ggw. von 0,26 Mol $NaNH_2$; n_D^{20} 1,4447; 34%; daneben 19% *α-Äthylpelargonsäure* ($Kp._{7,2}$ 148—149°, Kp. 271—273°; n_D^{20} 1,4355) u. 10% *α.α-Diäthylpelargonsäurenitril* ($Kp._{130}$ 196°, Kp. 255—256°; n_D^{20} 1,4388). — *α.α-Diäthyllaurinsäure*, $Kp._{0,9}$ 158—159°, aus 0,14 Mol Na-Laurat nach B in Ggw. von 0,26 Mol $NaNH_2$; 52%. — *α.α-Diäthylstearinsäure*, F. 42—43°, $Kp._{0,7}$ 198—200°, Kp. 380—382°, aus 0,20 Mol Na-Stearat nach B in Ggw. von 0,26 Mol $NaNH_2$; 38%. — *α-Äthyl-β-cyclopentylpropionsäure*, $Kp._{2,8}$ 124°, Kp. 263—264°, aus 0,18 Mol Na-β-Cyclopentylpropionat (VII) nach B in Ggw. von 0,26 Mol $NaNH_2$; n_D^{20} 1,4584; 27%; daneben 9% *α.α-Diäthyl-β-cyclopentylpropionsäure* ($Kp._{2,7}$ 133—134°; n_D^{20} 1,4690). — *α.α-Diäthyl-β-cyclopentylpropionsäurenitril*, $Kp._{5,5}$ 106—107°, aus 0,12 Mol VII nach B in Ggw. von 0,51 Mol $NaNH_2$; n_D^{20} 1,4602; 23%; daneben 22% *α-Äthyl-β-cyclopentylpropionsäurenitril* ($Kp._6$ 91 bis 92°; n_D^{20} 1,4568) u. 2% *α-Äthyl-β-cyclopentylpropionsäureamid*, F. 84°. — *α.α-Diäthyl-γ-cyclohexylbuttersäure* (VIII), $Kp._{0,8}$ 140—142°, Kp. 309—311°, aus 0,26 Mol Na-Cyclohexylbutyrat (IX) nach B in Ggw. von 0,22 Mol Na (50%ig. Dispersion von Na in Mineralöl) in n-Heptan; 19%; daneben 16% *Triäthylessigsäure*. — *α-Äthyl-γ-cyclohexylbuttersäure*, $Kp._{7,7}$ 160—162°, Kp. 280—282°, aus 0,26 Mol IX nach B in Ggw. von 0,26 Mol $NaNH_2$; n_D^{20} 1,4634; 31%; daneben 14% VIII. H. Rochow. 810◇

0806 **Reaktion von Wasserstoffperoxid mit Fettsäureestern unter Druck.** 3. Mitt. **Oxydation von 9.10-Dihydroxystearinsäuremethylester.** Hiromu Kameoka. (Bull. chem. Soc. Japan **34**, 626—31, 1961; Fuse-shi, Osaka, Kinki Univ., Fac. of Sci. and Engng.; engl.) — 2. vgl. J. chem. Soc. Japan, ind. Chem. Sect. [Kōgyō Kagaku Zassi] **63**, [1960], 744. — *9.10-Dihydroxystearinsäuremethylester* (I) wird mit 30%ig. H_2O_2 (1:15) 2 Std. lang bei 138—155° u. einem Druck von 110—145 kg/cm² erhitzt. 80% des eingesetzten I werden oxydiert unter Bldg. von *Mono-* u. *Dicarbonsäuren* der verschiedensten Kettenlänge [*Essigsäure* → *Laurinsäure* u. *Oxalsäure* → *Azelainsäure*]. Es werden keine Hydroxysäuren gebildet. Daraus wird gefolgert, daß die Oxydation am $C_{(9)}$ u. $C_{(10)}$ ansetzt; diese Bruchstücke werden dann weiter oxydiert, wobei sie sich wie gesätt. Fettsäuren verhalten. Der geringe Anteil an *Bernstein-* u. *Adipinsäure* im Rk.-Prod. führt zu der Annahme, daß diese beiden Säuren unter den extremen Bedingungen weiter oxydativ abgebaut werden.

Versuche: *9.10-Dihydroxystearinsäure*, F. 131—132° (80%ig. A.), aus Ölsäure durch Reinigung über das Li-Salz, Freisetzen der Säure, Fraktionierung im CO_2-Strom, Oxydation mit alkal. $KMnO_4$-Lsg., Einleiten von SO_2, Abfiltrieren u. Waschen mit Petroläther. *Methylester* (I), F. 104—105° (80%ig. A.) H. Henze. 850◇

0807 **Die Zersetzung von Lasiocarp- und Echimidinsäure in Salzsäure.** H. C. Crowley und C. C. J. Culvenor. (Austral. J. Chem. **13**, 269—76, 1960; Melbourne, Chem. Res. Labor., Org. Chem. Sect.; engl.) — In sd. konz. HCl werden Lasiocarp- (I) u. Echimidinsäure (II) in *Acetaldehyd* (III), *Dimethylbrenztraubensäure* (IV) u. durch Pinakolinumlagerung in *α-Keto-β.β-dimethyl-γ-valerolacton* (IX) gespalten, während Trachelanthin- u. Heliotrinsäure (VI) unzersetzt zurückgewonnen werden. Bei der Spaltung von I kann II in keinem Fall nachgewiesen werden. Durch 20std. Kochen von I mit sd. 2n HCl werden III, IV, *(+)-2-Methoxy-4-methylpentanon-(3)* (V) u. durch dessen Spaltung *2-Methylpenten-(1)-on-(3)* (X) sowie eine *Verb.* $C_6H_{12}O_2$ (A) als *2.4-Dinitrophenylhydrazon* (*DNPH*) in schlechten Ausbeuten erhalten. Die Spaltung von II in konz. HCl wird analog der von I durchgeführt, sie ist jedoch schon nach 15 Min. beendet. Mit Ausnahme von IX können die gleichen Rk.-Prodd. nachgewiesen werden. Die gebildeten Verbb. werden mit authent. Proben, deren Darst. beschrieben ist, verglichen. Aus dem Auftreten von V wird geschlossen, daß I u. VI die gleiche abs. Konfiguration an dem die OCH_3-Gruppe enthaltenden asymm. C-Atom besitzen.

Versuche (FF. korr.): *Acetaldehyd* (III), *DNPH*, F. 166 bis 167°, a) durch 2std. Erhitzen von 0,5 g I mit konz. HCl auf 100° unter Durchleiten von N_2, Versetzen mit 2.4-Dinitrophenylhydrazinhydrochlorid (VII) u. Chromatographie in Bzl./PAe. (1:1) an Silicagel; aus Methanol orangefarbene Nadeln; 0,27 g (Ausbeute); daneben A-*DNPH* $C_{12}H_{16}N_4O_5$, F. 146—147°; b) analog aus II; c) analog aus 1 g I in 20 Std. mit verd. HCl; daneben A-*DNPH*. — *Dimethylbrenztraubensäure* (IV), $C_5H_8O_3$, $Kp._{10}$ 66°, a) durch 2std. Kochen von 2 g I in konz. HCl, Verdünnen mit W., Ausäthern u. fraktionierte Dest.; 0,24 g. *DNPH*, a) durch Dest. des Rk.-Rückstandes von III mit VII im Vakuum; aus Bzl. lange Nadeln; 0,33 g; b) neben III nach. b); c) durch 20std. Kochen von 1,5 g I mit 2n HCl: 0,15 g. — *3-Isopropylchinoxalinol-(2)*. $C_{11}H_{12}N_2O$, F. 234°, durch Rk. der Fraktion vom $Kp._8$ 66° von IV mit o-Phenylendiamin (VIII) in wss. Essigsäure; b) durch Rk. von IV mit VIII; aus A. Nadeln. — *α-Keto-β.β-dimethyl-γ-valerolacton* (IX), $C_7H_{10}O_3$, F. 75—76°, $Kp._{1,5}$ 70°, $Kp._{760}$ 235°, a) durch Dest. des Rückstandes von IV ($Kp._{0,5}$ 80—90°); b) b) durch Neutralisieren von 1,2 g IV in W. mit K_2CO_3, Zugabe von 0,45 g III u. danach 1 g K_2CO_3, Stehen über Nacht, Zugabe von W., Erwärmen auf dem Wasserbad u. Ansäuern mit verd. HCl; aus Bzl./PAe. Prismen; 0,43 g. *DNPH*, $C_{13}H_{14}N_4O_6$, F. 209—210°; aus Methanol orangefarbene Nadeln. — *3-[α.α-Dimethyl-β-hydroxypropyl]-chinoxalinol-(2)*, $C_{13}H_{16}N_2O_2$, F. 177 bis 178°, durch Erwärmen von IX mit VII; aus Aceton oder Bzl. Nadeln. — *(+)-2-Methoxy-4-methylpentanon-(3)* (V), *DNPH*, $C_{13}H_{18}N_4O_5$, F. 123—124°, a) neben III nach c); daneben (X); b) durch Oxydation von VI nach Menschikow [1939]; gibt durch 21std. Kochen mit HCl X u. durch 4std. Kochen mit konz. HCl ein Gemisch aus einem *Hydroxyketon* u. X. — *2-Methylpenten-(1)-on-(3)* (X), *DNPH*, $C_{12}H_{14}N_4O_4$, F. 149—150°, durch Dest. von 1-Chlor-2-methylpentanon-(3) (durch Kondens. von Diäthylketon mit Formaldehyd in Ggw. von trockenem HCl nach Colouge [1936]) mit Dimethylanilin; aus wss. A. glitzernde rote Platten. *Semicarbazon*, $C_7H_{13}NO_3$, F. 156°, Platten. K. Stühmer. 850◇

0808 **Darstellung von Verbindungen des Malathion-Typs.** Ödönné Kovács. (Nehézvegyipari Kutató Intézet Közleményei [Mitt. Forsch.-Inst. chem. Schwerind.] **1**, 313—16, Juni 1959; Veszprém, Nehézvegyipari Kut. Int.; ung.) — *O.O-Dialkyldithiophosphatobernsteinsäure-Derivv.* wurden in einer Stufe durch Addition von O.O-Dialkyldithiophosphorsäuren an Maleinsäureanhydrid u. Rk. mit W. bzw. einem Alkohol dargestellt. Die insekticide Wrkg. der Verbb. nimmt mit steigender Zahl der freien Carboxylgruppen ab; sie bleibt hinter der des Malathions zurück. Die Gift-Wrkg. der Verbb. ist für Warmblütler gering. Folgende Verbb. wurden erhalten: *O.O-Dimethyldithiophosphatobernsteinsäure*, F. 102° (Zers.). *Monomethylester. Dimethylester. Monoäthylester. Diäthylester.* — *O.O-Diäthyldithiophosphatobernsteinsäure*, Zers. bei 85°. *Monomethylester. Dimethylester. Monoäthylester. Diäthylester.* N. Seiler. 850□

0809 **Tetrose- und Pentosederivate aus (+)-Weinsäure.** Hans Jürgen Bestmann und Ralph Schmiechen. (Chem. Ber. **94**, 751—57, 21/3. 1961; Berlin-Charlottenburg, TU Berlin, Organ.-Chem. Inst.; dt.) — Durch Einw. von $LiHAl(O\text{-tert.-}C_4H_9)_3$ auf *Di-O*-acetyl-(+)-weinsäuremethylesterchlorid (I) wurden Derivv. des *Di-O-acetyl-L-threuronsäuremethylesters* u. der *L-Threonsäure* erhalten. Der aus I mit Diazomethan erhältliche *L-threo-Di-O-acetyl-S-diazo-S-desoxypentulon-(4)-säuremethylester* (II) läßt sich in verschiedene *Derivv.* der *L-threo-Pentulon-(4)-säure* verwandeln. Die durch UV-Licht katalysierte Wolffsche Umlagerung von II führt zu *L-threo-2.3-Diacetoxyglutarsäuredimethylester*.

Versuche: *Tri-O-acetyl-L-threonsäuremethylester*, $C_{11}H_{16}O_8$, $Kp._{0,005}$ 100°, durch 1std. Rühren von $LiAlH_4$, I, tert.-Butanol u. Tetrahydrofuran (THF) bei 0°, Eindampfen bei 0° im Vakuum, Zugabe von Acetanhydrid, Einleiten von HCl unter Kühlen, nach 2 Std. langem Einengen im Vakuum u. Versetzen mit Eis u. $NaHCO_3$-Lsg. u. Extraktion mit CH_2Cl_2; $[\alpha]_D^{20}$ —30,0° (c = 1,25; CH_3OH); 58% (Ausbeute). — *L-Threonsäurelacton*, $C_4H_6O_4$, F. 61—64° (Essigester), $Kp._{0,001}$ 135°, durch ½std. Stehen vorst. Verb. in CH_3OH mit KOH u. W., ¼std. Kochen auf dem Wasserbad, Neutralisieren mit HCl, Eindampfen zur Trockne u. Extraktion mit Essigester; $[\alpha]_D^{22}$ +29,7° (in ½ Std.; c = 1; W.); 71%. — *L-Threonsäurephenyl-*

hydrazid, F. 156—157°, aus vorst. Verb. nach Gätzi u. Reichstein [1937]; $[\alpha]_D^{20}$ +33,6° (c = 1,29; W.). — *Di-O-acetyl-L-threuronsäuremethylester* (IV), F. 85—86° (Toluol), durch Zugabe von I zu $LiAlH_4$ u. tert.-Butanol in THF bei —75°, nach 30 Min. Versetzen mit Eis u. Extraktion mit CH_2Cl_2; 47%. *p-Nitrophenylhydrazon*, F. 143°. — L-threo-Pentulon-(4)-säuremethylester: *Di-O-acetyl-5.5-bis-[äthylmercapto]-5-desoxy-* (III), $C_{14}H_{22}O_7S_2$, Kp.$_{0,001}$ 170° (Bad-Temp.), durch Einw. von Äthylsulfonylchlorid auf II in Tetrahydrofuran bei 0°, Kühlen über Nacht, Zugabe von Na-Äthylmercaptid in THF, nach 2 Std. langem Verdünnen mit Eiswasser u. Extraktion mit CH_2Cl_2; $[\alpha]_D^{22}$ +21,9° (c = 1,28; Chlf.); 89%. — *Di-O-acetyl-5-desoxy-*, $C_{10}H_{14}O_7$, F. 124—126° (W.), a) durch 1std. Kochen von III mit Raney-Ni in Aceton; $[\alpha]_D^{20}$ —7,6° (c = 2,0; Chlf.); 45%. *p-Nitrophenylhydrazon*, $C_{16}H_{19}N_3O_8$, F. 107—108°, mit p-Nitrophenylhydrazin in sd. Eisessig; aus verd. A. gelbe Kristalle; 80%; b) durch Zugabe von äther. CH_2N_2-Lsg. zu IV in Chlf.; 42%; c) durch Hydrieren von 1,5 g II in Eisessig in Ggw. von Adams-Katalysator; 0,49 g; d) durch Zugabe von HJ (D. 1,7) zu II in Chlf. u. Entfärben mit $Na_2S_2O_3$; $[\alpha]_D^{20}$ —7,4° (c = 2,0; Chlf.). — *Di-O-acetyl-5-chlor-5-desoxy-*, $C_{10}H_{13}ClO_7$, F. 58—59° (Ae./PAe.), Kp.$_{0,001}$ 120°, durch Einleiten von HCl in eine Lsg. von II in Aceton/Ae. (1:2) bei 0°; $[\alpha]_D^{22}$ +7,8° (c = 1,05; Chlf.); 77%. — *2.3-Di-O-acetyl-5-O-äthyl-*, $C_{12}H_{18}O_8$, F. 74—75° (Ae. bei —40°), Kp.$_{0,001}$ 130°, durch Erwärmen von II in A. mit wenig $BF_3 \cdot O(C_2H_5)_2$ auf 55°, nach 2 Std. langem Einengen im Vakuum u. Extraktion mit Bzl./Ae.; $[\alpha]_D^{20}$ —40,5° (c = 2,1; Chlf.); 55%. — *L-threo-2.3-Diacetoxyglutarsäuredimethylester*, $C_{11}H_{16}O_8$, Kp.$_{1,5}$ 110°, durch Einw. von UV-Licht auf II in CH_3OH; schwachgelbes Öl; $[\alpha]_D^{21}$ —13,7° (c = 2,32; abs. A.); 60,6%. W. Hampel. 870□

0810 **Darstellung von Dimethylthiocarbamaten und von Tetramethylthiuramsulfiden.** Jean Issoire und Léon Musso. (Mém. Poudres **42**, 427—43, 1960; franz.) — Durch Rk. von Dimethylamin (I) mit CS_2 in Ggw. von NaOH entsteht *Na-N.N-Dimethyldithiocarbamat* (II), das sich leicht in die schwerer lösl. Salze von Zn-, Fe(III)-, Cu- u. Pb-Salze überführen läßt. II läßt sich unter Eliminierung oder weiterem Einbau von S-Atomen in *Tetramethylthiuramdisulfide* überführen. So entsteht aus II durch Rk. mit Cl_2 das *Disulfid*, mit Phosgen das *Monosulfid*, mit SCl_2 das *Trisulfid* u. mit S_2Cl_2 das *Tetrasulfid*.

Versuche: *Dimethyldithiocarbaminsäure, Na-Salz-Dihydrat* (II), aus I u. CS_2 in Ggw. von NaOH bei 15°. *Zn-Salz*, F. 250°, aus II u. $ZnCl_2$ in W.; 100% (Ausbeute). *Fe(III)-Salz*, aus II u. $FeCl_3$; schwarz. *Cu(II)-Salz*, aus II u. $CuSO_4$; kastanienbraun. *Pb-Salz*, aus II u. $Pb(NO_3)_2$. — Tetramethylthiuramsulfide: *Monosulfid*, F. 104°, aus CS_2 u. I in Ggw. von $NaHCO_3$ durch Einleiten von Phosgen bei 35°; gelbe Kristalle; 66%. — *Disulfid*, F. 146°, a) durch Einleiten von Cl_2 in eine alkal. wss. Lsg. von II unter guter Kühlung; 90%; b) durch Rk. von I mit Ammoniumperoxydisulfat; 95—98%. — *Trisulfid*, F. 115°, aus I u. SCl_2 in W.; weißgelb. — *Tetrasulfid*, F. 100°, aus I u. S_2Cl_2 in W.; gelb. G. Ziebarth. 880△

0811 **O.N-substituierte Hydroxylamine.** 1. Mitt. **Über das O-(β-Hydroxyäthyl)-hydroxylamin, ein neuartiges Analogon von β-Aminoäthanol, und Derivate.** Bruno J. R. Nicolaus, Giuseppe Pagani und Emilio Testa. (Helv. chim. Acta **45**, 358—70, 1/2. 1962; Milano, Lepetit S.P.A., Organ.-chem. Labor.; dt.) — Es werden Synth. u. Eigg. von *O-[β-Hydroxyäthyl]-hydroxylamin* (I) u. *O-[β-Hydroxyäthyl]-N.N-dimethylhydroxylamin* (II) sowie eine Reihe ihrer funktionellen Derivv. beschrieben. I u. II können als neuartige Analoga von Aminoäthanol u. von Dimethylaminoäthanol aufgefaßt werden, die sich formell aus diesen durch Einfügen einer O-Brücke zwischen C u. N ableiten lassen. Das Verh. von I u. II gegen Reagentien u. Lsgm. im Vgl. zu den Aminoäthanolen werden untersucht u. beschrieben. Die Hydroxylaminanaloga des Acetylcholins u. des synthet. curareähnlich wirkenden Succinylcholins werden beschrieben. Im Tier-Vers. erweisen sich beide Derivv. aktiv. Die Maxima der IR-Spektren werden diskutiert.

Versuche: *N-Hydroxyurethan* (III), $C_3H_7NO_3$, Kp.$_{0,2}$ 115—120°, nach Hantzsch [1894]; explosiv. *Dinitrobenzoat*, $C_{10}H_9N_3O_8$, F. 82—84° (50%ig. A.). — *O-Carbäthoxymethyl-N-carbäthoxyhydroxylamin* (V), $C_7H_{13}NO_5$, Kp.$_{1,7}$ 113—115°, aus III nach Winternitz u. Lachazette (Bull. Soc. chim. France **1958**, 664); n_D^{27} 1,4358. — *O-[β-Hydroxyäthyl]-N-carbäthoxyhydroxylamin* (IV), $C_5H_{11}NO_4$, Kp.$_{0,8}$ 124—126°, a) durch Red. von V mit $LiAlH_4$ in Ae. bei 0°; $n_D^{21,5}$ 1,4485; 46%; b) durch 4std. Kochen von III mit K_2CO_3 in Äthylenchlorhydrin/Aceton; 9,6%. *Acetyl-Deriv.*, $C_7H_{13}NO_5$, Kp.$_{0,4-0,5}$ 115—120°; n_D^{27} 1,4395. — *Äthylenglykol* (VI), $C_2H_6O_2$, Kp.$_2$ 95 bis 105°, a) analog IV nach a) aus 37,5 g V, in der Siedehitze; n_D^{20} 1,4274; 8 g; b) durch mehrstd. Erhitzen von 1,5 g IV mit konz. HCl; 0,4 g. — Hydroxylamine: *O-[β-Acetoxyäthyl]-N-carbäthoxy-*, $C_7H_{13}NO_5$, Kp.$_{0,4-0,5}$ 115—120°, durch Stehen von IV mit Acetanhydrid in Ggw. von Pyridin über Nacht (Meth. **B**); n_D^{27} 1,4395. — *O-[β-Chloräthyl]-N-carbäthoxy-*, $C_5H_{10}ClNO_3$, Kp.$_{0,6}$ 80—83°, durch Kochen von 4 g IV mit $SOCl_2$; $n_D^{21,5}$ 1,4495; 3,6 g. — *O-[β-Hydroxyäthyl]-* (I), $C_2H_7 \cdot NO_2$, Kp.$_1$ 61—62°, a) durch 1std. Kochen von IV mit 15%ig. HCl; 49%; b) durch 2std. Kochen von 5 g IV mit 1n NaOH; 1,3 g. *Pikrat*, $C_8H_{10}N_4O_9$, F. 144—145°; aus A. gelbe Nadeln; gibt durch Durchleiten von H_2 in A. in Ggw. von Pd/Kohle u. Absorbieren in 1n H_2SO_4 92% NH_3 u. 87,5% VI. — *O-[β-Phenylcarbamoyloxyäthyl]-N-phenylcarbamoyl-*, $C_{16}H_{17}N_3O_4$, F. 111 bis 112°, aus I u. Phenylisocyanat; aus Bzl. Nadeln. — *O-[β-Acetoxyäthyl]-N-acetyl-*, $C_6H_{11}NO_4$, Kp.$_1$ 130—135°, nach **B** aus 7,7 g I; n_D^{21} 1,4575; 12,1 g. — *O-[β-(p-Nitrobenzoyloxy)-äthyl]-N-p-nitrobenzoyl-*, $C_{16}H_{13}N_3O_8$, F. 177—178°, analog **B** aus I u. p-Nitrobenzoylchlorid, aus A. hellgelbe Nadeln. — *O-[β-Propionyloxyäthyl]-N-propionyl-*, $C_8H_{15}NO_4$, Kp.$_1$ 122 bis 123°, aus I u. Propionsäureanhydrid. — *O-[β-Phenylacetoxyäthyl]-N-phenylacetyl-*, $C_{18}H_{19}NO_4$, Kp.$_{0,6}$ 145—155°, aus I u. Phenylessigsäurechlorid. — *O-[β-Cinnamoyloxyäthyl]-N-cinnamoyl-*, $C_{20}H_{19}NO_4$, F. 60—62° (PAe.). — *O-[β-Benzoyloxyäthyl]-N-benzoyl-*, $C_{16}H_{15}NO_4$, Kp.$_{0,5-0,6}$ 170—175°. — *O-[β-Hydroxyäthyl]-N-carbamoyl-*, $C_3H_8N_2O_3$, F. 76—77°, durch ½std. Erwärmen von 1 g I u. NaOCN in 1n HCl auf 60°; aus Isopropanol Nadeln; 0,7 g. — *O-[β-Carbamoyloxyäthyl]-N-carbamoyl-*, $C_4H_9N_3O_4$, F. 139—141°, durch 1std. Einleiten von HCl in ein Gemisch von 5,58 g I u. NaOCN in Chlf. bei 0° u. 3std. Erwärmen auf 50°; aus Ae. Nadeln; 2,1 g. — N.N-Dimethylhydroxylamine: *O-[β-Hydroxyäthyl]-* (II), $C_4H_{11} \cdot NO_2$, Kp.$_{25-26}$ 64—66°, durch 3½std. Kochen von I u. 30%ig. Formaldehyd-Lsg. in 90%ig. Ameisensäure, Kühlen auf 20°, Zugabe von konz. HCl u. Eindampfen im Vakuum; 36,5%. *Methojodid* (VII), $C_5H_{14}JNO_2$, F. 154—155°, a) durch 1wöchiges Stehen von 1 g II mit CH_3J in Ae./Methanol im Dunkeln; aus A. Blättchen; 2,1 g; b) durch 3std. Kochen von 7,7 g I mit CH_3J; 6,5 g. *Pikrat*, $C_{10}H_{14}N_4O_9$, F. 93—94° (Ae.). — *O-[β-Carbamoyloxyäthyl]-*, $C_5H_{12}N_2O_3$, F. 131—133°, durch Sättigen von II u. NaOCN in Chlf. mit HCl bei 0° u. 2std. Erwärmen auf 50°; aus A./Ae. Blättchen. — *O-[β-Propionyloxyäthyl]-*, $C_7H_{15}NO_3$, Kp.$_{45-46}$ 82—83°, durch Zugabe von Propionylchlorid zu 4 g II in Tetrahydrofuran in Ggw. von Triäthylamin bei 0° (Meth. **A**); 3,6 g. — *O-[β-Acetoxyäthyl]-* (IX), $C_6H_{13}NO_3$, Kp.$_{46}$ 80—82°, durch 2std. Erwärmen von 4,28 g II u. Acetanhydrid in Ggw. von Pyridin auf 100°; 4,6 g. *Methojodid* (VIII), $C_7H_{16}JNO_3$, F. 93—95°, aus 15 g IX analog VII nach a); aus A./Ae. hellgelbe Kristalle; 2,4 g. — *O-[β-Diphenylacetoxyäthyl]-*, *Hydrochlorid*, $C_{18}H_{22}ClNO_3$, F. 121—123° (Isopropanol), nach **A**. — *O-[β-Benzoyloxyäthyl]-*, $C_{11}H_{15}NO_3$, Kp.$_2$ 103—105° analog. — *O-[β-Cinnamoyloxyäthyl]-*, $C_{13}H_{17} \cdot NO_3$, Kp.$_{0,5}$ 121—123°. — *O-[β-Phenylacetoxyäthyl]-*, $C_{12}H_{17} \cdot NO_3$, Kp.$_{0,5}$ 95—97°. — *O-[β-(p-Nitrobenzoyloxy)-äthyl]-*, $C_{11} \cdot H_{14}N_2O_5$, Kp.$_{0,4-0,5}$ 140—145°. — *O.O'-[β.β'-Succinyldioxydiäthyl]-bis-* (X), $C_{12}H_{24}N_2O_6$, Kp.$_{0,6}$ 134—135°, aus II u. Succinylchlorid. *Pikrat*, $C_{18}H_{27}N_5O_{13}$, F. 144—146°. *Dimethojodid*, $C_{14}H_{30}J_2N_2O_6$, F. 135—137° (A.), durch Stehen von 3,6 g X u. CH_3J/Methanol über Nacht; 3,5 g. *Pikrat*, $C_{12}H_{24}N_2O_6 \cdot C_6H_3 \cdot N_3O_7$, F. 144—146° (Ae.). — *Trimethylaminpikrat*, F. 223 bis 225°, a) durch Kochen von VII mit methanol. KOH; Dest. des Methanol u. Zugabe von Pikrinsäure zum Destillat; 76%; daneben **VI**; b) analog a) aus **VIII**; 70%; daneben **VI**. — *Dimethylamin*, durch Einleiten von H_2 in eine Lsg. von II in A. in Ggw. von Pd/Kohle u. Absorbieren in 1n H_2SO_4; 65%; daneben 79% **VI**. W. Hampel. 920□

0812 **Über Sphingolipoide.** 23. Mitt. **Synthese und Aufspaltung von erythro- und threo-C_{20}-Sphingosin.** B. Majhofer-Oreščanin und M. Proštenik. (Croat. chem. Acta **34**, 161—66, 1962; Zagreb, „Ruder Bosković" Inst., Dep. of Biochem.; engl.) — 22. vgl. Bull. Soc. chim. Royaume Yougosl. **7**, [1962], 1; 20. vgl. C. **1963**, 5096. — Die Synth. von *DL-trans-2-amino-1.3-dihydroxyeikosenen-(4)* (**B**) durch Kondens. von Octadecin-(2)-al (I) mit p-Nitroäthanol u. Red. der diastereomeren Nitro-Verbb. wird beschrieben. Die DL-threo-Form von **B** wird durch D-Weinsäure u. die DL-erythro-Form durch L-Glutaminsäure in die opt. Antipoden gespalten. Die im Hirn von Pferd u. Rind vorkommende *trans-(+)-erythro-Form* der **B** (**VII**) wird mit *C_{20}-Sphingosin* bezeichnet.

Versuche: *Heptadecin-(1)*, Kp.$_{0,5}$ 120°, aus 1-Brompentadecan u. Na-Acetylid nach Jenny u. Meier (vgl. C.**1959**, 14686); n_D^{22} 1,4430; 65% (Ausbeute). — *Octadecin-(2)-aldiäthylacetal*, $C_{22}H_{42}O_2$, Kp.$_{0,3}$ 155—165°, durch tropfenweise Zugabe vorst. Verb. zu Äthyl-MgBr in Tetrahydrofuran (THF), 6std. Kochen, Zugabe von Orthoameisensäuretriäthylester in THF u. Zersetzen mit wss. NH_4Cl-Lösung; n_D^{22} 1,4496; 70%. — *Octadecin-(2)-al* (**I**), Kp.$_{0,2}$ 134—138°, durch 7std. Erhitzen vorst. Verb. mit konz. HCl in Dioxan auf 110° unter N_2 u. Rühren; n_D^{24} 1,4607; 90%. *2.4-Dinitrophenylhydrazon*, $C_{24}H_{36}\cdot N_4O_4$, F. 51—53,5° (A.), orangefarbene Kristalle; 91%. — *DL-threo-2-Nitro-1.3-dihydroxyeikosin-(4)* (**II**), $C_{20}H_{37}NO_4$, F. 78 bis 82°, durch Zugabe von β-Nitroäthanol u. K_2CO_3 zu einer kalten Lsg. von **I** in Methanol u. ¼std. Schütteln, Zugabe von HCl, Extrahieren mit Ae., Abdest. von Ae., Versetzen mit Ae./Pentan u. 24std. Stehen bei Raumtemperatur. *DL-erythro-Form* (**III**), $C_{20}H_{37}NO_4$, F. 48—50° [Chlf./Pentan (1:5)], neben **II** durch Einengen u. Ausfrieren der Mutterlauge. — *DL-threo-2-Amino-1.3-dihydroxyeikosin-(4)* (**IV**), $C_{20}H_{39}NO_2$, F. 88—90° [Acetonitril (AN)], durch Zugabe von **II** in A. zu kalter alkohol. HCl unter Rühren, Versetzen mit kleinen Portionen Zn-Staub, 1std. Rühren, Versetzen mit 10n NaOH u. Extrahieren mit Ae.; 64%. *Oxalat*, $C_{20}H_{39}NO_2\cdot ½\,(COOH)_2$, F. 198 bis 199° (Zers.) aus Eisessig. *DL-erythro-Form* (**V**), $C_{20}H_{39}NO_2$, F. 72—75° (AN), analog **IV** aus **III**; 98%; *Oxalat*, $C_{20}H_{39}NO_2\cdot ½\,(COOH)_2$, F. 179—182° (A.). — *DL-trans-threo-2-Amino-1.3-dihydroxyeikosen-(4)* (**DL-VI**), $C_{20}H_{41}NO_2$, F. 92—95° (AN), durch 4std. Kochen eines Gemisches aus **IV** u. $LiAlH_4$ in THF u. Zers. mit W./NaOH; 82%. *Oxalat*, $C_{20}H_{41}NO_2\cdot ½\,(COOH)_2$, F. 195—197° (Zers.; A./Eisessig). *trans-(+)-threo-***VI**, *Tartrat*, $C_{20}H_{41}NO_2\cdot ½\,C_4H_6O_6$, F. 176—181° (Zers.; A.), durch Zugabe einer heißen alkohol. Lsg. von **DL-VI** zu einer heißen alkohol. Lsg. von D-Weinsäure u. Kühlen. *trans-(+)-threo-***VI**, $C_{20}H_{41}\cdot NO_2$, F. 97—100° (AN), durch Zers. des (+)-Tartrats mit 2n Na_2CO_3 u. Extraktion mit Chlf.; $[\alpha]_D^{22}$ +2,6 ± 1° (c = 1,7; Pyridin); 52%. *trans-(—)-threo-***VI**, *Tartrat*, $C_{20}H_{41}NO_2\cdot ½\,C_4H_6O_6$, F. 135—145° (Zers.; A.), durch Einengen der (+)-Tartrat-Mutterlauge u. Kühlen. *trans-(—)-threo-***VI**, F. 97—99° (AN), $[\alpha]_D^{25}$ —2,3 ± 1° (c = 2,5; Pyridin); 43%. *DL-trans-erythro-Form* (**DL-VII**), $C_{20}H_{41}NO_2$, F. 72—77° (AN), aus **V** analog **VI**; 75%. *Oxalat*, $C_{20}H_{41}NO_2\cdot ½\,(COOH)_2$, F. 196—198° (A./Eisessig). *trans-(+)-erythro-***VII**, *Glutamat*, $C_{20}H_{41}NO_2\cdot ½\,C_5H_9NO_4$, F. 165—179° (Zers.; 80%ig. A.), durch Zugabe einer heißen alkohol. Lsg. von **DL-VII** zu einer heißen alkohol. Lsg. von L-Glutaminsäure u. 5std. Rühren. *trans-(+)-erythro-***VII**, F. 70 bis 76° (AN), $[\alpha]_D^{27}$ +3,8 ± 1° (c = 1,32; Pyridin) [*Triacetyl-Deriv.*, F. 98—99,5° (Aceton); $[\alpha]_D^{24}$ —11,4 ± 2° (c = 0,42; Chlf.)]. *trans-(—)-erythro-***VII**, *Glutamat*, $C_{20}H_{41}NO_2\cdot ½\,C_5H_9NO_4$, F. 145—157° (Zers.; 80%ig. A.). *trans-(—)-erythro-***VII**, F. 66 bis 72° (AN); $[\alpha]_D^{25}$ —3,5 ± 1° (c = 1,77; Pyridin); 79%. — *(+)-threo-2-Amino-1.3-dihydroxyeikosan*, F. 105—107° (AN), durch Hydrieren von trans-(+)-threo-**VI** in A. an Adams-Pt; $[\alpha]_D^{25}$ +18,3 ± 2° (c = 0,33; Chlf.). *(—)-erythro-Form*, F. 84°, analog aus trans-(—)-erythro-**VII**; $[\alpha]_D^{27}$ —11,4 ± 2° (c = 0,52; Chlf.) L. Holzhey. 920◇

0813 **Die Reaktion von Epoxiden mit Sulfhydrylgruppen enthaltenden Aminosäuren.** Albert Zilkha und Meir Weinstein. (Bull. Res. Council Israel, Sect. A **10A**, 146—48, 1961; Jerusalem, Hebrew Univ., Dep. of Organ. Chem.; engl.) — Bei der Einw. von 1 Val Propylenoxid (**II**) auf L-Cystein (**I**) in Ggw. von Triäthylamin (**IV**) entsteht *S-[2-Hydroxypropyl]-L-cystein*, bei Anwendung von 2 Val **II** dagegen *S.N-Bis-[2-hydroxypropyl]-L-cystein*. Analog liefert 1 Val Epichlorhydrin (**III**) mit **I** *S-[3-Chlor-2-hydroxypropyl]-L-cystein*.

Versuche: *S-[2-Hydroxypropyl]-L-cystein*, $C_6H_{13}NO_3S$, F. 208° (wss. Aceton), durch Zugabe von 1 Val **II**, dann von **IV** zu **I**-Hydrochlorid in wss. A. bei 0° unter N_2, ½std. Stehen bei 0° u. 1 Nacht bei Raum-Temp.; 56% (Ausbeute). — *S.N-Bis-[2-hydroxypropyl]-L-cystein*, $C_9H_{19}NO_4S$, F. 214° (wss. Aceton), analog vorst. Verb. aus 2 Val **II**; 60%. — *S-[3-Chlor-2-hydroxypropyl]-L-cystein*, $C_6H_{12}ClNO_3S$, F. 194° (wss. Aceton), analog vorvorst. Verb. aus je 1 Val **I** u. **III**; 30%.

B. Gnauck. 950◇

0814 **Die Reaktion von Monosulfoxiden mit Mercaptanen. Ihre Anwendung auf die Peptidsynthese.** Fernando Serrão. (Rev. Fac. Ci. Lisboa, 2.ª Sér., Secç. B **7**, 105 bis 112, 1960; Porto, Fac. de Ci., Labor. de Quím.; port.) — Ein unsymmetr. substituiertes L-Cystin-Deriv. wird durch Rk. von N.N'-Dicarbobenzoxy-L-cystindiäthylester-S-oxid (**I**) mit L-Cysteinäthylesterhydrochlorid (**II**) erhalten. **I** entsteht durch Rk. von N.N'-Dicarbobenzoxy-L-cystindiäthylester (**III**) mit Perbenzoesäure.

Versuche: *N.N'-Dicarbobenzoxy-L-cystindiäthylester-S-oxid* (**I**), durch Zutropfen von 0,025m Perbenzoesäure in Chlf. zu 0,025m in **III** in Chlf. u. Rühren bis zur negativen Rk. auf Perbenzoesäure. — *N-Monocarbobenzoxy-L-cystindiäthylesterhydrochlorid*, $C_{18}H_{27}ClN_2O_6S_2$, F. 153—156° (A.), durch Zugabe von 0,037m **II** in Chlf. zur **I**-Lsg. in Chlf. u. 48std. Rühren bei Raum-Temp.; $[\alpha]_D^{20}$ —70° (c = 0,6047; A.); 70% Ausbeute. W. Clauß. 950

0815 **Synthese eines Tyrosin-„Homologen" von Oxytocin.** H. C. Beyerman, J. S. Bontekoe und A. C. Koch. (Recueil Trav. chim. Pays-Bas **79**, 105—11, 1960; Delft, TH, Labor. of Organ. Chem.; engl.) — Die Synth. des Dekapeptids *N-Benzyloxycarbonyl(Cbo)-S-benzyl-L-cysteinyl-L-tyrosyl-L-tyrosyl-L-isoleucyl-L-glutaminyl-L-asparaginyl-S-benzyl-L-cysteinyl-L-prolyl-L-leucylglycinamid* (**I**) wird beschrieben. Entfernen der blockierenden Gruppen durch Oxydation liefert ein biolog. akt. Prod., das als Homologes des Oxytocins (**II**) mit zwei aufeinanderfolgenden Tyrosinresten angesehen werden kann. Es inhibiert die **II**-Aktivität.

Versuche: *N-Cbo-S-benzyl-L-cysteinyl-L-tyrosyl-L-tyrosinmethylester* (**III**), $C_{37}H_{39}N_3O_8S$, F. 182—183°, durch Rk. von 2,54 g N-Cbo-S-benzyl-L-cysteinyl-L-tyrosin mit 1,16 g L-Tyrosinmethylesterhydrochlorid in Dimethylformamid (DMF) u. Acetonitril (**IV**), Zugabe von Tri-n-butylamin (**V**; 0,925 g) u. dann von 1,03 g N.N'-Dicyclohexylcarbodiimid (**VI**) unter Eiskühlung, mehrstd. Stehen bei 0°, 4 Std. lang bei 20°, Filtrieren, Einengen im Vakuum, Lösen in Essigester u. Einengen; $[\alpha]_D^{21}$ —27,5° (c = 0,99; DMF); 79,3% (Ausbeute). — *N-Cbo-S-benzyl-L-cysteinyl-L-tyrosyl-L-tyrosin* (**VII**), *Hydrat*, $C_{36}H_{37}\cdot N_3O_8S\cdot H_2O$, F. 190—191° (bei 155° Erweichen u. Erstarren; wss. DMF), durch Addition von 5,5 ml 2n NaOH zu 2,43 g **III** in Dioxan unter Schütteln, Lösen des Nd. in W., Ansäuern mit 3n HCl (pH 3) nach 1½ Std. u. Zugabe von W.; $[\alpha]_D^{21}$ —23,5° (c = 2,04; DMF); 84,9%. — *N-Cbo-S-benzyl-L-cysteinyl-L-tyrosyl-L-tyrosyl-L-isoleucinmethylester* (**VIII**), $C_{42}H_{50}N_4O_9S$, FF. 166—168° u. 192° (wss. **IV**), durch aufeinanderfolgende Addition von 0,403 g **V** u. 500 mg **VI** zu einer Lsg. von 1,5 g **VII** u. 0,4 g L-Isoleucinmethylesterhydrochlorid bei 0°, 12std. Stehen bei 0° u. 3 Std. lang bei 20°, Filtrieren, Einengen des Filtrats im Vakuum, Lösen des Rückstandes in Essigester, Abdampfen des Lsgm. u. Zugabe von PAe. bei 0° bis zur Trübung; $[\alpha]_D^{21}$ —28° (c = 2; DMF); 67,5%. — *N-Cbo-S-benzyl-L-cysteinyl-L-tyrosyl-L-tyrosyl-L-isoleucin* (**IX**), $C_{43}H_{48}N_4O_9S$, FF. 160—165° u. 201° (wss. A.), a) durch Addition von 26 ml 0,1n NaOH zu 0,518 g **VIII** in DMF, 3std. Stehen bei 20°, Ansäuern (pH 3) unter Schütteln mit verd. HCl u. Fällen mit W.; $[\alpha]_D^{21}$ —24° (c = 1,1; DMF); 88%; b) durch Hydrolyse von **VIII** mit 0,4n NaOH in Dioxan. — *N-Cbo-S-benzyl-L-cysteinyl-L-tyrosyl-L-tyrosyl-L-isoleucyl-L-glutaminyl-L-asparaginyl-S-benzyl-L-cysteinyl-L-prolyl-L-leucylglycinamid* (**I**), $C_{74}H_{95}N_{13}\cdot O_{16}S_2$, F. 245—247° (Zers.; Dioxan/W.), a) durch Addition von 115 mg **VI** in Tetrahydrofuran zu 251 mg **IX** u. 200 mg L-Glutaminyl-L-asparaginyl-S-benzyl-L-cysteinyl-L-prolyl-L-leucylglycinamid (**X**) in 90%ig. wss. Tetrahydrofuran bei 0°, 12std. Stehen unter N_2 bei 0° u. 24 Std. lang bei 20°, Entfernen des Lsgm. im Exsiccator über H_2SO_4, Ausziehen mit Methanol u. Filtrieren; $[\alpha]_D^{21}$ —40° (c = 1,1; DMF); 53%; b) durch Rk. von **IX** u. **X** u. Kristallisation aus Dioxan/W.; $[\alpha]_D^{21}$ —42° (c = 0,94; DMF). — Durch Rühren von 50 mg **I** in 10 ml fl. NH_3 unter N_2, Zugabe von wenig Na, dann NH_4Cl, Entfernen des NH_3, Lösen in 265 ml W. (O_2-frei) u. Neutralisieren mit verd. Essigsäure werden nach 2½ std. Einleiten von O_2 bei pH 6,9, dann Einstellen mit Essigsäure auf pH 4,3 u. Filtrieren die Schutzgruppen abgespalten. J. Gartzke. 950

0816 **Untersuchungen in der siliciumorganischen Chemie. 39. Mitt. Die Addition von Silanen an Isopren.** Isao Shiihara, Wesley F. Hoskyns und Howard W. Post. (J. org. Chemistry **26**, 4000—02, 1961; Buffalo, Tex., Univ., Dep. of Chem.; engl.) — 37. vgl. C. **1960**, 2166. — $SiHCl_3$ reagiert mit Isopren unter dem Einfl. von H_2PtCl_6 zu *1-[Trichlorsilyl]-2-methylbuten-(2)* (**I**), das sich mit CH_3MgCl zu *1-[Trimethylsilyl]-2-methylbuten-(2)* (**II**) umsetzt. Ozonolyse von **II** liefert *Hexamethyldisiloxan* (**III**), *Aceton* u. *Äthylacetat*. Andere Silane, außer $(CH_3)_4Si$, reagieren mit Isopren analog. **II** spaltet sich bei Einw. von H_2SO_4 zu **III**. Das Prod. der Rk. von Äthyldichlorsilan (**IV**) u. Isopren ist wahrscheinlich *1-[Diäthylsilyl]-2-methylbuten-(2)*. IR-Maxima von **II** werden mit den entsprechenden Maxima von 2-Methyl- u. von cis- u. trans-3-Methylpenten-(2) verglichen (Tabelle).

Versuche: 2-Methylbutene-(2): *1-Trichlorsilyl]*-(**I**), $C_5H_9Cl_3Si$, $Kp._{760}$ 161—162°, a) durch 17std. Erhitzen von je 1 Val $SiHCl_3$ u. Isopren in Ggw. von H_2PtCl_6 in Isopropanol auf 165° im Rohr unter N_2 u. Fraktionierung; $D._{25}^{25}$ 1,14; 60% (Ausbeute); b) analog a) aus 1,5 Val Isopren; 76%. — Analog: *1-[Methyldichlorsilyl]*-, $C_6H_{12}Cl_2Si$, $Kp._{760}$ 162—163°, aus 0,8 Mol CH_3SiHCl_2 u. 0,67 Mol Isopren in 17 Std.; $D._{25}^{25}$ 1,03; 54%. — *1-[Äthylchlorsilyl]*- (?), $C_7H_{15}ClSi$, $Kp._{760}$ 172 bis 178°, aus 0,42 Mol **IV** u. 0,84 Mol Isopren in 17 Std.; $D._{25}^{25}$ 0,88; 27%; daneben 36,5 g der *Verb. vom Kp. 179—184°*. — *1-[Trimethylsilyl]*- (**II**), $C_8H_{18}Si$, $Kp._{760}$ 133—135°, a) aus 0,167 Mol **I** durch Zutropfen von CH_3MgCl in Tetrahydrofuran unter Kühlung, ½std. Kochen, Stehen über Nacht, Abtrennen der oberen Schicht, Hydrolyse des festen Anteils mit gesätt. NH_4Cl-Lsg., Ae.-Extraktion u. Aufarbeiten mit der oberen Schicht; $D._{25}^{25}$ 0,7518; n_D^{25} 1,4256; 68,2%; b) analog a) aus vorvorst. Verb. u. CH_3MgCl; 47%; Ozonisierung in Chlf. u. Gaschromatographie der Prodd. geben **III**, *Aceton* (auch als *2.4-Dinitrophenylhydrazon*, F. 126—128°) u. *Äthylacetat*; durch Schütteln mit 80%ig. H_2SO_4 wird **III**, Kp. 99°, u. ein Olefingemisch gebildet. — *1-[Benzyldichlorsilyl]*-, $C_{12}H_{16}Cl_2Si$, $Kp._5$ 124—125°, analog **I** aus Benzyldichlorsilan (**V**; $Kp._6$ 67—68°, nach Jenkins u. Mitarbeitern, J. org. Chemistry **13**, [1948], 862; 51,2%) u. 1,5 Val Isopren in 90 Std.; $D_{25}.^{25}$ 1,0950; n_D^{25} 1,5429; 76,4%. — *1-[Benzyldiäthylsilyl]*-, $C_{16}H_{26}Si$, $Kp._5$ 117°, aus vorst. Verb. durch Zugabe von C_2H_5MgBr in Ae. bei Zimmer-Temp., 60std. Erhitzen, Hydrolyse mit gesätt. N_4HCl-Lsg. bei 0° u. Fraktionierung; $D._{25}^{25}$ 0,8976; n_D^{25} 1,5114; 68,9%. — *1-[Dibenzylchlorsilyl]*-, $C_{19}H_{23}ClSi$, $Kp._2$ 153°, analog **I** aus Dibenzylchlorsilan (analog **V**) u. Isopren; $D._{25}^{25}$ 1,0489; n_D^{25} 1,5607; 42%. — *1-[Äthyldibenzylsilyl]*-, $C_{21}H_{28}Si$, $Kp._2$ 147°, analog vorvorst. aus vorst. Verb.; $D._{25}^{25}$ 0,9723; n_D^{25} 1,5537; 43%. H. Sandner. 980

0817 **Untersuchungen in der siliciumorganischen Chemie. 43. Mitt. Eine Untersuchung siliciumhaltiger symmetrischer Triazine.** Clarence J. Murphy und Howard W. Post. (J. org. Chemistry **27**, 1486—88, 1962; engl.) — 39. vgl. vorst. Referat. — Durch Rk. von Cyanurchlorid (**I**) mit Silylaryl-Grignard-Verbb. werden *Silylaryltriazine* dargestellt. Rk. des so erhaltenen *2.4-Dichlor-6-[p-trimethylsilylphenyl]-symm.-triazins* (**II**) mit NH_3 gibt *2-Amino-* bzw. *2.4-Diamino-6-[p-trimethylsilylphenyl]-symm.-triazin*. Die Darst. einiger Zwischen-Prodd. werden beschrieben. Die IR-Maxima der neuen Verbb. sind angegeben.

Versuche: *2.4-Dichlor-6-p-tolyl-symm.-triazin*, $C_{10}H_7Cl_2N_3$, F. 146,5—147,5° (Hexan), aus p-Tolyl-MgBr in abs. Ae. durch Zugabe von **I** in abs. Ae. bei 0°, u. 4std. Rühren bei Raum-Temp.; zu Tränen reizend; 45% (Ausbeute). — Silane: *Allyldimethyl-p-bromphenyl-*, $Kp._{0,3}$ 81—84°, durch Rk. von n-Butyl-Li u. p-Dibrombenzol u. Rk. des Prod. mit Allyldimethylchlorsilan; n_D^{27} 1,5304; 33%. — *Benzyldimethyl-p-bromphenyl-*, $C_{15}H_{17}BrSi$, $Kp._{0,1}$ 122—125°, analog vorst. Verb. aus p-Bromphenyl-Li (**IV**) u. Benzyldimethylchlorsilan (**V**); n_D^{25} 1,5706; 40,5%. — *Vinyldimethyl-p-bromphenyl-*, $C_{10}H_{13}BrSi$, $Kp._{2,5}$ 100°, durch Rk. von Vinyldimethylchlorsilan (aus Methylvinyldichlorsilan u. CH_3MgCl) u. p-Bromphenyl-MgBr (**VI**); n_D^{27} 1,5361; 21,6%. — *Amyldimethyl-p-bromphenyl-*, $C_{13}H_{21}BrSi$, $Kp._{0,1}$ 90—92°, durch Rk. von Amyltrichlorsilan u. CH_3MgCl u. Rk. des Prod. mit **VI**; n_D^{25} 1,5178; 9,5%. — *Chlormethyldimethyl-p-bromphenyl-*, $C_9H_{12}BrClSi$, $Kp._{0,85}$ 100—102°, aus **IV** u. Chlormethyldimethylfluorsilan; n_D^{25} 1,5531; 32,5%. — *Trimethyl-p-bromxenyl-*, $C_{15}H_{17}BrSi$, F. 91—93°, aus p-Bromxenyl-Li (**III**) u. Trimethylchlorsilan; 41%. — *Benzyldimethyl-p-bromxenyl-*, $C_{21}H_{21}BrSi$, F. 93—95°, aus **III** u. **V**; 66%. — symm.-Triazine: *2.4-Dichlor-6-[p-trimethylsilylphenyl]*- (**II**), $C_{12}H_{13}Cl_2N_3Si$, F. 143,0 bis 143,5°, aus p-Trimethylsilylphenyl-MgBr u. **I**; 15%. — *2.4-Dichlor-6-[p-vinyldimethylsilylphenyl]*-, $C_{13}H_{13}Cl_2N_3Si$, F. 114,5—115°, aus p-Vinyldimethylsilylphenyl-MgBr u. **I**; 24%. — *2.4-Dichlor-6-[p-benzyldimethylsilylphenyl]*-, $C_{18}H_{17}Cl_2N_3Si$, F. 124—127°, aus p-Benzyldimethylsilylphenyl-MgBr u. **I** unter N_2; 6%. — *2.4-Dichlor-6-[p-phenyldimethylsilylphenyl]*-, $C_{17}H_{15}Cl_2N_3Si$, F. 120—122°, aus p-Phenyldimethylsilylphenyl-MgBr unter Ar; 22%. — *2-Amino-4-chlor-6-[p-trimethylsilylphenyl]*-, $C_{12}H_{15}ClN_4Si$, F. 162—163°, aus **II** u. NH_3 in Ae. oder Aceton; daneben *2.4-Diamino-6-[p-trimethylsilylphenyl]*-, $C_{12}H_{17}N_5Si$, F. 166—167°. K. Rühlmann. 980□

0818 **Über die Reaktionen von Aminen mit Bis-[chlormethyl]-tetramethyldisiloxan und seinen Derivaten.** K. A. Andrianow und L. M. Wolkowa. (Nachr. Akad. Wiss. UdSSR, Abt. chem. Wiss. **1962**, 87—90, Jan.; Inst. für elementorg. Verbb. der Akad. der Wiss. der UdSSR; russ.) — Es werden die Kondens.-Prodd. von Chlormethylpentamethyldisiloxan (**I**) mit Trimethyl-β-aminoäthoxysilan (**II**), von symm.-Bis-chlormethyltetramethyldisiloxan (**III**) mit **II**, von 1.1.1.2.3.4.4.4-Oktamethyl-2.3-bis-chlormethyltetrasiloxan (**IV**) mit Hexamethylendiamin (**V**) sowie von Chlormethylmethyldiäthoxysilan (**VI**) mit **V** beschrieben.

Versuche: *2.2.4.4.10.10-Hexamethyl-6-aza-3.9-dioxa-2.4.10-trisilaundecan* (*Pentamethyl-β-trimethylsiloxyäthylaminomethyldisiloxan*), $C_{11}H_{31}NO_2Si_3$, $Kp._{10}$ 110—112°; $D._4^{20}$ 0,8663; n_D^{20} 1,4182, a) man erhitzt 29,5 g **I** u. 39,9 **II** g 8 Std., auf 110—120°, dest., behandelt mit W. u. dest.; 1,2 g (Ausbeute); b) man erhitzt 19,3 g **I** u. 26,6 g **II** 4 Std. auf 110—120°, läßt mit 100 ml Ae. 5 Tage lang bei 0° stehen, dest. u. filtriert; 15,2 g. — *2.2.4.4-Tetramethyl-6-aza-3-oxa-2.4-disilaoctanol-(8)*, $C_8H_{23}NO_2Si_2$, $Kp._6$ 96—100°, bei der Darst. vorst. Verb. nach a); $D._4^{20}$ 0,8945; n_D^{20} 1,4259; 7 g. — *2.2.6.6-Tetramethyl-4-[β-trimethylsiloxyäthyl]-1-oxa-2.6-disila-4-azacyclohexan*, $C_{11}H_{29}NO_2Si_3$, $Kp._8$ 92—95°, $Kp._{12}$ 102 bis 105°, man erhitzt 24,6 g **III** u. 56,5 g **II** 4 Std. auf 90 bis 100° u. dest.; $D._4^{20}$ 0,8986; n_D^{20} 1,4335; 12 g. Daneben *Trimethyl-β-aminoäthoxysilan* (**II**), $Kp._8$ 27—28°; $D._4^{20}$ 0,8539; n_D^{20} 1,4120; 20 g. — *2.6-Dimethyl-2.6-bis-[trimethylsiloxy]-4-[ω-aminohexyl]-1-oxa-2.6-disila-4-azacyclohexan*, $C_{16}H_{42}N_2O_3Si_4$, $Kp._{0,33}$ 107—112°, man erhitzt 36 g **IV** u. 22 g **V** bis zum Einsetzen der Rk., dann noch 2½ Std. auf 120 bis 140°, versetzt mit 100 ml Bzl., filtriert u. dest.; $D._4^{20}$ 0,9274; n_D^{20} 1,4388; 8,5 g. Daneben *α.ω-Bis-[2.6-dimethyl-2.6-bis-[trimethylsiloxy]-1-oxa-2.6-disila-4-azacyclohexyl-(4)]-hexan*, $C_{26}H_{68}N_2O_6Si_8$, $Kp._{0,25}$ 162—167°; $D._4^{20}$ 0,9348; n_D^{20} 1,4340; 4 g. — *Methyldiäthoxy-ω-aminohexylaminomethylsilan*, $C_{12}H_{30}N_2O_2Si$, $Kp._7$ 144—147°, man erhitzt 31 g **VI** u. 41 g **V** 3 Std. auf 90—100°, verd. mit 50 ml Bzl., filtriert u. dest.; $D._4^{20}$ 0,9238; n_D^{20} 1,4450; 23,5 g. Helmut Schäfer. 980

0819 **Organogermaniumverbindungen. 1. Mitt. Die Reaktion von Hexamethyldigermoxan und Trimethylmethoxygerman mit Bortrifluorid.** J. E. Griffiths und M. Onyszchuk. (Canad. J. Chem. **39**, 339—47, 1961; Murray Hill, N.J., Bell Telephone Labor., Inc.; engl.) — *Hexamethyldigermoxan* (**V**) reagiert mit BF_3 bei 25° unter Aufspaltung der Ge—O—Ge-Bindung quant. zu *Trimethylfluorgerman* (**VII**) u. B_2O_3. Vff. halten die Bldg. eines instabilen **V**–BF_3-Adduktes (**IX**) für möglich. Dies bildet wahrscheinlich außer **VII** intermediär *Trimethylgermoxybordifluorid* (**VI**), das in **VII** u. BOF zerfällt. BOF reagiert dann weiter zu B_2O_3 u. BF_3. **IX**, **VI** u. BOF konnten nicht isoliert werden. *Trimethylmethoxygerman* (**VIII**) bildet mit BF_3 ein stabiles 1:1-Addukt. Das zeigt, daß die in der Ge—O-Gruppierung von **VIII** auftretende $d_\pi-p_\pi$-Bindung nicht merklich die Elektronendonatoraktivität des O-Atoms zum BF_3 verändert. Aus *Methylbromgerman* (**X**) u. Ag_2CO_3 entsteht nicht 1.1-Dimethylgermoxan, sondern neben CO_2 eine nichtflüchtige, viscose Fl., die möglicherweise aus komplexen Methylgermoxanpolymeren besteht. Aus **X** u. $NaOCH_3$ bildet sich bei —80° wahrscheinlich *Methylmethoxygerman*, das sich in CH_3OH u. einem nichtflüchtigen Festkörper zersetzt. Dieser wird für ein Polymeres mit der Formel $(CH_3GeH)_x$ gehalten. Es wird angenommen, daß Germyläther mit der Ge—H-Bindung im Gegensatz zu den Silyläthern mit der Si—H-Bindung instabil sind.

Versuche: *Methylgerman* (**I**), CH_6Ge, F. —153,7 ± 0,3° (errechnet), Kp. —22,2 ± 0,5°, $Kp._{24,5}$ —99,7°, aus CH_3J u. Germyl-Na; Verdampfungswärme 3965 cal·Mol⁻¹, Troutonsche Konst. 15,9; 51% (Ausbeute). — *Tetramethylgerman* (**II**), $C_4H_{12}Ge$, $Kp._{139,1}$ 0°, aus Zinkdimethyl u. $GeCl_4$; 67%. — *Trimethylbromgerman* (**IV**), C_3H_9BrGe, $Kp._{5,6}$ 0°, aus Br_2 u. **II**; 95%. — *Methylbromgerman* (**X**), CH_5BrGe, F. —89,2 ± 0,2 (errechnet), Kp. 80,5 ± 0,5°, $Kp._{26,8}$ 0°, durch 4std. Erhitzen von **I** mit HBr in einem mit $AlBr_3$ ausgekleideten Gefäß auf 100° u. Dest. bei —96°; latente Verdampfungswärme 7960 cal·Mol⁻¹, Troutonsche Konst. 22,5; 53%. — *Methyldichlorgerman* (**XI**), CH_4Cl_2Ge, F. — 63,1 ± 0,1° (errechnet), Kp. 112,2 ± 0,5°, $Kp._{25,8}$ 20°, durch 4std. Erhitzen von I mit HCl in Ggw. von $AlCl_3$; latente Verdampfungswärme 8250 cal·Mol^{-1}, Troutonsche Konst. 21,4. — *Trimethylchlorgerman* (III), C_3H_9ClGe, Kp. 102,0 ± 0,5° (errechnet), Kp.$_{12,8}$ 0°, aus II u. HCl bei Raum-Temp. in Ggw. von $AlCl_3$; latente Verdampfungswärme 8210 cal·Mol^{-1}, Troutonsche Konst. 21,9. — *Hexamethyldigermoxan* (V), $C_6H_{18}Ge_2O$, F. —61,1 ± 0,1, Kp. 129° (errechnet), Kp.$_{5,7}$ 18,2°, durch 3std. Schütteln von III mit Ag_2CO_3 bei Raum-Temp., Abdestillieren von CO_2 bei —80° u. Dest. des Rückstandes bei —22,9°; latente Verdampfungswärme 10540 cal·Mol^{-1}, Troutonsche Konst. 26,0; 60,5%. — *Trimethylmethoxygerman* (VIII), $C_4H_{12}GeO$, F. —102,2 ± 0,3 (errechnet), Kp. 91,1 ± 0,5°, durch 1½std. Kondens. von IV mit Na-Methylat bei —22,9°, Zugeben von Na zum Dest.-Prod. u. Dest. durch eine Falle von —45,2°; latente Verdampfungswärme 7750 cal·Mol^{-1}, Troutonsche Konst. 21,2; 98%. — *Hexamethyldigerman*, neben VIII in der Falle bei —45,2°. — *Trimethylfluorgerman* (VII), C_3H_9FGe, F. 1,9 ± 0,4° (errechnet), Kp.$_{83,5}$ 22,2°, Kp. 81,1 ± 0,5°, durch 12std. Rk. von V mit BF_3 bei —80°, Erwärmen auf 20°, 4std. Stehen des Rk.-Gemisches u. Dest. des fl. Anteils; latente Verdampfungswärmen 7750 bzw. 9550 cal·Mol^{-1} (aus Fl.- bzw. Sublimationsdrücken errechnet), Troutonsche Konst. 21,8, latente Schmelzwärme 1800 cal·Mol^{-1}; 97,6%. — *Bortrioxid*, B_2O_3, neben VII aus V u. BF_3; 97,5%. — *Trimethylmethoxygerman-Bortrifluorid-Addukt* (XII), $C_4H_{12}BF_3GeO$, F. 41—46°, aus VIII u. BF_3 bei Raum-Temp.; sublimiert bei 25° ohne Zers., bildet nach 16std. Erhitzen auf 235° durchsichtige Gallerte. — Beobachtete u. berechnete Fl.-Drücke von I, X, XI, III, V, VIII, VII u. Sublimationsdrücke von VII u. XII werden in Tabellen angegeben. S. Hiller. 980◇

0820 **Eine neue Darstellungsmethode für symmetrisches Hexanitrodiphenylsulfid.** Kazimierz Okoń. (Roczniki Chem. [Ann. Soc. chim. Polonorum] **34**, 1281—82, 1960; Warszawa, Techn. Militär-Akademie; pol.) — *2.2'.4.4'.6.6'-Hexanitrodiphenylsulfid* wird durch Rk. von Pikrylpyridiniumchlorid (I) mit H_2S oder mit Thioharnstoff dargestellt.

Versuche: *2.2'.4.4'.6.6'-Hexanitrodiphenylsulfid*, $C_{12}H_4N_6O_{12}S$, F. 233—234°, a) durch 1—2std. Einleiten von H_2S in eine wss. Emulsion von I bei 50—60°; 97% (Ausbeute); b) durch Zugabe von I zu einer wss. Lsg. von Thioharnstoff unter Rühren u. 2—3std. Erwärmen auf dem Wasserbad; 99%. E. Höft. 1090◇

0821 **Reaktionen von Epithioäthylbenzol (Styrolsulfid).** John M. Stewart. (J. org. Chemistry **28**, 596—98, 1963; Missoula, Mont., Montana State Univ.; engl.) — α.β-Epithioäthylbenzol (I) reagiert mit Dimethylamin (II) oder Piperidin (III) ohne Lsgm. unter H_2S-Entw. zu *polymeren Prodd.*, jedoch in Bzl./A. mit einem Überschuß an sek. Amin zu *Aminothiolen.* Diese Addition ist von ster. Faktoren abhängig, so gibt I mit Di-n-butylamin kein Additionsprodukt. Durch Desulfurierung des aus I u. III erhaltenen *1-Phenyl-2-piperidinoäthanthiols* (V) entsteht das schon bekannte *1-[β-Phenyläthyl]-piperidin.* I reagiert mit II zu *1-Phenyl-2-dimethylaminoäthanthiol.* Mit prim. Aminen gibt I kein Additionsprodukt. Mit Br_2 entsteht *Bis-[2-brom-2-phenyläthyl]-disulfid.* Mit Cl_2 in Essigsäure wird *2-Chlor-2-phenyläthansulfonylchlorid* (VII) gebildet, das mit NH_3 oder sek. Aminen zu den entsprechenden *2-Phenyläthen-1-sulfonamiden* reagiert. Mit HCl gesätt. Eisessig entsteht *2-Chlor-2-phenyläthanthiol*, das sehr unbeständig ist u. mit J_2 ein *Disulfid* bildet. Mit Acetylchlorid (VI) reagiert I zu *2-Chlor-2-phenyläthylthioacetat* u. mit n-Butylmercaptan (IV) in Ggw. vom BF_3-Ätherat zu *2(1)-Mercapto-1(2)-n-butylmercapto-2-phenyläthan* oder dem *Gemisch* der *Isomeren.*

Versuche: *α.β-Epithioäthylbenzol* (I), durch 2std. Rühren von KSCN u. Styroloxid in 50%ig. wss. Dioxan bei 60°, u. 1std. Rühren der oberen Phase in frischem wss. Dioxan mit KSCN bei 60°; 72% (Ausbeute). — 1-Phenyläthanthiole: *2-Piperidino-* (V), Kp.$_{0,5}$ 121—123°, durch langsames Zutropfen von 1 Mol I in der 3fachen Menge Bzl./A. (9:1) zu 2,5 Mol III in der 4fachen Menge Bzl./A., Rühren bei 60°, Stehen für 1 bis mehrere Tage, Abdampfen des Lsgm. im Vakuum u. Dest.; n_D^{25} 1,5577; 60%. *Hydrochlorid*, F. 174 bis 175° (A./Ae.), durch Einleiten von HCl in die benzol. Lsg. von V. — *2-Morpholino-*, $C_{12}H_{17}NOS$, Kp.$_{0,4}$ 126—127°, n_D^{30} 1,5584; 63%. *Hydrochlorid*, F. 175° (Zers.). — *2-Dimethylamino-*, Kp.$_{0,5}$ 77—78°, analog V bei 0°; n_D^{27} 1,5458; 56—65%. *Hydrochlorid*, F. 184,5—185,5° (Zers.). — *2-Diäthylamino-*, Kp.$_{0,5}$ 90—91°, analog vorst. Verb.; n_D^{24} 1,5378; 14—27%. *Hydrochlorid*, Öl. — *1-[β-Phenyläthyl]-piperidin*, Kp.$_3$ 115—116°, durch Zugabe von 80 g Raney-Ni zu 7,5 g V in 100 ml Bzl., 1½std. Kochen, Filtrieren, Extrahieren mit 3n HCl, Alkalisieren der sauren Lsg. mit 3n NaOH, Extrahieren mit Ae. u. Dest.; n_D^{25} 1,5235; 2 g. *Pikrat*, F. 144 bis 145° (A.). *Hydrochlorid*, F. 218—220° (Chlf./CCl_4). — *Bis-[2-brom-2-phenyläthyl]-disulfid*, $C_{16}H_{16}Br_2S_2$, F. 89—91° (PAe.), durch Zutropfen von 2,4 g Br_2 in 25 ml Chlf. zu 4,1 g I in 25 ml Chlf. bei 0° unter Schütteln u. Abdampfen des Lsgm. im Vakuum; 7 g (roh). — *2-Chlor-2-phenyläthansulfonylchlorid* (VII), $C_8H_8Cl_2O_2S$, Kp.$_{0,3}$ 116—118°, durch Zutropfen von I zu mit Cl_2 gesätt. 80%ig. Essigsäure bei 0° unter Rühren, Einleiten von Cl_2 bis zur Gelbfärbung, Zugabe von W., Einleiten von weiterem Cl_2 bis zur bleibenden Gelbfärbung, Gießen in W., Extrahieren mit Chlf., Eindampfen im Vakuum u. Dest.; n_D^{27} 1,5630; 84%. — *2-Phenyläthen-1-sulfonamid*, $C_8H_9NO_2S$, F. 139,5—141° (A.), durch Zugabe von wss. NH_4OH zu VII. — *N.N-Diäthyl-2-phenyläthen-1-sulfonamid*, $C_{12}H_{17}NO_2S$, F. 76—77° (PAe.), durch Zugabe von Diäthylamin in Ae. zu VII, Waschen mit W. u. Eindampfen. — *2-Phenyläthen-1-sulfonsäurepiperidid*, $C_{13}H_{17}NO_2S$, F. 84—86°, analog. — *2-Chlor-2-phenyläthanthiol*, C_8H_9ClS, Kp.$_{0,4}$ 86—87°, durch Zutropfen von mit HCl gesätt. Eisessig zu I in 25 ml Bzl./A. (9:1), 6tägiges Stehen, Gießen in gesätt. NaCl-Lsg., Extrahieren mit Ae. u. Dest.; n_D^{25} 1,5779; 50%. — *Thioessigsäure-2-chlor-2-phenyläthylester*, $C_{10}H_{11}ClOS$, Kp.$_{0,3}$ 121°, durch Zutropfen von I zu VI, Gießen in W., Extrahieren mit Ae. u. Dest.; n_D^{27} 1,5620; 55,5%. — *2(1)-Mercapto-1(2)-n-butylmercapto-2-phenyläthan* oder *Isomerengemisch*, $C_{12}H_{18}S_2$, Kp.$_{1,2}$ 107—108°, durch Zutropfen von I zu IV in Ggw. von BF_3-Ätherat bei 60—70°, 2std. Rühren u. Dest.; n_D^{30} 1,5586; 33,3%. J. Gloede. 1090△

0822 **Untersuchungen über die Gruppe der N-Halogenamide und ihrer Derivate. Amide und N-Chloramide der Azobenzol-4-sulfonsäure und ihrer Derivate.** Roman Madeja. (Acta chim. [Łódź] **1**, 53—75, 1955; Łódź, Univ., Dep. of Sci., Inst. of organ. Chem.; pol.) — Ident. mit der C. **1950/54**, 7853 S referierten Arbeit. H. Lehwald. 1090

0823 **Untersuchungen über β-Nitroketone.** 1. Mitt. Raffaello Fusco und Silvano Rossi. (Rend. Ist. lombardo Sci. Lettere, A **93**, 143—57, 1959; Milano, Univ., Labor. di Chim. Ind. Organ.; Ist. per la Laurea in Chim. Ind.; ital.) — *β-Nitroketone* werden nach 3 verschiedenen Meth. dargestellt. Bei der Unters. des chem. Verh. dieser Verbb. gegenüber Alkalien u. alkal. reagierenden Substanzen (Cyanide, Sulfide, Mercaptide, Amine) wird eine große Beweglichkeit der Nitrogruppe festgestellt, die leicht ausgetauscht wird.

Versuche: *1-Nitrobutanon-(3)*, $C_4H_7NO_3$, Kp.$_2$ 86°, durch 5—6std. Rühren von 1-Chlorbutanon-(3) mit $NaNO_2$ in abs. Dimethylformamid (DMF) bei 18—20° u. mehrstd. Stehen; n_D^{20} 1,4392; 47% (Ausbeute). *Semicarbazon*, $C_5H_{10}N_4O_3$, F. 166° (A.). — *4-Piperidinobutanon-(2)*, Kp.$_{20}$ 106—110°, durch 1std. Stehen vorst. Verb. mit Piperidin bei Raum-Temp., Versetzen mit überschüssigem Harnstoff u. Ansäuern mit konz. HCl. *Pikrat*, F. 107°. — *1-Nitropentanon-(3)*, Kp.$_{1,5}$ 92°, durch Rk. von 1-Chlorpentanon-(3) analog vorvorst. Verb.; n_D^{20} 1,4420; 48%. *Semicarbazon*, $C_6H_{12}N_4O_3$, F. 135—136° (A). — *5-Piperidinopentanon-(3)*, Kp.$_{20}$ 113—115°, analog vorvorst. Verb. aus vorst. Verbindung. *Semicarbazon*, F. 131—133°. *Pikrat*, F. 97°. — *γ-Oxocapronsäure, Nitril*, Kp.$_{20}$ 120—130°, durch Rk. vorvorst. Verb. mit NaCN in A. (1std. Kochen) u. Dest. im Vakuum. *Semicarbazon*, $C_7H_{13}N_3O_3$, F. 176°, durch Hydrolyse des Nitrils mit HCl u. Umwandeln in das Semicarbazon. — Propiophenone: *β-Methylmercapto-*, F. 35 bis 36°, durch 20 Min. langes Erwärmen von I mit Na-Methylmercaptid in Methanol auf 40—50°; 100%. *Methojodid* (II), $C_{11}H_{15}JOS$, F. 132°, a) durch Rk. von β-Methylmercaptopropiophenon mit der doppelten Menge CH_3J (6tägiges Stehen bei Raum-Temp.). — *β-Nitro-* (I), $C_9H_9NO_3$, F. 78°, a) durch Rk. von β-Brompropiophenon mit $NaNO_2$ in abs. DMF bei 10—15° u. 2std. Stehen; aus A. oder Essigsäure strohgelbe Kristalle; 87%; b) durch 2std. Rk. von β-Dimethylaminopropiophenonmethomethylsulfat in DMF mit $NaNO_2$ u. BF_3-Ätherat bei 25—30°; 50,9%; c) analog a) u. b) aus vorst. Verb. (5 Std. bei 5—10°); 62%. — *β-Dimethylamino-, Hydrochlorid*, $C_{11}H_{15}NO·HCl$, 156° (A.), aus I mit 40%ig. Dimethylamin-Lsg. in A. u. kurzes Kochen. *Hydrojodid*, F. 191°, durch 4std. Erhitzen von II mit Dimethylamin in A. auf 70° u. Umwandeln in das Hydrojodid; 83,4%. — *β-Cyan-*, $C_{10}H_9NO$,

F. 76° (A.), durch 1std. Kochen von I mit NaCN. — *β-Amino-, Benzoyl-Deriv.*, $C_{16}H_{15}NO_2$, F. 94—95° (Bzl.), durch 1std. Kochen der entsprechenden Nitro-Verb. mit $SnCl_2$ in konz. HCl u. A. u. Umwandlung in das Benzoylderivat. — *β-Brom-p-methoxy-*, $C_{10}H_{11}BrO_2$, F. 62° (Ligroin), durch Zugabe von $AlCl_3$ zu Propionsäurechlorid u. Anisol in abs. CS_2 bei 10°. — *β-Nitro-p-methoxy-*, $C_{10}H_{11}NO_4$, F. 61,5° (Essigsäure oder Ligroin), a) durch 2std. Rk. vorst. Verb. in abs. DMF bei 10—15° mit $NaNO_2$; 25%; b) durch Rk. von *β-Dimethylamino-p-methoxypropiophenonmethylsulfat* [F. 131—132° (A.), aus dem Amin mit Dimethylsulfat in Chlf.] mit $NaNO_2$ in DMF in Ggw. von BF_3. — *β-Nitro-p-chlor-*, $C_9H_8ClNO_3$, F. 78° (A.), analog vorst. Verb. aus *β-Dimethylamino-p-chlorpropiophenon* (F. 127°); 48,1%. — *β-Nitro-3.4-dimethoxy-*, $C_{11}H_{13}NO_5$, F. 123° (A.); 23,5%. — *α-[β-Nitropropionyl]-thiophen*, $C_7H_7NO_3S$, F. 53° (Methanol); 5,6%. — *1-Nitro-2-[p-methoxycinnamoyl]-äthan*, $C_{12}H_{13}NO_4$, F. 93—94° (Essigsäure); 29,2%. — *α-Phenyl-γ-nitropropanol*, durch Red. von I mit $NaBH_4$ u. mehrere Min. langes Stehen. — *1-Phenyl-1-hydroxy-3-nitro-3-[o-nitrophenylazo]-propan*, $C_{15}H_{14}N_4O_5$, F. 135°, durch Rk. vorst. Verb. mit diazotiertem o-Nitroanilin; aus A. rote Kristalle. — *Bis-[β-benzoyläthyl]-sulfid*, $C_{18}H_{18}O_2S$, F. 104° (Essigsäure), durch 10—20 Min. langes Kochen von I mit Na_2S in Methanol. P. Golinske. 1160△

0824 **Untersuchungen an Cyanmethylestern.** 1. Mitt. **Synthese der Cyanmethylester von Carbonsäuren und ihre Reaktionen mit Benzylamin.** S. Grudziński. (Soc. Sci. Lodziensis, Acta chim. **8**, Sect. 3, 105—18, 1962; Łódź, Med. Acad., Dep. of Chem., Technol. of Med. Prod.; engl.) — Durch Einbau einer elektronenanziehenden Gruppe in den Esterteil von Carbonsäureestern wird am Carbonylkohlenstoff eine positive Ladung induziert, wodurch eine Acylierung durch nucleophilen Angriff ermöglicht wird. Acetylsalicylsäurecyanmethylester ergibt bei Umsetzung mit Aminen *Acetamide* u. mit Benzylamin *N-Salicoylbenzamid* an Stelle des zu erwartenden O-Acetylsalicoylbenzamids, da das Acylierungspotential der O-Acetylgruppe höher ist u. zuerst reagiert.

Versuche: *Phenylessigsäurecyanmethylester* (I), $C_{10}H_9NO_2$, Kp.$_{12}$ 162—165°, durch 2std. Kochen von Phenylessigsäure mit Triäthylamin u. Chloracetonitril (CAN) in Essigsäureäthylester, Abfiltrieren vom *Triäthylaminhydrochlorid* u. Dest.; 75,5% (Ausbeute). — *Phenoxyessigsäurecyanmethylester* (II), $C_{10}H_9NO_3$, F. 64—65° (A.), analog I mit Phenoxyessigsäure durch 3½std. Kochen; 60%. — *N-[N'-Acetylsulfanilyl]-glycin, Triäthylammoniumsalz*, $C_{16}H_{27}N_3O_5S$, F. 157 bis 159°, durch Zugabe von Triäthylamin zu N-[N'-Acetylsulfanilyl]-glycin in Acetonitril bei 50°; 93%. *Cyanmethylester* (**III**), $C_{12}H_{13}N_3O_5S$, F. 148—149° (50%ig. A.), durch 1½std. Rühren vorst. Verb. in CAN bei 80—85°; 82,5%. *Amid*, $C_{10}H_{13}N_3O_4S$, F. 220—222° (50%ig. A.), durch 24std. Stehen von III in 10m methanol. NH_3-Lsg. bei Raum-Temp.; 96%. — Cyanmethylester: *p-Nitrobenzoesäure-* (**IV**), $C_9H_6N_2O_4$, F. 91 bis 92° (A.), analog I durch 3std. Kochen von p-Nitrobenzoesäure; 91%. — *Salicylsäure-* (**V**), $C_9H_7NO_3$, F. 70—71° (abs. A./n-Hexan 1 : 1), analog **IV** aus Salicylsäure; 95%. — *Acetylsalicylsäure-* (**VI**), $C_{11}H_9NO_4$, F. 70—71° (A.), analog **IV** aus Acetylsalicylsäure; 87%. — *Isonicotinsäure-* (**VII**), $C_8H_6N_2O_2$, F. 73—74° (30%ig. Isopropanol), Kp.$_{15}$ 167—169°, Kp.$_{0,1}$ 135 bis 138°, aus Isonicotinsäure analog I durch ¼std. Kochen; ca. 80%. — *Nicotinsäure-* (**VIII**), $C_8H_6N_2O_2$, F. 43—44° (Ae.), Kp.$_{4-5}$ 142—146°, analog **VII** aus Nicotinsäure; 71%. — *Zimtsäure-* (**IX**), $C_{11}H_9NO_2$, F. 62,5—63,5° (A.), aus Zimtsäure analog I in 2 Std.; 96%. — *N-Benzylphenylacetamid* (**X**), $C_{15}H_{15}NO$, F. 122—123°, durch Zugabe von Benzylamin zu I in Essigester unter Rühren u. 48std. Stehen bei 20°; ca. 98%. — *N-Benzylphenoxyacetamid*, $C_{15}H_{15}NO_2$, F. 85,5—86,5°, aus II analog **X**; 83%. — *N-[N'-Acetylsulfanilyl]-glycinbenzylamid*, $C_{17}H_{19}N_3O_4S$, F. 155—156°, aus III in Acetonitril analog **X**; 91,5%. — *N-Benzyl-p-nitrobenzamid*, $C_{14}H_{12}N_2O_3$, F. 142 bis 143°, aus **IV** analog **X**; 80%. — *N-Benzylsalicylamid*, $C_{14}H_{13}NO_2$, F. 136—136,5°, a) aus **V** analog **X**; 88,2%; b) aus **VI** analog **X**. — *N-Benzyl-O-acetylsalicylamid*, $C_{16}H_{15}NO_3$, F. 102—102,5° (Bzl./Ae. 1 : 1), durch 4std. Kochen vorst. Verb. mit Acetanhydrid in abs. Bzl.; 100%. — *N-Benzylisonicotinsäureamid*, $C_{13}H_{12}N_2O$, F. 90—92° (Essigester/PAe.; 1 : 1), aus **VII** analog **X**; 59%. — *N-Benzylnicotinsäureamid*, $C_{13}H_{12}N_2O$, F. 83—85° (abs. Xylol) aus **VIII** analog **X**; 52%. — *N-Benzylzimtsäureamid*, $C_{16}H_{15}NO$, F. 111—111,5° (60%ig. A.), aus **IX** analog **X**; 33,8%. L. Holzhey. 1200◇

0825 **Untersuchungen an Cyanmethylestern.** 2. Mitt. **Reaktionen der Cyanmethylester von Carbonsäuren mit Äthylendiamin.** S. Grudziński und M. Misiak. (Soc. Sci. Lodziensis, Acta chim. **8**, Sect. 3, 119—30, 1962; engl.) — 1. vgl. vorst. Referat. — Bei der Zugabe von Äthylendiamin oder dem Hydrat zu Cyanmethylestern erhält man bei einem Mol-Verhältnis 2 : 1 diacylierte, bei einem Mol-Verhältnis 1 : 1 monoacylierte *Äthylendiamine* in hohen Ausbeuten. Aspirincyanmethylester reagiert mit seiner O-Acetylgruppe, da deren Acylierungspotential höher ist, zu *N.N'-Diacetyläthylendiamin* (**I**).

Versuche: Äthylendiamine, durch Lösen des entsprechenden Cyanmethylesters in Essigsäureäthylester oder Acetonitril, Zugabe von wasserfreiem Äthylendiamin unter Rühren u. 24std. Stehen bei 20° im geschlossenen Gefäß: *N.N'-Diacetyl-* (**I**), $C_6H_{12}N_2O_2$, F. 174—175°, a) aus Essigsäurecyanmethylester; 43% (Ausbeute); b) aus Acetylsalicylsäurecyanmethylester; daneben *Verb. vom F. 60—70°*. — *N.N'-Dipropionyl-*, $C_8H_{16}N_2O_2$, F. 191—192° (Essigester/abs. A.; 3 : 1); 35%. — *N.N'-Bis-[phenylacetyl]-*, $C_{18}H_{20}N_2O_2$, F. 205—206° (A.); 85%. — *N.N'-Bis-[phenoxyacetyl]-*, $C_{18}H_{20}N_2O_4$, F. 156 bis 157° (Methanol); 100%. — *N.N'-Dihippuryl-*, $C_{20}H_{22}N_4O_4$, F. 277—278° (50%ig. Eisessig); 100%. — *N.N'-Bis-[N-phenylsulfonylglycyl]-*, $C_{18}H_{22}N_4O_6S_2$, F. 175—176° (20%ig. Eisessig); 95%. — *N.N'-Bis-[N-p-tosylglycyl]-*, $C_{20}H_{26}N_4O_6S_2$, F. 192—193° (50%ig. Eisessig); 93%. — *N.N'-Bis-[N-(N-acetylsulfanilyl)-glycyl]-*, $C_{22}H_{28}N_6O_8S_2$, F. 246—248° (W.); 69%. — *N.N'-Bis-[N-acetylglycyl]-*, $C_{10}H_{18}N_4O_4$, F. 270—272° (Zers.; 80%ig. A.); 100%. — *N.N'-Bis-[N-acetyl-DL-β-phenylalanyl]-*, $C_{24}H_{30}N_4O_4$, F. 259—261° (50%ig. Eisessig); 87%. — *N.N'-Bis-[N-acetyl-DL-methionyl]-*, $C_{16}H_{30}N_4O_4S_2$, F. 238—239° (abs. A.); 91%. — *N.N'-Dibenzoyl-*, $C_{16}H_{16}N_2O_2$, F. 246—247° (A.); 44,5%. — *N.N'-Bis-[p-nitrobenzoyl]-*, $C_{16}H_{14}N_4O_6$, F. 255 bis 257° (Eisessig); 89,5%. — *N.N'-Bis-[salicoyl]-*, $C_{16}H_{16}N_2O_4$, F. 182—183° (50%ig. A.), 48 Std. Stehen; 77%. — *N.N'-Bis-[acetylsalicoyl]-*, $C_{20}H_{20}N_2O_6$, F. 167—169° (50%ig. A.), durch 4std. Kochen vorst. Verb. mit Acetanhydrid in Bzl.; 54,7%. — *N.N'-Diisonicotinoyl-*, $C_{14}H_{14}N_4O_2$, F. 275—276° (W.); 80%. — *N.N'-Dinicotinoyl-*, $C_{14}H_{14}N_4O_2$, F. 216—218° (W.); 70%. — *N.N'-Dicinnamoyl-*, $C_{20}H_{20}N_2O_2$, F. 237—238° (Essigester); 31%. L. Holzhey. 1200◇

0826 **Die Synthese von o-substituierten Benzoesäure-β-diäthylaminoäthylestern als potentielle Lokalanästhetica.** J. Thomas und J. Canty. (J. Pharmacy Pharmacol. **14**, 587—96, 1962; Manchester, Univ., Dep. of Pharmacy; engl.) — Durch Umsetzung von mono- u. di-o-substituierten Benzoesäuren mit β-Diäthylaminoäthylchlorid werden die Ester der entsprechenden Säuren dargestellt. Eine verbesserte Meth. zur Darst. von *2.6-Dimethylbenzoesäure* ist angegeben.

Versuche: *o-Methoxybenzoylchlorid* (**I**), Kp.$_{12}$ 131°, aus 15,2 g o-Methoxybenzoesäure u. $SOCl_2$; 15 g (Ausbeute). — Toluole: *6-Nitro-2-amino-* (**III**), F. 89—91°, durch Zutropfen einer $(NH_4)_2S$-Lsg. zu 2.6-Dinitrotoluol (**IV**) in sd. A., Kochen des Nd. mit HCl, Filtieren, Kristallisieren u. Freisetzen mit $NaHCO_3$; 94%. — *2-Fluor-6-nitro-*, F. 6°, Kp. 209—210°, durch therm. Zers. von 78 g **V**. Bei Mengen von 200 g trat Explosion ein! — *2-Fluor-6-amino-* (**VI**), Kp. 204—205°, durch Red. vorst. Verb. mit $SnCl_2$ in HCl; 91%. *Pikrat*, $C_{13}H_{11}FN_4O_7$, F. 194—195°. — *2.6-Difluor-* (**IX**), Kp. 114—115°, durch therm. Zers. von **VII**; n_D^{20} 1,4338; 34% (bezogen auf **VI**). — 2-Methylbenzoldiazoniumfluoroborate: *3-Nitro-* (**V**), durch Diazotieren von 38 g **III** u. $NaBF_4$ in konz. HCl bei 0°; 88 g. — *3-Fluor-* (**VII**), analog vorst. Verb. aus 31,2 g **VI**; 67 g. — Benzoesäuren: *2.6-Difluor-* (**VIII**), $C_7H_4F_2O_2$, F. 155 bis 156° (W.), nach Norris u. Bearse [1940] aus **IX**; 62%. — *2.6-Dinitro-*, $C_7H_4N_2O_6$, F. 204—205°, durch Oxydation von **IV** mit $KMnO_4$ bei 100°; 48%. — *2.6-Dimethyl-*, $C_9H_{10}O_2$, F. 115° (W.), durch Grignardierung von 2-Jod-1.3-xylol in Ggw. von Äthylbromid u. Gießen auf festes CO_2; 91%. — *2.6-Dichlor-*, $C_7H_4Cl_2O_2$, F. 143—144°, analog **VIII**. — *2.4.6-Tribrom-*, $C_7H_3Br_3O_2$, F. 192°, aus 2-Aminobenzoesäure nach Robinson (Org. Syntheses **36**, [1956], 94). — *β-Diäthylaminoäthylchlorid* (**II**), Kp. 146°, durch langsames Erhitzen eines Gemisches aus dem Hydrochlorid mit gepulvertem NaOH unter Destillation. *Hydrochlorid*, $C_6H_{15}Cl_2N$, F. 211° (Aceton/A.), durch Zutropfen von $SOCl_2$ untef Kühlung zu β-Diäthylaminoäthanol (**X**) in Bzl. u. 2std. Kochen; 78%. — Benzoesäure-β-diäthylaminoäthylesterhydrochloride: *o-Methoxy-*, $C_{14}H_{22}ClNO_3$, F. 136° (Aceton/A.), durch Zutropfen von **X** zu I in sd. Bzl.; 55%. — *o-Methyl-*, F. 133 bis 135° (Aceton), $Kp._{15}$ 87—88°, analog vorst. Verb.; 66%. — *o-Äthoxy-*, F. 138° (Aceton/A.), $Kp._{27}$ 130°; 63%. — *o-Jod-*, F. 155°; 32%. — *o-Nitro-*, F. 165°; 68%. — *o-Brom-*, F. 130°; 67%. — *o-Chlor-*, F. 127—128°; 73%. — *Unsubstituiert*, F. 123 bis 124°; 63%. — *2.6-Dimethoxy-*, $C_{15}H_{24}ClNO_4$, F. 186° (Isopropanol), durch Zutropfen von II zu 2.6-Dimethoxybenzoesäure in Isopropanol bei 50°, 12std. Kochen u. Kühlen auf 0°; 60%. — *2.6-Dichlor-*, F. 182° (Isopropanol); 63%. — *2.6-Dinitro-*, F. 158° (Aceton); 62%. — *2.6-Difluor-*, F. 144° (Methyläthylketon), analog, Isolierung durch Trockendampfen im Vakuum, Freisetzen mit wss. $NaHCO_3$, Extraktion mit Chlf. u. Fällen mit HCl in Bzl.; 55%. — *2.4.6-Tribrom-*, F. 197—198° (Aceton), wie vorst.; 42%. — *2.6-Dimethyl-*, F. 164—165° (Methyläthylketon); 56%. — *α-Naphthoesäure-β'-diäthylaminoäthylesterhydrochlorid*, F. 162—164° (Aceton), wie vorst.; 58%. — *β-Naphthoesäure-β'-diäthylaminoäthylesterhydrochlorid*, F. 163—164° (Aceton); 62%. W. Holland. 1210◇

0827 **Potentielle Reserpinanaloga.** 2. Mitt. **3.4.5-Trimethoxybenzoesäurederivate.** M. A. Karim, W. H. Linnell und L. K. Sharp. (J. Pharmacy Pharmacol. **12**, 82—86, 1960; London, Univ., School of Pharmac., Dep. of Pharmac. Chem.; engl.) — 1. vgl. C. **1964**, 2-0878. — Es werden 7 *3.4.5-Trimethoxybenzoesäure-Derivv.* dargestellt, u. ihr Einfl. auf die Barbiturathypnose bei der Maus, auf die Abnahme von 5-Hydroxytryptamin im Rattenhirn sowie auf die Hypotension bei Katzen ist untersucht worden. Nur *3.4.5-Trimethoxybenzoesäureanilid* zeigt in allen 3 Fällen Wrkg., die ca. $^1/_8$ der des Reserpins ist. *N-[3.4-Dimethoxyphenyläthyl]-3.4.5-trimethoxybenzamid* zeigt in den beiden ersten Fällen $^1/_8$ der Reserpinaktivität.

Versuche: *3-[3.4-Dimethoxyphenyl]-propylamin*, $Kp._{1,5}$ 125—130°, durch 72std. Kochen von β-[3.4-Dimethoxyphenyl]-propionamid in Tetrahydrofuran (THF) mit $LiAlH_4$ in A.e; n_D^{22} 1,5338; 85% (Ausbeute). *Hydrochlorid*, $C_{11}H_{17}NO_2 \cdot HCl$, F. 162—163° (A./Ae.), durch Lösen dds Amins in abs. Ae. u. Einleiten von abs. HCl; 72%. — *3.4.5-Trimethoxybenzamid*, F. 176—177° (Bzl.), durch Zugeben von NH_4OH (D. 0,88) zu 3.4.5-Trimethoxybenzoylchlorid (I) in Ae. bei 10° u. $^1/_2$std. Rühren; 88%. — *3.4.5-Trimethoxybenzanilid*, F. 137—139° (Methanol), aus I in THF u. Anilin in Ae. (2std. Stehen, Filtrieren, Dest. im Vakuum); 85%. — *3.4.5-Trimethoxy-N-methylbenzanilid*, $C_{17}H_{19}NO_4$, F. 80,5—82° (CH_3OH), $Kp._{0,3}$ 180°, aus N-Methylanilin in Ae. u. I in THF (1std. Rühren u. Dest. im Vakuum); 63%. — *N-Äthyl-3.4.5-trimethoxybenzanilid*, $C_{18}H_{21}NO_4$, F. 70,5—72° (wss. CH_3OH), $Kp._{0,2}$ 165—170°, aus I in abs. Ae. u. N-Äthylanilin in Ae. unter Schütteln bei 10°, $^1/_2$std. Rühren, 40std. Stehen bei 20°, Filtrieren u. Dest. im Vakuum; 87%. — *N-[3.4-Dimethoxyphenäthyl]-3.4.5-trimethoxybenzamid*, $C_{20}H_{25}NO_6$, F. 134—135° (wss. Methanol), aus I in THF u. 3.4-Dimethoxyphenäthylamin in Ae. durch 20 Min. langes Rühren, 12std. Stehen, Filtrieren, Trocknen u. Dest. im Vakuum; 74%. — *N-[3-(3.4-Dimethoxyphenyl)-propyl]-3.4.5-trimethoxybenzamid*, $C_{21}H_{27}NO_6$, F 105—106°, aus I in THF u. 3-[3.4-Dimethoxyphenyl]-propylamin in THF unter Rühren, Stehen über Nacht u. Aufarbeiten; 75%. — *3.4.5-Trimethoxy-N-pentylbenzamid*, $C_{15}H_{23}NO_4$, F. 108 bis 110°, aus I in THF u. Pentylamin in Ae. unter Rühren bei 10°, Ansäuern mit HCl u. Ausäthern; 66%. J. Gartzke. 1250

0828 **Kettenverlängerung der Thioäthercarbonsäuren mit Hilfe der Arndt-Eistert-Reaktion.** Á. Kucsman und T. Kremmer. (Acta chim. Acad. Sci. hung. **34**, 75—78, 1962; Budapest, L. Eötvös Univ., Inst. für Organ. Chem.; dt.) — Durch Kettenverlängerung nach Arndt-Eistert werden aus β.β'-Dicarboxydiäthylsulfid *γ.γ'-Dicarboxydipropylsulfid*, aus 2-Methylmercaptobenzoesäure *2-Methylmercaptophenylessigsäure* u. aus Bis-[2-carboxyphenyl]-sulfid *Bis-[2-(carboxymethyl)-phenyl]-sulfid* dargestellt.

Versuche: Sulfide: *β.β'-Dicyandiäthyl-*, $Kp._3$ 183°, durch $^1/_4$std. Zutropfen von Acrylonitril zu Na_2S in W. bei 15—17° unter Rühren u. 3std. Rühren; ca. 71—78% (Ausbeute). — *β.β'-Dicarboxydiäthyl-*, F. 132—133° (W.), durch 4std. Kochen vorst. Verb. mit konz. HCl; 78%. — *3.3'-Dichlor-3.3'-dioxodipropyl-* (I), $Kp._1$ 120—121°, durch 2std. Erwärmen vorst. Verb. mit $SOCl_2$ u. Pyridin unter Feuchtigkeitsausschluß auf dem Wasserbad; 79%. — *γ.γ'-Dicarboxydipropyl-* (II), F. 100° (W.), durch 1std. Zutropfen vorst. Verb. zu Diazomethan in Ae., 24std. Stehen, Eindampfen im Vakuum, Eingießen in eine 50—60° warme Lsg. aus $Na_2S_2O_3$, Ag_2O u. Na_2CO_3 in W. unter Rühren u. 1std. Rühren bei Temp.-Steigerung auf 90—100°; 17%. — *2-Methylmercaptobenzoesäure*, F. 170—171° (40%ig. A.), durch 1std. Schütteln von Thiosalicylsäure in wss. NaOH mit Dimethylsulfat u. ca. 10std. Schütteln unter öfterer Zugabe von NaOH bis die Lsg. klar bleibt; 50%. — *2-Methylmercaptophenylessigsäure*, $C_9H_{10}O_2S$, F. 126—127° (wss. A.), analog I aus vorst. Verb. u. Weiterarbeiten nach II; 33%. — *Bis-[2-(carboxymethyl)-phenyl]-sulfid*, $C_{16}H_{14}O_4S$, F. 165—170°, aus Bis-[2-carboxyphenyl]-sulfid analog vorst. Verb.; gelbstichige Kristalle; 12%. M. Mirsch. 1250◇

0829 **Über die Herstellung von symmetrischen Thiodibenzoesäuren.** Á. Kucsman und I. Kapovits. (Acta chim. Acad. Sci. hung. **34**, 71—74, 1962; Budapest, L. Eötvös Univ., Inst. für Organ. Chem.; dt.) — Durch Rk. von den entsprechenden Mercaptobenzoesäuren oder ihren Estern mit 2-, 3- bzw. 4-Jodbenzoesäureester in Ggw. von K_2CO_3 u. Cu-Bronze in sd. Benzylalkohol werden *2.2'-* (I), *3.3'-* u. *4.4'-Dicarboxydiphenylsulfide* dargestellt.

Versuche: Diphenylsulfide: *2.2'-Dicarboxy-* (I) $C_{14}H_{10}O_4S$, F. 230—232°, durch 5std. Kochen von Benzylalkohol, Thiosalicylsäure u. 2-Jodbenzoesäuremethylester mit frisch geglühtem K_2CO_3 u. Cu-Bronze unter Rühren im N_2-Strom, Zugabe von Ae. u. 2%ig. KOH u. Schütteln; aus Eisessig schwach gelbstichige Kristalle; 72% (Ausbeute). — *3.3'-Dicarboxy-*, $C_{14}H_{10}O_4S$, F. 289—290°, analog I aus 3-Mercaptobenzoesäuremethylester; 40%. — *4.4'-Dicarboxy-*, $C_{14}H_{12}O_4S$, F. 307—310° (Propionsäure), durch 4std. Erwärmen von II mit KOH in A. auf dem Wasserbad u. Ansäuern; 73%. *Dibenzylester* (II), $C_{28}H_{22}O_4S$, F. 104—105° (A.), a) analog I aus 9,19 4-Mercaptobenzoesäureäthylester; 6,7 g; b) neben II durch Extrahieren der äther. Phase mit KOH, Umsetzen der rohen Dicarbonsäure mit $SOCl_2$; 6,3 g. — *3-Mercaptobenzoesäuremethylester*, nach Samuel u. Stewart [1921]. M. Mirsch. 1250◇

0830 **β-Aroylpropionsäuren.** 14. Mitt. **Die Kondensation von Phenylbernsteinsäureanhydrid mit Benzol, Toluol, Äthylbenzol, Fluoren und Anisol.** F. G. Baddar, A. M. Fleifel und Sayed Sherif. (J. Chem. U.A.R. **3**, 47—55, 1960; Cairo, A'in Shams Univ., Chem. Dep., Fac. of Sci.; engl.) — 13. vgl. C. **1960**, **16710**. — Phenylbernsteinsäureanhydrid (**I**) gibt mit Bzl. (**II**), Toluol (**III**), Äthylbenzol (**IV**), Fluoren (**V**) u. Anisol (**VI**) nach Friedel-Crafts im symm. Tetrachloräthan (**VII**) ein Gemisch der entsprechenden *β-Aroyl-α-* (**A**) u. *-β-phenylpropionsäuren* (**B**), wobei im Falle **II** u. **III B**, bei **IV**, **V** u. **VI** dagegen **A** überwiegt, bes. wenn **VII** durch Nitrobenzol (**VIII**) ersetzt wird. Die Strukturen werden teils durch hiervon unabhängige Synth. gesichert, teils aus der Tatsache abgeleitet, daß **A** u. **B** durch Oxydation die gleichen Säuren geben. Von **A** ausgehend werden einige Ringschluß-Rkk. beschrieben.

Versuche: *β-Phenyl-β-[p-toluyl]-propionsäure*, $C_{17}H_{16}O_3$, F. 156—157° (Ae.), a) durch 4std. Kochen von 4'-Methyldesoxybenzoin mit einer alkohol. Na-Äthylat-Lsg., Zugabe von Bromessigsäureäthylester u. weiteres 10std. Kochen; 24% (Ausbeute); b) durch 2std. Kondens. von **I** mit **III** in **VII** in Ggw. von $AlCl_3$ bei Raum-Temp. u. Trennung der Isomeren über die Na-Salze; 55% daneben 32% *α-Phenyl-β-[p-toluyl]-propionsäure*, F. 153—154° (Ae.). — *7-Methyl-2-phenyltetralon-(1)*, F. 67° (PAe.), durch 1½std. Erhitzen eines Gemisches von α-Phenyl-γ-[p-tolyl]-buttersäure, konz. H_2SO_4 u. Eisessig auf dem sd. Wasserbad; 67%. *2.4-Dinitro-* (Eg.) *phenylhydrazon*, $C_{23}H_{20}N_4O_4$ F. 232—233°; aus Eg. orangerote Nadeln. — *2-Methyl-7-phenylnaphthalin*, $C_{17}H_{14}$, F. 141 bis 142°, durch 24std. Red. vorst. Verb. nach Clemensen u. 8std. Dehydrierung des dabei entstehenden *Prod.* ($Kp._2$ 180 bis 183°) mit Se bei 205—210°; 54%. — *β-[p-Methoxybenzoyl]-α-phenylpropionsäure* (**IX**), $C_{17}H_{16}O_4$, F. 149—150° (Bzl.), a) durch 10std. Kochen von β-[p-Methoxybenzoyl]-α-phenylpropionitril mit 40%ig. alkohol. KOH; b) durch 2tägige Kondens. von **I** mit **VI** in **VIII** in Ggw. von $AlCl_3$; 80%; daneben 12% *β-[p-Methoxybenzoyl]-β-phenylpropionsäure* (**X**), $C_{17}H_{16}O_4$, F. 147—148° (Ae.); in **VII** entstehen unter denselben Bedingungen **IX** u. **X** nebeneinander im Verhältnis 3 : 1; **IX** u. **X** geben bei Oxydation mit alkal. $KMnO_4$ *p-Anissäure*. — *γ-[p-Methoxyphenyl]-α-phenylbuttersäure*, $C_{17}H_{18}O_3$, F. 97—98° (PAe.), durch 36std. Red. von 10 g **IX** nach Clemmensen: 8,5 g. — *7-Methoxy-2-phenyltetralon-(1)*, $C_{17}H_{16}O_2$, F. 76—77° (PAe.), durch 1½std. Kochen vorst. Verb. in **VII** mit $POCl_3$; 86%. *2.4-Dinitrophenylhydrazon*, $C_{23}H_{20}N_4O_5$, F. 225—226°;

aus Eg. orangerote Kristalle. — *1.2.3.4-Tetrahydro-7-methoxy-2-phenylnaphthalin*, $C_{17}H_{18}O$, Kp.$_{15}$ 136—138°, durch 24std. Red. vorst. Verb. nach Clemmensen. — *7-Methoxy-2-phenylnaphthalin*, $C_{17}H_{14}O$, F. 82—83° (Methanol), durch Dehydrierung vorst. Verb. mit Methanol; 82%. — *2-Cinnamoylfluoren*, $C_{22}H_{16}O$, F. 147—148°, durch portionsweises Zufügen von Cinnamoylchlorid (**XI**) zu einem gut gekühlten Gemisch von **V** u. $AlCl_3$ u. 2tägiges Stehen bei Raum-Temp.; blaßgelbe Kristalle aus A.; 98%. — *2-Cinnamoylfluorenon*, $C_{22}H_{14}O_2$, F. 202,5—203,5°, a) durch portionsweises Zufügen einer Lsg. von $Na_2Cr_2O_7$ in Eg. zu einer Lsg. von **XI** in Eg. u. 1std. Kochen; 77%; b) durch Zufügen einer alkohol. Lsg. von 2-Acetylfluorenon zu einer alkohol. Na-Äthylat-Lsg., portionsweises Behandeln mit Benzaldehyd, Erwärmen u. mehrst. Stehen; 95%; aus Eg. orangegelbe Kristalle. — *γ-[Fluorenyl-(2)]-γ-oxo-α-phenylbuttersäure* (**XII**), $C_{23}H_{18}O_3$, F. 210—211° (Eg.), a) durch Zufügen von Eg. zu einem Gemisch von **XI**, KCN u. wss. A., 24std. Stehen bei 70—80°, Abdampfen des A. im Vakuum u. 10std. Kochen mit konz. HCl; 22%; b) durch portionsweises Zufügen von $AlCl_3$ zu einem Gemisch von **V** u. **I** in **VIII** u. 3tägiges Stehen bei Raum-Temp.; 72%; daneben 12% *γ-[Fluorenyl-(2)]-γ-oxo-β-phenylbuttersäure* (**XIII**), F. 180—181° (Bzl./PAe.); in **VII** entstehen unter denselben Bedingungen 67% **XII** u. 20% **XIII**; **XII** u. **XIII** geben bei Oxydation mit $Na_2Cr_2O_7$ in Eg. u. Veresterung mit Methanol u. konz. H_2SO_4 *Fluorenon-2-carbonsäuremethylester*, F. 179 bis 180°. — *γ-[Fluorenyl-(2)]-α-phenylbuttersäure*, $C_{23}H_{20}O_2$, F. 123—124° (PAe.), durch 40std. Red. von **XII** in Eg. nach Clemmensen; 83%. — *1'.2'.3'.4'-Tetrahydro-4'-oxo-3'-phenyl-2.3-benzofluoren*, $C_{23}H_{18}O$, F. 202,5—203,5° (Bzl.), durch Cyclisierung von 2 g vorst. Verb. mit $POCl_3$ in abs. **VII**; 1 g; daneben 0,4 g *1'.2'.3'.4'-Tetrahydro-1'-oxo-2'-phenyl-1.2-benzofluoren*, F. 161—163° (PAe.). — *β-[p-Äthylbenzoyl]-α-phenylpropionitril*, Kp.$_{10}$ 225—228°, durch 20std. Erwärmen einer alkohol. Lsg. von p-Äthylphenylstyrylketon (*2.4-Dinitrophenylhydrazon*, $C_{23}H_{20}N_4O_4$; rote, glitzernde Blättchen aus Eg.) mit einer wss. KCN-Lsg. u. Eg.; 89%. *2.4-Dinitrophenylhydrazon*, $C_{24}H_{21}N_5O_4$, F. 159—160°; aus Eg. rote Kristalle. — *β-[p-Äthylbenzoyl]-α-phenylpropionsäure* (**XIV**), $C_{18}H_{18}O_3$, F. 126 bis 127° (Ae./PAe.), a) durch 5std. Kochen vorst. Verb. mit 70 Vol.-%ig. H_2SO_4; b) durch portionsweises Zufügen von feingepulvertem $AlCl_3$ zu einem Gemisch von **IV** u. **I** in **VIII** bei 5° u. 2tägiges Stehen bei Raum-Temp.; 77% (*2.4-Dinitrophenylhydrazon*, $C_{24}H_{22}N_4O_6$, F. 155—156°; aus A. gelbe Blättchen); daneben 7% *β-[p-Äthoxylbenzoyl]-β-phenylpropionsäure* (**XV**), F. 124—126° (Ae./PAe.); in **VII** entstehen unter denselben Bedingungen 72% **XIV** u. 17% **XV**; **XIV** u. **XV** geben bei 4std. Oxydation mit 10%ig. NaOBr-Lsg. auf dem sd. Wasserbad *Terephthalsäure* (*Dimethylester*) F. 141—142°. — Das von Ali u. Mitarbeitern (vgl. C. **1937**, II 2163) bei der Kondens. von **I** mit **II** erhaltene neutrale Prod., F. 285°, dem Lactonstruktur zugeschrieben wurde, erwies sich als *Na-β-Benzoyl-β-phenylpropionat*.

Gerhard Müller/Bitterfeld. 1270◇

0831 **Aromatische Fluorderivate.** 9. Mitt. **Diazotierung aromatischer Amine mit Nitrosylborfluorid.** G. G. Jakobsson, A. I. Djatschenko und F. A. Beltschikowa. (J. allg. Chem. [UdSSR] **32 (94)**, 849—53, 1962; Nowosibirsk, Sibir. Abt. der Akad. der Wiss. der UdSSR, Inst. für org. Chem.; Moskau, Chem.-Technol. Mendelejew-Inst.; russ.) — 8. vgl. J. allg. Chem. [UdSSR] **31 (93)**, [1961], 3705. — Durch Diazotierung von Anilin-Derivv. u. Aminoanthrachinonen mit Nitrosylborfluorid (**I**) wurden die entsprechenden *Aryldiazoniumtetrafluoborate* dargestellt. Durch Bromierung entsprechender Aniline in Eisessig wurden *2.4.5-Trichlor-6-brom-*, *2.4.5-Trifluor-6-brom-* (**II**) u. *2.4-Difluor-6-bromanilin* erhalten.

Versuche: Benzoldiazoniumtetrafluoborate: a) durch Zugabe von **I** zu dem entsprechenden Anilin-Deriv. in abs. Aceton bei —15°, ½std. Rühren u. Gießen in abs. Chlf.; b) aus dem Anilin-Deriv. u. **I** in abs. Ae. bei —10°: *o-Nitro-*, $C_6H_4BF_4N_3O_2$, Zers. bei 132°; 87% (Ausbeute). — *m-Nitro-*, $C_6H_4BF_4N_3O_2$, Zers. bei 170°; 93%. — *p-Nitro-*, $C_6H_4BF_4N_3O_2$, Zers. bei 157°; 97%. — *2.4-Dinitro-*, $C_6H_3\cdot BF_4N_4O_4$, Zers. bei 158°; 94%. — *2.5-Dichlor-*, $C_6H_3BCl_2F_4N_2$, Zers. bei 190°; 100%. — *2.4-Difluor-*, $C_6H_3BF_6N_2$, Zers. bei 145°; 89%. — *2.6-Dichlor-4-nitro-*, $C_6H_2BCl_2F_4N_3O_2$, Zers. bei 181°; 89%. — *2.4.5-Trichlor-*, $C_6H_2BCl_3F_4N_2$, Zers. bei 182°; 93%. — *2.4.6-Trichlor-*, $C_6H_2BCl_3F_4N_2$, Zers. bei 185°; 95%. — *2.4.5-Trifluor-*, $C_6H_2BF_7N_2$, Zers. bei 98°; 98%. — *2.4-Difluor-6-brom-*, $C_6H_2BBrF_6N_2$, Zers. bei 201°; 92%. — *2.4.5-Trichlor-6-brom-*, $C_6HBBrCl_3F_4N_2$, Zers. bei 273°; 85% — *Pentachlor-*, $C_6BCl_5F_4N_2$, Zers. bei 252°; 98%. — Anthrachinone: *-1-diazoniumtetrafluoborat*, $C_{14}H_7BF_4N_2O_2$, Zers. bei 188°; 95%. — *-2-diazoniumtetrafluoborat*, $C_{14}H_7BF_4N_2O_2$, Zers. bei 205°; 87%. — *-3-chlor-2-diazoniumtetrafluoborat*, $C_{14}H_6BClF_4N_2O_2$, Zers. bei 198°; 100%. — *-2-chlor-4-brom-1-diazoniumtetrafluoborat*, $C_{14}H_5BBrClF_4N_2O_2$, Zers. bei 236°; 80%. — *Benzol-1.3-bis-diazoniumtetrafluoborat*, $C_6H_4B_2F_8N_4$, Zers. bei 202°, durch Zugabe von 0,5 g m-Phenylendiamin in 20 ml Nitromethan in 3 Std. bei —20° zu 1,25 g **I** in 20 ml Nitromethan, 1std. Rühren u. Gießen in 100 ml CCl_4; 80%. — Analog: *Benzol-1.4-bis-diazoniumtetrafluoborat*, $C_6H_4B_2F_8N_4$, Zers. bei 170°; 95%. — *2.4.5-Trichlor-6-bromanilin*, $C_6H_3\cdot BrCl_3N$, F. 94—94,5° (A.), durch Zutropfen von 7,2 g Br_2 in Eisessig bei 15° zu 5,87 g 2.4.5-Trichloranilin u. 2,5 g Na-Acetat in 50 ml Eisessig; Nadeln; 94—96%. *Acetylderiv.*, $C_8H_5BrCl_3NO$, F. 193,1—193,5° (PAe.); Nadeln. — *2.4.5-Trifluor-6-bromanilin* (**II**), $C_6H_3BrF_3N$, F. 36,5—37,5° (W.-A.) durch Zugabe von Br_2 zu 2.4.5-Trifluoranilin in Eisessig bei 42—45° in Ggw. von Na-Acetat u. Fe; Blättchen; 80—85%. *Acetylderiv.*, $C_8H_5BrF_3NO$, F. 134—134,8° (Bzl.-PAe.); Nadeln. — *2.4-Difluor-6-bromanilin*, $C_6H_4BrF_2N$, F. 42—42,5° (W.-A.), durch Bromieren von 2.4-Difluoranilin; Nadeln; 90%. *Benzoylderiv.*, $C_{13}H_8BrF_2NO$, F. 166,3—167,1° (Bzl.-PAe.); Nadeln. — *2.4.5-Trifluor-6-brombenzoldiazoniumtetrafluoborat*, $C_6HBBrF_7N_2$, Zers. bei 144°, aus **I** u. **II** bei —20° in abs. Aceton u. Gießen in abs. Chlf.; gelbe Nadeln; 98%. — *1-[2.4.5-Trifluor-6-brombenzolazo]-2-hydroxynaphthalin*, $C_{16}H_8\cdot BrF_3N_2O$, F. 196—197° (Eisessig), durch Kuppeln vorst. Verb. mit β-Naphthol in Eisessig; rote Nadeln. — *1-[2.4.5-Trifluor-6-nitrobenzolazo]-2-hydroxynaphthalin*, $C_{16}H_8F_3N_3O_3$, F. 192—193° (A.), man gibt 0,48 g 2.4.5-Trifluor-6-nitroanilin in 5 ml abs. Ae. bei — 5° in ¼ Std. zu 0,32 g **I** in 10 ml Ae., rührt ½ Std. u. gibt das gelbe Öl (Ep. —10°, Zers. bei 20°) bei 0° zu 0,36 g β-Naphthol in 10 ml Eisessig; rote Nadeln; 44%.

Helmut Schäfer. 1310△

0832 **Beitrag zur Untersuchung neuer jodhaltiger radiographischer Stoffe.** Julio Brieva A. und Hannelore Wiesenborn Goecke. (Rev. Real Acad. Ci. exact., fisic. natur. Madrid **53**, 737—59, 1959; Concepción, Chile, Univ., Fac. de Quím. y Farmac.; span.) — *Tetrajodphthalsäureanhydrid* kann aus Phthalsäureanhydrid u. J_2 in Ggw. von 28%ig. Oleum in einer Schnellsynth. (ca. 3 Std.) in guter Ausbeute erhalten werden. Daraus wird in Xylol, Dioxan oder Nitrobenzol *p-Tetrajodphthalimidobenzoesäure* erhalten. Die Darst. von *4-[Tetrajodphthalimido]-3.5-dijodbenzoesäure* gelingt in Pyridin in Ggw. von $SOCl_2$.

Versuche: *Tetrajodphthalsäureanhydrid*, F. 325—326°, durch Zugabe von Phthalsäureanhydrid zu J_2 in 28%ig. Oleum bei 90—95°, 20 Min. langes Halten bei dieser Temp., 10 Min. langes Erhitzen auf 180° u. 12std. Stehen; aus Nitrobenzol intensiv gelbe Nadeln; 65,35% (Ausbeute); beim je 1std. Erhitzen auf 75—100°, 110—150° u. 160—180° wird dieselbe Ausbeute erhalten. — *4-Amino-3.5-dijodbenzoesäure*, F. 316° (Zers.) nach Klemme u. Bang (J. org. Chemistry **9**, [1944], 254); aus A., Nitrobenzol blaßgelbe Nadeln, aus Äthoxyäthanol u. Dioxan rectanguläre Platten; 83,6%. — *p-Tetrajodphthalimidobenzoesäure*, F. 355°, a) durch Zugabe vorst. Verb. zu vorvorst. Verb. in Nitrobenzol bei 180° u. 2 Min. langes Halten bei dieser Temp.; aus Nitrobenzol intensiv gelbe Nadeln; 70,5%; b) durch Zugabe vorst. Verb. zu vorvorst. Verb. in Nitrobenzol bei 90—95° u. 90 Min. langes Halten bei dieser Temp.; 90—100%. — *4-Tetrajodphthalimido-3.5-dijodbenzoesäure*, F. 290—300°, a) durch Lösen von Tetrajodphthalsäureanhydrid in Pyridin, Versetzen mit vorvorst. Verb., Zugabe von $SOCl_2$ in Bzl. u. 2std. Erhitzen auf 80°; gelbbraunes amorphes Pulver; 87%; b) durch Lösen von Tetrajodphtalsäureanhydrid in Nitrobenzol bei 70°, Zugabe von $SOCl_2$ u. vorvorst. Verb., Zutropfen von Pyridin u. ½std. Erhitzen auf 75°; 50%.

P. Golinske. 1350△

0833 **Polyorganoalumoxane und Polyorganoalumosiloxane.** K. A. Andrianow, M. B. Fromberg, L. I. Ssorokina und E. I. Kirilenko. (Nachr. Akad. Wiss. UdSSR, Abt. chem. Wiss. [UdSSR] **1962**, 78—86, Jan.; Elektrotechn. Allunions-Lenin-Inst.; russ.) — Es wurden *Diisopropoxyaluminium-8-hydroxychinolat* (**I**), *-caprylat* (**II**), *Isopropoxyaluminium-*

dicaprylat u. *Dichloraluminiumbenzoat* dargestellt. Durch Hydrolyse von I u. II wurden *Dihydroxyaluminium-8-hydroxychinolat* (III) bzw. *-caprylat* (IV) erhalten. III u. IV lieferten beim Erhitzen unter Abspaltung von W. *Polyorganoalumoxane*, bei der Rk. von II mit IV wurde ein *plast. Polymeres* erhalten. Die Kondens. von I mit Polymethylphenylsiloxan (V), von II mit 1.3.5.7.9-Pentamethyl-1.3.5.7.9-pentaphenyl-1.9-dihydroxypentasiloxan (VI) sowie von II mit 1.3-Dimethyl-1.3-diphenyl-1.3-dichlordisiloxan (VII) lieferte entsprechende *Polyorganolumosiloxane*.

Versuche: *Diisopropoxyaluminium-8-hydroxychinolat* (I), $C_{15}H_{20}AlNO_3$, F. 316—320° (Zers.), man gibt zu 67,5 g Al-Isopropylat (VIII) in 200 g Dioxan bei 25—30° tropfenweise 47,9 g 8-Hydroxychinolin in Dioxan, rührt 1 Std., filtriert *Isopropoxyaluminium-bis-8-hydroxychinolat* (F. 348 bis 353°) ab, dampft das Filtrat ein u. extrahiert mit PAe.; dunkelgelb; 20,5% (Ausbeute). — *Diisopropoxyaluminiumcaprylat* (II), $C_{14}H_{29}AlO_4$, man gibt zu 20,3 g Caprylsäure (IX) in Bzl. bei 65° tropfenweise 28,7 g VIII in 125 ml Bzl. u. kocht 1 Std.; hellgelbe, plast. Masse; 74,8%. — *Isopropoxyaluminiumdicaprylat*, $C_{19}H_{37}AlO_5$, F. 163—166°, aus 15,1 g VIII u. 21,3 g IX in Bzl.; hellgelb; 67,5%. — *Dichloraluminiumbenzoat*, $C_7H_5AlCl_2O_2$, F. 215° (Bzl.), man kocht 52,3 g $AlCl_3$ u. 51,5 g Na-Benzoat in 1250 ml Bzl. 9 Std. u. filtriert heiß; 62,5%. — *Dihydroxyaluminium-8-hydroxychinolat* (III), $C_9H_8 \cdot AlNO_3$, Zers. bei 410°, durch 2std. Erhitzen von 2,82 g I in 10 ml W. auf 95—100°; gelb, krist.; 94,5%. Spaltet bei 5std. Erhitzen bis auf 410° 64% *W.*, bei 400—410° *8-Hydroxyisochinolin* (C_9H_7NO, F. 72—75°; Nadeln) ab. — *Dihydroxyaluminiumcaprylat* (IV), $C_8H_{17}AlO_4$, F. 203—206°, man gibt zu 63 g II in Xylol 7,8 g W. u. 20 ml Isopropanol, rührt 6 Std. u. dampft bei 1—2 mm/100° ein; braun; 90%. Liefert bei 8std. Erhitzen auf 250° unter Abspaltung von W. ein *Polykondensationsprod.* mit 8% OG-Gruppen. 1,12 g IV u. 1,58 g II spalten bei 3std. Erhitzen auf 150° 53,5% Isopropanol ab u. liefern ein hellgelbes, *plast. Polymeres*. — *Polychinolyl-(8)-oxyalumomethylphenylsiloxan*, man erhitzt 0,4 g I u. 5,2 g V 1½ Std. bis auf 200°; hellgelbes, sehr zähes Polymeres. — *Polycaproyloxyalumopentamethylpentaphenylpentasiloxan*, $[C_{43}H_{53}AlO_8Si_5]r$, durch 2std. Erhitzen von 6,99 g VI u. 2,88 g II bis auf 170°; elast. Polymeres. — *Polycaproyloxyalumodimethyldiphenyldisiloxan*, aus 7,77 g II u. 8,85 g VII bei 160°; nichtschm., unlösl. Polymeres.

Helmut Schäfer. 1380

0834 **Trennung von quartären Arsoniumverbindungen in die optischen Antipoden durch asymmetrische Adsorption an natürlichen disymmetrischen Adsorbenten.** G. Ch. Kamai, Je. I. Klabunowski, Ju. F. Gatilow und G. Ss. Chodakow. (Ber. Akad. Wiss. UdSSR **139**, 1112—13, 1961; Akad. der Wiss. der UdSSR, Kasan, Inst. für org. Chem., Zelinsky-Inst. für organ. Chem.; russ.) — Durch selektive Adsorption von rac. *Äthyl-n-amylphenylbenzylarsoniumbromid* (I; 0,5 g in 1 ml abs. A.) an d-Quarzmehl (8,5 g; 28,1 m^2/g) u. Eluieren mit Chlf. wurde die (+)-Form von I mit $[\alpha]_D^{20}$ +22,1° erhalten. Analog konnte aus I an l-Quarzmehl die (—)-Form mit $[\alpha]_D^{20}$ —19,56° isoliert werden.

Helmut Schäfer. 1380

0835 **Kondensation von Malon-o-, -m- und -p-chloranilidsäuren mit Aldehyden.** 5. Mitt. **Mit Vanillin und Piperonal.** M. V. George und P. I. Ittyerah. (Agra Univ. J. Res. **9**, 15—19, 1960; Agra, St. John's Coll., Chem. Dep.; engl.) — 4. vgl. C. **1963**, 10446. — Die Kondens. von Malonchloranilidsäuren mit Vanillin (I) u. Piperonal (II) in Ggw. von katalyt. Mengen Pyridin, Piperidin, 2.4-Lutidin, Collidin, Triäthanolamin, Piperidin- (III) u. Pyridinacetat (IV) ergibt wechselnde Mengen an *3-Methoxy-4-hydroxy-* bzw. *3.4-Methylendioxyzimtsäurechloraniliden.* Wird die Kondens. in Essigsäure durchgeführt, so entstehen *3-Methoxy-4-hydroxy-* bzw. *3.4-Methylendioxybenzylidenmalonchloranilidsäuren.*

Versuche: *Anilidsäuren*, durch 4std. Erwärmen einer Malonchloranilidsäure mit I oder II in Essigsäure (1 : 1 : 1) auf 100°, Extrahieren mit NaOH u. Ansäuern: *3-Methoxy-4-hydroxybenzylidenmalon-o-chlor-*, $C_{17}H_{14}ClNO_5$, F. 180°; 40% (Ausbeute). — *3-Methoxy-4-hydroxybenzylidenmalon-m-chlor-*, $C_{17}H_{14}ClNO_5$, F. 175°; 68%. — *3-Methoxy-4-hydroxybenzylidenmalon-p-chlor-*, $C_{17}H_{14}ClNO_5$, F. 202°; 71%. — *3.4-Methylendioxybenzylidenmalon-o-chlor-*, $C_{17}H_{12}ClNO_5$, F. 206°; 71%. — *3.4-Methylendioxybenzylidenmalon-m-chlor-*, $C_{17}H_{12}ClNO_5$, F. 215°; 62%. — *3.4-Methylendioxybenzylidenmalon-p-chlor-*, $C_{17}H_{12}ClNO_5$, F. 217°; 74%. — Anilide, durch 4—5std. Erwärmen einer Malonchloranilidsäure mit I bzw. II in Ggw. katalyt. Mengen III oder IV auf 100°: *3-Methoxy-4-hydroxyzimtsäure-o-chlor-*, $C_{16}H_{14}ClNO_3$, F. 170°, in Ggw. von III; 88%. — *3-Methoxy-4-hydroxyzimtsäure-p-chlor-*, $C_{16}H_{14}ClNO_3$, F. 191°, in Ggw. von IV; 88%. — *3.4-Methylendioxyzimtsäure-o-chlor-*, $C_{16}H_{12}ClNO_3$, F. 165°, in Ggw. von III; 85%. — *3.4-Methylendioxyzimtsäure-m-chlor-*, $C_{16}H_{12}ClNO_3$, F. 145°, in Ggw. von III; 85%. — *3.4-Methylendioxyzimtsäure-p-chlor-*, $C_{16}H_{12}ClNO_3$, F. 193°, in Ggw. von IV; 92%.

W. Hampel. 1650◇

0836 **Über die Darstellung und Identifizierung von p-Aminostyrol.** Jean Petit und Roger Lumbroso. (C. R. hebd. Séances Acad. Sci. **248**, 1541—42, 1959; Bellevue, Seine-et-Oise, Labor de Chim. macromol., C.N.R.S.; franz.) — *4-Aminostyrol* (I) wird in 50%ig. Ausbeute u. in genügender Reinheit für Polymerisationen u. Copolymerisationen aus β-[4-Aminophenyl]-äthylalkohol (II) in Abänderung der Meth. von Sabetay u. Mintsou [1929] durch Eintropfen einer Lsg. von II in Dioxan in geschmolzenes K bei 15 Torr erhalten. Die Reinigung des so erhaltenen I erfolgt durch Chromatographie in Bzl. an Al_2O_3, wobei I zuerst eluiert wird; nach dem Abdampfen des Bzl. im Vakuum bei maximal 25° hinterbleibt I in Form eines gelblichen erstarrenden Öls (F. 25°). I polymerisiert leicht; das *Hydrochlorid* ist beständig.

H. Gold. 1710◇

0837 **Stereospezifische Bildung von Cyclopropanen durch Umsetzung von Diphenyldibrommethan mit Methyllithium und Olefinen.** Gerhard L. Closs und Liselotte E. Closs. (Angew. Chem. **74**, 431, 1962; Chicago, Ill., Univ., Dep. of Chem.; dt.) — Im Gegensatz zu photolyt. aus Diphenyldiazomethan gewonnenem Diphenylcarben (I) addiert sich das aus Diphenyldibrommethan u. CH_3Li entstehende Agens bei —10° streng cis-stereospezif. an cis- u. trans-Buten-(2). Neben *Tetraphenyläthylen* entstehen 10—15% der ster. reinen *1.1-Diphenyl-2.3-dimethylcyclopropane.* Die akt. Spezies ist in diesen Fällen wahrscheinlich komplex an LiBr gebundenes I.

H. Pracejus. 1810◇

0838 **Cyclopropane und Cyclobutane.** 24. Mitt. **Cyclopropylmesitylen.** R. Ja. Lewina, W. N. Kosstin, P. A. Gembitzki, Ss. M. Schosstakowski und Je. G. Treschtschowa. (J. allg. Chem. [UdSSR] **32 (94)**, 1377—82, 1962; Moskau, Univ.; russ.) — 18. vgl. C. **1963**, 13915. — Durch Zers. von 3-Mesitylpyrazolin (I) oder durch Kondens. von Vinylmesitylen (II) mit Methylenjodid in Ggw. von Zn wurde *Cyclopropylmesitylen* (III) dargestellt. Durch Rk. von Acetylmesitylen (IV) mit Methyl-Li oder Methyl-MgBr sowie Mesityl-MgBr mit Aceton wurde *Dimethylmesitylcarbinol* synthetisiert u. zu *Isopropenylmesitylen* dehydratisiert. Die Kondens. von Brommesitylen mit Isopropylbromid in Ggw. von Na lieferte *Isopropylmesitylen.* II, III, Isopropenyl- u. Isopropylmesitylen wurden Raman-analyt. untersucht. Bei III ist aus ster. Gründen die Wechselwrkg. zwischen Cyclopropan- u. Bzl.-Ring gestört.

Versuche: *[Dimethylaminomethylacetyl]-mesitylenhydrochlorid*, $C_{14}H_{22}ClNO$, F. 169° (Methanol), aus IV, Dimethylaminhydrochlorid u. Paraformaldehyd; 87% (Ausbeute). — *3-Mesitylpyrazolin* (I), durch Kochen von 221 g vorst. Verb., 160 g Hydrazinhydrat u. 35 g NaOH in Isopropanol; zähes Öl; 34%. — *Methylmesitylcarbinol*, F. 69° (Aceton), durch Red. von IV mit $LiAlH_4$; 97%. — *Vinylmesitylen* (II), $Kp._5$ 75°, $Kp._{754}$ 208°, durch Dehydratisierung vorst. Verb. bei 400° an $MgSO_4$; $D._4^{20}$ 0,9062; n_D^{20} 1,5293; 95%. — *Cyclopropylmesitylen* (III), $C_{12}H_{16}$, $Kp._7$ 96,5° ($Kp._9$ 103,3° a) durch Erhitzen von I mit NaOH in Ggw. von Pt/Kohle; $D._4^{20}$ 0,9314; n_D^{20} 1,5250; 55%; b) durch gleichzeitige tropfenweise Zugabe von 145 g II in Ae. u. 375 g Methylenjodid zu 100 g Zn/Cu in Ae. u. 50std. Kochen; 37%. — *3-Chlormercuri-1-mesitylpropanol-(1)*, $C_{12}H_{17}ClHgO$, F. 103° (PAe.), durch 20 Tage langes Schütteln von III mit Hg-Acetat in W. u. Ausfällen mit KCl. — *Dimethylmesitylcarbinol*, $C_{12}H_{18}O$, F. 117° (A.), a) durch 25std. Kochen von IV mit Methyl-MgBr in Ae. u. 3 Monate langes Stehenlassen; 43,5%; b) durch Rk. von IV mit Methyl-Li oder Mesityl-MgBr mit Aceton; geringe Ausbeute. — *Isopropenylmesitylen*, $C_{12}H_{16}$, $Kp._5$ 96 bis 97°, $Kp._{740}$ 225°, durch 25std. Kochen vorst. Verb. in Bzl. in Ggw. von Jod; $D._4^{20}$ 0,9096; n_D^{20} 1,5230; 89%. — *Isopropylmesitylen*, $C_{12}H_{18}$, $Kp._{749}$ 211,2°, durch Zugabe von 150 g Brommesitylen u. 160 g Isopropylbromid in 5 Std. zu 50 g Na in Mesitylen u. 25std. Kochen; $D._4^{20}$ 0,8632; n_D^{20} 1,4918; 11,5%.

Helmut Schäfer. 1810△

0839 **Einige 1-Arylcyclohexandiole-(1.2).** M. T. Davies, D. F. Dobson, D. F. Hayman, G. B. Jackman, M. G. Lester, V. Petrow, O. Stephenson und A. A. Webb. (Tetrahedron [London] **18**, 751—61, 1962; London, British Drug Houses Ltd.; engl.) — Die Hydroxylierung von Phenyl- (I), o- (II), m- u. p-Tolyl-, o-, m- u. p-Chlorphenyl-, o-, m- u. p-Methoxyphenyl- u. o-Äthoxyphenylcyclohexen-(1) mit Perameisensäure, Peressigsäure, J_2 oder Br_2 + Ag-Acetat oder Br_2 + K-Acetat in abs. oder feuchtem Eisessig sowie mit OsO_4 liefert stets *cis-1-Arylcyclohexandiole-(1.2)*. Im Gegensatz zu Filler, Camara u. Naqvi (C. **1959**, 12814) fanden Vff., daß auch Perphthalsäure I nur zum *cis-Diol* (**III**) hydroxyliert. **II** gibt mit Perphthalsäure ein *Epoxid*, dessen Säurehydrolyse wieder zum zu *cis-o-Tolylcyclohexandiol-(1.2)* (**IV**) führt. Dieses ließ sich mit Na in sd. Dekalin nicht ster. umlagern. **III** entsteht auch bei der Addition von Phenyl-MgBr an 2-Hydroxycyclohexanon. Einige der dargestellten Diole wurden über *cycl. Carbonate* in *2-Carbamoyl-Derivv.* übergeführt. Heiße H_2SO_4 lagert **IV** in ein Gemisch aus *o-Tolylcyclohexanon-(2)* u. *2-o-Tolylcyclopentylaldehyd* um. — Die Konfigurationen der Diole wurden durch eine konformationsanalyt. Auswertung der IR-Spektren ermittelt. Von den beiden charakterist. OH-Banden bei 3595—3581 bzw. 3562—3543 cm^{-1} wird die erste dem sek. e-OH am $C_{(2)}$(O—H···Aryl-Brücke) u. die zweite dem tert. a-OH am $C_{(1)}$ (O—H···O- u. O—H···Aryl-Brücke) zugeordnet.

Versuche (UV- u. IR-Daten s. Orig.): *1-[p-Chlorphenyl)-cyclohexen*, $C_{12}H_{13}Cl$, F. 66—67,5°, $Kp._{0,02}$ 95—115°, durch Zutropfen von Cyclohexanon in Ae. zu p-Chlorphenyl-MgBr, 2std. Kochen u. azeotrope Dehydratisierung des Prod. mit p-Toluolsulfonsäure in Bzl.; 76% (Ausbeute). — Analog nachst. 1-Arylcyclohexene: *-Phenyl-* (I), $Kp._{0,15}$ 55—57°, $n_D^{21,5}$ 1,5693. — *-o-Tolyl-* (II), $Kp._{0,7}$ 84—86°, n_D^{24} 1,5437. — *-m-Tolyl-*, $Kp._{0,2}$ 68—69°, n_D^{19} 1,5590. — *-p-Tolyl-*, $Kp._{0,2}$ 67 bis 68°, n_D^{21} 1,5576. — *-o-Chlorphenyl-*, $Kp._{0,05}$ 55—56°, n_D^{22} 1,5612. — *-m-Chlorphenyl-*, $Kp._{0,1}$ 78—79°, n_D^{26} 1,5782. — *-o-Methoxyphenyl-*, $Kp._{0,2}$ 79—80°, n_D^{26} 1,5538. — *-m-Methoxyphenyl-*, $Kp._{0,07}$ 90—92°, n_D^{28} 1,5653. — *-p-Methoxyphenyl-*, F. 32,5—33,5°, $Kp._{0,3}$ 114—118°. — *-o-Äthoxyphenyl-*, $Kp._{0,4}$ 88—90°, $n_D^{21,5}$ 1,5420. — *-α-Naphthyl-*, F. 47—48°. — *cis-1-Phenylcyclohexandiol-(1.2)* (**III**), $C_{12}H_{16}O_2$, F. 94—95° (Ae./PAe.), a) durch Zutropfen von 15,8 g I in Ae. zum Gemisch aus 46 g HCO_2H, 7 cm³ 60%ig. H_2O_2 u. 1 g trockenem K-Acetat unterhalb 30°, Stehen über Nacht u. Hydrolyse des neutralen Rk.-Prod. durch ½std. Kochen mit wss.-methanol. KOH; 13,2 g; b) aus 0,5 g I, 0,5 g OsO_4 u. 1 cm³ Pyridin in Bzl.; 0,23 g; c) durch Eintragen von 6,35 g J_2 in ein Gemisch aus 4,0 g I, 9,2 g Ag-Acetat u. 100 cm³ Eisessig, Zugabe von 3 cm³ W. + 7 cm³ Eisessig, 3std. Kochen u. alkal. Verseifung des gebildeten Esters; 2,2 g; d) durch 2std. Kochen von 11,6 g 2-Hydroxycyclohexanon mit Phenyl-MgBr in Tetrahydrofuran/Ae.; 4,9 g. — *cis-o-Tolylcyclohexandiol-(1.2)* (**IV**), $C_{13}H_{18}O_2$, F. 85—86° (PAe.), durch ½std. Erhitzen von 240 g Eisessig, 134 g 30%ig. H_2O_2 u. 8 g H_2SO_4 auf 60—65° Zugabe einer konz. wss. Lsg. von 24 g Na-Acetat, Zutropfen von 69 g **II** bei 60—65° u. 2std. Rühren mit 68 g H_2O_2; 40,9 g. *p-Nitrobenzyliden-Deriv.*, $C_{20}H_{21}NO_4$, F. 106—107° (A.). *O²-Acetyl-Deriv.*, $C_{15}H_{20}O_3$, F. 94—94,5° (Ae./PAe.), aus 16 g **IV**, 12 g Acetylchlorid u. 20 ml Pyridnin in Bzl. bei 0°; 18 g. *Diacetyl-Deriv.*, $C_{17}H_{22}O_4$, F. 120—120,5° (Ae./PAe.), aus dem Monoacetylderiv. durch 12std. Kochen mit Acetanhydrid. *Cycl. Carbonat*, $C_{14}H_{16}O_3$, F. 84—85° (Ae./PAe.), $Kp._1$ 155—165°, durch Erhitzen mit Diäthylcarbonat u. wenig Na-Äthylat. *O²-Carbamoyl-Deriv.*, $C_{14}H_{19}NO_3$, F. 157 bis 158° (Bzl.), aus 2,6 g des Carbonats mit fl. NH_3 in A. unter Druck (3 Tage bei Raum-Temp.); 2,3 g. — cis-1-Arylcyclohexandiole-(1.2), analog **III** u. **IV**: *-m-Tolyl-*, $C_{13}H_{18}O_2$, F. 92—93°. — *-p-Tolyl-*, $C_{13}H_{18}O_2$, F. 106—106,5°. — *-o-Chlorphenyl-*, $C_{12}H_{15}ClO_2$, F. 124—125°. — *-m-Chlorphenyl-*, $C_{12}H_{15}ClO_2$, F. 95—96°. — *-p-Chlorphenyl-*, $C_{12}H_{15}$·ClO_2, F. 119—120°; wird durch CrO_3 in Eisessig/W./Bzl. bei 0—20° zu *δ-[4-Chlorbenzoyl]-valeriansäure*, $C_{12}H_{13}ClO_3$, F. 134 bis 135° [*Semicarbazon*, $C_{13}H_{16}ClN_3O_3$, F. 176—177° (CH_3OH/Pentan)] oxydiert. *Cycl. Carbonat*, $C_{13}H_{13}ClO_3$, F. 58—59° (Ae./PAe.). *O²-Carbamoyl-Deriv.*, $C_{13}H_{16}ClNO_3$, F. 151—152° (Aceton/PAe.). — *-o-Methoxyphenyl-*, $C_{13}H_{18}O_3$, F. 136 bis 136,5°. *O²-Acetyl-Deriv.*, $C_{15}H_{20}O_4$, F. 72—74° (Ae./PAe.). *Diacetyl-Deriv.*, $C_{17}H_{22}O_5$, F. 110—111° (Ae./PAe.). *Cycl. Carbonat*, $C_{14}H_{16}O_4$, F. 88—89°. *O²-Carbamoyl-Deriv.*, $C_{14}H_{19}$·NO_4, F. 152—153° (Bzl.). *N-Methyl-O²-carbamoyl-Deriv.*, $C_{15}H_{21}NO_4$, F. 121—123° (Bzl./PAe.). — *-m-Methoxyphenyl-*, $C_{13}H_{18}O_3$, F. 95—96°. — *-p-Methoxyphenyl-*, $C_{13}H_{18}O_3$, F. 106 bis 107°. — *-o-Äthoxyphenyl-*, $C_{14}H_{20}O_3$, F. 136—137°. *O²-Acetyl-Deriv.*, $C_{16}H_{22}O_4$, F. 101—103° (PAe.). *Diacetyl-Deriv.*, $C_{18}H_{24}O_5$, F. 100—102° (PAe.). *Cycl. Carbonat*, $C_{15}H_{18}O_4$, F. 67—69° (PAe.). *O²-Carbamoyl-Deriv.*, $C_{15}H_{21}NO_4$, F. 144—146° (Bzl./PAe.). — *o-Tolyl-1.2-epoxycyclohexan*, $C_{13}H_{16}O$, $Kp._{0,2}$ 71—72°, aus 17,2 g **II** mit Phthalmonopersäure in Ae.; n_D^{22} 1,5329; 16,6 g; wird durch 4std. Erhitzen mit Eisessig auf 100° in das **IV**-*Monoacetyl-Deriv.* (F. 94—95°) übergeführt. — *2-o-Tolylcyclohexanon*, $C_{13}H_{16}O$, F. 55—56° (PAe.), durch 11std. Kochen von 10 g **IV** mit 150 cm³ CH_3OH, 40 cm³ W. u. 20 g H_2SO_4. *Semicarbazon*, $C_{14}H_{19}N_3O$, F. 204 bis 205° (Chlf./PAe.). *2.4-Dinitrophenylhydrazon*, $C_{19}H_{20}N_4O_4$, F. 143,5—144° (Chlf./CH_3OH), orangefarben. — *1-o-Tolylcyclopentylaldehyd*, aus den Mutterlaugen vorst. Ketons. *Semicarbazon*, $C_{14}H_{19}N_3O$, F. 175—176° (Chlf./Ae.). *2.4-Dinitrophenylhydrazon*, $C_{19}H_{20}N_4O_4$, F. 183,5—184° (Aceton/CH_3OH), gelb. H. Pracejus. 1860◇

0840 **Ein vereinfachtes Verfahren für die Epoxydation durch Benzonitril-Wasserstoffperoxid. Selektive Oxydation von 2-Allylcyclohexanon.** G. B. Payne. (Tetrahedron [London] **18**, 763—65, Juni 1962; Emeryville, Calif., Shell Development Co.; engl.) — Die aus Benzonitril (I) u. H_2O_2 entstehende *Perbenzimidsäure* (**II**) oxydiert unter schwach alkal. Bedingungen Olefine zu Epoxiden, während die (säurekatalysierte) Bayer-Villiger-Oxydation von Ketonen unterbleibt. Vf. konnte 2-Allylcyclohexanon (**III**) mit **II** selektiv zu *2-[2'.3'-Epoxypropyl]-cyclohexanon* (**IV**), mit Peressigsäure hingegen selektiv zu *6-Hydroxynonen-(8)-säurelacton* oxydieren.

Versuche: *2-[2'.3'-Epoxypropyl]-cyclohexanon* (**IV**), $C_9H_{14}O_2$, $Kp._1$ 78—80°, durch 40std. Rühren von 300 cm³ CH_3OH, 10 g $KHCO_3$, 52 g **I**, 83 g **III** u. 34 g 50%ig. H_2O_2 bei Raum-Temp.; n_D^{25} 1,4751; 27 g = 54% (Ausbeute, bezogen auf umgesetztes **III**). — *6-Hydroxynonen-(8)-säure, Lacton*, $C_9H_{14}O_2$, $Kp._{0,1}$ 65—68°, durch 48std. Einw. einer äquimol. Menge Peressigsäure auf **III** in Chlf. bei 0°; n_D^{25} 1,4757 44%. *Amid*, $C_9H_{17}NO_2$, F. 69—70° (Chlf./Skellysolve B) durch 16std. Einw. von konz. NH_4OH. — *1-Oxaspiro-[2.5]-octan*, $C_7H_{12}O$, $Kp._{50}$ 66—68°, aus Methylencyclohexan wie **IV**; n_D^{20} 1,4470; 73%. H. Pracejus. 1960◇

0841 **Reaktionen von Formyltropolonen. 1. Mitt. Substitutionsreaktionen von 3-Formyl-6-isopropyltropolon.** Satoshi Matsumoto. (Sci. Rep. Tôhoku Univ., Ser. I **42**, 209—14, 1958; Kumamoto Univ., Fac. of Med., 2. Dep. of Pharmacol.; engl.) — 3-Formyl-6-isopropyltropolon (**I**) gibt durch direkte Bromierung bzw. mit N-Bromsuccinimid (**IX**) ausschließlich *5-Brom-3-formyl-* (**II**), das sich nicht weiter bromieren läßt, u. analog mit N-Jodsuccinimid (**X**) *3-Formyl-5-jod-6-isopropyltropolon*. Die Nitrierung von **I** liefert *3-Formyl-6-isopropyl-5-nitrotropolon* (**III**). Oxydation von **II** mit Tollens-Reagens (TR) führt zu *5-Brom-3-carboxy-6-isopropyltropolon* (**IV**), dagegen liefert die Oxydation von **III** mit TR ein nicht identifiziertes Öl u. daneben *3-Isopropyl-4-nitrobenzoesäure* (**V**). Bromierung bzw. Nitrierung von 3-Hydroxymethyl-6-isopropyltropolon (**VII**) liefert *5-Brom-3-hydroxymethyl-6-isopropyltropolon* (**VIII**) bzw. *3-Hydroxymethyl-6-isopropyl-5-nitrotropolon* (**VI**). Oxydation von **VIII** mit TR führt zu **II**, **IV** u. *5-Brom-4-isopropyltropolon*, das auch durch Decarboxylierung von **IV** entsteht. **IV** läßt sich zu *5.7-Dibrom-3-carboxy-4-isopropyltropolon* bromieren. Katalyt. Red. von **VI** liefert *5-Amino-3-hydroxymethyl-6-isopropyltropolon*, Oxydation von **VI** mit aktiviertem MnO_2 gibt nicht **III**, dagegen liefert die Oxydation mit TR **V**. **I** u. **II** geben je ein *Triacetat*, das sich durch partielle Hydrolyse nicht in das entsprechende Mono- oder das Diacetat umwandeln läßt.

Versuche: *5-Brom-3-formyl-6-isopropyltropolon* (**II**), $C_{11}H_{11}BrO_3$, F. 155—156° (CH_3OH oder A.), a) durch Bromierung von **I** (*Triacetat*, $C_{17}H_{20}O_7$, F. 125—126°) in Eisessig bei 8°; 42,7% (Ausbeute); b) durch Zutropfen von Br_2 in CCl_4 bei 4° zu 0,4 g **I** in CCl_4; 0,15 g; c) durch Zugabe von **IX** zu 0,5 g **I** in Dioxan, 2 Min. langes Erhitzen auf dem Wasserbad, Zugabe von W. u. Waschen mit wenig $NaHSO_3$-Lsg.; *Semicarbazon*, $C_{12}H_{14}BrN_3O_3$, F. 224,5—225°, aus verd. Essigsäure gelbe Kristalle. *Oxim*, $C_{11}H_{12}BrNO_3$, F. 124—125°, aus Methanol gelbliche Blättchen. *Thiosemicarbazon*, $C_{12}H_{14}BrN_3O_2S$, F. 216—217° (Zers.), aus Eisessig gelbe Blättchen. *Triacetat*, $C_{17}H_{19}BrO_7$, F. 188—189° (A.). —

-*Formyl-6-isopropyl-5-nitrotropolon* (**III**), $C_{11}H_{11}NO_5$, F. 174 bis 175°, durch Zugabe von 60%ig. HNO_3 in Eisessig zu 0,3 g **I** in Eisessig bei 30—10° u. 7std. Stehen; aus verd. Essigsäure gelbe Prismen; 0,12 g. *Semicarbazon*, $C_{12}H_{14}N_4O_5$, F. 216° (Zers.), aus verd. Essigsäure gelbe Kristalle. — *5-Brom-3-carboxy-6-isopropyltropolon* (**IV**), F. 185—186° (A.), durch Zugabe von TR zu 50 mg **II** in 2n NaOH, Lösen des Nd. in W., 2std. Erwärmen auf dem Wasserbad, Filtrieren, u. Ansäuern mit HCl; 15 mg. — *5-Brom-4-isopropyltropolon*, F. 119—120°, durch 3std. Erhitzen von **IV** in Pyridin auf dem Wasserbad, Abdest. des Lsgm. u. Sublimieren bei 170°/3 Torr; gelb. — *3-Isopropyl-4-nitrobenzoesäure* (**V**), $C_{10}H_{11}NO_4$, F. 156—157°, a) durch Oxydation von 0,1 g **III** in 2n NaOH mit TR durch Sublimieren u. aus A. Nadeln; 3 mg; daneben 60 mg eines Öls; b) aus 2,5 g **VI** in 2n NaOH u. TR durch Lösen des Na-Salzes in W., Stehen über Nacht, 3½std. Erhitzen auf dem Wasserbad, Filtrieren, Ansäuern u. Aufarbeiten mit $NaHCO_3$; 1,5 g (roh); daneben 0,6 g eines rötlichen Öls. — *3-Formyl-5-jod-6-isopropyltropolon*, $C_{11}H_{11}JO_3$, F. 93—94°, durch Zugabe von **X** zu **I** in Dioxan, 10 Min. langes Erhitzen auf dem Wasserbad, Zugabe von W., Kühlen, Umkristallisieren des Na-Salzes mit NaCl-Lsg. u. Ansäuern. — *3-Hydroxymethyl-6-isopropyl-5-nitrotropolon* (**VI**), $C_{11}H_{13}NO_5$, F. 158—159°, durch Zutropfen von 60%ig. HNO_3 in Eisessig zu 1,9 g **VII** in Eisessig bei 40°, Kühlen nach Einsetzen der Rk. auf 6—8°, 5std. Stehen, Abfiltrieren u. Aufarbeiten der Mutterlauge; aus Bzl. Nadeln; 1,1 g. — *5-Amino-3-hydroxymethyl-6-isopropyltropolon*, F. 194—195°, durch Red. von 0,8 g **VI** mit H_2 in Essigester in Ggw. von 10%ig. Pd/Kohle, Filtrieren u. Einengen; gelbe Nadeln; 0,54 g.

Hanfried Arnold. 1990

0842 **Reaktionen von Formyltropolonen.** 2. Mitt. **Kondensationsreaktionen von 3-Formyl-6-isopropyltropolon.** Satoshi Matsumoto. (Sci. Rep. Tôhoku Univ., Ser. I **42,** 215—21, 1958; engl.) — 1. vgl. vorst. Referat. — 3-Formyl-6-isopropyltropolon (**I**) kondensiert sich in Ggw. von Na-Acetat mit Acetylglycin (**II**) unter Bldg. von *β-[2-Hydroxy-5-isopropyl-3-oxocycloheptatrienyl]-α-acetamidoacrylsäurelacton*, das beim Ansäuern wieder in **I** übergeht. Kondens. von **I** mit 1 Val eines Acetophenon-Deriv. in Ggw. von NaOH liefert das entsprechende *[2-Hydroxy-5-isopropyl-3-oxocycloheptatrienylmethylen]-acetophenon* (**A**). Bei der Verw. von KOH statt NaOH erfolgte keine Rk. von **I** mit Acetophenon (**III**). Dagegen liefert die Kondens. von **I** mit überschüssigem **III** in Ggw. von NaOH bzw. KOH das entsprechende *2.2-[2-Hydroxy-5-isopropyl-3-oxocycloheptatrienylmethylen]-bis-acetophenon* (**IV**). Verss., 2-Hydroxy-Derivv. von **A** durch Einw. von 0,5—30%ig. HCl in A. oder CH_3OH bei 180° bzw. von H_2SO_4 oder Polyphosphorsäure zu den entsprechenden Flavanonen zu cyclisieren, waren erfolglos. 2-Hydroxy-5-isopropyl-3-oxocycloheptatrienylmethylenacetophenon (**VII**) reagiert nicht mit Br_2–Wasser, läßt sich an Pt, nicht aber an Pd/Kohle bei 40—60° hydrieren u. gibt mit Benzylamin (**V**) *3-Benzylamino-5-isopropyl-2-oxocycloheptatrienylmethylenacetophenon*.

Versuche: *β-[2-Hydroxy-5-isopropyl-3-oxocycloheptatrienyl]-α-acetamidoacrylsäurelacton*, $C_{15}H_{15}NO_4$, F. 230—231°, durch Zugabe von $(CH_3CO)_2O$ zu **I**, **II** u. wasserfreiem Na-Acetat, u. 5 Min. langes Erhitzen auf dem Wasserbad; aus A. Nadeln. — *2-Hydroxy-5-isopropyl-3-oxocycloheptatrienylmethylenacetophenon* (**VII**), $C_{19}H_{18}O_3$, F. 108—109°, durch Erwärmen von 1 g **I** in CH_3OH u. 20%ig. NaOH auf 25—30°, Zutropfen von 0,6 g **III** in CH_3OH u. Ansäuern mit Essigsäuren nach 1 Std.; aus Essigester gelbe Schuppen; 1 g (Ausbeute). *Dihydro-Deriv.*, $C_{19}H_{20}O_3$, F. 194—195°, durch Hydrieren von **VII** in CH_3OH in PtO_2 bei Raum-Temp.; aus CH_3OH Prismen. — Analog folgende 2-[2-Hydroxy-5-isopropyl-3-oxocycloheptatrienylmethylen]-acetophenone (**A**): *2'-Hydroxy-*, $C_{19}H_{18}O_4$, F. 146°, aus 1 g **I** u. 0,68 g 2-Hydroxyacetophenon (nach 3 Std. Ansäuern mit H_2SO_4 u. Ae.-Extraktion); braune Prismen aus Essigester; 0,5 g. — *2'.4'-Dihydroxy-* (**VI**), $C_{19}H_{18}O_5$, F. 138—139°, aus 2 g **I** u. 1,5 g Resacetophenon (nach 16 Std. Ansäuern u. Ae.-Extraktion); gelbbraune Prismen aus Bzl./A.; 0,34 g. — *2'-Hydroxy-3'-nitro-*, $C_{19}H_{17}NO_6$, F. 187,5—188,5°, durch 20std. Schütteln von 0,5 g **I**, 0,45 g 3-Nitro-2-hydroxyacetophenon u. NaOH in CH_3OH, Abfiltrieren des Na-Salzes u. Ansäuern; gelborangefarbene Nadeln aus Essigester; 0,3 g. — *2'-Hydroxy-5'-nitro-*, $C_{18}H_{17}NO_6$, F. 155—156°, aus **I** u. 5-Nitro-2-hydroxyacetophenon (nach 20 Std. Ansäuern); gelborangefarbene Prismen aus Essigester. — *2'-Nitro-*, $C_{19}H_{17}NO_5$, F. 136,5—137,5°, aus 1 g **I** u. 0,83 g 2-Nitroacetophenon (nach 2 Std. Ansäuern u. Ae.-Extraktion); orangefarbene Schuppen aus Essigester/Methanol; 0,54 g. — *4'-Hydroxy-*, $C_{19}H_{18}O_4$, F. 177—178°, aus 1 g **I** u. 0,7 g 4-Hydroxyacetophenon (nach 3 Std. Ansäuern); gelborangefarbene Nadeln aus CH_3OH; 0,25 g. — *4'-Brom-*, $C_{19}H_{17}BrO_3$, F. 157—158°, aus 0,8 g **I** u. 0,79 g 4-Bromacetophenon (nach 10 Min. Ansäuern u. Ae.-Extraktion); aus Methanol goldgelbe Nadeln; 0,2 g. — *4'-Nitro-*, $C_{19}H_{17}NO_5$, F. 182—183°, aus 0,8 g **I** u. 0,66 g 4-Nitroacetophenon; orangefarbene Prismen aus Essigester; 0,3 g. — *4'-Acetamido-*, $C_{21}H_{21}NO_4$, F. 228—229°, aus 0,7 g **I** u. 0,62 g 4-Acetamidoacetophenon (nach 1 Std. Ansäuern); braune Platten aus Essigsäure/CH_3OH; 0,8 g. — *α.α'-[2-Hydroxy-5-isopropyl-3-oxocycloheptatrienylmethylen]-bis-acetophenon* (**IV**), $C_{27}H_{26}O_4$, F. 117—118°, a) aus 2 g **I** in CH_3OH u. 30%ig. KOH, Zugabe von 1,2 g **III** bei 25—30°, Ansäuern nach 10 Min. u. Ae.-Extraktion; aus CH_3OH-Tafeln; 1,8 g; b) analog a) aus rohem **I** oder mit 2 Val **III**; daneben wenig **VII**; c) analog a) mit 10%ig. NaOH statt KOH; daneben wenig *2-Hydroxy-9-oxo-2-phenyl-7-isopropyl-2.9-dihydrocyclohepta-[b]-pyran*. — *[3-Benzylamino-5-isopropyl-2-oxocycloheptatrienylmethylen]-acetophenon*, $C_{26}H_{25}NO_2$, F. 137—138°, durch ½std. Kochen von 0,3 g **VII** u. 0,1 g **V** in A.; aus A. gelbe Nadeln; 0,35 g. — Die UV-Spektren von **A** außer **VI**, von **IV** u. des Dihydro-Deriv. von **VII** sind abgebildet.

Hanfried Arnold. 199

0843 **Reaktionen von Formyltropolonen.** 3. Mitt. **Reaktionen von Aminen mit 3-Formyl-6-isopropyltropolonen und mit Verbindungen des 1.2-Diazaazulensystems.** Satoshi Matsumoto. (Sci. Rep. Tôhoku Univ., Ser. I **42,** 222—35, 1958; engl.) — 2. vgl. vorst. Referat. — Die Rk. von 3-Formyl-6-isopropyltropolon (**I**) mit Aminen (1 Val) führt zu *Schiffschen Basen* (**A**); mit 2 Val Amin erhält man *2-Amino-7-iminomethyl-4-isopropyltropone*, die sich im Gegensatz zu den **A** mit Säuren oder Alkalien nicht wieder zu **I** spalten lassen. Hinokitiol (**IV**), das sich nicht durch alkal. Hydrolyse von *2-Benzylamino-6-* bzw. *-4-isopropyltropon* darstellen läßt, wird durch katalyt. Hydrierung seines Benzyläthers erhalten. Verss., analog die Benzylaminogruppe hydrogenolyt. zur Aminogruppe abzubauen, waren ohne Erfolg. **I** gibt mit Hydrazinhydrat (**XI**) bei Raum-Temp. *8-Hydroxy-6-isopropyl-1.2-diazaazulen* (**VIII**) oder dessen *1-Ketotautomeres*. Analog entsteht aus 5-Brom-3-formyl-6-isopropyltropolon (**IX**) *5-Brom-1.8-dihydro-6-isopropyl-8-oxo-1.2-diazaazulen* (**X**). Verss., **VIII** bzw. **X** zum Acetat umzusetzen, gaben nur mit **X** ein krist. Derivat. **VIII** u. **X** werden von $KMnO_4$ zu *Pyrazol-4.5-dicarbonsäure* oxydiert. Die Rk. von **VIII** mit N-Bromsuccinimid (**XII**) liefert ein *Monobrom-Deriv.* unbekannter Struktur. Hydrieren von **X** in Ggw. von Pd/Kohle gibt **VIII**. Rk. von **VIII** mit $POCl_3$ bei Raum-Temp. gibt *8-Chlor-6-isopropyl-1.2-diazaazulen*, das katalyt. vermutlich zu *6-Isopropyl-1.2-diazaazulen* hydriert wird. **I** gibt ein *Phenylhydrazon*, das durch Erwärmen mit 50%ig. Essigsäure in *1.8-Dihydro-6-isopropyl-8-oxo-1-phenyl-1.2-diazaazulen* (**II**) übergeht. Analog reagiert **IX** über das *Phenylhydrazon* zum *5-Brom-Deriv.* (**III**) von **II**. Analog **X** wird **III** zu **II** reduziert, **II** u. **III** geben *2.4-Dinitrophenylhydrazone*, jedoch kein Oxim, Acetat, Pikrat u. Semicarbazon. Rk. von **II** mit **XII** gibt **III**, das sich nicht weiter bromieren läßt u. das *7(?)-Bromisomere* von **III**. Die Struktur von **II** u. **III** folgt aus der Oxydation mit $KMnO_4$ zu *1-Phenyl-4.5-dicarboxypyrazol*, das auch aus 1-Phenyl-4-äthoxycarbonyl-5-methylpyrazol erhalten wird u. das zu *1-Phenyl-4-carboxypyrazol* decarboxyliert wird. **I** gibt mit *o-Phenylendiamin* (**V**) eine Schiffsche Base, während mit Guanidin (**VI**) vermutlich *2-Amino-7-isopropyl-9-oxo-9H-cyclohepta-[e]-pyrimidin* erhalten wird.

Versuche: *3-Benzyliminomethyl-6-isopropyltropolon*, $C_{18}H_{19}NO_2$, F. 144—145°, durch ½std. Erwärmen von 1 g **I** u. 0,8 g Benzylamin (**VII**) in Methanol auf dem Wasserbad u. Abdestillieren des Lsgm.; orangefarbene Prismen (Abb. des UV-Spektrums); 0,15 g (Ausbeute); daneben nachst. Verbindung. — *2-Benzylamino-7-benzyliminomethyl-4-isopropyltropon*, $C_{25}H_{26}N_2O$, F. 131—132°, durch 5std. Kochen von 0,8 g **I** u. 0,8 g **VII** in Methanol; aus Methanol gelbe Nadeln (UV-Spektrum); 1 g. — *4-Isopropyl-7-p-tolyliminomethyl-2-toluidinotropon*, $C_{25}H_{26}N_2O$, F. 189—190,5°, durch ¼std. Kochen von 1 g **I** u. 0,5 g p-Toluidin in CH_3OH u. Abdestillieren des Lsgm.; rotorangefarbene Prismen aus Essigester (UV-Spektrum); 0,6 g. — *6-Isopropyl-3-p-tolyliminomethyltropolon*, $C_{18}H_{19}NO_2$, F. 167—168°, aus der Mutterlauge vorst. Verb.; rotviolette Kristalle; 0,55 g. — *2-Anilino-4-isopropyl-7-*

phenyliminomethyltropon, $C_{23}H_{22}N_2O$, F. 155,5—156,5°, aus 0,5 g **I** u. 0,2 g Anilin; orangefarbene Prismen (UV-Spektrum); 0,2 g. — *2-Benzylamino-6(4)-isopropyltropon*, $C_{17}H_{19}NO$, F. 110—111°, durch 24std. Erhitzen von 7,6 g 4-Isopropyltropolonmethyläther (aus **IV** u. CH_2N_2) u. 5 g **VII** in abs. A. u. Kristallisation aus A.; gelbe Prismen; daneben aus der Mutterlauge *2-Benzylamino-4(6)-isopropyltropon*, F. 94,5—95,5°, gelbe Nadeln. — *4-Isopropyltropolonbenzyläther*, durch 10std. Kochen des **IV**-Na-Salzes u. Benzylchlorid in abs. A., Eindampfen, Lösen in Bzl., Überführen in das Pikrat, Behandeln mit $NaHCO_3$ u. Chromatographie an Al_2O_3; Hydrieren von 1 g in Butanol in Ggw. von 5%ig. Pd/Kohle → 0,42 g **IV**. — *8-Hydroxy-6-isopropyl-1.2-diazaazulen* (**VIII**), $C_{11}H_{12}N_2O$, F. 104—105°, a) durch Zugabe von 2 g **I** in Methanol zu 80%ig. **XI** in Methanol, 3tägiges Stehen bei Raum-Temp., Zusetzen von W. u. Chromatographie an Al_2O_3; aus W./CH_3OH Platten (UV-Spektrum); 1,6 g; b) durch Zutropfen von 60%ig. **XI** zu **I** in CH_3OH, 3std. Kochen, Abdestillieren des Lsgm., Behandeln mit 2n NaOH u. Ansäuern; daneben ein nicht identifiziertes rotes Öl u. das *Azin* von *3-Formyl-6-isopropyltropolon* (**I**), $C_{22}H_{24}N_2O_4$, F. 192—193°, rotorangefarbene Prismen. — *5-Brom-1.8-dihydro-6-isopropyl-8-oxo-1.2-diazaazulen* (**X**), $C_{11}H_{11}BrN_2O$, F. 216—217°, durch Zugabe von 62%ig. **XI** zu 3 g **IX** in Methanol, 3tägiges Stehen, Abfiltrieren, Behandeln mit $NaHCO_3$-Lsg., Lösen in W. u. Ansäuern; gelbe Nadeln aus verd. Essigsäure (UV-Spektrum); 0,5 g; Hydrieren von **X** in A. in Ggw. von 5%ig. Pd/Kohle → **VIII**. *Enolacetat* (?), $C_{13}H_{13}\cdot BrN_2O_2$, F. 151—152°, aus **X** u. CH_3COCl/Acetanhydrid; gelbe Nadeln aus verd. Methanol; gibt mit heißen Alkalien wieder **X**. — *Pyrazol-4.5-dicarbonsäure*, $C_5H_4N_2O_4$, F. 258° (Zers.), a) durch Zutropfen von $KMnO_4$-Lsg. zu **VIII** in 2,5n NaOH bei Raum-Temp., Filtrieren, Ansäuern, Filtrieren u. Ae.-Extraktion, Aufarbeiten, Lösen in $NaHCO_3$-Lsg., Filtrieren, Ansäuern mit verd. HNO_3, Stehen im Kühlraum, Abfiltrieren u. Waschen mit W. u. wenig HNO_3; Platten; b) durch Zugabe von $KMnO_4$-Lsg. zu **X** in verd. NaOH, 1std. Rühren, Filtrieren, Eindampfen, Lösen in W., Ansäuern mit 2n H_2SO_4, Sättigen mit NaCl u. 2tägiges Stehen im Kühlraum. — *x-Brom-1.8-dihydro-6-isopropyl-8-oxo-1.2-diazaazulen*, $C_{11}H_{11}BrN_2O$, F. 161 bis 162°, durch 10 Min. langes Erhitzen von **VIII** in Dioxan mit **XII**: gelbe Nadeln aus verd. Essigsäure. — *8-Chlor-6-isopropyl-1.2-diazaazulen*, $C_{11}H_{11}ClN_2$, F. 106—107°, durch Schütteln von **VIII** u. $POCl_3$, Stehen über Nacht im Kühlschrank, Suspendieren in Ae., Schütteln mit Eis u. 10%ig. $NaHCO_3$-Lsg. u. Chromatographie an Al_2O_3; gelbe Nadeln aus Methanol mit Tropfen **XI**: 1 g. *Pikrat*, F. 115—116°. — *6-Isopropyl-1.2-diazaazulen*, *Hemihexachloroplatinat*, $C_{11}H_{12}N_2\cdot \frac{1}{2} H_2PtCl_6$, F. 183—184° (Methanol), durch Hydrieren vorst. Verb. in CH_3OH u. Na-Acetat in Ggw. von 5%ig. Pd/Kohle bei Raum-Temp., Abdestillieren des Lsgm., Extraktion mit Bzl., Abdestillieren des Lsgm. u. Zusetzen von Hexachloroplatinsäure-Lsg. (UV-Spektrum); 0,6 g (roh). — *1.8-Dihydro-6-isopropyl-8-oxo-1-phenyl-1.2-diazaazulen* (**II**), $C_{17}H_{16}N_2O$, F. 103—104°, durch Erhitzen von **I**-Phenylhydrazon (F. 158 bis 159°) in wss. Essigsäure auf ca. 100° u. Kühlen: gelbe Nadeln (UV-Spektrum). *2.4-Dinitrophenylhydrazon*, $C_{23}H_{20}\cdot N_6O_4$, F. 178—179°, gelbe Nadeln aus verd. Essigsäure. — *5-Brom-1.8-dihydro-6-isopropyl-8-oxo-1-phenyl-1.2-diazaazulen* (**III**), $C_{17}H_{15}BrN_2O$, F. 168—169°, durch 50 Min. langes Erhitzen von **IX**-Phenylhydrazon [$C_{17}H_{17}BrN_2O_2$, F. 213—214° (Zers.); tiefrote Nadeln aus Eisessig] in 50%ig. Essigsäure auf dem Wasserbad u. Zugabe von W.; gelbe Nadeln aus verd. Essigsäure (UV-Spektrum); Hydrieren in A. in Ggw. von 5%ig. Pd/Kohle, Filtrieren, Eindampfen, Kristallisation aus verd. CH_3OH, Filtrieren (→ Gemisch aus **II** u. **III**) u. Einengen → **II**; daneben bromfreies, viscoses Öl; reagiert nicht mit **XII** oder N-Jodsuccinimid in Dioxan; gibt kein Phenylhydrazon bzw. Thiosemicarbazon. *2.4-Dinitrophenylhydrazon*, $C_{23}H_{18}\cdot BrN_6O_4$, F. 229—230° (Zers.); rotviolette Nadeln aus Essigsäure. — *7(?)-Brom-1.8-dihydro-6-isopropyl-8-oxo-1-phenyl-1.2-diazaazulen*, $C_{17}H_{15}BrN_2O$, F. 173—174°, aus **II** u. **XII** in Dioxan; gelbe Nadeln aus verd. Essigsäure; daneben **III**. — *1-Phenyl-4.5-dicarboxypyrazol*, $C_{11}H_8N_2O_4$, F. 214—215° (Zers.), a) durch Zutropfen von $KMnO_4$-Lsg. zur **II**-Lsg. bei Raum-Temp., Filtrieren, Einengen, Ansäuern, Ae.-Extraktion, Eindampfen u. Stehen mit wenig W. im Kühlschrank; aus heißem W. Nadeln; b) durch Zutropfen von $KMnO_4$-Lsg. zu **III** in verd. NaOH bei Raum-Temp., Erwärmen u. Aufarbeiten; c) durch Rk. von Acetessigsäureäthylester u. Orthoameisensäuretriäthylester (→ *Äthoxymethylenacetessigsäureäthylester*, F. 26°, $Kp._4$ 135—137°), Rk. von 20 g mit Phenylhydrazin in Ae. (→ *Phenylhydrazinomethylenacetessigsäureäthylester*, F. 84 bis 86°; 24 g), Erhitzen auf dem Wasserbad (→ *1-Phenyl-4-äthoxycarbonyl-5-methylpyrazol*, F. 53—55°; 20 g), Hydrolyse mit äthanol. KOH (→ *Verb. vom F. 165—167°*) u. Oxydation mit alkal. $KMnO_4$-Lsg. (UV-Spektrum); 10 g. *Dimethylester*, F. 74,5—75,5°. — *1-Phenyl-4-carboxypyrazol*, F. 215—216°, a) durch Sublimation vorst. Verb. bei 220°/10 Torr; b) durch Oxydation vorvorst. Verb. mit $KMnO_4$ u. Sublimation im Vakuum. *Methylester*, F. 128—129°. — *3-[o-Aminophenyliminomethyl]-6-isopropyltropolon*, $C_{17}H_{18}N_2O$, F. 205—206°, durch Rk. von **I** u. **V** in CH_3OH, Abfiltrieren, Lösen in 2n NaOH u. Ansäuern; aus A. gelbe Nadeln. — *2-Amino-7-isopropyl-9-oxo-9H-cyclohepta-[e]-pyrimidin*, $C_{12}H_{13}N_3O$, F. 278 bis 285°, durch ½std. Kochen von **I** u. **VI** in Methanol, Abdestillieren des Lsgm. u. Waschen mit $NaHCO_3$-Lsg. u. heißem W.; aus verd. Essigsäure gelbe Nadeln (UV-Spektrum).

Hanfried Arnold. 1990◇

0844 **Pyrolyse von Estern. 20. Mitt. Pyrolyse von Cyclohexenylacetaten.** William J. Bailey, Robert Barclay jun. und Raymond A. Baylouny. (J. org. Chemistry **27**, 1851—55. 1962; College Park, Md., Univ., Dep. of Chem.; engl.) — 19. vgl. C. **1963**, 7713. — Pyrolyse von cis-2-Acetoxycyclohexen-(3)-carbonsäuremethylester (cis-**I**) bei 420° gibt ein Isomerengemisch (**G**) bestehend aus *Cyclohexadien-(2.4)-* (**II**), *Cyclohexadien-(1.3)-* (**III**) u. *$\Delta^{1.5}$-Cyclohexadien-1-carbonsäuremethylester* (**IV**) im Verhältnis 1 : 6 : 2. Die Struktur von **II**, **III** u. **IV** wird durch UV-Absorptionsspektren sowie durch Bldg. von Diels-Alder-Addukten festgelegt. **G** wird auch aus einem Gemisch von cis-**I** u. trans-**I** gebildet. Red. von **G** mit $LiAlH_4$ gibt ein Gemisch aus *Dihydrobenzylalkoholen* (**B**), die durch Behandeln mit Essigsäureanhydrid in die *Acetyl-Derivv.* übergeführt werden. So gelingt es, aus **B** *4-Methylencyclohexen-(2)-yl-(1)-acetat* (**VII**) zu isolieren. **VII** gibt durch Pyrolyse bei 450° ein *Gemisch von KW-Stoffen* (**K**), das auch durch Pyrolyse von 2-Acetoxy-1-acetoxymethylcyclohexen-(3) (**VIII**) bei 450° gebildet wird. Durchführung der Pyrolyse von **VIII** bei 380° liefert *Cyclohexadienylacetate* (Gemisch **D**), aus dem durch Erhitzen auf 460° ebenfalls **K** erhalten wird. Aus **K** wird *Dibenzyl* (**V**), *Toluol* u. *3-Methylencyclohexen* isoliert. Bldg. von **V** wird durch das Auftreten freier Radikale bei der Pyrolyse gedeutet.

Versuche: *Isomerengemisch aus Cyclohexadiencarbonsäuremethylestern* (**G**), $C_8H_{10}O_2$, $Kp._{10}$ 78°, $Kp._{2,5}$ 52,5—53°, a) durch Eintropfen von cis-**I** in ein schneckenförmiges Rohr (15 Tropfen/Min.) bei 345°, Lösen in Ae. u. Extrahieren mit W.; n_D^{25} 1,5028—1,5048; 50% (Ausbeute); b) analog aus cis-**I** u. trans-**I** in 4¼ Std.; 71%. — *$\Delta^{2.4}$-Cyclohexadien-1-carbonsäuremethylester* (**II**), $C_8H_{10}O_2$, durch Gaschromatographie von **G**. — *$\Delta^{1.3}$-Cyclohexadien-1-carbonsäure, Methylester* (**III**), $C_8H_{10}O_2$, analog **II**. *Dibromid*, F. 167—169°, durch ca. 1std. Erhitzen von **III** mit KOH in W., Neutralisieren mit 10%ig. H_2SO_4, Extrahieren mit Ae., Abdampfen des Ae., Lösen in Chlf. u. Versetzen mit Br_2 in Chlf.; 28%. — *$\Delta^{1.5}$-Cyclohexadien-1-carbonsäuremethylester* (**IV**), $C_8H_{10}O_2$, analog **II**. — *7-Methoxycarbonyl-Δ^5-bicyclo-[2.2.2]-octen-2.3-dicarbonsäureanhydrid*, $C_{12}H_{12}O_5$, F. 118—122° (Essigsäureäthylester), durch 4std. Kochen von **II** mit Maleinsäureanhydrid in Bzl.; 16%. — *1-Methoxycarbonyl-Δ^5-bicyclo-[2.2.2]-octen-2.3-dicarbonsäureanhydrid*, $C_{12}H_{12}O_5$, F. 124—125°, aus **III** analog vorst. Verb.; 15%. — *Dihydrobenzylalkohol* (Gemisch **B**), $C_7H_{10}O$, $Kp._{2,5-3,0}$ 59—75°, durch ca. 2std. Zutropfen von **G** in Ae. zur sd. Lsg. von $LiAlH_4$ in abs. Ae. u. 50 Min. langes Kochen; n_D^{25} 1,5141; 61%. — *4-Methylencyclohexen-(2)-yl-(1)-acetat* (**VII**), $C_9H_{12}O_2$, $Kp._{3,9}$ 65—66°, durch 12std. Kochen von **B** mit Essigsäureanhydrid/Essigsäure u. Dest.; 58%; gibt durch Pyrolyse in 49 Min. 19% leicht sd. KW-Stoff ($Kp._{69}$ 42,5—45°; n_D^{25} 1,4857), 18% *Essigsäureester* ($Kp._{1-1,5}$ 51—61°; n_D^{25} 1,4914) u. 20% höher sd. *KW-Stoffe* ($Kp._{1,1}$ 92,5—93,5°; n_D^{25} 1,5511). — *Dibenzyl* (**V**), F. 52—53°, durch Kühlen der vorst. höher sd. KW-Stoffe auf 5°; 80%. — *1-Hydroxymethyl-2-hydroxycyclohexen-(3)* (**VI**), $C_7H_{12}O_2$, $Kp._{2,5}$ 117°, durch 11std. Zutropfen von **I** in Ae. zur sd. Lsg. von $LiAlH_4$ in abs. Ae., 10std. Kochen, Versetzen mit W. u. 2¼std. Zers. mit gesätt. wss. KNa-Tartrat-Lsg.; 75%. *Diacetyl-Deriv.* (**VIII**), $C_{11}H_{16}O_4$, $Kp._{3,4-3,5}$ 124°, durch 1std. Zugabe von **VI** in Eisessig zu heißer Essigsäure u. 16std. Kochen; 95% [gibt durch Pyrolyse bei 450° *Toluol*, *3-Methylencyclohexen* u. **V**, u. bei 378—383° in 5½ Std. 43% *Cyclohexadienylacetate* (Gemisch **D**), $Kp._4$ 118 bis 124°; n_D^{25} 1,4641]. — *Verb.* $C_{13}H_{14}O_5$, F. 122,5—124° (Ae/

Aceton), durch 13½std. Erwärmen von **D** mit Maleinsäureanhydrid in Bzl. in Ggw. von Hydrochinon auf dem Wasserbad, Entfernen des Lsgm., Versetzen mit Toluol u. PAe. u. Aufbewahren im Trockeneis/Methylcellosolve-Bad; 7%.

M. Mirsch. 2000◇

0845 **Chemie des Allens.** 4. Mitt. **Carbonylierungsreaktionen des Allens.** T. J. Kealy und R. E. Benson. (J. org. Chemistry **26**, 3126—30, 1961; Wilmington, Del., E. I. du Pont de Nemours & Co., Central Res. Dep.; engl.) — 3. vgl. C. **1961**, 114. — Bei der Carbonylierung von Allen (I) mit CO in Methanol in Ggw. von $Ru_2(CO)_9$ wird *Methacrylsäuremethylester* (**VI**) gebildet. Wird diese Rk. zunächst bei 140°, dann bei 190° zu Ende geführt, bildet sich 18% **VI** neben 23% *α.α-Dimethyl-α'-methylenglutarsäuredimethylester* (**II**). Die Carbonylierung von **I** in Ggw. von $RuCl_3$/Pyridin liefert bei 120° 20% *Methacrylsäure* (**VII**), bei 175° nur 5% **VII** neben isomeren *Lactonen* der Zus. $C_{10}H_{16}O_2$. 3-Hydroxy-1.3.4-trimethylcyclohexancarbonsäurelacton (**III**) wird mit HNO_3 zu *3-Hydroxy-4-nitro-1.3.4-trimethylcyclohexancarbonsäurelacton* (**VIII**) nitriert. Durch Rk. von **I** mit CO in Methanol läßt sich *1.3.4-Trimethylcyclohexen-(3)-carbonsäuremethylester* (**IV**) gewinnen. Hydrolyse von **IV** liefert die *Säure*, die mit verd. HCl **III** bildet. 4-Hydroxy-1.3.4-trimethylcyclohexancarbonsäurelacton (**V**) wird mit verd. HCl in **III** übergeführt, ferner wird **V** mit HNO_3 zu **VIII** nitriert. Bei der Rk. von **I** mit CO in W. u. Acetylen in Ggw. von $RuCl_3$/Pyridin entsteht *3-Methylcyclopenten-(2)-on-(1)*. Carbonylierung von **I** u. Cyclohexylamin in Ggw. von $RuCl_3$/Pyridin liefert *Methycrylsäure-N-cyclohexylamid*, mit überschüssigem Cyclohexylamin wird ein Gemisch aus *Methacrylsäureamid* u. *N-Cyclohexylformamid* gebildet.

Versuche: *Methacrylsäuremethylester* (**VI**), $Kp._{190}$ 61 bis 62°, durch 12std. Rk. von 40 g **I** mit CO in 150 ml CH_3OH im Stahlautoklaven bei 135—150° u. 700—900 atm in Ggw. von 2 g $Ru_2(CO)_9$ (Meth. **A**); n_D^{25} 1,4110; 50% (Ausbeute); daneben 6,3 g eines Öles, $Kp._{1,0}$ 58—60°; n_D^{25} 1,4560; b) wie vorst. in Ggw. von $Fe(CO)_5$ bei 180—190°; 25%; daneben etwas *1-Methyl-3-methylencyclobutancarbonsäuremethylester*, $Kp._{33}$ 66°; n_D^{25} 1,4376. — *α.α-Dimethyl-α'-methylenglutarsäuredimethylester* (**II**), $Kp._{0,9}$ 50°, nach **A** durch 3std. Erhitzen auf 140° u. 6 Std. auf 200° bei 700—1000 atm; n_D^{25} 1,4457; 22 g; daneben 18% **VI**. — *α.α.α'-Trimethylglutarsäuredimethylester*, $Kp._{2,2}$ 71°, aus **II** u. H_2 an PtO_2 bei Zimmer-Temp.; n_D^{25} 1,4283; 79%. *Freie Säure*, F. 98—98,8°. — *1.3.4-Trimethylcyclohexen-(3)-carbonsäuremethylester* (**IV**), $Kp._{29}$ 115°, a) durch 16std. Rk. von 60 g **I**, CO, 1 g Ru-Chlorid u. 1,2 g Pyridin in 100 ml Methanol bei 175° u. 1000 atm; n_D^{25} 1,4611—1,4640; 12%; daneben 10% **VI**; b) analog a) durch Zugabe von **I** in das 190° heiße Rk.-Gemisch; 25%. — *1.3.4-Trimethylcyclohexen-(3)-carbonsäure* (**IX**), F. 50,5—51,5°, durch Verseifung von **IV**. — *3-Hydroxy-1.3.4-trimethylcyclohexancarbonsäurelacton* (**III**), $C_{10}H_{16}O_2$, $Kp._{30}$ 140—142°, $Kp._9$ 107—113°. a) durch 16std. Rk. von 60 g **I**, 1,5 g Ru-Chlorid, 2 g Pyridin u. CO in 100 ml W. bei 175° u. 800—1000 atm; n_D^{25} 1,4628 bis 1,4630; 35 g; daneben 5 g *n-Butyraldehyd* [Kp. 72—73°] u. 7 g *4-Hydroxy-1.3.4-trimethylcyclohexancarbonsäurelacton* (**V**), $Kp._{30}$ 151—152,5°; n_D^{25} 1,4682—1,4695; b) durch 2std. Kochen von **IX** in verd. HCl; 0,5 g; c) durch 4std. Kochen von **V** in verd. HCl, Wasserdampfdestillation. — *4-Hydroxy-1.3.4-trimethylcyclohexancarbonsäure*, $C_{10}H_{18}O_3$, F. 113—114° (Bzl.), durch 1std. Kochen von 2 g **V** in 10%ig. NaOH u. Ansäuern mit konz. HCl; 1 g. — *3-Hydroxy-4-nitro-1.3.4-trimethylcyclohexancarbonsäurelacton* (**VIII**), $C_{10}H_{15}NO_4$, F. 112—113°, a) durch ¾std. Kochen von 1,3 g **III** mit 3 ml 70%ig. HNO_3 u. 15 ml W. unter Rühren; Nadeln aus verd. A.; 0,2 g; b) durch 4std. Kochen von 3 g **V** in verd. HNO_3; 1 g; c) durch 2std. Kochen von 2 g **IV** in 4 ml 70%ig. HNO_3 u. 12 ml Wasser. — *Methacrylsäure-N-cyclohexylamid*, $C_{10}H_{17}NO$, F. 109,5—110,5°, aus 30 g **I** mit 150 g Cyclohexylamin u. CO bei 135° u. 1000 atm in Ggw. von $Ru_2(CO)_9$; Nadeln aus W./CH_3OH; 14 g; daneben *Methacrylsäureamid* u. *N-Cyclohexylformamid*, $Kp._{10}$ 143°, F. 39°; n_D^{25} 1,4846. — *3-Methylcyclopenten-(2)-on-(1)*, $Kp._{25}$ 89—91°, aus 20 g **I**, 13 g Acetylen, 1 g $RuCl_3$ in 18 g W. u. 1,2 g Pyridin mit CO bei 130° u. 1000 atm; hellgelbes Öl; n_D^{25} 1,4840; 2,5 g; daneben 13 g **VII**. *Semicarbazon*, F. 210 bis 211,5°. *2.4-Dinitrophenylhydrazon*, F. 181° (verd. Essigsäure).

H. Jastrow. 2010◇

0846 **Eine stereospezifische Synthese von D(—)-Shikimisäure.** Edward E. Smissman, John T. Suh, Michael Oxman und Ralph Daniels. (J. Amer. chem. Soc. **84**, 1040 bis 1041, 1962; Lawrence, Kans., Univ., Dep. of Pharmac. Chem.; Madison, Wis., Univ. of Wisconsin; engl.) — Ausführliche Mitt. zu der C. **1960**, 5144 referierten Arbeit. Nachzutragen ist die Zerlegung der *DL-Shikimisäure* (*DL*-**I**, F. 193 bis 195°) in die opt. Antipoden. *DL*-**I** gab mit (—)-α-Phenyläthylamin in abs. A. das gleiche *Salz* ($[\alpha]_D^{28,5}$ —125°; krist. aus A./Äthylacetat, 1 : 1) wie das natürliche *D*(—)-**I**. Der Antipode wurde analog mit (+)-α-Phenyläthylamin gewonnen.

H. Pracejus. 2050◇

0847 **Synthesen aus 2-Cyancyclopentanon. Darstellung und Reduktion von β-Cyclopentanon-(2)-propionsäure.** Maurice Lamant und Louis Maguet. (C. R. hebd. Séances Acad. Sci. **252**, 2736—37, 3/5. 1961; Angers, Univ. Cathol. de l'Ouest, Labor. de Chim. organ.; franz.) — Vgl. C. **1963**, 5444. — Die durch Michael-Kondens. dargestellten *2-[β-Cyanäthyl]-2-cyancyclopentanon*, *2-[β-Cyanäthyl]-2-carbäthoxycyclopentanon*, *2-[β-Carbäthoxyäthyl]-2-carbäthoxy-* [aus 2-Carbäthoxycyclopentanon u. Acrylsäureäthylester (**I**)] u. *2-[β-Carbäthoxyäthyl]-2-cyancyclopentanon* [$C_{11}H_{15}NO_3$, $Kp._{14}$ 186°; $D._4^{16,5}$ 1,109; $n_D^{16,5}$ 1,4679. *Semicarbazon*, F. 178° (A.)] ergeben durch 10std. Kochen in konz. HCl ein Gemisch aus *β-[2-Oxocyclopentyl]-propionsäure* [**II**, F. 38°, $Kp._{19}$ 189—190°, durch Extraktion der Rk.-Lsg. mit Bzl.; 47—54% (Ausbeute)] u. *γ-Carboxykorksäure*, die durch Einengen der Lsg. mit A./HCl in den *Triäthylester* ($C_{15}H_{26}O_6$, $Kp._9$ 192°; n_D^{22} 1,4413; $D._4^{22}$ 1,048) übergeführt wird. Red. von **II** gibt *β-Cyclopentylpropionsäure* [$C_8H_{14}O_2$, n_D^{25} 1,4570; $D._4^{25}$ 1,003; 81%. *p-Toluidid*, F. 96,5°] u. Red. des K-Salzes von **II** mit $NaBH_4$ oder H_2/Raney-Ni (bei 100°/90 at) fast quant. *γ.δ-Trimethylen-δ-valerolacton* ($C_8H_{12}O_2$, $Kp._{14}$ 140—141°; n_D^{16} 1,4869; $D._4^{16}$ 1,114).

Wolfgang Schreiber. 2070□

0848 **Untersuchung auf dem Gebiete der Dieckmann-Reaktion.** 8. Mitt. **Cyclisierung von α-Methyl-α'-carbäthoxypimelinsäurediäthylester.** W. I. Saretzki und N. Ss. Wulfsson. (J. allg. Chem. [UdSSR] **31** (93), 484—90, Febr. 1961; Inst. für Chem. der Naturstoffe der Akad. der Wiss. der UdSSR; russ.) — 6. vgl. C. **1961**, 8265. — Die Cyclisierung von α-Methyl-α'-carbäthoxypimelinsäurediäthylester (**I**) lieferte *2-Methyl-2.6-dicarbäthoxycyclohexanon-(1)* (**II**) neben *2-Methyl-6-carbäthoxycyclohexanon-(1)* (**III**). Die Struktur von **II** wurde IR-analyt. durch Vgl. mit dem aus α-Methyl-α-carbäthoxypimelinsäure (**IV**) erhaltenem **II** bewiesen. Die Methylierung von **II** lieferte *2.6-Dimethyl-2.6-dicarbäthoxycyclohexanon-(1)*.

Versuche: *γ-Chlorpropylmethylmalonsäurediäthylester*, $C_{11}H_{19}ClO_4$, $Kp._{12}$ 143,5—145°, man gibt zu Na-Äthylat (11,5 g Na, 150 ml A.) 87 g Methylmalonester, kocht 40 Min., gibt bei 60° in 20 Min. 78,8 g 1-Chlor-3-brompropan zu u. kocht 5 Std.; $D._4^{25}$ 1,0882; n_D^{25} 1,4430; 36,1% (Ausbeute). — *δ-Brom-α-methylvaleriansäureäthylester*, $C_8H_{15}BrO_2$, $Kp._{7,5}$ 92,5 bis 96,5°, man kocht 57,7 g vorst. Verb. u. 230 ml 47,5%ig. HBr 1 Std. unter Rückfluß, dest. Äthylbromid u. HBr ab, erhitzt 6 Std. auf 125—127° u. verseift mit A./H_2SO_4; $D._4^{25}$ 1,2294; n_D^{25} 1,4520; 64,5%. — *α-Methyl-α'-carbäthoxypimelinsäurediäthylester* (**I**), $C_{15}H_{26}O_6$, $Kp._{0,04}$ 102—103,5°, $Kp._{7-7,5}$ 165—167°; $D._4^{25}$ 1,0328—1,0318; n_D^{25} 1,4355; a) man gibt zu Na-Malonester (62,5 g Malonester) 0,5 g NaJ u. 29 g vorst. Verb. u. kocht 5 Std.; 83,5%; b) man löst 2,35 g K in 2,76 g abs. A. u. 70 ml Ae., gibt bei 2—7° in 5 Min. 8,76 g Diäthyloxalat, dann in 15 Min. 13,8 g α-Methylpimelinsäurediäthylester zu, läßt über Nacht stehen, verd. mit W., extrahiert mit Ae., dampft ein u. erhitzt ca. 40 Min. auf 170°/9—10 mm; 43,8%. — *α-Methyl-α'-carboxypimelinsäuretrihydrazid*, $C_9H_{20}N_6O_3$, F. 175,5—176,5° (Zers.; 70%ig. A.), durch 2std. Kochen von 0,6 g **I** mit 1,2 ml Hydrazinhydrat u. 1,3 ml A.; 80%. — *α-Methyl-α-carbäthoxypimelinsäurediäthylester* (**IV**), $C_{15}H_{26}O_6$, $Kp._3$ 146,5—153°, $Kp._{1,5-2}$ 130—137°; $D._4^{20}$ 1,0401; n_D^{20} 1,4375; a) man gibt zu 179,7 g α-Carbäthoxypimelinsäurediäthylester u. Na-Äthylat (15 g Na, 500 ml A.) bei 20° 50 ml Methyljodid u. 50 ml A., rührt ½ Std. u. kocht 2 Std.; 91,2%; b) man kondensiert 24,5 g δ-Chlorvaleriansäureäthylester mit Malonester, behandelt 1 Std. bei 20° mit Na-Äthylat (5,75 g Na, 100 ml A.) u. methyliert das Rk.-Gemisch mit 20 ml Methyljodid; 73,7%. — *2-Methyl-2.6-dicarbäthoxycyclohexanon-(1)* (**II**), $C_{13}H_{20}O_5$, $Kp._1$ 107,5°, $Kp._{0,09}$ 94,5—95,5°, $Kp._{0,04}$ 84—85°; $D._4^{20}$ 1,1021; n_D^{20} 1,4705; n_D^{25} 1,4650; a) man erhitzt 1,6 g Na, 50 ml Xylol u. 15,1 g **IV** mit 0,1 ml A. langsam auf 125° u. kocht nach dem Auflösen des Na 5 Std.; 44,6%; b) man erhitzt 3,02 g **I** mit K-Äthylat (0,39 g K, 6,2 ml A.) 1 Std. auf 100°/150 mm, 40 Min. auf 140°/115 mm u. 4½ Std. auf 140°/50 mm unter Abdestillieren des A.; 44,5%. —

2-Methyl-6-carbäthoxycyclohexanon-(1) (III), Kp.$_{0,1}$ 45,5—50°, neben II nach b); n_D^{25} 1,4695; 4%. *Phenylhydrazon*, F. 135 bis 136° (70%ig. A.). — *2.6-Dimethyl-2.6-dicarbäthoxycyclohexanon-(1)*, $C_{14}H_{22}O_5$, Kp.$_2$ 113,5—114,5°, man gibt zu 12,8 g II, 27 ml Methanol u. 5 ml Methyljodid bei —12° in 5 Min. Na-Methylat (1,3 g Na, 25 ml Methanol), rührt 1 Std. bei 0° u. kocht 75 Min.; $D._4^{20}$ 1,0926; n_D^{20} 1,4605; 71,8%. Helmut Schäfer. 2070

0849 **Synthesen von Analgetica.** 23. Mitt. **Aminocyclopentanderivate.** 2. Mitt. Torizo Takahashi, Akira Kato und Susumu Matsuoka. (J. pharmac. Soc. Japan [Yakugakuzasshi] **79**, 1087—91, 1959; Kyoto, Univ., Med. Fac., Pharmac. Inst; jap., Auszug: engl.) — 22. vgl. J. pharmac. Soc. Japan [Yakugakuzasshi] **79**, [1959], 172. — Zur Unters. ihrer analget. Wrkg. werden *2-Diäthylaminomethyl-*, *2-Piperidinomethyl-* u. *2-Morpholinomethyl-1-alkylcyclopentanole* sowie ihre *Benzoesäure-* u. *p-Nitrobenzoesäureester* dargestellt.

Versuche: Cyclopentanone: *2-Chlormethyl-* (I), Kp.$_{17}$ 72°, a) durch 40 Min. lange Rk. von 20 g Cyclopentanon mit Paraformaldehyd, Essigsäure/konz. HCl/H_3PO_4 bei 50°; 3,5 g (Ausbeute); b) durch 1std. Rk. von 2-Hydroxymethylcyclopentanon mit $SOCl_2$ bei 70°. — *2-Äthoxycarbonyl-*, *Äthylenketal*, $C_{10}H_{16}O_4$, Kp.$_{0,3}$ 103°, durch 8std. Erhitzen von 72,5 g freier Verb. mit Glykol u. p-Toluolsulfonsäure in Bzl. auf 130 bis 140°; 56 g. — *2-Hydroxymethyl-*, *Äthylenketal* (II), $C_8H_{14}O_3$, Kp.$_{0,7}$ 88°, durch 3std. Rk. von 10 g vorst. Verb. in Ae. mit $LiAlH_4$/Ae.; 7,8 g. *Freie Verb.*, $C_6H_{10}O_2$, Kp.$_1$ 90°, durch 48std. Stehen von 7,8 g II in A./konz. HCl/gesätt. Weinsäure-Lsg. u. $^1/_2$std. Erwärmen auf 50°; 3 g. — *2-Diäthylaminomethyl-* (III), Kp.$_6$ 94°, durch mehrstd. Rk. von 3,5 g I in Bzl. mit Diäthylamin; 1 g. *Hydrochlorid*, $C_{10}H_{20}ClNO$, F. 109°; aus Essigester Nadeln. — *2-Piperidinomethyl-* (IV), Kp.$_{0,8}$ 102°, a) analog III aus 3 g I; 3 g; b) durch 2std. Rk. von 4,5 g 2-Dimethylaminomethylcyclopentanon (V) mit Piperidin; 3,5 g; c) aus 2 g II in Aceton durch 1std. Rk. mit $SOCl_4$, dann mit Piperidin; 0,2 g. *Pikrat*, $C_{17}H_{22}N_4O_8$, F. 136° (Methanol). — *2-Morpholinomethyl-* (VI), Kp.$_{0,4}$ 113°, analog IV nach b) aus 5 g V; 2 g. *Pikrat*, $C_{16}H_{20}N_4O_9$, F. 129°; aus Methanol Säulen. — Cyclopentanole, durch 3std. Rk. von 2 Molen RMgX mit 1 Mol III, IV bzw. VI; Benzoesäure- u. p-Nitrobenzoesäureester durch 3std. Rk. von 1 g Verb. in Chlf. mit der 1,1fachen Menge Benzoyl- bzw. p-Nitrobenzoyichlorid: *2-Diäthylaminomethyl-1-methyl-*, $C_{11}H_{23}NO$, Kp.$_1$ 84°; Öl; 12,5%. — *2-Diäthylaminomethyl-1-äthyl-* (VII), $C_{12}H_{25}NO$, Kp.$_{6,5}$ 110°; Öl; 17,4%. *Benzoyl-Deriv.*, *Hydrochlorid*, $C_{19}H_{30}\cdot ClNO_2$, F. 150°; aus Essigester (E) Nadeln; 1,2 g. *p-Nitrobenzoyl-Deriv.*, *Hydrochlorid*, $C_{19}H_{29}ClN_2O_4$, F. 167°; aus E Nadeln; 1,5 g. — *2-Diäthylaminomethyl-1-propyl-* (VIII), $C_{13}H_{27}NO$, Kp.$_5$ 114°; Öl; 18,4%. *p-Nitrobenzoyl-Deriv.*, *Pikrat*, $C_{26}H_{33}N_5O_{11}$, F. 130,5°; gelbe Nadeln; 1 g. — *2-Diäthylaminomethyl-1-cyclohexyl-* (IX), $C_{16}H_{31}NO$, Kp.$_6$ 160°; hellgelbes Öl; 15,4%. *p-Nitrobenzoyl-Deriv.*, *Hydrochlorid*, $C_{23}H_{35}ClN_2O_4$, F. 157,5°; aus E Prismen; 0,5 g. — *2-Diäthylaminomethyl-1-phenyl-* (X), $C_{16}H_{25}NO$, Kp.$_7$ 160°; hellgelbes Öl; 21,6%. *Benzoyl-Deriv.*, *Hydrochlorid*, $C_{23}H_{30}ClNO_2$, F. 179°; aus E Prismen; 2,1 g (aus 1,5 g). *p-Nitrobenzoyl-Deriv.*, *Hydrochlorid*, $C_{23}H_{29}ClN_2O_4$, F. 168°; aus E Säulen; 1,5 g. *p-Aminobenzoyl-Deriv.*, *Pikrat*, *Methanolat*, $C_{30}H_{37}N_5O_{13}$, F. 101,5° (Methanol), durch Hydrieren von 0,5 g p-Nitrobenzoyl-Deriv.-Hydrochlorid in Methanol an 5%ig. Pd–Kohle u. Rk. des *Öls* (0,3 g) mit Pikrinsäure; 0,45 g. — *2-Diäthylaminomethyl-1-thienyl-*, $C_{14}H_{23}NOS$, Kp.$_{0,2}$ 129°; hellgelbes Öl; 18,5%. — *2-Piperidinomethyl-1-äthyl-*, $C_{13}H_{25}NO$, Kp.$_1$ 112°; hellgelbes Öl; 66%. — *2-Piperidinomethyl-1-phenyl-*, $C_{17}H_{25}NO$, Kp.$_{0,2}$ 151°; hellgelbes Öl; 42%. *Benzoyl-Deriv.*, *Hydrochlorid*, $C_{24}H_{30}ClNO_2$, F. 183°; aus E Nadeln; 1,2 g. *p-Nitrobenzoyl-Deriv.*, *Pikrat*, $C_{30}H_{31}N_5O_{11}$, F. 174°; gelbe Säulen; 1,5 g. — 1-Alkyl-2-diäthylaminomethylcyclopentene-(1 oder 5), durch 2std. Erhitzen von **VII**, **VIII**, **IX** bzw. **X** mit 33%ig. HBr (Meth. **A**) oder durch Rk. von **VIII** bzw. **IX** in Ae. mit Benzylbromid (Meth. **B**): *1-Äthyl-*, *Hydrobromid*, $C_{12}H_{24}BrN$, F. 159° (E); nach **A** aus 1 g; 1,2 g. — *1-Propyl-*, *Hydrobromid*, $C_{13}H_{26}BrN$, F. 143° (E); aus 1 g a) nach **A**; 0,5 g; b) nach **B**; 1 g. — *1-Cyclohexyl-*, *Hydrobromid* (XI), $C_{16}H_{30}BrN$, F. 151° (E), aus 1 g a) nach **A**; 0,4 g; b) nach **B**; 0,5 g. — *1-Phenyl-*, *Hydrobromid*, F. 120° (E), aus 2 g nach **A**; 2 g. — *1-Cyclohexyl-2-diäthylaminomethylcyclopentan*, *Hydrobromid*, $C_{16}H_{32}BrN$, F. 140°, durch 3std. Hydrieren von 0,2 g **XI** in Essigsäure an Adams-PtO_2-Katalysator; aus E Nadeln; 0,15 g. H.-J. Weigmann. 2120△

0850 **Darstellung und Eigenschaften von Cyclopentadienyltitantrichlorid.** Richard D. Gorsich. (J. Amer. chem. Soc. **82**, 4211—14, 1960; Baton Rouge, La., Res. and Dev. Dep. of Ethyl Corp.; engl.) — Vorl. Mitt. vgl. C. **1959**, 1048. — *Cyclopentadienyltitantrichlorid* (I) wird durch Rk. von Bis-[cyclopentadienyl]-titandichlorid (II) mit $TiCl_4$ u. durch Rk. von **II** mit Cl_2 in sd. CCl_4 neben *1.2.3.4.5-Pentachlorcyclopentan* (**III**) dargestellt. Bei Raum-Temp. entsteht an Stelle von **III** ein *chlorierter ungesätt. KW-Stoff*. Wird die Chlorierung in sd. CCl_4 nicht nach der Abspaltung eines Cyclopentadienringes abgebrochen, so entsteht quant. **III** u. $TiCl_4$, die sich auch bei der Rk. von **I** mit Cl_2 bei Raum-Temp. bilden. Die Bestrahlung mit UV-Licht beschleunigt die Rk. von **II** u. Cl_2 zu **I** u. **III**, erniedrigt aber die Ausbeute an **I**. **II** reagiert mit überschüssigem Br_2 in CCl_4 zu *Cyclopentadienyltitanbromiddichlorid*, **I** mit Cyclopentadienyl-Na (**VI**) zu **II** u. mit Methylcyclopentadienyl-Na zu *Methylcyclopentadienylcyclopentadienyltitandichlorid*. **I** hydrolysiert mit W. (2 : 1) in Tetrahydrofuran (**VII**) zu *Bis-[cyclopentadienyldichlortitan]-oxid* (**IV**) u. mit W. im Überschuß zu *Polycyclopentadienylchlortitanoxan* (**V**). Durch Behandeln von **I** mit sd. Methanol im Überschuß bildet sich *Cyclopentadienylmethoxytitandichlorid* (**VIII**) u. mit 2.2-Dimethylpropandiol-(1.3) (**IX**) *1.3-Bis-[cyclopentadienyldichlortitanoxy]-2.2-dimethylpropan*. Beide Ester hydrolysieren mit W. im Überschuß zu **V** u. liefern mit HCl **I** u. den entsprechenden Alkohol.

Versuche: *Bis-[cyclopentadienyl]-titandichlorid* (II), $C_{10}\cdot H_{10}Cl_2Ti$, F. 290°, a) durch Zugeben von **VI** in **VII** zu **I** unter N_2, 1std. Rühren bei Raum-Temp., Einengen u. 48std. Chlf.-Extraktion; 85% (Ausbeute); b) durch Zugeben von **VI** zu **VIII** in **VII** unter N_2; 12%; daneben *Bis-[cyclopentadienyl]-methoxytitanchlorid*. — *Cyclopentadienyltitantrichlorid* (I), $C_5H_5Cl_3Ti$, F. 208—211°, a) durch $2^1/_2$std. Kochen von **II**, $TiCl_4$ u. p-Xylol bei 140° unter N_2; 68%; b) durch Einleiten von Cl_2 in **II** in sd. CCl_4 u. 3std. Einleiten von N_2 bei 55—65°; 71%; daneben 31% *1.2.3.4.5-Pentachlorcyclopentan* [**III**, $C_5H_5Cl_5$, F. 41—42° (Sublimation), auch durch 4std. Einleiten von Cl_2 in eine Chlf.-Lsg. von **I** bei Raum-Temp.; 65%]; c) durch Einleiten von HCl in **IV** in sd. Chlf., Zugeben von CCl_4 u. Einengen; 78%; d) durch Erhitzen von **V** in Bzl. u. Eindampfen; 88%; aus $CCl_4/CH_2Cl_2/HCl$ oder Essigester/n-Pentan orangegelbe Kristalle. — *Cyclopentadienyltitanbromiddichlorid*, $C_5H_5\cdot BrCl_2Ti$, F. 165—170° (Zers.; Chlf./CCl_4), durch mehrstd. Rk. von **II** in CCl_4 mit Br_2 u. Kochen; 66%; daneben durch Hydrolyse des Filtrats 9% *1.2.3.4.5-Pentabromcyclopentan*, [$C_5H_5Br_5$, F. 101—103° (PAe.)] u. 15% einer *Verb.* $C_6H_6Br_4$ (F. 51—53°). — *Methylcyclopentadienylcyclopentadienyltitandichlorid*, $C_{11}H_{12}Cl_2Ti$, F. 205—206° (Sublimation), durch $^1/_2$std. Zugeben von Methylcyclopentadienyl-Na zu **I** in **VII**, 2std. Rühren bei Raum-Temp., 2std. Kochen, Eindampfen u. Extrahieren mit CH_2Cl_2; scharlachrote Nadeln; 13%. — *Cyclopentadienylmethoxytitandichlorid* (**VIII**), $C_6H_8Cl_2OTi$, F. 93 bis 96°, durch Lösen von **I** in sd. Methanol; aus Methanol gelbe Kristalle; 77%. — *1.3-Bis-[cyclopentadienyldichlortitanoxy]-2.2-dimethylpropan*, $C_{15}H_{20}Cl_4O_2Ti_2$, F. 157—159°, durch Zugeben von **IX** zu **I** in sd. abs. Bzl.; gelbe Kristalle; 93%. — *Bis-[cyclopentadienyldichlortitan]-oxid* (**IV**), $C_{10}H_{10}Cl_4OTi_2$, F. 149 bis 151°, durch 2std. Zugeben von W. zu **I** in **VII** unter N_2, Einengen u. Zugeben von n-Hexan; orangefarbene Körner; 91%. — *Polycyclopentadienylchlortitanoxan* (**V**), $(C_5H_5ClOTi)_n$, F. 258—260° (Zers.), a) durch Zutropfen von W. zu **I** in sd. Aceton, mehrstd. Stehen bei Raum-Temp. u. Filtrieren; gelbe Nadeln; 78%; b) analog aus **I** u. **VIII**; 92%; c) durch Zutropfen von W./Aceton zu **IV** in sd. Aceton u. mehrstd. Stehen bei Raum-Temp.; 86%; d) durch Erhitzen mit A. u. Rk. mit Wasser. H. Smalla. 2180

0851 **Die Stereochemie der Addition von Mesitylmercaptan an Mesitylacetylen.** 14. Mitt. William E. Truce, Harvey G. Klein und Robert B. Kruse. (J. Amer. chem. Soc. **83**, 4636—41, 1961; Lafayette, Ind., Purdue Univ., Dep. of Chem.; engl.) — 13. vgl. C. **1960**, **17077**. — Z. T. ident. mit der C. **1961**, 4659 referierten vorl. Mitteilung. Nachzutragen ist: Der chem. Beweis für die cis- (**III**) u. trans- (**IV**)-Formen des *1-Mesityl-2-mesitylsulfonyläthylens* ergibt sich aus der Bldg. von *1-Mesityl-2-mesitylsulfonyläthan* (**VII**) bei ihrer katalyt. Hydrierung in Ggw. von Pd–Kohle. **IV** wurde unabhängig aus *Mesityläthylen* (**V**) über *Natrium-trans-2-mesityläthylen-1-sulfonat* u. *trans-2-Mesityläthylen-1-sulfonylchlorid* (**VI**) dargestellt. Unabhängig davon wurde **VII** durch Oxydation von *1-Mesityl-2-mesitylmercaptoäthan* (**VIII**) dargestellt. Die Synth.

von III durch katalyt. Red. von *1-Mesityl-2-mesitylsulfonylacetylen* (IX), mißlang. Durch Hydrierung in Ggw. von Pd-Kohle entstand VII, mit $NaBH_4$ IV. Eine partielle Isomerisierung von III in IV konnte durch Erhitzen von III in Ggw. von Na-p-Tolylmercaptid erreicht werden.

Versuche: *2.4.6-Trimethyl-α-chlorstyrol*, $Kp._{24}$ 122 bis 124°, durch Rk. von Acetylmesitylen ($Kp._2$ 90—91°, aus Mesitylen, Acetanhydrid u. $AlCl_3$) mit PCl_5. — *Mesitylacetylen* (II), $Kp._{20}$ 94—97°, durch Erhitzen einer Suspension von $NaNH_2$ in Tetraäthylenglykoldimethyläther unter Rühren u. N_2 auf 160°, Zutropfen vorst. Verb. in 30 Min., weiteres 2½ Std. Erhitzen u. Gießen auf Eis; n_D^{25} 1,5422; 53% (Ausbeute). — *Mesitylmercaptan* (I), $Kp._2$ 79—82°, durch Red. einer sd. Lsg. von Mesitylsulfonylchlorid (F. 55—57°) in abs. Ae. mit $LiAlH_4$; 78,2%. — *cis-1-Mesityl-2-mesitylmercaptoäthylen*, F. 43,5 bis 44,5° (abs. A.), $Kp._{0,5}$ 167—177°, $Kp._{0,25}$ 162—169°, a) aus Na-Mesitylmercaptid u. II in abs. A. durch 18 Std. Kochen; 92%; b) durch Rk. von I u. II in abs. A. unter N_2 über Nacht; 80%; c) durch Rk. von I u. II in Ggw. von Benzoylperoxid in Cyclohexan u. 12 Std. Kochen; 55%; d) die Rk.-Geschw. von I mit II in A. ohne weitere Zusätze bzw. in Ggw. von Azo-bis-[isobutyronitril] bzw. Einstrahlung von UV wird untersucht; n_D^{25} 1,5933—1,5947. *Sulfon* (III), $C_{20}H_{24}O_2S$, F. 186—187° (A.); 60%. — *2.4.6-Trimethylstyrol* (V), $Kp._{10}$ 87—90°, durch Erhitzen von *Mesitylmethylcarbinol* (F. 68—69°, aus Acetylmesitylen mit $LiAlH_4$; 100%) mit $KHSO_4$ bei 0,55 Torr; $n_D^{17,5}$ 1,5264; 46%. — *trans-2-Mesityläthylen-1-sulfonsäure*, Na-Salz, $C_{11}H_{13}NaO_3S$, durch Zutropfen von V zu SO_3 in Dioxan/Äthylenchlorid unter Eiskühlung in 30 Min.; 71%. *Säurechlorid* (VI), F. 95,5—97° (Cyclohexan); 76%. — *trans-1-Mesityl-2-mesitylsulfonyläthylen* (IV), $C_{20}H_{24}O_2S$, F. 116° (A), a) durch Zutropfen von Mesitylen zu einer Lsg. von VI u. $AlCl_3$ in CS_2 unter Rühren, Kochen, Zers. mit Eis u. Ae.-Extraktion; 81%; b) durch 5tägige Isomerisierung von 0,26 g III mit p-Thiokresol u. Na in abs. A. bei 140° im Rohr; 0,07 g; daneben *Addukt aus p-Tolylmercaptan* u. IV, $C_{27}H_{32}O_2S_2$, F. 185—186°; c) durch Red. von 0,08 g IX mit $NaBH_4$ bei 0° u. 3½ Std. Rühren; 0,03 g. — *1-Mesityl-2-mesitylsulfonyläthan* (VII), $C_{20}H_{26}O_2S$, F. 186—187° (A.), a) durch katalyt. Hydrierung von IV in Ggw. von Pd-Kohle in abs. A.; 53%; b) durch Red. von IV mit $NaBH_4$ unter Rühren in 5 Std. bei 50°; 30%; c) durch katalyt. Hydrierung von III in Ggw. von Pd-Kohle in A./Aceton in 17 Std.; 50%; d) durch Oxydation von 0,4 g VIII in Eisessig mit 30%ig. H_2O_2 durch 1 Std. Kochen; 0,3 g; e) durch katalyt. Hydrierung von IX in Ggw. von Pd-Kohle; 67%. — *1-Mesityl-2-mesitylmercaptoäthan* (VIII), $C_{20}H_{26}S$, F. 91—93° (Methanol), durch 4 Std. Kochen einer Lsg. des Na-Salzes von 4,8 g I mit X, Abfiltrieren u. Ae.-Extraktion; 3,6 g. — *2-Mesityläthyltosylat* (X), F. 51—55°, durch Rk. von 30 g 2-Mesityläthanol mit p-Toluolsulfonylchlorid in Pyridin bei —5°, Zers. mit W. u. Chlf.-Extraktion; 66 g. — *Dimesityldisulfid*, F. 123,5—125°, durch Rk. von I in wss. NaOH mit 30%ig. H_2O_2 bei 0°; 97,3%. — *cis-1-phenyl-2-[p-tolylmercapto]-äthylen*, F. 63,5—64,5° (Methanol), durch 10 Std. Kochen von 12,5 g p-Tolylmercaptan u. 10,2 g Phenylacetylen in Cyclohexan mit Benzoylperoxid, Eindampfen, Lösen in PAe. u. Kühlen; 9,4 g; daneben *trans-Form*, F. 44 bis 45°, $Kp._1$ 158—164°, $Kp._{0,65}$ 152—152,2°; n_D^{25} 1,6549; 10,2 g. — *cis-1-Phenyl-2-phenylsulfonyläthylen*, F. 64—65°, durch Oxydation des Additions-Prod. von Na-Thiophenolat u. Phenylacetylen. D. Jahnke. 2230△

0852 **Chalkone. Untersuchungen über die Claisen-Schmidt-Kondensation.** Durga Nath Dhar. (J. Indian chem. Soc. **37**, 799—800, Dez. 1960; Kanpur, H. B. Technol. Inst.; engl.) — Vgl. C. **1959**, 4145. — Die Claisen-Schmidt-Kondens. von Acetophenon (I), Resacetophenon u. o-Hydroxyacetophenon mit Benzaldehyd (II), dessen Methyl-, Hydroxy-u. Methoxy-Derivv. durch Zugeben von 50%ig. KOH zu Keton u. Aldehyd in A. u. 2 Std. Erhitzen auf 60° wird untersucht. Aus I, II u. 3 Tolylaldehyden sowie bei der Kondens. mit Resorcylaldehyd wird kein Chalkon erhalten. Chalkone: *2-Hydroxy-*; 63,5% (Ausbeute). — *3-Hydroxy-*; 47,7%. — *4-Hydroxy-*; 53,3%. — *2-Methoxy-*; 86,1%. — *3-Methoxy-*; 83,7%. — *4-Methoxy-*; 88,6%. — *2.3-Dimethoxy-*; 85,6%. — *3.4-Dimethoxy-*; 76,2%. — *3-Methoxy-4-hydroxy-*; 48,8%. — *2-Hydroxy-3-methoxy-*; 73%. — *2'-Hydroxy-*; 64,6%. — *2'.2-Dihydroxy-*; 34,6%. — *2'.3-Dihydroxy-*; 69%. — *2'.4-Dihydroxy-*; 23,6%. — *2'-Hydroxy-2-methoxy-*; 86,5%. — *2'-Hydroxy-3-methoxy-*; 60,9%. — *2'-Hydroxy-4-methoxy-*; 69,5%. — *2'-Hydroxy-2.3-dimethoxy-*; 61,2%. — *2'-Hydroxy-3.4-dimethoxy-*; 64,4%. — *2'.4-Dihydroxy-3-methoxy-*; 19,9%. — *2'.2-Dihydroxy-3-methoxy-*; 48,6%. — *2'-Hydroxy-2-methyl-*; 49%. — *2'-Hydroxy-3-methyl-*; 52,6%. — *2'-Hydroxy-4-methyl-*; 66,7%. — *2'.4'-Dihydroxy-*; 41,4%. — *2'.4'.2-Trihydroxy-*; 4,5%. — *2'.4'.3-Trihydroxy-*; 28,6%. — *2'.4'-Dihydroxy-2-methoxy-*; 81,9%. — *2'.4'-Dihydroxy-3-methoxy-*; 33,9%. — *2'.4'-Dihydroxy-4-methoxy-*; 46,9%. — *2'.4'-Dihydroxy-2.3-dimethoxy-*; 70%. — *2'.4'-Dihydroxy-3.4-dimethoxy-*; 33,2%. — *2'.4'.2-Trihydroxy-3-methoxy-*; 10,9%. — *2'.4'-Dihydroxy-2-methyl-*; 60,5%. — *2'.4'-Dihydroxy-3-methyl-*; 50,9%. — *2'.4'-Dihydroxy-4-methyl-*; 64,1%. F. Heller. 2360◇

0853 **Stereochemie der Hydrindanone-(5).** 2. Mitt. **Das trans-Isomere.** R. Granger, P. Nau und J. Nau. (Trav. Soc. Pharmac. Montpellier **17**, 177—84, 1957; Montpellier, Fac. de Pharmacie, Labor. de Chim. Organ.; franz.) — 1. vgl. Trav. Soc. Pharmac. Montpellier **17**, [1957], 123. — Die Darst. von *trans-Hydrindanon-(5)* (*trans*-I) gelang auf 3 verschiedenen Wegen: 1. trans-Bicyclo-[3.3.0]-octanon-(3) wurde mit fl. HCN u. wenig K_2CO_3 in das *Cyanhydrin* [$Kp._1$ 120°; 82% (Ausbeute)] übergeführt, das in Form des *O-Acetyl-Deriv.* ($Kp._1$ 115—118°; n_D^{20} 1,4740; $D._{4}^{21,7}$ 0,9538; 93%) mit $LiAlH_4$ zu *3-Aminomethyl-trans-bicyclo-[3.3.0]-octanol-(3)* [II; F. 52 bis 53°, $Kp._1$ 100—102°; 83%. *Hydrochlorid*, F. 215° (Zers.). *Pikrat*, F. 177° (Zers.). *N-Benzoyl-Deriv.*, F. 133°] red. wurde. HNO_2 desaminierte II unter Ringaufweitung zu *trans*-I [$Kp._1$ 68—70°, $Kp._{13}$ 100°; n_D^{25} 1,4781; $D._{25}^{25}$ 0,9721; 50 bis 60%. *Semicarbazon*, F. 213° (Zers.). *p-Nitrophenylhydrazon*, F. 172° (Zers.). *2.4-Dinitrophenylhydrazon*, *Form a*, F. 183°, orangegelb; *Form b*, F. 118°, orangefarben]. — 2. trans-Cyclopentan-1.2-diessigsäure wurde durch Erhitzen mit Acetanhydrid in das *Anhydrid* ($Kp._1$ 120—140°, F. 37—39°; 72%) u. dieses mit $NaOCH_3$ in den *Monomethylester* ($Kp._{0,5}$ 140—150°; 73%) übergeführt. Eine Homologisierung nach Arndt-Eistert über das Diazoketon lieferte *trans-β-[1-Carbomethoxymethylcyclopentyl-(2)]-propionsäuremethylester* [*trans*-III; $Kp._1$ 120°; n_D^{18} 1,4575; $D._{17,5}^{17,5}$ 1,056; 64%], der in Form der *freien Säure* (F. 83°) bei 360—370° in Ggw. von $Ba(OH)_2$ zu *trans*-I (62%) cyclisiert wurde. — 3. Aus Cyclopentanon-2-carbonsäureäthylester wurde durch Cyanäthylierung, Verseifung, Veresterung u. Knoevenagel-Kondens. mit Cyanessigester *2-[β-Carbäthoxyäthyl]-cyclopentylidencyanessigsäureäthylester* gewonnen, der an Pd-Kohle ster. uneinheitlich hydriert wurde. Verseifung u. Decarboxylierung des Hydrierungs-Prod. lieferte ein schwer trennbares Gemisch von *cis-* u. *trans*-III, welches in Ggw. von $Ba(OH)_2$ fraktioniert pyrolysiert wurde. Bei 320—340° entsteht *cis*-I, bei 340—360° ein *cis-trans*-Isomerengemisch u. gegen Ende des Erhitzens reines *trans*-I. — Entsprechend der Skita-von-Auwers-Regel liegen Kp., D. u. n_D bei trans-I niedriger als bei cis-I. H. Pracejus. 2650◇

0854 **Derivate des Cyclopentenophenanthrens.** 5. Mitt. **Neue Synthese von 6-Methoxy-4-bromindanon-(1).** Angel Alberola, M. Lora-Tamayo und Salah Yahyaoui. (An. Real Soc. españ. Física Quím., Ser. B **55**, 683—92, 1959; Madrid, Univ., Inst. de Quím. „Alonso Barba"; span.) — 4. vgl. C. **1958**, 8034. — Eine neue, bessere Meth. zur Darst. von *6-Methoxy-4-bromindanon-(1)* (I) verläuft folgendermaßen: 4-Methoxy-2-bromtoluol wird in *4-Methoxy-2-brombenzaldehyd* übergeführt, dieser weiter zu *4-Methoxy-2-bromzimtsäure* umgesetzt, die weiter zu *β-[4-Methoxy-2-bromphenyl]-propionsäure* hydriert wird. Die Säure wird in das entsprechende *Chlorid* übergeführt, das durch intramol. Friedel-Crafts-Rk. in I umgewandelt wird. Die direkte Halogenierung von 4-Methoxy-2-cyantoluol durch Cl_2 liefert *4-Methoxy-2-cyan-3-chlortoluol* u. *4-Methoxy-2-cyan-3.5-dichlortoluol*, die Halogenierung mit N-Bromsuccinimid (NBS) liefert eine Verb., die wahrscheinlich *4-Methoxy-2-cyan-3-bromtoluol* ist. Die Rk. von o-Bromtoluol mit NBS ergibt *o-Brombenzylbromid*, die von p-Methoxytoluol liefert *4-Methoxy-3-bromtoluol*. IR-Spektren einiger Verbb. vgl. Original.

Versuche: *4-Methoxy-2-aminotoluol*, F. 47°, $Kp._{720}$ 253°, durch 3 Std. Red. von 4-Methoxy-2-nitrotoluol mit Zn/konz. HCl unter leichtem Erwärmen u. weiterer portionsweiser Zugabe von HCl; aus W. Nadeln; 50% (Ausbeute). — *4-Methoxy-2-bromtoluol*, C_8H_9BrO, $Kp._{23}$ 115°, durch Diazotieren vorst. Verb. in 48%ig. HBr u. Sandmeyer-Rk. in Ggw. von Cu-Pulver; 47%. — *4-Methoxy-2-brombenzaldiacetat*, F. 130—132° (A. oder Essigsäure), durch portionsweises

Zugeben von CrO_3 zu vorst. Verb. in Acetanhydrid/Eisessig konz. H_2SO_4 bei 5—10° unter starkem Rühren, ½std. Rühren u. Gießen in Eiswasser; 56%. — *4-Methoxy-2-brombenzaldehyd*, F. 68—69°, a) durch 1std. Kochen vorst. Verb. in konz. HCl/W./A. u. Dampf-Dest.; aus verd. A. Nadeln; 5%; b) durch Zutropfen von Br_2 zu vorvorst. Verb. bei 105° unter Bestrahlung mit einer 150 W-Lampe, Rk. bei 105—110° (1 Std.), 135° (2 Std.) u. 150° (10 Min.), Versetzen mit $CaCO_3$ u. W. u. 15std. Kochen; 20%. *2.4-Dinitrophenylhydrazon*, $C_{14}H_{11}BrN_4O_5$, F. 266—267° (Essigester). — *4-Methoxy-2-bromzimtsäure*, $C_{10}H_9BrO_3$, F. 250°, durch 8std. Erhitzen eines Gemisches aus vorst. Verb., Malonsäure u. abs. Pyridin/A. im sd. Wasserbad; aus A. Nadeln; 70%. — *β-[4-Methoxy-2-bromphenyl]-propionsäure*, $C_{10}H_{11}BrO_3$, F. 116—118°, durch Erhitzen vorst. Verb. mit Zn-Amalgam in Eisessig/konz. HCl (30—40 Min.), weiteres 2std. Kochen, Ansäuern mit verd. Essigsäure u. Ausäthern; aus wss. A. Nadeln; 90%. *Chlorid*, durch 2std. Kochen der Säure mit $SOCl_2$ u. Eindampfen im Vakuum (12 Torr). — *6-Methoxy-4-bromindanon-(1)* (I), F. 113—114°, durch 2std. Zutropfen vorst. Säurechlorids zu $AlCl_3$ in abs. CS_2 bei Raum-Temp., ½std. Kochen, Zers. mit 2n HCl, Dampf-Dest. u. Extrahieren mit Bzl.; aus A./W. (1:3) gelbe Nadeln. — *4-Methoxy-2-cyantoluol*, C_9H_9NO, Kp.$_2$ 120°, nach Clarke u. Read (Sintesis Organicas, Gustavo Gili, S. A., Barcelona, I, S. 165); 47%. — *4-Methoxy-2-cyan-3-chlortoluol*, C_9H_8ClNO, F. 106—107°, durch Einleiten von Cl_2 in vorst. Verb. bei 190—195° unter Bestrahlung mit UV-Licht bis zur berechneten Gew.-Zunahme u. 3tägiges Stehen; Nadeln. — *4-Methoxy-2-cyan-3.5-dichlortoluol*, $C_9H_7Cl_2NO$, F. 185—187°, neben vorst. Verb.; Nadeln. — *4-Methoxy-2-aminomethyl-3-chlortoluol*, *Hydrochlorid*, $C_9H_{13}Cl_2NO$, F. 227—229°, durch Red. vorvorst. Verb. mit $LiAlH_4$ in abs. Ae.; 88%. — *4-Methoxy-2-cyan-3(?)-bromtoluol*, C_9H_8BrNO, F. 124° (A.), durch 4std. Erhitzen von 4-Methoxy-2-cyantoluol, NBS u. Benzoylperoxid in CCl_4 im Wasserbad; 55%. — *4-Methoxy-2-bromtoluol*, C_8H_9BrO, Kp.$_{12}$ 160—165°; 47%. — *4-Methoxy-3-bromtoluol*, Kp. 222°, aus p-Methoxytoluol. — *o-Brombenzylbromid*, Kp.$_{19}$ 129°, aus o-Bromtoluol. — *o-Brombenzylmalonsäurediäthylester*, $C_{14}H_{17}BrO_4$, Kp.$_{18}$ 202°, durch Zutropfen von Na-Äthylat in abs. A. zu Malonsäurediäthylester unter Kühlung, Zugabe vorst. Verb. bei 5° u. mehrstd. Stehen bei Raum-Temp.; 62%. — *β-[o-Bromphenyl]-propionsäure*, F. 98—99° (Ligroin), durch 27std. Kochen vorst. Verb. mit konz. HCl/Eisessig; 95%.

P. Golinske. 2650△

0855 **Bildung und Desaminierung von 5-Amino-trans-perhydrindanen mit salpetriger Säure.** Robert Granger, Jean-Pierre Girard und Henri Técher. (C. R. hebd. Séances Acad. Sci. **252**, 4009—10, 19/6. 1961; Montpellier Faculté de Pharmacie, Labor. de Chimie organ.; franz.) — Vff. beschreiben die Darst. von *5a-* (I) u. *5e-Amino-trans-perhydrindan* (II; äquatoriale Lage). Die Desaminierung von I u. II mit HNO_2 wird untersucht u. mit der der 2-Amino-trans-dekaline verglichen.

Versuche: *5a-Amino-trans-perhydrindan* (I), Kp.$_{16}$ 91°, a) durch Rk. des Tosyl-Deriv. von trans-Perhydrindanol-(5e) (Phenylurethan F. 147) mit $NaNO_2$ u. Red. mit $LiAlH_4$; b) durch katalyt. Hydrierung von trans-Perhydrindanonoxim-(5) (F. 65°) an Pt in essigsaurem Medium. *Benzoyl-Deriv.*, F. 167°. — *5e-Amino-trans-perhydrindan* (II), Kp.$_{16}$ 91°, a) nach Schmidt aus trans-Perhydrindan-5e-carbonsäure (*Amid*, F. 207—208°); b) durch Hydrierung von trans-Perhydrindanonoxim-(5) mit A. u. Na. *Benzoyl-Deriv.*, F. 153°. — Die Rk. von I mit HNO_2 liefert 25% *trans-Perhydrindanol-(5e)* (III; *Phenylurethan*, F. 147°), 3% *trans-Perhydrindanol-(5a)* (F. 113°) sowie 72% *trans-4.7.8.9-Tetrahydroindan* (IV; Kp.$_{14}$ 60°, n_D^{24} 1,4851), das mit $KMnO_4$ *1.2-Bis-[carboxymethylen]-cyclopentan* (F. 153°) liefert. Die Rk. von II mit HNO_2 ergibt 87% III u. 13% IV.

Gottfried Schreiber. 2650□

0856 **Diensynthese von Alloocimen mit asymmetrischen Dienophilen. 2. Mitt. Synthese substituierter Naphthaline aus Addukten mit Alloocimen.** B. A. Arbusow und A. R. Wiltschinskaja. (J. allg. Chem. [UdSSR] **31** (**93**), 2199 bis 2204, 1961; Kasan, Univ., Chem. Butlerow-Forschungsinst. u. Med. Inst.; russ.) — 1. vgl. C. **1963**, 20383. — Durch Dien-Synth. von Alloocimen (I) mit Crotonaldehyd (II), Zimtaldehyd (III), Benzalaceton (IV) u. Benzalacetophenon (V) wurden *2.3.4-Trimethyl-* (VI), *2-Phenyl-3.4-dimethyl-6-[2-methylpropenyl]-cyclohexen-(4)-aldehyd-(1)* (VII), *1-Acetyl-* (VIII) u. *1-Benzoyl-2-phenyl-3.4-dimethyl-6-[2-methylpropenyl]-cyclohexen-(4)* (IX) dargestellt. Das aus I u. Acrylonitril erhaltene *1-Cyan-3.4-dimethyl-6-[2-methylpropenyl]-cyclohexen-(4)* (X) wurde nach Grignard in *1-Acetyl-* (XI), *1-Propionyl-* (XII), *1-n-Butyryl-* (XIII), *1-n-Valeryl-* (XIV) u. *1-Benzoyl-3.4-dimethyl-6-[2-methylpropenyl]-cyclohexen-(4)* (XV) übergeführt. VI bis IX u. XI—XV lieferten beim Erhitzen mit Pd/Kohle die entsprechenden *2.3.7-Trimethyl-4(5)-alkyl(phenyl)-naphthaline*.

Versuche: 3.4-Dimethyl-6-[2-methylpropenyl]-cyclohexene-(4): *2-Methyl-*, *-1-aldehyd* (VI), $C_{14}H_{22}O$, Kp.$_4$ 112—114°, aus I u. II. — *2-Phenyl-*, *-1-aldehyd* (VII), $C_{19}H_{24}O$, Kp.$_2$ 160—161°, F. 80—81° (A.), durch 6std. Erhitzen von 38,5 g I mit 37 g III in Ggw. von 0,5 g Hydrochinon auf 160—170°; fadenförmige Kristalle; 50% (Ausbeute). — *1-Acetyl-2-phenyl-* (VIII), $C_{20}H_{26}O$, Kp.$_3$ 163°, F. 67—69° (A.), aus I u. IV (5 Std., 200°). — *1-Benzoyl-2-phenyl-* (IX), $C_{25}H_{28}O$, F. 134—135° (Methanol–PAe.), aus I u. V (2½ Std., 180—205°); Fädchen; 71,7%. — *1-Acetyl-* (XI), $C_{14}H_{22}O$, Kp.$_{2,5}$ 102—104°, durch 5std. Kochen von 12,3 g X mit Methyl-MgJ (6 g Mg, 40 g Methyljodid) in Ae.; D_4^{20} 0,9270; n_D^{20} 1,4970; 50%. — *1-Propionyl-* (XII), $C_{15}H_{24}O$, Kp.$_{2,5}$ 107—108°, aus X u. Äthyl-MgJ (5 Std. langes Kochen); D_4^{20} 0,9162; n_D^{20} 1,4845. — *1-n-Butyryl-* (XIII), $C_{16}H_{26}O$, Kp.$_{1,5}$ 105,5°, aus X u. n-Propyl-MgBr (2 Tage lang Kochen); D_4^{20} 0,9081; n_D^{20} 1,4838. — *1-n-Valeryl-* (XIV), $C_{17}H_{28}O$, Kp.$_5$ 134°, aus X u. n-Butyl-MgBr (1½ Tage langes Kochen); D_4^{20} 0,9113; n_D^{20} 1,4830. — *1-Benzoyl-* (XV), $C_{19}H_{24}O$, Kp.$_2$ 146—147°, aus X u. Phenyl-MgBr (8 Std. langes Kochen); D_4^{20} 0,9956; n_D^{20} 1,5425; 62,3%. — 2.3.7-Trimethylnaphthaline: durch 1—2std. Erhitzen von 3—7 g vorst. Verbb. mit 2—5 g 10%ig. Pd/Kohle auf 220—260°: *4-Methyl-*, $C_{14}H_{16}$, F. 59—59,5° (A.), aus 7,3 g VI; glänzende Plättchen; 1,7 g. *Pikrat*, F. 127,5—128,5°. — *4-Phenyl-*, $C_{19}H_{18}$, F. 85 bis 86° (A.), aus VII. *Pikrat*, F. 103—104°. — *4-Phenyl-5-methyl-*, $C_{20}H_{20}$, F. 94—95° (Ae.), aus VIII. *Pikrat*, zersetzt sich vor dem Schmelzen. — *4.5-Diphenyl-*, $C_{25}H_{22}$, F. 162° (Al_2O_3, Methanol), aus 3,25 g IX; Fasern; 2,9 g. — *5-Methyl-*, $C_{14}H_{16}$, F. 45—46° (A.), aus XI; Kristalle. *Pikrat*, F. 127° (A.). — *5-Äthyl-*, $C_{15}H_{18}$, F. 27—28° (A.), aus XII; Nädelchen. *Pikrat*, F. 101—103°. — *5-n-Propyl-*, $C_{16}H_{20}$, F. 59—60° (A.), aus XIII; Kristalle. *Pikrat*, F. 82°. — *5-n-Butyl-*, $C_{17}H_{22}$, F. 33—34° (A.), aus XIV. *Pikrat*, F. 88°. — *5-Phenyl-*, $C_{19}H_{18}$, F. 93°, aus XV. *Pikrat*, F. 106—107°.

Helmut Schäfer. 2700△

0857 **Organische Reaktionen in wässeriger Lösung bei Raumtemperatur.** 3. Mitt. **Der Einfluß des pH-Wertes auf die Selbstkondensation von Diacetylaceton: Die Konstitution von Collies Naphthalinderivat.** J. R. Bethell und P. Maitland. (J. chem. Soc. [London] **1962**, 3751—58; Cambridge, Univ., Chem. Labor.; engl.) — 2. vgl. J. chem. Soc. [London] **1961**, 5211. — Bei der Unters. des Einfl. des pH-Wertes auf die Selbstkondens. von Diacetylaceton wurden *7-Acetyl-3.8-dihydroxy-3.6-dimethyltetralon-(1)* (II) u. *2-Acetyl-3.6-dimethylnaphthalinindol-(1.8)* (III) erhalten. IR-, UV- u. NMR-Spektren vgl. Original.

Versuche: *Diacetylaceton*, F. 49°, Kp.$_{7-8}$ 96—97°, durch ½std. Kochen von 100 g Dehydracetsäure u. konz. HCl, Eindampfen im Vakuum, Lösen in 10%ig. NaOH, Versetzen mit einer sd. wss. Lsg. von $Ba(OH)_2$, Lösen des abgesaugten gelben Nd. von *Bariumdimethylpyron* (I) in überschüssiger 15%ig. HCl u. Extraktion mit Ae.; 53 g (Ausbeute). — *7-Acetyl-3.8-dihydroxy-3.6-dimethyltetralon-(1)* (II), $C_{14}H_{16}O_4$, F. 137—138°, durch Anteigen von I mit W. u. Neutralisation mit 15%ig. HCl; aus wss. Essigsäure gelbe Kristalle. — *2-Acetyl-3.6-dimethylnaphthalindiol-(1.8)* (III), $C_{14}H_{14}O_3$, F. 182—184°, a) durch kurzes Kochen von II mit Eisessig; b) durch 3std. Erhitzen von 30 g Diacetylaceton mit einigen Tropfen Piperidin auf 100° unter Zugabe von 3—4 Tropfen Piperidin je nach ½ Std. u. Lösen in sd. Eisessig; aus Eisessig hellgelbe Nadeln; 13 g. *Diacetyl-Deriv.*, F. 167—169° (A.). — *2-Acetyl-3.6-dimethyl-1.8-methylendioxynaphthalin*, $C_{15}H_{14}O_3$, F. 124 bis 125°, durch 12std. Kochen von 2 g III mit 5 g CH_2Br_2, K_2CO_3 u. Aceton, Versetzen mit 5 g CH_2Br_2 u. 53std. Kochen; aus A. hellgelb; 0,65 g; sublimierbar. — *2-Cinnamoyl-3.6-dimethyl-1.8-methylendioxynaphthalin*, $C_{22}H_{18}O_3$, F. 129—130°, durch Erwärmen von 250 mg vorst. Verb. mit 1 g Benzaldehyd u. A., Zugabe von 6 Tropfen 30%ig. NaOH u. Erhitzen auf 100°; aus A. hellgelb; 245 mg. — *2.7-Dimethylnaphthalin* (?), $C_{12}H_{12}$,

F. 89—90°, sublimiert bei 14 Torr/100°, durch Dest. von 2,5 g **III** mit Zn-Staub; 14 mg. — *2-Acetyl-8-methoxy-3.6-dimethyl-α-naphthol* (**IV**), $C_{15}H_{16}O_3$, F. 133—134°, durch 2std. Zutropfen von 40 g Dimethylsulfat zu einer Lsg. von 5 g **III** in 5%ig. KOH bei 80° u. Zugabe von ausreichend 20%ig. KOH beim Umschlag des Rk.-Gemisches ins saure Gebiet; aus Leichtbenzin Nadeln; 1,2 g; unlösl. in Alkali. *Acetyl-Deriv.*, $C_{17}H_{18}O_4$, F. 86—88° (50%ig. A.). — *2-Acetyl-1.8-dimethoxy-3.6-dimethylnaphthalin* (**V**), $C_{16}H_{18}O_3$, F. 101—102° (A.), a) bei vorst. Rk. aus der Mutterlauge; b) durch 48std. Erhitzen von 5 g **III** mit K_2CO_3, CH_3J u. Aceton, Zugabe von CH_3J u. erneutes 48std. Erhitzen; 2,4 g. — *1.8-Dimethoxy-3.6-dimethyl-2-tribromacetylnaphthalin*, $C_{16}H_{15}Br_3O_3$, F. 172—174° (A.), durch Zutropfen von 930 mg Br_2 in Essigsäure zu 500 mg vorst. Verb. in Essigsäure unter Rühren u. 1/4std. Erhitzen auf 100°; 220 mg. — *6-Methoxytrimellithsäure* (**VI**), $C_{10}H_8O_7$, F. 264 bis 266° (W.), a) durch 4std. Kochen von 1,5 g 2.3.5-Trimethylanisol mit $KMnO_4$ u. Na_2CO_3 in W., Ansäuern mit konz. HCl u. Entfärben mit 20%ig. Na_2SO_3-Lsg.; 480 mg; b) durch 4std. Kochen von 400 mg **IV** mit $KMnO_4$ u. Na_2CO_3 in W.; 225 mg; c) durch portionsweise Zugabe von ca. 5%ig. $KMnO_4$-Lsg. zu einer kochenden Suspension von 2 g **V** u. NaOH in W.; 650 mg neben **VII** (s. unten); d) durch Kochen von 200 mg **VIII** (s. unten, Rohprod.) mit NaOH in W. unter portionsweiser Zugabe von 5%ig. $KMnO_4$-Lsg.; 126 mg; daneben **VII**. *Anhydrid*, $C_{10}H_6O_6$, F. 264—266°, durch Sublimation von **VI** bei 200°/1·10⁻³ Torr. — *2-Methoxy-4.6-dimethylisophthalsäurediäthylester*, $C_{15}H_{20}O_5$, Kp.₁ 160°, durch 6std. Kochen von 20 g 2-Hydroxy-4.6-dimethylisophthalsäurediäthylester mit K_2CO_3 u. CH_3J in Aceton; 16,5 g. — *2-Methoxy-4.6-dimethylisophthalsäure*, $C_{11}H_{12}O_5$, F. 245—246°, durch 9std. Kochen von 11 g vorst. Esters mit NaOH in 50%ig. A.; aus W. Nadeln; 8 g. — *3-Methoxypyromellithsäure* (**VII**) $C_{11}H_8O_9$, F. 237 bis 240° (Zers.; W.) durch 4½std. Kochen von 5 g vorst. Säure mit $KMnO_4$ u. Na_2CO_3 in W.; 5 g (auch durch Oxydation von **V** u. **VIII** mit 5%ig. $KMnO_4$-Lsg. neben **VI**). *Dianhydrid*, $C_{11}H_4O_7$, F. 236—238° (Zers.), durch Sublimation der Tetracarbonsäure bei 200°/2·10⁻² Torr. *Tetramethylester*, $C_{15}H_{16}O_9$, F. 108—109° (A.). — *1.8-Dimethoxy-3.6-dimethyl-β-naphthaldehyd*, $C_{15}H_{16}O_3$, F. 122—124°, durch 7tägiges Erwärmen einer Suspension von 1 g **V** in einer Lsg. von $K_3Fe(CN)_6$ u. KOH in W. auf 60° unter Zugabe von je $K_3Fe(CN)_6$ u. KOH nach 2 bzw. 4 Tagen u. Extraktion mit Ae.; aus A. hellgelb; 200 mg; daneben **VIII**. — *1.8-Dimethoxynaphthalin-2.3.6-tricarbonsäure* (**VIII**) F. 290—291°, durch Ansäuern der bei vorst. Rk. nach der Extraktion mit Ae. erhaltenen alkal.wss. Lsg. mit verd. H_2SO_4; 210 mg. *2.3-Anhydrid*, $C_{15}H_{10}O_7$, F. 290 bis 291°, durch Sublimation von **VIII** bei 250°/1·10⁻² Torr.
W. Eisenmann. 2700◇

0858 **Untersuchungen über Tetralinderivate.** 6. Mitt. **Synthesen von Naphthochinonderivaten durch Oxydation von Tetralonderivaten.** 1. Mitt. Tatsuo Shoji. (J. pharmac. Soc. Japan [Yakugakuzasshi] **79**, 1034—38, 1959; Kyushu, Univ., Med. Fac., Pharmac. Inst.; jap., Auszug: engl.) — Durch 1std. Oxydation von α-Tetralon in 80%ig. Essigsäure mit CrO_3 wird *Naphthochinon-(1.2)* erhalten [F.125°; aus A. Nadeln; 0,7 g (aus 1,5 g)]; 2-Methyl-α-tetralon ergibt in gleicher Weise *2-Methylnaphthochinon-(1.4)* [F. 105°; Nadeln; 0,3 g (aus 1,5 g)]. Oxydation von 5.8-Dihydroxy-α-tetralon mit $FeCl_3$ in verd. Essigsäure ergibt *Juglon* (*8-Hydroxynaphthochinon-(1.4)*); analoge Rkk. ergeben aus 7-Methyl-5.8-dihydroxy-α-tetralon *2-Methyl-8-hydroxynaphthochinon-(1.4)*, aus 5.8-Dihydroxy-α-tetralonyl-(2)-essigsäure *8-Hydroxynaphthochinon-(1.4)-yl-(7)-essigsäure*, aus 2.7-Dimethyl-5.8-dihydroxy-α-tetralon *2.7-Dimethyl-8-hydroxynaphthochinon-(1.4)*, aus 3.7-Dimethyl-5.8-dihydroxy-α-tetralon *2.6-Dimethyl-8-hydroxynaphthochinon-(1.4)*. 2.2.7-Trimethyl-5.8-dihydroxy-α-tetralon unterliegt nicht dieser Oxydation. Oxydation von 2.7-Dimethyl-5.8-dihydroxy-α-tetralon mit Ag_2O ergibt *2.7-Dimethyl-8-oxo-5.6.7.8-tetrahydronaphthochinon-(1.4)*, analog wird aus 2.2.7-Trimethyl-5.8-dihydroxy-α-tetralon *2.7.7-Trimethyl-8-oxo-5.6.7.8-tetrahydronaphthochinon-(1.4)* erhalten.
H.-J. Weigmann. 2700△

0859 **Untersuchungen über Tetralinderivate.** 7. Mitt. **Synthesen von Naphthochinonderivaten durch Oxydation von Tetralonderivaten.** 2. Mitt. Tatsuo Shoji. (J. pharmac. Soc. Japan [Yakugakuzasshi] **79**, 1038—41, 1959; jap., Auszug: engl.) — 6. bzw. 1. vgl. vorst. Referat. — Durch Oxydation von 7-Alkyl-5.8-dihydroxy-α-tetralonen (**F**) mit $FeCl_3$ entstehen in guter Ausbeute *2-Alkyl-8-hydroxynaphthochinone-(1.4)*; die Länge der Alkylgruppe (C_2—C_{10}) ist ohne Einfl. auf die Reaktion. Die FF. der dargestellten Verbb. mit gerader Anzahl der C-Atome liegen höher als die der Verbb. mit ungerader Anzahl.

Versuche: 1.4-Dimethoxybenzole (**A**) durch Rk. von 1.4-Dimethoxybenzol in CS_2 mit Acylhalogenid bei 0° u. Ggw. von $AlCl_3$: *2-Butyryl-*, $C_{12}H_{16}O_3$, Kp.₃ 178°; orangefarbene Kristalle. — *2-Valeryl-*, $C_{13}H_{18}O_3$, F. 63°, Kp.₂₀ 185°; gelbliche Kristalle. — *2-Capryloyl-*, $C_{16}H_{24}O_3$, F. 42—45°; aus PAe. gelbliche Kristalle. — *2-Octylcarbonyl-*, $C_{17}H_{26}O_3$, Kp.₃ 180—182°; hellgelb. — *2-Caprinoyl-*, $C_{18}H_{28}O_3$, F. 38°; aus PAe. gelbliche Kristalle. — 2-Alkyl-1.4-dimethoxybenzole (**B**), durch Red. der **A** nach Clemmensen oder nach Huang-Minlon: *2-Butyl-*, $C_{12}H_{18}O_2$, Kp.₂₅ 146—149°. — *2-Pentyl-*, $C_{13}H_{20}O_2$, Kp.₁₇ 150—159°. — *2-Heptyl-*, $C_{15}H_{24}O_2$, Kp. 296°. — *2-Octyl-*, $C_{16}H_{26}O_2$, F. 42° (PAe.). — *2-Nonyl-*, $C_{17}H_{28}O_2$, Kp.₃ 154—157°. — *2-Decyl-*, $C_{18}H_{30}O_2$, F. 46—48°, Kp.₃ 167 bis 170°. — 2-Alkyl-1.4-dimethoxy-5-[β-carboxypropionyl]-benzole (**C**), durch Kondens. der **B** mit Bernsteinsäureanhydrid in Ggw. von $AlCl_3$: *2-Propyl-*, $C_{15}H_{20}O_5$, F. 138—141°; aus A. Platten. — *2-Butyl-*, $C_{16}H_{22}O_5$, F. 159 bis 161°; aus Methanol Prismen. — *2-Pentyl-*, $C_{17}H_{24}O_5$, F. 110 bis 112°; aus Methanol Prismen. — *2-Hexyl-*, $C_{18}H_{26}O_5$, F. 97 bis 98°; aus Bzl./PAe. Nadeln. — *2-Heptyl-*, $C_{19}H_{28}O_5$, F. 92 bis 94°; aus Bzl./PAe. Nadeln. — *2-Octyl-*, $C_{20}H_{30}O_5$, F. 95—96°; aus Bzl./PAe. Nadeln. — *2-Nonyl-*, $C_{21}H_{32}O_5$, F. 98—99,5°; aus A. Nadeln. — *2-Decyl-*, $C_{22}H_{34}O_5$, F. 98—100°; aus A. Platten. — 2-Alkyl-1.4-dimethoxy-5-[3-carboxypropyl]-benzole (**D**), durch Red. der **C** mit Zn/Hg: *2-Propyl-*, $C_{15}H_{22}O_4$, F. 54—60° (PAe.). — *2-Butyl-*, $C_{16}H_{24}O_4$, F. 48—51°; aus PAe. Platten. — *2-Pentyl-*, $C_{17}H_{26}O_4$, F. 60—63°; aus PAe. Nadeln. — *2-Hexyl-*, $C_{18}H_{28}O_4$, F. 78—79°; aus PAe. Prismen. — *2-Heptyl-*, $C_{19}H_{30}O_4$, F. 59—60°; aus PAe. Platten. — *2-Octyl-*, $C_{20}H_{32}O_4$, F. 63—65°; aus PAe. Prismen. — 7-Alkyl-5.8-dimethoxy-α-tetralone (**E**), durch Rk. der **D** mit $SnCl_4$: *7-Propyl-*, *Semicarbazon*, $C_{16}H_{23}N_3O_3$, F. 197—201°; aus A. Nadeln. — *7-Butyl-*, $C_{16}H_{22}O_3$, F. 94—97°; aus Bzl. Prismen. — *7-Pentyl-*, *Semicarbazon*, $C_{18}H_{27}N_3O_3$, F. 161 bis 164°; aus A. Nadeln. — *7-Hexyl-*, *Semicarbazon*, $C_{19}H_{29}N_3O_3$, F. 154—156°; aus A. Nadeln. — *7-Heptyl-*, *Semicarbazon*, $C_{20}H_{31}N_3O_3$, F. 148—149°; aus A. Nadeln. — *7-Octyl-*, *Semicarbazon*, $C_{21}H_{33}N_3O_3$, F. 149—151°; aus A. Nadeln. — *7-Nonyl-*, $C_{21}H_{32}O_3$, Kp.₂ 210°; hellgelb. — *7-Decyl-*, $C_{22}H_{34}O_3$, Kp.₂ 212°; gelb. — 7-Alkyl-5.8-dihydroxy-α-tetralone (**F**), durch Rk. der **E** mit HJ: *7-Äthyl-*, $C_{12}H_{14}O_3$, F. 183—185°; aus A. gelbe Nadeln. — *7-Propyl-*, $C_{13}H_{16}O_3$, F. 142—144°; aus Eisessig hellgelbe Platten. — *7-Butyl-*, $C_{14}H_{18}O_3$, F. 148°; aus Bzl. gelbe Platten. — *7-Pentyl-*, $C_{15}H_{20}O_3$, F.143—144°; aus Bzl. hellgelbe Platten. — *7-Hexyl-*, $C_{16}H_{22}O_3$, F. 140 bis 142°; aus Bzl. hellgelbe Nadeln. — *7-Heptyl-*, $C_{17}H_{24}O_3$, F. 139 bis 140°; aus Bzl. gelbe Nadeln. — *7-Octyl-*, $C_{18}H_{26}O_3$, F. 138 bis 139°; aus Bzl. gelbe Platten. — *7-Nonyl-*, $C_{19}H_{28}O_3$, F. 134 bis 136°; aus Ligroin gelbe Nadeln. — *7-Decyl-*, $C_{20}H_{30}O_3$, F. 135—137°; aus Bzl. gelbe Nadeln. — 2-Alkyl-8-hydroxynaphthochinone-(1.4), durch Oxydation der **F** mit $FeCl_3$: *2-Äthyl-*, $C_{12}H_{10}O_3$, F. 155°; aus A. orangefarbene Nadeln. — *2-Propyl-*, $C_{13}H_{12}O_3$, F. 84—86°; aus A. hellorangefarbene Nadeln. — *2-Butyl-*, $C_{14}H_{14}O_3$, F. 88—90°; aus A. orangefarbene Nadeln. — *2-Pentyl-*, $C_{15}H_{16}O_3$, F. 68—69,5°; aus A. orangefarbene Platten. — *2-Hexyl-*, $C_{16}H_{18}O_3$, F. 87 bis 88°; aus A. orangefarbene Nadeln. — *2-Heptyl-*, $C_{17}H_{20}O_3$, F. 81—84°; aus A. orangefarbene Platten. — *2-Octyl-*, $C_{18}H_{22}O_3$, F. 92—92,5°; aus A. orangefarbene Platten. — *2-Nonyl-*, $C_{19}H_{24}O_3$, F. 85—86°; aus A. orangefarbene Platten. — *2-Decyl-*, $C_{20}H_{26}O_3$, F. 91—93°; aus A. orangefarbene Platten.
H.-J. Weigmann. 2700△

0860 **ω-Naphthalin-δ-ketocarbonsäuren.** 3. Mitt. **Alkylierung von an den Kohlenstoffatomen 4- und 5-substituierten Cyclohexandionen-(1.3).** A. Kotarska. (Soc. Sci. Lodziensis, Acta chim. **7**, 77—87, 1961; engl.) — 2. vgl. C. **1963**, 10840. — Durch Umsetzung von 5-Phenyl- (**I**), 4.5-Diphenyl- (**II**) u. 5.5-Dimethyl-4-phenylcyclohexandion-(1.3) (**III**) mit 1-Chlormethylnaphthalin (**IV**) werden die entsprechenden *2-[α-Naphthylmethyl]-Derivv.* neben den *O-[α-Naphthylmethyl]-Verbb.* erhalten. Die Ausbeute an $C_{(2)}$-alkylierten Prodd. ist bei Anwendung von W. + A. (1 : 1) am größten. In W. oder A. allein steigt die Ausbeute an O-alkylierten Verbb. an. Die Trennung der $C_{(2)}$-alkylierten Verb. von der O-alkylierten erfolgt durch Extraktion letzterer mit Ae., nicht umgesetztes

Dion wird vom Haupt-Prod. durch Einleiten von CO_2 abgetrennt, wobei letzteres ausfällt. Aus dem äther. Extrakt konnte nur *3-[α-Naphthylmethoxy]-1-phenyl-Δ^3-cyclohexenon-(5)* rein isoliert werden. 5-Phenyl-2-[α-naphthylmethyl]-cyclohexandion-(1.3) (**V**) liefert bei der Säurespaltung *6-[Naphthyl-(1)]-4-keto-2-phenylhexancarbonsäure.* 4.5-Diphenyl-2-[α-naphthylmethyl]-cyclohexandion-(1.3) (**VI**) liefert bei der analogen Rk. wahrscheinlich das Gemisch der 2 isomeren Formen der *6-[Naphthyl-(1)]-4-keto-1.2* (oder *2.3*)*-diphenylhexancarbonsäure.* 5.5-Dimethyl-4-phenyl-2-[α-naphthylmethyl]-cyclohexandion-(1.3) konnte nicht gespalten werden.

Versuche: *Benzylidenaceton,* F. 40—42°, nach Vorländer [1897] durch Kondens. von Benzaldehyd u. Aceton; 68%. — *5-Phenylcyclohexandion-(1.3)* (**I**), F. 183—185°, durch Kondens. vorst. Verb. mit Malonsäurediäthylester in Ggw. von Na-Äthylat; >75%. — *4.5-Diphenylcyclohexandion-(1.3)* (**II**), F. 157—159°, aus vorvorst. Verb. u. Phenylessigsäureäthylester in Ggw. von Na-Äthylat nach Borsche [1909]; 32%. — *5.5-Dimethyl-4-phenylcyclohexandion-(1.3)* (**III**), F. 139,5—141°, analog vorst. Verb. durch Kondens. von Mesityloxid u. Phenylessigsäureäthylester; 41%. — *5-Phenyl-2-[α-naphthylmethyl]-cyclohexandion-(1.3)* (**V**), $C_{23}H_{20}O_2$, F. 216 bis 216,5°, durch Überführen von **I** (0,01 Mol) in W. in das K-Salz, 2½ std. Kochen der Lsg. mit 0,011 Mol **IV** u. KJ unter Zusatz von CH_3OH, Zugabe von 10%ig. KOH, weiteres ½ std. Kochen, Abdestillieren von CH_3OH, Extraktion des Rückstands mit Ae. u. mehrstd. Einleiten von CO_2 in die wss. Phase; Blättchen aus CH_3OH; 83,46% (Ausbeute). — *3-[α-Naphthylmethoxy]-1-phenyl-Δ^3-cyclohexenon-(5),* $C_{23}H_{20}O_2$, F. 115—116°, aus dem äther. Extrakt von **V**; Nadeln aus Ligroin; 7,85%. — *4.5-Diphenyl-2-[α-naphthylmethyl]-cyclohexandion-(1.3)* (**VI**), $C_{29}H_{24}O_2$, F. 199—200°, analog **V** mit 0,01 Mol **II**, 0,011 Mol **IV** in Ggw. von KOH u. KJ in wss. CH_3·OH; Nadeln aus wss. A.; 82,67%. — *5.5-Dimethyl-4-phenyl-2-[α-naphthylmethyl]-cyclohexandion-(1.3),* $C_{25}H_{24}O_2$, F. 90 bis 110°, analog **V** mit 0,01 Mol **III**; amorphes Pulver; 58,92%; daneben *1-* oder *3-[α-Naphthylmethoxy]-4-phenyl-5.5-dimethyl-Δ^1* (oder *Δ^3*)*-cyclohexenon-(3* oder *1),* $C_{25}H_{24}O_2$, F. 169,2 bis 170,3°, aus dem äther. Extrakt; rhomb. Blättchen aus wss. CH_3OH; 14,03%. — *6-[Naphthyl-(1)]-4-keto-2-phenylhexan-1-carbonsäure,* $C_{23}H_{22}O_3$, F. 96—97°, durch Erhitzen von 6 mMol **V** mit 35 mMol $Ba(OH)_2$ in W. auf 140—150° in einem Autoklaven, Waschen des Prod. mit W., Ausschütteln mit 2n HCl u. Ae., Waschen der äther. Schicht mit W., Trocknen mit wasserfreiem Na_2SO_4 u. Abdestillieren des Ae.; Nadeln aus CH_3COOH; 98,07%. *p-Nitrobenzylester,* $C_{30}H_{27}NO_5$, F. 77 bis 79°, aus dem Salz mit p-Nitrobenzylbromid in wss. A. in der Wärme; aus A. Nadeln. *Semicarbazon,* $C_{24}H_{25}N_3O_3$, F. 147 bis 148°; aus wss. A. Kristalle. — *6-[Naphthyl-(1)]-4-keto-1.2-* (oder *2.3*)*-diphenylhexan-1-carbonsäure,* $C_{29}H_{26}O_3$, F. 163—165°, analog **VI**; Nadeln aus wss. A.; 93,28%. *p-Nitrobenzylester,* $C_{36}H_{31}NO_5$, F. 147—148°; aus A. Nadeln. *2.4-Dinitrophenylhydrazon,* $C_{35}H_{30}N_4O_6$, F. 186—188°; gelbe Blättchen aus CH_3OH + Äthylacetat. F. Urban. 2700◇

0861 **Zur Stereochemie aromatischer Verbindungen.** 14. Mitt. **Allylierung von Benzol an einer Al_2O_3-Säule.** Richard Kuhn und Ursula Breyer. (Liebigs Ann. Chem. **661**, 173—80, 1963; Heidelberg, MPI für Med. Forsch., Inst. für Chem.; dt.) — 13. vgl. C. **1963**, 2782. — Verss., 3.3-Biphenylenallylalkohol (**I**), dessen Phenylhomologe u. Derivv. sowie 3-Phenyl-1.1-biphenylenallylalkohol zu dem noch unbekannten Cyclopenta-[jk]-fluoren bzw. zu dessen Phenylhomologen zu cyclisieren, blieben erfolglos. Chromatographie von 2-Phenyl-3.3-biphenylenallylacetat (**VI**) in Bzl./Bzn. an Al_2O_3 führt unter Austausch der Acetoxygruppe gegen Phenyl zu *2.3-Diphenyl-1.1-biphenylenpropen-(1),* das auch aus Fluorenyl-(9)-Li u. Desoxybenzoin synthetisiert wird. Die Alkylierungs-Rk. ist auf Anisol an Stelle von Bzl. übertragbar.

Versuche: *[Fluorenyl-(9)]-glykolsäuremethylester,* durch 1 std. Kochen von [Fluorenyl-(9)]-glyoxylsäuremethylester mit Al/Hg in Ae./Tetrahydrofuran in Ggw. von 2% W.; aus Bzl. Kristalle; 86% (Ausbeute). — *3.3-Biphenylenpropandiol-(1.2),* $C_{15}H_{14}O_2$, F. 94—97°, durch 1 std. Zutropfen vorst. Verb. in abs. Ae. zu $LiAlH_4$ in Ae. u. sofortige Zers. mit Essigester u. 2n HCl; aus 50%ig. A. Nadeln. — *3.3-Biphenylenallylalkohol* (**I**), $C_{15}H_{12}O$, F. 148,5—149,5°, a) durch Kochen (2 Min.) vorst. Verb. mit methanol. KOH; aus 50%ig. A. Kristalle; 44%; b) durch Zutropfen einer gesätt. Lsg. von 3.3-Biphenylenacrolein in Methanol zu überschüssigem $NaBH_4$ in Methanol; aus Bzl./Bzn. oder Bzl. Nadeln; gibt durch Behandlung mit Säure in geringer Ausbeute *1.1;5.5-Bis-[biphenylen]-pentadien.* — *3.3-Biphenylenallylchlorid* (**II**), $C_{15}H_{11}Cl$, F. 49—50°, durch ¼std. Rühren von **I** u. $SOCl_2$ in abs. Bzl. in Ggw. von Pyridin; aus Bzn. gelbliche Nadeln, die sich am Licht zersetzen. — *N-[3.3-Biphenylenallyl]-morpholin* (**III**), $C_{19}H_{19}NO$, F. 85—86°, durch ¼std. Kochen von **II** in Acetonitril mit Morpholin; aus Bzn. gelbliche Nadeln; 70%. *Methojodid,* $C_{20}H_{22}JNO$, F. 169—171° (Zers.), durch ½ std. Kochen von **III** mit CH_3J in Acetonitril; aus W. oder Acetonitril gelbliche Blättchen; 88%. *Methofluorborat,* $C_{20}H_{22}BF_4$·NO, F. 198—199°, durch Versetzen einer heißen wss. Lsg. von **III** mit $AgBF_4$·4 CH_3CN in wenig W.; schwach günlichgelbe Blättchen oder Nadeln; 72%. — *9-Äthylidenfluoren,* durch Zers. von 800 mg **III**-Methofluorborat bei 230—240°/10^{-4} Torr u. Chromatographie des Sublimats in Bzl./Bzn. an Al_2O_3; aus Bzl./Bzn. Nadeln; 13 mg. — *2-Phenyl-3.3-biphenylenallylalkohol* (**IV**), $C_{21}H_{16}O$, F. 108,5—110°, a) durch Zutropfen von 9-[α-Brombenzyliden]-fluoren in abs. Ae. zu Butyl-Li in Ae. unter N_2 u. Kühlen mit Eis/NaCl, Zutropfen von äther. CH_2O-Lsg., Zers. mit NH_4Cl/HCl u. Chromatographie in Ae. an Al_2O_3; aus Bzl./Bzn. gelbe Nadeln; 21%; b) durch ½ std. Kochen von Fluoren mit Butyl-Li in abs. Bzl. unter N_2, Zutropfen einer gesätt. Lsg. von ω-Hydroxyacetophenon in Bzl. unter Wasserkühlung, 1 std. Kochen u. Chromatographie in Bzl./$CHCl_3$ an Al_2O_3; 19%; daneben *2-Phenyl-3.3-biphenylenpropandiol-(1.2),* $C_{21}H_{18}O_2$, F. 150—151,5° (Bzl.). *Acetat* (**VI**), $C_{23}H_{18}O_2$, F. 110 bis 111°, durch 1 Min. langes Kochen nachst. Verb. mit Eisessig u. 2n H_2SO_4; 88%. — *2-Phenyl-3.3-biphenylenallylchlorid,* $C_{21}H_{15}Cl$, F. 123—125°, aus **IV** analog **II**; aus Bzn. fast farblose Kristalle, die sich am Licht braun färben. — *Fluoren* (**V**), durch Kochen von **IV** mit 2n methanol. KOH; 78%. — *2.3-Diphenyl-1.1-biphenylenpropen-(1),* $C_{27}H_{20}$, F. 173 bis 174,5°, a) durch ¼std. Eintropfen von **VI** in abs. Bzl. in eine Aufschlämmung von Al_2O_3 in abs. Bzl. u. Chromatographie an Al_2O_3; aus PAe./Ä. Kristalle; 15%; gibt durch Ozonabbau 70% Fluorenon; b) durch 1 std. Kochen von **V** mit Butyl-Li in Bzl., 2 std. Kochen mit Desoxybenzoin in Bzl. u. Chromatographie an Al_2O_3 in Bzl./Bzn.; 57%. — *2-Phenyl-3-[o-methoxyphenyl]-1.1-biphenylenpropen-(1),* $C_{28}H_{22}O$, F. 202,5 bis 203,5°, durch Zutropfen von Anisol zu einer Aufschlämmung von 200 mg **VI** u. Al_2O_3 in CCl_4 bei Raum-Temp., 1 std. Stehen u. Chromatographie; 15 mg; daneben 10 mg *2-Phenyl-3-[p-methoxyphenyl]-1.1-biphenylenpropen-(1),* $C_{28}H_{22}O$, F. 145 bis 147°. — *1.2-Diphenyl-3.3-biphenylenallylalkohol,* $C_{27}H_{20}O$, F. 144—145°, aus α-Brombenzylidenfluoren u. Benzaldehyd analog **IV**; schwach grünliche Nädelchen aus Bzl./Bzn.; 62%. *Methanolsolvat,* $C_{28}H_{24}O_2$, FF. ca. 80 u. 142—143°. — *2-Phenyl-1.1-biphenyleninden,* $C_{27}H_{18}$, F. 158,5—159,5°, durch 5 Min. langes Kochen vorst. Verb. mit Eisessig u. H_2SO_4; aus Bzn. derbe Kristalle; 97,5%. — *3-Phenyl-1.1-biphenylenallylalkohol,* $C_{21}H_{16}O$, F. 133—134°, durch Zutropfen von Fluorenon in Ae. zur Grignard-Verb. von ω-Bromstyrol; aus Bzl./Bzn. Nädelchen; 16%; 200 mg geben durch 5 Min. langes Kochen mit Eisessig/H_2SO_4 u. Chromatographie in Bzl./Bzn. an Al_2O_3 12 mg *3-Phenyl-1.1;5.5-bisbiphenylenpentadien.* — *3-Phenyl-1.1-biphenylenpropen-(2),* $C_{21}H_{16}$, F. 94—96°, durch Hydrierung vorst. Verb. an Pd/Kohle u. mehrtägiges Stehen in Eisessig/H_2SO_4; aus Bzn. Nadeln oder Blättchen; 63%; gibt durch Ozonabbau *Fluorenon.* H. Thiele. 2750

0862 **Ester und Amide der Fluorenon-4-carbonsäure.** Billy Wayne Perry, Robert L. Sublett und Howard G. Ashburn. (J. chem. Engng. Data **8**, 230—31, 1963; Cookeville, Tenn., Polytechn. Inst., Dep. of Chem.; engl.) — Unsubstituiertes *Fluorenon-4-carbonsäureamid* wird aus dem Mono- oder Diamid oder aus den Imiden der Diphensäure durch Erhitzen mit konz. H_2SO_4 zwischen 100 u. 130° dargestellt. Die Ester werden entweder durch 3—4std. Einleiten von trockenem HCl in ein Gemisch aus Fluorenon-4-carbonsäure (**I**) u. dem entsprechenden Alkohol (Meth. **A**), durch 9std. Kochen von **I** u. dem Alkohol in Ggw. von konz. H_2SO_4 (Meth. **B**) oder durch 2std. Kochen von I-Chlorid (**II**) mit Alkohol (Meth. **C**) erhalten. Die Amide werden durch 20 Min. langes Kochen von **II** mit dem entsprechenden Amin als gelbe Kristalle erhalten. Folgende Fluorenon-4-carbonsäurealkylester werden dargestellt: *-methyl-,* F. 132—132,5°, nach **A**; 81% (Ausbeute). — *-äthyl-,* F. 102—103°, nach **A**; 80%. — *-n-propyl-,* F. 74,5—75,5°, nach **A**; 32—42%. — *-n-butyl-,* F. 61—61,5°, nach **A**; 60%. — *-sek.-butyl-,* F. 78,5 bis 79,5°, nach **B**; 32%. — *-n-amyl-,* F. 33,5—34°, nach **B**; 46%. — *-isoamyl-,* F. 34—34,5°, nach **B**; 39%. — *-sek.*

amyl-, F. 57—58°, nach **B**; 25%. — *-n-hexyl-*, F. 63—64°, nach **B**; 11%. — *-n-heptyl-*, F. 35—36°, nach **B**; 46%. — *-n-octyl-*, F. 45,5—46,5°, nach **B**; 14%. — *-cyclopentyl-*, F. 99—100° (PAe.), nach **C** in Ggw. von Pyridin; 50%. — *-cyclohexyl-*, F. 108—109,5°, nach **C**; 45%. — Fluorenon-4-carbonsäureamide: *N-Methyl-*, F. 232,5—233,5°; 40%. — *N.N-Diäthyl-*, F. 91,5—92,5°; 62%. — *N-n-Propyl-*, F. 176—177°; 50%. — *N.N-Di-n-propyl-*, F. 101,5—102,5°; 80%. — *N-n-Butyl-*, F. 139—140°; 75%. — *N-Isobutyl-*, F. 186,5—187,5°; 42%. — *N-tert.-Butyl-*, F. 168—169°; 70%. — *N-Phenyl-*, F. 214,5—215,5°; 60%. — *N-p-Tolyl-*, F. 221—222°; 70%. L. Holzhey. 2750◇

0863 **Hochgespannte bicyclische Systeme.** 2. Mitt. **Die Synthesen von optisch-aktiven 2α- und 2β-Amino- und -Hydroxybicyclo-[2.1.1]-hexanen.** Jerrold Meinwald und Paul G. Gassman. (J. Amer. chem. Soc. **82**, 5445—50, 1960; Ithaca, N.Y., Cornell Univ., Dep. of Chem.; engl.) — 1. vgl. C. **1961**, 16818. — Zur Synth. von (—)-*2β-Amino-5.5-dimethyltricyclo-[2.1.1]-hexan* (**Ia**) wird (—)-*β-Pinen* durch Ozonolyse zu (+)-*Nopinon* in 67% Ausbeute umgewandelt, das mit Isoamylnitrit unter Verw. von K-tert.-Butylat in abs. tert.-Butylalkohol in 87%ig. Ausbeute zu (+)-*Isonitrosonopinon* kondensiert wird. Mit Chloramin-Lsg. entsteht daraus *3-Diazonopinon* (über 80—85% Ausbeute), aus dem durch Bestrahlung in wss. Dioxan-Lsg. unter Ringverengung (—)-*5.5-Dimethylbicyclo-[2.1.1]-hexan-2β-carbonsäure* (**II**) gebildet wird. **II** liefert durch Schmidt-Rk. **Ia**, eine bewegliche, farblose Fl., die durch ihr *p-Nitrobenzamid* charakterisiert ist. Zur Darst. von (—)-*2β-Hydroxy-5.5-dimethylbicyclo-[2.1.1]-hexan* (**Ic**) wird (—)-**II** mit $KMnO_4$ zu (—)-*5.5-Dimethylbicyclo-[2.1.1]-hexan-2α-ol-2β-carbonsäure* (**III**) oxydiert, das von wenig (+)-*5.5-Dimethylbicyclo-[2.1.1]-hexanon-(2)* (**IV**) begleitet wird. Rk. mit Na-Wismutat wandelt **III** in **IV** um, das durch $LiAlH_4$ quant. zu **Ic** red. wird. Um reine Substanzen in der 2α-Serie zu erhalten, wurden mehrere Wege eingeschlagen. Die Na/A.-Red. von **IV** bildet (—)-*2α-Hydroxy-5.5-dimethylbicyclo-[2.1.1]-hexan* (**Id**) u. **Ic** im Verhältnis 2 : 1. Epimerisierung von **Ic** durch 8tägiges Kochen mit einer Lsg. von Al-Isopropylat in Isopropylalkohol, der 1% Aceton enthält, liefert ein Prod., das nur zur Hälfte epimerisiert ist. Nach 7tägigem Kochen von **II** mit $SOCl_2$ in Bzl. u. anschließende Hydrolyse wird nur unreines Ausgangsmaterial zurückgewonnen. Veresterung von **II** mit CH_2N_2 u. 6tägiges Kochen des Esters (**IIa**) mit Na-Methylat in abs. Methanol liefert unverändertes **IIa**. Eine wirksame Epimerisierung wird nach Lewis durch Verseifen von **IIa** mit wss. alkohol. KOH erreicht. Wiederholtes Verestern u. Verseifen liefert die reine (+)-*5.5-Dimethylbicyclo-[2.1.1]-hexan-2α carbonsäure* (**V**) vom F. 55,0—55,5° in 35%ig. Gesamtausbeute. Im vereinfachten Verf. wird **IIa** 3 Tage mit Na-Äthylat in abs. A. gekocht, anschließend mit W. verd. u. durch Erhitzen hydrolysiert, wobei **V** in einem Arbeitsgang in 74%ig. Ausbeute erhalten wird. $KMnO_4$ oxydiert **V** zu **IV**, ident. mit dem Oxydations-Prod. von **II** u. legt damit dessen β-Konfiguration fest. **V** wird mit CH_3Li zu (+)-*2α-Acetyl-5.5-dimethylbicyclo-[2.1.1]-hexan* umgesetzt. Seine Oxydation nach Bayer-Villiger unter Verw. von Trifluorperessigsäure bildet ein Gemisch eines Acetats mit entsprechenden Trifluoracetaten, das durch Red. mit $LiAlH_4$ **Id**, frei vom 2β-Epimeren, liefert. (+)-*2α-Amino-5.5-dimethylbicyclo-[2.1.1]-hexan* (**Ib**) wird in ausgezeichneter Ausbeute aus **V** durch Schmidt-Rk. erhalten. Ein Rk.-Mechanismus für die Epimerisierung von **IIa** ist angegeben.

Versuche (opt. Drehwerte in abs. A.): (+)-*Nopinon*, $Kp._{12}$ 83—86°, aus (—)-*β-Pinen* in abs. Methanol durch Ozonolyse bei —70 bis —80°, Eingießen in ein gerührtes Gemisch von Methanol, Eisessig u. NaJ, 4std. Rühren, Versetzen mit $NaHSO_3$ u. Na_2CO_3 u. Extrahieren mit Diäthyläther; n_D^{20} 1,4802; $[\alpha]_D^{25}$ +18,4°; 67% (Ausbeute). — (+)-*Isonitrosonopinon*, $C_9H_{13}NO_2$, F. 175—176°, durch Eintropfen vorst. Verb. in eine gerührte Lsg. von K in tert.-Butylalkohol, Abkühlen, bis Lsgm. beginnt zu krist. u. 20 Min. langes Rühren, anschließend auf 0° kühlen, mit Isoamylnitrit versetzen u. wieder 20 Min. langes Rühren u. nach Zusatz von PAe. weitere 2½ Std. bei 0° rühren; $[\alpha]_D^{25}$ +27,5° (c = 10,0), +27,9° (c = 6,0); 87%. — *3-Diazonopinon*, durch Versetzen vorst. Verb. mit Chloramin (vgl. Meinwald u. Gassmann, J. Amer. chem. Soc. **82**, [1960], 2857); 80—85%. — (—)-*5.5-Dimethylbicyclo-[2.1.1]-hexan-2β-carbonsäure* (**II**), $C_9H_{14}O_2$, F. 83,0—83,5°, durch photochem. Ringkontraktion vorst. Verb. (vgl. l. c.); $[\alpha]_D^{25}$ —59,1° (c = 9,0), —59,8° (c = 16,1); 65%. — (—)-*2β-Amino-5.5-dimethylbicyclo-[2.1.1]-hexan* (**Ia**), $Kp._{71}$ 90—92°, aus vorst. Verb. u. Na-Azid unter Schmidt-Rk.-Bedingungen (vgl. l. c.); n_D^{25} 1,4741; $[\alpha]_D^{25}$ —31,7° (c = 12,1), —31,2° (c = 5,5); 86%. *p-Nitrobenzamid*, $C_{15}H_{18}N_2O_3$, F. 128—129°; aus A.-W. Nadeln. — (+)-*5.5-Dimethylbicyclo-[2.1.1]-hexanon-(2)* (**IV**), $C_8H_{12}O$, $Kp._{45}$ 91—92°, a) durch Oxydation von **II** (vgl. l. c.); n_D^{26} 1,4608; $[\alpha]_D^{25}$ +120,2° (rein), +120,5° (c = 1,8); $D.^{25}$ 0,957; 29%; b) durch Oxydation von **III** mit Na-Bismutat; 75%. *2.4-Dinitrophenylhydrazon*, $C_{14}H_{16}N_4O_4$, F. 155,5—156,0°; aus A. orangegelbe Nadeln. — *Gemisch aus 35%* **Ic** *u. 65%* **Id**, $Kp._{23}$ 91—92°, durch Red. von **IV** mit Na in 95%ig. A. (3 Std.); 67%. — (—)-*5.5-Dimethylbicyclo-[2.1.1]-hexan-2α-ol-2β-carbonsäure* (**III**), $C_9H_{14}O_3$, F. 107—108°, neben **IV** nach a); aus Bzl. Nadeln; $[\alpha]_D^{25}$ —61,0° (c = 4,7), —61,7° (c = 7,5); 56%. — (—)-*5.5-Dimethylbicyclo-[2.1.1]-hexan-2β-ol* (**Ic**), $C_8H_{14}O$, $Kp._{24}$ 91—92°, F. 20—21°, durch Red. von **IV** mit $LiAlH_4$ in abs. Ae. bei 0° (1½std. Rühren); n_D^{26} 1,4759; $[\alpha]_D^{25}$ —8,66° (rein), —7,7° (c = 10); $D.^{25}$ 0,954; 97%. *p-Nitrobenzoat*, $C_{15}H_{17}NO_4$, F. 87,0—87,5°; aus A. Nadeln. — (—)-*5.5-Dimethylbicyclo-[2.1.1]-hexan-2β-carbonsäuremethylester* (**IIa**), $C_{10}H_{16}O_2$, $Kp._{15}$ 90—91°, aus **II** u. Diazomethan in Ae.; n_D^{24} 1,4611; $[\alpha]_D^{25}$ —61,5° (c = 8,5), —61,6° (c = 11,1); 96%. — (+)-*5.5-Dimethylbicyclo-[2.1.1]-hexan-2α-carbonsäure* (**V**), $C_9H_{14}O_2$, F. 55,0—55,5° durch 64std. Kochen von **IIa** mit Na in abs. A., tropfenweises Versetzen mit W. u. weiteres 6std. Kochen; $[\alpha]_D^{25}$ +2,4° (c = 6,2); 74%; Oxydation mit $KMnO_4$ u. wss. KOH, Versetzen mit PAe. u. 25std. kräftiges Rühren bei 50—55° führt zu **IV**. — (+)-*2α-Acetyl-5.5-dimethylbicyclo-[2.1.1]-hexan*, $C_{10}H_{16}O$, $Kp._{15}$ 90—91°, aus **V** in abs. Ae. durch tropfenweises Versetzen mit Methyl-Li (über 1 Std.) u. anschließend 1std. Rühren; n_D^{25} 1,4651; $[\alpha]_D^{25}$ +38,7° (c = 4,1); 67%. — (—)-*5.5-Dimethylbicyclo-[2.1.1]-hexan-2α-ol* (**Id**), $C_8H_{14}O$, $Kp._{25}$ 96—97°, durch Eintropfen von Trifluorperessigsäure in eine gerührte Lsg. von vorst. Verb., wasserfreiem NaH_2PO_4 u. Methylenchlorid u. 1½std. Kochen, Aufarbeiten des Acetats, Wiederholung der Rk. mit Trifluorperessigsäure u. 6½std. Kochen, Lösen des Acetats in abs. Ae. u. Versetzen mit $LiAlH_4$ in abs. Ae., 5std. Rühren bei Raum-Temp., Kühlen auf 0° u. Zers.; n_D^{25} 1,4739; $[\alpha]_D^{25}$ —3,0° (c = 1). *p-Nitrobenzoat*, $C_{15}H_{17}NO_4$, F. 77,0—77,5° (A.-W.). — (+)-*2α-Amino-5.5-dimethylbicyclo-[2.1.1]-hexan* (**Ib**), $Kp._{70}$ 93—94°, durch Versetzen einer kräftig gerührten Dispersion von **V**, konz. H_2SO_4 u. Chlf. mit feingepulvertem Na-Azid innerhalb von ½ Std. bei 45—50° u. 2std. Rühren; n_D^{25} 1,4738; $[\alpha]_D^{25}$ +13,7° (c = 8,6). *p-Nitrobenzamid*, $C_{15}H_{18}N_2O_3$, F. 143—143,5°; aus A.-W. Platten. F. Klatt. 2950◇

0864 **1.2-Dimethylenbenzocyclobuten.** M. P. Cava, M. J. Mitchell und R. J. Pohl. (Tetrahedron Letters [London] **1962**, Nr. 18, 825—26; Columbus, Ohio, Ohio State Univ., Dep. of Chem.; engl.) — Benzocyclobutadienchinon-(1.2) reagiert mit Methyl-MgBr unter Bldg. von *cis-1.2-Dimethylbenzocyclobutendiol-(1.2)* (F. 157°) u. dem *trans-Isomeren* (F. 122—123°). Die Acetylierung der cis-Verb. mit Essigsäureanhydrid/Pyridin am Rückfluß gibt das *cis-Diacetat* (F. 94,5—95,0°). Die Pyrolyse der Verb. bei 300° gibt in 27%ig. Ausbeute *1.2-Dimethylenbenzocyclobuten* (F. 15—16°), das bei Raum-Temp. nach einigen Std. sich polymerisiert. Es ähnelt in dieser Eig. dem *3.4-Dimethylencyclobuten*. Wie diese Verb. gibt es auch nur Komplexe mit *Tetracyanäthylen*. Die katalyt. Red. in Ggw. von Pd gibt *1.2-Dimethylbenzocyclobuten*, das wahrscheinlich in der *cis-Form* vorliegt u. durch Pyrolyse bei 700° in der Gasphase *Naphthalin* bildet. UV-Spektrum s. Original. W. Rehner. 2950◇

0865 **Dien-Synthesen des 2.3-Dihydronaphthalins und des Naphthalins mit N-Phenylmaleinimid.** Ilie G. Dinulescu, Margarete Avram und Costin D. Nenitzescu. (Chem. Ber. **93**, 1795—99, 8/8. 1960; Bukarest, Akad. der RVR, Chem. Inst.; dt.) — Durch Einw. von N-Bromsuccinimid auf Tetralin entsteht in guter Ausbeute *1.3-Dibromtetralin* (**I**), das bei der Behandlung mit Metallen, wie Mg, Li- oder Na-Amalgam, leicht Br_2 abspaltet u. *2.3-Dihydronaphthalin* (**II**) ergibt. **II** fällt als fl. unbeständige Verb. an, die unter Luftabschluß die amorphe, *polymere Verb.* $(C_{10}H_{10})_x$ ergibt. An der Luft nimmt **II** begierig O_2 auf u.

bildet wahrscheinlich ein *polymeres* Peroxid. Das entstehende **II** kann mit N-Phenylmaleinimid abgefangen werden, wobei *endo-cis-5.6-Benzobicyclo-[2.2.2]-octen-(5)-dicarbonsäure-(2.3)-phenylimid* (*endo*-**IV**) erhalten wird, das zur *Dicarbonsäure* hydrolysiert wird u. unter Wasserabspaltung in das *Anhydrid* (*endo*-**III**) übergeht. Zur Unters. der Struktur von endo-**III** wird diese mit den von Takeda u. Kitahonoky (J. pharmac. Soc. Japan, **71**, [1951], 860) bei der Dien-Synthese von Naphthalin u. Maleinsäureanhydrid erhaltenen 2 Isomeren, 5.6-Benzobicyclo-[2.2.2]-octen-(5)-dicarbonsäure-(2.3)-anhydriden (**IIIa** u. **IIIb**) verglichen, es wird aber keine Übereinstimmung erzielt. Bei der Dien-Synth. aus Naphthalin u. N-Phenylmaleinimid wird bei 140° in Xylol *5.6-Benzobicyclo-[2.2.2]-octadien-(5.8)-dicarbonsäure-(2.3)-phenylimid* (**V**) erhalten, welches durch Hydrierung in *exo*-**IV** u. in das entsprechende *Anhydrid* (*exo*-**III**) umgewandelt wird. **IIIa, IIIb** u. **III** sind voneinander verschieden. Sowohl endo- als auch exo-**III** können über die Ester mit Na-Methylat u. anschließende Verseifung in die offenbar einheitliche *trans-5.6-Benzobicyclo-[2.2.2]-octen-(5)-dicarbonsäure-(2.3)* übergeführt werden.

Versuche: *1.4-Dibrom-1.2.3.4-tetrahydronaphthalin* (**I**), F. 95° (Ligroin), durch Erwärmen von Tetralin, N-Bromsuccinimid u. wenig Dibenzoylperoxid bis zur stürm. Rk. u. $^1/_4$std. Kochen; 63,5% (Ausbeute). — *2.3-Dihydronaphthalin* (**II**), *polymere Form*, $[C_{10}H_{10}]_x$, F. 145—185°, durch Versetzen von Mg-Spänen mit **I** in Ae. u. nach exothermer Rk. $^1/_2$std. Kochen; 66%. — *endo-cis-5.6-Benzobicyclo-[2.2.2]-octen-(5)-dicarbonsäure-(2.3)phenylimid* (*endo*-**IV**), $C_{20}H_{17}NO_2$, F. 178° (Dioxan/W.), durch Schütteln von **I**, N-Phenylmaleinimid, 0,5%ig. Li-Amalgam u. abs. Ae. bis zur Beendigung der exothermen Rk. u. 12std. Schütteln; 51%. — *endo-cis-5.6-Benzobicyclo-[2.2.2]-octen-(5)-dicarbonsäure-(2.3)-anhydrid* (*endo*-**III**), $C_{14}H_{12}O_3$, F. 197—198°, durch 4std. Kochen von endo-**IV** mit alkohol. KOH u. Reinigung durch Sublimation bei 200°/0,5 Torr; 92%. *Freie Säure*, $C_{14}H_{14}O_4$, aus endo-**III** durch Stehen an der Luft; spaltet bei 100—105° W. ab. — *5.6-Benzobicyclo-[2.2.2]-octadien-(5.7)-dicarbonsäure-(2.3)-phenylimid* (**V**), $C_{20}H_{15}NO_2$, F. 206° (Methanol), durch 4std. Kochen von Naphthalin, N-Phenylmaleinimid u. Xylol; 10%. — *exo*-**IV**, $C_{20}H_{17}NO_2$, F. 218° (A.), durch Hydrieren von **V** in Dioxan in Ggw. von PtO_2; 85%. — *exo*-**III**, $C_{14}H_{12}O_3$, F. 232° (Eisessig), aus exo-**IV** analog endo-**III**; 82%. — *trans-5.6-Benzobicyclo-[2.2.2]-octen-(5)-dicarbonsäure-(2.3)*, $C_{14}H_{14}O_4$, F. 200° (A./W.), a) durch 1std. Schütteln von 0,4 g endo-**III**, nKOH u. 0,52 g $(CH_3)_2SO_4$ bei Raum-Temp., Stehen über Nacht, Ausäthern, Eindampfen, 5std. Kochen mit etwas Na in abs. Methanol, 3std. Kochen mit 2 g KOH in W. u. Ansäuern; 0,32 g; b) analog aus exo-**III**; c) analog aus **IIIb**. *Dimethylester*, $C_{16}H_{18}O_4$, F. 74° (Methanol/W.), mit Diazomethan. — *Anhydrid* **IIIb**, $C_{14}H_{12}O_3$, F. 197°, nach Takeda (l. c.) durch Clemmensen-Red. des *β*-Naphthol-Maleinsäureanhydrid-Adduktes. W. Hampel. 2950□

0866 **Anthrachinon- und Anthronreihe.** 25. Mitt. **Die Konstitution nitrierter Dibenzanthrone.** S. S. Malhotra, M. K. Unni und K. Venkataraman. (J. sci. ind. Res. [New Delhi], Sect. B **19**, 382—90, 1960; Poona, Nat. Chem. Labor.; engl.) — 24. vgl. J. sci. ind. Res. [New Delhi], Sect. B **19**, [1960], 355; 23. vgl. C. **1961**, 5777. — Unter Anwendung der l. c. beschriebenen Meth. u. auf Grund des chem., spektroskop. u. färber. Verh. weisen Vff. eindeutig nach, daß *16-Nitrodibenzanthron* (**I**) den Hauptbestandteil des durch Nitrierung von Dibenzanthron (**II**) erhältlichen Küpenfarbstoffes bildet. **I** konnte sowohl aus Handels-Prodd. nach Abtrennung der Nebenbestandteile als auch synthet. kristallin erhalten werden. Durch Oxydation von **I** oder 16.17-Dimethoxydibenzanthron (**III**) entsteht unter geeigneten Bedingungen ein neues *Trichinon*. Die charakterist. Banden der Absorptions- u. IR-Spektren sind angegeben u. werden diskutiert.

Versuche: *16-Nitrodibenzanthron* (**I**), durch 12std. Behandlung von frisch gefälltem **II** mit 4,2 Mol HNO_3 (D. 1,52) bei 25—28°; 63% (Ausbeute nach Reinigung durch Chromatographie bei erhöhter Temp.); bei Einsatz eines geringeren HNO_3-Überschusses — auch bei erhöhter Temp. — ist die Ausbeute niedriger. — *16-Aminodibenzanthron*, $H_{34}H_{17}NO_2$, a) durch Zufügen einer wss. Lsg. von geschmolzenem Na_2S zu einer methanol. Suspension von 200 mg frisch gefälltem **I** u. 4std. Kochen; 130 mg; b) durch $^1/_2$std. Schütteln von 200 mg **I** mit 2%ig. NaOH u. Na-Hydrosulfit bei 80—85°; 145 mg; c) analog **IV** (s. unten) aus 1 g *2-Aminobenzanthron* (**V**, F. 234—235°, durch Red. von 2-Nitrobenzanthron [F. 298—300°] mit methanol. Na_2S) u. 1 g Benzanthron; 360 mg; grüne Nadeln. — *16-Benzamidodibenzanthron*, $C_{41}H_{21}\cdot NO_3$, durch $^1/_2$std. Kochen einer Lsg. von 500 mg vorst. Verb. in o-Dichlorbenzol mit Benzoylchlorid; violette Nadeln; 360 mg. — *1.2;7.8-Diphthaloylphenanthrenchinon*, $C_{30}H_{12}O_6$, a) durch 10 Min. langes tropfenweises Zufügen einer Lsg. von 1 g **I** in konz. H_2SO_4 zu einer sd. wss. Lsg. von CrO_3 u. 10 Min. langes Kochen; braune Nadeln aus Trichlorbenzol; 720 mg (Rohausbeute); b) ebenso aus 5 g Dibenzanthron oder 16.17-Diaminodibenzanthron; 3,7 g; c) durch portionsweises Zufügen einer Lsg. von CrO_3 in Eisessig zu einer Suspension von 10 g **III** in Eisessig u. 40std. Kochen; 7,5 g; braune Nadeln aus Trichlorbenzol. — *Dianthrachinonyl-(2.2')-dicarbonsäure-(1.1')*, $C_{30}H_{14}O_8$, F. 360—362° (Zers.), durch tropfenweises Zufügen einer Lsg. von 500 mg vorst. Verb. in konz. H_2SO_4 zu einer sd. wss. Lsg. von CrO_3 u. 10std. Kochen; mikroskop. Nadeln aus wss. Dimethylformamid; 340 mg. — *Dianthrachinonyl-(2.2')*, F. 395—397°, durch 2std. Kochen von 220 mg vorst. Verb. in Chinolin mit Cu-Bronze; strohgelbe Nadeln; 180 mg. — *16.17-Diaminodibenzanthron* (**IV**), $C_{34}H_{18}N_2O_2$, durch portionsweises Zufügen eines innigen Gemisches von 5 g **V** u. 10 g Naphthalin (**VI**) zu einer KOH/NaOH/Na_2CO_3/Na-Acetat/**VI**-Schmelze bei 220—225°, $^3/_4$std. Rühren bei 225°, Eintragen in W., Behandeln mit Na-Hydrosulfit bei 60° u. Luftoxydation; grüne Nadeln; 3,78 g; gibt bei 1std. Schütteln mit NaOCl-Lsg. kein krist. Produkt. — *7.8-Diaminodibenzanthron*, analog vorst. Verb. aus 300 mg 5-Aminobenzanthron bei 210—215°; 22 mg.

Gerhard Müller/Bitterfeld. 2950◇

0867 **Beitrag zur Kenntnis einiger neuer Derivate des Benzocycloheptens.** Robert Legros und Paul Cagniant. (C. R. hebd. Séances Acad. Sci. **252**, 2733—35, 1961; Strasbourg, Labor. des Hydrocarbures; franz.) — Durch Clemmensen-Red. von Benzocycloheptenonen wurden folgende Benzocycloheptene dargestellt: *2.3-Dimethyl-* (**I**), $C_{13}H_{18}$, Kp.$_{25}$ 143°, F. 57°, aus A. Blättchen. — *2.3-Dimethoxy-* (**II**), $C_{13}H_{18}O_2$, Kp.$_{15}$ 167°, F. 45°, aus PAe. Blättchen. — *2-Methoxy-3-methyl-*, $C_{13}H_{18}O$, Kp.$_{14}$ 147°; $D._4^{20}$ 1,011; n_D^{19} 1,5465. — *2-Methylmercapto-3-methyl-*, $C_{13}H_{18}S$, Kp.$_{17}$ 155°; $D._4^{21}$ 1,014; n_D^{21} 1,5710. — *2.4-Dimethyl-*, $C_{13}H_{18}$, Kp.$_{15}$ 136°; $D._4^{20}$ 0,958; $n_D^{19,6}$ 1,5450. — *2-tert.-Butyl-*, $C_{15}H_{22}$, Kp.$_{20}$ 159°; $D._4^{19}$ 0,968; $n_D^{18,6}$ 1,5380. — *2.3-Dimethyl-4-acetyl-* (**IV**), $C_{15}H_{20}O$, F. 65°, Kp.$_{25}$ 128°, durch Rk. von **I** mit Acetylchlorid; aus PAe. Nadeln. — *2.4-Dimethyl-3-acetyl-* (**V**), Kp.$_{15}$ 187°, analog **IV**; $D._4^{20}$ 1,029; n_D^{29} 1,5460. — *2.4-Dimethyl-3-äthyl-*, $C_{15}H_{22}$, Kp.$_{20}$ 168°, durch Clemmensen-Red. von **V**; $D._4^{20}$ 0,962; $n_D^{20,4}$ 1,5399. **II** u. **IV** lassen sich nicht reduzieren. Durch Friedel-Crafts-Kondens. von Cyclohexylbenzol mit Glutarsäureäthylesterchlorid (**VI**) entstehen *γ-[p-Cyclohexylbenzoyl]-buttersäureäthylester* $[C_{19}H_{26}O_3$, Kp.$_3$ 207°, F. 43° (PAe.). *2.4-Dinitrophenylhydrazon*, $C_{25}H_{30}\cdot N_4O_6$, F. 134° (rote Kristalle, A.). *Freie Säure*, $C_{17}H_{22}O_3$, F. 155°, aus Bzl. Blättchen], *γ-Benzocycloheptyl-(2)-δ-oxovaleriansäureäthylester* $[C_{18}H_{24}O_3$, Kp.$_3$ 235°, aus Benzocyclohepten (**VII**) u. **VI**; $D._4^{20,5}$ 1,078; $n_D^{18,4}$ 1,5380. *2.4-Dinitrophenylhydrazon*, $C_{24}H_{28}N_4O_6$, F. 170°, aus A. rote Kristalle. *Freie Säure*, $C_{16}H_{20}O_3$, F. 100°] u. aus **VII** u. Adipinsäureäthylesterchlorid *ε-[Benzocycloheptyl-(2)]-ε-oxocapronsäureäthylester* $[C_{19}\cdot H_{26}O_3$, Kp.$_3$ 241°. *2.4-Dinitrophenylhydrazon*, $C_{25}H_{30}N_4O_6$, F. 140°, aus A. rote Kristalle. *Freie Säure*, $C_{17}H_{22}O_3$, F. 92,5° (Bzl.)], die zu folgenden Verbb. red. werden: *δ-[p-Cyclohexylphenyl]-valeriansäure*, $C_{17}H_{24}O_2$, Kp.$_3$ 212°, F. 112° (Bzl.). *Amid*, $C_{17}H_{25}NO$, F. 159°, aus PAe. Blättchen. — *δ-Benzocycloheptyl-(2)-valeriansäure*, $C_{16}H_{22}O_2$, F. 63° (Bzl.), Kp.$_3$ 216°. *Amid*, $C_{16}H_{23}NO$, F. 129° (Bzl./PAe.). — *ε-Benzocycloheptyl-(2)-capronsäure*, $C_{17}H_{24}O_2$, Kp.$_3$ 212°, F. 70° (PAe.). *Amid*, $C_{17}H_{25}NO$, F. 133°, aus Bzl./PAe. Blättchen. — Mit Polyphosphorsäure werden diese zu *3-Cyclohexylbenzocycloheptenon-(5)* [**III**, $C_{17}H_{22}O$, Kp.$_3$ 165°; $D._4^{22}$ 1,048; $n_D^{21,5}$ 1,5600. *Oxim*, $C_{17}H_{23}NO$, F. 119° (Blättchen aus A.). *2.4-Dinitrophenylhydrazon*, $C_{23}H_{26}N_4O_4$, F. 221°, aus A. gelbe Kristalle], *3'-Oxo-2.3-cycloheptanobenzocyclohepten* [**VIII**, $C_{16}\cdot H_{20}O$, Kp.$_3$ 205°, F. 92° (A.). *Oxim*, $C_{16}H_{21}NO$, F. 158° (Bzl.). *2.4-Dinitrophenylhydrazon*, $C_{22}H_{24}N_4O_4$, F. 168°, aus A. rote Kristalle] u. *3'-Oxo-2.3-cyclooctanobenzocyclohepten* [**IX**, $C_{17}\cdot H_{22}O$, Kp.$_3$ 175°; $n_D^{19,5}$ 1,5692. *2.4-Dinitrophenylhydrazon*, $C_{23}H_{26}N_4O_4$, F. 159°, aus A. rote Kristalle] cyclisiert. Während die Clemmensen-Red. von **IX** nicht gelang, gibt **III** *3-Cyclohexylbenzocyclohepten* ($C_{17}H_{24}$, Kp.$_3$ 125°; D.$_4^{21}$ 0,981; $n_D^{20,4}$ 1,5465) u. **VIII** *2.3-Cycloheptanobenzocyclohepten*, $C_{16}H_{22}$ Kp.$_3$ 170°, F. 135°, aus A. Blättchen. W. Schreiber. 2950

0868 **Dehydratisierung von meso-Dihydroanthracenalkoholen. cis- und trans-Bis-[hydroxymethyl]-9.10-dihydroanthracen. Ringerweiterung in saurem Milieu.** Jean Rigaudy und Pierre Tardieu. (C. R. hebd. Séances Acad. Sci. **248**, 1538–40, 1959; Paris, École Supér. de Phys. et de Chim. ind., Labor. de Chim.; franz.) — *cis-9.10-Bis-[hydroxymethyl]-9.10-dihydroanthracen* (*cis*-**I**), $C_{16}H_{16}O_2$, F. 165°, durch $LiAlH_4$-Red. von cis-9.10-Dihydroanthracen-9.10-dicarbonsäuredimethylester. *Dimesyl-Deriv.* (*cis*-**II**), $C_{18}H_{20}O_6S_2$, F. 132°. *Diacetyl-Deriv.*, $C_{20}H_{20}O_4$, F. 76°. — *trans-9.10-Bis-[hydroxymethyl]-9.10-dihydroanthracen* (*trans*-**I**), $C_{16}H_{16}O_2$, F. 106–107°, analog cis-**I**. *Dimesyl-Deriv.* (*trans*-**II**), $C_{18}H_{20}O_6S_2$, F. 165°. — 2.3; 6.7-Dibenzocycloheptatriene: *1-Hydroxymethyl-* (**III**), $C_{16}H_{14}O$, F. 86–87°, durch Rk. von cis- oder trans-**I** mit $ZnCl_2$ bei 150–165° u. Isolieren aus dem entstandenen Harz durch Chromatographie; 15%; b) durch Solvolyse von cis- oder trans-**II** in sd. Eisessig; 60% neben 28% des **III**-*Acetyl-Deriv.*; c) wie b) in sd. Eisessig/10% konz. HCl; 36%. — *1-Chlormethyl-*, $C_{16}H_{13}Cl$, F. 70–70,5°, a) neben **III** nach c); b) aus cis- oder trans-**II** in sd. Eisessig/10% konz. HCl bei 130° im Einschmelzrohr; 92%; c) aus **III** nach c); 11% neben 45% des **III**-*Acetyl-Deriv.*; d) durch Rk. von **III** mit $SOCl_2$ in Pyridin; 80%. — *1-Methylen-*, $C_{16}H_{12}$, F. 119°, durch Rk. nachst. Verb. mit K-Äthylat bei 135° im Einschmelzrohr; 100%. — *1.2;5.6-Dibenzocyclooctatetraen*, $C_{16}H_{12}$, F. 107–108°, neben **III** nach b); 4%. H. Gold. 2950◇

0869 **Untersuchungen über synthetische Arzneimittel.** 9. Mitt. **Über diuretisch wirksame Benzoesäure-Derivate.** E. Jucker und A. Lindenmann. (Helv. chim. Acta **45**, 2316–25, 1962; Basel, Sandoz Akt.-Ges., Pharmazeut.-chem. Forschungslabor.; dt.) — 8. vgl. Helv. chim. Acta **45**, [1962], 1860. — *N¹-[3-Aminosulfonyl-4-halogenbenzoyl]-N²-arylhydrazine* (**A**) werden durch Rk. von 3-Aminosulfonyl-4-halogenbenzoylchlorid mit Arylhydrazinen in Ggw. von Triäthylamin dargestellt. Durch Einleiten von $COCl_2$ lassen sich aus dem Rk.-Gemisch die entsprechenden *5-[3-Aminosulfonyl-4-halogenphenyl]-1.3.4-oxadiazolone-(2)* (**B**) isolieren, womit gleichzeitig bewiesen ist, daß die **A** am N¹ u. N² substituiert sind. Auch die IR-Spektren der **B** bestätigen das. Analog **A** werden aus 4-Halogen-3-aminosulfonylarylsäurechloriden u. N-Aminoheterocyclen *3-Aminosulfonyl-4-halogenbenzoesäureamide* (**E**) dargestellt. Verbb. vom Typus der **E** sind pharmakolog. besonders wirksam. Die N-Aminopiperidin-Derivv. weisen eine anhaltende salidiuret. Wrkg. auf. Die N-Aminoheterocyclen werden durch Red. der entsprechenden N-Nitroso-Derivv. mit $LiAlH_4$ oder Zn u. Essigsäure erhalten.

Versuche: 4-Fluorbenzoesäuren: *3-Chlorsulfonyl-* (**I**), $C_7H_4ClFO_4S$, F. 140–141° (Bzl./PAe.), durch 10std. Erhitzen von 4-Fluorbenzoesäure mit Chlorsulfonsäure auf 130°, Abkühlen u. Gießen in Eis. — *3-Aminosulfonyl-* (**II**), $C_7H_6 \cdot FNO_4S$, F. 232–234° (Methanol/W.), durch 20 Min. lange Zugabe von **I** zu 25%ig. wss. NH_4OH-Lsg. unter Rühren bei 10–15°, 2std. Rühren bei Raum-Temp. u. Ansäuern. *Chlorid* (**III**), $C_7H_5ClFNO_3S$, F. 133–134° (Essigsäureäthylester/PAe.), a) durch 1std. Erhitzen von **II** mit $SOCl_2$ auf 100°; b) durch Zugabe einer gesätt. äthanol. NH_3-Lsg. zu **I** unter Rühren u. starker Kühlung, 2std. Rühren bei Raum-Temp., Einengen, Filtrieren, 1std. Erhitzen des Filterrückstandes mit $SOCl_2$ auf 100°. *Amid*, $C_7H_7FN_2O_3S$. — *8-Amino-8-azabicyclo-[3.2.1]-octan* (*N-Aminonortropan*), *Monohydrat* (**VIII**), $C_7H_{14}N_2 \cdot H_2O$, F. 54–56° (Ae./PAe.), durch Red. des 8-Nitroso-Deriv. mit $LiAlH_4$ in Ae., 15std. Rühren bei Raum-Temp. u. 2std. Kochen. — 2-[3-Aminosulfonyl-4-chlorbenzoyl]-hydrazine: *1-[3-Aminosulfonyl-4-chlorphenyl]-*, $C_{13}H_{12}Cl_2N_4O_5S_2$, F. 267–269° (Zers.; Methanol), durch ½std. Zugabe von 3-Aminosulfonyl-4-chlorbenzoylchlorid (**VI**) zu 3-Aminosulfonyl-4-chlorphenylhydrazinhydrochlorid u. Triäthylamin in Chlf. bei 20–35° unter Rühren u. 72std. Rühren bei Raumtemperatur. — *1-[3-Aminosulfonylphenyl]-*, $C_{13}H_{13} \cdot ClN_4O_5S_2$, F. 230–233°, analog vorst. Verb. aus dem entsprechenden Hydrazin. — *1-[p-Tolyl]-*, $C_{14}H_{14}ClN_3O_3S$, F. 205 bis 207°. — *1-Äthoxycarbonyl-*, $C_{10}H_{12}ClN_3O_5S$, F. 208–209°. — *1-[Chinolyl-(2)]-*, $C_{16}H_{13}ClN_4O_3S$, F. 254–256°. — *1-[Chinolyl-(3)]-*, $C_{16}H_{13}ClN_4O_3S$, F. 262–264°. — *1.1-Dibenzyl-*, $C_{21}H_{20}ClN_3O_3S$, F. 166–168°. — *1-Phenyl-* (**IX**), $C_{13}H_{12} \cdot ClN_3O_3S$, F. 185–187°. — *1-[p-Chlorphenyl]-* (**X**), $C_{13}H_{11}Cl_2 \cdot N_3O_3S$, F. 224–225°. — *1-[p-Nitrophenyl]-*, $C_{13}H_{11}ClN_4O_5S$, F. 283–284°. — *1-[p-Aminosulfonylphenyl]-*, $C_{13}H_{13}ClN_4O_5S_2$, F. 176–178°. — *1-Phenyl-2-[3-aminosulfonyl-4-fluorbenzoyl]-hydrazin*, $C_{13}H_{12}FN_3O_3S$, F. 179–180° (Methanol), durch ½std. Zugabe von Phenylhydrazin zu **III** in Chlf. u. 20std. Rühren bei 20–25°. — *1-Nitroso-cis-2.6-dimethylpiperidin*, $C_7H_{14}N_2O$, Kp.$_{12}$ 104–106°, durch Zutropfen von 50%ig. $H_2 \cdot SO_4$ in cis-2.6-Dimethylpiperidin in W. bei 10–15° unter Rühren u. 1½std. Zugabe von wss. $NaNO_2$-Lsg. bei 0–3°. — N-Aminopiperidine: *cis-2.6-Dimethyl-* (**V**), $C_7H_{16}N_2$, Kp.$_{50}$ 65–80°, durch ¾std. Zutropfen von Essigsäure zu vorst. Verb. u. Zn-Staub bei 0–3°, 4std. Rühren bei Raum-Temp. u. ¼std. Erhitzen auf 100°. — *Unsubstituiert* (**IV**), F. 146°, durch Red. des entsprechenden N-Nitrosamins mit $LiAlH_4$ oder mit Zn in Essigsäure. — *2-Methyl-*, F. 162–165°, analog **IV**. — *2-Äthyl-*, Kp.$_{50}$ 84–86°. — *trans-2.6-Dimethyl-*, Kp.$_{50}$ 92–99°. — *2.2.6.6-Tetramethyl-*, Kp.$_{25}$ 125–127°. — N-Aminomorpholine, analog **IV**: *3.5-Dimethyl-*, Kp.$_{50}$ 97 bis 98°. — *2-Methyl-*, Kp.$_{25}$ 78–79°. — *2.6-Dimethyl-*, Kp.$_{50}$ 95–96°. — *N-Aminotetrahydro-1.4-thiazin*, Kp.$_{25}$ 105 bis 106°. *3.5-Dimethyl-Deriv.*, Kp.$_{50}$ 128–132°. — *N¹-Amino-N²-isopropyltetrahydro-1.4-diazin*, Kp.$_{11}$ 87–99°. — *N¹-Amino-N²-butyltetrahydro-1.4-diazin*, Kp.$_{10}$ 96–98°. — *N-Amino-2.5-dimethylpyrrol*, F. 52–53°. — *N-Aminopyrrolidin*, Kp.$_{13}$ 28–30°. — *N-Amino-5-methyloxazolidinon-(2)*, F. 50–51°. — *1-Amino-1.3.4-triazol*, F. 81–82°. — *N-Aminoazacyclooctan*, Kp.$_{50}$ 98–102°. — *N¹-Methyl-N²-amino-1.5-diazacyclooctan-monohydrat*, F. 54–56°. — N-substituierte 3-Aminosulfonyl-4-chlorbenzoesäureamide: *-cis-2.6-Dimethylpiperidino* (**VII**), $C_{14}H_{20}ClN_3O_3S$, F. 244–245° (Methanol/Diisopropyläther), durch 20 Min. lange Zugabe von 3-Aminosulfonyl-4-chlorbenzoylchlorid (**VI**) zu **V** u. Triäthylamin in Chlf. bei 20–25° unter Rühren, 48std. Rk. bei Raum-Temp. u. nach Isolieren Chromatographieren an Al_2O_3. — *-[8-Azabicyclo-[3.2.1]-octyl-(8)]-*, $C_{14}H_{18}ClN_3O_3S$, F. 234–236° (Chlf./Methanol), analog **VII** aus **VI** u. **VIII** u. 37std. Rühren. — *-2-Methylpiperidino-*, $C_{13}H_{18}ClN_3O_3S$, F. 207–209°, analog **VII** aus **VI** u. dem entsprechenden Amin. — *-2-Äthylpiperidino*, $C_{14}H_{20}ClN_3O_3S$, F. 230–232°. — *-trans-2.6-Dimethylpiperidino*, $C_{14}H_{20}ClN_3O_3S$, F. 234–236°. — *-2.2.6.6-Tetramethylpiperidino*, $C_{16}H_{24}ClN_3O_3S$, F. 279–280°. — *-2-Methylmorpholino*, $C_{12}H_{16}ClN_3O_4S$, F. 260–261°. — *-3.5-Dimethylmorpholino*, $C_{13}H_{18}ClN_3O_4S$, F. 220–222°. — *-2.6-Dimethylmorpholino*, $C_{13}H_{18}ClN_3O_4S$, F. 263–265°. — *-2.5-Dimethylpyrrolino*, $C_{13}H_{14}ClN_3O_3S$, F. 209–211°. — *-Pyrrolidino-*, $C_{11}H_{14}ClN_3 \cdot O_3S$, F. 185–186°. — *-5-Methyloxazolidinon-(3)-yl-(1)*, $C_{11}H_{12} \cdot ClN_3O_5S$, F. 215–216°. — *4-Aminotetrahydro-1.4-thiazin, 3-Aminosulfonyl-4-chlorbenzoyl-Deriv.*, $C_{11}H_{14}ClN_3O_3S_2$, F. 239 bis 241°. — *3.5-Dimethyl-4-aminotetrahydro-1.4-thiazin, 3-Aminosulfonyl-4-chlorbenzoyl-Deriv.*, $C_{13}H_{18}ClN_3O_3S_2$, F. 228 bis 230°. — *4-Isopropyl-1-aminotetrahydro-1.4-diazin, 1-[3-Aminosulfonyl-4-chlorbenzoyl]-Deriv.*, $C_{14}H_{21}ClN_4O_3S$, F. 213 bis 215°. — *4-n-Butyl-1-aminotetrahydro-1.4-diazin, 1-[3-Aminosulfonyl-4-chlorbenzoyl]-Deriv.*, $C_{15}H_{23}ClN_4O_3S$, F. 196–198°. — *1-Amino-1.3.4-triazol, 1-[3-Aminosulfonyl-4-chlorbenzoyl]-Deriv.*, $C_9H_8ClN_5O_3S$, F. 297–298°. — *1-Amino-1-azacyclooctan, 1-[3-Aminosulfonyl-4-chlorbenzoyl]-Deriv.*, $C_{14}H_{20}ClN_3O_3S$, F. 143–144°. — *5-Methyl-1.5-diazacyclooctan, 1-[3-Aminosulfonyl-4-chlorbenzoyl]-Deriv.*, $C_{14}H_{21}ClN_4O_3S$, F. 170°. — 3-Aminosulfonyl-4-fluorbenzoesäureamide, analog **VII**: *-Piperidino*, $C_{12}H_{16}FN_3O_3S$, F. 220°. — *-cis-2.6-Dimethylpiperidino*, $C_{14}H_{20}FN_3O_3S$, F. 248–250°. — 5-[3-Aminosulfonyl-4-chlorphenyl]-1.3.4-oxadiazolinone-(2): *3-Phenyl-*, $C_{14}H_{10}ClN_3O_4S$, F. 245–246° (Aceton/W.), durch ½std. Einleiten von $COCl_2$ in **IX** in Essigsäureäthylester unter Rühren bei 70° u. Austreiben des überschüssigen $COCl_2$ durch 1std. Durchleiten von N_2. — *3-[4-Chlorphenyl]-*, $C_{14}H_9Cl_2N_3O_4S$, F. 255–256°, analog vorst. Verb. aus **X**. M. Mirsch. 3000◇

0870 **Untersuchungen über synthetische Arzneimittel.** 10. Mitt. **Über C-substituierte Piperazinderivate.** E. Jukker und E. Rissi. (Helv. chim. Acta **45**, 2383–2402, 1962; dt.) — 9. vgl. vorst. Referat. — *1.4-disubstituierte Piperazin-2-carbonsäureäthylester* (**C**) werden durch Kondens. von N.N'-disubstituierten Äthylendiaminen mit 2.3-Dibrompropionsäureäthylester in Ggw. von Triäthylamin dargestellt. Bei verschiedenen Substituenten können stellungsisomere **C** gebildet werden. Daß nur einheitlich definierte **C** entstehen, wird durch Debenzylieren von 4-Methyl-1-benzylpiperazin-2-carbonsäureäthylester (**IV**) zu *4-Methylpiperazin-2-carbonsäureäthylester* (**VI**) u. Umsetzung von **VI** mit Phenylisocyanat zu *4-Methyl-8-phenyl-7.9-dioxobicyclo-[4.3.0]-1.4.8-triazanonan* (**X**) sowie durch Red. von **VI** mit $LiAlH_4$ in Ae. zu *2-Hydroxymethyl-4-methylpiperazin* (**IX**) u. dessen Rk. mit Chlorameisensäureäthylester zu *4-Methyl-9-oxobicyclo [4.3.0]-8-oxa-1.4-diazanonan* u. IR-Spektren von letzter Verb. u. **X** bewiesen. Mit Phenyl-Li oder Phenyl-MgBr reagieren die **C** zu den entsprechenden *2-Diphenylhydroxymethylpiperazinen* (**D**), wobei mit Phenyl-Li bessere Ausbeuten erzielt werden. 2-Hydroxymethylpiperazine geben durch Kondens. mit im Phenylkern substituierten Diphenylchlormethanen 1'.4'-disubstituierte *Piperazinyl-(2')-methoxydiphenylmethane* (**E**) u. 2-Chlormethylpiperazine geben analog in Ggw. von $NaNH_2$ mit Diphenylmethylcarbinol 1'.4'-disubstituierte *Piperazinyl-(2')-methoxymethyldiphenylmethane* (**G**). Die **D**, **E** u. **G** werden auf ihre pharmakolog. Wrkg. untersucht.

Versuche: Äthylendiamine: *N-Benzyl-N.N'-dimethyl-* (I), $C_{11}H_{18}N_2$, Kp.$_{0,1}$ 73—74,5°, durch 2std. Zutropfen von N-[β-Chloräthyl]-N-methylbenzylaminhydrochlorid zu einer 33%ig. äthanol. Lsg. von Methylamin unter Eiskühlung u. Rühren, 16std. Erhitzen auf 50° u. Eindampfen im Vakuum; 69% (Ausbeute). — *N.N'-Dimethyl-* (II), Kp. 117 bis 119°, durch ca. 1½std. Hydrieren von I in Eisessig in Ggw. von Pd/Kohle u. einem Anfangsdruck von 4 at bei Raum-Temp.; 78%. — *N-Benzyl-N'-methyl-*, $C_{10}H_{16}N_2$, Kp.$_{0,02}$ 79—80,5°, aus N-[β-Chloräthyl]-benzylaminhydrochlorid analog **I**; 63%. — *N-Benzyl-N'-äthyl-*, $C_{11}H_{18}N_2$, Kp.$_{0,1}$ 100—101°; 50%. — *N-Benzyl-N'-propyl-*, $C_{12}H_{20}N_2$, Kp.$_{0,05}$ 95—97°; 61%. — *N-Benzyl-N'-isopropyl-*, $C_{12}H_{20}N_2$, Kp.$_{0,05}$ 104,5—106,5°; 60%. — *N-Benzyl-N'-butyl-*, $C_{13}H_{22}N_2$, Kp.$_{0,04}$ 106—108°; 71%. — *N-Benzyl-N'-isobutyl-*, Kp.$_{0,02}$ 107 bis 108°; 65%. — Piperazin-2-carbonsäureäthylester: *1.4-Dibenzyl-* (III), $C_{21}H_{26}N_2O_2$, Kp.$_{0,08}$ 200—202°, Kp.$_{0,02}$ 191 bis 193°, durch langsames Eingießen von N.N'-Dibenzyläthylendiamin u. Triäthylamin in abs. Bzl. zu 2.3-Dibrompropionsäureäthylester in 40° warmem Bzl. unter kräftigem Rühren u. 3std. Erwärmen auf 80°; 78%. — *Unsubstituiert*, $C_7H_{14}N_2O_2$, F. 59—61°, Kp.$_{0,02}$ 90—100°, aus **III** analog **II** in ½ Std.; 62,5%. — 1-Benzylpiperazin-2-carbonsäureäthylester, aus den entsprechenden N-Benzyl-N'-alkyläthylendiaminen analog **III**; 60—86%: *4-Methyl-* (IV), $C_{15}H_{22}N_2O_2$, Kp.$_{0,06}$ 131,5—132,5°. — *4-Äthyl-*, $C_{16}H_{24}N_2O_2$, Kp.$_{0,08}$ 146 bis 148°. — *4-Propyl-* (VII), $C_{17}H_{26}N_2O_2$, Kp.$_{0,03}$ 132 bis 133°. — *4-Isopropyl-*, $C_{17}H_{26}N_2O_2$, Kp.$_{0,04}$ 135—137°. — *4-Butyl-*, $C_{18}H_{28}N_2O_2$, Kp.$_{0,02}$ 144—145,5°. — *4-Isobutyl-*, $C_{18}H_{28}N_2O_2$, Kp.$_{0,07}$ 162—164°. — Piperazin-2-carbonsäureäthylester; 60—80%: *4-Methyl-* (VI), $C_8H_{16}N_2O_2$, Kp.$_{0,04}$ 61—62°, aus **IV** analog **II** in ½ Std. bei 3 at; 72%. — *1.4-Dimethyl-* (V), $C_9H_{18}N_2O_2$, Kp.$_{11}$ 102,5—103°, analog **III**. — *1.4-Diäthyl-*, $C_{11}H_{22}N_2O_2$, Kp.$_{0,03}$ 75—76°, analog **V**. — *1.4-Dipropyl-*, $C_{13}H_{26}N_2O_2$, Kp.$_{0,01}$ 81—83°, analog **V**. *Dihydrochlorid*, $C_{13}H_{28}Cl_2N_2O_2$, F. 169—170° (Zers.; Isopropanol/Ae.). — *1.4-Diisopropyl-*, $C_{13}H_{26}N_2O_2$, Kp.$_{0,04}$ 88 bis 89°. — *1.4-Dibutyl-*, $C_{15}H_{30}N_2O_2$, Kp.$_{0,02}$ 104—106°. *Dimaleinat*, $C_{23}H_{38}N_2O_{10}$, F. 129,2—129,8° (A.). — *1.4-Diisobutyl-*, $C_{15}H_{30}N_2O_2$, Kp.$_{0,02}$ 94—95°. — *4-Methyl-8-phenyl-7.9-dioxobicyclo-[4.3.0]-1.4.8-triazanonan* (X), $C_{13}H_{15}N_3O_2$, F. 102,5—104° (Ae./PAe.), durch Vermischen von **VI** mit Phenylisocyanat bei Raum-Temp., 10 Min. langes Erwärmen auf dem Wasserbad, Zugabe von 18%ig. HCl u. ½std. Kochen; 81%. — 2-[α.α-Diphenylhydroxymethyl]-piperazine: *1-Benzyl-4-propyl-*, durch Zutropfen von **VII** in abs. Ae. zu einer äther. Phenyl-Li-Lsg. unter Eiskühlung u. Rühren u. 70std. Erwärmen auf 50°. *Dihydrochlorid* (VIII), $C_{27}H_{34}Cl_2N_2O$, F. 201—203° (Zers.; A.). — *1.4-Dibenzyl-*, *Dihydrochlorid*, $C_{31}H_{34}Cl_2N_2O$, F. 206—208° (Zers.; A./Aceton), analog vorst. Verbindung. — *Unsubstituiert*, $C_{17}H_{20}N_2O$, F. 178—181° (Bzl.). *Dihydrochlorid*, $C_{17}H_{22}Cl_2N_2O$, F. 280 bis 282° (Zers.; A./Aceton). — *1-Benzyl-4-methyl-*, *Dihydrochlorid*, $C_{25}H_{30}Cl_2N_2O$, F. 204—205° (Zers.; A./Aceton/Ae.). — *1-Benzyl-4-äthyl-*, *Dihydrochlorid*, $C_{26}H_{32}Cl_2N_2O$, F. 208 bis 209,5° (Zers.; A./Aceton). — *1-Benzyl-4-isopropyl-*, *Dihydrobromid*, $C_{27}H_{34}Br_2N_2O$, F. 208—209° (Zers.; A./Ae.). — *1-Benzyl-4-butyl-*, *Dihydrochlorid*, $C_{28}H_{36}Cl_2N_2O$, F. 212 bis 214° (Zers.). — *4-Methyl-*, *Dihydrochlorid*, $C_{18}H_{24}Cl_2N_2O$, F. 263—264° (Zers.; A.). — *4-Äthyl-*, *Dihydrochlorid*, $C_{19}H_{26}Cl_2N_2O$, F. 199—205° (Zers.; A./Aceton). — *4-Isopropyl-*, *Dihydrochlorid*, $C_{20}H_{28}Cl_2N_2O$, F. 233—235° (Zers.; A.). — *4-Butyl-*, *Dihydrochlorid*, $C_{21}H_{30}Cl_2N_2O$, F. 233—235,5° (Zers.; Aceton/A.). — *1.4-Diäthyl-*, $C_{21}H_{28}N_2O$, F. 91—92° (Aceton/PAe.). — *1.4-Dipropyl-*, $C_{23}H_{32}N_2O$, Kp.$_{0,01}$ 158 bis 160°. *Dihydrochlorid*, $C_{23}H_{34}Cl_2N_2O$, F. 208—211° (Zers.; Aceton). — *1.4-Diisopropyl-*, $C_{23}H_{32}N_2O$, F. 96—97° (Aceton). — *1.4-Dibutyl-*, *Dihydrochlorid*, $C_{25}H_{38}Cl_2N_2O$, F. 180 bis 183° (Zers.; Aceton). — *1.4-Diisobutyl-*, $C_{25}H_{36}N_2O$, Kp.$_{0,04}$ 182—185°. *Dihydrochlorid*, $C_{25}H_{38}Cl_2N_2O$, F. 176 bis 180° (Zers.; Isopropanol/Aceton). — *4-Propyl-*, *Dihydrochlorid*, $C_{20}H_{28}Cl_2N_2O$, F. 233—234,5° (Zers.; A./Aceton), durch Debenzylierung von **VIII** analog **II** in 2 Std.; 54%. — 2-Hydroxymethylpiperazine, durch Zutropfen des entsprechenden Piperazin-2-carbonsäureäthylesters in Ae. zu $LiAlH_4$ in Ae., 5std. Kochen u. Alkalisieren mit KOH: *1.4-Dibenzyl-*, $C_{19}H_{24}N_2O$, Kp.$_{0,02}$ 174—175°. *Dimaleinat*, $C_{27}H_{32}N_2O_9$, F. 181,5—182,5° (Zers.; A.). — *1-Benzyl-4-methyl-*, $C_{13}H_{20}N_2O$, Kp.$_{0,06}$ 142,5—143,5°. *Dimaleinat*, $C_{21}H_{28}N_2O_9$, F. 147—147,5° (A.). — *1-Benzyl-4-äthyl-*, $C_{14}H_{22}N_2O$, Kp.$_{0,06}$ 150—153°. — *4-Methyl-* (IX), $C_6H_{14}N_2O$, Kp.$_{0,2}$ 102—103°; 63%. — *1.4-Dimethyl-*, $C_7H_{16}N_2O$, Kp.$_{13}$ 110,5—112°. *Dimaleinat*, $C_{15}H_{24}N_2O_9$, F. 165—165,5° (A.). — *1.4-Diäthyl-*, $C_9H_{20}N_2O$, Kp.$_{0,07}$ 86—86,5°. — *1.4-Dipropyl-*, $C_{11}H_{24}N_2O$, Kp.$_{0,07}$ 102—103°. — *1.4-Diisopropyl-*, $C_{11}H_{24}N_2O$, Kp.$_{0,06}$ 99—100°. *Phenylurethan*, $C_{18}H_{29}N_3O_2$, F. 83 bis 84° (Bzl./PAe.). — *4-Methyl-9-oxobicyclo-[4.3.0]-8-oxa-1.4-diazanonan*, $C_7H_{12}N_2O_2$, Kp.$_{0,07}$ 120—122°, durch ½std. Erhitzen von **IX** mit Chlorameisensäureäthylester in abs. A. auf 100°, Zugabe von Na u. A. bei 70° u. 16std. Erhitzen auf 100°; 61%. — *1.4-Dimethyl-2-chlormethylpiperazin*, $C_7H_{15}ClN_2$, Kp.$_{14}$ 85—86°, durch Zutropfen von 1.4-Dimethyl-2-hydroxymethylpiperazin in CCl_4 zu $SOCl_2$ in CCl_4 (Temp. $<60°$), 1std. Erhitzen auf 70° u. Zugabe von wss. KOH unter Kühlen; 68,5%. — *1.4-Diäthyl-2-chlormethylpiperazin*, $C_9H_{19}ClN_2$, Kp.$_{0,08}$ 59—59,5°; 40,5%. — α-[1.4-Dimethylpiperazinyl-(2)-methoxy]-diphenylmethane, a) durch 22std. Erhitzen des entsprechenden 2-Hydroxymethylpiperazins mit dem entsprechenden Diphenylchlormethan auf 120° in Ggw. von Triäthylamin (Meth. **A**); 45—70%; b) durch Zugabe des entsprechenden Diphenylmethylcarbinols zu $NaNH_2$ in Bzl., 1std. Rühren bei 80°, Zutropfen des entsprechenden 2-Chlormethylpiperazins in Bzl., 8std. Erhitzen auf 100° u. Zers. mit W. unter Eiskühlung (Meth. **B**); 45 bis 70%: *Unsubstituiert*, $C_{20}H_{26}N_2O$, Kp.$_{0,02}$ 160—170°, nach **A**; 66%. *Dihydrochlorid*, $C_{20}H_{28}Cl_2N_2O$, F. 182—183° (Aceton/A.). — *4'-Chlor-*, $C_{20}H_{25}ClN_2O$, Kp.$_{0,04}$ 174—178°, nach **A**. *Dimaleinat*, $C_{28}H_{33}ClN_2O_9$, F. 142—144° (sintert bei 137—138°; Methanol/Ae.). — *α'-Methyl-*, *Dimaleinat*, $C_{29}H_{36}N_2O_9$, F. 138 bis 140° (sintert bei 110°; Methanol/Ae.), nach **B**. — *α'-Methyl-4'-chlor-*, Kp.$_{0,07}$ 170—190°, nach **B**; 48%. *Dimaleinat*, $C_{29}H_{35}ClN_2O_9$, F. 132—134° (A.). — α-[1.4-Diäthylpiperazinyl-(2)-methoxy]-diphenylmethane: *Unsubstituiert*, *Dihydrochlorid*, $C_{22}H_{32}Cl_2N_2O$, F. 210—212° (Zers.; A./Ae.), nach **A**. — *α'-Methyl-*, $C_{23}H_{32}N_2O$, Kp.$_{0,07}$ 173—175°, nach **B**. *Dihydrochlorid*, $C_{23}H_{34}Cl_2N_2O$, F. 174—176° (A./Ae.). — *4'-Chlor-*, $C_{22}H_{29}ClN_2O$, Kp.$_{0,04}$ 191—194°, nach **A**. *Dihydrochlorid*, $C_{22}H_{31}Cl_3N_2O$, F. 203—207° (Zers.; A./Ae.). — *α'-Methyl-4'-chlor-*, $C_{23}H_{31}ClN_2O$, Kp.$_{0,04}$ 186—188°, nach **B**. — α-[1.4-Dipropylpiperazinyl-(2)-methoxy]-diphenylmethane: *Unsubstituiert*, $C_{24}H_{34}N_2O$, Kp.$_{0,06}$ 193—195°, nach **A**. *Dihydrochlorid*, $C_{24}H_{36}Cl_2N_2O$, F. 213—214° (Zers.; A.). — *4'-Chlor-*, *Dihydrochlorid*, $C_{24}H_{35}Cl_3N_3O$, F. 200—201° (A./Ae.), nach **A**. — α-[1.4-Diisopropylpiperazinyl-(2)-methoxy]-diphenylmethane: *Unsubstituiert*, $C_{24}H_{34}N_2O$, Kp.$_{0,02}$ 187—188°, nach **A**. *Dihydrochlorid*, $C_{24}H_{36}Cl_2N_2O$, F. 232—234° (Zers.; A.). — *4'-Chlor-*, $C_{24}H_{33}ClN_2O$, Kp.$_{0,02}$ 190 bis 191°, nach **A**. *Dihydrochlorid*, $C_{24}H_{35}Cl_3N_2O$, F. 210 bis 212° (Zers.; A./Ae.). M. Mirsch. 3000◇

0871 **Cyclische Diazoverbindungen.** 3. Mitt. **Cyclodiazomethan.** Ernst Schmitz und Roland Ohme. (Chem. Ber. **95**, 795—802, 20/3. 1962; Berlin-Adlershof, Dt. Akad. der Wiss., Inst. für organ. Chem.; dt.) — 1. vgl. C. **1962**, 4900; 2. vgl. Tetrahedron Letters [London] **1961**, Nr. 17, 612. — *Diazirin* (I) wird durch Umsetzen von Formaldehyd mit Chloramin u. NH_3 zu dem nur in Lsg. erhaltenen *Diaziridin* u. dessen Dehydrierung dargestellt. Im Gegensatz zu CH_2N_2 ist I ein farbloses, gegen Säuren beständiges Gas. Aus Acetaldehyd, Propionaldehyd u. Butyraldehyd werden die homologen *Alkyldiaziridine* erhalten.

Versuche: *3-Propyldiazirin* (III), Kp. 60—78°, durch Zugabe von $K_2Cr_2O_7$ in 2n H_2SO_4 zu 3.5.3'-Tri-n-propyl-diaziridino-[1'.2':1.2]-1.2.4-triazolidin in 2n H_2SO_4 u. Dest. bei 40—50°/150 Torr in eine mit Chlorbenzol gefüllte Vorlage; explosive Verb.; 51% (Ausbeute). — *Cyclohexylhydrazin-*

oxalat, durch kurzes Erhitzen von **II** mit 10%ig. Oxalsäure-Lsg.; daneben durch Zugabe von 2.4-Dinitrophenylhydrazin zum Filtrat *Butyraldehyd-2.4-dinitrophenylhydrazon*. — Diaziridine: *1-Cyclohexyl-3-n-propyl-* (**II**), $C_{10}H_{20}N_2$, F. 25 bis 26°, $Kp._{0,3}$ 57—59°, durch Dest. von **III** in Ae., Zugabe von Cyclohexyl-MgBr u. 1std. Stehen; 55%. — *1-Cyclohexyl-2-anilinoformyl-3-n-propyl-*, $C_{17}H_{25}N_3O$, F. 78—80° (Bzn.), aus **II** u. Phenylisocyanat in Ae.; 90%. — *1-Cyclohexyl-3-äthyl-* (**IV**), aus 3.5.3'-Triäthyldiaziridino-[1'.2':1.2]-1.2.4-triazolidin analog **II**; 27%. — *1-Cyclohexyl-2-anilinoformyl-3-äthyl-*, $C_{16}H_{23}N_3O$, F. 57° (PAe.), aus **IV** u. Phenylisocyanat. — *1-Cyclohexyl-2-[α-hydroxy-β-trichloräthyl]-3-äthyl-*, $C_{11}H_{19}\cdot Cl_3N_2O$, F. 101—102° (PAe.), durch Einengen einer äthanol. Lsg. von **IV** u. Chloralhydrat. — *1-Äthyl-3-methyl-* (**V**), durch Zugabe von Äthyl-MgBr zu vorst. Verb. in Ae. bei 0°; 69%. — *1-Äthyl-2-anilinoformyl-3-methyl-*, $C_{11}H_{15}N_3O$, F. 91 bis 92° (PAe.), aus **V** u. Phenylisocyanat. Diazirine: *3-Äthyl-*, analog **III** aus dem entsprechenden 1.2.4-Triazolidin (**T**). — *3-Methyl-*, durch Erwärmen des entsprechenden **I** mit $K_2Cr_2O_7$ in 2n H_2SO_4 u. Auffangen des Gases unter W.; farblose, explosive Flüssigkeit. — *Diazirin* (**I**), durch Zugabe von tert.-Butylhypochlorit u. tert.-Butanol zu 10n methanol. NH_3 bei —40°, Zugabe von 30%ig. Formalin bei —40 bis —35°, 1std. Stehen bei —30°, 1 Std. bei 0°, Eindampfen bei 25°/12 Torr, Extrahieren mit A., Eindampfen bei 1 Torr, Lösen in W., 2½std. Oxydation mit $K_2Cr_2O_7$ in verd. H_2SO_4 bei 25° u. ½std. Erwärmen auf 50—60° im N_2-Strom; unverd. explosiv. — *Methylamin*, durch Red. einer methanol. Lsg. von **I** mit 7%ig. Na-Amalgam in Ggw. von W., Hydrieren mit Pd/Kohle bis zur Sättigung u. Papierchromatographie; daneben NH_4Cl (nachgewiesen als *Benzamid*, F. 126—127°). — *1-Cyclohexyldiaziridin* (**VI**), $C_7H_{14}N_2$, $Kp._{0,05}$ 31—32°, a) durch Zugabe von 30%ig. Formalin-Lsg. zu einem Gemisch aus Essigsäure u. Cyclohexylamin in W. bei —5°, Versetzen mit 70%ig. Hydroxylamin-O-sulfonsäure in W., Überschichten mit Ae. u. Zugabe von K_2CO_3 in W. $<10°$; n_D^{21} 1,4831; 4%; b) durch Umsetzen von **I** mit Cyclohexyl-MgBr in Ae. bei —20°; 50%. — *1-Cyclohexyl-2-[α-hydroxy-β-trichloräthyl]-diaziridin*, $C_9H_{15}Cl_3N_2O$, F. 134° (verd. A.), durch 12std. Stehen von **VI** mit Chloralhydrat in A. bei 0°; 60%. — *Formaldehyd*, a) durch 1std. Stehen vorst. Verb. mit 2n NaOH in A. u. 12std. Stehen mit 2n H_2SO_4; daneben *Cyclohexylhydrazin*, F. 197—198°; b) durch Zugabe von J_2-Lsg. zu **VI**; 38%; daneben NH_4Cl u. *Cyclohexylaminhydrochlorid*.
W. Hampel. 3030□

0872 **Pyrrolcarbonsäuren.** 14. Mitt. **Synthese von N-Methyl- und N-Äthylpyrrolcarbonsäuren.** Rachele Scarpati, Vincenzo Dovinola und Rodolfo A. Nicolaus. (Rend. Accad. Sci. fisiche Mat., Napoli [4] **27** (**99**), 81—93, 1960; Napoli, Univ., Ist. di Chim. organ.; ital.) — 13. vgl. C. **1963**, 22706. — Zur Unters. ihrer Wrkg. als Lokalanästhetica werden nach bekannten Meth. die *N-Methyl-* u. *N-Äthyl-Derivv.* der *Pyrrol-3.4-dicarbonsäure*, *-2.3.4-tricarbonsäure* u. *-tetracarbonsäure* sowie deren *Methyl-* u. *Äthylester* dargestellt.

Versuche: *1-Äthylpyrrol-3.4-dicarbonsäure* (**I**), $C_8H_9\cdot NO_4$, F. 228° (Zers.), durch 5std. Kochen von 1,2 g **Ib** u. 10%ig. KOH u. Ansäuern mit konz. HCl; aus A. Prismen; 0,16 g (Ausbeute); R_F 0,70 (A./W./33%ig. NH_4OH; 20 : 4 : 1); 0,74 (Propanol/W./33%ig. NH_4OH; 6 : 1 : 3); 0,64 (Butanol/Eisessig/W.; 12 : 3 : 5). *Dimethylester* (**Ia**), $C_{10}H_{13}NO_4$, F. 67—68°, durch Zugeben von CH_2N_2 in Ae. zu **I** in A. u. mehrstd. Stehen; aus PAe. Nadeln; ca. 100%. *Diäthylester* (**Ib**), $C_{12}H_{17}NO_4$, $Kp._{0,4}$ 144—145°, durch 1std. Erhitzen von 5 g α.α'-Diformylbernsteinsäurediäthylestermonoacetal u. Äthylamin in Eisessig auf dem Wasserbad, Gießen auf Eis/Na_2CO_3-Lsg. u. Extrahieren mit Chlf.; gelbes Öl; 4,5 g. — *1-Methylpyrrol-3.4-dicarbonsäure*, F. 275—276° (Zers.); R_F 0,61; 0,66; 0,50. — *1-Methylpyrrol-2.3.4-tricarbonsäure*, $C_8H_7NO_6$, F. 228—230° (Zers.), aus dem K-Salz u. konz. HCl u. Extrahieren mit Ae.; aus W. Nadeln; R_F 0,16; 0,15; 0,44. *K-Salz*, $C_8H_6KNO_6$, F. $>300°$, durch 10std. Kochen von 2,2 g Triäthylester u. 10%ig. KOH u. Ansäuern mit HCl; aus W. Nadeln; 0,95 g. *Trimethylester*, $C_{11}H_{13}NO_6$, F. 163 bis 165°, analog **Ia**; aus Dioxan Nadeln. *Triäthylester*, $C_{14}H_{19}\cdot NO_6$, $Kp._{0,2}$ 150—151°, analog **Ib** aus 10 g α-Formyl-α-äthoxalylbernsteinsäurediäthylesteracetal (**II**) u. Methylamin; gelbes Öl; 4 g. — *Verb. vom F. 59—62°*, $Kp._{0,7}$ 195—205°, neben vorst. Triäthylester; aus PAe. gelbe Schuppen; 1,6 g. — *1-Äthylpyrrol-2.3.4-tricarbonsäure*, $C_9H_9NO_6$, F. 227° (Zers.), aus dem K-Salz u. konz. HCl u. Extrahieren mit Ae.; aus A. Nadeln; R_F 0,28; 0,25; 0,54. *K-Salz*, $C_9H_8KNO_6$, durch 10std. Kochen von 2 g Triäthylester u. 10%ig. KOH u. Ansäuern mit HCl; aus W. Nadeln; 0,95 g. *Trimethylester*, $C_{12}H_{15}NO_6$, F. 92—94°, analog **Ia**; aus PAe. Nadeln. *Triäthylester*, $C_{15}H_{21}NO_6$, $Kp._{0,6}$ 171—175°, analog **Ib** aus 11 g **II** u. Äthylamin; gelbes Öl; 7,25 g. — *1-Methylpyrrol-2.3.4.5-tetracarbonsäure, Monohydrat*, $C_9H_7NO_8\cdot H_2O$, F. 230° (Zers.; Äthylacetat/PAe.), aus 1 g K-Salz u. konz. HCl u. Extrahieren mit Äthylacetat; 0,75 g; R_F 0,05; 0,07; 0,15. *K-Salz*, $C_9H_6\cdot KNO_8$, F. 300°, durch 10std. Kochen von 3 g Tetraäthylester u. 10%ig. KOH, Ansäuern mit HCl, 2wöchiges Stehen u. Waschen des Nd. mit wenig A. u. Ae.; aus W. Nadeln; 1,35 g. *Tetramethylester*, $C_{13}H_{15}NO_8$, F. 120—123°, analog **Ia**; aus Bzn. Nadeln. *Tetraäthylester*, $Kp._{0,4}$ 180—195°, analog **Ib** aus 10 g α.α'-Diäthoxalylbernsteinsäurediäthylester u. Methylamin; nicht rein erhalten; 3 g. — *Verb. vom F. 116—118°*, $Kp._{0,4}$ 195—205°, neben vorst. Tetraäthylester; aus Bzn. Nadeln; 0,7 g. — *1-Äthylpyrrol-2.3.4.5-tetracarbonsäure, Monohydrat*, $C_{10}H_9NO_8\cdot H_2O$, F. 222° (Zers.; Äthylacetat/PAe.), analog vorst. Säure; R_F 0,09; 0,10; 0,23. *K-Salz*, $C_{10}H_8KNO_8$, F. 300°, analog vorst. K-Salz; aus W. Nadeln; 0,8 g. *Tetramethylester*, $C_{14}H_{17}NO_8$, F. 66—68°, analog **Ia**; aus PAe. Nadeln. *Tetraäthylester*, $Kp._{0,3}$ 155—175°, analog vorst. Tetraäthylester; nicht rein erhalten; 3,1 g. — *Verb. vom F. 83—95°*, $Kp._{0,3}$ 175—195°, neben vorst. Tetraäthylester; aus PAe. Nadeln; 1,58 g.
F. Heller. 3081◇

0873 **Pyrrolcarbonsäuren.** 16. Mitt. **Einige in Beziehung zur Untersuchung von Porphyrin a stehende Pyrrolsäuren.** Mario Piattelli und R. A. Nicolaus. (Rend. Accad. Sci. fisiche Mat., Napoli [4] **27** (**99**), 100—04, 1960; ital.) — 14. vgl. vorst. Referat. — Nach bekannten Meth. werden *3.4-Bis-[2-carboxyäthyl]-pyrrol-2.5-dicarbonsäure* u. *2.4-Dimethyl-3-hexadecylpyrrol-5-carbonsäureäthylester* dargestellt.

Versuche: *2-Methyl-4-[2-carbäthoxyäthyl]-3 [2-carboxyvinyl]-pyrrol-5-carbonsäureäthylester*, $C_{16}H_{21}NO_6$, F. 211—212°, durch 8std. Erhitzen von 2-Methyl-3-formyl-5-carbäthoxy-4-[2-carbäthoxyäthyl]-pyrrol, Malonsäure u. Piperidin auf dem Wasserbad; aus A. hellgelbe Blättchen; 47,8% (Ausbeute). — *2-Methyl-4-[2-carbäthoxyäthyl]-3-[2-carboxyäthyl]-pyrrol-5-carbonsäureäthylester*, $C_{16}H_{23}NO_6$, F. 108—109°, durch Hydrieren vorst. Verb. an Pd-Kohle in A. bei Raum-Temp. u. Normaldruck; aus W. Blättchen; 98%. — *3.4-Bis-[2-carboxyäthyl]-pyrrol-2.5-dicarbonsäure*, $C_{12}H_{13}NO_8$, F. 248—249°, durch Zutropfen von Br_2 u. SO_2Cl_2 zu vorst. Verb. in Eisessig/Acetanhydrid (10 : 1) unter Kühlung, mehrstd. Stehen bei 4°, Zugeben von W., Erhitzen auf 60° für 20 Min., Verdünnen mit W., Extrahieren mit Ae., 2std. Kochen des Äthylestergemisches mit 2n NaOH u. Ansäuern mit konz. HCl (pH 4); aus W. Blättchen; 39,7%. — *2.4-Dimethyl-3-palmitoyl-5-carbäthoxypyrrol*, $C_{25}H_{43}NO_3$, F. 90—91°, durch Zutropfen von Palmitinsäurechlorid zu 2.4-Dimethyl-5-carbäthoxypyrrol u. $AlCl_3$ in CS_2, 4std. Kochen, Abdestillieren des CS_2 u. Zers. mit Eis; aus Äthylacetat Nadeln; 90,2%. *2.4-Dinitrophenylhydrazon*, $C_{31}H_{47}N_5O_6$, F. 124—125°, aus A. rote Nadeln. — *2.4-Dimethyl-3-hexadecylpyrrol-5-carbonsäureäthylester*, $C_{25}\cdot H_{45}NO_2$, F. 68—69°, durch Hydrieren vorst. Verb. an Pd-Kohle in A. bei 180° u. 50 at (1 Std.); aus A. Nadeln; 89,3%.
F. Heller. 3081◇

0874 **Pyrrolcarbonsäuren.** 17. Mitt. **Synthese von N-Alkylpyrrolcarbonsäuren.** Mario Piattelli, Guido di Prisco und R. A. Nicolaus. (Rend. Accad. Sci. fisiche Mat., Napoli [4] **27** (**99**), 254—61, 1960; ital.) — 16. vgl. vorst. Referat. — Durch Kondens. von α-Diäthoxymethyl-α'-formylbernsteinsäurediäthylester (**I**) mit Propyl-, Butyl- u. Amylamin u. Verseifen der Ester werden *1-Propyl* (**II**)-, *1-Butyl-* u. *1-Amylpyrrol-3.4-dicarbonsäure* dargestellt. Analog werden aus α-Diäthoxymethyl-α'-äthoxalylbernsteinsäurediäthylester (**III**) *1-Alkylpyrrol-2.3.4-tricarbonsäuren* erhalten.

Versuche: 1-Alkylpyrrol-3.4-dicarbonsäuren: *1-Propyl-* (**II**), $C_9H_{11}NO_4$, F. 165—166°, durch Zutropfen von Propylamin in abs. Ae. zu **I** in abs. Ae., kurzes Stehen, Einengen im Vakuum, Gießen in konz. H_2SO_4, Erwärmen auf 40—50° für 5—10 Min., Gießen auf Eiswasser, Extrahieren mit Chlf., Eindampfen im Vakuum, 6—7std. Kochen mit 10%ig. wss.-alkohol. KOH, Einengen u. Ansäuern mit konz. HCl; aus W. Blättchen; 55,4% (Ausbeute); R_F 0,92 (Propanol/W./33%ig. NH_4OH; 6:1:3); 0,77 (A./W./33%ig.

NH_4OH; 20:4:1); 0,79 (Butanol/Eisessig/W.; 12:3:5). — *1-Butyl-*, $C_{10}H_{13}NO_4$, F. 139—140°, analog **II** aus **I** u. Butylamin; aus verd. A. Prismen; 80%; R_F 0,94; 0,83; 0,84. — *1-Amyl-*, $C_{11}H_{15}NO_4$, F. 176—177°, analog **II** aus **I** u. Amylamin; aus verd. A. Nadeln; 70%; R_F 0,95; 0,85; 0,89. — 1-Alkylpyrrol-2.3.4-tricarbonsäuren: *1-Propyl-* (**IV**), $C_{10}H_{11}NO_6$, F. 194—196° (Zers.), durch 1std. Erhitzen von **III** u. Propylamin in Eisessig auf 100—110°, Gießen in 2n Na_2CO_3-Lsg., Extrahieren mit Chlf., Vakuum-Dest., 10std. Kochen der Fraktion vom Kp.$_1$ 150—180° mit 10%ig. wss.-alkohol. KOH u. Ansäuern mit HCl; aus Äthylacetat Blättchen; 73,6%; R_F 0,56; 0,55; 0,68. *Trimethylester*, $C_{13}H_{17}NO_6$, F. 72—73°, aus **IV** u. CH_2N_2 in Ae.; aus Bzn. Prismen; R_F 1,00; 1,00; 1,00. — *1-Butyl-*, $C_{11}H_{13}NO_6$, F. 196 bis 197° (Zers.), analog **IV** aus **III** u. Butylamin; aus Äthylacetat Prismen; 53,3%; R_F 0,68; 0,60; 0,72. *Trimethylester*, $C_{14}H_{19}NO_6$, F. 78—79°, aus Bzn. Prismen; R_F 1,00; 1,00; 1,00. — *1-Amyl-*, $C_{12}H_{15}NO_6$, F. 188—190° (Zers.), analog **IV** aus **III** u. Amylamin; aus Äthylacetat Prismen; 72,7%; R_F 0,76; 0,65; 0,78. *Trimethylester*, $C_{15}H_{21}NO_6$, F. 51—52°, aus PAe. Prismen; R_F 1,00; 1,00; 1,00. F. Heller. 3081◇

0875 **Pyrrolcarbonsäuren.** 18. Mitt. **Synthese von N-Arylpyrrolcarbonsäuren.** Mario Piattelli, Luigi Minale und R. A. Nicolaus. (Rend. Accad. Sci. fisiche Mat., Napoli [4] **27** (**99**), 283—96, 1960; ital.) — 17. vgl. vorst. Referat. — Durch Kondens. von α-Diäthoxymethyl-α'-formylbernsteinsäurediäthylester (**I**) bzw. α-Diäthoxymethyl-α'-äthoxalylbernsteinsäurediäthylester (**II**) mit Derivv. des Anilins werden *N-Arylpyrrol-3.4-dicarbonsäurediäthylester* bzw. *N-Arylpyrrol-2.3.4-tricarbonsäuretriäthylester* dargestellt u. zu den *Säuren* verseift. Durch Rk. der Säuren mit CH_2N_2 werden die entsprechenden *Methylester* erhalten.

Versuche: *1-[4-Nitrophenyl]-pyrrol-3.4-dicarbonsäure, Di-K-Salz, Dihydrat*, $C_{12}H_6K_2N_2O_6 \cdot 2\,H_2O$, durch 5std. Kochen von **III** u. 10%ig. wss.-alkohol. KOH u. Einengen im Vakuum; aus 2n KOH/CH_3OH gelbe Nadeln; 100% (Ausbeute). *Diäthylester* (**III**), $C_{16}H_{16}N_2O_6$, F. 154—155°, durch Zutropfen von **I** in abs. Ae. zu p-Nitranilin in abs. A., Eindampfen im Vakuum, Zugeben zu konz. H_2SO_4 bei 40—45° u. Gießen auf Eis; aus A. gelbe Nadeln; 54,3%; R_F 0,93 (Butanol/Eisessig/W.; 12:3:5); 0,79 (A./W./33%ig. NH_4OH; 20:4:1); 0,92 (Propanol/W./33%ig. NH_4OH; 6:1:3). — *1-[4-Aminophenyl]-pyrrol-3.4-dicarbonsäurediäthylester*, $C_{16}H_{18}N_2O_4$, F. 85—86°, durch Hydrieren von **III** an Pd-Kohle in Dioxan bei Raum-Temp. u. Normaldruck; aus A. Prismen; 99,5%; R_F 0,89; 0,88; 0,88. — *1-[4-Hydroxyphenyl]-pyrrol-3.4-dicarbonsäure*, $C_{12}H_9NO_5$, F. 300—302° (Zers.), durch 5std. Kochen des Diäthylesters mit 10%ig. wss.-alkohol. KOH, Einengen u. Ansäuern mit konz. HCl; aus verd. A. Nadeln; 95%; R_F 0,62; 0,65; 0,56. *Diäthylester*, $C_{16}H_{17}NO_5$, F. 118,5—119,5°, analog **III** aus **I** u. p-Aminophenol u. Reinigen über das K-Salz; aus Äthylacetat Blättchen; 35%; R_F 0,88; 0,89; 0,88. — *1-[4-Carboxyphenyl]-pyrrol-3.4-dicarbonsäurediäthylester* (**IV**), $C_{17}H_{17}NO_6$, F. 236—237°, analog **III** aus **I** u. p-Aminobenzoesäure; aus A. schwachgelbe Nadeln; 28%; R_F 0,90; 0,82; 0,85. *Methylester*, $C_{18}H_{19}NO_6$, F. 111 bis 112°, durch Zugeben von **IV** in Dioxan zu CH_2N_2 in Ae.; aus A. Nadeln; 100%; R_F 0,92; 0,89; 0,93. — *1-[4-Carbomethoxyphenyl]-pyrrol-3.4-dicarbonsäuredimethylester*, $C_{16}H_{15}NO_6$, F. 183—184°, durch 6std. Kochen von 1,2 g **IV** u. 10%ig. KOH, Ansäuern mit HCl u. Rk. des Nd. mit CH_2N_2 in Ae.; aus A. Nadeln; 0,92 g; R_F 0,92; 0,89; 0,93. — *1-Phenylpyrrol-2.3.4-tricarbonsäure* (**V**), $C_{13}H_9NO_6$, F. 272° (Zers.), durch 5std. Kochen von **Vb** u. 10%ig. wss.-alkohol. KOH, Einengen u. Ansäuern mit HCl; aus Eisessig Blättchen; 73,5%; R_F 0,68; 0,34; 0,33. *Trimethylester* (**Va**), $C_{16}H_{15}NO_6$, F. 136—137°, durch Zugeben von **V** in Dioxan zu CH_2N_2 in Ae.; aus CH_3OH Blättchen; 88%; R_F 0,92; 0,87; 1,00. *Triäthylester* (**Vb**), $C_{19}H_{21}NO_6$, F. 44—45°, Kp.$_{2-3}$ 270 bis 280°, durch Zutropfen von Anilin in Eisessig zu **II**, 1std. Erhitzen auf 100—110°, Gießen in 2n Na_2CO_3-Lsg. bei 0°, Extrahieren mit Chlf. u. Vakuum-Dest. des Extraktrückstandes; aus A. Prismen; 33,4%; R_F 0,95; 0,91; 1,00. — *1-[4-Nitrophenyl]-pyrrol-2.3.4-tricarbonsäure*, $C_{13}H_8N_2O_8$, F. 305° (Zers.), analog **V**; aus W. hellgelbe Prismen; 95%; R_F 0,65; 0,27; 0,33. *Trimethylester*, $C_{16}H_{14}N_2O_8$, F. 142 bis 144°, analog **Va**; aus A. hellgelbe Nadeln; R_F 0,91; 0,87; 1,00. *Triäthylester*, $C_{19}H_{20}N_2O_8$, F. 118—119°, durch 1std. Erhitzen von **II** u. p-Nitranilin in Eisessig auf 100—110°, Gießen in Na_2CO_3-Lsg. u. Extrahieren mit Ae.; aus A. gelbe Nadeln; 7,5%; R_F 0,91; 0,87; 1,00. — *1-[4-Aminophenyl]-pyrrol-2.3.4-tricarbonsäure, Dihydrat*, $C_{13}H_{10}N_2O_6 \cdot 2\,H_2O$, F. 270—272° (Zers.), analog **V**; aus W. Prismen; 95%; R_F 0,45; 0,27; 0,17. *Trimethylester*, $C_{16}H_{16}N_2O_6$, F. 168—170°, durch Hydrieren vorst. Trimethylesters an Pd-Kohle in A.; aus Bzl. Prismen; 98%; R_F 0,85; 0,87; 1,00. *Triäthylester*, $C_{19}H_{22}N_2O_6$, F. 153—154°, durch Hydrieren vorst. Triäthylesters; aus Bzl. Prismen; 99%; R_F 0,88; 0,91; 1,00. — *1-[4-Methoxyphenyl]-pyrrol-2.3.4-tricarbonsäure*, $C_{14}H_{11}NO_7$, F. 232—233° (Zers.), analog **Vb** aus **II** u. p-Anisidin u. Verseifen des *Triäthylesters* (Kp.$_2$ 265—270°) analog **V**; aus Eisessig Prismen; 53,7%; R_F 0,67; 0,42; 0,46. *Trimethylester*, $C_{17}H_{17}NO_7$, F. 80,5 bis 81,5°, analog **Va**; aus A. Blättchen; R_F 0,92; 0,89; 1,00. — *1-[4-Hydroxyphenyl]-pyrrol-2.3.4-tricarbonsäure*, $C_{13}H_9NO_7$, F. 235—236° (Zers.), durch 1std. Erhitzen vorst. Säure u. $AlCl_3$ in Nitrobenzol auf 120—130°, Dampf-Dest., Chromatographie des Rückstandes in Propanol/W./NH_4OH an Whatman Nr. 1 u. Filtrieren des Eluates über Dowex 50W-X (H-Form); aus Eisessig Prismen; 36%; R_F 0,54; 0,24; 0,13. — *1-[4-Carbomethoxyphenyl]-pyrrol-2.3.4-tricarbonsäure, Trimethylester*, $C_{18}H_{17}NO_8$, F. 175—176°, aus nachst. Säure u. CH_2N_2; aus A. Prismen; 100%; R_F 1,00; 0,86; 1,00. — *1-[4-Carboxyphenyl]-pyrrol-2.3.4-tricarbonsäure, Monohydrat*, $C_{14}H_9NO_8 \cdot H_2O$, F. >300°, analog **V** aus dem Tetraäthylester u. Filtrieren über Dowex 50W-X (H-Form); aus verd. HCl Nadeln; 60%; R_F 0,60; 0,11; 0,39. *K-Salz, Monohydrat*, $C_{14}H_8KNO_8 \cdot H_2O$, aus der Säure u. gesätt. KCl-Lsg.; aus W. Nadeln. *Tetraäthylester*, $C_{22}H_{25}NO_8$, F. 99—100°, Kp.$_2$ 275—290°, analog **Vb** aus **II** u. p-Aminobenzoesäureäthylester; aus A. Nadeln; 28%; R_F 1,00; 0,91; 1,00. F. Heller. 3081◇

0876 **Pyrrolcarbonsäuren.** 19. Mitt. **Die Reaktion von Wasserstoffperoxid mit 3-Methylpyrrol-4-carbonsäure.** Rachele Scarpati, Vincenzo Dovinola und Rodolfo A. Nicolaus. (Rend. Accad. Sci. fisiche Mat., Napoli [4] **27** (**99**), 503—11, 1960; ital.) — 18. vgl. vorst. Referat. — 3-Methylpyrrol-4-carbonsäure gibt mit H_2O_2 in Soda-Lsg. *3-Methyl-4-carboxy-Δ^3-pyrrolinon-(2)* (**I**), dessen Konstit. durch Decarboxylierung zu *3-Methyl-Δ^3-pyrrolinon-(2)* u. dessen Identität mit einem synthet. Präp. festgestellt wird. Der Rk.-Mechanismus wird besprochen.

Versuche: *3-Methyl-4-carboxy-Δ^3-pyrrolinon-(2)* (**I**), $C_6H_7NO_3$, F. 217° (Zers.), durch Zutropfen von 15%ig. H_2O_2 zu 500 mg 3-Methylpyrrol-4-carbonsäure in 2n Na_2CO_3-Lsg., 20std. Stehen u. Ansäuern mit HCl; aus A. Nadeln; 450 mg (Ausbeute); R_F 0,57 (Propanol/Bzn./Eisessig/W.; 7:10:1:1); 0,69 (Butanol/Eisessig/W.; 4:1:5); 0,39 (Propanol/Bzn./Eisessig/W.; 5:10:1:1); 0,42 (Äthylacetat/Bzn./Eisessig/W.; 5:5:1:1). *Methylester*, $C_7H_9NO_3$, F. 151—154°, aus 150 mg **I** in A. u. CH_2N_2 in Ae.; aus W. Nadeln; 100 mg. — *β-Cyan-β-hydroxy-α-methylpropionsäureäthylester*, $C_7H_{11}NO_3$, Kp.$_{13}$ 144°, durch Zutropfen von $NaHSO_3$-Lsg. zu 10 g α-Formylpropionsäureäthylester in 20 Min., 3std. Rühren, Zutropfen von KCN-Lsg. in ½ Std., 1std. Rühren u. Extrahieren mit Ae.; 7 g. — *3-Methyl-Δ^3-pyrrolinon-(2)*, C_5H_7NO, F. 94—95°, a) durch Decarboxylieren von 100 mg **I** bei 210—230°/0,4 mm; 30 mg; b) durch ½std. Erhitzen von 200 mg des N-Acetyl-Deriv. u. 4%ig. NaOH auf dem Wasserbad u. Extrahieren mit Bzl.; aus PAe. Nadeln; 88 mg; R_F 0,69; 0,77; 0,58; 0,68. *N-Acetyl-Deriv.*, $C_7H_9NO_2$, F. 52—54°, durch Hydrieren von 5 g vorst. Cyanhydrins an Raney-Ni in Eisessig bei 100° u. 50 at, Einengen des Filtrats, Extrahieren mit Äthylacetat, 5std. Kochen des Extraktrückstandes mit Acetanhydrid u. Eindampfen im Vakuum; nach Sublimation bei 55°/0,2 mm aus PAe. Schuppen; 1,4 g. F. Heller. 3081◇

0877 **Darstellung von $C_{(2)}$-substituierten Derivaten von 3-[β-Diäthylaminoäthyl]-indolen.** K. Lénárd und J. Borsy. (Acta chim. Acad. Sci. hung. **34**, 439—46, 1962; Budapest, Res. Inst. of Pharmac. Ind.; engl.) — Einige am $C_{(2)}$ substituierte *3-[β-Diäthylaminoäthyl]-indole* werden aus den entsprechenden Indolyl-(3)-glyoxylsäurediäthylamiden (**B**) durch Red. mit $LiAlH_4$ dargestellt. Die **B** werden durch Umsetzung der am $C_{(2)}$ substituierten Indole mit Oxalylchlorid u. Rk. mit Diäthylamin gewonnen.

Versuche: Indole: *2-[o-Methoxybenzyl]-*, $C_{16}H_{15}NO$, F. 190—192°, durch 1std. Erhitzen von o-Methoxyphenylaceton mit Phenylhydrazin (**I**) in abs. A. auf dem Wasserbad, Filtrieren, Erhitzen des Nd. mit Polyphosphorsäure (PS) auf 100° u. nach 3—4 Min. Eingießen in W.; hellgrau; 42% (Ausbeute). — *2-[4-Chlorphenyl]-*, $C_{14}H_{10}ClN$, F. 202—204°

(A.), durch Behandeln von p-Chloracetophenon u. I mit Eisessig, langsames Erhitzen mit $ZnCl_2$ auf 180° im Ölbad, $^1/_4$std. Stehen, Zugabe von W. u. HCl u. Erhitzen auf dem Wasserbad; 43%. — *2-[β-Naphthyl]-*, F. 201—202°, durch 10 Min. langes Erhitzen von β-Acetylnaphthalin, I u. PS auf dem Wasserbad auf 100°, 5 Min. langes Stehen bei 165° u. Eingießen in W.; 40%. — Indolyl-(3)-glyoxylsäure-diäthylamide: *2-Methyl-* (II), $C_{15}H_{18}N_2O_2$, F. 173—174° (Methanol), durch Zutropfen von 6,2 g Oxalylchlorid unter Eiskühlung zu 7,8 g 2-Methylindol in abs. Bzl., Filtrieren u. Behandeln mit Diäthylamin in W.; 4,6 g. — *2-Phenyl-*, $C_{20}H_{20}N_2O_2$, F. 154—155°, analog II aus 2-Phenylindol; aus Methanol nadlige Kristalle; 58%. — *2-[p-Tolyl]-*, $C_{21}H_{22}N_2O_2$, F. 125 bis 127° (Methanol), analog II aus 2-[p-Tolyl]-indol. — *2-[p-Methoxyphenyl]-*, $C_{21}H_{22}N_2O_3$, F. 148—150° (A.), analog II aus 2-[p-Methoxyphenyl]-indol. — *2-[o-Methoxyphenyloxymethyl]-*, $C_{22}H_{24}N_2O_4$, F. 145—147°. — *2-[β-Naphthyl]-*, $C_{24}H_{21}N_2O_2$, F. 182—184°. — *2-[p-Chlorphenyl]-*, $C_{20}H_{19}ClN_2O_2$. — *2-[p-Bromphenyl]-*, $C_{20}H_{19}BrN_2O_2$, F. 174—176° (Methanol); 36%. — *2-Diphenylyl-*, $C_{26}H_{24}N_2O_2$, F. 235—236°, analog aus 4,5 g 2-Diphenylylindol in Nitrobenzol; 4,05 g. — 3-[β-Diäthylaminoäthyl]-indole: *2-Methyl-*, *Hydrochlorid*, $C_{15}H_{22}N_2 \cdot HCl$, F. 207—208°, durch Zutropfen von II in abs. Tetrahydrofuran (THF) zu $LiAlH_4$ in THF unter Rühren u. Kühlen, 3std. Kochen u. Stehen über Nacht (Meth. **A**); 46%. — *2-Phenyl-*, $C_{20}H_{24}N_2$, F. 125,5—126° (Methanol), analog **A** aus dem entsprechenden Glyoxylsäure-Deriv.; 75%. *Hydrochlorid*, aus 4,65 g der Base; 4 g. *Äthansulfonat*, $C_{22}H_{30}N_2O_3S$, F. 210—211°; 100%. — *2-[o-Methoxyphenyloxymethyl]-*, $C_{22}H_{28}N_2O_2$, F. 118—120° (PAe.). *Äthansulfonat*, F. 162—164°. — *2-Diphenylyl-*, $C_{26}H_{28}N_2$, F. 108 bis 110°; 70%. *Äthansulfonat*, F. 203—204°. — *2-[β-Naphthyl]-*, $C_{24}H_{26}N_2$, F. 114—118° (Methanol); 66%. *Äthansulfonat*, F. 175—177°. — *2-[p-Chlorphenyl]-*, $C_{20}H_{23}ClN_2$, F. 116 bis 117°. *Äthansulfonat*, F. 183—184°. — *2-[p-Bromphenyl]-*, F. 124—125° (Aceton); 73%. *Äthansulfonat*, F. 192—193°. — *Indolyl-2-carbonsäurediäthylamid*, $C_{13}H_{16}N_2O$, F. 163—164° (A.), a) durch $^1/_4$std. Zutropfen von $SOCl_2$ zu Indol-2-carbonsäure (III) in abs. Bzl. unter Rühren u. N_2, 1½ std. Rühren bei 45°, Eindampfen im Vakuum, Zugabe von Bzl. u. Oxalylchlorid, 1std. Stehen, Abdestillieren von überschüssigem Bzl. u. Oxalylchlorid, Zugabe von Bzl. u. Diäthylamin u. Stehen über Nacht; 64%; b) durch Überführen von III ins Säurechlorid u. Umsetzen mit Diäthylamin.

M. Mirsch. 3081◇

0878 **Potentielle Reserpinanaloga.** 1. Mitt. **Derivate von Tryptamin.** M. A. Karim, W. H. Linnell und L. K. Sharp. (J. Pharmacy Pharmacol. **12**, 74—81, 1960; London, Univ., Dep. of Pharmac. Chem., School of Pharmacy; engl.) — Es sind *cis-N-[β-Indolyl-(3)-äthyl]-3-methoxycyclohexancarbonsäureamid* (I), *cis-N-[β-Indolyl-(3)-äthyl]-N-[3-methoxycyclohexylmethyl]-acetamid* (II), *N-[β-Indolyl-(3)-äthyl]-3.4.5-trimethoxybenzamid* (III), *N-[β-Indolyl-(3)-äthyl]-3.4-dimethoxyphenylacetamid* (IV), *N-[3.4-Dimethoxyphenäthyl]-indolyl-(3)-acetamid* (V) u. *N-[4-Methoxycyclohexylacetyl]-tryptamin* (VI) synthetisiert worden. — Red. von I liefert *cis-N-[3-Methoxycyclohexylmethyl]-tryptamin* (VII), von IV u. V *N-[3.4-Dimethoxyphenäthyl]-tryptamin* (VIII), von VI *N-[β-(4-Methoxycyclohexyl)-äthyl]-tryptamin* (IX) u. von III zu *N-[3.4.5-Trimethoxybenzyl]-tryptamin*. Die Verstärkung der Barbiturathypnose bei Mäusen u. die Minderung des 5-Hydroxytryptamin-Geh. im Rattenhirn durch die Verbb. **I—IV, VI—IX** wird mit der des Reserpins (**XI**) verglichen. Nur **II** ist in beiden Fällen akt. u. $^1/_{13}$ der von **XI**, **III** zeigt im Fall der Hypnose $^1/_8$ der Aktivität von **XI**.

Versuche: *cis-3-Methoxycyclohexylmethanol* (**XII**), $C_8H_{16}O_2$, Kp.$_{18}$ 110°, n_D^{22} 1,467, durch 33std. Kochen von cis-3-Methoxycyclohexancarbonsäuremethylester (**XIII**) u. einer Suspension von $LiAlH_4$ in Ae. unter Rühren, Zers. des $LiAlH_4$-Überschusses mit W., Lösen des Nd. mit 10%ig. H_2SO_4, Extrahieren mit Ae. u. Entfernung des Ae.; 88% (Ausbeute). — *cis-3-Methoxycyclohexylmethylchlorid* (**XIV**), $C_8H_{15}ClO$, Kp.$_{0,1}$ 45—46°, durch 5std. Kochen von **XII** mit $SOCl_2$, Dest. des $SOCl_2$-Überschusses mit Bzl. u. Dest. im Vakuum; n_D^{21} 1,4686; 93%. — *cis-N-[β-Indolyl-(3)-äthyl]-3-methoxycyclohexancarbonsäureamid* (I), $C_{18}H_{24}N_2O_2$, F. 115—117° (W.), durch 2std. Erhitzen eines Gemisches von Tryptamin mit **XIII** auf 180—190°, Lösen in warmer CH_3OH mit A-Kohle, Filtrieren, Konzentrieren u. 12std. Stehen bei 0°; 63,3%. — *cis-N-[3-Methoxycyclohexylmethyl]-tryptamin* (**VII**), $C_{18}H_{26}N_2O$, Kp.$_{0,1}$ 190—196°, a) durch 96std. Kochen von **I** mit $LiAlH_4$ in Ae. im Soxhlet unter N_2, Zugabe von Eiswasser, Lösen des Nd. mit 10%ig. H_2SO_4, Ausäthern, Alkalisieren der wss. Phase, erneutes Ausäthern mit 20%ig. NaOH u. Dest.; b) durch Addition von 1,6 g Tryptamin in Tetrahydrofuran (THF) zu 0,85 g **XIV** in THF unter Schütteln im N_2-Strom, 48std. Stehen, Filtrieren u. fraktionierte Dest. im Vakuum; 200 mg. *Hydrochlorid*, $C_{18}H_{26}N_2O \cdot HCl$, F. 167—168° (A./Ae.), durch Einleiten von HCl-Gas in Lsg. von **VII** in abs. Ae.; 92%. — *N-[3.4-Dimethoxyphenäthyl]-indolyl-(3)-acetamid* (**V**), $C_{20}H_{22}N_2O_3$, F. 122—123°, a) durch $^3/_4$std. Erhitzen einer Lsg. von 2-[3.4-Dimethoxyphenyl]-äthylamin u. Indolyl-(3)-essigsäure in CH_3OH auf 210—215°, Lösen in CH_3OH mit A-Kohle, Filtrieren, Einengen, Wasserzugabe u. Stehen bei 0°; 78%; b) durch 3std. Rk. von Indolyl-(3)-essigsäuremethylester (aus Säure u. CH_2N_2) u. 2-[3.4-Dimethoxyphenyl]-äthylamin in CH_3OH bei 170—180° u. Aufarbeiten wie oben; 84%. — *N-[β-Indolyl-(3)-äthyl]-3.4-dimethoxyphenylacetamid* (**IV**), $C_{20}H_{22}N_2O_3$, F. 65—66°, durch 2½std. Erhitzen von 3.4-Dimethoxyphenylessigsäuremethylester u. Tryptamin in CH_3OH auf 180—190°; 65%. — *N-[3.4-Dimethoxyphenäthyl]-tryptamin* (**VIII**), $C_{20}H_{24}N_2O_2$, Kp.$_{0,1}$ 210—212°, a) durch 72std. Red. von **V** in THF mit $LiAlH_4$ in Ae. unter Kochen im N_2-Strom, Zers. des $LiAlH_4$ mit wss. THF, Filtrieren, Extrahieren des Nd. mit THF u. Dest. im Vakuum; 73%; b) analog a) aus **IV**; 66%. *Pikrat*, $C_{26}H_{27}N_5O_9$, F. 158—158,5° (A.), aus **VIII** u. Pikrinsäure in A. bei 20° u. 5 Min. langes Kochen; 75%. *Hydrochlorid*, $C_{20}H_{24}N_2O_2 \cdot HCl$, F. 175—176° (Aceton). — *N-[β-Indolyl-(3)-äthyl]-N-[3-methoxycyclohexylmethyl]-acetamid* (II), $C_{20}H_{28}N_2O_2$, F. 88—90° (wss. A.), durch Addition von Acetylchlorid zu **VII** in Pyridin, Filtrieren, 12std. Stehen des Filtrates, Dest., Ausziehen des Nd. mit CH_3OH/A-Kohle, Filtrieren u. 96std. Stehen der Lsg. bei 0°; 41%. — *3.4.5-Trimethoxybenzoylchlorid* (**X**), F. 77—78°, durch 3std. Rk. bei 20° u. 1std. Kochen von Gallussäure mit $SOCl_2$; 95%. — *N-[β-Indolyl-(3)-äthyl]-3.4.5-trimethoxybenzamid* (III), $C_{20}H_{22}N_2O_4$, F. 200—202° (Methanol), durch ½std. Rühren eines Rk.-Gemisches aus Tryptamin u. **X** in THF, 12std. Stehen unter N_2, Filtrieren u. Dest. im Vakuum; 65%. — *N-[3.4.5-Trimethoxybenzyl]-tryptamin*, $C_{20}H_{24}N_2O_3$, Kp.$_{0,2}$ 215—217°, durch 72std. Red. von **III** mit $LiAlH_4$ in THF im Soxhlet unter Kochen im N_2-Strom u. Aufarbeitung; 66%. *Pikrat*, $C_{26}H_{27}N_5O_{10}$, F. 147,5—149°. *Hydrochlorid*, $C_{20}H_{24}N_2O_3 \cdot HCl$, F. 229—231°. — *N-[4-Methoxycyclohexylacetyl]-tryptamin* (**VI**), $C_{19}H_{26}N_2O_2$, F. 96 bis 101° (Bzl.), Kp.$_{0,2}$ 300°, a) durch Addition von 4-Methoxycyclohexylacetylchlorid in THF zu Tryptamin in THF unter Rühren, Stehen (½ Std. bei 20° u. 12 Std. bei 0°), Filtrieren u. Dest. im Vakuum; 96%; b) durch Addition von 4-Methoxycyclohexylacetylchlorid in Bzl. zu Tryptamin in Bzl./4%ig. NaOH (5:4) u. 1std. Rühren; 46%; c) durch 3std. Erhitzen eines Gemisches von 1 g 4-Methoxycyclohexylessigsäuremethylester u. 0,8 g Tryptamin auf 180—190°; 0,25 g. — *N-[β-(4-Methoxycyclohexyl)-äthyl]-tryptamin* (**IX**), $C_{19}H_{28}N_2O$, Kp.$_{0,05}$ 180—182°, durch 56std. Red. von **VI** nach der üblichen Meth. mit $LiAlH_4$ unter N_2; 65%. *Hydrochlorid*, $C_{19}H_{28}N_2O \cdot HCl$, F. 205—210° (A.), durch Einleiten von HCl-Gas in Lsg. von **IX** in Ae./THF.

J. Gartzke. 3081△

0879 **Die Reaktion von halogenierten Nitrobenzolen mit β-Diketonen.** 3. Mitt. I. R. Gambhir und S. S. Joshi. (J. org. Chemistry **27**, 1899—1901, 1962; Meerut, India, Meerut Coll., Chem. Labor.; engl.) — 2. vgl. J. org. Chemistry **26**, [1961], 3714; 1. vgl. C. **1957**, 910. — Die Umsetzung der Na-Salze von β-Diketonen mit halogenierten Nitrobenzolen ergibt entsprechend substituierte *β-Diketone*, die durch Rk. mit Hydrazinhydrat, Phenylhydrazin, Semicarbazidacetat u. Hydroxylaminacetat entsprechende *Pyrazole*, *Phenylpyrazole*, *Pyrazol-1-carbonsäureamide* u. *Isoxazole* ergeben. Die Einw. von konz. H_2SO_4 auf die β-Ketone wird beschrieben.

Versuche: *α-[2.4-Dinitrophenyl]-benzoylmethan* (I), $C_{14}H_{10}N_2O_5$, F. 137°, a) durch 2std. Kochen von 2 g 1-Chlor-2.4-dinitrobenzol (**VIII**) mit Na-Benzoylaceton (**III**) in abs. A., Filtrieren u. Ansäuern mit verd. Essigsäure; aus verd. Essigsäure Nadeln; 1,4 g (Ausbeute); b) durch 2std. Kochen von 1 g **II** mit Na-Äthylat in abs. A.; 0,77 g; c) durch ½std. Erhitzen von **II** mit konz. H_2SO_4 auf 100°; 80%. — *1-[2.4-Dinitrophenyl]-1-benzoylaceton* (**II**), $C_{16}H_{12}N_2O_6$, F. 110°, a) durch 3std. Kochen von **III** u. 2 g **VIII** in abs. Ae., Ansäuern mit

Essigsäure u. Stehen über Nacht; aus A./Essigsäure hellgelbe Nadeln; 1,77 g. *Phenylhydrazon* (**IV**), $C_{22}H_{18}N_4O_5$, F. 185°, durch Stehen von 0,5 g **II** u. Phenylhydrazin in A., aus A. gelbe Kristalle; 0,34 g. *p-Tolylhydrazon*, $C_{23}H_{20}N_4O_5$, F. 175°, aus verd. A. hellbraune Nadeln; b) durch 2std. Kochen in tert.-Butanol analog a), Einengen, Extrahieren mit Ae. u. Lösen des Rückstandes in A.; 1,1 g; daneben durch Eindampfen der äther. Extrakte, Lösen in A. u. Zugabe von Essigsäure 0,54 g **I**. — 4-[2.4-Dinitrophenyl]-pyrazole: *3-Methyl-5-phenyl-*, $C_{16}H_{12}N_4O_4$, F. 182°, durch Rk. von 0,5 g **II** mit Hydrazinhydrat in Essigsäure; aus A. citronengelbe Nadeln; 0,32 g. *Acetyl-Deriv.*, $C_{18}H_{14}N_4O_5$, F. 137°. *Benzoyl-Deriv.*, $C_{23}H_{16}N_4O_5$, F. 150°. *Hydrochlorid*, F. 115°. — *1.5-Diphenyl-3-methyl-*, $C_{22}H_{16}N_4O_4$, F. 194°, a) durch 2std. Kochen von 0,5 g **II** u. Phenylhydrazin in Essigsäure; hellgelbe Nadeln; 0,21 g; b) durch Erhitzen von **IV** in Essigsäure. — *1-[p-Tolyl]-3-methyl-5-phenyl-*, $C_{23}H_{18}N_4O_4$, F. 202°, aus Essigsäure gelbe Nadeln; 56%. — *3-Methyl-5-phenyl-4-[2.4-dinitrophenyl]-pyrazol-1-carbonsäureamid*, $C_{17}H_{13}N_5O_5$, F. 176°, aus 0,5 g **II**, Semicarbazidhydrochlorid u. Na-Acetat in A.; aus A.. hellgelbe Nadeln; 0,41 g. — *3-Methyl-4-[2.4-dinitrophenyl]-5-phenylisoxazol*, $C_{16}H_{11}N_3O_5$, F. 160°, aus 0,5 g **II** u. Hydroxylaminhydrochlorid in A.; aus A. citronengelbe Nadeln; 0,39 g. — *α-[2.4-Dinitrophenyl]-dibenzoylmethan* (**V**), $C_{21}H_{14}N_2O_6$, F. 116°, durch Stehen von Dibenzoylmethan u. K-tert.-Butylat in tert.-Butanol/Ae. über Nacht, Zugabe von 1-Brom-2.4-dinitrobenzol (**IX**), 3std. Erwärmen auf 100°, Ansäuern mit Essigsäure u. Stehen über Nacht; aus Essigsäure gelbe Würfel; 52%. — Weitere 4-[2.4-Dinitrophenyl]-pyrazole: *3.5-Diphenyl-*, $C_{21}H_{14}N_4O_4$, F. 142°, aus 0,5 g **V** mit Hydrazinhydrat in Eisessig; aus A. citronengelbe Nadeln; 0,29 g. — *1.3.5-Triphenyl-*, $C_{27}H_{18}N_4O_4$, F. 136°, analog vorst. Verb. aus 0,5 g **V** u. Phenylhydrazin; aus A. citronengelbe Nadeln; 0,25 g. — *1-[p-Tolyl]-3.5-diphenyl-*, $C_{28}H_{20}N_4O_4$, F. 144°, aus A. gelbe Nadeln; 32%. — *3.5-Diphenyl-4-[2.4-diphenyl]-pyrazol-1-carbonsäureamid*, $C_{22}H_{15}N_5O_5$, F. 154°, aus 0,5 g **V** mit Semicarbazidhydrochlorid in A.; aus A. hellgelbe Nadeln; 0,36 g. — *3.5-Diphenyl-4-[2.4-diphenyl]-isoxazol*, $C_{21}H_{13}N_3O_5$, F. 139°, aus 0,5 g **V** u. Hydroxylaminhydrochlorid; aus A. Nadeln; 0,36 g. — *α-[2.4-Dinitrophenyl]-benzoylessigsäureäthylester* (**VI**), $C_{17}H_{14}N_2O_7$, F. 94°, durch 1std. Erwärmen einer Lsg. von Benzoylessigsäureäthylester in Ae. mit Na, Stehen über Nacht, Zugabe von **IX** in Ae., 3std. Kochen u. Ansäuern mit Essigsäure; aus A./Essigsäure (3:1) citronengelbe Nadeln; 60%. *Freie Säure*, $C_{15}H_{10}N_2O_7$, F. 106°, durch 8std. Stehen von 2 g **VI** in konz. H_2SO_4, Verdünnen mit Eis, Lösen in 5%ig. $NaHCO_3$-Lsg. u. Ansäuern mit wss. HCl; aus W. nach Zugabe von H_2SO_4 gelbe Nadeln; 0,99 g. — *α-[2-Chlor-4.6-dinitrophenyl]-benzoylessigsäureäthylester* (**VII**), $C_{17}H_{13}ClN_2O_7$, F. 128°, analog **VI** aus 1.2-Dichlor-4.6-dinitrobenzol (**X**); aus Essigsäure citronengelbe Nadeln. — *α-[2-Chlor-4.6-dinitrophenyl]-dibenzoylmethan*, $C_{21}H_{13}ClN_2O_6$, F. 179°, aus **X** analog **V**; aus Essigsäure hellgelbe Nadeln; 53,1%. — *α-[2-Chlor-4.6-dinitrophenyl]-benzoylmethan*, $C_{14}H_9ClN_2O_5$, F. 104°, a) durch 1std. Erhitzen von 1-[2-Chlor-4.6-dinitrophenyl]-1-benzoylaceton mit konz. H_2SO_4 auf 100°; aus verd. Essigsäure Nadeln; 81%; b) analog a) aus vorst. Verb.; 85%; c) aus **VII** analog a); 76%. W. Hampel. 3122◇

0880 **Untersuchungen über β-Nitroketone.** 2. Mitt. **3-Nitropyrazole aus β-Nitroketonen.** Raffaello Fusco und Silvano Rossi. (Rend. Ist. lombardo Sci. Lettere, A **93**, 334—44, 1959; Milano, Univ., Ist. per la Laurea in Chim. Ind., Labor. di Chim Ind. Organ.; ital.) — 1. vgl. C. **1964**, 2-0823. — Die Darst. von *1-Aryl-3-nitropyrazolen* aus β-Nitroketonen wird beschrieben. Einige Vertreter dieser neuen Verb.-Klasse werden dargestellt u. hinsichtlich ihres chem. Verh. untersucht. Einige für Nitrogruppen charakterist. Rkk. werden ausgeführt.

Versuche: *4-Nitrobutanon-(2)-semicarbazon*, $C_5H_{10}N_4O_3$, F. 166° (Methanol), durch 10 Min. langes Schütteln von 7 g 4-Nitrobutanon-(2) mit Na-Acetat u. Semicarbazidhydrochlorid in W. u. 1std. Stehen bei Raum-Temp.; 9,5 g (Ausbeute). — *5-Nitropentanon-(3)-semicarbazon*, $C_6H_{12}N_4O_3$, F. 135—136° (Methanol), analog vorst. Verbindung. — Pyrazole: *1-Phenyl-3-nitro-5-methyl-*, $C_{10}H_9N_3O_2$, F. 96° (Sublimation u. Umkristallisieren aus verd. Essigsäure), durch Lösen vorvorst. Verb. in wss. NaOH bei <10°, Versetzen mit gesätt. $NaHCO_3$-Lsg., Zugabe von diazotiertem Anilin in konz. HCl, Lösen des entstandenen *4-Benzolazo-4-nitrobutanon-(2)* in A./konz. HCl u. 2std. Kochen. — *1-Phenyl-3-nitro-5-äthyl-*, $C_{11}H_{11}N_3O_2$, F. 78° (Sublimation oder Kristallisation aus verd. Essigsäure), analog vorst. Verb. aus vorvorst. Verbindung. — *1-Phenyl-3-nitro-5-[β-carboxyäthyl]-* (**I**), $C_{12}H_{11}N_3O_4$, F. 140° (Essigsäure), analog vorst. Verb. aus 25 g ω-Nitro-γ-oxocapronsäuresemicarbazon über *ω-Benzolazo-ω-nitro-γ-oxocapronsäuresemicarbazon*; 13 g. — *1-[p-Methoxyphenyl]-3-nitro-5-[β-carboxyäthyl]-*, $C_{13}H_{13}N_3O_5$, F. 132 bis 133° (verd. Essigsäure), durch Rk. von diazotiertem p-Anisidin mit ω-Nitro-γ-oxocapronsäuresemicarbazon analog vorst. Verbindung. — *1-[p-Benzoyloxyphenyl]-3-nitro-5-[β-carboxyäthyl]-*, $C_{19}H_{15}N_3O_6$, F. 137° (W.), analog vorst. Verbindung. — *1-[p-Hydroxyphenyl]-3-nitro-5-[β-carboxyäthyl]-*, $C_{12}H_{11}N_3O_5$, F. 203—204° (Essigsäure), durch 2std. Kochen vorst. Verb. in 10%ig. NaOH; 72%. — *1-Phenyl-3-nitro-5-carboxy-*, $C_{10}H_7N_3O_4$, F. 162° (Bzl./PAe.), durch Oxydation der entsprechenden 5-[β-Carboxyäthyl]-Verb. in verd. NaOH mit $KMnO_4$ in Ggw. von $MgSO_4$ bei 80°, 10std. Rühren bei Raum-Temp. u. 5std. Extrahieren mit Ae. im Soxhlet. — *1-Phenyl-3-amino-5-carboxy-*, $C_{10}H_9N_3O_2$, F. 182° (W.), durch Hydrieren vorst. Verb. in Methanol/HCl an 10%ig. Pd/Kohle bei Raum-Temp./1 at. — *1-Phenyl-3-nitro-*, $C_9H_7N_3O_2$, F. 97° (verd. Essigsäure), Kp.$_{0,5}$ 135—137°, durch 2std. Erhitzen vorvorst. Verb. mit Cu-Pulver auf 200°. — *1-Phenyl-3-amino-*, $C_9H_9N_3$, F. 90°, analog vorvorst. Verb. aus vorst. Verb.; aus A. Nadeln. — *1-Phenyl-3-amino-5-[β-carboxyäthyl]-*, $C_{12}H_{13}N_3O_2$, F. 239° (W.), durch Hydrieren der entsprechenden 3-Nitro-Verb. in wss. NaOH an Raney-Ni bei 18°/757 Torr. — *1.1'-Diphenyl-5.5'-bis-[β-carboxyäthyl]-3.3'-azopyrazol*, $C_{24}H_{22}N_6O_4$, F. 265° (A.), durch Zugabe von Zn-Pulver zu **I** in verd. NaOH u. 2std. Kochen. P. Golinske. 3122△

0881 **Synthese einiger N-substituierter 2-Aminoimidazoline.** Pierre Tronche, Alain Amelot, Jean Bayard und Claude Laroussinie. (Ann. pharmac. franç. **18**, 726—35, 1960; Clermont-Ferrand, Fac. mixte de Méd. et de Pharmac., Labor. de Pharmac. chim.; franz.) — Zwecks Prüfung ihrer vasodynam. Eigg. synthetisieren Vff. einige *N-substituierte 2-Aminoimidazoline* durch Kondens. von Aminen mit 2-Nitraminoimidazolin nach McKay (J. Amer. chem. Soc. **71**, [1949], 766) bzw. mit 2-Methylmercaptoimidazolin, wobei sie fanden, daß sich jene Meth. auch auf sek. Amine ausdehnen läßt. Die vasomotor. Eigg. der beschriebenen Verbb. sind wenig ausgeprägt.

Versuche: *Nitroguanidin*, $CH_4N_4O_2$, F. 240° (Zers.), durch allmähliches Zufügen von Guanidinnitrat zu vorher auf 0° abgekühlter, 90%ig. H_2SO_4 bei < 3—4° u. 24std. Stehen; Nadeln aus W.; 85% (Ausbeute). — *2-Nitramino-Δ^2-imidazolin*, $C_3H_6N_4O_2$, F. 212°, durch Zufügen einer wss., KOH-alkal. Lsg. vorst. Verb. zu einer Lsg. von Äthylendiamin (**I**) in handelsüblicher HCl u. 20—30 Min. langes Rühren unter Erwärmen auf 65—70°; 64,8%. — Δ^2-Imidazoline, durch Erhitzen vorst. Verb. mit dem entsprechenden Amin bis zum Aufhören der Gas-Entw.: *2-Piperidino-*, $C_8H_{15}N_3$, F. 116°; 79%. *Monohydrochlorid*, F. 170°. *Pikrat*, F. 152° (W.). — *2-Morpholino-*, $C_7H_{13}N_3O$, F. 119°; 82%. *Monohydrochlorid*, F. 160°. *Monopikrat*, F. 195°. — *2-Phenäthylamino-*, $C_{11}H_{15}N_3$, F. 91°, Kp.$_1$ 218°; 88%. *Pikrat*, F. 161°. — *2-Cyclohexylamino-*, $C_9H_{17}N_3$, F. 145° (Chlorbenzol); 56,6%. *Pikrat*, F. 226°. — *2-n-Heptylamino-*, $C_{10}H_{21}N_3$, F. 38°; 91%. *Pikrat*, F. 115°. — *2-n-Undecylamino-*, $C_{14}H_{29}N_3$, F. 66—68°; 51%. *Pikrat*, F. 75°. — *Äthylenthioharnstoff*, F. 190—192°, durch langsames Zufügen von CS_2 zu einer wss.-alkohol. Lsg. von **I**-Hydrat, 2std. Erwärmen auf 60° u. 1 Std. auf 100°, Zufügen von HCl u. weiteres 2std. Erhitzen auf 100°; 83%. — *2-Methylmercapto-Δ^2-imidazolin. Hydrojodid*, F. 141—142° (A.), durch 2std. Kochen vorst. Verb. mit CH_3J in abs. A.; 97,8%. — Δ^2-Imidazolinhydrojodide, durch vorsichtiges Erhitzen vorst. Verb. mit dem entsprechenden Amin in Methanol auf dem Wasserbad bis zum Aufhören der Gas-Entw. u. $^1/_2$—1std. Stehen bei 70°: *2-Piperidino-*, $C_8H_{16}JN_3$, F. 214° (Methanol); 78%. — *2-Morpholino-*, $C_7H_{14}JN_3O$, F. 258°; 75%. — *2-Phenäthylamino-*, $C_{11}H_{16}JN_3$, F. 97°; 80%. — *2-Cyclohexylamino-*, $C_9H_{18}JN_3$, F. 162—163°; 84%. Gerhard Müller/Bitterfeld. 3122◇

0882 **Dinaphthoxazolin-(2.2').** Eisuke Ishida und Kyoji Tôei. (Bull. chem. Soc. Japan **36**, 123—24, 1963; Tsushima, Okayama Univ., Fac. of Sci., Dep. of Chem.; engl.) — In Analogie zu Dibenzoxazolinyl-(2.2') wird *Bis-*

{*naphtho-[2.1:d]-oxazolinyl-(2)*} (I) dargestellt. Auch I bildet mit Ca ein tiefblaues, mit $CHCl_3$ extrahierbares Chelat (UV-max. 638 mμ), das zum qual. Nachw. von Ca geeignet ist.

Versuche: *Bis-{naphtho-[2.1:d]-oxazolinyl-(2)}* (I), $C_{22}H_{16}N_2O_2$, F. 223°, aus 2-Amino-α-naphtholhydrochlorid durch Rk. mit Glyoxal in HCl-saurer wss. Lsg. in Ggw. von Sn-Pulver bei Raum-Temp. (Puffern auf pH 3—4 mit Na-Acetat); fahlblaue Nadeln aus Alkohol. W. Melloh. 3132◇

0883 **1.3.4-Thiadiazole.** 2. Mitt. **Synthese und chemisch-physikalische Eigenschaften der N-Äthylderivate von 2-Amino-5-phenyl-1.3.4-thiadiazol und 2-Imino-5-phenyl-Δ^4-1.3.4-thiadiazolin.** Emilio Testa, Gian Gualberto Gallo, Franco Fava und Giuseppe Weber. (Gazz. chim. ital. **88**, 812—26, 1958; Milano, Lepetit S.p.A., Labor. di Ric.; ital.) — 1. vgl. C. **1959**, 8138. — 2-Amino- (I), 2-Äthylamino- (II) u. 2-Diäthylamino-5-phenyl-1.3.4-thiadiazol (III) liegen nach dem Ergebnis der UV-spektroskop. u. bes. polarograph. Unters. in der *Aminothiadiazol*-Form vor. Die aus I u. II mit Äthylierungsmitteln erhaltenen Prodd. stellen dagegen *2-Imino-* bzw. *2-Äthylimino-3-äthyl-5-phenyl-Δ^4-1.3.4-thiadiazolin* dar. II wird eindeutig durch Oxydation von Benzaldehyd-N^3-äthylthiosemicarbazon (IV) mit $FeCl_3$ synthetisiert; III erhält man aus der 2-Brom-Verb. mit Diäthylamin. Aus den UV-Spektren bei verschiedenen pH-Werten ergibt sich für die Verbb. mit Iminothiadiazolin-Struktur eine wesentlich stärkere Basizität als für die Aminothiadiazole. Die UV- u. die (weniger aufschlußreichen) IR-Spektren sind wiedergegeben.

Versuche: *Benzaldehyd-N^3-äthylthiosemicarbazon* (IV), $C_{10}H_{13}N_3S$, F. 153—154° (A.). — 3-Äthyl-5-phenyl-Δ^4-1.3.4-thiadiazoline: *2-Imino-*, $C_{10}H_{11}N_3S$, F. 65—67° (PAe.), $Kp._{0,4}$ 130—140°, durch 1std. Kochen von 5 g I mit Diäthylsulfat u. Triäthylamin, Zutropfen von W. in der Hitze, 1std. Kochen, Dekantieren, Lösen des öligen braunen Rückstandes in 10%ig. HCl, Alkalisieren mit gesätt. Soda-Lsg. u. Ausäthern; 1,6 g (Ausbeute). *Hydrochlorid*, $C_{10}H_{11}N_3S\cdot HCl$, F. 227—228° (A.). *Hydrojodid*, $C_{10}H_{11}N_3S\cdot HJ$, F. 204 bis 206°, durch 3std. Erhitzen von 3 g I mit C_2H_5J in abs. A. im Rohr auf 110—120°; gelb; 3,3 g. — *2-Äthylimino-*, $C_{12}H_{15}N_3S$, $Kp._{0,5}$ 135—140°, aus dem Hydrochlorid mit gesätt. Sodalösung. *Hydrojodid*, $C_{12}H_{15}N_3S\cdot HJ$, F. 200—203° (abs. A.), durch 5std. Erhitzen von 9 g II mit C_2H_5J in abs. A. im Rohr auf 110—115°; 13,6 g. *Hydrochlorid*, $C_{12}H_{15}N_3S\cdot HCl$, F. 197—198° (abs. A.-Ae.). — 5-Phenyl-1.3.4-thiadiazole: *2-Äthylamino-* (II), $C_{10}H_{11}N_3S$, F. 177—180° (A.), durch 2std. Rühren von 25 g des Hydrochlorids mit 10%ig. NaOH auf dem Wasserbad; 19 g. *Hydrochlorid*, $C_{10}H_{11}N_3S\cdot HCl$, F. 246—248° (A.), durch Zugeben von $FeCl_3\cdot 6\,H_2O$ zu 56 g IV in W. bei 80°, ½std. Rühren bei 80°, mehrstd. Stehen bei 0° u. Umkristallisieren aus einem Gemisch aus A., konz. HCl u. 20%ig. $NaHSO_3$-Lsg. (90 : 3 : 2); 45,2 g. — *2-Brom-*, $C_8H_5BrN_2S$, F. 84—85° (Bzl.-PAe.), $Kp._{0,4}$ 125—130°, durch 1½std. Erhitzen von 2,6 g 2-Hydroxy-5-phenyl-1.3.4-thiadiazol mit PBr_5 auf 105—110°, Gießen auf Eis, Alkalisieren mit 50%ig. NaOH u. Ausziehen mit Bzl.; 1,42 g. — *2-Diäthylamino-* (III), $C_{12}H_{15}N_3S$, $Kp._{0,2}$ 160—170°, durch 6std. Kochen von 1,6 g vorst. Verb. mit Diäthylamin, Eindampfen u. Reinigen über das *Hydrochlorid* [$C_{12}H_{15}N_3S\cdot HCl$, F. 138 bis 142° (Bzl.)]; gelbes Öl; 0,4 g. H.-E. Toussaint. 3173◇

0884 **Ringerweiterung durch Hydrolyse von Tetrahydrofurfurylalkoholderivaten.** Didier Gagnaire. (C. R. hebd. Séances Acad. Sci. **248**, 420—23, 19/1. 1959; École Norm. Supér., Labor. de Chim.; franz.) — Hydrolyse von Tetrahydrofurfurylbromid (I) u. -tosylat (II) ergibt neben *Tetrahydrofurfurylalkohol* (III) durch Ringerweiterung *3-Hydroxytetrahydropyran*, das durch eine davon unabhängige Darst. identifiziert wurde.

Versuche: *3-Hydroxytetrahydropyran*, $Kp._{18}$ 88°, a) aus Dihydropyran durch Bromierung u. anschließende Hydrierung mit $LiAlH_4$ zum *3-Bromtetrahydropyran* [71% (Ausbeute)] u. dessen Hydrolyse durch Erhitzen mit W. im Rohr; b) aus I durch Hydrolyse; daneben *Tetrahydrofurfurylalkohol* (III), [$Kp._{18}$ 79°. Trennung durch Gaschromatographie; 42%]; 58%; c) aus II durch Hydrolyse beim Kochen u. Trennung von III [40%]; 60%. A. Kumm. 3211□

0885 **Untersuchungen über die Synthesen von Cumarinderivaten.** 10. Mitt. **Über die Diazotierung von 7-Aminocumarin-3-carbonsäure.** Yoshikata Kuwayama und Hisashi Ichibagase. (J. pharmac. Soc. Japan [Yakugakuzasshi] **78**, 196—97, 1958; Nagasaki, Univ. of Nagasaki, Pharmac. Fac.; jap., Auszug: engl.) — 9. vgl. J. pharmac. Soc. Japan [Yakugakuzasshi] **75**, [1955], 1489. — Ausgehend von 7-Aminocumarin-3-carbonsäure (I) werden durch Rk. nach Sandmeyer entsprechende Halogen-Derivv. dargestellt.

Versuche: *7-Chlorcumarin-3-carbonsäure*, $C_{10}H_5ClO_4$, F. 189°, durch Diazotieren von 1 g I in konz. HCl u. mehrstd. Stehen mit Cu bei Raum-Temp.; aus Methanol Nadeln; 0,4 g (Ausbeute). — *7-Bromcumarin-3-carbonsäureäthylester*, $C_{12}H_9BrO_4$, F. 124—125°, durch Diazotieren von 1 g I, Verkochen mit CuBr, Sättigen der alkohol. Lsg. mit HCl u. 1std. Kochen; aus Bzl. Nadeln; 0,5 g. — *7-Jodcumarin-3-carbonsäureäthylester*, $C_{12}H_9JO_4$, F. 129—129,5°, aus 2 g I analog vorst. Verb.; aus A. Nadeln; 1,2 g. — *7-Jodcumarin-3-carbonsäure*, $C_{10}H_5JO_4$, F. 218—219°, durch Hydrolyse von 0,5 g vorst. Verb. mit 2%ig. NaOH; aus Aceton Platten; 0,4 g. — *7-Hydroxycumarin-3-carbonsäureäthylester*, F. 168—169°, durch Diazotieren von 1 g I, Verkochen in 30%ig. H_2SO_4 u. Verestern; rote Nadeln; 0,4 g. W. Hampel. 3211△

0886 **Anthoxanthine.** 11. Mitt. **Synthese von (±)-Mollisacacidin.** N. B. Mulchandani und A. B. Kulkarni. (J. sci. ind. Res. [New Delhi], Sect. B **19**, 59—61, 1960; Bombay, Inst. of Sci., Dep. of Chem.; engl.) — 10. vgl. C. **1963**, 10461. — Aus 2′-Hydroxy-4′.3.4-tribenzyloxychalkon wird über das *Acetat-Dibromid 7.3′.4′-Tribenzyloxydihydroflavonol* dargestellt u. dieses mit $NaBH_4$ zum *Diol* red.; katalyt. Entbenzylierung liefert *(±)-Mollisacacidin.*

Versuche: *2′-Hydroxy-4′.3.4-tribenzyloxychalkon*, aus 3.4-Dibenzyloxybenzaldehyd u. 2-Hydroxy-4-benzyloxyacetophenon nach Venkataraman u. Mitarbeitern [1935]. *Acetyl-Deriv.*, $C_{38}H_{32}O_6$, F. 119° (Bzl./PAe.), durch Kochen von 5 g des Hydroxychalkons u. Pyridin/Acetanhydrid für 20 Min. u. mehrstd. Stehen; 5,5 g (Ausbeute). *Dibromid des Acetyl-Deriv.*, $C_{38}H_{32}Br_2O_6$, F. 129°, durch Zutropfen von Br_2 in CS_2 zu 2,4 g Acetyl-Deriv. in CS_2 u. mehrstd. Stehen; aus Bzl./PAe. Nadeln; 1,5 g. — *7.3′.4′-Tribenzyloxydihydroflavonol*, $C_{36}H_{30}O_6$, F. 160°, durch ¼std. Kochen von 1,2 g vorst. Dibromids in W./Aceton (1 : 4), Zugeben von 10%ig. Na_2CO_3-Lsg. u. ¼std. Stehen bei Raum-Temp.; aus Bzl. Nadeln; 180 mg. *Acetyl-Deriv.*, $C_{38}H_{32}O_7$, F. 136°, aus Bzl./PAe. Nadeln. — *7.3′.4′-Tribenzyloxyflavan-cis-diol-(3.4)*, $C_{36}H_{32}O_6$, F. 156° (A.), durch 1std. Kochen von 300 mg vorst. Flavonol-Deriv. u. $NaBH_4$ in A., Zers. mit Eisessig u. Verdünnen mit W.; 80 mg. *Diacetyl-Deriv.*, $C_{40}H_{36}O_8$, F. 120°, aus Bzl./PAe. Nadeln. — *(±)-Mollisacacidin, Sesquihydrat*, $C_{15}H_{14}O_6\cdot 1\frac{1}{2}\,H_2O$, F. 190° (Zers.), durch 4std. Hydrieren von 200 mg vorst. Diols an Pd–Kohle in Dimethylformamid bei 20 lbs./sq.in.; aus W. Nadeln; 20 mg. *Pentabenzoyl-Deriv.*, $C_{50}H_{34}O_{11}$, F. 172°, durch Zutropfen von Benzoylchlorid zu 30 mg Mollisacacidin in Pyridin u. 24std. Stehen bei Raum-Temp.; aus Bzl./PAe. Nadeln; 30 mg. F. Heller. 3211◇

0887 **Über die Reaktion von Pikrylpyridiniumchlorid mit Sulfiten in wässrigen Lösungen.** Kazimierz Okoń und Franciszek Hermanowicz. (Roczniki Chem. [Ann. Soc. chim. Polonorum] **34**, 1275—78, 1960; Warszawa, Techn. Militär-Akad.; pol.) — Durch Rk. von Pikrylpyridiniumchlorid (I) mit SO_2 wird *Pikrylpyridiniumsulfit* (II) erhalten. Mit $NaHSO_3$ gibt I neben II *Pikrylpyridiniumhydrogensulfit.*

Versuche: *Pikrylpyridiniumsulfit* (II), $C_{17}H_8N_7O_{15}S$, F. 284—286° (Aceton), a) durch 4std. Einleiten von SO_2 in eine wss. Suspension von I; 50% (Ausbeute); b) analog a) unter Zusatz von Pyridin; 90%; c) durch Zugabe 35%ig. HCl zu einer wss. Suspension von I u. Na_2SO_4 u. 1—2std. Erhitzen auf dem Wasserbad; 80%. — *Pikrylpyridiniumhydrogensulfit*, $C_{11}H_8N_4O_9S$, F. 294—296°, neben 60% II durch 1—2std. Erhitzen von I mit $NaHSO_3$ auf dem Wasserbad; 30%. E. Höft. 3231◇

0888 **Partiell reduzierte Pyridine.** 1. Mitt. **Die Eigenschaften von 3-Benzoyl-4-phenyl-1.4-dihydropyridin.** Robert E. Lyle und David A. Nelson. (J. org. Chemistry **28**, 169—73, 1963; Durham, N. H., Univ. of N. H., Dep. of Chem.; engl.) — Die Struktur des von Fuson u. Miller (C. **1957**, 12750) durch Rk. von Phenyl-MgBr (VII) mit 3-Benzoylpyridin (VIII) dargestellten *3-Benzoyl-4-phenyl-1.4-dihydropyridin* (I) wurde bestätigt durch UR- u. IR-spektroskop. Unterss. sowie durch Vgl. der KMR-Spektren von VIII u. *3-Benzoyl-4-phenylpyridin* (IV). Eine Reihe von Rkk. von I wird beschrieben, die die Struktur bestätigen.

I eignet sich wegen seiner Stabilität als Modellsubstanz für 1.4-Dihydropyridine u. Diphosphorpyridinnucleotid (DPNH). Spektren s. Original.

Versuche: *3-Benzoyl-4-phenyl-1.4-dihydropyridin* (**I**), $C_{18}H_{15}NO$, F. 148—152°, a) nach Fuson u. Miller (l. c.) neben *Pyridyl-(3)-diphenylcarbinol* u. nachst. Verb.; b) aus **II** durch Red. mit $NaBH_4$ in Methanol; 80% (Ausbeute); c) analog aus **V** (s. unten); 50%. — *3-Benzoyl-4-phenyl-6-äthoxy-1.4.5.6-tetrahydropyridin*, $C_{20}H_{21}NO_2$, F. 154—156°. — *3-Benzoyl-4-phenylpyridin* (**IV**), F. 87—88°, a) durch Oxydation vorst. Verb. mit Chloranil; b) analog aus **I**; 64%. *Methobromid* (**VI**), $C_{19}H_{16}BrNO$, F. 233—235°, durch 24std. Stehen von **IV** u. CH_3Br in Methanol; 100%. — *1-Acetyl-3-benzoyl-4-phenyl-1.4-dihydropyridin* (**II**), $C_{20}H_{17}NO_2$, F. 182 bis 183°, durch 4std. Erwärmen einer Mischung von **I** in abs. Pyridin u. Acetanhydrid auf dem Dampfbad u. Gießen in W.; 100%. — *3-Benzoyl-4-phenyl-1.4.5.6-tetrahydropyridin*, $C_{18}H_{17}NO$, F. 180—181°, a) durch Red. von **I** in A. mit H_2 in Ggw. von PtO_2; 100%; b) durch Zugabe von $NaBH_4$ zu nachst. Verb. in Methanol; 90%. — *1-Acetyl-3-benzoyl-4-phenyl-1.4.5.6-tetrahydropyridin*, $C_{20}H_{19}NO_2$, F. 159—161°, aus vorst. Verb. analog **II**; 100%. — *3-Benzoyl-6-chlor-4-phenyl-1.4.5.6-tetrahydropyridin* (**III**), durch Rk. von **I** mit HCl-Gas in Bzl.; durch nachst. Rkk. charakterisiert. — *3-Benzoyl-4-phenyl-5-[3-benzoyl-4-phenyl-1.4.5.6-tetrahydropyridyl-(6)]-4.5-dihydropyridinhydrochlorid*, $C_{36}H_{31}ClN_2O_2$, F. 168—172°, durch Kristallisation von **III** aus Aceton; 100%. — *3-Benzoyl-4-phenyl-5-[3-benzoyl-4-phenyl-1.4.5.6-tetrahydropyridyl-(6)]-4.5-dihydropyridin*, $C_{36}H_{30}N_2O_2$, F. 220—225°, aus **III** oder vorst. Verb. u. einer Base in A.; 100%. — *3-Benzoyl-4-phenyl-5-[3-benzoyl-4-phenyl-1.4.5.6-tetrahydropyridyl-(6)]-1.4-dihydropyridin*, $C_{36}H_{30}N_2O_2$, F. 290—295°, a) durch einige Min. langes Erhitzen von **I** mit 6n HCl in A. auf dem Dampfbad u. Gießen in W.; 100%; b) aus **III** in Methanol u. W.; 100%. — *1-Acetyl-3-benzoyl-4-phenyl-5-[1-acetyl-3-benzoyl-4-phenyl-1.4.5.6-tetrahydropyridyl-(6)]-1.4-dihydropyridin* (**V**), $C_{40}H_{34}N_2O_4$, F. 255—257°, analog **II**. — *4-Phenylpyridyl-(3)-diphenylcarbinol*, $C_{24}H_{19}NO$, F. 131—132°, durch Rk. von **IV** mit **VII**. — *4-Phenylpyridyl-(3)-phenylcarbinol*, $C_{18}H_{15}NO$, F. 148 bis 149°, a) durch Rk. von **IV** mit $LiAlH_4$ in abs. Ae.; 100%; b) aus **IV** mit $NaBH_4$ in Methanol; 100%. — *3-Benzoyl-1-methyl-4-phenyl-4.5(5.6)-dihydropyridinsulfinsäure* (?), $C_{18}H_{16}NO_3S$, F. 146—148°, durch Rk. von **VI** in sd. W. mit $NaHCO_3$ u. Na-Dithionit unter N_2. — *3-Benzoyl-1-methyl-4-phenyl-4-cyan-1.4-dihydropyridin* (?), $C_{20}H_{16}N_2O$, F. 75 bis 80°, durch Zugabe von KCN zu **VI** in Wasser.

K. Stühmer. 3231◇

0889 **Synthese von 1-substituierten 4-Phenyl-4-hydroxypiperidinderivaten als mögliche Analgetica.** Nobuo Itoh. (Chem. pharmac. Bull. [Tokyo] **10**, 55—60, 1962; Tokyo, Tanabe Seiyaku Co., Res. Labor.; engl.) — Die Kondens. von β-Phenäthylamin (**I**) mit Formaldehyd (**II**) u. Alkylmalonsäuren gibt *α-Alkyl-[β-phenäthylaminomethyl]-malonsäuren*, deren Decarboxylierung u. Veresterung zu *α-Alkyl-β-[β-phenäthylamino]-propionsäureäthylestern* (**A**) führt. *α-Methyl-β-[β-(N-alkylanilino)-äthylamino]-propionsäureäthylester* (**B**) werden durch Rk. von N-Alkyl-N-phenyläthylendiaminen (**C**) u. Methacrylsäureäthylester (**III**) dargestellt. Durch Kondens. der **A** bzw. **B** mit Acrylsäureäthylester (**IV**) werden *α-Alkyl-β-[N-(β-phenäthyl)-β-carbäthoxyäthylamino]-, propropionsäureäthylester* (**D**) bzw. *N-Alkyl-N-phenyl-N'-[β-carbäthoxyäthyl]-N'-[β-methyl-β-carbäthoxyäthyl]-äthylendiamine* (**E**) gebildet, die sich zu den entsprechenden *1-[β-Phenäthyl]-3-alkyl-* (**F**) bzw. *3-Methyl-1-[β-(N-alkylanilino)-äthyl]-piperidonen-(4)* (**G**) cyclisieren lassen. Red. der **F** u. **G** u. Rk. mit Propionsäureanhydrid führt zu *1-[β-Phenäthyl]-3-alkyl-* bzw. *1-[β-(N-Alkylanilinoäthyl]-3-methyl-4-phenyl-4-propionyloxypiperidinen*. Die pharmakolog. Eigg. der Piperidine sind angegeben.

Versuche: [β-Phenäthylaminomethyl]-malonsäuren, durch Zugabe von **I** u. 35%ig. **II** zur Alkylmalonsäure in wss. A. u. Stehen bei Raum-Temp.: *α-Äthyl-*, F. 178° (Zers.); 80% (Ausbeute). — *α-Propyl-*, F. 165° (Zers.); 62%. — *α-Isopropyl-*, F. 153° (Zers.); 36%. — *α-Allyl-*, F. 158° (Zers.); 58%. — α-Alkyl-β-[β-phenäthylamino]-propionsäureäthylester (**A**), durch 4std. Kochen vorst. Malonsäuren mit 60%ig. Essigsäure, Eindampfen im Vakuum, Lösen in A. u. Einleiten von HCl: *α-Äthyl-*, $Kp._3$ 145°; 71%. *Oxalat*, F. 220—221° (Zers.; A.). — *α-Propyl-*, $Kp._2$ 146°; 79%. *Oxalat*, F. 224—225° (Zers.; A.). — *α-Isopropyl-*, $Kp._2$ 145—146°; 71%. *Oxalat*, F. 209—210° (Zers.; A.). — *α-Allyl-*, $Kp._2$ 145—148°; 66%. *Oxalat*, F. 213—214° (Zers.; A.). — N-Alkylanilinoacetonitrile, durch Zugabe des N-Alkylanilins in wss. HCl zu Bzl./Ae., 40 Min. lange Zugabe von 33%ig. **II** u. wss. KCN-Lsg. unter Kühlen u. 6std. Rühren: *N-Methyl-*, $Kp._2$ 105—110°; 90%. — *N-Äthyl-*, $Kp._{0,5}$ 105 bis 110°; 90%. — *N-Propyl-*, $Kp._2$ 127—128°; 90%. — N-Alkyl-N-phenyläthylendiamine (**C**), durch Red. vorst. Acetonitrile an Raney-Ni bei 100 atm u. 60°: *N-Methyl-*, $Kp._2$ 94—97°; 80%. *Pikrat*, F. 174—175° (Zers.; A.). *Oxalat*, F. 178° (Zers.; A.). — *N-Äthyl-*, $Kp._2$ 105—110°; 80%. *Pikrat*, F. 162—163° (Zers.; A.). *Oxalat*, F. 166—167° (Zers.; A.). — *N-Propyl-*, $Kp._2$ 110—115°; 80%. *Pikrat*, F. 160° (Zers.; A.). — α-Methyl-β-[β-(N-alkylanilino)-äthylamino]-propionsäureäthylester (**B**), durch 10tägiges Stehen der **C** u. **III** bei Raum-Temp. u. 10std. Erwärmen auf 50°: *-methyl-*, $Kp._3$ 165—166°; 50%. *Oxalat*, F. 212° (Zers.), aus A. Platten. — *-äthyl-*, $Kp._1$ 156—159°; 47%. *Oxalat*, F. 219—220° (Zers.; A.). — *-propyl-*, $Kp._4$ 175—180°; 40%. *Oxalat*, F. 213—214° (Zers.; A.). — α-Alkyl-β-[N-(β-phenäthyl)-β-carbäthoxyäthylamino]-propionsäureäthylester (**D**), durch 10tägiges Stehen der entsprechenden **A** u. **IV** bei Raum-Temp. u. 10std. Erhitzen auf 75° (Meth. **M**): *α-Äthyl-*, $Kp._{0,3}$ 175—180°; 72%. — *α-Propyl-*, $Kp._{0,3}$ 190—195°; 77%. — *α-Isopropyl-*, $Kp._{0,3}$ 190—195°; 72%. — *α-Allyl-*, $Kp._{0,3}$ 190—195°; 72%. — N-Alkyl-N-phenyl-N'-[β-carbäthoxyäthyl]-N'-[β-methyl-β-carbäthoxyäthyl]-äthylendiamine (**E**), nach **M**: *N-Methyl-*, $Kp._1$ 185—190°; 75%. — *N-Äthyl-*, $Kp._1$ 190—195°; 70%. — *N-Propyl-*, $Kp._1$ 205—207°; 68%. — 1-[β-Phenäthyl]-3-alkylpiperidone-(4) (**F**), durch 4std. Erhitzen von **D** u. NaH auf 140—145° (Meth. **N**): *-äthyl-*, $Kp._3$ 150—151°; 91%. *Pikrat*, F. 176—177° (A.). — *-propyl-*, $Kp._3$ 155—159°; 81%. *Pikrat*, F. 153—154° (A.). — *-isopropyl-*, $Kp._3$ 150—153°; 91,7%. *Pikrat*, F. 172—173° (A.). — *-allyl-*, $Kp._3$ 159—160°; 74%. *Pikrat*, F. 176—177° (A.). — 3-Methyl-1-[β-(N-alkylanilino)-äthyl]-piperidone-(4) (**G**), aus den entsprechenden **E** nach **N**: *-metyl-*, $Kp._3$ 162—165°; 53%. *Dihydrochlorid*, F. 192—193° (Zers.; A.). — *-äthyl-*, $Kp._2$ 163—165°; 53%. *Dihydrochlorid*, F. 194° (Zers.; A.). — *-propyl-*, $Kp._1$ 172—174°; 55°. *Dihydrochloridhemihydrat*, F. 178° (Zers.; A.). — 1-[β-Phenäthyl]-3-alkyl-4-phenyl-4-propionyloxypiperidinhydrochloride, durch $^1/_2$std. Zugabe von Brombenzol in kleinen Anteilen zu einer Suspension von Li in abs. Ae., $^1/_2$std. Erwärmen, $^1/_2$std. Zugabe des entsprechenden **F** in abs. Bzl. unter Kühlung, 1std. Kochen, $^1/_4$std. Zugabe von Propionsäureanhydrid unter Kühlen, Zusatz von Bzl., $^1/_2$std. Erwärmen auf 50° u. Isolieren als Hydrochlorid: *-3-methyl-*, F. 204—205°; 47%. — *-3-äthyl-*, F. 195—196°; 47%. — *-3-propyl-*, F. 159—160°; 40%. — *-3-isopropyl-*, F. 167—168°; 32%. — *-3-allyl-*, F. 185—186°; 15%. — *-2-methyl-*, F. 195—197°; 48°. — 1-[β-(N-Alkylanilino)-äthyl]-3-methyl-4-phenyl-4-propionyloxypiperidindihydrochloride, analog vorst. Piperidine aus den entsprechenden **G**: *N-Methyl-*, F. 184—185°; 20%. — *N-Äthyl-*, F. 182—183° (A.); 20%. — *N-Propyl-*, *Monohydrat*, F. 179—180° (A.).

H. Miele. 3231◇

0890 **Versuch zur Synthese von Pyridiniumamidinen und -imidsäureestern.** Edward J. Poziomek. (J. org. Chemistry **28**, 590—91, 1963; Maryland, Army Chem. Center, US Army Chem. Res. and Dev. Labor.; engl.) — 4-Cyan-1-methylpyridiniumjodid (**I**) reagiert weder mit A. noch mit Anilin. Um *Isonicotinimidsäureäthylestermethojodid* (**II**) u. *4-Guanyl-1-methylpyridiniumjodidhydrojodid* zu erhalten, werden die entsprechenden Pyridinbasen mit Methyljodid (**III**) methyliert. Mit NH_4OH bildet **I** unter Abspaltung der Cyangruppe *4-Amino-1-methylpyridiniumjodid*, das unter anderen Prodd. auch bei der Rk. von **II** mit NH_4OH entsteht. Die Passivität der Cyangruppe von **I** wird durch die hohe Elektronendichte am $C_{(4)}$ des Ringes erklärt, ebenfalls deutet die intensivere IR-Absorption der Nitrilbande darauf hin.

Versuche: *4-Cyan-1-methylpyridiniumjodid* (**I**), $C_7H_7JN_2$, F. 200—202° (Zers.), nach Kosower (C. **1959**, 8494); orangefarbene Nadeln. — *4-Amino-1-methylpyridiniumjodid*, $C_6H_9JN_2$, F. 185—189°, a) durch Zugabe von **III** zu 4-Aminopyridin in Aceton; 65% (Ausbeute); b) durch mehrstd. Erhitzen von 2,5 g **I** mit 12 ml konz. NH_4OH im geschlossenem Gefäß auf 70°, Chromatographie in n-Butanol an Al_2O_3, Entwickeln mit Methanol u. Abtrennen der purpurfarbenen

Fraktion; 1 g. — *Isonicotinimidsäureäthylester, Dihydrochlorid*, F. 240—250° (Zers.), nach Bertrand u. Mitarbeitern (Bull. Soc. Pharmac. Lille **1956**, 39). *Freie Base* (**IV**), $C_8H_{10}N_2O$, Kp.$_{0,28}$ 67°, durch Zugabe von 60 g des Hydrochlorids zu 1 Liter 10%ig. K_2CO_3-Lsg. bei 0°, Ausäthern u. Eindampfen; 28 g. *Methojodid* (**II**), $C_9H_{13}JN_2O$, F. 193—194° (Zers.), durch Rk. von **III** mit **IV** in Aceton; aus abs. A. gelbe Nadeln; 35,1%. — *Isonicotinamidinhydrochloridhydrat*, $C_6H_8N_3Cl \cdot 2^1/_2 H_2O$, F. 246—248°, durch 4std. Kochen von **IV** in A. u. NH_4Cl in W.; 56%. — *4-Guanyl-1-methylpyridiniumjodidhydrojodid*, $C_7H_{11}J_2N_3$, Zers. >206°, durch 18std. Kochen vorst. Verb. mit **III** in A.; orangefarbene Kristalle: 72%. J. Gloede. 3231△

0891 **Ein Vergleich der Methoden zur Darstellung von 2- und 4-Styrylpyridinen.** J. L. R. Williams, R. E. Adel, J. M. Carlson, G. A. Reynolds, D. G. Borden und J. A. Ford jun. (J. org. Chemistry **28**, 387—90, 1963; Rochester, N.Y., Eastman Kodak Comp., Kodak Res. Labor.; engl.) — Im Phenylkern substituierte *trans-2-Styryl-, 5-Äthyl-2-styryl-* u. *4-Styrylpyridine* werden durch Pyrolyse der entsprechenden Methojodide (Meth. **A**), Rk. eines aromat. Aldehyds mit dem entsprechenden Picolin in sd. Essigsäureanhydrid (**I**) (Meth. **B**) bzw. Kondens. des Aldehyds mit dem Picolin in Ggw. von $ZnCl_2$ dargestellt (Meth. **C**). Durch Rk. von Triphenylbenzylphosphoniumbromid (**II**) mit Pyridin-2-aldehyd (**III**) (Meth. **D**) wird ein *cis-/trans-Gemisch*, mit Pyridin-4-aldehyd (**IV**) nur *cis-4-Styrylpyridin* erhalten. *4-[4'-Nitrostyryl]-pyridin* wird in 3 polimorphen Formen erhalten. cis-2-Styrylpyridin gibt durch 1std. Kochen mit 10%ig. HCl 2%, mit Essigsäure 9,7% u. mit **I** 29% *trans-Isomeres.* Analog gibt cis-4-Styrylpyridin 0,7, 83 u. 98% *trans-Isomeres.* UV-Maxima s. Original.

Versuche: trans-2-Styrylpyridinmethojodide, nach Philipps (J. org. Chemistry **12**, [1947], 333) aus α-Picolinmethojodid u. dem entsprechenden Aldehyd (Meth. **E**): *Unsubstituiert*, $C_{14}H_{14}JN$, F. 229,5°. — *4'-Methoxy-*, $C_{15}H_{16} \cdot NJO$, F. 235°. — *4'-Nitro-*, $C_{14}H_{13}JN_2O_2$, F. 246—248°. — *4'-Methyl-*, $C_{15}H_{16}JN$, F. 263° — *4'-Dimethylamino-*, $C_{16} \cdot H_{19}JN_2$, F 248—250°. — trans-5-Äthyl-2-styrylpyridinmethojodide, nach **E**: *Unsubstituiert*, $C_{16}H_{18}JN$, F. 237°. — *4'-Methoxy-*, $C_{17}H_{20}JNO$, F. 217°. — *4'-Nitro-*, $C_{16}H_{17} \cdot JN_2O_2$, F. 209°. — *4'-Methyl-*, $C_{17}H_{19}JN$, F. 238°. — *4'-Dimethylamino-*, $C_{18}H_{23}JN_2$, F. 160°. — trans-4-Styrylpyridinmethojodide, nach **E**: *Unsubstituiert*, $C_{14}H_{14}JN$, F. 218°. — *4'-Methoxy-*, $C_{15}H_{16}JNO$, F. 210°. — *4'-Nitro-*, $C_{14}H_{13}JN_2O_2$, F. 222°. — *4'-Methyl-*, $C_{15}H_{16}JN$, F. 237°. — *4'-Dimethylamino-*, $C_{16}H_{19}JN_2$, F. 254°. — trans-2-Styrylpyridine, a) durch Pyrolyse des entsprechenden Methojodids nach Williams u. Mitarbeitern (J. org. Chemistry **26**, [1961], 4893) (Meth. **A**); b) durch 16std. Kochen von α-, γ-Picolin bzw. 5-Äthyl-α-picolin mit einem Aldehyd in **I** u. Zugabe von 40%ig. wss. NaOH (Meth. **B**); c) analog b) durch 16std. Erhitzen im Autoklaven mit wasserfreiem $ZnCl_2$ auf 200° (Meth. **C**); d) durch Zugabe von **II** u. **III** bzw. **IV** zu Na-Äthylat in abs. A. unter N_2, 60std. Rühren u. Gießen in Eiswasser (Meth. **D**): *Unsubstituiert*, F. 93,5°, a) nach **A**; 72,5% (Ausbeute); b) nach **B**; ca. 20—30%; c) nach **C**; 76%; d) nach **D**; 9,9%; daneben 25% *cis-Isomeres* ($C_{13}H_{11}N$, Kp.$_{0,4-0,5}$ 93—96°; n_D^{25} 1,6267). — *4'-Methoxy-*, F. 69°, a) nach **A**; 44%; b) nach **C**; 35%. — *4'-Nitro-*, F. 126°, a) nach **A**; 33%; b) nach **B**; 80%; c) nach **C**; 55%. — *4'-Methyl-*, F. 88°, a) nach **A**; 35%; b) nach **B**; 10%; c) nach **C**; 45%. — *4'-Dimethylamino-*, F. 139°, a) nach **A**; 58%; b) nach **C**; 46%. — 5-Äthyl-2-styrylpyridine: *Unsubstituiert*, F. 57°, a) nach **A**; 54%; b) nach **B**; 14%; c) nach **C**; 48%. — *4'-Methoxy-*, $C_{16}H_{17}NO$, F. 57°, a) nach **A**; 33%; b) nach **C**; 30,4%. — *4'-Nitro-*, F. 116°; a) nach **A**; 40%; b) nach **B**; 72%. — *4'-Methyl-*, F. 89°; a) nach **A**; 54%; b) nach **B**; 17%; c) nach **C**; 32%. — *4'-Dimethylamino-*, $C_{17}H_{20}N_2$, F. 129°, a) nach **A**; 42%; b) nach **C**; 33%. — trans-4-Styrylpyridine: *Unsubstituiert*, F. 128°, a) analog **A**; 38%; b) nach **B**; 60%; c) nach **C**; 20%. *cis-Isomeres*, $C_{13}H_{11}N$, Kp.$_{0,4}$ 105—107°, analog **D**; n_D^{25} 1,6215; 42%. — *4'-Methoxy-*, F. 131°, nach **B**; 36%. — *4'-Nitro-*, $C_{13}H_{10}N_2O_2$, F. 149—151°, a) nach **B**; aus A. hellbraune Kristalle; 76%; b) nach **C**; 44%; geht nach mehrjährigem Stehen in die *polymorphe Form* vom F. 198—200° über. *Polymorphe Form* vom F. 195 bis 197°, durch Einengen der Mutterlauge des Polymorphen vom F. 149—151° u. Kühlen; gelb. *4'-Methyl-*, $C_{14}H_{13}N$, F. 157°, a) nach **A**; 52%; b) nach **B**; 58%; c) nach **C**; 17%. — *4'-Dimethylamino-, Äthanolsolvat*, $C_{15}H_{16}N_2 \cdot C_2H_5OH$, F. 241°, nach **C**; 25%. E. Mirsch. 3231△

0892 **Katalytische Synthese von Pyridinbasen in der Dampfphase.** 13. Mitt. **Synthese von 6-, 7- und 8-Methyl-5.6.7.8-tetrahydrochinolin und 6-, 7- und 8-Methylchinolin.** Takeo Ishiguro, Yoshio Morita und Kazuo Ikushima. (J. pharmac. Soc. Japan [Yakugakuzasshi] **79**, 1073—79, 1959; Kyoto, Univ., Med. Fac., Pharmac. Inst.; jap., Auszug: engl.) — 12. vgl. J. pharmac. Soc. Japan [Yakugakuzasshi] **78**, [1958], 268; 8. vgl. C. **1963**, 5460. — 4-Methylcyclohexanon (**I**) reagiert mit Allylalkohol (**II**) in NH_3 an $Cd_3(PO_4)_2$ in der Dampfphase unter Bldg. von *6-Methyl-5.6.7.8-tetrahydrochinolin* u. *6-Methylchinolin*, 3-Methylcyclohexanon (**III**) ergibt nicht die erwarteten 5-Methyl-Derivv., sondern *7-Methyl-5.6.7.8-tetrahydrochinolin* u. *7-Methylchinolin.* Analog wird aus 2-Methylcyclohexanon (**IV**) *8-Methyl-5.6.7.8-tetrahydrochinolin* neben *8-Methylchinolin* erhalten. Geringe Mengen von *3-Picolin* u. Spuren *3.5-Lutidin* entstehen bei allen Rkk. als Nebenprodukt. Die Abhängigkeit der Ausbeuten von der Rk.-Temp. wird untersucht. UV- u. IR-Maxima im Original.

Versuche: Methyl-5.6.7.8-tetrahydrochinoline, durch Rk. von **I**, **III** oder **IV** mit **II** u. NH_3 in Ggw von $Cd_3 \cdot (PO_4)_2$ bei a) 350°, b) 400°, bzw. c) 450°; daneben jeweils *3-Picolin* u. *3.5-Lutidin*: *6-Methyl-* (**V**), Kp.$_{14}$ 110°, a); n_D^{20} 1,5283; 38% (Ausbeute); b) 29%; c) 23%. *Pikrat*, $C_{10}H_{13}N \cdot C_6H_3N_3O_7$, F. 159,5—160,5° (A.). *Hexachloroplatinat*, $C_{20}H_{28} \cdot Cl_6N_2Pt$, F. 231—232° (Zers.; verd. HCl). *Tetrachloroaurat*, F. 134—135°. — *7-Methyl-* (**VI**), Kp.$_9$ 98°, a) n_D^{20} 1,5280; 20,5%; b) 21,5%; c) 17%. *Pikrat*, $C_{16}H_{16}N_4O_7$, F. 171—172° (A.). *Hexachloroplatinat*, $C_{20}H_{28}Cl_6N_2Pt$, F. 241° (Zers.). — *8-Methyl-* (**VII**), Kp.$_{20}$ 107°, a); n_D^{20} 1,5379; 17,4%; b) 19%; c) 19%. *Pikrat*, $C_{16}H_{16}N_4O_7$, F. 125—126° (A.). *Hexachloroplatinat*, $C_{20}H_{28}Cl_6N_2Pt$, F. 205° (Zers.). — Methylchinoline, neben **V**, **VI** bzw. **VII** nach a), b) u. c): *6-Methyl-*, a) 3,7%; b) 4,4%; c) 9,6%. *Pikrat*, $C_{16}H_{12}N_4O_7$, F. 235—236°. — *7-Methyl-*, a) 8,5%; b) 9,5%; c) 11%. *Pikrat*, $C_{16}H_{12}N_4O_7$, F. 246°. — *8-Methyl-*, a) 6%; b) 12%; c) 13%. *Pikrat*, $C_{16}H_{12} \cdot N_4O_7$, F. 205—206°. — *Chinolin-6-carbonsäure*, F. 236—237°. durch Oxydieren von **V** mit $KMnO_4$.

H.-J. Weigmann. 3231△

0893 **Amöbicide Stoffe.** 6. Mitt. **Amino- und Chlormethylierung von Chinolinol-(8). Mechanismus der bevorzugten ortho-Substitution in Phenolen unter Mannich-Bedingungen.** J. H. Burckhalter und Robert I. Leib. (J. org. Chemistry **26**, 4078—83, 1961; Lawrence, Kans., Univ. of Kansas, School of Pharm., Labor. of Pharm. Chem.; engl.) — 5. vgl. C. **1962**, 15592. — Chinolinol-(8) (**I**) reagiert unter Mannich-Bedingungen mit Piperidin (**V**) zu *7-Piperidinomethyl-* (**II**), mit Diäthylamin (**VII**) zu *7-[Diäthylaminomethyl]-chinolinol-(8)* (**III**). Bei der Bromierung von **II** u. **III** erfolgt Substitution in 5-Stellung. Diese Prodd. sind ident. mit denen, die aus 5-Bromchinolinol-(8) (**VIII**) mit den entsprechenden Aminen unter Mannich-Bedingungen erhalten werden. Daß bei der Aminomethylierung von **I** nur Monosubstitution am $C_{(7)}$ erfolgt, wird auf die Bldg. eines quasi-6-gliedrigen Chelatringes zurückgeführt. Im Gegensatz dazu liefert die Chlormethylierung von **I** bei Raum-Temp. *5-Chlormethylchinolinol-(8)-hydrochlorid* (**IV**), in der Hitze zu *5.5'-Methylen-bis-[chinolinol-(8)]*. Verss., die freie Base von **IV** mit berechneten Mengen an verd. NH_4OH, Na-Acetat oder Triäthylamin zu gewinnen, blieben erfolglos, da stets Hydrolyse zu *5-[Hydroxymethyl]-chinolinol-(8)* (**VI**) erfolgte. Mit einem Überschuß an sek. Aminen werden aus **IV** N-substituierte *5-[Aminomethyl]-chinolinol-(8)-Derivv.* erhalten, die nach Mannich-Bedingungen weiter zu 5.7-disubstituierten *Chinolinol-(8)-basen* umgesetzt werden können. Mit Benzylamin (**XV**) wird **IV** hauptsächlich zu *N.N-Bis-[8-hydroxychinolyl-(5)-methyl]-benzylamin* umgesetzt. Durch Rk. von **IV** mit Alkoholen werden die entsprechenden *8-Hydroxychinolyl-(5)-methylalkyläther* synthetisiert. Durch Hydrierung von **IV** entsteht *5-Methylchinolinol-(8)*.

Versuche: Chinolinole-(8): *7-Piperidinomethyl-* (**II**), F. 114—117°, durch 3std. Erwärmen von **I**, Paraformaldehyd (**XVIa**) u. **V** auf 100° u. mehrtägiges Stehen; 48% (Ausbeute). — *5-Brom-7-[piperidinomethyl]-*, $C_{15}H_{17}BrN_2O$, F. 124,9—125,9° (95%ig. A.), aus **VIII V** u. **XVIa** in A. durch 1std. Kochen; 65%; b) aus dem Hydrobromid. *Hydrobromid*, $C_{15}H_{17}BrN_2O \cdot HBr$, F. 220—221,5° (Zers.; 95%ig. A.), durch tropfenweise

Zugabe von Br_2/Eisessig zu **II** in Eisessig/49%ig. HBr u. 3std. Kochen; 99%. — *7-Diäthylaminomethyl-* (**III**), F. 78 bis 80°, aus dem Dihydrochlorid; 94%. — *5-Brom-7-diäthylaminomethyl-, Dihydrochlorid,* F. 199—204° (Zers.), durch Bromierung von **III** wie vorst., Einengen, Behandeln des *Dihydrobromids* [F. 234—235° (Zers.), gelbe Kristalle; 50%] in W. mit NH_4OH, Ausäthern u. Einleiten von HCl; aus A. gelbe Kristalle. — *5.5'-Methylen-bis-*, $C_{19}H_{14}N_2O_2$, F. 284 bis 285° (Zers.; Dimethylformamid), durch $1^1/_2$std. Kochen von **I**, Formaldehyd (**XVIb**) u. konz. HCl, mehrstd. Stehen u. Behandlung des Nd. mit verd. NH_4OH; 80%. — *5.5'-Methylen-bis-7-piperidinomethyl-*, $C_{31}H_{36}N_4O_2$, F. 177—178,5° (Bzl.), a) durch $2^1/_2$std. Erwärmen von **V** u. **XVIa** mit vorst. Verb. in Dimethylformamid auf 100°; 80%; b) durch $2^1/_2$std. Erhitzen von **II** mit **XVIb** u. konz. HCl, Gießen auf Eis, Behandeln mit verd. NH_4OH u. Extraktion des Nd. mit Bzl.; 24%. — *5-Chlormethyl-, Hydrochlorid* (**IV**), F. 280° (Zers.), durch $1^1/_2$std. Einleiten von HCl in eine Lsg. von **I**, konz. HCl u. **XVIb**; 77,5%. — *5-Methyl-*, F. 122—123° (A.), durch Hydrieren einer Suspension von **IV** in A. in Ggw. von Pd-Kohle bei 50 lbs./sq.in. bei Raum-Temp., Extrahieren des Nd. mit W. u. Enengen der kombinierten wss. u. alkohol. Lsgg.; 96%. — *5-Hydroxymethyl-* (**VI**), $C_{10}H_9NO_2$, F. 138—139° (Bzl.), durch Überschichten einer wss. Lsg. von **IV** mit Ae. u. Zugabe von verd. NH_4OH unter Schütteln bis zur alkal. Rk.; 99%. *p-Toluolsulfonat*, $C_{17}H_{15}NO_4S$, F. 218—219° (Zers.; A.), durch $^1/_2$std. Rk. von **VI** in Pyridin mit p-Toluolsulfochlorid bei 100°. — *5-Piperidinomethyl-*, $C_{15}H_{18}N_2O$, F. 97—99° (PAe.), durch 1std. Kochen einer Suspension von **IV** in Essigester mit überschüssigem **V**; 75%. — *5-Diäthylaminomethyl-*, $C_{14}H_{18}N_2O$, F. 70—72,8° (PAe.), analog vorst. Verb. mit **VII**; 55%. — *5-Pyrrolidinomethyl-*, $C_{14}H_{16}N_2O$, F. 113—115,1° (PAe.), analog mit Pyrrolidin; 80%. — *5-Benzylaminomethyl-, Dihydrochloridmonohydrat*, $C_{17}H_{16}N_2O \cdot 2\,HCl \cdot H_2O$, F. 200 bis 201° (Zers.; A.), aus der bei der Darst. von N.N-Bis-[8-hydroxychinolyl-(5)-methyl]-benzylamin erhaltenen Mutterlauge; gelbe Kristalle; 13%. — *5-Äthoxymethyl-* (**IX**), $C_{12}H_{13}NO_2$, F. 83 bis 83,5° (PAe.), durch Kochen einer Suspension von **IV** u. $NaHCO_3$ in A., Einengen, Lösen in W. u. Alkalisieren mit NH_4OH; gelbe Kristalle; 99%. — *5-Isopropoxymethyl-* (**X**), $C_{13}H_{15}NO_2$, F. 65—66° (PAe.), analog mit Isopropanol gelbe Kristalle; 93%. — *5-Butoxymethyl-* (**XI**), $C_{14}H_{17}NO_2$, F. 46 bis 47,2° (PAe.), analog mit n-Butanol; 42%. — *5-[2-Chloräthoxymethyl]-* (**XII**), $C_{12}H_{12}ClNO_2$, F. 83—88° (PAe.), analog in 2-Chloräthanol in Ggw. von Na-Acetat; 73%. — *5-[2-Bromäthoxymethyl]-* (**XIII**), $C_{12}H_{12}BrNO_2$, F. 103,8—105° (PAe.), analog in 2-Bromäthanol; gelbe Kristalle; 88%. — *5-[2-Piperidinoäthoxymethyl]-* (**XIV**), $C_{17}H_{22}N_2O_2$, F. 109° (PAe.), a) durch $1^1/_2$std. Kochen von **XII** u. **V** in Bzl., Einengen, Extrahieren mit PAe., Einengen u. Anreichern mit Ae.; 28%; b) durch 4std. Kochen von **XIII** u. **V** in Bzl.; 95%. — *5.7-Bis-[piperidinomethyl]-*, F. 74—76° (PAe.), aus **IV**, **XVIa** u. **V** durch 3std. Erhitzen auf 100°; 90%. *Dihydrochloridmonohydrat*, $C_{21}H_{29}N_3O \cdot 2\,HCl \cdot 2\,H_2O$, F. 221—221,9° (Zers.; Isopropanol/A.), durch Zugabe von HCl zur freien Base. — *5-Äthoxymethyl-7-diäthylaminomethyl-, Oxalathemihydrat*, $C_{17}H_{24}N_2O_2 \cdot C_2H_2O_4 \cdot ½\,H_2O$, F. 147—148° (Zers.; A.), durch Zugabe von **VII** u. **XVIa** in A. zu **IX** in A., 3std. Kochen, Einengen, Anreiben mit Ae. u. Zugabe von Oxalsäure in A./Ae. zur äther. Lsg.; 74%. — *5-Äthoxymethyl-7-[4-methylpiperazinomethyl]-*, $C_{18}H_{25}N_3O_2$, F. 117—118° (Äthylacetat), analog mit N-Methylpiperazin (**XVII**); 90%; — *5-Isopropoxymethyl-7-[4-methylpiperazinomethyl]-*, $C_{19}H_{27}N_3O_2$, F. 103,8—105° Äthylacetat), aus **X** u. **XVII**; 71%. — *5-n-Butoxymethyl-7-[4-methylpiperazinomethyl]-*, $C_{20}H_{29}N_3O_2$, F. 77—78° (PAe.), analog aus **XI** u. **XVII**; 95%. — *5-[2-Piperidinoäthoxymethyl]-7-piperidinomethyl-*, F. 54—57,8° (PAe.), durch 3std. Kochen von **XIV** mit **XVIa** u. **V** in A., Eindampfen u. Anreiben mit Ae.; 88%. *Dihydrochlorid*, $C_{23}H_{33}N_3O_2 \cdot 2\,HCl \cdot H_2O$, F. 160,8 bis 161,1° (Zers.; Isopropanol). — *N.N-Bis-[8-hydroxychinolyl-(5)-methyl]-benzylamin*, $C_{27}H_{23}N_3O_2$, F. 182—183,2° (Äthylacetat), aus **IV** u. **XV**; 61%. B. G. Brodda. 3231△

0894 **1-Methoxybuten-(1)-on-(3) und primäre Amine.** K. Hohenlohe-Oehringen. (Mh. Chem. **93**, 586—99, 1962; Innsbruck, Univ., Inst. für Organ. u. Pharmazeut. Chem.; dt.) — Vff. versuchen aus 1-Methoxybuten-(1)-on-(3) u. Homoveratrylamin Benzochinolinring-Syst. aufzubauen, dabei wird neben *Dimethoxytetrahydroisochinolin N-Homoveratryl-2-methyl-5-acetylpyridiniumchlorid* (**I**) isoliert. Nach dieser Meth. lassen sich *N-Alkyl-2-methyl-5-acetylpyridiniumsalze* in 40 bis 50%ig. Ausbeute darstellen. Die lassen sich direkt oder über Zwischenstufen zu *N-Alkylkopellidin* u. *N-Alkylisokopellidin* reduzieren. Die Struktur der Pyridiniumsalze wird durch Synth. des N-Methyl-Deriv. u. die der Hydrierungs-Prodd. durch Abbau bewiesen.

Versuche: *N-Homoveratryl-2-methyl-5-acetylpyridiniumchlorid* (**I**), $C_{18}H_{22}ClNO_3$, F. 220—230° (A.), durch Rk. von Homoveratrylamin mit 1-Methoxybuten-(1)-on-(3), 3std. Stehen bei Raum-Temp., Fällen mit Ae./HCl, Dekantieren des Ae. u. 2std. Kochen mit Chlf.; schwachgelbe Nadeln; 49% (Ausbeute); gibt durch Behandeln mit konz. NH_4OH eine *Anhydrobase* (gelb, zersetzlich). *Phenylhydrazonmonohydrat*, $C_{24}H_{28}ClN_3O_2 \cdot H_2O$, F. 138—139° (Zers.); aus Aceton gelbe Nadeln. *Jodid*, F. 188°, durch Eingießen von **I** in W. in Aceton mit NaJ. — *N-Homoveratryl-2-methyl-5-[α-hydroxyäthyl]-pyridiniumchloridmonohydrat*, $C_{19}H_{24}ClNO_3 \cdot H_2O$, F. 170° (A./Aceton), durch Hydrieren von 12 g **I** in Eisessig an Pd/Kohle bei Raum-Temp. u. Atmosphärendruck (Meth. **B**); 9,7 g; gibt durch längeres Erwärmen mit 5%ig. NaOH braune Flocken. *Jodid*, F. 175°. — *Verb.* $C_{19}H_{24}JNO_3$, F. 207°, durch Versetzen von 3,5 g **I** mit konz. wss. NH_4OH, Filtrieren, Lösen in Methanol, Versetzen mit CH_3J u. 2std. Erhitzen im Glasautoklaven auf dem Wasserbad; aus Methanol orangerote Kristalle; 1,6 g. — *Homoveratrylaminhydrochlorid*, F. 156° (A./Aceton), durch $^3/_4$std. Kochen von 5 g **I** mit Hydrazinhydrat in A., Eindampfen im Vakuum u. Versetzen mit konz. HCl; 2,1 g. — *N-Homoveratrylkopellidinhydrochlorid*, $C_{19}H_{29}NO_2 \cdot HCl$, F. 200° (A./Aceton), durch Versetzen von aushydriertem PtO_2 in W. mit **I** in HCl u. 30—40std. Schütteln unter H_2 (Meth. **A**) (alle 4 Std. mit Luft schütteln); 41%. *Freie Base*, $C_{19}H_{29}NO_2$, Kp.$_7$ 160—170°. *Hydrobromid*, F. 212°. *Hydrojodid*, F. 190°. *Pikrat*, F. 153°. *Methojodid* (**II**), $C_{20}H_{32}JNO_2$, F. 146° (A./Ae.), durch 16std. Stehen mit CH_3J bei Raumtemperatur. — *N-Homoveratrylisokopellidinhydrochlorid*, $C_{19}H_{29}NO_2 \cdot HCl$, F. 185° (A./Ae.), durch mehrtägiges Stehen der Mutterlauge vorst. Verb. bei —20°. *Freie Base*, $C_{19}H_{29}NO_2$, Kp.$_7$ 160—170°. — *N-Homoveratrylconiinhydrochlorid*, F. 95°, durch 4std. Erhitzen von dl-Coniin u. Homoveratrylbromid (aus Homoveratrumsäureäthylester mit $LiAlH_4$ durch nachfolgenden Umsatz mit PBr_3) in Bzl. im Glasautoklaven auf dem Wasserbad, Abfiltrieren des Bromids, Überführen in die Base, Dest. u. Überführen ins Chlorid. *Pikrat*, $C_{18}H_{29}NO_2 \cdot C_6H_3N_3O_7$, F. 104° (A./Ae.) — *N-Methylkopellidin, Pikrat* (**III**), $C_9H_{19}N \cdot C_6H_3N_3O_7$, F. 169° (A.), a) durch 1std. Schütteln von **II** mit Ag_2O, Dest. u. Versetzen mit Pikrinsäure; gelbe Nadeln; daneben *3.4-Dimethoxystyrol* (gibt durch $KMnO_4$-Oxydation *Veratrumsäure*, F. 178 bis 180°); b) aus 1.2-Dimethyl-5-acetylpyridiniumbromid nach **A** u. nach Aufarbeiten Versetzen mit Pikrinsäure; 71%; c) durch 1std. Kochen von 1.2-Dimethyl-5-[α-hydroxyäthyl]-piperidinhydrochlorid mit $SOCl_2$, Eindampfen, Schütteln mit Raney-Ni unter H_2 bei Raum-Temp. u. Überführen ins Pikrat. *Freie Base*, $C_9H_{19}N$, Kp.$_7$ 60°. *Jodmethylat* (**VI**), $C_{10}H_{22} \cdot JN$, F. 230—233° (A./Aceton), durch Wasserdampf-Dest. von 12 g **III** mit NaOH, Aufnehmen in Ae. u. 1tägiges Stehen mit CH_3J (Meth. **C**); 3,2 g. *Hydrochlorid*, F. 205° (ab 160° Sublimation; A./Ae.). *Hydrobromid*, $C_9H_{19}N \cdot HBr$, F. 198—200° (A./Ae.). — *1.2-Dimethyl-5-acetylpyridiniumchloridsesquihydrat* (**V**), $C_9H_{12}ClNO \cdot 1½\,H_2O$, F. 207—215° (A./Essigester), durch 4std. Stehen von 3,1 g Methylamin mit 20 g Methoxybutenon in Ae. bei Raum-Temp. u. Versetzen mit HCl; 2,7 g. *Phenylhydrazonhemihydrat*, $C_{15}H_{18}ClN_3 \cdot N_2H_2O$, F. 223° (Zers.), aus A. gelbe Nadeln. *Perbromidmonohydrat*, $C_9H_{12}Br_2NO \cdot H_2O$, F. 200° (Zers.), durch Vermischen von 170 g Methoxybutenon in Ae. (—20°) mit 35 ml Methylamin in Ae. (—20°), 1std. Stehen im Eis/NaCl-Bad, $^1/_4$ Std. bei Raum-Temp., Zugabe von Ae./HCl, Dekantieren, Lösen in Eisessig, Bromieren bei 10—15°; aus Dimethylformamid/Eisessig gelbe Nadeln; 112 g; versetzt sich bei 70° zum *Bromid*, $C_9H_{12}BrNO$, F. 204° (Zers.; A.). *Jodid*, F. 157°, durch Erhitzen mit CH_3J. — *N-Methylisokopellidin, Pikrat*, $C_9H_{19}N \cdot C_6H_3N_3O_7$, F. 98° (A./Ae.), neben **III** nach b) durch Eindampfen der Mutterlauge, Aufnehmen in PAe. u. 24std. Stehen; orangegelbe Prismen. *Freie Base*, $C_9H_{19}N$, Kp.$_7$ 60°. *Jodmethylat* (**IV**), F. 286—288° (Zers.), nach **C**. — *1.2-Dimethyl-5-[α-hydroxyäthyl]-piperidinpikrat*, $C_9H_{19}NO \cdot C_6H_3N_3O_7$, F. 158° (A./Ae.), durch 6std. Schütteln von 15 g **V** in W. mit Na-Acetattrihydrat bei 150 bis 160° unter H_2 in Ggw. von Raney-Ni, Aufarbeiten u. Dest.; 3,5 g; daneben 3,3 g *Pikrat* $C_9H_{19}N \cdot C_6H_3N_3O_7$, F. 205—210° (A.). — *1.2-Dimethyl-5-[α-hydroxyäthyl]-pyridiniumbromid*, aus **V** nach **B**. — *Verb.* $C_9H_{12}Cl_3N$, F. 160°, F. 169° (A./Ae.), durch 3std. Kochen vorst. Verb. mit $SOCl_2$. — *1.2-Dimethyl-5-äthylpyridiniumchlorid*, aus vorst. Verb. nach **B** u. Isolieren als Chlorid. *Pikrat*, $C_9H_{14}N \cdot C_6H_2N_3O_7$, F. 112° (A.); orangefarben. — *1-Dimethylamino-2-äthylhexen-(5)*, Kp.$_{80}$ 140° (Bad-Temp.), a) durch ½ std. Schütteln von **VI** bei Raum-Temp. mit Ag_2O in W.; b) analog aus **IV**. *Pikrat*, F. 69° (A./Ae.). *Jodmethylat*, $C_{11}H_{24}JN$, F. 193° (Aceton/Ae.). — *1-Dimethylamino-2-äthylhexanjodmethylat*, $C_{11}H_{26}JN$, F. 217° (Aceton/Essigester), aus 2 g vorst. Verb. nach **B** in ½ Std. u. nach Isolieren 1 tägiges Stehen mit CH_3J bei Raum-Temp.; 3,2 g. — *2-Äthylhexen-(1)*, Kp.$_{740}$ 117°, durch ½ std. Schütteln von 10 g vorst. Verb. mit Ag_2O in W., Filtrieren u. Zers. in Widmer-Kolonne bei 155°; 1,2 g. — *Formaldehyddimedon*, F. 192°, durch Ozonisieren von 0,5 g vorst. Verb., Hydrieren nach **B**, Extrahieren mit W. u. Versetzen der wss. Phase mit Dimedon; 0,65 g. — *3-Methylheptan*, Kp.$_{740}$ 116°, durch 5std. Schütteln vorst. Verb. in Methylformiat unter 50 at H_2. M. Mirsch. 3231◇

0895 **Nichtbenzoide aromatische Heterocyclen.** 5. Mitt. **Versuche zur Synthese von 4.7-Dihydro-4.7-phenanthrolin-Derivaten.** Hiroshi Kato und Masaki Ohta. (Bull. chem. Soc. Japan **34**, 814—16, Juni 1961; Tokyo, Inst. of Technol., Labor. of Organ. Chem.; engl.) — 4. vgl. Bull. chem. Soc. Japan **34**, [1961], 387. — 4.7-Phenanthrolin (**I**) wird in das *Mono* (**Ia**)- u. *Bis-methojodid* (**Ib**) übergeführt, mit C_6H_5Li wird *3-Phenyl-4.7-phenanthrolin* erhalten. Rk. von **Ia** mit C_6H_5MgBr liefert *3-Phenyl-4-methyl-3.4-dihydro-4.7-phenanthrolin*, das auch durch Umsetzen von **I** mit C_6H_5Li, Zugeben von CH_3J u. Zers. mit NH_4Cl-Lsg. erhalten wird. Aus **Ib** u. CH_3MgJ wird *3.4.7.8-Tetramethyl-3.4.7.8-tetrahydro-4.7-phenanthrolin* gebildet, das bei der Dehydrierung mit O_2, Chloranil oder konz. H_2SO_4 nur undefinierbare Prodd. liefert. Ebensowenig gelang die Darst. von 4.7-Dimethyl-4.7-dihydro-4.7-phenanthrolin durch Red. oder Hydrierung von **Ib**.

Versuche: *4.7-Phenanthrolin* (**I**), F. 173°, a) durch Zutropfen von konz. H_2SO_4 zu 12 g 6-Aminochinolin, Glycerin u. H_3AsO_4 bei 130—140°, 4std. Rühren bei 130—140°, Gießen auf Eis/KOH u. Extrahieren mit Bzl.; 11 g (Ausbeute); b) analog aus 60 g p-Phenylendiamin; aus Bzl. gelbe Nadeln; 48 g. *Monomethojodid* (**Ia**), F. 270°, durch ½ std. Kochen von 2 g **I** u. CH_3J in Bzl.; aus W. hellgelbe Nadeln; 2 g. *Bis-methojodid* (**Ib**), F. 264°, durch 2std. Erhitzen von 20 g **I** u. 40 g Dimethylsulfat auf 160°, Verdünnen mit W. u. Zugeben von NaJ; aus W. hellbraune Platten; 18 g. — *3.4.7.8-Tetramethyl-3.4.7.8-tetrahydro-4.7-phenanthrolin*, $C_{16}H_{20}N_2$, F. 147°, durch Zugeben von 2,3 g **Ib** zu CH_3MgJ (aus 5,7 g CH_3J) in Ae. unter N_2, 2std. Rühren, Zers. mit NH_4Cl-Lsg. u. Extrahieren mit Ae.; aus Ae. gelbe, luftempfindliche Prismen; 0,2 g. — *3-Phenyl-4.7-phenanthrolin*, $C_{18}H_{12}N_2$, F. 187°, durch Zutropfen von C_6H_5Li (aus 6,3 g Brombenzol) in Ae. zu 3 g **I** in Tetrahydrofuran unter Kühlung, ½ std. Rühren u. Zers. mit NH_4Cl-Lsg.; aus Aceton gelbe Nadeln; 1 g. — *3-Phenyl-4-methyl-3.4-dihydro-4.7-phenanthrolin*, $C_{19}H_{16}N_2$, F. 155°, a) durch Zutropfen von C_6H_5Li in Ae. zu 3 g **I** in Tetrahydrofuran unter N_2, ½ std. Rühren, Zutropfen von 3 g CH_3J, 2std. Rühren, Zers. mit NH_4Cl-Lsg. u. Extrahieren mit Chlf.; 2,8 g; b) durch Zugeben von **Ia** zu C_6H_5MgBr (aus 3,2 g Brombenzol) in Ae., 1std. Rühren u. Zers. mit NH_4Cl-Lsg.; aus Aceton gelbe Nadeln; 1,2 g. *Pikrat*, $C_{25}H_{19}N_5O_7$, F. 173°, aus W./Dimethylformamid rote Nadeln. F. Heller. 3231◇

0896 **Die Bildung von Cyclo-[3.2.2]-azin-Derivaten über die Reaktion von Pyrrocolin mit Acetylendicarbonsäuredimethylester.** Andrew Galbraith, Theodore Small, Roderick A. Barnes und V. Boekelheide. (J. Amer. Chem. Soc. **83**, 453—58, 1961; Rochester, N.Y., Univ., Dep. of chem.; New Brunswick, N.J., Rutgers Univ., School of Chem.; engl.) — Die bei der Rk. von Pyrrocolin (**I**) mit Acetylendicarbonsäuredimethylester (**II**) in Ggw. von Pd/Kohle (vgl. C. **1960**, 4186) neben *Cyclo-[3.2.2]-azin-1.2-dicarbonsäuredimethylester* (**III**; zur Nomenklatur vgl. C. **1959**, 15303) erhaltene Verb. wird als *3.4-Dihydro-Deriv.* (**IV**) von **III** identifiziert. **IV**, das als einziges Prod. bei der Rk. von **I** u. **II** in Abwesenheit eines Dehydrierungskatalysators entsteht, ist offenbar nicht Zwischen-Prod. bei der Bldg. von **III**, da es beim Erhitzen mit Pd/Kohle in Toluol nur in geringerer Ausbeute in **III** übergeführt wird. Für die Struktur von **IV** sprechen die Hydrolyse zu *3.4-Dihydrocyclo-[3.2.2]-azin-1.2-dicarbonsäure-monomethylester-(2)* (**X**), Decarboxylierung von **X** zum *2-Monocarbonsäuremethylester* bzw. Oxydation von **X** mit alkal. $KMnO_4$-Lsg. (→ *Cyclo-[3.2.2]-azin-2-carbonsäure*; identifiziert durch Vgl. des IR-Spektrums mit dem der 1-Carbonsäure) u. Decarboxylierung zu *Cyclo-[3.2.2]-azin* (**VI**), die Hydrierung in Ggw. von Adams-Katalysator zu dem auch aus **III** erhältlichen *Hexahydro-Deriv.* von **III** u. das UV-Spektrum von **IV**. Verss., **X** vollständig zur Disäure zu verseifen, waren ohne Erfolg. Zum Vgl. wurden durch Hydrierung von **I** zu *5.6.7.8-Tetrahydropyrrocolin* u. dessen Rk. mit **II** *3-[α.β-Dicarbomethoxyvinyl]-5.6.7.8-tetrahydropyrrocolin* bzw. durch Kondens. von **I** mit Oxalylchlorid (**XI**) zu *Pyrrocolyl-(3)-glyoxylsäure* (**VIII**) u. deren Rk. mit CH_2N_2 der *Methylester* von **VIII** dargestellt. Verss., den **VIII**-Methylester mit Bromessigsäuremethylester zu 3-[α.β-Dicarbomethoxyvinyl]-pyrrocolin umzusetzen, waren ohne Erfolg. Die Darst. von **I** erfolgt durch Cyclisierung von 3-[Pyridyl-(2)]-propanol (**V**) (über 3-[Pyridyl-(2)]-propionaldehyd). In ähnlicher Weise wird *5-Methylpyrrocolin* durch Cyclisierung von 2-[γ-Hydroxypropyl]-6-methylpyridin erhalten. Aus **I** u. Phenylpropiolsäuremethylester (**IX**) wird analog **III** *2-Phenylcyclo-[3.2.2]-azin* (**VII**)-*1-carbonsäuremethylester* dargestellt, dessen Struktur aus der Überführung in **VII** folgt. Vers., **I** mit Diphenylacetylen, Azodicarbonsäurediäthylester oder Cyclohexadien-(1.3) umzusetzen, hatten keinen Erfolg. Mögliche Mechanismen der Rkk. von **I** u. **II** werden erörtert.

Versuche: *Cyclo-[3.2.2]-azin-1.2-dicarbonsäuredimethylester* (**III**), $C_{14}H_{11}NO_4$, F. 91—92°, a) durch 24std. Kochen von **I** u. **II** in Toluol in Ggw. von 5%ig. Pd/Kohle unter N_2 u. Chromatographie an Al_2O_3 mit Bzl.; aus Bzl. oder durch Sublimation bei 80°/0,05 Torr gelbe Prismen; 68% (Ausbeute); b) durch 19std. Kochen von 325 mg **IV** u. 5%ig. Pd/Kohle in Toluol u. Chromatographie an Al_2O_3; 100 mg. — *3.4-Dihydrocyclo-[3.2.2]-azin-1.2-dicarbonsäure, 2-Monomethylester* (**X**), $C_{13}H_{11}NO_4$, F. 292°, durch Hydrolyse von **IV** in konz. HCl; aus Essigsäureanhydrid Nadeln; 90%. *Dimethylester* (**IV**), $C_{14}H_{13}NO_4$, F. 178—180°, a) neben **III** nach a); Nadeln; 10—15%; b) durch 3tägiges Rühren von **I** u. **II** in Toluol unter N_2 bei Raum-Temp., Chromatographie an Al_2O_3 mit Bzl./Chlf. u. Sublimation; c) aus **X** u. CH_2N_2. — *Cyclo-[3.2.2]-azin-1.2-dicarbonsäure*, $C_{12}H_7NO_4$, F. >310°, durch Verseifen von **III** in CH_3OH mit 10%ig. KOH bei Raum-Temp., Abfiltrieren (→ *Di-Na-Salz*), Lösen in W. u. Ansäuern mit 5%ig. HCl; 100%. *Anhydrid*, $C_{12}H_5NO_3$, F. 267°, durch 5std. Kochen vorst. Verb. in Essigsäureanhydrid, Entfernen des Lsgm. u. Sublimation; gelbe Kristalle; 86%. — *Cyclo-[3.2.2]-azin* (**VI**), F. 64—65°, durch 5std. Erhitzen vorst. Säure mit Cu-Chromit in Chinolin auf 230°, Filtrieren, Ansäuern mit HCl u. Ae.-Extraktion; gelbe Prismen durch Sublimation; 72%. — *2-Phenylcyclo-[3.2.2]-azin-1-carbonsäuremethylester*, $C_{18}H_{13}NO_2$, F. 118—120°, analog **III** in 20 Std. aus 3,4 g **I** u. 4,5 g **IX**; durch Sublimation gelbe Kristalle; 75 mg. — *2-Phenylcyclo-[3.2.2]-azin* (**VII**), F. 98—100°, durch Verseifen vorst. Verb. mit methanol. KOH u. Decarboxylieren von 30 mg der gebildeten Säure analog **VI**; durch Sublimation gelbe Kristalle; 15 mg. — *3.4-Dihydrocyclo-[3.2.2]-azin-2-carbonsäuremethylester*, $C_{12}H_{11}NO_2$, F. 110—111°, durch 4std. Decarboxylierung von 1,53 g **X** analog **VI**; Pulver nach Sublimation; 50 mg. — *Cyclo-[3.2.2]-azin-2-carbonsäure*, $C_{11}H_7NO_2$, F. 231—233°, aus 1 g **X** in 20%ig. KOH durch Zutropfen von $KMnO_4$ in W., Zugabe von A., Filtrieren u. Ansäuern mit H_2SO_4; nach Sublimation blaßgelbe Kristalle; 135 mg; Decarboxylierung von 150 mg gibt 50 mg **VI**. — *3.4.4a.5.6.7-Hexahydrocyclo-[3.2.2]-azin-1.2-dicarbonsäuredimethylester*, $C_{14}H_{17}NO_4$, F. 111—112°, a) aus **IV** in Äthylacetat in Ggw. von 5%ig. Pd/Kohle durch Hydrierung bei Raum-Temp. u. Normaldruck; Blättchen aus Hexan; 95%; b) analog a) aus **III**; 70%. — *5.6.7.8-Tetrahydropyrrocolin*, $C_8H_{11}N$, Kp.$_{0,2}$ 70—74°, durch Hydrierung von 4,5 g **I** in Ggw. von 5%ig. Pd/Kohle in Äthylacetat; Öl; 2 g. — *3-[α.β-Dicarbomethoxyvinyl]-5.6.7.8-tetrahydropyrrocolin*, $C_{14}H_{17}NO_4$, F. 155—156°, aus 500 mg vorst. Verb. u. 600 mg **II** in Toluol durch 6tägiges Stehen unter N_2 bei Raum-Temp. u. Chromatographie an Al_2O_3 mit Bzl./Chlf.; aus Hexan Stäbchen; 215 mg. — *Pyrrocolyl-(3)-glyoxylsäure* (**VIII**), $C_{10}H_7NO_3$, F. 174—175°, aus 2 g **I** in Bzl. durch Zutropfen von 2 g **XI** in Bzl., Filtrieren, Einengen, Digerieren mit verd. NaOH u. Ansäuern; aus Bzl. gelbe Prismen; 80%; daneben *3.3'-Oxalyl-bis-pyrrocolin* ($C_{18}H_{12}N_2O_2$, F. 240°, durch Extraktion des Filterrückstandes mit Bzl.; durch Sublimation gelbe Kristalle; 15%) u. **VIII**-*Chlorid* ($C_{10}H_6ClNO_2$, F. 90—92°, durch Sublimation orangefarbenes Pulver). *Methylester*, $C_{11}H_9NO_3$, F. 67—69°, aus **VIII** u. äther. CH_2N_2-Lsg.; aus Bzl./Hexan oder durch Sublimation gelbe Kristalle. — *Pyrrocolin* (**I**), F. 73—74°

(Sublimation), aus **V** in Ggw. von 30%ig. Pd/Kohle durch 36std. Erhitzen auf 270—280° unter Durchleiten von N_2, Kühlen, Dampf-Dest. u. 24std. Stehen im Kühlschrank; 39%; daneben *CO* u. *2-Äthylpyridin*. — *2-[γ-Hydroxypropyl]-6-methylpyridin*, $C_9H_{13}NO$, Kp.$_{0,3}$ 75—76°, durch 1std. Stehen einer 2,5m äther. Lsg. von Phenyl-Li u. 2.6-Lutidin in abs. Ae. bei Raum-Temp., Kühlen, Zugabe von Äthylenoxid in abs. Ae., 1std. Rühren bei Raum-Temp., Zugabe von Ae. u. 3n HCl, Alkalisieren der wss. Schicht mit konz. NaOH u. Extraktion mit CH_2Cl_2; hygroskop. Öl; 49%. — *5-Methylpyrrocolin*, Kp.$_{15}$ 93°, aus vorst. Verb. durch Cyclisierung wie bei **I**; Öl; 75%.

W. Farr. 3231◇

0897 **Untersuchungen in der Benzodioxanreihe.** 19. Mitt. **Hydrazin-Derivate des Benzo-1.4-dioxans. Synthesen und pharmakologische Eigenschaften.** G. B. Marini-Bettolo, R. Landi Vittory, M. A. Jorio, F. Bovet-Nitti und O. Orsingher. (Rend. Ist. super. Sanità **23,** 1110—27, 1960; Roma, Ist. super Sanità, Labor. di Chim. terapeut.; ital.) — 17. vgl. C. **1961,** 16835. — Nach bekannten Meth. werden verschiedene *N-[Benzo-1.4-dioxanyl-(2)-alkyl]-hydrazine*, deren *N*- u. *N'-Alkyl-Derivv.* u. Schiffsche *Basen* sowie einige *[Benzo-1.4-dioxanyl-(2)]-alkancarbonsäurehydrazide* dargestellt. Die Hydrazin-Derivv. bewirken eine z. T. starke Inhibierung der Monoaminooxydasen u. der sedativen Wrkg. von Reserpin. — IR-Spektren u. pharmakolog. Eigg. (4 Tabellen) vgl. Original.

Versuche: N-[Benzo-1.4-dioxanyl-(2)-methyl]-hydrazine: *Unsubstituiert* (**I**), $C_9H_{12}N_2O_2$, Kp.$_{0,1}$ 112—115°, durch 10std. Kochen von 1 Mol 2-Brommethylbenzo-1.4-dioxan u. 1,2 Mol 85%ig. $N_2H_4 \cdot H_2O$ in A., Alkalisieren u. Extrahieren mit Chlf.; n_D^{21} 1,5640. *Pikrat*, $C_{15}H_{15}N_5O_9$, F. 152° (A.). *Oxalat*, $C_{11}H_{14}N_2O_6$, F. 185° (verd. A.). *N'-Isopropyliden-Deriv.* (**Ia**), $C_{12}H_{16}N_2O_2$, Kp.$_{0,05}$ 93—95°, durch 2std. Kochen von 1 Mol **I** u. 2 Mol Aceton; n_D^{23} 1,5419. *[N'-Butyliden-(2)]-Deriv.*, $C_{13}H_{18}N_2O_2$, Kp.$_{0,1}$ 110—112°, analog **Ia**; n_D^{21} 1,5369. *N'-Benzyliden-Deriv.*, $C_{16}H_{16}N_2O_2$, Kp.$_{0,1}$ 160—165°, analog **Ia**. *N'-[α-Methlbenzyliden]-Deriv.*, $C_{17}H_{18}N_2O_2$, Kp.$_{0,05}$ 148 bis 152°, analog **Ia**. — *N-Methyl-* (**II**), $C_{10}H_{14}N_2O_2$, Kp.$_{0,7}$ 110 bis 112°, durch 2std. Kochen von **IIa** u. 15%ig. HCl in A., Alkalisieren mit NaOH u. Extrahieren mit Chlf.; n_D^{20} 1,5335. *Oxalat*, $C_{22}H_{30}N_4O_8$, F. 187° (verd. A.). *N'-Isopropyliden-Deriv.* (**IIa**), $C_{13}H_{18}N_2O_2$, Kp.$_{0,2}$ 105—112°, durch 4—5std. Kochen von 1 Mol **Ia**, 1,2 Mol CH_3J u. 0,6 Mol K_2CO_3 in Aceton; n_D^{28} 1,5250. — *N-Äthyl-*, $C_{11}H_{16}N_2O_2$, Kp.$_{0,5}$ 107—109°, analog **II**; n_D^{20} 1,5339. *Oxalat*, $C_{13}H_{18}N_2O_6$, F. 129° (A.). *N'-Isopropyliden-Deriv.*, $C_{14}H_{20}N_2O_2$, Kp.$_{0,5}$ 105—110°, analog **IIa**; n_D^{19} 1,5225. — *N-Butyl-*, $C_{13}H_{20}N_2O_2$, Kp.$_{0,4}$ 125—126°; n_D^{21} 1,5268. *Oxalat, Dihydrat*, $C_{28}H_{42}N_4O_8 \cdot 2\,H_2O$, F. 124° (A.). — *N-Benzyl-*, $C_{16}H_{18}N_2O_2$, Kp.$_{0,05}$ 135—140°; n_D^{22} 1,5768. *Oxalat*, $C_{18}H_{20}N_2O_6$, F. 199° (verd. A.). *Tartrat, Monohydrat*, $C_{20}H_{24}N_2O_8 \cdot H_2O$, F. 131° (A.). *N'-Isopropyliden-Deriv.*, $C_{19}H_{22}N_2O_2$, Kp.$_{0,05}$ 125—127°; n_D^{20} 1,5640. — *N-Phenyl-*, $C_{15}H_{16}N_2O_2$, Kp.$_{0,1}$ 160—165°, analog **II**; n_D^{22} 1,5989. *Oxalat*, $C_{17}H_{18}N_2O_6$, F. 181° (A.). — N'-Akyl-N-[benzo-1.4-dioxanyl-(2)-methyl]-hydrazine: *N'-Isopropyl-*, $C_{12}H_{18}N_2O_2$, Kp.$_{0,001}$ 88—90°, durch 3—4std. Hydrieren von **Ia** an PtO_2 in A./Äthylacetat bei Raum-Temp. u. 3 at H_2; n_D^{22} 1,5251. — *N'-sek.-Butyl-*, $C_{13}H_{20}N_2O_2$, Kp.$_{0,1}$ 110—112°; n_D^{22} 1,5192. — *N'-Benzyl-*, $C_{16}H_{18}N_2O_2$, Kp.$_{0,1}$ 152—155°; n_D^{22} 1,6195. — Benzo-1.4-dioxane: *2-[2-Hydrazinoäthyl]-*, $C_{10}H_{14}N_2O_2$, Kp.$_{0,5}$ 125—127°, analog **I** aus 2-[2-Bromäthyl]-benzo-1.4-dioxan u. $N_2H_4 \cdot H_2O$; n_D^{24} 1,5521. *Oxalat*, $C_{12}H_{16}N_2O_6$, F. 173° (A.). — *2-[3-Hydrazinopropyl]-*, $C_{11}H_{16}N_2O_2$, Kp.$_{0,005}$ 105—109°; n_D^{22} 1,5450. *Oxalat*, $C_{13}H_{18}N_2O_6$, F. 182° (A.). — *2-[3-Hydrazinoisobutyl]-*, $C_{12}H_{18}N_2O_2$, Kp.$_{0,03}$ 108 bis 109°; n_D^{21} 1,5430. *Oxalat*, $C_{14}H_{20}N_2O_6$, F. 159° (A.). — *2-[3-Hydrazino-2-äthylpropyl]-*, $C_{13}H_{20}N_2O_2$, Kp.$_{0,002}$ 98—104°. *Oxalat*, $C_{15}H_{22}N_2O_6$, F. 187° (A.). — *2-[2-Hydrazinomethyl-3-phenylpropyl]-*, $C_{18}H_{22}N_2O_2$, Kp.$_{0,02}$ 135—145°. *Oxalat*, $C_{20}H_{24}N_2O_6$, F. 175° (A.). — *N.N'-Bis-[3'-benzo-1.4-dioxanyl-(2)-2'-phenylpropyl]-hydrazin*, $C_{34}H_{36}N_2O_4$, Kp.$_{0,1}$ 149 bis 152°, analog **I**; n_D^{21} 1,5775; gibt mit organ. Säuren keine Salze. — *N.N'-Bis-[2'-benzo-1.4-dioxanyl-(2)-methyl-3'-phenylpropyl]-hydrazin*, $C_{36}H_{40}N_2O_4$, Kp.$_{0,3}$ 190—200°. — *Benzo-1.4-dioxan-2-carbonsäure* (**III**), *Hydrazid*, $C_9H_{10}N_2O_3$, F. 112—114° (verd. A.), durch 6—8std. Kochen von 1 Mol **III**-Methylester u. 5 Mol 85%ig. $N_2H_4 \cdot H_2O$. — Analog: *[Benzo-1.4-dioxanyl-(2)]-essigsäurehydrazid*, $C_{10}H_{12}N_2O_3$, glasartig. — *α-[Benzo-1.4-dioxanyl-(2)-methyl]-propionsäurehydrazid*, $C_{12}H_{16}N_2O_3$, Kp.$_{0,001}$ 130—140°. — *α-[Benzo-1.4-dioxanyl-(2)-methyl]-buttersäurehydrazid*, $C_{13}H_{18}N_2O_3$, F. 115° (W.). — *α-[Benzo-1.4-dioxanyl-(2)-methyl]-phenylessigsäurehydrazid*, $C_{17}H_{18}N_2O_3$, F. 160—162° (A.).

F. Heller. 3252◇

0898 **Untersuchungen in der Benzodioxanreihe.** 20. Mitt. **N-Alkyläthanolamin-Derivate des Benzo-1.4-dioxans.** Vittorio Rosnati und Franco de Marchi. (Gazz. chim. ital. **91,** 605—12, 1961; ital.) — 19. vgl. vorst. Referat. — Durch Rk. von Benzo-1.4-dioxan-2-carbonsäurechlorid u. CH_2N_2 wird *2-Chloracetylbenzo-1.4-dioxan* dargestellt u. dieses mit $NaBH_4$ zu *2-[2-Chlor-1-hydroxyäthyl]-benzo-1.4-dioxan* (**I**) reduziert. Die aus **I** u. Alkyl- bzw. Dialkylaminen erhaltenen *2-Alkylamino-* bzw. *2-Dialkylamino-1-[benzo-1.4-dioxanyl-(2)]-äthanole* besitzen keine sympathikolyt., jedoch z. T. eine ausgeprägte stimulierende Wrkg. auf das Zentralnervensystem. — IR-Spektren vgl. Original.

Versuche: *2-Chloracetylbenzo-1.4-dioxan*, $C_{10}H_9ClO_3$, F. 69—70° (Hexan), Kp.$_{0,15}$ 124—128°, durch Zutropfen von Benzo-1.4-dioxan-2-carbonsäurechlorid in abs. Ae. zu CH_2N_2, in abs. Ae. bei 2—3°, 12std. Stehen u. Einleiten von HCl-Gas; 95% (Ausbeute). — *2-[2-Chlor-1-hydroxyäthyl]-benzo-1.4-dioxan* (**I**), $C_{10}H_{11}ClO_3$, F. 71—72° (Bzl./Hexan), Kp.$_{0,05}$ 110°, durch Zugeben von $NaBH_4$ zu vorst. Verb. in CH_3OH bei —5°, 1std. Rühren bei 0° u. Neutralisieren mit Eisessig; 95%. — *N.N'-Bis-{2-hydroxy-2-[benzo-1.4-dioxanyl-(2)]-äthyl}-piperazin* (**II**), $C_{24}H_{30}N_2O_6$, F. 203—206° (verd. A.), durch 20—30std. Kochen von 1 Mol **I** u. 4 Mol Piperazin in Xylol unter N_2, Ausschütteln mit verd. Säure, Alkalisieren mit K_2CO_3, Extrahieren mit Ae. u. Anreiben des Extraktrückstandes mit Bzl./Hexan (1:1). — 1-[Benzo-1.4-dioxanyl-(2)]-äthanole, durch 20—30std. Erhitzen von 1 Mol **I** u. 4 Mol Amin in Bzl. im Rohr auf 100—110° oder bei schwerflüchtigen Aminen analog **II**; 34—53%: *2-Methylamino-*, $C_{11}H_{15}NO_3$, F. 92—94°, Kp.$_{0,03}$ 101°. — *2-Dimethylamino-*, $C_{12}H_{17}NO_3$, Kp.$_{0,15}$ 115°. *Methojodid*, F. 254° (Zers.). — *2-Äthylamino-*, $C_{12}H_{17}NO_3$, F. 89—90°, Kp.$_{0,1}$ 133°. — *2-[N-Methyläthylamino]-*, $C_{13}H_{19}NO_3$, Kp.$_{0,1}$ 135—137°, durch 10std. Kochen von 2,5 g vorst. Verb., 99%ig. HCOOH u. 30%ig. CH_2O-Lsg.; 1,9 g. — *2-Diäthylamino-*, $C_{14}H_{21}NO_3$, Kp.$_{0,08}$ 113 bis 115°. — *2-Propylamino-*, $C_{13}H_{19}NO_3$, F. 103—104°. — *2-[N-Methylpropylamino]-*, $C_{14}H_{21}NO_3$, F. 75—77°, Kp.$_{0,1}$ 140 bis 142°, aus 6 g vorst. Verb. u. CH_2N_2 in Ae. bei Raum-Temp.; 4 g. — *2-Dipropylamino-*, $C_{16}H_{25}NO_3$, Kp.$_{0,1}$ 120°. — *2-Isopropylamino-*, $C_{13}H_{19}NO_3$, F. 68—68,5°. — *2-Diisopropylamino-*, $C_{16}H_{25}NO_3$, F. 85—86°, Kp.$_{0,1}$ 135—138°. — *2-n-Butylamino-*, $C_{14}H_{21}NO_3$, F. 69—71°, Kp.$_{0,1}$ 153—156°. — *2-Di-n-butylamino-*, $C_{18}H_{29}NO_3$, Kp.$_{0,1}$ 156—157°. — *2-Diisobutylamino-*, $C_{18}H_{29}NO_3$, Kp.$_{0,1}$ 150—152°. — *2-Pyrrolidino-*, $C_{14}H_{19}NO_3$, F. 90—92°, Kp.$_{0,1}$ 149—151°. — *2-Piperidino-*, $C_{15}H_{21}NO_3$, F. 83—85°. — *2-Piperazino-*, $C_{14}H_{20}N_2O_3$, Kp.$_{0,07}$ 185—195°, aus der Mutterlauge von **II**. *Dipikrat*, $C_{26}H_{26}N_8O_{17}$, F. 207—209°. — *2-Morpholino-*, $C_{14}H_{19}NO_4$, F. 97—99°, Kp.$_{0,02}$ 147—150°.

F. Heller. 3252◇

0899 **Cyclopropane und Cyclobutane.** 19. Mitt. **Katalytische Zersetzung von 3-Aryltetrahydropyridazinen, die in p-Stellung eine Nitro-, Amino- oder Hydroxylgruppe enthalten.** Ju. Ss. Schabarow, N. I. Wassiljew und R. Ja. Lewina. (J. allg. Chem. [UdSSR] **31** (**93**). 2482—87, 1961; Moskau, Lomonossow-Univ.; russ.) — 18. vgl. C. **1963,** 13915. — Aus 1-[p-Nitrophenyl]-butadien-(1.3) u. Azodicarbonsäurediäthylester (**I**) wird *3-[p-Nitrophenyl]-1.2-dicarbäthoxy-1.2.3.6-tetrahydropyridazin* (**II**) dargestellt, aus dem durch Red. mit FeHCl *3-[p-Aminophenyl]-* (**III**) u. daraus über die Diazonium-Verb. *3-[p-Hydroxyphenyl]-1.2-dicarbäthoxy-1.2.3.6-tetrahydropyridazin* (**IV**) dargestellt werden. Durch Behandeln mit alkohol. KOH werden **II, III** u. **IV** zu *3-[p-Nitrophenyl]-* (**V**), *3-[p-Aminophenyl]-* (**VI**) bzw. *3-[p-Hydroxyphenyl]-1.4.5.6-tetrahydropyridazin* (**VII**) hydrolysiert u. decarboxyliert. Die katalyt. Zers. von **VII** an Pt/KOH bei 400 bis 450° liefert *3-[p-Hydroxyphenyl]-pyridazin* u. H_2, die von **VI** bei 350—400° *p-Äthylanilin*, *p-Aminophenylcyclobutan*, *3-[p-Aminophenyl]-pyridazin* u. gasförmige Prodd. (*H_2, gesätt. KW-Stoffe, Äthylen* u. *N_2*) u. die von **V** bei >475° *Anilin*, eine unbekannte *Verb.* $C_{18}H_{18}N_4O$ u. H_2.

Versuche: *1-[p-Nitrophenyl]-butadien-(1.3)*, F. 77—78° (Ligroin), aus p-Nitrophenyldiazoniumchlorid u. Divinyl in Ggw. von Cu_2Cl_2 u. nachfolgende HCl-Abspaltung; 70% (Ausbeute). — 1.2.3.6-Tetrahydropyridazine: *1.2-Dicarbäthoxy-3-[p-nitrophenyl]-* (**II**), F. 83—84° (Ligroin), durch Dien-Siynth. aus vorst. Verb. u. **I**; 90—95%. — *1.2-Dicarbäthoxy-3-[p-aminophenyl]-* (**III**), F. 85—86° (Ligroin), durch Red. von **II** mit FeHCl; 90%. — *1.2-Dicarbäthoxy-3-[p-hydro-*

xyphenyl]- (**IV**), F. 127—129° (Ligroin), aus **III** durch Diazotieren u. Verkochen; 50%. — *Phenylcarbaminsäure-p-[1.2-dicarbäthoxy-1.2.3.6-tetrahydropyridazyl-(3)]-phenylester*, $C_{23}H_{25}N_3O_6$, F. 117—118°. — 1.4.5.6-Tetrahydropyridazine: *3-[p-Nitrophenyl]*- (**V**), $C_{10}H_{11}N_3O_2$, F. 124—126° (Zers.), aus **II** u. äthanol. KOH; 43%. — *3-[p-Aminophenyl]*- (**VI**), F. 126 bis 126,5° (A.-W.), analog aus **III**; 43%. *Anlagerungs-Prod. an Phenylisothiocyanat*, $C_{24}C_{23}N_5S_2$, F. 157—158° (Aceton/Ligroin). — *3-[p-Hydroxyphenyl]*- (**VII**), $C_{10}H_{12}N_2O$, F. 225 bis 226° (W.); 52%. — *3-[p-Hydroxyphenyl]-pyridazin*, F. 225 bis 226°, durch Erhitzen von 5 g **VII** mit 1,7 g KOH an 0,5 g Pt/Kohle auf 400—450°; 55%. — *p-Äthylanilin*, $C_8H_{11}N$, Kp.$_{10}$ 94—95°, analog aus **VI**; n_D^{20} 1,5587; $D._4^{20}$ 0,9952; 32% [*N-Phenyl-N'-[p-äthylphenyl]-thioharnstoff*, $C_{15}H_{16}N_2S$, F. 136—137° (A.)]. Daneben *p-Aminophenylcyclobutan*, Kp.$_{10}$ 129—132°; n_D^{20} 1,4758; $D._4^{20}$ 1,0342; 13% [*N-Phenyl-N'-[p-cyclobutylphenyl]-thioharnstoff*, F. 138—139° (A.)], u. *3-[p-Aminophenyl]-pyridazin* (**VIII**), F. 146—147° (A.-W.); 55%. — *3-Phenylpyridazin*, a) durch Dehydrieren von 3-Phenyl-1.4.5.6-tetrahydropyridazin mit S bei 350°; 75%; b) F. 100—101° (A.), aus **VIII** über die Diazonium-Verb.; 46%. — *3-[p-Hydroxyphenyl]-pyridazin*, F. 225—226°, aus **VIII** durch Diazotieren u. Verkochen; 61%. — Katalyt. Zers. von **V** bei ca. 500° liefert *Anilin*; 23% [*N.N'-Diphenylthioharnstoff*, $C_{13}H_{12}N_2S$, F. 164 bis 165° (Ligroin/Aceton)]. Daneben eine *Verb.* $C_{18}H_{18}N_4O$, Kp.$_2$ 190°, F. 78—79° (Ligroin). B. Celms. 3272△

0900 **Synthese und antimikrobielle Aktivität von N¹-[2-Alkylmercapto-6-alkoxypyrimidinyl-(4)]-sulfanilamiden.** Tadakazu Tsuji, Sumiko Watanabe, Yasuko Nakadai und Shigeshi Toyoshima. (Chem. pharmac. Bull. [Tokyo] **10**, 9—13, 1962; Tokyo, Keio-Gijuku Univ., Pharmazeut. Inst.; engl.) — Nach der Meth. von Jones [1905] u. [1915] wurden durch Rk. des aus Thioharnstoff u. Cyanessigsäureäthylester in Ggw. von C_2H_5ONa erhältlichen *2-Mercapto-6-aminopyrimidinols-(4)* (**I**) mit Alkyljodiden oder -bromiden *2-Alkylmercapto-6-aminopyrimidinole-(4)* dargestellt. Die Rk. der letzteren mit $POCl_3$ u. Einw. von Na-Alkylaten auf die entstandenen *2-Alkylmercapto-4-amino-6-chlorpyrimidine* ergab *2-Alkylmercapto-4-amino-6-alkoxypyrimidine*, die mit p-Acetamidobenzolsulfochlorid (**II**) in trockenem Pyridin zu *N⁴-Acetyl-* u. durch Hydrolyse mit 10%ig. NaOH zu *N¹-[2-Alkylmercapto-6-alkoxypyrimidinyl-(4)]-sulfanilamiden* reagieren. *N¹-[6-Äthylmercapto-2-methylmercaptopyrimidinyl-(4)]-sulfanilamid* wurde durch Rk. des aus 2-Methylmercapto-4-amino-6-chlorpyrimidin u. Na-Äthylmercaptid in A. erhaltenen *2-Methylmercapto-4-amino-6-äthylmercaptopyrimidins* mit **II** u. Hydrolyse mit NaOH gewonnen. Die synthetisierten Verbb. wurden gegen *Escherichia coli* C_{14} u. K_{12}, *Aerobacter aerogenes 1033*, *Salmonella enteritidis Nr. 11* u. *Staphylococcus aureus* Terashima geprüft, wobei nur *N¹-[2-Methylmercapto-6-methoxy*(u. *-äthoxy)pyrimidinyl-(4)]-sulfanilamid* eine mit Sulfadimethoxin vergleichbare Wrkg. aufweisen. Die höheralkylierten Verbb. sind eher weniger wirksam.

Versuche: 2-Alkylmercapto-6-aminopyrimidinole-(4), durch 2—3std. Kochen von 0,1 Mol **I**, 0,13 Mol Alkylhalogenid u. C_2H_5ONa-Lsg. u. Kristallisation des Dest.-Rückstandes aus A.: *-Methyl-*, $C_5H_7N_3OS$, F. 267°. — *-Äthyl-*, $C_6H_9N_3OS$, F. 219°. — *-Propyl-*, $C_7H_{11}N_3OS$, F. 210—211°. — *-Isopropyl-*, $C_7H_{11}N_3OS$, F. 300°. — *-Butyl-*, $C_8H_{13}N_3OS$, F. 190—191°. — 2-Alkylmercapto-4-amino-6-chlorpyrimidine, durch 5—6std. Kochen vorst. Pyrimidinole (0,09 Mol) mit 30 ml $POCl_3$, Gießen des Rückstandes aus der Vakuum-Dest. auf Eiswasser, Zugabe von n-NaOH u. Kristallisation aus A.: *-Methyl-*, $C_5H_6ClN_3S$, F. 127°. — *-Äthyl-*, $C_6H_8ClN_3S$, F. 115°. — *-Propyl-*, $C_7H_{10}ClN_3S$, F. 101 bis 101,5°. — *-Butyl-*, $C_8H_{12}ClN_3S$, F. 81—82°. — 2-Alkmercapto-4-alkoxy-6-aminopyrimidine, durch 3std. Kochen eines Gemisches aus 0,05 Mol vorst. Chlorpyrimidine u. Na-Alkylat aus 1,25 g Na u. 30 ml Alkohol u. Kristallisation aus A.: *2-Methylmercapto-4-methoxy-*, $C_6H_9N_3OS$, F. 144°. — *2-Äthylmercapto-4-methoxy-*, $C_7H_{11}N_3OS$, F. 106—107°. — *2-Propylmercapto-4-methoxy-*, $C_8H_{13}N_3OS$, F. 90—91°. — *2-Butylmercapto-4-methoxy-*, $C_9H_{15}N_3OS$, F. 63—65°. — *2-Methylmercapto-4-äthoxy-*, $C_7H_{11}N_3OS$, F. 93—95°. — *2-Methylmercapto-4-propoxy-*, $C_8H_{13}N_3OS$. — *2-Methylmercapto-4-isopropoxy-*, $C_8H_{13}N_3OS$. — *2-Methylmercapto-4-butoxy-*, $C_9H_{15}N_3OS$. — *2-Methylmercapto-4-äthyl-*, $C_7H_{11}N_3S$, Öl. — N⁴-Acetyl-N¹-[2-alkylmercapto-6-alkoxypyrimidinyl-(4)]-sulfanilamide, durch Stehen von 0,02 Mol vorst. Verbb. mit 4,4 g **II** in trockenem Pyridin, Eindampfen im Vakuum, Gießen auf Eiswasser u. Kristallisation aus A.: *2-Methylmercapto-6-methoxy-*, $C_{14}H_{16}N_4O_4S_2$, F. 228°. — *2-Äthylmercapto-6-methoxy-*, $C_{15}H_{18}N_4O_4S_2$, F. 201 bis 202°. — *2-Propylmercapto-6-methoxy-*, $C_{16}H_{20}N_4O_4S_2$, F. 228°. — *2-Butylmercapto-6-methoxy-*, $C_{17}H_{22}N_4O_4S_2$, F. 228 bis 229°. — *2-Methylmercapto-6-äthoxy-*, $C_{15}H_{18}N_4O_4S_2$, F. 245°. — *2-Methylmercapto-6-propoxy-*, $C_{16}H_{20}N_4O_4S_2$, F. 186—187°. — *2-Methylmercapto-6-isopropoxy-*, $C_{16}H_{20}N_4O_4S_2$, F. 239—240°. — *2-Methylmercapto-6-butoxy-*, $C_{17}H_{22}N_4O_4S_2$, F. 164°. — *2-Methylmercapto-6-äthyl-*, $C_{15}H_{18}N_4O_3S$, F. 233—234°. — N¹-[2-Alkylmercapto-6-alkoxypyrimidinyl-(4)]-sulfanilamide, durch Lösen vorst. Verbb. in 10%ig. NaOH u. 5—6std. Erhitzen auf dem Wasserbad, Zugabe von Essigsäure u. Kristallisation aus A.: *2-Methylmercapto-6-methoxy-*, $C_{12}H_{14}N_4O_3S_2$, F. 179—180°. — *2-Äthylmercapto-6-methoxy-*, $C_{13}H_{16}N_4O_3S_2$, F. 170—171°. — *2-Propylmercapto-6-methoxy-*, $C_{14}H_{18}N_4O_3S_2$, F. 167—168°. — *2-Butylmercapto-6-methoxy-*, $C_{15}H_{20}N_4O_3S_2$, F. 143°. — *2-Methylmercapto-6-äthoxy-*, $C_{13}H_{16}N_4O_3S_2$, F. 180—181°. — *2-Methylmercapto-6-propoxy-*, $C_{14}H_{18}N_4O_3S_2$, F. 133—134°. — *2-Methylmercapto-6-isopropoxy-*, $C_{14}H_{18}N_4O_3S_2$, F. 134 bis 135°. — *2-Methylmercapto-6-äthyl-*, $C_{13}H_{16}N_4O_2S_2$, F. 134 bis 135°. A. Jungblut. 3272◇

0901 **Potentielle Amöbicide.** 13. Mitt. **Synthese von Mannich-Basen und Jodderivate einiger 3-Alkyl-8-hydroxychinazolone-(4).** R. N. Iyer und M. L. Dhar. (J. sci. ind. Res. [New Delhi], Sect. C **20**, 175—77, Juni 1961; Lucknow, Central Drug Res. Inst.; engl.) — 7. vgl. C. **1963**, 6982. — Mannich-Basen werden durch Kondens. von 8-Hydroxychinazolonen-(4) (**A**) mit Formaldehyd u. den entsprechenden sek. Aminen erhalten. Behandlung der **A** mit JCl gibt die entsprechenden *Jodderivate*.

Versuche: *7-Piperidinomethyl-3-methyl-8-hydroxychinazolon-(4)*, $C_{15}H_{19}N_3O_2$, F. 152°, durch Zugeben von Piperidin in A. zu einer gekühlten Lsg. von 3-Methyl-8-hydroxychinazolon-(4) u. CH_2O in A. u. Kochen. Ebenso werden folgende 8-Hydroxy-7-piperidinomethylchinazolone-(4) dargestellt: *3-Äthyl-*, $C_{16}H_{21}N_3O_2$, F. 134°. — *3-n-Propyl-*, $C_{17}H_{23}N_3O_2$, F. 131°. — *3-n-Butyl-*, $C_{18}H_{25}N_3O_2$, F. 121°. — *2.3-Dimethyl-*, $C_{16}H_{21}N_3O_2$, F. 125°. — *2-Methyl-3-n-propyl-*, $C_{18}H_{25}N_3O_2$, F. 91°. — *2-Methyl-3-n-butyl-*, $C_{19}H_{27}N_3O_2$, F. 104°. — 8-Hydroxy-7-morpholinomethylchinazolone-(4): *3-Methyl-*, $C_{14}H_{17}N_3O_3$, F. 164°. — *3-Äthyl-*, $C_{15}H_{19}N_3O_3$, F. 128°. — *3-n-Propyl-*, $C_{16}H_{21}N_3O_3$, F. 86°. — *3-n-Butyl-*, $C_{17}H_{23}N_3O_3$, F. 111°. — *2.3-Dimethyl-*, $C_{15}H_{19}N_3O_3$, F. 153°. — *2-Methyl-3-äthyl-*, $C_{16}H_{21}N_3O_3$, F. 97°. — *2-Methyl-3-n-propyl-*, $C_{17}H_{23}N_3O_3$, F. 106°. — Piperazine: *N.N'-Bis-[3-methyl-8-hydroxychinazolon-(4)-yl-(7)-methyl]-*, $C_{24}H_{26}N_6O_4$, F. 259°. — *N.N'-Bis-[3-äthyl-8-hydroxychinazolon-(4)-yl-(7)-methyl]-*, $C_{26}H_{30}N_6O_4$, F. 215°. — *N.N'-Bis-[3-propyl-8-hydroxychinazolon-(4)-yl-(7)-methyl]-*, $C_{28}H_{34}N_6O_4$, F. 230°. — *N.N'-Bis-[2.3-dimethyl-8-hydroxychinazolon-(4)-yl-(7)-methyl]-*, $C_{26}H_{30}N_6O_4$, F. 277°. — *7-Jod-3-äthyl-8-hydroxychinazolon-(4)*, $C_{10}H_9JN_2O_2$, F. 182°, durch Zugabe von 3-Äthyl-8-hydroxychinazolon-(4) in wss. HCl zu einer gekühlten JCl-Lösung. — Ebenso 7-Jod-8-hydroxychinazolone-(4): *3-n-Propyl-*, $C_{11}H_{11}JN_2O_2$, F. 160°. — *3-n-Butyl-*, $C_{12}H_{13}JN_2O_2$, F. 150°. P. Gregorzewski. 3272□

0902 **Synthese in der Azabenzochinolizingruppe.** 2. Mitt. **Synthese von 9.10-Dimethoxy-1.2.3.4.6.7-hexahydro-11bH-pyrazo-[2.1:a]-isochinolinderivaten.** Takao Yamazaki. (J. pharmac. Soc. Japan [Yakugakuzasshi] **79**, 1003—08, 1959; Toyama, Univ., Pharmac. Fac.; jap., Auszug: engl.) — 1. vgl. Chem. pharmac. Bull. [Tokyo] **4**, [1956], 477. — Das durch verbesserte Synth. dargestellte *1-Aminomethyl-6.7-dimethoxy-1.2.3.4-tetrahydroisochinolin* ergibt durch Rk. mit Äthylendibromid (**I**) *9.10-Dimethoxy-1.2.3.4.6.7-hexahydro-11bH-pyrazo-[2.1:a]-isochinolin* (**II**). Reduktive Methylierung dieser Verb. mit Formaldehyd (**III**) u. Ameisensäure (**IV**) ergibt *2-Methyl-9.10-dimethoxy-1.2.3.4.6.7-hexahydro-11bH-pyrazo-[2.1:a]-isochinolin* (**V**), das auch durch Bischler-Napieralski-Rk. aus *1-Homoveratryl-4-methyl-2-oxopiperazin* dargestellt wird. Die physiolog. Wrkg. von **II** u. **V** wird untersucht. IR-Absorptionsmaxima vgl. Original.

Versuche: *N-[3.4-Dimethoxyphenäthyl]-phthalimidoacetamid*, $C_{20}H_{20}N_2O_5$, F. 189°, durch rasches Erwärmen von N-[3.4-Dimethoxyphenäthyl]-chloracetamid mit Phthalimid-K auf 200° u. 20 Min. langes Stehen; aus 60%ig. Essigsäure Blättchen; 95% (Ausbeute). — *1-Phthalimidomethyl-6.7-di-*

methoxy-3.4-dihydroisochinolin, Hydrochlorid, $C_{20}H_{18}N_2O_4 \cdot HCl$, F. 230°, durch 2std. Erhitzen vorst. Verb. mit $POCl_3$ auf 115—120°, Verdampfen des $POCl_3$, Gießen in Eiswasser u. Erhitzen mit 10%ig. HCl bis zum Erhalten einer klaren Lsg.; aus A. Platten; 95%. — *1-Phthalimidomethyl-6.7-dimethoxy-1.2.3.4-tetrahydroisochinolin, Hydrochlorid,* $C_{20}H_{20} \cdot N_2O_4 \cdot HCl$, F. 245°, durch Hydrieren vorst. Verb. in 60%ig. Essigsäure an PtO_2; aus A. Nadeln; 97%. — *1-Aminomethyl-6.7-dimethoxy-1.2.3.4-tetrahydroisochinolin,* $Kp._{0,003}$ 145—150°, durch 50 Min. langes Erhitzen vorst. Verb. mit $N_2H_4 \cdot H_2O$ in A. (Wasserbad), Zugabe von 10%ig. HCl u. 3std. Erhitzen auf 100°; 75%. *Sulfat,* F. 275° (Zers.). *Dihydrochlorid, Hydrat,* $C_{12}H_{18}N_2O_2 \cdot 2\,HCl \cdot H_2O$, F. 265° (Zers.; A.). *Dibenzoyl-Deriv.,* $C_{26}H_{26}N_2O_4$, F. 181° (A.). — *9.10-Dimethoxy-1.2.3.4.6.7-hexahydro-11bH-pyrazo-[2.1:a]-isochinolin* (**II**), $Kp._{0,003}$ 160 bis 165°, durch Rk. vorst. Verb. in Toluol mit **I** u. 3std. Erwärmen des *Hydrobromids* mit K_2CO_3 auf 100°; 40%. *Dihydrochlorid,* $C_{14}H_{20}N_2O_2 \cdot 2\,HCl$, F. 255° (Zers.); aus 95%ig. A. Säulen. *Dipikrat,* $C_{14}H_{20}N_2O_2 \cdot 2\,C_6H_3N_3O_7$, F. 223° (Zers.); aus 95%ig. A. gelbe Kristalle. — *2-Methyl-9.10-dimethoxy-1.2.3.4.6.7-hexahydro-11bH-pyrazo-[2.1:a]-isochinolin* (**V**), F. 84 bis 85°, a) durch 5std. Erhitzen vorst. Verb. mit 35%ig. **III** u. **IV** auf 100°; Nadeln; 90%; b) durch 2std. Erhitzen von 1-[3.4-Dimethoxyphenäthyl]-4-methyl-2-oxopiperazin mit $POCl_3$ auf 115°, Eindampfen, Zers. mit Eiswasser, Ansäuern mit HCl u. Hydrieren an PtO_2; 18%. *Dihydrochlorid,* $C_{15}H_{22} \cdot N_2O_2 \cdot 2\,HCl$, F. 240° (Zers.); aus 95%ig. A. Platten. — *1-[3.4-Dimethoxyphenäthyl]-4-methyl-2.6-dioxopiperazin,* F. 76°, durch Rk. (2 Std. bei 10°, 6 Std. bei 160°, 3 Std. bei 180°, 2 Std. bei 200°) von 36,2 g 3.4-Dimethoxyphenäthylamin mit Methyliminodiessigsäurediäthylester (**VI**) unter H_2, Abdestillieren von nicht umgesetztem **VI** bei 200—210°/2 Torr, Eintragen in Essigester u. Extrahieren mit 3%ig. HCl; aus abs. A./Hexan Platten; 20 g. *Oxalat,* $C_{17}H_{22}N_2O_8$, F. 156°; aus A. Platten. *Pikrat,* $C_{21}H_{23}N_5O_{11}$, F. 161—162°. — *N.N-Bis-[3.4-dimethoxyphenäthylaminocarbonylmethyl]-methylamin,* $C_{25} \cdot H_{35}N_3O_6$, F. 122°, neben vorst. Verb.; aus A. Platten; 30 g. — *1-[3.4-Dimethoxyphenäthyl]-4-methyl-2-oxopiperazin,* $Kp._{0,005}$ 180—185°, durch 2std. elektrolyt. Red. vorvorst. Verb. in 50%ig. H_2SO_4 bei 0,07—0,08 A/cm²; 20%. *Pikrat,* $C_{21}H_{25} \cdot N_5O_{10}$, F. 136°; aus A. Säulen. — *1-[3.4-Dimethoxyphenäthyl]-4-methylpiperazin,* neben vorst. Verb.; 80%. *Dipikrat,* $C_{15}H_{24} \cdot N_2O_2 \cdot 2\,C_6H_3N_3O_7$, F. 247°. H.-J. Weigmann. 3272△

0903 **Synthesen in der Azabenzochinolizingruppe.** 3. Mitt. **Synthese von 9.10-Dimethoxy-1.2.3.4.6.7-hexahydro-11bH-pyrimido-[4.3:a]-isochinolinderivaten.** Takao Yamazaki. (J. pharmac. Soc. Japan [Yakugakuzasshi] **79**, 1008—13, 1959; jap., Auszug: engl.) — 2. vgl. vorst. Referat. — Rk. von 1-Äthoxycarbonylmethyl-6.7-dimethoxy-1.2.3.4-tetrahydroisochinolin (**I**) mit Harnstoff (**II**) ergibt *2.4-Dioxo-9.10-dimethoxy-1.2.3.4.6.7-hexahydro-11bH-pyrimido-[4.3:a]-isochinolin* (**VII**), das mit $LiAlH_4$ zu *9.10-Dimethoxy-1.2.3.4.-6.7-hexahydro-11bH-pyrimido-[4.3:a]-isochinolin* (**III**) bzw. zu *1-Methylaminoäthyl-6.7-dimethoxy-1.2.3.4-tetrahydroisochinolin* (**IV**) red. wird. Reduktive Methylierung von **III** ergibt *1-[2-Dimethylaminoäthyl]-2-methyl-6.7-dimethoxy-1.2.3.4-tetrahydroisochinolin* (**VIII**), ident. mit der durch Rk. von **IV** mit Formaldehyd (**V**) u. Ameisensäure (**VI**) gebildeten Verbindung. Hydrolyse von **III** ergibt *1-[2-Aminoäthyl]-6.7-dimethoxy-1.2.3.4-tetrahydroisochinolin* (**X**), das mit **V** zu **III** reagiert. Das *N-Methyl-Deriv.* von **III** wird durch Rk. von **IV** mit **V** oder Vanillin neben *3-Methyl-4-[3-methoxy-4-hydroxyphenyl]-9.10-dimethoxy-1.2.3.4.6.7-hexahydro-11bH-pyrimido-[4.3:a]-isochinolin* (**IX**) erhalten; Hydrolyse dieser Verbb. ergibt wiederum **IV**. **III** wird im Gegensatz zu Imidazolin-Derivv. rasch acyliert u. tosyliert ohne Ringspaltung. Die physiolog. Wrkg. von **VII, III, IV, VIII, IX** u. des N-Methyl-Deriv. von **III** wird untersucht. IR- u. UV-Absorptionsmaxima vgl. Original.

Versuche: *9.10-Dimethoxy-1.2.3.4.6.7-hexahydro-11bH-2.4-dioxopyrimido-[4.3:a]-isochinolin* (**VII**), $C_{14}H_{16}N_2O_4$, F. 248° (Zers.), durch 10 Min. lange Rk. von **I** mit **II** bei 150°; aus Dioxan Nadeln; 95% (Ausbeute). — *9.10-Dimethoxy-1.2.3.4.6.7-hexahydro-11bH-pyrimido-[4.3:a]-isochinolin* (**III**), $C_{14}H_{20}N_2O_2$, F. 129—130°, durch Eintragen von **VII** in $LiAlH_4$/Dioxan bei 40° u. 1/4std. Rühren bei 60°; aus Bzl. Platten; 95%. *Hydrochlorid,* $C_{14}H_{20}N_2O_2 \cdot HCl$, F. 194°, durch 2std. Rk. von 1 g **X** in Methanol mit 35%ig. **V** bei 50°; 0,9 g. *Benzoyl-Deriv.,* $C_{21}H_{24}N_2O_3$, F. 110° (A./Hexan). *Benzolsulfonyl-Deriv.,* $C_{20}H_{24}N_2O_4S$, F. 149—150°; aus A. Blättchen. — *1-[2-Methylaminoäthyl]-6.7-dimethoxy-1.2.3.4-tetrahydroisochinolin* (**IV**), $Kp._{0,005}$ 165—170°, analog **III**, jedoch durch 15std. Erwärmen auf 80°; 90%. *Dihydrochlorid,* $C_{14}H_{22}N_2O_2 \cdot 2\,HCl$, F. 232—233°; aus 90%ig. A. Platten. *Bis-[benzolsulfonyl]-Deriv.,* $C_{26}H_{30}N_2O_6S_2$, F. 128°; aus A. Platten. — *1-[2-Dimethylaminoäthyl]-2-methyl-6.7-dimethoxy-1.2.3.4-tetrahydroisochinolin* (**VIII**), a) durch 5std. Erwärmen von **III** mit 35%ig. **V** u. 80%ig. **VI** auf dem Wasserbad; Sirup; 38%; b) durch Rk. von 1 g **III** in A. mit 35%ig. **V** u. Hydrieren an 10%ig. Pd-Kohle bei 40—50°/50 at; 0,9 g; c) analog a) aus 1 g **IV**, jedoch bei 100°; 0,8 g. *Dihydrochlorid,* $C_{16}H_{26}N_2O_2 \cdot 2\,HCl$, F. 234 bis 235°, analog **VIII** nach a) aus dem N-Methyl-Deriv. von **III**. — *1-[2-Aminoäthyl]-6.7-dimethoxy-1.2.3.4-tetrahydroisochinolin* (**X**), durch 1std. Hydrolyse von 2 g **III** mit 10%ig. HCl bei 100°; Sirup; 1,8 g. *Hydrochlorid,* F. 275° (Zers.). *Dipikrat,* $C_{13}H_{20}N_2O_2 \cdot 2\,C_6H_3N_3O_7$, F. 206—207° (Zers.; A./Aceton). — *3-Methyl-9.10-dimethoxy-1.2.3.4.6.7-hexahydro-11bH-pyrimido-[4.3:a]-isochinolin* (*N-Methyl-Deriv. von* **III**), durch 3std. Rk. von 1 g **IV**-Hydrochlorid in abs. A. mit Na-Acetat u. 35%ig. **V** bei 40—50°; Sirup; 0,8 g. *Hydrochlorid,* $C_{15}H_{22}N_2O_2 \cdot HCl$, F. 190°; aus A. Platten. — *3-Methyl-4-[3-methoxy-4-hydroxyphenyl]-9.10-dimethoxy-1.2.3.4.6.7-hexahydro-11bH-pyrimido-[4.3:a]-isochinolin* (**IX**), $C_{22}H_{28}N_2O_4$, F. 177°, durch Versetzen von 1 g **IV**-Hydrochlorid in A. mit Na-Acetat, Filtrieren des NaCl, Zugabe von Vanillin u. 2std. Erwärmen auf 50°; aus A./Essigester Säulen; 0,9 g. — *Vanillin,* F. 81°, durch 1std. Erhitzen von 0,5 g **IX** mit 10%ig. HCl auf 100°; 0,1 g. H.-J. Weigmann. 3272△

0904 **Synthesen in der Azabenzochinolizingruppe.** 4. Mitt. **Synthese von 9.10-Dimethoxy-1.2.3.4.6.7-hexahydro-11bH-pyrimido-[2.1:a]-isochinolinderivaten.** Takao Yamazaki. (J. pharmac. Soc. Japan [Yakugakuzasshi] **79**, 1014—18, 1959; jap., Auszug: engl.) — 3. vgl. vorst. Referat. — *N-[2-Cyanäthyl]-3.4-dimethoxyphenäthylamin* wird durch Rk. mit Chlorameisensäureäthylester (**I**), Hydrieren u. Ringschluß in *1-[3.4-Dimethoxyphenäthyl]-tetrahydropyrimidon-(2)* (**VII**) übergeführt, das mit P_2O_5 u. $POCl_3$ zu *9.10-Dimethoxy-1.2.3.4.-6.7-hexahydropyrimido-[2.1:a]-isochinoliniumchlorid* (**II**) cyclisiert wird. Durch Red. von **II** mit $LiAlH_4$ bzw. $NaBH_4$ werden das entsprechende *Pyrimido-[2.1:a]-isochinolin* (**III**) bzw. *10.11-Dimethoxy-1.2.3.4.5.6.7.8-oktahydrobenzo-2.6-diazecin* (**IV**) gebildet. Rk. von **III** mit HCl ergibt *2-[3-Aminopropyl]-6.7-dimethoxy-3.4-dihydroisochinoliniumchlorid* (**V**), das zu *2-[3-Aminopropyl]-6.7-dimethoxy-1.2.3.4-tetrahydroisochinolin* (**VI**) hydriert wird. Die physiolog. Wrkg. von **II, III, IV, V** u. **VI** wird untersucht. UV- u. IR-Maxima vgl. Original.

Versuche: *N-Cyanäthyl-3.4-dimethoxyphenäthylamin,* durch 5std. Rk. von 3.4-Dimethoxyphenäthylamin mit Acrylnitril bei 40—50°; Öl; 80% (Ausbeute). *Pikrat,* $C_{13}H_{18} \cdot N_2O_2 \cdot C_6H_3N_3O_7$, F. 198°; aus A. Platten. — *N-Äthoxycarbonyl-N-[2-cyanäthyl]-3.4-dimethoxyphenäthylamin,* $C_{16}H_{22}N_2O_4$, F. 69°, durch 70 Min. langes Rühren von vorst. Verb. in Bzl. mit **I** u. wss. Na_2CO_3-Lsg. bei 45—50°; aus Bzl./Ae. Platten; 97%. — *1-[3.4-Dimethoxyphenäthyl]-tetrahydropyrimidon-(2)* (**VII**), $Kp._{0,003}$ 170—175°, durch 3std. Hydrieren vorst. Verb. in Dioxan in Ggw. von Triäthylamin an Raney-Ni bei 120—130°/120 at; 92%. — *1-[3.4-Dimethoxyphenäthyl]-hexahydropyrimidin,* durch 5std. Red. vorst. Verb. in Dioxan mit $LiAlH_4$ bei 35—40°; Öl; 90%. *Hydrochlorid,* $C_{14}H_{22}N_2O_2 \cdot HCl$, F. 194°; aus A. Platten. *Pikrat,* $C_{14}H_{22}N_2O_2 \cdot C_6H_3N_3O_7$, F. 184—185° (A.). — *N-[3.4-Dimethoxyphenäthyl]-trimethylendiamin, Dihydrochlorid,* $C_{13}H_{22}N_2O_2 \cdot 2\,HCl$, F. 237° (Zers.), durch 1std. Erwärmen von vorst. Verb. mit 10%ig. HCl auf 100°; aus A. Platten; 95%. — *9.10-Dimethoxy-1.2.3.4.6.7-hexahydropyrimido-[2.1:a]-isochinoliniumchlorid* (**II**), F. 235—240°, durch 5std. Erhitzen von **VII** mit $POCl_3/P_2O_5$ auf 130° u. Zers. mit Eiswasser; Platten; 70% (Hydrat). *Hydrat,* $C_{14}H_{19} \cdot ClN_2O_2 \cdot H_2O$, F. 115—120°. *Pikrat,* $C_{14}H_{18}N_2O_2 \cdot C_6H_3N_3O_7$, F. 203—204° (A.). — *10.11-Dimethoxy-1.2.3.4.5.6.7.8-oktahydrobenzo-2.6-diazecin* (**IV**), $Kp._{0,003}$ 170—175°, durch Versetzen von **II** in Methanol mit NaOH, Zugabe von $NaBH_4$ unter Kühlen u. 1½std. Rk. bei 40°; 95%. *Dihydrochlorid,* $C_{14}H_{22}N_2O_2 \cdot 2\,HCl$, F. 240° (Zers.); aus 90%ig. A. Blättchen. *Benzolsulfonyl-Deriv.,* $C_{20}H_{26}N_2O_4S$, F. 95° (Bzl./Ae.) [*Hydrochlorid,* $C_{20}H_{26}N_2O_4S \cdot HCl$, F. 225° (A.)]. — *9.10-Dimethoxy-1.2.3.4.6.7-hexahydro-11bH-pyrimido-[2.1:a]-isochinolin* (**III**), $C_{14}H_{20}N_2O_2$, F. 91°, durch 10std. Red. von 1,8 g **II**-Hydrat in Dioxan mit $LiAlH_4$ bei 40—45°; aus Bzl./Ae. Säulen; 1,2 g. *Benzolsulfonyl-Deriv.,* $C_{20}H_{24}N_2O_4S$, F. 152°; aus A. Platten. — *2-[2-(3-Aminopropylamino)-äthyl]-4.5-dimethoxybenzaldehyd, 2.4-Dinitrophenylhydrazon,* $C_{20}H_{26}N_6O_6$, F. 165°, aus **III** durch

Rk. mit HCl u. mit 2.4-Dinitrophenylhydrazin; aus A. Nadeln. — *2-[3-Aminopropyl]-6.7-dimethoxy-3.4-dihydroisochinoliniumchlorid, Hydrochlorid, Hydrat* (**V**), $C_{14}H_{21}ClN_2O_2 \cdot HCl \cdot H_2O$, F. 188°, durch Rk. von 0,5 g **III** in A. mit HCl; aus 90%ig. A. Blättchen; 0,3 g. — *2-[3-Aminopropyl]-6.7-dimethoxy-1.2.3.4-tetrahydroisochinolin* (**VI**), durch Hydrieren von 0,3 g **V** in A. an PtO_2; 0,2 g. *Dihydrochlorid*, $C_{14}H_{22}N_2O_2 \cdot 2\,HCl$, F. 231° (A.). *Benzolsulfonyl-Deriv., Hydrochlorid*, $C_{20}H_{26}N_2O_4S \cdot HCl$, F. 223°. H. J. Weigmann. 3272△

0905 **Oxazin- und Pyrimidinderivate aus Enamiden.** Fritz Eiden und Bhupatiram S. Nagar. (Naturwissenschaften **50**, 403, 1963; Marburg/Lahn, Univ., Inst. für pharmazeut. Chem. u. Lebensmittelchem.; dt.) — Arylacetaldehyde geben mit Säureamiden *Enamide*, die zu *6-Oxo-1.3-oxazinen* cyclisiert werden u. durch Rk. mit NH_3 oder prim. Aminen *Pyrimidone-(4)* in guten Ausbeuten ergeben. UV-Spektren s. Original. — *α-Phenyl-β-benzamidoacrylsäuremethylester*, $C_{17}H_{15}NO_3$, F. 116° (A.), aus Phenylformylessigsäuremethylester u. Benzamid in Ggw. von Säure bei azeotroper Destillation. — *2.5-Diphenyl-6-oxo-1.3-oxazin*, $C_{16}H_{11}NO_2$, F. 160° (Bzl.), durch Erhitzen vorst. Verb. in Diphenyläther. — *2.5-Diphenylpyrimidon-(4)*, $C_{16}H_{12}N_2O$, F. 298° (Nitrobenzol), a) aus vorst. Verb. u. NH_3; b) durch Rk. von Phenylformylessigsäuremethylester mit Benzamidinhydrochlorid in alkal. Lösung. K. Lehmstedt. 3282◇

0906 **Synthese von Thiazan- und Thiadiazanderivaten von biologischem Interesse.** 2. Mitt. **3-Alkylderivate von 1.3-Thiazandion-(2.4).** Je. W. Wladsimirskaja. (J. allg. Chem. [UdSSR] **32** (**94**), 539—41, Febr. 1962; Lwow, Medizin. Inst.; russ.) — 1. vgl. C. **1962**, 18470. — Durch Kochen von Alkylsenfölen mit A. wurden *N-Alkyläthylthiocarbamate* erhalten. Diese lieferten bei der Kondens. mit β-Chlorpropionsäure (I) in Ggw. von Acetanhydrid *β-[N-Alkylcarbamylmercapto]-propionsäuren*, bei der Kondens. mit **I** bei höherer Temp. *3-Alkyl-1.3-thiazandione-(2.4)* (*Alkyl = Methyl, Äthyl, Allyl*).

Versuche: Äthylthiocarbamate: *N-Methyl-*, C_4H_9NOS, $Kp._{16}$ 130°, durch 44std. Kochen von 0,3 Mol Methylsenföl in 60 ml A.; 57,5% (Ausbeute). — *N-Äthyl-*, $C_5H_{11}NOS$, $Kp._{10}$ 93°, aus Äthylsenföl u. A. durch 35std. Kochen; 39,4%. — *N-Allyl-*, $C_6H_{11}NOS$, $Kp._{22}$ 126—130°, aus Allylsenföl u. A. durch 40std. Kochen; 70,7%. — β-[Carbamylmercapto]-propionsäuren: durch Erhitzen von je 0,06 Mol vorst. Verbb. u. **I** bis zum Einsetzen der Rk.: *N-Methyl-*, $C_5H_9NO_3S$, $Kp._8$ 78—80°; 82,7%. — *N-Äthyl-*, $C_6H_{11}NO_3S$, $Kp._8$ 91—93°; 70,5%. — *N-Allyl-*, $C_7H_{11}NO_3S$, $Kp._{11}$ 102—104°; 15,5%. — 1.3-Thiazandione-(2.4): durch 3std. Erhitzen von je 0,1 Mol **I** u. N-Alkyläthylthiocarbamat in 5 ml A. im Rohr auf 60—70°: *3-Methyl-*, $C_5H_7NO_2S$, $Kp._{0,8}$ 67—68°; 14,1%. — *3-Äthyl-*, $C_6H_9NO_2S$, $Kp._{0,8}$ 70°; 3,8%. — *3-Allyl-*, $C_7H_9NO_2S$, $Kp._{0,7}$ 82—87°; 27,4%. Helmut Schäfer. 3292△

0907 **Untersuchungen über Phenthiazinderivate.** 18. Mitt. **Neue Derivate des α-Oxo-4.10-trimethylenphenthiazins.** O. Hromatka, M. Knollmüller und F. Sauter. (Mh. Chem. **93**, 723—32, 1962; Wien, Univ., Inst. für physikal. Chem., Abt. für techn. Chem.; dt.) — 17. vgl. Mh. Chem. **91**, [1960], 682; 14. vgl. C. **1963**, 10862. — Durch Oxydation von β-Phenthiazinopropionsäure mit H_2O_2 wird das *9-Oxid* gebildet, das durch Erhitzen in konz. HCl u. anschließenden Ringschluß mit $ZnCl_2$ in Eisessig ein schwer trennbares Isomerengemisch (**G**) aus *2-* bzw. *7-Chlor-4.10-[α-oxotrimethylen]-phenthiazin* gibt. Um die Bldg. von **G** zu umgehen, ließen Vff. HCl auf α-Oxo-4.10-trimethylenphenthiazin-9-oxid (**I**) einwirken, wobei das Cl bevorzugt in eine der beiden möglichen Substitutionsstellen eintreten sollte. Bei dieser Rk. wird kein **G**, sondern *3-Oxo-3H-pyrido-[3.2.1:k.l]-phenthiazin* (**IV**) gebildet. Die Struktur von **I** wird durch Oxydation mit H_2O_2 zum *S.S-Dioxid*, durch Red. mit $LiAlH_4$ zu *4.10-[α-Hydroxytrimethylen]-phenthiazin* (**V**), durch Bldg. des *Oxims* u. dessen Red. zu dem bekannten *4.10-[α-Aminotrimethylen]-phenthiazin* bewiesen. Red. von **IV** gibt ebenfalls **V**, womit auch gleichzeitig die Struktur von **IV** festgelegt ist.

Versuche (FF. korr.): Phenthiazine: *10-[β-Carboxyäthyl]-, 9-Oxid*, $C_{15}H_{13}NO_3S$, F. 232—237° (Zers.; A.), durch ½std. Kochen von 25 g β-Phenthiazinopropionsäure in A. mit 75 ml 30%ig. H_2O_2; 24,7 g (Ausbeute). — *2-Chlor-10-[β-carboxyäthyl]-*, $C_{15}H_{12}ClNO_2S$, F. 130—134°, durch 3std. Stehen von 3 g vorst. Verb. in konz. HCl, 1std. Kochen, Zers. mit W., Extrahieren mit Ae., Reextrahieren mit NaOH, Ansäuern der alkal. Phase u. Extrahieren mit Ae.; aus Bzl./PAe. Nadeln; 2,5 g; daneben aus der äther. Phase *Verb. vom F. 213—218°* (Zers.) (Gemisch aus Mono- u. Dichlorphenthiazin 2 : 1?); aus Bzl./PAe. gelbliche Plättchen. — *2(u. 7)-Chlor-4.10-[α-oxotrimethylen]-*(**G**), $C_{15}H_{10}ClNOS$, FF. 95—150° u. 137—188° (A.), durch 2std. Kochen von 2 g vorst. Verb. mit $ZnCl_2$ in Eisessig/Essigsäureanhydrid, Verdünnen mit W. u. 2tägiges Stehen; orangerotes Pulver; 1,87 g. — *4.10-[α-Oxotrimethylen]-, 9-Oxid* (**I**), $C_{15}H_{11}NO_2S$, F. 204—206°, a) durch ½std. Zugabe von 100 ml 30%ig. H_2O_2 zur sd. Lsg. von 4.10-[α-Oxotrimethylen]-phenthiazin (**II**) in A., 1std. Kochen u. Eingießen in W.; aus A. blaßgelbe Nadeln bzw. Plättchen; 20,5 g; b) durch 1std. Zugabe von 2,2 g $NaNO_2$ in W. zu 6 g **II** in Eisessig bei Raum-Temp. unter Rühren, mehrstd. Stehen bei Raum-Temp. u. Einengen im Vakuum; 4,7 g. *9.9-Dioxid*, $C_{15}H_{11}NO_3S$, F. 203—204,5° (Kristallstrukturänderung bei ca. 185°; A.), analog **I** nach a) aus **I** in 5 Min. ohne anschließendes Kochen. — *4.10-[α-Hydroxytrimethylen]-* (**V**), F. 124,5—126°, a) durch 6std. Kochen von 2,4 g **I** mit $LiAlH_4$ in Dioxan, Zers. mit NaOH u. Verdünnen mit W.; aus Methanol gelbe Nadeln; 0,5 g; b) durch Red. von α-Oxo-4.10-trimethylenphenthiazin (**II**). — *4.10-[α-Hydroximinotrimethylen]-, 9-Oxidäthanolsolvat* (**III**), $C_{15}H_{12}N_2O_2S \cdot C_2H_5OH$, F. 265 bis 270° (Zers.; Abgabe von A. bei 105°), durch 2std. Kochen von 4,5 g **I** in A. mit Hydroxylaminhydrochlorid u. Pyridin; 4,9 g. *9-Oxid*, F. 276—278° (Zers.), durch 4std. Erhitzen des Äthanolsolvats über P_2O_5 im Ölpumpenvakuum auf 110°. — *4.10-[α-Aminotrimethylen]-*, $C_{15}H_{14}N_2S$, F. 121—123°, a) durch Versetzen von 4 g vorst. alkoholfreier Verb. in A. mit 250 g 2,5%ig. Na-Amalgam, 2std. Schütteln unter portionsweiser Zugabe von Eisessig u. Erwärmen auf 80°, Einengen, Verdünnen mit W. u. Fällen mit 20%ig. NaOH; 3,3 g; b) durch Red. von 4.10-[α-Hydroximinotrimethylen]-phenthiazin. — *3-Oxo-3H-pyrido-[3.2.1:k.l]-* (**IV**), $C_{15}H_9NOS$, F. 207—209°, a) durch 2std. Kochen von 10 g **I** mit 30 ml konz. HCl; aus A. u. Hochvakuumsublimation gelbe Plättchen; 7,8 g; b) durch 7std. Erhitzen von **I** in Eisessig auf dem Wasserbad; aus Methanol orangegelbe Kristalle; c) durch 3std. Erhitzen von 1,1 g **III** in A. mit konz. HCl u. Ausfällen mit W.; 0,6 g; 2,5 g geben durch 1std. Kochen mit $LiAlH_4$ in Dioxan 1,1 g **V**. *Hydrochlorid*, $C_{15}H_9NOS \cdot HCl$, F. 209—210° (HCl-Abspaltung >140°), durch Einleiten von trocknem HCl in eine äthanol. Lsg. von **IV**; gelbe Kristallplättchen. *Pikrat*, $C_{15}H_9NOS \cdot C_6H_3N_3O_7$, F. 198—200° (bei 160° Tröpfchen-Bldg.); orangegelbe Nadeln. *Oxim*, $C_{15}H_{10}N_2OS$, F. 225—237° (Kristallumwandlung bei 190°), durch 23std. Kochen von 1 g **IV** mit Hydroxylaminhydrochlorid in Pyridin; aus A. Nadeln; 0,85 g (*Pikrat*, $C_{15}H_{10}N_2OS \cdot C_6H_3N_3O_7$, F. 218—221°; aus A. gelbe Nadeln). *S-Oxid*, $C_{15}H_9NO_2S$, F. 240—241°, durch 5std. Kochen von 4 g **IV** in A. mit 50%ig. H_2O_2, erneute Zugabe von H_2O_2 u. 5std. Kochen; hellgelbe Plättchen; 3,7 g. M. Mirsch. 3292◇

0907a **Chemie der 1.2.4-Triazine.** 1. Mitt. **Alkylierungsreaktionen von 3-Mercapto-5-hydroxy-1.2.4-triazinderivaten.** Chun Li, Li-Ho Chang, Chen-Huan Tung und Hsiu Wang. (Acta chim. sinica **28**, 167—72, 1962; Peking, Med. Coll., Dep. of Pharm.; chin., Auszug: engl.) — 3-Mercapto-5-hydroxy- (**I**) u. 3-Mercapto-5-hydroxy-6-methyl-1.2.4-triazin (**IV**) werden mit CH_3J, C_2H_5J bzw. Benzylchlorid in NaOH-Lsg. in *3-Methylmercapto-*, *3-Äthylmercapto-* bzw. *3-Benzylmercapto-Derivv.* übergeführt, die zur Strukturaufklärung zu *3.5-Dihydroxy-Derivv.* sauer verseift werden. **IV** u. *3-Benzylmercapto-5-hydroxy-6-methyl-1.2.4-triazin* können in besserer Ausbeute direkt aus S-Alkylisothiosemicarbaziden u. den entsprechenden Ketosäuren dargestellt werden.

Versuche: 5-Hydroxy-1.2.4-triazine: *3-Mercapto* (**I**), F. 250—252°. — *3-Methylmercapto-* (**II**), $C_4H_5N_3OS$, F. 218—220°, durch Rk. von **I** mit CH_3J in NaOH; 62,9% (Ausbeute). — *3-Hydroxy-* (**III**), F. 280—282°, durch Verseifen von **II** in saurer Lsg. (Meth. **A**); 86%. — *3-Äthylmercapto-*, $C_5H_7N_3OS$, F. 132—133°, analog **II** aus **I** u. C_2H_5J; 51%; gibt nach **A** 80% **III**. — *3-Benzylmercapto-*, $C_{10}H_9N_3OS$, F. 175°, analog **II** aus **I** u. Benzylchlorid; 72%; gibt nach **A** 85% **III**. — *3-Mercapto-6-methyl-* (**IV**), F. 218—219°. — *3-Methylmercapto-6-methyl-* (**VI**), F. 222—223°. — *3-Hydroxy-6-methyl-* (**V**), F. 210—211°, nach **A** aus **VI**; 52%. — *3-Äthylmercapto-6-methyl-*, $C_6H_9N_3OS$, F. 162—164°, aus **IV** u. C_2H_5J analog **II**; ca. 50—60%; gibt nach **A** 67,5% **V**. — *3-Benzylmercapto-6-methyl-*, $C_{11}H_{11}N_3OS$, F. 185—186°, aus **IV** u. Benzylchlorid analog **II**; 73,5%; gibt nach **A** 70% **V**. H. Henze. 3313◇

0908 **Darstellung von Oxoglykosiden. Über katalytische Oxydationen.** 17. Mitt. K. Heyns und J. Lenz. (Angew. Chem. **73**, 299, 7/5. 1961; Hamburg, Univ., Chem. Staatsinst., Inst. für organ. Chem.; dt.) — 16. vgl. C. **1963**, 13552. — Durch katalyt. Oxydation mit Sauerstoff in Ggw. von Pt bzw. Luft in wss. Lsg. werden bei Cycliten nur die axialen OH-Gruppen oxydiert. Dies zeigt sich auch beim Heteroring von Pyranosiden der Hexosen u. Pentosen, bei denen die Sauerstoffunktionen am C-Atom 1 u. 6 bzw. 5 nicht angreifbar sind. Aus Benzyl-D-arabopyranosid entsteht *Benzyl-β-D-4-oxo-arabopyranosid* [F. 80°; $[\alpha]_D^{20}$ −145° (c = 1; W.)]. Im Gegensatz dazu ist das D-Xylopyranosid, das keine axialen OH-Gruppen trägt, sehr schwierig oxydierbar. Die Oxydations-Prodd. der Methylglykoside sind sirupartig u. teilweise zersetzlich. E. Anton. 3400□

0909 **Synthesen verzweigter Zucker.** J. S. Burton, W. G. Overend und N. R. Williams. (Chem. and Ind. **1961**, 175—76; London, Birkbeck Coll., Chem. Dep.; engl.) — *Methyl-3.4-O-isopropyliden-2-oxo-β-L-erythro-pentosid* {**I**, F. 99°; $[\alpha]_D^{20}$ +166° (c = 0,8; A.); 30—40% (Ausbeute)} wird durch Oxydation von Methyl-3.4-O-isopropyliden-β-L-arabinosid mit CrO_3 in Pyridin dargestellt. Durch Umsetzung von **I** mit Grignard-Verbb. entstehen folgende, am $C_{(2)}$ verzweigte Methyl-3.4-O-isopropyliden-β-L-pentoside (**M**): *2-C-Methyl-* {**V**, Kp.$_{0,1}$ 70°; $[\alpha]_D$ +116° (c = 0,9; A.)}, *2-C-Äthyl-* {Kp.$_{0,04}$ 90°; $[\alpha]_D$ +85° (c = 1,0; A.)}, *2-C-Phenyl-* {Kp.$_{10^{-3}}$ 115°; $[\alpha]_D$ +169° (c = 1,0; A.)}, *2-C-Äthenyl-* {**II**, Kp.$_{0,08}$ 72°; $[\alpha]_D$ +138° (c = 2,5; Methanol)}, *2-C-Propen-(2)-yl-* {Kp.$_{0,04}$ 64 bis 66°; $[\alpha]_D$ +86° (c = 1,06; Chlf.)}, *2-C-[β-Phenyläthenyl]-* (Kp.$_{0,25}$ 138—141°), *2-C-Pentin-(1)-yl-* {Kp.$_{0,01}$ 99—100°; $[\alpha]_D$ +80,5° (c = 1,4; Methanol)} u. *2-C-Phenylacetylenyl-* {F. 97—98°, Kp.$_{0,09}$ 132—135°; $[\alpha]_D$ +100,5° (c = 0,61; A.)}. Durch Abspalten der Isopropylidengruppe der **M** entstehen folgende, am $C_{(2)}$ verzweigte Methylpentoside: *2-C-Methyl-* {F. 100°; $[\alpha]_D$ +140° (c = 1,9; A.)}, *2-C-Phenyl-* {F. 141 bis 142°; $[\alpha]_D$ +168° (c = 1,9; A.)}, *2-C-Propen-(2)-yl-* {F. 81—82°; $[\alpha]_D$ +94,5° (c = 0,55; W.)}, *2-C-[β-Phenyläthenyl]-* {**III**, F. 150—151°; $[\alpha]_D$ +150,3° (c = 0,83; A.)} u. *2-C-Phenylacetylenyl-* {F. 122—123°; $[\alpha]_D$ +40,1° (c = 0,62; A.)}. Durch Ozonolyse von **II** wird *Methyl-2-C-formyl-3.4-O-isopropyliden-β-L-pentosid* (Kp.$_{0,05}$ 72°) u. von **III** *Methyl-2-C-formyl-β-L-pentopyranosid* {**IV**, F. 152—153°; $[\alpha]_D^{25}$ +124° (c = 0,58; Methanol); 54%} erhalten. **IV** gibt mit methanol. HCl ein *Mono-O-methyl-Deriv.* {F. 214°; $[\alpha]_D^{23}$ +105,9° (c = 0,17; A.)}. Außerdem bildet **IV** ein *N-Phenylglykosylamin* {F. 163—164° (Zers.); $[\alpha]_D^{22,5}$ −32° (c = 0,63; A.)}. Durch Red. von **IV** an PtO_2 wird *Methyl-2-C-hydroxymethyl-β-L-arabino-pentopyranosid* {F. 122—123°; $[\alpha]_D^{24}$ +128,5° (c = 0,67; Methanol); 75%} dargestellt. Tosylierung des **V**-Na-Salzes u. Rk. mit $LiAlH_4$ liefert *Methyl-2-desoxy-3.4-O-isopropyliden-2-C-methyl-β-L-pentosid* (Kp.$_{0,1}$ 38 bis 40°). E. Schraven. 3400◇

0910 **Bildung eines cyclischen Phosphats der Glucose mit sieben Ringgliedern.** Patricia Szabó und Ladislas Szabó. (C. R. hebd. Séances Acad. Sci. **249**, 1243—45, 5/10. 1959; Villejuif, Centre de Rech. de Physiol. et Biochim. cellulaires, Labor. de Chim. organ.; franz.) — 1.2-O-Isopropyliden-6-benzylglucofuranose reagiert mit Phosphorsäuredichloridmonophenylester (**I**) in abs. Pyridin unter Bldg. von *1.2-O-Isopropyliden-6-benzylglucofuranose-3.5-phenylphosphat*, aus dem der Phenylrest mit Hilfe von Alkali entfernt wird, so daß man *1.2-O-Isopropyliden-6-benzylglucofuranose-3.5-phosphat* erhält, welches als *Cyclohexylammoniumsalz* [$C_{22}H_{34}NO_8P$, F. 185 bis 200° (Zers.)] isoliert wird. Durch Abspaltung der Benzylgruppe mit H_2 an Pd gelangt man zum *1.2-O-Isopropylidenglucofuranose-3.5-phosphat* (**VI**), das als *Cyclohexylammoniumsalz* [$C_{15}H_{28}NO_8P$, F. 180—190° (Zers.)] anfällt. Ausgehend vom 1.2-O-Isopropylidenglucofuranose-5-nitrat gewinnt man mit **I** *1.2-O-Isopropylidenglucofuranose-5-nitrat-3.6-phenylphosphat* (**II**). **II** liefert bei der Hydrogenolyse *1.2-O-Isopropylidenglucofuranose-3.6-phosphat* (**III**), das man als *Ammoniumsalz* [$C_9H_{18}NO_8P$, F. 160—170° (Zers.)] isoliert. **III** entsteht aus **II** auch in der Weise, daß man aus **II** in erster Stufe den Phenylrest durch Alkali abspaltet u. das gewonnene *1.2-O-Isopropylidenglucofuranose-5-nitrat-3.6-phosphat* in Form seines *Cyclohexylammoniumsalzes* [$C_{15}H_{27}N_2O_{10}P$, F. 197—205° (Zers.)] der katalyt. Hydrierung unterwirft, wobei **III** als *Cyclohexylammoniumsalz* ($C_{15}H_{28}NO_8P$) erhalten wird. Bei der Rk. von 1.2-O-Isopropyliden-3.6-di-O-acetylglucofuranose mit Phosphorsäuremonochloriddiphenylester entsteht *1.2-O-Isopropyliden-3.6-di-O-acetylglucofuranose-5-diphenylphosphat* ($C_{25}H_{29}O_{11}P$, F. 94—95°), aus dem die beiden Phenylreste durch Hydrierung an PtO_2 u. die Acetylreste durch methanol. NH_3 entfernt werden, so daß man *1.2-O-Isopropylidenglucofuranose-5-phosphat* (**IV**) (*Dicyclohexylammoniumsalz*, $C_{21}H_{13}\cdot N_2O_9P$) gewinnt. **IV** liefert bei der Cyclisierung mit Dicyclohexylcarbodiimid (**V**) in Pyridin *1.2-O-Isopropylidenglucofuranose-5.6-phosphat*, das auch aus 1.2-O-Isopropylidenglucofuranose-6-phosphat u. **V** zugänglich ist. Aus 1.2-O-Isopropylidenglucofuranose-3-phosphat u. **V** erhält man zunächst **VI**, bei längerer Rk.-Dauer u. **V** im Überschuß dagegen **III**. **III** entsteht auch durch Rk. von **VI** mit **V**. A. Kumm. 3400□

0911 **Reaktion von Ammoniak mit einigen acetylierten und benzoylierten Monosacchariden.** 7. Mitt. **Die Wanderung verschiedener Benzoylgruppen in der Ammonolyse von Penta-O-benzoyl-D-glucosen.** Eduardo G. Gros, Miguel A. Ondetti, Jorge O. Sproviero, Venancio Deulofeu und Jorge O. Deferrari. (J. org. Chemistry **27**, 924—29, 1962; Martinez, Buenos Aires, Argentina; engl.) — 6. vgl. C. **1963**, 10471. — Durch Ammonolyse verschiedener Poly-O-benzoyl-D-glucosen (**VII**) wird *1.1-Bis-[benzamido]-1-desoxysorbit* (**I**) erhalten, dessen Ausbeuten von der Struktur der **VII** u. der Zahl u. Stellung der Benzoylgruppen (**VIII**) abhängig ist. Die Bldg. von **I** erfolgt durch intramol. Wanderung der **VIII** an die an den $C_{(1)}$-Atomen der **VII** haftenden Aminogruppen. Der intramol. Rk.-Mechanismus wird dadurch bewiesen, daß durch Behandlung von Penta-O-benzoyl-D-glucose mit einer Lsg. von $^{14}C_{(CO)}$-Benzamid in methanol. NH_3 keine $^{14}C_{(CO)}$-markierte Verb., sondern **I** entsteht. Es kann jedoch nicht entschieden werden, ob die Wanderung der **VIII** direkt von den C-Atomen, an denen sie sich befinden, zu den N-Atomen erfolgt oder ob intermediär eine Veresterung mit anderen OH-Gruppen eintritt. Durch Ammonolyse von verschiedenen $^{14}C_{(CO)}$-markierten 1.2.3.4.6-Penta-O-benzoyl-D-glucosen bzw. 2.3.4.6-Tetra-O-benzoyl-D-glucosen (durchschnittliche Ausbeute an $^{14}C_{(CO)}$-markiertem **I** 21 bzw. 25,2%) wird der Beitrag jeder **VIII** zur O → N-Wanderung bestimmt. Der Anteil der an den einzelnen C-Atomen haftenden Benzoyloxygruppen (**IX**) nimmt in der Reihenfolge $C_3 \sim C_4 > C_6 > C_2 > C_1 = 0$ ab. Der niedrige Beitrag der mit den C_6- u. C_2-Atomen verbundenen **IX** zur Bldg. von **I** kann auf ihre Rk.-Trägheit u. auf den Einfl. kinet. Faktoren zurückgeführt werden. Diese Unterss. erklären, daß 1.2.3.6-Tetra-O-benzoyl-D-glucose **I** nur in Spuren bildet u. 1.2.3-Tri-O-benzoyl-D-glucose (**III**) u. 2.6-Di-O-benzoyl-D-glucose kein **I** liefern.

Versuche: *1.1-Bis-[benzamido]-1-desoxy-D-sorbit* (**I**), a) durch Ammonolyse von 1 g 3.4.5.6-Tetra-O-benzoyl-D-glucoaldose in methanol. Ammoniak (16 Vol.-% NH_3), Isolieren von **I** nach der Meth. von Deulofeu u. Deferrari (C. **1953**, 5338); 78% (Ausbeute); b) analog a) aus 2.3.4.5.6-Penta-O-benzoyl-D-glucoaldose; 42%; c) aus 2.3.5.6-Tetra-O-benzoyl-D-glucofuranose; 62%; d) aus 1.2.3.5.6-Penta-O-benzoyl-D-glucofuranose; 53%; e) aus 3.5.6-Tri-O-benzoyl-D-glucofuranose; 16%; f) aus 1-O-Acetyltetra-O-benzoyl-D-glucopyranose; 32%; g) aus 2.3.4.6-Tetra-O-benzoyl-D-glucopyranose; 28%; h) aus 1.2.3.4.6-Penta-O-benzoyl-D-glucopyranose; 21%; i) durch 2½std. Schütteln von 7,1 mMol 1.2.3.4.6-Penta-O-benzoyl-D-glucopyranose mit einer Lsg. von 28,4 mMol $^{14}C_{(CO)}$-Benzamid in methanol. NH_3, 14std. Stehen, Einengen im Vakuum bei 50° u. 4maliges Kristallisieren aus Äthanol. — *$^{14}C_{(CO)}$-Benzamid*, F. 128 bis 129°, nach Vogel (Text-Book of Practical Organic Chemistry [London], S. 797) aus $^{14}C_{(CO)}$-Benzoylchlorid [6218 ± 26 (Zählungen·min^{-1}·mMol^{-1})]; 6206 ± 27; 85%. — *1.2.3.4.6-Penta-kis-O-[$^{14}C_{(CO)}$-benzoyl]-β-D-glucopyranose*, F. 156—157°, $[\alpha]_D^{25}$ + 24,2°, durch Benzoylierung von D-Glucose nach Ness u. Mitarbeitern (J. Amer. chem. Soc. **72**, [1950], 2202). — Analog: *1-O-$^{14}C_{(CO)}$-Benzoyl-2.3.4.6-tetra-O-benzoyl-D-glucopyranose*, F. 156—158°, $[\alpha]_D^{25}$ +27,3°, aus 2.3.4.6-Tetra-O-benzoyl-D-glucose. — *4-O-$^{14}C_{(CO)}$-Benzoyl-1.2.3.6-tetra-O-benzoyl-D-glucopyranose* (**IV**), F. 155—157°, $[\alpha]_D^{25}$ + 26,2°, aus 1.2.3.6-Tetra-O-benzoyl-D-glucose. — *6-O-$^{14}C_{(CO)}$-Benzoyl-1.2.3-tri-O-benzoyl-D-glucose* (**II**), F. 153—154°, $[\alpha]_D^{25}$ +27,0°, aus 1.2.3-Tri-O-benzoyl-D-glucose (**III**). — *6-O-$^{14}C_{(CO)}$-Benzoyl-1.2.3.4-tetra-O-benzoyl-β-D-glucopyranose* (**V**), F. 156—157°, $[\alpha]_D^{25}$ + 23,5°, aus **II**. — *4.6-Di-O-[$^{14}C_{(CO)}$-benzoyl]-1.2.3-tri-O-benzoyl-D-glucopyranose* (**VI**), F. 158—159°, $[\alpha]_D^{25}$ +28,7°, aus **III**. — *1.2.3-Tri-O-[$^{14}C_{(CO)}$-benzoyl]-4.6-di-O-benzoyl-β-D-glucopyranose*, F. 155—157°, $[\alpha]_D^{25}$ + 24,0°, aus 1.2.3-Tri-

O-[$^{14}C_{(CO)}$-benzoyl]-D-glucose. — *1.3.4-Tri-O-[$^{14}C_{(CO)}$-benzoyl]-2.6-di-O-benzoyl-D-glucopyranose*, F. 175—177°, $[\alpha]_D^{25}$ +107,5°, aus 2.6-Di-O-benzoyl-D-glucose. — *4-O-$^{14}C_{(CO)}$-Benzoyl-2.3.6-tri-O-benzoyl-D-glucose*, F. 125—127° [Bzl.-PAe. (Kp. 40—60°)], $[\alpha]_D^{25}$ +42,8°, aus **IV** über das 4-O-$^{14}C_{(CO)}$-Benzoyl-2.3.6-tri-O-benzoyl-D-glucosylbromid nach Fischer u. Noth [1918].— Analog: *6-O-$^{14}C_{(CO)}$-Benzoyl-2.3.4-tri-O-benzoyl-D-glucose*, F. 124—126°, $[\alpha]_D^{25}$ +45,4°, aus **V**. — *4.6-Di-O-[$^{14}C_{(CO)}$-benzoyl]-2.3-di-O-benzoyl-D-glucose*, F. 129—131°, $[\alpha]_D^{25}$ +44,5°, aus **VI**. — *2.3-Di-O-[$^{14}C_{(CO)}$-benzoyl]-4.6-di-O-benzoyl-D-glucose*, F. 127—129°, $[\alpha]_D^{25}$ +48,5°, aus 2.3-Di-O-[$^{14}C_{(CO)}$-benzoyl]-1.4.6-tri-O-benzoyl-D-glucose. — *3.4-Di-O-[$^{14}C_{(CO)}$-benzoyl]-2.6-di-O-benzoyl-D-glucose*, F. 120—121°, $[\alpha]_D^{25}$ +43,8°, aus 3.4-Di-O-[$^{14}C_{(CO)}$-benzoyl]-1.2.6-tri-O-benzoyl-D-glucose. — *2.3.4.6-Tetra-O-benzoyl-D-glucose*, F. 126—129°, $[\alpha]_D^{25}$ +44,2°, aus 1.2.3.4.6-Penta-O-benzoyl-β-D-glucose. S. Hiller. 340◇

0912 **Untersuchungen der Alkaloide aus Thalictrum thunbergii DC.** 3. Mitt. **Über die Struktur von Takatonin, einer quaternären Base aus „Takato-gusa".** Ei-ichi Fujita und Toshiaki Tomimatsu. (J. pharmac. Soc. Japan [Yakugakuzasshi] **79**, 1082—86, 1959; Tokushima, Univ., Pharmac. Fac.; jap., Auszug: engl.) — 2. vgl. C. **1962**, 11978. — Aus „Takato-gusa" (**IV**), den getrockneten Blättern u. Stielen von *Thalictrum minus*, wird eine neue quatern. Base, *Takatonin*, als *Jodid* (**I**) isoliert. **I** wird durch Zn/Essigsäure zu *1.2.3.4-Tetrahydrotakatonin* (**II**) red., das durch Rk. mit $KMnO_4$ *Anissäure* (**III**) ergibt. Durch Hofmannschen Abbau (**H**) von **II**-Methojodid u. Oxydation des gebildeten *Methins* mit $KMnO_4$ werden **III** u. *2-[2-Dimethylaminoäthyl]-4.5.6-trimethoxybenzoesäure* gebildet. Diese Verb. wird durch erneuten **H** u. nachfolgende Oxydation mit $KMnO_4$ in *3.4.5-Trimethoxyphthalsäureanhydrid* übergeführt. Durch Vgl. der IR-Spektren u. der RF-Werte ergibt sich Identität von **II** mit synthet. dl-O-Methylcorpaverin (dl-1-[4-Methoxybenzyl]-2-methyl-6.7.8-trimethoxy-1.2.3.4-tetrahydroisochinolin). Das UV-Spektrum von **I** ähnelt dem von Papaverinjodid, unterscheidet sich jedoch von dem des 1.2-Dehydrolaudanosinjodids. Für **I** wird daher die Struktur eines *1-[4-Methoxybenzyl]-6.7.8-trimethoxyisochinolinmethojodids* vorgeschlagen.

Versuche: *Takatoninjodid* (**I**), $C_{21}H_{24}JNO_4$, F. 192 bis 193°, durch Extrahieren von 9,57 kg **IV** mit Methanol, Eindampfen, Extrahieren mit 5%ig. Essigsäure bei 60°, Waschen mit Ae., Alkalisieren mit NH_4OH, Waschen mit Ae., Ansäuern mit verd. HCl, Zugabe von NH_4-Reineckat, Zers. mit Ag_2SO_4, Überführen in das *Chlorid* mit $BaCl_2$, dann mit KJ in das Jodid; $[\alpha]_{D5461Å}^{22}$ ±0° (c = 2,194; Methanol); aus Methanol Blättchen; 1,55 g (Ausbeute). — *1.2.3.4-Tetrahydrotakatonin* (**II**), durch 10std. Rk. von 1,51 g **I** mit Zn u. 50%ig. Essigsäure bei 110°; 1,2 g. *Hydrochlorid*, $C_{21}H_{28}ClNO_4$, F. 186—187°; $[\alpha]_D^{13}$ ±0° (c = 0,356; Methanol); aus A./PAe. Nadeln. *Hydrobromid*, $C_{21}H_{28}BrNO_4$, F. 184—185°; aus A. Nadeln. *Pikrat*, $C_{27}H_{30}N_4O_{11}$, F. 141,5—143° (Aceton/Ae.). *Methojodid*, $C_{22}H_{30}JNO_4$, F. 180—181°, durch 3std. Kochen von 0,6 g **II** mit Methyljodid/Methanol; aus Methanol Nadeln; 0,75 g. — *β-[4-Methoxyphenyl]-2.3.4-trimethoxy-6-[2-dimethylaminoäthyl]-styrol*, durch 2½std. Erhitzen von 0,73 g vorst. Methojodids mit KOH auf 100°; Öl; 0,45 g. *Hydrobromid*, $C_{22}H_{30}$·$BrNO_4$, F. 166—167°; aus Methanol Nadeln; $[\alpha]_D^{12,5}$ ± 0° (c = 0,271; Methanol). — *2.3.4-Trimethoxy-6-vinylbenzoesäure*, F. 70—75°, durch 2std. Rk. von 0,41 g vorst. Methins in Aceton mit $KMnO_4$/0,5%ig. H_2SO_4 bei 0—1° u. **H**; 0,09 g; daneben 0,13 g *Anissäure* (**III**; $C_8H_8O_3$, F. 180—182°). — *3.4.5-Trimethoxyphthalsäureanhydrid*, F. 147°, durch 2std. Oxydation vorst. Verb. in Aceton mit 2%ig. $KMnO_4$-Lsg. u. Sublimieren der *3.4.5-Trimethoxyphthalsäure* (F. 143—145°) im Vakuum. H.-J. Weigmann. 350△

0913 **Untersuchungen über die Alkaloide von Menispermaceen.** 175. Mitt. **Alkaloide aus Cocculus laurifolius DC.** 15. Mitt. **Synthese von DL-7-Methylcoclaurin.** Hideo Yamaguchi und Kin-ichi Nakano. (J. pharmac. Soc. Japan [Yakugakuzasshi] **79**, 1106—07, 1959; Kyoto, Univ., Med. Fac., Pharmac. Inst.; jap., Auszug: engl.) — 174. vgl. J. pharmac. Soc. Japan [Yakugakuzasshi] **79**, [1959], 977; 14. vgl. J. pharmac. Soc. Japan [Yakugakuzasshi] **78**, [1958], 733. — Vff. beschreiben eine Synth. für *DL-7-Methylcoclaurin*.

Versuche: *DL-1-[4-Benzyloxybenzyl]-6.7-dimethoxy-1.2.3.4-tetrahydroisochinolin*, *Oxalat*, $C_{27}H_{29}NO_7$, F. 192—194°, durch 3½std. Rk. von 0,42 g 1-[4-Benzyloxybenzyl]-6.7-dimethoxy-3.4-dihydroisochinolinhydrochlorid mit Zn/50%ig. Essigsäure u. Rk. des *Öls* mit Oxalsäure; aus Methanol Körner; 0,35 g (Ausbeute). — *DL-7-Methylcoclaurin*, $C_{18}H_{21}NO_3$, F. 95—96° (Aceton), durch 1std. Rk. vorst. Verb. in A. mit 36%ig. HCl. *Oxalat*, $C_{20}H_{23}NO_7$, F. 205—207°; Nadeln. — *1-[4-Benzyloxybenzyl]-6-methoxy-7-benzyloxy-3.4-dihydroisochinolinhydrochlorid*, $C_{31}H_{30}ClNO_3$, F. 197° (Aceton). — *DL-4'.7-Dibenzylcoclaurin*, $C_{31}H_{31}NO_3$, F. 90—91°, analog drittvorst. Verb. durch Red. vorst. Verbindung. *Oxalat*, F. 219 bis 220°. H.-J. Weigmann. 3500△

0914 **Die Alkaloide von Gyrocarpus jacquini Roxb.** L. Ramachandra Row und A. S. R. Anjaneyulu. (J. sci. ind. Res. [New Delhi], Sect. B **21**, 581—82, 1962; Waltair, Andhra Univ., Dep. of Chem.; engl.) — Aus dem heißen äthanol. Extrakt der Rinde von *Gyrocarpus jacquini Roxb.* werden *L-Phäanthin* (**I**), *L-Pyknamin* (**II**) u. *D-Magnocurarin* erhalten. Dagegen kann aus den Blättern nur **I** u. **II** isoliert werden.

Versuche: *Pyknamin* (**II**), *Dihydrat*, $C_{37}H_{40}N_2O_6 \cdot 2H_2O$, F. 185—187° (A. bzw. Bzl.), durch Extraktion von 2 kg der gepulverten Rinde mit sd. A., Abdampfen des A. im Vakuum, Rühren mit 4%ig. H_2SO_4, Alkalisieren mit NH_3, Extrahieren mit Chlf., Abdampfen des Chlf. u. fraktionierte Kristallisation; durchscheinende Platten; 4 g (Ausbeute); b) durch Extrahieren der Blätter; 0,01%. *Dipikrat*, *Dihydrat*, $C_{37}H_{40}N_2O_6 \cdot (C_6H_3 \cdot N_3O_7)_2 \cdot 2H_2O$, F. 218—220° (A.), hellgelb. *Dimethojodid*, *Hexahydrat*, $C_{37}H_{40}N_2O_6 \cdot (CH_3J)_2 \cdot 6H_2O$, F. 248—250° (W.), farblose, kleinste Prismen. (*O-Methyl-Deriv.*, *Tetrahydrat* (**III**), $C_{40}H_{48}J_2N_2O_6 \cdot 4H_2O$, F. 258—260° (W.; Sinterung bei 250°), durch 30std. Erwärmen von 1 g **II**, CH_3J u. Na-Acetat in abs. Methanol, Abdampfen des Lsgm. im Vakuum, Lösen in heißem W., Kochen mit Cu-Pulver u. Filtrieren; transparente Prismen; 0,95 g.) *O-Äthyl-Deriv.*, *Diäthojodidtetrahydrat*, $C_{39} \cdot H_{44}N_2O_6 \cdot (C_2H_5J)_2 \cdot 4H_2O$, F. 236—238°, analog **III** mit C_2H_5J; transparente Platten. — *Phäanthin* (**I**) (*O-Methylpyknamin*), $C_{38}H_{42}N_2O_6$, F. 213—216° (Aceton), a) neben **II**; 6 g; b) aus **II** u. Diazomethan in abs. A.; farblose Nadeln; c) durch Extrahieren der Blätter; 0,02%. *Pikrat*, F. 252—254° (Zers., A.), hellgelb. — *D-Magnocurarin*, $C_{19}H_{25}NO_4 \cdot H_2O$, F. 198—200° (Zers.; wss. A.), Isolierung als Pikrat aus den alkal. Mutterlaugen von **I** u. **II** durch Schütteln mit 10%ig. HCl u. Chlf., Abdampfen der Lsgm. u. Zugabe von methanol. KOH; Prismen. *Pikrat*, F. 173—176° (A.), lange gelbe Nadeln; 10 g. H. Henze. 3500◇

0915 **Konstitution von Chonemorphin und Synthese von Desaminooxychonemorphin.** A. Chatterjee und B. Das. (Chem. and Ind. **1960**, 1247—48; Calcutta, India, Univ. Coll. of Sci., Dep. of Chem.; engl.) — *Chonemorphin* (**I**) hat als gesätt. Verb. die Summenformel $C_{23}H_{42}N_2$, weil keine katalyt. Hydrierung u. keine Rk. mit OsO_4 möglich ist u. kein NMR-Signal für olefin. Protonen erhalten wird. HNO_2 führt **I** in *Desaminooxychonemorphin* (**II**) über, dessen Konfiguration durch Synth. aus 3β-Hydroxy-20α-amino-Δ^5-pregnen über *3β-Hydroxy-20α-dimethylamino-Δ^5-pregnen* zu *3β-Hydroxy-20α-dimethylamino-5α-pregnan* bewiesen wird, das mit **II** ident. ist. **I** ist danach als *3β-Amino-20α-dimethylamino-5α-pregnan* aufzufassen.

Versuche: *Desaminooxychonemorphin* (**II**), $C_{23}H_{41}NO$, F. 170—171°, durch Rk. von **I** mit $NaNO_2$ in wss. Essigsäure; $[\alpha]_D^{30}$ +23° (Chlf.). — *Chonemorphinen*, durch Hofmannschen Abbau von **II**-Methojodid. — *Dihyhrochonemorphinen* (*3β-Hydroxy-5α-pregnan*), F. 136°, durch Red. vorst. Verb. mit Adams-Katalysator in A. oder Äthylacetat; $[\alpha]_D^{30}$ +18° (Chlf.). *Acetyl-Deriv.*, F. 113°; $[\alpha]_D^{30}$ +5,5° (Chlf.). K. Gröbe. 3500◇

0916 **Untersuchungen über die Alkaloide der Berberidaceen.** 21. Mitt. **Alkaloide aus Nandina domestica Thunb.** 3. Mitt. Masao Tomita und Tameo Kitamura. (J. pharmac. Soc. Japan [Yakugakuzasshi] **79**, 1092—93, 1959; Kyoto, Univ., Med. Fac., Pharmac. Inst.; jap., Auszug: engl.) — 20. vgl. J. pharmac. Soc. Japan [Yakugakuzasshi] **79**, [1959], 322; 2. vgl. J. pharmac. Soc. Japan [Yakugakuzasshi] **76**, [1956], 751; 17. vgl. C. **1963**, 21945. — Vgl. der Methanolextrakte von Wurzeln, Stielen u. Früchten von *Nandina domestica* Thunb. u. *Nandina domestica* var. *leucocarpa* Makino zeigt, daß beide Varietäten in etwa gleicher Menge *Domesticin* (F. 113—114°?) u. *O-Methyldomesticin* ($C_{20}H_{21}NO_4$, F. 136 bis 136,5°) als Hauptalkaloide enthalten neben geringeren Mengen *Berberin* u. *Nandazurin*. UV-Maxima vgl. Original. H.-J. Weigmann. 3500△

0917 **Untersuchungen über die Alkaloide von Magnoliaceen.** 23. Mitt. **Alkaloide aus Michelia fuscata Blume.** 2. Mitt. Kazuo Ito und Ikuko Uchida. (J. pharmac. Soc. Japan [Yakugakuzasshi] **79,** 1108—11, 1959; Kyoto, Univ., Med. Fac., Pharmac. Inst.; jap., Auszug: engl.) — 22. bzw. 1. vgl. J. pharmac. Soc. Japan [Yakugakuzasshi] **79,** [1959], 325. — Aus den Blättern (Bl) u. der Rinde (R) von *Michelia fuscata* Blume (Synonym: *Magnolia fuscata* Andr.; Magnoliaceae; jap.: Tohogatama) wird als tert. Base *Magnolamin* in beiden Fällen isoliert; *Magnocurarin* u. *Magnoflorin* werden als quatern. Basen identifiziert.

Versuche: Durch Extraktion von 1,57 kg trockenen Bl (Meth. **A**) bzw. 1,56 kg trockener R (Meth. **B**) werden erhalten: *Magnolamin,* nach **A** 12,5 g; nach **B** 1,45 g. *Tetramethyl-Deriv.,* $C_{40}H_{48}N_2O_7$, F. 149—150° (Methanol); $[\alpha]_D^{13}$ +96,19° (c = 0,998; Chlf.). — *Magnocurarin Pikrat,* $C_{25}H_{26}\cdot N_4O_{10}$, F. 180—181°; nach **A** 1,14 g; nach **B** 4,71 g. *Freie L-Base,* F. 200° (Gas-Entw.); $[\alpha]_D^{39}$ —91,0° (c = 0,96; W.). — *Magnoflorin, Pikrat,* F. 223—224° (Zers.; Aceton/Methanol); nach **A** 0,21 g; nach **B** 0,35 g. *Styphnat,* $C_{26}H_{26}N_4O_{12}$, F. 234 bis 235° (Zers.). *Jodid,* $C_{20}H_{24}JNO_4$, F 253—254° (Zers.); $[\alpha]_D^{12}$ +191,6° (c = 0,997; Methanol).

H.-J. Weigmann. 3500△

0918 **Alkaloide aus japanischen Veratrum-Arten.** 3. Mitt. **Alkaloide aus Veratrum grandiflorum (Maxim.) Loesener fil.** Takeo Tsukamoto und Akira Yagi. (J. pharmac. Soc. Japan [Yakugakuzasshi] **79,** 1102—06, 1959; Kyushu, Univ., Med. Fac., Pharmac. Inst.; jap., Auszug: engl.) — 2. vgl. J. pharmac. Soc. Japan [Yakugakuzasshi **74,** [1954], 729. — Aus *Veratrum grandiflorum* (Maxim.) Loesener fil. (**V**) werden *Jervin, Veratramin* (**I**), *Rubijervin* u. eine amorphe Base isoliert. Letztere enthält in der Hauptsache den *Angelicasäuremonoester* des *Zygadenin-δ-lactons* neben unbekannten Esteralkaloiden. UV- u. IR-Maxima vgl. Original.

Versuche: *Veratramin* (**I**), $C_{27}H_{39}NO_2$, F. 206—207°, aus **V**-Rhizomen; $[\alpha]_D^{13}$ —80° (c = 0,55; A.). *Triacetyl-Deriv.,* $C_{33}H_{45}NO_5$, F. 207—209°. — *Jervin,* $C_{27}H_{39}NO_3$, F. 243° (Zers.), neben **I**; $[\alpha]_D^{13}$ —160° (c = 0,40; A.); aus Methanol Nadeln; 0,2% (Ausbeute). *Hydrochlorid,* $C_{27}H_{40}ClNO_3$, F. 293° (A.). *Diacetyl-Deriv.,* $C_{31}H_{43}NO_5$, F. 164—165°. *N-Acetyl-Deriv.,* $C_{29}\cdot H_{41}NO_4$, F. 236—237° (Zers.; Aceton). — *Rubijervin,* $C_{27}H_{43}\cdot NO_2$, F. 240° (Zers., Aceton), neben **I**. *Dibenzoyl-Deriv.,* $C_{41}H_{51}NO_4$, F. 193—195°. — *Verb.* $C_{33}H_{51}NO_{11}$, F. 202° (Zers.); neben **I**; $[\alpha]_D^{18}$ —36,8° (c = 1,25; Pyridin). — *Angelicasäureester des Zygadenin-δ-lactons, Hydrat,* $C_{32}H_{47}NO_8\cdot H_2O$, F. 235° (Zers.), neben **I**; $[\alpha]_D^{15}$ —10,9° (c = 1,65; Chlf.). — *Zygadenin-δ-lacton,* $C_{27}H_{41}NO_7$, F. 252° (Zers.), durch 1 std. Rk. vorst. Verb. in Methanol mit 5% ig. $NaHCO_3$-Lsg.; $[\alpha]_D^{15}$ — 59,4° (c = 1,70; Chlf.); daneben nach Rk. mit p-Phenylphenacylbromid *Angelicasäure-[p-phenylphenacylester]* ($C_{19}H_{18}O_3$, F. 87°).

H.-J. Weigmann. 3500△

0919 **Alkaloide aus Vinca minor L.** 7. Mitt. **Vincadin, Minovin und Vincorin.** J. Mokrý, L. Dúbravková und P. Šefčovič. (Experientia [Basel] **18,** 564—65, 1962; Bratislava, Slowak. Akad. der Wiss., Chem. Inst., Abt. der Alkaloidchem.; dt.) — Die vereinigten Fraktionen S_1, S_2 u. S_3 (vgl. Bauerová u. Mitarbeiter, Chem. Zvesti **15,** [1961], 523) von *Vinca minor* L. wurden durch Chromatographie an Al_2O_3 der Aktivität II u. Eluieren mit Bzl./Aceton (98,5 : 1,5; Meth. **A**) in die *Fraktion I* u. die amorphe, das *Alkaloid VM-15* (vgl. l. c.) enthaltende *Fraktion II* ($[\alpha]_D$ —534°) zerlegt. Aus ersterer ließen sich nach **A** (jedoch nur mit Bzl.) die drei neuen Alkaloide *Vincadin* [**I**; $C_{21}H_{28}N_2O_2$, F. 70—75° (sintert ab 65°); $[\alpha]_D$ + 91,5 ± 2° (c = 1; A.)], *Minovin* [**II**; $C_{22}H_{28}\cdot N_2O_2$, F. 79—81°; $[\alpha]_D$ 0 ± 2° (c = 1; A.)] u. *Vincorin* [**III**; $C_{22}H_{28}N_2O_3$, F. 93—94°; $[\alpha]_D$ — 142 ± 2° (c = 1; A.)] isolieren. Auf dem Papierchromatogramm [W-1; Bzl.: n-Butanol: 85% ig. Ameisensäure : McIlvaine - Puffer (pH 3,5) = 25 : 5 : 1 : 31 (= Syst. I/3,5; vgl. l. c.)] u. dem Dünnschichtchromatogramm (nach **A**) haben **I, II** u. **III** die R_F-Werte 0,45, 0,72 u. 0,87 bzw. 0,80, 0,42 u. 0,25. **I** u. **III** besitzen je eine unkonjugierte Estergruppe u. gehören zu den Indol- bzw. Dihydroindolalkaloiden. Dem eine konjugierte Carbonylgruppe aufweisenden **II** liegt dagegen ein α-Methylenindolin-Syst. zugrunde. IR- u. UV-Banden s. Original.

H. Flentje. 3500△

0920 **Über die Struktur des Kopsins.** T. R. Govindachari, B. R. Pai, S. Rajappa, N. Viswanathan, W. G. Kump, K. Nagarajan und H. Schmid. (Helv. chim. Acta **46,** 572—77, 1963; Madras, Presidency Coll., Dep. of Chem.; Zürich, Univ., Organ.-chem. Inst.; dt.) — Die Verss., die zur Ableitung der Formel für *Kopsin* (**I**; vgl. C. **1963,** 15809) führten, werden beschrieben. IR-, UV- u. NMR-Spektren vgl. Original.

Versuche: *Kopsin* (**I**), $C_{22}H_{24}N_2O_4$, F. 215° (Zers.; A.–Methanol), a) durch 25 stufige Gegenstromverteilung von 2 g rohem **I** zwischen 0,5n HCl u. Chlf.; 0,9 g (Ausbeute); daneben 0,2 g *Fruticosin* (**VIII**) [F. 221—223° (Zers.; A.)]; b) durch Chromatographie von 1 g rohem **I** an Al_2O_3 in Chlf.; 0,55 g; daneben 30 mg **VIII**; $[\alpha]_D^{27}$ —14,3 ± 1° (c = 2,00; Chlf.). *Äthylenketal,* $C_{24}H_{28}N_2O_5$, F. 209° (Zers.), durch 10 std. Kochen von **I** in Bzl. mit Äthylenglykol u. p-Toluolsulfonsäure; Prismen aus Chlf.–Methanol. *Methojodid* (**Ia**), *Trihydrat,* $C_{23}H_{27}\cdot JN_2O_4\cdot 3\,H_2O$, F. 194—196° (Zers.; Methanol), durch 6 std. Erhitzen von 0,35 g **I** in Chlf. mit CH_3J unter N_2 im Bombenrohr auf 100°; 250 mg. — *O-Carbäthoxy-N-descarbomethoxykopsin* oder *-isokopsin,* $C_{23}H_{26}N_2O_4$, F. 217° (Zers.; A.), durch 10 Min. langes Erwärmen von Descarbomethoxyisokopsin in Aceton Chlf. mit KOH u. Chlorameisensäureäthylester unter starkem Schütteln. — *Dihydrokopsin A* (**II**), $C_{22}H_{26}N_2O_4$, F. 248—250° (Zers.; Chlf.–Methanol), durch mehrstd. Stehen von 0,26 g **I** mit $NaBH_4$ in Methanol u. Chromatographie in Chlf. an Al_2O_3; 0,17 g. *Monoacetyl-Deriv.,* $C_{24}H_{28}N_2O_5$, F. 170 bis 171° (Zers.; Ae.–PAe.). — *Dihydrokopsin B* (**III**), $C_{22}H_{26}\cdot N_2O_4$, F. 214—215° (Zers.; Bzl.–PAe.), durch 2 std. Schütteln von 200 mg **I** mit PtO_2 in Eisessig unter 3 atm H_2-Druck bei 30°, Chromatographie an Al_2O_3 u. Eluieren mit Chlf.–0,5% A.; 70 mg; daneben 50 mg **II**. *O-Acetyl-Deriv.,* $C_{24}H_{28}N_2O_5$, F. 210 bis 212° (Zers.; Methanol). — *Lactam A* (**IV**), $C_{22}H_{22}N_2O_5$, F. 234—235° (Zers.; wss. Methanol), a) durch kurzes Erwärmen u. 17 tägiges Stehen einer Lsg. von 0,45 g **I** in Dioxan mit OsO_4 u. wenig Pyridin u. Einleiten von H_2S; 300 mg; b) durch Zugabe von CrO_3 in Pyridin zu einer Lsg. von 0,2 g **I** in Pyridin bei 5°, mehrstd. Stehen bei Raum-Temp., Chromatographie an Al_2O_3 u. Eluieren mit Chlf.–1% A.; 40 mg; c) analog aus **II**; d) analog aus 50 mg **III**, Chromatographie an Al_2O_3 u. Eluieren mit Chlf.; 20 mg; daneben 10 mg **V**. — *Lactam B* (**V**), $C_{22}H_{24}N_2O_5$, F. 223—224° (Zers.; Methanol), analog **IV** nach b) aus **III**. — *Lactam C,* $C_{20}H_{20}N_2O_3$, F. 278 bis 280° (Bzl.), durch $1^1/_2$ std. Kochen von 120 mg **IV** mit 0,1n NaOH; 20 mg. — *Kopsinmethin* (**VI**), $C_{23}H_{26}N_2O_4$, F. 252 bis 254° (Zers.; Bzl.–PAe.), durch Rk. von 1,25 g **Ia** mit wss. Na_2CO_3-Lsg.; 400 mg. *Descarbomethoxy-Deriv.,* $C_{21}H_{24}N_2O_2$, F. 214—216° (Bzl.–PAe.), durch alkal. Hydrolyse von **VI**. — *Dihydrokopsinmethin* (**VII**), $C_{23}H_{28}N_2O_4$, F. 244° (Zers.; A.), durch 4 std. Red. von 0,45 g **VI** an PtO_2 unter 2,3 atm H_2-Druck in A. bei 30°; 0,25 g. — *Tetrahydrokopsinmethin,* $C_{23}H_{30}N_2O_4$, F. 163—164,5° (wss. Methanol), durch 4 std. Red. von **VII** mit $NaBH_4$ in Methanol. — *Des-N-carbomethoxy-N-carbäthoxytetrahydrokopsinmethin,* $C_{24}H_{32}N_2O_4$, F. 162 bis 163° (wss. A.), durch 3 std. Stehen von 50 mg **VI** mit $NaBH_4$ in A.; 35 mg; daneben wenig Kristalle der *Verb. vom F. 214 bis 240°* (Ae.–Hexan). — *Kopsan,* F. 154° (Pentan unter Druck u. Sublimation bei 10^{-3} Torr 100°), durch 2 wöchiges Erhitzen von 210 mg **I** mit rotem P u. HJ auf 150° im Bombenrohr, Chromatographie an Kieselgel u. Eluieren mit Chlf.–Methanol (10 : 1); 2 mg.

K. Gröbe. 3500◇

0921 **Untersuchungen über flüchtige Pflanzenstoffe.** 182. Mitt. **Die Alkohole des ätherischen Bay-Öls.** Dietmar Lamparsky. (Helv. chim. Acta **46,** 185—87, 1963; Vernier-Genève, Givaudan S. A., Labor. de Rech.; franz.) — 181. vgl. C. **1963,** 13619. — Aus dem aus den Blättern von *Pimenta racemosa* (Mill) J. W. Moore aus Puerto Rico erhaltenen *Bay-Öl* wird die Terpenfraktion durch Dest. abgetrennt, die Alkohole über die Borsäureester isoliert u. 0,32% (bezogen auf äther. Öl) (+)-*Octanol-(3),* 1,00% (—)-*Δ¹-Octenol-(3),* 1,30% (—)-*Linalool,* 0,56% (+)-*Δ¹-Terpinenol-(4)* u. 1,23% *α-Terpineol* gefunden u. durch direkten Vgl. mit authent. Verbb. identifiziert.

Versuche: (+)-*Octanol-(3),* $Kp._{20}$ 84°; $D._4^{20}$ 0,8300; n_D^{20} 1,4282; α_D +4,6°. *3.5-Dinitrobenzoyl-Deriv.,* $C_{15}H_{20}N_2O_6$, F. 71,5—72° (PAe.). — (—)-*Δ¹-Octenol-(3),* $Kp._{20}$ 82—83°; $D._4^{20}$ 0,8384; n_D^{20} 1,4379; α_D —19,0°. *3.5-Dinitrobenzoyl-Deriv.,* F. 77,5—79° (Pentan/PAe.). — (—)-*Linalool,* $Kp._{15}$ 87 bis 88°; $D._4^{20}$ 0,8652; n_D^{20} 1,4619—1,4625; α_D —12,16°. — (+)-*Δ¹-Terpinenol-(4),* $Kp._3$ 58°; $D._4^{20}$ 0,9243; n_D^{20} 1,4760; α_D +17,1°. *Borsäureester,* F. 111—113° (A./Äthylacetat). — *α-Terpineol,* $Kp._{4,5}$ 80°; $D._4^{20}$ 0,9336; n_D^{20} 1,4820; α_D +4,7°.

F. Heller. 3600◇

0922 **Reaktion von Diboran mit Monoterpenen.** Raymond Dulou und Yvonne Chrétien-Bessière. (C. R. hebd. Séances Acad. Sci. **248**, 416—17, 1959; École Normale Supér.; franz.) — Durch Rk. von Monoterpenen mit exocycl. Doppelbindung u. Diboran entstehen nach Behandlung mit H_2O_2 in alkal. Lsg. die entsprechenden gesätt. Alkohole.

Versuche: *Myrtanol*, Kp.$_{18}$ 124°, $[\alpha]_D$ —24,15°, aus Nopinen durch Red. mit B_2H_6 in Tetrahydrofuran u. Rk. mit H_2O_2 in alkal. Lsg.; 75% (Ausbeute, bezogen auf $NaBH_4$). *3.5-Dinitrobenzoat*, F. 75°. *Saures Phthalat*, F. 110 bis 111°. — *Camphanol*, F. 76—78°, Kp.$_{22}$ 122°, aus Camphen analog vorst. Verb.; $[\alpha]_D$ —5,6° (5% ig. in A.); 72—78%. *p-Nitrobenzoat*, F. 86°. *Saures Phthalat*, F. 138—140°. *Neutrales Phthalat*, F. 96—97°. — *Alkohol $C_{10}H_{18}O$*, Kp.$_{20}$ 120 bis 125°, aus Limonen analog; 44%; daneben entsprechendes *Diol*, Kp.$_{20}$ 170—175°; 28%. A. Kumm. 3600□

0923 **Die Totalsynthese von dl-Dehydroabietinsäure.** Gilbert Stork und John W. Schulenberg. (J. Amer. chem. Soc. **84**, 284—92, 1962; New York, N.Y., Columbia Univ., Chandler Labor.; engl.) — Ausführliche Mitt. zu der C. **1957**, 3548 referierten vorl. Mitteilung. Nachzutragen sind nachst. Verbb. u. Daten (*DNP = 2.4-Dinitrophenylhydrazon*): *β-[3-Isopropylphenyl]-äthylmalonsäure*, durch 7 std. Kochen von 0,100 Mol Malonester, 0,075 Mol Na-Äthylat u. 0,050 Mol β-(3-Isopropylphenyl)-äthylbromid in abs. A. u. nachfolgende Verseifung mit sd. wss. KOH; 88% (Rohausbeute). — *γ-[3-Isopropylphenyl]-buttersäure*, Kp.$_{0,4}$ 153°, durch Decarboxylierung vorst. Verb. bei 180° (20 Min.); 83%. — *6-Isopropyl-tetralon-(1)*, Kp.$_{0,2}$ 143—147°, aus vorst. Säure in Bzl. mit PCl_5 (2 Std. bei Raum-Temp.) u. $SnCl_4$ (45 Min. bei 0°); 90%. *DNP*, $C_{19}H_{20}N_4O_4$, F. 196,0—196,3°. — *1-Methyl-3.4-dihydro-6-isopropylnaphthalin*, Kp.$_{0,3}$ 95—100°, aus vorst. Keton u. äther. CH_3MgJ u. 2½ std. Kochen des rohen Alkohols in konz. Chlf.-Lsg. mit $KHSO_4$; 93%. — *1-Methyl-6-isopropyl-tetralon-(2)*, Kp.$_{0,5}$ 122—124°, aus vorst. Verb. u. Monoperphthalsäure in Ae. bei Temp. von —20 bis +20° (insgesamt 80 Std.) u. mehrfaches Schütteln mit wss. 3% ig. HCl; 79%. *Semicarbazon*, $C_{15}H_{21}N_3O$, F. 166,0—166,5°. — *2-Isopropenyl-naphthalin*, F. 51—54° (CH_3OH), Kp.$_{1,0}$ 102—110°, durch ½ std. Erhitzen des rohen, aus 2-Acetylnaphthalin u. CH_3MgJ bereiteten Carbinols auf 160° im Wasserstrahlvakuum; 90%. — *2-Isopropylnaphthalin*, Kp.$_{1,0}$ 102—110°, durch Hydrierung vorst. Verb. in Äthylacetat an Raney-Ni; b_D^{26} 1,5830; 90 bis 94%. — *2-[6-Methoxynaphthyl-(2)]-propionaldehyd*, F. 52 bis 57°, durch Verseifung von 2.3-Epoxy-3-[6-methoxynaphthyl-(2)]-buttersäureäthylester mit NaOH in A./Tetrahydrofuran bei Raum-Temp. u. Decarboxylierung durch ½ std. Erhitzen des rohen, schwerlösl. Na-Salzes mit HCl auf 100°; 93%. *Semicarbazon*, $C_{15}H_{17}N_3O_2$, F. 174—175° (Bzl.). — *6-Isopropyl-tetralon-(2)*, F. ca. 10°, Kp.$_{0,3}$ 107—112°, durch 2 std. Rühren von 0,1 Mol 6-Isopropylnaphthol-(2) mit 0,3 g-Atom Na in fl. NH_3 u. wenig abs. A. u. Zers. mit NH_4Cl; n_D^{31} 1,5355; 46—49%. *DNP*, $C_{19}H_{20}N_4O_4$, F. 115,5—118,5° (CH_3OH), orangefarben. — *2-Keto-1.4a-dimethyl-7-isopropyl-1.2.3.4.4a.9-hexahydrophenanthren-1-essigsäureäthylester*, Kp.$_1$ 200—240° (Bad-Temp.), durch Metallierung von 2-Keto-1.4a-dimethyl-7-isopropyl-2.3.4.4a.9.10-hexahydrophenanthren mit K-tert.-Butylat in Bzl. unter destillativer Entfernung des tert.-Butanols u. Einw. von 2 Mol Bromessigsäureäthylester in Bzl. (über Nacht bei 0—20°); gelb, glasig; 88%. *Äthylen-dithioketal der freien Säure*, $C_{23}H_{30}O_2S_2$, F. 183—186° (Cyclohexan), durch Einleiten von HCl in eine Lsg. von 62 g des rohen Ketoesters in 50 g Äthandithiol-(1.2) u. alkal. Verseifung des rohen Dithioketalesters; 24,1 g. H. Pracejus. 3600◇

0924 **Das Saponin der chinesischen Droge Pai-to'u-wung, Anemone chinensis Bunge.** 2. Mitt. **Vorläufiger Bericht über die Zusammensetzung von Anemosapogenin.** Wei-Yuan Huang, Wen-Kan Chen, Yun-Lee Chou und Jen-Hung Chu. (Acta chim. sinica **28**, 126—31, 1962; Academia Sinica, Inst. of Org. Chem., Inst. of Materia Medica; chin., Auszug: engl.) — *Anemosapogenin* mit der Summenformel $C_{30}H_{48}O_4$ ist höchstwahrscheinlich eine 5gliedrige cycl. Verb. mit Triterpen-Charakter, sie ist sauer u. hat 2 sek. Hydroxylgruppen, eine Carbonylgruppe u. eine nichthydrierbare Doppelbindung im Molekül. H. Henze. 3650◇

0925 **Halogenierung mit quartären Ammoniumperhalogeniden in Tetrahydrofuran.** 1. Mitt. **Auswahl des Reagenses, Bromierung von cyclischen Ketalen.** Andrée Marquet, Maya Dvolaitzky, Henri B. Kagan, Lonka Mamlok, Catherine Ouannes und Jean Jacques. (Bull. Soc. chim. France **1961**, 1822—31, Okt.; Paris, Coll. de France, Labor. de Chim. organ. des Hormones; franz.) — Vgl. C. **1960**, 14710 u. C. **1961**, 17951. — Mit Hilfe von *Phenyltrimethylammonium-tribromid* (**I**) lassen sich *Dioxolane* (**D**), für deren Darst. Vff. 2 Meth. aufführen, in Tetrahydrofuran (THF) als Lsgm. leicht in *Brom-Derivv.* (**C**) umwandeln, deren Br-Atom zur Äthylendioxygruppe benachbart ist. Die **C** können zu entsprechenden *Bromketonen* hydrolysiert werden. Aus *2-Methyl-2-phenyl-1.3-dioxolan* (**VII**) entsteht *2-Brommethyl-2-phenyl-1.3-dioxolan* (**VIII**), das mit dem durch Ketalisierung von Bromacetophenon (**II**) erhaltenen Prod. ident. ist. Das aus 3-Oxo-5α-androstan (**IX**) gewonnene *3.3-Äthylendioxy-5α-androstan* liefert mit **I** das *2α-Brom-Deriv.* (**X**), dessen Hydrolyse *3-Oxo-2α-brom-5α-androstan* ergibt. *17.17-Äthylendioxy-5α-androstan*, *3β-Hydroxy-17.17-äthylendioxy-5α-androstan* (**IV**) u. *3β-Acetoxy-17.17-äthylendioxy-5α-androstan* geben mit **I** die entsprechenden *16α-Brom-Derivv.* (**XII, XIII, XIV**), deren Hydrolyse *17-Oxo-16α-brom-5α-androstan*, *17-Oxo-3β-hydroxy-16α-brom-5α-androstan* u. *17-Oxo-3β-acetoxy-16α-brom-5α-androstan* liefert. **XIII** spaltet mit K-tert.-Butylat in Toluol HBr ab u. geht in *3β-Hydroxy-17.17-äthylendioxy-Δ^{15}-5α-androsten* über. **XII** bildet bei der Einw. von Zn in Essigsäure *17-Oxo-5α-androstan*. Die Bromierung von *3β.17β-Bis-[propionyloxy]-7.7-äthylendioxy-5α-androstan* mit **I** führt zum *6β-Brom-Deriv.* (**XV**), das man zu *7-Oxo-3β.17β-bis-[propionyloxy]-6β-brom-5α-androstan* (**XVI**) hydrolysiert. **XVI** wird durch HBr in Propionsäure in *7-Oxo-3β.17β-bis-[propionyloxy]-6α-brom-5α-androstan* (**XVII**) umgelagert. Wird *3β-Acetoxy-20.20-äthylendioxy-5α-pregnan* mit **I** umgesetzt, so erhält man das *21-Brom-Deriv.* (**XIX**), welches bei der Hydrolyse *20-Oxo-3β-acetoxy-21-brom-5α-pregnan* (**XX**) liefert, das durch Einw. von Na-Acetat in Dimethylformamid (DMF) in *20-Oxo-3β.21-diacetoxy-5α-pregnan* übergeht. Rk. von *3.3-Dimethoxy-17β-benzoyloxy-5α-androstan*, das aus 3-Oxo-17β-benzoyloxy-5α-androstan (**XXI**) u. CH_3OH in Ggw. von p-Toluolsulfonsäure (**VI**) zugänglich ist, mit **I** führt zu *3-Oxo-2α-brom-17β-benzoyloxy-5α-androstan* (**XXII**), das auch durch Bromierung von **XXI** mit Pyridiniumtribromid (**XXIII**) erhalten wird. *3β-Acetoxy-17.17-trimethylendioxy-5α-androstan* wird durch **I** zum *16β-Brom-Deriv.* bromiert, das man zu *17-Oxo-3β-acetoxy-16β-brom-5α-androstan* hydrolysiert. Für die Bromierung der **D** wird ein Mechanismus diskutiert. Für **XVI, XVII** u. **XXII** sind die IR-Banden aufgeführt.

Versuche ($[\alpha]_D$ in Dioxan bei 20°; c = 1): *Phenyltrimethylammoniumtribromid* (**I**), durch Zugabe von $(CH_3)_2SO_4$ zu Dimethylanilin in Bzl., Lösen des in der Kälte ausgeschiedenen *Phenyltrimethylammoniummethylsulfats* in 24% ig. HBr, Zugabe von Br_2, Absaugen des roten Nd. u. Umkristallisieren aus Essigsäure; 80% (Ausbeute). — *3-Oxo-17.17-äthylendioxy-5α-androstan* (**III**), $C_{21}H_{32}O_3$, F. 195—196° (Methoxyäthanol), durch Zugabe von 4 g in Pyridin gelöstem **IV** zu der Suspension von 4 g CrO_3 in Pyridin, Aufnehmen nach 24 Std. in Isopropanol, Zugabe von 3 g Celite-535, Absaugen, Waschen des Nd. mit heißem Dioxan, Verdünnen mit W., Absaugen, Lösen in sd. Bzl. u. Abkühlen; $[\alpha]_D$ —3°; 3,2 g. — Dioxolane (**D**), durch Erhitzen von 1 g des entsprechenden Ketons mit 1,5 g Äthylenglykol (**V**) u. 30 mg **VI** in Bzl. unter Abdestillieren des bei der Rk. entstehenden W., Neutralwaschen mit 2n NaOH u. Eindampfen (Meth. **A**); durch ¼—1std. Kochen von 1 g Keton mit 1 ml **V**, 60 mg **VI** u. 2 ml Orthoameisensäureäthylester, Zugabe von $NaHCO_3$-Lsg. u. Absaugen (Meth. **B**). Die Bromierung der **D** erfolgt durch Lösen in THF, Zugabe der berechneten Menge **I**, Eingießen des Rk.-Gemisches nach beendeter Ausscheidung von *Phenyltrimethylammoniumbromid* in 5% ig. $NaHCO_3$-Lsg. u. Absaugen, oder, sofern **C** nicht als Nd. ausfällt, Ae.-Extraktion u. Einengen der Ae.-Lösung. Die in einigen Fällen notwendige Reinigung des **C** erfolgt durch 1std. Kochen mit Girard-Reagens P in CH_3OH-Essigsäure, Eingießen in 5% ig. $NaHCO_3$-Lsg. u. Absaugen bzw. Ae.-Extraktion: *2-Methyl-2-phenyl-1.3-dioxolan* (**VII**), F. 59—60°, nach **A** durch 5std. Kochen; 65%. *α-Brom-Deriv.* (**VIII**), F. 59,5—61,5° (wss. CH_3OH), a) durch Bromierung von **VII** mit **I** wie vorst. beschrieben; 76%; b) durch Lösen von **VII** in CCl_4, Zugabe von Br_2 in CCl_4, Zugabe von Na_2CO_3-Lsg. u. Ae.-Extraktion; 54%; c) durch Ketalisierung von **II** nach Kühn (vgl. J. prakt. Chem. **156**, [1940], 103). — *3.3-Äthylendioxy-5α-androstan*, $C_{21}H_{34}O_2$, F. 116—117° (A.), aus **IX** analog **VII** nach **A** durch 1½std. Kochen; 95%. *2α-Brom-Deriv.* (**X**), $C_{21}H_{33}BrO_2$, F. 158—160° (A.), durch Bromierung mit **I** analog **VIII** nach a); $[\alpha]_D$ +8°; 42%. — *17β-Hydroxy-3.3-äthylendioxy-5α-androstan*, F. 137—140° (CH_3OH), aus 3-Oxo-17β-hydroxy-5α-androstan nach **A** durch 1½std. Kochen; 90%. *17β-Acetyl-Deriv.*, $C_{23}H_{36}O_4$, F. 143—144°, durch Acetylierung; *2α-Brom-Deriv.* (**XI**), $C_{23}H_{35}BrO_4$, F. 216 bis 221° (CH_3OH), durch Bromierung mit **I** analog **VIII** nach a); $[\alpha]_D$ +23°; 49%. — *17.17-Äthylendioxy-5α-androstan*, $C_{21}H_{34}O_2$, F. 145—146° (CH_3OH), durch 2std. Kochen von 5 g **III** mit $N_2H_4 \cdot H_2O$ u. KOH in **V**, 5std. Erhitzen auf 195 bis 200°, Eingießen in W. u. Absaugen; $[\alpha]_D$ —23°; 4,65 g. *16α-Brom-Deriv.* (**XII**), $C_{21}H_{33}BrO_2$, F. 146—148° (A.), durch Bromierung mit **I** analog **VIII** nach a); $[\alpha]_D$ —48°; 56%. — *3β-Hydroxy-17.17-äthylendioxy-5α-androstan* (**IV**), F. 152 bis 154° (wss. Methoxyäthanol), aus 17-Oxo-3β-hydroxy-5α-androstan analog **VII** nach **A** durch 16std. Kochen; $[\alpha]_D$ —18°; 88%. *16α-Brom-Deriv.* (**XIII**), $C_{21}H_{33}BrO_3$, F. 196,5—197,5° (CH_3OH), durch Bromierung von **IV** mit **I** analog **VIII** nach a); $[\alpha]_D$ —40°; 63%. — *3β-Acetoxy-17.17-äthylendioxy-5α-androstan*, $C_{23}H_{36}O_4$, F. 150,5—151,5° (CH_3OH), a) durch Acetylierung von **IV**; $[\alpha]_D$ —25°; ca. 100%; b) aus 17-Oxo-3β-acetoxy-5α-androstan nach **B** durch ¼std. Kochen; 73%. *16α-Brom-Deriv.* (**XIV**), $C_{23}H_{35}BrO_4$, F. 169,5—170° (CH_3OH), mit **I** analog **VIII** nach a); $[\alpha]_D$ —42°; 44%. — *3β.17β-Bis-[propionyloxy]-7.7-äthylendioxy-5α-androstan*, $C_{27}H_{42}O_6$, F. 142 bis 145° (CH_3OH), aus 7-Oxo-3β.17β-bis-[propionyloxy]-5α-androstan (**XVIII**) nach **A** durch 1std. Kochen; $[\alpha]_D$ —5°; 60%. *6β-Brom-Deriv.* (**XV**), $C_{27}H_{41}BrO_6$, F. 140—141,5° (CH_3OH), mit **I**; $[\alpha]_D$ —20°; 30%. — *3β-Acetoxy-20.20-äthylendioxy-5α-pregnan*, $C_{25}H_{40}O_4$, F. 171—173° (CH_3OH), a) aus 20-Oxo-3β-acetoxy-5α-pregnan nach **A** durch 4std. Kochen; $[\alpha]_D$ —5°; 53%; b) analog a) nach **B** durch 2½std. Kochen; 67%. *21-Brom-Deriv.* (**XIX**), $C_{25}H_{39}BrO_4$, F. 173,5—174° (CH_3OH), mit **I**; $[\alpha]_D$ +2°; 53%. — Bromketone, durch 15 Min. langes Kochen des entsprechenden **C** mit Essigsäure–W.-H_2SO_4-Gemisch (4: 1: 0,1), Gießen in W. u. Absaugen oder Einw. von Essigsäure–W.–H_2SO_4-Gemisch (20: 0,5: 0,1) auf **C** bei Raum-Temp.: *3-Oxo-2α-brom-5α-androstan*, $C_{19}H_{29}BrO$, F. 212 bis 214° (Zers.; A.), aus **X** in der Hitze; $[\alpha]_D$ +30°. — *3-Oxo-2α-brom-17β-acetoxy-5α-androstan*, F. 177° (wss. A.), aus **XI** bei Raum-Temp.; $[\alpha]_D$ +30°. — *17-Oxo-16α-brom-5α-androstan*, $C_{19}H_{29}BrO$, F. 195—198° (A.), aus **XII** in der Hitze; $[\alpha]_D$ +52°. — *17-Oxo-3β-acetoxy-16α-brom-5α-androstan*, F. 173—174° (A.), aus **XIV** oder aus **XIII** in der Hitze; $[\alpha]_D$ +38° [liefert bei 1std Kochen mit methanol. HCl u. Verdünnen mit W. *17-Oxo-3β-hydroxy-16α-brom-5α-androstan*, $C_{19}H_{29}BrO_2$, F. 160—162° (wss. CH_3OH); $[\alpha]_D$ +49°]. — *7-Oxo-3β.17β-bis-[propionyloxy]-6β-brom-5α-androstan* (**XVI**), $C_{23}H_{37}BrO_5$, F. 154—155° ($CH_3 \cdot OH$), aus **XV** in der Kälte; $[\alpha]_D$ +21°. — *20-Oxo-3β-acetoxy-21-brom-5α-pregnan* (**XX**), $C_{23}H_{35}BrO_3$, F. 141—143° (wss. Dioxan), aus **XIX** in der Kälte; $[\alpha]_D$ +78°. — *3β-Hydroxy-17.17-äthylendioxy-Δ^15-5α-androsten*, $C_{21}H_{32}O_3$, F. 152—153° (CH_3OH), durch Zugabe von K-tert.-Butylat in Xylol zu **XIII** in Xylol u. 16std. Kochen unter N_2; $[\alpha]_D$ —85°; 58%. — *17-Oxo-5α-androstan*, F. 112—117°, durch 2std. Kochen von 210 mg **XII** in Essigsäure, Zugabe von Zn, 2std. Kochen, Zugabe von W. zur filtrierten Lsg. u. Absaugen; $[\alpha]_D$ +87°; 120 mg. — *7-Oxo-3β.17β-bis-[propionyloxy]-6α-brom-5α-androstan* (**XVII**), $C_{25}H_{37}BrO_5$, F. 182—185,5° (A.), a) durch Zugabe von 340 mg Br_2 in 4 ml Essigsäure zu 580 mg **XVIII** in Essigsäure, 2tägiges Aufbewahren, Zugabe von W. u. Ae.-Extraktion; 420 mg; b) durch Lösen von 102 mg **XVI** in 20% HBr-enthaltender Propionsäure, Verdünnen mit W. nach 24Std. u. Absaugen; $[\alpha]_D$ —6° (c = 0,7); 37 mg. — *20-Oxo-3β.21-diacetoxy-5α-pregnan*, $C_{25}H_{38}O_5$, F. 148—150° (CH_3OH), durch 2std. Erhitzen von 245 mg **XX** mit 130 mg Na-Acetat inDMF unter N_2 auf 60°, Zugabe von W. u. Absaugen; $[\alpha]_D$ +68°; 218 mg. — *3.3-Dimethoxy-17β-benzoyloxy-5α-androstan*, $C_{28}H_{40}O_4$, F. 153—154° (CH_3OH), durch 1std. Rühren von 500 mg **XXI** mit CH_3OH in Ggw. von 10 mg **VI**, Zugabe von 5%ig. $NaH \cdot CO_3$-Lsg. nach 24std. Aufbewahren u. Absaugen; $[\alpha]_D$ +51°; 439 mg. — *3-Oxo-2α-brom-17β-benzoyloxy-5α-androstan* (**XXII**), $C_{26}H_{33}BrO_3$, F. 217° (Methoxyäthanol), a) durch Einw. von 430 mg **I** auf 500 mg vorst. Verb. in THF u. Zugabe von 5%ig. $NaHCO_3$-Lsg.; 220 mg; b) durch Bromierung von 800 mg **XXI** mit 700 mg **XXIII** in THF; $[\alpha]_D$ +92°; 1 g. — *3β-Acetoxy-17.17-trimethylendioxy-5α-androstan*, $C_{24}H_{38}O_4$, F. 172—174° (CH_3OH), durch ½std. Kochen von Isoandrosteronacetat mit Trimethylenglykol in Orthoameisensäureäthylester in Ggw. von **VI**, Zugabe von $NaHCO_3$-Lsg. u. Absaugen; $[\alpha]_D$ —10°; 38%. *16β-Brom-Deriv.*, $C_{24}H_{37}BrO_4$, F. 211° (A.), aus vorst. Verb. u. **I** in THF; $[\alpha]_D$ +36°; 55%. — *17-Oxo-3β-acetoxy-16β-brom-5α-androstan*, F. 144—146° (CH_3OH), durch 1std. Aufbewahren von 200 mg vorst. *Brom-Deriv.* in mit wenig W., $CHCl_3$ u. H_2SO_4 versetzter Essigsäure, Zugabe von W., Abtreiben von $CHCl_3$ u. Einengen; $[\alpha]_D$ +88°; 142 mg.

H. Giehring. 3700□

0926 **Dehydratisierung von 17α-Hydroxy-20-ketopregnanen.** S. A. Szpilfogel und V. Gerris. (Recueil Trav. chim. Pays-Bas **74**, 1462—66, 1955; engl.) — 17α-Hydroxy-20-ketopregnane werden mit $POCl_3$ in abs. Pyridin zu *Δ^16-20-Ketopregnenen* dehydratisiert.

Versuche: ($[\alpha]_D$ in Aceton): *3α-Hydroxy-11.20-diketo-Δ^16-pregnen-3-acetat* (**I**), $C_{23}H_{32}O_4$, F. 170—171° (wss. Methanol), durch Zugabe von 2 ml $POCl_3$ zu 1 g 3α.17α-Dihydroxy-11.20-diketopregnan-3-acetat in abs. Pyridin bei 0°, 4tägiges Stehen bei Raum-Temp., Gießen in Eiswasser u. Extrahieren mit Chlf.; $[\alpha]_D$ +104°; 0,6 g (Ausbeute). — *3α-Hydroxy-11.20-diketopregnan-3-acetat*, F. 137°, durch 2std. Hydrieren von **I** in Essigsäureäthylester an Pd/$BaSO_4$. — *3α.17α-Dihydroxy-20-keto-Δ^9,11-pregnen-3-acetat*, $C_{23}H_{34}O_4$, F. 191—193° (Bzl./PAe.), analog **I** aus 2,5 g 3α.11β.17α-Trihydroxy-20-ketopregnan-3-acetat (**II**) u. 1,5 ml $POCl_3$ u. 24std. Stehen; $[\alpha]_D$ +65°; 1,9 g. — *3α.17α-Dihydroxy-20-keto-Δ^9,11-pregnen*, $C_{21} \cdot H_{32}O_3$, F. 218—218,5°, durch Zugabe von 300 mg gepulvertem KOH zu 350 mg vorst. Verb. in A./tert.-Butanol unter N_2, mehrstd. Stehen u. Gießen in verd. HCl; aus Bzl./PAe. feine Nadeln; $[\alpha]_D$ +57°; 200 mg. — *3α-Hydroxy-20-keto-Δ^9,11,16-pregnadien-3-acetat*, $C_{23}H_{32}O_3$, F. 151—152,5° (wss. Aceton), analog **I** aus 2 g **II** in abs. Pyridin u. 4 ml $POCl_3$ u. 5tägiges Stehen; $[\alpha]_D$ +166°; 1,07 g. — *4-Chlor-17α-hydroxy-3.20-diketo-Δ^9,11-pregnen-3-äthylenketal*, $C_{23}H_{33}ClO_4$, F. 176° (wss. Methanol), analog **I** aus 2 g 4-Chlor-11β.17α-dihydroxy-3.20-diketopregnan-3-äthylenketal (**III**) in abs. Pyridin u. 1,2 ml $POCl_3$ u. 20std. Stehen; $[\alpha]_D$ +53°; 0,75 mg; daneben wenig. **IV.** — *4-Chlor-3.20-diketo-Δ^9,11,16-pregnadien-3-äthylenketal* (**IV**), $C_{23}H_{31}ClO_3$, F. 208—210° (wss. Aceton), analog **I** aus 0,5 g **III** in abs. Pyridin u. 1 ml $POCl_3$ u. 48std. Stehen; $[\alpha]_D$ +155°; 0,25 g. — *4-Chlor-3.20-diketo-Δ^9,11,16-pregnadien*, F. 182—184°, durch 1std. Erhitzen von 850 mg **IV** mit konz. H_2SO_4, Essigsäure u. W. auf 110—120° u. mehrstd. Stehen; 550 mg. — *3.20-Diketo-Δ^4,9,11,16-pregnatrien*, $C_{21}H_{26}O_2$, F. 199 bis 201° (Chlf.), durch Umsetzung von 500 mg vorst. Verb. in Chlf. mit Essigsäure u. Semicarbazid unter N_2, ½std. Rühren, Zufügen von W., Extrahieren mit Chlf., Einengen, Zugabe von Brenztraubensäure, 1std. Erhitzen auf 90°, Filtrieren, Zugabe von W., Extrahieren mit Bzl. u. Chromatographie an Al_2O_3; $[\alpha]_D$ +196°; 315 mg. R. Gnauck. 3700△

0927 **Die Synthese von 6α-Fluormethylsteroiden.** P. F. Beal, R. W. Jackson und J. E. Pike. (J. org. Chemistry **27**, 1752—55, 1962; Kalamazoo, Mich., Res. Labor. of Upjohn Co.; engl.) — Die Rk. von Cortison mit Formaldehyd in Chlf. in Ggw. von konz. HCl dient zur Einführung der blockierenden 17.20; 20.21-Bis-[methylendioxy]-Gruppe (BMD) u. führt zum *BMD-Δ^4-pregnen-3.11-dion* (*Cortison-BMD*). Mit Isopropenylacetat wird vorst. Verb. in das *BMD-3-acetoxy-Δ^3.5-pregnadien-11-on* übergeführt, das mit $NaBH_4$ zu *BMD-3β-acetoxy-11β-hydroxy-Δ^5-pregnen* red. wird. Die Rk. dieser Verb. mit CO u. H_2 im Autoklaven liefert *BMD-3β-acetoxy-6α-hydroxymethyl-11β-hydroxy-5α-pregnan.* Diese Verb. läßt sich über das *p-Tosylat* mit KF in Diäthylenglykol in *BMD-6α-fluormethyl-3β.11β-dihydroxy-5α-pregnan* überführen. Eine Oppenauer-Oxydation der 3β-Hydroxygruppe ergibt dann *BMD-6α-fluormethyl-11β-hydroxy-5α-pregnan-3-on*, in das mit SeO_2 2 Doppelbindungen in den A-Ring zu *BMD-6α-fluormethylprednisolon* eingeführt werden. Die Entfernung der BMD-Gruppe mit 60%ig. Ameisensäure u. anschließender Hydrolyse mit methanol. $KHCO_3$-Lsg. liefert *6α-Fluormethylprednisolon*, aus dem durch Acetylierung *6α-Fluormethylprednisolon-21-acetat* dargestellt wird. Durch Dehydratisierung dieser Verb. mit einem N-Bromacetamid (I)–SO_2–Pyridin-Gemisch entsteht eine 9,11-Doppelbindung, an die Hypobromit angelagert u. dieses Deriv. mit K-Acetat zu *6α-Fluormethyl-9.11β-oxido-17α-hydroxy-21-acetoxy-Δ^1.4-pregnadien-3.20-dion* umgesetzt wird. Daraus läßt sich dann durch Rk. mit HF das *6α-Fluormethyl-9α-fluor-11β.17α-dihydroxy-21-acetoxy-Δ^1.4-pregnadien-3.20-dion* darstellen. Die biolog. Wirksamkeit der 6α-Fluormethylsteroide wurde untersucht. IR-Spektren s. Original.

Versuche: *17.20;20.21-Bis-[methylendioxy (BMD)]-Δ^4-pregnen-3.11-dion (Cortison-BMD)*, F. 244—248° (Methanol), durch 20std. Rühren von Cortison in Chlf., 38%ig. Formaldehyd u. konz. HCl bei Raum-Temp.; $[\alpha]_D$ +82° (Chlf.); 65% (Ausbeute). — *BMD-3-acetoxy-$\Delta^{3.5}$-pregnadien-11-on*, F. 170 bis 182° (Ae.), aus vorst. Verb., Isopropenylacetat, p-Toluolsulfonsäuremonohydrat u. Toluol unter langsamer Dest.; 51%. — *BMD-3β-acetoxy-11β-hydroxy-Δ^5-pregnen*, $C_{25}H_{36}O_7$, F. 198—199° (Aceton/PAe.), durch 50std. Red. vorst. Verb. in Dioxan mit $NaBH_4$ in 0,1 n NaOH bei Raum-Temp. u. Acetylieren mit Essigsäureanhydrid in Pyridin; 74%. — *BMD-3β-acetoxy-6α-hydroxymethyl-11β-hydroxy-5α-pregnan*, $C_{26}H_{40}O_8$, F. 202—204° (Aceton/PAe.), durch 18std. Hydrierung von 36,4 g vorst. Verb. in Toluol in Ggw. von $CoCO_3$ u. CO im Autoklaven bei 180° unter 91 kg/cm²; 20,7 g. — *BMD-6α-fluormethyl-3β.11β-dihydroxy-5α-pregnan*, $C_{24}H_{37}FO_6$, F. 217 bis 219° (Aceton/PAe.), aus vorst. Verb., p-Toluolsulfochlorid u. Pyridin durch 18std. Stehen bei Raum-Temp. u. weitere Umsetzung des gebildeten *p-Tosylats* [F. 200—208° (Zers.)] mit KF in Diäthylenglykol unter 1std. Erwärmen auf 205 bis 215° unter N_2, Zugabe von KOH u. 18std. Stehen bei Raum-Temp.; 61%. — *BMD-6α-fluormethyl-11β-hydroxy-5α-pregnan-3-on*, $C_{24}H_{35}FO_6$, F. 211—213° (Aceton/PAe.), durch 4std. Kochen von 380 mg vorst. Verb. in Cyclohexanon u. Toluol mit Al-Isopropylat; 240 mg. — *BMD-6α-fluormethylprednisolon*, $C_{24}H_{31}FO_6$, F. 255—265° (Aceton/PAe.), durch 48std. Kochen von 200 mg vorst. Verb. mit SeO_2 in Essigsäure u. tert.-Butylalkohol; 67 mg. — *6α-Fluormethylprednisolon*, $C_{22}H_{29}FO_5$, F. 232—235° (Aceton/PAe.), aus 60 mg vorst. Verb. in 60%ig. Ameisensäure unter Erhitzen u. ¼std. Durchblasen von N_2, Umsetzung des Rk.-Prod. mit methanol. $KHCO_3$-Lsg. u. 48std. Stehen bei Raum-Temp. unter N_2; 19 mg. — *6α-Fluormethylprednisolon-21-acetat*, $C_{24}H_{31}FO_6$, F. 231—233° (Aceton/PAe.), durch 18std. Stehen von 0,338 g vorst. Verb. mit Acetanhydrid in Pyridin bei Raum-Temp.; 248 mg. — *6α-Fluormethyl-9.11β-oxido-17α-hydroxy-21-acetoxy-$\Delta^{1.4}$-pregnadien-3.20-dion*, F. 225—228° (Aceton/PAe.), durch 20 Min. langes Rühren von 1,87 g vorst. Verb. in Pyridin mit I unter N_2 bei Raum-Temp., Kühlen auf 10° u. 10 Min. langes Überleiten von SO_2, Gießen auf Eiswasser, Extrahieren mit Methylendichlorid (II), Behandeln des entstandenen *$\Delta^{9,11}$-Dehydro-Deriv.* in tert.-Butylalkohol u. II mit 70%ig. $HClO_4$ u. I, 20 Min. langes Rühren, Zugabe einer Na_2SO_3-Lsg. u. 18std. Kochen des erhaltenen *Bromhydrins* in Aceton mit K-Acetat; 740 mg. — *6α-Fluormethyl-9α-fluor-11β.17α-dihydroxy-21-acetoxy-$\Delta^{1.4}$-pregnadien-3.20-dion*, $C_{24}H_{30}F_2O_6$, F. 215—217° (Aceton/PAe.), durch 20 Min. langes Stehen von 730 mg vorst. Verb. in II u. HF in Tetrahydrofuran bei —10° u. 18std. Stehen bei 0—5°; 390 mg. H. Rochow. 3700◇

0928 **Dehydrierung von Steroiden.** 4. Mitt. **Dienol–Benzol-Umlagerung.** Heinz Dannenberg und Hans-Günter Neumann. (Liebigs Ann. Chem. **646**, 148—70, 1961; München, Max-Planck-Inst. für Biochem.; dt.) — 3. vgl. C. **1963**, 6605. — Durch Rk. von $\Delta^{1.4}$-Dien-3-onsteroiden (**A**) mit CH_3MgJ gebildete *3-Methyl-$\Delta^{1.4}$-dien-3-olsteroide* werden durch Erhitzen mit Säure über nicht faßbare, im UV-Spektrum nachgewiesene 3-Methylen-$\Delta^{1.4}$-diene in *1.4-Dimethyl-$\Delta^{1.3.5.10}$-triensteroide* übergeführt. Analog wird $\Delta^{1.4.6}$-Androstatrien-17β-ol-3-onpropionat (**IV**) über die nicht faßbare 3-Ol-Stufe in *1.3-Dimethyl-$\Delta^{1.3.5.10.6}$-östratetraen-17β-ol* übergeführt, dessen Acetat krist. erhalten wird u. bei der Hydrierung *1.3-Dimethyl-$\Delta^{1.3.5.10}$-östratrien-17β-olacetat* liefert. Die Struktur der Verbb. wird u. a. durch IR- u. UV-Spektren sichergestellt. Durch Red. von **IV** nach Meerwein-Ponndorf u. anschließendes Erhitzen mit Säure wird das entsprechende *$\Delta^{1.3.5.10.6}$-Tetraensteroid* erhalten. $LiAlH_4$-Red. (vgl. C. **1962**, 7911; C. **1963**, 8567, 16193) statt Red. nach Meerwein-Ponndorf liefert hier unbefriedigende Ergebnisse, da die 1.4-Addition überwiegt. Die Red. von $\Delta^{1.4}$-Cholestadien-3-on (**I**) (vgl. 2. Mitt., C. **1962**, 7911) wird genauer beschrieben. Keine der Verbb. der Östranreihe erwies sich als biolog. wirksam. Die 4-Stellung der CH_3-Gruppe von *4-Methyl-$\Delta^{1.3.5.10}$-19-norcholestatrien* (**II**; aus **I**) wurde durch Se-Dehydrierung zu *3'.8-Dimethyl-1.2-cyclopentenophenanthren* bewiesen.

Versuche: *4-Methyl-$\Delta^{1.3.5.10}$-19-norcholestatrien* (**II**), F. 49°, durch Red. von **I** mit $LiAlH_4$ in sd. Ae., Erhitzen des Rohprod. mit wss.-äthanol. HCl (½ Std.) u. Al_2O_3-Chromatographie; 77% (Ausbeute); daneben durch Abtrennen der Kristalle aus dem rohen Zwischenprod. *Äther $C_{54}H_{86}O$*, F. 216 bis 218° (Bzl.–Aceton); 220 mg (aus 3,5 g **I**; 121 mg geben durch ½std. Kochen in A./konz. HCl 90 mg **II**). — *1.4-Dimethyl-$\Delta^{1.3.5.10}$-19-norcholestatrien*, $C_{28}H_{44}$, aus **I** u. CH_3MgJ in Ae. (1 Std.) u. Erhitzen des Rohprod. mit 0,3n äthanol. HCl (½ Std., Wasserbad); $[\alpha]_D^{22}$ +155,5° (Chlf.); 38,5%. — *$\Delta^{1.4}$-Androstadien-17β-ol-3-on*, F. 168° (CH_3OH–W.), aus $\Delta^{1.4}$-Androstadien-3.17-dion (**III**) durch Red. mit Fructose/Bäckerhefe (3 Tage, 20°); 84%. — *1.4-Dimethyl-$\Delta^{1.3.5.10}$-östratrien-17β-ol*, $C_{20}H_{28}O$, F. 64°, aus 150 mg vorst. Verb. u. CH_3MgJ in Ae., Erhitzen des Rohprod. (160 mg, hellgelbes Öl), das ca. 50% *3-Methylen-$\Delta^{1.4}$-androstadien-17β-ol* enthält, mit sd. A./konz. HCl (½ Std.) u. Al_2O_3-Chromatographie (Bzn.); seidige Kristalle aus CH_3OH; $[\alpha]_D^{23}$ +153,7° (A.); 43%. *Acetat*, Öl; $[\alpha]_D^{27}$ +110° (A.). *3.5-Dinitrobenzoat*, $C_{27}H_{30}N_2O_6$, F. 208° (Chlf.–CH_3OH). — *3.17-Dimethyl-$\Delta^{1.4}$-androstadien-3ξ.17β-diol*, $C_{21}H_{32}O_2$, F. 188° (Cyclohexan), aus 1 g **III** u. CH_3MgJ in Ae. (1std. Erwärmen); instabil, Wasserabspaltung bei Raum-Temp.; 10 mg; aus der Mutterlauge durch Al_2O_3-Chromatographie eine Fraktion mit Spektrum des *3-Methylen-$\Delta^{1.4}$-androstadien-Syst.*, das von Kristallen befreite Prodd. liefert beim Erhitzen in Propanol oder mit A./HCl bzw. mit HCOOH bei 20° oder 100° Gemische, aus denen sich keine einheitliche Verb. isolieren ließ. — *2.6-Dibromtestosteronpropionat*, $C_{22}H_{30}Br_2O_3$, F. 159—160° (Zers.; Chlf./A.), aus Testosteronpropionat in abs. Ae., einigen Tropfen HBr–Eisessig u. Br_2–Eisessig bei —2° (10 Min.); 77%. — *$\Delta^{1.4.6}$-Androstatrien-17β-ol-3-onpropionat* (**IV**), $C_{22}H_{28}O_3$, F. 130—132° (Aceton–n-Hexan), aus vorst. Verb. mit sd. techn. Kollidin (½ Std.); $[\alpha]_D^{23}$ —9,4° (A.); 55%. — *1-Methyl-$\Delta^{1.3.5.10.6}$-östratetraen-17β-ol*, $C_{19}H_{24}O$, aus 150 mg Acetat mit sd. methanol. KOH (1 Std.); $[\alpha]_D^{25}$ —89° (A.); 50 mg. *Acetat*, $C_{21}H_{26}O_2$, F. 115°, aus **IV** mit überschüssigem, frisch dest. Al-Isopropylat in sd. abs. Isopropanol unter Abdestillieren von Aceton, Erhitzen mit Isopropanol–konz. HCl (½ Std.), Acetylierung des Ae.-Extraktrückstandes u. Al_2O_3-Chromatographie (Bzn.–Bzl.); Blättchen aus CH_3OH; $[\alpha]_D^{25}$ —142° (A.); 60%. — *1-Methyl-$\Delta^{1.3.5.10}$-östratrien-17β-ol*, $C_{19}H_{26}O$, F. 103° (CH_3OH), aus 70 mg des Acetats mit sd. 0,5n methanol. KOH (35 Min.); $[\alpha]_D^{25}$ +144° (A.); 10 mg. *Acetat*, $C_{21}H_{28}O_2$, F. 125° (CH_3OH), durch Hydrieren von 250 mg vorst. Acetats mit vorhydriertem PdO in CH_3OH; $[\alpha]_D^{25}$ +134° (A.); 200 mg (roh). — *$\Delta^{4.6}$-Androstadien-17β-ol-3-onacetat*, $C_{21}H_{28}O_3$, F. 142°, durch Red. von **IV** mit $LiAlH_4$ in sd. Ae. (½ Std.), Erhitzen des Ätherextraktrückstandes mit A./konz. HCl zum Sieden (½ Std.), Acetylierung mit Pyridin/Acetanhydrid u. Al_2O_3-Chromatographie; $[\alpha]_D^{24}$ —9,8° (A.); daneben 1,3% vorvorst. *Acetats*. — *1-Methyl-$\Delta^{1.3.5.10.6}$-19-norcholestatetraen*, aus rohem $\Delta^{1.4.6}$-Cholestatrien-3-on mit $LiAlH_4$ in Ae., Behandeln mit A.–konz. HCl, Al_2O_3-Chromatographie (Bzn.) u. Craig-Verteilung (n-Hexan/Nitromethan); 22% (roh). — *1.3-Dimethyl-$\Delta^{1.3.5.10.6}$-östratetraen-17β-olacetat*, $C_{22}H_{28}O_2$, F. 142°, aus **IV** u. überschüssigem CH_3MgJ in Ae., Behandeln des Rohprod. mit sd. A./konz. HCl (1 Std.), Al_2O_3-Chromatographie (Bzl./Aceton, 19 : 1), Acetylierung u. Al_2O_3-Chromatographie (Bzl.); Nadeln aus CH_3OH; $[\alpha]_D^{25}$ —148,5° (A.); 21%; daneben eine *$\Delta^{4.6}$-Dien-3-on-Verbindung*. — *1.3-Dimethyl-$\Delta^{1.3.5.10}$-östratrien-17β-ol*, *Acetat*, $C_{22}H_{30}O_2$, F. 103° (CH_3OH), aus vorst. Verb. durch Hydrieren mit vorhydriertem PdO in CH_3OH; $[\alpha]_D^{26}$ +137° (A.). *Dinitrobenzoat*, $C_{27}H_{30}N_2O_6$, F. 224° (Chlf./CH_3OH), aus vorst. Verb. mit sd. methanol. KOH (1 Std.) u. Rk. des Prod. mit 3.5-Dinitrobenzoylchlorid; gelb; 50%. — *3'.8-Dimethyl-1.2-cyclopentenophenanthren*, F. 110—120° (A.), aus 5 g **II** durch Dehydrieren mit amorphem Se (2 Std. bei 280—300°, 10 Std. bei 340—360°), Extraktion mit Bzl. u. Al_2O_3-Chromatographie (Bzn.); 35 mg; daneben 21 mg *5.x-Dimethyl-y-isobutylnaphtho-[2'.1':1.2]-fluoren* (**V**), $C_{26}H_{24}$, F. 249,5—250,5°, Blättchen. — *8-Methyl* (oder *3'.8-Dimethyl*)*-3'-isooctyl-1.2-cyclopentenophenanthren*, $C_{26}H_{32}$ oder $C_{27}H_{34}$, F. 98,5° (Aceton/Ae.), aus 4,36 g **II** durch Dehydrieren mit Se bei 280—315° (2 Std.) u. 325° (10 Std.) u. Al_2O_3-Chromatographie (Bzn.); 7,5 mg (aus Mutterlaugen noch 27,8 mg unreine Verb.). *1.3.5-Trinitrobenzolat*, F. 132—133° (A.). Daneben *3'.8-Dimethyl-1.2-cyclopentenophenanthren*, $C_{19}H_{18}$, F. 129—130°, durch Craig-Verteilung von Chromatographiefraktionen, 12std. Erhitzen mit Se auf 335°, Al_2O_3-Chromatographie (Bzn.) u. Craig-Verteilung (n-Hexan/Nitromethan); Nadeln aus A.; 10,5 mg. Das UV- u. das IR-Spektrum von **V** sind abgebildet. K. Maier. 3700

0929 **Die Oxydation von 3.5-Dijodtyrosin durch Peroxydase und Wasserstoffperoxid.** Jan-Gustaf Ljunggren. (Acta chem. scand. **17**, 567—72, 1963; Stockholm, Nobel Med. Inst., Biochem. Dep.; engl.) — Durch Radiochromatographie wurde die Oxydation von *3.5-Dijodtyrosin* mit H_2O_2 u. Meerrettichperoxydase bei 20° u. pH 7,4 untersucht. Bei der Rk. entstehen *4-Hydroxy-3.5-dijodphenylbrenztraubensäure, 4-Hydroxy-3.5-dijodbenzaldehyd, 3.5-Dijod-p-benzochinon, 3-Jodtyrosin* sowie *Ammoniak, Jodid* u. weitere, noch unbekannte Verbindungen. R. Preußmann. 3750◇

0930 **Eine modifizierte Synthese zur Darstellung von Thiaminpyrophosphat und Dihydroxyacetonmonophosphat.** B. Matkovics, P. Pénzes und S. Földeák. (Acta Univ. Szegediensis, Acta physica chem. [N. S.] **7**, 55—59, 1961; Szeged, Univ., Inst. of Org. Chem.; engl.) — *Thiaminpyrophosphat* wird aus Thiaminhydrochlorid (**I**) u. P_2O_5 in H_3PO_4 dargestellt u. durch Fällung mit Styphninsäure (**IV**) u. Phosphorwolframsäure (**V**) gereinigt. Ferner wird die Synth. von *1.3-Dihydroxyacetonmonophosphat* beschrieben.

Versuche: *Thiaminpyrophosphat*, $C_{12}H_{18}N_4O_7P_2S \cdot 3\,H_2O$, durch Lösen von P_2O_5 in 85%ig. H_3PO_4 bei 110—120° u. Zufügen von **I**, 24std. Stehen, Zugabe von 2n H_3PO_4 u. W., Entfärben mit Kohle u. Fällen mit Aceton, zur Reinigung Lösen in W. bzw. 2n HCl u. erneut Fällen mit **IV** bzw. **V**. — *Äthylmetaphosphat* (**II**), durch 60std. Kochen von P_2O_5 in Ae., Lösen in Chlf. u. Filtrieren, 5std. Kochen u. Filtrieren, Fällen mit abs. Äther. — *Ca-1.3-Dihydroxyacetonmonophosphat*, durch Zugabe von $POCl_3$ in Chinolin (**VI**) zu 1.3-Dihydroxyaceton (**III**) in **VI** bei — 15 bis — 20°, Verdünnen mit Eiswasser u. Zufügen von $Ca(CH_3COO)_2$, Neutralisieren mit NaOH, Trennen von **VI** u. $Ca_3(PO_4)_2$ durch Zentrifugieren u. Fällen mit Alkohol. — *Ba-1.3-Dihydroxyacetonmonophosphat*, durch Mischen von **II** u. **III**, Lösen in W., Filtrieren u. Zugabe von gesätt. $Ba(OH)_2$-Lsg. zum Filtrat, Fällen mit Alkohol. H. Henze. 3800◇

0931 **Synthese von Vitamin K_2 und isoprenologer Verbindungen.** O. Isler, R. Rüegg, L. H. Chopard-dit-Jean, A. Winterstein und O. Wiss. (Chimia [Aarau, Schweiz] **12**, 69, 1958; Basel, Hoffmann-La Roche & Co. Akt.-Ges., Forsch.-Abt.; dt.) — Vgl. C. **1958**, 10947. — Ausgehend von *cis-* u. *trans-Geranylaceton* werden die 4 isomeren *Farnesylacetone*, die all-trans-Formen u. die 2 mono-cis-Formen des *Geranylgeranylacetons* u. des *Farnesylgeranylacetons* sowie das *all-trans-Farnesylfarnesylaceton* hergestellt. Kondens. mit Acetylen u. partielle Hydrierung der Doppelbindung ergibt die *Linalool-Verbb.* mit 15, 20, 25, 30 u. 35 C-Atomen. Umsetzung mit 2-Methylnaphthohydrochinon-(1.4) u. Oxydation ergibt die entsprechenden 2-Methylnaphthochinone-(1.4): *3-trans-Geranyl-*, F. 53°. *Dihydrodiacetat*, F. 50°. — *3-all-trans-Farnesyl-*, n_D^{20} 1,5588. *Dihydrodiacetat*, F. 42°. — *3-all-trans-Geranylgeranyl-*, F. 35°. *Dihydrodiacetat*, F. 35°. *Δ^2-mono-cis-Form*, n_D^{20} 1,5550. *Δ^3-mono-cis-Form*, n_D^{20} 1,5548. — *3-all-trans-Farnesylgeranyl-*, F. 39°. *Dihydrodiacetat*, F. 33°. — *3-all-trans-Farnesylfarnesyl-*, F. 50°. *Dihydrodiacetat*, F. 50°. *Δ^2-mono-cis-Form*, n_D^{20} 1,5454. *Δ^5-mono-cis-Form*, n_D^{20} 1,5448. — *3-all-trans-Farnesylgeranylgeranyl-*, F. 54°. *Dihydrodiacetat*, F. 57°. Natürlich gewonnenes Vitamin K_2 u. eine weitere Vitamin-K-artige Verb. erwiesen sich mit dem synthet. *2-Methyl-3-(all-trans)-farnesylgeranylgeranylnaphthochinon-(1.4)* u. dem *2-Methyl-3-(all-trans)-farnesylfarnesylnaphthochinon-(1.4)* identisch. H. Struck. 3800

0932 **Untersuchungen auf dem Gebiete des Chloramphenicols.** 10. Mitt. **Darstellung von Chloramphenicol aus $L_s(+)$-threo-β-[p-Nitrophenyl]-serin-n-butylester.** A. Hajós und O. Fuchs. (Acta chim. Acad. Sci. hung. **24**, 411—19, 1960; Budapest, Forsch.-Inst. für Pharmazeut. Ind.; dt.) — 9. vgl. Acta chim. Acad. Sci. hung. **21**, [1959], 255. — Durch Red. von $D_s(+)$-threo-β-[p-Nitrophenyl]-serin-n-butylester mit $Ca(BH_4)_2$ wird *$D_g(-)$-threo-1-[p-Nitrophenyl]-2-amino-propandiol-(1.3)* (**VI**) dargestellt. **VI** bildet bei der Red. zunächst einen Ca–B-Komplex, der mit Chloralhydrat in Ggw. von NaCN u. anschließender Hydrolyse *$D_g(+)$-threo-1-[p-Nitrophenyl]-2-[dichloracetylamino]-propandiol-(1.3)* gibt, das auch direkt aus $L_s(+)$-threo-β-[p-Nitrophenyl]-serin-n-butylester dargestellt wird. *DL-threo-β-[p-Nitrophenyl]-serinisopropylester* wird aus threo-β-[p-Nitrophenyl]-serin (**II**) über das *Hydrochlorid* dargestellt u. über das *Dibenzoyl-d-weinsäuresalz* in die opt. Antipoden gespalten. Analog wird auch *DL-threo-β-[p-Nitrophenyl]-serincyclohexylester* (**III**) dargestellt.

Versuche: *DL-threo-β-[p-Nitrophenyl]-serincyclohexylester* (**III**), $C_{15}H_{20}N_2O_5$, F. 123—124,5° (Zers.), durch Lösen von **I** in W., Einstellen mit 10%ig. wss. $NaHCO_3$-Lsg. auf pH 7,5 u. längeres Stehen; 89% (Ausbeute). *Hydrochlorid* (**I**), $C_{15}H_{21}Cl \cdot N_2O_5$, F. 177—179° (Zers.), durch Einstreuen von **II** in mit HCl-Gas gesätt. Cyclohexanol, 4std. Rühren bei 100° unter Einleiten von HCl, Versetzen mit Ae. u. Stehen über Nacht im Eisschrank; 66%. — *Dibenzoyl-d-weinsäuremonohydrat*, F. 88—89°, durch Versetzen von d-Weinsäure in Bzl. mit Benzoylchlorid u. etwas konz. H_2SO_4, 4std. Rühren u. Filtrieren des *Anhydrids* [F. 190—191° (Zers.)], Kochen mit W. u. Animpfen; $[\alpha]_D$ —110° (c = 5; A.); 70%. — *DL-threo-β-[p-Nitrophenyl]-serinisopropylester*, $C_{12}H_{16}N_2O_5$, F. 134—135° (Zers.) (**VII**), analog **III**; 75%. *Hydrochlorid*, $C_{12}H_{17}ClNO_5$, F. 183—184° [Zers.; Isopropanol (Ip)], analog **I** aus **II** u. Ip in 2 Std.; nadelförmige Kristalle; 61%. *Dibenzoyl-d-tartrat*, $C_{30} \cdot H_{30}N_2O_{13}$, F. 134—135° (Zers.), durch Lösen von **VII** u. vorst. Verb. in Ip unter Erwärmen auf dem Wasserbad u. Stehen über Nacht bei Raum-Temp.; $[\alpha]_D$ —56° (c = 2; A.); 97%. — *$L_s(+)$-threo-β-[p-Nitrophenyl]-serinisopropylester* (**IV**), $C_{12}H_{16}N_2O_5$, F. 133,5—135° (Zers.), durch Schütteln des Dibenzoyl-d-tartrats von **IV** mit n-HCl in Ae. u. Versetzen der wss. Phase mit wss. $NaHCO_3$-Lsg.; $[\alpha]_D$ +24,8° (c = 2,5; Dioxan); 94%. *Dibenzoyl-d-tartrat* (**V**), $C_{30}H_{30}N_2O_{13}$, F. 109—111° (Zers.; Ip), durch Lösen von **VII**-Dibenzoyl-d-tartrat in Ip unter Erwärmen u. 2—3std. Stehen bei Raum-Temp.; $[\alpha]_D$ —38° (c = 3; A.); 43%. *$D_s(-)$-Form*, $C_{12}H_{16}N_2O_5$, F. 134—135° (Zers.), analog **IV**; $[\alpha_D]$ —25° (c = 2; Dioxan)]. *Dibenzoyl-d-tartrat*, $C_{30}H_{30}N_2O_{13}$, F. 144—146° (Zers.; Ae.), durch Einengen der Mutterlaugen von **V** bei 50° im Vakuum auf 10 ml u. Stehen über Nacht im Eisschrank; $[\alpha]_D$ —71° (c = 2; A.); 0,76 g. — *$D_g(-)$-threo-1-[p-Nitrophenyl]-2-aminopropandiol-(1.3)* (**VI**), $C_9H_{12}N_2O_4$, F. 163—164°, durch Zutropfen von $CaCl_2 \cdot 2\,H_2O$ in A. zu $NaBH_4$ in A. bei < —20°, 20 Min. langes Rühren, Versetzen mit $L_s(+)$-threo-β-[p-Nitrophenyl]-serin-n-butylester, 10std. Rühren bei —20°, Ansäuern mit 25%ig. alkohol. HCl, Eindampfen zur Trockne im Vakuum, Aufnehmen des Rückstandes in W. u. Versetzen mit konz. NH_4OH bei 70°; $[\alpha]_D$ —28° (c = 2; n-HCl); 87%. *DL-erythro-Form*, $C_9H_{12}N_2O_4$, F. 107—108°, analog **VI** aus DL-erythro-β-[p-Nitrophenyl]-serinmethylester; 64,5%. — *$D_g(+)$-threo-1-[p-Nitrophenyl]-2-[dichloracetylamino]-propandiol-(1.3)*, $C_{11}H_{12}Cl_2N_2O_5$, F. 150 bis 151°, analog **VI** aus $L_s(+)$-threo-β-[p-Nitrophenyl]-serin-n-butylester u. nach Aufnehmen des Rückstandes in W. Versetzen mit NaCN, ½std. Zugabe von Chloralhydrat bei 35°, 2std. Rühren, Kühlen auf 10°, Versetzen mit 2n HCl, ¼ Std. bei 20° u. Stehen über Nacht im Eisschrank; $[\alpha]_D$ +20° (c = 4; A.); 88%. *DL-threo-Deriv.*, $C_{11}H_{12}Cl_2N_2O_5$, F. 150—151°, analog **VI** aus DL-threo-β-[p-Nitrophenyl]-serinäthylester; 78%. M. Mirsch. 3900◇

0933 **Eine stereospezifische Totalsynthese von Griseofulvin.** Gilbert Stork und Maria Tomasz. (J. Amer. chem. Soc. **84**, 310—12, 1962; New York, N.Y., Columbia Univ., Chandler Labor.; engl.) — Durch Cycloaddition von 7-Chlor-4.6-dimethoxycumaranon-(3) an Methoxyäthinylpropenylketon (**I**) in Ggw. von K-tert.-Butylat in Diäthylenglykoldimethyläther bei Raum-Temp. wurde in einer Stufe *dl-Griseofulvin* [**II**; FF. 212—213° u. 225—226°, nach chromatograph. Reinigung; 5% (Ausbeute)] gewonnen. Diese Rk. ist allgemeinerer Anwendung zur Darst. cycl. Enoläther fähig. So ergibt Malonester mit Äthoxyäthinylpropenylketon (**III**) u. K-tert.-Butylat in tert.-Butanol *4.4-Dicarbäthoxy-5-methyl-3-äthoxycyclohexen-(2)-on-(1)* (F. 61—62°; 70%), das bei der Verseifung mit wss. KOH in *5-Methylcyclohexandion-(1.3)* (F. 130—132°) übergeht. Analog verläuft die Einw. von **I** auf den Malonester. Die genannten Rkk. von **I** u. **III** werden durch eine Michael-Addition an die Dreifachbindung eingeleitet, an die sich eine Cycloaddition an die Doppelbindung anschließt. Die hohe Stereospezifität bei der Bldg. von **II** ist wahrscheinlich darauf zurückzuführen, daß sich die Orbitals von Elektronendonor u. -acceptor im Übergangszustand der 2. Teil-Rk. wirksamer überlappen, wenn dieser konfigurativ **II** u. nicht dem Epimeren entspricht. — Die Darst. von **III** (Kp. 40—50° im Hochvakuum) gelang durch Einw. von Äthoxyäthinyllithium auf Crotonaldehyd u. Oxydation des sehr säure- u. alkaliempfindlichen *Äthoxyäthinylpropenylcarbinols* (Kp. 67° im Hochvakuum) mit völlig neutralem MnO_2 in CH_2Cl_2 (3 Std. bei Raum-Temp.). **III** wird durch Alkali rasch verändert u. sowohl durch kalte 5%ig. wss. HCl als auch durch sd. wss. A. zu *Crotonoylessigsäureäthylester* (*2.4-Dinitrophenylhydrazon*, F. 120—121°. Cu-Salz, F. 161°) hydratisiert. H. Pracejus. 3900◇

0934 **Polyacetylenverbindungen.** 35. Mitt. **Die Polyine aus Chrysanthemum frutescens L. und Artemisia dracunculus L.** Ferdinand Bohlmann und Käthe-Marie Kleine. (Chem. Ber. **95,** 39—46, 1962; Berlin-Charlottenburg, TU, Organ. Chem. Inst.; dt.) — 34. vgl. C. **1963,** 3240. — Aus den Wurzeln von *Chrysanthemum frutescens* L. werden durch Extraktion mit Ae./PAe. u. darauffolgende Chromatographie 3 unpolare Verbb. erhalten. Als Hauptprod. wird opt.-akt. *1-Phenyl-1-acetoxyhexadiin-(2.4)* (**I**) isoliert, das durch Verseifung opt.-akt. *1-Phenyl-1-hydroxyhexadiin-(2.4)* (**IIa**) liefert, das sich mit MnO_2 zu *1-Phenylhexadiin-(2.4)-on* (**III**) oxydieren läßt. Durch Oxydation des Hydrierungs-Prod. von **I** entsteht *Benzoesäure.* Die Acetylierung von **IIa** ergibt **I.** Durch die IR- u. UV-Spektren der Verbb. sowie experimentellen Ergebnisse wird die Struktur von **I, IIa** u. **III** bestätigt. Ein weiteres Polyin wird nach der Red. mit $NaHB_4$ als *Alkohol* chromatograph. isoliert. Dieser ist ident. mit *rac.-1-Phenyl-1-hydroxyhexadiin-(2.4)-* (**II**), das auch durch Red. des mit **III** ident. Oxydations-Prod. von **II** erhalten wird. **III** wird synthet. durch Kondens. der Li-Verb. von Methyldiacetylen mit Benzaldehyd über **II** u. MnO_2-Oxydation dargestellt. Bei der Verseifung von **I** mit KOH u. Erhitzen auf 50⁰ isomerisiert sich **II** in wenigen Min. zu *1-Phenylhexen-(2)-in-(4)-on.* Dieses wird synthet. durch Red. von **II** mit $LiAlH_4$ zu *Phenylhexen-(2)-in-(4)-ol* u. dessen Oxydation mit MnO_2 dargestellt. Bei der Chromatographie des Wurzelextrakts läßt sich im Anschluß an **I** u. **III** *3-[Butin-(2)-yl]-isocumarin* (**IV**) isolieren. Die polaren Fraktionen liefern 5 Polyine, von denen eine die Gruppe -C≡C—C≡CH mit endständigem Acetylenwasserstoff enthält. Die unpolaren Fraktionen von *Artemisia dracunculus* L. liefern geringe Mengen **III** u. *trans-Dehydromatricariaester* sowie ein Polyin, das auf Grund des IR- u. UV-Spektrums des oxydativen *Dimerisierungs-Prod.* u. der Hydrierung zu *n-Amylbenzol* als *Benzyldiacetylen* (**VI**) identifiziert u. durch Rk. von Diacetylen-mono-MgBr u. Benzylchlorid dargestellt wird. Ein weiteres Polyin läßt sich zu *n-Hexylbenzol* hydrieren u. wird als *1-Phenylhexadiin-(2.4)* (*Capillen*) identifiziert; daneben wird aus der PAe.-Lsg. des Wurzelextrakts **IV** gewonnen. Die partielle Hydrierung von **IV** liefert *3-Butylisocumarin* (**V**), die partielle Ozonisierung *Phthalsäure* u. *Pentin-(3)-säure-(1).* Die Biogenese von **IV** wird diskutiert. UV- u. IR-Spektren s. Original.

Versuche: *1-Phenylhexadiin-(2.4)-on* (**III**), F. 82⁰, a) durch Extraktion von 2 kg trockenen Wurzeln von *Chrysanthemum frutescens* mit Ae./PAe., Chromatographie des Rückstandes an SiO_2 u. Eluieren mit PAe.; b) durch 3std. Rühren von **II** mit akt. MnO_2; c) durch Chromatographie des Wurzelextrakts von *Artemisia dracunculus* L. mit PAe./Ae. (40 : 1). — *1-Phenyl-1-acetoxylhexadiin-(2.4)* (**I**), neben **III** durch Eluieren mit PAe./Ae. (50 : 1); 4 g (Ausbeute); b) durch Veresterung von **IIa** mit Acetanhydrid. — *opt.-akt.-1-Phenyl-1-hydroxyhexadiin-(2.4)* (**IIa**), $C_{12}H_{10}O$, F. 106⁰ (Ae./PAe.), durch vorsichtige Verseifung vorst. Wurzelextrakts mit 0,5n methanol. KOH; $[\alpha]_{578}^{21}$ +19⁰, $[\alpha]_{546}^{21}$ +22⁰, $[\alpha]_{436}^{21}$ +42⁰, $[\alpha]_{405}^{21}$ +54⁰, $[\alpha]_{365}^{21}$ +83⁰ (c = 12,0; Ae.); a) *rac.-Form* (**II**), F. 84⁰, a) durch Red. von **III** mit $NaBH_4$; b) durch Rk. der aus 1.4-Dichlorpentin-(2) u. $LiNH_2$ in fl. NH_3 erhaltenen *Methyldiacetylen-Li* mit Benzaldehyd. — *1-Phenylhexen-(2)-in-(4)-on,* $C_{12}H_{10}O$, F. 43,5⁰ (PAe.), a) durch $^1/_4$ std. Erwärmen von **I** mit 0,5n methanol. KOH auf 50⁰; b) durch Red. von **II** mit $LiAlH_4$ in Ae., 3std. Rühren mit MnO_2 u. Chromatographie. — *3-[Butin-(2)-yl]-isocumarin* (**IV**), $C_{13}H_{10}O_2$, F. 124⁰ (Ae./PAe.), a) durch Extraktion von 1,5 kg Wurzeln von *Artemisia dracunculus* L. mit Ae./PAe. (1 : 1) u. Lösen des Extrakts in PAe.; 0,4 g; b) neben **III** nach a) durch Eluieren mit PAe./Ae. (20 : 1); 10 mg. — *Phthalsäure,* a) durch Ozonisieren von **IV**; daneben *Pentin-(3)-säure,* F. 101⁰; b) analog aus **V**; daneben *Valeriansäure.* — *3-Butylisocumarin* (**V**), $C_{13}H_{14}O_2$, F. 45,5—46,5⁰ (PAe.), durch Hydrieren von **IV** in Ae. mit Lindlar-Katalysator. — *Benzyldiacetylen* (**VI**), $C_{11}H_8$, $Kp._{0,001}$ 45—50⁰, neben **IV** durch Chromatographie des öligen Anteils mit PAe. u. Hochvakuum-Dest. als 1. Fraktion; n^{22} 1,5726; 1,4 g. — *Dibenzyloctatetrain,* $C_{22}H_{14}$, F. 87⁰, a) durch 1std. Stehen von **VI** in Methanol mit Cu-Acetat in Pyridin u. W. bei 20⁰, Chromatographie u. Eluieren mit PAe./1% Ae. aus Methanol Blättchen; b) durch Rk. von Äthyl-MgBr u. Diacetylen in Ae., 2std. Kochen mit Benzylchlorid u. Behandeln mit Cu-Acetat. — *n-Amylbenzol,* durch Hydrieren von **VI** in Ae. an $Pd/BaSO_4$. — *1-Phenylhexadiin-(2.4)* (*Capillen*), $Kp._{0,001}$ 60—70⁰, neben **VI** durch Hochvakuum-Dest. (2. Fraktion); n^{21} 1,5792; 0,9 g. — *n-Hexylbenzol,* durch Hydrierung vorst. Verb. an $Pd/BaSO_4$. — *trans-Dehydromatricariaester,* neben **VI** durch Eluieren mit PAe./Ae. (40 : 1); 0,5 mg. J. Ruhnke. 3950□

0935 **Polyacetylenverbindungen.** 36. Mitt. **Über neue Polyintypen aus Chrysanthemum frutescens L.** Ferdinand Bohlmann und Käthe-Marie Kleine. (Chem. Ber. **95,** 602—10, 1962; dt.) — 35. vgl. vorst. Referat. — Die mehrfache Chromatographie des Wurzelextrakts von *Chrysanthemum frutescens* L. liefert in 5 Fraktionen *1-Phenylhexadiin-(2.4)-on-(1), 1-Phenyl-1-acetoxyhexadiin-(2.4)* u. *3-[Butin-(2)-yl]-isocumarin, Frutescin* (**I**) neben dem durch fraktionierte Kristallisation trennbaren *Desmethylfrutescin* (**II**), die ebenfalls trennbaren *Frutescinolacetat* (**III**) u. *Desmethylfrutescinolacetat* (**IV**) sowie *Frutescinon* (**V**). **I** nimmt durch Hydrierung an Pd 4 Mol H_2 unter Bldg. von *2-Hexyl-6-methoxybenzoesäuremethylester* auf u. bildet durch $KMnO_4$-Oxydation *3-Methoxyphthalsäure,* weshalb ihm die Konstit. des *2-[Hexadiin-(2.4)-yl]-6-methoxybenzoesäuremethylesters* zugeschrieben wird. Die analogen Rkk. mit **II** ergeben seine Struktur als *2-[Pentadiin-(2.4)-yl]-6-methoxybenzoesäuremethylester.* Durch oxydative Dimeridrierung von **II** mit CuCl u. O_2 entsteht *1.10-Bis-[3-methoxy-2-carbomethoxyphenyl]-decatetrain-(2.4.6.8).* **III** gibt durch Hydrierung u. Verseifung *2-[1-Hydroxy-n-hexyl]-6-methoxybenzoesäure-γ-lacton* (**VI**) u. wird daher als *2-[1-Acetoxyhexadiin-(2.4)-yl]-6-methylbenzoesäuremethylester* identifiziert. **V** gibt durch Hydrierung *2-[1-Oxo-n-hexyl]-6-methoxybenzoesäuremethylester,* der durch Na-Boranat-Red. **VI** liefert. Ihm kommt daher die Struktur des *2-[1-Oxohexadiin-(2.4)-yl]-6-methoxybenzoesäuremethylesters* zu. UV- u. IR-Spektren s. Original.

Versuche: *1-Phenyl-1-acetoxyhexadiin-(2.4),* durch 2malige Extraktion von 9 kg trockner Wurzeln von *Chrysanthemum frutescens* L. mit kaltem A., Chromatographie an Al_2O_3 u. Eluieren mit PAe./2—3% Ag (Eluat **G**); daneben *1-Phenylhexadiin-(2.4)-on-(1)* u. *3-[Butin-(2)-yl]-isocumarin.* — *2-[Hexadiin-(2.4)-yl]-6-methoxybenzoesäuremethylester* (*Frutescin;* **I**), $C_{15}H_{14}O_3$, F. 67⁰ (PAe./Ae.), durch erneute Chromatographie der vorst. mit PAe./5% Ae. erhaltenen Eluate von Kieselgel; 4,5 g (Ausbeute). — *2-n-Hexyl-6-methoxybenzoesäuremethylester,* $C_{15}H_{22}O_3$, $Kp._{0,5}$ 150—160⁰, a) durch Hydrieren von **I** in Methanol an $Pd/BaSO_4$ (Meth. **A**); b) durch 20std. Hydrieren von **III** in CH_3OH an $Pd/BaSO_4$. — *2-n-Hexyl-6-hydroxybenzoesäure,* $C_{13}H_{18}O_3$, F. 100⁰ (PAe.), durch 2std. Erhitzen vorst. Verb. mit 40%ig. HBr/Eisessig auf 100⁰. — *o-Methoxyphthalsäureanhydrid,* $C_9H_6O_4$, F. 161⁰ (Ae.), durch allmähliche Zugabe einer wss. $KMnO_4$-Lsg. zu einer Lsg. von **I** in Pyridin bei 50⁰, Extraktion des Filtrats mit Essigester u. Sublimieren des Extraktionsrückstandes im Vakuum. — *Desmethylfrutescin* (**II**; *2-[Pentadiin-(2.4)-yl]-6-methoxybenzoesäuremethylester*), $C_{14}H_{12}O_3$, F. 68,5⁰ (PAe./Ae.), durch Ausfällen von **G** mit ammoniakal. $AgNO_3$-Lsg., Zers. des *Ag-Salzes* mit KCN-Lsg. u. Chromatographie; 0,15 g. — *2-n-Pentyl-6-methoxybenzoesäuremethylester,* a) aus **II** nach **A** b) analog aus **IV**. — *1.10-Bis-[2-methoxycarbonyl-3-methoxyphenyl]-decatetrain-(2.4.6.8),* F. 150⁰ (Zers.; Ae./PAe.), durch 3std. Schütteln von **II** in Methanol mit CuCl u. NH_4Cl in sd. W. unter O_2 u. Chromatographie (Meth. **C**). — *Frutescinolacetat* (**III**; *2-[1-Acetoxyhexadiin-(2.4)-yl]-6-methoxybenzoesäuremethylester*), $C_{17}H_{16}O_5$, F. 52⁰ (Ae./PAe.), durch mehrfache Chromatographie von **G** u. Eluieren mit PAe./15% Ae.; $[\alpha]_{578}^{20}$ —10⁰, $[\alpha]_{546}^{20}$ —12⁰, $[\alpha]_{436}^{20}$ —25⁰, $[\alpha]_{405}^{20}$ —37⁰, $[\alpha]_{365}^{20}$ —64⁰ (c = 1,9; Ae.); 0,5 g. — *2-[1-Hydroxy-n-hexadiin-(2.4)-yl]-6-methoxybenzoesäure-γ-lacton,* $C_{14}H_{10}O_3$, F. 171,5⁰ (Chlf./Ae.), durch 3std. Kochen einer methanol. Lsg. von **III** mit p-Toluolsulfonsäure (Meth. **B**); $[\alpha]_{578}^{24}$ —10⁰, $[\alpha]_{546}^{24}$ —14⁰, $[\alpha]_{436}^{24}$ —58⁰, $[\alpha]_{405}^{24}$ —101⁰, $[\alpha]_{365}^{24}$ —259⁰ (c = 1,0; Chlf.). — *2-[1-Acetoxyhexyl]-6-methoxybenzoesäuremethylester,* aus **III** nach **A.** — *2-[1-Hydroxy-n-hexyl]-6-methoxybenzoesäure-γ-lacton* (**VI**; opt.-akt.), $C_{14}H_{18}O_3$, nach **B** aus vorst. Verb. in 5 Std.; $[\alpha]_{578}^{20}$ +35⁰, $[\alpha]_{546}^{20}$ +40⁰, $[\alpha]_{436}^{20}$ +56⁰, $[\alpha]_{405}^{20}$ +60⁰, $[\alpha]_{365}^{20}$ +57⁰ (c = 1,1; Ae.). *rac.-Form,* F. 45,9⁰ (PAe./Ae.), aus **V** nach **A** u. Red. mit $NaBH_4$. — *Desmethylfrutescinolacetat* (**IV**; *2-[1-Acetoxypentadiin-(2.4)-yl]-6-methoxybenzoesäuremethylester*), $C_{16}H_{14}O_5$, F. 78⁰ (Ae./PAe.), neben **III** bei der Chromatographie; $[\alpha]_{578}^{20}$ —1,6⁰, $[\alpha]_{546}^{20}$ —2,1⁰, $[\alpha]_{436}^{20}$ —6,3⁰, $[\alpha]_{405}^{20}$ —9⁰, $[\alpha]_{365}^{20}$ —14,7⁰ (c = 1,9; Ae.); 0,1 g. — *2-[1-Hydroxypentadiin-(2.4)-yl]-6-methoxybenzoesäure-γ-lacton,* (Polymerisation ab 125⁰) nach **B** aus vorst. Verb.

in 4 Std.; aus Ae. gelbliche Kristalle; gibt nach **C** schnell dunkelblau werdende Kristalle, die beim Erwärmen restlos polymerisieren. — *Frutescinon* (**V**; *2-[Hexadiin-(2.4)-on-(1)-yl]-6-methoxybenzoesäuremethylester*), $C_{15}H_{12}O_4$, F. 121°, durch Chromatographie von **G** u. Eluieren mit PAe./Ae. (4 : 1); aus Ae. gelbliche Kristalle; 0,1 g. J. Ruhnke. 3950□

0936 **Die Konstitution von Piceatannol.** J. Cunningham, E. Haslam und R. D. Haworth. (J. chem. Soc. [London] **1963**, 2875—83, Mai; Sheffield, Univ.; engl.) — Die für *Piceatannol* (**I**) bisher angenommene Struktur eines *1.3.4-Trihydroxy-2-[3.4-dihydroxystyryl]-5.6.7.8-tetrahydronaphthalins* konnte nicht bestätigt werden. Der *Pentamethyläther* (**IV**) dieser Verb. wurde synthetisiert, dessen Demetylierung allerdings nicht gelang. Die Verb. wurde daher in das *Dihydro-Deriv.* übergeführt, bei dessen Demethylierung ein Chinon entsteht, dessen Red. mit folgender Acetylierung die *Pentaacetyl-Verb.* ergab. Synth.-Verss. wurden zunächst aus 5.6.7.8-Tetrahydronaphthalintriol-(1.2.4) (**II**) bzw. seinen Derivv. unternommen. Das *Triacetat* (**IIa**) von **II** wurde aus Naphthochinon-(1.4) über *5.6.7.8-Tetrahydronaphthalindiol-(1.4)*, *5.6.7.8-Tetrahydronaphthochinon-(1.4)* (Oxydation mit $KBrO_3$) u. Acetylierung nach Thiele gewonnen. Der Vers., **II** mit 3.4-Dimethoxyphenylacetonitril nach Houben-Hoesch in 3-Stellung zu kondensieren, mißlang, statt des erwarteten Ketimins entstand vermutlich das *4-[3.4-Dimethoxyphenylacetimidoyl]-Deriv.*, dessen Hydrolyse **II** u. *3.4-Dimethoxyphenylessigsäure* ergab. Auch der Vers., die Lapachol-Synth. von Hooker (J. Amer. chem. Soc. **58**, [1936], 1163) auf 5.6.7.8-Tetrahydronaphthalin-Derivv. zu übertragen, mißlang. Jedoch gelang die Hydrierung des Kondens.-Prod. aus n-Heptanal u. 2-Hydroxynaphthochinon-(1.4) (**III**) zu *2-Heptyl-3-hydroxy-5.6.7.8-tetrahydronaphthochinon-(1.4)*. Die Anwendung der Hooker-Kondens. auf **III** u. 3.4-Dimethoxyphenylacetaldehyd führte durch das saure Rk.-Medium zur Selbstkondens. unter Bldg. von *6-[3.4-Dimethoxyphenyl]-2.3-dimethoxynaphthalin*. Die Synth. von **IV** gelang dann durch Chlormethylierung des **II**-Trimethyläthers (**IIb**), Überführung ins *Nitril* u. die *Säure*, Kondens. mit Veratrol, Red. u. Dehydratisierung des entstandenen Ketons. Die richtige Struktur von **I** als *Stilbentetraol-(3.4.3'.5')* folgt aus seiner Oxydation zu *Protocatechusäure* bzw. *-aldehyd* u. *3.5-Dihydroxybenzoesäure*. Ebenso gelang die Synth. von **I** aus 3.5-Dihydroxyphenylessigsäure u. Protocatechualdehyd.

Versuche: *5.6.7.8-Tetrahydronaphthalintriol-(1.2.4)* (**II**), $C_{10}H_{12}O_3$, F. 140—141° (zugeschmolzenes Röhrchen), durch ½ std. Kochen von 6,1 g **IIa** mit äthanol. HCl unter N_2; Nadeln aus Bzl.; 1,85 g (Ausbeute). *Trimethyläther* (**IIb**), $C_{13}H_{18}O_3$, F. 55—56°, durch schnelles Zufügen einer methanol. KOH-Lsg. zu einer kochenden Lsg. von 15 g **IIa** u. Dimethylsulfat in Methanol u. 1 std. Kochen; Nadeln aus wss. Methanol; 10 g. — *5.6.7.8-Tetrahydro-2-methoxynaphthochinon-(1.4)*, $C_{11}H_{12}O_3$, F. 172°, durch Verseifung von 26 g **IIa** mit äthanol. HCl, anschließend 20 std. Stehen mit äther. Diazomethan-Lsg. u. Chromatographie in Bzl. an Al_2O_3; gelbe Prismen aus Methanol; 7,4 g. — *2-Heptyl-5.6.7.8-tetrahydro-3-hydroxynaphthochinon-(1.4)*, $C_{17}H_{24}O_3$, F. 46°, durch 5 std. Hydrierung von 4 g 2-[Hepten-(1)-yl]-3-hydroxynaphthochinon-(1.4) mit Raney-Ni in A. bei 70°/100 at nach Sublimation bei 100°/0,01 mm; Nadeln; 1,9 g. — *5.6.7.8-Tetrahydro-2-hydroxy-3-phenäthylnaphthochinon-(1.4)*, $C_{18}H_{18}O_3$, F. 113°, durch Hydrierung von 4 g 2-Hydroxy-3-styrylnaphthochinon-(1.4) in A. (nach Hooker); Prismen aus wss. Methanol; 0,65 g — *6-[3.4-Dimethoxyphenyl]-2.3-dimethoxynaphthalin*, $C_{20}H_{20}O_4$, F. 179°, durch 1 std. Erhitzen von 2 ml 3.4-Dimethoxyphenylacetaldehyd, A., Eisessig u. konz. HCl auf 95°, dünne Plättchen aus A.; 1,4 g. — *2-Chlormethyl-5.6.7.8-tetrahydro-1.3.4-trimethoxynaphthalin*, $C_{14}H_{19}ClO_3$, F. 51,5°, durch 3½ std. Einleiten eines kräftigen HCl-Stroms in eine Lsg. von 7,7 g **IIb** in 40%ig. HCHO u. konz. HCl; Prismen aus wss. Methanol; 5,85 g. — *5.6.7.8-Tetrahydro-1.3.4-trimethoxynaphthyl-(2)-acetonitril*, $C_{15}H_{19}NO_3$, F. 58°, durch 2 std. Rühren von 2 g vorst. Verb. in Aceton mit einer wss. NaCN-Lsg. bei 35—40°; Blättchen aus Ae.; 1,6 g. — *5.6.7.8-Tetrahydro-1.3.4-trimethoxynaphthyl-(2)-essigsäure*, $C_{15}H_{20}O_5$, F. 135°, durch 6 std. Kochen von 0,5 g vorst. Verb. mit wss. äthanol. KOH; Plättchen aus wss. Essigsäure; 0,22 g. — *3.4-Dimethoxyphenyl-[5.6.7.8-tetrahydro-1.3.4-trimethoxynaphthyl-(2)-methyl]-keton*, $C_{23}H_{28}O_6$, F. 128°, durch ½ std. Rühren von 2,8 g vorst. Verb. mit 1,5 g Veratrol in Polyphosphorsäure bei 95°; Plättchen aus Methanol; 2,82 g. — *2-[3.4-Dimethoxystyryl]-5.6.7.8-tetrahydro-1.3.4-trimethoxynaphthalin* (**IV**), $C_{23}H_{28}O_5$, F. 81°, durch Extraktion von 3 g vorst. Verb. mit Ae. im Soxhlet, Eintropfen in eine kochende äther. $LiAlH_4$-Lsg., Zers. mit W. u. H_2SO_4, Extraktion mit Ae., Eindampfen des Extrakts u. 3 std. Erhitzen des Rückstandes (1,75 g) mit $KHSO_4$ auf 160°; Prismen aus A.; 1,35 g. — *Veratrumsäure*, F. 180°, durch Oxydation vorst. Verb. mit $KMnO_4$ in Aceton. — *2-[3.4-Dimethoxyphenäthyl]-5.6.7.8-tetrahydro-1.3.4-trimethoxynaphthalin*, $C_{23}H_{30}O_5$, F. 51°, durch Hydrieren von 1,0 g **IV** bei 25°/1 at in Methanol in Ggw. von Pd/Kohle (**A**); Nadeln aus Methanol; 0,85 g. — *2-[3.4-Dihydroxyphenäthyl]-5.6.7.8-tetrahydro-3-hydroxynaphthochinon-(1.4)*, $C_{18}H_{18}O_5$, F. 198°, durch ¼ std. Kochen von 0,1 g vorst. Verb. mit Pyridinhydrochlorid; orangefarbene Nadeln aus wss. Methanol; 0,07 g. — *1.2.4-Triacetoxy-3-[3.4-diacetoxyphenäthyl]-5.6.7.8-tetrahydronaphthalin*, $C_{28}H_{30}O_{10}$, durch Hydrieren von 0,1 g vorst. Verb. an **A** u. Acetylieren mit Pyridin/Acetanhydrid; Nadeln aus Methanol; 0,05 g. — *3.4.3'.5'-Tetraacetoxystilben-α-carbonsäure* (**V**), durch 8 std. Erhitzen von 5,8 g Na-3.5-Dihydroxyphenylacetat, 4,2 g 3.4-Dihydroxybenzaldehyd u. 30 ml Acetanhydrid auf 175°; gelb; amorph; 3,9 g. — *Piceatannol* [**I**; *Stilbentetraol-(3.4.3'.5')*], $C_{14}H_{12}O_4$, F. 229° (Zers.), a) durch Extraktion von Fichtenrinde mit Äthylacetat, enzymat. Hydrolyse der anfallenden Glykoside u. Chromatographie an Perlonpulver; b) durch 1 std. Decarboxylieren von 3,9 g **V** mit Cu u. Chinolin, Aufnehmen in Äthylacetat, Hydrolyse durch 2 std. Erhitzen mit 0,2 n NaOH auf 95° unter N_2, Chromatographie an Perlonpulver u. Eluieren mit Methanol–W. (1 : 1, 3 : 1) u. Methanol; Blättchen aus W.; 0,09 g. *Tetraacetat* (**Ia**), $C_{22}H_{20}O_8$, F. 115° (bei schnellem Erhitzen) nach 5 Min. langem Verweilen zwischen 115—120°, F. 127°; Nadeln aus Methanol. *Tetrabenzoat*, $C_{42}H_{28}O_8$, F. 153—154°, Nadeln aus Aceton–Methanol. *Tetramethyläther*, $C_{18}H_{20}O_4$, F. 64—66°, Nadeln aus Methanol. — *3.4-Dihydroxybenzaldehyd*, F. 153°, durch Oxydation von **Ia** in Tetrahydrofuran mit 5%ig. $KMnO_4$-Lsg. in Aceton, Entacetylieren, Chromatographie an Perlon u. Eluieren mit Methanol–W.; Nadeln aus Äthylacetat. — *3.5-Dihydroxybenzoesäure*, F. 230°, a) durch weiteres Eluieren mit methanolreicherem Gemisch; b) neben nachst. Verb.; Prismen aus Äthylacetat–Ligroin. — *Protocatechusäure*, F. 197—198°, durch Oxydation von **Ia** in Aceton mit wss. $KMnO_4$-Lsg., Chromatographie an Perlon u. Eluieren mit W. u. Methanol–W. (1 : 3 u. 1 : 1); aus W. Prismen. K. Gröbe. 3950◇

D. Makromolekulare Chemie

0937 **Polyelektrolytlösungen. (Ungelöste Probleme der Polymerwissenschaft.)** U. P. Strauss. (Nat. Acad. Sci. — Nat. Res. Council, Publ. Nr. **995**, 99—102, 1962; Strasbourg, Centre de Rech. sur les Macromoll.; engl.) — Bei den Polyelektrolyt-Lsgg. bestehen folgende Lücken in unserem Wissen: Ableitung wichtiger mol. Parameter aus experimentellen Daten; Beschreibung der Verteilung der kleinen Ionen in der Umgebung der Makroionen (unter Berücksichtigung der zwischen beiden Ionenarten wirkenden Kräfte); Art der Bindung der Gegenionen an die ionisierte Polymerkette; mangelnde Kenntnis der Wrkg. eines äußeren elektr. Feldes; Größe der Wechselwrkg. zwischen den ionisierten Kettensegmenten; Relaxationszeiten in verschiedenen Kraftfeldern; Ausdehnung der Verss. auf Polyampholyte, Polyseifen u. biolog. Polyelektrolyte; theoret. Deutung mol. Eigg. auf Grund der grundlegenden physikal. Gesetze. Zum Schluß wird auf die Notwendigkeit, Unterss. mit möglichst verschiedenen Meth. auszuführen, hingewiesen. O. Fuchs. 4000◇

0938 **Thermodynamik der Polymerlösungen. (Ungelöste Probleme der Polymerwissenschaft.)** Edward F. Casassa. (Nat. Acad. Sci. — Nat. Res. Council, Publ. Nr. **995**, 86—90, 1962; Pittsburgh, Pa., Mellon Inst.; engl.) — Die statist. Thermodynamik der Polymer-Lsgg. ist im Falle des Vorliegens sehr guter Lsgm., sehr hoher Molgew. oder starker Wechselwrkg. zwischen den Makromoll. noch unbefriedigend. Bei der Erweiterung der Theorie sind bes. die gleichzeitigen mehrfachen Wechselwrkg. der Segmente zu berücksichtigen; die Ursache für die Abhängigkeit des gemessenen Parameters der Mischungsentropie von der Meßmeth. ist noch unklar. Bei verzweigten Makromoll. fehlen Verss. zur Prüfung der Theorie; auch andere Erscheinungen (z. B. Abhängigkeit des 2. Virialkoeff. von der Verteilung, Verzweigung u. Taktizität; Abhängigkeit der physikal. Eigg. von Lsgg. von der Konz.; Vol. u. Elastizitätsmodul von gequollenen Netzwerken; Phasentrennung in Polymer-Lsgg.; thermodynam. Eigg. der Lsgg. von chem. uneinheitlichen Polymeren) erfordern weitere experimentelle u. theoret. Bearbeitung. O. Fuchs. 4000◇

0939 **Über thermomechanische Kurven von Polymeren bei konstanter Belastung.** B. Ja. Teitelbaum. (Hochmolekulare Verbind. [UdSSR] **4**, 655—61, 1962; Kasan, Filiale der Akad. der Wiss. der UdSSR, Chem. Arbusow-Inst.; russ., Auszug: engl.) — Die Meth., thermomechan. Kurven unter konst. Belastung aufzunehmen, unterscheidet sich wesentlich von der Meth. kurzzeitiger period. Belastungen. Die Meth., bei der unter kontinuierlicher Belastung u. Temp.-Erhöhung ein Stempel in die Probe des Polymeren gedrückt wird, zeigt nicht nur die mechan. Deformation unter Wrkg. der äußeren Kraft an, sondern auch die verschiedenen dilatometr. Effekte infolge physikal. u. chem. Vorgänge im Polymeren beim Erhitzen. Die unter konst. Belastung aufgenommenen thermochem. Kurven sind sehr gut reproduzierbar u. können als Charakteristika der Polymeren u. Indicatoren ihrer chem. Umwandlungen dienen. Helmut Schäfer. 4000△

0940 **Einige im Centre de Recherches sur les Macromolecules (CNRS) in Strasbourg gewonnene Forschungsergebnisse.** Charles Sadron. (Chim. et Ind. **89**, 62—66, 1963; Strasbourg, Centre de Rech. sur les Macromol.; franz.) — Nach Ausführungen zu der Organisation u. den Aufgaben des CNRS werden einige Ergebnisse von Forschungen auf dem Gebiet der Synth. u. Struktur von Makromoll. gestreift u. Struktur-Best. von Ketten-Makromoll. mittels Ultraschalladsorption sowie ein Beispiel für „organisierte" Polymere besprochen. M. Hagedorn. 4000◇

0941 **Hydrodynamische Eigenschaften von polymeren Molekülen in verdünnten Lösungen. (Ungelöste Probleme der Polymerwissenschaft.)** B. H. Zimm. (Nat. Acad. Sci. — Nat. Res. Council, Publ. Nr. **995**, 91—93, 1962; La Jolla, Calif., Univ., Dep. of Chem.; engl.) — Behandelt werden: Viscosität, Strömungsdoppelbrechung, Diffusion u. Sedimentation. Die Meßdaten stehen hier zwar für unendlich verd. Lsgg. u. im Falle eines Gaußschen Kettenmodells in brauchbarer Übereinstimmung mit der Theorie. Bei Vorliegen von Lsgg. endlicher Konz. oder von sehr steifen Moll. (z. B. *Cellulose* u. Derivv.) u. von Polyelektrolyten ist ein Vgl. nicht möglich, da die theoret. Grundlagen fehlen; dazu gehört auch der Einfl. der Molgew.-Verteilung u. der chem. Uneinheitlichkeit (z. B. bei Copolymeren). Auf der experimentellen Seite liegen noch Lücken vor hinsichtlich der Best. der Strömungsdoppelbrechung, der Sedimentations-Konst. oder des Fließverh. bei extremen Bedingungen. O. Fuchs. 4000◇

0942 **Röntgenkleinwinkelstreuung durch Polymerlösungen. (Ungelöste Probleme der Polymerwissenschaft.)** V. Luzzati. (Nat. Acad. Sci. — Nat. Res. Council, Publ. Nr. **995**, 103—05, 1962; Strasbourg, Centre de Rech. sur les Macromoll.; engl.) — Vf. gibt eine Übersicht über die von ihm u. Mitarbeitern an den Lsgg. verschiedener Makromoll. ausgeführten Röntgenkleinwinkelstreuungen (Best. von Molgew., Knäuelradius, Solvatation, Oberfläche, Unters. an Micellen, von Katalysatoren, mesomeren Phasen u. a.). — Vgl. hierzu C. **1962**, 15136; C. **1963**, 3560, 6623 u. 9990. O. Fuchs. 4000◇

0943 **Das Studium gelöster Fadenmoleküle mittels der Röntgenkleinwinkelmethode.** O. Kratky. (Kolloid-Z., Z. Polymere **182**, 7—24, 1962; Graz, Univ., Inst. für physikal. Chemie; dt.) — Vgl. C. **1962**, 9006. — Es wird eine Übersicht über die Streutheorie statist. verknäuelter Faden-Moll. gegeben u. die verschiedenen Möglichkeiten zur Berechnung der Streukurven werden erörtert. Auf der Basis des Persistenzmodells u. der Gliederkette läßt sich die Persistenzlänge (PL) von Faden-Moll. aus dem Übergangsbereich des mittleren $1/\vartheta^2$- u. des äußersten $1/\vartheta$-Bereiches in brauchbarer Näherung direkt bestimmen. Die Messung der Streuintensität relativ zur Primärintensität ermöglicht die Berechnung von Molgew. u. Massenbelegung pro Å, die experimentelle Technik dieser Meth. wird beschrieben. Am Beispiel von *Cellulosenitrat* (I)-Lsgg. wird die Best. der Gesamtgröße eines Faden-Mol.-Knäuels mittels der Röntgenkleinwinkel-Meth. beschrieben, gleichzeitig können die PL bestimmt u. Molgew. u. Polymerisationsgrad berechnet werden; die Verknäuelung von I scheint vom N-Geh. abhängig zu sein. Messungen an *Polymethacrylsäuremethylester* (II) (Molgew. 210000) in verschiedenen Lsgm. (Bzl., Toluol u. für II bei 23° als Θ-Lsgm. 50%ig. Butanol/Isopropanol-Gemisch) ergaben, daß die PL vom 2. Virialkoeff. unabhängig ist u. frühere Berechnungen der PL nur aus am Θ-Punkt gemessenen Streumassenradien richtig sind. Die PL von II beträgt a = 7,7 Å, der lineare Expansions-Koeff. von II in Toluol 1,37. An *Kautschuk*-Lsgg. wird demonstriert, daß die PL durch Schnitt des abs. gemessenen $1/\vartheta^2$-Bereiches mit dem in seiner Intensität berechneten $1/\vartheta$-Bereich bestimmt werden kann. In *Polyvinylbromid*-Lsg. tritt durch die Br-Atome als röntgenograph. hochwirksame Markierung ein Reflex auf, der dem Abstand benachbarter Atome entspricht (2,56 Å); für einen 2. Reflex bei 2,4 Å wurde keine gesicherte Deutung gefunden. G. Vetter. 4000◇

0944 **Röntgenkristallographische Untersuchungen und Kettenkonformationen in kristallinen Polymeren. (Ungelöste Probleme der Polymerwissenschaft.)** M. L. Huggins. (Nat. Acad. Sci. — Nat. Res. Council, Publ. Nr. **995**, 132—36, 1962; Menlo Park, Calif., Stanford Res. Inst.; engl.) — Durch die Entw. von Meth. zur Messung der Phasen der reflektierten Röntgenstrahlen sollten weitere Aussagen über die Struktur in kristallinen Polymeren möglich sein. Die Strukturanalyse von unvollständig orientierten Stoffen ist noch zu verbessern. Gewünscht werden ferner: Meth. zur Darst. größerer Einkristalle; Unters. des Zusammenhanges zwischen Struktur der kristallinen Anteile u. makroskop. Eigg. (z. B. Dichte, F.); Darst. u. Unters. von einfachen Modellsubstanzen (zwecks Vgl. mit *Polypeptiden*, biolog. interessanten Makromoll. u.a.); Ursache für das Auftreten von Röntgenstreuungen, die sehr großen Abständen entsprechen; Mechanismus der Kettenfaltung u. Zusammenhang mit anderen Eigg.; Aufbau der Kristallite durch Messen der Kleinwinkelstreuung; Einfl. von zwischenmol. H-Brücken auf das Kristallisieren (z. B. beim *Polyvinylalkohol*); Einfl. von irregulären Strukturen auf die Kristallisation; Best. der Seitenkettenanordnung, der Struktur der Blockcopolymeren, der Struktur in der Umgebung von Metallatomen in Koordinationspolymeren, der relativen Orientierung der Ferrocen-Ringe in Ferrocenpolymeren, des Zusammenhanges zwischen Struktur u. elektr. Eigg. in halbleitenden Polymeren. Solche Unterss. sind zu ergänzen durch Elektronen- u. Neutronenstreuung, IR-Spektroskopie, kernmagnet. Resonanz u. opt. Drehung. Auch in theoret. Hinsicht ist noch zusätzliche Arbeit zu leisten. O. Fuchs. 4000◇

0945 **Berechnung der Abstandsverschiebung für eine Kette eines kubischen Gitters dreifacher Wahl.** Noboru Tokita und W. R. Krigbaum. (J. Polymer Sci., Part A **1**, 1069—77, 1963; Durham, N.C., Duke Univ., Dep. of Chem.; engl.) — Rein theoret. Arbeit, in der ein Verf. zur Berechnung der Länge der Kettenverschiebung in einem kub. Gittermodell beschrieben wird; die Rotation um jede Bindung wird dabei berücksichtigt. O. Fuchs. 4000◇

0946 **Orientierung und spannungsinduzierte Kristallisation. (Ungelöste Probleme der Polymerwissenschaft.)** Richard S. Stein. (Nat. Acad. Sci. — Nat. Res. Council, Publ. Nr. **995**, 137—40, 1962; Amherst, Mass., Univ. of Massachusetts; engl.) — Eine Best. der Orientierung von kristallinen Bereichen in multiaxial orientierten Polymeren ist noch nicht möglich. Der Zusammenhang zwischen der Art der Orientierung, der Struktur u. dem physikal. Zustand des Polymeren ist unklar (Beispiele für ganz verschiedene Kristallachsenorientierung beim Ziehen verschiedener Polymerer werden angeführt). Der Einfl. des Orientierungsvermögens der Kristallite, der Größe u. Gestalt von Sphärolithen, des Orientierungszustandes der Kristallite in den Sphärolithen, der Kettenfaltung u. der Temperung auf die mechan. Eigg. ist zu untersuchen. Der Einfl. von äußeren

Spannungen auf den Betrag u. die Geschw. der Kristallisation kann für verschiedene Polymere sehr verschieden sein; die Unters. dieser Erscheinung ist wichtig für die Kristallisation von Fäden u. Filmen durch Extrusion. Die Meth. zur Unters. der Orientierung von amorphen Bereichen ist auszubauen (IR-Dichroismus, opt. Doppelbrechung).
O. Fuchs. 4000◇

0947 **Kinetik der Kristallisation und Morphologie von halbkristallinen Polymeren. (Ungelöste Probleme der Polymerwissenschaft.)** Leo Mandelkern. (Nat. Acad. Sci. — Nat. Res. Council, Publ. Nr. **995**, 122—26, 1962; Tallahassee, Fla., Florida State Univ., Inst. of Mol. Biophys.; engl.) — Geringe Unregelmäßigkeiten im Kettenaufbau äußern sich in der Gestalt der Kristallisationsisothermen; es fehlt aber noch eine quant. Meth. zur Best. solcher nichtkristallisierbarer Kettenelemente in einem kristallisierbaren Polymeren. Eine direkte Meth. zur Messung der Keimbildungs-Geschw. ist zu entwickeln; auch über die Natur der Keime besteht noch Unklarheit. Ferner sind noch folgende Fragen experimentell u. theoret. zu untersuchen: Einfl. der Kristallisations-Temp. u. von amorphen Anteilen auf die Morphologie; Wachstum u. Struktur der Sphärolithe; Mechanismus der Faltungsvorgänge u. Natur der Faltungen in polymeren Einkristallen. O. Fuchs. 4000◇

0948 **Die Glasumwandlung. Geschwindigkeitseffekte. (Ungelöste Probleme der Polymerwissenschaft.)** A. J. Kovacs. (Nat. Acad. Sci. — Nat. Res. Council, Publ. Nr. **995**, 112—17, 1962; Strasbourg, Centre de Rech. sur les Macromoll.; engl.) — Die Größe der Glas-Temp. T_g hängt von den Vers.-Bedingungen (Geschw. der Temp.-Änderung, therm. Vorgeschichte der Probe, mechan. Belastung u. a.) ab; die in der Literatur für das gleiche Polymere genannten T_g-Werte sind daher nicht immer miteinander vergleichbar. Nähere Aussagen über die mol. Beweglichkeit, über Wechselwrkg. u. Strukturänderungen in der Nähe von T_g müßten aus kinet. Unterss. möglich sein. Ferner ist der Einfl. von T_g auf weitere physikal. Eigg. (z. B. Spannungsrelaxation, Diffusion, dielektr. Relaxation) zu untersuchen. Auf 3 neuere kinet. Theorien der Glasumwandlung u. die Gültigkeitsgrenzen dieser Theorien wird hingewiesen. Ausführliche Literaturangaben.
O. Fuchs. 4000◇

0949 **Reaktionskinetik eines langkettigen Moleküls.** 2. Mitt. **Arends'-Lösung.** Joseph B. Keller. (J. chem. Physics **38**, 325—26, 1963; New York, N.Y., New York Univ., Courant Inst. of Mathemat. Sci.; engl.) — 1. vgl. C. **1963**, 20817. — Vf. leitet die Lsg. von Arends für einen Durchschnittsbruchteil der Folgen noch nicht reagierter Gruppen von n für n = 1, 2, ··· ab u. bedient sich hierzu einer unendlichen Reihe von Differentialgleichungen (s. auch Lloyd u. Alfrey jun. (J. chem. Physics **38**, [1963], 318.
H. Schroeder. 4000◇

0950 **Vernetzung und Pfropfung. (Ungelöste Probleme der Polymerwissenschaft.)** Gerald Oster. (Nat. Acad. Sci. — Nat. Res. Council, Publ. Nr. **955**, 29—31, 1962; Brooklyn, N.Y., Polytechn. Inst. of Brooklyn; engl.) — Über den Mechanismus der Vernetzungs- u. Pfropf-Rkk. von Polymeren besteht keine Klarheit. Ferner fehlen bei vernetzten Prodd. brauchbare Meth. zu deren Charakterisierung (Quellverss. u. mechan. Teste gelten nur für ideale Syst., IR ist zu wenig charakterist., kernmagnet. Resonanz ist zu unempfindlich). Bei den Pfropfcopolymeren ist eine Trennung zwischen Homo- u. Pfropfpolymeren schwierig.
O. Fuchs. 4000◇

0951 **Abbau durch Wärme, Oxydation und Strahlung. (Ungelöste Probleme der Polymerwissenschaft.)** Leo A. Wall. (Nat. Acad. Sci. — Nat. Res. Council, Publ. Nr. **995**, 32—36, 1962; Washington, D.C., Nat. Bur. Standards; engl.) — Bei der therm. Zers. von Polymeren ist bes. der Einfl. der Struktur, des Molgew. u. dessen Verteilung am Anfang sowie der Viscosität näher zu untersuchen. Zur Deutung des therm.-oxydativen Abbaues sind Unterss. an Modellsubstanzen erforderlich; auf das Vorliegen unklarer Vers.-Ergebnisse wird hingewiesen. Bei der Photooxydation fehlen genauere Verss. über die abs. Geschw.-Konst., die Nacheffekte u. die Radikalkonzentration. Bei der Zers. unter der Einw. energiereicher Strahlen treten wesentliche Änderungen der chem. Struktur auf, gleichzeitig werden Ionen, instabile Zwischenprodd., Moll. mit angeregten Zuständen, Radikale u. a. gebildet, deren Art, Menge u. Diffusions-Verh. im Polymeren noch näher zu untersuchen ist, z. T. in Abhängigkeit von Spuren von Verunreinigungen. O. Fuchs. 4000◇

0952 **Einfluß freier Radikale auf die Protonenresonanz bestrahlter Polymerer.** Atsushi Komaki, Syukuro Yano, Hiroshi Yoshida u. Seizo Okamura. (J. physic. Soc. Japan **17**, 581, 1962; Kyoto, Univ., Dep. of polymer Chem.; engl.) — Zur Messung des Einfl. freier Radikale auf das kernmagnet. Resonanzspektrum (KMR) eines *Niederdruckpolyäthylens* wurde dieses im Vakuum bei Zimmer-Temp. mit ^{60}Co bestrahlt, bei gleicher Temp. gemessen u. mit dem paramagnet. Elektronenspin-Resonanz (ESR)-Spektrum verglichen. Bis $1 \cdot 10^8$ r erfolgt keine Änderung des KMR-Spektrums. Die Relaxationszeit T_1 wurde in Abhängigkeit von der Konz. der Radikale untersucht, die durch unterschiedliche Strahlungsdosis erzeugt wurde. Die paramagnet. Relaxationszeit $1/T_1$ ist proportional der Radikal-Konz. u. verschwindet beim Erhitzen. Da $1/T_{1p}$ nach Blumberg auch von der Spin—Gitter-Relaxationszeit τ abhängt, konnte diese danach zu ca. 10^{-6} s bestimmt werden. Die direkte Messung von τ im ESR-Spektrum bestätigt dies. H. Hein. 4010◇

0953 **Über die Natur der Induktionsperiode bei der Polymerisation von Äthylen am Chromoxid-Katalysator.** O. K. Scharajew, K. W. Toptschijewa, A. I. Perelman und A. W. Toptschijew. (Petrochemie [UdSSR] **2**, 187 bis 188, 1962; Akad. der Wiss. der UdSSR, Inst. für petrochem. Synth.; Moskau, Univ., Lehrstuhl für phys. Chem.; russ.) — Bei der Polymerisation von *Äthylen* am Cr-Oxid-Kontakt (I) bei 120° wird eine 10 Min. lange Induktionsperiode beobachtet. Diese läßt sich durch eine 5 oder 10 Min. lange Vorbehandlung von I mit Isooctan bei 120° verkürzen bzw. ganz beseitigen. Es wird angenommen, daß sich während der Induktionsperiode durch Red. von Cr^{6+} die bei der Polymerisation katalyt. wirksamen Zentren ausbilden.
Helmut Schäfer. 4010△

0954 **Sterische Strukturen bei der Copolymerisation.** M. Berger. (J. Polymer Sci., Part A **1**, 1601—08, 1963; Linden, N.J., Esso Res. and Engng. Co., Central Basic Res. Labor.; engl.) — Für die Copolymerisation von 2 Monomeren M_1 u. M_2, die je für sich allein isotakt. Polymere bilden, wird auf Grund der r-Werte die Abhängigkeit der mittleren Sequenzlängen von M_1 u. M_2 vom Mischungsverhältnis M_1/M_2 berechnet. Weiter wird daraus ein graph. Verf. zur Best. des krist. Anteils im Copolymeren angegeben. Die Ergebnisse werden auf das *Äthylen–Propylen-Copolymere* angewandt. O. Fuchs. 4010◇

0955 **Über Relaxations-Erscheinungen in kristallinen Polyolefinen.** W. A. Kargin, T. I. Ssogolowa und N. P. Pawlitschenko. (Hochmolekulare Verbind. [UdSSR] **4**, 738—42, 1962; Akad. der Wiss. der UdSSR, Inst. für petrochem. Synth.; Physikal.-Chem. Karpow-Inst.; russ.; Auszug: engl.) — Es wurden die Abhängigkeit der Deformierbarkeit von der Temp. (—80 bis +120°) u. die Relaxations-Eigg. von techn., geschmolzenem u. abgekühltem, amorphem u. isotakt. *Polypropylen, Copolymeren* aus *Äthylen* u. *Propylen* sowie *Nieder-* u. *Hochdruckpolyäthylen* bei Einw. einer sinusartigen Kraft von konst. Amplitude untersucht. Die untersuchten Polymeren besitzen unter diesen Bedingungen ein breites Relaxationsspektrum. Bei der techn. Verwertung von krist. Polymeren muß der Charakter der Relaxationsvorgänge berücksichtigt werden. Helmut Schäfer. 4010△

0956 **Olefinpolymerisationen und Polyolefinmolekulargewichtsverteilung.** James C. W. Chien. (J. Polymer Sci., Part A **1**, 1839—56, 1963; Wilmington, Del., Hercules Powder Co., Hercules Res. Center; engl.) — Äthylen (I) wurde unter Verw. von $(C_5H_5)_2TiCl_2$ u. $Al(CH_3)_2Cl$ (II) polymerisiert; II war mit ^{14}C markiert (Einbau von $^{14}CH_3$-Gruppen beim Start der Polymerisation). Aus dem Geh. an ^{14}C in *Polyäthylen* (III) wurde M_n erhalten. M_w wurde aus Viscositätsmessungen bestimmt. Die so für 11 **III**-Proben erhaltenen Werte von $U = M_w/M_n$ werden mit den aus der Fraktionierung von **III** berechneten verglichen. Der mittlere Unterschied zwischen den nach beiden Meth. für 8 Proben (mit η_{sp}/c zwischen 0,5 u. 2,36) erhaltenen U-Werten beträgt 25%; bei den 3 anderen Proben mit $\eta_{sp} = 3{,}28$ u. höher u. mit sehr großem U sind die Abweichungen zwischen beiden Meth. beträchtlich. Während der I-Polymerisation fällt I zunächst ab u. steigt dann auf einen Grenzwert an (Verss. bis t = 200 Min.). U fällt mit steigender Polymerisations-

Temp. (Verss. zwischen 0 u. 60°) ab (bedingt durch die Zunahme der Start- u. Abbruchs-Geschw. u. die höhere Aktivierungsenergie des Abbruchvorganges). Bei Erhöhung der Katalysator-Konz. steigt U an (infolge stärkeren Abbruches der niedermol. Ketten). Eine Zunahme des Verhältnisses Al/Ti begünstigt die Kettenübertragung, wodurch U fällt; gleichzeitig nimmt der Grad der Abhängigkeit von U von t ab. Die Zahl der akt. Gruppen der wachsenden **III**-Kette geht mit wachsendem t durch ein Maximum u. fällt dann auf einen Grenzwert ab (bestimmt aus dem Geh. an ^{131}J in **III** nach Abbruch der Rk. mit markiertem J_2). Ferner wurde Propylen mit α-$TiCl_3$ u. $Al(C_2H_5)_2Cl$ polymerisiert. U des erhaltenen *kristallinen Polypropylens* (**IV**) fällt mit steigendem t ab (Verss. bis t = 3000 Min.); der Abfall ist bei einer Polymerisations-Temp. von 50° stärker als bei 90°, außerdem ist U bei 50° durchweg größer als bei 90°. U von **IV** ist unabhängig von der Katalysator-Konz., vom Al/Ti-Verhältnis u. vom Monomerdruck. U des gleichzeitig entstandenen *amorphen Polypropylens* (**V**) ist von t u. den anderen Polymerisationsbedingungen unabhängig; daraus folgt, daß bei der Bldg. von **V** die Kettenübertragung keine Rolle spielt. Über die Berechnung von M_w u. M_n aus kinet. Daten vgl. die eingehenden mathemat. Ausführungen im Original.

O. Fuchs. 4010◇

0957 **Über die Abhängigkeit der Aktivierungsenergie für viscoses Fließen von Polykohlenwasserstoffen von der Raumerfüllung der Substituenten.** Hans Schott. (J. appl. Polymer Sci. **6**, S 29—S 30, 1962; Edgewater, N.J., Lever Brothers Co.; engl.) — Die Viscosität η geschmolzener Polymerer läßt sich in Abhängigkeit von der Aktivierungsenergie E* (Kcal/Mol) für viscoses Fließen durch $\eta = A \exp(E^*/RT)$ wiedergeben. Dabei hängt E* von der Raumerfüllung (gegeben durch das Molvol. beim Kp.) von an der Polymerenkette hängenden Substituenten ab. Für eine Reihe von Poly-KW-Stoffen der allg. Zus. $-CH_2-CXY-$ (*Polyäthylen, Polypropylen, Polyisobutylen, Polystyrol* u. *Poly-α-methylstyrol*) kann E* durch $\log E^* = 0{,}784 + 0{,}0060\, V_{X+Y}$ ausgedrückt werden, wobei $V_H = 3{,}7$ ml, $V_C = 14{,}8$ ml, $V_{Bzl.} = 15{,}0$ ml sind. Die Werte für V_{X+Y} liegen dann zwischen 7,4 (für X = Y = H) u. 118,2 (für $X = CH_3$, $Y = C_6H_5$), entsprechend E* zwischen 6,5 u. 32,0 Kcal/Mol. Den niedrigsten bekannten E*-Wert hat *Polydimethylsiloxan* mit 3,6—4,3 Kcal/Mol.

R. Sattelmeyer. 4010◇

0958 **Katalytische und kinetische Aspekte der stereospezifischen Polymerisation von Olefinen.** G. Natta und I. Pasquon. (Kinetik u. Katalyse [UdSSR] **3**, 805—29, 1962; russ.) — Übersicht über die stereospezif. Polymerisation von *α-Olefinen*, bes. *Propylen*, wobei Katalysatoren, Mechanismus u. Kinetik der Polymerisation zu isotakt. u. syndyotakt. Polymeren erörtert werden. — 78 Literaturangaben.

Helmut Schäfer. 4010△

0959 **Wärmeleitfähigkeit; spezifische Wärme. (Ungelöste Probleme der Polymerwissenschaft.)** Malcolm Dole. (Nat. Acad. Sci. — Nat. Res. Council, Publ. Nr. **995**, 127—31, 1962; Evanston, Ill., Northwestern Univ.; engl.) — Über die Wärmeleitfähigkeit von Polymeren u. ihren Zusammenhang mit der Struktur ist nur wenig bekannt. Die Meth. zur Messung der spezif. Wärme c_p von Polymeren ist zu verbessern. Die Kenntnis von c_p bei sehr tiefen Temp. sowie von c_p von Kristallen, die aus verd. Lsg. bzw. aus der Schmelze erhalten wurden, ist von großem theoret. Interesse. Die Natur der aus c_p-Messungen gefundenen Umwandlung bei 70° von *Polypropylen* (**I**) (Gemisch aus *isotakt.* u. *atakt.* **I**) ist noch unbekannt. Der Kristallisationsgrad β von Copolymeren sollte aus c_p-Messungen bestimmbar sein. Auch die Glasumwandlungs-Temp. T_g läßt sich aus dem Temp.-Verlauf von c_p bestimmen (wichtig zur Best. des Zusammenhanges zwischen T_g einerseits u. der Taktizität u. der therm. Vorgeschichte andererseits). Über c_p von Polymeren im fl. Zustand ist zu wenig bekannt. Die Ursache für die verschiedenen β-Werte von *Polyäthylen*, bestimmt aus Röntgen- u. kalorimetr. Messungen, ist noch unbekannt. Schließlich wird auf die Notwendigkeit hingewiesen, auch die Theorie weiter auszubauen.

O. Fuchs. 4010◇

0960 **Kolonnenfraktionierung von Polymeren.** 1. Mitt. **Chromatographie im großen Maßstab.** M. J. R. Cantow, Roger S. Porter und Julian F. Johnson. (J. Polymer Sci., Part C **1963**, 187—94; Richmond, Calif., California Res. Corp.; engl.) — Ausführliche Mitt. zu der C. **1962**, 13590 referierten Arbeit zur Fraktionierung von Polymeren nach dem chromatograph. Prinzip. Es werden 6 parallelgeschaltete mit Glaskügelchen gefüllte Al-Kolonnen von je 1 m Länge u. 2,5 cm Innendurchmesser verwendet. Bei der Fraktionierung wird ein Temp.-Gradient aufrechterhalten. Auf diese Weise wurden bis zu 50 g *Polyisobutylen* unter Verw. von Bzl. als Lsgm. u. Aceton als Nichtlöser bei einem Temp.-Gradienten von 28 bis 50° in zahlreiche Fraktionen zerlegt. Die Reproduzierbarkeit ist gut. Bei der nochmaligen Fraktionierung von 2 Fraktionen ergibt sich für diese eine Uneinheitlichkeit $U = M_w/M_n - 1$ von 0,013 u. 0,020. Mit der gleichen Kolonne wurden 40 g *Polyvinylacetat* (Bzl. als Lsgm., Isopropanol als Nichtlöser, 28—60°) fraktioniert.

O. Fuchs. 4010◇

0961 **Kolonnenfraktionierung von Polymeren.** 2. Mitt. **Vorrichtung für Lösungsmittelgradient- und Fließkontrolle.** J. F. Gernert, M. J. R. Cantow, Roger S. Porter und Julian F. Johnson. (J. Polymer Sci., Part C. **1963**, 195 bis 203; engl.) — 1. vgl. vorst. Referat. — Die Reproduzierbarkeit der Fraktionierung von Polymeren in einer Kolonne mit Temp.-Gradient hängt von der Gleichmäßigkeit des Lsgm.-Gradienten u. von der Konst. der Strömungs-Geschw. v ab. Vff. beschreiben 2 automat. arbeitende Vorr., mit denen sowohl beliebige Gradienten u. v eingestellt als auch beide Größen konst. gehalten werden können. Durch diese Maßnahmen wird ferner die Bedienung der App. vereinfacht.

O. Fuchs. 4010◇

0962 **Ermittlung der Anzahl der Doppelbindungen in den Isobutylen–Isopren-Copolymeren durch Ozonisierung in Gegenwart von Di-n-butylsulfid.** Alfred Maillard, Antonin Deluzarche und Jean-Pierre Dole Robbe. (Bull. Soc. chim. France **1963**, 549—50; Strasbourg, Inst. de Chim. de Strasbourg, Labor. de Chim. Organ.; franz.) — Ein *Isobutylen–Isopren-Copolymeres* (**I**) wird in CCl_4-Lsg. in Ggw. von Di-n-butylsulfid (**II**) ozonisiert. Die Änderung der Intrinsicviscosität wird gemessen u. der Abbau chem. durch Hydrolyse des *Ozonids* u. Best. der Carbonylgruppen mit $NH_2 \cdot OH$ verfolgt. In Ggw. von **II** werden durch O_3 nur selektiv die Doppelbindungen von **I** erfaßt, nicht aber, wie früher in Verss. ohne **II** beschrieben wurde, die einfachen Bindungen angegriffen. Der viscosimetr. exakt ermittelbare Grad der Ungesättigtheit deckt sich mit den Werten, die nach der Hg-Acetat/Jodid-Meth. (mit stöchiometr. Faktor 2,61 statt 3,0) u. durch Carbonylgruppen-Best. erhalten werden. Gewisse Doppelbindungen sind mit O_3 anscheinend schwerer aufspaltbar, was mit der cis- oder trans-1.4-Struktur des Isoprens erklärt wird. Auf die mögliche präparative Verw. der selektiv-totalen Aufspaltung der Doppelbindungen durch O_3 für den Aufbau von Copolymeren in Sequenzanordnung durch Polyaddition wird hingewiesen.

M. Hagedorn. 4010◇

0963 **Untersuchung der stereospezifischen Polymerisation von Isopren in Benzollösung mit Lithiummetall.** Jean Minoux. (Makromolekulare Chem. **61**, 22—39, 1963; Strasbourg, France, Centre des Recherches sur les Macromolécules; franz.) — Zuerst wird gezeigt, daß bei der Polymerisation von *Isopren* (**I**) mit Li-Metall auch in nichtpolaren Lsgm. Organo-Li-Verbb. entstehen, die bifunktionell sind; die von ihnen initiierte *Polyisopren*-Kette hat 2 akt. Enden. Der Beweis erfolgt durch Copolymerisation von **I** mit *Styrol* in Ggw. von Li, Oxydation des Copolymerisates mit O_3 in Ggw. von Dibutylsulfid, wobei in den ersten 10 Min. nur die **I**-Doppelbindungen angegriffen werden, u. Messen des *Polystyrol*-Anteils (14,29 μ Absorptionsbande im IR; Molgew.-Best. in Chlorbenzol durch Lichtstreuung). Dann wird aus der Polymerisations-Geschw. u. dem Molgew. der reinen **I**-Polymeren gefolgert, daß die Kettenenden $-CH_2-CH{=}C(CH_3)-CH_2-Li^+$ einfach die monomeren Moll. aneinanderreihen, solange sie nicht an reversiblen Assoziationskomplexen beteiligt sind. Die gleichzeitige Entw. des stereospezif. Aufbaues der Polyisoprene wird erörtert.

M. Hagedorn. 4010◇

0964 **Polymerisation von Dienkohlenwasserstoffen unter dem Einfluß magnesiumorganischer Verbindungen.** B. A. Dolgoplossk, B. L. Jerussalimski, A. P. Kawunenko und A. W. Merkurjewa. (Hochmolekulare Verbind. [UdSSR] **4**, 1333—37, 1962; Akad. der Wiss. der UdSSR, Inst. für hochmol. Verbb.; russ., Auszug: engl.) — Das Syst. $(C_4H_9)_2 \cdot Mg-C_4H_9MgJ$ initiiert die Polymerisation von Butadien u. Diisopropenyl bei 100° u. von Chloropren bei 40—60° in Hexan. *Polybutadien* u. *Polydiisopropenyl* sind in Bzl. vollständig, *Polychloropren* nur z. T. löslich. Der partielle Verlust

an Doppelbindungen weist auf eine intermol. Cyclisierung der polymeren Ketten hin. Molgew. u. Ausbeute an Polymeren erhöhen sich mit zunehmendem Verbrauch der prim. Mg-organ. Verbindung. Für den Mechanismus der Polymerisation wird eine sukzessive metallorgan. Synth. angenommen.
Helmut Schäfer. 4010△

0965 **Einfluß der Temperatur auf die direkte radiochemische Aufpfropfung von Styrol auf Polytetrafluoräthylen- und auf Polyvinylchlorid-Filme.** Adolphe Chapiro und Akira Matsumoto. (J. Polymer Sci. **57**, 743—61, 1962; Bellevue, Labor. de Chim. des Radiations, C.N.R.S.; franz.) — Die Meth. der direkten radiochem. Aufpfropfung von *Styrol* (I) auf *Polytetrafluoräthylen*-Filme (II) wird beschrieben. Die Pfropfung wurde bei 40 u. 60° durchgeführt. Die Ergebnisse entsprechen früheren Unterss. bei 19°. Bei Variierung der Strahlungsintensität wurde festgestellt, daß für 40° bei 6 bis 8 rad/s u. für 60° bei über 35 rad/s eine krit. Intensität liegt, oberhalb der die Aufpfropfung nicht mehr im gesamten Film, sondern nur noch in einer Oberflächenschicht stattfindet. Der Umsatz der Rk. wurde gegen die Rk.-Zeit logarithm. aufgetragen. Es ergeben sich Geraden mit der Steigung 1,5 bis 1,6 für 40° u. 1,0—1,2 für 60°, was eine Selbstbeschleunigung der Rk. beweist. Der Exponent β aus der Gleichung $C\% = Kt^{\beta}$ für obige Kurven wird als Selbstbeschleunigungs-Koeff. bezeichnet. Bei höheren Temp. wurde eine Erhöhung der krit. Intensität u. ein Abfallen von β beobachtet, was Vff. mit der Zunahme der Diffusion von I in II u. mit der zunehmenden Quellung der Filme, die eine höhere Beweglichkeit der Ketten bedingt, erklären. Letzteres konnte durch Quellungs-Verss. mit gepfropften Filmen in Styrol u. Toluol gezeigt werden. Die radiochem. Aufpfropfung von I auf *Polyvinylchlorid*-Filme wurde bei 60° untersucht. Die Rk. ist nicht mehr von der Diffusion abhängig. Die Umsatzkurven sind gerade, d. h. die Rk.-Geschw. ist der Wurzel der Intensität proportional. Bei geringer Intensität wurde jedoch eine schwache Krümmung der Umsatzkurven beobachtet. Vff. vermuteten inhomogene Diffusion von I, oder daß die Benzolringe des bereits aufgepfropften I dem II ein radiochem. „Schutzphänomen" verleihen.
H. Hein. 4010◇

0966 **Untersuchungen über Molekulargewichtsverteilungen von Hochpolymeren.** 4. Mitt. **Polystyrole, die mit Azoisobutyronitril als Starter dargestellt wurden.** J. W. Breitenbach und H. G. Burger. (Mh. Chem. **93**, 733—45, 1962; Wien, Univ., Inst. für Phys. Chem.; dt.) — 3. vgl. Makromolekulare Chem. **54**, [1962], 60. — Es wird die Molgew.-Verteilung von *Polystyrolen* untersucht, die durch Polymerisation von unverd. Styrol mit Azodiisobutyronitril als Starter (0,5—6·10⁻³ Mol/Mol Styrol) im Temp.-Bereich 30—90° erhalten worden waren. Unter diesen Bedingungen kann die Beteiligung der Kettenübertragung an der Beendigung des Wachstums eines Ketten-Mol. vernachlässigt werden. Es wird gezeigt, daß aus den vorhandenen Molgew.-Verteilungen der Anteil der Kettenaddition u. der Kettendisproportionierung an der Abbruchs-Rk. berechnet werden kann. Esterer überwiegt stets u. nimmt mit steigender Polymerisations-Temp. zu. Eine Erklärungsmöglichkeit wird diskutiert.
W. Betcke. 4010◇

0967 **Kinetik der Inhibierung der Radikalpolymerisation.** 4. Mitt. **Einfluß von Mono- und Dinitrobenzolderivaten auf die initiierte Polymerisation von Styrol.** F. Tüdös, I. Kende und M. Azori. (Hochmolekulare Verbind. [UdSSR] **4**, 1262—70, 1962; Budapest, Akad. der Wiss. von Ungarn, Zentrales Chem. Forschungsinst.; russ., Auszug: engl.) — Aromat. Mono- u. Dinitro-Verbb. (Nitrobenzol, o-, p-Nitrotoluol, p-Nitrochlorbenzol, -anisol, p-Nitrobenzoesäureäthylester, o-, m-, p-Dinitrobenzol, 2.4-Dinitrotoluol) hemmen die initiierte Polymerisation von *Styrol*.
Helmut Schäfer. 4010△

0968 **Kinetik der Inhibierung der Radikalpolymerisation.** 5. Mitt. **Einfluß von p-Benzochinon und seinen Derivaten auf die initiierte Polymerisation von Styrol.** F. Tüdös und L. Simándi. (Hochmolekulare Verbind. [UdSSR] **4**, 1271—81, Aug. 1962; russ., Auszug: engl.) — 4. vgl. vorst. Referat. — Es wurde die Kinetik der Inhibierung der initiierten Polymerisation von *Styrol* durch o-, p-Xylochinon, p-Benzochinon, Toluchinon, Methoxychinon, Chlor-p-benzochinon u. Trimethyl-p-benzochinon untersucht. Der log der relativen Rk.-Fähigkeit der Chinone hängt linear von dem Redoxpotential der Chinone ab. Der stöchiometr. Koeff. ist kleiner als der theoret. berechnete. Er vermindert sich mit Erhöhung der Anzahl u. Größe der Substituenten.
Helmut Schäfer. 4010△

0969 **Über die Bewertung mikrotaktischer polymerer Ketten nach der Temperaturabhängigkeit ihrer Dimensionen.** O. B. Ptitzyn. (Hochmolekulare Verbind. [UdSSR] **4**, 1445—46, 1962; russ., Auszug: engl.) — Die Ähnlichkeit der Dimensionen der isotakt. u. atakt. Moll. von *Polystyrol*(I) u. *Polypropylen* widerspricht nicht der Annahme völlig unterschiedlicher Konformationen für die isotakt. u. syndyotakt. Moll. in Lösung. In der Temp.-Abhängigkeit der Dimensionen besteht ein großer Unterschied. Für den Ausdruck $d\ln h_0^2/d\ln T$ (h = Abstand zwischen den Enden der Kette) wurde für isotakt. I der Wert $\simeq -1$, für syndyotakt. I $\simeq 0$ berechnet. Der gefundene Wert von $\simeq -0{,}5$ für atakt. I zeigt, daß atakt. I bestimmte Mengen von isotakt. u. syndyotakt. gebundenen monomeren Einheiten enthält.
Helmut Schäfer. 4010△

0970 **Zur Frage der Beweglichkeit der Makromoleküle von Polyhalogenstyrolen.** 1. Mitt. **Untersuchung über die Molekularbewegung in Poly-2-fluor-5-methylstyrol nach der Methode des dielektrischen Verlustes und der Polarisation.** G. P. Michailow und T. I. Borissowa. (Hochmolekulare Verbind. [UdSSR] **4**, 1732—38, 1962; Akad. der Wiss. der UdSSR, Inst. für hochmol. Verbb.; russ., Auszug: engl.) — Es wurde die Molekularrelaxation von *Poly-2-fluor-5-methylstyrol* (I) durch Messung der dielektr. Verluste u. der Polarisation bei —160 bis +160° untersucht. Die Phenylgruppen in glasförmigem I haben eine Restbeweglichkeit. Infolge der starken Wechselwrkg. zwischen den Phenylgruppen liegen die Relaxationszeiten in der Nähe der Werte für die Bewegung von Makromolekülen vom Segmenttyp. Bei höheren Temp. werden die Relaxations-Eigg. von I durch einen einzigen Molekularrelaxationsprozeß bestimmt, in den beide Formen der therm. Bewegung übergehen, die I bei niedrigen Temp. eigen sind. Helmut Schäfer. 4010△

0971 **Elektronenspin-Resonanz von bestrahltem Polyoxymethylen.** Hiroshi Sasakura, Nozomu Takeuchi und Toshiaki Mizuno. (J. physic. Soc. Japan **17**, 572, 1962; Nishiku, Osaka, Ind. Res. Inst.; engl.) — *Polyoxymethylen* (I) wurde mit Elektronenstrahlen (van de Graaf-Generator) bei Trockeneis-Temp. u. mit ^{60}Co γ-Strahlen bei Zimmer-Temp. bestrahlt. Das ESR-Spektrum wurde mit einer Modulation des Magnetfeldes von 5 Gauß u. 1 Gauß aufgenommen. Das elektronenbestrahlte I ergab ein Dublett, vermutlich von dem A-Radikal —O—$\dot{C}$H—O herrührend, ein Singulett für das B-Radikal —O—CH—O· u. weitere C-Radikale (Tripletts) der vermutlichen Struktur —$\dot{C}H_2$. Das γ-bestrahlte I ergab nur das A-Radikal. Da es 5 Tage bestrahlt wurde, konnte kein B-Radikal anwesend sein, da dessen Lebensdauer nur ein Tag beträgt. H. Hein. 4010◇

0972 **Untersuchung der kernmagnetischen Protonenresonanz von Wasser in Kunststoffen.** Ernst Golling. (Z. angew. Physik **14**, 717—22, 1962; Erlangen, Siemens-Schuckertwerke Akt.-Ges., Forsch.-Labor.; dt.) — Vf. untersuchte, inwieweit mit einem Kernresonanzspektrometer (16 MHz u. 3750 G) der Feuchtigkeits-Geh. (0,09—8 Gew.%) in *Epoxidharz-* (*Araldit B* u. *Phthalsäureanhydrid*) bzw. *Polyamid*-Proben (*Ultramid BM*, *A* u. *S*) bestimmt werden kann u. welche Aussagen aus der Messung der Spin—Gitter- u. der Spin—Spin-Relaxationszeit über die Art des Einbaues des Wasser-Mol. gewonnen werden können (ermittelte Nachw.-Grenze bis 0,1—0,5 Gew.-% W. im Kunststoff). Die Eigg. der absorbierten Wasser-Moll. entsprechen einem Zustand zwischen Eis u. freier Flüssigkeit. R. Schäff. 4010◇

0973 **Phenylensulfid-Polymere.** 3. Mitt. **Die Synthese von linearem Polyphenylensulfid.** Robert W. Lenz, Carl E. Handlovits und Harry A. Smith. (J. Polymer Sci. **58**, 351—67, April 1962; Midland, Mich., Dow Chem. Co., Polymer Res. Labor.; engl.) — 2. vgl. C. **1960**, 13384. — Das durch seine ausgezeichnete Thermostabilität interessante lineare *Polyphenylensulfid* (I) wurde aus den *Li-* (F. 325°), *Na-* (F. 315°) u. *K-* (F. 325°)-Salzen von *p-Bromthiophenol* u. aus den *Na-Salzen* von p-*Fluor-* (F. >400°), *p-Chlor-* (F. 375°), *p-Brom-* u. *p-Jodthiophenol* (F. 220°) durch Polykondens. bei 10—20° unterhalb der FF. der Monomeren gewonnen. Eine Rk. in fester Phase ist wahrscheinlich. Polymerisation oberhalb der FF. ohne Lsgm. führt zu unlösl. u. unschmelzbaren Produkten. Messungen der Polymerisations-Geschw. wurden bei Lsg.-Polymerisationen in Pyridin vorgenommen. Die Reaktivität der Na-Salze fällt in der Reihenfolge J > Br > F ∼ Cl u. entspricht derjenigen einer Modell-Rk. zwischen Na-Thiophenolat u. p-Halogendiphenylsulfid. Die Reihenfolge der Reaktivität der Alkali-p-Bromthiophenolate ist Li > Na > K. Die Rk.-Mechanismen werden diskutiert. Die Chlor- u. Fluor-Derivv. zeigen den „Effekt der bevorzugten Polymeren-Bldg.“, d. h., die Polymerisatendgruppen besitzen eine größere Reaktivität als die Monomeren. I ist an der Luft u. unter N_2 bis 400° stabil, dann tritt an der Luft bis 700° fast vollständiger Abbau ein, während unter N_2 bis 600° nur ein 50%ig. Gew.-Verlust beobachtet wird. J. Runge. 4010◇

0974 **Polymerisation von Trichloracetaldehyd mit metallorganischen Katalysatoren.** G. Je. Ssemenido, D. Je. Iljina, M. W. Schischkina und B. A. Krenzel. (Ber. Akad. Wiss. UdSSR **147**, 1386—88, 1962; Akad. der Wiss. der UdSSR, Inst. für petrochem. Synth.; russ.) — Bei der Polymerisation von Chloral in Ggw. von n-Butyl-Li in n-Hexan unter Ar bei —78° (5—10 Std. rühren) werden amorphes u. kristallines *Polychloral* in einer Gesamtausbeute von 24,5% bei 10 Std. Rk.-Dauer erhalten. Der Anteil des krist. Polymeren erhöht sich mit zunehmender Konz. des Katalysators. Helmut Schäfer. 4010△

0975 **Die anionische Polymerisation von Crotonaldehyd.** Jerry N. Koral. (Makromolekulare Chem. **62**, 148—63, 1963; Stamford, Conn., Stamford Res. Labor.; engl.) — Verschiedene tert. Phosphine, deren pK_s 8 ist, wurden als akt. Katalysatoren für die Polymerisation von *Crotonaldehyd* eingesetzt. Die experimentellen Daten werden mit einer Polymerstruktur erklärt, die durch eine Vinylpolymerisation des Crotonaldehyds mit einer gleichzeitig stattfindenden Cyclisierung einiger Aldehydgruppen entsteht. Die Polymerisations-Geschw. ist abhängig von Temp., Monomer- u. Katalysator-Konz. u. der DK des Lsgm.; das Molgew. hingegen ist von diesen Variablen fast unabhängig. Der Abbruch geschieht durch Kettenübertragung auf das Monomere, verbunden mit einer Reinitiierung durch Monomeranionen. Vff. schlägt einen Mechanismus der Ladungstrennung vor, der beim Startschritt eine Einw. des tert. Phosphins berücksichtigt. Das Polymere wird durch das Molgew. u. durch die Intrinsicviscosität charakterisiert. Mittels IR-Spektren wurden Carbonyl-, konjugierte Carbonyl-, Hydroxyl- u. Äthergruppen nachgewiesen. Die Adsorptionsbanden im UV zeigen, daß 80% der konjugierten Carbonylgruppen einfach konjugiert sind. Als Katalysatoren wurden $(C_3H_7)_3P$ (pK_s 8,64), $(C_4H_9)_3P$ (pK_s 8,43), $C_6H_5(C_2H_5)_2P$ (pK_s 6,25), $(C_6H_5)_3P$ (pK_s 2,73), $(C_2H_5)_3N$ (pK_s 10,65), $(C_2H_5)_3Al$ u. C_4H_9Li eingesetzt. Erfolgreich verlief die Polymerisation nur mit den tert. Phosphinen. W. Janka. 4010◇

0976 **Redoxharze auf der Basis von Vinylanthrachinonen-(9.10).** G. Manecke und W. Storck. (Angew. Chem. **74**, 903—04, 1962; Berlin, MPG, Fritz-Haber-Inst.; dt.) — Durch therm. Copolymerisation von *2-Vinylanthrachinon* (I) mit *Styrol* u. Divinylbenzol als Vernetzer in Dimethylsulfoxid (II) wurden bei prakt. quant. Umsatz *vernetzte Polymere* erhalten, die nach Sulfochlorierung u. anschließender Verseifung unlösl., in W. begrenzt quellbare Redoxharze darstellen. I wurde durch Pyrolyse von 2-[α-Acetoxyäthyl]-anthrachinon erhalten. Hierbei erlaubt II, das Monomerenverhältnis in weiten Grenzen zu variieren. Zugabe von n-Butylacetat ergibt *Polymere* mit Schwammstruktur. I kann durch *1-Vinylanthrachinon* ersetzt werden, jedoch liegen die dann erreichbaren Redoxkapazitäten wegen der schlechteren Copolymerisation wesentlich tiefer. Die Harze sind im ganzen pH-Bereich stabil u. besitzen ein sehr niedriges Redoxpotential. Sie lassen sich im alkal. Medium mit Na-Dithionit u. $NaBH_4$ reduzieren. Die Oxydation ist mit Stoffen möglich, deren Redoxpotential <0,7 V ist. Stärkere Oxydationsmittel in üblichen analyt. Konzz. greifen die Harze bei längerer Einw. langsam an. W. Hein. 4010◇

0977 **Vinylcopolymerisation.** 1. Mitt. **Copolymerisation von Acrylonitril mit Methylmethacrylat.** Momotaro Suzuki, Hajime Miyama und Shiro Fujimoto. (Bull. chem. Soc. Japan **35**, 57—60, 1962; Yokosuka, Defense Acad., Dep. of Chem.; engl.) — *Acrylonitril* u. *Methylmethacrylat* werden in verschiedenen Mischungsverhältnissen bei 30,5° unter Zusatz von 1.1'-Azo-bis-[cyclohexyl-(1)-cyanid] (7,56 · 10^{-3} Mol/Liter) als Sensibilisator für die Lichtpolymerisation copolymerisiert. Aus den beobachteten Geschw. des Temp.-Anstieges werden die Copolymerisations-Geschw. nach der Thermistor-Meth. berechnet. Die aus dem Vgl. dieser Ergebnisse mit solchen nach der üblichen analyt. Meth. erhaltene Copolymerisationswärme paßt gut zu der Gleichung von Alfrey (J. Polymer Sci. **4**, [1949], 222). Auch die Inkonstanz von Φ (Verhältnis der Geschw.-Konst. für den Vernetzungsabbruch zum geometr. Mittel der Geschw.-Konst. für den Kettenabbruch jedes einzelnen Monomeren) kann nach der Theorie von Arlman (Proc. Roy. Soc. [London], **A 203**, [1950], 301) erklärt werden. Es wird gefolgert, daß die Abbruch-Konst. für gemischte Radikale größer als für homogene Radikale sind u. die Geschw.-Konst. einer normalen Vernetzungsabbruch-Rk. (∼∼ BB· + A· ∼∼) ca. 10mal größer als die einer solchen nach (∼∼ AB· + A· ∼∼) ist. M. Hagedorn. 4010◇

0978 **Vinylcopolymerisation.** 2. Mitt. **Copolymerisation von Acrylonitril mit Styrol und Vinylacetat.** Momotaro Suzuki, Hajime Miyama und Shiro Fujimoto. (Bull. chem. Soc. Japan **35**, 60—63, 1962; engl.) — 1. vgl. vorst. Referat. — Die Copolymerisation von *Acrylonitril* (**I**) mit *Styrol* (**II**) u. mit *Vinylacetat* (**III**) wird bei 20,0° durchgeführt. Die Copolymerisationswärmen stimmen wieder mit der Gleichung von Alfrey (vgl. l. c.) überein. Ebenso können auch die Inkonstanz von Φ im **I/II**-Syst. nach Arlman erklärt u. dieselbe Schlußfolgerung wie l. c. gezogen werden. Im **I/II**-Syst. konnte Arlmans Theorie nicht angewendet werden; die Differenz zwischen den Reaktivitätsverhältnissen von **I** u. **III** führt für die Φ-Werte zu einer großen Fehlerbreite. M. Hagedorn. 4010◇

0979 **Cyclopolymerisation.** 1. Mitt. **Struktur von Polyacrylsäureanhydrid.** J. Mercier und G. Smets. (J. Polymer Sci., Part A **1**, 1491—99, 1963; Louvain, Univ., Labor. de Chim. Macromol.; engl.) — *Polyacrylsäureanhydrid* (**I**) wurde in der früher (vgl. C. **1963**, 6250) beschriebenen Weise hergestellt. Die IR-Analyse (C=O-Banden bei ca. 1750 u. 1810 cm^{-1}) von I zeigt, daß je nach den Polymerisationsbedingungen 2 Typen von cycl. 6atomigen Anhydriden verschiedener Struktur auftreten: Bei der Polymerisation bei 35° in Cyclohexanon (II) entsteht *syndyotakt.* I, das beim Erhitzen auf 97° oder durch Ggw. von Säurespuren in *isotakt.* I übergeht (Vgl. mit den IR-Spektren der meso- u. racem. Form von α.α'-Dimethylglutarsäureanhydrid); letztere Form entsteht auch bei der Polymerisation in Dimethylformamid. Wird die Polymerisation in Bzl. bei 60° durchgeführt, so entstehen nach IR-Analyse (1780 u. 1860 cm^{-1}) spurenweise auch 5atomige cycl. Einheiten, stärker bei der Polymerisation in Xylol bei 115°. I enthält stets auch Doppelbindungen (Vinylbande bei 1625 cm^{-1}), deren Konz. mit wachsender Monomer-Konz. zu Beginn der Polymerisation ansteigt. Quant. wurde der Geh. an Vinylseitengruppen durch chem. Analyse (Bromometrie) bestimmt. Daraus ergibt sich das Verhältnis der Geschw.-Konst. des Vinylwachstums zu der der Cyclisierung bei 35° für eine Polymerisation in II zu 0,17. Bei Erhöhung der Polymerisations-Temp. (Verss. bei 27—70° in II) wird die Cyclisierungs-Rk. begünstigt; der Unterschied der Aktivierungsenergien zwischen Wachstum u. Cyclisierung ergibt sich zu 2,4 kcal Mol^{-1}. O. Fuchs. 4010◇

0980 **Viscosität des mit Diäthylphthalat weichtgemachten Polyalkylmethacrylats.** 1. Mitt. **Poly-n-butylmethacrylat.** Akio Teramoto, Reisuke Okada und Hiroshi Fujita. (J. physic. Chem. **67**, 1228—35, 1963; Osaka, Japan, Osaka Univ., Dep. of Polymer Sci.; engl.) — *Poly-n-butylmethacrylat* (**I**) wird in Diäthylphthalat (**II**)-Lsg. (mit 0—100% **I**) bei 0—120° in 6 Viscosimetertypen auf sein Viscositäts (η)-Verh. untersucht. Die Kurve logη/Gew.-Anteil I zeigt im Bereich sehr hoher Konzz. bei >60° einen bisher nur bei *Polyäthylen*/niedrig mol. *Paraffin*-Mischungen einen nach unten geneigten konvexen Verlauf. Die Theorie von Fujita-Kishimoto des freien Vol. für die Viscosität hochkonz. Lsgg. amorpher Polymerer wird so abgeändert, daß sie, bei stetigem Fließen, der Viscositätsabhängigkeit von Temp. u. Konz. gerecht wird für den Fall, daß der Vol.-Anteil von **II** klein genug ist (<0,2) u. die Temp. nicht zu nahe dem Glasübergangspunkt von **I** (20—27°) liegt. Außerhalb dieser Grenzen führt die Theorie zu einer anomalen Schlußfolgerung. M. Hagedorn. 4010◇

0981 **Der Abbau von Polyäthylenterephthalat durch Methylamin. — Eine Untersuchung mittels Infrarot- und Röntgenstrahlen-Methoden.** G. Farrow, D. A. S. Ravens und I. M. Ward. (Polymer [London] **3**, 17—25, 1962; Harrogate, Yorkshire; engl.) — *Polyäthylenterephthalat*-Proben (0—48% kristalliner Anteil) wurden verschiedene Zeiten in wss. Methylamin-Lsg. bei Raum-Temp. geschüttelt, mit Äthylenglykol (**I**) von 60° extrahiert u. der Gew.-Verlust ermittelt. Berechnung der grundmolaren Viscositätszahlen, Best. der Hydroxylendgruppen mit IR u. der Kristallinität mit Röntgenstrahlen; Molgew. der abgebauten Fraktion 7600—9200. Als in **I** lösl. Material wurde *N.N'-Dimethylterephthaldiamid* ($C_{10}H_{12}N_2O_2$) identifiziert. Nach raschem anfänglichen Abbau des amorphen Anteils werden bei weiterem Abbau sowohl der amorphe als auch der kristalline Anteil angegriffen. U. Stürzer. 4010

0982 **Die Bestimmung des relativen Grades der Durchhärtung von Copolymeren aus ungesättigten Polyestern und Styrol durch differentielle thermische Analyse.** G. B. Johnson, P. H. Hess und R. R. Miron. (J. appl. Polymer Sci. **6**, Nr. 22, S19—S21, 1962; Richmond, Calif., California Res. Corp.; engl.) — Ein ungesätt. *Polyester* wurde durch Rk. von *Isophthalsäure* (**I**) mit *Propylenglykol* (**II**) u. Umsetzung mit *Maleinsäureanhydrid* (**III**) (Mol-Verhältnis **I**: **II**: **III** = 1: 2,1: 1) hergestellt. Eine Lsg. von 50 Gew.-% dieses Polyesters in Styrol wurde mit Methyläthylketonperoxid als Katalysator u. Co-Naphthenat als Beschleuniger gehärtet. Nach gewissen Zeitabständen genommene Proben wurden mit CO_2 gekühlt u. in Pulverform bei einer Temp.-Steigerung von 10°/Min. der differentiellen therm. Analyse unterworfen, wobei **I** als Bezugssubstanz diente. Die beim Nachhärten freiwerdende Wärme ist proportional der Fläche des Thermogramms u. ergibt, bezogen auf die freiwerdende Wärmemenge einer ungehärteten Polyester-Styrol-Lsg., die relative Durchhärtung des Syst. an; die gemessenen Werte schwanken zwischen 63,4% (nach 2 Std.) u. 82,8% (nach 24 Std.). Diese Meth. ist einfacher als die auf Grund von Biegeeigenschaften. R. Sattelmeyer. 4010◇

0983 **Herstellung von Copoly-[carbonat/urethanen] aus Polycarbonaten.** Veronika S. Foldi und Tod W. Campbell. (J. Polymer Sci. **56**, 1—9, 1962; Wilmington, Del., E. I. du Pont de Nemours & Co., Inc., Textile Fibers Dep., Pioneer Res. Div., Exper. Stat.; engl.) — *Poly-2.2-bis-[4-hydroxyphenyl]-propancarbonat* (**I**) wurde durch Umsetzung von 2.2-Bis-[4-hydroxyphenyl]-propan mit einem Überschuß an $COCl_2$ in Pyridin oder in einem Grenzflächen-Syst. (W./Dichlormethan) mit NaOH als Säureacceptor hergestellt, mit Diaminen wie *Piperazin, Äthylendiamin, Hexamethylendiamin, p-Xylylendiamin, Hydrazin* u. *m-Phenylendiamin*, in homogener Phase zu niedermol. *N.N'-Alkylen(Arylen)-2.2-bis-[4-carbamoyloxyphenyl]-propanen* abgebaut u. mit $COCl_2$ polymerisiert. Die aus den Copolymeren erhaltenen Filme zeigen gegenüber **I** eine bessere Hydrolysenbeständigkeit. E. Anton. 4010◇

0984 **Einige Polyamide von Dicarbonsäuren, die zwei p-Phenylengruppen enthalten.** W. A. W. Cummings und K. Whittaker. (J. appl. Chem. **12**, 86—90, 1962; Pontypool, Mon., British Nylon Spinners Ltd., Res. Dep.; engl.) — Die Herst. (über die Diammoniumsalze) u. einige Eigg. von *Polyamiden* werden beschrieben, die synthetisiert werden aus *Hexamethylendiamin* (**X**) oder *Dekamethylendiamin* (**XI**) u. *4'.4-Bis-[carboxymethyl]-diphenyl* (**I**), *4.4'-Bis-[β-carboxyäthyl]-diphenyl* (**II**), *Bis-[4-carboxymethylphenyl]-methan* (**III**), *Bis-[4-β-carboxyäthylphenyl]-methan* (**IV**), *1.2-Bis-[4-carboxymethylphenyl]-äthan* (**V**), *1.2-Bis-[4-β-carboxyäthylphenyl]-äthan* (**VI**), *Bis-[4-carboxymethylphenyl]-äther* (**VII**), *Bis-[4-β-carboxyäthylphenyl]-äther* (**VIII**) bzw. *Bis-[4-γ-carboxypropylphenyl]-äther* (**IX**).

Versuche: *4.4'-Bis-[β-carboxyäthyl]-diphenyl* (**II**), $C_{18}H_{18}O_4$, F. 300—302° (Essigsäure), aus 4.4'-Dipropionyldiphenyl nach Willgerodt über das mit S u. Morpholin hergestellte (nicht isolierte) Thiomorpholid u. dessen Hydrolyse mit alkohol. NaOH durch Kochen während 16—20 Stunden. **XI**-*Salz*, F. 290—300°. — *Bis-[4-carboxymethylphenyl]-methan* (**III**), $C_{17}H_{16}O_4$, F. 267—268° (Ä./Essigsäure), aus Bis-[4-acetylphenyl]-methan entsprechend **II**. **X**-*Salz*, F. 244°. **XI**-*Salz*, F. 214°. — *1.2-Bis-[4-β-carboxyäthylphenyl]-äthan* (**VI**), $C_{20}H_{22}O_4$, F. 224—225° (Methanol), aus 1.2-Bis-[4-propionylphenyl]-äthan entsprechend **II**. **X**-*Salz*, F. 216°, **XI**-*Salz*, F. 220°. — *Bis-[4-β-carboxyäthylphenyl]-äther* (**VIII**), $C_{18}H_{18}O_5$, F. 192—194°, aus Bis-[4-propionylphenyl]-äther entsprechend **II**, aber Reinigen der rohen Säure über den Dimethylester u. Verseifen mit alkohol. NaOH. *Dimethylester*, $C_{20}H_{22}O_5$, F. 49,5—50,5° (Leichtbenzin). **XI**-*Salz*, F. 210°. — *Bis-[4-γ-carboxypropylphenyl]-äther* (**IX**), $C_{20}H_{22}O_5$, F. 172 bis 173°, aus der Diketosäure (aus Diphenyläther u. Bernsteinsäureanhydrid nach Friedel-Crafts) durch Red. in Lsg. von Glykol u. NaOH mit NH_2–NH_2 nach Wolff-Kishner, Reinigen der Rohsäure über den Dimethylester u. Verseifen mit alkohol. NaOH. *Dimethylester*, $C_{22}H_{26}O_5$, Kp.$_{0,05}$ 218 bis 219°. **X**-*Salz*, F. 185°. — *Polyamide* aus **I** bis **IX** mit **X** oder **XI**, durch Erhitzen der Salze im Einschlußrohr $^3/_4$—3 Std. u. anschließend ohne Druck, beides unter N_2. Die Inhärentviscosität (I V.) wird in 0,5%ig. Lsg. von 90% Phenol-W. bestimmt. — *Polyamid* aus **I** u. **XI**, Erweichungspunkt (EP) $>$300° (grau), durch 3std. Rk. bei 290°. — *Polyamid* aus **II** u. **XI**, EP $>$315° (grau), durch 3std. Rk. bei 315°. — *Polyamid* aus **III** u. **X**, EP 257°, durch 3std. Rk. bei 260° u. 1std. Rk. bei 285°; IV. 0,78; grau. — *Polyamid* aus **III** u. **XI**, EP 243°, durch 3std. Rk. bei 230° u. $1^1/_4$std. Rk. bei 285°; IV. 0,99; grau. — *Polyamid* aus **IV** u. **X**, EP 269°, durch 3std. Rk. bei 240° u. $1^1/_2$std. Rk. bei 295°; IV. 0,58; grau. — *Polyamid* aus **IV** u. **XI**, EP 235°, durch 3std. Rk. bei 230° u. $1^1/_4$std. Rk. bei 285°; IV. 0,84; grau. — *Polyamid* aus **V** u. **X**, EP 308°, durch 2std. Rk. bei 250°; braun. — *Polyamid* aus **V** u. **XI**, EP $>$310°, durch 2std. Rk. bei 295°; rehfarben. — *Polyamid* aus **VI** u. **X**, EP 303°, durch 3std. Rk. bei 260° u. 1std. Rk. bei 330°; IV. 0,34; grau. — *Polyamid* aus **VI** u. **XI**, EP 255°, durch 3std. Rk. bei 240° u. $1^1/_4$std. Rk. bei 290°; grau. — *Polyamid* aus **VII** u. **X**, durch $^3/_4$std. Rk. bei 270° u. $1^1/_2$std. Rk. bei 260°; IV. 0,58; weiß, opak. — *Polyamid* aus **VIII** u. **X**, EP 239°, durch 1std. Rk. bei 240° u. 2std. Rk. bei 285°; IV. 0,64; lederfarben, opak. — *Polyamid* aus **IX** u. **X**, EP 183°, durch 2std. Rk. bei 220° u. $1^1/_2$std. Rk. bei 230°; IV. 0,58; blaßgelb durchscheinend. M. Hagedorn. 4010◇

0985 **Fluorierte cyclische Polysulfide und ihre Polymeren.** O. G. Krespan und W. R. Brasen. (J. org. Chemistry **27**, 3995—4000, 1962; Wilmington, Del., E. I. du Pont de Nemours & Co., Central Res. Dep., Exp. Station; engl.) — Die direkte Umsetzung zwischen *Tetrafluoräthylen* (**I**) mit *S* gelingt beim Durchleiten von **I** durch sd. S. Dabei entstehen in guten Ausbeuten *Tetrafluor-1.2.3-trithiolan* (**II**) u. *Tetrafluor-1.2.3.4-tetrathian* (**III**). Die Rk.-Temp. liegt bei ca. 445°. Bei höheren Temp. entstehen Crackprodd. wie CS_2 u. Thiocarbonylfluorid. Weiterhin werden aus diesen Verbb. Polymere u. Copolymere hergestellt, die durch kernmagnet. Resonanz untersucht werden. Zur Best. der Stabilität der S—S-Bindung werden Verss. beschrieben u. der Rk.-Mechanismus diskutiert.

Versuche: *Tetrafluor-1.2.3-trithiolan* (**II**), $C_2F_4S_3$, Kp.$_{15}$ 26—32° (gelbes Öl), aus **I** u. S bei Normaldruck; 10% (Ausbeute); daneben *Thiocarbonylfluorid, Trifluorthioacetylfluorid, Bis-[trifluormethyl]-disulfid, CS_2, Bis-[trifluormethyl]-trisulfid* u. **III**. — *Tetrafluor-1.2.3.4-tetrathian* (**III**), $C_2F_4S_4$, Kp.$_{15}$ 59—61°, F. 12,5° (hellgelb), aus **I** u. S analog; n_D^{25} 1,5447; 44%. — *Oktafluor-1.2.5-trithiepan* (**V**), $C_4F_8S_3$, Kp.$_{20}$ 40—42°, aus **I**, S u. CS_2 bei 300°; 24%; daneben **IV**, Kp. 80—81°; 37%. — Rk. von **I** mit S-Überschuß unter Druck: Meth. A) Umsetzung von S u. **I** in CS_2 bei einem Mol-Verhältnis von 2: 1 bei 300° u. Eigendruck ergibt nach Dest. 1. *Oktafluor-1.4-dithian* (**IV**), Kp. 79—81°, daneben CS_2; 20%; 2. **II** u. **V**; 3. **II** u. **III** u. einen viscosen Rückstand; Meth. B: Umsetzung von S u. **I** in CS_2 bei einem Mol-Verhältnis von 4: 1 bei 300° ergibt **IV** (5%), **II** (7%), **V**, **III** (23%). — *Polytetrafluor-1.2-dithietan*, $(C_2F_4S_2)_n$, aus **III** u. **I** in CS_2 bei 150 bis 200° u. Eigendruck; 76%. — Pyrolyse von **III**: 10std. Erhitzen von **III** auf 300° bei Eigendruck ergibt **IV** neben einer geringen Menge *2-[Trifluormethyl]-pentafluor-1.3-dithiolan*, 43%. — Durch Pyrolyse von teilweise polymerisiertem **II** wird **IV** (39%) erhalten. — Pyrolyse von **V**: 10std. Erhitzen von **V** auf 300° ergab **IV** (42%) neben unumgesetztem **V** (10%). — *Polytetrafluor-1.2.3.4-tetrathian* (**VI**) $(C_2F_4S_4)_n$, F. 55—60°, durch Zugabe von **III** zu Acetonitril bei —40°; 80%. — Pyrolyse von **VI**: 10std. Erhitzen von **VI** auf 300° bei Eigendruck ergab nach der Dest. 56% **IV**. — *Polyoktafluor-1.2.5-trithiepan*, aus **V** in Acetonitril in Ggw. von Triäthylamin; 80%. — *Polytetrafluor-1.2.3-trithiolan* $(C_2F_4S_3)_n$, aus **II** u. Trimethylphosphit in Pentan bei —80°; 18%. E. Anton. 4010◇

0986 **Oxydative Dehydropolykondensation von 2.6-Dimethyl-3.5-diäthinylpyridin und 9.10-Diäthinyl-9.10-dihydroxy-9.10-dihydroanthracen.** W. W. Korschak, A. M. Sladkow und Ju. P. Kudrjawzew. (Ber. Akad. Wiss. UdSSR **144**, 115—17, 1962; Akad. der Wiss. der UdSSR, Inst. für metallorgan. Verbb.; russ.) — Es wurden die IR-Spektren der bei der oxydativen Dehydropolymerisation von *9.10-Diäthinyl-9.10-dihydroxy-9.10-dihydroanthracen* (**I**), **I** im Gemisch mit Acetylen, p-Diäthinylbenzol u. Äthinylbenzol, von *2.6-Dimethyl-3.5-diäthinylpyridin* (**II**, $C_{11}H_9N$, F. 95°) sowie von **II** im Gemisch mit Acetylen, Äthinylbenzol, Propargylalkohol u. 2-Methyl-5-äthinylpyridin erhaltenen Polymeren untersucht. Von den aus **I** erhaltenen Polymeren u. Copolymeren wurden die paramagnet. Elektronenresonanzspektren aufgenommen. Helmut Schäfer. 4010△

0987 **Zwischenphasenpolykondensation von Phthalylchlorid mit Piperazin.** Ss. G. Enteliss, O. W. Nessterow und G. G. Bondarewa. (Hochmolekulare Verbind. [UdSSR] **4**, 995—99, 1962; Akad. der Wiss. der UdSSR, Inst. für Chem. Phys.; russ., Auszug: engl.) — Es wurde die Abhängigkeit der Ausbeute u. des Molgew. der bei der Interphasen-Kondens. von *Piperazin* mit *Phthalylchlorid* bei 20° erhaltenen *Polymeren* von verwendetem Emulgator (Laurylalkohol, Na-Mersolat, OP-7), Konz. der Komponenten, verwendetem Lsgm. (Methylenchlorid, Chlf., CCl_4, Bzl., Toluol) u. Alkali (KOH, Na_2CO_3, $NaHCO_3$) untersucht. Ausbeute u. Molgew. sind um so größer, je mehr sich die Rk. dem kinet. Bereich nähert. Helmut Schäfer. 4010△

0988 **Der zweite Virialkoeffizient polymerer Lösungen.** Nobuhiro Kuwahara, Yasuhiro Miyake, Motozo Kaneko und Jiro Furuichi. (J. physic. Soc. Japan **17**, 578—79, 1962; Hokkaido, Japan, Univ., Dep. of High Polymer Sci.; engl.) — Die statist. Behandlung verd. polymerer Lsgg. ergibt für den 2. Virial-Koeff. $A_2 = (\bar{v}^2/V_1)S_1(1 - H/T) \cdot F(X, \varrho)$ (S = Entropie, H = Enthalpie). Zur genaueren Festlegung der Funktion $F(X, \varrho)$ wurden Messungen des osmot. Drucks u. der Viscosität für *Polydimethylsiloxan* (M_n = 107000) bei verschiedenen Temp. durchgeführt. S wurde in benzol. Lsg. osmot. zu 268° K bestimmt. Aus der Viscosität ergibt sich für Lsgg. in Xylol S = 226° K, in CCl_4 S = 180° K, in Cyclohexan S = 192° K. H wird nach beiden Meth. unterschiedlich gefunden. Es wurde daher geschätzt: in Bzl. H = 0,39, in Xylol H = 0,32, in CCl_4 H = 0,27, in Cyclohexan H = 0,44. Mit diesen Werten wurde X nach $X = (2/\alpha^3)(\bar{v}^2/NV_1)(9M/2\pi L_0^2)^{3/2}S_1(1 - H/T)M^{1/2}$ bestimmt. L_0 u. α wurden ebenfalls aus Viscositätsmessungen erhalten. Der experimentelle Befund entspricht für positive X-Werte qual. der Theorie. Jedoch ist $F(X, \varrho)$ stärker von x abhängig als die theoret. Funktion $F(X, \varrho)$. Vff. vergleichen dieses Resultat mit Ergebnissen von Krigbaum. H. Hein. 4010◇

0989 **Über die innere Rotation in polymeren Ketten.** Nobuhiro Kuwahara, Motozo Kaneko, Yawuhiro Miyake und Jiro Furuichi. (J. physic. Soc. Japan **17**, 568—69, 1962; Hokkaido, Japan, Univ., Dep. of High Polymer Sci.; engl.) — Zur Best. der Kettenlänge L_0 wurde die Viscosität von *Polydimethylsiloxan* (**I**; M_n = 107000) in Methyläthylketon bei 293° K u. in Phenol bei 356° K u. von *Polyisobutylen* (**II**; M_n = 63000) in Bzl. bei 297° K u. in Phenol bei 359° K bestimmt. Aus der Temp.-Abhängigkeit der relativen Kettenlänge L_0/L_{0f} (L_{0f} theoret. Kettenlänge bei vollständiger freier Drehbarkeit) wird auf die Rotation im Mol. geschlossen. Für **I** ergaben sich kleinere Werte, da die Abstoßung der Methylgruppen infolge des größeren Si—O-Abstands kleiner ist. L_0 ist temperaturunabhängig. Bei **II** wird L_0 mit steigender Temp. kleiner, da die Grenze zur freien Drehbarkeit überschritten wird, so daß das Mol. sich in die energieärmere trans-Form dreht. Ein Vgl. mit der Taylorschen Funktion für die potentielle Energie eines Mol. bestätigt dies. H. Hein. 4010◇

0990 **Polybordimethylsiloxane.** K. A. Andrianow und A. A. Shdanow. (Nachr. Akad. Wiss. UdSSR, Abt. chem. Wiss. **1962**, 615—19; Akad. der Wiss. der UdSSR, Inst. für metallorg. Verbb.; russ.) — Durch Rk. von Oktamethylcyclotetrasiloxan mit Dimethyldichlorsilan (326:2,37 g, 4 Std., 200°) wurde *α.ω-Dichlorpolydimethylsiloxan* (zähes Öl; 79 g) erhalten u. durch Rk. mit $NaHCO_3$ (78 g mit 4,73 g $NaHCO_3$ in 25 ml Aceton u. 85 ml Bzl. 2 Std. bei 50° Rühren) in *α.ω-Dihydroxypolydimethylsiloxan* (**I**; viscoses Öl; 72 g) übergeführt. Die Kondens. von **I** mit Tri-n-butylborat (1:1 oder 1:2 Mol; bis 200 Std. bei 20° oder bis 6 Std. auf 150 u. 200° erhitzen) liefert unter Abspaltung von n-Butanol *Poly-n-butoxyborodimethylsiloxane* $[HO\{[Si(CH_3)_2O]_nB(OC_4H_9)O\}_nC_4H_9]$, die stark assoziiert sind u. leicht Pseudogele bilden. Helmut Schäfer. 4010△

0991 **Synthese von linearen organometallischen Polymeren der IV. Gruppe durch Polyaddition.** J. G. Noltes und G. J. M. van der Kerk. (Chimia [Aarau, Schweiz] **16**, 122—27, 1962; Utrecht, Niederlande, Inst. for Organ. Chem. T.N.O.; engl.) — Auf der Grundlage der 1955 von van der Kerk, Luijten u. Noltes (vgl. C. **1959**, 3411 u. früher; Functionally Substituted Organotin Compounds, T.R.I. Greenford 1958) entdeckten hohen Rk.-Fähigkeit der organ. Zinnmonohydride mit ungesätt. Kohlenstoff-Verbb., wobei diese Rk. glatt u. ohne Katalysator beim Erhitzen der beiden Komponenten auf mäßige Temp. verläuft, untersuchen Vff. die Rk. von *Diaryl-* (**A**) u. *Dialkylzinndihydriden* (**B**) mit verschiedenen *Diolefin-Verbb.* sowie mit *Mono-* u. *Diacetylenderivaten.* Die Rk. der **A** oder **B** mit *Diolefin-Verbb.* ergibt lineare *Heteropolymere* der allg. Formel $(—Sn(R)_2—CH_2—CH_2—R'—CH_2—CH_2—)_x$, wobei R' aliphat. oder aromat. sein kann u. auch eine kompliziertere Struktur haben kann. Die optimalen Rk.-Bedingungen für jede Kombination von R u. R' wurden durch Modell-Rkk. zwischen Dihydrid u. Monoolefin bzw. zwischen Monohydrid u. Diolefin ermittelt. Dabei ergab sich, daß zur Vermeidung oxydativen Abbaus die Rk. unter N_2 auszuführen ist, daß im ersten Rk.-Schritt ein Lsgm. anzuwenden ist, um insbesondere Disproportionierungs-Rkk. des Dihydrids zu eliminieren, u. daß nach Abdampfen des Lsgm. die Rk.-Masse im Vakuum erhitzt werden muß. Der Verlauf der Rk. kann durch IR-Absorptionsmessungen bei 1820—1825 cm^{-1} verfolgt werden, da die Sn—H-Bindung in diesem Bereich eine charakterist. Valenzschwingung zeigt. — Bei Verw. von *Diacetylen-Verbb.* mit der Dreifachbindung in Endstellung als Rk.-Partner mit einem Zinndihydrid im Verhältnis 1:1 entstehen unter sehr milden Bedingungen Polymere der allg. Formel $(—Sn(R)_2—CH=CH—R'—CH=CH—)_x$. Bei der Rk. von *Monoacetylen-Verbb.* im Verhältnis 1:1 mit einem Zinndihydrid entstehen nach Addition des Dihydrids an die Dreifachbindung unter Bldg. eines *Olefin-Organozinnmonohydrids* durch Homoaddition dieses Monomeren bei höherer Temp. *Polymere* folgender Formel: $(—Sn—(R)_2—CH_2—CHR'—)_n$. Bei der letzteren Rk. können auch *cycl. Oligomere* gebildet werden. *Cycl. Verbb.* werden auch bei Rk. von Zinndihydriden mit Dien- oder Diin-Verbb. gebildet, wenn sich die beiden ungesätt. Verbb. in einer ster. günstigen Lage befinden, z. B. bei Einsatz von *Divinylorganometall. Derivv.* oder *o-Divinylbenzol,* wobei bei der letzten Rk. ein Trimeres gebildet wird. — Die erhaltenen Endprodd. können je nach der Art von R u. R' u. dem Polymerisationsgrad hochviscose Öle, kautschukähnliche Stoffe oder spröde Festkörper sein. Vff. untersuchen das therm. Verh. der Polymeren durch Ausführung von thermogravimetr. Analysen.

Versuche: *1:1-Addukt* aus *Dipropylzinndihydrid* (**I**) u. *Cyclopentadien* (**II**). — *1.1-Addukt* aus *Diphenylzinndihydrid* (**III**) u. **II**. — *Polymerisat* (**P**) aus **I** u. *Äthylenglykoldiacrylat,* zähes Harz. — **P** aus **III** u. *Äthylenglykoldimethacrylat,* sehr zäh. — **P** aus **III** u. *Methacrylsäureanhydrid,* hart u. spröde. — **P** aus **III** u. *Oxydiessigsäurediallylester,* viscoses Öl. — **P** aus **III** u. *Methacrylsäureallylester,* weich. — **P** aus **I** u. *p-Divinylbenzol* (**IV**), weich u. klebrig. — **P** aus **III** u. **IV**, glasähnliches, in Bzl. lösl. Harz, F. 70°, Molgew. (Mw) 110000. — **P** aus *Dibutylzinndihydrid* (**V**) u. *4.4'-Diisopropenylbiphenyl,* sehr viscos. — **P** aus **III** u. *2.2'-Divinyl-5.5'-spiro-bis-1.3-dioxan,* F. 90°, glasähnliches, in Bzl./Chlf. lösl. Harz, Mw 19000. — **P** aus **I** u. *Diphenyl-bis-[p-vinylphenyl]-stannan* (**VI**), zähes, über 130° kautschukähnliches, schwach vernetztes Harz. — **P** aus **V** u. **VI**, F. ca. 200°, hartes, etwas zähes, leicht vernetztes Harz. — **P** aus **I** u. *Diphenyl-bis-[p-vinylphenyl]-german* (**VIa**), F. 240°, zähes, über 100° kautschukartiges, in Bzl. lösl. Harz. — **P** aus **I** u. *Diphenyl-bis-[p-vinylphenyl]-plumban* (**VIb**), zähes, über 90° kautschukähnliches, leicht vernetztes Harz. — **P** aus **I/III** (1:1) u. **VIa**, F. 250°, hartes, über 120° kautschukartiges, in Bzl. lösl. Harz. — **P** aus **I/III** (1:1) u. **VI**, F. 130°, hartes, über 90° kautschukartiges, in Bzl. lösl. Harz. — **P** aus **III** u. **VIa**, F. 110°, hartes, sprödes, in Bzl./Chlf. lösl. Harz, Mw 27000. — **P** aus **III** u. **VI**, F. 100°,

Eigg. wie vorst. Harz, Mw 48000. — P aus III u. VIb, F. 70°, Eigg. analog, Mw 14000. — P aus I u. *Phenylacetylen* (VII) im Gemisch mit dem *cycl. Dimeren* I/VII, sehr viscoses Öl, lösl. in Bzl., Mw 3400. — P aus V u. VII mit gleichen Eigenschaften. — P aus III u. VII, F. 80°, hart u. spröde. — P aus *Dimethylzinndihydrid* u. *Hexadiin-(1.5)* (IX), Gemisch mit *Dimethyl-[hexen-(1)-in-(5)-yl]-stannan*, leicht vernetzt, kautschukartig. — P aus *Diäthylzinndihydrid* u. IX, wie vorst. Harz. — P aus I u. IX, V u. IX sowie III u. IX, ähnliche P mit Mw 50000, 50000 bzw. 75000. — P aus V u. *Nonadiin-(1.8)* (VIII), viscoses Öl, lösl. in Bzl./Chlf., Mw 45000. — P aus III u. VIII, weiches, etwas zum Fließen neigendes, in Bzl./Chlf. lösl. Harz, Mw 100000. — P aus III u. *p-Diäthinylbenzol*, festes, über 160° kautschukartiges, in Bzl. lösl. Harz, Mw 65000. — *1.1.4.4-Tetraphenyl-1-stanna-4-silacyclohexan*, F. 134°, aus III u. Diphenyldivinylsilan. — *1.1.4.4-Tetraphenyl-1-stanna-4-germacyclohexan*, F. 124°, aus III u. Diphenyldivinylgerman. — P aus III u. *o-Divinylbenzol* im Gemisch mit dem monomeren *7.7-Diphenyl-7-stannabenzocyclohepten* (F. 99°) u. dem *Trimeren*, F. 277—280°.

J. Sickfeld. 4010◇

0992 **Wärmeleitvermögen von Naturkautschuk.** H. K. Frensdorff. (J. appl. Polymer Sci. 6, S28—S29, 1962; Wilmington, Del., E. I. du Pont de Nemours & Co., Elastomer Chem. Dep., Exper. Stat.; engl.) — Messungen des Wärmeleitvermögens k (in cm^2/s) wurden an weichen u. rußgefüllten *Naturkautschuk*-Mischungen durchgeführt. k u. dessen Temp. Koeff. sind deutlich niedriger als die von Rehner (J. Polymer Sci. **2**, [1947], 263) gefundenen Werte, stimmen aber gut mit denen von Engrinovich u. Fogel (C. **1960**, 14889 überein. Es wird betont, daß die Wärmeleitung längs der Thermoelementdrähte eine große Fehlerquelle sein kann.

R. Schäff. 4030◇

0993 **Synthese von Polychelatotitanosiloxanelastomeren durch Polykondensation.** K. A. Andrianow, Sch. W. Pitschchadse und W. W. Komarowa. (Nachr. Akad. Wiss. UdSSR, Abt. chem. Wiss. **1962**, 261—64; Akad. der Wiss. der UdSSR, Inst. für metallorg. Verbb.; russ.) — Durch Polykondens. von Di-n-butoxytitan-bis-[acetylacetonat] (I) u. -bis-[8-hydroxychinolat] (II) mit α.ω-Dihydroxypolydimethylsiloxan (III) werden unter Abspaltung von Butanol kautschukartiges *Poly-bis-[acetylacetonato]-titano-* bzw. *Poly-bis-[8-hydroxychinolato]-titanodimethylsiloxan* der Struktur $\{[-O-Si(CH_3)_2-]_nO-Ti(R)_2-\}_m$ (R = Rest des Acetylacetons bzw. 8-Hydroxychinolins) erhalten. Die Viscosität der Polymeren steigt zunächst mit zunehmender Kondens.-Dauer an u. erreicht dann einen konst. Wert.

Versuche: *α.ω-Dichlorpolydimethylsiloxan*, Molgew. 3480, durch 3½std. Erhitzen von 296 g Oktamethylcyclotetrasiloxan (Kp. 174—176°) mit 7,2 g Dimethyldichlorsilan im Autoklaven auf 200°; 228 g (Ausbeute). — *α.ω-Dihydroxypolydimethylsiloxan* (III), Molgew. 4500, durch Hydrolyse vorst. Verbindung. — *Poly-bis-[acetylacetonato]-titanodimethylsiloxan*, $(C_{130}H_{374}O_{65}Si_{60}Ti)_n$, Molgew. 58000, durch Erhitzen von 90,8 g III mit 8,0 g I unter N_2 auf 180°/1—2 mm. — *Poly-bis-[8-hydroxychinolato]-titanodimethylsiloxan*, $(C_{138}H_{272}\cdot N_2O_{63}Si_{60}Ti)_n$, Molgew. 97000, aus 20 g III u. 2,14 g II.

Helmut Schäfer. 4030△

0994 **Eine thermodynamische Methode zum Vergleich der Ordnungsverteilung in Cellulose und in anderen Polymeren.** L. B. Ticknor. (J. Polymer Sci., Part A. **1**, 243—48, 1963; Marcus Hook, Pa., Amer. Viscose Corp., Res. and Dev. Div.; engl.) — Unter der „Ordnung" (d. h. der seitlichen Ordnung) von *Cellulose* (I) versteht Vf. den Unterschied der freien Energie von I im vorliegenden Zustand u. im völlig amorphen Zustand. Die freie Energie der Quellung (= ΔG_q) entspricht einem hypothet. Schmelzvorgang der Mischung aus amorpher I u. durch Kristallite vernetzter I mit Quellmittel. Im Falle $\Delta G_q = 0$ kann der Grenzwert der Ordnung bestimmt werden; durch Erniedrigung des Dampfdruckes eines gasförmigen Quellmittels oder durch Mischen eines fl. Quellmittels mit einer I nicht quellenden Fl. kann dieser Grenzwert red. werden (Veränderung der Menge an gequollener I). Aus der graph. Darst. (gequollene Menge in Abhängigkeit vom Ordnungsgrenzwert) ist ein qual. Vgl. der Ordnungsverteilung von 2 verschiedenen Proben von I möglich. Die Meth. sollte auch auf andere kristalline Polymere anwendbar sein.

O. Fuchs. 4050◇

0995 **Untersuchung der Reaktion von Cellulose mit einigen hydroxylhaltigen Verbindungen durch Infrarotspektroskopie.** Ju. P. Putijew, Ju. Taschpulatow, T. Gafurow und Ch. U. Ussmanow. (Usbek. chem. J. **7**, Nr. 1, 28—33, 1963; Inst. für Chem. der Polymeren der Akad. der Wiss. der UsbekSSR; russ.) — Unter Verw. von mit KBr gepreßten Präpp. ließ sich IR-spektroskop. nachweisen, daß bei Behandlung von *Cellulose*-Materialien mit einer wss. Lsg. von *Dimethyloläthylenharnstoff* u. anschließender Hitzebehandlung (140°) H-Bindungen ausgebildet werden. Im Falle von *Tetramethylolacetylendiharnstoff* hingegen wird W. abgespalten unter Bldg. von Ätherbindungen.

M. Ulmann. 4050◇

0996 **Ordnen von Polyelektrolyten durch Ionendiffusion.** Heinrich Thiele, Kurt Plohnke, Erik Brandt und Georg Moll. (Kolloid-Z., Z. Polymere **182**, 24—35, 1962; Kiel, Univ., Lehrfach für Koll.-Chem.; dt.) — Beim Eindiffundieren von Gegenionen in Polyelektrolyte bilden sich Gele, die die Bedingungen biolog. Gele erfüllen u. damit das Nachbilden natürlicher Strukturen ermöglichen: sie zeigen wohlgeordnete Faden-Moll. u. damit Doppelbrechung, sie sind anisotrop, quellen reversibel, tauschen Ionen aus u. lassen sich wieder zum Sol auflösen. Natives Polyanion-*Alginat*: 12 g Na-Alginat läßt man unter Rühren 1 Std. in 1 Liter W. quellen u. läßt das entstandene viscose Sol in $1n\ Cu(NO_3)_2$-Lsg. eintropfen. Die Tropfen umgeben sich mit einer Membran von $Cu(Alginat)_2$, alles Na wird allmählich gegen Cu ausgetauscht. Zwischen gekreuzten Nicols zeigen diese Gelkügelchen das Achsenkreuz doppelbrechender, opt. einachsiger Kristalle. Mit 1n HCl läßt sich das Cu gegen H austauschen, wobei die Ordnung erhalten bleibt. In 0,1n NaOH lösen sich die Gelkugeln wieder zum Sol. Synthet. Polyanion-*Polyacrylat*: 15%ig. Na-Polyacrylat-Lsg. (K-Wert 130—210) läßt man in $1n\ AgNO_3$-Lsg. eintropfen, die entstehenden Gelkugeln von Ag-Polyacrylat sind fast hart u. stark doppelbrechend. Das Ag läßt sich gegen Al oder Cu austauschen oder partiell gegen Na oder Li, wonach beim Behandeln mit W. die völlig klaren Kugeln auf ein Vielfaches ihres Vol. quellen. Die Osteone des Knochens wurden im Modell nachgebildet; zwischen solche geordneten Faden-Moll. lassen sich schwerlösl. Salze (Pb-Jodid, Pb-Oxalat, Hydroxyapatit) intercapillar u. intermicellar einlagern (analog zur Verkalkung von Knochen, Zahn u. Perle). Beim Eindiffundieren von Gegenionen in Polyelektrolyte lassen sich von außen nach innen 5 verschiedene Strukturen unterscheiden u. voneinander abgrenzen, die durch die abnehmende Geschw. der Ionendiffusion infolge zunehmender Dicke des gebildeten Gels verursacht werden: 1. glatte, dichte Membran; 2. tropfige Entmischung; 3. Capillaren; 4. Linsen u. 5. Streifen. Membranen mit 200000 geraden, runden, gleichgroßen, parallelen Capillaren pro cm^2 lassen sich durch Ersatz des W. durch Monomere u. anschließende Polymerisation mechan. u. chem. stabilisieren, sie können als Filter mit Isoporen dienen. Symplexe als Salze aus Polyanion u. Polykation lassen sich nur durch pH-Änderung ionotrop orientieren. Die Augenlinse läßt sich zu einem viscosen, doppelbrechenden Sol auflösen, aus dem sich durch Ionendiffusion wieder ein klares, doppelbrechendes Gel als opt. Linse bildet, bei der als neues Strukturelement eine Helix aufgefunden wurde. Die Faden-Moll. von *Cu-Alginat* sind besser geordnet als die von *Cd-Alginat*, letztere besser als die von *Pb-Alginat*; aber die Werte der Eigendoppelbrechung als Maß der Orientierung steigen in der Reihe Cd < Cu < Pb. Bei der Bldg. ionotroper Gele erscheint ein Diffusions- u. Membranpotential, das mit abnehmender Konz. steigt u. der Reihe Cd > Cu > Ca > Pb folgt. Die Anisotropie ist von der Elektrolyt-Konz. abhängig. Der Ordnungsgrad ist abhängig von der Höhe des Potentials u. der Bindefestigkeit des Me^{2+} am Polyanion, die elektronenopt. bestimmten Ordnungsgrade folgen der Reihe Cu > Cd > Pb. Die Gesamtdoppelbrechung folgt der ionotropen Reihe Pb > Cu > Cd > Ca, durch Absinken der Affinität in dieser Reihe nimmt der Anteil an Atombindung ab u. an Ionenbindung zu.

G. Vetter. 4050◇

0997 **Spannungsdoppelbrechung von Na-Hyaluronat-Filmen.** Vahak M. Dersarkissian und Frederick A. Bettelheim. (J. Polymer Sci., Part A **1**, 725—32, 1963; Gardencity, N.Y., Adelphi Coll., Chem. Dep.; engl.) — Der Quellungsgrad der Filme aus *Na-Hyaluronat* (I; Herst. der Filme aus der wss. Lsg.) in verschiedenen Fll. wurde durch Messen des Brechungsindex bestimmt zu: 1% in A., 21 in Cyclohexen u. Brombenzol, 49 in Triäthylamin, 50 in α-Chlortoluol u.

56 in Benzol. Beim Dehnen der I-Filme in Ggw. eines Quellmittels tritt eine Doppelbrechung Δn auf, deren Betrag bei gleicher Dehnung ε mit steigendem Wert des Brechungsindex n_s des Quellmittels durch ein Minimum geht; bei Erhöhung von ε (Verss. bis $\varepsilon = 50\%$) steigt Δn an, ferner ist das Minimum der (Δn, n_s)-Kurve um so stärker ausgeprägt, je höher ε. Am Minimum liegt reine Orientierungsdoppelbrechung vor; sie steigt mit wachsendem ε in Form einer S-Kurve an. Bei $\varepsilon = 30\%$ zeigen die gequollenen Filme ein quasikautschukartiges Verh., bei höherem ε behindern die H-Brücken zwischen den Ketten eine weitere Kettenbeweglichkeit (d. h. dann nur noch geringe Zunahme der Orientierung mit ε). O. Fuchs. 4050◇

0998 **Schmelzen und Phasengleichgewichte kristallin-flüssig. (Ungelöste Probleme der Polymerwissenschaft.)** Leo Mandelkern. (Nat. Acad. Sci. — Nat. Res. Council, Publ. Nr. **995**, 118—21, 1962; Tallahassee, Fla., Florida State Univ., Inst. of Mol. Biophys.; engl.) — Der Einfl. von Gitterstörungen, von nichtkristallinen copolymeren Einheiten, von Verdünnungsmitteln, von mechan. Spannungen u. der Kettenstruktur auf F. u. das Gleichgewicht kristallin/fl. ist näher zu untersuchen. Ein Schmelzen kann auch durch chem. Rkk. reaktionsfähiger funktioneller Gruppen an der Hauptkette mit reaktionsfähigen Stoffen im umgebenden Medium auftreten (z. B. bei biolog. Syst.). Gewisse Makromoll. (z. B. *Polypeptide, Proteine, Nucleinsäuren*) behalten auch in gelöstem Zustand die Helixstruktur bei u. gehen bei einer dem F. entsprechenden Temp. in die Form des statist. Knäuels über; von welchen strukturellen Einfl. hängt diese Erscheinung ab? Schließlich wird auf die Analogie zwischen den Gelatinierungserscheinungen u. den Kristallisationsvorgängen hingewiesen. O. Fuchs. 4070◇

0999 **Die „gekreuzte β"-Struktur in Poly-O-acetyl-L-serin.** Ichiro Yahara und Kazutomo Imahori. (J. Amer. chem. Soc. **85**, 230—31, 1963; Tokyo, Univ. Japan, Coll. of General Educ., Dep. of Chem.; engl.) — Aus IR-Spektren orientierter Filme des durch Polymerisation von O-Acetyl-N-carboxy-L-serinanhydrid erhaltenen *Poly-O-acetyl-L-serins* (I; Molgew. ca. 10000), die mit polarisierter Strahlung senkrecht u. parallel zur Faserachse aufgenommen wurden, schließen Vff., daß aus einer stark viscosen Lsg. von I in Trifluoressigsäure durch Reiben mit einem Spatel eine „gekreuzte β"-Struktur erhalten wurde, durch stärkeres Reiben ein Film mit einer „parallelen β"-Struktur. Es werden Vorschläge für die Anordnung der Moll. in diesen Strukturen gemacht. W. Walter. 4070◇

1000 **Untersuchung der Hämatin—Globin-Bindung. Bestimmung von Gleichgewichtskonstanten.** Ramaprasad Banerjee. (Biochem. biophys. Res. Commun. **8**, 114—19, 1962; Paris, Inst. de Biol. physicochim., Serv. Biophys.; engl.) — Es ist bekannt, daß die prosthet. Gruppen des *Metmyoglobins* (I) bzw. *Methämoglobins* (II) vom Protein sich abspalten können. Die Gleichgewichts-Konst. der Hämin—Globin-Bindung wurde jedoch bisher nicht bestimmt. Diese wird über Konkurrenz-Rkk. des *Hämins* mit zugefügten Basen (*Histidylhistidin* bzw. *Pilocarpin*) bestimmt. Im Falle von I wird K = [Globin·Hämin]^2/[Globin]^2·[(Hämin)$_2$] bei 25° für pH 7,5 mit ca. 10^{15} errechnet. K ist pH-abhängig, so liegt z. B. log K für pH 9,0 bei ca. 10,5 u. für pH 8,0 bei ca. 14,7. Die Abnahme der Assoziations-Konst. K mit steigendem pH wird auf die Ionisation von I mit pK ca. 9 zurückgeführt. Die Hämin—Globin-Bindung ist somit in der sauren Form von I stärker als in der alkalischen. Die Best. der Assoziations-Konst. K für II gelingt nach dieser Meth. nicht, da die verwendeten Basen auch in nahezu gesätt. Konz. Hämin von II nur partiell abkoppeln können. An ihrer Stelle wurde deshalb die Transhämierung mit dem *Apomyoglobin* als Acceptor untersucht. Die Best. erfolgt bei pH 8,75, da sich unter diesen Bedingungen I u. II in ihrer Lichtabsorption infolge ihrer unterschiedlichen Ionisations-Konst. unterscheiden lassen. Die auf diese Weise bestimmten Werte für die Assoziations-Konst. der Hämin—Globin-Bindung betragen für den 1. Rk.-Schritt $\log K_1' = 12{,}46$, für den letzten Rk.-Schritt $\log K_4' = 15{,}17$. Es besteht eine Wechselwrkg. zwischen den 4 Hämin-bindenden Stellen in II. Die Bindung des 1. Hämins erhöht die Affinität für das 2. Hämin. Für die Bindung des 3. scheint eine negative Wechselwrkg. vorzuliegen, während das letzte Hämin wesentlich leichter gebunden wird als die 3 vorherigen. W. Scheler. 4070◇

1001 **Über einige thermodynamische Eigenschaften von Fibrinogenlösungen auf Grund der Lichtstreuungsmethode.** G. V. Schulz und H. A. Ende. (Z. physik. Chem. [Frankfurt/M.] [N. F.] **36**, 82—96, 1963; Mainz, Univ., Inst. für Phys. Chem.; dt.) — Aus Messungen der Lichtstreuung von *Fibrinogen*-Lsgg. (Fibrinogen-Molgew. 388000) in Phosphat- u. NaCl-Puffer-Lsgg. hoher Ionen-Konzz. bei pH 5,57 u. 6,60 zwischen 6 u. 27° wurden die höheren Virial-Koeff., das zusätzliche chem. Potential, die zusätzliche Verdünnungsentropie u. die Verdünnungswärme berechnet. Die Lsgg. haben einen Thetapunkt, die Temp.-Abhängigkeit des 2. Virial-Koeff. (A_2-Werte von $-0{,}615\cdot10^{-3}$ bis $+0{,}31\cdot10^{-3}$) ist von der Größenordnung von Lsgg. makromol. Nichtelektrolyte. Relativ hohe positive Verdünnungswärmen ($0{,}21\cdot10^{-4}$ bis $3{,}97\cdot10^{-4}$ J/g) werden auf van der Waalsche Kräfte zurückgeführt, die den Term β_{22} der Scatchard-Edsallschen Gleichung bestimmen. U. Stürzer. 4070◇

1002 **Die Molekülstruktur der Desoxyribonucleinsäure.** Tibor Gánti. (Magyar Kémikusok Lapja [Z. Ver. ung. Chemiker] **17**, 289—96, Juli 1962; Budapest, Hefefabr.; ung.) — Übersicht: chem. Struktur, Mol.-Struktur, hypothet. Modelle, biolog. u. biochem. Bedeutung. — 68 Literaturstellen. P. Tolnay. 4090

1003 **Untersuchungen an Polynucleotiden.** 17. Mitt. **Über den Synthesemechanismus der Internucleotidbindung nach der Carbodiimidmethode.** G. Weimann und H. G. Khorana. (J. Amer. chem. Soc. **84**, 4329—41, 1962; Madison, Wis., Univ. of Wisconsin, Inst. for Enzyme Res.; engl.) — 13. vgl. C. **1963**, 3634. — In Ggw. stöchiometr. Mengen β-Cyanäthylphosphat (I) u. eines Überschusses an Dicyclohexylcarbodiimid (II) wird die Phosphorylierungs-Geschw. der 5'-Hydroxylgruppe in *3'-O-Acetylthymidin* (III) u. der 3'-Hydroxylgruppen in *5'-O-Tritylthymidin* (IV) u. *5'-O-Acetylthymidin* (V) untersucht. Danach ist die Größe des Substituenten an der 5'-Hydroxylgruppe ohne Einfl. bei der Phosphorylierung an der 3'-Hydroxylgruppe. Wird III mit stöchiometr. Mengen verschiedener 5'-O-substituierter Derivv. von *Thymidin-3'-phosphat* (VI) umgesetzt, so zeigt sich nunmehr, daß die Substituenten in der Phosphomonoesterkomponente einen sehr großen Einfl. bei der *Thymidylyl-⟨3' → 5'⟩-thymidin* (VII)-Synth. haben. Die höchste Rk.-Geschw. wird bei der Synth. von *5'-O-Acetylthymidin-3'-phosphat* (VIII) mit III, die niedrigste bei *5'-O-Tritylthymidin-3'-phosphat* (IX) mit III beobachtet. Die Endausbeuten liegen zwischen 40 u. 80%. Wird eine der Komponenten im Überschuß eingesetzt, so bildet sich VII in 100%ig. Ausbeute bezogen auf die Komponente im Unterschuß. Außerdem werden die Nucleotide *5'-O-Trimethylacetylthymidin-3'-phosphat* (X) u. *5'-O-Mesitoylthymidin-3'-phosphat* (XI) mit III umgesetzt, die aus Thymidin (XII) u. den korrespondierenden Säurechloriden erhalten wurden. Um das bei den Phosphorylierungen akt. Zwischenprod. zu identifizieren, wird *3'-O-Acetylthymidin-5'-phosphat* (XIII; Pyridiniumsalz) 10 Min. mit II bei 18° in trockenem Pyridin (XIV) umgesetzt, wobei die Diester-Bldg. prakt. vernachlässigt werden kann. Werden II u. XIV rasch entfernt u. das Prod. papierelektrophoret. in Triäthylammoniumbicarbonatpuffer, pH 7,5, aufgetrennt, so erhält man neben viel *P¹.P².P³-Tris-[3'-O-acetylthymidyl-(5')]-triphosphat* (XV) noch wenig XIII u. *P¹.P²-Bis-[3'-O-acetylthymidyl-(5')]-diphosphat* (XVI). XV läuft bei der Elektrophorese langsamer als XVI u. geht nach Einw. von wss. XIV in 30 Min. bei 18° in XIII u. XVI über. Andererseits geht XVI in Ggw. von II in trockenem XIV in XV über. Die gemeinsame Vorstufe für XV oder XVI wird als cycl. Triphosphat angesehen, das mit W. sofort zu XV zerfällt. Setzt man nämlich Phosphorsäureäthylester (XVII) in trockenem Dioxan (XVIII) mit einem II-Überschuß um, so erhält man ebenfalls ein cycl. Triphosphat, *Trimetaphosphorsäureäthylester* (XIX), das mit Methanol in *Phosphorsäureäthylmethylester* übergeht. Mit W. wird XIX sofort in *P¹.P².P³-Triphosphorsäureäthylester* gespalten. Bei der Umsetzung von I mit II in trockenem XIV u. nachfolgender alkal. Spaltung erhält man als Hauptprod. anorgan. *Polytriphosphat*. Bei der Rk. von *Monobenzylphosphorsäure* (XX) mit II in trockenem XIV u. nachfolgendem Erwärmen auf 100° erhält man als Hauptprod. anorgan. *Trimetaphosphat* (XXI). Wird XX mit II in Acetonitril umgesetzt u. dann bei 55° mit NaJ behandelt, so erhält man ebenfalls XXI. Bei der Rk. von Bis-tri-n-butylammoniumorthophosphat mit II in XIV erhält man ebenso XXI.

Versuche: *Thymidin-5'-phosphat*, aus 0,1 mMol **III** in 1 ml wasserfreiem **XIV** u. Zusatz von 0,1 mMol **I** u. 0,5 mMol **II** bei 18°. Zur Best. der Rk.-Geschw. werden in bestimmten Abständen 0,1 ml entnommen, mit 5 ml W. versetzt u. Std. bei 18° belassen; 69% (Ausbeute). — *Thymidin-3'-phosphat* (**VI**), analog vorst. aus 0,1 mMol **IV** bzw. **V**; 56,5 bzw. 59%. — *5'-O-Trimethylacetylthymidin* (**XXII**), $C_{15}H_{22}N_2O_6$, F. 140—141°, aus 1,4 ml Trimethylacetylchlorid u. Zusatz einer Suspension von 10 mMol **XII** in 15 ml trockenem **XIV** in 12 Std. bei 18°; 65%; **XXII** wird in 1n NaOH bei 0° in 30 Min. voll hydrolysiert. Unter gleichen Bedingungen wird **V** in 30 Sek. voll hydrolysiert. — *β-Cyanäthyl-5'-O-trimethylacetylthymidin-3'-phosphat*, aus 1 mMol **XXII** in 20 ml trockenem **XIV** u. Zusatz von 5 mMol **I** u. 15 mMol **II** durch 2tägiges Stehen bei 18°, Zugabe von 20 mMol W. u. mehrstd. Stehen bei 18°; durch Extraktion mit PAe. wird **II** entfernt u. Dicyclohexylharnstoff abfiltriert (Filtrat A); 85%. — *5'-O-Trimethylacetylthymidin-3'-phosphat* (**X**), aus dem oben erwähnten Filtrat A durch Einengen im Vakuum bis zur Trockne; 40%. — *5'-O-Mesitoylthymidin* (**XXIII**), $C_{20}H_{24}N_2O_6$, F. 170—171° (Chlf./Cyclohexan), aus 5 mMol **XII** u. 1 ml frisch dest. Mesitoylchlorid in 5 ml trockenem **XIV** durch 2tägiges Stehen bei 18°; 10%. — *β-Cyanäthyl-5'-O-mesitoylthymidin-3'-phosphat*, aus 370 mg **XXIII**, 644 mg **I**, Pyridiniumsalz, 2,2 g **II** u. 5 ml trockenem **XIV** durch 4tägiges Stehen bei 18°; 450 mg. — *5'-O-Mesitoylthymidin-3'-phosphat* (**XI**), aus 200 mg vorst. Verb. in 2 ml **XIV** u. 5 ml 1n NaOH durch 10 Min. langes Stehen bei 18° u. Neutralisieren; 80%; die Halbwertszeit der Mesitoylgruppe bei alkal. Hydrolyse in 1n NaOH bei 23° beträgt 80 Stunden. — *Thymidylyl-⟨3' → 5'⟩-thymidin* (**VII**), a) aus 0,1 mMol wahlweise **VIII**, **IX**, **X** oder **XI** u. 0,1 mMol **III** in 1 ml trockenem **XIV** unter Zusatz von 0,5 mMol **II** durch Rk. bei 18°; b) durch Kondens. von **XIII** mit **V**; aus **VIII** 88%, aus **IX** 40%, aus **X** 70%, aus **XI** 59%, aus **XIII** 58%. — *cycl. Trimetaphosphat* (**XXI**), Ag-Salz, $Ag_3O_9P_3 \cdot 1\,H_2O$, aus 5 mMol P_2O_5 in 5 ml trockenem **XIV** u. Zusatz von 10 mMol Tri-n-butylamin (**XXIV**) u. 25 mMol **II** durch 15std. Stehen bei 18° u. nach Reinigungsprozeduren Zusatz von 135 mg $AgNO_3$ in 0,2 ml W.; 60%. *Säure* (**XXI**), a) aus 60 mg **XX** in 1 ml trockenem **XIV** u. 135 mg **II** durch 12std. Stehen bei 18°; 50%; b) aus 60 mg **XX** u. 135 mg **II** in 2 ml trockenem Acetonitril durch 30 Min. langes Stehen u. nachfolgendem Zusatz von 300 mg NaJ in 2 ml Acetonitril; 55%. *Polyphosphat*, aus 0,1 mMol **I**, Pyridiniumsalz u. 1 mMol **II** in 1 ml trockenem **XIV** durch $^1/_4$std. Stehen bei 18°. — *$P^1.P^2.P^3$-Tris-[3'-O-acetylthymidyl-(5')]-triphosphat* (**XV**) u. *$P^1.P^2$-Bis-[3'-O-acetylthymidyl-(5')]-diphosphat* (**XVI**), aus 0,2 mMol **XIII** in 1 ml trockenem **XIV** u. Zusatz von 1 mMol **II**, Entnahme von je 0,2 ml nach 3, 6, 16 oder 30 Min., Versetzen dieser Mengen mit 10 ml kaltem wasserfreiem Ae. u. Papierelektrophorese; wenig **XIII** u. **XVI** neben viel **XV** (80% des gesamten UV-absorbierenden Materials). **XV** zerfällt in 20%ig. wss. **XIV** in 30 Min. bei 18° in **XIII** u. **XVI**. Werden 0,025 mMol **XVI** in 0,5 ml trockenem **XIV** mit 50 mg **II** 30 Min. bei 18° behandelt, so erhält man ebenfalls neben **XIII** **XV**. — Bei der Umsetzung von 0,2 mMol **XIII**, 0,2 mMol **XXIV** u. 350 mg **II** in 1 ml trockenem **XIV** (2½ Std. bei 18°) erhält man **XVI** (64% des UV-absorbierenden Materials), *Thymidin-5'-phosphorsäuremethylester* (27%) u. *Thymidin-5'-phosphat* (9%). — *Phosphorsäuremethyläthylester* u. *$P^1.P^2$-Diäthylpyrophosphat*, aus 6 mMol **XVII**, Ba-Salz, Überführen in die freie Säure, Aufnehmen in 2,5 ml **XVIII** u. Versetzen mit 15 mMol **II**; daneben wenig **XVII**. — *Monobenzylphosphorsäure* (**XX**), aus 1,96 g P_2O_5 u. 40 mMol Triäthylamin in 50 ml trockenem Benzylalkohol u. 14 ml Trichloracetonitril durch 5std. Stehen bei 18°; aus Chlf./PAe. 2,3 g. L. Träger. 4090◇

E. Biologische Chemie, Physiologie, Medizin

E_1. Allgemeine Biologie und Biochemie

1004 **Identifizierung von Substanzen durch Simultan-Chromatographie isotopenmarkierter Verbindungen.** F. Vester und W. Reiter. (Experientia [Basel] **18**, 385—87, 1962; Saarbrücken, Univ., Biochem. u. Isotopenlabor.; dt.) — Die Identifizierung unbekannter Naturstoffe auf dem Papierchromatogramm kann dadurch erleichtert werden, daß man mit gleichem Startpunkt ^{14}C-markierte Testsubstanzen, deren Menge unterhalb der chem. Nachw.-Grenze liegt, simultan chromatographiert. Bei Vgl. des angefärbten Chromatogramms mit seinem Autoradiogramm schließen geringste Abweichungen von Form u. Lage der Flecken eine Identität aus. Es werden Anweisungen zur prakt. Durchführung entsprechender Unterss. gegeben u. einige Beispiele behandelt. W. Reusse. 4100◇

1005 **Bedeutung des ^{15}N-Überschusses in Stickstoffverbindungen biologischen Ursprungs.** O. H. Gaebler, Harold C. Choitz, Trieste G. Vitti und Robert Vukmirovich. (Canad. J. Biochem. Physiol. **41**, 1089—97, 1963; Detroit, Mich., Henry Ford Hosp., Edsel B. Ford Inst. for Med. Res.; engl.) — Unterss. an verschiedenen *N-Verbb.* von biolog. Ursprung erwiesen, daß der kleine Überschuß von ^{15}N, den man gewöhnlich in solchen Verbb. findet, eine Bedeutung im Stoffwechsel hat, statist. signifikant ist u. nicht auf einem reproduzierbaren Analysenfehler beruht. K. Zingraf. 4100◇

1006 **Reinigung und Analyse physiologisch aktiver Lipide.** J. N. Hawthorne. (Biochem. Pharmacol. **12**, 401—03, 1963; Birmingham, Univ. of Birmingham, Med. School, Dep. of Med. Biochem. and Pharmacol.; engl.) — Kurze Übersicht. K. Zingraf. 4100◇

1007 **Anomale Stoffwechselbilanzen und biologische Mutationen.** L. Kervran. (Rev. gén. Sci. pures appl. Bull. Assoc. franç. Avancement Sci. **67**, 193—206, 1960; franz.) F. Krusen. 4130◇

1008 **Fluorescenz und Absorptionsspektra von biologischen Farbstoffen.** T. J. Porro, Sandra P. Dadik, Mark Green und Helen T. Morse. (Stain Technol. **38**, 37—48, 1963; Norwalk, Conn., Perkin-Elmer Co.; engl.) — Übersicht. K. Zingraf. 4150◇

1009 **Selektive Färbung von eosinophilen Granulis in Schnitten mit alkalischem Orcein in konzentrierter Harnstofflösung.** D. J. Goldstein. (Stain Technol. **38**, 49—51, 1963; Johannesburg, South Africa, Univ. of Witwatersrand Med. School, Dep. of Anat.; engl.) — Verd. *Orcein* in saurem mit Harnstoff gesätt. A. färbte in Ggw. von CN^- eosinophile Granula selektiv, ohne Zusatz von CN^- färbte es Zellkerne selektiv. CN^-, dessen Wrkg. in einer Veränderung von pH bestand, konnte durch geeignete Puffer ersetzt werden. K. Zingraf. 4150◇

1010 **Färbereaktionen von Mucopolysacchariden nach der Anwendung von Formalin-haltigen Fixiermitteln.** James L. Conklin. (Stain Technol. **38**, 56—59, 1963; Ann Arbor, Mich., Univ. of Michigan, Dep. of Anat.; engl.) — Zur Färbung von *sauren Mucopolysacchariden* (**I**) für den histochem. Nachw. ist ein Fixierungsmittel erforderlich, daß **I** konserviert u. die Färbung erleichtert. Am besten eigneten sich als Fixierungsmittel **I** + *Cetylpyridiniumchlorid* oder **I** + *Natriumacetat*. Zur Färbung von extracellulärem **I** dienten dann *Alcianblau* oder *kolloidales Fe*. K. Zingraf. 4150◇

1011 **Autoradiographie und Färbung von hämatopoietischen Zellen in Kultur auf Millipore-Membranen in vivo.** Irwin Berman und Earlene J. Newby. (Stain Technol. **38**, 62—65, 1963; Coral Gables, Fla., Univ. of Miami, School of Med., Dep. of Anat.; engl.) — Hämatopoiet. Zellen von Nagetieren, die auf Millipore-Membran gezüchtet wurden, konnten nach Fixierung mit Bouinscher Fl. durch Autoradiographie u. Färbung mit Hämatoxylin u. Eosin sichtbar gemacht werden. K. Zingraf. 4150◇

1012 **Die elektrophoretische Beweglichkeit der Spermien des Rindes.** G. F. Fuhrmann, E. Granzer, E. Bey und G. Ruhenstroth-Bauer. (Z. Naturforsch. **18b**, 236—42, 1963; München, Max-Planck-Inst. für Biochem. u. Max-Planck-Inst. für Eiweiß- u. Lederforschung; dt.) — Die elektrophoret. Beweglichkeit u. der isoelektr. Punkt von Spermien aus zwei kurz hintereinander gewonnenen Ejakulaten ist verschieden, auch von Spermien aus dem Ejakulat u. den Nebenhoden. Die negative Überschußladung der Spermien besitzt eine eingipflige Verteilungskurve, d. h. daß ♂ u. ♀ Spermien gleiche Oberflächenladung besitzen. Ein Teil der negativen

Überschußladung der Spermienmembran kann auf *Neuraminsäuren* zurückgeführt werden. Durch Behandlung mit *Neuraminidase* kann je Spermienzelle $6{,}2 \cdot 10^{-8}\,\gamma$ an Neuraminsäuren freigesetzt werden, wahrscheinlich *N-Acetylneuraminsäure*. W. Hiller. 4150◇

1013 **Einige Eigenschaften embryonaler Herzmyoblasten.** H. Holtzer, Joan Abbott und Margaret W. Cavanaugh. (Exp. Cell Res. **16**, 595—601, März 1959; Philadelphia, Pa., Univ., School of Med., Dep. of Anat.; Mandeville, La., Southeast Louisiana Hosp.; engl.) — Unters. an der Herzmuskulatur von Hühnerembryonen mit Hilfe von *Fluoresceinmarkiertem* *Antimyosin* zur Sichtbarmachung von Myofibrillen. H.-G. Trüper. 4150□

1014 **Phospholipidgehalt in subcellulären Fraktionen von Organen der erwachsenen und heranwachsenden Ratte.** J. J. Biezenski, T. H. Spaet und A. L. Gordon. (Biochim. biophysica Acta [Amsterdam] **70**, 75—84, 1963; New York, N.Y., Montefiore Hosp., Labor. Div., Dep. of Hem.; engl.) — Aus erwachsenen bzw. heranwachsenden Ratten werden subcelluläre Fraktionen (ganzes Gewebe, Mitochondrien, Mikrosomen, Nuclei, überstehendes Cytoplasma) der Leber, Niere, Uterus u. Ovarien hergestellt u. auf ihren Geh. an *Phospholipiden* sowie Geh. u. Verteilung von Lipid-*Serin*, *Äthanolamin*, *Gesamtcholin* u. *Sphingomyelin* untersucht. Die Vers.-Reihen ergeben für das erwachsene wie für das junge Tier in den einzelnen Fraktionen eine charakterist. Mengenverteilung. Beim erwachsenen wie auch jungen Tier sind Mikrosomen u. Mitochondrien der Leber u. Niere phospholipidreich. Jedoch zeichnet sich deren Zus. beim erwachsenen Tier durch eine mengenmäßig hohe Cholinphospholipidfraktion, beim Jungtier hingegen durch einen beträchtlichen Geh. an Kephalinen aus. A. Täufel. 4150◇

1015 **Die Wirkung von Natriumdesoxycholat auf die Mikrosomen der Rattenleber.** Y. Moulé, C. Bouvet und J. Chauveau. (Biochim. biophysica Acta [Amsterdam] **68**, 112—18, 1963; Villejuif, Seine, France, Centre de Rech. sur les Cellules normales et Cancéreuses; franz.) — Werden Rattenlebermikrosomen mit *Desoxycholat* (I) behandelt, so enthält man ein I-unlösl. Sediment, welches die Ribosomen enthält. Wird das Überstehende nochmals zentrifugiert, so lassen sich Partikel abtrennen, welche sich nach Gestalt, Zus. (höherer N-Geh., Phospholipide, höherer Ribonucleinsäure-Geh.) u. Ursprung deutlich von den Ribosomen unterscheiden. Diese Teilchen stammen im wesentlichen aus den Mikrosomenmembranen. H. Struck. 4150◇

1016 **Natrium, Kalium, Stickstoff, Phosphor und Lipid in Muskelmitochondrien nach Isolierung in Saccharose-Medien von verschiedener Konzentration.** A. R. Craston und J. F. Manery. (Canad. J. Biochem. Physiol. **41**, 831—47, 1963; Toronto, Ontario, Canada, Univ. of Toronto, Dep. of Biochem.; engl.) — Mitochondrien von Taubenbrustmuskel, welche in 0,25m *Saccharose* (I) isoliert u. einmal gewaschen wurden, enthielten $77 \pm 1{,}43$ g W./100 g sowie $7{,}8 \pm 2{,}0$ mVal *K* u. 4,29 mVal *Na*/kg Trockengewicht. Der Na/K-Quotient der Mitochondrien war ca. 5mal höher als der des Muskels. Waschen bewirkte bei Mitochondrien, die in 0,25 m, 0,45m u. 0,88 m I isoliert waren, einen Verlust an K u. Na, doch konnten nie alle Kationen ausgewaschen werden. Die chem. u. morpholog. Intaktheit der Mitochondrien wurde durch 0,45m I besser erhalten als durch die übrigen Konzentrationen. K. Zingraf. 4150◇

1017 **Die Wirkung von Inhibitoren der oxydativen Phosphorylierung auf die Synthese der Phospholipide der Lebermitochondrien.** John N. Youngs und W. E. Cornatzer. (Proc. Soc. exp. Biol. Med. **112**, 308—11, 1963; Grand Forks, Univ. of North Dakota School of Med., Dep. of Biochem., Guy and Bertha Ireland Res. Labor.; engl.) — Ratten erhalten intraperitoneale Injektionen von *Arsenat* (I; 14 mg/kg), *Bilirubin* (II; 3,3), *Oligomycin* (III; 0,83) oder *Dinitrophenol* (IV); 3,0) u. danach Injektionen von $NaH_2{}^{32}PO_4$. Anschließend wird die Radioaktivität der Phospholipidfraktionen der Leber bestimmt (*Phosphatidylinosit, Sphingomyelin, Lecithin, Phosphatidylserin, Phosphatidyläthanolamin*). I, II u. III hemmen den ^{32}P-Einbau in alle Fraktionen, ausgenommen Sphingomyelin u. Phosphatidylinosit. Durch IV erfolgt eine verminderte Synth. von Phosphatidylinosit, Sphingomyelin, Lectihin, Phosphatidylserin u. Phosphatidyläthanolamin. W. Hiller. 4150◇

1018 **Wirkung von L-Thyroxin und Jodcyan auf die Morphologie der Mitochondrien und die oxydative Phosphorylierung.** Jean Roche, Odette Michel, Raymond Michel, Marc Girard, Joseph E. Rall und Stelio Varrone. (Biochim. biophysica Acta [Amsterdam] **71**, 494—95, 1963; Paris, Coll. de France, Labor. de Biochim. gén. et comp.; engl.) — Eine Schwellung von Mitochondrien in Ggw. von *Thyroxin* oder *CNJ* findet nur statt, wenn die an die Oxydation von Cytochrom b u. c_1 gekuppelte Phosphorylierung nicht gehemmt ist; dagegen sind die gekuppelten Phosphorylierungen auf der Stufe von Diphosphopyridinnucleotid-Flavoprotein oder am Ende der Atemkette für die Schwellung der Mitochondrien nicht erforderlich. K. Zingraf. 4150◇

1019 **Mechanismus der Nephrose infolge von Aminonucleosid bei der Ratte.** 3. Mitt. **Phosphorylierende und dephosphorylierende Aktivität in Nierenmitochondrien.** Paul Bartlett, Janet Keegan und Heidi Schaefer. (Proc. Soc. exp. Biol. Med. **112**, 96—101, 1963; Detroit, Mich., Henry Ford Hosp., Edsel B. Ford Inst. for Med. Res.; engl.) — 2. vgl. C. **1963**, 10165. — Bei Ratten mit Nephrose infolge von *Aminonucleosid* (I) wurde bereits am 4. Tag während der Einleitung des nephrot. Syndroms noch vor dem Auftreten einer massiven Proteinurie ein wesentlich langsameres Verschwinden von *anorgan. Phosphat* u. eine Oxydation von *Succinat* in Nierenmitochondrien (NM) beobachtet. Die Dephosphorylierung von Adenosindiphosphat, Adenosintriphosphat u. Glucose-6-phosphat durch NM war bei den nephrot. Tieren nicht verändert, dagegen wurde die Adenosintriphosphatase-Aktivität der NM durch I gehemmt. K. Zingraf. 4150◇

1020 **Bildung von Pyrrolidoncarbonsäure als künstliches Produkt aus L-Glutaminsäure.** H. K. Das und S. C. Roy. (Biochim. biophysica Acta [Amsterdam] 62, 590, 1962; Calcutta, Univ. Coll. of Sci. and Technol., Dep. of Appl. Chem.; engl.) — Bei der Trennung der durch Inkubation von Mitochondriensuspensionen aus *Vigna sinensis* mit ^{14}*C-Glutamat* (I) erhaltenen Rk.-Prodd. mittels Säulenchromatographie an Dowex-50 (H^+) u. Elution durch NH_3 in 80% ig. A. u. W. wird bei der anschließenden papierchromatograph. Analyse eine unbekannte Substanz (II) gefunden, die 16—20% der zugesetzten Aktivität enthält. II läßt sich nur nachweisen, wenn die Mitochondriensuspensionen 5 Min. vor der Inkubation gekocht werden u. nach Durchführung der Säulenchromatographie. Die keine Ninhydrin-Rk. zeigende Substanz wird nach Hydrolyse mit verd. HCl ninhydrinpositiv u. erweist sich als papierchromatograph. ident. mit der durch Kochen einer wss. Lsg. von *L-Glutaminsäure* erhaltenen *α'-Pyrrolidon-α-carbonsäure*. Die Ergebnisse zeigen, daß II bei Behandlung von I mit Dowex-50 (H^+) entsteht. Die II-Bldg. wird durch Versetzen der Elutions-Fl. mit einer geringen Menge HCl während des Einengens verhindert. II wird von den Mitochondrien nicht verwertet. P. Fahrnlaender. 4150◇

1021 **Zur Frage der funktionellen und pathologischen Kernschwellung (Autoradiographische Untersuchungen mit ^{3}H-Phenylalanin und ^{3}H-Cytidin an der Rattenleber nach Thioacetamid).** E. Stöcker. (Naturwissenschaften **50**, 130, 1963; Würzburg, Univ., Pathol. Inst.; dt.) — Mit Hilfe von ^{3}*H-L-Phenylalanin*- u. ^{3}*H-Cytidin*-Autoradiographie kann gezeigt werden, daß die nach kurzdauernder Verfütterung von *Thioacetamid* (I; 4,5 mg/Tag/Tier) bei Ratten zu beobachtende Kernschwellung (Leber) funktioneller Art ist; es liegt ihr eine physiolog. Anpassung der karyoplasmat. *Eiweiß*- u. *Ribonucleinsäure* (RNS)-Synth.-Geschw. an die durch I induzierte Abänderung der Zellfunktion zugrunde. Nach längerer Fütterungsdauer kommt es jedoch offenbar zu einer Entkoppelung der sonst gewohnten Proportionalität zwischen Vol. u. karyoplasmat. Eiweiß- u. RNS-Neubildungs-Geschw.; diese Kernvol.-Zunahme ist demnach als patholog. Kernschwellung aufzufassen (entweder Folge eines osmot. bedingten Fl.-Einstroms oder einer bes. cytotox. Wrkg.) Beide Zustandsbilder brauchen sich rein volumetr. nicht voneinander zu unterscheiden. U. Tausendfreund. 4150◇

1022 **Die Rolle der Histone bei der Regulation der Synthese von Ribonucleinsäure im Zellkern.** V. G. Allfrey, V. C. Littau und A. E. Mirsky. (Proc. nat. Acad. Sci. USA **49**, 414—21, 1963; New York, Rockefeller Inst.; engl.) — Wird isolierten Thymuskernen Thymus-*Histon* zugesetzt, so werden viele Rkk., z. B. *Ribonucleinsäure* (RNS)-Synth. gehemmt. Die Histone, die an Arginin reich sind, sind starke Inhibitoren; die an Lysin reichen wirken kaum. Werden die Histone aus dem Kern selektiv entfernt, steigt die RNS-Synthese. Die neu synthetisierte RNS gehört zur Informations-(messenger)-RNS, unterscheidet sich jedoch in der Basen-Zus. von der üblichen. M. Wiedemann. 4150◇

1023 **Die Kombination eines Teils der cytoplasmatischen Ribonucleinsäureverbindungen mit Quecksilber.** L. G. E. Bell. (Exp. Cell Res. **16**, 615—23, März 1959; Halifax, Nova Scotia, Canada, Dalhousie Univ., Dep. of Biol.; London, King's Coll., Dep. of Zool.; engl.) — Die Fl.-Konservierung von Geweben in Methanol in Ggw. von *$HgCl_2$* beugt dem Farbverlust vor, der ohne Hg stets eintritt. Hg modifiziert das Absorptionsspektrum einiger cytoplasmat. *Nucleinsäure*-Komponenten, nicht aber das der Kernnucleine. Einige der Cytoplasmanucleine sind nach Hg-Behandlung gegen Ribonucleasen geschützt, Kernnucleine weder gegen Ribo- noch gegen Desoxyribonucleasen. Die Rk.-Fähigkeit der Cytoplasmanucleine wird auf SH-Gruppenassoziation zurückgeführt, die möglicherweise bei den ersten Stadien der Protein-Synth. mitwirken. Der Kern nimmt erst später an der Protein-Synth. teil. H.-G. Trüper. 4150□

1024 **Reinigung der Ribonucleinsäure, welche die Bildung an Penicillinase in Zellen von Bacillus cereus induziert.** V. Csányi, M. Kramer und F. B. Straub. (Acta physiol. Acad. Sci. hung. **18**, 171—78, 1960; Budapest, Med. Univ., Ist. of Med. Chem.; engl.) — Früher (C. **1958**, 2468) war gezeigt worden, daß ein NaCl-Extrakt aus einem konstitutionell *Penicillinase* (**I**) enthaltendem Stamm von *B. cereus* (NRRL-B-569/H) bei Zusatz zu mit *Ribonuclease* (**III**) vorbehandelten Zellen von B. cereus-NRRL-B-569 (bei dem **I** induziert werden kann) eine vorübergehende Bldg. von I induzieren kann. Diese **I**-Bldg. scheint von der „natürlichen" Induktion (durch Induktion mittels *Penicillin*) verschieden zu sein. Jetzt wird gezeigt, daß die aus I-enthaltenden Stämmen (mittels der „Chlf.-Meth." bzw. mittels der „Phenol-Meth.") isolierten beiden *Ribonucleinsäuren* (**II**) hinsichtlich I-Bldg. genau die gleiche Wrkg. ausüben wie die früher untersuchten Rohextrakte. Zur vollen Wrkg. muß ein **II**-Geh. von 10^2—10^3 Moll. **I** je Zelle vorhanden sein. — Von den verschiedenen, durch die Vff. diskutierten Hypothesen über die Wrkg. der **II** auf die **I**-Synth. erscheint am meisten einleuchtend, daß **II** in den Vorgang als ein spezif. Templat eingreift u. die Aminosäuren zu dem ihnen zukommenden Ort in der Polypeptidkette führt. Sicher ist, daß diese **II** ganz spezif. wirkt u. nicht durch *Desoxyribonucleinsäure* oder abgebaute **II** aus dem gleichen Organismus oder durch andere bisher geprüfte **II** (aus nichtinduziertem 569, aus Hefe oder aus *Escherichia coli*) ersetzt werden kann. Die Wrkg. von **II** erfolgt schon bei sehr geringen Konzz., z. B. bei 10^{-3} μg **II**/ml (von angenommenem Molgew. 10^6.) — Über die Bedeutung der Vorbehandlung mit **III** kann nichts gesagt werden, außer, daß die Behandlung unerläßlich ist. A. Hesse. 4150◇

1025 **Über die Säurehydrolyse der Desoxyriboside und Riboside.** Adolf Wacker und Lothar Träger. (Z. Naturforsch. **18b**, 13—16, 1963; Frankfurt/M., Univ., Inst. für Therapeut. Biochemie; dt.) — Verschiedene Desoxyriboside sowie Riboside u. Ribotide werden nach verschiedenen Meth. hydrolysiert u. die Festigkeit der N-glykosid. Bindung des Zuckers zur Base miteinander verglichen. Es ergibt sich, daß die Purindesoxyriboside *Adenindesoxyribosid* u. *Guanindesoxyribosid* etwa 2000 mal rascher hydrolysiert werden als *Cytosindesoxyribosid*. *Naphthimidazoldesoxyribosid* verhält sich wie die Purindesoxyriboside. Die stabilste Zuckerbindung liegt im *Uracildesoxyribosid* (UdR) u. *Thymindesoxyribosid* (TdR) vor. Durch die Einführung eines Halogenatoms an $C_{(5)}$ in UdR, z. B. im *5-Bromuracildesoxyribosid*, wird die Hydrolyse-Geschw. der N-glykosid. Bindung erhöht. Wird die 5.6-Doppelbindung von TdR durch die Ausbldg. eines Cyclobutanringes bei der UV-bedingten Synth. des *TdR-Dimeren* aufgehoben, so erhöht sich ebenfalls die Hydrolysegeschwindigkeit. Hydrolysiert man Riboside bzw. Ribotide unter den Bedingungen der Orcin-Best. mit halbkonz. HCl, so hydrolysieren ebenfalls die Purinriboside bzw. -ribotide wesentlich rascher als die Pyrimidinderivate. Auffällig ist hierbei jedoch die Tatsache, daß im Gegensatz zu den Pyrimidindesoxyribosiden im *Cytosinribosid* die Ribose um ein Vielfaches stärker gebunden ist als im *Uracilribosid*. Eine Phosphatgruppe in 3'-Stellung der Ribose verstärkt die N-glykosid. Bindung sowohl bei der *Uridylsäure* als auch bei der *Cytidylsäure* gegenüber den entsprechenden Ribosiden beträchtlich. In den Purinribosiden bzw. -ribotiden ist dagegen die Stabilität der Ribosebindung gleich. L. Träger. 4150◇

1026 **Die Synthese von Nucleinsäuren und Proteinen in den Kernen der Wurzelspitzen bei Tradescantia.** J. E. Sisken. (Exp. Cell Res. **16**, 602—14, März 1959; New York, N.Y., Columbia Univ., Dep. of Botany; engl.) — Die Synth. von *Desoxyribonucleinsäure* (DNS), *Ribonucleinsäure* (RNS) u. einigen Nuclearproteinen in den Wurzelspitzen von *Tradescantia paludosa* wurde autoradiograph. u. mit Hilfe radioakt. markierter Verbb. untersucht. Während des Kernwachstums in der frühen Interphase wurde kein Tritium-markiertes *Thymidin* in DNS eingebaut. *^{14}C-Orotsäure* wurde im Nucleus überwiegend zuerst in RNS, dann in DNS eingebaut. Es wird angenommen, daß DNS u. RNS unabhängig voneinander synthetisiert werden. RNS wurde aufgebaut, wenn der Nucleus sich zu vergrößern begann. Unter den benutzten Vers.-Bedingungen dauerte es vom Ende der DNS-Synth. bis zur Prophase 8 Std., von Prophase bis Telophase 2 Stunden. Der *^{14}C-Lysin*-Einbau in die Kernproteine, die nicht durch Feulgen-Hydrolyse entfernt wurden, ergab, daß nach 6 Std. Isotopen-Einw. Kerne aller Stadien in Chromatin u. Nucleolus markiert waren, was auf Protein-Synth. in allen Stadien des Zellcyclus schließen läßt. H.-G. Trüper. 4150□

1027 **Der Einfluß von Insulin auf die Nucleinsäuresynthese im isolierten Rattenzwerchfell.** Ira G. Wool. (Biochim. biophysica Acta [Amsterdam] **68**, 28—33, 1963; Chicago, Ill., Univ., Dep. of Physiol.; Cambridge, Great Britain, Univ., Dep. of Biochem.; engl.) — An isolierten Rattendiaphragmen kann gezeigt werden, daß *Insulin* (**I**) in vitro den Einbau von *$^{14}C_{(8)}$-Adenin* (**II**) u. *^{14}C-Glucose* (**III**) in die *Ribonucleinsäure* (RNS) stimuliert. Der Einbau von **II** u. **III** in die *Desoxyribonucleinsäure* (DNS) wird durch **I** nicht beeinflußt. Weiter bewirkt **I** in vitro während einer 2std. Inkubation eine Neusynth. der RNS. Die Befunde deuten darauf hin, daß der intracelluläre Ort der Protein-Synth.-Förderung durch **I** die RNS zu sein scheint. H. Struck. 4150◇

1028 **Der Einbau von Uridylsäure in Ribonucleotidyldesoxyribonucleinsäure.** H. G. Klemperer, J. S. Krakow und E. S. Canellakis. (Biochim. biophysica Acta [Amsterdam] **61**, 43—49, 1962; New Haven, Conn., Yale Univ., Dep. of Pharmacol.; engl.) — Ein Enzym aus Kalbsthymusnuclei ist in der Lage, Ribonucleosidtriphosphate am Ende der *Desoxyribonucleinsäure* (DNS) mit freier 3'-Hydroxylgruppe zu binden. Wird eine DNS mit endständiger *Guanylsäure*-Gruppe in Ggw. von *Uridintriphosphat* (UTP) u. dem Enzym inkubiert, so wird eine *DNS-Guanylsäurepolyuridylsäure* gebildet. Der Einbau von UTP wird durch gleichzeitiges Angebot von *Adenosintriphosphat* (ATP), *Cytidintriphosphat* (CTP) u. *Guanosintriphosphat* (GTP) schwach gehemmt. Wird statt UTP eines dieser Nucleotide angeboten, so wird lediglich in Ggw. von CTP eine *DNS-Guanylsäurepolycytidylsäure* gebildet. ATP oder GTP werden prakt. nicht eingebaut. Als weitere Ribunocleotidyl-DNS-Arten werden *DNS-Cytidylsäure* u. *DNS-Adenylsäure* als Acceptoren für UTP u. Aufbau einer DNS-gebundenen *Polyuridylsäure* untersucht. Sie sind gleich wirksam wie *DNS-Guanylsäure*. Nach 30 Min. langer Inkubation beträgt die Kettenlänge der *Polyuridylsäure* ca. 14 Nucleotide. L. Träger. 4150◇

1029 **Die Aufnahme von tritiertem Thymidin in die Desoxyribonucleinsäure des isolierten Zellkerns.** Ram M. Behki und Walter C. Schneider. (Biochim. biophysica Acta [Amsterdam] **68**, 34—44, 1963; Bethesda, Md., Nat. Inst. of Health, Nat. Cancer Inst., Labor. of Biochem.; engl.) — Es wird der Einbau von *^3H-Thymidin* (**I**) in die *Desoxyribonucleinsäure* (DNS) von normaler u. regenerierender Rattenleber u. dem Novikoff-Hepatom untersucht. Die isolierten Zellkerne, die aus wss. Zucker-Lsg. der Gewebehomogenate gewonnen wurden, wiesen keine feststellbare *Polymerase*-Aktivität auf. Wurden die Kerne dagegen aus lyophilisiertem Gewebe durch organ. Lsgm. isoliert, so war die Aufnahme von I in die DNS sehr stark. Die Hepatomkerne enthalten über 50% der Polymeraseaktivität des Gesamtgewebes. In den Kernen von normaler u. regenerierender Leber war die Einbaurate von I geringer, zumal in diesen Zellkernen keine Desoxynucleosidkinase nachgewiesen werden konnte. H. Struck. 4150◇

1030 **Beteiligung der Ribonucleinsäure-Synthese beim Thymin-Mangeltod.** P. C. Hanawalt. (Nature [London] **198**, 286, 1963; Stanford, Calif., Stanford Univ., Biophysics Labor.; engl.) — Die *Thymin* (**I**)-, *Arginin* (**II**)- u. *Uracil* (**III**)-bedürftige Mutante *E. coli* 15 T⁻A⁻U⁻ wird bei **I**-Mangel abgetötet, unabhängig davon, ob **II** u. (oder) **III** anwesend sind oder nicht. Auch bei I- u. *Phosphat* (IV)-Mangel stirbt die Mutante im Gegensatz zur Mutante E. coli B 3, wo der bei I-Mangel auftretende Zelltod durch gleichzeitigen IV-Mangel verhindert wird. Auch in Ggw. von 1 µg oder 10 µg *Chloramphenicol*/ml verändert sich das Verh. von E. coli 15 T⁻A⁻U⁻ bei I-Mangel nicht. Wird dagegen der polyauxotrophe Stamm E. coli 15 TAU-bar (wuchsstoffbedürftig für I, II, III, *Methionin, Prolin* u. *Tryptophan*) in der exponentiellen Wachstumsphase geerntet u. in Abwesenheit von I u. III weiterkultiviert, so sinkt die Lebensfähigkeit der Keime nur schwach ab. Wird jedoch außerdem in Abwesenheit einer oder aller vier Aminosäuren weiter kultiviert, so steigt die Abtötungs-Geschw. rasch an. Bei Aminosäuremangel wird die Synth. *ribosomaler* u. *lösl. Ribonucleinsäure* (RNS) erniedrigt. Die Synth. von *Messenger-RNS* (mRNS) bleibt davon unbeeinflußt. Da die *Desoxyribonucleinsäure* (DNS)-Stränge sich zur Synth. der mRNS trennen müssen u. im getrennten Zustand bleiben müssen, da durch den I-Mangel die DNS-Synth. gehemmt ist, wird vermutet, daß diese einsträngigen DNS-Partien bes. leicht denaturierbar sind. Bei III-Mangel kann dagegen keine mRNS-Synth. verlaufen u. die Aufspaltung u. nachfolgende Denaturierung der DNS unterbleibt. L. Träger. 4150◇

1031 **Untersuchungen über die Nucleotidanordnung in der Desoxyribonucleinsäure.** 5. Mitt. **Pyrimidinnucleotidanhäufungen: Isolierung und Charakterisierung.** John H. Spencer und Erwin Chargaff. (Biochim. biophysica Acta [Amsterdam] **68**, 9–17, 1963; New York, Columbia Univ., Coll. of Physic. and Surgeons, Dep. of Biochem., Cell Chem. Labor.; engl.) — 4. vgl. C. **1962**, 10121. — Es wird eine Meth. beschrieben, mit welcher es möglich ist, *Pyrimidinnucleotid* (I)-Anhäufungen aus der *Desoxyribonucleinsäure* (DNS) zu isolieren u. zu charakterisieren. Die nach saurer Hydrolyse von DNS gewonnenen I gehorchen der Formel $Py_n p_{n+1}$ (Py = Pyrimidin, p = Phosphat). Eine Fraktionierung der I erfolgt durch Chromatographie an DEAE-Cellulose u. Elution mit anwachsendem Konz.-Gradienten von LiCl bis 1,0 m in 0,01 m Lithiumacetatpuffer (pH 5,0). Durch zweidimensionale Papierchromatographie (1. Isopropanol/NH_3; 72 Std.). 2. Isobuttersäure/Ammoniumisobutyrat; pH 3,6, 36 Std.) gelingt eine vollständige Trennung in die Einzelkomponenten. Nach Ausschneiden der Flecke u. Elution mit 0,1 n HCl wird die UV-Absorption gemessen. H. Struck. 4150◇

1032 **Untersuchungen über die Nucleotidanordnung in der Desoxyribonucleinsäure.** 6. Mitt. **Pyrimidinnucleotidanhäufungen. Frequenz und Verteilung in einigen Arten des AT-Typs.** John H. Spencer und Erwin Chargaff. (Biochim. biophysica Acta [Amsterdam] **68**, 18–27, 1963; New York, Columbia Univ., Coll. of Physic. and Surgeons, Dep. of Biochem., Cell Chem. Labor.; engl.) — 5. vgl. vorst. Referat. — Nach Hydrolyse von *Desoxyribonucleinsäure* (DNS) aus Kalbsthymus, Roggen- u. Weizensamen des AT-Typs werden die Pyrimidinnucleotide der allg. Form: (Pyrimidindesoxyribosid)$_n$ (Phosphorsäurerest)$_{n+1}$ für n von 1–8 isoliert u. miteinander verglichen. 6–8% der Gesamtpyrimidine haben eine Kettenlänge von 9 oder mehr Gliedern. Die DNS aus Kalbsthymus unterscheidet sich von den beiden pflanzlichen DNS im Gesamtgeh. an *Cytosin* u. *5-Methylcytosin* (I). Außerdem werden bei ihr für n von 1–5 keine Nucleotide des I gefunden. Weiter wird das Triplett C_3p_4 (C = Cytosin, p = Phosphorsäurerest) in bestimmbaren Mengen nur in der DNS aus Kalbsthymus beobachtet. Allg. ähneln sich die DNS aus Weizen- u. Roggensamen sehr stark, dagegen weicht die DNS aus Kalbsthymus deutlich ab. H. Struck. 4150◇

1033 **Asynchrone Replikation der HeLa S3-Chromosomen-Desoxyribonucleinsäure.** Robert B. Painter. (J. biophysic. biochem. Cytol. **11**, 485–88, Nov. 1961; Columbus, Ohio, Battelle Mem. Inst.; engl.) — Durch Benützung von *³H-Thymidin* u. Autoradiographie wurde in HeLa S3-Zellen die Vermehrung der Chromosomen u. der *Desoxyribonucleinsäure* (DNS) untersucht. Das Einsetzen der Verdopplung erfolgt bei allen Chromosomen fast gleichzeitig, asynchron ist nur das Ende der Verdopplung. M. Wiedemann. 4150□

1034 **Der Desoxyribonucleinsäure-Gehalt von Samen-Spermatozoen und Testeskeimzellen von fruchtbaren und unfruchtbaren Santa-Gertrudis-Stieren.** Robert M. Welch und Kathleen Resch. (Univ. Texas Publ. **1960**, Nr. 6014, 31–37, 15/7.; engl.) — Samen-Unters. an 5 fruchtbaren u. 6 unfruchtbaren Stieren ergaben keine signifikanten Unterschiede im Hinblick auf den mittleren Geh. an *Desoxyribonucleinsäure* (I). Bei krit. Bewertung der einzelnen Meßergebnisse besteht die Möglichkeit, daß I im Samen synthetisiert wird; ein I-Defizit ist aber nach den Verss. nicht für die Hypoplasie der Tiere verantwortlich zu machen. H. Doßmann. 4150□

1035 **Der Gehalt an Desoxyribonucleinsäure der Spermatozoen im Samen von Santa-Gertrudis-Stieren unbekannter Fruchtbarkeit im Alter unter 2 Jahren.** Robert M. Welch, E. W. Hanly und William Guest. (Univ. Texas Publ. **1960**, Nr. 6014, 39–68, 15/7.; engl.) — Vgl. vorst. Referat. — Zur weiteren Klärung des Problems wurden Serien-Verss. an ca. 100 Stieren durchgeführt. Nach Entnahme mehrerer Proben von ein u. demselben Stier scheinen kleine Variationen im Geh. an *Desoxyribonucleinsäure* (I) in den Spermatozoen junger Stiere zu bestehen. Die erhaltenen I-Mittelwerte weichen aber nur geringfügig von dem sehr genau berechneten Meßfehler ab. Bei Beobachtung einer Gruppe von Stieren über ein Jahr wurden zwar bei einigen Exemplaren I-Schwankungen im Samen festgestellt, die Werte sind aber kleiner als die von Leuchtenberger an humanen Proben ermittelten Werte. H. Doßmann. 4150□

1036 **Die Beziehung zwischen Desoxyribonucleinsäure-Gehalt von Spermatozoen und deren Anzahl, Morphologie und Beweglichkeit in Santa-Gertrudis-Stieren unbekannter Fruchtbarkeit.** Robert M. Welch, E. W. Hanly und William Guest. (Univ. Texas Publ. **1960**, Nr. 6014, 69–100, 15/7.; engl.) — Vgl. vorst. Referat. — Nach Best. der Beweglichkeit u. der Morphologie sowie der Zählung der Spermatozoen wurden an 535 Spermatozoenproben von 259 jungen Stieren unbekannter Fruchtbarkeit quant. zellphotometr. Analysen des Geh. an *Desoxyribonucleinsäure* (I) durchgeführt. Es ergab sich nach Vff. zwischen I-Variationen u. den Schwankungen der genannten Faktoren ein signifikanter Zusammenhang. Trotz vieler Ausnahmen war die Korrelation I : Beweglichkeit am größten, es folgte I : Spermatozoenzählung u. in geringem Maß I : Morphologie. H. Doßmann. 4150□

1037 **Das Dichte-Verhalten von Virus- und Bakterien-Desoxyribonucleinsäure in alkalischem CsCl.** Jerome Vinograd, Janet Morris, Norman Davidson und William R. Dove jun. (Proc. nat. Acad. Sci. USA **49**, 12–17, 1963; California Inst. of Technol., Gates and Crellin Labor. of Chem. and Norman W. Church Labor. of Chem. Biol.; engl.) — Die Dichten denaturierter *Desoxyribonucleinsäure* (DNS) u. der Einstrang-DNS des Phagen X 174 nahmen im CsCl-Gradienten zu, wenn das pH über 9,8 anstieg. Die Dichte der nativen DNS aus verschiedenen Bakterien änderte sich erst, wenn ein krit. pH über 11 erreicht wurde, dann trat abrupt Denaturierung u. Anstieg der Dichte ein. M. Wiedemann. 4150◇

1038 **Das Syntheseschema von Viren- und Zell-Desoxyribonucleinsäure in mit Pseudotollwut-Viren infizierten Zellen während der logarithmischen Wachstumsphase.** Albert S. Kaplan und Tamar Ben-Porat. (Virology **19**, 205–14, 1963; Philadelphia, Pa., Albert Einstein Med. Center, Res. Labor., Dep. of Microbiol.; engl.) — 7 Tage alte *³²P-Phosphat*-haltige Kulturen von Nierenzellen vom Kaninchen werden mit Pseudotollwutviren (Multiplizität 10) infiziert u. nach Inkubation mit Na-Laurylsulfat mit CsCl versetzt, mit Trispuffer auf pH 8 gebracht u. in der Ultrazentrifuge im CsCl-Dichtegradienten fraktioniert. Da die *Desoxyribonucleinsäure* (DNS) der Nierenzellen 44 Mol.-% *Guanin* + *Cytosin* enthält, die DNS der hier verwendeten Viren jedoch 73 Mol-%, ist es möglich, diese beiden DNS-Arten durch Dichtegradientenzentrifugation zu trennen. Wird zu verschiedenen Zeiten nach der Infektion *¹⁴C₍₂₎-Thymidin* (I) zur Kultur-Lsg. gegeben, so verteilt sich die Radioaktivität je nach Applikationszeitpunkt auf die beiden DNS-Arten. Wird I 4½–5½ Std. nach Infektion gegeben, so enthalten virale u. Nieren-DNS etwa gleich viel I. Wird I erst 7½–8½ Std. nach der Infektion gegeben, so ist ausschließlich die virale DNS radioaktiv. Demnach verläuft 0 oder 4½–5½ Std. nach Infektion noch eine Zell-DNS-Synthese. Demgegenüber findet 7½–8½ Std. nach der Infektion nur noch eine Synth. von Viren-DNS statt. Die Kinetik beim Einbau von ³²P-Phosphat oder von ¹⁴C₍₂₎-I in die beiden DNS-Arten ist prakt. gleich. Nach autoradiograph. Unterss. wird bewiesen, daß die Abnahme der DNS-Synth. der Zellen auf eine Hemmung der DNS Synth. selbst zurückzuführen ist, nicht aber auf eine Störung des Teilungsrhythmus. Ebenfalls wird gezeigt, daß die Zell-DNS nach Virusinfektion stabil bleibt u. nicht abgebaut wird, wodurch eine Hemmung der DNS-Synth. vorgetäuscht werden könnte. Vielmehr wandert die Zell-DNS nach der Infektion an die Peripherie des Nucleus, wodurch wahrscheinlich der Replikationsmechanismus (bes. der örtliche Zusammenhang mit der „Primer"-DNS) gestört ist. L. Träger. 4150◇

1039 **Molekulare und Stoffwechseleigenschaften von Messenger-Ribonucleinsäure aus normalen und T2-infizierten Escherichia coli.** Akira Ishihama, Nobuko Mizuno, Masayuki Takai, Eiko Otaka und Syozo Osawa. (J. molecular. Biol. **5**, 251—64, 1962; Nagoya, Chikusa-Ku, Nagoya Univ., Fac. of Sci., Inst. of Mol. Biol.; engl.) — Normale oder mit Bakteriophagen T2r + infizierte Zellen von *Escherichia coli* werden bei 1—4° mit 0,1 Vol. 2% ig. *Na-Dodecylsulfat* (I)-Lsg. versetzt u. nach Zusatz von Quarzpulver zerrieben. Dann werden 3 Vol. $5 \cdot 10^{-3}$m Trispuffer, pH 7,4, enthaltend 10^{-3}m Mg^{2+} u. 0,2% I, zugegeben, das Gemisch 2 Min. bei 1—4° geschüttelt u. schließlich mit einem gleichen Vol. 90% ig. Phenol 2 Min. geschüttelt. Die phenol. Phase wird 2mal mit dem kalten I-haltigen Puffer extrahiert u. die vereinigten wss. Extrakte bei 20000 U/min 20 Min. zentrifugiert. Die Nucleinsäuren werden durch Zusatz von 3 Vol. A. gefällt, der Nd. in 0,1m Na·Cl (enthaltend 0,05m K-Phosphatpuffer, pH 6,7) bei 1—4° gelöst u. auf methyliertem Serumalbumin mit einem linearen Konz.-Gradient von 0,1—1,0m NaCl chromatographiert. Es werden nacheinander *lösl. Ribonucleinsäure* (sRNS), *Desoxyribonuleinsäure* (DNS) von E. coli u. von T 2-Phagen, *ribosomale RNS* (rRNS; mit Sedimentations-Koeff.) 16 S u. rRNS mit 23 S bei den Salz-Konzz. 0,4, 0,6, 0,65, 0,75 u. 0,85m eluiert. Wird E. coli 30 Sek. mit ^{32}P-Phosphat kultiviert u. wie beschrieben aufgearbeitet, so werden innerhalb des Elutionsdiagramms außerdem 4 verschiedene Arten *Messenger-RNS* (mRNS) eluiert. mRNS-I wird an der Stelle der DNS eluiert, mRNS-II kurz vor rRNS mit 16 S, mRNS-III kurz vor rRNS mit 23 S u. mRNS-IV kurz nach rRNS mit 23 S; die gleiche Radioaktivitätsverteilung findet man auch bei 30 Sek.-Kultivierung in Ggw. von ^{14}C-Guanin oder ^{14}C-Uracil. An den Stellen von sRNS, DNS u. rRNS (16 S bzw. 23 S) werden keine Radioaktivitätsmaxima gefunden. Wird T2-infizierter E. coli 8 Min. in Ggw. von ^{32}P-Phosphat kultiviert, so sind ebenfalls die Fraktionen mRNS-II bis IV deutlich radioaktiv. Die Fraktion mRNS-I wird jedoch nunmehr durch die radioakt. Phagen-DNS überdeckt, so daß in diesem Falle die Existenz von mRNS-I unbewiesen bleibt. Die mRNS-Fraktionen nichtinfizierter E. coli weisen eine Basen-Zus. auf, die komplementär zur Basen-Zus. von E. coli-DNS ist. Die Basen-Zus. der mRNS ist deutlich verschieden von der von rRNS. Die mRNS-Fraktion von Phagen-infizierter E. coli hat eine Basen-Zus., die komplementär dem Basen-Geh. von Phagen-DNS ist. Wird mRNS-I, die viel DNS enthält, im Rohrzuckergradienten zentrifugiert, so wird sie als breite Bande im Bereich 4-27 S sedimentiert. Wird jedoch die DNS vorher mit Desoxyribonuclease abgebaut, so sedimentiert mRNS-I scharf mit 8 S. Möglicherweise liegt mRNS-I normalerweise in einem Komplex mit DNS vor. mRNS-II wird mit scharfer Bande bei 10 S, mRNS-III bei 19 S mit einer Schulter zwischen 12 bis 14 S u. mRNS-IV bei 24 S sedimentiert. Nach längerer Dialyse werden alle Fraktionen in eine heterogene 8 S-Komponente abgebaut. Um zu prüfen, ob die verschiedenen mRNS-Fraktionen unabhängig voneinander gebildet werden, wird die Radioaktivität der mRNS-Fraktionen nach Kurzzeitmarkierung miteinander verglichen. Nach 30-Sek.-Markierung haben alle Fraktionen die gleiche Radioaktivität, die auch mit der Kultivierungsdauer gleichmäßig zunimmt. Die Radioaktivität der mRNS-I-Fraktion war wiederum nicht nachprüfbar. Demnach werden die mRNS-Fraktionen unabhängig voneinander synthetisiert, u. sie haben keine voneinander abhängigen Vorstufen. In Ggw. von 100 μg Chloramphenicol/ml wird nur die Biosynth. von mRNS-IV in normalen oder T2-infizierten E. coli gehemmt. Ebenso ist nur die mRNS-IV in der Lage, einen stabilen Komplex mit Ribosomen zu bilden. Demnach handelt es sich wahrscheinlich nur bei der Fraktion IV um eine echte mRNS. Der mRNS-IV/Ribosom (70 S)-Komplex ist um 10 bis 15 S schwerer als das freie Ribosom. Die Affinität von RNS-IV zu den Ribosomen 50 S bzw. 30 S ist gleich groß. L. Träger. 4150◇

1040 **Einige Eigenschaften von Pockenvirus-Desoxyribonucleinsäure.** W. K. Joklik. (J. molecular. Biol. **5**, 265—74, 1962; Canberra, Australian Nat. Univ., John Curtin School of Med. Res., Dep. of Microbiol.; engl.) — Aus dem Kuhpockenvirus, Stamm Brighton, u. dem Kaninchenpockenvirus, Stamm Utrecht, wird die *Desoxyribonucleinsäure* (DNS) isoliert. Dazu werden ca. 25 mg Viren in 20 ml abs. A. suspendiert u. 1 Std. bei 20° belassen. Dann wird abzentrifugiert u. nacheinander mit 20 ml A./Ae. (1:1) u. 5 ml 0,15m NaCl (a, enthaltend 0,015 m Na-Citrat, pH 7) gewaschen u. schließlich in 1 ml a resuspendiert. Nach Zusatz von 0,025 ml 2-Mercaptoäthanol wird die Suspension 1 Std. bei 20° belassen u. dann mit Na-Dodecylsulfat bis zur End-Konz. von 0,3% versetzt. Nach 1 Min. wird die Suspension völlig klar u. viscös. Dann werden 0,2 mg Papain zugegeben u. 5 Std. bei 37° inkubiert. Nach Zusatz von 1,5 ml wassergesätt. *Phenol* (I) wird der Ansatz 10 Min. bei 20° geschüttelt, die I-Phase abgezogen u. die Extraktion mit 1,5 ml wassergesätt. I wiederholt. Aus der wss. Phase wird I durch 3malige Extraktion mit wassergesätt. Ae. entfernt, der Ae. im N_2-Strom entfernt u. die viscose DNS-Lsg. über Nacht gegen a dialysiert. Auf diese Weise erhält man die DNS in 80% ig. Ausbeute. Nach mehreren Meth. wird nachgewiesen, daß die aus Kuhpockenvirus isolierte DNS zweisträngig ist u. eine Denaturierungs-Temp. T_m = 84° hat. Dieser Wert stimmt auch mit der aus dem Geh. von Guanin + Cytosin = 36 Mol-% errechneten Denaturierungs-Temp. überein. In a wird bei einer DNS-Konz. von 30 μg/ml für die Virus-DNS eine Sedimentations-Konst. von 47 ermittelt, der ein Molgew. von 80 Mill. zugeordnet wird. Demgegenüber wiegt ein Viruspartikel $5,5 \cdot 10^{-9}$ μg u. enthält 5% DNS. Demnach müßte die native DNS ein Molgew. von 160 Mill. haben oder aus zwei Moll. mit je 80 Mill. bestehen. L. Träger. 4150◇

1041 **Untersuchung über das Schicksal von Desoxyribonucleinsäure nach intraperitonealer Injektion in Mäusen.** M. Grabowska und T. Wilczok. (Neoplasma [Bratislava] **10**, 11—16, 1963; Gliwice, Poland, Inst. of Oncol.; engl.) — Ehrlich-Ascitestumorzellen werden in vitro mit ^{14}*C*- u. ^{32}*P-Desoxyribonucleinsäure* versehen, anschließend Mäusen intraperitoneal appliziert u. die Tiere danach in verschiedenen Zeiten getötet. Die Ermittlung der Radioaktivität erfolgt in der Ascites-Fl. vor u. nach der Behandlung mit *Desoxyribonuclease* in aufgeschwemmten Tumorzellen, im Blut sowie im Urin u. Kot der Versuchstiere. Die Unters. zeigt einen steilen Abfall der Radioaktivität der Ascites-Fl. während der ersten Std.; das Blut zeigt zunächst eine hohe Aktivität, die nach längerem Intervall abfällt. Dagegen steigt die Aktivität im Urin u. Kot an. M. Arnold. 4160◇

1042 **Die Reaktion einiger biologisch interessanter Verbindungen mit Nucleinsäuren.** J. J. Roberts und G. P. Warwick. (Biochem. J. **87**, 14 P, 1963; London, Chester Beatty Inst., Inst. of Cancer Res., Royal Cancer Hosp.; engl.) — Werden *Desoxyribonucleinsäure* (DNS) aus Lachssperma oder *Ribonucleinsäure* (RNS) aus Hefe mit einem Gemisch des Carcinogens *Aminoazobenzol* (I) u. Formaldehyd (II) inkubiert, so werden I u. II kovalent durch DNS bzw. RNS gebunden. Die Bindung ist noch in 0,3n Laugen stabil, wird jedoch in 5n HCl hydrolysiert. In Abwesenheit anderer nucleophiler Komponenten reagiert I mit II unter Bldg. von *Methylen-bis-[aminoazobenzol]*, $C_{25}H_{22}N_6$, F 158°. Bei der Rk. mit den Nucleinsäuren werden I u. II an *Desoxyguanosin*, *Desoxyadenosin* oder *Desoxycytidin* gebunden, nicht jedoch an *Thymidin*. Das Carcinogen *β-Propiolacton* reagiert vollständig mit *Guanosin* unter Bldg. von *7-Carboxyäthylguanin*, das nach saurer Hydrolyse in *Hydroxypropionylguanin* übergeht. Das gleiche Prod. erhält man auch mit *Desoxyguanylsäure* (III) nach 12 Std. bei 37°. *Bromessigsäure* (**IV**) reagiert mit **III** unter Bldg. von *7-Carboxymethylguanin*. Werden Asciteszellen mit ^{14}C-**IV** behandelt, so wird **IV** vornehmlich durch Protein gebunden. Die spezif. Radioaktivität der Proteine ist 20 mal höher als die der Nucleinsäuren. L. Träger. 4160◇

1043 **Bestimmung der Uridinkinase-Aktivität in einigen menschlichen Tumoren und normalen Geweben unter Verwendung von $^{14}C_{(4,5)}$-6-Azauridin als Substrat.** K. Kára, F. Šorm und A. Winkler. (Neoplasma [Bratislava] **10**, 3—10, 1963; Prag, Acad. Sci., Inst. of Org. Chem. and Biochem.; Bratislava, Oncol. Res. Inst.; engl.) — Für die Unters. werden Tumoren u. normales Gewebe in kalter Puffer-Lsg. homogenisiert u. anschließend bei 2—4° zentrifugiert (35000·*g*/min). Im Überstand wird die Protein-Konz. nach Lowry u. Mitarbeitern [1951] bestimmt u. unmittelbar für die Ermittlung der *Uridinkinase* (I)-Aktivität verwendet. Das Inkubationsgemisch enthält $MgCl_2$, Adenosintriphosphorsäure, Na-

Glycerinphosphat, Phosphatpuffer (pH 7,4), $^{14}C_{(4.5)}$-*6-Azauridin* (II) u. Überstand vom Gewebehomogenat. Die Inkubation erfolgt durch ½ std. Erwärmen auf 37°; danach Deproteinisierung durch Erhitzen u. Entfernen des gefällten Proteins durch Zentrifugierung. Die I-Aktivität wird als die Menge des auf 1 mg Protein gebildeten II-5-Monophosphats ausgedrückt. Die I-Aktivität in Tumoren im Vgl. zu normalem Gewebe ist beträchtlich erhöht, beim Brustdrüsenkrebs um das 50fache. Eine kompetitive Hemmung der Phosphorylierung von II durch Extrakte von Coloncarcinomen wird festgestellt. M. Arnold. 4160◇

1044 **Die Wirkung von Purinantimetaboliten auf die Serumglobuline beim Kaninchen.** Sheldon M. Wolff und Howard C. Goodman. (Proc. Soc. exp. Biol. Med. **112**, 416—19, 1963; Bethesda, Md., Nat. Inst. of Health, Nat. Inst. of Allergy and Infektions Disease, Labor. of Clin. Invest. and of Immunol.; engl.) — Kaninchen erhalten täglich 10 Tage 18 mg *6-Mercaptopurin* (I) pro kg Körper-Gew. oder 2 mg *6-Thioguanin* (II) u. Meerschweinchen erhalten 50 mg I oder 5 mg II. Anschließend werden *Gesamtserumprotein*, *Albumin*, *α-*, *β-* u. *γ-Globulin* bestimmt. Bei Verabreichung von I u. II an Kaninchen sinkt der Geh. an Serum γ-Globulin u. es steigt der Geh. an einem β_2-Globulin. W. Hiller. 4160◇

1045 **Der Stoffwechsel der 8-Azapurine.** J. D. Smith und R. E. F. Matthews. (Biochem. J. **66**, 323—33, Juni 1957; Cambridge, Univ., Molteno Inst., Agric. Res. Council Virus Res. Unit.) — Verschiedene Strukturanaloge der natürlichen Purine u. Pyrimidine können die entsprechenden natürlichen Basen in den Nucleinsäuren ersetzen, wodurch Wachstum u. Entw. verschiedener Organismen u. Viren gehemmt werden. Die *8-Azapurine* u. substituierten Triazole unterscheiden sich von den natürlichen Derivv. durch den Ersatz der CH-Gruppe in der 8-Stellung der Purine durch ein N-Atom. Die Umwandlung dieser Analogen in Ribonucleinsäure (RNS)-gebundenes *8-Azaguanin* (I) erfordert eine Veränderung der Substituenten des Pyrimidinringes bzw. beim 5(4)-Amino-1H-1.2.3-triazol-4(5)-carbonsäureamid (II) schließt sich der Ring zum 8-Azapurinkern. *Escherichia coli*, *Bacillus cereus* u. Tabakmosaikvirus (TMV) unterscheiden sich deutlich in ihrer Fähigkeit, 8-Azapurine u. II in nucleinsäuregebundenes I umzuwandeln. Das Wachstum von E. coli wird von *8-Azaadenin* (III), *8-Azahypoxanthin* (IV) u. II gehemmt, B. cereus von I u. *8-Azaxanthin* (V) sowie TMV durch I, III u. II. Stets werden diese Substanzen als I in die RNS eingebaut, bei B. cereus bis zu 40% des RNS-Guanins. Nur dabei erfolgt eine Hemmung, die bei gleichzeitiger Zugabe von natürlichen Purinen aufgehoben wird. In E. coli u. T_2-Bakteriophagen enthält die DNS kein I, in B. cereus nur geringe Mengen, wenn die Bakterien in I-haltigem Medium gezogen wurden. Durch Pankreasribonuclease verdaute RNS liefert u. a. endständige Purinnucleosid-2'.3'-monohydrogenphosphatreste mit dem höchsten Austausch von Guanin gegen I. Mit sinkender Kettenlänge der ribonucleaseresistenten Polynucleotide steigt das Verhältnis des Guaninaustausches gegen I an. Durch Papierchromatographie u. Elektrophorese konnten im alkohol. Extrakt von B. cereus, die auf I-haltigem Medium gewachsen waren, 8-Azaguanosin u. 8-Azaxanthosin nachgewiesen werden. M. Görlich. 4160□

1046 **Der Einfluß von mehrkernigen Kohlenwasserstoffen auf die Hitzedenaturierung von Desoxyribonucleinsäure.** E. Boyland und B. Green. (Biochem. J. **87**, 14 P—15 P, 1963; London, Chester Beatty Res. Inst., Inst. of Cancer Res., Royal Cancer Hosp.; engl.) — Eine 0,01%ig. Lsg. von *Desoxyribonucleinsäure* (DNS) in 0,001 m Na_2HPO_4-Puffer wird über Nacht im Dunkeln mit einem der nachst. genannten KW-Stoffe geschüttelt u. danach die Hitzedenaturierungs-Temp. T_m der DNS gemessen. *Pyren*, das Carcinogen *Benzpyren* oder *Benzanthracen* bewirken eine Erhöhung des T_m-Wertes um 6°, *Anthracen* u. *7.12-Dimethylbenzanthracen*, dessen Mol. nicht eben gebaut ist, sogar um 10°. Diese Stabilisierungseffekte der KW-Stoffe werden auf deren Einfl. auf die Polarisation der DNS-Mol. u. deren hydrophobe Bindung mit den Basen zurückgeführt. L. Träger. 4160◇

1047 **Einfluß von Dosis und Alter auf die Induktion maligner Lymphome und anderer Tumoren durch 7.12-Dimethylbenz-[a]-anthracen bei Swiss-Mäusen.** Bela Toth, Henry Rappaport und Philippe Shubik. (J. nat. Cancer Inst. **30**, 723—38, 1963; Chicago, Ill., Chicago Med. School, Div. of Oncol.; engl.) — Eine bestimmte Dosis *7.12-Dimethylbenz-[a]-anthracen* beim Zeitpunkt der Geburt appliziert, erzeugt bei Mäusen einen hohen Prozentsatz maligner Lymphome. Eine Erhöhung der Dosis verkürzt die Latenzzeit. Neugeborene sind gegenüber I empfänglicher als 2—4 Wochen alte Tiere. Die induzierten Lymphome bestehen entweder aus undifferenzierten Formen (Stammzellen) oder aus lymphoiden Zellen bzw. aus Histiocyten oder aus beiden. Das Vork. von Sarkomen u. malignen Lymphomen an der Injektionsstelle ist selten. M. Arnold. 4160◇

1048 **Erzeugung von Nierentumoren bei Mäusen durch Anwendung von 20-Methylcholanthren-getränkten Fäden.** J. L. Stevenson und Emmerich von Haam. (Cancer Res. **22**, 1177—79, 1962; Columbus, Ohio, Ohio State Univ., Dep. of Pathol.; engl.) — Bei 34 Mäusen wurden *20-Methylcholanthren* (I)-getränkte Fäden in die rechte Niere implantiert; darauf entwickelten sich bei 9 Tieren Nierencarcinome u. bei 9 weiteren Tieren Spindelzellsarkome. 16 Tiere zeigten keine Tumoren. Das Übergangsepithel der Niere scheint gegen I empfindlich, das Nierenparenchym dagegen resistent zu sein. K. Zingraf. 4160◇

1049 **Schilddrüsentumoren bei Schafen nach Radiojodfütterung.** Sidney Marks und Leo K. Bustad. (J. nat. Cancer Inst. **30**, 661—67, 1963; Richland, Wash., Gen. Electr. Co., Biol. Labor., Hanford Labor.; engl.) — 19 Schafe wurden täglich 4—8 Jahre lang mit ^{131}J gefüttert; davon erhielten 13 Tiere von der fötalen Phase an täglich 1,5 oder 5 μc u. 6 Tiere vom 15. Monat an täglich 45 oder 135 μc. Bei 4 Tieren hatten sich winzige Adenome, bei 9 große oder multiple Adenome, bei einem ein Fibrosarkom u. bei einem weiteren ein follikuläres Carcinom entwickelt. M. Arnold. 4160◇

1050 **Wirkung von Hydrocortison auf Ehrlich-Ascitestumoren.** Mitsuo Kodama. (Cancer Res. **22**, 1212—19, 1962; Buffalo, N.Y., Rosswell Park Memor. Hosp. [New York State Dep. of Health], Dep. of Med.; engl.) — Das Wachstum von 3 Zellinien von Ehrlich-Ascitestumoren wurde in verschieden hohem Grade durch *Hydrocortisonacetat* (I) gehemmt. Je nach der Zellinie des Ascitestumors wurde das Leben der infizierten Mäuse durch die I-Behandlung verlängert oder verkürzt. K. Zingraf. 4160◇

1051 **Übergang vom Lebertyp zum Muskeltyp des Fructosestoffwechsels im Hepatom.** James Ashmore, Martin J. Sweeney, Harold P. Morris und George Weber. (Biochim. biophysica Acta [Amsterdam] **71**, 451—53, 1963; Indianapolis, Ind., Indiana Univ., School of Med., Dep. of Pharmacol.; Bethesda, Md., Nat. Cancer Inst.; engl.) — In langsam wachsenden Hepatomen erfolgt der Abbau von *Fructose* (I) in normaler Weise durch *Fructosekinase*. Sobald jedoch die Wachstums-Geschw. zunimmt, zeigt sich ein Übergang des I-Stoffwechsels zum Muskeltyp: I wird dann durch *Hexokinase* phosphoryliert u. als I-*6-Phosphat* weiter abgebaut. K. Zingraf. 4160◇

1052 **Die Extraktion eines Stimulators für Glucose-Aufnahme aus Tumoren.** J. E. Whitney. (Proc. Soc. exp. Biol. Med. **108**, 12—15, Okt. 1961; Little Rock, Ark., Dep. of Physiolog., Univ. of Arkansas, School of Med.; engl.) — Ein Material, das befähigt ist, die Glucoseaufnahme von epididym. Fettpolster der Ratte zu stimulieren, wurde in vitro extrahiert u. konzentriert durch Äthanolausfällung aus verschiedenen neoplast. Geweben. Viele untersuchte normale Gewebe wiesen keine bes. Mengen des *Stimulators der Glucose-Aufnahme* auf. In zwei Fällen konnte der Stimulator in normalen Geweben aufgefunden werden, wobei er in niedrigeren Konzz. vorhanden war als in den entsprechenden Tumoren. L. Macher. 4160□

1053 **Amylophosphorylaseaktivität als Beweis für die Differenzierung von Syringomen in ekkriner Richtung.** Kimmo K. Mustakallio und Eeva Levonen. (Naturwissenschaften **49**, 520—21, 1962; Helsinki, Univ., Dep. of Dermatol., Dep. of Forensic Med.; engl.) — Da bei 3 circumoralen Syringomen in allen Tumorelementen starke *Amylophosphorylase*-Aktivität nachgewiesen werden konnte, wird dies als Beweis für die mehr ekkrine als apokrine Natur der Syringome gewertet (bei apokrinen Drüsen zeigen nur die Zellen des Ductus eine Aktivität). Als weiterer Beweis für die ekkrine Natur wird das Vork. von *Brenztraubensäuredehydrogenase*-Aktivität u. die Alcianblau-Färbung der Sekretionsgranula in den Zellen angesehen. Enzymhistochemie ist demnach ein wertvolles Hilfsmittel bei der Unters. zellulärer Differenzierung. U. Tausendfreund. 4160◇

1054 **Adenosindesaminase im Plasma von Ratten mit Fibrosarkom.** Gilberto G. Villela, Luiz A. Abreu und R. Raposo Abreu. (Proc. Soc. exp. Biol. Med. **111**, 737—39, 1962; Rio de Janeiro, Inst. Oswaldo Cruz, Biochem. Labor.; engl.) — Im Plasma von Ratten mit einem transplantierbaren Fibrosarkom war die Aktivität der *Adenosindesaminase* stark erhöht. K. Zingraf. 4160◇

1055 **Nicotinsäure- und Nicotinamidstoffwechsel in Ascites-Zellen in vitro.** Ira M. Friedland, Laphalle Fuller und L. S. Dietrich. (J. biol. Chemistry **237**, 3829—31, 1962; Miami, Univ., School of Med., Dep. of Biochem.; engl.) — Die Einw. von *^{14}C-Nicotinsäure* auf gewaschene Ehrlich-Lettré-Asciteszellen liefert *Nicotinsäureadenindinucleotid* (I) hoher spezif. Aktivität u. *Nicotinamidadenindinucleotid* (II) niederer spezif. Aktivität. *L-Glutamin*-Zugabe steigert deutlich die II-Ausbeute bei verminderter I-Bldg., jedoch nur bis zu einer Konz. von 10^{-5}m. L-Glutamin kommt somit in der Umwandelbarkeit der Nicotinsäure zu II u. damit der Verwertbarkeit des Vitamins in Zellen erhöhte Bedeutung zu.
H.-W. Wache. 4160◇

1056 **Wirkung von adrenocorticalem Adenocarcinom auf den Glykogen-Gehalt der Rattenleber.** A. S. Mulay. (Proc. Soc. exp. Biol. Med. **112**, 292—94, 1963; Bethesda, Md., Nat. Cancer Inst., Labor. Pathol.; engl.) — Vf. benutzte den Geh. der Leber von Ratten an *Glykogen* (I) als Maß für die Produktion von *Glucocorticoiden*. Transplantierte Nebennierenrindencarcinome führen zur Atrophie der Nebenniere der Empfängertiere u. zum Absinken des Geh. an I in der Leber auf 36% des Kontrollwertes. Bei Tieren, denen die Nebenniere vorher entfernt wurde, fällt der I-Geh. gleichfalls auf 41%. Cortisonabgabe erhöht den I-Geh. wieder. Nach Meinung des Vf. zeigen diese Befunde, daß das Tumorgewebe des Nebennierenrindencarcinoms keine Glucocorticoide produziert. Nach der Transplantation von Osteosarkomen sinkt der I-Geh. auf 59%, nach Hepatomen auf 2,4%. Peter Lange. 4160◇

1057 **Gesteigerte Serumdiphenylaminreaktion bei Patienten mit Leukämie.** T. F. Slater und D. Lovell. (Experientia [Basel] **17**, 272—74. 15/6. 1961; London, Univ. Coll. Hosp., Med. School, Dep. of Chem. Pathol. and Med. Unit; engl.) — Im Serum von Leukämiefällen konnte eine Erhöhung der Werte für die Diphenylamin-Rk. konstatiert werden. Bemerkenswert ist eine in den meisten Fällen ebenfalls zu beobachtende Erhöhung der Blutkörperchensenkungs-Geschw., so daß die Vermehrung der zu verstärkter Rk. führenden *Substanzen* auch Einfl. auf physikal. Eigg. des Serums u. auf die Struktur der Erythrocyten zu gewinnen scheint.
U. Tausendfreund. 4160□

1058 **Das Verschwinden der Kynureninhydroxylaseaktivität während der Hepatombildung.** Donald E. Kizer und Boyd A. Howell. (J. nat. Cancer Inst. **30**, 675—86, 1963; Ardmore, Okla., Samuel Roberts Noble Found., Inc., Biomed. Div.; engl.) — In von *4-Dimethylaminoazobenzol*, *3'-Methyl-4-dimethylaminoazobenzol* u. *4'-Fluor-4-dimethylaminoazobenzol* erzeugten Hepatomen bei Ratten u. Mäusen wird die *Kynureninhydroxylase* (I)-Aktivität ermittelt, wozu die isolierten Mitochondrien mit Hilfe von Digitonin aufgelöst werden. In den induzierten Primärtumoren der Rattenleber sowie in 4 transplantierten Ratten u. 2 transplantierten Mäusehepatomen wird keine I-Aktivität gefunden, was nicht auf endogene Inhibitoren oder Abwesenheit wesentlicher Aktivitoren in der Mitochondrienfraktion normaler Leber zurückgeführt wird. Daraus wird gefolgert, daß die Veränderung der I-Aktivität mit Faktoren verbunden ist, die die maligne Transformation bewirkt. M. Arnold. 4160◇

1059 **Stöchiometrie der Trägersubstanz-Aminosäure beim Aminosäuretransport in Ehrlich-Asciteszellen.** John A. Jacquez. (Biochim. biophysica Acta [Amsterdam] **71**, 15—33, 1963; New York, N.Y., Sloan Kettering Inst. for Cancer Res., Div. of Exp. Chemotherapy; Cornell Univ., Grad. School of Med. Sci., Sloan Kettering Div.; engl.) — Die anfängliche Strömungs-Geschw. von *L-Tryptophan* (I) bei „Austauschdiffusion“ oder „Verdrängungs-Rk.“ zwischen I u. anderen *Aminosäuren* (II) wird durch einige II (*L-Methionin, L-Histidin, L-Leucin, L-Norleucin, L-Isoleucin, L-Valin* u. *L-Norvalin*) deutlich erhöht. Bei den geradkettigen II mit aliphat. Seitenketten ist eine progressive Zunahme der fördernden Wrkg. mit jeder zusätzlichen CH_2-Gruppe in der Seitenkette festzustellen. In den „Verdrängungs-Verss.“ verringert eine Verzweigung der Kette die fördernde Wrkg. auf die Strömungs-Geschw. von I. K. Zingraf. 4160◇

1060 **Einfluß von Gonadenhormonen und Cortison auf die spontane und die durch Methylcholanthren ausgelöste Leukämie bei Inzuchtmäusen.** Annabel G. Liebelt und Robert A. Liebelt. (Cancer Res. **22**, 1180—87, 1962; Houston, Tex., Baylor Univ., Coll. of Med., Dep. of Anat.; engl.) — Bei ♀ Inzuchtmäusen der Stämme C 58 u. DBA/2 trat öfter spontane bzw. durch *Methylcholanthren* (I) ausgelöste Leukämie auf als bei ♂ Tieren. Gonadektomie förderte bei ♂ u. ♀ Tieren beider Stämme die Leukämie-Entw.; diese konnte durch *Testosteron* oder *Cortison* (I) unterdrückt werden. I wirkte bei ♂ Tieren stärker als bei ♀. K. Zingraf. 4160◇

1061 **Intracelluläre Differenzierung von Purinribonucleotiden endogenen und exogenen Ursprungs.** T. S. Kandaswamy und J. Frank Henderson. (Biochim. biophysica Acta [Amsterdam] **61**, 86—93, 1962; Washington, D.C., George Washington Univ., School of Med., Dep. of Pharmacol.; engl.) — *3.8-Diamino-6-phenyläthylphenanthridiumbromid* (*Äthidiumbromid*; I) hemmt den Einbau von *Adenin*, *Guanin* oder *Hypoxanthin* in die Nucleinsäuren von Ehrlich-Ascites-Tumorzellen in vitro. Dagegen hemmt I den Einbau von Glycin in die Nucleinsäuren wesentlich schwächer, u. auch nach längerer Inkubation kommt der Einbau nicht zum Stillstand. Demnach unterscheidet I zwischen dem Einbau exogener Purine in die Nucleinsäuren u. dem von endogen de novo gebildeten Purinen. Bei der Einbauhemmung exogener Purine handelt es sich nicht um eine Blockierung beim Durchtritt durch die Zellmembran oder um eine Hemmung bei der Umwandlung der freien Basen in Nucleotide.
L. Träger. 4160◇

1062 **Chemotherapeutische Versuche mit der Shay-Leukämie.** L. Németh. (Neoplasma [Bratislava] **10**, 31—34, 1963; Budapest, Dep. of Chemoth. Res. Inst. of Oncopathol.; engl.) — Zellen von solid wachsendem Shay-Tumor werden in NaCl-Lsg. 14 Tage alten Ratten intraperitoneal implantiert, wobei sich bei den Tieren eine charakterist. myelo. Leukämie entwickelt. An Hand dieses Tumors werden 11 Cytostatica: *Degranol* (*1.6-Bis-[β-chloräthylamino]-1.6-bis-[desoxy-D-mannit]-dihydrochlorid*); *Endoxan*, *Thio-TEPA*; *Leukeran*, *DSM* (*1.6-Bis-[β-mesyloxyäthylamino]-1.6-bis-[desoxy-D-mannit]-dihydrochlorid*); *R 54* (*1.6-Dibrommannit*), *Colcemid*, *Vinca rosea* (Rohextrakt), *VR-8* u. *Carcinophilin* auf ihre tox. u. antitumorale Wrkg. getestet, wozu die einzelnen Substanzen 24 Std. nach der Tumorimplantation intraperitoneal appliziert u. anschließend die Überlebenszeit, die Verzögerung der Tumorinfiltration sowie Veränderungen des Blutbildes beobachtet werden. Es zeigt sich, daß diese Leukämie zur Testung solcher Substanzen geeignet ist. M. Arnold. 4160◇

1063 **Ein Tumorhemmstoff aus Lampteromyces japonica.** T. O. Yoshida, J. A. Rising und W. J. Nungester. (Proc. Soc. exp. Biol. Med. **111**, 676—79, 1962; Ann Arbor, Mich., Univ. of Michigan, Dep. of Bacteriol.; engl.) — Extrakte aus dem *Lampteromyces japonica*-Pilz besitzen Antisäugerzellaktivität. Eine teilgereinigte Fraktion erwies sich als akt. gegenüber menschlichen Krebszellen in vitro in μg-Mengen; sie wird durch Serum nicht inaktiviert. In subtox. Dosen wirkt sie auch auf Ehrlich-Tumorzellen bei Mäusen in vivo, falls sie mit den Zellen in Kontakt kommt. Isolierungs-Verss. der akt. Substanz zeigen bisher, daß sie wenig oder kein N enthält. Bis eine Möglichkeit zur selektiven Steigerung der Gefäßpermeabilität gegenüber makromol. Substanzen gefunden ist, muß eine Wirksamkeit der Fraktion auf Tumoren bei i. v. Injektion als fraglich bezeichnet werden. U. Tausendfreund. 4160◇

1064 **Unwirksamkeit von Phenoxybenzamin zur Verhütung von Hepatomen nach fortwährender Verabreichung von Tetrachlorkohlenstoff.** Glenn F. Kiplinger und Charles J. Kensler. (J. nat. Cancer Inst. **30**, 837—43, 1963; Boston, Mass., Univ., School of Med., Dep. of Pharmacol. and Exper. Therap.; engl.) — *Ephedrin* verstärkt die akute hepatotox. Wrkg. von *CCl_4*, während *Phenoxybenzamin* (I) u. *Reserpin* die Hepatotoxizität von CCl_4 vermindern. In den hier durchgeführten Verss. wird I verwendet, um festzustellen, ob eine adrenerg. Blockade mit diesem Mittel die Bldg. von Hepatomen in C3H-Mäusen nach fortwährender Verabreichung von CCl_4 verhindert. Mit den getesteten Dosen wird kein protektiver Effekt gegenüber der Hepatom-Bldg. ermittelt.
M. Arnold. 4160◇

E_2. Enzymologie, Gärung

1065 **Reinigung und einige Eigenschaften eines Cytochrom c aus dem Schleimpilz Physarum polycephalum.** T. Yamanaka, H. Nakajima und K. Okunuki. (Biochim. biophysica Acta [Amsterdam] **63**, 510—12, 8/10. 1962; Osaka, Japan, Univ. of Osaka, Fac. of Sci., Dep. of Biol.; engl.) — Aus dem Plasmodium von *Physarum polycephalum* wird durch mehrfache Reinigungsoperationen (Suspendieren in verschiedenen Lsgg., Fällung mit gesätt. Ammoniumsulfat, Zentrifugieren usw.) ein *Cytochrom c* (I) dargestellt. Das Absorptionsspektrum von I weist Maxima auf bei 358, 410 u. 530 mμ in der oxydierten Form u. bei 417, 520 u. 550 mμ in der red. Form. Im UV-Bereich liegt ein Maximum bei 280 mμ (oxydierte Form) vor. Durch die aus Säugern stammende *Cytochrom-c-Oxydase* wird I oxydiert. I unterscheidet sich vom Cytochrom c des Säugers lediglich durch die Möglichkeit der leichten Fällung mit gesätt. Ammoniumsulfat. A. Täufel. 4210◇

1066 **Reinigung von Cytochrom c und anderer Hämoproteide des Weizenkeimlings.** Aaron R. Wasserman, J. C. Garver und R. H. Burris. (Phytochemistry **2**, 7—14, 1963; Madison, Wis., Univ. of Wisconsin, Coll. of Agric., Dep. of Biochem.; engl.) — Es wird eine Meth. zur Isolierung von reinem *Cytochrom c* (I) u. anderen Hämoproteiden aus Weizenkeimlingen beschrieben. Sie basiert auf einer W.–Butanol (4:1 v/v)-Extraktion unter Anwesenheit von Na_2EDTA u. Ascorbinsäure. Eine Konzentrierung erfolgte durch Adsorption an Carboxymethylcellulose bei 10°. Nach Elution mittels 1m NaCl (mit Phosphat neutralisiert) wurden mit Ammoniumsulfatzusatz andere Hämoproteide abgetrennt. Nach Dialyse erfolgt Gradientenelutionschromatographie an IRC 50-Säulen. Die Präpp. waren hoch gereinigt, das gewonnene I bindet kein CO u. ist nicht autoxydabel. Seine Aktivität entspricht der des Rinderherz-I, auch spektral sind beide I-Arten weitgehend ähnlich, wobei jedoch von Weizenkeimling-I die Maximalage der red. u. oxydierten Formen leicht von denen des Rinderherz-I abweichen (z. B. im red. I: Weizen → 414 bis 415, 520—521, 549,5—550 mμ, Rinderherz → 416, 520,5, 550,5 mμ). Außerdem ist Weizen-I bei pH 7 u. niedriger Ionenstärke instabil, u. es besitzt anscheinend einen höheren Geh. an aromat. Aminosäuren als Rinderherz-I. W. Scheler. 4210◇

1067 **Die Reduktion von Cytochrom c durch Hydrochinon.** G. R. Williams. (Canad. J. Biochem. Physiol. **41**, 231—37, 1963; Toronto, Canada, Dep. of Biochem.; engl.) — Der Mechanismus u. die Kinetik der Red. von *Ferricytochrom c* durch ein übermäßiges, 100faches Aufgebot an *Hydrochinon* werden dargelegt. Abweichungen ergeben sich durch die Ggw. von *p-Chinon*, einem Nebenprod. der Rk., dessen beschleunigende Wrkg. durch die Bldg. von *Semichinon* zustande kommt. L. Macher. 4210◇

1068 **Die Untersuchung von Meerrettichperoxydase-katalysierte Oxydationen mittels Chemiluminescenz.** Gunnar Ahnström, Günther v. Ehrenstein und Robert Nilsson. (Acta chem. scand. **15**, 1417—19, 1961; Stockholm, Univ., Inst. of Org. Chem. and Biochem.; engl.) — Die Standard-Meth. der *Peroxydase* (I)-Best., die auf Messung der bei der enzymat. Oxydation von *Pyrogallol* (II) durch H_2O_2 gebildeten Purpurogallinmenge beruht, ist gegen Verunreinigungen im Rk.-Gemisch, Puffer-Konz. usw. sehr empfindlich. Die Intensität der bei dieser Rk. auftretenden Luminescenz, deren Abhängigkeit von Zeit, H_2O_2-, II- u. I-Konz. untersucht wurde, erlaubt besser reproduzierbare I-Aktivitätsbestimmungen. Diese Meth. ist ferner nicht auf II als red. Substrat beschränkt. K. Maier. 4210□

1069 **Papierelektrophoretische Untersuchungen über Katalaseprotein in akatalasämischem Blutextrakt (Stufe 3 nach Herbert-Pinset).** Masara Ogata und Shigeo Takahara. (Proc. Japan Acad. **38**, 361—64, 1962; Okayama Univ., Medical School; engl.) — Aus roten Blutzellen von mit Heparin behandeltem Blut (aus Cubitalvenen) von gesunden u. akatalasämiekranken Individuen wurde eine stärker gereinigte *Katalase*-Lsg. der (Reinigungs-)Stufe 3 (f = 8000 nach Euler [1927]), wie üblich hergestellt, 5—8 Std. der Elektrophorese (0,3 mA/cm) auf Papier ausgesetzt, mit Bromphenolblaureagens entwickelt u. für die Protein-Konzz. densitometr. Kurven angefertigt. Zur Bldg. von Antikörpern wurden Kaninchen mit 1 ml Freuds-Lsg., die 2 mg Katalase aus der Reinigungsstufe 5 (nach Herbert-Pinsent [1948]) enthielt, 10 Wochen lang wöchentlich einmal i. m. injiziert, eine Woche nach der letzten Injektion wurde Cardialblut entnommen, dessen Serum als Katalaseantikörper beim Menschen verwendet u. die immunolog. Rk. des Katalaseantikörpers mit der rohen Katalase-Lsg. (Stufe 3) aus normalem u. akatalasäm. Blut mit der Präcipitinringprobe untersucht. Beim akatalasäm. Extrakt (Stufe 3) wurde im Gegensatz zu normalem Extrakt elektrophoret. kaum ein Maximum für Katalaseprotein u. keine Rk. mit dem gereinigten Katalaseantikörper entdeckt. Daraus u. aus früheren Verss. (mit Stufe 2) wurde geschlossen, daß Katalaseprotein im Blut Akatalasämiekranker nicht existiert. G. Vogel. 4210◇

1070 **Untersuchungen über die Mitochondrien-α-Glycerophosphatdehydrogenase.** 2. Mitt. **Extraktion und teilweise Reinigung der Dehydrogenase aus Schweinegehirn.** Robert L. Ringler. (J. biol. Chemistry **236**, 1192—97, April 1961; Detroit, Mich., Henry Ford Hosp., Edsel B. Ford Inst. for Med. Res.; engl.) — 1. vgl. C. **1960**, 9592. — Das früher (C. **1959**, 16364) mitgeteilte Verf. zum Löslichmachen der unlösl. *α-Glycerophosphatase* (I) mittels *Phospholipase A* (II) aus Schlangengift wird ausführlich beschrieben u. auf Mitochondrien aus Gehirn von Schweinen u. Schafen sowie aus Rinderskelettmuskel angewendet. *Phospholipase C* u. *Phospholipase D* sowie eine allg. Lipase aus Weizenkeimlingen waren dabei ohne Wirkung. Bernsteinsäuredehydrogenase wird bei diesem Verf. nicht mit extrahiert. Beim Löslichmachen der I erfolgt durch die Wrkg. der II eine ca. 50%ig. Inaktivierung der I. Teilweise Reinigung der I wird erzielt durch Fraktionieren mit $(NH_4)_2SO_4$ bei pH 7,3—7,5, Dialyse des in 0,005 m Phosphat (pH 7,6) suspendierten Nd., Gefrierenlassen, Auftauen nach Stehen über Nacht, Zentrifugieren bei 144000·*g*, Verwerfen des entstandenen Nd., nochmaliges Fraktionieren mit $(NH_4)_2SO_4$ u. Dialyse. Die gereinigte I ist bei Elektrophorese einheitlich, jedoch beim Zentrifugieren heterodispers u. zeigt bei Chromatographieren an Säulen von Hydroxylapatit mehrere enzymat. wirksame „Spitzen". Gereinigte I mit $Q_2 = 2600$ enthält Nicht-Hämin-*Fe* (1 Mol/3,5·10^5 g Protein) u. *Flavin* (1 Mol/2,1·10^6 g Protein) als die einzigen erkennbaren Metall- oder Vitaminbestandteile. A. Hesse. 4210□

1071 **Niedrige Milchsäuredehydrogenase-Aktivität im Serum bei Blutungsanämie.** D. L. Mackler, J. J. Sampson und A. E. Lewis. (Amer. J. med. Sci. **245**, Nr. 1, 77—50, 1963; San Francisco, Calif., Mount Zion Hosp. and Med. Center, Dep. of Med.; engl.) — Die *Milchsäuredehydrogenase*-Aktivität (I-A) im Serum von 15 (von 29) Patienten war nach Blutungen anomal niedrig; sie stieg bei 5 von 10 Patienten nach Transfusion prompt auf >220 Einheiten/ml an. Die Glutaminsäure–Oxalessigsäure-Transaminase u. die Glutaminsäure–Brenztraubensäure-Transaminase des Serums zeigten bei Blutung kein derartiges Verhalten. Die I-A der Erythrocyten hatte keinen Einfl. auf die I-A des Serums. K. Zingraf. 4210◇

1072 **Erhöhter Gehalt von Milchsäuredehydrogenase, Glutaminsäure–Oxalessigsäure-Transaminase und Katalase in infiziertem Harn.** Barry M. Brenner und Verne E. Gilbert. (Amer. J. med. Sci. **245**, Nr. 1, 65—76, 1963; Pittsburgh, Pa., Univ. of Pittsburgh. School of Med., Dep. of Med.; engl.) — Im Harn von Normalpersonen wurde eine *Milchsäuredehydrogenase* (I)-Aktivität von 20 Einheiten oder weniger u. keine *Katalase* (II)- oder *Glutaminsäure–Oxalessigsäure-Transaminase* (III)-Aktivität festgestellt. Die Aktivität dieser Enzyme, bes. von I, war im Harn von Patienten mit mäßiger Pyurie oder Harnwegsinfektionen erhöht. Der Geh. von I u. III im Harn war auch bei Ratten mit experimenteller hämatogener Pyelonephritis erhöht. K. Zingraf. 4210◇

1073 **Bestimmung der Lactatdehydrogenase im Serum.** H. Alans Ells (unter techn. Mitarbeit von Phyllis Faulkner). (Clin. Chem. **7**, 265—74, Juni 1961; Oklahoma City, Okla., Oklahoma Med. Res. Inst., Cardiovascular Sect.; engl.) — Das bei der UV-spektrophotometr. Aktivitäts-Best. der *Lactatdehydrogenase* (LDH) aus Diphosphopyridinnucleotid (DPN) sich bildende DPNH setzt der Vf. ein, um *Phenazinmethosulfat* (I) zu reduzieren. Das Prod. red. seinerseits das blaugefärbte *2.6-Dichlorphenolindophenol* (II) zur farblosen Leukoverbindung. II absorbiert bei 600 mμ mit einem molaren Extinktions-Koeff. von 17,9·10^3, so daß nun Messungen mit Photometern, die nur im sichtbaren Teil des Spektrums arbeiten, möglich sind. Berechnung: U = ($\Delta E^{\text{Serum}}_{\text{1cm}\ 180\text{s}}$ —

$\Delta E^{\text{Bezugsflüssigkeit}}_{1\text{cm}, 180\text{ s}}$)·349. Dabei entspricht U der Menge LDH, die die Red. von 1 mμ Mol II/min/ml Serum katalysiert. Die mit der Meth. erhaltenen Werte von 33 (teilweise patholog. veränderten) Seren liegen beim Vgl. mit denen der UV-spektrophotometr. Meth. nach Wacker um durchschnittlich 20% höher. J. Winter. 4210□

1074 **Aktivität von α-Hydroxybuttersäuredehydrogenase aus menschlichen Gewebehomogenaten.** S. B. Rosalki. (Clin. chim. Acta [Amsterdam] **8**, 415—17, 1963; Kingston/Thames, Surrey, Group Patolog. Labor.; engl.) — Extrakte aus nekrot. menschlichen Geweben wurden auf ihren Geh. an *Lactatdehydrogenase* (LD)- u. *α-Hydroxybuttersäuredehydrogenase* (HBD)-Aktivität, Michaelis-Konst. (K_m für α-Ketobuttersäure) untersucht u. die Ergebnisse für Herz, Niere, rote Blutzellen, Placenta, Lunge, Muskel u. Leber tabellar. angegeben. Gewebesubstrate u. Hämolysate wurden bis zu LD-Aktivitäten zwischen 250 u. 500 I.E./Liter verd. u. durch Elektrophorese auf Celluloseacetat getrennt. Durch Anfärben wurde eine sichtbare Schätzung der LD-Isoenzyme nach der Trennung möglich u. gefunden, daß das Verhältnis LD:HBD u. die Michaelis-Konst. bei Zunahme der raschbeweglichen („fast-moving") LD-Isoenzyme abnahmen. Seren nach Myocardinfarkten besaßen erhöhte HBD-Aktivität u. ein niedriges LD:HBD-Verhältnis, während dieses Verhältnis bei Leberleiden (oft bis zu normalem HBD-Spiegel) merklich erhöht war. Aus den Ergebnissen wurde geschlossen, daß HBD kein von LD losgelöstes Enzym sein kann, zudem HBD-Aktivität stets von LD-Aktivität begleitet war. G. Vogel. 4210◇

1075 ***l*-Äpfelsäure-Nicotinamidadenindinucleotid-Oxydoreduktase (-Decarboxylase) aus keimenden Sporen des Flachsrostpilzes.** M. A. Johnson und D. S. Frear. (Phytochemistry **2**, 75—83, 1963; Fargo, N.Dak., North Dakota Univ., Dep. of Agric. Biochem.; engl.) — *l-Äpfelsäurenicotinamidadenindinucleotid-Oxydoreduktase* (*-Decarboxylase*) wurde aus lyophilisierten keimenden Flachsrostpilzsporen mit 0,05m Phosphatpuffer-Lsg. (pH 7,0) gewonnen u. durch Zentrifugieren, zweistufige Sättigung der Fl. mit $(NH_4)_2SO_4$ (35%ig. u. 75%ig.), Zentrifugieren, Suspendieren der festen Fraktion in 0,05m Phosphatpuffer, Dialyse gegen 0,01m Phosphatpuffer, Zentrifugieren, Adsorption der Fl. an Ca-Phosphatgel u. Eluieren mit 0,05 bzw. 0,1m Phosphatpuffer nacheinander zu 6 Fraktionen verarbeitet, von denen die letzte einen 23fachen Reinigungsgrad hatte. Das Enzym wirkt a) bei der oxydativen Decarboxylierung der *l-Äpfelsäure* zu *Brenztraubensäure* (pH optimal 7,6), wobei *Nicotinamidadenindinucleotid* spezif. u. Mn^{2+} zur maximalen Aktivität erforderlich ist, u. b) bei der Decarboxylierung von Oxalessigsäure bei pH 5 als Katalysator. Das teilweise gereinigte Enzym hat für *l*-Äpfelsäure eine Michaelis-Konst. (K_m) von $1,5 \cdot 10^{-4}$m, einen Aktivitätsverlust von 70% nach 2wöchigem Lagern bei 0° u. einen Totalverlust nach 5 Min. langem Erhitzen auf 50°. Hemmend wirken auf das Enzym CN^-, N_3^-, Diäthyldithiocarbamat, p-Chlormercuribenzolsulfonsäure, Cu^{2+}, Hg^{2+} u. Oxalessigsäure, dagegen wirken AsO_3^{3-} u. F^--Ionen aktivierend. G. Vogel. 4210◇

1076 **Die spezifische Anregung der direkten Oxydation von Glucose in Gehirnschnitten durch Chinone.** F. C. G. Hoskin. (Biochim. biophysica Acta [Amsterdam] **62**, 11—16, 1962; New York, N.Y., Columbia Univ., Dep. of Neurology, Coll. of Phys. and Surgeons; engl.) — Gehirnschnitte von Meerschweinchen wurden in einer Lsg. von $^{14}C_{(1)}$-*Glucose* oder $^{14}C_{(6)}$-*Glucose* gehalten (pH 7,2—7,4; T 30°, O_2-Atmosphäre). Nach Zugabe der Chinone wurde die Menge des $C_{(1)}$ bzw. $C_{(6)}$ als freigesetztes $^{14}CO_2$ gemessen. So gut wie keine Wrkg. zeigten: *Chinon, Toluchinon, p-* u. *m-Xylochinon, 1.4-*Naphthochinon u. die Derivv. *5.8-Dihydroxy-, 3-Hydroxy-2-methyl-* u, *3.5-Dihydroxy-2-methyl-*. Die 1.4-Naphthochinone *2-Methyl-, 2.3-Dimethyl-, 2-Methyl-5.6.7.8-tetrahydro-, 5-Hydroxy-2-methyl-, 2-Methyl-4α.5.8.8α-tetrahydro-* u. *Trimethylchinon* erhöhten die $^{14}CO_2$-Menge von $C_{(1)}$ um den 2—3fachen Betrag, ließen aber die $^{14}CO_2$-Menge von $C_{(6)}$ im wesentlichen unverändert. *Vitamin K_1, Coenzym Q_{10}, Dicumarin* u. *2-Phenyl-1.3-indandion* bewirkten eine leichte Zunahme von CO_2 aus $C_{(1)}$ u. $C_{(6)}$. In Konz. $\geqslant 2 \cdot 10^{-5}$m sind *2-Hydroxy-1.4-naphthochinon* u. *5-Hydroxy-2-methyl-1.4-naphthochinon* schwache Inhibitoren. K. Heyns. 4210◇

1077 **Isolierung und Identifizierung eines Naphthochinons aus Elektronentransportpartikeln von Mycobacterium phlei.** Morton M. Weber, Gloria Rosso und Hans Noll. (Biochim. biophysica Acta [Amsterdam] **71**, 355—63, 1963; St. Louis, Mo., St. Louis Univ., School of Med., Dep. of Microbiol.; Pittsburgh, Pa., Univ. of Pittsburgh, School of Med.; engl.) — Aus elektronentransportierenden Partikeln von *Mycobacterium phlei* wurde das natürliche *Naphthochinon* (**I**) isoliert. Die Zellen von M. phlei wurden durch Ultraschall zerstört u. der Extrakt durch Zentrifugieren gereinigt. Aus dem „Rohextrakt" wurden die Partikel durch Ultrazentrifugierung bei pH 8 gewonnen. Zur I-Gewinnung wurden die Partikel durch wiederholtes Frieren u. Auftauen denaturiert, A. zu einer Konz. von 60% zugesetzt u. I aus dem Überstand durch Hexan extrahiert. Die Reinigung von I erfolgte chromatograph. (Permutitsäule, Lsgm. Hexan, Elution Äther in Hexan 5:95). I wurde papierchromatograph. als *Vitamin $K_{(45)}$* u. durch IR-Spektroskopie als *Vitamin $K_{2(45)}$* identifiziert. I war imstande, die Aktivität von *red. Diphosphopyridinnucleotidoxydase* (**II**) von Partikeln, welche mit *Isooctan* behandelt waren, wiederherzustellen. Ebenso wurde **II** in einem mit Licht von 360 mμ Wellenlänge behandelten „Rohextrakt" reaktiviert. Dagegen wurde die **II**-Aktivität in lichtbehandelten Partikeln durch I nicht wiederhergestellt, was so erklärt wird, daß eine zweite lichtempfindliche Komponente im Elektronentransportweg existiert. Wolfgang Albrecht. 4210◇

1078 **Die biologische Wirkung von Dehydrogenasemodellen.** W. Langenbeck und R.-D. Franz. (Hoppe-Seyler's Z. physiol. Chem. **325**, 35—47, 30/6. 1961; Rostock, Inst. für Organ. Katalyseforschung der Deutschen Akad. der Wissensch.; dt.) — Verff. untersuchten folgende Dehydrogenasekatalysatoren auf ihre biolog. Wirksamkeit: *Ka-Naphthochinon-(1.2)-sulfonat-(4)* (**I**), *2-Hydroxybinaphthyl-(3.3')-dichinon-(1.4;1'.2')* (**II**), *4-[2'-Hydroxy-3-carboxynaphthyl-(1)]-naphthochinon-(1.2)-carbonsäure-(3)* (**III**), *7-Hydroxynaphthochinon-(1.2)* (**IV**) u. *7-Methylisatincarbonsäure-(4)* (**V**). **I** bis **IV** hemmen das Wachstum von Bakterien u. Pilzen, vermindern die Regenerationsleistung bei *Ambystoma* u. schädigen Ascitestumorzellen in vitro. Am wirksamsten war stets **II**. Da z. B. **II** eine sehr viel geringere Dehydrogenaseaktivität als das biolog. völlig unwirksame **V** hat, lassen sich Beziehungen zwischen biolog. Wirksamkeit u. katalyt. Aktivität nicht feststellen. H.-G. Trüper. 4210□

1079 **Phosphorylierung über die Oxydation von Hydrochinonphosphaten.** V. M. Clark. (Biochem. J. **86**, 7P, 1963; Cambridge, Univ., Chem. Labor.; engl.) — Bei der energet. Kopplung zwischen Oxydation u. Red. von „Carriern" in der Atmungskette u. der Adenosintriphosphat-Synth. spielen Benzochinon-Derivv. vom Coenzym Q-Typ (oder mit Vitamin K verwandte Naphthochinon-Derivv.) eine wichtige Rolle. Unterss. über die Oxydation von 2-Methylnaphthohydrochinondiphosphat u. verwandten Hydrochinonmonophosphaten zeigten, daß ein Phosphatrest (oder eine Nucleotidhälfte) während der Rk. auf einen geeigneten Acceptor übertragen werden kann. Die Rk. hängt stark vom pH-Wert ab, der den Spaltungsort bestimmt, u. vom Mechanismus der Oxydation der Phosphatester aromat. hydroxylierter Systeme. K. Maier. 4210◇

1080 **Angeregte Zustände von Flavincoenzymen. Einfluß struktureller Faktoren auf die Reaktivität angeregter Flavine.** L. R. Tether und J. H. Turnbull. (Biochem. J. **85**, 517—23, 1962; Shrivenham, Wilts., Roy. Military Coll. of Sci.; engl.) — Vff. untersuchten den Einfl. des Lichtes verschiedener Wellenlängen auf die oxydierenden Aktivitäten von *Lumiflavin* (**I**), *Riboflavin* (**II**), *Flavinmononucleotid* (**III**) u. *Flavinadenindinucleotid* (**IV**) in Ggw. von *Ergosterin* (**V**) als H_2-Donator. Als Maß der Rk. diente der Umsatz von **V** zu Bisergostadienol in methanol. Lsg. unter N_2. Lediglich blaues Licht der Wellenlänge 430—450 mμ erwies sich als wirksam. Die Aktivitäten fielen in der Reihenfolge **III** > **II** > **I** = **IV** = 0 ab, **IV** zeigte oxydierende Aktivität nur in Ggw. von Harnstoff. Die maximale Umsatz-Geschw. ergab sich für **III** bei einem Mol-Verhältnis von 1:2 für **III**:Substrat. Die Aktivitäten von **II** u. **III** nahmen mit steigendem pH-Wert linear ab. Die Rk. wurde durch *2.4-Dinitrophenol, Thioharnstoff* u. *β-Mercaptoäthylamin* stark gehemmt. Für den Oxydationsprozeß wird ein allg. Mechanismus vorgeschlagen, der auf strukturellen Faktoren beruht, die in den angeregten Flavinen den Übergang von Elektronensingletts zu Tripletts bewirken. H. Nürnberger. 4210◇

1081 **Oxydation von reduziertem Diphosphopyridinnucleotid und Triphosphopyridinnucleotid durch polymorphkernige Leukocyten von Meerschweinchen.** G. Y. N.

Iyer und J. H. Quastel. (Canad. J. Biochem. Physiol. **41**, 427—34, 1963; Montreal, Canada, McGill-Montreal General Hosp. Res. Inst.; engl.) — Durch Homogenate von polymorphkernigen Leukocyten von Meerschweinchen werden *Diphosphopyridinnucleotid* (I) u. *Triphosphopyridinnucleotid* (II) in Ggw. von O_2 unter Bldg. von H_2O_2 oxydiert. Die Oxydation, die durch Mn^{2+} gesteigert wird, erfolgt bei II rascher als bei I. K. Zingraf. 4210◇

1082 **Einfluß des Lichtes auf die Oxydation von reduziertem Nicotinamidadenindinucleotidphosphat in Tiergeweben.** H. Zwarenstein und V. Van Der Schyff. (Nature [London] **197**, 714, 963; Cape Town, Univ., Dep. of Physiology; engl.) — Werden 0,5 ml einer 0,267 mm *Methylenblau* (I)-Lsg. zusammen mit 0,5 ml 1 m Tris-HCl-Puffer, pH 7,5, 0,5 ml eines verd. Hämolysates menschlicher roter Blutkörperchen, 1 Tropfen Octanol, 0,5 ml 1 mm *Glucose-6-phosphat* (II) u. 0,5 ml 0,05 mm *Nicotinamidadenindinucleotidphosphat* bei 37° inkubiert, so zeigt sich, daß I im Dunkeln ca. 10mal langsamer red. wird als bei Belichtung. Das gleiche gilt für *Isocitrat* statt II in Ggw. eines Mäuseherz-Homogenates. Dagegen wird I in Ggw. von *Malat* oder *Succinat* statt II nur wenig schneller bei Belichtung reduziert. L. Träger. 4210◇

1083 **Absolute Stereochemie einiger Enzymvorgänge.** J. W. Cornforth. (Biochem. J. **86**, 7 P, 1963; London, „Shell" Res. Ltd.; engl.) — Enzyme (I), die Pyridinnucleotide zur H-Übertragung benutzen, lassen sich auf Grund der stereochem. Spezifität in 2 Klassen einteilen. I der Klasse A übertragen H vom Substrat auf eine Stelle (A-Stelle) des Nicotinamidrings eines Pyridinnucleotids (II), solche der Klasse B auf eine andere Stelle. Wenn ein A-Enzym H auf II überträgt, erfolgt Addition an die Seite des Nicotinamidrings, auf der die Ring-C-Atome 1—6 gegen den Uhrzeigersinn angeordnet sind. K. Maier. 4210◇

1084 **Reinigung, Kinetik und Hemmkontrolle bakterieller Trans-N-desoxyribosylase.** William S. Beck und Myron Levin. (J. biol. Chemistry **238**, 702—09, 1963; Boston, Mass., Harward Med. School, Dep. of Med.; Massachusetts General Hosp., Med. Serv.; engl.) — Es wird eine Meth. angegeben, nach der man *Trans-N-desoxyribosylase*, die Desoxyribosyltransferase des Desoxyribonucleosid-benötigenden Lactobacillus, 151fach aus Kulturen von *Lactobacillus leichmannii* reinigen kann. Das Enzym wirkt nur in Ggw. exogener Desoxyribonucleoside u. den nötigen freien Purinen u. Pyrimidinen u. entfaltet keine metabol. Wrkg., wenn der Lactobacillus mit Vitamin B_{12} ernährt wird. G. Talsky. 4210◇

1085 **Die Darstellung von markiertem Uridin-5'-triphosphat unter Verwendung von Mono- und Diphosphouridinkinasen aus Escherichia coli.** Ann E. Bresler. (Biochim. biophysica Acta [Amsterdam] **61**, 29—33, 1962; New York, N.Y., Yeshiva Univ., Albert Einstein Coll. of Med., Dep. of Physiology; engl.) — Aus 15 g *Escherichia coli B* werden durch Ultraschallhomogenisation in 45 ml 0,01 K-Phosphatpuffer, pH 7,4, bei 0° ein Extrakt bereitet, der in der Kälte 30 Min. lang bei 30000·*g* zentrifugiert wird. Der Überstand (47,5 ml) wird mit 2,38 ml 1 m $MnCl_2$ versetzt u. 15 Min. lang gerührt. Dabei fallen die Nucleinsäuren aus, die durch 15 Min. langes Zentrifugieren bei 12000·*g* abgetrennt werden. 22 ml des nunmehr verbleibenden Überstandes werden mit 42,6 g $(NH_4)_2SO_4$/100 ml versetzt (40% ig. Sättigung) u. sofort zentrifugiert. Zum Überstand werden 15,3 g $(NH_4)_2SO_4$/100 ml (65% ig. Sättigung) zugegeben, zentrifugiert u. das Proteinpräzipitat in 4,2 ml 0,05 m Glycylglycinpuffer, pH 7,5, gelöst. Zu 0,5 ml dieser Lsg. (enthaltend 45,4 mg Protein/ml) werden 1,5 ml W. u. 0,8 ml Al_2O_3–Cγ-Gel (17,9 mg/ml) zugegeben. Das Gemisch wird 10 Min. lang bei 0° gerührt u. bei 30000·*g* 3 Min. lang sedimentiert. Zum Überstand (2,35 ml) werden erneut 0,94 ml Gel zugegeben, gerührt u. abzentrifugiert. Es verbleiben 2,7 ml Überstand mit 1,2 mg Protein/ml. Diese Lsg. wird mit 65 g $(NH_4)_2SO_4$/100 ml (95% ig. Sättigung) versetzt, 10 Min. lang bei 0° belassen u. 10 Min. lang bei 30000·*g* zentrifugiert. Das Proteinpräzipitat wird in 0,27 ml W. gelöst (2,2 mg Protein/ml). Die Aktivität an *Monophospho-* u. *Diphosphouridinkinase* wird unter diesen Bedingungen 25fach angereichert. Die beiden Kinasen katalysieren nur die Transphosphorylierung von *Uridin-5'-ribotid*. Die *Arabinotide* oder 2'- oder 3'-Ribotide des Uridins sind keine Substrate für diese Enzyme. Zur Synth. von markiertem *Uridintriphosphat* (UTP) wird ein Gemisch von 30 mμMol ^{32}P-*Uridinmonophosphat* (UMP), 20 μMol Adenosintriphosphat, 50 μMol $MgCl_2$, 100 μMol Glycylglycin, pH 7,5, u. 7—10 Kinaseeinheiten in insgesamt 0,3 ml 30—45 Min. lang bei 37° inkubiert. Das Gemisch wird dann 3 Min. lang auf 100° erwärmt, der pH-Wert auf 7,5 eingestellt u. auf Dowex-1 (Cl-Form) chromatographiert. 92% der mit UMP eingesetzten Radioaktivität wird als ^{32}P-UTP eluiert. Nach Abtrennung als *Ba-Salz* u. Rechromatographie auf Dowex-50 (Li^+-Form) beträgt die Ausbeute an UTP 70% bezogen auf das eingesetzte UMP. L. Träger. 4210◇

1086 **Untersuchungen über die Polymerisation von Adenylsäure durch ein Enzym aus Escherichia coli.** M. E. Gottesman, Z. N. Canellakis und E. S. Canellakis. (Biochim. biophysica Acta [Amsterdam] **61**, 34—42, 1962; New Haven, Conn., Yale Univ., Dep. of Pharmacology; engl.) — Aus *Escherichia coli* wird eine *Polynucleotidphosphorylase* isoliert, deren Spezifität nicht durch eine Primernucleinsäure gesteuert wird. In Ggw. von *Ribonucleinsäure* (*RNS*) u. *Adenosintriphosphat* (*ATP*) bildet das Enzym *Polyadenylsäure* (I), die kovalent an RNS gebunden wird. Erfolgt die Synth. in Ggw. einer *Desoxyribonucleinsäure* (*DNS*), die pro Einzelhelix eine endständige Ribonucleotidylgruppe enthält, so wird ebenfalls aus ATP I gebildet u. an der Ribonucleotidylendgruppe kovalent gebunden. Zur Isolierung des Enzyms werden 100 g E. coli in 50 ml 0,01 m Na-Phosphatpuffer pH 7,4 (enthaltend 0,01 m Mg-Acetat), mit 250 g Glasperlen bei 0° homogenisiert. Der Überstand wird bei 30000·*g* zentrifugiert, u. der dabei verbleibende Überstand erneut bei 100000·*g* 2 Std. zentrifugiert. Im Sediment befindet sich die ribosomale RNS. Zu 240 ml Überstand werden 24 ml 2,0 m Na-Lactat, pH 3,8, gegeben u. der Nd. 30 Min. bei 30000·*g* zentrifugiert. Das Sediment wird in 10 ml 1,0 m Trispuffer, pH 8,0, gelöst, mit W. wird auf 18 ml aufgefüllt u. die Lsg. 12 Std. gegen 0,05 m Trispuffer, pH 7,2, dialysiert u. gefriergetrocknet. Nach dem Wiederauflösen in W. wird mit Al_2O_3–Cγ-Gel verrührt u. der Überstand auf Ecteola chromatographiert. Das Enzym wird dann in Ggw. von 20 μMol $MgCl_2$, 4 μMol Mercaptoäthanol, 2 μMol $MnCl_2$, 30 mμMol ^{14}C-ATP u. Zusatz von RNS, DNS oder Ribonucleotidyl-DNS 40 Min. bei 37° inkubiert. Das Enzym vermag I nicht aus *Adenosindiphosphat* zu synthetisieren. *Cytidintriphosphat* oder *Uridintriphosphat* werden wesentlich schlechter polymerisiert. *Guanosintriphosphat* wird überhaupt nicht in eine säureunlösl. Fraktion eingebaut. Werden gleichzeitig alle 4 Triphosphate angeboten, so ist der ATP-Einbau gehemmt. Die so gebildete I hat je nach dem eingesetzten Primer eine Kettenlänge zwischen 25—33 Nucleotiden. Wird der nach Synth. aus ^{32}P-ATP in Ggw. von RNS gebildete I-RNS-Komplex hydrolysiert, so sind die Nucleotide verschieden stark radioaktiv. Es zeigt sich, daß hauptsächlich Uridinmonophosphatendgruppen an der I-Bindung beteiligt sind. Ebenfalls sind die endständigen Ribonucleotide an Ribonucleotidyl-DNS in der Lage, I zu binden. L. Träger. 4210◇

1087 **Der Einfluß von Magnesium- und Calcium-Ionen auf die Fluorescenz des protonisierten Ringes von Adenin, Adenosin, Adenosin-5'-phosphat, Adenosindiphosphat und Adenosintriphosphat.** Shizuo Watanabe, Larry Evenson und Ilse Gulz. (J. biol. Chemistry **238**, 324—27, 1963; San Francsco, Calif., Univ. of California Med. Center, Cardiovascular Res. Inst.; engl.) — Die Fluorescenzintensität (Fl.I.; λ_{max} 395 mμ; Altivierungsmaximum bei 285 mμ) des Ringes in *Adenin* (I), *Adenosin* (II), *Adenosinmono-*, *di-* u. *-triphosphat* (AMP, ADP u. ATP) in Tetramethylammoniumchloridpuffer bei pH 2,8 steigt in der Reihe II → ATP im Verhältnis 1 : 2 : 3 : 6. Die Fl.I. zeigt bei Veränderung des pH-Wertes bei II eine S-förmige, bei AMP, ADP u. ATP glockenförmige Kurven, die auf eine Wechselwrkg. zwischen dem I-Ring u. den Phosphatgruppen zurückzuführen ist. Diese Beziehung wird durch *Mg-*, *Ca-* u. *Zn*-Ionen gestört u. die Fl.I. von ATP u. ADP bei pH 2,8 auf die Werte von AMP bzw. II red., wobei die pH-Kurven S-förmigen Verlauf zeigen. Die Kurven von II u. AMP werden unter gleichen Bedingungen kaum verändert. Die im Vgl. zu II, AMP, ADP u. ATP geringe Abhängigkeit der Fluorescenz von I von der Ionen-Konz. beruht wahrscheinlich auf der infolge der freien 9-Stellung möglichen Bldg. einer größeren Anzahl von Resonanzstrukturen. Die Vers.-Ergebnisse machen eine ausschließliche Bindung der Metallionen an die Phosphatgruppen wahrscheinlich. F. Heller. 4210◇

1088 **Die Rolle von Phosphoproteinen beim Ionentransport: Wechselwirkungen mit Calcium und Kalium in Leberschnitten.** J. D. Judah und K. Ahmed. (Biochim.

biophysica Acta [Amsterdam] **71**, 34—44, 1963; Philadelphia, Pa., Wistar Inst. of Anat. and Biol.; engl.) — Veränderungen in der Umsetzung von *Adenosintriphosphat* (I) u. *Phosphoproteinen* (II) in Leberschnitten bei Inkubation in Na^+-armem Medium sind z. T. auf das Einströmen von Ca^{2+} zurückzuführen u. können durch Zusatz von Na^+ (Menge unabhängig von der äußeren Ca^{2+}-Konz.) aufgehoben werden. Li^+ kann die Umsetzung von I, nicht jedoch von II, steigern. Adsorptive Verdrängung an den II-Gruppen besteht zwischen Na^+, Ca^{2+}, *Ouabain* (III) u. *Promethazin* (IV). Für die Dephosphorylierung von II, die innerhalb von 30 Sek. nach Zusatz von K^+ beobachtet wird, scheint K^+ notwendig zu sein; diese Rk. wird durch III oder IV blockiert. K. Zingraf. 4210◇

1089 **Die Wirkung von Chinidin auf einige adenosintriphosphathydrolysierende Enzyme.** H. A. Ells und Phyllis Faulkner. (Arch. int. Pharmacodynam. Thérap. **141**, 75—82, 1963; Oklahoma, Okla., Oklahoma Med. Res. Inst., Cardiovascular Sect.; engl.) — Durch $5\cdot10^{-4}$m *Chinidinsulfat* (I) werden die *Adenosintriphosphatase* (II)-Aktivitäten von Muskelfasern des Rattenskelettmuskels u. Muskelgranula zu 18 bzw. 21% gehemmt; die latenten II-Aktivitäten der Rattenlebermitochondrien erfahren sogar durch $1\cdot10^{-5}$m I eine 38%ig. Hemmung. Vermutlich greifen I u. *Ca* am gleichen Enzymort zur Hemmung der granulären II-Aktivität an. U. Tausendfreund. 4210◇

1090 **Wirkungen von Acetylsalicylat und 2.4-Dinitrophenol auf den Stoffwechsel und Transport in der Hirnrinde der Ratte in vitro.** O. Gonda und J. H. Quastel. (Canad. J. Biochem. Physiol. **41**, 435—54, 1963; Montreal, McGill-Montreal General Hosp. Res. Inst.; engl.) — Der O_2-Verbrauch, der Einbau von *Phosphat* in Adenosintriphosphat u. Adenosindiphosphat, die Umwandlung von *Kreatin* (I) in Phosphokreatin u. die Aufnahme von *Glutamat* oder I aus dem Medium werden in Hirnrindenschnitten von Ratten in vitro durch 5 mm *Acetylsalicylat* (II) oder 0,05 m *2.4-Dinitrophenol* (III) in Medien, die 105 mm KCl oder 10 mm NH_4Cl enthalten, wesentlich stärker gehemmt als in normalen Medien. II u. III steigern auch die *Aminosäuren* (IV)-Abgabe der Schnitte an das Medium u. verändern den Einbau von ^{14}C von ^{14}C-Glucose oder ^{14}C-Glutamat in IV. K. Zingraf. 4210◇

1091 **Zum histochemischen und elektronenmikroskopischen Nachweis von Adenosintriphosphatase-Aktivität in den Mitochondrien und anderen Strukturelementen der Herzmuskelfaser.** W. Schulze und A. Wollenberger. (Mber. dtsch. Akad. Wiss. Berlin **5**, 34—38, 1963; Arbeitsstelle für Kreislaufforschung der Dt. Akad. Wiss., Forschungsgemeinschaft; dt.) — Es werden einige Verbesserungen an der Meth. von Mölbert u. Mitarbeiter (Histochemie **2**, [1950], 5) vorgenommen u. der *Adenosintriphosphatase*-Geh. verschiedener Gewebe untersucht. G. Seltmann. 4210◇

1092 **Adenosintriphosphat-Pyrophosphat-Austausch und Aminoacylribonucleinsäurebildung katalysiert durch aminosäure-aktivierende Enzyme aus Weizensamen.** Esam Moustafa und J. W. Lyttleton. (Biochim. biophysica Acta [Amsterdam] **68**, 45—51, 1963; Palmerston North, New Zealand, Dep. of Sci. and Ind. Res., Plant Chem. Div.; engl.) — In dem Überstand ($2000\cdot g$) eines Weizensamenhomogenats kann nach Dialyse (18 Std. bei 2—3°) ein Enzym-Syst. nachgewiesen werden, welches den *Adenosintriphosphat/Pyrophosphat*-Austausch in Ggw. bestimmter Aminosäuren katalysiert. Am stärksten wirksam sind *Leucin*, *Valin* u. *Methionin*, am schwächsten *Threonin*. Das Enzym-Syst. katalysiert auch die Bldg. von *Aminoacylribonucleinsäure* (*RNS*) mit *Transfer*-RNS aus Weizen- oder Erbsensämlingen. Die Aktivität der Aminosäuren ist hier eine andere als beim Phosphataustausch. H. Struck. 4150◇

1093 **Untersuchungen über die Steigerung des Phosphateinbaus in Phospholipide in der Hirnrinde der Ratte in vitro durch Kationen und Acetylcholin.** Maurice Brossard und J. H. Quastel. (Canad. J. Biochem. Physiol. **41**, 1243—56, 1963; Montreal, Quebec, McGill-Montreal General Hosp. Res. Inst.; engl.) — Zusatz von 0,1 m KCl zum Medium oder Weglassen von $CaCl_2$ in demselben förderte den Einbau von anorgan. ^{32}P in die *Phosphatlipide* (I; in Phosphatidsäure u. Phosphoinositid, nicht dagegen in Phosphatidylcholin u. Phosphatidyläthanolamin) in atmenden Hirnrindenschnitten von Ratten. Die Markierung von I, nicht jedoch der O_2-Verbrauch von Glucose-umwandelnden Schnitten wird durch Succinat u. γ-Aminobutyrat nicht gehemmt. Die Steigerung des ^{32}P-Einbaus durch *Acetylcholin* (II), nicht jedoch die durch das Fehlen von $CaCl_2$, hängt von der Ggw. von Na^+ ab. Die Steigerungen werden durch Malonat, Jodacetat, Fluorid u. A. unterdrückt. Atropin u. Hyoscin hemmen nur die durch II bewirkte Steigerung. K. Zingraf. 4210◇

1094 **Ein neues vier Phosphate auf ein Inosit enthaltendes Phosphoinositid.** Esteban Santiago-Calvo, Salvatore J. Mulé und Lowell E. Hokin. (Biochim. biophysica Acta [Amsterdam] **70**, 91—93, 1963; Madison, Wis., Univ. of Wisconsin, Dep. of Physiol. Chem.; engl.) — Durch Inkubation des Lipidextraktes der Gehirncytoplasmafraktion des Rindes mit ^{32}P werden unter Bedingungen der oxydativen Phosphorylierung Phosphatide mit höherem P-Geh. isoliert. Das aus 10 kg Rinderhirn durch mehrere Einzeloperationen (Homogenisieren mit 0,3n $HClO_4$, Extrahieren mit A.-Chlf. 1 : 1, Inkubieren des gefällten Phosphatids mit ^{32}P, milde alkal. Hydrolyse) dargestellte Prod. wird an Dowex-I mit einer Mischung von 4n Ameisensäure u. jeweils 0,2, 0,4 u. 0,8n Ammoniumformiat eluiert. Aus der letzten Elution (0,8n) werden 3 Peaks nachgewiesen. Sie enthalten ein Phosphat-Inosit-Verhältnis von 3 : 1, 4 : 1 u. 4 : 1. Durch Elementaranalyse wird das Vorliegen des *Tetraphosphoinositides* gesichert. A. Täufel. 4210◇

1095 **Phosphoglucomutaseaktivität bei Aspergillus niger.** Rajni Khanna und K. K. Tewari. (Arch. Mikrobiol. **45**, 398—406, 1963; Lucknow (Indien), Lucknow Univ., Div. of Biochem.; dt.) — Vff. bestimmen die Aktivität der *Phosphoglucomutase* (I) bei *Aspergillus niger*, der bei verschiedenen Kulturbedingungen gewachsen ist. Zugabe von Zn^{2+}, *Fe* u. Mn^{2+} zum Kulturmedium hat keinen Einfl. auf die I-Aktivität. 96% der Aktivität sind im Überstand des $15000\cdot g$-Zentrifugats enthalten. Die Sporen des Pilzes enthalten einen I-Hemmer. Das pH-Optimum liegt bei 7,5. Zugabe von 5 mm *Cystein* zum Inkubationsmedium stimuliert die Aktivität auf das 5fache, höhere Konzz. hemmen. Inkubation mit Muskelextrakt (Quelle von Glucose-1.6-diphosphat) hemmt leicht. W. Hiller. 4210◇

1096 **Glykolytische Fermente und ihre Beziehung zum Hepatom und zum Diabetes.** E. Heise und M. Görlich. (Neoplasma [Bratislava] **10**, 17—30, 1963; Dtsch. Akad. der Wiss. Berlin, Robert-Rössle-Klinik; dt.) — Vgl. auch C. **1963**, 927 u. 1712. — Die Bldg. von *Glucose* (I) erfolgt nur in Ggw. von 2 spezif. Phosphatasen in der Leber, nämlich von *Glucose-6-phosphatase* (II) u. *Fructose-1.6-diphosphatase* (III), die aus Glucose-6-phosphat → I bzw. aus Fructose-1.6-diphosphat → Fructose-6-phosphat hydrolysieren. Je nach der Stoffwechsellage ist die Aktivität dieser Fermente in der Leber unterschiedlich, während in der diabet. Leber die II-Aktivität erhöht ist. Die Aktivität beider Enzyme in normaler u. diabet. Leber sowie in buttergelbinduzierten Hepatomen wird untersucht, wobei es gelingt, aus einem Leberhomogenat III auf das 35fache anzureichern. Lsgg. von III bewirken bei Ehrlich-Ascitestumorzellen eine bis zu 70%ig. Erniedrigung der anaeroben u. aeroben Glykose. Seine Aktivität wird durch *Insulin* stark gehemmt. Während dieses Enzym von normaler Leber durch Inkubation mit Trypsin proteolyt. stark aktivierbar ist, ist dies bei Hepatomen nicht der Fall. M. Arnold. 4210◇

1097 **Der Abbau von Fructose-1.6-diphosphat in Escherichia coli.** Leiv Klungsöyr, Inger Grundt und Karen B. Helle. (Biochim. biophysica Acta [Amsterdam] **71**, 448—450, 1963; Bergen, Norwegen, Univ., Dep. of Pharmacology; engl.) — Mit Zellen u. zellfreien Extrakten von *E. coli* wurde die Bedeutung der Hydrolyse von *Fructose-1.6-diphosphat* (I) für das schnelle „turnover“ dieser Substanz untersucht. Die unter aeroben u. anaeroben Bedingungen festgestellten Unterschiede im I-Umbau werden mit einer Beeinflussung des Ferments *D-Fructose-1.6-diphosphat-1-phosphohydrolase* durch Änderung der O_2-Spannung oder ihrer Folgen, wie Konz.-Schwankungen der *Adeninnucleotide* oder $P_{anorgan.}$ erklärt. Wolfgang Albrecht. 4210◇

1098 **Ribit-5-phosphatdehydrogenase aus Lactobacillus plantarum.** Luis Glaser. (Biochim. biophysica Acta [Amsterdam] **67**, 525—30, 1963; St. Louis, Mo., Washington Univ., School of Med., Dep. of Biol. Chem.; engl.) — Vf. isoliert aus *Lactobacillus plantarum* ATCC 8014 eine *Ribit-5-phosphatdehydrogenase* (I) u. reinigt sie teilweise. I katalysiert die Bldg. von *Ribit-5-phosphat* aus *D-Ribulose-*

5-phosphat, wobei *red. Diphospho-* oder *red. Triphosphopyridinnucleotid* als H-Donator dient. I reagiert nicht mit *Glucose-* u. *Fructose-6-phosphat*, *Ribose*, *Ribulose*, *Ribit* oder *Arabit*. K_m für Ribulose-5-phosphat beträgt $1{,}5 \cdot 10^{-4}$m. Mg stimuliert die I-Aktivität nicht. W. Hiller. 4210◇

1099 **Enzymatische Präparation von D-Xylulose-5-phosphat.** F. J. Simpson und B. K. Bhuyan. (Canad. J. Microbiol. **8**, 663—71, 1962; Saskatoon, Saskatchewan, Prairie Reg. Labor., Nat. Res. Council of Canada; engl.) — *D-Xylulose-5-phosphat* (I) wurde hergestellt durch Phosphorylierung von *D-Xylulose* mit *D-Xylulokinase* (II) von *Aerobacter* (A.a.) *aerogenes*. Das Prod. wurde als *Ba-Salz* des *I-Hydrazons* gewonnen. Das Deriv. war stabil. II von A.a. wurde mit Glycin aus Zellen extrahiert, die auf D-Xylose gewachsen waren u. dann gereinigt. Das fertige Präp. war frei von D-Ribulose-5-phosphat-3-epimerase. D. Pöhland. 4210◇

1100 **Einige Eigenschaften der D-Xylulokinase von Aerobacter aerogenes.** B. K. Bhuyan und F. J. Simpson. (Canad. J. Microbiol. **8**, 737—45, 1962; Saskatoon, Saskatchewan, Prairie Reg. Labor., Nat. Res. Council of Canada; engl.) — Vgl. auch vorst. Referat. — Die *D-Xylulokinase* von *Aerobacter aerogenes* ist ein induzierbares Enzym, das substratspezif. ist. Das optimale pH für die Aktivität liegt zwischen 7,5 u. 8,7. Bei 30° ist das Enzym am stabilsten zwischen pH 6,0 u. 9,5 u. wird inakt. bei pH 4,6 u. 11,5 innerhalb von 15 Min.; bei 61° u. pH 7,8 werden 41% des Enzyms inaktiviert (in 15 Min.). Bei 66° tritt völlige Inaktivierung ein. Mg-Ionen sind für die Aktivität erforderlich, aber sie labilisieren das Enzym, während *D-Xylulose*, *Adenosintriphosphat*, *Dinatriumäthylendiamintetraacetat* u. *Glycerin* das Enzym schützen. Das Enzym ist empfindlich gegenüber Schwermetallen u. Sulfhydrylreagentien. *Inosintriphosphat* u. *Guanosintriphosphat* sind als Phosphatdonatoren ungefähr 25% u. Uridintriphosphat ungefähr 14% wirksamer als Adenosintriphosphat. D. Pöhland. 4210◇

1101 **Kennzeichnung des Weges der Verwertung von Maltose durch Escherichia coli. 1. Mitt. Reinigung und physikalische Eigenschaften des Enzyms Amylomaltase.** Herbert Wiesmeyer und Melvin Cohn. (Biochim. biophysica Acta [Amsterdam] **39**, 417—26, 1960; St. Louis, Mo., Washington Univ. School of Med., Dep. of Microbiol.; engl.) — *Amylomaltase* (I), welche die reversible Umwandlung von *Maltose* (II) zu *Glucose* u. einem α-1.4-Glucosideinheiten-aufweisenden *Polymeren* katalysiert, kann in *Escherichia coli* durch Kultur auf II-haltigem Nährboden induziert werden. I wird durch Beschallen der Zellen in Lsg. gebracht u. durch Fällungen bzw. Adsorptionen ca. 500fach gereinigt. Gereinigte I sedimentiert bei ca. 60000 U/Min. mit einem einzigen symm. Gipfel; Molgew. 124000. — Durch i. v. Injektion von I kann im Serum von Kaninchen eine *Antiamylomaltose* erhalten werden. A. Hesse. 4210◇

1102 **Kennzeichnung des Weges der Verwertung von Maltose durch Escherichia coli. 2. Mitt. Allgemeine Eigenschaften und Wirkungsmechanismus von Amylomaltase.** Herbert Wiesmeyer und Melvin Cohn. (Biochim. biophysica Acta [Amsterdam] **39**, 427—39, 1960.) — 1. vgl. vorst. Referat. — Gereinigte *Amylomaltase* (I) zeigt folgende Eigg.: Optimale Wrkg. bei pH 6,9; Wechselzahl: 1160 Mol *Maltose* (II)/Mol I/Min. bei 28° u. pH 6,9; pro Mol II wird 1 Mol *Glucose* (III) freigesetzt; die Gleichgewichts-Konst. liegt nahe bei 1 [in Abhängigkeit von der Größe des gebildeten *Polymeren* (IV)]; I wird durch Hg^{2+}, Cu^{2+}, Ni^{2+} oder Zn^{2+} gehemmt; die Wrkg. der I auf II verläuft so, daß das reduzierende Ende der II als freie III freigesetzt wird, während das nichtreduzierende Ende der II an der Bldg. von IV beteiligt ist. — I wird nicht gehemmt durch: Methyl-α-D-mannose, Methyl-α-D-galaktose, Methyl-α-D-xylose, Trehalose, Cellobiose, Lactose, Saccharose. Kompetitive Hemmung der I erfolgt durch: Methyl-α-D-glucose, Methyl-β-D-glucose, Phenyl-α-D-glucose, Phenyl-β-D-glucose, β-Methylmaltosid (das überraschenderweise kein Substrat der I ist). — Für die I-Wrkg. erforderlich sind: äquatoriale OH-Gruppen an $C_{(2)}$ u. $C_{(4)}$ des nichtreduzierenden Endes des Moleküls, ein C-Atom am reduzierenden u. am nichtreduzierenden Ende des Moleküls sowie ein unsubstituiertes $C_{(1)}$ am reduzierenden Ende des Moleküls. A. Hesse. 4210◇

1103 **Kennzeichnung des Weges der Verwertung von Maltose durch Escherichia coli. 3. Mitt. Beschreibung des Mechanismus der Konzentrierung.** Herbert Wiesmeyer und Melvin Cohn. (Biochim. biophysica Acta [Amsterdam] **39**, 440—47, 1960.) — 2. vgl. vorst. Referat. — Bei der l. c. untersuchten Umwandlung von *Maltose* (II) in *Glucose* (III) u. *Amylose* (IV) durch *Amylomaltase* (I) erfolgt zunächst eine Konzentrierung von II in den Zellen von *E. coli* mittels einer induzierbaren *Permease* (V). Die Aktivität der V ist temperaturabhängig (bei 37° 80mal größere Wrkg. als bei 0°). Die Aufnahme von II in den Zellen wird durch Azid verhindert. Das in der Zelle angehäufte Kohlenhydrat ist im wesentlichen II; jedoch sind noch 2 weitere Verbb. auf Grund von Verss. mit ^{14}C-II nachweisbar, aber noch nicht identifiziert. Das aufgenommene ^{14}C-II kann aus den Zellen nicht durch Auswaschen entfernt werden; jedoch kann es leicht gegen von außen zugesetzte ^{12}C-II oder ^{12}C-III ausgetauscht werden. — Mutanten von *E. coli*, welche gegen den Bakteriophagen λ resistent sind, können II wegen Mangel an V nicht aufnehmen. Anscheinend besteht eine Beziehung zwischen den Virusrezeptorstellen u. dem Syst. des II-Eintrittes. A. Hesse. 4210◇

1104 **Die enzymatische Hydrolyse von Glykosiden.** C. A. Vernon und B. Banks. (Biochem. J. **86**, 7P, 1963; London, Univ. Coll., Dep. of Chem.; engl.) — Die Ergebnisse der Unters. der säurekatalysierten Hydrolyse von *Glykosiden* ergeben Hinweise auf die enzymat. Reaktion. Als wahrscheinliches Modell kann Protonierung des Glykosid-O durch eine geeignet orientierte saure Gruppe mit anschließender Bldg. eines Carboniumions, dessen Konfiguration durch das Protein aufrechterhalten wird, angenommen werden. K. Maier. 4210◇

1105 **Nachahmung der natürlichen Endopolysaccharase-Wirkung durch synthetische Polyelektrolyte.** T. J. Painter. (Biochem. J. **86**, 8P—9P, 1963; London, Lister Inst.; engl.) — Mit Hilfe gewisser synthet. *Polyelektrolyte* als Hydrolysekatalysatoren gelingt es, Syst. aufzubauen, die natürliche *Endopolysaccharasen* in der Fähigkeit, das Ausgangspolysaccharid (I) rascher als die freiwerdenden Oligosaccharide abzubauen, imitieren. Hierzu zwingt man die größeren Substrat-Moll., Bereiche höherer Azidität aufzusuchen, während die freigesetzten kleineren frei in solche viel kleinerer Azidität diffundieren können. Im einfachsten Falle wurde eine I u. eine polymere Säure enthaltende Lsg. in einer semipermeablen Membran eingeschlossen u. abgespaltene II kontinuierlich durch Dialyse entfernt. In Lsgg. starker polymerer Säuren ist die H^+-Konz. in der Nachbarschaft der Polyanionen viel stärker als die durchschnittliche Azidität, so daß, wenn die größeren Substrat-Moll. durch elektrostat., Kovalenz- oder H-Bindungen an die Polyanionen gebunden werden können, die Voraussetzungen für ein enzymähnliches Verf. gegeben sind. Zum Beispiel werden *Polysaccharidiäthylaminoäthyläther* von wasserlösl. Polystyrolsulfonsäure bis 500fach rascher als die freigesetzten II hydrolysiert. K. Maier. 4210◇

1106 **β-d-1.6-Glucanasen in Fungi.** Elwyn T. Reese, Frederick W. Parrish und Mary Mandels. (Canad. J. Microbiol. **8**, 327—34, Juni 1962; Natick, Mass., US Army, HQ Quartermaster Res. and Erg. Command, Pioneering Res. Div.; engl.) — *β-d-1.6-Glucane* (I) treten offensichtlich in der Natur selten auf, aber viele Pilze können ein Enzym produzieren, das diese Verbb. hydrolysieren kann. Die *β-1.6-Glucanasen* (II) scheinen konstitutive Enzyme zu sein, ähnlich wie *β-1.3-Glucanasen*. Sie wirken auf I unter Bldg. einer Reihe von β-1.6-gebundenen Oligosacchariden, einschließlich Glutiobiose. Die II können von anderen β-Glucanasen getrennt werden durch Zonenelektrophorese. D. Pöhland. 4210◇

1107 **Obligate aerobe und anaerobe Cellulaseaktivität, Kriterien der Rhizosphärenspezifität.** H. Kaunat. (Naturwissenschaften **50**, 385, 1963; Rostock, Inst. für landw. Biol., Mikrobiol. Abt.; dt.) — Vf. inkubiert Wurzelproben von 20 Pflanzenarten mit Cellulose unter aeroben u. anaeroben Bedingungen u. bestimmt die Aktivität der *Cellulase*. Bei aerober Inkubation zeigen die Rhizosphären von Hafer, Lupine u. Markstammkohl eine starke Aktivität. Bei anaerober Inkubation zeigen Lupine, Kümmel u. Mohn starke Aktivität. Bei beiden Inkubationsarten zeigen die Rhizosphären von Weizen, Tomate, Sellerie, Spinat, Porree, Schnittlauch u. Bohnenkraut keine Aktivität. W. Hiller. 4210◇

1108 **Untersuchungen über Alginase von Agarbacterium alginicum.** A. K. Williams und R. G. Eagon. (Canad. J. Microbiol. **8**, 649—54, 1962; Oak Ridge, Tenn., Oak Ridge

Nat. Res. Labor., Biol. Div.; Univ. of Georgia, Dep. of Bacteriol.; engl.) — Zellfreie Extrakte von *Agarbacterium alginicum*, das auf Alginat gezüchtet wurde, hydrolysierten *Natriumalginat* (I) zu Monosacchariden. Das Enzym war relativ hitzebeständig bei pH 7 u. verlor nur 40% seiner Aktivität, wenn es 5 Min. lang auf 100° erhitzt wurde. Es war akt. über einen pH-Bereich von 5—10 mit einem Optimum bei pH 7. Die optimale Temp. lag bei 37—40°. Unter 20° u. über 55° war die Aktivität gering. Unter den geprüften Verbb. konnte nur I als Substrat für das Enzym dienen. Die enzymat. Aktivität wurde durch verschiedene einwertige Kationen, aber nicht durch 2wertige erhöht. Dreiwertige Anionen (Arsenat u. Phosphat) steigerten ebenfalls die Aktivität. Eine 10fache Reinigung von *Alginase* wurde durch Entfernung von Nucleinsäure u. inakt. Protein durch Fällung mit Protaminsulfat u. Essigsäure erreicht. Eine weitere Reinigung wurde nicht erzielt. D. Pöhland. 4210◇

1109 **Pektische Enzyme beim Rotten von Jute.** S. D. Chaudhuri und M. Myser Ali. (Pakistan J. sci. ind. Res. **5**, 272—73, 1962; Dacca, Central Jute Committee, Jute Res. Inst., Microbiol. and Biochem. Div.; engl.) — Pekteolyt. Enzyme, bes. *Pektinmethylesterase* (I) u. *Pektinpolygalakturonase* (II), wurden aus grünen Pflanzen (Möhren, Kartoffelkrautblätter, bes. aber Brinjal) u. aus Mikroorganismen, bes. *Penicillium*- u. *Aspergillus*-Arten, extrahiert u. ihre enzymat. Wrkg. auf sterilisierte Jute bei 37° untersucht. Nach 7 Tagen war die Rottung durch I aus Brinjal bzw. durch II aus Penicillium beendet, durch II aus Aspergillus erst teilweise erfolgt u. durch ein Gemisch aus I aus Brinjal u. II aus Penicillum war die Rottung unter Erweichen der Faser vollständig. G. Vogel. 4210◇

1110 **Über die Aktivität der Hyaluronidase und Antihyaluronidase des Blutes bei Lungentuberkulose.** W. G. Kolb und W. K. Kuchta. (Probleme der Tuberkulose [UdSSR] **40**, Nr. 5, 83—87, 1962; Minsk, Med. Inst., Lehrstuhl für allg. Med., Beloruss. Wiss. Tuberkulose-Inst., Biochem. Abt.; russ.) — Die Aktivität der *Hyaluronidase* u. der *Antihyaluronidase* im Blutserum, die nach der Meth. von Mak-Klin-Ssimirnowa bestimmt wurde, war im akuten Stadium u. bei Verschärfung des Krankheitsprozesses der Lungentuberkulose bis zu 4mal, in der Remission bis zu 2mal erhöht. I. v. Kloch-Kornitz. 4210□

1111 **Enzymatische Hydrolysen und Synthesen von Schwefelsäureestern unter besonderer Berücksichtigung von Cholesterinsulfat.** H. Keller und H. Blennemann. (Hoppe-Seyler's Z. physiol. Chem. **324**, 125—137, 21/6. 1961; Kiel, Univ., Inst. für Physiol. Chem. u. Physiko-Chem.; dt.) — An Leber- u. Hefeextrakten wurde die enzymat. Spaltung von *Cholesterinsulfat* (I) durch *Arylsulfatasen* untersucht u. mit der Hydrolyse der Modellsubstrate *4-Nitrophenylsulfat* (II) u. *5-Nitro-2-hydroxyphenylsulfat* (III) verglichen. I wird bei niedrigeren pH-Optima hydrolysiert als II u. III. Der Einfl. von Cl^- u. PO_4^{3-}, sowie die Abhängigkeit von der Enzym-Konz. u. Hemmung durch Dehydroepiandrosteronsulfat zeigte bei I—III qual. gleiche Ergebnisse. Die Michaelis-Konst. für I lag etwa eine Zehnerpotenz tefer als die der Modellsubstrate. *4-Nitrophenol, Dehydroepiandrosteron, Pregnenolon* u. *4-Nitrobrenzcatechin* konnten in die entsprechenden Sulfate übeı geführt werden. Die Sulfurylierung von Cholesterin mit $^{35}SO_4^{2-}$ mit Hilfe Sulfat-übertragender Syst. gelang nicht. H.-G. Trüper. 4210□

1112 **Thiocyanat-Bildung durch Extrakte von Escheria coli und Leber.** J. W. Hylin, Hildegarde Fiedler und John L. Wood. (Proc. Soc. exp. Biol. Med. **100**, 165—68, Jan. 1959; Memphis, Univ. of Tenn., Med. Units, Div. of Chem.; engl.) — Ein Vgl. der *Transsulfurasen* in Extrakten von *Escherichia coli* u. Rattenlebern, die die Spaltung von *β-Mercaptobrenztraubensäure* in *Brenztraubensäure* u. ein bisher nicht identifiziertes Schwefel-Deriv. bewirken, zeigt, daß sich beide hinsichtlich ihrer Stabilität u. Oxydierbarkeit unterscheiden. Beide Systeme bilden aber in Ggw. von *Cyanid Thiocyanat*. Das pH-Optimum dieser Rk. liegt bei 9,1 (Leber) bzw. 9,6 (Bakterien). U. Baumann. 4210

1113 **Glutaminsäure-Biosynthese bei einem Organismus ohne Krebs-Tricarbonsäurecyclus.** Yasuharu Sekizawa, Michael E. Maragoudakis, Suresh S. Kerwar, Magne Flikke, Annette Baich, Tsoo E. King und Vernon H. Cheldelin. (Biochem. biophys. Res. Commun. **9**, 361—66, 31/10. 1962; Corvallis, Oreg.; Oregon State Univ., Sci. Res. Inst. and Dep. of Chem.; engl.) — *Acetobacter suboxydans* zeigt intensive *Glutaminsäure* (I)-Synth., die aber offenbar nicht über den Krebs-Cyclus verläuft. Durch Inkubation von Zellhomogenat mit verschiedenen möglichen I-Vorläufern u. papierchromatograph. Nachw. der Rk.-Prodd. konnten Vf. zeigen, daß I durch Kondens. von *Glyoxylsäure* u. *Oxalessigsäure* entsteht, u. zwar vermutlich über die Zwischenstufen *Oxaläpfelsäure*, *γ-Hydroxy-α-ketoglutarsäure* (oder *Oxalacrylsäure*) u. *α-Ketoglutarsäure* (II). Fehlten im Rk.-Gemisch *Pyridoxalphosphat* u. *Alanin* (III), konnte II als Endprod. nachgewiesen werden, danach dient III als NH_2-Donator. Weiterhin erfolgt eine I-Synth. durch Kondens. von *Brenztraubensäure* u. *Essigsäure*. I entsteht auch bei Inkubation von zellfreien Extrakten mit *Malonsäure* u. *Oxalbernsteinsäure*. Eine ähnliche I-Synth. wurde mit Arginin, Ornithin, Prolin oder Histidin beobachtet, deren Rolle im Stoffwechsel von *A. suboxydans* noch unklar ist. Hans Thiele. 4210◇

1114 **Multiple Formen der Glutaminsäure-Oxalessigsäure-Transaminase in Geweben.** Lucile E. Decker und Evelyn M. Rau. (Proc. Soc. exp. Biol. Med. **112**, 144—49, 1963; Hines, Ill., Vet. Admin. Hosp., Res. Serv.; engl.) — Durch Stärkegelelektrophorese von Rattenleber-, -herz- u. Muskelextrakten konnten 3 anion. u. 1 (oder mehr) kation. Isoenzyme mit *Glutaminsäure-Oxalessigsäure-Transaminase* (I)-Aktivität separiert werden. Die schnellste, 3. anod. Bande scheint in Rattenniere nicht vorzukommen. In gereinigten I-Präpp. aus Schweineherz fanden sich 4 anod. Banden. Die Unterschiede der Wander-Geschw. der Isoenzyme bei verschiedenen Arten deuten auf strukturelle Unterschiede in den Enzymproteinen der verschiedenen Arten. Zum Nachw. von I auf Stärkegel wird die direkte, einstufige Diazoniumsalz-Rk. empfohlen, die zu spezif. Koppelung mit Oxalacetat, als einem Prod. der I-Rk., führt. U. Tausendfreund. 4210◇

1115 **Versagen von Berberin bei der Hemmung der Schweineherz-Glutaminsäure-Asparaginsäure-Transaminase.** Kazuko Yamauchi, Tchan Gi Bak und Shigeaki Kuwano. (Chem. pharmac. Bull. [Tokyo] **10**, 876—78, 1962; Kotaro Inst. for Physiol. Chem. of Crude Drugs; engl.) — *Berberin* (I) hemmt *Glutaminsäure-Asparaginsäure-Transaminase* (II) des Schweineherzens nicht, obwohl bakterielle B_6-Enzyme durch I gehemmt werden u. II ebenfalls ein Enzym mit Pyridoxalphosphatbedarf ist. Demnach weicht die Wrkg. von Säugetiertransaminasen von derjenigen bakterieller B_6-Enzyme in bestimmten grundlegenden Punkten ab. U. Tausendfreund. 4210◇

1116 **Serumenzymuntersuchungen bei einem Hydroencephalon-Syndrom neugeborener Kälber.** Marvin B. Rhodes, Huseyin K. Urman, Connell L. Marsh und Oliver D. Grace. (Proc. Soc. exp. Biol. Med. **111**, 735—37, 1962; Lincoln, Univ. of Nebraska, Coll. of Agric., Dep. of Vet. Sci.; engl.) — Im Serum von Kälbern mit einem Hydroencephalonsyndrom (Encephalo-Ophthalmo-Myopathie) war die Aktivität der *Glutaminsäure-Oxalessigsäure-Transaminase*, *Glutaminsäure-Brenztraubensäure-Transaminase*, *Milchsäuredehydrogenase* u. *Aldolase* im Serum um mehr als das 30fache erhöht (wahrscheinlich infolge der ausgedehnten u. forschreitenden Muskeldystrophie). K. Zingraf. 4210◇

1117 **Die Wirkung von Nährstoffmangel auf die Aktivität der Glutaminsäuredecarboxylase in Tabakpflanzen.** Daisuke Yoshida. (Soil Sci. Plant Nutrit. [Tokyo] **8**, 197—99, 1962; Japan Monopoly Corp., Hatano Tobacco Exp. Stat.; engl.) — Die Aktivität der *Glutaminsäuredecarboxylase* (I) wird in Tabakpflanzen durch *N*-, *P*- u. *S*-Mangel gehemmt, durch *Mg*-Mangel in geringem Maße, durch *K*- u. *Ca*-Mangel jedoch in starkem Maße gesteigert. Die Beziehungen zwischen der I-Aktivität u. dem Geh. an *γ-Aminobuttersäure* (II) sind nicht klar. Das Verhältnis von II zu *Glutaminsäure* ist in allen Mangelpflanzen höher, bes. in den Pflanzen mit erhöhter I-Aktivität. II ist in erhöhten Konzz. in P-, K-, Mg- u. S- u. in erniedrigten Konzz. in N- u. Ca-Mangelpflanzen vorhanden. W. Hiller. 4210◇

1118 **Zellfreie Bildung von Tryptophansynthetase in Escherichia coli.** T. Yura, K. Marushige, M. Imai und I. Watanabe. (Biochem. biophysic. Res. Commun. **9**, 545 bis 550, 1962; Kyoto, Japan, Univ., Inst. for Virus Res.; engl.) — Mit 50 μg *DL-Tryptophan*/ml im Medium E (Vogel u. Bonner [1956]) bebrütete wilde Kultur von *E. coli* K-12 ergab einen *Rohextrakt*, der in Ggw. von Adenosintriphosphat eine Aktivitätssteigerung der *Tryptophansynthetase* (I) aufwies u.

durch Aminosäuregemische, Ribonucleotidtriphosphate stimuliert, durch Desoxyribonuclease, Ribonuclease, Chloramphenicol, Puromycin, Streptomycin oder L-Tryptophan inhibiert wurde. Immunolog. Verss. zeigten, daß I-Aktivitätssteigerungen mit einem gleichen Ansteigen eines immunolog. reaktiven Proteins begleitet sind, das mit Anti-I-Serum reagiert. Die Aktivitäten des A-Proteins von I u. von Indolglycerinphosphatsynthetase werden in gleicher Weise gesteigert.
L. Macher. 4210◇

1119 **Cystinmonosulfoxid.** G. E. Utzinger. (Experientia Basel **16**, 136—37, 1960; engl.) — Das bisher nocht nicht gefaßte mutmaßliche Zwischenprod. *L-Cystin-S-oxid* (II), das bei der Biosynth. von Taurin aus Cystin entsteht, wird durch Red. von *L-Cystin-S.S'-dioxid* (I) mit HJ in der Kälte erhalten. Im Gegensatz zu I ist II in 0,5n NaOH beständig, es dunkelt u. zersetzt sich beim Erhitzen über 175°. Die Anfärbung mit Ninhydrin erfolgt sofort u. ist tiefer als bei Cystin. II red. bei Raum-Temp. im Vakuum langsam Dichlorindophenol, hat jedoch keine Wrkg. auf Methylenblau in Leuko- oder oxydierter Form. I u. II lassen sich papierchromatograph. nicht trennen (R_F in Phenol/W. 4 : 1 in CO/NH_3-Atmosphäre auf Whatman Nr. 3 0,11). Die IR-Spektren von I, II u. Cystin sind angegeben.
Versuche: *L-Cystinmonosulfoxid* (II), $C_6H_{12}N_2OS_2$, F. 175° (Zers.), 2 g I wurden in 40 ml W. suspendiert u. mit 6 ml 6n HCl gelöst, Eiskühlung, Red. mit 3 ml 5m KJ, 30 Min. unter Rühren, Chlf.-Extraktion bis zur Farblosigkeit, Neutralisation der wss. Phase mit 8n NH_4OH, Abfiltrieren des Nd., Waschen mit A. u. Aceton; 1,38 g (Ausbeute), $[\alpha]_D^{24}$ $-111 \pm 3°$ (c = 0,70% in 1n HCl).
H. Nürnberger. 4210◇

1120 **Halogenierung von Tyrosin bei Säurehydrolyse.** F. Sanger und E. O. P. Thompson. (Biochim. biophysica Acta [Amsterdam] **71**, 468—71, 1963; Cambridge, Med. Res. Council, Labor. of Mol. Biol.; engl.) — Bei der Säurehydrolyse von *Tyrosin* können neben *3-Chlortyrosin* u. *3.5-Dichlortyrosin* auch *3-Bromtyrosin*, *3.5-Dibromtyrosin* u. *3-Chlor-5-bromtyrosin* entstehen; die Br-Verbb. sind wahrscheinlich auf Verunreinigungen der zur Hydrolyse verwendeten HCl zurückzuführen.
K. Zingraf. 4210◇

1121 **Desulfurierung von Thioharnstoff durch Speichel.** Thomas H. Shepard, Andrew E. Lorincz und Stanley M. Cartler. (Proc. Soc. exp. Biol. Med. **112**, 38—42, 1963; Seattle, Univ. of Washington, Dep. of Med. and Genetics; Gainesville, Univ. of Florida, Coll. of Med., Dep. of Anatom. and Pediatrics; engl.) — Vff. weisen im menschlichen Speichel ein Enzym-Syst. nach, das *Thioharnstoff* (I) desulfuriert u. *Thiocyanat* (II) u. *Ascorbinsäure* als Cofaktoren benötigt. Beide Cofaktoren sind auch im frischem, undialysiertem Speichel nachzuweisen. Das Syst. ist bei $2 \cdot 10^{-3}$m II gesättigt. Ersatz von II durch *Perchlorat*, *Cystein* oder *red. Glutathion* führt zur völligen Inaktivierung; *KJ* (10^{-3}m) bewirkt eine meßbare Desulfurierung von I. Als Rk.-Prodd. der Desulfurierung identifizieren Vff. SO_4^{2-} (ca. 55%), *Thiosulfat* oder *Sulfit* (ca. 9%), proteingebundenes S (ca. 36%). Erhitzen auf 70° für 15 Min. ergibt keinen Aktivitätsverlust, auf 100° für 1 Min. völligen Verlust. Das pH-Optimum liegt zwischen 7,8 u. 8,4 u. das Temp.-Optimum bei 38—40°. Völlige Hemmung tritt ein durch 10^{-3}m *Thiosulfat*, 10^{-3} *Cyanat*, 10^{-2} *Jodacetat*, 10^{-3} *red. Glutathion*, 10^{-3} *L-Goitrin* u. 10^{-3} *Propylthiouracil*.
W. Hiller. 4210◇

1122 **Albuminsynthese in regenerierenden Rattenleberzellen.** G. Guidotti, E. Clerici, G. Sambo und E. Bazzano. (Experientia [Basel] **15**, 55—56, 15/2. 1959; Milan, Univ. of Milan, Inst. of Gen. Pathol.; engl.) — Es wurde in vitro die *Albumin* (I)-Synth. normaler u. regenerierender Rattenleber untersucht. Dabei zeigte sich, daß keine signifikanten Unterschiede in der I-Bldg. bestehen u. eine Teilhepatektomie somit die Leberfunktion (was die I-Synth. anbetrifft) nicht hemmt. Der Einbau von *$^{14}C_1$-Glycin* in I ist bei der regenerierenden Leber weitaus höher, so daß auf einen erhöhten I-Umsatz geschlossen werden muß. Die Verminderung des Serum-I-Spiegels bei hepatektomierten Tieren ist deshalb nicht auf verminderte Bldg. durch die Leberzellen, sondern eher durch erhöhten I-Bedarf der Leber zur Neubldg. des Parenchyms zu erklären.
U. Tausendfreund. 4210□

1123 **Mikrobestimmung der proteolytischen Aktivität des Trypsins.** K. M. Weremijenko. (Ukrain. biochem. J. **35**, 294—97, 1963; Kiew, Inst. für Oto-Laryngol. des Gesundheitsmin. der UkrainSSR; ukrain., Auszug: engl.) — Die ausführlich beschriebene Mikrometh. zur Best. der proteolyt. Aktivität des *Trypsins* (I) beruht auf der Spaltung des I durch *Protamin*. Gemessen wird die hierbei entstehende Menge von Arginin. Die Meth. eignet sich für die Best. der I-Konz. im Blutserum in Ggw. eines Inhibitorüberschusses. Sie kann auch für den Nachw. von I neben Chymotrypsin angewandt werden. Es lassen sich Bruchteile eines γ nachweisen.
O. Lebtag. 4210△

1124 **Die Anwendung des pH-Standes bei kinetischen Untersuchungen von Reaktionen, deren Produkte Pufferungsfähigkeit haben.** Abraham N. Kurtz und Carl Niemann. (Biochemistry [Washington] **1**, 238—43, März 1962; Pasadena, Calif. Inst. of Techn.; engl.) — Bei der durch *α-Chymotrypsin* katalysierten Hydrolyse von *α-N-acetylierten Amiden, Hydraziden* u. *Hydroxyamiden* des *L-Tyrosins*, bei der das eine Rk.-Prod. Pufferungsfähigkeit aufwies, wurde der pH-Stand zur Verfolgung dieser Rkk. benutzt. Bei der Ermittlung von kinet. Konst. bei Ggw. von 0,04—2,0m NaCl u. pH 7,60 hat sich *α-N-Acetyl-L-tyrosinhydroxamid* als ein bes. nützliches Substrat erwiesen.
L. Macher. 4210◇

1125 **Wechselwirkung von α-Chymotrypsin mit verschiedenen α-Methyl α-acylaminosäuremethylestern.** Harold R. Almond jun., David T. Manning und Carl Niemann. (Biochemistry [Washington] **1**, 243—49, 23/3. 1962; Pasadena, Calif., Inst. of Techn., Lab. of Chem.; engl.) — Vgl. vorst. Referat. — Als Inhibitoren der durch *α-Chymotrypsin* (I) katalysierten Hydrolyse von *α-N-Acetyl-L-tyrosinhydroxamid* konnten *Methyl*(+)- u. (−)-*N-Acetyl-α-methylphenylalaninat*, *Methyl*(+)- u. (−)-*α-N-Acetyl-α-methyltyrosinat* u. *Methyl*(±)- u. (−)-*N-Acetyl-α-methyl-β-[naphthyl-(2)]-alaninat* festgestellt werden. Der Ersatz des α-Hydrogens der enantiomorphen, aromat. α-N-Acyl-α-aminosäureester durch eine Methylgruppe, verändert die Konst. für Substration u. Inhibition in weniger als in einer Größenordnung, aber für die Substrate nimmt die Bldg.-Geschw. von Prodd. mit einem ca. 10^5 betragenden Faktor ab. Die Ergebnisse können auf der Grundlage ster. Interferenz der α-Alkylgruppe erklärt werden, wobei die hydrolysierbaren Carboalkoxygruppen durch elektro- u. nucleophile Gruppen des I angegriffen werden.
L. Macher. 4210◇

1126 **Der Nachweis von Peptiden auf Papier mit Phenylisothiocyanat.** Inga Sjöquist und John Sjöquist. (Biochim. biophysica Acta [Amsterdam] **71**, 210—12, 1963; Lund, Univ. of Lund, Dep. of Physiol. Chem.; engl.) — *Phenylisothiocyanat* reagiert mit freien α- u. ε-Aminogruppen freier oder *Peptid*(I)-gebundener Aminosäuren unter Bldg. von Phenylthiocarbamyl-Verbb. mit hoher Absorption im UV-Bereich, so daß geringe Mengen auf Papier mit Hilfe eines Fluorescenzschirmes nachgewiesen werden können. Die Meth. ist quant. u. zerstört I nicht. Sie ist bei enzymat. Unterss. zur Auftrennung der Peptide sowie zur Strukturunterss. verwendbar.
K. Zingraf. 4210◇

1127 **Stärkegelelektrophorese des Citrat-kondensierenden Enzyms aus Taubenherz.** I. Broder und Paul A. Srere. (Biochim. biophysica Acta [Amsterdam] **67**, 626—32, 1963; Ann Arbor, Mich., Univ. of Michigan, Dep. of Biol. Chem. and Intermol. Med.; engl.) — Das *Citrat-kondensierende Enzym* (I) existiert in 2 nahe verwandten Formen, die durch Stärkegelelektrophorese zu trennen sind. Milde Behandlungen, z. B. mit *Mercaptoäthanol*, der beiden I-Formen können diese ineinander umformen. Es wird vermutet, daß beide Formen während der Reinigungsprozedur entstehen. I enthält 2—3 Mole Sulfhydrylgruppen, die nicht für die Aktivität von I erforderlich sind. Die eine Form des Enzyms ist die SH-Form, die andere Form ist die SS-Form (Disulfidform).
W. Hiller. 4210◇

1128 **Darstellung von Malonylcoenzym A durch Thioesteraustausch.** Robert A. Kloss und Jack E. Dickinson. (Biochim. biophysica Acta [Amsterdam] **70**, 90—91 1963; De Kalb, Ill., Northern Illinois Univ., Chem. Dep.; engl.) — *Malonylmonochlorid* — aus Malonsäure u. Thionylchlorid hergestellt; F. 62—64° — wird in stöchiometr. Verhältnis mit p-Thiokresol in Ae. mit 5% $KHCO_3$ extrahiert. Die wss. Phase wird angesäuert, wobei *Mono-p-thiokresylmalonat* (I) ausfällt, F. 82—84°, Ausbeute 25—30%. Zur Transveresterung werden gemäß der modifizierten Meth. von Lynen 0,05mMol I in 2 ml W. mit 0,1 mMol $KHCO_3$ u. 5 μMol *Coenzym A* versetzt, 1 Std. bei 18° stehengelassen (Bldg. von Thiokresol). Nach Extraktion der Rk.-Prodd. mit

Ae., Ansäuern u. erneuter Ae.-Extraktion wird durch Dekantieren *Malonylcoenzym A* isoliert; 78%. A. Täufel. 4210◇

1129 **Wirkung von Coenzym A auf die Transacetylierung zwischen Acetylcholin und Aneurin.** K. Jacobsohn und M. D. Azevedo. (Rev. Fac. Ci. Lisboa, 2. a Sér., Secç. B **9**, 153—63, 1961—62; Lissabon, Inst. Rocha Cabral; franz.) — Bei der Hydrolyse von *Acetylaneurin* (I) durch einen mit Phosphat- oder Citratpuffer (pH 6,9) gewonnenen Enzymextrakt aus Taubenleber wurden nach 60 Min. (bei einer opt. Dichte von 0,540 mμ) 34% bzw. nach 2std. Dialyse des Extrakts bei Raum-Temp. 26% des I hydrolysiert. Die chromatograph. Trennung des I von *Aneurin* u. *Acetylcholin* gelang mit den verwendeten Lsgm. nicht. Zur Unters. der Wrkg. von *Coenzym A* (CoA) auf die wahrscheinliche Acetylierung des Aneurins wurde CoA frischen, bzw. zur Verminderung des CoA-Geh. 2 bzw. 4 Std. gealterten bzw. 2 Std. gegen W. dialysierten Enzymextrakten zugesetzt. Durch das Altern wurde die enzymat. Kraft der Transacetylierung herabgesetzt. Der Zusatz von CoA hatte keinen Einfl. auf die Menge des gebildeten I oder auf die Rk.-Geschwindigkeit. Nach 60 Min. Inkubation wurde keine Veränderung der CoA-Menge in der Fl. festgestellt. Dagegen schien die Ggw. von CoA in einer nur Acetylcholin u. kein Aneurin enthaltenden Fl. eine Verminderung der Hydrolyse von I zu bewirken, die mit der Alterung variierte. Bei der Wiederholung der Verss. in Ggw. von *Eserin* u. von Aktivatoren wurde eine Zunahme der opt. Dichte festgestellt, die mit der Bldg. von 0,15 bzw. 0,30 μMol Acetylcholin in Abwesenheit bzw. in Ggw. von Eserin übereinstimmte. Die Resultate scheinen höhere Werte von nichthydrolysiertem Acetylcholin als die in Ggw. von CoA u. ATP beobachteten Werte anzudeuten. G. Vogel. 4210◇

1130 **Beziehungen zwischen der Aktivität der Cholinesterasen und dem Einbau von Aminosäuren in die Proteine. 1. Mitt. Aufnahme von ^{14}C-Glykokoll in homogenisiertes Gewebe von Mäuseleber unter dem Einfluß von Acetylphosphat.** O. Costakel, I. Kiţulesco und N. Voiculeţ. (Acta biol. med. german. [Berlin] **5**, 187—96, 1960; Bucarest, Inst. Oncol.; franz., Auszüge: dt., engl., russ.) — Um die Bedeutung der Aktivität der *Cholinesterase* (I) für die Synth. einer energiereichen Verb. (*Acetylphosphat*; II) zu ermitteln, wurde die Wrkg. von synthet. *Acetylcholin* (III) u. von synthet. II in Ggw. wie bei Fehlen von *Eserin* (IV) auf den Einbau von *^{14}C-Glykokoll* (V) in die Proteine von Mäuseleberhomogenat bei pH 5 u. pH 7,2 untersucht. Bei pH 5 steigern II u. III gleichartig den Einbau von V in die Proteine, wenn I nicht gehemmt wird. I fördert somit sogar den durch Zusatz von synthet. III bewirkten Einbau von Aminosäuren. Falls aber I durch IV gehemmt wird, wird auch die Wrkg. von III auf den Einbau der Aminosäuren völlig verhindert u. der Einbau von II vermindert. — Bei pH 7,2 führen III u. II zu umgekehrten Wrkg. wie bei pH 5. A. Hesse. 4210◇

1131 **Beziehungen zwischen der Aktivität der Cholinesterasen und dem Einbau von Aminosäuren in die Proteine. 2. Mitt. Aufnahme von ^{14}C-Glykokoll in die Proteine der homogenisierten Gewebe von Homo- und Heterotransplantaten von Tumoren unter dem Einfluß von Acetylphosphat.** O. Costakel, I. Kiţulesco, N. Voiculeţ und I. Popp. (Acta biol. med. german. [Berlin] **5**, 197—203, 1960. — 1. vgl. vorst. Referat. — Der Einbau von ^{14}C-Glykokoll in die Proteine von Homo- u. Heterotransplantaten von Sarkom 2 A der Maus wurde untersucht, um das Verhältnis zwischen der Aktivität der *Cholinesterasen* (I) u. der möglichen Bldg. eines für die biochem. Zellvorgänge bedeutungsvollen energet. Prod. festzustellen. Synthet. *Acetylphosphat* (II) bzw. *Acetylcholin* (III) aktivieren bei pH 5 den Einbau von *^{14}C-Glykokoll* (V) in die Proteine des Homotransplantates, wenn I nicht gehemmt wird. Bei pH 7 ist die Aktivierung durch II bzw. III wesentlich geringer. Eine normale Aktivität der I ist für die durch III bewirkte Aktivierung unbedingt notwendig, für die Aktivierung durch synthet. II von wesentlichem Einfluß. — II u. III beeinflussen den Einbau von *^{14}C-Glykokoll* in die Proteine des Heterotransplantates nicht, u. zwar bei pH 5 wie bei pH 7 sowie in Ggw. oder bei Fehlen von *Eserin*. A. Hesse. 4210◇

1132 **Umwandlung aromatischer Aminosäuren in Fettsäuren durch adipöses Gewebe.** D. D. Feller und E. Feist. (Biochim. biophysica Acta [Amsterdam] **70**, 85—86, 1963; Seattle, Wash., Univ. of Wash., Dep. of Med., Veterans Admin. Hosp.; engl.) — Adipöses Gewebe der Maus wird in Ggw. von Krebs-Bikarbonatpuffer mit *$^{14}C_{(6)}$-Phenylalanin* (I) bzw. *$^{14}C_{(2)}$-DL-Tyrosin* (II) bzw. *$^{14}C_{(2)}$-Tryptophan* (III) inkubiert u. der Geh. an ^{14}C-markierten *Fettsäuren* u. $^{14}CO_2$ ermittelt. Danach wird an ^{14}C gefunden: Bei I-Ggw. 1,38% in CO_2 u. 0,28% in Fettsäuren; bei II 0,97% in CO_2 u. 1,97% in Fettsäuren u. bei III 0,98% in CO_2 u. 0,16% in Fettsäuren. Die Umwandlung von II in Fettsäuren weist die höchsten Werte auf. Auf papierchromatograph. Wege wird gezeigt, daß *Acetoacetat* eines der Hauptendprodd. des I- u. II-Stoffwechsels darstellt. A. Täufel. 4210◇

1133 **Enzymatische Aspekte zur Biosynthese des Blatt-Cutins bei Gasteria verricuosa-Blättern nach Verletzung.** Wolfgang Heinen und Ingeborg v. d. Brand. (Z. Naturforsch. **18b**, 67—79, 1963; Nijmegen, Univ., Bot Inst.; dt.) — Vff. weisen in Blättern von *Gasteria verricuosa Stearinsäureoxydase* (I), *Ölsäureoxydase* (II) u. *Lipoxydase* (III) nach. I, II u. III zeigen ihre höchste Aktivität in der Mitte der Blätter. Nach Verletzungen findet in der 2. bis 3. Woche eine Erhöhung der Aktivität der III statt, I ist vermindert u. II unverändert. Die höchste Aktivität der III fällt mit der Endphase der *Cutin*-Regeneration zusammen. Vff. geben ein mögliches Schema der Cutinsynthese. W. Hiller. 4210◇

1134 **Die Kondensationsreaktion der Fettsäuresynthese. 1. Mitt. Trennung und Eigenschaften der Enzyme.** A. W. Alberts, Peter Goldman und P. Roy Vagelos. (J. biol. Chemistry **238**, 557—65, 1963; Bethesda Md., Nat. Inst. of Health, Nat. Heart Inst., Labor. of Cell. Physiol., Enzym. Sect.; engl.) — Die *Malonyl-CoA*-Austausch-Rk. wird durch ein Enzym-Syst. aus *Clostridium kluyveri* katalysiert. Es gelang papierelektrophoret., eine Trennung in zwei Komponenten (Enzym I u. II), die beide für die Rk. benötigt werden. Analoge Ergebnisse wurden bei der $(NH_4)_2SO_4$-Fraktionierung von Extrakten aus *Escherichia coli* erhalten. — *Enzym I* ist hitzelabil. *Enzym II* ist relativ stabil gegen Kochen in verd. Säuren, wird aber durch Alkali stärker angegriffen. Die Enzym-Präpp. enthalten insgesamt drei Sulfhydrylgruppen. Enzym I besitzt eine gegenüber Alkylierungsmitteln sehr empfindliche SH-Gruppe. Sie läßt sich jedoch partiell durch Inkubation des Enzyms mit Acyl-CoA-Verbb. schützen. Im gleichen Enzym findet sich eine zweite SH-Gruppe, die für die Eigg. des Enzyms als Thioltransacylase verantwortlich ist. Die Thioltransacylaseaktivität scheint nach Ansicht der Vff. bei der Kondensations-Rk. relativ spezif. für Malonylthioester zu sein. Die dritte SH-Gruppe findet sich im Enzym II. Hier muß zunächst mit 2-Mercaptoäthanol umgesetzt werden, um mit Alkylierungsmitteln eine Hemmwrkg. zu erreichen. Sie kann dann aber weder durch Inkubation mit Acyl-CoA-Verbb. von Fettsäuren noch durch Malonyl-CoA verhindert werden. Vff. stellten weiterhin fest, daß sich die Enzym II-Fraktionen aus Escherichia coli u. aus Clostridium kluyveri gegenseitig teilweise vertreten können. H. Zöllner. 4210◇

1135 **Die Aufnahme von Lipiden durch α-Lipoprotein des Menschen.** L. A. E. Ashworth und C. Green. (Biochim. biophysica Acta [Amsterdam] **70**, 68—71, 1963; Liverpool, Great Britain, Univ., Dep. of Biochem.; engl.) — *α-Lipoprotein* (I), 2,5 mg/ml, aus dem Blutplasma des Menschen hergestellt, wird mit einer Dispersion von Celite 545 (250 mg) u. 2,5 mg verschiedener Testlipide (*^{14}C-Cholesterin* [II], *7-Dehydrocholesterin*, *Ergosterin*, *^{14}C-Palmitinsäure*, *^{14}C-Cetylalkohol*, *Vitamin-A-acetat*, *β-Carotin* u. a.) unter N_2 18 Std. bei 30—35° geschüttelt u. die Aufnahme durch I bestimmt. II wird in größerem Maße gebunden als Ergosterin. Die Affinität von I gegenüber Palmitinsäure bzw. Cetylalkohol ist am größten; Vitamin-A-Derivv. werden hingegen nur in sehr geringer Menge gebunden. Pflanzliche Sterine konkurrieren mit II um die gleichen Bindungszentren des I-Mol.; zwischen II u. Palmitinsäure ist eine kompetitive Wrkg. jedoch nicht nachweisbar, was auf die Bindung an zwei verschiedenen Stellen des I-Mol. hinweist. Weitere Verss. beschäftigen sich mit dem Bindungsvermögen von I gegenüber organ. Farbstoffen u. der Affinität von *β-Lipoprotein* gegenüber Lipiden. A. Täufel. 4210◇

1136 **Auftreten von Lipoproteinlipaseaktivität im Blutserum nichtheparinbehandelter Menschen.** G. Cseh und I. K. Szabó. (Clin. chim. Acta [Amsterdam] **8**, 382—84, 1963; Budapest, Res. Inst. for Pharmaceut. Industry, Dep. of Biochem.; engl.) — Blut von gesunden Menschen wurde nach 12—16std. Fasten mit 3,2%ig. Na-Citrat-Lsg. (10:1) bzw. 0,9%ig. Salz-Lsg. (10:1) gemischt, Fibrin entfernt,

Serum bzw. Citratplasma von den Zellen durch Zentrifugieren getrennt u. mit verschiedenen Substraten zur Rk. gebracht. Durch Vgl. der beiden Fll., die aus nichtheparinbehandelten Menschen stammten, wurde gefunden, daß die Aktivität der *Lipoproteinlipase* im Serum höher als im Plasma ist. Das Serumenzym wurde durch seine Substratspezifität, Albuminabhängigkeit, Beeinflussung durch Heparin u. bes. durch Hemmstoffe wie Protamin u. Salze identifiziert. Aus den Ergebnissen wurde geschlossen, daß zirkulierendes Blut Lipoproteinlipase in latenter Form enthält, die bei normalem Ablauf der Blutgerinnung aktiviert wird. G. Vogel. 4210◇

1137 **Bildung und Freisetzung von Lecithinase-Aktivität durch wachsende Kulturen von Bacillus cereus.** Donn J. Kushner. (Canad. J. Microbiol. **8**, 673—88, 1962; Ottawa, Canada, Nat. Res. Council, Div. of Appl. Biol.; engl.) — *Bacillus cereus* bildete *Lecithinase* (I) auf komplexem Medium nur nach der logarithm. Wachstumsphase. Über $^1/_3$ dieser Aktivität war zellgebunden. In einem synthet. Aminosäuregemisch wurde I während der logarithm. Wachstumsphase gebildet. Das spätere Auftreten der Aktivität in einem komplexen Medium ist nicht auf eine Enzyminstabilität, das Fehlen von Aminosäuren oder die Ggw. eines Hemmfaktors zurückzuführen. Es könnte abhängig sein von der höheren Wachstumsgeschwindigkeit. Die Zugabe von Eigelb zum Wachstumsmedium steigerte die I-Bldg. auf das Vierfache. Das Auftreten eines Aktivators für die I-Bldg. wird angenommen. D. Pöhland. 4210◇

1138 **Umwandlung von Lecithin in Lysolecithin als Fettsäurenquelle in inkubiertem Plasma oder Serum.** William C. Vogel und Leslie Zieve. (Proc. Soc. exp. Biol. Med. **111**, 538—40, 1962; Minneapolis, Vet. Hosp., Univ. of Minnesota, Radioisotope Serv., Dep. of Med.; engl.) — Bei 4std. langer Inkubation von menschlichem Serum u. Plasma bei 38° wurden ca. 10% des *Lecithins* in *Lysolecithin* umgewandelt. Heparinanwendung oder akute Pankreatitis hatten keinen Einfluß. K. Zingraf. 4210◇

1139 **Bakterielle Ascorbinsäureoxydase.** Wesley A. Volk und J. L. Larsen. (Biochim. biophysica Acta [Amsterdam] **67**, 576—80, 1963; Charlottesville, Va., School of Med. Univ. of Virginia, Dep. of Microbiol.; engl.) — Vff. isolieren aus *Aerobacter aerogenes* eine *Ascorbinsäureoxydase* (**I**). **I** oxydiert *L-Ascorbat* u. *D-Isoascorbat.* Nicht oxydiert werden: Brenzcatechin, Phenol, p-Kresol, Pyrogallol, Cystein, red. Glutathion, Hydrochinon u. p-Phenylendiamin. **I** zeigt die halbe maximale Aktivität bei 0,2—0,5% O_2. Starke Inhibitoren von **I** sind *CN⁻, K-Äthylxanthogenat, Na_2S, p-Nitrophenol* u. in geringerem Maße *Pyridin–KCNS.* Co hemmt nicht. Das pH-Optimum liegt bei 6,3. K_m für *L-Ascorbinsäure* beträgt $2{,}36 \cdot 10^{-2}$m. W. Hiller. 4210◇

1140 **Beobachtungen über die Δ^1-Dehydrogenierung von Steroiden durch Bacillus sphaericus.** Vladimir Stefanovic, Mika Hayano und Ralph I. Dorfman. (Biochim. biophysica Acta [Amsterdam] **71**, 429—437, 1963; Shrewsbury, Mass., Worcester Found. for Exp. Biol.; engl.) — Die *Δ^1-Dehydrogenierung* von Steroiden durch intakte Zellen u. zellfreie Präpp. von *Bacillus sphaericus* (ATCC 7055) wurde untersucht, wobei die radioakt., mit *Tritium* gezeichneten Steroide *$^3H_{(1\alpha,2)}$-5α-Androstan-3.17-dion*, *$^3H_{(1\alpha)}$-Androstandion* u. *$^3H_{(1\alpha)}$-4-Androstendion* als Substrat dienten. Ferner wurden Verss. in *Tritiumoxid*-enthaltendem W. durchgeführt. — Die Katalyse umfaßt 2 Phasen: Eine Rk. ist reversibel u. besteht in einem schnellen Austausch des Hydrogens von $C_{(1\alpha)}$ u. $C_{(2)}$ des Steroidsubstrats mit Hydrogen des Mediums, während in der 2. Phase die irreversible Bldg. der Δ^1-Bindung stattfand. In zellfreien Präpp. von Δ^1-Dehydrogenase wurden verschiedene Elektronenacceptoren wie *Phenazinmethosulfat, Menadion, 2.6-Dichlorphenolindophenol, Vitamin K_1, Na-1.2-Naphthochinon-4-sulfonat, Chinon, Chinhydron, Q_2, Q_9, Q_{10}* u. *Q aus B. sphaericus* geprüft u. in verschiedenem Ausmaß als wirksam befunden, während *Flavinmononucleotid, Flavinadenindinucleotid, Diphospho-* u. *Triphosphorpyridinnucleotid, Hefe* u. *Leberextrakte* unwirksam waren. Hochwirksam waren Substanzen mit *Chinon*-Struktur. Wolfgang Albrecht. 4210◇

1141 **Untersuchungen über die Serum-Angiotensinase. 1. Mitt. Methodik und biochemische Eigenschaften.** D. Klaus, H. Kaffarnik und H. Pfeil. (Klin. Wschr. **41**, 376—80, 1963; Tübingen, Univ., Med. Poliklinik; dt.) — Unterss. über die Spaltung von *Angiotensin II* u. verschiedener seiner Derivv. ergab, daß der vollständige Abbau dieses Oligopeptids wahrscheinlich durch mehrere Serum-Aminopeptidasen erfolgt, wobei die Spaltungs-Geschw. durch eine spezif. Asparaginsäureaminopeptidase limitiert wird. Die biochem. Eigg. der Serum-*Angiotensinase* (I) entsprechen denen der Serum-*Leucinaminopeptidase.* Eine einfache papierchromatograph. Meth. war für die I-Best. am geeignetsten. G. Vogel. 4210◇

1142 **Untersuchungen über die Serum-Angiotensinase.** 2. Mitt. **Klinische Ergebnisse beim Hochdruck und bei Lebererkrankungen.** D. Klaus, H. Kaffarnik und H. Pfeil. (Klin. Wschr. **41**, 380—85, 1963; dt.) — 1. vgl. vorst Referat. — Unterss. bei 320 Gesunden u. Kranken zeigten, daß die Serum-*Angiotensinase* (I) bei der essentiellen u. renalen Hypertonie im Normbereich, bei Patienten mit akuter Hepatitis, Lebercyrrhosen u. Verschlußikterus auf das 2—5fache der Norm erhöht ist. Es wurde diskutiert, ob der klin. bekannte Blutdruckabfall bei Lebererkrankungen ursächlich durch diesen Anstieg der Serum-I bedingt ist. Beim Hochdruck steht einer wahrscheinlich gesteigerten Reninausschüttung u. Angiotensin-Produktion eine normale Serum-I gegenüber, so daß möglicherweise für die Pathogenese der Blutdrucksteigerung eine relative Verminderung der Serum-I bedeutsam ist. G. Vogel. 4210◇

1143 **Die Rolle der Oxytocinase während der Schwangerschaft beim Menschen und bei Tieren.** S. E. Dicker und G. A. Whyley. (Acta endocrinol. Copenhagen, Suppl. Nr. **51**, 145, 1960; London, Univ. Coll., Dep. of Pharmacol.; engl.) — H. Herper. 4210□

1144 **Untersuchungen über die Hemmung von 5-Hydroxytryptophandecarboxylase durch Phenylalanin-Stoffwechsel-Produkte.** Irene Huang und David Yi-Yung Hsia. (Proc. Soc. exp. Biol. Med. **112**, 81—84, 1963; Chicago, Ill., Children's Memor. Hosp., Genet. Clin.; Nothwestern Univ. Med. School. Dep. of Pediatr.; engl.) — Verabreichung von *Phenylalanin* (I)-reichem Futter bei gerade entwöhnten Ratten erhöhte den I-Geh. im Serum auf $3 \cdot 10^{-3}$m. Bei dieser Konz. konnte die Abnahme der *5-Hydroxytryptophandecarboxylase* in der Niere durch *Pyridoxalphosphat* (**II**)-Überschuß im Futter aufgehoben werden. Bei Inkubation mit $3 \cdot 10^{-2}$m **I** war **II** wirkungslos. Die Hemmung durch **I**, Phenylbrenztraubensäure, Phenylmilchsäure u. Phenylessigsäure ist eine adsorptive Verdrängungs-Rk. u. bei pH 8 Substrat-abhängig. K. Zingraf. 4210◇

1145 **Die enzymatische Nitratassimilation bei der Tomate.** G. W. Sanderson und E. C. Cocking. (Biochem. J. **87**, Nr. 2, Proc. biochem. Soc. 28P—29P, 1963; Univ. of Nottingham, Dep. of Bot.; engl.) — Vff. weisen in der Tomatenpflanze eine *Nitratreduktase* nach, die *Nitrat* zu *Nitrit* red. (**Ia**) u. eine *Nitritreduktase*, die *Nitrat* zu *Ammoniak* reduziert (**Ib**). **Ia** u. **Ib** finden sich in zellfreien Extrakten von allen Organen. **Ia** ist spezif. gegenüber *red. Nicotinamidadenindinucleotid* ($NADH_2$), hat ein pH-Optimum von 7,5, K_m für Nitrat ist $4 \cdot 10^{-4}$m, für $NADH_2$ $2 \cdot 10^{-5}$m, *Phosphat* stimuliert die Aktivität von **Ia**. Für die Extraktion des Enzyms in einem akt. Status ist die Ggw. von *Cystein* erforderlich. Die Aktivität von **Ia** beträgt 300—900 µmMol gebildetes Nitrit pro mg Protein pro Stunde. **Ib** wird nach der Meth. von Hagemen u. Mitarbeiter [1962], bei der *red. Benzylviologen* benutzt wird, nachgewiesen, $NADH_2$ u. $NADH_2$-Phosphat dienen für **Ib** nur als Elektronendonatoren in Ggw. von Benzylviologen. In zellfreien Extrakten von Blättern, bei denen die Chloroplasten nicht zerstört sind, findet eine Red. von NO_2 zu NH_3 in weniger als 60 Sek. statt, ohne daß die Ggw. von $NADH_2$, $NADH_2$-Phosphat oder Benzylviologen erforderlich ist. Die Rk. verläuft rascher bei Belichtung. Im Dunkeln oder im Enzym-Präpp. von anderen Pflanzenorganen findet nach dem ersten plötzlichen Anstieg keine weitere Red. statt. Die Enzymgrana des lichtabhängigen Enzym-Syst. zeigen folgende Eigg.: NH_3 ist das Prod. der Nitrit-Red., K_m für Nitrit ist $3 \cdot 10^{-6}$m. Cystein im Extraktionsmedium erhöht die Aktivität auf das 4—5fache, Nitrit in Konzz. über $2{,}5 \cdot 10^{-4}$m hemmt. W. Hiller. 4210◇

1146 **Biosynthese der Terpene.** 3. Mitt. **Farnesylpyrophosphat und 3-Methyl-Δ^3-butenyl-1-pyrophosphat, die biologischen Vorstufen des Squalens.** F. Lynen, H. Eggerer, U. Henning und Ingrid Kessel. (Angew. Chem. **70**, 738—42, 21/12. 1958; München, Max-Planck-Inst. für Zellchemie.) — 2. vgl. C. **1960**, 11345. — *Mevalonsäure* (I) kann durch verschiedene Enzym-Syst. in Cholesterin, Squalen. die

Carotinoide, in Mono- u. Triterpene oder in Kautschuk eingebaut werden. Verwendet man zellfreie Extrakte von Bäckerhefe, die durch mehrmaliges Einfrieren in fl. Luft aufgeschlossen wird, u. setzt noch *Adenosintriphosphat* (ATP), *Triphosphopyridinnucleotid* (TPNH) u. Mg zu, so kann man *Squalen* aus **I** aufbauen. Der erste Schritt dieser Biosynth. ist die Phosphorylierung von **I** durch ATP, wobei *5-Phospho-*(+)-*mevalonsäure* (**II**) entsteht, welche isoliert u. durch Vgl. mit dem synthet. Prod. identifiziert wurde. Verwendet man Hefeextrakte, denen kein TPNH zugesetzt wurde, oder solche, die durch Autolyse der Hefezellen mit Toluol erhalten werden, so verschwindet **I** oder **II** mit der gleichen Geschw., wie im kompletten Ansatz, es wird aber kein Squalen gebildet, sondern ein phosphathaltiges Zwischenprod., das durch Extraktion mit Collidin u. Verteilungschromatographie an feuchtem Silicagel mit Ae.–Collidin–W. isoliert werden konnte. Dieses Prod. wird durch Hefeextrakte mit TPNH glatt in Squalen übergeführt. Es konnte als *Farnesylpyrophosphat* (**III**) identifiziert werden. **III** ist sehr empfindlich gegen Säuren. Verwendet man ein radioakt. markiertes Prod., das durch Inkubieren von $^{14}C_{(2)}$*-Mevalonsäure-5-*^{32}P*-Phosphat* (**IV**) mit ATP erhältlich ist, behandelt dieses in wss. Lsg. mit 5% Trichloressigsäure oder Mineralsäure u. bringt gleich anschließend mit Kalilauge auf pH 10—12, so kann man den organ. Teil der Molekel mit Ae. ausziehen. Im wss. Rückstand wandert bei der papierchromatograph. Analyse mit Isopropanol–Trichloressigsäure–W.–Ammoniak die gesamte Radioaktivität mit zugesetztem Pyrophosphat (R_F 0,36). Im Ätherauszug blieb das wasserdampfflüchtige radioakt. Spaltstück bei der papierchromatograph. Analyse auf acetyliertem Schleicher & Schüll-Papier 2043b mit Eisessig–Tetrahydrofuran–W. (1 : 6 : 8) beim *Farnesol* (R_F 0,16), begleitete nach Behandlung mit 4'-Nitroazobenzol-4-carbonsäurechlorid in Pyridin den krist. *4'-Nitroazobenzolcarbonsäureester des Farnesols*, F. 86 bis 88° u. lieferte beim Inkubieren mit krist. Alkoholdehydrogenase aus Leber u. *Diphoshonucleotid* (DPN) unter Dehydrierung *Farnesal*, das als *Semicarbazon* krist. wurde. Beim Ozon-Abbau wurde Aceton u. Lävulinsäure erhalten. Setzt man dem Ansatz aus **IV**, Mg, ATP u. Hefeenzymen m/200 Jodacetamid zu, so wird nicht **III** gebildet, sondern es reichert sich ein Zwischenprod. an, das durch Hochspannungsionophorese abgetrennt werden kann. Es wird mit verd. Ammoniak vom Papier eluiert u. durch präparative Papierchromatographie in A.–W.–konz. Ammoniak (8 : 1 : 1) rein gewonnen. Bei dieser Verb. handelt es sich um *3-Methyl-*Δ^3*-butenyl-(1)-pyrophosphat* (**V**), wie durch folgende Befunde sichergestellt wurde: Das aus **IV** oder Mevalonsäure-5-^{32}P-phosphat gebildete Prod. war radioakt., das aus $^{14}C_{(1)}$-Mevalonsäure-5-phosphat gebildete Prod.l nicht, was darauf hinweist, daß die Carboxyl-Gruppe von **IV** eluminiert wird u. das Deriv. eines C_5-Phosphats vorliegt. Inkubieren der Verb. mit Prostata-Phosphatase gibt ein ähterlösl. leicht flüchtiges Prod., das durch Vgl. mit der synthet. Verb. als *3-Methyl-*Δ^3*-butenol-(1)* erkannt wurde. Es ließ sich mit diesem enzymat. in Δ^3*-Isopentensäure* überführen u. lieferte beim Ozonabbau radioakt. Formaldehyd, der als Dimedon-Deriv. identifiziert wurde. Die Phosphatanalyse ergab zwei Phosphatreste je Isopentenol, wovon einer nach 7 Min. in 1n Salzsäure bei 100° abgespalten wurde. Der verbleibende phosphathaltige organ. Rest verhielt sich im Papierchromatogramm mit Amylenhydrat–Eisessig–W. (4 : 1 : 2) wie *3-Methylbutandiol-(1.3)-phosphat*, das aus synthet. Isopentenylphosphat bei kurzem Kochen mit Säure entsteht. Schließlich gelang die Synth. von **V**, die die Formel endgültig sicherstellte. Die Grignard-Verb. vom Isobutenmonochlorid wird mit CO_2 in Δ^3*-Isopentensäure*, $C_5H_8O_2$, F. 23°, $Kp._{12}$ 80—81°, n_D^{20} 1,4308, übergeführt, Red. mit Lithium–Aluminium-Hydrid führt zum *3-Methyl-*Δ^3*-butenol-(1)*, $C_5H_{10}O$, Kp. 128—129°, n_D^{20} 1,4326. Aus dieser Verb. entsteht mit $POCl_3$ in Pyridin *Isopentenylphosphat*, das als *Dicyclohexylammoniumsalz*, $C_{17}H_{37}O_4N_2P \cdot H_2O$, F. 200°, krist. u. mit Dicycolhexylcarbodiimid u. Ammoniak in *Isopentenylphosphorsäureamid* (*N.N'-Dicyclohexylguanidiniumsalz*, $C_{18}H_3 \cdot O_3N_4P$, F. 137°) übergeführt werden konnte. Behandlung dieses Amids mit Phosphorsäure in Pyridin ergab **V**, das als in W. schwerlösl. Bariumsalz isoliert wurde u. sich in allen Eigg. als ident. mit dem natürlichen Prod. zeigte. — Es wird ein Rk.-Ablauf diskutiert, der sich auf Grund der gewonnenen Erkenntnisse anbietet. D. Kayser. 4210

1147 **Biosynthese der Terpene. 4. Mitt. Isopentenolpyrophosphatisomerase.** B. W. Agranoff, H. Eggerer, U. Henning und F. Lynen. (J. Amer. chem. Soc. **81**, 1254—55, 5/3. 1959; München, Max-Planck-Inst. für Zellchemie; engl.) — 3. vgl. vorst. Referat. — Inkubation von $^{14}C_{(1)}$-Δ^3*-Isopentenolpyrophosphat* (**I**), einem Prod. des *Mevalonsäure* (**II**)-Stoffwechsels u. einer Zwischenstufe der *Squalen* (**IV**)-Biosynth., mit einem Hefeenzym-Präp. (Autolysat, Fällung mit 30 bis 50% Aceton, Behandlung der Nd.-Lsg. bei pH 4,7 mit Hefe-ribonucleinsäure, Adsorption des Überstands bei pH 5,5 an $Ca_3(PO_4)_2$-Gel, Elution bei pH 7) lieferte durch Isomerisierung *γ.γ-Dimethylallylpyrophosphat* (**III**). **III** wird in Farnesylpyrophosphat eingebaut. **I**-*Isomerase* ist die einzige Jodacetamid-empfindliche Stufe der enzymat. Folge zwischen **II** u. **IV**. Die SH-Gruppe des Enzyms ist vermutlich an der Bldg. eines Enzym–Substrat-Komplexes beim Isomerisierungsvorgang beteiligt. K. Maier. 4210□

1148 **Über die intracellulären Polyphenoloxydasen des Kellerschwammes, Coniophora cerebella (Pers.) Duby, des Hausschwammes, Merulius lacrymans (Wulf.) Schum. ex Fries, und dessen Wildform, Merulius silvester Falck.** Reinhard Rösch. (Naturwissenschaften **49**, 522—23, 1962; Karlsruhe, Techn. Hochsch. Bot. Inst.; dt.) — *Coniophora cerebella* IIIo u. IIIp, *Merulius silvester* IIc u. *Merulius lacrymans* Ig besitzen eine intracelluläre, nicht mit *Tyrosinase* ident. *Polyphenoloxydase*-Aktivität. Bei höheren pH-Werten zeigen beide *Merulius*-Arten eine Tyrosinase-Wirkung. *M. lacrymans* Ig bildet zwei verschiedene intracelluläre Polyphenoloxydasen. W. Hiller. 4210◇

1149 **Nitrosobenzol und Phenylhydroxylamin als Zwischenstoffe der biologischen Reduktion von Nitrobenzol.** Hartmut Uehleke. (Naturwissenschaften **50**, 335—36, 1963; Tübingen, Univ., Pharmakol. Inst.; dt.) — Bei anaerober Inkubation von *Nitrobenzol* (**I**), 78000·*g*-Leberhomogenatüberstand, red. Triphosphopyridinnucleotid u. Riboflavin-5-phosphat waren nach Rk.-Beginn *Nitrosobenzol* (**II**) u. *Phenylhydroxylamin* (**III**) nachweisbar, u. es lagen während der Rk. mindestens 80% der meßbaren Intermediärprodd. als **III** vor. Nur die **I** → **II**-Red. ist O_2-empfindlich, während **II** u. **III** in Ggw. von Luft sogar rascher zu Anilin red. werden. Die Gesamtred. verlief jedoch anaerob ca. 6fach rascher als unter Luft. 60—80% der *Nitroreduktase*-Aktivität wurden aus 78000·*g*-Überstand im 105000·*g*-Sediment erhalten. K. Maier. 4210◇

1150 **Procainesterase-Aktivität im menschlichen Hirn.** R. Giuffrè, G. Moricca, R. Cavaliere und A. Massa. (Clin. chim. Acta [Amsterdam] **8**, 54—57, Rome, Univ., Inst. of Biol. Chem., Nat. Res. Council Univ. for Enzyme Stud., Ist. Regina Elena per 10 Studio e la Cura dei Tumori, Res. Dep.; engl.) — Die hydrolyt. Umwandlung von *Procain* zu *p-Aminobenzoesäure* u. *Diäthylaminoäthanol* wurde durch Homogenate von menschlichem Hirn katalysiert. Das optimale pH betrug 7,4 u. die Michaelis-Konst. $2{,}5 \cdot 10^{-4}$m. K. Zingraf. 4210◇

1151 **Über das Titrationsverhalten von Dimethylaminonaphthalin-Protein-Konjugaten.** Michael Young. (Biochim. biophysica Acta [Amsterdam] **71**, 206—08, 1963; Bethesda, Md., U.S. Dep. of Health, Ed. and Welf., U.S. Publ. Health Serv., Nat. Inst. of Health, Nat. Heart Inst., Labor. of Cell Physiol. and Metab.; engl.) — Die Auffassung, daß die ungewöhnliche pK_a-Verschiebung bestimmter Gruppen, die mit *Proteinen* (**I**) konjugiert sind (so z. B. im *1-Dimethylaminophthalin-5-sulfonylchlorid* (**II**)-*Glycin-Konjugat* im Vgl. zu einem Konjugat von **II** mit Rinderserumalbumin, pK_a 3,99 bzw. 1,67) auf eine Maskierung dieser Gruppen durch eine Eis-ähnliche Struktur, die das **I** umgibt, zurückzuführen sei, konnte durch Verss. mit Dimethylaminonaphthalin-Konjugaten von *Rinderpankreasribonuclease* u. *Eiklarlysozym* nicht bestätigt werden; beide Komplexe zeigten normales Titrationsverhalten. K. Zingraf. 4210◇

E_3. Mikrobiologie, Bakteriologie, Immunologie

1152 **Die chemischen Grundlagen der Sexualreaktion bei Zygomyceten.** M. Plempel. (Planta **59**, 492—508, 1963; Köln–Vogelsang, Max-Planck-Inst. für Züchtungsforsch., Erwin Baur Inst., Abt. Genetik; dt.) — Vf. untersucht die einzelnen Phasen der Sexual-Rk. u. ihre Induktion durch Wirkstoffe bei *Mucor mucedo*, *Phycomyces blakesleeanus*, *Blakesleea trispora*. Von den vegetativ wachsenden (+)- u. (—)-Mycel-bildenden Pilzen werden *Progamone* (**I**) in das

Substrat abgegeben. Sie sind die prim. Geschlechtsmerkmale der (+)- u. (−)- Mycelien u. bewirken die Ausbildung der Zygosporen. Die Zygosporen umgeben sich mit einem Reizstoff, der ein Konz.-Gefälle besitzt. Kommen die Wirkstoffzonen geschlechtlich verschiedener Zygosporen in Kontakt, so tritt ein verstärktes Wachstum u. schließlich Kopulation ein. Vf. konnte ein *Gamon* isolieren. Es besitzt die Summenformel $C_{20}H_{25}O_5$. W. Hiller. 4300◇

1153 **Die Adsorption von Natrium-Bentonit an Bacillus subtilis.** N. Lahav. (Plant and Soil [The Hague] **17**, 191—208, 1962; Rehovot, Israel, Hebrew Univ., Fac. of Agric.; engl.) — *Na-Bentonit*-Teilchen (I) werden von *Bacillus subtilis* ATCC 9945 reversibel adsorbiert u. beeinflussen deren Beweglichkeit im elektr. Feld in Abhängigkeit von der Art des Elektrolyten, der H-Ionen-Konz. u. der Feldstärke. Bakterienpopulationen spalten sich bei Behandlung mit I im elektr. Feld in beeinflußbare u. nichtbeeinflußbare Typen. Die Beweglichkeit ist größer bei kleinem pH u. hoher Feldstärke. Cl-Ionen u. Maleationen bewirken eine größere Motilität als o- u. m-Phosphationen. Mögliche Adsorptionsmechanismen werden diskutiert. E. Hieke. 4300◇

1154 **Der Aminosäurebedarf von Corynebacterium sepedonicum (Spiek. und Kott.) Skapt. und Burkh.** Robert-A. Lachance. (Canad. J. Microbiol. **8**, 321—25, Juni 1962; Ste-Anne-de-la-Pocatière, P. Quebec, Canada Dep. of Agric., Res. Stat.; engl.) — Der Aminosäurebedarf von *Corynebacterium sepedonicum* wurde in einem Medium mit Vitaminen, Glucose u. Mineralsalzen untersucht. Die 7 Aminosäuren *Asparagin* (I), *Methionin* (II), *Leucin*, *Histidin*, *Alanin*, *Arginin* u. *Prolin* waren für ein Wachstum erforderlich, das dem auf Caseinhydrolysat äquivalent war. Obwohl I u. II von großer Wichtigkeit für die Ernährung sind, konnte kein abs. Bedarf für eine spezif. Aminosäure nachgewiesen werden. Tryptophan, Tyrosin, Phenylalanin, Cystin u. Cystein übten eine hemmende Wrkg. aus. D. Pöhland. 4310◇

1155 **Über den Biotinbedarf von Arthrobacter globiformis.** E. C. S. Chan und I. L. Stevenson. (Canad. J. Microbiol. **8**, 403—05, Juni 1962; Ottawa, Canada Dep. of Agric. Res. Branch, Microbiol. Res. Inst.; engl.) — Stamm 616 von *Arthrobacter globiformis* entwickelte sich normal in Abwesenheit einer äußeren Biotinquelle, während Stamm 425 eine deutliche Abhängigkeit von *Biotin* (I) zeigt. Ein maximales Wachstum wurde bei einer I-Konz. von 0,03—0,04 mμg/ml erreicht. D. Pöhland. 4310◇

1156 **Untersuchung abgewandelter Liposäuren in Wachstums- und Hemmtesten mit Streptococcus faecalis 8043. Synthesen in der Liposäure-Reihe.** 5. Mitt. Heinz Werner Goedde, Carla Stahlmann, Paul Grafen und Ulrich Schmidt. (Arch. Mikrobiol. **45**, 359—72, 1963; Freiburg i. Br., Univ., Chem. Labor. u. Anthropolog. Inst., Abt. für Biochem. Genetik; dt.) — Vff. untersuchen folgende Liposäuren: *4-Methyl-* (I), *7-Methyl-* (II), *7-Hydroxy-* (III), *7-Keto-* (IV), *5-Keto-* (V), *3-Thia-* (VII), *4-Oxa-* (VIII), *2.4-Liposäure* (VI), *4-Oxaliposäureamid* (IX). Wird *Streptococcus faecalis* 8043 in Ggw. von *Liposäure* ($5\cdot10^{-10}$ bis $5\cdot10^{-8}$ m) kultiviert (Zusatz von Liposäure hebt die durch *Propionat* erzeugte Hemmung des Wachstums wieder auf), so bewirkt ein Zusatz von **I**, **II**, **III** u. **IV** in Konzz. von $5\cdot10^{-10}$ bis $5\cdot10^{-6}$ Hemmung. Zusatz von **VIII** u. **IX** steigert das Wachstum, **V**, **VI** u. **VII** verhalten sich inert. W. Hiller. 4310◇

1157 **Wirkung von Mycophenolsäure auf instabile Diploide von Penicillium chrysogenum.** A. Ballio und G. Sermonti. (Nature [London] **190**, 108—09, 1/4. 1961; Rom, Ist. Superiore di Sanità, Internat. Centre for Microbiol. Chem.; engl.) — *Mycophenolsäure* (I) hemmt die Sektoren-Bldg. instabiler Diploidstämme von *Penicillium chrysogenum* (P.chr.) in einer Konz. von 1 μg/ml, d. h. in einer m Konz. ca. 10000mal niedriger als die von $MnCl_2$ mit gleicher Wrkg.; die Verhinderung gelber Sektoren ist keine selektive Wrkg.; gelbe Kolonien aus Überimpfungen von Konidien aus Sektoren, die in Abwesenheit von I gebildet wurden, wachsen u. sporulieren normal auf I-enthaltendem Agar. Nichtsdestoweniger wird die Bldg. gelber Sektoren von instabilen Stämmen durch I verhindert. I zeigt keine der anderen Wrkg. von $MnCl_2$ auf mit Mutagenen behandeltes P.chr., nämlich Reaktivierung der Lebensfähigkeit nach Behandlung mit *Methyl-bis-[β-chloräthyl]-amin* (II) u. Red. der durch II oder Röntgenstrahlen induzierten somat. Segregation. Die Hemmung der Bldg. gelber Diploidsektoren wurde auch an einem instabilen Diploid von *Aspergillus nidulans beobachtet.* H. Aman. 4310□

1158 **Beobachtungen über die Physiologie des Psychrophilismus bei Hefen.** R. M. Baxter und N. E. Gibbons. (Canad. J. Microbiol. **8**, 511—17, Aug. 1962; Ottawa, Canada, Nat. Res. Council, Div. of Appl. Biol.; engl.) — Vgl. auch vorst. Referat. — Bei einer psychrophilen *Candida*-Art (Art mit optimal niedriger Wachstums-Temp.) wurden Überleben, Respiration intakter Zellen, Aktivität der *Alkoholdehydrogenase* u. Eintritt von *Glucosamin* in die Zelle stärker beeinflußt bei Temp. oberhalb von 10° als bei der mesophilen Art *Candida lipolytica*. Das Wachstum war stärker temperaturabhängig als alle anderen Eigenschaften. Die Respiration der psychrophilen Form verlief schneller als die der mesophilen bei allen Temp. bis zu 30°. Der Unterschied war am deutlichsten zwischen 0 u. 10°. D. Pöhland. 4310◇

1159 **Die Wirkung von Temperaturveränderungen auf die intracelluläre Konzentration von Nucleosidtriphosphaten bei Tetrahymena pyriformis.** Otto H. Scherbaum, Shao-Chia Chou, Krikor H. Seraydarian und John E. Byfield. (Canad. J. Microbiol. **8**, 753—60, 1962; Los Angeles, Calif., Univ. of California, Dep. of Zool.; engl.) — Kulturen von *Tetrahymena pyriformis* GL wurden 7 cycl. Veränderungen in der Züchtungs-Temp. unterworfen, um eine synchronisierte Teilung zu induzieren. Vor, während u. nach der Behandlung wurden Proben genommen. Säureextrakte wurden auf ihren Nucleosidtriphosphat- u. Protein-Geh. untersucht. Es wurde gefunden, daß das Nucleosidtriphosphat–Protein-Verhältnis (NP-V) als Ergebnis eines jeden Hitzeschocks (34°) im Durchschnitt um 22% abnahm, während jede nachfolgende Periode bei optimaler Inkubations-Temp. (29°) einen durchschnittlichen Anstieg des UP-V auf 36% über den Anfangswert ergab. In der Periode zwischen dem letzten Hitzeschock u. der ersten synchronisierten Teilung wurde ein bedeutender Anstieg des NP-V beobachtet. D. Pöhland. 4310◇

1160 **Der Einfluß der Sporulationstemperatur auf die Hitzeresistenz und chemische Zusammensetzung der Bakteriensporen.** R. V. Lechowich und Z. John Ordal. (Canad. J. Microbiol. **8**, 287—95, Juni 1962; Urbana, Ill., Univ. of Illinois, Dep. of Food Technol.; engl.) — Die therm. Resistenz der Sporensuspension von *Bacillus subtilis*, der *Pyridin-2.6-dicarbonsäure* (I)- u. der *Kationen*-Geh. nahmen mit dem Ansteigen der Sporulations-Temp. zu. Sporen von *Bacillus coagulans* (B.c.) zeigten einen ähnlichen Anstieg in der Hitzeresistenz, während der Kationen-Geh. konst. blieb. Der I-Geh. von Sporensuspensionen von B.c. nahm ab, wenn die Sporulations-Temp. zunahm. D. Pöhland. 4310◇

1161 **Zusammensetzung von extracellulärem Schleim von Pseudomonas aeruginosa.** R. G. Eagon. (Canad. J. Microbiol. **8**, 585—86, Aug. 1962; Athens, Ga., Univ. of Georgia, Dep. of Bacteriol.; engl.) — Hauptbestandteil des Schleims war *Mannose*. Außerdem wurden reichliche Mengen von *Desoxyribo-* u. *Ribonucleinsäure* u. überraschend große Mengen von Asche gefunden. Der *Protein*-Geh. war gering. D. Pöhland. 4315◇

1162 **Die freien Aminosäuren in Trichomonas foetus.** A. Earl Johnson. (Exp. Parasitology **12**, 168—75, 1962; Logan, Utah, Utah State Univ., Agricult. Res. Serv., USDA, Animal Disease and Parasite Res. Div.; engl.) — Der Protoplasmaextrakt von *Trichomonas foetus* wird chromatograph. analysiert. Er enthält *Cystin–Cystein*, *Asparagin-* u. *Glutaminsäure*, *Glycin*, *Serin*, *Threonin*, *Alanin*, *Tyrosin*, *Leucin*, *Isoleucin*, *Ornithin*, *Lysin*, *Arginin*, *Valin*, *Methionin*, *Prolin*, *Phenylalanin* u. evtl. *Histidin*. Außer β-Alanin wurden sämtliche Aminosäuren des Mediums auch im Extrakt gefunden. P. Gregorzewski. 4315◇

1163 **Über die Isolierung und die Struktur von Fortuitin, einem Peptidolipid von Mycobacterium fortuitum.** Erna Vilkas, Anne-Marie Miquel und Edgar Lederer. (Biochim. biophysica Acta [Amsterdam] **70**, 217—18, 1963; Gif-sur-Yvette, Seine-et-Oise, Inst. de Chim. des Subst. Naturelles; engl.) — Ein Ae.–A.-Extrakt von *Mycobacterium fortuitum*, welches 2 Wochen in Sauton-Medium gezüchtet wurde, enthält eine in A. u. Ae. unlösl., in Chlf. u. Eisessig dagegen lösl. Fraktion. Diese ergibt nach Chromatographie auf $MgSiO_3$ u. SiO_2 ein anscheinend homogenes Peptidolipid, das *Fortuitin*, F. 199—200°, $[\alpha]_D$ —72° ($CHCl_3$). Als Struktur wird $CH_3(CH_2)_nCO$—Val—(Val_2, Thr_2, Ala_1, Pro_1)—OCH_3 (n = 14, 16, 18, 20) angegeben. K. Zingraf. 4315◇

1164 **Über das Vorkommen von Ornithin in Bakterienlipiden.** Marie-Antoinette Lanéelle, G. Lanéelle und J. Asselineau. (Biochim. biophysica Acta [Amsterdam] **70**, 99—101, 1963; Toulouse, Univ., Fac. des Sci., Labor. de Chim. Biol.; franz.) — Es wurde nachgewiesen, daß *Ornithin* in einem Mycobakterienstamm (Nr. 1217) nicht einen Bestandteil der *Phospholipide* (I) darstellt, sondern sich in Form einer Kombination mit Fettsäuren in einer N-reichen, P-freien Fraktion befindet, deren Abtrennung von I wegen ihrer Löslichkeits- u. Adsorptions-Eigg. sehr schwierig ist. K. Zingraf. 4315◇

1165 **Die Fettsäurebestandteile von Ölen in Sporen von Rostpilzen und anderen Fungi.** 2. Mitt. A. P. Tulloch und G. A. Ledingham. (Canad. J. Microbiol. **8**, 379—87, Juni 1962; Saskatoon, Saskatchewan, Prairie Reg. Labor., Nat. Res. Council of Canada; engl.) — 1. vgl. C. **1961**, 7988. — Die aus Sporen von 17 Rostpilzarten extrahierten *Öle* wurden durch Gas-Fl.-Chromatographie analysiert. Die Öle der Sporen von 6 Arten von *Puccinia* (P), 3 Arten von *Cronartium*, je einer Art von *Frommea, Hemileia, Phragmidium* u. *Uromyces* (U) enthielten *cis-9.10-Epoxyoctadecansäure*. Diese Säure aber fehlte in 2 Arten von *Gymnosporangium* (G), einer P-Art u. einer U-Art. Die P-Art umfaßte 8 Rassen von Weizenrost, die sehr ähnliche Fett-Zus. besaßen. Die unterschiedlichen Sporenformen von Weizen- u. Haferrostpilzen von beiden alternierenden Wirtspflanzen waren auch ganz ähnlich in ihrer Fettzusammensetzung. Die Öle der Sporen von den alternierenden Wirtspflanzen von einer der G-Arten waren ähnlich, aber bei der anderen Art bestanden deutliche Unterschiede. D. Pöhland. 4315◇

1166 **Nichtchlorophyllartige Pigmente von Chlorobium thiosulfatophilum. Chlorobiumchinon.** Benjamin Frydman und Henry Rapoport. (J. Amer. chem. Soc. **85**, 823—25, 1963; Berkeley, Calif.; Univ. of California, Dep. of Chem.; engl.) — Vff. isolieren aus *Chlorobium thiosulfatophilum* Stamm PM (getrocknete Zellen) *Chlorobiumchinon* (I), $C_{45}H_{62}O_2$, F. 50—51°. Chromatographie des Extraktes der nichtchlorophyllartigen Pigmente an Decalso ergibt bei Elution mit Isooctan *γ-Carotin*, bei Elution mit Isooctan–5% Ae. *Vitamin* $K_{2(35)}$, F. 54°. Weitere Elution mit Isooctan–5% Ae. ergibt eine geringe Ausbeute an I. Die Ausbeute kann verbessert werden, wenn die Extraktion der Zellen mit 70% Aceton–30% W., 0,03 m in Ferricyanid erfolgt. Für I finden Vff. folgende Struktur: *1-[2.6.10.14.18.22.26-Heptamethylheptakosaheptaen-(1.5.9.13.17.21.25)-yl]-2-methylnaphthochinon-(1.4)* durch IR- u. UV-Absorptionsspektrographie. W. Hiller. 4315◇

1167 **Einfluß von Bentonit und Attapulgit auf die Atmung von Bacillus subtilis.** N. Lahav und A. Keynan. (Canad. J. Microbiol. **8**, 565—72, Aug. 1962; Ness-Ziona, Israel, Israel Inst. for Biol. Res.; Rehovot, Israel, Hebrew Univ., Fac. of Agric.; engl.) — Der Einfl. von *Bentonit* (I) u. *Attapulgit* (II)-Teilchen, die kleiner waren als die Bakterienzelle, auf die Atmung von *Bacillus subtilis* wurde in der Warburg-App. unter Bedingungen untersucht, die eine Adsorption der Tonteilchen an die Bakterienzelle erlaubten. Hohe I-Konz. läßt die Atmung ansteigen, während Natrium-II keinen Einfluß hat. Die Deutung der Ergebnisse in bezug auf die Bedeutung der Bodenbeschaffenheit auf die physiolog. Aktivität von Bakterien wird diskutiert. D. Pöhland. 4320◇

1168 **Der Stoffwechsel der Hefesporulation.** 4. Mitt. **Cytologische und physiologische Änderungen in sporenbildenden Zellen.** R. D. Pontefract und J. J. Miller. (Canad. J. Microbiol. **8**, 573—84, Aug. 1962; Hamilton, Ontario, McMaster Univ., Hamilton College, Dep. of Biol.; engl.) — 3. vgl. C. **1960**, 8229. — Parallelunterss. der Atmungsaktivität, des Glykogen- u. Fett-Geh. u. des äußeren Erscheinungsbildes des Nucleus wurden an *Saccharomyces cerevisiae* während des Übergangs der Zellen aus dem vegetativen zum Sporulationsstadium durchgeführt. Mit *Acetat* als Kohlenstoffquelle im Sporulationsmedium stieg die Fähigkeit zur endogenen Atmung der Zellen anfangs an (nach ca. 10 Std.) u. nahm schließlich wieder ab. Die Fähigkeit zur *Glucose*-Veratmung blieb während der Sporen-Bldg. hoch, aber nahm etwas ab nach 42—43 Std.; zu dieser Zeit enthielten die Zellen Sporen. *Glykogen*- u. *Fett*-Menge nahmen während der frühen Stadien der Sporen-Bldg. zu, aber schienen während der Bldg. der Sporenwandung verringert zu werden. Bei der vegetativen u. der Red.-Teilung war das Kernmaterial in länglichen Strukturen organisiert, von denen einige Bezirke stärker gefärbt waren. Die klass. cytolog. Mitosekonfigurationen wurden nicht beobachtet. Mit *Dihydroxyaceton* als Kohlenstoffquelle war der Ablauf ähnlich, aber die erforderliche Zeit war doppelt so lang. D. Pöhland. 4320◇

1169 **Der Einbau von Isobuttersäure und Valeriansäure in das Zell-Plasmalogen durch Bacteroides succinogenes.** G. H. Wegner und E. M. Foster. (J. Bacteriol. **85**, 53—61, 1963; Madison, Wis., Univ. of Wis., Dep. of Bacteriol.; engl.) — Kultiviert man *Bacteroides succinogenes* S 85 in Ggw. von $^{14}C_{(1)}$-*Isobuttersäure* (I) u. $^{14}C_{(1)}$-*Valeriansäure* (II), dann findet man 98% der Radioaktivität von I u. 94% von II in der Lipoidfraktion der Zellen wieder. Es konnte gezeigt werden, daß 85—90% der Gesamtradioaktivität dann in den *Phospholipiden* (III) vorliegen. In III konnten Äthanolamin u. *Plasmalogen* nachgewiesen werden. Aus II werden bevorzugt die Fettsäuren n-C_{13} u. n-C_{15} aufgebaut, während aus I bevorzugt die Fettsäuren iso-C_{14} u. iso-C_{16} entstehen. Die Fettsäurealdehyde werden aus I u. II aufgebaut. Auf Grund der Verss. wird angenommen, daß die Fettsäuren des Plasmalogens durch laufende Addition von C_2-Körpern an I bzw. II aufgebaut werden. M. Lorenz. 4320◇

1170 **Einige Produkte des D-Xylose-Stoffwechsels von Pullularia pullulans.** Hans Kiessling, Bengt Lindberg und James McKay. (Acta chem. scand. **16**, 1858—62, 1962; Stockholm, Svenska Träforskningsinst., Papperstekniska och träkemiska avdelningarna; engl.) — Nach Züchtung von *P.* (*Dematium*) *pullulans* in Nährlsgg. mit D-Xylose als einziger C-Quelle wurden aus den zell- u. polysaccharidfreien Kultur-Lsgg. *D-Xylulose, Xylit* u. *D-Xylonsäure* isoliert u. papierchromatogr. kleine Mengen Glucose, Gluconsäure u. Ribonsäure nachgewiesen. K. Maier. 4320◇

1171 **Verwertung von Aminosäuren durch Rhizopus nigricans.** Peter K. Stocks und B. Q. Ward. (Canad. J. Microbiol. **8**, 761—67, 1962; Hattiesburg, Miss., Univ. of Southern Mississippi, Mississippi Inst. of Microbiol.; engl.) — Wachstums- u. Sporulationscyclus von *Rhizopus nigricans* wurden verglichen, wobei 23 Aminosäuren u. 2 anorgan. Verbb. als Stickstoffquellen verwendet wurden. Alle Monoaminomonocarbonsäuren unterstützten das Wachstum, wenn sie einzeln angeboten wurden. Das Mycelwachstum war am günstigsten auf *Arginin* (I), *Glycin*, *Ornithin* oder *Alanin*. Kein Wachstum wurde auf *Lysin* (II), *Cystin* (III), *Tyrosin* (IV), *Dihydroxyphenylalanin* (V), *Histidin* oder *Tryptophan* beobachtet. Wenn die Aminosäuren im Gemisch angeboten wurden, trat die rascheste Keimung in Abwesenheit von Valin oder *Asparaginsäure* (VI) ein. Das größte Anfangswachstum wurde beobachtet, wenn I, II, VI oder Leucin weggelassen wurden. Das üppigste Wachstum nach einer Periode von 15 Std. wurde in Abwesenheit von III, Serin oder VI beobachtet. Die früheste Sporen-Bldg. fand statt, wenn VI, IV, *Threonin* oder V weggelassen wurden. Die Organismen riefen eine saure Rk. im Medium hervor, die das Wachstum beträchtlich verzögerte. D. Pöhland. 4320◇

1172 **Die Beziehungen zwischen Tryptophan und Niacin bei Xanthomonas pruni.** R. G. Wilson und L. M. Henderson. (J. Bacteriol. **85**, 221—29, 1963; Stillwater, Okla., Oklahoma State Univ., Agricultural Experiment Station, Dep. of Biochem.; engl.) — In Abwesenheit von *Nicotinsäure* (I), *3-Hydroxyanthranilsäure* (II) bzw. *DL-Tryptophan* (III) beobachtet man nur ein schwaches Wachstum von *Xanthomonas pruni*. In Ggw. von III verlaufen Wachstum u. III-Aufnahme parallel, während in Ggw. von II bzw. I bei Eintritt in die stationäre Phase des Wachstums die Aufnahme von II bzw. I beendet ist u. beide Verbb. wieder in der Nährlsg. gefunden werden. III wird von den Bakterien in der Zelle in III u. I eingebaut, I entsteht bei X. pruni aus III. Aus II u. *Chinolinsäure* (IV) bilden die Bakterien ebenfalls I. In Ggw. von IV findet man in den Zellen IV, IV vermag im Gegensatz zu II u. III das zum Wachstum unbedingt erforderliche I nur unvollkommen zu ersetzen, obwohl es an der I-Synth. aus III beteiligt ist. M. Lorenz. 4320◇

1173 **Biosynthese von Protein-Vitamin-Konzentraten aus Erdöl.** A. Champagnat, C. Vernet, B. Laine und

J. Filosa. (Nature [London] **197,** 13—14, 1963; Paris, Soc. Franç. des Pétroles BP; engl.) — Bestimmte Mikroorganismen sind imstande, aus *Erdöl* (I) Konzentrate von *Proteinen* (II), die den tier. II analog sind u. einen hohen *Vitamin*-Geh. besitzen, zu synthetisieren. Die als Substrat benutzten I-Fraktionen werden bei dieser Synth. stark entwachst. Durch Bindung von atmosphär. O durch die KW-Stoffe kann eine 100% ig. Ausbeute erreicht werden.
K. Zingraf. 4320◇

1174 **Bildung von Folsäure-verwandten Verbindungen durch Bacillus subtilis.** W. A. Zygmunt, E. E. Haley, Herbert P. Sarett, H. E. Conrad, P. A. Tavormina und Homer E. Stavely. (Canad. J. Microbiol. **8,** 429—35, Aug. 1962; Evansville, Ind., Mead Johnson u. Comp., Mead Johnson Res. Center; engl.) — *Bacillus subtilis* bildet eine Reihe von Verbb., die mit akt. *Pteroylglutaminsäure* verwandt sind. Sie sind wahrscheinlich den Verbb. ähnlich, die von *Lactobacillus plantarum* gebildet werden, entstehen aber in größerer Menge. Papierchromatographie der Kultur-Lsg. oder von Konzentraten, die durch Ionenaustausch u. Aktivkohlebehandlung der Kultur-Lsg. gewonnen wurden, ergab die Anwesenheit von 6 Faktoren, die auf *Lactobacillus casei* (L.c.), *Streptococcus faecalis* (S.f.) oder *Pediococcus cerevisiae* einwirkten. Trennung der 6 akt. Komponenten durch Standardisolationstechniken erlaubte die Identifizierung von 4 bekannten Folsäure-verwandten Verbb. u. 2 Stoffen, über die vorher nicht berichtet worden war u. die daher als neu gelten können. Die 4 bekannten Verbb. sind *Pteroinsäure* (I), *Folsäure* (II), *Folinsäure* u. *N^{10}-Formylfolsäure.* I u. II entstanden als Abbauprodukte. Die beiden neuen Verbb. waren instabil. Eine von ihnen hatte einen R_F-Wert von 0,35 in 5% ig. wss. Na_2HPO_4-Lsg. u. wirkte auf L.c. u. S.f.; der Abbau dieses Stoffes ergab II.
D. Pöhland. 4320◇

1175 **Die Biosynthese von Carotinoiden in Purpurbakterien: eine auf der Feststellung der chemischen Struktur basierende Neuauswertung.** Synnøve Liaaen Jensen, Germaine Cohen-Bazire und R. Y. Stanier. (Nature [London] **192,** 1168—72, 23/12. 1961; Trondheim, TU of Norway, Inst. of Organ. Chem.; Berkeley, Calif., Univ. of California, Dep. of Bacteriol.; engl.) — Die Konstit. der von Purpurbakterien produzierten *Carotinoide* wird besprochen u. unter Berücksichtigung bekannter biochem. Rkk. ein biogenet. Schema vorgeschlagen. Danach entsteht durch stufenweise Dehydrierung aus *Phytoen* über *Phytofluen* u. *ζ-Carotin* das *Neurosporen,* das einerseits zu *Lycopin* (I) dehydriert, andererseits zu *Chloroxanthin* (II) hydratisiert wird. Von I ausgehend führt der Weg über *Rhodopin, 3.4-Dehydrorhodopin, Anhydrorhodovibrin, Rhodovibrin* u. *OH-Spirilloxanthin* zum *Spirilloxanthin* (vgl. C. **1962,** 11973), während aus II die Carotinoide OH-Y, OH-R, Y u. *Spheroidenon* entstehen.
F. Heller. 4320□

1176 **Ernährung und Stoffwechselprodukte von Lactarius-Arten.** L. G. Jayko, T. I. Baker, R. D. Stubblefield und R. F. Anderson. (Canad. J. Microbiol. **8,** 361—71, Juni 1962; Peoria, Ill., U. S. Dep. of Agric., Agric. Res. Serv., Ferment. Labor. of Northern Utilization Res. and Develop. Div.; engl.) — Nährstoffbedarf u. Fermentations-Prodd. einiger *Lactarius*-Arten wurden untersucht. Gewisse physikal. u. chem. Faktoren, die das Wachstum in Unterwasserkulturen beeinflussen, wurden aufgeklärt. Als Fermentations-Prodd. wurden *β-Carotin, Ergosterin* u. *7-Dehydroxycholesterin* identifiziert.
D. Pöhland. 4320◇

1177 **Optimale Oxydations-Reduktions-Potentiale und endogene Cofaktoren bei der bakteriellen Photophosphorylierung.** T. Horio und M. D. Kamen. (Biochemistry [Washington] **1,** 144—53, 1962; Waltham, Mass., Brandeis Univ., Grad. Dep. of Biochem.; engl.) — *Rhodospirillum rubrum* wird 4—5 Tage bei 30° bei Belichtung kultiviert u. anschließend die Kultur abzentrifugiert. Die Zellen werden mit Trispuffer, pH 8,0, gewaschen u. als Suspension im gleichen Puffer bei 0° 90 Sek. durch Ultraschall aufgebrochen. Das Homogenat wird bei 10000·*g* zentrifugiert u. der Überstand, der die Chromatophore (Cr.) enthält, zweimal bei 64000·*g* 1 Std. zentrifugiert. Dieser Überstand wird jetzt 1 Std. bei 103000·*g* zentrifugiert. Der nunmehr verbleibende Überstand wird als Cr.-Waschwasser bezeichnet, während sich im Sediment die gewaschenen Cr. befinden. Im Cr.-Waschwasser lassen sich eine große Menge *Cytochrom* c_2 sowie wenig *Hämprotein* nachweisen. Frisch hergestelltes Cr.-Waschwasser weist eine starke Red.-Kapazität auf u. red. z. B. 2.6-Dichlorphenolindophenol. Die Kapazität ist etwa mit der von 10^{-3} bis 10^{-2} m *Ascorbinsäure* (I)-Lsg. zu vergleichen. Nach dem Lagern unter aeroben Bedingungen verliert das Cr.-Waschwasser die Red.-Kraft, ebenfalls nach Dialyse, Kochen, Evakuieren oder Einfrieren bei nachfolgendem Auftauen. Die reduzierenden Verbb. in den Cr.-Waschwässern sind demnach entweder extrem labil oder flüchtig. Die Photophosphorylierung durch Cr. geht durch intensives Waschen verloren. Zusatz der Cr.-Waschwässer stellt die ursprüngliche Aktivität wieder her. Die Kombination von gewaschenen Cr. mit Cr.-Waschwasser ist sogar zuweilen aktiver als ungewaschene Cr. allein. Eine maximale Erhöhung der Photophosphorylierung wird nach Zusatz eines Vol. Cr.-Waschwasser beobachtet, das $2{,}2 \cdot 10^{-3}$ m I äquivalent ist. Statt Cr.-Waschwasser beschleunigt maximal auch $4{,}7 \cdot 10^{-2}$ m I allein. Unter anaeroben Bedingungen sinkt die notwendige I-Konz. für maximale Phosphorylierung auf $1{,}3 \cdot 10^{-2}$ m. Werden die Cr.-Waschwässer 2 Min. auf 90—95° erwärmt, so fällt ein Nd. aus, der abzentrifugiert wird. Der Überstand ist immer noch akt. u. beschleunigt die Photophosphorylierung gewaschener Cr. ebenso wie nichterhitztes Cr.-Waschwasser. Dieser hitzestabile Faktor ist nicht identifiziert worden. Ähnlich wie I wirkt *Phenazinmethosulfat* als Beschleuniger der Photophosphorylierung. Jedoch nehmen Vff. an, daß diese Verbb. nicht nur das intrachromatophore elektrochem. Potential im Gleichgewicht hält. In Ggw. von $2{,}2 \cdot 10^{-3}$ m I beschleunigt 10^{-4} m *Riboflavin* die Reaktion. *Flavinmononucleotid* wirkt nur schwach u. *Flavinadenindinucleotid* ist unwirksam. *Atebrin* hemmt die Photophosphorylierung.
L. Träger. 4320◇

1178 **Polynoxylin.** David Haler. (Nature [London] **198,** 400—01, 1963; London, Upper Wimpole Street; engl.) — Gegenüber *Plynoxylin* (I), einem Kondens.-Prod. aus *Formaldehyd* (II) u. *Harnstoff* (mit wahrscheinlich folgender Formel:

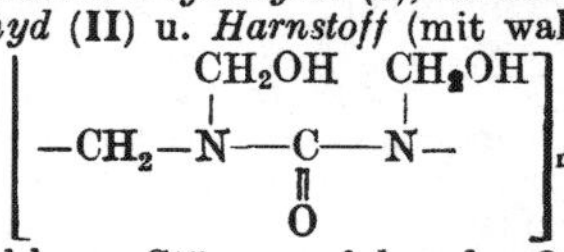

), erwiesen sich eine große Anzahl von Stämmen folgender Organismen ohne Anzeichen von Resistenz empfindlich: *Staphylococcus aureus, Strep. pyogenes, E. coli, P. vulgaris, Ps. aeruginosa, C. albicans, E. floccosum, Trychophyton spec.* Die I-Wrkg. scheint nicht auf einer mikrobiellen Abspaltung von II aus I zu beruhen.
M. Lorenz. 4330◇

1179 **Antimikrobielle Aktivität eines Monoalkylbenzolsulfonatkomplexes.** W. A. Taber und B. B. Wiley. (Canad. J. Microbiol. **8,** 621—28, 1962; Saskatoon, Saskatchewan, Prairie Regional Labor., Nat. Res. Council of Canada; engl.) — Die antimikrobiellen Aktivitäten eines verzweigten *Monoalkylbenzolsulfonatkomplexes* (I), der akt. Komponente eines handelsüblichen Haushaltdetergents sowie des Detergens (*VEL*; Colgate-Palmolive Limited) wurden untersucht. Kulturen von Dermatophyten (*Candida albicans*), soprophyt. Phycomyceten, Ascomyceten, *Fungi imperfecti,* grampositiven u. gramnegativen Bakterien wurden untersucht. Nur die Fusariumarten u. die gramnegativen Bakterien wurden nicht gehemmt bei einer Konz. von 0,1 ml des Detergens/50 ml Medium. Mikrogramm-Mengen von I hemmten die grampositiven Bakterien u. die Fungi außer den Fusariumarten. I war letal in Mikrogramm-Mengen, die Wrkg. konnte innerhalb von 30 Min. festgestellt werden. Die Hemmung der exogenen Atmung von Candida albicans (C.a.) begann nach dem Kontakt u. war nach 50 Min. vollständig. Ein lineares u. biolog. abbaubares I war aktiver gegenüber C.a. als die verzweigte Form.
D. Pöhland. 4330◇

1180 **Thiazolidone und Metathiazanone. Beziehungen zwischen der chemischen Struktur, der Reaktionsfähigkeit und der bakteriologischen Wirkung der Syntheseprodukte.** G. Fenech. (Farmaco [Pavia], Ediz. Sci. **17,** 556—70, 1962; Messina, Univ., Ist. di Chim. Farm. e Tossicol.; ital.) — Übersicht. — 22 Literaturangaben.
K. Zingraf. 4330◇

1181 **Wirkungen von Uracil und Thymidin auf die Entwicklung der Resistenz gegenüber 5-Fluoruracil bei Pediococcus cerevisiae.** P. J. White und C. A. Nichol. (J. Bacteriol. **85,** 97—105, 1963; Buffalo, N.Y., Roswell Park Memorial Inst., Dep. of Exp. Therapeutics; engl.) — Das Wachstum von *Pediococcus cerevisiae* ATCC 8081 wird durch *5-Fluoruracil* (I) u. *5-Fluor-2'-desoxyuridin* (II) gehemmt. Zugabe von *Uracil* (**IV**) zum Medium hebt die Hemmung von **I** in geringem Maße, nicht aber die von **II** auf. Durch Zugabe von *Thymidin* (**III**) wird die zur Hemmung erforderliche **II**-Konz. auf das ca. 400fache erhöht. **III** hat jedoch kaum Einfl. auf die Hemmwrkg. von **I**. Sind **III** u. **IV** im Medium vorhanden, so erfolgt Wachstum bei hohen Konzz. an **I** u. **II** (10^{-4} m). Die Wrkg. von **III** u. **IV** wird nicht erreicht durch *Orotsäure, Orotidylsäure, Uridin, Uridylsäure, Desoxyuridylsäure, Thymin, Cytosin* u. *Cytidin*. Nur *Desoxyuridin* zeigt stärkere Wrkg. bei der Aufhebung der **I**-Hemmung im Vgl. zu **IV**. Als bin. Kombination ist noch Uridin + **III** ebenso wirksam wie **III** + **IV**. Die stärkste Wrkg. in der Aufhebung der **I**- u. **II**-Hemmung zeigt die Kombination Uridin + **III** + **IV**. Gegen **I** resistente Mutanten (400—20000fach resistent) entwickelten sich bei folgenden Zusätzen zum Grundmedium: *Leukovorin* (**V**) + **IV**, **V** + **III**, **III**, **V**. Eine gegen **II** 100000fach resistente Mutante entwickelte sich bei Passage mit steigenden **II**-Konzz. u. bei Zusatz von **IV** + **V**. Die gewaschenen Suspensionen aller Stämme hydrolysieren **II** zu **I**. Die gegen **I** bzw. **II** resistenten Stämme zeigen geringere Aufnahme an ^{14}C-**I** bzw. ^{14}C-**II**. W. Hiller. 4330◇

1182 **Wirkungen vorausgehender Änderung im Nucleinsäure- und Protein-Stoffwechsel auf anschließende makromolekulare Synthese durch bestrahlte Bakterien.** Daniel Billen. (J. Bacteriol. **80**, 86—95, Juli 1960; Houston, Tex., Univ. of Texa, M. D. Anderson Hosp. and Tumor Inst., Dep. of Biol., Sect. of Microbiol.; engl.) — Wenn Stämme von *Escherichia coli* in der logarithm. Phase X-Strahlen (10000 r) ausgesetzt wurden, war die Synth. von *Nucleinsäuren* (**I**) u. *Protein* (**II**) teilweise gehemmt. *Chloramphenicol* (**III**)-Behandlung veränderte die Strahlenempfindlichkeit des makromol. synthetisierenden Syst. der Zellen: Die durch **III** induzierte Verzögerung in der **I**-Synth. war nach Bestrahlung (10000 r) nicht umkehrbar, die **II**-Synth. beträchtlich reduziert. Das Wachstum eines polyauxotrophen Stammes von E. coli in Abwesenheit von essentiellen Aminosäuren vor der X-Strahlen-Behandlung steigerte die Hemmwrkg. der Bestrahlung auf die makromol. Synth. dieser Zellen im Vgl. zu Zellen, die in der logarithm. Phase vor der Bestrahlung nicht gehungert hatten. Durch Wachstum von E. coli in Ggw. des Aminosäureanalogen *p-Fluorphenylalanin* wurde die Wrkg. von X-Strahlen-Exposition auf die **I**-Synth. nicht verändert. W. Knöbel. 4330□

1183 **Eine Bemerkung über die Aktivität von sechs Penicillinen gegen Escherichia coli.** A. D. Russell. (J. Pharmacy Pharmacol. **14**, 390—92, 1962; Cardiff, Welsh Coll. of Advanced Technol., Welsh School of Pharm.; engl.) — Vf. testet 6 *Penicilline* an *Escherichia coli*. In bezug auf wachstumshemmende Wrkg. bestand folgende Reihenfolge: *Benzylpenicillin* u. *Phenbenicillin, Phenoxymethylpenicillin, Phenethicillin, Propicillin, Methicillin*. Die Konzz. schwanken hier zwischen 0,25 u. 4,0 μMol/ml. Bei der Induktion von Sphäroplasten existiert folgende Reihenfolge: Benzylpenicillin, Phenoxymethylpenicillin, Pheneticillin u. Phenbenicillin, Propicillin, Methicillin. Die hierzu erforderlichen Konzz. schwanken von 0,1—4,0 μMol/ml. W. Hiller. 4340◇

1184 **Die Biosynthese von 7-Chlor-6-desmethyltetracyclin in Gegenwart von Aminopterin und Äthionin.** S. L. Neidleman, E. Bienstock und R. E. Bennett. (Biochim. biophysica Acta [Amsterdam] **71**, 199—201, 1963; New Brunswick, N.J., Squibb Inst. for Med. Res.; engl.) — *Streptomyces aureofaciens* (ATCC 13900) bildet in Ggw. von *Aminopterin* (**I**), *L-Methionin* (**X**) u. *α-Methyl-DL-methionin* (**IX**) kein *7-Chlor-6-desmethyltetracyclin* (**II**). Beim Wachstum auf **I** wird die **II**-Bldg. durch *DL-Homocystein* (**III**), *Cyanocobalamin* (**VI**), *p-Aminobenzoesäure* oder *Folsäure* nicht beeinflußt. Auf die Bldg. von *Tetracyclin* (**IV**) beim Wachstum auf **I** wirkte nur **III** hemmend, während die Bldg. von *7-Chlortetracyclin* (**V**) durch die untersuchten Verbb. nicht beeinflußt wird. Beim Wachstum auf *D-Äthionin* werden **II**, **IV** u. **V** gebildet, *DL-Äthionin* (**VII**) verhindert die Bldg. von **II**, selbst wenn **III** oder **VI** zugegen sind, nur in Ggw. von $Co(NO_3)_2$ findet **II**-Bldg. statt. **VII** verhindert die **V**-Bldg. in Ggw. von **III**, **VI** u. $Co(NO_3)_2$ nicht, während die **IV**-Bldg. dann nur in Ggw. von **VI** u. $Co(NO_3)_2$ möglich ist. Beim Wachstum auf *L-Äthionin* (**VIII**) wird in Ggw. von **IX** keines der Tetracycline gebildet, **II** wird dann nur bei gleichzeitiger Anwesenheit von **X** oder *DL-Methoxinin* (**XII**) gebildet, nicht aber, wenn außer **VIII** noch **IX**, *DL-Methioninsulfoxid* (**XI**), *Glycin*, *DL-Serin* oder *DL-Threonin* zugegen sind. Eine **IV**-Bldg. findet beim Wachstum auf **VIII** nur statt, wenn gleichzeitig **XI** oder **XII** zugegen sind. Der mögliche Mechanismus der Methylierung von **V** durch **I** u. die Wirkungsweise der Äthionine werden erörtert. M. Lorenz. 4340◇

1185 **Chemie der Cephalosporin-Antibiotica.** 2. Mitt. **Darstellung einer neuen Klasse von Antibioticis und das Verhältnis zwischen Struktur und Aktivität.** Robert R. Chauvette, Edwin H. Flynn, Bill G. Jackson, E. R. Lavagnino, Robert B. Morin, Richard A. Mueller, Richard P. Pioch, R. W. Roeske, C. W. Ryan, John L. Spencer und Earle van Heyningen. (J. Amer. chem. Soc. **84**, 3401—02, 1962; Indianapolis, Ind., Eli Lilly & Co., Res. Labor.; engl.) — Mit Säurechloriden, -anhydriden oder mit Dicyclohexylcarbodiimid wird *7-Aminocephalosporansäure* (**I**) zu oral anwendbaren *Cephalosporinen* von niedriger Toxizität umgesetzt. Die noch vorhandene Acetomethoxygruppe wird mit Acetylesterase aus Apfelsinenschalen desacetyliert. Die Hydroxymethylgruppe wird mit der Säuregruppe durch Essigsäureanhydrid zum *Lacton* cyclisiert. Die minimalen Hemmkonzz. der *Phenyl-, Phenoxy-, Furyl-(2')-, Thiophen-(3')-, Thiophen-(2')-acetyl-Derivv.* von **I** gegen gramnegative Organismen waren bis 20mal niedriger als bei *Cephalosporin C* u. *Penicillin G* (**II**). Sie lagen für **II**-empfindliche Staphylokokken bei 0,02—0,04 μg u. für **II**-resistente bei 0,2—0,6 μg. K.-W. Glombitza. 4340◇

1186 **Untersuchung der Antimikrobeneigenschaften von Cansatin 4 aus Hanf.** Ss. I. Selepucha, A. Ss. Rabinowitsch, P. Ja. Potschinok, A. K. Negrasch und W. A. Kudrjawzew. (Mikrobiol. J. [UdSSR] **25**, Nr. 2, 42—46, 1963; Mikrobiolog. Inst. der Akad. der Wiss. der UkrainSSR; ukrain., Auszug: engl.) — Aus Cannabis sativa wird durch hydrolyt. Spaltung der Cannabidiol-Verbb. durch 2—3std. Behandlung des lufttrocknen Materials mit Wasserdampf u. nachfolgende Extraktion mit A. u. Reinigung an Aktivkohle *Cansatin 4* (**I**) erhalten. **I** wirkt auf grampositive Bakterien u. einige Pilze bakteriostat. u. bactericid. Der baktericide Titer gegenüber Staphylococcus aureus beträgt 1 : 50000, der bakteriostat. Titer 1 : 1000000. In Ggw. von Blutserum wird die **I**-Aktivität vermindert. Durch 20 Monate lange Aufbewahrung bei Zimmer-Temp. wird die Antimikrobenaktivität des **I** nicht herabgesetzt. Im Mäuse-Vers. führt die **I**-Behandlung bei durch Staphylococcus aureus verursachten lokalen Infektionen unter bestimmten Bedingungen zu einem Erfolg. Im Kaninchen-Vers. ist **I** bei der Behandlung von nichtinfektiösen Wunden nicht wirksam. O. Lebtag. 4340△

1187 **Ein einfacher Test mit einer hitzestabilen Esterase zur Klassifizierung der Mycobakterien.** Yasuko Nakayama und Kenji Takeya. (Nature [London] **198**, 1113—14, 1963; Fukuoka, Japan, Kyushu Univ., School of Med., Dep. of Bacteriol.; engl.) — Von mehreren getesteten Mycobakterien der verschiedensten Herkunft konnte nur in *Mycobacterium kansasii* eine *Esterase* nachgewiesen werden, deren Aktivität noch nach 10minütigem Erhitzen auf 121° erhalten blieb. Diese Tatsache scheint zur Klassifizierung u. Differenzierung der verschiedensten Mycobakterien geeignet zu sein. M. Lorenz. 4350◇

1188 **Nährlösungen zur Unterscheidung der menschlichen und bovinen Tuberkelbacillen von anderen Mycobakterien. Vergleichende Untersuchungen an einem monophasischen und diphasischen Differenzierungswachstumsmedium.** Maurice S. Tarshis. (J. Lab. clin. Med. **61**, 308—16, 1963; Alexandria, La., Veterans Admin. Hosp., Med. Res. Labor.; engl.) — Mit Hilfe zweier definierter Kultur-Lsgg. kann man auf Grund des unterschiedlichen Wachstums menschliche u. bovine Tuberkelbacillen von anderen Mycobakterien unterscheiden. M. Lorenz. 4350◇

1189 **Die Bindung von Tetanustoxin durch Gangliosid.** W. E. van Heyningen. (Biochem. Pharmacol. **12**, 437, 1963; Oxford, Univ., Sir William Dunn School of Pathol.; engl.) — Kurze Übersicht. — 10 Literaturangaben. K. Zingraf. 4370◇

1190 **Herstellung und Eigenschaften eines Aluminiumcitrat-Endotoxin-Komplexes aus Salmonella enteritidis.** W. T. Haskins, E. Ribi, M. Landy, R. L. Anacker und K. C. Milner. (Proc. Soc. exp. Biol. Med. **112**, 113—19, 1963; Hamilton, Mont., Nat. Inst. of Health, Nat. Inst. of Allergy and Infect. Diseases, Rocky Mountain Labor.; engl.) — Behandlung konventioneller wss. Ae.-Extrakte von *Sal-*

monella enteritidis-Endotoxinen mit wss. Phenol (I) ergibt nach hochtouriger Zentrifugierung (1600·*g* für 10 Min.) ein Material mit hoher biolog. Potenz u. N-Geh. von 0,4—0,5% sowie Fettsäure-Geh. von 3—4%; durch Rk. mit Li-Al-Hydrid u. Citronensäure-Lsg. kommt es zur Bldg. eines *Al-Citrat-Endotoxin-Komplexes* (noch 1—2% veresterte Fettsäuren) mit hoher biolog. Potenz u. rascher Löslichkeit in W.; auch nicht mit I behandelte Endotoxine, die mit wss. Ae. u. Trichloressigsäure extrahiert werden, bilden unter gleichen Bedingungen Al-Citrat-Komplexe, welche ebenfalls biolog. sehr akt., jedoch schwieriger lösl. sind. Von Säurehydrolysaten der Komplexe isolierte *Lipidfraktionen* sind biolog. inaktiv. U. Tausendfreund. 4370◇

1191 **Durch RNS-Phagen hervorgerufene Induktion eines Enzyms, das die Inkorporierung von Ribonucleotiden in Ribonucleinsäure katalysiert.** Charles Weissmann, Lionel Simon und Severo Ochoa. (Proc. nat. Acad. Sci. USA **49**, 407—14, 1963; New York Univ., School of Med., Dep. of Biochem.; engl.) — Bei der Infektion von *Escherichia coli* durch einen *Ribonucleinsäure* (*RNS*)-Bakteriophagen wurde ein Enzym induziert, das die Inkorporierung der *Nucleotide* aus *Ribonucleosid-5'-triphosphaten* in RNS katalysiert. Das Enzym wurde ca. 50fach gereinigt, es scheint an Partikel gebunden zu sein, es war frei von der Desoxyribonucleinsäure (DNS)-abhängigen RNS-Polymerase, enthielt aber Polynucleotidphosphorylase. Optimale Aktivität wurde bei Vorliegen der 4 Ribonucleosid-5'-triphosphate (Adenosin-, Guanosin-, Uridin- u. Cytidintriphosphat) erzielt. Eine RNS-Abhängigkeit wurde nicht festgestellt, das Enzym war aber nicht frei von RNS. Es wird der Name Synthetase vorgeschlagen, das Enzym scheint bei der Virus-RNS-Vermehrung eine Rolle zu spielen. M. Wiedemann. 4374◇

1192 **Proteolyseschutz durch Anhäufung des aus Tabakmosaikvirus erhaltenen Proteins.** A. Kleczkowski und A. van Kammen. (Biochim. biophysica Acta [Amsterdam] **53**, 181—85, 14/10. 1961; Harpenden, Hertfordshire, England, Rothamsted Exp. Stat.; Wageningen, Niederlande, Labor. of Virol.; engl.) — Desaggregiertes, aus Tabakmosaikvirus isoliertes *A-Protein* kann durch Chymotrypsin u. Papain hydrolysiert werden; ist es aber in großen, stäbchenförmigen Partikeln angehäuft, dann widersteht es dem Enzymangriff. Hieraus folgt, daß nur Proteinuntereinheiten proteolysefähig sind. L. Macher. 4374□

1193 **Die Proteine von Mutanten des Tabakmosaikvirus: Klassifizierung spontaner und chemisch hervorgerufener Stämme.** Akira Tsugita. (J. molecular. Biol. **5**, 293—300, 1962; engl.) — Vgl. auch vorst. Referat. — Die Aminosäure-Zus. der *Proteine* natürlicher Tabakmosaikvirus (TMV)-Arten u. 6 chem. induzierter Mutanten wird angegeben. Danach lassen sich die Stämme in 4 Gruppen unterteilen, in denen pro 158 Aminosäureresten im TMV-Protein 0, 1, 2 oder 3 Reste *Methionin* (I) vorkommen. Zur Gruppe ohne I gehört der natürliche TMV-Stamm u. verschiedene 1-Stufen-Mutanten. In dieser Gruppe fehlt außerdem durchweg *Histidin*. Die Gruppe mit einem I-Rest enthält C-endständiges *Serin*. Hierzu gehören der gelbe Tomatenvirus u. der diesem Stamm ähnliche Virus Dahlemense sowie eine durch N-Bromsuccinimid chem. induzierte Mutante. In der 3. Gruppe mit 2 I-Resten befinden sich 5 chem. gebildete Mutanten u. der grüne Tomatenvirus. Ihnen fehlt die typ. N-endständige Sequenz *Acetyl-Seryl-Tyrosin*. Zur 4. Gruppe mit 3 I-Resten gehören keine chem. gebildeten Mutanten. Die Austauschhäufigkeiten der Aminosäuren in den Proteinen der Mutanten werden gruppenweise verglichen. Die Veränderungen verteilen sich statist. auf die gesamte Proteinkette; allerdings sind sie im Mittelbezirk des Proteins etwas seltener als an den Kettenenden. L. Träger. 4374◇

1194 **Die Proteine von Mutanten des Tabakmosaikvirus: Zusammensetzung und Struktur von chemisch hervorgerufenen Mutanten von Tabakmosaikvirus-Ribonucleinsäure.** Akira Tsugita. (J. molecular. Biol. **5**, 284—92, 1962; Berkeley, Calif., Univ. of California, Virus Labor.; engl.) — Im Tabakmosaikvirus (TMV) trägt die *Ribonucleinsäure* (*RNS*) die genet. Information für die Protein-Synth. im infizierten Wirt. Wird TMV mit den Mutagenen HNO_2, N-Bromsuccinimid, Dimethylsulfat oder Propylenoxid behandelt, so erhält man TMV-Mutanten, aus denen jeweils das Hüllprotein isoliert u. analysiert wird. Von 55 chem. induzierten Mutanten haben 30 die gleiche Aminosäuren-Zus. wie normale TMV. In 19 Mutanten wird gefunden, daß jeweils 1—3 Aminosäuren verändert sind, darunter 7mal Prolin durch Leucin u. 4mal Serin durch Phenylalanin ersetzt. Der durch HNO_2 auf die TMV-RNS gesetzte Schaden wird hauptsächlich als Desaminierung von *Cytosin* zu *Uracil* interpretiert. Leider ähneln sich die durch HNO_2 oder durch die methylierenden oder bromierenden Mutagene gebildeten Mutanten in ihrer Protein-Zus., so daß kein klarer Zusammenhang zwischen Aminosäureneinbau u. steuerndem Nucleotidtriplett der RNS gefunden wird. L. Träger. 4374◇

1195 **Die Bereitung und einige Eigenschaften von aus dem Mosaikvirus wilder Gurken erhaltenen Protein-Untereinheiten.** Hiroshi Yamazaki und Paul Kaesberg. (Biochim. biophysica Acta [Amsterdam] **53**, 173—80, 14/10. 1961; Madison, Wis., Univ. of Wisconsin, Dep. of Biochem.; engl.) — Der Mosaikvirus wilder Gurken u. zwei virusähnliche Partikel können durch hohes pH von 10 bzw. durch niedriges von z. B. 2,5 merklich abgebaut werden. Die *Protein*-Untereinheiten des Virus können aus den Abbau-Prodd. durch Präcipitation bei pH 5,5 isoliert werden. Durch ultrazentrifugen-Analyse ließ sich die Polydispersität dieser Proteinzubereitung erweisen, die durch reaktionsfähige Gruppen (H_2, Disulfid-Verbb.) verursacht war. Das minimale Molgew. des Proteins wurde zu ca. 21500 berechnet. L. Macher. 4374□

1196 **Die Wirkung von Inhibitoren auf den Stoffwechsel der Zelle in Gewebekulturen und die Synthese des Klauen-Maul-Seuche-Virus.** D. N. Planterose. (Biochim. biophysica Acta [Amsterdam] **53**, 186—94, 14/10. 1961; Pirbright, Surrey, England, Res. Inst. of Animal Diseases; engl.) — Die O_2-Aufnahme, CO_2-Abgabe u. die Glykolyse von Schweinenierenzellen wurden in Ggw. von *Arseniten, Fluoriden, Cyaniden, 2.4-Dinitrophenol* über die Addition von Glucose, Succinat u. Glutamat gemessen. Die Zellen besaßen den konventionellen glykolyt. u. oxydativen Stoffwechsel, den Krebs-Cyclus. 2—9 Tage alte Gewebekulturen zeigten progressive Abnahme in der O_2-Aufnahme bei ansteigender glykolyt. Aktivität. Man fand, daß die Energie für einen einfachen Vermehrungscyclus des Virus der Klauen-Maul-Seuche durch die Oxydation der Glucose oder eines endogenen Fettes wettgemacht werden kann. Dies konnte vollends ersetzt werden durch eine Glykolyse in Ggw. eines Inhibitors der Endoxydation. Die Hemmung der Virusvermehrung durch Arsenite, Fluoride war nicht direkt an den Krebs-Cyclus gebunden, auch nicht an eine Glykolyse. Die Virus-Synth. wurde durch *p-Fluorphenylalanin* gehemmt, nicht aber durch Äthionin, 2.6-Diaminopurin, Azaguanin, Thiouracil u. Azathymin. L. Macher. 4374□

1197 **Neue Antivirusverbindungen mit erheblicher in vivo-Aktivität.** 1. Mitt. **Biphenylderivate.** G. Cavallini, E. Massarani, D. Nardi, F. Magrassi, P. Altucci, G. Lorenzutti und U. Sapio. (J. med. pharmac. Chem. **1**, 601—08, Dez. 1959; Casatenovo Brianza, Como, Med. Chem. Res. Labor.; Naples, Univ., Inst. of Special Med. Pathol. and Clin. Methodol.; engl.) — Die Unters. der Antivirusaktivität von *Biphenylketoaldehyd-Derivv.* bei Mäusen ergab erhebliche Wirksamkeit von *4-Biphenylglyoxalmono-Na-bisulfit*, *p-[α-Äthoxy-p-phenylphenacylamido]-benzoesäure* u. *4-Biphenylglyoxalisonicotinylhydrazon* gegenüber Influenzavirus A-PR 8. *4.4'-Bis-biphenylglyoxaldihydrat* u. *4'-Methoxy-3'-chlor-4-biphenylglyoxalhydrat* waren gegenüber Hepatitisvirus MHV_3 wirksam.

Versuche: *4'-Methoxy-4-biphenylglyoxalhydrat*, $C_{15}H_{14}O_4$, F. 138—139°, aus 4'-Methoxy-4-biphenylmethylketon u. SeO_2 in sd. Dioxan (5 Std.); 78% (Ausbeute). *Chinoxalin-Deriv.*, $C_{21}H_{16}N_2O$, F. 169—171° (wss. A.), aus vorst. Verb. durch Erhitzen mit o-Phenylendiamin in Alkohol. — *3'-Chlor-4'-methoxy-4-biphenylglyoxalhydrat*, $C_{15}H_{13}ClO_4$, F. 141—142°, Zers. 220° (Äthylacetat-Bzl.), aus 3'-Chlor-4'-methoxy-4-acetylbiphenyl mit SeO_2; 70%. *Chinoxalin-Deriv.*, $C_{21}H_{15}ClN_2O$, F. 165—167° (wss. A.). — *4.4'-Bis-biphenylglyoxaldihydrat*, $C_{16}H_{14}O_6$, F. 160—162° (verd. Dioxan), aus 4.4'-Diacetylbiphenyl mit SeO_2; 50%. *Chinoxalin-Deriv.*, $C_{28}H_{18}N_4$, F. 260 bis 262° (Dioxan). — *4-Biphenylglyoxal, Mono-Na-bisulfit-Additions-Prod.*, $C_{14}H_{11}NaO_5S$, aus 4-Biphenylglyoxalhydrat (I) u. 1,5%ig. wss. $NaHSO_3$ in A.; 95%. — *4'-Methoxy-4-biphenylglyoxal, Mono-Na-bisulfit-Additions-Prod.*, $C_{15}H_{13}NaO_6S$, wie vorst.; 100%. — *3'-Chlor-4'-methoxy-4-biphenylglyoxal, Mono-Na-bisulfit-Additions-Prod.*, $C_{15}H_{12}ClNaO_6S$, wie vorst.; 100%. — *4.4'-Bis-biphenylglyoxal, Di-Na-bisulfit-Additions-Prod.*, $C_{16}H_{12}Na_2O_{10}S_2$. — *4-Biphenylglyoxal-*

isonicotinylhydrazon, $C_{20}H_{15}N_3O_3$, F. 218–220° (A.), aus I u. Isonicotinylhydrazid in sd. A. (2 Std.); 81%. — *p-[α-Äthoxy-p-phenylphenacylamido]-benzoesäure*, $C_{23}H_{21}NO_4$, F. 192 bis 194° (Zers.), aus Biphenylglyoxal u. p-Aminobenzoesäure in A. (60°, 4 Std.); 80%. — *α-Hydroxy-Deriv.*, $C_{21}H_{17}NO_4$, F. 192–194° (Zers.), aus I u. p-Aminobenzoesäure in 50%ig. wss. Dioxan (60°, 4 Std.); 80%. K. Maier. 4374□

1198 **Fluorescenz- und Phasenkontrastmikroskopie menschlicher, mit Adenovirus infizierter Zellkulturen.** J. A. Armstrong und P. K. Hopper. (Exp. Cell Res. **16**, 584–94, März 1959; London, England, Nat. Inst. for Med. Res.; engl.) — Unters. der morpholog. u. cytochem. Veränderungen in Gewebekulturen menschlicher Zellen, die einer Infektion mit Adenovirus Typ 6 folgen. H.-G. Trüper. 4374□

1199 **Vergleich der Wirkung von Deuteriumoxid und Röntgenbestrahlung auf die Vermehrung des Poliovirus.** David Kritchevsky, Lionel A. Manson, Richard W. Hartzell jun. und Richard I. Carp. (Proc. Soc. exp. Biol. Med. **112**, 93–96, 1963; Philadelphia, Pa., Wistar Inst. of Anat. and Biol.; engl.) — *D_2O* bewirkte bei Poliomyelitisvirus CHAT, welches bei 40° nicht in Affennieren wächst, ein Wachstum auch bei 40°. Unter Röntgenbestrahlung wuchs das Virus ebenfalls nicht bei 40°, während durch D_2O auch in diesem Falle eine Vermehrung bewirkt wurde.
K. Zingraf. 4374◇

1200 **Biochemische Veränderungen bei der experimentellen Infektion mit MHV-3-Virus. Verhalten einiger Enzymaktivitäten in der Leber, im Gehirn, im Herzmuskel und in den Nieren.** Fernando De Ritis, Giuseppe Giusti und Marcello Piazza. (Arzneimittel-Forsch. **13**, 283–84, 1963; Neapel, Univ., Clin. delle Malattie Infettive; dt.) — Vff. untersuchen die Aktivitäten von *Adenylpyrophosphatase* (I), *Glutamat–Oxalacetat-Transaminase* (II) u. *Glutamat–Pyruvat-Transaminase* (III) in Leber, Hirn, Herzmuskel u. Nieren von Mäusen mit experimenteller MHV-3-Virusinfektion. Die Infektion bewirkt eine Abnahme der I-Aktivität in der Leber. In Hirn, Leber u. Nieren sind die Aktivitäten von II u. III durch die Infektion vermindert. Der Abfall ist bei III stärker als bei II. W. Hiller. 4374◇

E_4. Pflanzenchemie, Pflanzenphysiologie, Pflanzenpathologie

1201 **Gewinnung pflanzlicher Proteine und Viren durch Drucktau-Verfahren und Gel-Filtration.** Hermann Stegemann und Volkmar Loeschcke. (Z. Naturforsch. **18b**, 195 bis 198, 1963; Hannoversch-Münden, Biolog. Bundesanst., Inst. für Biochem.; dt.) — Das bei – 5° gehaltene gefrorene Pflanzenmaterial wird in speziellen Filterkuchen unter einem Druck von 200 atü gepreßt. Der Preßsaft wird direkt in eine mit Puffer ins Gleichgewicht gebrachte Sephadexgelsäule gebracht. Arbeiten unter 0° u. Trennung der Phenoloxydase von Phenolen verhindert Nebenreaktionen. Vff. verwenden als Beispiel einen Knollenpreßsaft von Kartoffeln. Die erste Fraktion (Elution in der üblichen Weise) enthält Viren u. Enzyme (*Peroxydase, Phenoloxydase, Katalase, Äpfelsäuredehydrogenase, Phosphatase*). Fraktionen 2 u. 3 enthalten Zucker, Peptide, aliphat. Aminosäuren u. Phosphorsäureester, Fraktion 4 *Phenylalanin*, Fraktion 5 Tyrosin u. Fraktion 7 *Tryptophan*. W. Hiller. 4400◇

1202 **Einige Bestandteile von Ulex europaeus L.** J. McLean und J. B. Thomson. (Phytochemistry **2**, 179–81, 1963; Glasgow, Royal Coll. of Sci. and Technol., Dep. of Chem.; engl.) — Vff. extrahieren *Ulex europaeus* mit PAe. u. unterwerfen den Extrakt einer alkal. Hydrolyse. Der nicht verseifbare Rückstand wird acetyliert u. die Acetatmischung durch Chromatographie getrennt. Die am leichtesten eluierbare Fraktion stellt einen wachsartigen KW-Stoff dar, der ident. mit *Triacontan* bzw. *Hentriacontan*, $C_{30}H_{62}$ bzw. $C_{31}H_{64}$, F. 62°, ist. Die zweite Fraktion besteht aus *β-Amyrinacetat* (I), $C_{32}H_{52}O_2$, F. 238–240°; $[\alpha]_D$ +80°. Alkal. Hydrolyse ergibt *β-Amyrin*, $C_{30}H_{50}O$, F. 195–196°; $[\alpha]_D$ +85°. In der folgenden Fraktion findet sich hauptsächlich I u. *Lupenylacetat*, $C_{32}H_{52}O_2$, F. 215–217°; $[\alpha]_D$ +40°. Alkal. Hydrolyse ergibt *Lupeol*, $C_{30}H_{50}O$, F. 213–214°; $[\alpha]_D$ +25°. Aus der vierten Fraktion wird *β-Sitosterinacetat*, $C_{31}H_{52}O_2$, F. 127 bis 128°; $[\alpha]_D$ –34°, erhalten, das bei Hydrolyse *β-Sitosterin*, $C_{29}H_{50}O$, F. 134–135°; $[\alpha]_D$ –36°, ergibt. *Benzoyl-Deriv.*, $C_{36}H_{54}O_2$, F. 150–152°; $[\alpha]_D$ –14°. Weitere Elution mit mehr polaren Solventien (Ae., Methanol) ergibt eine Mischung, diese wurde nochmals acetyliert u. chromatographiert. Aus dieser Mischung wurde mit großer Wahrscheinlichkeit *Cerylacetat*, $C_{26}H_{54}O$, F. 80°, u. *Soyasapogenol-C-diacetat*, $C_{34}H_{52}O_4$, F. 197°; $[\alpha]_D$ +58°, erhalten. Alkal. Hydrolyse ergibt *Soyasapogenol C*, $C_{30}H_{48}O_2$, F. 240–242°; $[\alpha]_D$ +68°.
W. Hiller. 4420◇

1203 **Zuckerspiegel in Früchten von kleinbuschigen Blaubeeren bei 4 physiologischen Altersstadien.** W. G. Barker, F. A. Wood und W. B. Collins. (Nature [London] **198**, 810–11, 1963; Fredericton, New Brunswick, Canada, Dep. of Agric., Res. Stat.; engl.) — Vff. bestimmen den Zucker-Geh. in 5 Klonen von *Vaccinium angustifolium* zu 4 verschiedenen Zeitpunkten. Der Geh. an *reduzierenden Zuckern* steigt mit zunehmender Reife. Er beträgt in kleinen grünen Beeren (2–3 mm ∅) 0,51–1,05%; in großen grünen Beeren (3–5 mm ∅) 1,81–2,85%; in roten Beeren (6 mm ∅) 5,00–7,49% u. in blauen Beeren (6 mm ∅) 7,38–7,89%. *Saccharose* erscheint nur in reifen Blaubeeren. Bei *V. myrtilloides* besitzen die reifen Beeren höhere Geh. an Saccharose im Vgl. zu *V. angustifolium*. Die Klone zeigen untereinander keine signifikanten Differenzen. W. Hiller. 4420◇

1204 **Ein neues γ-Glutamylpeptid, γ-L-Glutamyl-S-[prop-1-enyl]-L-cystein in Schnittlauchsamen (Allium schoenoprasum).** E. J. Matikkala und A. I. Virtanen. (Acta chem. scand. **16**, 2461–62, 1962; Helsinki, Finnland, Biochem. Inst., Labor. of the Foundat. for Chem. Res.; engl.) — Samen von *Allium schoenoprasum* wurden mit 70%ig. A. extrahiert, die Aminosäuren u. Peptide an einer Amberlite-IR-120-Kolonne abgetrennt u. an Dowex 1×8 (Acetalform) bei wachsendem pH fraktioniert. Nach weiterer Fraktionierung an Cellulosepulver wurde das *γ-Glutamylpeptid* aus Aceton/W. in weißen, nadelförmigen Kristallen erhalten. Die Ermittlung der Struktur u. der Konfiguration der Aminosäuren wurde beschrieben. K. Heyns. 4420◇

1205 **Das Samenfett von Hopfen (Humulus lupulus L).** J. B. Roberts und R. Stevens. (Chem. and Ind. **1963**, 608–09; Kent, Univ. of London, Wye Coll., Dep. of Hop Res.; Nutfield, Surrey, Brewing Ind. Res.; engl.) — Das Samenfett des engl. Hopfens ist dem des Hanfes sehr ähnlich u. zeigt folgende Zus. (als Methylester): *Palmitinsäure* 7%, *Stearinsäure* 3%, *Ölsäure* 10%, *Linolsäure* 60%, *Linolensäure* 15%. Konjugierte Triene sind abwesend, konjugierte Diene zu 3% anwesend. W. Hiller. 4420◇

1206 **Lipidkomponenten von Blättern.** 3. Mitt. **Isolierung und Charakterisierung von Mono- und Digalaktosyldiglyceriden und Lecithin.** P. S. Sastry und M. Kates. (Biochim. biophysica Acta [Amsterdam] **70**, 214–16, 1963; Ottawa, Canada, Nat. Res. Council, Div. of Appl. Biol.; engl.) — 2. vgl. Biochim. biophysica Acta [Amsterdam] **41**, [1960], 315. — Aus „runner-bean"-Blättern werden durch Chromatographie an Kieselsäure–Celite (4 : 1) eine glykolipid- u. lecithinreiche Fraktion isoliert, die durch weitere chromatograph. Behandlung gereinigt werden. Aus der Fraktion, bestehend aus 2% Methanol in Chlf., wird das *Monogalaktosyldiglycerid* (I), aus derjenigen aus 5% Methanol in Chlf. das *Digalaktosyldiglycerid* (II) dargestellt. Weitere Reinigung u. Analyse ergibt für I: C bzw. H u. Fettsäuremethylester 68,84 bzw. 11,16 u. 80,6%; Mol-Verhältnis Galaktose : Glycerin : Ester 1 : 1 : 2; alkal. Hydrolyse ergibt *1-O-β-D-Galaktopyranosyl-D-glycerin*, F. 138–138,5°. Für II: C bzw. H u. Fettsäuremethylester 65,1 bzw. 9,93 u. 63,7%; Mol-Verhältnis Galaktose : Glycerin : Ester 2 : 1 : 2; alkal. Hydrolyse ergibt *1-O-[6-O-α-D-Galaktopyranosyl-β-D-galaktopyranosyl]-D-glycerin*, F. 188–189°. Es wird weiterhin Lecithin gereinigt u. charakterisiert. A. Täufel. 4420◇

1207 **Untersuchungen über die Pflanzencuticula: Fortschrittsbericht.** E. A. Baker, R. F. Batt, Margaret F. Roberts und J. T. Martin. (Annu. Rep. agric. horticult. Res. Stat., Long Ashton, Bristol **1961**, 114–23, 1962; Long Ashton, Bristol, Horticult. Res. Stat.; engl.) — Vff. untersuchen die Ablagerung an der Blattoberfläche u. die kumulative Bldg. von *Wachsen* u. *Cutin* bei Apfelbäumen. Pflanzen unter Glas zeigen pro Blatteinheit die gleiche Wachs- u. Cutinablagerung wie Freilandpflanzen. Da unter Glas die Blätter größer sind, ist Wachs- u. Cutin-Bldg. unter Glas größer. Wachse u. Cutin befinden sich vorwiegend im unteren Teil der Epidermis. Vff. isolieren aus dem Cutin von Äpfeln:

Trihydroxyoctadecansäure, $C_{18}H_{36}O_5$, F. 99—100°, u. *Dihydroxyhexadecansäure*, $C_{16}H_{32}O_5$, F. 75—76°, eine *Verb. mit F. 84°* u. ein *Öl*. W. Hiller. 4420◇

1208 **Papierchromatographische Untersuchung der Blüten von Adonis vernalis L.** Anna Pusz und Stanislaw Büchner. (Arzneimittel-Forsch. **12**, 932—33, Sept. 1962; Warszawa, Polen, Medizin. Akad., Pharmakognost. Anst.; dt.) — Durch zweidimensionale Papierchromatographie werden im Extrakt der Blüten von *Adonis vernalis* L. *Cymarin, Adonotoxin, k-Strophanthin, β-Acetyladonotoxin, Strophanthidin* u. *Hydroxystrophanthidin* durch direkten Vgl. mit authent. Verbb. nachgewiesen u. daneben noch 23 nicht identifizierte Kedde-positive Verbb. (Cardenolide) festgestellt. F. Heller. 4420◇

1209 **Die Extraktionsstoffe von Leonotis leonurus R.BR.** G. M. L. Cragg und G. E. Little. (J. South African chem. Inst. **15**, 29—30, 1962; Grahamstown, Rhodes Univ., Dep. of Chem.; engl.) — Vff. isolieren aus *Leonotus leonusus* (Labiatae) durch Extraktion mit Aceton *Verb. X*, $C_{20}H_{28}O_5$, F. 233—234°; $[\alpha]_D^{20}$ +8°, u. in einer Ausbeute von 0,15% *Verb. Y*, $C_{20}H_{28}O_3$, F. 116—117°; $[\alpha]_D^{20}$ —37°. Behandeln von Verb. Y mit 0,3n alkohol. NaOH-Lsg. unter Rückfluß für 48 Std. ergibt eine *Verb.* $C_{17}H_{24}O_2$, F. 58—59°; $[\alpha]_D^{20}$ —28° (c = 0,6; Aceton). W. Hiller. 4420◇

1210 **Anreicherung der Vitamine (Biotin, Thiamin) in der Rhizosphäre des Winterweizens.** W. T. Smali. (Mikrobiol. J. [UdSSR] **25**, Nr. 2, 6—10, 1963; Mikrobiolog. Inst. der Akad. der Wiss. der UkrainSSR; ukrain., Auszug: engl.) — Bei der Einbringung von Rhizosphärenbakterien (RB) in den sterilisierten Boden tritt keine Anreicherung von *Biotin* (I) u. *Thiamin* (II) ein. Die Vermehrung der RB ist hier nur schwach. In Ggw. von Winterweizenkeimlingen ist im sterilisierten Boden die Vermehrung der RB sehr intensiv. Hierbei nehmen I u. II stark zu. Am deutlichsten ist dies bei Anwendung von Pseudomonas. Die Behandlung des Saatgutes mit Pseudomonas sinuosa oder Ps. sinuosa + Azotobacter führt in der Rhizosphäre zu einer Erhöhung des Geh. an I u. II. Besonders hoch ist der Geh. an I u. II während des Schossens der Pflanzen. O. Lebtag. 4425△

1211 **Die Carotinoide der Citrone „Meyer".** A. Laurence Curl. (J. Food Sci. **27**, 171—76, 1962; Albany, Calif., Western Reg. Labor.; engl.) — Es wurden die *Carotinoide* der Citrone „Meyer" sowohl des Fruchtfleisches als auch der Schale untersucht. Die Trennung erfolgte durch Kolonnenchromatographie über Magnesia u. die Identifizierung durch UV-spektrophotometr. Daten. Gefunden wurden: *Phytoen, Phytofluen, α-Carotin, β-Carotin, γ-Carotin, Phytoenol, Phytofluenol, Hydroxy-α-carotin, Kryptoxanthin, Hydroxy-γ-carotin, Hydroxy-α-carotin-5.6-epoxid, Kryptoxanthin-5.6-epoxid, Kryptoxanthin-5.8-epoxid a, Kryptoxanthin-5.8-epoxid b, Kryptoxanthin-5.6.5'.6'-diepoxid, Kryptoxanthin-5.6.5'.8'-diepoxid a, Kryptoxanthin-5.6.5'.8'-diepoxid b, Kryptoxanthin-5.8.5'.8'-diepoxid*. Daneben wurden noch drei weitere Carotinoide gefunden, die nicht identifiziert werden konnten, mit den folgenden spektroskop. Daten: ähnlich dem *Rubixanthin* (489, 458, 431 mμ in Hexan); ähnlich dem *Phytofluenol* (366, 346, 331 mμ in Hexan) u. *P 378* (378, 357, 340 mμ in Hexan). K. Heyns. 4425◇

1212 **Über die Chemie der Anziehung von Pollenschläuchen durch die Samenanlagen von Oenotheren.** H. Schildknecht und H. Benoni. (Z. Naturforsch. **18b**, 45—54, 1963; Erlangen-Nürnberg, Univ., Inst. für organ. Chem.; dt.) — Vff. untersuchen wss. u. alkohol. Extrakte der Samenanlage von *Oenothera*-Arten u. untersuchen ihre chemotrop. Anziehung auf die Pollen der gleichen Art. Papierchromatograph. werden nachgewiesen: *Lysin, Arginin, Asparaginsäure, Prolin, Valin, Phenylalanin, Leucin, Saccharose, Glucose, Galaktose, Fructose, Arabinose* u. *Ribose*, daneben fünf *Peptide*, ein *prim. aliphat. Amin*, eine *Indol-Verb.* u. zwei *nicht mit Ninhydrin reagierende Amine*. Vff. trennen die Extrakte papierchromatograph. auf, zerschneiden die Bänder u. prüfen deren Eluate auf die Anziehungsfähigkeit gegenüber Pollen. Anziehung findet immer dort statt, wo Zucker + ninhydrinpositive Substanzen nachgewiesen werden. Die Anziehung der Pollen wird nicht durch eine, sondern durch mehrere Substanzen hervorgerufen. Die erhaltenen Ergebnisse werden durch weitere Teste mit synthet. Verbb. bestätigt. Zugabe von K^+ steigert die chemotrop. Wrkg. der Gemische. Die wss. u. alkohol. Extrakte der Samenanlagen von *Oenothera longiflora, Oe. scabra, Oe. affinis* u. *Oe. argentinea* zeigen keine Unterschiede bei den mit Ninhydrin reagierenden Substanzen u. den Zuckern. W. Hiller. 4450◇

1213 **Wurzelexsudation; Untersuchungen über den Austausch von ^{14}C-markierten organischen Stoffen zwischen Wurzel und Sproß bei mit Knötchen besetzten Leguminosen.** J. S. Pate. (Plant and Soil [The Hague] **17**, 333—56, 1962; Belfast, Northern Ireland, Queen's Univ., Dep. of Bot.; engl.) — Der tägliche Rhythmus der Wurzelexsudation von Populationen knötchentragender Felderbsen (*Pisum arvense L.*) wurde durch die im Zeitraum von 1—2 Std. abfließende Exsudatmenge decapitierter Pflanzen bestimmt. Die Exsudatmenge zeigt ebenso wie darauf bezogene Kationen (K, Ca)- u. Aminosäure-Konz. ein deutliches Maximum gegen Mittag u. Minimum gegen Mitternacht. Die abs. Kationen-Konz. (ppm) folgt dem täglichen Rhythmus der Exsudation, die Amino-N-Konz. zeigt gegen Mitternacht ein Maximum. Die Hauptkomponenten des Exsudats (E) sind *Asparaginsäure* (**I**), *Asparagin* (**II**), *Glutamin* (**III**) u. *Homoserin* (**IV**) neben kleineren Mengen von *Glutaminsäure, Valin, Leucin* u. *Isoleucin*. Nach Hydrolyse von E wurden keine weiteren Aminosäuren nachgewiesen. Setzt man Felderbsen $^{14}CO_2$ aus, so zeigt E erst nach 1—1½ Std. eine Aktivität. **I, II, III** zeigen hohe, **IV** geringe, die übrigen keine Aktivität. Die gleichen Ergebnisse wurden mit knötchentragender *Vicia atropurpurea* erhalten. E. Hieke. 4450◇

1214 **Eine äußerliche Wirkung von anorganischem Stickstoff bei der Wurzelknotenbildung.** J. W. Tanner und I. C. Anderson. (Nature [London] **198**, 303—04, 1963; Ames, Iowa, Iowa State Univ., Dep. of Agron.; engl.) — *Rhizobia* hat die Fähigkeit, NO_3^- zu NO_2^- zu reduzieren u. *Tryptophan* (I) in *Indolyl-(3)-essigsäure* (II) umzubilden. Andererseits zerstört NO_2^- katalyt. II. Vff. postulieren, daß ein gleichzeitiger Zusatz von NO_3^- u. I zur Bldg. von NO_2^- u. II führen würde, u. NO_2^- die II-Menge reduzieren würde. Zur Überprüfung wird eine Mischung von *Rhizobia japonicum* (hohes NO_2^--Bldg.-Vermögen) u. *Rh. meliloti* (hohes II-Bldg.-Vermögen) mit folgenden Rk.-Mischungen versetzt: 1. I; 2. I + NO_3^- (KNO_3) u. 3. I + NH_4^+ (NH_4Cl). Die Konzz. betrugen für I 10^{-3}m, KNO_3 u. NH_4Cl 10^{-2}m, Mannit 1%. Die Ergebnisse betragen für gebildete II (μMol/ml), gebildetes NO_2^- (μMol/ml), restliches I (μMol/ml) bei 1. 0,054, 0,000, 0,47; 2. 0,015, 0,066, 0,48; 3. 0,019, 0,000, 0,76. Daraus folgt: Zugabe von NO_3^- beeinflußt die Umbildung von I zu II nicht, in Ggw. von NO_3^- wird weniger II gebildet, was auf eine durch NO_2^- katalysierte Zerstörung von II zurückzuführen ist. In Ggw. von NH_4^+ ist der II-Spiegel auch vermindert, was jedoch in einem geringeren Umsatz von I zu II seine Ursache hat. Ist II zur Wurzelinfektion (äußerliche Wrkg.) erforderlich, so red. eine NO_3^--Gabe infolge des NO_2^--Einfl. auf II die Infektion. Weiterhin wirkt NO_3^- auf die Knoten-Entw. (innerliche Wrkg.). Beide Theorien sind miteinander vereinbar. W. Hiller. 4450◇

1215 **Nucleinsäureveränderungen im Speichergewebe der Samen während der Keimung.** Joe H. Cherry. (Biochim. biophysica Acta [Amsterdam] **68**, 193—98, 1963; New Orleans, La., U. S. Dep. of Agric., Agric. Res. Serv., Southern Utilizat. Res. and Dev. Div., Seed Protein Pioneering Res. Labor.; engl.) — Während der Keimung von *Arachis hypogaea* steigt der Geh. an *Ribonucleinsäure* (*RNS*) innerhalb einer Woche auf das 2fache, danach erfolgt eine Abnahme u. nach 15 Tagen ist der RNS-Geh. so hoch wie in ungekeimten Samen. Im Scutellum von Maiskörnern steigt der RNS-Geh. in den ersten Tagen der Keimung um 20% an, danach erfolgt ein Abfall. Der Geh. an *Desoxyribonucleinsäure* zeigt während der Keimung kaum Änderungen bei beiden Pflanzenarten. W. Hiller. 4455◇

1216 **Die Aufnahme von Kohlendioxid durch die Wurzeln von Pflanzen.** M. C. Stemmet, J. A. De Bruyn und P. B. Zeeman. (Plant and Soil [The Hague] **17**, 357—64, 1962; Stellenbosch, South Africa, Univ. of Stellenbosch, Merensky Inst. for Phys.; engl.) — Tomatenpflanzen wurden nach 20—24 Tagen Bodenwachstums in Hydrokultur mit 3,83 mg $Na_2{}^{14}CO_3$/120 ml, mit einer Aktivität von 1 μc/ml, verbracht. Der ^{14}C-Geh. in Wurzel u. Sproß steigt mit der Lichtintensität, gleichzeitig sinkt die Abgabe von $^{14}CO_2$ durch die Blätter. E. Hieke. 4460◇

1217 **Wirkung von Cytosin und Adenin auf die Desoxyribonucleinsäuresynthese in Solanum nigrum.** Hans Altmann und Gerhard Stehlik. (Naturwissenschaften **50**,

95, 1963; Wien, Reaktorzentrum Seibersdorf, Inst. für Biolog. u. Landwirtsch.; dt.) — Blätter von *Nicotiana tabacum* u. *Solanum nigrum* wurden 2mal innerhalb von 24 Std. mit je 0,5 ml 10^{-2}m oder 10^{-3}m *Cytosin* (I)- oder *Adenin* (II)-Lsg. bepinselt u. 30 Min. nach der letzten Behandlung einer 4std. Radiophotosynth. mit $^{14}CO_2$ unterworfen. Es ergibt sich, daß in Solanum nigrum durch I-Gabe die *Desoxyribonucleinsäure* (*DNS*)-Synth. stark gesteigert wird. II ist ohne Einfluß. Schon nach Behandlung mit 10^{-3}m I-Lsg. steigt die DNS-Synth. gegenüber der Kontrolle um das 3fache. 10^{-2}m I-Lsg. hat keinen wesentlich stärkeren Effekt als die 10^{-3}m Lösung. L. Träger. 4460◇

1218 **Über Desoxyribonucleinsäure in den Chloroplasten von Nicotiana rustica.** R. Wollgiehn und K. Mothes. (Naturwissenschaften **50**, 95—96, 1963; Halle/Saale, Dt. Akad. der Wiss., Inst. für Biochem. der Pflanzen; dt.) — Blattscheiben von *Nicotiana rustica* wurden mit einer Lsg. von 100 μc *^{3}H-Thymidin* (I)/ml infiltriert, nach 8—10 Std. in 0,5m Saccharose-Lsg. bei 4^0 zerrieben, nicht eingebautes I nach Fixierung in Osmiumsäuredämpfen durch Waschen in 0,2n $HClO_4$ u. in W. entfernt u. vom Präp. eine Autoradiographie angefertigt. Über den Cloroplasten junger Blattstecklinge u. junger Blätter war der photograph. Film geschwärzt. In Chloroplasten ausgewachsener Blätter wurde dagegen kein I-Einbau beobachtet. Wurden die Chloroplasten vor Vers.-Beginn mit Desoxyribonuclease oder mit 1,6n $HClO_4$ 20 Min. bei 70^0 behandelt, so konnten über den Chloroplasten auch aus jungen Blättern u. Stecklingen keine Silberkörner nachgewiesen werden. In jungen wachsenden Blättern (mit sich noch teilenden Chloroplasten) ist demnach in den Plastiden *Desoxyribonucleinsäure* vorhanden. L. Träger. 4460◇

1219 **Über eine p-Hydroxylierung in isolierten Chloroplasten.** Achim Trebst und Herbert Eck. (Z. Naturforsch. **18b**, 105—09, 1963; München, TH, Organ.-chem. Inst.; dt.) — *Salicylaldoxim* (I) ist in Konzz. von 10^{-2}m ein Hemmer der aeroben Photophosphorylierung bei isolierten Chloroplasten [bei Belichtung isolierter Chloroplasten mit Dopamin wird kein Adenosintriphosphat (ATP) gebildet]. 10^{-3}m I ist jedoch in der Lage, die aerobe Photophosphorylierung zu katalysieren. In gleicher Weise ist noch *Salicylaldehyd* wirksam, nicht jedoch *Phenol*, *Kresole*, *Salicylalkohol*, *2-Succinyl-5-methylphenol*, *m-Dihydroxyacetophenon* u. *Salicylsäure*. Weiterhin wirksam sind: *p-* u. *o-Hydrochinone* mit Carbonyl- bzw. Carboxylgruppen am Kern (*2.3-* u. *2.5-Dihydroxybenzaldehyd*, *Gentisinsäure*). Vff. isolieren aus einem Vers. mit I *Gentisinaldehyd* (II) als 2.4-Dinitrophenylhydrazon, was auf eine p-Hydroxylierung von I hindeutet. I ist somit in der Lage, als Cofaktor zu dienen. Die Photophosphorylierung mit II wird durch KCN nicht gehemmt, die mit I wird jedoch durch KCN gehemmt. Vff. nehmen deshalb an, daß KCN die I-Hydroxylierung hemmt. Nach Vorinkubation von I mit Chloroplasten u. H_2O_2 im Dunkeln wird bei nachfolgender Belichtung auch in Ggw. von KCN photophosphoryliert. Die Hydroxylierung ist keine Licht-Rk., sie benötigt jedoch H_2O_2, das bei Belichtung der Chloroplasten gebildet wird. W. Hiller. 4460◇

1220 **Verteilung des ^{14}C in Chlorophyll a und b im grünenden etiolierten Blatt.** A. A. Schlyk und A. P. Lossei. (Nachr. Akad. Wiss. BelorussSSR, Ser. biol. Wiss. **1963**, Nr. 1, 21—33; beloruss.) — Durch Unters. der spezif. Aktivität u. der Verteilung von ^{14}C innerhalb des Mol. von *Chlorophyll a* (**Ia**) u. *b* (**Ib**) beim Grünen der etiolierten Blätter von Zwiebel- u. Gerstenpflanzen in Ggw. von $^{14}CO_2$ wird festgestellt, daß hierbei der Unterschied der spezif. Aktivitäten von **Ia** u. **Ib** (**Ia** $>$ **Ib**) geringer ist als bei der Erneuerung im grünen Blatt. Die übrigen Kennzahlen der Moll. bleiben unverändert: die Verteilung von ^{14}C innerhalb **Ia** u. **Ib** ist gleich; die spezif. Aktivität nimmt in der Reihe Methoxyl–Phytol–Chlorophyllin ab. Der Mechanismus der Biosynth. von **Ia** u. **Ib** ist in beiden Fällen der gleiche. O. Lebtag. 4460△

1221 **Beziehung zwischen Stickstoffresorption und Zusammensetzung der freien Aminosäuren in Tabakpflanzen.** Daisuke Yoshida. (J. Sci. Soil Manure, Japan [Nippon Dojohiryogaku Zasshi] **33**, 413—16, 1962; jap.) W. Hiller. 4470◇

1222 **Aufnahme und Wirkung des Mikronährstoffes Kupfer in ionogener und chelatisierter Form bei Gerste.** H. Beringer. (Z. Pflanzenernähr., Düng., Bodenkunde **100**, 22—34, 1963; Gießen, Justus-Liebig-Univ., Inst. für Pflanzenernährung; dt.) — Vf. vergleicht die *Cu*-Aufnahme bei Gerste bei verschiedenen Verabreichungsformen. Verabreicht wird Cu als *Cu–Na-Salz der Nitrilotriessigsäure* (CuATA), als *Cu–Di-Na-Salz der Äthylendiamintetraessigsäure* (CuEDTA), als *Cu–Di-Na-Salz der 1.2-Diaminocyclohexan-N.N'-tetraessigsäure* (CuCDTA) u. als $CuSO_4$. Bei den Gefäß-Verss. zeigt eine Cu-Düngung gegenüber den nicht gedüngten Gefäßen eine bedeutende Ertragszunahme. Zwischen den einzelnen Cu-Gaben (2,5—100 kg/ha) bestehen jedoch keine Ertragsunterschiede. Die Cu-Aufnahme durch die Pflanze ist bei Chelatdüngung höher als bei $CuSO_4$. Die Aufnahme ist von der Chelatstabilität abhängig u. zeigt folgende Reihenfolge: $CuSO_4$ $<$ CuATA $<$ CuEDTA $<$ CuCDTA. $CuSO_4$ ist bereits nach 2 Std. völlig an den Boden sorbiert. Von den Chelaten sind nach 50 Tagen dagegen erst folgende Mengen sorbiert: CuATA 81,5%; CuEDTA 67,6% u. CuCDTA 26,1%. Im Keimpflanzen-Vers. bei Quarzsandsubstrat wirken 1,2 mg Cu pro Gefäß schon tox., wenn es als $CuSO_4$ gegeben wird. Die Chelate wirken erst bei der 6fachen Menge toxisch. Die Ergebnisse lassen weiter vermuten, daß bei den Chelaten das ganze Cu-Chelat-Mol. aufgenommen wird. W. Hiller. 4470◇

1223 **Das Wachstum von prothallischen Kolonien von Gymnogramme calomelanos (Filicineae Polypodiaceae) in vitro in Gegenwart von drei aliphatischen Aminosäuren.** Iaroslav Sossountzov. (C. R. Séances Soc. Biol. Filiales **152**, 1353—56, 1958, herausgeg. 31/1. 1959.) — Gewebekulturen vom Prothallium von *Gymnogramme calomelanos var. chrysophylla* (Farn) können in Ggw. von *DL-α-Alanin*, *L(—)-Leucin* u. *Glykokoll* in einem sonst N-freien Medium kultiviert werden, wenn die Konzz. der einzelnen Aminosäuren (I) möglichst unter 5—7 mm liegen. Einzeln sind die I tox.; in Ggw. mehrerer I wird diese Wrkg. abgeschwächt. F. Radler. 4480□

1224 **Versuche zur Analyse des Auxintransports in der Koleoptile von Zea mays L.** R. Hertel und A. C. Leopold. (Planta **59**, 535—62, 1963; Lafayette, Ind., Purdue, Agricult. Exp. Stat., Dep. of Horticult.; dt.) — Vff. messen den Auxintransport mit Hilfe von *^{14}C-Indolylessigsäure* (I), indem Gewebeschnitte zwischen 2 Agarplatten (Donator u. Receptor) gebracht werden. Der I-Transport erfolgt im Parenchym. Die Geschw. des Transports in der Maiskoleoptile beträgt ca. 1,5 cm/h u. steigt mit der I-Konz. im Donator bis 10^{-5}m u. fällt bei höherer Konz. wieder ab. Fehlen von O_2, niedrige Temp., *Trijodbenzoesäure* u. *Phthalsäuremono-α-naphthylamid* hemmen den I-Transport im Gewebe u. die Ausscheidung aus dem Gewebe. Die Richtung des I-Transports wird durch die Schwerkraft nicht umgekehrt, jedoch gehemmt (10—20%). W. Hiller. 4485◇

1225 **Wirkung einiger Indolylessigsäure-Vorstufen auf die Kallusbildung der Weinrebe während der Winterruhe.** J. Eifert und A. Eifert. (Naturwissenschaften **49**, 522, 1962; Balatonboglár, Ungarn, Staatsgut, Labor. für Rebenforsch.; dt.) — Rebsegmente bilden bei Behandlung mit verschieden konz. Wuchsstoff-Lsgg. (*Indolylessigsäure*; I) Kallus von unterschiedlichem Ausmaß. Die Kallus-Bldg. der Rebe zeigt eine Periodizität, diese kann durch I in den meisten Fällen aufgehoben werden. Die gleiche Wirksamkeit wie I zeigen auch *Tryptophan* u. *Indol*. Vff. nehmen auf Grund ihrer Ergebnisse folgenden Ablauf an, der schon bei verschiedenen Mikroorganismen experimentell gesichert ist: *Anthranilsäure* → Indol + *Serin* → Tryptophan → I. Serinzugabe zeigt auf die Kallus-Bldg. keine fördernde Wrkg., es scheint in der Pflanze in genügender Menge vorhanden zu sein. *Tyrosin* zeigt keine fördernde Wrkg. auf die Kallusbildung. W. Hiller. 4485◇

1226 **Untersuchung über die Lokalisation der Wirkung von 2.4.5-Trichlorphenoxyessigsäure auf die Pfirsiche der Kulturvarietät J. H. Hale.** Roberto Paglietta. (Ric. sci., Parte II, Sez. B [2] **2**, 189—92, 1962; Torino, Univ., Ist. di Coltiv. Arboree.; ital.) — Unter der Einw. von *2.4.5-Trichlorphenoxyessigsäure* (I) bilden sich auf den Pfirsichen der Kulturvarietät Hale längliche Auswüchse. Diese bilden sich auch, wenn die Früchte nicht allerseits mit I gespritzt, sondern nur in der Mitte in einem schmalen Streifen mit I gepinselt werden. K. Zingraf. 4485◇

1227 **Die Beziehung zwischen Huminsäuren und der Hemmung des Längenwachstums der Pflanze.** Jiří Řeřábek. (Naturwissenschaften **50**, 309—10, 1963; Prag,

Karlsuniv., Fac. of Natural Sci., Labor. of Plant. Physiol.; engl.) — Vf. arbeitet mit Weizenkoleoptilen. Zugabe von *Humussäure* (I; Riedel de Haen Akt.-Ges.) stimuliert das durch *β-Indolylessigsäure*, *β-Indolylbuttersäure*, *2.4-Dichlorphenoxyessigsäure* u. *α-Naphthylessigsäure* verursachte Längenwachstum auf das 2—10fache. Die Hemmwrkg. von 2.4-Dinitrophenol wird teilweise durch I aufgehoben. Die Stimulierung erfolgt bei den Wuchsstoffen, die das Koleoptilenwachstum weniger stark beeinflussen, am stärksten.
W. Hiller. 4485◇

1228 **Induzierte Parthenocarpie bei der Schwarzen Johannisbeere.** D. Wilson. (Annu. Rep. agric. horticult. Stat., Long Ashton, Bristol **1961**, 58—60, 1962; Long Ashton, Bristol, Horticult. Res. Stat.; engl.) — Vf. behandelt den Kelch von Johannisbeerblüten mit Lanolinpaste, die nachst. Wachstumsregulatoren in Konzz. von 0,1; 0,5, 1,0 u. 5,0% enthält: *β-Naphthoxyessigsäure*, *Indolyl-(3)-essigsäure*, *Indolyl-(3)-buttersäure*, *α-Naphthylessigsäure* (I) u. *Gibberellsäure* (II). II ist am wirksamsten bei der Erzeugung von parthenocarpen Früchten. Hier werden bei den Konzz. 0,5 u. 1% über 90% der behandelten Blüten als parthenocarpe Früchte geerntet. Weiterhin ist noch I in Konzz. von 0,1% wirksam. Die mit I behandelten Blüten zeigten eine um 7—10 Tage frühere Fruchtreife im Vgl. zu den anderen Behandlungen.
W. Hiller. 4485◇

1229 **Die Verwendung von Kinin zum Brechen der Ruhe in Knospen von Vitis vinifera.** Robert J. Weaver. (Nature [London] **198**, 207—08, 1963; Davis, Calif., Univ. of California, Dep. of Viticulture and Enology; engl.) — Steckhölzer von Wein werden in eine Lsg. von *Kinin* (I; *Benzyladenin*) 1000 ppm für $1^1/_2$ Std., oder in *Thioharnstoff* (2%), oder in *W.* eingetaucht. Die Steckhölzer wurden am 8/11. geschnitten. Bei den mit I behandelten Hölzern war schon bei 53% die Ruhe gebrochen, ehe bei den Kontrollen (kaltes W.) bei einer Knospe die Ruhe gebrochen wurde. Nach 22 Tagen war durch die I-Behandlung bei 50% der Steckhölzer die Ruhe gebrochen, bei den mit kaltem W. behandelten waren es nach 150 Tagen nur 43%. Behandlung der Hölzer mit warmem W. u. *Thioharnstoff* zeigt ebenfalls eine fördernde Wrkg., diese ist jedoch nicht so stark wie bei I. *Gibberelline* u. *α-Naphthylessigsäure* verzögern das Brechen der Ruheperiode.
W. Hiller. 4485◇

1230 **Wechselwirkung zwischen den Gibberellinen A_3 und A_4 beim Wachstum des Gurkenhypokotyls.** William K. Purves und Peter G. Lorber. (Naturwissenschaften **50**, 381—82, 1963; Santa Barbara, Calif., Univ. of California, Dep. of Biol. Sci.; engl.) — Vff. injizieren *Gibberellin A_3* (I) u. *Gibberellin A_4* (II) in die Kotyledonen von Gurkenkeimlingen, wenn das Hypokotyl ca. 3 cm lang ist, u. messen anschließend das Wachstum des Hypokotyls. II ist in 100fach geringeren Konzz. wirksam wie I u. zeigt auch größere Wrkg.; 0,01 μg pro Pflanze sind bei II wirksam. Gleichzeitige Anwendung von I + II zeigt nahezu additive Wrkg. bei geringen Konzz., bei höheren I + II-Konzz. wird nur das durch II allein verursachte Wachstum erreicht. Eine Hemmung von II durch I wurde nicht beobachtet.
W. Hiller. 4485◇

1231 **Generative Vermehrung bei Ficaria verna und Gibberellsäure.** Rudolf Dostal. (Naturwissenschaften **50**, 310, 1963; Brünn, TH, Bot. Inst.; dt.) — Behandlung mit 0,5%ig. *Gibberellsäure* (I)-Paste beeinflußt den Samenansatz bei *Ficaria verna* kaum, beschleunigt jedoch die Auskeimung der Samen. Die aus der I-Behandlung hervorgehenden Sämlinge entwickeln nach dem Keimblatt u. meist 2 Laubblättern, 3—4 Niederblätter u. danach wieder Laubblätter, ohne daß die ersten absterben, wie es unter normalen Bedingungen der Fall ist.
W. Hiller. 4485◇

1232 **Untersuchungen über wachstumshemmende Substanzen im Boden von schlecht drainierten torfigen Reisfeldern.** 5 Mitt. **Orientierung über die wachstumshemmenden aus dem Boden isolierten Substanzen.** Yasuo Takijima und Yutaka Arita. (J. Sci. Soil Manure, Japan [Nippon Dojohiryogaku Zasshi] **33**, 417—20, 1962; jap.)
W. Hiller. 4485◇

1233 **Die Entwicklung von Calcium-Mangelsymptomen.** W. Bussler. (Z. Pflanzenernähr., Düng., Bodenkunde **100**, 53—58, 1963; Berlin, TU, Inst. für Pflanzenernährung, Bodenchem. u. Bodenbiol.; dt.) — Vf. untersucht die *Ca*-Mangelsymptome an 31 Pflanzenspecies. Bei allen Pflanzen zeigte sich ein Quellen der Zellwände, deren Braunfärbung u. ein Weichwerden der verholzten Zellwände. Als Folge dieser Schädigungen tritt an jüngeren Blättern Aderbräune auf, u. die Stengel knicken teilweise ab.
W. Hiller. 4490◇

1234 **Durch das Erdreich verursachte phytopathogene Infektionen.** G. Viennot-Bourgin. (Rev. gén. Sci. pures appl. Bull. Assoc. franç. Avancement Sci. **67**, 207 bis 223, 1960; Inst. nat. agron.; franz.)
F. Krusen. 4490◇

E5. Tierchemie, Tierphysiologie, Tierpathologie

1235 **Eine einfache Methode zum Decalcifizieren von Knochen.** Taiichi Asami. (Jap. J. exp. Med. **30**, 115—18, 1960; Camp Zama, Japan, 406th Med. Gen. Labor.; engl.) — Vf. beschreibt ein elektrolyt. u. ein Ionenaustausch-Verf. zum Decalcifizieren von Rippenknochen. Die Elektrolyse wird 1—4 Std. lang in 10%ig. Ameisensäure (I) mit 90—180 mA bei Temp. von 60—80° durchgeführt. Beim anderen Verf. wird mit 40%ig. I u. Amberlite IR-120 decalcifiziert, wozu 20—40 Std. erforderlich sind.
F. Krusen. 4500◇

1236 **Kupfergehalt der Zähne in der Norm und bei Alveolarpyorrhoea.** L. N. Nishiwenko. (Stomatologie [UdSSR] **40**, Nr. 1, 32—35, 1961; Moskau, Med. Stomatolog. Inst., Lehrstuhl für therapeut. Stomatolog. u. Lehrstuhl für allg. Chemie; russ.) — Der Geh. an *Cu*, der in der Asche von menschlichen Zähnen nach Maljugi [1950] bestimmt wurde, betrug im Mittel normal 25,6 (γ/g Asche), bei Pyorrhoea alveolaris (P.a.) 9,6. In den gesunden Zähnen war der Geh. an Cu im Alter bis zu 10 Jahren am höchsten (30,6), verringerte sich bis zu 25 Jahren (16,4), um dann wieder anzusteigen (24,0—29,4). Ebenso war er in den Molares höher als in den Incisivi, Canini oder Praemolares, während sich bei P.a. kein Unterschied zeigte. Chron. allg. Erkrankungen verminderten den Geh. an Cu. Ein geschlechtsmäßiger Unterschied wurde nicht nachgewiesen.
I. v. Kloch-Kornitz. 4510◇

1237 **Die elementare Zusammensetzung des menschlichen Rindenknochens.** Helen Quincy Woodard. (Health Physics **8**, 513—17, 1962; New York, N.Y., Sloan-Kettering Inst., Div. of Exp. Surg. and Physiol.; engl.) — Rindenknochen von Femur u. Tibia von 4 Männern im Alter von 19—45 Jahren besaßen ein mittleres spezif. Gew. von 1,90 u. folgende Zus. (in g/100 g Knochen): *Ca* 22,2; *P* 10,2; *O* 44,1; *H* 3,39; *C* 15,5; *N* 3,97; *Na* 0,06; *Mg* 0,21 u. *S* 0,31. Spezif. Gew., Aschenbestandteile sowie Geh. von Ca u. W. verändern sich mit dem Alter.
K. Zingraf. 4520◇

1238 **Stabilitätskonstanten der Calciumkomplexe von sauren Mucopolysacchariden.** Eckhart Buddecke und Rudolf Drzeniek. (Hoppe-Seyler's Z. physiol. Chem. **327**, 49—64, 1962; Tübingen, Univ., Physiol.-Chem. Inst.; dt.) — Vff. maßen die Stabilitäts-Konst. bei pH 7,2 ($K_{7,2}$) von Ca^{2+}-Komplexen mit *Monosaccharidsäuren* u. -Derivv. (*Gluconsäure*, *Glucuronsäure*, *Galakturonsäure*, „*Fructose-Glycin*" (Amadori-Prod.). „*Glucose-Glycin*" („Heyns-Prod."), *N-Acetylglucosamin* u. *Glucosaminhydrochlorid*) u. *sauren Mucopolysacchariden* [*Heparin* (I), *Chondroitinsulfat A* (II) u. *B* (III) u. *Hyaluronsäure* (IV)] sowie zum Vgl. mit *Citronensäure* (V), *Polystyrolsulfat* (VI) u. *Dextransulfat* (VII). Das Verf. beruht auf der Verw. von *Murexid* (VIII) als „Hilfsligand", dessen Extinktion in Ggw. von Ca^{2+} bei 520 nm ab- u. bei 480 nm zunimmt. Werden in die Meßküvette neben der zu bestimmenden Substanz u. VIII steigende Ca^{2+}-Mengen gegeben, so ist der Quotient aus den Extinktionen bei den angegebenen Wellenlängen ein Maß für das freie Ca^{2+}. In der Reihe der Hydroxysäuren zeigt V die größte $K_{7,2}$; α-Hydroxysubstitution verstärkt, α-Aminosubstitution schwächt die Ca-Affinität. Bei den sauren Mucopolysacchariden nimmt die Ca-Affinität in der Reihenfolge I > III > II > IV ab. Ein Vgl. mit den Modellsubstanzen VI u. VII zeigt, daß für das Zustandekommen von Ca-Komplexen mit Mucopolysacchariden das benachbarte Vorhandensein von Sulfat- u. Hydroxylgruppen bedeutsam ist. Sulfatgruppen allein (in VI) bewirken nur eine geringe Ca-Affinität. Vff. diskutieren an Hand ihrer Ergebnisse eine Reihe bedeutsamer Folgerungen, z. B. die Rolle des II bzw. III im Knorpel als spezif. auf Ca^{2+} eingestellten Kationenaustauscher, den Verknöcherungsprozeß, die altersbedingte Ca-Zunahme in der Aorta des Menschen, auch beim Fehlen arteriosklerot. Prozesse, im Zusammenhang mit einer gleichzeitigen III-Zunahme u. anderes.
Winfried Krüger. 4520◇

1239 **Perjodsäure-Schiff-positive Komponente des Markknochens von legendem Hausgeflügel.** D. Conkie. (Nature [London] **197**, 808—09, 1963; Glasgow, Univ. of Glasgow, Vet. Coll., Dep. of Histol. and Embryol.; engl.) — In Markknochen von Legehennen wurde eine Perjodsäure-Schiff-positive Komponente nachgewiesen, deren Menge sich im Laufe des Legecyclus verändert; es konnte nachgewiesen werden, daß es sich um ein *sulfatiertes Mucopolysaccharid* handelt. K. Zingraf. 4520◇

1240 **Lipide des Epiphysenknorpels.** V. Zambotti, I. Cescon, B. Bonferroni und L. Bolognani. (Experientia [Basel] **18**, 318—19, 1962; Milano, Univ., Ist. di chim. Biol.; Pavia, Univ., Ist di Igiene e di Microbiol.; engl.) — In Homogenaten des Epiphysenknorpels frischgeborener Ferkel konnten nachgewiesen werden: 6,60% (des Gewebes nach Gefriertrocknung) *Lipide*, 3,3% *Gesamt-P*, 0,70% *Lipid-P*, 8,37% *Gesamt-N*, 0,38% P/N, 0,35% *Gesamt-Cholesterin*, 0,14% *freies Cholesterin*; 43% (in bezug auf Gesamtfettsäuren) *gesätt. Fettsäuren*, 47,50% *monoungesätt. Fettsäuren*, 9,50 *polyungesätt. Fettsäuren*, 0,20% *Laurinsäure*, 2,30% *Myristinsäure*, 24,50% *Palmitinsäure*, 9,50% *Palmitoleinsäure*, 15% *Sterarinsäure*, 37,10% *Ölsäure*, 4,10% *Linolsäure*, 0,90% *Eicosotriensäure*, 3,20% *Arachidonsäure*, 3,20% Spuren anderer Fettsäuren. U. Tausendfreund. 4520◇

1241 **Partielle Charakterisierung der Kohlenwasserstoffe des Heringsöles.** Georg Lambertsen und Ralph T. Holman. (Acta chem. scand. **17**, 281—82, 1963; Austin, Minn., Univ., Hormel Inst.; engl.) — Gaschromatograph. Unterss. verschiedener Pflanzen- u. Fischöle zeigten die Ggw. von komplizierten Mischungen von KW-Stoffen (I) auf. Die pflanzlichen Öle enthalten allg. weniger I als die Fischöle. Im Rapsöl wurden mehrere wichtige I gefunden, während im Olivenöl das *Squalen* (II) dominiert. Vff. untersuchten das Heringsöl eingehender. Es enthielt 0,05% I, das sind über 5% der unverseifbaren Fraktion. Durch Chromatographie an Al_2O_3 mit Hexan konnten die I abgetrennt werden. Durch Dünnschichtchromatographie wurde wahrscheinlich gemacht, daß mindestens 6 nichtkonjugierte, ungesätt. Substanzen vorhanden waren. Mittels Harnstofftrennung des hydrierten Gemisches wurden zwei Fraktionen erhalten, dabei entsprach die nichtkomplexe im IR-Spektrum dem *Pristan* (III), die komplexe dem *Eicosan*. Beide Fraktionen wurden auch gaschromatograph. untersucht. Alle geradkettigen Paraffine von C_{14}—C_{33} finden sich in den Harnstoffaddukten. Die ungeradzahligen I dominierten. Unter den verzweigtkettigen I fanden sich vor allem III u. II. H. Zöllner. 4520◇

1242 **Abtrennung von Pristan aus dem Hering.** Bo Hallgren und Sam Lasson. (Acta chem. scand. **17**, 543—45, 1963; Möhndal, Schweden, AB Sunco, Res. Labor.; engl.) — Unter Anknüpfung an frühere Unterss. (J. Lipid Res. **3**, [1962], 31) wird aus einem aus Hering dargestellten Öl das Unverseifbare (0,7%) in üblicher Weise gewonnen. Durch chromatograph. Differenzierung an einer SiO_2-Säule wird bei Elution mit PAe. eine klare, ölige, einheitliche Fraktion erhalten, in der gemäß der Gas-Flüssig-Chromatographierung auf Grund der Retentionszeiten an Carbowax, Fluorsilikon bzw. Elastomer SE-30 sowie gemäß der massenspektrometr. Unters. ein 2fach verzweigter KW-Stoff mit dem Molgew. 268 von der Formel $C_{19}H_{40}$ enthalten ist. Durch Vgl. mit einem synthet. Präp. wird gezeigt, daß es sich um *Pristan* handelt, dessen Vork. nach Swain [1958] bisher nur im Haifischleberöl bekannt geworden ist. K. Täufel. 4520◇

1243 **Beweis für das Vorkommen von Methylestern in Körper- und Blutlipiden.** G. A. Dhopeshwarkar und James F. Mead. (Proc. Soc. exp. Biol. Med. **109**, 425—29, Febr. 1962; Los Angeles, Calif., Univ. of California, School of Med., Dep. of Physiol. Chem.; engl.) — Gas- u. dünnschichtchromatograph. wird der Beweis erbracht, daß in den Organ- u. Blutlipiden normaler Meerschweinchen *Methylester* vorkommen. Ebenso wird mit Hilfe von $^{14}C_{(1)}$-*Elainsäuremethylester*, der an Meerschweinchen mit Fettmangel verfüttert wird, nachgewiesen, daß dieser Ester unhydrolysiert die Darmwand passiert. P. Gregorzewski. 4520◇

1244 **Abtrennung und Isolierung von Wachsen und Sterinestern vom Hautoberflächenfett mittels der Dünnschicht-Chromatographie.** E. Haahti und T. Nikkari. (Acta chem. scand. **17**, 536—37, 1963; Turku, Finnland, Univ. of Turku, Dep. of Med. Chem.; engl.) — Unter Hinweis an Hand des herangezogenen Schrifttums auf die Zus. von Hautoberflächenfett aus *KW-Stoffen, Sterinestern, Wachsen, Glyceriden, freien Fettsäuren* u. *Phospholipiden* wird die Differenzierung dieses Gemisches von Verbb. mittels der Dünnschichtchromatographie beschrieben. Das Oberflächenfett wird durch Acetonbehandlung des menschlichen Rückens (thorac. Region) gewonnen u. der in Hexan aufgenommene u. filtrierte Lipidextrakt nach Vertreiben des Acetons unmittelbar nach dem Verf. der Dünnschichtchromatographie auf Silicagel differenziert; ein anderer Teil des Extraktes wird säulenchromatograph. an SiO_2 zur Isolierung von Squalen, Wachsen u. Sterinestern behandelt [1961] u. dann diese Fraktion dünnschichtchromatograph. differenziert. Nach den mitgeteilten Chromatogrammen ist die Trennung des Stoffgemisches bei Einsatz von Silicagel G weniger scharf als bei der von Al_2O_3 G (Merck); in letzterem Fall markieren sich bes. scharf voneinander *Squalen, Wachse* u. *Sterinester*. K. Täufel. 4520◇

1245 **Fraktionierung von Serum- und Hautsterinestern sowie Hautwachsen mittels Chromatographie an mit Silbernitrat imprägniertem Silicagel.** E. Haahti, T. Nikkari und K. Juva. (Acta chem. scand. **17**, 538—40, 1963; Turku, Finnland, Univ. of Turku, Dep. of Med. Chem.; engl.) — Vgl. vorst. Referat. — Anknüpfend an die Erfolge bei der Differenzierung von Lipidmaterial unterschiedlichen Sättigungsgrades bzw. verschiedener geometr. Struktur unter Einsatz von mit $AgNO_3$ imprägniertem Silicagel bei der Säulen- bzw. bei der Dünnschichtchromatographie wird die Arbeitsweise auf Haut-*Wachse* u. -*Sterinester* sowie in vergleichender Weise auf die Sterinester von menschlichem Serum bzw. von der Hautoberfläche des Menschen angewendet. Nach den mitgeteilten Chromatogrammen werden 3 Fraktionen von Serumsterinestern erhalten, die sich durch den Sättigungsgrad der konstituierenden Fettsäuren (gesätt., mono- bzw. diungesätt.) voneinander unterscheiden. Gleiche Ergebnisse liefert die Dünnschichtchromatographie bei den Serumsterinestern; bei den Hautsterinestern manifestieren sich 2 Fraktionen (gesätt. bzw. monoungesätt. Fettsäuren) bzw. 4 Fraktionen (gesätt., mono-, diungesätt. sowie einige noch unbekannte polyungesätt. Fettsäuren). K. Täufel. 4520◇

1246 **Die Denaturierung von Proteinen.** 4. Mitt. **Conalbumin und Eisen(III)-Conalbumin in Harnstofflösung.** A. N. Glazer und H. A. McKenzie. (Biochim. biophysica Acta [Amsterdam] **71**, 109—23, 1963; Sydney, Univ. of Sydney, Phys.-Chem. Unit [C.S.I.R.O. Div. of Food Preserv.] and Biochem. Dep.; engl.) — 3. vgl. Biochim. biophysica Acta [Amsterdam] **65**, [1962], 526. — Bei pH < 4,2 treten reversible Veränderungen in der opt. Drehung, Sedimentation u. Viscosität von *Conalbumin* (I) auf, deren Ausmaß von der Ionenstärke abhängt u. die in Ggw. von *Harnstoff* (II) verstärkt sind. Im pH-Bereich 5,8—7,8 bewirkt II eine weitgehende Desorganisation von I u. I-Fe-Komplex (III). In diesem pH-Bereich u. im Bereich 8,8—10 ist III stabiler gegen II als I. Bei der Stabilisierung der nativen Konfiguration von I u. III sind Disulfidgruppen von Bedeutung. Säure u. II bewirken rasche Veränderungen im Bereich der Tyrosin- u. Tryptophanabsorption im UV-Spektrum von I. K. Zingraf. 4520◇

1247 **Hydrolyseprodukte von Fetuin.** Harold W. Fisher, Donough O'Brien und Theodore T. Puck. (Arch. Biochem. Biophysics **99**, 241—48, 1962; Denver, Colo., Univ. of Colorado; Dep. of Biophys.; engl.) — *Fetuin* (I) u. *Orosomucoid* werden mit 6,28n HCl bei 110° verschieden lange hydrolysiert u. die Hydrolyse-Prodd. chromatograph. bestimmt. Die Aminosäure-Zus. von biolog. akt. I u. inakt. I (Inaktivierung durch Ad- u. Desorption an DEAE-Cellulose) unterscheiden sich nur undeutlich. P. Gregorzewski. 4520◇

1248 **Pigmenteffektorzellen bei einem Cnidarium.** G. O. Mackie. (Science [Washington] **137**, 689—90, 1962; Edmonton, Canada, Univ. of Alberta, Dep. of Zool.; engl.) — Das Pigment der bei *Nanomia cara* (Siphonophore) beobachtbaren Chromatophorenkomplexe erweist sich in Dispersion u. Konz. als von Schwankungen der Lichtintensität abhängig; ein endogener Einfl. scheint nicht zu bestehen. Das möglicherweise als *Ommochrom* anzusprechende Pigment weist ein Extinktionsmaximum von 465—470 mμ auf. U. Tausendfreund. 4520◇

1249 **Wechselwirkung zwischen aktivem Natriumtransport und aktivem Zuckertransport im isolierten Kaninchenileum.** Stanley G. Schultz und Ralph Zalusky. (Biochim. biophysica Acta [Amsterdam] **71**, 503—05, 1963; Brooks Air Force Base, Tex., USAF School of Aerospace Med., Bionucl. Dep.; engl.) — Der akt. Na^+-Transport durch isolierte Abschnitte des Kaninchenileums wird durch den akt. Transport von *Glucose* (I), *Galaktose*, *3-O-Methylglucose* u. *α-D-Methylglucose* direkt (nicht nur über den Energiestoffwechsel) gesteigert. Nichtakt. transportierte Zucker (Fructose, Mannose, Ribose, 6-Desoxygalaktose u. 6-Desoxyglucose) sowie I + Phlorrhizin zeigten diese Wrkg. nicht. K. Zingraf. 4550◇

1250 **Isolierung immunologisch aktiver Bruchstücke von normalem menschlichen γ-Globulin nach Trypsinabbau.** L. Å. Hanson und B. G. Johansson. (Clin. chim. Acta [Amsterdam] **8**, 66—78, 1963; Göteborg, Univ., Dep. of Bacteriol., Pediatr. and Med. Biochem.; engl.) — Nach Abbau von normalem menschlichen *γ-Globulin* mit *Trypsin* konnten durch Immunelektrophorese mehrere Prodd. nachgewiesen werden, bei denen die Fällungs-Eigg. erhalten waren. Eine Gruppentrennung dieser Prodd. wurde durch Gelfiltration mit Sephadex erreicht. Eine weitere Reinigung von 2 Bruchstücken kann mit Säulenelektrophorese oder Ionenaustauschchromatographie erfolgen. Bei einem der Bruchstücke blieb die Antikörperaktivität erhalten. K. Zingraf. 4551◇

1251 **Immunologische Untersuchung von menschlichem γ-Globulin nach Abbau durch Chymotrypsin.** G. Cederblad, L. Å. Hanson und B. G. Johansson. (Clin. chim. Acta [Amsterdam] **8**, 78—85, 1963; Göteborg, Univ., Dep. of Med. Biochem., Bacteriol and Pediatr.; engl.) — Vgl. auch vorst. Referat. — Aus *Chymotrypsin*-Hydrolysat von menschlichem *γ-Globulin* konnten durch Gelfiltration auf Sephadex mit geringgradiger Vernetzung (G-75, G-100) Komponenten mit Fällungs-Eig. abgetrennt werden. K. Zingraf. 4551◇

1252 **Reinigung von γ-Globulin-Bruchstücken durch Gelfiltration.** Margaret Tan und Wallace V. Epstein. (Science [Washington] **139**, 53—54, 1963; San Francisco, Calif., Univ. of California, School of Med., Dep. of Med.; Proctor Found. for Res. in Ophthalmol.; engl.) — Wenn menschliches *γ-Globulin* ($s_{20,w}$ = 7 S; I), das spezif. hämagglutinierende Antikörper-Wrkg. besitzt, mit Papain behandelt wird, so entstehen 1wertige Bruchstücke ($s_{20,w}$ = 3,5 S), die mit intaktem 2wertigem I verunreinigt sind. Eine Trennung der beiden Komponenten ist durch Gelfiltration mit dem Dextran-Präp. Sephadex G-200 möglich. K. Zingraf. 4551◇

1253 **Die gallertige Fettgewebeatrophie.** Friedrich Lindlar. (Hoppe-Seyler's Z. physiol. Chem. **327**, 95—99, 1962; Tübingen, Univ., Patholog. Inst.; dt.) — Vf. untersuchte 13 Proben von humanem, subepicardialem Fettgewebe, das normal beschaffen oder mäßig bis stark gallertig umgewandelt war. Die quant. Best. der Gesamtlipide, des Cholesterins, des Lipid-P, der ungesätt. Fettsäuren, der wasserlösl. Extraktivstoffe, der extrahierten Trockenrückstände u. des Wasser-Geh. ergab, daß bei der Umwandlung vom normalen weißen zum gallertigen Fettgewebe nur das Neutralfett ab- u. der Wasser-Geh. zunimmt. Die extrahierten Geweberückstände nehmen ebenfalls etwas zu, während der Geh. an *Glycerinphosphatiden* u. *Cholesterin* auch bei stärkster gallertiger Umwandlung konst. bleibt. Diese Stoffe sind somit strukturelle Bestandteile der Fettgewebezelle. Ferner ist die gallertige Umwandlung mit einer Zunahme an *Polyenfettsäuren* verbunden. Winfried Krüger. 4552◇

1254 **Einbau von Schwefel-Aminosäuren durch Leukocyten bei der Wundheilung.** Martin B. Williamson, Mary V. Whalen und Harold B. Haley. (Clin. Chem. **8**, 520—25, Okt. 1962; Chicago, Ill., Loyola Univ., School of Med., Dep. of Biochem. and Surg.; Grad. School; engl.) — Nach Beibringung einer Wunde kann eine Steigerung der *Cystin* (I)-Aufnahme durch Leukocyten des peripheren Blutes beim Hund beobachtet werden; die Wrkg. ist am 3. Tag nach Setzung der Wunde am größten, nach 7 Tagen ist Normalisierung eingetreten. Durch das Vorhandensein einer Wunde wird kein Einfl. auf die Aufnahme von *Methionin* (II) durch die Leukocyten ausgeübt. Verss. mit Stoffwechselhemmstoffen zeigen, daß die Aufnahme von I u. II über verschiedene Mechanismen verlaufen muß. U. Tausendfreund. 4552◇

1255 **Über ein Glykopeptid aus Kuh-Colostrum.** Richard Kuhn und Donald Ekong. (Chem. Ber. **96**, 683—88, 1963; Heidelberg, Max-Planck-Inst., Inst. für Chem.; dt.) — Die Bausteinanalyse eines aus Kuh-Colostrum isolierten *Glykoproteids* ergab (in Molen pro Mol): 4 Galaktose, 4 Hexosamin, 4 Sialsäure, 2 Alanin, 2 Valin, 2 Isoleucin, 2 Serin, 4 Threonin, 3 Prolin, 2 Asparaginsäure, 3 Glutaminsäure u. 1 Lysin. Vermutlich liegt ein Peptid aus 21 Aminosäureresten vor, wobei 4 Carboxylgruppen der Monoaminodicarbonsäuren zur Bindung von je 1 Trisaccharidrest dienen (Hexosamin + Galaktose + Sialsäure). K. Ruckpaul. 4555◇

1256 **Die pilzhemmende Wirkung von Duftdrüsen von Pentatomiden.** M. I. Timonin. (Canad. J. Microbiol. **8**, 594—95, Aug. 1962; Saskatoon, Saskatchewan, Univ. of Sub Post Office, Agric. Res. Stat., Forest Pathol. Labor.; engl.) — Der Inhalt der Sekretsäckchen der Duftdrüsen von *Banasa dimidiata* Say., *Brochymena quadripustulata* Fabr. u. *Podisus modestus* Dall. (Insekten) zeigte eine bedeutende pilzhemmende Wirkung. D. Pöhland. 4555◇

1257 **Acetaldehydogene Steroide und verwandte Verbindungen im Harn.** R. I. Cox. (Acta endocrinol. [Copenhagen], Suppl. Nr. **51**, 1049, 1960; Sydney, Australia, Univ. of Sydney, Dep. of Veter. Physiol.; engl.) H. Herper. 4558□

1258 **Weitere Untersuchungen über die Wirkung verschiedener Östrogene auf den Plasma-Cholesterin- und Phospholipoidspiegel der kastrierten männlichen Ratte.** Kiyohisa Uchida, Masumi Kadowaki und Tamotsu Miyake. (Folia endocrinol. japon. **38**, 1094—99, 1963; Kyoto, Med. Coll., Abt. für Geburtsh. u. Gynäk.; jap., Auszug: engl. S. 1065.) — Die natürlichen Östrogene (I) *Östradiol* u. *Östron*, u. die stilbenartigen (II) *Hexöstrol* u. *Diäthylstilböstrol* erniedrigen alle bei Verabreichung während 3 Tagen (300 μg/Tag) den *Cholesterin* (III)-Spiegel; nach weiterer Verabreichung von I ist das Ausgangsniveau des III nach 20 Tagen wieder erreicht u. ist dann bis zum 60. Tage wesentlich erhöht, während es nach II erniedrigt bleibt. Das Verhältnis von III zum *Phospholipoid* (IV)-Spiegel wird von I u. II herabgesetzt. *Norethynodrel* wirkt auf III so wie II; Cortisol erhöht III u. IV. W. Stross. 4559◇

1259 **Kontrolle der Decidua-Entwicklung in der Ratte durch Steroidhormone der Ovarien.** J. M. Yochim und V. J. De Feo. (Endocrinology **71**, 134—42, 1962; Chicago, Ill., Univ. of Ill., Coll. of Med., Dep. of Anat.; engl.) — ♀ Ratten (200—250 g) wurden während der Vaginaverhornung durch mechan. Reizung des Uterushalses mit einem Glasstab in einen pseudoschwangeren Zustand versetzt. Traumatisierung des Uterus von intakten, pseudoschwangeren Ratten führte zu einem Durchschnitts-Gew. der Deciduomata (Dec.) von 1985 mg (nichttraumatisierte wiegt 148 mg). Vom 4. bis zum 8. Tag der Pseudoschwangerschaft wurde *Progesteron* (I) allein oder in Kombination mit *Östradiol* (II), *Östron* (III) oder *Östriol* (IV) injiziert. Kastrierung u. I-Einw. führte maximal (2,0 u. 4,0 mg I/Tag) nur zu 1000 mg Dec.-Gewicht. Die gleichzeitige Verabreichung von II oder III mit I ergab das gleiche Gew. wie bei intakten Ratten, während IV u. I nur wenig wirksam waren. Die Dec.-Beeinflussung ist sowohl vom Steroidverhältnis als auch vom abs. Geh. abhängig. Optimal war ein III : I-Verhältnis von 1 : 2000 oder 1 : 4000. Der Wasser-Geh. der Dec. in intakten Ratten betrug 84,3%. Nur die für das Gew. ermittelte optimale Hormonkombination ergab einen Wasser-Geh., der den intakten, pseudoschwangeren Ratten entspricht. Die Vff. schließen aus den Verss., daß I allein nicht imstande ist, Gew. u. Wasser-Geh. der Dec. der intakten, pseudoschwangeren Ratten zu erzeugen. Bernd Johannsen. 4559◇

1260 **Harn-Östriol als Index der Placenta-Funktion.** John W. Greene jun., Joseph C. Touchstone und Harry Fields. (Acta endocrinol. [Copenhagen], Suppl. Nr. **51**, 1119, 1960; Philadelphia, Pa., Univ. of Pennsylvania, School of Med., Dep. of Obstetrics and Gynecol.; engl.) H. Herper. 4559

1261 **Die Antiöstrogenwirkung eines Analogen von Chlortrianisene.** Arthur Cutler, Jeanne A. Epstein und Herbert S. Kupperman. (Acta endocrinol. [Copenhagen], Suppl. Nr. **51**, 897, 1960; New York, N.Y., Univ.-Bellevue Med. Center; engl.) H. Herper. 4559□

1262 **Klinische Prüfung der Wirksamkeit eines neuen progestagenen Steroids bei der Frau. 1.2-α-Methylen-6-chlor-$\Delta^{4,6}$-pregnadien-17α-ol-1.20-dion-17-acetat.** R. Vokaer und J. C. Kridelka. (Ann. d'Endocrinol. **24**, 49—57, 1963; Bruxelles, Univ. libre, Labor. de Gynécol. Exp.; franz.) — *1.2-α-Methylen-6-chlor-$\Delta^{4,6}$-pregnadien-17α-ol-3.20-dion-17-acetat* (*SH 714* Schering) besitzt eine sehr starke progestagene Wirkung. Sein Effekt auf das menschliche Endometrium ist dem von natürlichem *Progesteron* vollkommen gleich. Das Präp. ist auch oral sehr wirksam, Nebenwrkg. traten nicht auf. K. Zingraf. 4559◇

1263 **Biologische Wechselwirkungen zwischen Progesteron und einigen Gestagenen.** Giorgio Hecht-Lucari und Francesco Lucisano. (Acta endocrinol. [Copenhagen] Suppl. Nr. **51**, 909, 1960; Roma, Univ., Ist. di Clinica Ostetrica e Ginecol.; engl.) H. Herper. 4559□

1264 **Änderung der Spermatogenese von normalen Menschen mit synthetischen und natürlichen Progestinen.** Carl G. Heller, G. Alvin Paulsen und Donald J. Moore. (Acta endocrinol. [Copenhagen], Suppl. Nr. **51**, 925, 1960; Seattle, Wash., Pacif. Northwest Res. Foundation; engl.) — H. Herper. 4559□

1265 **Prostaglandin-Eigenschaften, Wirkungen und Bedeutung.** R. Eliasson. (Biochem. Pharmacol. **12**, 405—12, 1963; Stockholm, Karolinska Inst., Dep. of Physiol.; engl.) — Übersicht. (Vork.; pharmakolog. u. physiolog. Aktivitäten; Vgl. mit *Acetylcholin* u. *Oxytocin*; Rk. des unbefruchteten Myometriums auf *Prostaglandin* (I); I-Bedeutung für die Befruchtung beim Menschen). — 20 Literaturangaben. K. Zingraf. 4559◇

1266 **Prostaglandine — eine Gruppe von Hormonverbindungen von verbreitetem Vorkommen.** Sune Bergström. (Biochem. Pharmacol. **12**, 413—14, 1963; Stockholm, Karolinska Inst.; engl.) — Vgl. vorst. Referat. — Kurze Übersicht (Struktur, Aktivitäten). K. Zingraf. 4559◇

1267 **Der Einfluß von Gonadotropinen in vivo auf die Biosynthese von Androgenen durch Rattenhodenhomogenate.** Peter F. Hall und Kristen B. Eik-Nes. (Biochim. biophysica Acta [Amsterdam] **71**, 438—47, 1963; Salt Lake City, Utah, Univ. of Utah, Coll. of Med., Dep. of Biol. Chem.; engl.) — Die Umwandlung von ^{14}*C*$_{(4)}$*-Cholesterin* in ^{14}*C-Testosteron* durch Hodenhomogenat von Kaninchen wurde durch Injektion von *Gonadotropin* (I) in vivo nicht beeinflußt. Bei Homogenaten von hypophysektomierten Ratten trat eine Steigerung ein, wenn die Tiere 24 Std. zuvor menschliches Chorion-I oder Interstitialzell-stimulierendes Hormon erhalten hatten, nicht jedoch, wenn sie diese Substanzen 1 oder 12 Std. vorher erhalten hatten. K. Zingraf. 4560◇

1268 **Vergleich der Empfindlichkeit von Oxytocin und Desaminooxytocin gegenüber der Inaktivierung durch Leucinaminopeptidase und α-Chymotrypsin.** Julius Golubow und Vincent du Vigneaud. (Proc. Soc. exp. Biol. Med. **112**, 218—19, 1963; New York, N.Y., Cornell Univ., Med. Coll., Dep. of Biochem.; engl.) — Bei Vgl.-Unterss. erwies sich *Desaminooxytocin* (I) gegenüber der Wrkg. von Schweinenieren-*Leucinaminopeptidase* (II) als resistent, während *Oxytocin* (III) durch II-Behandlung 50% seiner Aktivität (gemessen an der Blutdrucksenkung bei Hühnern) verliert. Im Gegensatz dazu wird I durch *α-Chymotrypsin* unter Bedingungen, unter denen III noch einen Teil seiner Aktivität behält, völlig inaktiviert. U. Tausendfreund. 4560◇

1269 **Die Wirkung von Wachstumshormon und Oxytocin auf die Milchbildung bei der Ratte.** Clark E. Grosvenor und Charles W. Turner. (Proc. Soc. exp. Biol. Med. **100**, 158—61, Jan. 1959; Columbia, Univ. of Mo., Dep. of Dairy Husbandry; engl.) — Nach Verabreichung von *Wachstumshormon* (I; 1 mg/Tier/Tag; 7—13 Tage lang) oder *Oxytocin* (1 USP/kg/Tag) steigt die Milchmenge von säugenden Ratten um 41 bzw. 50% an. Beide Substanzen zusammen bewirken eine nur etwas größere, aber gleichmäßigere Steigerung. I verursacht eine Gew.-Zunahme der Tiere, das Gew. von Schilddrüse, Nebenniere u. Hypophyse bleibt unverändert. U. Baumann. 4560

1270 **Schilddrüsenhormon und die Milchbildung bei der Ratte.** Clark E. Grosvenor und Charles W. Turner. (Proc. Soc. exp. Biol. Med. **100**, 162—65, Jan. 1959; Columbia, Univ. of Mo., Dep. of Dairy Husbandry; engl.) — Vgl. auch vorst. Referat. — Nach Verabreichung von 3 μg *l-Thyroxin* (I)/100 g Körper-Gew./Tag steigt die Milch-Bldg. bei der Ratte um 37% an. Zusätzliche Behandlung mit *Oxytocin* oder (u.) *Wachstumshormon* (II) bewirkt eine Steigerung um 63,2 bzw. 73,7%. I verursacht eine Zunahme des Hypophysen-Gew., I u. II eine Zunahme des Nebennierengewichts. U. Baumann. 4560

1271 **Stoffwechseluntersuchungen von anhaltender Wachstumshormon-Therapie.** Philip H. Henneman. (Acta endocrinol. [Copenhagen], Suppl. Nr. **51**, 245, 1960; Jersey City, N.J. Seton Hall Coll. of Med.; engl.) H. Herper. 4560□

1272 **Biochemische Korrelation der Pseudocyaninreaktion zum Nachweis von Neurosekret.** Günther Sterba und Karl-Peter Wellner. (Naturwissenschaften **50**, 334—35, 1963; Leipzig, Univ., Zool. Inst.; dt.) — Aus Acetontrockenpulver von Rinderneurohypophysen wurden die akt. Hormone, der *Protein–Hormon-Komplex* (van Dyke-Protein; I) u. *Restprotein* (II; Trägersubstanz) isoliert. I, II, *Oxytocin–Vasopressin*-Fraktion, gereinigtes *Oxytocin* u. *Arginin–Vasopressin*, sowie synthet. Hormone wurden nach Oxydation mit Perameisensäure zu 0,01 n NaOH mit $5 \cdot 10^{-4}$m N.N'-Diäthylpseudocyaninchlorid-Lsg. versetzt, wobei nur oxydiertes I u. oxydiertes II eine positive Rk. (Bldg. polymeren Farbstoffs mit intensiver gelber Fluorescenz) gaben. II ist mit dem chromhämateinpositiven *Neurosekret* identisch. K. Maier. 4560◇

1273 **Einleitung und Behandlung der experimentellen Herzkrankheit infolge von psychologischem Stress und Pitressin.** A. Marino, A. Bianchi, S. Giaquinto und L. Casola. (Arch. int. Pharmacodynam. Thérap. **141**, 377 bis 395, 1963; Napoli, Univ., Ist. di Farmacol. e Tossicol.; ital.) — Die tox. Wrkg. von *Pitressin* auf das Herz des Meerschweinchens wurde durch psycholog. Stress deutlich verstärkt (DL_{20} wurde unter Stress zu DL_{100}; ischäm. EKG-Veränderungen). *Persantin* u. *Chlorpromazin*, allein u. bes. in Kombination, entfalteten eine Schutzwirkung. K. Zingraf. 4560◇

1274 **Über die Wirkung des Hypophysenhinterlappenextraktes auf die Herztätigkeit.** T. Jancsó und F. Joó. (Naturwissenschaften **50**, 128—29, 1963; Szeged, Med. Univ., Physiol. und Anat. Inst; dt.) — Unterss. über die Wrkg. von *Hypophysenhinterlappenextrakt* (I; *Piton*, Organon; *Glanduitrin*, Kőbányaer Arzneimittelfabrik) am Froschherzen legen die Vermutung nahe, daß I über eine auf die Herztätigkeit entfaltete, ausgesprochen acetylcholinartige Wrkg. verfügt. 50—70 mE. I haben einen negativ inotropen u. tonotropen, 100 mE. I sogar einen negativ chronotropen Effekt; diese Wrkg. kommt jedoch nur beim Fehlen von *$NaHCO_3$* zum Ausdruck, so daß sich zwischen I u. $NaHCO_3$ eine spezielle Rk. abzuspielen scheint, als deren Ergebnis I seine Wirksamkeit auf die Herzmuskulatur verliert. *Atropin* (unabhängig von der I-Dosis jeweils 20 μg) verhindert das Zustandekommen der I-Wrkg.; *Cholinesteraseinhibitoren* steigern die Wrkg. von I. U. Tausendfreund. 4560◇

1275 **Melanocyten-stimulierendes Hormon während eines Menstruations-Cyclus.** Bruno Dahlberg. (Acta endocrinol. [Copenhagen], Suppl. Nr. **51**, 331, 1960; Malmö, Gen. Hosp., Women's Clinic; engl.) H. Herper. 4560□

1276 **Wechselwirkung zwischen somatotropem Hormon, ACTH und Cortison in der Beeinflussung des Gasumsatzes.** A. N. Zanew. (Probleme Endokrinol. Hormontherap. [UdSSR] **8**, Nr. 5, 26—28, 1962; russ.) — Bei Verss. an Ratten zeigte es sich, daß einer der Faktoren in der Pathogenese der Verfettung bei Morbus Itzenko-Cushing eine erhöhte Produktion von *ACTH* u. *Glucocorticoiden* ist, wodurch eine Hemmung des somatotropen Hormons erfolgt. G. Wesirow. 4560△

1277 **Die Aktivität des Wachstumshormons allein und in Kombination mit adrenocorticotropem Hormon oder Östradiol-17β und Testosteronpropionat.** Renzo Grattarola. (Acta endocrinol. [Copenhagen], Suppl. Nr. **51**, 231, 1960; Berkeley, Calif., Hormon Res. Labor.; engl.) H. Herper. 4560□

1278 **Quantitative histochemische Verteilung von Pyridinnucleotiden in der Ratten-Nebenniere und der Einfluß von adrenocorticotropem Hormon.** Leonard J. Greenberg und David Glick. (Acta endocrinol. [Copenhagen], Suppl. Nr. **51**, 449, 1960; Minneapolis, Minn., Univ. of Minnesota, Med. School, Dep. of Physiol. Chem., Histochem. Labor.; engl.) H. Herper. 4560□

1279 **Quantitative Bestimmung von adrenocorticotropen Hormonen und ihren Stoffwechselprodukten im Harn.** W. S. Cost, J. J. M. Vegter, H. Doorenbos und F. S. P. v. Buchem. (Acta endocrinol. [Copenhagen], Suppl. Nr. **51**, 1061—62, 1960; Groningen, Holland, State Univ., Internal Med. Dep.; engl.) H. Herper. 4560□

1280 **Faktoren aus Hypophysenextrakten zur Erhaltung des Nebennierengewichts, die nicht adrenocorticotropes Hormon sind.** Jonathan T. Lanman und Jenny Dinerstein. (Endocrinology **67**, 1—8, 1960; New York, Univ.-Bellevue, Med. Center, Dep. of Pediatrics; engl.) — Alkal. Extrakte aus der Hypophyse enthalten Faktoren, die das Gew. der Nebenniere relativ stark beeinflussen, ohne, wie *adrenocorticotropes Hormon* (ACTH), zu einer Verarmung an *Ascorbinsäure* zu führen. Die Vff. bereiten den Extrakt folgendermaßen: Gefriertrocknung von Rinderhypophysen; die Vorderlappen werden in Sand u. 0,9%ig. NaCl-Lsg. bei pH 8,5 zentrifugiert; Filtration des Überstandes u. weitere Zentrifugierung bei 90000·*g*; Gefriertrocknung des Überstandes. Dieser Extrakt verhütet die Gew.-Abnahme der Nebenniere bei hypophysektomierten Ratten. Außerdem besitzt der Extrakt die Eigg. des *luteinisierenden Hormons* u. des *Wachstumshormons*. Es erscheint den Vff. deshalb nicht nötig, einen neuen Faktor aus dem Hypophysenvorderlappen einzuführen. P. Lange. 4560◇

1281 **Allgemeines zur Physiologie und Biochemie einiger Steroidhormone.** Emilio Segovia G. und Adela Nieto V. (Rev. Soc. quím. México **6**, 89—92, 1962; México, D.F., Syntex, S. A.; U.N.A.M., Inst. de Invest. Méd. y Biol.; span.) — Kurze Übersicht. K. Zingraf. 4561◇

1282 **Ultraschallbewegung von Corticosteroiden in Schweinegewebe.** James E. Griffin und Joseph C. Touchstone. (Proc. Soc. exp. Med. **109**, 461—63, 1962; Philadelphia, Univ. of Pennsylvania, School of Allied Med. Professions; School of Med., Dep. of Obstetrics and Gynecol.; engl.) — Es werden Verss. unternommen, um festzustellen, ob *Cortisol* (I) mit Hilfe von Ultraschall durch die Haut von Schweinen getrieben u. aus dem darunterliegenden Gewebe zurückgewonnen werden kann. Nach Ultraschallbehandlung der mit einer I-haltigen Salbe eingeriebenen Haut erhöhte sich der I-Geh. des Muskels von 0,31 auf 0,82 γ/10 g. P. Gregorzewski. 4561◇

1283 **Über die Wirkung intracerebral verabreichten Hydrocortison-Acetats bei Ratten.** Erhard Daume und Walter Hohlweg. (Acta endocrinol. [Copenhagen], Suppl. Nr. **51**, 833, 1960; Berlin, Charité, Inst. für exp. Endokrinol. der Humboldt-Univ.; dt.) H. Herper. 4561□

1284 **Abkürzungen der Restitutionsphase der Nebennierenrinde beim Meerschweinchen nach langfristiger Vorbehandlung mit Cortison durch gleichzeitige Zufuhr von Methandrostenolon.** M. Herrmann und G. Winkler. (Arzneimittel-Forsch. **12**, 82—84, 1962; Tübingen, Univ., Anatom. Inst.; Gießen, Univ., Med. Klin.; dt.) — Langfristige Behandlung mit *Cortison* verursacht Atrophie der Nebenniere. Die langdauernde Restitutionsphase kann durch gleichzeitige Verabreichung von *Methandrostenolon* (I) verkürzt werden. Es bleibt die Verkleinerung des Kern-Vol. der Zellen der Zona fasciculata aus. Das Ansprechen der Nebenniere auf die Vergiftung mit Diphtherietoxin erfolgt 3 Tage früher (am 5. anstatt am 8. Tag), wenn I gleichzeitig mitverabreicht wird. Das Absetzen der Cortisonzufuhr bewirkt ein Absinken der 17-Hydroxycorticosteroidausscheidung im Harn. Dieses Verh. wird durch gleichzeitige I-Gaben nicht verändert. W. Hiller. 4561◇

1285 **Der Einfluß von Hypophysektomie, Adrenalektomie und Cortisongabe auf den Hypothalamus-Stoffwechsel der Ratte.** C. Curri, G. Pellegrini und A. Zanoboni. (Acta endocrinol. [Copenhagen], Suppl. Nr. **51**, 67, 1960; Milan, Italy, Univ. of Milan, Dep. of Pharmacol.; engl.) H. Herper. 4561□

1286 **Wirkung der Splanchnicus-Reizung auf die Aldosteronsekretion.** Shoichiro Murakawa. (Folia endocrinol. japon. **38**, 1079—85, 1963; Kyoto, Univ., 3. Abt. für interne Med., Med. Fak.; jap., Auszug: engl. S. 1064.) — Hunden von 10 kg wurde unter Morphin–Procain eine Kanüle in die rechte Nebennierenvene eingebunden, der Splanchnicus elektr. 10 Min. lang (20 Sek. Reizung, 40 Sek. Pause) gereizt. Dies wurde 3mal nach 10 Min. Pause wiederholt u. das *Aldosteron* im Venenblut bestimmt. In $^3/_4$ der Fälle wurde es vermehrt gefunden. W. Stross. 4561◇

1287 **Die Freisetzung von Norepinephrin aus der postganglionären Sympathicusfaser.** J. Harold Burn. (Bull. Johns Hopkins Hosp. **112**, 167—82, 1963; Oxford, Univ.; engl.) — Übersicht. — 48 Literaturangaben. K. Zingraf. 4561◇

1288 **Schilddrüsen-androgene Wechselbeziehung und die hypocholesterämische Wirkung von Androsteron.** Leon Hellman, H. Leon Bradlow, Barnett Zumoff, David K. Fukushima und T. F. Gallagher. (Acta endocrinol. [Copenhagen], Suppl. Nr. **51**, 873, 1960; New York, N.Y., Sloan-Kettering Inst. for Cancer Res.; engl.) H. Herper. 4562□

1289 **Hemmung der biologischen Wirkung von Schilddrüsenhormonen durch Actinomycin D und Puromycin.** J. R. Tata. (Nature [London] **197**, 1167—68, 1963; London, Nat. Inst. for Med. Res.; engl.) — In Verss., in denen die stoffwechselstimulierende Wrkg. von *L-Thyroxin* u. *3.5.3'-Trijod-L-thyronin* (Ratten) durch *Actinomycin D* (I) u. *Puromycin* gehemmt wird, läßt sich zeigen, daß die calorigene u. wachstumsfördernde Wrkg. der Schilddrüsenhormone offenbar sek. Manifestationen der im Zellbereich angreifenden prim. Wrkg., des Einfl. auf die Protein-Synth. sind. Bes. die Wrkg. von I zeigt, daß die Schilddrüsenhormone vermutlich durch Kontrollierung der Verfügbarkeit der *„messenger"-Ribonucleinsäure* wirken. U. Tausendfreund. 4562◇

1290 **Die Wirkungen von 2.5.3'-Trijodthyronin und Natriumsalicylat auf Stoffwechsel, Pulsschlag und Körpertemperatur.** C. L. Gemmill, R. G. King und K. M. Browning. (Acta endocrinol. [Copenhagen], Suppl. Nr. **51**, 1221, 1960; Charlottesville, Va., Univ. of Virginia, School of Med., Dep. of Pharmacol.; engl.) H. Herper. 4562□

1291 **Cytologische Befunde der Schilddrüse bei Hyperthyreosen, die mit Thyreostaticis behandelt wurden.** I. Črepinko, Z. Škrabalo und E. Hauptmann. (Acta endocrinol. [Copenhagen], Suppl. Nr. **51**, 1159, 1960; Zagreb, Jugoslawien, Krankenhaus „Dr. Ozren Novosel", Med. Fak.-Abt. und Zentralmed.-chem. Labor.;) H. Herper. 4562□

1292 **Verhütung der Salzhypertension durch Propylthiouracilbehandlung bei Ratten.** Melvin J. Fregly. (Proc. Soc. exp. Biol. Med. **102**, 299—302, Nov. 1959; Gainesville, Fla., Univ. of Florida, Coll. of Med., Dep. of Physiol.; engl.) — Verabreichung von *Propylthiouracil* kann bei Ratten die durch hyperton. Salz-Lsgg. ausgelöste Hypertonie verhüten. So blieb unter 0,1%ig. Zulage von *6-n-Propyl-2-thiouracil* zur Kost die nach 1,75%ig. *NaCl*-Trinkwasser erwartete Anhebung des systol. Blutdruckes aus, u. es kam außerdem auch nicht zu Herz- u. Nierenhypertrophie. Der Mechanismus der Hypertensionsverhütung (ob durch direkte Wrkg. auf die Schilddrüse, durch indirekte Wrkg. über Mangel an Schilddrüsenhormon oder durch extrathyreoidale Wrkg.) ist unbekannt. U. Tausendfreund. 4562□

1293 **Über die Natur der in gelagerten trägerfreien $Na^{131}J$-Lösungen beobachteten Umsetzungen.** O. Eichler, M. Höbel und Chr. Weege. (Hoppe-Seyler's Z. Physiol. Chem. **327**, 135—43, 1962; Heidelberg, Univ., Pharmakolog. Inst.; dt.) — Schon seit einiger Zeit ist bekannt, daß Autoradiogramme gelagerter, manchmal auch frischer, trägerfreier $Na^{131}J$-Lsgg. mehrere Flecken aufweisen. Vff. untersuchten eine Reihe solcher Lsgg., die unter O_2, N_2, im Dunkeln oder im Licht aufbewahrt wurden, u. stellten fest, daß es sich bei den verschiedenen autoradiograph. nachweisbaren Substanzen nicht um Kunst-Prodd., sondern Oxydations-Prodd. handelt. Von diesen konnte bisher $^{131}JO_3^-$ identifiziert werden. Dieser „Lagerungseffekt" läßt sich auch durch UV-Bestrahlung innerhalb weniger Std. erzeugen. Die Ergebnisse werden im Hinblick auf biolog. Verss. mit ^{131}J diskutiert. Winfried Krüger. 4562◇

1294 **Nebenschilddrüsen und Mineralstoffwechsel.** Isidor Greenwald. (Acta endocrinol. [Copenhagen], Suppl. Nr. **51**, 481, 1960; New York, N.Y., Univ., Coll. of Med., Dep. of Biochem.; engl.) H. Herper. 4563□

1295 **Nebenschilddrüsenhormon und Oxydation von Glucose, Pyruvat und Citrat durch den Gesamtorganismus der intakten Ratte.** James L. Spratt und Gar Bo Ho. (Arch. int. Pharmacodynam. Thérap. **141**, 95—99, 1963; Chicago, Ill., Argonne Cancer Res. Hosp.; Univ. of Chicago, Dep. of Pharmacol; engl.) — Werden $^{14}C_{(1)}$-*Glucose*, $^{14}C_{(6)}$-*Glucose*, $^{14}C_{(1.5)}$-*Citrat* u. $^{14}C_{(1)}$-*Pyruvat* 30 Min. nach 10 Einheiten *Nebenschilddrüsenextrakt* (*Parathyroid* USP.) injiziert, so kann an der $^{14}CO_2$-Ausbeute im Vgl. zu Kontrollen kein Einfl. von Nebenschilddrüsenhormon abgelesen werden. Nebenschilddrüsenhormon übt unter diesen Bedingungen demnach keine Wrkg. auf die Glucoseoxydation des Gesamtorganismus aus; ebenso schlägt sich die Beeinflussung des Knochencitratstoffwechsels nicht in der Citratoxydation des Gesamtorganismus nieder. U. Tausendfreund. 4563◇

1296 **Der Einfluß von Nebenschilddrüsenextrakt auf die Natriumausscheidung.** G. A. Charbon und M. H. Hoekstra. (Arch. int. Pharmacodynam. Thérap. **141**, 1—6, 1963; Utrecht, Univ., Fac. of Med., Pharmacol. Labor.; engl.) — Nach i.v. Injektion von nur 2,5 USP.-Einheiten *Nebenschilddrüsenextrakt*/kg konnte bei Hunden eine von der P-Ausscheidung unabhängige Steigerung der *Na*-Ausscheidung beobachtet werden. Bei Na-Retention u. möglicherweise zur raschen Prüfung der Wirksamkeit einer Nebenschilddrüsenzubereitung könnte diese Beobachtung nutzbar gemacht werden. U. Tausendfreund. 4563◇

1297 **Pankreatektomie bei Ratten: Beginn metabolischer Veränderungen in Leber, Fettgewebe und Zwerchfell.** R. H. Migliorini und I. L. Chaikoff. (Amer. J. Physiol. **203,** 1019—23, 1962; Berkeley, Calif., Univ. of California, Dep. of Physiol.; engl.) — Die Beobachtung der Verwertung von *^{14}C-Glucose* (I) u. *-Acetat* (II) bei pankreatektomierten Ratten läßt die frühesten Stoffwechselveränderungen an einer I-Verwertungsstörung in Leber u. Fettgewebe erkennen, die bereits nach 2 Std. einsetzt. Die Verwertung von II ist zuerst im Fettgewebe gestört (nach 2—4 Std.), in der Leber zwischen 4 u. 14 Std. nach der Pankreatektomie. Die Verminderung der I-Aufnahme durch das Zwerchfell wird zwischen der 3. u. 14. Std. erkennbar. *Insulin* scheint demnach eine direkte Wrkg. auf das Lebergewebe auszuüben. U. Tausendfreund. 4564◇

1298 **Die Wirkung von Insulin auf die Freisetzung nichtveresterter Fettsäuren aus dem menschlichen Bein.** E. H. Estes jun., M. D. Bogdonoff, S. J. Friedberg, W. R. Harlan jun. und D. L. Trout. (J. clin. Invest. **38,** 2131—34, Dez. 1959; Durham, N.C., Vet. Admin. Hosp., Central Reference Labor.; Duke Univ., Med. Center, Dep. of Med.; engl.) — Auf intraarterielle Injektion kleiner Dosen von *Insulin* (0,5 bis 1 Einheit) in die Beinarterie kommt es zu einer ausgeprägten Rk. dieses peripheren Gewebes, die sich in einer lokalen Hemmung der Freigabe *nichtveresterter Fettsäuren* (I) aus dem Fettgewebe des Beines (die die lokale Steigerung der *Glucose*-Aufnahme begleitet) äußert. Im einzelnen geht der arterielle I-Spiegel innerhalb 20 Min. nach der intraarteriellen Injektion zurück, die vorher negative arteriovenöse I-Differenz geht in eine positive Differenz über; diese Veränderungen unterscheiden sich signifikant von den Werten im nichtinjizierten Kontrollbein. U. Tausendfreund. 4564□

1299 **Wirkungen von Insulin und Alloxandiabetes auf den Glucosestoffwechsel im Aortengewebe des Kaninchens.** P. D. Mulcahy und Albert I. Winegrad. (Amer. J. Physiol. **203,** 1038—42, 1962; Philadelphia, Pa., Univ. of Pennsylvania, George S. Cox Med. Res. Inst.; engl.) — *Insulin* (I) hat in vitro keine Wrkg. auf die *Glucose* (II)-Aufnahme oder *Milchsäure* (III)-Bldg. durch die Brustaorta (von Adventitia befreite Gewebeschnitte) des Kaninchens. Alloxandiabetes führt zur Verminderung des II-Geh., der III-Bldg. sowie des Einbaus von II-^{14}C in CO_2, *Glykogen* (IV) u. Gesamtfett; I-Therapie in vivo über die Dauer von 18 Std. hat keinen Einfl. auf diese Verminderungen. Gewebe normaler u. diabet. Tiere bauen unter I-Einfl. vermehrt ^{14}C aus II in Gesamtlipid u. IV ein. U. Tausendfreund. 4564◇

1300 **Abbau von Insulin durch Gewebeextrakte normaler und nephrotischer Ratten.** H. L. Wildberger, H. T. Ricketts und Lidia Regut. (Proc. Soc. exp. Biol. Med. **112,** 168—70, 1963; Chicago, Ill., Univ. of Chicago, Dep. of Med.; engl.) — Leber- u. Nierenextrakte nephrot. Ratten besitzen eine geringe Potenz zur Inaktivierung von *^{131}J-Insulin* (I) als Leber- u. Nierenextrakte normaler Ratten. Der Nachw. dieser geringeren Potenz wurde durch Beobachtung der Wrkg. von mit krist. I inkubierten Gewebeextrakten auf den Verlauf der Blutzuckerkurven normaler Ratten (nach i.v. Injektion) u. durch die Best. von nichtabgebautem ^{131}J-I geführt. U. Tausendfreund. 4564◇

1301 **Einfluß von Insulin auf den Protein-, Lipid- und Glycidstoffwechsel. 3. Mitt. Vergleichende Untersuchung der Stickstoffkomponenten des Serums beim Insulinschock bei stoffwechselgesunden Schizophrenikern.** Jelena J. Bojanović, Anka D. Jevtović, Milanka O. Corbić und Dragoslav O. Rosić. (Ber. chem. Ges. Belgrad **25/26,** 373—92, 1961; Beograd, Veter. fak. u. Med. fak., chem. inst.; serbokroat., Auszug: engl.) — 20 in *Insulinschocktherapie* befindlichen *Schizophrenen* (10 ♂, 10 ♀) wird vor dem Schock u. im Coma (2—3 Std. nach der Injektion) Blut entnommen. Durch den Schock erhöht sich der Gesamt-N um 8,64%, das Gesamtprotein um 9,70%, die freien α-Aminosäuren gehen um 43,13%, die an Polypeptid gebundenen um 31,33% zurück, auch die Polypeptide nehmen ab. Der Rest-N wird deutlich verringert, der Harnstoff-N nimmt in 30% der Fälle zu, in 25% ab u. bleibt in 45% unverändert. Die Veränderungen des Gesamt-N, des Nichtprotein-N, des Amino- u. Polypeptid-N u. des Gesamtproteins sind im Serum von ♂ größer als bei ♀. R. K. Müller. 4564◇

1302 **Aminosäuren-analoger Einbau in Pankreassekretproteine in vivo.** E. Hansson und T. Garzo. (Biochim. biophysica Acta [Amsterdam] **61,** 121—28, 1962; Stockholm, Kungl. Veterinärhögskolan, Dep. of Pharmacol.; engl.) — 50 μc *DL-^{14}C$_{(1)}$-Äthionin* (I) oder 50 μc *DL-^{14}C$_{(3)}$-p-Fluorphenylalanin* (II) werden in die Oberschenkelvene der Katze appliziert u. in gewissen Abständen Pankreassekret nach Öffnung des Abdomens entnommen. Aus dem Sekret werden die *Proteine* mit einem gleichen Vol. 10% ig. wss. kalter Trichloressigsäure (III)-Lsg. gefällt u. der Nd. 3mal mit kalter u. einmal mit heißer 5% ig. III-Lsg. gewaschen, mit warmem 95% ig. A. entfettet, zweimal mit A./Ae. u. schließlich mit Ae. getrocknet. Das Protein wird entweder direkt papierelektrophoret. aufgetrennt oder vorher durch Hydrolyse mit 6n HCl 24 Std. bei 110° im verschlossenen Röhrchen gespalten. Mit dem Pankreassekret werden bei steigender Vers.-Dauer fallende Mengen Protein abgeschieden. Bereits 15 Min. nach Applikation von I oder II ist das Pankreassekret radioaktiv. Allerdings verbleibt die Radioaktivität in der III-lösl. Fraktion. Zu den späteren Zeitpunkten befindet sich die Radioaktivität in den III-unlösl. Proteinen. Wird statt I *^{14}C-Methionin* (IV) appliziert, so durchläuft die Radioaktivität der Pankreasproteine nach 1—2 Std. ein Maximum. Demgegenüber ist nach Applikation von I auch nach 7 Std. noch keine Abnahme der Radioaktivität zu beobachten. Dagegen verläuft die Protein-Synth. aus II in einem ähnlichen zeitlichen Verlauf wie aus IV. Hier beobachtet man auch ein schwaches Radioaktivitätsmaximum in den Pankreasproteinen 2—4 Std. nach II-Applikation. Nach elektrophoret. Trennung der Proteinfraktionen erweisen sich alle Proteinkomponenten als radioaktiv. Darüber hinaus ist auch deren spezif. Radioaktivität gleich. Dasselbe gilt für reine *Amylase*, die aus Pankreassekret isoliert wurde. Nach saurer Hydrolyse erhält man unverändertes II zurück, während I als *Äthioninsulfoxid* nachgewiesen wird. L. Träger. 4564◇

1303 **Natrium- und Kalium-Exkretion bei pinealektomierten und adrenalektomierten Ratten.** William D. Tanner und Gerald F. Hungerford. (Proc. Soc. exp. Biol. Med. **109,** 388—90, Febr. 1962; Los Angeles, Calif., Univ. of Southern California, School of Med., Dep. of Anat.; engl.) —Es werden Verss. durchgeführt, um den Einfl. der Zirbeldrüse auf den Elektrolytstoffwechsel festzustellen. Bei pinealektomierten Tieren ist die *Na*-Retention höher als bei Normaltieren; gleichzeitige Pineal- u. Adrenalektomie verursacht die gleiche Na-Retention wie Adrenalektomie allein. Die *K*-Retention wird durch die Zirbeldrüse nicht beeinflußt. Es wird angenommen, daß die Zirbeldrüse ein *Hormon* sezerniert, das die Na-Retention verringert u. über die Nebennieren wirksam wird. P. Gregorzewski. 4565◇

1304 **Elektrische und mechanische Aktivität des Hühneramnions.** Alan W. Cuthbert. (Nature [London] **193,** 488—89, 1962; London, Univ., Dep. of Pharmacol., School of Pharmacy; engl.) — Unterss. an Schnitten von Kükenamnion (6—14 Tage alte Embryonen) zeigen den spontanen Rhythmus der Aktivität u. dessen Veränderung nach Applikation von *Acetylcholin* an glatter Muskulatur. K. Heyns. 4569◇

1305 **Wechselbeziehungen zwischen dem Renin-Gehalt in Nieren und dem Blutdruck bei Ratten mit renal bedingtem Hochdruck.** D. Regoli, R. Hess, H. Brunner, G. Peters und F. Gross. (Arch. int. Pharmacodynam. Thérap. **140,** 416—26, Dez. 1962; Basle, Ciba Ltd.; engl.) — Durch Abklemmen der einen Nierenarterie kommt es zu einem Anstieg der *Renin* (I)-Konz. in der betroffenen Niere u. zu einem Absinken des I-Geh. in der anderen Niere auf beinahe Null. Wenn einseitig nephrektomierten Ratten die Arterie der verbleibenden Niere abgeklemmt wird, tritt in dieser keine Änderung der I-Konz. ein, bei beiden entsteht der gleiche Hochdruck. Außer den I-Änderungen werden Verringerungen der *Glucose-6-phosphatdehydrogenase*-Aktivität in Nieren u. anderen Geweben festgestellt. Als Ursache für beide Erscheinungen werden Änderungen im Na-Stoffwechsel angenommen. P. Gregorzewski. 4569◇

1306 **Pharmakologische Notizen über Bradykinin.** L. Mazzucchelli. (Boll. chim. farmac. **101,** 735—38, 1962; Milano, Labor. Pastival; ital.) — Übersicht. — 10 Literaturangaben. K. Zingraf. 4569◇

1307 **Einige pharmakologische Wirkungen synthetischer Angiotensinamidanaloga.** Therezinha B. Paiva und A. C. M. Paiva. (Brit. J. Pharmacol. Chemotherapy **15,** 557 bis 560; Dez. 1960; São Paulo, Escola Paulista de Med., Labor. de Farmacol.; engl.) — Es wurden die relativen Wrkg. folgender 5 Peptidanalogen von *Angiotensinamid* (I; *Asparagyl$_1$-valyl$_5$-angiotensin II*) untersucht: *Isoleucyl$_5$*-I, *Nitroarginyl$_2$*-I, *Ornithyl$_8$*-I, *Phenylalanyl$_4$*-I u. *Homotyrosyl$_{4,5}$*-I. Geprüft wurden die Wrkg. am Rattenblutdruck, am isolierten Rattenuterus u. am isolierten Meerschweinchenileum. Setzt man für die jeweilige Wrkg. von I an den Prüf-Präpp. den Wert 100, so zeigen die Analoga in der oben angegebenen Reihenfolge folgende Blutdruck-Wrkg.: 52, 25, 8,9, 4,9 u. 0,33; folgende Uterus-Wrkg.: 33, 3,1, 1,6, 2,5 u. 0,10 sowie folgende Ileum-Wrkg.: 35, 0,29, 0,73, 3,2 u. 0,10. Es wird also erkennbar, daß nicht nur alle Analoga geringere Wirksamkeit als I besitzen, sondern daß die Wrkg. auch an verschiedenen Präpp. in unterschiedlicher Stärke zum Ausdruck kommt, obwohl die Strukturveränderungen von I relativ gering sind. Die Bedeutung der Guanidogruppe scheint dabei nicht nur durch ihren bas. Charakter bedingt zu sein; die Verkürzung der Seitenkette kann zu Interferenzen der Wrkg.-Charaktere führen. U. Tausendfreund. 4569□

1308 **„SRS-A", die langsam reagierende Substanz der Anaphylaxie.** W. E. Brocklehurst. (Biochem. Pharmacol. **12**, 431—35, 1963; Edinburgh, Univ., Dep. of Pharmacol.; engl.) — Übersicht (Pharmakologie u. Bldg. im Gewebe nach Antigen-Antikörper-Rk.; bisher bekannte Chemie der Substanz: wahrscheinlich ein Neuraminsäure-Deriv., geringes Molgew., mit Bedeutung beim Humanasthma). — 28 Literaturangaben. K. Zingraf. 4551◇

1309 **Im Zusammenhang mit Histamin-Freisetzung auftretende Lipid-Spasmogene.** Börje Uvnäs. (Biochem. Pharmacol. **12**, 439—43, 1963; Stockholm, Karolinska Inst., Dep. of Pharmacol.; engl.) — Bei der Histaminfreisetzung von durchströmten Katzenpfoten u. von isolierten Rattenmastzellen durch *Compound 48/80* u. von sensibilisierten Meerschweinchenlungen durch Antigen wurden *biolog. akt. Substanzen* mit chromatograph. Meth. abgetrennt. Von allen Arten wurden Spasmus erzeugende Prinzipien gewonnen, die *ungesätt. Fettsäuren, Phosphatidylcholin, Phosphatidcholin* u. „langsam reagierende Substanz" enthalten. K. Zingraf. 4569◇

1310 **Isolierung von 1-Methylimidazolyl-(4)-essigsäure, einem Stoffwechselprodukt des Histamins aus menschlichem Urin.** E. A. Ham und R. W. Schayer. (Biochim. biophysica Acta [Amsterdam] **71**, 208—09, 1963; Rahway, N.J., Merck Sharp u. Dohme Res. Labor. and Merck Inst. for Therapeut. Res.; engl.) — Vff. isolieren aus dem Harn von einer an Hautentzündung leidenden ♂ Person 3,7 mg *1-Methylimidazolyl-(4)-essigsäure* (I)/Liter. Aus dem Urin einer Normalperson gelang die Isolierung nicht. Die Isolierung u. Best. von I nach der Isotopenverdünnungs-Meth. wird beschrieben. W. Hiller. 4569◇

1311 **Prüfung einiger Antagonisten von Histamin, 5-Hydroxytryptamin und Acetylcholin beim Meerschweinchen.** J. A. Holgate und B. T. Warner. (Brit. J. Pharmacol. Chemotherapy **15**, 561—66, Dez. 1960; Hounslow, Middlesex, Parke Davis & Co., Dep. of Pharmacol. Res.; engl.) — Durch Best. der Widerstandswerte gegenüber Lufteinblasung in die Lungen urethannarkotisierter Meerschweinchen wurde die Wrkg. von *Histamin* (I), *5-Hydroxytryptamin* (5-HT) u. *Acetylcholinchlorid* (II) sowie die Wrkg. folgender Antagonisten untersucht (i. v. u. peroral verabreicht): *Chlorpheniraminmaleat, Diphenhydraminhydrochlorid* (III), *Mepyraminmaleat* (IV), *2-Bromlysergsäurediäthylamidbitartrat, Lysergsäurediäthylamidtartrat* (V) u. *Atropinsulfat* (VI). Durch 50 μg **V**/kg wurde z. B. die Rk. gegenüber 10—20 μg 5-HT auf $^1/_{10}$—$^1/_{20}$ (d. h. auf die Stärke der Rk. gegenüber 1 μg 5-HT) herabgesetzt; die antagonist. Wrkg. hielt ca. 30 Min. ungeschwächt an u. nahm dann allmählich ab. Für alle Antagonisten wurden Wrkg.-Quotienten aufgestellt, die die teilweisen großen Wrkg.-Unterschiede bei dieser in vitro-Anordnung erkennen lassen. In Anti-I-Verss. war die Spezifität von **IV** größer als die von **III**. Zu einer späteren Zeit kam es auch für **IV** u. **III** zu einer maximalen antagonist. Wrkg. gegenüber **II**. **V** schien die Wrkg. von **I** u. **II** zu potenzieren. Durch **VI** konnte auch 5-HT, u. zwar in einem größeren Dosisquotienten als **I**, antagonist. beeinflußt werden. U. Tausendfreund. 4569□

1312 **Schwermetallkomplexe von Derivaten des Imidazols und verwandter Heterocyclen.** Friedhelm Schneider und Werner Schaeg. (Hoppe-Seyler's Z. physiol. Chem. **327**, 74—85, 1962; Tübingen, Univ., Physiol.-Chem. Inst.; dt.) — Die Basizitäts-Konst. von *3-Methylhistidin* (I), *1-Benzylhistidinamid* (II), *Imidazolyl-(2)-alanin* (III), *Pyrazolyl-(3)-alanin* (IV) u. *Triazolyl-(3)-alanin* (V) sowie die Stabilitäts-Konst. ihrer *Zn-, Co-* u. *Ni-Komplexe* wurden durch potentiometr. Titration bestimmt u. mit den entsprechenden Werten des *Histidins* (VI) verglichen. Die Komplexstabilitäten nehmen in der Reihenfolge **VI** > **III** > **IV** > **II** ab. **V** ist nicht mit den Histidinanalogen vergleichbar, da es unter Beteiligung des Iminoprotons 1 : 1-Komplexe bildet. *Imidazolyl-(4)-* u. *Pyridyl-(2)-essigsäure* bilden Sechsringchelate u. besitzen demnach niedrigere Komplex-Konst. als die Fünfringchelate der Imidazolyl-(4)-carbonsäure u. der α-Picolinsäure. Die einzelnen Komplexe werden hinsichtlich Stabilität, Basizität u. Ringgröße miteinander verglichen. Winfried Krüger. 4569◇

1313 **Biolumineszenz von Meganyctiphanes norvegica, einem Krustentier aus der Familie der Euphausiiden; der Einfluß von 5-Hydroxytryptamin.** R. H. Kay. (J. Physiology **165**, 63 P—64 P, 1963; Oxford, Univ. Labor. of Physiol.; engl.) — *Meganyctiphanes norvegica* wird durch *5-Hydroxytryptamin* (I)-Konzz. von ca. 10^{-5} g/ml W. ohne zusätzlichen Reiz zum Leuchten angeregt (Latenzzeit 3—16 Min.; Dauer der Luminescenzerscheinung 1—1$^1/_2$ Std.); kleinere Konzz. von I sind ohne zusätzlichen Reiz wirkungslos, verkürzen jedoch die Latenzzeit u. verstärken die Dauer u./oder Intensität der Luminescenzerscheinungen, die nach Beleuchten der Tiere mit der Taschenlampe oder mit Blitzlicht eintreten. K. Zingraf. 4569◇

1314 **Antagonistische Wirkung einiger Lysergsäurederivate auf die Diuresehemmung durch 5-Hydroxytryptamin.** Giuseppe De Caro. (Arch. int. Pharmacodynam. Thérap. **141**, 54—61, 1963; Parma, Univ., Ist. di Farmacol.; franz.) — Die antagonist. Wrkg. von *Lysergsäurediäthylamid* u. dessen Derivv. *2-Brom-, 1-Methyl-* (I), *1-Methyl-2-brom-* (II) u. *Lysergsäure-1-methylbutanolamid* gegen die diuresehemmende Wrkg. von *5-Hydroxytryptamin* (III) bei Ratten war geringer als die antagonist. Wrkg. gegen andere Wrkg. von **III**. **I** u. **II** waren am wirksamsten. K. Zingraf. 4569◇

1315 **Freies Serotonin (5-Hydroxytryptamin) im Plasma.** N. Crawford. (Clin. chim. Acta [Amsterdam] **8**, 39—45, 1963; Birmingham, Queen Elizabeth Hosp., Clin. Res. Unit, Dep. of Surg.; engl.) — Menschliches Plasma enthält 0,003 bis 0,045 μg freies *Serotonin*/ml (Mittelwert 0,019 μg/ml). K. Zingraf. 4569◇

1316 **Durch Nervenreizung, vermutlich über Freisetzung von 5-Hydroxytryptamin hervorgerufene Reaktionen des Froschmagenmuskels.** Inderjit Singh. (Arch. int. Pharmacodynam. Thérap. **141**, 67—74, 1963; Agra, Med. Coll., Dep. of Physiol.; engl.) — Die durch Nervenreizung sowie *5-Hydroxytryptamin* (I) an der Magenmuskulatur des Frosches ausgelösten Erschlaffungen können gleichermaßen durch I-Antagonisten vollständig aufgehoben werden; da Reizung zur I-Freisetzung führt, dürfte demnach die Erschlaffung auf I-Freisetzung beruhen. Während der Reizung zu beobachtende phas. Kontraktionen werden ebenfalls durch I-Antagonisten ausgelöscht, so daß I beim Frosch als Mittlersubstanz anzusehen ist. Ob I durch den Reiz über cholinerg. oder adrenerg. bzw. spezif. Fasern freigesetzt wird, ist noch unklar. U. Tausendfreund. 4569◇

1317 **Pharmakologisch wirksame saure Phospholipide und Glykolipide.** W. Vogt. (Biochem. Pharmacol. **12**, 415—20, 1963; Göttingen, Med.-Forsch.-Anst. der Max-Planck-Ges., Pharmacolog. Abt.; engl.) — Übersicht über Vork. von *Darmstoff* (I), seine Wrkg. auf die glatte Muskulatur u. die Identifizierung von Phosphatidsäure u. anderen sauren Phospholipiden als akt. Prinzipien von I-Präparaten. — 29 Literaturangaben. K. Zingraf. 4569◇

1318 **Versuche mit O-methylierten Dopamin-Analogen an Katzen.** A. M. Ernst. (Acta physiol. pharmacol. neerl. **11**, 48—53, 1962; Amsterdam, North-Holland Publishing Co.; engl.) — Ausgehend von der Vermutung, daß die hypokinet. Starre durch eine O-Methylierung der p-OH-Gruppe des *Dopamins* hervorgerufen wird, wurden die *Hydrochloride* von *Bulbocapnin, Papaverin, Laudanin, Laudanosin, 3.4-Dimethoxy-β-phenyläthylamin* u. *Mescalin*, die alle die p-O-methylierte Dopaminkonfiguration enthalten, Katzen in Dosen von 15—60 (mg/kg) subkutan injiziert. Die nach 30 Min. eintretende Starre wurde durch 80—100 (mg/kg) *β-Phenyläthylamin* oder 100 (mg/kg) *Dopa* in weiteren 30 Min. wieder

aufgehoben (Bulbocapnin weicht etwas ab), während sie bei unbehandelten Tieren erst nach 1½—2 Std. wich.
K. Heyns. 4569◇

1319 **Zum Tyrosinstoffwechsel der Insekten. 6. Mitt. Identifizierung von N-Acetyl-3.4-dihydroxy-β-phenäthylamin (N-Acetyldopamin) als Tyrosinmetabolit.** Peter Karlson, Constantin E. Sekeris und Kalliope E. Sekeri. (Hoppe-Seyler's Z. physiol. Chem. **327**, 86—94, 1962; München, Univ., Physiol.-Chem. Inst.; dt.) — 5. vgl. C. **1962**, 10870. — Aus dem methanol. Homogenat von Larven der Schmeißfliege *Calliphora erythrocephala* wurde durch präparative Papierchromatographie als neues Stoffwechsel-Prod. des Tyrosins *N-Acetyldopamin* (*N-Acetyl-3.4-dihydroxy-β-phenäthylamin*, I) isoliert. Die neue Verb. wurde durch das UV-Spektrum (λ_{max} 205 u. 279 nm), das IR-Spektrum (Amidbanden bei 6,12 u. 6,41 μ), durch Farbrkk., Papierelektrophorese, -chromatographie, chem. Abbau zu *Dopamin* (II) sowie durch Vgl. mit einem synthet. Prod. identifiziert. Ferner wurden α-^{14}C-I u. durchgehend markiertes ^{14}C-N-Acetyltyramin synthetisiert u. ihr Einbau in die Cuticula studiert. Danach erwiesen sich I u. II als die besten Vorstufen der Sklerotisierungssubstanz. I scheint der phenol. Vorläufer für die sklerotisierenden Chinone zu sein. Ferner konnten in den Larvenextrakten I-*4-O-β-glucosid* u. *N-Acetyltyramin* (III) aufgefunden werden.
Versuche: *N-Acetyl-3.4-dihydroxy-β-phenäthylamin* aus 455 mg 3.4-Dihydroxyphenäthylaminhydrochlorid durch Acetylierung in Dioxan, Verseifung des Triacetats mit 20%ig. alkohol. HCl zum N-Monoacetyl-Deriv. u. Reinigung desselben an einer Al_2O_3-Säule durch Elution mit Bzl./Essigester u. Methanol/Essigester. Oxydations- u. feuchtigkeitsempfindliche Kristalle, 320 mg (Ausbeute). — *α-^{14}C-N-Acetyldopamin* aus einer Mischung von markiertem Dopamin (spezif. Aktivität 1,0 mc/mMol, II) u. inakt. II-Hydrochlorid wie vorst. beschrieben.— *^{14}C-Tyramin* aus einer Mischung von 0,8 mg ^{14}C-L-Tyrosin (spezif. Aktivität 0,0526 mc/mg) u. 12 mg Tyrosinhydrochlorid durch Erhitzen mit 1 g β-Naphthylmethyläther (IV) im zugeschmolzenen Röhrchen auf 268 bis 270° u. Entfernung des IV mit PAe. nach Abkühlung, F. 158°, 7,8 mg (82,5%). — *^{14}C-N-Acetyltyramin* aus vorst. Verb. durch 3½std. Kochen mit 0,5 ml Dioxan u. 1 ml Isopropenylacetat unter Rückfluß auf dem Wasserbad, Eindampfen, Lösen des Rückstandes in Cyclohexan, Zugabe von 2 mg inakt. III u. Umkristallisation aus Bzl./Essigester, F. 132 bis 133°, spezif. Aktivität 0,166 μc/mg, 4,03 mg.
Winfried Krüger. 4569◇

1320 **Neue histologische Befunde zur Neurosekretion bei terrestrischen Isopoden [Porcellio scaber Latr. und Oniscus asellus (L.)].** Benjamin Messner. (Naturwissenschaften **50**, 338, 1963; Greifswald, Univ., Zool. Inst.; dt.) — Unterss. an Serienschnitten von *P. scaber* u. *O. asellus* (Färbung mit Chromalaun–Hämatoxylin-Phloxin u. Paraldehyd-Fuchsin) ergaben das Fehlen eines Sinusdrüsen-X-Organs u. eine direkte Beziehung zwischen β-Zellen des Protocerebralganglions u. Sinusdrüse. Während der Häutung besteht eine Parallelität im Sekretionscyclus zwischen β-Zellen u. Sinusdrüse. Das im 1. Maxillarsegment gelegene Y-Organ zeigt zu Beginn der Häutungsvorbereitung eine Vakuolisierung, der eine Sekretansammlung unter dem Neurilemm der aufgelagerten Nervenverzweigung parallel läuft. Das *acidophile Sekret* des Y-Organs wandert unter das Neurilemm ein, wird hier gespeichert u. dann im Blut abgegeben. Im Lumen des Magenganglions waren große Mengen acidophiler Sekrettropfen u. -granula feststellbar.
K. Maier. 4569◇

1321 **Dunkel- und lichtadaptierende Hormone, die das äußere Retinapigment der Garnele Palaemonetes vulgaris kontrollieren.** Milton Fingerman, Mildred E. Lowe und Bangalore I. Sundararaj. (Biol. Bull. **116**, 30—36, Febr. 1959; New Orelans, Tulane Univ., Newcomb Coll., Dep. of Zoology; Louisiana and Woods Hole, Massachusetts, Marine Biolog. Labor.; engl.) — Das äußere Retinapigment der *Palaemonetes vulgaris*-Garnele wird durch licht- u. dunkeladaptierende *Hormone* kontrolliert. Die Hormone befinden sich in den Antennendrüsen u. im Zentralnervensystem. Das dunkeladaptierende Hormon wurde dadurch nachgewiesen, daß man lichtadaptierenden Exemplaren, die unter ständiger Beleuchtung gehalten wurden, Gewebeextrakte von dunkeladaptierenden Proben injizierte.
K. Heyns. 4569

1322 **Beweis für multiple Calcium-„pools" im Blut des Hundes.** Mildred J. Wiester, Susan H. Whitla und Richard Goldsmith. (Nature [London] **197**, 1170—71, 1963; Cincinnati, Ohio, Vet. Admin. Hosp., Radioisotope Labor.; engl.) — Es wird gezeigt, daß verschiedene Formen von *Ca* im Blut des Hundes sich mit *^{45}Ca* in verschiedenen Geschw. in das Gleichgewicht setzen. Nach Injektion von 17,5 μc ^{45}Ca weichen die spezif. Aktivitäten des Gesamtblut-Ca (proteingebundene, Komplex- u. Ionenform) von denen der ultrafiltrierbaren Fraktion (Komplex- u. Ionenform) ab; der Grund wird in einer heterogenen Markierung des Blut-Ca gesehen. Die spezif. Aktivität des glomerulusfiltrierten Ca (Komplex- u. Ionenform) ist höher als die des ausgeschiedenen Ca (Komplex- u. Ionenform); vermutlich weisen die Komplex- u. Ionenform unterschiedliche Aktivitäten auf u. werden unterschiedlich rückresorbiert; Ionenform u. proteingebundenes Ca scheinen vorzugsweise markiert zu werden, Ionen-Ca wird vorzugsweise rückresorbiert.
U. Tausendfreund. 4572◇

1323 **Bor, Cadmium, Chrom und Nickel im Blut und Harn.** H. R. Imbus, J. Cholak, L. H. Miller und T. Sterling. (A. M. A. Arch. environmental Health **6**, 286 bis 295, 1963; Cincinnati, Univ. of Cincinnati, Coll. of Med., Dep. of Prevent. Med. and Ind. Health, Kettering Labor.; engl.) — Bei 154 arbeitenden ♂ Amerikanern wurden folgende Mittelwerte bestimmt: Im Blut (in μg/100 g Blut): *B* 9,85, *Cd* 0,70, *Cr* 2,65, *Ni* 3,0; im Harn (μg/Liter): B 715, Cd 1,15, Cr 3,77 u. Ni 7,6.
K. Zingraf. 4572◇

1324 **Über saisonabhängige Schwankungen des Hämoglobins, des Serumeisens und des Transferrins bei Schuljungen und -mädchen in der Pubertät.** B. Ringelhann und St. Ettre. (Clin. chim. Acta [Amsterdam] **8**, 46—54, 1963; Eger, Ungarn, Komitat-Krhs., Labor.; dt.) — Bei 16jährigen Jungen u. Mädchen wurden saisonabhängige Schwankungen des *Hämoglobin-*, *Serum-Fe-* u. *Transferin*-Geh. beobachtet: Anstieg im Herbst u. Frühling, Abnahme im Winter Der *Fe*-Geh. des Serums war bei Jungen niedriger als bei Mädchen.
K. Zingraf. 4572◇

1325 **Die Wechselwirkung von Bromthymolblau mit Hämoglobin und seine Wirkung auf das Sauerstoffgleichgewicht.** Eraldo Antonini, Jeffries Wyman, Rosanna Moretti und Alessandro Rossi-Fanelli. (Biochim. biophysica Acta [Amsterdam] **71**, 124—38, 1963; Rome, Univ. of Rome, Inst. of Biol. Chem.; „Regina Elena" Inst. for Cancer Res.; engl.) — *Bromthymolblau* besitzt eine viel höhere Affinität für *Desoxyhämoglobin* als für *Oxyhämoglobin* u. übt eine deutliche Wrkg. auf das O-Gleichgewicht von *Hämglobin* (I) aus. Das unterschiedliche Verh. der Oxy- u. Desoxyform von normalem I fehlt bei Myoglobin u. den modifizierten Formen von I, welche einfache hyperbol. Kurven des O-Gleichgewichts besitzen.
K. Zingraf. 4572◇

1326 **Zur Phylogenie des Hämoglobin-Moleküls. Die Konstitution des Karpfenhämoglobins.** G. Braunitzer und K. Hilse. (Hoppe-Seyler's Z. physiol. Chem. **330**, 234—36, 1963; München, Max-Planck-Inst. für Biochem.; dt.) — Aus dem Karpfen-*Hämoglobin* (Hb) wurde mittels trypt. Hydrolyse u. nachfolgender Auftrennung der Spaltprodd. an Dowex 1-X2 ein Spaltpeptid isoliert, das dem trypt. Bruchstück α Tp_6 (HT α_9) des menschlichen Hb entspricht. Aus dem Vgl. der Primärstrukturen ergibt sich, daß beim Karpfen die Sequenzlücke zwischen den Aminosäuren 46 u. 47 der α-Kette des Humanglobins geschlossen ist. Hiermit wird die schon früher von den Vff. dargelegte Vorstellung bestätigt, wonach im Zuge der phylogenet. Entw. die Proteine kürzer werden.
K. Ruckpaul. 4572◇

1327 **Der Einfluß der Temperatur auf die elektrophoretische Beweglichkeit von Erythrocyten.** P. Sachtleben. (Z. Naturforsch. **18b**, 233—36, 1963; München, Max-Planck-Inst. für Biochem;. Homburg, Univ. des Saarlandes, Kinderklin.; dt.) — Unter den vom Vf. angewandten Bedingungen steigt die elektrophoret. Beweglichkeit menschlicher Erythrocyten bei Steigerung der Temp. von 1 auf 37° von 0,79 auf 1,27. Die elektrophoret. Beweglichkeit ist nur dann ausreichend definiert, wenn auch gleichzeitig die Temp. mit angegeben wird.
W. Hiller. 4573◇

1328 **Effekt der Perjodsäure auf die Erythrocytenmembran.** Mariann Scherrer-Gervai und J. Tomcsik. (Experientia [Basel] **18**, 311—12, 1962; Basel, Univ., Hyg.-Inst.; dt.) — Durch Behandlung mit m/2—m/500 *HJO_4*-Lsgg. kann bei nativen Erythrocytenmembranen (im Inneren von agglutinierenden Massen oder in brückenähnlichen Verbb. zwischen den Agglutinaten) die Bldg. langer, spindel-, ziegel- oder fadenförmiger Auszüge hervorgerufen werden. Damit wird, vermutlich erstmals, indirekt die morpholog. Existenz einer lockeren *Protein*-Schicht auf der Oberfläche der Erythrocyten nachgewiesen; diese verhindern ster. die Brücken-Bldg. von Antikörper-Moll. mit Antigenen bzw. Haptenen, welche mit den Proteinen der tiefer liegenden semipermeablen Membran gekoppelt sind. HJO_4 reagiert mit der Proteinschicht, wodurch diese fadenförmig ausziehbar wird u. dadurch indirekt sichtbar gemacht wird. U. Tausendfreund. 4573◇

1329 **Isolierung und Charakterisierung einer Proteinsubstanz der Erythrocytenoberfläche.** Mariann Scherrer-Gervai und J. Tomcsik. (Experientia [Basel] **18**, 312—14, 1962; Basel, Univ., Hyg. Inst.; dt.) — Vgl. auch vorst. Referat. — Nach *Trypsin*-Behandlung der Oberfläche von Rinder-Erythrocyten u. Fällung der Lsg. mit A.-Ae. (1 : 1) kann eine *Substanz* isoliert werden, die weder Hämoglobin noch Trypsin enthält. Die durch Trypsinbehandlung freigelegte Substanz stammt von der sog. „Proteinhülle" der Erythrocyten. Sie ist ein *Protein* oder *Polypeptid* u. kann durch Säurehydrolyse in Arginin, Lysin, Glutaminsäure, Alanin, Leucin, Phenylalanin, Histidin, Threonin zerlegt werden. U. Tausendfreund. 4573◇

1330 **2-Azaadenosintriphosphat als Ersatz für Adenosintriphosphat beim aktiven Transport von Kalium durch die Erythrocytenmembran.** Masamiti Tatibana, Takashi Hashimoto und Haruhisa Yoshikawa. (Biochim. biophysica Acta [Amsterdam] **71**, 464—65, 1963; Tokyo, Univ. of Tokyo, Fac. of Med., Dep. of Physiol. Chem. and Nutr.; engl.) — Beim akt. Transport von K^+ durch die Erythrocytenmembran konnte *2-Azaadenosintriphosphat* (**I**), nicht jedoch *2.6-Diaminopurinribosidtriphosphat* (**II**), *Adenosintriphosphat* (**III**) ersetzen. Die Aktivierung des K^+-Transports infolge von **I** wurde durch Zusatz von *Ouabain* (**IV**) aufgehoben. Bei dem Transport spielt auch die *Adenosintriphosphatase* der Erythrocytenmembran eine wichtige Rolle. Sie hydrolysierte **I** schneller als **II** u. genau so schnell wie **III**. Ihre Wrkg. auf **I** u. **II**, nicht aber auf **III**, war von der Ggw. von Na^+ u. K^+ abhängig u. wurde durch **IV** gehemmt. K. Zingraf. 4573◇

1331 **Stoffwechsel von α-Ketoglutarsäure in menschlichen Erythrocyten.** Libuše Mirčevová, Vladimír Jirgl und Jana Vosyková. (J. Lab. clin. Med. **60**, 110—16, 1962; Prague, Inst. of Hämatol. and Blood Transfus.; engl.) — Die Verwertung von *α-Ketoglutarsäure* (**I**) durch menschliche Erythrocyten wurde durch Zusatz von *Arsenit*, Cd^{2+}, *Alanin*, *Asparaginsäure* (**II**) u. *Glutamin* erhöht, durch *Isonicotinsäurehydrazid*, *Glutaminsäure* (**III**) u. NH_4^+ gehemmt u. durch Glycin, Leucin, Valin, Histidin oder Tryptophan nicht beeinflußt. Bei Inkubation der Erythrocyten mit **I** nahm der **III**-Geh. zu, während der Geh. an **II** u. Tyrosin abnahm. Durch Inkubation mit **I** wurde der O_2-Verbrauch u. die CO_2-Bldg. der Erythrocyten nicht wesentlich beeinflußt. In Ggw. von **I** u. Methylenblau u. bei Fehlen von Glucose wurde kein O_2 verbraucht. K. Zingraf. 4573◇

1332 **Selektive Inkorporierung von Fettsäuren in Phospholipide von reifen roten Blutkörperchen.** E. Mulder, J. De Gier und L. L. M. Van Deenen. (Biochim. biophysica Acta [Amsterdam] **70**, 94—96, 1963; Utrecht, Netherlands, State Univ., Labor. of Organ. Chem., Dep. of Biochem.; engl.) — Erythrocyten des Kaninchens weisen einen sprunghaft steigenden Geh. an *Linolsäure* (**I**) hauptsächlich der *Lecithin-Phosphatid*-Fraktion auf, wenn die Vers.-Tiere an Stelle einer Diät aus Cocosnußöl *Kornöl* erhalten. Der **I**-Geh. steigt innerhalb von 10 Tagen auf das doppelte u. hält sich auf diesem Niveau auch bei Aufrechterhaltung der Kornöldiät über 1 Jahr. Zufuhr von **I** verursacht ebenfalls eine Steigerung des **I**-Geh. im Plasma. Hingegen wird durch Zufuhr erheblicher Mengen an *Laurinsäure* trotz entsprechend erhöhtem Plasma-Geh. keine Veränderung der Phospholipide festgestellt. Weitere Verss. durch Benutzung von Schlangengift-*Phospholipase* ergeben die bevorzugte ^{14}C-**I**-Inkorporierung in der *β*-Stellung des *Lecithins*. A. Täufel. 4573◇

1333 **Die phagocytäre Aktivität der Leukocyten von weißen Ratten während der Blastomogenese unter dem Einfluß von Cellophan und 9.10-Dimethyl-1.2-benzanthracen.** A. Ch. Kogan und Sch. I. Mardachiaschwili. (Arch. Pathol. [UdSSR] **23**, Nr. 4, 43—49, 1961; Moskau, Med. Ssetschenow-Inst., Lehrstuhl für Patholog. Physiolog.; russ., Auszug: engl.) — Die phagocyt. Zahl u. der phagocyt. Index der Leukocyten, die im Blut von Ratten während der Blastomogenese nach Platonow bestimmt wurden u. vor dem Vers.-Beginn 67—96% u. 7,6—16,1 bzw. 60—91% u. 5,8—15,1 betrugen, verringerten sich nach Implantation von *Cellophan* (1,5×1,2×0,1—0,2 cm) oder Injektion von *9.10-Dimethyl-1.2-benzanthracen* (0,3 cm^3 1%ig. Lsg. in Olivenöl, subkutan) nach 5—11,5 Monaten auf 13—62% u. 0,5—6,3 bzw. nach 2 Monaten auf 15—68% u. 0,4—7,1. Es bestand keine Parallelität zwischen der Entw. des Tumors u. der Verringerung der phagocytären Aktivität. I. v. Kloch-Kornitz. 4573◇

1334 **Mikrobestimmung von Zink im menschlichen Blutserum.** Marie Cerníková und Bohuslav Konrád. (Biochim. biophysica Acta [Amsterdam] **71**, 190—92, 1963; Brno, J. E. Purkyně's Univ., Labor. of Dermatol. Biochem.; engl.) — Beschreibung einer colorimetr.-papierchromatograph. Meth. (unter Verw. von *8-Hydroxychinolin* + NH_3 u. *Dithizon*) zur Best. von *Zn* im Serum. Der Zn-Geh. in Blut von Normalpersonen ergab sich zu 3,1—3,9 µg Zn/ml. Er stieg nach Anwendung vou $ZnCO_3$ an; dieser Anstieg fehlte bei einigen Patienten mit Seborrhoe. K. Zingraf. 4574◇

1335 **Adenosintriphosphat/Adenosindiphosphat-Quotient in plättchenreichem Plasma bei Blutkrankheiten (von Willebrand- und Glanzmann-Erkrankung).** Jacques P. Caen. (Nature [London] **197**, 504—05, 1963; Paris, Association Claude Bernard, Hôp. Saint-Louis, Centre de Rech. sur les Malad. du Sang; engl.) — Da *Adenosintriphosphat* (ATP) in großen Mengen in Thrombocyten vorkommt u. bei Gerinnung rasch zurückgeht, während *Adenosindiphosphat* (ADP) zunimmt (ADP kann zur Plättchenverklumpung führen, ATP wirkt dagegen), wurde der ATP/ADP-Quotient in verschiedenen, plättchenreichen Plasmen untersucht. Bei 7 normalen Personen wurde ein ATP-Geh. von 7,71 (mg/10^{11} Plättchen) gefunden, ADP 6,23; ATP/ADP 1,24. Von Willebrand-Erkrankung: 8 Fälle, ATP 11,52, ADP 6,23, ATP/ADP 1,85. Glanzmann-Thrombasthenie: 1 Typ I (mit Glykolysestörung) ATP 1,7, ADP 4,25; ATP/ADP 0,4; 4 Typ II (ohne Glykolysestörung) ATP 8,47, ADP 4,16; ATP/ADP 2,03. Verschiedene Gerinnungsfaktorenstörungen: 6 Fälle, ATP 8,80, ADP 5,57; ATP/ADP 1,57. Experimentelle Thrombasthenie: 6 normale Plasmen in vitro, ATP 8,23, ADP 6,51; ATP/ADP 1,26. Die Bedeutung der Befunde ist noch unklar, jedoch ist der Quotient bei Anomalien der Plättchenkohäsion verändert. U. Tausendfreund. 4574◇

1336 **Untersuchung einer glucosefreien Kohlenhydratfraktion im Trichloressigsäurefiltrat des Blutserums.** H. Südhof, S. Hollmann, H. Löhr und H. P. Vitalli. (Hoppe-Seyler's Z. Physiol. Chem. **327**, 128—34, 1962; Göttingen, Univ., Med. Klinik, Physiol.-Chem. Inst. u. Kinderklinik; dt.) — Aus dem Serum gesunder Vers.-Personen ließ sich nach *Trichloressigsäure* (TCE)-Fällung der Proteine (Endkonz. an TCE 10%) im Filtrat mit 2n NaOH eine *Substanz* gallertartig ausfällen, die nach mehrfacher Umfällung mit TCE u. NaOH einen durchschnittlichen *Hexose*-Geh. von 474 ± 80 µg% besaß. Papierchromatograph. wurden mehrere Zucker nachgewiesen, von denen *Glucosamin*, *Galaktose* u. *Mannose* identifiziert werden konnten. Glucose, L-Fucose u. Glucuronsäuren sind offenbar nicht vorhanden. Der neuen Substanz wird der Charakter eines Gemisches von niedermol. Mucopolysacchariden bzw. Glykoproteiden zugeschrieben, denn die Substanz ist dialysabel u. teilweise mit A. fällbar. Sie soll kein Artefakt der TCE-Fällung sein. Jedoch tritt sie nach mehrtägiger Lagerung des Serums bei + 4° verstärkt in Erscheinung. Winfried Krüger. 4574◇

1337 **Beitrag zur Untersuchung der Beziehungen zwischen Sulfomucopolysacchariden und Lipiden in der biochemischen Phase der Atherosklerose.** P. Bianchini und B. Osima. (Farmaco [Pavia], Ediz. Sci. **17**, 496—510, 1962; Civello di Villaguardia (Como), Labor. Ric. Crinos; ital.) — Im Blut von Ratten erreicht der Geh. von *Clearing-factor* (**I**; *Lipoproteinlipase*) innerhalb von 2—4 Min. nach 50 µg *Heparin* (**II**) sein Maximum u. nimmt innerhalb von 40 Min. ab. Nach wiederholter Anwendung von **II** wird der Anstieg von **I** immer geringer. Die Verfügbarkeit von **I** im Blut wird auch durch Triton WR 1339 oder Tusche herabgesetzt. Nach Inkubation von heparinisiertem Plasma findet man mehr freie Fettsäuren als nach Inkubation von Serum. K. Zingraf. 4574◇

1338 **Immunelektrophoretische Analyse der durch Stärkegelelektrophorese getrennten Proteinfraktionen des menschlichen Serums.** J. M. Fine und J. Loeb. (Experientia [Basel] **15**, 59—61, 15/2. 1959; Paris, Centre Nat. de Transfusion Sang; franz.) — *Proteinkomponenten* des menschlichen Plasmas, die nach elektrophoret. Trennung im Stärkegel, Elution u. Lyophilisierung homogen erscheinen, können sich bei immunoelektrophoret. Analyse teilweise noch als heterogen erweisen, so daß vor der Prüfung einer elektrophoret. homogenen Fraktion dieses immunolog. Kriterium herangezogen werden sollte. U. Tausendfreund. 4574□

1339 **Proteine, Lipide und Glycide im Verlauf des Alterns. 3. Mitt. Dialyse des Serums junger und alter Meerschweinchen.** Ljiljana M. Ševaljević und Jelena J. Bojanović. (Ber. chem. Ges. Belgrad **25/26**, 353—60, 1961; Beograd, Kriegsmed. Akad., Pathophysiol. Inst., Med. Fak., Chem. Inst.; serbokroat., Auszug: engl.) — *Serumproteine* junger u. alter Meerschweinchen (1 bzw. 24—36 Monate alt) werden gegen W. der entsprechenden Seren dialysiert. Dabei nimmt das Vol. des abgeschiedenen Protein-Nd. mit dem Alter zu. Während bei den jungen Tieren im Mittel ca. 10 mg% gefällt werden, sind es bei den alten im Mittel ca. 33 mg%. Der Gesamt-N-Geh. des Serums beträgt bei den jungen (alten) Tieren 787 (896) mg%. Die Vgl.-Elektrophorese der Proteine aus Serum, Dialysat u. Lsg. des Nd. zeigt, daß die Dialyse gegen W. zu einer Abnahme aller Fraktionen der Serumproteine führt, bes. der γ- u. β-Globuline.
R. K. Müller. 4574◇

1340 **Neuere Untersuchungen über den Klärfaktor.** M. Eggstein. (Fette, Seifen, Anstrichmittel **63**, 603—08, Juli 1961; Marburg/Lahn, Med. Univ.-Klin.; dt.) — Es wird gezeigt, daß die Lipoidabnahme im Plasma nach *Heparin* (I) um so deutlicher ist, je höher ihre Plasma-Konz. vor Vers.-Beginn ist. Bei Normalpersonen wird nach I eine stark verlängerte Thrombininhibitor- u. Recalcifizierungszeit beobachtet. Substrat-Konz. u Lipolyse ändern sich gleichsinnig.
P. Gregorzewski. 4574□

1341 **Enzymatische Schnellmethode zur Bestimmung der Polymerisationszeit von Fibrinogen zu Fibrin (FPT-Test).** C. Vermylen, R. A. De Vreker und M. Verstraete. (Clin. chim. Acta [Amsterdam] **8**, 418—24, 1963; Louvin, Belgien, Univ., Dep. of Medicine, Labor. for Blood Coagulation and Proteolysis; engl.) — Aus den kinet. Daten der Umwandlung von *Fibrinogen* (I) zu *Fibrin* in Ggw. von Thrombin wurde eine quant. Best.-Meth. für I unter 2 Kriterien aufgebaut: niedrige Substrat-Konz. (durch übliche Blut- oder Plasmaverdünnungsmittel einstellbar) u. eine hohe Enzymqualität (potentes Thrombin), durch die die Zeit der Fibrinogenproteolyse auf ein konst. Minimum herabgesetzt wird. Die Herst. einer Meßkurve, die Reproduzierbarkeit der Ergebnisse u. die Möglichkeit, in der klin. Praxis den I-Geh. auf Blut statt auf Plasma zu beziehen, werden beschrieben. 0,2 ml Blut wurden in ein Teströhrchen geblasen, mindestens 1 Min. bei 37° auf dem Wasserbad gehalten, 0,2 ml Thrombin-Lsg. aus einer Pipette zugeblasen, die Stoppuhr in Gang gesetzt, die Fll. rasch gemischt, mit Glasrührer oder Pt-Schleife inner- u. außerhalb der koagulierenden Masse dauernd bewegt, bis das Auftreten von Fibroingewebe den Endpunkt anzeigt. Für Koagulierzeiten von 10—40 Sek. kann der zugehörige I-Wert direkt aus der Meßkurve abgelesen werden (abgelesener Wert · Verdünnungsfaktor = mg I/100 ml). Bei anderen Zeiten sind niedrigere oder höhere Konzz. anzuwenden, für normales Blut oder Plasma gewöhnlich Verdünnungen von 10 : 1—20 : 1. Die Meth. liefert die Resultate 5 Min. nach der Probenahme u. erlaubt erstmals die Verw. von Capillarblut.
G. Vogel. 4574◇

1342 **Antikoagulantien, Physiologie und Pharmakologie** L. B. Jaques. (Farmaco [Pavia], Ediz. Sci. **17**, 266—86, 1962; Saskatoon, Univ. of Saskatchewan, Dep. of Physiol. and Pharmacol.; engl.) — Übersicht über *Heparin*, seine Chemie, Reinigung, biolog. Wrkg., Metachromasie, Beziehung zu Mastzellen, anaphylakt. Schock, Best.-Meth., Blut- u. Urinspiegel nach Injektion sowie über indirekte Antikoagulantien vom Typ des *Dicumarols*, ihre Wirkungsweise u. -dauer, Ansprechbarkeit, Verteilung im Organismus, Nebenwrkg., Toxizität, Kontraindikationen u. Wrkg. des *Vitamin* K_1. — 34 Literaturangaben. W. Holland. 4574◇

1343 **Eine Übersicht über die physiologischen Eigenschaften von Polyvinylpyrrolidon.** L. W. Burnette. (Proc. sci. Sect. Toilet Goods Assoc. **1962**, Nr. 38, 1—4; General Aniline and Film Corp., Dyestuff and Chem. Div.; engl.) — Es wird eine Literaturübersicht (1955—1962) gegeben, um die physiolog. Eigg. von *Polyvinylpyrrolidon* (PVP) in Abhängigkeit von der Applikationsart einzuschätzen. Bei oraler Gabe besteht vollständige Gefahrlosigkeit. I.v. u. andere Injektionsformen erweisen sich nach letzten Unterss. als ungefährlich. Die in früheren Unterss. gefundene carcinogene Aktivität fällt nach neueren Unterss. signifikant ab. Bei Inhalationsverss. zeigte PVP keine spezif. physiolog. Wirkung.
K. Ruckpaul. 4576◇

1344 **Die Abhängigkeit der mit Polyvinylpyrrolidon und Dextran hervorgerufenen Rattenpfotenödeme vom Molekulargewicht der Substanzen.** Günther Vogel und Marie-Luise Marek. (Arzneimittel-Forsch. **12**, 907—11, Sept. 1962; Köln, Biol. Inst. Madaus; dt.) — Beim Rattenpfotenödem durch *Polyvinylpyrrolidon* (I) gilt innerhalb des Molgew.-Bereich von 10000—50000 die Regel, daß die Ödeme (als Ausdruck der onkot. Aktivität von I) dem Molgew. entsprechen. Im Gegensatz dazu besteht für nieder- u. höhermol. *Dextran* (II) keine Beziehung zwischen ödemerzeugender Aktivität u. Molekülgewicht. Die Unterschiede lassen sich dadurch erklären, daß I nur infolge des von ihm entwickelten koll.-osmot. Druckes ödemerzeugend wirkt, während II über die Freisetzung von *Histamin*, *Serotonin* u. möglicherweise anderen Entzündungssubstanzen das Pfotenödem hervorruft.
U. Tausendfreund. 4576◇

1345 **Der hämodynamische Effekt bei der intravenösen Zufuhr des Eiweißhydrolysates ZOLIPK zusammen mit Natriumlactat.** L. I. Staruschenko. (Pathol. Physiol. exp. Therap. [UdSSR] **6**, Nr. 5, 65—66, Sept./Okt. 1962; Kiew, Forsch.-Inst. für Blutübertragung; russ.) — Im Vers. an Hunden wird nach schwerem Blutverlust durch die i.v. Zufuhr eines Gemisches aus 10% ig. *Na-Lactat* u. *Eiweißhydrolysat ZOLIPK* im Verhältnis 2 : 1 der Blutdruck erhöht, der Blutkreislauf beschleunigt. O. Lebtag. 4576△

1346 **Isolierung und Charakterisierung der γ-Globuline im Harn.** Pierre Cornillot, Roland Bourrillon, Jean Michon und René Got. (Biochim. biophysica Acta [Amsterdam] **71**, 89—96, 1963; Paris, Univ., Fac. de Méd., Labor. de Biochim.; franz.) — Die *γ-Globulin*-Fraktion von normalem Harn, welche durch Ausfällen mit 2m $(NH_4)_2SO_4$ u. anschließende Chromatographie auf Diäthylaminoäthylcellulose erhalten wurde, enthält folgende Komponenten, die sich nach Chromatographie auf Sephadex G 100 in der Ultrazentrifuge als homogene Substanzen verhielten: 7 S-I mit den gleichen phys.-chem. u. immunchem. Eigg. wie Plasma-I; 3,5 S-I, das sich von 7 S-I im Molgew. u. im immunchem. Verh. unterscheidet, u. 2,2 S-I mit geringer Antigen-Wrkg., das mehr Kohlenhydrate als die beiden anderen Fraktionen enthält.
K. Zingraf. 4577◇

1347 **Physikochemische und immunologische Untersuchungen der γ-Globuline des normalen menschlichen Harns.** E. C. Franklin. (J. clin. Invest. **38**, 2159—67, Dez. 1959; New York, N.Y., New York Univ., Coll. of Med., Dep. of Med. and Rheumat. Dis. Study Group; engl.) — Es wird das Vork. von Proteinen im normalen menschlichen Harn nachgewiesen, die eine Mobilität wie *γ-Globulin* haben u. antigenmäßig den Serum-γ-Globulinen eng verwandt sind; lediglich in der Größe weichen sie ab, die nur $^1/_5$—$^1/_6$ derjenigen der Serum-γ-Globuline beträgt. Als Sedimentations-Koeff. ergab sich ca. 1,6 S. Dieses Fragment mit niedrigem Molgew. steht in enger Beziehung zum 7 S-γ-Globulin des Serums; es konnte durch Isotopen-Unterss. gezeigt werden, daß die Harn-γ-Globuline von den entsprechenden Serum-γ-Globulinen abstammen u. möglicherweise ein bereits im Serum vorhandenes Abbau-Prod. darstellen, das dann rascher als Albumin die Glomeruli passiert; tauchen größere Mengen Serum-7-S-γ-Globuline im Harn auf, so würde das auf gesteigerte glomeruläre Permeabilität deuten. Im Serum konnten allerdings bisher die 1,6 S-γ-Globulinkomponenten nicht nachgewiesen werden (so daß die Möglichkeit einer intrarenalen Entstehung oder Hinzufügung nicht ausschließbar ist). Die Bedeutung dieser Proteine ist noch nicht bekannt, vermutlich natürliche Abbauprodukte. U. Tausendfreund. 4577□

1348 **Der Citronensäuregehalt der Embryonen von Rana esculenta.** T. Gen Cate. (Experientia [Basel] **15**, 57—59, 15/2. 1959; Amsterdam, Municipal Univ., Labor. of Anatomy and Embryol., Div. of Chem. Embryol.; engl.) — Die Best. des *Citronensäure*-Geh. vom Gastrulastadium der *Rana esculenta*-Embryonen an bis zu Larvenstadien zeigt eine relativ rasche Zunahme (von ca. 40 μg/100 Embryos) während des Schwanzknospenstadiums u. kurz nachher (bis auf

Werte zwischen 120 u. 170 μg), die möglicherweise in Zusammenhang mit der Entw. u. Differenzierung von Mitochondrien steht. U. Tausendfreund. 4583□

1349 **Blutglucose in der Strandkrabbe Hemigrapsus nudus.** Mary A. McWhinnie und Bradley T. Scheer. (Science [Washington] **128**, 90, 11/7. 1958.) — Der *Blutglucose* (I)-Geh. in Strandkrabben (*Hemigrapsus nudus*) in verschiedenen Entw.-Stadien wird mit der Zwischenferment-Meth. bestimmt. Die Werte liegen in den verschiedenen Phasen zwischen 1,12 u. 2,25 mg/100 ml. Das heißt weniger als 20% des Blutzuckers sind I. Nach Entfernung der Augenstiele konnte keine wesentliche Änderung im I-Geh. beobachtet werden. U. Baumann. 4583

1350 **Der Nachweis von Lysosomen im Embryo.** J. Brachet, M. Decroly-Briers und J. Hoyez. (Bull. Soc. Chim. biol. **40**, 2039—48, 15/2. 1959; Brüssel, Univ., Fac. de Sci., Labor. de Morphol. animale; franz.) — Verss. zum Nachw. von Lysosomen im Embryo ergaben, daß diese im Ei der Batraciden fehlen, während sie im Hühnerembryo schon nach 2tägiger Bebrütung vorhanden sind. Sie enthalten wahrscheinlich die *hydrolyt. Fermente*, die bei der Regression des Müller-Kanals wirksam sind. U. Baumann. 4583

1351 **Die Wirkung von Nucleotiden auf die Ribonucleinsäurebildung während der Entwicklung des Amphibienembryos.** Elisabeth Ambellan und George Webster. (Biochim. biophysica Acta [Amsterdam] **68**, 119—28, 1963; Columbus, Ohio, State Univ., Dep. Biochem.; engl.) — Behandlung der Embryonen von *Rana pipiens* mit *Adeninnucleotiden* führt zum Anstieg der *Ribonucleinsäure* (*RNS*)-Synth. u. des ^{14}C-Einbaus der Nucleotide in RNS u. wirkt auch auf die morpholog. Entw. ein, wobei die Wirksamkeit der drei Nucleotide in folgender Reihe absinkt: *Adenosintriphosphat* > *Adenosindiphosphat* > *Adenosin-3'-monophosphat*. Die Rolle der Nucleotide u. die Steigerung der RNS-Synth. für die morpholog. Entw. der Embryonen wird diskutiert. Ch. Zimmer. 4583◇

1352 **Besonderheiten der biochemischen Zusammensetzung und Kristallisation der amniochorialen Flüssigkeit.** O. M. Ssosanski. (Pädiatrie, Geburtshilfe Gynäkol. [UdSSR] **1963**, Nr. 2, 46—49; Lwow, Forschungs-Inst. für Mutter- u. Kinderschutz; ukrain.) — Während der gesamten Schwangerschaft enthält die amniochoriale Fl. mehr reduzierende Stoffe, Chloride u. Eiweiß als das Fruchtwasser. Im Geh. an Harnstoff u. Rest-N besteht kein Unterschied. Gegen Ende der Schwangerschaft nimmt im Vgl. zum Frühstadium in der amniochorialen Fl. der Geh. an Eiweiß u. reduzierenden Verbb. ab. Die Kristalle der getrockneten amniochorialen Fl. u. des Fruchtwassers zeigen große Unterschiede, wodurch eine differentielle Diagnostik der amnionalen u. chorialen Hydrorrhoea möglich ist. O. Lebtag. 4583△

1353 **Beziehung zwischen Cholesterin in der Kost und Gallensäureausscheidung bei der Ratte.** Jean D. Wilson. (Amer. J. Physiol. **203**, 1029—32, 1962; Dallas, Tex., Univ. of Texas, Southwestern Med. School, Dep. of Int. Med.; engl.) — Zulage von *Cholesterin* (I) zur Kost hat bei Ratten eine Steigerung der Ausscheidung an Gesamt-*Gallensäuren* mit den Faeces zur Folge. Die Umwandlung von $^{14}C_{(4)}$-I in ^{14}C-Gallensäuren ist vermehrt. Diese Vorgänge sind unabhängig vom *Cholsäure*-Geh. der Kost u. von der Darmflora. Die Anpassung der Gallensäuren-Synth. an die I-Verfütterung kann vielleicht teilweise als bestimmender Faktor bei den unterschiedlichen Rkk. verschiedener Tierarten auf I-Zufuhr angesehen werden. U. Tausendfreund. 4585◇

1354 **Wirkung von Nahrungsfett auf die Verteilung von $^{14}C_{(4)}$-Cholesterin bei Ratten.** John G. Coniglio, Frank R. Blood, William Youmans, Leo Gibson und Nelta Warnock. (Proc. Soc. exp. Biol. Med. **112**, 140—44, 1963; Nashville, Tenn., Vanderbilt Univ., School of Med., Dep. of Biochem.; engl.) — Bei Verfütterung einer gereinigten Kost mit 25% Protein, 48% Saccharose u. 20% Fett kommt es durch die Fütterung verschiedener Fettarten [*hydriertes Baumwollsamenöl* (I; *Crisco*), *Maisöl* (*Mazola*) oder *Cocosnußöl* (II)] zu keiner Veränderung der ^{14}C-Aktivität von nach 30—76tägiger Verfütterung der betreffenden Fettarten injiziertem *$^{14}C_{(4)}$-Cholesterin* (III) in den verschiedenen Organen. Ebenso wird der Serum-III-Geh. oder die Serum-^{14}C-Aktivität durch die verschiedenen Fettarten nicht verändert. Nach I kommt es allerdings in den 6 Tagen nach der Injektion zu einer höheren ^{14}C-Ausscheidung. Nach II werden geringere III-Mengen ausgeschieden; nach II ist auch in der mit Digitonin fällbaren Fraktion (nach Extraktion durch PAe. u. Verseifung eine geringere prozentuale ^{14}C-Aktivität nachweisbar. U. Tausendfreund. 4585◇

1355 **Wirkungen verschiedener Pflanzenfette auf die durch Pyridoxinmangel verursachte Herzschädigung.** E. Mascitelli-Coriandoli, R. Boldrini und C. Citterio. (Experientia [Basel] **15**, 76—77, 15/2. 1959; Milano, Farmavigor S. p. A. Milano, Res. Dep.; engl.) — Es wurde die Wrkg. einer *Vitamin-B₆*-freien Kost mit jeweils 25% Pflanzenfetten auf den Geh. des Rattenherzens an *Lipoiden*, an *Pyridoxalphosphat* (I) sowie auf das Herz-Gew. untersucht. Nach einer 4wöchigen Fütterung ließ sich eine Beziehung zwischen dem Geh. der Pflanzenfette an ungesätt. Fettsäuren u. der Herzhypertrophie sowie dem Geh. des Herzens an Lipoiden erkennen: die größte Zunahme an Gew. u. der höchste Lipid-Geh. resultierten aus der Verfütterung der eine niedrige JZ. aufweisenden Fette (*Cocosöl*, *Kakaobutter* mit JZ. von 10,2 u. 36,5); die geringste Gew.-Vermehrung u. der niedrigste Fett-Geh. traten nach Fetten mit hoher JZ. auf (*Sojabohnenöl*, *Leinsamenöl* mit JZ. von 132 u. 177); eine Ausnahme von dieser Regel bot *Baumwollsaatöl*, dessen hypertrophierende Wrkg. geringer zu sein schien als die vom *Maisöl*, obwohl seine JZ. geringer war (105 gegenüber 124); außer den bereits genannten Fetten wurden noch geprüft: *Olivenöl* (JZ. 82), *Erdnußöl* (94), *Sesamöl* (107), *Weizenkeimöl* (125). Die Wrkg. der Fette auf den I-Geh. zeigte keine Beziehung zur JZ., wobei die stärkste Verminderung des I-Geh. von Olivenöl ausging u. die geringste Verminderung nach Verfütterung von Sojabohnen- u. Weizenkeimöl; hierbei scheint weniger die JZ. als der *Linolensäure*-Geh. eine Rolle zu spielen. U. Tausendfreund. 4585□

1356 **Einfluß von Sorbit auf die Vitaminausscheidung bei Hammeln und lactierenden Schafen.** S. Hollmann, U. Herlyn und H.-J. Lantzsch. (Z. Tierphysiol., Tierernähr. Futtermittelkunde **17**, 132—39, 1962; Göttingen, Univ., Physiol.-Chem. Inst. u. Inst. für Tierphysiol. u. Tierernähr.; dt.) — Die *Thiamin*-Ausscheidung im Harn von Hammeln u. lactierenden Schafen wird durch *Sorbit* (I)-Injektion in den Pansen bzw. durch orale I-Zufuhr erhöht, ebenso die der *Pantothensäure* bei einseitig mit Heu ernährten Hammeln. Der *Vitamin-B₆*-Spiegel bleibt konstant. Der Einfl. der unterschiedlichen I-Fütterung auf die Vitaminausscheidung zeigt bei Schafen eine 3—4fach größere Ausscheidung als bei Hammeln. Eine Steigerung der Tagesausscheidung von Thiamin in der Milch wird durch I nicht bewirkt. H. W. Wache. 4587◇

1357 **Einfluß der langen Körperbetätigung auf die Verteilung von Vitamin B₁ in den Geweben von weißen Ratten.** W. O. Nikonowa. (Ukrain. biochem. J. **35**, 239—43, 1963; Kiew, Med. Inst., Lehrstuhl für Biochemie; ukrain., Auszug: engl.) — Unter dem Einfl. der körperlichen Betätigung (3 std. Schwimmen im W. von 28—30°) vermindert sich in der Rattenleber der Geh. an *Vitamin B₁* (I) von 5,90 (γ/g) auf 4,66, wobei der Geh. an phosphoryliertem I abnimmt (keine Zahlenangabe), der Geh. an freiem I mit 0,46 (Norm 0,45) prakt. unverändert bleibt. Im Herzmuskel nimmt der Geh. an phosphoryliertem I zu. Während in der Kontrolle der I-Geh. in der Leber immer etwas höher ist als im Herzmuskel, ist nach dem Schwimmen der I-Geh. im Herzmuskel höher. Der I-Geh. in Gehirn, Niere u. Skelettmuskel wird durch die Betätigung nicht verändert. Die Bedeutung der Neuverteilung von I während der Arbeit, entsprechend den Erfordernissen der einzelnen Organe, wird erörtert. O. Lebtag. 4587△

1358 **Einfluß der an Vitamin B₁ reichen Kost auf die Entwicklung von bösartigen Geschwülsten bei Überbeanspruchung der höheren Nerventätigkeit von Mäusen.** A. Chranowa und I. Goranow. (Bull. Inst. Physiol., Acad. Sci. Bulg. **4**, 47—53, 1960; bulg., Auszug: franz.) — In den Verss. wurden die durch starke Nervenreize (elektr. Klingeln) hervorgerufene Entw. von chron. Neurosen, diversen vegetativen Störungen u. Krebs der Milchdrüsen bei Mäusen der Krebslinie NLC, die in der Norm in 36—42% der Fälle eintrat, durch eine an *Vitamin B₁* reiche Nahrung (27,7 γ täglich, 15 Monate) auf 1% vermindert. I. v. Kloch-Kornitz. 4587◇

1359 **Austausch des Riboflavins und der *17*-Ketosteroide bei der Seborrhoea.** I. B. Weinerow, F. A. Krutschakowa und M. G. Podgajetzkaja. (Fragen d. Ernähr.

[UdSSR] **22**, Nr. 1, 28—32, 1963; Kiew, Janowski-Forsch.-Inst. für Tuberkulose, Abt. für Hauttuberkulose; russ., Auszug: engl.) — Bei der *Seborrhoea* sind die tägliche Ausscheidung des *Riboflavins* (I) u. der *17-Ketosteroide* (II) mit dem Harn sowie der I- u. II-Geh. des Harns erniedrigt. Durch tägliche Einführung per os (Verss. an 35 Kranken) von 45 mg I während 15—20 Tage werden die tägliche Ausscheidung der II mit dem Harn u. der II-Geh. des Harns erhöht. I kann demzufolge als einer der Stimulatoren der Nebennierenfunktion (Exkretion der II) betrachtet werden.
S. Baryschnikow. 4587△

1360 **Die Rolle von Riboflavin bei der Monoaminoxydase-Aktivität.** M. H. Wiseman-Distler und T. L. Sourkes. (Canad. J. Biochem. Physiol. **41**, 57—64, 1963; Montreal, Quebec, Canada, McGill Univ., Allan Mem. Inst. and Dep. of Psych.; engl.) — Die Rolle von *Riboflavin* (I) bei der Aktivität der *Monoaminoxydase* (II) wurde mittels I-Mangelratten, die vorher mit *Iproniazid* (IV), einem irreversiblen Inhibitor von II, behandelt waren, untersucht. Die Geschw. des Auftretens der Hemmung, die vermutlich eine de novo-Synth. von II aufzeigt, wurde durch Messung der Ausscheidung saurer Stoffwechsel-Prodd., die nach intraperitonealer Verabreichung von *Serotonin* (III) u. *Dopamin* (V) gebildet werden, bestimmt. Einnahme der Mangelnahrung beeinträchtigt nicht die Wrkg. von II auf diese Amine. Nach Injektion von IV war die Rückkehr zu den II-Spiegeln der Kontrollen langsamer, wenn die Messung mittels Oxydation von V erfolgte (Messung der III-Oxydation zeigte schnelleren Rückgang). Es bestand eine geringe aber signifikante Wrkg. des I-Mangels auf die Umwandlung von III zur *5-Hydroxyindolylessigsäure*. Dies war vermutlich der erhöhten Hemmung von II bei Mangelratten zuzuschreiben. In gleicher Weise wurde das Verschwinden von III während der Inkubation mit dem Überstand aus Lebern von Mangelratten stärker durch diese Inhibitoren beeinflußt, als wenn das Enzym-Syst. aus Kontrollebern hergestellt wurde. Die Ergebnisse lassen vermuten, daß durch I-Mangel II gegen Hemmung empfindlicher wird.
H. Aman. 4587◇

1361 **Bestimmung von Riboflavin (Vitamin B_2).** B. P. Matzeljuch und R. T. Ripetzki. (Mikrobiol. J. [UdSSR] **25**, Nr. 2, 58—61, 1963; Mikrobiol. Inst. der Akad. der Wiss. der UkrainSSR; russ., Auszug: engl.) — Die Best. von *Vitamin B_2* (I) erfolgt mit Hilfe der I-empfindlichen Mutante von Actinomyces rimosus Nr. 58. Die Empfindlichkeit der I-Best. beträgt 0,005—0,2 γ/ml. Die besten Ergebnisse werden mit 24 Std. alten Kulturen erzielt. Die Actinomyceskultur wird alle 2—3 Monate auf Maisboden ausgesät u. im Eisschrank aufbewahrt. Von den bekannten I-Formen wird von Actinomyces nur die fest an Eiweiß gebundene Form nicht aufgenommen.
O. Lebtag. 4587△

1362 **Der Einfluß von Folsäure- und Cholinmangel der Nahrung auf den Fettstoffwechsel der Ratte.** F. R. Dalal, Prema Fatterpaker, D. V. Rege und A. Sreenivasan. (Indian J. med. Res. **48**, 59—66, Jan. 1960; Bombay, Univ., Dep. of Chem. Technol.; engl.) — Folsäuremangelratten, die mit einer wenig *Cholin* u. *Methionin* enthaltenden Diät ernährt worden waren, dienten als Unters.-Objekte. Bei Verabfolgung von *Folsäure* (I) oder *Cholin* (II) stieg der Geh. an *Cholinphosphorsäure* (III) im Gewebe der Ratte, bes. in der Leber, an. Wurden I u. II zusammen verabreicht, verstärkte sich der Effekt wesentlich. Bei Fütterung von I u. II steigt in der Rattenleber ferner der Geh. an *Methionin*, II, *Phospholipiden*, Stickstoff u. an SH-Gruppen, u. es fällt der Gesamtfettgehalt. Außerdem werden die Aufnahme von Phosphat in den Mitochondrien der Leber, die Bldg. von *p-Aminobenzoylglycin* (nach gleichzeitiger Fütterung von *p-Aminobenzoesäure*) sowie die Fettresorption im Darm wesentlich verstärkt. Aus vorliegenden Resultaten geht hervor, daß I nicht nur an der Biosynth. von II beteiligt ist, sondern auch II zur verstärkten Bldg. von III anregt.
E.-R. Lochmann. 4587□

1363 **Folsäure und die Oxydation labiler Methylgruppen.** P. Fatterpaker, J. M. Noronha, D. V. Rege und A. Sreenivasan. (Indian J. med. Res. **48**, 67—72, Jan. 1960; Bombay, Univ., Dep. of Chem. Technol.; engl.) — Vgl. auch vorst. Referat. — Es wird der Einfl. von *Folsäure* (I) auf die Bldg. von *Formiat* (II) bei der Methioninoxydation untersucht. Die als Unters.-Objekte verwendeten Ratten wurden auf verschiedene Art ernährt. a) Die Ratten wurden durch Fütterung von vitaminfreier Caseindiät an I verarmt. Weitere Ernährung mit 5%-Casein-Diät unter Zufütterung von *Cholin* (III) u./oder I. — b) Ernährung u. a. mit einer 8%ig. vitaminfreien Caseindiät. In den letzten 2 Wochen Zufütterung von I u./oder *Methionin* (IV). Leberenzyme von Tieren der Gruppe a) wurden auf *Methioninoxydase*-Aktivität untersucht. I u. III bewirken ein Ansteigen der Oxydation von IV, die sich bei gleichzeitiger Fütterung von I u. III noch verstärkt. Der Geh. an III, IV u. Phospholipiden in der Rattenleber (b) steigt nach Fütterung von I u. IV, während der Gesamtfett-Geh. u. die Ausscheidung von II im Urin fallen. Die *Methioninoxydase*-Aktivität wird durch KCN gehemmt. Diese Hemmung ist jedoch bedeutend geringer als die *Katalase*-Hemmung durch KCN. Bei Verw. von $^{14}C_{(CH_3)}$-Methionin wurde festgestellt, daß eine Zufütterung von I eine Abnahme der Radioaktivität von II bei ungefähr gleichbleibender Radioaktivität des gebildeten $^{14}CO_2$ bewirkt.
E.-R. Lochmann. 4587□

1364 **Der Einfluß von Glycin- und Serin-Diät auf den Fettstoffwechsel der Ratte bei Folsäuremangel.** Prema Fatterpaker und A. Sreenivasan. (Indian J. med. Res. **48**, 73—78, Jan. 1960; engl.) — Vgl. vorst. Referat. — Die als Unters.-Objekte verwendeten Ratten wurden auf 2 Arten ernährt. a) Verarmung an *Folsäure* (I), Grunddiät mit *Glycin* (II). Spätere Fütterung von *Cholin* (III) oder I. b) *l-Cystin*-arme Kost, Grunddiät mit *dl-Serin* (IV), spätere Fütterung von *l-Cystin* (V) u./oder I. Ergebnisse: Der Geh. an II, *Methionin* (VI), *Phospholipiden* (VII) u. der N-Geh. im Blut u. in der Leber der untersuchten Ratten (a) sowie der SH-Geh. in der Leber steigen nach Fütterung von I zur II-enthaltenden Grunddiät bzw. von III zur Grunddiät. Dagegen fällt die nachgewiesene Menge an Leberfett. Eine weitere Steigerung des Angebots an I bewirkt bes. ein adäquates Ansteigen der Synth. von III u. VI. In der Gruppe b bewirkt die Fütterung von I u./oder V zur IV-enthaltenden Grunddiät ebenfalls ein Ansteigen von III, VI u. VII in Blut u. Leber sowie eine Abnahme des Fettgehalts. Die aus diesen Unterss. zu folgernden Stoffwechselzusammenhänge werden diskutiert.
E.-R. Lochmann. 4587□

1365 **Die Ausscheidung von Formiminoglutaminsäure im Urin bei Personen mit einer Megaloblastenanämie und deren Verminderung durch Methionin und Glycin.** Victor Herbert und Louis W. Sullivan. (Proc. Soc. exp. Biol. Med. **112**, 304—05, 1963; Boston, Mass., Harvard Med. School, Dep. of Med.; engl.) — Aus Verss. an Ratten u. Kücken ist bekannt, daß die sich bei *Vitamin-B_{12}*- oder *Folsäure*-Mangel entwickelnde Störung des *Histidin*-Abbaus mit einer vermehrten Ausscheidung von *Formiminoglutaminsäure* (I) durch gleichzeitige Gabe von *Methionin* (II) zu beheben ist. Bei Patienten mit einer Megaloblastenanämie läßt sich die vermehrte I-Ausscheidung im Urin durch II u. auch durch gleichzeitige Gabe von *Glycin* deutlich vermindern. *Serin* wirkt nur schwach.
Peter Lange. 4587◇

1366 **Die enzymatische Darstellung des *l*-L-Diastereomeren der Tetrahydrofolsäure. Folsäurecoenzyme und aktive C_1-Einheiten.** 11. Mitt. C. K. Mathews und F. M. Huennekens. (J. biol. Chemistry **235**, 3304—08, Nov. 1960; Univ. of Washington, Dep. of Biochem.; engl.) — 10. vgl. Biochem. biophysic. Res. Commun. **2**, [1960], 230. — Die chem. Synth. der *Tetrahydrofolsäure* (I) liefert ein dl-Gemisch, von dem nur 50% als Coenzym reagieren. Deshalb wurde *7.8-Dihydrofolat* durch gereinigte *Dihydrofolsäurereduktase* aus Hühnchenleber zu *Tetrahydrofolat* reduziert. Die Red. ist von red. Nicotinamidadenindinucleotidphosphat (NADPH) abhängig. Die Reinigung von I erfolgte durch Chromatographie an DEAE-Cellulose u. Elution mit einem Tris-Puffer-Konz.-Gradienten vom pH 7,0. Die entsprechenden Eluate zeigen die für I charakterist. Adsorptionsbande bei 298 nm. Ausbeute: 71—83%. Enzymat. gewonnene I ist 2 mal aktiver als chem. gewonnene, wie Vgl. der Rkk. bei der Bldg. von N^{10}-Formyltetrahydrofolat aus Formiat u. NADPH aus $NADP^+$ bei der Umwandlung von Serin in Glycin unter dem I-Einfl. zeigen. Polarimetr. Messungen der Rotation ergaben: enzymat. gewonnene *l.L-Tetrahydrofolsäure* $[\alpha]_D$ $-16,9^0$; chem. gewonnene *dl-L-Tetrahydrofolsäure* $[\alpha]_D$ $+14,9^0$.
M. Görlich. 4587□

1367 **Radiomanganuntersuchungen bei Pyridoxinmangelratten.** Jeng M. Hsu und Bergene Kawin. (Proc. Soc. exp. Biol. Med. **111**, 679—82, 1962; Baltimore, Md., Vet.

Admin. Hosp., Biochem. Res. Labor. and Radioisotope Serv.; Johns Hopkins Univ., School of Hyg. and Public Health, Dep. of Biochem.; engl.) — *Pyridoxin* (I) spielt offenbar eine Rolle bei der Regulierung des *Mn*-Stoffwechsels. Bei I-Mangelratten konnte nach i.v. Injektion von $^{54}MnCl_2$ eine gesteigerte ^{54}Mn-Aufnahme durch Hirn u. Hoden sowie eine verminderte Aufnahme durch Leber u. Herz gegenüber normalen Kontrollen beobachtet werden. Die Ausscheidung von ^{54}Mn mit Harn u. Faeces ist bei I-Mangel geringer, der ^{54}Mn-Geh. des Darminhalts ist jedoch höher als normal.
U. Tausendfreund. 4587◇

1368 **Über die unterschiedliche Beeinflussung des Tryptophan-Stoffwechsels durch Vitamin-B_2-Mangel in der Ratte.** Fritz Weber und Oswald Wiss. (Hoppe-Seyler's Z. physiol. Chem. **331**, 124—31, 1963; Basel, Hoffmann-La Roche & Co. AG, Abt. für Vitamin- u. Ernährungsforsch.; dt.) — Vergleichende Unterss. über die Beeinflussung der am *Tryptophan*-Stoffwechsel beteiligten *Vitamin* B_6 (I)-Enzyme durch I-Mangel ergaben in der Leber eine starke Red. der *Kynureninase*-Aktivität gegenüber der der *Kynurenin-2-Ketoglutarat-Transaminase*, was eine erhöhte *Xanthurensäure*-Ausscheidung im Harn zur Folge hat. Weiterhin zeigt die durch I-Mangel bewirkte Herabsetzung der *Hydroxytryptophandecarboxylase*-Aktivität ursächlichen Zusammenhang zu cerebralen Störungen.
H.-W. Wache. 4587◇

1369 **Wirkung des pH-Wertes auf die Aktivität von Nicotin und Nicotiniummonomethojodid am Ratten-Zwerchfell-Präparat.** R. B. Barlow und J. T. Hamilton. (Brit. J. Pharmacol. Chemotherapy **18**, 543—49, 1962; Edinburgh, Univ., Dep. of Pharmacol.; engl.) - Am Rattenzwerchfell-Präp. wurde der Einfl. von pH-Änderungen auf die Fähigkeit von *Nicotin* (I) u. *Nicotiniummonomethojodid* (II), die neuromuskuläre Übertragung zu blockieren, untersucht. Benutzt wurden als Bad-Lsgg. für das Zwerchfell-Präp. 4 verschiedene Salz-Lsgg. mit unterschiedlichen pH-Werten (6,73—8,05). Die Testmessungen ergaben, daß es eher das univalente Nicotiniumion sein muß, das auf die neuromuskulären Synapsen einwirkt, als die nichtionisierte Base. Um eine Teil-Wrkg. der nichtionisierten Base untersuchen zu können, muß erst ein Test-Präp. gefunden werden, dessen Empfindlichkeit gegenüber I u. II oder anderen blockierenden Substanzen durch pH-Änderungen weniger beeinflußt wird, als es beim Rattenzwerchfell-Präp. der Fall ist.
K. Böhm. 4587◇

1370 **Die Einwirkung von Neuraminidase und Papain auf Intrinsic factor-aktive Mucoide des Magens von Mensch und Schwein.** H. Faillard, W. Pribilla und H.-E. Posth. (Hoppe-Seyler's Z. physiol. Chem. **327**, 100—08, 1962; Köln, Physiol.-Chem. Inst., Med. Poliklinik u. Chirurg. Klinik der Univ.; Städt. Krankenanstalten; dt.) — Aus der Magenschleimhaut von Mensch u. Schwein wurden Mucoide mit hoher *Intrinsic factor* (I)-Aktivität (I-A) durch fraktionierte Fällung mit $(NH_4)_2SO_4$ hergestellt. Die aus dem Fundusbereich stammenden Mucoide sind wesentlich akt. als die des Antrumbereiches. Inkubiert man die Mucoide mit einer *Neuraminidase*-Lsg. aus Kulturfiltraten von *Vibrio cholerae*, so wird *Neuraminsäure* abgespalten, die beim Menschen nur aus N-Acetyl-, beim Schwein dagegen aus 40% N-Acetyl- u. 60% N-Glykolylneuraminsäure besteht. *Papain* inaktiviert die Mucoide nicht. Beim Schwein läßt sich jedoch anschließend an die enzymat. Behandlung eine Aufteilung der Mucoide zwischen Phenol u. W. erreichen. Die in W. befindliche Fraktion zeigt nur hohe I-A, die in Phenol gelöste ist dagegen nur als Virus-Hämagglutinationsstoff wirksam.
Winfried Krüger. 4587◇

1371 **Einfluß der Vitamine B_{12} und B_6 auf den Eiweißumsatz in den festen Geweben der Zähne und Knochen von Ratten.** Din-ssin Lju. (Stomatologie [UdSSR] **40**, Nr. 1, 17—20, Jan./Febr. 1961; Moskau, Med. Stomatolog. Inst., Lehrstuhl für Pathophysiolog.; russ.) — In Unterss. mit markiertem *Glycin* (I; ^{14}C; 10000 Impulse/min u. g Körper-Gew., subkutan) bei Ratten führte Injektion von *Vitamin* B_{12} (80 μg i.m. täglich, 1—10 Tage) zu keiner Veränderung des I-Stoffwechsels in den Knochen u. Zähnen, während Injektion von *Vitamin* B_6 (5 mg i.m. täglich) nach 5 Tagen in den Incisivi, Molares, der Maxilla u. im Femur zur Erhöhung von I um 149, 118, 81 bzw. 108% im Vgl. zur Norm führte.
I. v. Kloch-Kornitz. 4587◇

1372 **Untersuchungen über Vitamin B_{12} bei Invertebraten des Schwarzen Meeres.** O. K. Migal. (Ukrain. biochem. J. **35**, 251—55, 1963; Odessa, Inst. für Hydrobiol. der Akad. der Wiss. der UkrainSSR, Biol. Station; ukrain., Auszug: engl.) — Untersucht wurde der Geh. an *Vitamin* B_{12} bei *Mytilus galloprovicialis var. typica*, *Leander squilla* u. *L. adspersus*. Die Veränderungen während des Jahres werden eingehend erörtert.
O. Lebtag. 4587△

1373 **Beitrag zur Histotopographie der Ascorbinsäure in einigen Organen des menschlichen Embryos.** G. L. Tschernjawskaja. (Arch. Anatom., Histol. Embryol. [UdSSR] **40**, Nr. 2, 28—30, 1961; Daghestan, Med. Inst., Lehrstuhl für patholog. Anatomie; russ., Auszug: engl.) — Der Geh. an *Ascorbinsäure* (I), der nach Giroud u. Leblond [1935] bei Humanembryonen untersucht wurde, war während der Embryogenese je nach dem Bedarf der funktionalen Zellstruktur an I in den einzelnen Geweben verschieden: Im 3. Monat der intrauterinen Periode war I hauptsächlich in den Epithelzellen, später im Bindegewebe, ab 5. Monat in der glatten Muskulatur, bis zum 5. Monat vorwiegend in der Marksubstanz der Nebenniere, ab 6. Monat überwiegend in der Rindenschicht vorhanden.
I. v. Kloch-Kornitz. 4587◇

1374 **Einfluß der Corticosteroide auf den Gehalt an Ascorbinsäure in den Organen von Ratten mit experimenteller Pneumokoniose.** B. Ss. Rodkina. (Ukrain. biochem. J. **35**, 256—63, 1963; ukrain., Auszug: engl.) — Bei Ratten mit experimenteller Pneumokoniose nach Quarz- oder Kohlestaub ist der Geh. an *Ascorbinsäure* (I) in der Lunge erhöht, in der Leber u. Nebenniere gegenüber der Norm nicht verändert. Eine Parallele zwischen dem I-Geh. der Lunge u. dem Verlauf der Fibrose besteht nicht. Die Verabreichung von *Cortison* (II), *Prednison* (III) oder II + *Butadion* (IV) vermindert die Fibrose auf 1—$^1/_4$, beeinflußt jedoch den I-Geh. der Lunge nicht wesentlich. In der Leber wird der I-Geh. nach **II**, **III** oder **II + IV** etwas erhöht. Unter der Einw. von **III** nimmt der I-Geh. in der Nebenniere ab; nach **II** bleibt er unverändert. Nach **II + IV** nimmt der I-Geh. in der Nebenniere stark ab, bedingt durch die starke Nierenatrophie.
O. Lebtag. 4587△

1375 **Histochemische Veränderungen endokriner Organe während des Vitamin-C-Mangels.** Chandicharan Deb. (Acta endocrinol. [Copenhagen], Suppl. Nr. **51**, 1319, 1960; Calcutta, Univ. Coll. of Sci., Dep. of Physiol.; engl.)
H. Herper. 4587□

1376 **Verbesserte photometrische Bestimmung von Vitamin C neben löslichen Kohlenhydraten in Lebensmitteln nach der Dinitrophenylhydrazin-Methode.** R. Strohecker jun. und H. Pies. (Z. Lebensmittel-Unters. u. -Forsch. **118** 394—97, 1962; Darmstadt, E. Merck A. G., Kontroll-Labor.; dt.) — *Die Vitamin C* (I)-Best. mit *Dinitrophenylhydrazin* (II) wird durch *lösl. Kohlenhydrate* gestört. Es werden I-Extrakte aus verschiedenen Lebensmitteln (Orangenlimonade, vitaminierte Schokolade, Johannisbeersaft) mit II in Ggw. von Trichloressigsäure-Lsg. (4%) u. Thioharnstoff gefällt u. die gebildeten Dinitrophenylhydrazone unter Heranziehung der Dünnschichtchromatographie aufgetrennt (Kieselgel G, Fließmittel: Chlf.-Äthylacetat 1:1). Nach Entfernung des I-Dinitrophenylhydrazons wird mit 85% H_2SO_4 eluiert sowie die Extinktion bei 523 mμ gegen eine Standard-Lsg. gemessen. Es wird an Hand einer Reihe von Beispielen gezeigt, daß I in spezif. Weise bestimmt werden kann.
A. Täufel. 4587◇

1377 **Antiatherosklerotische Wirkung von Vitamin-A-Verbindungen, Nicotinsäure, β-Pyridyl-Verbindungen und Arachidonsäure.** Günther Weitzel, Peter Wahl und Eckhart Buddecke. (Hoppe-Seyler's Z. Physiol. Chem. **327**, 109—27, 1962; Tübingen, Physiol.-Chem. Inst.; dt.) — Bei spontanatherosklerot. alten Hennen kann eine Senkung des Cholesterin-Geh. der Aorta durch *Vitamin-A-Säure* (I), *Nicotinsäure* (II), *3-Hydroxymethyl-* (III), *3-Aminomethyl-* u. *1-Methyl-3-hydroxymethylpyridin* sowie durch *Trigonellin* erreicht werden. Bixin u. Phytol zeigen keine Wirkung. Auch beim cholesteringefütterten Kaninchen verhindern **I**, **II** u. **III** einen Cholesterinanstieg in Aorta, Serum u. Leber. *Arachidonsäure* ist wirkungslos. Im Bindegewebe von Kaninchenaorten kam es nach **II**- u. **III**-Zufuhr zu einer geringen Abnahme des Mucopolysaccharid-Geh. u. zu einer Verschiebung der Relation Mucopolysaccharide/Glykoproteide.
Winfried Krüger. 4587◇

1378 **Vitamin-A- und Carotinresorption bei Pankreatektomie und Pankreasinsuffizienz.** H. Kasper. (Klin. Wschr. **41,** 83—85, 1963; Gießen, Justus-Liebig-Univ., Inst. für Ernährungswiss. u. Med. Klinik; dt.) — Vf. berichtet über die *Vitamin A* (I)-Resorption u. den *Carotin* (II)-Serumspiegel bei einem Kranken mit ausgeprägter exkret. Insuffizienz des Pankreas u. bei einem total Pankreatektomierten. Die Serum-II-Spiegel liegen bei beiden Patienten weit unter der Norm, dagegen die Serum-I-Spiegel im Normbereich. Nach Belastungen mit in Öl gelöstem I bleibt der Serumanstieg aus. Wasserdisperses I wird bei Pankreasinsuffizienz gut, bei dem pankreatektomierten Patienten nur sehr wenig resorbiert. Die Ursache für die unterschiedliche Resorption des wasserdispersen I-Präp. wird diskutiert. Bei Kranken mit Pankreasinsuffizienz kann es dann zu I-Mangel kommen, wenn der Bedarf durch Zufuhr von II gedeckt wird.
Gottfried Schreiber. 4587

1379 **Wechselwirkung von Vitamin A und Chlortetracyclin beim Stoffwechsel.** K. M. Leutski und T. N. Liwke. (Ukrain. biochem. J. **35,** 244—50, 1963; Tschernowitz, Univ., Lehrstuhl für Biochemie; ukrain., Auszug: engl.) — Im Ratten-Vers. nimmt beim Fehlen von *Vitamin A* (I) in der Nahrung der Geh. an Lipiden (II) u. Eiweiß (III) im Organismus ab. Bei Zusatz von *Chlortetracyclin* (IV) zur Nahrung nimmt der Geh. an II zu, der Geh. an III ab (sowohl in der Kontrolle wie bei Avitaminose). Bei IV-Zusatz zur I-haltigen u. I-freien Nahrung ist die Fettanreicherung bei Avitaminose stärker. Bei Avitaminose bewirkt IV-Zusatz in der Niere eine Zunahme, in Leber, Muskel u. Blutserum eine Abnahme des Harnstoff-Geh. im Vgl. zur Kontrolle.
O. Lebtag. 4587△

1380 **Wasser- und Chloridaustausch durch die Gallenblase des narkotisierten Hundes.** Doo Hee Kang und Suk Ki Hong. (Amer. J. Physiol. **203,** 1015—18, 1962; Seoul, Yonsei Univ., Coll. of Med., Dep. of Physiol.; engl.) — Die Gallenblasenwandung des Hundes ist durchlässig für *Harnstoff*, weniger für *NaCl* u. undurchlässig für Saccharose. Die Gallenblasenwandung kann Cl^- gegen einen 10fachen Konz.-Gradienten resorbieren (glykolyt. Energiequelle). Der prim. Vorgang zur Gallenkonzentrierung dürfte eine akt. Resorption von NaCl u. *W.* aus der in der Gallenblase befindlichen Galle sein. U. Tausendfreund. 4594◇

1381 **Der Mechanismus der Hemmwirkung der Glutenfraktionen auf den peristaltischen Reflex.** R. Schneider und Hilary Bishop. (Brit. J. Pharmacol. Chemotherapy **15,** 574—77, Dez. 1960; Birmingham, Med. School, Dep. of Med. Biochem. and Pharmacol.; engl.) — Zur Klärung der pathogenen Wrkg. von Weizen-*Gluten* wurde der Mechanismus der Wrkg. von Glutenfraktionen (*Fraktion III A.F.* als Filtrat des im Autoklaven behandelten pept.-trypt. Verdauungs-Prod. sowie *Fraktion G.U.F.* als Ultrafiltrat eines wss. Extraktes) auf den peristalt. Reflex des Meerschweinchendarmes untersucht. Von den möglichen Wegen, über die eine Hemmung des peristalt. Reflexes zustandekommt, scheiden folgende aus: Lähmung longitudinaler u. zirkulärer Muskelfasern, da die Longitudinalmuskeln auch in Ggw. der Fraktionen gegenüber *Acetylcholin* (I) sensibel bleiben; Ganglienblockade, da durch die Fraktionen die Rk.-Fähigkeit auf elektr. Coaxialreize untersucht wird u. bei dem verwendeten Jejunum-Präp. keine Empfänglichkeit für die Wrkg. von Ganglienblockern besteht; Antagonismus gegenüber einer physiolog. vorkommenden Substanz wie I oder *Substanz P*, da die Fraktionen deren Wrkg. nicht antagonist. beeinflussen, auch *5-Hydroxytryptamin*-Verarmung löscht den peristalt. Reflex nicht aus. Der einzig übrigbleibende Wrkg.-Mechanismus beruht auf einer Hemmung der I-Bldg. an den cholinerg. Nervenendigungen, wie sie für Morphin angenommen wird; so wurde auch die I-Abgabe vom ruhenden u. vom elektr. gereizten Meerschweinchenjejunum durch die Fraktionen vermindert; ebenso konnte in vitro eine Hemmung der I-Synth. beobachtet werden; sowohl Hemmung der Synth. als auch der Freigabe sind sicherlich an dem Mechanismus der Peristaltikhemmung beteiligt, es wird aber angenommen, daß die Abgabehemmung den Ausschlag gibt.
U. Tausendfreund. 4594□

1382 **Über das wärmeliefernde System von Winterschläfern.** L. C. Mokrasch. (Experientia [Basel] **16,** 318, 15/7. 1961; Kansas City, Kans., Univ. of Kansas, Med. Center, Neurochem. Labor.; engl.) — Es wurde die Rolle von *Adenosintriphosphatase* (I) u. *Acylphosphatase* (II) bei der Wärme-Bldg. des erwachenden Winterschläfers (Hamster) untersucht. II erwies sich als weniger empfindlich gegenüber Temp.-Verminderung. I kann nicht als ausreichend fähig zur Hervorrufung des bei frühzeitigem Erwachen vor sich gehenden Temp.-Anstiegs angesehen werden; II erwies sich als geeignet dafür (Substrat wahrscheinlich *1.3-Diphosphoglycerinsäure*). II wirkt zweifach: Energiefreisetzung aus *Phosphokreatin* u. *Adenosintriphosphat*, bis zum Einsetzen von Glykolyse u. Atmungswärme; Energieabgabe-Syst. nach Aufnahme der Glykolyse.
U. Tausendfreund. 4595□

1383 **Einbau des Radiophosphors in die Speicheldrüse des Kaninchens in der Norm und bei Störung ihrer Innervation.** O. I. Ssukmanski. (Physiol. J. [UdSSR] **9,** 265—67, 1963; Odessa, Med. Inst., Lehrstuhl für Pathophysiol.; ukrain.) — In Verss. an 37 Kaninchen wird gezeigt, daß der Einbau von $^{32}P(Na_2H^{32}PO_4)$ in die Speicheldrüse 24 Std. nach der Denervierung im Vgl. zur Norm vermindert, 48 Std. nach der Denervierung erhöht ist. 1 Std. nach der ^{32}P-Injektion findet sich in der Norm die höchste ^{32}P-Menge in der säurelösl. Fraktion der anorgan. Phosphate u. der labilen P-Verbindungen. 24 Std. nach der Entfernung des Sympathicus beobachtet man eine Abnahme des ^{32}P-Einbaues in die Phosphoproteinfraktion, nach 48 Std. eine Intensivierung des ^{32}P-Einbaues in die Proteine u. Phospholipide. Die Erhöhung des ^{32}P-Geh. in der Speicheldrüse nach der Desympathisierung erklärt sich aus der Hyperämie als Folge der Ausschaltung der Vasokonstriktoren u. aus der Störung der direkten Beeinflussung des Drüsengewebes durch den Nervus sympathicus. O. Lebtag. 4596△

1384 **Stickstoffwechsel bei Ratten unter Kälteeinwirkung.** John R. Beaton. (Canad. J. Biochem. Physiol. **41,** 1169—79, 1963; Toronto, Ontario, Def. Res. Med. Labor., Box 62, Stat. „K"; engl.) — Einw. von Kälte (2—3°) bewirkte bei Ratten einen erhöhten *Aminosäuren*-Abbau u. verringerte vom 2.—5. Tag trotz erhöhtem Futterverbrauch die *Protein* (I)-Synthese. Die Kälte hatte keinen Einfl. auf die I-Resorption. Bei 22° wurden 55% des resorbierten N, nach einem Tag Aufenthalt in der Kälte jedoch 76% in Harn ausgeschieden. K. Zingraf. 4596◇

1385 **Hypothetischer Weg des Stickstoff-Stoffwechsels.** Giovanni Costa. (Acta endocrinol. [Copenhagen], Suppl. Nr. **51,** 1311, 1960; Buffalo, N.Y., Roswell Park Memorial Inst.; engl.) — Vgl. C. **1961,** 13256. H. Herper. 4596□

1386 **Untersuchungen zur Frage der Wirkung von α-Aminobuttersäure auf den Stickstoff-Stoffwechsel.** K. Schiller. (Z. Tierphysiol., Tierernähr. Futtermittelkunde **17,** 139—45, 1962; Braunschweig-Völkenrode, Forschgs.-Anst. f. Landw., Inst. f. Tierernähr.; dt.) — In Stoffwechsel-Verss. mit Albinoratten wurde die Ersatzwirkung von *α-Aminobuttersäure* (I) im *Methionin*-Stoffwechsel geprüft. Bei keiner der gewählten unterschiedlichen Futtergrundlagen bewirkte ein I-Zusatz bis zu 0,4% eine signifikante Aufwertung der biolog. Eiweißwertigkeit oder der Futterverwertung, obwohl in den meisten Fällen ein hochsignifikanter Methioninmangel festgestellt werden konnte. Auch die Zugabe der Methyldonatoren Cholin bzw. Betain u. Na_2SO_4 als Schwefelquelle ergaben keine Wirkung. Durch Zusätze von 0,5% I wurde in fast allen Fällen die Proteinwertigkeit der Rationen herabgesetzt. H.-W. Wache. 4596◇

1387 **Identifizierung von α-Methylvalerat als Fermentationsprodukt.** Howard J. Saz und Koert Gerzon. (Exp. Parasitology **12,** 204—10, 1962; Baltimore, Md., Johns Hopkins Univ., School of Hyg. and Public Health, Dep. of Pathobiol.; Indianapolis, Ind., Lilly Res. Labor.; engl.) — Nach 18std. Inkubation ♀ *Ascaris lumbricoides* var. *suis* in *Glucose-Bicarbonat*-Medium wird als Hauptfermentations-Prod. *α-Methylvaleriansäure* gaschromatograph. u. als *p-Bromphenacyl*-Deriv. $C_{14}H_{17}O_3Br$, F. 35,5—36°, identifiziert. P. Gregorzewski. 4596◇

1388 **Die Wirkung von Milchsäure im Fettstoffwechsel der Leber bei experimenteller Fettleber der Ratte.** Ute Bronsert, Fritz Hartmann und Hans-Joachim Mitzkat. (Naturwissenschaften **50,** 129, 1963; Marburg/Lahn, Univ., Med. Poliklin.; dt.) — Bei Leberverfettung von Ratten unter Verfütterung der Best-Mangelkost ist der Anstieg

des *Neutralfett*-Geh. als Ursache anzusehen. Der Umsatz der *Phosphatide* ist bei gleichbleibendem Spiegel gesteigert. *Milchsäure* (I; 1 g/Tag) vermindert anders als *Brenztraubensäure* (II) den Neutralfett-Geh. nicht, I erhöht ihn sogar; I muß also für den Abbau der Neutralfette über den Fettsäure- u. Citronensäurecyclus ungünstigere Bedingungen schaffen, obwohl bei dem hohen Lactatangebot ein Übergang in II anzunehmen ist. Offenbar verschieben hohe Spiegel an red. Pyridinnucleotiden, Lactat, Malat u. α-Glycerophosphat das Gleichgewicht im Fettsäurestoffwechsel in Richtung Synth., der Abbau wird erschwert.
U. Tausendfreund. 4596◇

1389 **Cholesterinester und die Synthese von Milchfett.** R. D. McCarthy und Stuart Patton. (Biochim. biophysica Acta [Amsterdam] **70**, 102—03, 1963; University Park, Pa., Pennsylvania State Univ., Dep. of Dairy Sci.; engl.) — Nach Infusion von *Natriumlinoleat* in die Milchdrüse von Ziegen nahm der *Linolsäure*-Geh. in den *Cholesterinestern* (I) der Milch um 130%, in den *Triglyceriden* (II) um 29% u. in den *Phospholipiden* (III) um 50% zu. Nach Infusion von $^{14}C_{(1)}$-*Kaliumpalmitat* (IV) in die Milchdrüse konnte Neusynth. von I, II u. III aus IV in der Drüse nachgewiesen werden.
K. Zingraf. 4596◇

1390 **Über die zentrale Regulierung des Cholesterinumsatzes.** Ju. N. Bordjuschkow und L. Ch. Garkawi. (Pathol. Physiol. exp. Therap. [UdSSR] **6**, Nr. 5, 57—58, Sept./Okt. 1962; Rostow a. Don, Forschungs-Inst. für Röntgenol., Radiol. u. Onkol. des Gesundheitsminist. der RSFSR, Vers.-Abt.; russ.) — Nach Reizung des Hypothalamus durch eingeheilte Elektroden wird im Kaninchen-Vers. der Blut-Geh. an *Cholesterin* (I) um 105% erhöht. Im Ratten-Vers. wird der I-Geh. des Blutes bei Reizung der Hirnrinde um 24%, bei Reizung des Kleinhirns um 21, bei Reizung des Hypothalamus um 83, bei Reizung des Thalamus um 74% erhöht. Nach 4 Wochen normalisiert sich in allen Fällen der I-Gehalt. Die Ergebnisse beweisen, daß die Regulierung des I-Umsatzes in der Hauptsache der Kontrolle verschiedener subcorticaler Körper des Gehirns unterliegt.
O. Lebtag. 4596△

1391 **Biosynthese von ungerad- und geradzahligen Cerebrosidfettsäuren: Beweis für zwei Wege.** Amiya K. Hajra und Norman S. Radin. (Biochim. biophysica Acta [Amsterdam] **70**, 97—99, 1963; Ann Arbor, Mich., Univ. of Mich., Mental Health Res. Inst.; engl.) — Ratten erhalten eine Injektion von $^{14}C_{(1)}$-*Acetat*, danach werden die Vers.-Tiere in verschiedenen Zeitintervallen getötet, die Cerebrosidfettsäuren isoliert u. die Aktivität der COOH-Gruppe bestimmt. Die vorliegenden Hydroxysäuren werden mit $KMnO_4$-Essigsäure, die Nichthydroxysäuren mit NaN_3–H_2SO_4 abgebaut. Es wird festgestellt, daß die ^{14}C-Verteilung bei der C_{16}-*Säure* unabhängig vom Zeitintervall fast gleich ist. Bei den langkettigen Vertretern wird jedoch zu Beginn des Vers. eine hohe Aktivität nachgewiesen, die mit der Zeit abnimmt. Es wird dargelegt, daß die Biosynth. langkettiger Fettsäuren auf dem Wege der Kettenverlängerung einer Primärfettsäure oder durch Abbau von einem C einer längeren Säure erfolgen kann. Der zuletzt genannte Weg wird an *Hydroxysäuren* nachgewiesen. A. Täufel. 4596◇

1392 **Der Einfluß der Temperatur auf das Epidermispigment der Raupen von Cerura vinula L.** Detlef Bückmann. (Z. Naturforsch. **18b**, 255—64, 1963; Göttingen, Univ., Zool. Inst.; dt.) — Raupen von *Cerura vinula* enthalten in der Epidermis *Xanthommatin*. Die Epidermis färbt sich mit fortschreitender Raupen-Entw. von braun nach rot, d. h. der Farbstoff geht vom oxydierten Zustand in den red. Zustand über. Dieser Übergang kann auch durch hohe Temp. (35°) früher ausgelöst werden. Der Farbwechsel wird nicht zentral gesteuert, da durch Ligaturen isolierte Körperteile auch diesen Wechsel zeigen. Bei lokaler Erwärmung eines begrenzten Epidermisbereichs färbt sich nur diese Stelle rot.
W. Hiller. 4597◇

1393 **Über das Erschlaffungsfaktorsystem der Herzmuskulatur.** Hisao Abe, Masa Takauji, Hiroshi Takahashi und Torao Nagai. (Biochim. biophysica Acta [Amsterdam] **71**, 7—14, 1963; Sapporo, Japan, Med. Hochsch. Sapporo, Physiol. Inst.; dt.) — Die Mikrosomen der Herzmuskulatur allein hatten nur eine geringe hemmende Wrkg. auf die *Adenosintriphosphatase* (I) von Herzmuskelfasern, während die Wrkg. des Rohextraktes oder des Mikrosomen-Cofaktor-Syst. sehr deutlich war. Die Wrkg. des *Erschlaffungsfaktor-Syst.* (ES) des Herzmuskels war ähnlich, aber schwächer als die des ES des Skelettmuskels. Eine *proteinfreie erschlaffende Substanz* (II) wurde durch Auswaschen einer Cellulosesäule, die die Mikrosomen adsorbiert hatte, mit einer Adenosintriphosphat- u. Cofaktor-enthaltenden Lsg. gewonnen. Ouabain hatte keine Wrkg. auf die Aktivität von ES, von I oder von II des Herzmuskels. K. Zingraf. 4597◇

1394 **Über einige Änderungen der Reaktivität des Herzgefäßsystems bei Sauerstoffmangel.** Je. A. Markowa. (Pathol. Physiol. exp. Therap. [UdSSR] **6**, Nr. 5, 70—71, Sept./Okt. 1962; Ternopol, Med. Inst., Lehrstuhl für pathol. Physiol.; russ.) — Bei Katzen u. Kaninchen bewirkte experimentelle Asphyxie eine Verminderung (mitunter Erhöhung am Anfang) u. schließlich völliges Verschwinden der Empfindlichkeit gegenüber geringen Dosen (bis zu 10 γ) von *Adrenalin* (I) oder *Acetylcholin* (II). Bei hohen Dosen von I oder II wurde eine verminderte Empfindlichkeit noch im Endstadium der Asphyxie beobachtet. Die Abnahme der vasomotor. Wrkg. von I u. II war unabhängig von der Blutdruckänderung als Folge der Asphyxie. Vorherige Zufuhr von Kokain (Inhibitor der Aminooxydase) war ohne Einfl. auf die Abnahme der I-Wirkung. Zufuhr von Eserin (Inhibitor der Cholinesterase) war ebenfalls ohne Wrkg. auf die Abnahme der II-Wrkg. als Folge der Asphyxie. Die Abnahme der Empfindlichkeit des Herzgefäß-Syst. bei Asphyxie beruht danach nicht auf der Aktivierung der Cholinesterase. Die Abnahme der pressor. Wrkg. des I erklärt Vf. mit der bei Asphyxie auftretenden Acidose. Für die Abnahme der II-Empfindlichkeit läßt sich noch keine Erklärung finden.
O. Lebtag. 4597△

1395 **Die Kaliumkonzentration in Ringerlösung für Frösche.** D. R. H. Gourley. (Experientia [Basel] **18**, 21—22, 1962; Charlottesville, Univ. of Virginia, School of Med., Dep. of Pharmacol.; engl.) — Die *K*-Konz. einer zur Inkubation von Froschmuskeln bestimmten Ringer-Lsg. (wobei K-Abgabe u. K-Aufnahme durch den Muskel kompensiert sein sollen) schwankt je nach den Vers.-Bedingungen u. ist von Muskel zu Muskel verschieden hoch.
K. Zingraf. 4597◇

1396 **Der Einfluß von Kationen auf die Reaktionsfähigkeit der Sulfhydrylgruppen von Actin.** Arnold M. Katz. (Biochim. biophysica Acta [Amsterdam] **71**, 397—407, 1963; Los Angeles, Calif., Univ. of Calif., Los Angeles County Heart Ass. Cardiovasc. Res. Labor. Dep. of Med.; engl.) — Die Rk.-Fähigkeit der Sulfhydrylgruppen von *G-Actin* mit *p-Chlormercuribenzoat* in Ggw. von Cl^- wird durch Ca^{2+}, Mn^{2+} u. *Adenosintriphosphat* (I) gehemmt, durch Mg^{2+}, Zn^{2+}, Co^{2+} u. Ni^{2+} gefördert u. Cd^{2+}, Na^+, K^+, Rb^+, Ba^{2+} u. Sr^{2+} haben keinen Einfluß. Ca^{2+} u. I wirken synergist., Ca^{2+} oder I u. Mg^{2+} antagonistisch. K. Zingraf. 4597◇

1397 **Enzymatische Reifung des Skelettmuskels.** Victor Dubowitz. (Nature [London] **197**, 1215, 1963; Sheffield, Univ., Dep. of Child Health; engl.) — Bei ausgetragenen menschlichen Neugeborenen konnte in den Muskelfasern bereits ein ausgereiftes, den Erwachsenenmuskeln entsprechendes Enzymmuster gefunden werden; die Gruppe der an *Phosphorylase* reichen Fasern hatte einen etwas größeren Durchmesser als die Gruppe der an *NAD* (*Nicotinamid-adenindinucleotid* bzw. DPN)-*Diaphorase*, NAD-abhängiger *Milchsäuredehydrogenase* u. *Adenosintriphosphatase* reichen Fasern. Auch in den Muskeln von Meerschweinchen, Kaninchen u. Hamster konnte bereits eine mehr oder weniger weitgehende Differenzierung der Muskelfasern zum Zeitpunkt der Geburt nachgewiesen werden, während bei der Ratte die Differenzierung des Enzymmusters erst zwischen dem 7. u. 10. Tage nach der Geburt vor sich geht (fokale Differenzierung der Bauchmuskeln bereits nach 2—3 Tagen). Die Unterschiede in den Enzymreifungsgraden scheinen durch die Dauer der Fötalzeit u. die allg. Reife bei der Geburt mitbedingt zu werden. U. Tausendfreund. 4597◇

1398 **Über die Wege der Glykolyse in den embryonalen Muskeln.** M. N. Perzewa. (Ukrain. biochem. J. **35**, 298—316, 1963; Leningrad, Ssetschenow-Inst. für Entw.-Physiol. der Akad. der Wiss. der UdSSR; russ.) — Auf Grund der Literaturangaben kommt Vf. zu der Schlußfolgerung, daß in den embryonalen Muskeln die Glykolyse unter Teilnahme der P-Verbb. nach einem Mechanismus erfolgt, der ähnlich oder ident. mit dem Schema von Embden-Meyerhof ist. Ein prinzipieller Unterschied zwischen den embryonalen u. erwachsenen Muskeln besteht wahrscheinlich nur im Anfangsstadium der Glykolyse. Der embryonale Muskel verwertet als Hauptsubstrat nicht das Glykogen, sondern die Glucose. Die Ausbildung des Syst. der „Phosphorglykolyse" in der Ontogenese fällt zeitlich u. nach der Intensität mit der beendeten Ausbildung der funktionellen Eigg. zusammen. — 55 Literaturangaben. O. Lebtag. 4597△

1399 **Veränderungen der wasserlöslichen Muskelproteine nach Denervierung und Tenotomie.** Je. Ch. Lukaschewitsch und A. A. Nowikowa. (Ukrain. biochem. J. **35**, 195—201, 1963; Dnepropetrowsk, Med. Inst., Lehrstuhl für Biochemie; ukrain., Auszug: engl.) — Untersucht wurden an Kaninchen 1, 3 u. 6 Monate nach der Denervierung u. Tenotomie der Muskel-Geh. an in W. lösl. *Proteinen* (I) u. *Rest-N* u. das Verhältnis der einzelnen Fraktionen von I. 1 Monat nach der Denervierung nahm der Geh. an I (um 30%) u. Rest-N ab. Der Geh. an *Myogen* (II) nahm ab, der Geh. der *Fraktion* $K_1 + K_2$ u. an *Myoalbumin* (III) nahm zu. Nach 3 u. 6 Monaten trat eine teilweise oder völlige Normalisierung des Geh. an I, Rest-N, II, III u. $K_1 + K_2$ ein. 1 Monat nach der Tenotomie veränderte sich das Verhältnis der I-Fraktionen bei prakt. unverändertem I-Gehalt. Später war der I-Geh. etwas geringer. Der Geh. an Rest-N blieb nach 1 u. 3 Monaten unverändert, nahm jedoch nach 6 Monaten um mehr als 30% ab. Nach Tenotomie waren die Veränderungen der Eiweiß-Zus. geringer als nach Denervierung. O. Lebtag. 4597△

1400 **Der Phosphatstoffwechsel während eines isometrischen Tetanus im Froschsartorius.** G. Maréchal und W. F. H. M. Mommaerts. (Biochim. biophysica Acta [Amsterdam] **70**, 53—67, 1963; Los Angeles, Calif., Univ. of California, Los Angeles County Heart Ass. Cardiovasc. Res. Labor., Dep. of Med.; engl.) — Im Jodacetat-vergifteten Sartoriusmuskel des Frosches unter anaeroben Bedingungen bei 0° traten isometr. Tetani auf. Während des Tetanus erfolgt der Abbau von *Phosphokreatin* (I) mit einer Geschw. von 0,28 μMol/g/Sek. (konst. bis zu 60 Sek. bis fast zum Verbrauch des gesamten I trotz Spannungsabnahme um 0,89% pro Sekunde). K. Zingraf. 4597◇

1401 **Der Transport von α-Ketoglutarsäure in den proximalen Nierentubuli.** P. Vishwakarma. (Canad. J. Biochem. Physiol. **41**, 1099—1104, 1963; Kingstown, Ontario, Queen's Univ., Fac. of Med., Dep. of Pharmacol.; engl.) — Im Stop-flow-Vers. wurde infundiertes Natrium-α-*Ketoglutarat* (I) beim Hund durch einen kombinierten Prozeß von Glomerulusfiltration u. Rückresorption in den proximalen Nierentubuli ausgeschieden; Filtration trat in den Tubuli nicht auf. Aus der Best. der Gradienten ergab sich, daß in den proximalen Tubuli ein akt. Transport von I aus dem Lumen in die Zelle erfolgt. K. Zingraf. 4597◇

1402 **Faktoren, die die Aufnahme freier $^{14}C_{(1)}$-Stearinsäuren aus dem Serum durch die Leber beeinflussen.** David L. Trout und E. Harvey Ester jun. (unter techn. Mitarbeit von Helen L. Hilderman und Gray D. Long). (Amer. J. Physiol. **203**, 1024—28, 1962; Durham, N.C., Vet. Admin. Hosp., Central Reference Labor.; Duke Univ., Med. Center, Dep. of Med.; engl.) — Nach i.v. Injektion von albumingebundener $^{14}C_{(1)}$-*Stearinsäure* finden sich bei jungen ♀ Ratten innerhalb von 4 Min. 47% von ^{14}C in der Leber; 98% des Stearats sind verestert (vorwiegend in Phospholipiden). 500—600 g schwere Tiere u. solche nach 2tägigem Fasten nehmen weniger ^{14}C in die Leber auf. Der ^{14}C-Einbau wird auch durch subkutanes *Epinephrin* vermindert. Einmalige *Glucose*- oder *Olivenöl*-Verfütterung bei fastenden Tieren verändert die ^{14}C-Verteilung nicht. Eine Beziehung zwischen Serumspiegel an freier Fettsäure u. der in der Leber erscheinenden ^{14}C-Fraktion besteht nicht. U. Tausendfreund. 4597◇

1403 **Neurotransmitter-Substanzen und Stickstoff-Ausscheidungen.** A. N. Granitsas. (Acta endocrinol. [Copenhagen], Suppl. Nr. **51**, 1307, 1960; Athen, Univ., Inst. of Physiol.; engl.) H. Herper. 4598□

1404 **Eine Untersuchung des cerebralen Blutstroms und des cerebralen Glucose-, Lactat- und Pyruvatstoffwechsels vor und nach der Mahlzeit beim Menschen.** George G. Rowe, George M. Maxwell, Cesar A. Castillo, D. J. Freeman und Charles W. Crumpton. (J. clin. Invest. **38**, 2154—58, Dez. 1959; Madison, Wis., Univ. of Wisconsin, Dep. of Med. and Cardiopulmonary Res. Labor.; engl.) — Es wurde die Rolle von Kohlenhydratsubstanzen u. von Veränderungen der *Glucose* (I)-Aufnahme durch Hirngewebe bei der Auslösung des Hungergefühls untersucht. Bei Vers.-Personen nahm das Gehirn während des Anstiegs des arteriellen Spiegels an I, *Lactat* (II) u. *Pyruvat* (III) nach einer aus 2 Toastscheiben mit Butter, 1 Glas Milch u. 1 Glas Orangensaft mit Zucker (60 g Kohlenhydrate, 15 g Eiweiß, 20 g Fett) bestehenden Probemahlzeit größere Mengen dieser Kohlenhydrate auf. Zum Zeitpunkt des höchsten I-Blutspiegels war die Aufnahme zu Normwerten zurückgekehrt. Während des Abklingens des Blutspiegels von I, II u. III sank die I-Aufnahme durch das Gehirn auf subnormale Werte. Da die I- u. II-Aufnahme in keiner Beziehung zu den jeweiligen abs. arteriellen Blutspiegeln steht, fehlt jeder Hinweis auf eine Kontrolle der Verwertungsvorgänge im Gehirn durch die Blutspiegelwerte. Die III-Aufnahme u. der III-Verbrauch stehen allerdings in direkter Beziehung zum arteriellen III-Blutspiegel. — Demnach lassen sich mögliche Veränderungen in einem derart kleinen Hirnteil wie dem Hungerzentrum nicht mit so summar. Unterss. erfassen; die erzielten Ergebnisse lassen keinen Schluß auf eine Hervorrufung des Hungergefühls durch Verminderung des Kohlenhydratspiegels im Gehirn zu, da die Werte bereits 1 Std. nach der Mahlzeit wieder abgesunken sind. U. Tausendfreund. 4598□

1405 **Über die Aldehyde aus den Gehirnen verschiedener Säugetiere.** Hildegard Debuch. (Hoppe-Seyler's Z. physiol. Chem. **327**, 65—73, 1962; Köln, Univ., Physiol.-Chem. Inst.; dt.) — Aus den Großhirnen von Pferd, Rind, Schwein, Kaninchen u. Ratte wurden die Phosphatide auf Grund ihrer Unlöslichkeit in Aceton abgetrennt. Durch Spaltung mit 4%ig. wasserfreiem methanol. HCl u. Extraktion mit PAe. konnten die *Dimethylacetale* u. *Fettsäuremethylester* gewonnen u. gaschromatograph. getrennt werden. Das Aldehydgemisch besteht in allen Fällen überwiegend (97—98%) aus *Palmitin*- u. *Stearinaldehyd* sowie *Octadecenal*. Das Verhältnis zwischen gesätt. u. ungesätt. Aldehyden kann stark schwanken, bemerkenswert jedoch ist das Fehlen längerkettiger Aldehyde, obwohl dort derartige Fettsäuren reichlich vorkommen. Winfried Krüger. 4597◇

1406 **Intracelluläre Verteilung von Hirn-Noradrenalin und nichtcholinergische Nervenendigungen von De Robertis.** Akira Inouye, Kiyoshi Kataoka und Yoshiya Shinagawa. (Biochim. biophysica Acta [Amsterdam] **71**, 491—93, 1963; Kyoto, Kyoto Univ. School of Med., Dep. of Physiol.; engl.) — Unterss. über die subcelluläre Verteilung von *Acetylcholin* (I), *Substanz P* (II), *Noradrenalin* (III), *5-Hydroxytryptamin* (IV), *Succinatdehydrogenase* u. *Phosphatase* sowie Färbeverss. mit OsO_4 im Kaninchenhirn bestätigten die Aussage von De Robertis, daß in Hirnhomogenaten cholinerg. u. nichtcholinerg. Nervenendigungen voneinander unterschieden werden können. Die dicht mit OsO_4 gefärbten Nervenendigungen enthielten III u. IV, die weniger dicht gefärbten I u. II. K. Zingraf. 4598◇

1407 **Ein Sehpigment aus einer reinen Zäpfchenretina.** H. J. A. Dartnall. (Nature [London] **188**, 475—79, 5/11. 1960; London, Inst. of Ophthalmol., Visual Res. Div., Ophthalmol. Res. Unit; engl.) — Aus der Zäpfchenretina von *Sciurus carolinensis leucotis* wurde ein Sehpigment (III) extrahiert, dessen Photoprod. (I; nach Ausbleichen) bei 450 bis 550 mμ stark, bei 480 mμ schwächer absorbierte. I besteht nach spektralen Unterss. aus einem 480 mμ-Pigment u. normalem *Retinen*- (II) oder II-Protein. Das Maximum von III muß zwischen 490 u. 504 mμ liegen. Das Absorptionsvermögen von III ist in situ offensichtlich stark erhöht. Die spektrale Empfindlichkeitskurve von III wird diskutiert. K. Maier. 4598◇

1408 **Die zeitliche Folge der Bildung der Ommochrome in den Imaginalaugen von Ephestia und Ptychopoda.** Alfred Kühn. (Z. Naturforsch. **18b**, 252—54, 1963; Tübingen, Max Planck Inst. für Biol.; dt.) — In den Imaginalaugen von *Ephestia kühniella* u. *Ptychopoda seriata* ist zuerst *Xanthommatin* festzustellen. Danach folgen *Ommochrom I* u. *II*. Zuletzt erscheint *Ommin*. W. Hiller. 4598◇

E_6. Pharmakologie, Therapie, Toxikologie, Hygiene

1409 **Die Methoden der medizinischen Chemie. — 4. Mitt. Der Stoffwechsel von Arzneimitteln und die Untersuchung von Beziehungen zwischen der chemischen Struktur und der biologischen Wirksamkeit.** R. Madroñero. (Rev. Ci. apl. **16**, 289—311, 1962; Madrid, Patron. Juan de la Cierva de Invest. Técn.; Inst. de Quím. „Alonso Barba", Secc. de Quím Méd.; span.) — 3. vgl. Rev. Ci. apl. **16**, [1962], 193. — Übersicht. K. Zingraf. 4600◇

1410 **Untersuchungen über die Schmerz verursachende Wirkung injizierter wäßriger Lösungen.** J. Pórszász, G. Kedvessy, I. Dobó und K. Pórszász-Gibiszer. (Arzneimittel-Forsch. **12**, 85—87, 1962; Szeged [Ungarn], Med. Univ., Pharmazeut. Inst. u. Physiolog. Inst.; dt.) — Vff. untersuchen, welche von NaCl-Lsgg. verschiedener Konz. sich am wenigsten schmerzhaft bei der Injektion erweisen u. welchen Einfl. das pH auf die Schmerzauslösung hat. Zu diesem Zweck wurden die am herauspräparierten Nervus saphenus von Ratten entstehenden Aktionsströme untersucht. Starke Schmerzen verursacht Injektion von W. u. von 0,3 u. 0,6% ig. NaCl-Lösung. Je mehr sich die Konz. dem isoton. Bereich nähert, um so geringer werden die Schmerzen. Die Verschiebung des osmot. Druckes der Injektions-Lsg. in Richtung eines hyperton. Milieus ist weniger schmerzhaft als umgekehrt. Polyvinylpyrrolidon vermindert bei hypoton. Lsgg. das Schmerzgefühl, nicht aber bei hyperton. Lsg. u. bei KCl-Lösung. W. Hiller. 4600◇

1411 **Die Wirkung von ^{60}Co-Gammastrahlen auf Nucleinsäuregehalt und Desoxyribonuclease-II-Aktivität in Leber und Milz von Hühnerembryonen.** M. M. Jovanović, Z. A. Knežević und N. B. Svećenski. (Bull. Inst. Nuclear Sci. „Boris Kidrich" **13**, Nr. 4, 43—47, 1962; Dep. Radiobiol.; engl.) — 14 Tage alte Hühnerembryonen wurden mit 800 r bestrahlt. Die *Desoxyribonuclease II*-Aktivität in der Leber war 24 Std. nach Bestrahlung vermindert, die Aktivität dieses Enzyms in der Milz um etwa den gleichen Betrag erhöht. *Mg*-Ionen, 4 Std. nach der Bestrahlung injiziert, hemmten die Veränderungen des Enzymspiegels. Der Spiegel von Desoxyribonucleinsäure u. Ribonucleinsäure war in der Leber 24 Std. nach Bestrahlung signifikant erniedrigt. H. Hüller. 4601◇

1412 **Der Einfluß einer mäßigen ^{60}Co-Bestrahlung auf den Glykogengehalt der Leber von Hühnerembryonen.** M. M. Jovanović, Z. A. Knežević und N. B. Svećenski. (Bull. Inst. Nuclear Sci. „Boris Kidrich" **13**, Nr. 4, 49—53, 1962; engl.) — Vgl. auch vorst. Referat. — Werden 10 Tage alte Embryonen mit 460 r bestrahlt, steigt der *Glykogen* (I)-Geh. der Leber an. Kombination der Bestrahlung mit *Adrenocorticotropem Hormon* bzw. Cysteamin ruft bzgl. des I-Geh. der Leber bei Hühnerembryonen wie bei erwachsenen Säugetieren die gleichen Effekte hervor. Kombination, Bestrahlung u. Cortisongabe führen jedoch bei Embryonen zur Verminderung des I-Geh. der Leber. H. Hüller. 4601◇

1413 **Der Stoffwechsel von Leber- und Milz-Nucleinsäuren letal bestrahlter Ratten, die mit Desoxyribonucleinsäure behandelt wurden.** A. Bećarević, V. Janković, S. Petrović, D. Kanazir und G. Jovicki. (Bull. Inst. Nuclear Sci. „Boris Kidrich" **13**, Nr. 4, 35—41, 1962; Dep. of Radiobiol.; engl.) — 4 Monate alte ♂ Ratten wurden mit 700 r bestrahlt u. an den 3 folgenden Tagen mit insgesamt 10,34 mg nativer *Desoxyribonucleinsäure* aus der Leber unbestrahlter Ratten behandelt. Die Stoffwechselaktivität der Leber- u. Milzribonucleinsäuren wurde radiometr. bestimmt. Die spezif. *Ribonucleinsäure*-Aktivität behandelter Tiere war besonders in der Leber erhöht. H. Hüller. 4601◇

1414 **Wirkung von Röntgenbestrahlung auf die Synthese von Fettsäuren und Cholesterin in der Leber.** S. V. Pande, A. Ramaiah und T. A. Venkitasubramanian. (Biochim. biophysica Acta [Amsterdam] **65**, 516—18, 1962; Delhi, Univ., Vallabhbhai Patel Chest. Inst.; engl.) — Mit *Glucose* zwangsgefütterte unbestrahlte u. mit 1000 r bestrahlte Ratten bauten mehr ^{14}C von injiziertem $^{14}C_{(1)}$-*Natriumacetat* in die Fettsäuren u. das Cholesterin der Leber ein als Tiere, die freien Zugang zum üblichen Laborfutter hatten. Der Einbau war bei bestrahlten u. unbestrahlten Tieren prakt. gleich. K. Zingraf. 4601◇

1415 **Maximale Schutzwirkung gegen 8 MeV-Elektronen-Bestrahlung bei Mäusen.** Jennifer Shewell, E. A. Wright, D. K. Bewley und J. A. Silvester. (Nature [London] **197**, 91, 1963; London, St. Mary's Hosp. Med. School, Dep. of Pathol.; Hammersmith Hosp. Med. Res. Council Cyclotron Unit; engl.) — Die maximale Schutz-Wrkg. durch Anwendung folgender Meth. wurde bei Mäusen, die mit 8 MeV-Elektronen (40000 r/min) bestrahlt wurden, erprobt. Verabreichung von *Cysteamin* vor Bestrahlung, kurzzeitiges Atmen in N_2 u. Injektion (i.v.) von Knochenmarkszellen nach Bestrahlung, Verabreichung von Antibioticis. Die Anwendung dieser Schutz-Meth. erlaubte Dosen von 2890 r gegenüber den unbehandelten Vers.-Tieren (770 r; gültig für den Faktor $DL_{50/30}$). Ch. Zimmer. 4601◇

1416 **Einfluß der Adenosintriphosphorsäure auf den Phosphoproteinumsatz in der Leber bei Strahlenschädigung.** R. P. Winogradowa. (Ukrain. biochem. J. **35**, 274—81, 1963; Kiew, Schewtschenko-Univ., Lehrstuhl für Biochemie; ukrain., Auszug: engl.) — Bei der Inkubation von normalem Lebergewebe des Meerschweinchens bewirkt der Zusatz von 0,35 mMol/g *Adenosintriphosphorsäure* (I) eine Intensivierung der Erneuerung der *Phosphoproteine* (II). Bei der Inkubation von Lebergewebe nach letaler Röntgenbestrahlung mit 500 r hat I diese Wrkg. nicht. Nach Röntgenbestrahlung der Tiere nimmt der I-Geh. in der Leber bereits nach 24 Std. ab. Die I-Abnahme erreicht nach 9 Tagen ihr Maximum (im Mittel auf 1/3). Unter dem Einfl. der Totalbestrahlung nimmt der II-Geh. im Mittel um 30—35% ab. Die Intensität der II-Erneuerung nimmt zu allen Beobachtungszeiten nach der Bestrahlung um 20% zu. Der Leber-Geh. an anorgan. P. nimmt nach der Bestrahlung im Mittel um 20—35% zu; die spezif. Aktivität des anorgan. P bleibt unverändert. Zusatz von I ist fast ohne Einfl. auf die Intensität der Erneuerung des anorgan. P sowohl bei Bestrahlung wie im normalen Gewebe. O. Lebtag. 4601△

1417 **Zum Wirkungsmechanismus des Serotonins als Strahlenschutzstoff.** Ulrich Hagen und Kurt Flemming. (Naturwissenschaften **50**, 303, 1963; Freiburg/Br., Univ., Radiolog. Inst.; Heiligenberg (Baden), Heiligenberg-Inst., Biophysikal. Abt.; dt.) — Die Unters. des Knochenmarks von Mäusen, die mit 800 r bestrahlt wurden, bestätigen frühere Arbeiten: *Serotonin* schützt nach diesen Befunden bereits am 1. Tag nach der Bestrahlung bestimmte Zellen fast vollständig vor der Strahlenschädigung. H. Hüller. 4601◇

1418 **Struktur-Wirkungsbeziehungen bei Strahlenschutz-Verbindungen: Amine und Aminoxide.** Thomas J. Haley, A. M. Flesher und L. Mavis. (Arch. int. Pharmacodynam. Thérap. **138**, 133—45, 1/7. 1962; Los Angeles, Univ. of California, School of Med., Dep. of Biophys. and Nuclear Med., Labor. of Nuclear Med. and Radiat. Biol.; engl.) — 204 Verbb. werden nach oraler Verabreichung (250 mg/kg) auf ihre Strahlenschutz-Wrkg. an ♀ Mäusen untersucht. Fast sämtliche wirksamen Verbb. enthalten die —N=C-Struktur, keine der untersuchten Verbb. erreicht die Wirksamkeit von Mercaptoäthylamin oder Mercaptoalkylisothiuroniumverbindungen. Untersuchte Verbb. (+ = besonders wirksam): Pyridin-1-oxide: *2-Methyl-*, *4-Methyl-*, *2-Methyl-4-nitro-*, *3-Methyl-4-nitro-*, *2.6-Dimethyl-*, *2-Carboxyl-*, Pyrrolidine: *Unsubstituiertes*, *1-Methyl-*, *1-Hexyl-*, *1-β-Hydroxyäthyl-*, *Carbonat*, Phenazin-5.10-dioxide: *Unsubstituiertes*, *2-Methoxy-*, *2-Nitro-*, Phenazin-5-oxid: *Unsubstituiertes*, *3-Nitro-*, Chinolin-1-oxide: *6-Methoxy-*, *3-Brom-*, *Unsubstituiertes* (+), *2-Heptyl-4-amino-*, *8-Nitro-*, *4-Hydroxy-8-nitro-*, *2-Heptyl-4-hydroxy-*, *2.3-Dimethoxycarbonyl-*, Pyridine: *3.5-Dimethyl-*, *3.5-Dibutyl-*, *3.5-Diphenyl-*, *2-[α-Dimethylaminoäthylbenzyl]-*, Pyridin-1-oxide: *2-[α-Dimethylaminoäthylbenzyl]-*, *Unsubstituiertes*, *3-Amino-*, *2-Hydroxy-6-brom-*, *2-Hydroxy-5-brom-*, *4-Chlor-*, *2-Mercapto-*, *3-Carboxy-*, *4-Carboxy-* (+), *3-Äthoxycarbonyl-*, *3-Aminocarbonylpyridinmethochlorid*, *2.2'-[Pyridin-1-oxid]-disulfid*, *2.5-Dicarboxypyridin*, Pyridin-1-oxide: *3-Aminocarbonyl-*, *3-N-Äthylaminocarbonyl-* (+), *3-N-Phenäthylaminocarbonyl-*, *4-Hydrazinocarbonyl-*, *3-Hydroxy-*, *4-N-Benzyl-N-β-dimethylaminoäthylamino-*, Benzo-1.2.4-triazin-1-oxide: *3-Amino-*, *3-Amino-7-brom-*, *3-Dodecylamino-7-chlor-*, *3-Aminophenylamino-7-chlor-*, *3-Acetyl-*; Δ^1-Butene: *1.4-Bis-[methylamino]-*, *1.4-Bis-[dimethylamino]-*, *1.4-Bis-[äthylamino]-*, *1.4-Bis-[diäthylamino]-*, *Tripelennamine*, *Pyrathiazine*, *Pyrathiazine-N-5-dioxid*, *Prophenpyridamine*, *-N-oxid*, *Chlorprophenpyridamine*, *-N-oxid*, *1.2-Dihydroxy-1.1-diphenyl-3-piperidylpropanoxid*. P. Gregorzewski. 4601◇

1419 **Einfluß von Methioninsulfoxim und von Röntgenbestrahlung auf den ^{42}K-Gehalt von Ratten.** Jaroslaw Koloušek und Miloslav Rakovič. (Int. J. Radiat. Biol. **6**, 61—67, 1963; Prague, Charles Univ., School of Med., Biophys. Inst.; engl.) — Werden Ratten 24 Std. nach 400 μc ^{42}K mit 1000 r ganzkörperbestrahlt oder nach 24 Std. mit 150 mg *L-Methioninsulfoxim* (I)/kg behandelt, so kommt es gegenüber Kontrollen zu einer Verminderung des ^{42}K-Geh. in Thymus u. Pankreas sowie zu einer beträchtlichen Vermehrung des ^{42}K-Geh. in der Niere. Nach I ist außerdem ein Anstieg des ^{42}K-Geh. in den Nebennieren zu beobachten, der nach Bestrahlung nicht auftritt.
U. Tausendfreund. 4601◇

1420 **Strahlenschutzmittel.** 2. Mitt. **Dithiocarbamate.** William O. Foye und James Mickles. (J. med. pharmac. Chem. **5**, 846—52, 1962; Boston, Mass., Coll. of Pharmacy, Dep. of Chem.; engl.) — 1. vgl. J. pharmac. Sci. **51**, [1962], 168. — Eine Reihe Dithiocarbaminsäuren wird synthetisiert. Die freien Säuren mit bas. Gruppen im Mol. liegen als Zwitterionen vor, die anderen werden als Salze geprüft. Einige zeigen brauchbare Strahlenschutz-Wrkg., Toxizitätswerte sind angegeben.

Versuche: Dithiocarbaminsäuren: Zugabe der entsprechenden Amine zu CS_2 in wss. NH_3 oder A. unter Kühlung mit Eis/NaCl. — *Phenyl-, Ammoniumsalz*, $C_7H_{10}N_2S_2$, F. 92 bis 93°; 75% (Ausbeute). — *Cyclohexyl-, Cyclohexylaminsalz*, $C_{13}H_{26}N_2S_2$, F. 184—186°; 42%. — *Octyl-, Octylaminsalz*, $C_{17}H_{38}N_2S_2$, F. 88—89°; 74%. — *Diäthylaminoäthyl-*, C_7H_{16}·N_2S_2, F. 146—147°; 73%. — *Dimethylaminopropyl-*, C_6H_{14}·N_2S_2, F. 145—147°; 85%. — *Hydroxyäthylaminoäthyl-*, $C_5H_{12}N_2OS_2$, F. 121—123°; 97%. — *Unsubstituiert, 2-Aminoäthylester, HBr*, $C_3H_9BrN_2S_2$, F. 199—200° (A.), durch Kochen des NH_4-Salzes mit 2-Bromäthylamin-HBr in A.; 54%. *Fe-* bzw. *Cu-Chelat*, durch gleichzeitige Zugabe einer Lsg. von $FeCl_3$·6 H_2O bzw. $CuSO_4$·5 H_2O u. 0,1 n NaOH zu einer Lsg. des Na-Salzes bei pH 8. — *Diäthyl-, 2-Aminoäthylester, HCl*, $C_7H_{17}ClN_2S_2$, F. 126—128°, analog vorst. Verb. in wss. Alkali bei 30—40°; 27%. — *Piperazinoäthyl-*, $C_7H_{15}N_3S_2$, F. 151°; 83%. — *Aminoäthylmercaptoäthyl-*, $C_5H_{12}N_2S_3$, F. 87—90°; 24%. — Dithiocarbonsäuren: *4-Äthylpiperazin-*, $C_7H_{14}N_2S_2$, F. 160—162°; 84%. — *Piperazin-1.4-bis-, Bis-piperaziniumsalz*, $C_{14}H_{30}N_6S_4$, F. 190°; 51%. — *Hydrazin-, Hydraziniumsalz*, $CH_8N_4S_2$, F. 119—120°; 96%.
W. Holland. 4601◇

1421 **Strahlenschutzmittel.** 3. Mitt. **N-2-Mercaptoäthylpiperazine.** William O. Foye und Douglas H. Kay. (J. pharmac. Sci. **51**, 1098—1101, 1962; Boston, Mass., Coll. of Pharmacy, Dep. of Chem.; engl.) — 2. vgl. vorst. Referat. — Unter einigen Methylmercaptopiperazinen zeigt nur das *1.4-Bis-[2-mercaptoäthyl]-piperazin* (I) eine brauchbare, *1-[2-Mercaptoäthyl]-piperazin* (II) geringere u. *1-[2-Aminoäthyl]-4-[2-mercaptoäthyl]-piperazin* (III) keine Strahlenschutzwirkung.

Versuche: Piperazine: *1-[2-Hydroxyäthyl]*-(IV), $Kp._2$ 110°, aus Piperazin u. Äthylenoxid nach McElvain u. Bannister [1954]; 52% (Ausbeute). *Dihydrobromid*, $C_6H_{16}Br_2N_2O$, F. 208—210°. — *1.4-Bis-[2-hydroxyäthyl]-* (V), F. 135—136°, a) nach Adelson u. a. [1935]; 89%; b) neben vorst. Verb.; 8%. *Dihydrobromid*, $C_8H_{20}Br_2N_2O_2$, F. 170—185°. — *1-[2-Bromäthyl]-, Dihydrobromid* (VI), F. 242—243° (Zers.; A.), aus IV durch 8tägiges Kochen mit 48% ig. HBr u. Eindampfen; 70%. — *1-[2-Mercaptoäthyl]-* (II), *Dihydrobromid*, $C_6H_{16}Br_2N_2S$, F. 220° (Zers.), durch Sättigen von KOH in W. u. A. mit H_2S, 3std. Erhitzen mit VI in der Druckflasche im Wasserbad u. Behandeln des Abdampfrückstandes mit HBr; 31,6%. *Dihydrochlorid* (VIII), $C_6H_{16}Cl_2N_2S·H_2O$, F. 145—150°, hygroskopisch. — *1.4-Bis-[2-bromäthyl]-, Dihydrobromid*, C_8H_{18}·Br_4N_2, F. 230° (Zers.), analog VI aus V; 62%. — *1.4-Bis-[2-mercaptoäthyl]-* (I), *Dihydrobrmoid*, $C_8H_{20}Br_2N_2S_2$, F. 260° (Zers.), analog II aus vorst. Verb.; 52%. — *1-Äthyl-4-[2-mercaptoäthyl]-, Dihydrochlorid*, $C_8H_{20}Cl_2N_2S$, F. 240—250°, aus 10 g 1-Äthylpiperazin u. Äthylensulfid (VII) in der Kälte, Stehen bei Raum-Temp., 2std. Kochen u. Eindampfen im Vakuum; 0,5 g. Daneben *Verb. F. 210°* (Zers.), wahrscheinlich das Disulfid; 0,65 g. — *1-[2-Aminoäthyl]-4-[2-mercaptoäthyl]-* (III), *Trihydrochlorid*, $C_8H_{22}Cl_3N_3S$, F. 165—170°, aus 1-[2-Aminoäthyl]-piperazin mit VII in Chlf. in der Kälte, 3tägiges Stehen u. Eindampfen im Vakuum; 24%. — *1-Piperazinoäthyldisulfid, Tetrahydrochlorid*, $C_{12}H_{30}Cl_4N_4S_2·2\,H_2O$, F. 95 bis 100°, durch Oxydation von 1 g VIII mit 3% ig. H_2O_2 in 50% ig. A.; 0,7 g.
W. Holland. 4601◇

1422 **Die Wirkung von Ultraschallbestrahlungen auf Hämoglobin.** Alfred Weissler. (J. acoust. Soc. America **32**, 1208—12, Okt. 1960; Bethesda, Md., Nat. Heart Inst., Labor. of techn. Dev.; engl.) — Durchstrahlung von *Oxyhämoglobin* (I)-Lsg. (als Beispiel für ein biochem. Test-Syst.) mit 400 kHz Ultraschallschwingungen (Schallquelle ist ein Ba-Titanat-Schwinger von 20 W Leistung) bewirkt nach 3 Min. Umwandlung in *Methämoglobin* (II), erkennbar am opt. Absorptionsspektrum. Chem. handelt es sich dabei um eine Oxydation des Fe(II) in Fe(III). Bei Fortsetzung der Beschallung fällt die Intensität des für I charakterist. Absorptionsmaximums bei 4050 Å zunehmend ab. Diese Abnahme ist bestimmt durch eine Zerstörung des II-Mol., bes. des Fe-Porphyrin-Komplexes. Durch Beschallung einer wss. Lsg. von Hämatoporphyrinhydrochlorid wird dieser Tatbestand bewiesen. Verss. in Ggw. von Cystein u. von O_2, A. u. N_2 sowie bei verschiedenen pH-Werten, ferner Sedimentationen nach Ultrazentrifugierung lassen die Bedeutung der Cavitationen sowie der Bldg. von Radikalen verschiedener Art als auslösende Agentien erkennen. Beschallung in Ggw. von Äther führt zur Bldg. von *Carboxyhämoglobin*. Die Umwandlung von Oxyhämoglobin in Choleglobin durch Ascorbinsäure wird durch Ultraschallbehandlung beschleunigt. Die Vers.-Ergebnisse werden mit den bei Röntgenbestrahlungen von I gefundenen verglichen.
W. Reusse. 4601□

1423 **Kombination von Kaliumpyrosulfit und Äthylalkohol im Tränkungsversuch an Ratten.** Dieter Steinhoff und Peter Marquardt. (Arzneimittel-Forsch. **13**, 237—38, 1963; Freiburg/Br., Univ., Abt. für exp. Therapie; dt.) — Ratten erhalten 75 ml/kg 7,5% ig. A. in Leitungswasser oder 15 mg/kg $K_2S_2O_5$ in 75 ml/kg Leitungswasser oder 15 mg/kg $K_2S_2O_5$ in 75 ml/kg 7,5% ig. Alkohol. In weiteren Verss. werden die Konzz. von $K_2S_2O_5$ u. A. erhöht. Die erhaltenen Ergebnisse zeigen, daß eine Kombination von A. + $K_2S_2O_5$ keine stärkere Gift-Wrkg. zeigt als die Einzelkomponenten. Die Verw. von $K_2S_2O_5$ als Wein- u. Mostkonservierungsmittel ist demnach nicht wegen erhöhter Toxizität der A.–$K_2S_2O_5$-Kombination zu verwerfen.
W. Hiller. 4607◇

1424 **Die Wirkung einer Tetrachlorkohlenstoffzufuhr auf die Bildung von Plasmalipoiden bei der Ratte.** Anne Seakins und D. S. Robinson. (Biochem. J. **86**, 401—07, 1963; engl.) — Vff. geben ♀ Albinoratten in je 1 Vers.-Serie 1, $^1/_4$ bzw. 2 Std. nach oraler Zufuhr von CCl_4 in Olivenöl (1 : 1, 1 ml) *DL-$^{14}C_{(1)}$-Leucin* (I; 20 μc, i.v.), *^{32}P-Orthophosphat* (II; 6 μc, intraperitoneal) bzw. *$^{14}C_{(1)}$-Acetat* (III; 10 μc, i.v.) u. bestimmen den ^{14}C-Einbau in 3 Proteinfraktionen, die Phospholipide u. das freie *Cholesterin* (IV) der Leber u. des Serums. Bei in vitro-Verss. werden Leberschnitte von mit CCl_4 behandelten Tieren unter aeroben Bedingungen mit I (8 μc) bzw. II (5 μc) inkubiert. Die CCl_4-Applikation verursacht nach 24 Std. im Vgl. mit den Kontrolltieren einen Anstieg der *veresterten Fettsäuren* u. des IV in der Leber um das 3fache bzw. 50% u. eine Abnahme der Plasma-*Fette*, *-Phosphatide* u. des freien IV auf 42—52% des Kontrollwertes. Der ^{14}C-Einbau in die *Proteine* der Leber u. des Plasmas ist 1 Std. nach CCl_4-Zufuhr in vivo u. in vitro wesentlich geringer als bei normalen Tieren. Die Aufnahme von II in die Phosphatide weist dagegen nur in vivo 3 Std. nach CCl_4-Applikation einen Rückgang auf. Die spezif. Aktivitäten von IV zeigen $^1/_2$—2 Std. nach Injektion von III bei mit CCl_4 behandelten Tieren niedrigere Werte. Aus den Ergebnissen geht hervor, daß als Ursache für die Entw. der Fettleber u. Verringerung des Plasmafett-Geh. nach CCl_4-Gaben die Inhibition der Bldg. von Plasmalipoprotein anzusehen ist.
P. Fahrnlaender. 4607◇

1425 **Antitoxische und Leberschutzwirkung von Leberextrakten bei Tetrachlorkohlenstoffvergiftung.** E. Mascitelli-Coriandoli und P. Lanzani. (Boll. chim. farmac. **101**, 698—714, 1962; Sesta S. G. [Milano], Farmavigor. S. p. A., Labor. Ric.; ital.) — Ein normaler *Extrakt* (I) aus Rinderleber mit antianäm. Wrkg. u. ein sog. *„antitox." Extrakt* (II) verhüten bei Ratten teilweise die Stoffwechselveränderungen in der Leber, die infolge von chron. Verabreichung von CCl_4 auftreten. II war I überlegen, bes. bei akuter CCl_4-Vergiftung.
K. Zingraf. 4607◇

1426 **Schutzwirkung eines Ribonucleosid-Gemisches bei akuter experimenteller Tetrachlorkohlenstoffvergiftung.** F. Scollo und D. Pacillo. (Boll. chim. farmac. **101**, 231—35,

1962; Milano, Poretti S. p. A., Div. Deriv. Biol., Centro Ric.; ital.) — Mit dem Bromsulfophthaleintest konnte bei Meerschweinchen nachgewiesen werden, daß ein Gemisch von *Adenosin, Guanosin, Uridin* u. *Cytidin* eine Schutz-Wrkg. gegen CCl_4-Vergiftung besitzt. K. Zingraf. 4607◇

1427 **Adrenalinfreisetzung und Leberglykogenspiegel nach Tetrachlorkohlenstoffverabreichung.** David Rubinstein. (Amer. J. Physiol. **203**, 1033—37, 1962; Montreal, Quebec, McGill Univ., Dep. of Biochem.; engl.) — 2 Std. nach CCl_4-Verabreichung (intraduodenal) kommt es bei Ratten zu einer Verminderung des *Adrenalin* (I)-Geh. der Nebenniere mit gleichzeitigem I-Anstieg im Serum u. Erhöhung der Leber-*Phosphorylase*-Aktivität u. der *Glucose*-Konz. im Blut; nach weiteren 2 Std. Normalisierung. 7 Std. nach CCl_4 kommt es zur Verminderung des Leber-*Glykogen* (II)-Geh. u. Erhöhung der Serum-*Transaminasen* (III)-Aktivität; *Ergotamin* kann die II-Verarmung, Phenoxybenzamin den III-Anstieg hemmen (Verabreichung 1 Std. nach CCl_4). Durch Verminderung der II-Verarmung wird das Ausmaß der Leberschädigung nicht verändert. U. Tausendfreund. 4607◇

1428 **Die zu lokalen Ödemen führende Wirkung von Dinatriumäthylendiamintetraacetat.** G. Kelényi und J. Kasza. (Experientia [Basel] **15**, 56—57, 15/2. 1959; Pécs, Med. Univ., Dep. of Pathol.; engl.) — Subkutan injizierte Lsgg. oder Suspensionen von *Dinatriumäthylendiamintetraacetat* (60 mg in 1 ml NaCl-Lsg.) führen an der Injektionsstelle zu Ödemen, von denen angenommen wird, das sie durch Bindung von *Ca* in der interendothelialen Zementsubstanz zustande kommen. U. Tausendfreund. 4607□

1429 **Antagonistische Beziehung zwischen Myoinosit und 2-O.C-Methylenmyoinosit bei Tieren.** Paul A. Weinhold, N. Thanukrishna Iyer und Laurens Anderson. (Proc. Soc. exp. Biol. Med. **112**, 165—68, 1963; Madison, Wis., Univ. of Wisconsin, Coll. of Agric., Dep. of Biochem.; engl.) — Es wird gezeigt, daß der Antagonismus zwischen *2-O.C-Methylenmyoinosit* (I) u. *Myoinosit* (II) nicht nur auf Hefen beschränkt ist, sondern sich auch auf den tier. Organismus ausdehnen läßt. Die tox. Wrkg. von I bei der Maus (Niereninsuffizienz als prim. Todesursache infolge nekrot. Schädigungen der Nierenrinde, eng begrenzt auf die juxtamedullären Regionen) können durch II unterdrückt werden. Die Schutz-Wrkg. von II kommt allerdings nur bei größeren II- als I-Mengen zustande (nichtkompetitiver Antagonismus). U. Tausendfreund. 4607◇

1430 **Polyvinylalkohol-Nephrose: Beziehungen zwischen Polymerisationsgrad und pathologisch-physiologischen Wirkungen.** C. E. Hall und O. Hall. (Proc. Soc. exp. Biol. Med. **112**, 86—91, 1963; Galveston, Tex., Univ. of Texas, Med. Branch, Carter Physiol. Labor.; engl.) — Blutdruckerhöhung u. Infiltration von Organen u. Geweben nach subkutaner Anwendung von *Polyvinylalkohol* (I) bei Ratten war vom Molgew. von I abhängig. Stärkere Schädigungen traten bei Molgew. 133000 u. 185000, nicht jedoch bei 37000 auf. K. Zingraf. 4607◇

1431 **Aufnahme von ^{14}C-p-Fluorphenylalanin in die Gewebe der Maus.** T. Garzo, E. Hansson und S. Ullberg. (Experientia [Basel] **18**, 43—44, 1962; Stockholm, Kungl. Veterinärhögskolan, Dep. of Pharmacol.; engl.) — 2 Tage vor Beendigung ihrer Schwangerschaft wurde Mäusen von ca. 30 g *^{14}C-dl-p-Fluorphenylalanin* in physiolog. NaCl-Lsg. in Mengen von 0,2 mg (3,8 μc) je Tier verabreicht. Bei der autoradiograph. u. chem. Unters. der Verteilung der Verb. im Organismus zeigte sich, daß *p-Fluorphenylalanin* wie eine normale Aminosäure aufgenommen u. ein großer Teil davon in die Proteine eingebaut wird. U. Drehmann. 4607

1432 **Konstitution und Aktivität in einer Reihe von 2-Halogenalkylaminen.** J. D. P. Graham. (J. med. pharmac. Chem. **2**, 499—522, Okt. 1960; Cardiff, Welsh Nat. School of Med., Dep. of Pharmacol.; engl.) — Eine Reihe von *2-Halogenalkylaminen* wurde hinsichtlich Toxizität u. *Adrenalin-, Noradrenalin-, Histamin-* u. *5-Hydroxytryptamin*-Antagonismus sowie in einigen Fällen hinsichtlich der Wrkg. auf Zentralnerven-Syst., Anticholinesteraseaktivität, neuromuskulären Block u. lokalanästhet. Eigg. untersucht. Geprüfte Äthylamine: *N-p-Chlorbenzyl-N-äthyl-2-chlor-*, *HCl*, DL_{50} 350 (mg/kg Maus, intraperitoneal); *N-p-Chlorbenzyl-N-äthyl-2-brom-*, *HBr*, 80; *N-p-Chlorbenzyl-N-äthyl-2-jod-*, *HJ*, 130; *N-m-Chlorbenzyl-N-äthyl-2-chlor-*, *HCl*, —; *N-m-Chlorbenzyl-N-äthyl-2-brom-*, *HBr*, —; *N-m-Chlorbenzyl-N-äthyl-2-jod-*, *HJ*, —; *N-o-Chlorbenzyl-N-äthyl-2-chlor-*, *HCl*, —; *N-o-Chlorbenzyl-N-äthyl-2-brom-*, *HBr*, —; *N-o-Chlorbenzyl-N-äthyl-2-jod-*, *HJ*, —; *N.N-Bis-[2-phenoxyäthyl]-2-chlor-*, *HCl*, —; *N.N-Bis-[2-phenoxyäthyl]-2-brom-*, *HBr*, 90; *N.N-Bis-[2-phenoxyäthyl]-2-jod-*, *HJ*; *N.N-Bis-[2-o-tolyloxyäthyl]-2-chlor-*, *HCl*; *N.N-Bis-[2-o-tolyloxyäthyl]-2-brom-*, *HBr*, 250; *N.N-Bis-[2-o-tolyloxyäthyl]-2-jod-*, *HJ*, —; *N.N-Bis-[2-p-tolyloxyäthyl]-2-chlor-*, —; *N.N-Bis-[2-p-tolyloxyäthyl]-2-brom-*, *HBr*, 600; *N.N-Bis-[2-p-tolyloxyäthyl]-2-jod-*, *HJ*; —, *N-Fluorenyl-(9)-N-äthyl-2-chlor-*, *HCl*, —; *N-Fluorenyl-(9)-N-äthyl-2-brom-*, *HBr*, 190; *N-Fluorenyl-(9)-N-äthyl-2-jod-*, *HJ*, —; *N-Fluorenyl-(9)-N-benzyl-2-chlor-*, *HCl*, —; *N-Fluorenyl-(9)-N-benzyl-2-brom-*, *HBr*, 500; *N-[3-Thionaphthenylmethyl]-N-äthyl-2-chlor-*, *HCl*, —; *N-[3-Thionaphthenylmethyl]-2-brom-*, *HBr*, 130; *N-[3-Thionaphthenylmethyl]-N-äthyl-*, *HJ*; *N-Thienyl-(2)-N-benzyl-2-chlor-*, *HCl*, —; *N-Thienyl-(2)-N-benzyl-2-brom-*, *HBr*, 600; *N-Thienyl-(2)-N-benzyl-2-jod-*, *HJ*, —; *N-Fluorenyl-(9)-N-äthyl-2-chlorpropylamin*, *HCl*, —; *-brompropylamin*, *HBr*, 190; *[N-p-Chlorbenzyl-N-äthyl-N.N-äthylenammonium]-pikrylsulfonat*, 75; *N-m-Chlorbenzyl-*; *N-o-Chlorbenzyl-*. K. Maier. 4607◇

1433 **Resorption, Verteilung und Ausscheidung von ^{14}C-markiertem N-[3′-Phenylpropyl-(2)]-1.1-diphenylpropyl-(3)-amin (Lactat).** H. A. E. Schmidt. A. Häußler und W. Hoffmann. (Arzneimittel-Forsch. **13**, 173—77, 1963; Frankfurt/M.-Höchst, Farbwerke Hoechst A. G.; dt.) — Vff. untersuchen Resorption, Verteilung u. Ausscheidung von ^{14}C-markiertem *Segontin* (I; *N-[3′-Phenylpropyl-(2)]-1.1-diphenylpropyl-(3)-ammoniumlactat*) an Ratten u. Hunden. Bei einmaligen Gaben von 5 mg I/kg wird das Maximum der Blut-I-Konz. bei Ratten mit 0,6 γ/ml Blut bereits nach 1 Std. erreicht, danach erfolgt langsamer Abfall auf 0,3 γ nach 24 Stunden. Bei doppelter Dosis wird die maximale Konz. mit 1,7 γ/ml erst nach 3 Std. erreicht, danach erfolgt ein steiler Abfall bis 8 Stunden. Die Atemluft enthält schon in der ersten Std. radioakt. C. Innerhalb von 24 Std. finden sich 9,3% der ^{14}C-Aktivität in der Atemluft u. 42% im Kot u. im Urin. Erhalten Hunde eine Dauerverabreichung von 15 mg I täglich, so liegt ein erstes Maximum zwischen dem 3. u. 6. Tag mit 0,6 γ/ml Blut, nach 3 Wochen werden ca. 0,8 γ/ml erreicht. Die höchsten I-Konzz. finden sich in Galle, Leber u. Herz. W. Hiller. 4607◇

1434 **Vergleich der Toxizität von 2.5-Di-tert.-butylhydrochinon bei Ratten unter einer gereinigten und einer Standarddiät.** Benjamin H. Ershoff. (Proc. Soc. exp. Biol. Med. **112**, 362—65, 1963; Culver City, Calif., Biol. Res. Inst.; engl.) — Der Nahrung von jungen Ratten wurde 0,1, 0,15 u. 0,2% *2.5-Di-tert.-butylhydrochinon* (*DBH*) zugesetzt. Die Entw. u. die Gew.-Zunahme der Tiere, die eine normale käufliche Diät bekamen, wurde nur unbedeutend beeinflußt. Die Tiere dagegen, die eine hochgereinigte Diät bestehend aus 66% *Saccharose*, 24% *Casein*, 5% Salzgemisch, 5% *Baumwollsamenöl* u. den nötigen *Vitaminen* bekamen, zeigten Wachstumsverzögerungen, schienen krank, bekamen Haarausfall u. starben sogar bei einem *DBH*-Geh. von 0,2%. Über den Faktor, der in der hochgereinigten Diät fehlt, kann der Vf. keine Auskunft geben. Peter Lange. 4607◇

1435 **Derivate von vicinalem Trimethoxybenzol.** 1. Mitt. L. H. Schlager. (Arzneimittel-Forsch. **13**, 226—34, 1963; Ettlingen/Baden, W. Spitzner GmbH.; dt.) — Übersicht. 3.4.5-Trimethoxybenzoesäure, Derivv. u. Isomere, 2-substituierte Trimethylgallusäure-Derivv., Homologe der Trimethylgallussäure, Derivv. von Trimethylpyrogallol, Trimethylgallussäure in der Arzneimittelforschung, 3.4.5-Trimethoxyphenyl- u. homologe Pharmaca. — 305 Literaturangaben. W. Hiller. 4607◇

1436 **Über einige in 1-Stellung durch Cycloalkyl- oder Cycloalkylengruppen substituierte Dihydro- und Tetrahydrochinoline.** 1. Mitt. **Chemische Untersuchung.** Jean Gardent. (Ann. pharmac. franç. **18**, 381—93, 1960; Paris, Pharmacie Centrale des Hôpitaux de Paris; franz.) — Ausgehend vom 3.4-Diäthoxyphenäthylamid von Cycloalkyl- u. Cycloalkylencarbonsäuren wurden durch Cyclisierung mittels $POCl_3$ *Dihydroisochinoline* u. anschließend durch KBH_4-Red. *Tetrahydroisochinoline hergestellt.* Das Amid der Cyclohexylidenessigsäure isomerisiert sich unter verschiedenen Bedingungen zum Amid der Cyclohexen-(1)-ylessigsäure.

Versuche: 3.4-Diäthoxyphenyläthylamide, aus äquimol. Mengen Säure u. 3.4-Diäthoxyphenyläthylamin in sd. Xylol unter Auskreisen des Rk.-Wassers (4—10 Std.). — *[1-Hydroxycyclohexyl-(1)]-acetyl-* (I), $C_{20}H_{31}NO_4$, F. 74,5° (n-Dibutyläther); 74% (Ausbeute). — *Cyclohexen-(1)-yl-(1)-acetyl-*, $C_{20}H_{29}NO_3$, F. 89°; a) wie vorst., 86%; b) aus Amin u. Cyclohexenylessigsäureäthylester in Ggw. von $NaOCH_3$ in sd. abs. CH_3OH (50 Min.); 61%. — *Cyclohexylacetyl-*, F. 98°; a) wie vorst.; 88%; b) aus Amin u. Säurechlorid in wss. KOH; 76%. — *Cyclopentylacetyl-*, F. 89°; 79%. — *[Cyclopenten-(2)-yl-(1)]-acetyl-*, F. 82°; 79%. — *[Cyclopenten-(1)-yl-(1)]-acetyl-*, F. 89°; 90%. — *Cyclohexylidenacetyl-* (II), $C_{20}H_{29}NO_3$, F. 122° (A.), aus Cyclohexylidenacetylchlorid u. Amin in Pyridin unter Eiskühlung; 44%. — 6.7-Diäthoxy-3.4-dihydroisochinoline (Hydrochlorid): aus vorst. Amiden mit $POCl_3$ in sd. Bzl. (3/4 Std.), Umkristallisieren aus CH_3OH—Ae. — *1-[Cyclohexen-(1')-ylmethyl]-*, $C_{20}H_{27}NO_2$ HCl, F. 197—199°, aus I 80%, aus II 71%. *Base*, an der Luft sich rasch veränderndes Öl. *Pikrat*, F. 169°, gelbe Kristalle. *N-Benzoyl-1-[cyclohexen-(1')-ylmethylen]-6.7-diäthoxy-1.2.3.4-tetrahydroisochinolin* (III), $C_{27}H_{31}NO_3$, F. 145°, aus Hydrochlorid u. Benzoylchlorid in Pyridin (Dampfbad, ½ Std.); blaßgelbe Kristalle (A.). — *1-[Cyclohexen-(1')-ylacetyl]-2-β-benzoylaminoäthyl-4.5-diäthoxybenzol* (offene Form von III), $C_{27}H_{33}NO_4$, F. 134°, aus III mit sd. wss.-äthanol. HCl (3 Std.); mäßige Ausbeute. — *1-[Cyclohexylmethyl]-* (IV), $C_{20}H_{29}NO_2$, HCl, F. 202—204°; 91%. *Base*, an der Luft langsam sich veränderndes Öl. *Benzoyl-Deriv.*, $C_{27}H_{33}NO_3$, F. 139°; offene Form, $C_{27}H_{35}NO_4$, F. 124° (A.). — *1-[Cyclopentylmethyl]-*, $C_{19}H_{27}NO_2$, HCl, F. 179—181°; 85%. *Base*, $C_{19}H_{27}NO_2$, F. 64°. *Benzoyl-Deriv.* (offene Form), $C_{26}H_{33}NO_4$, F. 138° (A.). — *1-[Cyclopenten-(2)-ylmethyl]-*, $C_{19}H_{25}NO_2$, HCl, F. 192—195°, blaßgelbe Kristalle; 91%. *Base*, $C_{19}H_{25}NO_2$, F. 78°. *Benzoyl-Deriv.* (offene Form), $C_{26}H_{31}NO_4$, F. 132° (A.). — *1-[Cyclopenten-(1)-ylmethyl]-*, $C_{19}H_{25}NO_2$, HCl, F. 171 bis 173°, gelbe Kristalle; 69%. *Base*, an der Luft rasch sich veränderndes Öl. *Benzoyl-Deriv.* (geschlossene Form), $C_{26}H_{29}\cdot NO_2$, F. 155° (A.). — 6.7-Diäthoxytetrahydroisochinoline (Hydrochlorid): aus Dihydroisochinolin-Verb. (Hydrochlorid) mit KBH_4 in Wasser. — *1-[Cyclohexen-(1)-ylmethyl]-*, $C_{20}H_{29}NO_2$, HCl, F. 195—197°; 74%. *Benzamid*, $C_{27}H_{33}NO_3$, F. 125—126° (A.). — *1-[Cyclohexylmethyl]-* (V), $C_{20}H_{31}NO_2$, HCl, F. 200—202°; 86%. *Benzamid*, $C_{27}H_{35}NO_3$, F. 121° (A.). — *1-[Cyclopentylmethyl]-*, $C_{19}H_{29}NO_2$, HCl, F. 201 bis 203°; 84%. *Benzamid*, $C_{26}H_{33}NO_3$, F. 104° (Di-n-butyläther). — *1-[Cyclopenten-(2)-ylmethyl]-*, $C_{19}H_{27}NO_2$, HCl, F. 206—208°; 62%. *Benzamid*, $C_{26}H_{31}NO_3$, F. 82° (Di-n-butyläther). — *1-[Cyclopenten-(1)-ylmethyl]-*, $C_{19}H_{27}NO_2$, HCl, F. 180—182°; 51%. *Benzamid*, $C_{26}H_{31}NO_3$, F. 97° (A.). — *Borhaltige Verb.*, F. 108°, aus KBH_4-Red. von IV durch Ansäuern, Chlf.-Extraktion u. Ae.-Extraktion des Chlf.-Rückstands; Kristalle (Di-n-butyläther); mit 20%ig. warmer HCl Zers. zu V. — *Cyclohexenylessigsäure-3.4-diäthoxyphenyläthylamid*, F. 89°, a) aus II mit Na in abs. A. (1 Std., Rückfluß); b) aus II in sd. Tetralin (2 Std.); c) aus II in sd. wss.-äthanol. HCl (8 Std.). — *Cyclohexanon, 2.4-Dinitrophenylhydrazon*, F. 161°, aus II durch 3 Std. lange Ozonisierung in Eisessig, Wasserdampf-Dest. u. Hydrazon-Bldg. in 2n HCl. K. Maier. 4607◇

1437 **Über einige in 1-Stellung durch Cycloalkyl- oder Cycloalkylengruppen substituierte Dihydro- und Tetrahydroisochinoline. 2. Mitt. Pharmacodynamische Untersuchung.** François Bourillet und Yvonne Gay. (Ann. pharmac. franç. **18**, 394—403, 1960; Paris, Lab. Bruneau et Cie., Service de recherches; franz.) — 1. vgl. vorst. Referat. — Der Vgl. der Hydrochloride von *1-[Cyclohexen-(1)-ylmethyl]-*, *1-Cyclohexylmethyl-*, *1-[Cyclopenten-(2)-ylmethyl]-* u. *1-Cyclopentylmethyl-6.7-diäthoxytetrahydroisochinolin* mit *Papaverinhydrochlorid* ergab schwächere Toxizität u. an isolierten Organen (Rattenduodenum, Kaninchenherz, -harnleiter, -ohr) stärkere spasmolyt. u. vasodilator. Wrkg. der synthet. Verbb., während beim intakten Tier deren Wrkg. kurzdauernd u. daher klin. nicht verwendbar sind. K. Maier. 4607◇

1438 **Durch Tri-o-kresylphosphat hervorgerufene experimentelle Zentralnervensystemschädigungen.** I. Dési und J. Sós. (Acta physiol. Acad. Sci. hung. **23**, 63—68, 1963; Budapest, Med. Univ., Inst. of Pathophysiol.; engl.) — Nach 100 ml *Tri-o-kresylphosphat*/kg/Tag i.m. konnten bei Katzen u. Ratten mit Hilfe elektroencephalograph. Unterss. bzw. durch Einführung bedingter Reflexe schwere, progressive funktionelle Veränderungen im Zentralnerven-Syst. bereits am 1. Tag beobachtet werden. Zu peripheren Auswirkungen kommt es erst später. U. Tausendfreund. 4607◇

1439 **Untersuchung der toxischen Wirkung der thermomechanischen Aerosole von Dichlordiphenyltrichloräthan (DDT) und Hexachlorcyclohexan (HCH).** N. M. Komarow und N. Ss. Balyberdin. (Pharmakol. u. Toxikol. [UdSSR] **26**, 113—16, 1963; Allunions Inst. für experim. Tierheilkunde; russ., Auszug: engl.) — In Verss. an Kaninchen, Meerschweinchen, Rindern, Schweinen u. Hühnern wird die These von der prakt. Unschädlichkeit der für die Desinfektion von Räumen angewandten thermomechan. Aerosole von *DDT* u. *HCH* widerlegt. Am empfindlichsten gegenüber DDT u. HCH sind Ferkel u. Hühner. O. Lebtag. 4607△

1440 **Über die biochemischen Veränderungen im Kaninchenblut bei experimenteller Hexachloranvergiftung.** I. N. Gladenko, A. P. Prosstjakow, W. A. Fortuschny und L. I. Chromenko. (Pharmakol. u. Toxikol. [UdSSR] **26**, 108—13, 1963; Ukrain. Forschungs-Inst. für experim. Tierheilkunde; russ., Auszug: engl.) — Nach einmaliger Zufuhr von 0,5 g *Hexachloran*/kg treten nach 6—24 Std. Veränderungen des Blutes ein, die 30 Tage andauern. Eine Normalisierung tritt beim *Oxyhämoglobin*-Geh. nach 5—6 Tagen ein, beim *Zucker*-Geh. nach 10—15 Tagen, beim Geh. an *Gesamteiweiß*, *anorgan. P* u. *Trockensubstanz* nach 15—20 Tagen. Das Ausgangsverhältnis der Eiweißfraktionen des Blutserums wird nach 20—30 Tagen erreicht. O. Lebtag. 4607△

1441 **Pharmakologische Prüfung eines Phosphorthioalkylamins.** A. Pochet und G. R. De Vleeschhouwer. (Arch. int. Pharmacodynam. Thérap. **140**, 669—87, Dez. 1962; Gand, Univ., Inst. J. F. Heymans de Pharmacodyn. et de Thérap.; Armée belge, Centre d'Ét. Milit., Établ. ABC, Labor. de Biol.; franz.) — *Methyläthoxy-β-diäthylaminoäthylthiophosphinoxid* (I), ein sehr starker Cholinesterasehemmstoff, bewirkte bei Hunden parasympathicomimet. Symptome u. Konvulsionen. Als erste Vergiftungserscheinung trat eine deutliche Bradycardie u. nicht Laryngo- u. Bronchospasmen sowie Dyspnoe wie nach Sarin u. Tabun auf. Die Bradycardie ist auf eine periphere cholinerg. Wrkg. zurückzuführen. *Atropin* wirkte antagonistisch. Hohe Dosen von I störten die Tätigkeit des Atemzentrums. *Tetraäthylammonium*, *Methyljodpyridin-2-aldoxim* u. *1.1-Trimethylen-bis-[brompyridin-4-aldoxim]* schützen gegen die Bradycardie u. z. T. auch gegen den Bronchospasmus, nicht jedoch gegen die Konvulsionen. K. Zingraf. 4607◇

1442 **Einfluß organischer Insecticide auf Enzyme. 2. Mitt. Wirkung von Systox auf Peroxydasen.** Gerhard Wildbrett, Renate Kern und Friedrich Kiermeier. (Z. Lebensmittel-Unters. u. -Forsch. **118**, 442—45, 1962; Weihenstephan, TH; München, Milchwiss. Inst.; dt.) — 1. vgl. Z. Lebensmittel-Unters. u. -Forsch. **118**, [1962], 201. — Es werden Hemmverss. mit dem Thiophosphorsäureester *Systox* (I; Gemisch aus 70% II u. 30% I) sowie zweier Isomerer *Thionosystox* (II; *O.O-Diäthyl-O-äthylmercaptoäthylthiophosphat*) u. *Thiolsystox* (III; *O.O-Diäthyl-S-äthylmercaptoäthylthiophosphat*) gegenüber der *Peroxydase* der Milch durchgeführt. In Ggw. von I beginnt die Hemm-Wrkg. bei Konz. von 10^{-4} m u. beträgt bei 10^{-2} m 100%. Mit II oder III setzt die Hemm-Wrkg. erst bei 10^{-3} m ein. Da die Hemm-Wrkg. von I nicht aus der Summe von II u. III hervorgeht, sondern höher ist, wird eine synergist. Wrkg. angenommen. A. Täufel. 4607◇

1443 **Die Wirkung verschiedener DDT-Gehalte der Kost auf Leberfunktion, Zellmorphologie und DDT-Ablagerung beim Rhesusaffen.** William F. Durham, Paul Ortega und Wayland J. Hayes jun. (Arch. int. Pharmacodynam. Thérap. **141**, 111—29, 1963; Atlanta, Ga., Communicable Dis. Center, Technol. Branch, Toxicol. Sect.; engl.) — Werden bis zu 200 ppm *DDT* an Affen verfüttert, so kommt es zu keinerlei Vergiftungsanzeichen, Nahrungsaufnahme u. Gew. sowie die Leberhistologie bleiben normal. Bei Verfütterung von 5000 ppm DDT kommt es zu Tremor, Krämpfen u. anderen klass. Anzeichen der Vergiftung; Nahrungsaufnahme u. Gew. gehen zurück; in der Leber finden sich nur cytoplasmat. Einschlüsse, die Bromsulfaleinretention ist unverändert; die Plasma-Cholinesterase-Aktivität ist leicht vermindert. Nach 6monatiger Verfütterung von DDT ist im Körperfett maximale Ablagerung zu erkennen

(DDE wird nicht abgelagert; nach DDE-Verfütterung kommt es allerdings auch zu dessen Ablagerung). Nach DDT-Verfütterung kann im Harn u. Faezes DDA nachgewiesen werden. U. Tausendfreund. 4607◇

1444 **Toxische Produkte in Erdnüssen.** Doreen E. M. Moody und D. P. Moody. (Nature [London] **198**, 294–95, 1963; London, St. Bartholomew's Hosp., Med. Coll., Dep. of Biochem. and Chem.; engl.) — Bes. präparierte Prodd. von Erdnüssen (*Arachis hypogaea* L.) wirken bei Indianern des Wapisiana-Stammes toxisch. Bei mit Erdnußmehl gefütterten Kälbern zeigt sich eine erhöhte Aktivität der *alkal. Phosphatase*, die einige Wochen vor dem Tode wieder normale Werte erreicht. Die Leber zeigt völlige *Vitamin A*-Abwesenheit. Die Indiander behaupten, daß sie unreife Erdnüsse zur Hämostasie verwenden. W. Hiller. 4608◇

1445 **Ein Proteaseinhibitor aus Erdnußschalen.** Václav Čepelák, Zdena Horáková und Zdeněk Pádr. (Nature [London] **198**, 295, 1963; Prag, Res. Inst. for Pharm. and Biochem. and Pilsen, Charles Univ., Med. Clin; engl.) — Vff. isolieren aus den Schalen von entfetteten Erdnüssen durch Extraktion mit A. einen *Proteaseinhibitor* (I), der sich von dem von Astrup, Brakman u. Sjolin (C. **1962**, 18546) aus Erdnüssen isolierten unterscheidet. I ist teilweise in W. lösl., wird nicht mit Aceton gefällt u. ist thermostabil. I wirkt auf das fibrinolyt. Syst. als ein Antiplasmin. I verursacht bei in vitro-Verss. eine Hemmung des *Plasmins* in Konzz. bis zu 10^{-6}. Bei hohen Plasma-Konzz. (bis zu 10^{-3} bis 10^{-4}) ist die Hemm-Wrkg. gegen die Aktivierung der Fibrinolyse gerichtet, gegen den akt. Hagemann-Faktor u. Thrombin. W. Hiller. 4608◇

1446 **Identifizierung von Chlorogensäure in Rizinussamen und Orangen.** Azra I. Siddiqi und Samuel O. Freedman. (Canad. J. Biochem. Physiol. **41**, 947–52, 1963; Montreal, Quebec, Canada, McGill Univ., Med. Clin. of Montreal Gen. Hosp.; engl.) — Vff. weisen in Rizinussamen u. in Orangen *Chlorogensäure* (I) nach u. teilen eine neue Extraktions- u. Konz.-Meth. mit, durch die geringe I-Mengen im Pflanzematerial nachgewiesen werden können. Vff. weisen nach, daß ein Teil der Allergen-Wrkg. von Rizinussamen u. Orangen auf I zurückgeführt werden kann. Beide enthalten jedoch noch andere Allergene außer I. W. Hiller. 4608◇

1447 **Coffeininduzierte Ulcusentstehung bei der Ratte.** C. J. Pfeiffer und G. H. Gass. (Canad. J. Biochem. Physiol. **40**, 1473–76, 1962; Carbondale, Ill., Southern Illinois Univ., Endocrinologic pharmacol. Res. Labor.; engl.) — *Coffeinalkaloid* (6,25, 25 u. 100 mg/kg) löst nach Zufuhr durch die Magensonde bei fastenden Sprague-Dawley-Ratten akute Magenulcera in Fundus, Pylorus u. Antrum aus, welche durch oberflächliche Erosionen der Drüsenschleimhaut gek. sind. Es besteht ein lineares, logarithm. Dosis–Rk.-Verhältnis; die Wrkg. ist bei beiden Geschlechtern gleich. U. Tausendfreund. 4608◇

1448 **Experimentelle und klinische Prüfung der Wirkungen von Extractum Tiliae libri siccum aquosum.** G. Fiegel und F. Hohensee. (Arzneimittel-Forsch. **13**, 222–25, 1963; Oss [Niederlande], N. V. Organon, Pharmakolog. Forschungslabor.; Bad Nauheim, Bristol Klin.; dt.) — Vff. untersuchen Extractum *Tiliae libri* aquosum (I; *ET*, *Vibtil*). Orale Gaben von 10% I im Futter zeigten keine schädlichen Wrkg. bei Ratten. Vff. finden für I folgende therapeut. Wrkg.: Spasmolyt. Wrkg. auf die abführenden Gallenwege, Verminderung des vermehrten Gallenfarbstoffes in Blut u. Harn, Beseitigung von Meteorismus, Herabsetzen der spast. Beschwerden bei Magen- u. Zwölffingerdarmgeschwüren. W. Hiller. 4608◇

1449 **Vergleichende chemische und biologische Untersuchung verschiedener Drogenmuster von Convallaria majalis.** 3. Mitt. **Über Convallaria-Glykoside.** L. Fuchs, M. Wichtl und G. Peithner. (Arzneimittel-Forsch. **13**, 220–22, 1963; Wien, Univ., Pharmakognost. Inst.; dt.) — 2. vgl. Planta med. **10**, [1962], 304 u. 459. — Der Anteil am Gesamtglykosid-Geh. des *Convallatoxins* (I) beträgt bei den Proben der Vff. ca. 20%. Dieser Wert steht im Gegensatz zu denen der Literatur (40–50%). Vff. untersuchen neben der österreich. Standarddroge 1950 3 weitere Herkünfte. Der Gesamtglykosid-Geh. liegt zwischen 293 u. 418 mg/100 g, der I-Geh. zwischen 55,7 u. 85,1 mg/100 g. Für Meerschweinchen ergibt sich eine DL für das Glykosidgemisch von 0,189 mg/kg. Das reine I hat dagegen eine DL von 0,309 mg/kg. Daraus folgt, daß im Glykosidgemisch noch Nebenglykoside mit einer höheren DL als I vorkommen. Die DL der Nebenglykoside beträgt 0,173 mg/kg. W. Hiller. 4608◇

1450 **Irin und eine Hydroxysäure aus dem Hirn.** N. Ambache. (Biochem. Pharmacol. **12**, 421–28, 1963; London, Royal Coll. of Surgeons, Med. Res. Council.; engl.) — Intraoculäre Injektionen von *Irin* (I) ahmen die langdauernde, Atropin-resistente Miosis, welche durch „antidrom." Reizung des Trigeminusnervs bei Kaninchen ausgelöst wird, nach. Übersicht über Extraktion, Best. u. Reinigung von I. Eine ähnliche *Substanz* kommt in wss. Extrakten von blutfreiem Kaninchenhirngewebe vor. Beide Säuren wurden durch Chromatographie auf SiO_2 gereinigt. Ihre krampferzeugende Wrkg. an manchen Muskeln hängt von freien OH- u. COOH-Gruppen ab u. wird durch Ungesättigtheit gesteigert. K. Zingraf. 4609◇

1451 **Änderungen im Blutbild der Versuchstauben (Columba livia f. domestica Gm.) nach der Applikation von Daraprim.** V. Puchta. (Pharmazie **18**, 232–37, 1963; Prag, Karls-Univ., Zoolog. Inst.; dt.) — Das Antimalaricum *Daraprim* (*Pyrimethamin*; I) wird an Tauben peroral auf Veränderung des weißen u. roten Blutbildes untersucht. Die Erythrocytenzahl sowie die Hämoglobinwerte bleiben konst., während die Zahl der weißen Blutkörper proportional der verabreichten I-Dosis abnimmt. Nach dessen Verabreichung tritt außerdem bei allen Vers.-Tieren ein Gew.-Verlust ein. G. Zessin. 4610◇

1452 **Die trypanocide Wirkung von Homidium, Chinapyramin und Suramin.** F. Hawking und Amiya Bhushan Sen. (Brit. J. Pharmacol. Chemotherapy **15**, 567–70, Dez. 1960; London, Nat. Inst. for Med. Res.; Lucknow, U. P., India, Central Drug Res. Inst.; engl.) — Im Gegensatz zu den trypanociden Stoffen der Gruppe I (trivalente As- u. Diamidin-Verbb.), welche sofort wirksam werden, konnte in Ratten-Verss. mit den trypanociden Stoffen der Gruppe II, *Homidium* (*Ethidium*), *Chinapyramin* (*Antrycide*) u. *Suramin* in Dosen, die das doppelte der jeweils für eine Eliminierung sichtbarer Trypanosomen aus dem Blut innerhalb 4 Tagen erforderlichen Dosis ausmachten (0,004 mg/20 g, 0,01 mg/100 g u. 0,03 mg/100 g, intraperitoneal), eine Wrkg. erst nach einer 24std. Latenzzeit erzielt werden. Die Stoffe der Gruppe II unterscheiden sich von denen der Gruppe I auch durch ihre geringere Tendenz zur Kombination mit den Trypanosomen, durch geringe in vitro-trypanocide Wrkg., sie bewirken jedoch, daß die Trypanosomen bei Überimpfung auf Mäuse nicht mehr infektiös sind. Es wird angenommen, daß die genannten Gruppe-II-Substanzen in geringen Mengen mit einigen Rezeptoren an den Trypanosomen in Kombination treten u. sodann ein biolog. Syst. blockieren, welches eine *hypothet. Substanz X* bildet, die zur Trypanosomenteilung erforderlich ist, wobei die Trypanosomen noch genügend von dieser hypothet. Substanz X gelagert haben, damit noch einige Teilungen vor sich gehen können u. erst nach der Erschöpfung dieses Depots die Zellteilung unterbleibt u. die Trypanosomen absterben. U. Tausendfreund. 4610□

1453 **Vergleich einiger Langzeit- und Kurzzeit-Sulfonamide in ihrer Fähigkeit, bakterielle Giftstoffe zu hemmen.** K. Kleinhans und H. Stickl. (Arzneimittel-Forsch. **12**, 954–55, Sept. 1962; Köln, Univ., Kinderklin.; dt.) — Es wurde geprüft, ob die Depotsulfonamide in ihrer Fähigkeit, bakterielle Giftstoffe in ihrer Wrkg. (wahrscheinlich durch adsorptive Bindung) abzuschwächen, den früher üblichen Kurzzeitsulfonamiden gleichwertig sind. Es ergaben sich jedoch keine Unterschiede zwischen der Wrkg. von *Sulfadimethoxypyridazin, Dimethoxysulfanilamidodiazin, Sulfanilamidomethoxypyridazin, Sulfanilamidophenylpyrazol* u. *p-Aminobenzolsulfonamidodimethyloxazol* als Langzeit-Präpp. u. der Wrkg. von *6-[Sulfanilamido]-2.4-dimethylpyrimidin* u. *Dimethylsulfanilamidoisoxazol* als Kurzzeit-Präpp. gegenüber dem hitzestabilen *Hämolysin* von *Coli*-Bakterien (Meth. nach Stickl u. Wegener, C. **1959**, 3565). Bei sept. Krankheitsbildern mit vorwiegend tox. Symptomen sollte man wegen der niedrigen Dosierung u. langsamen Ausschwemmung der Langzeit-Präpp. auf Kurzzeit-Präpp. nicht verzichten. U. Tausendfreund. 4610◇

1454 **Artbedingte Unterschiede bei der Acetylierung von Sulfanilamid.** J. W. Bridges und R. T. Williams.

(Biochem. J. 87, Nr. 2, Proc. biochem. Soc. 19P—20P, 1963; London, St. Mary's Hosp., Med. School, Dep. of Biochem.; engl.) — Nach oraler Gabe von 100 mg *Sulfanilamid* (I)/kg scheidet der Hund u. ähnlich der Fuchs 9% der Dosis als *Acetyl*-I aus, wobei das Amid-N acetyliert ist (N^1-I), 3% als N-Glucuronid, wobei das aromat. Amino-N konjugiert ist, u. 79% unverändertes I. Katze u. Meerschweinchen scheiden gleiche Mengen N^1-I u. N^4-I (aromat. Amino-N acetyliert) u. 75% unverändertes I aus. Das Kaninchen scheidet innerhalb 24 Std. nach Applikation 1% der Dosis als N^1-I, 39% als N^4-I u. 4% als $N^1.N^4$-Diacetylsulfanilamid ($N^1.N^4$-I) aus. Das Verhältnis N^4-I + $N^1.N^4$-I/N^1-I + $N^1.N^4$-I beträgt bei Hund u. Fuchs 0, Katze, Meerschweinchen, Maus 2, Mensch, Ratte 3, Henne, Taube, Truthahn, Kaninchen 8. Appliziert man N^1-I oder N^4-I, so werden vom Kaninchen keine nennenswerten Mengen desacetyliert, von der Henne dagegen beträchtliche Mengen, am meisten N^4-I. In vitro-Unterss. zeigen, daß die N^4-I-Bldg. bei Kaninchen u. Küken in der Leber, seine Desacetylierung bei Hühnern in der Niere, bei Kaninchen in geringem Maße auch in der Leber erfolgen. Die N^1-I-Bldg. erfolgt bei Kaninchen wahrscheinlich ebenfalls in der Leber, nicht aber bei der Henne. Schwache N^1-I-Desacetylierung erfolgt in mehreren Geweben des Huhns.

K. Grade. 4610◇

1455 **Neue Derivate des Aminorhodanins: Synthese und tuberkulostatische Wirkung.** C. L. Lapière. (J. Pharmac. Belgique [N. S.] **14 (41)**, 126—39, März/April 1959; Liège, Univ., Labor. de Chim. Pharmaceut. organ.) — *3-Aminorhodanin* (I) wurde durch Kondens. von *Na-Monochloracetat* (II) mit *Hydrazindithiocarbazinat* u. Cyclisierung hergestellt. Die Kondens. von I mit aromat. Aldehyden findet je nach den Bedingungen in 3(N)- oder 5(C)-Stellung statt. Von den N-substituierten Derivv. wurden 2 Isomere, wahrscheinlich die *cis*- u. *trans*-Form, isoliert. Die N-Derivv. haben ähnliche UV- u. ident. IR-Spektren, die sich von denen des entsprechenden 5(C)-Deriv. unterscheiden. 9 Verbb. wiesen in vitro eine gewisse tuberkulostat. Wrkg. auf. 2 der wirksamsten Verbb. (III u. IV, s. unten) waren etwas toxisch.

Versuche: *Hydrazindithiocarbazinat*, aus $NH_2OH \cdot H_2O$ in A. (Eiskühlung) durch Zugabe von CS_2 in Ae. (mehrere Std. im Eisbad, dann 1 Tag stehenlassen). — *3-Aminorhodanin* (I), F. 92—93°, aus vorst. Verb. u. wss. II-Lsg. unter Eiskühlung u. Rühren, 2std. Stehen bei Raum-Temp., Eingießen der mit W. verd. Mischung in sd. 6n HCl; gelbe Nadeln; 75% (Ausbeute). — 3-Aminorhodanin-Derivv.: a) Äquimol. Mengen I u. Aldehyd in Eisessig 30 Min. unter Rückfluß erhitzen. b) Äquimol. I u. Aldehyd in A. über Nacht stehenlassen. c) I in A. unter Rühren mit konz. NH_4OH, konz. NH_4Cl-Lsg. u. äquimol. Menge Aldehyd versetzen, über Nacht stehenlassen. *N-Benzyliden-*, $C_{10}H_8N_2OS_2 \cdot H_2O$, F. 134 bis 135°, gelbbraune Kristalle (A.), a) 95%; F. 135—136°, gelbe Nadeln (Aceton–A.), b) 89%. — *5-Benzyliden-*, $C_{10}H_8 \cdot N_2OS_2$, F. 195—196°, seidige, orange Nadeln (A.–CH_2Cl_2), c) 78%. — *N*-[*2-Hydroxybenzyliden*]-(III), $C_{10}H_8N_2O_2S_2$, F. 178 bis 180°, tiefgelbe Kristalle (Essigsäure), a) 87%; F. 178 bis 180°, grünlichschimmernde gelbe Kristalle (Aceton–A.), b) 97%. — *5-[2-Hydroxybenzyliden]*-, F. 214°, orangerote Kristalle (CH_2Cl_2—CH_3OH), c) 67%; alkal. Lsg. rot (Tautomerie). — *N-[3-Methoxy-4-hydroxybenzyliden]*-, $C_{11}H_{10} \cdot N_2O_3S_2$, F. 186—190°, gelbe Kristalle (Essigsäure), a) 83%; F. 187—190°, gelbe Kristalle (A.), b) 89%. — *5-[3-Methoxy-4-hydroxybenzyliden]*-(IV), F. 201—202°, rotorange Kristalle (A.), c) 90%; in alkal. Lsg. tiefrot. — *Bis-[5-N-(p-dimethylaminobenzyliden)]*-, $C_{21}H_{22}N_4OS_2$, F. 270° (Zers.), ziegelrote Kristalle, a) 95%. — *N-[p-Dimethylaminobenzyliden]*-, $C_{12}H_{13} \cdot N_3OS_2$, F. 155—156°, goldgelbe Kristalle (A.), b) 93%. — *5-[p-Dimethylaminobenzyliden]*-, F. 220—223°, zinnoberrote Kristalle (Amylalkohol), c) 72%. — *N-[α-Furyliden]*-, $C_8H_6 \cdot N_2O_2S_2$, F. 138—139°, gelbe Kristalle (A.), b) 79%; F. 128,5 bis 132°, hellbraune Kristalle (A.), b) 66%. — *5-[α-Furyliden]*-, F. 186,5—187,5°, gelborange Kristalle (CH_2Cl_2–A.), c) 66%. — *N-[α-Pyridyliden]*-, $C_9H_7N_3OS_2$, F. 222,5—223° (Zers.), citronengelbe, verfilzte Kristalle (Amylalkohol), a) 63%; F. 225—226° (Zers.), gelbe Kristalle (Amylalkohol), b) 97%. — *N-[γ-Pyridyliden]*-, F. 196° (Zers.), bräunlichgelbe Kristalle (A.), b) 88%. — *5-[γ-Pyridyliden]*-, F. 199,7° (Zers.), braunrote Nadeln (Amylalkohol), c) 38%. — *N-[β-Pyridyliden]*-, F. 190—191,5°, gelbe, verfilzte Kristalle (A.), b) 80%. — *5-[β-Pyridyliden]*-, F. 191,5—192°, bräunlichorange Nadeln (Amylalkohol), c) 46%. — *N-[α-Thenyliden]*-, $C_8H_6N_2OS_2$, F. 92—93°, schwefelgelbe Kristalle (A.), b) 83%. — *5-[α-Thenyliden]*-, F. 222—222,5°, goldorange Blättchen (A.), c) 70%.

K. Maier. 4610□

1456 **Eine spektralphotometrische Methode zur Bestimmung des 2-Äthyl-4-pyridinthionsäureamids in biologischem Material.** P. Kraus und Z. Šimáně. (Arzneimittel-Forsch. **12**, 84—85, 1962; Prag, Tuberkulose Forschungsinst.; dt.) — Vff. teilen eine einfache spektralphotometr. Meth. zur Best. von *2-Äthyl-4-pyridinthionsäureamid* (I) mit. I setzt sich mit H_2O_2 bei neutraler oder saurer Rk. zu einem *gelben Farbstoff* um. Die Färbung, die sonst schnell nachläßt, kann durch Zugabe von Hydrochinon stabilisiert werden. Vff. empfehlen folgende Meth.: Zu 1 ml einer I-Lsg. bzw. Serum (1—100 μg) wird 1 ml Enteiweißungsreagens (10 g Sulfosalicylsäure in 60 ml W. lösen, Zugabe von 0,1 g Dinatriumäthylendiaminotetraacetat in 20 ml W., 10 ml Propanol u. Auffüllen auf 100 ml), 1 ml 5%ig. wss. Hydrochinon-Lsg. u. 1 ml 30%ig. H_2O_2 gegeben. Die Messung erfolgt nach 3—20 Minuten.

W. Hiller. 4610◇

1457 **Beziehung zwischen der Dosis von dl- und d-Cycloserin und dem Einfluß auf die spastische Wirkung einiger Analeptica.** N. M. Smolnikowa und G. Ja. Kiwman. (Pharmakol. u. Toxikol. [UdSSR] **26**, 17—22, 1963; Inst. für Pharmakol. u. Chemotherapie der Akad. der med. Wiss. der UdSSR; russ., Auszug: engl.) — Mit steigender Dosis nimmt im Vers. an weißen Mäusen die antispast. Wrkg. des *d.l-Cycloserins* (I; 4-Amino-3-isooxazolidon) nach *Corazol* u. *Strychnin* zu. Das *d*-I ist nur in der Dosis 50 mg/kg wirksam; mit steigender Dosis (bis 300 mg/kg) nimmt die Wrkg. hier nicht zu. Die minimale wirksame Dosis von racem. I ist nach Corazol 10mal geringer als bei d-I. Racem. I vermindert die spast. Wrkg. von *Coffein*, d-I verstärkt sie. Die stärkere Wrkg. des racem. I auf das Zentralnerven-Syst. beruht neben dem höheren Geh. im Gehirn darauf, daß racem. I das l-Isomere enthält.

O. Lebtag. 4611△

1458 **Kombinierte Anwendung von Antibioticis und Corticosteroiden bei der Behandlung von experimentellen Eiterherden bei weißen Ratten.** W. N. Ssolowjew und G. A. Konjajew. (Pathol. Physiol. exp. Therap. [UdSSR] **6**, Nr. 5, 34—40, Sept./Okt. 1962; Inst. für Pharmakol. u. Chemotherapie der Akad. der med. Wss. der UdSSR, Abt. für exp.-Chemotherapie; russ., Auszug: engl.) — Durch tägliches Absaugen des eitrigen Exsudats aus dem subkutanen Infektionsherd wird im Ratten-Vers. die Heilwrkg. von *Tetracyclin* (I), *Colimycin* (II) u. *Penicillin* (III) erhöht. Lokale Einführung von 4 mg *Hydrocortison* (IV)/kg in den Eiterherd unter gleichzeitigem Absaugen des Exsudats u. Zufuhr von I, II u. III unterdrückt die Exsudation u. Infiltration. Die Wrkg. von *Cortison* (V) ist hierbei viel geringer als die von IV. Die Wrkg. von IV u. V ist abhängig von der Natur des Eiterherdes u. des angewandten Antibioticums. IV u. V sind ohne Einfl. auf die nekrot. Prozesse im Infektionsherd.

O. Lebtag. 4611△

1459 **Die Ausscheidung von Natrium-6-[2.6-Dimethoxybenzamidopenicillanat]-monohydrat bei Ratten.** Patricia M. Harrison, Jean A. White und G. T. Stewart. (Brit. J. Pharmacol. Chemotherapy **15**, 571—73, Dez. 1960; Carshalton, Surrey, Queen Mary's Hosp. for Children; Med. Res. Council Labor.; engl.) — *Na-6-[2.6-Dimethoxybenzamido]-penicillanat-monohydrat* (*BRL 1241*) wird nach i.m. Injektion (100—300 mg/kg) bei Ratten rasch durch Galle u. Harn ausgeschieden; die Ausscheidung mit dem Stuhlgang ist geringfügig. Die ausgeschiedenen Mengen (2—3% mit der Galle, 26—84% mit dem Harn) sind biolog. aktiv. In der Galle liegt die Substanz möglicherweise in konjugierter Form vor.

U. Tausendfreund. 4611□

1460 **Über die Resorption von Acetylsalicylsäure nach rektaler Verabreichung.** E. Lorenzi. (Farmaco [Pavia], Ediz. prat. **17**, 516—25, 1962; Verona, Labor. Glaxo S.p.A.; ital.) — Bei Kaninchen wird rektal verabreichte *Acetylsalicylsäure* rasch resorbiert, die maximale Konz. im Blut ist nach 60 Min. erreicht. Innerhalb von 72 Std. wurden 62% der verabreichten Menge im Harn ausgeschieden.

K. Zingraf. 4615◇

1461 **Vorläufige Prüfung einiger neuer 2-Hydroxyoxadiazole unter besonderer Berücksichtigung ihrer antipyretischen, analgetischen und entzündungshemmenden Eigenschaften.** 5. Mitt. A. E. Wilder Smith, Edouard Frommel und Simone Radouco-Thomas. (Arzneimittel-Forsch. **13**, 338—41, 1963; Genf, Inst. of Exp. Biol.; Genf, Univ., Ecole de Med., Inst. de Thérapeut.; Bergen, Norwegen,

Univ., Fac. of Med., Dep. of Pharmacol.; engl.) — Vff. synthetisieren u. prüfen folgende Verbb.: *2-Hydroxybenzoesäurehydrazid* (*WS 131*), 2-Hydroxy-1.3.4-oxadiazole: *5-o-Hydroxyphenyl-* (*WS 132*); *5-[2.6-Dihydroxyphenyl]-* (*WS 155*); *5-[2-Hydroxy-3-methyl]-* (*WS 169*); *5-[2-Hydroxy-5-chlor]-* (*WS 165*); *5-[2.6-Dihydroxy-4-propyl]-* (*WS 182*); *5-[2.5-Dihydroxy]-* (*WS 185*); *5-[2.6-Dihydroxy-3.5-dichlor-4-methyl]-* (*WS 179*) u. *5-[2.4-Dihydroxy]-* (*WS 193*). Mit Ausnahme von WS 132 zeigt Acetylsalicylsäure größere antipyret. Wrkg. als die untersuchten 2-Hydroxyoxadiazole. WS 179, WS 193 u. WS 155 zeigen einen mittleren Grad der Aktivität. Die Ggw. einer zweiten Hydroxylgruppe in WS 155 red. die antipyret. Wrkg. im Vgl. mit WS 132. WS 131, WS 132 u. WS 182 zeigen ungefähr die gleiche analget. Wrkg. wie Aspirin. Bei Gaben von 50 mg WS 132 per kg per os bleibt der arterielle Blutdruck unverändert, die DL_{50} (oral, Maus) liegt über 2000 mg/kg. W. Hiller. 4615◇

1462 **Die Wirkung von 2-Dimethylaminoäthanol (Deanol) auf das anaphylaktische Ödem bei Ratten.** Georg E. Cronheim und I. M. Toekes. (J. Pharmacol. exp. Therapeut. **127,** 167—70, 1959; Northridge, Calif., Res. Div., Riker Labor.; engl.) — Bei ♂ u. ♀ Ratten (Wistar) hemmt *2-Dimethylaminoäthanol* (*Deanol;* **I**) das anaphylakt. Ödem nach subplantarer Injektion von Eiereiweiß, Serotonin, Formalin oder Histamin. Die Wrkg. trat im akuten Vers. dann auf, wenn **I** 1 Std. vor den ödemauslösenden Substanzen intraperitoneal injiziert wurde. Wurde **I** im chron. Vers. mit dem Futter verabfolgt, so waren einige Wochen notwendig, bevor eine Hemmung des anaphylakt. Ödems eintrat. Für den Effekt ist das Vorhadensein der Nebennieren nicht erforderlich. **I** kann beim Baumwollkügelchengranulom die entzündliche Rk. nicht beeinflussen. K. Böhm. 4615◇

1463 **Carragheenin-Ödem in der Hinterpfote der Ratte als Prüfmethode für entzündungshemmende Arzneimittel.** Charles A. Winter, Edwin A. Risley und George W. Nuss. (Proc. Soc. exp. Biol. Med. **111,** 544—47, 1962; West Point, Pa., Merck Inst. for Therap. Res.; engl.) — Nach subplantarer Injektion von 0,05 ml einer 1 % ig. Lsg. von *Carragheenin* in die Hinterpfote der Ratte bildet sich innerhalb von 3—4 Std. ein Ödem, das durch orale Vorbehandlung mit entzündungshemmenden Arzneimitteln gehemmt u. daher zur pharmakolog. Testung dieser Mittel benützt werden kann. K. Zingraf. 4615◇

1464 **Beiträge zur Prüfung entzündungshemmender Substanzen.** F. Varga, J. Méhes, A. Pár und Eva Rónai. (Acta physiol. Acad. Sci. hung. **23,** 69—78, 1963; Pécs, Med. Univ., Pharmakol. Inst.; dt.) — Zur routinemäßigen Prüfung antiphlogist. wirksamer Substanzen wird der Rattenpfotenödemtest als nicht zuverlässig genug angesehen: das Ausmaß des experimentell hervorrufbaren Ödems hängt vom Alter der Tiere ab; *Formalin* (**I**) u. *Kaolin* (**II**) rufen bei wiederholter Injektion mildere Schwellungen, *Dextran* (**III**) stärkere Schwellungen (auch an der unbehandelten Pfote) hervor; das **II**-Ödem wird durch *Na-Salicylat* (**IV**), *Acetylsalicylsäure, Phenylbutazon* (**V**), *Aminopyrin, Cinchophen* gehemmt, das **I**-Ödem nur durch **V** u. hohe **IV**-Dosen; die wirksamen Dosen liegen nahe bei den DL_{50}-Werten; Dosis-Wrkg.-Beziehungen lassen sich nicht immer ermitteln; die durch wiederholte Injektion bewirkten **I**-, **II**- u. **III**-Ödeme werden durch die antiphlogist. Mittel nicht mehr beeinflußt; Ausmaß u. Hemmung des *Serotonin*-Ödems bleiben bei wiederholter Injektion allerdings unverändert. U. Tausendfreund. 4615◇

1465 **Einfluß des Pyrogenals auf den Blutgehalt an Serotonin und Histamin.** S. A. Popenenkowa und T. N. Sawenjagina. (Pathol. Physiol. exp. Therap. [UdSSR] **6,** Nr. 5, 68—69, Sept./Okt. 1962; Gamaleja-Inst. für Epidemiol. u. Mikrobiol. der Akad. der med. Wiss. der UdSSR, Abt. für Infektionspathol. u. exp. Therapie der Infektionen; russ.) — In Verss. an 9 Kaninchen führte die einmalige Zufuhr von 2,5 γ *Pyrogenal* (**I**)/kg nach den Beobachtungen 15—360 Min. nach der **I**-Zufuhr bei 7 Tieren zu keiner sicheren Veränderung des *Histamin* (**II**)-Geh. im Blut, ausgenommen 2 Maxima nach 30 u. 180 Minuten. In 2 Fällen wurde der **II**-Geh. 15 Min. nach der **I**-Zufuhr auf das 15—20fache erhöht, blieb dann 2 Std. konst. u. nahm danach bis unter die Norm ab. Der Blut-Geh. an *Serotonin* nahm 2 Std. nach der **I**-Zufuhr um das 2,5fache ab u. blieb sodann ständig unter der Norm. Die Zahl der Thrombocyten nahm von der 15. bis zur 120. Min. um das 4fache ab. Die Serotoninabnahme beruht vorwiegend auf der Abnahme der Thrombocytenzahl. O. Lebtag. 4616△

1466 **Dichlorisoproteremolblockade des Kaninchen-Aortenstreifens.** M. Wurzel, T. P. Pruss, T. Koppaniy und G. D. Maengwyn-Davies. (Arch. int. Pharmacodynam. Thérap. **141,** 153—62, 1963; Washington, D.C., Georgetown Univ., Schools of Med. and Dent., Dep. of Pharmacol.; engl.) — *Noradrenalin* (**I**), *Adrenalin* (**II**) u. *Isoproterenol* (**III**) zeigen am isolierten Aortenstreifen des Kaninchens eine relative Wirksamkeit von 1 : 1 : 100 (charakterist. für α-Receptoren). Die Wrkg. von *Dichlor*-**I** u. *Dichlor*-**II** ist ca. 1000fach geringer als die von **I** u. **II**; *Dichlor*-**III** (**IV**) ruft keine Kontraktionen hervor; durch vorherige **IV**-Einw. können die durch **I, II** u. **III** hervorgerufenen Kontraktionen gehemmt werden. Niedrige **III**-Dosen beeinflussen ebenfalls die durch **I** hervorgerufenen Kontraktionen antagonistisch. Dichlor-**I** u. Dichlor-**II** potenzieren die durch **I** bewirkten Kontraktionen. Die N-Isopropylgruppe ist demnach für die Hemmwrkg. wesentlich. Ob die Wrkg. von **IV** über Beeinflussung der α- oder β-Receptoren des Aortenstreifens zustande kommt, ist noch unklar. U. Tausendfreund. 4620◇

1467 **Einflüsse adrenerger Substanzen auf die Magensekretion von Hunden.** S. N. Pradhan und H. W. Wingate. (Arch. int. Pharmacodynam. Thérap. **140,** 399—408, Dez. 1962; Washington, D.C., Howard Univ., Coll. of Med., Dep. of Pharm.; engl.) — Subkutane Gaben von *Epinephrin, Levarterenol* u. *Isoproterenol* inhibieren die durch Futteraufnahme oder subkutane Verabreichung von Bethanechol u. Histamin induzierte Magensekretion. P. Gregorzewski. 4620◇

1468 **Der Einfluß einiger cholinolytischer Stoffe auf die bedingtreflektorische Tätigkeit der Katze bei direkter Zufuhr ins Gehirn.** A. T. Sseliwanowa und N. N. Lasuko. (Pharmakol. u. Toxikol. [UdSSR] **26,** 3—7, 1963; Inst. für experim. Med. der Akad. der med. Wiss. der UdSSR; russ., Auszug: engl.) — Im Katzen-Vers. genügt für die Veränderung des bedingtreflektor. Verh. durch *Amizil* bei Zufuhr in die Hirnrinde eine um vielfach geringere Dosis als bei Zufuhr in das reticuläre Gewebe des Mittelhirns. Bei Anwendung von *Spasmolytin* ist das umgekehrte der Fall. Die Ergebnisse bestätigen die Richtigkeit der These von der wichtigen Rolle der cholinerg. Strukturen neben den adrenerg. Funktionen des Mittelhirnreticulums. O. Lebtag. 4620△

1469 **Pharmakologische Eigenschaften von Methylfluorphosphorylcholinen. Zwei synthetische cholinergische Arzneimittel.** Torsten Fredriksson. (Arch int. Pharmacodynam. Thérap. **113,** 101—13, 1/12. 1957; Sundbyberg, Sweden, Res. Inst. of Nat. Defence, Dep. I; engl.) — *Methylfluorphosphorylcholin* (i.v. DL_{50} Maus, Kaninchen 0,010 mg/kg) u. *Methylfluorphosphoryl-β-methylcholin* (0,008) wirken als Cholinesterasehemmstoffe u. besitzen direkte Wrkg. auf cholinerg. „Receptoren" u. zeigen ähnliche Unterschiede wie Acetylcholin u. Acetyl-β-methylcholin. Indirekte cholinerg. Wrkg. auf das Zentralnerven-Syst. wurden nicht beobachtet. K. Zingraf. 4620□

1470 **Der Einfluß einiger zentraler neutroper Mittel auf die extradigestive motorische Tätigkeit des Magens.** L. L. Gretschischkin. (Pharmakol. u. Toxikol. [UdSSR] **26,** 36—40, 1963; Inst. für experim. Med. der Akad. der med. Wiss. der UdSSR; russ., Auszug: engl.) — An Kaninchen u. Hunden mit Magenfistel wurde die Wrkg. der nachst. Verbb. auf die motor. Tätigkeit des Magens untersucht: *Morphin, Apomorphin, Coffein, Äthyl-, Allyl, Propyl-* u. *Benzylnorantiphein, Aminazin, Hexenal, Thiopental, Barbamyl, Ephedrin, Corazol, Adrenalin, Nivalin, Hexonium, Meprobamat* u. *Chloralhydrat.* Aus den Ergebnissen ist zu schließen, daß die vorwiegend auf subcorticale Gewebe wirkenden Stoffe auf die motor. Tätgkeit des Magens stärker einwirken als die Verbb. der „Rinden"-Wrkg. u. als die Tranquillizer. Das Subcorticum spielt demnach eine wichtige Rolle bei der Kontraktion des Magens. O. Lebtag. 4620△

1471 **Über den Einfluß von Aminazin auf der Verlauf der experimentellen Pneumokokkeninfektion und das Schwarzmann-Phänomen.** A. M. Tschernuch und N. Ss. Tolmatschewa. (J. Mikrobiol., Epidemiol. Immunobiol. [UdSSR] **31,** Nr. 5, 53—57, Mai 1960; Akad. der med. Wiss. der UdSSR, Inst. für Pharmakolog. u. Chemotherapie; russ., Auszug: engl.) — Intramuskuläre Injektion von *Aminazin* führte bei Kaninchen (**a**; 5 mg/kg) mit experimenteller Pneumokokkeninfektion (**b**; 0,1 cm^3, 18std. Pneumokokkenbouillonkultur, Konz. 10^{-7}) zur Verstärkung der **b** u. starken Erhöhung der Letalität, bei Mäusen (10 mg/kg) mit **b** zur Er-

höhung der Letalität von 26,6 auf 36,6%, bei Ratten (5 mg/kg) mit experimenteller asept. Entzündung (c; 0,12 cm³ Terpentin subkutan) zur 3maligen Verminderung der 1. Phase der c u. nachfolgenden Heilungshemmung mit häufiger Umwandlung in einen chron. Prozeß, bei a (20 oder 40 mg/kg) mit experimenteller allerg. Entzündung (0,2 Milliarden abgetötete Darmbacillen, Stamm 613, 1tägige Agarkultur) zur Verringerung des Schwarzmann-Phänomens.
I. v. Kloch-Kornitz. 4620□

1472 **Der Einfluß von Monoaminoxydasehemmern und Pyrogallol auf die Druckreaktion nach Adrenalin, Noradrenalin, Normetanephrin und Tyramin in der Ratte.** Svetislav Vanov. (Arch. int. Pharmacodynam. Thérap. **138**, 51—61, 1962; Skopjé, Fac. of Med., Dep. of Pharmacol.; engl.) — In den meisten Fällen haben die Monoaminoxydasehemmer (MAO-H.) *Phenelzine* (5—10 mg/kg; i.v.), *Iproniazid* (50—100), *Nialamide* (40) u. *Harmaline* (5) keinen signifikanten Einfl. auf die pressor. Wrkg. von *Adrenalin* (I), *Noradrenalin* (II) u. *Normetanephrin.* Dagegen erhöhen u. verlängern 40—50 mg *Pyrogallol* pro kg, i.v., die Druck-Rk. auf I, II u. *Tyramin* (III). Die III-Wrkg. wird auch nach MAO-H.-Gaben verstärkt. P. Gregorzewski. 4620◇

1473 **Veränderungen des sexuellen Verhaltens bei Nachkommen von Monoaminoxydasehemmstoff-behandelten Ratten.** Herbert Tuchmann-Duplessis und Lucette Mercier-Parot. (C. R. hebd. Séances Acad. Sci. **1963**, **2235** bis 2237; Paris, Univ., Fac. de Méd., Labor. d'Embryol.; franz.) — Daueranwendung von 10 mg *Niamid* (*1-Pyridinyl-(4)-8-phenyl-1.6-dioxo-2.3.7-triazaoctan*)/kg 6—15 Monate lang verringerte die Fruchtbarkeit von Ratten deutlich. Die Nachkommen entwickelten sich gut, aber bei ♀ Tieren wurde homosexuelles Verh. beobachtet. K. Zingraf. 4620◇

1474 **Untersuchungen über den Einfluß des Reserpins (Serpasil) auf den Kohlenhydratstoffwechsel.** JanKiersz, Waclaw Krajewski und Tadeusz Zmorski. (Arch. int. Pharmacodynam. Thérap. **113**, 114—26, 1/12. 1957; Bialystok, Med. Akad. Pharmakol. Inst. u. Psychiatr. Klin.; dt.) — Bei Hunden in Chloralosenarkose erhöhte i. v. Injektion von *Reserpin* (I; 1 mg/kg) den Blutzucker (II) innerhalb 1 Std. um ca. 50 mg%. Es bestand kein Synergismus mit Insulin. I, nach Adrenalektomie verabreicht, erhöhte II nicht, verhinderte aber sein Absinken; die Überlebensdauer der Tiere wurde verringert. K. Zingraf. 4620□

1475 **Die Wirkstoffe der dritten aztekischen Zauberdroge.** A. Hofmann und A. Cerletti. (Dtsch. med. Wschr. **86**, 885—88, 5/5. 1961; Sandoz Akt.-Ges., Basel; dt.) — Bei der chem. Unters. zweier verschiedener Muster der aztek. Zauberdroge *Ololiuqui* (Samen der Windenarten *Rivea corymbosa* L. Hall u. *Ipomoea violacea* L.) wurden als Wirkstoffe Basen vom Typ der Mutterkornalkaloide gefunden (psychotomimet. Wrkg.). Die 3 in größeren Mengen vorkommenden Komponenten sind *α-Lysergsäureamid, d-Isolysergsäureamid* u. *Chanoclavin.* In kleinen Mengen wurden noch *d-Lysergol* u. *Elymoclavin* aufgefunden. E. Lück. 4620□

1476 **Eine Untersuchung der zentralen Wirkung von Ganglienblockern.** Robert Murray, Lloyd Beck, P. A. Rondell und David F. Bohr. (J. Pharmacol. exp. Therapeut. **127**, 157—63, 1959; Ann Arbor, Mich. Univ. of Michigan, Dep. of Physiol. and Pharmacol.; engl.) — Am Hundekopf-Präp. mit gekreuzter Zirkulation wurde untersucht, ob *Tetraäthylammonium, Hexamethonium, Azamethonium, Chlorisondamin* oder *Mecamylamin* über einen zentralen Mechanismus den Blutdruck senken. Gaben dieser Verbb., die im isolierten Kopf-Syst. des Donatorhundes Ganglienblockade bewirkten, beeinflussen nicht signifikant den Blutdruck des Empfängerhundes. Techn. u. theoret. Grenzen des Präp., das zur Unters. über ganglienblockierende Substanzen benutzt wurde, werden in ihrem Wert besprochen.
K. Böhm. 4620◇

1477 **Wirkungen der Durchschneidung des Corpus callosum auf die Dekompressionshypoxie und auf Pentylentetrazol (Metrazol)-Krämpfe.** S. J. Manax und G. W. Stavraky. (Canad. J. Biochem. Physiol. **40**, 1477—91, 1962; London, Canada, Univ. of Western Ontario, Dep. of Physiol.; engl.) — Nach Durchschneidung des Corpus callosum im Gehirn von Ratten kommt es zu einer größeren Empfindlichkeit gegenüber Hypoxie in der Dekompressionskammer (niedrigere Schwelle der Krampfanfälligkeit, längere Krampfdauer) u. zu veränderter elektronencephalograph. Aktivität wie in bestimmten Phasen einer durch *Pentylentetrazol* (I) hervorgerufenen Aktivität. Der I-Krampf dürfte jedoch nicht allein auf Hirnanoxie beruhen, da Unterschiede im Schwellen-Verh. operierter Tiere bei wöchentlich wiederholten Anoxien (progressive Depression der Krampfanfälligkeit) u. bei wöchentlich wiederholter I-Injektion (Verminderung der Krampfschwelle) bestehen. Die elektroencephalograph. Veränderungen hängen nicht von motor. Komponenten ab.
U. Tausendfreund. 4622◇

1478 **Krampfhemmende Wirkung von Procain und dessen fünf Verwandten gegen experimentell erzeugte Konvulsionen.** Kanti Kapila und R. B. Arora. (J. Pharmacy Pharmacol. **14**, 253—54, 1962; New Delhi, All-India Inst. of Med. Sci., Dep. of Pharmacol.; engl.) — *Procainhydrochlorid* (I), *Procainamidhydrochlorid, 2-Diäthylaminoäthyl-2.3-dimethylbenzoathydrochlorid* (II), *2-Diäthylamino-2.3.5.6-tetramethylbenzoathydrochlorid* (III), *2-Diäthylaminoäthyl-2.5-dimethylbenzoathydrochlorid* (IV), *2-Diäthylaminoäthyl-3.5-dimethylbenzoathydrochlorid* (V) u. *Phenytoin-Natrium* wurden auf ihre Wrkg. gegen maximalen Elektroschock u. gegen Cardiazolschock bei Albinoratten getestet. II, III, IV u. V waren I bzgl. des Schutzindex (Dosis toxica 50/ Dosis efficax 50) überlegen, aber nur IV u. V besaßen eine höhere therapeut. Breite als I. K. Zingraf. 4627◇

1479 **Der Einfluß von Elektroschock und Phenobarbital auf den Nucleinsäuregehalt von Rattenhirnrinde.** E. L. Noach, J. Joosting Bunk und A. Wijling. (Acta physiol. pharmacol. neerl. **11**, 54—69, 1962; Leiden, Niederlande, Univ., Dep. of Pharm. and Inst. for Radiopathol. and Rad. Protection; engl.) — Der *Ribonucleinsäure* (*RNS*)-Geh. von Rattenhirnrinde (nach Kleinschmidt u. Mantey) war 75 Sek. nach einem maximalen Elektroschock (m. E.) deutlich gesunken, ebenso 75—80 Min. nach einer Gabe von 15 mg *Phenobarbital.* Nach einem m. E. hatten mit Phenobarbital behandelte Tiere jedoch wieder einen leichten Anstieg der RNS. Bei 30 Sek. Dauer zwischen m. E. u. Tod der Tiere waren die Unterschiede nicht so deutlich, es zeigte sich nur die Tendenz des 1. Versuches. Die Tiere des 2. Vers., die zusammen gehalten wurden, hatten gegenüber den ruhigeren, in Einzelkäfige gesperrten Ratten einen niedrigeren RNS-Gehalt. Die *Desoxyribonucleinsäure* (*DNS*)-Menge u. die Zus. von RNS u. DNS (quant. Papierchromatographie) änderten sich in allen Verss. nicht. K. Heyns. 4627◇

1480 **Appetitfördernde Wirkung des barbiturinduzierten therapeutischen Schlafes.** E. Kuhn. (Experientia [Basel] **15**, 77—79, 15/2. 1959; Prague, Inst. of Human Nutrition; engl.) — Beim Vgl. der aufgenommenen Nahrungsmenge während eines durch ca. 0,26 g *Amytal, Amobarbital* oder *Dormiphen*/Tag hervorgerufenen Heilschlafs bei Geschwürkranken u. Neurotikern mit dem durch 50—200 mg *Chlorpromazin*/Tag bewirkten oder dem bedingt reflektor. Heilschlaf kam es durch die Barbiturate zu einer durchschnittlichen Steigerung der Nahrungsaufnahme von 7,85%, während bei den anderen Schlafmaßnahmen der Appetit red. wurde (Verminderung der Nahrungsaufnahme um 4,99% bzw. 3,75%). Es wird an Zusammenhänge sowohl zu zentralen Mechanismen als auch zum Kohlenhydratstoffwechsel auf Enzymebene gedacht. U. Tausendfreund. 4627□

1481 **Der Einfluß von Atropin auf die Toxizität von Thialbarbiton, Thiopenton und Pentobarbital.** Chr. L. Rümke. (Arch. int. Pharmacodynam. Thérap. **119**, 10—19, 1/3. 1959; Amsterdam, Univ., Dep. of Pharmacol. and Neurobiochem.; engl.) — Es wird festgestellt, daß die tox. Wrkg. von *Thialbarbiton* u. *Thiopenton* auf Ratten nach Vorbehandlung mit *Atropinsulfat* herabgesetzt ist. Die Wrkg. von *Pentobarbital* wird nicht beeinflußt. U. Baumann. 4627

1482 **Resorption, Ausscheidung und Schicksal von Prodilidin.** John H. Weikel jun. und John A. LaBudde. (J. Pharmacol. exp. Therapeut. **138**, 392—98, 1962; Evansville, Ind., Mead Johnson Res. Center, Dep. of Pharmacol. and Chemotherap.; engl.) — *1.2-Dimethyl-3-phenylpyrrolidyl-(3)-propionathydrochlorid* (*Prodilidin*; ein Codein-ähnliches Analgeticum; I) wurde aus dem Verdauungstrakt von Ratten gut resorbiert, aber der Blutspiegel nach oraler Anwendung war niedrig. I verschwand rasch aus dem Gewebe u. nur wenig wurde unverändert im Harn ausgeschieden. Blutspiegel u. Ausscheidung im Harn konnten durch subkutane

Verabreichung etwas erhöht werden. I wurde durch Lebermikrosomen in vitro N-desmethyliert. K. Zingraf. 4627◇

1483 **Stoffwechselveränderungen in Rattengeweben bei akuter und chronischer Morphinisierung.** Marjorie W. Duckworth und Brenda E. Raman. (Arch. int. Pharmacodynam. Thérap. **113**, 127—35, 1/12. 1957; London, Royal Free Hosp. School of Med., Dep. of Physiol.; engl.) — Durch *Morphin* wird die alkal. Phosphataseaktivität in der Leber, nicht aber in der Niere oder im Hirn von Ratten wesentlich gesteigert. Größere Veränderungen im zirkulierenden Lactat oder Pyruvat wurden nicht beobachtet. K. Zingraf. 4627□

1484 **Eine neue Bestimmungmethode für sehr kleine Morphinmengen.** Guy Nadeau und George Sobolewski. (Canad. J. Biochem. Physiol. **36**, 625—31, Juni 1958; Québec, Hôp. Saint-Michel Archange, Labor. de Biochem.; franz.) — Die neue Best.-Meth., mit welcher *Morphin*-Mengen zwischen 0,02 u. 100 μg nachgewiesen werden können, gründet sich auf die Fluorescenz, die sich ausbildet, wenn man konz. H_2SO_4 u. konz. NH_4OH nacheinander auf das Alkaloid einwirken läßt. Best. im Opium ohne vorherige Trennung ist möglich. K. Zingraf. 4627□

1485 **α.α-Diphenyl-α-propargoxyessigsäure-[β-dimethylaminoäthyl]-esterhydrochlorid — ein neues Spasmoanalgeticum.** D. Kupke und S. Geissler. (Arzneimittel-Forsch. **13**, 312—14, 1963; Heidelberg, Rhein-Chemie GmbH; dt.) — *α.α-Diphenyl-α-propargyloxyessigsäure-[β-dimethylaminoäthyl]-esterhydrochlorid* (**I**, BE 50), F. 162—163°, ist ein Spasmolyticum u. Analgeticum. Die neurotrop spasmolyt. Wrkg. von I beträgt $^1/_{17}$ im Vgl. zu *Atropin*, die muskulotrope Wrkg. ist 96 mal stärker als die des *Papaverins*. I zeigt eine 4—5 mal stärkere analget. Wrkg. als *Amidopyrin*. Die atropinartigen Nebenwrkg. sind folgende: Der spasmolyt. Effekt am isolierten Darm beträgt $^1/_{17}$, die Pupillen-erweiternde Wrkg. $^1/_{100}$ u. die Wrkg. auf die Speichelsekretion $^1/_{80}$—$^1/_{100}$ im Vgl. zu Atropin. I zeigt schon in geringeren Dosen als Atropin u. *Biperiden* eine Antitremorwirkung. DL_{50} an der Maus i. v. 49 mg/kg; DL_{50} Ratte per os 640 mg/kg. W. Hiller. 4628◇

1486 **Pharmakologische Prüfung eines neuen synthetischen Spasmolyticums des N-[3-Phenyl-3-hydroxy-3-thienyl-(2)-propyl]-N-methylmorpholiniumjodids.** P. Duchene-Marullaz, D. Jovanovic, N. Busch und J. Vacher. (Arch. int. Pharmacodynam. Thérap. **141**, 465—79, 1963; Riom, France, Centre Europ. de Rech. Fond. et Appl.; franz.) — *N-[3-Phenyl-3-hydroxy-3-thienyl-(2) propyl]-N-methylmorpholiniumjodid* (DL_{50} Maus i. v. 30 mg/kg, intraperitoneal 160 mg/kg; Ratte i. v. 30 mg/kg, intraperitoneal 240 mg/kg) ist ein anticholinerg. Spasmolyticum, das in seiner Wirkstärke dem Papaverin leicht überlegen ist. Seine parasympathicolyt. Wrkg. auf das Herz ist der von Atropin unterlegen, dagegen ist die Wrkg. auf die Darmmotilität deutlich stärker. Die Speichelsekretion u. die Pupille werden nicht beeinflußt. K. Zingraf. 4628◇

1487 **Zentral depressorische und muskelerschlaffende Eigenschaften eines 2-substituierten Pyrimidin-Derivates.** Thomas B. O'Dell, Martha D. Napoli und Joseph H. Mirsky. (Arch. int. Pharmacodynam. Thérap. **141**, 83—94, 1963; Decatur, Ill., Irwin Neisler & Co., Res. Labor.; engl.) — *2-[β-Hydroxy-β-phenäthylamino]-pyrimidin* (**I**) u. *2-[β-Hydroxy-β-diphenäthylamino]-pyrimidn* (**II**) zeigen in Tier-Verss. ausgeprägte Muskelrelaxanswirkungen. Sie wirken depressor. auf das Zentralnerven-Syst. u. können zur Allgemeinnarkose führen. Die Narkose setzt nach i. v. Injektion sofort ein, die Anästhesie scheint tiefer als nach Barbituraten zu sein. Die Erholungszeit ist kurz, die Dauer der Narkose ist nach I kürzer als nach II. Analget. oder lokalanästhet. Wrkg. kommt den Substanzen nicht zu. Durch *Chlorpromazin* kann die Wrkg. potenziert werden. Die Substanzen haben Antikonvulsiveigenschaften. Die Toxizität ist gering; keine Toleranzentwicklung. U. Tausendfreund. 4628◇

1488 **Die Wirkung eines Ferment-Inhibitors auf glattmuskuläre Organe.** W. Maurer. (Arzneimittel-Forsch. **12**, 23—25, 1962; Erlangen, Chirurg. Univ. Poliklin. im Waldkrankenhaus; dt.) — Vf. untersucht die Wrkg. des Kallikrein- u. Trypsininaktivators *Trasylol* (**I**; aus der Parotis von Schlachttieren). I hemmt nicht die Kontraktilität glattmuskulärer Organe. Die Wrkg. von $BaCl_2$, *Doryl* u. *Histamin* wird durch I nicht aufgehoben. In den angewendeten Dosen (100—15000 E/ml) wird eine leichte Tonuserhöhung des Meerschweinchenileums hervorgerufen. W. Hiller. 4628◇

1489 **Pharmakologische Wirkung von Rauwolscin, spasmolytische und antidiuretische Aktivität.** J. D. Kohli, M. M. Vohra, P. Das und N. N. De. (Arch. int. Pharmacodynam. Thérap. **138**, 105—12, 1962; Lucknow, Central Drug Res. Inst.; engl.) — Die antagonist. Wrkg. von *Rauwolscin* (**I**) auf den Einfl. von Spasmogenen auf die Samenbläschen des Meerschweinchens wird durch verschiedene Säuren des Krebs-Cyclus inhibiert. Bes. wirksam sind *Citronensäure*, *Äpfelsäure* u. *α-Ketoglutarsäure*, Vff. machen die Erniedrigung des pH-Wertes (durch diesen Säurezusatz) für diese Wrkg. verantwortlich. Bei wasserbelasteten Ratten wirkt I (5 u. 10 mg/kg, intraperitoneal) antidiuretisch. P. Gregorzewski. 4628◇

1490 **α-Methyldopa, ein neues Arzneimittel mit blutdurcksenkender Wirkung.** Giulia Pessina. (Boll. chim. farmac. **101**, 731—34, 1962; Cantù, Farmacia Centrale; ital.) — Übersicht (*α-Methyldopa*; *α-Methyl-3.4-dihydroxyphenylalanin*). — 27 Literaturangaben. K. Zingraf. 4630◇

1491 **Die pharmakologischen Eigenschaften von 2-[1'-Azacyclooctyl]-äthylguanidinsulfat (Oktatensin).** N. M. Kosstygow. (Pharmakol. u. Toxikol. [UdSSR] **26**, 28—35, 1963; Leningrad, Chem.-Pharm. Inst., Lehrstuhl für Pharmakol.; russ., Auszug: engl.) — Sowohl im akuten wie im chron. Vers. an Katzen u. Kaninchen zeigt *Oktatensin* [**I**; *2-[1'-Azacyclooctyl]-äthylguanidinsulfat*] eine hypotensive Wirkung. An decerebrierten Katzen u. an Katzen u. Kaninchen in Urethan-Narkose verläuft die I-Wrkg. in 2 Phasen. Die 1., durch die gangliolyt. I-Wrkg. bedingte Phase dauert bei der Dosierung von 15 mg/kg nur 20 Minuten. Die 2., lange Phase hängt nicht mit einer Wrkg. auf das Herz, das vasomotor. Zentrum, die Muskelwand der Gefäße u. auf die N-cholinreakt. biochem. Syst. der Ganglien zusammen. Die Wrkg. von Ephedrin wird durch I teilweise oder völlig unterdrückt. Die Aktivität des Adrenalins wird erhöht. O. Lebtag. 4630△

1492 **Umkehrung der blutdrucksteigernden Wirkungen von Adrenalin und Noradrenalin durch einige Adrenolytica beim Kaninchen.** R. Hazard, J. Hazard und P. Mouillé. (Arch. int. Pharmacodynam. Thérap. **113**, 136 bis 147, 1/12. 1957; Paris, Fac. de Méd., Labor. de Pharmacol. u. Inst. Nat. d'Hyg.; franz.) — Durch wiederholte Anwendung gesteigerter Dosen von *883F* (*Prosympal*; *Dimethylaminobenzodioxan*), *933F* (*Piperidinomethylbenzodioxan*), *Tolazolin* (*Priscol*), *Phentolamin* (*Regitin*), *Dibenzylin* (*N-Phenoxyisopropyl-N-benzyl-β-chloräthylamin*), *Azapetin* (*Ilidar*) u. *Dihydroergotamin* konnte eine Umkehrung der blutdrucksteigernden Wrkg. von *Adrenalin* u. *Noradrenalin* beim Urethan-narkotisierten Kaninchen bewirkt werden. K. Zingraf. 4630□

1493 **Über die hemmende Wirkung des Dicumarins auf das Herz und die Teilnahme des Sauerstoffs an diesem Effekt.** Ja. I. Saidler. (Pharmakol. u. Toxikol. [UdSSR] **26**, 64—66, 1963; Moskau, 1. Med. Ssetschenow-Inst., Lehrstuhl für Pharmakol.; russ., Auszug: engl.) — In Verss. am isolierten Herz von Rana temporaria, R. ridibunda u. der Ratte wird gezeigt, daß einerseits durch O_2 die Unterdrückung der Herztätigkeit durch *Dicumarin* (**I**) verhindert oder aufgehoben wird, daß andererseits durch O_2 die Wrkg. geringer I-Konzz. außerordentlich verstärkt wird. Diese Besonderheiten der I-Wrkg. wurden in den Verss. des Vf. erstmalig festgestellt. O. Lebtag. 4630△

1494 **Der Einfluß von Mephentermine auf den venomotorischen Tonus, Blutfluß und arteriellen Druck im Vorderarm des Menschen.** A. W. Horsley und John W. Eckstein. (Proc. Soc. exp. Biol. Med. **105**, 569—72, 1960; Iowa City, State Univ. of Iowa Coll. of Med., Dep. of Internal Med.; engl.) — I. v. Injektion von *Mephentermine* (**I**) (25 mg) verringert den Blutfluß u. erhöht den arteriellen Druck. Der venöse Druck erhöht sich ebenfalls, während sich die Dehnbarkeit u. das Vol. der Venen verringern. Mit diesen Ergebnissen wird bewiesen, daß I sowohl den peripheren Widerstand als auch den venösen Tonus steigert. P. Gregorzewski. 4630◇

1495 **Veratrumalkaloide.** 45. Mitt. **Konstitution-Aktivitäts-Beziehungen bei einer Reihe von Protoverinderivaten.** S. Morris Kupchan, Lawrence C. Weaver, C. Ian Ayres und Ruprecht H. Hensler. (J. pharmac. Sci. **50**, 52—55, Jan. 1961; Madison, Wis., Univ. of Wisconsin, Dep. of Pharmac. Chem.; Indianapolis, Ind., Pitman-Moore Co., Pharmacol. Labor.; engl.) — 44. vgl. C. **1961**, 15397. — Es wurde die Abhängigkeit der blutdrucksenkenden Wrkg. einiger Protoverin (**I**)-Derivv. von der Konstit. untersucht. Geprüfte Verbb.: **I**-*3-[(d)-2-Hydroxy-2-methylbutyrat]-6.7-diacetat-15-[(l)-2-methylbutyrat]* (*Protoveratrin A*), 2 (γ/kg; Hund in Na-Pentobarbitalnarkose, i. v.), —49% (Blutdruckabnahme); *3-[(d)-threo-2.3-Dihydroxy-2-methylbutyrat]-6.7-diacetat-15-[(l)-2-methylbutyrat]* (*Protoveratrin B*), 2, —46%; *3-[(d)-2-Hydroxy-2-methylbutyrat]-6-acetat-15-[(l)-2-methylbutyrat]*; 32, —53%; *3-[(d)-2-Hydroxy-2-methylbutyrat]-6.7-diacetat-15-[(l)-2-methylbutyrat]-16-acetat*, 128, —14%; *3-[(d)-2-Hydroxy-2-methylbutyrat]-6.7-diacetat-15-[(l)-2-methylbutyrat]-16-isobutyrat*, 128, —36%; *3-[(d)-2-Hydroxy-2-methylbutyrat]-4.16-diisobutyrat-6.7-diacetat-15-[(l)-2-methylbutyrat]*, 128, —16%; *3-[(d)-1-Hydroxy-2-methylbutyrat]-6-acetat-15-[(l)-2-methylbutyrat]-16-isobutyrat*, 128, —12%; *3-[(d)-2-Hydroxy-2-methylbutyrat]-4-isobutyrat-15-[(l)-2-methylbutyrat]*, 16, —33%; *3-[(d)-2-Hydroxy-2-methylbutyrat]-15-[(l)-2-methylbutyrat]*, 4, —57%; *6.7-Diacetat-15-[(l)-2-methylbutyrat]* (**II**), 128, —43%; *3.4.6.7.15-Pentaacetat*, 128, —17%; *3.6.7.15.16-Pentaacetat*, 128, —15%; *3.4.6.7.15.16-Hexaacetat*, 128, —13%; *3.7.15.16-Tetraacetat-6-tosylat*, 128, —24%; *3.16-Diacetat-6-tosylat-7.15-diisobutyrat*, 128, —16%; *15-[(l)-2-Methylbutyrat]*, 128, —12%; *3.6.16-Triacetat-15-[(l)-2-methylbutyrat]*, 128, —11%; *3.6.7.16-Tetraacetat-15-[(l)-2-methylbutyrat]*, 128, —8%; *16-Dehydroprotoverin-3-[(d)-2-hydroxy-2-methylbutyrat]-6.7-diacetat-15-[(l)-2-methylbutyrat]*, 128, —3%; *-3-[(d)-threo-2-hydroxy-2-methyl-3-tosyloxybutyrat]-6.7-diacetat-15-[(l)-2-methylbutyrat]*, 128, —10%; *-3.4.6.7.15-pentaacetat*, 128, —8%; *7-Dehydroprotoverin-3.6.16-triacetat*, 128, —15%; *-3.6.15.16-tetraacetat*, 128, —10%; *-14.15-acetonid*; *-3.6.16-triacetat*, 512, —3%; *-14.15-acetonid-3.16-diacetat-7-tosylat*, 128, —12%; **I**-*14.15-Acetonid-3.6-diacetat*, 512, —6%; *14.15-Acetonid-3.6.16-triacetat*, 128, —20%; *14.15-Acetonid-6-isobutyrat*, 128, —3%; *14.15-Acetonid-3.6-diisobutyrat*, 128, —15%; *14.15-Acetonid-3.16-diacetat-6-isobutyrat*, 128, —16%; *14.15-Acetonid-6-tosylat*, 128, —12%; *14.15-Acetonid-3.16-diacetat-6-tosylat*, 128, —16%; *14.15-Acetonid-6-tiglat*, 128, —6%; *Isoprotoverin-diacetonid*, 128, —8%; do., *Diacetat*, 128, —19%; *Aldehydo-γ-lacton* aus **II**, 128, —5%.

Versuche: *Protoverin-3.16-diacetat-6-tosylat-7.15-diisobutyrat*, $C_{46}H_{65}NO_{15}S$, F. 219—221° (Zers.), aus 90 mg I-14.15-Acetonid-3.16-diacetat-6-tosylat mit verd. HCl (über Nacht), Chlf.-Extraktion der alkalisierten Lsg., Rk. des Chlf.-Rückstandes mit Isobutyrylchlorid in Pyridin (4½ Std., Dampfbad) u. Chromatographie des Chlf.-Extraktes an Al_2O_3 (Ae., Ae.–Chlf., Chlf.); Nadeln (Aceton–PAe.); $[\alpha]_D^{26}$ —60° (c = 1,0, Pyridin); 80 mg. — *14.15-Acetonid-6-tiglat*, $C_{35}H_{53}NO_{10} \cdot {}^1/_2 H_2O$, F. 180—190°, aus 3 g I-14.15-Acetonid in Pyridin Tigloylchlorid bei 0° u. 3 Std. bei 80°; rechteckige Prismen (Aceton–PAe.); $[\alpha]_D^{26}$ +7° (c = 1,0, Pyridin); 160 mg. K. Maier. 4630◇

1496 **Einfluß der langen Anwendung von Herzglykosiden auf die höhere Nerventätigkeit.** D. I. Ssapegin. (Pharmakol. u. Toxikol. [UdSSR] **26**, 7—10, 1963; Simferopol, Med. Inst., Lehrstuhl für Pharmakol.; russ., Auszug: engl.) — In Verss. an weißen Ratten zeigt sich, daß die beruhigende Wrkg. geringer Dosen von *Adonisid*, *Strophanthin K* oder *Convallatoxin* nicht auf der Hemmung des Zentralnerven-Syst. beruht, sondern auf der Verstärkung der akt. Hemmung in der Hirnrinde. Die Stärke der Wrkg. nimmt in der genannten Reihenfolge ab. O. Lebtag. 4630△

1497 **Zur Frage einer antogonistischen Wirkung von Herzglykosiden und Nebennierensteroiden am Kationentransport der Erythrocytenmembran.** H. W. Iff, R. Schindler und W. Wilbrandt. (Experientia [Basel] **18**, 314—15, 1962; Bern, Univ., Pharmakol. Inst.; dt.) — Die von Sulser u. Wilbrandt [1957] sowie von Bernstein [1960] mitgeteilten Beobachtungen über antagonist. Wrkg. von Herzglykosiden u. Nebennierenrindensteroiden auf den Ionentransport in Erythrocyten konnten unter verschiedenen experimentellen Bedingungen nicht wiederholt werden (10^{-7} bis 10^{-5} g *K-Strophanthosid*/ml + 10^{-4} g *9α-Fluorhydrocortison*/ml; $5 \cdot 10^{-7}$ bis $5 \cdot 10^{-8}$ g *Ouabain*/ml + 10^{-5} g *Aldosteron*/ml, + 10^{-3} g *Cortison*/ml, oder + 10^{-4} g *Hydrocortison-*, *Prednisolon-* u. *Dexamethason-Na-Phosphat*). U. Tausendfreund. 4630◇

1498 **Diuretische Eigenschaften einiger isosterer Quecksilberverbindungen.** William R. Jones, Donald B. Meyers, John W. Martin und Lawrence C. Weaver. (Arch. int. Pharmacodynam. Thérap. **138**, 175, 1962; Indianapolis, Ind., Butler-Univ., Coll. of Pharm.; New Augusta, Ind., Pitman-Moore Co.; engl.) — Die diuret. Wrkg. folgender Substanzen (2,5 mg *Hg*/kg, i. v.; 5 mg Hg/kg, i. v.; 10 mg Hg/kg, oral, Hunde) werden untersucht: *Anhydro-[bernsteinsäuremono-3-hydroxymercuri-2-methoxypropylester]* (**I**), *Anhydro-[phthalsäuremono-3-hydroxymercuri-2-methoxypropylester]* (**II**), *Anhydro-[bernsteinsäuremono-3-hydroxymercurimethoxypropylamid]* (**III**), *Anhydro-[phthalsäuremono-3-hydroxymercuri-2-methoxypropylamid]* (**IV**). Als Vgl. wurden *Thiomerin* (**V**) u. *Neohydrin* (*3-Chlormercuri-2-methoxypropylharnstoff*) verwendet. I. v. ist die Aktivität der Verbb. **I—IV** gleich groß wie die von **V**. Bei oraler Verabreichung ist **II** natriuret. unwirksam. P. Gregorzewski. 4634◇

1499 **Diuretische Wirkung von Novurit.** M. I. Weksler, M. A. Kssenofontowa und Ss. L. Leiman. (Sowjet-Med. **24**, Nr. 10, 82—84, 1960; Moskau, Verein. städt. Krankenhaus Nr. 12; russ.) — *Novurit* (**I**) kann i.m., i.v. u. in Form von Suppositorien verabreicht werden. Es handelt sich um eine 10%ig. Lsg. des Na-Salzes von *2-Methoxy-3-mercuripropylamid* der *2.3.3-Trimethylcyclopentandicarbonsäure*. **I** enthält außerdem 0,25 g/ml *Theophyllin*. Behandelt wurden 30 Kranke mit Herzkreislaufinsuffizienz 2. bis 3. Grades. **I** zeigte eine ausgeprägte diuret. Wirkung. Es war sehr wirksam bei der Behandlung von Ödemen. In Form von Suppositorien war seine Wrkg. beinahe der bei der i.m. Einführung gleich. F. du Mans. 4634◇

1500 **Synthesen und pharmakologische Wirkungen von Amid-, Sulfamid- und Harnstoffderivaten des 4.6-Diaminopyrimidins.** John J. Traverso, E. Brown Robbins und Calvert W. Whitehead. (J. med. pharmac. Chem. **5**, 808—15, 1962; Indianapolis, Ind., Lilly Res. Labor.; engl.) — Eine Reihe 6-Alkyl-bzw.-Arylamino-4-aminopyrimidine werden mit Säureanhydriden bzw. -chloriden sowie mit Isocyanaten in die entsprechenden Amide u. Harnstoffe übergeführt. Das 1. Mol Reagens wird stets von der prim. NH_2-Gruppe gebunden, erst ein 2. reagiert mit der sek. NH_2-Gruppe. *N-[4-Aminopyrimidyl-(6)]-acetamid* (**I**) ist am wirksamsten in der Diurese. Sonst sind die Amide weniger wirksam als die zugrunde liegenden Amine. Auf Blutdruck, Atmung u. EKG hat **I** keinen deutlichen Einfluß.

Versuche: 6-Acetylaminopyrimidine: Molare Mengen Aminopyrimidin u. Essigsäureanhydrid (**V**) bzw. -chlorid werden in Dioxan gelöst u. 4—5 Std. gekocht. Diamide werden mit 2 Mol Säure-Deriv. erhalten. Umkristallisiert wird aus Alkohol. — *4-Chlor-* (**II**), $C_6H_6ClN_3O$, F. 156°; 75% (Ausbeute). — *4-Hydroxy-*, $C_6H_7N_3O_2$, F. 281° (Zers.); 56%. — *4-Amino-* (**I**), $C_6H_8N_4O$, F. 325° (Zers.); 87%. — *4-Acetamido-*, $C_8H_{10} \cdot N_4O_2$, F. 276°, a) wie vorst., b) durch Kochen von **III** oder **IV** mit **V**; 78%. — *4-Piperidino-*, $C_{11}H_{16}N_4O$, F. 203°; 54%. — *4-Isoamylamino-*, $C_{11}H_{18}N_4O$, F. 169°; 45%. — *4-Phenylamino-*, $C_{12}H_{12}N_4O$, F. 231°; 35%. — *4-Benzylmercapto-*, $C_{13}H_{13}N_3OS$, F. 115°; 80%. — *4-Isoamylacetylamino-*, $C_{13}H_{20} \cdot N_4O_2$, F. 81°; 68%. — *4-p-Chlorphenylacetylamino-*, $C_{14}H_{13} \cdot ClN_4O_2$, F. 164°; 55%. — *4-Benzylamino-*, $C_{13}H_{14}N_4O$, F. 181° (Essigester), durch 8std. Kochen von **II** mit Benzylamin in Dioxan; 41%. — 4-Aminopyrimidine: *6-Propionylamino-*, $C_7H_{10}N_4O$, F. 231°; 60%. — *6-Succinoylamino-* (**VII**), $C_8H_{10}N_4O_3$, F. 260°; 62%. — *6-Butyrylamino-*, $C_8H_{12}N_4O$, F. 147°; 33%. — *6-Benzoylamino-*, $C_{11}H_{10}N_4O$, F. 217°; 20%. — *6-Phthaloylamino-*, $C_{12}H_{10}N_4O_3$, F. 250° (Zers.); 41%. — *6-Phenylacetylamino-*, $C_{12}H_{12}N_4O$, F. 194°; 20%. — *6-Phenoxyacetylamino-*, $C_{12}H_{12}N_4O_2$, F. 204°; 64%. — *6-Cinnamoylamino-*, $C_{13}H_{12}N_4O$, F. 255°; 25%. — *6-Morpholinoacetylamino-*, $C_{10}H_{15}N_5O_2$, F. 201°; 63%. — *6-Piperidinoacetylamino-*, $C_{11}H_{17}N_5O$, F. 183°; 75%. — *6-Diäthylaminoacetylamino-*, $C_{10}H_{17}N_5O$, F. 112°; 80%. — *6-Dibutylaminoacetylamino-*, $C_{14}H_{25}N_5O$, F. 140°; 90%. — *5-Brom-6-amino-*, $C_4H_5BrN_4$, F. 209°, durch Bromierung von 4.6-Diaminopyrimidin (**VI**) in Eisessig; 48%. — *5-Brom-6-isopropylamino-*,

$C_7H_{11}BrN_4$, F. 138°; 74%. — *5-Brom-6-benzylamino-*, $C_{11}H_{11}$·BrN_4, F. 145°; 64%. — *5-Brom-6-acetamido-*, $C_6H_7BrN_4O$, F. 181°; 50%. — *6-Formylamino-* (III), $C_5H_6N_4O$, F. 276° (Zers.), durch 3std. Erhitzen von **VI** mit Formamid auf 170°; 50%. — *6-Phenylsulfonylamino-*, $C_{10}H_{10}N_4O_2S$, F. unter Zers.; 68%. — *6-Methylsulfonylamino-*, $C_5H_8N_4O_2S$, F. 305°. (Zers.); 11%. — *6-Äthylureido-*, $C_7H_{11}N_5O$, durch 4—5std. Kochen von **VI** u. Äthylisocyanat in Dioxan; 15%. — *6-Allylthioureido-*, $C_8H_{11}N_5S$, F. 211°; 20%. — *6-Butylthioureido-*, $C_9H_{15}N_5S$, F. 231°; 20%. — *6-Phenylureido-* (IV), $C_{11}H_{11}$·N_5O; 65%. — *6-Phenylthioureido-*, $C_{11}H_{11}N_5S$, F. 216°; 33%. — *p-Methoxyphenylureido-*, $C_{12}H_{13}N_5O_2$; 40%. — *6-Chloracetamido-*, $C_6H_7ClN_4O$, F. 175° (Zers.; A.), aus **VI** u. Chloracetylchlorid; 90%. — *6-Succinimido-*, $C_8H_8N_4O_2$, F. 235° (A.), durch 8std. Kochen von **VII** in **V**; 60%. — *6-Benzylmercapto-*, $C_{11}H_{11}N_3S$, F. 133—134° (verd. A.), durch Zugabe von 6-Chlor-4-aminopyrimidin zu Na in Xylol, Zugabe von Benzylmercaptan u. Kochen über Nacht; 60%. — Pyrimidine: *6-Phenylsulfonylamino-4-acetamido-*, $C_{12}H_{12}$·N_4O_3S, F. 311° (Zers.); 95%. — *4.6-Bis-[phenoxyacetylamino]-*, $C_{20}H_{18}N_4O_4$, F. 197°; 30%. — *4.6-Bis-[benzylacetylamino]-*, $C_{22}H_{22}N_4O_2$, F. 98°; 53%. W. Holland. 4634◇

1501 **Choleretische Wirkung der Pyridylalkylcarbinole.** N. P. Buu-Hoi, F. Delbarke, P. Jacquignon, A. Rose, J. F. Sabathier und M. P. Sinh. (Med. exp. [Basel] **7**, 166—70, 1962; Paris, Hôp. Cochin, Centre de Rech. sur les Mal. ostéoart. (I.N.H.); Gif-sur-Yvette, Seine-et-Oise, Inst. de Chim. Nat.; franz.) — Einige Pyridylalkylcarbinole [*Pyridyl-(2)-propanol-(1)*; *Pyridyl-(2)-butanol* [I]; *Pyridyl-(3)-propanol-(1)*; *Pyridyl-(3)-butanol-(1)* [II]; *Pyridyl-(3)-hexanol-(1)*; *Pyridyl-(4)-butanol(1)*] zeigten bei der Ratte choleret. Wirkung. Diese trat bei **I** am raschesten ein. Am interessantesten von der Reihe ist jedoch **II**, weil es eine sehr lange Dauerwrkg. besitzt. K. Zingraf. 4640◇

1502 **Experimentelle Untersuchungen über einige injizierbare Zubereitungen von Cynarin (1.4-Dicaffeylchinasäure).** E. Marmo und E. Miele. (Farmaco [Pavia], Ediz. Sci. **17**, 28—43, 1962; Napoli, Univ., Ist. di Farmacol.; ital.) — *1.4-Dicaffeylchinasäure* (*Cynarin*), die in W. prakt. unlösl. ist, konnte durch Zusatz von Glykokoll lösl. gemacht werden. Sie ist in dieser Form gut verträglich, besitzt eine deutliche choleret. Wrkg. u. kann beim Menschen i.v. u. intraduodenal verabreicht werden. K. Zingraf. 4640◇

1503 **Distickstoffoxid und Sauerstoff bei Anfällen von Bronchialasthma.** K. I. Smolinski. (Sowjet-Med. **24**, Nr. 10, 114—17, 1960; Leningrad, Stat. für erste Hilfe; russ., Auszug: engl.) — In 119 Fällen konnte durch Einatmen von *N_2O* mit O_2 eine vollständige Kupierung des asthmat. Anfalls erreicht werden. 36 von diesen Kranken erhielten das Gemisch, nachdem alle anderen Mittel, einschließlich *Adrenalin*, versagt haben. Bei 12 Kranken dauerte die Wrkg. nur 5—15 Min. bei 6, bei denen Bronchialasthma mit schweren organ. Veränderungen der Lungen u. des Kreislaufs kombiniert war, blieb die Behandlung ohne Wirkung. Bei einer O_2-Konz. $\geqq$ 20% traten keinerlei Komplikationen auf. F. du Mans. 4650◇

1504 **Einige Ergebnisse der klinischen Anwendung von Nystatin.** N. Ss. Petrow. (Sowjet-Med. **24**, Nr. 10, 89 bis 93, Okt. 1960; Kriegsmed. Leninorden-Kirow-Akad.; russ., Auszug: engl.) — *Nystatin* (I) entspricht dem Mykostatin bzw. Fungicidin u. wird gegen Infektionen mit Candidapilzen verwendet. I wurde in 27 Fällen versucht, bei denen die Pilzinfektion sich sek. als Folge einer antibiot. Therapie entwickelt hat. Die besten Ergebnisse erhielt man bei Schleimhautinfektionen der Mundhöhle u. bei Candidomykose des Darms. Weniger wirksam war **I** bei Erkrankungen der Atemwege der Lungen. Hier erwies sich eine Kombination der Aerosol-Inhalation mit Verabreichung per os am wirksamsten. **I** wirkt auf den Spiegel des Prothrombins u. der Ascorbinsäure im Blut. Außerdem übt **I** eine hemmende Wrkg. auf die Funktion der Nebennierenrinde aus. F. du Mans. 4661◇

1505 **Akute Vanadiumpentoxid-Intoxikation.** Carl Zenz, Jay P. Bartlett und Walter H. Thiede. (Arch. environmental Health **5**, 542—46, 1962; West Allis, Wis., Allis-Chalmers Manufacturing Comp.; Marquette Univ.; engl.) — Es wird über akute Intoxikation bei 18 Arbeitern in einer *V_2O_5*-Tablettieranlage infolge Inhalation von V_2O_5-Staub berichtet. P. Gregorzewski. 4675◇

1506 **Therapeutische Wirkungen der kombinierten Behandlung mit Adrenocorticotropem Hormon, Chlorpromazin und Atoprin bei der Vergiftung durch Phosphorsäureester beim Menschen.** G. Frada und G. Gucciardi. (Med. del Lavoro **50**, 645—58, Nov. 1959; Palermo, Univ. di Palermo, Ist. di Med. del Lavoro; ital.) — Ausgehend von den günstigen Ergebnissen bei der Behandlung der *Phosphorsäureester*-Vergiftung mit *Chlorpromazin* (**I**; Unterdrückung des akuten Lungenödems u. der nicotinartigen Wrkg.) u. der Kombination von **I**, *adrenocorticotropem Hormon* (ACTH) u. *Atropin* (**II**; Beseitigung der muscarinartigen u. nicotinartigen Erscheinungen, Verlängerung der Überlebensdauer) bei Tieren, wurde auch bei schweren menschlichen Vergiftungen mit Phosphorsäureestern diese kombinierte Therapie (25—30 mg **I** i.m., 50 I.E. ACTH i.m. u. **II**) erfolgreich eingesetzt. U. Tausendfreund. 4675□

1507 **Über die prophylaktische Diäternährung in Fluorbetrieben.** R. D. Gabowitsch und P. N. Maisstruk. (Fragen d. Ernähr. [UdSSR] **22**, Nr. 1, 32—38, 1963; Kiew, Med. Inst., Lehrstuhl für Kommunalhygiene; Vinnize, Sanitär-epidemiolog. Station; russ., Auszug: engl.) — Verss. an Meerschweinchen zeigen, daß eine tägliche Einführung per os von *NaF* (0,3 mg/kg) während 2 Monaten die Erhöhung des F-Geh. in weichen u. festen Geweben, die Erniedrigung des Asche-Geh. in Knochen u. Zähnen u. Störungen des Kohlenhydrat- u. Fettumsatzes zur Folge hat. Durch gleichzeitige Einführung von 5 mg/Tag Vitamin C (I) wird die Intensität der vorst. patholog. Erscheinungen herabgesetzt. Der tägliche Bedarf an dem als Prophylakticum gegen chron. F-Vergiftungen (beruflich mit F-Verbb. umgehende Arbeiter) erforderlichen **I** beträgt $\geqq$ 100—120 mg. S. Baryschnikow. 4681△

1508 **Über die petrographische Untersuchung der Mineralteilchen in tierischen Geweben und Harn bei Zufuhr von quarzhaltigem Staub.** P. I. Tjutin und Je. P. Koshewnikowa. (Arch. Pathol. [UdSSR] **23**, Nr. 4, 54—61, 1961; Swerdlowsk, Med. Inst., Lehrstuhl für Pathophysiol.; Beresow, Akad. der Med. Wiss. der UdSSR, Inst. für Arbeitshyg. u. Prophylaxe, Vers.-Stat. der Gegenmaßnahmen gegen die Silikose; russ., Auszug: engl.) — Petrograph. Unters. bei Ratten nach intratrachealer Zufuhr von *Quarz* (I)-Staub (95—97% **I**, 3—5% glimmerähnliche Minerale; **II**), der nach Eintritt in den Organismus durch Korrosion in die amorphe Varietät von SiO_2 (*Opal*) (**III**) zerfiel, zeigten in der Asche der Lunge vorwiegend Mineralteilchen mittlerer Größe. Die kleinsten Teilchen wurden gelöst aus der Lunge ausgeschieden u. die großen in mittlere umgewandelt. Im Urin wurden neben organ. u. gelösten anorgan. Stoffen **I, II** u. **III** nachgewiesen. Der Grad der Korrosion hing von der Zus. des **I**-Staubes u. dem Zeitpunkt des Eintritts in den Organismus ab. Bei Ggw. einer großen Menge *Feldspat* u. anderen *Alumosilicaten* überzogen sich die **I**-Teilchen mit einem Häutchen, das sie vor der Korrosion bewahrte. I. v. Kloch-Kornitz. 4681◇

1509 **Berufliche Berührung mit organischen Bleiverbindungen. Relative Gefahren durch Tetramethyl- und Tetraäthylblei in der Luft.** Robert T. P. de Treville, Harry W. Wheeler und Theodor Sterling. (Arch. environmental Health **5**, 532—36, 1962; Univ. of Cincinnati, Coll. of Med.; engl.) — Beim beruflichen Umgang mit *Tetramethylblei* (I) ist die Gefährdung nicht größer als bei *Tetraäthylblei* (II). Es scheint, daß die Pb-Resorption infolge der höheren Flüchtigkeit von **I** sogar geringer ist, als unter gleichen Bedingungen bei der Exposition gegenüber **II**. P. Gregorzewski. 4681◇

1510 **Resorption und Exkretion von Quecksilber beim Menschen.** 1. Mitt. **Beziehungen zwischen dem Quecksilber im Blut und im Urin.** Leonard J. Goldwater, Morris B. Jacobs und Arthur C. Ladd. (Arch. environment. Health **5**, 537—41, 1962; Columbia, Univ., School of Public Health and Admin. Med., Div. of Occupational Med.; engl.) — In verschiedenen Fabriken werden Angestelltengruppen untersucht. Bei *Hg*-Geh. von 0,02—2,4 mg/m³ Luft schwanken die Geh. im Blut von 0—49,6 μg/100 ml u. im Urin 19,5—2325 μg/Liter. Eine einfache Korrelation besteht nicht. P. Gregorzewski. 4681◇

F. Pharmazeutische Chemie, Desinfektion

1511 **Prüfungsmethoden für Behälter aus plastischem Material zur pharmazeutischen Verwendung.** J. Braun. (Farmaco [Pavia], Ediz. prat. **18**, 285—306, 1963; Brüssel, Serv. de contrôle des médicaments; franz.) — Übersicht über chem., physikal. u. biolog. Charakterisierung plast. Materialien für die pharmazeut. Konditionierung. — 70 Literaturangaben. U. Drehmann. 4758◇

1512 **Pharmakognostische Untersuchung von Zanthoxylum alatum Roxb.** S. M. J. S. Quadry und Hakim Abdul Hamid. (Planta med. [Stuttgart] **10**, 275—82, 1962; Delhi, India, Inst. of History of Med. and Med. Res., Labor. Pharmacogn. u. Hamdard (Waqf) Labor., Hamdard Buildings; engl.) — Histolog. u. anatom. Charakterisierung der im subtrop. Himalaya beheimateten Arzneipflanze. — 24 Literaturangaben. U. Drehmann. 4782◇

1513 **Zur Kenntnis von Rhynchosia pyramidalis (PEGA PALO).** Vorl. Mitt. S. Ristić und A. Thomas. (Arch. Pharmaz. Ber. dtsch. pharmaz. Ges. **295/67**, 510, 1962; Bensberg, Bez. Köln, Soc. Internat. Med. Internae et Urolog., Forschungslab.; dt.) — Aus dem Pflanzenextrakt von *Rhynchosia pyramidalis* wurde mit Ae. ein Alkaloid isoliert, das ein Pikrat vom F. 132° ergab. H. Althoff. 4782△

1514 **Flavon-Heteroside von Rhamnus alaternus L.** G. Faugeras und R. Paris. (Ann. pharmac. franç. **20**, 217—23, 1962; Paris, Fac. Pharm., Labor. Matière méd.; franz.) — In Blättern, Rinde u. Früchten von *Rhamnus alaternus* L. konnten Vff. papierchromatograph. (R_F 0,10 u. 0,21) u. elektrophoret. (Wanderung 54 u. 42 mm) 2 Flavon-Heteroside nachweisen, von denen das eine (A) in viel größerer Menge vorhanden ist als das andere (B). A konnte krist. erhalten werden u. ergab bei saurer Hydrolyse 2 Moll. Rhamnose, 1 Mol. Galaktose u. das Genin 7-Methylkämpferol. B wurde durch Hydrolyse mit H_2SO_4 in 1 Mol. Rhamnose, 1 Mol Galaktose u. ein dem Kämpferol ähnliches Genin übergeführt. U. Drehmann. 4782◇

1515 **Chromatographische Untersuchung der organischen Säuren in den Extrakten einiger Crassulaceen-Arten.** 1. Mitt. P. A. Gnedkow. (Pharmaz. J. [Kiew] **18**, Nr. 1, 27—31, 1963; Saporoshje, Pharm. Inst.; ukrain., Auszug: engl.) — Papierchromatograph. werden die Di- u. Tricarbonsäuren in den wss. Extrakten von *Sedum maximum (L) Suter, Sedum reflexum* L. u. *Sempervivum ruthenicum (Koch) Schnittsp. et Lehm.* unter Anwendung von n-Butylalkohol-Ameisensäure-W. (18 : 2 : 9) als Lsgm. u. 0,04%ig. Bromphenolblau-Lsg. in A. als Entwickler untersucht. Danach enthalten die Extrakte der genannten Frischpflanzen *Oxal-, Citronen-* u. *Äpfelsäure.* In den Extrakten aus 15 Tage bei + 5° in der Dunkelheit gelagerten Pflanzen kommen außerdem *Bernstein-* u. *Fumarsäure* vor. Der Zeitpunkt der Ernte ist ohne Einfl. auf die qual. Zus. der organ. Säuren. O. Lebtag. 4782△

1516 **Synthese der hochaktiven Präparate von Salicylanilid und seinen Halogenabkömmlingen.** G. W. Kulik und I. O. Wassilewska. (Pharmaz. J. [Kiew] **18**, Nr. 1, 10—13, 1963; Kiew, Schewtschenko-Univ., Labor. für Antibiotica; ukrain., Auszug: russ.) — Kurze Übersicht an Hand der Literatur. — 53 Literaturangaben. O. Lebtag. 4806△

1517 **Einfluß der Veresterung mit Palmitin- und Essigsäure auf die Stabilität von Vitamin A in wässerigen Mikrodispersionen.** R. Ponci und F. Gialdi. (Farmaco [Pavia], Ediz. sci. **10**, 766—71, 1955; Pavia, Univ., Ist. di Chim. e Farmac.; ital.) — *Vitamin A* wird mit Palmitin- u. mit Essigsäure verestert. Der Palmitinsäureester ist stabiler als der Essigsäureester in wss. Mikrodispersionen u. kann in der Hitze sterilisiert werden. Dieses unterschiedliche Verh. der beiden Ester wird auf die unterschiedliche Kettenlänge der veresterten Säuren zurückgeführt. P. Golinske. 4808△

1518 **Anwendung der chromatographischen Lumineszenz-Analyse zum Nachweis einiger Aufgüsse in Arzneigemischen.** G. A. Waissman und M. A. Tschaikowska. (Pharmaz. J. [Kiew] **18**, Nr. 1, 23—27, 1963; Kiew, Inst. für Ärztefortbildung, Lehrstuhl Technol. der Arzneiformen u. galen. Präpp.; ukrain., Auszug: russ.) — Für den Nachweis von Aufgüssen u. deren Gemischen mit Extrakten u. chem. pharmazeut. Präpp. nach der chromatograph. Luminescenz-Meth. wird eine mit Al_2O_3 gefüllte Säule u. ein Fluorescenz-App. benutzt. Die Best. dauert 4—5 Minuten. O. Lebtag. 4880△

1519 **Anwendung der refraktometrischen Methode bei der Analyse von pulverförmigen Arzneigemischen.** L. I. Rapaport und G. K. Ssoljanik. (Pharmaz. J. [Kiew] **18**, Nr. 1, 31—37, 1963; Apotheken-Hauptverwaltung des Gesundheitsmin. der UkrainSSR; ukrain., Auszug: russ.) — Die refraktometr. Schnellbest. der Bestandteile in den Gemischen von *Anästhesin, Barbamyl, Bromcampher, Bromisoval, Campher, Antipyrin, Amidopyrin, Acetylsalicylsäure, Barbital, Codein, Salol, Terpinhydrat, Hexamethylentetramin* u. *Phenolbarbital* erfolgt in der Weise, daß 0,1 g Gemisch in 1 ml 95%ig. A. gelöst u. auf den n_D-Wert untersucht wird. Gleichzeitig wird der n_D-Wert des Lsgm. bei der gleichen Temp. bestimmt. In der 2. Einwaage von 0,1 g wird ein Bestandteil chem. bestimmt. O. Lebtag. 4880△

1520 **Bestimmung von Isoniazid in Arzneimitteln durch Chelatometrie.** Masayoshi Tatsuzawa. (Japan Analyst **11**, 1055—59, 1962; Nat. Inst. of Hygien. Sci.; jap., Auszug: engl.) — Zur Best. von Isoniazid in Arzneimitteln versetzt man die Probe mit NH_4CNS- u. Cu-Ammin-Lsg., verd. mit W., zentrifugiert, versetzt eine aliquote Menge der überstehenden Lsg. mit NH_4Cl, W. u. MX u. titriert mit EDTA auf violett. Sulfonilamide, Lactose, Dextrose, Thioacetazon u. p-Aminosalicylate stören nicht. W. Wesly. 4880◇

1521 **Bestimmung von Atophan mit Perchlorsäure. Trennung von Atophan, Acetylsalicylsäure und Magnesiumoxid.** Ida Kanizsai-Nagy und László Vida. (Acta pharmac. hung. **33**, 51—56, 1963; Budapest, Landesinst. Hyg.; ung.) — *Atophan* (I) kann in Eisessig gelöst,, unter Verw. des Mischindicators Gentianaviolett-Dimethylgelb (8 : 20) mit Perchlorsäure bestimmt werden. **I**, *Acetylsalicylsäure* (**II**) u. *MgO* können aus einem Pulvergemisch durch sog. umgekehrtes Ausschütteln nach Vida voneinander getrennt u. **I** wie oben, **II** nach Koppeschar bestimmt werden. Nach entsprechender Vorbereitung wird MgO direkt mit EDTA titriert. G. Ligeti. 4880△

1522 **Trennung und Identifizierung von Barbituraten und einigen verwandten Verbindungen mit Hilfe der Gas-Flüssigkeit-Chromatographie.** E. Brochmann-Hanssen und A. Baerheim Svendsen. (J. Pharmac. Sci. **51**, 318—21, 1962; San Francisco, Calif., Univ., School of Pharm., Med. Center; engl.) — 21 *Barbiturate* (**I**) sowie die beiden verwandten Verbb. *Glutetimid* u. *Allylisopropylacetylharnstoff* ließen sich unter folgenden Bedingungen an 2 Säulen gaschromatograph. trennen: Das Trägermaterial bestand aus Chromosorb W (60—80 mesh), auf das die stationären Phasen Apiezon L bzw. verschiedene Siliconpolymere in Toluol- oder Aceton(**II**)-Lsgg. aufgebracht worden waren. Die Proben wurden als **II**-Lsgg. auf die Säulen gegeben, evtl. vorhandene Na-Salze mit Dichloressigsäure in die freien Säuren umgewandelt. Die Arbeits-Temp. lagen bei 200° bzw. 140°. Die ausgezeichneten Trenneffekte sind in 5 Diagrammen dargestellt. Eine Tabelle vermittelt ferner für alle 23 untersuchten Verbb. die relativen Retentionszeiten an 6 stationären Phasen verschiedener Polarität. — 37 Literaturangaben. Winfried Krüger. 4880◇

1523 **Neue qualitative Farbreaktion auf Hexenal.** W. I. Lobanow. (Pharmaz. J. [Kiew] **18**, Nr. 1, 49—51, 1963; ukrain., Auszug: russ.) — Die vorgeschlagene qual. Rk. auf *Hexanal* (**I**) beruht auf der Rot- u. Violettfärbung der Lsg. bei der **I**-Oxydation durch H_2SO_4 u. der Auflösung der Oxydations-Prodd. im organ. Lsgm., als welches A. am geeignetsten ist. Mit Hilfe dieser Rk. lassen sich 0,5 mg **I** nachweisen. Etwa 0,01 g Barbiturat werden mit H_2SO_4 (1,84) versetzt; nach 1—1½ Min. setzt man 1 ml 94—96%ig. A. zu. Die übrigen Abkömmlinge der Barbitursäure geben diese Rk. nicht. O. Lebtag. 4880△

1524 **Qualitative und quantitative Tests für Mepivacainhydrochlorid.** M. E. Auerbach, J. J. Hefferren, H. M. Koehler und E. L. Pratt. (J. pharmac. Sci. **51**, 491—93, 1962; Chicago, Ill., Am. Dental Assoc., Div. of Chem. u. Rensselaer, N.Y., Sterling-Winthrop-Res. Inst.; engl.) — *Mepivacain* (**I**, *N-[2.6-dimethylphenyl]-1-methylpiperidin-2-carboxamid*), $C_{15}H_{22}N_2O \cdot HCl$, F. 255—262° (Zers.), freie Base, F. 149—153°, Pikrat F. 197—199°, findet in der Zahnmedizin als Lokalanästheticum Verwendung. Der Nachw. von **I** kann ferner durch das pH-unabhängige UV-Spektrum (λ_{max} 263 u. 271 nm, λ_{min} 254 u. 270 nm) u. das IR-Spektrum

(Abb.) erfolgen. Quant. wird I durch Titration mit 0,1n $HClO_4$ im wasserfreien Medium bestimmt (Standardabweichung 0,2%) Winfried Krüger. 4880◇

1525 **Polarographie von N^1-[6-Methoxypyridazinyl-(3)]-sulfanilamid und N^1-[5-Methyl-1.3.4-thiadiazolyl-(2)]-sulfanylamid.** Yuko Okazaki. (JapanAnalyst **11,** 1147–51, 1962; Kiuki, Univ., Pharmaceut. Fac.; jap., Auszug: engl.) — *N^1-[6-Methoxypyridazinyl-(3)]-sulfanilamid* (I) gibt auf Grund der Red. des Pyridazin-Kerns eine reduzierende Welle. *N^1-[5-Methyl-1.3.4-thiadiazolyl-(2)]-sulfanilamid* (II) liefert eine H-Welle infolge der Red. von H in N^1-Stellung. Die polarograph. Best. wird im Konz.-Bereich 0,1–1,0·10^{-3}m I in Puffer-Lsg. (pH 5) bzw. 0,2–1,0·10^{-3}m II in ungepufferter Lsg. mit $(CH_3)_4NBr$ als Trägerelektrolyt ausgeführt. W. Wesly. 4880◇

1526 **Quantitative Bestimmung des Aminazins im Präparat und Dragee und des Propazins im Dragee.** Z. I. Schach und F. Ju. Kagan. (Pharmaz. J. [UdSSR] **18,** Nr. 1, 13–17, 1963; Kiew, Inst. für Ärztefortbildung; ukrain., Auszug: russ.) — Auf Grund der Unterss. über die Rk. des *Aminazins* (I) mit J_2 u. der HCl-Lsg. von JCl werden eine jodometr. u. eine jodchlorometr. Meth. der I-Best. vorgeschlagen. Für die jodometr. Best. werden 0,05 g I in 15–20 ml W. gelöst, mit 25 ml 0,1n J_2-Lsg. versetzt, auf 100 ml aufgefüllt, nach 10 Min. filtriert u. in 50 ml Filtrat der J_2-Überschuß mit 0,1n $Na_2S_2O_3$-Lsg. (Stärke als Indicator) titriert. Für die jodchlorometr. I-Best. wird die I-Einwaage (0,05–0,1 g) in 50 ml W. von 40–50° gelöst, mit 20 ml 0,1n JCl-Lsg. versetzt, nach 10 Min. mit 5 ml Chlf. u. 10 ml 10%ig. Lsg. von KJ versetzt u. mit 0,1n $Na_2S_2O_3$-Lsg. titriert. Für die quant. Best. von I u. *Propazin* im Dragee werden 1–2 Dragees in 50 ml W. von 50° gelöst. Die weitere Behandlung erfolgt wie oben. O. Lebtag. 4880△

1527 **Die polarographische Methode zur Analyse von Pharmazeutica.** A. Francis Summa. (J. pharmac. Sci. **51,** 474–77, 1962; Washington, D.C., Dep. of Health Educ. and Welfare, Food and Drug Admin.; engl.) *Acetazolamid* (I), $C_4H_6N_4O_3S_2$, in 0,1n HCl, sowie *Chlorothiazid* (II), $C_7H_6ClN_3O_4S_2$ u. *Nitrofurantoin* (III), $C_8H_6N_4O_5$, in Dimethylformamid, 1n NH_4Cl oder 1n NH_4OH lassen sich mit großer Genauigkeit (99–100%) an der tropfenden Hg-Elektrode polarograph. bei 25 ± 0,5° bestimmen. Die Halbstufenpotentiale betragen für I −0,518, für II −1,528 u. für III −0,384 V. Der Diffusionsstrom ist im Bereich von 8,5·10^{-5} bis 4·10^{-4}m für I, von 1,2·10^{-4} bis 6·10^{-4}m für II u. von 8,5·10^{-5} bis 4,8·10^{-4}m für III der Konz. streng proportional. Winfried Krüger. 4880◇

1528 **Bestimmung von Phenothiazinderivaten und anderen Arzneimitteln mit wässeriger NaOH-Maßlösung in Dimethylformamid-Lösung.** F. Balásfalvy und Zoltán Tóth. (Acta pharmac. hung. **33,** 73–76, 1963; Budapest, Vereinigte Arznei- u. Nährmittelfabr.; ung.) — Es wurde festgestellt, daß die Meth. von Mutschler u. Rochelmayer [1960] mit Erfolg zur direkten schnellen Best. der Hydrochloride der instabilen Phenothiazin-Derivv. wie Hibernal, Pipolphen, Diparcol, Frenolondifumarat anwendbar ist u. auch bei Arzneimitteln anderer Struktur wie Amikon, Gracidin, Pazincitrat, Lidocain u. Melipramin gute Resultate ergibt. G. Ligeti. 4880△

1529 **Schnellverfahren zur reihenmäßigen Bestimmung des Alkaloidgehaltes von Drogen. Untersuchung von Radix Belladonnae.** Csaba Lőrincz und Kálmán Szász. (Acta pharmac. hung. **33,** 84–86, 1963; Budapest, Richter Akt.-Ges.; ung.) — Das zur Best. des Wirkstoff-Geh. von Drogen ausgearbeitete Mikroschnell-Verf. (C. **1962,** 9438) wurde zur Best. des Alkaloid-Geh. von *Radix Belladonnae* verwendet. G. Ligeti. 4880△

1530 **Untersuchungen über die halbkontinuierliche Flüssigkeitsextraktion von Alkaloiden und Flüssigkeits-Mikroextraktion von Alkaloiden und Barbituraten.** Wellon Collom und Paul L. Kirk. (Mikrochim. Acta [Wien] **1959,** 87–94; Berkeley, Calif., Univ., School of Criminol.; engl.) — Mit Hilfe eines Dreiphasen-Extraktions-Verf. nach Kirk u. Brown (C. **1959,** 10360) wurde die Extrahierbarkeit von Barbituraten, Alkaloiden u. einigen anderen bas. Verbb. in Chlf.–CCl_4-Gemischen untersucht. Als innere Phase diente 1n u. 0,1n HCl, die Probe wurde einer 0,5m Soda- oder Bicarbonat-Lsg. als äußerer Phase beigemischt. Von 9 untersuchten Barbituraten wurden 50–89%, von 28 der 37 bas. Verbb. (meist Alkaloiden) $>$ 50%, von einigen $<$ 10% wiedergewonnen. W. Betcke. 4880◇

1531 **Die Phenylstibinsäure und ihre Abkömmlinge in der mikrokristalloskopischen Analyse der Alkaloide und ihrer synthetischen Ersatzmittel.** Ss. G. Pligin. (Pharmaz. J. [Kiew] **18,** Nr. 1, 62–67, 1963; Saporoshje, Pharm. Inst., Lehrstuhl pharm. Chemie; ukrain., Auszug: russ.) — Auf Grund der Vers.-Ergebnisse über die mikrokristalloskop. Rkk. von *Salsolin* (I), *Dibazol* (II) u. *Pilocarpin* (III) mit der HCl-Lsg. von Phenylstibinoxid (IV) wird eine Mikrobest. des I in Arzneiformen u. galen. Präpp. vorgeschlagen, die neben I Theobrominnatrium, Na-Salicylat, Theobromin u. Phenobarbital enthalten, deren vorherige Entfernung nicht erforderlich ist. Die Ggw. von Salsolidin stört den Nachw. von I nicht. Es lassen sich 10 μg I in einem Tropfen von 0,02 ml nachweisen. Die eben nachweisbare Menge in diesem Tropfen beträgt für II 0,5 μg, für III 5 μg. O. Lebtag. 4880△

1532 **Beiträge zur Bestimmung von Alkaloiden und alkaloidähnlichen Verbindungen.** 7. Mitt. **Titration organischer Basen mit Silicowolframsäure.** Pál Majlát und István Bayer. (Acta pharmac. hung. **33,** 77–83, 1963; Budapest, Staatl. Inst. Pharmaz.; ung.) — 6. vgl. Acta pharmac. hung. **33,** [1963] 9. — Die von Graf u. Fiedler [1953] eingeführten direkten Fällungstitrationen mit Silicowolframsäure sind zur Best. von *Papaverin–HCl, Strychnin–HNO_3* u. *Chinin–HCl* gut geeignet. Auch Chlorpromazin, Cocain–HCl, Hexamethylentetramin, Äthylmorphin–HCl u. Chininsulfat können nach dieser Meth. titriert werden. G. Ligeti. 4880△

1533 **Anwendung der Papierchromatographie auf die Untersuchung von Opium und Opiumalkaloiden.** J. Büchi, R. Huber und H. Schumacher. (Bull. on Narcotics **12,** Nr. 2, 25–45, 1960; Zürich, Swiss Federal Inst. of Technol., Inst. of Pharm.; engl.) — Übersicht. — 67 Literaturangaben. W. Krüger. 4880◇

1534 **Die Anwendung der $\Delta\varepsilon$-Analyse auf Pharmazeutica** 2. Mitt. **Bestimmung von Morphin.** Joseph L. Casinelli und Joseph E. Sinsheimer. (J. Pharm. Sci. **51,** 336–38, 1962; Kingston, Univ. of Rhode Island, Coll. of Pharm. u. Ann Arbor, Univ. of Michigan; engl.) — 1. vgl. C. **1961,** 18041. — *Morphin* (I) zeigt die für Phenole typ. bathochrome Verschiebung des UV-Spektrums in alkal. Lsg. (pH 12) gegenüber einer sauren Lsg. (pH 3). Berechnet man daraus nach der l. c. beschriebenen Meth. das Differenzspektrum, so zeigt sich bei 298nm eine Bande, die sich in spezif. Weise für die quant. Best. von I in Pharmazeutica eignet. Vff. demonstrieren die Brauchbarkeit des Verf. zur Best. von I in Tabletten, Opiumtinktur u. campherhaltiger Opiumtinktur. I wird dabei über eine kleine Celite-Säule mit Bzl. u. Chlf.-A. (3 : 1) abgetrennt u. nach Einstellen des gewünschten pH mit 1n NaOH bzw. 0,1n H_2SO_4 in zwei aliquoten Teilen des Eluates die Extinktion bei 298 nm gemessen. Winfried Krüger. 4880◇

1535 **Beiträge zur Identitätsprüfung von Pulvergemischen** 1. Mitt. **Nachweis von Morphin, Äthylmorphin und Codein.** Antal Végh, Antal Brantner, György Szász, Zs. Budavári und K. Gracza. (Acta pharmac. hung. **33,** 57–66, 1963; Budapest, Med. Univ., Pharm. chem. Inst.; ung.) — Es wird eine Meth. zum Nachw. von Opiumalkaloiden in Pulvergemischen der Formulae Normales IV. gegeben. Als Gruppen-Rk. schlagen Vff. die Rk. von Marquis [1899] u. Husemann [1876] vor, doch wurde bei letzterer H_3PO_4 statt H_2SO_4 verwendet. Vor der Durchführung der selektiven Rk. wurde eine Auslösungstrennung vorgenommen. *Morphin* wird auf Grund der Phenolgruppe mit $FeCl_3$ (Robinet-Rk.) u. K-Cyanoferrat(III) (Kieffer-Rk.) identifiziert. *Äthylmorphin* u. *Codein* werden auf Grund des durch Spaltung der Alkoxygruppe mit HJ entstandenen Alkyljodids bzw. der Äthoxygruppe identifiziert. — 20 Literaturangaben. G. Ligeti. 4880△

1536 **Beiträge zur Identitätsprüfung von Pulvergemischen.** 2. Mitt. **Nachweis von Atropin.** Antal Végh, Zs. Budvári, György Sszász, Antal Brantner und K. Gracza. (Acta pharmac. hung. **33,** 67–72, 1963; ung.) — 1. vgl. vorst. Referat. — Zum Nachw. des *Atropins* (I) in Pulvergemischen wurden die in der Literatur angegebenen Identitäts-Rkk. krit. beurteilt, u. es konnte festgestellt werden, daß zum direkten Nachw. keine der Rkk. geeignet ist. Zur Identifizierung des durch Ausschütteln isolierten I wird die Vitali- bzw. Fe(III)-Hydroxamat-Rk. vorgeschlagen. In Gemischen, welche Papaverin u. Pyramidon enthalten, wird I mit Dünnschichtchromatographie isoliert u. identifiziert. G. Ligeti. 4880△

1537 **Eine colorimetrische Methode zur Bestimmung von Vinblastin, einem Alkaloid aus Vinca rosea.** 1. Mitt. Ivan M. Jakovljevic. (J. pharmac. Sci. **51**, 187—88, 1962; Indianapolis, Inc., Eli Lilly and Co., Analyt. Developm. Labor.; engl.) — *Vinblastin* (I), $C_{46}H_{58}N_4O_9$, ein antileukäm. Alkaloid aus dem Zierstrauch *Vinca rosea Linn.* mit vorerst noch unbekannter Struktur liefert mit einem Reagens aus Essigsäureanhydrid (II), konz. H_2SO_4 u. Pyridin unter Ausschluß von Feuchtigkeit bei 80° eine tiefrosa Färbung. Die Ausmessung erfolgt spektrophotometr. durch Best. des Absorptionsverhältnisses E_{574}/E_{538}, die Berechnung an Hand einer Eichkurve. Die Rk. ist für I spezif. u. wird durch die ca. 20 anderen Alkaloide aus Vinca rosea nicht gestört. Die Färbung ist ca. 20 Min. stabil. Acetylchlorid, das in Spuren in II vorhanden ist, hat einen wichtigen Einfl. auf die Farbentwicklung. Winfried Krüger. 4880◇

1538 **Der doppelte Erstarrungspunkt und eine gaschromatographische Methode zur Qualitätsprüfung des DL-Menthols.** W. Neudert und J. Huber. (Arch. Pharmaz. Ber. dtsch. pharmaz. Ges. **295/67**, 67—73, 1962; Berlin (West), Schering A.G., Hauptlabor.; dt.) — Bei der gaschromatograph. Analyse (2·2 m-Reoplex-Säulen; Trägergas He, 2,5 atü, ca. 7,0 Liter/h; Temp. 150°; Probenmenge 2,5—5 μl) von *Menthol* (I) lassen sich Verunreinigungen von 1% *Neo-* (II) oder *Isomenthol* (III) noch einwandfrei erkennen. Die Auswertung erfolgt durch Planimetrieren der Bandenflächen. Ein anderes, einfaches Reinheitskriterium stellt die Störung des doppelten Erstarrungspunktes (EP) von I durch Verunreinigungen dar. Normalerweise ist die Erstarrungskurve von I durch zwei bei 28° u. 30,5—32° liegende Unstetigkeitsstellen gekennzeichnet. Schon Verunreinigungen von 1% II, III oder Thymol senken den zweiten EP. auf 28,8°. Bei 10% Fremdstoffen ist er gar nicht mehr erkennbar. Winfried Krüger. 4880◇

1539 **Triphenyltetrazolium-Bestimmung von 17.21-Dihydroxy-20-ketosteroiden in Tabletten.** John J. Callahan, Frank Litterio, Eli Britt, Bernard D. Rosen und John Owens. (J. Pharmac. Sci. **51**, 333—35, 1962; Bloomfield, N.J., Schering Corp.; engl.) — *Prednison* (I) u. *Prednisolon* (II) werden aus den Arzneimitteln mit Chlf. extrahiert u. 10 ml des Extraktes unter N_2 auf dem Wasserbad eingedampft. Der Rückstand wird mit 20 ml 95%ig. A., 2 ml Triphenyltetrazolium-Lsg. (50 mg Reagens in 10 ml A.) u. 2 ml Tetramethylammoniumhydroxid-Lsg. (5 ml einer 10%ig. wss. Lsg. der Base mit A. auf 100 ml verd.) versetzt. Zur Farb-Entw. wird für I 45 Min., für II 60 Min. auf 30° unter N_2 erwärmt u. die Absorption bei 485 nm gemessen. Die Färbung ist während 2 Std. stabil. Die Farb-Rk. ist auch auf andere, ähnlich gebaute Steroide anwendbar, sofern die OH-Gruppe in 21-Stellung nicht verestert ist. Winfried Krüger. 4880◇

1540 **Rifamycin.** 24. Mitt. **Amperometrische Titration von Rifamycin B, Rifamycin O, Rifamycin S und Rifamycin SV.** G. G. Gallo, L. Chiesa und P. Sensi. (Farmaco [Pavia], Ediz. sci. **17**, 668—78, 1962; Milano, Lepetit SpA., Labor. Ricerche; engl.) — 23. vgl. C. **1962**, 17702. — *Rifamycin B* (I) ergibt bei der amperometr. Titration (—0,05 V) mit $AuCl_3$ als Oxydationsmittel *Rifamycin O* (II) unter Übergang von 2e. Im UV-Spektrum verschwinden die Maxima bei 304 u. 425 mμ, bei 370 mμ tritt ein Neues auf, bei 294, 355 u. 378 mμ liegen die isosbest. Punkte. Umgekehrt läßt sich II durch Red. mit Ascorbinsäure (—0,80 V oder +0,15 V) in I überführen. Analog läßt sich *Rifamycin SV* (III) bei 0,0 V zu *Rifamycin S* (IV) mit $AuCl_3$ oxydieren, es verschwinden die UV-Maxima bei 315 u. 450 mμ, bei 405 u. 278 treten zwei neue auf u. die isosbest. Punkte liegen bei 405, 338 u. 298 mμ. Bei —0,60 V liefert IV mit Ascorbinsäure wieder quant. III. K. W. Glombitza. 4880◇

1541 Gyógyszeripari Kutató Intézet (Erfinder: Boris Dumbovich, Dezsö Horvath, Laszlo Institoris und Laszlo Vargha), Budapest, Ungarn, **Herstellung von kristallinem 1.6-Bis-[äthylenimino]-1.6-didesoxy-3.4-isopropyliden-D-mannit** (I), dad. gek., daß man 1.2.5.6-Dianhydro-3.4-isopropyliden-D-mannit mit Äthylenimin, ggf. in Ggw. von Alkalimetall, Alkalihydroxyd oder einem tert. Amin umsetzt, das erhaltene Rk.-Gemisch mit einem OH-gruppenfreien Lsgm., bes. Bzl., Chlf. oder Dichloräthan, versetzt, so lange dest., bis das Destillat neutral abläuft, u. aus dem sirupösen Rückstand I durch Abkühlen zum Auskristallisieren bringt. Hinzufügen von Ae. oder Aceton unterstützt die Kristallisation. F. des I 91—92°, α_D^{20} in $CHCl_3$ +26,12° (c = 1,835). — *Biolog. Aktivität.* (**E. P. 864 235** vom 7/7. 1959, ausg. 29/3. 1961. **Schwz. P. 356 774** vom 6/7. 1959, ausg. 31/10. 1961. Beide Ung. Prior. 7/7. 1958. **Zusatz zu Schwz. P. 349 266; C. 1961, 13 656.**) C. Lüttgen. 4807

1542 Ciba Ltd., Basel, Schweiz, **Herstellung von 2.5-Bis-[äthylenimino]-3.6-bis-[caproylamino]-p-benzochinon,** F. 211—213°. — Man gibt ein Gemisch aus 11,7 (cm³) Äthylenimin u. 20 g Triäthylamin in 50 Dioxan (I) tropfenweise bei 25° zu einer Suspension von 30,6 g 2.5-Dichlor-3.6-bis-caproylamino-p-benzochinon in 250 I, erhitzt 7 Std. auf 45° u. trennt den Nd. ab. — *Arzneimittel* gegen Krebs u. Amöbenruhr. (**E. P. 884 258** vom 6/11. 1959, ausg. 13/12. 1961. Schwz. Prior. 6/11. 1958.) C. Lüttgen. 4807

1543 F. Hoffmann-La Roche & Co. Akt.-Ges., Basel, Schweiz, **Herstellung von Mono- und oder/Disubstitutionsprodukten der Dimethylbenzohydrochinone-(1.4) und der zugehörigen Chinone,** dad. gek., daß man 2.3-, 2.5- oder 2.6-Dimethylbenzohydrochinon-(1.4) oder ein 1-Monoacyl-Deriv. in Ggw. eines sauren Kondens.-Mittels (z. B. $ZnCl_2$) mit einer Komponente der allg. Formel $CH_2{=}CH{-}C(X)\cdot(CH_3){-}[{-}CH_2{-}CH_2{-}CHY{-}CH(Z)(CH_3){-}]_n CH_3$ (Y u. Z = H oder eine C—C-Bindung; X = Halogen, OH- oder Acyloxygruppe; n = 0—9) bei 20—80° umsetzt. Eine Oxydation zum Chinon führt man ggf. mit Ag_2O aus. — 5 (g) 2.6-Dimethylbenzohydrochinon-(1.4) werden mit 2,7 wasserfreiem $ZnCl_2$, 10,7 Isophytol, abs. Ae. u. 0,3 ml Eisessig mehrere Std. lang geschüttelt, anschließend 1½ Std. lang gekocht. Das Lsgm. wird abgedampft, der Rückstand in PAe. (Kp. 40—45°) gelöst, mit 75%ig. CH_3OH gewaschen, getrocknet u. eingedampft. Der Rückstand wird in Ae. gelöst, mit 20 Ag_2O 2 Std. lang geschüttelt u. aufgearbeitet. Reinigung über eine Säule von 500 Silicagel; 12 Liter PAe. eluieren Vorlauf, 15 Liter PAe. mit 1% Bzl. eluieren 4 *2.6-Dimethyl-3.5-diphytylbenzochinon-(1.4)*, weitere 4 Liter PAe. mit 50% Bzl. 5 *2.6-Dimethyl-3-phytylbenzochinon-(1.4)*, das noch über 50 g Hostalen W geschickt wird. — Analog entstehen *2.3-Dimethyl-5.6-diphytylbenzochinon-(1.4)* u. *2.3-Dimethyl-5-phytylbenzochinon-1.4)*. — Ebenso folgende Benzochinone-(1.4): *2.5-Dimethyl-3.6-diphytyl-*; *2.5-Dimethyl-3-phytyl-*; *2.3-Dimethyl-5-[3'.7'.11'.15'.19'.23'.27'.31'.35'-nonamethylhexatriacontanonaen-(2'.6'.10'.14'.18'.22'.26'.30'.34')-yl-(1')]-*, F. 45—47°, aus 3.7.11.15.19.23.27.31.35-Nonamethylhexatriacontanonaen-(2.6.10.14.18.22.26.30.34)-ol-(1) (I), F. 36—38°, das man durch Extraktion von Tabakstaub mit PAe. gewinnt; *2.3-Dimethyl-5-[3'.7'.11'.15'.19'.23'.27'.31'.35'.39'-dekamethyltetracontadecaen-(2'.6'.10'.14'.18'.22'.26'.30'.34'.38')-yl-(1')]-*, aus 3.7.11.15.19.23.27.31.35.39-Dekamethyltetracontadecaen-(2. 6. 10. 14. 18. 22. 26. 30. 34. 38)-ol-(1) (II), das man aus I erhält: Durch Umsetzung von I mit PBr_3, Acetessigsäureäthylester u. Na entsteht *6.10.14.18.22.26.30.34.38-Nonamethylnonatriacontanonaen-(5.9.13.17.21.25.29.33.37)-on-(2)*. Dieses wird in fl. NH_3 mit Na u. Acetylen zu *3.7.11.15.19.23.27.31.35.39-Dekamethyltetracontanonaen-(6.10.14.18.22.26.30.34.38)-in-(1)-ol-(3)* umgesetzt, welches mit Lindlar-Katalysator zu *3.7.11.15.19.23.27.31.35.39-Dekamethyltetracontadecaen-(1.6.10.14.18.22.26.30.34.38)-ol-(3)* hydriert wird. Dieses überführt man mit PBr_3 in das Bromid, setzt mit wasserfreiem K-Acetat um u. erhält II, n_D^{22} 1,5100. — Aus 2.3-Dimethylbenzohydrochinon-(1.4)-monobenzoat-(1) u. Isophytol in Ggw. von BF_3-Ätherat in Dioxan erhält man *2.3-Dimethyl-4-benzoyloxy-6-phytylphenol.* — *Pharmazeutica.* (**Oe. P. 214 432** vom 7/12. 1959, ausg. 10/4. 1961. Schwz. Prior. 31/12. 1958 u. 12/10. 1959.) H.-J. Stan. 4807

1544 Spofa, Sdružení Podniků pro Zdravotnickou Výrobu, Prag, Tschechoslowakei, **Herstellung von β-[4-Methoxybenzoyl]-β-halogenacrylsäuren** durch Hydrolyse von γ-[4-Methoxyphenyl]-α.β-dihalogen-$\Delta^{\alpha.\beta}$-crotonolactonen mit W. bei Siede-Temp. in Ggw. von MgO u. Dioxan. — 20 cm³ W., 20 cm³ Dioxan u. 0,01 Mol MgO werden am Rückfluß erhitzt u. tropfenweise mit 0,01 Mol γ-[4-Methoxyphenyl]-α.β-dichlor-$\Delta^{\alpha.\beta}$-crotonolacton in 5 cm³ Dioxan versetzt. Man kocht 75 Min. lang, dest. die flüchtigen Bestandteile ab u. nimmt den Rückstand in wss. $NaHCO_3$-Lsg. auf. Nach Filtration säuert man mit HCl auf pH 1 an u. läßt 12 Std. lang bei 4° stehen: 89—93% *β-[4-Methoxybenzoyl]-β-chloracrylsäure*, F. 116—117° (W. oder Bzl.). — *β-[4-Methoxybenzoyl]-β-bromacrylsäure*, F. 146—147,5°. — *Heilmittel.* (**Oe. P. 216 499** vom 21/6. 1960, ausg. 25/7. 1961. Tschech. Prior. 24/6. 1959.) I. Lasch. 4807

1545 C. F. Boehringer & Soehne G. m. b. H., Mannheim-Waldhof, **Herstellung von m-Aminobenzolsulfonylharnstoffen.** Aus Di-(acetylmetanilyl)-harnstoff, F. 202 bis 205° (Zers.), erhalten aus Acetylmetanilsäureamid u. $COCl_2$, wird das n-Butylaminsalz, F. 166—169° (Zers.), hergestellt u. dieses 3 Std. lang auf 142° erhitzt. Das Zers.-Prod. wird mit 0,5n NaOH verrührt, filtriert, das Filtrat mit CO_2 auf den pH-Wert 8,8 eingestellt, wieder filtriert u. aus dem Filtrat mit 6n HCl N_1-Acetylmetanilyl-N_2-butylharnstoff (I), F. 160 bis 163°, ausgefällt. 61 g I werden mit 123 cm³ 5n KOH 1 Std. lang auf 95° erhitzt, worauf man mit W. verd., den pH-Wert mit Eisessig auf 8,5 einstellt u. nach Klären mit Tierkohle mit verd. HCl 41 *Metanilylbutylharnstoff*, F. 115—117° (Zers.), in Kristallform abscheidet. — Analog: *Metanilylcyclohexylharnstoff*, F. 162—165° (Zers.), u. *-2-pentylharnstoff*, F. 128—130° (Zers.). — *Arzneimittel* zur oralen Behandlung von Diabetes mellitus. (**Ind. P. 65 040** vom 22/8. 1958, ausg. 30/10. 1961. E. Prior. 12/8. 1958.) C. Lüttgen. 4807

1546 Farbenfabriken Bayer Akt.-Ges., Leverkusen (Erfinder: Klaus-Heinz Risse, Solingen, Ulrich Hörlein und Wolfgang Wirth, Wuppertal), **Herstellung basisch substituierter Carbamidsäurethioalkylester** der allg. Formel *(X)(Y)—N—CO—S—A—N(R₁)(R₂)* (X u. Y = ggf. substituierter Phenyl- oder Pyridylrest; A = ggf. verzweigte aliphat. C-Kette; R_1, R_2 = Alkyl-, Cycloalkyl- oder ggf. verzweigte Alkylengruppen, wobei R_1 oder R_2 untereinander oder mit A zu einem 5-, 6- oder 7-gliedrigen heterocycl. Ring verknüpft sein können), indem man Amine (X)(Y) N—H mit $COCl_2$ behandelt u. die entstandenen Verbb. mit bas. substituierten Thioalkoholen HS—A—N(R_1)(R_2) (I) umsetzt oder die Amine in Form ihrer Metall-Verbb. mit COS in Salze von Carbamidthiosäuren überführt u. diese mit Estern bas. Alkohole HO—A—N(R_1)(R_2) (II) umsetzt. Statt der Verbb. I u. II kann man auch solche verwenden, die an Stelle der tert. Aminogruppe einen in eine solche umwandelbaren Substituenten, z. B. —OH, —CN, —$CONH_2$ oder Halogen, tragen, den man nachträglich umwandelt. — 40 (g) Diphenylcarbamidsäure (III)-Chlorid werden in Bzl. mit 28 Diäthylaminoäthylthiol u. 21 Triäthylamin 2 Std. lang gekocht; das Filtrat wird aufgearbeitet u. dest.: 35 III-*[β-diäthylaminoäthylthioester]*, $Kp._{0,01}$ 120—126°. *Hydrochlorid*, F. 180—181°. *Methojodid*, F. 224°. — Analog erhält man: *Phenylpyridyl-(2)-carbamidsäure-[β-diäthylaminoäthylthioester]*, $Kp._{0,01}$ 150 bis 160°. — III-*[β-dibutylaminoäthylthioester]*, $Kp._{0,01}$ 180°, F. 59 bis 60°. — III-*[β-(N'-methylpiperazino)-äthylthioester]*, F. 122 bis 123°. — III-*[β-dimethylaminoäthylthioester]*, $Kp._{0,01}$ 130°. *Maleinat*, F. 145—146°. — Weitere β-Diäthylaminoäthylthioester: *3-Chlordiphenylamin-N-carbonsäure-*, $Kp._{0,01}$ 148 bis 150°. *Hydrochlorid*, F. 145—146°. — *4-Chlordiphenylamin-N-carbonsäure-*, $Kp._{0,01}$ 145—150°. *Hydrochlorid*, F. 145—146°. — *2-Chlordiphenylamin-N-carbonsäure-*, $Kp._{0,02}$ 155°. *Hydrochlorid*, F. 163—165°. — *2-Methoxydiphenylamin-N-carbonsäure-*, $Kp._{0,01}$ 160—165°. *Hydrochlorid*, F. 153—155°. — *3-Methoxydiphenylamin-N-carbonsäure-*, $Kp._{0,01}$ 160—164°. *Hydrochlorid*, F. 132—134°. — *4-Methoxydiphenylamin-N-carbonsäure-*. $Kp._{0,01}$ 170°. *Hydrochlorid*, F. 158—159°. — *4-Methyldiphenylamin-N-carbonsäure-*, $Kp._{0,01}$ 158—162°. *Hydrochlorid*, F. 159—160°. — *2-Methyldiphenylamin-N-carbonsäure-*, $Kp._{0,01}$ 140°. *Hydrochlorid*, F. 157—159°. — *4-Äthoxydiphenylamin-N-carbonsäure-*, $Kp._{0,05}$ 180°. *Hydrochlorid*, F. 147—149°. — *Phenyl-[2-methyl-1.3.4-thiadiazolyl-(5)]-aminocarbonsäure-*, $Kp._{0,01}$ 160°. *Maleinat*, F. 126—126,5°. — *Diphenylamin-N-carbonsäure-[2-(N-methylpiperidyl-(2))-äthylthioester]*, $Kp._{0,01}$ 161°, F. 59°. — *Di-[pyridyl-(2)]-amino-N-carbonsäure-[β-diäthylaminoäthylthioester]*, $Kp._{0,01}$ 160°. *Maleinat*, F. 112°. — *Spasmolytica.* (**Oe. P. 216 009** vom 10/9. 1959, ausg. 10/7. 1961. D. Prior. 18/9. 1958.) H.-J. Stan. 4807

1547 Deutsche Gold- und Silber-Scheideanstalt vormals Roessler, Frankfurt/M., **Herstellung von Halogenalkylaminen $R_1C_6H_4 \cdot CHR_2 \cdot NH$-A-Halogen** ($R_1$ = H, OH, Halogen, niedere Akylgruppe; R_2 = H oder CH_3; A = Alkylengruppe mit 2—3 C-Atomen) u. ihren *Salzen* durch Umsetzung entsprechender Aminoalkohole mit $SOCl_2$ oder Halogenwasserstoffsäuren. — 1-Phenyl-2-[hydroxyäthylamino]-propan wird in Chlf. mit HCl gesätt. u. unter Rühren u. Sieden langsam mit $SOCl_2$ versetzt. Man kocht 30 Min. lang, dampft ein u. erhält aus A. *1-Phenyl-2-[2'-chloräthylamino]-propanhydrochlorid*, F. 152 bis 154°. — Aus 1-Phenyl-2-[3'-hydroxypropylamino]-propan *1-Phenyl-2-[3'-chlorpropylamino]-propanhydrochlorid*, F. 128 bis 130°. — Trockene Dest. von Gemischen der Ca-Salze der p-Chlorphenylessigsäure u. der Essigsäure führt zum p-Chlorbenzylmethylketon, das in A. mit Aminoäthanol bei 100° u. 100 at mit Raney-Ni hydriert wird. Man erhält 1-[p-Chlorphenyl]-2-[2'-hydroxyäthylamino]-propan, $Kp._{1,0}$ 116—120°. Es liefert *1-[p-Chlorphenyl]-2-[2'-chloräthylaminopropanhydrochlorid*, F. 179—181°. — Ebenso gewinnt man *1-[p-Hydroxyphenyl]-2-[2'-bromäthylamino]-propanhydrobromid*, F. 80—84°, u. *1-[p-Hydroxyphenyl]-2-[2'-chloräthylamino]-propanhydrochlorid*, F. 135—136°. — *Stimulantia.* (**Oe. P. 216 491** vom 17/3. 1960, ausg. 25/7. 1961. D. Prior. 18/1. 1959.) I. Lasch. 4807

1548 Council of Scientific and Industrial Research, Neu-Delhi (Erfinder: Chakrapani Govind Joshi, Jogendra Lal Bose und Ramanlal Chhaganlal Shah, Poona), Indien, **Herstellung von Stilbenderivaten.** 15 (Teile) eines isomeren Gemisches von 3.4-Dianisylhexan-3-ol, F. 76—93°, hergestellt aus α-Äthyldesoxyanisoin mit C_2H_5MgJ nach Grignard, werden mit 3 $POCl_3$ 5 Min. lang auf 60—65° erhitzt. Dabei tritt unter heftiger HCl-Entw. zunächst Lsg. ein, worauf sich eine feste Substanz abscheidet. Das Rk.-Gemisch wird nach dem Abkühlen mit kaltem W. verrieben, filtriert u. der Rückstand mit W. gewaschen u. bei 50° im Vakuum getrocknet → 13,85 *trans-Diäthylstilböstroldimethyläther*, F. 120°. — Analog *Dimethylstilböstroldimethyläther*, F. 127—129°. — *Pharmazeutica.* (**Ind. P. 65 778** vom 12/11. 1958, ausg. 29/9. 1961.) C. Lüttgen. 4807

1549 Wellcome Foundation Ltd., London, England, **Herstellung von Aminoderivaten des Cyclopropans.** Man kocht 4 g 1.1-Diphenylcyclopropan-2-carbonsäure in 25 (ml) Bzl. mit 5 $SOCl_2$ 2 Std. lang unter Rückfluß, entfernt überschüssiges $SOCl_2$ u. Bzl. im Vakuum, gibt 2.4 Pyrrolidin in 20 Bzl. zum Rückstand u. erwärmt ihn über Nacht auf dem Wasserbad. Nach Zugabe von W. wird die Benzolschicht abgetrennt, mit verd. HCl u. Na_2CO_3-Lsg. gewaschen, getrocknet u. zur Trockne gebracht. Nach dem Umkristallisieren aus Ae., Bzl.–Pentan erhält man 5 g des entsprechenden Pyrrolidids, F. 129—130°, von dem 3 g zu 0,8 g $LiAlH_2$ in 150 trockenem Ae. gegeben werden. Das Gemisch wird 5 Std. lang gekocht, nach Zugabe von W. die Base mit verd. HCl aus der äther. Lsg. extrahiert u. aus dieser nach Zugabe von verd. NaOH gewonnen. *1.1-Diphenyl-2-pyrrolidinomethylcyclopropan*, F. des Hydrochlorids- (I) 220°. Analog: *1.1-Diphenyl-2-pyrrolidinomethyl-2-methylcyclopropan*, F. 203°. Aus 1.1-Diphenylcyclopropan-2.3-cis-dicarbonsäureanhydrid u. Dimethylamin → das entsprechende Monodimethylamid, F. 218°, u. mit $LiAlH_4$ → *1.1-Diphenyl-2-dimethylaminomethyl-3-cis-hydroxymethylcyclopropan* (II), F. 90—92°, F. des I 196°. 1,5 g des I werden in 20 CH_3NO_2 suspendiert u. 2 Acetylchlorid zugegeben. Durch Reiben krist. der Essigester des II-Hydrochlorids, F. 202°, aus. Man löst 9,2 g p.p'-Dimethylbenzophenon in 150 trockenem Ae., gibt 11 g HgO, 1 g KOH u. 2 W. zu, rührt 2 Std. lang, filtriert, trocknet die Lsg. über KOH u. gießt sie in 500 Hexan, das 5 g Maleinsäureanhydrid enthält. Es scheidet sich *1.1-Bis-p-tolylcyclopropan-2.3-cis-dicarbonsäureanhydrid*, F. 109°, ab, das mit Piperidin das entsprechende Monopiperid, F. 207°, u. *1.1-Bis-p-tolyl-2-piperidinomethyl-3-cis-hydroxymethylcyclopropan*, F. des I 106°, liefert. Analog: *1.1-Bis-p-tolyl-2-dimethylaminomethyl-3-cis-hydroxymethylcyclopropan*, F. der I 222°. — *Pharmakolog.* wirksame Produkte. (**Ind. PP. 67 332** vom 13/4. 1959 u. **70 574** vom 2/2. 1960, beide ausg. 24/8. 1961.) C. Lüttgen. 4807

1550 Lepetit S. p. A., Mailand, Italien, **Herstellung von α-[3.3-Dimethyl-1-azetidinyl]-2.6-dimethylacetanilid**, F. 93 bis 95°, u. dessen Hydrochlorid, F. 195—197°. — 60 (g) α-Chloraceto-2.6-xylid werden portionsweise zu einer Lsg. von 41 3.3-Dimethylazetidinhydrochlorid u. 93 Triäthylamin in 400 ml wasserfreiem Bzl. gegeben. Die Lsg. wird 5 Std. lang auf ca. 70° erhitzt, gefiltert, zur Trockne gebracht, der Rückstand im Vakuum dest. u. das bei 175—185° u. 0,5 mm Hg übergehende Destillat aufgefangen. — *Lokalanaestheticum.* (**E. P. 884 072** vom 28/9. 1960, ausg. 6/12. 1961. It. Prior. 14/10. 1959.) C. Lüttgen. 4807

1551 Lepetit S. p. A., Mailand, Italien (Erfinder: Emilio Testa, Luigi Fontanella und Giulio Maffii),

Herstellung von 1.3-substituierten Azetidinen. Eine Lsg. von 18,35 (g) 3-Methyl-A (A = 3-Phenylazetidin) in 100 W. wird mit 6,5 NCONa 15 Min. lang auf 50—60° erhitzt. Nach dem Abkühlen scheiden sich 17 *1-Carbamyl-3-methyl-A*, F. 176°, ab. Analog: *1-Carbamyl-A*, F. 231—233°, *-3-äthyl-A*, F. 154—156°, *-3-propyl-A*, F. 165—166°, *-3-benzyl-A*, F. 159 bis 161°, *-3-butyl-A*, F. 129—131°, *-3-isopropyl-A*, F. 158 bis 160°, *-3-cyclohexyl-A*, F. 172—174°, *-3.3-dibutyl-*, F. 114 bis 115°, u. *-3.3-diäthylazetidin*, F. 179—180°. 8 Acetylchlorid werden langsam unter Kühlen zu einer Lsg. von 32,2 3-Äthyl-A gegeben. Nach ½ Std. bei 0° u. 1 Std. bei 15—20° wird die Mischung in Eiswasser gegeben, mit Ae. extrahiert u. der Extrakt destilliert. 29 *1-Acetyl-3-äthyl-A*, $Kp._{0,4}$ 160—170°. In ähnlicher Weise: *1-Propionyl-3-äthyl-A*, $Kp._{0,6}$ 130—150°, *1-Butyryl-3-äthyl-A*, $Kp._{0,2}$ 140°, *1-Propionyl-A*, $Kp._{0,6}$ 125°, *1-Acetyl-3.3-di-n-propylazetidin*, $Kp._{0,4}$ 96—100°, u. folgende *3-Äthyl-A*: *1-Valeryl-*, $Kp._{0,5}$ 150°, *1-Isovaleryl-*, $Kp._{0,5}$ 145 bis 150°, *1-tert.-Valeryl-*, $Kp._{0,4}$ 140°, F. 72—74°, *1-Benzoyl-*, F. 63—64°, u. ferner *1-Acetyl-3-methyl-A*, $Kp._{0,4}$ 135—140°, *-3-butyl-A*, $Kp._{0,2}$ 155—165°, *-3-benzyl-A*, F. 115—117°, *-3.3-dimethyl-*, $Kp._{15}$ 80—90°, *-3.3-diäthyl-*, $Kp._{0,4}$ 85—90°, *-3.3-dibutylazetidin*, $Kp._{0,4}$ 108—110°, *1-Propionyl-3-propyl-A*, $Kp._{0,2}$ 135—145°, *-benzyl-A*, F. 79—80°, u. *-3.3-diäthylazetidin*, $Kp._{0,4}$ 85—90°. — *Pharmazeutica.* (**E. PP. 872 447** u. **872 448** vom 23/12. 1958, ausg. 12/7. 1961.) C. Lüttgen. 4807

1552 Lepetit S. p. A., Mailand, Italien (Erfinder: Emilio Testa, Luigi Fontanella und Giulio Maffii), **Herstellung von Polymethylen-bis-azetidinen.** 6 (g) Adipylchlorid werden langsam bei 0° zu einer Mischung von 10 3-Äthyl-3-phenylazetidin u. 10 ml $N(CH_3)_3$ gegeben. Nach ½ Std. wird das Rk.-Gemisch in Eiswasser gegeben, der Nd., der aus 6,4 Adipyl-bis-3-äthyl-3-phenylazetidid, F. 149—150°, besteht, in 50 ml Tetrahydrofuran (I) gelöst, mit 3 $LiAlH_4$ in 20 ml I versetzt, 2½ Std. auf 50° erwärmt, mit wenigen ml 20%ig. NH_4-Cl-Lsg. versetzt u. filtriert. Das Filtrat wird getrocknet u. eingedampft. 6 *1.6-Bis-(3-äthyl-3-phenylazetidino)-hexan*, F. 60 bis 62°. Analog *1.6-Bis-(3.3-diäthylazetidino)-hexan*, $Kp._{0,2-0,4}$ 135—145°, das mit CH_3J ein *Bis-methyljodid*, F. 180—181° (Zers.), gibt. *Pharmazeutica* mit sedativer, antispasm. u. ganglienblockierender Wirkung. (**E. P. 858 038** vom 22/12. 1958, ausg. 4/1. 1961.) C. Lüttgen. 4807

1553 Parke, Davis & Co., Detroit, Mich., V.St.A., **Herstellung von Phenylcyclohexanverbindungen.** 230 (g) 1.5-Dibrompentan in 2 Liter Ae. werden nach Zugabe von 56 Mg 3 Std. lang unter Rückfluß gekocht. Nach Zusatz von 117 N-Benzoyldimethylamin wird der Ae. abdest., bis die Rk.-Lsg. bei 83° siedet. Sie wird 16 Std. lang bei dieser Temp. gerührt, abgekühlt u. mit genügend NH_4OH u. gesätt. $(NH_4)Cl$-Lsg. versetzt, um allen Nd. zu lösen. Man schüttelt das Gemisch mit 2 Liter Ae. aus u. arbeitet die äther. Lsg. auf. *1-(1-Phenylcyclohexyl)-dimethylamin*, $Kp._{0,25}$ 120—125°, mit isopropanol. HCl → *Hydrochlorid*, F. 164—165°. *Beruhigungsmittel, Hilfsmittel* bei der Barbiturat-Anästhesie. (**Ind. P. 68 285** vom 6/7. 1959, ausg. 27/4. 1961.) C. Lüttgen. 4807

1554 Parke, Davis & Co., Detroit, Mich., V.St.A., **Herstellung von Phenylcyclohexylaminderivaten.** Man kocht 200 (g) Äthyl-n-propylamin, 200 Cyclohexanon u. 750 ml Bzl. unter Benutzung einer Wasserfalle, bis sich kein W. mehr bildet, u. dest. das Bzl. ab. *N-(1-Cyclohexenyl)-äthyl-n-propylamin* (**I**). Eine wasserfreie Lsg., aus 190 p-Toluolsulfonsäuremonohydrat in 250 ml Toluol hergestellt, wird mit 167 **I** in 500 ml Ae. gemischt u. unter Kühlen 1 Mol Phenyl—MgBr in 750 ml Ae. rasch zugegeben. Nach ½ Std. gibt man gesätt. NH_4Cl u. konz. NH_4OH zu, trennt die äther. Schicht ab u. arbeitet sie auf. *N-(1-Phenylcyclohexyl)-äthyl-n-propylamin.* In ähnlicher Weise *N-(1-Phenylcyclohexyl)-äthylmethylamin*, $Kp._{0,12}$ 105—108°, u. dessen Hydrochlorid (**III**), F. 194—195°. — 175 1-Phenylcyclohexylamin (**II**) 61,5 n-Propylbromid u. 500 ml trockenes Bzl. werden 24 Std. lang gekocht, mit dem gleichen Vol Ae. verd. u. durch Filtrieren vom **II**-Hydrobromid getrennt. Das Filtrat wird eingedampft u. dest. *1-Phenylcyclohexyl-n-propylamin*, mit isopropanol. HCl (**VI**) → dessen **III**, F. 203—204°. Analog: *1-Phenylcyclohexylisopropylamin*, $Kp._{0,9}$ 99—100°. Aus **II** u. Essigsäureanhydrid in Essigsäure durch 1std. Erhitzen auf dem Dampfbad → *N-(1-Phenylcyclohexyl)-acetamid*, F. 145°, mit $LiAlH_4$ → *1-Phenylcyclohexyläthylamin* (**VII**), F. des **III** 236—237°. — 26,6 N-Benzyl-1-phenylcyclohexylamin (**IV**), 23 HCOOH u. 10 37%ig. CH_2O werden auf dem Dampfbad bis zum Aufhören der CO_2-Entw. erhitzt u. im Vakuum eingedampft. 26 des aus N-Methyl-**IV**-formiat bestehenden Rückstandes löst man in 200 ml CH_3OH u. hydriert in Ggw. von 10 20%ig. Pd-Katalysator (**V**) mit H_2. Man dest. nach Abfiltrieren des **V** das CH_3OH ab, verd. den Rückstand mit W., macht alkal. u. extrahiert mit Ae. Nach Aufarbeiten der äther. Lsg. erhält man *1-Phenylcyclohexylmethylamin*, daraus mit **VI** das **III**, F. 185—186°. Analog: **VII**, $Kp._5$ 114—116°. — *Therapeutica* mit beruhigender Wirkung. (**Ind. PP. 68 284** vom 6/7. 1959, ausg. 22/6. 1960, **68 287** vom 6/7. 1959, ausg. 13/10. 1960 u. **68 288** vom 6/7. 1959, ausg. 11/7. 1961.) C. Lüttgen. 4807

1555 Sandoz Soc. An., Schweiz, **Herstellung von Pyrazolidindion-(3.5)-Derivaten** durch Rk. von N-Isopropyl-N'-[1-methylpiperidyl-(4)]-hydrazin (I) mit Isopropyl-, Isobutyl- oder Benzylmalonsäuredialkylestern. — 1-[1-Methylpiperidyl-(4)]-2-isopropylpyrazolidindione-(3.5): *4-Benzyl-*, F. 185—186° (CH_3OH/Ae.), aus I u. Benzylmalonsäurediäthylester durch Kochen unter N_2, 1½std. Erhitzen auf 150° u. 4std. Erhitzen auf 180°. — *4-Isobutyl-*, $Kp._{0,02}$ 125—140°, aus Isobutylmalonsäuredimethylester. *Hydrobromid*, F. 205—207° (Aceton). — *4-Isopropyl-*, $Kp._{0,07}$ 125 bis 140°, aus Isopropylamlonsäurediäthylester. *Hydrobromid*, F. 227—228° (Zers.; Aceton/Ae.). — *Heilmittel.* (**F. P. 73 554** vom 5/5. 1958, ausg. 9/1. 1961. Schwz. Prior. 20/2. 1958. **Zusatz zu F. P. 1 196 847; C. 1961, 18054.**) Eberhard Riedel. 4807

1556 Ciba Ltd., Basel, Schweiz, **Herstellung neuer Benzimidazole.** 13,2 g Anilinoacetonitril, 4,2 (ml) abs. CH_3OH u. 200 abs. Chlf. werden bei —10° mit trockener HCl gesätt., 14 Std. bei 25° stehengelassen, mit 18,7 g 2-(β-Diäthylaminoäthylamino)-anilin versetzt u. 16 Std. gekocht. Das Rk.-Gemisch wird zur Trockne gebracht, der Rückstand in wss. HCl gelöst, die Lsg. mit Ae. extrahiert, mit NH_4OH alkal. gemacht u. mit Chlf. das *1-(β-Diäthylaminoäthyl)-2-(phenylaminomethyl)-benzimidazol* extrahiert u. in das *Dihydrochlorid*, F. 190—191° übergeführt. Analog aus p-Äthoxyanilinoacetonitril → *1-(β-Diäthylaminoäthyl)-2-(p-äthoxyphenylaminomethyl)-benzimidazol*, $Kp._{0,05}$ 180—200°, dessen *Monohydrochlorid*, F. 166—167°, u. aus Phenylaminoacetonitril u. 2-β-Diäthylaminoäthylamino-5-nitranilin → *1-β-(Diäthylaminoäthyl)-2-phenylaminomethyl-5-nitrobenzimidazol*, F. 110°, u. dessen Hydrochlorid, F. 196°. — *Pharmazeutica.* (**Ind. P. 66 140** vom 16/12. 1958, ausg. 5/7. 1961.) C. Lüttgen. 4807

1557 Betsy Hellinghuizer-Gerriesen, Amsterdam, Niederlande, **3-[5'-Nitrofurfuryliden-(2')-amino]-2-oxazolidon** erhält man durch Rk. von 5-Nitrofurfural oder dessen Derivv. mit 3-(N-Methylenamino)-2-oxazolidon oder mit 3-(N-Acetylamino)-2-oxazolidon. Ausbeute ca. 95%. — *Microbicid.* (**E. P. 864 012** vom 10/4. 1958, ausg. 29/3. 1961. Niederl. Prior. 15/4. 1957.) A. Jahn. 4807

1558 Kefalas A/S, Kopenhagen, Dänemark, **Herstellung von 9-substituierten Thiaxanthenen.** 2-Chlorthiaxanthen wird mit einer äther. Lsg. von Allyl-Mg-bromid 15 Min. gekocht, die gebildete Mg-Verb. mit Eiswasser u. verd. HCl hydrolysiert u. das ausgefallene 2-Chlor-9-hydroxy-9-allylthiaxanthen, F. 77—78°, abgetrennt. Man löst es in $CHCl_3$ (**I**), sättigt die Lsg. mit HBr, konz., gibt nochmals **I** zu u. sättigt die Lsg. wieder mit HBr. Man läßt das Rk.-Gemisch über Nacht stehen, dampft zur Trockne ein, löst in Ae. u. arbeitet die Lsg. auf. Man erhält ein krist. Substanz, F. 114—116°, die mit Dimethylamin 12 Std. im Autoklav auf 100° erhitzt wird. Das Rk.-Gemisch wird in Ae. gelöst, die Lsg. mit W. ausgeschüttelt u. aus der äther. Lsg. das *2-Chlor-9-(3'-dimethylaminopropyliden)-thiaxanthen* (**II**), dessen Hydrochlorid (**IV**) bei 190—191° schmilzt, gewonnen. Aus dem aus 2 Isomeren bestehenden **II** kann über die Tartrate (**III**) die Transform, F. 97—98°, F. des **III** 138° u. des **IV** 223—224°, abgetrennt werden. Analog *2-Methoxy-9-(3'-dimethylaminopropyliden)-thiaxanthen*, F. des Transisomeren 76—77°, dessen **III**, F. 162—163°, u. **IV**, F. 172—173°. — *Pharmazeutica.* (**Ind. P. 67 520** vom 29/4. 1959, ausg. 26/8. 1961.) C. Lüttgen. 4807

1559 Ciba Akt.-Ges., Basel, Schweiz, **Herstellung von Estern von 3-[tert.-Amino]-propanolen.** Aus Phenyl-Li, α-Picolin u. β-Dimethylaminopropiophenon in Ae. erhält man *4-Dimethylamino-2-phenyl-1-[pyridyl-(2)]-butanol-(2)* (**I**), $Kp._{0,4}$

125—145°. Je 3 g I u. Propionsäureanhydrid u. 3 cm^3 Pyridin werden 1 Woche bei Raum-Temp. stehengelassen. Man entfernt das Lsgm. im Vakuum, verd. mit W., stellt mit wss. NH_3 bas. u. extrahiert mit Ae. Der nichtkristalline Rückstand ist *2-[4-Dimethylamino-2-phenyl-2-propionyloxybutyl]-pyridin. I-Maleat*, F. 130°. *Methojodid*, F. 198—199°. — Propiophenon, Dimethylaminhydrochlorid, Paraformaldehyd, HCl u. A. ergeben β-Dimethylamino-α-methylpropiophenon, das mit Phenyl-Li u. α-Picolin unter N_2 *4-Dimethylamino-3-methyl-2-phenyl-1-[pyridyl-(2)]-butanol-(2)*, $Kp._{0,6}$ 150—160°, liefert. *2-[4-Dimethylamino-3-methyl-2-phenyl-2-propionyloxybutyl]-pyridin*, α-Racemat, F. 90—91° (Ae.). Aus 2-Methyl-1-phenyl-3-pyrrolidino-propanon-(1) erhält man ein Prod., das teilweise krist.: *3-Methyl-2-phenyl-1-[pyridyl-(2)]-4-pyrrolidinobutanol-(2)*, β-Racemat (krist.), F. 85°; das α-Racemat ist ölig. Aus letzterem *2-[3-Methyl-2-phenyl-2-propionyloxy-4-pyrrolidinobutyl]-pyridin*. — Frisch bereitetes Keten u. I ergeben das Racemat *2-[2-Acetoxy-4-dimethylamino-2-phenylbutyl]-pyridin*. — Aus 1-[4-Chlorphenyl]-propanon, Dimethylaminhydrochlorid, Paraformaldehyd, HCl u. 2-Methylpyridyl-Li erhält man *2-[4-Chlorphenyl]-4-dimethylamino-3-methyl-1-[pyridyl-(2)]-butanol-(2)* (**VI**). Daraus α- u. β-Racemate des *2-[2-(4-Chlorphenyl)-4-dimethylamino-3-methyl-2-propionyloxybutyl]-pyridins*. — *Heilmittel*. (**Oe. P. 214 921** vom 22/12. 1959, ausg. 10/5. 1961. A. Prior. 23/12. 1958, 24/2. u. 8/5. 1959.) I. Lasch. 4807

1560 J. R. Geigy Akt.-Ges., Basel, Schweiz, **Herstellung von α-substituierten Glycinderivaten** durch Kondens. von Glyoxylsäure oder deren Estern mit Verbb., die reaktionsfähige Methylen-, Methyl- oder Methingruppen besitzen, in äquimol. Mengen u. prim. oder sek. Aminen in alkal. Medium (pH 7—11) bei 60—100°; das Amin verwendet man im Überschuß, um die alkal. Rk. bis zum Ende der Umsetzung aufrechtzuerhalten. Lsgm. sind W. oder mit W. mischbare organ. Lösungsmittel. — Mit 6n NaOH wird eine 54%ig. wss. Lsg. von 14,8 (g) Glyoxylsäure neutralisiert. Dann fügt man 14,6 n-Butylamin, 24 Acetophenon, 35 cm^3 CH_3OH u. 25 W. hinzu: pH 11,3 Man kocht 2 Std., dest. Methanol ab u. extrahiert mit PAe.; bis pH 4 wird mit 6n HCl angesäuert, der Nd. abfiltriert u. getrocknet. Zur Reinigung wäscht man mit Bzl., löst in 6n NaOH, behandelt mit Aktivkohle, fällt die Säure mit 6n HCl aus, filtriert u. trocknet: *α-[n-Butylamino]-β-benzoylpropionsäure*, F. 178—179,5°. — Analog werden erhalten: *α-[n-Butylamino]-5.5-dimethyl-1.3-dioxocyclohexan-2-essigsäure*, F. 163—164° (Zers.). — *4-Hydroxy-α-[n-butylamino]-cumarin-3-essigsäurehydrochlorid*, F. 141 bis 142°. — *α-Morpholino-2-hydroxy-3.5-dimethylphenylessigsäure*, Zers. ab 184°. — *α-[Dimethylamino]-Verb., Hydrochlorid*, Zers. ab 153°. — *α-Morpholino-1-phenyl-2.3-dimethyl-5-oxopyrazol-4-essigsäure*, F. 191—192° (Zers.). — *α-Morpholino-1.2-diphenyl-3.5-dioxo-4-[n-butyl]-pyrazolidin-4-essigsäure*, F. 134—136° (Zers.). *Äthylester*, F. 128—129°. — *α-[Dimethylamino]-indol-3-essigsäureäthylester*, F. 98—100°. — *N.N-Diäthyl-Verb.*, F. 97—100°. — *α-Morpholinoindol-3-essigsäureäthylester*, F. 76—78°. — *α-Piperidino-Verb.*, F. 88—90°. — *α-[n-Butylamino]-Deriv.*, F. 61—62°. — *α-[Benzylamino]-Verb.*, F. 89—90°. — *α-Pyrrolidino-Verb.*, F. 90—91°. — *α-[N-Methylbenzylamino]-indol-3-essigsäureäthylester-hydrochlorid*, F. 143 bis 144° (Zers.). — *α-[Diäthylamino]-1-phenyl-2.3-dimethyl-5-oxopyrazol-4-essigsäureäthylester*, F. 80—82°. — *α-Piperidino-Verb.*, F. 143—144°. — *α-Pyrrolidino-Verb.*, F. 130,5 bis 132,5°; *α-[N-Methylbenzylamino]-*, F. 104—106°. — *Arzneimittel*. (**Oe. P. 216 496** vom 3/2. 1960, ausg. 25/7. 1961.) I. Lasch. 4807

1561 Farbenfabriken Bayer Akt.-Ges., Leverkusen (Erfinder: Engelbert Kühle, Köln, und Gerhard Domagk, Wuppertal), **Herstellung eines N-Acylderivates eines cyclischen Dicarbonsäurehydrazids**, dad. gek., daß man Phthalsäureanhydrid mit α-Pyridincarbonsäurehydrazid bei 50—100° in Lsg., z. B. W., Dioxan, Dimethylformamid oder hochsd. KW-Stoffen, zur *α-Pyridincarbonyl-Verb. des N.N-Phthalylhydrazins*, F. 218°, umsetzt. — *Tuberkulosemittel*. (**D. A. S. 1 109 685** Kl. 12p vom 26/4. 1956, ausg. 29/6. 1961.) W. Heyer. 4807

1562 F. Hoffmann-La Roche & Co. Akt.-Ges., Basel, Schweiz, **Herstellung von Hydrazinderivaten** der allg. Formel $(R_1)(R_2)N{-}N{=}C(R_3)(R_4)$ (R_1 = H oder Acylrest; R_2 = Aralkylrest oder ein $\leqq 7$ C-Atome enthaltender alicycl., gesätt. geradkettiger oder verzweigter aliphat. KW-Stoffrest; R_3 = H oder niedriger Alkylrest; R_4 = Pyridylrest) durch Rk. eines Hydrazin-Deriv. $(R_1)(R_5){-}N{-}NH_2$ (R_5 = H oder R_2) mit einer Carbonyl-Verb. $R_3{-}CO{-}R_4$, bes. einem Pyridinaldehyd. Bei der Umsetzung mit $R_2NH{-}NH_2$ kann man das Hydrazon noch nachträglich acylieren. — Na-Acetat, Isopropylhydrazinhydrochlorid u. Benzaldehyd werden in 50%ig. A. 1 Std. geschüttelt, man äthert aus u. arbeitet auf: *1-Isopropyl-2-benzylidenhydrazin*, $Kp._{0,07}$ 80—84°. Dieses löst man in abs. Bzl. u. Pyridin u. tropft Benzoylchlorid in Bzl. zu, erwärmt 2 Std. auf 80°, engt ein, digeriert mit W. u. trocknet u. krist. aus Methanol/W. (2 : 1) um: *1-Benzoyl-1-isopropyl-2-benzylidenhydrazin*, F. 75,5—77°. Davon suspendiert man 53,2 (g) in 300 W., 100 ml A., 10 Eisessig u. 12 g 80%ig. Hydrazinhydrat u. kocht 60 Std. am Rückfluß, kühlt mit Eis, fällt Benzalazin mit HCl, versetzt das Filtrat mit NH_4OH, engt ein u. arbeitet auf: *1-Benzoyl-1-isopropylhydrazin*, F. 56—58°. Eine Mischung davon mit Pyridin-4-aldehyd in 50%ig. A. wird zum Sieden erhitzt, man versetzt nach 24 Std. mit W. u. arbeitet auf: *1-Benzoyl-1-isopropyl-2-[pyridyl-(4)-methylen]-hydrazin*, F. 73—75°. — Isopropylhydrazinhydrochlorid u. Na-Acetat werden in W. mit Pyridin-4-aldehyd tropfenweise versetzt, 4 Std. bei erhöhter Temp. gerührt u. aufgearbeitet: *1-Isopropyl-2-[pyridyl-(4)-methylen]-hydrazin* (**I**), $Kp._{0,1}$ 110—113°, F. 61—65°. Dieses versetzt man in abs. Bzl. u. Pyridin tropfenweise mit Benzoylchlorid, erhitzt $1^1/_2$ Std. zum Sieden u. arbeitet auf: *1-Benzoyl-1-isopropyl-2-[pyridyl-(4)-methylen]-hydrazin*, F. 76,5—77,5°. — Aus I erhält man analog folgende 1-Isopropyl-2-[pyridyl-(4)-methylen]-hydrazine: *1-Acetyl-*, F. 92,5 bis 95,5°. — *1-[p-Chlorbenzoyl]-*, F. 85—87,5°. — *1-[Thenoyl-(2)]-*, F. 79,5—81°. — *1-Isonicotinoyl-*, F. 108—110°. — *1-[Furoyl-(2)]-*, F. 84—85°. — *1-Palmitoyl-*, F. 50—54°. — *Therapeutica*, antidepressiv, hemmen Monoaminoxydase. (**Oe. P. 215 998** vom 4/4. 1960, ausg. 10/7. 1961. Schwz. Prior. 30/4. 1959.) H.-J. Stan. 4807

1563 Ciba Ltd., Basel, Schweiz (Erfinder: Renat Herbert Mizzoni), **Herstellung von 1-[p-Isopentyloxyphenyl]-3-[p-pyridyl-(2)-phenyl]-2-thioharnstoff**, F. 128 bis 128,5°, durch 15 Min. Kochen von 3,4 (g) p-Pyridyl-(2)-anilin u. 4,4 p-Isopentyloxyphenylisothiocyanat in 15 CH_3OH. — *Pharmazeuticum*. (**Ind. P. 66 950** vom 5/3. 1959. **Aust. P. 234 960** vom 12/2. 1959, ausg. 7/9. 1961. A. Prior. 13/2. u. 25/7. 1958.) C. Lüttgen. 4807

1564 F. Hoffmann-La Roche & Co. Akt.-Ges., Basel, Schweiz, **Herstellung von Pyridylmethylaminen**. Zu E. P. 860 844; C. **1962**, 10933 ist zu ergänzen, daß man aus Benzaldehyd u. Pyridyl-(3)-methylamin über *N-[Pyridyl-(3)-methyl]-benzylamin*, $Kp._2$ 178—180°, durch dessen Umsetzung mit Benzoylchlorid in Pyridin *N-Benzyl-N-[pyridyl-(3)-methyl]-benzamid*, F. 75—76°, erhält. Dieses wird mit $LiAlH_4$ zu *N-[Pyridyl-(3)-methyl]-dibenzylamin*, F. 60—61°, hydriert. (**Oe. P. 215 999** vom 2/11. 1959, ausg. 10/7. 1961. A. Prior. 3/12. 1958.) H.-J. Stan. 4807

1565 May & Baker Ltd., Dagenham, England, **Herstellung von 1.2.2.6.6-Pentamethylpiperidin**, $Kp._{20}$ 70,5 bis 73,5°, durch Red. von 4-Brom-1.2.2.6.6-pentamethylpiperidin mit Zn-Staub u. Essigsäure oder mit H_2 in Ggw. von Raney-Ni u. NaOH oder KOH. — *Therapeuticum* mit *hypotensiven* Eigenschaften. (**Ind. P. 66 903** vom 3/3. 1959, ausg. 18/7. 1961. E. Prior. 3/3. 1958.) C. Lüttgen. 4807

1566 Lepetit S. p. A., Mailand, Italien (Erfinder: Emilio Testa und Giulio Maffi), **Herstellung von 1-Nicotinoyl-3.3-dimethylazetidin**, $Kp._{0,6}$ 130—135°. — 200 (ml) Triäthylamin werden langsam zu einem auf 0° abgekühlten Gemisch von 68 g Nicotinsäurechloridhydrochlorid, 46,4 g 3.3-Dimethylazetidin u. 500 wasserfreiem $CHCl_3$ getropft. Das Gemisch wird 1 Std. auf 50° erwärmt, in 600 W. gegeben u. die organ. Schicht aufgearbeitet. — *Analept. wirkendes Pharmazeuticum*. (**E. P. 879 883** vom 5/8. 1959, ausg. 11/10. 1961.) C. Lüttgen. 4807

1567 Ciba Akt.-Ges., Basel (Erfinder: Max Matter, Worb, und Albert Kobler, Gümligen), Schweiz, **Herstellung von als Anästhetica geeigneten Isochinolinen**, die in 1-Stellung eine mit einem 4—20, bes. 7—12 Äthylenreste enthaltenden Polyäthylenglykolrest verätherte Hydroxygruppe enthalten u. im Kern weiter durch Alkyl-, Alkylen-, Oxaalkyl-, Cycloalkyl- oder Oxacycloalkylreste mit < 10 C-Atomen substituiert sein können u. in denen der Polyäthylenglykolrest endständig eine freie oder mit einem niedermol. Alkanol verätherte Hydroxygruppe besitzt u. ggf. in einem oder mehreren der Äthylenreste durch eine niedermol. Alkyl- oder Alkoxyalkylgruppe substituiert ist, dad. gek., daß man in bekannter Weise entweder ggf. substituierte Isochinoline, die in 1-Stellung einen austauschfähigen Substituenten enthalten, ggf. in Ggw. von Kondens.-Mitteln oder Katalysatoren mit ggf. substituierten Polyäthylenglykolen oder deren niedermol. Monoalkyläthern, ggf. in Form ihrer Metallsalze, oder ggf. substituierte Isochinoline, die in 1-Stellung eine mit einem, höchstens 3 Alkylenreste enthaltenden Mono- oder Polyäthylenglykol verätherte Hydroxygruppe aufweisen, mit entsprechenden Alkylen-(1.2)-oxiden umsetzt. 0,5 (g) Na werden unter N_2 in 20 Nonaäthylenglykolmonomethyläther gelöst, u. die Lsg. wird bei einer Bad-Temp. von 110° mit 4,4 1-Chlor-3-n-butylisochinolin unter Rühren versetzt → *Nonaäthylenglykolmethyläther-[3-n-butylisochinolyl-(1)-äther]*, $Kp._{0,01}$ 215°; *Hexaäthylenglykolmethyläther-[3-äthylisochinolyl-(1)-äther]*, $Kp._{0,01}$ 178°; *Nonaäthylenglykolmethyläther-[3-n-hexylisochinolyl-(1)-äther]*, $Kp._{0,01}$ 230°; der entsprechende *-[4-n-butylisochinolyl-(1)-äther]*, $Kp._{0,01}$ 230°; *-[4-cyclohexylisochinolyl-(1)-äther]*; *Oktaäthylenglykolmono-3-n-butylisochinolyl-(1)-äther*; *Nonaäthylenglykolmethyläther-[3.4-tetramethylenisochinolyl-(1)-äther]*, $Kp._{0,01}$ 250°. (**D. A. S. 1 109 174** Kl. 12p vom 18/4. 1957, ausg. 22/6. 1961. Schwz. Prior. 25/4. 1956.) W. Heyer. 4807

1568 Ciba Ltd., Basel, Schweiz, **Herstellung von Pyrazolo-[3.4:d]-pyrimidinen.** 9 (g) 2-Dimethylamino-4-chlor-5-cyanopyrimidin (I) u. 22 Isopropylhydrazin werden in 150 A. gelöst, 5 Std. gekocht u. im Vakuum eingedampft. Der Rückstand wird in 50 W. gelöst, die Lsg. mit 2n NaOH auf den pH-Wert 10 eingestellt, der Nd. abfiltriert u. aus PAe. umkristallisiert. Er besteht aus gelben Kristallen von *1-* u. *2-Isopropyl-3-amino-6-dimethylaminopyrazolo-[3.4-d]-pyrimidin*, F. 147—149°, u. gibt mit alkohol. HCl das *Hydrochlorid*, F. 254—255°. — 8,3 I, 4,6 Hydrazinhydrat in 100 A. werden 1 Std. gekocht. Nach dem Abkühlen wird der Nd. abfiltriert, mit alkohol. HCl 1 Std. gekocht, der Nd. abfiltriert u. aus A. umkristallisiert. *3-Amino-6-dimethylaminopyrazolo-[3.4:d]-pyrimidinhydrochlorid*, F. 267—269° (Zers.). — *Pharmazeutica.* (**Ind. PP. 66 146** vom 16/12. 1958, ausg. 12/7. 1961 u. **66 147** vom 16/12. 1958, ausg. 2/5. 1961. Beide Pakistan. Prior. 13/1. 1958.) C. Lüttgen. 4807

1569 Ciba Ltd., Basel, Schweiz, **Herstellung von 7-Sulfamylpyrido-[2.3:e]-1.2.4-thiadiazin-1.1-dioxiden.** 0,75 g 2-Amino-3.5-disulfamylpyridin u. 15 ml HCOOH werden 21½ Std. unter Rückfluß gekocht, worauf der kristalline Nd. abfiltriert u. aus W. umkrist. wird. Ausbeute: 0,4 g *7-Sulfamylpyrido-[2.3:e]-1.2.4-thiadiazin-1.1-dioxid* (I), F. 323 bis 325°. Analog *6-Methyl-*I, F. 316° (Zers.). *3.6-Dimethyl-*I aus 2-Amino-6-methylpyridin-3.5-disulfonylchlorid durch Acetylieren mit Essigsäureanhydrid zu 2-(N-Acetylamino)-6-methylpyridin-3.5-disulfonylchlorid, das durch Kochen mit konz. wss. NH_4OH zum Ringschluß gebracht wird. — *Pharmazeutica.* (**Ind. P. 66 425** vom 14/1. 1959, ausg. 28/8. 1961.) C. Lüttgen. 4807

1570 Merck & Co., Inc., Rahway, N.J., V.St.A., **Herstellung von Trihalogenmethylsulfamyl-1.2.4-benzothiadiazin-1.1-dioxiden.** 2 g 2.4-Disulfamyl-5-trifluormethylanilin u. 25 (ml) 98—100%ig. HCOOH (I) werden 2 Std. unter Rückfluß gekocht u. 10—15 des I abdest., worauf das Rk.-Prod. im Eisbad gekühlt u. aus A.–Hexan umkrist. wird. *6-Trifluormethyl-7-sulfamyl-1.2.4-benzothiadiazin-1.1-dioxid* (II), F. 294—295°. Aus A.–W. umkrist., II-*Monohydrat*, F. 294—295°. Analog: *4-Methyl-*II, *3-Methyl-*II u. *2-Methyl-*II. — *Diuret.* u. *natriuret. wirkende Arzneimittel.* (**Ind. P. 67 455** vom 22/4. 1959, ausg. 13/11. 1961.) C. Lüttgen. 4807

1571 Bristol Laboratories, Inc., New York, N.Y., V.St.A., **Herstellung von 3-substituierten 6-Trifluormethyl-7-sulfamyl-1.2.4-benzothiadiazin-1.1-dioxiden** (I) durch Rk. von 2.4-Disulfamyl-5-trifluormethylanilin (II) mit einer Carbonyl-Verb. bei 50—150°, bes. 80—140°, ggf. in Ggw. eines sauren Katalysators. — 5 g II u. 45 (ml) 98%ig. 2.2-Dimethoxypropan (III) werden 32 Std. gekocht u. der Überschuß von III im Vakuum abdestilliert. Der Rückstand wird 2mal aus 20 CH_3OH + 100 W. umkrist., *3.3-Dimethyl-*I, F. 216—221°. Durch 30 Min. langes Kochen von 5 g II u. 1,85 g Pyridin-2-aldehyd (10% im Überschuß) in 30 W. u. Abkühlen in Eis wird *3-(2-Pyridyl)-3.4-dihydro-*I, F. 310—311°, erhalten u. durch 24std. Kochen von 5 g II, 2,6 Chloralhydrat, 1 Tropfen konz. H_2SO_4 u. 30 W. entsteht *3-Trichlormethyl-3.4-dihydro-*I, F. 280 bis 282°. Weitere Beispiele für die Herst. von: *3.4-Dihydro-*I, F. 269—273°, *3-Äthyl-3.4-dihydro-*I, F. 256—258° (Zers.), *3-Methyl-3.4-dihydro-*I, F. 247—250° (Zers.), *3-Benzyl-3.4-dihydro-*I, F. 221—223°, u. *3-Phenyl-3.4-dihydro-*I, F. 219 bis 221°. — *Pharmazeutica* mit *diuret.* Wirkung. (**Ind. P. 67 308** vom 8/4. 1959, ausg. 25/10. 1961.) C. Lüttgen. 4807

1572 Miles Laboratories, Inc., Elkhart, Ind., V.St.A., **Diazepinderivate.** Zu Aust. P. 223 133; C. **1962,** 10570 ist nachzutragen: *1-Carbamoyl-2.4.8-trimethyl-2.3.4.5-tetrahydro-1.5-benzothiazepin*, $C_{13}H_{19}N_3O$, F. 204—207°. Vgl. A. P. 2 899 359; C. **1962,** 572. (**E. P. 858 558** vom 21/1. 1958, ausg. 11/1. 1961. A. Prior. 23/1. u. 9/12. 1957.) G. Vogel. 4807

1573 Schering Corp., Bloomfield, übert. von: William Charney, Bloomfield, Hershel L. Herzog, Mountain View, und David Sutter, Clifton, N.J., V.St.A., **15β-Hydroxyverbindungen der Pregnanreihe.** Man hydroxyliert z. B. Δ^4-Pregnen-17α.21-diol-3.20-dion mit einer Kultur von *Bacillus megatherium* unter üblichen aeroben u. submersen Bedingungen → *Δ^4-Pregnen-15β.17α.21-triol-3.20-dion*, F. 240 bis 241° (Zers.); $[\alpha]_D^{25}$ 103°; *21-Acetat*, F. 244—246°; $[\alpha]_D^{25}$ 92°; *15.21-Diacetat*, F. 202—207°; $[\alpha]_D^{25}$ 54°. Die Überführung in das 1-Dehydroanaloge auf mikrobiolog. Wege wird, jedoch ohne Angabe physikal. Kennzahlen, beschrieben. — *Heilmittel* sowie Zwischenprodd. zu deren Herstellung. (**A. P. 3014 051** vom 1/11. 1956, ausg. 19/12. 1961.) U. Sievers. 4809

1574 American Cyanamid Co. (Erfinder: Seymour Bernstein, Milton David Heller und Stephen Myron Stolar), V.St.A., **11β.16α.17α.21-Tetrahydroxy-9α-fluor-2-methyl-$\Delta^{1.4}$-pregnadien-3.20-dion,** F. 240—242°; $[\alpha]_D^{25}$ 43,7°, erhält man durch SeO_2-Dehydrierung von 16α.21-Diacetoxy-9α-fluor-11β.17α-dihydroxy-2α-methyl-Δ^4-pregnen-3.20-dion in Ggw. von tert.-Butanol u. Essigsäure → *16α.21-Diacetoxy-9α-fluor-11β.17α-dihydroxy-2-methyl-$\Delta^{1.4}$-pregnadien-3.20-dion*, F. 154—203°, u. anschließende Verseifung mit methanol. KOH. — *Heilmittel.* (**Aust. P. 231 347** vom 29/10. 1958, ausg. 22/12. 1960. A. Prior. 13/11. 1957.) U. Sievers. 4809

1575 Merck & Co., Inc., Rahway, übert. von: Frank J. Wolf, Westfield, N.J., V.St.A., **Extraktion von Cathomycin** aus wss. Lsgg. mit einem organ., wenig polaren, neutralen, wasserunlösl., in kalter konz. H_2SO_4 u. H_3PO_4 lösl. Lsgm. (Ester, Ketone, Alkanole mit >4 C-Atomen, z. B. Amylacetat) bei pH ca. 7 u. Auszieher des Extrakts mit einer wss. Puffer-Lsg. bei pH ≤8,5. — Vgl. D. A. S. 1 037 071; C. **1959,** 11669. (**Can. P. 569 763** vom 20/2. 1956, ausg. 27/1. 1959. A. Prior. 30/11. 1955.) H.-J. Nitzschke. 4811

1576 Fenwal Laboratories, Inc. (Erfinder: Francis Alonzo Wandell und Edward Joseph Poitras), **Konservieren von Blut** in zwei flexiblen Speicherkammern, von denen die 1. einer kurzfristigen Konservierung mit z. B. einer Heparin-Lsg. als Konservierungsmittel u. die 2. einer langfristigen Konservierung mit z. B. einer sauren Citrat–Dextrose-Lsg. als Konservierungsmittel dient. — Abbildung. (**Aust. P. 234 494** vom 12/8. 1959, ausg. 27/7. 1961. A. Prior. 6/5. 1959.) K. Demmler. 4813

1577 Chas. Pfizer & Co., Inc., Brooklyn, N.Y., V.St.A., **Arzneimittel,** bestehend aus Vaccinen von Vieren, Rickettsien oder Bakterien, gek. durch einen Geh. an 0,5—4 (%) Alkalialginat oder Propylenglykolester der Alginsäure u. ggf. 0,05—0,5 Hexadecylamin, Cholesterin, Palmitin- oder Stearinsäure. (**Ind. P. 67 388** vom 17/4. 1959, ausg. 1/8. 1961.) C. Lüttgen. 4813

1578 Yuichi Yamamura, Fukuoka, Japan, **Gewinnung von reinem Tuberculin,** dad. gek., daß man Tuberkelbakterien mit verd. HCl extrahiert, den Extrakt mit wss. Alkali bis zum pH-Wert 7 neutralisiert, das Peptid (II) mit Pikrinsäure als Pikrat (I) ausfällt u. aus dem I das II mit säurehaltigem Alkohol, z. B. 1%ig. HCl-Lsg. in 95%ig. A., gewinnt. (**Ind. P. 67 732** vom 19/5. 1959, ausg. 9/9. 1961.) C. Lüttgen. 4813

1579 Glaxo Laboratories Ltd., Greenford, England, **Herstellung von Vaccine** zur Behandlung der Enterotoxämie bei Schafen. Man kultiviert einen toxinbildenden Stamm von Clostridium welchii, Typ D, in einem Nährmedium, bes. enzymat., z. B. mit Papain, abgebautem Fleisch, trennt die Bakterien ab u. immunisiert das Filtrat bei pH 7,4 nach Zugabe von 1% Formalin 14—18 Tage bei 37°. Der Immunstoff (I) wird durch eine Behandlung von 1 Std. bei 37° u. Trypsin aktiviert, worauf man die Lsg. auf 4° abkühlt u. bei pH 4,5—5 mit $(NH_4)_2SO_4$ (II) dem I fraktioniert ausfällt, wobei die Konz. des II in der Lsg. am Schluß 20—25% betragen soll. Der ausgefällte I wird in einer gepufferten Salz-Lsg., bes. $Na_2B_4O_7$-Lsg., bei pH 8 gelöst, gegen dest. W. dialysiert, bis er frei von II ist, u. steril gefiltert. Er weist >4000, bes. >6000 Flocculationsäquivalente (Lf) pro mg Proteinstickstoff auf. (**Ind. P. 65 731** vom 4/11. 1958, ausg. 2/11. 1961.) C. Lüttgen. 4813

1580 Ciba Ltd., Basel, Schweiz, **Arzneimittel** mit stimulierender Wrkg. auf das Zentralnerven-Syst., gek. durch einen Geh. an 0,05—50% Pentyl-(2)-hydrazin oder dessen Salzen. (**Ind. P. 70 080** vom 16/12. 1959, ausg. 28/11. 1960.) C. Lüttgen. 4815

1581 Chas. Pfizer & Co., Inc., Brooklyn, N.Y., V.St.A., **Mittel zur Behandlung von Diabetes,** enthaltend N-(p-Chlorbenzolsulfonyl)-N'-propylharnstoff oder dessen Ca-, Mg-, Al- oder Na-Salze, werden durch den Zusatz von 20 bis 80% eines Antacidums, bes. $NaHCO_3$, $Mg(OH)_2$, $Al(OH)_3$ oder Hydroxy-Al-Mg-Aminoacetat, bei oraler Anwendung verträglicher. (**Ind. P. 67 020** vom 11/3. 1959, ausg. 20/9. 1961.) C. Lüttgen. 4815

1582 Biorex Laboratories Ltd. (Erfinder: Siegfried Gottfried und Lily Baxendale), **Arzneimittel** mit entzündungshemmender Wrkg., gek. durch einen Geh. an Salzen der Glycyrrhetinsäure (I) mit organ. Basen, bes. dem Piperazin-, N-Methylglucamin- u. Triäthanolaminsalz, oder Acyl-Derivv. der I, bes. Propionyl-I u. I-Hydrogensuccinat u. dessen Di-Na-Salz. (**Aust. P. 233 865** vom 13/11. 1958, ausg. 15/6. 1961.) C. Lüttgen. 4815

1583 Ciba Ltd., Basel, Schweiz (Erfinder: George de Stevens und Lincoln Harvey Werner), **Oral zu nehmendes Arzneimittel gegen Hypertonie,** enthaltend 1—75% 6-Chlor-7-sulfamyl-3.4-dihydro-1.2.4-benzothiadiazin-1.1-dioxid (I) u. 0,02—1 Syrosingopin (Ind. P. 67 616), 1—75 I u. 0,005—5 eines Indolalkaloids, z. B. Reserpin (II) (Ind. P. 67 617), 1—50 I u. 1—60 1-Hydrazinophthalazin (III). (Ind. P. 67 618) oder 1—20 I, 1—60 III u. 0,005—0,5 II (Ind. P. 67 619, Aust. P. 234 900). (**Ind. PP. 67 616** vom 7/5. 1959, ausg. 16/1. 1961, **67 617** vom 7/5. 1959, ausg. 20/12. 1960, **67 618** vom 7/5. 1959, ausg. 13/12. 1960, **67 619** vom 7/5. 1959, ausg. 18/7. 1961. **Aust. P. 234 900** vom 7/4. 1959, ausg. 31/8. 1961. A. Prior. 9/4. 1958 u. 9/2. 1959.) C. Lüttgen. 4815

1584 Mozes J. Lewenstein (Erfinder: Ulrich Weiss), **Arzneimittel** mit analget. u. sedativer Wrkg., gek. durch einen Geh. an *14-Hydroxydihydromorphin* (I), F. 252—253°, oder dessen Additionssalzen. I ist erhältlich durch Red. von 14-Hydroxydihydromorphinon mit $NaBH_4$ oder durch Demethylieren von 14-Hydroxydihydrocodein B mit konz. wss. HBr bei 90°. (**Aust. P. 233 873** vom 17/12. 1958, ausg. 15/6. 1961. A. Prior. 17/12. 1957.) C. Lüttgen. 4815

1585 Zaidan Hojin Nagao Kenkyusho, übert. von: Taizo Yamashita, Tokio, Japan, **Arzneimittel.** Es besteht aus 2—4 (Teilen) Thiamin, 4—6 Riboflavin, 1 Pyridoxin u. 10—1000 Glycyrrhetinsäure. — Gegenmittel gegen die Gift-Wrkg. von Nicotin. (**A. P. 3 011 944** vom 8/10. 1956, ausg. 5/12. 1961.) K. Koebke. 4815

1586 Chas. Pfizer & Co., Inc. (Erfinder: Joseph Jolin Ursprung), **Therapeuticum für die Behandlung der Coccidiose** von Geflügel, bestehend aus 3.5-Diketo-2.3.4.5-tetrahydro-1.2.4-triazin oder einem Alkali- oder Erdalkalisalz davon. (**Aust. P. 235 126** vom 28/7. 1959, ausg. 14/9. 1961. A. Prior. 12/8. 1958.) K. Demmler. 4817

G. Analyse, Laboratorium

1587 **Beobachtungs- und Meßgenauigkeit im Laboratoriumsbetrieb.** H. Schulz. (Chem. Rdsch. [Solothurn] **16,** 313—15, 1963; dt.) — Allg. Ausführungen. Gerhard Schulze. 5010◇

1588 **Über die Reproduzierbarkeit beim Pipettieren — statistische Untersuchungen.** Józefa Bocheńska und Andrzej Rokosz. (Chem. analit. [Warszawa] **8,** 327—32, 1963; Kraków, Jagiellonian Univ., Dep. of Inorg. Chem.; pol.) — Vff. untersuchen die Reproduzierbarkeit des Auslaufens von 5-, 10-, 25-, 50- u. 100-ml-Pipetten, wobei einmal die Pipette senkrecht gehalten u. zum Schluß mit der Pipettenspitze die Gefäßwand berührt wurde, zum anderen bei senkrechtem Auslauf die ganze Zeit über Kontakt zwischen Pipettenspitze u. Gefäßwand bestand u. zum dritten die Pipette unter 30° geneigt wurde u. die Gefäßwand berührte. Die Auslaufzeit betrug in jedem Falle 15 Sekunden. Die Ergebnisse wurden statist. ausgewertet. Zwischen den drei Auslauf-Meth. besteht kein wesentlicher Unterschied in der Reproduzierbarkeit. Mit steigendem Vol. der Pipette nimmt der Absolutwert der Standardabweichung zu, während ihr Relativwert sinkt. An einem Tag gewonnene Meßwerte stimmen besser überein als die über einen längeren Zeitraum gemessenen Werte. Gerhard Schulze. 5014◇

1589 **Ein Schwingthermometer.** Peter D. Richardson. (Amer. J. Physics **31,** 395, 1963; Providence, R.I., Brown Univ., Div. of Engng.; engl.) — Beschreibung eines Dampfdruck-Schwing-Thermometers. W. Wesly. 5016◇

1590 **Bestimmung des Gewichtes eines Stoffes, der unter Vakuum in eine Phiole eingeschmolzen wurde.** P. P. Rutherford. (Chem. and Ind. **1962,** 1614; Achford, Kent, Wye Coll.; engl.) — Eine Phiole vom Gew. w_p wird unter Vakuum mit einem Stoff vom Gew. w_x gefüllt. Ein Glasrohr bestimmter Länge mit genau markiertem Mittelpunkt (M) u. bekanntem Gew. w_t wird mit dem einen Ende (A) an den Hals der Phiole u. mit dem anderen Ende (B) an den Vakuumansatz angeschmolzen; anschließend wird bei A u. B abgeschmolzen. Zur Gew.-Best. zerbricht man das abgeschmolzene Glasrohr bei M u. wägt die bei A angeschmolzene Hälfte zusammen mit der abgeschmolzenen Phiole. Aus dem erhaltenen Gew. w ergibt sich $w_x = w - w_p - \frac{1}{2} w_t$. H. Kuchenbecker. 5022◇

1591 **B.T.L-Trockenschrank „Stabilec".** Anonym. (Lab. Pract. **12,** 132—33, 1963; Chadwell Heath, Essex, Baird and Tatlock Ltd.; engl.) — Beschreibung eines elektr. beheizten einstellbaren Trockenschranks für Temp. von 30—200°. W. Wesly. 5022◇

1592 **Erzeugung und Messung von Ultrahochvakuum,** J. Dutton. (Res. appl. in Ind. **12,** 103—06, 1959; Swansea. Univ. Coll., Dep. of Phys.; engl.) — Prinzip des Ganzmetallvakuumventils nach Alpert u. des Ionisationsmanometers nach Bayard-Alpert u. seine Verw. als Pumpe. R. Junge. 5026◇

1593 **Ein Schwingdialysator.** R. Barbour und R. F. Gledhill. (Lab. Pract. **11,** 619—20, 1962; Wellington, New Zealand, Victoria Univ. of Wellington, Chem. Dep.; engl.) — App.-Beschreibung. W. Wesly. 5030◇

1594 **Eine Apparatur für schnelle Simultandialyse verschiedener Proben.** J. W. Porteous. (Lab. Pract. **11,** 135—37, 1962; Aberdeen, Univ., Marischal Coll., Dep. of Biol. Chem.; engl.) — Es wird eine App. beschrieben, die folgende Vorteile bietet: 1. alle Dialysesäcke werden mit der gleichen Geschw. durch die äußere Lsg. bewegt; 2. das Vol. der zu dialysierenden Lsg. kann in weiten Grenzen variiert werden; 3. es können große Mengen von Proben gleichzeitig dialysiert werden; 4. die Säcke können leicht befestigt u. abgenommen werden; 5. die Halterungen sind zur Kennzeichnung der einzelnen Proben numeriert. Die App. besteht aus einem Glastank, in dem sich an einer drehbaren Achse zwei gegeneinander verstellbare Platten mit den Halterungen für die Dialysiersäcke befinden. Die Achse steckt mit ihrem unteren Teil in einer Führung, die auf einer auf dem Boden des Tanks befindlichen Platte montiert ist. G. Seltmann. 5030◇

1595 **Flüssig-Flüssig-Extraktionen.** 1. Mitt. **Zwei einfache Extraktionsgeräte für das Batch-Verfahren.** N. Jackson. (Lab. Pract. **11,** 616—18, 1962; Harwell, AERE; engl.) — Vgl. C. **1963,** 20913. — Beschreibung eines Extraktionsgeräts in zwei verschiedenen Ausführungsformen, dem eine Phase laufend unter Rühren zugeführt, von der zu extrahierenden Phase getrennt u. abgeführt wird. W. Wesly. 5034◇

1596 **Über ein neues Labor-Mikro-Mischgerät.** H. Fuhrmann. (Glas-Instrumenten-Techn. **6,** 79—80, 1962; Hamburg; dt.) — Zum Vermischen, Emulgieren u. Extrahieren im Reagensglas wird das Rapimix-Gerät, ein Magnetrührer mit in Teflon eingebettetem Rotor, beschrieben. Die Anwendungsmöglichkeit wird bes. für physiolog. Fll. dargelegt. K. Scheffler. 5036◇

1597 **Laboratoriums-Tieftemperaturrektifikationskolonne.** W. M. Kedjarkin und A. D. Sorin. (Betriebs-Lab. [UdSSR] **29**, 509, 1963; Gorki-Univ., Wiss. Forschungsinst. für Chem.; russ.) — Beschreibung einer Kolonne zur Rektifizierung von Fl. mit Kpp. $<0^0$. Ch. Weiske. 5038◇

1598 **Kopf für eine Vakuum-Rektifikationskolonne.** Ju. L. Spirin. (Betriebs-Lab. [UdSSR] **29**, 510, 1963; Wiss. physikal.-chem. Korpow-Forschungsinst.; russ.) — Dest.-Kopf mit kleiner Phlegmazahl. Ch. Weiske. 5038◇

1599 **2.3-Dimethylpentan und 2-Methylhexan als Prüfgemisch zur Beurteilung von Fraktionierkolonnen hohen Wirkungsgrades.** Edwin C. Kuehner. (J. Res. nat. Bur. Standards, A **67**, 15—18, 1963; engl.) — Ein Gemisch aus 2.3-Dimethylpentan, Kp. 89,784°, u. 2-Methylhexan, Kp. 90,052°, wird hergestellt u. seine Flüchtigkeit durch fraktionierte Dest. bestimmt. Das Prüfgemisch wird theoret. u. prakt. mit anderen Prüfgemischen verglichen, die zur Beurteilung von Fraktionierkolonnen hohen Wrkg.-Grades dienen. W. Wesly. 5038◇

1600 **Rheoviscosimeter für sedimentierende Suspensionen.** U. Z. Andress. (Betriebs-Lab. [UdSSR] **29**, 499—500, 1963; Inst. für Fossilien der Akad. der Wiss. der UdSSR; russ.) — Beschreibung eines Durchflußviscosimeters mit Rührvorrichtung. Ch. Weiske. 5040◇

1601 **Automatisches Rotationsviscosimeter und Hochdruckgerät zur Untersuchung des nichtnewtonschen Verhaltens von Stoffen.** A. F. Gabrysh, H. Eyring, Shao-Mu Ma und Kai Liang. (Rev. sci. Instruments **33**, 670—82, 1962; Salt Lake City Utah, Univ. of Utah, Dep. of Metallurg.; engl.) — Beschreibung von 2 Geräten. W. Wesly. 5040◇

1602 **Halbmikrobestimmung des Molekulargewichts mit einem Taupunktsystem.** Angelo De Ros, Oliviero Fagioli und Piero Sensi. (Analytic. Chem. **35**, 1054—57, 1963; Milan, Lepetit S. p. A., Res. Labor.; engl.) — Vff. beschreiben einen Taupunkt-App. zur Molgew.-Best. mit sechs Zellen, von denen fünf mit jeweils 2 ml von Lsgg. einer Standardsubstanz in abgestuften Konzz. (0,08—0,2*m*) u. die sechste Zelle mit der Lsg. der Unters.-Substanz gefüllt werden. Ihre Konz. muß im Bereich der fünf bekannten Lsgg. liegen. Die Zellen werden mit einer geschliffenen Glasplatte abgedeckt. Dann erwärmt man die in einem platinierten Cu-Block befindlichen Zellen langsam u. gleichmäßig bis etwas über Zimmer-Temp., bedeckt die Glasplatte 15 Sek. lang mit einer Kühlscheibe aus Al u. ermittelt die Zeit, in der die kondensierten Fl.-Filme auf der Glasplatte über den Lsgg. in der Reihenfolge der molaren Konzz. infolge Rückkehr zum Temp.-Gleichgewicht wieder verschwinden. Trägt man diese Zeiten gegen die Konzz. auf, so läßt sich durch Interpolation die Molarität der unbekannten Lsg. ermitteln. Die Meth. eignet sich für Lsgm. mit einem Siedebereich von 40—120°. Sie wurde an Substanzen mit einem Molgew. <500 geprüft. Die relative Standardabweichung betrug $\pm 2\%$. R. John-Bilal. 5044◇

1603 **Kleinwinkelbeugungsapparat zur Untersuchung des Quellens von Tonmineralien.** J. A. Rausell-Colom und K. Norrish. (J. sci. Instruments **39**, 156—59, 1962; Adelaide, C.S.I.R.O., Div. of Soils; engl.) — Beschreibung des Apparats. Als Anwendungsbeispiele sind die Unters.-Ergebnisse eines orientierten Aggregats von *Na-Montmorillonit* in 0,1n NaCl, eines Einkristalls von *Li-Vermiculit* in 0,03n LiCl u. eines Einkristalls von *Butylammoniumvermiculit* in W. beschrieben. C. Gottfried. 5048△

1604 **Anwendung der Aktivierungsanalyse in der allgemeinen Praxis der chemischen Analyse.** J. F. W. Tertoolen. (Chem. Weekbl. **59**, 245—47, 1963; Rijswijk, Analyt. Inst., T.N.O.; niederl.) — Übersicht. W. Wesly. 5052◇

1605 **Empfindlichkeiten für die Aktivierungsanalyse mit 14-MeV-Neutronen.** A. S. Gillespie jun. und W. W. Hill. (Nucleonics [New York] **19**, Nr. 11, 170—73, 1961; New Kensington, Pa., Aluminium Co. of America, Alcoa Res. Labor.; engl.) — Tabellar. Zusammenstellung der Empfindlichkeiten, die aus verfügbaren Querschnittsdaten berechnet worden sind. Gerhard Schmidt. 5052◇

1606 **Eine Untersuchung der Eigenschaften von Kationen-empfindlichen Gläsern als Elektrodenmaterial.** J. A. Savage und J. O. Isard. (Physics Chem. Glasses **3**, 147—56, 1962; Sheffield, Univ., Dep. of Glass Technol.; engl.) — Die elektr. Potentiale von Elektroden der Gläser des Syst. Na_2O–Al_2O_3–SiO_2 u. Na_2O–B_2O_3–SiO_2 wurden in 0,0001—1n Lsg. von NaCl, KCl u. Li_2SO_4 bei 25° bestimmt. Alle Elektroden reagieren auf Konz.-Änderungen langsam innerhalb weniger Min. bis zu mehr als einer Stunde. Die Beständigkeit von Gläsern des ersten Syst. wurde durch Auslaugung von Körnern in dest. W. bei 60° bis zu einer Dauer von 4 Std. bestimmt. Es konnte kein Zusammenhang zwischen der Ansprechgeschw. der Elektroden u. der Stärke der ausgelaugten Schicht an der Glasoberfläche, die proportional dem Na_2O-Verlust angenommen wurde, festgestellt werden. Wenn jedoch eine Elektrode, die geringe Ansprechzeit in NaCl-Lsg. aufwies, 48 Std. lang in W. von 60° ausgelaugt worden war, zeigte sie sich anschließend extrem träge. Es wird daraus geschlossen, daß die ausgelaugte Oberflächenschicht einer Elektrode eine der Ursachen der Anzeigeträgheit ist. Aus den Gleichgewichtspotentialen an den Elektroden können die Rk.-Konst. des Ionenaustauschprozesses abgeleitet werden. J. Heinze. 5054◇

1607 **Eine in Glas eingeschmolzene Bezugselektrode für Lösungsmittel aus geschmolzenen Nitraten.** D. Inman. (J. sci. Instruments **39**, 391, 1962; Reading, Berks., Univ., Chem. Dep.; engl.) H. Roschkowski. 5054

1608 **Konstruktion von polarisierten Gold-Doppelelektroden.** Harry Huth und Nathaniel C. Johnson. (Chemist-Analyst **50**, 55—56, 1961; St. Louis, Mo., Washington Univ., School of Med.; engl.) — 24karätiger Au-Draht (auch Ag-Draht), der zur Verlängerung mit W-Draht verlötet ist, kann mit Hilfe von dünnwandigem Uranglas in Borosilicatglas eingeschmolzen werden; besondere Sorgfalt ist notwendig, um die mit Ag verlötete Au–W-Lötstelle nicht zu lösen. F. Huber. 5054

1609 **Ein automatisches Platiniergerät.** G. O. Jolliffe. (Lab. Pract. **12**, 156—58, 1963; London, School of Pharm.; Chelsea Coll. of Sci. and Technol.; engl.) — Um ein Pt-Elektrodenpaar zur Wiederverwendung neu zu platinieren, wurde eine automat. Einrichtung geschaffen, die für die Zeitdauer von 12 Min. verfahrensgemäß alle ½ Min. Stromwechsel u. schließlich unter Zusammenschaltung der beiden Elektroden u. Einsatz einer 3. Elektrode als Anode für die Folgezeit von 11 Min. die Reinigung der Pt-Auflage durch Behandlung mit verd. H_2SO_4 vornimmt. R. Kaiser. 5054◇

1610 **Die Messung des Oberflächenwiderstandes.** E. C. Salthouse und K. C. Kao. (J. sci. Instruments **40**, 49—50, 1963; Bristol, Univ., Dep. of Electr. Engng., Engng. Labor.; Salford, Lancs., Royal Coll. of Adv. Technol., Dep. of Electr. Engng.; engl.) — Diskussion um die Eliminierbarkeit eines kleinen Stroms zwischen den Meßelektroden bei Messungen des Oberflächenwiderstandes eines Dielektrikums im Drei- u. Vierelektrodensystem. W. Betcke. 5054◇

1611 **Eine Schiefstell-Vorrichtung für das Vickers-Projektionsmikroskop.** J. M. Adams und C. W. Heard. (J. sci. Instruments **40**, 40—41, 1963; Leatherhead, Surrey, Printing, Packaging and Allied Trades Res. Assoc.; engl.) — Beschreibung eines Aufsatzes für das Projektionsmikroskop, mit dessen Hilfe das Objekt zur besseren Verdeutlichung der Oberflächenplastik schief gestellt werden kann. W. Betcke. 5056◇

1612 **Das Polarisationsinframikroskop und seine Anwendung zur Untersuchung von Silicium.** W. I. Nikitenko und W. L. Indenbom. (Betriebs-Lab. [UdSSR] **29**, 222—25, 1963; Inst. für Kristallograph. der Akad. der Wiss. der UdSSR; russ.) Ch. Weiske. 5056◇

1613 **Metallographische Untersuchungen bei hohen Temperaturen.** P. Feltham. (Lab. Pract. **11**, 521—25, 1962; Leeds, Univ.; engl.) — Es werden App. zur Mikrohärteprüfung u. für metallograph. Unterss., verbunden mit einer Vorr. für Röntgenbeugungs-Unterss., bei Temp. bis zu 1100° beschrieben. Die Anwendungsmöglichkeiten werden an metallograph. Aufnahmen von bei 1000° unterschiedlich gedehnten Proben von reinem Ni demonstriert. Wolfgang Krüger. 5060◇

1614 **Messung des elektrischen Widerstandes von auf nichtleitende Folien aufgedampften Metallschichten.** E. W. Kruidhof und H. Moret. (J. sci. Instruments **39**, 132, 1962; Geel, Belgium, Common Res. Centre EURATOM, Central Bur. for Nucl. Measur.; engl.) — Beschreibung der Meßvorr., bei der eine Verletzung der zu untersuchenden Metallschicht durch die Kontaktnadel ausgeschlossen ist. Gemessen wurden mit dem App. die Widerstände von *Au*-Schichten (6 bis

15 μg cm^{-2}) auf einer Plastikfolie. Die gemessenen Schichtwiderstände lagen zwischen 40 Ω u. unendlich.
C. Gottfried. 5060△

1615 **Chromatographie-Geräte.** 1. Mitt. **Erläuterung chromatographischer Fachausdrücke.** G. Wohlleben. (Glas-Instrumenten-Techn. **6**, 381—84, 1962; Eschwege, M. Woelm, Adsorbentien-Abt.; dt.) — Vf. stellt in der Chromatographie häufig gebrauchte u. mit „Chromato-" beginnende Ausdrücke zusammen u. erläutert sie. H. J. Altmann. 5062◇

1616 **Wahl des chromatographischen Untersuchungsverfahrens.** 1. Mitt. **M. Ss. Zwet, der Schöpfer der chromatographischen Methode.** I. M. Perzew, I. W. Krassowski und G. P. Piwnenko. (Pharmaz. J. [UdSSR] **18**, Nr. 1, 18—23, 1963; Charkow, Pharmakolog. Inst.; ukrain., Auszug: engl.) — Allg. Ausführungen über die Säulen- u. Fällungschromatographie u. über ihre Vorteile gegenüber anderen Meth. an Hand der Literatur. — 26 Literaturangaben. O. Lebtag. 5062△

1617 **Fokussierende Chromatographie.** Mutsuaki Shinagawa und Yoshiyuki Kiso. (Japan Analyst **10**, 912—20, 1961; Osaka Univ.; jap.) — Krit. Übersicht über die von Kolin (Naturwissenschaften **42**, [1955], 367), Schumacher (C. **1958**, 39; C. **1960**, 16200) u. Vff. (C. **1963**, 5738) entwickelten Verff. der fokussierenden Chromatographie, einer neuen Kombination von Elektrophorese u. Chromatographie, mit Vgl. der Prinzipien u. App. sowie Anwendungen. — 21 Literaturangaben. L. Schuler. 5062◇

1618 **Gaschromatographie — Theorie und Praxis.** Eiichi Funakubo. (Chem. and chem. Ind. [Kagaku to Kogyo] **16**, 856—62, 1963; Ôsaka-Daigaku, Kôgakubu; jap.) — Übersicht.
E. Maekawa. 5062◇

1619 **Schwerpunkte der Entwicklung kommerzieller Apparaturen in der Gaschromatographie 1962.** H. Kelker und O. Weber. (Chemie-Ing.-Techn. **35**, 301—06, 1963; Frankfurt/M.-Höchst, Farbwerke Hoechst Akt.-Ges.; dt.) — Überblick über die während des 4. Internationalen Symposiums über Gaschromatographie (Hamburg 1962) ausgestellten Geräte (speziell temperaturprogrammierte), Detektoren u. Integratatoren. D. Hoene. 5062◇

1620 **Sammelgefäß für die Gaschromatographie im Mikromaßstab.** Harvey J. Gold. (Chemist-Analyst **49**, 112, 1960; Winter Haven, Fla., U. S. Dep. of Agric., U. S. Fruit and Vegetable Prod. Labor.; engl.) — Es wird die Herst. u. Anwendung eines Röhrchens zum Auffangen u. Aufbewahren von μl-Fraktionen aus der Gaschromatographiersäule beschrieben. Dieter Heinrich. 5062◇

1621 **Gaschromatographische Analyse wässeriger Lösungen.** R. A. Baker. (Mater. Res. Standards **2**, 983—88, 1962; Philadelphia, Pa., Franklin Inst., Labor. for Res. and Dev.; engl.) — Übersicht. Anwendung der Gaschromatographie zur Best. von Spuren-Konzz. organ. u. anorgan. Verbb. in wss. Lsg. unter Hervorhebung ihrer Bedeutung für die analyt. Abwasserkontrolle. — 23 Literaturangaben.
C.-E. Döring. 5062◇

1622 **Analyse von Spurenverunreinigungen mit der Gaschromatographie.** M. Ss. Wigdergaus, M. I. Afanassjew und K. A. Golbert. (Fortschr. Chem. [UdSSR] **32**, 754—71, 1963; Nowo Kuibyschew, Wiss. Forschungsinst. für synthet. Alkohole u. organ. Prodd.; russ.) — Übersicht (Besonderheiten der chromatograph. Analyse von Spurenverunreinigungen, Analyse der Verunreinigungen unter Verw. großer Proben oder hochempfindlicher Detektoren). — 91 Literaturangaben. Ch. Weiske. 5062◇

1623 **Metallinterferenzfilter.** Horst Günzler. (Jenaer Rdsch. **4**, 188—95, 1959; dt.) — Theorie u. Anwendungen der Metallinterferenzfilter sowie inhomogene Interferenzfilter werden besprochen. Gerhard Schulze. 5063◇

1624 **Die Verwendung von besonderen Atmosphären in der Spektralanalyse.** R. Farský. (Metallurgia [Manchester] **67**, 51—54, 1963; engl.) — Vgl. C. **1963**, 11755. — Die möglichen Einw. von verschiedenen Atmosphären auf die Ergebnisse der Spektralanalyse werden erörtert. F. Vier. 5063◇

1625 **Einfache Hilfsmittel zur Spektrographie.** Ernö Gegus. (Magyar Kémikusok Lapja [Z. Ver. ung. Chemiker] **18**, 141—44, 1963; Budapest, Eisenforschungsinst.; ung.) — Pulverfülltrichter zum verlusfreien Einfüllen der Probe; Elektrodenhalterbüchse für die vorbereiteten Elektroden; temperierbare Entw.-Schale aus Plexiglas; Federzange mit Graphitspitze; Wiegeeinrichtung zum Bewegen der Entw.-Schalen. J. Kis. 5063△

1626 **Einige weitere Bemerkungen zum Energieverlust durch Beugung in einem Spektrographen.** Joseph Junkes. (Atti Fondaz. Giorgio Ronchi Contr. Ist. naz. Ottica **15**, 526—36, 1960; Castel Gandolfo, Labor. Astrofisico della Specola Vaticana; engl.) — Der Energiedefekt im Brennpunkt bei kohärenter Beleuchtung des Spaltes eines Spektrographen kann durch Beugungserscheinungen an der Kollimatoröffnung erklärt werden. Es wird eine mathemat. Näherung vorgeschlagen, die einer umgekehrten Ableitung der Fraunhoferschen Abb. in der Brennebene entspricht.
Bernd Johannsen. 5063◇

1627 **Spektrophotometrie im nahen Ultrarot-Bereich auf dem Zeiss-Gerät UR 10.** J. Suchý und M. Vašátková. (Chem. Zvesti **16**, 486—90, 1962; Bratislava, Akad. vied, Chem. ústav; slowak.) — Mit dem obengenannten Gerät kann man in dem Bereich 5000—10000 cm^{-1} messen, wenn das NaCl-Prisma bei dem auf dem App. eingestellten Bereich 930—1130 cm^{-1} gegen das LiF-Prisma durch Drehung des Prismentisches vertauscht wird. Z. Pechan. 5063△

1628 **Einfache Umwandlung der Registriervorrichtung des registrierenden Beckmann IR-4-Spektrophotometers zur Verwendung von kleinem Registrierpapier.** Robert Humphry. (Rev. sci. Instruments **32**, 220—21, 1961; Binghamton, N.Y., Armco Res. Labor.; engl.)
C. Gottfried. G 5063△

1629 **Temperatur-Kontrollsystem für ein Spektrophotometer.** S. W. Thorne. (J. sci. Indtruments **37**, 478—80, 1960; Canberra, C.S.I.R.O., A. Inst. P., Div. of Plant Ind.; engl.) — Mit Hilfe eines Thermistors in einer Brückenschaltung ist eine Temp.-Kontrolle über eine 5-cm-Standardküvette u. Inhalt im Bereich von 30—80° möglich. Gegen ein Standardthermometer geeichte Kontrollpunkte wurden alle 5° gewählt; dies entspricht einer Trennschärfe mit einer Genauigkeit von ±0,1°. Durch eine Interpolations-Meth. können die Kontrollpunkte alle 2,5° berechnet u. die Trennschärfe auf ca. ±0,05° verbessert werden. Die Temp.-Kontrolle kann wechselweise auf die Proben- u. die Vgl.-Küvette angewandt werden. Der Thermistor, der einige 100 Std. bei 100° gealtert wurde, wird durch einen Neopren-Deckel an die Fl.-Oberfläche in der Küvette gebracht. Die Fl. wird elektromagnet. gerührt. Die Bewegung erfolgt in der unteren $^3/_{16}$-in.-Schicht der Fl. außerhalb des Verlaufs des Lichtstrahls.
G. Peters. 5063◇

1630 **Korrekturen für die Reflexion bei Messungen der Lichtstreuung für verschiedene Küvetten mit dem Photometer vom Brice-Typ.** Y. Tomimatsu und K. J. Palmer. (J. physic. Chem. **67**, 1720—22, 1963; Albany, Calif., Western Regional Res. Labor.; engl.) — Vff. teilen Ausdrücke für das Rayleigh-Verhältnis R_Θ für verschiedene Küvettenformen in Form des Eichfaktors für die Streuung unter —90° für quadrat. Küvetten mit, die eine leichte Berechnung der Reflexionseffekte für die anderen Küvetten gestatten. Weiterhin wurden Messungen der Reflexionseffekte vorgenommen, die die Annahme bestätigen, daß für halbachteckige Küvetten keine effektive Rückreflexion aus den Richtungen +45 u. +135° auftritt, u. daß die mit einem schwarzen Mylar-Film von 0 bis +180° bedeckte innere Oberfläche einer zylindr. Küvette keinen Einfl. auf die Reflexion von Streulicht aus der Grenzfläche Luft—Glas ausübt. Diese Beobachtung führt zu einer Korrektur, die doppelt so groß ist, wie bisher angenommen wurde. Gerhard Schulze. 5063◇

1631 **Titration in nichtwässerigen Medien.** Göran Schill. (Svensk kem. Tidskr. **73**, 425—39, 1961; Stockholm, Kgl. Farmacevtiska Inst.; schwed.) — Übersicht. — 54 Literaturangaben. A. Senning. 5066◇

a) Elemente und anorganische Verbindungen

1632 **Die Trennung anorganischer Ionen durch Elektrophorese auf ionenaustauscher-imprägniertem Papier.** G. Alberti, A. Conte, G. Grassini und M. Lederer. (J. electroanalyt. Chem. [Amsterdam] **4**, 301—08, 1962; Rome, Ist. di Chim. Gen. ed Inorg., Labor. di Chim. delle Radioz. e Chim. Nucl. des C.N.E.N.; Labor. di Chromatogr. del C.N.R.; engl.) — Die elektrophoret. Beweglichkeit der Ionen Li^+, Na^+, K^+, Rb^+, Cs^+, Sr^{2+}, Ni^{2+}, Co^{2+}, Zn^{2+}, Cu^{2+}, U^{6+}, Fe^{3+}, Al^{3+}, Th^{4+}, La^{3+} u. der *Lanthaniden* wurde auf Ionenaustauscherpapier (Amberlite SA 2 oder imprägniert mit Zr-Phosphat) gemessen. Die analyt. Trennung zweier

Ionen A u. B mit den R_F-Werten R_{FA} u. R_{FB} sowie den Beweglichkeiten u_A u. u_B wird für die vier möglichen Fälle diskutiert: a) $R_{FA} = R_{FB}$; $u_A = u_B$; Trennung weder durch Elektrophorese auf Cellulosepapier (EC), auf Austauscherpapier (EA) noch durch Chromatographie auf Austauscherpapier (CA) möglich; b) $R_{FA} \neq R_{FB}$; $u_A = u_B$; Trennung durch CA u. EA, nicht durch EC; c) $R_{FA} = R_{FB}$; $u_A \neq u_B$; Trennung durch EC u. EA, nicht durch CA; d) $R_{FA} \neq R_{FB}$; $u_A \neq u_B$; Trennung durch EC, EA u. CA.
E. Moisar. 5106◇

1633 **Indigo-Carmin-Methode zur colorimetrischen Bestimmung geringer Konzentrationen von in Wasser gelöstem Sauerstoff.** G. P. Alcock und K. B. Coates. (Chem. and Ind. **1958**, 554—55; Imp. Chem. Ind. Ltd., Alkali Div.; engl.) — Die im Labor. durchgeführten Messungen des O_2-Geh. von dest. oder Kesselspeisewasser stimmen nach der Indigo-Carmin-Meth. (Buchoff, Ingber u. Brady, C. **1956**, 4249) u. mit der Hersch-Zelle im Bereich 0,005—0,127 ppm überein. R. Junge. G 239◇

1634 **Spurenbestimmung von Sauerstoff unter Verwendung der Aluminiumelektrode.** 3. Mitt. Elio Scarano. (J. electroanalyt. Chem. [Amsterdam] **3**, 368—72, 1962; Rome, Univ., Inst. of Analyt. Chem.; engl.) — 2. vgl. J. electroanalyt. Chem. [Amsterdam] **3**, [1962], 304. — Die Verw. der Al-Elektrode (Herst. u. anod.-oxydative Vorbehandlung l. c.) zur potentiometr. Best. von O_2 in Gasen u. Fll. wird beschrieben. Es werden Analysenzellen angegeben, die im wesentlichen mit einer Gasspül-Vorr., Büretten zur wechselweisen Zugabe der Analysen- u. der Eich-Lsgg., der Al-Elektrode u. einer Agarbrücke ausgestattet sind.
E. Moisar. G 239◇

1635 **Coulometrische Bestimmung von Wasserstoffperoxid bei kontrolliertem Potential.** J. E. Harrar. (Analytic. Chem. **35**, 893—96, 1963; Livermore, Calif., Univ. of California, Lawrence Radiat. Labor., Chem. Div.; engl.) — H_2O_2 wird in 1m H_2SO_4 bei +0,93 V (gegen die Standardkalomelelektrode) an einer Pt-Elektrode oxydiert. Es stören Ce(IV), Mn(VII), Tl(III), Cr(VI), As(III), Fe(II), SO_3^{2-}, NO_2^- sowie größere Mengen V(IV), Tl(I), Ir(III), Pt(II), Ru(III), Nb(V), Mn(II), Cr(III), Br^-, J^-, 8-Hydroxychinolin u. Phenacetin. Ti(IV), V(V) u. Cl^- stören auch in größeren Mengen nicht, erhöhen jedoch die Elektrolysendauer. Im Bereich von 0,1 bis 2 mg H_2O_2 in ca. 5 ml Lsg. beträgt die relative Standardabweichung ±0,1%. H. Kuchenbecker. G 241◇

1636 **Verwendung von Raney-Nickel zur Schnellbestimmung von kleinen Sapletersäurekonzentrationen in Schwefelsäure.** Charles Wankat, D. A. Keyworth und V. A. Brand. (Analytic. Chem. **35**, 1090, 1963; Des Plaines, Ill., Universal Oil Prod. Co.; engl.) — Die Best. von kleinen Mengen HNO_3 in H_2SO_4 wird durch Verw. von Raney-Nickel an Stelle von Devardscher Leg. zur Red. ermöglicht. Man verd. die Probe (bei 0,005—1% HNO_3: 10 g, bei 1—10%: 1 g) auf 200 ml, gibt 20 ml 50%ig. NaOH-Lsg. u. Raney-Nickel (bei 0,005—0,1% HNO_3: 1 g, bei 0,1—10%: 3 g) hinzu, schließt den Kolben an eine Kjeldahl-App. an, dest. das gebildete NH_3 in eine Vorlage mit gesätt. Borsäure-Lsg. u. titriert mit H_2SO_4 gegen Methylpurpur als Indicator.
J. Peters. G 243◇

1637 **Über die Bestimmung von anorganischen Stickstoffverbindungen und Oximen.** H. Omura, Y. Osajima, S. Hatano, F. Yoshihara, K. Watanabe und K. Yamafuji. (Sci. Bull. Fac. Agric., Kyushu Univ. **20**, 179—98, 1963; jap., Auszug: engl.) — Die besten Verff. zur Best. von HNO_3, HNO_2, $H_2N_2O_2$, NH_2OH, NH_3 u. Oximen werden aufgeführt.
W. Wesly. G 243◇

1638 **Bestimmung von Gemischen aus Hydrazin und 1.1-Dimethylhydrazin (UDMH). Potentiometrische und spektrophotometrische Endpunkterkennung.** Eugene A. Burns und Elizabeth A. Lawler. (Analytic. Chem. **35**, 802—06, 1963; Menlo Park, Calif., Stanford Res. Inst., Propulsion Sci. Div.; engl.) — Vff. untersuchen die Salicylaldehyd-Meth. (vgl. C. **1961**, 11444) zur Best. eines Gemisches aus N_2H_4 u. *1.1-Dimethylhydrazin* (**I**). Die Titration mit $HClO_4$ in Ggw. von Kristallviolett als Indicator wird bei 590 u. 630 nm durchgeführt. Die photometr. u. potentiometr. Endpunkterkennung liefert reproduzierbare Ergebnisse. Der pK-Wert beträgt für N_2H_4 in Eisessig 5,82 u. in W. 6,03, für **I** 6,10 bzw. 6,82. J. Weiner. G 243◇

1639 **Ein kontinuierlich arbeitendes Analysengerät zur photometrischen Fluorbestimmung.** C. W. Weber und O. H. Howard. (Analytic. Chem. **35**, 1002—05, 1963; Oak Ridge, Tenn., Union Carbide Nuclear Co.; Oak Ridge Gaseous Diffusion Plant, Techn. Div.; engl.) — Es wird ein empfindliches, automat. arbeitendes Analysengerät zur kontinuierlichen Best. von F_2 in Gasgemischen beschrieben. Das Probegas wird durch heißes festes NaCl geleitet, wobei eine äquivalente Menge Cl_2 in Freiheit gesetzt wird, die in einer druckkontrollierten Durchflußküvette bei 360 nm gemessen wird. Der Meßbereich der mit einer Standard-F_2/N_2-Mischung geeichten App. liegt zwischen 0,05—15 Mol-% F_2 bei 500 Torr u. bei Verw. einer 10-cm-Küvette. Die relative Standardabweichung beträgt oberhalb 0,8% F_2 ± 1.5%, die abs. Standardabweichung bei niederen F_2-Geh. ± 0,04%. Das Gerät ist auch in Ggw. von H_2F_2 u. anderen Gasen, die nicht bei 360 nm absorbieren oder Cl_2 aus dem NaCl freisetzen, anwendbar. D. Heinrich. G 246◇

1640 **Bestimmung von Chlor im Selen. Indirekte Methode.** P. I. Cesare Marinari. (Chimica [Milano] **38**, 129—30, 1962; ital.) — Diese Meth. wurde ausführlich zur Cl-Best. in Se, Te u. in ähnlichen Metallen untersucht u. erwies sich als bes. geeignet für Best. von kleinen Mengen Cl (10 ppm) mit einer Genauigkeit von ± 10%. Man löst 10 g Se in 75 ml HNO_3 unter Zugabe von 10 ml 1%ig. $AgNO_3$-Lsg., erhitzt zuerst schwach, dann unter gelindem Sieden bis zur vollständigen Auflösung des Se, verd. mit 100—150 ml dest. W., filtriert den AgCl-Nd. ab, wäscht den Nd. 6—8mal mit kalter 2%ig. HNO_3, löst diesen in 10 ml NH_3 (1 : 1), überführt Fl. u. Waschwässer in einen 100-ml-Scheidetrichter, neutralisiert rasch mit HNO_3, extrahiert Ag aus der Lsg. mit aufeinanderfolgenden aliquoten Anteilen von 10 ml 0,1%ig. Diphenylthiocarbazon-Lsg. in Chlf. unter kräftigem Schütteln bis die letzte Extraktion der Chlf.-Schicht eine Grünfärbung annimmt, wäscht die wss. Phase 2mal mit 5 ml Chlf. u. gibt diese letzteren zu den vorigen Extrakten, verdampft den größten Teil des Chlf. (aber nicht Trockendampfen), behandelt den organ. Rückstand mit 0,5 ml H_2SO_4, erhitzt bis zur SO_3-Entw., kühlt, oxydiert vorsichtig mit 3—5 ml HNO_3, dampft zur Trockne ein u. löst den farblosen bzw. schwach gelblichen Rückstand in dest. Wasser. Zur Ag-Best. pipettiert man 20 ml der 1 bis 20 μg Ag enthaltenden Lsg. ab, säuert mit 1,5 ml HNO_3 an, fügt 1 ml 0,02%ig. äthanol. p-Dimethylaminobenzalrhodanin-Lsg. zu, füllt zum Vol. auf u. läßt 5 Min. lang unter Lichtausschluß stehen u. photometriert unter Verw. eines Blaufilters u. einer Eichkurve. G. Platzer. G 247◇

1641 **Eine neue photometrische Methode zur Spurenbestimmung von Bor.** D. Monnier, M. Marcantonatos, R. Feraud und W. Haerdi. (Helv. chim. Acta **46**, 1047—52, 1963; Genève, Univ., Labor. de Chim. min. et analyt.; franz.) B wurde als Hämateinkomplex im Bereich von 0,065—1,3 μg photometr. bestimmt. Der Komplex bildet sich beim Eindampfen einer aceton. Lsg. von Hämatein u. Borsäure, er wird in Aceton aufgenommen u. die Lsg. photometriert. Der molare Extinktions-Koeff. des Komplexes beträgt bei 492 nm 25600 u. bei 505 nm 23200. Die Reproduzierbarkeit wurde für 0,065 μg B zu ± 13%, für 0,32 μg zu ± 3% u. für 1,3 μg zu ± 1% bestimmt. U. Wenzel. G 258◇

1642 **Citrat-Störung bei der Analyse anorganischer Phosphate.** Amedeo D. D'Adamo jun. und John R. Broich. (Analyt. Biochem. [New York] **4**, 420—21, 1962; Jersey City, N.J., Seton Hall Coll. of Med., Dep. of Biochem.; engl.) — Bei der Best. von PO_4^{3-} (**I**) nach Umsatz zu Molybdatophosphat u. Red. zu Molybdänblau veranlaßt die Ggw. von Citrat (**II**) Minderbefunde. Bei 100 μMol **II** werden 0,5 μMol **I** völlig maskiert. Aus entsprechenden Verss. folgt, daß **II** bei Störungen vor Zusatz des NH_4-Molbydats zugegen sein muß.
W. Kupfer. G 264◇

1643 **Amperometrische Bestimmung von Antimon und Thiocyanat mit Hypobromit.** G. S. Deshmukh und M. C. Eshwar. (Current Sci. [Bangalore] **29**, 388—89, 1960; Banaras, Hindu Univ., Chem. Labor.; engl.) — Die Best. erfolgt in alkal. Lsg. mit NaBrO als Oxydationsmittel unter Verw. einer rotierenden Pt-Mikroelektrode. Die vollständige Oxydation erfolgt bei pH 7,0—8,5. Unterss. in Tartrat-Lsgg. werden durchgeführt. R. Worbis. G 266◇

1644 **Konduktometrische Bestimmung kleiner Alkalicarbonatmengen im Gemisch mit Alkalihydroxid.** Zdeněk Hoštálek und František Kůtek. (Chem. Průmysl

12 (37), 490—93, 1962; Praha, Vysoká škola chem.-technol.; tschech.) — Es werden die theoret. Grundlagen für 3 Meth. der konduktometr. Best. von Alkalihydroxiden in Ggw. kleiner CO_3^{2-}-Mengen angegeben. Die Meth. der völligen Ausfällung der Probe; die Meth. der Titration des Ba-Nd.; die Meth. der Zugabe von Alkalicarbonaten zur Erhöhung der Genauigkeit des Äquivalenzpunktes. Die ersten 2 Meth. eignen sich für die Betriebskontrolle. J. Schneider. G 272◇

1645 **Trennung von Magnesium und Calcium durch Anionenaustausch mit Alkohol–Salpetersäure.** James S. Fritz und Hirohiko Waki. (Analytic. Chem. **35**, 1079—83; Ames, Iowa, Iowa State Univ., Inst. for Atom. Res. and Dep. of Chem.; engl.) — Eine 10-ml-Säule mit Amberlystharz XN-1002 wird mit 10 ml Probe-Lsg., die höchstens 0,25 mMol Ca enthalten soll u. 0,5m an HNO_3 u. 90%ig. an Isopropylalkohol ist, beschickt. Eine Lsg. aus 0,5m HNO_3 u. 90% Isopropylalkohol dient als Eluierungsmittel. Die Durchfluß-Geschw. für die Probe-Lsg. soll 0,3 ml/Min., für das Elutionsmittel 0,5—0,6 ml/Min. betragen. In 40 ml des Eluats wird Mg durch Titration mit EDTA-Lsg. gegen Eriochromschwarz T bestimmt. Dann wird das Ca mit 30—40 ml 0,02m HNO_3 herausgewaschen (Strömungs-Geschw. ca. 2 ml/Min.) u. nach Zusatz von EDTA im Überschuß mit $ZnCl_2$-Lsg. gegen Eriochromschwarz T zurücktitriert. R. John-Bilal. G 283◇

1646 **Chelatometrische Methoden in der angewandten Schnellanalyse.** 4. Mitt. **Bestimmung von Calcium und Magnesium in stark manganhaltigen Flußmitteln.** P. Provondra und R. Pribil. (Chemist-Analyst **49**, 109—10, 1960; Prag, CSSR, Czechosl. Acad. of Sci., Chem. Inst., Lab. of Analyt. Chem.; engl.) — 6. vgl. C. **1962**, 17870. — Mn^{2+} bildet bei pH 3,8 im Gegensatz zu Ca u. Mg mit Diaminocyclohexantetraessigsäure (I) einen stabilen Komplex u. kann dadurch von Ca u. Mg durch Ionenaustausch abgetrennt werden. Die mit I versetzte Probe-Lsg. gibt man auf einen stark sauren Kationenaustauscher u. bestimmt das Ca u. Mg nach Eluieren u. Zusatz eines EDTA-Überschusses durch Rücktitration mit $ZnCl_2$ u. Eriochromschwarz T. D. Heinrich. G 283◇

1647 **Ausschütteln und Bestimmung von Metallsalzen mit Methylisobutylketon.** 3. Mitt. **Ausschütteln und Bestimmung der Oxinkomplexe einiger Metalle.** Aychiyo Kakita und Hidehiro Gotô. (Sci. Rep. Res. Inst. Tohoku Univ., Ser. A **12**, 334—45, 1960; Res. Inst. for Iron, Steel and Other Metals; engl.) — Inhaltlich ident. mit C. **1961**, 12944. W. Wesly. G 288◇

1648 **Oxidimetrische Bestimmung einiger Metalloxinate: Magnesium, Aluminium und Zink.** N. K. Mathur und S. P. Bhargava. (Indian J. Chem. **1**, 138—39, 1963; Jodhpur, Univ. of Jodhpur, M.B.M. Engng. Coll., Dep. of Chem.; engl.) — Bei der Oxydation des 8-Hydroxychinolins (I) mit Vanadinsäure (II) als Oxydationsmittel bis zur freien Chinolinsäure werden pro Mol I 12 Val II verbraucht. Zur Best. des Mg, Al u. Zn im mg-Mengen werden die Metalle als Oxinate gefällt u. diese mit II oxydiert. H. Schroth. G 294◇

1649 **Hinweise zur Spektralanalyse von Aluminiumwerkstoffen mit dem Quantometer.** B. Stengel und M. Kakouros. (Aluminium **39**, 221—27, 1963; Wutöschingen, Aluminium-Werke Wutöschingen G. m. b. H.; dt.) — Zweckmäßig werden die Proben in Form von Rundscheiben in Kokillen vergossen. Hinweise zum Konstanthalten der opt. Bedingungen u. der Anregungsbedingungen sowie zur Einstellung des Gerätes zur Analyse werden gegeben. F. Vier. G 294◇

1650 **Colorimetrische Reagentien zur Analyse von Aluminiumalkylen.** D. F. Hagen und W. D. Leslie. (Analytic. Chem. **35**, 814—17, 1963; Ponca City, Okla., Continental Oil Co., Res. and Dev. Dep.; eng.) — Vff. beschreiben eine App. zur photometr. Best. der „Aktivität" von Al-Dialkylhydriden u. Al-Trialkylen (Kettenlänge C_2—C_{30}) u. untersuchen das Verh. von verschiedenen für die Titration verwendbaren Indicatortypen. Als Titranten werden Verbb. mit Elektronendonator-Eigg., wie aromat. Amine (z. B. Pyridin, Isochinolin), Äther oder Alkohole (z. B. n-Hexyl-, n-Propylalkohol) verwendet. Desaktivierte Verbb., wie Dialkylaluminiumalkoxide, bilden mit diesen Reagentien keine stabilen Komplexe. Indicatoren vom Triphenylmethan-Typ, wie bas. Fuchsin (Gemisch aus Pararosanilin, Rosanilin u. Magenta II), Methylgrün, Kristall-, Methyl- u. Äthylviolett, Viktoriablau 4 R u. Malachitgrün werden durch geringe Mengen Dialkylhydride zerstört u. geben z. T. irreversible Umschläge. Die Reversibilität hängt vom Methylierungsgrad ab. Vff. beobachten reversible Farbumschläge bei Komplexen mit Ketonen (wie Anthron, Michlers Keton u. Benzil), Aldehyden (wie p-Dimethylaminobenzaldehyd) u. einer Reihe von Verbb., die cycl. Gruppen oder verzweigte Azomethinbindungen besitzen (wie Pyrazin, Pyrimidine, Chinoxaline, Phenazine, Dipyridyle, Di- u. Trichinoline, Phenanthroline, Chinoline, Phenanthridin, Benzalazin, Hydrobenzamid u. Benzalanilin). Die Farbintensität wächst, wenn das Indicator-Mol. 2 oder mehr Azomethingruppen enthält. Die Reversibilität ist abhängig von der Lage der Koordinationsstelle u. der relativen Basizität des Indicators bzgl. des Titrationsmittels. J. Weiner. G 294◇

1651 **Titan- und Aluminiumbestimmung in Abfällen der Triäthylaluminiumherstellung.** B. M. Lusskina, Ss. W. Sjawzillo und G. G. Larikowa. (Plast. Massen [UdSSR] **1962**, Nr. 3, 16—18; russ.) — In den Al- u. Ti-haltigen Abfällen der Triäthylaluminium-Herst. wird Ti colorimetr. mit H_2O_2, Al (nach Abtrennen von Ti mit Cupferron) mit Trilon B bestimmt. Die Genauigkeit der Best. beträgt 2 bzw. 1%. Helmut Schäfer. G 321△

1652 **Verbesserte chelatometrische Titration von Titan in Gegenwart von Niob und Tantal.** E. Lassner und R. Scharf. (Chemist-Analyst **51**, 49, 1962; Reutte, Tirol, Metallwerk Plansee Akt.-Ges.; engl.) — Vff. beschreiben eine Meth. zur Best. von Ti in Ggw. von Nb u. Ta durch Rücktitration eines Überschusses von Diaminocyclohexantetraessigsäure mit $CuSO_4$-Lsg. in Ggw. von H_2O_2 u. Methylcalcein oder Methylcalceinblau als Indicator. Der durchschnittliche Fehler betrug 0,3%. F. Sarfert. G 321◇

1653 **Die papierchromatographische Trennung von Zirkonium und Hafnium.** Shih-Fu Tzou und Pei-Li Tao. (Acta chim. sinica **28**, 344—46, 1962; Shantung, Univ., Chem. Dep.; chin., Auszug: engl.) — Zur papierchromatograph. Trennung von Zr u. Hf wird mit einem mit 8—10n HNO_3 gesätt. Gemisch von Tri-n-Butylphosphat, n-Butanol u. Xylol oder Bzl. eluiert. Für die R_F-Werte von Zr u. Hf ergeben sich Unterschiede von ca. 0,5. W. Wesly. G 323◇

1654 **Über die Trennung und Bestimmung von Scandium und Thorium mit m-Nitrobenzoesäure.** Shu-Chuan Liang und Shui-Chieh Hung. (Acta chim. sinica **28**, 12—19, 1962; Acad. Sinica, Inst. of Chem.; chin., Auszug: engl.) — Die Best. von Sc u. Th beruht auf der Fällung von Sc mit m-Nitrobenzoesäure im Überschuß bei pH 2,8—3,0 u. von Th bei pH 1,7. Störende Einfl. von Alkaliionen werden durch doppelte Fällung ausgeschaltet. W. Wesly. G 324◇

1655 **Spektrophotometrische Bestimmung von Thorium mit Rutin (Quercetin-3-rutinosid).** Brahm Dev und B. D. Jain. (J. less-common Metals [Amsterdam] **4**, 286—90, 1962; Delhi, Univ., Dep. of Chem.; engl.) — Th bildet mit Rutin einen tiefgelb gefärbten wasserlösl. Komplex mit dem Mol.-Verhältnis 1 : 2, dessen wss. Lsg. das Lambert-Beersche Gesetz bei 435 nm im Konz.-Bereich 1,16—23,20 ppm Th befolgt. Die Farbintensität schwankt zwischen pH 3 u. 4 nicht. Es wird der Einfl. verschiedener Anionen u. Kationen geprüft. G. Talsky. G 324◇

1656 **Direkte Titrationsbestimmung von Uran mit Chrom(II)-sulfat.** E. Singer. (Chem. Průmysl **12** (37), 307—09, 1962; Ústi n. L., Výzkumný ústav anorgan. chem.; tschech.) — Die Zugabe von H_3PO_4 ermöglicht die genaue direkte Titration von U bei Zimmer-Temp. mit 0,02n $CrSO_4$-Lsg. mit einem mittleren Fehler von 0,3%. Die Titration wird durch Hg^{2+}, Hg^+, Ag^+, Cu^{2+}, Cu^+, Mo^{6+}, V^{4+}, Se^{5+} u. Fe^{3+} gestört. Fe^{3+} kann mit Ascorbinsäure maskiert werden. J. Schneider. G 339□

1657 **Polarographische Analyse von Uran.** 4. Mitt. **Bestimmung von Uran in nicht wässerigen Methylisobutylketon-Medien.** Toshifumi Murata. (J. chem. Soc. Japan, pure Chem. Sect. [Nippon Kagaku Zasshi] **81**, 1404—08, 1960; Hitati, Hitati-Seisakusyo, Kenkyûzyo; jap., Auszug: engl. S. A96.) — 3. vgl. C. **1963**, 5589. — UO_2^{2+} zeigt in Lsgm.-Gemischen aus Methylisobutylketon (I) u. A. mit $LiClO_4$ als Leitelektrolyt eine gut reproduzierbare Red.-Stufe, deren Höhe in einem Konz.-Bereich von $1\cdot10^{-4}$ bis $8\cdot10^{-3}$m UO_2^{2+}/Liter in einem Gemisch aus 20% I u. 80% A. der UO_2^{2+}-Konz. proportional ist. Die Red.-Stufe entspricht offenbar der Red. U(VI) → U(V). E. Maekawa. G 339◇

1658 **Polarographische Analyse von Uran.** 5. Mitt. **Bestimmung von Uran in nichtwässerigen Tributylphosphorsäure–Kerosin-Medien.** Toshifumi Murata. (J. chem.

Soc. Japan, pure Chem. Sect. [Nippon Kagaku Zasshi] **81**, 1408—11, 1960; jap., Auszug: engl. S. A 96.) — 4. vgl. vorst. Referat. — UO_2^{2+} zeigt in Gemischen aus Tributylphosphorsäure (I) u. Kerosin (II) unter Zusatz von A. bzw. Isopropylalkohol oder Isoamylalkohol mit $LiClO_4$ als Leitelektrolyt eine relativ gut reproduzierbare Red.-Stufe. Zur UO_2^{2+}-Best. eignen sich am besten Mischungen aus 20—40% **I**, 10—20% **II** u. 70—40% A. mit 0,2m $LiClO_4$/Liter u. 0,01% Tween-80, wobei die Stufenhöhe in einem Konz.-Bereich von $1 \cdot 10^{-3}$ bis $6 \cdot 10^{-3}$m UO_2^{2+}/Liter der Konz. proportional ist. E. Maekawa. G 339◇

1659 **Spektrophotometrische Bestimmung von Uran in Erzen mit 8-Chinolinol.** Kenji Motojima, Hiroyuki Yoshida und Tsuyoshi Imahashi. (Japan Analyst **11**, 1028—32, 1962; Japan Atom. Energy Res. Inst.; jap., Auszug: engl.) — Zur spektrophotometr. U-Best. in Erzen trennt man U aus der HNO_3-Lsg. der Probe mit Tributylphosphat-Kerosin-Lsg., extrahiert U mit $(NH_4)_2CO_3$-Lsg. u. ermittelt U nach dem von Motojima u. Mitarbeitern (C. **1961**, **5200**) angegebenen Verf. mit 8-Chinolinol. Die Best.-Grenze beträgt 0,005% U bei Anwendung von 1 g Substanz. W. Wesly. G 339◇

1660 **Ein hochempfindliches Schreibercoulometer mit automatischer Untergrundkorrektur und proportionaler Abtastgeschwindigkeit. — Titration von Plutonium und anderen Redox-Ionenarten.** R. C. Propst. (Analytic. Chem. **35**, 958—63, 1963; Aiken, S.C., Du Pont de Nemours & Co., Savannah River Labor.; engl.) — Vf. beschreibt ein Gerät für die Coulometrie von μg-Mengen von Pu u. anderen durch Redoxtitration bestimmbaren Ionenarten. Die App. enthält eine neuartige Schaltung, mit der in einem angeschalteten Kurvenschreiber eine Schreibgeschw. erzeugt werden kann, die umgekehrt proportional zum Elektrolysestrom ist. Durch weitere spezielle Schaltkreise ist es möglich, den kontinuierlichen Faraday-Strom u. die Aufladung der elektr. Doppelschicht zu kompensieren. Die Anwendung des Gerätes auf die Direkt-Best. von Pu in bestrahlten Kernbrennstoffen wird beschrieben. 2—5 μg Pu lassen sich mit einer Genauigkeit von 2,1% bestimmen. F. Weigel. G 343◇

1661 **Untersuchungen über „Aktives Eisen". 2. Mitt. Verwendete Verfahren der Untersuchung der Reaktivität.** G. V. L. N. Murty und T. R. Ramaswami. (Metallurgia [Manchester] **62**, 207—09, 1960; Jamshedpur, India, Tata Iron and Steel Co. Ltd., Chem. Labor.; engl.) — Vff. entwickeln einen App., der es gestattet, akt. Fe in Form eines Nd. auf einer Folie eines geeigneten Grundmetalls mit W. oder einer Lsg. von Na-Citrat (I) reagieren zu lassen u. die Menge des bei der Rk. entwickelten Gases genau zu bestimmen. Es handelt sich bei der App. um eine Bürette, die am unteren Ende mit einem Rk.-Gefäß verbunden ist. Mit Hilfe der App. wurde der Temp.-Einfl. u. der Einfl. der Größe des Nd. auf die Reaktivität von akt. Fe mit W. u. **I** sowie der Mechanismus der Fe—W.-Rk. untersucht. Weiterhin wurde eine verbesserte Dichromat-Meth. zur volumetr. Fe-Best. in Ggw. eines großen Überschusses an **I** beschrieben. Arbeitsvorschrift: Die ca. 200 mg Fe enthaltende Unters.-Lsg. wird mit 10 ml 15%ig. Lsg. von **I** versetzt, H_2SO_4 zugefügt bis die Lsg. 1n ist, über einen Jones-Reduktor red., mit 10 ml sirupöser H_3PO_4 u. einigen Tropfen Diphenylamin als Indicator versetzt u. gegen eine n/10 Dichromat-Lsg. bei 25—30° titriert. H. Fries. G 354◇

1662 **Photometrische Untersuchungsverfahren für Gußeisen und Stahl.** Hermann Kopp und E. Zindel. (Gießerei **46**, 587—96, 1962; Eßlingen/Neckar, Maschinenfabrik Eßlingen; dt.) — Vgl. C. **1957**, **7743**. — In Ergänzung zu den bereits früher erläuterten photometr. Unters.-Verff. werden weitere in die Verbundanalyse eingebaute Best. angegeben u. neu ausgearbeitete, geänderte oder aus der Literatur übernommene Vorschriften für Einzelbest. von *Al*, *C*, *Co*, *Cu*, *Mo*, *Ti* u. *V* mitgeteilt. H. Hochstein. G 354□

1663 **Über die Bestimmung des Wasserstoffs in Ferrolegierungen. Eine vergleichende Untersuchung.** Hans Rothmann, Werner Keil und Heinz Richter. (Z. Erzbergbau Metallhüttenwes. **16**, 239—42, 1963; Nürnberg, Gesellschaft für Elektrometallurgie m. b. H.; dt.) — Es wurde untersucht, ob die von Shanahan u. Cooke (C. **1960**, **1276**) für die Best. von H in Stahlproben unter Verw. von N_2 als Trägergas vorgeschlagene Meth. auch bei Ferro-Legg. (**I**) anwendbar ist. Bei einigen **I** wurde mit der Vakuumschmelz-Meth. übereinstimmende Ergebnisse erzielt, während vor allem bei Ferrotitan nur bei sehr hohen Temp. übereinstimmende Werte erreicht werden konnten. Es wurde daher für Ferrotitan u. Ferrochrom O_2 an Stelle von N_2 verwendet. F. Vier. G 354◇

1664 **Schnelle Bestimmung von kleinen Mengen Kohlenstoff in Eisen und Stahl. 2. Mitt. Die acidimetrische Methode.** Takuho Ikegami, Ohiko Kamimori und Akira Amano. (Tetsu to Hagane [J. Iron Steel Inst. Japan] **41**, 621—25, 1955; jap., Auszug: engl.) — 1. vgl. C. **1956**, **11523**. — Die Best. von < 0,05% C in Eisen u. Stahl durch Titration wurde untersucht. Um die Wirksamkeit der CO_2-Absorption zu erhöhen, wurde eine spiralenförmige Absorptionsröhre (Länge ca. 1,6 m; Innendurchmesser 4 mm) benutzt. 0,01n KOH- u. NaOH-Lsgg. waren wirksamer als 0,01n $Ba(OH)_2$. Der optimale O_2-Strom in dem CO_2-Nachweiskölbchen betrug 40 ml/mm. Damit konnten 0,01—0,05% C in Eisen u. Stahl mit einer Genauigkeit von ± 0,001% in 17—23 Min. bestimmt werden. Es werden Vgl.-Daten für diese u. die volumetr. Meth. (1 Mitt.) für elektrolyt. Eisen u. C-Stähle angegeben. W. Pump. G 354◇

1665 **Bestimmung des Arsengehaltes von Eisenerzen und Stählen.** Emilia Wrzesinka. (Kohászati Lapok [Ung. Z. Hüttenwes.] **95**, 518—20; 1962; Gliwice, Eisenforsch.-Inst.; ung.) — Vgl. C. **1963**, **15920**. — Eisenerze werden mit Na-Hypophosphit red. u. dann photometr. bestimmt. Stähle werden in Königswasser gelöst, mit H_2SO_4 abgeraucht u. As^{3+} nach Aufnehmen mit HCl abdest., worauf eine potentiometr. Titration mit $KBrO_3$-Lsg. folgt. Beide Meth. liefern einwandfreie Werte. Die Reproduzierbarkeit beträgt bei Erzen mit < 0,1% As ± 0,002%, mit mehr As ± 0,004%, bei Stahl ± 0,001%. L. Zombory. G 354△

1666 **Bestimmung des Magnesiums in kugelgraphitischen Gußeisen.** Lajos Papp und László Várallyay. (Kohászati Lapok [Ung. Z. Hüttenwes.] **95**, Nr. 12, Öntöde **13**, 278—79, 1962; Debrecen, Walzenlagerfabr.; ung.) — Spektralanalyt. Verf. aus der H_2SO_4-Lsg. der Probe nach Oxydation mit HNO_3. Die Kohlenelektroden werden mit der Lsg. durchtränkt. Dauer: 20—30 Min., Genauigkeit abhängig vom Mg-Geh. 3—10 Rel.-%. L. Zombory. G 354△

1667 **Bestimmung von Zinn in Eisen und Stahl durch ein chelatometrisches Titrationsverfahren.** Shigeo Wakamatsu. (Japan Analyst **11**, 1151—55, 1962; Toto Seiko Co.; jap., Auszug: engl.) — Man zersetzt die Probe mit HNO_3 + $HClO_4$, erhitzt bis zum Auftreten weißer Dämpfe, filtriert den Nd. (SiO_2, WO_3 usw.) ab, versetzt mit EDTA u. $BeSO_4$ (Komplex-Bldg. von Fe), stellt mit NH_4OH auf pH 8—9 ein, kocht 1—2 Min. auf, filtriert den Nd. [$Sn(OH)_4$ u. $Be(OH)_2$] ab, wäscht mit NH_4OH + EDTA aus, löst in H_2SO_4 (1 : 5), erhitzt mit $KClO_3$ bis zum Auftreten weißer Dämpfe, nimmt den Rückstand mit W. auf, versetzt mit Ascorbinsäure (Red. von Spuren Fe) u. Standard-EDTA-Lsg., stellt mit NH_4-Acetat-Lsg. auf pH 2—3 ein u. bestimmt Sn durch Rücktitration von EDTA mit Th-Lsg. u. Xylenolorange als Indicator. W. Wesly. G 354◇

1668 **Photometrische Schnellbestimmung von Vanadin in Eisen und Stahl.** Hidehiro Goto und Yachiyo Kakita. (Japan Analyst **10**, 904—06, 1961; Sendai, Tohoku Univ., Metallforsch.-Inst.; jap.) — Nach folgendem Verf. (nach Ryan, Analyst **85**, [1960], 569) lassen sich geringe Mengen *V* in *Fe* bes. einfach u. rasch bestimmen: 0,1—1 g der Probe werden in 30 ml H_2SO_4 (1 : 4) warm gelöst, nach Zusatz einiger Tropfen HNO_3 bis zur Entfernung der N-Oxide gekocht, gekühlt, in einem 50-ml-Meßkolben filtriert usw. u. 1—5 ml in einem Schütteltrichter auf 5 ml gebracht u. nach Zusatz von 2—3 Tropfen 0,1n $KMnO_4$ 5 ml HCl zugegeben. Nach dem Ryan-Verf. mit 0,2% bzw. 0,5%ig. Lsg. von *N-Benzoylphenylhydroxylamin-HCl* wird dann die Lsg. photometr. mit einer gleichbehandelten Standardprobe (Eichkurve) verglichen u. der V-Geh. berechnet (Fehler 0—1%). L. Schuler. G 354◇

1669 **Spektralanalytische Bestimmung von Spurenelementen in Eisen und Stahl. 1. Mitt. Bestimmung von Chrom, Titan und Vanadin.** Ernö Gegus. (Kohászati Lapok [Ung. Z. Hüttenwes.] **95**, 509—11, 1962; Budapest, Eisenforsch.-Inst.; ung.) — Die Spurenelemente werden in salzsaurer Lsg. nach Dehydratation der Kieselsäure bestimmt, indem die Lsg. durch eine durchbohrte Elektrode in die Funkenstrecke

zerstäubt wird. Die Elemente können in Konzz. von 0,01—1% nebeneinander bestimmt werden; Mn stört bis 3% nicht. Eichkurven u. entsprechende Linienpaare sind angegeben.
L. Zombory. G 354△

1670 **Bestimmung von Wolfram und Molybdän in Schnelldrehstählen.** B. Émile Jaboulay. (Chim. analytique [4] **41,** 135—36, 1959; franz.) — Nach Auflösen des Stahles durch Cl/HNO_3, Zusatz von salzsaurer wss. Cinchonin (**I**)-Lsg., Filtration, Auswaschen des WO_3 u. des **I**-Wolframates mit möglichst wenig **I**-Lösung, wird der Nd. bei 500—520° verglüht. Nach Aufschluß des so erhaltenen verunreinigten WO_3 mit $K_2S_2O_7$ u. Abtrennung des Fe, Cr u. Si mit NH_3 (Auswaage nach Verglühen als Oxide) wird mit Weinsäure versetzt, mit HCl angesäuert u. Mo mit H_2S gefällt (Auswaage nach Verglühen als Oxid). Die Hauptmenge des Mo wird aus dem Filtrat des **I**-Wolframates u. WO_3 nach Versetzen mit 2nNaOH, Filtration u. nach Zugabe des bei der W-Best. angefallenen u. mit NaOH aufgeschlossenen MoO_3 als $PbMoO_4$ ausgefällt. Dazu wird mit HCl auf pH-4 angesäuert, in Ggw. von Weinsäure u. HCOOH kurz erwärmt u. mit $Pb(NO_3)_2$, NH_4Cl, CH_3COONH_4 u. $HCOONH_4$ versetzt. G. Piekarski. G 354◇

1671 **Polarographische Bestimmung von Aluminium und Kupfer in Stählen.** Erika Sonntag. (Kohászati Lapok [Ung. Z. Hüttenwes.] **95,** 523—27, 1962; Berlin, Amt für Material- u. Warenprüfung; ung.) — In Trafoblechen u. anderen Stählen wird der Al-Geh. durch Red. eines Al-Azofarbstofflackes an der Hg-Tropfelektrode bestimmt. Die störenden Metalle (Fe, Co, Ni, Cu) müssen vorher elektrolyt. mit der Hg-Kathoden-Meth. entfernt werden. Der Cu-Geh. wird unmittelbar aus der Lsg. der Stahlprobe, nach Red. der störenden Fe^{3+}-Ionen mit Na-Hypophosphit polarograph. bestimmt.
L. Zombory. G 354△

1672 **Natrium-p-(mercaptoacetamino)-benzolsulfonat als volumetrisches Reagens zur Bestimmung von Kupfer.** N. S. Poonia und H. K. L. Gupta. (J. Indian chem. Soc. **40,** 441—44, 1963; Nabha, India, Gov. Ripudaman Coll., Chem. Dep.; engl.) — Natrium-p-(mercaptoacetamino)-benzolsulfonat (**I**) bildet mit Cu(II) unterhalb pH 9 einen intensiv schwarzblauen wasserlösl. Komplex. Im pH-Bereich zwischen 4,5 u. 8,0 erfolgt ein scharfer Farbumschlag nach Gelbgrün, sobald das Molverhältnis Cu : **I** den Wert 1 : 2 erreicht. Dieser Farbumschlag wird zur Endpunktsanzeige herangezogen. Die Einstellung der **I**-Lsg. erfolgt durch Titration gegen eine Standard-Lsg. von J_2 unter Verw. von Stärke als Indicator. Cu^{2+} läßt sich daher mit **I** direkt oder jodometr. bestimmen. Ag^+, Cd^{2+}, Hg^{2+}, Bi^{3+} Au^{3+}, Pt^{4+}, Pd^{2+} u. Fe^{2+} stören bei der direkten Bestimmung. Fe^{3+} u. Al^{3+} werden mit F^-, Sb^{3+} wird mit Tartrat maskiert. Bei Ggw. von Sn^{2+} ist der Farbumschlag am Endpunkt schleppend. H. Kuchenbecker. G 358

1673 **Beiträge zur komplexometrischen Bestimmung von Metallen.** 1. Mitt. **Bestimmung von Kupfer.** Tibor A. Kiss und Velimir D. Canić. (Ber. chem. Ges. Belgrad **27,** 5—8, 1962; Nowi Ssod, Technol. Fak.; serbokroat., Auszug: dt.) — Cu wird durch Rücktitration des Überschusses der zugesetzten EDTA-Meßlsg. mit einer Zn-Standard-Lsg. in Ggw. von Eriochromschwarz T bei pH 10 bestimmt. Die Blockierung des Indicators wird durch Zugabe von Methanol, A. u. Propanol verhindert. Es werden 0,6—200 mg Cu in 300 ml Lsg. bestimmt.
Ch. Weiske. G 358◇

1674 **Metallkomplexe von β-Dioximen.** 2. Mitt. **Photometrische Bestimmung von Kupfer unter Verwendung von 2.4-Pentandiondioxim.** A. H. I. Ben-Bassat und Y. Sa'at. (Chemist-Analyst **49,** 108—09, 1960; Jerusalem, Hebrew-Univ., Dep. of Inorg. and Analytic. Chem.; engl.) — 1. vgl. C. **1960,** 16378. — Cu bildet mit 2.4-Pentandiondioxim einen wasserlösl. 1 : 1-Komplex (λ_{max} = 600 nm), der sich zur photometr. Cu-Best. in Mineralien u. Cu-Legg. eignet. Bei 600 nm ist im pH-Bereich von 5,5—7,0 der Komplex stabil u. das Beersche Gesetz erfüllt. Störungen durch Ni u. Co, die bei dieser Wellenlänge absorbieren, werden durch Messungen bei 550 nm umgangen. Cr^{3+} darf nur bis zu Konzz. von 0,01 m vorhanden sein; Sn stört durch Nd.-Bldg., Fe(III) muß mit F^- maskiert werden, doch vermindert überschüssiges F^- die Empfindlichkeit der Cu-Bestimmung. Mg, Ca, Ba, Ce^{3+}, Th, Mn^{2+}, Zn, Cd, Al u. Zr stören nicht. D. Heinrich. G 358◇

1675 **Verwendung von Wasserstoffperoxid zur schnellen Auflösung von Kupferlegierungen in Schwefelsäure.** James Brinn. (Chemist-Analyst **49,** 117, 1960; Lincoln, Nebr., Northwestern Metal Co.; engl.) — Cu u Cu-Legg. lösen sich schneller in H_2SO_4 durch Zugabe von H_2O_2. Auf diese Weise werden Al- u. Mg-Bronzen innerhalb von 2 Min. gelöst. Sn-Bronzen benötigen etwas längere Zeit. Vf. empfiehlt eine Mischung aus 1 Vol.-Teil 30%ig. H_2O_2 u. 2 Vol.-Teilen 33%ig. H_2SO_4.
D. Heinrich. G 358◇

1676 **Papierchromatographie. Methode zur Trennung und zum Nachweis der Elemente der Platin- und der Goldgruppe.** B. Vassiliadis und G. Manoussakis. (Praktika Akad. Athenon **35,** 126—32, 1960; Thessaloniki, Univ., Inst. für anorg. Chem.; griech., Auszug: franz.) — Zur papierchromatograph. Trennung von Ru-, Pd-, Pt- u. Au-Salzen eignet sich Dianisidinhydrochlorid mit einem Gemisch von Isobutanol–Eisessig (D. 1,055—1,058)–HCl (D. 1,16) (70 : 20 : 10) als Elutionsmittel. Bei 26 ± 2° u. 21 Std. Absorptionsdauer werden auf Whatman-Papier Nr 1 folgende Flecken erhalten: Ru gelbbraun, 7 cm, R_F 0,22; Pd hellbraun, 3 cm, 0,51; Pt dunkelgelb, 1,5 cm, 0,62; Au rotbraun, 3 cm, 0,94. Zur genauen Festlegung der Front ist UV-Bestrahlung zweckmäßig. Nach Trocknen an der Luft u. Entw. sind die Zonen deutlich erkennbar.
R. K. Müller. G 362◇

1677 **Einige grundlegende Betrachtungen über die Anwendung der Infrarotspektroskopie in der Mineralanalyse.** Hans H. Adler. (Econ. Geol. **58,** 558—68, 1963; Washington, D.C., U.S. Atom. Energy Comm., Div. of Raw Materials; engl.) — Betrachtungen über die IR-spektroskop. Konstit.-Aufklärung von Mineralien an Hand von Beispielen.
D. Hoene. 5290◇

1678 **Ein neues Schema zur Schnellanalyse von Silicaten mit Hilfe der Komplexometrie.** W. Narębski. (Bull. Acad. polon. Sci., Sér. Sci géol. géogr. **10,** 185—90, 1962; Polish Acad. of Sci., Museum of the Earth, Inst. of geolog. Sci.; engl.) — Nach dem beschriebenen Schema werden zeitraubende Fällungs-Rkk. weitestgehend vermieden. Bestimmt werden die Elemente Si, Fe, Al, Ti, Ca, Mg, Mn u. P sowie die Alkalimetalle. Neben komplexometr. Meth. kommen oxydimetr., photometr. u. flammenphotometr. Verff. zur Anwendung. — 23 Literaturangaben. H. Kuchenbecker. 5290◇

1679 **Spektralanalyse von Chromiten und ihrer Anreicherungsprodukte.** G. A. Pedan. (Betriebs-Labor. [UdSSR] **28,** 564—65, 1962; Ukrain. Forsch. Inst. für feuerfeste Material.; russ.) — Die Probe wird zusammen mit $Ba(NO_3)_2$, Kohlepulver u. NiO (1 : 2 : 6 : 6) im Krater der Kohleelektrode im Wechselstrombogen verdampft. Zur Auswertung dienen folgende analyt. Linienpaare: Fe II 2755,74–Cr II 2757,72; Al 2575,10–Cr 2571, 74; Si 2519,21–Fe 2518,10; Ca II 3158,87–Ba 3071,59; Mg II 2790,79–Ba II 2771,36 sowie Si 5519,21–Ni 2540,02 Å (Schnellbest. von SiO_2). R. Wittwer. 5292◇

1680 **Röntgenanalyse von Tonen. Vorbereitung von Proben.** Antonio López González. (Medicamenta [Madrid] **25** (**13**), 116—20, 1961; Madrid, Labor. Central de Aduanas; span.) — Übersicht über die Verff. u. ihre Ausführungsformen. — 38 Literaturangaben. R. K. Müller. 5292◇

b) Organische Verbindungen

1681 **Beobachtungen bei der Kohlenstoff- und Wasserstoffbestimmung.** 1. Mitt. **Über eine Apparatur mit einem mit einer Gazerolle aus Kupferoxid oder Kupferoxid/Silber gefülltem Mikroverbrennungsrohr.** Satoshi Mizukami, Tadayoshi Ieki und Nobu Morita. (J. pharmac. Soc. Japan [Yakagakuzasshi] **76,** 601—04, 1956; Imafuku, Shionogi & Co. Ltd., Res. Labor.; jap., Auszug: engl.) — Nach den bisherigen Best.-Meth. werden bei der Analyse von Steroiden zu hohe C-Werte gefunden. Vff. beschreiben eine App., die bei der Best. von Steroiden u. anderen Verbb. ausgezeichnete Ergebnisse ergab. H. Krause. 5352△

1682 **Beobachtungen bei der Kohlenstoff- und Wasserstoffbestimmung.** 2. Mitt. **Über die prinzipiellen Faktoren zur Leerwertbestimmung in Apparaturen mit Kupferoxid gefülltem Mikroverbrennungsrohr.** Satosi Mizukami, Keikichi Miyahara und Nobu Morita. (J. pharmac. Soc. Japan [Yakagakuzasshi] **76,** 553—59, 1956; jap., Auszug: engl.) — 1. vgl. vorst. Referat. — Drei Meth. zur Best. des Leerwertes mit verschiedenen Absorptionsrohren werden beschrieben. Dabei erweist sich die Meth. nach Mitsui (J. pharmac. Soc. Japan [Yukugakuzasshi] **11,** [1954], 565) als am besten geeignet. H. Krause. 5352△

1683 **Beobachtungen bei der Kohlenstoff- und Wasserstoffbestimmung.** 3. Mitt. **Über die prinzipiellen Faktoren zur Leerwertbestimmung in Apparaturen mit Kupferoxid**

gefülltem Mikroverbrennungsrohr. Satosi Mizukami, Keikichi Miyahara und Nobu Morita. (J. pharmac. Soc. Japan [Yakagakuzasshi] **76,** 559—61, 1956; jap., Auszug: engl.) — 2. vgl. vorst. Referat) — Weitere Best. des Leerwertes ergaben hohe Werte bei App. mit Gummidichtungen. H. Krause. 5352△

1684 **Simultanbestimmung des Kohlenstoffs, Wasserstoffs und der Halogene in organischen Verbindungen mit dem Körbelkatalysator.** Yi-Hsien Sha und Hui-E Chen. (Acta chim. sinica **27,** 173—80, 1961; Acad. Sinica, Inst. of Chem.; chin., Auszug: engl.) — Die Meth. ist einfach, schnell u. genau (abs. Fehler $\pm 3\%$) u. auch bei N_2-haltigen Verbb. anwendbar. Der Katalysator, der gleichzeitig als Absorbens für die Halogene fungiert, bleibt auch nach Aufnahme beträchtlicher Mengen Halogen noch genügend akt., um gute Ergebnisse zu gewährleisten. Folgende Verbb. wurden analysiert: 2.4-Dichlorphenoxyessigsäure, p-Chlortoluol, 1.1.1.7-Tetrachlorheptan, p-Chlorphenol, 2.4-Dinitrochlorbenzol, Acetchloramid p-Chloranilin, Acetessigsäure-o-chloranilid, Semicarbazidhydrochlorid, p-Bromphenol, p-Bromtoluol, 2.4.5-Tribromphenol, p-Nitrobrombenzol, o-Bromacetophenon, p-Bromphenacylbromid, p-Bromanilin, ω-Bromacetophenon, Jodbenzol, p-Jodosobenzoesäure u. o-Jodbenzoesäure. H. Kuchenbecker. 5352◇

1685 **Anwendungen der Chelatometrie.** 8. Mitt. **Halbmikrobestimmung der Halogene außer Fluor in organischen Substanzen.** Claude Hennart. (Mikrochim. Acta [Wien] **1961,** 543—49, Seraincourt; franz.) — 7. vgl. C. **1963,** 18966. — Die organ. Substanzen werden nach der Meth. von Wurzschmitt oder Schöninger verascht, die Halogene mit $AgNO_3$ Maßlsg. gefällt, der $AgNO_3$-Überschuß mit $K_2[Ni(CN)_4]$ umgesetzt u. das freigesetzte Ni chelatometr. mit EDTA gegen Eriochromschwarz T bestimmt. R. F. Haar. 5352

1686 **Einfache mikromaßanalytische Fluorbestimmung in organischen Substanzen.** H. Trutnovsky. (Mikrochim. analyt. Acta [Wien] **1963,** 499—505; Kopenhagen, NOVO Terapeutisk A/S, Mikroanalyt. Labor.; dt.) — Der F-Geh. organ. Substanzen wird nach Kolbenverbrennung durch Titration mit 0,005m Ce(III)-Lsg. in mit Hexamethylentetramin gepuffertem Medium gegen Murexid–Naphtholgrün B ermittelt. Enthält die Probe P oder As wird nach der Verbrennung in der Absorptions-Lsg. As mit Br_2 zu AsO_4^{3-} oxydiert u. gemeinsam mit PO_4^{3-} mittels in Lsg. gefälltem $ZnCO_3$ abgetrennt. Im Filtrat wird überschüssiges Zn^{2+} durch eine Austauschersäule abgetrennt u. F^- wie oben titriert. Wird der Nd. der Zn-Salze mit Säure gelöst u. auf eine Austauschersäule gegeben, so kann in der Lsg. PO_4^{3-} bzw. AsO_4^{3-} nach der Vorschrift für F^- gegen Murexid titriert werden. Bei F-Geh. bis 30% weichen die Beleganalysen nicht mehr als $\pm 0{,}2\%$ von den berechneten Werten ab. J. Peters. 5352◇

1687 **Verwendung von Aluminiumchlorid zur Gruppenanalyse organischer Verbindungen.** 2. Mitt. **Aromaten.** Gerhard Talsky. (Z. analyt. Chem. **191,** 191—98, 1962; München-Aubing; dt.) — 1. vgl. C. **1963,** 10217. — In Fortsetzung der Arbeiten über die Anfärbung von wasserfreiem $AlCl_3$ in $CHCl_3$ durch Aliphaten u. Cycloaliphaten wird das Verh. von Aromaten geprüft. In Abhängigkeit des Substituenten konnte folgende Reihe zunehmender Farbvertiefung bzw. Farbverschiebung von Gelb nach Grün beobachtet werden: $-NO_2 < -SS-R < -COOR < -CONH_2 < -COCl < -SO_3H < -CHO < -(CH_2)_n-OH < -O-COR < -CO\cdot Ar < -COOR < -OH < -CONHR < -OR < -OAr < < -SAr < -CONR_2 < -NH_2 < -H < -CN < -NR_2 < -Cl < -Br < -NHR < -J < -C_6H_5$. G. Talsky. 5364◇

1688 **Anwendung der Differential-Kinetik-Methode auf die Analyse von Gemischen aus Diazoniumverbindungen nach ihrer Zersetzungsgeschwindigkeit.** Sidney Siggia, J. Gordon Hanna und Nicholas M. Serencha. (Analytic. Chem. **36,** 575—76, 1963; New Haven, Conn., Olin Mathieson Chem. Corp., Res. Center; engl.) — Die Zers. von Diazoniumsalzen (I) in Ggw. von $CuCl_2$ bei 80—90° verläuft nach der 1. Ordnung. Bei I mit unterschiedlicher Zers.-Geschw. kann graph. aus der kinet. Analyse der Geh. der einzelnen I ermittelt werden. Zur Unters. von 2- u. 3-Komponentengemischen aus Mono-Na-p-Äthoxybenzoldiazoniumsulfat, p-Amino-N-äthyl-N-2-hydroxyäthylbenzoldiazoniumchlorozincat u. 2.5-Dibutoxy-4-morpholinbenzoldiazoniumchlorozincat wurde die Meth. angewendet. W. Kupfer. 5364◇

1689 **Anwendung der Methylengruppeneinbausynthese zur analytischen Bestimmung der Komponenten eines Kohlenwasserstoffgemisches,** Isaac Dvoretzky, Dacis B. Richardson und Larry R. Durrett. (Analytic. Chem. **35,** 545—49, 1963; Deer Park, Tex., Shell Oil Co., Houston Res. Labor.; engl.) — Bei der gaschromatograph. Trennung von KW-Stoffen an Capillarsäulen mit Squalan als Trenn-Fl. u. Ar- bzw. H_2-Flammenionisationsdetektoren werden Komponenten gefunden, die aus Mangel an reinen Bezugs-Verbb. nicht eindeutig identifiziert werden können. Durch photolyt. Umsatz von N-Nitrosomethylharnstoff (Diazomethanquelle) in 40% ig. wss. KOH-Lsg. mit definierten reinen C_7-, C_8-Alkanen, Methylcyclopentan u. 2-Methylbuten-(1) werden die nach statist. Überlegungen zu erwartenden Homologengemische dargestellt. Trotz gewisser Komplikationen bei den Olefinen erweist sich das Verf. als sehr brauchbar. W. Kupfer. G 500◇

1690 **Gehärtete Polyesterharze als stationäre Phase bei der Gaschromatographie.** M. Ss. Windergaus, K. A. Golbert und R. A. Simin. (Chem. Technol. Brennstoffe Öle [UdSSR] **7,** Nr. 4, 69—72, 1962; Kuibyschew; russ.) — Die Analyse von n-Paraffinen (C_6—C_{10}), Alkylbenzolen u. α-Olefinen wird mit dem Chromatographen KMIIB u. 2 aufeinanderfolgenden Kolonnen mit einer Gesamthöhe von 1,75 m (6 mm innerer Durchmesser) vorgenommen. Gehärtete Polyesterharze können hierbei wegen ihres geringen Sorptions-Vol. u. ihrer mäßigen Selektivität für die stationäre Phase angewendet werden. Die Trennung erfolgt unterhalb des Kp. der KW-Stoffe. Das gehärtete Harz erweist sich als überaus starker Akzeptor für akt. H u. besitzt ausgeprägte Selektivität für Alkohole u. andere O-haltige Verbindungen. J. Lehmberg. G 500△

1691 **Bestimmung von C_4—C_5-Acetylenen. Hydration zu Carbonylen und UV-spektrographische Bestimmung der 2.4-Dinitrophenylhydrazone.** M. W. Scoggins und H. A. Price. (Analytic. Chem. **35,** 48—50, 1963; Bartlesville, Okla., Phillips Petroleum Co.; engl.) — C_4- u. C_5-Acetylene (I) mit end- u. mittelständigen C≡C-Bindungen (bis herab zu 5 ppm) lassen sich nach Hydratation mit einem $HgSO_4$-Katalysator u. Umsetzung der gebildeten Ketone mit 2.4-Dinitrophenylhydraziniumsulfat (II) spektrophotometr. bestimmen. Nach der 1 Std. dauernden Hydratation wird Hg^{2+} mit NaCl gefällt, dabei fallen die die spätere Best. störenden Hg-Olefinaddukte mit aus. Der Nd. wird abzentrifugiert, das klare Zentrifugat in Cyclohexan mit II in 90 Min. umgesetzt u. die I-Konz. aus der Extinktion der organ. Phase bei 340 nm mit Hilfe einer Eichkurve ermittelt. Olefine u. Aromaten beeinflussen die Best. nicht. Die Störung durch Diolefine, wie Isopren, konnte bisher nicht ausgeschaltet werden. Bei Ggw. von Aldehyden oder Ketonen in der Probe wird der I-Geh. aus einer Differenz-Best. ermittelt. W. Kupfer. G 500◇

1692 **Polarographie von meso- und racemischen 1.4-Dihydroxy- und 1.4-Dinitroxy-2.3-dibrombutan.** M. G. McKeon. (J. electroanalyt. Chem. [Amsterdam] **3,** 402—06, 1962; New London, Conn., Connecticut Coll., Dep. of Chem.; engl.) — *Meso-* u. *racem. 1.4-Dihydroxy-2.3-dibrombutan* (I) werden in gepufferter Lsg. im pH-Bereich 2,75—8,55 irreversibel polarograph. reduziert. Die Differenz der Halbstufenpotentiale der meso-Verb. u. des racem. Gemisches betrug ca. 0,2—0,3 V. *1.4-Dinitroxy-2.3-dibrombutan* (II) liefert bei pH 6,40—8,55 zwei Red.-Stufen; die erste entspricht der Red. der zwei Estergruppen, die zweite der anschließenden Red. des vorher gebildeten I. Bei tieferen pH-Werten wird infolge Stufenaufspaltung eine dritte Red. -Stufe beobachtet. Die Differenz der Halbstufenpotentiale der zweiten Stufe der meso- u. racem. Form des II betrug 0,3 V. Sowohl bei I wie bei II besitzt die meso-Form des niedrigere Red.-Potentials. E. Moisar. G 560◇

1693 **Bestimmung des Gehaltes an Dimethyläther in Methylchlorid.** D. N. Ingebrigtson. (Appl. Spectroscopy **17,** 56, 1963; Midland, Mich., Dow Corning Corp.; engl.) — Die Best. von Dimethyläther in CH_3Cl erfolgt bei 8,4 μ im Konz.-Bereich von 0,03—2,0% mit einer Richtigkeit von $\pm 0{,}02\%$ bei 10 cm Schichtdicke u. 1 atm Druck. Isobutan stört. Gerhard Schulze. G 560◇

1694 **Untersuchung über die Differentialthermoanalyse einiger organischer Säuren.** 1. Mitt. Wesley W. Wendlandt und John A. Hoiberg. (Analytica chim. Acta [Amsterdam] **28,** 506—11, 1963; Lubbock, Tex., Texas Technol. Coll., Dep. of Chem.; engl.) — Die DTA-Kurven folgender Säuren werden angegeben: Oxal-, Malon-, Bernstein-, Glutar-,

Citronen-, DL-Äpfel-, D-Wein-, Sebacin-, Glykol-, Diphenylessig-, m-Methylphenoxyessig-, 1-Naphthylessig-, 2.4-Dichlorphenoxyessig-, 2.4.5-Trichlorphenoxyessig-, m-, p- u. o-Chlorbenzoe-, m- u. p-Jodbenzoe-, p-Brombenzoe-, 2.3.5-Trijodbenzoe-, p-Fluorbenzoe-, p-Aminobenzoe-, Fumar- u. m-Nitrobenzoesäure. Vff. führen die endotherm. Maxima auf Rkk., wie Dehydratisierung, Decarboxylierung, Sublimation, Zers. u. Phasenänderung, zurück. Es wurde versucht, die DTA-Kurven zum Nachw. der Säuren zu verwenden.

H.-J. Altmann. G 800◇

1695 **Natrium-β-naphthochinon-4-sulfonat als spezifisches Sprühreagens zur Identifizierung einiger Aminosäuren und ihren Isomeren.** Radha Pant und H. C. Agrawal. (Naturwissenschaften **50**, 331, 1963; Allahabad, India, Univ., Biochem. Sect.; engl.) — Die papierchromatograph. Trennung der Aminobuttersäuren erfolgt am besten mit n-Propanol–W. (3:1). Zur Identifizierung wird das Chromatogramm zuerst mit 2% ig. Na_2CO_3-Lsg. u. nach dem Trocknen bei Zimmer-Temp. mit einer 2,5% ig. wss. Reagens-Lsg. besprüht. *α-Aminobuttersäure* (**I**) ergibt einen dunkel aschgrauen Fleck; *β-Aminobuttersäure* (**II**), *β-Aminoisobuttersäure* (**III**) u. *γ-Aminobuttersäure* (**IV**) ergeben zuerst einen schwach rosafarbenen Fleck, der sich bei **II** verstärkt, bei **III** u. **IV** aber über Grau zu braungrauem Grün mit einer Spur Rosa übergeht. Der schwach blaue Fleck der *α-Aminoisobuttersäure* bekommt eine stahlblaue Schattierung, ist aber unbeständig.

J. Simon. G 950◇

1696 **Die automatische Analyse von Aminosäuren durch die polarographische Bestimmung ihrer Kupferkomplexe.** M. C. Corfield und Y. Robson. (Biochem. J. **84**, 146—51, 1962; Wool Ind. Res. Assoc., Leeds; engl.) — Vgl. C. **1963**, 19734. — Vff. beschreiben den Aufbau u. die Wirkungsweise eines automat. Aminosäure (AS)-Analysators, der durch Ionenaustauschchromatographie getrennte AS polarograph. zu bestimmen gestattet. Die App. besteht aus den Pufferreservoiren, einer Hochdruckpumpe, der Chromatographiesäule 0,9·150 cm, gefüllt mit Zeocarb 225×8 20—30 μ, einer Doppelperistaltikpumpe zum Zumischen von NaOH, um den pH-Wert des Eluats auf pH 9,2 zu halten, einer Kupferphosphat–Cellulosepulversäule 0,9×11 cm zur Überführung der AS in die Kupferkomplexe u. der polarograph. Zelle mit Registriereinrichtung. Die Potentialdifferenz der Zelle beträgt 0,7 V. Die Registrierung wird bei 30° (Thermostat) vorgenommen. Die Chromatographie der AS entspricht der Meth. von Spackman u. Mitarbeitern (C. **1960**, 7623), lediglich daß die Citratpuffer durch Chloroacetat–Acetatpuffer pH 3,18 u. 4,25 für die sauren u. neutralen AS u. pH 5,28 für die bas. AS ersetzt worden sind. Den Puffern zugesetzte Netzmittel stören die polarograph. Bestimmung. Das Verf. wurde an einem Hydrolysat des Insulins, Beladung 2,25 mg, überprüft. Die Reproduzierbarkeit beträgt 100 ± 3% bei einer Analysendauer für eine komplette AS-Analyse von 48 Stunden. Nicht bestimmt werden können β- u. γ-AS u. NH_3, da sie keine Cu-Komplexe bilden.

P. Teichgräber. G 950◇

1697 **Eine Methode zur Diazotierung von (2.4-Dinitro-5-aminophenyl)-aminosäuren auf Dünnschichtchromatogrammen.** Ronald S. Ratney. (J. Chromatogr. [Amsterdam] **11**, 111—12, 1963; Frederick, Md., Hood Coll.; engl.) — 6n HCl wird mit Toluol (**I**) überschichtet, mit 3m $NaNO_2$-Lsg. versetzt, das entstehende N_2O_3 durch Rühren in **I** verteilt u. diese Lsg. dann zur Diazotierung auf das Chromatogramm aufgesprüht. Durch nachfolgendes Besprühen mit 9,4 g Phenol + 14,6 g Diäthylamin in **I** (auf 100 ml aufgefüllt) bilden die diazotierten Verbb. rostbraune Azofarbstoffe, die noch eine Best. von 10^{-9} Mol Dinitroaminophenylaminosäuren ermöglichen.

H.-J. Altmann. G 950◇

1698 **Eine einfache Mikromethode zur Bestimmung der Hydrazide N-acetylierter Aminosäuren und Peptide.** H. Medzihradszky-Schweiger. (Acta chim. Acad. Sci. hung. **34**, 213—16, 1962; Budapest, Eötvös Univ., Inst. für Org. Chem.; dt.) — 3—10 mg Säurehydrazid (**I**) werden in einem besonderen Rk.-Gefäß mit 1 ml einer 2% ig. J_2-Lsg. in Dimethylformamid in Ggw. von 2—3 Tropfen n-Butylamin umgesetzt, nachdem die Luft aus dem Rk.-Gefäß durch CO_2 verdrängt war. Das aus **I** entwickelte N_2 wird gasvolumetr. bestimmt. Analysen der **I** von Benzoesäure, Isonicotinsäure, von N-acyl-Monoaminocarbonsäuren u. Peptiden belegen die Zuverlässigkeit der Methode. Dauer der Einzelbest. ca. 20 Minuten.

W. Kupfer. G 950◇

1699 **Die papierchromatographische Trennung und Identifizierung einfacher Phenole.** G. B. Crump. (J. Chromatogr. [Amsterdam] **10**, 21—28, 1963; Chester, Shell Res. Ltd., Thornton Res. Centre; engl.) — Gemische von Alkylphenolen werden nach Diazotierung u. Kupplung zu den jeweiligen o- oder p-Nitrophenylazo-Verbb. durch 2½ std. aufsteigende Chromatographie getrennt. Von 9 untersuchten Laufmitteln besitzt Cyclohexan–Bzl.–Propylenglykol (70:30:3) nach vorhergehender Imprägnierung des Papiers mit 20% ig. Formamid in Aceton das beste Trennvermögen. In Fällen ähnlicher R_F-Werte gelingt die Identifizierung durch die bei Behandlung mit verd. NaOH-Lsg. auftretende rote Farbe der aci-Nitroformen. Die Meth. ermöglicht den Nachw. von Phenolspuren in Kerosin u. nach vorausgegangener Verseifung die Identifizierung der phenol. Komponente in Triarylphosphaten.

F.-M. Friedrich-Anderseck. G 1060

1700 **Eine einfache adsorptionschromatographische Methode zur Untersuchung phenolischer Strukturen.** 5. Mitt. **Über die analytische Untersuchung von Phenolen und Phenolderivaten.** Bengt Smith. (Acta chem. scand. **16**, 843—48, 1962; Göteborg, Chalmers Tekn. Högskola, Inst. för Org. Kem.; engl.) — 4. vgl. C. **1961**, 16592. — Die bei der Adsorptionschromatographie von 71 Phenolen in Bzl. an SiO_2 sich ergebenden R_F-Werte weisen auf starke ster. Behinderung der Adsorption durch o-ständige, raumerfüllende Gruppen hin. p-Halogenphenole zeigen einen höheren R_F-Wert als Phenole. Der kleinere R_F-Wert der p-Nitrophenole wird durch spezif. Wechselwrkg. der NO_2-Gruppe mit dem SiO_2 zurückgeführt. Die Anfärbung der Säule erfolgte durch Hindurchziehen eines vorher eingebrachten Capillarrohres, aus dem durch einen Gummiball $KMnO_4$-Lsg. längs der Säule verteilt wurde.

W. Schreiber. G 1060◇

1701 **Bestimmung von Phenyltrichlorsilan in Methylphenyldichlorsilan.** Maurice E. Grenoble und Philip J. Launer. (Appl. Spectroscopy **17**, 79, 1963; Waterford, N.Y., Gen. Electric. Co., Silicone Prod. Dep.; engl.) — Die IR-photometr. Best. von 0—10 Gew.-% $C_6H_5SiCl_3$ in $(C_6H_5)(CH_3)\cdot SiCl_2$ erfolgt bei 17,1 μ in CS_2 gegen eine Lsg. von 4,76 Vol-% $(C_6H_5)(CH_3)SiCl_2$ in CS_2 mit einer analyt. Richtigkeit von ± 0,2%.

Gerhard Schulze. G 1380◇

1702 **Papierchromatographische und säulenchromatographische Untersuchungen an Naphthalinsulfosäuren (1).** Günther v. Hornuff und Elisabeth Wienhaus. (Wiss. Z. Techn. Hochschule Dresden **11**, 433—49, 1962; Dresden, TU, Fak. für Mathem. u. Naturwiss., Inst. für Textilchem.; dt.) — Ausführliche Übersicht über Analysen-Meth. für *α-* u. *β-Naphthalinsulfosäuren* (I), *2-Amino-5-naphthol-7-sulfosäure* (I-Säure), *1-Amino-8-naphthol-5-sulfosäure* (Chicagosäure S), *1-Amino-8-naphtol-3.6-disulfosäure* (H-Säure), *2-Amino-8-naphthol-6-sulfosäure* (γ-Säure), *Alkylnaphthalinsulfonsäuren* u. *Formaldehyd-β*-I-Kondens.-Prodd.; sowie papier- u. säulenchromatograph. Verff. zur raschen Identifizierung von Verunreinigungen in techn. Farbstoffzwischenprodukten. Die Fluorescenzfarben im UV-Licht vor u. nach Bedampfen mit NH_3, die Kupplungsfarben mit Echtrotsalz GG u. mit R-Salz nach vorausgegangener Diazotierung sowie die bei Bromcyan–Pyridin-Rk. entstehenden Farben sind tabellar. zusammengestellt.

S. Hothorn. G 2700◇

1703 **Dünnschichtchromatographie von aromatischen Kohlenwasserstoffen und einigen heterocyclischen Verbindungen.** N. Kucharczyk, J. Fohl und J. Vymětal. (J. Chromatogr. [Amsterdam] **11**, 55—61, 1963; Ostrava, Urxovy závody, Forschungsinst. für Kokschem.; dt.) — Auf Al_2O_3- u. Kieselgelschichten werden folgende Verbb. in CCl_4 u. n-Hexan als Laufmittel chromatographiert: Durol, Naphthalin, 1- u. 2-Methylnaphthalin, 1.5-, 1.6-, 2.6-, 2.3- u. 2.7-Dimethylnaphthalin, Inden, Diphenyl, Acenaphthen, Fluoren, Anthracen, Phenanthren, Fluoranthren, Pyren, Chrysen, 3.4-Benzpyren, 9.9′-Dianthryl, Benzo-[b]-thiophen, Dibenzothiophen, Indol, Carbazol, Chinolin, Diphenylenoxid, Diphenyloxid, p-Kresol, 3.5-Dimethylphenol u. Tetrahydronaphthalin. Die Sichtbarmachung erfolgt durch Besprühen mit 10% Tetracyanäthylen in Bzl. oder Formaldehyd in konz. H_2SO_4 oder Betrachtung mit UV-Licht. Die Farbe der Flecke u. die R_F-Werte werden angegeben. Vff. diskutieren die Abhängigkeit der Adsorptionsaffinität von H-Brücken zwischen Adsorbent u. den Verbb. sowie von der Anzahl der aromat. Ringe.

H.-J. Altmann. G 3000◇

1704 **Zur Frage der jodometrischen Bestimmung einiger Aminoxide.** Eugen Höft und Hartmut Schultze. (J. prakt. Chem. [4] **19**, 260—65, 1963; Berlin-Adlershof, Dt. Akad. der Wiss., Inst. für organ. Chem.; dt.) — Bei der Prüfung verschiedener Aminoxide (**I**) auf ihre Fähigkeit, aus angesäuerter KJ-Lsg. J_2 freizusetzen, wurde im Gegensatz zu älteren Angaben gefunden, daß H_2O_2 freies **I** in schwachsauren Lsgg. mit KJ je nach den Rk.-Bedingungen zwischen 10 u. 100% reagiert. Für N-(p-Tolyl)-1.2.3.4-tetrahydroisochinolinoxid (**II**) N-Benzylpiperidin-N-oxid (**III**), Strychnin-N-oxid (**IV**), 1.3-Diphenyl-5-methylpyridin-N-oxid (**V**), 3.4-Dihydroisochinolin-N-oxid (**VI**), 3.4-Dihydro-5.6-benzoisochinolin-N-oxid (**VII**), Dimethylanilin-N-oxid (**VIII**), N-Butylisoindolin-N-oxid (**IX**), Trimethylamin-N-oxid (**X**) u. 4-Nitropyridin-N-oxid (**XI**), wurden die Rkk. in 3 Medien untersucht u. z. T. nach optimalen Bedingungen gesucht. In Eisessig reagierten **III** u. **IV** schon zu über 90%, puffert man mit Na-Acetat so reagieren **IV**, **X** u. **XI** quant., **VIII** u. **X** reagieren mit HJ. Da **I** in mineralsaurer Lsg. wahrscheinlich wegen Salz-Bldg. mit KJ nicht reagiert, kann man Peroxide u. **I** nebeneinander bestimmen, indem man in Eisessig oder mit HJ die Summe beider u. in mineralsaurer Lsg. nur die Peroxide titriert. W. Kupfer. G 3231◇

1705 **Fluorimetrische Bestimmung von 2-Dimethylamino-6-hydroxypurin (Dimethylaminoguanin) in Gegenwart von Guanin.** Sidney Udenfriend, Perola Zaltzman-Nirenberg und G. L. Cantoni. (Analyt. Biochem. [New York] **5**, 258—60, 1963; Bethesda, Md., Nat. Inst. of Health; engl.) — Die fluorimetr. Best. kleiner Mengen *2-Dimethylamino-6-hydroxypurin* (**I**; *Dimethylaminoguanin*) in Ggw. größerer Mengen Guanin (**II**) ist durch Umsetzung von **II** mit HNO_2 zu Xanthin möglich. Eine Probe S-Ribonucleinsäure (**III**) wird in ½ std. Rk. mit 1 n HCl bei 100° hydrolysiert, ein aliquoter Teil entsprechend 10—15 μg **III** in einem verschließbaren Zentrifugenglas bei 100° mit $NaNO_2$ umgesetzt, abgekühlt, mit 2 n NH_4OH neutralisiert u. die Anregungs- bzw. Fluorescenzmaxima von **I** bei 290 bzw. 365 nm gemessen. Für restliches **II** (ca. 2—3% der Ausgangsmenge) wird nach analoger Messung bei 280 bzw. 340 nm korrigiert. Monomethylaminoguanidin zeigt **I**-analoge Eigg. u. muß vor der Best. chromatograph. abgetrennt werden. G. Kirsten. G 3272◇

1706 **Einfluß von Mn^{2+} bei der Bestimmung von Glucose nach der Nelson-Somogyi-Methode.** Krishna Kumar Tewari und P. S. Krishnan. (J. sci. ind. Res. [New Delhi], Sect. C **19**, 81—82, 1960; Lucknow, Univ., Chem. Dep., Div. of Biochem.; engl.) — Von Zn^{2+}, Mn^{2+}, Fe^{3+}, Co^{2+}, Ni^{2+}, Cr^{3+}, Cd^{2+}, Mg^{2+} u. Ca^{2+} beeinflußt nur Mn^{2+} die Farb-Rk. des Cu bei der Glucose-Best., jedoch liegt die krit. Mn^{2+}-Konz. hoch u. ist nur in Pflanzenextrakten u. bei einigen Enzymen ausreichend. W. Fester. G 3400◇

1707 **Synthese der Flaviansäure (2.4-Dinitro-α-naphthol-7-sulfonsäure) und ihre Anwendung als Alkaloidreagens.** Marta Galvez Yunganini. (An. Fac. Farmac. Bioquím. **7**, 531—42, 1956; Lima, Labor. de la Dirección de Indust., Labor. Wyeth Interamericanos; span.) — Die aus α-Naphthol, H_2SO_4 u. HNO_3 dargestellte Flaviansäure eignet sich als Reagens zur gravimetr. Best. von *Chinin, Codein, Morphin, Cocain, Strychnin* (**I**), *Brucin, Sulfaguanidin* u. *Anaesthesin* sowie zum qual. Nachw. vieler anderer Alkaloide u. N-Basen. Empfindlichkeit beim Nachw. von **I**: 1 : 1000000. K. Zingraf. G 3500◇

1708 **Trennung und Identifizierung von Cocain, Benzoylekgonin und Ekgonin durch Papierchromatographie und Versuch ihrer densitometrischen Bestimmung.** Violeta Castaneda Perez. (An. Fac. Farmac. Bioquím. **7**, 220—30, 1956; Lima, Esc. Nac. de Agr., Labor. de Farmac. Exper.; Labor. de Bioquím.; span.) — Beschreibung einer papierchromatograph. Meth. mit Butanol–Essigsäure zur Trennung u. Identifizierung von Cocain (**I**), Benzoylekgonin (**II**) u. Ekgonin (**III**). Densitometr. konnten 1 μg **I**, 4 μg **II** u. 10 μg **III** bestimmt werden. K. Zingraf. G 3500◇

1709 **Gaschromatographie von Morphinanderivaten.** Nobuo Ikekawa, Yoshiyasu Masuda und Yoshiro K. Sawa. (Sci. Pap. Inst. physic. chem. Res. [Tokyo] **56**, 279—84, 1962; Japan Defense Acad. u. Shionogi Res. Labor.; engl.) — Bei C_3-, C_4- oder C_6-substituierten Morphinan-Derivv. nehmen mit wachsender Größe der Substituenten die Retentionszeiten zu. Strukturelle Zusammenhänge u. ihre Deutung an Hand von Gaschromatogrammen werden diskutiert. Analysegerät war ein Gaschromatograph mit Wasserstoffflammendetektor, 150×0,6 cm rostfreie Stahlsäule, 1,5% SE-30 (Methylsilicongummi) auf Chromosorb W, 220° Säulen-Temp., Trägergas N_2 (90 ml/Min.). — 4 Tabellen mit Retentionswerten der Thebainreihe, von Isomorphinan-Derivv. u. der Sinomeninreihe. H.-P. Angelé. G 3500◇

1710 **Colorimetrische Bestimmung von Codein.** Shichiro Akiya, Yasuo Nakazawa und Shunji Ishikura. (J. pharmac. Soc. Japan [Yakugakuzassi] **76**, 608—10, 1956; Tokyo, Univ.; jap., Auszug: engl.) — Codein (**I**) wird nach Oxydation mit $KMnO_4$ in HCl, Hinzufügen von Na-Chromotropat u. H_2SO_4 colorimetr. bei 580 nm bestimmt. Die Farbe entsteht durch HCHO, das bei der oxydativen Zers. der N–CH_3-Gruppen im **I** gebildet wird. W. Wenzel. G 3500◇

1711 **Trennung der Coproporphyrinisomeren I und III mit Hilfe der Dünnschichtchromatographie.** Joerg Jensen. (J. Chromatogr. [Amsterdam] **10**, 236—38, 1963; Milwaukee, Wis., Marquette Univ., School of Med., Dep. of Microbiol.; engl.) — Die Trennung erfolgt bei 2 Std. langer Entw. auf Kieselgel G mit 2.6-Lutidin–W. (10 : 3) in NH_3-Atmosphäre. Im UV-Licht beträgt die Nachw.-Grenze 0,01 μg; die R_F-Werte der Isomeren (I 0,19, III 0,25) wie auch ihrer Metallkomplexe sind konzentrationsabhängig. Die Meth. zeigt, daß Staphylococcus aureus (JT/52) lediglich den Typ III, dessen Cu- u. Zn-Komplex, sowie Uroporphyrin produziert. F. M. Friedrich-Anderseck. G 3550◇

1712 **Das Oxalat des p-Dimethylaminoanilins in der Colorimetrie von Aldehyden und Ketosteroiden.** Maurice Pesez und Jaroslav Bartos. (Talanta [London] **10**, 69—73, 1963; Paris, Centre de Rech. Roussel-Uclaf; franz.) — p-Nitrosodimethylanilin wird mit KBH_4 in Ggw. von $CuSO_4$ zu p-Dimethylaminoanilin (**I**) red. u. als stabiles Oxalat isoliert. **I** bildet mit aromat. u. heterocycl. Aldehyden in CH_3COOH Färbungen, deren Maxima zwischen 450 u. 480 nm, mit aliphat. Aldehyden solche, deren Maxima zwischen 370 u. 450 nm liegen. 10—30 μg Aldehyd werden von der Rk. erfaßt. Chloralhydrat reagiert nicht. Ketosteroide mit konjugierten C=C-Bindungen (**II**) bilden mit **I** in methanol. $HClO_4$ Färbungen, deren Maxima je nach Lage der C=C-Bindungen bei 420 oder 450 nm liegen. Es werden noch 100 μg **II** erfaßt. W. Kupfer. G 3700◇

1713 **Dünnschichtchromatographie von Gallensäuren.** Peter Eneroth. (J. Lipid Res. **4**, 11—16, 1963; Stockholm, Karolinska Inst., Dep. of Chem.; engl.) — An Kieselgel-G-Schichten werden Gallensäuren in 15 verschiedenen Laufmittel-Syst. getrennt. Die dabei erhaltenen R_F-Werte werden in bezug auf die von Chol-, Desoxychol- u. Lithocholsäure als R_c, R_d oder R_l angegeben. Der Einfl. einer OH- oder Ketogruppe in 3-, 7- u. 12-Stellung auf die Polarität der Verbb. wird erläutert. Die R_c, R_d oder R_l-Werte der folgenden Cholansäuren 3α-, 3β-, 7α-, 7β-, 12α- u. 12β-Hydroxy-, 3α.7α-, 3β.7α-, 3α.7β-, 3α.12α-, 3β.12α-, 3α.12β-, 3α.6α- u. 7α.12α-Dihydroxy-, 3α.7α.23ξ-, 3α.7α.16α-, 3α.7α.12α-, 3β.7α.-12α-, 3α.7β.12α-, 3α.6α.7α-, 3α.6β.7α- u. 3α.6β.7β-Trihydroxy-, 3α.7α.12α.23ξ-Tetrahydroxy-, 7α.12α-Dihydroxy-3-keto-, 3α.12α-Dihydroxy-7-keto-, 3α.7α-Dihydroxy-12-keto-, 3α-Hydroxy-7.12-diketo-, 3.7.12-Triketo-, 3α-Hydroxy-7-keto-, 3α-Hydroxy-12-keto-, 7α-Hydroxy-3-keto-, 12α-Hydroxy-3-keto-, 3.7-Diketo-, 3.12-Diketo-, 3-Keto-, 7-Keto- u. 12α-Ketocholansäure, Cholansäure sowie 3α.7α.12α-Trihydroxykoprostansäure. H. J. Altmann. G 3700◇

1714 **Reaktionen von Corticosteroiden mit Tetrazoliumsalzen auf Papierchromatogrammen.** Tamás Gosztonyi, József Márton, Vera Kemény und Pál Vecsei (Weisz). (J. Chromatogr. [Amsterdam] **10**, 29—34, 1963; Budapest, Nat. Atom. Energy Comm., Inst. of Isotopes and Nat. Inst. of Rheumatism., Res. Labor.; engl.) — Die Red. von Tetrazoliumchloriden (**I**) [*2.3.5-Triphenyl-* (**I**), *2.3-Diphenyl-5-p-tolyl-***I**, *2.2′-(Di-o-methoxy)-diphenylen-3.3′.5.5′-tetraphenyl-* $(\mathbf{I})_2$, *2.2′-p-(Di-o-methoxy)-diphenylen-3.3′-diphenyl-5.5′-di-(o-nitrophenyl)-* $(\mathbf{I})_2$, *2.2′-p-(Di-o-methoxy)-diphenylen-3.3′-diphenyl-5.5′-di-(m-nitrophenyl)-* $(\mathbf{I})_2$, *2.2′-p-(Di-o-methoxy)-diphenylen-3.3′-diphenyl-5.5′-di-(p-nitrophenyl)-* $(\mathbf{I})_2$, *2.2′-p-(Di-o-methoxy)-diphenylen-3.3′-diphenyl-5.5′-di-(o-hydroxyphenyl)-* $(\mathbf{I})_2$, *2.2′-p-(Di-o-methoxy)-diphenylen-3.3′-diphenyl-5.5′-di-(m-hydroxyphenyl-* $(\mathbf{I})_2$] durch Corticosteroide (Cortisol, Cortison, Corticosteron, Reichsteins Verb. S, Aldosteron) auf Papierchromatogrammen führt zur Bldg. von 2 Formazanen. Eines bleibt am Startpunkt zurück (**II**), während das andere mit der Front wandert (III). Das Absorptionsspektrum von III besitzt im Gegensatz zu II bei 250 bis 270 nm ein Maximum. Bei Verw. polarer Laufmittel verschiebt sich das Mengenverhältnis zugunsten von III. Dieses ist in Chlf. oder Äthylacetat leichter lösl. als II. In krist. Zustand tritt Umwandlung II → III ein. An der Luft oxydiert III zu einer roten Substanz, die mit alkal. Ascorbinsäure wiederum zu III reduzierbar ist. — Durchführung: 4—12std. Entw. der Steroide mit Ligroin–Methanol–W. (10 : 8 : 2) u. Besprühen mit I-Reagens (1 mg/ml 5% ig. NaOH). Nach Auswaschen des überschüssigen I mit W. erneute Entw. mit Bzl.–Methanol–W. (2 : 1 : 1). F. M. Friedrich-Anderseck. G 3700◇

1715 **Trennung von ^{131}J-markiertem proteingebundenem Insulin von freiem Insulin durch Gelfiltration.** V. Manipol und H. Spitzy. (Int. J. appl. Radiat. Isotopes **13,** 647—48, 1962; Manila, Univ. of Philippines, Philippine Gen. Hosp. Radioisotope Labor.; engl.) — Vff. trennen an Sephadex G-75 proteingebundenes Radiojodinsulin von normalem Insulin durch Eluieren mit 0,85% ig. NaCl-Lösung. Die Best. der Protein-Konz. erfolgt spektrophotometr. bei 280 nm, die Aktivität der einzelnen Proben wird mit einem Scintillationszähler bestimmt. H. J. Altmann. G 3750◇

1716 **Eine colorimetrische Bestimmung für Purin- und Pyrimidindesoxyribonucleoside und ihrer phosphorylierten Derivate.** Lawrence Grossman und Janet Greenlees. (Analyt. Biochem. [New York] **2,** 189—204, 1961; Waltham, Mass., Brandeis Univ., Graduate Dep. of Biochem.; engl.) — Eine colorimetr. Best.-Meth. wird beschrieben, die die freie Aldehydform der 2-Desoxyribose (I) erfordert u. die zur Unterscheidung zwischen Purin- (II) u. Pyrimidin (III)-desoxyribonucleosiden (IV) verwendet werden kann. Die II—IV werden durch Säurehydrolyse (5% ig. $Cl_3C·COOH$-Lsg., 100°) in I u. freies II gespalten. Die entsprechenden phosphorylierten Derivv. erfordern eine Vorbehandlung mit Phosphomonoesterase u. Kartoffelapyrase. Die Meth. ist so in der Lage, zwischen IV, den Mono- u. Triphosphatestern zu unterscheiden. III—IV sind gegen eine Spaltung durch eine milde Säure widerstandsfähig. Durch katalyt. Hydrierung des III-Ringes wird dieser genügend modifiziert u. die N-Desoxyribosylbindung säurelabilisiert. Eine Meth. zur Best. der III-IV-Menge wird beschrieben. Eine unterschiedliche Säurehydrolyse gestattet die Unterscheidung zwischen Thymidin u. Desoxycytidin. Die Phosphatester von III—IV wurden durch eine entsprechende enzymat. Hydrolyse bestimmt. Die Unters.-Meth. wurde zur Messung der Transglykosidase- u. IV-Hydrolaseaktivitäten in Bakterienextrakten eingesetzt. A. Gabert. G 3950◇

1717 **Kontinuierliche Mikrobestimmung von Proteinen mit einer Sephadex-^{60}Cu-Detektor-Säule.** Ralph Gräsbeck und Rolf Karlsson. (Acta chem. scand. **17,** 1—7, 1963; Helsinki, Minerva Found., Inst. for Med. Res.; engl.) — Alkal. Protein-Lsg. (I) wird mit konst. Geschw. durch eine mit ^{64}Cu-Citrat beladene Sephadexsäule (II) gepumpt. ^{64}Cu wird von I stärker komplex gebunden als von II. Im Eluat ist die ^{64}Cu-Aktivität proportional der I-Konzentration. 0,12 μg I/ml geben noch deutliche Impulse, im 1-μg/ml-Bereich liegt die Standardabweichung bei 5%. Niedrigmol. Cu-Komplexe, z. B. mit NH_3, bleiben in der II-Säule. Citrat, Borat, Tris-(hydroxymethyl)-aminomethan, Gluconsäure u. Äthylendiamintetraessigsäure können stören. W. Kupfer. G 4070◇

c) Bestandteile von Pflanzen und Tieren

1718 **Schnellgefriertrocknung von biologischen Geweben mit einem thermoelektrischen Gerät.** A. G. E. Pearse. (J. sci. Instruments **40,** 176—77, 1963; London, Postgraduate Med. School, Dep. of Pathol.; engl.) — Beschreibung eines Gerätes zur Herst. von Gefriertrockenschnitten in 4—5 mm Stärke (auch aus Testes, Leber u. Nieren) bei Temp. unter —40° in 3—4 Std. (mechan. Zweistufenpumpe, erreichbares Vakuum 10^{-3} mm Hg). Wilfried Rehner. 5661◇

1719 **Colorimetrische Bestimmung von Mikromengen des Dimethyltetrachlorterephthalats.** Paul H. Schuldt, H. P. Burchfield, D. E. Stallard, W. E. Priddle und Sally Klein. (Contr. Boyce Thompson Inst. **21,** 163—73, 1961; New York, Boyce Thompson Inst. for Plant Res., Inc.; engl.) — *Dimethyltetrachlorophthalat* (I) kann aus Boden- u. Pflanzenhomogenaten durch Dichlormethan extrahiert werden. Dieses Herbicid kann photometr. dadurch bestimmt werden, daß es mit γ-(4-Nitrobenzyl)-pyridin in Ggw. eines Phthalatpuffers bei pH 4 für 1 Std. bei 120° zur Rk. gebracht wird, u. dann Pyridin u. Triäthylamin hinzugegeben werden. Konzz. von 1—4 μg/ml geben Farben, die hinreichend dem Beerschen Gesetz folgen u. ein Absorptionsmaximum bei 565 nm haben. Vff. beschreiben die Entw. der besten Rk.-Bedingungen. Störungen können beseitigt werden durch sukzessive Aufteilung zwischen Acetonitril u. n-Heptan, Entfärbung mit Norit A u. Chromatographie an aktiviertem Al_2O_3. 75—100% können aus Boden- u. Pflanzenhomogenaten wiedergewonnen werden. P. Nachtwey. 5666□

1720 **Identifizierung und Bestimmung der Herkunft von Cannabis durch Gas- und Papierchromatographie.** T. W. M. Davis, C. G. Farmilo und Miroslaw Osadchuk. (Analytic. Chem. **35,** 751—55, 1963; Toronto, Ontario, Food and Drug Directorate, Regional Labor.; Ottawa, Ontario, Dep. of Nat. Health and Welfare, Food and Drug Directorate, Org. Chem. and Narcotic Sect.; engl.) — Vff. untersuchen den gas- u. papierchromatograph. Nachw. von *Cannabidiolsäure* (R_F = 0,05), *Cannabidiol* (I; 0,15), *Cannabinol* (II; 0,43), *Tetrahydrocannabinol* (III; 0,65) u. als Bezugssubstanz *Pyrahexyl* (0,84) in Blättern u. Blüten von Cannabis sativa L. Die relative prozentuale Zus. von I wird gegen die von II + III aus Pflanzenmaterialien verschiedener Herkunft aufgetragen. J. Weiner. 5666◇

d) Medizinische und toxikologische Analyse

1721 **Trennung und Bestimmung von Spuren Zink durch Kathodenstrahlpolarographie, Verluste und Verunreinigungen.** J. Vogel und D. Monnier. (Mitt. Gebiete Lebensmittelunters. Hyg. [Bern] **52,** 539—44, 1961; Genève, Univ., Labor. de Chim. Minér. de Chim. Anal., et de Microchim.; franz.) — Die zu untersuchende Probe (z. B. 0,2 ml Blut) wird naß mit konz. $HNO_3/HClO_4$ verascht unter Zugabe von 1 ml 0,1n KCl als Träger. Den Veraschungsrückstand nimmt man in 1 ml 4n HCl auf u. neutralisiert die erhaltene Lsg. mit 4n NaOH. Nach Zugabe von 5 ml 20% ig. K–Na-Tartrat-Lsg. pH 8,5 extrahiert man Zn mit 0,01% ig. Dithizon-Lsg. in Chlf., wäscht die organ. Phase mit W. pH 8,5 u. schüttelt Zn in 1% ig. HNO_3 aus. Die erhaltene Lsg. wird nach Zugabe von 1 ml 0,01n KCl zur Trockne verdampft, nimmt den Rückstand in 1 ml W. auf u. polarographiert. Die Red.-Stufe des Zn liegt bei $E_{1/2} = -1{,}25$ V. Verss. mit ^{65}Zn zeigen, daß der Gesamtverlust an Zn zwischen 15—24% liegt, was einem Korrekturfaktor von 1,25 entspricht. A.-M. Fretzdorff. 5727◇

1722 **Verwendung von Radiophosphor zur Untersuchung des chemischen Bindungszustandes des Orthophosphitions im Plasma.** J. Govaerts und D. Thines. (Bull. Soc. roy. Sci. Liège **30,** 17—22, 1961; Inst. de Phys. et de Chim. nucl.; franz.) — Die Best. durch Fällung als $Mg(NH_4)PO_4$ u. Messung der Radioaktivität nach Ultrafiltration belegt, daß im Plasma eine instabile P-Verb. enthalten ist. Die Befunde reichen aber weder zu einer Angabe über die Natur der Verb. noch zu einer quant Best. aus. W. Kupfer. 5727◇

1723 **Vergleichende Untersuchung der Methoden zur quantitativen Bestimmung von Blutharnstoff durch Hypobromid und Urease.** M. Juillan und Y. Bats-Maillet. (Arch. Inst. Pasteur Algérie **37,** 297—302, 1959; franz.) — Die Hypobromid-Best.-Meth. (Fleury, 1955; **A**) ist einfach u. leicht auszuführen, braucht aber eine ausreichende Menge an Serum u. schließt Fehler in sich ein, die von der Höhe des Harnstoff-Geh. abhängen. Die Urease-Meth. (**B**) ist sehr einfach, kommt mit kleinen Serummengen aus, aber die Vorbereitung der Urease ist von ausschlaggebender Bedeutung u. ihre Aufbewahrung erfordert Vorsichtsmaßnahmen. Unter Verw. einer lyophilen Urease aus französ. Herst. wurden befriedigende Ergebnisse erzielt. In mehr als 300 Unterss. an gesunden u. kranken Menschen u. Tieren wurden beide Meth. verglichen. Bei einem Blutharnstoff-Geh. von < 0,5 g/Liter Serum ergibt **A** um 20—30% höhere Werte als **B.** Zwischen 0,5 u. 1 g/Liter beträgt die Differenz im allg. 15—20%. Bei >1 g/Liter werden die Differenzen sehr klein. Manchmal ergibt **A** dann geringfügig niedrigere Werte als **B.** P. Nachtwey. 5727◇

1724 **Mikrobestimmung von reduzierenden Zuckern in Blut.** Michio Ui. (Pharmac. Bull. [Tokyo] **7,** 695—98, 1959; Sapporo, Hakkaido, Univ. of Hokkaido, Med. School, Pharm. Inst.; engl.) — Zur colorimetr. Best. von 2—20 μg

Glucose in 0,02 ml Blut wird die Probe mit 2% ig. Trichloressigsäure auf 0,5 ml verd., mit 0,5 ml $K_3[Fe(CN)_6]$ Lsg. (100 mg%) u. 0,5 ml 2,1% ig. Na_2CO_3-Lsg. in 0,25n NaOH-Lsg. gemischt u. 15 Min. lang auf dem Wasserbad erhitzt. Nach dem Abkühlen (3 Min.) wird die Lsg. mit 1 ml einer 0,1% ig. Lsg. von $FeNH_4(SO_4)_2 \cdot 12\,H_2O$ in 0,3n H_2SO_4 versetzt u. auf 6 ml aufgefüllt. Dann wird die Extinktion bei 660 nm gemessen. W. Betcke. 5727◇

1725 **Aktivierungsanalyse von Jod ($^{127}J \rightarrow ^{128}J$) auf Papierchromatogrammen.** Alice Dimitriadou, P. C. R. Turner und T. Russell Fraser. (Nature [London] **197**, 446—49, 1963; London, Postgraduate Med. School; Med. Res. Council, Cyclotron Unit, Dep. of Med.; engl.) — Die nach der chromatograph. Entw. ausgeschnittenen Flecke von Jodaminosäuren (aus Menschenserum) werden 30 Min. lang der (n, γ)-Rk. unterzogen, mit einer Lsg., die je 5 mg Cl^-, Br^- u. J^- enthält, betupft u. anschließend in O_2-Atmosphäre durch elektr. Zündung verascht. Nach Einw. von CrO_3–H_2SO_4 in der Hitze wird in Ggw. von H_3PO_4 u. unter Zugabe von H_2O_2 bei 140—150° destilliert. In der Vorlage (2n NaOH u. 10% ig. Na_2SO_3) wird als AgJ gefällt u. die Zählung nach Behandlung mit H_2S-W. vorgenommen. Bei einem statist. Fehler von 3% liegt die Nachw.-Grenze bei $6-10^{-9}$ g J. F.-M. Friedrich-Anderseck. 5728◇

1726 **Ein einfaches, stabiles Instrument zur direkten spektrophotometrischen Bestimmung von Bilirubin.** Sanford H. Jackson. (Clin. Chem. **7**, 512—20, 1961; Toronto, Ontario, Hosp. for Sick Children, Res. Inst.; engl.) — Beschreibung eines mit einer Hg-Bogenlampe u. Interferenzfiltern zur Isolierung von monochromat. Licht ausgestatteten Instrumentes zur direkten photometr. Best. von *Bilirubin* im Serum von Säuglingen. Die Werte liegen ca. 5% höher als bei der chem. Best. nach Evelyn u. Malloy, stimmen aber gut mit den Werten des Beckman-DU-Spektrophotometers überein. K. Zingraf. 5728◇

1727 **Schnelle Ultramikrobestimmung des Totalcholesterins im Serum.** Ronald L. Searcy, Lois M. Bergquist und Ralph C. Jung. (J. Lipid Res. **1**, 349—51, 1960; Los Angeles, Calif., Coll. of Osteopathic Physicians and Surgeons; Los Angeles County Osteopathic Hospital, Dep. Path.; engl.) — Unter Hinweis auf die bisher vorgeschlagenen Verff. zur Mikrobest. von Cholesterin (I) im Serum wird eine neue Meth. angegeben, zu deren Ausführung nur 10 μl erforderlich sind. Die Arbeitsweise bedient sich der von Searcy u. Mitarbeiter (Clin. chim. Acta [Amsterdam] **5**, [1960], 192) angegebenen Farb-Rk. des I mit Eisen(II)-sulfat. Man gibt 10 μl Serum auf 1 Stück lipidfreies Filterpapier (Whatman Nr. 1), läßt an der Luft trocknen, legt das gefaltete Papier in ein Prüfglas, das genau 2 ml der gesätt. Lsg. von $Fe(SO_4)$ in Eisessig enthält. I ist in ca. 1 Std. extrahiert. Genau 1,5 ml der Lsg. werden in einer Mikroküvette mit 0,5 ml konz. H_2SO_4 versetzt; nach 10 Min. wird bei 490 nm gegen eine Blindprobe im Spektrophotometer (Coleman Junior) gemessen; Auswertung an Hand einer Eichkurve; Angaben über Beleganalysen sowie über die Reproduzierbarkeit der Analysenwerte. Vgl. der Ergebnisse mit denen nach der Arbeitsweise von Zak (Amer. J. clin. Pathol. **27**, [1957], 583). Das Verf. hat sich bei bisher 200 Blutproben als sehr erfolgreich erwiesen. K. Täufel. 5728□

1728 **Bestimmung von Haptoglobin mit Hilfe von ^{59}Fe-Hämoglobin.** Martin D. Sass und Paul W. Spear. (Nature [London] **193**, 285—86, 1962; Brooklyn, N.Y., Veterans Adm. Hosp.; New York City, State Univ. of New York, Dep. of Med.; engl.) — Die Best.-Meth. beruht auf Bldg. eines *Haptoglobin–Hämoglobin*-Komplexes. ^{59}Fe-Hämoglobin wird zur Serumprobe gegeben u. nach der Elektrophorese die Radioaktivität der Komplexfraktion gemessen. Die Radioaktivität ist dem *Haptoglobin*-Geh. direkt proportional. Ein Hämoglobinüberschuß beeinträchtigt das Ergebnis nicht. P. Gregorzewski. 5728◇

1729 **Eine Untersuchung über Lipide in der Cerebrospinalflüssigkeit.** 4. Mitt. **Die Bestimmung von freiem und Gesamtcholesterin.** Wallace W. Tourtellotte, Beverley A. Skrentny und Russell N. DeJong. (J. Lab. clin. Med. **54**, 197—206, 1959: Ann Arbor, Mich., Univ. Hosp., Dep. of Neurol.; Univ. of Michigan, Med. School, Kresge Med. Res. Building, Res. Labor.; engl.) — 3. vgl. C. **1959**, 15794. — Als Meth. zur *Cholesterin* (I)-Best. in Cerebrospinal-Fl. wird die Mitfällung von Proteinen u. Lipiden mit colorimetr. Best. des freien I als I-*Digitonid* (nach Sperry, C. **1951**, II, 1185) u. fluorimetr. Best. von Gesamt-I (nach Albers u. Lowry, C. **1960**, 10701) empfohlen. Es werden dazu weniger als 2 ml Cerebrospinal-Fl. benötigt; es können 1 μg freies I u. 0,5 μg Gesamt-I bestimmt werden. U. Tausendfreund. 5730◇

1730 **Getrennte Bestimmung von Glucuronsäure und Glucuroniden in biologischen Flüssigkeiten durch ein Ionenaustauscherharz.** Morizo Ishidate und Mitsuo Watanabe. (Pharmac. Bull. [Tokyo] **7**, 685—89, 1959; Hongo, Tokyo, Univ. of Tokyo, Fac. of Pharm. Sci.; engl.) — Zur Trennung von Glucuronsäure (I), N- (II) u. O-Glucuronide (III) wird eine Amberlite-IRA-411-Säule verwendet. I wird mit 0,25n NH_4Cl-Lsg. (pH 8), II werden mit 1n HCl u. III mit 1n methanol. HCl eluiert bzw. hydrolysiert u. eluiert. Zur colorimetr. Best. werden die Eluate zur Trockne eingedampft u. in je 1 ml 1 n HCl aufgenommen. In einer Modifikation der Carbazol-Meth. von Dische wird die HCl-Lsg. unter Eiskühlung mit 5 ml konz. H_2SO_4 u. 0,2 ml 0,2% ig. alkohol. Carbazol-Lsg. gemischt. Die Mischung wird 15 Min. lang auf dem Wasserbad erhitzt, nach dem Erkalten wird die Extinktion bei 520 nm gemessen. — Es wurden Best. von *Na-Glucuronat, Na-Anilin-N-glucosiduronat, Na-2-Naphthylamin-N-glucosiduronat, Phenyl-O-glucosiduronsäure* u. *K-Menthyl-O-glucosiduronat* durchgeführt. W. Betcke. 5730◇

1731 **Bestimmung von N.N'-Anhydro-bis-(β-hydroxyäthyl)-biguanidinhydrochlorid im Urin.** Thomas L. Flanagan, Emi K. Horikawa und Edward J. Van Loon. (Analyt. Biochem. [New York] **2**, 231—36, 1961; Philadelphia, Pa., Smith Kline & French Labor., Res. and Developm. Div.; engl.) — Eine differentialspektrophotometr. Unters. zur Best. von N'.N'-Anhydro-bis-(β-hydroxyäthyl)-biguanidin-HCl (I) im Urin wird beschrieben. Pigmente u. Protein werden mit $Ba(OH)_2$ u. $ZnSO_4$ gefällt, dann wird über Dowex-1 (Ce-Form) gereinigt. Die I-Konz. wird bei 237 nm gegen einen Vgl.-Wert der Probe bestimmt, in dem I vorher durch Br_2 zerstört wurde. A. Gabert. 5732◇

1732 **Mikroanalytische Bestimmung aromatischer Säuren des Harns durch Gaschromatographie.** Charles C. Sweeley und Clyde M. Williams. (Analyt. Biochem. [New York] **2**, 83—86, 1961; Pittsburgh, Pa., Univ. of Pittsbrugh, School of Med.; engl.) — Die aromat. Säuren des Harns wurden nach der Meth. von Armstrong extrahiert u. zu ihrer Trennung durch Methylierung mit Diazomethan (1,2% ig. in abs. Ae.) in die Methylester übergeführt. Nach Methylierung wurde der Ae. im N_2-Strom abgedampft. Der Rückstand wurde zur Gaschromatographie in abs. A. aufgenommen. Die Trennung erfolgte an einer polaren Säule (10 Gew.-% Äthylenglykol-Adipinsäure-Polyester auf siliconisiertem Chromosorb W, 206°, Trägergas Ar, 15 lb/sq.in.) u. an einer nichtpolaren Säule [3 Gew.-% Silicongummi (General Electric, SE-30) auf Chromosorb W, 191°, Ar-Eingangsdruck 18 lbs./sq.in.]. In normalem Urin wurden folgende Säuren gefunden (Polyestersäule): *Homovanillinsäure, p-Hydroxyphenylessigsäure, Hippursäure, 3-Methoxy-4-hydroxymandelsäure; Indolylessigsäure* u. *5-Hydroxyindolylessigsäure*, die ebenfalls in normalem Urin in sehr geringen Mengen vorhanden sind, konnten nicht bestimmt werden. A. Gabert. 5732◇

1733 **Quantitative Bestimmung von Harnglucose unter Verwendung von Glucoseoxydase und -peroxydase.** L. Kramer Jacobsen. (Scand. J. clin. Lab. Invest. **13**, 374—76, 1961; Aalborg, Denmark, County Hosp., Central Labor.; engl.) — Die *Glucoseoxydase*-Meth. zur Blutglucose-Best. kann unverändert zur Best. der *Harnglucose* verwendet werden. Ascorbinsäure (I) u. Harnsäure vermindern zwar die Extinktion, doch stört dies für die üblichen klin. Zwecke nicht, wenn eine vorhergehende Aufnahme großer I-Mengen vermieden wird. K. Maier. 5732◇

1734 **Eine Methode zur näherungsweisen Bestimmung von Tuberkulinpolysaccharid im 24-Stundenurin.** Tsuneo Arakawa, Mizuo Oota und Yuji Sato. (Tohoku J. exp. Med. **70**, 23—26, 1959; Hirosaki, Univ., Fac. of Med., Dep. of Pediatrics; engl.) — Die „OMK"-Meth. zur Best. des im Harn ausgeschiedenen *Tuberkulinpolysaccharids* (I) von Okada, Marugi u. Kobayashi (Acta Pediatr. Japan **57**, [1953], 589), die sich nur für genügend große I-Mengen enthaltendem Harn eignet, wurde modifiziert. Die Meth. verwendet die gesamte Menge des 24-Std.-Urins, die durch Erhitzen konz. wird, u. isoliert I durch A.-Fällung. Sie ist im Gegensatz zur Original-Meth. auch anwenbar, wenn im 24-Std.-Harn erheblich kleinere I-Mengen als 600 μg ausgeschieden werden. K. F. Müller. 5732◇

1735 **Papierchromatographische Vorprobe bei der toxikologischen Harnanalyse.** Gg. Schmidt. (Dtsch. Z. ges. gerichtl. Med. **49**, 259—80, 1959; Erlangen, Univ., Inst. für gerichtl. Med.) — 10 ml Harn werden zuerst sodaalkal. mit Amylacetat, dann weinsauer mit Essigester extrahiert; dem Amylacetatextrakt werden mit 0,2 ml Ameisensäure die bas., dem Essigesterextrakt mit 0,2 ml NH_3-Lsg. die sauren Substanzen entzogen. Die erhaltenen Lsgg. werden aufsteigend eindimensional mit alkal. Gemisch (n-Butanol mit 5n NH_3-Lsg. gesätt.) u. saurem Gemisch (n-Butanol: 15% ig. Ameisensäure: W., 12 : 1 : 7) auf Schleicher & Schüll Nr. 2043 b papierchromatographiert. Zur Sichtbarmachung dienen folgende Reagentien: 1. UV-Licht, 2. Munier-Macheboeuf-Reagens, 3. diazotierte Sulfanilsäure oder $FeCl_3$-Lsg., 4. $HgNO_3$, 5. Erlich-Reagens, 6. $KMnO_4$. Dabei können auf dem gleichen Papier nacheinander angewandt werden: 1, 2, 3 (oder 5); 1, 4, 5; 1, 4, 6. Das Verf. dient als Vorprobe auf Alkaloide, Analgetica der Polamidon- u. Morphinreihe, Lokalanästhetica, Phenothiazine, Weckamine, Stimulantien, Barbiturate u. Thiobarbiturate, Antipyretica, Hydantoin-Derivv., Sulfonamide u. Bakteriostatica u. einige weitere Stoffe. In einer ausführlichen Tabelle werden für 220 Stoffe die R_F-Werte u. die Rkk. angegeben. — Zahlreiche Literaturangaben. F. Krusen. 5764◇

1736 **Nachweis von Emulgatoren gebräuchlicher Pflanzenschutzmittel.** G. Hauck. (Dtsch. Z. ges. gerichtl. Med. **49**, 253—58, 1959; Freiburg/Br., Univ., Inst. für gerichtl. Med.; dt.) — Der häufig schwierige Nachw. von *Systox*- u. *Metasystox* in Leichenmaterial kann durch Prüfung des in diesen Präpp. enthaltenden Emulgators *Benzylhydroxydiphenylpolyglykoläther* vorgenommen werden. Der Emulgator wird aus dem Mageninhalt nach Extraktion mit Ae. u. Eintrocknen mit abs. A. extrahiert u. nitriert. Die vergleichende Papierchromatographie mit gleich behandelten Original-Präpp. erlaubt den Nachw. des Emulgators u. damit des Pflanzenschutzmittels. F. Krusen. 5764◇

H. Angewandte Chemie

H_1. Allgemeine chemische Technologie

1737 **Numerische Analyse der geschichteten laminaren Strömung zweier nicht mischbarer Newtonscher Flüssigkeiten in einem runden Rohr.** Alan R. Gemmell und Norman Epstein. (Canad. J. chem. Engng. **40**, 215—24, 1962; Burnaby, B.C., Shell Oil Co. of Canada, Ltd., Shellburn Refinery; Vancouver, B.C., Univ. of Brit. Columbia, Dep. of Chem. Engng.; engl.) — In dimensionsloser Form werden vollständige numer. Lösungen für die Geschw.-Profile geschichteter laminarer Strömungen zweier nicht mischbarer Newtonscher Fl., deren Viscositätsverhältnis 1, 10, 100 u. 1000 beträgt, gegeben. Mit Hilfe der Geschw.-Profile werden die theoret. hold-up-Verhältnisse, die Abnahme der Druckgradienten sowie die der Energie für die verschiedenen Viscositätsverhältnisse berechnet u. die Ergebnisse mit den von anderen Autoren experimentell erhaltenen verglichen. Die von Russell, Hodgson u. Govier (Can. J. Chem. Eng., **37**, [1959], 9) erhaltenen experimentellen Werte stimmen bei laminarer Strömung gut mit den berechneten überein. Im Übergangsgebiet zur turbulenten Strömung wird die Abweichung um so größer, je größer die Reynoldssche Zahl wird. I. Köditz. 5800

1738 **Analoge Simulierung des Problems einer Radialströmung bei sich verschiebender Phasengrenze.** H. D. Yoo. (Chem. Engng. Progr., Symposium Ser. **58**, Nr. 37, 75—82, 1962; Yorktown Heights, N.Y., IBM Corp., Res. Center; engl.) — Das Problem wird in Verbindung mit dem nichtstationären Strömen einer Fl. durch ein poröses Medium behandelt, um die Dynamik einer wachsenden Gasblase zu untersuchen. Die Meth. geht von der leicht zugänglichen Lsg. für feststehende Radien der Gasblasen aus, um die sich verschiebende Phasengrenze bei einem beliebigen Druck zu simulieren. Die sich verschiebende Phasengrenze wird als ein sich langsam veränderndes Syst. betrachtet, dessen Koeff. stetig den neuen Bedingungen, die sich aus der Verschiebung der Phasengrenze ergeben, angepaßt werden. I. Köditz. 5800

1739 **Die turbulente Gasströmung in Reaktoren vom Typ des Kugelhaufenreaktors.** E. Kern. (Atomkernenergie **7**, 121—30, 1962; Essen; dt.) — Auf Grund allg. Überlegungen lassen sich aus den bekannten, experimentell ermittelten Beziehungen für den Druckabfall u. die Wärmeleitfähigkeit in Kugelschüttungen die Gleichungen für die turbulente Gasströmung in einem Kugelhaufenreaktor gewinnen. Es ergibt sich ein nichtlineares Syst. partieller Differentialgleichungen, das allg. die Gasströmung in Kugelschüttungen mit vorgegebener Wärmequellenverteilung beschreibt, wie sie bei vielen physikal.-chem. Experimenten, bes. in der Verf.-Technik auftritt. L. Roth. 5800◇

1740 **Installierung von Thermodrähten in Hochdruckkesseln (1500 lbs./sq.inch bei 1700° F).** Paul R. Belling. (Instruments Control Syst. **35**, 119—20, 1962; Conax Corp.; engl.) J. Martins. 5802◇

1741 **Übergangswärmeleitung in einem vielschichtigen System mit mehreren Komponenten.** Charles E. Huckaba und Bacil F. Dickert. (Chem. Engng. Progr., Symposium Ser. **58**, Nr. 37, 91—106, 1962; Gainesville, Fla., Univ., Wilmington, Del., E. I. du Pont de Nemours & Co., Inc.; South Charleston, W.Va., Union Carbide and Carbon Chem. Co.; engl.) — Vff. entwickeln ein numer. Lsg.-Verf. für partielle Differentialgleichungen, die ein zweidimensionales, nichtstationäres Wärmeleitungsproblem beschreiben. Es werden schnelle Wärmeübergänge in einem endlichen, aus drei verschiedenen Stoffen mit unterschiedlicher Wärmeleitfähigkeit bestehenden Zylinder behandelt. Die berechneten Temp.-Felder werden durch entsprechende Messungen bestätigt. Die entwickelten Verff. lassen sich auf die Voraussage für die Temp.-Verteilung in Syst. anwenden, die aus Stoffen mit unterschiedlichsten physikal. u. therm. Eigg. zusammengesetzt sind. Die Grenzen der Anwendung der Grundprinzipien sind allein durch die Leistung des verwendeten Rechenautomaten bedingt. I. Köditz. 5816

1742 **Zweiphasenströmungsphänomene (Gas/Flüssigkeit) 4. Mitt. Experimentelle Untersuchung der Wasserverdampfung in einem senkrechten Rohr.** G. H. Anderson, G. G. Haselden und B. G. Mantzouranis. (Chem. Engng. Sci. **17**, 751—69, 1962; London, Imperial College, Dep. of Chem. Engng.; engl.) — 3. vgl. C. **1963**, 8291. — Vff. beschreiben eine App., die die Messung des Wärmeübergangs-Koeff. an in einem senkrechten Rohr sd. W. ermöglicht. Die experimentell erhaltenen Daten über den Einfl. von Temp.-Unterschieden u. Druckgefälle werden vom Gesichtspunkt der früher entwickelten Theorie diskutiert. I. Köditz. 5816

1743 **Flüssige Ionenautauscher.** W. Knoch. (Österr. Chemiker-Ztg. **63**, 349—52, 1962; Göteborg; dt.) — Die Bedeutung der fl. Ionenaustauscher liegt in der Kombination von Extraktionsmittel- u. Ionenaustauscher-Eigg. in einem Stoff. Fl. Ionenaustauscher erlauben die Abtrennung gewisser Ionenarten aus stark konz. Lsgg.; ferner bestehen auch Vorteile gegenüber der fl.-fl.-Extraktion mit gewöhnlichen Lösungsmitteln. Außer Diffusion u. Phasenübergang treten auch chem. Rkk. auf, welche höhere Verteilungs-Koeff. zur Folge haben. Bas. fl. Ionenaustauscher sind meist langkettige aliphat. Amine mit selektiven Extraktions-Eigg. besonders gegenüber komplexen Metallionen. Die entsprechenden Kationenaustauscher stellen eine Reihe saurer Alkylphosphor-Verbb. mit Alkylgruppen zwischen 8 u. 15 C-Atomen dar. H. Schöberl. 5826◇

1744 **Strömungsverhältnisse und Luftansaugkapazität in der Fahrenwald-Flotationszelle.** Daisuke Hayashi. (J. Mining metallurg. Inst. Japan **78**, 809—16, 1962; jap., Auszug: engl.) — Zur Aufklärung der Erscheinung, daß mit der erhöhten Zugabe von Schaummitteln die Luftansaugkapazität der Fahrenwald-Zelle abnimmt, wurde vom Vf. der Zusammenhang zwischen Strömungs-Verh. u. Dispersionsgrad der Luft in der Trübe einerseits u. der angesaugten

Luftmenge andererseits untersucht, wobei sich ergab, daß die Luftblasen um so einheitlicher dispergiert sind, je weniger sich an der äußeren Oberfläche der Diffusorplatte aufhalten. I. Vieweg. 5828◇

1745 **Lösung der Gasabsorption mit Digitalrechnern.** C. R. McNeese. (Chem. Engng. Progr., Symposium Ser. **58,** Nr. 37, 43—53, 1962; Dallas, Tex., The Atlantic Refining Comp.; engl.) — Mit Digitalrechnern lassen sich Absorptionsprobleme bei mehreren Komponenten schnell u. genau lösen. Die entwickelte Gleichung für die Temp. u. Zus. aller fl. Gasströmungen beruht auf der Vorstellung des therm. u. physikal. Gleichgewichtes in jeder theoret. möglichen Kontaktphase. Die Genauigkeit der Lösung, die sich aus der Einzellösung von Stoff- u. Wärmebilanzgleichungen ergibt, hängt von den jeweils zulässigen Toleranzen für die Veränderungen der mol. Strömungen u. der Temp. ab. I. Köditz. 5848

1746 **Stoffaustausch durch laminare Grenzschichten.** 7. Mitt. **Weitere Ähnlichkeitslösungen für die b-Gleichung für den Fall B = 0.** H. L. Evans. (Int. J. Heat. Mass Transfer **5,** 35—57, 1962; Ryde, Commonwealth Scientif. Ind. Res. Organiz.; engl.) — 6. vgl. C. **1962,** 18958. — Ähnlichkeitslösungen aus der Literatur für laminare Grenzschichtströmungen mit einheitlichen Stoff-Eigg. u. den Fall, daß kein Stofftransport durch die Grenzschichten auftritt, werden auf hohe Genauigkeit gebracht, u. zwar für den Bereich von verzögerter bis schwach beschleunigter Hauptströmung. Aus den Werten wird der Wandgradient für die b-Grenzschicht errechnet. Die Genauigkeit der in der 3. Mitt. gegebenen Reihen-Entw. für diesen Wandgradienten für den Fall, daß $\sigma = Pr/Sc$ groß ist, wird gesteigert. Die Werte von σ zwischen 0,0001—1000 sind tabelliert, Berechnungen über beide Werte hinaus sind aber möglich. J. Martins. 5860◇

1747 **Stoffübergang durch laminare Grenzschichten.** 8. Mitt. **Weitere Lösungen für die Geschwindigkeitsgleichung.** H. L. Evans. (Int. J. Heat Mass Transfer **5,** 373—407, 1962; Ryde, N.S.W., Australia, Commonwealth Scient. Ind. Res. Organiz., Div. of Food Preserv.; engl.) — 7. vgl. vorst. Referat. — Vf. behandelt Probleme der hydrodynam. Grenzschicht für den Fall, daß die Stoffwerte einheitlich sind u. Stofftransport in beliebiger Richtung durch die wandnahe Schicht stattfindet. Die Verhältnisse der Grenzschichtdicken bei intensiver Anblasung H_{14}, H_{12} u. H_{24} sind tabelliert. Folgende numer. Lösungen sind angegeben: Exakte Lösung für $\beta = 1$, den vorderen Staupunkt der zweidimensionalen Strömung, für einen Bereich des Stoffübergangsparameters f_0 zwischen -3 u. $+3$; exakte Lösungen für $\beta = -1$ im reellen Bereich für f_0-Werte zwischen $\sqrt{2}$ am Trennpunkt u. $\sqrt{10}$ bei asymptot. Annäherung andas Unterdruckgebiet; Lösungen für den reellen Bereich ohne Stofftransport, bei großen β-Werten u. Interpolations-Lssg. für unendliche Werte von β mit Stofftransport. Die Abhängigkeit des Anwachsens der Geschw.-Grenzschicht vom Druckgradienten u. die Änderung des Dickenverhältnisses sind graph. dargestellt. J. Martins. 5860◇

1748 **Automation von Verdampferanlagen.** Heinz Schink. (Génie chim. **88,** 93—107, 1962; franz.) — Nach kurzer histor. Einleitung werden 4 Verdampfer (A)-Typen u. die Zusammenfassung von A-Batterien in A-Anlagen besprochen. Es folgen Ausführungen zu den Druck-, Temp.-, Durchgangsmengen-, Dichte- u. Niveaumessungen in allen Teilen der Anlage sowie zur Betriebssteuerung von A-Anlagen (Zuckerfabrik) unter Einbau von Reglern. M. Hagedorn. 5864◇

1749 **Automatisierung der Verdampfanlage für Elektrolytlösung.** D. V. Radun, A. G. Levačev und I. L. Lomakin. (Chem. Průmysl **12 (37),** 590—97, 1962; UdSSR; tschech.) — Beschreibung. J. Schneider. 5864

1750 **Der kontinuierliche Vakuumkristallisationsprozeß; die Stoffbilanz für maximale Kristallausbeute.** Gustav Enyedy jun. (Chem. Engng. Progr., Symposium Ser. **58,** Nr. 37, 10—28, 1962; Cleveland, Ohio, Diamond Alkali Comp.; engl.) — Beschreibung der Verw. eines schnellen Rechenautomaten für das Auffinden der optimalen Lsg.-Verhältnisse, die bei bestimmter Konzentratzuführung u. Kühlungs-Temp. die maximale Ausbeute an Kristallen gewährleisten. Am Beispiel der Kristallisation von $FeSO_4 \cdot (NH_4)_2SO_4 \cdot 6\,H_2O$ aus dem Syst. $FeSO_4$-$(NH_4)_2SO_4$-H_2O wird die Verw. des in Fortransit für die IBM 650 verschlüsselten Programme erläutert. I. Köditz. 5868

1751 **Messung der Entwässerungsgeschwindigkeit von Schäumen mit hoher Expansion.** W. Thompson. (J. appl. Chem. **12,** 12—17, 1962; Buxton, Ministry of Power, Safety in Mines Res. Establ.; engl.) — Ein Verf. zur Messung der Entwässerungs-Geschw. (EG) von fl. Filmen durch Bewegung der Interferenzstreifen wird beschrieben. Der Querschnitt eines sich rasch entwässernden Films ist keilförmig, so daß seine mittlere Dicke der der Mittelhöhe entspricht. Verschieden hohe Wasserhärten verändern die EG eines Einzelfilms; die Änderungen stimmen mit denen der EG von Schäumen mit hoher Expansion überein. W. Wesly. 5874◇

1752 **Korngrößenanalyse im Bereich n < 1 μm.** 1. Mitt. D. Bradley. (Chem. Process Engng. atomic Wld. **43,** 591—94, 1962; Camberley, Sharples Centrifuges Ltd.; engl.) — Analyse auf der Grundlage der Sedimentation mit Hilfe von Zentrifugalmethoden. Theorie u. verschiedene Ausführungen sowie deren Vor- u. Nachteile werden diskutiert. — 24 Literaturangaben. J. Martin. 5888◇

1753 **Inerte Verdünnungsmittel zur Verwendung in Kernenergie-Extraktions-Anlagen.** 1. Mitt. **Dampfphasenchromatographie ausgewählter Lösungsmittel.** D. A. Landsman und E. S. Lane. (J. appl. Chem. **12,** 24—33, 1962; Harwell, Berks., U. K. Atomic Energy Author., Chem. Div.; engl.) — Beschreibung der Anwendung der Dampfphasenchromatographie zur Unters. von Lsgm. u. Wiedergabe der Chromatogramme von Kerosin, Mepasin, Shellsol-T u. hydriertem Propylentetrameren. W. Wesly. 5894◇

1754 **Inetre Verdünnungsmittel zur Verwendung in Kernenergieextraktionsanalgen.** 2. Mitt. **Aufbereitung für verbesserte Kerosene und ähnliche Verdünnungsmittel.** E. S. Lane, B. O. Field und J. L. Willians. (J. appl. Chem. **12,** 391—97, 1962; Harwell, United Kingdom Atomic Energy Authority; engl.) — 1. vgl. vorst. Referat. — Die Darst. von geruchlosem Kerosin gelingt durch Kombination mehrerer Prozesse: Wasserdampf-Dest., Waschen mit H_2SO_4 u. extraktive Kristallisation mit Harnstoff. Das erhaltene Prod. wird auf seine Beständigkeit gegenüber HNO_3 bei 70° unter Verw. eines radiochem. Indicators (^{181}Hf) geprüft. Auf diese Weise kann ein inertes Verdünnungsmittel mit einem um den Faktor 8 verbesserten Leistungsfaktor gegenüber unbehandeltem Material gewonnen werden. — 14 Literaturangaben. W.-D. Heußner. 5894◇

1755 **Ein Flüssigkeitsscintillationszähler zur absoluten Aktivitätsbestimmung nach der Extrapolationsmethode.** G. Wangermann. (Isotopentechnik **2,** 357—59, 1962; Leipzig, Inst. für angew. Radioaktivität; dt.) — Beschreibung des mechan. Aufbaus eines Meßkopfs u. der zugehörigen Elektronik für einen Fl.-Scintillationszähler zur Best. der abs. β-Aktivität radioakt. Nuclide. Die Zus. der fl. Scintillatoren (in Abhängigkeit von der Löslichkeit des jeweiligen radioakt. Nuclids), die Meßmethodik, die auf einer vollständigen Integration des differentiellen β-Spektrums beruht, u. einige Meßergebnisse werden angegeben. H. Hart. 5894◇

1756 **Radioaktive Abfälle und ihre Beseitigung.** H. Weiss. (Isotopentechnik **2,** 368—73, 1962; Rossendorf b. Dresden, Staatl. Zentrale für Strahlenschutz, Abt. f. radioakt. Abfälle; dt.) — Zusammenfassende Übersicht über die Meth. zur Beseitigung hochakt. radioakt. Abfälle (Lagerung in Behältern, Versickern u. Vergraben, Versenken im Meer u. andere weniger geeignete Möglichkeiten) sowie niederakt. Abfälle. Diese können, wenn sie in fl. Form vorliegen, dekontaminiert werden (chem. Füllung, Ionenaustausch, Elektrodeionisation, Dest., biolog. Reinigung); in fester Form lassen sie sich oft verbrennen. Das Problem der radioakt. Abwässer wird ebenfalls kurz erörtert. H. Hart. 5894◇

1757 **Gleichzeitige Gasabsorption und chemische Umsetzung in der Flüssigkeitsphase in einem Gefäß mit Rührer.** G. Vassilatos, O. Trass und A. I. Johnson. (Canad. J. chem. Engng. **40,** 210—14, 1962; Pittsburgh, Pa., Carnegie Inst. of Technol.; Toronto, Ont., Univ. of Toronto, Dep. of Chem. Engng; Hamilton, Ont., McMaster Univ., Dep. of Chem. Engng.; engl.) — Vff. messen die Absorption von CO_2 durch NaOH- u. NH_4OH-Lsgg. in einem einfachen Gefäß bei konst. Rührgeschw. u. bekannter Grenzfläche. Ein Vgl. der durch die chem. Umsetzung erhöhten Absorption mit bestehenden Theorien über die Absorption (Film-, Durchdringungs- u. Kishinewsky-Modell für den Stoffübergang zwischen den Phasen) zeigte, daß die Geschw.-Gleichung der Filmtheorie verwendet werden kann, um die chem. Absorptions-Geschw. unter den untersuchten Bedingungen vorauszuberechnen, wenn der Einfl. der reagierenden Stoffe u. der gebildeten Prodd. auf die Viscosität, auf die Löslichkeit des Gases u. auf die Ionenbeweglichkeit berücksichtigt wird. I. Köditz. 5896

H_2. Betriebsschutz, Feuerschutz

1758 **Strahlenhygiene bei radioaktivem Jod.** H. R. Marcuse. (Ingenieur ['s Gravenhage] **74,** G 5—G 6, 1962; 's Gravenhage, Gemeente Ziekenhuizen; niederl.) — Übersicht über die biolog. Wrkg. von ^{131}J u. den Schutz gegen diese Wirkungen. — 18 Literaturangaben. W. Wesly. 5932◇

1759 **Arbeitsschutzmaßnahmen bei stabilen Behältern unter Druck.** P. Podjevin. (Rev. Chim. [Bucureşti] **14,** 233—34, 1963; rum.) — Nach Betriebsdruck u. Temp. sind die Behälter (B) in 5 Gruppen eingeteilt. Die Angehörigkeit zu einer der Gruppen steht auch mit der Schädlichkeit, Explosions- u. Korrosionsgefahr des Inhalts sowie mit der Wahrscheinlichkeit plötzlicher Druck- oder Temp.-Steigerungen, als Folge von Rkk., in Zusammenhang. Die Schutzmaßnahmen erstrecken sich auf die Anordnung der Gebäude für B im Betrieb, die Lüftung, Wärmeisolierung, usw. Das Material für Dichtungen ist entsprechend den Betriebsbedingungen u. dem Inhalt zu wählen, wofür eine Aufstellung gegeben wird. Zum Arbeitsschutz sind auch geeignete Wärme- u. Beleuchtungsanlagen sowie Fußböden zu benützen. P. W. Kittner. 5936◇

1760 **Sicherheitsmembranen. Anwendungsgebiet und Berechnung.** L. Knall und H. Caban. (Rev. Chim. [Bucureşti] **14,** 214—21, 1963; rum.) — Sie finden Anwendung, wenn in einer Anlage plötzlich Überdruck durch Explosion oder exotherme Vorgänge entstehen kann, oder wenn Sicherheitsventile wegen Verstopfungen, Ablagerungen, Korrosion u. a. nicht genügen. Ihre Bemessung besteht in der Best. des Durchmessers (D) als Funktion des Druckes, der Temp. u. der Menge Fl., die in einer bestimmten Zeit entleert werden soll, sowie der Stärke (s) als Funktion des Durchmessers, der Eigg. des Materials, des Bruchdrucks (P) u. der Temperatur. Bei Anwendung für Explosionsfälle von Gemischen von Luft mit brennbaren Gasen oder Dämpfen berechnet man D als Funktion von Gasmenge, P u. der Dichte. Wenn bei einer spontanen Rk. die Rk.-Geschw. u. die frei gewordene Wärmemenge bekannt sind, wird D aus der Wärmeaustauschgleichung berechnet. Die Best. von s erfolgt verschieden, je nachdem, ob die Platzscheibe auf dieselbe Art wie die kugelförmigen Behälter, durch Scherung oder durch Zug, zu Bruch geht. In allen Fällen muß P, der zwischen dem Betriebs- u. Probedruck liegt, gewählt werden u. der Zerreißfestigkeit des Materials Rechnung getragen werden. P. W. Kittner. 5986◇

1761 **Untersuchung der Kohlenoxidimmission in einer Großstadt.** Hans-Walter Georgii und Erich Weber. (Air Water Pollut. **6,** 179—95, 1962; Frankfurt/M., Univ., Inst. für Meteorol. u. Geophys.; dt.) — Unterss. über die CO-Konz. der Atmosphäre im Zentrum von Frankfurt/M. zeigen, daß der Tagesgang der CO-Konz. von den Schwankungen der Verkehrsdichte abhängt. Die abs. CO-Konz. wird durch Verkehrsdichte, Windrichtung u. -stärke bestimmt. Wind-Geschw. von $\geqq 3$ m/s genügen für eine ausreichende Durchlüftung der Straßenzüge. Die Hauptquelle für CO in der Innenstadt sind die Kraftfahrzeuge. Die vertikale CO-Verteilung wird ermittelt. W. Wesly. 5948◇

1762 **Eine Untersuchung der Luftverunreinigung durch Analyse der in Luftfilteranlagen gesammelten Teilchen. 1. Mitt. Probenahme und Bestimmung von Ruß, Teer und Asche.** I. E. Burrows, A. J. Lindsey und J. R. Stanbury. (Air Water Pollut. **6,** 129—32, 1962; London, Sir John Cass Coll., Dep. of Chem.; engl.) — Die in Abständen von 2 Wochen in einer Luftfilteranlage gesammelten Teilchen werden physikal. u. chem. untersucht. Die Schwärze wird mittels eines Reflektometers, das über eine Photozelle auf ein Galvanometer wirkt, gemessen. Die lösl. organ. Substanz (Teer) ergibt sich durch Extraktion mit CS_2 (1,3—10,2%). Die Asche wird durch 1 std. Glühen bei 600° ermittelt (54 bis 70%). W. Wesly. 5948◇

1763 **Vergleich der Staubmengen in Innen- und Außenluft.** Morris B. Jacobs, Arthur Manoharan und Leonhard J. Goldwater. (Air Water Pollut. **6,** 205—13, 1962; Columbia Univ., School of Publ. Health and Admin. Med.; engl.) — Die Staubmenge u. Teilchengröße suspendierter Feststoffe in der Luft zahlreicher Innenräume u. im Freien werden bestimmt. Ein dazu dienendes Membranfiltergerät mit Adapter zur Staubzählung wird beschrieben. Die Staubmenge betrug 1,7—24,3 (Million/cu.ft.) Teilchen in Wohn-, 4,2—34,9 in Schlaf-, 4,0—53,4 in Amtsräumen u. 2,2—53,1 im Freien. Die mittlere Teilchengröße betrug ca. 0,6 μm. Von den Teilchen in Innenräumen waren 85, von denen im Freien 74% $\leqq 1$ μm groß. W. Wesly. 5948◇

H_3. Elektrotechnik

1764 **Kunststoffe als Isolatoren.** M. E. Baird. (Plastics **27,** Nr. 300, 142—47, 1962; Brit. Resin Prod. Ltd.; engl.) — Im Rahmen eines allg. Überblicks werden bekannte Meth. zur Best. von Leitfähigkeit, elektr. Widerstand, Kriechströmen, Leistungsfaktor u. DK u. die Bedeutung dieser Werte für die Isolierfähigkeit von Kunststoffen beschrieben. H. Sontag. 5956◇

1765 **Prüfungsverfahren zur Verwendung von Kunststoffen als elektrische Isolatoren und ihre Auswertung.** K. H. Stark. (Plast. Inst., Trans. and J. **30,** 184—92, 1962; Stafford, Engl. Electric Co., Ltd.; engl.) — Es werden die mechan., elektr. u. therm. Eigg. sowie die Prüfungen, die ein Kunststoff erfolgreich durchlaufen muß, ehe er als Isoliermaterial eingesetzt werden kann, behandelt. K. Gröbe. 5956◇

1766 **Neue Meßmethoden zur Beurteilung der dielektrischen Eigenschaften von Isolierwerkstoffen.** F. Oehme. (Chem. Rdsch. [Solothurn] **15,** 557—58, 621—23, 1962; Weilheim, Obb.; dt.) — Vf. beschreibt an Hand ausgewählter Beispiele die theoret. Zusammenhänge zwischen Struktur u. dielektr. Verh. in Hochpolymeren sowie die apparativen Möglichkeiten zur Dipolmessung im Temp.-Bereich von —150 bis +500° bes. an Feststoffen. L. Mögele. 5956◇

1767 **Eine Technik des Zonenschmelzens von Isolatoren.** Leo Neumann und Robert A. Huggins. (Rev. sci. Instruments **33,** 433, 1962; Stanford, Calif., Univ., Dep. of Materials Sci.; engl.) — Beschreibung einer Vorr. zum Zonenschmelzen mittels der Elektronenstrahltechnik. W. Betcke. 5956◇

1768 **Miniaturmantelthermoelemente und ihre Anwendung.** A. Saéd. (Chem. Rdsch. [Solothurn] **15,** 561—62, 1962; dt.) — Beschreibung des Aufbaus der Thermoelemente u. ihrer Konfektionierung. Tabellar. Angabe von Daten für verschiedene Typen. Besprechung von Anwendungsgebieten (Temp.-Bereiche von 200—1200°). L. Roth. 5970◇

H_4. Wasser, Abwasser

1769 **Bewässerung als Quelle von Wasserverunreinigungen.** Edward F. Eldridge. (J. Water Pollut. Control Federat. **35,** 614—25, 1963; Portland, Ore., Public Health Serv., Water Supply and Pollution Control Program; engl.) — Aus einer Reihe von Unterss. über das von künstlichen Bewässerungen zum Grundwasser oder in Flüsse zurückkehrende W. schließt Vf., daß beträchtliche Mengen von Mineralsalzen, Insekticiden u. Herbiciden die Wasserquellen beträchtlich verunreinigen können. Er setzt sich für spezielle Unterss. ein, um den Umfang dieser Verunreinigungen u. die möglichen Auswirkungen auf andere Wasserverbraucher vollständig erfassen zu können. I. Köditz. 6010

1770 **Entwicklung der Salzwasserumwandlung 1962.** Anonym. (J. Amer. Water Works Assoc. **55,** 565—70, 1963; Palo Alto, Calif., Metcalf & Eddy; engl.) — Komiteebericht über die Unters. der Entsalzung von Meerwasser u. Überblick über das Programm des Office of Saline Water des US-Innenministeriums. I. Köditz. 6014

1771 **Große Reaktoren können Seewasser ökonomisch destillieren.** R. Philip Hammond. (Nucleonics [New York] **20,** Nr. 12, 45—49, 1962; Los Alamos, N.Mex., Los Alamos Sci. Labor.; engl.) — Schnelle Brutreaktoren der 10—100fachen Größe der z.Z. bestehenden Anlagen bieten die Möglichkeit, die Kosten für die Seewasser-Dest. auf den 3. Teil des jetzigen Preises zu senken u. das so gewonnene entsalzte W. für Gemeinde-, Industrie- u. Bewässerungsvorhaben zu verwenden. Vf. gibt eine detaillierte Kostengegenüberstellung für nucleare u. fossile Brennstoffanlagen u. beweist, daß die Wasserkosten mit steigender Größe der Reaktoren fallen. U. Drehmann. 6014◇

1772 **Messung und Kontrolle feinverteilter Substanzen in Filterabflüssen.** Raymond M. Harwood. (J. Amer. Water Works Assoc. **55**, 487—89, 1963; Flint, Mich. Civic Center; engl.) — Erfahrungen mit Membranfiltern für Wasseruntersuchungen. Prüfung der Filter durch Auszählung der filtrierten Teilchen unter dem Mikroskop. Zusätze von Koagulationsmitteln wie Aktivkohle u. Polymeren verbessern die Filtrations-Geschw. erheblich. R. Truckseß. 6016◇

1773 **Zustand der Fluorierung in den Vereinigten Staaten von Amerika und Kanada 1961.** Anonym. (J. Amer. Water Works Assoc. **55**, 571—80, 1963; Washington, USPHS Div. of Dental Public Health; engl.) — Statist. Überblick über die Anzahl der Trinkwasserwerke in den USA u. Kanada, in denen das Trinkwasser fluoriert wird, u. die verwendeten Fluorierungsmittel (NaF, $Na_2[SiF_6]$, $H_2[SiF_6]$, $(NH_4)_2[SiF_6]$, CaF_2, natürliche Fluoride). I. Köditz. 6018

1774 **Die Fluorung des Wassers in Großbritannien und in Canada.** Anonym. (Techn. Sci. munic. 58, 117—19, März 1963; franz.) — 2 Berichte: Der brit. Bericht bestätigt die bereits in den USA gemachten Erfahrungen, daß bei Fluorung des W. mit 1 mg F^-/Liter in 3 Bezirken eine wesentliche Verbesserung der Zähne von Kindern zwischen 3 u. 7 Jahren festzustellen ist, u. daß trotz eingehender Beobachtung während 5 Jahren keine schädliche Wrkg. eintritt. Der kanad. Bericht enthält dieselben Beobachtungen u. fordert eine Reihe gesetzlicher Best. zur Fluorierung des W. im Staate Ontario. H. Eckstein. 6018◇

1775 **Ionenaustauscher für Beizereiabwässer.** Anders. (Städtehygiene **14**, 47—48, 1963; dt.) — Die Anwendung von Austausch-Verff. auf die Abwässer von Beizereien bringt Vorteile für die Rückgewinnung wertvoller Inhaltsstoffe, die Möglichkeit der Kreislaufführung des W. im Betrieb u. die Behandlung des Schlammproblems. Für die Aufarbeitung eisenhaltiger Beizsäuren wird 1. bei einem HCl-Geh. von mindestens 150 g/Liter ein Anionenaustauscher eingesetzt, die Beizsäure, der in Abhängigkeit vom Eisen-Geh. der HCl Chlor in stöchiometr. Menge zudosiert wird, direkt aus dem Beizbad auf die Anionenaustauscherkolonne gedrückt u. die eisenfreie salzsaure Beize in das Bad zurückgeführt. 2. Bei anderen Säuren oder schwächerer HCl wird die Beizsäure über ein Filter auf einen Kationenaustauscher gepumpt, dessen Regenerat nach Erschöpfung des Austauschers wie unter 1. bearbeitet wird. Cu aus $CuSO_4$-Lsg. u. Zn aus Messingbeizen u. Gelbbrennanlagen können genau so behandelt werden. Für Beizerei-Spülwässer wird 3. zur Entfernung freier Säure u. gelösten Metalls ein Kationenaustauscher u. anschließend ein Anionenaustauscher eingesetzt, wobei der Regeneratablauf des Kationenaustauschers mit den Schwermetallen in das Beizbecken geleitet wird u. der neutrale Ablauf des Anionenaustauschers in die Kanalisation oder in einen Vorfluter übergeführt wird. Soll nach diesem Verf. das Spülwasser in den Betriebskreislauf zurückgenommen werden, dann wird in der Kationenaustauscherkolonne ein Wasserstoffcyclus angewendet, der Austauscher mit Beizsäure aus dem Beizbad regeneriert u. das Regenerat in das Beizbad zurückführt; der Ablauf des Anionenaustauschers ist entsalzt u. geht in den Kreislauf zurück. K. Dorfner. 6020◇

1776 **Überblick über die Literatur des Jahres 1962 über Abwässer und Kontrolle der Wasserverunreinigungen.** D. A. Okun, C. M. Weiss, T. A. Alspaugh, B. B. Berger, A. H. Chasick, H. F. Clark, C. H. Connell, F. E. DeMartini, W. E. Dobbins, R. S. Engelbrecht, M. B. Ettinger, D. G. Foulke, T. de S. Furman, P. E. Gaffney, I. Gellman, E. F. Gloyna, H. Harding, R. S. Ingols, W. M. Ingram, P. W. Kybler, M. Katz, F. W. Kittrell, J. C. Lamb III, N. J. Lardieri, H. G. Luley, W. R. Lynn, P. H. McGauhey, A. J. Steffen, C. Straub, E. Surber, J. M. Symons, C. M. Tarzwell, H. A. Trebler, E. C. Tsivoglou, C. Vath, W. C. Westgarth, R. L. Woodward und I. G. Yahn. (J. Water Pollut. Control Federat. **35**, 553—59, 1963; engl.) — Kurze Inhaltsangaben der 1962 erschienenen Literatur über analyt. Meth. u. Abwässer. I. Köditz. 6036

1777 **Wasserversorgung und Abwasserbeseitigung.** Karl Strümpfel. (VDI-Z. **105**, 607—10, 1963; Düsseldorf; dt.) — Fortschrittsbericht. — 30 Literaturangaben. W. Wesly. 6036◇

1778 **Die Behandlung von industriellen Abwässern, Pläne und Möglichkeiten.** H. D. Unwin. (Air Condit. Heating Ventilating **60**, Nr. 2, 61—70, 1963; Detroit, Albert Kahn Associates; engl.) — Überblick. F. Rosendahl. 6036△

1779 **Die Sauerstoffsättigung des Hafens von Baltimore durch Plankton.** C. H. J. Hull. (J. Water Pollut. Control Federat. **35**, 587—606, 1963; Baltimore, Md., The John Hopkins Univ., Dep. of Sanitary Engng. & Water Resources; engl.) I. Köditz. 6038

1780 **Über die zulässige Konzentration von sechswertigem Chrom in Gewässern.** Ja. M. Gruschko. (Hyg. u. Sanitätswes. [UdSSR] **27**, Nr. 12, 77—81, 1962; Irkutsk, Med. Inst., Lehrstuhl für allg. Hygien.; russ.) — Infolge der festgestellten cancerogenen Wrkg. von *Cr* (VI) sollte jeder Ablauf von Cr(VI)-haltigen Abwässern in die Wasserbecken untersagt werden. Die jetzige maximal zulässige Cr(VI)-Konz. in Gewässern beträgt (UdSSR) 0,1 mg/Liter. S. Baryschnikow. 6038△

1781 **Wirkungen eines Polyelektrolyten als Filterhilfe.** Michael A. Garnell. (J. Amer. Water Works Assoc. **55**, 597—601, 1963; Detroit, Mich., Dep. of Water Supply; engl.) — Vf. beschreibt Verss. mit Polyacrylamid (Molgew. ca. 1000000) (I), um bei schwankenden Koagulations-Eigg. des zu reinigenden W., die bes. bei älteren Filteranlagen häufig zu Trübungen des gereinigten W. führen können, eine einheitliche Qualität des W. zu garantieren. In Dosen von 10—30 ppb, die direkt auf das Filter aufgetragen werden, verringert I die Trübung beträchtlich. Da jedoch gleichzeitig der Filterdruck beträchtlich vermindert wird, wird die Verw. von I nur für Filteranlagen empfohlen, wenn der Wasserdurchlauf nicht verringert werden kann. Für Sandfilter ist es im allg. zweckmäßiger, die effektive Größe des Sandes zu verringern. Nach Conly u. Pitman (Journ. AWWA, **52**, [1960], 1319) läßt sich jedoch die Verringerung des Filterdrucks teilweise aufheben, wenn I in Verbindung mit Sand-Anthrazit-Filter verwendet wird. I. Köditz. 6042

1782 **Untersuchung eines neuartigen Verfahrens der Abwasserklärung.** Walter Brecht unf Fridolin Zippel. (Wbl. Papierfabrikat. **90**, 1230—36, Dez. 1962; Darmstadt Techn. Hochschule, Inst. für Papierfabrikation; dt.) — Beschreibung einer neuentwickelten Kläranlage für Abwässer mit Ergebnissen aus der Pappenherstellung. Durch Zusätze von Kalkhydrat u. Kalksteinmehl werden bei pH 10—11 flockbare Substanzen ausgeflockt. Anschließend erfolgt durch Aluminiumbeize oder Aluminiumsulfat u. Schwefelsäure u. Flockungshilfsmittel eine Aluminiumhydroxid-Flockung u. Neutralisierung des Abwassers. In einem Klärraum mit 3,8 m^3 Inhalt wurden 3,5—5,1 m^3/Std. in 70—45 Min. durchgesetzt u. der Feststoff-Geh. des Abwassers von 1,0—1,5 g/Liter auf 10—30 mg/Liter gedrückt. R. Trucksess. 6042◇

1783 **Über die Verwendung von Aluminiumsulfat als Flockungsmittel bei der Abwasserreinigung.** Ulrich Unger. (Wbl. Papierfabrikat. **90**, 1265—71, Dez. 1962; dt.) — Die Verw. von Aluminiumsulfat in der Abwasserreinigungstechnik kann, wie Vf. aus Labor.-Verss. ableitet, nicht nur zu einer besseren Reinwasserqualität sondern durch den geringen Chemikalienpreis auch zu niedrigeren Betriebskosten gegenüber Eisensulfat führen. K. Dörfner. 6042◇

1784 **Die Wirksamkeit der Reinigung von cyanidhaltigen Abwässern.** W. I. Petrow. (Hyg. u. Sanitätswes. [UdSSR] **27**, Nr. 4, 61, 1962; Dnepropetrowsk, Städt. Sanitäts- u. Epidemilogiestation; russ.) — Vf. berichtet über die Reinigung cyanidhaltiger Abwässer mittels $FeSO_4$ (I). Die Meth. erlaubt die Herabsetzung der CN-Geh. von 41—145 (mg/Liter) auf 0,05—18 bei Anwendung von 0,7—1 ml 18—20%ig. I-Lsg. auf 1 Liter Abwasser. H. Jäger. 6042□

1785 **Die Dekontaminierung radioaktiver wässeriger Abfälle mit Calcium- u. Eisen(III)-phosphat.** Colin R. Frost. (J. Amer. Water Works Assoc. **55**, 581—86, 1963; Sutherland, New South Wales, Australia, Australian Atomic Energy Com. Res. Establ., Chem. Eng. Sec.; engl.) — Vf. vergleicht die dekontaminierende Wrkg. von 80 (ppm) PO_4^{3+}, 50 Ca^{2+} u. 40 Fe^{3+} bei einem Anfangs-pH-Wert von 11,5 u. einem End-pH-Wert von 10,8 oder höher mit der von 40 (ppm) PO_4^{3+}, 30 Ca^{2+} u. 20 Fe^{2+} bei niedrigeren pH-Werten. Die Wirksamkeit dieses Verf. wird durch die Verringerung der Konz. nicht merklich beeinflußt. Über 70% der radioakt. Uranyl- u. Sr-Ionen sowie der gemischten Spaltprodd. können mit dieser Meth. entfernt werden. I. Köditz. 6042

1786 **Der Abbau von ABS im Boden und in Pflanzen.** Stephen A. Klein, David Jenkins und P. H. McGauhey. (J. Water Pollut. Control Federat. **35**, 636—54, 1963; Berkeley, Calif., Univ., Sanitary Eng. Res. Labor.; engl.) — Vff. beschreiben im 1. Teil (Red. in Böden) Vers.-Anordnungen u. -Meth., um den biolog. Abbau von 1% ig. wss. Lsgg. von ABS u. deren Absorption durch verschiedene Bodenarten unter gesätt. u. ungesätt., sterilen u. biolog. Bedingungen zu untersuchen. Die untersuchten Bodenarten absorbieren 79,0—98,5% ABS, ein gewisser Teil wird je nach den Bedingungen biolog. abgebaut, doch läßt sich eine Grundwasserverunreinigung auch durch geänderte Filterbedingungen nicht verhindern. — Im 2. Teil wird der Einfl. von ABS auf Pflanzen (Sonnenblumen, Gerste u. Lupinus albus) untersucht, um die Frage der Wiederverw. von zurückgewonnenem Bewässerungswasser zu klären. Abwässer, die die üblichen Mengen ABS enthalten, üben keine nachteilige Wrkg. auf den Pflanzenwuchs aus. Bei Mangel an Nährstoffen kann ABS eine nachteilige Wrkg. haben. Die Aufnahme von ABS u. ABS-Abbau-Prodd. in den Samen der untersuchten Pflanzen ist geringfügig. I. Köditz. 6044

1787 **Die Kontrolle von Moskitos in Industrieabwasserteichen.** Roger P. Scovill. (J. Water Pollut. Control Federat. **35**, 663—68, 1963; Wisconsin, State Board of Health; engl.) — Die Entw. von Moskitos in Industrieabwasserteichen mit dichter Vegetation u. Zufluß von W. mit organ. Bestandteilen läßt sich durch *Baytex* (0,2 ppm) bis zu 14 Tagen auf einer Fläche von 6,7 acres verhindern, wenn das Insekticid dem einströmenden W. zugesetzt wird. I. Köditz. 6044

1788 **Erfahrungen mit der Schlammbehandlung in Philadelphia.** Carmen F. Guarino. (J. Water Pollut. Control Federat. **35**, 626—35, 1963; Philadelphia, Pa., Sewage Treatment Plants; engl.) — Es werden Schlammkläranlagen u. -Verff. beschrieben u. die speziellen örtlichen Probleme diskutiert. I. Köditz. 6048

1789 **Abwasserbeseitigung in USA und eine mögliche Lösung für Europa.** J. E. Law. (Ingenieur ['s-Gravenhage] **74**, G1—G4, 1962; Den Haag, Nucl. Serv. Mij., N.V.; engl.) — Beschreibung der Beseitigung radioakt. Abwässer u. fester Abfallstoffe von Kernkraftwerken in USA durch Vergraben in Boden oder Versenken im Meer u. der möglichen Anwendung dieser Verff. in Europa. W. Wesly. 6050◇

1790 **Geschmack und Geruch von ABS im Wasser.** Jesse M. Cohen. (J. Amer. Water Works Assoc. **55**, 587—91, 1963; Cincinnati, Ohio, Robert A. Taft Eng. Center, USPHS, Div. of Water Supply & Pollution Control, Bas. & Appl. Sci. Branch; engl.) — Vf. setzt sich krit. mit älteren Best.-Meth. des Geschmacks u. Geruchs auseinander u. beschreibt neue Verss. zur Best. von ABS. Über 1000 mg gereinigtes ABS/Liter dest. W. wurden von 15 Vers.-Personen (Geruchstest) nicht entdeckt. 50% der Vers.-Personen entdeckten bei Geschmacksprüfungen 60 mg/Liter; die niedrigste Konz., die in Geschmackstesten entdeckt wurde, betrug 16 mg/Liter (5 Vers.-Personen). Da die Endkonz. von ABS im Abwasser selten einige mg/Liter beträgt, müssen sowohl der festgestellte Geschmack als auch der Geruch von anderen Verunreinigungen stammen. I. Köditz. 6060

1791 **Der Stickstoffgehalt von Grundwasser in Südkalifornien.** Remo Navone, Judson A. Harmon und Charles F. Voyles. (J. Amer. Water Works Assoc. **55**, 615—18, 1963; Los Angeles, Calif., State Dep. of Public Health u. Arcadia, Calif., Engng. Sci.; engl.) — Ergebnisse der Unters. einer Kommission über den N_2-Geh. in Grundwasser. I. Köditz. 6060

1792 **Die polarographische Bestimmung von Nitratstickstoff in Wasser.** Russell E. Frazier. (J. Amer. Water Works Assoc. **55**, 624—30, 1963; Minneapolis, Minn., State Dep. of Public Health, Sec. of Engng. Labor.; engl.) — Vf. beschreibt Vereinfachungen der von Kolthoff, Harris u. Matsuyama entwickelten polarograph. Meth. (J. Amer. Chem. Soc. **66**, [1944] 1782). Er untersucht optimale Reagentien-Konzz., Fehlerquellen der Meth., u. vergleicht die auf diesem Wege erhaltenen Ergebnisse mit denen der UV-Absorptionsmethode. Es stören Nitrit, N_2, Phosphate in höheren Konzz., Fe^{3+}, F^- u. SO_4^{2-}. Die Meth. ist für Nitrat-N_2 Konzz. von 0,5 mg/Liter oder höher ausreichend genau u. erfaßt noch 0,2 mg/Liter mit einer Genauigkeit von $\pm$ 5%. I. Köditz. 6060

1793 **Die Bestimmung von Ammoniak mit der Indophenolmethode.** John R. Rossum und Primo A. Villarruz. (J. Amer. Water Works Assoc. **55**, 657—58, San Jose, Calif., California Water Service Co.; engl.) — Beschreibung einer Modifizierung der Best. von NH_3 durch die Bldg. von Indophenol (vgl. Bolleter u. Bushmann, Anal. Chem. **33**, [1961], 592, u. Scheurer u. Smith, C. **1957**, 1758), die alle Erfordernisse der Routinearbeit in einem Labor. erfüllt u. sich durch ihre Empfindlichkeit, Genauigkeit u. Einfachheit auszeichnet. Das intensiv blau gefärbte Indophenol wird durch Umsetzung von NH_3, Hypochlorit u. Phenol in Ggw. von Mn(II)-Salz als Katalysator gebildet. Die Best. erfolgt entweder mit einem Spektrophotometer oder einem Filterphotometer bei 630 nm. I. Köditz. 6060

1794 **Über den zulässigen Gehalt von Cyanursäure und ihrem Mononatriumsalz in offenen Gewässern.** W. T. Masajew. (Hyg. u. Sanitätswes. [UdSSR] **27**, Nr. 12, 13—18, 1962; Moskau, 1. Med. Ssetschenow-Inst., Lehrstuhl für Kommunalhygiene; russ.) — Verss. an weißen Ratten u. Meerschweinchen zeigen, daß *Cyanursäure* (I) u. ihr Mononatriumsalz (II) nur wenig tox. Verbb. darstellen. Die DL von I bzw. II (Verss. an Ratten; akute Vergiftungen) beträgt 5000 bzw. 7500 mg/kg. Dystroph. Veränderungen des Nierenparenchyms waren dabei bes. charakteristisch. 6 Monate fortgesetzte Zuführung per os von 3 mg/kg (bzw. 60 mg/Liter) I bzw. von 10 mg/kg (200 mg/Liter) II blieb wirkungslos. Die Grenzkonz. der Geschmacksempfindung für I u. II beträgt 6,0—7,5 bzw. 25—35 mg/Liter. Auf Grund der vorst. Unterss. werden als maximal zulässige Konzz. von I u. II in offenen Gewässern 6 bzw. 25 mg/Liter empfohlen. S. Baryschnikow. 6060△

1795 **Die Bestimmung von 2.4-Dichlorphenoxyessigsäure in Oberflächenwasser.** Osman M. Aly und Samuel D. Faust. (J. Amer. Water Works Assoc. **55**, 639—46, 1963; New Brunswick, N.J., Rutgers Univ., Dep. of Sanitation; engl.) — 2.4-Dichlorphenoxyessigsäure (2.4-D) läßt sich in Oberflächenwasser entweder colorimetr. (I) oder UV-spektrophotometr. (II) bestimmen. Die Grundlage der I-Best. bildet die purpurne Farbe, die beim Erhitzen von 2.4-D mit Chromotropsäure auf 150° entsteht. Die Intensität wird bei 565 nm gemessen. Bei der II-Best. wird die Absorption von 2.4-D direkt bei 284 nm gemessen. Die Empfindlichkeiten betragen 7 bzw. 30 μg/Liter. Organ. Ester der Säure werden mit Diäthylenglykol-Lsg. von KOH zur freien Säure hydrolysiert. Es stören: natürlich vorkommende organ. farbige Verbb. u. 2.4-Dichlorphenol, die chromatograph. abgetrennt werden können. Zu beachten ist, daß die I-Meth. nicht für 2.4-D spezif. ist, da alle Verbb., die durch Hydrolyse, Oxydation oder Red. in Formaldehyd überführt werden, ebenfalls diese Rk. mit Chromotropsäure geben. I. Köditz. 6060

1796 **Einschätzung der Bestimmungsverfahren für Mineralstoffe in Wasser.** R. J. Lishka, F. S. Kelso und H. P. Kramer. (J. Amer. Water Works Assoc. **55**, 647—56, Cincinnati, Ohio, Robert A. Taft San. Engng. Center, USPHS; engl.) — Es werden verschiedene Best.-Verff. für Ca, Mg, Cl^-, SO_4^{2-}, die Wasserhärte, NO_2, NO_3^-, Na, K u. die Alkalität auf ihre Genauigkeit u. Zuverlässigkeit eingeschätzt, wenn mehrere Labor. an der Best. mitarbeiten u. eine Reihe verschiedener Meth. verwendet werden. Abgesehen von der N-Best. zeichneten sich die unter diesen Arbeitsbedingungen erhaltenen Ergebnisse durch ihre Genauigkeit u. Zuverlässigkeit aus, bes. im Vgl. mit einigen älteren Verfahren. Es werden folgende Best.-Meth. empfohlen: für *Ca*: EDTA-Titration; für *Mg*: Berechnung; für *Cl*: $HgNO_3$-Titration; für SO_4^{2-}: Trübungsmessung; für *Wasserhärte*: EDTA-Titration; für NO_2: Diazotierung; für NO_3^-: Phenoldisulfonsäure (nicht ganz ausreichend, weitere Forschung erforderlich); für *Na*: Flammenphotometer; für *K*: Flammenphotometer; für die *Alkalität*: elektrometr. Endpunktbestimmung. I. Köditz. 6060

1797 **Polarographische und colorimetrische Bestimmung von Furfurol in industriellen Abwässern.** F. G. Djatlowitzkaja und F. I. Beresowski. (Hyg. u. Sanitätswes. [UdSSR] **27**, Nr. 12, 50—55, 1962; Ukrain. Forsch.-Inst. für Kommunalhygiene; russ.) — Die polarograph. Best. von *Furfurol* (I) in Abwässern (AW) der holzchem. u. der Hydrolyseindustrie erfolgt unter Verw. einer essigsauren Na-Acetat-Lsg. (pH = 5,5) u. wird bei einer Anfangsspannung von 1 V durchgeführt. Die mittlere Fehlergrenze der Best. beträgt 4%.

zur colorimetr. I-Best. in 0,1—3 mg/Liter I enthaltenden AW werden 25 ml AW mit 1 g Anilinchlorhydrat 10 Min. stehengelassen u. mit 8 ml Isoamylalkohol (II) versetzt. Nach 15 Min. wird die abgeschiedene II-Schicht visuell colorimetriert. Die mittlere Fehlergrenze der colorimetr. I-Best. beträgt im Vgl. zur gravimetr. 5,5%, die Empfindlichkeit = 0,1 mg/Liter I. S. Baryschnikow. 6068△

H_5. Anorganische Industrie

1798 **Beitrag zur Flotation des Flußspats. Ein Vergleich verschiedener Reagenzienkombinationen.** Joseph Siebel. (Z. Erzbergbau Metallhüttenwes. **15,** 303—09, Juni 1962; Bochum, Erz- und Kohleflotation G. m. b. H.; dt.) — Die bei der Flußspatflotation üblichen Reagenzien u. ihre Eigg. werden behandelt. Flotations-Verss. mit 2 Flußspatmustern zeigen, daß die selektive Flußspatflotation von den Reagenzien erheblich beeinflußt wird, wobei die chem. Zus., die Kombination verschiedener Verbb. u. der Mengenzusatz von Bedeutung sind. F. Vier. H 246□

1799 **Die Kinetik der Absorption vom Chlor in wässerigen Lösungen.** Charles W. Spalding. (A. I.Ch.E. Journal **8,** 685—89, 1962; Appleton, Wis., Inst. of Paper Chemistry; engl.) — Früher war man verschiedener Meinung, ob Cl_2 mit H_2O oder OH^- reagiert. In der vorliegenden Unters. wurde Cl_2 in einem Strahl von wss. Lsgg. mit verschiedenen pH-Werten absorbiert. Die Geschw. der Absorption, geteilt durch die berechnete physikal. Absorptions-Geschw., wurde als Funktion des pH-Wertes aufgetragen. Mit steigendem pH-Wert ergeben sich 4 Zonen: 1. Die Rk. verläuft nur zwischen Cl_2 u. Wasser. Die Geschw. steigt mit abnehmender Beschleunigung an, weil die Rückrk. immer langsamer verläuft. 2. Die Geschw. der Rk. mit Wasser bleibt konst., weil die Rückrk. prakt. nicht verläuft. 3. Die Geschw. steigt mit zunehmender Beschleunigung an, weil die Rk. mit OH^- beginnt, zusätzlich zu verlaufen. 4. Die Rk. steigt linear mit dem pH-Wert an u. verläuft nur zwischen Cl_2 u. OH^-. Die sich in der zweiten Zone ergebenden Geschw.-Konst. wurde mit den Ergebnissen von 2 weiteren Vff., die mit verschiedenen Meth. bei 3 anderen Temp. arbeiteten, verglichen. Die Übereinstimmung in einem Arrhenius-Diagramm war sehr gut. D. Gelbin. H 247◇

1800 **Herstellung von Schwefel durch Oxydation von Schwefelwasserstoff.** Raoul Milani. (Chim. e Ind. [Milano] **44,** 641—50, 1962; ital.) — Der ursprüngliche Claus-Prozeß wird in der Weise abgeändert, daß die Rk. in 2 oder 3 Stufen erfolgt. Im Ofen findet bei über 1000° in freier Flamme die Oxydation statt, wobei ca. 70% des S umgesetzt werden. Das Gas durchströmt nach der Abkühlung 2 weitere Öfen mit den zugehörigen Kondensatoren. Das Claus-Verf. ist so weit vervollkommnet, daß Verbesserungen bei der S-Gewinnung nur mit Verff. zu erwarten sind, die auf anderen Grundlagen arbeiten. Vf. beschreibt die S-Gewinnungsanlage der Raffinerie „Sarom" in Ravenna. W. Renker. H 253□

1801 **Versuche zur Synthese von Borcarbid und -nitrid.** F. M. Bosch und I. A. De Vynck. (Silicates ind. **27,** 587 bis 590, 1962; Gand, Univ., Labor. de Chim. Techn. Inorg., Sect. Électrochim. et Électrotherm.; franz.) — B_4C läßt sich im Plasmabrenner bei Verw. von amorphem B u. einem Propan-Butan-Gemisch als Ausgangsstoffen synthetisieren. Zur Erzeugung von BN muß von NH_3 ausgegangen werden, doch ist die Ausbeute auch dann nur < 3%. J. Heinze. H 258◇

1802 **Elektromotorische Kraft von Zellen zur Anreicherung von Silicatschmelzen mit semipermeabler Brücke.** Masayoshi Ihara und Tuyoshi Arimori. (J. ceram. Assoc. Japan [Yogyo Kyokai Shi] **70,** Nr. 9, 253—57, 1962; Kyoto, Techn. Univ., Fac. of Med. Arts, Dep. of Ceram.; jap., Auszug: engl.) — Die Best. der EMK von Anreicherungszellen für geschmolzene Silicate wird durch Einführung von 2 semipermeablen Brücken an der Fl.–Fl.-Grenzfläche von 2 Zellen verbessert. Die eine Brücke ist für das Kation, die andere für O_2 durchlässig. Die unbekannte EMK ergibt sich aus der Differenz der EMK der beiden Zellen. Das Verf. wird auf die Zelle von Na_2O mit geschmolzenem Na_2SiO_3 als Elektrolyt (Konz. 5 u. 20 Mol-%) u. einer Brücke aus $Zr_{0,85}Ca_{0,15}O_{1,85}$ bei 900—1300° angewandt. W. Wesly. H 261◇

1803 **Der Einfluß des pH-Wertes auf die Oberflächeneigenschaften von Silicagel, das mit wässerigen Lösungen getränkt worden ist.** D. Dollimore und G. R. Heal. (J. appl. Chem. **12,** 145—50, 1962; Salford, Lancs, Royal Coll. of Advanc. Technol.; engl.) — Beim Tränken von Silicagel mit Lsgg. (pH 0,43—11,2) vermindert sich seine Oberfläche, z. B. von 685 auf 328 m^2/g bei pH 11,2. Die Porenverteilung strebt zum Verlust kleiner u. dem Wachstum großer Poren. Die Teilchengröße verschiedener Proben zeigt ein Wachstum bei Anstieg des mittleren Porenradius. Die Ergebnisse werden diskutiert. W. Wesly. H 261◇

1804 **Einfluß von Verunreinigungen auf den Reduktionswirkungsgrad in einem Phosphorofen.** Józef Hawliczek und Bogusław Tendaj. (Chem. stosowana **6,** 63—78, 1962; Wrocław, Kat. techn. Nieorg. Politechniki; pol.) — Vff. untersuchten den Einfl. von CaF_2, Na_2O, Na_2SO_4, NaCl u. $Na_2O + Al_2O_3$ auf die Red. von Tricalciumphosphat zu P mit Hilfe von Kohle in Ggw. von SiO_2. CaF_2 hemmt bei < 1400° die Rk., fördert sie jedoch bei > 1400°. Na_2O in Mengen von 4—8% fördert die Rk. in einem weiten Temp.-Bereich, u. zwar ziemlich unabhängig von der Menge der übrigen Verunreinigungen; Na_2SO_4 wirkt ähnlich wie Na_2O. NaCl fördert die Rk. nur wenig und muß wegen seiner großen Flüchtigkeit damit der Effekt überhaupt merkbar wird, in Mengen von > 8% anwesend sein. $Na_2O + Al_2O_3$ in einer Gesamtmenge von 10% zeigen von allen untersuchten Mischungen die am meisten reaktionsfördernde Wirkung. D. Zobel. H 264◇

1805 **Gewinnung von Magnesiumoxid und Salzsäure aus Seebitterlauge durch thermische Zersetzung.** R. K. Sapre und M. P. Bhatt. (J. sci. ind. Res. [New Delhi], Sect. D **21,** 53—55, 1962; Bharuagar, Centr. Salt Res. Inst.; engl.) — Zur Gewinnung von MgO u. HCl aus Seebitterlauge wird die entbromte Lauge durch Einengen zu einem Kuchen angereichert, der in einem Ofen mit direkter Ölfeuerung bei 500—700° zersetzt wird. Die gasförmigen Prodd. ergeben bei der Kondens. 25% ig. HCl. Der Rückstand mit 82% MgO wird gewaschen u. liefert nach der Entwässerung bei 500 bis 600° MgO mit 96% Reinheit. Die MgO-Ausbeute (bezogen auf den $MgCl_2$-Geh. des Kuchens) beträgt ca. 98, die HCl-Ausbeute 76—78%. W. Wesly. H 282◇

1806 **Optimierung des Waschkreislaufs für Filterkuchen.** R. A. Koble und H. W. Goard. (Chem. Engng. Progr. **58,** Nr. 12, 56—60, 1962; Bartlesville, Okla., Phillips Petroleum Co.; engl.) — In einer Anlage, in der U_3O_8-haltiges Erz mit Na_2CO_3-Lsg. ausgelaugt u. die uranhaltige Lsg. in einer dreistufigen Sandfilteranlage von dem ungelösten Erz abgetrennt wird, bestanden verschiedene Möglichkeiten der Führung der Filtrate u. Waschwässer. Die verschiedenen Schaltungsmöglichkeiten wurden auf einer Digitalrechenmaschine simuliert u. unter dem Gesichtspunkt einer maximalen U_3O_8-Ausbeute bei minimalem NaOH-Verbrauch u. minimalen Kosten optimiert. Das Rechenverf. ergab ein neues, wesentlich wirksameres Schaltschema u. ist in allg. Form auch für andere Optimierungsprobleme anwendbar. I. Vieweg. H 339◇

1807 **Reduktion von Eisenoxid in gasdurchströmten Systemen.** N. J. Themelis und W. H. Gauvin. (A.I.Ch.E. Journal **8,** 437—44, 1962; Montreal, Quebec, McGill Univ. and Pulp and Paper Res. Inst. of Canada; engl.) — In einem wandbeheizten Strömungsreaktor wurde die Geschw. der Red. von kugelförmigen, in H_2 suspendierten Eisenoxidteilchen in Abhängigkeit von Teilchengröße, Verweilzeit u. Temp. untersucht. Für Teilchen < 40 μm konnte eine Geschw.-Gleichung aufgestellt werden, welche die eigenen Vers.-Ergebnisse, sowie die von 12 anderen Autoren befriedigend wiedergibt. Es wird ein Rk.-Mechanismus vorgeschlagen, der durch elektronenmikroskop. Unterss. der red. Teilchen bestätigt wird. I. Vieweg. H 354◇

1808 **Katalytischer Aufschluß von calcium- und magnesiumhaltigen unlöslichen Stoffen mittels Ionenaustauscherharze.** Gy. Almássy, Gy. Zádor, I. Antal, L. Barross-Papp und E. Kotsis. (Acta chim. Acad. Sci. hung. **32,** 255—69, 1962; Budapester Schwefelsäurefabrik, Forsch.-Labor.; dt.) — Kationenaustauscher in der H^+-Form können in W. unlösl. Salze aufschließen u. so in Lsg. bringen. Die Aufschluß-Geschw. läßt sich durch Zugabe einer kleinen Menge einer starken Säure (HCl, HNO_3, H_2SO_4) oder eines ihrer wasserlösl. Salze (z. B. NaCl, $NaNO_3$, Na_2SO_4) stark erhöhen. Die Rk. kann als durch das Anion der starken Säure katalysiert betrachtet werden. Die Aufschlüsse wurden durch ständiges Vermischen der aufzuschließenden Substanz,

des Kationenaustauschers Dowex-50 (H^+-Form) u. des Katalysators ausgeführt. Es wurden die günstigsten Bedingungen zum Aufschluß von Dolomit, Ascharit u. Kola-Phosphat u. damit für neue Verff. zur Darst. von H_3BO_3, H_3PO_4, $CaSO_4$, $MgSO_4 \cdot 7\,H_2O$ u. MgO ermittelt. Die Qualität der so erzeugten Prodd. ist wesentlich besser als die der direkt mit H_2SO_4 erzeugten. Das Harz wird mit H_2SO_4 unter Umrühren regeneriert. Die Regenerierungssäure kann nach Anreicherung z. B. zur Superphosphaterzeugung verwendet werden.
P. Kurzmann. 6076◇

H_6. Silicatchemie, Baustoffe

1809 **Die Standardisierung der Roh- und Werkstoffe in der Glasindustrie.** K. Bachmann. (Silikattechnik 13, 188—89, 208, 1962; Ilmenau, Inst. f. Glastechn., Zentralstelle f. Standardisierung; dt.) J. Heinze. 6170◇

1810 **Probleme der Standardisierung des Tunnelofentransports, des Porzellandrehens und der Gipsformenherstellung in der Feinkeramik.** Walter Löffler. (Silikattechnik 13, 192—94, 1962; Weinböhla; dt.) J. Heinze. 6206◇

1811 **Standardisierung auf dem Gebiet der natürlichen keramischen Rohstoffe.** W. Schulle. (Silikattechnik 13, 183—85, 1962; Freiberg, Bergakad., Inst. f. Silikat-Hüttenkunde; dt.) J. Heinze. 6208◇

1812 **Feinmahlung von Quarz.** P. A. Rehbinder und G. S. Chodakow. (Silikattechnik 13, 200—08, 1962; dt.) — Aus einer Reihe von Mahlverss. mit u. ohne Fll. folgt, daß die chem. Aktivität des gemahlenen Quarzes im wesentlichen nicht von seiner Dispersität, sondern vom Amorphisierungsgrad abhängt. Eine Gleichung für den zur Zerstörung fester Körper notwendigen Energiebedarf wird abgeleitet.
J. Heinze. 6208◇

1813 **Totgebrannter Dolomit — seine Herstellung und Verwendung in Stahlschmelzöfen.** Harley C. Lee. (Amer. ceram. Soc. Bull. **41**, 807—11, 1962; Cleveland, Ohio, Basic Inc.; engl.) — Literaturübersicht, 31 Angaben.
J. Heinze. 6208◇

1814 **Die Kinetik des Sinterns von hochverdichteter Tonerde.** C. A. Bruch. (Amer. ceram. Soc. Bull. **41**, 799—806, 1962; Schenectady, N.Y., Gen. Electr. Co., Metallurg. and Ceram. Res. Dep. Res. Labor.; engl.) — Die Sinterung von kompakten Tonerdepulver (Linde A) mit Zusätzen von MgO in H_2-Atmosphäre wurde untersucht. 2 empir. Gleichungen beschreiben die Einfl. der wichtigsten Variablen auf die Sinterdichte u. Korngröße. Die Verdichtungs-Geschw. hängt stark von der Ausgangsdichte u. der Sinter-Temp. ab. Die Geschw. des Kornwachstums hängt nicht von der Ausgangsdichte ab. MgO-Zusätze verhüten zu starkes Kornwachstum u. steigern die Sintergeschwindigkeit.
J. Heinze. 6220◇

1815 **Das Sintern von Urandioxid bei niedrigen Temperaturen.** N. Fuhrman, L. D. Hower jun. und R. B. Holden. (J. Amer. ceram. Soc. **46**, 114—21, 1963; New Haven, Conn., Unit. Nuclear Corp., Dev. Div.; engl.) — Die Herst. von stöchiometr. UO_2 aus nichtstöchiometr. Pulver bei Temp. zwischen 1000 u. 1300° wird beschrieben. Vollständige Umwandlung zu UO_2 läßt sich durch Sintern in N_2/H_2-Atmosphäre u. in reinem N_2 u. nachfolgender Einw. von H_2 bei derselben Temp. erzielen. Bedeutende Unterschiede im Sinter-Verh. hängen von den Verunreinigungen, bes. vom F ab. Durch Oxydation in Luft bei 500° lassen sich diese Verunreinigungen vollständig entfernen. Ein vorausgehender Oxydations-Red.-Cyclus aktivierte die wenig sinterfreudigen Oxide, so daß in allen Fällen bei Sinter-Temp. von 1200° 95% der theoret. Dichte erreicht wurden. J. Heinze. 6220◇

1816 **Keramische Kernbrennstoffe im System UO_2–ZrO_2–CaO.** J. H. Handwerk, G. D. White und D. C. Hill. (J. Amer. ceram. Soc. **46**, 29—32, 1963; Argonne, Ill., Argonne Nat. Labor.; engl.) — Vff. untersuchen im Syst. UO_2–ZrO_2–CaO potentielle Kernbrennstoffe. Enthält dieses Syst. weniger als 30 Gew.-% UO_2, dann läßt sich durch Sintern an der Luft eine feste Lsg. vom Fluorittyp herstellen, bei größerem UO_2-Geh. lassen sich solche festen Lsgg. nur durch Sintern in einer H_2-Atmosphäre gewinnen. Eine feste Lsg. vom Fluorittyp existiert im größten Teil des Syst. UO_2–ZrO_2, wenn letzteres mit CaO stabilisiert ist u. die Proben in einer H_2-Atmosphäre bei 1750° gebrannt werden. Die Verträglichkeit von UO_2 mit der Fluoritstruktur ist von der Temp. abhängig (35 Mol-% bei 800° u. 20 Mol-% bei 1000°). Die untersuchten Zus. dieses Syst. sind gegen W. u. Dampf sehr beständig. I. Köditz. 6220

1817 **Standardisierung in der Zementindustrie.** Achim Oelschläger. (Silikattechnik 13, 185—87, 1962; Dessau, Inst. für Zement; dt.) J. Heinze. 6222◇

1818 **Zur Einführung der chemischen Berechnungen auf äquivalenter Grundlage in die Zementchemie.** A. Glauser. (Zement-Kalk-Gips **15 (51)**, 529—34, 1962; Liesberg, Schweiz; dt.) — An Hand von Beispielen wird das Prinzip der Niggli-schen Äquivalentnorm aus der Mineralogie u. Petrochemie auf die Zementchemie in Form einer Berechnung der Klinker-Zus. aus dem Rohschlamm übertragen.
H. Schumann. 6222◇

1819 **Neuere Anschauungen über Zementrohschlammverflüssigung.** H. Neises. (Zement-Kalk-Gips **15 (51)**, 522—28, 1962; Frankfurt/M.-Höchst, Farbwerke Hoechst Akt.-Ges., vormals Lucius & Brüning; dt.) — Polyphosphate eignen sich als Verflüssiger am vorteilhaftesten. Die verflüssigende Wrkg. beruht auf einem Kationenaustausch (Na^+ oder K^+) am Tonteilchen, wobei das Anion mitbestimmend ist. In Abhängigkeit vom Wasser-Geh. u. der Zusatzmenge können Soda u. Natriummetasilicat auf die Rohschlämme verdickend wirken. Die Verflüssigung durch oberflächenakt. Substanzen ist abhängig vom Wasser-Geh., so daß entsprechende Verss. nur bei eingedickten Schlämmen sinnvoll sind. Der Ca-Geh. in den Wässern ist ein Maß für die erforderliche Zusatzmenge an Verflüssiger. Alle Zementrohschlämme sind grundsätzlich mit Na- oder K-Salzen von Säuren, die mit Ca-Ionen schwerlösl. Verbb. bilden, zu verflüssigen. H. Schumann. 6222◇

1820 **Über Verformungseigenschaften von Zementmörteln.** A. A. Arakeljan. (Nachr. Akad. Wiss. ArmenSSR, Ser. techn. Wiss. **15**, Nr. 3, 51—56, 1962; russ.) — Die Verformungs-Eigg. von Zementmörteln auf Quarz-, Tuff- u. Bimssteingrundlage wurden untersucht.
G. Winkhaus. 6226◇

1821 **Geschmolzene Kieselsäure und wasserhaltige Zemente als thermische Schutzsysteme.** N. E. Poulos, J. D. Walton jun. und S. R. Elkins. (Amer. ceram. Soc. Bull. **41**, 812—15, 1962; Atlanta, Ga., Georgia Inst. of Technol.; engl.) — Die therm. Isolation von Keramiken aus geschmolzener Kieselsäure ist ausgezeichnet, jedoch genügt häufig nicht die Festigkeit. Dieser Nachteil läßt sich vermeiden, wenn ein wabenartiges Gerippe aus rostfreiem Stahl mit geschmolzener Kieselsäure gefüllt wird. Die Kieselsäure wird durch wasserhaltigen Zement gebunden. Durch Verdunstung des W. wird das Syst. gekühlt. Bei einer anderen Anordnung wird die Verdunstungskühlung durch die Zers. eines wasserhaltigen Gels in den Poren von Keramiken erzeugt. Die Abhängigkeit zwischen dem Temp.-Anstieg in den Proben u. der DTA des Zement–Kieselsäure-Gemisches wird gezeigt.
J. Heinze. 6228◇

1822 **Grundzüge und mechanische Merkmale von Kunststoffen.** William E. Brown. (Nat. Acad. Sci. — Nat. Res. Council, Publ. Nr. **1004**, 21—50, 1962/63; Dow Chemical Co.; engl.) — Übersicht über die mechan. Eigg. von Kunststoffen, die Verw. als Baumaterialien finden, ihre Beeinflussung durch Zeit, Temp. u. Umgebung u. Ableitung von Gleichungen für die Einw. mechan. Beanspruchungen.
W. Wesly. 6228◇

1823 **Verwendung duroplastischer Kunstharze im Baugewerbe.** Maurice H. Bigelow. (Nat. Acad. Sci. — Nat. Res. Council, Publ. Nr. **1004**, 5—20, 1962/63; Allied Chem. Corp.; engl.) — Übersicht über Eigg., Formgebung u. Anwendung von duroplast. Kunstharzen (Acrylsäure-, Alkyd-, Allyl-, Epoxy-, Phenol-, Polyester-, Silicon–Urethan-Harze u. Aminoplaste) im Baugewerbe. W. Wesly. 6228◇

1824 **Elastomerendachsysteme. Neoprenchlorsulfoniertes Polyäthylen.** John J. McEvoy. (Nat. Acad. Sci. — Nat. Res. Council, Publ. Nr. **1004**, 71—76, 1962/63; E. I. du Pont de Nemours & Co., Inc.; engl.) — Beschreibung von Bedachungs-Syst. mit Überzügen aus synthet. Verbundkautschuk in gelöster Form, wobei mehrere Schichten direkt auf das Substrat (Beton, Hartpappe, Holzspanplatten) gebracht werden, so daß eine kontinuierliche Kautschukmembran entsteht. Eine allg. Verw. des Syst. bedarf noch weiterer Erfahrungen. W. Wesly. 6228◇

1825 **Elastomerendachsysteme. Polyisobutylen.** Walter S. Young junbl (Nat. Acad. Sci. — Nat. Res. Council, Pub. Nr. **1004**, 77—82, 1962/63; Owens-Corning Fiberglas Corp.; engl.) — Beschreibung der Anwendung von Polyisobutylen mit hohem Molgew. als Einschichtabdeckung für Dächer u. wasserdichter Werkstoff. W. Wesly. 6228◇

1826 **Dachabdichtung mit Kunststofftafeln.** Joseph Clarke. (Nat. Acad. Sci. — Nat. Res. Council, Publ. Nr. **1004**, 83—87, 1962/63; New York, N.Y., Roofing Co.; engl.) — Beschreibung der Dachabdichtung von Gebäuden eines Flughafens mit Kunststoff (Vinylidenchloridcopolymerisat). W. Wesly. 6228◇

1827 **Dachisolierung mit Kunststoffschaum.** James P. Sheahan. (Nat. Acad. Sci. — Nat. Res. Council, Publ. Nr. **1004**, 88—100, 1962/63; Dow Chemical Co.; engl.) — Beschreibung der Eigg. von Kunststoffschäumen, bes. von thermoplast. Polystyrol u. duroplast. Urethan mit geschlossener Zellstruktur u. deren Verw. zur Dachisolierung. W. Wesly. 6228◇

1828 **Beitrag zur mikroskopischen Bestimmung der Korngrößenverteilung an Pulverpräparaten.** Bernhard Jankowski. (Silikattechnik **13**, 209—10, 1962; Leipzig, Inst. für Grubensicherheit; Eisleben, Forschungsstelle für techn. Staubbekämpfung; dt.) — Es werden Meth. angegeben, um den systemat. Fehler bei der mkr. Korngrößenanalyse durch die Überbewertung großer Teilchen auszumerzen. Die theoret. Grundlagen dazu werden vorgelegt. J. Heinze. 6240◇

1829 **Nichtmischbare Flüssigkeiten im System $BaO-SiO_2$.** J. F. Argyle und F. A. Hummel. (Physics Chem. Glasses **4**, 103—05, 1963; Pennsylvania State Univ., Dep. of Ceram. Technol.; engl.) — Die elektronenmkr. Unters. des Syst. $BaO-SiO_2$ mit 5—25 Mol-% BaO zeigte, daß in diesem Syst. mit bis zu 20 Mol-% BaO oberhalb 1655° Fll. stabil nicht mischbar sind. Bei 22,5 u. 25 Mol-% BaO stellt sich eine größere Homogenität ein, wenn die Schmelze mehrere Std. auf 1600° erhitzt wurde. Diese Daten, die auf einen horizontalen Abschnitt der Liquiduskurve bei ca. 1655° zwischen 5 u. 20 Mol-% BaO hindeuten, sollten bei einer Neuaufstellung des $BaO-SiO_2$-Diagramms berücksichtigt werden. I. Köditz. 6240

1830 **Untersuchung der Wirkung von Heizölasche auf Glaswannensteine.** T. S. Busby. (Glass Technol. **4**, 18—22, 1963; Sheffield, Brit. Glass Ind. Res. Assoc.; engl.) — Vf. untersuchte Proben aus der Oberfläche (0—3 mm) des Ofenmaterials von ölbefeuerten Glaswannen spektroskop. auf ihren V_2O_5-Gehalt. Dieser lag unter 0,5 (%), nur in einem besonders begründeten Fall bei 1,2 u. im Regenerator bei 1,1 u. 1,5 V_2O_5. Der Na_2O-Geh. betrug 1,7—3,3, bei einer Probe 0,2 Na_2O. Durch Vgl. der mit dem Heizöl zugesetzten Menge V_2O_5 u. der mit dem fertigen Glas den Ofen verlassenden Menge V_2O_5 kommt Vf. zu dem Schluß, daß der überwiegende Anteil der Heizölasche zusammen mit dem Glas abgeführt wird. In Labor.-Verss. wurde die Wrkg. von 2 u. 5 Na_2O sowie von 0,1—2,0 V_2O_5 allein bzw. im Gemisch mit 2 oder 5 Na_2O auf die Feuerfestigkeit (FF) von Silicasteinen, Schamottesteinen mit 43 Al_2O_3 u. Sillimanitsteinen untersucht. Der Zusatz von V_2O_5 verringerte die FF prakt. nicht (um weniger als 5°). Hingegen nahm die FF der Steine mit 2 Na_2O um 15—20°, mit 5 Na_2O um ca. 85° ab. Sämtliche Sillimanitproben hatten bis 1770° ihre Form noch nicht verändert. H. Ziegler. 6242◇

1831 **Verfahren zur Bestimmung des Homogenisierungsgrades von Glasschmelzen.** E. Plumat, M. Boffé, G. Pecriaux und G. de Clerck. (Glass Technol. **4**, 29—32, 1963; Gilly, Belgium, S. A. Glaverbel, Central Labor.; engl.) — Das beschriebene Gerät gestattet die laufende Beobachtung u. photograph. Aufzeichnung der Vorgänge bei der Homogenisierung von Glasschmelzen direkt bei der Schmelztemp. (bis 1450°). Seine Arbeitsweise beruht auf schlierenopt. Erscheinungen. Das zu untersuchende Glas befindet sich über geschmolzenem Blei, dessen Oberfläche als Spiegel dient. Ein Strahlenbündel (von einer Hochdruckquecksilberdampflampe), das die Glasschmelze durchsetzt, wird an der Grenzfläche Glas–Blei reflektiert u. erzeugt auf einem Schirm oder photograph. Film ein Schlierenbild der Schmelze. Mit der gleichen Meth. können auch die Vorgänge bei der Läuterung verfolgt werden. H. Ziegler. 6242◇

1832 **Verfahren zur Analyse von Schlierenknoten im Glas.** W. Ward und E. Fletcher. (Glass Technol. **4**, 13—17, 1963; St. Helens, Pilkington Brothers Ltd., Central Analyt. Labor.; engl.) — Schlierenknoten enthalten hohe Anteile an Fremdstoffen, die Rückschlüsse auf die Ursachen dieses Fehlers gestatten. Es werden Vorschriften für Schnellverff. angegeben, die die vollständige Analyse von Schlierenknoten in Natron–Kalk-Magnesia-Silicatgläsern in 4—5 Std. ermöglichen. Die Proben erhält man durch Bohren mit Wolframcarbidwerkzeugen. Es genügen bereits 30—50 mg Glasstaub. Man bestimmt Na_2O u. K_2O flammenphotometr., SiO_2 spektrophotometr. u. Fe_2O_3, Al_2O_3, TiO_2, ZrO_2, CaO sowie MgO spektrographisch. Die Auswertung dieses Spektrogramms weist auf Spuren anderer Elemente hin. H. Ziegler. 6242◇

1833 **Die Zugfestigkeit handelsüblicher Kalk–Natron-Silicatgläser zwischen —100 und 700°.** J. E. Ritter und A. R. Cooper. (Physics Chem. Glasses **4**, 76—78, 1963; Cambridge, Mass., Massachusetts Inst. of Technol.; engl.) — Mit einer schnell arbeitenden Zugfestigkeitsprüfvorr. wird die Zugfestigkeit von Kalk–Soda-Glasstäben (Kimble, std. Flint R-6 Glas) bis zum Littleton-Erweichungspunkt (700°) bestimmt. In der Flamme gezogene ungeätzte Glasfasern hatten eine durchschnittliche Zugfestigkeit von 60000 lbs./sq.in. die von der Temp. nicht beeinflußt wird. Durch Ätzen mit 40%ig. HF für 8—10 Min. wird die Zugfestigkeit zwischen —100 u. +150° nicht beeinflußt, von 200° bis zum Erweichungspunkt nimmt sie dagegen mit steigenden Prüftemp. merklich ab. Diese Abnahme wird auf irreversible Veränderungen in den Fasern als Folge der Wärmebehandlung zurückgeführt. I. Köditz. 6242

1834 **Der Einfluß von Wärmebehandlung auf die Bruchfestigkeit von Glas.** W. Brearley und D. G. Holloway. (Physics Chem. Glasses **4**, 69—75, 1963; Staffs., Univ. of Keele, Dep. of Phys.; engl.) — Gläser der Zus. 70,5 (%) SiO_2, 16,3 Na_2O, 1,2 K_2O, 5,7 CaO, 2,6 Al_2O_3, 0,5 B_2O_3, 2,9 MgO bzw. 80,6 SiO_2, 4,2 Na_2O, 2,0 Al_2O_3, 12,6 B_2O_3 bzw. 56,0 SiO_2, 4,6 Na_2O, 8,0 K_2O, 1,3 Al_2O_3, 30,0 PbO mit einer Bruchfestigkeit von 320 ± 16 kg/mm² werden auf 50, 125, 400 u. 530° erhitzt u. ihre Bruchfestigkeit in Abhängigkeit von verschiedenen Oberflächenbehandlungen u. unmittelbar nach der Wärmebehandlung untersucht. Durch die Wärmebehandlung wird in allen Fällen die Bruchfestigkeit auf 100 kg/mm² gesenkt. Die Bruchfestigkeit der auf 50 u. 125° erhitzten Gläser konnte durch Aufbewahren in einer feuchten Atmosphäre (85%) z. T., beim Aufbewahren in W. vollkommen wieder erreicht werden. Die Wärmebehandlung führt bereits beim Erhitzen auf 125° zur Bindung von Schmutzteilchen an der Glasoberfläche, die den Ausgangspunkt von Brüchen bilden können. I. Köditz. 6242

1835 **Viscositätsbestimmung an Boroxid und binären Boraten.** Pei-Ching Li, Anil C. Ghose und Gouq-Jen Su. (J. Amer. ceram. Soc. **45**, 83—88, 1/2. 1962; Rochester, N.Y., Univ. of Rochester, Dep. of Chem. Engng.; engl.) — Auf das abweichende Verh. von Rb- u. Cs-Boratgläsern u. die Verteilung des B in fl. Alkaliboratgläsern wird hingewiesen. — 52 Literaturangaben. N. Peters. 6242◇

1836 **Die chemische Beständigkeit von Arsen–Schwefel–Jod-Gläsern.** F. C. Lin und S.-M. Ho. (J. Amer. ceram. Soc. **46**, 24—28, 1963; Pittsburgh, Pa., Westinghouse Electr. Corp., Res. Labor.; engl.) — Die von Flaschen, Pearson u. Northover (C. **1960**, 10019) beschriebenen As–S–J-Gläser werden der Einw. verschiedener neutraler, saurer u. alkal. Lsgg. ausgesetzt u. ihre chem. Beständigkeit in Abhängigkeit von der Zus., der Prüftemp., der Verweilzeit u. dem pH-Wert der Lsgg. in Form des Gew.-Verlustes gemessen. Die Dichte, Schmelztemp., Deformations-Temp., der lineare Ausdehnungs-Koeff. u. die relative Fluidität beim Schmelzen u. bei Zimmer-Temp. werden ermittelt. Diese niedrigschm. anorgan. Gläser zeichnen sich durch ihre Beständigkeit gegenüber Feuchtigkeit u. Säuren einschließlich HF aus, sind aber gegenüber Alkalien weniger beständig. Mit steigendem J-Geh. nimmt ihre chem. Beständigkeit ab. Sie besitzen wahrscheinlich eine Polymerstruktur verzweigter Ketten u. Schichten mit endständigem J. I. Köditz. 6242

1837 **Der Einfluß von TiO_2 auf Eigenschaften der Gläser im System $K_2O-PbO-SiO_2-TiO_2$ und seine Beziehung zur Struktur.** Bh. V. Janakirama Rao. (J. Amer. ceram. Soc. **46**, 107—14, 1963; Philadelphia, Pa., Internat. Resistance Co.; engl.) — 51 Gläser des Syst. $K_2O-PbO-SiO_2-TiO_2$ mit zunehmendem Ersatz von SiO_2 durch TiO_2

bei wechselnden Verhältnissen von K_2O u. PbO wurden untersucht. Die DK steigt mit der Zunahme der TiO_2-Konz., während der Streufaktor aus Messungen bei 1 Mc u. 25° abnimmt. Die Dichte u. der Brechungsindex nehmen proportional dem TiO_2-Geh. zu, weichen jedoch von einer Additionsregel ab. Kurven der chem. Beständigkeit, Ausdehnung u. Erweichungs-Temp. zeigten eindeutige Abweichung von der Linearität. Niedrige Ti^{4+}-Geh. verstärken die Netzwerk-Bldg., während hohe Geh. das Netzwerk schwächen. Anscheinend ändert Ti^{4+} die Koordination von 4 auf 6. J. Heinze. 6242◇

1838 **Die Diffusion von Sauerstoff in glasartiges Siliciumoxid.** Eugene W. Sucov. (J. Amer. ceram. Soc. **46**, 14—20, 1963; Pittsburgh, Pa., Pittsburgh Plate Glass Co., Glas Res. Center; engl.) — Unter Verw. von ^{18}O u. mit Hilfe der Massenspektroskopie kann das Diffusionsvermögen von O in SiO_2-Gläser direkt gemessen werden. Die erhaltenen Meßwerte lassen sich durch die Formel $D = 1{,}51 \cdot 10^{-2} \exp \cdot (-71{,}200/RT)\ cm^2 \cdot s^{-1}$ wiedergeben. Vf. vergleicht seine Meßwerte mit denen anderer Autoren u. erläutert die Unterschiede zwischen den erhaltenen Werten. Als entscheidende Diffusionsphase in Silicatgläsern u. nichtstöchiometr. SiO_2 wird der Bruch einer einzigen Si—O-Bindung u. die intestitielle Bewegung durch Leerstellen im Gitter angesehen. I. Köditz. 6242

1839 **Phononstreuung und Glasinhomogenität.** Eugene W. Sucov. (J. Amer. ceram. Soc. **46**, 154, 1963; Pittsburgh, Pa., Westinghouse Res. Labor., Quantum Electron. Dep.; engl.) — Aus der Analyse von Hertzschen Bruchkreisen schließt Vf. auf Inhomogenitäten in Form von nichttemperfähigen Grenzflächen zwischen Bereichen mit leicht unterschiedlicher Zusammensetzung. J. Heinze. 6242◇

1840 **Untersuchung der Verteilung der schweren Atome im Glas mit Röntgenstrahlen.** C. Brosset. (Physics Chem. Glasses **4**, 99—102, 1963; Göteborg, Sweden, Swedish Inst. for Silicate Res.; engl.) — Überblick über die Meth. zur Best. der Verteilung von schweren Atomen (Cs, Ba, Pb) in Glas u. Diskussion der Analysenfehler. I. Köditz. 6242

1841 **Die Diffusion in Kieselsäureglas nach der Reaktion mit Tritium-haltigen Wasserdampf.** T. Drury und J. P. Roberts. (Physics Chem. Glasses **4**, 79—90, 1963; Univ. of Leeds, Houldsworth School of Appl. Sci.; engl.) — Mit Hilfe von mit ^3H markiertem W. läßt sich die Diffusion von W. in Kieselsäureglas mit großer Genauigkeit bestimmen. Die aufgenommenen Diffusionsprofile zeigen, daß der Diffusions-Koeff. von der Konz. abhängt u. daß die Form dieser Abhängigkeit des Diffusions-Koeff. sich mit der Temp., vor allem aber bei 1000°, ändert, daß die Temp.-Abhängigkeit der Löslichkeit von W. in diesen Gläsern unterhalb u. oberhalb 1000° unterschiedlich ist u. daß das Diffusions-Verh. wie auch die Löslichkeit verschiedener Chargen von nominell ident. Gläsern variieren. I. Köditz. 6244

1842 **Untersuchungen an keramischen Scherben.** Fritz Kästner, Annelies Schubert und Günter Naumann. (Silikattechnik **13**, 194—98, 1962; Dresden, TU, Inst. für Mineralog. u. Geolog.; Weimar, Hochsch. für Architektur u. Bauwesen; dt.) — Der chem., mkr. u. röntgenograph. Nachw. von Mullit in keram. Scherben wird überprüft. Im einzelnen werden unterschiedliches Wannensteinmaterial u. Gerlebogter Ton untersucht. J. Heinze. 6248◇

1843 **Die Hohlkugelmethode zur Bestimmung der Zerreißfestigkeit von Keramiken.** D. W. Luks und J. H. Magee. (Amer. ceram. Soc. Bull. **41**, 816—18, 1962; Frenchtown, N.J., Frenchtown Porcelain Co., Res. Labor.; engl.) — Die Herst. der Proben u. die Zerreißfestigkeiten von 10 Testkugeln werden angeführt. J. Heinze. 6248◇

1844 **Die thermische Leitfähigkeit von Berylliumoxidkeramiken zwischen —200 und 150°.** Maksymilian Burk. (J. Amer. ceram. Soc. **46**, 150—51, 1963; Clarksville, Md., W. R. Grace & Co., Washington Res. Center; engl.) — Die therm. Leitfähigkeit von Proben mit 99, 98 u. 96% BeO steigt von —200 bis —160°, um danach auf Werte von ca. $0{,}5\ cal \cdot s^{-1}\ Grad^{-1} \cdot cm^{-2}$ abzufallen. J. Heinze. 6248◇

1845 **Über ein Klinkerschmelzengleichgewichtsdiagramm und seine Anwendung.** M. Kiiler und N. Dilaktorski. (Silikattechnik **13**, 198—200, 1962; Tallin, Inst. für Bauwesen u. Baustoffe der Akad. der Wiss. der EstnSSR; dt.) — Bei der Unters. des Kristallisationsprozesses von Schieferaschenschmelzen in einer Portlandzement-Zus. wurden Unterschiede gegenüber dem Kristallisationsablauf der entsprechenden Zus. im Dreistoff-Syst. $CaO–Al_2O_3–SiO_2$ festgestellt. Auf Grund von Diagrammen der Phasengleichgewichte von Schieferaschenschmelzen wird empfohlen, die vorher um 100—200° über die Temp. des Kristallisationsbeginns erhitzte Schmelze rasch abzukühlen. J. Heinze. 6252◇

1846 **Über die Bestimmungen der spezifischen Oberfläche nach Blaine bei Gips.** L. Chassevent. (Zement–Kalk–Gips **15**, 509—12, 1962; Paris, Lambert Frères et Cie.; dt.) — Die Messung der spezif. Oberfläche nach Blaine von gebranntem Gips stößt bei der Best. der Dichte auf Schwierigkeiten. Die offene Porosität gebrannter Gipskörner bewirkt bei der Dichtemessung mit dem Pyknometer eine zusätzliche Aufnahme von W. u. somit geringere Werte als tatsächlich vorhanden. Für die Berechnung der spezif. Oberfläche ist deshalb die scheinbare Dichte zu verwenden, da die spezif. Dichte nur für Pulver aus kompakten Teilchen mit geschlossenen Poren gültig ist. H. Schumann. 6254◇

1847 Standard Oil Co., Cleveland, Ohio, V.St.A., **Herstellung kleiner hohler Glaskugeln** mit einem Durchmesser von ca. 10—500 μ. Man erhitzt in einem vertikalen Ofen unter Durchleitung eines heißen Gases eine Mischung aus einem oder mehreren Alkalisilicaten u. einem mit den Silicaten glasbildenden Oxid sowie einem Blähmittel, wie Harnstoff. An Stelle des Oxids kann man auch eine Verb. verwenden, die bei der herrschenden Temp. ein solches Oxid liefert, wie H_3BO_3. (**Niederl. P. 101 675** vom 22/10. 1958, ausg. 15/6. 1962. A. Prior. 22/10. 1957.) F. Böhm. 6171

1848 Comp. de Saint-Gobain, Neuilly-sur-Seine, Frankreich, **Glasgegenstände mit metallglänzender Oberfläche.** Auf die äußere Oberfläche eines erhitzten Glasgegenstandes, z. B. einer von der Herst. her noch heißen Glasscheibe, wird die Lsg. oder Suspension einer färbenden Metall-Verb. oder eines entsprechend gefärbten Emails aufgebracht, auf die dann geschmolzenes Al aufgesprüht wird. — Zum Beispiel wird auf einen 500—600° heißen Glasgegenstand eine $FeCl_3$-Lsg. aufgesprüht, aus der sich durch Umwandlung ein Fe_2O_3-Überzug ergibt, der mit fl. Al benebelt wird; es entsteht ein goldglänzender Überzug. (**E. P. 895 445** vom 15/7. 1958, ausg. 2/5. 1962. A. Prior. 15/7. 1957.) Hans Hoffmann. 6189

1849 Solvay & Cie., Brüssel, Belgien, **Nicht staubender, lagerfähiger Glasversatz.** Einem gebräuchlichen Glasversatz, der z. B. aus 570 (kg) Sand, 185 Na_2CO_3, 35 Na_2SO_4, 140 Dolomit, 35 Kalkstein u. 35 Feldspat besteht, werden zur Staubbindung 5—30 Liter/t der wss. Lsg. eines Alkohols, z. B. Äthylenglykol, Propylenglykol, Polyglykol, Glycerin, Isopropylalkohol oder die Lsg. von 0,01—2,22 kg NaOH pro Liter W. zugesetzt. Der Versatz ist lagerfähig, ohne daß im Laufe der Zeit eine Hydratisierung des Na_2CO_3 durch die staubbindende Lsg. eintritt. (**E. PP. 888 638, 888 639** u. **888 640** vom 9/3. 1960, ausg. 31/1. 1962. Belg. Prior. 2/4. u. 10/4. 1959.) Hans Hoffmann. 6201

1850 Corning Glass Works, Corning, N.Y., V.St.A., **Weiches Phosphatglas von hoher Dichte.** Zur Herst. von *Schutzfenstern zur Beobachtung von Vorgängen, die im Bereich radioakt. Strahlen stattfinden,* werden wss., bei normaler Temp. dickfl. Phosphatgläser von hoher Dichte benutzt, welche in röhrenförmige Behälter gefüllt werden, deren Enden durch strahlungsunempfindliche Scheiben aus geschmolzenem SiO_2 abgeschlossen sind. Diese Behälter werden als Fenster in eine entsprechende Strahlungs-App. eingesetzt (Abb.). — Das fl. Glas besteht im wesentlichen aus 26—51 (Mol-%) P_2O_5, 33—56 H_2O, 12—26 PbO, HgO u./oder Tl_2O u. 0—5 Al_2O_3, BaO, ThO_2, Cs_2O, Bi_2O_3, K_2O, SnO u./oder ZnO u. wird durch Eintragen der betreffenden Ausgangsstoffe in eine HNO_3-haltige Lsg. von P_2O_5 in H_3PO_4 bei 250—350° hergestellt. Es bildet sich eine amorphe, unterkühlte Fl., welche als „Glas" bezeichnet wird. (**E. P. 903 450** vom 17/10. 1960, ausg. 15/8. 1962. A. Prior. 27/10. 1959.) Hans Hoffmann. 6201

1851 Beckman Instruments, Inc., übert. von: Edwin P. Arthur, Fullerton, Calif., V.St.A., **Bleifreies Gas mit niedrigem Schmelzpunkt** wird bei 1400° erschmolzen aus einem Versatz von 12,0 (Gew.-Teilen) SiO_2, 1,2 TiO_2, 1,6 $Ca(OH)_2$, 2,6 La_2O_3 u. 7,7 K_2CO_3. Das entstehende Glas besteht aus 53,9 (Gew.-%) SiO_2, 5,4 TiO_2, 5,4 CaO, 11,8 La_2O_3 u. 23,5 K_2O. (**A. P. 3 032 429** vom 31/5. 1960, ausg. 1/5. 1962.) Hans Hoffmann. 6201

1852 International Resistance Co., übert. von: Bhogaraju V. Janakirama-Rao, Philadelphia, Pa., V.St.A., **Glas mit geringer thermischer Ausdehnung.** Ein Glas, dessen therm. Ausdehnung unter derjenigen des Quarzglases liegt, besteht aus 95—99,9 (Gew.-%) SiO_2 u. 0,1—5 Nb_2O_5 u./oder Ta_2O_5. (**A. P. 3 031 318** vom 12/7. 1960, ausg. 24/4. 1962.) Hans Hoffmann. 6201

1853 General Electric Co., New York, übert. von: Edward L. Woodall jun., Lyndhurst, und Gerald E. Reinker, South Euclid, Ohio, V.St.A., **Glas mit hohem elektrischen Widerstand.** Es besteht aus 51,36 PbO, 37,95 SiO_2, 6,41 K_2O, 1,08 B_2O_3, 0,92 BaO, 0,73 CaO, 0,56 Na_2O, 0,51 MgO, 0,36 Al_2O_3 u. 0,11 Sb_2O_3. (**A. P. 3 047 410** vom 13/4. 1961, ausg. 31/7. 1962.) Hans Hoffmann. 6201

1854 Ciba Ltd., Basel, übert. von: Wilhelm Simon, Zürich, Schweiz, **Glas für Elektroden zum Bestimmen von pH-Werten** besteht im wesentlichen aus 63(%) SiO_2, 25 Li_2O, 8 BaO u. 4 GeO_2. — Beispiel für eine bes. Glas-Zus.: 59 SiO_2, 3 La_2O_3, 25 Li_2O, 2 Cs_2O, 2 CaO, 5 BaO u. 4 Ga_2O. (**A. P. 3 025 174** vom 15/10. 1959, ausg. 13/3. 1962. Schwz. Prior. 4/11. 1958.) Hans Hoffmann. 6201

1855 Corning Glass Works, Corning, N.Y., V.St.A., **Herstellung halbkristalliner Glaskörper von hoher Bruchfestigkeit.** Ein aus 55—75 (Gew.-%) SiO_2, 3—7 TiO_2, 2—15 Si_2O u. 12—36 Al_2O_3 bestehender Glaskörper, bei dem das Verhältnis von $Li_2O:Al_2O_3$ zwischen 0,1 u. 0,6 liegt u. $SiO_2 + TiO_2 + Li_2O + Al_2O_3 \geqq 95$ ist, wird nach dem Behandeln mit alkal. Lsgg., wie 3% ig. wss. Lsgg. von Na_2CO_3, $Na_5P_3O_{10}$, $Na_4P_2O_7$ oder Na_2SiO_3 in feuchter reduzierender Atmosphäre auf 900—1000° u. anschließend in oxydierender Atmosphäre bis zur Entglasung erhitzt. Ein geeignetes Glas besteht z. B. aus 70 SiO_2, 2,5 Li_2O, 18 Al_2O_3, 4,5 TiO_2, 3 MgO, 1 ZnO u. <1 Verunreinigungen u. wird 1 Std. lang auf 800°, 4 Std. lang auf 1080—1175°, 2 Std. lang auf 1120—1175° erhitzt u. dann abgekühlt. (**E. P. 905 566** vom 24/2. 1961, ausg. 12/9. 1962. A. Prior. 7/3. 1960.) Hans Hoffmann. 6201

1856 Ernst Leitz G.m.b.H., Wetzlar/Lahn, übert. von: Heinz Brömer, Hermannstein, und Norbert Meinert, Wetzlar/Lahn, **Optisches Glas mit geringer Dispersion.** Dieses wird erschmolzen aus einer Mischung mit Gehalten an LiO_2 zwischen 25 u. 47 (Gew.-%) u./oder B_2O_3, jedoch mit mindestens 22,5 B_2O_3, 11—50 MgO, CaO, SrO u./oder BaO mit wenigstens 5 SrO u./oder BaO sowie 12,5—35 ZnO, wobei das Mol-Verhältnis von BaO oder SrO:ZnO zwischen 1,5 u. 0,2 liegen soll. Der Rest besteht aus irgendeinem glasverträglichen Bestandteil. ZnO kann bis zu 7,5 durch CdO ersetzt werden. Zusätze bis zu 15 ZrO_2, 20 PbO, 5 WO_3 u. 10 Al_2O_3 sind möglich. — Beispiel für einen Glasvorsatz: 10,0 $Ca(BO_2)_2$, 43,0 $Ba(BO_2)_2$, 28,8 $Zn(BO_2)_2$, 3,8 ZnO, 5,0 ZrO_2, 9,4 SiO_2; n_e 1,661; ν_e 53,5. (**A. P. 2 996 393** vom 20/8. 1959, ausg. 15/8. 1961. **E. P. 886 563** vom 9/9. 1959, ausg. 10/1. 1962. Beide D. Prior. 24/9. 1958.) Hans Hoffmann. 6201

1857 United States of America, übert. von: Given W. Cleek, Arlington, Va., und Edgar H. Hamilton, Silver Spring, Md., V.St.A., **Infrarotdurchlässige Gläser.** Sie bestehen aus 19 (Mol-%) BaO, 20 TiO_2, 44 SiO_2, 7 La_2O_3, 5 ZrO_2, 4 ThO_2 u. 1 Ta_2O_5, schmelzen bei ca. 2750° F, haben einen hohen Brechungsindex u. eine gute chem. Beständigkeit. Beispiel für eine bes. Glas-Zus.: 17 BaO, 30 TiO_2, 37 SiO_2, 7 La_2O_3, 3 ZrO_2 u. 6 ThO_2. — Diagramme. (**A. P. 3 022 182** vom 17/7. 1956, ausg. 20/2. 1962.) Hans Hoffmann. 6201

1858 United States of America, übert. von: Robert J. Ginther, Tempel Hills, Md., V.St.A., **Nuclearstrahlunganzeigendes Glas.** Es besteht aus 1 (Mol) Na_2O, 0,25—2 Al_2O_3, 2,5—4 B_2O_3 u. 0,1—0,3 Ce_2O_3 u. spricht durch Aufblitzen auf γ-Strahlen u. Neutronen an. — Beispiel für eine bes. Glas-Zus.: 1 Na_2O, 1,3 Al_2O_3, 3 B_2O_3 u. 0,1 Ce_2O_3. (**A. P. 3 032 428** vom 27/4. 1959, ausg. 1/5. 1962.) Hans Hoffmann. 6201

1859 Catophote Corp., Toledo, Ohio, übert. von: Charles E. Searight, Jackson, Miss., V.St.A., **Glas zur Herstellung stark reflektierender Perlen für Verkehrszeichen.** Es besteht aus 65—66 (Gew.-%) SiO_2, 5—12 B_2O_3, 16—19 Na_2O, 1—4 Li_2O u./oder K_2O, 4—6 CaO, 0—3 MgO, 1—3 Fe_2O_3 u./oder Al_2O_3. Beispiel für eine Glas-Zus.: 65 SiO_2, 8 B_2O_3, 16 Na_2O, 2 Li_2O, 5 CaO, 2 MgO, 1 Fe_2O_3 u. 1 Al_2O_3. (**A. P. 3 035 928** vom 14/10. 1960, ausg. 22/5. 1962.) Hans Hoffmann. 6201

1860 Corning Glass Works, Corning, N.Y., V.St.A., **Verschmelzglas.** Zum Verbinden von Glasgegenständen mit Körpern aus Glas, Metall oder keram. Stoffen eignet sich ein Glas von der Zus.: 60—70 (Gew.-%) ZnO, 19—25 B_2O_3 u. 16 SiO_2. Diese Bestandteile sollen mindestens 90 des Glases ausmachen. Bis zu 2 Al_2O_3 können dem Glas zugesetzt werden. Beispiele für derartige Verschmelzungen werden gegeben. — Abbildungen. (**E. P. 899 901** vom 17/1. 1961, ausg. 27/6. 1962. A. Prior. 26/1. 1960.) Hans Hoffmann. 6201

1861 Corning Glass Works, Corning, N.Y., V.St.A., **Verschmelzglas.** Zum Verschmelzen von Glasteilen oder dgl. wird ein Glas verwendet, welches einen Wärmeausdehnungs-Koeff. von $80 \cdot 10^{-7}$ besitzt u. bis zu 20 Vol.-% eines feuerfesten Stoffes, wie ZrO_2, enthält, dessen Wärmeausdehnungs-Koeff. $< 80 \cdot 10^{-7}$ ist. — Z. B. wird ein Glas von der Zus.: 83,5 PbO, 7,5 ZnO, 7,5 B_2O_3 u. 1,5 SiO_2 beim Vermahlen in der Kugelmühle mit 10 Vol.-Teilen ZrO_2 versetzt. (**E. P. 904 818** vom 20/3. 1961, ausg. 29/8. 1962. A. Prior. 28/3. 1960.) Hans Hoffmann. 6201

1862 Corning Glass Works, Corning, N.Y., V.St.A., **Vakuumdichte Metall-Glas-Verschmelzung.** Zum vakuumdichten Verschmelzen eines Metalles mit einem Wärmeausdehnungs-Koeff. $> 175 \cdot 10^{-7}$/Grad, z. B. eines rostfreien Stahles der Zus. 75 (%) Fe, 18 Cr u. 8 Ni, wird ein Glas folgender Zus. benutzt: 38—42 P_2O_5, 20—25 Al_2O_3, 13—17 Na_2O, 8—15 K_2O, 4—6 B_2O_3, 4—7 ZnO u. 0—3 eines oder mehrerer zweiwertiger Metalloxide. Beispiel für eine derartige Glas-Zus.: 40 P_2O_5, 23 Al_2O_3, 15 Na_2O, 11 K_2O, 5 B_2O_3 u. 6 ZnO. — Abbildung. (**E. P. 894 328** vom 21/6. 1960, ausg. 18/4. 1962. A. Prior. 1/7. 1959.) Hans Hoffmann. 6201

1863 Bell Telephone Laboratories, Inc., New York, N.Y., übert. von: Steward S. Flaschen, New Providence, und Arthur D. Pearson, Springfield, N.J., V.St.A., **Einphasenglas.** Zum *Verschmelzen von elektr. Leitern* wird ein dem tern. Syst. As–S–J angehörendes Einphasenglas benutzt, dessen Zus. in entsprechenden Dreistoff-Syst.-Diagrammen bildlich dargestellt ist. Ein solches Glas besteht z. B. aus 62,5 (Gew.-%) As, 32,5 S u. 5 J. — Diagramme, Abbildungen. (**A. P. 3 024 119** vom 3/6. 1959, ausg. 6/3. 1962.) Hans Hoffmann. 6201

1864 **A/B Höganäsmetoder,** Schweden (Erfinder: **Börge Ingmar Carlström** und **Karl-Axel Rumberg**), *Kunstharzbindemittel.* (**F. P. 1 208 830** vom 24/11. 1958, ausg. 25/2. 1960. Schwed. Prior. 25/4. 1958. — C. **1963,** 11400 [Aust. P. 232 594].)

1865 **Pittsburgh Plate Glass Co.,** Pittsburgh (Erfinder: **James Earle Duncan,** Brackenridge, und **John Jacob Smith,** Tarentum), Pa., V.St.A., *Gezogenes Tafelglas.* (**D. A. S. 1 141 417** Kl. 32b vom 13/6. 1955, ausg. 20/12. 1962. Zusatz zu D. A. S. 1 103 527; C. **1962,** 2510. — C. **1957,** 2314 [E. P. 728 806].)

1866 **Owens-Illinois Glass Co.,** Toledo, Ohio, V.St.A., *Gegen geschmolzenes Glas beständige Schicht.* (**Niederl. P. 103 283** vom 3/8. 1956, ausg. 17/12. 1962. A. Prior. 3/8. 1955. — C. **1959,** 11700 [E. P. 799 914].)

1867 **Corning Glass Works,** V.St.A. (Erfinder: **Harrison Porter Hood** und **Stanley Donald Stookey**), *Erhöhung der mechanischen Festigkeit von Glasgegenständen.* (**F. P. 1 154 271** vom 25/6. 1956, ausg. 4/4. 1958. A. Prior. 6/7. 1955. — C. **1958,** 2546 [A. P. 2 779 136].)

1868 **Jenaer Glaswerk Schott & Gen.,** Deutschland, *Aluminatglas.* (**F. P. 1 154 730** vom 25/6. 1956, ausg. 16/4. 1958. D. Prior. 5/7. 1955. — C. **1957,** 9753 [D. B. P. 959 318].)

1869 **Jenaer Glaswerk Schott & Gen.,** Deutschland, *Alkaliresistentes Glas.* (**F. P. 1 153 231** vom 4/6. 1956, ausg. 4/3. 1958. D. Prior. 11/6. 1955. — C. **1961,** 4493 [Aust. P. 215 360].)

1870 **Minnesota Mining & Mfg. Co.,** V.St.A. (Erfinder: **Norman H. Stradley** und **Warren R. Beck**), *Glaselemente mit hohem Lichtbrechungsvermögen.* (**F. P. 1 155 174** vom 5/7. 1956, ausg. 23/4. 1958. A. Prior. 18/7. 1955. — C. **1960,** 15181 [A. P. 2 870 030].)

1871 **Minnesota Mining & Mfg. Co.,** St. Paul (Erfinder: **Norman H. Stradley,** St. Paul, und **Warren R. Beck,** Mahtomedi), Minn., V.St.A., *Glaselemente mit hohem Lichtbrechungsvermögen.* (**Schwz. P. 368 272** vom 17/7. 1956, ausg. 15/5. 1963. A. Prior. 18/7. 1955. — C. **1960,** 15181 [A. P. 2 870 030].)

1872 **Lumalampan Aktiebolag,** Stockholm, Schweden, *Herstellen eines lichtstreuenden Belags auf Glasoberflächen.* (**Norw. P. 98 562** vom 3/8. 1959, ausg. 28/8. 1961. Schwed. Prior. 27/8. 1958. — C. **1961,** 14049 [D. A. S. 1 086 406].)

1873 **E. I. du Pont de Nemours & Co.,** V.St.A. (Erfinder: **Chester Griswold Bragaw jun.** und **William Goodrich Simeral**), *Sicherheitsglas.* (**F. P. 1 217 267** vom 8/12. 1958, ausg. 3/5. 1960. A. Prior. 11/12. 1957. — C. **1962,** 2509 [A. P. 2 946 711].)

1874 **„Patelhold" Patentverwertungs- & Elektro-Holding Akt.-Ges.,** Glarus Schweiz, *Einschmelzen von Metall in Glas.* (**Niederl. P. 102 958** vom 9/5. 1955, ausg. 15/11. 1962. Schwz. Prior. 15/5. 1954. — C. **1958,** 14152 [A. P. 2 803 926].)

H_7. Agrikulturchemie, Schädlingsbekämpfung

1875 **Bekämpfung von Staub in einer Düngemittelfabrik.** F. J. Harris und T. Craig. (Brit. chem. Engng. **8**, 99—103, 1963; Edinburgh, Scottish Agric. Ind., Ltd.; engl.) — Die zur Staubbekämpfung in einer Düngemittelfabrik getroffenen Maßnahmen werden beschrieben: Befeuchten der Rohstoffe, Förderung der Rohstoffe in geschlossenen, oben offenen Rutschen, Absaugen des Staubs der Fertig-Prodd. u. Besprühen der granulierten Düngemittel mit 0,2—0,3% Mineralöl. W. Wesly. 6270◇

1876 **Ein neuer Typ eines Phosphatdüngers als Ersatz für Superphosphat.** Argeo Angiolani. (Chimica [Milano] **39**, 7—11, 1963; Santiago di Chile, Univ.; ital.) — Vf. beschreibt einen neuen Typ eines P-Düngemittels, das aus Phosphoriten durch Behandlung mit einer Rk.-Lsg. von 63—66% ig. H_2SO_4 u. 52—53% ig. HNO_3 [Gesamtzahl der Mole der beiden Säuren $\geq$ der Gesamtzahl der Mole von $Ca(OH)_2$, $Ca_3(PO_4)_2$ u. $CaCO_3$] erhalten wird, aus einem innigen Gemisch von Ca-Orthophosphaten zusammen mit $Ca(NO_3)_2$ u. $CaSO_4$ besteht, dessen Düngungs-Wrkg. der von Superphosphat entspricht u. dessen Herst.-Kosten sehr niedrig sind. Die Zus. eines Phosphorits aus Jordanien ist: Gesamt-P_2O_5 28,42 (%), $CaCO_3$ 13,69, CaF_2 7,55 u. $Al_2O_3 + Fe_2O_3$ 0,30% u. die des daraus erhaltenen Düngers: Gesamt-P_2O_5 18,01, in 1% ig. Citronensäure lösl. P_2O_5 16,36, wasserlösl. P_2O_5 6,66, Nitrat-N 2,97% u. pH 4,2. Eine App. zur Herst. dieses Düngers im Industriemaßstab wird wiedergegeben. — 10 Literaturangaben. G. Platzer. 6282◇

1877 **Die Anwendung von flüssigen Stickstoffdüngemitteln.** P. Baranow. (Int. Z. Landwirtsch. [Sofia/Berlin] **1963**, 58—64; dt.) — Es wird darauf hingewiesen, daß in den einzelnen Ländern die natürlichen u. organisator.-wirtschaftlichen Bedingungen so unterschiedlich sind, daß das Problem der Erzeugung u. Anwendung von fl. Düngemitteln unterschiedlich gelöst werden muß. R. Grundmann. 6284◇

1878 **Die Technik der Anwendung flüssiger Düngemittel.** K. Mikeš. (Int. Z. Landwirtsch. [Sofia/Berlin] **1963**, 54—58; Repy/Prag, Forschungsinst. für Landtechnik; dt.) — Nach einer Übersicht über die fl. Düngemittel [wasserfreies NH_3 (82,25% N), NH_4OH (20% N), wss. NH_4NO_3-Lsg. (33% N), Ammoniakate: Lsgg. fester Düngemittel mit NH_3 oder NH_4OH (35—40% N), Harnstoff (40—45% N) u. $Ca(NO_3)_2$ (30% N)] wird bes. die Düngung mit wasserfreiem NH_3, die Verteilung von NH_3, das Einbringen von Ammoniakaten in den Boden, der Transport u. die Lagerung von Ammoniakaten u. die wirtschaftlichen Vorzüge der Verw. fl. Düngemittel besprochen. R. Grundmann. 6284◇

1879 **Flüssige zusammengesetzte Düngemittel durch Behandlung von Phosphaten mit Salpetersäure.** M. N. Nabijew und U. Ibragimowa. (Usbek. chem. J. **7**, Nr. 1, 5—13, 1963; Chem. Inst. der Akad. der Wiss. der UsbekSSR; russ.) — Bei der Herst. fl. zusammengesetzter Düngemittel auf dem Wege der Phosphatbehandlung mit HNO_3 werden zusätzliche *P-Dünger* ohne bes. Verbrauch an H_2SO_4 gewonnen. Die Produktion ist billig. Die Kosten des sowjet. Herst.-Verf. liegen um ein Mehrfaches niedriger als im Ausland, wo Gemische therm. Phosphorsäure u. einzelner N-Dünger Verw. finden. H. Findeisen. 6290◇

1880 **Die Kompostierung von Siedlungsabfällen unter besonderer Berücksichtigung hygienischer Gesichtspunkte.** P. Oesterle, G. Rohde und K.-D. Rudat. (Städtehygiene **14**, 26—30, 1963; Berlin, Humboldt-Univ., Inst. für Med. Mikrobiol. u. Epidemiol. sowie Inst. für Garten- u. Landeskultur; Rostock, Univ., Inst. für Med. Mikrobiol. u. Epidemiol.; dt.) — Hygien. einwandfreie Dünger können aus Siedlungsabfällen in einfacher Weise durch die sog. „natürliche Kompostierung" u. andere Heißgär-Verff. erhalten werden. M. Winiker. 6294◇

1881 **Auswirkungen der Verdichtung auf die physikalischen Eigenschaften von Sand–Erde–Torf-Mischungen bei verschiedenen Feuchtigkeitsgehalten.** Walter E. Swartz und Louis T. Kardos. (Agronomy J. **55**, 7—10, 1963; University Park, Pa., Pennsylvania Agric. Exp. Stat.; engl.) — Bei Sand–Erde–Torf-Mischungen werden durch Verdichtung die Durchfluß-Geschw. u. die Porosität für die Durchlüftung je nach ihrer Zus. verschieden beeinflußt. Bei geringen Sand-Geh. (ca. 50%) ist bei hohen Verdichtungen die Durchfluß-Geschw. ungenügend. W. Hiller. 6302◇

1882 **Der biologische Charakter der Bodenfruchtbarkeit.** G. V. Jacks. (Commonwealth Bur. Soils, Soils Fertilizers **26**, 147—50, 1963; engl.) — Vf. vertritt die Auffassung, daß es sich bei der Bodenfruchtbarkeit eher um ein biophysikal. als um ein physikal.-chem. Phänomen handelt. — 29 Literaturangaben. M. Winiker. 6304◇

1883 **Beiträge zur Kenntnis tropischer Böden.** 4. Mitt. **Über Gesamthumus und Stickstoff in Böden El Salvadors/Zentralamerika.** Hans Klinge. (Z. Pflanzenernähr., Düng., Bodenkunde **97 (142)**, 40—51, 1962; dt.) — 3. vgl. C. **1962**, 13172. — Unterss. an 33 Silicatgesteinsböden u. 1 Terra rossa aus 7 Standortsgruppen von El Salvador in Höhenlagen zwischen 5 u. 2320 m über Normalnull ergaben: Unbeschadet der bodentypolog. Unterschiede zwischen den untersuchten Böden (Ranker, Braunlehme, Rotlehme) u. der abweichenden, auf ihnen stockenden Vegetation ist die vorherrschende Humusform Mull, was die weitgehende, analyt. feststellbare Einheitlichkeit der organ. Bodensubstanz erklärt. Die Geh. an Gesamt-C (C_t) u. Gesamt-N (N_t) sowie an NH_3–N u. NO_3–N nehmen mit steigender Seehöhe zu, während sich das C_t/N_t-Verhältnis erweitert u. die Boden-Rk. stark sauer wird. Demzufolge wird die von der Boden-Rk. unmittelbar abhängige Nitrifikation mit steigender Seehöhe schlechter. M. Winiker. 6304◇

1884 **Beiträge zur Kenntnis tropischer Böden.** 5. Mitt. **Über Gesamtkohlenstoff und Stickstoff in Böden des brasilianischen Amazonasgebietes.** Hans Klinge. (Z. Pflanzenernähr., Düng., Bodenkunde **97 (142)**, 106—18, 1962; dt.) — 4. vgl. vorst. Referat. — Es wurden 29 Profile von Braunlehmen, Podsolen u. Übergangs-Bldg. zwischen diesen Bodentypen aus 3 Standortsgruppen Amazoniens auf ihre Geh. an Gesamt-C, Gesamt-N u. mineral. N untersucht. Die Unterschiede in den hierbei erzielten Werten konnten auf die standortstyp. Unterschiede (Streumenge u. -beschaffenheit, Grundwasserstand, Bodentyp, Umsetzungsbedingungen der organ. Substanz, menschlicher Einfl.) der 3 natürlichen Pflanzenformationen (nicht überschwemmbarer, grundwasserferner Regenhochwald, vernäßter lichter Wald u. Gebüsch) zurückgeführt werden. M. Winiker. 6304◇

1885 **Die Deutung der Tiefenfunktion des Tonmineralbestandes von Böden.** H.-P. Blume. (Beitr. Mineralog. Petrogr. **9**, 13—27, 1963; Hohenheim, Landwirtschaftl. Hochsch., Inst. für Bodenk.; dt.) — Unterschiede im Tonmineralbestand eines Bodens können durch Inhomogenität des Ausgangsmaterials sowie durch Ton-Bldg., -umwandlung, -zerstörung u./oder -verlagerung bedingt sein. Die Genese der Tonminerale eines Horizontes, eines Profils u. einer Landschaft läßt sich in der Regel nur dann eindeutig aufklären, wenn deren Körnungsfunktionen u. die der übrigen Silicate in einem Horizont, deren Tiefenfunktionen in einem Profil u. deren Raumfunktionen in einer Entw.-Serie untersucht werden. Die Möglichkeiten einer Deutung werden erläutert u. am Beispiel eines Podsol-Lessivés aus Geschiebemergel demonstriert. H. Jehne. 6304◇

1886 **Auswirkungen von Phosphor- und Kaliumdüngern auf die Leguminosenzusammensetzung von sieben Gras–Leguminosen-Mischungen.** O. J. Hunt und R. E. Wagner. (Agronomy J. **55**, 16—19, 1963; Laramie, Wyo., USDA, ARS, Crops Res. Div.; Washington, D.C., American Potash Inst.; engl.) — Der Anteil der Leguminosen wird in erster Linie durch die *K*-Düngung beeinflußt. Bei den meisten Mischungen nimmt der Anteil der Leguminosen mit steigender K-Düngung zu. Der Anteil an Leguminosen ist auch vom Schnitt abhängig. Er steigt entweder bis zum 3. Schnitt an oder erreicht beim 2. Schnitt ein Maximum. Hohe Ca-Gaben erhöhten bis auf einen Fall den Leguminosenanteil. Der Futterertrag stieg durch die hohen K-Gaben um 30—105% u. der Leguminosenanteil um 132—387% im Vgl. zur ungedüngten Parzelle. W. Hiller. **1304**◇

1887 **Anreicherung von Cs und K und Wachstum von Bohnenpflanzen in Nährlösung und Boden.** H. Nishita, D. Dixon und K. H. Larson. (Plant and Soil (The Hague] **17**, 221—42, 1962; Los Angeles, Calif., Univ. of California; engl.) — Bohnenpflanzen wurden bis zur Reife in Nähr-Lsg. u. Boden kultiviert, um die Wrkg. von Cs u. K auf das Wachstum u. die Aufnahme von K sowie radioakt. u. stabilem Cs zu untersuchen. Gaben von K auf mit ^{137}Cs behandelten Böden mit hohem austauschbarem K-Geh. hatten nur wenig Einfl. auf die ^{137}Cs-Aufnahme durch die Pflanzen, während in Nähr-

Lsg. die Cs-Aufnahme durch K-Zusatz vermindert wurde; die K-Aufnahme war dabei in beiden Fällen erhöht. Es wird angenommen, daß bei genügendem K-Angebot die ^{137}Cs-Aufnahme nur gering ist u. daß bei K-Mangel die Cs-Aufnahme durch K-Düngung vermindert werden kann. Cs ist tox. für Bohnenpflanzen. Die Cs-Toxizitätssymptome unterscheiden sich von K-Mangelsymptomen. Die tox. Wrkg. von Cs wird durch erhöhte K-Gaben gemildert. H. Goebel. 6304◇

1888 **Die Aufrechterhaltung des Stickstoffspiegels in einem Brunisemboden des östlichen Nebraska.** D. H. Sander, Leon Chesnin, H. F. Rhoades, D. P. McGill, W. L. Colville und W. E. Lyness. (Agronomy J. **55**, 53—55, 1963; Lincoln, Nebr., Univ. of Nebraska, Dep. of Agron.; engl.) — Vff. untersuchten die Wrkg. von verschiedenen Fruchtfolgen u. von N-Düngung auf den Geh. eines Brunisem-Bodens an N u. an organ. Substanz. Die Fruchtfolgen bestanden aus Trespe, Luzerne, Mais, Hafer, Weizen u. Klee. Leguminosen in der Fruchtfolge wirkten sich günstig auf den N-Spiegel aus. Eine Fruchtfolge aus Mais, Hafer u. Weizen wirkte am stärksten zehrend auf den N-Spiegel. Erfolgte hier keine N-Düngung, so verminderte sich der N-Vorrat des Bodens um 8%. W. Hiller. 6304◇

1889 **Die Auswirkung von Bodentemperatur und Stickstoffdüngung auf das Wachstum der weichhaarigen Trespe (Bromus mollis) bei zwei Höhenlagen.** M. B. Jones, C. M. McKell und S. S. Winans. (Agronomy J. **55**, 44—46, 1963; Hopland, Hopland Field Stat., Calif., Univ. of California; engl.) — Bei Boden-Temp. im Winter unter 45° F ist das Wachstum gering, u. N-Düngung steigert das Wachstum nur in geringem Maße. Die größte Wachstumssteigerung durch N-Düngung wird bei Boden-Temp. von 45—55° F erzielt. Die Tendenzen sind bei beiden Höhenlagen (300 u. 800 Fuß) gleich. W. Hiller. 6304◇

1890 **Die Reaktion der Trespe auf die Menge und Quelle des im Herbst und Frühjahr in Alaska angewandten Stickstoffs.** Winston M. Laughlin. (Agronomy J. **55**, 60—62, 1963; Palmer, Alaska, Alaska Agricult. Exp. Stat.; engl.) — Auf den Ertrag der Trespe hatten NH_4NO_3, $(NH_4)_2SO_4$ u. $Ca(NO_3)_2$ die gleiche Wirkung. Die geringste Ertragssteigerung erfolgte bei Verabfolgung von *Kalkstickstoff* u. NH_3. Harnstoff bewirkte zwar höhere Ernten als NH_3 u. Kalkstickstoff, jedoch geringere als $(NH_4)_2SO_4$, NH_4NO_3 u. $Ca(NO_3)_2$. Wurde die Düngermenge auf 2 Gaben verteilt (die eine Hälfte im Frühjahr u. die andere im Frühsommer), so stieg der Ertrag des 2. u. 3. Schnittes, nicht jedoch der Gesamtjahresertrag (im Vgl. zur einmaligen Düngeranwendung im Frühjahr) an. Herbstdüngung brachte geringere Erträge als Frühjahrsdüngung. W. Hiller. 6304◇

1891 **Wirkung des Niederschlages und langdauernder Stickstoffdüngung auf die Stickstoffaufnahme, den Rohproteingehalt und den Ertrag von Futtertrespe.** W. L. Colville, Leon Chesnin und D. P. McGill. (Agronomy J. **55**, 215—18, 1963; Lincoln, Nebr., Nebraska Agr. Exp. Stat., Dep. of Agron.; engl.) — Vff. stellten in Feld-Verss. beim Anbau von Trespe bei langdauernder N-Düngung eine Ertragssteigerung bis zu 380% fest. Der Rohprotein-Geh. des Futters wurde durch Gaben von 160 lb./acre von 8,96 auf 14,83% gesteigert. Die N-Aufnahme betrug 54,7—73,9%. Bei größerer Nd.-Menge verringerte sich der Futterertrag. W. Kölling. 6304

1892 **Der jahreszeitliche Gehalt von Baumwollpetiolen an Nitratstickstoff, seine Beeinflussung durch Stickstoffdüngung und seine Beziehung zum Ertrag.** A. J. MacKenzie, W. F. Spencer, K. R. Stockinger und B. A. Krantz. (Agronomy J. **55**, 55—59, 1963; engl.) — Vff. benutzten für ihre Unterss. Petiolen der jüngsten voll ausgereiften Blätter des Hauptstengels. Der NO_3-Geh. der Petiolen war während der Wachstumsperiode der angewandten Menge an N-Dünger proportional. Für Höchsterträge waren Geh. an NO_3-N von 16000, 8000 u. 2000 ppm während des Früh-, Mittel- u. Spätblütenstadiums erforderlich. Bei Geh. an NO_3-N unter 1000 u. 2000 ppm für längere Zeit traten Ertragsdepressionen auf. W. Hiller. 6304◇

1893 **Proteinfraktionen des Weizenmehls in Abhängigkeit von Herkunft, Sorte und später N-Düngung.** G. Günzel. (Z. Acker- u. Pflanzenbau **114**, 325—40, Mai 1962; Weihenstephan, Inst. für Acker- u. Pflanzenbau der TH München; dt.) — An einem aus 8 Winterweizensorten bestehenden Sortiment, das 1959 an 4 klimat. verschiedenen Orten aus einheitlichem Saatgut geerntet worden war, wurden die Geh. an Gesamt-N u. Feuchtkleber sowie an Kleber-N, Nicht-Kleber-N, Gliadin-N u. Glutenin-N bestimmt. Außerdem wurde das Brot-Vol. im Mikroback-Vers. ermittelt. In gleicher Weise wurde Kornmaterial aus einem N-Spätdüngungs-Vers. untersucht. Bei Herkunftsvergleich war die Gliadin-N-Fraktion die am stärksten streuende Komponente. Der prozentuale Kleber-N-Geh. wies eine enge Bindung an den Standort auf. N-Spätdüngung bewirkte eine erhebliche Vermehrung des Gliadin-N u. eine weniger starke Vermehrung des Glutenin-N. Auf die Ausbildung des Brot-Vol. wirkte sich die N-Spätdüngung nicht einheitlich aus. Weder beim Sorten- noch beim N-Spätdüngungs-Vers. ergab sich ein Zusammenhang zwischen einzelnen N-Fraktionen sowie deren Verh. zueinander u. dem Brotvolumen. M. Winiker. 6304◇

1894 **Das Verhalten des Stickstoffs im Boden nach langjährigen Lysimeterversuchen.** I. Mitt. C. Pfaft. (Z. Acker- u. Pflanzenbau **117**, 77—95, 1963; Limburgerhof, Landw. Versuchsstat. der BASF; dt.) — Vf. zeigt an Hand von Lysimeter-Verss. die N-Abwanderung aus verschiedenen Böden. Die Abwanderung ist unabhängig von der Düngung u. erfolgt ausschließlich als Nitrat. Die Auswaschung von N aus dem Boden ist abhängig von der Sickerwassermenge, der Temp., dem N-Vorrat, der Nd.-Menge, dem Bodenzustand u. der Bewuchsdichte. Die Auswaschung erfolgt zu $^2/_3$ im Winter. W. Kölling. 6304◇

1895 **Der ertragswirksame Anteil des Stickstoffs in organischen Düngern.** C. Tietjen. (Z. Acker- u. Pflanzenbau **117**, 55—76, 1963; Braunschweig-Völckenrode, Forschungsanstalt für Landwirtschaft, Inst. für Humuswirtschaft; dt.) — Der ertragswirksame N-Anteil in organ. Düngern wurde an Hand von 59 Gaben von 42 Düngevarianten in Gefäß-Verss. unter Verw. der Mitscherlich-Gleichung in Hafererträgen ermittelt. Wechselbeziehungen zwischen dem organ. Dünger u. den mineral. N-Gaben wurden durch den Quotienten aus der Zunahme der ertragswirksamen N-Menge u. der zugeführten mineral. N-Menge beschrieben. Für Ertragssteigerungen ist der N-Bedarf um so größer, je enger das C/N-Verhältnis ist. W. Kölling. 6304◇

1896 **Nachwirkungen organischer Substanzzufuhren auf Struktur- und Gareeigenschaften in Dauerversuchen.** G. Gliemeroth. (Z. Acker- u. Pflanzenbau **116**, 289—300, 1963; dt.) — Vf. diskutiert die Ergebnisse 3 langjähriger Dauer-Verss. auf umgelagerten Lößlehmen unterschiedlicher Parabraunerdeausbildung. R. Grundmann. 6304◇

1897 **Die Düngung von Hirse- und Mohrenhirsearten.** C. Charreau und J.-F. Poulain. (Agronom. tropicale **18**, 53—63, 1963; Bambey, Centre de Rech. Agron.; franz.) — Ausführlicher Bericht über im Sénégal gemachte Erfahrungen. M. Winiker. 6304◇

1898 **Kalkdüngungsbedürftigkeit der Acker-, Grünland- und Waldstandorte Bayerns in Abhängigkeit von ihrem Entwicklungszustand.** G. Schmid. (Bodenkultur [Wien], Ausg. A **14**, 1—14, 1963; München, Bayer. Landesanstalt für Pflanzenbau u. Pflanzenschutz; dt.) — Von der gesamten land- u. forstwirtschaftlich genutzten Fläche Bayerns sind ca. 10% unreife, 30% vollreife u. 60% degradierte Böden. 95% der gesamten land- u. forstwirtschaftlichen Nutzfläche Bayerns sind dringend kalkungsbedürftig. Regelmäßiger Erhaltungskalkungen bedürfen 35% aller Pflanzenstandorte (5% unreife u. 30% vollreife Böden) u. weitere 60% benötigen außer der regelmäßigen Erhaltungskalkung eine ein- oder mehrmalige Gesundungskalkung. R. Grundmann. 6304◇

1899 **Heutige Probleme der Grünlandforschung und Grünlandbewirtschaftung.** E. Klapp. (Z. Acker- u. Pflanzenbau **116**, 257—88, 1963; dt.) — Allg. Ausführungen. — 312 Literaturangaben. R. Grundmann. 6304◇

1900 **Der Einfluß von verschiedenen Chlorgaben auf das Wachstum der Tabakpflanze und die Glimmfähigkeit ihrer Blätter.** N. L. Pal, M. Bangarayya und P. Narasimham. (Soil Sci. **95**, 144—48, 1963; Rajahmundry, Central Tobacco Res. Inst.; engl.) — Der Tabak wurde in Sandkultur bei *Cl*-Konzz. von 0—5,94 g/Pflanze gezogen. Mit zunehmender Cl-Konz. stieg der Cl-Geh. der Blätter von 0,27 auf 1,78% (auf Trockengew. bezogen) an. Der Ertrag an getrockneten Blättern wurde durch die Cl-Gaben wenig beeinflußt. Die Glimmfähigkeit der Blätter nahm mit steigenden Cl-Gaben u. damit mit steigendem Cl-Geh. ab. Eine besonders hohe Korrelation zwischen der Glimmfähigkeit u. dem Cl-Geh.

wurde bei den mittleren Blättern festgestellt. In den unteren Blättern war die Glimmfähigkeit am geringsten.
W. Hiller. 6304◇

1901 **Verdrängung von Eisen aus Ferriäthylendiamintetraacetat und Ferrihydroxyäthyläthylendiamintetraacetat durch Kupfer und Zink.** Gene Guinn und Howard E. Joham. (Soil Sci. **95**, 101—04, 1963; Texas Agricult. Exp. Stat., USDA, ARS, Crops Res. Div.; engl.) — Vff. stellten fest, daß *Cu* u. *Zn* in der Lage sind, *Fe* aus den Chelaten *Ferriäthylendiamintetraacetat* u. *Ferrihydroxyäthyläthylendiamintriacetat* zu verdrängen. Hierbei entstehen die entsprechenden Cu- u. Zn-Chelate. Die Verdrängung erfolgt rascher bei höheren pH-Werten. Cu besitzt eine größere Verdrängungs-Wrkg. als Zn. Die Verdrängung des Fe ist möglich durch die geringe Löslichkeit von $Fe(OH)_3$. Diese Feststellungen liefern eine Erklärung für die Beobachtung, daß die Cu- u. Zn-Aufnahme von Baumwolle durch Fe-Chelate vermindert wird.
W. Hiller. 6304◇

1902 **Die Wirkung verschiedener Salze auf die Verfügbarkeit von Zink und Mangan für Citrus.** Ivan Stewart und C. D. Leonard. (Soil Sci. **95**, 149—54, 1963; Lake Alfred, Fla., Univ. of Florida, Citrus Exp. Stat.; engl.) — Eine gute *Zn*-Quelle für Citrus ist *Zn-Äthylendiamintetraacetat* (I), gemischt mit großen Mengen von Na_2CO_3, wenn das Gemisch in Form größerer Granula verabfolgt wird. Auch gut wirksam sind I + $ZnSO_4$. Mischungen von $ZnSO_4$ + $CaCl_2$ stellen ebenfalls günstige Zn-Quellen dar, wenn sie konz. auf kleinen Flächen unter den Bäumen gegeben werden. Auch durch Mischen mit NaCl, KCl, $Ca(NO_3)_2$, $NaNO_3$ u. $(NH_4)_2SO_4$ wird die Verfügbarkeit von Zn erhöht, keines dieser Salze ist jedoch so wirksam wie $CaCl_2$. Die Verfügbarkeit von *Mn* wird in sauren u. alkal. Böden durch $CaCl_2$ stark erhöht.
W. Hiller. 6304◇

1903 **Bodenmikroorganismen und Chelatbildung im Boden. Die bodenbildende Wirkung von Flechten und Flechtensäuren.** Albert Schatz. (J. agric. Food Chem. **11**, 112—18, 1963; Fairlawn, N.J., Radburn Res. Inst.; engl.) — Die Wechselwrkg. zwischen Boden-, Felsen- u. Borkenflechten u. gepulvertem Granit, Muskovit u. Grünsandmergel wird durch Best. der Veränderungen der Lichtdurchlässigkeit der wss. überstehenden Lsgg. ermittelt. Physodin- u. Lobarinsäure (Flechtenbestandteile mit großem Chelatisierungsvermögen) wurden auf ihre Eignung, mit Gesteinen zu reagieren, untersucht. In mehreren Fällen finden innerhalb weniger Std. bei Zimmer-Temp. Rkk. statt. Die Ergebnisse werden diskutiert.
W. Wesly. 6306◇

1904 **Die Lösung von Mineralien und verwandtem Material durch 2-Ketogluconsäure produzierende Bakterien.** R. B. Duff, D. M. Webley und R. O. Scott. (Soil Sci. **95**, 105—14, 1963; Aberdeen, Macauly Inst. for Soil Res.; engl.) — Vff. benutzten für ihre Verss. einen saprophyt. Stamm D_{11} (Erwinia spp. oder Bacterium herbicola), einen *2-Ketogluconsäure* (I) bildenden Pseudomonas fluorescens-Stamm (Nr. 2062) u. 2 nicht identifizierte gramnegative Stämme C_{74} u. N_{74} sowie mehrere, nicht identifizierte, nicht I produzierende Bakterien. Es wurde die Angreifbarkeit von ca. 50 Verbb. (meist in der Natur vorkommende Mineralien) durch diese Bakterien untersucht. Die meisten Bakterien, die in der Lage waren, natürliche Phosphate zu lösen, waren beweglich, kurz, stäbchenförmig u. bildeten größere Mengen I. Mit zweiwertigen Metallen bildete I Chelate, die so beständig sind, daß sie bei pH 3 bei der papierchromatograph. Analyse als separater Fleck laufen.
W. Hiller. 6306◇

1905 **Wissenschaft und Praxis im Pflanzenschutz der UdSSR.** E. Iwanow. (Int. Z. Landwirtsch. [Sofia/Berlin] **1963**, Nr. 2, 69—73; dt.) — R. Grundmann. 6312◇

1906 **Ein neues Herbicid.** Ju. Ssynak und Ja. Grntschar. (Pflanzenschutz [UdSSR] **8**, Nr. 4, 52—53, 1963; Bratislava, ČSSR; russ.) — Durch Anwendung des Herbicides *A-1114* (Triazin-Präpp.) in verunkrauteten Kartoffelschlägen bei einer Dosierung von 4 kg/ha kam es zu Ertragssteigerungen von 40—200%. Gute Erfolge liegen auch bei Verw. in Mischkulturen (z. B. Mais mit Leguminosen) u. bei Luzerne vor. Schädigende Nebenwrkg. konnten nirgends beobachtet werden. Die besten Ergebnisse zeitigt A-1114 in Gemüsekulturen. Die Dosierung ist vom Bodencharakter u. der Art der Kultur abhängig (bei mittelschweren Böden 2 kg/ha). Höhere Dosen wirken sehr leicht phytocid. Das Mittel ist unwirksam gegen Cirsium arvense u. Agropyrum repens.
H. Findeisen. 6312◇

1907 **STAM F-34, ein Vorauflaufherbicid für Reis in dem unteren Ord-River-Tal.** P. J. van Rijn. (J. Austral. Inst. agric. Sci. **29**, 42—43, 1963; Kimberley Res. Stat.; engl.) — Bei Verss. zur Bekämpfung von Unkräutern in Reiskulturen vor dem Auflaufen war *STAM F-34* (auf Basis *3.4-Dichlorpropionanilid*) wirksamer als *EPTC* u. *CIPC*.
R. Grundmann. 6312◇

1908 **Chemische Unkrautbekämpfung im Lupinensamenbau.** J. Lange und K. Künkel. (Dtsch. Landwirtsch. **14**, 233—36, 1963; Müncheberg, Inst. für Acker- u. Pflanzenbau der DAL zu Berlin; dt.) — Bericht über mit *Hedolit* u. *W-6658* erzielte Erfolge.
M. Winiker. 6312◇

1909 **Das Freihalten von Möhren(kulturen) von Unkräutern.** K. M. Ward. (Queensland agric. J. **89**, 110—14, 1963; engl.) — Zur Bekämpfung von Unkräutern in Kulturen von Möhren, Pastinaken u. Sellerie vor u. nach dem Auflaufen werden *White spirit* u. *Kerosin* empfohlen. Für eine Vorauflaufbehandlung scheint auch *Propazin* geeignet zu sein.
M. Winiker. 6312◇

1910 **Chemische Unkrautbekämpfung in Kartoffeln.** R. Burghausen. (Dtsch. Landwirtsch. **14**, 230—33, 1963; Jena, Friedrich-Schiller-Univ., Inst. für Acker- u. Pflanzenbau; dt.) — Bericht über mit *W-6658* (*Simazin*) erzielte Erfolge.
M. Winiker. 6312◇

1911 **Chemische Unkrautbekämpfung in Kartoffeln (Nachauflaufbehandlung).** R. Burghausen. (Dtsch. Landwirtsch. **14**, 274—75. 1963; Jena, Friedrich-Schiller-Univ., Inst. für Acker- u. Pflanzenbau; dt.) — Bei einer drohenden Spätverunkrautung mit dikotylen Pflanzen können zu Kartoffeln *Herbicid-Leuna-MN* u. *Herbicid-Leuna-M* bei hochgehäufelten Dämmen angewendet werden. Der Einsatz dieser Wuchsstoff-Präpp. sollte nicht bei Früh- u. Pflanzenkartoffeln erfolgen.
R. Grundmann. 6312◇

1912 **Die Verwendung von Octahexadecanol als ein die Transpiration herabsetzendes Mittel.** D. B. Peters und W. J. Roberts. (Agronomy J. **55**, 79, 1963; Illinois Agric. Exp. Stat.; engl.) — Vff. erprobten ein gewöhnlich als „*Hexadecanol*" bezeichnetes Handels-Präp., das zu $^1/_3$ aus *Octadecanol* u. zu $^2/_3$ aus *Hexadecanol* besteht, in Feld-Verss. an Mais. Die mit dem Präp. behandelten Pflanzen hatten eine etwas geringere Höhe als unbehandelte, unterschieden sich aber bzgl. des Wasserverbrauchs u. des Ertrages nicht von letzteren.
W. Hiller. 6312◇

1913 **Systemische Fungicide.** G. C. Wade. (J. Austral. Inst. agric. Sci. **29**, 38—41, 1963; Univ. of Tasmania; engl.) — Überblick über die Eigg. der wichtigsten anorgan., organ. u. antibiot. system. Verbb. u. die Möglichkeiten ihrer Anwendung. — 28 Literaturangaben.
R. Grundmann. 6312◇

1914 **Dithianon — eine organische Verbindung mit breiter fungicider Wirkung.** H. Flemming, O. Hierholzer und G. Mohr. (Z. Pflanzenkrankh. [Pflanzenpathol.] Pflanzenschutz **70**, 4—11, 1963; Darmstadt, E. Merck Akt.-Ges., Forschungs- u. anwendungstechn. Abteilungen; dt.) — Kurzer Überblick über das neue organ. Fungicid *Dithianon* (**I**, *1.4-Dithiaanthrachinon-2.3-dicarbonitril*), seine chem. u. physikal. Eigg., seine fungiciden u. sonstigen Leistungen sowie seine Toxikologie. Besonders aussichtsreich erscheinen Präpp. auf der Basis von I für den Einsatz im Obstbau gegen Schorf u. im Weinbau gegen Peronospora.
R. Grundmann. 6312◇

1915 **Studium des Einflusses von Beizmitteln auf Konidien des Pilzes Helminthosporium papaveris Hennig.** František Mráz. (Sborník československ. Akad. zemědělských Ved, rostlinná Výroba **9** (**36**), 51—64, 1963; Kroměříž, výsk. úst. obien; tschech.) — *Agronal* (*Phenylmercuribromid*) ist bei der Bekämpfung von Sporen von Helminthosporium papaveris Hennig sehr wirksam.
E. Vevera. 6312△

1916 **Zur Ökologie und Bekämpfung der wichtigsten Schädlinge und Krankeiten der Erdnuß (Arachis hypogaea L.) im südöstlichen Zentralsudan.** H. Schmutterer. (Z. Pflanzenkrankh. [Pflanzenpathol.] Pflanzenschutz **70**, 199—216, 1963; Gießen, Univ., Inst. für Landw., Veterinärmed. u. Ernähr. in den Tropen u. Subtropen, Abt. Phytopath. u. Angew. Entomol.; dt.) — Auf Grund der Ergebnisse von insgesamt 14 Verss. wird als zur Bekämpfung des ganzen Komplexes der wichtigsten Erdnußschädlinge u. -krankheiten in den zentralen Regenländern des Sudan am geeignetsten eine Kombination von *Dieldrin* (I) u. *TMTD* angesehen. Eine I–Hg-Kombination ist nur unter bestimmten Voraussetzungen zu empfehlen. M. Winiker. 6312◇

1917 **Einige neuere Fortschritte bei der Untersuchung der Resistenz gegen Insekticide.** R. W. Kerr. (J. Austral. Inst. agric. Sci. **29**, 31—37, 1963; Canberra, C.S.I.R.O., Div. of Entomol.; engl.) — Überblick über Ursprung, Entw. u. Typen der Resistenz, über biochem. Mechanismus der Resistenz u. die Möglichkeiten, sie zu verhindern oder zu verzögern. — 47 Literaturangaben. R. Grundmann. 6312◇

1918 **Fruchtbarkeit und agrochemische Probleme tropischer Böden.** F. A. Van Baren. (Agrochimica [Pisa] **7**, 205—15, 1963; Amsterdam, Inst. Royal des régionstropicales; franz.) — Bodenaktivität u. Düngung trop. Böden werden an Hand von Analysen, die an einer Reihe von Proben ausgeführt wurden, besprochen. Die pedolog., ergänzt durch eine physiolog. Analyse führt zu ausreichenden Ergebnissen für die Bewertung der Versorgung des Bodens mit mineral. Nährstoffen, die für die verschiedenen Kulturen aufnehmbar sind. R. Grundmann. 6324◇

1919 **Schnellverfahren zur Bestimmung des Gesamtphosphors in Böden.** R. S. Beckwith und I. P. Little. (J. Sci. Food Agric. **14**, 15—19, 1963; Brisbane, C.S.I.R.O., Div. of Soils, Cunningham Labor.; engl.) — Aus einigen Böden von Queensland läßt sich durch 4std. Kochen mit HCl nicht der gesamte P extrahieren, wenn die Böden nicht vorher geglüht worden sind, wodurch störende Ti-Oxide weniger lösl. werden. In den HCl-Extrakten wird P nach Abrauchen mit $HClO_4$ als Molybdovanadophosphat bestimmt. Ein in manchen Böden enthaltenes störendes Element (wahrscheinlich Ce) wird durch Red. unwirksam gemacht. W. Wesly. 6324◇

1920 **Bestimmung der Kationenaustauschkapazität von kolloidalem Bodenmaterial mit Hilfe von Radiostrontium (^{89}Sr).** H. Bergseth, F. A. Hagebø, H. Lien und K. Steenberg. (Soil Sci. **95**, 97—100, 1963; Vollebekk, College of Norway, Dep. of Chem. and Isotope Labor.; engl.) — Die Meth. basiert auf folgendem Prinzip: Das dispergierte Koll. wird mit ^{89}*SrCl*$_2$ ausgeflockt. Die klare Lsg. wird dekantiert, u. es wird noch ein Überschuß an $^{89}SrCl_2$ zum Präzipitat zugesetzt, um völlige Sättigung mit ^{89}Sr zu erzielen. Das überschüssige $^{89}SrCl_2$ wird durch Waschen mit W. (so lange, bis im Zentrifugat kein Cl^- mehr nachweisbar ist) entfernt. Der Sr-Geh. des Nd. wird durch Messung des ^{89}Sr bestimmt. Die Verw. von ^{45}Ca an Stelle von ^{89}Sr ist weniger geeignet, weil hier die Selbstabsorption der Strahlung schon meßbare Werte annimmt. Die Isotopen-Meth. ist rascher durchführbar als die flammenphotometr. Meth. u. erfordert weniger Bodenmaterial. W. Hiller. 6324◇

1921 **Ein einfaches Zentrifugierverfahren zur Gewinnung kleiner Proben Bodenlösung.** Brian E. Davies und R. I. Davies. (Nature [London] **198**, 216—17, 1963; Bangor, Caernarvons., Univ. Coll. of North Wales, Dep. of Biochem. and Soil Sci.; engl.) — Zur Gewinnung von Boden-Lsgg. dient ein Zentrifugiergerät, das aus 2 Flaschen besteht, von denen eine, die die Bodenprobe enthält, am Boden ein Loch aufweist. Durch dieses Loch wird beim Zentrifugieren die Lsg. in die darunter liegende Flasche (ohne Bodenbohrung) gedrückt. W. Wesly. 6324◇

1922 **Ein neuer Saugplattenapparat zur Extraktion der Bodenlösung bei der Leitfähigkeitsmessung.** Micah W. M. Leo (Soil Sci. **95**, 142—43, 1963; Brandon, Manitoba, Canada Dep. of Agricult.; engl.) — Beschreibung des Gerätes u. seiner Arbeitsweise. W. Hiller. 6324◇

1923 **Eine neue Lysimeterart.** E. J. Winter. (J. horticult. Sci. **38**, 160—68, 1963; Wellesbourne, Warwick, Nat. Vegetable Res. Stat.; engl.) — Beschreibung von 2 Lysimetern, in denen die Gew.-Veränderungen des mit Bodenproben gefüllten Behälters als Veränderungen des Wasserdruckes gemessen werden. W. Wesly. 6324◇

1924 **Die Grenzen der infrarotspektrometrischen direkten Simultanbestimmung. Untersuchung über binäre Herbicidwirkstoffgemische vom Typ der Phenoxyfettsäureester.** Walther Fischer und Winfried Ebing. (Z. analyt. Chem. **195**, 161—71, 1963; Berlin-Dahlem, Biolog. Bundesanst., Inst. für Pflanzenschutzmittelforsch.; dt.) — Vff. untersuchen die IR-spektrometr. Simultan-Best. bin. Gemische von Phenoxyalkancarbonsäureestern. Die Meth. ist nur dann anwendbar, wenn die Ester mindestens um einen Arylsubstituenten differieren. Zum Beweis werden die Spektren der Verbb. *2.4-Dichlorphenoxyessigsäurebutyl-* ($Kp._{0,2}$ 112—114°), *2.4.5-Trichlorphenoxyessigsäureisopropyl-* (F. 42—47°), *2.4.5-Trichlorphenoxyessigsäurebutyl-* (F. 30—32°), *2.4.5-Trichlorphenoxyessigsäurehexyl-* ($Kp._{0,1}$ 132—139°), *2-Methyl-4-chlorphenoxyessigsäure-(2-butoxyäthyl)-* ($Kp._{0,2}$ 144°), *2-Methyl-4-chlorphenoxyessigsäurehexyl-* ($Kp._{0,1}$ 132—139°), *α-(2-Methyl-4-chlorphenoxy)-propionsäurehexyl-* ($Kp._{0,1}$ 132—139°), *α-(2-Methyl-4-chlorphenoxy)-propionsäureäthyl-* ($Kp._{0,07}$ 105—106,5°), *α-(2-Methyl-4-chlorphenoxy)-propionsäurehexyl-* ($Kp._{0,1}$ 132—139°), *α-(2-Methyl-4-chlorphenoxy)-propionsäure-(2-butoxyäthyl)-* ($Kp._{0,07}$ 148—150°) u. *β-(2-Methyl-4-chlorphenoxy)-propionsäure-(2-butoxyäthyl)-ester* ($Kp._{0,2}$ 130—136°) in CCl_4 bzw. CS_2 wiedergegeben. J. Weiner. 6328◇

1925 **Colorimetrische Bestimmung von geringen Konzentrationen an 2.2-Dichlorvinyldimethylphosphat in der Atmosphäre.** J. T. Hughes. (Analyst **88**, 318—19, 1963; Rustington, Littlehampton, Sussex, Worthing Road, Glasshouse Crops Res. Inst.; engl.) — Vf. gibt eine photometr. Meth. zur Best. von *2.2-Dichlorvinyldimethylphosphat* (I) u. *Dichloracetaldehyd* (II) nebeneinander mit 2.4-Dinitrophenylhydrazin in Luft an. Die Summe I u. II wird nach Hydrolyse bestimmt, II neben I ohne Hydrolyse. Photometriert wird bei 580 nm gegen eine Blindprobe. In 0,25 m^3 Luft können noch 0,1 μg I/Liter gut bestimmt werden. P. Kurzmann. 6328◇

1926 **Chromatographische Identifizierung einiger organischer Phosphorinsekticide in Gegenwart von Pflanzenextrakten.** H. F. MacRae und W. P. McKinley. (J. agric. Food Chem. **11**, 174—78, 1963; Ottawa, Dep. of Nat. Health and Welfare, Food and Drug Direct.; engl.) — Zum Nachw. zahlreicher organ. P-Insekticide in Ggw. von Pflanzenextrakten nach Reinigung mittels einer Cellulose–Holzkohle-Säule werden 2 papierchromatograph. Syst. angewandt. — Anwendungsbeispiele. W. Wesly. 6328◇

1927 **Der Nachweis von Rückständen von Systox und seinen toxischen Metaboliten in Gegenwart anderer organischer Phosphorinsekticide.** J. M. Adams, C. A. Anderson und Daniel MacDougall. (J. agric. Food Chem. **11**, 178—80, 1963; Kansas City, Mo., Chemagro Corp.; engl.) — Zum Nachw. von *Systox* (I) u. I-Metaboliten dient ein papierchromatograph. Verf., das auf der Farb-Rk. mit 2.6-Dibrom-N-chlor-p-chinonimin beruht. Die Empfindlichkeit beträgt 0,1 ppm für I u. 0,3 ppm für I-Metaboliten bei Verw. von 100 g Probe. W. Wesly. 6328◇

1928 **Über eine quantitative Bestimmung von 1.1-Bis-[p-chlorphenyl]-2.2.2-trichloräthanol.** D. Katz. (Z. analyt. Chem. **195**, 258—62, 1963; Beer-Sheva, Israel, Chem. Werke Makhteshim; dt.) — Zur quant. Best. von *1.1-Bis-[p-chlorphenyl]-2.2.2-trichloräthanol* (I; F. 78°) wird mit 2 n methanol. KOH-Lsg. Chlf. abgespalten u. zu KCl u. HCOOK zersetzt. Cl^- wird nach Volhard bestimmt. Die bei der Darst. von I auftretenden Zwischen- u. Nebenprodd. p.p'-Dichlordiphenyldichloräthylen, 1.1-Bis-[p-chlorphenyl]-1.2.2.2-tetrachloräthan u. p.p'-Dichlordibenzyl stören nicht. Ferner nimmt Vf. an, daß I durch das Ausgangs-Prod. Dichlordiphenyltrichloräthan nicht in wesentlicher Menge verunreinigt ist, so daß die Meth. zur Best. techn. Prodd. anwendbar ist. J. Weiner. 6328◇

1929 **Die quantitative Bestimmung von Heptachlor in Ansätzen von Schädlingsbekämpfungsmitteln durch Gaschromatographie.** Harold J. Wesselman und John R. Koons. (J. agric. Food Chem. **11**, 173—74, 1963; Indianapolis, Ind., Eli Lilly and Co., Analyt. Develop. Dep.; engl.) — *Heptachlor* (I) läßt sich rasch u. genau mit einem Ar-Ionisationsdetektor unter Verw. von Lindan als innerem Standard bestimmen. Ein Verf. zur Best. von I durch Gaschromatographie wird näher beschrieben u. auf mehrere I-Präpp. des Handels angewandt. W. Wesly. 6328◇

1930 **Prüfung und Verwendung von Bacillus thuringiensis-Präparaten.** H. Wiegand. (Int. Z. Landwirtsch. [Sofia/Berlin] **1963**, 65—66; Berlin, Biolog. Zentralanst; dt.) — Auf die Einhaltung der gesetzlichen Best. für die amtliche Anerkennung ausländ. Prodd. des Pflanzenschutzmittels wird hingewiesen. Die Hersteller müssen neben den Mengenanteilen von Endotoxin u. Beistoffen (Netz- u. Haftmittel sowie Trägerstoffe) auch die Kombinierung mit anderen Giften wie Exotoxin u. synthet. Insekticiden bei der Anmeldung zur Prüfung angeben. R. Grundmann. 6328◇

1931 **Methoden zur Prüfung von Pflanzenschutz- und Vorratsschutzmitteln.** 60. Mitt. **Eine Methode zur Bestimmung der Regenbeständigkeit von Pflanzenschutzmitteln.** Gotthard Synnatschke. (Nachrichtenbl. dtsch. Pflanzenschutzdienstes [Braunschweig] **15,** 10—13, 1963; Limburger Hof, Landw. Versuchsstat. der Bad. Anilin- & Soda-Fabrik Akt.-Ges.; dt.) — Beschreibung einer Beregnungs-App. (Abb.) u. Diskussion ihrer Leistungsfähigkeit. M. Winiker. 6328◇

1932 Jan Černý, Prag, **Kontinuierliche Kristallisation von Calciumnitrattetrahydrat aus Lösungen von mit Salpetersäure aufgeschlossenen Rohphosphaten** durch Kühlen der das Kristallisiergefäß kontinuierlich durchströmenden Aufschluß-Lsg. mittels inerten, mit der Lsg. nicht mischbaren Kühl-Fll., wie Butan-Propan-Butan-Gemische, „Freon" (*Difluordichlormethan*) oder ähnlichen Stoffen, die der Aufschluß-Lsg. die Wärme durch Verdampfen entziehen, oder mit von ungesätt. u. aromat. Fraktionen befreitem Bzn., gesätt. KW-Stoffen, organ., nichthydrolysierbaren Halogen-KW-Stoffen u. ähnlichen organ. Fll., welche der Rohphosphataufschluß-Lsg. den Wärmeinhalt durch Erwärmung entziehen, wobei die Kühl-Fl. direkt in die Lsg. eingeführt wird, ggf. verdampft, die Rohphosphataufschluß-Lsg. durch die emporsteigende, spezif. leichtere Kühl-Fl. oder deren Dämpfe umgewälzt u. mit der Kühl-Fl. bzw. aus deren Dämpfen kontinuierlich aus dem Kristallisiergefäß abgezogen wird. dad. gek., daß die Kühl-Fl. in das Innere eines Zylindermantels, der konzentr. im Kristallisiergefäß angeordnet ist u. sich nur über einen Teil der Höhe des Kristallisiergefäßes erstreckt, am unteren Ende des Zylindermantels tropfenförmig eingeführt wird, wobei die Rohphosphataufschluß-Lsg. durch die Kühl-Fl. selbst oder deren Dämpfe in mammutpumpenartigem Umlauf um den Zylindermantel gehalten wird u. die gebildeten feinen $Ca(NO_3)_2$-Tetrahydrat-Kristalle so lange in der Schwebe gehalten werden, bis sie auf eine Größe von ca. 0,4—1,0 mm angewachsen sind, in den unteren Teil des Kristallisiergefäßes absinken, von wo sie gemeinsam mit der Mutterlauge abgelassen u. in üblicher Weise auf *Kalksalpeter* u. *Phosphatdüngemittel* oder *freie* H_3PO_4 verarbeitet werden. Das Absetzen der $Ca(NO_3)_2$-Tetrahydrat-Kristalle an den Kühlflächen u. Loslösen derselben nach dem Ausleeren des Kristallisators unter Kühl- u. Energieverlusten werden vermieden. Vereinfachung der Ausführung der Vollautomatisierung des Kristallisiervorgangs des beim Rohphosphataufschluß mit 45—60%ig. HNO_3 gewonnenen $Ca(NO_3)_2 \cdot 4\,H_2O$ u. der Herst. von Mehrnährstoffdüngemitteln. — Vorr. u. Zeichungen. (**D. A. S. 1 150 397** Kl. 16 vom 6/4. 1960, ausg. 20/6. 1963. Tschech. Prior. 6/4. 1959.)
H. Karst. 6291

1933 N. V. Philips' Gloeilampenfabrieken, Eindhoven (Erfinder: Harmannus Koopman, Weesp), Niederlande, **Herstellung von 2.3.6-Trichlorbenzoesäure.** Man leitet in 2.3-Dichlor-6-nitrobenzonitril bei 200—230° so lange Cl_2 ein, bis keine nitrosen Dämpfe mehr entstehen, kühlt das Rk.-Gemisch ab u. verseift das erhaltene 2.3.6-Trichlorbenzonitril über das 2.3.6-Trichlorbenzamid zur 2.3.6-Trichlorbenzoesäure. — *Herbicid.* (**D. A. S. 1 144 256** Kl. 12o vom 17/10. 1961, ausg. 28/2. 1963. Niederl. Prior. 20/10. 1960.)
L. Stadelmann. 6313

1934 Monsanto Chemical Co., St. Louis (Erfinder: David John Beaver, Richmond Heights, Ernest George Jaworski und Albert Joseph Suhovecky, Florissant), Mo., V.St.A., **Pflanzenschutzmittel** zur Anwendung auf dem Boden mit Wrkg. gegen pflanzenschädigende Organismen, das als Wirkstoff ein N-substituiertes Dithiocarbamat enthält, dad. gek., daß der Wirkstoff eine Verb. der allg. Formel $[R \cdot X \cdot R' \cdot NH \cdot C(S) \cdot S]_n M$ ist, in der X = O oder S, R′ Äthylen oder Propylen, R einen Alkylrest mit bis zu 4 C-Atomen, M ein salzbildendes Metall- oder NH_4-Ion u. n die Wertigkeit von M bedeutet. (**D. A. S. 1 149 935** Kl. 451 vom 8/10. 1959, ausg. 6/6. 1963.)
K. Koebke. 6313

1935 Morton Salt Co., Chicago (Erfinder: Raymond P. Seven, Wheaton), Ill., V.St.A., **Behandeln von Saatgut** durch kontinuierliches Einbringen des Saatgutes in eine mit einem Rührwerk versehene Behandlungszone, dad. gek., daß man der Behandlungszone gleichzeitig u. räumlich voneinander getrennt Lsgg. von Stoffen zuführt, die sich nach bekannten Rkk. zu bekannten Desinfektionsmitteln umsetzen. Man verwendet besonders eine wss. Lsg. von *Dialkyldithioalkalicarbamaten* oder von *Äthylen-bis-dithioalkalicarbamaten* u. eine wss. Lsg. eines Oxydationsmittels. (**D. A. S. 1 149 940** Kl. 451 vom 13/7. 1959, ausg. 6/6. 1963.)
K. Koebke. 6313

1936 Chemische Werke Albert (Erfinder: Johannes Reese), Wiesbaden, **Herstellung des Zn-Salzes der β-Aminoäthyldithiocarbaminsäure** (I) durch Rk. von Äthylendiamin (II) mit CS_2 u. einer Zn-Verb., dad. gek., daß man zunächst in bekannter Weise aus II u. CS_2 I herstellt u. dieses mit ZnO oder über sein lösl. Alkali- oder NH_4-Salz mit einem in W. lösl. Zn-Salz umsetzt. — Man rührt z. B. ein Gemisch aus 60 (Teilen) II, 200 W. u. 76 CS_2 3 Std. bei 40°, setzt dem einen Nd. aus dem (als inneres Salz) größtenteils abgeschiedenen I enthaltenden Gemisch 200 einer 20%ig. NaOH, der erhaltenen Lsg. 68 $ZnCl_2$ in 200 W. zu u. trocknet das gefällte Zn-Salz des I bei 40° → 168 Pulver, etwas (auswaschbares) NaCl enthaltend. — Herst. von *Fungiciden* mit erhöhter Schwebefähigkeit in Wasser. (**D. A. S. 1 149 710** Kl. 12o vom 26/7. 1960, ausg. 6/6. 1963. **Zusatz zu D. A. S. 1094729; C. 1961, 5942.**)
G. Vogel. 6313

1937 Chemische Werke Albert (Erfinder: Ernst August Bartels, Johannes Reese und Liselotte Schroeter), Wiesbaden, **Herstellung fungicid wirksamer dithiocarbaminsaurer Metallsalze** durch Umsetzung von Dicarbonsäuren, deren Anhydriden, Monoalkoholestern oder Halogeniden mit Äthylendiamin, Umsetzung des Rk.-Prod. mit CS_2 in alkal. Lsg., weitere Rk. der so erhaltenen dithiocarbaminsauren Alkalisalze mit wss. Lsgg. von Zn-, Mn-, Cu- oder Fe-Salzen zu schwerlösl. Salzen u. deren Abtrennung u. Trocknung, dad. gek., daß die Dicarbonsäure bzw. deren Deriv. mit weniger als 2 (Mol), aber mindestens 1 Äthylendiamin in fl. Phase bei Temp. bis 200° umgesetzt wird. (**D. A. S. 1 144 258** Kl. 12o vom 22/7. 1961, ausg. 28/2. 1963. **Zusatz zu D. A. S. 1086692; C. 1961, 3458.**)
R. Bauereis. 6313

1938 Farbenfabriken Bayer Akt.-Ges., Leverkusen (Erfinder: Rudolf Heiß, Ernst Böcker, Köln, und Günter Unterstenhöfer, Opladen), **Carbaminsäureester** der allg. Formel $(CH_3)_2N-(R)C_6H_3-O-C(=O)-NH-CH_3$ (R = CH_3 in p-Stellung zur Seitenkette, falls $(CH_3)_2N$ in m-Stellung bzw. in m-Stellung, falls der Aminorest in p-Stellung steht) erhält man durch Rk. eines entsprechenden Dimethylaminophenols mit Methylisocyanat, Methylcarbaminsäurechlorid oder N-Methylphenylcarbamat bzw. durch Rk. von Chlorameisensäuredimethylaminophenylester bzw. Kohlensäure-bis-[dimethylaminophenyl]-ester mit Methylamin. — Man erhält z. B. aus 0,2 (Mol) 3-Dimethylamino-4-methylphenol (I) u. einer Lsg. von 0,22 Methylisocyanat in wasserfreiem Dioxan u. 3 Tropfen Triäthylamin bei 60° nach 1 Std. → *3-Dimethylamino-4-methylphenyl-N-methylcarbamat,* F. 88—89° (Ligroin); gleiches Prod. aus einem Rk.-Prod. aus $COCl_2$ u. I mit Methylamin oder durch Rk. von Phenyl-N-methylcarbamat mit 2-Dimethylamino-4-hydroxy-1-methylbenzol; aus 4-Dimethylamino-3-methylphenol u. Methylisocyanat → *4-Dimethylamino-3-methylphenyl-N-methylcarbamat,* F. 94—95°. *Insektizide.* — Tabellen mit Wrkg. von 0,2 bzw. 0,02%ig. Lsg. auf Plutella maculipennis, Drosophila, Blattläuse u. Spinnmilben. (**D. A. S. 1 145 162** Kl. 12o vom 20/7. 1960, ausg. 14/3. 1963.) G. Vogel. 6313

1939 Farbenfabriken Bayer Akt.-Ges., Leverkusen (Erfinder: Ernst Böcker, Rudolf Heiß, Köln, und Wolfgang Behrenz, Wuppertal), **Herstellung von 2-sek.-Butoxyphenyl-N-methylcarbamat** durch Umsetzung von 2-sek.-Butoxyphenol mit Methylisocyanat bzw. Methylcarbaminsäurechlorid oder mit Phenol- bzw. 2-Chlorphenyl-N-methylcarbamat. *2-sek.-Butoxyphenyl-N-methylcarbamat,* F. 60—63°. *Insekticid.* (**D. A. S. 1 143 508** Kl. 12o vom 12/7. 1960, ausg. 14/2. 1963.) R. Bauereis. 6313

1940 Schering Akt.-Ges. (Erfinder: Horst Werres und Ernst Albrecht Pieroh), Berlin, **Mittel zur Bekämpfung von Nematoden** enthalten eine oder mehrere Verbb. der Formel $R^1 \cdot CO \cdot S \cdot C(S)NHR^2$, in der R^1 Alkyl, Aryl, Aralkyl oder $-R^3-CO-S-C(S)-NHR^2$ darstellt, wobei R^3 Alkylen sein kann, R^2 Alkyl, p-Chlorphenyl, p-Bromphenyl oder ein Rest der Formel $-CH_2-CH_2NH-C(S)-S-OCR^1$. Man erhält die Verb. durch Umsetzung der entsprechenden Carbonsäurechloride mit den Salzen von

Carbamaten. *Sebacinsäure-bis-(N-isopropyldithiocarbamidsäure)-anhydrid*, F. 90—91° (Zers.); *Adipinsäure-bis-(N-propyldithiocarbamidsäure)-anhydrid*, F. 77—79°; *Korksäure-bis-(N-p-bromphenyldithiocarbamidsäure)-anhydrid*, F. 105 bis 106° (Zers.); *Sebacinsäure-bis-(N-propyldithiocarbamidsäure)-anhydrid*, F. 78—79°; *Sebacinsäure-bis-(N-p-bromphenyldithiocarbamidsäure)-anhydrid*, F. 106—109° (Zers.); *Essigsäure-(N-p-bromphenyldithiocarbamidsäure)-anhydrid*, F. 88 bis 90° (Zers.); *Benzoesäure-(N-p-chlorphenyldithiocarbamidsäure)-anhydrid*, F. 79—80°; *Äthylen-bis-(dithiocarbamidsäure)-phenylessigsäureanhydrid*, F. 103—104° (Zers.); *Korksäure-bis-(N-p-chlorphenyldithiocarbamidsäure)-anhydrid*. (**D. A. S. 1 149 936** Kl. 451 vom 30/11. 1960, ausg. 6/6. 1963.)
K. Koebke. 6313

1941 Farbenfabriken Bayer Akt.-Ges., Leverkusen (Erfinder: Hans Gerd Schicke und Walter Lorenz, Wuppertal), **Ester von Thiosäuren des Phosphors** der allg. Formel $R_2R_3P(Y)-S-CH(R_1)-C(R')(X)-S(O)_n-R$ (R = ggf. substituiertes Alkyl, Aryl; R_1 = H, Alkyl; R_2, R_3 = ggf. substituierte aliphat., cycloaliphat., araliphat., aromat. Reste, die direkt oder über O an P gebunden sind; R' = Alkyl; X = Rest eines Carbonsäureesters, -amids- nitrils; Y = O, S; n = 0, 1, 2) werden hergestellt durch Rk. von $Hal-CH(R_1)\cdot C(R')(X)-S(O)_n$ (Hal = Halogen) mit $R_2R_3P(Y)-K-Me$ (Me = Alkalimetall, NH_4), wobei, wenn n = 0, anschließend zu den entsprechenden Sulfoxid- oder Sulfon-Verbb. oxydiert wird. — Zu 200 (g) Methacrylsäuremethylester in 500 ml CCl_4 tropft man bei 15—20° 165 CH_3SCl in 500 ml CCl_4, rührt 30 Min. nach u. dest. → 323 α-Methyl-α-methylmercapto-β-chlorpropionsäuremethylester (**I**), $Kp._5$ 76—78°, 88,5° (Ausbeute). Analog erhält man: α-Methyl-α-äthylmercapto-β-chlorpropionsäuremethylester (**II**), $Kp._4$ 84°, 91%; α-Methyl-α-methylmercapto-β-chlorpropionsäureamid (**III**), brauner Sirup; α-Methyl-α-äthylmercapto-β-chlorpropionsäureamid (**IV**), 80%. — Zu 47 $(C_2H_5O)_2P(O)SNH_4$ in 250 ml CH_3CN tropft man bei 70—80° 45,6 **I**, rührt 1 Std. weiter, kühlt, filtriert, zieht das Lsgm. ab, nimmt in CH_2Cl_2 auf, wäscht, trocknet u. dest. → [*(2-Methylmercapto-2-carbomethoxypropyl)* = **V**] 50 *Thiophosphorsäure-O.O-diäthyl-S-***V***-ester*, $Kp._{0,5}$ 127—129°; 63%. — Analog: *Dithiophosphorsäure-O.O-diäthyl-S-***V***-ester*, $Kp._{0,4}$ 142°. — *Äthyldithiophosphonsäure-O-äthyl-S-***V***-ester*, $Kp._{0,1}$ 126°. — *Methyldithiophosphonsäure-O-äthyl-S-***V***-ester*, $Kp._{0,05}$ 128°. — *Dimethyldithiophosphinsäure-S-***V***-ester*, $Kp._{0,6}$ 142°. — *Dithiophosphorsäure-O.O-dimethyl-S-***V***-ester*, dest. nur unter Zersetzung. — 49 **II** u. 52 $C_2H_5O(C_2H_5)P(S)SK$ → [*(2-äthylmercapto-2-carbomethoxypropyl)* = **VI**] 60 *Äthyldithiophosphonsäure-O-äthyl-S-***VI***-ester*, $Kp._{0,07}$ 128—130°; 73%. — *Thiophosphorsäure-O.O-dimethyl-S-***VI***-ester*. — *Dithiophosphorsäure-O.O-dimethyl-S-***VI***-ester*. — *Thiophosphorsäure-O.O-diäthyl-S-***VI***-ester*, $Kp._{0,25}$ 140°. — *Dithiophosphorsäure-O.O-diäthyl-S-***VI***-ester*. — *Phenyldithiophosphonsäure-O-äthyl-S-***VI***-ester*. — 35 rohes **III** u. 41 $(C_2H_5O)_2\cdot P(S)SNH_4$ in $CH_3COC_2H_5$ → [*(2-methylmercapto-2-carbamoylpropyl)* = **VII**] 42 *Dithiophosphorsäure-O.O-diäthyl-S-***VII***-ester*, F. 84—86° (aus Ligroin/Bzl.); 66%. — *Dithiophosphorsäure-O.O-dimethyl-S-***VII***-ester*. — *Dithiophosphorsäure-O,O-diisopropyl-S-***VII***-ester* — *Thiophosphorsäure-O.O-diäthyl-S-***VII***-ester* — *Dimethyldithiophosphinsäure-***VII***-ester*, F. 114 bis 115° — *Thiophosphorsäure-O.O-dimethyl-S-***VII***-ester*, F. 84 bis 85° — *Methyldithiophosphonsäure-O-äthyl-S-***VII***-ester*. — 46,7 $(C_2H_5O)_2P(O)SNH_4$ u. 45,5 **IV** → [*(2-äthylmercapto-2-carbamoylpropyl)* = **VIII**] 67 *Thiophosphorsäure-O,O-diäthyl-S-***VIII***-ester*, 85%, gelbes Öl. — *Thiophosphorsäure-O.O-dimethyl-S-***VIII***-ester* — *Dithiophosphorsäure-O.O-dimethyl-S-***VIII***-ester* — *Dithiophosphorsäure-O.O-diäthyl-S-***VIII***-ester*, F. 68—70° — *Äthyldithiophosphonsäure-O-äthyl-S-***VIII***-ester* — *Phenyldithiophosphonsäure-O-äthyl-S-***VIII***-ester* — *Dimethyldithiophosphinsäure-***VIII***-ester*, F. 81°. — *Insekticide*, Vgl.-Verss. sind angegeben. (**D. A. S. 1 144 264** Kl. 12o vom 30/5. 1961, ausg. 28/2. 1963.)
A. Debo. 6313

1942 Farbenfabriken Bayer Akt.-Ges., Leverkusen (Erfinder: Gerhard Schrader, Wuppertal), **Phosphonsäureesterfluoride und -amidfluoride** der allg. Formel $(CH_3)_3C-P(:O)=(F)X$ (**I**) erhält man durch Rk. von tert.-Butylphosphonsäuredichlorid (**II**) mit Fluorierungsmitteln, weitere Rk. des entstandenen $(CH_3)_3C-P(O)F_2$ (**III**) mit Alkoholen der allg. Formel R_1OH oder prim. bzw. sek. Aminen der allg. Formel R_2-NH-R_3 oder Vertauschen der beiden Rk.-Stufen [R_1, R_2 u. R_3 = Alkyl; R_3 = darüber hinaus H; R_2 u. R_3 können zusammen mit dem N-Atom einen heterocycl. Rest bilden; X = OR_1 oder $-N(R_2)(R_3)$]. — 50 (g) SbF_3, 50 NaF u. 175 **II** werden vorsichtig erwärmt u. durch Dest. 75 **III**, $Kp._{85}$ 63°, erhalten. Zu 71 **III** in 200 ml CH_2Cl_2 gibt man bei 20—25° 32 CH_3NH_2 in 200 ml CH_2Cl_2 u. rührt 2 Tage bei Raum-Temp. nach. Nach dem Aufarbeiten erhält man in 90%ig. Ausbeute *tert.-Butylphosphonsäure-N-methylamidofluorid*, F. 72° (Ligroin). Analog erhält man Verbb. der allg. Formel **I**: *X* = *N(CH₃)₂*, F. 43° (Bzl.). X = *OC₂H₅*, $Kp._{10}$ 55°. X = *OCH₃*, $Kp._{10}$ 47°. X = *Pyrolidinyl*, $Kp._1$ 78°. X = *OC₃H₇-i*, $Kp._{10}$ 60°. *Insekticide* mit geringer Warmblütertoxizität. (**D. A. S. 1 146 882** Kl. 12o vom 7/7. 1960, ausg. 11/4. 1963.)
A. Jahn. 6313

1943 Farbenfabriken Bayer Akt.-Ges., Leverkusen (Erfinder: Gerhard Schrader, Wuppertal), **Trithiophosphonsäureester** der allg. Formel $R-P(:S)(SR_1)(SR_2)$ erhält man durch Rk. von Dithiophosphonsäureanhydriden der allg. Formel RPS_2 mit Mercaptanen der allg. Formel R_1SH u. weiter Rk. der entstandenen Trithiophosphonsäuremonoester der allg. Formel $R-P(:S)(SR_1)(SH)$ mit Alkylhalogeniden der allg. Formel R_2X (R = Alkyl, Cycloalkyl, Aralkyl, Aryl; R_1 = Arylrest oder den ggf. durch die C_2H_5S-Gruppe substituierten Alkylrest; R_2 = ein von R_1 verschiedener, ggf. durch die C_2H_5S-Gruppe substituierter Alkylrest; X = Cl, Br, J). — Zu 0,25 Mol CH_3PS_2 in 200 ml Bzl. gibt man bei 40° unter Rühren 25 g C_2H_5SH, rührt 2 Std. nach, dest. das Lsgm. ab, gibt 100 ml Acetonitril zu, fügt unter Rühren bei 20° eine $NaOC_2H_5$-Lsg., die 0,25 Mol Na enthält, zu u. bei 40° 42 g β-Bromäthylthioäthyläther. Die Rk.-Mischung läßt man noch 1 Std. bei 40° reagieren u. erhält nach dem Aufarbeiten in 69%ig. Ausbeute *Methyltrithiophosphonsäure-äthyl-äthylmercaptoäthylester*, $Kp._{0,01}$ 89°, farbloses, in W. unlösl. Öl. Analog erhält man die *Methyltrithiophosphonsäure-S-phenylester*: *-S-äthyl-*, $Kp._{0,01}$ 108°. — *S-äthylmercaptoäthyl*. — *Äthyltrithiophosphonsäure-S-phenyl-S-äthylester*, $Kp._{0,01}$ 108°. — *Schädlingsbekämpfungsmittel* mit geringer Warmblütertoxizität. (**D. A. S. 1 145 615** Kl. 12o vom 26/9. 1959, ausg. 21/3. 1963.)
A. Jahn. 6313

1944 Farbenfabriken Bayer Akt.-Ges., Leverkusen (Erfinder: Gerhard Schrader, Wuppertal), **Dithiophosphinsäureester** der allg. Formel $C_6H_5(CH_3)P(:S)S-CH(R)CH_3$ (**I**; R = C_2H_5S- oder CH_3CO) erhält man durch Rk. von Vinyl-Verbb. der allg. Formel $CH_2=CH-R$ mit Methylphenylthionothiolphosphinsäure. *Insekticide*. (**D. A. S. 1 146 883** Kl. 12o vom 14/8. 1959, ausg. 11/4. 1963.)
A. Jahn. 6313

1945 Farbenfabriken Bayer Akt.-Ges., Leverkusen (Erfinder: Gerhard Schrader, Wuppertal), **Dialkyldithiophosphinsäureester** der allg. Formel $(R)_2P(:S)S-CH(CH_3)-S-C_2H_5$ (R = Alkyl) erhält man durch Addition von Dialkyldithiophosphinsäuren an Vinyläthylthioäther (**I**). — Zu 0,25 (Mol) Diäthylthionothiolphosphinsäure tropft man bei 20—70° unter Rühren 0,25 **I**, rührt das Rk.-Gemisch 1 Std. u. erhält nach dem Aufarbeiten *Diäthyldithiophosphinsäure-α-(äthylmercapto)-äthylester*, farbloses Öl, $Kp._{0,01}$ 84°. Analog erhält man *Dimethyldithiophosphinsäure-α-(äthylmercapto)-äthylester*, $Kp._{0,01}$ 72°. — *Schädlingsbekämpfungsmittel*. (**D. A. S. 1 143 513** Kl. 12o vom 21/6. 1958, ausg. 14/2. 1963.)
A. Jahn. 6313

1946 Chemische Werke Albert (Erfinder: Ernst August Bartels), Wiesbaden, **Bekämpfung von unterirdisch lebenden Nagetieren**, bes. *Wühlmäusen*, dad. gek., daß an sich zur Nagetierbekämpfung bekannte Streumittel, die Giftstoffe, Köderstoffe u. Hydrophobierungsmittel enthalten, in pulveriger oder gekörnter frei fließender Form rings um die zu schützenden Stämme in den Erdboden eingebracht werden. (**D. A. S. 1 144 531** Kl. 451 vom 14/9. 1960, ausg. 28/2. 1963.)
K. Koebke. 6313

H₈. Metallurgie, Korrosion

1947 **Die Eisenerze in Australien.** A. Nelson. (Canad. Mining J. **84**, Nr. 3, 68—74, 1963; engl.) — Die austral. Lagerstätten liegen innerhalb zweier Gebiete: Im Westen sind sie an präkambr., im Osten an paläozoische Formationen geknüpft. Die Vorräte betragen ca. 6000 · 10^6 t Erz mit unterschiedlichen (5—68%) Fe-Gehalten. Dieses Fe kommt als *Magnetit*, *Hämatit*, *Fe-Silicat* u. *Siderit* vor. Schwierigkeiten bei der Verwertung bilden die z. T. abgelegenen Fundstellen,

Mangel an Transportmöglichkeit u. das Fehlen von Arbeitskräften, W. u. Energie. J. Heinze. 6354◇

1948 **Entwicklung und Rationalisierung der Produktion der Ohe-Mine.** Masatoshi Yonemura. (J. Mining metallurg. Inst. Japan **78**, 431—46, 1962; jap., Auszug: engl.) — Beschreibung der Verbesserungen in einer *Mn*-Erz-Mine. W. Wesly. 6360◇

1949 **Erzversuchsextraktion in der Ningyo-toge-Mine.** Keiji Doi, Tomoyoshi Nomaguchi und Shinji Imari. (J. Mining metallurg. Inst. Japan **78**, 571—80, 1962; jap., Auszug: engl.) — Beschreibung von Verss. zum Abbau eines selten vorkommenden *U*-Erzes. W. Wesly. 6360◇

1950 **Untersuchungen an Spodumen–Beryll-Erzen in Amerika.** A. Hegarty. (Mining Mag. **108**, 202—07, 1963; Kings Mountain, N.C., Foote Mineral. Co.; engl.) — In Labor.- u. Betriebs-Verss. werden Spodumen- u. Beryll-Erze durch Flotation unter Verw. von *Ligninsulfonat*, *NaF* u. *Ölsäure* bzw. *HF*, *NaOH*, Na_2SiO_3 u. *Ölsäure* getrennt (Fließbilder). Die erhaltenen Konzentrate enthalten 1,25 (%) *BeO* bzw. 4,45 Li_2O; die Ausbeuten betragen 89 bzw. 66%. W. Wesly. 6362◇

1951 **Der basische feuerfeste Stein der Zukunft.** Hobart M. Kraner. (Proc. Conf., nat. Open Hearth Committee Iron Steel Divis., Amer. Mining, metallurg. Petroleum Engr. **44**, 309—16, 1961; Bethlehem, Pa., Bethlehem Steel Co.; engl) — Die Möglichkeiten zur Verringerung der Porosität, Gasdurchlässigkeit u. Rk.-Geschw. mit dem Fe-Oxid u. anderen Flußmitteln im Ofen bei bas. feuerfesten Steinen werden erörtert. Die Reinigung von MgO u. Al_2O_3 ist bereits weit vorgeschritten. Die Verw. von reinem *MgO* u. Al_2O_3 für die Herst. feuerfester Steine wird zur Erhöhung der Haltbarkeit empfohlen. SiO_2 in feuerfesten Stoffen aus *MgO-Spinell* liegt meistens als *Forsterit* (2 MgO–SiO_2) oder Niedertemp.-Silicate vor, die sich im SM-Ofen nicht eignen. Der Verw. von $MgO–Cr_2O_3$ (synthet. Spinell *Picrochromit*) sind wegen erhöhter Kosten Grenzen gesetzt. 15 Literaturangaben. Diskussion. H. Hochstein. 6370◇

1952 **Prüfung des feuerfesten Kupolofenfutters mittels des ^{60}Co-Isotopes im Betrieb.** Sándor Fellner. (Kohászati Lapok [Ung. Z. Hüttenwes.] **96**, Nr. 6, Öntöde **14**, 143—44, Juni 1963; Budapest, Csepel Eisen- u. Stahlgießereien; ung.) — Zur Unters. des Verschlackens des feuerfesten Ofenfutters wurde in verschiedenen Tiefen oberhalb des Gebläses in Quarzröhrchen eingeschmolzenes ^{60}Co eingebaut. Die Intensität der Strahlung nimmt mit der Verschlackung u. Auflösen des Isotops in der Schmelze ab. Auf Grund dieses Vers. genügt eine Wandstärke von 160—180mm, u. der Ofen wurde dementsprechend umgebaut. L. Zombory. 6370△

1953 **Ofenleistung und Steinverbrauch im Siemens-Martin-Ofen bei verschiedenen Verhältnissen von Brennstoff zu Sauerstoff.** T. W. Trumper. (Proc. Conf., nat. Open Hearth Steel Committee Iron Steel Divis., Amer. Inst. Mining, metallurg. Petroleum Engr. **44**, 317—21, 1961; Hamilton, Ontario, Canada, Steel Co. of Canada Ltd.; engl.) — Mit Diskussion. H. Hochstein. 6370◇

1954 **Der Stand der Technik bei der Herstellung basischer feuerfester Steine.** George R. Eusner. (Proc. Conf., nat. Open Hearth Steel Committee Iron Steel Divis., Amer. Inst. Mining, metallurg. Petroleum Engr. **44**, 278—308, 1961; Pittsburgh, Pa., U.S. Steel Corp.; engl.) — Überblick. 13 Literaturangaben. H. Hochstein. 6370◇

1955 **Entwicklung der Ausmauerung von Konvertern für das basische Sauerstoffverfahren.** J. N. Albaugh. (Proc. Conf., nat. Open Hearth Steel Committee Iron Steel Divis., Amer. Inst. Mining, metallurg. Petroleum Engr. **44**, 259—63, 1961; Aliquippa, Jones & Laughlin Steel Corp.; engl.) — Diskussion. H. Hochstein. 6370◇

1956 **Arbeitsweisen beim Ausmauern von „LD"-Konvertern.** F. C. Muttitt. (Proc. Conf., nat. Open Hearth Steel Committee Iron Steel Divis., Amer. Inst. Mining, metallurg. Petroleum **44**, 264—77, 1961; Sault Ste Marie, Ontario, Algoma Steel Co.; engl.) — Mit Diskussion. H. Hochstein. 6370◇

1957 **Betriebsversuche zur Öleinführung in den Hochöfen von Ozd.** István Péntek, Zoltán Bikics, János Horváth und József Halász. (Kohászati Lapok [Ung. Z. Hüttenwes.] **96**, 222—27, Mai u. 277—82, Juni 1963; Budapest, Forsch.-Inst. f. Heiztechn.; ung.) — Um den spezif. Koksverbrauch zu vermindern, wurden Red.-Verss. mit Öl an verschiedenen Rohmaterialien ausgeführt. Vff. stellten fest, daß Öl in den Hochofen auch ohne Zerstäubung eingeführt werden kann. Durch den Ölzusatz wird der Ofengang ein wenig langsamer, der spezif. Koksverbrauch verringert sich aber in bedeutendem Maße. Ausführliche Bewertung des Ölzusatzes nach wärmetechn., metallurg. u. wirtschaftlichen Gesichtspunkten. L. Zombory. 6370△

1958 **Grundlegende Untersuchung über die entarsenierende Röstung von Kupferkonzentraten und ihre industrielle Ausführung.** Zenji Yoshimura. (J. Mining metallurg. Inst. Japan **78**, 447—53, 1962; jap., Auszug: engl.) — *Enargit* (I) zersetzt sich therm. bei ca. > 600°. Zur Entarsenierung von I enthaltendem Kinkaseki-Erz ist die Röstung in SO_2-reicher, O_2- u. CO_2-armer Atmosphäre äußerst wirksam. Verss. zur entarternierenden Röstung des Kinkaseki-Erzes werden im Wirbelschichtbett in SO_2-reicher Atmosphäre ausgeführt; der Wrkg.-Grad der Entarsenierung beträgt > 80%. W. Wesly. **4378**◇

1959 **Über das Schmelzen von Kupfer–Zink-Konzentraten im Wirbelschichtverfahren.** W. I. Tschalow und B. W. Lipin. (Nichteisenmetalle [UdSSR] **35**, Nr. 7, 29—31, 1962; russ.(— Bericht über die Durchführung des Wirbelschicht-Verf. zum Schmelzen von *Cu–Zn*-Konzentraten u. über die hierbei verwendeten Vorrichtungen. H. Hochstein. 6380□

1960 **Das Schmelzen mit Elektronenstrahlen.** S. Schiller und K. Werner. (Technik **18**. 100—07, 1963; Berlin, Forsch.-Inst. Manfred von Ardenne, VEB Schwarzmetallurgie-Projektierung; dt.) — Übersicht über Grundzüge der Vakuummetallurgie u. die Herst. hochreiner Metalle u. Legg. mit dem Vakuum-Induktions-, dem Vakuum-Lichtbogen- u. dem Elektronenstrahlofen. — 59 Literaturangaben. W. Wesly. 6380◇

1961 **Vakuummetallurgie.** T. Thorley. (Metal Ind. [London] **101**, 202—05, 207, 14/9. 1962; engl.) M. Gehlen-Keller. 6380◇

1962 **Erster Bericht des Sub-committee TS62 of the Technical Council. Eine Zusammenstellung der bekannten Tatsachen über die neuen Formkernherstellungsverfahren.** Anonym. (Brit. Foundryman **56**, 100—08, 1963; engl.) — Es wurden untersucht: Das hot box-Verf., das Kalt-Erstarrungs–Kalt-Trocknungs-Verf. u. das Kalt-Erstarrungs–Heiß-Trocknungs-Verfahren. Die verwendeten Sande, Bindemittel u. Katalysatoren wurden auf ihre Wirtschaftlichkeit untersucht wobei betont wird, daß die Verff. noch nicht weit genug entwickelt sind. E. Haslinger. 6382◇

1963 **Eine vorübergehende Erhitzung als Methode zur Bestimmung der thermischen Eigenschaften von Formmaterialien.** M. R. Seshadri und A. Ramachandran. (Brit. Foundryman **55**, 385—92, 1962; Indian Inst. of Sci.; engl.) — Die therm. Eigg. von Grünformen u. von Formmaterialien bei verschiedenen Temp. können leicht bestimmt werden. Die Wärmeleitfähigkeit von feuchtem bentonitgebundenen Silicasand wächst bei niedrigen Feuchtigkeits-Geh. schnell mit der Feuchtigkeit, langsamer aber bei höherem Feuchtigkeitsgehalt. Die Wärmeleitfähigkeits-Temp.-Kurve von bentonitgebundenen Silicasandproben zeigt bei 500 bis 600° ein Minimum, die von CO_2-Sand-Proben steigt proportional mit der Temp. während die Kurve des bentonitgebundenen u. CO_2-Magnesits mit steigender Temp. fällt. Die berechneten Erstarrungszeiten von einfachen Güssen stimmen mit den experimentell gewonnenen Werten gut überein. E. Haslinger. 6382◇

1964 **Gußformverdichtung, Formsandzusammensetzung und ihre Einflüsse auf die Qualität von Eisengüssen.** K. E. L. Nicholas und W. R. Roberts. (Brit. Foundryman **56**, 122—42, 1963; engl.) — Zur Herst. von hochwertigen Eisengüssen hat das Verf. mit Grünsandformen den Vorzug der Einfachheit u. Billigkeit, aber einen Mangel an Genauigkeit durch Formwandbewegung. Um sie zu vermindern, ist die Formverdichtung zu erhöhen u. die Sand-Zus. zu verändern. E. Haslinger. 6382◇

1965 **Explosives Pressen von Gießereiformen.** G. M. Orlov und A. Vetiška. (Slévárenství **10**, 365—70, 1962; Brno, MAMI, Moskva-VUT, Slévárenská Kat.; tschech.) — Beschreibung der Herst. von Gießereiformen u. -kernen durch explosives Pressen mit Schießpulver. W. Wesly. 6382◇

1966 **Induktionsschmelzen in der Gießerei.** H. Bakkerus. (Metalen **17**, 41—48, 62—68, 1962; Metaalinst., T.N.O., Gieterijeentr.; niederl.) — Übersicht über die Ausführung des Induktionsschmelzens u. die häufigsten elektr. Schmelzöfen. W. Wesly. 6382◇

1967 **Reaktion zwischen geschmolzenem Stahl und feuerfesten Stoffen.** 7. Mitt. **Die Geschwindigkeit der Reaktion zwischen geschmolzenem, kohlenstoffreichem Eisen und einem Tiegel aus Kieselsäure oder Tonerde.** Susumu Minowa, Makoto Kato und Masao Mizuta. (Rep. Government ind. Res. Inst., Nagoya **10**, 308—13, 1961; jap., Auszug: engl.) — 6. vgl. C. **1963**, 17096. — Die bei der Rk. zwischen C in geschmolzenem Fe u. dem SiO_2- oder Al_2O_3-Tiegel bei 1200—1600° entwickelte Menge CO steigt linear mit der Erhitzungsdauer u. fällt mit steigendem CO-Druck. Die Geschw. der CO-Entw. ist in Al_2O_3-Tiegeln mit 30% Poren größer als in porenfreien Tiegeln. Die scheinbare Aktivierungsenergie beträgt für SiO_2–C: 50,8 (kcal/Mol), für porenfreies Al_2O_3–C: 59,0 u. für poröses Al_2O_3–C: 48,0. W. Wesly. 6382◇

1968 **Reaktion zwischen geschmolzenem Stahl und feuerfesten Stoffen.** 8. Mitt. **Reduktion von SiO_2 und Al_2O_3 durch Kohlenstoff in flüssigem Eisen.** Makoto Kato, Masao Mizuta und Susumu Minowa. (Rep. Government ind. Res. Inst., Nagoya **11**, 263—69, 1962; jap., Auszug: engl.) — 7. vgl. vorst. Referat. — Unterss. über die Rk. von fl. Fe mit dem aus SiO_2 oder Al_2O_3 bestehenden Tiegel in Ar zeigen, daß die aus dem Fe entfernte C-Menge der zur Red. von SiO_2 oder α-Al_2O_3 erforderlichen Menge C entspricht: $SiO_2 + 2C = Si + 2CO$; $Al_2O_3 + 3C = 2Al + 3CO$. Im Al_2O_3-Tiegel verläuft die Rk. nicht ganz nach der angegebenen Gleichung, weil das entstandene *Al* sich mit steigender Rk.-Zeit wieder oxydiert. W. Wesly. 6382◇

1969 **Reaktion zwischen geschmolzenem Stahl und feuerfesten Stoffen.** 9. Mitt. **Der Einfluß von Elementen in geschmolzenem Eisen auf die Reduktion von SiO_2.** Susumu Minowa, Makoto Kato und Masao Mizuta. (Rep. Government ind. Res. Inst., Nagoya **11**, 384—96, Juli 1962; jap., Auszug: engl.) — 8. vgl. vorst. Referat. — Unterss. über den Einfl. von Elementen in geschmolzenem Fe auf die Red. von SiO_2 bei 1450—1600° zeigen, daß die Red.-Geschw. mit dem C-Geh. des Fe steigt u. durch Zusatz von *C*, *Si*, *Mn*, *Cr* u. *Al* erhöht wird. Bei der Rk. zwischen C u. SiO_2 wird der O-Geh. des geschmolzenen Fe bei $>$ 2% C durch die Gleichung $C + O = CO$ u. bei $<$ 0,3% C durch die Gleichung $SiO_2 = Si + 2O$ bestimmt. W. Wesly. 6382◇

1970 **Seltene Metalle.** Győző Várhegyi. (Kohászati Lapok [Ung. Z. Hüttenwes.] **96**, 193—98, Mai u. 265—69, Juni 1963; Budapest, Forsch.-Inst. NE-Metalle; ung.) — Begriff der seltenen Metalle; ihre kennzeichnenden wichtigen Faktoren u. ihre Bedeutung für die Praxis. Ob ein Metall als „seltenes" angenommen werden kann, entscheidet die Zusammenwrkg. zahlreicher Faktoren: Häufigkeit des natürlichen Vork., Neigung zur Anreicherung, Zugänglichkeit, Herstellungsart, die Nachfrage, die erzeugte Menge, die Qualitätsforderungen u. der Preis. Die Reinstmetalle können als eine Gruppe der seltenen Metalle betrachtet werden. L. Zombory. 6388△

1971 **Zum Verständnis hochschmelzender Metalle.** Jack Chelius. (Mines Mag. **53**, Nr. 2, 16—17, 1963; North Chicago, Fansteel Metallurgical Corp.; engl.) — Die vier gebräuchlichsten hochschm. Metalle — *W*, *Mo*, *Ta*, *Nb* — werden in Pulverform erzeugt. W u. Mo lassen sich leicht herstellen u. kaltverformen, haben hohe Löslichkeit für H_2, O_2 u. N_2, besitzen niedrige Zäh/Spröd-Übergangs-Temp. u. sind verhältnismäßig spannungsempfindlich. Ta u. Nb lassen sich schlecht herstellen, müssen warmverformt werden, haben geringe Löslichkeit für H_2, O_2 u. N_2, besitzen hohe Zäh/Spröd-Übergangs-Temp. u. sind spannungsempfindlich. Die Eigg. u. das Verh. dieser Metalle bei hohen Temp. werden beschrieben. Wilhelm Lange. 6388◇

1972 **Blei und Zink für die Raumfahrt.** Sch. F. Radtke und L. Kettler. (Metall **17**, 836—40, 1963; New York; dt.) — Überblick über wärmeableitende *Zn*-Überzüge, Oxydationsschutz, *ZnS*-Schutz, *Pb* als Strahlungsschutz, Batterien für den Raumflug, Umwandlung von Wärmeenergie, Raketentreibstoffe, Instrumente u. Kontrolle. — 30 Literaturangaben. M. Gehlen-Keller. 6388◇

1973 **Australisches Holzkohlenroheisen.** Joachim von Elpons. (Gjuteriet **52**, 93—96, 1962; Zürich, Metallurg. Ges.; schwed.) — Nach einer Übersicht über die Unterschiede, bes. von Aschen- u. P-Geh., von Koks u. Holzkohle werden Eigg. u. Zus. von austral. *Holzkohle* aus *Eukalyptusholz* (Spezif. Gew. 1,4, P $<$ 0,02%) u. ihr Einfl. bei der Verw. zur Herst. von Roheisen auf Zus. u. Eigg. behandelt. M. Gehlen-Keller. 6400◇

1974 **Das Erschmelzen von Walzengußeisen im sauren Siemens-Martin-Ofen.** N. D. Tschessnokow und W. A. Swerew. (Gießerei-Betr. [UdSSR] **1963**, Nr. 2, 4—7; russ.) — Es werden Angaben über die aus Einschmelzen u. Fertigmachen bestehende Herst. von Walzengußeisen in einem sauren SM-Ofen einschließlich der besonderen Schlackenführung gemacht. Der Einsatz besteht aus Koksroheisen, Walzenbruch u. Stahlbruch mit einem Gesamtgeh. von 3,3 (%) C, 1,05 Si, 0,80 Mn, 0,75 Cr, 0,80 Ni, 0,30 P u. die Zus. der Endschlacke beträgt: 45—55 SiO_2, 15—20 FeO, 1,5—4,0 Fe_2O_3, 10—18 MnO, 2,0—5,0 CaO, 1,5—4,0 Cr_2O_3, 3,0—5,0 Al_2O_3 u. 0,5—2,5 MgO. Über die Härte, Lebensdauer u. Verschleißfestigkeit von im sauren SM-Ofen erschmolzenem Walzgußeisen werden die im Betrieb ermittelten Kennwerte mitgeteilt. H. Hochstein. 6402◇

1975 **Über die graphitisierende Wirkung des carbidbildenden Elementes Titan in Gußeisen.** B. Sorel, J. Vidts und A. de Sy. (Mém. sci. Rev. Métallurgie, Mémoires **60**, 41—46, 1963; Gent, Belgien, Univ.; franz.) — Die graphitisierende Wrkg. von Ti im Gußeisen wird untersucht u. dabei festgestellt, daß die maximale graphitisierende Wrkg. bei 0,1% Ti liegt. Darüber hinaus aber tritt eine Umkehrung in der Neigung zur Graphit-Bldg. ein; das Vorhandensein des Maximums bei 0,1% Ti führt zur Annahme, daß bei diesem Geh. eine Überlagerung der eigentlichen carbidbildenden Wrkg. von Ti mit einer sek. graphitisierenden Wrkg. auftritt, wobei die letztgenannte Wrkg. mit der Desoxydation u. Denitrierung des Ti zusammenhängt. Diskussion. H. Hochstein. 6404◇

1976 **Entwicklungen in der Herstellung und Verwendung von martensitischen legierten Gußeisensorten.** G. L. Harrison und R. H. T. Dixon. (Brit. Foundryman **55**, 164—76, 1962; International Nickel Corp. Ltd. u. Chesterfield, Sheepbridge Engng. Group; engl.) — Überblick über die Herst., Eigg. u. Verw. von martensit., legiertem weißem Gußeisen mit Angaben über den Einfl. der Zus. u. der Wärmebehandlung auf die Festigkeitseigenschaften. H. Hochstein. 6404◇

1977 **Die Graphitisierung von weißem Gußeisen.** K. Pearce. (J. Iron Steel Inst. **200**, 748, Sept. 1962; engl.) — Diskussionsbeitrag zu der C. **1963**, 15960 referierten Arbeit. H. Hochstein. 6404◇

1978 **Sauerstoff bei der Stahlerzeugung.** C. C. Crawford. (Mines Mag. **53**, Nr. 2, 9—14, 1963; CF & I Pueblo Plant; engl.) — Überblick über die Verw. von O_2 in einem Stahlwerk. Zur Herst. von Stählen mit hohem C-Geh. nach dem O_2-Aufblas-Verf. werden prakt. Einzelheiten mitgeteilt. Wilhelm Lange. 6408◇

1979 **Einige Ansichten über die bainitische Struktur in Kohlenstoffstählen mit verschieden hohen Mangan- oder Molybdängehalten.** M. Economopoulos, T. Greday und L. Habraken. (Mém. sci. Rev. Métallurgie, Mémoires **60**, 11—22, 1963; Lüttich, Centre Nat. de Rech. Métallurg.; franz.) — Durch die kombinierte Anwendung von dilatometr. Messungen, therm. Analyse u. elektronenmkr. Unters. wird eine genaue Abgrenzung der bainit. Gebiete in Stählen mit 0,2 (%) C u. 1,3—1,9 Mn oder 0,03—1,5 Mo ermöglicht. Es zeigt sich, daß die bainit. Strukturen körnig sind. Während Mn den Austenit stabilisiert, wird durch die Mo-Geh. die Bldg. des Bainits beschleunigt u. die der Carbide begünstigt. Die Ggw. sehr feiner *Mo-Carbide* wird im Austenit bei erhöhter Temp. nachgewiesen. 12 Literaturangaben. Diskussion. H. Hochstein. 6408◇

1980 **Die Feinstruktur von kaltverformtem hochkohlenstoffhaltigem Stahl.** W. M. Kardonski, G. W. Kurdjumow und M. D. Perkas. (Physik Metalle u. Metallkunde [UdSSR] **15**, 244—53, 1963; Zentr. Forschungsinst. für das Eisenhüttenwesen, Inst. für Metallphys.; russ.) — Das Auftreten von *Zementit*, die Größe u. Form seiner Kristalle spielen bei der Bldg. des *Ferrit*-Feingefüges während der plast. Verformung eine große Rolle. Ein geringer Abstand zwischen den Lamellen des Eutektoids (0,1—0,2 μ), wie er durch ein Patentierverf. zu erzielen ist, schafft günstige Voraussetzungen zur Erreichung einer wesentlichen Verringerung der Bereiche einer kohärenten Ferrit (100—150 Å)- u. Zementit (30—D50 Å)-Dispersion (30—50 Å) während der plast. Verformung. Der hohe Grad der Ferrit- u. Zementitzerkleinerung, der bedeutende Unterschied in der Orientierung der Nachbarbezirke im Kristallinnern sowie die Schaffung eines außerordentlich dichten Sperrnetzes für die Versetzungsbewegung sowohl innerhalb des Ferrits als auch in den Grenzen zwischen Ferrit u. Zementit sind die grundlegenden Faktoren, welche die hohe Festigkeit von kaltverformtem patentiertem Stahlband bedingen. H. Hochstein. 6408◇

1981 **Der Einfluß der chemischen Zusammensetzung auf das Auftreten von interkristallinem Bruch in aluminium- und stickstoffhaltigen Gußstücken aus unlegiertem Kohlenstoffstahl.** J. A. Wright und A. G. Quarrell. (J. Iron Steel Inst. **200,** 752—55, Sept. 1962; Sheffield, Univ.; engl.) — Diskussionsbeitrag zu der C. **1963, 13338** referierten Arbeit. H. Hochstein. 6408◇

1982 **Eine Einschlußzählmethode für mit Aluminium desoxydierten unlegierten Stahlguß.** A. D. Baynes. (Brit. Foundryman **56,** 9—18, 1963; North Eastern Iron Refining Co. Ltd.; engl.) — Eine neue Meth. zur Feststellung nichtmetall. Einschlüsse in allen Arten von Stahlguß ist ein Korngrößen-Best.-Verf. durch Zählen der Körner längs zweier aufeinander senkrecht stehender Achsen. An untereutektoiden Stahlgußsorten mit stark differierenden Einschluß-Gehh. werden Zählungen angestellt, die mit der mathemat. Poisson-Verteilung übereinstimmen. Dies wird als Beweis dafür angesehen, daß die neue Zählmeth. für mit Al vollständig desoxydierten Stählen gültig ist, wobei ein Al-Überschuß willkürlich verteilte Einschlüsse bewirkt. Die Reproduzierbarkeit der neuen Meth. ist sehr hoch. Es wird ferner nachgewiesen, daß die neue Meth. auch die Einschlußarten bewertet, die einen großen Einfl. auf die mechan. Eigg. von unlegiertem Stahlguß, bes. Duktilität u. Zähigkeit, ausüben. Es wird angenommen, daß die Meth., obwohl die Einschlußzählung streng genommen, nur für mit Al u. Ca–Si–Mn-Vorleg. desoxydiertem Stahlguß gültig ist, auch bei anderen Stählen, unabhängig vom Desoxydations-Verf., mit willkürlicher Einschlußverteilung anwendbar ist. H. Hochstein. 6408◇

1983 **Einige Fragen bei der Verwendung von Deuterium als Nachweismittel für den Wasserstoffgehalt im Stahl.** J. H. Dudas und R. C. McCoy. (Proc. Conf., nat. Open Hearth SteelCommittee Iron Steel Divis., Amer. Inst. Mining metallurg. Petroleum Engr. **44,** 70—89, 1961; Pittsburgh, Pa., Univ.; Acid Open Hearth Res. Assoc., Inc.; engl.) — Vers.-Ergebnisse über die Anwendung von D-Oxid (Schweres W.) als Nachw.-Mittel für die verschiedenen Feuchtigkeitsquellen von H, mit denen der Stahl während der Desoxydation, des Abstiches u. Abgusses in Berührung kommt, werden mitgeteilt. Trotz der hohen Temp. des fl. Stahls, der Schlacke u. der Ofenatmosphäre (ca. 3000° F) werden kleine Mengen von D_2O leicht durch den Stahl absorbiert u. dienen in vielen Fällen zur quant. Best. einer äquivalenten H-Aufnahme. Es wird gefolgert, daß der H-Anstieg, der gewöhnlich mit dem Fertigmachen des Stahls zusammen auftritt, bedeutend verringert werden kann, wenn geeignete Trocknungsarbeitsweisen angewendet werden. Zusätze zu der Schlacke u. zum Bade sollen zur Entfernung von H u. Feuchtigkeit erhitzt werden; auch soll das feuerfeste Material für Gießrinnen u. -pfannen mehrere Std. vor dem Gebrauch auf Rotglut erwärmt werden. Die Desoxydation soll zur Verringerung der H-Aufnahme in der Gießpfanne erfolgen. — 14 Literaturangaben. Diskussion. H. Hochstein. 6408◇

1984 **Oberflächenwarmbrüchigkeit im Flußstahl.** D. A. Melford. (J. Iron Steel Inst. **200,** 748—52, Sept. 1962; engl.) — Diskussionsbeitrag zu der C. **1963,** 13338 referierten Arbeit. H. Hochstein. 6408◇

1985 **Phasenumwandlung in einem bei 500° nach einer Lösungsbehandlung isothermisch wärmebehandelten Hadfield-Stahl.** Yûnoshin Imai und Toshio Saitô. (Sci. Rep. Res. Inst. Tôhoku Univ., Ser. A **14,** 261—68, 1962; Res. Inst. for Iron, Steel and other Metals; engl.) — Vgl. C. **1962,** 409. — Bei verschiedenen Temp. isotherm. wärmebehandelte Hadfield-Stähle (1,2% C u. 13,71% Mn) erfahren Ausscheidungen von Korngrenzencarbiden. In Stählen mit einem hohen Geh. an solchen Ausscheidungen wird die γ-Phase in die ε-Phase bei Raum-Temp. durch Abkühlung umgewandelt u. die ε-Phase tritt gleichzeitig mit den Carbiden u. α-Phase auf. Nach einer Lösungswärmebehandlung bei 1050° mit anschließender Wasserabschreckung u. isotherm. Wärmebehandlung bei 500° scheiden sich die Carbide zunächst aus der γ-Phase aus, dann wird die γ-Phase zu Carbid + α-Phase umgewandelt, wobei zur Erreichung des Gleichgewichtszustandes eine sehr lange Zeit benötigt wird. Bei niedrigerer Temp. wird die γ-Phase wie folgt umgewandelt: γ + Carbid $\rightarrow \gamma + \varepsilon$ + Carbid $\rightarrow \gamma + \varepsilon + \alpha$ + Carbid $\rightarrow \varepsilon + \alpha$ + Carbid u. schließlich nach langer Zeit zum Gleichgewichtszustand (α + Carbid). Die im Hadfield-Stahl beobachtete ε-Phase ist somit eine metastabile Phase, die nur im Phasenumwandlungsverlauf bis zum Gleichgewicht auftritt. H. Hochstein. 6410◇

1986 **Überlegungen über einige Faktoren, die die Zusammenballung der Carbide hochlegierter Stähle beeinflussen.** P. Ravizza. (Mém. sci. Rev. Métallurgie, Mémoires **60,** 30—40, 1963; Aosta, Naz. Cogne, S. p. A.; franz.) — Die Voraussetzungen, welche den Zerfall des *δ-Ferrits* infolge eutekt. u. eutektoider Rkk. an Stelle normaler bin. oder tern. Rkk. gemäß den Bedingungen des Zustandsdiagramms beeinflussen, werden erörtert. Hierbei wird der Einfl., den diese Rkk. auf das Gefüge u. in einigen Fällen auch auf die technolog. Eigg. eines hochlegierten Schnelldrehstahls mit 0,78 (%) C, 4,25 Cr, 18,50 W, 0,75 Mo, 1,75 V u. 9,75 Co ausüben, ermittelt. Es zeigt sich, daß der Einfl. der Überhitzungs-Temp. u. der Abkühlungs-Geschw. über u. unter dem Temp.-Bereich peritekt. Rkk. auf den Zusammenballungsgrad der eutekt. ledeburit. Carbide unbedeutend ist. Mit zunehmender Abkühlgeschw. weichen die Erstarrungs-Prodd. allmählich von ihrer Gleichgewichts-Zus. gemäß dem Zustandsdiagramm ab. Im Temp.-Bereich von 1350—1300° ist die Inkubationszeit der Kristallisationskerne der Abkühlungs-Geschw. umgekehrt proportional, während die Zusammenballungs-Geschw. direkt der Abkühlungs-Geschw. proportional ist. — 16 Literaturangaben. H. Hochstein. 6410◇

1987 **Über die Koagulation der Carbidphase beim Anlassen von Molybdänstahl.** W. I. Pssarew. (Physik Metalle u. Metallkunde [UdSSR] **15,** 234—38, 1963; Tschernowitz, Univ.; russ.) — Durch Verss. an *Mo*-Stählen mit 1. 1,04 (%) C, 0,34 Mn, 0,17 Si, 1,39 Mo u. 2. 1,27 C, 0,46 Mn, 0,21 Si, 1,04 Mo wurde im Vgl. zu einem Weicheisen mit 0,04 C, 0,32 Mn, 0,025 Si, 0,15 Ni, 0,018 P, 0,015 S festgestellt, daß bei einem Hochtemp.-Anlassen (650—700°) in den Mo-Stählen eine anomale Veränderung der Koagulations-Geschw. der Carbide auftritt. Die Veränderung hängt mit einer Neuverteilung von Mo zwischen der Carbidphase u. dem α-Mischkristall zusammen. Es wird angenommen, daß der Koagulationsprozeß der Carbide durch die C-Diffusion, die Dispersion der Carbidphase jedoch durch die Zwischenphasenoberflächenenergie u. durch das Verhältnis zwischen den Bindungskräften der Kristallgitter der miteinander in Berührung stehenden Phasen bestimmt wird. H. Hochstein. 6410◇

1988 **Die Gießeigenschaften von einigen warmfesten und korrosionsbeständigen Legierungen.** G. J. Cox. (Brit. Foundryman **56,** 1—8, 1963; Birmingham, Int. Nickel Co. [Mond]; engl.) — Die Dünn-Fl. u. Gießqualität einer Anzahl von *Ni-Cr-Fe*-Legg. mit hohem *Ni*-Geh. (30—60%) wurden untersucht u. festgestellt, daß die Dünn-Fl. weitgehend von der Zus. der Legg. unabhängig ist u. prim. durch den angewendeten Überhitzungsgrad bestimmt wird. Die Gießqualität jedoch wird mehr durch die Zus. als durch den Überhitzungsgrad beeinflußt. Die untersuchten Legg. weisen eine gute Dünn-Fl. auf u. zeigen auch hohe Gießqualitätswerte, die ihre Eignung zu formgetreuen Abgüssen sichern. H. Hochstein. 6410◇

1989 **Einfluß des Sauerstoffs auf die Warmverformbarkeit nichtrostender austenitischer Stähle.** R. Castro, P. Quinton und R. Poussardin. (Mém. sci. Rev. Métallurgie, Mémoires **60,** 1—10, 1963; Aciéries d'Ugine; franz.) — Bei nichtrostenden austenit. Stählen mit 0,018 (%) C, 0,140 Si, 0,170 Mn, 12,7 Ni u. 18,0 Cr wird durch Warmverformungs-Verss. eine durch den O-Geh. verursachte Versprödung nachgewiesen. Es wird festgestellt, daß bei dieser Versprödung zwei unterschiedliche Erscheinungen bei 1175° gleichzeitig auftreten, nämlich die Versprödung der Korngrenzen durch O-Adsorption sowie die Verbesserung der Warmverformbarkeit durch während der Verformung eintretende Rekristallisation. Bei Temp. unter 1100° ist die O-Diffusions-Geschw. zur Hervorrufung der Versprödung an den Korngrenzen

unzureichend u. bei Temp. über 1125° beseitigt die gleichzeitig mit der Verformung auftretende Rekristallisation sofort die Sprödigkeit der alten Korngrenzen. — Diskussion.
H. Hochstein. 6410◇

1990 **Der Einfluß von Wolfram, Molybdän und Vanadium auf die Entfestigung von Chrom-Nickel-Austenit.** M. M. Steinberg, W. K. Farafonow und N. K. Owdina. (Physik Metalle u. Metallkunde [UdSSR] **15**, 229—33, 1963; Uraler polytechn. Kirow-Inst.; russ.) — Untersucht wird der Einfl. von Mo, W u. V auf die Entfestigung eines *Cr* (14,5—15,5%) u. *Ni* (12,5—13,5%) enthaltenden Austenits von entsprechenden nichtrostenden Cr-Ni-Stählen mit 0,07—0,08% C sowie auf die Aktivierungsenergie dieses Prozesses u. auf die Rekristallisations-Temp.-Schwelle. Hierbei zeigt sich, daß Mo am intensivsten den Entfestigungsvorgang hemmt u. dessen Aktivierungsenergie u. Rekristallisationsgrenz-Temp. erhöht, wobei der Mo-Einfl. gesetzmäßig mit dem Konz.-Anstieg verstärkt wird. W wirkt analog dem Mo, jedoch bei höheren Konzentrationen. V zeigt einen komplizierten Einfl. auf die Kinetik der Austenitentfestigung, der seinem Einfl. auf die Ferritentfestigung ähnlich ist: geringe V-Zusätze beschleunigen den Prozeß u. vermindern die Aktivierungsenergie, große Zusätze wirken dagegen in umgekehrter Richtung. Bei einem Entfestigungsgrad von ca. 15% treten Rekristallisationsvorgänge auf. Auf Grund der Beurteilung der Entfestigungskinetik, der Kinetik der Aktivierungsenergie u. der Rekristallisationsgrenz-Temp. erhöhen Mo u. W die Energie der zwischenatomaren Bindung in der γ-Lsg., während V auf sie einen komplizierten Einfl. ausübt. H. Hochstein. 6410◇

1991 **Untersuchung hochfester Stähle, die durch Verformung und Abschreckung erhalten wurden.** L. I. Mirkin. (Metallkunde therm. Metallbearb. [UdSSR] **1962**, Nr. 1, 9—14, Jan.; Moskau, Univ., Forschungsinst. für Mechanik; russ.) — Vgl. C. **1963**, 8329. — Untersucht werden die Versetzungsprozesse, die im Stahl bei einer thermomechan. Behandlung (TMB) auftreten, u. es wird der Mechanismus dieser Vorgänge erklärt. Die TMB der hochlegierten Stähle *3Ch2W8*, *R9* u. *3Ch13* im Zwischenstufenbereich der Austenitbeständigkeit wird geprüft u. gezeigt, daß gegenüber einem analogen Temp.-Bereich ohne Verformung des Stahls die Härte für *3Ch2W8* um 16, für *R9* um 8 u. für *3Ch13* um 5 RC-Einheiten erhöht wird. Diese Werte bleiben bis zu hohen Anlaßtemp. hin erhalten. Die Verbreiterung der Linien auf den Röntgenogrammen der untersuchten Stähle wird gemessen. Die Ergebnisse der Versetzungsdichteberechnung auf Grund der Linienverbreiterung stimmen mit den Härtewerten überein u. bestätigen den angenommenen Versetzungsmechanismus der thermomechan. Behandlung.
H. Hochstein. 6410□

1992 **Hochfeste Legierungen für die Verwendung bei Spitzentemperaturen.** R. P. Culbertson. (Welding J. **41**, 441—52, 1962; Kokomo, Ind., Union Carbide Corp., Haynes Stellite Co.; engl.) — Die Eigg. u. die Arbeitsweise beim Schweißen von hochfesten (ausscheidungsgehärteten oder in fester Lsg. verfestigten) *Co*- u. *Ni*-Legg., die für Verw. bei Temp. von 1200—1800° F bestimmt sind, werden beschrieben. W. Wesly. 6434◇

1993 **Spezifisches Gewicht, Elektroleitfähigkeit und Oberflächenspannung von Schmelzen des Systems $MgCl_2$–NaCl–$BaCl_2$.** N. W. Bondarenko und Ch. L. Streletz. (J. angew. Chem. [UdSSR] **35**, 1271—76, 1962; Allunions Inst. für Aluminium u. Magnesium; russ.) — Es wurden das spezif. Gew. (D), die elektr. Leitfähigkeit ($\varkappa$) u. Oberflächenspannung (σ) in $MgCl_2$–NaCl–$BaCl_2$-Schmelzen (elektrolyt. Gewinnung u. Reinigung von *Mg*, Herst. von Flußmitteln für das Schmelzen von Leichtmetallen) bei 800° gemessen u. gefunden, daß das Mol.-Vol. bei 15—20% ein Minimum hat. Vff. erklären dieses durch die Bldg. von Autokomplexionen. Bei den gleichen Zus. beobachtet man Bruchstellen auf den Isothermen von σ u. $\varkappa$. Den größten Einfl. auf σ u. D üben Zusätze von $BaCl_2$ aus, auf $\varkappa$-Zusätze von NaCl.
R. Kapler. 6444△

1994 **Beitrag zur Kenntnis der aushärtbaren und schweißbaren Legierung AlZnMg 1.** Werner Gilde und Kurt Paul. (Neue Hütte **8**, 182—85, 1963; Halle/Saale, Zentralinst. für Schweißtechn. der DDR; dt.) — Vgl. C. **1963**, 12585. — Es wird gezeigt, daß es der Aufbau des tern. Syst. Al–Zn–Mg ermöglicht, Legg. zu entwickeln mit Mg + Zn-Geh. von 5—7% die ohne besondere Wärmebehandlung aushärten, also auch nach dem Schweißen. Sie erreichen nach 90 Tagen ihre Ursprungsfestigkeit. Das Verh. nach dem Schweißen dieser Legg. wird am Beispiel von *AlZnMg1* untersucht. — 13 Literaturangaben. F. Vier. 6446◇

1995 **Untersuchung über Aluminium-Magnesium-Silicium-Legierungen.** 2. Mitt. **Einfluß der Homogenisierungsbehandlung von Blöcken und der Strangpreßbedingungen auf die mechanischen Eigenschaften und die elektrische Leitfähigkeit ternärer Al–Mg–Si-Legierungen.** Shiro Terai und Yoshio Baba. (Light Metals Tokyo **12**, 292—307, 1962; jap., Auszug: engl.) — 1. vgl. C. **1963**, 17113. — Der Einfl. der Homogenisierungsbehandlung von tern. Al–Mg–Si-Legg. auf die Eigg. von Strangpreß-Prodd. hängt vom Gew.-Verhältnis Mg : Si ab. Im Bereich von Mg_2Si u. überschüssigem Si ist der Einfl. beim Strangpressen bei hoher Temp. größer als bei tieferer Temp., wogegen diese Beziehung im Mg-Überschußbereich umgekehrt ist. Der Homogenisierungs-Einfl. macht sich bei 20std. Behandlung bei 350° weniger bemerkbar als bei langsamer Abkühlung nach 8std. Behandlung bei 520°. Bei niedriger Temp. homogenisierte Proben haben mechan. Eigg. u. eine elektr. Leitfähigkeit, entsprechend den Werten der Leg. *6101*. W. Wesly. 6446◇

1996 **Untersuchung über die Aluminium-Magnesium-Silicium-Legierungen.** 3. Mitt. **Einfluß des Zusatzes einer kleinen Menge Bor auf die mechanischen Eigenschaften und die elektrische Leitfähigkeit ternärer Al–Mg–Si-Legierungen.** Shiro Terai und Yoshio Baba. (Light Metals [Tokyo] **13**, 5—16, 1963; Sumitomo Light Metal Ind. Co. Ltd., Techn. Dep.; jap., Auszug: engl.) — 2. vgl. vorst. Referat. — Zusätze von B zu Al–Mg–Si-Legg. heben die durch Ti-Verunreinigungen bewirkte Verminderung der elektr. Leitfähigkeit auf. B allein steigert die Leitfähigkeit in Ti-freien Legg. nicht. B-Zusätze erhöhen die Rückbildungs-Temp. um ca. 10°. Durch Altern bei 180—190° vermindert sich die elektr. Leitfähigkeit mit B behandelter Proben mehr als die B-freier Proben. Spritalterung beeinflußt die mechan. Eigg. u. die Leitfähigkeit von B-haltigen u. B-freien Legg. ungünstiger als die nach der Lsg.-Wärmebehandlung sofort gealterter Proben. W. Wesly. 6446◇

1997 **Über die Beständigkeit der Monazitdepression durch SiF_6^{2-}-Ionen in Abhängigkeit vom pH der Lösung.** I. N. Plakssin, K. F. Baryschewa und G. N. Nasarowa. (Ber. Akad. Wiss. UdSSR **146**, 1139—40, 1962; russ.) — Vff. untersuchen den Einfl. vom pH (2—12) der Trübe auf die Flotationsausbeute an *Monazit* (Gewinnung Seltener Erden) in Ggw. von Na_2SiF_6 (0—700 g/t) u. beobachten, daß durch Zusatz von Na_2SiF_6 (400 g/t) der pH vom Flotationsgemisch in günstiger Weise reguliert werden kann.
W. D. Heußner. 6448◇

1998 **Schwinden von Kupfer- und Eisenpreßlingen während des Sinterns.** Oleg V. Roman und Henry H. Hausner. (Metal Progr. **83**, Nr. 2, 104—08, 1963; Minsk, USSR, Byelorussian Polytechn. Inst.; Troy, N.Y., Rensselaer Polytechn. Inst.; engl.) — Verss. an Sinterkörpern aus Cu- u. Fe-Pulvern verschiedener Herkunft ergaben, daß die Teilchengröße u. -form, die Teilchenverteilung, der Preßdruck, die Ausmaße des Verdichtungskörpers, die Sinter-Temp. u. -Zeiten das Verhältnis der radialen Schwindung zur axialen Schwindung von 0,5—3 verändern kann. F. Vier. 6474◇

1999 **Warmhärte von dispersionsgehärteten Molybdän-Titan- u. Molybdän-Zirkonium-Legierungen.** A. K. Mukherjee und J. W. Martin. (J. Inst. Metals **91**, 283—84, 1963; Oxford, Univ.; engl.) — Härte-Unterss. von dispersionsgehärteten Mo-Legg. mit niedrigen Ti- oder niedrigen Zr-Geh. zeigen, daß zwischen Raum-Temp. u. 150° die Härte steil abfällt, um dann bis 840° fast gleich zu bleiben. Die Mo–Zr-Legg. zeigen einen weniger steilen Härteabfall u. bei höheren Temp. höhere Härtewerte. Im rekrist. Zustand liegt die Härte niedriger als im nitrierten. F. Vier. 6480◇

2000 **Ferritische und austenitische Kesselbaustähle.** K. Wellinger. (Mitt. Vereinig. Großkesselbesitzer **1962**, 301—03; Stuttgart; dt.) — Werkstoffkennwerte, Langzeit-Verh. u. Bewährung im Betrieb. M. Gehlen-Keller. 6480◇

2001 **Zeitsicherheit und Dehnungsreserven der Kesselstähle.** P. Bettzieche. (Mitt. Vereinig. Großkesselbesitzer **1962**, 303—10; Duisburg, Forschungsinst. der Mannesmann-Akt.-Ges.; dt.) M. Gehlen-Keller. 6480◇

2002 **Schlußfolgerungen für den Dampfkesselbetrieb.** I. Class. (Mitt. Vereinig. Großkesselbesitzer **1962**, 326—37; Ludwigshafen/Rh.; dt.) — Vgl. vorst. 2 Referate. Hochtemp.-Langzeit-Verh., Ferrit–Austenit-Schweißungen, Außenkorrosion der austenit. Überhitzerrohre. — 42 Literaturangaben. M. Gehlen-Keller. 6480◇

2003 **Beitrag zur Kurzzeitstandfestigkeit von Platinmetallen. 4. Mitt. Palladium.** Gerhard Reinacher. (Z. Metallkunde **53**, 444—49, 1962; Hanau, DEGUSSA; dt.) — 3. vgl. C. **1963**, 15209. — Warmfestigkeit u. Kurzzeitstand-Verh. bis zu 100 Std. von chem. reinem *Pd* bei 20—1250° wurden untersucht. Bei 500° tritt im Kurzvers. ein scharfes Duktilitätsmaximum auf. Bei längeren Verss. nimmt die Duktilität bei u. über 500° infolge Rk. von Pd mit O_2 der Luft stark ab. F. Vier. 6480□

2004 **Torsionsversuch zur Verwendung bei Metallbearbeitungsuntersuchungen.** F. A. Hodierne. (J. Inst. Metals **91**, 267—73, 1963; Walsall, Airport; engl.) — Ein Torsions-Prüfverf. wird beschrieben, bei dem hohle Proben Verw. finden u. das Spannungs–Dehnungs-Kurven bei höheren Dehnungen als bisher u. bei Dehnungs-Geschw. von 1000/s bei 700° zu ermitteln ermöglicht. F. Vier. 6480◇

2005 **Kriechen von Niob.** G. Brinson und B. B. Argent. (J. Inst. Metals **91**, 293—98, 1963; Wollongong, Australien, Univ. of New South Wales; engl.) — Das Kriechen von durch Zonenschmelzen u. Vakuumbehandlung bei $<10^{-6}$ Hg gereinigtem *Nb* unter Druck bei 800—1200° wurde untersucht. Über 1000° ist das Kriechverh. kompliziert infolge Änderungen in der Korngröße (Rekristallisation). Die Kriechfestigkeit ist viel niedriger als die von anderen Beobachtern angegebene. Der niedrige *O*-Geh. ist wahrscheinlich der Hauptgrund für die geringe Festigkeit. — 19 Literaturangaben. F. Vier. 6480◇

2006 **Wirkung von vorhergehenden Druckbelastungen auf die Kriech- und Brucheigenschaften von reinem Nickel bei 500°.** P. W. Davies, T. C. Finniear und B. Wilshire. (J. Inst. Metals **91**, 289—92, 1963; Swansea, Univ.; engl.) — Durch Druck bei der Kriechtemp. vorbelastete Proben aus reinem *Ni* ergaben bei Zug–Kriech-Verss. eine Abnahme der Kriechfestigkeit u. der Zeit bis zum Bruch, die von dem Ausmaß der Druckbelastung unabhängig war. Bei niedrigen Spannungen wurde ausgesprochenes Kornwachstum beobachtet, was zu einer Beschleunigung der Kriechgeschw. führte. 15 Literaturangaben. F. Vier. 6480◇

2007 **Über die Restspannungen und die Restverformungen in wärmebehandeltem, unlegiertem, Zugspannung, Druckspannung oder Torsion unterworfenem Kohlenstoffstahl.** Shigeru Yonetani. (Trans. Japan Soc. mechan. Engr. **28**, 1325—34, 1962; jap., Auszug: engl.) — Die Dimensionsveränderungen von wärmebehandeltem (Temperung bei 300°), unlegiertem *C*-Stahl, der Zug-, Druck- oder Torsionsspannungen unterhalb der Fließgrenze unterworfen wird, werden nach Entspannung ermittelt. Die Restspannungen, für deren Messung ein neues Verf. dient, werden erläutert. W. Wesly. 6480◇

2008 **Über die Ausbreitung von Ermüdungsrissen in kubisch flächenzentrierten Metallen.** A. J. McEvily jun. und R. C. Boettner. (Acta metallurg. [New York] **11**, 725 bis 743, 1963; Dearborn, Mich., Ford Motor Co.; engl.) — Die Fortpflanzung von Rissen in Einkristallen von *Al*, polykristallinem *Cu* u. polykristallinen *Cu-Legg.* wurde untersucht, um den Wachstumsmechanismus u. den Einfl. der Stapelfehlerenergie auf Art u. Geschw. des Wachstums zu ermitteln. Es wurden 2 Wachstumsstufen beobachtet. In der 1. Stufe trat umfangreiche Riß-Bldg. mit wechselnder Scherung u. Quergleitung von Schraubenversetzungen auf. In der 2. Stufe bestimmten die Normalspannungen am Kopf der Risse das Wachstum, es wurde aber auch beeinflußt von der Wrkg. der Quergleitung auf die Entw. der Feinstruktur u. die Form der Rißfront. Das Rißwachstum ist orientierungsabhängig. Durch große Verfestigungs-Geschw. u. Doppelgleitung gek. Orientierungen führten bei sonst gleicher Belastung auch zu höherer Wachstumsgeschwindigkeit. Mit einer Verringerung der Stapelfehlerenergie trat auch erhöhte Widerstandsfähigkeit gegen Riß-Bldg. auf, was auf den Einfl. der Stapelfehlerenergie auf das Quergleiten zurückgeführt wird. Der erhöhte Widerstand wurde jedoch etwas herabgesetzt durch eine größere Tendenz zu Rissen zwischen den Körnern u. an Zwillingsgrenzen. Keine der Theorien über die Wachstums-Geschw. konnte mit Ergebnissen im untersuchten Bereich befriedigend in Einklang gebracht werden. Bei polykristallinen Legg. wurde unterhalb der Fließspannung für die Wachstums-Geschw. eine Abhängigkeit von der 4. Potenz der Spannung u. der 2. Potenz der Rißlänge festgestellt. — 30 Literaturangaben. F. Vier. 6480◇

2009 **Metallermüdung bei kleinen Amplituden, aufgezeigt an Kupfer und Messing bei alternierender Torsion.** W. A. Wood, S. McK. Cousland und K. R. Sargant. (J. Inst. Metals **91**, 304—07, 1963; Melbourne, Univ.; Aeronautical Res. Labor.; engl.) — Torsionsbeständigkeits-Verss. mit kleinen Amplituden an Hochleitfähigkeits-*Cu* u. *70 : 30-Messing* ergaben, daß das Metall in den Gleitzonen Poren u. Leerstellen zu bilden beginnt, die sich dann zu Rissen ausbilden. Die Riß-Bldg. beginnt an der freien Oberfläche u. setzt sich in die Zonen fort. Diese Risse führen jedoch nicht unmittelbar zum Bruch. Vorher treten unregelmäßige kurze Brüche auf, die über die Risse den Bruch eines Korns herbeiführen. F. Vier. 6480◇

2010 **Ermüdungsschaden von 6-4-Messingproben.** Tadasi Isibasi. (Trans. Japan Soc. mechan. Engr. **28**, 1301—05, 1962; jap., Auszug: engl.) — Die Ermüdungsschädigung von *6-4-Messing* ist auf eine dünne Oberflächenschicht beschränkt, deren Stärke mit der Beanspruchung u. der Zahl der Spannungswechsel steigt. Die Wachstums-Geschw. der beschädigten Schicht steigt rasch, wenn ihre Dicke den Schwellenwert (30—50 μ) übersteigt. Die Schicht verschwindet durch Entspannungsanlassen. W. Wesly. 6480◇

2011 **Ermüdungsverhalten von orientierten Magnesiumeinkristallen unter Scherbeanspruchung.** R. W. Armstrong und G. T. Horne. (J. Inst. Metals **91**, 311—15, 1963; Pittsburgh, Pa., Carnegie Inst. of Technol.; engl.) — Das Ermüdungs-Verh. von *Mg*-Einkristallen wurde unter Wechselscherbeanspruchung untersucht. Die Kristalle waren so orientiert, daß ihre Basisfläche senkrecht zur horizontalen Ebene des freitragenden Trägers u. parallel zu den angewandten Scherspannungen lag. 4 mal so hohe Scherspannungen wie die krit. Scherspannung waren erforderlich, um auf der Probenoberfläche bei $<10^5$ Cyclen — bei 30 Cyclen/s — bei Raum-Temp. u. an Luft sichtbare Risse zu erzeugen. Bei —140° waren 6 mal so große Scherspannungen wie die krit. Scherspannung zur Erzeugung sichtbarer Risse bei $<10^4$ Cyclen erforderlich. Metallograph. Unterss. ergaben, daß die Risse nur nach extremer Verformung infolge kombinierten Gleitens oder Zwillings-Bldg. auftraten. F. Vier. 6480◇

2012 **Über Ermüdungsrisse von feuergetauchtem aluminiertem Stahl.** Takuichi Morinaga, Yoshio Kato und Yoshikazu Kobayashi. (Light Metals [Tokyo] **13**, Nr. 2 (58), 31—38, 1963; Tokyo Inst. of Technol.; jap., Auszug: engl.) — An Stahl, der im Feuertauchverf. mit *Al* überzogen worden ist, treten Ermüdungsrisse zuerst an der Grenze zwischen Al-Schicht u. Al–Fe-Schicht auf u. breiten sich rasch zum Stahl durch die Unebenheiten der Oberfläche aus. Die Fe–Al-Schicht entwickelt senkrechte, aber keine waagerechten Risse. Ein im 1. Stadium wachsender Riß braucht nicht immer die Ursache von Ermüdungsrissen zu sein. W. Wesly. 6480◇

2013 **Über das Rissigwerden von feuertauchaluminiertem Stahl.** Takuiti Morinaga, Yoshio Kato und Mitumasa Kobayashi. (Light Metals [Tokyo] **13**, Nr. 1 (57), 24—30, 1963; Tokyo Inst. of Technol.; jap., Auszug: engl.) — Unterss. über die beim Feuertauchaluminieren von Stahl entstehende Fe–Al-Schicht zeigen, daß die Bruchspannung bei gleicher Schichtdicke des Al auf dünnere Fe–Al-Schichten mehr als auf dichtere einwirkt. Die meisten Risse entstehen an der Grenze zwischen Al- u. Fe-Al-Schicht u. breiten sich zum Stahl hin aus. Bei Biegeprüfungen zeigen sich die Risse im frühen Stadium an der Zugseite. Bei Zugspannungen entwickeln sich die Risse vertikal, aber nicht in Form von Abblätterungen. W. Wesly. 6480◇

2014 **Zerstörungsfreie Prüfung mit magnetischen Teilchen und durchdringenden Flüssigkeiten.** Henry G. Bogart. (Mater. Protect. **1**, 46—52, 1962; New York, N.Y., Magnaflux Corp.; engl.) — Beschreibung der Verff. zur Unters. von Metallen auf Fehler mit Anwendungsbeispielen. F. Vier F. Vier. 6480◇

2015 **Zerstörungsfreie Zugfestigkeitsbestimmung von Gußeisen.** Werner A. Felix. (Metal Progr. **83**, Nr. 2, 91—95, 1963; Winterthur, Schweiz, Gebr. Sulzer; engl.) — In Diagrammen werden die Beziehungen zwischen dem durch Ultraschallmessungen bestimmten Elastizitätsmodul, der Brinell-Härte u. der Zugfestigkeit bei Graugußteilen dargestellt, so daß durch Best. der ersten Werte an jedem Abschnitt einer Probe die Zugfestigkeit zerstörungsfrei auf 15% genau ermittelt werden kann. F. Vier. 6480◇

2016 **Die Untersuchung der Kristallisation einer festen Lösung nach der Methode der lokalen Spektralnalyse.** L. Ja. Kaschewnik und G. A. Kaschtschenko. (Hochschulnachr. [Ordshonikidse], Nichteisenmetallurgie **4**, Nr. 5, 165 bis 169, 1961; Leningrad, Polytechn. Inst., Lehrstuhl für Metallograph. u. Wärmebehandlung von Metallen; russ.) — Durch die Meth. einer örtlichen Spektralanalyse von *Cu-Si-* u. *Al-Zn*-Proben, die von verschiedenen Temp. im Bereich der Liquidus-Solidus-Kurven abgeschreckt waren, wurde die Veränderung der Phasen-Zus. bei der Kristallisation der festen Lsg. unter Ungleichgewichtsbedingungen untersucht. Dabei wird festgestellt, daß die Zus. der Primärkristalle der festen Lsg. fast im gesamten Kristallisationsintervall in der Nähe der Zus. der Ausgangs-Leg. lag; nur bei Temp. nahe der Soliduskurve hatten die Korngrenzen einen stark erhöhten Geh. an der Sekundärkomponente. Die Konz. dieser Komponenten in der fl. Phase wird durch eine Senkung der Abschrecktemp. bei allen untersuchten Kühlgeschw. erhöht, jedoch liegt sie in allen Fällen über der nach dem Zustandsdiagramm zu bestimmenden Gleichgewichtskonzentration. H. Hochstein. 6482◇

2017 **Die elektronenmikroskopische Untersuchung der Mikrostruktur von aus der Walzhitze gehärtetem Stahl 08kp.** G. W. Kwjatkowskaja. (Metallkunde therm. Metallbearb. [UdSSR] **1963**, Nr. 1, 53—54; Kusnetzk, Metallurg. Kombinat; russ.) — Bei der elektronenmkr. Unters. der Feinstruktur des abgeschreckten Stahls *08kp* mit 0,09 (%) C, 0,38 Mn, Spuren Si, 0,02 P, 0,03 S, 0,04 Cu, 0,04 Ni wird die Ggw. der α-Phase nachgewiesen. Bei einer künstlichen Alterung der einer 10%-Verformung unterworfenen Proben ändert sich die Phasen-Zus. des Stahls nicht. Die Ausscheidung von strukturfreiem Zementit wird nicht beobachtet. Ein Anlassen des niedriggekohlten abgeschreckten Stahls bei 200—220° führt zu keiner Zementitausscheidung u. ist mit einer Neuverteilung von C im Gitter verbunden. Die Veränderung der Eigg. von *08kp* infolge der Abschreckung hängt mit dem martensit. Charakter der $\gamma \to \alpha$-Umwandlung zusammen. Infolgedessen tritt eine Phasenverfestigung auf. H. Hochstein. 6482◇

2018 **Metallographische Beobachtungen an Kupfereinkristallen, die Verdrehwechselversuchen unterworfen sind.** H. M. Bendler und H. D. Nine. (Acta metallurg. [New York] **11**, 777—78, 1963; Warren, Mich., Gen. Motors Corp.; engl.) — Verdrehwechsel-Verss. an Cu-Einkristallen zeigen, daß mit zunehmender Amplitude der Verdrehung sich die Art des Ermüdungsbruches ändert. Andere Beobachtungen über die Lage der Ermüdungsstreifungen u. Gleitbänder scheinen auf einen Oberflächeneffekt bei der Durchstrahlung zurückzuführen zu sein. F. Vier. 6482◇

2019 **Elektronenmikroskopische Untersuchungen an schlagverformtem Aluminium mit Hilfe der Abdrucktechnik.** P. Kittl und G. Rodriguez. (J. Inst. Metals **91**, 284—85, 1963; Santiago, Chile, Univ.; engl.) — Elektronenmkr. Unterss. von schlagverformtem Al ergaben das Auftreten von 2 Arten von Substrukturen: 1. α-Zonen mit gleichmäßiger Richtung der Streifungen u. mit labyrinthartigen Streifungen; die Streifungen hatten immer dieselbe Tiefe; 2. β-Zonen, bei denen die Tiefe der Streifungen wechselte. In einigen Fällen konnten noch kleinere Subkörner beobachtet werden, die im opt. Mikroskop nicht sichtbar waren. — 12 Literaturangaben. F. Vier. 6482◇

2020 **Reihenschnittechnik zur Bestimmung der Habitusflächen der Widmannstättenschen Ausscheidungen.** A. J. Sedriks und R. D. Garwood. (J. Inst. Metals **91**, 317—18, 1963; Cardiff, Univ.; engl.) — Zur Best. der Ebene, in der die Widmannstättenschen Ausscheidungen liegen, wird die Oberfläche wiederholt in bestimmter Tiefe weggeätzt u. jedesmal mkr. die Verschiebung der Lage der Ausscheidungen gemessen. F. Vier. 6482◇

2021 **Versetzungsanordnungen in Aluminium nach Verformung durch periodische Zugspannungen.** C. E. Feltner. (Acta metallurg. [New York] **11**, 817—28, 1963; Urbana, Ill., Univ. of Illinois; engl.) — Versetzungsanordnungen, die in Al bei 78 u. 300° K durch period. Zugbeanspruchungen gebildet werden, wurden durch Durchstrahlungselektronenmikroskopie untersucht. Es wurde ein ausgesprochen makroskop. Kriechen, verursacht durch die period. Spannung, beobachtet, die spätere Beanspruchung hat jedoch kaum einen Einfl. auf das in der 1. Periode gebildete Versetzungsmuster. Versetzungsdichte u. Zellgröße nehmen nicht zu bzw. ab. Die Dichte der Versetzungsschleifen in Al infolge period. Zugspannung ist nicht viel höher als die bei Beanspruchung in einer Richtung, was im Gegensatz zu früheren Beobachtungen bei der Ermüdung von Al bei umgekehrter Spannung steht. Es liegt offenbar ein auf der Wechselwrkg. Punktfehler/Versetzung beruhender Mechanismus vor, der eine zufriedenstellende Erklärung für das durch period. Spannung induzierte Kriechen gibt. — 37 Literaturangaben. F. Vier. 6482◇

2022 **Ermüdungsschaden und Bruchwachstum in Aluminiumlegierungen.** P. J. E. Forsyth. (Acta metallurg. [New York] **11**, 703—15, 1963; Farnborough, Hants., Roy. Aircraft Establ.; engl.) — Opt. u. elektronenmikrograph. Unterss. ergaben, daß bei Ermüdungsbeanspruchungen von Al-Legg. Änderungen der Mikrostruktur auftreten können, u. zwar in Form von ca. 500 Å breiten Gleitbandzonen, die bei Torsionsermüdungsbeanspruchung klar auftreten. Sie gehen dem Anfangsriß voraus, offenbar auch bei jeder anderen Ermüdungsbeanspruchung. Die Mikrographien lassen einen Zweistufenmechanismus des Bruchvorganges erkennen. An einem Modell wird der Zusammenhang zwischen Gleitverformung, Spaltung u. Bruchoberfläche erläutert. F. Vier. 6482◇

2023 **Die Beobachtung der Mikrostrukturen von kaltbearbeitetern Titanblechen mit dem Hochtemperaturmikroskop.** Toshimi Yamane. (Light Metals [Tokyo] **13**, Nr. 2 (58), 39—44, 1963; Hitachi Shipbuild. Co. Ltd., Techn. Res. Labor.; jap., Auszug: engl.) — Die Mikrostruktur von kalt gewalztem Ti-Blech wird bei einem Vakuum von 10^{-5} mm Hg bei erhöhter Temp. im Hochtemp.-Mikroskop beobachtet u. erörtert. Die Rekristallisations-Temp. liegt bei 460—580; in diesem Temp.-Bereich treten Strukturänderungen auf. Stark geätzte d-Grenzen bleiben nach Überschreitung des α—β-Umwandlungspunktes zurück, wobei ein neuer β-Bereich beobachtet wird. Bei 500° eingedrungene, geringe O_2-Mengen bewirken keine Strukturänderung. W. Wesly. 6482◇

2024 **Topographie von rauhen Oberflächen.** A. Selwood. (Wear [Amsterdam] **5**, 148—57, 1962; Pontypool, Großbritannien, Brit. Nylon Spinners Ltd.; engl.) — Nach einem Überblick über die bekannten Verff. zur Unters. von rauhen Oberflächen wird eine neue Meth. beschrieben, bei der die Oberfläche mit „*Araldite*" bedeckt wird. Nach Härtung wird das Araldite abgeschliffen, bis die Oberflächenkonturen erscheinen. Am Beispiel von *Al*-Oberflächen wird die Brauchbarkeit des Verf. nachgewiesen. F. Vier. 6482◇

2025 **Röntgenuntersuchung von Ermüdungsschäden von Metallen. Über die Veränderungen der Halbwertbreite der Röntgenbeugungslinie, Restspannungen, Mikrostruktur und Mikrohärte als Folge von wiederholten Spannungen.** Shuji Taira, Kazuo Honda und Kenji Matsuki. (Trans. Japan Soc. mechan. Engr. **28**, 1335—43, 1962; jap., Auszug: engl.) — Die Veränderungen der Halbwertbreite der Röntgenbeugungslinie, Restspannungen, Mikrostruktur u. -härte als Folge wechselnder Belastung bei Metallen werden untersucht u. die Ergebnisse erörtert. W. Wesly. 6484◇

2026 **Die Mikroradiographie.** J. J. Trillat und S. Barbezat. (Rev. de l'Aluminium **40**, 197—207, 1963; Bellevue, C.N.R.S.; franz.) — Die physikal. Grundlagen der Mikroradiographie u. ihre Anwendung auf die Unters. von *Leichtmetallen* werden beschrieben. F. Vier. 6484◇

2027 **Fertigung und Oberflächenbehandlung von Magnesiumspritzgußteilen.** Arthur R. Tinetti, Elben F. Schultz jun. und Leo C. Mangett jun. (Metal Progr. **83**, Nr. 2, 67—73, 1963; Flint, Mich., General Motors Corp.; engl.) — Die Herst. von Spritzgußteilen aus der Mg-Leg. *ASTM AZ 91 B* mit 9% *Al* u. 0,7% *Zn* in automat. oder halbautomat. Kaltkammermaschinen wird beschrieben. Zur Oberflächenbehandlung wird mit Al-Granalien geblasen u. dann in heiße $Na_2Cr_2O_7$-Lsg. getaucht, oder ein Lacküberzug aufgebracht. F. Vier. 6490◇

2028 **Verhalten des gehärteten–verfestigten–erholten Zustandes von Aluminiumlegierungen bei der Wärmebehandlung.** J. Mercier und R. Chevigny. (Mém. sci. Rev.

Métallurgie, Mémoires **60**, 61–71, 1963; Chambéry, Seine, Comp. Péchiney; franz.) — Aus Verss. ergibt sich, daß Wärmebehandlungen an Blechen aus Al-Legg. (*Almasilium, Duralumin* u. *Al–Zn–Mg–Cu*-Legg.) durch Lsg.-Behandlung mit nachfolgender Aushärtung, wobei nach dem Abschrecken oder nach dem Anlassen die Legg. verformt u. abschließend bei 150° weichgeglüht werden, komplexe Wrkg. erzielen können, nämlich eine Erweichung, die dem kaltverfestigten Werkstoff das Formänderungsvermögen wiederverleiht oder eine durch das Anlassen verursachte Härtesteigerung, wobei auch Streckgrenze u. Bruchfestigkeit erhöht werden. Die Bedeutung, die diesen beiden Erscheinungen zukommt, hängt von dem Wärmebehandlungszustand der Leg. vor der Kaltverformung u. bes. von der Art der Leg. ab. Die günstigste Anlaß-Temp. muß ausreichend hoch sein, um eine gewisse Erholung der verfestigten Legg. zu bewirken. Von den drei unterschiedlichen Al-Leg.-Gruppen werden die durch bestimmte Wärmebehandlungen erreichbaren günstigsten Festigkeitswerte (Bruchfestigkeit, Streckgrenze u. Dehnung) mitgeteilt.
H. Hochstein. 6492◇

2029 **Die Hochtemperaturbehandlung einer Ttanlegierung mit instabiler β-Phase.** W. I. Dobatkin und G. A. Botschwar. (Metallkunde u. therm. Metallbearb. [UdSSR] **1963**, Nr. 2, 59–62; russ.) — Die Erwärmung verformter Halbfabrikate aus *Ti*-Legg. mit instabiler β-Phase bis auf 1000° u. darüber hinaus führt zu einer starken Erniedrigung der Plastizität nach dem Abschrecken u. bes. nach Abschrecken u. Ausaltern. Hohe Plastizitätswerte können nur durch eine wiederholte Verformung erzielt werden. Die Plastizitätserniedrigung nach der Hochtemp.-Behandlung der verformten Halbfabrikate u. auch die niedrige Plastizität der Guß-Leg. *WT 15* sind durch den Zerfall der β-Phase bedingt. In grobkörnigen Proben aus *WT 15* kann durch Wärmebehandlung die reine β-Struktur nicht festgehalten werden. Auf den Zerfallsgrad der β-Phase u. auf das Gefüge der Ti-Legg. mit instabiler β-Struktur übt die Korngröße einen entscheidenden Einfl. aus. H. Hochstein. 6492◇

2030 **Die Wärmebehandlung von Titanlegierungen des Fünfkomponentensystems Ti–Al–Cr–Fe–Si.** I. I. Kornilow, W. Ss. Michejew und T. Ss. Tschernowa. (Metallkunde u. therm. Metallbearb. [UdSSR] **1963**, Nr. 2, 52–54; russ.) — Die Temp.-Best. der Phasenumwandlungen im 5-Stoff-Syst. Ti–Al–Cr–Fe–Si mit wechselndem Al-Geh. 3 bis 7,5%) u. gleichbleibendem Geh. an *Cr, Fe, Si* (1,6–1,8%) ermöglicht die Ermittlung der günstigsten Warmbehandlung für diese Legierungen. Die Temp. muß ca. 20–30° unterhalb der Phasenumwandlungs-Temp. $\alpha \rightarrow \alpha + \beta$ liegen. Bei dieser Temp. wird eine merkliche Erhöhung der plast. Eigg. u. eine Steigerung der Kerbschlagzähigkeit der Legg. um das Doppelte erzielt. H. Hochstein. 6492◇

2031 **Die Wärmebehandlung der Titanlegierungen des Sechskomponentensystems Ti–Al–Cr–Fe–Si–B.** I. I. Kornilow, B. K. Wulf und Ss. A. Judina. (Metallkunde u. therm. Metallbearb. [UdSSR] **1963**, Nr. 2, 54–56; russ.) — Die 6-Komponenten-Legg. *AT 3, AT 4, AT 6* u. *AT 8* des Syst. Ti–Al–Cr–Fe–Si–B ergeben nach betriebsmäßiger Schmelzführung eine hohe Festigkeit bei befriedigender Plastizität im geschmiedeten Zustand. Mit einer Erhöhung des *Al*-Geh. nimmt die Zerreißfestigkeit der geschmiedeten u. abgeschreckten Legg. zu, während die Plastizität erniedrigt wird. Mit einer Abschrecktemp.-Erhöhung werden Festigkeit u. Härte nur wenig verändert, jedoch nimmt die Einschnürung bis zur Erreichung der Grenzen des Zweiphasen-Gleichgewichts-Diagramms zu, während sie darauf durch Bldg. der β- u. der α'-Phase u. durch Kornvergröberung erniedrigt wird. Zur Erreichung eines optimalen Verhältnisses von Festigkeit zu Elastizität bei der Abschreckung an Luft werden folgende Warmbehandlungs-Temp. empfohlen: 800–850° für *AT 3*, 850–870° für *AT 4*, 850–875° für *AT 6* u. 925–950° für *AT 8*. Eine Alterung bei 400, 450 u. 550° mit einer Dauer von 100 Std. bewirkt keine wesentlichen Veränderungen der Struktur u. mechan. Eigg. der abgeschreckten Legg., was auf ihre hohe Wärmestabilität hinweist. In abgeschreckten Legg. beeinflußt eine gewisse Erhöhung des *O*-Geh. nur wenig die Veränderung der Plastizität u. der Kerbschlagzähigkeit; jedoch tritt nach der Alterung einer Leg. mit erhöhtem O-Geh. eine starke Versprödungsneigung auf. H. Hochstein. 6492◇

2032 **Warmluft-Brennschneiden-Verfahren und Wirtschaftlichkeit.** J. A. Browning. (Welding J. **41**, 453–56, 1962; Lebanon, N.H., Thermal Dynamics Corp.; engl.) — Übersicht über Grundzüge, Ausführung u. Anwendung des Warmluft–Brennschneidens (*W*-Lichtbogen-Brennschneiden unter Ersatz von *Ar* durch einen wirbelnden Luftstrom).
W. Wesly. 6502◇

2033 **Hochtemperatur-Kriechen einer Kupfer-Gold-Hartlotlegierung bei Schubbeanspruchung.** M. L. Rudee, L. E. Fischer, D. T. Pierce und R. A. Huggins. (Welding J. **41**, Nr. 10, Suppl.: Welding Res. 451s–454s, 1962; Stanford, Calif., Univ., Dep. of Metal Sci.; engl.) — Unterss. über das Schub-Kriech-Verh. eines Hartlotes mit 50 (%) *Cu* u. 50 *Au* bei 900–1135° führen zur Aufstellung einer Gleichung, die die Abhängigkeit der Kriech-Geschw. (KG) von Temp. u. Spannung ausdrückt. KG steigt mit abnehmender Dicke der Lötverbindung. Durch Anlassen bei hoher Temp. steigt KG dicker Lote; jedoch wird KG dünner Lote wenig beeinflußt.
W. Wesly. 6504◇

2034 **Das Hartlöten von Graphit.** R. G. Donnely und G. M. Slaughter. (Welding J. **41**, 461–69, 1962; Oak Ridge, Tenn., Oak Ridge Nat. Labor., Metallurgy Div.; engl.) — Beschreibung der Ausführung von Hartlötungen von Graphit–Graphit u. Graphit–Metall unter Verw. von *Au–Ni–Mo* u. *Au–Ni–Ta*-Legierungen. W. Wesly. 6504◇

2035 **Farbenphotographische Darstellung schweißtechnischer Vorgänge.** W. Kraus und F. Kolb. (Photogr. u. Wiss. **11**, Nr. 1, 34–37, 1962; Leverkusen, Farbenfabr. Bayer AG, Ing. Abt. AP; dt.) — Mit farbigen Abbildungen.
E. Moisar. 6506◇

2036 **Gas-Metall-Lichtbogenschweißen von Aluminium mit dicken Zusatzdrähten.** James A. Liptak. (Aluminium **38**, 581–89, 1962; Spokane, Wash.; dt. — C. **1962**, 11718.)
M. Gehlen-Keller. 6506◇

2037 **Schweißen hochfester Aluminiumlegierungen.** I. B. Robinson, F. R. Collins und J. D. Dowd. (Welding J. **41**, Nr. 5, Suppl.: Welding Res. 221s–228s, 1962; New Kensington, Pa., Aluminum Co. of America, Alcoa Res. Labor.; engl.) — Von den hochfesten, durch Wärme bearbeitbaren Al-Legg. ist Leg. *2219* am leichtesten zu schweißen. Die Ausführung der Schweißungen u. die Eigg. der Schweißen werden beschrieben. W. Wesly. 6506◇

2038 **Über die Strukturänderung kalt bearbeiteter Titanbleche.** Toshimi Yamane. (Light Metals [Tokyo] **13**, 31–38, 1963; Hitachi Shipbuilding and Engng. Co., Ltd.; jap., Auszug: engl.) — An 6 mm starkem, 30 Min. bei 800° angelassenem, kalt gewalztem (66,6% Dickenabnahme), schutzgasgeschweißtem Ti-Blech ausgeführte Unterss. zeigen, daß das aufgetragene Metall u. die Zone des Kornwachstums etwas härter als die rekrist. Zone sind; die Härteverteilung ist beträchtlich u. die Struktur somit instabil. Zugprüfungen an senkrecht zur Schweißnaht abgeschnittenen Proben ergeben eine Zugfestigkeit von ca. 42–43 kg/mm². An der Rekristallisationszone brechen die Proben durch. Die Zugfestigkeit der Schweiße beträgt nach 1std. Anlassen bei 600° ca. 38–40 kg/mm²; die Proben brechen in der Zone des Kornwachstums oder des aufgetragenen Metalls. Die mittlere Größe der rekrist. Körner hängt vom Bearbeitungsgrad vor dem Schweißen ab; bei 5% Kaltbearbeitung erhält man gröbere Körner. W. Wesly. 6506◇

2039 **Beispiele von Anwendungen und Schadenfällen beim Einsatz von CrNiMo-Stählen in der chemischen Industrie.** E. J. Mayenfisch. (Z. Schweißtechn. [Zürich] **52**, 112–19, 1962; Basel, Ciba Akt.-Ges.; dt.) — Die von der chem. Industrie bei der Verw. von Stählen geforderte Korrosionsbeständigkeit im Zusammenhang mit dem Schweißen wird erläutert u. an Beispielen erörtert. — Diskussion.
F. Vier. 6506◇

2040 **Eigenschaften von Reibungsschweißen zwischen verschiedenartigen Metallen.** Thomas H. Hazlett. (Welding J. **41**, Nr. 10, Suppl.: Welding Res. 448s–450s, 1962; Berkeley, Calif., Univ. of California, Dep. of Ind. Engng.; engl.) — Die Ausführung von Reibungsschweißungen zwischen *Al*-Leg. *2024* u. *Cu, Zr* u. *Schmiedeeisen, Zr* u. *rostfreiem Stahl, Ni* u. *Mg* u. die Eigg. der erzeugten Schweißen werden beschrieben. W. Wesly. 6506◇

2041 **Experimentelle Ermittlung der Erwärmungs- und Abkühlungsgeschwindigkeit beim kurzzeitigen Schmelzen**

von Stahl unter Argonschutz. J. Beckstroem und H. Fiehn. (Schweissen u. Schneiden **15,** 222—32, 1963; Berlin; dt.) — Zur Abschätzung der Folgen eines schnellablaufenden Schweißvorgangs wird eine schemat. dargestellte Betrachtungsweise empfohlen. — 36 Literaturangaben. F. Vier. 6506◇

2042 **Die Neigung von elektrisch geschweißten Rohren aus Stahl Ch 18 N 10 T zur interkristallinen Korrosion.** O. Ss. Wiljams und T. M. Kowaltschuk. (Metallkunde therm. Metallbearb. [UdSSR] **1963,** Nr. 1, 39—41; Nikopol, Süd-Turbinenwerk; russ.) — Die Neigung elektr. geschweißter Rohre aus dem austenit. nichtrostenden Cr–Ni-Stahl *Ch18N10T* zur interkristallinen Korrosion (IK) ist durch den zu geringen Geh. an gebundenem *Ti* zu erklären. Im geschweißten Zustand beträgt die Menge an in der Schweißnaht gebundenem Ti nur 0,14—0,22%. Eine *C*-Erhöhung in der Schweißnaht um 0,01—0,02% im Vgl. zum Grundmetall bewirkt auch die Tendenz zur interkristallinen Korrosion. Eine Wärmebehandlung der elektr. geschweißten Rohre (Abschreckung von 1050°) erhöht die Menge an gebundenem Ti in der Naht u. bewirkt dadurch eine erhöhte Beständigkeit des Werkstoffes gegen interkristalline Korrosion. Wärmebehandelte elektr. geschweißte Rohre aus *Ch18N10T* mit einer bis auf $\geqq 0{,}1$ mm abgeschliffenen äußeren Oberfläche der Schweißnaht widerstehen ohne Kaltverformung der Unters. auf IK nach der AM(GOST)-Meth. mit einem Anlassen bei 650°. H. Hochstein. 6506◇

2043 **Trommeln von rostfreiem Stahl zur Oberflächenbehandlung.** D. W. Pettigrew. (Metal Finishing **61,** Nr. 2, 46—49, 51, 1963; New York, N.Y., Committee of Stainless Steel Producers; engl.) F. Vier. 6508◇

2044 **Das mechanische Polieren von Aluminium und Aluminiumlegierungen.** Ch. Etienne. (Corrosion et Anticorrosion **10,** 205—14, 1962; Serv. techn. de l'Aluminium franç.; franz.) — Überblick. F. Vier. 6510◇

2045 **Potentiostatisches, differentielles Ätzen der Gefügebestandteile in 18/8 Cr–Ni-Stählen.** Benno Röschenbleck und Ernst Konrad Buss. (Werkstoffe u. Korrosion **14,** 261—69, 1963; Osnabrück; dt.) — Die Stromdichte-Potentialkurven eines *18/8 Cr–Ni*-Stahls in H_2SO_4, H_3PO_4, *NaOH* u. *Oxalsäure* werden potentiostat. aufgenommen u. die Bedingungen für differentielle Ätzungen abgeleitet. Die Kurven zeigen 3 Maxima. Infolgedessen können für das Ätzen 4 typ. Gebiete unterschieden werden. Im akt. Zustand werden alle Gefügebestandteile geätzt. Im Gebiet der prim. Passivität wird nur die σ-Phase angegriffen. Kornflächenätzung geht im Gebiet der Transpassivität vor sich. Im Gebiet der sek. Passivität werden die Korngrenzen mit den Sondercarbiden geätzt. Im Gebiet der O-Entw. geht wieder allg. Ätzung vor sicht. Stets wird die σ-Phase angegriffen. Durch eine Reihe von Schliffbildern wird der Zusammenhang zwischen Potential u. Angriff erläutert. F. Vier. 6512◇

2046 **Verhinderung von Kupferabscheidungen während des Beizens.** I. Geld, M. Acompora und W. L. Miller. (Metal Finishing **60,** Nr. 2, 38—40, 47, 1962; Naval Shipyard, N.Y., Naval Material Labor.; engl.) — Beim Beizen von *Stahl* in verd. *NaCl* enthaltender H_2SO_4 wurde das Auftreten von *Cu*-Überzügen auf der Stahloberfläche beobachtet. Der Cu-Geh. der Beize stammt von Rohren aus 96% Cu u. 3% *Si*, mit denen Dampf der Beiz-Lsg. zugeführt wird. Durch Zusatz eines aromat. substituierten *Thioharnstoffs* oder eines Gemisches von Thioharnstoff u. *Diäthylharnstoff* konnte die Cu-Abscheidung verhindert werden. F. Vier. 6512◇

2047 **Das elektrolytische Polieren in der Technik. Durchführung und Aussichten.** P. A. Jacquet. (Rev. Métallurgie **59,** 1055—69, 1962; franz.) — Überblick. H. Hochstein. 6514◇

2048 **Ionenaustauschanlagen zur Reinigung und Aufbereitung von Galvanikabwässern.** F. Furrer. (Galvanotechnik **54,** 272—81, 1963; Küsnacht-Zürich; dt.) — Vgl. C. **1963,** 11781. — Prakt. Betriebserfahrungen. M. Gehlen-Keller. 6514◇

2049 **Der Einfluß von elektrolytisch abgeschiedenen Metallen auf die Dauerfestigkeit von unlegiertem Stahl bei Reibungskorrosion.** R. B. Waterhouse P. A. Brook und G. M. C. Lee. (Wear [Amsterdam] **5,** 235—44, 1962; Nottingham, Univ.; engl.) — Auf unlegiertem Stahl werden elektrolyt. Metallüberzüge aus *Ag, Cu, Zn, Sn, Pb, Ni* oder *Cr* mit einer Dicke von 0,0015, 0,003 u. 0,005 in. aufgetragen u. danach wird die Anzahl der Reibungswechsel bis zum Bruch festgestellt. Es zeigt sich, daß es eine krit. Anzahl solcher Reibungswechsel gibt, unterhalb derer die Haltbarkeit der Probe unbegrenzt ist, u. die als Reibungsfestigkeitsgrenze bezeichnet wird. Diese ist proportional der Quadratwurzel der Überzugsdicke für jedes einzelne Metall. Die Gesamt-Wrkg. eines elektrolyt. abgeschiedenen Überzugs hängt auch von den nachteiligen Einfl. der Plattierung auf die Dauerfestigkeit des Stahls ab. Die wirksamsten Metalle zur Erhöhung der Reibungs-Dauer-Festigkeit sind diejenigen, die verhältnismäßig weich sind, eine hohe Wärmeleitfähigkeit besitzen u. die aus Bädern von hoher Kathodenleistung, z. B. *Ag* u. *Cu*, niedergeschlagen werden. H. Hochstein. 6516◇

2050 **Titanüberzüge schützen Metalle.** A. R. Stetson. (Materials Design Engng. **57,** Nr. 3, 81—84, 1963; International Harvester Co.; engl.) — Viele Metalle u. Legg. können jetzt elektrolyt. mit einer bis zu 40 mils dicken Ti-Schicht überzogen werden u. damit hohe Korrosionsbeständigkeit gewinnen. Diese Ti-überzogenen Röhren, Ventile usw. zeigen die gleiche Widerstandsfähigkeit gegenüber Salzsprühregen wie reines Ti u. bei 6 Wochen langem Lagern in Meerwasser fast so wenig Korrosion. Sie erweisen sich als sehr beständig gegen $FeCl_3$, $Ca(OCl)_2$ u. *Königswasser*. — Das als Kathode dienende Metallstück wird in ein als Anode dienendes Graphitgefäß mit 100 lbs. Fluoridsalz Inhalt eingebracht. Die Elektrolytschmelze besteht aus 50—100% K_2TiF_6 u. entsprechend 50—0% Alkalifluorid. Die Elektrolyse wird bei 1380 bis 1740° F u. 4 V Spannung bei einer Stromdichte von 16 bis 32 A/dm² ausgeführt. — Vorteile dieser Meth. sind die Verw. billiger Chemikalien, die Unempfindlichkeit gegenüber Verunreinigungen des Bades, die lange Gebrauchsfähigkeit desselben (100 lbs. Schmelze genügen zum Überzug von 400 sq.ft. Röhrenmaterial) u. der schnelle Anfangsüberzug. Verss., Ti aus organ. u. wss. Lsgg. elektrolyt. abzuscheiden, schlugen fehl. Die Schichtdicke betrug dabei nur wenige μ. E. Haslinger. 6516◇

2051 **Stromloses Abscheiden von Nickel, Korrosionsbeständigkeit und Dickenbestimmung.** Fred Pearlstein. (Metal Finishing **60,** Nr. 4, 48—50, 1962; Philadelphia, Pa., Frankford Arsenal.; engl.) — Untersucht wurde die Korrosionsbeständigkeit von stromlos aus Hypophosphit enthaltenden Lsgg. auf Stahl abgeschiedenen *Ni*-Schichten. Die beste Korrosionsbeständigkeit hatte die aus einem sauren *Citrat–Acetat*-Bad abgeschiedene Ni-Schicht. Die Abscheidungs-Geschw. aus einem bernsteinsauren Bad war am höchsten. Sie war am niedrigsten bei Verw. eines alkal. Bades, es ergab Ni-Schichten mit der geringsten Korrosionsbeständigkeit. Die Verff. zur Dicken-Best. der Ni-Schichten werden beschrieben. F. Vier. 6520◇;

2052 **Oxydationsmechanismus einiger Nickel–Chrom-Legierungen.** N. Birks und H. Rickert. (J. Inst. Metals. **91,** 308—11, 1963; Göttingen, M.P.I. für physikal. Chemie; engl.) — 18 Proben von Ni–Cr-Legg. mit 30, 60 u. 80% Cr wurden an Luft bei 850 u. 1100° über 22—500 Std. oxydiert. Die gebildeten Oxidschichten wurden röntgenograph. untersucht. In allen Fällen wurden Linien gefunden, die Cr_2O_3 entsprechen, jedoch keine Linie, die dem Spinell $NiCr_2O_4$ zukommt. Auf Grund dieser u. früher von anderen Beobachtern gefundenen Ergebnisse wird ein Oxydationsmechanismus vorgeschlagen, der für das ganze Gebiet der Ni–Cr-Legg. gilt. — 32 Literaturangaben. F. Vier. 6530◇

2053 **Untersuchung der Oxydation des Niobs mittels der Elektronenbeugung.** J. J. Trillat und L. Tertian. (Mém. sci. Rev. Métallurgie, Mémoires **60,** 23—29, 1963; Bellevue, Seine-et-Oise, Labor. de Rayons X du C.N.R.S.; franz.) — Mittels der Elektronenbeugungs-Meth. wird die Oxydation dünner krist. Nb-Schichten in Luft sowie unter vermindertem Druck untersucht. Unter denselben Bedingungen wird auch die Oberflächenoxydation massiver Nb-Plättchen verfolgt. Es zeigt sich bei diesen Unterss., daß die Bldg. von NbO_2, von verschiedenen Arten von Nb_2O_5 u. auch die Bldg. des Carbids *NbC* unter erhöhtem Druck auftritt. Die Rk.-Geschw. u. die Bldg.-Temp. hängen vom Luftdruck u. auch von der Nb-Textur ab. — 19 Literaturangaben. H. Hochstein. 6530◇

2054 **Die Korrosion von Kupfer-Nickel-Legierungen in Lösungen von Salzsäure.** A. W. Turkowskaja und Ui-ju Sse. (Hochschulnachr. [Ordshonikidse], Nichteisenmetallurgie

[UdSSR] **4**, Nr. 5, 174—78, 1961; Krasnojarsk, Inst. für Buntmetalle, Lehrstuhl für Korrosion u. Elektrochemie; russ.) — Untersucht wird das Korrosions- u. das elektrochem. Verh. von *Cu–Ni*-Legg. in *HCl*; hierbei wird festgestellt, daß eine sprungartige Veränderung der Korrosionsbeständigkeit dieser Legg. in salzsauren Lsgg. bei einem Geh. von 20—25% Ni auftritt. Es zeigt sich, daß die chem. Beständigkeit durch die Entstehung von schützenden Phasenhäutchen auf der Leg.-Oberfläche bedingt ist. Die Verw. von Cu–Ni-Legg. mit über 25% Ni wird wegen ihrer Beständigkeit in verd. HCl-Lsgg. für Temp. bis 60° empfohlen.
H. Hochstein. 6538◇

2055 **Einfluß von Siliciumzusätzen auf die Korrosion von austenitischen Chrom–Nickel-Stählen in salpetersaurer Lösung mit sechswertigem Chrom.** Henri Coriou, André Desestret, Lucien Grall und Joseph Hochmann. (C. R. hebd. Séances Acad. Sci. **254**, 4467—69, 1962; franz.) — Bleche aus Cr–Ni-Stahl mit 15,6—16,0 (%) *Cr*, 0,3—0,4 *Mn*, 13,8—14,1 *Ni*, 1,0—4,1 *Si* u. 0,013—0,020 *C* werden nach dem Anlassen bei 1150° mechan. poliert u. die Korrosions-Geschw. (KG) in 5n HNO_3 mit (a) 1 g $Cr(NO_3)_3$/Liter bzw. (b) 1 g CrO_3/Liter gravimetr. bestimmt. Während KG in a mit dem Si-Geh. der Bleche ansteigt, fällt KG mit steigendem Si-Geh. in b-Lsgg. u. erreicht bei 4,1% Si in 24 Std. ca. 100 mg/dm². In Blechen mit >2% Si wird in b keine interkristalline Korrosion beobachtet. Mit steigendem Si-Geh. tritt in oxydierenden Lsgg. eine Anreicherung von Si in der Passivschicht auf. Herbert Müller. 6538◇

2056 **Die bewuchshemmenden Eigenschaften von Zink.** V. Romanovsky. (Corrosion et Anticorrosion **10**, 267—69, 1962; Centre de Rech. et d'Études Océanogr.; franz.) — Proben aus Zn u. aus mit Zn überzogenem *Stahl* (z. B. aus dem Schmelzfluß durch Galvanisieren, durch Aufspritzen oder durch *Zn*-Pulver enthaltendes *Polyvinylharz*) wurden 4 Jahre auf einer Vers.-Station im Watt von Rance bei St. Malo gelagert. Die Proben wurden alle 2 Monate beobachtet u. photographiert. Schmelz-Fl. überzogene u. Zn-gespritzte Proben blieben unversehrt. Bei galvan. überzogenen Proben traten nach 5 Monaten schadhafte Stellen auf, ebenso bei mit Polyvinylharz überzogenen. Dabei wurde beobachtet, daß Zn mit einer Reinheit von 98,50% besser den Bewuchs mit Seeorganismen verhindert als Zn 99,99%ig. Reinheit. F. Vier. 6538◇

2057 **Die Korrosionsbeständigkeit von austenitischen Chrom–Mangan-Stählen in einigen organischen Medien.** F. N. Tawadse, T. A. Laschchi und M. D. Zkitischwili. (Mitt. Akad. Wiss. GrusinSSR **28**, 333—39, 1962; Tbilissi, Akad. der Wiss. der GrusinSSR; russ.) — Die Erhöhung der Cr-Geh. in Cr–Mn-Legg. mit Bldg. einer ferrit.-carbid. Struktur erhöht die Korrosionsbeständigkeit der Legg. gegen alle Arten von Lsgg. der *Wein-* u. *Tee*-Herstellung. Für technolog. Medien, die der Konserven-Herst. dienen, besitzen die Legg. jedoch keine ausreichende Korrosionsbeständigkeit. Eine gute Beständigkeit in den angegebenen Lsgg. besitzen auch austenit. Cr–Mn-Stahl-Legg., deren Beständigkeit allerdings bei Erhöhung des C-Geh. u. der anderen Leg.-Elemente, welche eine Ausscheidung überschüssiger Phasen hervorrufen u. somit die Mehrphasigkeit der Leg. erhöhen, verschlechtert wird. Für die Tee-Herst. besteht die Möglichkeit, Cr–Mn-Legg. mit austenit.-carbid. Gefüge zu verwenden, welche allerdings gegen Lsgg. der Wein- u. Konserven-Herst. keine Korrosionsbeständigkeit besitzen.
C. Hochstein. 6538◇

2058 **Eine Übersicht über die neuzeitlichen Verpackungsverfahren zur Korrosionsverhütung beim Transport. 1. Mitt. Driclad — ein System zur Korrosionsbekämpfung bei Transport und Lagerung.** D. Gonda. (Corrosion Prevent. Control **9**, Nr. 3, 33—37, 1962; Res. and Dev., Ltd.; engl.) — Beschreibung von feuchtigkeitsdichten, mit Reißverschluß versehenen „Driclad“-Kunststoffhüllen zum korrosionsfesten Transportieren u. Lagern von metall. Werkstücken.
W. Wesly. 6538◇

2059 **Kathodischer und anodischer Korrosionsschutz für chemische Apparaturen.** Gösta Wranglén. (Svensk kem. Tidskr. **73**, 175—90, 1961; Stockholm, Kgl. Tekn. Högsk., Inst. för tekn. elektrokemi; schwed.) — Übersicht. Tabelle mit Korrosionspotentialen von *Zn, Al, Fe, Pb, Cu, Ni, Ag, TiPt* u. deren Legg. u. *Zircaloy-2* in 3%ig. NaCl-Lsg. in Luft nach Messungen des Vf. sowie Angaben über Anodenmaterial, das in HCOONa/HCOOH-Lsgg. wegen zu starker Korrosion unbrauchbar war. — 44 Literaturangaben.
A. Senning. 6538

2060 **Korrosionsschutz durch Chemikalien bei der Ölverarbeitung. 1. Mitt. Grundsätzliches über Korrosion und Korrosionsinhibitoren.** Ernst G. Nottes. (Erdöl Kohle-Erdgas-Petrochem. **15**, 538—41, 1962; Ludwigshafen, BASF; dt.) — Filmbildende, meistens polare Verbb. sind für den Korrosionsschutz geeignet. Langkettige Fettamine sowie Fettsäurepolyamide in geeigneten Lsgm. u. Verteilungsmitteln können dabei in ihrer Wrkg. durch entsprechende Acetylen-Derivv. verstärkt werden. — 22 Literaturstellen.
W. Lauk. 6538◇

2061 **Korrosionsschutz durch Chemikalien bei der Erdölverarbeitung. 2. Mitt. Prüfungen und Messungen, Betriebskontrolle und Anwendung.** Ernst G. Nottes. (Erdöl Kohle-Erdgas-Petrochem. **15**, 640—43, 1962; dt.) — 1. vgl. vorst. Referat. — Es wird über zweckmäßige, aufeinander abgestimmte Labor.-Tests für die Bewertung u. Anwendung von neuen Korrosionsschutzmitteln berichtet. Eine exakte Abtrennung auch von relativ geringen Salzmengen bzw. Salzwasseremulsionen bei der Rohölaufarbeitung bes. in Raffinerien u. eine richtig gesteuerte Anwendung von Korrosionsinhibitoren bei Einstellung des jeweils günstigsten pH-Wertes in den Anlagen verlängern die Lebensdauer der Anlagen u. ergeben beträchtliche Kosteneinsparungen.
K. Triems. 6540◇

2062 **Über die Abriebsprüfung manganreicher Weichen. Verschleiß von manganreichem, abgeschiedenem Schweißmetall.** Akira Yagi. (Trans. Japan Soc. mechan. Engr. **28**, 1384—93, 1962; jap., Auszug: engl.) — An Schweißen aus Mn-reichem Metall (auf Baustahl mit ca. 0,7% *C* für Weichen) ausgeführte Abrieb-Verss. zeigen, daß die Bldg. von „pittings“ geringfügig, der Einfl. der Schmierung beträchtlich ist. Bei austenit. Struktur Mn-reicher Schweißen zeigt sich die gleiche Neigung zum Verschleiß wie bei Mn-reichem Stahlguß.
W. Wesly. 6546◇

2063 Mullard Ltd., London, England (Erfinder: Clifford Benjamin Phillips und Reginald George Phillips), **Herstellung von Pellets** von im wesentlichen gleichen Gew. u. kugeliger Form. Es werden zunächst Pellets von nicht kugeliger Form hergestellt u. in ein Fl.-Bad fallen gelassen, welches in seiner oberen Schicht mit seiner Temp. über dem F. des Pelletmaterials liegt während die unteren Schichten ein unterhalb des genannten F. liegende Temp. aufweisen. Während die Pellets durch das Fl.-Bad absinken, werden sie aufgeschmolzen u. erstarren als Kugeln. Die Fl. kann aus *Siliconöl, n-Octansäure, bromierter Octansäure* oder einer Mischung aus *n-Octansäure* u. *Monochloressigsäure* bestehen. Beispiel: Herst. von Pellets aus *In* oder *In* u. *Ga*. — Abbildung. **(E. P. 904 211** vom 10/12. 1958, ausg. 22/8. 1962.)
M. Neckermann. 6377

2064 Union Carbide Corp., New York, N.Y. (Erfinder: Fritz Otto Wienert und Anthony Francis Nasiadka, Niagara Falls, N.Y.), V.St.A., **Pellets für metallurgische Reduktionsverfahren** mit Kern aus einem verdichteten Gemisch von feinverteilten Oxiden des *Fe, Ti* u./oder *Cr* u. solchen Mengen eines festen, C-haltigen Red.-Mittels, daß sie zur vollständigen Red. der Oxide ausreichen u. darüber hinaus das gebildete Metall ganz oder teilweise in ein Carbid überführen können u. als Überzug ein Gemisch eines sauren schlackenbildenden Stoffes mit einem bas. schlackenbildenden Stoff enthalten, die bei der nachfolgenden Red. wenigstens teilweise vor Beendigung der Red. schmelzen u. hierbei eine so viscose Schmelze bilden, daß sie prakt. nicht in das Innere des Pellets eindringt. **(D. A. S. 1 143 029** Kl. 40a vom 4/5. 1961, ausg. 31/1. 1963. **F. P. 1 289 770** vom 3/5. 1961, ausg. 24/8. 1962. Beide A. Prior. 6/5. 1960.) M. Neckermann. 6377

2065 Eisenwerk-Gesellschaft Maximilianshütte m. b. H., Sulzbach-Rosenberg Hütte/Obpf. (Erfinder: Albert Pack, Sulzbach-Rosenberg Hütte, und Bruno Zischka, Amberg/Obpf.), **Brikettieren von pulverförmigen Stoffen,** wie Feinerzen, Gichtstaub, Walzensinter u. dgl. oder Mischungen derselben, die Basenträger enthalten, mit H_2SO_4 u. wss. $FeSO_4$-Lsgg. oder diese Stoffe enthaltenden Endbeizen, wobei der H_2SO_4-Geh. vorzugsweise 2—8% beträgt u. ca. 10—16% der H_2SO_4 in Form ihrer Salze vorliegen. Nach einer Mischdauer von 2—15 Min. wird die Mischung sofort gepreßt, die Briketts nach dem Pressen gewässert u. abschließend der Einw. von Luft von normaler Außentemp. unterworfen. (**D. A. S. 1 140 592** Kl. 18a vom 27/4. 1959, ausg. 6/12. 1962.) M. Neckermann. 6377

2066 Wilhelm Petersen, Aachen, und Siegfried Wawroschek, Porz-Langel, Bez. Köln, **Brikettieren von Feinerzen.** Dem Erz wird $Mg(OH)_2$ u./oder $Ca(OH)_2$ in einem Anteil von 3—15% oder *Kalkstein* u./oder *Dolomit* in einem Anteil von 10—30% der gesamten Menge der Mischung beigegeben u. das Verpressen bei kurzen Preßzeiten entsprechend den bei Strang- u. Ringwalzenpressen erreichbaren Drücken durchgeführt. Beispiele: Brikettieren von *Filter-*, *Rostspat-* u. *Gichtstaub*, ferner von *Feinrohspat*, *Kiesabbrand* u. *Rohspatschlamm*. (**D. A. S. 1 142 442** Kl. 40a vom 18/10. 1957, ausg. 17/1. 1963.) M. Neckermann. 6377

2067 Dinglerwerke Akt.-Ges., Zweibrücken, Hermann Schenck und Werner Wenzel, Aachen, **Sintern im Schachtofen.** Der Ofen wird in seinem Wandbereich mit ungesintertem, *Fe-Erz* enthaltendem Material von verhältnismäßig kleiner Korngröße u. im axialen Bereich mit vorgesintertem Erz von relativ größerem Korn von oben beschickt. Heiße Verbrennungsgase werden durch die Ofenwand quer durch die Beschickung geblasen u. durch die Säule gröberen Gutes in der Mitte abgeführt. Die Ofenbeschickung wird kontinuierlich oder absatzweise durch den Ofen geführt u. normalerweise wird Brennstoff lediglich dem ungesinterten Material vor der Beschickung des Ofens zugemischt. — Abbildung. (**E. P. 899 049** vom 5/6. 1960, ausg. 20/6. 1962. D. Prior. 5/1. 1959.) M. Neckermann. 6379

2068 Hüttenwerk Oberhausen Akt.-Ges., Oberhausen, **Kühlung von feingranulierten oder pulverförmigen Eisenerzen.** Das red. Material wird zwischen 600 u. 1200° aus dem Red.-Raum entnommen u. ohne Zwischenkühlung in ein kräftig bewegtes Wasserbad eingetragen. Zweckmäßig wird die Überführung in das Wasserbad unter Schutzgas vorgenommen. (**E. P. 906 515** vom 11/2. 1960, ausg. 19/9. 1962. D. Prior. 24/2. 1959.) M. Neckermann. 6391

2069 Albert Otto Hemmann (Erfinder: Albert Otto Hemmann), Wiesbaden, **Aufschluß des bei der Aluminiumgewinnung aus Bauxit anfallenden Rückstandes „Rotschlamm" durch Chlorierung.** Das in dem zunächst getrockneten staubfeinen Rotschlamm enthaltene Fe_2O_3 bzw. $Fe(OH)_3$ wird z. T. durch ca. 350° heißes CO–H_2-Gasgemisch in magnet. Fe_3O_4 umgeformt, dann unter Zumischung von $CaCl_2$ das Gemisch aus beiden Stoffen einige Std. auf 530—600° erhitzt. Darauf wird das *NaCl* u. andere gebildete lösl. Chloride ausgelaugt u. sodann durch magnet. Scheidung des getrockneten Rückstands TiO_2 u. andere Teile der Gangart abgetrennt. Das Fe_3O_4 wird bei 600—850° im CO–H_2-Strom zu *Fe* red., worauf die so gewonnenen Feststoffe im Elektroofen eingeschmolzen u. in fl. Fe u. tonerdereiche Schlacke getrennt werden. Abbildung. (**D. A. S. 1 143 529** Kl. 18a vom 7/5. 1962, ausg. 14/2. 1963.) M. Neckermann. 6401

2070 Giovanni Fusani, Italien, **Gußlegierung mit verbessertem elektrischem Leitungswiderstand,** z. B. für *Anlaßregelwiderstände*, die keinen Schwingungen oder Erschütterungen ausgesetzt sind. Sie enthält in großen Mengen *Si* u./oder *Mn*, *Al*, dem noch *Cr*, *Ni*, *Mo*, *Ti* u./oder *V* zugesetzt sein können. Um den *C*-Geh. herabzusetzen, kann bis zu 30% *Fe*, zur Verminderung der Sprödigkeit u. zur Verbesserung des Widerstands gegenüber Korrosion, Hitze u. mechan. Einw. können 0,5—1,8% *Mg*, *Cu*, *Sn* u./oder *Zn* zugesetzt werden. Beispiele: 94—62 (%) Si–Mn-Schmelze, 4—30 Al, 2—8 Mg, Cu u. Zn; soll neben dem elektr. Widerstand auch die Reibung u. Verarbeitungsmöglichkeit verbessert werden, so verwendet man zur Herst. 92—45 Si–Mn-Schmelze, 4—30 Al, 2—8 Mg, Cu u. Zn, 0,5—5 Cr, 1—4 Ni, Mo, Ti u./oder V, 0,5 bis 8 Sn. (**F. P. 1 271 854** vom 13/10. 1960, ausg. 22/1. 1962. It. Prior. 27/6. 1960.) H. Baur. 6421

2071 Stolberger Zink Akt.-Ges. für Bergbau- und Hüttenbetrieb, Aachen (Erfinder: Erich Pelzel, Stolberg/Rhld.), **Herstellung von Zink höherer Reinheit aus Hütten- oder Umschmelzzink.** Die Zn-Schmelze wird mit *Na* u./oder *K* bei ca. 500° bis ca. 5% legiert u. auf ca. 430° abgekühlt sowie von der Pb-reichen Phase befreit. Die Pb-Entfernung wird weiterhin unterstützt in Ggw. von *Al* bis 10% vorzugsweise 0,01—1%, *Cu* —5%, *Ca* u./oder *Mg* —1%. (**D. A. S. 1 142 704** Kl. 40a vom 22/8. 1961, ausg. 24/1. 1963.) M. Neckermann. 6427

2072 National Smelting Co. Ltd. (Erfinder: John Lumsden), London, England, **Betrieb eines Bleischachtofens.** Ein sowohl O_2 als auch *Wasserdampf* enthaltender vorerhitzter Wind wird dem Ofen zugeführt, wobei das Ausmaß des Vorerhitzens des Windes ausreichend ist, um einen geringen *Pb*-Geh. in der abgestochenen Schlacke zu bewirken u. die Wasserdampfmenge wenigstens ausreicht, um die Erzeugung einer übermäßig hohen Temp. zu verhindern. (**D. A. S. 1 143 030** Kl. 40a vom 18/12. 1961, ausg. 31/1. 1963. E. Prior. 6/1., 9/10. u. 8/12. 1961.) M. Neckermann. 6431

2073 Ampco Metal, Inc., übert. von: John F. Klement, Milwaukee, Wis., V.St.A., **Korrosionsbeständige Aluminiumbronzelegierung mit verbesserter Zähigkeit und Abriebfestigkeit** besteht aus 13—20 (%) *Al*, 1—8 *Fe*, 0,5 bis 5 *Co*, Rest Cu. Die bevorzugte Zus. ist: 16,01 Al, 5,19 Fe, 3,68 Co, Rest 75,12 Cu. Gefüge u. Härte der Leg. können durch Erhitzen auf 1050—1400° F für 1—2½ Std., je nach der Dicke des Werkstückes, anschließendem Abkühlen auf Zimmer-Temp. mit einer Geschw. von mehr als 20° F/Std. u. 1 in. Dicke u. erneutes Erhitzen auf 650—1050° F mit abschließendem Abkühlen auf Zimmer-Temp. gleichmäßiger ausgebildet werden. Die Leg. kann noch bis 1 *Sn*, *Zn*, *Pb*, *Ni*, *Si* u./oder *Be* enthalten. Verwendet wird die Leg. z. B. für *Tiefziehwerkzeuge* u. Teile die einem Abrieb unterworfen sind, ferner zur Herst von blanken oder umhüllten *Schweißdrähten*. (**A. P. 3 025 158** vom 9/9. 1957, ausg. 13/3. 1962.) C. F. Gross. 6433

2074 Westinghouse Electric Corp., East Pittsburgh, übert. von: Paul A. Flinn, Franklin Township, Westmoreland County, Pa., V.St.A., **Nickellegierung** mit hoher Festigkeit bei erhöhten Temp. (bis ca. 1150°), z. B. für *Schaufeln* u. *Düsen* von *Turbinen* besteht aus 79—81 (Gew.-%) Ni, 9—11 *Al*, Rest *Fe* (die üblichen Verunreinigungen ausgenommen). Sie wird unter nichtoxydierenden Bedingungen erschmolzen u. vergossen, warm verarbeitet u. hat dann eine feine Struktur, die eine weitere Kaltverarbeitung zuläßt. (**A. P. 3 021 211** vom 5/6. 1959, ausg. 13/2. 1962.) H. Baur. 6435

2075 Sierra Metals Corp., übert. von: Rudolf H. Thielemann, Palo Alto, Calif., V.St.A., **Nickel-Gußlegierung** mit hoher Festigkeit bei erhöhten Temp., z. B. zur Verw. im *Gasturbinen-Verbrennungsraum*. Sie besteht aus 20—35 (%) *W*, 2—10 *Cr*, 0,5—8 *Ta*, 1—6 *Al*, 0,1—3 *Ti*, 0,1—0,5 *C*, 0,001—1,0 *Zr*, ggf. bis zu 1 *Si*, bis zu 5 *Mo*, bis zu 5 *Fe*, bis zu 15 *Co*, wobei der Co-Geh. nicht > als 25% der Gesamtgeh. an Ni + Co sein soll, bis zu ca. 3 *Nb*, wobei der Nb-Geh. nicht > als 50% des Ta-Geh. sein soll, Rest Ni. (**A. P. 3 026 198** vom 11/4. 1960, ausg. 20/3. 1962.) H. Baur. 6435

2076 Sierra Metals Corp., V.St.A., **Korrosionsfeste Nickellegierung,** welche bis zu 1100° warmfest ist. Sie besteht aus 6—17 (Gew.-%) *Cr*, 5—20 *W*, 0,25—3 *Nb*, 2—8 *Al*, 0,02—0,30 *C*, 0,001—0,02 *B* u./oder 0,001—0,5 *Zr*, 2—15 *Co*, bis zu 4 (aber den Al-Geh. der Leg. nicht überschreitend) *Ti*, Rest Ni, wobei Verunreinigungen, Desoxydationsmittel u. andere, ohne Einfl. auf die Eigg. der Leg. bleibende Stoffe unberücksichtigt sein sollen. Der Cr-Geh. soll 15 nicht überschreiten, wenn der Geh. an Nb > 1 u. der an Co > 5, die Geh. an W < 11 u. an Al < 5 sind. (**F. P. 1 277 658** vom 13/1. 1961, ausg. 30/3. 1962.) H. Baur. 6435

2077 Nicholas J. Grant, Winchester, und Albert G. Bucklin, Cambridge, Mass., V.St.A., **Hitzebeständige, vergütbare Nickel–Chrom–Aluminium-Legierung** mit verbessertem Widerstand gegenüber Erweichen bei den Aushärtebedingungen bei bis zu 1200° F. Sie enthält ca. 30—40 (Gew.-%) Cr, ca. 2 bis 5 Al, Rest im wesentlichen Ni, ggf. noch bis zu *5 Fe* bis zu 5 *Mo*, bis zu 10 *Co*, bis zu 2 *Ti*, bis zu 2 *Nb*, bis zu 4 *Si*. Der Cr + Ni-Geh. beträgt mindestens 80—85 der Gesamtzus., das Verhälsnis Ni:Cr = ca. 1,3:1 bis ca. 1,75:1. Die Mengenverhältnisse der einzelnen Bestandteile können variieren. Enthält die Leg. z. B. 30—45 Cr u. insgesamt mindestens 70 Cr + Ni, so kann sie unter 2—5 Al noch einen Rest aus bis zu 20 Fe, bis zu 10 Mo, bis zu 15 Co, bis zu 3 Ti, bis zu 2 Nb, bis zu 4 Si, bis zu 2 Mn, bis zu 2 Sn enthalten. (**A. P. 3 015 558** vom 16/9. 1959, ausg. 2/1. 1962. **F. P. 1 267 470** vom 13/9. 1960, ausg. 22/11. 1961. A. Prior. 16/9. 1959.) H. Baur. 6435

2078 Sierra Metals Corp., Chicago, Ill., übert. von: Rudolf H. Thielemann, Palo Alto, Calif., V.St.A., **Hochhitzebeständige Kobaltlegierung** für Bauteile von *Gasturbinen.* Sie besteht im wesentlichen aus ca. 15 bis 30 (Gew.-%) *Cr*, ca. 5—15 *W*, ca. 0,5—5 *Nb*, ca. 0,01—3 *Zr*, ca. 0,1—1,3 *C*, Rest Co. Sie kann ferner noch bis ca. 0,2 *B* u. *Ta* in einer solchen Menge, daß Nb + Ta $\leq$ 20, wenn Nb allein mehr als 3 u. daß Ta allein nicht mehr als das Doppelte des Geh. an Nb, wenn letzteres $\leq$3 ist, enthalten. Beispiele: ca. 25 Cr, ca. 15 W, ca. 2 Nb, ca. 0,75 C, ca. 0,1 Zr, ca. 0,02 B, ca. 5 Fe, Rest Co; oder ca. 20 Cr, ca. 7,5 W, ca. 1,5 Nb, ca. 2,5 Ta, ca. 0,5 Zr, ca. 1,0 C, Rest Co. (**A. P. 3 026 199** vom 28/7. 1958, ausg. 20/3. 1962.) H. Baur. 6435

2079 American Metal Climax, Inc., New York, N.Y. (Erfinder: George Ansel Timmons, Ferndale, und Marion Semchyshen, Dearborn, Mich.), V.St.A., **Molybdängußlegierungen** nach Schwz. P. 355 298 bestehen aus 0,01—0,08 (%) *Zr*, 0,01—0,25 *C*, bis 0,005 *O*, Rest Mo. Die bevorzugten Legg. enthalten neben Zr 0,01—0,04 C u. bis 0,0015 O. Außerdem können die Legg. noch 0,1—0,22 *Ti*, 0,02—0,20 *Co*, 0,25—1,0 *Nb* oder 0,25—1,0 *V* enthalten. Die Legg. sind gut gießbar, warm bearbeitbar u. noch kriechfest bei 871—1093°. Durch den erhöhten C-Geh. läßt sich der O-Geh. regulieren. (**Schwz. P. 362 850** vom 13/2. 1959, ausg. 15/8. 1962. A. Prior. 24/2. 1958. **Zusatz zu Schwz. P. 355 298; C. 1963, 678.**) C. F. Gross. 6441

2080 Metallgesellschaft Akt.-Ges., Frankfurt/M., und Süddeutsche Kalkstickstoff-Werke Akt.-Ges., Trostberg/Obb. (Erfinder: Horst Mühlberger, Frankfurt/M., Franz Kaess, Traunstein/Obb., Ludwig Grimm und Johann Drost, Hart/Alz), **Herstellung von Magnesium-Silicium-Legierungen mit mindestens 15% Silicium,** die außer *Ca* u. *Fe* noch *Ni*, *Cu*, *Mn*, *Al* u. *Seltene Erdmetalle* enthalten können, bei denen die Leg.-Partner in einem vorwiegend aus C bestehenden oder mit C-Zuschlägen hergestellten Tiegel im Induktionsofen miteinander legiert werden, dad. gek., daß die homogenisierte Leg. beim Vergießen so schnell abgekühlt wird, daß keine Entmischung auftreten kann. Die Leg. kann in flache Kokillen oder in einer Schichtdicke von 20—50 mm auf Fe-Platten vergossen werden. (**D. A. S. 1 142 444** Kl. 40b vom 9/9. 1960, ausg. 17/1. 1963. Norw. Prior. 26/2. 1960. **Zusatz zu D.A.S. 1 131 895; C. 1963, 16734.**) C. Götze. 6445

2081 Aluminum Co. of America, Pittsburgh, übert. von: Charles B. Criner, Murrysville, Pa., V.St.A., **Aluminiumknetlegierung** mit hoher Festigkeit, hohem Widerstand gegenüber Spannungskorrosion u. leichterer Zerspanbarkeit als Legg. ohne Geh. an Bi u. Pb. Sie besteht im wesentlichen aus Al u. enthält 0,63—2,02 (%) *Mg* u. 0,37 bis 1,04 *Si*, wobei Mg u. Si in solchen Mengen vorhanden sind, daß 1—2,5 Mg_2Si gebildet werden; sie enthält außerdem 0,4 bis 0,75 *Bi* + *Pb*, ggf. nach 0,1—0,5 *Cu*, 0,1—0,5 *Mn*, 0,02 bis 0,3 *Cr* u./oder 0,01—0,25 *Ti*. Die Leg. wird vor der Warmverarbeitung einer Lösungsglühbehandlung zwischen 920° u. 1075° F unterworfen, nach der Warmverarbeitung abgeschreckt u. kalt weiterverarbeitet mit einer Querschnittverminderung um weniger als 30%. Beispiele: 0,95 Mg, 0,6 Si, 0,25 Cu, 0,06 Cr, 0,55 Bi, 0,55 Pb, 0,06 Ti, Rest Al; oder 0,8 Mg, 1,3 Si, 0,25 Cu, 0,7 Mn, 0,4 Bi, 0,4 Pb, 0,06 Ti, Rest Al. (**A. P. 3 031 299** vom 23/8. 1960, ausg. 24/4. 1962.) H. Baur. 6447

2082 Apex Smelting Co., Chicago, Ill., übert. von: Donald L. Colwell, Shaker Heights, Ohio, V.St.A., **Aluminium-Druckgußlegierung** mit guter Oberflächenbeschaffenheit im oxydierten Zustand. Sie besteht im wesentlichen aus 3,5—6,0 (%) *Zn*, 0,6—2,0 *Fe*, 0,25—2,0 *Sb*, Rest im wesentlichen Al, ggf. noch Geh. an 0,15—0,50 *Mn*, 0,15 bis 0,5 *Mg*, bis zu 2,0 *Si* u./oder 0,1—2,0 *Cu* in verschiedenen Variationen. (**A. P. 3 019 101** vom 28/4. 1960, ausg. 30/1. 1962.) H. Baur. 6447

2083 Martin-Marietta Corp., übert. von: Noble N. Ida, Towson, Md., V.St.A., **Aluminiumlegierung,** die gegenüber den in *Druckwasserkernreaktoren* auftretenden Drücken u. Temp. beständig ist. Sie besteht aus ca. 0,5 bis 2,0 (%) *Ni*, 1,0—3,5 *Ti*, ggf. nicht mehr als 0,5 *Si* u./oder *Nb*, Rest Al. (**A. P. 3 020 154** vom 24/4. 1958, ausg. 6/2. 1962.) H. Baur. 6447

2084 Crucible Steel International Soc. An., Nassau, Bahamas (Erfinder: Robert Isaac Jaffee, Worthington, Horace Russel Ogden, Columbus, und Ralph Arthur Happe, Worthington, Ohio, V.St.A.), **Verwendung von Titanlegierungen,** bestehend aus 0,25—7,5 (%) *Al* u./oder 0,25—16 *Sn*, u. zusätzlich einem oder mehreren der Elemente: 0,25—5 *Bi* oder *In*, 0,1—10 *Nb*, *Ta* oder *Zr*, 0,1—30 *V*, 0,1 bis 15 *W*, 0,1 bis weniger als 2 *Fe* oder *Co*, 0,1—1,5 *Ni*, 0,1—2,5 oder 4—5 oder 7,5 *Mn*, 0,1—2,5 oder mehr als 5 bis zu 12,5, ggf. bis zu 18, *Cr*, 0,1—2,5 oder 5—15, ggf. bis zu 20, *Mo*, bis zu 0,3 *O*, bis zu 0,3 *C* u. bis zu 0,2 *N*, Rest mindestens 70 Ti, zur Herst. von Teilen, die nach dem Schweißen dehnbar bleiben. (**D. A. S. 1 142 445** Kl. 40b vom 26/11. 1953, ausg. 17/1. 1963.) C. Götze. 6449

2085 Birmingham Small Arms Co. Ltd., England, **Nioblegierungen** bestehen aus 0,05—2 (%) *C*, 5—20 *Ti*, 6—44 *W*, ggf. insgesamt bis zu 39 *Fe*, *Ni*, *Co*, *Cr*, *V*, *Mo*, *Ta*, *Zr*, *Mn*, *Al*, *Si*, *Ce* u./oder andere *Seltene Erdmetalle*, *Hf*, *Th*, *U* u./oder *Re*, Rest mindestens 51 Nb neben üblichen Verunreinigungen, wobei C in Form eines oder mehrerer *stabiler Carbide* an *Nb*, *Zr*, *Ti*, *V* u./oder Hf gebunden ist, die bes. als feine Teilchen mit einer Größe von $25 \cdot 10^{-4}$ bis $25 \cdot 10^{-7}$ mm in den Legg. verteilt sind. Bevorzugte Bereiche für die Zusatzelemente sind: 5—15 Ti, 6—35 W, je 0—10 Fe, Ni, Co, Cr u./oder Zr, je 0—5 V, Mn, Al u./oder Si, je 0—15 Mo u./oder Ta u. 0—3 Ce u./oder andere Seltene Erdmetalle. Eines oder mehrere Carbide können in Form feiner Teilchen der geschmolzenen Leg. oder der Leg. im Pulverzustand vor der Sinterung zugesetzt werden oder sie können auch durch chem. Rk. erzeugt werden. Die Legg. sind zunderbeständig u. bes. kriechfest bei über 1000°. (**F. P. 1 274 748** vom 15/10. 1960, ausg. 23/2. 1962. E. Prior. 17/10. 1959.) C. F. Gross. 6449

2086 Universal Oil Products Co., Des Plaines (Erfinder: James Hoekstra, Evergreen Park, und Edward Michalko, Chicago), Ill., V.St.A., **Rückgewinnung von Edelmetall aus entaktivierten Katalysatoren,** bes. *Pt*. Der fluoridhaltige Katalysator wird zunächst mit einer im Bereich von 90—110% des stöchiometr. Äquivalents der *Tonerde* im Katalysator liegenden H_2SO_4-Menge behandelt u. der dabei anfallende, Tonerde, Edelmetall u. Fluorid enthaltende Schlamm durch Digerieren bei erhöhter Temp. mit einer größeren als der für das Auflösen der im Schlamm enthaltenden Tonerde benötigten Menge einer wss. H_2SO_4 von 15—80% Konz. prakt. von Fluorid befreit. (**D. A. S. 1 143 335** Kl. 40a vom 27/8. 1960, ausg. 7/2. 1963.) M. Neckermann. 6459

2087 Richard John Fletcher, Cambridge, England, **Herstellung von feinen Metallpulvern.** Durch Vakuumverdampfung oder elektr. Entladung hergestellter Metalldampf wird solchen Verf.-Bedingungen u. Vakuum oder niedrigem Druck unterworfen, daß das Metall als feines Pulver ausfällt. Hierzu wird der Metalldampf zweckmäßig mit inertem Gas in Berührung gebracht. Beispiel: Herst. von *Al*-Pulver. — Abbildung. (**E. P. 902 719** vom 15/7. 1957, ausg. 9/8. 1962.) M. Neckermann. 6475

2088 134 Woodworth Corp., übert. von: Eric Gregory, Hastings on Hudson, N.Y., V.St.A., **Herstellung einer, harte feuerfeste Oxide zur Verhinderung einer Gleitverformung in feiner gleichmäßiger Verteilung enthaltenden Strangpreßlegierung.** Das Basismetall mit einem F. über 750° aus der *Cu*-, *Pt*- oder *Fe*-Gruppe (ein Metall, dessen Oxid bei 25° eine negative freie Bldg.-Energie von über 70000 cal/g-Atom O hat) wird zu kleiner als 300 μ großen Teilchen zerkleinert u. mit bis zu ca. 5 Gew.-% Pulver eines ein feuerfestes Oxid bildendes Metalls (*Si*, *Al*, *Mg*, *Be*, *Zr*, *Ti*, *Th* oder *Seltene Erdmetalle*, deren Oxide bei höheren Temp. im wesentlichen stabil sind u. die bei 25° eine negative freie Bldg.-Wärme von 90000 cal/g-Atom O u. einen F. über ca. 1500° haben) vermischt. Diese Pulvermischung wird zwischen mindestens ca. 500° u. einer unterhalb des F. des verwendeten Basismetalls liegenden Temp. einer oxydierenden Atmosphäre ausgesetzt, so daß sich auf den Metallpartikeln eine Oxidschicht bildet. Bei erneuter Erhitzung auf wenigstens ca. 500° in inerter Atmosphäre zersetzt sich die oberflächig gebildete Oxidschicht u. der entstehende O vermag in die Metallteilchen einzudiffundieren u. das Metall in das entsprechende Oxid umzuwandeln. Sodann wird das so behandelte Pulver in reduzierender Atmosphäre erneut bis unter den F. erhitzt, um das von den Teilchenoberflächen zurückgebliebene überflüssige Oxid zu reduzieren. Dann wird das Pulver zu einer im wesentlichen festen Form verdichtet u. heiß in die gewünschte Form verpreßt. (**A. P. 3 026 200** vom 11/10. 1956, ausg. 20/3. 1962.) H. Baur. 6475

2089 E. I. du Pont de Nemours & Co., Wilmington, übert. von: Guy B. Alexander, Ralph K. Iler und Sherwood F. West, Brandywine Hundred, Del., V.St.A., **Herstellung metall-keramischer Gußteile.** Eine pulverförmige feste Dispersion von Teilchen eines feuerfesten Metalloxids (Al_2O_3, ZrO_2, ThO_2, *BeO*, SiO_2) in einem „inakt." Metall, wie *Fe, Co, Ni, Mo, W, Cr, Cu, Ag, Au, Cd, Pb, Sn, In* (deren Oxide unterhalb 1000° durch H reduzierbar sind u. eine freie Bldg.-Energie unter 88 kcal/g-Atom O bei 27° haben) wird mit der Schmelze eines „akt." Metalls mit einem F. über 1200° wie *Nb, Ti, Be, Mg, Al, Si, Zr* (deren Oxide unterhalb 1000° durch H nicht reduzierbar sind u. eine Bldg.-Energie über 88 kcal/g-Atom O bei 27° haben) in Mengen von mindestens 4 Mol-%, bezogen auf das Gew. der Oxidteilchen, so vermischt, daß die Oxidteilchen sich in der Schmelze im wesentlichen unlösl. verhalten. Die Temp. muß hoch genug sein (720°), um das inakt. Metall der pulverförmigen Dispersion zu schmelzen. Die Teilchen des feuerfesten Oxids haben eine durchschnittliche Größe von 5—1000 mμ u. eine Oberfläche, gerechnet in m^2/g, von 6/D bis 1200/D, worin D die Dichte der feuerfesten Masse in g/mm bedeutet. Das entstandene Prod. wird vergossen. Beispielsweise werden 0,6 Vol.-% koll. Al_2O_3 in eine Leg. aus 90 (Teilen) Al, 10 Cu u. 4 Mg eingebracht. (**A. P. 3 028 234** vom 3/3. 1961, ausg. 3/4. 1962.) H. Baur. 6475

2090 General Electric Co., übert. von: William E. Tragert, Scotia, N.Y., V.St.A., **Gesinterter Werkstoff auf Aluminiumbasis,** korrosionsfest gegenüber fließendem W. bei erhöhten Temperaturen. Handelsüblich reines Al, etwa 5 (Gew.-%) Nb_2O_5 u. 5 $SiCl_2$ werden in Pulverform gleichmäßig vermischt u. gesintert. Beispiele: 2 Nb_2O_5, 5 SiO_2, Rest Al oder 4 Nb_2O_5, 5 SiO_2, Rest Al. (**A. P. 3 034 200** vom 19/6. 1959, ausg. 15/5. 1962.) H. Baur. 6475

2091 Roy Waldrop, Houston, Tex., V.St.A., **Hartmetallstäbe** zur Herst. von Bohr- u. Fräswerkzeug mit harter Schneide. Zerkleinerte u. sortierte *WC*-Teilchen werden zuerst gereinigt, dann in eine Graphitform erwünschter Größe (Stabform) gebracht u. mit der Form auf 500—900° F erhitzt. Nachdem ein Flußmittel über die Carbidpartikel bei diesen Temp. gegossen ist, wird in die Form die Matrix aus 46—48% *Cu*, 39—41 *Zn*, 10—12 *Ni*, 0,15 *Si*, 0,02 *P* eingebracht u. mit offener Flamme geschmolzen, so daß diese in die Form hineinfließt u. mit dem gesintertem WC einen Verbundkörper ergibt. (**A. P. 3 028 644** vom 1/5. 1957, ausg. 10/4. 1962.) H. Baur. 6479

2092 Amchem Products, Inc., Ambler (Erfinder: Alfred Douty, Wyncote), Pa., V.St.A., **Herstellung von eine hochglänzende Oberfläche aufweisenden Metallformstücken aus Blechen aus Eisen oder Stahl.** Die Bleche werden zunächst auf Hochglanz poliert, dann mit einer 3 bis 9 μ dicken *Phosphatschicht* u. darauf mit einer Schmiermittelschicht versehen. Aus derart vorbehandelten Blechen werden die Gegenstände ausgestanzt, kalt verformt, von der Schmiermittelschicht befreit u., ggf. nach weiterer Reinigungsbehandlung, mit einem hochglänzenden Überzug aus galvan. aufgebrachtem Metall versehen. (**D. A. S. 1 144 564** Kl. 48d vom 9/8. 1955, ausg. 28/2. 1963.) H. Baur. 6509

2093 Metallgesellschaft Akt.-Ges., Frankfurt/M. (Erfinder: Berthold Wenderott, Altena/Westf.), **Vorbereitung von Halbzeug aus Eisen, Stahl oder Nickel-Chrom-Legierungen** für eine spanlose Verformung. Die mit Walz- oder Glühzunder bedeckten Werkstücke werden mit einer wss. Lsg. überzogen, die *Alkali-* u./oder *Erdalkalihydroxide* (bis zu 60%) u. ggf. *Carbonate, Borate, Nitrate, Chlorate, Bichromate, Manganate* u. *Phosphate* dieser Metalle oder von Schwermetallen (*Zn, Pb*) enthält, einzeln oder zu mehreren kombiniert. Wenigstens eines der Salze soll wasserunlösl. sein u. in feindisperser Verteilung vorliegen [bes. $Ca(OH)_2$ in Form von Ziehkalk]. Das so vorbehandelte Gut wird mit oder ohne Anwendung von Schutzgas geglüht u. ist somit zur spanlosen Verformung fertig. Glühtemp. ist die für das Weichglühen der jeweiligen Leg. übliche. (**D. B. P. 976 070** Kl. 48d vom 26/10. 1951, ausg. 7/2. 1963. Anmeldung bekanntgemacht 29/1. 1953.) H. Baur. 6509

2094 Diversey (U. K.) Ltd., London, England, **Chemisches Entzundern und Polieren von rostfreiem Stahl** mittels einer wss. Lsg., die 1—10 (Gew.-%) *HCl*, 1—8 HNO_3, ggf. bis zu 60 H_3PO_4 enthält u. außerdem 0,1—20 eines nichtionogenen oberflächenakt. Mittels mit einer Polyalkylenoxidkette im Mol., welches ein Kondens.-Prod. aus 1. 1 (Mol)Phenol mit 5—30 Äthylenoxid, 2. 1 Alkylphenol mit 1—15 C-Atomen in der Alkylgruppe mit 5—30 Äthylenoxid, 3. 1 Alkylamin mit 10—20 C-Atomen in der Alkylgruppe mit 5—50 Äthylenoxid, 4. 1 aliphat. Alkohol mit 10—20 C in der Alkylgruppe mit 5—50 Äthylenoxid, 5. 1 Polypropylenglykol mit 10—50 Propylenoxidbindungen mit 4—160 Äthylenoxid oder 6. Mischung derselben ist. Beispiel: 3 (Gew.-%) HCl, 3 HNO_3, 1 Kondens.-Prod. aus 1 Mol *Isooctylphenol* mit 10 Mol *Äthylenoxid*, Rest W, ggf. 20 H_3PO_4. (**E. P. 889 571** vom 8/12. 1959, ausg. 21/2. 1962. A. Prior. 9/3. 1959.) H. Baur. 6513

2095 Arthur Abbey, London, England, **Reinigen und Glänzen von Gegenständen aus Magnesium** u. seinen Legg. mittels einer wss. Lsg., die *Glykolsäure* (10—40 Gew.-%) u. ein Alkali- oder Erdalkalinitrat [$Mg(NO_3)_2$ oder $NaNO_3$] oder NH_4NO_3 im Gew.-Verhältnis Glykolsäure: Nitrat (als Nitrationen) = 1:3 bis 1:5 enthält. (**E. P. 895 936** vom 22/12. 1960, ausg. 9/5. 1962.) H. Baur. 6513

2096 H. D. Hughes und R. W. Lewis, England, **Galvanoplastische Herstellung von Metallgegenständen.** Eine Form für den herzustellenden Gegenstand wird mit einer dünnen Schicht aus einem Gemisch, bestehend aus einer thermoplast. Masse, wie *Polyisobutylen* u. gemahlenen *Graphit*, überzogen. Auf diese den elektr. Strom leitende Schicht werden dann ein Metall oder mehrere Metallschichten galvan. niedergeschlagen, bis die gewünschte Schichtdicke erreicht ist. Der entstandene Gegenstand läßt sich dann gut von der Form trennen. (**Belg. P. 572 009** vom 14/10. 1958, ausg. 4/5. 1962. E. Prior. 15/10. 1957 u. 21/3. 1958.) F. Markhoff. 6515

2097 Soc. An. Geoffroy-Delore, Paris, Frankreich, **Herstellung von Metallüberzügen auf nichtleitenden Oberflächen,** z. B. aus *Cellulose-* oder *plast. Massen* oder *Metalloxiden* durch Aufbringen eines Metalls oder Metallsalzes, dessen Sulfid elektr. leitend ist, z. B. durch Tauchen in ein $SnCl_2$ oder $AgNO_3$ enthaltendes Bad, u. folgendes Behandeln mit H_2S. Auf die so gebildete *Sulfid*-Zwischenschicht kann galvan. ein Metallüberzug aufgebracht werden. (**E. P. 892 149** vom 25/2. 1959, ausg. 21/3. 1962. F. Prior. 25/2. 1958.) F. Vier. 6515

2098 Union Carbide Corp., New York, N.Y. (Erfinder: Richard Marion Porman, Speedway, Herbert Briggs Sargent, Indianapolis, Ind., und Headlee Lamprey, Lakewood, Ohio), V.St.A., **Herstellung von Metallüberzügen** durch Detonations-Einw. nach Schwz. P. 329 742. Der Überzug soll aus mindestens 70% eines über 1299° schmelzenden Stoffes mit einer Pyramidenhärte von 600 bei einer Belastung von 300 g u. einer Porosität $\lesssim$ 3% bestehen, z. B. aus *WC*, *TiC* oder B_4C. Er kann *Co*, *Ni* oder *Fe* als Bindemittel enthalten. Der zu überziehende Körper kann aus *Metall*, *Glas* oder *Plastik* bestehen. (**Schwz. P. 363 540** vom 5/6. 1956, ausg. 14/9. 1962. A. Prior. 14/6. 1955. **Zusatz zu Schwz. P. 329 742; C. 1960, 7333.**) F. Vier. 6517

2099 Interchrome Soc. An., Genf, Schweiz (Erfinder: Robert Lionel Samuel, London, England), **Überziehen von Eisen oder Nickel mit Chrom** in Ggw. eines *Cr-Halogenids* u. eines absorbierenden, inerten, feuerfesten Materials, z. B. Al_2O_3 oder *MgO*, in einem abgedichteten Behälter, dad. gek., daß das Grundmetall in Ggw. von Cr oder einer Cr-Leg., von NH_4J oder *J* u. von *Kaolin*, *Tonerde* oder MgO in dem Behälter erhitzt wird, u. daß der Behälter mit einer pulverförmigen oder körnigen glasigen Masse verschlossen wird, die bei der Rk.-Temp. des Chromierungsvorgangs schmilzt. NH_4J wird in einer Menge von 0,25% u. J in einer Menge von 0,1%, bezogen auf die Gesamtmenge von Überzugsmetall, Kaolin bzw. Al_2O_3 oder MgO u. NH_4J u. J eingesetzt. (**D. B. P. 976 039** Kl. 48b vom 8/6. 1950, ausg. 24/1. 1963. Anmeldung bekanntgemacht 5/7. 1951. E. Prior. 7/3. 1946.) F. Vier. 6519

2100 Metallgesellschaft Akt.-Ges. (Erfinder: Arnold Münster und Wilhelm Ruppert), Frankfurt/M., **Herstellung von Überzügen aus reinen hochschmelzenden Carbiden** von *Ti, Zr, Hf, V, Nb* oder *Tb* auf Eisenwerkstoffen, dad. gek., daß diese Überzüge auf Werkstücken aus

Gußeisen oder Stahl mit einem *C*-Geh. über 1% an der Oberfläche bei über 600°, bes. bei 900—1100°, in der Weise abgeschieden werden, daß die Werkstücke in einem Gasgemisch aus H_2 u. einem *Halogenid* des carbidbildenden Metalls geglüht werden. Die überschüssigen Anteile der Rk.-Gase werden nach Abtrennung der entstandenen Halogenwasserstoffe im Kreislauf geführt. Vor dem Abkühlen des Werkstückes wird der Halogenwasserstoff aus dem Rk.-Raum entfernt. (**D. A. S. 1 142 261** Kl. 48b vom 30/7. 1952, ausg. 10/1. 1963.) F. Vier. 6529

2101 Nehézvegyipari Kutató Intézet, Vészprém (Erfinder: Ferenc Kuhár, Veszprém, und József Kozó-Palotás, Jászberény), Ungarn, **Erhöhter Schutz von Aluminiumkonstruktionsmaterial,** das für mit NH_3-Kühl-Fl. betriebene Absorptionskühleinrichtungen verwendet wird, indem zur Kühl-Fl. 0,2—2% filmbildende organ. aliphat. *Amine* mit 12—20 C-Atomen u. *Dicyclohexylamin* in Ggw. eines Emulgators (z. B. Salze der verwendeten Amine) zugefügt werden. (**Ung. P. 150 554** vom 9/3. 1962, ausg. 27/1. 1963.) F. Landsberger. 6539

2102 Ciba Soc. An., Schweiz, **Oberflächenschutz von Niob und Tantal.** Diese Metalle werden bei erhöhter Temp. mit einer flüchtigen Verb. der allg. Formel H—Z—R behandelt, in welcher Z sowohl N, wie *S*, *P* oder *O* bedeuten kann, R ein längeres Radikal, welches mit dem Radikal Z derart stabil verbunden wird, daß man das Metall in einer Atmosphäre der flüchtigen Verb. abkühlt u. danach im Vakuum entgast. Beispielsweise ist R ein heterocycl. Rest, der ggf. ein oder mehrere Substituenten aufweist. Es kann auch NH_3 oder *Hydrazin* verwendet werden. (**F. P. 1 275 187** vom 25/11. 1960, ausg. 26/2. 1962. Schwz. Prior. 2/12. 1959.) H. Baur. 6539

2103 Ernst Schackmann, Deutschland, **Verhinderung der Korrosion von Metallen,** bes. von *verzinkten* Oberflächen (Blechen, Rohren). Auf sie wird eine gleichmäßige Schicht aufgebracht aus einem hochmol. Paraffin-KW-Stoff (raffiniertes *Paraffin* mit einem Öl-Geh. bis zu 0,5% u. einem F. von ca. 56°) als Grundsubstanz u. geringen Mengen eines Olefinpolymerisates (*Polyisobutylen*, 5%) u. eines ungesätt. Aromaten (*Kolophonium*, 1%), um die Haftfestigkeit u. das Zähigkeit–Temp.-Verh. der aufgetragenen Schicht in über den F. sämtlicher Komponenten hinaus erhitztem Zustand zu verbessern. Die Gesamtmenge des Olefinpolymerisates u. des ungesätt. Aromaten werden zunächst mit der doppelten Menge an hochmol. Grundsubstanz vermischt als Vorschmelze, der dann der Rest der insgesamt zu verwendenden Grundsubstanz (94%) bei einer über dem F. der höchstschmelzenden Mischungskomponente liegenden Temp. zugemischt wird. Die Auftragsmischung wird in erhitztem Zustand als Tauchbad verwendet. (**F. P. 1 270 919** vom 14/10. 1960, ausg. 10/1. 1962. D. Prior. 14/10. 1959.) H. Baur. 6539

2104 Denis Victor Glaser, London, und Ivor Ashton Davies, Norton-on-Tees, Durham, England, **Korrosionsverhinderung an metallischen Oberflächen durch Kühlflüssigkeiten.** Eine konz. wss. Lsg. enthält ein Alkali-(Na-)-benzoat, -nitrit u. -borat u. mindestens eine genügende Menge eines zwei- oder mehrwertigen Alkohols zum Lösen des Borats, z. B. *Äthylenglykol*, *Glycerin*, *Mannitol*, *Sorbitol*. Das Konzentrat wird mit W. im Verhältnis 1:24 verd. u. der Kühl-Fl. zugesetzt. Beispiel eines Konzentrats: 25 (Gew.-%) *Na-Benzoat*, 2,5 $NaNO_2$, 5 $Na_2B_4O_7$, 25 Äthylenglykol, 42,5 Wasser. (**E. P. 893 290** vom 8/4. 1959, ausg. 4/4. 1962.) H. Baur. 6539

2105 Gulf Research & Development Co., Pittsburgh, übert. von: James G. Jewell, O'Hara Township, Allegheny County, Pa., V.St.A., **Schutzfilm für feste metallische Werkstücke,** die mit Sole enthaltenden Mineralölen in Berührung kommen. Er besteht im wesentlichen aus Mineralöl u. wird durch die Mischung aus Öl u. Sole gebildet, welcher noch mindestens zwei oberflächenakt. Stoffe zugesetzt werden. Der eine ist eine *aliphat. Carbonsäure* mit 10—40 C-Atomen, ein *aliphat. Amin* mit 10—40 C-Atomen, ein *aliphat. Amid* mit 10—40 C-Atomen oder ein niedriges *aliphat. Aminsalz* der *Carbonsäure* mit 10—40 C-Atomen u. wird von der Oberfläche des Werkstücks adsorbiert, wobei der Berührungswinkel zwischen Öl u. Werkstück auf unter 90° herabgesetzt wird. Der andere oberflächenakt. Stoff dringt zwischen die Öl- u. Solebestandteile der Mischung ein, erniedrigt die Grenzflächenspannung zwischen beiden auf unter ca. 10 dyn/cm u. ist ein Aminsalz einer aliphat. Carbonsäure mit 1—4 C-Atomen, wobei die Gesamtzahl der C-Atome im Aminsalz 10 nicht überschreiten u. die Gesamtzahl der C-Atome der Aminkomponenten nicht >30 sein soll, ein *Polyoxyalkylen-Deriv. eines Fettsäureesters des Anhydroalkitols* mit einer Carbonsäure mit 10—30 C-Atomen, ein *polyäthoxyliertes höheres Alkylamin* oder ein *Polyäthylenglycolester* einer höheren Fettsäure. (**A. P. 3 017 353** vom 29/12. 1954, ausg. 16/1. 1962.) H. Baur. 6539

2106 **Magnesium Elektron Ltd.,** Manchester, übert. von: **Ronald James M. Payne,** Brecon, und **Norman Bayley,** Charlton, England, *Magnesiumlegierungen.* (**A. P. 3 039 868** vom 11/5. 1959, ausg. 19/6. 1962. E. Prior. 16/5. 1958. — C. **1962,** 2159 [F. P. 1 224 532].)

2107 **British Thomson-Houston Co. Ltd.,** London, England, *Magnesiumlegierungen.* (**Belg. P. 572 356** vom 24/10. 1958, ausg. 15/6. 1962. E. Prior. 25/10. 1957. — C. **1962,** 7685 [E. P. 851 871].)

2108 **Stamicarbon N. V.,** Heerlen, übert. von: **Henri J. H. Simon,** Geleen, Niederlande, *Herstellung von Nickel-Aluminium- oder Kobalt-Aluminium-Legierungen aus Raney-Katalysatoren.* (**A. P. 3 036 909** vom 9/2. 1959, ausg. 29/5. 1962. Niederl. Prior. 14/2. 1958. — C. **1962,** 2159 [Niederl. P. 96 087].)

2109 **Reactive Metals, Inc.,** Niles, Ohio, V.St.A., *Hochtemperaturfeste Titan–Zirkonium–Aluminium–Niob–Tantal-Legierung.* (**E. P. 899 555** vom 8/6. 1959, ausg. 27/6. 1962. A. Prior. 24/6. 1958. — C. **1962,** 7315 [F. P. 1 227 708].)

2110 **Sierra Metals Corp.,** Chicago, Ill., V.St.A. (Erfinder: **R. H. Thielemann**), *Niob–Tantal-Legierungen.* (**Belg. P. 571 940** vom 10/10. 1958, ausg. 20/4. 1962. A. Prior. 11/10. 1957. — C. **1960,** 4993 [A. P. 2 860 970].)

2111 **Ethyl Corp.,** New York, N.Y. (Erfinder: **Julian Miles Avery,** Greenwich, Conn.), V.St.A., *Verfahren zur Zerlegung eines Alkalimetallamalgams.* (**D. A. S. 1 142 062** Kl. 40b vom 7/5. 1958, ausg. 3/1. 1963. — C. **1961,** 15918 [E. P. 837 067].)

2112 **Sherritt Gordon Mines Ltd.** (Erfinder: **Vladimir Nicolaus Mackiw, Vasyl Kunda** und **John Bryan Haworth**), Toronto, Ontario, Canada, *Stromlose Metallisierung pulverförmiger Hartstoffe.* (**D. A. S. 1 143 373** Kl. 48b vom 21/3. 1957, ausg. 7/2. 1963. Can. Prior. 10/4. 1956. — C. **1962,** 5463 [Ind. P. 59 652].)

2113 **Aluminium-Walzwerke Singen G. m. b. H.** (Erfinder: **Dietrich Altenpohl**), Singen am Hohentwiel, *Ätzen von Aluminiumfolien.* (**D. B. P. 976 026** Kl. 48d vom 15/2. 1951, ausg. 17/1. 1963. Anmeldung bekanntgemacht 21/5. 1952. — C. **1956,** 5130 [Schwz. P. 305 732].)

2114 **Metallgesellschaft Akt.-Ges.,** Frankfurt/M. (Erfinder: **Walter R. Cavanagh,** Detroit, und **James J. Maurer,** St. Clair Shores, Mich., V.St.A.), *Vorbehandlung von Metalloberflächen vor dem Phosphatieren.* (**D. A. S. 1 144 565** Kl. 48d vom 20/7. 1957, ausg. 28/2. 1963. A. Prior. 2/8. 1956. — C. **1960,** 11816 [A. P. 2 874 081].)

2115 **Metallgesellschaft Akt.-Ges.,** Frankfurt/M. (Erfinder: **Andrew Nicholson,** Isleworth, Middlesex, England), *Phosphatieren von Eisenmetallen.* (**D. A. S. 1 144 991** Kl. 48d vom 1/10. 1959, ausg. 7/3. 1963. E. Prior. 3/10. 1958. — C. **1962,** 15398 [F. P. 1 246 802].)

2116 **Soc. Continentale Parker,** Clichy-Seine, Frankreich, *Kaltverformung mit Hilfe Zinkphosphat enthaltender Überzüge.* (**Belg. P. 572 500** vom 29/10. 1958, ausg. 29/6. 1962. D. Prior. 5/4. 1958. — C. **1962,** 7687 [Oe. P. 212 107].)

H_9. Organische Industrie

2117 **Die Entflammbarkeit von Trichloräthylen.** G. S. Scott. (U. S. Dep. Interior, Bur. Mines, Rep. Invest. **1963,** Nr. 6190, 1—5; Pittsburgh, Pa., Bureau of Mines, Explosives Res. Labor.; engl.) — Cl_2C:CHCl (**I**) kann im Gemisch mit Luft von 30—82° u. von 12,5—90 Vol.% zur Entzündung gebracht werden. Die obere Grenze kann jedoch möglicherweise auch bei 100 Vol.-% liegen. Die physikal. u. chem. Eigg. von **I** sind aufgeführt. W. Holland. H 520◇

2118 **Polyalkohole aus Ketonen und Formaldehyd.** F. Engelhardt und J. Wöllner. (Brennstoff-Chem. **44,** 178—83, 1963; Homburg/Niederrhein, Rheinpreußen AG, Forsch.-Labor. für Bergbau u. Chem.; dt.) — Aus HCHO u. Aceton sowie $CH_3COC_2H_5$ bzw. $(C_2H_5)_2CO$ werden durch partielle Hydroxymethylierung zu Ketopolyalkoholen u. anschließende katalyt. Hydrierung in techn. interessanten Ausbeuten folgende Polyalkohole dargestellt: *Pentamethylolisopropanol*, F. 83—84°; *3.3.3-Trimethylolisopropanol*, F. 149°; *Monomethylolisopropanol; 3.3-Dimethylolbutanol-(2)*, F. 91°, $Kp._{12}$ 173°; *3-Methylolbutanol-(2)*; *2.4.4-Trimethylolpentanol-(3)* (nicht ganz stabil). W. Lauk. 550◇

2119 **Die katalytische Entalkylierung von Xylol mit Wasserdampf.** Carl Kröger und Viktor Baron. (Brennstoff-Chem. **44,** 170—75, 1963; Aachen, TH, Inst. für Brennstoffchem.; dt.) — Die Zweikomponenten-Syst. Ni/Al_2O_3, Fe_2O_3/Al_2O_3, Cu/Al_2O_3 u. MoO_2/Al_2O_3 werden untersucht, wobei brauchbare Ergebnisse [Entalkylierung von ca. 50% Xylol (**I**)] nur mit Ni erhalten wurden. Die „Vergasung" von **I** beträgt dabei jedoch noch >20 Mol-%; sie kann durch Zuschläge von Cu, Cr_2O_3 u. MoO_3 herabgesetzt werden. Die niedrigsten Vergasungsgrade (ca. 5 Mol-% **I**) ergaben sich im Syst. $Ni/Cu/Al_2O_3$. Durch Rückführung des Rk.-Gases können die Ergebnisse noch verbessert werden. Ein an sich ungeeigneter $Ni/Cr_2O_3/Al_2O_3$-Kontakt bringt dabei ca. 25 Mol-% Toluol u. 15 Mol-% Bzl. bei nur 5 Mol-% I-Vergasung. Allg.

untersucht wird der Einfl. folgender Vers.-Variablen: Temp., Mol-Verhältnis Wasserdampf/Xylol u. Strömungsgeschwindigkeit. Der Rk.-Mechanismus (radikal.) wird diskutiert.
W. Lauk. H 1010◇

2120 **Neuere Untersuchungen über die Alkenylierung von Aromaten.** K. E. Möller. (Brennstoff-Chem. **44**, 175—78, 1963; Mülheim/Ruhr, Max-Planck-Inst. für Kohleforsch.; dt.) — In Ggw. von 95%ig. H_3PO_4 wird Bzl. durch Butadien (I) in 60%ig. Ausbeute (bezogen auf I) zu einem Gemisch von 4 isomeren Phenylbutenen (**A**) alkenyliert, deren Entstehung durch 1.2- bzw. 1.4-Addition zu erklären ist, wobei die 1.4-Addition in starkem Maße (94,4%) überwiegt. Durch Vakuum-Dest. können **A** isoliert bzw. angereichert werden. Auch die alkenylierten Verbb. von Toluol u. Xylol werden dargestellt. Bei der Rk. von Styrol mit **I** u. α-Methylstyrol mit I u. Isopren werden in 20—40% ig. Ausbeute bei hier vorherrschender 1.2-Addition unter Ringschluß zum Vinylindangerüst *1-Methyl-3-vinylindan* ($Kp._{10}$ 87°, n_D^{20} 1,5275), *1.1-Dimethyl-3-vinylindan* ($Kp._{760}$ 221,28°, n_D^{20} 1,5197) u. *1.1.3-Trimethyl-3-vinylindan* ($Kp._{760}$ 226,97°, n_D^{20} 1,5146) erhalten.
W. Lauk. H 1410◇

2121 **Herstellung von Cyclohexan in den Bergwerksbetrieben des Lothringischen Beckens.** Anonym. (Chim. et Ind. **89**, 687—88, 1963; franz.) — Ein Verf. der Cyclohexan-Herst. wird beschrieben, das in fl. Phase arbeitet. Die Besonderheiten dieses Verf. bestehen im wesentlichen in der Ausnutzung der Rk.-Wärme für die Verdampfung des Cyclohexans u. in der Anwendung des Gegenstromprinzips. Ausgangsstoffe sind S-freies Kohlenteerbenzol u. NH_3-Synthesegas. Als Katalysator dient hochakt. Raney-Ni.
W. Renker. H 1810◇

2122 Badische Anilin- & Soda-Fabrik Akt.-Ges. (Erfinder: Erich Haarer, Ludwigshafen/Rh., und Ernst Fürst, Neustadt a. d. W.), **Selektive Extraktion von paraffinische und aromatische Kohlenwasserstoffe enthaltenden Kohlenwasserstoffgemischen,** dad. gek., daß N-substituierte, 5-gliedrige, heterocycl. KW-Stoffe mit mindestens 2 N-Atomen im Ring, z. B. N-Vinylimidazol, als selektive Extraktionsmittel verwendet werden. (**D. A. S. 1 150 775** Kl. 23b vom 22/11. 1961, ausg. 27/6. 1963.)
E. Kahles. 6557

2123 Chemithon Corp., übert. von: Richard J. Brooks und Burton Brooks, Seattle, Wash., V.St.A., **Kontinuierliche Sulfonierung organischer Verbindungen,** die alkohol. OH-Gruppen, Olefinbindungen u. einen aromat. Ring enthalten, *bes. von Alkylbenzolen mit 8—18 C-Atomen im Alkyl.* Getrennt in ein Rk.-Gefäß eingeführte Ströme aus organ. Verb. u. 98—100%ig. H_2SO_4 oder Oleum werden gleichzeitig mit einer zuvor hergestellten Mischung aus den beiden Rk.-Teilnehmern gemischt. Die abgezogene Rk.-Mischung wird dann in zwei Ströme geteilt, von denen der eine nach dem Abkühlen in einem Wärmeaustauscher in das 1. Rk.-Gefäß zurückgeführt wird, während der 2. Strom nach dem Ausreagieren in einem weiteren Gefäß entweder mit W. oder verbrauchter, nach der Schichtentrennung erhaltener H_2SO_4 verd. wird. Anschließend wird die organ. Schicht, z. B. mit wss. NaOH, neutralisiert. Es wird sulfoniert: Alkylbenzol mit 12—15 bzw. 15 C-Atomen im Alkyl u. Xylol mit 22%ig. Oleum u. eine Mischung aus Öl-, Palmitin- u. Stearinsäuremethylester mit 98%ig. H_2SO_4. — Fließbild. (**A. P. 3 024 258** vom 11/6. 1957, ausg. 6/3. 1962.)
G. Krauß. 6567

2124 Standard Oil Co., Chicago, Ill. (Erfinder: James Otis Knobloch, Hobart, Ind., Hsiang Peng Liao, Baltimore, Md., und Donald Eugene Burney, Highland, Ind.), V.St.A., **Rückgewinnung von Schwermetallkatalysatoren aus einem Destillationsrückstand,** der durch Dest. eines Rk.-Gemisches aus der katalyt. Oxydation einer aliphat. substituierten aromat. Verb. in fl. Phase mit O_2 in Ggw. von Schwermetallkatalysatoren u. Br_2 erhalten wird. Man extrahiert den Dest.-Rückstand bei 50—150° mit 3—50 Vol. W., niedermol. gesätt. Monocarbonsäuren oder Gemischen davon, je Vol. Dest.-Rückstand u. führt ggf. einen Teil des Extrakts dem Oxydationsgemisch wieder zu. (**D. A. S. 1 150 065** Kl. 12o vom 10/10. 1960, ausg. 12/6. 1963.)
L. Stadelmann. 6583

2125 Kali-Chemie Akt.-Ges., Hannover (Erfinder: Herbert Jenkner, Köln), **Reduktion organischer oder anorganischer Verbindungen** durch Rk. mit einer Si-H-Verb. in Ggw. eines Borhalogenids, bes. eines Borchlorids, bei Temp. zwischen 0 u. 120°, ggf. in einem indifferenten Lösungs- oder Verdünnungsmittel. — Aus Benzylcyanid u. Diäthylsilan in Ggw. von BCl_3 bei 40—50°, gegen Ende der Rk. bei 90° → *Phenyläthylamin*; — analog aus $TiCl_4$ mit Triäthylsilan → Gemisch aus Ti u. niederen Ti-Hydriden u. -chloriden; — aus Stearinsäuremethylester über den Borsäurestearylester nach dessen Verseifung → *Octadecanol*; aus Laurylchlorid → *Laurylalkohol*; aus Heptaldehyd → *Heptanol*; aus Cyclohexanon → *Cyclohexanol*; aus Methylnonylketon → *Methylnonylcarbinol*; aus Laurinsäure → *Laurylalkohol*; aus Laurinsäureamid → *Laurylamin*; aus Benzophenon → *Benzhydrol*; aus Benzoesäurebenzylester → *Benzylalkohol*. (**D. A. S. 1 150 051** Kl. 12g vom 13/5. 1960, ausg. 12/6. 1963.)
H. Roos. 6585

2126 E. I. du Pont de Nemours & Co., übert. von: Thomas Alderson, Wilmington, Del., V.St.A., **Alkohole, Aldehyde und Ketone** mit 5—7 bzw. 9—13 C-Atomen erhält man durch Rk. von acycl. Olefinen (I) mit 4—6 C-Atomen mit CO u. W. im Verh. I:CO:W. = 1:0,1:0,1—1:5:15 bei 100—350° u. 100—3000 at in Ggw. von 0,00001 bis 0,1 Mol-% eines Edelmetallhalogenids der 8. Gruppe des Period. Syst. (II) (Ru, Rh, Pd, Os, Ir, Pt) je Mol I, ggf. zusammen mit einer Verb. der 5. Gruppe des II mit der Atomnummer 7—83 (N, P, As, Sb, Bi) der allg. Formel RM(R')R'' (R, R', R'' = H, Alkyl, monocycl. Arylrest bis zu 18 C-Atomen). — 100 (g) W., 1,0456 Rh-Chlorid, 1,5 Pyridin u. 168 Propylen werden 10 Std. lang bei 214° u. 980 at Anfangsdruck u. bei 170 at mit CO umgesetzt, das Rk.-Gemisch dest., das Destillat mit $CaCl_2$ gesätt. u. die organ. Schicht abgetrennt. Die $CaCl_2$–W.-Schicht wird mit Ae. extrahiert u. aus den vereinigten organ. Schichten 75 g *Isopropanol*-W.-Azeotrop gewonnen. Unter ähnlichen Bedingungen erhält man ein Gemisch aus gleichen Teilen Isopropanol u. *Isobutyraldehyd*. Butadien + $RhCl_3 \cdot 3\,H_2O$ (III) + $(C_6H_5)_3P$ + CO → *n-Amylalkohol*; Isobutylen + III + Pyridin (IV) + CO → *Isoamylalkohol* + *C_4-Carbonyl-Verb.*; 1,5-Hexadien + $RuCl_3$ + IV + CO → *Heptenal*. (**A. P. 3 020 314** vom 22/10. 1959, ausg. 6/2. 1962.)
A. Jahn. H 460

2127 Esso Research and Engineering Co., übert. von: Carl E. Heath jun., Nixon, N.J., V.St.A., **Radiochemische Methylierung von ungesättigten Kohlenwasserstoffen zu gesättigten KW-Stoffen.** Ein Gemisch von CH_4 u. einem Monoolefin mit einem CH_4:Olefin-Verhältnis von 9:1 bis 200:1 wird bei 650—900° F, 10—55 at mit radioakt. Strahlen in einer Dosis von 10^{-6} bis 10^8 kWh pro pound behandelt. — Zeichnung. (**A. P. 3 022 237** vom 30/4. 1958, ausg. 20/2. 1962.)
E. Kahles. H 510

2128 Sinclair Refining Co., New York, N.Y., übert. von: Emmett H. Burk jun., Hazel Crest, und Owen H. Thomas, Dolton, Ill., V.St.A., **Aktivieren von Platinmetall–Tonerde-Friedel-Crafts-Katalysator.** Der Katalysator wird mit $AlCl_3$-Dampf behandelt. — Verw. zur *Isomerisierung* von KW-Stoffen. (**A. P. 3 041 272** vom 15/12. 1959, ausg. 26/6. 1962.)
E. Kahles. H 510

2129 Pure Oil Co., übert. von: George W. Ayers, Chicago, und William A. Krewer, Arlington Heights, Ill., V.St.A., **Herstellung von geruchlosen, stabilen Alkylatfraktionen.** Ein Gemisch von Isoparaffinen u. Olefinen wird einer H_2SO_4-Alkylierung bei 30—50° F in Ggw. einer P-Verb., wie Phosphorsäuren oder P_2O_5, unterworfen u. das Alkylat in Ggw. von Thiodiphenylamin destilliert. (**A. P. 3 038 017** vom 15/12. 1959, ausg. 5/6. 1962.)
E. Kahles. H 510

2130 Dow Chemical Co., Midland, Mich., übert. von: Franciszek Olstowski, Freeport, und John Donald Watson, Lake Jackson, Tex., V.St.A., **Fluoroform** erhält man durch Rk. von Trifluormethylhalogenid (I) (Halogen = Cl, Br, J) mit H_2 bei 450—900° während 0,1—10 Sek., wobei das Mol-Verhältnis von I zu H_2 1:4 bis 4:1 beträgt. Ein Cu-Katalysator ist vorteilhaft, wenn die Rk. bei niederer Temp. erfolgt. (**A. P. 3 042 727** vom 4/6. 1959, ausg. 3/7. 1962.)
J. Mühleisen. H 510

2131 Courtaulds Ltd. (Erfinder: John Chardwick Dunbar und Graham Rogers), London, England, **Reinigung von Tetrachlorkohlenstoff (I),** der S-Chlorid (**II**) enthält, dad. gek., daß der rohe **I** mit einer wss. Lsg. von Na-, K- oder NH_4-Sulfit kräftig vermischt u. die wss. Phase abgetrennt wird. Dabei wurden die **II** hydrolysiert u. ohne Abscheidung von S in lösl. Salze, wie $Na_2S_2O_3$ u. $Na_2S_3O_6$, verwandelt. (**D. A. S. 1 149 698** Kl. 12o vom 31/7. 1961, ausg. 6/6. 1963. E. Prior. 3/8. 1960.) J. Mühleisen. H 510

2132 Union Carbide Corp., übert. von: Donald H. Hirsh und Charles E. Hodges, South Charleston, W.Va., V.St.A., **Herstellung von Äthylendichlorid (I)** im Kreislauf-Verf. aus Äthylen, HCl u. O. Das aus dem Rk.-Gefäß (II) kommende Gas wird vor der Rückführung in das II mit Dimethylphthalat gewaschen, da das im Gas befindliche I ungünstig auf die Rk. von Äthylen u. HCl wirkt. — Zeichnung. (**A. P. 3 042 728** vom 15/4. 1960, ausg. 3/7. 1962.) J. Mühleisen. H 510

2133 Union Carbide Corp., New York (Erfinder: Robert Mitchell Milton, Buffalo), N.Y., V.St.A., **Abtrennung von Kohlendioxid aus seinen Mischungen mit Äthylen** erfolgt durch Behandlung mit Zeolithen als Mol.-Siebe mit einem Porendurchmesser von wenigstens 4, bes. 5 Å u. der allg. Formel $1{,}0 \pm 0{,}2\ M_{2/n}O \cdot Al_2O_3 \cdot 1{,}85 \pm 0{,}5\ SiO_2 \cdot YH_2O$ (M = Alkali- oder Erdalkalimetall; n = dessen Wertigkeit; Y = ganze Zahl von 0—6 je nach Art des M u. dem Entwässerungsgrad des Zeoliths) bei höchstens 40, bes. 15—30°, u. >2,6, bes. 6,8—35 at. Aus dem Sieb wird das aufgenommene CO_2 durch Behandeln mit N_2, H_2, Methan oder einem Edelgas oder deren Mischungen als Spülgas bei 250—550° u. niedrigem, bes. normalem Druck ausgetrieben. Das gereinigte *Äthylen* enthält >25 Teile CO_2 je Million Teile Äthylen. In den Beispielen wird Zeolith A (hergestellt nach D. A. S. 1 038 017; C. **1959,** 8388), dessen Na auch durch Ca ersetzt sein kann, verwendet. (**D. A. S. 1 149 711** Kl. 12o vom 28/11. 1960, ausg. 6/6. 1963. A. Prior. 27/11. 1959.) G. Krauß. H 520

2134 Polymer Corp. Ltd., Sarnia, Ontario, Canada (Erfinder: Donald Herbert Welch, Donald David Livingstone und Walter Hayduk), **Reines Isobutylen (I)** erhält man durch Extraktion von KW-Stoffen, die dieses enthalten, mit 4 C-Atomen (Olefine u. Paraffine) mit 55—65%ig. wss. H_2SO_4, die höchstens 2% nichtwss. Verunreinigungen enthält, bei 23—35° u. 6,8—9,98 at. Die H_2SO_4-Lsg., in der I als tert.-Butanol gelöst vorhanden ist, wird dann zur Entfernung der darin enthaltenen KW-Stoffe bei 57—60° belüftet u. dann daraus das I gewonnen. Die extrahierte KW-Stoffmischung kann mit frischer H_2SO_4 nachextrahiert u. die erhaltene H_2SO_4-Lsg. dann zur Extraktion von frischen KW-Stoffen verwendet werden. Die wiedergewonnene H_2SO_4 wird im Vakuum bei 65—93° u. 5,08—25,4 cm Hg konzentriert. — Fließbild. (**E. P. 897 584** vom 16/8. 1960, ausg. 30/5. 1962.) G. Krauß. H 520

2135 VEB Deutsches Hydrierwerk Rodleben, Rodleben (Erfinder: Kurt Stickdorn, Roßlau, und Edgar König, Meinsdorf), **Herstellung höher molekularer Alkohole** durch kontinuierliche katalyt. Hydrierung von Fetten, Fettsäuren u. Fettsäureestern über tablettierten Cu-Mehrstoffkontakten der Kombinationen Cu–Zn, Cu–Cr, Cu–Mn, Cu–Cd, Cu–Zn–Cr, Cu–Cd–Cr u. Cu–Mn–Cr, dad. gek., daß der Cu-Mehrstoffkontakt durch Ausfällung wss. Salz-Lsgg. der genannten Metalle mit Na_2CO_3-Lsgg. bei Temppp. zwischen 80 bis 110° in der Weise erhalten wird, daß das Cu größtenteils als schwarzes Cu_2O ausfällt. Vorteilhaft setzt man der Soda-Lsg. 0,5—20% Alkalihydroxid zu. (**D. A. S. 1 150 371** Kl. 12o vom 23/4. 1960, ausg. 20/6. 1963.) G. König. H 560

2136 Shell Internationale Research Mij. N. V., Den Haag, Niederlande (Erfinder: William Smith Reveal, Orinda, Harry Dean Evans und George Edward Liedholm, Oakland, Calif., V.St.A.), **Kontinuierliche Herstellung aliphatischer Äther** mit 6—10 C-Atomen im Mol. durch Hydratation von Olefinen unter Verw. von H_2SO_4 als Katalysator ohne Zugabe eines organ. Lsgm., dad. gek., daß man die Rk. unter derartigen Temp.- u. Druckbedingungen durchführt, daß zumindest ein beträchtlicher Teil der KW-Stoffe in der Hydratationszone in fl. Zustand vorliegt, wobei sich die H_2SO_4 im wesentlichen in einem Zustand unveränderter Zus. befindet, worauf man die erhaltene organ. Phase von der wss.-sauren Phase abtrennt, die abgetrennte organ. Phase mit W. hydrolysiert, das erhaltene Gemisch anorgan. u. wss. Phase voneinander trennt u. den Äther aus der organ. Phase isoliert. Der Olefin-Geh. des Ausgangsstromes soll mindestens 25 Mol-% aufweisen. Die H_2SO_4-Konz. in der Hydratationszone soll mindestens 35 Gew.-% auf kohlenwasserstofffreier Basis berechnet betragen. (**D. A. S. 1 150 373** Kl. 12o vom 21/9. 1959, ausg. 20/6. 1963. A. Prior. 22/9. 1958.) G. König. H 560

2137 Dynamit Nobel Akt.-Ges., Troisdorf (Erfinder: Werner Dittrich, Herten, und Walter Krings, Rheinfelden), **Reinigung von Kieselsäureestern** von anhaftenden Säurespuren durch Behandlung mit Metallen nach D. A. S. 1 093 343, dad. gek., daß die Kieselsäureester mit Metallen der III., IV. oder VIII. Gruppe des Period. Syst. oder deren Legg. behandelt werden. (**D. A. S. 1 150 372** Kl. 12o vom 20/4. 1960, ausg. 20/6. 1963. **Zusatz zu D. A. S. 1 093 343; C. 1961, 14098.**) G. König. H 590

2138 Farbwerke Hoechst Akt.-Ges. vormals Meister Lucius & Brüning, Frankfurt/M. (Erfinder: Ulrich Schwenk und Günther Mau, Frankfurt/M.), **Herstellung von Aldehyden und Ketonen.** Die bei der Oxydation von Olefinen mit O_2 oder diesen enthaltenden Gasen in Ggw. einer Katalysator-Fl. (I), welche W., Edelmetallsalze, die mit den Olefinen Additions- oder Komplex-Verbb. bilden, u. Redox-Syst. enthält, entstandenen u. auf destillativem Wege von den Aldehyden u. Ketonen abgetrennten halogenhaltigen Nebenprodd. sowie ggf. ebenfalls als Nebenprodd. entstandene Carbonsäuren u. andere halogenfreie organ. Verbb. werden zusammen mit der I bei 10—10000mal längeren Verweilzeiten gegenüber den Verweilzeiten, bei denen die Olefinoxydation bei der gleichen Temp. verläuft auf Temp. erwärmt, die für die Olefinoxydation üblich sind bis zu 250°, u. der dabei entstehende Halogenwasserstoff der I wieder zugeführt. Die Carbonsäuren u. andere organ. Neben-Prodd. werden zu CO_2 verbrannt. (**D. A. S. 1 149 703** Kl. 12o vom 6/5. 1961, ausg. 6/6. 1963.) A. Jahn. H 650

2139 Shell Internationale Research Mij. N.V., Den Haag, Niederlande (Erfinder: Ava Jerome Johnson, Piedmont, Calif., V.St.A.), **α,β-Ungesättigte Aldehyde und Ketone** erhält man durch partielle Oxydation von Olefinen mit mindestens 3 C-Atomen in der Dampfphase mittels eines freien O_2 enthaltenden Gases in Ggw. von Wasserdampf bei erhöhter Temp. in Ggw. eines schwermetallhaltigen Oxydationskatalysators nach dem Staubfließverfahren. Dabei gibt man das Olefin zu einer vorher gebildeten Suspension des Katalysators in einem freien O_2 enthaltenden Gas u. leitet das erhaltene Gemisch durch eine von außen gekühlte röhrenförmige Rk.-Zone (I), die auf ca. 250—750° gehalten wird, wobei der Katalysator (II) während seines Durchgangs durch die I in suspendierter Form gehalten wird. Gleichzeitig leitet man ein freien O_2 enthaltendes Gas in I an mehreren Stellen entlang deren Länge ein, trennt den II von der dampfförmigen Rk.-Mischung, bes. mittels eines Cyclons ab u. führt in eine Abkühlzone, die in offener Verbindung mit I steht. Der in der Abkühlzone befindliche II wird durch Einleiten eines freien O_2 enthaltenden Gases aufgewirbelt u. dann durch das eingeleitete Olefin mitgerissen. Bevorzugt wird der II in der Abkühlzone durch indirekten Wärmeaustausch mit W. gekühlt u. der gebildete Wasserdampf für das Verf. eingesetzt. Mindestens ein Teil des den Reaktor verlassenden II wird mit O_2 u./oder Dampf regeneriert. Bei Verw. von Bi-Phosphormolybdat u. Propylen (III) erhält man *Acrolein* in 74%ig. Ausbeute bei einer III-Umwandlung von 60%. — Zeichnung. (**D. A. S. 1 149 704** Kl. 12o vom 31/10. 1960, ausg. 6/6. 1963. A. Prior. 2/11. 1959.) A. Jahn. H 650

2140 VEB Leuna-Werke „Walter Ulbricht" (Erfinder: Helmut Pobloth, Klaus Lichtenfeld und Paul John), Leuna/Kr. Merseburg, **Herstellung von Katalysatoren für die Oxydation von Alkoholen in der Gasphase.** Man setzt wss. Aufschlämmungen oder Lsgg. von Erdalkalimolybdaten(V), bes. Ba-Oxalatomolybdat(V) der Formel $Ba[MoO_2(C_2O_4)(H_2O)_2]_2 \cdot H_2O$ mit einer wss. Sulfat-Lsg. der Metalle Fe, Mn, Zn, Sn oder Th um, tränkt mit der erhaltenen Lsg. die üblichen inerten Träger, dampft das Gemisch zur Trockne u. stellt den Katalysator (I) durch therm. Zers. der auf dem Träger befindlichen Metall-Verbb. her. I kann durch Erhitzen im Luftstrom aktiviert werden. Ggf. enthält I als Zusätze noch lösl. Cu, Cd, Mn, Zn, Co, Ni, Sn u. V-Salze. Die Katalysatoren sind abriebfest. Bei der Oxydation von Methanol erhält man *Formaldehyd* in Ausbeuten bis zu 93%. (**D. A. S. 1 149 705** Kl. 12o vom 4/7. 1961, ausg. 6/6. 1963.) A. Jahn. H 670

2141 Petro-Tex Chemical Corp., Houston, übert. von: Ralph O. Kerr, Houston, Tex., und Robert W. Etherington jun., Pennington, N.J., V.St.A., **Herstellung von Aldehyden durch katalytische Oxydation.** Man setzt Monoolefine (ca. 0,5—3 Mol-%), bes. Propylen oder

Isobutylen mit O_2 in einem röhrenförmigen Reaktor bei ca. 475—650° um, der gefüllt ist mit einem V–Mo–Orthophosphat-Katalysator, der V_2O_5, P_2O_5 u. MoO_3 in einer Menge von >35% V_2O_5, ca. 15—45% P_2O_5 u. ca. 5—45% MoO_3 enthält. — Man erwärmt 38,6 g V_2O_5 u. 100 ml konz. HCl langsam u. dann 24 Std. zum Rückfluß, wobei eine blaue Lsg. von Vanadylchlorid entsteht. Dann gibt man 18,35 g MoO_3 zu, erhitzt zum Rückfluß, konz. die Lsg. auf 200 ml u. gibt 18,1 g P_2O_5 zu. Nun gibt man 100 ml HCl zu, erhitzt die Mischung zum Rückfluß, gibt 425 g Alundum zu u. trocknet die Masse nach dem Waschen mit konz. HCl u. dest. W. bei 150°. Leitet man bei 505° 91 g Isobutylen (0,9% im Liter) zusammen mit Luft über diesen Katalysator, so erhält man Methacrolein in einer Ausbeute von 101% (81 Mol-%). (**A. P. 3 038 942** vom 13/3. 1959, ausg. 12/6. 1962.) A. Jahn. H 670

2142 Dow Chemical Co., Midland, Mich., übert. von: Dallas E. Hamilton, Lake Jackson, Tex., V.St.A., **Fluoral erhält man durch Überleiten von Cl_3C–CHO u. HF** im Verhältnis von 1:3—18, bes. 1:5 über Co-, Ni- u. Cr-Halogenide auf aktiviertem Al_2O_3 bei 200—400°, bes. 330°, u. Kontaktzeiten von 2—20 Sekunden. Die Ausbeute beträgt ca. 70 Mol-%. (**A. P. 3 017 436** vom 28/11. 1956, ausg. 16/1. 1962.) A. Jahn. H 670

2143 Gulf Research & Development Co., Pittsburgh, übert. von: Clarence R. Murphy, Allison Park, Pa., V.St.A., **Oxydation gasförmiger Kohlenwasserstoffe zu Formaldehyd neben Acetaldehyd.** Man setzt KW-Stoffe (I) mit O_2 bei ca. 650—850° F u. 0—200 lbs./sq. in. ca. 0,1—2 Sek. um, trennt CH_2O u. CH_3CHO als Rk.-Prodd. ab u. führt die unverbrauchten I nach dem Vorerhitzen auf ca. 600 bis 800° F bei 0 bis ca. 200 lbs./sq. in. u. Mischen mit frischen I (ca. 2—12%) u. O_2 (ca. 6%) in die Rk. zurück, wodurch der Geh. von CH_2O ansteigt, z. B. von 26,3 auf 33,4 Gew.-%, während der von CH_3CHO sinkt. — Zeichnung. (**A. P. 3 027 411** vom 22/6. 1959, ausg. 27/3. 1962.) A. Jahn. H 670

2144 E. I. du Pont de Nemours & Co., Wilmington, Del., übert. von: Otto Stallmann, Bridgeton, N.J., V.St.A., **Fluoraldehyde** der allg. Formel $X(CF_2)_n$–CHO (X = H, F; n = 2—24) erhält man durch Rk. von Fluoralkoholen (I) der allg. Formel $X(CF_2)_nCH_2OH$ in 1 bis ca. 10 Teilen HF als Lsgm. u. F_2, das ggf. verd. sein kann (N_2) bei —10 bis +5°, bes. mit 2,2—5 Mol F_2 je Mol **I**. 1H.1H.5H-Oktafluor-1-pentanol + F_2 → *Perfluorvaleraldehyd*, Kp.$_{760}$ 45 bis 52°, *Hydrat*, F. 38—40°, u. dessen *2.4-Dinitrophenylhydrazon*, F. 101,5—102°; *5H-Oktafluorvaleraldehyd*, Kp.$_{760}$ 84 bis 86°, dessen *2.4-Dinitrophenylhydrazon*, F. 90—90,5° (Isooctan). Bei Temp. >5° erhält man Fluorcarbonsäuren bzw. durch Decarboxylierung Fluor-KW-Stoffe. (**A. P. 3 038 941** vom 23/3. 1959, ausg. 12/6. 1962.) A. Jahn. H 670

2145 Petro-Tex Chemical Corp., Houston, Tex., übert. von: Robert W. Etherington jun., Pennington, N.J., V.St.A., **Herstellung ungesättigter Aldehyde durch katalytische Oxydation von Olefinen.** Man leitet Olefine, bes. Propylen oder Isobutylen (I; ca. 3 Mol-%) zusammen mit O_2 bei ca. 475—650° in einem röhrenförmigen Reaktor über einen Vanadinoxyphosphat–Oxyborat-Katalysator mit einem Atomverhältnis von V:P:B = 1:1—2:0,01—0,5, ggf. auf einem Träger. Die Katalysatoren werden bes. nach 2 Verff. hergestellt: 1. Man löst V_2O_5 in konz. HCl, erhitzt zum Rückfluß, gibt dann H_3BO_3 oder B_2O_3 u. H_3PO_4 oder P_2O_5 zu u. erhitzt die Mischung erneut zum Rückfluß. 2. Man geht vom NH_4-Metavanadat aus, das mit HNO_3 in V_2O_5 umgesetzt u. dann wie unter 1. behandelt wird. Leitet man 1,1 Vol.-% I in Luft in einer Menge von 111 g je Liter Katalysator/h bei einer Berührungszeit (II) von 0,9 Sek., so erhält man *Methacrolein* (**III**) in einer Ausbeute von 32 Mol-%. Leitet man 1,8 Vol.-% I in Luft in einer Menge von 118 g je Liter Katalysator/h bei der gleichen II, so erhält man bei 530° **III** in einer Ausbeute von 37 Mol-%. Der B-Geh. des Katalysators unterdrückt die Bldg. von Säuren, CO_2 u. CO. (**A. P. 3 029 288** vom 13/3. 1959, ausg. 10/4. 1962.) A. Jahn. H 670

2146 Petro-Tex Chemical Corp., Houston, Tex., übert. von: Robert W. Etherington jun., Pennington, und Calvin N. Wolf, Trenton, N.J., V.St.A., **Ungesättigte Aldehyde durch katalytische Oxydation.** Man setzt Olefine, wie Propylen oder Isobutylen (½—3 Mol-%), mit O_2 in einem Röhrenreaktor bei 475—650° u. Verweilzeiten <2 Sek. um in Ggw. von V-Orthophosphat (I) mit dem Mol-Verhältnis V:P = 1:1—3 auf Trägern. — Man stellt einen I-Katalysator mit einem Mol-Verhältnis V:P = 1:2 her, indem man 29,3 g V_2O_5 u. 75 g H_3PO_4 erhitzt u. auf 300 g Alundum (Maschengröße 6) niederschlägt. Über diesen Katalysator leitet man bei 500° bei einer Kontaktzeit von 0,8 Sek. ein Gemisch von 1,7% Isobutylen in Luft in einer Menge von 200 g/Liter Katalysator u. erhält eine Ausbeute von 41,2 Mol-% Methacrolein. (**A. P. 3 031 508** vom 13/3. 1959, ausg. 24/4. 1962.) A. Jahn. H 670

2147 Consortium für elektrochemische Industrie G. m. b. H., München (Erfinder: Walter Hafner, München), **Entwässerung von Butanon (I).** Man bringt ein azeotropes Gemisch aus I u. W. mit Butan u./oder Buten in Berührung, trennt die entstandenen 2 Schichten u. gewinnt aus der konz. I-Schicht I mit stark verringertem Wassergehalt. — Leitet man bei 20 bzw. 32° durch ein I-W.-Azeotrop mit einem Wasser-Geh. von ca. 11,3% Buten, enthält die gewonnene konz. I-Schicht nach dem Austreiben des Butens noch 4,3 bzw. 5,9% Wasser. (**D. A. S. 1 149 706** Kl. 12o vom 13/9. 1961, ausg. 6/6. 1963.) A. Jahn. H 710

2148 E. I. du Pont de Nemours & Co., übert. von: Howard E. Simmons jun., Wilmington, Del., V.St.A., **ω-Hydropolyfluorperhalogenalkanone (I) und deren Ketale** der allg. Formel $(HR_x)_2CO$, bes. $(HR_x'CF_2)_2CO$, oder deren acycl. oder cycl. Ketale (R_x = gleiche oder verschiedene gesätt. Perhalogenpolyfluor-KW-Stoffreste mit 2—31 C-Atomen; R_x' = R_x mit 1—30 C-Atomen) erhält man durch Rk. eines Alkalimetalls oder besser Alkalialkoholats mit einem Ester zu einer ω-Hydropolyfluorperhalogencarbonsäure, die beim Ansäuern I ergibt. — Zu einer Suspension von 11,2 g K-tert.-Butylat in 53 g Ae. gibt man während 5 Min. 54,4 g 5H-Oktafluorvaleriansäureäthylester zu, wobei die Mischung zum Sieden kommt. Man läßt die Mischung 10 Tage bei Raum-Temp. unter N_2 stehen, gibt überschüssige 2n H_2SO_4 zu u. erhält nach dem Aufarbeiten in 55% Ausbeute u. 40% Umwandlung *1.9-Dihydroperfluor-5-nonanon*, farblose Fl., Kp.$_{52-60}$ 69—78°, Kp.$_{760}$ 147°; n_D^{25} 1,3092. Analog erhält man: *1.5-Dihydroperfluor-3-pentanon*, farblose Fl., Kp.$_{760}$ 130 bis 132°, n_D^{25} 1,3094. *1.17-Dihydroperfluor-9-heptadecanon*, weiße Kristalle, F. 63—64°. *1H.21H-Tetrakontafluor-11-heneikosanon*, Kp.$_{0,1}$ 165°, *1H.9H-Hexadekafluor-5-nonanon*, Kp.$_{760}$ 147°, n_D^{25} 1,3082. *2.2-Bis-(8H-hexadekafluor-n-octyl)-1.3-dioxolan*, weiße Kristalle, F. 50—52° (CCl_4). (**A. P. 3 029 252** vom 23/4. 1958, ausg. 10/4. 1962.) A. Jahn. H 710

2149 Knapsack-Griesheim Akt.-Ges. (Erfinder: Kurt Sennewald, Wilhelm Voigt, Knapsack, Heinz Erpenbach, Rodenkirchen/Rh., und Herbert Joest, Köln), **Kontinuierliche Herstellung von vorwiegend Essigsäure enthaltenden Gemischen niedermolekularer Fettsäuren (III)** durch Oxydation von Paraffinen (I) mit <2, bes. 4—8 C-Atomen oder deren Gemischen mit O_2 oder Luft in fl. Phase bei 140—200°, bes. 160—180°, u. 40—60, bes. 45—50 at unter Umpumpen des Rk.-Gemisches (**II**) im Kreislauf, dad. gek., daß man **II** (Gemisch aus **I**, deren Oxydations-Prodd. u. dem Oxydationsgas) mit einer Strömungs-Geschw. von mindestens 50 cm/s durch einen rohrförmigen Strömungsreaktor pumpt, kontinuierlich einen Teil von **II** aus dem Kreislauf entfernt, in Fl. u. Gas trennt, die Fl. dest. u. den Vor- u. Nachlauf der **III**-Fraktion gemischt mit Frisch-I erneut in den Kreislauf einführt. Beispiel zur Herst. eines Gemisches aus *Ameisen-*, *Essig-* u. *Propionsäure*. — Vorr.-Zeichnung. (**D. A. S. 1 149 708** Kl. 12o vom 19/4. 1961, ausg. 6/6. 1963.) O. Müller-Meiningen. H 810

2150 Emery Industries, Inc., übert. von: Fred O. Barrett, Glendale, und Charles G. Goebel, Cincinnati, Ohio, V.St.A., **Entfernung von sauerstoffhaltigen Verunreinigungen aus di- und trimeren Polymerisationsprodukten ungesättigter Fettsäuren,** die Keto-, sek. oder tert. Hydroxyl-, „Zwischenester"- oder Lactongruppen enthalten, erfolgt durch Rk. mit H_2 bei 150—250° u. 200 bis 600 lbs./sq.in. in Ggw. von 0,2—6% eines Ni-Katalysators u. 1—10% einer akt. Erde. (**A. P. 3 036 099** vom 5/8. 1959, ausg. 22/5. 1962.) O. Müller-Meiningen. H 810

2151 Union Carbide Corp., übert. von: Richard L. Roberts, Milton, und John W. Lynn, Charleston,

W.Va., V.St.A., **Entfärben von roher Pimelinsäure (I),** die durch alkal. Spaltung von 3-cyclohexen-1-carbonsaurem Na erhalten wurde, erfolgt durch 0,5–6, bes. 3std. Behandeln einer bes. 30%ig. wss. I-Lsg. mit einem bis zu 5% O_3 enthaltenden Gas (0,01—0,03, bes. 0,02 $foot^3$/min/Liter u. Auskristallisierenlassen von I (F. 103—104°) aus der Lösung. I dient bes. zur Herst. von Polyestern. (**A. P. 3 043 872** vom 7/11. 1958, ausg. 10/7. 1962.)

O. Müller-Meiningen. H 820

2152 Farbenfabriken Bayer Akt.-Ges. (Erfinder: Helmut Timmler, Wuppertal, und Richard Wegler), Leverkusen, **Herstellung von α.α-Dichlor-β-acyloxybuttersäureestern oder -nitrilen,** dad. gek., daß man $HCCl_2$–COOH (I)-Ester oder -Nitrile in Ggw. eines alkal. Katalysators, bes. Alkalialkoholat, u. bes. in Ggw. eines inerten Lsgm. bei nicht < 50° mit einem Vinylester, z. B. nach $CH_2{=}CH{-}OOC{-}CH_3$ + I-Methylester → $CH_3{-}CH(O\cdot COCH_3){-}CCl_2{-}COOCH_3$ umsetzt. — 172 (g) Vinylacetat + 28 I-Methylester + 500 ml Toluol + 12 festes CH_3ONa → 375 (81%) *α.α-Dichlor-β-acetoxybuttersäure* (II)-*Methylester*, $Kp._{11}$ 99°. — *β-Formyloxy-Verb.*, $Kp._{10}$ 79°. — *β-Benzoyloxy*-Verb., $Kp._{0,2}$ 123—124°. — II-*Nitril*, $Kp._{10}$ 73—74°. — *Zwischenprodd. zur Herst. von Heil- u. Pflanzenschutzmitteln.* (**D. A. S. 1 149 707** Kl. 12o vom 24/2. 1961, ausg. 6/6. 1963.)

O. Müller-Meiningen. H 850

2153 Armour & Co., übert. von: Lincoln D. Metcalfe, Riverdale, und Milton A. Mitz, Chicago, Ill., V.St.A., **Herstellung quaternärer Ammoniumsalze.** Langkettige quatern. Ammonium-Verbb. werden in einem nicht wss. Lsgm. mit einem Cellulosekationenaustauscher behandelt u. anschließend mit einem nicht wss. Lsgm., das das gewünschte Anion enthält u. einen pH-Wert von 0,1—5 besitzt, eluiert. (**A. P. 3 024 283** vom 1/4. 1958, ausg. 6/3. 1962.)

R. Bauereis. H 900

2154 Farbenfabriken Bayer Akt.-Ges., Leverkusen (Erfinder: Heinrich Klös und Hans Albert Offe, Wuppertal), **Herstellung von O-(Aminoalkyl)-hydroxylaminen,** dad. gek., daß man wss. Lsgg. von hydroxylamin-N-disulfonsauren Salzen bei pH > 8,5 mit Aminoalkylestern starker Säuren oder mit Salzen dieser Ester umsetzt u. dann die Sulfogruppen abspaltet, z. B. nach $NaO{-}N(SO_3Na)_2$ + $Cl{-}CH_2{-}CH_2{-}N(C_2H_5)_2\cdot HCl$ + NaOH → $(C_2H_5)_2N{-}CH_2{-}CH_2{-}O{-}N(SO_3Na)_2$ + 2 NaCl + H_2O $\xrightarrow{+2H_2O}$ $(C_2H_5)_2N{-}CH_2{-}CH_2{-}O{-}NH_2$, *O-(β-Diäthylaminoäthyl)-hydroxylamin*, $Kp._{13}$ 67—69°; $Kp._{35}$ 87—89°. — Zwischenprodd. zur Herst. von Farbstoffen, Heil-, Desinfektions-, Pflanzenschutz- u. Textilhilfsmitteln. (**D. A. S. 1 149 364** Kl. 12q vom 5/7. 1960, ausg. 30/5. 1963.) O. Müller-Meiningen. H 910

2155 Farbenfabriken Bayer Akt.-Ges., Leverkusen (Erfinder: Günter Henrich, Duisburg), **Gewinnung von Monomethyl- beziehungsweise 1,1-Dimethylhydrazin** aus verd. wss. durch Rk. von NH_3; NaClO u. den entsprechenden Aminen erhaltenen Lsgg. durch Extraktion mit einem organ. Lsgm. (I) nach Zugabe von 10—40%ig., bes. 20—30%ig. Alkalilauge, dad. gek., daß man als I höhermol. aliphat. oder aromat. Amine, bes. $C_6H_5NH_2$, verwendet. (**D. A. S. 1 149 721** Kl. 12q vom 4/9. 1958, ausg. 6/6. 1963.)

O. Müller-Meiningen. H 910

2156 Farbenfabriken Bayer Akt.-Ges., Leverkusen (Erfinder: Albert Ballauf, Köln, und Dietrich Glabisch, Leverkusen), **Herstellung von organischen Ammoniumverbindungen** der allg. Formel $(R_1, R_2, R_3)\overset{\oplus}{N}R_4O\overset{\ominus}{S}O_2$, worin R_1 einen KW-Stoffrest, R_2 u. R_3 = H oder einen KW-Stoffrest, wobei R_2 u. R_3 mit R_1 u. dem Stickstoffatom ggf. einen heterocycl. Ring bilden kann, u. R_4 einen Alkylenrest bedeutet, durch Umsetzung von Aminen mit Mischungen aus äquimol. Mengen Alkylenoxiden u. SO_2. Bei Verw. von Äthylenoxid kann auch das Additions-Prod. von Äthylenoxid u. Schwefeldioxid in Abwesenheit von Lsgm. oder in inerten Lsgm. bei —20 bis +10° verwendet werden. — Beispiele: $C_{18}H_{37}\overset{\oplus}{N}H(CH_3)\cdot CH_2\cdot CH(CH_3)\cdot OS\overset{\ominus}{O}_2$, $C_{12}H_{25}\overset{\oplus}{N}H_2\cdot CH_2\cdot CH_2\cdot OS\overset{\ominus}{O}_2$, $[H(OCH_2\cdot CH_2)_{2,5}]_3\overset{\oplus}{N}\cdot CH_2\cdot CH_2\cdot\overset{\ominus}{O}SO_2$. *Zwischenprod. für Polymerisate, Emulgatoren, Dispergatoren, Desinfektionsmittel.* (**D. A. S. 1 150 095** Kl. 12q vom 7/1. 1960, ausg. 12/6. 1963.) R. Bauereis. H 920

2157 Jefferson Chemical Co., Inc., Houston, übert. von: George J. Laemmle, Austin, Tex., V.St.A., **Reinigung von Monoaminoalkylschwefelsäureestern,** dad. gek., daß man das Rohprod. in W. löst, das eine geringe Menge eines Salzes einer schwachen Säure mit einer Ionisations-Konst. von weniger als $2\cdot 10^{-5}$ u. einer starken Base mit einer Ionisations-Konst. von weniger als $2\cdot 10^{-1}$ enthält u. das Prod. daraus umkristallisiert. Geeignete Salze sind z. B. Na-Acetat, Na-Dihydrogenphosphat, Na-Dihydrogencitrat, Na-Borat in Konz. von 0,1—1%. Die Monoaminoalkylschwefelsäureester der allg. Formel $H_2N{-}R{-}OSO_3H$ enthalten eine Alkylengruppe mit 2—7 C-Atomen u. dienen als Ausgangsmaterial für Alkylenimine. (**A. P. 3 037 042** vom 5/12. 1958 ausg. 29/5. 1962.) R. Bauereis. H 920

2158 Farbenfabriken Bayer Akt.-Ges., Leverkusen (Erfinder: Josef Witte, Köln, Dietrich Glabisch, Leverkusen, Martin Wandel und Werner Blank, Dormagen), **Herstellung von organischen Sulfit-Ammoniumverbindungen** durch Umsetzung von Glykolsulfit mit tert. Aminen, deren Substituenten Alkylreste darstellen, die freie, verätherte u./oder veresterte Hydroxylgruppen u./oder carbocycl. u./oder heterocycl. Reste tragen können, bei erhöhter Temp. vorzugsweise oberhalb 100°. Beispiel: $C_{12}H_{25}\cdot\overset{\oplus}{N}(CH_3)_2\cdot CH_2\cdot CH_2\cdot\overset{\ominus}{O}SO_2$. — *Emulgatoren, Desinfektionsmittel.* (**D. A. S. 1 150 392** Kl. 12q vom 1/9. 1960, ausg. 20/6. 1963.)

R. Bauereis. H 920

2159 Mountain Copper Co. Ltd., übert. von: Charles Parkes Matzinger, Berkeley, Calif., V.St.A., **Stabilisieren von wässerigen äthylendiamin-tetraessigsauren Kupferchelaten,** die durch Rk. der entsprechenden Alkalisalze mit Cu-Hydroxid in wss. Lsg. erhalten wurden, erfolgt durch Zugabe von 1—5% Äthylendiamin. (**A. P. 3 036 104** vom 29/7. 1959, ausg. 22/5. 1962.) O. Müller-Meiningen. H 950

2160 FMC Corp., übert. von: Arthur F. Ferris, Princeton, N.J., und Grannis S. Johnson, Levittown, Pa., V.St.A., **Herstellung von α.ω-Diaminocarbonsäuren** erfolgt durch Oximinierung u. Acylierung von cycl. Ketonen, Spaltung der hierbei erhaltenen *α.α'*-Diacyloximino-Verb. mit einer Base unter Wasserausschluß zu einer ω-Cyan-α-oximino- oder α-Acyloximino-Verb. u. anschließende Red. u. ggf. Hydrolyse. Es werden z. B. zu 612 (g) $(CH_3CO)_2O$ u. 1 ml konz. H_2SO_4 innerhalb 45 Min. bei 50—55° 156 2.6-Dioximinocyclohexanon (**III**) gegeben, 30 Min. auf 50° gehalten, auf 25° abgekühlt, der Nd. abfiltriert, 3mal mit 200 ml Bzl. gewaschen u. 183 (76%) *2.6-Diacetoximino* (**I**)-*cyclohexanon*, $C_{10}H_{12}N_2O_5$, F. 177,5—178,5° erhalten. — 400 dieser Verb. werden in 2 Liter abs. A. suspendiert, bei 20—30° eine Lsg. von 41,4 Na in 1 Liter abs. A. innerhalb 1 Std. zugegeben, 1 weitere Std. gerührt, A. im Vakuum < 50° abdest., Rückstand in 2 Liter Ae. aufgenommen, Ae.-Lsg. 2mal mit je 1 Liter gesätt. $NaHCO_3$-Lsg. geschüttelt, dann mit 17 akt. Kohle behandelt u. schließlich 244 (79%) *5-Cyan-2-oximinovaleriansäure* (**II**)-*Äthylester*, F. 75—76°, erhalten. Erfolgt die Spaltung mit CH_3ONa in Bzl. u. anschließendem Umkristallisieren des erhaltenen Rohprod. aus Essigester–Cyclohexen soll *2-Acetoximino-5-cyanvaleriansäuremethylester* (**IV**), $C_9H_{12}N_2O_4$, F. 48°, erhalten werden. — Weitere Beispiele zur Herst. von **II**-*Äthylester* durch Spaltung von **I**-Cyclohexanon mit NaOH, CH_3COONa, n-$C_4H_9{-}NH_2$ u. $(C_2H_5)_2NH$ in A. — Mit $NaNH_2$ → **II**-*Amid*, F. 110°. — Durch Rk. eines Gemisches aus 56 C_6H_5COCl, 24 Pyridin u. 200 ml Bzl. mit 15,6 **III** werden bei 45—50° 17 (48%) *2.6-Dibenzoyloximinocyclohexanon*, $C_{20}H_{16}N_2O_5$ (F. 186 bis 187°) erhalten. Dessen Spaltung mit $NaOC_2H_5$ liefert ebenfalls **II**-Äthylester; **IV** + H_2 in $(CH_3CO)_2O$ in Ggw. von Pt-Oxid u. Behandeln des Red.-Prod. mit HCl → *dl-Lysin Dihydrochlorid* + abs. A. + Pyridin 12 Std. bei 5° → *Monohydrochlorid*; — 2.5-Diacetoximinocyclopentanon — Spaltung mit C_2H_5ONa in A. → 82% *4-Cyan-2-oximinobuttersäureäthylester*, $C_7H_{10}N_2O_3$; n_D^{25} 1,4750; — katalyt. Red. dieser Verb. in Ggw. von $(CH_3CO)_2O$ liefert 16% *dl-Ornithin-Monohydrochlorid*, F. 207°; Spaltung von 2.6-Diacetoximino-4-methylcyclohexanon ($C_{11}H_{14}N_2O_5$; F. 171—172°) mit C_2H_5ONa in A. → 86% *5-Cyan-4-methyl-2-oximinovaleriansäureäthylester*, $C_9H_{14}N_2O_3$; F. 61° (CCl_4) $\xrightarrow[(CH_3CO)_2O]{+H_2}$ 18% *dl-2.6-Diamino-4-methylcapronsäure-Monohydrochlorid*, $C_7H_{17}\cdot ClN_2O_2$, F. 229—230°. (**A. P. 3 031 490** vom 28/2. 1958, ausg. 24/4. 1962.) O. Müller-Meiningen. H 950

2161 International Minerals & Chemical Corp., übert. von: Harold L. Fike, Chicago, Ill., V.St.A., **Glutaminsäure (I)** wird aus Zuckerrübenablauge erhalten durch Mischen eines verd. „Ba-Filtrates" (enthaltend ca. 20% Ba-Verbb. entsprechend 20—50 g BaO/Liter, Na-Verbb., Zucker u. andere Kohlenhydrate sowie N-Verbb. einschließlich I; pH 13) mit konz. „Steffens Filtrat" (enthaltend ca. 60% Na- u. K-Verbb.; pH 9—12), mehrstd. Erhitzen des Gemisches (pH >11), z. B. auf 85° (Trocken-Geh.-ca. 40%) u. Trennung des Ba u. Verunreinigungen enthaltenden Nd. vom Filtrat, aus dem durch stufenweises Ansäuern bis pH 3,2 I erhalten wird. (**A. P. 3 023 236** vom 13/6. 1958, ausg. 27/2. 1962.) O. Müller-Meiningen. H 950

2162 Standard Oil Co., übert. von: Sam B. Becker, Chicago, Ill., V.St.A., **3-wertige Organophosphorverbindungen** der allg. Formel $R_nP(R')_{n'}X_{3-n-n'}$ erhält man durch Alkylierung von Phosphorhalogeniden der allg. Formel R_nPX_{3-n} mit organ. Al-Verbb. der allg. Formeln AlR'_3 oder $M[Al(R')_4]$ bei ca. —50 bis ca. +100° in einem Inertgas [R = KW-Stoffrest; X = Halogen, n = 0, 1 oder 2; R' = Alkyl; n' ≧ 1, aber ≦ (3 — n), M = Alkali oder Erdalkalimetall]. — Es werden Alkyldihalogenphosphine, Dialkylhalogenphosphine bzw. tert. Alkylphosphine erhalten. — *Zwischenprodukte.* (**A. P. 3 036 132** vom 22/6. 1954, ausg. 22/5. 1962.) A. Jahn. H 980

2163 Monsanto Chemical Co., St. Louis, Mo., übert. von: Mervin D. Marshall, Fombell, Pa., und Harold James Harwood, Dayton, Ohio, V.St.A., **Dialkylphosphine** erhält man nach der Gleichung: $R_2P(:S)-P(:S)R_2 + LiAlH_4$ (I) → $2\ R_2PH$ (R = Alkyl mit 1—5 C-Atomen) in Ggw. eines inerten Lsgm. (Dimethyläther, Äthylenglykol). — Zu einer Mischung aus 6,15 g Tetramethyldiphosphindisulfid u. 2,9 g I fügt man tropfenweise Äthylenglykoldimethyläther bei Raum-Temp. u. rührt dann die Rk.-Mischung 3 Std. bei Raum-Temp.; nach dem Aufarbeiten erhält man in 72,8%ig. Ausbeute Dimethylphosphin. (**A. P. 3 031 509** vom 6/8. 1959, ausg. 24/4. 1962.) A. Jahn. H 980

2164 Monsanto Chemical Co., St. Louis, Mo., übert. von: Dexter B. Sharp, Vandalia, und Gail H. Birum, Dayton, Ohio, V.St.A., **Oxydation 3-wertiger Phosphorester.** Man oxydiert Trialkylphosphite, -phosphonite oder -phosphinite bzw. Phosphitphosphonate, Phosphitphosphinate oder Phosphitphosphinoxide mit organ. Hydroperoxiden bei —70 bis +20° u. erhält so die 5-wertigen P-Verbb. frei von Nebenprodukten. — 51 g 1-[Bis-(2-chlorpropoxy)-phosphinyl]-propyl-bis-(2-chlorpropyl)-phosphit werden mit 15,8 g Propylentrimerhydroperoxid, das während 0,2 Std. zugegeben wird, umgesetzt zu *1-[Bis-(2-chlorpropoxy)-phosphinyl]-propyl-bis-(2-chlorpropyl)-phosphat,* n_D^{25} 1,4727. Triäthylphosphit + tert.-Butylhydroperoxid (I) → *Triäthylphosphat.* Phenylphosphonigsäurediäthylester + I → *Phenylphosphonsäurediäthylester. Benzinzusätze, Flammschutzmittel, Weichmacher.* (**A. P. 3 027 395** vom 26/8. 1959, ausg. 27/3. 1962.) A. Jahn. H 980

2165 Monsanto Chemical Co., St. Louis, Mo., übert. von: Daniel W. Grisley jun., Dayton, Ohio, V.St.A., **Monosalze von Alkylmercaptocarbonylphosphonsäure-O-hydrocarbylester** der allg. Formel $M-[-O(RO)P(:O)-C(:O)-SR']_x$ erhält man durch Entalkylierung des Diesters der allg. Formel $(RO)_2P(:O)-C(:O)-SR'$ mit einer Verb. der allg. Formel $M(Z)_x$ bei 20—150° (R = Alkyl, Aralkyl, Cycloalkyl mit 1—12 C-Atomen; R' = Alkyl mit 1—8 C-Atomen; M = Alkali- oder Erdalkalimetall, NH_4, Cyclohexylammonium; Z = J, CN, SCN; x = 1 oder 2). — 10,61 g S-Methyldiäthoxyphosphinylthioformiat u. 7,49 g NaJ werden in 100 ml Tetrahydrofuran 9½ Std. bei 25° gerührt u. nach dem Aufarbeiten *O-Äthyl-O-Na-methylmercaptocarbonylphosphonat* in 92%ig. Ausbeute erhalten, weiße Kristalle, F. 205 bis 207°. — *Weichmacher, Herbicide, Fungicide.* (**A. P. 3 033 891** vom 27/11. 1959, ausg. 8/5. 1962.) A. Jahn. H 980

2166 Monsanto Chemical Co., St. Louis, übert. von: Leo C. D. Groenweghe, St. Louis, Mo., V.St.A., **Entschwefeln von Thionophosphonsäuredihalogeniden** durch Erhitzen mit H_2, Mg, Ca, Sr, Ba, Ti, Zr, V, Mn, Fe, Co, Ni, Cu, Zn, Cd, Hg, Al, P, As, Sb u. Bi auf >80°, bes. >120°. 14,3 g Hg u. 10,4 g Methylthionophosphonsäuredichlorid (I) werden 66 Std. im geschlossenen Rohr auf 140° erhitzt u. neben 80% unverändertem I in 20%ig. Ausbeute *Methyldichlorphosphin* gewonnen. (**A. P. 3 024 278** vom 1/10. 1959, ausg. 6/3. 1962.) A. Jahn. H 980

2167 Union Carbide Corp., New York, N.Y., übert. von: Gilbert B. Luzader, South Charleston, W.Va., V.St.A., **Arylalkylketone und -carbinole** erhält man durch Oxydation von Alkylbenzolen mit O_2, ggf. in Verdünnung mit einem Inertgas bei >100°, bes. ca. 100—150° in Ggw. von jeweils 0,001—0,3% eines Pyridin-Deriv. der allg. Formel C_5R_5N (R = H oder Alkyl) u. eines Co-Salzes einer organ. Säure, bes. Co-Naphthenat, ggf. unter Überdruck bis ca. 100 lbs./sq.inch. — Äthylbenzol → *Acetophenon* (I) + *Phenylmethylcarbinol* (II). n-Propylbenzol → *Phenyläthylketon + Phenyläthylcarbinol.* Isopropylbenzol → I + II. Isopropyltoluol → *p-Tolylmethylketon + p-Tolylmethylcarbinol + p-Isopropylbenzaldehyd.* (**A. P. 3 040 101** vom 18/12. 1959, ausg. 19/6. 1962.) A. Jahn. H 1000

2168 Union Carbide Corp., New York, N.Y., übert. von: Gilbert B. Luzader, South Charleston, W.Va., V.St.A., **Arylalkylketone und -carbinole** erhält man durch Oxydation von Alkylbenzolen (I) mit O_2 oder Luft in der fl. Phase >100, bes. bei ca. 100—150° in Ggw. von 0,5—5 Gew.-%, bezogen auf I eines Pyridin-Deriv. der allg. Formel C_5R_5N (R = H oder Alkyl), ggf. unter Überdruck bis ca. 100 lbs./sq.inch. — In einen 2stufigen Reaktor werden bei 125° 250 g Äthylbenzol u. 2,5 g je Std. 2-Methylpyridin zusammen mit 4—7 cu.ft. Luft je Std. bei 25%ig. Umsatz eingeführt. Die Umwandlung beträgt: 76,3% → *Acetophenon,* 9,8% → *Methylphenylcarbinol* u. 3,5% in *Benzoesäure.* (**A. P. 3 040 102** vom 18/12. 1959, ausg. 19/6. 1962.) A. Jahn. H 1000

2169 N. V. Philips' Gloeilampenfabrieken, Eindhoven, Niederlande, **Aromatische Sulfone.** Zu Aust. PP. 229 528 u. 229 529; C. **1962**, 16135 ist nachzutragen: *4.4'-Dichlordiphenylsulfon,* F. 145° (aus A./W.), 25% Ausbeute. (**E. P. 897 722** vom 11/8. 1958, ausg. 30/5. 1962. Niederl. Prior. 14/8. 1957.) A. Debo. H 1090

2170 Shell Internationale Research Mij. N. V., Den Haag (Erfinder: Geert Casper Vegter, Amsterdam, und Maria Magdalena de Brabander, Rotterdam), Niederlande, **Isolierung von 4.4'-Dihydroxydiphenylsulfon aus Mischungen mit 2.4'-Dihydroxydiphenylsulfon.** Aus den bei üblichen Herst.-Verff. erhaltenen Isomerengemischen löst man die 2.4'-Verb. mit symm. Tetrachloräthan heraus, bes. bei einer Temp. >80°. (**Niederl. P. 101 970** vom 15/10. 1959, ausg. 16/7. 1962.) F. Böhm. H 1090

2171 Standard Oil Co., Chicago, Ill., übert. von: Carl Serres jun., Whiting, Ind., und Ellis K. Fields, Chicago, Ill., V.St.A., **Aromatische Ketone** erhält man durch Oxydation einer aromat. Verb. mit mindestens einer diarylsubstituierten CH_2-Gruppe, ohne oxydierbare Substituenten, mit O_2 in einer Monocarbonsäure mit 2—8 C-Atomen als Lsgm. u. in Ggw. eines Schwermetallbromids oder einer Schwermetall-Verb. + organ. Br-Verb. ($C_2H_2Br_4$), bes. bei 120—275° u. Drücken bis zu 1500 lbs./sq.inch. — Eine Mischung aus 54 g Diphenylmethan + 150 g Eisessig + 1,2 g Co-Acetat + Mn-Acetat + 0,4 g NH_4Br + 6 g W. werden bei 400 lbs./sq.in. auf 205° erhitzt u. 3,7 Liter/h Luft durchgeleitet. Nach dem Aufarbeiten erhält man in 80%ig. Ausbeute *Benzophenon* (I). Ohne NH_4Br erhält man I in nur 15%ig. Ausbeute. Fluoren → *Fluorenon.* 4.4'-Dibenzyldiphenylmethan → *4.4'-Dibenzoylbenzophenon.* Di-tert.-butyldiphenylmethan → *4.4'-Di-tert.-butylbenzophenon.* (**A. P. 3 038 940** vom 25/4. 1958, ausg. 12/6. 1962.) A. Jahn. H 1160

2172 Purdue Research Foundation, West Lafayette, Ind., übert. von: Gustave B. Bachman, Lafayette, Ind., und Takeo Hokama, Pittsburgh, Pa., V.St.A., **α-Nitroketone (I)** erhält man durch Rk. von Acylcyaniden, bes. CH_3CO-CN, $C_3H_7-CO-CN$, C_4H_9CO-CN, $C_6H_5-CO-CN$ (II), mit einem Alkalimetallsalz eines prim. Nitroalkans, gelöst in einem tert. Alkohol bei 0—75°, Ansäuern des Rk.-Gemisches u. Gewinnung von I. — 0,2 (Mol) Nitromethan wird innerhalb von 15 Min. zu einer $NaOC_2H_5$-Lsg., hergestellt aus 0,2 Na u. 300 ml Methanol, gegeben u. dann während 30 Min. 0,2 II zu der gekühlten Suspension gegeben. Die Rk.-Mischung wird noch 4 Std. gerührt, der Nd. abfiltriert, dieser in 200 ml W. gelöst u. mit 200 ml 3 n HCl bei 0,5° angesäuert. Man erhält *Nitroacetophenon* in 9%ig. Ausbeute, F. 105—106°. — *1-Nitropropan* + Na-tert.-Butylat + II → *α-Nitrobutyrophenon,* $Kp._1$

115—118°, n_D^{26} 1,5326. — Li-Äthannitronat + II → *α-Nitropropiophenon*, $Kp._{1-2}$ 124°, n_D^{26} 1,5434. — Li-1-Butannitronat (IV) + II → *α-Nitrovalerophenon*, F. 48° (PAe.). — Nitroäthan + Li-tert.-Butylat + $CH_3CO \cdot CN$ (III) → *3-Nitro-2-butanon*, $Kp._1$ 58°, n_D^{26} 1,4362. Li-Propannitronat + III → *3-Nitro-2-pentanon*, $Kp._1$ 52°, n_D^{26} 1,4334. IV + III → *3-Nitro-2-hexanon*, $Kp._1$ 60°, n_D^{26} 1,4372. (**A. P. 3 040 100** vom 8/5. 1959, ausg. 19/6. 1962.) A. Jahn. H 1160

2173 Hercules Powder Co., übert. von: Milton A. Taves, Wilmington, Del., V.St.A., **Oxydation methylierter Benzole.** Man oxydiert Toluol oder Xylol in fl. Phase in Ggw. eines Oxydationskatalysators bei einem Druck < 400 lbs./sq.in. u. 80—250°, wobei man unter wasserfreien Bedingungen arbeitet u. das bei der Rk. entstehende W. aus der Dampfphase kondensiert u. im weiteren Verlauf der Rk. W. in die Rk.-Mischung einbringt, so daß sie eine Wasser-Konz. von 0,5—50% hat. Hierdurch wird eine Ester-Bldg. im wesentlichen verhindert. Beispiel: Oxydation von p-Xylol zu *p-Toluylsäure.* (**A. P. 3 030 413** vom 11/7. 1960, ausg. 17/4. 1962.) L. Stadelmann. H 1210

2174 Pure Oil Co., Chicago, übert. von: William L. Fierce, Crystal Lake, und Walter J. Sandner, Carpentersville, Ill., V.St.A., **Arylnitrile** erhält man durch Rk. von Bzl., Diphenyl oder Naphthalin mit HCN bei 450 bis 1000° in Ggw. von metall. Rh, Pd, Pt oder Ir, die auf Oxiden mit großer Oberfläche, bes. Al_2O_3, aufgebracht sind, in hoher Ausbeute. Hergestellt wurde *Benzonitril.* (**A. P. 3 042 705** vom 23/11. 1959, ausg. 3/7. 1962.) L. Stadelmann. H 1210

2175 Sun Oil Co., Philadelphia, übert. von: Stanford J. Hetzel, Newtown Square, Pa., V.St.A., **Trennung von Phthalsäuren.** Man behandelt eine wss. Lsg. von Salzen der Tere- u. Isophthalsäure mit der 0,5—1,5fachen stöchiometr. Menge Mineralsäure (bezogen auf Terephthalsäure) bei höchstens 300° F u. erhöhtem Druck, wobei die Terephthalsäure ausfällt. (**A. P. 3 043 869** vom 2/6. 1958, ausg. 10/7. 1962.) L. Stadelmann. H 1220

2176 Sun Oil Co., Philadelphia, übert. von: Stanford J. Hetzel, Newtown Square, Pa., V.St.A., **Trennung von Phthalsäuren.** Man behandelt eine Mischung aus Iso- u. Terephthalsäure mit einer Lsgm.-Mischung aus 10—90% eines Alkanols, das 1—10 C-Atome enthält, u. 90—10% eines Alkylarylketons, das bis zu 12 C-Atome enthält, bes. Acetophenon, bei Raum-Temp. bis 300° F, wobei Isophthalsäure in Lsg. geht. (**A. P. 3 043 870** vom 17/10. 1958, ausg. 10/7. 1962.) L. Stadelmann. H 1220

2177 Henkel & Cie. G. m. b. H., Düsseldorf, übert. von: Walter Schenk, Heidelberg, **Terephthalsäure** erhält man durch Erhitzen eines Alkalisalzes einer Benzolpolycarbonsäure, die mindestens 3 Carboxylgruppen enthält, z. B. Pyromellitsäure, Mellit-, Hemimellit-, Trimellit- oder Trimesinsäure, auf eine Temp. zwischen 300° u. der Zers.-Temp. der Ausgangs-Verb. in der O_2-freien Atmosphäre eines Inertgases. (**A. P. 3 042 717** vom 15/2. 1961, ausg. 3/7. 1962.) L. Stadelmann. H 1220

2178 Esso Research and Engineering Co., übert. von: Merrell R. Fenske, University Park, Pa., V.St.A., **Herstellung von Dimethylterephthalat.** Man oxydiert eine Mischung aus p-Xylol in einem Methylester einer aliphat. Carbonsäure, die 1—4 C-Atome enthält (auch Dicarbonsäure), bei 150—300° u. erhöhtem Druck mit O_2 in Ggw. eines Katalysators, bes. Co-Naphthenat. Man erhält *Dimethylterephthalat* in erhöhter Ausbeute. (**A. P. 3 036 117** vom 29/3. 1960, ausg. 22/5. 1962.) L. Stadelmann. H 1220

2179 Olin Mathieson Chemical Corp., übert. von: Alexander A. Vaitekunas, New Haven, Conn., V.St.A., **Herstellung von Bis-hydroxyalkylestern der Tere- und Isophthalsäure.** Man suspendiert die Dicarbonsäuren in einem Keton, Äther oder Alkylbenzol vom Kp. 50—150°, setzt 1,7 bis 2,1 Mol eines Alkylenoxids mit 2—6 C-Atomen u. 0,5 bis 5% (bezogen auf die Dicarbonsäuren) eines tert. Amins, z. B. Tri-n-propylamin oder N.N-Dimethylanilin, zu u. erhitzt die Suspension unter dem Druck eines inerten Gases unter Rühren auf 80—145°. Hergestellt wurde z. B. *Bis-(β-hydroxyäthyl)-terephthalat.* (**A. P. 3 037 049** vom 28/1. 1960, ausg. 29/5. 1962.) L. Stadelmann. H 1220

2180 Olin Mathieson Chemical Corp., New York, N.Y. (Erfinder: Alexander A. Vaitekunas, New Haven, Conn.), V.St.A., **Trennung von Gemischen aus den Bis-(hydroxyäthyl)-estern der Isophthalsäure und der Terephthalsäure,** dad. gek., daß man die Gemische je Gew.-Teil mit 5—30 Teilen Methylenchlorid, das ggf. bis zu 15 Gew.-% eines üblichen Lsgm. enthält, bes. bei 5—10° digeriert, das nicht in Lsg. gegangene Bis-(hydroxyäthyl)-terephthalat abtrennt u. das Bis-(hydroxyäthyl)-isophthalat durch Verdampfen des Lsgm. abscheidet. (**D. A. S. 1 150 064** Kl. 12o vom 27/10. 1960, ausg. 12/6. 1963. A. Prior. 19/11. 1959.) L. Stadelmann. H 1220

2181 Monsanto Chemical Co., St. Louis, übert. von: John Robert Campbell, St. Louis, und Roger E. Hatton, Kirkwood, Mo., V.St.A., **Aryl-phenyl-α.α.α-trifluor-m-tolylphosphine beziehungsweise -phosphinoxide** der allg. Formel $C_6H_5-P(:O)_n(R)-C_6H_4-(CF_3)-m$ (R = m-Tolyl; α.α.α-Trifluor-m-tolyl, n = 0 oder 1) erhält man durch Rk. von $C_6H_5PCl_2$ mit einer aus m-Brombenzotrifluorid u. Mg hergestellten Grignard-Verb., Zers. der Rk.-Mischung mit wss. gesätt. NH_4Cl-Lsg., ggf. mit nachfolgender Oxydation des Phosphins mit H_2O_2 in das entsprechende Phosphinoxid. Es wurden erhalten *Phenyl-m-tolyl-α.α.α-trifluor-m-tolylphosphin*, viscoses Öl, $Kp._{0,5}$ 150—180°, dessen *Phosphinoxid*, F. 93—94° (A.); *Phenyl-bis-(α.α.α-trifluor-m-tolyl)-phosphin*, $Kp._{0,2}$ 123—126°, dessen *Phosphinoxid*, weiße Kristalle. — *Hydraulische Flüssigkeiten, Oxydationsinhibitoren, Rostschutzmittel, Flammschutzmittel, Reinigungsmittel*, Mittel zur *Verhinderung der Frühzündung verbleiter Benzine.* (**A. P. 3 020 315** vom 26/8. 1960, ausg. 6/2. 1962.) A. Jahn. H 1380

2182 American Cyanamid Co., New York, N.Y., übert. von: Arthur K. Hoffmann, Springdale, und Audrey G. Tesch, Trumbull, Conn., V.St.A., **Organophosphoroxide** der allg. Formel $A_2-P(:O)-R-P(:O)-A_2$ erhält man durch Rk. eines tert. aromat. Phosphinoxids der allg. Formel $A_nP(:O)Z_m$ mit bis zu 2 Mol Na in Ggw. eines Äthers (Dimethyl- oder Diäthyläther, Methyläthyläther, Polyäther oder cycl. Äther) u. weitere Rk. des entstandenen Salzes mit einer organ. Halogen-Verb. der allg. Formel $X'-R-X''$ (n = 1—3, m = 0—2, n + m = 3; A = ggf. substituiertes Aryl; Z = Alkyl mit 1—20 C-Atomen; X' = H oder Halogen; X'' = Halogen; R = Alkyl, Alkylen, Aralkyl, Alkenyl). Verwendet man an Stelle von Na Li oder K, so nimmt die Rk. einen anderen Verlauf: $(C_6H_5)_3P(:O)$ + 2 Li, dann + $C_6H_5-CH_2Cl$ → $C_6H_5-CH_2-C_6H_4-P(:O)(C_6H_5)_2$. — 10 g Triphenylphosphinoxid (I) wird mehrere Std. auf 160—170° unter N_2 erhitzt u. dann 100 ml 1.2-Dimethoxyäthan unter N_2 zu I destilliert. Dann erhitzt man die Mischung mit 3,35 g Na 72 Std., gibt genügend CH_3J zu u. erhält nach dem Aufarbeiten *Diphenylmethylphosphinoxid*, F. 104—105° (Bzl.). I + Na + n-Butylbromid → *Diphenyl-n-butylphosphinoxid*, F. 88—89° (Ae.); I + Na + Benzylchlorid (II) → *Diphenylbenzylphosphinoxid*, F. 189—190°, Nadeln; I + Na + C_2H_5Br → *Diphenyläthylphosphinoxid* (III), F. 121—122°; III + Na + II → *Phenyläthylbenzylphosphinoxid*, F. 117—118°; I + Na + Isoamylbromid → *Diphenylisoamylphosphinoxid*; Diphenyl-p-tolylphosphinoxid + Na + Allylchlorid → *Allyl-p-tolylphenylphosphinoxid*; Dimethyl-p-tolylphosphinoxid + Na + CH_3J → *Trimethylphosphinoxid*, F. ca. 140°; I + Na + Br—$(CH_2)_4$—Br → *Tetramethylen-bis-(diphenylphosphinoxid)*, F. 255 bis 257°. (**A. P. 3 032 589** vom 4/8. 1959, ausg. 1/5. 1962.) A. Jahn. H 1380

2183 N. V. Organon, Oss, Niederlande, **Herstellung α, β-ungesättigter, eine CO-Gruppe enthaltender Verbindungen** der allg. Formel $(R_1)(R_2)C{=}C(R_3)-CO-R_4$ (R_1 = H oder ggf. substituierter aliphat., aromat., araliphat. oder alicycl. KW-Stoffrest; R_2 = H, Alkoxy-, Aryloxy-, Aralkoxy-, ggf. substituierte Aminogruppe oder ggf. substituierter aliphat., aromat., araliphat. oder alicycl. KW-Stoffrest; R_1 u. R_2 können auch zusammen einen alicycl. Ring bilden; R_3 = H, aliphat., aromat., araliphat. oder alicycl. KW-Stoffrest; R_4 = H, Alkoxy- oder Alkylthiogruppe oder aliphat., aromat., araliphat. oder alicycl. KW-Stoffrest). Man setzt eine Verb. der allg. Formel $(R_1)(R_2)C{=}O$ in einem wasserfreien organ. Lsgm., bes. Ae., in Ggw. einer Lewissäure, bes. BF_3, mit einer Verb. der allg. Formel $R_3C{\equiv}CR_4$ um. Die Rk. wird vorzugsweise bei 0° oder darunter durchgeführt. — Zum Beispiel erzeugt man auf diese Weise *Zimtsäureäthylester*, $Kp._{15}$ 140°, aus Benzaldehyd u. Äthoxyacetylen. (**Niederl. P. 101 965** vom 24/8. 1959, ausg. 16/7. 1962.) F. Böhm. H 1610

2184 Inventa Akt.-Ges. für Forschung und Patentverwertung, Luzern, Schweiz, **Kontinuierliche Herstellung von Cyclohexanonoxim** erfolgt bei der Rk. einer wss. Hydroxylaminsulfat-Lsg. mit Cyclohexanon in 2 Stufen, wobei in der 1. Stufe das Cyclohexanon gegenüber dem Hydroxylaminsulfat im Überschuß gehalten wird. Die Rk.-Temp. liegt > F. des Oxims, bes. bei 67—70°. Mittels NH_4OH wird pH 4 eingehalten. Das geschmolzene Oxim wird abgeschieden u. die Hydroxylaminsulfat-Lsg. mit noch vorhandenem Oxim gelangt in den Kreislauf. Das Cyclohexanonoxim u. das daraus nach der Methode von Beckmann erhaltene Caprolactam sind von großer Reinheit. (**E. P. 894 135** vom 20/4. 1959, ausg. 18/4. 1962. Schwz. Prior. 23/4. 1958.) G. König. H 1950

2185 American Cyanamid Co., New York, N.Y., übert. von: Ken Matsuda, Stamford, und George L. M. Christopher, Windsor, Conn., V.St.A., **Herstellung von Diaryläthan.** Acetylen wird mit mono- oder dialkylsubstituiertem Benzol in Ggw. von β-Chlorvinylquecksilberchlorid u. H_2SO_4 zur Rk. gebracht. (**A. P. 3 040 110** vom 30/9. 1959, ausg. 19/6. 1962.) E. Kahles. H 2210

2186 Hüttenwerk Oberhausen Akt.-Ges., Oberhausen, **Reinigen von Naphthalin (I).** Um S-Verbb. aus **I** zu entfernen, wird es an einem Friedel-Crafts-Katalysator unter solchen Bedingungen behandelt, daß die S-Verbb. gespalten werden. Diese werden dann mit W. in Verbb. mit höherem Molgew. als **I** umgewandelt. — Vorr., Zeichnung. (**E. P. 906 770** vom 17/6. 1960, ausg. 26/9. 1962. D. Prior. 20/6. 1959.) E. Kahles. H 2700

2187 Chemische Fabrik von Heyden Akt.-Ges. (Erfinder: Otto Wiedemann), München, **Gewinnung eines Naphthalinluftgemisches,** das naphthalinreich ist, oberhalb der Explosionsgrenze liegt u. im wesentlichen frei von teer- u. harzartigen Stoffen ist, durch Einblasen von Heißluft in fl. Rohnaphthalin in einem Sumpfverdampfer u. Einleiten dieses Dampfluftgemisches in eine Dest.-Kolonne üblicher Bauart, dad. gek., daß man das aufsteigende Dampfgemisch mit im Gegenstrom zugeführtem fl. Rohnaphthalin wäscht. (**D. A. S. 1 149 346** Kl. 12o vom 8/3. 1956, ausg. 30/5. 1963.) L. Stadelmann. H 2700

2188 American Cyanamid Co., New York, N.Y., übert. von: David S. Hoffenberg, Stamford, Robert G. Haldeman, Norwalk, Conn., und William B. Hardy, Bound Brook, N.J., V.St.A., **Herstellung von Naphthalinthiol (I)** erfolgt durch Rk. von 1—3 (Mol) eines Naphthols (**II**) mit 3—1 H_2S in Ggw. eines Th-Oxid-Katalysators bei 350—600°, bes. 450—525°, u. Normaldruck. — Beispiele zur Herst. von 2-**I** aus 2-**II** neben geringen Mengen *2.2'-Dinaphthyldisulfid. — Zwischenprodd., Weichmacher für Kautschuk.* (**A. P. 3 042 724** vom 22/9. 1959, ausg. 3/7. 1962.) O. Müller-Meiningen. H 2700

2189 Sun Oil Co., Philadelphia, übert. von: John J. Melchiore, Wallingford, Pa., V.St.A., **Naphthalincarbonsäureanhydride** erhält man durch Oxydation von Mono-, Di- oder Trialkylnaphthalin, das in einem aliphat. Carbonsäureanhydrid gelöst ist, mit O_2 in Ggw. eines Schwermetalloxydationskatalysators bei 100—150°. Hergestellt wurde das Anhydrid der 6-Methyl-2-naphthoesäure. (**A. P. 3 045 045** vom 2/12. 1959, ausg. 17/7. 1962.) L. Stadelmann. H 2700

2190 Lynn H. Dawsey, Tifton, Ga., V.St.A., **Amylanthrachinon (I)** erhält man durch Cyclisation von 2-(4'-Amylbenzoyl)-benzoesäure mit Oleum mit einem Geh. an 5 bis 10% SO_3 im Mol-Verhältnis 1 : 5 durch $^1/_2$—14 std. Erhitzen auf 65—95°, Verdünnen der Rk.-Mischung mit W. u. Gewinnung (Schichtentrennung) des **I**. **I** läßt sich mit H_2 zu Tetrahydroamylanthrahydrochinon reduzieren, das zum Tetrahydro-**I** oxydiert werden kann, F. 106—107°. (**A. P. 3 032 560** vom 29/5. 1959, ausg. 1/5. 1962.) A. Jahn. H 2800

2191 Phillips Petroleum Co., Del., übert. von: John E. Mahan und Rector P. Louthan, Bartlesville, Okla., V.St.A., **5-Mercaptobicyclo-[2.2.1]-hepten-2,2.5-Dimercaptobicyclo-[2.2.1]-heptan** u. **2.6-Dimercaptobicyclo-[2.2.1]-heptan,** erhält man bei der Rk. von Bicyclo-[2.2.1]-hepta-2.5-dien mit H_2S unter Einw. von UV-Strahlen, vorteilhaft in Ggw. eines Verdünnungsmittels bei —50 bis +200°. Die Wellenlänge des aktivierenden Lichtes soll < 3200 Å liegen. — 118 g Bicyclo-[2.2.1]-hepta-2.5-dien wird mit 170 g H_2S zwischen 64—98° 30 Min. bestrahlt. Das Rk.-Prod. wird fraktioniert destilliert. Schnitt 1 vom $Kp._{25}$ 71—76°, n_D^{25} 1,5310, besteht aus der *Monothiol-Verb.*, der Schnitt 4 besteht aus der Mischung von *2.5-* u. *2.6-Dimercaptobicyclo-[2.2.1]-heptan,* $Kp._{26}$ 138—139°, n_D^{20} 1,5722. — Odorierende Mittel für Naturgas. Die Dithiole werden mittels Triäthylamin zu einem schmelzbaren, harten sowie transparenten goldfarbigen Harz polymerisiert. (**A. P. 3 019 267** vom 26/3. 1959, ausg. 30/1. 1962.) G. König. H 2950

2192 Robert Sancier Aries, Stamford, Conn., V.St.A. (Erfinder: Robert Sancier Aries), **Herstellung von Propylenoxid** durch Oxydation von C_3H_6 in fl. Phase in einem inerten organ. Lsgm. bei erhöhter Temp. u. erhöhtem Druck mit einem O-haltigen Gas in Anwesenheit einer in niederen Fettsäuren lösl. Verb. eines der Metalle Co, Cu, Mn, V u. Cr als Katalysator, dad. gek., daß die Rk. in Ggw. einer als Promotor wirkenden, in niedrigen Fettsäuren lösl. Verb. von Ba oder Pb durchgeführt wird. Rk.-Bereich 150—250°, Drücke zwischen 52,5—56 at. Neben Propylenoxid werden folgende Nebenprodd. erhalten: *Propylenglykol, Methylformiat,* $CH_3—CO_2H$, HCO_2H, neutrales u. saures Polymerisat. (**D. A. S. 1 150 060** Kl. 12o vom 10/12. 1959, ausg. 12/6. 1963.) G. König. H 3030

2193 Chemische Fabrik Hoesch K. G. (Erfinder: Alfred Szczepanek), Düren, **Epoxydierung ungesättigter höhermolekularer Fettsäuren oder ihrer Ester** mit wss. Lsgg. von H_2O_2 u. $(CH_3CO)_2O$ in Ggw. eines Katalysators (**I**), dad. gek., daß man als **I** N-haltige Basen, bes. zumindest schwach wasserlösl. organ. ein oder mehrere N-Atome enthaltende Basen oder deren Salze oder NH_3 oder dessen Salze verwendet. — Beispiele zur Epoxydierung von Ricinusöl, Ölsäure, deren Methylester, Sojabohnenöl, Leinölfettsäure. (**D. A. S. 1 150 063** Kl. 12o vom 25/2. 1960, ausg. 12/6. 1963.) O. Müller-Meiningen. H 3030

2194 Distillers Co. Ltd. (Erfinder: Bertram Yeomans), Edinburgh, Schottland, **Herstellung von aliphatischen, aromatischen oder heterocyclischen Amiden,** dad. gek., daß man die entsprechenden wasserlösl. Nitrile in wss. Lsg., die durch Zusatz von z. B. NH_3, Piperidin oder Alkalihydroxid oder -carbonat auf pH ca. 9—10,5 eingestellt wurde, am Rückfluß erhitzt u. das W. durch azeotrop. Dest. entfernt. — Aus 2943 (Teilen) einer wss. 2,8 (%) 4-Cyanopyridin, 0,2 p-Picolin u. 0,98 NH_4OH → 74,22 *Isonicotinamid.* (**E. P. 898 757** vom 22/12. 1959, ausg. 14/6. 1962.) W. Heyer. H 3231

2195 Farbenfabriken Bayer Akt.-Ges., Leverkusen (Erfinder: Werner Schäfer, Köln, und Richard Wegler, Leverkusen), **Herstellung von N-substituierten Thiosäureamiden,** dad. gek., daß heterocycl. Verbb., welche reaktionsfähige Alkyl- oder Vinylgruppen enthalten, mit S u. N-Formylalkylaminen, in denen der Alkylrest bzw. die Alkylreste 1—4 C-Atome enthalten, bei Temp. zwischen 100 bis 200° umgesetzt werden. — Aus 186 (g) α-Picolin, 192 S u. 103 Methylformamid bei 140—160° → *Thiopicolinsäuremethylamid,* F. 74—78°; analog: *Thiopicolinsäuredimethylamid,* $Kp._{0,55}$ 129—133°; *Thioisonicotinsäuremethylamid,* F. 94 bis 97°; *-dimethylamid,* F. 64—65°; *-butylamid,* F. 75—78°; *Benzthiazolthiocarbonsäuremethylamid,* F. 116—119°; *-dimethylamid,* F. 117—121°; *4-Pyridylthioessigsäuremethylamid,* F. 136 bis 141°; *-dimethylamid,* F. 108—112°; *Pyridin-2.4-di-(thiocarbonsäuredimethylamid),* F. 169—171°; *Pyridin-2.6-di-(thiocarbonsäuredimethylamid),* F. 195—197°; *4-Methylpyridin-(2)-thiocarbonsäuremethylamid* ($Kp._{13}$ 174—176°); *Pyridin-2.4-di-(thiocarbonsäuremethylamid),* F. 158—162°; *Pyridin-2.6-di-(thiocarbonsäuremethylamid),* F. 168—170°; *2-Methylpyridin-6-thiocarbonsäuremethylamid,* $Kp._{12}$ 172—176°; *Pyridin-2.4.6-tri-(thiocarbonsäuredimethylamid),* F. 239—242°; *Pyridin-2.5-di-(thiocarbonsäuremethylamid),* F. 163—166°; *2-Aminopyridin-(4)-thiocarbonsäuremethylamid,* F. 134—137°; *Pyrazin-2.5-di-(thiocarbonsäuremethylamid),* F. 307—310° u. *Pyridin-(2)-thioessigsäuredimethylamid,* $Kp._{12}$ 153—157° aus 2-Vinylpyridin, S u. Dimethylformamid. (**D. A. S. 1 149 356** Kl. 12p vom 24/3. 1955, ausg. 30/5. 1963.) W. Heyer. H 3231

2196 Atlantic Refining Co., Philadelphia, übert. von: Edward S. Wheeler, Secane, William K. Griesinger, Haverford, und Norbert H. Ellis, Philadelphia, Pa., V.St.A., **Katalytische Herstellung von Metadioxanen,** dad. gek., daß man einen gasförmigen KW-Stoff, der Butan u. mindestens ein Buten enthält, mit einem Aldehyd, wie Formaldehyd, Trioxan, Acetaldehyd, Propionaldehyd oder Benzaldehyd, in Ggw. von wss. H_2SO_4 mit 2—85 Gew.-% bei 30 bis 120° reagieren läßt, die entstehende organ. Phase entfernt u. am Anfang die H_2SO_4 mit einer organ. Verb. versetzt, in der die wss. u. organ. Komponenten teilweise lösl. sind u. die die Gruppierung 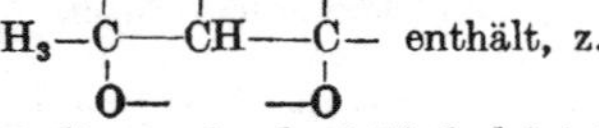 enthält, z. B. 4.4- oder 4.5-Dimethylmetadioxan, 2- oder 3-Methyl-2.4-diole. — Lsgm., *Benzinzusatzmittel, Zwischenprodukte*. (**A. P. 3 036 090** vom 20/5. 1957, ausg. 22/5. 1962.) R. Bauereis. H 3252

2197 Glidden Co., Cleveland, Ohio, übert. von: Robert L. Webb, Jacksonville, Fla., V.St.A., **Herstellung von Menthol und anderen p-Menthanderivaten,** welche in der 3-Stellung über eine O-Brücke Substituenten aufweisen, erhält man bei der Chlorierung der eine olefin. Bindung in 1-2-Stellung enthaltenden Terpene, wie α-Pinen, Carvomenthen, α-Terpineol, dl-Limonen, in Ggw. eines Alkohols, wobei die Anlagerung des Alkoholrestes an das die Methylgruppe tragende C-Atom u. des Cl in 2-Stellung erfolgt. Die entstandene Chloralkoxy-Verb. wird in Ggw. einer Base dehydrochloriert u. man erhält einen tert. allylcycl. Äther, welcher mit einer Carbonsäure unter Abspaltung der Äthergruppe den Carbonsäureester in 3-Stellung ergibt. Durch Hydrolyse erhält man daraus einen alicycl. olefin. Alkohol, der durch Hydrierung *Menthol* ergibt. d-Carvomenthen, $Kp._{100}$ 110°, n_D^{25} 1,4594, D_4^{25} 0,825, $[\alpha]_D^{25}$ (10 cm) + 80° wird mit Methanol u. $NaHCO_3$ bei 15—20° mit Cl_2 behandelt. Man erhält 10—12% KW-Stoffe, $Kp._{10}$ 52—60°, 20—22% *6-Chlor-1-p-menthen*, $Kp._{10}$ 95—97°, n_D^{25} 1,4533, $D._4^{25}$ 0,8811, $[\alpha]_D^{25}$ (10 cm) —12,02°, 24—26% *α-1-Methoxy-2-chlor-p-menthan*, $Kp._{10}$ 104°, n_D^{25} 1,4680, $D._4^{25}$ 0,9976, $[\alpha]_D^{25}$ (10 cm) +45,0°, 24—26% *β-1-Methoxy-2-chlor-p-menthan*, $Kp._{10}$ 113—118°, n_D^{25} 1,4746, $D._4^{25}$ 1,0078, $[\alpha]_D^{25}$ (10 cm) —2,3° u. 10—12% höher sd. Stoffe, bes. Dichloride. — d-Limonen, $Kp._{100}$ 110°, n_D^{25} 1,4710, $D._4^{25}$ 0,840, $[\alpha]_D^{25}$ (10 cm) +97,6° mit Methanol u. $NaHCO_3$ < 20° mit Cl_2 → 10—15% KW-Stoffe, 20—25% *6-Chlor-1.8-p-menthadien*, $Kp._{10}$ 95—97°, 5—10% *6-Methoxy-1.8-menthadien*, $Kp._{10}$ 87—88°, 50—52% *1-Methoxy-2-chlor-8-p-menthen*, $Kp._{10}$ 120°, u. 5—10% höher sd. Produkte. — α-Pinen ergibt bei der gleichen Behandlung außer KW-Stoffen u. hochsd. Chloriden: 20—25% *Pinocarvylchlorid*, $Kp._{10}$ 80 bis 85°, 5—10% ungesätt. Äther, $Kp._{10}$ 72—78°, bestehend aus *Pinocarvylmethyläther* u. *Myrtenylmethyläther*, 40—45% *2-Methoxy-3-chlorpinan*, $Kp._{10}$ 100—110°. — α-Terpineol ergibt neben KW-Stoffen u. höher sd. Prodd. 5—10% *6-Methoxy-1-p-menthen-8-ol*, $Kp._{1,0}$ 73—77°, 15—20% *6-Chlor-1-p-menthen-8-ol*, $Kp._{1,0}$ 80—87°, *1-Methoxy-2-chlor-p-menthan-8-ol*. — Eine Mischung von α- u. *β-1-Methoxy-2-chlor-p-menthan*, KOH u. Diäthylenglykol werden 3 Std. auf 195—205° bei normalem Druck erhitzt. Man erhält: 12% KW-Stoffe (p-Cymol, α-Terpinen u. Phellandrene), $Kp._{10}$ 52—58°, 60—65% *α-1-Methoxy-2-p-menthen*, $Kp._{10}$ 76,5°, n_D^{25} 1,4540, $D._4^{25}$ 0,8758, $[\alpha]_D^{25}$ (10 cm) —2,45°, 15—20% *β-1-Methoxy-2-p-menthen*, $Kp._{10}$ 80°, n_D^{25} 1,4553, $D._4^{25}$ 0,8799, $[\alpha]_D^{25}$ (10 cm) +15,3°, u. 3—5% nicht umgesetztes Ausgangsprodukt. Die Fraktionen von 76,5 u. 80° bei 10 mm Hg ergeben bei der Oxydation *d-Piperiton*, $Kp._{10}$ 102—103°, $[\alpha]_D^{25}$ (10 cm) +41°. α- u. β-1-Methoxy-2-chlor-8-p-menthen analog behandelt ergibt *1-Methoxy-2.8-p-menthadien*, $Kp._{10}$ 75—82°. — 2-Methoxy-3-chlorpinan → 2-Methoxy-3-pinen, $Kp._{10}$ 65—68°. — 1-Methoxy-2-chlor-p-menthan-8-ol → *1-Methoxy-2-menthen-8-ol*, $Kp._{10}$ 118—120°, u. 50—55% *1-Methoxy-2.8-epoxy-p-menthan*, $Kp._{10}$ 103—105°, n_D^{25} 1,4765. — Eine Lsg. von CH_3COONa in HCOOH wird bei 0—5° mit α- u. β-1-Methoxy-2-p-menthen 2 Std. gerührt. Man trennt die beim Stehen gebildete obere ölige Phase ab u. verseift sie. Bei der fraktionierten Dest. erhält man *cis-Piperitol*, $Kp._{10}$ 97,5° n_D^{25} 1,4768, $D._4^{25}$ 0,9212, $[\alpha]_D^{25}$ +256° (10 cm), F. 30,8°, u. *trans-Piperitol*, $Kp._{10}$ 103°, n_D^{25} 1,4766, $D._4^{25}$ 0,9210, $[\alpha]_D^{25}$ —55,2° (10 cm), F. 4,8°. Die katalyt. Hydrierung ergibt *d-Neomenthol*, $[\alpha]_D^{25}$ +19,1° bzw. *1-Isomenthol*, $[\alpha]_D^{25}$ —26,4°. cis-Piperitol wird bei 0—5° mit HCOOH u. CH_3CO_2Na verrührt. Nach Verseifung der oberen öligen Schicht mit folgender Fraktionierung erhält man 2-p-Menthen-1-ol, $Kp._{10}$ 85—90°, 45—50% cis-Piperitol u. 40—45° trans-Piperitol. trans-Piperitol ergibt bei analoger Behandlung 45—55% *cis-* u. 45—50% *trans-*Piperitol. — 6-Methoxy-1-p-menthen mit HCOOH bei 50° 2 Std. erhitzt, ergibt den Ameisensäureester, welcher verseift 50—55% *M-1-penthen-6-ol* (Carvotanacetol), $Kp._{10}$ 102°, n_D^{25} 1,4790, ergibt. trans-Piperitol mit 90%ig. HCOOH u. wasserfreiem CH_3COONa bei 0—5° behandelt, ergibt 85 bis 90% *cis-* u. *trans-Piperitylformiat*, $Kp._{10}$ 96—100°, n_D^{25} 1,4646, $D._4^{25}$ 0,9545 $[\alpha]_D^{25}$ +36° (10 cm). Die Verseifung ergibt cis- u. trans-Piperitole. Analog verläuft die Bldg. aus *l*-cis-Piperitol mit Eisessig bei 10°. Man erhält *Piperitylacetat*, $Kp._5$ 90 bis 95°, n_D^{25} 1,462, $D._4^{25}$ 0,950, $[\alpha]_D^{25}$ —31° (10 cm). Die Verseifung ergibt *l*-cis- u. d-trans-Piperitole. (**A. P. 3 028 418** vom 7/9. 1955, ausg. 3/4. 1962.) G. König. H 3600

2198 C. H. Boehringer Sohn, Ingelheim/Rh., übert. von: Karl Heinz Hauptmann und Karl Zeile, Ingelheim/Rh., **Gewinnung von Steroidsapogeninen, besonders Hecogenin aus Glycosiden.** Man extrahiert den unter Autolyse durch Fermentation aus Sisalrückständen erhaltenen u. getrockneten Nd., der teilweise abgebautes Heconin (I) enthält, mit heißem Alkanol mit einem Kp. > 100° (Butanol, Pentanol), wodurch das teilweise abgebaute **I** (= **II**) in Lsg. geht. Beim Abkühlen der Lsg. fällt **II** aus, das durch saure Hydrolyse (2n H_2SO_4) bei Temp. von z. B. 95—100° in *Hecogenin*, F. 230—246°, übergeführt wird. (**A. P. 3 022 294** vom 23/9. 1958, ausg. 20/2. 1962.) A. Jahn. H 3650

2199 **Mo och Domsjö Aktiebolag,** Örnsköldsvik, Schweden, *Herstellung oberflächenaktiver Verbindungen.* (**Ind. P. 58 572** vom 5/10. 1956, ausg. 7/8. 1962. — C. **1959,** 17459 [Oe. P. 195 449].)

2200 **Metal & Thermit Corp.,** Rahway (Erfinder: **Hugh Edwin Ramsden,** Scotch Plains), N.J., V.St.A., *Organomagnesiumchloride.* (**Schwz. P. 367 499** vom 10/9. 1957, ausg. 11/4. 1963. A. Prior. 19/9. 1956. — C. **1962,** 3260 [F. P. 1 186 336].)

2201 **Farbwerke Hoechst Akt.-Ges. vormals Meister Lucius & Brüning** (Erfinder: **Rudolf Wimmer, Rudolf Wirtz, Willi Portz, Werner Fischer** und **Hartmut Schilken**), Frankfurt/M., *Abschrecken heißer Crackgase.* (**Schwz. P. 368 147** vom 23/2. 1959, ausg. 15/5. 1963. D. Prior. 26/2. 1958. — C. **1960,** 10058 [D. A. S. 1 069 142].)

2202 **Columbia-Southern Chemical Corp.** (Erfinder: **Robert Emmett McGreevy, Joseph Edwin Milam** und **William Emanuel Makris**), *Chlorierte Kohlenwasserstoffe.* (**Aust. P. 237 288** vom 12/6. 1959, ausg. 15/2. 1962. A. Prior. 24/6. 1958. — C. **1962,** 15020 [F. P. 1 226 254].)

2203 **E. I. du Pont de Nemours & Co.,** Wilmington, Del., übert. von: **Klaus Bernd Kasper,** Vienna, W.Va., V.St.A., *Reinigung von Fluorkohlenstoffen.* (**A. P. 3 022 357** vom 8/10. 1959, ausg. 20/2. 1962. — C. **1963,** 4133 [D. A. S. 1 130 435].)

2204 **Soc. d'Électro-Chimie, d'Électro-Métallurgie et des Aciéries Électriques d'Ugine,** Paris (Erfinder: **Robert Thermet,** Grenoble, und **Ludovic Parvi,** Pont-de-Clais, Isère), Frankreich, *Herstellung von Tri- und Tetrachloräthylen.* (**Schwz. P. 368 791** vom 24/1. 1958, ausg. 15/6. 1963. F. Prior. 8/2. 1957 u. 20/1. 1958. — C. **1962,** 9891 [D. A. S. 1 108 681].)

2205 **Diamond Alkali Co.,** Cleveland, Ohio, übert. von: **Van C. Cayton,** Pasadena, **Robert N. Montgomery** und **Joseph Perret,** Baytown, Tex., V.St.A., *Herstellung von Perchloräthylen.* (**A. P. 3 061 652** vom 10/6. 1957, ausg. 30/10. 1962. — C. **1962,** 5468 [D. A. S. 1 107 218].)

2206 **Knapsack-Griesheim Akt.-Ges.** (Erfinder: **Kurt Sennewald, Franz Pohl, Heinrich Rehberg** und **Hermann Glaser**), *Herstellung von Isopren und Butadien.* (**Aust. P. 238 089** vom 4/2. 1959, ausg. 12/4. 1962. D. Prior. 10/2., 30/7. u. 9/9. 1958. — C. **1962,** 14320 [F. P. 1 223 642].)

2207 **F. Hoffmann-La Roche & Co. Akt.-Ges.,** Basel (Erfinder: **Herbert Lindlar,** Reinach, **Marc Montavon,** Basel, Schweiz, und **Gabriel Saucy,** Nutley, N.J., V.St.A.), *Herstellung von Acetylenderivaten.* (**Schwz. P. 368 152** vom 13/2. 1958, ausg. 15/5. 1963. — C **1.962,** 8782 [D. A. S. 1 112 730].)

2208 **Badische Anilin- & Soda-Fabrik Akt.-Ges.,** Ludwigshafen/Rh., *Trennen von Gemischen, die nichtflüchtige Eisencarbonylverbindungen enthalten.* (**E. P. 893 809** vom 17/2. 1960, ausg. 11/4. 1962. D. Prior. 18/2. 1959. — C. **1961,** 7027 [D. A. S. 1 088 038].)

2209 **Minnesota Mining & Mfg. Co.** (Erfinder: **Arthur H. Ahlbrecht** und **Samuel Smith**), Minn., Del., V.St.A., *Perfluoralkylierte Alkanole.* (**E. P. 904 263** vom 11/8. 1958, ausg. 29/8. 1962. — C. **1963,** 18257 [D. A. S 1 132 907].)

2210 **Bergwerksgesellschaft Hibernia Akt.-Ges.,** Herne, *Herstellung von Isophoron.* (**E. P. 886 931** vom 15/9. 1959, ausg. 10/1. 1962. D. Prior. 15/9. 1958. — C. **1963,** 2233 [D. A. S. 1 095 818].)

2211 **Wacker-Chemie G. m. b. H.,** München (Erfinder: **Theodor Altenschöpfer, Eduard Enk** und **Hellmuth Spes,** Burghausen/Obb.), *Reinigen von Keten.* (**Schwz. P. 367 822** vom 19/5. 1958, ausg. 30/4. 1963. D. Prior. 24/10. 1957. — C. **1960,** 17615 [D. A. S. 1 079 623].)

2212 **Toyo Koatsu Industries, Inc.,** Tokio (Erfinder: **Hajime Mihara, Ichiro Miwa, Kitaburo Ueno** und **Syugo Morita,** Toyonuma, Sunagawa City, Hokkaido), Japan, *Gemische gesättigter aliphatischer Mono- und Dicarbonsäuren durch Ozonisierung ungesättigter Fettsäuren.* (**A. P. 3 060 211** vom 10/12. 1959, ausg. 23/10. 1962. Jap. Prior. 27/3. 1959. — C. **1963,** 2618 [E. P. 884 438].)

2213 **Knapsack-Griesheim Akt.-Ges.,** Knapsack (Erfinder: **Kurt Sennewald,** Knapsack, **Arthur Wolfram,** Frankfurt/M., und **Theodor Sievers,** Gersthofen), *Trichloressigsäure.* (**A. P. 3 057 916** vom 8/11. 1957, ausg. 9/10. 1962. — C. **1961,** 12645 [F. P. 1 188 599] u. C. **1962,** 5846 [Aust. P. 228 057].)

2214 **Badische Anilin- & Soda-Fabrik Akt.-Ges.,** Ludwigshafen/Rh. (Erfinder: **Robert Stadler** und **Friedrich Becke,** Heidelberg), *Acrylsäureester aus Acetylen, Kohlenmonoxid und Alkoholen oder Phenolen.* (**Schwz. P. 367 485** vom 2/12. 1957, ausg. 11/4. 1963. D. Prior. 18/12. 1956. — C. **1960,** 8009 [D. A. SS. 1 060 382 u. 1 064 503].)

2215 **Farbwerke Hoechst Akt.-Ges. vormals Meister Lucius & Brüning,** Frankfurt/M. (Erfinder: **Hans Fernholz,** Bad Soden, und **Eberhard Mundlos,** Frankfurt/M.), *Sorbinsäure aus Keten und Crotonaldehyd.* (**Schwz. PP. 367 164 u. 367 165** vom 5/6. 1957, ausg. 29/3. 1963. Beide D. Prior. 7/6. u. 28/7. 1956. — C. **1960,** 10061 [D. A. S. 1 059 899], C. **1962,** 12095 [D. A. S. 1 049 852] u. C. **1959,** 12382 [D. A. S. 1 042 573].)

2216 **Wacker-Chemie G. m. b. H.,** München (Erfinder: **Eduard Enk** und **Hellmuth Spes,** Burghausen), *Monoalkylmalonsäuredichloride.* (**Schwz. P. 367 160** vom 13/12. 1957, ausg. 29/3. 1963. D. Prior. 6/2. 1957. — C. **1959,** 4965 [D. A. S. 1 027 195].)

2217 **Usines de Melle** (Erfinder: **Pierre Colin**), *Extraktion von Citronensäure.* (**Aust. P. 237 125** vom 9/9. 1959, ausg. 8/2. 1962. F. Prior. 1/10. 1958. — C. **1962,** 302 [F. P. 1 211 066].)

2218 **Wacker-Chemie G. m. b. H.,** München, übert. von: **Eduard Enk, Fritz Knörr** und **Hellmuth Spes,** Burghausen, *β-Alkoxycarbonsäureester.* (**A. P. 3 049 560** vom 3/8. 1959, ausg. 14/8. 1962. D. Prior. 4/8. 1958. — C. **1960,** 8010 [D. A. S. 1 067 798].)

2219 **Distillers Co. Ltd.,** Edinburgh, Schottland, übert. von: **Hubert Jowitt,** Hull, England, *3-Alkoxypropionsäurealkylester.* (**A. P. 3 052 713** vom 24/2. 1959, ausg. 4/9. 1962. E. Prior. 5/3. 1958. — C. **1961,** 6513 [D. A. S. 1 086 682].)

2220 **Lepetit S. p. A.** (Erfinder: **Emilio Testa**), *β-Lactone.* (**Aust. P. 237 235** vom 3/7. 1959, ausg. 15/2. 1962. E. Prior. 17/7. 1958. — C. **1963,** 684 [E. P. 872 155].)

2221 **Deutsche Gold- und Silber-Scheideanstalt vormals Roessler,** Frankfurt/M., *Herstellung von aliphatischen ω-Aminonitrilen.* (**E. P. 907 325** vom 6/2. 1959, ausg. 3/10. 1962. D. Prior. 11/2. 1958. — C. **1962,** 2905 [D. A. S. 1 088 973].)

2222 **E. I. du Pont de Nemours & Co.** (Erfinder: **Robert Henry Sullivan**), *dl-Glutaminsäure.* (**Aust. P. 237 177** vom 4/11. 1958, ausg. 15/2. 1962. A. Prior. 14/1. 1958. — C. **1962,** 13571 [D. A. S. 1 117 596].)

2223 **Soc. des Laboratoires Labaz** (Erfinder: **Fernand Aime Ghislain Binon** und **Emile Jules Eugene Deltombe**), *Herstellung von Carnitin.* (**Aust. P. 237 565** vom 28/10. 1959, ausg. 15/3. 1962. — C. **1962,** 17206 [D. A. S. 1 090 676].)

2224 **Studiengesellschaft Kohle m. b. H.,** übert. von: **Roland Köstr.** Mülheim/Ruhr, *Herstellung von Boralkylen neben hochaktivem Al_2O_3.* (**A. P. 3 049 407** vom 30/9. 1958, ausg. 14/8. 1962. D. Prior. 3/10. 1957. — C. **1962,** 303 [D. P. [DDR] 20 815].)

2225 **Kali-Chemie Akt.-Ges.,** übert. von: **Herbert Jenkner,** Hannover, *N-substituierte Borazane.* (**A. P. 3 051 754** vom 10/3. 1958, ausg. 28/8. 1962. D. Prior. 9/3. 1957. — C. **1962,** 4343 [F. P. 1 216 262].)

2226 **British Petroleum Co. Ltd.,** London, übert. von: **Andrew McLean, Wilfred J. Oldham** und **Max M. Wirth,** Sunbury-on-Thames, Middlesex, England, *Herstellung von organischen Phosphorverbindungen.* (**Can. P. 633 721** vom 22/5. 1951, ausg. 2/1. 1962. E. Prior. 1/6. 1950. — C. **1956,** 862 [E. P. 696 219].)

2227 **Monsanto Chemicals Ltd.** (Erfinder: **Arthur Marshall Spivey**), *p-Hydroxybenzoesäuren.* (**Aust. P. 237 196** vom 27/5. 1959, ausg. 4/10. 1962. E. Prior. 2/6. 1958. — C. **1962,** 18274 [E. P. 852 599].)

2228 **Miles Laboratories, Inc.,** Elkhart, Ind. (Erfinder: **James Edward Slager,** Holland, Mich.), V.St.A., *Herstellung von p-Aminophenol.* (**Schwz. P. 368 192** vom 24/10. 1957, ausg. 15/5. 1963. A. Prior. 31/10. 1956. — C. **1960,** 5976 [D. A. S. 1 066 589].)

2229 **VEB Leuna-Werke „Walter Ulbricht“,** Leuna bei Merseburg, *Herstellung von Halogenaminobenzoesäuren, deren Salzen, Estern und Amiden.* (**E. P. 903 404** vom 3/4. 1959, ausg. 15/8. 1962. Oe. Prior. 21/4. 1958. — C. **1962,** 6214 [Oe. P. 206 888].)

2230 **Rhône-Poulenc Soc. An.,** Paris (Erfinder: **Igor Scriabine** und **Jacques Paul Marie Bonnart,** Lyon), Frankreich, *Bis-(p-hydroxyphenyl) 2.2-propan.* (**Schwz. P. 367 186** vom 2/6. 1958, ausg. 29/3. 1963. F. Prior. 3/6. 1957. — C. **1961,** 7753 [F. P. 1 179 377].)

2231 **Chemische Fabrik Hoesch K. G.,** Deutschland, *Epoxydierung höherer ungesättigter Fettsäuren.* (**F. P. 1 280 475** vom 20/2. 1961, ausg. 9/5. 1962. D. Prior. 25/2. 1960. — C. **1963,** 3393 [Port. P. 38 091].)

2232 **Mead Johnson & Co.,** Evansville, Ind., V.St.A., *Herstellung 1-substituierter Pyrrolidyl-(3)-methylalkohole.* (**Ind. P. 68 410** vom 15/7. 1959, ausg. 2/1. 1962. — C. **1962,** 17929 [F. P. 1 233 278].)

2233 **Rohm & Haas Co.,** Philadelphia (Erfinder: **Charles Harlan McKeever,** Meadowbrook), Pa., V.St.A., *Herstellung von Pyrrolidon.* (**Schwz. P. 366 539** vom 27/6. 1957, ausg. 28/2. 1963. A. Prior. 29/6. 1956. — C. **1961,** 15203 [F. P. 1 178 060].)

2234 **Ciba Corp.,** V.St.A., übert. von: **Karl Hoffmann,** Binningen, **Alberto Rossi** und **Jindrich Kebrle,** Basel, Schweiz, *Substituierte Indol-(2)-aldehyde.* (**A. P. 3 055 912** vom 5/11. 1958, ausg. 25/9. 1962. Schwz. Prior. 11/11. 1957. — C. **1961,** 7754 [D. A. S. 1 093 365].)

2235 **Laboratoires Français de Chimiothérapie,** Paris, Frankreich, *Herstellung von Tryptamin.* (**E. P. 888 419** vom 27/11. 1958, ausg. 31/1. 1962. F. Prior. 29/11. 1957. — C. **1961,** 14102 [F. P. 1 195 252].)

2236 **Henkel & Cie. G. m. b. H.** (Erfinder: **Bruno Blaser, Werner Stein** und **Hubert Schirp**), Düsseldorf, *Herstellung von Salzen heterocyclischer Carbonsäuren.* (**Schwz. P. 367 170** vom 4/2. 1958, ausg. 29/3. 1963. D. Prior. 5/4. 1957. — C. **1962,** 13580 [D. A. S. 1 112 073].)

2237 **Sandoz Ltd.,** Basel, übert. von: **Ernst Jucker,** Binningen, und **Rudolf Süess,** Rheinfelden, Schweiz, *Substituierte Succinimide.* (**A. P. 3 056 796** vom 14/3. 1960, ausg. 2/10. 1962. Schwz. Prior. 25/3. 1959. — C. **1962,** 16139 [Ung. P. 149 450].)

2238 **Soc. Farmaceutici Italia,** Mailand, Italien, *N.N-Diphenylisonicotinamid.* (**E. P. 903 968** vom 1/5. 1961, ausg. 22/8. 1962. It. Prior. 5/5. 1960. — C. **1963,** 4150 [Ung. P. 149 877].)

2239 **Ciba Ltd.** (Erfinder: **Armin Caliezi**), *Herstellung von Chinacridonen.* (**Aust. P. 237 560** vom 9/6. 1959, ausg. 15/3. 1962. Schwz. Prior. 11/6. 1958. — C. **1962,** 17930 [F. P. 1 226 260].)

2240 **Ciba Akt.-Ges.** (Erfinder: **Armin Caliezi**), Basel, Schweiz, *Herstellung von Chinacridonen und deren Derivaten.* (**Schwz. P. 367 181** vom 11/6. 1958, ausg. 29/3. 1963. — C. **1962,** 17930 [F. P. 1 226 260].)

2241 **Sandoz Akt.-Ges.,** Basel (Erfinder: **Ernst Jucker,** Ettingen, **Anton Ebnöther,** Reinach, **Erwin Rissi, Arnold Vogel,** Basel, und **Roy Steiner,** Pfeffingen), Schweiz, *Azetidine.* (**Schwz. P. 368 171** vom 6/3. 1958, ausg. 15/5. 1963. — C. **1963,** 8740 [Oe. P. 210 420].)

H_{10}. Färberei, Organische Farbstoffe

2242 **Einfluß des Färbprozesses auf Gewichtsverluste und Wollschädigung.** Arnošt Brenner. (Textil [Praha] **18,** 185—87, 1963; Brno, Výzk. úst. vlnářský; tschech.) — Der Gew.-Verlust während einer Behandlung von Wolle bei pH 2—8,2 wird zu 0,95—3,2% während eines 2std. Kochens ermittelt. Die Wrkg. von Wollschutzmitteln wird in 8 Tabellen festgehalten. Es werden Vorschläge für die Verminderung des Gew.-Verlustes u. der Wollschädigung gemacht.
W. Bernard. 7002◇

2243 **Einfluß der Struktur von Viscosefasern auf deren Färbbarkeit.** V. Hladík und J. Vašátko. (Textil [Praha] **18,** 178, 187, 1963; Ústí n. O., Výzk. úst. bavlnářský; tschech.) — An Hand der Halbfärbezeit wird eine Cordvicose, Duraflox u. Buchencellulose getestet u. Unterschiede von 17 bis 50 Min. werden festgestellt. Dabei wird festgestellt, daß die Halbfärbezeit um so höher liegt, je höher die Trockenbzw. die relative Naßfestigkeit ist. W. Bernard. 7002◇

2244 **Die Reduktionsprodukte von Indanthron und seinem 3.3'-Dichlorderivat.** Andor Lörinc. (Kolorisztikai Értesitő [Kolorist. Rdsch.] **5,** 99—143, 1963; Budapest, Kolorist. Zentralforsch.-Labor.; ung.) — Zur Bldg. der beim Färben notwendigen wasserlösl. Di-Na-Leuko-Verb. wird Indanthron u. sein 3.3'-Dichlor-Deriv. in einem NaOH enthaltenden Medium mit $Na_2S_2O_4$ bei entsprechender Temp. reduziert. Um die für das Färben nachteilige Überred. der Farbstoffe zu verhindern, werden die optimalen Red.- u. Färbebedingungen für ungar. Fabrikate bestimmt. Die Wrkg. der Faktoren, die eine Überred. verursachen, wird untersucht. Die Verhinderung der Überred. erfolgt durch Verw. von Glucose. Die Anwendung des Verf. beim kontinuierlichen Färben bei hohen Temp. wird besprochen. P. Wámoscher. 7020△

2245 **Einige Beobachtungen bei der Kettbaum- und Apparatefärberei von Baumwolle.** P. J. Horn und K. J. Bardt. (Canad. Textile J. **80,** Nr. 8, 43—47, 1963; Basle, Switzerland, Ciba Ltd.; Dorval, Quebec, Ciba Co. Ltd.; engl.) — Die Erzielung befriedigender Ergebnisse bei der Kettbaum- u. App.-Färberei ist von folgenden Faktoren abhängig: Zustand der Ware u. apparative Ausstattung, Art der Vorbehandlung (saures oder alkal. Abkochen), Auswahl der Farbstoffe (Reaktiv-, Direkt- u. Küpenfarbstoffe) u. Färbe-Meth. sowie Nachbehandlung. R. Bamberger. 7020◇

2246 **Färbeverfahren und Farbstoffe für Wolle.** P. Campbell. (Textile Recorder **81,** Nr. 962, 67—69, 1963; Bradford, Bradford Inst. of Technol.; engl.) — Nach einem Überblick über die Eigg. der Wollfaser u. den Färbemechanismus werden Färbe-Verff. für loses Material, Kammzug, Garne u. Gewebe u. die Auswahl der geeigneten Farbstoffe besprochen. Auf das Färben mit Säure-, Chrom-, sauer färbenden 1 : 1-Metallkomplex-, neutral färbenden 2 : 1-Metallkomplex-, Küpen- u. Reaktivfarbstoffen sowie auf das Cibaphasol-Verf. wird kurz eingegangen. R. Bamberger. 7020◇

2247 **Das Färben und Ausrüsten von neuen, wenig quellenden Viscosekunstseiden.** James E. Greer. (Canad. Textile J. **80,** Nr. 10, 49—51, 1963; Greensboro, N.C., Burlington Industries; engl.) — Durch die Anwendung kontinuierlicher Färbe-Verff. läßt sich das unterschiedliche Anfärben bei Mischungen aus Baumwolle (A) u. den neuen Viscosekunstseiden am besten vermeiden. Naphthole u. gewisse Küpenfarbstoffe sind hierfür am geeignetsten. Das Ausrüsten erfolgt wie bei 100%ig. A mit geringen Harzmengen, z. B. mit 3 bis 6% eines Triazinons. R. Bamberger. 7020◇

2248 **Das Färben von Polyamidfasern mit neutralen Säurefarbstoffen.** Harold C. Gift. (Canad. Textile J. **80,** Nr. 10, 57, 1963; Althouse Chem. Co.; engl.) — Das Färben mit Nylanthrenfarbstoffen wird beschrieben, wobei sehr licht- u. waschechte Färbungen erhalten werden, u. die Vorteile gegenüber neutralen vormetallisierten Farbstoffen u. schwach bzw. stark sauren Farbstoffen werden herausgestellt.
R. Bamberger. 7020◇

2249 **Erfahrungen beim Färben von Geweben aus Tesil/Wolle.** Tibor Robinson. (Textil [Praha] **18,** 182—85, 1963; Žilina, Výsk. pracovisko pri VHJ-Slovena; slowak.) — Das Vorbehandeln, Färben u. Ausrüsten von Wolle/PE-Geweben (45 : 55) wird beschrieben. Dabei wird beim Einbad- u. Zweibad-Verf. *„Slovapon EP“* als Carrier (Färbebeschleuniger) eingesetzt. Beim Zweibad-Verf. wird zur Zwischenreinigung „*Slovapon N*" bzw. „*C*" eingesetzt. Beide Hilfsmittel verändern die Echtheiten der Färbungen nicht. W. Bernard. 7020◇

2250 **Anätzen von Stahl-Rakeln beim Bedrucken von Textilien.** Radomír Roup. (Textil [Praha] **18**, 188—89, 1963; Tíba, n. p., závod Josefův Důl; tschech.) — Zur Verhinderung des Druck-Rakels bei Rolleauxdruckmaschinen werden Zusätze an Korrosionsinhibitoren in die Druckpasten u. die Verw. eines elektroneutralen Rakels, das eine Zn- bzw. Al-Anode enthält, empfohlen. W. Bernard. 7022◇

2251 **Reaktivfarbstoffe für Cellulosefasern — Grundlage für die Auswahl von Farbstoffen.** Seltzer und J. Srámek. (Textil [Praha] **18**, 189—81, 1963; Manchester, Imp. Chem. Ind. Ltd.; Dvůr Králové n. L., Výzk. úst. zušlecht'; tschech.) — Auf Grund einer Zuschrift der ICI wird nochmals die Substantivität von verschiedenen Reaktivfarbstoffen papierchromatograph. u. prakt. untersucht u. in Verbindung zur Konstit. gebracht. W. Bernard. 7048◇

2252 Samuel Cabot, Boston, Mass., V.St.A., **Herstellung wässeriger Dispersionen von Pigmenten,** bes. *anorgan. Pigmenten* u. *Ruß.* Man verteilt das Pigment in einem polymerisierten trocknenden Öl, wie Leinöl, u. verseift dieses, ggf. nach Verdünnen mit einem flüchtigen KW-Stoff, in wss. Medium mit Alkali. Das polymerisierte Öl soll eine sirupartige Konsistenz besitzen. Die Dispersionen dienen *zum Färben von Textilien aus natürlichen Fasern.* (**A. P. 3 042 540** vom 30/1. 1956, ausg. 3/7. 1962.) F. Böhm. 7007

2253 Ciba Ltd., Basel, Schweiz, **Färben von Wolle** mit 1 : 2-Cr- oder Co-Komplexfarbstoffen ohne SO_3H-Gruppen u. nicht an der Komplex-Bldg. beteiligten COOH-Gruppen. Egale Färbungen werden erhalten, wenn man in saurem Bad in Ggw. eines nichtion. oder anion. Dispergiermittels (I) u. einer organ. wasserlösl. Verb. (II) färbt, die ihre Wasserlöslichkeit einer ein bas. N-Atom enthaltenden Gruppe verdankt u. die mindestens 1 aliphat. Rest mit mindestens 8 miteinander verbundenen C-Atomen enthält. I ist z. B. das Na-Salz des sauren H_2SO_4-Esters des Rk.-Prod. von 80 (Mol) Äthylenoxid mit 1 Oleylalkohol, u. II das Acetat des Kondens.-Prod. aus 1 Stearinsäuremethylolamid u. 1 Triäthanolamin. (**E. P. 901 558** vom 30/8. 1960, ausg. 18/7. 1962. Schwz. Prior. 4/9. 1959.) F. Böhm. 7021

2254 Sandoz Akt.-Ges., Basel, Schweiz (Erfinder: Bruno J. R. Nicolaus, Mailand, Italien), **Färben und Bedrucken von textilen Gebilden aus Acrylnitrilpolymerisationsprodukten.** Es werden von COOH- u. SO_3H-Gruppen freie Dispersionsfarbstoffe, die mindestens einmal im Mol. den Rest $-R_1-SO-R_2$ enthalten, verwendet (R_1 = Alkylen; R_2 = Alkyl). Die Farbstoffe besitzen große Affinität zur Polyacrylnitrilfaser u. ergeben auch in hellsten Tönen egale Färbungen hoher Licht- u. Naßechtheiten. (**Schwz. P. 364 757** vom 6/12. 1958, ausg. 30/11. 1962.) F. Böhm. 7021

2255 Ciba Ltd., Basel, Schweiz, **Färben oder Bedrucken von Textilmaterial.** Es wird mit Leukoküpenfarbstoffen imprägniert oder bedruckt, deren bei der Red. gebildete OH-Gruppe mit einer Carbon- oder Sulfonsäure verestert worden ist, die im Acylrest mindestens eine wasserlösl. machende Gruppe enthält. Nach einer Behandlung mit Alkali u. einem starken Red.-Mittel erfolgt die Oxydation in üblicher Weise. Die bezeichneten Farbstoff-Derivv. sind in Substanz u. in neutraler Lsg. sehr stabil. (**E. P. 898 991** vom 25/8. 1960, ausg. 20/6. 1962. Schwz. Prior. 27/8. u. 28/12. 1959.) F. Böhm. 7023

2256 Ciba Akt.-Ges., Basel (Erfinder: Hans-Heinrich Bosshard, Binningen), Schweiz, **Herstellung echter Färbungen und Drucke auf Cellulosetextilmaterialien.** Man färbt oder bedruckt mit Farbstoffen, die mindestens eine saure, wasserlösl. machende Gruppe u. mindestens eine mit einer Isocyanatgruppe reaktionsfähige Aminogruppe enthalten u. behandelt gleichzeitig oder anschließend mit einer Bisulfit-additions-Verb. eines Aryldiisocyanats (I), das eine aromat. u. eine aliphat. gebundene Isocyanatgruppe enthält. Anschließend folgt eine Hitzebehandlung. Zweckmäßig foulardiert oder bedruckt man mit einer Lsg., die den Farbstoff u. I sowie eine Base enthält u. dämpft dann. Bevorzugte I besitzen die allg. Formel $(X)(OCN)C_6H_3-(CH_2)_n-NCO$ (X = H, Halogen, Alkyl- oder Alkoxyrest oder anderer Substituent). (**Schwz. P. 363 322** vom 20/10. 1959, ausg. 14/9. 1962.) F. Böhm. 7023

2257 Allied Textile Printers, Inc., V.St.A., **Bedrucken von Velourgewebe** oder anderem samtähnlichem Gewebe aus synthet. Fasermaterial, bes. Polyestermaterial aus Terephthalsäure u. Äthylenglykol. Auf das Gewebe wird zunächst ein Klebemittel u. darauf werden Celluloseflocken aufgetragen. Anschließend wird erhitzt, um das Klebemittel zu härten u. die Celluloseflocken mit dem Klebemittel fest zu verbinden. Danach wird das Gewebe mit einer farbstoffhaltigen Druckpaste bedruckt u. der Farbstoff auf den Flocken durch Erhitzen auf 88—104° (9—10 Min.) fixiert. Anschließend wird das Gewebe gewaschen u. bei 66—71° geseift. — 4 schemat. Zeichnungen. (**F. P. 1 284 123** vom 3/2. 1961, ausg. 2/7. 1962.) M. F. Müller. 7023

2258 J. R. Geigy Akt.-Ges., Basel, Schweiz, **Herstellung von Monoazofarbstoffen** durch Kupplung eines diazotierten u. ggf. am Benzolring weiter substituierten 2-Aminobenzol-1-sulfonsäureamids (I), dessen Sulfamyl-N tert. ist, in saurem Medium mit einer in o-Stellung zur Aminogruppe kuppelnden Aminonaphthalin-Verb., die eine sauer dissoziierende neutrale Alkalisalze bildende Gruppe mit 6 wertigem S aufweist. Man erhält Farbstoffe, die bereits in neutralem bis schwach saurem Bad auf Wolle orange bis rote Färbungen sehr guter Licht- u. Naßechtheiten ergeben, wenn man solche I verwendet, die am tert. N zwei gesätt. organ. Substituenten enthalten, die zusammen mindestens 11 C-Atome enthalten, wovon mindestens 10 aliphat. Resten angehören u. wenn man außerdem die beiden Farbstoffkomponenten so wählt, daß der entstehende Azofarbstoff höchstens zwei sauer dissoziierende Gruppen der vorst. bezeichneten Art enthält. — Beispiel: *2-Aminobenzol-1-sulfonsäuredicyclohexylamid* → *2-Aminonaphthalin-6-sulfonsäure.* (**Niederl. P. 103 078** vom 2/12. 1957, ausg. 15/11. 1962. Schwz. Prior. 5/12. 1956.) F. Böhm. 7053

2259 Ciba Ltd., Basel, Schweiz, **Herstellung von Azofarbstoffmetallkomplexen,** die auf 2 Mol des gleichen Farbstoffes 1 Atom Metall enthalten. Man behandelt in an sich bekannter Weise von wasserlösl. machenden Gruppen freie Monoazofarbstoffe der allg. Formel Pz—N=N—R—OH mit Cr oder Co abgebenden Mitteln (Pz = in 4-Stellung an die Azogruppe gebundener 5-Pyrazolon-3-carbonamidrest; R = in o-Stellung zur OH-Gruppe an die Azogruppe gebundener Benzolrest, der mindestens einen Cl- oder NO_2-Substituenten trägt. Weitere Substituenten können vorhanden sein). — Zum Beispiel kocht man den Farbstoff *4-Nitro-2-aminophenol* → *5-Pyrazolon-3-carbonsäure-n-butylamid* 4 Std. in einer wss. Lsg. von Chromsalicylsäure-Na. Der erhaltene Komplex färbt Wolle aus schwach saurer oder neutraler Lsg. rot. (**Niederl. P. 103 040** vom 15/2. 1957, ausg. 15/11. 1962. Schwz. Prior. 16/2. 1956.) F. Böhm. 7053

2260 **Sandoz Ltd.**, Basel, Schweiz, *Farbstoffzurückhaltende Egalisiermittel und deren Herstellung.* (**E. P. 914 476** vom 10/2. 1959, ausg. 2/1. 1963. Schwz. Prior. 11/2. 1958. — C. **1963**, 1856 [A. P. 2 963 339].)

2261 **Farbwerke Hoechst Akt.-Ges. vormals Meister Lucius & Brüning**, Deutschland, *Färben und Bedrucken von Artikeln aus linearen aromatischen Polyestern.* (**F. P. 1 275 794** vom 8/12. 1960, ausg. 7/3. 1962. D. Prior. 8/12. 1959. — C. **1963**, 5256 [D. A. S. 1 110 608].)

2261a **Farbwerke Hoechst Akt.-Ges. vormals Meister Lucius & Brüning**, Deutschland, *Färben und Bedrucken von Polyesterfasern, -geweben und -gegenständen.* (**F. P. 1 275 795** vom 8/2. 1960, ausg. 7/3. 1962. D. Prior. 8/12. 1959. — C. **1963**, 5256 [D. A. S. 1 110 609].)

2261b **Farbwerke Hoechst Akt.-Ges. vormals Meister Lucius & Brüning**, Deutschland, *Färben und Bedrucken von Materialien aus lineare aromatischen Polyestern oder Polyamiden.* (**F. P. 1 275 797** vom 8/12. 1960, ausg. 7/3. 1962. D. Prior. 8/12. 1959. — C. **1963**, 14495 [D. A. S. 1 131 639].)

2262 **Farbenfabriken Bayer Akt.-Ges.** (Erfinder: **Klaus Böckmann und Carl Taube**), Deutschland, *Verbesserung der Waschechtheit von direkten Färbungen auf cellulosehaltigen Materialien.* (**F. P. 1 276 406** vom 20/12. 1960, ausg. 14/3. 1962. D. Prior. 23/12. 1959. — C. **1963**, 11826 [D. A. S. 1 124 467].)

2263 **Badische Anilin- & Soda-Fabrik Akt.-Ges.**, Deutschland (Erfinder: **Karl Maier**), *Polyaminoanthrachinone.* (**F. P. 1 295 838** vom 24/7. 1961, ausg. 7/11. 1962. D. Prior. 26/7. 1960. — C. **1963**, 15240 [D. A. S. 1 141 398].)

2264 **Imperial Chemical Industries Ltd.**, London (Erfinder: **Victor David Poole und James Wardleworth**, Manchester), England, *Phthalocyaninfarbstoffe.* (**Schwz. P. 367 260** vom 14/12. 1957, ausg. 29/3. 1963. E. Prior. 14/12. 1956, 1/5. u. 2/12. 1957. Zusatz zu Schwz. P. 358 181; C. 1963, 3019. — C. **1963**, 306 [F. P. 1 192 394].)

H_{11a}. Farben, Anstriche, Lacke, Naturharze

2265 **Technischer Fortschritt auf dem Anstrichgebiet 1962—1963,** J.-L. Rabaté. (Trav. de Peinture **18**, 126—30, 1963; franz.) — Besprechung vom wirtschaftlich-techn. Stand-

punkt aus. Behandelt werden u. a.: Garantiefragen für den Anstrich, Feuchtigkeit des Untergrundes, Farbtonbeständigkeit, Ein- u. Mehrschichtenanstriche auf Beton u. Mauerwerk, Holzlacke u. Außenlackierungen, Bewertung des Aufbringens der Farbe mit Pinsel, Rolle oder Spritzpistole.
M. Hagedorn. 7090◇

2266 **Forschung und Fortschritt in der Welt.** G. Génin. (Peintures, Pigments, Vernis **38**, 639—43, 1962; Vgl. C. **1963**, 12220. — Vf. gibt eine Übersicht über Lackrohstoffe u. Lackverarbeitung an Hand von 39 Literaturhinweisen.
H.-G. Moslé. 7090◇

2267 **Kontinuierliche oder diskontinuierliche Arbeitsweise in der Lackindustrie.** Bernd Schwegmann. (Dtsch. Farben-Z. **17**, 116—18, 1963; dt.) — Nach Diskussion der Vor- u. Nachteile wird dem diskontinuierlichen Verf. der Vorzug gegeben. R. Zeisberger. 7090◇

2268 **Die Bestimmung des Agglomerationszustandes von trockenen und dispergierten Pigmenten und dessen Zusammenhang mit anwendungstechnischen Eigenschaften.** Robert Haug. (Forsch.-Ber. Landes Nordrhein-Westfalen Nr. **1046**, 5—49, 1961; Stuttgart, Forsch.-Inst. für Pigmente u. Lacke e.V.; dt.) — Der Agglomerationszustand (AZ) trockner Pigmente wird mit Hilfe des Stampfvol. bestimmt. Suspensionen von Pigmenten in organ. Lsgm. u. Lsgm.-Gemischen werden auf AZ über die Sediment-Vol. untersucht; dabei werden der Einfl. der Temp. u. des Zusatzes von organ. Säuren geprüft. Näheres über die mit diesen Meth. nicht erkennbare Größe u. Größenverteilung der Agglomerate vermittelt die Unters. von AZ mittels einer automat. Sedimentationswaage u. die Darst. der Ergebnisse in Form von Rückstandskennlinien. Dabei werden die Einfl. der Dispergierungs-Meth. — Dispergieren mit Ultraschall am wirksamsten u. bei Zusatz hochmol. Stoffe auch dauerhaft — von okkludierter Luft, der Polarität der Lsgm. u. des Feuchtigkeits-Geh. von Pigment oder Suspensionsmittel auf AZ sowie der Einfl. von akt. Gruppen in oberflächenakt. Stoffen oder Bindemitteln (COOH-Gruppen in Hochpolymeren) auf AZ untersucht. — 36 Literaturhinweise. M. Hagedorn. 7090◇

2269 **Faktoren, die die kritische Pigmentvolumenkonzentration (CPVC) der Harze in wässeriger Dispersion beeinflussen.** B. Berardi. (Ind. Vernice **16**, 257—67, 1962; Soc. Edison, Settore Chimico P. Marghera; ital.) — Die Beziehung zwischen Vol. der Harzkomponente bei der krit. Pigment-Vol.-Konz. u. dem Ölbedarf des Pigmentes wird erörtert.
B. Scheifele. 7092◇

2270 **Verwertung des Vorkommens von Indium bei der Raffination der Zinksulfatlösung zur Lithoponherstellung.** Jan Mazáček. (Chem. Průmysl **12 (37)**, 542—44, 1962; Praha, Ústav pro výzkum rud.; tschech.) — Die In-Bilanz bei der Raffination von $ZnSO_4$-Lsg. wurde durchgeführt. Der In-Geh. im Roh-Zn schwankte von 0,0064—0,013%. Der Schlamm aus der 2. Zementierung enthält bis 0,36% In.
J. Schneider. 7092

2271 **Eisenpigmente in Schutzanstrichen.** G. Meyer. (Dtsch. Farben-Z. **17**, 294—301, 1963; Rüschlikon/ZH; dt.) — Vf. erklärt die Schutz-Wrkg. von Anstrichen durch Bldg. von Inhibitor-, Haft- u. Vernetzungskomplexen, wobei die Anlagerung von H_2O u. die Rk. des gebildeten Pigmenthydrats mit COOH- u. OH-Gruppen des Bindemittels eine Rolle spielt. Auf Grund theoret. Unterss. wird geschlossen, daß die Wirksamkeit der Eisenoxidpigmente unabhängig von natürlicher oder synthet. Provenienz ist, sondern durch schädliche Verunreinigungen u. den Kristallwasser-Geh., bzw. die Fähigkeit, H_2O koordinativ anzulagern, bestimmt wird.
R. Zeisberger. 7092◇

2272 **Molybdatrot — ein hervorragendes Rostschutzpigment.** G. Meyer. (Dtsch. Farben-Z. **17**, 201—05, 1963; Rüschlikon/ZH; dt.) — Vf. geht auf die allg. Theorie der Inhibitor-Komplex-Verbb. ein u. bespricht den komplizierten Aufbau des Molybdatrotkomplexes sowie seiner hydrolyt. Spaltprodukte. R. Zeisberger. 7092◇

2273 **Zur Morphologie organischer Pigmente.** Michael Maikowski. (Staub **22**, 335—39, 1962; Frankfurt/M.-Höchst, Farbwerke Hoechst; dt.) — Nach Ausführungen zur Herst. organ. Pigmente (**A**) wird der Zusammenhang zwischen den morpholog. u. anwendungstechn. Eigg. von **A** an dem Einfl. der Teilchengröße von **A** auf ihre colorist. u. rheolog. Eigg. veranschaulicht. Die Korngrößenverteilung von **A**-Pulvern ist für das Stauben der Pigmente verantwortlich, diejenige der **A**-Kristalle aber beeinflußt Farbstärke u. -ton, Deckkraft u. das rheolog. Verh. der Lacke. Mit fallender Teilchengröße nimmt die Farbstärke — bes. bei gröberem **A** — zu, die Deckkraft durchläuft ein Maximum u. die Viscosität des Lackes steigt, die aber außerdem von der Form der **A**-Kristalle u. der Breite der Kornverteilungsgrenzen abhängig ist.
M. Hagedorn. 7092◇

2274 **Die wasserlöslichen Kunstharze.** Giancarlo Maura (Rass. chim. **14**, Nr. 5, 195—99, 1962; Roma, Inst. di Chim. Appl. e Ind., Facolat di Ing.; ital.) — Überblick über die wasserlösl. Kunstharze auf der Basis von Vinyl, Acryl, Amino, Polyamid, Cellulose, Phenol u. Styrol. — 97 Literaturangaben. B. Scheifele. 7096◇

2275 **Eigenschaften der makromolekularen Kondensate und Polymerisate.** Manfred Dyck. (Dtsch. Farben-Z. **17**, 206—10, 260—64, 1963; Kopenhagen; dt.) — Vf. gibt einen Überblick über das therm. Verh. in Abhängigkeit von Aufbau u. stereo-spezif. Anordnung. R. Zeisberger. 7096◇

2276 **Herstellung von Lackhilfsstoffen aus Hexachlorcyclohexan (HCCH).** Otto Pesta, Friedrich Sinwel und Eckhart Chodura. (Dtsch. Farben-Z. **17**, 304—05, 1963; Linz/Donau, Österreich. Stickstoffwerke; dt.) — „*Mollan DCD*", ein Dichlorphenylisodecyläther wird durch die Österreich. Stickstoffwerke Akt.-Ges. Linz direkt aus den Abfallisomeren bei der Herst. von γ-Hexachlorcyclohexan durch Umsetzung mit NaOH u. Isodecanol hergestellt. Der neue Weichmacher wurde in Chlorkautschuk, Cyclokautschuk, alkohollösl. Nitrocellulose u. Mischpolymerisaten eingesetzt.
R. Zeisberger. 7096◇

2277 **Moderne Einschichtlackierung.** T. Audykowski. (Galvanotechn. u. Oberflächenschutz [Zürich] **3**, 240—49, 1962; Zürich-Altstetten; Standard, Lack- u. Farbenwerke Akt.-Ges.; dt. u. franz.) — Übersicht über 4 heute für Einschichtlacke (EL) techn. eingesetzte wärmehärtende Acrylharzsysteme. Es sind Copolymere, welche in 3 Fällen (aus wirtschaftlichen Gründen) Styrol als Hauptmonomeres, Acryl- oder Methacrylester als Nebenpolymere — in einem Fall ist das Verhältnis Styrol/Methylmethacrylat umgekehrt — u. methylol- oder butoxygruppenhaltige Acrylamide oder Acryl- oder Methacrylsäure als akt. Monomeres enthalten. Rk.-Partner sind Epoxid-, Harnstoff- oder Melaminharze, Katalysatoren, Säuren oder quart. Ammoniumverbindungen. Prakt. Erfahrungen mit EL u. Vgl. mit konventionellen Zweischichtsyst. werden mitgeteilt sowie Eigg. der EL u. ihre Verw. in Industrielacken erörtert. M. Hagedorn. 7096◇

2278 **Wichtige Lösungsmittel aus der Erdölchemie.** L. Korfhage. (Fette, Seifen, Anstrichmittel **64**, 703—08, 1962; Frankfurt/M.; dt.) — Überblick über Herst. u. Anwendung der wichtigsten bei der Erdölaufbereitung gewonnenen Lösungsmittel. Die Vorteile von Ketonen als Lsgm. in der Lacktechnik werden aufgezeigt. R. Zeisberger. 7100◇

2279 **Mikrobiologische Farbprobleme: der gegenwärtige Stand.** L. A. O'Neill. (J. Oil Colour Chemists' Assoc. **46**, 425—40, 1963; Teddington, Middlesex, Paint Res. Station; engl.) — Überblick über Erfahrungen der Paint Research Station bzgl. Schimmel-, Algen- u. Bakterienbefall von Anstrichen, Testung von widerstandsfähigen Filmen u. den Befall verhindernden Mitteln. R. Zeisberger. 7106◇

2280 **Vielzweck-Farbpasten.** Roy S. Monk. (Paint Technol. **27**, Nr. 2, 26—31, 1963; engl.) — Die allg. Anforderungen an eine mit allen üblichen wss. u. nichtwss. Lack-Syst. verträgliche Farbpaste (FP), bes. an das Bindemittel als Pigmentträger, werden erörtert. Eine Serie von auf der Basis von Äthylcellulose aufgebauten Vielzweck-FP mit 11 Pigmenten zum Anfärben der (meistens TiO_2-haltigen) Grundfarbe, die damit erzielbaren Farbstärken, die Verarbeitung der FP, die Eigg. der mit den FP angesetzten Anstrichfarben u. die Beständigkeit der Anstriche, die wirtschaftlichen Vorteile u. Neuanwendungen der FP — für Einbrennindustrielacke, Polyesterholzdecklacke, Vinyl- u. Celluloselacke — werden besprochen. M. Hagedorn. 7106◇

2281 **Polyurethanharzfarben.** G. Génin. (Trav. de Peinture **17**, 365—66, 401—02, 1962; franz.) — Allg. Übersicht über Polyurethanharze als Lackbasis, über Einkomponentenlacke aus Urethanölen oder feuchtigkeits- oder wärmereaktiven Copolymeren u. über lufttrocknende Zweikomponentenlacke oder ebenfalls auf Copolymerenbasis. Die Anwendungsgebiete der Polyurethanlacke werden besprochen.
M. Hagedorn. 7106◇

2282 **Kunstharze und Anstriche.** E. Beyeler. (Galvanotechn. u. Oberflächenschutz [Zürich] **3**, 25–27, 1962; franz.) — Vgl. C. **1963**, 1447. — Allg. Ausführungen über Lackharze, die wirtschaftliche Bedeutung der synthet. Harze u. ihre verschiedenen Aufbauprinzipien. M. Hagedorn. 7106◇

2283 **Gewichtsverlust von Anstrichen beim Altern.** M. N. M. Boers. (Dtsch. Farben-Z. **17**, 155–68, 1963; Rijswijk, Niederl. Inst. f. Lack- u. Anstrichforsch.; dt.) — Vf. beschreibt Meth. zur Best. des Kreidungsgrades auf der Basis des Gew.-Verlustes während der Bewitterung. Für die Messung werden 2 Beispiele diskutiert u. Hinweise auf die Verwitterungsvorgänge gegeben. R. Zeisberger. 7106◇

2284 **Aufklebbare Anstrichfilme.** R. F. Toomey. (Paint Ind. Mag. **77**, Nr. 8, 23–25, 1962; engl.) — Ein pigmentierter, selbsttragender u. -klebender Deckfilm auf Vinylpolymerisatbasis wird als Überzug auf Holz, Metall oder Beton oder auf alten, mäßig kreidenden Anstrichen aufgebracht. Es wird in Rollenform geliefert u. besteht aus dem 3,6 mils starken, einseitig mit einer 2 mils Klebschicht versehenen Deckfilm u. einer Trennpapierzwischenlage, die vor dem Aufkleben abgezogen wird. Anwendungsgebiete, Vor- u. Nachteile gegenüber üblichen Anstrichen werden erörtert. M. Hagedorn. 7106◇

2285 **Einschicht-Multicolor-Lacke.** A. Tremain und W. Morris. (Dtsch. Farben-Z. **17**, 196–201, 1963; Cray Valley Products Ltd.; dt.) — Ein Multicolor-Lack stellt eine wss. Suspension pigmentierter Lackfarben oder Lackteilchen dar. Mittels einer einfachen Reihe farbiger Lacke kann eine Vielzahl Effekte im aufgebrachten Film erzielt werden. Vff. beschreiben Rezepturen, Herst., Lagerung u. Spritzauftrag. R. Zeisberger. 7106◇

2286 **Lackrohstoffe und ihr Einsatz im Korrosionsschutz.** G. Sprock. (Fette, Seifen, Anstrichmittel **64**, 708–14, 1962; Marl, Kr. Recklinghausen; dt.) — Beschreibung klass. u. neuerer Meth., wobei auf die Wichtigkeit der Untergrundbehandlung hingewisen wird. Es werden geeignete Bindemittel, ihr Chemismus u. die Herst. besprochen. Zweikomponentenlacke auf Basis ungesätt. Polyesterharze u. ihr Einsatz zum Betonschutz werden diskutiert. R. Zeisberger. 7106◇

2287 **Chemische Grundlagen des Anstrichmittel-Korrosionsschutzes.** G. Meyer. (Dtsch. Farben-Ztg. **17**, 122–28, 1963; Rüschlikon/ZH; dt.) — Die aus einem geeigneten Pigment u. Säure, z. B. H_3PO_4, entstehenden Komplexsäuren bilden auf metall. Grund in der Oxidschicht schwerlösl. Inhibitorkomplexe. Auf Fe kann durch oxydierendes Medium (CrO_4-Zusatz) eine spätere Oxydation der Fe(II)-Komplexe vermieden werden. In Industrieatmosphäre sind solche Komplexe von Vorteil, die mit H_2SO_4 schwerlösl. Salze bilden, wobei die freiwerdenden passivierenden Säuren neue Inhibitorzentren bilden. R. Zeisberger. 7106◇

2288 **Experimetelle chemische Arbeiten über sogenannte Rostumwandler oder Stabilisatoren.** Martin Kühn. (Farbe u. Lack **69**, 275–78, 1963; Düsseldorf; dt.) — Vf. führt die Wrkg. sog. Rostumwandler auf Ionen-Rkk. an der Rost-Metall-Grenzfläche zurück. Durch Zusätze von komplexbildenden Säuren u. Heteropolysäuren (Phosphor (**I**)- u. Chromsäure (**II**); **I**, **II** u. Molybdänsäure (**III**); **I** u. **III**; Methylendisalicylsäure; Aurin; höhermol. Phosphonsäuren, deren Herst. angedeutet wird) zu Farbanstrichen läßt sich die Rost-Bldg. verhindern, da diese Ansätze die an der Rost–Metall-Grenzfläche sich abspielenden Teil-Rkk. unterbrechen. I. Köditz. 7106

2289 **Spezielle Bindemittel für Korrosionsschutzanstriche.** Martin Kühn. (Farbe u. Lack **69**, 279–81, 1963; Düsseldorf; dt.) — Vf. deutet den Synth.-Weg für eine Reihe nicht eindeutig bezeichneter bas. Bindemittel (Mischkondens.-Prodd.) an u. diskutiert den wahrscheinlichen Zusammenhang zwischen der Struktur dieser Stoffe u. ihrem Durchdringungsvermögen für Rostschichten. I. Köditz. 7106

2290 **Das korrosionsverhütende Verhalten von zinkreichen Farbanstrichen.** Torsten Stenquist. (Corrosion Prevent. Control **9**, 42–45, 1962; engl.) — Die hohe Korrosionsdauerbeständigkeit von Anstrich-Syst. aus qual. hochwertiger *Zn*-reicher Grundierung, guter Rostverhütungszwischenschicht u. gutem Decklack wird mit Beispielen belegt. M. Hagedorn. 7106◇

2291 **Zinkreiche Farben als Schutzgrundierungen.** A. Pass. (Corrosion Prevent. Control **9**, Nr. 11, Suppl. XVI, XVIII bis XIX, 1962; Amalgameted Oxides [1939] Ltd.; engl.) — Die Rohstoffe für moderne Zn-reiche Farben, die Vorgänge beim Korrosionsschutz („Selbstaufopferung" von Zn), Gesichtspunkte beim Auftrag auf Fe u. die Zus. der Farben sowie erhöhter Einsatz u. neue Verw. werden besprochen. M. Hagedorn. 7106◇

2292 **Zinkreiche Epoxidharzgrundierungen. Eine Neuentwicklung bei Schiffanstrichen.** B. D. C. Shields. (Corrosion Prevent. Control **9**, Nr. 11, Suppl. III–V, 1962; Shell Chem. Co. Ltd.; engl.) — Die Verw. von mit Polyamiden gehärteten Epoxidharzgrundierungen, die mit Zn-Staub hochgefüllt (optimal 93% im gehärteten Lackfilm) sind, wird zum Schutz von frisch gestrahlten Blechen beim Schiffsbau empfohlen. Eigg. u. Verarbeitung werden beschrieben. Die grundierten Bleche lassen sich normal schweißen u. überstreichen. Wirtschaftliche Betrachtungen. M. Hagedorn. 7106◇

2293 **Zinkreiche Epoxidharzgrundierungen für mit Stahlkugeln abgestrahltem Stahl.** P. J. Gay. (Corrosion Prevent. Control **9**, Nr. 11, Suppl. XIX–XXI, 1962; Hangers Paints Ltd.; engl.) — Ausführungen zu den Aufgaben von Sofortschutzgrundierungen auf frisch gestrahltem Blech, die bei Zn-reichen Farben dafür maßgebenden Faktoren wie Art des Bindemittels, Gleichmäßigkeit u. Dicke des Anstrichs sowie Ausführungen zur Reaktivität des Zn-Staubes im Farbansatz, zum Einfl. des Epoxidhärters, des Zn-Geh. u. der Auftragsmenge je Flächeneinheit. M. Hagedorn. 7106◇

2294 **Schutz-Erstüberzüge auf Stahl.** A. J. G. Shaw. (Corrosion Prevent. Control **9**, Nr. 11, Suppl. XXI–XXII, 1962; Pickard & Co., Ltd.; engl.) — 13 Gründe werden für die Zweckmäßigkeit aufgeführt, Blech unmittelbar nach dem Abstrahlen mit einer Zn-reichen Farbe, bes. auf Epoxidharzbasis, zu grundieren. Es folgen allg. Formulierungen für solche Farben, auch in Verbindung mit Chromat-washprimern, u. Mitt. über einige Korrosionsschutzergebnisse. M. Hagedorn. 7106◇

2295 **Die Unterrostung von lackiertem Stahl: Entstehung, Bestimmung, Bekämpfung.** J. A. W. Van Laar. (Verfkroniek **35**, 488–515, 1962; Eindhoven, N. V. Philips' Gloeilampenfabr., Chem. Labor.; niederl. — C. **1962**, 13216.) W. Wesly. 7106◇

2296 **Erfahrungen auf dem Gebiete des Korrosionsschutzes von Stahlbauten.** K. A. van Oeteren. (Galvanotechn. u. Oberflächenschutz [Zürich] **3**, 268–79, 1962; dt.) — Übersicht über Wesen der Korrosion, Korrosionsschutz von Stahlbauten, Oberflächenvorbehandlung, Korrosionsschutz durch Anstrichmittel, anstrich- u. rostschutzgerechte Konstruktion. — 47 Literaturangaben. W. Wesly. 7106◇

2297 **Korrosionsschutz von Tankern.** Anonym. (Corrosion Prevent. Control **9**, Nr. 11, Suppl. VII–X, XII–XIII, 1962; engl.) — Es werden besprochen: Die Öltankkorrosion auf Tankern — Wechsel zwischen Roh- u. Raffinerieöl u. Ballastwasser —; die wirtschaftliche Berechtigung eines Korrosionsschutzes durch Anstrich; Oberflächenbehandlung, Abstrahlen, Absäuern, Schutzgrundierung mit Zn-reichen Epoxidlacken; Anstrichtechnik u. verschiedene Härter–Epoxidharz-Systeme. M. Hagedorn. 7106◇

2298 **Beton als Untergrund für Anstriche.** Richard C. Mielenz. (Off. Digest Federat. Soc. Paint Technol. **35**, 563–83, 1963; Cleveland, Ohio, Master Builders Co., Martin Marietta Corp.; engl.) — Übersicht über Zus. von Beton, dessen Oberflächenarten, die physikal. u. chem. Eigg. der Oberflächen, die die Oberfläche bestimmenden oder modifizierenden Faktoren u. die Herst. u. Zurichtung der Oberflächen. W. Wesly. 7106◇

2299 **Eigenschaften von Mauerwerk.** William H. Kuenning. (Off. Digest. Federat. Soc. Paint Technol. **35**, 584–612, 1963; Skokie, Ill., Portland Cement Assoc.; engl.) — Übersicht über die Eigg. von Betonmauerwerk, Mörtel, Anstriche auf Portlandzementuntergrund u. Zementputz u. deren Einw. auf Anstriche. W. Wesly. 7106◇

2300 **Schwankungen im Verhalten von Anstrichen und Pigmenten auf Holz.** Wesley G. Vannoy. (Off. Digest Federat. Soc. Paint Technol. **35**, 537–53, 1963; Wilmington, Del., E. I. du Pont de Nemours & Co., Inc., Pigments Dep.; engl.) — Acrylsäure- u. Polyvinylacetat-Emulsionsanstriche zeigten in 8jährigen Verss. je nach Holzart gutes bis schlechtes Verhalten. In 3½jährigen Verss. bei 45° südlicher Breite bewährten sich auf amerikan. Fichtenholz Anstriche mit Emulsionen von flecken- u. blasenfesten Alkyden, Polyvinylacetat-Copolymeren u. Acrylsäure. Mehrere Schnellprüfverff. für Anstrichmittel werden vorgeschlagen. In Alkydinnenanstrichen sind (calcinierter) Ton u. koll. SiO_2 schimmelfester als Talk. Die Verw. von feinkörnigem, kreidefestem Rutil bringt Ersparnisse von 20% Pigment. Innenanstriche hoher Deckkraft bringen ebenfalls Ersparnisse. W. Wesly. 7106◇

2301 **Verhalten von 3 typischen, bei Raumtemperatur gehärteten Epoxyansätzen in warmen, korrodierenden Mitteln.** R. E. Burge und B. C. Brown. (Mater. Protect. **1**, Nr. 6, 30—38, 1962; Union, N.J., Shell Chem. Co., Resius Dep., Techn. Serv. Labor.; engl.) — Das Verh. von 3 Epoxyansätzen, die mit Triäthylentetramin, einem Amin-Additions-Prod. bzw. einem Polyamid bei Raum-Temp. oder höher gehärtet worden waren, gegen 25%ig. Essigsäure, HCl, H_2SO_4 u. Chromsäure, 50%ig. NaOH, 5%ig. NaClO, 28%ig. $KCl(SO_4)_2$, 40%ig. Formaldehyd u. Tetrachloräthylen bei 130° F in 60 Tagen wird (Zahlentafeln) wiedergegeben. W. Wesly. 7106◇

2302 **Epoxidbeschichtung durch Wirbelschichtverfahren.** J. B. Rockwell. (Ind. Finishing **38**, Nr. 12, 30—38, 1962; engl.) — Festhaftende, schlagfeste Überzüge auf metall. Fertigteilen werden erhalten, wenn man die zu beschichtenden Teile erhitzt u. in eine Wirbelschicht des pulverförmigen Beschichtungsmaterials einbringt. Die Beschichtungsdicke wird durch Temp., Zeitdauer der Einw. u. Größe der Partikel bestimmt. E. Schaaf. 7106◇

2303 **Chemisch gehärtete Steinkohlenteerüberzüge.** Anonym. (Mater. Protect. **1**, Nr. 6, 97—100, 1962; NACE Techn. Unit Committee T-6A; engl.) — Übersicht über die Eigg. von chem. gehärteten Steinkohlenteer–Epoxyharz- u. Steinkohlenteer–Urethanharz-Überzügen u. ihr Verh. gegen 52 verschiedene chem. Verbb. (Tabelle). W. Wesly. 7106◇

2304 **Urethanschutzüberzüge.** Anonym. (Mater. Protect. **1**, Nr. 6, 105—08, 1962; NACE Techn. Unit Committee T-6A; engl.) — Übersicht über die physikal. Eigg. von Urethanschutzüberzügen u. ihr Verh. gegen zahlreiche chem. Verbb. (Tabelle). W. Wesly. 7106◇

2305 **Urethanschutzüberzüge gegen atmosphärische Einflüsse.** Anonym. (Mater. Protect. **1**, Nr. 9, 95—99, 1962; NACE Techn. Unit Committee T-6B; engl.) — Übersicht über Arten, Eigg. von Urethanen u. ihr Verh. gegen zahlreiche chem. Verbb. (Tabelle). W. Wesly. 7106◇

2306 **Festigkeit von Schutzüberzügen von Waschtürmen aus glasfaserverstärktem Silica-Epoxyharz gegen Zerschneiden durch Raschig-Ringe und plötzliche Entspannung von 250 lbs./sq. in.** H. Y. Allgood und Harry Nash jun. (Mater. Protect. **1**, Nr. 6, 46—59, 1962; Wilson Dam, Tenn., Tennessee Valley Authority, Chem. Contr. Branch; engl.) — Die glasfaserverstärkte Silica-Epoxyharz-Auskleidung eines Waschturmes zur Entfernung von CO_2 aus NH_3-Synth.-Gas unter Druck befand sich nach 1jährigem Betrieb in guter Verfassung. W. Wesly. 7106◇

2307 **Chemische Festigkeit von Polyvinylchlorid-Plastisolen.** Anonym. (Mater. Protect. **1**, Nr. 9, 89—94, 1962; NACE Techn. Unit Committee T-6A; engl.) — Übersicht über Arten, Verff. der Aufbringung von Polyvinylchloridplastisolen, ihre physikal. Eigg. u. ihr Verh. gegen >100 chem. Verbb. (Tabelle). W. Wesly. 7106◇

2308 **Praktische Untersuchungen mit wasserabstoßenden Mitteln auf Holz.** Anonym. (Verfkroniek **35**, 375—81, 1962; niederl.) — Labor.- u. prakt. Unterss. im Freien zeigen, daß ein 3 Min. langes Eintauchen von Holzwerk vor dem Anstreichen in ein wasserabstoßendes u. ein konservierendes Mittel das Auftreten von Schimmel, das Reißen des Holzes, das Quellen u. Bersten des Glaserkitts u. den Zerfall des Anstrich-Syst. vermindert oder verhütet. W. Wesly. 7106□

2309 **Trockene Glanzpoliermittel.** D. M. Woodford und B. W. J. Lymn. (Chem. Products chem. News **25**, 443—45, 1962; Hoechst Chem. Co.; engl.) — Übersicht über die Eigg. von Polystyrol-, -acrylsäure- u. Copolymerenemulsionspoliermittel, ihre Zus. u. Anwendung. W. Wesly. 7118◇

2310 **Analyse der Größe feiner Teilchen und Ergebnisse mit einer Teilchenmeßapparatur mit elektrischer Abtastzone.** Costas G. Samartzopoulos. (Paint Technol. **27**, Nr. 2, 32—34, 1963; St. Albans, Herts., Coulter Electron.; engl.) — Die auf ihre Teilchengröße zu untersuchenden Pulver werden in einer leitenden Fl. unter Rühren suspendiert. Zwei in die Suspension eingehängte u. unter Gleichstromspannung stehende Pt-Elektroden sind räumlich voneinander durch eine Wand — eine Elektrode hängt in einem geschlossenen Tauchrohr — mit einer darin angebrachten Bohrung von definiertem Durchmesser getrennt, durch welche die Suspension bei Anlegen eines Vakuums mit 300 cm/s fließt. Der zwischen den Elektroden durch die Öffnung fließende elektr. Strom ändert sich jeweils momentan, wenn ein Pulverteilchen durch die Öffnung tritt; die mit der Teilchengröße schwankenden Änderungen werden als Stöße elektron. registriert (Coulter Counter). Die Zahl u. Größe der Stöße u. die damit verbundenen Widerstandsänderungen dienen als Grundlage für die Größen-Best. u. die Zählung aller Teilchen. Der Einfl. der Teilchengestalt, die Meßgrenzen (0,2—300 μ) u. Vers.-Bedingungen sowie Verw. des Meßverf. werden erörtert. M. Hagedorn. 7152◇

2311 **Untersuchungen über die Benetzbarkeit von Weißpigmenten, gemessen mit dem Benetzungsvolumen.** F. Kindervater. (Farbe u. Lack **69**, 21—26, 1963; Leverkusen, Farbenfabriken Bayer Akt.-Ges., Lithopone-Labor.; dt.) — Vf. untersucht die Möglichkeit, das Benetzungs-Vol. (BV) (v. Stackelberg u. Frangen, Forsch.-Berichte Wirtschafts- u. Verkehrsministerium Nordrhein-Westfalen **15**, [1955], 166) als Maßstab der Benetzbarkeit verschiedener Weißpigmente (WP) (ZnS, TiO_2-Rutil, Zinkweiß–Rotsiegel u. Zinkweiß–Weißsiegel) durch Toluol, n-Butanol, Aceton, Methanol u. W. zu verwenden. Es besteht eine fast lineare Beziehung zwischen BV von WP in Leinöl u. der Penetrometerzahl bzw. der Viscositätsfläche von Anpastungen dieser WP in Leinöl. Aus der Unters. des Einfl. polarer organ. Verbb. (n-Butylamin, Stearylamin, Cyclohexylamin, N-Äthylcyclohexylamin, Tri-n-propylamin, Hexamethylendiamin, Anilin, Laurinsäure, Stearinsäure, Hexahydrobenzoesäure, Azelainsäure u. Phenol) auf die Benetzbarkeit von WP in Toluol ergab sich, daß ein enger Zusammenhang zwischen dem Platzbedarf dieser Verbb. auf der Pigmentoberfläche u. BV besteht. I. Köditz. 7152

2312 **Graphische Umwandlung von Werten der absoluten Viscosität in Krebs-Einheiten.** H. Earl Hill. (Paint Ind. Mag. **77**, Nr. 8, 28—35, 1962; Erie, Pa., Hughson Chem. Co.; engl.) — Für die Umwandlung der Werte der abs. Viscosität in P in die willkürlichen Einheiten anderer Meßmeth., z. B. nach Krebs-Stormer, wird eine halbquant. mathemat. Beziehung abgeleitet. Ein auf dieser Grundlage entworfenes Nomogramm (Krebs-Einheiten ↔ P) wird für Ansatzformulierung u. Viscositätskontrolle empfohlen (benutzt zur Viscositätskontrolle von Überzügen). M. Hagedorn. 7158◇

2313 **Die Reproduzierbarkeit von Glanzmessungen.** M. N. M. Boers. (Verfkroeniek **36**, 14—18, 1963; Verfierst., T.N.O.; niederl.) — In mehreren Labor. für Farben u. Anstriche mit verschiedenen Meßgeräten ausgeführte Glanzmessungen (Spiegelreflexion) gaben stark schwankende Werte, deren Hauptursache die Größe des vor dem Photoelement befindlichen Diaphragmas ist. Die Zentrierung der Lampe u. die Lampenart beeinflussen die Messungen ebenfalls. W. Wesly. 7158◇

2314 **Elektrische Analyse von Lackfarben für das elektrostatische Farbspritzen.** R. C. Lever. (Paint Technol. **27**, Nr. 2, 35—38, 1963; Hursant Dev. Ltd.; engl.) — Ausgehend von den beiden hauptsächlichen Typen der elektrostat. Farb-Spritzverff. — rein elektrostat. Zerteilung u. Ablagerung der Farbe; Aufteilung mit Luft oder Zentrifugalkraft, elektrostat. Ablagerung — werden ihre Grundlagen, die Anziehungskräfte zwischen Farbpartikel u. Unterlage, die Bedeutung der Oberflächenspannung des Lacks u. seiner elektr. Parameter erörtert. Die Messung der DK u. des Gleichstromwiderstandes, Meßanordnungen, Ohmmeter u. eine Mustermessung werden beschrieben. M. Hagedorn. 7158◇

2315 **Rheologische Messungen an thixotropen Anstrichmitteln.** W. Götze. (Rheol. Acta [Ergänzungsh. z. Kolloid-Z.] **2**, 254—60, 1962; Werk Bergkamen i. W., Schering Akt.-Ges.; dt.) — Bei der Rk. bestimmter Polyamide mit fetten Ölen bzw. Alkydharzen entstehen Prodd., deren Lsgg. in unpolaren Lsgm. thixotrope Eigg. aufweisen. Die Thixotropie ist vom Umsetzungsgrad abhängig u. durchläuft ein Maximum, während parallel dazu die Lsgg. verschiedene Trübungszustände annehmen. Der Einfl. der Rk.-Bedingungen auf die Thixotropie u. eine zu ihrer Messung geeignete Meth. werden beschrieben. R. Grundmann. 7158◇

2316 **Extraktionsversuche an chemisch trocknenden Anstrichfilmen.** R. Bult. (Farbe u. Lack **69**, 15—21, 1963; Rijswijk Z. H., Niederlande, Inst. für Lack- u. Anstrichforsch. T.N.O.; dt.) — Vf. bestimmt die chem. u. physikal. Trocknungs-Geschw. von aminhärtenden Epoxyharzlacken (I), oxydativ trocknenden Alkydharzlacken (II) u. von Einbrennlacken (III) auf der Basis von Alkydharz-Aminolack-Kombinationen mit Hilfe von Extraktionen u. Best. des Lsgm.-Anteils im Film nach verschiedenen Trocknungszeiten. In I-Filmen dauert die chem. Rk. in der Regel einige Tage, während die Verdunstung viel später erst beendet ist. In II-Filmen ist das Lsgm. in wenigen Std. verdunstet, während die oxydative Trocknung länger als eine Woche dauert. In III-Filmen scheint beim Einbrennen eine Rk. zwischen Alkydharz u. Aminoharz abzulaufen. I. Köditz. 7158

2317 **Prüfung und Bewertung zinkreicher Farben.** P. M. Proudley und M. A. Ridley. (Corrosion Prevent. Control **9**, Nr. 11, Suppl. XV—XVI, 1962; Durham Chem. Ltd., Surface Coatings Labor.; engl.) — Bei der Kontrolle u. Auswahl der Rohmaterialien werden die Prüfung von Zn-Staub auf chem. Reinheit, Teilchengröße u. Teilchengrößenverteilung u. bei den Farben auf Lagerfähigkeit u. Konsistenz behandelt. Die prakt. Brauchbarkeitsprüfungen erstrecken sich auf Bewitterungsbleche, Labor.-Korrosions-Verss., Biege- u. Schlagzähigkeitsproben u. Probeschweißungen. M. Hagedorn. 7158◇

2318 **Die Quellung von freien Anstrichfilmen und von Anstrichen im Wasser.** W. Funke. (Fette, Seifen, Anstrichmittel **64**, 714—22, 1962; Stuttgart, Inst. für Pigmente u. Lacke; dt.) — Es wird gezeigt, daß die wahre Quellung an freien Anstrichfilmen im Gleichgewichtszustand eine charakterist. Konst. ist, die vom Untergrund nicht beeinflußt wird. Eine analoge Wasser-Best. an Anstrichen auf einem Untergrund ergibt Hinweise auf die Wasserbeständigkeit von Anstrich-Syst. bei Quellung u. in gequollenem Zustand. — 26 Literaturangaben. R. Zeisberger. 7158◇

2319 British Titan Products Co. Ltd. (Erfinder: William Hughes), **Verbessern von Titandioxidpigmenten** hinsichtlich ihrer Beständigkeit u. ihres Säuregrades. Man bringt TiO_2-Pigment in gasförmiger Suspension mit einem wasserfreien Al-Halogenid bei 250—750° zur Teil-Rk. u. setzt den entstandenen Ti-Tetrahalogeniddampf mit Wasserdampf bei 180—600° wieder zu TiO_2 um, wobei ein innig mit Al_2O_3 assoziiertes Pigment erhalten wird, das 0,1—10 Gew.-% Al_2O_3 enthalten kann. (**Aust. P. 234 226** vom 19/3. 1959, ausg. 13/7. 1961. E. Prior. 24/3. 1958.) K. Demmler. 7093

2320 Sachtleben Akt.-Ges. für Bergbau und Chemische Industrie, Köln, **Überziehen von Zinksulfidpigmenten mit einer kieselsäurehaltigen Schicht.** Man fällt Zn-Silicat in einer wss. Suspension von ZnS durch Rk. einer wss. Silicat-Lsg., bes. Wasserglas, mit einer wss. Lsg. eines Zn-Salzes, bes. $ZnCl_2$ u. $ZnSO_4$, in solchen Mengen, daß das überzogene Pigment 1—6 Gew.-% SiO_2 enthält, u. erhitzt das von der Lsg. abgetrennte Pigment 1—20 Min. auf 600—900°. (**E. P. 900 514** vom 4/1. 1961, ausg. 4/7. 1962. D. Prior. 15/1. 1960.) K. Demmler. 7093

2321 Farbenfabriken Bayer Akt.-Ges. (Erfinder: Hans-Hermann Weber und Josef Gerhards), Leverkusen, **Pigmente,** dad. gek., daß sie in der Oberfläche ein Cyclohexylammoniumsalz einer unveresterten Phosphor- u./oder Borsäure enthalten, z. B. Cyclohexylammoniummetaphosphat, Dicyclohexylammoniumpyrophosphat, Monocyclohexylheptylammoniumphosphat, Dicyclohexylammoniumborat. Das Aufbringen des Salzes auf das Pigment erfolgt in üblicher Weise, indem man z. B. eine wss. oder alkohol. Lsg. oder Dispersion des Salzes mit dem Pigment vermischt u. das Lsgm. entfernt, wobei man z. B. ca. 0,05—0,2 (g) Salz je 100 Pigment anwendet. (**D. A. S. 1 142 673** Kl. 22f vom 10/7. 1959, ausg. 24/1. 1963.) K. Demmler. 7093

2322 Theodore A. Te Grotenhuis, Olmsted Falls, Ohio, V.St.A., **Pigmente.** Hydrophile Feststoffe, bes. Pigmente u. anorgan. Fasern, werden für die Verarbeitung mit Polymeren vorbehandelt durch Rk. mit einem organ. Monoisocyanat, wobei die Isocyanatgruppe chem. an die Oberfläche des Feststoffes gebunden wird. (**Can. P. 634 497** vom 30/8. 1952, ausg. 16/1. 1962. A. Prior. 12/10. 1951.) Eberhard Riedel. 7093

2323 Lawter Chemicals, Inc. (Erfinder: Robert W. Voedisch), **Bei Tageslicht fluorescierendes Pigment** zur Herst. von Tinten, Druckfarben, Lacken usw. Man mischt einen fluorescierenden Farbstoff mit einem harzartigen Grundstoff, der durch Kondens. eines Arylsulfonamids (I) u. von Benzoguanamin ($<$100% von I) mit einem Aldehyd, bes. o- u. p-Toluolsulfonamid u. CH_2O, erhältlich ist, wobei die Zumischung während oder nach der Herst. des Harzes erfolgen kann. (**Aust. P. 233 784** vom 11/2. 1959, ausg. 8/6. 1961. A. Prior. 11/6. 1958.) C. Lüttgen. 7093

2324 Imperial Chemical Industries Ltd. (Erfinder: Arnold Kershaw und Robert Fazackerley), **Herstellung von Kupferpolychlorbromphthalocyaninen** mit 14,5 bis 16 Halogenatomen pro Mol. u. einem Cl-Geh. von 34,0 bis 45,9 Gew.-% durch Behandlung von Cu-Phthalocyaninen mit Cl_2 in Ggw. von $AlCl_3$, wobei vor oder während der Cl-Behandlung 8—100 (Teile) Br_2 auf 100 Cu-Phthalocyanin zugegeben werden. — *Pigmente.* (**Aust. P. 235 029** vom 2/6. 1959, ausg. 7/9. 1961.) K. Demmler. 7093

2325 Imperial Chemical Industries Ltd., England, **Herstellung von halogenierten Phthalocyaninpigmenten** durch Behandlung von Metall-Verbb. von Phthalocyanin oder seiner unvollständig halogenierten Derivv. mit Chlor in Ggw. von $AlCl_3$ u. wenigstens 1 Mol eines Alkalibromids pro Mol Phthalocyanin. — 104,5 (Gew.-Teile) Cu-Phthalocyanin, 75 NaCl, 28,1 NaBr u. 437,5 $AlCl_3$ (wasserfrei) werden auf 155—165° so lange erhitzt, bis das Gemisch vollständig fl. ist. Danach wird so lange Cl_2-Gas eingeleitet, bis die Gew.-Zunahme aufhört. Dabei wird die Temp. allmählich auf 190° u. während 3 Std. bei 185—190° gehalten. Danach wird das Prod. in ein Gemisch von 4500 W. u. 110 HCl (35%ig) eingegossen. Der entstandene Nd. wird abfiltriert, mit W. gewaschen u. bei 100° getrocknet. 10 g des Trockenprod. werden in 120 96%ig. H_2SO_4 bei 0—5° eingetragen u. 16 Std. gerührt. Danach wird das Gemisch in 1000 W. von 70—75° eingerührt; der Nd. wird abgetrennt, gewaschen u. bei 100° getrocknet. Das erhaltene grüne Pigment enthält 8% Br u. 43,2% Cl. — Weitere Ausgangscyanine sind z. B. Ni- u. Co-Phthalocyanin. (**F. P. 1 282 308** vom 25/1. 1961, ausg. 6/6. 1962. E. Prior. 26/1. u. 30/12. 1960.) M. F. Müller. 7093

2326 General Aniline & Film Corp., V.St.A., **Verbesserung von Phthalocyaninpigmenten** nach dem F. P. 77 186, dad. gek., daß man von einem bromierten oder chlorbromierten Cu-Phthalocyanin ausgeht, welches wenigstens 1 Br- u. 1 Cl-Atom enthält, z. B. wenigstens 1 Br-Atom u. $\leqq$12 Cl-Atome. — 1 (Gew.-Teil) des Phthalocyanins wird mit 0,5—3 einer monocycl. Arylsulfonsäure gemischt. — Beispiel: 100 eines polyhalogenierten Cu-Phthalocyanins mit 165% Br u. 34,3% Cl (Molgew. 1140) werden mit 200 Xylolsulfonsäure 10 Std. gemischt, wobei die Temp. allmählich auf 90° steigt. Danach wird die Masse in 4000 W. eingerührt, das Pigment abfiltriert u. mit W. gewaschen. Das bei 90° getrocknete Pigment ist gelbgrün. Es dient z. B. zum *Bedrucken von Textilien.* (**F. P. 77 186** vom 19/2. 1960, ausg. 8/6. 1962. **Zusatz zu F. P. 1 205 925; C. 1963, 699.**) M. F. Müller. 7093

2327 General Aniline & Film Corp., New York, N.Y., übert. von: Harold N. Schmidt, Plainfield, Volney Tullsen, Westfield, Leon Katz, Springfield, und Lawrence D. Lytle, Plainfield, N.J., V.St.A., **Konditionierung von Pigmenten** durch Säurevermahlung. Dioxazinpigmente u. verküpbare indigoide oder chinoide Pigmente werden mit der 0,5—10fachen Menge einer 75—100%ig. Benzol- oder Naphthalinsulfonsäure bzw. derer im Kern mono- oder disubstituierter Hydroxy- oder niedermol. Alkyl-Derivv. unter Anwendung vorwiegend scherend wirkender Kräfte vermahlen. Dann wird mit W. verdünnt. Die bei Verw. von H_2SO_4 sonst auftretenden Nachteile (Korrosion der Vorr., Sulfonierung der Pigmente usw.) werden vermieden. (**A. P. 3 022 299** vom 30/12. 1958, ausg. 20/2. 1962.) F. Böhm. 7093

2328 Textron, Inc., Rhode Island, übert. von: Herbert M. Schroeder, Williamsville, und Donald I. Waythomas, Lancaster, N.Y., V.St.A., **Urethanmodifizierte ungesättigte Pflanzenöle** mit trocknenden Eigg. erhält man durch Rk. von Polyisocyanaten (I) mit OH-Gruppen aufweisenden Estern ungesätt. langkettiger Fettsäuren (II) mit Polyglykolen, Molgew. 150—2000, u. mindestens Triolen (8—50% Diol, NCO- in Äquivalenz zur Gesamt-OH-Menge) unter Erhitzen bis zum Verschwinden aller NCO-Gruppen. I können in inerten Lsgm. eingesetzt werden („aromat. Lsgm.“ oder KW-Stoffe). II = solche von Lein-, Safflor-, Perilla-, Sojabohnen- oder Tallöl. (**A. P. 3 022 326** vom 29/10. 1958, ausg. 20/2. 1962.) E. Dörfel. 7097

2329 Universal Oil Products Co., Des Plaines, übert. von: Edward M. Geiser, Downers Grove, Ill., V.St.A., **Verhinderung des Absetzens von Pigment in Farbkompositionen** durch Zusatz eines Kondens.-Prod. einer Epihalogenhydrin-Verb. mit einer Amin-Verb. in äquimol. Verhältnis oder eines Salzes oder Esters dieses Kondens.-Prod. in Mengen von 0,01—5 Gew.-%, z. B. des Kondens.-Prod. von Epichlorhydrin u. einem langkettigen aliphat. Amin bzw. eines sauren Alkylphosphats dieses Produkts. (**A. P. 3 037 875** vom 16/2. 1959, ausg. 5/6. 1962.) K. Demmler. 7107

2330 E. I. du Pont de Nemours & Co., Wilmington, Del., V.St.A., **Lacke und Überzugsmittel**, enthaltend als wesentlichen Filmbildner ein Polymerisat des Methylmethacrylats (I) u./oder ein Mischpolymerisat aus > 95% I, dessen relative Viscosität 1,117—1,196 beträgt. Nach Ind. P. 67 167 kann der Lack außerdem Celluloseacetatbutyrat, Viscosität 0,1 bis 2 Sek., enthalten. (**Ind. PP. 67 166** vom 25/3. 1959, ausg. 3/11. 1961 u. **67 167** vom 25/3. 1959, ausg. 13/11. 1961.) C. Lüttgen. 7107

2331 E. I. du Pont de Nemours & Co., Wilmington, Del., V.St.A., **Lacke und Überzugsmittel für Spritzauftrag**, bestehend aus einer > 10%ig. Lsg. eines Methylmethacrylatpolymerisats oder -mischpolymerisats mit einem Molgew. von 55000—105000 in einem Lsgm.-Gemisch, von dem je 20 (%) zwischen 50 u. 121, 64 u. 122, 67 u. 142, 73 u. 159 u. 90 u. 175° sd., z. B. 23,3 Toluol, 43,1 Aceton, 4,4 Amylalkohol, 9 Cellosolve u. 20,2 Petroleum-KW-Stoffe. — Diagramm u. Abbildungen. (**Ind. P. 67 163** vom 25/3. 1959, ausg. 12/12. 1961.) C. Lüttgen. 7107

2332 Bromo-Mint Co. (Erfinder: Justin Haas), V. St. A., **Funkelnde Anstrichfarben** für Verzierungs- u. Dekorationszwecke, bestehen aus einer 5—10%ig. wss. Lsg. von Polyvinylalkohol, in welcher kleine Teilchen eines scintillierenden Stoffes suspendiert sind, z. B. Teilchen aus glänzendem Al-Metall, die z. B. anod. oxydiert, lackiert oder gefärbt sind. — Beispiel: 8 (Gew.-%) Polyvinylalkohol, 8,8 Propylenglykol, 0,01 Methyl-p-hydroxybenzoat u. 83,19 Wasser. (**F. P. 1 284 262** vom 16/3. 1961, ausg. 2/7. 1962. A. Prior. 12/8. 1960.) M. F. Müller. 7107

2333 Soc. An. Vitex, Gironde, Frankreich, **Abwaschbarer Anstrich für Mauerwerk.** Zunächst wird eine Grundschicht aus 1 (Teil) einer Kunstharzdispersion (Polyvinylacetat, Methylcellulose, Asbestpulver u. W.), 2 W. u. 4 weißem Zement aufgespritzt. Dann folgt, noch vor dem Abbinden der Grundschicht, eine Zwischenschicht aus einer Farbe auf Vinyl-, Acryl- oder synthet. Latexbasis, z. B. aus Polyvinylacetat, TiO_2, $CaCO_3$, Methylcellulose u. Wasser. Vor dem Trocknen wird noch einmal eine Deckschicht derselben Zus. aufgebracht. (**F. P. 1 293 145** vom 31/3. 1961, ausg. 8/10. 1962.) O. Kayser. 7107

2334 Cashew Kabushiki Kaisha (Erfinder: Gadayoshi Yamada), Tôkyô, Japan, **Herstellung von Polyurethanen** durch Rk. von Akajounußschalenölpolymeren (I) u. Polyisocyanaten. I, dessen gereinigte oder dest. Prodd. werden in Ggw. eines Polymerisationskatalysators erhitzt, wobei Polymere mit viel dimeren Anteilen entstehen, die man mit Diisocyanaten oder deren Derivv. reagieren läßt. — 300 (g) mit H_2SO_4 gereinigtes I werden mit 5 $AlCl_3$ langsam versetzt u. gerührt, wobei man langsam von 60 auf 130° erhitzt. Man wäscht das Prod. mit W., entfernt Säure u. Salze u. trocknet; 20 des Prod. verrührt man mit 23 Desmodur L u. verwendet die erhaltene Lsg. als säure- u. alkalifesten *Anstrich.* (**Jap. A. S. 4840/1961** vom 1/10. 1958, ausg. 15/5. 1961.) M. Pankow. 7107

2335 United States Government, Secretary of Army, Washington, D.C., übert. von: Lydia A. Suchoff, Shrewsbury, N.J., V.St.A., **Bariumtitanatüberzug.** Einen fest haftenden, extrem dünnen, einheitlichen Überzugsfilm aus Ba-Titanat mit hoher DK erzeugt man durch Auftragen einer dünnen Schicht einer Lsg. von einem Ba-Alkoholat u. einem Ti-Alkoholat, bes. den Methylaten, Propylaten, Äthylaten u. Isopropylaten, in einem inerten, niedrigsd. Lsgm. auf die zu überziehende Oberfläche u. Trocknen in der Hitze. (**Can. P. 634 200** vom 26/2. 1958, ausg. 9/1. 1962. A. Prior. 7/6. 1957.) Eberhard Riedel. 7107

2336 Callery Chemical Co., Pittsburgh, übert. von: Raymond Jack Grantham, Wexford, Pa., V.St.A., **Überzugsmassen zur Herstellung von gasentwickelnden Schichten.** Die auf der Basis üblicher Filmbildner, wie trocknenden Ölen, hergestellten Überzugsmassen enthalten als Gasbildner Aminoborane oder Alkali- bzw. Erdalkaliborhydride. Zur Vermeidung einer vorzeitigen Gas-Entw. werden die Gasbildner zweckmäßig erst kurz vor der Verarbeitung zugesetzt. (**A. P. 3 019 114** vom 24/11. 1959, ausg. 30/1. 1962.) P. Krug. 7107

2337 Union Carbide Corp., New York, N.Y., übert. von: Frederick C. Frostick jun. und Benjamin Phillips, Charleston, W.Va., V.St.A., **Diepoxysulfone** der Formel I, $R-C(=O)-O-R_1-SO_2-R_1-O-C(=O)-R$ (R = vicinales Epoxyalkyl-, vicinales Epoxycycloalkylalkyl-, vicinales Epoxyalkyl- oder das 3-Oxatricyclo-[3.2.1.$0^{2,4}$]-oct-6-yl-Radikal, wobei in den Epoxycycloradikalen die Epoxygruppe im Ring enthalten sein soll, R_1 = 2 wertiger KW-Stoff-Rest mit mindestens 2, bes. mit 2—6 C-Atomen), erhält man a) bei der Rk. von ω.ω'-Sulfonyldialkyl-bis-(alkenoaten), ω.ω'-Sulfonyldialkyl-(cycloalkencarboxylaten) oder ω.ω'-Sulfonyldialkyl-(bicycloalkencarboxylaten) mit einer organ. Persäure in einem inerten, fl., organ. Medium (Äthylacetat, Aceton) bei 0—100°, b) bei der Einw. von 4 (Mol) Peressigsäure auf 1 eines Sulfids, wie ω.ω'-Thiodialkanol-bis-(alkenoate), ω.ω'-Thioalkanol-bis-(cycloalkencarboxylate) oder ω.ω'-Thioalkanol-bis-(bicycloalkenylcarboxylate), c) durch Veresterung eines Thiodialkanols, wie Thioglykol, 8.8'-Thiooctanol, mit einer ungesätt. Carbonsäure (Vinylessigsäure, 3-Cyclohexencarbonsäure) in einem inerten, organ. Lsgm. in Ggw. von H_2SO_4 unter Rückfluß u. anschließende Rk. des erhaltenen ungesätt. Estersulfids mit 4 Mol einer Persäure, wie Perbenzoesäure, oder d) bei der Rk. eines Thiodialkanols mit einer olefin. ungesätt. Carbonsäure im Verhältnis 2 : 1 in Ggw. eines Veresterungskatalysators (H_2SO_4) u. eines inerten organ. Lsgm. (Toluol) durch Erhitzen unter Rückfluß. Man erhält ein olefin. ungesätt. Monoestersulfid, welches mit einem Anhydrid einer einwertigen olefin. ungesätt. Carbonsäure bei 50 bis ca. 100° umgesetzt ein symm. oder unsymm. Diestersulfid ergibt. Mit 4 Mol einer Persäure erhält man das entsprechende Diepoxysulfon. Die Diepoxysulfone lassen sich leicht polymerisieren. Mit organ. Härtebildnern, wie Polyolen, polyfunktionellen Aminen, erhält man Kondens.-Verbb., die als *Lacke, Überzüge* u. als Formgegenstände verwendet werden. (**A. P. 3 018 259** vom 31/3. 1960, ausg. 23/1. 1962.) G. König. 7107

2338 Koppers Co., Inc., Del., übert. von: Samuel C. Temin, Pittsburgh, Pa., V.St.A., **Allylidenartige Phosphorverbindungen und Polymere davon,** dad. gek., daß man bei 40—100° unter sauren Bedingungen Phosphoniumhalogenide der allg. Formel $(HOCHR)_4P^+X^-$, worin R = H oder niederes Alkyl u. X = Halogen bedeutet, mit einem olefin. Aldehyd der Formel $HCR_1=CR_2-CHO$, worin R_1 u. R_2 = H, niederes Alkyl, Halogen oder Phenyl bedeutet, in einem Mol-Verhältnis von 1 : 1,3—1,7 zu wasserlösl. schmelzbaren Prodd. umsetzt u. diese ggf. durch Wärmebehandlung zu einem unlösl. Harz vernetzt. — *Flammenschutzüberzüge, nichtentflammbare Harze.* (**A. P. 3 037 950** vom 8/12. 1960, ausg. 5/6. 1962.) R. Bauereis. 7107

2339 National Research Development Corp., London, England (Erfinder: Robert Neville Haszeldine und Christopher John Willis), **Herstellung von fluorhaltigen Polymeren** mit den Einheiten $-(R_F)N-O-(CX_2-CY_2)-$, worin R_F ein Perfluoralkyl, X u. Y = H oder F bedeuten u. X u. Y verschieden sind, erfolgt nach den Beispielen durch Rk. von Trifluornitrosomethan u. 1.1-Difluoräthylen bei > 70° (80 bzw. 100°) u. > 30 ata (40 bzw. 150 ata), wodurch ein durchscheinendes kautschukähnliches Mischpolymerisat bei Ausbeuten bis zu 56% erhalten wird, das mit Dibenzoylperoxid gehärtet werden kann. — Wärme- u. chemikalienresistente *Überzüge.* (**E. P. 901 207** vom 22/9. 1958. ausg. 18/7. 1962.) H. Schindler. 7107

2340 E. I. du Pont de Nemours & Co., Wilmington, übert. von: William J. Middleton, Claymont, Del., V.St.A., **Derivate von Dienpolymeren** erhält man durch Rk. von Naturkautschuk, Polybutadien oder Polychloropren mit einem fluorierten Thioketon der allg. Formel $R'-(F_2-$

C(=S)—CF_2—R″, worin R′ u. R″ Halogen, KW-Stoff- oder halogenierte KW-Stoff-Reste bedeuten, z. B. Perfluorhexan-2-thion oder Perfluorthioaceton, bes. in Lsg., bei normaler Temp. u. ohne Katalysator. — Verw. der 5% oder mehr F u. Sulfidgruppen enthaltenden Rk.-Prodd. als *Überzugsmittel*. (**A. P. 3 012 995** vom 2/11. 1959, ausg. 12/12. 1961.)
L. Stadelmann. 7107

2341 Dainippon Celluloid Kabushiki Kaisha, Sakai (Erfinder: Yoshiaki Matsuda, Ōsaka, Tetsurô Kinoshita, Suita, Tan Yasue, Sakai, und Hideo Sawada, Ōsaka), Japan, **Herstellung ungesättigter Polyesterharzmischungen.** In einem beliebigen Stadium der Herst. der ungesätt. Polyester gibt man mindestens einen Filmbildner in Form einer Metallseife einer höheren Fettsäure (Pb-, Al-, Ga-Stearat, Cd-Laurat, Ba-Ricinolat) in einer Menge unter der Sättigungs-Konz. entsprechend der Löslichkeit des noch nicht gehärteten Harzes zu. — 100 (Teile) des Polyesters aus Maleinsäureanhydrid, Phthalsäureanhydrid, Äthylen- u. Propylenglykol (SZ. 38) werden mit 0,014 Hydrochinon, 50 Styrol u. 0,75 eines der vorst. genannten Filmbildner versetzt. Zu 100 der Lsg. gibt man 3 Luposol DDM u. 2 5%ig. Styrol-Lsg. von Ca-Naphthenat, streicht auf Holz u. erhält nach ½ Std. bei Raum-Temp. einen gut gehärteten *Überzug* mit glänzender Oberfläche. — Herst. von *Laminaten, Kitt, Überzügen*. (**Jap. A. S. 3834/1961** vom 26/5. 1958, ausg. 24/4. 1961.)
M. Pankow. 7107

2342 Permanoid Ltd., Leonard William Ernest Townsend, Eric Clayton Bate und Sydney Ogden, Manchester, England, **Fließfähige plastische Masse** besteht aus Polyvinylchlorid (I) oder einem Mischpolymerisat aus I u. Vinylacetat oder Vinylidenchlorid im Gemisch mit einem fl. polymeren Ester aus einem gesätt. zweibas. Alkohol von mindestens 3 C-Atomen mit einem Gemisch von gesätt. u. ungesätt. Dicarbonylsäuren. Von diesen sind 12—32 Mol-% ungesättigt. Dem Gemisch kann ein Vernetzungsmittel für den polymeren Ester zugesetzt werden. Beispiel: Es werden gemischt 25 (Teile) Polypropylenadipatmaleat mit 16 Mol-% Maleinsäure, Molgew. 3000, 4,4 Diallylphthalat, 42 pastenförmiges I, 6 $PbCO_3$ u. 0,35 Benzoylperoxid. Die Mischung wird als *Überzug* aufgetragen u. bei 180° eingebrannt. (**E. P. 896 725** vom 19/12. 1957, ausg. 16/5. 1962.).
F. Markhoff. 7107

2343 Rohm & Haas Co., Philadelphia, Pa., V.St.A., **Wässeriges Emulsionsmischpolymerisatpräparat** enthält 3 bis 25% einer Mischung aus a) 60—90 (Gew.-%) eines harten Mischpolymeren u. b) 40—10 eines weichen Mischpolymeren. a) ist ein Mischpolymeres aus 1. 42—77 Styrol, Vinyltoluol, Vinylidenchlorid Isobornyl- oder Phenoxyäthylmethacrylat u./oder Benzylacrylat, 2. 20—46 C_{1-8} Alkylestern oder Acrylsäure u. 3. 3—12 mischpolymerisierbaren ungesätt. Säuren oder deren Salzen; b) ist ein Mischpolymeres aus den gleichen Stoffen mit 1. 10—40, 2. 58—90 u. 3. 0—6 Anteilen. Verw. des Präp. zum *Imprägnieren von Gewebe, Leder* u. sonstigem porösen u. faserigen Material oder zum *Überziehen von plast. Massen*, wie Cellophan, Metall, Holz, Steinen, Glas, Dachplatten u. Wänden. — 40 (Gew.-Teile) Äthylacrylat, 53 Styrol u. 7 Methacrylsäure werden in 160 W. mit 5 tert.-Octylphenol, das durchschnittlich 30 Äthylenoxideinheiten enthält, emulgiert u. in Ggw. von je ½ $K_2S_2O_3$ u. K-Metabisulfit polymerisiert. Die Polymerisatemulsion wird mit NH_4OH auf pH 9,5 eingestellt u. mit 7 Dimethylphthalat versetzt (Emulsion A.). 67 Äthylacrylat u. 33 Styrol werden in 160 W. mit den gleichen Mengen Emulgator u. Polymerisationsmitteln polymerisiert (Emulsion B). 20 Carnaubawachsschmelze wird in 120 95° heißes W., das 4 Ölsäure u. 2,5 Morpholin enthält, gegeben (Emulsion C). 10 Amberol 750 (mit mehrwertigem Alkohol teilweise verestertes, in NH_4OH lösl. Kolophonium-Maleinsäure-Addukt) werden mit 68,7 W., das 1,4 28%ig. NH_4OH-Lsg. enthält, bei 50° gehalten, filtriert u. auf 12% Feststoff verdünnt (Lsg. D). Man mischt 80 Emulsion A, 20 Emulsion B, verd. mit W. auf 12% Feststoffanteil, gibt zu 75 der Mischung 11,4 Emulsion C, 11,4 Lsg. D u. 1 einer Lsg., die man aus 10 Ölsäure u. 87 W., das 3,1 Morpholin enthält, erhält: Lagerfähige Mischung, die auf Fußbodenbelägen, wie Linoleum oder Asphalt, ausgestrichen werden kann. (**Jap. A. S. 4834/1961** vom 10/12. 1959, ausg. 15/5. 1961. A. Prior. 10/10. 1958.)
M. Pankow. 7107

2344 Montecatini Soc. Gen. per l'Industria Mineraria e Chimica (Erfinder: Luciano Lucchetti), Mailand, Italien, **Herstellung wasserundurchlässiger, verschweißbarer Filme** aus Polyestern, Cellulose-Derivv. u. Vinylmischpolymeren durch Aufbringen einer dünnen Polypropylenschicht auf den Trägerfilm, wobei das Polypropylen eine Grenzviscosität $\leqq$ 1 besitzt. Das Polypropylen kann bis zu 50% chloriert sein; man gewinnt es durch Extraktion von mit stereospezif. Katalysatoren erhaltenen Polypropylen mittels aliphat. oder chlorierter aliphat. KW-Stoffe. (**Oe. P. 222 889** vom 14/4. 1959, ausg. 10/8. 1962. It. Prior. 15/4. 1958.)
M. Pankow. 7107

2345 Elisabeth Rojdl, Wien, Österreich, **Übertragung von Druckbildern aus bedruckten Unterlagen in Kunststoffüberzüge.** Die bedruckte Unterlage wird mit einer fl. Kunststoffmischung beschichtet u. die Kunststoffschicht dann zu einem mechan. widerstandsfähigen, glasklaren Kunststofffilm verfestigt. Die Kunststoffmischung besteht aus 50—65 (Gew.-Teilen) Polyesterharz oder Polyvinylchlorid, 0,5 bis 3 Stabilisator, je nach Art der anzulösenden u. z. T. in den Kunststoff aufzunehmenden Druckfarbe aus 10—30 Esterweichmacher u./oder 5—20 Vinyl-Verb. u. 0,1—0,4 organ. Peroxid u./oder 2—8 eines 2wertigen Alkohols. (**Oe. P. 222 343** vom 5/9. 1958, ausg. 10/7. 1962.) M. Pankow. 7107

2346 **Sandoz Ltd.**, Basel, Schweiz, *Farbstoff für Druckfarben, Lacke, Papier, Kunststoffdispersionen und -emulsionen*. (**E. P. 889 255** vom 12/8. 1958, ausg. 14/2. 1962. Schwz. Prior. 16/8. 1957 u. 25/6. 1958. — C. **1961,** 15938 [Schwz. P. 350 747].)

2347 **General Aniline & Film Corp.**, New York, N.Y. (Erfinder: **Robert Ernest Brouillard**, Westfield, **Leon Katz**, Springfield, und **James Joseph Gannon**, Newark, N.J.), V.St.A., *Pigmentdispersion*. (**Schwz. P. 362 165** vom 5/11. 1957, ausg. 14/7. 1962. A. Prior. 15/11. 1956. — C. **1963,** 709 [E. P. 835 637].)

2348 **Coates Brothers & Co. Ltd.** (Erfinder: **Alec Richard Hornsey Tawn** und **Albert Graham North**), *Thixotrope Farben auf Esterbasis*. (**Aust. P. 238 057** vom 25/2. 1959, ausg. 12/4. 1962. E. Prior. 6/3. 1958. — C. **1963,** 1871 [F. P. 1 221 985].)

2349 **American-Marietta Co.**, Chicago, Ill. (Erfinder: **Walter Robert McAdow**, Grosse Pointe Farms, Mich.), V.St.A., *Metallteilchen enthaltende Überzugsmittel*. (**D. A. S. 1 147 344** Kl. 22g vom 16/3. 1956, ausg. 18/4. 1963. A. Prior. 16/3. u. 15/4. 1955. — C. **1960,** 11482 [E. P. 815 793].)

2350 **Comp. Française Thomson-Houston**, Seine, Frankreich (Erfinder: **Albert Batholemew Spencer**), *Verarbeitung von Äthoxylinharzen*. (**F. P. 71 671** vom 4/4. 1957, ausg. 13/1. 1960. A. Prior. 4/4. 1956. Zusatz zu F. P. 1 124 092; C. 1960, 7019. — C. **1963,** 11047 [A. P. 2 890 192].)

2351 **Montecatini Soc. Gen. per l'Industria Mineraria e Chimica** (Erfinder: **Franco Ranalli**), Mailand, Italien, *Behandlung von Propylenoberflächen*. (**Jap. A. S. 9986/1961** vom 25/6. 1959, ausg. 8/7. 1961. It. Prior. 26/6. 1958. — C. **1963,** 4890 [Oe. P. 215 160].)

2352 **Minnesota Mining & Mfg. Co.**, V.St.A. (Erfinder: **Gordon R. Smith**), *Aktivierung der Oberflächen von Polymeren*. (**F. P. 1 239 311** vom 23/5. 1958, ausg. 16/12. 1960. A. Prior. 27/5. 1957. — C. **1963,** 3777 [Jap. A. S. 7578/1960].)

2353 **E. I. du Pont de Nemours & Co.**, V.St.A. (Erfinder: **William Paul Kane**), *Polymeres Überzugsmaterial*. (**F. P. 1 206 186** vom 14/5. 1958, ausg. 8/2. 1960. A. Prior. 21/5. 1957. — C. **1961,** 15940 [E. P. 835 855].)

2354 **Montecatini Soc. Gen. per l'Industria Mineraria e Chimica**, Mailand, Italien, *Herstellung von Kunststoffilmen*. (**It. P. 562 705** vom 30/3. 1956. — C. **1959,** 15200 [Oe. P. 201 287].)

H_{IIb}. Plaste (Kunstharze, Plastische Massen)

2355 **Äußerste Kontrolle beim Formpressen.** Paul E. Fina. (Mod. Plastics **39**, Nr. 11, 128, 130, 133, 192, 1962; Fiberite Corp., Sales Engng.; engl.) — Es wird ein Schema angegeben, dessen Punkte die Prüfung der techn. Ausführung der Formpressen u. Formteile u. die Kontrolle der Zus. u. Kennzahlen des Preßgutes, der Bedingungen bei Durchführung des Formpressens verschiedener Stoffe nach verschiedenen Verff. u. der Nachbehandlung der Preßlinge umfassen. Die Bedeutung dieser Faktoren wird durch ihre Wrkg. auf die Zufuhr-Geschw. u. die Menge des an der Abquetschfläche beim Schließen der Form überfließenden Stoffs, sowie auf das Schwindmaß der Formlinge an typ. Beispielen gekennzeichnet.
H. Sontag. 7170◇

2356 **Erfordernisse bezüglich der Luftverhältnisse beim Formblasen.** Philip F. Charles. (Mod. Plastics **39**, Nr. 11, 114—15, 118—19, 182, 185—86, 1962; Ingersoll-Rand Co., Compressing Engng. Dep.; engl.) — Die Beziehungen zwischen dem am Düsenaustritt gemessenen Gasdruck, der Größe der Düsenöffnung u. der Temp. der Druckluft auf die Qualität der Formlinge u. die Blasform-Geschw. werden an typ.

Beispielen unter Angabe allg. anwendungstechn. Hinweise erläutert. H. Sontag. 7170◇

2357 **Spritzgießen und Warmformen von Thermoplasten.** 2. Mitt. Hans Dominighaus. (Ind. Plast. mod. **14**, Nr. 7, 69—76, 1962; Frankfurt/M., Farbwerke Hoechst; franz.) — 1. vgl. C. **1963**, 6796. — Vf. bespricht die Thermoplaste, die sich bes. zum Warmformen (Vakuumblasverf.) eignen, teilt Kenndaten, einschließlich der Durchlässigkeitswerte von O_2, N_2 u. CO_2, Heizdauer in Abhängigkeit von der Plattendicke u. verschiedene Formungs-Verf. mit. Beispiele werden angeführt. H.-G. Moslé. 7170◇

2358 **Spritzgießen und Warmformen von Thermoplasten.** 3. Mitt. Hans Dominighaus. (Ind. Plast. mod. **14**, Nr. 8, 49—57, 1962; franz.) — 2. vgl. vorst. Referat. — Vf. beschreibt das Vakuum-Verf. für *PVC-*, *Polystyrol-*, *Polypropylen-*, *Polyäthylen-*, *Celluloseacetat-* u. *Polycarbonat*-Folien zur Herst. von Verpackungsbehältern u. das Vakuum-Vorblasverf. zur Herst. großer Formteile, bes. aus schlagfestem Polystyrol. H.-G. Moslé. 7170

2359 **Spritzgießen und Warmformen von Thermoplasten.** 4. Mitt. Hans Dominighaus. (Ind. Plast. mod. **14**, Nr. 9, 2—8, 1962; franz.) — 3. vgl. vorst. Referat. — Kalkulationen an verschiedenen Teilen u. Stückzahlen für Spritzverf. u. Warmverformverf. werden diskutiert u. tabellar. mitgeteilt. Prüfverf. für die gefertigten Teile werden erwähnt. H.-G. Moslé. 7170◇

2360 **Der Einfluß der Verarbeitungsbedingungen auf die Struktur von Formteilen.** W. Woebcken. (Mod. Plastics **40**, Nr. 4, 146—48, 151—52, 154, 156, 158, 161, 198, 1962; Bonn, Klöckner-Moeler G. m. b. H., Plastic. Labor.; engl.) — Vf. befaßt sich mit der Orientierung von Füllstoffen bei Duroplasten u. mit der mol. Orientierung bei Thermoplasten. Die Orientierung der Füllstoffe in Duroplasten ist beim Formpressen sehr gering u. hat keine nachteiligen Folgen, beim Preßspritzen dagegen ist sie am Anguß ziemlich stark u. führt zur Verformung oder sogar zum Bruch. Man kann diesen unerwünschten Effekt dadurch vermeiden, daß man den Anguß möglichst weit wählt u. an einer günstigen Stelle anbringt. Die mol. Orientierung bei Thermoplasten wurde auf Grund der Doppelbrechung im polarisierten Licht an Proben aus Polycarbonat, Celluloseacetat, Polystyrol, Polymethylmethacrylat, Polypropylen u. Polyoxymethylen untersucht. Eine Orientierung befindet sich hauptsächlich unter der Oberfläche. Sie sollte möglicht klein gehalten werden, um innere Spannungen u. Verformung beim Erhitzen zu vermeiden. Die Schrumpfwerte, die auch von der mol. Orientierung abhängen, werden durch die Wanddicke der Proben u. die Einspritzrichtung beeinflußt. Th. Körner. 7170◇

2361 **Druckeffekte in der Spritzgußform.** T. W. Huseby. (Mod. Plastics **40**, Nr. 4, 112—14, 116, 188, 1962; Murray Hill, N.J., Bell Telphone Labor., Inc.; engl.) — Zur Unters. der Beziehungen zwischen Kunststoff-Eigg. u. Verarbeitungsbedingungen beim Spritzguß wurden mit Hilfe eines Dehnungsmessers an verschiedenen Stellen der Form Druckmessungen vorgenommen. Beim Einspritzen des Kunststoffes (Acrylonitril–Butadien-Styrol) steigt der Druck zunächst stark an u. nimmt dann allmählich wieder ab. Mit wachsendem Einspritzdurck steigt der Druck in der Form linear an, während er mit steigender Zylinder-Temp. abnimmt. Auch von anderen Faktoren wird der Druck noch stark beeinflußt. Beim genauen Studium des Prozesses kann man voraussagen, welche Folgen durch Änderungen der Vers.-Bedingungen hervorgerufen werden. Th. Körner. 7170◇

2362 **Die Herstellung großflächiger thermoplastischer Teile. Verarbeitungsprobleme und Lösungen.** J. Korn. (Kunststoffe–Plastics [Solothurn] **9**, 508—15, 1962; dt.) — Der heutige Stand der Technik des Warmverformens thermoplast. Kunststoffe wird unter Erörterung der Entw. auf dem Gebiet der Formmassen-Herst. u. des Maschinenbaus gekennzeichnet. H. Sontag. 7170◇

2363 **Eigenschaften von Schaum- und Klebemassen und plastischen Filmen bei kryogenen Temperaturen.** R. N. Miller, C. D. Bailey, S. M. Freeman, R. T. Beall und E. F. Coxe. (Ind. Engng. Chem. Product Res. Development **1**, 257—61, 1962; engl.) — Es wurden die mechan. Eigg. von besonderen Schaum- u. Klebemassen u. plast. Filmen im Bereich von —165 bis —273° untersucht. Daten für die Dehnbarkeit u. die Zug-Druck-Verss. werden angegeben. Von 5 Klebemassen hat ein Epoxypolyamid die beste Zerreißfestigkeit. R. Worbis. 7170◇

2364 **Formel zur Berechnung der Menge an Farbstoffkonzentraten.** James E. Simpson. (Mod. Plastics **40**, Nr. 3, 142, Nov. 1962; Cleveland (Ohio), Ferro Corp., Color. Div.; engl.) K. Gröbe. 7170◇

2365 **Fortschrittsbericht Extrudieren und Ummanteln von Profilen.** Hans Domininghaus. (Kunststoffe **52**, 629—32, 1962; Frankfurt/M., Farbwerke Hoechst Akt.-Ges.; dt.) — Vf. berichtet über neueste verfahrenstechn. Entw. auf dem Gebiet der Herst. von Rohren, Vollprofilen, Monoprofilen, extrudierten Netzen u. Ummanteln von Drähten u. Kabeln. I. Köditz. 7170

2366 **Kunststoffe für chemisch widerstandsfähige Anlagen der Drahtindustrie.** G. Earnshaw. (Wire Ind. **29**, 657—62, 681, 1962; Fredk. Smith and Co., Wire Manufact. Ltd.; engl.) — Übersicht über die Verw. von Polyäthylen, Polypropylen, PVC, glasfaserverstärkten Kunststoffen, Polytetrafluoräthylen u. a. fluoerierten KW-Stoffen in den Reinigungs-, Beiz- u. Galvanisierungsanlagen der Drahtindustrie. W. Wesly. 7170◇

2367 **Ein Überblick über Lager aus Plaste.** P. H. Pinchbeck. (Wear [Amsterdam] **5**, 85—113, 1962; Sheffield, Great Britain, United. Coke and Chemicals Co. Ltd.; engl.) — Vf. gibt einen Überblick über die verschiedenen Plaste, die als Lagermaterial Verw. finden, deren Reibungs-Verh. (Verschleiß, Schmierung, Wasserabsorption, therm. Eigg.) u. diskutiert die Anwendungsmöglichkeiten als Lagermaterial. I. Köditz. 7170

2368 **Verfahren zur Oberflächenbehandlung von Polyolefinen.** J. J. Ziccarelli. (Mod. Plastics **40**, Nr. 3, 126, 128, 130, 134, 222, 1962; Northvale, N.J., Flexabar Corp.; engl.) — Übersicht über Verff. zur Erhöhung der Adhäsion: die oxydative Flammenbehandlung, das Ätzen mit Säuren, die Behandlung mit Lsgm. u. das Sandstrahlen. K. Gröbe. 7172◇

2369 **Das Schweißen von Polyäthylen.** Hermann Schwarz und Günther Brinke. (Schweisstechnik **12**, 408—12, 1962; Halle/Saale, Zentralinst. für Schweißtechn.; dt.) — Polyäthylenrohre lassen sich mit Heizspiegelgeräten stumpf- u. muffenschweißen. Zum Stumpf- u. Abkantschweißen von Platten dient ein anderes Gerät. Polyäthylenfolien werden durch Wärmeimpuls- u. Heizelementschweißen verbunden. W. Wesly. 7172◇

2370 **Einfluß des Temperns auf mechanische Eigenschaften von gespritzten Polyäthylenstäben.** Wilfried Stockmair. (Kunststoffe **52**, 593—99, 1962; München, TH, Forsch.-Stelle für Kunststoffe; dt.) — Die Abhängigkeit des mechan. Verh. (Spannung bei Reckbeginn, Dehnbarkeit bis zum Bruch, Grenzbiegespannung, Härte u. dynam. Elastizitätsmodul) von Normstäben aus einem verzweigten, mäßig kristallisationsfähigem Polyäthylen, mittlere D. 0,918, u. einem linearen, stark kristallisationsfähigen Polyäthylen von den Spritzbedingungen u. der Temp. werden nach dem Tempern in Heißluft unterhalb des opt. F. untersucht. Durch Tempern lassen sich Dichteunterschiede in den Stäbchen ausgleichen. Die Kristallinität ist nicht nur von der Temper-Temp., sondern auch von den Spritzbedingungen abhängig. Die mechan. Eigg. lassen sich ganz allg. durch Tempern verbessern, doch geht diese Wrkg. bei höheren Betriebs-Temp. ($> 50°$) wieder verloren. Durch Änderung der Spritzbedingungen lassen sich die Eigg. von Polyäthylenformteilen in weiten Grenzen variieren. I. Köditz. 7172

2371 **Leistungsfaktor und Dielektrizitätskonstante von Polyäthylenverbindungen bei 100 Hertz nach der Benzolzelle-Q-Messer- und der Lynch-Bridge-Methode.** D. Weston. (Plastics **27**, Nr. 302, 105—08, 1962; Bekalite Ltd., Res. and Dev. Dep.) — Beide Meth. werden beschrieben u. bzgl. ihrer Anwendung zur Prüfung von Polyäthylenformlingen krit. verglichen. Aus der Erörterung der Ergebnisse wird gefolgert, daß erstere Meth. sich bes. zur Betriebskontrolle eignet, während die Lynch-Bridge-Meth. sich durch eine höhere Genauigkeit auszeichnet. H. Sontag. 7172◇

2372 **Druckloses Verschäumen von PVC mit Azodicarbonamid.** Henry A. Hackert. (Kunststoffe **52**, 624—29, 1962; Hamburg, Fa. Lehmann & Voss & Co.; dt.) — Vf. behandelt die Anwendung von Azodicarbonamid bei der Herst. von drucklos verschäumten Schaumstoffbahnen mit Trägerunterlage u. zum Kalandrieren vorgelierter Mischungen unter besonderer Berücksichtigung der Herst. von Schaumkunstleder. Der Einfl. des verwendeten PVC, der Art u. Menge des Weichmachers u. der Füllstoffe, des Stabilisator/Aktivator-Syst., der Zers.-Temp. des Treibmittels u. der Art der Heizung u. Temp.-Führung auf die Güte der Schäume wird diskutiert. Als wirksamster Aktivator wird dibas. Pb-Phthalat, bas. Pb-Stearat oder Bleiweißpaste (7 : 1 in Dibutylphthalat) in Mengen von 2—5 Teilen auf 100 Teile PVC empfohlen. I. Köditz. 7172

2373 **Phenoxy — ein neues thermoplastisches Material.** Anonym. (Mod. Plastics **40**, Nr. 3, 169—70, 172, 1962; Union Carbide Plastics Co., Div. of Union Carbide Corp.; engl.) — Auf der Basis Diphenylolpropan–Epichlorhydrin (1 : 1) wurde ein neuer Thermoplast entwickelt (Molgew. — 30000). Er benötigt keine Härter, enthält ca. 6% freie OH-Gruppen, die eine Vernetzung ermöglichen. Er ist sehr zäh u. duktil u. eignet sich für Spritzguß, Strangpressen, Blasverformung u. Beschichtung u. als Klebstoff. K. Gröbe. 7176◇

2374 **Überprüfung der Wirkung von Inhibitoren gegen die Bildung freier Radikale in ungesättigten Polyestern.** P. Harold Parker jun. (J. appl. Polymer Sci **6**, S25—S26, 1962; Richmond, Calif., Calif. Res. Corp.; engl.) — Die Brauchbarkeit solcher Inhibitoren, wie 2.5-Diphenyl-p-chinon (**I**), p-Chinon (**II**), 2.6-Dichlor-p-chinon (**III**), Hydrochinon (**IV**) u. tert.-Butylbrenzcatechin (**V**), bei der Herst. ungesätt. Polyester-Lsgg. für die Fabrikation von Preßlingen ist abhängig von den Substituenten der Chinonderivate. Die Brauchbarkeit für die uninitiierte Polymerisation bei 114° ist **I** > **II** > **III** > **IV** > **V**, für die mit Benzoylperoxid initiierte Polymerisation bei 82° **II** > **III** > **IV** ≅ **V** ≅ **I** u. für die mit Methyläthylketonperoxid u. Kobaltnaphthenoat initiierte Polymerisation bei 25° **IV** ≅ **II** > **V** > **III** ≅ **I**. Der Einfl. von **I**, **II**, **III** u. **IV** u. **V** auf die Stabilität ungesätt. Polyester ist in einer Tabelle angegeben. G. Vetter. 7176◇

2375 **Modifizierte Epoxidharze.** H. Peters. (Elektrie **16**, Nr. 8, Beil. Elektrofertigung 62—64, 1962; Berlin–Treptow, VEB Elektro-Apparate-Werk, Abt. „Technol. Verf.-Entw.", Gruppe Chemotechnologie; dt.) — Überblick über die bei der Verw. von kalthärtenden Epoxidharzen (Epilox EGK 19, Epoxy 1200, Araldit 103 u. Dobeckot 503) auftretenden technolog. Nachteile, wie sie durch ungünstige Mischverhältnisse u. Viscosität u. durch eine relativ große Sprödigkeit bedingt sind. Durch entsprechende Modifizierung, Zusatz des amin. Härters „5", von Füllstoffen, wie z. B. Schwerspat, Talkum, TiO_2, Glasmehl usw., lassen sich günstigere Mischverhältnisse, besseres rheolog. Verh., geringere Sprödigkeit erzielen. Diese modifizierten Harze sind weniger gesundheitsgefährdend. I. Köditz. 7176

2376 **Füllstoffe für Epoxidharze.** G. Weigel. (Kunststoffe–Plastics [Solothurn] **9**, 498—507, 1962; Hamburg, Dr. Beck & Co., G. m. b. H., Forsch.-Labor.; dt.) — Zur Unters. wurden folgende mineral. Füllstoffe gewählt: Quarzmehl fein; Quarzmehl fein u. grob; Porzellanmehl; Schiefermehl; natürliches Calcit; Talkum; Kaolin; Kaolin, USA; natürliches, oberflächenbehandeltes Calcit; Bauxit; Hornblende-Asbest u. Dolomit. Sie wurden bzgl. ihrer Dichte u. Harzaufnahme verglichen u. der Einfl. ihres Zusatzes auf Viscosität, Feuchtigkeit u. Sedimentation der Harz–Füllstoff-Massen sowie auf Dichte, Wasseraufnahme u. mechan. Festigkeiten der damit hergestellten Formlinge untersucht. Die in Form von Tabellen u. graph. Darst. wiedergegebenen Ergebnisse lassen die komplexen Effekte dieser Füllstoffe erkennen u. vermitteln durch Vgl. der Vor- u. Nachteile der einzelnen Vertreter einen Überblick über ihre jeweilige Eignung gegenüber bestimmten Anforderungen. H. Sontag. 7176◇

2377 **Molekularsiebe bei der Verarbeitung von Epoxidharzen.** D. J. Waythomas und R. L. Mays. (Mod. Plastics **40**, Nr. 3, 159, 161, 162, 231, 1962; Linde Co., Div. of Union Carbide Co.; engl.) — Durch Verw. von homogen den Harzen zugemischten Mol.-Sieben, die mit Härtern beladen sind, kann man verlängerte Topfzeiten bei Epoxidharzen erreichen. Die Härtung erfolgt bei niedriger Temp. ziemlich schnell. Durch die hierbei langsamer freiwerdende Wärme ist es möglich, eine bessere Dimensionsstabilität zu erreichen sowie Spannungen zu vermeiden. K. Gröbe. 7176◇

2378 **Akustische Eigenschaften von weichen und halbharten Polyurethan-Schaumstoffen.** H. W. Paffrath und W. Schmidt. (Kunststoffe **52**, 599—603, 1962; Leverkusen; dt.) — Der Einfl. der elast. Eigg., des Strömungswiderstandes, der Schaumstoffdicke, des Wandabstandes u. der Abdeckung mit einer dünnen Folie auf den Schallschluckgrad von weichelast. Polyurethanschaumstoffen (**I**) auf der Basis von Polyäther bzw. Polyester u. von halbharten **I** auf der Basis eines stärker verzweigten Polyesters wird untersucht. Bei offenporigen Schäumen (Raumgewicht 20 kg/m³) liegt der Schallschluckgrad bei relativ geringer Dicke des Schaumes u. geringem Wandabstand (3 cm) von ca 250 Hz ab über 0,5. I. Köditz. 7180

2379 **Verarbeitung von Urethanelastomeren.** K. A. Pigott, W. Archer, C. L. Gable und S. Steingiser. (Mod. Plastics **40**, Nr. 4, 117, 120, 122, 1962; Pittsburgh, Pa., Mobay Chem. Co., Res. Dep.; engl.) — Vff. geben einen zusammenfassenden Überblick über Spritzgießen, Strangpressen, Blasverformen, Kalandrieren, Vakuumverformen u. Formpressen von Urethanelastomeren. Vor der Verarbeitung muß das Material zum Trocknen 1 Std. auf 212—240° erhitzt werden, da schon Wassergeh. von > 0,1% zu Abbauerscheinungen bei der Verformung führen. Spritzguß u. Strangpressen geben nur bei zimlich hohen Temp. transparente Prodd., Folien u. Filme kleben kurz nach der Herst. aneinander, was man durch entsprechende Mittel (z. B. Talkum) verhindern kann. Beim Blasen von Hohlkörpern ergeben sich keine bes. Schwierigkeiten. Flaschen aus dem Urethan-Elastomeren Texin 280 A sind flexibler als Polyäthylen-Flaschen. Artikel aus Urethanelastomeren werden z. T. schon in techn. Maßstab hergestellt. Sie sind sehr beständig gegen Abrieb, O_3 u. andere Chemikalien u. haben gute elektr. sowie textile Eigenschaften. Th. Körner. 7180◇

2380 **Schrumpfspannungen in Systemen aus Harzen und Glasfasern.** William H. Haslett und Frederick J. McGarry. (Mod. Plastics **40**, Nr. 4, 135—36, 138, 140, 143, 191 bis 192, 1962; Cambridge, Mass., Inst. of Technol., Civil and Sanitary Engng. Dep.; engl.) — Hervorgerufen durch die verschiedenen Ausdehnungs-Koeff. von Glas- u. Kunststoffen entstehen in glasfaserverstärkten Kunststoffen beim Härten Spannungen, die durch eine hier beschriebene photoelast. Meth. untersucht werden können. Um Proben herzustellen, die vor dem Vers. wirklich spannungsfrei waren, wurde das Harz (Polyester) in einem Exsikkator in kleinen Mengen auf eine Quecksilberoberfläche gegossen, dann eine (oder mehrere) Glasfaser (E-Glas) eingelegt u. mit Harz bedeckt. Der Exsikkator mit der Probe wurde dann zum Härten in den Ofen eingebracht. Bei Benutzung von Einzelglasfäden kam man zu folgenden Ergebnissen: 1. Die Axialspannungen sind größer als die Radialspannungen. 2. Die Maxima der Axialspannungen hängen bis zu einer bestimmten Länge von der Fadenlänge ab. 3. Die Faseroberfläche beeinflußt die Axialspannungen. 4. Die Spannungen werden durch die verschiedene therm. Ausdehnung von Glas u. Kunststoff verursacht. Bei Benutzung von mehreren parallelen Fasern fand man folgende Ergebnisse: 1. Die Axialspannungen nehmen mit abnehmendem Faserabstand ab. 2. Die Art der Spannung im Harz hängt von den Faserabständen ab. 3. Wählt man die Faserabstände ähnlich wie in den Schichtstoffen, so erhält man auch ähnliche Axialspannungen. Th. Körner. 7204◇

2381 **Die Analyse und Prüfung von Kunststoffen in der Zeitschriftenliteratur des Jahres 1961.** K.-D. Ledwoch. (Kunststoff-Rdsch. **9**, 585—95, 1962; Homberg/Ndrh., Rheinpreußen Akt.-Ges. für Bergbau u. Chemie, Forsch.-Labor.; dt.) — Überblick über den Entw.-Stand von Verff., Geräten, Normen usw. zur Analyse von Hochpolymeren u. Fertigprodukten. — 301 Literaturangaben. I. Köditz. 7210

2382 **Verfahren zur Bestimmung flüchtiger Kohlenwasserstoffe in treibmittelhaltigem Poystyrol.** P. Nowak und H. Klemm. (Kunststoffe **52**, 604—05, 1962; Kassel, Chem. Zentrallabor. der AEG; dt.) — Mit einem Gaschromatographen (80 Gew.-%) Chromosorb u. 20 Diisodecylphthalat) in Verbindung mit einem Kompensationsschreiber (Meßbereich — 0,05 bis + 1,05 mV) lassen sich unter Verw. von He als Trägergas flüchtige KW-Stoffe in treibstoffhaltigen Polystyrol bei nicht allzugroßen Abweichungen der Korngröße qual. u. quant. in guter Reproduzierbarkeit bestimmen. Die

Abweichung von dem rechner. ermittelten Geh. an n- u. iso-Pentan der untersuchten Proben beträgt 0,05 bzw. 0,03%. Der Zeitaufwand liegt einschließlich der quant. Auswertung bei ca. 10 Min. für jede Bestimmung. I. Köditz. 7210

2383 **Gasdurchlässigkeit von Kunststoffen.** Coleman J. Major und Karl Kammermeyer. (Mod. Plastics **39**, Nr. 11, 135, 138, 140, 142, 145, 146, 179—80, 1962; Iowa, State Univ., Dep. of Chem. Engng.; engl.) — Eine App. zur Best. dieser Eigg. wird beschrieben, die dad. gek. ist, daß das mit konst. Druck aufströmende Gas auf die Folienprobe geleitet wird u. der von der Probe durchgelassene Gasanteil in eine evakuierte Kammer eindringt, deren Druck, Temp. u. Vol. bekannt sind. Aus der Differenz der Ablesungen von Druck u. Temp., bezogen auf das Vol. der Kammer vor u. nach Eintritt des Gases, errechnet sich die Durchlässigkeit der Folie für das Gas. Die App. u. ihre Handhabung sowie die Berechnung der Gasdurchlässigkeit aus den abgelesenen Werten werden ausführlich beschrieben. Die damit bestimmten Durchlässigkeitswerte für CO_2, O_2, H_2, N_2 u. He der wichtigsten Kunststoffolien werden tabellar. angeführt u. Beziehungen zwischen dieser Eig. u. Temp., Filmdicke u. Alterung der Folie ermittelt. Die App. hat den Vorteil, daß durch die leichte Technik des Anbringens u. Auswechselns von Folienproben verschiedener Größe ein rasches Arbeiten bei guter Genauigkeit ermöglicht wird. H. Sontag. 7210◇

2384 **Einfluß äußerer Faktoren auf die Wärmeleitfähigkeit von Kunststoffschäumen.** G. A. Patten und R. E. Skochdopole. (Mod. Plastics **39**, Nr. 11. 149—50, 152, 191, 1962; Dow Chemical Co.; engl.) — Am Beispiel der Wärmeleitfähigkeit–Zeit- bzw. Wärmeleitfähigkeit–Temp.-Kurve eines Polyurethanschaums wird der Einfl. der Alterung bzw. der Temp. auf die Wärmeleitfähigkeit dieses Kunststoffschaumes erörtert. Die auf Grund theoret. Überlegungen gemachte Annahme, daß die funktionelle Abhängigkeit der Wärmeleitfähigkeit von der Zeit bzw. Temp. durch den nach dem Schäumen in den Zellen verbliebenen gasförmigen Treibmittelrückstand bestimmt wird, kann experimentell bestätigt werden. H. Sontag. 7210◇

2385 **Gelierungsblock mit Temperaturgefälle zur Untersuchung von PVC-Plastisolen.** A. Wheeler und B. V. Clifton. (Brit. Plastics **35**, 640—41, 1962; Manchester, Geigy Co.; engl.) — Die in ihren techn. Einzelheiten eingehend beschriebene App. zur Best. der optimalen Gelierungs-Temp. von Plastisolen besteht aus einem Al-Block, der an einem Ende elektr. beheizt, am anderen abgekühlt wird. Infolge des Temp.-Gefälles innerhalb des Blockes läßt sich die Schmelzzone eingebrachter Plastisole ablesen u. deren F. durch Vgl. mit Schmelzzonen von Stoffen bekannter Schmelztemp. ermitteln. Durch Entnahme gelierter Filmproben werden die Temp. festgestellt, bei denen die Klebrigkeit des Plastisols aufhört, Opazität in Transparenz übergeht u. Hitzeschädigung eintritt bzw. in hohem Grad vorliegt. H. Sontag. 7210◇

2386 Farbenfabriken Bayer Akt.-Ges. (Erfinder: Kurt Ley), Leverkusen, **Herstellung von Radikalsalzen,** dad. gek., daß man 1 Mol *4.6-Di-tert.-Butylbrenzcatechin* (**I**) mit annähernd ½ Moläquivalent eines *Amins*, das benachbart zum Aminstickstoff ein sek. oder tert. C-Atom enthält, in Ggw. von O_2 umsetzt oder daß man 1 Mol **I**, das in der 2-Stellung durch eine Aminogruppe substituiert ist, die benachbart zum Aminostickstoff ein sek. oder tert. C-Atom enthält, mit annähernd 1 Mol **I** umsetzt. — Beispiel: 66,6 g **I**; in 200 ml Leichtbenzin suspendiert, werden 6 Std. mit 11 g tert.-Butylamin verrührt, tiefblaue Kristalle, F. 128°. *Polymerisationsinhibitoren.* (**D. A. S. 1 147 238** Kl. 12q vom 13/8. 1960, ausg. 18/4. 1963.) R. Bauereis. 7171

2387 Dow Chemical Co., Midland, Mich., V.St.A., **Pfropfpolymerisate** werden durch Aufpfropfen von Alkenylgruppen enthaltenden organ. Sulfonsäuren, z. B. Styrolsulfonsäure, Vinylbenzylsulfonsäure, 2-Sulfoäthylacrylsäure, auf ein vorgebildetes Polymerisat aus N-Vinylmorpholinon-(3) oder ein Mischpolymerisat aus 10—90% N-Vinyl-2-oxazolidinon u. 90—10% N-Vinyllactam in Ggw. von Perverbb. erhalten. Mischungen dieser Pfropfpolymerisate mit Polyacrylnitril werden zur *Herst. von färbbaren, antistat., hydrophoben Formartikeln* verwendet. (**E. P. 896 456** vom 30/8. 1960, ausg. 16/5. 1962. A. Prior. 11/9. 1959. **Zusatz zu E. P. 849063; C. 1963, 3061.**) L. Stadelmann. 7173

2388 Carlisle Chemical Works, Inc., Reading, Ohio (Erfinder: G. P. Mack, Long Island, und E. Parker, New York, N.Y.), V.St.A., **Stabilisiermittel für halogenhaltige Harze** bestehen aus Phosphorigsäureestern der Formel $R^1O\cdot P(OR^2)OR^3$ [R^1 = Alkyl, Alkenyl, Epoxy (so Original; der Referent); R^2 = Aryl, Epoxy; R^3 = R^1 oder R^2] oder solchen Phosphorigsäureestern, wie man sie durch Rk. von Polyol u. Trialkyl- oder Triäthylphosphiten erhält. Genannt sind z. B. Oleyldiphenyl- [(n^{20} 1,5067; (D.) 0,9878 $Kp._1$ 240—250°], Oleylditolyl- (1,5050; 0,9767), Oleyldi-[octylphenyl]- (1,4851; 0,9180), Allyldi-[nonylphenyl]- (1,5134; 0,9840), Allyldi-[octylphenyl]- (1,5168; 0,9955), [Cyclohexen-(3)-ylmethyl]-di-[o-tolyl]- (1,5412) oder Äthyl-[nonylphenyl]-oleylphosphit (1,4808; 0,9228). (**Jap. A. S. 5543/1961** vom 13/1. 1956, ausg. 24/5. 1961.) M. Pankow. 7173

2389 Solvay & Cie., Brüssel, Belgien, **Polymerisation ungesättigter Kohlenwasserstoffe.** Um bei der Durchführung des im Niederl. P. 98 946 beschriebenen Verf. Prodd. mit geringerem Molgew. zu erhalten, verwendet man solche der dort empfohlenen Katalysatoren, die durch Vermischen von SiO_2 mit der O-haltigen Cr-Verb. in festem Zustand anstatt als wss. Lsg. erhalten worden sind. Die Herst. des Gemisches kann ggf. in Ggw. eines organ. Verdünnungsmittels, wie Cyclohexan, erfolgen. (**Niederl. P. 102 299** vom 15/7. 1960, ausg. 15/8. 1962. **Zusatz zu Niederl. P. 98946; C. 1963, 2644.**) F. Böhm. 7173

2390 Petro-Tex Chemical Corp., Houston, Tex., V.St.A., **Polymerisation von α-Olefinen,** bes. von *Buten-(1)*, erfolgt mit einem Katalysator, bestehend aus einem Al-Trialkyl (**I**), einem Ti-Halogenid (**II**) in Ggw. eines tert. Phosphins, Arsins oder Stibins. Man erhält isotakt. Polymere mit besseren physikal. Eigg. u. in kurzer Zeit als mit einem Katalysator, der nur **I** u. **II** enthält. (**E. P. 901 945** vom 10/2. 1961, ausg. 25/7. 1962. A. Prior. 10/2. 1960.) J. Mühleisen. 7173

2391 Montecatini Soc. Gen. per l'Industria Mineraria e Chimica, Mailand, Italien, **Polymerisation von α-Olefinen** zu vorwiegend isotakt. Polymeren erfolgt mit einem Katalysatorgemisch aus einem Monoalkylaluminiumdihalogenid (**I**), violett krist. $TiCl_3$ u. einer Onium-Verb. (**III**), wobei das Mol-Verhältnis von **I** zu **II** 0,5 ± 0,1 beträgt. **II** ist z. B. ein Tetraalkylammonium-, Tetraalkylphosphonium- oder Trialkylsulfoniumhalogenid. Es wird zuerst **II** mit **I** umgesetzt, zu dem Prod. $TiCl_3$ gegeben u. dann das Olefin eingeführt. (**E. P. 907 685** vom 15/5. 1961, ausg. 10/10. 1962. It. Prior. 1/7. 1960.) J. Mühleisen. 7173

2392 Montecatini Soc. Gen. per l'Industria Mineraria e Chimica, Mailand, Italien, **Polymerisation von α-Olefinen.** Als Katalysator verwendet man eine Mischung aus violettem $TiCl_3$ u. einem Organoaluminiummonojodid, bes. $Al(C_2H_5)_2J$. Man polymerisiert bei 70—110°, bes. in einem inerten KW-Stoff u. erhält isotakt. Polymerisate von hohem Molgew. aus *Propylen* u. *Buten-(1)*. (**E. P. 899 521** vom 14/4. 1961, ausg. 27/6. 1962. It. Prior. 10/6. 1960.) L. Stadelmann. 7173

2393 Badische Anilin- & Soda-Fabrik Akt.-Ges., Ludwigshafen/Rh. (Erfinder: Hermann Spaenig, Ludwigshafen/Rh., und Georg Schmidt-Thomee, Heidelberg), **Polymerisation von α-Monoolefinen.** Man verwendet Katalysatoren, die im wesentlichen aus Oxiden von Ti, Zr, Hf oder Th bestehen u. weniger O enthalten, als der Formel MeO_2 entspricht, z. B. $TiO_{0,05}$, TiO oder $TiO_{1,6}$, die man durch Red. von TiO_2 mit H_2 oder mit einem reduzierenden Metall oder Metall-Verb. der Gruppen Ia, IIa oder IIIb des Period. Syst. oder auch durch Erhitzen von metall. Ti mit TiO_2 auf hohe Temp. in Abwesenheit von Luft erhält. Bes. wirksam sind die auf festen Trägern aufgebrachten Katalysatoren, die durch Oxide von B, Cu, Fe oder Mn, ferner durch Nachbehandeln mit BF_3, SiF_4, $AlCl_3$, $FeCl_2$ oder $ZnCl_2$ modifiziert werden können. Man polymerisiert die α-Monoolefine, die 2—4 C-Atome enthalten unter sonst üblichen Bedingungen. — Beispiele: *Polyäthylen.* (**E. P. 899 147** vom 20/5. 1960, ausg. 20/6. 1962. D. Prior. 21/5. 1959.) L. Stadelmann. 7173

2394 Cabot Corp., Boston, Mass., V.St.A., **Polymerisation oder Mischpolymerisation von 1-Monoolefinen** erfolgt mit einem Gemisch eines oberflächlich halogenierten Oxids eines Metalls der Gruppen Va, VIa, VIIa oder VIII des Period. Syst. u. einer Organometall-Verb. der allg. Formel

$MM'_vX_nR_{y-n}$ (M = Element der Gruppe I, II oder III, M' = Metall der Gruppe I des Period. Syst.; v = 0 oder 1, X = Halogen, n = 0, 1 oder 2, R = H oder einwertiger KW-Stoffrest, Y = 1 2, 3 oder 4 u. y—n = mindestens 1). Bevorzugte Verbb. sind Al-Trialkyle. Die Halogenierung der Oxide, wie Cr_2O_3, MoO_3, MnO_2, Fe_3O_4 u. V-Oxid, kann mit Thionylchlorid bei 25—100°, mit Cl_2-Gas bei 100—800° u. mit HCl Gas bei 150—500° erfolgen, wobei jedoch keine wesentlichen Mengen an Metallchlorid gebildet werden sollen. (**E. P. 901 697** vom 15/11. 1960, ausg. 25/7. 1962. A. Prior. 30/11. 1959.) J. Mühleisen. 7173

2395 E. I. du Pont de Nemours & Co., übert. von: John MacMillan Bruce jun., Wilmington, Del., V.St.A., **Katalysatorsystem für Olefinpolymerisation,** bestehend aus einem Ti-Halogenid u. einem kombinierten Red.-Mittel aus einem Trialkyl-Al (Alkyl mit C_{1-12}) u. einem Tetraalkyl-Pb (Alkyl mit C_{2-5}) in einem inerten Lsgm., wobei das Mol.-Verhältnis der Red.-Mittel zur Ti-Verb. 0,3—10 beträgt. Beispiele für die Komponenten: 32 (Mikromol.) $TiCl_4$, 115 Al-Triisobutyl oder 100 Al-Trisdihydromyrcenyl u. 128 $Pb(C_2H_5)_4$. Äthylenpolymerisation in Dekahydronaphthalin bei ca. 110°. Ausbeuteerhöhung durch synergist. Effekt. (**A. P. 2 992 190** vom 13/9. 1957, ausg. 11/7. 1961.) H. Schindler. 7173

2396 Badische Anilin- & Soda-Fabrik Akt.-Ges., Ludwigshafen/Rh. (Erfinder: Ernst Penning, Ludwigshafen/Rh., Hans Reinhard, Mannheim, und Harry Distler, Ludwigshafen/Rh.), **Emulgatorfreie Polymerisatdispersionen** erhält man durch Polymerisation olefin. ungesätt. Verbb. im wss. Medium in Abwesenheit von Emulgatoren u. in Ggw. von 0,1—10% eines quatern. Ammoniumsalzes von Vinylsulfonsäure, z. B. Trimethylphenylammoniumvinylsulfonat. — *Filme* u. *Überzüge*. (**E. P. 904 996** vom 20/4. 1961, ausg. 5/9. 1962. D. Prior. 28/4. 1960.) L. Stadelmann. 7173

2397 Montecatini Soc. Gen. per l'Industria Mineraria e Chimica, Mailand, Italien, **Reinigung von Polyolefinen,** die durch Polymerisation von Olefinen, bes. *Propylen*, mit Organometall-Verbb. (Gruppe I, II u. III des Period. Syst.), festen Übergangsmetallhalogeniden u. Aktivatoren, in Ggw. von Lsgm. erhalten worden sind, erfolgt durch Behandlung der Polymeraufschlämmung mit Dioxolanen wie 1-, 3- oder 4-Methyldioxolan-2. Man erhält Prodd. mit sehr geringem Aschegehalt. (**E. P. 898 930** vom 6/4. 1961, ausg. 14/6. 1962. It. Prior. 11/4. 1960.) J. Mühleisen. 7173

2398 Montecatini Soc. Gen. per l'Industria Mineraria e Chimica, Mailand, Italien, **Reinigung von Olefinpolymeren,** die durch Polymerisation von Olefinen mit stereospezif. Katalysatoren (Organometall-Verbb. + feste Übergangsmetallhalogenide + Aktivatoren, wie Pyridin, Phosphine, Arsine, Stibine) erhalten worden sind, erfolgt durch Behandlung des Polymerisatschlammes mit Verbb. (I) der allg. Formel $R_1R_2C=N-OH$ (R_1 u. R_2 = H, Alkyl-, Aryl- oder Alkarylreste, wobei R_1 u. R_2 auch einen cycloparaffin. Rest bilden können). I sind z. B. Cyclohexanonoxim, Acetophenonoxim u. Benzophenonoxim. Mit den Lsgg. der Verbb. in organ. Lsgm. wird der Polymerisatschlamm bei 90° behandelt, worauf nach Entfernung des Lsgm. durch Zentrifugieren das Polymerisat mit W. oder Dampf gewaschen wird. Die Polyolefine weisen einen sehr geringen Asche-Geh. auf u. eignen sich bes. zur Herst. von *Fasern* u. *Filmen*. (**E. P. 903 817** vom 6/4. 1961, ausg. 22/8. 1962. It. Prior. 11/4. 1960.) J. Mühleisen. 7173

2399 Montecatini Soc. Gen. per l'Industria Mineraria e Chimica, Mailand, Italien, **Reinigung von Polyolefinen,** die durch stereospezif. Polymerisation erhalten worden sind, erfolgt durch Behandlung mit organ. Verb., die eine —O—S(:O)—O-Gruppe im Mol. enthalten, wie Diäthylsulfit oder Äthylenglykolsulfit (I). — In ein Gemisch von 80 Liter n-Heptan, 179 g $(C_2H_5)_3Al$ in 10%ig. Heptan-Lsg. u. 121 g $TiCl_3$ wird Propylen (II) bis zur Aufnahme von 125 Liter des fl. II eingeleitet u. 12 Std. bei 75° polymerisiert. Nach Entfernen von überschüssigem II wird die Aufschlämmung mit 1,5 kg I in 25 Liter n-Heptan 3 Std. bei 90° geschüttelt u. zur Entfernung des Lsgm. zentrifugiert. Nach Waschen mit W. oder Dampf enthält das Polymerisat nur 0,07% Asche. (**E. P. 903 077** vom 8/5. 1961, ausg. 9/8. 1962. It. Prior. 12/5. 1960.) J. Mühleisen. 7173

2400 Monsanto Chemical Co., St. Louis, Mo., V.St.A., **Herstellung von Polyäthylen.** Man polymerisiert Äthylen bei —100 bis +80° in Ggw. von feinverteiltem wasserfreien $AlCl_3$, dessen Kristallitdurchmesser $< 2\ \mu$ beträgt, bes. in Ggw. eines inerten Lsgm., wie Hexan. Hohe Polymerisationsgeschwindigkeit. (**E. P. 893 750** vom 17/3. 1959, ausg. 11/4. 1962. A. Prior. 17/3. 1958.) L. Stadelmann. 7173

2401 Sumitomo Kagaku Kôgyô Kabushiki Kaisha, Ôsaka (Erfinder: Kôhei Nakaguchi, Jôji Nakamura und Gonichi Maemoto, Niihama), Japan, **Polymerisieren von Äthylen** mit einem Katalysator aus Si-Halogenid, einem Metall oder einer Leg. eines Metalls der Gruppe 1—3 des Period. Syst. u. Vanadinsäure oder ihren Derivaten. — 2,7 (g) $SiCl_4$, 0,4 Al-Pulver, 1,5 Orthovanadinsäure-tert.-butylester u. 10 cm³ Heptan werden unter N_2 stehen gelassen, dann wird mit 157 cm³ Heptan im 1-Liter-Autoklaven bei Luftausschluß erhitzt; bei 120° wird Äthylen von 60 at eingeleitet. Nach Druckabfall auf 37 at (18 Std.) wird die Polymerisation abgebrochen: Molgew. des *Polymeren* 2230000; D. 0,940. (**Jap. A. S. 6692/1961** vom 3/3. 1959, ausg. 3/6. 1961.) M. Pankow. 7173

2402 Badische Anilin- & Soda-Fabrik Akt.-Ges. (Erfinder: Karl Wisseroth, Lothar Reuter und Hans-Georg Trieschmann), Ludwigshafen/Rh., **Herstellung von Polyäthylen mit verzweigter Struktur.** Man behandelt lineares Polyätyhlen von Molgew. 5000—50000 im geschmolzenen Zustand bei 160—280° mit O_2 in einem Mischer oder Kneter. Die Rk.-Prodd. sind flexibler u. von niedrigerer Dichte, als das Ausgangsmaterial. (**E. P. 901 148** vom 6/3. 1961, ausg. 18/7. 1962. D. Prior. 9/3. 1960.) L. Stadelmann. 7173

2403 Hercules Powder Co., Wilmington, Del., V.St.A., **Vernetzen von Polyolefinen,** wie *Polyäthylen* u./oder *Polypropylen* oder deren Mischpolymeren, durch Zusatz von einem Freiradikalkatalysator zu dem Polymeren u. 0,5—20 Gew.-% Chinondioxim oder seinen Estern als Umwandlungsmittel u. Erhitzen. — 100 (Teile) Polymeres, 5 Dicumylperoxid u. 5 Chinondioxim werden bei 130°F auf der 2-Walzenmühle gemischt, die Mischung wird 30 Min. auf 320 ± 20°F erhitzt. Das Polymere kann vorher zu Filmen u. Färben geformt u. dann erhitzt werden. Es ist nach der Behandlung ganz oder überwiegend unlöslich. (**Jap. A. S. 6691/1961** vom 26/12. 1958, ausg. 3/6. 1961. A. Prior. 30/12. 1957.) M. Pankow. 7173

2404 Westinghouse Electric Corp., East Pittsburgh, Pa., übert. von: Michael Riccitiello, Fairfax, S.C., und Joseph J. Wachter, Doylestown, Pa., V.St.A., **Herstellung von massiven Polyäthylenkörpern** mit einer Dicke von mehreren inches durch Erhitzen von Polyäthylen mit einem Molgew. von 10000—40000 unter Druck u. Rühren, wobei Luft entweicht, bis zum Schmelzen auf 200—300°, Formen der von Gasblasen u. Poren freien, viscosen Masse in offenen Formen, ca. 1 std. Erhitzen der gefüllten Formen auf um 10 bis 100° höhere Temp. als die Erweichungs-Temp. u. langsames Abkühlen auf normale Temperatur. (**Can. P. 635 748** vom 10/5. 1960, ausg. 30/1. 1962.) H.-J. Nitzschke. 7173

2405 Hooker Chemical Corp., Niagara Falls, N.Y., V.St.A., übert. von: Donald H. Campbell, Niagara-on-the-Lake, Ontario, Canada, **Stabilisierung von Perchloräthylen** gegen Zers. erfolgt durch Zusatz von 0,01—1 (Gew.-%) Tetrahydrofuran u. 0,001—0,10 N-Methylpyrrol. (**A. P. 3 040 108** vom 14/11. 1960, ausg. 19/6. 1962.) J. Mühleisen. 7173

2406 Minnesota Mining & Mfg. Co., St. Paul, Minn., übert. von: Russell M. Mantell, Princeton, N.J., und John M. Hoyt, Cincinnati, Ohio, V.St.A., **Polymerisation eines 2—5 C-Atome aufweisenden fluorierten Monoolefins** (I) in wss., ein fluoriertes Dispergiermittel (II) enthaltenden Medium in Ggw. von Polymerisationskatalysatoren erfolgt unter Zugabe von CS_2 zu dem wss. Medium, in einer Menge von 1—50 (Teilen) auf 100 des Monomeren. I ist bes. *Chlortrifluoräthylen* u. II eine aliphat. Perfluorchlorcarbonsäure, wie $Cl(CF_2CFCl)_3CF_2COOH$ oder deren anorgan. Salze. Das wss. Medium kann noch Na_2CO_3 oder Na-Cyanat enthalten. Durch den CS_2-Zusatz wird die Polymerausbeute erhöht. — *Überzugs-* u. *Imprägnierungsmittel*. (**A. P. 3 043 823** vom 18/8. 1958, ausg. 10/7. 1962.) J. Mühleisen. 7173

2407 E. I. du Pont de Nemours & Co., Wilmington, Del., V.St.A., **Vernetzung von Fluorkohlenwasserstoffpolymerisaten.** Mischpolymerisate aus Tetrafluoräthylen u.

höheren Fluorolefinen, wie Hexafluorpropylen, Perfluorbuten-(1), Perfluorpenten-(1), Perfluorhexen-(1), Perfluordecen-(1), ω-Hydroperfluorhexen-(1) oder ω-Hydroperfluorocten-(1), werden bei 80—350° mit Strahlen hoher Energie bestrahlt. Vorzugsweise werden die Mischpolymerisate im geformten Zustand vernetzt. (**E. P. 898 410** vom 15/3. 1960, ausg. 6/6. 1962. A. Prior. 16/3. 1959.) L. Stadelmann. 7173

2408 Pennsalt Chemicals Corp., Philadelphia, übert. von: Murray Hauptschein, Glensidel, und Milton Braid, Philadelphia, Pa., V.St.A., **1.1-Dichlor-1-jod-2.2-difluor-2-chlorid** (I), CF_2ClCCl_2J, erhält man durch Rk. von $CF_2 = CCl_2$ mit JCl, zweckmäßig bei —10 bis +10°. — Zu 1,25 (Mol) $CF_2 = CCl_2$ gibt man bei —10° 1 JCl tropfenweise rührt noch 2 Std. u. entfernt nicht umgesetztes Olefin. Man erhält 290 g I neben 2 g CF_2ClCCl_3. Die Anwesenheit des unerwünschten Isomeren, CCl_3CF_2J ist nicht festzustellen. I, F. 35—37°, $Kp._{7,5}$ 75°, UV-Absorptionsmaximum in Isooctan 302 mμ. — *Kettenübertragungsmittel* für *Telomerisationen* von besonders *halogenierten Olefinen*. (**A. P. 3 047 636** vom 11/1. 1960, ausg. 31/7. 1962.) J. Mühleisen. 7173

2409 Esso Research and Engineering Co., übert. von: John R. Lovett, Metuchen, und Joseph M. Kelley jun., Westfield, N.J., V.St.A., **Feste Polypropylene** mit einem Minimumschmelzindex von ca. 1,0 bei 190° (ASTM-D-1238-52-T) u. geringer Sprödigkeit bei niederen Temp. erhält man durch Polymerisation von Propylen mit einem Katalysator aus $TiCl_3$, der einkristallisiertes $AlCl_3$ enthält u. durch Red. von $TiCl_4$ mit Al erhalten wird, sowie mit $(C_2H_5)_3Al$ in Ggw. von 10—400 ppm. H_2 u. 0,5—0,6 Vol.-% C_2H_4, berechnet auf das Propylen. (**A. P. 3 040 014** vom 27/5. 1959, ausg. 19/6. 1962.) J. Mühleisen. 7173

2410 Sumitomo Kagaku Kôgyô Kabushiki Kaisha, Ôsaka (Erfinder: Kinichi Fukui und Yukio Yuasa, Kyôto, Tsutomu Kagitani, Niihama, Katao Shimizu, Kyôto, und Sueo Machi, Shimada), Japan, **Herstellung von festem Polypropylen** durch Polymersation von Propylen in Ggw. von Katalysatoren, die man durch Vermahlen von Ti-Al-Legg. in Ggw. von Ti-Tetrahalogenid erhält. — Man gibt zu 17 g $TiCl_4$ in 200 cm³ n-Hexan 46 g einer pulverförmigen Leg. aus 24 (Gew.-%) Ti u. 76 Al u. mischt 72 Std. in der Kugelmühle: Aschgraue Suspension. In einem 100-cm³-Autoklaven gibt man zu 20 cm³ der Suspension bei 40° u. 12 at Propylen. (**Jap. A. S. 5744/1961** vom 8/12. 1957, ausg. 25/5. 1961.) M. Pankow. 7173

2411 Esso Research and Engineering Co., übert. von: Erik Tornqvist, Westfield, und Arthur W. Langer jun., Watchung, N.J., V.St.A., **Hochkristallines Polypropylen.** Man leitet Propylen in ein aromat. Verdünnungsmittel, wie Xylol, das 0,1—0,5 Gew.-% mischkristallisiertes $TiCl_3$-$AlCl_3$, aktiviert mit 0,1—0,5 Mol Al Trialkyl, enthält, bei ca. 10—50° u. Normaldruck ein u. erhöht die Temp. um nicht mehr als 2° pro Min. auf die Polymerisations-Temp. von 60—120°. Die Prodd. weisen hohe Zugfestigkeit auf. (**A. P. 3 046 264** vom 1/4. 1958, ausg. 24/7. 1962.) J. Mühleisen. 7173

2412 Montecatini Soc. Gen. per l'Industria Mineraria e Chimica, Italien, und Karl Ziegler, Deutschland (Erfinder: Giulio Natta, Paolo Corradini, Italo Pasquon, Mario Pegoraro und Mario Peraldo), **Herstellung von syndiotaktischem hochmolekularem Polypropylen** aus mittels sterospezif. Katalysatoren erhaltenen Polypropylen. Man polymerisiert Propylen mit Katalysatoren, wie $TiCl_3 \cdot Al(C_2H_5)_2$ Halogen oder $CrCl_3 \cdot Al(C_2H_5)_2F \cdot Ti \cdot [OCH(CH_3)_2]_4$, extrahiert aus dem Polymeren die amorphen Anteile mit sd. Ae. u. danach < 100° mit Isopropyläther oder KW-Stoff-Lsgm. die anderen Anteile, so daß isotakt. Polymeres ungelöst bleibt u. fraktioniert die Extrakte in isotakt. u. syndiotakt. Anteile auf chromatograph. Wege, z. B. mit isotakt. Polypropylen als chromatograph. Adsorptionsmittel. Die erhaltenen Polymeren können in Film- oder Fadenform orientiert werden u. zeigen hohe Elastizität. — Zu einer Mischung von 230 cm³ n-Heptan, 4 g α-$TiCl_3$ u. 10 cm³ $Al(C_2H_5)Cl$ in 20 cm³ n-Heptan unter N_2 gibt man bei 14° bis zu 4 at Propylen u. fällt nach 60 Std. das Polymere mit CH_3OH. Es wird nach Waschen mit HCl u. CN_3OH mit Ae. (10,5% Extrakt), Isopropyläther (0,5% Extrakt) u. Heptan (2,2% Extrakt) extrahiert. Den Isopropylätherextrakt gibt man in ein 50 cm hohes Glas von 1,8 cm ⌀, das zu 40% mit hochkrist. isotakt. Polypropylen gefüllt ist, welches mit sd. n-Heptan nicht extrahierbar ist, u. zwar auf das Polypropylen in 5 cm Stärke u. extrahiert bei 21—80°, wobei zunachst. atakt. Polymeres u. bei 40° syndiotakt. Polymeres erscheint. (**F. P. 1 259 668** vom 2/6. 1960, ausg. 10/8. 1961. It. Prior. 6/6. 1959.) M. Pankow. 7173

2413 Shell Oil Co., New York, N.Y., übert. von: Galvin M. Coppinger, Oakland, Calif., V.St.A., **Stabilisator für Polypropylen gegen Lichteinwirkung** besteht aus p.p'-*Diphenoxydiphenyläther*. Zusatzmenge 0,05—5 Gew.-%. Das Gemisch soll ferner Spuren eines Metalls der Gruppe IVa des Period. Syst. aufweisen. (**A. P. 3 030 333** vom 12/8. 1958, ausg. 17/4. 1962.) F. Markhoff. 7173

2414 Montecatini Soc. Gen. per l'Industria Mineraria e Chimica (Erfinder: Franco Ranalli), **Modifizieren der Oberfläche von Polypropylenartikeln** für die Aufnahme von Tinten, Farben, Drucken, Filmen u. dgl. durch Behandeln der Oberfläche mit organ. Estern der allg. Formel $R-(COOR')_n$ (R = aliphat. oder aromat. KW-Stoffrest; R' = ggf. substituierter Alkylrest; n = 1—3) bei > 140°, wobei eine sehr dünne Polypropylenschicht gelöst wird; durch Einw. eines Lsgm. für den organ. Ester, aber nicht für Polypropylen bei < 140° wird auf der angegriffenen Oberfläche ein feinkörniger, poröser, festhaftender pulveriger Nd. erzeugt. Als organ. Ester wird bes. 2-Äthylhexylphthalat u. als Lsgm. für den Ester Aceton verwendet. (**Aust. P. 236 180** vom 23/6. 1959, ausg. 23/11. 1961. It. Prior. 26/6. 1958.) K. Demmler. 7173

2415 Montecatini Soc. Gen. per l'Industria Mineraria e Chimica, Mailand, Italien, **Polyisobutylen** erhält man durch Polymerisation von Isobutylen (I) mit $(C_2H_5)_2AlCl$ als Katalysator in Ggw. eines inerten Lsgm., das ein Dipolmoment von mindestens 1 aufweist, wie C_2H_5Cl, C_2H_5J, C_2H_5Br, Chlor-, Brom- oder Jodbenzol. Es werden Polymere mit sehr hohem Molgew. erhalten. — In 100 g C_2H_5Cl von —50° werden 8 mMol $(C_2H_5)_2AlCl$ gegeben u. langsam 50 g auf —50° gekühltes I während 20 Min. eingeführt. Nach 1 Std. erhält man eine halbfeste Masse, die in CH_3OH gegeben wird, das niedergeschlagene Prod. wird gewaschen u. im Vakuum bei —50° getrocknet. Man erhält 41 g *Polyisobutylen* mit einer Intrinsicviscosität von 1,77 in Toluol bei 25° u. einem Molgew. von 960000. (**E. P. 908 334** vom 23/6. 1961, ausg. 17/10. 1962. It. Prior. 24/6. 1960.) J. Mühleisen. 7173

2416 Union Carbide Corp., New York, N.Y. (Erfinder: Edward Martin LaCombe, Charleston, James Henry Ankeney, South Charleston, Bruce R. Thompson und Andrew Tainter Walter, Charleston, W.Va.), V.St.A., **Redoxpolymerisation von Vinylverbindungen.** Das Redox-Syst. besteht aus 0,05—3% Peressigsäure (bezogen auf die Menge der Vinyl-Verbb.) u. einem in W. unlösl. gesätt. Alkylmercaptan von relativ hohem Molgew., bes. einem tert. mit mindestens 6 C-Atomen. Man polymerisiert im wss. Medium in Emulsion oder Suspension. Man erhält Polymerisate mit ausgezeichneter Ausgangsfarbe, guter Wärmestabilität u. geringem Asche-Geh. bei hoher Polymerisations-Geschw. u. guter Ausbeute. Polymerisiert wurden *Acrylnitril, Vinylchlorid, Vinylidenchlorid, Vinylacetat* u. deren Mischungen. (**D. A. S. 1 149 905** Kl. 39c vom 21/4. 1961, ausg. 6/6. 1963. A. Prior. 21/4. 1960.) L. Stadelmann. 7173

2417 Dow Chemical Co., übert. von: William J. McMillan, Midland, Mich., und George L. Nicholls, Dubuque, Iowa, V.St.A., **Herstellen von schaumbildenden Polymerisaten aus Vinyl enthaltenden aromatischen Harzen.** Das Harz, in dem eine flüchtige organ. Verb. mit einem Molgew. von mindestens 58 u. einem Kp. von höchstens 95° gleichmäßig verteilt ist, wird mit Überdruck in eine Zone von niederem Druck gepreßt u. dort mit einem fl. Kühlmedium bei Temp. von 50—75° in Berührung gebracht für eine Zeit von nicht mehr als 3 Std., die genügt, das orientierte Polymerisat warm zu halten, nicht aber Quellung hervorzurufen. Dann wird auf unter 40° abgekühlt. (**A. P. 3 026 274** vom 8/5. 1961, ausg. 20/3. 1962.) F. Markhoff. 7173

2418 Monsanto Chemical Co., St. Louis, Mo., V.St.A. (Erfinder: Massimo Baer), **Herstellung von Mischpolymerisaten aus Vinylverbindungen und Maleinsäureanhydrid.**

oder Maleinsäureimid. Man legt die Gesamtmenge des zu polymerisierenden Vinylmonomeren oder einen Teil davon mit dem Polymerisationskatalysator, bes. organ. Peroxid, vor, polymerisiert an u. gibt unter starkem Rühren bei 60—120° eine Lsg. von Maleinsäureanhydrid bzw. Maleinsäureimid in einem inerten Lsgm. oder in dem Vinylmonomeren zu, wobei die Geschw. der Zugabe nicht größer sein darf, als die Polymerisations-Geschw. des Vinylmonomeren. — Beispiele: Mischpolymerisation von Styrol mit Maleinsäureanhydrid. — *Formartikel.* (**E. P. 904 890** vom 19/6. 1959, ausg. 5/9. 1962.) L. Stadelmann. 7173

2419 Montecatini Soc. Gen. per l'Industria Mineraria e Chimica, Mailand, Italien, **Herstellung von Vinylpyridinpolymerisaten.** Zur Polymerisation von Vinylpyridin, das durch Alkylgruppen substituiert sein kann, werden Katalysatoren verwendet, deren Kation ein Metall der I. bis III. Gruppe des Period. Syst. u. deren Anion eine Alkyl-, Aryl-, Hydrid-, Alkylamid-, Arylamid-, Alkylhalogenid-, Arylhalogenid-, Halogenalkylamid-, Halogenarylamid oder Halogenalkylarylamidgruppe ist. Es werden lineare, krist., ster. reguläre thermoplast. Polymerisate erhalten. (**E. P. 898 312** vom 20/6. 1960, ausg. 6/6. 1962. It. Prior. 25/6. 1959.) L. Stadelmann. 7173

2420 Farbwerke Hoechst Akt.-Ges. vormals Meister Lucius & Brüning (Erfinder: Werner Ehmann), Frankfurt/M., **Herstellung von Pfropfpolymerisaten von Polyvinylestern,** dad. gek., daß man Vinylester (I) in Ggw. von gelöstem Polyvinylpyrrolidon (II) unter Einw. radikal. Aktivatoren u./oder UV-Licht bei an sich bekannten Bedingungen polymerisiert. Dabei polymerisieren die I zu einem erheblichen Teil auf das II auf. Nicht umgesetztes II kann z. B. durch mehrmaliges Umfällen des Roh-Prod. oder durch Extraktion mit Lsgm. entfernt werden. — Ein Gemisch von 180 (g) Vinylacetat, 20 II mit K-Wert 84, 200 CH_3OH u. 0,2 α.α'-Azo-bis-isobutyronitril wird 15 Std. lang unter Rückfluß erhitzt u. das Prod. durch 3maliges Umfällen aus CH_3OH mit W. gereinigt. Das Prod. enthält 45.7% Acetylgruppen u. 96% des eingesetzten II u. weist einen K-Wert von 44 in 1%ig. Lsg. in CH_3OH auf. *Hilfsmittel in der Textilindustrie u. Kosmetik, Emulgatoren* u. *Schutzkolloide.* (**D. A. S. 1 149 904** Kl. 39c vom 27/1. 1962, ausg. 6/6. 1963.) J. Mühleisen. 7173

2421 Hercules Powder Co., übert. von: Richard F. Heck, Edwin J. Vandenberg und Donald L. Christman, Wilmington, Del., und Robert Chiang, Pittsburgh, Pa., V.St.A., **Katalysatorsysteme zur Herstellung von Polyvinyläthern** erhält man durch Mischen von H_2SO_4 mit einer Metall-Verb. der allg. Formel $MO_xR_y(OR')_z$, worin M = Metall der Gruppen IIIa, IVa, IVb, Vb, VIb oder VIII des Period. Syst., R = H, Alkyl, Cycloalkyl, Aralkyl oder Aryl, R' = Alkyl, Cycloalkyl, Aralkyl oder Aryl, x = 0—2 u., wenn x = 0, die Summe von y + z = Wertigkeit des Metalls n, wenn x = 1, die Summe von y + z = n—2, wenn x = 2, die Summe von y + z = n—4. Das Mol-Verhältnis von H_2SO_4: Metall-Verb. soll ca. 1:100 bis ca. 2:1 betragen. Ferner kann man ein Sulfat der Metalle der Gruppen IIIa, IVb, Vb, VIb oder VIII mischen mit Trialkyl-Verbb., Alkylhydriden, Alkylalkoxiden oder Alkoxiden der Metalle der Gruppe IIIa oder mit Alkoxiden der Metalle der Gruppe IVb, wobei das Gew.-Verhältnis von Sulfat zu Organometall-Verb. ca. 1:0.1 bis 1:5 beträgt. Schließlich kann man das Rk.-Prod. einer Organo-Al-Verb. der allg. Formel $R_nAl(OR')_{3-n}$ mit H_2SO_4 verwenden, wobei R = Alkyl, R' = C_{8-12}-Alkyl u. n = 0—2, u. auf 1 Mol Al ca. $^1/_6$—$^1/_2$ Mol H_2SO_4 kommen. — Z. B. werden Al-Isopropoxid oder $Al(C_2H_5)_3$ mit H_2SO_4 gemischt u. als Aktivatoren Triisobutyl-Al oder Al-Triisoproxid zugesetzt. Weitere Kombinationen sind: $Al_2(SO_4)_3$, $Ga_2(SO_4)_3$, $TiO(SO_4)$, $VO(SO_4)$, $Cr_2(SO_4)_3$, $Fe_2(SO_4)_3$ oder $NiSO_4$ sowie $Al_2(SeO_4)_3$ mit Triisoproxid oder 2-Äthylhexyltitanat u. Rk.-Prodd. von $Al(C_2H_5)_3$, Octanol-(2) u. H_2SO_4 im Mol-Verhältnis 1:2:$^1/_8$. Arbeits-Temp. —100 bis +200°, bes. —80 bis +20°. Als Monomere sind Vinylmethyl-, Vinylisopropyl-, Vinylisobutyl-, Vinyl-[tert.-butyl]-äther, sowie Butadienyl- u. Propenyläther genannt. 61 Mengenbeispiele; Tabellen. Die erhaltenen Vinylätherpolymerisate zeichnen sich durch hohe Kristallinität aus. (**A. PP. 3 025 281** vom 19/7. 1960, **3 025 282** u. **3 025 283** vom 14/9. 1959, alle ausg. 13/3. 1962. **D. A. S. 1 134 832** Kl. 39c vom 12/9. 1960, ausg. 16/8. 1962. A. Prior. 14/9. u. 30/9. 1959.) H. Schindler. 7173

2422 Dynamit Nobel Akt.-Ges., Troisdorf, **Polymerisation von Vinylhalogeniden** (I) mit einem B-Trialkyl als Katalysator erfolgt in Ggw. von 0,01—0,1% Cl oder Br, berechnet auf I, bei —30 bis +20°. Die Polymerisation kann in Lsg., Emulsion oder Suspension erfolgen. — 100 g Vinylchlorid werden bei —14° mit 0,3 g Tributylborat u. 2,5 ml einer 0,05 mol.Cl-Lsg. in CCl_4 versetzt. Nach 2 Std. erhält man 11,3 g Polymer mit einem K-Wert von 100. (**E. P. 905 011** vom 27/6. 1961, ausg. 5/9. 1962. D. Prior. 7/7. 1960.) J. Mühleisen. 7173

2423 Metal & Thermit Corp., Woodbridge Township, übert. von: Hugh E. Ramsden, Scotch Plains, N.J., V.St.A., **Polyvinylchlorid** (I) mit reaktiven —MgCl-Gruppen. Mg wird mit I in Ggw. von Tetrahydrofuran, 2-Methyltetrahydrofuran, Tetrahydropyran, 2-Äthoxytetrahydropyran, Dihydropyran, Tetrahydrofurfuryläther oder N-Methylmorpholin umgesetzt, wobei ca. 5—20% der Cl-Atome mit Mg reagieren. Das modifizierte I kann wie ein übliches Grignard-Reagens mit funktionelle Gruppen enthaltenden Verbb. weiter umgesetzt werden. (**A. P. 3 041 323** vom 14/8. 1958, ausg. 26/6. 1962.) J. Mühleisen. 7173

2424 Itôchû Shôji Kabushiki Kaisha und Ippôsha Yushi Kôgyô Kabushiki Kaisha (Erfinder: Tokuzô Yoshizaki, Etsuo Minami und Iataka Okada), Ôsaka, Japan, **Herstellung von Vinylchloridpolymeren oder -mischpolymeren** mit nicht klebender, schmutzabweisender Oberfläche durch Zusatz von Verbb. der Formel $R \cdot COO \cdot R^1N[R^1O(C_2H_4O)_nH]_2$ oder $(RCOOR^1)_2NR^1O(C_2H_4O)_{n+m}H$. (R = C_{4-22}-Alkyl; R^1 = C_{1-3}-Alkylenrest; n + m = ganze Zahlen von 2—20). — 100 (Teile) Polyvinylchloridpulver, 50 Weichmacher DOP, 2 Stabilisiermittel u. 0,5 $C_{17}H_{35}COO \cdot C_2H_4N[C_2H_4O(C_2H_4O)_nH]C_2H_4O(C_2H_4O)_mH$ (n + m = 10) werden bei 150° gemischt u. geliert. Die erhaltene Platte ist transparent u. klebt nicht mit sich selbst. Die genannte Verb. erhält man durch 10std. Erhitzen von 284 Stearinsäure mit 223,5 Triäthanolamin (I) auf 160—180°, man entfernt überschüssiges I mit heißem 0,5%ig. wss. NaCl-Lsg., trocknet, erhitzt 207,5 mit 1 KOH auf 150—170° u. läßt 220 Äthylenoxid einwirken. (**Jap. A. S. 6390/1961** vom 31/10. 1958, ausg. 31/5. 1961.) M. Pankow. 7173

2425 Nagahama Jushi Kabushiki Kaisha (Erfinder: Takeo Saitô), Nagahama, Japan, **Polyvinylchloridplatten** für Behälterauskleidung. Eine weichmacherfreie Vinylchloridpolymerisat- oder Mischpolymerisat-Lsg. wird mit Füllstoffen vermischt ($CaCO_3$ oder $BaSO_4$ + TiO_2 + Ruß) u. nach Entfernung des Lsgm. verarbeitet. (**Jap. A. S. 5994/1961** vom 17/9. 1958, ausg. 27/5. 1961.) M. Pankow. 7173

2426 Hirooki Seishi Kabushiki Kaisha, Fuji (Erfinder: Hisayoshi Fukushima, Tôkyô), Japan, **Herstellung harter Polyvinylchloridfilme.** Man mischt Polyvinylchloridharz (I) das Stabilisiermittel u. a. Zusatzstoffe enthält, mit wenigstens 2 Stoffen mit einem Kp. in der Nähe der Verarbeitungs-Temp. von I (150—225°), die eine bzgl. I voneinander verschiedene Quell- u. Lsg.-Wrkg. aufweisen u. spritzt bei erhöhter Temp. zu Filmen, die gestreckt werden. — Man mischt 100 (Teile) I, 3 Dibutyl-Sn-Laurat, 1,5 Cd- u. 1 Ba-Stearat u. 0,5 Stearinsäure, gibt bei 70° eine Mischung aus 5 Cyclohexan u. 2 Chloräthylbenzol zu u. läßt bei Raum-Temp. nach Mischung 5 Std. lang altern, spritzt dann in der Wärme zu einem Film, der bei 130° doppelt gestreckt wird, wobei die Lsgm. verdampfen. (**Jap. A. S. 5738/1961** vom 7/7. 1958, ausg. 25/5. 1961.) M. Pankow. 7173

2427 Argus Chemical Corp., New York, N.Y., V.St.A. (Erfinder: Arthur Calvin Hecker und William Edwards Leistner), **Stabilisator für Polyvinylchlorid** aus einem mehrwertigen Metallsalz eines durch einen KW-Stoffrest substituierten Phenols mit 5—20 C-Atomen im Substituenten u. einem Metallsalz einer organ., N-freien Monocarbonsäure mit 6—20 C-Atomen mit Ausnahme von Fettsäuren u. Cd-Naphthenat. Außerdem können organ. Phosphite anwesend sein. — Beispiel: 100 (Teile) Vinylchloridpolymerisat, 50 Dioctylphthalat, 3 Sr-p-Amylphenolat u. 1 Cd-o-Benzoylbenzoat. (**E. P. 884 145** vom 21/7. 1958, ausg. 6/12. 1961. **Zusatz zu E. P. 752 053; C. 1958. 2881.**) F. Markhoff. 7173

2428 Dainippon Celluloid Kabushiki Kaisha, Sakai (Erfinder: Yoshirô Matsuda, Ôsaka, Hiroshi Marusawa, Hiraoka, und Shigeru Yabumoto, Ôsaka),

Japan, **Antistaticum für Hochmolekulare,** z. B. *Polyvinylchlorid.* Man streicht Cetylalkohol auf die Oberfläche oder mischt ihn in die Hochmolekularen, auch zusammen mit Elektrolyten (Na-Phthalat) oder Stoffen mit geringer Löslichkeit in diesen Hochmolekularen, z. B. aliphat. Säureamiden. (**Jap. A. S. 5992/1961** vom 17/10. 1958, ausg. 27/5. 1961.) M. Pankow. 7173

2429 Harold Newby, London, England, übert. von: Chemische Werke Hüls Akt.-Ges., Marl, **Herstellen von harten Schaumstoffen mit hohem Erweichungspunkt.** Ein Gemisch aus Polyvinylchlorid u. einem Schaummittel wird unter Zusatz von 15—25% eines Chlorphenyläthers, wie 2-Äthylhexoxypentachlorbenzol, in einer Form bis auf die Gelatinisierungs-Temp. erhitzt, dann abgekühlt u. durch Erhitzen der Form von außen her zum Schäumen gebracht. Als Schaummittel wird z. B. eine Azo-Verb. oder ein Sulfhydrazid verwendet. (**E. P. 892 086** vom 10/7. 1959, ausg. 21/3. 1962.) F. Markhoff. 7173

2430 Dow Chemical Co., Midland, übert. von: Roland H. Gray jun., Midland, Raymond J. Rygwelski, Auburn, und Ronald G. Tigner, Midland, Mich., V.St.A., **Latex eines Mischpolymerisats aus Vinylidenchlorid und Acrylnitril mit verbesserter Filmbildung.** Man setzt dem auspolymerisierten Latex vor der Abkühlung auf Raum-Temp. höchstens 5% frisches Acrylnitril (bezogen auf die Menge der ursprünglichen Monomeren) zu u. bewahrt den Latex in einem verschlossenen Behälter bei 0—20° auf. (**A. P. 3 047 522** vom 24/8. 1956, ausg. 31/7. 1962.) L. Stadelmann. 7173

2431 Dow Chemical Co., Midland, Mich., V.St.A. (Erfinder: George William Stanton, Clyde W. Davis und Thomas C. Spence), **Herstellung farbloser Lösungen des Polyacrylnitrils** in Salz-Lsgg., die Zn-Halogenide enthalten u. mit nicht oxydierenden Säuren bis zu pH $\leqq 4$ angesäuert sind, welche mit den in der Salz-Lsg. vorhandenen Kationen farblose wasserlösl. Salze bilden (HCl, H_3PO_4, CH_3·COOH, Citronensäure). (**Jap. A. S. 6684/1961** vom 7/3. 1958, ausg. 3/6. 1961.) M. Pankow. 7173

2432 E. I. du Pont de Nemours & Co., übert. von: Robert Lee Eifert und Barnard Mitchel Marks, Wilmington, Del., V.St.A., **Herstellung von Polymethacroleinacylaten** durch Rk. eines feinverteilten Polymethacrolein (I) mit einer Viscosität von 1,02 in Dimethylformamid mit Essigsäureanhydrid in Ggw. von H_3PO_4 bei 0—50°. Das in W. gefällte I-Acetat har eine Viscosität von 0,62, einen Erweichungspunkt von 230—260° u. kann unter Druck bei 250—270° zu festen *Filmen* verformt werden. Entsprechend erhält man I-Butyrat, -Caproat, -Caprylat, -Decylacetal, -Butylacetal, -Thioacetal u. -Acetal. — Mengenbeispiele. (**A. P. 3 000 862** vom 13/1. 1958, ausg. 19/9. 1961.) H. Schindler. 7173

2433 Shell Oil Co., übert. von: Edward C. Skokal, Walnut Creek, Calif., V.St.A., **Acroleinpolymerisation.** Man polymerisiert Acrolein in Lsg., bes. einem Alkanol, in Ggw. von 1—10% eines Phosphins der allg. Formel $P(R)_3$, worin R ein KW-Stoff-Rest ist, eines Arsins der Formel $As(R)_3$ oder eines Phosphits, das durch KW-Stoff-Reste substituiert ist, bei 0—100°. Die Polymerisate sind öllösl. u. können leicht zu Polyallylalkohol hydriert werden. (**A. P. 3 044 996** vom 14/4. 1958, ausg. 17/7. 1962.) L. Stadelmann. 7173

2434 Chemische Werke Hüls Akt.-Ges., Marl, **Aufarbeitung von Lösungen hochpolymerer Kohlenwasserstoffe.** Man emulgiert die Lsg. der Polymerisate, die durch Polymerisation von Dienen, Monoolefinen oder deren Mischung in Ggw. von organometall. Katalysatoren in organ. Lsgm. hergestellt wurden, nach Zers. des Katalysators in der wss. Lsg. eines Emulgators, verdampft das Lsgm. aus der erhaltenen Emulsion u. isoliert das feste Polymerisat in üblicher Weise. (**E. P. 899 154** vom 9/3. 1961, ausg. 20/6. 1962. D. Prior. 10/3. 1960.) L. Stadelmann. 7173

2435 Bridgestone Tire Kabushiki Kaisha, Tôkyô (Erfinder: Tsuyoshi Matsumoto, Shigeyuki Nishiyama, Akira Ônishi, Toshio Yoshimoto, Junichi Hosono, Katsuhiko Maeda, Fumio Shimamoto und Shigetoshi Shôji, Yokohama, Hiroshi Takatsugu, Ôsaka, und Kimiyoshi Komatsu, Tôkyô), Japan, **Polymerisieren von Butadien** mit einem Katalysator aus Organometall-Verbb. der Gruppe 1, 2 oder 3 u. auf dem Träger abgeschiedenem red. Ni zu einem relativ hohen Anteil an cis-1.4-Struktur enthaltenden Polymeren. — Man setzt 20% ig. Ni-Sulfat-Lsg. zu Diatomeenerde, so daß diese einen 50% ig. Ni-Geh. aufweist, fällt mit Na_2CO_3-Lsg. zu Ni-Carbonat, brennt in Form von 6 mm·6 mm-Zylinder, red. mit H_2 u. bewahrt in Heptan unter Luftabschluß. Man gibt 0,015 Mol $Cd(C_2H_5)_2$ unter N_2 zu 10 g des Red.-Prod. u. rührt 2 Std. lang bei 50° im Druckgefäß, gibt unter N_2 30 cm^3 Bzl. u. 0,3 Mol Butadien zu, rührt 15 Std. lang bei 40°, fällt das Polymere mit CH_3OH aus der Lsg. u. erhält ein Polymeres mit 94% cis-1.4-, 3,3% trans-1.4- u. 2,7% Vinylstruktur. (**Jap. A. S. 6694/1961** vom 26/1. 1959, ausg. 3/6. 1961.) M. Pankow. 7173

2436 Chemische Werke Hüls Akt.-Ges., Marl, **1.4-cis-Polydien** erhält man durch Polymerisation von Dienen in Ggw. einer Katalysatormischung aus einer Verb. eines Metalls der VIII. Gruppe des Period. Syst. u. einer organometall. Verb. der II. oder III. Gruppe in einem Lsgm., das 0,0001—0,090% W. enthält. Man erhält Polydiene, z. B. Polybutadien, mit 95% 1,4-cis-Struktur u. einem Gel-Geh. unter 5%. (**E. P. 905 001** vom 23/5. 1961, ausg. 5/9. 1962. D. Prior. 24/5. 1960.) L. Stadelmann. 7173

2437 Polymer Corp. Ltd., Sarnia, Ontario, Canada, **Herstellung von cis-1.4-Polybutadien.** Als Katalysator verwendet man eine Mischung aus einem Jodid eines Metalls der IV. bis VI. Gruppe des Period. Syst. in der höchsten Valenzstufe, einer organometall. Verb. der III. Gruppe u. 0,3—6 Mol (bezogen auf 1 Mol der organometall. Verb.) eines Alkyläthers oder aromat. Äthers, oder 0,3—1 Mol einer organ. Verb., die mindestens eine Hydroxyl- oder Carboxylgruppe enthält, z. B. Alkohole, Phenole, aliphat. oder aromat. Carbonsäuren. Man erhält hohe Ausbeuten an cis-1.4-Polybutadien. (**E. P. 898 627** vom 21/10. 1959, ausg. 14/6. 1962. Can. Prior. 30/10. 1958 u. 8/1. 1959.) L. Stadelmann. 7173

2438 Shell Oil Co., übert. von: Walter L. Holmes, San Pedro, und Ronald C. Balfour, Torrance, Calif., V.St.A., **Aufarbeitung von Elastomeren aus ihrer Lösung in Kohlenwasserstoffen.** Man vermischt die Lsg. von 1.4-cis-Polybutadien, -Polyisopren oder eines amorphen Äthylen-Propylen-Mischpolymerisats in einem KW-Stoff mit der Lsg. einer normalerweise festen Fettsäure, bes. Stearinsäure, u. vermischt die homogene wasserfreie Lsg. mit W. bei einer Temp. über dem Kp. des Lsgm., wobei das Polymerisat in Krümelform koaguliert. (**A. P. 3 031 424** vom 19/11. 1959, ausg. 24/4. 1962.) L. Stadelmann. 7173

2439 Chemische Werke Hüls Akt.-Ges., Marl, **Herstellung von schlagfestem Polystyrol.** Man polymerisiert eine 2—20% ig. Lsg. von 1,4-cis-Polybutadien in Styrol in der Masse, in Lsg., Suspension oder Emulsion. (**E. P. 897 625** vom 21/3. 1961, ausg. 30/5. 1962. D. Prior. 22/3. 1960.) L. Stadelmann. 7173

2440 Dow Chemical Co., Midland, Mich., V.St.A., (Erfinder: Charles Francis Raley jun. und William Ralph Nummy), **Flammwidrigmachen von Polystyrol** und dessen polymeren Homologen durch Zusatz von 0,5 bis 4,5 Gew.-% Tribromtrichlor-, Tetrabromdichlor- oder Hexabromcyclohexan, bes. Pentabrommonochlorcyclohexan, oder deren Mischungen. (**Jap. A. S. 6683/1961** vom 24/7. 1959, ausg. 3/6. 1961. **F. P. 1 255 341** vom 23/7. 1959, ausg. 9/6. 1961. Beide A. Prior. 24/7. 1958.) M. Pankow. 7173

2441 Commercial Plastics Ltd., Wallsend-upon-Tyne, Northumberland, England (Erfinder: Alfred Stern und Albert Pringle Smith), **Antistatikmittel für Polystyrol** aus einem Gemisch von Hydroabietylalkohol u. Alkyltrimethylammoniumbromid. Die zugesetzte Menge soll so bemessen werden, daß der Zusatz noch mit dem Polystyrol mischbar ist. Die Wanderung des genannten Bromids, das die eigentliche antistat. wirkende Substanz ist, an die Oberfläche des Styrols wird durch den Hydroabietylalkohol gesteuert. Die Verformung soll möglichst bald nach dem Zusatz des Gemisches erfolgen. (**E. P. 888 161** vom 19/9. 1958, ausg. 24/1. 1962.) F. Markhoff. 7173

2442 VEB Leuna-Werke „Walter Ulbricht" (Erfinder: Helmut Pobloth, Werner Winzer und Isolde Winkler), Leuna/Merseburg, **Herstellung von Formaldehydpolymerisaten** mit einem mittleren Polymerisationsgrad von 700—1000 durch katalyt. Polymerisation von CH_2O in Ggw. von Lsgm. oder Suspensionsmitteln zwischen deren F.

u. Kp., dad. gek., daß als Polymerisationskatalysatoren Rk.-Prodd. des NH_3 mit aliphat. Aldehyden, wie Hexamethylentetramin oder Aldehydammoniake, verwendet werden. (**D.A.S. 1 140 707** Kl. 39c vom 30/11. 1960, ausg. 6/12. 1962.) W. Overbeck. 7177

2443 Louis Lafon, Paris, Frankreich, **Polymere Äthylen- und/oder Propylenoxide** erfahren in wss. Lsg. eine Herabsetzung der Viscosität durch Zusetzen von Sorbit, Fructose oder Galaktose. (**D. A. S. 1 138 929** Kl. 39b vom 30/11. 1960, ausg. 31/10. 1962. F. Prior. 14/12. 1959.) F. Koch. 7177

2444 Celanese Corp. of America, New York, N.Y. (Erfinder: Donald Edward Hudgin, Frank Michael Berardinelli, Summit, N.J., Clarence Lorenzo Michaud, New York, N.Y., Oliver H. Axtell jun. und Charles Martin Clarke, Summit, N.J.), V.St.A., **Herstellung von Polyoxymethylenen** mit hohem Molgew. durch Polymerisation von Trioxan in Ggw. von fluorhaltigen Katalysatoren, dad. gek., daß man Trioxan in Ggw. von freiem BF_3 oder Koordinationskomplexen des BF_3 mit W. oder organ. O- oder S-Verbb. bei -20 bis $+180°$, ggf. in Anwesenheit von Lsgm., polymerisiert u. ggf. die Katalysatoren nach der Polymerisation neutralisiert. (**D. A. S. 1 137 215** Kl. 39c vom 20/10. 1958, ausg. 27/9. 1962. D. Prior. 21/10., 24/10. 1957, 28/2. u. 24/3. 1958.) W. Overbeck. 7177

2445 Badische Anilin- & Soda-Fabrik Akt.-Ges. (Erfinder: August Spaeth), Ludwigshafen/Rh., **Herstellung von Polyäthylenlgykolen** mit Molgew. von 400 bis 4000 durch Rk. von Alkoholen mit Äthylenoxid (I), ggf. bei Überdruck, bei höheren Temp. in 2-stufiger Rk. in Ggw. von Katalysatoren, wobei man in der 1. Stufe saure Katalysatoren verwendet u. diese nach erfolgter Kondens. neutralisiert, dann in der 2. Stufe alkal. Katalysatoren verwendet u. weiteres I aufkondensiert, dad. gek., daß man als Alkohol Äthylenglykol oder ein niedermol. Polyäthylenglykol verwendet. Man erhält so farblose bis schwach gefärbte Prodd., die eine einheitlichere Zus. aufweisen u. die zudem, z. B. mit verd. H_2O_2 bei $< 100°$, leicht entfärbt werden können. — *Verw. in der pharmazeut. u. kosmet. Industrie.* (**D. A. S. 1 149 907** Kl. 39c vom 25/2. 1959, ausg. 6/6. 1963.) J. Mühleisen. 7177

2446 Chemische Werke Witten G. m. b. H., Witten (Erfinder: Edith Behnke, Hamburg, und Helmut Wulff, Witten), **Polyester-Formmassen** enthalten verzweigte ungesätt. Polymischester mit einem Molgew. von 400 bis 1000 u. einer SZ. 3—25, die aus 1 Mol eines Alkohols mit > 2 OH-Gruppen, einer äquivalenten Menge Dicarbonsäure u. einwertiger Alkohole, wobei mindestens eine dieser Verb. ungesätt. ist, hergestellt worden sind. (**D. A. S. 1 138 540** Kl. 39b vom 16/4. 1958, ausg. 25/10. 1962.) F. Koch. 7177

2447 Badische Anilin- & Soda-Fabrik Akt.-Ges., Ludwigshafen/Rh. (Erfinder: Helmut Heel, Neustadt/Weinstraße, und Herbert Willersinn, Ludwigshafen, **Polyester-Formmassen** ergeben Formteile in einem 2stufigen Verf., dessen erste Stufe das Auspolymerisieren einer Masse, die u. a. üblichen Bestandteilen nicht anpolymerisierbare übliche organ. Lsgm. enthält, ist. Diese Vorpolymerisation wird unterbrochen u. ggf. noch Zusatz von weiteren anpolymerisierbaren Monomeren oder Thermoplasten beendet. (**D. A. S. 1 136 486** Kl. 39b vom 10/9. 1960, ausg. 13/9. 1962.) F. Koch. 7177

2448 Reichhold Chemie Akt.-Ges., Hamburg (Erfinder: Alvaro Salgado, Union, und Anthony R. Manyak, Pompton Plains, N.J., V.St.A.), **Polyester-Formmassen** enthalten Carbonsäuresalze von Metallen der II., VII. oder VIII. Hauptgruppe des Perioden-Syst. (Mg, Ca, Co, Fe, Mn) in Mengen von 0,05—1%. (**D. A. S. 1 138 931** Kl. 39b vom 16/1. 1961, ausg. 31/10. 1962.) F. Koch. 7177

2449 Chemische Werke Hüls Akt.-Ges., Marl, Kr. Recklinghausen (Erfinder: Helmut Wieschollek, Marl, Franz Stürzenhofecker, Recklinghausen, Walter Franke und Gottfried Sprock, Marl), **Ungesättigte Polyester** entstehen aus 2- u. 15—25 Äquivalenten 3wertigem Alkohol, 25—60 Äquivalenten Tetrahydrophthalsäure, sowie einer ungesätt. Dicarbonsäure durch Kondensation. (**D. A. S. 1 138 936** Kl. 39c vom 18/1. 1958, ausg. 31/10. 1962.) F. Koch. 7177

2450 Badische Anilin- & Soda-Fabrik Akt.-Ges. Ludwigshafen/Rh. (Erfinder: Kurt Demmler, Oskar, Lissner, Ludwigshafen, Ferdinand Meyer, Ziegelhausen, und Emil Weiss, Ludwigshafen), **Epoxyharz-Formmassen** enthalten Monoamine, die eine an einen cycloaliphat. Rest gebundene NH_2-Gruppe enthalten, wobei der cycloaliphat. Rest unmittelbar oder über Brückenatome mit einem weiteren cycloaliphat. Rest gebunden ist, z. B. 4-Aminodicyclohexylmethan. (**D. A. S. 1 138 539** Kl. 39b vom 26/5. 1956, ausg. 25/10. 1962.) F. Koch. 7177

2451 Shell International Research Mij. N.V., Den Haag, Niederlande (Erfinder: James Edward Carey, Millburn, und Paul Dewolfe Jones, Union, N.J., V.St.A.), **Epoxidformmassen,** die schaumförmige Formteile ergeben, enthalten inerte Verbb., die bei Arbeits-Temp. gasförmig, bei Überdruck fl. sind, sowie neben üblichen Bestandteilen Thixotropierungsmittel; z. B. quart. Ammoniumsalze eines Bentonits oder koll. Kieselsäure. (**D. A. S. 1 138 932** Kl. 39b vom 12/7. 1960, ausg. 31/10. 1962. A. Prior. 14/7. 1959.) F. Koch. 7177

2452 Reichhold Chemie Akt.-Ges., Hamburg (Erfinder: Salim N. Ephraim, Forest Hills, N.Y., V.St.A.), **Formmassen** enthalten Epoxyharze und Formaldehydphenolharze, die im sauren Medium hergestellt worden sind, sowie tert. Hydroxyalkylamine als Härter. (**D. A. S. 1 138 542** Kl. 39b vom 7/11. 1960, ausg. 25/10. 1962. A. Prior. 23/11. 1959.) F. Koch. 7177

2453 N. V. Philips' Gloeilampenfabrieken (Erfinder: Nicolaas Dorrepaal und Jan Anton Wilhelm van Laar), Eindhoven, Niederlande, **Formteile aus Polyester-Formmassen,** die 0,1—0,5 Gew.-% W. neben anderen üblichen Bestandteilen enthalten. (**D. A. S. 1 137 551** Kl. 39b vom 26/10. 1960, ausg. 4/10. 1962. Niederl. Prior. 28/10. 1959.) F. Koch. 7177

2454 N. V. Onderzoekingsinstituut Research (Erfinder: Bart Paul Jibben), Arnheim, Niederlande, **Polycarbonate** werden gegen Wärmeabbau stabilisiert durch krist. Pb- u./oder Zn-Silicate oder durch Silicate, die sich von einem Element der I. oder II. Gruppe des Perioden-Syst. ableiten u. eine Elektronegativität in der Spannungsreihe bis 1 haben. (**D. A. S. 1 138 541** Kl. 39b vom 6/4. 1960, ausg. 25/10. 1962. **A. P. 3 021 303** vom 23/3. 1960, ausg. 13/2. 1962. Beide Niederl. Prior. 10/4. 1959.) F. Koch. 7177

2455 Chas. Pfizer & Co., Inc., Brooklyn, N.Y. (Erfinder: Le Roy Albert White, Somers, Conn., und Sven Uno Karl Arvid Richter, Springfield, Mass.), V.St.A., **Herstellung von wärmehärtbaren Styrol–Itaconsäurediester-Harzen,** dad. gek., daß man die monomeren Gemische zusammen mit ca. 3—20% Acrylnitril, bezogen auf das Gew. des Gemisches, in Suspension polymerisiert. Der Itaconsäurediester, dessen Alkohol ein niedriges Alkanol oder Cyclohexanol ist, soll zu ca. 20—65% anwesend sein u. an Stelle von Styrol kann auch ein am Ring mit 1 oder 2 Alkylresten substituiertes Styrol treten. Mengenbeispiele u. Vgl. mit Itaconsäuredimethylester. Tabelle mit verschiedenen Prozentverteilungen u. wechselnden Estern. Der Acrylnitrilzusatz bewirkt Erhöhung der Raum–Zeit-Ausbeute, gute Schmelzfluß-Eigg. u. Widerstandsfähigkeit gegen UV-Strahlen. (**D. A. S. 1 132 335** Kl. 39c vom 20/1. 1961, ausg. 28/6. 1962. A. Prior. 25/4. 1960.) H. Schindler. 7177

2456 Badische Anilin- & Soda-Fabrik Akt.-Ges., Ludwigshafen/Rh. (Erfinder: Hans Craubner, Karlsruhe, Gerhard Illing, Neu-Leiningen/Pfalz, und Adolf Hrubesch, Ludwigshafen), **Formmassen aus Polyolefinen und Carbonsäureamidgruppen aufweisenden Polymeren** enthalten a) Homopolymere von Monoolefinen oder Styrol oder Mischpolymerisate von Monoolefinen oder Styrol mit anderen äthylen. ungesätt. Monomeren u. b) gepfropfte Blockpolymerisate, die aus Polyolefinen u. Carbonsäureamidgruppen enthaltenden Polykondensaten hergestellt sind, wobei der eingebrachte Polykondensatanteil $\leqq 50$ Gew.-%, bezogen auf das Gesamtgemisch, beträgt. Die Massen sind vollständig homogen u. entmischen sich weder beim Schmelzen noch beim Abkühlen. (**D. A. S. 1 138 922** Kl. 39b vom 8/10. 1960, ausg. 31/10. 1962.) F. Markhoff. 7181

2457 Onyx Oil & Chemical Co., Jersey City, N.J. (Erfinder: Emery Imre Valko, Mountain Lakes, N.J.,

Giuliana Cavagliere Tesoro, Dobbs Ferry, N.Y., und Edward David Szubin, Newark, N.J.), V.St.A., **Herstellung von basischen Polyamido-Polyimidazolin-Kondensationsprodukten,** dad. gek., daß lineare bas. Polyamide, die aus Diäthylentriamin (I) u. einer Dicarbonsäure hergestellt sind, unter Abspaltung von mindestens 1/3 Mol W. je Mol im Polyamid enthaltenen I durch Wärme u. ggf. Vakuum cyclisiert u. ggf. alkyliert werden. — Zum Beispiel gibt man zu 2192 (Gew.-Teilen) geschmolzener Adipinsäure 1547 I bei 130—150° nach u. nach hinzu, erhitz $3\frac{1}{2}$ Std. auf 140 bis 155°, dann 5 Std. auf 200°, darauf bei 100 mm 6 Std. auf 200—220°, wobei im ganzen 697 W. = 58% der für die Cyclisierung berechneten Menge abdest. sind. 47 des so erhaltenen Harzes werden in 187 Isopropanol (II) gelöst u. 60 Laurylbromid zugegeben; man kocht $4\frac{1}{2}$ Std., dest. 50% des II ab u. erhitzt weitere 6 Std. auf 95°. Die Alkylierung ist dann beendet. Man kann sie auch mit einem bifunktionellen Alkylierungsmittel vornehmen, z. B. 1.4-Bis-[chlormethyl]-benzol, u. die Harze dadurch in unlösl. polyquatern. Ammonium-Verbb. überführen, z. B. auf Trägermaterial, bes. Textilien. (**D. A. S. 1 137 213** Kl. 39c vom 12/4. 1957, ausg. 27/9. 1962. A. Prior. 13/4. 1956.) K. Sarre. 7181

2458 Schering Akt.-Ges., Berlin (Erfinder: Klaus Pirner und Gotthard Engemann, Oberhausen/Rhld.), **Herstellung von Polyaminoamiden** durch Di- bzw. Polymerisation von ungesätt. Fettsäuren (I) bzw. Fettsäureestern (II) u. Kondens. mit Polyaminen (III), dad. gek., daß man 1 (Äquivalent) einer einbas. I bzw. eines II mit mindestens 1 eines aliphat. III bei 120—180° kondensiert, darauf bei 180—225° di- bzw. polymerisiert oder bei diesen Temp. gleichzeitig kondensiert u. di- bzw. polymerisiert u. ggf. das erhaltene Rk.-Prod. noch hydriert. — Zum Beispiel erhitzt man 100 (Teile) Holzölfettsäuremethylester u. 10 Äthylendiamin 1 Std. auf 150°, 1 Std. auf 180° u. 12 Std. auf 220°. Das Prod. hat eine Aminzahl von 24 u. F. (DIN 1995) 110°. — Verw. zur Verbesserung von Epoxyharzen. (**D. A. S. 1 133 888** Kl. 39c vom 3/3. 1959, ausg. 26/7. 1962.) K. Sarre. 7181

2459 Reichhold Chemie Akt.-Ges., Hamburg (Erfinder: Wolfgang C. Forster, Lancaster, Ohio, V.St.A.), **Herstellung von viscosen, löslichen, stickstoffhaltigen Polykondensationsprodukten** durch Umsetzung von epoxydierten Fettsäuren oder deren Estern mit Aminen, dad. gek., daß als Amine Alkanolamine, ggf. zusammen mit Di- oder Polyaminen, verwendet werden. — Zum Beispiel mischt man 20 (g) einer epoxydierten Linolensäure mit 7,1% Epoxid-O mit 5 Diäthanolamin u. 5 Diäthylentriamin u. erhitzt die Mischung in N_2 auf 180°. Man erhält 25 eines weichen Harzes das in Mischungen von Alkoholen u. aromat. KW-Stoffen lösl. ist u. zur Verbesserung von Kunstharzen verwendet werden kann. (**D. A. S. 1 133 551** Kl. 39c vom 21/3. 1958, ausg. 19/7. 1962. A. Prior. 3/4. 1957.) K. Sarre. 7181

2460 Deutsche Gold- und Silber-Scheideanstalt vormals Roessler, Frankfurt/M. (Erfinder: Karl-Heinz Rink, Hanau/M.), **Herstellung von modifizierten Kunstharzen durch Pfropfpolymerisation von Vinylverbindungen,** dad. gek., daß man 10—90 Gew.-% monomere Vinyl-Verbb. (bezogen auf die gesamten Rk.-Komponenten) der Formel $RR'C{=}CH_2$, in der R u. R' aromat., aliphat. oder cycloaliphat. KW-Stoff-Reste, H-Atome, Halogenatome, Ester-, Nitril-, Säure- oder Aldehydreste oder Kombinationen dieser funktionellen Reste bedeuten, mit bekannten radikalbildenden Katalysatoren in Ggw. von höhermol. Kondens.-Prodd. aus bi- oder polyfunktionellen Aminen u. ClCN bei 60—100°, ggf. in wss. Phase, polymerisiert. — Zum Beispiel werden 35 g einer wss., 65%ig. Lsg. eines Polyhexamethylenguanidinchlorhydrats mit 60 cm^3 W. u. 3 cm^3 H_2O_2 (35%ig) verd. u. durch Rühren 42 g Styrol darin verteilt. Man erhitzt 3 Std. unter Rühren auf dem Wasserbad u. erhält eine sahnige stabile Emulsion, die in der Kunststoffindustrie verwendet werden kann. (**D. A. S. 1 134 829** Kl. 39c vom 21/4. 1960, ausg. 16/8. 1962.) K. Sarre. 7181

2461 Th. Goldschmidt Akt.-Ges. (Erfinder: Rosemarie Holtschmidt), Essen, **Herstellung von höhermolekularen Kondensationsprodukten aus Halogentriazinen und mehrwertigen Aminen,** dad. gek., daß man 1 Mol Cyanurchlorid mit 1 Mol Bis-[dimethylamino]-diphenylmethan (I), z. B. 4.4-I, in Ggw. von organ. Lsgm. in der Wärme unter Abspaltung von CH_3Cl umsetzt. — Nach einigen Std. des Erhitzens wird bis zur Trockne eingeengt. Der polymere Rückstand kann noch im Vakuum erhitzt werden, wodurch die Rk. vervollständigt wird. — Zwischenprodd. für die Kunststoffindustrie. (**D. A. S. 1 136 108** Kl. 39c vom 27/2. 1959, ausg. 6/9. 1962.) K. Sarre. 7181

2462 Farbenfabriken Bayer Akt.-Ges., Leverkusen (Erfinder: Ulrich Bahr, Leverkusen, Karlheinz Andres, Köln, und Günther Nischk, Leverkusen), **Formteile** entstehen aus Formmassen, die Polyepoxid-Verbb., sowie annähernd stöchiometr. Mengen an mehrwertigen Aminen u. 10—60% an aromat. Orthokieselsäureestern enthalten. (**D. A. S. 1 136 487** Kl. 39b vom 9/1. 1961, ausg. 13/9. 1962.) F. Koch. 7181

2463 Hardman & Holden Ltd., Manchester, England (Erfinder: Jacobus Rinse, Bernardsville, N.J., V.St.A.), **Polymere Alkoxyaluminiumverbindungen** der Formel $-[-\underset{\displaystyle OR}{\underset{|}{Al}}-O-]_n-$ (in der R = Alkyl mit 2—5 C-Atomen) werden durch Erhitzen u. Poly-Kondens. von Al-Alkoholaten unter Freisetzung von Alkohol, ggf. in Ggw. von Lsgm. u. Alkoholen hergestellt, indem man in ein Al-Alkoholat in einem fl. Zustand unter Erhitzen Wasserdampf einleitet u. das Erhitzen fortsetzt, bis ca. 2 Mol Alkohol pro Mol Al-Alkoholat entfernt worden sind. Man arbeitet in Lsg. oder in der Schmelze. — 16 (g) W. u. 60 Isopropanol werden verdampft, der Dampf auf 120° überhitzt u. langsam unter Rühren in einen Kolben eingeleitet in dem 204 Al-Isopropylat in 60 Isopropylalkohol auf 80° gehalten sind. Beim Erhitzen unter Entfernung von Isopropanol verwandelt sich die Masse allmählich in einen Schlamm u. wird schließlich ein trockenes weißes Pulver. Endtemp. 200°. Man erhält 200 Polymeres. — Verw. zur *Herst. von Fetten mit hohen Tropfpunkten, Zwischenprodd. bei der Herst. anderer Polymerer.* (**D. A. S. 1 130 178** Kl. 39c vom 28/3. 1959, ausg. 24/5. 1962. Niederl. Prior. 3/4. 1958.) A. Dandl. 7181

2464 Chemstrand Corp., Decatur, Ala. (Erfinder: Hobson Dewey de Witt, New Wilmington, Pa.), V.St.A. **Lineare, thermoplastische Polyurethane** erhält man durch Rk. von aliphat., cycloaliphat. oder aromat. Diisocyanaten mit ω-Hydroxymonocarbonsäurehydraziden mit 2—9 C-Atomen. Die Umsetzung kann mit Polyisocyanatüber-, -unterschuß oder -äquivalenz in Ggw. von Katalysatoren, Molgew.-Reglern, Mattierungs-, Weichmachungsmitteln, Pigmenten, Farbstoffen, oder Oxydationsinhibitoren kontinuierlich oder diskontinuierlich erfolgen. — Herst. von *Lacken, Überzügen* oder *Fäden.* (**D. A. S. 1 139 271** Kl. 39c vom 9/9. 1959, ausg. 8/11. 1962. A. Prior. 10/9. 1958.) E. Dörfel. 7181

2465 Chemstrand Corp. (Erfinder: Paul Reed jun.), Decatur, Ala., V.St.A., **Lösungsmittel für Polypyrrolidon** sind wss. Lsgg. von Phytinsäure u./oder wasserlösl. sauren Alkali- u./oder Erdalkalisalzen (Na-, Mg-, Ca-, K-Phytat), in einer Zus. von 5—50 (Gew.-%) W. u. 95—50 Phytinsäure bzw. saurem Phytat, bezogen auf das Gesamtgew. des Lsgm., im Bereich von 5° bis zum Kp. der Mischung aus Polypyrrolidon u. Lösungsmittel. (**D. A. S. 1 121 325** Kl. 39b vom 23/9. 1959, ausg. 4/1. 1962. A. Prior. 25/9. 1958. **Zusatz zu D. A. S. 1 103 018; C. 1961, 18526.**) E. Dörfel. 7181

2466 General Electric Co. (Erfinder: Simon William Kantor und Alfred Rachels Gilbert), Schenectady, N.Y., V.St.A., **Polymerisieren von Organopolysiloxanen** der allg. Formel $(R'')_aSiO_{4-a/2}$ (R'' = Alkyl, Aryl, Alkaryl, Aralkyl oder Halogenaryl, a = 1,2—2,5) in höhermol. Prodd. in Ggw. von Katalysatoren. Man verwendet als Katalysatoren quatern. Phosphonium-Verbb. der allg. Formel $(R)_4P \cdot OR'$ (in der R = Alkyl, Cycloalkyl, Aryl, Aralkyl oder Alkaryl u. R' = H oder Alkyl) u. vollzieht die Umwandlung unterhalb der Zersetzungs-Temp. der Verb., wonach man durch weiteres Erhitzen die Verb. zersetzt. — 0,4 cm^3 Octamethyltetrasiloxan-Lsg. von Tetra-n-butylphosphoniumhydroxid (enthaltend 13,4 mg des Katalysators) werden zu 100 cm^3 im Vakuum getrocknetem Octamethyltetrasiloxan gegeben. 15 dieser Lsg. werden in einem verschlossenen Kolben 10 Min. in einem Bad auf 110° gehalten. Es bildet sich ein Kautschuk der Viscosität $10 \cdot 10^6$ cP. Anschließend wird auf 150° erwärmt, wobei sich der Katalysator in Tri-n-butylphosphinoxid u. Butan zersetzt. (**D. A. S. 1 140 347** Kl. 39c vom 10/5. 1955, ausg. 29/11. 1962. A. Prior. 11/5. 1954.) A. Dandl. 7189

2467 Elfriede Husemann, Freiburg/Br. (Erfinder: Gerd Greber, Freiburg/Br.), **Organopolysiloxane mit endständigen SiH-Gruppen** der allg. Formel $H-Si(R_2)-[-O-Si(R_2)-]_xH_4$ (R = organ. Rest, x = ganze Zahl von 1—100) werden durch Äquilibrierung niedermol. Organosilicium-Verbb. in Ggw. von W. hergestellt, indem man als niedermol. Organosilicium-Verbb. ein cycl. Organopolysiloxan u. ein Organopolysiloxan mit endständigen HSi-Gruppen oder ein Diorganohalogensilan verwendet. — 134 g Disiloxan-1.3-dihydrid u. 74 g Octamethylcyclotetrasiloxan werden zusammen mit ca. 10 cm³ halbkonz. H_2SO_4 ca. 5 Std. intensiv gerührt, dann mit W. u. $NaHCO_3$ neutralgewaschen u. über eine Kolonne mit 12 theoret. Böden destilliert. Man erhält *Disiloxan-1.3-dihydrid, Trisiloxan-1.5-dihydrid, Tetrasiloxan-1.7-dihydrid, Pentasiloxan-1.9-dihydrid, Hexasiloxan-1.11-dihydrid* u. höhere Siloxane. Es erbleibt ein Rückstand höherer Polysiloxandihydride. Wertvolle *Vernetzer* u. *Zwischenprodukte*. (**D. A. S. 1 140 348** Kl. 39c vom 2/8. 1960, ausg. 29/11. 1962.) A. Dandl. 7189

2468 Union Carbide Corp., New York (Erfinder: William Thomas Black, White Plains), N.Y., V.St.A., **Carbamylalkylgruppenhaltige Organopolysiloxane** werden hergestellt, indem man entweder ein Silan der Formel $RR'N-CO-(CH_2)_aSi(R_b'')X_{3-b}$ (R u. R' = H, Alkyl, Aryl, Nitro, Hydroxyl, Alkyoxy, carboxysubstituiertes Alkyl oder Aryl, R'' = Alkyl oder Aryl, X = Alkoxy, a = ganze Zahl ≧ 2, b = 0, 1, 2) ggf. in Ggw. mono-, di- oder trifunktioneller Alkyl u./oder Arylsilane hydrolysiert, oder ein Carboxyalkylpolysiloxan oder -mischpolysiloxan mit der Struktureinheit $M-CO-(CH_2)_aSi(R_b'')O_{3-b/2}$ (M = Halogen, Hydroxyl, Alkoxy oder Aryloxy) mit einer Amino-Verb. der Formel RR'NH umsetzt. — 52,8 (g) β-Carbäthoxyäthyltriäthoxysilan u. 27,4 p-Aminobenzoesäure werden zusammen 32 Std. auf 90° erhitzt. Nach Entfernung von A. u. des zur Extraktion dienenden Chlf. hinterbleibt *β-(N-p-Carboxyphenyl)-carbamyltriäthoxysilan*, das in üblicher Weise zu dem entsprechenden Organosiloxan hydrolysiert wird. *Modifizierungsmittel für Siloxanmassen, Kleb- u. Schlichtmittel, bes. für Glasfasern*, Herst. von *Überzügen, Mittel gegen UV-Bestrahlung*. (**D. A. S. 1 119 520** Kl. 39c vom 11/10. 1957, ausg. 14/12. 1961. A. Prior. 12/10. 1956.) A. Dandl. 7189

2469 Union Carbide Corp., New York (Erfinder: Robert John Lisanke, Buffalo), N.Y., V.St.A., **Substituierte Ammoniumgruppen tragende Organopolysiloxane** werden hergestellt, indem man entweder ein ammoniumgruppenhaltiges Silan der Formel $[R_cNH_{3-c}(CH_2)_aSi(R_b')Y_{3-b}]X$ (R = Alkyl, R' = Alkyl oder Aryl, X = Halogen, Y = Alkoxy, a = ganze Zahl ≧ 3, b = 0, 1, 2, c = 1 2, 3) ggf. in Ggw. mono-, di-, oder trifunktioneller Alkyl- u./oder Arylsilane hydrolysiert oder, daß man Organopolysiloxane oder Mischorganopolysiloxane mit Struktureinheiten der Formel $H_2N(CH_2)_aSi(R_b')O_{3-b/2}$ mit einem Alkylhalogenid umsetzt. — 25 (g) γ-Aminopropyltriäthoxysilan, gelöst in 25 abs. A. werden auf 5—10° abgekühlt u. unter Rühren 27 CH_3J zugetropft. Man läßt unter Lichtausschluß 15 Tage stehen, entfernt überschüssiges CH_3J u. erhält *N-Methyl-N-triäthoxysilylpropylammoniumjodid*. 10 desselben werden in 100 cm³ Ae. gelöst, die Lsg. auf zerstoßenes Eis gegossen u. gerührt. Man erhält das dem Silan entsprechende Organopolysiloxan. (**D. A. S. 1 120 146** Kl. 39c vom 11/10. 1957, ausg. 21/12. 1961. A. Prior. 12/10. 1956.) A. Dandl. 7189

2470 Union Carbide Corp., New York, N.Y. (Erfinder: Frank Fekete, Verona, Pa.), V.St.A., **Diorganopolysiloxan-Formmassen** enthalten B-Verb., übliche Härter, Füllstoffe sowie zusätzlich ein hydroxygruppenhaltiges Silan oder Polysiloxan u. ein alkoxygruppenhaltiges Silan oder Polysiloxan. (**D. A. S. 1 138 933** Kl. 39b vom 14/4. 1959, ausg. 31/10. 1962. A. Prior. 14/4. 1958.) F. Koch. 7189

2471 Farbenfabriken Bayer Akt.-Ges., Leverkusen (Erfinder: Herbert Bartl, Köln, Julius Peter, Odenthal, und Otto Bayer, Leverkusen), **Polysiloxan-Formteile** entstehen aus Formmassen, die außer üblichen Bestandteilen 0,1—20 Gew.-% an Verbb. mit 3 anpolymerisierbaren C=C-Bindungen, z. B. Triallylcyanurat, Phosphorsäuretriallylester enthalten. (**D. A. S. 1 136 104** Kl. 39b vom 2/6. 1960, ausg. 6/9. 1962.) F. Koch. 7189

2472 Union Carbide Corp., New York (Erfinder: William Thomas Black, White Plains, Donald Leroy Bailey, Snyder, und Victor Bird Jex, Kenmore), N.Y., V.St.A., **Organopolysiloxancarbonsäureester** werden hergestellt, indem man entweder ein Cyanalkylhalogensilan der Formel $NC-(CH_2)_aSi(R_b')X_{3-b}$ (R' = einwertiger KW-Stoffrest, X = Halogen oder Alkoxy, a = ganze Zahl > 1, b = 0, 1, 2, 3) mit einem aliphat. Alkohol unter Halogenwasserstoff-Bldg. umsetzt, die erhaltenen Cyanalkylalkoxysilane in stark saurem Medium einer Alkoholyse unterwirft u. die dabei entstandenen carbalkoxygruppenhaltigen Silane ggf. in Ggw. anderer Alkoxysilane hydrolysiert, oder, daß man zuerst die Cyanalkylalkoxysilane hydrolysiert bzw. mischhydrolysiert u. diese dann der Alkoholyse unterwirft. — Zu 168,6 (g) β-Cyanäthyltrichlorsilan wird während 2 Std. 164,2 wasserfreier A. gegeben, HCl mit N abgetrieben, 115 cm³ wasserfreier A. zugegeben u. 16 Std. am Rückfluß gekocht. Man erhält *β-Carbäthoxyäthyltriäthoxysilan*. 88,9 desselben werden mit 200 W. u. 30 3 n HCl 2 Std. am Rückfluß erhitzt. Man erhält das entsprechende Polymer, welches in W. lösl. ist. — Herst. von *Schmiermitteln*. (**D. A. S. 1 120 143** Kl. 39c vom 11/10. 1957, ausg. 21/12. 1961. A. Prior. 12/10. 1956.) A. Dandl. 7189

2473 Union Carbide Corp., New York (Erfinder: Donald Leroy Bailey, Snyder, und Francis Martin O'Connor, Kenmore), N.Y., V.St.A., **Organopolysiloxan-Polyoxyalkylen-Blockmischpolymerisate** durch Umsatz von mindestens 5 Oxyalkylengruppen enthaltenden Mono- oder Dioxypolyoxyalkylen-Verbb. in Ggw. von organ. Lsgm. u. K-Silanolat als Katalysator mit Organosilicium-Verbb. werden hergestellt, indem man die Dioxypolyoxyalkylen-Verb. zuerst mit einem Dialkoxydiorganosilan kondensiert u. dann das Rk.-Prod. mit einem Diorganosiloxan der Formel $(R_2SiO)_p$ unter Ausschluß von W. äquilibriert. — 120 (g) Polyoxyäthylenglykol (Molgew. 550), 35,5 Diäthoxydimethylsilan, 1,0 K-Dimethylsilanolat u. 400 Xylol werden 12 Std. am Rückfluß gekocht, 23 niedrigsd. Anteile, z. B. A., u. das Lsgm. entfernt, wobei 133 eines weichen wachsartigen Polymeren zurückbleiben, das 3,4% Si enthält. 25,2 desselben, 18,4 Octamethyltetrasiloxan, 0,5 K-Silanolat u. 50 Xylol wurden 3 Std. bei 150° gehalten, dann 0,25 n-Amylborat zur Neutralisierung des Katalysators zugegeben. Man erhält 32 eines weichen, wachsartigen Prod., das 12,7% Si enthält. — *Emulgatoren, Schmiermittel, Formtrennmittel, Weichmacher, hydraul. Fll., Schmiermittel auf Basis von Wasser*. (**D. A. S. 1 120 147** Kl. 39c vom 23/5. 1958, ausg. 21/12. 1961. A. Prior. 23/5. 1957.) A. Dandl. 7189

2474 Heinrich Thiele, Kiel, **Herstellung von klaren, viscosen Gelen aus Augenlinsen.** Frische oder getrocknete Augenlinsen werden mit Hilfe von Säuren (Milch-, Wein- oder Citronensäure) oder von alkal. Lsgg. aus Harnstoff u. seinen Derivv. oder Lsgg. von Salzen, wie LiSCN, aufgelöst, u. zur Abscheidung des Gels läßt man in die Lsgg. Gegenionen eindiffundieren, oder das Gel wird durch Elektrophorese oder durch Ändern des pH-Wertes, ggf. in Form von Kugeln, Zylindern oder opt. Linsen, zur Abscheidung gebracht. — Frische Augenlinsen von Rindern oder Schweinen werden zu 15—20% in 50%ig. Brenztrauben-, Milch-, Wein- oder Citronensäure gelöst. Die Lsgg. können auch hergestellt werden unter Verw. von 0,1 n LiOH, 50%ig. Harnstoff-Lsg. oder konz. LiSCN-Lösung. Die klaren Lsgg. tropft man in 1 n Cu-Nitrat, dem man zweckmäßig mit Glykol, Glycerin oder Polyglykol höhere Dichte u. Viscosität gibt. Man erhält klare Gelkugeln, welche durch Doppelbrechung eine Ordnung der Faden-Moll. wie in der ursprünglichen Linse anzeigen. (**D. A. S. 1 138 536** Kl. 39b vom 12/5. 1961, ausg. 25/10. 1962.) A. Dandl. 7199

2475 Richardson Co., Melrose Park (Erfinder: Robert Casper Medl, Evanston), Ill., V.St.A., **Schichtstoffe aus Epoxyharzmassen,** die neben üblichen Bestandteilen zusätzlich das Umsetzungs-Prod. aus einem ungesätt. Öl u. einer ungesätt. mehrbas. Carbonsäure enthalten. — Zum Beispiel Tungöl–Maleinsäure-Addukt. (**D. A. S. 1 137 552** Kl. 39b vom 18/3. 1960, ausg. 4/10. 1962. A. Prior. 3/7. 1959.) F. Koch. 7205

2476 Cassella Farbwerke Mainkur Akt.-Ges., Frankfurt/M. (Erfinder: Karl Schnee, Ravolzhausen, und Hans-Joachim König, Frankfurt/M.), **Herstellung aminoplastharzimprägnierter Trägerbahnen** für *Schichtpreßstoffe*, dad. gek., daß die Behandlungs-Lsg. durch Zusatz eines mit der Lsg. verträglichen organ., makromol. Verdickungsmittels (Celluloseäther, Polyacrylamide, -acrylate, -vinylpyrrolidon, -vinylalkohol) auf eine Viscosität von 195 bis 297 cP eingestellt u. die Trägerbahn damit getränkt wird. (**D. A. S. 1 137 301** Kl. 55f vom 25/6. 1959, **ausg.** 27/9. 1962.) A. Gradl. 7205

2477 Dynamit Nobel Akt.-Ges., Troisdorf (Erfinder: Eugen Kuhr, Oberlar), **Faserhaltige Kunststoff-Preßmasse,** die zu hochfesten, plattenartigen bzw. dünnwandigen Fertigteilen verarbeitbar ist, dad. gek., daß sie aus nicht klebenden quadrat. Plättchen aus noch härtbaren Harzen besteht, in denen als Verstärkungsmaterial unverwebte, in einer Richtung orientierte, ggf. leicht gedrehte Fasern oder Fäden enthalten sind. — Zum Beispiel werden Sisalfasern mit 50%ig. methanol. Lsg. von Novolak, Hexamethylentetramin u. Gleitmittel getränkt, so daß der Harz-Geh. nach 10std. Trocknung ca. 50% des Gesamtgew. beträgt. Vor oder nach der Imprägnierung formt man die Fasern zu einem Band von 40 mm Breite u. 0,5 mm Dicke u. schneidet dieses nach der Trocknung in Stücke von 40 mm Länge. (**D. A. S. 1 134 510** Kl. 39b vom 28/7. 1959, **ausg.** 9/8. 1962.) K. Sarre. 7205

2478 Farbenfabriken Bayer Akt.-Ges. (Erfinder: Karlheinz Andres, Peter Coppee und Günther Nischk), Leverkusen, **Herstellung von Druckereimatern** durch Imprägnieren von saugfähigen Materialien mit unter Verw. organ. Peroxide härtenden ungesätt. Polyestern aus Glykolen u. α,β-ungesätt. Dicarbonsäuren, ggf. unter Mitverwendung von gesätt. Dicarbonsäuren. Anschließend wird unter Hitze u. Druck gehärtet. (**D. A. S. 1 137 039** Kl. 15b vom 5/9. 1959, ausg. 27/9. 1962.) C. Kittler. 7205

2479 **Pritchett & Gold und E. P. S. Co. Ltd.**, England, *Herstellung poröser Folien.* (**F. P. 1 223 133** vom 30/4. 1959, ausg. 15/6. 1960. E. Prior. 2/5. 1958 u. 21/4. 1959. — C. **1963,** 13003 [Aust. P.233 160].)

2480 **British Hydrocarbon Chemicals Ltd.**, Piccadilly, London, England, übert. von: **John Habeshaw**, Dollar, und **Robin William Rae**, Falkirk, Schottland, *Herstellung von Harzen aus Erdölkohlenwasserstoffen.* (**A. P. 3 042 660** vom 5/6. 1958, ausg. 3/7. 1962. E. Prior. 21/6. 1957. — C. **1962,** 1431 [E. P.837 458].)

2481 **Staflex Co. Ltd.**, England (Erfinder: **Norman Henry Went** und **Lionel Banks**), *Herstellung körniger Kunstharze.* (**F. P. 1 214 978** vom 23/10. 1958, ausg. 13/4. 1960. E. Prior. 24/10. 1957. — C. **1963,** 11840 [Aust. P. 232 157].)

2482 **Montecatini Soc. Gen. per l'Industria Mineraria e Chimica**, Mailand, Italien, und **Karl Ziegler**, Mülheim/Ruhr (Erfinder: **Giulio Natta, Mario Peraldo** und **Mario Farina**, Mailand, Italien), *Herstellung linearer Kopf–Schwanz-Polymerer aus ungesättigten Monomeren.* (**Oe. P. 221 803** vom 11/12. 1959, ausg. 25/6. 1962. It. Prior. 12/12. 1958 u. 21/3. 1959. — C. **1963,** 2649 [F. P. 1 248 156].)

2483 **E. I. du Pont de Nemours & Co.**, V.St.A. (Erfinder: **Frank P. Gay**), *Polymerisation in Masse.* (**F. P. 1 205 441** vom 14/4. 1958, ausg. 2/2. 1960. A. Prior. 17/4. 1957. — C. **1963,** 709 [E. P. 840 910].)

2483a **E. I. du Pont de Nemours & Co.**, V.St.A. (Erfinder: **Frank P. Gay** und **John Raymond Schaefgen**), *Polymerisation in Lösung.* (**F. P. 1 205 442** vom 14/4. 1958, ausg. 2/2. 1960. A. Prior. 17/4. 1957. — C. **1963,** 709 [E. P. 841 129].)

2484 **Air Reduction Co., Inc.**, New York, N.Y., übert. von: **Arthur J. Lowell**, Plainfield, **Joseph J. Latimer**, Pittstown, und **Allo J. Buselli**, New Providence, N.J., V.St.A., *Herstellung von Perlpolymerisaten.* (**A. P. 3 049 522** vom 10/5. 1957, ausg. 14/8. 1962. — C. **1962,** 670 [D. A. S. 1 109 369].)

2485 **Montecatini Soc. Gen. per l'Industria Mineraria e Chimica** (Erfinder: **Giuliano Ballini**), Mailand, Italien, *Vulkanisieren von gesättigten amorphen Polymeren und Copolymeren von α-Olefinen miteinander und/oder Äthylen.* (**F. P. 1 261 742** vom 5/7. 1960, **ausg.** 13/9. 1961. **Oe. P. 220 358** vom 6/7. 1960, ausg. 26/3. 1962. Beide It. Prior. 7/7. 1959. — C. **1963,** 2641 [Ung. P. 149 620].)

2486 **Esso Research and Engineering Co.**, übert. von: **Erik Tornquist**, Westfield, und **Arthur W. Langer jun.**, Watchung, N.J., V.St.A., *Polymerisationskatalysator.* (**A. P. 3 032 510** vom 27/6. 1958, ausg. 1/5. 1962. — C. **1962,** 17579 [F. P. 1 226 052].)

2487 **E. I. du Pont de Nemours & Co.**, V.St.A. (Erfinder: **Armand Edward Brachman**), *Polymerisationskatalysator.* (**F. P. 1 205 444** vom 14/4. 1958, ausg. 2/2. 1960. A. Prior. 23/4. 1957. — C. **1963,** 5667 [D. A. S. 1 125 655].)

2488 **E. I. du Pont de Nemours & Co.**, V.St.A. (Erfinder: **Donald Lee Brebner**), *Herstellung von Organometallkatalysatoren.* (**F. P. 1 208 279** vom 3/6. 1958, ausg. 23/2. 1960. A. Prior. 20/6. 1957. — C. **1961,** 2806 [E. P. 826 829].)

2489 **Rohm & Haas Co.**, Philadelphia, Pa., V.St.A., *Herstellung von ungesättigten Glycidyläthern und deren Polymeren.* (**E. P. 853 619** vom 31/1. 1957, ausg. 9/11. 1960. A. Prior. 6/2. 1956. — C. **1961,** 2114 [D. A. S. 1 075 594].)

2490 **Union Carbide Corp.**, übert. von: **Kenneth H. Anderson**, South Charleston und **Robert G. Kelso**, St. Albans, W.Va., V.St.A., *Organozinnsalz von substituierten Bernsteinsäuren.* (**A. P. 3 037 040** vom 21/5. 1958 ausg. 29/5. 1962. — C. **1963,** 2651 [E. P. 873 863].)

2491 **E. I. du Pont de Nemours & Co.**, V.St.A. (Erfinder: **Frank P. Gay**,) *Polymerisieren von ungesättigten Verbindungen.* (**F. P. 1 205 443** vom 14/4. 1958, ausg. 2/2. 1960. A. Prior. 23/4. 1957. — C. **1962,** 13223 [E. P. 833 147].)

2492 **Wacker-Chemie G. m. b. H.**, München, *Polymerisation ungesättigter organischer Verbindungen in wässeriger Dispersion.* (**E. P. 899 226** vom 16/7. 1959, ausg. 20/6. 1962. D. Prior. 16/7. 1958. — C. **1960,** 16954 [D. A. S. 1 062 009].)

2493 **Phillips Petroleum Co.**, Bartlesville, Okla. (Erfinder: **Jimmie Sturgis Payne jun.**, Austin, Tex.), V.St.A., *Polymerisation von Kohlenwasserstoffen.* (**Schwz. P. 362 849** vom 14/11. 1956, ausg. 15/8. 1962. A. Prior. 14/11. 1955. — C. **1962,** 15050 [Niederl. P. 98 493].)

2494 **Farbwerke Hoechst Akt.-Ges. vormals Meister Lucius & Brüning**, Frankfurt/M. (Erfinder: **Herbert Bestian, Eberhard Prinz, Hans Günter Kirschner, Karl Gustav Kurt Rust, Gerhard Bier**, Frankfurt/M., und **Erich Heitzer**, Hofheim), *Polymerisation von olefinisch ungesättigten Monomeren.* (**Schwz. P. 364 118** vom 6/12. 1956, ausg. 15/10. 1962. D. Prior. 9/12. 1955. — C. **1960,** 7356 [F. P. 1 169 583].)

2495 **Phillips Petroleum Co.**, Bartlesville, Okla. (Erfinder: **Gene Nowlin**, Baltimore, Md., und **Harold Dwight Lyons**, Bartlesville, Okla.), V.St.A., *Polymerisation von Olefinkohlenwasserstoffen.* (**Schwz. P. 361 919** vom 29/12. 1956, ausg. 30/6. 1962. A. Prior. 30/12. 1955. — C. **1961,** 16296 [F. P. 1 169 630].)

2496 **Phillips Petroleum Co.**, Bartlesville, Okla. (Erfinder: **Gene Nowlin**, Baltimore, Md., und **Harold Dwight Lyons**, Bartlesville, Okla.), V.St.A., *Polymerisation von Olefinkohlenwasserstoffen.* (**Schwz. P. 361 921** vom 29/12. 1956, ausg. 30/6. 1962. A. Prior. 30/12. 1955. — C. **1962,** 3275 [F. P. 1 169 131].)

2497 **Phillips Petroleum Co.** (Erfinder: **William Clarence Lanning** und **Gerald Thomas Leatherman**), Bartlesville, Okla., V.St.A., *Kontinuierliche Polymerisation von Olefinen.* (**Schwz. P. 361 131** vom 18/10. 1956, **ausg.** 15/5. 1962. A. Prior. 19/10. 1955. — C. **1961,** 15582 [F. P. 1 161 227].)

2498 **Phillips Petroleum Co.** (Erfinder: **James Thomas Edmonds jun.**,) Bartlesville, Okla., V.St.A., *Polymerisation von Olefinen.* (**Schwz. P. 361 920** vom 14/9. 1956, ausg. 30/6. 1962. A. Prior. 16/9. 1955. — C. **1961,** 15942 [F. P. 1 158 037].)

2499 **Phillips Petroleum Co.**, Bartlesville, Okla. (Erfinder: **Gene Nowlin**, Baltimore, Md., und **Harold Dwight Lyons**, Bartlesville, Okla.), V.St.A., *Olefinpolymerisation.* (**Schwz. P. 362 529** vom 29/12.1 956, ausg. 31/7. 1962. A. Prior. 30/12. 1955. — C. **1959,** 5967 [A. P. 2 827 447].)

2500 **Farbwerke Hoechst Akt.-Ges. vormals Meister Lucius & Brüning** (Erfinder: **Claus Beermann** und **Herbert Bestian**), Frankfurt/M., *Olefinpolymerisation.* (**Schwz. P. 363 805** vom 13/12. 1956, ausg. 28/9. 1962. D. Prior. 16/12. 1955 u. 12/10. 1956. — C. **1959,** 316 [Oe. P. 197 081].)

2501 **Farbwerke Hoechst Akt.-Ges. vormals Meister Lucius & Brüning**, Frankfurt/M. (Erfinder: **Albert Gustav Martin Gumboldt, Ernst Junghanns**, Frankfurt/M., und **Gerhard Seydel**, Bad Soden, und **Karl Friedrich Hörnaier**, Frankfurt/M.), *Olefinpolymerisation.* (**Schwz. P. 363 154** vom 11/7. 1957, ausg. 31/8. 1962. D. Prior. 13/7. 1956. — C. **1963,** 5658 [E. P. 863 416].)

2502 **E. I. du Pont de Nemours & Co.**, V.St.A. (Erfinder: **Joseph Hendrickson Balthis jun.**), *Polymerisieren von Olefinen.* (**F. P. 1 206 706** vom 3/5. 1958, ausg. 11/2. 1960. A. Prior. 22/5. 1957. — C. **1963,** 248 [E. P. 876 638].)

2503 **Imperial Chemical Industries Ltd.**, England, *Polymerisieren von Olefinen.* (**F. P. 1 215 942** vom 1/12. 1958, ausg. 21/4. 1960. E. Prior. 2/12. 1957. — C. **1963,** 12623 [E. P. 852 691].)

2504 **Phillips Petroleum Co.**, Bartlesville, Okla. (Erfinder: **Robert Glenn Wallace**, Houston, Tex.), V.St.A., *Gewinnung fester 1-Olefinpolymerisate aus ihren Lösungen.* (**D. A. S. 1 150 816** Kl. 39c vom 14/5. 1957, **ausg.** 27/6. 1963. A. Prior. 14/5. 1956. — C. **1960,** 7012 [Jap. A. S. 2792/1958].)

2505 **Sun Oil Co.**, Philadelphia, Pa. (Erfinder: **Thomas Shane Mertes**, Wilming-ton, Del.), V.St.A., *Polymerisation gasförmiger Olefine.* (**D. A. S. 1 151 123** Kl. 39c vom 3/4. 1957, ausg. 4/7. 1963. A. Prior. 9/4. 1956 u. 26/2. 1957. — C. **1961,** 18520 [Jap. A. S. 5590/1959].)

2506 **E. I. du Pont de Nemours & Co.**, V.St.A. (Erfinder: **Herbert Sousa Eleuterio**), *Polymerisation cyclischer Olefine.* (**F. P. 1 209 983** vom 7/6. 1958, ausg. 4/3. 1960. A. Prior. 20/6. 1957. — C. **1961,** 7049 [D. A. S. 1 072 811].)

2507 **Montecatini Soc. Gen. per l'Industria Mineraria e Chimica**, Mailand, Italien, und **Karl Ziegler**, Mülheim/Ruhr (Erfinder: **Giorgio Moretti, Mario Ragazzini** und **Alberto Alberti**, Mailand, Italien), *Niederdruckpolymerisation von α-Olefinen.* (**Oe. P. 221 804** vom 22/12. 1959, ausg. 25/6. 1962. It. Prior. 23/12. 1958. — C. **1963,** 2643 [F. P. 1 248 169].)

2508 **Montecatini Soc. Gen. per l'Industria Mineraria e Chimica**, Mailand, Italien, und **Karl Ziegler**, Mülheim/Ruhr (Erfinder: **Giulio Natta, Piero Pino** und **Giorgio Mazzanti**, Mailand, Italien), *Sterische Polymerisation monoolefinisch ungesättigter Kohlenwasserstoffe.* (**Schwz. P. 365 222** vom 19/11. 1955, ausg. 15/12. 1962. It. Prior. 3/12. u. 16/12. 1954. — C. **1962,** 13221 [It. P. 526 101].)

2509 **Montecatini Soc. Gen. per l'Industria Mineraria e Chimica**, Mailand (Erfinder: **Giulio Natta, Piero Pino** und **Lido Porri**, Mailand), Italien, *Mischpolymerisation monoolefinisch ungesättigter Kohlenwasserstoffe mit diolefinisch ungesättigten Kohlenwasserstoffen.* (**Schwz. P. 364 902** vom 17/3. 1956, ausg. 30/11. 1962. It. Prior. 18/3. 1955. — C. **1958,** 10791 [Oe. P. 194 131].)

2510 **Farbenfabriken Bayer Akt.-Ges.**, Leverkusen, *Polymerisation konjugierter Diolefine.* (**E. P. 900 523** vom 16/9. 1960, ausg. 4/7. 1962. D. Prior. 18/9. 1959. — C. **1962,** 12473 [D. A. S. 1 120 695].)

2511 **Farbenfabriken Bayer Akt.-Ges.** (Erfinder: **Rudolf Stroh, Wilhelm Sutter** und **Hans Haberland**), Leverkusen, *Polymerisation olefinischer Verbindungen.* (**Schwz. P. 367 327** vom 19/6. 1957, ausg. 29/3. 1963. D. Prior. 14/7. 1956. — C. **1960,** 8029 [D. A. S. 1 056 372].)

2512 **Badische Anilin- & Soda-Fabrik Akt.-Ges.**, übert. von: **Hellmut Scholz** und **Fritz Kieferle**, Ludwigshafen/Rh., *Polymerisation olefinischer Verbindungen.* (**A. P. 3 037 007** vom 30/10. 1957, ausg. 29/5. 1962. D. Prior. 15/11. 1956. — C. **1959**, 16490 [D. A. S. 1 029 153].)

2513 **Phillips Petroleum Co.**, Bartlesville, Okla. (Erfinder: **Martin Richard Cines**, Bartlesville, **Richard Whiting Blue**, Birmingham, Mich., und **George Edward Hanson**, Bartlesville, Okla.), V.St.A., *Extraktion von Polymeren aus deren Lösungen.* (**Schwz. P. 362 530** vom 4/1. 1957, ausg. 31/7. 1962. A. Prior. 5/1. u. 6/1. 1956. — C. **1960**, 8698 [F. P. 1 168 368].)

2514 **E. I. du Pont de Nemours & Co.**, Wilmington, Del. (Erfinder: **Edwin David Johnson**, Vienna, W.Va.), V.St.A., *Trennung von Poly olefinen.* (**D. A. S. 1 151 380** Kl. 39c vom 16/10. 1959, ausg. 11/7. 1963. A. Prior. 20/10. 1958. — C. **1963**, 2643 [Oe. P. 217 702].)

2515 **Chemische Werke Hüls Akt.-Ges.**, übert. von: **Albert Frese**, **Franz Broich** und **Paul Kränzlein**, Marl, *Reinigung von Niederdruckpolyolefinen.* (**A. P. 3 043 825** vom 6/1. 1959, ausg. 10/7. 1962. D. Prior. 16/1.1958. — C. **1961**, 7769 [D. A. S. 1 077 869].)

2516 **Badische Anilin- & Soda-Fabrik Akt.-Ges.** (Erfinder: **Bruno Vollmert**), Ludwigshafen/Rh., *Herstellung von vernetzten kautschukelastischen Formmassen.* (**D. A. S. 1 149 162** Kl. 39b vom 28/9. 1956, ausg. 22/5. 1963. — C. **1962**, 671 [Oe. PP. 208 497 u. 208 586].)

2517 **Farbenfabriken Bayer Akt.-Ges.**, Leverkusen, übert. von: **Rudolf Stroh** und **Karl Nützel**, Leverkusen, *Polymerisation äthylenisch ungesättigter Verbindungen.* (**A. P. 3 048 571** vom 10/2. 1959, ausg. 7/8. 1962. D. Prior. 14/2. 1958. — C. **1962**, 6607 [D. A. S. 1 115 457].)

2518 **Farbwerke Hoechst Akt.-Ges. vormals Meister Lucius & Brüning**, Frankfurt/M. (Erfinder: **Roderich Graf**, Frankfurt/M., **Hans Zimmermann** Hofheim/Taunus, **Herbert Bestian**, **Heinz-Joachim Bahr** und **Karl Clauss**, Frankfurt/M.), *Äthylenpolymerisation.* (**Schwz. P. 361 130** vom 7/2. 1956, ausg. 15/5. 1962. D. Prior. 9/2., 27/5., 3/6. u. 28/6. 1955. — C. **1958**, 7961 [D. A. S. 1 011 621], C. **1959**, 9744 [D. A. S. 1 019 466] u. C. **1960**, 14882 [D. A. S. 1 074 858].)

2519 **Canadian Industries Ltd.**, Montreal, Canada (Erfinder: **John Michael Turner**), *Äthylenpolymerisation.* (**E. P. 901 040** vom 16/1. 1959, ausg. 11/7. 1962. — C. **1962**, 17230 [Oe. P. 214 644].)

2520 **Stamicarbon N. V.**, Heerlen, übert. von: **Jacobus P. Schuhmacher**, Sittard, und **Hendrik Hendriks**, Geleen, Niederlande, *Äthylenpolymerisation.* (**A. P. 3 048 575** vom 25/6. 1956, ausg. 7/8. 1962. Niederl. Prior. 28/6. 1955. — C. **1960**, 14200 [F. P. 1 155 156].)

2521 **Montecatini Soc. Gen. per l'Industria Mineraria e Chimica** (Erfinder: **Giulio Natta**), Mailand, Italien, *Herstellung von Äthylenpolymeren.* (**Schwz. P. 367 631** vom 10/12. 1956, ausg. 11/4. 1963. It. Prior. 9/12. 1955. — C. **1958**, 7645 [Oe. P. 197 080].)

2522 **Karl Ziegler**, Mülheim/Ruhr (Erfinder: **K. Ziegler**, Mülheim/Ruhr, **Heinz Breil**, Oberhausen, **Roland Köster** und **Heinz Martin**, Mülheim/Ruhr), *Herstellung von hochmolekularen Polyäthylenen.* (**Schwz. P. 363 485** vom 29/12. 1954, ausg. 14/9. 1962. D. Prior. 19/1., 11/12. u. 13/12. 1954. — C. **1957**, 4254 [Oe. P. 187 304].)

2523 **Petrochemicals Ltd.**, England, *Polyäthylenmischung.* (**F. P. 1 234 476** vom 31/8. 1959, ausg. 17/10. 1960. E. Prior. 1/9. 1958. — C. **1963**, 11831 [E. P. 873 227].)

2524 **E. I. du Pont de Nemours & Co.**, V.St.A. (Erfinder: **Rudolf Bauke de Jong** und **Ivan Maxwell Robinson**), *Äthylen-Schwefeldioxid-Mischpolymere.* (**F. P. 1 227 215** vom 23/10. 1957, ausg. 19/8. 1960. A. Prior. 1/11. 1956. — C. **1961**, 17404 [A. P. 2 943 077].)

2525 **Farbwerke Hoechst Akt.-Ges. vormals Meister Lucius & Brüning**, übert. von: **Ludwig Orthner**, **Horst Herzberg** und **Franz Landauer**, Frankfurt/M., *Chlorierte und sulfochlorierte Polyolefine.* (**A. P. 3 022 276** vom 24/4. 1957, ausg. 20/2. 1962. D. Prior. 30/4. 1956. — C. **1961**, 18146 [F. P. 1 173 859].)

2526 **E. I. du Pont de Nemours & Co.**, V.St.A. (Erfinder: **Warren Froemming Busse** und **George Henry Bowers III**), *Polytetrafluoräthylen enthaltende Harzmischungen.* (**F. P. 1 214 372** vom 15/11. 1958, ausg. 8/4. 1960. A. Prior. 10/12. 1957. — C. **1962**, 10660 [Aust. P. 229 324].)

2527 **Imperial Chemical Industries Ltd.**, London (Erfinder: **Jack Ernest Duddington**, Cleveleys/Lanc, und **Stanley Sherratt**, Welwyn Garden City, Herts.), England, *Kolloidale Dispersionen von Tetrafluoräthylenpolymeren.* (**Schwz. P. 367 632** vom 9/1. 1958, ausg. 11/4. 1963. E. Prior. 11/1. u. 20/12. 1957. — C. **1960**, 9740 [Oe. P. 204 267].)

2528 **Hercules Powder Co.**, Wilmington, Del., V.St.A., *Chlorierung von Niederdruckpolyäthylen und -propylen.* (**Niederl. P. 101 718** vom 25/11. 1959, ausg. 15/6. 1962. A. Prior. 12/2. 1959. — C. **1962**, 2192 [A. P. 2 926 159].)

2529 **Soc. des Usines Chimiques Rhône-Poulenc**, Paris (Erfinder: **André Fournet** und **Michel Ruaud**, Lyon, Rhône, und **Yannik Bonnet**, Tassin la Demi Lune, Rhône), Frankreich, *Polymerisieren von Propylen.* (**D. P. [DDR] 24 505** Kl. 39c vom 5/2. 1959, ausg. 27/12. 1962 [Ausschließungspatent]. F. Prior. 8/2. 1958. — C. **1961**, 2459 [Oe. P. 208 076].)

2530 **E. I. du Pont de Nemours & Co.** (Erfinder: **William Perrin Baker jun.**), Wilmington, Del., V.St.A., *Herstellung von Dienmischpolymeren.* (**D. A. S. 1 150 817** Kl. 39c vom 22/5. 1959, ausg. 27/6. 1963. A. Prior. 22/5. 1958. — C. **1963**, 3037 [E. P. 865 743].)

2531 **Union Chimique Belge Soc. An.**, Brüssel, Belgien (Erfinder: **Albert Verheyden**, St. Denis-Westrem, Belgien, und **Paul Ochsner**, Genf, Schweiz), *Butadienpolymerisation.* (**Schwz. P. 367 633** vom 3/6. 1958, ausg. 11/4. 1963. Belg. Prior. 6/6. 1957. — C. **1961**, 13377 [D. A. S. 1 101 765].)

2532 **Union Chimique Belge Soc. An.**, Brüssel, Belgien (Erfinder: **Albert Verheyden**, St. Denis-Westrem, Belgien, und **Paul Ochsner**, Genf, Schweiz), *Butadienpolymerisation.* (**Schwz. P. 367 329** vom 3/6. 1958, ausg. 29/3. 1963. Belg. Prior. 6/6. 1957. — C. **1962**, 10665 [F. P. 1 196 658].)

2533 **B. F. Goodrich Co.**, New York, N.Y., übert. von: **Hugh E. Diem**, Wadsworth, Ohio, V.St.A., *Butadienpolymerisation.* (**A. P. 3 049 528** vom 30/12. 1958, ausg. 14/8. 1962. — C. **1962**, 6990 [D. A. S. 1 113 573].)

2534 **Farbwerke Hoechst Akt.-Ges. vormals Meister Lucius & Brüning**, Frankfurt/M., übert. von: **Walter Doell**, Burgkirchen, *Suspensionspolymerisation von Vinylchlorid.* (**A. P. 3 029 229** vom 17/10. 1958, ausg. 10/4. 1962. D. Prior. 23/10. 1957. — C. **1960**, 17294 [D. A. S. 1 073 744].)

2535 **Farbwerke Hoechst Akt.-Ges. vormals Meister Lucius & Brüning**, Frankfurt/M., übert. von: **Hans Fernholz**, Bad Soden/Taunus, **Klaus Heimann-Trosien** und **Hans-Joachim Schmidt**, Frankfurt/M., *Herstellung von Vinylestern.* (**A. P. 3 062 863** vom 22/3. 1960, ausg. 6/11. 1962. D. Prior. 25/3. 1959. — C. **1963**, 4130 [D. A. S. 1 134 665].)

2536 **Farbwerke Hoechst Akt.-Ges. vormals Meister Lucius & Brüning**, Frankfurt/M., *Herstellung von Polyvinylesterdispersionen.* (**E. P. 896 510** vom 12/1. 1959, ausg. 16/5. 1962. D. Prior. 10/1. 1958. — C. **1961**, 4537 [D. A. S. 1 060 600].)

2537 **British Celanese Ltd.**, England, *Herstellung von Polyvinylacetat.* (**F. P. 1 216 044** vom 5/2. 1959, ausg. 21/4. 1960. E. Prior. 5/2. u. 22/7. 1958. — C. **1963**, 11053 [Aust. P. 232 373].)

2538 **Bataafse Petroleum Mij. N. V.**, Den Haag (Erfinder: **Arnold Noorduyn** und **Ferdinand Adriaan Doorman**, Vlaardingen), Niederlande, *Herstellung von Vinylchloridemulsions(misch)-polymerisaten.* (**Schwz. P. 363 806** vom 15/1. 1957, ausg. 28/9. 1962. Niederl. Prior. 17/1. 1956. — C. **1960**, 5333 [D. A. S. 1 068 017].)

2539 **Wacker-Chemie G. m. b. H.**, München, *Herstellung von Mischpolymerisaten aus Vinylchlorid und Fumarsäureestern.* (**E. P. 899 382** vom 24/9. 1959, ausg. 20/6. 1962. D. Prior. 24/9. 1958. — C. **1962**, 12481 [D. A. S. 1 091 757].)

2540 **Wacker-Chemie G. m. b. H.**, München, übert. von: **Hans-Walter Ebersbach** und **Joseph Heckmaier**, Burghausen, *Mischpolymerisate aus Vinylchlorid und Fumarsäureestern.* (**A. P. 3 027 358** vom 20/7. 1959, ausg. 27/3. 1962. D. Prior. 24/9. 1958. — C. **1962**, 12481 [D. A. S. 1 091 757].)

2541 **E. I. du Pont de Nemours & Co.**, V.St.A. (Erfinder: **Harry Bowman, West**), *Wärmestabiles Polyvinylfluorid.* (**F. P. 1 221 068** vom 27/1. 1959, ausg. 31/5. 1960. A. Prior. 7/2. 1958. — C. **1963**, 2648 [E. P. 862 572].)

2542 **Farbwerke Hoechst Akt.-Ges. vormals Meister Lucius & Brüning**, übert. von: **Werner Ehmann** und **Alfred Kühlkamp**, Frankfurt/M., *Herstellung von Polyvinylalkohol.* (**A. P. 3 028 374** vom 24/3. 1959, ausg. 3/4. 1962. D. Prior. 29/3. 1958. — C. **1961**, 7051 [D. A. S 1 065 176].)

2543 **Mo och Domsjö Aktiebolag**, Stockholm (Erfinder: **Elof Ingvar Jullander**. Örnsköldsvik), Schweden, *Herstellung von in Wasser klumpenfrei löslichem Polyvinylalkohol.* (**D. A. S. 1 132 726** Kl. 39c vom 11/2. 1955, ausg. 5/7. 1962. Schwed. Prior. 12/2. 1954. — C. **1959**, 4981 [E. P. 791 316].)

2544 **Soc. des Usines Chimiques Rhône-Poulenc**, übert. von: **Henri Marie Normant**, Paris, Frankreich, *Herstellung von α-Vinylketonen.* (**A. P. 3 059 032** vom 11/8. 1958, ausg. 16/10. 1962. F. Prior. 30/10. 1957. — C. **1962**, 8807 [D. A. S. 1 109 670].)

2545 **Farbwerke Hoechst Akt.-Ges. vormals Meister Lucius & Brüning**, Frankfurt/M., *Herstellung von Polyvinylacetaldispersionen.* (**E. P. 895 428** vom 22/12. 1958, ausg. 2/5. 1962. D. Prior. 21/12. 1957. — C. **1961**, 7051 [D. A. S. 1 069 385].)

2546 **Montecatini Soc. Gen. per l'Industria Mineraria e Chimica** (Erfinder: **Giulio Natta**, **Giorgio Mazzanti**, **Paolo Longi** und **Francesco Bernardini**), Mailand, Italien, *Polymerisieren von Acrylverbindungen.* (**F. P. 1 261 078** vom 27/6. 1960, ausg. 6/9. 1961. **Oe. P. 219 275** vom 29/6. 1960, ausg. 25/1. 1962. Beide It. Prior. 30/6. 1959. — C. **1963**, 2651 [Ung. P. 149 499].)

2547 **E. I. du Pont de Nemours & Co.**, V.St.A. (Erfinder: **Robert Lee Elfert** und **Barnard Mitchel Marks**), *Herstellung von Methacroleinmischpolymeren.* (**F. P. 1 217 927** vom 16/12. 1958, ausg. 6/5. 1960. A. Prior. 24/1. 1958. — C. **1963**, 11843 [A. P. 2 996 481].)

2548 **E. I. du Pont de Nemours & Co.**, V.St.A. (Erfinder: **Robert Lee Elfert** und **Barnard Mitchel Marks**), *Stabilisierte Polymethacroleinmischung.* (**F. P. 1 217 291** vom 13/12. 1958, ausg. 3/5. 1960. A. Prior. 2/1. 1958. — C. **1962**, 12854 [D. A. S. 1 098 198].)

2549 **Union Carbide Corp.**, New York, N.Y., übert. von: **Joseph H. Ross jun.**, **William S. Molnar**, South Charleston, W.Va., und **Horace E. Riley**, Verona, N.J., V.St.A., *Acrylnitril-Styrol-Mischpolymerisate.* (**A. P. 3 032 540** vom 20/5. 1958, ausg. 1/5. 1962. — C. **1962**, 3279 [D. A. S. 1 097 142].)

2550 **Union Carbide Corp.**, New York, N.Y., V.St.A., *Herstellung eines festen Harzes.* (**Niederl. P. 102 148** vom 9/7. 1957, ausg. 15/8. 1962. A. Prior. 9/7. 1956. — C. **1961**, 18895 [E. P. 822 668].)

2551 **Union Carbide Corp.**, New York, N.Y., übert. von: **Howard Russel Guest**, Charleston, und **Joe Taylor Adams**, St. Albans, W.Va., V.St.A., *Herstellung von Kondensationsharzen.* (**D. A. S. 1 149 168** Kl. 39c vom 13/3. 1959, ausg. 22/5. 1963. A. Prior. 20/3. 1958. — C. **1963**, 3040 [A. P. 2 972 599].)

2552 **Farbwerke Hoechst Akt.-Ges. vormals Meister Lucius & Brüning**, Frankfurt/M., *Herstellung von Kondensationsprodukten.* (**E. P. 906 447** vom 14/3. 1960, ausg. 19/9. 1962. D. Prior. 13/3. u. 25/7. 1959. — C. **1963**, 1888 [D. A. S. 1 097 683].)

2553 **Chemische Werke Albert** (Erfinder: **Felix Schlenker**), Wiesbaden, *Herstellung aluminiumhaltiger Phenolharze.* (**Schwz. P. 366 393** vom 7/8. 1953, ausg. 15/2. 1963. D. Prior. 10/11. 1952. — C. **1956**, 9585 [F. P. 1 090 547].)

2554 **E. I. du Pont de Nemours & Co.** (Erfinder: **Northrop Brown**, **Dennis Sight Funck** und **Carl Earle Schweitzer**), *Polymerisation von Formaldehyd zu hochmolekularem Polyoxymethylen.* (**Aust. P. 236 669** vom 3/9. 1958, ausg. 11/1. 1962. A. Prior. 6/9. u. 3/12. 1957. — C. **1963**, 2653 [F. P. 1 227 223].)

2555 **Farbenfabriken Bayer Akt.-Ges.**, Leverkusen (Erfinder: **Hans Holtschmidt**, Köln, **Erwin Müller**, **Otto Bayer** und **Günther Nischk**, Leverkusen), *Herstellung hydrophober Polyäther.* (**Schwz. P. 366 672** vom 22/12. 1956, ausg. 28/2. 1963. D. Prior. 26/1. u. 8/2. 1956. — C. **1957**, 12025 [D. A. S. 1 005 275] u. C. **1959**, 10412 [D. A. S. 1 026 072].)

2556 **Devoe & Raynolds Co., Inc.**, Louisville, Ky., V.St.A., *Herstellung von Polyätherharzen.* (**Niederl. P. 103 227** vom 29/3. 1954, ausg. 17/12. 1962. A. Prior. 6/4. 1953. — C. **1957**, 8082 [F. P. 1 098 831].)

2557 **Shell Internationale Research Mij. N. V.**, Den Haag, Niederlande (Erfinder: **David Gordon Stewart**, Flixton, Manchester, und **Edward Teggin Borrows**, Bowdon, Cheshire, England), *Polymerisation von Olefinoxiden.* (**D. A. S. 1 150 206** Kl. 39c vom 20/8. 1956, ausg. 12/6. 1963. E. Prior. 22/8. 1955 u. 10/7. 1956. Zusatz zu D. A. S. 1 109 901; C. 1962, 4004. — C. **1959**, 7978 [E. P. 793 065].)

2558 **Farbenfabriken Bayer Akt.-Ges.**, Leverkusen (Erfinder: **Heinz Schultheis**, Köln, **Herbert Nordt**, **Claus Skopalik**, Leverkusen, und **Detlef Delfs**, Opladen), *Herstellung von Polyestern.* (**D. A. S. 1 149 532** Kl. 39c vom 14/12. 1954, ausg. 30/5. 1963. — C. **1959**, 8727 [E. P. 792 236].)

2559 **Farbenfabriken Bayer Akt.-Ges.**, Leverkusen (Erfinder: **Hermann Schnell** und **Werner Schulte-Huermann**, Krefeld), *Herstellung ungesättigter Polyester.* (**Niederl. P. 103 036** vom 24/1. 1957, ausg. 15/11. 1962. D. Prior. 28/1. 1956. — C. **1959**, 17515 [D. A. S. 1 031 965].)

2560 **Imperial Chemical Industries Ltd.**, London (Erfinder: **Elias Isaacs** und **Neil Munro**, Harrogate, Yorks.), England, *Hochmolekulare Polyalkylendicarbonsäureester.* (**Schwz. P. 365 539** vom 21/11. 1956, ausg. 29/12. 1962. E. Prior. 23/11. 1955 u. 14/11. 1956. — C. **1960**, 10777 [F. P. 1 160 895].)

2561 **Miles Laboratories, Inc.** (Erfinder: **Willard Joseph Croxall** und **John Mirza**), Elkhart, Ind., V.St.A., *Herstellung von Polymerisaten auf Basis von Citronensäureestern.* (**Schwz. P. 365 878** vom 21/10. 1957, ausg. 15/1. 1963. A. Prior. 22/10. 1956. — C. **1962**, 14343 [D. A. S. 1 120 135].)

2562 **Chemische Werke Albert**, Wiesbaden, *Acetal- und Vinylgruppen enthaltende Harze.* (**E. P. 908 511** vom 11/3. 1960, ausg. 17/10. 1962. D. Prior. 28/3. 1959. — C. **1962**, 14698 [D. A. S. 1 112 628].)

2563 **Farbwerke Hoechst Akt.-Ges. vormals Meister Lucius & Brüning**, Frankfurt/M., *Herstellung gehärteter Epoxyharze.* (**Niederl. P. 103 028** vom 14/12. 1956, ausg. 15/11. 1962. D. Prior. 24/12. 1955. — C. **1959**, 13019 [F. P. 1 163 595].)

2564 **Richardson Co.**, Melrose Park, übert. von: **Harlan E. Tarbell jun.**, Elmhurst, Ill., V.St.A., *Härten von Epoxyharzen.* (**A. P. 3 036 041** vom 23/12. 1957, ausg. 22/5. 1962. — C. **1963**, 3046 [D. A. S. 1 120 688].)

2565 **N. V. de Bataafsche Petroleum Mij.**, Den Haag (Erfinder: **Pieter Bruin**, Amsterdam), Niederlande, *Hitzehärtbare, Epoxyharz enthaltende Mischung.* (**Schwz. PP. 366 667, 366 668** u. **366 669** vom 28/8. 1957, ausg. 28/2. 1963. Alle Niederl. Prior. 30/8. 1956. — C. **1959**, 14889 [Niederl. PP. 89 335 u. 89 336] u. C. **1961**, 9226 [Niederl. P. 94 293].)

2566 **Bataafsche Petroleum Mij. N. V.**, Den Haag (Erfinder: **Jakob Klaas Evenhuis** und **Johannes Jacobus Zonsveld**, Amsterdam), Niederlande, *Verwendung von Brenzcatechin, Hydrochinon und α-Naphthol als Stabilisierungsmittel.* (**D. A. S. 1 149 348** Kl. 12o vom 27/8. 1958, ausg. 30/5. 1963. Niederl. Prior. 29/8. 1957. — C. **1961**, 6700 [E. P. 831 592].)

2567 **Mid-Century Corp.**, Chicago, Ill., V.St.A., *Herstellung von Carboxyphenylderivaten des fünfwertigen Phosphors.* (**E. P. 898 943** vom 29/8. 1958, ausg. 14/6. 1962. A. Prior. 9/9. 1957. Zusatz zu E. P. 807 091; C. 1960, 3378. — C. **1962**, 13969 [D. A. S. 1 122 521].)

H_{12}. Kautschuk

2568 **Einige nicht gelöste rheologische Probleme auf dem Elastomerengebiet.** Pierre Thirion. (Rev. gén. Caoutchouc **39**, 611—18, 1962; Inst. Français du Caoutchouc; franz.) — Übersicht: Dynam. Verh. u. Viscosität unvulkanisierter Elastomere, dnym. Verh. u. stat. Elastizität von Vulkanisaten u. die damit zusammenhängenden ungelösten Probleme. — 25 Literaturhinweise. A. Gude. 7220◇

2569 **Neuere Entwicklungen bei der Erforschung von Naturkautschuk. Der Kampf der Wissenschaft um höhere Qualität und niedrigere Kosten.** G F. Bloomfield. (Austral. Plastics Rubber J. **17**, Nr. 207, 26—29, 1962; Natural Rubber Producers Res. Association; engl.) — Übersicht über neuere Entw.: Verbesserung von Verarbeitung u. Anwendungsform; bessere Hitzestabilität u. Stabilität gegenüber O_3, schwerere Entflammbarkeit, Polymethylmethacrylat-Pfropfpolymerisate. K. Gröbe. 7222◇

2570 **Ein Beitrag zur Untersuchung der Pfropfpolymerisation von Polymethylmethacrylat auf Heveakautschuk.** M. Uribe Velasco und A. Banderet. (Rev. gén. Caoutchouc **39**, 577—80, 1962; Strasbourg, Centre de Rech. sur les Macromolécules; franz.) — Vff. pfropfpolymerisieren Methylmethacrylat (**II**) auf Heveakautschuk (bzw. dessen in Bzl. lösl. Anteile) in benzol. Lsg. unter N_2 oder unter dem Lsgm.-Dampf mit Benzoylperoxid (**I**) als Initiator. Die Rk. wird nach geringem Umsatz durch Fällung des Rk.-Prod. mit Methanol abgebrochen, homopolymeres Poly-**II** mit Aceton extrahiert, nicht umgesetzter Restkautschuk durch Ozon zerstört u. Menge u. Molgew. des Pfropfpolymeren (**III**) u. des Homopolymeren bestimmt. Vff. finden bei Verw. des Gesamtkautschuks bei hoher I-Konz., daß homopolymerisiertes **II** überwiegt u. auch ein höheres Molgew. hat als **III**. Bei geringen I-Konzz. überwiegt der Anteil des homopolymeren **II**, das Molgew. von **III** ist aber größer als das von Poly-**II**. Bei Verw. des in Bzl. lösl. Kautschukanteils u. geringer I-Konz. überwiegt die gebildete **III**-Menge die des Poly-**II**. Bei einem frühen Abbruch der Rk. ist das Molgew. des **III** geringer, bei einem späteren Abbruch der Rk. aber größer als das des Poly-**II**. Die Induktionsperiode der Rk. sinkt mit steigender I-Konzentration. Daraus leiten Vff. die Theorie ab, daß zuerst unter dem Einfl. des zerfallenden **I** der Kautschuk mit Radikalen versehen wird (die aber keine Rk. einleiten können), dann beginnt die Polymerisation des **II** u. die Pfropfpolymeren entstehen durch Rekombination der radikal. Enden des Poly-**II** mit den Radikalen des Kautschukmoleküls. A. Gude. 7224◇

2571 **Die Messung der Polymerisationsgeschwindigkeit von Isopren mit metallischem Lithium.** F. Schué, A. Hinschberger und J. Marchal. (Rev. gén. Caoutchouc **39**, 572—76, 1962; Strasbourg, Labor. de Rech. et de Contrôle du Caoutchouc; Labor. de Chimie Industrielle Organique; franz.) — Für die Messung der Polymerisations-Geschw. von Isopren auf Grund der Monomerenkontraktion wird von Vff. eine gegenüber einer früher beschriebenen App. (vgl. Ortlieb, Wolff, Marchal, Hinschberger; C. **1962**, 14347) verbesserte Ausführung beschrieben, die sich auch für die Messung der Polymerisations-Geschw. mit fl. u. gelösten Katalysatoren eignet. Die Polymerisations-Geschw. von Isopren in Ggw. von metall. Li ohne u. mit Lsgm. wird als Funktion der Li-Konz. gemessen. A. Gude. 7228◇

2572 **Untersuchungen über die Vulkanisierung von 1.4-cis-Polybutadien.** G. Crespi. (Materie plast. **28**, 1355—61, 1962; ital.) — Aus mit Sulfoson R u. Vulcafor HBS vulkanisierten 1.4-cis-Polybutadien hergestellte Vulkanisate besitzen optimale mechan., dynam. u. Alterungseigenschaften. B. Scheifele. 7228◇

2573 **Vulkanisationsbeschleuniger mit stark fungicider Wirkung.** István Biró und Mihály Párkány. (Magyar Kémiai Folyóirat [Ung. Z. Chem.] **68**, 437—39, 1962; Budapest, Gummifabr. u. Veszprém, Univ. chem. Ind.; ung.) — Durch Rk. von Phenarsazinchlorid (**I**) mit 2-Mercaptobenzthiazol (**II**) wurde 10-(2′-Mercaptobenzthiazolyl)-5.10-dihydrophenarsazin (**III**) hergestellt, welches einerseits ein Vulkanisationsbeschleuniger mit verzögerter Wrkg. ist, der vulkanisiertem Material aber auch fungicide Eigg. verleiht. Durch 0,8 bzw. 1,6% **III** wird das Wachstum von *Alternaria tenuis*, *Trichothecium roseum* u. *Botrytis cinerea* auf den so hergestellten Kautschuk-Prodd. vollkommen gehemmt. Ein mit 1,6% **III** hergestelltes Vulkanisat ist unter trop. Bedingungen vollkommen schimmelfest. Die Eigg. des Vulkanisates werden durch **III** nicht nachteilig beeinflußt. T. Wein. 7228△

2574 **Spannungsmessung an Stoffen mit hoher Dehnbarkeit.** C. W. Barson und W. E. Gough. (Brit. J. appl. Physics **13**, 168—70, 1962; Fort Dunlop, Birmingham, Dunlop Rubber Comp. Ltd., Dev. Div.; engl.) — Verf. für die Spannungsmessung an Gummi u. ähnlichen Prodd. u. Reifenmaterial. H. Roschkowski. 7248◇

H_{13}. Ätherische Öle, Parfümerie, Kosmetik

2575 **Ein neuer Weg zur Bewertung von Bergamottöl.** F. C. Theile, C. E. Dean und R. Suffis. (Amer. Perfumer **77**, Nr. 10, Sect. 2, 43—46, 1962; Shulton, Inc.; engl.) — Inhaltlich ident. mit der C. **1961**, 11923 referierten Arbeit. H. Sontag. 7262◇

2576 **Die selteneren ätherischen Öle und ihr Einsatz in der Parfümerie.** Oliver L. Marton. (Amer. Perfumer **77**, Nr. 10, Sect. 2, 27—29, 1962; Shulton, Inc.; engl.) — Allg. Überblick. H. Sontag. 7276◇

2577 **Die Parfümierung von Emulsionen.** J. R. Elliott. (Amer. Perfumer **77**, Nr. 10, Sect. 1, 69—71, 1962; engl.) — Die bei der Parfümerie kosmet. Emulsionen auftretenden Probleme der Verfärbung der Präpp., der Veränderung der Duftnote des Parfüms u. des Hervorrufens allerg. Rkk. werden erörtert u. Hinweise zu ihrer Lösung unter Angabe von Rezepturen gegeben. H. Sontag. 7276◇

2578 **Untersuchungen über den elektrischen Widerstand von Öl-in-Wasser-Emulsionen.** I. H. Harrison. (Amer. Perfumer **77,** Nr. 10, Sect. 1, 73—76, 1962; engl.) — Im Rahmen einer Literaturübersicht werden die Ergebnisse theoret. Unterss. an dispersen Syst. u. experimenteller Unterss. an Modell-Syst. u. Emulsionen erörtert. — 11 Literaturangaben. H. Sontag. 7284◇

2579 **Neue Kennwerte zur Bestimmung der Stabilität von Emulsionen.** Sidney Riegelman. (Amer. Perfumer **77,** Nr. 10, Sect. 1, 59—62, 1962; Univ. of California, School of Pharmacy; engl.) — Auf Grund einer Übersicht verschiedener Theorien über die Wrkg. von Emulgatoren wird die Neigung der Emulsionstropfen zur Aggregation beim Wandern in die kontinuierliche Phase als die die Stabilität der Emulsionen kehnzeichnende Eig. herausgestellt. — 18 Literaturangaben. H. Sontag. 7284◇

2580 **Vorausbestimmung der Stabilität von Emulsionen.** J. Wilkinson. (Amer. Perfumer **77,** Nr. 10, Sect. 1, 105—07, 1962; Unilever Ltd.; engl.) — Nach Erörterung der Instabilität von Emulsionen verursachenden physikal. Veränderungen werden in einer Übersicht verschiedene bekannte Meth. zur Stabilitätsprüfung, die auf längerer kontrollierter Lagerung unter normalen Bedingungen u. auf der Einw. therm., physikal. oder elektr. Kräfte beruhen, krit. verglichen. H. Sontag. 7284◇

2581 **Mit Ammoniumseifen emulgierte Wasser-in-Öl-Emulsionen.** Astrid G. Wood. (Amer. Perfumer **77,** Nr. 10, Sect. 1, 117, 1962; Bradford, Inst. of Technol.; engl.) — Der Einfl. des Zusatzes von Bienenwachs (**I**), Wollfett (**II**), Cetostearylalkohol (**III**), Cetomacrogol (**IV**) u. Na-Laurylsulfat auf die Stabilität von mit NH_4-Oleat oder -Stearat emulgierten W.-in-Öl-Emulsionen auf Basis von Vaselinöl wurde untersucht. Während **I** u. **II** stabilitätsverbessernd wirkten, wurde durch Zusatz von **III, IV** u. **V** kein Erfolg erzielt. H. Sontag. 7284◇

2582 **Hydratisierung der Haut durch Fette und Emulsionen** Peter Flesch. (Amer. Perfumer **77,** Nr. 10, Sect. 1, 77—80, 1962; Univ. of Pennsylvania, School of Med.; engl.) — In einer Literaturübersicht wird der Einfl. von Fetten u. Ölen einerseits sowie von Emulsionen andererseits auf den Wasserhaushalt der Haut erörtert. Auf Grund theoret. Überlegungen sind Emulsionen bessere Hydratisierungsmittel für die Haut als Fette. Nach den Ergebnissen der nach bisher bekannten Meth. experimentell durchgeführten Unterss. läßt sich diese Frage aber nicht entscheiden. — 37 Literaturangaben. H. Sontag. 7284◇

2583 **Klassifizierung der Emulgatoren.** G. Carriere. (Amer. Perfumer **77,** Nr. 10, Sect. 1, 119—33, 1962; Rotterdam, Unilever N. V.; engl.) H. Sontag. 7284◇

2584 **Äthoxylierte höhere Fettalkohole und ihre Verwendung als Emulgatoren in kosmetischen Präparaten.** C. D. Moore und Maurice Bell. (Amer. Perfumer **77,** Nr. 10, Sect. 1, 81—84, 1962; Glovers Chemicals Ltd.; engl.) — Die Vorteile der Verw. nichtion. Emulgatoren auf Basis äthoxylierter höherer Fettalkohole u. die Beziehungen zwischen der chem. Konstit. dieser Verbb. u. ihrer Emulgier-Wrkg. werden erörtert u. an Rezeptbeispielen erläutert. — 14 Literaturangaben. H. Sontag. 7284◇

2585 **Vergleichende Bewertung von Polyolen in kosmetischen Emulsionen.** S. J. Strianse. (Amer. Perfumer **77,** Nr. 10, Sect. 1, 31—39, 1962; Yardley International Res. Labor.; engl.) — Der Einfl. des Zusatzes von Propylenglykol, Glycerin (**I**) u. Sorbit (**II**) auf das Verh. von anion. u. nichtion. W.-in-Öl-Emulsionen (Cremes u. Lotionen) wurde unter systemat Variationen von Typ u. Geh. dieser Polyole untersucht. In allen Fällen erbrachte der Zusatz der Polyole eine Verbesserung des Gleit- u. Spreitvermögens der Emulsionen. Bzgl. der Verhütung des Austrocknens zeigte **II** bei den nichtion. Präpp., **I** bei den anion. Präpp. das beste Wasserhaltevermögen. Die Unters. des Einfl. des Polyol-Geh. auf die Stabilität der Emulsionen ließen keine klaren Beziehungen erkennen. H. Sontag. 7284◇

2586 **Polyolfettsäureester in kosmetischen Emulsionen.** John Hardiman. (Amer. Perfumer **77,** Nr. 10, Sect. 1, 45—47, 1962; Kessler Chemical Div.; engl.) — Nach Hinweis auf Notwendigkeit u. Möglichkeiten einer systemat. Qualitätskontrolle bei Polyolfettsäureestern für ihren Einsatz in der Kosmetik werden folgende Vertreter unter besonderer Berücksichtigung ihrer Oberflächenaktivität, ihres Lösevermögens u. ihrer opazifizierenden u. hauterweichenden Wrkg. charakterisiert: Monoester (Stearat, Oleat, Palmitat) des Glycerins, Propylen- u. Diäthylenglykols, Sorbits u. der Saccharose u. propoxylierten Saccharose (Octakis-[2-hydroxypropyl]-saccharose). — 11 Literaturangaben. H. Sontag. 7284◇

2587 **Polyoxyäthylenfettsäureester.** L. L. Walton. (Amer. Perfumer **77,** Nr. 10, Sect. 1, 41—43, 1962; Glyco Chemicals, Inc.; engl.) — Die bekannten Herst.-Verff. dieser Ester — 1. direkte Veresterung von Polyäthylenglykol mit einer Fettsäure, 2. Äthoxylierung von Fettsäuren durch Rk. mit Äthylenoxid u. 3. Umesterung durch Rk. eines einfachen Fettsäure-Alkohol-Esters mit dem Methylester eines Polyäthylenglykols — werden beschrieben, u. ihr Einsatz als nichtion. oberflächenakt. Stoffe in der Herst. kosmet. Präpp. wird an Beispielen erläutert. H. Sontag. 7284◇

2588 **Die Rolle der Wollfettalkohole in kosmetischen Präparaten.** Edgar S. Lower. (Amer. Perfumer **77,** Nr. 10, Sect. 1, 63—68, 1962; Croda, Inc.; engl.) — In einer Übersicht wird die emulgierende Wrkg. von Wollfettalkoholen u. ihren nichtion. Polyoxyäthylen-Derivv. erörtert u. ihr Einsatz in kosmet. Präpp. an Rahmenrezepten erläutert. — 22 Literaturangaben. H. Sontag. 7284◇

2589 **Funktionelle Eigenschaften von Lanolinderivaten in Formulierungen.** Lester I. Conrad und Henry F. Maso. (Amer. Perfumer **77,** Nr. 10, Sect. 1, 97—103, 1962; American Cholesterol Prod., Inc.; engl.) — Die Eigg. von acetyliertem Lanolin (L), äthoxyliertem L, Isopropyllanolat, fl. u. festem multisterolem Extrakt von L-Alkoholen, Cholesterin, acetyliertem Cholesterinalkoholen, dem Linoleat von L-Alkoholen den Ricinoleaten von L-Alkoholen u. acetylierten–äthoxylierten Estern von L-Alkoholen werden beschrieben. Am Beispiel von Rahmenrezepten werden die kosmetolog. interessanten funktionellen Eigg. dieser L-Derivv. dargelegt. — 14 Literaturangaben. H. Sontag. 7284◇

2590 **Flüssiges Lanolin.** E. W. Clark. (Amer. Perfumer **77,** Nr. 10, Sect. 1, 89—96, 1962; Westbrook Lanolin Co.; engl.) — Die chem. u. physikal. Eigg. von 6 handelsüblichen fl. Lanolinen werden angegeben u. im Rahmen einer Übersicht ihre Herst. u. Einsatzgebiete unter Angabe von Rezepturen besprochen. — 25 Literaturangaben. H. Sontag. 7284◇

2591 Glidden Co., Cleveland, Ohio, V.St.A., **Ungesättigte Derivate von 2.6-Dimethyloctanen** der allg. Formel $(CH_3)_2$–C(X)–CH_2–[CH–CH–C(CH_2–)–CH–CH_2] (**B**; X = Halogen, OH, Alkoxy, Acyloxy; 2 der im Teil **B** der Formel nicht besetzten Wertigkeiten bilden eine Doppelbindung, die übrigen Wertigkeiten sind durch H abgesätt.) erhält man durch Anlagern einer Verb. der allg. Formel HX an ein Dien der allg. Formel [CH_3–C(CH_2–)–CH] (**A**)–[CH–CH–C(CH_2–)–CH–CH_2] (**B**) (**A** = **B**) in Ggw. einer starken Säure (H_2SO_4, saure Ionenaustauscher). Die Halogen-, Alkoxy- u. Acyloxygruppe kann in üblicher Weise in Ggw. von Säuren oder Alkalien in die OH-Gruppe übergeführt werden. — Aus 1000 g trans-2.6-Dimethyl-2.6-octadien ($Kp._{100}$ 102°, erhältlich aus Myrcen u. H_2 in Ggw. von 5% Pd auf Kohle bei 25—35° u. 40—60 lbs./sq.in. → Mischung aus 65—70% trans- u. 30—35% cis-Verb., $Kp._{100}$ 104°) u. 1000 g Eisessig, enthaltend 0,5% H_2SO_4 bei 20—30°, dann nach 24 Std. Zusatz von 10 g wasserfreiem Na-Acetat, um die H_2SO_4 zu zerstören → *trans-2.6-Dimethyl-6-octen-2-acetat;* daraus durch Verseifung mit 35%ig. wss. KOH → 254 g *2.6-Dimethyl-6-octen-2-ol,* $Kp._{10}$ 82,5—87,5°; n_D^{25} 1,4499; $D._4^{25}$ 0,8499; daraus mit H_2 in Ggw. von PtO_2 bei 30° u. 50 lbs./sq.in. → *2.6-Dimethyloctan-2-ol.* cis-Ester → *cis-Alkohol,* $Kp._{10}$ 82,5 bis 87,5°. — *cis-, trans-2.6-Dimethyl-6-octen-2-ylacetat,* $Kp._{10}$ 95,5—97°; *Riechstoff.* — 2-Methyl-6-methylen-2-octen → *2-Methyl-6-methylenoctan-2-ylacetat,* $Kp._{10}$ 95—98°, → *2-Methyl-6-methylenoctan-2-ol,* $Kp._{10}$ 84° → *2.6-Dimethyloctan-2-ol.* — 2.6-Dimethyl-2.7-octadien + wasserfreie HCl bei 20 bis 30° → *2-Chlor-2.6-dimethyl-7-octen,* $Kp._{10}$ 71°; n_D^{25} 1,4410; daraus mit wss. $Ca(OH)_2$ bei 100—105° → 15—20% einer Mischung aus 2.6-Dimethyl-1.7-octadien u. 2.6-Dimethyl-2.7-octadien, 5—10% *2-Chlor-2.6-dimethyl-7-octen* u. 65—70%

2.6-Dimethyl-7-octen-2-ol, Kp.$_{10}$ 82,5°. — 2.6-Dimethyl-2.4-octadien → *Acetat* → *2.6-Dimethyl-4-octen-2-ol*, Kp.$_{10}$ 79—81° → *2.6-Dimethyloctan-2-ol*. — 2.6-Dimethyl-2.7-octadien + Methanol → *2-Methoxy-2.6-dimethyl-7-octen*, Kp.$_{10}$ 70,5—71° → *2-Methoxy-2.6-dimethyloctan*, Kp.$_{100}$ 126,5—127,5°. — *2-Brom-2.6-dimethyl-7-octen*, Kp.$_{10}$ 84—89°. Durch Ozonisierung der Alkohole erhält man die entsprechenden *Ketone* oder *Aldehyde*. — *Zwischenprodd.* u. *Riechstoffe*. (**E. P. 859 567** vom 3/4. 1957, ausg. 25/1. 1961. A. Prior. 9/4. 1956.) G. Krauß. 7277

2592 Chattanooga Medicine Co. (Erfinder: Irvine Walter Grote), **Herstellung von Zirkonyltrichloraluminat** durch Rk. von $ZrOCl_2$ (I) mit einer Al-Verb., die $Al(OH)_3$ bildet, bes. $Al(OC_3H_7)_3$ (II), u. HCl in wss. Lösung. — Man löst 0,1 (g Mol) I·8 H_2O in 200 g W., gibt 0,1 n HCl zu, erwärmt auf 35—40°, gibt 0,2 **II** zu, kocht 5 Min., filtriert heiß, verd. mit W. auf 205 ml u. trocknet an der Luft. — *Antischweißmittel*. (**Aust. P. 233 671** vom 14/10. 1958, ausg. 1/6. 1961.) C. Lüttgen. 7285

2593 Permanent Hair Waving Corp., Norfolk, Va., übert. von: Harry Martin, Monroe, N.Y., V.St.A., **Mittel zum Wellen der Haare,** bestehend aus einem trockenen Granulat, das durch Rk. von Thioglykolsäure oder Alkylthioglykolat mit NH_3, einem Amin, Guanidin oder Morpholin bei einem pH-Wert von 6,5—10 in einem wasserfreien niedermol. Alkohol oder Äther bei niederer Temp., bes. —41 bis 0°, hergestellt wurde. (**A. P. 2 990 336** vom 16/10. 1959, ausg. 27/6. 1961.) C. Lüttgen. 7285

H_{14}. Zucker, Kohlenhydrate, Stärke

2594 **Stabilität verschiedener Arten des Zuckerrüben-Vergilbungsvirus und Einfluß des Genotyps der Wirtspflanze auf die Symptome.** K. Björling. (Socker, Handl. II **17**, 1—13, 1961; Uppsala, Royal Agric. Coll.; engl.) — Die die Gelbfärbung von Zuckerrübenblättern hervorrufenden Viren lassen sich einteilen in Arten, die schwere (a), mittlere (b) u. geringe (c) Schädigungen hervorrufen. Bzgl. dieser Eigg. sind die Viren sehr stabil, wie durch Verss. über längere Zeiträume (bis 10 Jahre) gezeigt wurde. Während die Übertragung von a u. c immer zu den gleichen Symptomen führt, sind die Schädigungen bei b abhängig vom Genotypus der Wirtspflanzen. Nur bei erbgleichem Pflanzgut sind hier einheitliche Krankheitserscheinungen zu erwarten. — 38 Literaturangaben. M. Reiher. 7406◇

2595 **Untersuchungen des Proteins einiger Proben von Zuckerrübenblättern.** Marta Arvidsson und Evi Swietlicka. (Socker, Handl. II **17**, 15—21, 1961; engl.) — Die Unterss. wurden im Hinblick auf eine evtl. Verw. der in Zuckerrübenblättern vorhandenen Eiweißstoffe für die menschliche Ernährung durchgeführt. Das Blatteiweiß hat einen relativ hohen Geh. an *Lysin*. Der Methionin-Anteil ist dagegen niedrig. Die Zus. des Proteins kann beeinflußt werden durch die jeweiligen klimat. Verhältnisse, den Zeitpunkt der Ernte, die angewandte Düngung (bes. N u. Mg) sowie durch Krankheiten. Bei Virusbefall (Vergilbung) wurde z. B. ein deutlich verminderter *Glycin*-Geh. festgestellt. M. Reiher. 7406◇

2596 **Das Lagern des Zuckers in Silos.** T. Dinescu und I. Pătraşcu. (Ind. Alimentară — Produse veget. **12**, 298—308, 1961; Inst. proiect. al ind. aliment; rum.) — Das Verh. des Zuckers bei Feuchtigkeits-Einfl. u. Temp.-Schwankungen sowie die Bedingungen für eine gute Lagerung werden gezeigt. Die in dieser Hinsicht in modernen rumän. Zuckerfabriken durchgeführten Maßnahmen sowie mehrere Typen von Zuckersilos u. ihre Verwendungsweise werden eingehend behandelt. H. Guischard. 7438◇

2597 **Die Hydratation der Stärke.** 6. Mitt. **Beeinflussung der Quellungstemperatur der Stärke durch Wasserentzug und Hitze.** F. Schierbaum und K. Täufel. (Stärke **14**, 411—15, 1962; Potsdam-Rehbrücke, Inst. für Ernährung d. Dt. Akad. Wiss. Berlin; dt.) — 5. vgl. C. **1963, 9144.** — Vff. untersuchten die Beeinflussung der Quellungs-Temp. von *Stärke* (I) durch Wasserentzug u. Wärme-Einw. nach der Mikroheiztisch-Meth. u. stellten fest, daß bei allen 4 untersuchten I sich im letzten Stadium der Entwässerung ein irreversibles Absinken der Quellungs-Temp. ausprägt, von dem die Getreide-I ab 5—3% u. die Kartoffel-I ab 10% Wassergeh. betroffen werden. Das Absinken der Quellungs-Temp. ist bis zu einem Wassergeh. = 0 unabhängig von der Entwässerungsart, bes. von der Wärme. Nach Erreichen des Wassergeh. 0 u. Einw. von Temp. über 140° erfolgt therm. Abbau. Die Hydratationsabhängigkeit des Quellungs-Verh. von wasserhaltigen I steht in keinem Zusammenhang mit den Folgeerscheinungen therm. Prozesse. — 15 Literaturangaben. J. Seidemann. 7448◇

2598 **Die Bestimmung des Durchschnitts-DP von Stärke mittels der Perjodatmethode.** D. Mejzler, J. Schmorak und M. Lewin. (Stärke **14**, 428—32, 1962; Jerusalem, Israel, Ministry of Commerce and Ind., Inst. Fibres and Forest Res.; engl.) — Die mathemat. Theorie der Perjodatoxydation von nicht fraktionierter Stärke zur Best. des Polymerisationsgrades wurde untersucht u. an einem Zahlenbeispiel näher erläutert. J. Seidemann. 7490◇

2599 **Ein Beitrag zur Charakterisierung der Stärke.** R. Schutz und M. Th. Reitzer. (Stärke **14**, 424—27, 1962; Mulhouse, Frankreich, Centre de Recherche Textiles, École Supérieure de Chim.; dt.) — Zur physikal.-chem. Charakterisierung von *Stärke* (I) u. I-Prodd. wurden Viscositätsmessungen in 0,5n NaOH u. in Fe-Weinsäure-Na-Komplex-Lsg. $[(C_4H_3O_6)_3Fe]Na_6$, (II) im Ostwald-Viscosimeter durchgeführt. Es konnte festgestellt werden, daß sich die II-Lsg. als besseres Lsgm. für I u. I-Prodd. eignet als NaOH. — 30 Literaturangaben. J. Seidemann. 7490◇

2600 **Zum Vergleich der Stärkebestimmung nach der polarimetrischen $CaCl_2$- und HCl-Methode.** M. Ulmann und M. Richter. (Stärke **14**, 397—404, 1962; Potsdam-Rehbrücke, Inst. für Ernährung d. Dt. Akad. Wiss. Berlin; dt.) — Vgl.-Unterss. zur Best. des *Stärke*-Geh. (I) in Kartoffeln, Reis, USA-Mais, Weizenmehl u. Kartoffelpülpe sowohl nach der polarimetr. $CaCl_2$-Meth. nach Baumann u. Grossfeld [1917] ergaben, daß die auftretenden Streuungen der Resultate nicht in der polarimetr. Ablesung liegen, sondern in Abweichungen in den Versuchsbedingungen. Die beiden miteinander verglichenen Verff. ergaben keine übereinstimmenden Werte. Die auftretenden Unterschiede werden eingehend diskutiert, u. es wird gefunden, daß die $CaCl_2$-Meth. der HCl-Meth. bei der Best. von I in Ggw. von natürlichen Begleitstoffen, wie sie im Getreide, Mehl u. Pülpen auftreten, überlegen ist. J. Seidemann. 7490◇

H_{15}. Gärungsindustrie

2601 **Über die Verarbeitung der Zuckerrübe auf Alkohol.** A. L. Maltschenko und W. A. Wershbitzkaja. (Spiritus-Ind. [UdSSR] **28**, Nr. 3, 5—9, 1962; Zentr. Forschungsinst. für sanitäre Aufklärung; russ.) — Hauptprobleme bei der Verarbeitung von Rüben sind die Lagerzeit (wenn die Verarbeitung nicht in 100—150 Tagen beendet ist, treten merkliche Zuckerverluste ein) u. der Pektin-Geh. bis zu 2,5% (bei Temp. über 90° tritt schnell Hydrolyse ein u. die Stoffe werden wasserlösl.; das Ergebnis sind eine zähe Maische u. Schaum-Bldg. bei der Gärung). Bei der Diffusion treten kaum Zuckerverluste auf. Der Diffusionssaft enthält nur 0,1% Pektinstoffe u. der gewonnene A. fast kein Methanol. Die App.-Typen der Zuckerindustrie entsprechen den Anforderungen dieses Prozesses nicht. Daher findet in der SU der Kochprozeß noch Verwendung. Er ist weitgehend verbessert worden, um Saccharoseverluste u. Auslaugung des Pektins zu vermeiden. Die Rübenschnitzel werden kurzzeitig (3—4 Min.) auf 65—75° erhitzt, was eine gute Vergärung des Zuckers zur Folge hat. Um die A.-Ausbeute zu steigern, erfolgt die Vergärung zusammen mit Melasse. Die Schlempe dient zur Gewinnung von Futterhefe. I. Weber. 7536◇

2602 **Ein technologisches Schema für die Verarbeitung von Zuckerrüben auf Alkohol.** B. K. Gratschew. (Spiritus-Ind. [UdSSR] **28**, Nr. 3, 10—12, 1962; russ.) — Die Verarbeitung der Rüben geht bei 1,4 atü u. 80° vor sich. Nach dem Waschen werden die Rüben fein zerkleinert. Dabei gibt man 300 Liter W./t Rüben hinzu. Die entstehende zähe Masse wird im Mischer mit 1% Malz versetzt. Die Gärungs-Temp. beträgt 28—30°. I. Weber. 7536◇

2603 **Die Verarbeitung von Zuckerrüben in der Lobanower Alkoholfabrik.** M. M. Turenko. (Spiritus-Ind. [UdSSR] **28**, Nr. 3, 12—15, 1962; russ.) — Bei diesem Verf. werden die hohen Kochtemp. von 138—147° vermieden. Die Rüben gelangen nach dem Waschen über einen Vorkocher in den Kocher, wo W. zugegeben wird. Im Kocher bleibt über der Füllmasse ein freier Raum von 0,6—0,7 m^3. Die Kochtemp. beträgt 90°, die Kochdauer 50—55 Minuten. Die Masse wird mit einer Konz. von 11—13° (Saccharimeter) weiter verarbeitet. Nach Entfernen der Grobteile kommt der Sirup in den Gärbottich. Die Gärung verläuft in 3 Stufen. Energieverbrauch 1,6 kWh/t Rüben. Die A.-Ausbeute betrug 100,4% der geplanten. I. Weber. 7536◇

2604 **Die Verarbeitung von Zuckerrüben in der Rasskasower Alkoholfabrik.** Ss. Ss. Erdman. (Spiritus-Ind. [UdSSR] **28**, Nr. 3, 15—17, 1962; russ.) — Ziel dieses kontinuierlichen Halbdiffusions-Verf. ist die Senkung des Zerfalls von Pektinstoffen u. des Zuckerverlustes u. ein minimaler Methanol-Geh. im Alkohol. Zur Erhöhung der Sirup-Konz. kann die Verarbeitung zusammen mit Melasse erfolgen. Nach dem Waschen werden die Rüben durch einen Elevator über einen Vorratsbehälter in den Schnitzler befördert. Die Schnitzel werden zunächst mit heißem W. u. dann mit kochender Getreidemelasse gemicht, wobei die Temp. auf 85° ansteigt. Zur Verdünnung u. Zucker-Bldg. erfolgt im nächsten Behälter die Zugabe von Malzmilch. Dann gelangt der Sirup in den Gärbottich. Ein Schema der Anlage ist angegeben. I. Weber. 7536◇

2605 **Die Bildung der Aminosäuren im Verlauf der Traubenreife.** S. Lafon-Lafourcade und G. Guimberteau. (Vitis, Ber. Rebenforsch. **3**, 130—35, 1962; Bordeaux, Station agronom. et oenolog.; franz.) — Die Entw. der Bldg. der Aminosäuren (AS) im Verlauf der Traubenreife wird mittels Papierchromatographie u. einem bes. mikrobiolog. Verf. untersucht. Es wird die Bldg. folgender AS verfolgt: Arginin, Glutaminsäure, Glykokoll, Isoleucin, Leucin, Prolin, Serin, Threonin, Valin. Alle AS nehmen im Verlauf der Reife zu, bes. Prolin, das z. B. von <10 mg auf 780 mg/Liter Most ansteigt. Dieses Ergebnis ist bemerkenswert im Hinblick auf die Vergärung, der N-Geh. der Trauben verändert sich fortschreitend zu Verbb., die für die Ernährung der Hefen von geringerem Wert sind. F. Zeidler. 7552◇

2606 **Über die Milchsäurebakterien des Weines und den biologischen Säureabbau. Übersicht.** 1. Mitt. **Systematik und chemische Grundlagen.** F. Radler. (Vitis, Ber. Rebenforsch. **3**, 144—76, 1962; Geilweilerhof, Forsch.-Inst. f. Rebenzüchtung; dt.) — Übersicht über die Kulturmeth. u. Systematik der Milchsäurebakterien des Weines u. die chem. Grundlagen des biolog. Säureabbaus. — 134 Literaturangaben. F. Zeidler. 7554◇

2607 **Die Bildung von Acetoin und Diacetyl durch die Bakterien des biologischen Säureabbaus.** F. Radler. (Vitis, Ber. Rebenforsch. **3**, 136—43, 1962; Geilweilerhof, Forsch.-Inst. f. Rebenzüchtung; dt.) — Die Milchsäurebakterien, die im Wein eine Säureverminderung durch Decarboxylierung der Äpfelsäure bewirken können, bilden beim Wachstum in synthet. Nährlsg. oder Traubenmost *Acetoin* bzw. *Diacetyl*. Weißweine, in denen der bakterielle Säureabbau erfolgt ist, haben einen höheren Geh. der 2 geschmacklich wirksamen Stoffe als Weißweine ohne den Säureabbau. F. Zeidler. 7554◇

2608 **Neue Verfahren zur Schönung der Weine, die zur Champagner-Bereitung bestimmt sind.** Gh. Bernaz. (Ind. Alimentară — Produse veget. **12**, 318—22, 1961; Inst. cercet. aliment.; rum.) — Die neusten Schönungs-Verff. zur Herst. eines hochwertigen Ausgangs-Prod. sowie die Herabsetzung der Dauer des technolog. Prozesses ohne Beeinträchtigung der Qualität des Champagners werden beschrieben. H. Guischard. 7554◇

2609 **Herstellung von Itaconsäure durch Gärung in halbindustriellem Maßstab.** Ricardo Porras García und José M. Garrido. (Rev. Ci. apl. **16**, 12—17, 1962; span.) — In einer Vers.-Anlage von 20 bzw. 100 Liter Fassungsraum wird Invertzucker zu Itaconsäure mit *Aspergillus terreus* ATCC I 960 vergoren. Die Gärfl. wird mit Tierkohle entfärbt, durch Fällung von $Cu_2Fe(CN)_6$ geklärt u. bis zur Kristallisation im Vakuum eingedampft. Die Ausbeute beträgt 90%. F. Zeidler. 7578◇

H_{16}. Nahrungs-, Genuß- und Futtermittel

2610 **Vakuumtiefkühlung von Pflanzenprodukten.** R. Thevenot. (Le Vide **17**, 457—64, 1962; Inst. Internat. du Froid; franz.) — Übersicht über die Grundlagen der Vakuumtiefkühlung, die verschiedenen Vakuumkammern u. ihre Arbeitsweise u. das Verh. von vakuumtiefgekühlten Pflanzenprodukten. W. Wesly. 7636◇

2611 **Nährstoffverluste durch Transport, Lagerung und Zubereitung.** R. Zacharias. (Nutritio et Dieta [Basel], Suppl. zu Bd. **2**, 12—26, 1961; Stuttgart-Hohenheim, Bundesforschungsanstalt für Hauswirtschaft; dt.) — Übersicht. G. Heder. 7642◇

2612 **Probleme der Nährwertverbesserung durch verschiedene Zusätze.** J. C. Somogyi. (Nutritio et Dieta [Basel], Suppl. zu Bd. **2**, 27—57, 1961; Rüschlikon-Zürich, Inst. für Ernährungsforschung; dt.) — Übersicht. — 65 Literaturhinweise. G. Heder. 7642◇

2613 **Zusatz konservierender Fremdstoffe zu Lebensmitteln.** Luiz Piragibe. (Rev. brasil. Quím. **51**, 462—68, 1961; Rio de Janeiro, Labor. Bromatol.; port.) — Übersicht über die geforderten Eigg., die Klassifizierung u. die in Brasilien zugelassenen Zusatzstoffe. R. K. Müller. 7642◇

2614 **Die Aussichten für synthetische Lebensmittel.** Sidney W. Fox. (Food Technol. **17**, Nr. 4, 22—26, 1963; Tallahassee, Fla., Florida State Univ., Inst. for Space Biosci., Chem. Dep.; engl.) — Übersicht über die Gewinnung von Lebensmittelzusätzen, bes. Vitaminen, Aminosäuren u. Kohlenhydraten. — 23 Literaturangaben. W. Wesly. 7654◇

2615 **Biologische Wirkungen von Nahrungsmittelzusätzen.** 2. Mitt. **Natriumpyrophosphat.** P. K. Datta, A. C. Frazer, M. Sharratt und H. G. Sammons. (J. Sci. Food Agric. **13**, 556—66, 1962; Birmingham, Univ., Dep. of Med. Biochem.; engl.) — 1. vgl. C. **1963**, 1751. — Ratten erhalten in der Diät für 16 Wochen 1%, 2,5% u. 5% *Natriumpyrophosphat* (**I**) u. 5% *Natriumorthophosphat*. Über 1% **I** oder 5% **II** in der Diät verursacht Schädigung der Nieren, 5% **I** eine Zunahme des relativen Dünndarmgewichts. DL_{50} für **I** beträgt 233 mg/kg bei intraperitonealer u. 4 g/kg bei oraler Verabreichung. Vff. nahmen an, daß **I** im Körper zu Orthophosphat umgebildet wird. W. Hiller. 7658◇

2616 **Wirksamkeit der Begasung in Abhängigkeit von Dauer, Zusammensetzung sowie Insektenarten beziehungsweise -entwicklungsstufen.** Phillip K. Harein. (J. econ. Entomol. **55**, 527—33, 1962; Manhattan, Kans., Kansas State Univ.; engl.) — Begasung von Weizen mit CCl_4 (**I**), CS_2(**II**) u. **I** + **II**, **I** + *Methylformiat* (**III**) oder *Äthylformiat* (**IV**) gegen *Sitophilus sasakii Takahashi* (a), *Tribolium confusum Jacquelin du Val* (b) u. *Oryzaephilus surinamensis L.* (c) oder 1. u. 3. Stadium von a ergab als Reihenfolge der Widerstandsfähigkeit der Vollkerfe gegen alle Begasungen: a < b = c u. a = 1. < 3. Stadium. — 80 : 20-Gemische (Vol.) **I** + **III** oder **I** + **IV** waren weniger tox. als **I** u. **II** oder **I** allein. Abfallender **II**- oder **IV**-Zusatz zu **I** verstärkte die Wrkg. gegen b, nicht aber gegen a oder c. Die Widerstandsfähigkeitsreihenfolge gegen alle **III**- u. **IV**-Gemische war c > b = a. — 43 bzw. 85% von **I** u. **II** wurden nach 8 bzw. 24 std. Dauer aufgenommen, bis 48 Std. stieg die Aufnahme auf annähernd 90%. Die Reihenfolge der Widerstandsfähigkeit war: a < b < c. Im allg. war die Empfindlichkeit der Vollkerfe im Vgl. zu den Entw.-Stufen geringer bei 8- u. höher bei 48 std. Einwirkung. Fritz Müller. 7664◇

2617 **Erfahrungen aus Versuchen zur Bestrahlung von Mehl.** E. Maes. (Getreidemühle **4**, 232—33, 1960; Brüssel; dt.) — Die Strahlenbehandlung von Weizen, die bei Weichweizen stets zu ausgeprägteren Verbesserungen der Kleberqualität als bei Hartweizen führt, ist durch eine Verlängerung der Peptidketten u. durch stärkere Vernetzung derselben zu deuten, mit der eine Erniedrigung der freien Aminogruppen einhergeht. G. Heder. 7670◇

2618 **Neuere Erfahrungen mit bestrahlten Mehlen.** M. Blinc. (Getreidemühle **4**, 229—32, 1960; Ljubljana; dt.) — Vgl. C. **1960**, 9407. — Gammabestrahlung bis zu 10^5 rad wirken sich auf die Kleisterviscosität u. Kleberqualität von Weizenmehl vorteilhaft aus. Bis zu dieser Strahlendosis ist mit schädlichen makromol. Kettenvernetzungen nicht zu rechnen. Der Backvers. läßt keine Beeinträchtigung des Backgutes durch Strahlenbehandlung mit der genannten Dosis erkennen. G. Heder. 7670◇

2619 **Weitere Untersuchungen über die Backfähigkeit von Roggenmehl.** Hans Huber. (Brot u. Gebäck **17,** 41—44, 1963; Ingelheim/Rhein; dt.) — Die Backfähigkeit von Roggenmehl wird durch NaCl u. Säure verbessert. Geringe NaCl- u. Säure-Konzz. ergeben erhöhte Eiweißlöslichkeit, die erst durch stärkere pH-Erniedrigung u. höhere NaCl-Konz. verkleinert wird. H. Haevecker. 7670◇

2620 **Untersuchungen an angereicherten Tapiolea-Makkaroniprodukten. 1. Mitt. Die Entwicklung neuer Sortenbezeichnungen und Studien mit einer Versuchsanlage.** V. Subrahmanyan, N. Gopalakrishna Rao, S. Venkata Rao, G. S. Bains, D. S. Bhatia, M. Swaminathan und A. Sreenivasan. (Food Sci. [India] **10,** 379—81, 1961; Mysore, Central Food Technol. Res. Inst.; engl.) — In einer Vers.-Anlage werden 4 Makkaronisorten hergestellt, die als gemeinsame Grundlage Tapiokamehl, Erdnußmehl u. Weizengrieß enthalten. Ferner werden ihnen Mineralstoffe u. Vitamine zugesetzt. In den mit **A, B, C** u. **D** bezeichneten Sorten sind außerdem bei **A** Casein, bei **C** Trockenmagermilch u. bei **B** Erbsmehl zugegeben. Für **A** wird im Endprod. ein Caseingeschmack u. bei **D** ein Geschmack nach Erbsmehl festgestellt. In geschmacklicher Hinsicht u. auch nach der Kochprobe wird die Sorte **C** am besten beurteilt. G. Heder. 7672◇

2621 **Untersuchungen an angereicherten Tapiolea-Makkaroniprodukten. 2. Mitt. Der Einfluß der Herstellung auf den Proteinausnutzungsquotienten.** S. Venkata Rao, N. Gopalakrishna Rao, G. S. Bains, D. S. Bhatia, M. Swaminathan, A. Sreenivasan und V. Subrahmanyan. (Food Sci. [India] **10,** 381—83, 1961; Mysore, Central Food Technol. Res. Inst.; engl.) — 1. vgl. vorst. Referat. — Im Tier-Vers. mit Ratten zeigen die 4 vorstehend genannten Makkaronisorten, die nach der Herst. für 10 Min. mit Dampf behandelt u. anschließend für 3 Std. bei 55° getrocknet werden, in eine Diät eingearbeitet eine, gegenüber den in W. gekochten Ausgangsgemischen herabgesetzte Ausnutzbarkeit ihres Protein-Geh. um ca. 20%, bezogen auf den Proteinausnutzungsquotienten. Der Fett-Geh. der Leber ist bei der Fütterung mit Makkaronidiät deutlich erhöht. G. Heder. 7672◇

2622 **Verwendung von Maismehl in Weizenhefebroten.** H. M. Ballschmieter und H. Vleitstra. (Brot u. Gebäck **17,** 44—52, 1963; Pretoria, Südafrika, National Nutrit. Res. Inst.; dt.) — Hefemischbrote von gutem Vol. u. einwandfreier Krume u. Porung konnten mit Zusatz von 25% Maismehl gebacken werden, wenn der Teig 50 mg *Ascorbinsäure* u. 50 mg $KBrO_3$ pro kg Mehl u. 1% Backfett enthielt. H. Haevecker. 7674◇

2623 **Der Hefetrieb.** L. Weith. (Brot u. Gebäck **14,** 32—37, 1960; Wien.) — In einer Übersicht gibt Vf. einen Einblick in das Triebvermögen verschiedener Hefen. Weiterhin wird der Einfl. von variierenden Hefemengen, der Teig-Temp., des unterschiedlichen Ausmahlungsgrades der Mehle sowie von verschiedenen Zusätzen auf das Verh. der Hefen bzw. auf die Triebfähigkeit diskutiert. — 40 Literaturhinweise. G. Heder. 7674◇

2624 **Der Einfluß von Chloriden auf Ausbeute an Kartoffeln und deren spezifisches Gewicht.** Herman Timm und F. G. Merkle. (Amer. Potato J. **40,** 1—8, 1963; Davis, Calif., Univ. of California, Dep. of Vegetable Crops; engl.) — Freiland-Verss. zeigen, daß der Ertrag an Kartoffeln durch Anwendung von KCl oder K_2SO_4 nicht wesentlich beeinflußt wird. Das spezif. Gew. der Kartoffeln wird durch Anwendung von KCl (133 bzw. 199 lb./acre K) im Vgl. mit K_2SO_4 gesenkt. Steigerungen des Ertrags werden durch K-Gaben $>$ 66 lb./acre nicht erzielt, wenn der Boden $>$ 200 lb./acre austauschbares K enthält. Übermäßige K-Mengen senken das spezif. Gewicht. W. Wesly. 7678◇

2625 **Spezifisches Gewicht, Mehligkeit und Geschmack von Bratkartoffeln aus Maine in Abhängigkeit von einer Fungicid-Behandlung.** Elizabeth F. Murphy, Reiner Bonde und Franklin E. Manzer. (Amer. Potato J. **40,** 35—46, 1963; Orono, Maine Agric. Exper. Station.; engl.) — An mehreren Kartoffelsorten von Maine ausgeführte Unterss. zeigen, daß der Geschmack gebratener Proben (mit 1 Ausnahme) nicht durch Fungicid-Behandlung leidet. Mit Bordeauxbrühe behandelte Kartoffeln zeigten einen schlechteren Geschmack als unbehandelte Proben, waren weniger mehlig u. hatten ein geringeres spezif. Gewicht. Bei 22 anderen Proben war der Geschmack mit Fungiciden behandelter Kartoffeln dem unbehandelter Proben überlegen u. der Mehligkeit etwa parallel. W. Wesly. 7678◇

2626 **Einfluß der spezifischen Faktoren der Zusammensetzung von Kartoffeln auf die Farbe der Schnitzel.** Edward F. Hoover und Paul A. Xander. (Amer. Potato J. **40,** 17—24, 1963; Berwick, Pa., Wire Potato Chip Co.; engl.) — Zwischen der Farbe der Schnitzel einer gegebenen Kartoffelsorte u. der Zus. (Geh. an Kohlenhydraten (I), Enzymen (II), Phenolen, Aminosäuren) bestehen bestimmte Beziehungen. Für die Farbe werden Gleichungen in Abhängigkeit von der Zus., bes. bei den Geh. an **I** u. **II,** abgeleitet. W. Wesly. 7678◇

2627 **In vitro-Züchtung von Kartoffelgeweben.** 1. Mitt. Nagayoshi Oshima und Clark H. Livingston. (Amer. Potato J. **40,** 9—16, 1963; Fort Collins, Colo., Colorado State Univ., Dep. of Botany and Plant Pathol.; engl.) — Mit *Gibberellin* (I) angereichertes Whitesches Medium eignet sich am besten zur Bldg. u. Wachstumsförderung der Stiele von Kartoffelaugengeweben, wobei Schwankungen zwischen 25 u. 100 ppm I nur geringe Unterschiede bewirken. Die Wurzel-Bldg. wird durch Zusatz von 1 ppm *1-Naphthalinessigsäure* gefördert, diese u. Cocosnußmilch fördern auch die Callus-Bldg. an den Knollensegmenten der Stiele. *2.4-Dichlorphenoxyessigsäure* hat auf die Callus-Bldg. nur einen geringen Einfluß. W. Wesly. 7678◇

2628 **Die Konservierungsverfahren für Äpfel und die Orientierung des internationalen Handels dieser Früchte.** M. Dufrenoy. (C. R. hebd. Séances Acad. Agric. France **48,** 826—30, 1962; franz.) — Übersicht u. Diskussion. W. Wesly. 7688◇

2629 **Der Einfluß des Wassergehaltes und der Oberflächenfeuchtigkeit auf das Einfrieren von Orangenfrüchten.** C. H. Hendershott. (Proc. Amer. Soc. horticult. Sci. **78,** 186—89, 1961; Lake Alfred, Fla., Florida Citrus Comm.; engl.) — Die Abkühlungs-Geschw. (AG) von Valencia-Orangen (von 65° bis zu ihrem Gefrierpunkt) wurde nicht durch den Grad der Oberflächenfeuchtigkeit beeinflußt. Die AG war bei turgeszenten Früchten infolge höherer Wärmekapazität größer als bei nicht turgeszenten. Ein Einfl. des Wassergeh. auf den Gefrierpunkt der Früchte wurde nicht beobachtet. E. Moisar. 7688◇

2630 **Polyphenol-Verbindungen in Elberta-Pfirsichen während Lagerung und Reifung.** C. C. Craft. (Proc. Amer. Soc. horticult. Sci. **78,** 119—31, 1961; Beltsville, Md., US Dep. of Agric.; engl.) — Durch Papierchromatographie wurden in Extrakten von Elberta-Pfirsichen *Leuco-Anthocyanine, Chlorogensäure, Catechin* u. *Flavonole* nachgewiesen. Während qual. Veränderungen im Laufe der Reifung nicht auftraten, nahm der Geh. an Polyphenolen während des Wachstums stark u. bei der anschließenden Reifung schwächer ab. Enzymat. Oxydation (Phenolase) zerstörte die Polyphenole. E. Moisar. 7688◇

2631 **Einfluß der Lagerbedingungen auf die Qualitätserhaltung von Trockenerzeugnissen.** 1. Mitt. **Untersuchungen über das Lagerverhalten von luftgetrocknetem Weißkohl, Wirsing, Rotkohl und luftgetrockneten Karotten.** Paul Görling. (Ind. Obst- u. Gemüseverwert. **47,** 673—76, 1962; München, Inst. für Lebensmitteltechnol. u. Verpackung; dt.) — Es wurde der Einfl. des Restwasser-Geh., des O_2-Partialdruckes u. einer Sulfitierung auf die Qualität von Trockengemüse bei Lagerung bei verschiedener Temp. untersucht. Die Haltbarkeit steigt mit abnehmendem Wasser-Geh. u. bes. mit kleinerem O_2-Partialdruck. Zunahme der Lagerungsdauer bewirkte eine Erhöhung der Kochzeit. E. Moisar. 7690◇

2632 **Einfluß der Lagerbedingungen auf die Qualitätserhaltung von Trockenerzeugnissen.** 2. Mitt. **Untersuchungen über das Lagerverhalten von luftgetrockneten Kartoffeln, Grünen Bohnen, Zwiebeln, luftgetrocknetem Grünkohl, weißem Porree und gefriergetrocknetem Hühnerfleisch.** Paul Görling. (Ind. Obst- u. Gemüseverwert. **47,** 703—09, 1962; München, Inst. für Lebensmitteltechnol. u. Verpackung; dt.) — 1. vgl. vorst. Referat. — Ausdehnung der vorst. beschriebenen Unterss. auf weitere Materialien. E. Moisar. 7690◇

2633 **Einflüsse des Kühlverfahrens auf die Qualität von Spargel und Blumenkohl.** J. K. Stewart und W. R. Barger. (Proc. Amer. Soc. horticult. Sci. **78,** 295—301, 1961; Fresno, Calif., US Dep. of Agric.; engl.) — Bei einem Vgl. von Vakuumkühlung u. Hydrokühlung konnte nach simulierten Lagerungsbedingungen kein wesentlicher Einfl. des Kühlverf. auf die Qualität von Spargel u. Blumenkohl festgestellt werden. E. Moisar. 7690◇

2634 **Rote-Rüben-Säfte und Rote-Rüben-Saft-Pulver.** E. Benk. (Ind. Obst- u. Gemüseverwert. **47,** 715—16, 1962; Reutlingen, Chem. Landesuntersuchungsamt; dt.) — Es wird über die Feststoff-Zus. verschiedener Rote-Rübensäfte u. handelsüblicher Rote-Rübensaft-Pulver berichtet. In letzteren wurden bisher keine fremden Farbstoffe nachgewiesen; sie sind daher nichtfremde, färbende Zusätze lt. Lebensmittelgesetz. E. Moisar. 7706◇

2635 **Vorübergehende Inhibierung der Gärung von Apfelsaft.** G. W. Hope. (Food Technol. **17,** Nr. 4, 123—24, 1963; Kentville, Nova Scotia, Canada, Dep. of Agric.; engl.) — Apfelsaft wird durch Zusatz von 50—70 ppm NaF während einer 2tägigen Lagerung bei 68—72° F konserviert. Danach kann Gärung mit Weinhefen erfolgen. W. Wesly. 7706◇

2636 **Herstellung und Überwachung alkoholfreier Erfrischungsgetränke.** Elémer Szilas und Alfred Berndorfer. (Ind. aliment. agric. **77,** 373—80, 1960; Budapest, Univ., Inst. de Chim. aliment.; franz.) — Zus. u. Eigg. einer Anzahl, in Ungarn hergestellter, alkoholfreier Erfrischungsgetränke (auf der Grundlage von Milch, Eiern, Schokolade, Äpfeln, Tomaten, Sellerie, Himbeeren, Weichselkirschen, Orangen) werden ermittelt. W. Wesly. 7706◇

2637 **Salz aus Seewasser in Südafrika.** Peter Holz. (Mining Mag. **108,** 208—11, 1963; Port Elizabeth, Swartkops Seesout Bpk.; engl.) — Beschreibung einer Anlage zur Gewinnung von NaCl durch Verdampfen von Seewasser. W. Wesly. 7714◇

2638 **Untersuchungen über die Reife von Tabakblättern.** K. Ishitoya. (Bull. Inform. CORESTA **1961,** Nr. 1, 99—104, Okayama, Japan, Tobacco Exper. Station; engl.) — Tabakpflanzen zeigen höhere Geh. an Trockensubstanz u. Trockengewicht, höhere Dichte des gepulverten Blättergewebes u. höheren Stärke-Geh. der geernteten Blätter, je früher die Umpflanzung erfolgt. Die Geh. an Harzen, Wachsen u. *Nicotin* (I) steigen u. die Geh. an Gesamtzucker u. -N, Ascorbinsäure (in red. Form), Eiweiß u. Pektin fallen, wenn die Blätter überreif werden. Die Erneuerung der reifen Blätter folgt einer Verringerung der Lichtintensität u. übermäßigen N-Absorption im Reifestadium. Durch Beschatten ohne N-Zufuhr steigt der Geh. an lösl. N; der I-Geh. bleibt unverändert. Bei Beschattung mit N-Zufuhr steigen die Geh. an I u. Eiweiß; der Stärke-Geh. nimmt rascher als ohne N-Zufuhr ab. W. Wesly. 7734◇

2639 **Änderung und Bestimmung der chem. Zusammensetzung und hygroskopischen Eigenschaften einiger ungarischer Tabake während der Tabakbehandlung.** M. Demeczky. (Bull. Inform. CORESTA **1961,** Nr. 1, 72—79; Budapest, Tobacco Res. Inst.; engl.) — Die beim Luft- u. Heißlufttrocknen, Wiedertrocknen u. bei verschiedenen Fermentierungsarten mehrerer, ungar. Tabakarten sich ergebenden chem. Zus. u. die hygroskop. Eigg. werden bestimmt. Die Ergebnisse werden erörtert. W. Wesly. 7734◇

2640 **Erfahrungen mit der analytischen Bestimmung der Qualität von Tabak aus der Schweiz.** K. Grob. (Bull. Inform. CORESTA **1961,** Nr. 1, 89—91; Labor. F. J. Burrus; engl.) — Der Zucker-Geh. von *Tabak* aus der Schweiz wird als negativer Qualitätsfaktor gewertet. Zwischen dem Gesamt- oder Eiweiß-N-Geh. u. der Qualität besteht keine verwendbare Wechselbeziehung. Die Verbrennbarkeit u. die Geh. an lösl. N u. *Nicotin* werden als mehr oder weniger zuverlässige Indicatoren der Tabakqualität angesehen. Die chem. Analyse gibt Aufschluß über Qualitätsschwankungen einer Varietät oder nur einer Ernte dieser Varietät. W. Wesly. 7734◇

2641 **Vergleich der in der Schweiz zur Raucherfassung verwendeten Geräte.** Ch. Dietrich. (Bull. Inform. CORESTA **1961,** Nr. 1, 80—82; Lausanne, Baumgartner Papiers Soc. An., Labor. de Rech.; franz.) — Ein Vgl. der in der Schweiz zur Tabakraucherfassung (Teer u. Nicotin) dienenden Geräte zeigt, daß die verschiedenen elektrostat. Verff. übereinstimmende Werte ergeben. Die Erfassung des Rauches mit Waschflaschen ergibt keine mit den elektrostat. gefundenen Werten vergleichbare Ergebnisse u. kann nicht empfohlen werden. W. Wesly. 7734◇

2642 **Auf Fleischbasis hergestellte Suppen.** N. V. Sripathy, B. R. Baliga und N. L. Lahiry. (Food Sci. [India] **10,** 206—10, 1961; Mysore, Central Food Technol. Res. Inst.; engl.) — Vff. vermitteln Übersicht der Herst.-Verff. für *Suppen* in Dosen u. für Trockensuppen auf Fleischbasis. — 22 Literaturangaben. G. Heder. 7740◇

2643 **Verpackung von Fleischwaren in sterilisierbaren Folien.** B. Krol. (Conserva **11,** 190—94, 1962/63; Utrecht, Centr. Inst. voor Voedingsonderz. T.N.O.; niederl.) — Wurst u. Leberpastete können in Folien aus Polyamid (I) u. Niederdruckpolyäthylen sterilisiert werden. Bei der organolept. Beurteilung wird der in I (Rilsan) verpackten Wurst der Vorzug gegeben; bei Leberpastete besteht kein Vorzug der einen oder anderen Verpackungsart. Am Rand aller in Folien verpackten Prodd. treten Verfärbungen auf. Beim Lagern der Prodd. ändert sich der Fe-Geh. nicht. Peroxidzahl u. SZ. der in Folien oder Büchsen verpackten Probe unterscheiden sich nicht voneinander. Die Folien vermindern die Korrosion der Büchsen in großem Umfang. W. Wesly. 7750◇

2644 **Beziehung der Faktoren der Muskelqualität von Schweinefleisch zum Zinkgehalt und zu anderen Eigenschaften.** R. G. Cassens, W. G. Hoekstra und E. J. Briskey. (Food Technol. **17,** Nr. 4, 127—30, 1963; Madison, Wis., Univ. of Wisconsin, Dep. of Meat and Animal Sci. and Biochem.; engl.) — Der Trapezmuskel von Schweinen enthält ca. 3mal soviel Zn u. *Myoglobin* als der *M. longissimus dorsi* (a), weist ein höheres pH u. eine dunklere Färbung (24 Std. post mortem) u. eine höhere Milchsäuredehydrogenaseaktivität als der a auf. W. Wesly. 7750◇

2645 **Niacin, Thiamin und Riboflavin in frischen und gekochten, weißen, weichen, wässerigen und in dunklen, festen, trockenen Schweinefleischmuskeln.** J. A. Meyer, E. J. Briskey, W. G. Hoekstra und K. G. Weckel. (Food Technol. **17,** Nr. 4, 119—23, 1963; Madison, Wis., Univ. of Wisconsin, Dep. of Meat and Animal Sci., Biochem.; and Dairy Food Ind.; engl.) — Die Geh. von gekochten, weißen, weichen, wss. u. von dunklen, festen, trocknen Schweinefleischmuskeln (*Glutaeus medius*) an *Niacin, Thiamin* u. *Riboflavin* sowie die Kochverluste, Exsudatabsorption u. die Beziehungen zum Nährwert werden ermittelt. W. Wesly. 7750◇

2646 **Untersuchungen über die Qualitätsbewertung von Fischen und Muscheln aus gewissen nordeuropäischen Gewässern.** Lionel Farber. (Food Technol. **17,** Nr. 4, 110—14, 1963; San Francisco, Calif., Univ. of California, George Williams Hooper Foundat., Seafood Res. Labor.; engl.) — In mehreren Labor. ausgeführte Best. der flüchtigen, reduzierenden Substanzen (FS) u. des *Trimethylamin* (I)-N in Kabeljau, Schellfisch, Merlan, Scholle, Seezunge, Knurrhahn, Garnele u. Hering zeigen, daß im allg. eine Wechselbeziehung zwischen den Ergebnissen der FS- u. I-Best. u. denen der organolept. Prüfung besteht. Eine Ausnahme bildet die Unters. von Heringen; eine Steigerung der FS-Werte bei zunehmendem Verderb läuft nicht mit den Veränderungen des I-Geh. parallel. W. Wesly. 7752◇

2647 **Zur Frage der Stabilität des Emulsionssystems „Milch".** Hans Lagoni. (Dtsch. Molkerei-Ztg. **82,** 1187 bis 1190, 1224—26, 1961; Kiel, Physikal. Inst. der Bundesforschungsanst. für Milchwirtsch.; dt.) — Die Stabilität der Öl-in-W.-Emulsion bei Milch wird unter verschiedenen Bedingungen durch die Veränderung des durch Ae./PAe. im Verhältnis 1 : 1 extrahierbaren Fettanteils geprüft, der als freies Fett (FF) bezeichnet wird. Bei der Verbutterung von Rahm mit 22% Fett-Geh. nimmt der Anteil an FF rasch zu, während er bei gleicher Bearbeitung von Milch mit 3,6 bzw. 7% Fett-Geh. wenig verändert wird. Eine gleiche Tendenz wird für Schlagsahne beobachtet. Mechan. Beanspruchung von Milch erhöht den Geh. an FF, während beim Homogenisieren von Milch mit steigendem Druck der Geh. an FF fällt. Veränderungen von FF werden beim Verdünnen von Milch mit W. als Folge von Adsorptionserscheinungen gedeutet. Unterss. über das Verhältnis von Gesamtfett u. FF in einem Melkvorgang eröffnen Möglichkeiten zum Studium der Milchsekretion im Euter. G. Heder. 7756◇

2648 **Die Schwankungen der anorganischen Zusammensetzung der Kuhmilch.** L. Gueguen und M. Journet. (Lait **42**, 152—59, 1962; Jouy-en-Josas, Centre Nat. de Rech. zootechn., Serv. de Biochim.; franz.) — Unterss. über die Geh. der Milch von 10 Kühen (mit gleicher Ernährung im Laufe der Lactation) an P, Ca, K, Na u. Mg zeigen, daß der K-Geh. ab- u. der Na-Geh. bes. am Ende der Lactation zunimmt. Die Geh. an Ca u. P sind zu Beginn u. am Ende der Lactation am höchsten. Die Milch von Kühen der Normandie enthält mehr Ca u. weniger K als die von fries. u. Rotfußkühen. W. Wesly. 7756◇

2649 **Die chemisch-physikalischen Bedingungen für das Wachstum und das Gärvermögen von Propionsäurebakterien und Buttersäurebazillen.** Willibald Krane. (Milchwissenschaft **16**, 184—87, 355—59, 620—35, 1961; Hamburg; dt.) — Vf. diskutiert in einem Literaturbericht den Einfl. milcheigener Komponenten sowie der physikal.-chem. Bedingungen bei der Molkereibehandlung u. Käserei auf die Mikroflora, bes. auf das Gärvermögen von Buttersäure- u. Propionsäurebakterien. — 211 Literaturstellen. G. Heder. 7756◇

2650 **Zur Anfärbung von Mastitismitteln.** Hanns Frank. (Dtsch. Molkerei-Ztg. **84**, 3—5, 1963; Weihenstephan, Süddeutsche Vers.- u. Forschungsanst. für Milchwirtsch., Bakteriolog. Inst.; dt.) — Übersicht über die Verw. von *Farbstoffen* zur Markierung antibioticahaltiger Mastitismittel. — 21 Literaturhinweise. Klaus Schmidt. 7756◇

2651 **Stabilisatoren und ihre Wirkung bei der Herstellung von Speiseeis.** E.-A. Glitscher. (Molkerei- u. Käserei-Ztg. **14**, 327—28, 1963; Frankfurt/M.; dt.) — Zur Erreichung einer Mikrokristallstruktur u. guten Verteilung der verschiedenen Bestandteile im *Speiseeis* ist es notwendig, die üblichen Verdickungsmittel u. Stabilisatoren zuzusetzen. Dabei wirken makromol. Stoffe mit polarem Charakter besonders günstig, da sie in geringer Konz. ($<1\%$) eine hohe Bindefähigkeit für W. haben u. hochviscose Lsgg. ergeben. Bei diesen Stoffen handelt es sich im wesentlichen um zuckerunähnliche Kohlenhydrate, die im Körper calorienmäßig nicht ausgenutzt werden. R. Grundmann. 7756◇

2652 **Der Einfluß von Kaliumsorbat auf einige am Verderben von Quark beteiligte Organismen.** R. L. Bradley, L. G. Harmon und C. M. Stine. (J. Milk Food Technol. **25**, 318—23, 1962; East Lansing, Mich., Michigan State Univ., Dep. of Food Sci.; engl.) — Sahnequark mit 0,0, 0,050, 0,075 u. 0,100% *K-Sorbat* (I) wurde mit *Pseudomonas fragi, Alcaligenes metalcaligenes, Geotrichum candidum, Penicillium frequentans, Rhodotorula mucilaginosa* oder *Torulopsis candida* beimpft u. bei 10^0 inkubiert. Die mit Psychrophilen beimpften Proben wurden täglich, alle anderen jeden 2. Tag auf Gesamtkeime, Psychrophile, Hefen u. Pilze untersucht. Ferner wurden pH u. I-Geh. bestimmt. Mit zunehmendem I-Geh. wurde in den ersten Std. eine Verminderung des Keim-Geh. festgestellt. In Abhängigkeit von der Konz. u. der Empfindlichkeit der Organismen bewirkte I eine deutliche Hemmung des Keimwachstums für 1—8 Tage. Die Haltbarkeit des Quarks entsprach dieser Hemmungsphase. Danach verlief das Wachstum wie in den Proben ohne I u. erreichte etwa gleiche maximale Keimzahlen. Geschmacksfehler traten häufig in Proben mit 0,1% I, nicht jedoch in solchen mit 0,075% I auf. Eine Verwertung des I durch die Organismen konnte — möglicherweise infolge der geringen Organismendichte — nicht nachgewiesen werden. Hans Thiele. 7760◇

2653 **Wirkung von Schnittverfahren auf Ertrag und chemische Zusammensetzung von Grünland in Kutch.** B. M. Patel, B. G. Shah und V. V. Mistry. (Indian J. agric. Sci. **31**, 246—55, 1961; Anand, Inst. of Agric.; engl.) — Die im Grünlandgebiet von Kutch dominierenden Gräserarten wiesen folgende Geh. an Rohprotein u. Rohfaser auf: 2—6 bzw. 30—38%. Ertrag u. chem. Zus. wurden stark von der Schnitthäufigkeit beeinflußt. Die höchsten Erträge wurden erzielt beim 1. Schnitt nach 2 Monaten u. den weiteren Schnitten in monatlichen Abständen. Der Ca-Geh. des Futters stieg mit der Schnittzeit an. Nach 7 Wochen betrug er 0,37, nach 15 Wochen 0,68%. Das nach 15 Wochen geerntete Futter wies auch den höchsten Nährstoff-Geh. auf. Es enthielt bei nur 29,8% Rohfaser 2,3% Rohfett u. 50,4% N-freie Extraktstoffe. Wilfried Werner. 7782◇

2654 **Chemische und mikrobielle Eigenschaften der Alfalfa-Silage unter Verwendung verschiedener Konservierungsmittel.** Francisco Villalón und Andrés Suárez. (An. Edafol. Agrobiol. **20**, 387—419, 1961; Salamanca-León, Centro de Edafol. y Biol. apl.; span.) — Beim Silieren von Alfalfa werden mit $Na_2S_2O_5$ als Konservierungsmittel etwas bessere Ergebnisse erzielt als mit halogeniertem Glykolacetat. Das Siliergut wird zweckmäßig vorgetrocknet u. zerhackt. Zusätze von „Impfstoffen", wie Milchsäure oder $NaHCO_3$, sind vorteilhaft. Für die Beurteilung der Silage ist eine Kontrolle des pH u. des Milchsäure-Geh. geeignet. — 90 Literaturangaben. R. K. Müller. 7782◇

2655 **Eisensulfid-Schwärzung in eingedosten, eiweißhaltigen Lebensmitteln: Oydations- und Reduktionsmechanismus in Beziehung zu Schwefel und Eisen.** George M. Pigott und Alexander M. Dollar. (Food Technol. **17**, Nr. 4, 115—18, 1963; Seattle, Wash., Univ. of Washington, Coll. of Fisheries; engl.) — Unterss. über das Verh. von S enthaltenden Aminosäuren in Puffer-Lsgg. (pH 6,8) in Ggw. von ungeschütztem Fe zeigen, daß in Ggw. von $<0{,}3\cdot10^{-3}$ Mol je 0,5 lbs. Konservendose *Cystein* (I) u. Abwesenheit von Oxydationsmitteln schwarze FeS-Ndd. entstehen. Die Ndd. entstehen nicht, selbst bei 30facher Konz. an *Cystin* (II) oder *Methionin*, in einem Syst. ohne Red.-Mittel u. einem Anfangsvakuum von 0—15 in. Hg. Es wird gefolgert, daß I die Haupt-S-Quelle ist. Bei oxydierenden Bedingungen wird I zu II oxydiert; II liefert keinen S für die Rk. mit Fe(II). W. Wesly. 7788◇

2656 **Eine einfache Vorrichtung zur Entnahme von Gasproben zur Gas-Feststoff-Chromatographie aus hermetisch abgedichteten Behältern.** Yumio Yonezawa und George W. Kurtz. (Food Technol. **17**, Nr. 4, 134, 1963; Chicago, Ill., U. S. Army, Armed Forces Food and Container Inst.; engl.) — Beschreibung einer Vorr. zur Entnahme von Gasproben aus hermet. verschlossenen Behältern, die durch ein Nadelventil mit (Gummidichtung) durchbohrt werden u. einerseits mit einer Vakuumpumpe, andererseits mit einem Hg enthaltenden Ausgleichsgefäß in Verbindung stehen. W. Wesly. 7788◇

2657 **Objektives Verfahren zur Bestimmung der Farbe von Kartoffelschnitzeln.** D. R. Isleib. (Amer. Potato J. **40**, 58—60, 1963; Dallas, Tex., Frito-Lay, Inc., Agric. Res. Dep.; engl.) — Vgl. C. **1961**, 2757. — Zur Best. der Farbe von Kartoffelschnitzeln wird ein Photovoltreflexionsmesser verwendet. W. Wesly. 7802◇

2658 **Bewertung der quantitativen Verfahren zur Bestimmung von Peroxydase in Gemüse. 1. Mitt. Das Indophenol- und das o-Phenylendiamin-Verfahren.** Charles B. Wood und Anthony Lopez. (Food Technol. **17**, Nr. 4, 131—33, 1963; Blacksburg, Va., Virginia Polytechn. Inst., Dep. of Horticult.; engl.) — Ein Vgl. des *Indophenol* (I)- u. des *o-Phenylendiamin* (II)-Verf. zur Best. der Peroxydaseaktivität in Pflanzengeweben zeigt, daß das II-Verf. bzgl. Reproduzierbarkeit der Ergebnisse dem I-Verf. überlegen ist. Dagegen ergeben beide Verff. keine Unterschiede bei Vgl. der zwischen Doppelproben auftretenden Ergebnisschwankungen. Das II-Verf. ist rascher u. einfacher ausführbar als das I-Verfahren. W. Wesly. 7810◇

2659 **Elektrometrische pH-Messung bei der Betriebskontrolle von Konfitüren und Marmeladen.** M. Eisner. (Ind. Obst- u. Gemüseverwert. **47**, 682—84, 1962; München; dt.) E. Moisar. 7814◇

2660 **Beitrag zur Kenntnis von Gelen auf der Grundlage von saurem Calciumpektinat.** Isaac Budowski. (Rev. brasil. Quím. **51**, 545—50, 1961; Caracas, Univ. Central de Venezuela; span.) — Bei Zusatz von Ca^{2+} zu einer Lsg. von *Pektin* mit 71,4% freien Säuregruppen (28,6% methyliert) bildet sich ein Gel mit 0,3—0,5% Feststoffen, das sich in der Wärme nicht löst (im Gegensatz zu Gelatinegelen) u. als lyophobes Koagulat aufzufassen ist. Die Best. des „Grenzgels" einer Pektinsäure-Lsg. mit verd. $CaCl_2$-Lsg. wird besprochen. Gele können auch aus Öl, W. u. polyvalenten Alkoholen hergestellt werden, z. B. aus 20 (Teilen) W., 50 Sesamöl, 25 Propylenglykol, 1 Veegum u. 1 Pektinsäure unter Zusatz von ca. 5 ml 5%ig. Lsg. von Ca-Lactat. Für das Verhältnis Pektin/Ca^{2+} = P/X gilt $16\,P + 18 = P/X$ u., wenn M = methylierte Gruppen, $X = 1/[16 - (100/(1 - M)\cdot 7{,}64\cdot P)]$. R. K. Müller. 7814◇

2661 **Untersuchungen über die qualitative und quantitative Zusammensetzung der Tannine von Tee.** Teofil Dabrowski. (Roczniki państwowego zakladu hig. **12**, 291—300, 1961; Gdańsk, WSSE, Dział Żyw. i Żywn.; poln.) — Die mit W. extrahierten Teegerbstoffe wurden auf Whatman-Papier Nr. 1 mit n-Butanol–CH_3COOH–W. (4 : 1 : 5) getrennt. Gefunden wurde im Tee aus trop. u. subtrop. Gegenden hauptsächlich *L-Galloylepigallocatechin* (R_F 0,78) u. *L-Galloylepicatechin* (0,87), in Tee aus nördlichen Gegenden (Rußland, China) hauptsächlich *L-Epigallocatechin* (0,54), *DL-Gallocatechin* (0,62), *L-Epicatechin* (0,71) u. *DL-Catechin* (0,71). Chines. Tee enthält im Mittel 11,9, ceylones. Tee 16,5% Tannine. F. Urban. 7830◇

2662 **Bestimmung von Befeuchtungsmitteln und Carbonylverbindungen in Tabakprodukten mit Hilfe von Gaschromatographie und chemischen Methoden.** J. E. Miller. (Bull. Inform. CORESTA **1961**, Nr. 1, 105—09; Gendorf, Farbwerke Hoechst Akt.-Ges.; engl.) — Zur Best. von Befeuchtungsmitteln in Tabak-Prodd. extrahiert man die Probe oder den Rauch mit Chlf. u. untersucht die Lsg. im Gaschromatographen. Als Tracer für Diäthylenglykol dient *Tetraäthylenglykoldimethyläther.* Die CO-Verbb. im Rauch werden als 2.4-Dinitrophenylhydrazone getrennt. Das nicht in Rk. getretene Hydrazin in der Absorptions-Lsg. dient zur Berechnung der Ketone. W. Wesly. 7836◇

2663 **Wärmeleitfähigkeit von Rindfleisch.** Herbert L. Miller und J. Edward Sunderland. (Food Technol. **17**, Nr. 4, 124—26, 1963; Atlanta, Ga., Georgia Inst. of Technol.; engl.) — Die Wärmeleitfähigkeit von Rindfleisch wird gemessen; die Ergebnisse werden mit denen anderer Autoren verglichen. Der Meßfehler beträgt $< \pm 2{,}75\%$ der Meßwerte. W. Wesly. 7850◇

2664 **Colorimetrische Methode der Bestimmung von Protein in Milch mittels „Orange G".** Matilda Grüner, Mirjana Gentilizza und Mirko Filajdić. (Kem. u Ind. [Zagreb] **10**, 183—89, 1961; Zagreb, Tehnol. fak., Zav. za pozn. i anal. život. namirnica; kroat.) — Die colorimetr. Best. des *Protein* (I)-Geh. von Milch mittels *Orange G* (II) erfordert nur 35 Min. gegenüber 90 Min. beim klass. Mikro-Kjeldahl. Die Meth. kann auf Frisch- u. auf Trockenmilch angewandt werden. 1 g II wird in 2 Liter MacIlvaine-Puffer-Lsg. (0,2 m Na_2HPO_4 + 2% 0,1 m Citronensäure) vom pH 2,2 gelöst u. 25 ml der II-Lsg. mit 0,75 ml Milch 5 Min. lang magnet. verrührt; nach 20 Min. langem Zentrifugieren (3000 U/min) werden 2 ml auf 100 ml verd. u. die Extinktion (y) bei 4700 Å gemessen. Der I-Geh. (x%) ergibt sich aus $y = 0{,}43352 - 0{,}05362\,x$. Der Fehler liegt zwischen $-0{,}11$ u. $+0{,}14\%$. R. K. Müller. 7856◇

2665 **Refraktometrische Bestimmung des Gehaltes der Milch an entfetteter Trockensubstanz.** G. P. Prosstakischin und P. Je. Schkoditsch. (Fragen d. Ernähr. [UdSSR] **22**, Nr. 1, 57—59, 1963; Irkutsk, Medizin. Inst., Lehrstuhl für Ernährungshyg.; russ., Auszug: engl.) — Es wird gezeigt, daß zwischen der Refraktion der Milch u. ihrem Geh. an entfetteter Trockensubstanz (ETS) ein lineares Verhältnis besteht. Eine graph. (geradlinige) Darst. des vorst. Verhältnisses ermöglicht die Schnellbest. der ETS der Milch mit einer Fehlergrenze von ca. 0,2%. Die Meth. (Verw. des Refraktometers *RPL-2*) hat sich bei der Best. von Wasserbeimengungen zu der Milch als besonders zweckmäßig erwiesen. S. Baryschnikow. 7856△

2666 **Komplexometrische Methoden der Calcium- und Magnesiumbestimmung in Schafsmilch.** G. Kalinkowa. (Fragen d. Ernähr. [UdSSR] **22**, Nr. 1, 62—65, 1963; Sofia, Forschungsinst. für Milchind.; russ., Auszug: engl.) — Beschreibung der modifizierten komplexometr. *Ca*- u. *(Ca + Mg)*-Best. in Milch nach Jenness. Die Fällung des Caseins erfolgt bei pH 4,5—4,6; als Ionenaustauscherharz (Ausscheidung von PO_4^{3-}) wird das Anionit *EDE-10 P* angewandt. S. Baryschnikow. 7856△

2667 **Der Einfluß von Natriumchlorid auf die Stabilität der Calciumcaseinat-Micelle.** Charles A. Zittle und Lenore B. Jasewicz. (J. Dairy Sci. **45**, 703—05, 1962; Philadelphia, Pa., Eastern Reg. Res. Labor.; engl.) — Aus 1%ig. *Ca-Caseinat* (I)-Lsgg. fällt 0,17 m NaCl bei pH 6,0 u. 7,0 u. 30° einen Teil des *Caseins* (II) aus. Die Nd.-Menge steigt dabei mit der Konz. des anwesenden $CaCl_2$. Bei dieser Fällung tritt keine Fraktionierung des II ein, wie elektrophoret. nachgewiesen wurde. Dieser Erscheinung soll eine destabilisierende Wrkg. der zugefügten Ionen auf das I-Koll. zugrunde liegen. Höhere NaCl-Konzz. rufen dagegen einen Einsalzeffekt hervor, so daß die Menge des II-Nd. wieder abnimmt. Prinzipiell die gleiche Wrkg. zeigt NaCl bei einem vereinfachten II-Syst. aus 0,3% α-II u. 0,03% α-II. Im Syst. des Ca-empfindlichen α_8-II + κ-II tritt ein Temp.-Effekt auf. Der Komplex dissoziiert bei 7° stärker als bei 30°, so daß bei 7° durch Ca^{2+} mehr α_8-II ausgefällt wird als bei 30°. Die Anwesenheit von 0,15 m NaCl verstärkt diesen Effekt merklich. Eine nachfolgende Temp.-Steigerung ist ohne Einfl. auf das Ergebnis. Die erhöhte Dissoziation des α_8-II–κ-II-Komplexes kann man auch zur präparativen Trennung dieser beiden Komponenten ausnutzen. Winfried Krüger. 7856◇

2668 **Erneute Beurteilung des fluorometrischen Verfahrens zur Bestimmung von Serpasil (Reserpin, Ciba) in Futtermitteln.** W. J. Mader, R. P. Haycock, P. B. Sheth, R. J. Connolly und P. M. Shapoe. (J. Assoc. off. agric. Chemists **44**, 13—17, Febr. 1961; Summit, N.J., Ciba Pharmaceut. Prod., Inc.; engl.) — Eine in verschiedenen Labor. ausgeführte neue Nachprüfung des von Mader u. Mitarbeiter (C. **1962**, 5887) angegebenen u. vereinfachten Verf. zur fluorometr. Best. von *Reserpin* in Futtermitteln zeigt, daß die Arbeitsweise für Mengen im Bereich von 1 mg/kg annehmbar ist. Zur Best. kleinerer Mengen wird die Fortsetzung der Unterss. empfohlen. W. Wesly. 7868□

2669 **Die Bestimmung von Nitrofurazon in Futtermitteln.** E. Puglisi. (J. Assoc. off. agric. Chemists **44**, 30—31, 1961; Huron, Ohio, Eastern States Farmers Exchange; engl.) — Das von Merwin (J. Assoc. off. agric. Chemists **43**, [1960], 281) zitierte, von Stone entwickelte Verf. zur Best. von *Nitrofurazon* (*5-Nitro-2-furfurolsemicarbazon*) in Futtermitteln wird abgewandelt, indem die angewandte Menge $NaHSO_3$ erhöht wird. Die Ergebnisse sind befriedigend. W. Wesly. 7868□

2670 **Eine Untersuchung über Enheptin A in zugerichteten Futtermitteln.** M. M. Woolford jun. (J. Assoc. off. agric. Chemists **44**, 26—29, 1961; Princeton, N.J., American Cyanamid Co., Agric. Div.; engl.) — Eine Nachprüfung des von Senn (J. Assoc. off. agric. Chemists **41**, [1958], 329) empfohlenen Verf. zur Best. von *Enheptin A* (*2-Acetylamino-5-nitrothiazol*) in Futtermitteln führt zu einer Abwandlung, wobei die Al_2O_3-Säule sauer ausgewaschen u. die Säure mit dest. W. verdrängt wird. Das reproduzierbare Werte liefernde Verf. soll vereinfacht u. verkürzt werden. W. Wesly. 7868□

2671 C. C. D. Processes Ltd., New York, N.Y., V.St.A. (Erfinder: Israel Harris Chayen, London, England), **Herstellung von pulverförmigen Lipoproteid-Komplexen.** Eine Aufschlämmung eines pflanzlichen Rohstoffs (geschälte Erdnüsse, Alfalfa oder Raygras) in W. mit NaOH, bes. pH 8—8,5 (Fl. zu Feststoff wenigstens ca. 2 : 1) wird in einer mit wenigstens ca. 20 m/s umlaufenden Hammermühle während einer Zeitspanne von Sek.-Bruchteilen bis zu 10 Sek., bes. 1 Sek., bearbeitet. Der dabei gebildete gelöste Lipoproteidkomplex wird durch Ansäuern auf den I.P. des Proteins ausgefällt u. das ausgefällte Prod. anschließend bei $< 71°$ getrocknet. Zum Beispiel werden Erdnüsse mit ihrer 5fachen Gew.-Menge einer 0,1%ig. wss. Lsg. von NaOH bei 7,1° 1 Sek. vermahlen. Die Masse wird zentrifugiert. Die alkal.-wss. Phase wird durch Zugabe von HCl auf pH 4,8 eingestellt, der Nd. zentrifugiert, ausgewaschen u. unter N_2 oder CO_2 bei $< 71{,}1°$ auf einen Wasser-Geh. von 8% getrocknet. (**D. A. S. 1 130 680** Kl. 53i vom 2/4. 1959, ausg. 30/5. 1962.) W. Kranz. 7647

2672 Helmut Erich Pullwitt, Meerane/Sa., **Klären von Fruchtsäften, Keltersäften, pektinreichen Weinen.** Der zu klärenden Fl. werden aus wss. Extrakten von Senfsamen, z. B. Brassica nigra, Sinapis alba oder Brassica juncea, gewonnene Enzyme zugesetzt. Zur Gewinnung der Enzyme wird z. B. 1 (kg) Senfmehl in 10 W. warm eingemaischt. Nach 12 Std. wird die Maische filtriert, u. aus dem Filtrat werden die Wirkstoffe mit A. oder $(NH_4)_2SO_4$-Lsg. ausgefällt. Der Nd. wird mit frischem Fällungsmittel gewaschen u. $< 50°$ getrocknet. Das Prod. reicht zur Klärung von ca. 300—1000 Litern Obstsaft aus. (**D. A. S. 1 137 297** Kl. 53k vom 30/9. 1959, ausg. 27/9. 1962.) W. Kranz. 7707

2673 Borsig Akt.-Ges. (Erfinder: Erwin Flemming und Roland Krüger), Berlin, **Lösungsmittelrückgewinnung bei der Extraktion von Fischbrei oder -mehl.** Die bei der Extraktion mit einem wasserlösl. organ. Lsgm., bes. A., anfallende Miscella wird destilliert. Der entweichende A. wird nach Kühlung kondensiert, durch Zugabe von hochkonz. HCl neutralisiert u. anschließend rektifiziert. — Verf.-Schema. (**D. A. S. 1 136 895** Kl. 53i vom 7/2. 1961, ausg. 20/9. 1962.) W. Kranz. 7753

2674 Farbwerke Hoechst Akt.-Ges. vormals Meister Lucius & Brüning, Frankfurt/M. (Erfinder: Fritz Bauer, Bad Soden, Karl-Heinz Wallhäußer, Hofheim, und Gerhard Huber, Frankfurt/M.), **Wachstumförderndes, antibioticahaltiges Futtermittel,** gek. durch einen Geh. an *Werramycin* in Mengen von 5—40 mg/kg Futter, bes. 5—20 mg/kg Futter. Das Antibioticum wird im Mycel des *Streptomyces werraensis* (ATTC Nr. 14424) gebildet u. kann in Form des abgetöteten u. getrockneten Mycels oder in Form der Reinsubstanz als Futtermittelzusatz verwendet werden. Es führt zu bedeutend besseren Wachstumssteigerungen als Penicillin, zeigt keine parenterale Wirksamkeit, leistet keiner Resistenz-Bldg. Vorschub u. verbessert die Futterausnutzung. — Tabellen mit Ergebnissen aus Vgl.-Verss. bei Küken u. Hähnchen. (**D. A. S. 1 150 566** Kl. 53 g vom 6/9. 1961, ausg. 20/6. 1963.) H. Karst. 7781

2675 Gebrüder Giulini G.m.b.H. (Erfinder: Bernward Garre), Ludwigshafen/Rh., **Verwendung von Carbamidphosphat in der Pelztierzucht als Futtermittelzusatz,** nach D. A. S. 1 136 195, dad. gek., daß dem Carbamidphosphat kondensierte Phosphate, bes. $Na_4P_2O_7$, $Na_5P_3O_{10}$, KPO_3 u. Alkalitetrapolyphosphate, beigefügt werden. Die Menge des den Futtermitteln zugesetzten Gemisches an beiden Phosphatarten beträgt 0,3—2%. Die Resorptionsfähigkeit des Carbamidphosphats wird durch den Zusatz der kondensierten Phosphate gesteigert u. aktiviert. (**D. A. S. 1 150 270** Kl. 53g vom 28/4. 1960, ausg. 12/6. 1963. **Zusatz zu D. A. S. 1 136 195; C. 1963, 9152.**) H. Karst. 7781

2676 American Cyanamid Co., New York, N.Y. (Erfinder: Robert Glenn Eggert, New City, N.Y., und William Thomas Akers, Dumont, N.J.), V.St.A., **Triazole enthaltende Futtermittel für Wiederkäuer,** enthaltend eine derartige Menge an einem mono-C-substituierten Triazol, daß eine durchschnittliche tägliche Ration 0,3 bis 30 mg/kg Tier-Gew. ergibt, wobei als Triazol *3-Amino-1.2.4-triazol*, *3-niedrig-Acylamino-1.2.4-triazol*, *3-Furfurylidenamino-1.2.4-triazol* u. *3-niedrig-Alkylmercapto-1.2.4-triazol*, bes. *3-Methylmercapto-* u. *3-Acetylamino-1.2.4-triazol*, angewandt werden. Bei täglicher Aufnahme sollen 0,75—6 mg/kg Tier-Gew. aufgenommen werden. Die Triazole können auch mit Stilböstrol u. dgl. kombiniert werden. Sie sind für Tiere nicht tox., beeinflussen den Wohlgeschmack des Futters nicht u. bewirken erhebliche Gew.-Zunahmen bei den gefütterten Wiederkäuern. (**D. A. S. 1 130 677** Kl. 53g vom 1/9. 1960, ausg. 30/5. 1962. A. Prior. 1/9. 1959.) H. Karst. 7785

2677 Friedrich Jahn, Leipzig, **Herstellung eines Futtermittels,** dad. gek., daß frisches rohes Schlachttierblut durch H_2SO_4-Zusatz oder Zusatz von Fischsilage oder Fermentationsrückständen der Antibiotica-Herst. auf pH <4 eingestellt wird. (**D. P. [DDR] 24 724** Kl. 53g vom 25/6. 1958, ausg. 18/2. 1963 [Wirtschaftspatent].) T. Oppermann. 7787

2678 Fritz Kirner, Gersthofen bei Augsburg, **Herstellen von Futtermitteln** aus Knochen, Leder- u. Gerbereiabfällen durch Erhitzen der Ausgangsstoffe im Aufschließapp. auf 130—140° u. anschließende übliche Weiterbehandlung, dad. gek., daß den Ausgangsstoffen vor Erreichung von ca. 130° zum Verhindern von Klumpen-Bldg. polysaccharidhaltige Füllstoffe zugesetzt werden. Die Ausgangsstoffe werden unzerkleinert in den Aufschließapp. gebracht u. Fll., z. B. Blut oder Magermilch, zugesetzt. Nach dem Aufschließen wird das Fett aus dem Prod. mittels einer Presse oder Schubschleuder abgetrennt. Als Füllstoffe werden Cerealien, Treber, Mühlen- u. Brauereiabfälle, Heu- oder Luzernemehl u. dgl. verwendet. Die Füllstoffe absorbieren den bei der Erhitzung austretenden Leim. Man erhält körnige, haltbare *Futtermittel.* (**D. A. S. 1 140 058** Kl. 53g vom 17/9. 1959, ausg. 22/11. 1962.) H. Karst. 7787

2678a Chas. Pfizer & Co., Inc., Brooklyn (Erfinder: John Elmer McKeen, Brooklyn, und Ward John Haas, Bronxville), N.Y., V.St.A., **Wachstumsförderndes Futtermittel,** dad. gek., daß es ein nahrhaftes übliches Mischfuttermittel u. mindestens ein nicht tox. *Sapogenin*, z. B. *Smilagenin*, in Mengen von ca. 0,1—10 g je t Futter enthält, u. zusätzlich eine östrogene Substanz, bes. *Diäthylstilböstrol.* Das Mischfuttermittel enthält ernährungsmäßig ausgeglichene Mengen an Kohlenhydraten, Proteinen, Vitaminen u. Mineralstoffen. Weitere geeignete Sapogenine sind: *Diosgenin, Sarsasapogenin, Episarsasapogenin, Tigogenin, Neatigogenin, Nitogenin, Gitogenin, Chlorogenin, Lilligenin* u. *Digitogenin.* Als östrogene Substanzen können noch *Östron, Östradiol, Genistin, Dianisylhexen, Dienöstrol, Hexöstrol* u. dgl. verwendet werden. Die Wirkstoffe werden oral in Form von Tabletten, Kapseln, Lsgg., Suspensionen, im Gemisch mit Futterbestandteilen oder im Tränkwasser verabreicht. Bei Rindvieh, Schafen oder Schweinen wird das Wachstum der Tiere verbessert, eine Gew.-Zunahme erzielt, die Futterverwertung durch die Tiere erhöht u. eine allg. Verbesserung der Qualität des Fleisches erreicht. Die gleichzeitige Verabreichung von östrogenen Substanzen führt zu einer noch größeren Wachstumsreaktion. — 5 Tabellen. (**D. A. S. 1 140 059** Kl. 53g vom 8/1. 1960, ausg. 22/11. 1962. **E. P. 893 417** vom 8/1. 1960, ausg. 11/4. 1962, beide A. Prior. 8/1. 1959.) H. Karst. 7787

2679 **Karl Arvid Johannes Wretlind,** Stockholm, Schweden, *Herstellung von Aminosäuregemischen für Ernährungszwecke.* (**Schwz. P. 366 630** vom 3/9. 1957, ausg. 28/2. 1963. Schwed. Prior. 10/9. 1956. — **C. 1960,** 6008 [A. P. 2 872 319].)

2680 **General Foods Corp.,** White Plains, N.Y., übert. von: **Peter Novitsky,** Chicago, Ill., V.St.A., *Backpulver.* (**Can. P. 569 665** vom 7/4. 1955, ausg. 27/1. 1959. A. Prior. 9/6. 1954. — **C. 1958,** 4956 [A. P. 2 793 121].)

2681 **Holstein & Kappert Maschinenfabrik „Phönix" G.m.b.H.,** Dortmund, *Herstellung von mit Kohlensäure imprägnierten Getränken.* (**Oe. P. 223 926** vom 9/2. 1959, ausg. 25/10. 1962. D. Prior. 27/3. 1958. — **C. 1962,** 16 093 [E. P. 853 604].)

2682 **Council of Scientific and Industrial Research,** Neu-Delhi, übert. von: **Tiruvenkata Rajendra Seshadri** und **Kailash Chander,** Delhi, Indien, *Entfernen des Gossypols aus Baumwollsaatöl und -mehl.* (**A. P. 3 043 856** vom 11/12. 1958, ausg. 10/7. 1962. — **C. 1962,** 5141 [E. P. 852 721].)

2683 **Philip Morris, Inc.,** New York, N.Y., V.St.A., *Gewinnung von organoleptisch wirkenden Stoffen aus Tabak.* (**E. P. 908 773** vom 29/9. 1960, ausg. 24/10. 1962. A. Prior. 2/10. 1959. — **C. 1961,** 17426 [D. A. S. 1 109 583].)

H_{17}. Fette, Seifen, Wasch- und Reinigungsmittel usw.

2684 **Neuzeitliche Dünnschicht-Verdampfer und deren Anwendung in der Öl- und Fett-Industrie.** R. van der Piepen. (Fette, Seifen, Anstrichmittel **64**, 145—50, 1962; Butzbach, Hessen, Firma Samesreuther & Co. GmbH; dt.) — Aufbau u. Wirkungsweise von zwei neuzeitlichen Dünnschichtverdampfern kon. u. vertikaler Bauart werden aufgezeigt; anschließend wird auf einige Einsatzmöglichkeiten in der Öl- u. Fettindustrie eingegangen. K. Triems. 7888◇

2685 **Die Extraktion von Sojabohnen mit vier Kohlenwasserstoff-Lösungsmitteln.** Lionel K. Arnold und R. Basu Ray Choundhury. (J. Amer. Oil Chemists' Soc. **39**, 378, 1962; Ames, Iowa, Iowa State Univ. of Sci. and Technol., Iowa Engng. Exp. Stat.; engl.) — Die Extraktions-Geschw. von Sojabohnenflocken nimmt vom Isopentan, n-Pentan zum Isohexan u. n-Hexan zu. Die Qualität (Geh. an freier Fettsäure, an Neutralöl, an Phosphatiden, VZ. u. JZ., Farbe) u. die Zus. der Fettsäuren (Myristin-, Palmitin-, Palmitöl-, Stearin-, Öl-, Linol-, Linolensäure) im extrahierten Öl zeigten keine merklichen Unterschiede. H.-P. Rettig. 7894◇

2686 **Die Äthanolextraktion von Sojabohnenöl.** Lionel K. Arnold und R. Basu Roy Choundhury. (J. Amer. Oil Chemists' Soc. **39**, 379—80, 1962; Ames Iowa, Iowa State Univ. of Sci. and Technol., Iowa Engng. Exp. Stat.; engl.) — Die Extraktion von Sojabohnenflocken mit 90, 95, 98 u. 100%ig. A. ergab mit steigender A.-Konz. eine schnellere Lipoid- u. eine langsamere Nichtlipoidentfernung. Die Qualität (Geh. an freier Fettsäure, an Neutralöl, an Phosphatiden, VZ. u. JZ, Farbe) des gewonnenen Öls war unabhängig von der A.-Konzentration. Der Protein-Geh. des Rückstandes betrug durchschnittlich 52,1%. H.-P. Rettig. 7894◇

2687 **Senfsamenverarbeitung: genießbares Proteinmehl, genießbares Öl und als Nebenprodukt Allylisothiocyanat.** G. C. Mustakas, L. D. Kirk und E. L. Griffin jun. (J. Amer. Oil Chemists' Soc. **39**, 372—77, 1962; Peoria, Ill., Northern Reg. Res. Labor.; engl.) Vff. berichten über die Verarbeitung von Senfsamen (*brassica juncea*) zu Speisemehl (46% Protein-, ca. 1% Lipoid-Geh.) u. -öl durch enzymat.

(*Myrosinase*) Spaltung des Senfthioglykosids *Sinigrin* in Ggw. von W. bei 115—150° F u. Entfernung des entstandenen Allylisothiocyanats. H. P. Rettig. 7894◇

2688 **Die destillative Trennung von natürlichen und synthetischen Fettsäuregemischen in Theorie und Praxis.** 2. Mitt. **Die Berechnung der zur Fettsäure-Fraktionierung erforderlichen Bodenzahlen und Rücklaufverhältnisse.** H. Stage. (Fette, Seifen, Anstrichmittel **64**, 93—98, 1962; Destillationstechnik Dr. Hermann Stage, ACV, Labor.; dt.) — 1. vgl. C. **1963**, 10694. K. Triems. 7908◇

2689 **Herstellung von reinen, ungesättigten Fettsäuren und Estern.** J. H. Skellon. (Manufact. Chemist **33**, 405 bis 408, 1962; London, Brunel Coll., Chem. Dep.; engl.) — Übersicht über die Verff. zur Gewinnung reiner, ungesätt. Fettsäuren u. Ester durch fraktionierte Kristallisation der Pb- oder Li-Salze durch Esterfraktionierung, fraktionierte Kristallisation der Säuren aus Aceton bei niedriger Temp., Adsorption ungesätt. Fettsäuren an SiO_2-Gel, Differentialseigerung mit Harnstoffkomplex-Verbb., Hochvakuumfraktionierungs-Dest. u. Gegenstrom-Verf. (Beispiele). — 16 Literaturangaben. W. Wesly. 7908◇

2690 **Fortschritte auf dem Gebiet der desodorisierenden Seifen.** W. M. Linfield und R. E. Casely. (Amer. Perfumer **77**, Nr. 10, Sect. 2, 103—04, 1962; Chicago, Ill., Armour & Co., Grocery Prod. Div.; engl.) — Wirksamkeit u. Einsatzmöglichkeiten verschiedener bakteriostat. Substanzen auf der Basis halogenierter aromat. Verbb. in Seifen wird beschrieben. K. Hinterauer. 7910

2691 **Über Emulsionsvorgänge und Emulgatoren.** W. Wachs. (Adhäsion **6**, 553—56, 1962; Berlin; dt.) — Übersicht über Grundlagen der Emulsionsvorgänge, über Eigg. u. Anwendung von Tensiden als Emulgatoren. — 6 Literaturangaben. W. Wesly. 7912◇

2692 **Waschmittel und Netzmittel.** Leon Raphael. (Manufact. Chemist **32**, 554—57, 1961; engl.) — Fortschrittsbericht. — 15 Literaturangaben. W. Wesly. 7912◇

2693 **Über Tenside unter besonderer Berücksichtigung ihrer Bewertung.** W. Horsch und H. Gentzsch. (Pharmazie **17**, 650—57, 1962; Leipzig, Univ., Pharmaz. Inst.; dt.) — Nach Erläuterung einiger grundlegender physikal.-chem. Begriffe folgt Einteilung, Chemie u. Aufbau der Tenside sowie ein Überblick über Verw.-Möglichkeiten u. Wertbestimmungsmethoden. — 23 Literaturangaben. G. Zessin. 7912◇

2694 **Die in α-Stellung sulfonierten Fettsäuren und ihre Verwendung als Tenside.** H. Beduneau. (Rev. Produits chim. **65**, 3—7, Jan. 1962; franz.) — Es werden Kennzahlen u. Löslichkeit in organ. Lsgm. von *α-Sulfopalmitinsäure* (Armosul 16) u. *α-Sulfostearinsäure* (Armosul 18), die vorerst nur versuchsmäßig gewonnen werden, mitgeteilt. Ferner werden deren Eigg., Herst.-Verff. u. Verw.-Möglichkeiten einschließlich der sich von diesen Sulfosäuren ableitenden Prodd. erörtert. H. Meiner. 7912◇

2695 **Zusammensetzung von modernen Waschmitteln in Stückform.** Donald Price. (Amer. Perfumer **77**, Nr. 10, Sect. 2, 99—102, 1962; New York; engl.) — Übersicht. — 33 Literaturangaben. K. Hinterauer. 7912

2696 **Phosphate in flüssigen Waschmitteln.** R. L. Liss und M. E. Tuvell. (Soap chem. Specialties **38**, Nr. 3, 47—50, 103—05, 1962; St. Louis, Mo., Monsanto Chemical Co.; engl.) — Übersicht über Eigg. u. Verw. von Na-Polyphosphaten submkr. Teilchengröße in fl. Waschmitteln. W. Wesly. 7912◇

2697 **Die Oxyäthylierung von 9.10-Octadecandiolen und 9.10-Dihydroxystearonitril. Nichtionische Seifen.** A. N. Wrigley, F. D. Smith und A. J. Stirton. (J. Amer. Oil Chemists' Soc. **39**, 80—84, 1962; Philadelphia, Pa., Eastern Reg. Res. Labor.; engl.) — Die Umsetzung von Äthylenoxid (1,4 at, 160°, 4 Mol-% 85%ig. KOH, unter N_2) mit meso- (**I**) u. dl-9.10-Octadecandiolen (**II**) zu den nichtion., oberflächenakt. Verbb. $CH_3(CH_2)_7CH[(OC_2H_4)_xOH]CH[(OC_2H_4)_yOH]\cdot(CH_2)_7CH_3$, $x + y = n = 4, 8, 12, 16$, sowie mit threo-9.10-Dihydroxystearonitril (**III**) zu $CH_3(CH_2)_7CH[(OC_2H_4)_xOH]\cdot CH[(OC_2H_4)_yOH]-(CH_2)_7CN$, $x + y = n = 4, 6, 8$, unter anschließender Hydrolyse des Rk.-Prod. von **III** mit alkohol. NaOH zu den entsprechenden nichtion. Seifen (**IV**), $x + y = n = 4, 8$, wird beschrieben. Trübungspunkt, Benetzungszeit, Oberflächen- u. Grenzflächenspannung, Schaumhöhe, Emulsionsstabilität Waschwrkg. u. die Stabilität der **IV** gegenüber Mg^{2+}, Al^{3+}, Ca^{2+}, Fe^{2+}, Ni^{2+}, Cu^{2+}, Zn^{2+}, Ba^{2+}, Pb^{2+} wurden untersucht u. die Ergebnisse in Tabellen angegeben. — 20 Literaturangaben. H. P. Rettig. 7912◇

2698 **Moderne Waschmittel für Wolle in ihrem Aufbau und ihrer Wirkung.** M. Rösch. (Z. ges. Textilind. **64**, 789 bis 794, 1962; dt.) — Aus einer bes. hohen Anschmutzungsquote u. aus bes. elektr. Ladungsverhältnissen in der Waschflotte ergibt sich eine Sonderstellung der Wolle für die Waschtechnik. Eine gute Wasch-Wrkg. gegenüber Wolle haben in alkal. Flotte grobdisperse Wasch-Lsgg., in neutraler Waschflotte sowohl grob- als auch feindisperse u. in saurer Waschflotte feindisperse Waschlösungen. Die kontinuierliche Rohwollwäsche stellt eine Ausnahme dar. Die Walke, wenig pH-abhängig, erfordert grobdisperse Waschmittel. H. Brämer. 7912◇

2699 **Strahl-Wäsche von Rohwolle mit wässerigen Lösungen: ein Kommentar.** M. Chaikin und A. Samson. (Textile Res. J. **32**, 871—72, 1962; Kensington, Australia, Univ. of New South Wales, School of Textile Technol.; engl.) — Vff. beziehen sich auf eine Veröffentlichung von Anderson u. Poulter (Textile Res. J. **32**, [1962], 392) u. weisen darauf hin, daß ihr Verf. sich bei Betriebs-Verss. bewährt hat u. daß ein provisor. Patent erzielt worden ist, während in der genannten Veröffentlichung nur von Labor.-Verss. berichtet wurde. Auf die Vorteile des Verf., wie hohe Waschwrkg., keine Schwierigkeiten mit Schaum u. geringe Faserverwirrung wird kurz eingegangen. H.-A. Wannow. 7912◇

2700 **Vinylierung von Wachssäuren.** J. Kaupp. (Fette, Seifen, Anstrichmittel **64**, 51—54, 1962; Frankfurt/M.-Höchst, Farbwerke Hoechst AG, Werk Gersthofen; dt.) — Die Vinylierung (V) von Wachssäuren, die durch Oxydation von Rohmontanwachs gewonnen werden, wird beschrieben. Die direkte V der Säuren mit Acetylen führt zu uneinheitlichen, dunkel gefärbten Prodd., während man bei der Umesterung mit Vinylacetat helle Wachse erhält. Die Eigg. der sowohl durch Block- als auch durch Lsgm.-Polymerisation erhaltenen Vinylester werden eingehend geschildert. K. Triems. 7924◇

2701 **Neue Daten zur Bestimmung des Wassergehaltes von Fetten, Ölen und Emulsionen durch die Acetylchloridmethode und Vergleich mit anderen Methoden.** Bela Lorant. (Seifen-Öle-Fette-Wachse **89**, 89—92, 117—18, 1963; Budapest, Inst. für Chemie u. Lebensmittelunters.; dt.) H. Franzen. 7932◇

2702 **Bestimmung des gesamten Ungesättigten in Ölen und Fettsäuren.** Frank Spagnolo. (Mater. Res. Standards **2**, 899—902, 1962; Hightstown, N.J., National Lead Co., Hightstown Labor.; engl.) — Das Reagens nach Rosenmund-Kuhnhenn (Pyridinsulfatdibromid) ist zur Best. des gesamten Ungesättigten in konjugierten u. nichtkonjugierten Verbb. geeignet. Im Gegensatz dazu bestimmt die Meth. nach Wijs (Jodmonochlorid) nur einen Teil des Ungesättigten in konjugierten Verbindungen. Vf. bringt statist. Angaben über die Genauigkeit u. Wiederholbarkeit der Methode. W. Melloh. 7932◇

2703 **Die Anwendung der Infrarot-Spektrographie auf dem Fettgebiet.** 4. Mitt. **Untersuchung der Fettsäureester mehrwertiger Alkohole.** H. P. Kaufmann, F. Volbert und G. Mankel. (Fette, Seifen, Anstrichmittel **63**, 8—13, 1961; dt.) — Zur weiteren Aufklärung des experimentellen Befundes, wonach gesätt. Glyceride bei 10,33 μ eine Lichtabsorption aufweisen u. damit einfach ungesätt. Fettsäuren in trans-Form vortäuschen, werden systemat. Verss. mit definierten Fettsäureestern verschiedener Polyalkohole u. gesätt. Fettsäuren verschiedener Kettenlänge durchgeführt. Dargestellt u. charakterisiert werden Ester mit Äthylenglykol: *-dicaprinat*, F. 38—40°; *-dilaurat*, F. 51 bis 53°; *-dimyristat*, F. 61,5°; *-dipalmitat*, F. 72°; *-distearat*, F. 78 bis 80°; mit meso-Erythrit: *-tetracaprinat*, F. 52°; *-tetralaurat*, F. 61°; *-tetramyristat*, F. 71°, mit Propandiol-(1.2): *-dicaprinat*, fl.; *-dilaurat*, F. 25,3°; *-dimyristat*, F. 37°, mit Propandiol-(1.3): *-dicaprinat*, F. 24°; *-dilaurat*, F. 40°; *-dimyristat*, F. 48,5°, mit Butandiol-(1.4): *-dicaprinat*, F. 33°; *-dilaurat*, F. 46—47°; *-dimyristat*, F. 55°, mit Butandiol-(1.3): *-dicaprinat*, fl.; *-dilaurat*, fl.; *-dimyristat*, F. 32°, mit Butandiol-(2.3): *-dicaprinat*, F. 16°; *-dilaurat*, F. 52,5°; *-dimyristat*, F. 57°, mit Pentandiol-(1.5): *-dicaprinat*, fl.; die IR-Spektren der Ester, gelöst in CCl_4, werden angegeben sowie der durch die selektive Bande bei 10,33 μ vorgetäuschte Geh. an trans-Fettsäure, berechnet als Trielaidin. An Hand schemat. Darst. werden theoret. Überlegungen zur Deutung u. Zuordnung der beobachteten Bande angestellt. K. Täufel. 7932□

2704 **Untersuchungen zum Nachweis von Emulgatoren in Margarine.** 1. Mitt. E. Kröller. (Fette, Seifen, Anstrichmittel **64**, 85—92, 1962; Berlin-Dahlem, Bundesgesundheitsamt, Max-von-Pettenkofer-Inst., Abt. Lebensmittelchemie; dt.) — Es wird über Struktur u. Nachw. zweier Emulgatoren berichtet. Sie werden aus Margarine abgetrennt u. papierchromatograph. nachgewiesen. Der Emulgator „ME 18" ist der Monostearylester einer durch Diels-Alder-Rk. (Addition von Maleinsäureanhydrid) aus dem Linolsäureanteil der Triglyceride des Sojaöls unter Ringschluß entstandenen Tricarbonsäure, verestert mit dem Glycerid. Der Emulgator „Typ 5" stellt ein Gemisch von Malein- u. Fumarsäuremono- u. -diestern des Ricinolsäuretriglycerids dar. K. Triems. 7984◇

2705 **Bestimmung von 2.6-Di-tert.-butyl-4-hydroxytoluol (BHT) in eßbaren Fetten und Ölen.** C. R. Szalkowski und J. B. Garber. (J. agric. Food Chem. **10**, 490—95, 1962; Rahway, N.J., Merck & Co., Inc.; engl.) — Vff. beschreiben eine Meth. zur Best. von *2.6-Di-tert.-butyl-4-hydroxytoluol* (BHT), das allein oder im Gemisch mit Butoxyanisolen, Anisoylpalmitat, Tocopherol u. a. als stark wirksames Antioxydans zu Vitamin-A-Ölen, eßbaren Fetten u. Ölen, Gummi, Petroleum usw. zugesetzt wird. Die Best. beruht auf der Abtrennung des BHT vom Fett oder Öl durch Wasserdampf-Dest. unter Zugabe von $MgCl_2$-Lsg. u. colorimetr. Best. des BHT enthaltenden Destillats nach Zugabe eines Dianisidin-HNO_3-Reagens u. Ausschüttlung mit Chlf. bei 520 $m\mu$. Die Meth. ist sehr spezif. (Best.-Grenze 2—200 ppm). W. Rittler. 7934◇

2706 **Pflanzenöle.** 9. Mitt. **Die Anwendung der Umkehrphasen-Chromatographie auf die Analyse von Samenölen.** F. D. Gunstone und P. J. Sykes. (J. Sci. Food Agric. **12**, 115—23, 1961; St. Andreas, Univ., Chem. Dep.; engl.) — 8. vgl. C. **1961**, 11183. — Vff. beschreiben eine chromatograph. Meth., die die quant. Best. eines Gemisches von gesätt., ungesätt. u. Hydroxysäuren nach katalyt. Hydrierung, Ozonisierung u. Acetylierung an einem Säulenmaterial aus Kieselgur-fl. Paraffin (1:1,4) bzw. -acetyliertem Ricinusöl (1:1,3) mit wss. Aceton als Eluierungsmittel erlaubt. Die Ergebnisse der Analyse der Samenöle von *Gmelina asiatica* (Linn.), *Cephalocroton peuschelli* (Pax.), *Vernonia camporum* (A. Cheval) u. *Jatropha curcas* (Linn.) werden mitgeteilt. — 39 Literaturangaben. H. P. Rettig. 7936◇

2707 **Eikosapentaen- und Dokosahexaensäure in Tintenfischöl.** Y. Toyama und T. Takagi. (Fette, Seifen, Anstrichmittel **64**, 134—37, 1962; Nagoya, Japan, Nagoya Univ., Dep. Appl. Chem., Fac. Engng.; dt.) — Die Isolierung von *Eikosapentaen* (I)- u. *Dokosahexaensäure* (II) erfolgt durch Gewinnung der Polyensäuren (P.) aus den Gesamtfettsäuren mit Hilfe ihrer Harnstoffaddukte, anschließende fraktionierte Dest. der Methylester der P. u. nachfolgende Chromatographie der C_{20}- u. C_{22}-P. enthaltenden Fraktionen. Die Unterss. der Spaltprodd. der Ozonolyse der isolierten I u. II zeigen, daß diesen Säuren folgende Strukturen zukommen: *5.8.11.14.17-Eikosapentaensäure*, F. 73,5—74° u. *4.7.10.13.16.19-Dokosahexaensäure*, F. 78—80°. K. Triems. 7936◇

2708 **Eikosapentaen-, Dokosapentaen- und Dokosahexaensäure in Finwalöl.** Y. Toyama und T. Takagi. (Fette, Seifen, Anstrichmittel **64**, 137—41, 1962; Nagoya, Japan, Nagoya Univ., Dep. Appl. Chem., Fac. Engng.; dt.) — Die Isolierung der genannten Polyensäuren aus dem Finwaltran wird beschrieben. Mit Hilfe der reduktiven u. oxydativen Ozonolyse werden Konstit.-Ermittlungen vorgenommen. Identifiziert werden: *5.8.11.14.17-Eikosapentaensäure*, *7.10.13.16.19-Dokosapentaensäure* sowie *4.7.10.13.16.19-Dokosahexaensäure*. K. Triems. 7936◇

2709 **Die Bestimmung kationaktiver Weichmacher und Präparationsmittel.** Manfred Seidel. (Melliand Textilber. **44**, 81—83, 1963; dt.) — Amine u. quart. Ammonium-Verbb., die in stark verd. Lsgg. als Aktivsubstanzen in handelsüblichen Weichmachern u. Präparationsmitteln in der Flotte bzw. auf der Faser vorliegen, können nach den Titrations-Meth. von Harper u. Mitarbeitern [1948] u. Milun u. Moyer [1956] bestimmt werden. Der Indicator (Eosin/Citronensäure in Aceton/Chlf.) bildet mit der kationakt. Verb. ein rotes chloroformlösl. Salz, das durch Zugabe von Na-Laurylsulfat als Maßlsg. entfärbt wird. H. Brämer. 7942◇

2710 Renato Raffaetà, Mailand, Italien, **Desodorieren von Speiseölen.** Man sprüht das Öl in eine Kolonne, die es in freiem Fall durchläuft, u. bläst überhitzten Wasserdampf (I) horizontal dazu ein, wobei der I mit den Geruchsstoffen abgeführt wird. Das Öl wird gesammelt u. nochmals dem gleichen Verf. in einer 2. Stufe unterworfen. — Zeichnung. (**A. P. 2 991 298** vom 17/12. 1956, ausg. 4/7. 1961.) C. Lüttgen. 7895

2711 Lyman D. Dunn, Chicago, Ill., V.St.A., **Herstellung eines Reinigungsmittels** in granulierter Form. Man mischt 71—87 (Teile) Borax mit 1—6 Schmierseife u. darauf mit 12—25 90%ig. Natronseifenpulver. (**A. P. 3 020 237** vom 25/10. 1957, ausg. 6/2. 1962.) C. Lüttgen. 7913

2712 Lever Brothers Co., New York, N.Y., übert. von: James H. Wilson, Demarest, N.J., V.St.A., **Waschmittel** mit erhöhter Schaumkraft, enthaltend als waschakt. Anteil wasserlösl. Salze von Pentadecyl- u. Dodecylbenzolsulfonsäure im Verhältnis 1:1. (**A. P. 3 017 363** vom 28/8. 1958, ausg. 16/1. 1962.) C. Lüttgen. 7913

2713 Atlantic Refining Co., Philadelphia, übert. von: Robert B. Doan, Drexel Hill, Pa., V.St.A., **Flüssiges Grobwaschmittel,** bestehend aus einer wss. Lsg., die 7,5—25 (%) $K_5P_3O_{10}$, 0—10 $Na_5P_3O_{10}$, 10—25 C_9-C_{25}-alkylbenzolsulfonsaures Triäthanolamin, 0—5 Lauroyläthanolamid u. 0,2—1 Na-Carboxymethylcellulose enthält. (**A. P. 3 023 168** vom 25/11. 1958, ausg. 27/2. 1962.) C. Lüttgen. 7913

H_{18a}. Holz, Cellulose, Zellstoff, Papier, Papierdruck, Celluloid

2714 **Untersuchungen über physikalische und mechanische Eigenschaften der Bornmüllerstanne (Abies Bornmülleriana Mattfeld).** Adnan Berkel. (Holz Roh- u. Werkstoff **21**, 165—72, 1963; Istanbul; dt.) — Die Tanne ist eine der wichtigsten Nadelhölzer der Türkei. Die Unterss. erstrecken sich auf die Best. der Jahresringbreite, Roh- u. Raumdichte, Schwingung, Holzfeuchtigkeit. Druck- u. Biegefestigkeit. Bruchschlagfestigkeit, Zugfestigkeit quer zur Faser, Spaltfestigkeit u. auf Härteversuche. F. Zeidler. 7952◇

2715 **Vergleichende Untersuchung über den Einfluß der Belastungs- und der Verformungsgeschwindigkeit auf die Bruchfestigkeit des Holzes.** Arvo Ylinen. (Holz Roh- u. Werkstoff **21**, 173—76, 1963; Helsinki; dt.) — Zur Klarstellung des Einfl. der Belastungs- u. Verformungs-Geschw. auf die Bruchspannung von Holz wird die Maxwellsche Relaxationstheorie herangezogen. Als Bruchhypothese dient die von St. Venant entwickelte. Unter Verbindung beider Theorien wird eine Gleichung gefunden, die zeigt, wie die relative Bruchfestigkeit $\sigma_c/\sigma_{c\infty}$ von der dimensionslosen Belastungs-Geschw. $c\,T/\sigma_{c\infty}$ abhängt. F. Zeidler. 7952◇

2716 **Art und Verteilung von Inhaltsstoffen in indischen Hölzern.** D. Narayanamurti und G. M. Verma. (Holz Roh- u. Werkstoff **21**, 177—80, 1963; Dehra Dun, Indien, Forest. Res. Inst.; dt.) — Die Inhaltsstoffe der in Indien vorkommenden Holzarten *Acacia catechu*, *Dalbergia sissoo* u. *Tectona grandis* werden untersucht. Zur Extraktion werden heißes W., A./Bzl. u. Ae., in einzelnen Fällen auch CH_3OH verwendet. Das hauptsächliche Augenmerk liegt auf der Verteilung der gefundenen Inhaltsstoffe über Höhe u. Querschnitt der Probestämme. Die jeweils gefundenen Konzz. sind in 6 Tabellen zusammengestellt u. werden ausführlich erläutert. F. Zeidler. 7952◇

2717 **Der alkalische Abbau einiger 4-O-Methyl-D-glucuronoxylane aus Laubholz.** D W. Clayton. (Svensk Papperstidn. **66**, 115—24, 1963; Montreal, Quebec, Pulp and Paper Inst. of Canada; engl.) — 3 repräsentative 4-O-Methyl-D-glucuronoxylane aus Laubholz werden bei 170° mit Lauge behandelt, um geradkettige Xylane, frei von allen Substituenten, herzustellen. Es zeigt sich, daß die Glucuronosylgruppen wesentlich langsamer abgespalten werden als bisher in der Literatur angegeben wurde u. daß Spuren von Uronsäuren noch nach 60 Min. langer Behandlung nachzuweisen sind. Im Gegensatz dazu verläuft die Entmethylierung rasch u. ist nach 25 Min. bereits zu 90% erfolgt. Das so erhaltene Prod. aus Weißbirkenxylan enthält offenbar ca. 27 Xyloseeinheiten je Uronsäureeinheit in der Seitenkette. Von diesen Uronylgruppen besitzen noch ca. 25% ihre 4-O-Methylsubstituenten. F. Zeidler. 7952◇

2718 **Eine Theorie des Filtrierens und die Abschätzung der Reinheit von Celluloselösungen.** E. V. Reeves und J. Crank. (Svensk Papperstidn. **66**, 343—48, 1963; Corentry, England, Courtaulds Ltd.; London, Brunel Coll. of Technol., Mathemat. Dep.; engl.) — Die allg. angenommenen Reinheits-Best. von Cellulose-Lsgg., nämlich die Messung der Filtrier-Konst., wird krit. erörtert u. ein genauer bestimmtes Filtrier-Syst. vorgeschlagen. Dieses Syst., das für Viscose u. ähnliche Fll. angewendet werden, kann gibt Messungen, die die unfiltrierte Fl. vollständig charakterisieren. F. Zeidler. 7954◇

2719 **Mathematisch-statistische Auswertung von Ringversuchen der zellstoffherstellenden und -verarbeitenden Industrie.** E. Heene, G. Schulz und Chr. Viehweg. (Zellstoff u. Papier **12**, 138—44, 1963; DAMW; dt.) — Eine mathemat.-statist. Auswertung von Ring-Verss. der Zellstoff herstellenden u. verarbeitenden Industrie wird beschrieben. Sie zeigt deutlich, daß die Durchführung der Zellstoffanalytik in verschiedenen Punkten verbesserungsbedürftig ist. Derartige Verbesserungen werden angedeutet. Die Varianzanalyse u. der Duncan-Test können für den Nachw. statist. gesicherter Ergebnisse im Labor. angewendet werden. Auf die von Doerffel (C. **1962**, 5780) veröff. Meth. der mathemat. Statistik wird bes. hingewiesen. Eine wesentliche Verbesserung der Zellsoffanalytik ist zu erhoffen. F. Zeidler. 7956◇

2720 **Einige aktuelle Probleme der Strohzellstoffherstellung.** P. Lengyel. (Zellstoff u. Papier **12**, 131—35, 1963; Budapest, Forsch.-Inst. für die Papierind.; dt.) — Die chem. Zus. u. die Festigkeits-Eigg. der aus kurzhalmigen Weizenstrohsorten hergestellten Zellstoffe weichen nicht in nennenswertem Maß von den aus Stroh der normalen Weizensorten hergestellten ab; auch die auf 1 ha gewachsenen Strohmengen sind nicht sehr verschieden. Unterschiede im Ähren-, Spreu- u. Samen-Geh. der Strohmuster ergeben sich aus der Strohsorte, den Witterungs- u. agrotechn. Verhältnissen u. schließlich aus der Kombiernte. Die Spreu gelangt mit dem Stroh zu Ballen verpreßt in die Fabrik. Diese Verunreinigungen müssen, da sie die Qualität des Zellstoffs verschlechtern, vorher mittels Trockensortierung weitgehend abgetrennt werden. F. Zeidler. 7956◇

2721 **Die Analyse des mehrstufigen Zellstoffwaschens.** František Minařík. (Papír a Celulosa **18**, 98—101. 104, 1963; Bratislava, Vyskumný ústav papieru a Celulózy; tschech.) — Eine Meth. der orientierenden Berechnung des Zellstoffwasch-Verf. im Kocher u. einer Batterie einstufiger Waschfilter oder Filterpressen in Abhängigkeit von der Stufenanzahl u. dem Verhältnis der Waschwassermenge zu der von den Fasern gebundenen Wassermenge wird angeführt. Es wird dabei auf die Wirtschaftlichkeitsgrenzen der Erhöhung der Anzahl von Waschstufen zur Erhöhung der Ablaugentrockensubstanz mathemat. hingewiesen. Die graph. Darst. werden unter der Annahme des vollkommenen Ausgleichs der Konzz. zwischen dem Waschwasser u. der vom Faserstoff gebundenen Lsg. konstruiert. Dieser Ausgleich ist infolge der zu langen erforderlichen Waschzeit prakt. unerreichbar, so daß die berechneten Werte stets vorteilhafter erscheinen als die im prakt. Betrieb erreichbaren. F. Zeidler. 7956◇

2722 **Morphologische Faktoren, die bei der Zellstoffherstellung und der Mahlung von Holzfasern beteiligt sind.** A. B. Wardrop. (Svensk Papperstidn. **66**, 231—47, 1963; South Melbourne, Australia, C.S.I.R.O., Div. of Forest Prod.; engl.) — Ein Überblick über die Struktur der Zellwände von Fasern u. Tracheiden, bes. hinsichtlich der Verteilung der Bestandteile in ihnen u. ihres physikal. Aufbaus. Die Bedeutung verschiedener anatom. Eigenarten, bes. die Struktur der Tüpfel bzgl. des Weges von Aufschlußmitteln ins Holz wird erörtert; sie sind von Bedeutung für die Best. des Angriffspunktes des Aufschlußmittels an der Zellwand. Bei Vollzellstoffen (**A**) findet die erste Trennung der Fasern an der eigentlichen Mittellamelle statt. Bei manchen halbchem. Verff., z. B. beim Kalt-Natron-Verf., erfolgt die Trennung zwischen den äußeren u. mittleren Schichten der Sekundärwand. Bei der Mahlung von **A** scheint die Hauptveränderung der Faserstruktur in einer fortschreitenden Abtrennung von Lamellen der äußeren Schicht der Sekundärwand zu bestehen. An **A**, die über das übliche Maß hinaus gemahlen werden, zeigt sich, daß die Schicht S_1 im wesentlichen unversehrt ist. Bei Halbzellstoffen dagegen trennt sich bei der Mahlung der Bereich außerhalb der Mittelschicht der Sekundärwand als eine eigene Struktureinheit ab. Die freigelegten Oberflächen derart gewonnener Fasern u. des Feinstoffes weichen also von denen von **A** ab. F. Zeidler. 7956◇

2723 **Über Strukturveränderungen von Zellstoffasern bei Behandlung mit kaltem Alkali.** 1. Mitt. **Mercerisierungswiderstand und Quellungsverhalten von Zellstoffen bei Behandlung mit kaltem Alkali.** Börje Kyrklund und Hannes Sihtola. (Paperi ja Puu **45**, 91—98, 1963; Helsinki/Helsingfors, Finland, Finn. Pulp and Paper Res. Inst.; engl.) — Aus den Kurven für den Mercerisierungswiderstand u. dem Quell-Verh. in Cupriäthylendiamin-Lsgg. geht gervor, daß die Bldg. intrafibrillärer H-Bindungen weder beim Trocknen noch beim Ansäuern der Alkalicellulose stattfindet. Dagegen erfolgen strukturelle Änderungen beim Auswaschen des Alkalis aus der Faser, d. h. während der Ausbildung des Cellulose II-Gitters aus Natroncellulose I. Überdies besteht ein enges Verhältnis zwischen dem Ausmaß der Bldg. von interfibrillären Bindungen u. dem Quellungsausmaß des Kristallgitters während der Alkalibehandlung u. der Stärke der äußeren Zellwandschicht vor der Alkalibehandlung. Eine Arbeitshypothese über die Bldg. von interfibrillären H-Bindungen wird vorgestellt. F. Zeidler. 7956◇

2724 **Mahlen und Mischen gebleichter Zellstoffe aus Nadel- und Laubholz.** A. P. Arlov. (Svensk Papperstidn. **66**, 333 bis 342, 1963; Vinderen, Norway, Norweg. Pulp and Paper Res. Inst.; engl.) — Nach getrennter Mahlung zweier Nadelholz- u. zweier Laubholzzellstoffe in einem PFI-Mahlgerät werden handgeschöpfte Blätter von den einzelnen Zellstoffen sowie von Mischungen der beiden mit variierendem Mischungsverhältnis u. verschiedenem Mahlgrad hergestellt. Die physikal. Blatt-Eigg. der Prüfblätter werden mit jenen verglichen, die aus den Komponenten errechnet werden. Einige Eigg. der aus den Mischungen erhaltenen Blätter, z. B. der spezif. Streu-Koeff. u. die Reißlänge, sind berechenbar, andere Werte weichen von den erwarteten berechneten ab. Die scheinbare Dichte ist höher als berechnet, bei Messung des Ermüdungsindex zeigt sich ein Einfl. des verwendeten Langfaser-Zellstoffes. In Mischungen mit Laubholz-Sulfitzellstoffen wird eine Beeinflussung der Reißfestigkeit beobachtet. Wenn die Laubholzkomponente stark gemahlen ist, zeigt sich keine ausgeprägte Abweichung vom erwarteten Wert. Wird jedoch ungemahlener oder schwach gemahlener Laubholz-Sulfitzellstoff mit einem mäßig oder stark gemahlenen Nadelholzzellstoff gemischt, so ergaben sich bis zu 75% höhere Reißfestigkeitswerte. Diese Beobachtungen können möglicherweise unter Heranziehung der von van den Akker u. Mitarbeitern (C. **1959**, 835) aufgestellten Theorie des Reißverlaufs erklärt werden. F. Zeidler. 7956◇

2725 **Über den Weißerückgang und die Messung der Vergilbung gebleichter Zellstoffe.** Hannes Sihtola. (Paperi ja Puu **45**, 71—80, 1963; Helsinki, Finland, Finn. Pulp and Paper Res. Inst.; finn.) — Unter den Bestandteilen von Zellstoff (**A**) tragen bes. die Extraktstoffe, wahrscheinlich aber auch die Hemicellulosen, wesentlich zur Vergilbung bei. Obwohl der Oxydationsgrad, d. h. der Geh. an COOH- u. CO-Gruppen einen entscheidenden Einfl. auf die Vergilbungsneigung ausübt, kann diese Tendenz weder durch die Cu-Zahl wiedergegeben, noch durch den Geh. an COOH- u. CO-Gruppen charakterisiert werden, weil ihre Wirksamkeit beim Vergilben von ihrer Lage in den Anhydroglucoseeinheiten u. damit von der Herst. von **A** abhängt. Vers.-Ergebnisse bei ausgedehnten Unterss. über das Vergilben in Ballen verglichen mit der Weißeabnahme bei verschiedenen Wärmebehandlungsarten, besagen, daß eine Einw. trockener Wärme auf Maschinenblätter u. direkte Messungen am besten ein Bild von der Vergilbung in gebleichten **A**-Ballen geben u. Behandlungen bei feuchter Wärme den besten Ausdruck für die Vergilbung von Sulfat-**A** ergeben. Völlig unbestimmte Ergebnisse werden bei Messungen an Handbogenmustern erhalten, was augenscheinlich auf Unterschiede der Wasserqualität bei der Blattformung beruht. F. Zeidler. 7956◇

2726 **Die Qualität von Kraftzellstoff bei kontinuierlichem und diskontinuierlichem Kochen.** G. E. Annergren, O. E. Öhrn und S. A. Rydholm. (Svensk Papperstidn. **66**, 110—14, 1963; Säffle, Sweden, Billeruds AB, Res. Labor.; engl.) — Die Erfahrungen aus 5jährigen Qualitäts-Unterss. von Sulfatzellstoffen (**I**) im Labor. vor u. nach dem Abblasen (Ab), die nach beiden Verff. bei der gleichen Fabrik u. ident. Rohstoffen gesammelt sind, lassen folgende Schlußfolgerungen zu: Heißes Ab beim kontinuierlichen Verf. schädigt **A** u. verschlechtert die Qualität, verglichen mit der der diskontinuierlichen Kochung, was durch apparative Veränderungen nicht verhindert werden kann. Kühlung vor dem Ab verbessert die Qualität, Entleerung bei ca. 100° ergibt **A**, der dem diskontinuierlich erkochten qual. gleichwertig ist. Selbst bei 100° tritt im Entleerungs-Syst. u. in der Schneckenpresse noch eine gewisse Schädigung auf, die evtl. durch ein verbessertes Kühl-Syst. eliminiert werden kann. Es ist anzunehmen, daß die Faserschädigung beim heißen Ab sich auf sehr begrenzte Teile beschränkt, da keine Unterschiede in den morpholog., physikal. u. chem. Eigg. der Fasern oder Faserkomponenten der verschiedenen **A**-Arten festzustellen sind. Es wird nur beim heißen Ab mkr. das Verschwinden von Teilchen der Faseroberfläche beobachtet. F. Zeidler. 7960◇

2727 **Hochausbeute-Sulfitzellstoffe und deren Eigenschaften.** Hans W. Giertz (Papier **17**, 191—96, 1963; Trondheim, Norweg. TH; dt.) — Forschungsarbeiten der letzten Jahre haben gezeigt, daß es heute möglich ist, ungebleichte Sulfitzellstoffe mit wesentlich höherer Ausbeute als üblich herzustellen. Mit starken Ca-Sulfitlaugen oder mit Bisulfitlaugen werden Ausbeuten von 60% u. mit Zweistufenkochungen von 65—68% erzielt. Die Hochausbeutezellstoffe besitzen ganz bes. Eigenschaften. Infolge des hohen Hemicellulose-Geh. der Faseroberfläche werden Faser-zu-Faser-Bindungen ohne viel Mahlung erreicht. Die Reißlänge ist deshalb hoch. Eine Folge der hohen Ausbeute ist aber, daß die Anzahl von Fasern/g Zellstoff niedrig ist, was die Durchreißfestigkeit u. den Berstdruckwert beeinflußt. Von bes. Interesse scheint es zu sein, diese Zellstoffe mit Kraftzellstoffen zu mischen. U. a. zeigt es sich, daß die Dehnung des Blattes größer bei Stoffmischungen als bei den Komponenten ist. F. Zeidler. 7962◇

2728 **Chemikalien-Rückgewinnung aus Na-Sulfit-Ablaugen.** Arne Bergholm. (Svensk Papperstidn. **66**, 125—32, 1963; Sundsvall, Sweden, Svenska Cellulosa AB-Billeruds, AB; engl.) — In einer halbtechn. Anlage wird ein neues Verf., Chemikalien- u. Wärmeenergie aus Ablaugen (**A**) des Na-Sulfit-Verf. zu gewinnen, erprobt. Hierbei bildet sich beim schnellen Erhitzen von konz. **A** neben einem festen Rückstand von Kohlenstaub u. Na_2CO_3 ein brennbares Gas, das den gesamten S als H_2S enthält. Diese „Schock-Pyrolyse" verläuft in Ggw. von wenig Luft sehr schnell; die teilweise Verbrennung der organ. Substanz liefert einen Teil der für die Rk. erforderlichen Wärme; der Restbedarf wird durch Verbrennung von Öl gewonnen. Die Rk.-Prodd. werden getrennt, es resultiert eine S-ferie Na_2CO_3-Lsg.; die brennbaren Gase werden mit dem Kohlenstaub unter einem normalen Dampfkessel verbrannt. Die Verbrennungsgase werden mit der Soda-Lsg. gewaschen u. geben neue Kochsäure. F. Zeidler. 7966◇

2729 **Klima und Herstellung von Naturpapieren und Kartons.** Wilhelm Kilpper. (Papier **17**, 189—91, 1963; dt.) — Der Verf.-Prozeß der Papier- u. Karton-Herst. stellt bis zur Schlußtrocknungsphase keine Anforderungen an sein Umgebungsklima u. wird auch durch dieses in keiner Weise beeinflußt. Entscheidend ist der abs. Feuchtigkeits-Geh. im Papier bei der Weiterverarbeitung u. die Einhaltung des Gleichgewichts-Feuchtigkeits-Geh. zu dem Klima in den Verarbeitungsräumen. Die Forderungen haben erhebliche Folgerungen für die Führung des Trockenprozesses der Papier-Herst. in der Endphase u. bedingen ein zweckmäßiges Prüf- u. Anwendungsklima. F. Zeidler. 7974◇

2730 **Papierherstellung aus Zuckerrohr-Bagasse.** Bruce Cross. (Chem. Engng. **70**, Nr. 3, 74—76, 1963; engl.) — Die früher in den Zuckerfabriken verheizte Bagasse ist in mehreren lateinamerikan. Ländern Rohmaterial für die Herst. von Papier geworden. Das in jahrelanger Arbeit entwickelte Peadco-Verf. verbraucht zur Herst. von Strohpappe 3% Na_2O (auf trockene Bagasse bezogen), ca. 12% für bleichbaren Stoff, Dampfbedarf 1,5—2,5 lbs. je lb. fertigen Zellstoff. Die vorbereitete Rohbagasse wird trocken auf gleichmäßige Teilchengröße gebracht, hierbei ein Teil des Markes u. der Unreinheiten ausgeschieden. Beim kontinuierlichen Kochprozeß wird eine bestimmte Menge Bagasse mit der Aufschluß-Fl. (20%ig. NaOH) in einem Mischförderer zusammengebracht; die Menge der Fl. richtet sich nach dem gewünschten Endprodukt. Der Kocher besteht aus zwei 27 ft. langen Rohren mit 45 in. ∅, in denen das Gemisch durch gesätt. Dampf von 350° F erhitzt wird. Eine Schraube transportiert die Masse durch die Kocher u. wirft sie am Ende mit der Aufschluß-Fl. aus; der Prozeß dauert 7 Min. für Strohpappe, 20 Min. für hochwertige Zellstoffe. In einem Ausblasetank, wo sich Stoff u. Dampf trennen, wird der Stoff mit Schwarzlauge (Lauge aus dem ersten Braunstoffwäscher) von 20 auf 3,5% Stoffdichte verdünnt. Im Sumpftank findet eine Zerkleinerung der Faserbündel statt; der Stoff passiert ein Sieb u. tritt in den Braunstoffwäscher, in dem er von der Ablauge getrennt wird. Aus einem Vorratsbehälter wandert der verd. Stoff durch Zentrifugalreiniger, in denen Schmutz u. Sand ausgeschieden werden, worauf er durch Deckenfilter auf 12% Konsistenz gebracht wird. Die 1std. Bleiche findet in einem Chlorierungsturm mit Cl_2 bei gewöhnlicher Temp. in 3,5% Stoffdichte statt; der gewaschene Stoff wird alkal. bei 140° F veredelt u. nach Zwischenwäsche mit Hypochlorit bei 100° F fertig gebleicht. Die Ausbeute beträgt 55%; eine 100 tato-Anlage kostet ca. 2,5 Millionen Dollar, ihre Belegschaft beträgt 7 Mann je Schicht. F. Zeidler. 7974◇

2731 **NaOH-alkalische Dispersionen in Ligroin für Untersuchungen an Papierzellstoffen.** Domenico Borruso. (Ind. Carta **1**, 162—71, 1963; Milano, Staz. Sper. per la Cellulosa, Carta e Fibre Tessili Vegetali e Artificiali.; ital.) — Baumwoll-Linters (**A**) sowie ein Bisulfit- (**B**) u. ein Sulfatzellstoff (**C**) aus Nadelhölzern werden in NaOH-alkal., inertem Medium dispergiert u. in Abhängigkeit der NaOH-Konz. der Mercerisationsgrad — Transformation von Cellulose I in Cellulose II — röntgenograph. (Reflektionsdiffraktometer-Meth.) bestimmt. Die Ermittlung des Entwässerungs-Verh., Best. der spez. Oberfläche u. der Reißlänge nach der Behandlung im Mahlholländer geben zusätzliche Aufschlüsse über das physikai. u. chem. Verh. u. die physikochem. Vorgänge beim Mahlen. Die Unterss. zeigen, daß **A** am widerstandsfähigsten u. **B** am empfindlichsten einer alkal. Behandlung gegenüber ist, während **C** eine Mittelstellung einnimmt. Dieser Befund wird durch die unterschiedlichen Kohäsionskräfte, die zwischen den fadenförmigen Teilen u. Schichten der Fasern wirksam sind, gedeutet; darüberhinaus spielt die Größe einzelner Kristallite u. kristalliner Zonen, die bei den 3 Typen sehr verschieden sind, eine entscheidende Rolle. Die passivierende Wrkg. einer der Mahlung vorausgehenden NaOH-alkal. Behandlung ist demgemäß für **B** am nachhaltigsten, für **A** am geringsten. W. Anika. 7974◇

2732 **Polymeremulsionen zum Streichen für Papier mit sperrenden Eigenschaften.** Odd Hovland. (Svensk Papperstidn. **66**, 260—61, 1963; Norway; engl.) — Nach einer kurzen Übersicht über die heutigen gültigen Vorstellungen über die Film-Bldg. von Polymeren oder Copolymeren, wie Vinylchlorid, Styrol/Butadien oder Acryl-Verbb., wird die wichtige Rolle der geeigneten Trocknung erörtert. Die Wärmeenergie, die dem noch feuchten Strich zugeführt wird, muß sofort wirksam werden u. das W. verdampfen, ehe noch eine oberflächliche Verhärtung des Films erfolgt. IR-Strahlung ist hierfür sehr geeignet; ein auf dieser Erkenntnis beruhender Prozeß, das Comac-Verf., trocknet zunächst mit IR-Strahlung, dann mit einem schnellen heißen Luftstrom. Die Geschw. der Beschleunigungsmaschinen kann durch dieses Verf. beim Streichen mit Polyvinylchlorid von früher 100 m/s auf 360 m/s erhöht werden. Die Wasserdampfdurchlässigkeit beträgt bei einer Beschichtungsstärke von 24 g/m² nur 0,09 g/100 sq.ft./24 h. F. Zeidler. 7982◇

2733 **Die Rolle eines Gleitmittels in Streichmassen.** John E. Ward. (Wbl. Papierfabrikat. **91**, 386—87, 1963; Fribourg/Schweiz, Nopco Chimie Soc. An.; dt.) — Nach allg. Betrachtungen über den Zweck u. Wert von Gleitmitteln in Streichmassen wird „*Nopco Esi*" bes. beschrieben. Es ist eine stabile fl. Dispersion eines in W. unlösl., fetten Gleitmittels. Es erhöht die Viscosität der Streichmasse nicht. Da die Wrkg.-Substanz unlösl. ist, wandert sie beim Trocknen nicht ins Rohpapier, bei den Temp. des Trocknungsprozesses ist sie unschmelzbar. Das Gleitmittel verbleibt in der aufgestrichenen Schicht u. verbessert den Glanz bei niederen Kalanderdrücken. Gleichzeitig ist es ein spezif. Hilfsmittel gegen das Stäuben beim Superkalandern. F. Zeidler. 7982◇

2734 **Saugfähiges naßfestes Papier.** Andor Nemes. (Kolorisztikai Értesítő [Kolorist. Rdsch.] **5**, 144—56, 1963; Budapest, Forsch.-Inst. Papierind.; ung.) — Zur Erzielung der Naßfestigkeit wird eine Behandlung mit Kunstharzkonden-

saten angewandt; dies vermindert jedoch die Saugfähigkeit. Um dem entgegenzuwirken, werden die mit Kunstharzvorkondensat getränkten Papiere mit oberflächenakt. Substanzen behandelt. Verschiedene Verff. zum Auftragen dieser Stoffe u. die Messung ihrer physikal. Eigg. werden beschrieben. Durch Anwendung geeigneter oberflächenakt. Stoffe wird gute Saugfähigkeit u. Naßfestigkeit erreicht.
P. Wámoscher. 7984△

2735 **Strukturelle Auslegung der Papier-Elastizität.** J. G. Campbell. (APPITA — J. Austral. New Zealand **16**, 130—37, 1963; Austral. Paper Manufact. Ltd.; engl.) — Eine Strukturtheorie wird erörtert, die die Dehnungssteifheit (Ds.) (Prod. aus dem Modul nach Young u. Dicke) eines Handbogens in Beziehung zu den elast. Eigg. der beteiligten Fasern setzt. Ein Überblick über die zur Verfügung stehenden experimentellen Daten zeigt, daß der theoret. Ds.-Wert tatsächlich den Maximalwert, der für Fasern eines gegebenen Typs möglich ist, darstellt u. nur erreicht wird, wenn die Fasern genügend gemahlen sind u. der Handbogen unter Spannung getrocknet wird. Die Ds. wird durch weiteres Mahlen nicht mehr beeinflußt u. ist bemerkenswert konst. bei ca. 400 kg/cm für 60 g/m^2-Handbögen, die aus einer Anzahl von chem. u. halbchem. Zellstoffen hergestellt sind. F. Zeidler. 7984◇

2736 **Die Reißlänge als Festigkeitsmaß für das Papier.** Hermann Gut. (Wbl. Papierfabrikat. **91**, 475—76, 478, 1963; dt.) — An 3 Beispielen wird die Berechnung der Reißlänge von Papieren erläutert, ein Nomogramm zur schnellen Best. dieser Größe u. Vorschriften über Konditionierung der Prüfstreifen werden angegeben. F. Zeidler. 7984◇

2737 **Papier, Strich und Druckfarbe beim Rotationstief- und Offsetdruck von Wochenzeitschriften.** Alf Arnamo. (Svensk Papperstidn. **66**, 248—59, 1963; Stockholm, Sweden, Bonnier Group; engl.) — Der Einfl. der Eigg. von Papier (**A**) u. Druckfarbe (**B**) auf einige Faktoren der Abdruckqualität beim Rotationstiefdruck wird untersucht. Die Hauptarbeit beschränkt sich auf gewöhnliches, ungestrichenes Zeitschriften-**A** verschiedener Herkunft. Seine Unters. soll die Ausarbeitung von Spezifikationen der für die Bedruckbarkeit wichtigen Eigg. von Rotationstiefdruck-**A** ermöglichen. Die Bendtsen-Rauhigkeit u. die Druckopazität scheinen in diesem Zusammenhang die wichtigsten Eigg. zu sein. Bevor auch Normen für **A** ausgearbeitet werden können, erscheint eine ausreichend gute Normung der **A**-Eigg. ratsam. Beim Rotationstiefdruck werden nach verschiedenen Meth. gestrichene **A** (Leimpresse, Massey, Champion + „blade", „blade" sowie Luftbürste) verglichen, einige Schwierigkeiten der Verhältnisse bei **A** u. **B**, die beim Übergang von ungestrichenem zu gestrichenem **A** auftreten, werden erörtert. Der Offsetdruck wird meistens auf gestrichenem **A** in der Bogendruckmaschine durchgeführt. Hierbei auftretende Probleme, z. B. Tonen, Rupfen u. Trocknen, werden erörtert u. stärke- u. caseingestrichene **A** hierin verglichen. Bes. beim Tonen besteht ein deutlicher Unterschied zwischen diesen beiden Stricharten, derart, daß bei stärkegestrichenem **A** kein einziger Fall von Tonen auftritt.
F. Zeidler. 7988◇

2738 **Weizenstärke als Bindemittel für steife Isolierpappe.** G. D. Sinclair und H. R. Sallans. (Pulp Paper Mag. Canada **64**, Nr. 5, techn. Sect. T-246—50, 1963; Saskatoon, Sask., Nat. Res. Council, Prairie Reg. Labor.; engl.) — Die Verw. von Maisstärke als „additive" am Ende der Naßpartie bei der Herst. von Papier ist mehrfach untersucht; über die Eignung von Weizenstärke (**A**) liegen jedoch keine Erfahrungen vor. Bei einer Zugabe von gekochter **A** zu einem Pappelzellstoff für Faserplatten werden 60% von **A** von den Fasern zurückgehalten, die Pappen sind in ihrer Festigkeit beträchtlich verbessert. Wenn 4% (bezogen auf Faser-Gew.) gekochter **A** zugesetzt werden, bleiben 65% davon in der Pappe, deren Festigkeitswerte sich mehr als verdoppeln. Die von der Faser zurückgehaltene **A**-Menge ist proportional der Zugabemenge; Alaun erhöht die **A**-Retention nur wenig. Die Dehnungsfestigkeit kann durch 7% **A** u. 2% Alaun von 35 lb./sq.in. auf 150 lb./sq.in. erhöht werden. Eine ähnliche Erhöhung der Festigkeit kann durch Raffinieren des Zellstoffs erreicht werden, wobei ein Stromverbrauch von 160 W/lb. Stoff erforderlich ist. F. Zeidler. 7992◇

2739 **Die Bestimmung von Lignin in ungebleichten Zellstoffen. Bemerkungen zur Neuauffassung der ČS-Norm.** Ján Polčin und Mária Samková. (Papír a Celulosa **18**, 93—98, 1963; Bratislava, Vyskumný ústav papieru a celulózy; slowak.) — Bei einer krit. Überprüfung der für die Lignin (**I**)-Best. in ungebleichten Zellstoffen verwendeten Meth. finden die Vff., daß die J–K–R-Meth. (Jayme, Knoll, Rapp) der direkten Best. mittels eines hydrolysierenden Gemischs aus H_2SO_4 u. H_3PO_4 beträchtlich weniger zeitraubend als andere Verff. ist. Die hiernach erhaltenen Werte liegen für gewisse Zellstoffe unter den nach der Tappi-Meth. erhaltenen. In der Reproduzierbarkeit sind beide Meth. gleichwertig, für Na-Zellstoff ist die J-K-R-Meth. sogar besser. Beim Vgl. der IR-Spektren von verschiedenen **I**-Typen (Brauns-**I**, Methanol-**I**, Dioxan-**I** usw.) ähnelt das J–K–R-**I** am meisten dem Tappi-**I** u. unterscheidet sich von dem nativen **I** (aus der gleichen Holzart) nur durch die Intensität der Absorptionsbänder. Dies beweist das Vorhandensein der gleichen funktionellen Gruppen, wenn auch in verschiedenen Mengen. Es bestehen Unterschiede in den Spektren von Laub- u. Nadelholz-**I**, die sich durch die bekannten Strukturunterschiede erklären lassen. IR-Spektrophotometrie wird ebenfalls herangezogen, um andere Faktoren zu untersuchen, die die **I**-Best. beeinflussen. Ganz bedeutende Änderungen finden sich bei nicht gründlich ausgewaschenen **I**-Proben. Die optimalen Filtrationsbedingungen, der Einfl. von Asche- u. Extrakt-Geh. auf die Vers.-Ergebnisse werden ebenfalls erörtert. Die J–K–R-Meth. wird als Prüf-Meth. für die beabsichtigte ČS-Standard-Meth. empfohlen. F. Zeidler. 8006◇

2740 Karl Schuler, Wien, Österreich, **Herstellung von Zellstoff** aus Nadel- oder Laubhölzern. Das Holz wird in stückiger oder Knüppelform mit Na-Monosulfitlauge, deren Konz. 100—180 g je Liter beträgt, bei 175—190°, bes. 180 bis 185°, u. mindestens 20 at, bes. ≧25 at aufgeschlossen, dann mit W. verd. u. dieses Gemisch bis auf pH 4,5—6,5 angesäuert, worauf Sortierung u. Entwässerung erfolgt. Der pH-Wert der Aufschlußlauge soll zwischen 8,3 u. 9,5 liegen. (**Oe. P. 220 467** vom 7/2. 1959, ausg. 26/3. 1962.) W. Wittholz. 7963

2741 Kimberly-Clark Corp., Neenah, übert. von: Ralph V. Braun, Appleton, Wis., V.St.A., **Herstellung von Sulfitzellstoff mit hoher Festigkeit**, dad. gek., daß man Holzschnitzel in ca. 20%ig. wss. $NaHSO_3$-Lsg. ohne freies SO_2 bei pH 4—5, einem Laugenverhältnis von ca. 7,5—4:1 ca. 14—4 Std. lang bei 145—165° bis zu einer Ausbeute von 50—60% kocht, den entlaugten Stoff ca. 2—5 Std. lang bei ca. 120—195°, bes. 130—170°, einem Druck von 25—190 lbs./sq. in., einer Stoffdichte von 12—15% in einem wss. alkal. Medium (NaOH, Na_2S oder Na_2CO_3), entsprechend 20—30 g Na_2O/Liter bis zu einer Ausbeute von 75—80% (auf die alkal. Stufe bezogen) heiß veredelt. — Man kocht z. B. Fichtenschnitzel mit einer 20%ig. $NaHSO_3$-Lsg. (pH 4, Laugenverhältnis 6:1, ½ (Std.) Aufheizen auf 120°, ½ Kochen bei 120°, ½ Aufheizen auf 155°, ½ Kochen bei 155°) → 53% Ausbeute, $KMnO_4$-Zahl ca. 31, defibriert, wäscht u. siebt den Stoff, behandelt ihn bei 15% Stoffdichte mit 17%ig. NaOH 2 Std. bei 130° (25 lbs./sq. in.), wäscht, bleicht mit der üblichen ClO_3-Dreistufenbleiche bis zu 88% Weiße (G.E.), schlägt den Stoff auf (Mahlgrad = „freeness" = 450) u. stellt nach TAPPI T 205 Probeblätter her, die einen normalen Berstdruck von 46,5 (nach TAPPI T 403—53) u. eine hohe Reißfestigkeit von 163 (nach TAPPI T 414 m—49) im Vgl. zur üblichen sauren Ca-Bisulfitkochung (77—78) u. einer sauren Na-Sulfitkochung bei pH 1,5 (111—124) besitzen. (**A. P. 3 046 184** vom 31/12. 1958, ausg. 24/7. 1962.) G. Vogel. 7963

2742 Allied Chemical Corp., New York, übert. von: John Schuber, Syracuse, N.Y., V.St.A., **Mehrstufenbleiche für Zellstoff** bis zu einem Weißegrad von mehr als 90% unter Erhaltung seiner Festigkeits-Eigg., dad. gek., daß man nach A. P. 3 020 196 in einer wss. Suspension eines Lignin u. verfärbende Cellulosebegleiter enthaltenden, nicht vorgebleichten Zellstoffs die Hauptmenge der Verunreinigungen in einer 1. Stufe 30—90 Min. lang bei ca. 2—4% Stoffdichte u. pH 1,5 bis 6 mit Cl_2-Gas chloriert, den Stoff mit W. wäscht, einen Teil der Verunreinigungen in einer 2. Stufe 30—240 Min. lang bei ca. 9—17% Stoffdichte, pH >8, bes. 9—10,5, u. ca. 90 bis 110° F mit einem Hypochlorit, bes. Na-Hypochlorit, oxydiert, den aufgehellten Stoff mit W. wäscht, weitere Verunreinigungen in einer 3. Stufe 60—240 Min. lang bei ca. 9—17% Stoffdichte, pH ≦6,5, bes. 2—5,5, mit ClO_2 oxydiert, den Stoff mit W. wäscht, die oxydierten Verunreinigungen in einer 4. Stufe 45—75 Min. lang bei ca. 9—17% Stoffdichte, pH >10, bes. >11, u. ca. 130—175° F mit verd. NaOH-Lsg. (ca. 1% NaOH auf Trockenfaser bezogen) aus dem Stoff herauslöst, diesen wäscht, in einer 5. Stufe 60—300 Min. bei ca. 9—17% Stoffdichte u. pH 2—5,5 die restlichen Verunreinigungen mit ClO_2 oxydiert, den Stoff mit W. wäscht u. nach einer Gesamtbleichzeit von ≦24 Std. ein Prod. mit einem Weißegrad von ≧91% G.E. (General Electric-Grade) erhält. — Nach A. P. 3 020 197 behandelt man bei vorst. Verf. den Stoff in der 4. Stufe nicht mit NaOH, sondern 45—300 Min. bei ca. 9 bis 17% Stoffdichte u. pH >8, bes. 9—10,5, mit einem Alkaliperoxid u. erhält dad. ein Prod. mit einem Weißegrad von ≧93% (G.E.). — Mengenbeispiele für Natronzellstoff u. Sulfatzellstoff aus Kiefer oder Hartholz–Weichholz (Eiche–Gummibaum–Pappel)-Gemisch. Festigkeitstabellen, Rk.-Schemata. (**A. PP. 3 020 196** u. **3 020 197** vom 5/8. 1960, ausg. 6/2. 1962.) G. Vogel. 7979

2743 Fa. Carl Freudenberg, Weinheim (Erfinder: Hans Böe, Augsburg), **Herstellung von in Wasser schnell zerfallendem Schreibpapier** nach D. A. S. 1 126 233 mit verbesserten Brenn-Eigg., dad. gek., daß dem trockenen Faservließ O_2-abspaltende Substanzen, wie K-, Na-, NH_4-, Ca. Nitrat u./oder K-, Na-Chlorat, -Perchlorat, Persalze u./oder Nitrocellulosen in Mengen von 15 bis 35% zugesetzt werden. (**D. A. S. 1 149 603** Kl. 55f vom 28/3. 1959, ausg. 30/5. 1963. **Zusatz zu D. A. S. 1 126 233; C. 1963, 3832.**) A. Gradl. 7987

2744 Olin Mathieson Chemical Corp., übert. von: Milton O. Schur, Asheville, N.C., V.St.A., **Zigarettenpapier,** bestehend aus mit $CaCO_3$ gefülltem Cellulosepapier, gek., durch eine Imprägnierung von ½—6% $MnCl_2 \cdot 4\,H_2O$, $Fe_2(SO_4)_3$, $CoCl_2 \cdot 6\,H_2O$ oder $NiCl_2 \cdot 6\,H_2O$. (**A. P. 3 044 924** vom 30/12. 1954, ausg. 17/7. 1962.) A. Gradl. 7987

2745 **Carl Freudenberg K. G. auf Aktien**, Weinheim/Bergstr., übert. von: **Hans Böe**, Augsburg, *Herstellung eines Papiers.* (**A. P. 3 034 922** vom 23/7. 1959, ausg. 15/5. 1962. D. Prior. 1/8. 1958. — **C. 1963**, 3832 [D. A. S. 1 126 233].)

2746 **General Foods Corp.**, White Plains, N.Y., V.St.A., *Herstellung von wachsüberzogenem Glanzpapier.* (**E. P. 887 932** vom 3/6. 1958, ausg. 24/1. 1962. A. Prior. 3/6. 1957. — **C. 1962**, 13623 [A. P. 2 912 347].)

H_{18b}. Textilfasern

2747 **Vergleichende Untersuchung bei der Kunstharzausrüstung von Stoffen unter Verwendung ungarischer und Importprodukte.** József Sármány und Veronika Surányi. (Kolorisztikai Értesitö [Kolorist. Rdsch.] 5, 157—76, Juni 1963; Budapest, Forsch.-Inst. Textilind. u. Fabr. Textilfärbung; ung.) — Die Vorteile der Kunstharzausrüstung von Textilien u. die an sie gestellten Anforderungen werden besprochen. Verss. mit zwei Reaktantharzen an laugenbehandelten Stoffen werden durchgeführt. Eine Prüfung der angewandten Präpp. u. der ausgerüsteten Stoffe wird vorgenommen. Eine Analyse der Ergebnisse wird durchgeführt u. beide Harze werden verglichen. P. Wámoscher. 8032△

2748 **Mehrwertige Ausrüstungen für Webartikel.** Ildo Pensa und Guiliana C. Tesoro. (Amer. Dyestuff Reporter **52**, P 489—P 493, 1963; Garfield, N.J., J. P. Stevens & Co., Inc., Centr. Res. Labor.; engl.) — Die Möglichkeiten einer mehrwertigen Ausrüstung von Geweben aus nativen u. synthet. Fasern werden besprochen. Hierbei wird bes. das Erreichen mehrerer Eigg. in einem Arbeitsprozeß angestrebt. Als Beispiele werden die permanente antistat. sowie W.- u. ölabweisende Ausrüstung von Geweben aus Nylonfaser, die permanente Ausrüstung von Baumwolle u. Reyon mit Kombinationen von Bis-[β-hydroxyäthyl]-sulfonen allein u. in Verbindung mit dem Färben mit Reaktivfarbstoffen, sowie die Herst. plissierechter Baumwollware mit gleichzeitigen Wash-u. Wear-Eigg. kurz diskutiert. H.-G. Fröhlich. 8032◇

2749 **Eine Untersuchung über die dynamische Reibung von Gewebe an Gewebe.** D. Wilson. (J. Textile Inst., Trans. **54**, T 143—T 155, 1963; Bocking, Braintree, Essex, Courtaulds Ltd., Text. Res. Labor.; engl.) — Beschreibung einer App. zur Unters. der dynam. Reibung von Geweben an Geweben. Hierbei wird nachfolgende Beziehung zwischen der Kraft der mittleren Reibung (F_p) u. dem Druck (P) gefunden: $F_p = C_1 + n \log P$. Die Werte für C_1 u. n hängen von der Garnstruktur, der Faserart u. der Ausrüstung der Ware ab. H.-G. Fröhlich. 8040◇

2750 **Die Einwirkung von methanolischen und äthanolischen Chlorwasserstofflösungen auf Perjodatoxycellulose.** R. L. Colbran, T. P. Nevell und S. H. Zeronian. (J. Textile Inst., Trans. **54**, T 192—T 209, 1963; Manchester, Shirley Inst., Cooton Silk and Man-made Fibres Res. Assoc.; engl.) — Bei Einw. von CH_3OH- oder A.-Lsg. mit einem Geh. von 0,05—1,0 mol. HCl auf lufttrockene, mit Perjodat oxydierte Baumwolle (**A**) bis zu 200 Std. bei 25° wird festgestellt, daß mit zunehmendem Geh. der alkohol. Lsgg. an HCl die Cu-Zahl, die OCH- u. CH_3O- bzw. C_2H_5O-Gruppen abnehmen. Die Red. der alkylierten Oxycellulose mit KBH_4 führt zu in Cu-Oxid-ammoniak unlösl. Prodd., während eine nur sehr wenig oxydierte **A**-Cellulose auch nach der Red. lösl. bleibt. Dieser Befund wird mit der Bldg. von gemischten Acetalen, die teilweise eine Vernetzung der Celluloseketten bewirken, erklärt. Verss. mit **A**-Geweben geben eine Verbesserung der Knitterfreiheit, bei stark herabgesetzten Scheuer- u. Bruchfestigkeiten bei Anwendung der beschriebenen Arbeitsweise. H.-G. Fröhlich. 8044◇

2751 **Baumwoll-Streichgarne und -Gewebe.** Wilson A. Reeves. (Textilis [Gent] **19**, 37—38, 40—42, 45—46, 48—50, 1963; USDA, Agric. Res. Serv., Southern Utiliz. Res. and Dev. Div.; belg.) — Übersicht über Herst. u. Eigg. von Baumwoll-Streichgarnen u. -geweben. — 22 Literaturangaben. W. Wesly. 8044◇

2752 **Eine vorläufige Untersuchung über das geradlinige Kämmen von Wolle.** R. E. Belin und G. W. Walls. (J. Textile Inst., Trans **54**, T 171—T 179, 1963; Belmont, Geelong, Victoria, Australia, C.S.I.R.O., Wool Res. Labor., Div. of Text. Ind.; engl.) — Eine geometr. Theorie für die Faserauswahl beim geradlinigen Kämmprozeß wird entwickelt u. an einer Reihe von unter verschiedenen Arbeitsbedingungen ablaufenden Kämm-Verss. überprüft. Die erhaltenen Ergebnisse zeigen eine gute Übereinstimmung mit der aufgestellten Theorie. H.-G. Fröhlich. 8060◇

2753 **Die Anwendung neuer Ausrüstungen für Wolle.** J. R. McPhee. (Textile Inst. Ind. **1**, 10—12, 1963; Gelong, C.S.I.R.O., Div. of Text. Ind.; engl.) — Kurze Beschreibung neuer Verff. zur Ausrüstung von Textilien aus Wolle. In diesem Zusammenhang wird die Mottenechtausrüstung mit Dieldrin allein oder in Verbindung mit Siliconen zur gleichzeitigen wasserabweisenden Ausrüstung, die Herst. von wasch- u. reinigungsbeständigen Falten u. Plissee, der Si–Ro–Set-Prozeß unter Verw. von Thioglykolsäure oder Monoäthanolaminsulfit, die Vorsensibilisierung von Geweben mit 2%ig. $NaHSO_3$-Lsg. sowie die Filzfreiausrüstung von Geweben u. Kammzügen zur Herst. filzfreier Garne besprochen u. diskutiert. H.-G. Fröhlich. 8060◇

2754 **Behandlung zur Gewinnung verfilzungs- und knitterfreier Wolle.** K. Mertens. (Textilis [Gent] **19**, 75—77, 1963; Ludwigshafen/Rh. Bad. Anilin- u. Soda-Fabrik AG.; franz.) — Beschreibung der Cl-Behandlung von Wolle mit 5% *Basolan DC* (**I**) zur Erzielung von Verfilzungs- u. Knitterfreiheit u. der Einfl. von pH des Cl-Bades u. der Temperatur. Für die Konz. von **I** wird eine Gleichung angegeben. W. Wesly. 8060◇

2755 **Eine Behandlung, um Wolle nichtfilzend und schrumpffest auszurüsten.** Anonym. (Ind. Textile **1963**, 533—41; franz.) — Hauptsächlich werden die durch Anwendung des Prod. „*Basolan DC*" (**I**; Hersteller BASF) erreichbaren Verbesserungen im textilen Verh. von Wolle behandelt. Bei **I** handelt es sich um eine Substanz mit organ. gebundenem Cl, die Cl_2 allmählich freigibt u. eine langsame u. gleichmäßige Chlorierung ermöglicht. Die Auswirkung verschiedener Faktoren (Konz. an **I**, Einfl. des pH-Wertes, Temp. des Bades, Zusatz an Antiquellmitteln, Härte des W. u. Zusatz synthet. Fasern usw.) wird diskutiert. F. Lang. 8060◇

2756 **Über die Benetzungswärme von Cellulosefasern in Wasser und Methanol.** Edward Balcerzyk, Pierre Boivinet, Édouard Calvet und Kazimierz Hempel. (C. R. hebd. Séances Acad. Sci. **256**, 3674—76, 1963; Marseille, C.N.R.S., Inst. de Microcalorimetrie et de Thermogenèse; franz.) — An verschiedenen Reyonzellstoffproben wird der Einfl. verschiedener Faktoren (Mercerisieren, Verstrecken, Erwärmen usw.) auf die Benetzungswärme in W. u. CH_3OH untersucht. Die Unterss. lassen eine Beziehung zwischen Benetzungswärme u. der Zugänglichkeit der OH-Gruppen der amorphen Bereiche von Cellulose (**A**) erkennen. Die Benetzungswärme wird um so größer, je lockerer die Struktur von **A** ist. Wenn durch Verstreckung eine Strukturverfestigung erreicht wird, so nimmt die Benetzungswärme in jedem Falle ab. Eine Beziehung zwischen Benetzungswärme u. Kristallinität von **A**, wie sie mit Röntgenstrahl-Unterss. festgestellt werden kann, scheint nicht zu bestehen. F. Lang. 8074◇

2757 **Die Bruchdehnung von Nylonfasern unter kombinierter axialer und quergerichteter Beanspruchung.** N. Wilson. (Nature [London] **198**, 474, 1963; Didsbury, Manchester 20, Cotton Silk and Man-made Fibres Res. Assoc., Shirley Inst.; engl.) — Die Bruchdehnung von Nylonfäden zeigt bei quergerichteter Beanspruchung höhere Werte als bei axialer Beanspruchung. G.-D. Gollnisch. 8080◇

2758 **Einfluß von äußeren Faktoren auf die Gestaltung von Teilen aus Nylon 6.** J. R. O'Toole und T. R. von Toerne. (Werkstoffe u. Korrosion **14**, 269—73, 1963; Edgewater, N.J., Allied Chimical Corp., Techn. Dep., Plastics Div.; dt.) — Die mechan. Festigkeit von Nylon 6 (**A**) wird in der Hauptsache durch Temp. u. Feuchtigkeit beeinflußt. Bei Zunahme einer dieser Faktoren sinken Streckgrenze u. Elastizitätsmodul, dagegen steigt die Dehnbarkeit. Die Gesamt-Wrkg. ist jedoch erheblich geringer als die Einzelwirkung. Bei hohen Temp. ist die Wrkg. der Feuchtigkeit gering u. umgekehrt. Wird **A** dauernd Temp. von $>66^0$ ausgesetzt, so ist die Verw. eines Wärmestabilisators notwendig. UV-Licht erfordert die Verw. einer lichtbeständigen mit Kohlenschwarz versetzten Type. F. Vier. 8080◇

2759 **Temperaturabhängigkeit der Doppelbrechung von Nylon 6,6 und die Struktur von Sphärolithen.** C. G. Cannon, F. P. Chappel und J. I. Tidmarsh. (J. Textile Inst., Trans. **54**, T210—T221, 1963; Pontypool, Mon., Brit. Nylon Spinners Ltd., Res. Dep.; engl.) — Ausführliche Unterss. über die Temp.-Abhängigkeit der Doppelbrechung von Nylon-6,6-Fäden u. Polyamidkristallen im Bereich von 0 bis 260^0. Die im einzelnen erhaltenen Ergebnisse werden mit der jeweiligen Struktur der Faser bzw. der Sphärolithe u. deren Veränderungen, als Folge der Temp.-Einw., in Zusammenhang gebracht u. ausführlich diskutiert. H.-G. Fröhlich. 8080◇

2760 **Glasfasern.** Dominick Labino. (Glass Ind. **44**, 317—20, 356—57, 1963; Johns-Monville Fiber Glass, Inc.; engl.) — Übersicht über Arten, Eigg. u. Prüf-Verff. der Glasfasern. W. Wesly. 8082◇

2761 **Hohle Glasfasern.** Richard F. Siefert. (Glass Ind. **44**, 321—22, 356, 1963; Pittsburgh, Pa., Plate Glass Co., Fiber Glass Div.; engl.) — Übersicht über Entw., Eigg. u. Anwendung von hohlen Glasfasern. W. Wesly. 8082◇

2762 **Neue Auffassungen über Glasfasergarne.** G. E. Rammel. (Glass Ind. **44**, 329, 358—59, 1963; Owens-Corning Fiberglas Corp.; engl.) — Fortschrittsbericht über Glasfasergarne, deren Eigg. u. Anwendung. W. Wesly. 8082◇

2763 **Mikroskopische Arbeitsmethoden zur Erforschung von Ausrüstprozessen.** Mary L. Rollins, Anna T. Moore und Ines V. de Gruy. (Amer. Dyestuff Reporter **52**, P479—P488, 1963; New Orleans, La., US-Dep. of Agric., Agric. Res. Serv., South Utilizat. Res. and Dev. Div., South. Reg. Res. Labor.; engl.) — Der vorteilhafte Einsatz des Licht- u. Elektronenmikroskopes zur Erforschung, Beurteilung u. Überwachung von Ausrüstprozessen wird an Hand zahlreicher Mikrophotos (39) aufgezeigt. Zu den wichtigsten Unters.-Meth. zählen die Betrachtung von Oberflächenabdrücken, Längs- u. Querschnitten, die Best. des Brechungsindexes, Faseranfärbungen u. die Unters. von Quellungs- u. Auflöse-Rkk. an Fasern. Die einzelnen Unters.-Meth. sowie die Herst. der Präpp. werden kurz beschrieben. H.-G. Fröhlich. 8098◇

2764 **Bestimmung der Fettalkoholsulfonat-Konzentration mit der Stalagmometer-Methode.** Andor Lörinc, Ferenc Péter und István Palkó. (Magyar Textiltechn. [Ung. Textiltechn.] **15**, 252—55, 1963; Budapest, Kolorist. Zentralforsch.-Labor. u. Forsch.-Inst. Textilind.; ung.) — Die Zusammenhänge zwischen der Konz. u. der Oberflächenspannung von Fettalkoholsulfonat (I)-Lsgg. werden untersucht. Mit dem Stalagmometer von Traube wird im Konz.-Bereich von 0—1 g/Liter, ein linearer Zusammenhang zwischen der Konz. u. der Tropfenzahl bzw. den in dyn/cm angegebenen Werten der Oberflächenspannung festgestellt. Dies ermöglicht die quant. Best. von I sowohl bei der Warenübernahme als auch im Betrieb. P. Wámoscher. 8098△

2765 **Quantitative Analyse von Fadenmischungen.** Miroslaw Graliński. (Magyar Textiltechn. [Ung. Textiltechn.] **15**, 224—26, 1963. Łódź, Textilinst.; ung.) — Beschreibung der chem. Analyse, die auf der selektiven Wrkg. verschiedener Lsgm. beruht u. für die Praxis eine genügende Genauigkeit von 1% gewährleistet. Tabelle über die Empfindlichkeit der wichtigeren Fadenarten gegenüber den angewandten Lösungsmitteln. Beispiele für die Analyse aus verschiedenen Komponenten bestehender Fadengemische, Berechnung der mittleren Korrektionskoeffizienten. Die Verff. sollen als Grundlage für entsprechende Normen dienen. P. Wámoscher. 8100△

2766 **Ein Färbetest zur Unterscheidung zwischen Fibrolan BX, Fibrolan XL und Wolle.** W. Armfield. (J. Textile Inst., Trans. **54**, T222, 1963; Manchester, Courtaulds. Ltd.; engl.) — Zur Unterscheidung obiger Fasern werden die Muster mit einer 0,05%ig. Lsg. von Alizarinrot AS einige Sek. lang bei Koch-Temp. geführt, mit W. ausgewaschen u. die Anfärbung nach dem Abtupfen mit Filterpapier begutachtet. Hieran anschließend werden die gefärbten Muster mit einer 0,5n HCl-Lsg. wiederum einige Sek. kochend behandelt, mit W. gespült u. mit Filterpapier abgetrocknet. Hierbei geht bei Wolle die Rotfärbung in gelb u. bei Fibrolan BX die Rosafärbung in eine gelbliche Färbung über. Bei Fibrolan XL bleibt jedoch die Rotfärbung erhalten. H.-G. Fröhlich. 8100◇

2767 **Morphometrie von Wollfasern.** J. F. P. James. (Nature [London] **198**, 1112, 1963; Ryde, Sydney, C.S.I.R.O. Wool Res. Labor., Div. of Textile Phys.; engl.) — Über eine Möglichkeit, Ungleichmäßigkeiten in der Form des Querschnittes von Wollfasern in Abhängigkeit von der Faserlänge zu messen, wird berichtet. G.-D. Gollnisch. 8108◇

2768 Fa. Carl Freudenberg, Weinheim/Bergstr. (Erfinder: Egon Elöd † und Helmut Jörder, Badenweiler), **Sprungelastische, gegen chemische Reinigungsmittel beständige Einlagen für Bekleidungsstücke.** Lockere, leichte (Mull-)Gewebe aus Baum- oder Zellwolle werden mit wss. Dispersionen von in W. unlösl. veräthertem *Aminoplasten* u. von in W. lösl. Aminoplastvorkondensaten imprägniert u. therm. vergütet. Aminoplastbildner sind Melamin u. Harnstoff. Die Dispersionen können Härtungskatalysatoren, Pigmente, Weichmacher, opt. Aufheller, Insekticide, Flammschutz- u. Hydrophobiermittel enthalten. Die Dispersionen (auch in Schaumform) werden durch Imprägnieren u. Abquetschen, Aufspritzen oder Aufrackeln aufgebracht. (**D. A. S. 1 150 043** Kl. 8k vom 8/11. 1954, ausg. 12/6. 1963.) H. Möllering. 8037

2769 Hawley Products Co., St. Charles, Ill., V.St.A., **Herstellung geformter, verfilzter Gebilde** aus einer Fasermasse, die aus einem wss. Brei hydratisierbarer Fasern (pflanzliche Fasern oder sehr feine Glasfasern) u. aus aus Glasfädensträngen geschnittenen Glasfädenbündeln erhalten worden ist. Um bei diesem bekannten Verf. ein Auseinanderfallen der Glasfädenbündel, die den Gebilden die erforderliche Festigkeit verleihen, zu vermeiden, überzieht man sie mit einem wasserunlösl. Bindemittel, z. B. mit einem hitzehärtbaren Polyesterharz oder mit regenerierter Cellulose. — Vgl. E. P. 784 025; C. **1958**, 13392 u. A. P. 2 932 601; C. **1961**, 11168. (**Niederl. P. 102 051** vom 9/7. 1954, ausg. 15/8. 1962.) F. Böhm. 8039

2770 United States of America, Secretary of Agriculture, übert. von: Harold P. Lundgren, Berkeley, und Clay E. Pardo jun., Albany, Calif., V.St.A., **Krumpffreie Ausrüstung von Wolle** mit *Acrylnitril* (I) oder *Acrylamid* erfolgt in Ggw. eines *Redox-Katalysator-Syst.*, wobei ein *Hydrazinsalz* als Red.-Mittel dient. — Wolle wird in eine wss. Lsg. mit einem Geh. von 0,5% *Hydrazinsulfat* u. 0,05% Na-Alkylbenzolsulfonat getaucht, ausgedrückt u. in einer 60^0 warmen wss. Lsg. mit Geh. von 3,5% I u. 0,05% H_2O_2 behandelt. Anschließend wird gewaschen u. gespült. (**A. P. 3 031 334** vom 5/11. 1954, ausg. 24/4. 1962.) H. Möllering. 8061

2771 J. R. Geigy Akt.-Ges., Basel (Erfinder: Willy Frick, Pfeffingen, und Walter Stammbach, Basel), Schweiz, **Schützen von keratinhaltigen Textilfasern jeder Art gegen Insektenfraß,** dad. gek., daß man substituierte

Diphenylharnstoff-Derivv. mit 2 CF_3-Gruppen in einem Benzolkern der Formel I (R = ggf. durch nichtionogene Reste substituierter Phenylrest, X_1 = H, ein Halogenatom oder NO_2 u. X_2 = H oder ein Halogenatom) als Wirkstoff verwendet. Die Wirkstoffe werden hergestellt, indem man ein reaktionsfähiges Deriv. der CO_2 ggf. stufenweise mit je einem Mol von 2 Aminobenzol-Verbb. umsetzt. — Zum Beispiel folgende 3'.5'-Ditrifluormethyldiphenylharnstoff (II)-Derivv.: *3.4-Dichlor*-**II**, F. 210—212°; *3.5-Ditrifluormethyl*-**II**, F. 242—243°; *4-Chlor-5-trifluormethyl*-**II**, F. 164—166°;

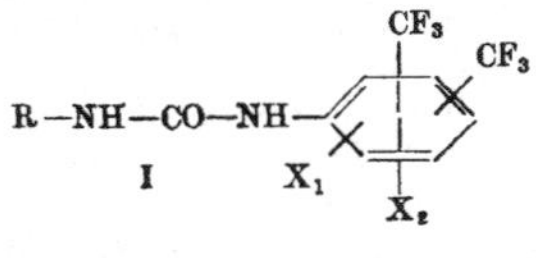

I

3.5-Dichlor-**II**, F. 212—214°; *3.4.5-Trichlor*-**II**, F. 318—321°; *2.4.5-Trichlor*-**II**, F. 280—283°; *2-Methoxy-4.5-dichlor*-**II**, F. 190—193°; *3-Trifluormethyl-4-äthoxy*-**II**, F. 203—205°; *2-Trifluormethyl-4.5-dichlor*-**II**, F. 194—197°; *4-Nitro*-**II**, F. 289—293°; *4-Chlor*-**II**, F. 212—213°. (**Schwz. P. 364 384** vom 1/10. 1959, ausg. 31/10. 1962.) K. Koebke. 8063

2772 Böhme Fettchemie G. m. b. H. (Erfinder: Wolfgang Benzel, Karl Goldann und Wolf-Dieter Willmund), Düsseldorf, **Herstellung von Viscose** durch Alkalisieren von Cellulose, Sulfidieren der Alkalicellulose u. Lösen des Cellulosexanthogenats, dad. gek., daß man in einem beliebigen Stadium des Verf. wasserlösl. Salze von höhermol. Verbb. der allg. Formel R—[N(G')—R'—]$_n$·N(G)G' zusetzt (R = aliphat., cycloaliphat., aliphat.-cycloaliphat. oder aliphat.-aromat. KW-Stoffrest mit mindestens 8 C-Atomen; R' = niedrigmol. Alkylenrest; G = Carbonsäure- oder Sulfosäurerest, der über einen kurzen, bes. aliphat., ggf. HO-substituierten, KW-Stoffrest gebunden ist; G' = Alkyl, Hydroxyalkyl, Polyäthylenoxidrest mit ca. 2—20 Äthylenoxidgruppen oder H; n = 0 oder kleine ganze Zahl). Man setzt der Cellulose ca. 1—7 g/kg bzw. der Viscose 0,1—2 g/Liter einer der folgenden Verbb. zu, wobei Alkyl einen Rest mit 8—18 C-Atomen bedeutet: Alkyl—NH—CH_2—CH_2—COONa, $C_{18}H_{35}$—NH—CH_2CH_2—SO_3Na, Alkyl—N(C_2H_4OH)—CH_2COONa, $C_{12}H_{25}$—N(CH_2CH_2OH)—$(CH_2)_3$—N(CH_2CH_2OH)—CH_2COO·Na, Alkyl—N:(CH_2—COOH)$_2$, Alkyl—N(CH_2COONa)—$(CH_2)_3$—N:(CH_2COONa)$_2$, Alkyl—N(C_2H_4OH)—$(CH_2)_3$—N·(C_2H_4OH)—CH_2COONa, $C_{14}H_{29}$—NH—CH_2—CH_2—N(CH_2·COONa)—CH_2—CH_2—N:(CH_2—COONa)$_2$, Alkyl—N(CH_2·COOH)—$(CH_2)_3$—N(CH_2COOH)—CH_2CH_2OH, $C_{12}H_{25}$—NH—CH_2CHOH—CH_2SO_3Na oder $C_{12}H_{25}$—N(CH_2CH_2OH)—CH_2—CHOH—CH_2SO_3Na. — Raschere Durchnetzung der Cellulose, Ausschaltung des Einfl. von Schwermetallionen, leichter filtrierbare u. rascher verspinnbare Viscose. (**D. A. S. 1 149 701** Kl. 12o vom 13/8. 1958, ausg. 6/6. 1963.) G. Vogel. 8075

2773 Gwalior Rayon Silk Mfg. (Wvg.) Co. Ltd., Birlagram, Nagda (M.P.), Indien, Madhav Narayan Marathe und Anton Franz Marek, **Herstellung von Viscosekunstseide.** Zur Verbesserung der Eigg., bes. der Trocken- u. Naßfestigkeit, behandelt man die erst partiell regenerierten u. verstreckten Fäden mindestens 10 Sek. unter Spannung mit Dampf u./oder heißem Wasser. (**E. P. 900 134** vom 9/11. 1960, ausg. 4/7. 1962.) F. Böhm. 8075

2774 Houze Glass Corp., Point Marion, Pa., übert. von: Jason D. Provance, Morgantown, W.Va., V.St.A., **Zerreißfeste Stapelglasfaser.** Sie besteht aus einem Glas mit 30—40 (Gew.-%) Al_2O_3, 40—50 SiO_2, 0,5—8 ZrO_2, 3—24 MgO u. <6,0 Na_2O; Erweichungs-Temp. zwischen 1600 u. 2400° F. — Beispiel für eine besondere Glas-Zus.: 46,5 SiO_2, 34,7 Al_2O_3, 6,1 ZrO_2, 10,1 MgO, 7 Na_2O u. 0,4 F_2, Rest.: Verunreinigungen einschließlich TiO_2, K_2O u. Fe_2O_3 im üblichen Umfange. (**A. P. 3 044 888** vom 5/7. 1960, ausg. 17/7. 1962.) Hans Hoffmann. 8083

2775 **Ciba Akt.-Ges.** (Erfinder: **Adolf-Emil Siegrist**), Basel, Schweiz, *Herstellung von 1.3.4-Oxodiazolen.* (**Schwz. P. 366 837** vom 7/2. 1958, ausg. 15/3. 1963. — C. **1962,** 16534 [F. P. 1 223 540].)

2776 **Chemstrand Corp.** (Erfinder: **Robert Joseph Lincoln** und **Charles Houston Campbell**), *Feuerfestmachen von Textilmaterialien.* (**Aust. P. 237 291** vom 3/8. 1959, ausg. 15/2. 1962. A. Prior. 7/8. 1958. — C. **1963,** 1908 [F. P. 1 233 272].)

2777 **Ciba Akt.-Ges.**, Basel (Erfinder: **Jacques Wegmann**, Basel, **Henri Riat**, Arlesheim, **Rudolf Aenishänslin**, Reinach, und **Andreas Ruperti**, Arlesheim), Schweiz, *Verbesserung der Eigenschaften von Cellulosefasern.* (**D. A. S. 1 148 222** Kl. 12o vom 9/4. 1959, ausg. 9/5. 1963. Schwz. Prior. 10/4. 1958. — C. **1962,** 701 [Oe. P. 209 307].)

2778 **Ciba Ltd.** (Erfinder: **Rudolf Aenishänslin** und **Wilhelm Bitterli**), *Schrumpffestmachen von Wolle.* (**Aust. P. 237 173** vom 3/10. 1958, ausg. 15/2. 1962. Schwz. Prior. 7/10. 1957 u. 9/9. 1958. — C. **1961,** 6729 [Oe. P. 206 397].)

2779 **Farbenfabriken Bayer Akt.-Ges.**, Leverkusen, *Antistatische Textilausrüstung.* (**E. P. 914 766** vom 23/4. 1959, ausg. 2/1. 1963. D. Prior. 24/4. 1958. — C. **1962,** 5153 [F. P. 1 222 270].)

2780 **Montecatini Soc. Gen. per p'Industria Mineraria e Chimica** (Erfinder: **Giulio Natta**, **Gino Dall'Asta** und **Nino Oddo**), *Polymerisation von Vinyläthern.* (**Aust. P. 237 230** vom 16/6. 1959, ausg. 15/2. 1962. It. Prior. 19/6. 1958. — C. **1962,** 17267 [D. A. S. 1 091 754].)

2781 **Courtaulds Ltd.**, London, übert. von: **Vera Isabella Furness**, Coventry, England, *Herstellung von Polyacrylnitrillösungen.* (**A. P. 3 060 142** vom 21/1. 1959, ausg. 23/10. 1962. E. Prior. 11/2. 1958. — C. **1963,** 2287 [E. P. 864 096].)

H_{19}. Brennstoffe, Erdöl, Mineralöle

2782 **Die Synthese der Produkte der Erdölindustrie auf Basis Kohle in Südafrika während des letzten Jahrzehnts.** P. E. Rousseau, J. W. van der Merve und J. D. Louw. (Brennstoff-Chem. **44,** 162—70, 1963; Sasolburg, O.F.S., South Africa, S. A. Coal, Oil and Gas Corp. Ltd.; dt.) — Die Herst. von *Bzn.*, Dieselöl, Paraffin u. Prodd. der Petrochemie durch Druckvergasung u. Synth. aus CO u. H_2 wird beschrieben. Fließschema des Sasol-Synth.-Werkes. W. Lauk. 8120◇

2783 **Molekularsiebe — eine neue Hilfe für verschiedene Verfahren.** P. W. Sherwood. (Petroleum [London] **26,** 247—52, 1963; engl.) — Die besondere Natur der Molekularsiebe u. die Genauigkeit, mit der die Porengröße bei der Herst. kontrolliert werden kann, machen diese bes. geeignet für eine Vielzahl von KW-Stoffverfahren. Bes. geeignet sind die Molekularsiebe bei der Trennung von Gas/Fl.-Gemischen, wie Trocknung, Absorption von polaren Komponenten, wie W. oder H_2S, oder Trennung nach Größe, wobei nur solche Moll. zurückgehalten werden, die in die Poren passen. Unters.-Ergebnisse werden berichtet, die die gute katalytische Aktivität der Molekularsiebe bei der Polymerisation von Roholefinen zeigen. Dabei besteht eine fallende Wirksamkeit in der Reihenfolge Isobutan, Propan, Äthylen. W. Holland. 8120◇

2784 **Die Salzkohle und die Möglichkeiten ihres Einsatzes in der Industrie im Raum Halle.** Werner Keune. (Chem. Techn. **15,** 393, 1963; dt.) — Nach einer kurzen Übersicht über Lagerstätten, Entstehung u. Größe der Salzkohle-Vork. werden die bisherigen Verff. zur Entsalzung u. die Ergebnisse, die bei der Verbrennung unter Kesseln üblicher Bauart gewonnen wurden, mitgeteilt. Die in Leuna durchgeführten Verss., das betriebene Salzkohlekraftwerk u. die gesammelten Erfahrungen werden ausführlich beschrieben. H. Hoffmann. 8124◇

2785 **Seltene Elemente in der Kohle.** R. F. Abernethy und F. H. Gibson. (U. S. Dep. Interior, Bur. Mines, Inform. Circ. **1963,** Nr. 8163, 1—69; Pittsburgh, Pa., Pittsburgh Coal Res. Center, Bur. of Mines; engl.) — Das Vork. von 34 Elementen in Kohlen verschiedener Herkunft wird an Hand zahlreicher Tabellen (Analysendaten) mitgeteilt. Die umfassende Darst. wird durch 380 Literaturhinweise bes. wertvoll. K. Strenge. 8126◇

2786 **Beitrag zur Untersuchung von stabilisierten Flammen durch Hindernisse. Einfluß der Länge der Brennkammer und einer Einspritzung in den Kern.** J. Vaerman. (Rev. Inst. franç. Pétrole Ann. Combustibles liquides **18,** 591—610, 1963; Labofina; franz.) — Der Einfl. der Brennkammerlänge auf die Stabilität von Flammen wird an experimentellen Modellen untersucht, die mit Stabilisatoren ausgerüstet sind. Es wird gezeigt, wie ein Anwachsen der Brennkammerlänge eine Abnahme des Maximums der stabilen Flammen-Geschw. verursacht. Für zu lange Brennkammern entstehen Druckschwankungen, die das Maximum der Flammenstabilität auf ca. 70% erniedrigen können. Die Einspritzung geringer Mengen von sek. Brennstoff (einige ‰ des prim. Brennstoffs) in die Rezirkulationszone erzeugt eine Pilotflamme, die die durch die Zunahme der Brennkammerlänge hervorgerufene Abnahme der Flammenstabilität in einem gewissen Ausmaß verringert. Die sek. Brennstoffeinspritzung verschiebt auch leicht die Gesamtstabilitätsgrenzen. Es war nicht möglich, irgendeinen Wechsel in der prakt. Verbrennungswirksamkeit mit u. ohne sek. Brennstoff festzustellen. G. Seidel. 8128◇

2787 **Hochdruckverbrennung in Sauerstoff-Diffusionsflammen. 1. Mitt. Die Geschwindigkeit der eindimensionalen Verbrennung flüssiger Kohlenwasserstoffe.** H. Meier zu Köcker. (Brennstoff-Chem. **44**, 81—86, 1963; Aachen, TH, Inst. für Brennstoffchem.; dt.) — Im Zusammenhang mit den Unterss. der physikal.-chem. Vorgänge bei der Verbrennung fl. Brennstoffe in Diffusionsflammen wird über Verss. zur eindimensionalen Verbrennung unter erhöhtem O_2-Druck berichtet. Hierdurch sollte in möglicht umfangreichem Maße experimentelles Material über das Brenn-Verh. unterschiedlicher fl. Brennstoffe in Diffusionsflammen gewonnen werden. Als Grenzschicht-Rk. hängt die Geschw. der eindimensionalen Verbrennung bes. von der freien Brennstoffoberfläche ab u. wird durch äußere, physikal. Faktoren erheblich beeinflußt. Ausmaß u. Auswirkung dieser Einfl. auf die Verbrennung werden experimentell untersucht. K. Triems. 8128◇

2788 **Hochdruckverbrennung in Sauerstoff-Diffusionsflammen. 2. Mitt. Zur Temperatur- und Druckabhängigkeit der eindimensionalen Verbrennung flüssiger Kohlenwasserstoffe.** H. Meier zu Köcker. (Brennstoff-Chem. **44**, 129—34, 1963; dt.) — 1. vgl. vorst. Referat. — Aliphat., olefin., naphthen. u. aromat. KW-Stoffe sowie O-Verbb. werden bei 20—60 at in reinem O_2 verbrannt. Der Verbrennungsablauf wird über den Gesamtdruckverlauf kontrolliert, wobei sich gleichzeitig indirekt Aussagen über die Temp.-Abhängigkeit machen lassen. Zwischen dem vorgegebenen Druck u. dem mittleren Gesamtdruck besteht über die Brenn-Geschw. ein linearer Zusammenhang. Die verschiedenen Verbb. weisen unterschiedliche Druckexponenten auf, die z. B. von der Verbrennungswärme abhängig sind. Naphthene u. Aromaten zeigen bei >45 at vorgegebenem Druck (ca. 80 at Gesamtdruck) eine stark progressive Steigerung der Brenngeschwindigkeit. W. Lauk. 8128◇

2789 **Stickstoffoxid in Verbrennungsprodukten. Wirkung der Druckänderungen.** G. N. Richter, H. H. Reamer und B. H. Sage. (J. chem. Engng. Data **8**, 215—21, 1963; Pasadena, Calif., California Inst. of Technol., Chim. Engng. Labor.; engl.) — Die Menge der in den Verbrennungs-Prodd. von Luft/Erdgas-Gemischen auftretenden Stickstoffoxide (**A**) wird in Abhängigkeit von der Zus. des Luft/Erdgas-Gemisches u. den Gasdruckänderungen untersucht. Der Molenbruch an **A** beträgt je nach dem Mischungsverhältnis Luft/Erdgas $2-65\cdot10^{-6}$. Wolfgang Krüger. 8128◇

2790 **Aufbereitungscharakteristiken der Kohlen aus Mercer County, West-Virginia.** Albert W. Deurbrouck. (U. S. Dep. Interior, Bur. Mines, Rep. Invest. **1963**, Nr. 6227, 1—23; Pittsburgh, Pa., Bur. of Mines, Coal Mining Res. Center; engl.) K. Strenge. 8134◇

2791 **Über einige Zusammenhänge zwischen Struktur und Wirksamkeit von Bindemitteln.** M. Szücs und M. Menyhárt. (Acta chim. Acad. Sci. hung. **35**, 309—20, 1963; Budapest, Techn. Univ., Dep. of Chem. Engng.; engl.) — Bei der Unters. einiger zum Brikettieren oder zur Erhöhung der Backfähigkeit angewandten Bindemittel (z. B. verschiedene Pechtypen, Erdölbitumen bzw. aus ungar. Kohlen unter schonenden u. verhältnismäßig kräftigeren Bedingungen hergestellte Hydrierungs-Prodd.) werden außer den allg. Kennwerten auch ihre durchschnittlichen Molgew. bestimmt, ferner wird die Substanz auf einer Silicagelsäule chromatograph. in Fraktionen getrennt. Das therm. Verh. der Bindemittel wird mittels Differentialthermogravimetrie untersucht; außerdem werden sie in Ggw. von Katalysatoren, die die Kondens. bzw. Dehydrierung fördern, verschieden lang erwärmt u. geblasen. Die katalysatorfreien Blindproben erleiden im wesentlichen dieselben Änderungen wie die mit $AlCl_3$-Katalysator vermischten Muster, d. h. die Umsetzung findet — im Gegensatz zu einigen Literaturangaben — hauptsächlich bei Einw. von Wärme statt. Vom Standpunkt der Erhöhung der Backfähigkeit weisen jene Bindemittelgruppen mittlerer Mol.-Größe (mit einem Molgew. von ca. 600) die günstigste Wrkg. auf, die bei der chromatograph. Trennung in der mit Butylacetat eluierten Fraktion zu finden sind. Von den Umsetzungsvorgängen sind jene die geeignetsten, die fähig sind, die erwähnte Fraktion anzureichern. Gewisse Zusammenhänge werden zwischen dem therm. Verh. u. der backfähigkeitserhöhenden Wrkg. der ursprünglichen u. behandelten Proben festgestellt. J. Gänsheimer. 8136◇

2792 **Verkokungseigenschaften der Kohlen aus Kanawha County, West-Virginia.** G. W. Birge, D. E. Wolfson und J. H. Lynch jun. (U. S. Dep. Interior, Bur. Mines, Rep. Invest. **1963**, Nr. 6244, 1—21; Pittsburgh, Pa., Pittsburgh Coal Res. Center, Bur. of Mines; engl.) — Die meisten der 28 untersuchten Kohleproben geben nach der Verkokung guten metallurg. Koks. Die Eigg. der Kohlen u. der verschiedenen Koksarten werden in Tabellen- u. Diagrammform mitgeteilt. K. Strenge. 8142◇

2793 **Über den Einfluß verkokungstechnisch inerter Substanzen verschiedener Körnung und verschiedener spezifischer Oberfläche auf das plastische Verhalten einer Kokskohle.** Helmut Pichler und Karl-Heinz Lauer. (Brennstoff-Chem. **44**, 149—54, 1963; Karlsruhe, TH, Carl-Engler-u. Hans-Bunte-Inst. für Mineralöl- u. Kohleforsch.; Inst. für Gastechn., Feuerungstechn. u. Wasserchem.; dt.) — Durch Vgl. der Dilatometer- u. Plastometerkurven von Gemischen einer kokenden Kohle mit Inertmaterialien verschiedener Körnung u. Oberfläche wird nachgewiesen, daß für den Verkokungsvorgang nicht nur die Korngröße der erweichenden Kohle, sondern auch die spezif. Oberfläche der Inertsubstanz von großer Bedeutung ist. Dieser Effekt wird durch Adsorption der bei der Pyrolyse gebildeten „Weichmacher" gedeutet u. gibt eine weitere Erklärung für den bei der Feinstmahlung der heterogen zusammengesetzten Kohle auftretenden Abfall der Verkokungsfähigkeit. W. Lauk. 8142◇

2794 **Steinkohlenentgasung in Wasserstoff–Sauerstoff-Flammen.** Carl Kröger und Werner Scheffel. (Brennstoff-Chem. **44**, 135—39, 1963; Aachen, TH, Inst. für Brennstoffchem.; dt.) — Beim Erhitzen feinkörniger Steinkohle in einer H_2/O_2-Flamme mit O_2-Zahlen von 0,26—0,7 stehen die erhaltenen Koks-, Ruß- u. Gasmengen sowie die Eig.-Werte dieser Prodd., wie Flüchtige, Elementaranalyse, Gas-Zus. usw., in direkter Beziehung zu den Prozeßvariablen, der adiabat. Flammen-Temp. T_{ad} u. angebotenen Energiemenge, charakterisiert durch den Quotienten Z aus eingespeister Kohlenmenge zu Mol Verbrennungswasser u. der angewandten Korngröße d_K. Es gilt $Y = f(Z) + f'(T_{ad}) + f''(d_K) + \text{konst.}$ Die Werte für T_{ad} werden von 2100—3000° K variiert, die von Z von 6,8—15,9 g Kohle/Mol Wasser, die Korndurchmesserwerte von 0,09—0,25 mm. In diesen Bereichen kann sich somit die Wrkg. der einzelnen Variablen addieren bzw. kompensieren analog dem Verh. der Spaltintensität von KW-Stoffen. Die Entgasungs-Rkk., einschließlich der Bldg. von Ruß, erweisen sich als etwa proportional dem umgesetzten Aliphatanteil der Kohle. Die Ausbeuten an CO u. CO_2 sind dagegen von der Kohleart unabhängig. Maximale Gasausbeuten bezogen auf 100 C-Atome: $C_2H_4 + C_2H_2 = 7{,}1\%$, $CH_4 = 3{,}5\%$, Gesamtgas $= {}^2/_3$ der eingesetzten Menge. Rußausbeuten 4—9% bei einem C-Geh. von 86—94%. W. Lauk. 8142◇

2795 **Grundsätzliche Erwägungen zur Beurteilung der physikalischen Eigenschaften von Hochofenkoks unter besonderer Berücksichtigung des Faktors Stückgröße.** H. Hoffmann. (Brennstoff-Chem. **44**, 68—81, 1963; Völklingen; dt.) — Verschiedene Verff. zur Best. der Stückgröße des Kokses (**A**) werden erläutert. Zwischen der Stückfestigkeit von **A** u. den Begriffen Mikro- u. Makrogefüge u. Riesennetzfaktor werden enge Zusammenhänge aufgedeckt. Die prakt. Verff. zur Beurteilung der Mikro- u. Makrofestigkeit werden besprochen u. Ergebnisse der IRSID mitgeteilt u. diskutiert. Mit wenigen Ausnahmen stimmen die IRSID-Werte u. die Werte für die Makrofestigkeit gut überein. U. Frenzel. 8144◇

2796 **Tendenzen der Automatisierung von Gasspaltanlagen.** G. Schäfer. (Gaswärme **12**, 244—51, 1963; Stuttgart; dt.) — Bei kleinen u. mittleren Anlagen wird eine Teilautomatisierung empfohlen. Das Verhältnis von Flüssiggas (**A**) zu Luft vor dem Reaktor wird durch eine Verhältnisregelung konst. gehalten. Der Dampfzusatz wird von Hand eingestellt. Der Zusatz von **A** zum Spaltgas zur Heizwerteinstellung wird nach dem Heizwert geregelt. Bei starken Schwankungen wird eine Kaskadenverhältnisregelung empfohlen. Bei Störungen schaltet die Anlage automat. ab. Bei vollautomat. Anlagen wird auch der Dampfzusatz u. der Unterfeuerungsverbrauch geregelt. Als Regelglieder führen sich pneumat. Einheitsgeräte ein, die mit $0{,}2-1\ \text{kp/cm}^2$ arbeiten. K. Strenge. 8156◇

2797 **Wärmebelastung und Wobbezahl.** G. Schäfer. (Gaswärme **12,** 251—53, 1963; Essen, Gaswärmeinst.; dt.) — In der Ausflußgleichung kann der Düsenbeiwert nicht konst. sein, wenn Gase mit verschiedenem Quotienten Wurzel aus der Dichte durch dynam. Zähigkeit vorliegen. Dieser Quotient nimmt von H_2 über CH_4, CO_2 u. die höheren Paraffin-KW-Stoffe zu. Dadurch wird die Wobbezahl als Maß der Wärmebelastung zusätzlich beeinflußt. K. Strenge. 8156◇

2798 **Die petrolchemische Industrie Italiens.** Guilio Ballabio. (Chim. et Ind. **89,** 501—07, 1963; Milan, Soc. Montecatini; franz.) — Der Aufschwung der Petrolchemie in Italien von 1950—1960 beruht in erster Linie auf der Auffindung von Erdgasfeldern u. auf der Entw. der Erdölindustrie. Die einzelnen Etappen dieser Entw. werden an Hand der auf Basis Erdgas erzeugten Prodd. NH_3, CH_3OH, C_2H_2 u. der auf Basis Erdöl hergestellten Stoffe, wie C_2H_4, Propylen, Plaste, Elastomere usw., erläutert. W. Renker. 8186◇

2799 **Nickel und seine korrosionsfesten Legierungen in der Erdölindustrie.** J. Grilliat. (Bull. Assoc. franç. Techniciens Pétrole **1963,** 269—84; Centre d'Informat. du Nickel; franz.) — Übersicht über Eigg., Verarbeitung u. Verw. von *Ni, Monel 400, Monel K 500 Inconel 600,* rostfreien *Sonderstählen* u. *Ni-Guß*-Legg. als korrosionsfeste Werkstoffe in der Erdölindustrie. W. Wesly. 8186◇

2800 **Die Technik der Imprägnierung von Gesteinen durch gefärbte Harze für die Untersuchung der Porosität in dünnen Plättchen.** J. Etienne. (Rev. Inst. franc. Pétrole Ann. Combustibles liquides **18,** 611, 1963: franz.) — Die Imprägnierung von Gesteinen durch gefärbte Harze gestattet eine genaue mkr. Analyse des Porengewebes. Die Technik wird beschrieben, wobei verschiedene Modifikationen behandelt werden. G. Seidel. 8190◇

2801 **Die Anwendung des hydraulischen Brechens zur Wiedergewinnung des Öls bei Wassereinbrüchen: Eine Zusammenfassung.** James A. Wasson (unter Mitarbeit von J. R. Williamson). (U. S. Dep. Interior, Bur. Mines, Inform. Circ. **1963,** Nr. 8175, 1—10; Morgantown, W.Va., Morgantown Petroleum Res. Labor., Bur. of Mines; West Virginia Univ., School of Mines; engl.) — 14 Literaturhinweise. K. Strenge. 8190◇

2802 **Technische und wirtschaftliche Probleme der Erdölverarbeitung und Nutzung der Verarbeitungsprodukte in der Deutschen Demokratischen Republik.** Hans-Günter Riedel. (Chem. Techn. **15,** 385—92, 1963; dt.) — Ausführlicher Überblick über Verw. u. Einsatz von Erdöl (**A**) in modernen Industriestaaten. Näher wird eingegangen auf den Anteil von **A** bei der Energiegewinnung, geschätzte u. sichere Vorräte von **A** u. Erdgas. Förderstandorte u. damit verbundene Transportfragen, der Verbrauch von **A** pro 1000 Einwohner, Veränderungen bei der Preis-Bldg. von **A** sowie ein Vgl. zwischen Kohle- u. Erdölchemie bei der Herst. von C_2H_2 u. C_2H_4. H. Hoffmann. 8192◇

2803 **Die neue Rohöldestillation von Szöny.** Istvan Aixinger. (Chem. Techn. **15,** 325—29, 1963; Budapest; dt.) — Die Raffinerie in Szöny ist für einen Durchsatz von 1 Millionen t Roherdöl/a ausgelegt. Die Automatisierung der Anlage erfolgt durch sinnvolle Kuppelung von elektr. u. pneumat. Regelelementen. Die Einrichtung der Meßwerte u. der Aufbau der Raffinerie werden ausführlich beschrieben. H. Hoffmann. 8192◇

2804 **Hydrierendes Cracken von Tieftemperaturteer aus Nord-Dakota-Lignit.** H. C. Carpenter, P. L. Cottingham, C. M. Frost und W. W. Fowkes. (U. S. Dep. Interior, Bur. Mines, Rep. Invest. **1963,** Nr. 6237, 113; Laramie, Wyo., Bur. of Mines, Laramie Petroleum Res. Center; Grand Forks, N.Dak., Grand Forks Lignite Res. Labor.; engl.) — Lignitteer aus der Lurgi-Spülgas-Verkokung wird über einem Co-Mo-Katalysator hydriert. Zum Cracken der hochsd. Phenol-Verbb. wird ein Zn-Cr-Katalysator verwendet. Eigg. der Rohstoffe u. Endprodd. werden tabellar. mitgeteilt. K. Strenge. 8196◇

2805 **Zum Reaktionsmechanismus der Fischer-Tropsch-Synthese.** 8. Mitt. **Über die Bildung von Methan durch hydrierendes Cracken.** Herbert Kölbel, Hans-Bolko Ludwig und Hans Hammer. (Brennstoff-Chem. **44,** 87—90, 1963; Berlin, TU, Inst. für Techn. Chem.; dt.) — 7. vgl. C. **1955,** 3769. — In welchem Ausmaß bei der Fischer-Tropsch-Synth. anfallendes CH_4 durch hydrierendes Cracken prim. gebildeter höhermol. KW-Stoffe entstehen kann, wird untersucht. Es wird mit ^{14}C markiertes Paraffin verwendet. Es zeigt sich, daß bei Normaldruck u. normalen Synth.-Temp. an trägerfreien Co- u. Ni-Kontakten ca. 5%, an Fe-Kontakten <3% von im Endgas auftretendem CH_4 durch hydrierendes Cracken gebildet werden. K. Triems. 8200◇

2806 **Fischer-Tropsch-Ölzirkulationsverfahren: Versuche mit einem massiven Eisenkatalysator.** D. Bienstock, A. J. Forney und J. H. Field. (U. S. Dep. Interior, Bur. Mines, Rep. Invest. **1963,** Nr. 6194, 1—20; Pittsburgh, Pa., Bur. of Mines, Pittsburgh Coal Res. Center; engl.) — Der massive Fe-Katalysator in Form von Drehspänen wird durch teilweise Oxydation mit Dampf bei 600° aktiviert, mit Alkali imprägniert u. bei 450° mit H_2 reduziert. Die Lebensdauer des Katalysators beträgt 6 Monate. Die Arbeits-Temp. sind höher als mit den üblichen Katalysatoren; dadurch erhöht sich die Ausbeute an Gasolin. K. Strenge. 8200◇

2807 **Verfahren zur Raffination von Benzinen und Düsentreibstoffen durch oberflächenaktive Substanzen.** Klaus Wehner, Gunter Seidel und Gottfried Hey. (Chem. Techn. **15,** 276—80, 1963; Leuna, VEB Leuna-Werke „Walter Ulbricht", Forsch.-Abt.; dt.) — In einer Test-App. mit mechan. gerührter Feststoffschicht wurden zahlreiche synthet. u. natürliche Adsorptionsmittel geprüft. Phenol- u. Basenanteile werden besser als in Mitteldruck-Raffinationsprozessen entfernt. Die S-Entfernung beträgt 80%; akt. S wird quant. entfernt. Adsorbentien des Silicageltyps aktiviert mit Fe_2O_3 u. natürliche auf Bauxitbasis zeigen die beste Raffinationswirkung. Die aufgebaute Pilotanlage wird ausführlich beschrieben. H. Hoffmann. 8200◇

2808 **Ergebnisse mit einer industriellen Ferrofining-Anlage zur Behandlung von Schmierölen.** A. Treil und J. Demeester. (Bull. Assoc. Franç. Techniciens Pétrole **1963,** 109—23; Dunkerque, Raffinerie SF-BP; franz.) — Das „Ferrofining"-Verf. ist ein Aufarbeitungs-Verf. für Schmieröle u. besteht in einer katalyt. Hydrierung des Öls unter milden Druck- u. Temp.-Bedingungen. Das Verf. gestattet gleichzeitig die mit Lsgm. raffinierten u. die direkt aus den Destillaten gewonnenen Öle zu behandeln. Es ersetzt eine Behandlung durch Säure u. Erden. Durch das Verf. werden Öle besserer Qualität, bes. in bezug auf Farbe u. Haltbarkeit, erzeugt; die schwer abzutransportierenden gebrauchten Erden u. die sauren Teere, die außerdem zu erheblichen Ölverlusten führen, werden beseitigt. J. Gänsheimer. 8220◇

2809 **Die Wechselwirkung zwischen Kohlenwasserstoff und oberflächenaktiver Substanz.** A. Cameron und R. F. Crouch. (Nature [London] **198,** 475—76, 1963; London, Imp. Coll. of Sci. and Technol., Mechan. Engng. Dep., Lubrication Labor.; engl.) — Schmierungs-Verss. mit homologen Reihen gesätt., geradkettiger Alkohole, Amine u. Säuren in Paraffinen verschiedener Kettenlänge geben ein Maximum der Schmier-Wrkg. jeweils dann, wenn die Kettenlänge des Zusatzstoffes gleich der des Lsgm. (Paraffin) ist. Bei ungesätt. Säuren ist die effektive Kettenlänge maßgebend. K. Strenge. 8220◇

2810 **Schmierstoffempfehlungen der „Maschinen erzeugenden Industrie" und ihre Anwendungsmöglichkeiten in der Praxis.** Johannes Mausolff. (Mineraloel-Techn. **8,** Nr. 7, 1—12, 1963; Dortmund; dt.) — Starke Kritik an dem unübersichtlichen Angebot der Schmiermittel (**A**)-Hersteller wird geübt. Oft verbergen sich unter verschiedenen Firmennamen die gleichen Produkte. Auch die Anweisungen der Maschinenhersteller für die Verw. des richtigen **A** sind oft mangelhaft. Es wird eine straffe Normung u. Deklarationspflicht für **A** gefordert, die es gestattet, mit geringsten Mitteln jeder Maschine das richtige **A** zuzuführen. K. Strenge. 8222◇

2811 **Über das Bitumen-Blasverfahren unter Anwendung von Katalysatoren.** Pál Zakar, Rezsö Csikós, Gyula Mózes und Mihály Kristóf. (Magyar Kémikusok Lapja [Z. Ver. ung. Chemiker] **18,** 157—63, April 1963; Veszprém, Vers.-Inst. Erdöl u. Erdgas; ung.) — In Labor.-Verss. werden als Katalysatoren $FeCl_3 \cdot 6\,H_2O$, $AlCl_3$, FeS, $Na_2S_2O_4 \cdot 5\,H_2O$, S, P_2O_5, $KMnO_4$ usw. erprobt. Die Wirksamkeit von S u. von S-haltigen Katalysatoren ist geringer als die von $FeCl_3$ u. $AlCl_3$. Elementares S verursacht Abnahme der Penetrationszahl; P_2O_5 u. $KMnO_4$ erweisen sich als gut anwendbar. T. Wein. 8224△

2812 **Zusammenhang zwischen Penetration und Viscosität von Bitumen.** G. Carre und D. Laurent. (Bull. Assoc. franç. Techniciens Pétrole **1963**, 3—54; Nanterre, Comp. de Raffinage Shell-Berre, Labor. Central; franz.) — Eine Unters. der Zähigkeitsveränderung von Bitumen in Abhängigkeit von der Schubspannung in scherender Strömung zeigt, daß Bindemittel gleicher Eindringtiefe, aber unterschiedlicher rheolog. Natur für die gleiche Schubspannung die gleiche Zähigkeit aufweisen. Der Vers. zeigt, daß die Schubspannung gleicher Viscosität eine Funktion der Eindringtiefe ist; eine Beziehung zwischen diesen beiden Faktoren wird aufgestellt. Die bei bestimmter Schubspannung gemessene Zähigkeit wird mit der Eindringtiefe verglichen; es wird eine Beziehung zwischen beiden Daten festgestellt (für Eindringwerte zwischen 530 u. 10). Nomogramme zur schnellen Best. der Zähigkeit aus der Eindringtiefe u. umgekehrt werden aufgestellt. Die Beziehung zwischen Eindringtiefe u. Zähigkeit wird ebenfalls theoret. untersucht. J. Gänsheimer. 8224◇

2813 **Zur Prüfung der Wärmestabilität von Wachsen.** Willi Presting, Karl Steinbach und Charlotte Föhse. (Chem. Techn. **15**, 159—62, 1963; Leipzig, DAW zu Berlin, Inst. für Verf.-Techn. der org. Chem.; dt.) — Eine einfache *capillaranalyt. Meth.* wird vorgeschlagen, die Aussagen zur *Wärmestabilität* von verschiedenen *Wachsen* bzw. *Wachskompositionen* erlaubt. Berücksichtigt wird der zwischen 40 u. 45° u. der Schmelz-Temp. des Prüfwachses liegende Temp.-Bereich. Nach der geringfügig abgewandelten Meth. von Bogs u. Knepper (C. **1956**, 10765) wurde die Ölzahl in mm bestimmt. Weiterhin wird der Festkörperanteil in den Wachsen ermittelt. H. Hoffmann. 8226◇

2814 **Neue spektroskopische Methode zur Messung des Effektes von Temperatur und Feuchtigkeit auf Asphalt.** M. Lorant. (Chem. Rdsch. [Solothurn] **16**, 336, 1963; London; engl.) — Das IR-Spektrum von ca. 25 μ dicken Asphaltfilmen wird vor u. nach der Temp.- bzw. Feuchtigkeits-Einw. gemessen. Aus der Extinktionsänderung der Carbonylbande bei 5,88 μ wird auf die Oxydation der Asphaltprobe geschlossen. H. Kuchenbecker. 8228◇

2815 **Die Ergebnisse der Koksmikroskopie in Abhängigkeit von der Lage der Koksstücke in der Koksofenkammer.** M.-U. Otte. (Brennstoff-Chem. **44**, 144—49, 1963; Essen-Altenessen, Hoesch AG Bergbau; dt.) — Unterss. über die Änderungen der mkr. Meßgrößen. W. Lauk. 8246◇

2816 **Die chromatographische Bestimmung von Spurenmengen mehrkerniger Kohlenwasserstoffe in Vaseline, Mineralöl und Steinkohlenteer.** William Lijinsky, Irving Domsky, Gloria Mason, Husni Y. Ramahi und Taher Safavi. (Analytic. Chem. **35**, 952—56, 1963; Chicago, Ill., Chicago 12, Chicago Med. School, Div. of Oncol.; engl.) — Vaseline oder Mineralöl wird in heißem Isooctan aufgenommen u. auf eine Silicagelsäule gegeben; dann werden die Aromaten mit Bzl. eluiert. Nach Abdampfen von Bzl. wird in Cyclohexan aufgenommen u. mit CH_3NO_2 (**I**) ausgeschüttelt. **I** wird dann im Vakuum abgezogen, der Rückstand in wenig Bzl. aufgenommen u. auf Whatman Nr. 1 im Laufmittel $HCON(CH_3)_2$/Isooctan (**II**) absteigend chromatographiert. Die einzelnen fluorescierenden Substanzstreifen werden ausgeschnitten, im Soxhlet mit Bzl./A. (3:1) extrahiert u. in **II** die Absorptionsspektren bei 250—450 mμ aufgenommen. Die einzelnen Substanzen werden erneut chromatographiert, bis ihr Spektrum mit dem eines bekannten mehrkernigen Aromaten (**A**) übereinstimmt. Aus den Absorptionsspektren werden auch die Konzz. der identifizierten Substanzen bestimmt. In ähnlicher Weise werden Steinkohlenteer u. Kreosot analysiert. Mit der benzol. Lsg. verschiedener mehrkerniger **A** werden die Arbeitsbedingungen u. die Konz.-Grenzen für die gaschromatograph. Best. ermittelt u. **A** nach der Cyclohexan/**I**-Trennung gaschromatographiert. Der Geh. von 10 Vaselinesorten an Benz-[a]-anthracen (**III**), Benzo-[e]-pyren (**IV**), Chrysen (**V**), Fluoranthen (**VI**), Phenanthren (**VII**), Pyren (**VIII**; + Methylpyren) u. Triphenylen (**IX**) wird angegeben. In Steinkohlenteer u. Kreosot werden Anthracen, **III**, Benzo-[b]-chrysen, Benzo-[j]-fluoranthen, Benzo-[k]-fluoranthen, Benzo-[g, h, i]-perylen (**XII**), Benzo-[a]-pyren (**X**), **IV**, Carbazol, Chrysen, Dibenz-[a, h]-anthracen (**XI**), **VI**, Perylen, **VII** u. **VIII** bestimmt. Gaschromatograph. werden folgende Verbb. bestimmt: **VII**, **VI**, **VIII**, 4-, 1- u. 3-Methylpyren, **V**, **III**, 7.12-Dimethylbenz-[a]-anthracen, **IX**, **X**, **XI** u. **XII**. Nach dieser Meth. können Substanzmengen von $>0,1$ ppm bestimmt werden. H. J. Altmann. 8252◇

2817 **Zur Messung der Cetanzahlen von Otto-Kraftstoffen.** E. Futterer und G. Münz. (Brennstoff-Chem. **44**, 187—91, 1963; Karlsruhe, TH, Carl-Engler- u. Hans-Bunte-Inst. für Mineralöl- u. Kohleforsch.; dt.) — Bei Messungen mit dem BASF-Prüfdieselmotor mit elektron. Zündverzugsmeßgerät wird es durch Einbau einer elektr. Heizung zur Temperierung der Ansaugluft möglich, die untere Meßgrenze des Motors von CZ 20 auf 0 u. darunter zu senken u. im normalen Meßbereich (CZ >20) den Streubereich einzuschränken. W. Lauk. 8254◇

2818 **Aromatenbestimmung in Kraftstoffen.** Karla Krumbholz und Gisela Jaeckel. (Chem. Techn. **15**, 304, 1963; Böhlen, VEB Kombinat „Otto Grotewohl", Forsch.- u. Entw.-Stelle; dt.) — Die Aromaten werden nach der Fluorescenz–Indicator-Adsorptions-Meth. mit einem betriebseigenen Rohstoff als Indicator (Rückstand, Kp. 265—500°, des Reformatbenzins) bestimmt. Diesem „Indicator" wird noch Sudanrot zugesetzt u. unter Zusatz von Ae. u. Hexan auf Silicagel aufgezogen. Mit UV-Licht wird der Indicator sichtbar gemacht u. die Trennlinien zur Auswertung herangezogen. H. Hoffmann. 8254◇

2819 **Schnellbestimmungsmethode geringer Mengen von Bleitetraäthyl in Kohlenwasserstoffen.** D. Loroue und G. Paul. (Bull. Assoc. franç. Techniciens Pétrole **1963**, 127—38; Serv. Qualité TRAPIL; franz.) — Ein colorimetr. Verf. zur Best. von $(C_2H_5)_4Pb$ wird beschrieben, das die Durchführung einer Analyse innerhalb von 1 Std. ermöglicht. J. Gänsheimer. 8254◇

2820 **Die Analytik von Tetraäthylblei und Tetraäthylblei-Fluid.** Rolf Gelius und Karl Robert Preussner. (Chem. Techn. **15**, 290—94, 1963; Premnitz, VEB Chemiefaserwerk „Friedrich Engels", Produktionsber. Tetraäthylblei; dt.) — Die Geh.-Ermittlung von $(C_2H_5)_4Pb$ im wichtigen Antiklopfmittel Tetraäthylblei-Fluid erfolgt nach dem jodometr. Schnell- bzw. komplexometr. Präzisions-Verf. mit Murexid, Erio T u. Cu–PAN-Komplex als Indicatoren. Für beide Meth. werden Wiederholstreubereiche angegeben. Die dem Fluid als Pb-Austräger beigemischten Halogen-KW-Stoffe werden durch Na_2O_2-Aufschluß in der Wurtzschmitt-Bombe aufgeschlossen u. die Halogenionen potentiometr. mit $AgNO_3$ bestimmt. — Ausführliche Arbeitsvorschriften werden angegeben. H. Hoffmann. 8254◇

2821 **Nachweis von Additiven in Schmierölen durch Infrarotspektrometrie.** José R. Barceló und Clara Otero. (Inform. Quím. analit. **17**, 100—06, 1963; Madrid, Inst. de Optica; span.) — Vff. nahmen die IR-Spektren von Schmierölzusätzen auf, u. zwar von drei Antioxydantien der Dithiophosphat- u. von zwei der o-Alkylphenolgruppe. Die Verbb. können durch die P—O—C-Bande bei ca. 1000 cm^{-1} bzw. durch die OH-Bande bei ca. 3650 cm^{-1} nachgewiesen werden. P. Kurzmann. 8258◇

2822 **Zur Frage der Bewertung des Marshall-Verfahrens.** J. Ewers. (Bitumen **25**, 101—03, 1963; Hamburg; dt.) — Das Marshall-Verf. stellt kein physikal.-wissenschaftlich fundiertes Verf. zur Unters. der mechan. Eigg. von bituminösen Massen dar. Als Konventions-Verf. kann es angewandt werden, wobei aber auf strengste Einhaltung der festgelegten Prüfbedingungen geachtet werden muß. K. Strenge. 8266◇

2823 Scottish Oils Ltd., Glasgow und Daniel Stewart, Broxburn, England, **Herstellung von Schieferöl.** Der Ölschiefer wird zerkleinert, so daß 6—9 Gew.-% durch ein Sieb von 0,375 in. gehen. Dann werden Pellets ohne Zugabe von Teerbindemittel gebildet u. die Pellets zusammen mit gesiebtem Ölschiefer in vertikalen Retorten erhitzt. (**E. P. 894727** vom 23/10. 1959, ausg. 26/4. 1962.) E. Kahles. 8181

2824 Dresser Industries, Inc., Dallas (Erfinder: Leroy Lloyd Carney, Houston), Tex., V.St.A., **Herstellung eines Ligninsulfonatzusatzes für Bohrflüssigkeiten.** Man vermischt Vollsulfitablauge (**I**) mit 5—10, bes. 7 Gew.-% Alkalichromat, bezogen auf den Feststoff-Geh. der **I**, säuert das Gemisch mit H_2SO_4, HCl oder HNO_3 bis zum Erreichen des pH-Wertes von höchstens 2 an, läßt die Mischung ≥ 30 Min. ohne äußere Wärmezufuhr reagieren u. neutralisiert sie dann mittels NaOH, Na_2CO_3 oder $Ca(OH)_2$ bis zum Erreichen des pH-Wertes von 3—4,5. Durch Trommeltrocknung oder Sprühtrocknung erhält man einen leicht wasserlösl., nicht schäumenden Zusatz, bes. für Süßwasser-, Gips- oder Kalkschlamm. Durch das Verf. wird die Entzuckerung der I eingespart. (**D. A. S. 1 149 716** Kl. 12o vom 15/4. 1959, ausg. 6/6. 1963. A. Prior. 16/4. 1958.) A. Jahn. 8191

2825 Shell Internationale Research Mij. N. V., Den Haag, Niederlande (Erfinder: Michael Nicholas Papadopoulos, Walnut Creek, und Carl Hosea Deal jun., Orinda, Calif., V.St.A.), **Trennung kondensierter diaromatischer von monoaromatischen Kohlenwasserstoffen mittels eines selektiven Lösungsmittels,** dad. gek., daß man ein KW-Stoffgemisch, das Naphthaline mit einer verschiedenen Zahl an C-Atomen sowie Alkylbenzole mit vergleichbarer Zahl an C-Atomen enthält, wobei die Differenz zwischen der höchsten u. niedrigsten C-Zahl, vorzugsweise 5—8 beträgt, einer fl.-fl.-Extraktion mit einer Verb. vom ringförmigen Tetramethylensulfontyp, ggf. unter Zusatz eines Verdünnungsmittels, wie W., als selektives Lsgm. unterwirft, anschließend die an Naphthalinen angereicherte Extraktphase von der an Alkylbenzolen angereicherten Raffinatphase abtrennt u. ggf. die Extraktphase aufarbeitet. — Zeichnung. (**D. A. S. 1 149 478** Kl. 23b vom 27/3. 1961, ausg. 30/5. 1963.) E. Kahles. 8195

2826 Socony Mobil Oil Co., Inc., New York, N.Y., übert. von: Stanley Tucker, Collingdale, Pa., V.St.A., **Fließbettcracken von Kohlenwasserstoffen,** wobei der gekörnte Katalysator als Fließbett durch die Rk.-Zone u. die Regenerierzone geführt wird. Der Ni-Geh. des Katalysators wird auf 400—4000 ppm gehalten u. dadurch die gebildete H_2-Menge gleichfalls eingestellt. — Zeichnungen. (**A. P. 3 028 331** vom 7/4. 1959, ausg. 3/4. 1962.) E. Kahles. 8197

2827 Shell Internationale Research Mij. N. V., Den Haag (Erfinder: Joost Cornelis Platteeuw, Amsterdam, Niederlande, und Johannes Hermanus Choufoer, Melbourne, Australien), **Katalytische Umsetzung unverzweigter oder wenig verzweigter Alkane mit mindestens 4 Kohlenstoffatomen in Alkene und Alkane mit verzweigter beziehungsweise stärker verzweigter Kohlenstoffkette** u. prakt. gleicher Anzahl C-Atome durch Behandlung bei erhöhter Temp. mit H_2 in Ggw. eines sauren festen Katalysators. Als Isomerisationskatalysator verwendet man Oxide der Elemente der 3. u./oder 4. Gruppe des Period. Syst., die als hydrierenden Bestandteil Sulfide u./oder Selenide der Metalle der linken Spalte der 6. Gruppe u./oder der 8. Gruppe des Period. Syst. enthalten, z. B. einen SiO_2–Al_2O_3-Crackkatalysator, der 1—10 Gew.-% NaS enthält. (**Niederl. P. 102 260** vom 13/7. 1959, ausg. 15/8. 1962.) F. Böhm. 8201

2828 American Cyanamid Co., New York, N.Y., V.St.A., **Reinigen von Benzol,** welches *Thiophen* enthält. Das Bzl. wird in mehreren Stufen mit konz. H_2SO_4 gewaschen, dann neutralisiert u. fraktioniert destilliert. Vor der Neutralisation wird es noch mit 0,15—2 Gew.-% eines wasserlösl. Aldehyds, wie Formaldehyd, in Ggw. einer zur Lsg. des Aldehyds ausreichenden Menge W. versetzt. (**E. P. 906 859** vom 28/3. 1961, ausg. 26/9. 1962. A. Prior. 22/4. 1960.) E. Kahles. 8203

2829 Newton Chambers & Co. Ltd., Thorncliffe, England (Erfinder: Derek Bradley und Michael John Shires), **Reinigen von Benzol.** Das Bzl. wird gekühlt, die dabei gebildeten Kristalle werden von der Mutterlauge abgetrennt, die Mutterlauge mit Bzn. gemischt, u. nochmals ausfallende Kristalle abgetrennt. (**E. P. 908 302** vom 22/6. 1960, ausg. 17/10. 1962.) E. Kahles. 8203

2830 Heinrich Koppers G. m. b. H., Essen (Erfinder: Emil Sattler und Fritz Lindstedt), **Reinigen von Rohbenzol.** Es wird in Dampfphase mit H_2 behandelt. Das H_2-haltige Gemisch wird vor der Einführung in den Reaktor so hoch komprimiert, daß der H_2-Druck dem Rk.-Druck entspricht. Ein Teil des Gases wird nach der Abtrennung des Bzl. expandiert. — Zeichnung. (**E. P. 904 862** vom 12/4. 1962, ausg. 29/8. 1962.) E. Kahles. 8203

2831 Mine Safety Appliances Co., Pittsburgh (Erfinder: Oscar L. Wright, McKees Rocks, John W. Mausteller, Evans City, und Frank J. Vancheri, Pittsburgh), Pa., V.St.A., **Reinigen von Benzol** mit Na-Legg. bei erhöhter Temp., dad. gek., daß zur Gewinnung von thiophenfreiem Bzl. das thiophenhaltige Bzl. mit einer Na–K-Leg. bei 50—80° in Berührung gebracht wird. Hierbei werden je ein Teil Thiophen u. >1,5 Teile Leg. verwendet. (**D. A. S. 1 150 058** Kl. 12o vom 2/9. 1960, ausg. 12/6. 1963. A. Prior. 13/4. 1960.) E. Kahles. 8203

2832 Director of the Roumanian Ministry of Petroleum and Chemical Industry, Bukarest, Rumänien (Erfinder: Valeriu Vintue und Dumitru Sandulescu), **Reinigen von Benzol.** Das Bzl. wird aus Leichtbenzin oder anderen Gemischen durch extraktive Kristallisation abgetrennt. Hierzu wird das KW-Stoffgemisch zunächst mit einem Ni-Cyanmethylaminat in Kontakt gebracht. (**E. P. 903 678** vom 7/6. 1960, ausg. 15/8. 1962.) E. Kahles. 8203

2833 Esso Research and Engineering Co., Elizabeth, N.J., V.St.A., **Düsentreibstoff.** Dieser besteht aus einem Erdöldestillat vom Kp. 250—750° F u. enthält 1 Gew.% eines öllösl. Mischpolymeren vom Molgew. 700—3000. Im Mischpolymeren sind 1—40 Gew.-% C_2H_4 sowie Vinylester enthalten. — Zeichnungen. (**E. P. 900 202** vom 30/5. 1960, ausg. 4/7. 1962. A. Prior. 3/8. u. 23/9. 1959.) E. Kahles. 8205

2834 Texaco, Inc., übert. von: Michael D. Riordan, Fishkill, und William F. Franz, Beacon, N.Y., V.St.A., **Herstellung von hochoctanigen Motortreibstoffen.** Eine straight-run-Schwerbenzinfraktion wird katalyt. reformiert u. ein Reformat mit einer Research-Octanzahl von mindestens 80 erhalten. Das Reformat wird dann bei 900—1200° F, 0—1000 lbs./sq.in.g. u. einer Raumströmungs-Geschw. von 0,1—10 mit einem Katalysator, der 10—90% ZnO u. noch Zn-Chromit enthält, in Kontakt gebracht. Das Rk.-Prod. aus dieser Kontaktzone wird in gasförmige u. fl. Anteile zerlegt u. mindestens ein Teil der gasförmigen Prodd. in die Reformierungszone zurückgeleitet. (**A. P. 3 039 954** vom 27/12. 1956, ausg. 19/6. 1962.) E. Kahles. 8207

2835 E. I. du Pont de Nemours & Co., Wilmington, Del., V.St.A., **Klopffester Motortreibstoff.** Er enthält 0,01 bis 2 g Li-Metall je US-Gallone als Li-Salz einer alkoxysubstituierten Carbonsäure, worin der Alkoxyrest 1—15 C-Atome aufweist u. die Alkoxyreste u. Säurereste an einen cycl. oder acycl. KW-Stoffrest mit 1—6 C-Atomen gebunden sind; z. B. Li-Salz der 2-Isopropoxyisobuttersäure. (**E. P. 899 231** vom 31/1. 1961, ausg. 20/6. 1962. A. Prior. 18/3. 1960.) E. Kahles. 8207

2836 Esso Research and Engineering Co., übert. von: Alan Schriesheim, Fords, und George R. Gilbert, Elizabeth, N.J., V.St.A., **Herstellung von Schwerbenzin,** das hochoctanig ist u. verzweigtkettige Paraffine mit 5—7 C-Atomen enthält. Ein aus geradkettigen Paraffinen mit 6—18 C-Atomen u. einem größeren Teil von Butanen u. Pentanen bestehendes Gemisch wird bei <140° F in Ggw. eines Katalysators aus 0,05 Gew.-% $AlBr_3$ in Lsg. auf Bauxit umgewandelt. — Zeichnung. (**A. P. 3 045 056** vom 3/11. 1958, ausg. 17/7. 1962.) E. Kahles. 8207

2837 Badische Anilin- & Soda-Fabrik Akt.-Ges., Ludwigshafen/Rh. (Erfinder: Fritz Christmann, Hambach, Gert Liebold, Mannheim, und Günter Schmötzer, Ludwigshafen/Rh.), **Verbesserung der Filtrierbarkeit und des Stockpunktes von Kohlenwasserstoffmitteldestillaten,** wie Gasöle, leichte Heizöle oder Dieselöle, unter Zusatz von Hartparaffin mit einem F. > 50°, vorteilhaft > 60°, dad. gek., daß den KW-Stoffmitteldestillaten 0,01 bis 0,5 Gew.-% Hartparaffin u. 0,01—0,5 Gew.-% eines Mischpolymerisates aus Estern, die eine äthylen. Doppelbindung u. überwiegend 8—18 C-Atome in einer aliphat. KW-Stoffkette enthalten, zugesetzt werden. (**D. A. S. 1 149 479** Kl. 23b vom 20/7. 1961, ausg. 30/5. 1963.) E. Kahles. 8213

2838 Swift & Co., Chicago, übert. von: Thomas W. Findley, La Grange, Ill., John L. Ohlson, Bedford, Mass., und Frank E. Kuester, La Grange, Ill., V.St.A., **Herstellung von polymeren Alkoxyhydroxyfettsäuretriglyceriden** erfolgt durch Rk. eines Epoxytriglycerids (1 Mol) mit mindestens 1 Mol eines aliphat. Alkohols (I) in Ggw. von BF_3 oder $SnCl_4$. Die Fettsäurereste des Endprod. können die Gruppen —CH(OH)—CH(OH)— bzw. —CH(OR)—CH(OH)— enthalten. Ersteres ist der Fall, wenn man an Stelle von I

W. verwendet. Die Endprodd. dienen als *Schmierölzusätze*. Ihre *Verseifung* mit *Alkali*- oder *NH_4-Hydroxid* liefert *oberflächenakt.* Salzlösungen. (**A. P. 3 035 069** vom 10/4. 1957, ausg. 15/5. 1962.) O. Müller-Meiningen. 8221

2839 Luigi Benedetti, Mailand, Italien, **Herstellung von Dialkylaryldithiophosphorsäuren** erfolgt durch Erhitzen von 4 (Mol) eines gesätt. aliphat. Monoalkohols mit P_2O_5 u. Rk. der hierbei erhaltenen Dialkyldithiophosphorsäure mit 2 Alkylphenol unter Abdestillieren des dessen Substituenten entsprechenden Alkanols. — Zur Lsg. von 250 (g) Octylphenol u. 158 2-Äthylhexylalkohol in 900 ml Toluol werden z. B. noch bis nicht $> 40^0$ 135 P_2S_5 gegeben, das Gemisch unter N_2 1 Std. auf 95^0 u. weiter so lange auf 115^0 erhitzt, bis es homogen ist, auf ca. 30^0 gekühlt, filtriert, Filtrat bei $60-100^0/100-150$ mm konz. u. 345 *2-Äthylhexyloctylphenyldithiophosphorsäure* erhalten, aus dem durch Erhitzen mit Terpentinöl *2-Äthylhexyläthylphenylbornyldithiophosphat* erhältlich ist. Weitere Beispiele zur Herst. von: *Isopropyloctylphenyl-*, *n-Butylnonylphenyl-* u. *1.3-Dimethylbutylnonylphenyldithiophosphorsäure*. — *Schmieröladditive*. (**A. P. 3 045 037** vom 7/11. 1959, ausg. 17/7. 1962.)
O. Müller-Meiningen. 8221

2840 Deutsche Gold- und Silber-Scheideanstalt vormals Roessler, Frankfurt/M. (Erfinder: Karl-Heinz Rink, Hanau/M.), **Zusatz zu Schmierstoffen** auf der Grundlage von Ölen, Fetten, Wachsen, Paraffinen, Ester- oder Siliconölen, bestehend aus in der Schmierstoffbasis unlösl. festen Perlpolymerisaten des Acroleins oder α-substituierten Acroleins oder aus Mischpolymerisaten dieser Verbb. mit anderen Vinylverbindungen. — Beispiel: Zusatz von 100 (g) Acrolein-Perlpolymerisat (Teilchen-∅ 0,5—5 μ) zu 900 Schmieröl. (**D. A. S. 1 150 484** Kl. 23c vom 15/9. 1960, ausg. 20/6. 1963.) E. Drews. 8223

2841 Jacob Jacques Walter, Seine, Frankreich, **Kalt einbaufähige Bitumendispersion** für den *Straßenbau* aus 10—15 (%) $Ca(OH)_2$, 30—35 Bitumen u. 50—55 Wasser. (**F. P. 1 301 265** vom 21/3. 1961, ausg. 21/12. 1962.)
O. Kayser. 8237

2842 **Wilburn Carol Schroeder**, *Hydrieren von Kohle*. (**Aust. P. 238 091** vom 10/3. 1959, ausg. 12/4. 1962. A. Prior. 11/3. 1958. — C. **1962**, 15463 [F. P. 1 228 286].)

2843 **Esso Research and Engineering Co.**, Elizabeth, N.J., übert. von: **Edward A. Hunter** und **Charles N. Kimberlin jun.**, Baton Rouge, La., V.St.A., *Herstellung von Hydroformierungskatalysatoren*. (**Can. P. 633 729** vom 22/4. 1952, ausg. 2/1. 1962. A. Prior. 1/5. 1951. — C. **1956**, 1775 [E. P. 717 062].)

2844 **N. V. de Bataafsche Petroleum Mij.**, Den Haag, Niederlande, *Schmieröle*. (**Niederl. P. 102 109** vom 24/9. 1956, ausg. 15/8. 1962. A. Prior. 26/9. 1955. — C. **1960**, 15965 [Aust. P. 216 240].)

2845 **N. V. de Bataafsche Petroleum Mij.**, Den Haag, Niederlande, *Schmieröle*. (**Niederl. P. 102 110** vom 24/9. 1956, ausg. 15/8. 1962. A. Prior. 26/9. 1955. — C. **1960**, 15965 [Aust. P. 216 239].)

2846 **Badische Anilin- & Soda-Fabrik Akt.-Ges.**, Ludwigshafen/Rh., übert. von: **Wilhelm Schlenk**, Ludwigshafen/Rh., *Verfahren zur Erniedrigung des Gießpunktes hochsiedender Kohlenwasserstoffgemische, insbesondere von Schmierölen*. (**A. P. 3 044 949** vom 14/4. 1959, ausg. 17/7. 1962. D. Prior. 17/4. 1958. — C. **1960**, 5047 [D. A. S. 1 063 738].)

2847 **British Petroleum Co. Ltd.** (Erfinder: **Samuel Richard Pethrick** und **Aleksander Groszek**), *Schmierfett*. (**Aust. P. 238 058** vom 26/2. 1959, ausg. 12/4. 1962. E. Prior. 5/3. 1958. — C. **1961**, 10042 [Oe. P. 208 985].)

H_{20}. Schieß- und Sprengstoffe, Zündmittel

2848 **Die Beziehung zwischen der Stärke von Sprengstoffen und der von Detonatoren.** Kazuo Ida und Taketo Arimura. (J. ind. Explosives Soc. Japan **22**, 183—87, 1961; jap., Auszug: engl.) — Mit Hilfe verschiedener Meth. (Lücken-, Haid- u. Hess-Test u. Messung der Detonations-Geschw.) wird untersucht, ob sich die Explosionsstärke mit der Zündung ändert. Die Ergebnisse zeigen, daß die Brisanz frisch hergestellter u. gut gelagerter Sprengstoffe von der Detonatorstärke unabhängig ist, während sie bei langer u. ungünstiger Lagerung sehr stark von der Stärke der Zündung beeinflußt wird. Entsprechend benötigen frische Sprengstoffe im Gegensatz zu phlegmatisierten keine starken Detonatoren.
H. Pförtner. 8294◇

2849 **Zustandsgleichung der Detonationsprodukte von Hexogen.** N. M. Kusnetzow. (J. physik. Chem. [UdSSR] **35**, 1430—34, 1961; Akad. der Wiss. der UdSSR, Inst. für chem. Physik; russ., Auszug: engl.) — Auf Grund der Abhängigkeit der Massen-Geschw., der Detonations-Geschw. u. der Rk.-Wärme von der Ladungsdichte ϱ wird eine Gleichung für den Zustand der Detonations-Prodd. abgeleitet. Dabei wird angenommen, daß der Druck u. die Rk.-Energie lineare Funktionen der Temp. sind. Bei Hexogen (I) ergibt sich bei $\varrho = 0{,}9-1{,}3$ (g/cm^3) die Explosions-Temp. zu ca. 4500^0 K. Bei $\varrho = 1{,}3$ sind der therm. Druck u. der „elast. Druck" nach Seldowitsch u. Kompanejetz (Theorie der Detonation, 1955) für I gleich. Das Festkörpermodell ist bei $\varrho = 2$ anwendbar. Bei $\varrho = 1$ können die Detonations-Prodd. als Gase angenommen werden. R. K. Müller. 8304◇

2850 **Einige Gelatinierungseigenschaften von Schießbaumwolle und Nitroglycerin/Nitroglykol-Gelen.** Naoe Nakazyo, Kazuo Tuzihasi und Y. Takizawa. (J. ind. Explosives Soc. Japan **22**, 254—58, 1961; Asashi Chem. Ind. Co. Ltd.; jap., Auszug: engl.) — Den meisten Dynamiten liegen Gele von Nitroglycerin (I)/Nitroglykol (II)-Mischungen mit Nitrocellulose (III) zugrunde, wobei II den Gelatiniereffekt verstärkt. Die Unterss. an Gelen mit 0—60% II u. III mit N-Geh. von 11,4—12,3% bei Rk.-Zeiten von 1,5—4,5 Std. zeigen, daß die Gelatinier-Eigg. hauptsächlich auf den N-Geh. von III zurückzuführen ist. Zum Beispiel gelieren Mischungen mit 50—60% II u. einem N-Geh. von 11,8% sehr gut. Durch Zusatz von geringen Mengen Polyvinylalkohol oder Stärke wird die Gelatinierung noch verbessert. Die von III adsorbierte Menge folgt der Freundlich-Gleichung $X = K \cdot C^n$, wobei X die adsorbierte Menge, C die Konz. der fl. Komponenten u. K u. n Konst. sind. H. Pförtner. 8304◇

2851 **Beobachtungen über Veränderungen von Verzögerungspulvern beim Erwärmen.** Shoji Nakahara. (J. ind. Explosives Soc. Japan **22**, 259—62, 1961; jap., Auszug: engl.) — Wie Unterss. mit Hilfe von Thermowaage u. DTA zeigen, treten bei Verzögerungspulvern auf der Basis Ferrosilicium/Pb_3O_4 bzw. Sb/$KMnO_4$ beim Erwärmen unter Atmosphärendruck Veränderungen auf. Dabei zersetzt sich zuerst die oxydierende Komponente, deren Gase, unterstützt vom Luftsauerstoff, die reduzierenden Stoffe oxydieren. Bei der Verbrennung von Verzögerungspulvern spielen vor allem heterogene Rkk. in der Gasphase eine bedeutende Rolle.
H. Pförtner. 8322◇

2852 **Photographische Messung des Detonationsdruckes in einem körnigen Explosivstoff.** S. Paterson und P. Lamb. (J. photogr. Sci. **9**, 363—72, 1961; Stevenston, Ayrshire, ICI Ltd., Nobel Div.; engl.) — Eine der Meß-Meth. des Detonationsdruckes in einem Explosivstoff beruht auf der Beobachtung der Stoßwelle, die bei Detonation in einem Testmaterial erzeugt wird. Diese Meth. war bisher auf Ladungen hochbrisanter, militär. Sprengstoffe beschränkt. Am Beispiel des Pentaerythrittetranitrats (PETN) wird gezeigt, daß auch der Detonationsdruck weniger brisanter Stoffe gemessen werden kann. — Das PETN-Granulat wird in einem Celluloseacetatzylinder an dem einseitig geschwärzten Testmaterial (Perspex) angebracht, das durch ein weiteres Perspexplättchen abgedeckt ist. Zwischen den beiden Plättchen befindet sich ein dünner Spalt, der während des Schusses mit Ar gespült werden kann. Trifft die Detonationswelle am einen Ende des Testplättchens auf, wird kurzzeitig Licht emittiert. Beim Auftreffen am anderen Ende wird die Oberfläche sehr stark nach vorn bewegt u. drückt das Ar so heftig auf das transparente Abdeckplättchen, daß dieses infolge der hohen Temp. einen lebhaften Lichtblitz emittiert. Diese Phänomene werden über einen rotierenden Spiegel mit einer Schlierenkamera aufgenommen. Aus der Plättchendicke u. der Zeit lassen sich die Detonations-Geschw. u. damit der Druck bestimmen. Die Ergebnisse werden diskutiert. H. Pförtner. 8324◇

2853 **Untersuchungen zur Prüfung eines Detonators.** 1. Mitt. Kazuo Ida, Kenichiro Yamamoto, Takashi Isotani und Takayoshi Kudo. (J. ind. Explosives Soc. Japan **22**, 245—53, 1961; jap., Auszug: engl.) — Da viele Meth. nur den Impulseffekt berücksichtigen, den Einfl. der Hülsenbruchstücke u. der auf den Sprengstoff übertragenen Wärme jedoch vernachlässigen, werden die verschiedenen Prüf-Meth. (z. B. Bleiplatten-, Nagel- u. Sandtest, Bleiblockausbauchung u. a.) auf ihre Eignung zur Best. der Detonatorstärke untersucht. Zur leichten Best. der Detonatorstärke eignen sich bes. der Bleiplatten- u. Nageltest, während der Haid- u. Hess-Test die genaueren Ergebnisse liefern. In jedem Fall sollte jedoch die Detonatorstärke nach mindestens 2 Meth. bestimmt werden. H. Pförtner. 8324◇

2854 **Untersuchungen zur Prüfung eines Detonators.** 2. Mitt. Kazuo Ida, Kenichiro Yamamoto, Takashi Isotani und Takayoshi Kudo. (J. ind. Explosives Soc. Japan **22**, 299—306, 1961; jap., Auszug: engl.) — 1. vgl. vorst. Referat. — Es werden nach verschiedenen Meth. (Bleiplatten-, Nagel-, Sand-, Ball-, Bleiblock-, Haid- u. Hess-Test) die Bedingungen zur Prüfung der Detonatorstärke hinsichtlich der Genauigkeit u. der Kosten der Meßergebnisse untersucht. — Die Kontrolle der Bedingungen für genaue Werte ist leicht für den Bleiplatten-, Nagel-, Sand-, Ball- u. Bleiblocktest, schwer für die anderen. Die Genauigkeit ist gut beim Bleiplatten-, Sand- u. Haid-Test, nicht aber beim Hess-Test. Am billigsten sind Bleiplatten-, Nagel- u. Balltest. Zur Best. der Detonatorstärke werden Bleiplatten-, Nagel- u. Haid-Meth. empfohlen. H. Pförtner. 8324◇

2855 **Untersuchungen an DDNP.** 1. Mitt. **Die chemischen Zersetzungsprodukte von DDNP.** M. Ishikawa. (J. ind. Explosives Soc. Japan **22**, 238—45, 1961; jap., Auszug: engl.) — Bei der säulenchromatograph. Unters. der Zers.-Prodd. von DDNP (Diazodinitrophenol) treten 4 Komponenten auf, die in der Reihenfolge ihrer R_F-Werte mit A, B_1, B_2 u. C bezeichnet werden. Mit Hilfe der Best. des Molgew., des N-Geh., der Absorptionskurve bei verschiedenen Wellenlängen u. einiger anderer chem. Eigg. werden die Komponenten identifiziert: A ist 2.4-Dinitrophenol, B_1 eine Azo-Verb., die sich durch Rk. zersetzten DDNP mit unzersetztem DDNP bildet, B_2 eine Diaryl-Verb. mit direkter Bindung der 2 Ringe von B_1 u. C ein Gemisch mehrerer hochmol. Verbb., die vermutlich auf Polymerisation der einzelnen Phenole zurückzuführen sind. H. Pförtner. 8324◇

2856 **Dünnschichtchromatographie der Diphenylaminderivate. Anwendung auf die Sprengstoffanalyse.** Jan Hansson und Anita Alm. (J. Chromatogr. [Amsterdam] **9**, 385—87, 1962; Stockholm, Forsch.-Zentrum der Nat. Schwed. Verteidigung; franz.) — Durch Dünnschichtchromatographie nach Stahl auf Silicagel u. mit Bzl. als Elutionsmittel lassen sich Nitroso- u. Nitro-Derivv. von Diphenylamin (**I**) sehr gut trennen. Es ergaben sich folgende R_F-Werte: **I** 0,62, N-Nitroso-**I** 0,46; 4-Nitroso-**I** 0,07; 2-Nitro-**I** 0,58; 2.4-Dinitro-**I** 0,43; 2.4'-Dinitro-**I** 0,37; symm.-Hexanitro-**I** 0,05; Triphenylamin 0,75. Die meisten Flecken sind gelb bis orange oder braun gefärbt, die farblosen dunkeln an der Luft nach. Nitrocellulosesprengstoffextrakte konnten mit Hilfe dieser R_F-Werte identifiziert werden. H. Nentwig. 8324◇

2857 **Mikrobestimmung von Stickstoff in Sprengstoffen.** Marcel Blais. (Microchem. J. [New York] **6**, 211—18, 1962; Dover, N.J., Picatinny Arsenal, Explosives Res. Sect., Explosives and Propellants Labor.; engl.) — Vf. beschreibt eine Modifikation der N-Best. nach Dumas, die die gefahrlose N-Best. in Sprengstoffen gestattet. Die zu untersuchenden Proben werden in einem Porzellanschiffchen eingewogen u. mit CuO überschichtet oder gemischt. Hochexplosive Stoffe wie z. B. Pb-Styphnat wiegt man in Pt-Schiffchen ein u. befeuchtet mit einem Tropfen konz. H_2SO_4; dabei bildet sich $PbSO_4$ u. die weniger explosive freie Säure. Im Anschluß an die N-Best. läßt sich nach Erwärmen des Pt-Schiffchens auf 550° für 20—30 Min. u. Rückwägen des $PbSO_4$ der Pb-Geh. bestimmen. A.-M. Fretzdorff. 8324◇

2858 Olin Mathieson Chemical Corp., übert. von: John J. O'Neill jun., Roxana, Ill., V.St.A., **Rauchloses Pulver**, bestehend aus mindestens 25% eines fl., nichtflüchtigen Weichmachers, 1% „Äthylcentralit" bzw. Lsgm. für *Nitrocellulose* [Zus. 74 (%) Nitroglycerin, 25 nichtexplosiver Weichmacher] mit darin suspendierten Modifizierungsmitteln (bis zu 65% $Pb(N_3)_2$, NH_4ClO_4, PbO, Fe, PbS, Al-Staub, $NH_4 \cdot NO_3$) u. gelatinierter Nitrocellulose, wobei letztere nur bei höherer Temp. in dem Weichmacher lösl. ist. (**A. P. 2 988 436** vom 21/1. 1953, ausg. 13/6. 1961.) A. Gradl. 8301

2859 Standard Oil Co., Chicago, übert. von: Wayne A. Proell, Chicago, Ill., und Norman J. Bowman, Hammond, Ind., V.St.A., **Geschützpulver**, gek. durch einen Geh. von ca. 76% NH_4NO_3, 2% C, 2% Phenothiazin u. 20% eines Bindemittels, das zu ca. 25% aus Celluloseacetat mit 55—57% CH_3COOH-Geh., zu 37,5% aus einem Polyester-Kondens.-Prod. von Äthylenglykol u. Diglykolsäure (im Mol.-Verhältnis 1,2) u. zu 37,5% aus Dinitrodiphenyloxid besteht. (**A. P. 3 020 181** vom 10/4. 1957, ausg. 6/2. 1962.) A. Gradl. 8301

2860 Ilyana von Thyssen-Bornemisza, München, **Treibpulver** für flügelstabilisierte Granaten mit 36—44% Nitroglycerin u. ggf. 4—14% Hexogen, gek. durch einen Zusatz von 2—12% p-Phenylendiamin. (**D. A. S. 1 145 528** Kl. 78c vom 16/1. 1961, ausg. 14/3. 1963.) A. Gradl. 8301

2861 AMP, Inc., Harrisburg (Erfinder: William Franklin Broske, Camp Hill), Pa., V.St.A., **Explosivstoffpatrone** zur Erzeugung einer einmaligen Kraft-Wrkg. zum Antrieb eines Werkzeuges, dad. gek., daß das Zündhütchen in einem in der Hülse durch die Explosionsgase verschiebbaren Stopfen angeordnet ist, wobei die Zündung durch einen Schlagbolzen bewirkt wird u. der Stopfen gegen die Schlagbolzenrichtung durch die Explosionsgase bewegt wird. Hülse, Boden u. Stopfen sind vorzugsweise aus Polyäthylen gefertigt. — Zeichnung. (**D. A. S. 1 145 073** Kl. 78d vom 10/2. 1960, ausg. 7/3. 1963. A. Prior. 17/2. 1959.) A. Gradl. 8305

2862 Hercules Powder Co., Wilmington, Del., V.St.A. (Erfinder: Ralph Frederick Preckel), **Gasdruck erzeugende Ladung**, dad. gek., daß sie aus rauchlosem Pulver, bestehend aus Nitrocellulose mit $< 10\%$ darin homogen verteiltem Pb u./oder Pb-Verbb., zusammengesetzt ist u. eine Explosionswärme von nicht mehr als 900 cal/g hat. (**E. P. 888 859** vom 15/8. 1951, ausg. 7/2. 1962.) A. Gradl. 8305

2863 North American Aviation, Inc., übert. von: Myron H. Boyer, Puente, Calif., V.St.A., **Druckgas erzeugende Ladung**, gek. durch ein Gemisch aus einem Azid der Formel $M(N_3)_x$ (M = ein Hydrazin- oder NH_4-Rest, ein Alkali- oder Erdalkalimetall; x = Wertigkeit von M) u. mindestens einem Oxydator, wie einem Metallperoxid, -perchlorat oder -nitrat, wobei die Azide u. Oxydatoren in Mengen der Gleichung $n/m = 2{,}3$—$3{,}6$ entsprechen (n = Anzahl der N-Atome u. m = Anzahl der äquivalenten Oxydatorverbindungen). — Zeichnung. (**A. P. 2 981 616** vom 1/10. 1956, ausg. 25/4. 1961.) A. Gradl. 8311

2864 Dynamit Nobel Akt.-Ges., Troisdorf (Erfinder: Adolf Berthmann, Clemens Franze, Leverkusen, und Paul Lingens, Köln), **Wasserhaltiges, detonationsfähiges Sprenggemisch** auf der Basis einer W.-in-Öl-Emulsion nach D. A. S. 1 123 963, dad. gek., daß im W. C- u./oder O_2-Träger gelöst sind. — Beispiel: 50 (cm³) Sprengöl, 50 Zucker–Nitrat-Lsg. [34,7 (%) Zucker, 27,8 $Ca(NO_3)_2$, 23,6 NH_4NO_3, 13,9 W.], 0,5 g Zn-12-Hydroxystearat, 1 g Kollodiumwolle. (**D. A. S. 1 141 572** Kl. 78c vom 24/5. 1961, ausg. 20/12. 1962. **Zusatz zu D. A. S. 1 123 963; C. 1962, 12896.**) A. Gradl. 8305

2865 Wasag-Chemie Akt.-Ges., Essen (Erfinder: Erich von Holt, Bonn), **Homogene Sprengkörper**, dad. gek., daß sie aus hochcalorigen, koll. Pulvermassen auf der Basis nitrierter Kohlenhydrate, ggf. mit Zusätzen fester brisanter Sprengstoffe u./oder Metallpulvern höherer Verbrennungswärme bestehen. (**D. A. S. 1 147 159** Kl. 78e vom 7/3. 1942, ausg. 11/4. 1963.) A. Gradl. 8305

2866 Alsetex Soc. Alsacienne d'Études et d'Exploitation, Richwiller, Frankreich, **Füllen von Sprengkörpern** mit Sprengstoffgemischen mit nur einer schmelzbaren Komponente, dad. gek., daß das Sprengstoffgemisch durch eine beliebige Vorbehandlung zu brockenförmigen Stücken verarbeitet wird, die sodann in einem beheizten Gießtrichter angeschmolzen u. in die Sprengkörperhülle eingefüllt werden, vorzugsweise unter Anwendung von Vakuum. — Zeichnung. (**Belg. P. 571 958** vom 11/10. 1958, ausg. 20/4. 1962. F. Prior. 11/10. 1957.) A. Gradl. 8305

2867 Brevets Aéro-Mécaniques Soc. An. (Erfinder: Friedrich Hansen), Genf, Schweiz, **Herstellung aluminiumhaltiger Sprengmittel.** Die Explosivkraft eines Trinitrotoluol, Al-Grieß u. ggf. andere übliche Zusätze enthaltenden Sprengstoffes wird erhöht durch einen Zusatz von 2—5% Hexogen, dessen Einzelteilchen mit feinverteiltem Al überzogen worden sind, z. B. durch Anlösen mit Aceton oder Glycerin u. anschließende Behandlung mit Al-Schuppen. (**Niederl. P. 101 466** vom 9/5. 1956, ausg. 15/5. 1962. Schwz. Prior. 9/2. 1956.) F. Böhm. 8305

2868 E. I. du Pont de Nemours & Co., Wilmington, Del., V.St.A. (Erfinder: Hartwell Henry Fassnacht und Donald Louis Sagers), **Sprengstoffgemisch** mit einer D. 0,8—1,2, einer O_2-Balance von + 2 bis + 10 u. einem

Feuchtigkeits-Geh. von < 1%, bestehend aus 7—20% PETN, 75—90% NH_4NO_3 u. 3—10% Brennstoff, dad. gek., daß das Verhältnis der Teilchengröße von NH_4NO_3 : PETN mindestens 4 : 1 ist. (**E. P. 899 800** vom 24/3. 1961, ausg. 27/6. 1962.) A. Gradl. 8305

2869 E. I. du Pont de Nemours & Co., Wilmington, Del., übert. von: William E. Kirst, Woodbury, N.J., V.St.A., **Sprengstoff** mit einer scheinbaren Dichte von 1,4 g/cm³, gek. durch ein heterogenes Gemisch, das zu 25 bis 40 (%) aus sphär., hochverdichteten TNT-Kügelchen, zu 48—64 aus $NaNO_3$, zu 0—20 aus FeSi-, Al- oder Fe-Pulver u. zu 0—2 aus einem Motoren- oder Mineralöl besteht. (**A. P. 3 026 221** vom 21/7. 1958, ausg. 20/3. 1962.) A. Gradl. 8305

2870 Melvin Alonzo Cook, Salt Lake City, Utah, V.St.A., und Henry Earl Farnam jun., Quebec, Canada, **Sprengstoff**, bestehend aus NH_4NO_3 u. ggf. $NaNO_3$, Al, Mg, B, deren Gemischen oder Gemischen aus Mg u. Ferrosilicium u. 6—14% Wasser. (**Ind. P. 65 745** vom 5/11. 1958, ausg. 22/12. 1960. Can. Prior. 28/2. 1958.) C. Lüttgen. 8305

2871 Consolidation Coal Co., Pittsburgh, Pa., V.St.A., **Ammonnitratsprengstoff** mit erhöhter Detonationsempfindlichkeit u. Lagerfähigkeit, dad. gek., daß er aus einem zwischen den Walzen eines Walzenbrechers verdichteten Gemisch von NH_4NO_3 mit 1—6% eines KW-Stoffes, bes. eines Öles, besteht. (**E. P. 903 614** vom 25/8. 1960, ausg. 15/8. 1962. A. Prior. 21/9. 1959.) A. Gradl. 8305

2872 Wasag-Chemie Akt.-Ges., Essen (Erfinder: Frank Müller, Neumarkt), **Ammonnitratsprengstoff** mit verringerter Stoßempfindlichkeit, gek. durch einen Geh. an *Phenyl-* u./oder *Diphenylaminosulfonsäuren, 4.4'-Diaminostilbendisulfonsäure-(2.2')* u./oder *1-Aminonaphthol-(2)-sulfonsäure-(4)*. (**D. A. S. 1 143 425** Kl. 78c vom 25/8. 1961, ausg. 7/2. 1963.) A. Gradl. 8305

2873 Wasag-Chemie Akt.-Ges., Essen (Erfinder: Max Wolf, Neumarkt), **Herstellung von Ammonnitratsprengstoffen** mit verbesserter Detonationsübertragung, dad. gek., daß die NH_4NO_3-Komponente für sich allein oder im Gemisch mit den übrigen Sprengstoffkomponenten ein- oder mehrfach unter Mischbewegung einer fluktuierenden Temp.-Behandlung von ca. 25 bis ca. 85° unterworfen wird. (**D. A. S. 1 144 637** Kl. 78c vom 22/3. 1961, ausg. 28/2. 1963.) A. Gradl. 8305

2874 Standard Oil Co., übert. von: Wayne A. Proell, Chicago, Ill., V.St.A., **Verbrennungs-Katalysator für Ammonnitrat** in Spreng- u. Treibstoffen, gek. durch ein unlösl. Preußischblau, das bei 20—300° bis zur Sättigung NH_3 (ca. 3—8%) absorbiert hat. Der Katalysator wird dem Spreng- oder Treibstoff in Mengen von 0,5—25% zugesetzt. (**A. P. 3 028 273** vom 17/5. 1952, ausg. 3/4. 1962.) A. Gradl. 8305

2875 Hercules Powder Co., Wilmington, Del., übert. von: Jack M. Downard, Florence, N.J., V.St.A., **Gelatine-Sprengstoff** auf der Basis von fl. HNO_3-Estern, Nitrocellulose, Nitrostärke u. kristallinen Brisanzsprengstoffen, gek. durch einen Geh. von 1—10% aus einem nichtexplosiven Gel, das aus einem nichtflüchtigen, wasserunlösl. Petroleum-KW-Stoff (Vaseline, Paraffinrohöle, Naphthalinrohöle, dazwischenliegende Rohöle, Zylinderöl) u. zu 5 bis 20% aus einem vulkanisierten Copolymeren von Isobutylen u. Isopren besteht. (**A. P. 3 018 201** vom 6/1. 1951, ausg. 23/1. 1962.) A. Gradl. 8305

2876 Wasag-Chemie Akt.-Ges., Essen (Erfinder: Heinz Schlüter, Merfeld), **Gelatinöse Sprengstoffe** auf NH_4NO_3-Basis mit erhöhter Detonationssensibilität, bes. für seism. Zwecke, gek. durch einen Geh. von > 10% Talkum. (**D. A. S. 1 144 638** Kl. 78c vom 21/12. 1961, ausg. 28/2. 1963.) A. Gradl. 8305

2877 United States of America, Secretary of Navy, übert. von: Selwyn R. Walton, Greenbelt, Md., V.St.A., **Gießfähiger Sprengstoff** für Unterwassergeschosse, gek. durch einen Geh. von 33—40 (%) RDX (Cyclotrimethylentrinitramin), 25—32 TNT (Trinitrotoluol) u. 25—40 Al. Der mit niederer Viscosität gießbare Sprengstoff kann noch 0,5% $CaCl_2$ u. 5% eines Desensibilisierungsmittels (84% Paraffinwachs, 14% Nitrocellulose u. 2% Lecithin) enthalten. — Kurvenbild. (**A. P. 2 981 618** vom 6/5. 1952, ausg. 25/4. 1961.) A. Gradl. 8305

2878 Aerojet-General Corp., Azusa, übert. von: Milton B. Frankel und Gustave B. Linden, Pasadena, Calif., V.St.A., **Nitrazaalkylnitrate** der allg. Formel $R-C(NO_2)(R')-CH_2-N(NO_2)-CH_2-A-O-NO_2$ (**I**) erhält man durch Rk. eines Azaalkanols mit HNO_3 nach dem Schema: $R-C(NO_2)(R')-CH_2-N(R'')-CH_2-A-OH + HNO_3 \rightarrow$ **I** (R u. R' = H, Halogen, Alkyl, Nitroalkyl oder Halogennitroalkyl; R auch NO_2; R'' = H, NO oder NO_2; A = Alkylenrest). — Man rührt z. B. in eine Mischung aus 220 ml techn. 100%ig. NHO_3 u. 195 ml konz. H_2SO_4 während ca. 10 Min. bei 40—45° 46 g 3-Aza-5.5-dinitrohexanol-(1) (durch Kondens. von 2.2-Dinitropropanol u. Äthanolamin erhalten) ein, rührt die gelbe Lsg. 35 Min. bei 54—57° (Eiskühlung), filtriert u. wäscht den Nd. mit W. → 27 g *3-Aza-3.5.5-trinitrohexylnitrat-(1)*, $C_5H_9N_5O_9$, F. 108—111° (CH_3OH), Ausbeute 23%; gleiches Prod. mit 92,7% Ausbeute erhält man aus 3-Aza-3.5.5-trinitrohexanol-(1) (durch Red. von 3-Aza-3.5.5-trinitrohexansäurechlorid mit BH_4Na erhalten) u. HNO_3 (statt Nitriersäure). Nach beiden Meth. erhält man Prodd. nach Formel **I**: *7-Aza-7.9-dinitrodecylnitrat-(1)* (R = CH_3, R' = H, A = $-(CH_2)_5-$). — *7-Aza-9-chlor-7.9.11-trinitroundecylnitrat-(1)* (R = $O_2N-CH_2-CH_2-$, R' = Cl, A = $-(CH_2)_5-$): — *7-Aza-11-brom-7.9.11-trinitrododecylnitrat-(1)* (R = $CH_3-C(NO_2)(Br)-CH_2-$, R' = H, A = $-(CH_2)_5-$). — *Sprengstoffe* für Geschosse, Raketen usw., mit Bleiazid- bzw. Hg-Fulminatzündung detonierend. Zahlen-Vgl. mit Trinitrotoluol. (**A. P. 2 934 558** vom 19/12. 1957, ausg. 26/4. 1960.) G. Vogel. 8305

2879 United States Rubber Co., New York, N.Y., übert. von: Pliny O. Tawney, Passaic, und Irwin I. Schaffner, Waldwick, N.J., V.St.A., **Herstellung von 1.1.1-Trinitro-2-propylacetat** (**I**) erfolgt nach dem Schema $HC(NO_2)_3$ (**II**) + $CH_2{=}CH-OOCCH_3$ (**III**) durch 2std. Erhitzen von 7,5 (Teilen) **II**, 7,1 $BF_3-(C_2H_5)_2O$, 4,3 **III** u. 10,5 abs. Ae. auf 52°, Ausschütteln des Rk.-Gemisches mit W. u. Aufarbeiten der Ae.-Lösung. Man erhält 5,5 **I**, Kp.$_1$ 56°; Kp.$_2$ 62—64°; n_D^{19} 1,4432. — Die stoß- u. wärmestabile Verb. dient als *Sprengstoff* bzw. zur Herst. von solchen. (**A. P. 3 027 403** vom 22/6. 1949, ausg. 27/3. 1962.) O. Müller-Meiningen. 8305

2880 United States Rubber Co., New York, N.Y., übert. von: Pliny O. Tawney, Passaic, N.J., V.St.A., **N-(β.β.β-Trinitroäthyl)-acetamid** (**I**), verwendbar als *Spreng-* u. *Treibstoff*, erhält man durch Rk. von N-Methylolacetamid (aus HCHO u. Acetamid) mit Trinitromethan (**II**) nach $H_3C\cdot CO\cdot NH\cdot CH_2OH + HC(NO_2)_3 \rightarrow H_3C\cdot CO\cdot NH\cdot CH_2\cdot C(NO_2)_3 + H_2O$. — Man vermischt z. B. eine Lsg. von 1,77 (Gew.-Teilen) Acetamid in 10 einer gesätt. wss. $Ba(OH)_2$-Lsg. mit 2,43 einer 37%ig. wss. HCHO-Lsg., sättigt das Ganze bei Zimmer-Temp. mit CO_2, filtriert, mischt das Filtrat mit 4,5 **II**, läßt kurze Zeit bei Zimmer-Temp. stehen, erwärmt auf 75—80° bis zur Abscheidung eines unlösl. Öls, kühlt, krist. das fest gewordene Öl 2mal aus einem A./W.-Gemisch um u. erhält 3 **I**, weiße Nadeln, F. 91—92°. (**A. P. 3 038 010** vom 7/7. 1950, ausg. 5/6. 1962.) A. Mohr. 8305

2881 United States Rubber Co., New York, N.Y., übert. von: Pliny O. Tawney, Passaic, N.J., V.St.A., **3.3.3-Trinitropropylphosphonsäurediäthylester** (**I**) erhält man durch Rk. von Vinylphosphonsäurediäthylester (**II**) mit Trinitromethan (**III**), bes. in Ggw. inerter Lsgm. u. bei Temp. < 10°. — Zu 3,02 g **III** in 3,5 g wasserfreiem Ae. werden 3,28 g **II** gegeben, wobei die Temp. von 24 auf 30° ansteigt u. die Lsg. gelb wird. Das Rk.-Gemisch wird 36 Std. sich selbst überlassen, der Ae. abdest. u. 5,35 g **I**, n_D^{20} 1,4570, erhalten, schwachorange, leicht viscose Flüssigkeit. — *Schlagempfindlicher Sprengstoff.* (**A. P. 3 021 353** vom 22/6. 1949, ausg. 13/2. 1962.) A. Jahn. 8305

2882 United States of America, Secretary of Navy, übert. von: Robert H. Saunders, West Chester, Pa., V.St.A., **Bis-(p-trinitroäthylamino)-diphenylmethan,** $C_{17}H_{16}N_8O_{12}$, F. 78°, orangefarben, wird hergestellt, indem man einen kleinen Überschuß von Triäthanol zu einer methanol. Lsg. von Diaminodiphenylmethan gibt u. die Mischung 2 Tage in der Kälte stehen läßt. — *Sprengstoff.* (**A. P. 2 996 544** vom 28/2. 1952, ausg. 15/8. 1961.) A. Debo. 8305

2883 Karl Klager, Monrovia, Calif., V.St.A., **Tetranitrodiäthylamine** der allg. Formel $[R^1C(NO_2)_2CH_2]_2NR^2$ (R^1 = H, F, Cl, Br; R^2 = H, Alkyl, Aryl, Aralkyl) u. deren

K-Salze werden hergestellt durch Rk. von K-Dinitroäthanol(**I**) mit NH_3 oder Aminen in wss. Lösung. — 40 (g) **I**, 50 ml W. u. 25 ml NH_3 erhitzt man 2 Std. auf 60—75°, kühlt auf 0° u. filtriert → 25 $KOON{=}C(NO_2)CH_2N(H)CH_2CH(NO_2)_2$ (**II**), gelbe Kristalle. — Analog: 300 **I**, 375 ml W. u. 125 ml NH_3 → 135 $[KOON{=}C(NO_2)CH_2]_2NH$. — 23,3 **II** in 120 Eis, 80 ml W. u. 6 ml Br_2 → 21,8 *2.2'-Dibrom-2.2.2'.2'-tetranitrodiäthylamin*, F. 66—68° (aus Hexan). — 40 **I**, 66 ml W. u. 14,6 Amylamin → 42 $[KOON{=}C(NO_2)CH_2]_2NC_5H_{11}$, gelbe Kristalle. — Analog erhält man: $[KOON{=}C(NO_2)CH_2]_2NC_4H_9$, gelbe Kristalle. — $[KOON{=}C(NO_2)CH_2]_2NC_6H_5$, rotbraune Kristalle. — *Sprengstoffe*. (**A. P. 3 038 939** vom 30/1. 1957, ausg. 12/6. 1962.)
A. Debo. 8305

2884 Karl Klager, Monrovia, Calif., V.St.A., **Tetranitrodiäthylaminderivate.** Im wesentlichen ident. mit A. P. 2 901 512; C. **1962**, 9216. (**A. P. 2 985 683** vom 7/1. 1957, ausg. 23/5. 1961.) A. Debo. 8305

2885 Aerojet-General Corp., Azusa, übert. von: Milton B. Frankel, Pasadena, und Karl Klager, Sacramento, Calif., V.St.A., **Polynitrodiamine** der allg. Formel $R{-}C(NO_2)_2{-}CH_2{-}NH{-}A{-}CH_2{-}C(NO_2)_2{-}CH_2{-}A{-}NH{-}CH_2{-}C(NO_2)_2{-}R$ (A = Alkylen; R = H, NO_2, Alkyl) werden hergestellt durch Kondens. von β.β-Dinitroalkoholen mit aliphat. Polynitrodiaminen. — Zu 26,5 g 3.3-Dinitropentamethylendiamin · 2 HCl, 36,2 g Trinitroäthanol u. 100 ml W. tropft man unter Rühren 0,2 Mol NaOH → 34 g *1.1.1.6.6.11.11.11-Oktanitro-3.9-diazaundecan*, F. 93—95°. — Analog *2.2.7.7.12.12-Hexanitro-4.10-diazatridecan*, F. 95 bis 100°, 100% Ausbeute, aus 2.2-Dinitropropanol u. 3.3-Dinitropentamethylendiamin. — *4.4.10.10.16.16-Hexanitro-6.14-diazanonadecan.* — *2.16-Dimethyl-3.3.9.9.15.15-hexanitro-5.15-diazaheptadecan.* — *4.4.9.9.14.14-Hexanitro-6.12-diazaheptadecan.* — *2.14-Dimethyl-3.3.8.8.13.13-hexanitro-5.11-diazapentadecan.* — *1.1.6.6.12.12-Hexanitro-3.10-diazadodecan.* — *Sprengstoffe*. (**A. P. 3 029 285** vom 18/11. 1957, ausg. 10/4. 1962.)
A. Debo. 8305

2886 Aerojet-General Corp., Azusa, übert. von: Milton B. Frankel, Pasadena, und Karl Klager, Monrovia, Calif., V.St.A., **Sekundäre Polynitroalkylamine** der allg. Formel $R{-}C(NO_2)_2{-}CH_2{-}NH{-}A{-}C(NO_2)_2{-}R$ (A = Alkylen; R = Alkyl, NO_2, mindestens 1 R = Alkyl) werden hergestellt durch Kondens. eines Alkohols der allg. Formel $RC(NO_2)_2CH_2OH$ (**I**) mit dem mineralsauren Salz eines Amins der allg. Formel $R{-}C(NO_2)_3ANH_2$ in Ggw. von Alkali oder Erdalkali oder durch Rk. von **I** mit NH_4-Salzen. — Zu 30 (g) 3.3-Dinitrobutylammoniumchlorid, 27 Trinitroäthanol u. 100 ml W. gibt man 132 ml wss. 1,36n NaOH. Das gebildete Öl extrahiert man mit CH_2Cl_2 u. dampft dann ein → *(3.3-Dinitrobutyl)-(2.2.2-trinitroäthyl)-amin*, bernsteinfarbene Fl.; 71,7% (Ausbeute). — Analog: *(2.2-Dinitropropyl)-(3.3.3-trinitropropyl)-amin*, bernsteinfarbene Fl.; 100%. — Zu 30 NH_4OOCCH_3 in 50 ml W. gibt man 30 2.2-Dinitropropanol u. erhitzt 20 Min. auf dem Wasserbad → 25,4 *Bis-(2.2-dinitropropyl)-amin*, F. 62—63 (aus CH_3OH/W.); 90,4%. — Analog: *Bis-(2.2-dinitroamyl)-amin*, $C_{10}H_{19}N_5O_8$, F. 100 bis 100,5° (aus A.). — *Bis-(2.2-dinitrobutyl)-amin*, $C_8H_{15}N_5O_8$, F. 66—67° (aus Isopropanol); 99%. — *Sprengstoffe*, Wrkg. ist angegeben. (**A. P. 2 978 507** vom 13/4. 1956, ausg. 4/4. 1961.)
A. Debo. 8305

2887 Aerojet-General Corp., Azusa, übert. von: Milton B. Frankel, Pasadena, und Karl Klager, Monrovia, Calif., V.St.A., **Polynitroalkylendiamine** der allg. Formel $[R{-}C(NO_2)_2{-}CH_2{-}A{-}NH{-}CH_2{-}]_2C(NO_2)_2$ (R = Alkyl, NO_2; A = Alkylen) werden hergestellt durch Kondens. von 2.2-Dinitropropandiol-(1.3) (**I**) mit einem Amin der allg. Formel $RC(NO_2)_2CH_2ANH_2$. — Zu 8,3 (g) **I** u. 23 3.3.3-Trinitropropylaminhydrochlorid in 50 ml W. gibt man 88 ml 1,136n NaOH. Der gelbe Nd. wird abgetrennt u. getrocknet → 21,7 *1.1.1.6.6.11.11.11-Oktanitro-4.8-diazaundecan*, F. 70—80° (Zers.); 88% (Ausbeute). — Analog erhält man aus 3.3-Dinitrobutylamin u. **I** → *2.2.7.7.12.12-Hexanitro-5.9-diazatridecan*, F. 95—110° (Zers.); 74,2%. — *Sprengstoffe*, Wrkg. ist angegeben. (**A. P. 2 978 508** vom 5/6. 1956, ausg. 4/4. 1961.) A. Debo. 8305

2888 Olin Mathieson Chemical Corp., New York, N.Y., V.St.A. (Erfinder: John Joseph O'Neill jun.), **Herstellung kugelförmiger Nitrocellulose,** dad. gek., daß faserige Nitrocellulose in einem wss. Medium suspendiert, mit einem Schutz-Koll. versehen u. in definierter Weise unter Rühren mit Äthylacetat behandelt wird. (**E. P. 893 499** vom 15/8. 1959, ausg. 11/4. 1962.) A. Gradl. 8305

2889 Hercules Powder Co., Wilmington, Del., V.St.A., **Herstellung von kolloidaler Nitrocellulose,** dad. gek., daß eine Lsg. von mindestens 11,3% N enthaltender Nitrocellulose in mindestens einem mit W. mischbaren Alkoxyalkohol (z. B. Diäthylenglykol) gelöst u. das resultierende Gel mit W. ausgelaugt wird, bis ein wesentlicher Teil des Alkohols in der Nitrocellulose durch W. ersetzt ist, worauf das Prod. wasserfrei getrocknet wird. (**E. P. 893 481** vom 1/9. 1955, ausg. 11/4. 1962. A. Prior. 24/12. 1954.) A. Gradl. 8305

2890 Olin Mathieson Chemical Corp., New York, N.Y., V.St.A. (Erfinder: John Joseph O'Neill jun.), **Herstellung von modifiziertem Nitrocellulosepulver,** wobei die Nitrocellulose (**I**) in einem Lsgm. gelöst u. in einem Nichtlöser, der mit dem Lsgm. nicht mischbar ist, dispergiert wird, worauf das Lsgm. abgetrieben wird, dad. gek., daß das Modifizierungsmittel mit einem Lsgm. für **I** benetzt u. dann dem Nichtlöser zugesetzt wird. (**E. P. 897 331** vom 8/4. 1960, ausg. 23/5. 1962.) A. Gradl. 8305

2891 E. I. du Pont de Nemours & Co. (Erfinder: John William Tyler), **Zündvorrichtung,** bestehend aus einer *hochexplosiven*, zusammenhaftenden, selbsttragenden, formbaren *Masse*, deren Bindemittel z. B. aus 25—75 (%) eines Elastomeren, wie Butylkautschuk, u. 75—25 KW-Stoffterpenharz besteht, wobei in die Masse das eine Ende einer einen Kern aus z. B. „PETN" u. eine Hülle aus Pb oder geflochtenem Textilmaterial aufweisenden Zündschnur eingebettet ist. (**Aust. P. 234 402** vom 12/4. 1960, ausg. 27/7. 1961. A. Prior. 14/4. 1959.) K. Demmler. 8309

2892 A. V. R. Achat, Ventes, Representations Soc. An. (Erfinder: Jean Vilbajo), **Elektrische Zündvorrichtung,** bestehend aus 2 Elektroden, zwischen denen eine unterbrochene Schicht eines elektr. gut leitenden u. chem. neutralen Materials, wie Graphit, angeordnet ist, wobei der eine Teil der Schicht mit der einen Elektrode u. der andere Teil mit der zweiten Elektrode verbunden ist u. bei genügend hoher Spannung ein Zündfunke die Unterbrechung überbrückt u. die zwischen den Elektroden angeordnete *Explosivladung* zündet. (**Aust. P. 234 485** vom 17/7. 1959, ausg. 27/7. 1961. Belg. Prior. 28/7. 1958.) K. Demmler. 8309

2893 Ensign-Bichford Co., Simsbury, Conn., übert. von: David J. Andrew, Simsbury, Conn., Robert W. Felch, Wenonah, und George A. Noddin, Sewell, N.J., V.St.A., **Geräuscharme niederbrisante Knallzündschnur,** gek. durch eine Sprengstoffseele mit 0,1 bis 2 grains/foot eines kristallinen, kapselempfindlichen Sprengstoffs, der seine kristalline Struktur unterhalb 225° F beibehält [Pentaerythrittetranitrat, Cyclotrimethylentrinitramin, Cyclotetramethylentetranitramin, Nitromannit, Bleiazid, Bleistyphnat, Pikrylsulfon, Di-(trinitroäthyl)-harnstoff], eine Metallumhüllung u. einen stoßsichernden (Gummi-) Überzug. — Zeichnung. (**A. P. 2 982 210** vom 25/6. 1958, ausg. 2/5. 1961.) A. Gradl. 8309

2894 Olin Mathieson Chemical Corp., East Alton, übert. von: Thomas J. Mulqueeny, Godfrey, Ill., V.St.A., **Herstellung von Zündgemischen,** dad. gek., daß man Pb vor seiner Vermischung mit Se zu 10—40% oxydiert, so daß die Pb-Partikeln von einer Oxidschicht umgeben sind. (**Can. P. 570 919** vom 11/1. 1956, ausg. 17/2. 1959.)
S. Böttcher. 8309

2895 United States of America, Secretary of Army, übert. von: David Hart, Dover, N.J., V.St.A., **Initialsatz,** gek. durch einen Geh. an 60—75 (%) Zr, 5—30 S u. 5—20 $KClO_4$, wobei alle Komponenten so feinteilig sind, daß sie ein Sieb mit 250 Maschen passieren. (**A. P. 3 030 243** vom 24/2. 1958, ausg. 17/4. 1962.) A. Gradl. 8309

2896 Minister of Aviation, London, England (Erfinder: Stanley Victor Peyton und Edward Williams), **Zündsatz** als Ersatz für Hg-Fulminat, gek. durch einen Geh. von 45—55% Pb-2.4-Diresorcinat neben ca. 45% $Ba(NO_3)_2$ u. ca. 5% Tetrazen. (**E. P. 892 741** vom 18/3. 1958, ausg. 28/3. 1962.) A. Gradl. 8309

2897 Phillips Petroleum Co., übert. von: Liles G. Herring, McGregor, Tex., V.St.A., **Gekörnter Zündsatz,** bes. für Feststofftreibsätze, gek. durch einen Geh. von 85—98% eines pyrotechn. Salzes aus $KClO_3$ mit kleineren

Mengen 25/75–75/25-Zr/Ni-Leg. u. Al u. 2—15% Äthylcellulose als Bindemittel. — Beispiel: 25—80 (Teile) Zr/Ni-Leg., bis 40 $KClO_4$, bis 70 $BaNO_3$, bis 33 Al, bis 47 Mg, bis 65 Ti, bis 3 Schwarzpulver. (**A. P. 3 017 300** vom 21/6. 1956, ausg. 16/1. 1962.) A. Gradl. 8309

2898 Hercules Powder Co., Wilmington, Del., übert. von: David T. Zebree, Vingston, N.Y., V.St.A., **Gaslos abbrennender Zünd- beziehungsweise Verzögerungssatz,** gek. durch ein Gemisch aus 95—40% eines Pb-Oxids u. 5—60% eines Mg-, Al-, Ca-, Fe-, Zr- oder W-Borids. — Tabellen. (**A. P. 2 984 557** vom 6/4. 1959, ausg. 16/5. 1961.) A. Gradl. 8309

2899 Universal Match Corp., Ferguson, übert. von: Donald E. Olander, Florissant, Mo., V.St.A., **Verzögerungssatz.** Er enthält 4,5—25 (%) $KClO_4$, 10—65 $BaCrO_4$ u. metall. Cr, Mo oder W als Rest. (**A. P. 3 028 229** vom 27/8. 1958, ausg. 3/4. 1962.) A. Gradl. 8309

2900 Aerojet-General Corp., Azusa, übert. von: Milton B. Frankel, Pasadena, Calif., V.St.A., **Polynitroalkylammoniumnitrate** der allg. Formel $R-C(NO_2)_2-A-NH_2 \cdot HNO_3$ (R = Alkyl, Nitro; A = Alkylen) werden hergestellt durch Rk. der entsprechenden Polynitroalkylisocyanate mit verd. HNO_3 bei 40—120°. — 3.3-Dinitrobutylisocyanat erhitzt man mit dem 10fachen Überschuß an 35% ig. HNO_3 3 Std. auf dem Wasserbad. Man dampft zur Trockne ein → *3.3-Dinitrobutylammoniumnitrat*, $C_4H_{10}N_4O_7$, F. 130 bis 133° (aus Essigester u. Ae.); 100% Ausbeute. — Analog erhält man *3.3.3-Trinitropropylammoniumnitrat*, $C_3H_7N_5O_9$, F. 131—133° (aus Methanol). — *Sprengstoffe, Treibmittelzusätze*, Wrkg. u. Anwendung in Raketen ist angegeben. (**A. P. 2 978 509** vom 22/10. 1956, ausg. 4/4. 1961.) A. Debo. 8311

2901 National Research & Development Corp., New York, N.Y., übert. von: Charles R. Morton, Summit, N.J., Gerald J. Horvitz, Woodmere, und Nicholas J. Nicholas, Greenlawn, N.Y., V.St.A., **Halbfester Treibsatz** mit unbegrenzter Lagerfähigkeit, gek. durch einen Geh. von 80—65% einer Mischung aus 5—10% feinteiliger Kohle u. 90—95% NH_4NO_3, NH_4ClO_4 oder $Mg(ClO_4)_2$ u. 20—35% eines fl. KW-Stoffs, der mit einem Al-Naphthenat mit 7% chem. gebundenem Al geliert ist. (**A. P. 3 023 094** vom 6/7. 1959, ausg. 27/2. 1962.) A. Gradl. 8311

2902 Phillips Petroleum Co., übert. von: Claude G. Long, Bartlesville, Okla., V.St.A., **Treibsatz,** gek. durch ein Gemisch, bestehend aus 10—90 (Teilen) eines vernetzten Polymeren eines Alkylvinyläthers mit 1—4 C-Atomen in jeder Alkylgruppe u. 90—10 eines Nitroalkans mit 1 bis 4 C-Atomen pro Mol.; Al-Pulver kann zugesetzt sein. (**A. P. 3 035 950** vom 27/2. 1959, ausg. 22/5. 1962.) A. Gradl. 8311

2903 Phillips Petroleum Co., Bartlesville, Okla., V.St.A., **Feststofftreibsatz,** der ohne Zusatz von S gehärtet wird, gek. durch einen Geh. an festen Oxydatoren (**I**), einem Metalloxid (**II**), einer polymeren, heterocycl. N-Base (**III**) u. einem Quaternisierungsmittel (**IV**). Es kommen in Betracht als **I** z. B. NH_4NO_3, Alkalinitrate u. -perchlorate, als **II** die Oxide z. B. von Pb, Zn, Mg, als **III** Polymere z. B. von 2-Methyl-5-vinyl-, 2-Vinyl-, 3-Äthyl-5-vinylpyridin u. als **IV** z. B. Benzalchlorid, Benzylchlorid, Benzotrichlorid, Diäthylbromomalonat. (**E. P. 897 657** vom 22/10. 1956, ausg. 30/5. 1962.) A. Gradl. 8311

2904 Phillips Petroleum Co., übert. von: George D. Sammons und Richard C. Doss, Bartlesville, Okla., V.St.A., **Feststofftreibsatz,** bestehend aus 6—40% eines natürlichen oder synthet. Kautschuks u. 60—94% eines NH_4- oder Alkalinitrats, gek. durch einen Zusatz von 2—20 (Teilen) eines Diaminnitrats/100 Binder + Oxydationsmittel; das Diaminnitrat hat die Formel **I**, wobei R = Alkylengruppe mit 4—18 C-Atomen (mindestens 2 C-Atome sind in Kette zwischen den beiden N-Atomen), R′ = Alkylgruppen (sowohl gleich als auch ungleich; die Gesamtzahl der C-Atome im Mol. liegt unter 24. Nach einem weiteren Vorschlag kann in der Formel R auch ein Alkylen oder Alkenylen mit 2—14 C-Atomen sein, wobei dann die Gesamtzahl der C-Atome/Mol. unter 18 liegt. (**A. PP. 3 024 143** vom 16/5. 1958 u. **3 024 144** vom 29/12. 1958, beide ausg. 6/3. 1962.) A. Gradl. 8311

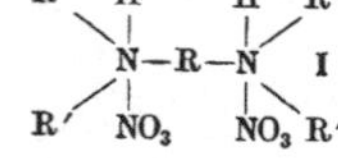

I

2905 Akira Yamamoto, Ahoshiku, Japan, **Feststofftreibsatz,** gek. durch das bei 40—120° gehärtete Prod. einer Mischung a) eines pulverisierten Perchlorats, Nitrats oder Permanganats, b) von Paraformaldehyd u. eines Polyoxymethylenglykols oder eines Polyoxymethylens u. c) eines Polyisocyanats oder Polyisothiocyanats oder deren $NaHSO_3$-Additionsprodukts. (**E. P. 905 878** vom 19/10. 1960, ausg. 12/9. 1962. Jap. Prior. 21/10. 1959.) A. Gradl. 8311

2906 Phillips Petroleum Co., übert. von: Eugene D. Guth, Bartlesville, Okla., V.St.A., **Feststofftreibsatz,** gek. durch ein Gemisch von 50—90% eines Oxydators mit 10—50% eines selbsthärtenden Binders, bestehend aus einem gummiartigen konjugierten Dien mit einer heterocycl. N-Base, wobei das Dien 4—6 C-Atome hat u. die N-Base aus der Gruppe der Pyridine, Chinoline u. Isochinoline mit nur einer $CH_2{=}C(R')$-Gruppe (R′ = H oder CH_3) ausgewählt ist. Als Härtungskatalysator werden wasserlösl. Ni- u. Co-Salze u. MgO u./oder ZnO eingesetzt. (**A. P. 2 985 526** vom 19/11. 1956, ausg. 23/5. 1961.) A. Gradl. 8311

2907 Standard Oil Co., Chicago, übert. von: Edwin F. Movello, Joliet, Ill., V.St.A., **Feststofftreibsatz,** gek. durch einen Geh. an NH_4NO_3, einem Binder aus dem Celluloseester einer aliphat. Säure mit 2—4 C-Atomen, einem oxydierten KW-Stoffweichmacher für diesen Ester, einem Verbrennungskatalysator („Preußisch Blau“, anorgan. Cr-Salze) u. N-Phenylmorpholin als Stabilisator. (**A. P. 3 020 180** vom 17/12. 1957, ausg. 6/2. 1962.) A. Gradl. 8311

2908 E. I. du Pont de Nemours & Co., übert. von: Vaughn A. Engelhardt, Wilmington, Del., V.St.A., **Feststofftreibsatz,** dad. gek., daß er zu mindestens 60% aus einem Oxydator–Brennstoff-Gemisch im Verhältnis 10 : 1 bis 1 : 10 besteht, wobei der Brennstoff eine organ. Polycyan-Verb. ist, bei dem das Verhältnis von Cyangruppen zu Nichtcyan-C-Atomen mindestens 0,8 : 1 ist. Solche Verbb. sind z. B. *Tetracyanäthylen*, *Lithium-2-dicyanmethylen-1.1.3.3-tetracyanpropan* oder dessen Na-, K-, Mg-, Ag-, Cd-, U-, Fe-, V-, Ni-, Co-, Sr-, Zn-, Be-, Mn-, Hg- u. NH_4-Salze. (**A. P. 3 017 301** vom 27/3. 1959, ausg. 16/1. 1962.) A. Gradl. 8311

2909 Josef Schaberger & Co. G. m. b. H., Gau Algesheim/Rh. (Erfinder: Josef Schaberger, Bingen/Rh., und Gerhard Siegmund, Bingen-Kempten/Rh.), **Verfahren zur Herstellung von Feststofftreibsätzen für Rückstoßantriebsmaschinen** durch Vermengen von Sauerstoffträgern u. Brennstoffen, wovon eine Komponente fl. ist, dad. gek., daß die feste Komponente mit einer therm. in Gase zerfallenden Verb., deren Zers.-Temp. tiefer als die der festen Komponente liegt, vermischt u. die Mischung durch Verpressen u. nachfolgendes Erwärmen in einen porigen Formkörper übergeführt wird, der sodann mit der fl. Komponente getränkt wird, worauf durch eine chem. u./oder therm. Nachbehandlung eine Verfestigung der fl. Komponente im Preßkörper vorgenommen wird. (**D. B. P. 975 931** Kl. 46g vom 8/5. 1957, ausg. 31/1. 1963.) E. Drews. 8311

2910 Josef Schaberger & Co. G. m. b. H., Gau Algesheim/Rh. (Erfinder: Gerhard Siegmund und Josef Schaberger, Bingen/Rh.), **Treibstoffe für Raketenantriebe** auf der Basis einer Mischung aus feinpulverisierten, festen Sauerstoffträgern, wie NH_4ClO_4 oder $KClO_4$, gek. durch einen Geh. an festen höheren Alkoholen, wie Sorbitol, in solcher Menge, daß der Treibstoff eine gleichmäßig pastöse bis plast. Form annimmt. (**D. B. P. 975 932** Kl. 46g vom 21/1. 1958, ausg. 31/1. 1963.) E. Drews. 8311

2911 Union Oil Co. of California, Los Angeles, übert. von: Thomas F. Doumani, Whittier, und Clarence S. Coe, Rolling Hills, Calif., V.St.A., **Raketentreibstoff.** Als O-Träger dienen H_2O_2, O_2, HNO_3 oder N-Oxide. Als Treibstoff werden Acetonitril, Acrylonitril, Benzonitril, Trimethylaminoxid, Triphenylaminoxid, N.N-Dimethylphenylaminoxid, Cyclohexylamin, Isopropylamin, Cyclohexanonoxim, Benzaldoxim, Acetaldoxim, Dimethylglyoxim u. trimeres Acetaldoxim in KW-Stoffen verwendet. (**A. P. 2 983 099** vom 25/4. 1952, ausg. 9/5. 1961.) E. Kahles. 8311

2912 Olin Mathieson Chemical Corp., übert. von: Carl D. Good, Seattle, Wash., und Robert E. Williams, Pasadena, Calif., V.St.A., **Symmetrisches Triboradimethin** (I) ($B_3C_2H_5$), farbloses Gas, F. —126,40 ± 0,05°. Ein Gemisch von 0,1—10 (Mol) Pentaboran-9 auf 1 Acetylen wird bei 0—100° u. 10—760 mm Hg einer stillen elektr. Entladung unterworfen u. das Prod. fraktioniert, wobei man bei —115° I erhält. — *Raketentreibstoff.* — Vorrichtung. (**A. P. 3 030 289** vom 16/9. 1959, ausg. 17/4. 1962.) J. Mühleisen. 8311

2913 Callery Chemical Co., Pittsburgh, übert. von: Carl D. Ross, Butler, Pa., V.St.A., **Isopropylvinylendecaboran** (I), $C_5H_8B_{10}H_{10}$, erhält man durch Rk. von Isopropenylvinylendecaboran (II) mit dem gelben, festen Nebenprod. (III), das bei der Herst. von II aus Decaboran, Acetonitril u. Isopropenylacetylen erhältlich ist, bei mindestens 60°, bes. bei 180—200°. — 1,86 g II u. 3,05 g III werden in einem Druckrohr langsam auf 185° erhitzt u. darauf 2 Std. gehalten. Das Rohr wird auf —196° gekühlt, wobei 7,37 cm³ eines nicht kondensierbaren Gases, vermutlich H_2, erhalten werden. Der verbleibende bernsteinfarbige Rückstand wird mit n-Pentan bei 60° extrahiert, wobei nach Verdampfen von Pentan 1,108 g I als gelbe Fl. zurückbleiben. Die Verb. ist sehr stabil u. zersetzt sich nicht bei Temp. bis zu 500° u. mehr. — *Brennstoff*, bes. für Raketen, in Verbindung mit Oxydationsmitteln, wie fl. O_2. (**A. P. 3 028 432** vom 13/11. 1959, ausg. 3/4. 1962.) J. Mühleisen. 8311

2914 Olin Mathieson Chemical Corp., übert. von: Edmond L. Graminski, Buffalo, und William L. Wachtel, Niagara Falls, N.Y., V.St.A., **Feste Reaktionsprodukte eines niederen Alkyldecaborans und Alkylcyanids** erhält man durch Erhitzen von 1 (Mol) eines niederen Alkyldecaborans mit 1—15 eines 1—4 C-Atome enthaltenden Alkylcyanids auf 50—100°. — Ein Gemisch von 0,0404 (Mol) Triäthyldecaboran u. 0,477 CH_3CN wird 35 Std. auf 75—83° erhitzt. Nach Abkühlen, Abdampfen der flüchtigen Stoffe wird der dunkelbraune, klebrige Rückstand mit Methylcyclohexan gewaschen, bis man ein gelbbraunes Pulver erhält, das in Bzl. lösl. ist u. 35,9% B, 33,2% C, 8,5% H u. 8,3% N enthält. — *Treibstoffe* für Raketen. (**A. P. 3 030 407** vom 29/7. 1958, ausg. 17/4. 1962.) J. Mühleisen. 8311

2915 Olin Mathieson Chemical Corp., übert. von: George E. Ryschkewitsch, Columbus, Ohio, V.St.A., **Flüssige alkylierte Pentaborane** erhält man durch Rk. von Pentaboran (I) mit einem 2—5 C-Atome enthaltenden monoolefin. KW-Stoff in Ggw. von 0,0005—0,1 (Mol) eines niedermol. Alkylmonoamins, bezogen auf 1 I, bei Temp. von 130 bis 190°. — 10,03 (mMol) I, 10,40 Isobutylen (II) u. 0,10 $(CH_3)_3N$ werden in ein Glasrohr einkondensiert, u. das Gemisch wird nach Verschluß des Rohrs 16 Std. bei —26° gelagert, worauf auf 150° während 7½ Std. erhitzt wird. Durch Fraktionierung durch eine Serie von Kältefallen werden I u. II abgetrennt u. der Rückstand mittels Kältefallen von —8,5, —21, —45 u. —78° fraktioniert. In der Falle von —45° erhält man eine Fraktion mit einem Dampfdruck von 5,5 mm bei 27°, die in Fallen von —8,5, —21 u. —78° weiterfraktioniert wird. Die Fraktion von —78° hat einen Dampfdruck von 6 mm bei 28°, der dem von *tert.-Butylpentaboran* (III) entspricht. Ausbeute an III 43%, berechnet auf I; daneben werden Tri-tert.-butylboran u. andere viscose, bei Zimmer-Temp. nicht flüchtige Fll. erhalten. — *Brennstoffe* hoher Energie. (**A. P. 3 030 417** vom 6/9. 1955, ausg. 17/4. 1962.) J. Mühleisen. 8311

2916 Olin Mathieson Chemical Corp., East Alton, übert. von: Joseph M. Allovio, Wood River, Ill., V.St.A., **Herstellung von Brandsätzen,** dad. gek., daß ein polymeres Material wie Äthylcellulose, Celluloseacetat, Celluloseacatatbutyrat, Polystyrol oder Cumaron–Inden-Mischpolymere in einem mit W. nicht mischbaren Lsgm. gelöst wird u. darin vorsichtig Teilchen einer pyrotechn. Mischung (Metall + Oxydationsmittel) verteilt werden, worauf der Lack in überschüssigem W. unter Zusatz eines Schutz-Koll. gerührt wird, bis sich Kügelchen gebildet haben, u. daß dann das Lsgm. abgetrieben wird. (**A. P. 2 988 438** vom 4/4. 1957, ausg. 13/6. 1961.) A. Gradl. 8313

2917 Martin Leatherman, Bel Air, Md., V.St.A., **Katalytische Zersetzung von Ammoniumperchlorat** unter O_2-Freigabe, dad. gek., daß das NH_4ClO_4 mit Zn, ZnO, $Zn(OH)_2$, $ZnCO_3$ oder $Zn(HCO_3)_2$ vermengt wird, wodurch die Zers. des NH_4ClO_4 bei ca. 240° in schneller, aber nicht explosiver Form bewirkt wird. — Verw. z. B. in *Feuerwerkskörpern.* (**A. P. 2 970 045** vom 18/7. 1958, ausg. 31/1. 1961.) A. Gradl. 8313

2918 United States of America, Secretary of Navy, übert. von: Edward Rolle, San Diego, und John Q. Tabor jun., Los Angeles, Calif., V.St.A., **Relativ langsam brennende pyrotechnische Mischung,** bestehend aus einem Brennstoff (1 Teil Mg-Pulver, 2 Teile $KClO_4$) u. einer Harzkomponente, dad. gek., daß die Harzkomponente zu 1—10% aus Benzylalkohol, 1—10% Co-Naphthenat, 0,5—6% Methyläthylketonperoxid u. der Rest aus einer Mischung von 2 ungesätt. Polyesterharzen A u. B besteht; beide Harze haben Styrol als reaktives Monomeres; A leitet sich ab von Propylenglykol, Maleinsäureanhydrid u. Phthalsäureanhydrid, B von Diäthylenglykol, Maleinsäureanhydrid u. Adipinsäure. (**A. P. 2 984 558** vom 10/6. 1957, ausg. 16/5. 1961.) A. Gradl. 8313

H_{21}. Leder, Gerbstoffe

2919 **Neuere Anschauungen von der Konstitution pflanzlicher Tannine.** G. A. Bravo. (Rev. techn. Ind. Cuir **54,** 247—53, 1962; franz.) — Vf. berichtet über die erst mit den neueren Meth. erreichten Fortschritte bei der Isolierung u. Konstit.-Aufklärung von pflanzlichen Tanninen. Von den 3 bekannten Gruppen: den stark adstringierenden sog. hydrolysierbaren Tanninen mit Pyrogallolcharakter, den schwach adstringierenden sog. kondensierten mit Chinoncharakter u. den gemischten Tanninen werden Beispiele für die Struktur des Kerns u. einiger Derivv. u. ihrer lokalen Verteilung innerhalb der Pflanze gebracht. A. Beuther. 8336◇

2920 **Die Bindung des Formaldehyds an Kollagen.** K. H. Gustavson. (Leder **13,** 233—38, 1962; Stockholm, Schweden; dt.) — In einer Unters. der Gerbung von Kollagen mit Formaldehyd, die auch bei Formaldehyd enthaltenden bzw. abspaltenden Harzgerbstoffen eine Rolle spielt, wurde festgestellt, daß nur in den ε-Aminogruppen des Lysins die Vernetzung mit Formaldehyd bewirkt wird. Natives u. teilweise oder ganz desaminiertes Kollagen wurde in neutralem bis alkal. (pH 8—13) u. in saurem Gebiet (pH 1,5 u. 1,3) mit Formaldehyd behandelt, die aufgenommene Menge u. die dadurch veränderten Eigg. des Kollagens, wie Schrumpfungs-Temp., Schwellungsgrad u. Resistenz gegen trypt. Abbau, bestimmt. Im sauren Gebiet erfordert die Verdrängung der Säure an den Aminogruppen längere Zeit u. erhöhtes Formaldehydangebot. A. Beuther. 8336◇

2921 **Über den Einfluß der Acidität auf die Stabilität der Verbindung von Formaldehyd mit Haut.** G. Alexa, G. Chirita und A. Chirita. (Rev. techn. Ind. Cuir **54,** 278 bis 282, 1962; Jassy, Rumänien, Univ.; franz.) — Die Stabilität der Bindung zwischen Formaldehyd u. den Amino- u. Iminogruppen des Kollagens bei einer schwach sauren Vorgerbung mit Formol wird durch verschiedene Faktoren beeinflußt. In Unterss. wurde formyliertes Hautpulver mit verschiedenen Säuren (H_2SO_4, HCl, HCOOH) verschiedener Konz. (pH 1—5) verschieden lange (6—72 Std.) behandelt u. in den Lsgg. wieder abgespaltener Formaldehyd colorimetr. bestimmt. A. Beuther. 8336◇

2922 **Neuere Arbeiten auf dem Gebiet der Gerbung mit Halbgerbstoffen.** G. Vágó und K. Fekete. (Leder **13,** 239—48, 1962; Budapest, Lederforsch.-Inst.; dt.) — Die Formaldehydgerbung in saurem Bereich mit einer Vorbehandlung mit Halbgerbstoffen, Harnstoff bzw. Diphenol, wird beschrieben u. ihr Bindungsmechanismus geklärt. Die Ursache der Brüchigkeit von mit Formaldehyd gegerbtem Leder wird untersucht u. zu ihrer Vermeidung die saure Gerbung, Zusatz von lyophoben Mitteln vor oder eine Hitzebehandlung nach der Gerbung empfohlen. Die Wrkg. der Halbgerbstoffe wird mit der Carrier-Wrkg. bei der Textilfärberei verglichen. A. Beuther. 8336◇

2923 **Neue Wege zur Vorbereitung der Chromgerbung.** H. Erdmann und G. Otto. (Leder **13,** 244—48, 1962; Ludwigshafen/Rh., BASF, Ledertechn. Abt.; dt.) — Bei der Vorbereitung von Blösse zur Cr-Gerbung werden, abweichend vom klass. Pickel, methylolgruppenhaltige Harzvorgerbstoffe verwendet, deren Auskondens. in Ggw. von Puffersalzen (Ca-Formiat) mit nichtquellenden Säuren auf der Haut direkt vor sich geht. Die Einlagerung u. Wrkg. der Harzvorgerbstoffe in der Haut werden theoret. erläutert. Die im gleichen Bad mit bas. Cr-Gerbpulver gegerbten Häute haben einen festen, gut schleifbaren Narben. A. Beuther. 8336◇

2924 **Die Vervollkommnung der Chromemulsionsmethode bei der Ledergerbung.** Ss. M. Bressler und A. N. Michailow. (Leder- u. Schuhwaren-Ind. [UdSSR] **4**, Nr. 8, 32—34, 1962; russ.) — Vff. haben festgestellt, daß einige nicht schwellende Säuren, darunter Chromsäure, als Zusatz zur Emulsion einen glatten Narben des Leders erzeugen. Nach der darauf erfolgenden Chromgerbung mit Cr^{3+} muß noch $Na_2S_2O_3$ zur Red. der Chromsäure zugesetzt werden.
J. v. Schroeder. 8336◇

2925 **Der Einfluß der Trocknungsbedingungen und einer erneuten Lösung auf die physikalisch-chemischen Eigenschaften von Chromextrakten.** F. B. Blanschei. (Leder- u. Schuhwaren-Ind. [UdSSR] **4**, Nr. 8, 17—18, 1962; russ.) — Fl. *Chrom*-Extrakt für Ledergerbung kann man auch bei höheren Temp. als 100° trocknen u. wieder auflösen, ohne daß er seine Eigg. verliert. J. v. Schroeder. 8336◇

2926 **Der synthetische Gerbstoff Nr. 2.** Ss. A. Kuraitiss und Ss. K. Golubewa. (Leder- u. Schuhwaren-Ind. [UdSSR] **4**, Nr. 8, 29—32, 1962; russ.) — Der Gerbstoff Nr. 2 ist ein sulfuriertes *Phenol-Formaldehyd*-Kondens.-Prod., das mit NH_3 teilweise neutralisiert u. mit organ. Säure angesäuert wird. Seine gerbenden Eigg. stehen anderen Syntanen nicht nach.
J. v. Schroeder. 8336◇

2927 **Die Anwendung oxydierter, hochhydrierter Erdölfraktionen mit Isokohlenwasserstoffen für die Lederfettung.** F. F. Makarow und S. W. Ssafonowa. (Leder- u. Schuhwaren-Ind. [UdSSR] **4**, Nr. 8, 18—20, 1962; russ.) — Das Oxydations-Prod. hochhydrierter Erdölfraktionen mit großen Mengen von iso-KW-Stoffen (Oxydat) ist zur Fettung von Ledern geeignet, u. zwar für *Chromleder* u. *Juchten* bis 40—50% der Fettmischung, für *Sohlenleder* bis 70%.
J. v. Schroeder. 8340◇

2928 **Die Mikrostruktur von Kunstledern vom Typus überzogener Gewebe.** I. A. Krawkowa und Ss. A. Pawlow. (Leder- u. Schuhwaren-Ind. [UdSSR] **4**, 33—34, 1962; Moskau, Technol. Inst. Leichtindustrie; russ.) — Einige Kunstleder, Schargolin, Kunstlackleder, Textovinit u. a. werden in ihrer Struktur besprochen. Vergrößerte Abb. der Querschnitte sind beigegeben. J. v. Schroeder. 8352◇

2929 **Chemische Kennwerte der Eigenschaften von Rohwaren für Leder.** R. W. Gorodetzkaja und A. M. Kirjanowa. (Leder- u. Schuhwaren-Ind. [UdSSR] **4**, 28—30, 1962; russ.) — Vff. haben Unterss. angestellt, inwieweit die Best. von NH_3 u. flüchtigen Säuren als Kriterium für die Beschaffenheit von *Rohhäuten* in Frage kommen kann. Sie haben festgestellt, daß gesalzene Häute nur 0,09% NH_3 bei der colorimetr. Best. nach Nessler nach der von Vff. angegebenen Meth. haben. Ein höherer Geh. weist auf beginnende oder bestehende Fäulnis hin. Die Best. flüchtiger Säuren gibt bei konservierten, gesalzenen Häuten, unabhängig vom Fäulnisgrad, konst. Werte. Die NH_3-Best. wird an einer Lsg., die durch 15 Min. langes Schütteln von ca. 10 g Haut in 100 ml W. erhalten wurde, ausgeführt.
J. v. Schroeder. 8362◇

2930 **Praktische Bestimmung des Maskierungsgrades von Einbad-Chrom-Gerblösungen.** 2. Mitt. I. Jullien, R. Durande-Ayme und J. Rouzet. (Bull. Assoc. franç. Ing., Chimistes Techniciens Ind. Cuir Doc. Inform. Centre techn. Cuir **24**, 211—20, 1962; franz.) — 1. vgl. C. **1962**, 3328. — In Cr-Gerb-Lsgg. mit nach McCandlish u. Lehigh bestimmten Basizitäten wird die beim Passieren von kation. Harz (Zeocarb) nicht adsorbierte anion. u. nicht ion. sowie die adsorbierte kation. Cr-Menge bzw. die Summe beider analysiert. In zahlreichen Verss. wird die Beeinflussung dieser Werte durch Faktoren wie Herst., Art der Lsg., Red. mit Glucose oder Zucker, Zusatz maskierender, organ. Salze zu einer mit SO_2 red. Cr-Lsg. u. Alkalisierung mittels NaOH oder Na_2CO_3 näher untersucht. In der Best. des kation. Cr-Geh. sieht Vf. eine einfache Meth. zur Beurteilung des Gerbvermögens von Cr-Gerblösungen.
A. Beuther. 8364◇

2931 **Lederprüfung in einer Schuhfabrik.** E. Baumann. (Rev. techn. Ind. Cuir **54**, 236—47, 1962; Schoenenwerd, Schweiz, Schuhfabriken Bally, Labor.; franz.) — Es werden Prüfungen einiger physikal. u. mechan. Eigg. von zugerichtetem Schuhoberleder u. die dabei benutzten App. beschrieben.
A. Beuther. 8368◇

2932 **Eine Schnellmethode zur Bestimmung des Gehaltes an Fettstoffen im Leder und in Fellen.** N. N. Kasarina, R. O. Schifman, B. A. Gilman und Ss. D. Rudenko. (Leder- u. Schuhwaren-Ind. [UdSSR] **4**, Nr. 8, 28—29, 1962; russ.) — 5 g Leder werden ½ Std. mit 100 cm³ Chlf. geschüttelt. Von der filtrierten Lsg. werden 25 cm³ in einer Schale unter einer IR-Lampe von 500 Watt genau 5 Min. verdampft, der Rückstand (Fettstoffe) gewogen. J. v. Schroeder. 8368◇

2933 **Vergleichende Untersuchungen des Verhaltens von isolierten Bakterien aus den Schwitzkammern von Mazamet gegen Milch und Casein und von einigen in der Gerberei gebräuchlichen Enzymen.** J. Prevot. (Bull. Assoc. franç. Chimistes Ind. Cuir Doc. sci. techn. Ind. Cuir **24**, 249—300, 1962, Beilage zu: Rev. techn. Ind. Cuir; franz.) — Zur Bewertung der proteolyt. Aktivität von Enzymen, die in der Gerberei z. B. bei der Enthaarung u. Beize eine Rolle spielen, wird ihr Verh. bei der Koagulation der Milch u. der Peptisation von Casein näher untersucht u. von einigen bekannten Typen nach verschiedenen Analysen-Meth. bestimmt. Verschiedene Faktoren, wie Temp., pH-Wert u. die Anwesenheit gewisser Ionen, beeinflussen die enzymat. Reaktionen. — 14 Literaturangaben.
A. Beuther. 8378◇

H_{22}. Leim, Klebstoffe usw.

2934 **Entwicklung auf dem Klebstoffgebiet.** Irving Skeist. (Adhäsion **6**, 556—60, 1962; Newark, N.J., USA; dt.) — Vf. gibt kurze Übersicht über die wichtigsten in der Industrie gebrauchten Klebstoffe, vor allem für Papierverarbeitung u. Verpackung. E. Schaaf. 8380◇

2935 **Eine Theorie des Klebvorgangs bei Klebstoffen für Fugendichtungen.** J. J. Bikerman. (Paint Ind. Mag. **77**, Nr. 7, 29—32, 1962; Massachusetts Inst. of Technol., Dep. of Civil and Sanitary Engng., Adhesives Lab.; engl.) — Der Unterschied zwischen üblichen Klebstoffen (**A**) u. unter konst. Vol. festwerdenden **A** sowie 3 Arten von Fugen- u. Dichtungs-**A** werden besprochen: a) in den Grenzflächen sich verhäkelnde (hooking) **A**; b) in der **A**-Masse oder im Werkstoff bei Überbeanspruchung reißende, saubere **A**; c) unsaubere, an den Grenzflächen sich trennende **A**. Eine dieses Verh. erklärende Theorie wird vorgeschlagen u. eine Gleichung für die Beziehungen zwischen der Festigkeit der Klebung u. der Eigenfestigkeit von **A** aufgestellt. Die meisten Trennungen gemäß c) sind keine echten Grenzflächentrennungen, sondern auf Verschmutzung, nachträgliche Diffusion (W.) oder auf chem. Rkk. zurückzuführen. M. Hagedorn. 8380◇

2936 **Methoden zur Bestimmung der Spannungsverteilung in verklebten Werkstücken und Klebstoffen.** K. F. Hahn und D. F. Fouser. (J. appl. Polymer Sci. **6**, 145—49, 1962; Santa Monica, Calif. Douglas Aircraft Comp., Inc.; engl.) — Die Belastung einer Überlappungsverbindung unter Spannung verursacht einen Anstieg der Zugspannung der an die Klebfläche angrenzenden Werkstoffpartie über den Nominalwert. Kennt man Aufbau einer Klebebindung u. die Zugspannung, so läßt sich die Spannungsverteilung außerhalb der Verbindung bestimmen. Die Theorie u. die aus ihr abgeleiteten Gleichungen gelten auch für gelötete, geschmiedete u. geschweißte Verbindungen, evtl. genietete. H. Liese. 8380◇

2937 **Klebflächenvorbereitung.** Edmund Thelen. (J. appl. Polymer Sci. **6**, 150—54 1962; Philadelphia, Pa., Franklin Inst.; engl.) — Zur Erzielung einer optimalen Klebeverbindung müssen die Oberflächen der Werkstoffe frei von Öl, Schmutz u. Staub sein u. ihre Rauhigkeit, evtl. Oxid-Bldg. oder Wasseradsorption sind zu kontrollieren. Bei elektronenabgebenden Metalloberflächen empfiehlt sich eine Aufbringung von Chromatomen oder TiO_2. Oft müssen Verff. angewendet werden, den Klebstoff vor dem Werkstoff oder umgekehrt zu schützen oder die Struktur beider einander anzupassen. — 16 Literaturangaben. H. Liese. 8380◇

2938 **Aktivierung von Klebstoffverbindungen durch Bestrahlung mit Infrarotstrahlung.** K. Kowalska und Z. Stanisławska. (Przegląd Skórzany **16**, 281—82, 1961; pol.) — Kurze IR-Bestrahlung (2 Min.) der Klebschicht verbessert die Haftfestigkeit von verklebten Lederteilen. Außerdem wird die Trocknungszeit beim offenen Trocknen bedeutend verkürzt. IR-Trocknung schädigt das Leder auch weniger als Trocknen im Luftstrom. F. Urban. 8382◇

2939 **Messung der Adhäsionsgeschwindigkeit flüssiger Klebstoffe mit dem McLaurin-Klebebandtester.** John P. Richards. (Adhäsion **6**, 560—62, 1962; Alliance, Ohio, Armour Alliance Ind. Co., Labor.; dt.) — Die angegebene

Meßmeth. soll subjektive Beurteilung weitgehend ausschließen. Dies wird durch automat. Walzung u. automat. Auslösung des Auseinanderziehens der Klebstelle mit dem McLaurin-Klebebandtester erreicht. Das Zeitintervall zwischen Klebung u. Prüfung kann variiert werden. E. Schaaf. 8382◇

2940 **Nitrocelluloseleime.** Piotr Penczek und Romuald Pyrko. (Polimery — Tworzywa wielkocząsteczkowe **6**, 388—91, 1961; Inst. Tworzyw sztuczn.; Pionki, Zakłady Chem. „Pronit"; pol.) — Übersicht über Herst., Eigg., Anwendung u. das in Polen produzierte Sortiment an Nitrocelluloseleimen. F. Urban. 8384◇

2941 **Strukturklebstoffe — Charakteristika und Anwendung.** Nicholas J. De Lollis. (J. appl. Polymer Sci. **6**, 155—60, 1962; Albuquerque, N.Mex., Sandia Corp., Mat. Labor.; engl.) — Strukturklebstoffe lassen sich in 2 Gruppen einteilen. Die eine umfaßt harte, spröde Klebstoffe mit hoher Scher- u. Zugfestigkeit u. niedriger Schälfestigkeit, die zweite Kombinationen harter u. spröder Klebstoffe, z. B. Epoxidharze mit thermoplast. oder kautschukartigen Klebstoffen, wie Vinylharz, Kautschuk oder Polyamid mit hoher Scher-, Zug- u. Schälfestigkeit. Der Einfl. von Sandstrahlen oder Bichromatbeizung der Oberflächen auf die Kompressionsscherfestigkeit wird untersucht. Die Entw. eines Klebstofftyps mit bes. Eigg. wird beschrieben. H. Liese. 8388◇

2942 **Zur papierchromatographischen Untersuchung von Klebstoffen (Polychloroprentypen).** W. Fischer und L. Jaehn. (Adhäsion **6**, 609—12, 1962; Pirmasens, Prüf- u. Forsch.-Inst. für Schuhherst.; dt.) — Angeregt durch Verfärbungen an weißem Leder bei Verw. von Klebstoffen, die auf Neopren-AC-Basis beruhen, wurde eine papierchromatograph. Meth. zur Unterscheidung verschiedener Polychloroprentypen entwickelt. Vorzugsweise wird vom Acetonextrakt des Klebers ausgegangen. Zwei Lsgm.-Gemische erwiesen sich als besonders vorteilhaft: 1. 71 (%) Isopropanol u. 29 W., R_F-Werte liegen zwischen 0,90 u. 0,92 (langsamer laufend). 2. 60 Aceton, 12 Isopropanol u. 28 W., R_F-Werte liegen zwischen 0,85 u. 0,95 (schneller laufend). Identifizierung verschiedener Neoprentypen kann sowohl durch UV-Licht als auch durch Anfärbemeth. (Sudanrot in Lsg. von 50 Isopropanol u. 50 W.) bzw. durch Farbvertiefung der Flecke durch wss. Cu-II-Salz-Lsgg. erfolgen. E. Schaaf. 8416◇

2943 American-Marietta Co., Chicago, Ill., V.St.A., **Blutleime.** Man stellt zunächst ein Gemisch aus getrocknetem, pulverförmigem Blut u. festen feinteiligen Füllstoffen, z. B. Holzmehl, her, wobei der Feuchtigkeits-Geh. des Gemisches 2—35% beträgt. Durch Erhitzen über 170°F wird das Blut wasserunlösl. gemacht u. dann rasch unter 170°F abgekühlt. Durch Erwärmen unter 100°F der erhaltenen Grundmasse in wss. Alkalimetallhydroxiden erhält man z. B. für Sperrholz geeignete Leime. (**E. P. 880 726** vom 4/2. 1958, ausg. 25/10. 1961. A. Prior. 5/6. 1957.) P. Krug. 8385

2944 Daniels-Midland Co., Hennepin, übert. von: James W. Horner jun., Minneapolis, Minn., V.St.A., **Nichtthixotroper Wellpappen-Klebstoff,** bestehend aus 75—95% W. u. 5—25% Trockensubstanz. Der Trockensubstanzanteil besteht aus 24—33 Teilen eines Trägermaterials, wie gelatinierten, wachsartigen Stärken u. gelatinierten, Wachs enthaltenden Mehlen, die 100%ig. Amylopektin, 193—243 (Teile) eines ungelatinierten Getreidestärkemehls, 4,9—10,4 Ätzalkali u. 4,9—7,4 eines Borats, wie Borax, enthalten. (**A. P. 2 999 028** vom 16/9. 1958, ausg. 5/9. 1961.) H. Maaß. 8385

2945 Henkel & Cie. G. m. b. H., Düsseldorf, übert. von: Horst Kosche, Düren/Rhld., **Für Klebzwecke geeignete pulverförmige Mischungen** enthalten neben einem härtbaren Amino–Aldehyd-Kondens.-Prod. (I) noch 1—20% eines Harnstoffaddukts (II). Bei I handelt es sich um die Rk.-Prodd. eines Aldehyds mit einer mindestens 2 Aminogruppen aufweisenden Verb., z. B. Harnstoff, Melamin, Dicyandiamid, Guanidin u. deren Gemische. II werden durch Rk. von Harnstoff mit einer mindestens 6 C-Atome enthaltenden Verb. aus der Gruppe der Alkohole, Aldehyde, Ketone, Carbonsäuren, Amide, Sulfonamide, Ester, Äther, Amine u. ihren Salzen, N-Halogenamiden, N-Halogensulfonamiden u. N-Halogenaminen erhalten. Durch den Zusatz der II wird die Klebekraft u. Flexibilität der Leime verbessert. (**A. P. 3 010 922** vom 24/4. 1957, ausg. 28/11. 1961. D. Prior. 27/6. 1956.) P. Krug. 8389

2946 Monsanto Chemical Co., Santoris, Mo., V.St.A., **Flüssiger Phenolharzklebstoff** aus einem in wss. Alkali gewonnenen Kondens.-Prod. aus 100 (Gew.-Teilen) Phenol, 50—150 HCHO u. 3—50 wenigstens eines Phenylphenols (I) mit 2—6 Benzolkernen u. 1—4 phenol. OH-Gruppen; wobei wenigstens eine der o- u. p-Stellungen noch substituiert ist. — Eine Mischung aus 100 (Gew.-Teilen) Phenol, 6 eines I-Gemisches aus dem Rückstand der Vanillin-Dest., 95 37%ig. Formalin u. 16 50%ig. NaOH werden $^3/_4$—1 Std. bei 210° F u. nach Zusatz von 76 Formalin bei 180° F gehalten. Den erhaltenen fl. Klebstoff kann man mit Holzmehl u. ggf. etwas KW-Stoffwachs mischen u. bei 250—350°F u. 2—300 lbs./sq.in. zu einer Spanplatte härten. (**Jap. A. S. 4531/1961** vom 22/9. 1959, ausg. 10/5. 1961. A. Prior. 22/9. 1956.) M. Pankow. 8389

2947 Benjamin Frank Herr, New Brunswick, und Cyrus Woodrow Bemmels, N.J., V.St.A., **Druckempfindliche Klebstoffmischungen.** Sie enthalten neben einem härtbaren Elastomeren (I) noch 50—125 (Gew.-Teile) je 100 I eines p-Alkylphenol–Formaldehydharzes mit mindestens 6 C-Atomen im Alkylrest. Geeignete I sind z. B. Dienpolymerisate oder -mischpolymerisate. Eine weitere Modifizierung der Klebmassen ist durch Zusatz von z. B. Kolophonium, Cumaronindenharz, Polyterpen u. Polyalkylstyrol möglich. (**E. P. 888 208** vom 23/12. 1958, ausg. 31/1. 1962. A. Prior. 24/12. 1957.) P. Krug. 8389

2948 Shell Oil Co., New York, N.Y., übert. von: Marguerite Naps, Oakland, Calif., V.St.A., **Klebstoff** aus 20—60, bes. 25—50, (Teilen) eines Glycidylpolyäthers eines 2wertigen Phenols (I) mit einem Epoxyäquivalent >1, 40 bis 80, bes. 50—75, eines fl., methylolhaltigen Phenolaldehydharzes (II), 10—40 (je 100 Teile I + II) eines Polyvinylformalharzes mit einem Molgew. zwischen 10000 u. 80000, 30—100 (je 100 Teile I + II) eines inerten Füllstoffes u. 1—30% (bezogen auf I) eines alkal. Härters. (**Can. P. 623 714** vom 1/10. 1957, ausg. 16/1. 1962. A. Prior. 15/11. 1956.) Eberhard Riedel. 8389

2949 B. F. Goodrich Co., Akron, Ohio (Erfinder: John Frank Jones, Cuyahoga Falls, Ohio, Robert Milton Summers, Scotia, N.Y., Harold Tucker, Akron, und Lawrence Fred Arnold, Avon Lake, Ohio), V.St.A., **Herstellung von Teilamiden oder Teilestern aus Anhydridpolymeren,** wobei die Amid- oder Estergruppen

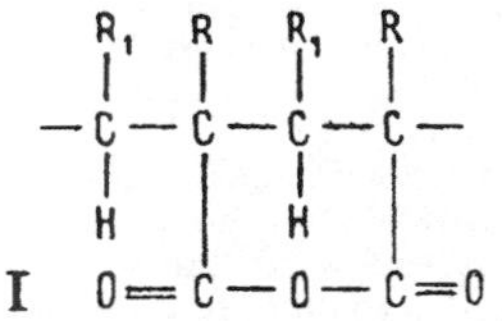

I

in den Teilamiden oder Teilestern so verteilt sind, daß nicht >1 Amid- oder Estergruppe auf jede Anhydridgruppe der polymeren Kette kommt u. wenigstens 20 Mol.-% der Anhydridgruppen der polymeren Kette in Teilamide oder -ester umgewandelt sind, dad. gek., daß die Anhydridpolymeren mit den wiederkehrenden Gruppen der Struktur I, in der R = H, Cl, F, Br, CN, C_{1-10}-Alkyl, Aryl, Alkaryl, Aralkyl u. R_1 = H, Cl, Br oder F bedeuten, mit einer Verb. der allg. Formel X-N(H)—Y, in der X u. Y = H oder eine C_{1-20}-KW-Stoffgruppe bedeuten, oder mit einer Verb. der allg. Formel X—OH, worin X eine C_{1-20}-KW-Stoffgruppe bedeutet u. ggf. einem tert. Amin mit 4—20 C-Atomen bei ca. 75° umgesetzt werden. Die Rk. wird in einem inerten organ. Lsg., bes. Bzl. oder Dimethylformamid, durchgeführt. Bei den zahlreichen Mengenbeispielen wird von einem linearen Polyacrylsäureanhydrid (II) ausgegangen, das durch Rk. von Acrylsäure u. Essigsäureanhydrid in Ggw. von Benzoylperoxid bei 50° als weißes Pulver erhalten wurde. II wird dann mit vielen verschiedenen Alkoholen, Polyolen, die auch saure oder tert. Aminogruppen enthalten können, in Ggw. eines Halogenhydrins, bes. Äthylenchlorhydrin, auf 50° erwärmt. Die Halbester werden mit Hexan gefällt. An Stelle der Alkohole können auch Glykolmonoäther, cycloaliphat. Alkohole, Phenole, phenylsubstituierte Alkohole, Acetale, andere OH-Gruppen enthaltende Verbb., wie Glykolsäure, Glykonitril, Diacetin, Acetessigsäureäthylester u. Kojinsäure, NH_3, prim. oder sek. Amine verwendet werden. II reagiert ebenfalls mit natürlichen Polyamiden u. Polyolen, wie Wolle, Casein oder Gelatine, Stärke oder Cellophan, die entweder in

W. quellend oder unlösl. werden. — Tabellen über die Löslichkeit, Viscosität, Barcolhärte u. Erweichungs-Temp. der Endprodd., die außer als *Wäschesteifen*, *Formkörper*, *Filme* u. *Ionenaustauscher* bes. als *Klebemittel* für alle Materialien geeignet sind. (**D. A. S. 1 123 471** Kl. 39c vom 28/3. 1959, ausg. 8/2. 1962. A. Prior. 31/3. 1958. **A. PP. 3 005 784** u. **3 005 785** vom 31/3. 1958, ausg. 24/10. 1961.) H. Schindler. 8389

2950 Armstrong Cork Co., Lancaster, übert. von: Robert F. Roecker, Pequea Township, Pa., V.St.A., **Klebstoffe,** bes. zum Aufkleben von Kunststoffplatten auf Wände, bestehend aus Gemischen von (1) 100 (Gew.-Teilen) einer Kautschukgrundlage (I), (2) 100—150 eines Kolophoniumesters von Glycerin oder Pentaerythrit, F. 180—230°F, (3) 25—60 des Zn-Salzes von Kolophonium, F. 290—315°F, (4) 20—40 eines Polyesters aus Tallölfettsäuren u. Pentaerythrit, Viscosität Z—Z 7 der Gardner-Holdt-Skala, (5) 200 bis 300 anorgan. Füllstoffe aus der Gruppe der Tone u. feinteiligem SiO_2 sowie (6) hinreichend Lsgm. zum Auflösen von I. Bei I handelt es sich um ein Gemisch aus 40—60 eines kautschukartigen Terpolymeren aus Butadien mit 20—25% Styrol u. 0,5—2% Divinylbenzol u. 60—40 Abfallkautschuk. (**A. P. 2 985 606** vom 12/1. 1959, ausg. 23/5. 1961.) P. Krug. 8389

2951 Johnson & Johnson, New Brunswick, übert. von: Winifred C. Collins, East Brunswick, N.J., V.St.A., **Herstellung von Klebepapier** mit erhöhter Zugfestigkeit, dad. gek., daß das Papier mit einer wss. Dispersion eines gummiartigen Elastomeren (Dien- u. konjugierte Dienpolymere u. -copolymere, Isopren-, Chloropren-, Acrylatpolymere oder Vinylchlorid- u. Butadienacrylonitril-Copolymere) u. eines in Petroleum unlösl. Nadelholzharzes mit einem F. 115° imprägniert u. getrocknet wird. (**A. P. 3 012 913** vom 7/10. 1957, ausg. 12/12. 1961.) A. Gradl. 8389

2952 Minnesota Mining & Mfg. Co., St. Paul, Minn., V.St.A. (Erfinder: John A. Curtis), **Druckempfindliche Klebefilme** enthalten auf einem dünnen, flexiblen Gewebeträger, der beiderseits mit einem gehärteten Polymethylsiloxanüberzug versehen ist, eine Klebeschicht auf Basis eines Polyacrylats, z. B. eines Mischpolymerisats aus einem Acrylsäureester mit einer geringen Menge Acrylsäure. (**E. P. 872 118** vom 8/4. 1959, ausg. 5/7. 1961.) P. Krug. 8389

2953 Ralf Korpman, East Brunswick, N.J., V.St.A., **Druckempfindliche Klebestreifen,** die beim Erhitzen auf Sterilisations-Temp. eine Farbänderung zeigen. Die aus einem Träger wie Gewebe, Papier oder Kunststoffilm mit einem einseitigen Überzug aus einer druckempfindlichen Klebemasse bestehenden Streifen werden dazu mit einer in der Hitze einen Farbumschlag gebenden Substanz, z. B. Farbstoffzwischenprodd., temperaturbeständige Farbstoffen, Metallsalzen, Gemischen aus einer Diazonium-Verb., einer Kupplungskomponente u. einem in der Hitze wirksam werdenden Aktivierungsmittel ausgerüstet. (**E. P. 872 136** vom 8/6. 1959, ausg. 5/7. 1961.) P. Krug. 8389

2954 Minnesota Mining & Mfg. Co., St. Paul, übert. von: Erwin W. Ulrich, Rosemount, Minn., V.St.A., **Druckempfindliche Klebestreifen.** Man trägt auf den flexiblen Träger z. B. aus Celluloseacetat, Äthylcellulose, Polyäthylenterephthalat oder Polyvinylchlorid die Lsg. eines Acrylmischpolymerisats auf, das aus einer Monomerenmischung a) von einem Ester der Acrylsäure mit einem nicht tert. Alkohol mit bis 14 C-Atomen, hauptsächlich 7—12 C-Atomen, z. B. Isooctylalkohol, sowie b) 3—12 Gew.-% Acrylsäurenitril oder Methacrylsäurenitril durch Emulsionspolymerisation hergestellt worden ist. (**A. P. 3 008 850** vom 27/4. 1959, ausg. 14/11. 1961.) P. Krug. 8389

2955 Minnesota Mining & Mfg. Co., St. Paul, Minn., V.St.A., **Herstellung von Klebband.** Als Klebmaterial dient ein Mischpolymeres aus 51 (Gew.-%) Octadecylacrylat, 9 Acrylsäure, 29 Acrylnitril u. 11 Methylmethacrylat. (**Jap. A. S. 5382/1961** vom 9/7. 1959, ausg. 23/5. 1961.) M. Pankow. 8389

2956 Robert Hopkins Lamason, **Klebefolien und -bänder,** deren Trägermaterial aus fluorierten KW-Stoffpolymeren, z. B. Polytetrafluoräthylen (II), u. deren Klebmasse (I) aus einem Haftkleber auf Siliconbasis besteht, erhalten zur Verankerung der I eine Zwischenschicht, die aus der I mit Zusatz einer Verb. der allg. Formel $M(OR)_4$ (M = Si oder Ti; R = C_1—C_{12}-Alkyl- oder Hydroxyalkylrest) besteht, die auf die vorher aktivierte Oberfläche des Trägers aufgebracht wird. — Man aktiviert eine Folie aus II mit Na in fl. NH_3, bestreicht sie mit einer Lsg., die 11,16 (Teile) einer bekannten Alkylpolysiloxan-I (III), z. B. Dow Corning XC-271, 0,04 Tetraäthylenpentamin (IV), 11,16 Tetraäthylorthosilicat u. 20 Xylol (V), enthält, entfernt das V durch Erhitzen auf 200°F, härtet durch 2 Min. dauerndes Erhitzen auf 350° F u. trägt die I in Form einer Lsg. aus 37 III, 0,15 IV, 61,6 V u. 1,25 Toluol auf, die ebenfalls durch Erhitzen auf 200° bzw. 350° getrocknet u. gehärtet wird. (**Aust. P. 232 306** vom 8/7. 1958, ausg. 23/2. 1961.) C. Lüttgen. 8389

2957 Nittô Denki Kôgyô Kabushiki Kaisha (Erfinder: Sadamitsu Sasaki und Tadashi Sugimoto), Ibaragi, Japan, **Herstellung einer Aluminiumklebbandfolie.** Auf die Al-Folie kommt eine Grundierung aus einem Gemisch von Vinylharz (Polyvinylchlorid, Vinylchlorid–Vinylacetat-Mischpolymerisat oder Vinylchlorid–Vinylacetat–Maleinsäure-Mischpolymerisat) u. Aminhärtungsmittel, die Grundierung wird dann gehärtet u. das Klebmittel, das als Hauptanteil gummiartiges Acrylnitril–Butylacrylat-Mischpolymerisat (auch in Mischung mit Phenolharz u. modifiziertem Kolophonium) enthält, aufgebracht. (**Jap. A. S. 4727/1961** vom 16/11. 1959, ausg. 13/5. 1961.) M. Pankow. 8389

2958 **Agfa Akt.-Ges.,** Leverkusen, *Verkleben von Folien aus hochmolekularen linearen Cyclocarbonaten mit Folien aus anorganischen oder organischen Celluloseestern.* (**E. P. 908 516** vom 30/9. 1960, ausg. 17/10. 1962. D. Prior. 30/9. 1959. — C. **1961,** 15263 [D. A. S. 1 098 656].)

2959 **Minnesota Mining & Mfg. Co.,** St. Paul (Erfinder: **Erwin W. Ulrich,** Rosemount), Minn., V.St.A., *Klebeband.* (**Schwz. P. 364 314** vom 17/11. 1956, ausg. 31/10. 1962. A. Prior. 18/11. 1955. — C. **1960,** 9439 [D. A. S. 1 078 264].)

H_{23}. Tinte, Hektographenmassen u. a. Spezialpräparate

2960 Vermes-Chemie K. G. (Erfinder: Franz Vermes), Otterfing/Obb., **Pastentinte für Kugelschreiber.** Sie enthält in dem polaren oder unpolaren Dispergierungsmittel als färbende Substanz in feiner Verteilung Al, Ag oder Cu oder deren Legg. in einer Menge von 20—80% des gesamten Pastentintengewichtes. (**D. A. S. 1 135 117** Kl. 22g vom 29/6. 1960, ausg. 23/8. 1962.) H. Raeithel. 8421

2961 Bruno von Zychlinski, Mittenwald/Obb., **Farbpaste für Kugelschreiber,** bestehend aus einem Rk.-Gemisch, das durch Umsetzung eines bas. Substituenten enthaltenden Phthalocyanins mit einem sauren Triphenylmethanfarbstoff in einer Menge von 0,4 bis ca. 60%, bezogen auf das Phthalocyanin-Deriv., in Ggw. von ein- u./oder mehrwertigen Alkoholen u./oder Ketonen erhalten worden ist. (**D. A. S. 1 132 275** Kl. 22g vom 21/5. 1955, ausg. 28/6. 1962.) H. Raeithel. 8421

2962 Badische Anilin- & Sodafabrik Akt.-Ges. (Erfinder: Helmut Finkenauer und Hans Otterbach), Ludwigshafen/Rh., **Kugelschreiberpasten** auf der Basis eines alkohollösl. Harnstoff-Formaldehyd-Kondens.-Prod., in schwerflüchtigem Alkohol gelöst, enthalten als Farbstoff (I) salzartige Verbb. zwischen bas. Farbstoffen der Di- oder Triarylmethanreihe als Kation u. Phthalocyaninsulfonsäure-Derivv. als Anion. Diese sind in W. unlösl. u. sehr lichtecht. — Beispiel für die Herst. eines I: 90 (Teile) Kristallviolett in 900 Chlf. werden mit 112 Phthalocyanintrisulfonsäure (Na-Salz) in 900 W. unter Rückfluß gekocht. Nach dem Abkühlen wird die Chlf.-Schicht abgetrennt u. daraus durch Abdestillieren des Lsgm. der salzartige Farbstoff gewonnen. (**E. P. 902 110** vom 1/3. 1960, ausg. 25/7. 1962. D. Prior. 6/3. 1959.) H. Kastner. 8421

2963 Georgia Kaolin Co., Elizabeth, N.J., V.St.A. (Erfinder: Haydn H. Murray und Harold M. Johnson), **Bleistiftminen.** Der für die Abmischung mit Graphit für Bleistiftminen benötigte natürliche Ton kann durch ein Gemisch aus 10—70 (Gew.-%) gemahlenen Erdalkalibentonit u. 90—30 Kaolin mit einer Teilchengröße $< 1\ \mu$ ersetzt werden, wodurch die Minen bruchfester werden. Ihre Härte kann beliebig durch das Mischungsverhältnis von Graphit zu Bentonit/Kaolin eingestellt werden. Ein HB-Stift wird z. B. hergestellt aus 65 (Teilen) Graphit u. 35 eines Gemisches von 60% Ca-Bentonit mit 40% Georgia-Kaolin durch Verkneten, Pressen in runde Stäbchen sowie Trocknen, Brennen u. Einwachsen derselben. (**E. P. 899 789** vom 20/12. 1960, ausg. 27/6. 1962.) H. Kastner. 8421

2964 Badische Anilin- & Soda-Fabrik Akt.-Ges. (Erfinder: Helmut Finkenauer und Hans Otterbach), Ludwigshafen/Rh., **Hektographische Farbe** enthält neben Wachs u. Mineralöl einen salzartigen Farbstoff, in dem das Kation eines bas. Di- oder Triarylmethanfarbstoffs mit dem Anion einer Phthalocyaninsulfonsäure kombiniert ist. (**E. P. 902 757** vom 1/3. 1960, ausg. 9/8. 1962. D. Prior. 6/3. 1959.) C. Kittler. 8421

2965 Columbia Ribbon & Carbon Mfg., Inc. (Erfinder: Douglas Alexander Newman und Allan Thomas Schlotzhauer), Long Island, N.Y., V.St.A., **Druckempfindliches Farbübertragungsblatt** besitzt auf einem flexiblen Träger einen farbigen, übertragbaren Überzug u. darüber eine Celluloseätherschicht mit lockerer, wabenartiger Struktur. Der Celluloseäther wird aus einer Alkohol-W.-Mischung (5 : 1 bis 20 : 1) aufgetragen. (**D. A. S. 1 147 244** Kl. 151 vom 1/10. 1958, ausg. 18/4. 1963.) C. Kittler. 8423

2966 Permaco Soc. An., Vésenaz, Schweiz, **Wärmeempfindliches Registraturpapier** mit einer Schicht aus einem feinverteilten Hochpolymeren, das bei Berührung mit einem Schreibstift zu einem auf dem dunkelfarbigen Papier sichtbaren Schriftzeichen zusammenschmilzt oder -sintert. Die Dicke der Schicht kann nach Niederl. P. 102 588 verringert u. dadurch die erforderliche Berührungszeit mit dem Schreibstift verkürzt werden, wenn man ihr ein opt. Aufhellungsmittel einverleibt. Die Schicht erscheint dann auch noch bei einer Dicke von nur 5 μ weiß. — Nach Niederl. P. 102 591 enthält die Schicht Stoffe, die bei Erwärmung exotherm miteinander reagieren u. auf diese Weise die durch den Schreibstift zuzuführende Wärmemenge verringern. Empfohlen werden bes. Kombinationen von Peroxiden mit Red.-Mitteln, z. B. Monoperoxyphthalsäure mit m-Aminophenol. **Niederl. P. 102 588** u. **102 591** vom 15/9. 1959, ausg. 17/9. 1962. Schwz. Prior. 12/6. 1959.) F. Böhm. 8423

2967 Ernst E. Neeser-Adler, Wohlen, Aargau, Schweiz, **Farblösemittel zum Auffrischen von eingetrockneten Farbbändern** für Schreibmaschinen aus $\geqq 70$ (%) Dichloräthylen u. $\leqq 30$ Diäthylphthalat. (**Oe. P. 221 546** vom 30/6. 1960, ausg. 12/6. 1962. Schwz. Prior. 25/5. 1960.) M. F. Müller. 8423

H_{24}. Photographie

2968 **Photographie und Wissenschaft.** Walther Gerlach. (I. int. Kongr. med. Photogr. Kinematogr. Abh., Düsseldorf **1960**, 10—29, 1962; München; dt.) — Vortrags-Ref.: Überblick über die Entw. der wissenschaftlichen Photographie, ihre Bedeutung für die naturwissenschaftliche Forschung u. die Anwendung der Photographie als Hilfsmittel für die Geisteswissenschaften. W. Günther. 8590◇

2969 **Die photopraphische Wirkung von komplexen Cyaniden.** H. W. Wood. (J. photogr. Sci. **11**, 140—44, 1963; Ilford, Essex, Ilford Ltd., Res. Labor.; engl.) — Unterss. mit komplexen Metallcyaniden (A) ermöglichen Rückschlüsse auf die Natur des latenten Bildes. Es zeigte sich, daß bei pAg 9 nach der Silberdigestions-Meth. (vgl. C. **1959**, 357) nachgereifte Emulsionen durch paramagnet. A in geringen Konzz. verschleiert u. in hohen desensibilisiert, während sie durch diamagnet. A nicht verändert werden. Inakt. sind folgende, als K-Salze vorliegenden Cyanidkomplexe der Kationen: Fe^{2+}, Co^{3+}, Ni^{2+}, Mo^{4+}, Pt^{2+}, Pd^{2+}, Rh^{3+}, Ir^{3+}. Schleiernd dagegen wirken die Komplexsalze mit Fe^{3+}, Cr^{3+}, Mo^{5+}, Mn^{2+}, Mn^{3+} u. W^{5+}. Zum Nachw. ihrer Wrkg. wird die photograph. Schicht in einer wss. Lsg. von A 10 Min. lang gebadet, 15 Min. in fließendem W. gewaschen u. anschließend in ID 13 entwickelt. $K_3[Fe(CN)_6]$ gibt beispielsweise in einer Lsg. von 0,0001% einen maximalen Schleierwert. Die Schleier-Wrkg. hängt nicht vom Redoxpotential ab. Es wird angenommen, daß der Schleier durch das bei den paramagnet. Verbb. vorhandene freie Elektronenpaar verursacht wird, das mit den Silberkeimen im Halogensilberkristall reagiert. Die paramagnet. A wirken also ähnlich wie das Semichinon beim Entw.-Prozeß, das als Verbindung mit freiem Elektronenpaar an den latenten Bildkeimen adsorbiert, intermediär eine wichtige Rolle spielt. W. Günther. 8594◇

2970 **Das Ansprechen einer reinen Bromsilberemulsion auf Belichtungen bei tiefen Temperaturen.** P. G. Powell und G. C. Farnell. (J. photogr. Sci. **10**, 340—48, 1962; Harrow, Middlesex, Kodak Ltd., Res. Labor.; engl.) — Eine unsensibilisierte u. eine schwefelgereifte *Bromsilber*-Emulsion wurde während der Belichtung auf folgende Temp. gehalten: $+20°$. $-72°$, $-183°$ u. $-196°$. Vergleichsweise wurde mit einer Wolframlampe 1000 Sek. lang belichtet, 0,1 Sek. mit einer Hg-Bogenlampe u. $2 \cdot 10^{-6}$ Sek. mit einem Courtenay „Microflash". Die Sensitometerstreifen wurden in Kodak D 19b-Entwickler (1 : 4) 2, 8 u. 32 Min. lang bei 20° entwickelt. — Während die Schwärzungskurven der bei 20° belichteten unsensibilisierten Emulsion für Kurzzeit- u. Langzeitbelichtung ähnlich verlaufen, bleiben die Schwärzungskurven der sensibilisierten Emulsion bei Kurzzeitbelichtung in der Empfindlichkeit bei kurzen Entw.-Zeiten erheblich zurück. Sie nehmen eine eigenartige „stufenförmige" Gestalt an, die noch ausgeprägter wird, wenn man die schwefelgereifte reine AgBr-Emulsion unter den gleichen Bedingungen, d. h. mit Kurzzeitbelichtung u. Entw.-Zeiten von 2 oder 8 Min., bei $-183°$ oder $-196°$ belichtet. — In der Diskussion der Vers.-Ergebnisse geht Vf. auf die Unterss. von James, Vanselow u. Quirk, sowie auf eigene Arbeiten ein (vgl. Photogr. Sci. Eng. **6**, [1962], 246 u. erklärt diese durch die Rekombinationshypothese. Allerdings scheint die Rekombination nicht so einfach zu verlaufen, wie bisher angenommen wurde. Sie ist komplexer Natur u. bedarf weiterer Verss. zur völligen Aufklärung. W. Günther. 8598◇

2971 **Eine Methode zur Prüfung von Materialien, die als Geräte beim photographischen Entwicklungsprozeß verwendet werden, auf ihre photographische Inaktivität.** Paul J. Mutter und Lloyd E. West. (Photogr. Sci. Engng. **6**, 275—81, 1962; Rochester, N.Y., Eastman Kodak Co., Color Technol. Div.; engl.) — Durch das Eindringen der Kunststoffe als Konstruktionsmaterial für photograph. Entw.-Geräte wurde die Überarbeitung der älteren Normvorschriften (vgl. American Standard PH4.13—1954) notwendig. Vff. beschreiben u. diskutieren ihre neu ausgearbeiteten Vorschläge, die am 5/12. 1961 der Prüfungskommission der „American Standards Association" übergeben wurden. Das Testmaterial wird im allg. unter denselben Bedingungen geprüft, wie sie bei der Herst. photograph. Filme u. Papiere angewendet werden. Es wird ein einfaches Syst. zur Festlegung der Grenzwerte bei der Abnahme beschrieben. W. Günther. 8658◇

2972 **Gegenüberstellung der Verfahren zur Herstellung von Röntgen-Dublikaten.** S. Weide. (I. int. Kongr. med. Photogr. kinematogr. Abh., Düsseldorf **1960**, 182—84, 1962; Hamburg; dt.) — Zur Herst. von Duplikaten werden in der Praxis drei voneinander abweichende Meth. angewandt: 1. Umkopierprozeß, 2. Umkehrentw. u. 3. Direktduplikatprozeß. Arbeitsablauf u. Zeitaufwand der einzelnen Verff. werden in einer Tabelle gegenübergestellt. — Die photograph. Verff. zur direkten Bildumkehrung verdienen den Vorzug. Wegen seiner einfachen Verarbeitungsweise hat sich hierbei der Ferraniafilm Controtipo Diretto besonders bewährt. Das Verf. erfordert nur einen Kopiervorgang, die Belichtung kann mit jedem Kopier- oder Vergrößerungs-App. erfolgen. Zur Entw. können normale Röntgenentwickler benutzt werden. W. Günther. 8624◇

2973 **Interferenzmikroskopie und photographische Auswertung.** J. Grehn. (I. int. Kongr. med. Photogr. kinematogr. Abh., Düsseldorf **1960**, 231—32, 1962; Wetzlar; dt.) — Es werden die theoret. Grundlagen der *Interferenzmikroskopie* erörtert. Es wird empfohlen, bei interferenzmkr. Messungen die günstigsten Voraussetzungen für die photograph. Auswertung durch eine Reihe von Testaufnahmen unterschiedlicher Kontrasteinstellung zu schaffen. W. Günther. 8652◇

2974 **Untersuchungen über die Bildqualität bei der BV-Röntgenkinematographie.** G. Jötten. (I. int. Kongr. med. Photogr. kinematogr. Abh., Düsseldorf **1960**, 41—43, 1962; Hamburg; dt.) — Es wird der Einfl. der *geometr. Unschärfe* sowie der Schirmunschärfe auf die Bildqualität bei der *Röntgenkinematographie* untersucht. — Die Qualitätsverbesserungen des BV-Kinobildes können nur dann ausgenützt werden, wenn die von der Fokusgröße abhängige geometr. Unschärfe die Gleichmäßigkeitsbedingung erfüllt. Der Röntgenstrahlenquelle kommt eine besondere Bedeutung zu. Durch Verw. des Fokus von 0,6 mm Seitenlänge ergeben sich optimale Bedingungen für die Bildqualität. W. Günther. 8660◇

2975 **Ein einfaches Röntgensensitometer mit Stufensektoren.** J. Kastner, W. G. Cibula, J. Mackin und M. R. Rosumny. (Photogr. Sci. Engng. **6**, 287—89, 1962; Cleveland, Ohio, Picker Res. Center; engl.) — Vff. beschreiben

eine einfache Sensitometerkonstruktion mit rotierender Sektorenblende für Röntgen- u. γ-Strahlung. Das Gerät arbeitet nach dem Prinzip der intermittierenden Belichtung. Es besitzt 9 Stufen. Der weiteste Sektor hat eine Öffnung von 135°, der schmalste eine von 0,53°. In einer Tabelle sind für Strahlungen von 50—250 kV bzw. von ^{137}Cs u. ^{60}Co die entsprechenden Blechstärken für Fe oder Pb sowie die Durchlässigkeiten angegeben. Die Brauchbarkeit des neuen Gerätes wird durch Vgl.-Verss. bewiesen. Bei direkter Belichtung mit Röntgenstrahlung tritt kein Intermittenzeffekt auf.
W. Günther. 8660◇

2976 **Sensitometrie von Reproduktionsfilmen mit hohem Kontrast.** G. W. Schumann. (Photogr. Sci. Engng. **6**, 298—302, 1962; Binghamton, N.Y., Ansco, Res. Labor.; engl.) — Im Gegensatz zu anderen Filmen reicht die Schwärzungskurve allein nicht aus, um Reproduktionsfilme zu beurteilen. Vf. hat aus diesem Grund eine zusätzliche sensitometr. Meth. entwickelt, indem er die R-Charakteristik (Ronchi Ruling) einführte. Mit Hilfe zweier Parameter, der R-Empfindlichkeit u. dem Winkel φ im Durchhang lassen sich Empfindlichkeit u. Punktformation von Reprofilmemulsionen besser charakterisieren. W. Günther. 8660◇

2977 **Ein einfaches Reflexionsfarbdensitometer.** J. E. Pinney und J. C. Kinard. (Photogr. Sci. Engng. **6**, 252—54, 1962; Rochester, N.Y., Eastman Kodak Co., Res. Labor.; engl.) — Es wird ein automat. registrierendes Reflexionsfarbdensitometer beschrieben. Es besteht aus zwei im Handel erhältlichen Bauelementen, einem Photometer u. einem Koordinatenschreiber Modell 2D2 von F. L. Moseley. Von einem Eastman Electronic Densitometer Modell 31 A wurde die Transport-Vorr. für den Farbkeil übernommen. Keile mit 11 Stufen können in 50 Sek. ausgewertet werden.
W. Günther. 8660◇

2978 **Die Anwendung der Fourier-Technik und der Informationstheorie zur Beurteilung der photographischen Bildqualität.** R. Shaw. (Photogr. Sci. Engng. **6**, 281—86, 1962; Brentwood, Essex, Ilford Ltd., Res. Labor.; engl.) — Zur Beurteilung von photograph. Material, wie es für Aufnahme-Syst. von Satelliten benötigt wird, hat sich die von Fellgett u. Linfoot weiterentwickelte Informationstheorie von Shannon bewährt. Es werden die Begriffe Kontrastübertragungsfunktion, Rauschschwankungsspektrum u. Informationskapazität erklärt. Es werden entsprechende Formeln zur Beurteilung der Bildqualität abgeleitet. Für drei Ilford-Filme (HPS, HP3 u. Micro-Neg Pan) kombiniert mit entsprechenden Entwicklern (ID-11B u. ID-2) werden angegeben: Schwärzungskurven, Kontrastübertragungsfunktion, Abhängigkeit des Rauschspektrums von der mittleren Dichte u. die Informationskapazität für bestimmte Raumfrequenzabstände. W. Günther. 8660◇

2979 **Der Nachweis kleinster Details in Radiographien für industrielle Zwecke.** Hillery S. de Ben. (Photogr. Sci. Engng. **6**, 289—93, 1962; Binghamton, N.Y., Ansco, Res. Labor.; engl.) — Vf. untersuchte den Einfl. der statist. Schwankungen auf den Nachw. kleinster Details beim radiograph. Prozeß. Mit Hilfe eines Penetrameters, eines Stahlblocks mit 64 Löchern verschiedener Tiefe u. verschiedenen Durchmessers, werden folgende drei Materialfilme untersucht: Ansco Superay A, B u. C. Es zeigte sich, daß der Informationsindex in Übereinstimmung mit theoret. Überlegungen sich mit der Quadratwurzel der Belichtung ändert unabhängig vom Filmtyp.
W. Günther. 8660◇

2980 **Elektronenmikroskopische Untersuchung von Emulsionsprozessen und der ersten Reifung besonders feinkörniger Emulsionen.** N. R. Nowikowa und W. I. Sacharow. (J. wiss. angew. Photogr. Kinematogr. [UdSSR] **6**, 247—50, 1961; Chlopin-Radioinst. der Akad. der Wiss. der UdSSR; russ.) — Elektronenmkr. wurden die Vergrößerung der J–Br–Ag-Kristalle u. die Verteilungskurven während der 1. Reifung von besonders feinkörnigen Emulsionen bei $AgNO_3$-Überschuß untersucht. Bei einem $AgNO_3$-Überschuß wachsen die Mikrokristalle wie bei einem KBr-Überschuß durch Umkristallisieren über die Lösung. Die Dispersität der Mikrokristalle ist bei $AgNO_3$-Überschuß geringer als bei KBr-Überschuß. Helmut Schäfer. 8660△

2981 **Eine anamorphische Linse für reproduktionsphotographische Zwecke.** Arthur L. Lathrop. (Photogr. Sci. Engng. **6**, 303—07, 1962; Appleton, Wis., The Inst. of Paper Chem.; engl.) — Vf. beschreibt die Konstruktion eines Objektives für die Reproduktionsphotographie, mit dem man anamorph. Bilder erzeugen u. aufnehmen kann. Eine Kopierkamera wird zu diesem Zweck mit einem Galileischen Teleskop kombiniert, das aus einem zylindr. Objektiv besteht u. ein zylindr. Okular mit parallelen Achsen enthält. Schemaskizze. W. Günther. 8662◇

2982 **Die Änderung der Objektmodulation durch der Wirklichkeit entsprechende atmosphärische Verhältnisse in ihrem Einfluß auf die Luftbildphotographie.** Milton D. Rosenau jun. (Photogr. Sci. Engng. **6**, 265—71, 1962; Norwalk, Conn., The Perkin-Elmer Corp.; engl.) — Vf. zeigt, wie sich die Modulationsübertragungsfunktion auf den Prozeß der Luftbildphotographie übertragen läßt, um den Effekt der atmosphär. Streuung zu untersuchen. Es wird ein einfacher Nomograph beschrieben, mit dessen Hilfe sich die Modulations-Red. berechnen läßt. Die Verw. des Nomographs wird an einigen Beispielen gezeigt, woraus hervorgeht, daß ein großer Unterschied zwischen dem Streumodell nach Rayleigh u. der wirklich gemessenen Streuung besteht. Es werden die Bedingungen diskutiert, die für die Testung einer Luftbildkamera vorauszusetzen sind.
W. Günther. 8662◇

2983 Gevaert Photo-Producten N. V., Mortsel bei Antwerpen, Belgien, **Herstellung von Halogensilberemulsionen.** Das Halogensilber (I) wird in einer wss. Lsg. eines Mischpolymerisats aus Methacrylsäure (II) u. Diäthylaminoäthylmethacrylat (III) ausgefällt u. gereift. Aus dieser Suspension werden die als Nebenprodd. entstandenen wasserlösl. Salze entweder durch Dialyse entfernt, oder I wird durch Zugabe von wasserlösl. organ. Fll. wie A., Methanol, Aceton, Methyl- oder Äthylacetat oder durch Konz. wss. Lsgg. von anorgan. Salzen, wie NaCl oder Na_2SO_4, ausgefällt u. die Salz-Lsg. dekantiert. I kann dann in beliebigen synthet. oder natürlichen schichtbildenden Koll. dispergiert werden. Der Geh. des Mischpolymerisats an II kann 30—95% betragen, I wird daraus weder in saurem noch in stark alkal. Medium ausgeflockt. Die Konz. der Lsg. an (II + III) während der Ausfällung von I soll ca. 0,1% betragen. (**Belg. P. 561 161** vom 27/9. 1957, ausg. 20/5. 1960. E. Prior. 4/10. 1956.)
A. Kalix. 8601

Redaktionsschluß: 18. Oktober 1963

Herausgeber: Prof. Dr. Heinrich Bertsch, Berlin, u. Prof. Dr. Dr. h. c. Wilhelm Klemm, Münster
Chefredakteure und verantwortlich für den Inhalt: Dr. Eugen Klever, Berlin 30, Geisbergstraße 39, Fernsprecher: 249541
und Prof. Dr.-Ing. Eberhard Leibnitz, Berlin N 4, Schiffbauerdamm 19, Fernsprecher: 425571

Verlag: Akademie-Verlag GmbH, Berlin W 8, Leipziger Str. 3—4 (Fernsprecher: 220441, Telex-Nr. 011773, Postscheckkonto Berlin 35021), und Verlag Chemie, GmbH, Weinheim/Bergstr. (Fernsprecher: Weinheim 3635 [Sammelnummer]; Fernschreiber: 0465516 chemieverlwhn; Postscheckkonten: Frankfurt/M. 145314 u. Berlin [West] 7430). Bestellnummer: 1007/135. Das Chemische Zentralblatt erscheint wöchentlich. Preis des Jahrganges einschl. Autoren-, Patent-, Sach- u. Formelregister: DM 1800,—; einseitig bedruckte Ausgabe: DM 2200,—. Abgabe der Zeitschrift nur mit sämtlichen Registern. Abbestellungen nur bis spätestens 6 Wochen vor Ablauf des Kalenderjahres

Satz u. Druck: VEB „Maxim Gorki", Altenburg u. VEB Leipziger Druckhaus, Leipzig, III/18/203. I. 64
Veröffentlicht unter der Lizenznummer 1273 des Presseamtes beim Vorsitzenden des Ministerrates
Printed in Germany

FSC
www.fsc.org
MIX
Papier | Fördert gute Waldnutzung
FSC® C083411

Kolibri 360 GmbH
Ferdinand-Jühlke-Straße 7
99095 Erfurt, Deutschland
produktsicherheit@kolibri360.de